**Studien zur Geschichte
der Max-Planck-Gesellschaft**

Herausgegeben von
Jürgen Kocka, Carsten Reinhardt, Jürgen Renn und Florian Schmaltz

Wissenschaftliche Redaktion: Birgit Kolboske

Band 1

Die Max-Planck-Gesellschaft

Wissenschafts- und Zeitgeschichte 1945–2005

Herausgegeben von
Jürgen Renn, Carsten Reinhardt, Jürgen Kocka

gemeinsam mit
Florian Schmaltz, Birgit Kolboske, Jaromír Balcar, Alexander von Schwerin

Vandenhoeck & Ruprecht

Dieses Buch wurde durch das Forschungsprogramm »Geschichte der Max-Planck-Gesellschaft« (GMPG) gefördert.

Bibliografische Information der Deutschen Bibliothek:
Die Deutsche Nationalbibliothek verzeichnet diese Publikation
in der Deutschen Nationalbibliografie; detaillierte bibliografische
Daten sind im Internet über https://dnb.de abrufbar.

© 2024 Vandenhoeck & Ruprecht, Robert-Bosch-Breite 10, D-37079 Göttingen,
ein Imprint der Brill-Gruppe (Koninklijke Brill NV, Leiden, Niederlande; Brill USA Inc.,
Boston MA, USA; Brill Asia Pte Ltd, Singapore; Brill Deutschland GmbH, Paderborn,
Deutschland; Brill Österreich GmbH, Wien, Österreich)
Koninklijke Brill NV umfasst die Imprints Brill, Brill Nijhoff,
Brill Schöningh, Brill Fink, Brill mentis, Brill Wageningen Academic,
Vandenhoeck & Ruprecht, Böhlau und V&R unipress.

Das Werk ist als Open-Access-Publikation im Sinne der Creative-Commons-Lizenz
BY-ND International 4.0 (»Namensnennung«) unter dem DOI https://doi.org/10.13109/9783666993640 abzurufen.
Um eine Kopie dieser Lizenz zu sehen, besuchen Sie https://creativecommons.org/licenses/by-nd/4.0/.
Das Werk und seine Teile sind urheberrechtlich geschützt. Jede Verwertung in anderen als den
durch diese Lizenz erlaubten Fällen bedarf der vorherigen schriftlichen Einwilligung des Verlages.

Umschlagabbildung: Collage von Bart Sparnaaij unter Verwendung
von Fotos aus dem Archiv der Max-Planck-Gesellschaft (AMPG)

Lektorat: TEXT-ARBEIT / Stephan Lahrem, Berlin
Satz: Kerstin Davies, Hamburg
Infografiken: Eric Jentzsch, Hannah Meyer | zentralform, Weimar
(S. 239, 261, 285, 310, 342, 425, 543, 544 sowie 843–861)
Umschlaggestaltung: SchwabScantechnik, Göttingen
Druck und Bindung: Hubert & Co, Göttingen
Printed in the EU

Vandenhoeck & Ruprecht Verlage | www.vandenhoeck-ruprecht-verlage.com

ISSN: 2752-2490 (print)
ISSN: 2752-2504 (digital)
ISBN: 978-3-525-30207-1 (print)
ISBN: 978-3-666-99364-0 (digital)

Inhalt

I. Einleitung

1. Herausforderungen und Fragestellungen einer Geschichte der Max-Planck-Gesellschaft — 15
2. Danksagung — 22

II. Die MPG in ihrer Zeit

1. Einleitung — 27
2. **Von der KWG zur MPG (1945–1955)** — 33
   - 2.1 Rahmenbedingungen unter alliierter Besatzung — 33
   - 2.2 Die Sammlung der Kaiser-Wilhelm-Institute unter der Fahne der MPG — 34
   - 2.3 Finanzgeschichte – Verstaatlichung und Zentralisierung — 48
   - 2.4 Zur Governance – Politik- und Industrieferne als Überlebensstrategie — 53
   - 2.5 Abrechnung mit dem Nationalsozialismus und Vergangenheitspolitik — 56
   - 2.6 Fazit — 61
3. **Die formative Phase der MPG (1955–1972)** — 68
   - 3.1 Wachstum als Chance und Herausforderung — 68
   - 3.2 Geldsegen und Institutsgründungen — 71
   - 3.3 Die MPG zwischen Politik und Wirtschaft — 78
   - 3.4 Die Bewältigung des Wachstums — 88
   - 3.5 »68« in der MPG: Der Streit um die Mitbestimmung — 96
   - 3.6 Fazit — 102
4. **Die MPG nach dem Boom (1972–1989)** — 112
   - 4.1 Rahmenbedingungen und Herausforderungen — 112
   - 4.2 Haushaltsentwicklung – Im »stationären Zustand« — 116
   - 4.3 Planung als Strategie der Krisenbewältigung — 119
   - 4.4 Neue Forschungseinrichtungen in Zeiten knapper Kassen — 127
   - 4.5 Zeitverträge als Ausweg? — 136
   - 4.6 Das Verhältnis der MPG zu Politik und Wirtschaft — 139
   - 4.7 Fazit — 151
5. **Zwischen »Aufbau Ost« und Globalisierung (1990–2002/05)** — 158
   - 5.1 Das Ende der bipolaren Welt — 158
   - 5.2 Keine Entspannung beim MPG-Haushalt — 160
   - 5.3 Die MPG im »Aufbau Ost« — 163
   - 5.4 Europäische Integration und Globalisierung — 177
   - 5.5 Organisatorische Konsequenzen — 181
   - 5.6 Sozialgeschichtliche Dynamik — 194
   - 5.7 Fazit — 199

III. Forschungsstrukturen in der MPG

1. Konjunkturen der Forschung im 20. Jahrhundert 205
1.1 Wechselwirkungen von Wissenschaft und Gesellschaft 205
1.2 Die mobilisierende Kraft des Krieges 210
1.3 Die Kontexte der Entwicklung der MPG 214

2. Strukturen der Forschung 224
2.1 Das Konzept des Clusters 225
2.2 Terminologie und Methodologie des Clusterkonzepts 228
2.3 Die Forschungsstruktur der MPG in ihrem zeitlichen Verlauf: Ein Überblick 231

3. Landwirtschaftswissenschaften 238
3.1 Zwischen Intensivlandwirtschaft, Ernährungssicherheit und Umweltpolitik 240
3.2 Wiederaufbau und Konsolidierung: Im Bann der KWG-Tradition 241
3.3 Krise und systematischer Abbau im Neuordnungsprozess des bundesdeutschen Wissenschaftssystems 245
3.4 Biotechnische Transformation in Zeiten von Hightech-Strategie und Globalisierung 247
3.5 Fazit: Der lange Trend vom Feld ins Labor 252

4. Materialforschung 254
4.1 Die an Konstruktionswerkstoffen orientierte Materialforschung 255
4.2 Die modernen Festkörper- und Oberflächenwissenschaften 259
4.3 Zusammenfassung 268

5. Kernforschung 277
5.1 Die Anfänge in der KWG 278
5.2 Die MPG und der Aufstieg der bundesdeutschen Kernforschung 279
5.3 Clusteransätze und Ausstieg aus der Kernforschung 283
5.4 Der ambivalente Kernforschungscluster in der MPG 289

6. Astronomie, Astrophysik und die Erforschung des Weltraums 292
6.1 Einführung 292
6.2 Forschung mit Unterstützung der Kernforschungsgemeinschaften 293
6.3 Ausweitung auf große Infrastrukturen 295
6.4 Interne Cluster-Rekonfigurationen 299
6.5 Abkehr von großen Infrastrukturen und Konzentration auf internationale Kooperationen 301

7. Erdsystemwissenschaften 307
7.1 Einführung 307
7.2 Die Institute und Abteilungen in der Gesamtschau 309
7.3 Atmosphärenchemie als Ursprung und Impulsgeber 309
7.4 Die Gründung des MPI für Meteorologie 311
7.5 Forschungsstruktur nach zwei epistemischen Schwerpunktbereichen 312
7.6 Neue Weichenstellungen in den 1980er-Jahren 314
7.7 Der Ausbau erdsystemischer Forschung in den 1990er-Jahren 318
7.8 Schlussbetrachtungen 319

8.	**Licht und Laserphysik**	**321**
8.1	Einführung	321
8.2	Spektroskopische Tradition in der MPG-Forschung	323
8.3	Anwendung – dann zu den Grundlagen	325
8.4	Wiedervereinigung, Generationenwechsel und neue inhaltliche Impulse	330
8.5	Physik mit Lasern und Physik des Lichts	332
8.6	Zusammenfassung und Ausblick	332
9.	**Molekulare Lebenswissenschaften**	**340**
9.1	Im Zeitalter der Biomoleküle: Biomedikalisierung und Biotechnisierung	343
9.2	Avantgarde und bioindustrieller Innovationskeim	345
9.3	Aufstieg des Molekül-Reduktionismus	349
9.4	Durchdringende Molekularisierung	354
9.5	Biomolekulare Technisierung	356
9.6	Fazit: Die MPG im Zeichen biomolekularer Wissenschaften	359
10.	**Zellbiologische Forschung**	**362**
10.1	Die Entwicklung der modernen Zellbiologie ab den 1940er-Jahren	363
10.2	Zellbiologische Forschung der 1950er- und 1960er-Jahre in Westdeutschland	364
10.3	Das MPI für Meeresbiologie als isolierter Kondensationspunkt der Zellbiologie	366
10.4	Diversifizierung zellbiologischer Erkenntnisinteressen in den 1970er-Jahren	370
10.5	Größere strukturelle Dynamiken der 1970er-Jahre	373
10.6	Epistemische Vielfalt und Schwerpunktsetzung um 1980 – Eine Momentaufnahme	375
10.7	Strukturierte Planungsdynamiken auf dem Weg ins 21. Jahrhundert	377
11.	**Verhaltens-, neuro- und kognitionswissenschaftliche Forschung**	**379**
11.1	Einleitung	379
11.2	Die Ära der Verhaltensforschung	380
11.3	Die Ära der Neurowissenschaften	384
11.4	Die Ära der Kognitionswissenschaften	391
11.5	Die VNK in einer Clusterperspektive – Ein Fazit	395
12.	**Medizinische Forschung**	**398**
12.1	Die »chronische Krise« der klinischen Forschung in der BRD	400
12.2	Die klinische Forschung in der MPG – Ein Cluster?	400
12.3	Forschungskliniken	401
12.4	Klinische Forschungsgruppen	406
12.5	Auf dem Weg zur translationalen Forschung	409
12.6	Fazit	414
13.	**Rechtswissenschaften**	**420**
13.1	Vorbemerkung	420
13.2	Vorgeschichte	421
13.3	Das Verhältnis zur Sektion	422
13.4	Bedeutung der Politik	426
13.5	Charakteristika der Institute	427
13.6	Neue Methoden und Ansätze	431
13.7	Fazit	434

14. Geistes- und Sozialwissenschaften — 435
14.1 Das Erbe der KWG — 435
14.2 Öffnung zur Gesellschaft und Politik — 436
14.3 Methodische Rigorosität und Interdisziplinarität — 441
14.4 Neue Kombinationen im wiedervereinigten Deutschland — 444
14.5 Verzweigungen — 446
14.6 Keine Kulturkämpfe, aber Unterschiede — 448

15. Ausdifferenzierung und Schwerpunktbildung — 450
15.1 Gründungsphase und das mächtige KWG-Erbe (1948–1954) — 452
15.2 Wachstum entlang gesellschaftlicher Herausforderungen und gewachsener Strukturen (1955–1972) — 455
15.3 Binnendifferenzierung in Zeiten der Stagnation (1973–1989) — 458
15.4 Gründerzeit erzwingt Veränderungen (1990–2004) — 463
15.5 Fazit: Entwicklung aus dem eigenen Bestand — 470

IV. Epistemische und gesellschaftliche Dynamiken

1. Einleitung — 475

2. Der Ort der Max-Planck-Gesellschaft im deutschen Wissenschaftssystem — 477
2.1 Der Wiederaufbau des (west-)deutschen Wissenschaftssystems (1945–1955) — 478
2.2 Neue Akteure und neue wissenschaftspolitische Konstellationen (1955–1969) — 480
2.3 Dynamisierung des Wandels in der Konsolidierungsphase (1969–1990) — 483
2.4 Selbstbehauptung mit beschränkter Handlungsautonomie (1990–2005) — 485

3. Die MPG zwischen Staat und Wirtschaft — 487
3.1 Weichenstellung im Kaiserreich — 487
3.2 Phasen und Trends — 490
3.3 Die Leitfunktion der Lebenswissenschaften — 499
3.4 Fazit — 505

4. Das Ringen um die Steuerbarkeit der MPG — 516
4.1 Steuerungsfähigkeit als Organisationsproblem — 516
4.2 Das komplizierte Kräftespiel der MPG-Gremien — 518
4.3 Institute und Wissenschaftliche Mitglieder als Angelpunkte der MPG — 533
4.4 Zwischen Steuerungsinstanz und Dienstleister: Die Generalverwaltung — 539
4.5 Zentralisierungstendenzen in der MPG — 547

5. Personalstruktur im Wandel — 550
5.1 Dem Erfolg verpflichtet — 550
5.2 Die Entwicklung von Beschäftigungsgruppen — 552
5.3 Mitbestimmung und Gleichstellung — 563
5.4 Fazit — 567

6. Selbstverständnis, Selbstdarstellung und Vergangenheitspolitik — 576
6.1 Einleitung — 576
6.2 Das Selbstverständnis der MPG und seine Prägung durch die KWG — 578
6.3 Die Präsidentenreden — 581
6.4 Die Vergangenheitspolitik der MPG in den formativen Jahren — 585
6.5 Die Institutionalisierung von Selbstverständnis und Selbstdarstellung — 594
6.6 Von der Abwehr zur Aufarbeitung der NS-Vergangenheit — 601
6.7 Strategische Wissenschaftskommunikation ab den 1990er-Jahren — 612
6.8 Schlussbemerkung — 614

7. Dimensionen wissenschaftlichen Arbeitens — 616
7.1 Einleitung — 616
7.2 Institutsstrukturen — 617
7.3 Arbeitsstrukturen der Lebenswissenschaften — 620
7.4 Kooperationen — 629
7.5 Computerisierung — 636
7.6 Macht, Geschlecht und Hierarchie — 639
7.7 Kreative Freiräume — 648
7.8 Schlussbemerkung — 651

8. Orte der Wissenschaft – Bauen für die MPG — 667
8.1 Die grundlegende Bedeutung des Bauens für die MPG — 667
8.2 Das ambivalente Erbe der KWG — 668
8.3 Schwierige Anfänge: Von der KWG zur MPG (1948–1955) — 669
8.4 Sammeln und Ordnen – Zur Infrastruktur des juristischen Clusters — 670
8.5 Die formative Phase der MPG (1955–1972) — 672
8.6 Die Entstehung des Martinsrieder Komplexes — 674
8.7 Die MPG nach dem Boom (1972–1989) — 676
8.8 Bauen für eine Utopie: Das Max-Planck-Institut für Bildungsforschung in Berlin — 677
8.9 Die Herausforderungen des »Aufbaus Ost« (nach 1990) — 679
8.10 Zwei Leuchttürme des Bauens in Rom und Dresden — 680
8.11 Schlussbemerkung — 682

9. Die MPG in der Welt — 684
9.1 Die MPG als Forschungsorganisation im internationalen Kontext — 684
9.2 Universalität und Internationalität, Kooperation und Konkurrenz — 685
9.3 Das CNRS und seinen Beziehungen zur MPG — 687
9.4 *Nature* und *Science*: Wahrnehmungen der MPG in Großbritannien und den USA — 691
9.5 Zwischen US-amerikanischer Hegemonie und Selbstbehauptung der europäischen Wissenschaft — 694
9.6 Die MPG in der internationalen Konkurrenz und Kooperation zur Gravitationswellenforschung — 701
9.7 Wissenschaftliche Kooperation und internationale Politik — 705
9.8 Schlussbemerkung — 718

10. **Politische und ethische Herausforderungen der Forschung** 726
10.1 Einleitung 726
10.2 Militärische Forschung und Dual-Use-Problematik in der MPG 727
10.3 Das Unbehagen der MPG an der Umweltforschung 738
10.4 Versuche an und mit Menschen 747
10.5 Tierversuche als ethische Herausforderung der Grundlagenforschung 763
10.6 Gentechnik und Wissenschaftskritik 774
10.7 Die Frage einer zentralen Ethikkommission der MPG 785
10.8 Schlussbemerkung 786

V. Metamorphosen und Kontinuitäten

1. **Die Max-Planck-Gesellschaft in historischer Perspektive** 793

2. **Phasen der Entwicklung der MPG** 796
2.1 Von der KWG zur MPG (1945–1955) 796
2.2 Rasantes Wachstum und grundlegender Wandel (1955–1972) 800
2.3 Sparzwänge und Erneuerung aus der Substanz (1972–1989) 806
2.4 »Aufbau Ost« und Internationalisierung: Eine neue Gründerzeit (1990–2002/05) 809
2.5 Fazit 813

3. **Charakteristika der MPG als Konsequenzen ihrer Geschichte** 814
3.1 Die Stellung der MPG in der Gesellschaft und das Harnack-Prinzip 814
3.2 Die integrierte Wissenschaftsgesellschaft 817
3.3 Die Bedeutung der Grundlagenforschung 818
3.4 Die innere Dynamik 818
3.5 Die Governance 819
3.6 Die Clusterstruktur 821
3.7 Die MPG als Teil des Innovationssystems 822
3.8 Das Verhältnis zu den Universitäten 823
3.9 Das Verhältnis zu anderen Wissenschaftsorganisationen 824
3.10 Die MPG im internationalen Kontext 824
3.11 Der Umgang mit politischen und ethischen Herausforderungen 825

4. **Schlussbemerkung und Ausblick** 827
4.1 Das transformierte Erbe der KWG 827
4.2 Die Rolle von Leitkonzepten 829
4.3 Konkurrenz und Kooperation 830
4.4 Der Umgang mit exogenen Herausforderungen 830
4.5 Eigenart und Eigenständigkeit der MPG 832

Anhang

1.	**Zahlenwerk**	836
2.	**Infografiken**	842
2.1	Organisatorischer Aufbau der Max-Planck-Gesellschaft	843
2.2	Übersicht über die Institute der KWG und MPG	844
2.3	Sektionen	846
2.4	Räumliche Verlagerung	852
2.5	Nobelpreisträger:innen	857
2.6	Gesamteinnahmen und -ausgaben der MPG	857
2.7	Personalwandel	858
3.	**Abkürzungsverzeichnis**	862
4.	**Abbildungsverzeichnis**	867
4.1	Grafiken	867
4.2	Tabellen	868
4.3	Fotos	868
4.4	Bildnachweis	871
5.	**Quellen und Literatur**	872
5.1	Quellen zur Geschichte der Max-Planck-Gesellschaft	872
5.2	Archivverzeichnis	874
5.3	Literatur zur Geschichte der Max-Planck-Gesellschaft	877
5.4	Literaturverzeichnis	885
5.5	Datenbanken des Forschungsprogramms GMPG	961
6.	**Register**	963
6.1	Sachregister	963
6.2	Personenregister	983
7.	**Autorinnen und Autoren**	991

I. Einleitung

Jürgen Kocka, Carsten Reinhardt, Jürgen Renn, Florian Schmaltz

1. Herausforderungen und Fragestellungen einer Geschichte der Max-Planck-Gesellschaft

Es ist schon bemerkenswert: Die Max-Planck-Gesellschaft (MPG) gilt als die international angesehenste Forschungseinrichtung der Bundesrepublik Deutschland, aber in Standardwerken zu deren Geschichte kommt sie nur am Rande oder gar nicht vor. Und das in einer Zeit, da Wissenschaft und Technik überlebenswichtig für Gesellschaften geworden sind und das soziologische Konzept der »Wissensgesellschaft« längst schon die Runde gemacht hat.

Dieser erstaunliche Befund war einer der Ausgangspunkte unseres Vorhabens, die Geschichte der MPG von der Gründung 1948 bis zum Ende der Amtszeit ihres sechsten Präsidenten, Hubert Markl, 2002 umfassend zu erzählen. Als eine Geschichte, die eng mit der Geschichte der Bundesrepublik Deutschland und der rasanten internationalen Entwicklung von Wissenschaft und Technologie in der zweiten Hälfte des 20. Jahrhunderts verwoben ist. Als eine Geschichte, die die Wechselwirkungen zwischen Wissenschaft, Technik, Politik, Wirtschaft und Gesellschaft erkennbar werden lässt und die zugleich deutlich macht, welcher Ort der Geschichte einer Forschungsorganisation in einer Zeitgeschichte der Bundesrepublik zukommt, die sich den Einsichten der Wissenschaftsgeschichte in diese Zusammenhänge nicht verschließt.

Nicht weniger bemerkenswert ist das produktive Verhältnis von Strukturkonservatismus und Erneuerungsfähigkeit, das die MPG auszeichnet. Die Max-Planck-Gesellschaft hat von ihrer Vorgängerin, der 1911 gegründeten Kaiser-Wilhelm-Gesellschaft (KWG), nach dem Krieg nicht nur Personal und Institute übernommen, sie hat auch die auf die KWG zurückgehende Personenzentriertheit ihrer Institute, das sogenannte Harnack-Prinzip, über Jahrzehnte beibehalten, wenn auch in abgewandelter und abgeschwächter Form. Gleichzeitig vermochte sie es durch eine enorme Flexibilität ihrer wissenschaftlichen Schwerpunktsetzung, zu den weltweit führenden Forschungsorganisationen aufzusteigen.

Während der erste Befund dazu einlud, Zeitgeschichte und Wissenschaftsgeschichte näher zusammenzuführen, forderte dieser zweite Befund dazu heraus, Institutionengeschichte und Erkenntnisgeschichte enger aufeinander zu beziehen, als dies üblich ist. Will man die Wechselwirkungen zwischen der Gestaltung von Institutionen und den Bedingungen wissenschaftlicher Erkenntnisgewinnung verstehen – ein Schlüsselthema unserer Zeit –, dann erweist sich die MPG mit ihrer Tradition, Institute immer wieder neu zu erfinden, als geradezu idealer Untersuchungsgegenstand.

Die MPG verblüfft durch weitere Eigentümlichkeiten, angefangen mit ihrem beeindruckenden Wachstum. Bei ihrer Gründung 1948 gehörten ihr 23 Institute und knapp 700 Beschäftigte an. Unter ihrem ersten Präsidenten Otto Hahn bemühte sie sich, die Einrichtungen und Personen zu versammeln, die von ihrer Vorgängerorganisation nach Diktatur, Weltkrieg und Befreiung vom NS-Regime übrig geblieben waren. Im Jahr 2002, als der »Aufbau Ost« weitgehend abgeschlossen und die MPG auch in den neuen Bundesländern verankert war, hatte sie 80 Institute und 11.600 Beschäftigte. In diesen fünfeinhalb Jahrzehnten war die MPG nicht nur kräftig gewachsen, sie hatte sich auch aus einem Dachverband weitgehend selbstständiger Institute zu einer effektiv integrierten Wissenschaftsgesellschaft entwickelt, die mit ihrer Betonung der Grundlagenforschung im arbeitsteiligen Förderungssystem der Bundesrepublik einen festen Platz einnahm und zugleich grenzüberschreitend tätig war, im europäischen und im globalen Raum.

Die Verfasstheit der MPG ist ein weiteres Spezifikum. Sie folgt weder dem Modell US-amerikanischer Privatuniversitäten noch dem staatlicher Forschungsorganisationen wie dem französischen Centre national de la recherche scientifique (CNRS). Die MPG finanziert sich zwar weitgehend aus öffentlichen Zuschüssen, rühmt sich aber stets ihrer Autonomie gegenüber staatlichen Autoritäten bei der Verwendung der Mittel, der Auswahl von

Forschungsthemen und den Entscheidungen über ihr Personal. Die MPG ist, was angesichts ihrer Größe und Bedeutung kaum zu glauben ist, ein eingetragener Verein.

Aus diesen Befunden ergeben sich weitere Fragen: Was erklärt das Wachstum der MPG und was sagt es über die Bedeutung der Grundlagenforschung im Innovationssystem der Bundesrepublik aus? Wie kommt es, dass eine Ansammlung von selbstständigen Instituten, die manchmal mit absoluten Fürstentümern verglichen wurden, zu einer durchsetzungsfähigen Forschungsorganisation zusammengewachsen ist? Was war der Garant für den inneren Zusammenhalt und wie konnte sich unter solchen Umständen ein unverwechselbares Profil der MPG ausbilden? Welche Rolle spielt die besondere Verfasstheit der MPG zwischen privatrechtlicher Unabhängigkeit und staatlicher Finanzierung für ihre wissenschaftlichen Erfolge und Misserfolge und wie charakteristisch ist sie für die Gesellschaft der Bundesrepublik?

Den Blick auf die Geschichte der MPG haben bis in die 1980er-Jahre hinein Mitarbeiter:innen der Generalverwaltung und Institutsdirektor:innen durch zumeist anlässlich runder Gründungsjubiläen verfasste Reden, Chroniken und Selbstdarstellungen geprägt. Hinzu kamen Nachrufe auf verstorbene Direktoren im Jahrbuch der MPG, Autobiografien und biografische Darstellungen von Wissenschaftler:innen und Funktionsträger:innen der Generalverwaltung, die zumeist noch in der KWG ihre Karriere begonnen hatten. Den Fluchtpunkt der Darstellungen bildete hierbei bis in die 1990er-Jahre der institutionengeschichtliche Traditionsbezug auf die KWG, als deren Fortsetzung die MPG sich verstand und darstellte. Auch die seit der Einrichtung des hauseigenen Archivs Mitte der 1970er-Jahre einsetzende wissenschaftliche Historiografie fokussierte sich lange auf die KWG. Dagegen blieb der Blick auf die Geschichte der MPG als eigenständige, nach dem Zweiten Weltkrieg gegründete, neue Institution bis etwa zur Jahrtausendwende die Ausnahme, wie auch der Literaturüberblick im Anhang des vorliegenden Bandes zeigt. Selbst der 1990 von Rudolf Vierhaus und Bernhard vom Brocke herausgegebene grundlegende Sammelband *Forschung im Spannungsfeld von Politik und Gesellschaft. Geschichte und Struktur der Kaiser-Wilhelm-/Max-Planck-Gesellschaft*, dessen Entstehung die MPG gefördert hatte, behandelt noch überwiegend die Geschichte der KWG. Allmählich jedoch verschoben sich die Gewichte, wurde in einschlägigen Sammelbänden der MPG mehr Platz eingeräumt als ihrer Vorgängerorganisation. Selbst noch im zweiten Jahrzehnt dieses Jahrhunderts hielt sich die Tendenz, in Überblicksdarstellungen und grundsätzlichen Reflexionen die Geschichte von MPG und KWG gemeinsam zu betrachten.

An einer umfassenden historischen Gesamtdarstellung der MPG, die sowohl das reiche und zugleich ambivalente Erbe der KWG als auch die eigenständige Entwicklung der MPG berücksichtigt, hat es bis heute gefehlt. Dieses Forschungsdefizit bildete den Anlass und Ausgangspunkt des von der MPG zwischen 2014 und 2022 geförderten Forschungsprogramms zur »Geschichte der Max-Planck-Gesellschaft (1948–2002)«.

Der vorliegende Band fasst die wesentlichen Ergebnisse dieses Projekts zusammen, das aus dem Forschungsschwerpunkt »Historische Epistemologie wissenschaftlicher Institutionen« der Abteilung I des Max-Planck-Instituts für Wissenschaftsgeschichte hervorgegangen ist. Vom früheren MPG-Präsidenten Peter Gruss auf den Weg gebracht, hat es mit der nachhaltigen Unterstützung durch Präsident Martin Stratmann im Juni 2014 seine Arbeit aufgenommen. Bis Dezember 2022 untersuchte es die historische Entwicklung der MPG von ihrer Gründung bis zum Ende der Präsidentschaft Hubert Markls 2002, wobei es den Fortgang des Programms »Aufbau Ost« bis ins Jahr 2005 verfolgte. Die Leitung des Forschungsprogramms wurde einem Kollegium übertragen, dem Jürgen Kocka (Wissenschaftszentrum Berlin für Sozialforschung), Carsten Reinhardt (Universität Bielefeld) und Jürgen Renn (Max-Planck-Institut für Wissenschaftsgeschichte) angehörten. Jürgen Renn, Florian Schmaltz und Birgit Kolboske hatten das Projekt gemeinsam initiiert; die operative Projektleitung oblag Jürgen Renn und Florian Schmaltz, die redaktionelle Betreuung des Bandes Birgit Kolboske. Darüber hinaus waren Jaromír Balcar und Alexander von Schwerin an der Herausgabe dieses Bandes beteiligt.

Bei aller notwendigen Nähe zur MPG war durch die Beteiligung externer Historiker:innen an Leitung und Durchführung des Projekts die wissenschaftliche Unabhängigkeit des Forschungsprogramms sichergestellt. Während der Programmlaufzeit arbeiteten mehr als ein Dutzend Wissenschaftler:innen gemeinsam mit zahlreichen Gastforscher:innen im Rahmen von ineinandergreifenden Teilprojekten an der Realisierung des Forschungsprogramms. Die vielfältigen Ergebnisse dieser Arbeit erscheinen – wie der vorliegende Band – beim Verlag Vandenhoeck & Ruprecht in der Reihe »Studien zur Geschichte der Max-Planck-Gesellschaft«, als Artikel in Fachzeitschriften sowie als gedruckte oder elektronische Preprints. Die Themen dieser Veröffentlichungen reichen von den Rechts- und Astrowissenschaften über Wissenschaftsdiplomatie, Sozial- und Gendergeschichte bis zur Wissenschaftspolitik der Wiedervereinigung.

Der vorliegende Band verfolgt einen synthetisierenden Ansatz und beschäftigt sich mit der MPG in dreifacher

Hinsicht, als Organisation, als Ort der Forschung und als soziales Gebilde. In allen drei Dimensionen ist ihre Geschichte eng mit der allgemeinen Geschichte sowie mit der deutschen und internationalen Wissenschaftsgeschichte verbunden. Die Einbeziehung dieser Verflechtungen in die historische Analyse hat neben einem Verständnis für das Verhältnis von Eigendynamik und äußeren Einflüssen auch neue Einsichten in die Zusammenhänge von Erkenntnisprozessen mit ihren institutionellen und gesellschaftlichen Bedingungen erlaubt. Dieser Band stellt die Geschichte der MPG, in der sich die Geschichte der Bundesrepublik zugleich spiegelt und bricht, umfassend dar, und zwar auf der Grundlage intensiver neuer Forschungen auf breiter Quellenbasis und mit Schlussfolgerungen bis in die Gegenwart.

Was die MPG *als Organisation* betrifft, standen die folgenden Fragen im Vordergrund: Wie haben sich ihre Leitungs- und Verwaltungsstrukturen, ihre Leitungs- und Verwaltungspraktiken, wie hat sich ihre Governance entwickelt? Wie sicherte sie die Bereitstellung der nötigen Finanzmittel für Spitzenforschung, die mit den Jahren immer teurer wurde? Dabei stand die MPG vor dem Grundproblem jeder Wissenschafts- und Wissenschaftsförderungsorganisation: Sie musste den ihr zugehörigen Einrichtungen und den darin tätigen Personen jenes Ausmaß an Freiheit und Spielraum verschaffen, das für leistungsfähige und innovative Forschung unabdingbar ist, und gleichzeitig darauf bedacht sein, die notwendigen Steuerungs-, Koordinations- und Kontrollfunktionen zu realisieren, die zur Formulierung und Durchsetzung gemeinsamer Ziele gebraucht werden. Wie verhielt sich dieser Anspruch auf Selbststeuerung zu äußeren Einflüssen und insbesondere zu staatlichen Steuerungsansprüchen?

Wie veränderte sich das Verhältnis zwischen der Generalverwaltung und den einzelnen Instituten, in denen die wissenschaftliche Arbeit stattfand? Unser Augenmerk galt der organisatorischen Entwicklung der Institute und ihrer Leitungsstrukturen, etwa auf dem Weg von der monokratischen Leitung zur Leitung durch mehrere Direktor:innen. Zweifellos hat die Steuerungs- und Kontrolldichte zugenommen, mit der die Institute von Leitung und Generalverwaltung konfrontiert werden. Was waren die Gründe und welches waren die Wirkungen?

Eine besondere Rolle spielte und spielt das viel zitierte Harnack-Prinzip, ein auf die Gründung der KWG 1911 zurückgehendes, MPG-spezifisches, den Direktoren (und später auch Direktorinnen) der Institute sehr große Selbstständigkeit und erheblichen persönlichen Einfluss einräumendes Leitungsprinzip, das allerdings im Lauf der Jahrzehnte zahlreiche Veränderungen erfahren hat. Welche Chancen zur Partizipation des wissenschaftlichen und nichtwissenschaftlichen Personals bestanden?

Wie veränderte sich das Verhältnis von Hierarchie und Selbstorganisation auf den verschiedenen Ebenen? Wie wurden Leitungspersonen rekrutiert, wie funktionierten Berufungsverfahren, um die »besten Köpfe« für die Forschungsgesellschaft zu gewinnen?

In mehreren Phasen ihrer Geschichte war die MPG mit starkem Wachstum konfrontiert. Warum förderte sie es, wie kam sie mit seinen häufig nicht intendierten Folgen zurecht? Wie trug dieses Wachstum zur Lösung und zur Entstehung von Problemen bei? Wie kamen Entscheidungen zustande, wie wurden sie durchgesetzt? Nicht nur die satzungsgemäßen Funktionen der verschiedenen Leitungsorgane waren zu rekonstruieren, sondern auch ihre realen Funktionsweisen, also die »Verfassungswirklichkeit«.

Was nun die MPG als *Ort der Forschung* betrifft, galt es die enorme Herausforderung zu bewältigen, dass ihre Forschungen im betrachteten Zeitraum durch mehr als 100 Institute und in einem Themenspektrum betrieben wurden, das große Teile der modernen Wissenschaft und ihre jeweils sehr unterschiedlichen Kontexte erfasst. Diese Herausforderung war von vornherein eine doppelte, eine der Analyse und eine der Darstellung: Welche institutionellen und epistemischen Strukturen der Forschung lassen sich in den Hunderttausenden von historischen Dokumenten und Aussagen von Zeitzeuginnen und Zeitzeugen erkennen? Und wie lassen sich die daraus gewonnenen Einsichten anders denn als Summe einzelner Instituts- oder sogar Personengeschichten darstellen? Ziel musste es jedenfalls sein, die Geschichte von Inhalten, Institutionen und Personen nicht voneinander zu trennen, wie es häufig geschieht, sondern gerade aus deren Wechselwirkungen neue Einsichten zu gewinnen.

Die naheliegende Antwort wäre gewesen, exemplarisch vorzugehen. Auch wenn wir von diesem Zugang immer wieder Gebrauch gemacht haben, standen für unsere Arbeit zwei andere, stärker systematisierende Strategien im Vordergrund: Eine Strategie, die schiere Masse zu handhaben, war der Einsatz von Methoden der digitalen Geisteswissenschaften, auf den noch einzugehen ist. Eine zweite Strategie war die Fokussierung auf übergreifende Strukturen. Dabei hat sich gezeigt, dass sich Forschungen und institutionelles Handeln in der MPG zu Clustern zusammenfassen lassen, in denen jeweils mehrere Institute, Abteilungen und Projekte aufgrund ihrer verwandten inhaltlichen und methodischen Orientierungen oder aufgrund ihrer Verbindungen durch Kooperation und Kommunikation gemeinsam betrachtet werden. So konnten wir jenseits von Institutsgrenzen erstaunliche Dynamiken identifizieren und daraus Hinweise auf zukünftige Entwicklungspotenziale der MPG erhalten. Vor allem aber können wir damit zeigen, wie sich die institutionellen Bedingungen moderner wissenschaftlicher Forschung auf die Entwicklung von Themen und Methoden auswirken.

Mittels dieses Zugriffs haben wir danach gefragt, mit welchen Forschungsgebieten sich die MPG befasst hat und wie bestimmte Disziplinen und Forschungsfelder in den Arbeitsbereich der MPG einbezogen wurden, während andere nicht berücksichtigt wurden. Für welche Ausschnitte der internationalen Forschung interessierte sich die MPG, für welche nicht? In welchen Bereichen leistete sie Definitions- und Pionierarbeit, wo hingegen holte sie »nur« andernorts bereits errungene Vorsprünge für die Forschung in Deutschland auf? Durch welche Beiträge zur internationalen Forschung hat sich die MPG grenzüberschreitend einen Namen gemacht? Welche Kooperationsstrukturen und welche Disseminationsprozesse halfen ihr dabei? Was ist gescheitert, und was wurde, aus heutiger Sicht, versäumt?

Auf dieser Grundlage haben wir MPG-spezifische Forschungsmöglichkeiten und Arbeitsweisen identifiziert und, daraus folgend, MPG-spezifische Stärken und Schwächen konstatiert. Dies immer im Zusammenhang mit der Tatsache, dass die MPG sehr unterschiedliche Disziplinen beherbergt hat. Was bedeutet »Grundlagenforschung«, die die MPG aus mehreren Gründen zu ihrer Hauptzugangsweise erkoren hat, und wie bewährte sich dieser Begriff zwischen Anspruch und Wirklichkeit? Wie änderten sich die Methoden und Arbeitsweisen, zuletzt unter dem Einfluss der Digitalisierung? Wodurch wurden Innovationen erleichtert oder erschwert? Unsere Erkenntnisse über die MPG als Ort wissenschaftlicher Forschung wird auch Aussagen darüber ermöglichen, welche Forschungsgebiete in der zweiten Hälfte des 20. Jahrhunderts generell besonderen Stellenwert erlangten und aus welchen Gründen dies der Fall war.

Was schließlich die MPG als *soziales Gebilde* betrifft, so standen wir vor einer ähnlichen Herausforderung der schieren Größe unseres Forschungsgegenstands, verstärkt durch die Tatsache, dass nur beschränkt auf frühere Ergebnisse zurückgegriffen werden konnte. Das Forschungsprogramm betrat hier ein Terrain, das wir auch durch die vorliegenden Arbeiten noch nicht vollständig ausgeleuchtet haben, das aber für das Verständnis der Eigentümlichkeit der MPG von großer Bedeutung ist. Wir haben uns darauf konzentriert, Situationen von Über- und Unterordnung, aber auch von Kooperation und Selbstorganisation zu beobachten, in denen Spannungen und Konflikte auftraten und zu Koalitionen, Auseinandersetzungen und Kompromissen führten, wobei es Gewinner:innen und Verlierer:innen gab. Die Auseinandersetzungen um Mitbestimmung, besonders in den späten 1960er- und frühen 1970er-Jahren, verdienen in diesem Kontext besondere Aufmerksamkeit.

Das unterschiedliche Wachstum und die soziale Zusammensetzung der verschiedenen Personalkategorien galt es ebenso zu untersuchen wie (wahrscheinliche) Ursachen und (mögliche) Folgen von Inklusion und Exklusion, wobei die Gender-Problematik besondere Beachtung findet. Sehr lange blieb die MPG im wissenschaftlichen Bereich und auf den Leitungsebenen eine Männer-Gesellschaft, umso mehr Aufmerksamkeit verdienen die Anstrengungen und Erfolge auf dem Weg zu mehr Gleichberechtigung und Gleichstellung der Geschlechter in den letzten Jahrzehnten.

Die sozialen Folgen der im späten 20. Jahrhundert immer entschiedener werdenden Personalbefristungspolitik der MPG-Leitung wurden stets kontrovers diskutiert, als eine in bestimmten Situationen notwendige Bedingung wissenschaftlicher Leistungsfähigkeit verteidigt und aufgrund ihrer sehr ungleich verteilten sozialen »Kosten« infrage gestellt. Unterschiedliche Generationen mit unterschiedlichen Prägungen galt es in der Gruppe der Wissenschaftlichen Mitglieder (vor allem die Direktoren und Direktorinnen der Max-Planck-Institute gehören in diese Kategorie) zu untersuchen. Die rapide Internationalisierung dieser wissenschaftlich maßgeblichen Personalkategorie ab den 1990er-Jahren hatte große Bedeutung für die soziale und kulturelle Identität der MPG. Wissenschaft als Arbeit verbindet. Inwieweit entstand auf dieser Basis eine spezifische MPG-Identität?

Der Untersuchungszeitraum der hier präsentierten Studien reicht von der unmittelbaren Nachkriegszeit bis zur Mitte des ersten Jahrzehnts des 21. Jahrhunderts. Die Gründung der MPG wird zwar allgemein auf den 26. Februar 1948 datiert, als die Gründungsversammlung im einfachen, aber unzerstörten Kameradschaftshaus auf dem Gelände der Göttinger Aerodynamischen Versuchsanstalt stattfand, aber das war nur ein markanter Stichtag innerhalb eines sich über längere Zeit erstreckenden Gründungsvorgangs, den es en détail zu analysieren gilt, wenn man verstehen will, was damals geschah. Für die hier dokumentierten Forschungen hat uns die MPG Zugang zu bisher unveröffentlichten Dokumenten gewährt, jedoch nur bis zum Ende der Präsidentenzeit Markls 2002 bzw. bis 2005, soweit es den 2002 noch nicht abgeschlossenen »Aufbau Ost« und die Arbeiten des Forschungsprogramms der Präsidentenkommission »Geschichte der Kaiser-Wilhelm-Gesellschaft im Nationalsozialismus« betraf. So definieren sich die Abgrenzungen des Zeitraums, für den systematische quellengestützte empirische Forschung betrieben werden konnte.

Allerdings verlangten die Eigenarten des Untersuchungsgegenstands, den Blick immer wieder zurück und nach vorn zu richten. Sehr häufig haben sich führende

1. Herausforderungen und Fragestellungen einer Geschichte der Max-Planck-Gesellschaft

Akteure der MPG (und sie tun dies noch) mit der von ihnen meist hochgeschätzten Vorgängerorganisation der MPG verglichen, mit der KWG. Sie in den Blick zu nehmen kann keine gründliche historische Untersuchung der MPG entbehren, wenn sie deren Eigenarten im intertemporalen Vergleich besser erkennen, aber auch bis heute wirksame Kontinuitäten begreifen will, die ursächlich bis zur Gründung der KWG im Wilhelminischen Kaiserreich zurückreichen. Umgekehrt ist es nur allzu verständlich und überdies legitim, aus der hier vorgelegten Geschichte der MPG Schlüsse zu ziehen, die auf ihre gegenwärtigen Probleme und Chancen, Stärken und Schwächen Bezug nehmen – auch um angemessener mit der Situation heute und morgen umgehen zu können. Dazu war es nötig, den Blick über 2005 hinaus zu öffnen, ohne dabei zu vergessen, dass die systematische empirische Untersuchung nicht auf die folgenden anderthalb Jahrzehnte ausgedehnt werden konnte. Wir standen gewissermaßen vor der Herausforderung, über Geschichte zu schreiben, »die noch qualmt« (Barbara Tuchman).

Insgesamt aber folgt aus diesen Überlegungen, dass die historische Untersuchung der MPG, deren Ergebnisse im Folgenden präsentiert werden, besonders an kurz- und langfristigen Wandlungen in der Zeit interessiert war sowie, im Kontrast dazu und auf diesem Hintergrund, an nichtsdestoweniger sich abzeichnenden Kontinuitäten, die es zu erklären galt. Der Untersuchungszeitraum im engeren Sinn wurde auch deshalb in vier Phasen unterteilt, die unten näher erläutert werden. Zwar räumen die Untersuchungen dieses Bandes der Rekonstruktion sich nur langsam verändernder Strukturen und übergreifender Prozesse viel Raum ein, doch verlangte schon das uns leitende Interesse am historischen Wandel, dass wir auch der Geschichte der Handlungen und der handelnden Personen gebührende Aufmerksamkeit zuteilwerden ließen.

Neben der besonderen Berücksichtigung des Wandels und seiner Triebkräfte in der Zeit ist die Kontextualisierung ein zentrales Prinzip historischer Forschung und Darstellung. Es ist notwendig, Untersuchungsgegenstände immer auch aus ihren spezifischen, zeitlich gebundenen Zusammenhängen heraus zu erklären und zu verstehen, nicht isoliert oder allein für sich. Es gibt immer mehrere Kontexte, in die der jeweilige Untersuchungsgegenstand im Prozess seiner Erforschung gestellt werden kann. Im Folgenden wird zum einen die Geschichte der in der MPG betriebenen Forschungen im Kontext der internationalen Wissenschaftsgeschichte des 20. Jahrhunderts betrachtet. Zum andern werden die Beziehungen der MPG zu anderen großen deutschen Wissenschaftsorganisationen und zu den Hochschulen beleuchtet. Und immer wieder wird schließlich die Geschichte der MPG in den Kontext der allgemeinen Zeitgeschichte gestellt und damit für eine Verknüpfung von wissenschafts- und allgemein-zeitgeschichtlicher Argumentation gesorgt.

Dies erscheint uns besonders wichtig. Zwar finden sich in der Forschungsliteratur wichtige Vorschläge und Ansätze, die auf solche Verbindungen drängen, sowohl von zeitgeschichtlicher als auch von wissenschaftsgeschichtlicher Seite. Mustert man aber Standardwerke zur Geschichte der Bundesrepublik, dann fällt auf, wie ungemein randständig die Behandlung wissenschaftlicher Prozesse und Institutionen in ihrer Eigenart und ihrer zeitgeschichtlichen Bedeutung bleibt. Dies ist problematisch und fast unverständlich, wenn man bedenkt, wie groß die wirtschaftliche, politische, kulturelle und allgemein-gesellschaftliche Bedeutung von Wissenschaft in der Geschichte des 20. und 21. Jahrhunderts ist – von der Geschichte der internationalen Beziehungen bis in das Alltagsleben hinein. Umgekehrt kümmern sich viele wissenschaftsgeschichtliche Studien nur sehr begrenzt um die allgemeinen historischen Kontexte ihrer Untersuchungsgegenstände.

Die Geschichte der Max-Planck-Gesellschaft ist ohne Zweifel ein wichtiger Bestandteil der Geschichte der Bundesrepublik und Europas in der zweiten Hälfte des 20. und am Beginn des 21. Jahrhunderts. In den folgenden Untersuchungen haben wir versucht, dies ernst zu nehmen. Erstens werden wir, wenn auch nur selektiv, Einwirkungen thematisieren, die von der MPG ausgegangen sind. Die von der MPG betriebene Grundlagenforschung nahm einen wichtigen Platz im technisch-wirtschaftlichen Innovationssystem der Bundesrepublik ein. Mittels der intensiven Kooperation zwischen einzelnen Max-Planck-Instituten und Wirtschaftsunternehmen hat die MPG dazu beigetragen, die Industrie mit dem wissenschaftlichen Wissen auszustatten, das sie in die Lage versetzte, innovativ und wettbewerbsfähig zu sein. Max-Planck-Institute haben zweitens die Politik vielfältig und nachhaltig beraten, besonders gilt das für die rechtswissenschaftlichen Institute. Vor allem in den 1960er- und 1970er-Jahren haben geistes- und sozialwissenschaftliche MPI in öffentliche Debatten, zum Beispiel über die Bildungsreform, eingegriffen und dazu Expertise zur Verfügung gestellt. Drittens hat die MPG bisweilen mitgeholfen, außenpolitische Probleme der Bundesrepublik nach Abstimmung mit der Bundesregierung zu bearbeiten. Ihre grenzüberschreitende Tätigkeit hat die europäische Integration befördert, ihr hohes wissenschaftliches Renommee das internationale Ansehen der Bundesrepublik und wohl auch deren Selbstverständnis geprägt.

Umgekehrt wird zu zeigen sein, wie sehr die MPG zeitgeschichtlich bedingt war und ist. Dabei richtet sich das Augenmerk zuerst auf drei Umbruchphasen, die ihre Gestalt mitgeprägt haben: die Jahre nach dem Ende des

Zweiten Weltkriegs und die Besatzungspolitik, die den Übergang von der KWG zur MPG ermöglicht und (auch begrenzend) beeinflusst haben; die allgemeine Reformstimmung der 1960er- und frühen 1970er-Jahre, in der Bewegungen im gesellschaftlich-politischen Bereich und Veränderungen innerhalb der MPG, insbesondere auf dem Gebiet der Mitbestimmung und der Satzungsmodernisierung, eng zusammenhingen; und schließlich die Vereinigungskrise ab 1990, als der MPG neue Wachstumschancen zuwuchsen und zugleich ihre Abhängigkeit von der Politik zunahm. Das Zusammenspiel und die Konkurrenz von Bund und Ländern – also der deutsche Föderalismus als Moment der Zeitgeschichte – waren und sind wichtig für die Finanzierung der MPG, die zum allergrößten Teil von öffentlichen Geldern lebte und lebt. Und immer wieder hat die MPG auch auf zeitgeschichtliche Herausforderungen reagiert, indem sie sich ihrer annahm und sie zum Gegenstand wissenschaftlicher Forschung machte, so beispielsweise in der Landwirtschafts-, der Bildungs-, der Erdsystem-, der Alters- oder auch der Energieforschung. Die Verwissenschaftlichung bedeutsamer gesellschaftlicher Herausforderungen ist ein zentrales Charakteristikum moderner Gesellschaften. Eine Wissensgesellschaft, wie es die bundesrepublikanische war und ist, bedurfte offenbar einer leistungs- und anpassungsfähigen wissenschaftlichen Gesellschaft, wie sie die MPG war und noch immer ist. Diese Leistungen und Anpassungen erfolgten nicht immer bruch- und reibungslos.

Die tiefe Verwicklung der KWG in die verbrecherische Politik des nationalsozialistischen Deutschland war eine zeitgeschichtliche Hypothek für die MPG, der sie sich nur zögerlich und verspätet gestellt hat. Für produktive Reaktionen auf andere zeitgeschichtliche Herausforderungen – die Welternährungskrisen zum Beispiel – hat man sich in der MPG auf der Basis eines selbstbegrenzenden Wissenschaftsverständnisses nicht zuständig gefühlt – vor allem ab den 1970er-Jahren. Schließlich prägte und prägt der Korporatismus der deutschen Gesellschafts- und Politikverfassung, wie er sich seit dem Kaiserreich herausgebildet hat, den rechtlichen Status der MPG als Verein bürgerlichen Rechts und ihren Ort zwischen Staat und Wirtschaft: staatsnah, aber nicht etatistisch, sehr wirtschaftsfreundlich, ohne selbst eine marktwirtschaftliche Akteurin zu sein.

All dies macht die MPG zu einem hochinteressanten Untersuchungsgegenstand sowohl für die Zeitgeschichte als auch – in ihren politischen, wirtschaftlichen und sozialen Bezügen – für die Wissenschaftsforschung. Die Bedeutung des Sozialen für die wissenschaftliche Forschung ist seit den klassischen Texten von Boris Hessen, Ludwik Fleck und Edgar Zilsel aus den 1930er-Jahren wohlbekannt und seit dem Aufkommen der Science and Technology Studies in den 1970er-Jahren ein im Wesentlichen unumstrittener Fakt. Doch wie wirkt die soziale Verfasstheit einer modernen Forschungsorganisation in die wissenschaftlichen Methoden und Inhalte hinein? Auf welche Art und Weise wirken politische und ökonomische Interessen auf die Ausrichtung einer explizit auf freie und unabhängige Grundlagenforschung verpflichteten Organisation? Wie spiegeln und brechen sich die Chancen und Risiken der modernen Wissensgesellschaft in der Geschichte der MPG?

Um all diesen Fragen auf der Basis historischer Quellen nachzugehen, bedurfte es der Kooperation eines großen Teams und einer avancierten digitalen Infrastruktur, deren Aufbau durchaus mit zu den Ergebnissen des Forschungsprogramms gerechnet werden darf. Die Zeitgeschichtsschreibung steht zudem aufgrund der geringen zeitlichen Distanz zu den von ihr untersuchten historischen Geschehnissen vor besonderen Problemen des Quellenzugangs und deren Auswertung. Wesentlich stärker als bei zeitlich weiter zurückliegenden Epochen wirken sich archivrechtliche Sperrfristen sowie persönlichkeitsrechtliche, urheberrechtliche und datenschutzrechtliche Beschränkungen auf die Forschungsmöglichkeiten aus. Hinzu kommen noch in die Gegenwart hineinwirkende politische, wissenschaftliche oder persönliche Konflikte, die zu Interessenkollisionen mit Zeitzeug:innen über die Interpretation historischer Vorgänge führen können. Die zeithistorische Forschung hat es in der zweiten Hälfte des 20. Jahrhunderts mit einem exponentiell wachsenden Daten- und Quellenumfang zu tun, der quantitativ mit Problemen der Informationsverarbeitung einhergeht. Mit der zunehmenden Spezialisierung naturwissenschaftlicher Forschung stellt sich für die Wissenschaftsgeschichte zudem qualitativ das epistemische Problem, dass die Analyse des historischen Wandels von Forschungspraktiken, Theoriebildung und kognitiven Entwicklungsprozessen besondere fachwissenschaftliche Kenntnisse und Expertise erfordert. Forschungsfelder sind aufgrund ihrer Ausdifferenzierung und der stark gewachsenen Zahl an fachwissenschaftlichen Publikationen kaum noch zu überblicken.

All dies trifft auch auf die reichhaltige Quellenüberlieferung zur Geschichte der MPG zu. Der Großteil der im Besitz der MPG befindlichen Aktenüberlieferung zur Geschichte ihrer Leitungsorgane, Generalverwaltung, Institute und Forschungsstellen befindet sich im Archiv der Max-Planck-Gesellschaft (AMPG) in Berlin sowie der Alt-Registratur der Generalverwaltung in München. Hinzu kommen – trotz jahrzehntelanger Zentralisierungsbemühungen des Archivwesens innerhalb der MPG – eigenständige Institutsarchive, zu denen das

1. Herausforderungen und Fragestellungen einer Geschichte der Max-Planck-Gesellschaft

Historische Archiv des MPI für Psychiatrie in München zählt. Ein umfangreiches Archiv unterhält ferner das Institut für Plasmaphysik in Garching. Das Ende der 1980er-Jahre eingerichtete Archiv des MPI für Kohlenforschung in Mülheim an der Ruhr blieb dem Forschungsprogramm bedauerlicherweise verschlossen, während das MPI für Psychiatrie und das MPI für Plasmaphysik freien Zugang zu ihren Archivbeständen gewährt haben. Im Rahmen des Forschungsprogramms wurden zudem rund 100 Interviews mit Wissenschaftler:innen der MPG, aktiven und ehemaligen Angehörigen der Generalverwaltung und mit der MPG verbundenen Personen geführt, für deren Auskunftsbereitschaft wir sehr dankbar sind.

Als das am MPI für Wissenschaftsgeschichte in Berlin angesiedelte Forschungsprogramm 2014 seine Tätigkeit aufnahm, war der Großteil der genannten Akten noch nicht archivalisch erschlossen. Von den rund 6.000 laufenden Regalmetern Akten befand sich weniger als ein Sechstel bereits im Archiv der MPG in Berlin und erst im Prozess der Erschließung. Dies gilt auch für die noch in den Magazinen der Alt-Registratur und der laufenden Registratur der Generalverwaltung der MPG in München lagernden Akten, insgesamt rund 4.500 Regalmeter, die zu erheblichen Teilen während der Projektlaufzeit in das Archiv nach Berlin überführt wurden.

Die durch das Forschungsprogramm entwickelte Digitalisierungsstrategie zielte zum einen darauf ab, die umfangreiche analoge Aktenüberlieferung forschungsbegleitend in kurzer Zeit in digitalen Formaten bereitzustellen. Zum anderen sollten diese in eine technische Forschungsinfrastruktur integriert werden, um sie wissenschaftlich mit EDV-gestützten Methoden erschließen und auswerten zu können. Dazu wurden die digitalisierten Quellen in relationale Datenbanken eingebunden, mit einer Texterkennungssoftware maschinell lesbar und mittels einer Volltextsuche recherchierbar gemacht. Da die Aktenüberlieferung fast ausschließlich maschinenschriftlich vorlag, können mit relativ geringen Fehlerquoten nahezu alle digitalisierten Textdokumente durchsucht werden, was archiv- und bestandsübergreifende Abfragen im gesamten Textkorpus erlaubt. Damit wurde in kurzer Zeit eine mit herkömmlichen archivalischen Findmitteln unerreichbare Tiefenerschließung der Quellen erzielt. Dies schuf zugleich die technische Voraussetzung für die Weiterentwicklung von Methoden der digitalen Geisteswissenschaften (Digital Humanities), sodass auf Basis datengestützter Analysen Aussagen über die institutionelle Entwicklung der MPG und der in ihren Instituten betriebenen Forschungen möglich wurden. Die auf die Forschungsbedürfnisse zugeschnittenen digitalen Instrumente wurden für das Forschungsprogramm über mehrere Jahre in einer engen interdisziplinären Zusammenarbeit von Historiker:innen, Softwareingenieuren, Programmierer:innen und studentischen Hilfskräften konzeptionell entwickelt und implementiert.

In vier Arbeitsschritten wurde seit 2014 eine systematische Massendigitalisierung unternommen, nicht nur der im Archiv und der Registratur vorgehaltenen historischen Dokumente, sondern auch von Publikationen wie Jahrbüchern. Dies ließ sich nur in einem groß angelegten arbeitsteiligen Verfahren zwischen verschiedenen MPG-Institutionen und externen Dienstleistern bewältigen. So etablierte das Forschungsprogramm 2016 mit der Gesellschaft für wissenschaftliche Datenverarbeitung Göttingen (GWDG) eine institutionelle Kooperation, um ein forschungsgeleitetes technisches Konzept für den Aufbau einer Infrastruktur zur Langzeitarchivierung der entstandenen Forschungsdaten zu entwickeln. Durch die enge Zusammenarbeit der verschiedenen Partner war es möglich, die dazu benötigte Expertise aus der Wissenschaftsgeschichte, der Informatik, den Digital Humanities sowie den Bibliotheks- und Archivwissenschaften interdisziplinär miteinander zu verbinden.

Die erfassten digitalen Bestände, insgesamt etwa 500 Terabyte, waren die Basis für die Entwicklung einer dynamischen virtuellen Forschungsumgebung. Neben den »Stammdaten« der Max-Planck-Gesellschaft – wie ihren gegründeten oder geschlossenen Instituten, neu berufenen Direktor:innen und ausgestellten Patenten – wurden auch weniger zugängliche Informationen in eine durchsuchbare und abfragbare Struktur überführt. So wurden zum Beispiel Informationen über sämtliche im Untersuchungszeitraum eingerichteten Kommissionen erfasst. Ein weiterer Untersuchungsschwerpunkt war die Finanzgeschichte der Institute der MPG, für die ebenfalls strukturierte Daten erhoben wurden. Auch die personenbezogene Geschichte der Max-Planck-Gesellschaft konnte mithilfe einer detaillierten Erfassung der Sozial- und Bildungsgeschichte von MPG-Mitgliedern genauer analysiert werden. Die erhobenen Daten ermöglichten beispielsweise Untersuchungen über Bildungsherkunft, Internationalität oder Verbindungen zwischen Max-Planck-Instituten und Universitäten. Eine übergreifende Fragestellung, die nicht allein durch die intern erfassten Daten bearbeitet werden konnte, war die Einbettung der wissenschaftlichen Veröffentlichungen der MPG in einen nationalen und globalen Kontext auf der Grundlage von Publikationsdatenbanken. Ein weiterer Schwerpunkt der digitalen Analysen lag auf der Auswertung verschiedener Personennetzwerke. Über die Ko-Mitgliedschaft in Kommissionen konnte zum Beispiel der im Laufe der Zeit wachsende Grad der Vernetzung zwischen den Sektionen aufgezeigt werden.

Die Gliederung des vorliegenden Bandes orientiert sich an unserem Anspruch, die Geschichte der MPG in einer Zusammenschau von Zeitgeschichte, Institutionengeschichte und Wissenschaftsgeschichte auf der Basis der Ergebnisse des Forschungsprogramms geschlossen darzustellen. Auch die langjährigen Bemühungen des Forschungsprogramms haben allerdings noch viele Fragen offengelassen oder neue entstehen lassen, sodass dies keineswegs mit der Prätention einer endgültigen und erschöpfenden Gesamtdarstellung geschieht. Zu sehr war und ist die MPG von ihren einzelnen Persönlichkeiten und individuellen Forschungsgeschichten geprägt, die – obwohl auch aus historischer Sicht hoch relevant – nicht alle einfließen konnten, als dass unsere eher auf Strukturen und ihre Veränderungen zielende Analyse einem solchen Anspruch genügen könnte.

Das auf diese Einleitung folgende II. Kapitel ist der institutionellen Geschichte der MPG und ihrer zeitgeschichtlichen Einbettung gewidmet. Das III. Kapitel beschäftigt sich aus wissenschaftshistorischer Sicht mit den Forschungsstrukturen der MPG. Das IV. Kapitel analysiert die Verflechtungen epistemischer und gesellschaftlicher Dynamiken, die die MPG geprägt haben. Das V. und abschließende Kapitel bietet ein Fazit unserer Untersuchungen. Hier werden noch einmal die Phasen und Knotenpunkte der Entwicklung sowie der Charakter der MPG als Institution und ihre Rolle als Forschungsorganisation in Deutschland, Europa und der Welt zusammengefasst. In einem umfangreichen Anhang haben wir schließlich verschiedene Verzeichnisse, Tabellen und Infografiken zusammengestellt.

2. Danksagung

Das Projekt zur »Geschichte der Max-Planck-Gesellschaft (1948–2002)« hat die MPG als unabhängiges Forschungsprogramm gefördert und am Max-Planck-Institut für Wissenschaftsgeschichte in Berlin angesiedelt. Es wurde gegen Ende der Amtszeit von Präsident Peter Gruss begründet und während der Amtszeit von Präsident Martin Stratmann durchgeführt. Wir danken beiden Präsidenten für ihre großzügige und nachhaltige Unterstützung.

Die Arbeit des Forschungsprogramms hat ein internationaler Fachbeirat wissenschaftlich begleitet, dessen Mitglieder auf zahlreichen Sitzungen konzeptionelle Fragen und Forschungsergebnisse diskutierten. Unter Vorsitz von Wolfgang Schön (MPI für Steuerrecht und öffentliche Finanzen) gehörten ihm aus der MPG an: Lorraine Daston (MPI für Wissenschaftsgeschichte), Thomas Duve (MPI für Rechtsgeschichte und Rechtstheorie), Ute Frevert (MPI für Bildungsforschung), Angela D. Friederici (MPI für Kognitions- und Neurowissenschaften), Reinhard Genzel (MPI für extraterrestrische Physik), Werner Hofmann (MPI für Kernphysik), Ulman Lindenberger (MPI für Bildungsforschung), Ulrich Pöschl (MPI für Chemie), Hans-Jörg Rheinberger (MPI für Wissenschaftsgeschichte), Michael Stolleis (MPI für europäische Rechtsgeschichte, später: MPI für Rechtsgeschichte und Rechtstheorie), Robert Schlögl (Fritz-Haber-Institut der MPG) und Lothar Willmitzer (MPI für molekulare Pflanzenphysiologie). Externe Mitglieder des Fachbeirats waren Mitchell G. Ash (Wien), Angela N. H. Creager (Princeton), Wolfgang U. Eckart (Heidelberg), Susanne Heim (Berlin), Doris Kaufmann (Bremen), Gabriel Motzkin (Jerusalem), Helga Nowotny (Wien), Jakob Tanner (Zürich) und Peter Weingart (Bielefeld). Den Fachbeiratsmitgliedern danken wir für ihr Engagement und ihre vielfältigen Impulse.

Die MPG hat das Forschungsprogramm mit einem eigens dafür eingerichteten Council begleitet, der unter anderem die Kooperation mit dem Archiv der MPG regelte und die komplexen rechtlichen Rahmenbedingungen – insbesondere mit Blick auf Personen- und Datenschutzrechte – zu gestalten half, unter denen das Forschungsprogramm gegenwartsnahe zeithistorische Forschungen betrieben hat. Wir sind den Mitgliedern des Councils, insbesondere Wolfgang Schön, Angela Friederici und Ulman Lindenberger als verantwortlichen Vizepräsident:innen der MPG, Maximilian Prugger als Stellvertretendem Generalsekretär und Berthold Neizert, dem Leiter der Abteilung Forschungspolitik und Außenbeziehungen, außerordentlich dankbar für ihre engagierte und umsichtige Betreuung des Projekts.

Entscheidend war auch die Mitwirkung der Datenschutzbeauftragten der MPG Heidi Schuster, der wir ebenfalls dankbar sind. Die Sicherung von Personen-, Daten- und anderen Schutzrechten wurde durch das Verfahren einer »Output-Kontrolle« gewährleistet, bei der zu veröffentlichende Texte zunächst einer Prüfung auf mögliche Verletzungen solcher Rechte unterzogen wurden. Diese Prüfung hat bis zu seinem vorzeitigen Tod 2021 Michael Stolleis vorgenommen. Sie wurde danach von seinem Institutskollegen Stefan Vogenauer übernommen. Beide haben sich dieser Aufgabe kenntnisreich und gewissenhaft wie auch mit starkem inhaltlichen Interesse und einem kritischen Blick auf unsere Texte angenommen, wir danken ihnen sehr.

Das Max-Planck-Institut für Wissenschaftsgeschichte war die administrative und wissenschaftliche Heimatbasis des Projekts. Besonders dankbar sind wir der inzwischen in den Ruhestand getretenen Verwaltungsleiterin des Instituts, Claudia Paaß, die uns in allen organisatorischen Fragen klug beraten und Lösungswege bei auftretenden

2. Danksagung

Problemen aufgezeigt hat. Ebenso dankbar sind wir der IT-Gruppe des Instituts, insbesondere Dirk Wintergrün und Mario Berner, die uns neben ihren Aufgaben für das Institut stets freundlich, wirksam und kreativ unterstützt haben.

Nicht zuletzt wäre die gewaltige Literaturrecherche durch Mitglieder und Gäste des Forschungsprogramms nicht zu bewältigen gewesen ohne die einmalige Unterstützung und Betreuung durch die Bibliothek des MPI für Wissenschaftsgeschichte unter Leitung von Esther Chen, namentlich Sabine Bertram, Urte Brauckmann, Ellen Garske, Ralf Hinrichsen, Ruth Kessentini, Anke Pietzke und Matthias Schwerdt. Die Kooperation und der ständige Austausch mit dem Archiv der Max-Planck-Gesellschaft, namentlich mit seiner Leiterin Kristina Starkloff, ihrem Stellvertreter Thomas Notthoff und den Mitarbeiter:innen Joachim Japp, Simon Nobis, Georg Pflanz, Evelyn Schülke, Florian Spillert und Susanne Uebele bildeten eine entscheidende Voraussetzung für die Durchführung des Forschungsprogramms. Ihnen sind wir äußerst dankbar für ihre Unterstützung gerade auch in den Bestrebungen, die über den traditionellen Aktionsradius eines Archivs hinausgingen. Aus dem gleichen Grund möchten wir auch den weiteren Archiven und ihren Leiter:innen danken, insbesondere dem Archiv des MPI für Plasmaphysik und dem Historischen Archiv des MPI für Psychiatrie. Auch danken wir allen Kolleg:innen aus der Max-Planck-Gesellschaft, die das Forschungsprogramm auf die eine oder andere Weise unterstützt haben, als Interview- oder Gesprächspartner:innen, als Ratgeber:innen oder in administrativen Hinsichten.

Wir genossen vielfältige Unterstützung unseres Digitalisierungsprogramms. Für nachhaltige Zusammenarbeit danken wir der GWDG, namentlich ihrem Geschäftsführer Ramin Yahyapour sowie seinen Mitarbeitern Daniel Elkeles, Urs Schoepflin, Ulrich Schwardmann und Phillip Wieder. Urs Schoepflin, ehemaliger Bibliotheksleiter des MPI für Wissenschaftsgeschichte, war verantwortlich für die Digitalisierungsgruppen in Berlin und in der Registratur der MPG in der Generalverwaltung in München. In der Anfangsphase des Projekts waren Sebastian Kruse als Software-Ingenieur und Juliane Stiller als Koordinatorin der Digitalisierungsvorhaben tätig. Die Projektsteuerung der von den Firmen Frankenraster (Buchdorf), MIK-Center (Berlin) und ArchivInForm (Potsdam) durchgeführten Massendigitalisierung hatte zunächst Anne Overbeck inne; auf sie folgte Felix Falko Schäfer. Als Software-Ingenieur leistete Felix Lange fünf Jahre lang den Aufbau der umfassenden digitalen Arbeitsumgebungen des Forschungsprogramms und den Einsatz IT-gestützter Methoden der Quellenauswertung, unterstützt durch Enric Ribera Borrell. In der Abschlussphase des Forschungsprogramms übernahm Thomas Neumann diese Aufgaben. Dirk Wintergrün entwickelte Teile der Infrastruktur mit Fokus auf Texterkennung, Mining und Suche. Malte Vogl befasste sich mit der Entwicklung von Auswertungsmethoden für verschiedene Forschungsfragen. Im Feld der Biowissenschaft unterstützte Manfred D. Laubichler zeitweise das Projekt. Felicitas Hentschke hat an der Koordination der Teilprojekte engagiert und ideenreich mitgewirkt. Ihnen allen sei nachdrücklich gedankt.

Kristina Schönfeldt danken wir herzlich für ihre jahrelange Arbeit als Projektassistentin, die tatkräftige Organisation von Veranstaltungen, Fachbeiratssitzungen, Workshops und Expertengesprächen des Forschungsprogramms sowie die engagierte Betreuung der studentischen und wissenschaftlichen Mitarbeiter:innen und Gastwissenschaftler:innen. Die Aufbereitung der Bildstrecken haben wir Anne Huffschmid zu verdanken, die sich dieser Aufgabe mit großer Umsicht und Kreativität angenommen hat. Mona Friedrich und Malte Vogl haben die Grafiken und Tabellen des Anhangs aus den verschiedenen Zahlenwerken des Projekts extrahiert und mit Unterstützung von Eric Jentzsch von der Grafikagentur Hüftstern ansprechend gestaltet.

Das Lektorat lag in den bewährten Händen von Stephan Lahrem vom Lektoratsbüro Text-Arbeit, der dem gesamten Autorenteam weit über das übliche Maß hinaus in der gesamten Schlussphase der Arbeiten mit gutem und praktischem Rat zur Seite gestanden hat. Wir sind ihm für seine sorgfältige Arbeit und viele konstruktiv-kritische Hinweise sehr dankbar. Ebenfalls herzlich danken wir Kerstin Davies, die den Satz mit großer Umsicht und unermüdlichem Einsatz besorgt hat. Schließlich sei dem Verlag Vandenhoeck & Ruprecht und hier insbesondere Daniel Sander und Matthias Ansorge gedankt, die unsere Publikationsreihe »Studien zur Geschichte der Max-Planck-Gesellschaft« von Anfang an engagiert unterstützt haben und auch angesichts des Umfangs dieses Bandes nicht vor der Aufgabe zurückgeschreckt sind, diesem eine ansprechende und leserfreundliche Gestaltung zu geben. Zuallerletzt, aber besonders herzlich sei den Student:innen und allen Kolleg:innen des Projekts herzlich gedankt, die das Forschungsprogramm nicht nur unterstützt, sondern durch ihre Kreativität und Mitarbeit erst ermöglicht haben.

II. Die MPG in ihrer Zeit

Jaromír Balcar

II. Die MPC in ihrer Zeit

1. Einleitung[1]

In diesem Kapitel behandeln wir die Geschichte der Max-Planck-Gesellschaft (MPG) von 1946/48 bis 2002/05 in ihren zeithistorischen Zusammenhängen, das heißt als Teil der deutschen Geschichte der zweiten Hälfte des 20. Jahrhunderts, zugleich eingebettet in europäische und globale Bezüge. Der Blick ist auf die MPG als Ganzes gerichtet, als Organisation, als soziales Gefüge, als Institution der außeruniversitären Grundlagenforschung, die im Wissenschaftssystem der Bundesrepublik einen prominenten Platz einnimmt. Von ihrer Vorgängerin, der 1911 gegründeten Kaiser-Wilhelm-Gesellschaft (KWG), übernahm sie als organisatorischen Markenkern das »Harnack-Prinzip«, das für personenzentrierte und langfristige Forschungsförderung steht, im Gegensatz zu den kürzeren Projektzyklen, die an den Universitäten dominieren. In den Max-Planck-Instituten – heute sind es rund 80 – wird in verschiedensten Zweigen der Naturwissenschaften geforscht, aber auch die Geistes- und Sozialwissenschaften sind in der MPG vertreten. Über alle disziplinären Grenzen hinweg eint sie der Anspruch, Spitzenforschung von internationalem Rang zu betreiben.

Im Folgenden wird die Geschichte einzelner Institute allerdings nur behandelt, wenn sie für die Entwicklung der MPG insgesamt richtungsweisend bzw. charakteristisch war. Im Kern geht es um die Gesamtheit der internen und externen Leitungsstrukturen und Lenkungsmechanismen (kurz: die Governance) der MPG, ihre Finanzierung und ihre Organisationsformen, ihren sich wandelnden Ort in der Wissenschaftslandschaft der Bundesrepublik und Europas, um ihr Verhältnis zu Wirtschaft, Gesellschaft und Politik, um grundsätzliche, die Gesamtorganisation betreffende Weichenstellungen, die über die Prioritäten und Strukturprinzipien dieser rasant wachsenden Forschungsgesellschaft entschieden – und all dies im Wandel der Zeit. So geraten wichtige Leitungsgremien der MPG wie Senat und Verwaltungsrat in den Fokus, ihre Arbeitsweise und die Personen, die zentrale Ämter wie das des Präsidenten oder des Generalsekretärs bekleideten. Wo immer dies notwendig und möglich erscheint, richtet sich der Blick über die MPG hinaus, etwa auf ihre Interaktion mit Forschungsministerien und Kultusbürokratie in Bund und Ländern, mit Unternehmen und Verbänden oder auf andere Akteure des Wissenschaftssystems, mit denen die MPG in Kooperation und Konkurrenz verbunden war – und mit denen sie gemeinsam in Form der (bis heute bestehenden) »Allianz der Wissenschaftsorganisationen« ein institutionelles Gegengewicht bildete, das den Einfluss der Politik bei wichtigen Entscheidungen, wie beispielsweise der Gründung oder Schließung von Instituten, begrenzen half.[2]

Um Kontinuität und Wandel zu identifizieren und nachvollziehbar zu machen, ist Periodisierung in der Geschichtswissenschaft zentral. Die *Unterscheidung von Phasen* ermöglicht die Feststellung von diachronen Ähnlichkeiten und Unterschieden sowie, darauf aufbauend, die Frage nach Mechanismen, Bedingungen und Folgen von Veränderungen und Persistenz. Es liegt in der Natur der Dinge, dass immer unterschiedliche Periodisierungen möglich sind. Die Einteilung richtet sich nach den Erkenntniszielen. Da es hier um das Zusammenspiel von Wissenschafts- und Zeitgeschichte, um das Verhältnis von MPG-internen und gesamtgesellschaftlichen Veränderungen geht, haben wir uns für eine Gliederung des Untersuchungszeitraums entschieden, die *multidimensionale Kriterien* berücksichtigt. Dadurch geraten einerseits MPG-interne Veränderungen, andererseits allgemeine zeitgeschichtliche Zäsuren – und das Verhältnis zwischen beiden – in den Blick. Dabei stellten sich in der Zeit variable Wachstumsmuster als zentral heraus: in der Unterscheidung von Phasen beschleunigten und sol-

---

[1] Die Einleitung stammt von Jaromír Balcar und Jürgen Kocka.
[2] Osganian und Trischler, *Wissenschaftspolitische Akteurin*, 2022.

chen stark reduzierten Wachstums sowohl in der Haushaltsentwicklung der MPG als auch in den Konjunkturzyklen, die die Bundesrepublik und (West-)Europa im Untersuchungszeitraum durchliefen. Aber auch andere Schwellen, Zäsuren, Bruchstellen der Entwicklung waren einzubeziehen: grundlegende Veränderungen und Weichenstellungen in der MPG (etwa im Zusammenhang mit dem generationellen Wandel des wissenschaftlichen Personals oder mit dem Wechsel im Präsidentenamt) sowie politische Großereignisse mit Auswirkung auf die MPG (wie der Wiedergewinn partieller Souveränität durch die Bundesrepublik 1955 oder die deutsche Wiedervereinigung 1990). Es liegt auf der Hand, dass eine Phaseneinteilung aufgrund so heterogen zusammengesetzter Kriterien nur zu groben Zäsuren, nicht aber zur Festsetzung scharfer Einschnitte führen kann. Doch mindert das weder den heuristischen Nutzen der gewählten Periodisierung bei der empirischen Erforschung des Gegenstands noch die Chance, mit ihrer Hilfe über die differenzierende Darstellung von Phasen den komplexen Wandel der MPG im Untersuchungszeitraum nachzuzeichnen. Im Folgenden wird zwischen vier Phasen der Entwicklung unterschieden, in denen die MPG auf je zeitgebundene politische, wirtschaftliche, gesellschaftliche und wissenschaftliche Herausforderungen reagieren musste:

1. In der Gründungsphase der MPG, die mit dem Kriegsende einsetzte, ging es unter den Bedingungen der alliierten Besatzung zunächst um die Frage, ob die KWG als Organisationstyp und in ihrer übrig gebliebenen Substanz fortbestehen sollte; dies war alles andere als selbstverständlich. Nachdem dieses Ziel unter dem Einfluss des beginnenden Kalten Kriegs und als Ergebnis einer dezidierten Verschiebung des Schwerpunkts nach Westen bis 1949 erreicht war, bestand in den ersten Jahren der Bundesrepublik die Haupttätigkeit der Organisation darin, die über Westdeutschland verstreuten Einrichtungen der KWG unter der Fahne der MPG zu sammeln. Sehr viel mehr war angesichts der stark begrenzten Finanzmittel, die in der »Gründungskrise« der Bundesrepublik (Hans Günter Hockerts) für Forschung zur Verfügung standen, und aufgrund der alliierten Forschungsbeschränkungen nicht möglich. In ihren ersten Jahren war die neu gegründete MPG kaum mehr als eine Fortsetzung der KWG unter neuem Namen.[3]

2. Dies änderte sich 1955, als die Pariser Verträge der Bundesrepublik weitgehende Souveränitätsrechte zuerkannten und das »Wirtschaftswunder« finanzielle Verteilungsspielräume eröffnete, von denen auch die Forschung profitierte. Der anlaufende europäische Integrationsprozess gliederte die westdeutsche Wissenschaft in europäische Verbundprojekte ein, was den Wiedereinstieg in zuvor verbotene Forschungsfelder erleichterte und die Finanzierungsgrundlage verbreiterte. Auf dieser Basis verzeichnete die MPG einen einzigartigen Wachstumsschub, der zum einen zur Gründung zahlreicher neuer Institute, zum anderen zum Ausbau bereits bestehender Forschungseinrichtungen führte. Zur Bewältigung dieses Wachstums überarbeitete die MPG mehrfach ihre Satzung, was die Jahre von 1955 bis 1972 als eine zusammenhängende Phase der inneren Formfindung charakterisiert und was wir im Folgenden als »lange 1960er-Jahre« bezeichnen. Mit der Reform von 1972 reagierte sie zugleich auf Proteste und Demokratisierungsforderungen, die ab 1968 aus den Reihen des wissenschaftlichen Nachwuchses und in der für die MPG immer wichtiger werdenden Öffentlichkeit laut wurden.[4]

3. In den frühen 1970er-Jahren endete die Wachstumsphase in der Bundesrepublik und in Westeuropa allerdings abrupt. Stagflation – also steigende Inflation bei Stagnation der Wirtschaft – und wachsende Arbeitslosigkeit kennzeichneten die Zeit »nach dem Boom« (Anselm Doering-Manteuffel). Für die MPG zeitigte dies weitreichende Folgen: Sie musste den Auf- und Ausbau großer und teurer Institute, deren Gründung noch in Jahren mit zweistelligen Haushaltszuwächsen beschlossen worden war, in Zeiten knapper Kassen bewältigen und parallel dazu ihre wissenschaftliche Erneuerung bewerkstelligen. Die MPG-Spitze reagierte auf diese Herausforderung mit einer Politik der Flexibilisierung: Da reale Zuwächse im Haushalt bis auf Weiteres ausblieben, bemühte sich die MPG nicht ohne Erfolg, Ressourcen aus der eigenen Substanz freizumachen, also bestehende Abteilungen und ganze Institute zu schließen, um durch die interne Umverteilung von Mitteln den Anschluss an die internationale Wissenschaftsentwicklung zu halten. Hinzu kam verstärkter Druck aus der Politik, mittels eigener Forschungsergebnisse zur Überwindung der Wirtschaftskrise beizutragen.

4. Der Zusammenbruch der DDR und des Ostblocks bewirkte 1989/90 quasi über Nacht eine abermalige Trendwende. Im Zuge des »Aufbaus Ost« standen die Zeichen plötzlich wieder auf Wachstum, sollte die MPG in den neuen Bundesländern doch möglichst

---

[3] Dazu ausführlich Balcar, *Ursprünge*, 2019.
[4] Zum Zäsurcharakter des Jahres 1972 siehe Balcar, *Wandel*, 2020, 6–7.

rasch in demselben Maße vertreten sein wie in den alten.⁵ Da es der Politik damit nicht schnell genug gehen konnte, geriet die MPG unter zuvor nie gekannten Druck. Zudem erstreckte sich das Wachstum – anders als in den langen 1960er-Jahren – nun nicht auf die gesamte Forschungsorganisation: Während die MPG im Osten des Landes enorm expandierte, musste sie im Westen weitere schmerzhafte Einschnitte hinnehmen, zu denen abermals die Schließung ganzer Institute gehörte. Neben der Wiedervereinigung und ihren Folgen prägten Trends zu beschleunigter Europäisierung und Globalisierung die vierte Entwicklungsphase. Ab Mitte der 1990er-Jahre wurden Gelder aus Brüssel zunehmend wichtiger und auch die innere Internationalisierung der MPG schritt merklich voran. Zugleich geriet die MPG in einen weltweit immer schärferen Wettbewerb um die »besten Köpfe«, für den sie wegen der Besonderheiten der Forschungsfinanzierung in der Bundesrepublik nicht immer gut gerüstet war.

Mit Blick auf die Wissenschaftlichen Mitglieder kommt als weiteres Distinktionsmerkmal hinzu, dass jede dieser vier Phasen mit einer jeweils spezifischen generationellen Schichtung korrespondiert. Bei aller gebotenen Vorsicht lassen sich unter den Wissenschaftlichen Mitgliedern der MPG zwischen 1946 und 2002 vier *wissenschaftliche Generationen* unterscheiden:⁶

1. Die Angehörigen der ersten Generation, die man auch als Gründergeneration bezeichnen könnte, waren vor 1885 geboren und noch im Kaiserreich sozialisiert worden. Geprägt wurden sie einerseits von den großen theoretischen Durchbrüchen, die insbesondere auf dem Gebiet der Physik um 1900 gelangen, andererseits von einer Gesellschaft, die horizontal von mehr oder weniger scharf voneinander abgegrenzten sozialmoralischen Milieus sowie vertikal von stark ausgeprägten Hierarchien und viel Untertanengeist charakterisiert war.⁷ Daraus resultierte in verschiedenen Bereichen – und eben auch in der Wissenschaft – ein Leitungsmodell, das weitgehend auf Befehl und Gehorsam beruhte. In der KWG fand es seine spezifische Ausprägung im »Harnack-Prinzip«, das den Direktor eines Instituts nicht nur mit ungeteilter Entscheidungskompetenz ausstattete, sondern Gründung und Fortexistenz des gesamten Instituts unmittelbar von diesem einen »großen Geist« abhängig machte.⁸ Zu dieser Generation gehörten etwa der erste MPG-Präsident Otto Hahn (1879–1968), Max von Laue (1879–1960) und, als einer der letzten, Otto Warburg (1883–1970). Sie gaben der MPG in ihrer Gründungsphase das Gesicht, sorgten für die weitgehende Fortführung der Traditionen aus der KWG in der MPG, zogen sich jedoch bereits im Lauf der langen 1960er-Jahre aus Altersgründen zurück.

2. Die Angehörigen der zweiten Generation hatten in den Jahren um die Jahrhundertwende herum das Licht der Welt erblickt. Ihre wissenschaftliche Ausbildung sowie ihre prägenden Erfahrungen sammelten sie in der Weimarer Republik und vor allem in der NS-Zeit, als die meisten von ihnen einen Ruf an eine Universität erhielten und zum Wissenschaftlichen Mitglied der KWG berufen wurden. Zu ihren Erfahrungen, die langfristige Prägekraft besaßen, gehörten die Indienstnahme der Wissenschaft durch den Nationalsozialismus bzw. die »Selbstgleichschaltung« und »Selbstmobilisierung der Wissenschaft«.⁹ Beides lief darauf hinaus, dass sich die wissenschaftliche Forschung nichtwissenschaftlichen – technischen, militärischen oder politischen – Belangen unterzuordnen hatte. Bis in die 1970er-Jahre hinein bekleideten die Exponenten dieser Generation, zu der Adolf Butenandt (1903–1995), Werner Heisenberg (1901–1976), Richard Kuhn (1900–1967), Werner Köster (1896–1989), Franz Wever (1892–1984) und Ernst Ruska (1906–1988) zählten, innerhalb der MPG die zentralen Führungspositionen, bevor sie im Lauf der 1970er-Jahre emeritiert wurden.

3. Diejenigen, die zur dritten Generation gehörten und später einmal zu den Trägern der Instrumentenrevolution zählen sollten,¹⁰ hatten ihre wissenschaftliche Ausbildung zumeist in den 1940er-Jahren begonnen, teils noch in der NS-Zeit, teils unter alliierter Besatzungsherrschaft. Mit ihnen setzte sich die Internationalisierung der Wissenschaft auf breiter Front durch: Viele

---

5 Zur MPG im Prozess der deutschen Vereinigung siehe ausführlich Ash, *MPG im Kontext*, 2020; Ash, *MPG im Prozess*, 2023.
6 Balcar, *Wandel*, 2020, 24–28. Grundlegend zur Generationenforschung Mannheim, Problem, 1928. Eine kurze theoretische Einführung bietet Jureit, Generation, 2017.
7 Siehe dazu Lepsius, Parteiensystem, 1973; Alter, Heinrich Manns Untertan, 1991; Retallack, Obrigkeitsstaat, 2009.
8 Zum vielbeschworenen »Harnack-Prinzip«, seiner symbolischen Bedeutung für KWG/MPG und den Veränderungen, die es im Lauf der Zeit erfuhr, siehe Laitko, Harnack-Prinzip, 2015; Laitko, Forschungsorganisation, 1996; Vierhaus, Bemerkungen, 1996.
9 Das hat vor allem das Forschungsprojekt »Die Kaiser-Wilhelm-Gesellschaft im Nationalsozialismus« herausgearbeitet. Siehe dazu zusammenfassend Rürup, Spitzenforschung, 2014.
10 Siehe dazu Steinhauser, *Zukunftsmaschinen*, 2014, 15–16, 46–50 u. 344–347. – Peter Galison geht sogar so weit, die moderne Physik in drei weitgehend autonome Segmente zu gliedern, nämlich Theorie, Experiment und Instrument. Galison, *Image and Logic*, 1997, 797–803.

dieser Männer wie auch der wenigen Frauen, die innerhalb dieser Generation in wissenschaftliche Spitzenpositionen aufsteigen sollten, verbrachten zumindest einen Teil ihrer Postdoc-Zeit im Ausland, die meisten – nicht selten mit Fulbright-Stipendien ausgestattet – in den USA. Dort erhielten sie nicht nur eine Ahnung davon, was Wissenschaftspolitik im internationalen Maßstab bedeuten konnte, sondern lernten auch eine andere Universitäts- und Wissenschaftskultur kennen. Daraus dürfte nicht zuletzt eine größere Offenheit für kollegiale Leitungsformen resultiert haben, die in den Max-Planck-Instituten ab 1964 formal installiert und binnen weniger Jahre gang und gäbe wurden. Zu dieser Generation gehörten unter anderen Manfred Eigen (1927–2019), Reimar Lüst (1923–2020), Renate Mayntz (geb. 1929), Hans-Joachim Queisser (geb. 1931), Hellmut Fischmeister (geb. 1927), Hans-Jürgen Engell (1925–2007), aber auch noch Paul Crutzen (geb. 1933–2021), Peter Fulde (geb. 1936) und Gerhard Ertl (geb. 1936). Sie gaben in der MPG in der dritten und vierten Entwicklungsphase den Ton an.

4. Die Exponenten der vierten Generation, zu denen beispielsweise Simon White (geb. 1951), Peter Gruss (geb. 1949), Alexander Bradshaw (geb. 1944), Rashid Sunyaev (geb. 1943) und Martin Stratmann (geb. 1954) zählen, zeichneten sich durch verstärkte Instrumenten- und Technikorientierung aus. Computer und Internet waren und sind aus ihrer wissenschaftlichen Arbeit nicht mehr wegzudenken, ihr Gebrauch hatte bereits in der Ausbildungszeit dieser Wissenschaftler:innen zum Standard gehört. Diese Generation war noch stärker international orientiert als ihre Vorgänger. Nicht nur hatten viele von ihnen im Ausland studiert, vor allem in den USA und in Westeuropa. Im Zuge der in den 1990er-Jahren beschleunigten Globalisierung und der Gründung von 18 Instituten in den neuen Bundesländern rekrutierte die MPG nun in verstärktem Maße Forscher:innen, die nicht in Deutschland geboren worden waren. Unabhängig von der Herkunft der Direktor:innen avancierte nunmehr Englisch zur Umgangssprache an den meisten Max-Planck-Instituten. Erst in dieser Generation, die ab den 1990er-Jahren verstärkt bei Berufungen zum Zuge kam, machten Frauen einen nennenswerten Anteil unter den Wissenschaftlichen Mitgliedern der MPG aus.

Zwar wirkt ein solches Modell wissenschaftlicher Generationen etwas holzschnittartig und sagt wenig über Haltungen und Verhalten der einzelnen Angehörigen dieser Alterskohorten aus; Generationen sind per se *Problemgemeinschaften*, nicht *Problemlösungsgemeinschaften*. Dennoch erscheint es als heuristisches Instrument geeignet, uns für die Veränderungen zu sensibilisieren, die durch das Ausscheiden bzw. die Neuberufung von Wissenschaftlichen Mitgliedern auf der Direktorenebene stattfanden, zumal sich die MPG 1949 vom Lebenszeitprinzip ihrer Direktoren verabschiedete. Seit diesem Zeitpunkt schied man als Direktor eines Max-Planck-Instituts in der Regel mit 68 automatisch aus dem Amt.[11] Die MPG sah sich in diesem Moment vor die Entscheidung gestellt, ob die Abteilung bzw. das Institut weitergeführt, auf einen anderen Forschungszweig ausgerichtet oder geschlossen werden sollte. Daher eröffneten Emeritierungen, zumal wenn sie sich wie in den Wachstumsphasen der 1960er- und 1990er-Jahre zu einem Generationswechsel bündelten, der MPG besondere Chancen zur wissenschaftlichen Neuausrichtung.

Während die Geschichte der Bundesrepublik bis zur Jahrtausendwende als leidlich gut erforscht gelten kann (wenngleich archivgestützte Arbeiten bislang nur in Ausnahmefällen über die Zäsur von 1989/90 hinausreichen),[12] weist der Forschungsstand zur Geschichte der MPG noch erhebliche Lücken auf.[13] Gut erforscht ist bislang nur ihre Gründungsgeschichte, wozu die Präsidentenkommission »Geschichte der Kaiser-Wilhelm-Gesellschaft im Nationalsozialismus« wesentlich beigetragen hat.[14] Einige wichtige Arbeiten zur Chancengleichheit,[15] zu Partizipation und Mitbestimmung[16] sowie zur MPG im »Aufbau Ost«[17] gingen aus dem Forschungsprogramm »Geschichte der Max-Planck-Gesellschaft« in Form von Preprints und monografischen Studien hervor, doch sind die Lücken nach wie vor groß. Um sie zu schließen, mussten wir für diese Studie auf bislang nicht publizierte Quellen zurückgreifen. Sie beruht im Wesentlichen auf den Protokollen der Leitungsgremien der MPG – Senat,

---

11 Siehe Henning und Kazemi, *Chronik*, 2011, 310.
12 Siehe etwa die Überblicksdarstellungen von Conze, *Suche nach Sicherheit*, 2009; Wolfrum, *Geglückte Demokratie*, 2006; Wolfrum, *Die Bundesrepublik*, 2005.
13 Für einen Überblick und erste Einblicke siehe unten, Anhang 5.3.
14 Siehe dazu Balcar, *Ursprünge*, 2019; Wertvolle Vorarbeiten »auf dem Weg zu einer Geschichte der Kaiser-Wilhelm-/Max-Planck-Gesellschaft« bei Hoffmann, Kolboske und Renn, *Anwenden*, 2015.
15 Kolboske, *Chancengleichheit*, 2018; Kolboske, *Hierarchien*, 2023.
16 Scholz, *Partizipation*, 2019. Scholz, *Transformationen*, in Vorbereitung.
17 Ash, *MPG im Kontext*, 2020. Ash, *MPG im Prozess*, 2023.

1. Einleitung

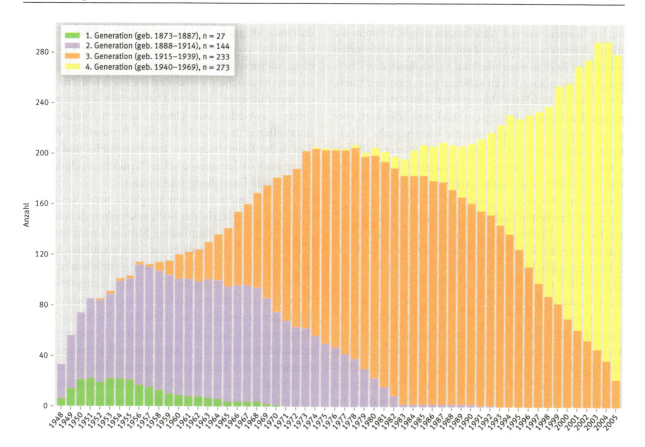

Abb. 1: Aktive Wissenschaftliche Mitglieder der MPG nach Generationen (1948–2005). – Quelle: Biografische Datenbank des Forschungsprogramms »Geschichte der Max-Planck-Gesellschaft« (GMPG). doi.org/10.25625/YTCJKZ.

Verwaltungsrat sowie, allerdings in geringerem Maße, Wissenschaftlicher Rat und seine Sektionen –, die im Archiv der Max-Planck-Gesellschaft (AMPG) in Berlin-Dahlem liegen.[18] Ausgewertet haben wir nicht nur die Niederschriften, sondern auch die Korrespondenzen im Vorfeld und im Nachgang der Sitzungen sowie die umfangreichen Beilagen; darunter befinden sich zahlreiche Schriftstücke, die als Schlüsseldokumente für die Geschichte der MPG gelten können. Ergänzend haben wir die Periodika der MPG herangezogen, vor allem die *Jahrbücher der Max-Planck-Gesellschaft*, die *Mitteilungen aus der Max-Planck-Gesellschaft* und die Ausgaben des *MPG-Spiegel*, die aufschlussreiche Berichte zur Entwicklung der Gesellschaft aus der Binnenperspektive enthalten.

Die folgende Darstellung lässt erkennen, wie sehr die materiellen Verhältnisse und der Geist der jeweiligen Zeit die MPG in sich wandelnden Formen geprägt haben, wie sehr diese also Teil der allgemeinen Geschichte (vor allem der Bundesrepublik) war. In der Studie wird zugleich deutlich, dass die MPG in hohem Maße in der Lage war, sich auf wechselnde Herausforderungen einzustellen, produktiv auf sie zu reagieren und im eigenen Bereich die Verhältnisse kräftig mitzugestalten. Sie nahm Probleme als Herausforderungen nicht nur auf, sondern trug auch zu ihrer Lösung bei. Sie reagierte nicht nur, sondern agierte. Mit anderen Worten: Die Max-Planck-Gesellschaft war ein in der Geschichte der Bundesrepublik nicht unwichtiger Akteur.[19]

Es ist bemerkenswert, dass mit der Gründung der KWG 1911 institutionalisierte Prinzipien exzellenter außeruniversitärer Forschung länger als ein Jahrhundert überlebt haben, und das in einer Zeit rasanten wissenschaftlichen, gesellschaftlichen und politischen Wandels. In ihrem Selbstverständnis sieht sich die MPG bis heute verpflichtet, die Traditionen der KWG fortzusetzen. Dies ist weit mehr als bloße Rhetorik, wie sich beispielsweise an der Fortdauer personenzentrierter Leitungsstrukturen in den sehr autonom arbeitenden und langfristig planenden Forschungsinstituten zeigt. Am selben Beispiel lässt die ins Einzelne gehende Darstellung in den folgenden Abschnitten aber

---

18 Zu den Chancen und Problemen dieser Quellengattung Rusinek, Gremienprotokolle, 1992. Siehe auch unten, Anhang 5.1.
19 Kocka: 75 Jahre, 2023.

auch erkennen, wie viel Wandlungen möglich waren, die dieses Prinzip zwar nicht aushebelten, aber modifizierten und in der Realität einschränkten – etwa durch den Übergang von monokratisch zu kollegial geleiteten Instituten, der in der zweiten Entwicklungsphase einsetzte. Dadurch wurde das Harnack-Prinzip ein Stück weit gelockert, aber nicht aufgehoben. Überkommene hierarchische Strukturen – etwa mit Blick auf die Geschlechterverhältnisse oder die Mitbestimmung des Personals – blieben trotz einer Vielzahl von einzelnen größeren und kleineren Reformen im Untersuchungszeitraum erstaunlich stabil.[20] Auch die Freiheiten und Innovationschancen der Institutsleitungen blieben immens, was angesichts der Regelungsdichte, die in der MPG dramatisch zunahm, keine Selbstverständlichkeit war; Wachstum und Bedeutungsgewinn der Generalverwaltung legen davon beredtes Zeugnis ab, wie wir im Folgenden zeigen werden.

Der Anspruch auf wissenschaftliche Autonomie, ihre dezidierte Einforderung und Verteidigung gegenüber staatlichen Steuerungsansprüchen und wirtschaftlichen Verwertungsinteressen sind seit Jahrzehnten zentrale Elemente der Selbstdarstellung und Rhetorik, aber auch der praktischen Politik der MPG. Verbunden war (und ist) das Postulat der wissenschaftlichen Selbstverwaltung mit der Betonung von Grundlagenforschung als Markenzeichen, durchaus im graduellen Unterschied zur KWG, die sehr viel stärker von privatwirtschaftlicher Finanzierung abhing, während öffentliche Mittel den Großteil der Resourcen ausmachen, von denen die MPG lebt. Im Kampf um ihre Autonomie hatte und hat die MPG beträchtlichen Erfolg – zweifellos eine Ursache ihrer hierzulande und international ausnehmend hohen Reputation. Wie ihr dies in der föderalistischen Bundesrepublik und zunehmend auch in den europäischen Strukturen gelang, zeigt die folgende Darstellung im Einzelnen.

Auch im internationalen Vergleich wird dies als Besonderheit und Stärke der MPG erkennbar: dass sie zwar vornehmlich aus öffentlichen Mitteln finanziert wird, aber weit davon entfernt bleibt, eine staatliche Agentur oder Behörde zu sein; dass sie zwar – vor allem in industrienahen Forschungsgebieten – enge Kooperationsbeziehungen mit privatwirtschaftlichen Unternehmen und Interessen unterhält, aber selbst kein Player im System der privatwirtschaftlich-kapitalistischen Konkurrenzwirtschaft ist. Staatsnah, aber nicht etatistisch, sehr wirtschaftsfreundlich, aber kein marktwirtschaftlicher Akteur – wie es der MPG gelang, diese besondere Stellung zu erlangen und zu verteidigen (so sehr diese sich in ihren Mischungsverhältnissen verändert hat), das werden wir in den folgenden Kapiteln detailliert erläutern.

---

20 Siehe Kolboske, *Chancengleichheit*, 2018; Scholz, *Partizipation*, 2019.

2. Von der KWG zur MPG (1945–1955)

2.1 Rahmenbedingungen unter alliierter Besatzung

Die MPG ist älter als die Bundesrepublik, wenn auch nicht sehr viel. Sie entstand in den unmittelbaren Nachkriegsjahren aus der Konkursmasse der 1911 gegründeten Kaiser-Wilhelm-Gesellschaft, die sich so sehr mit dem NS-Regime gemein gemacht hatte, ja ein Teil des verbrecherischen Systems geworden war, dass sie faktisch mit ihm zugrunde ging – wiewohl sie formell weiterbestand, bis eine außerordentliche Hauptversammlung sie am 21. Juni 1960 offiziell liquidierte.[1] Der Übergang von der KWG zur MPG erfolgte vor dem Hintergrund und zugleich als Teil eines vielschichtigen Transformationsprozesses, in dem Deutschland – unter maßgeblicher Mitwirkung der alliierten Siegermächte – in zwei Teilstaaten zerfiel, die jeweils zu integralen Bestandteilen einer sich herausbildenden bipolaren Weltordnung wurden.[2] Bereits im September 1946 kam es zur Gründung der MPG, die allerdings auf die britische Besatzungszone beschränkt blieb; sie wurde im Februar 1948 durch eine Organisation gleichen Namens ersetzt, die in der britischen und amerikanischen Zone aktiv war. Im Vorfeld der Gründung der Bundesrepublik im Mai 1949 dehnte sich die MPG auch auf die französische Zone aus.

Bei Kriegsende war nicht absehbar gewesen, dass Deutschland und die Deutschen schon bald wieder Partner der Siegermächte sein würden. Die totale Niederlage hatte zum Zusammenbruch der staatlichen, politischen und gesellschaftlichen Strukturen des »Dritten Reichs« geführt. An deren Stelle trat die Verwaltung durch die Siegermächte, zum einen in den vier Besatzungszonen, zum anderen in Gestalt des Alliierten Kontrollrats, der die Zuständigkeit für Deutschland als Ganzes besaß, seine Handlungsfähigkeit jedoch im Zuge des heraufziehenden Ost-West-Konflikts schon bald einbüßte.[3] Der Kalte Krieg markierte eine Zäsur: Bis 1947/48 war die Zukunft Deutschlands weitgehend offen, konkurrierten unterschiedliche Neuordnungskonzepte miteinander und vieles schien möglich zu sein; danach ging es den Westmächten wie auch der Sowjetunion primär um die Integration ihrer Besatzungszonen in den eigenen Machtblock, was den Möglichkeiten einer Neuordnung Grenzen setzte. Das galt auch für die KWG: Ohne den Kalten Krieg hätte sie wahrscheinlich nicht als MPG überlebt.

Durch die Teilung Europas gewannen die Deutschen auf beiden Seiten des Eisernen Vorhangs sukzessive an Handlungsmöglichkeiten, wenn auch in unterschiedlichem Umfang. Während der Transformationsprozess im Osten von der Sowjetischen Besatzungszone (SBZ) in die zunehmend planwirtschaftlich agierende Einparteienherrschaft der Sozialistischen Einheitspartei Deutschlands (SED) und damit in die zweite deutsche Diktatur führte, gelang im Westen – nicht zuletzt dank massiver Unterstützung von Amerikanern und Briten – die Etablierung einer stabilen repräsentativen Demokratie mit föderativem Staatsaufbau. Der Zustrom von über zwölf Millionen Flüchtlingen und Vertriebenen brach zuvor stabile und gegeneinander abgeschottete Milieus auf, während die Teilhabe immer breiterer Gesellschaftsschichten am Massenkonsum, der in den 1950er-Jahren einsetzte, zur Entschärfung gleichwohl weiter bestehender Klassenkonflikte beitrug. Die daraus resultierende soziale Wirklichkeit hat der Soziologe Helmut Schelsky

---

1 Henning und Kazemi, *Chronik*, 2011, 400–403. – Die Geschichte der KWG im Nationalsozialismus ist von einer Präsidentenkommission umfangreich aufgearbeitet worden. Rürup, Spitzenforschung, 2014.
2 Hierzu und zum Folgenden der luzide Überblick bei Ritter, *Über Deutschland*, 1998.
3 Überblick bei Benz, *Potsdam 1945*, 1986.

bereits 1953 einflussreich als »nivellierte Mittelstandsgesellschaft« beschrieben.⁴ Die Wirtschaftsordnung des Weststaats basierte auf dem ordoliberalen Konzept der sozialen Marktwirtschaft, das einerseits der unsichtbaren Hand der Marktkräfte vertraute und eine Sozialisierung der Produktionsmittel ablehnte, andererseits soziale Schieflagen durch staatliche Eingriffsmöglichkeiten und den Ausbau des sozialen Netzes einzudämmen versuchte. Ein völliges Novum markierte die umfassende politische, ökonomische, militärische und nicht zuletzt wissenschaftliche Integration der Bundesrepublik in die europäischen und transatlantischen Bündnissysteme, die das westliche Europa gegen den sowjetisch beherrschten Teil des Kontinents in Stellung brachten. Eingehegt durch und eingebunden in den europäischen Einigungsprozess, erhielt die Bundesrepublik 1955 einen großen Teil ihrer staatlichen Souveränität zurück.

In dieser politischen Großwetterlage, die der mit zunehmender Dauer schärfer werdende Ost-West-Konflikt prägte, erfolgte der Übergang von der KWG zur MPG, den wir im Folgenden anhand von drei leitenden Fragestellungen nachzeichnen werden:

Wie und warum gelang es erstens, die schiere Fortexistenz der KWG in Gestalt der MPG zu sichern? Ihr Überleben als Forschungsgesellschaft war angesichts der gut dokumentierten Mitwirkung ihrer Mitglieder an Angriffskrieg und Massenverbrechen akut gefährdet, ja zeitweise sogar unwahrscheinlich. Die Amerikaner etwa planten, die KWG aufzulösen. Zudem betrieben alle vier Besatzungsmächte unter den deutschen Wissenschaftlern eine rege Rekrutierungspolitik, um auf diese Weise die Früchte der massiven Wissenschaftsförderung in der NS-Zeit zu ernten; insbesondere ging es dabei um militärisch nutzbares Know-how, etwa im Raketenbau, in dem Deutschland 1945 sozusagen Weltmarktführer war. Der durch organisierte Abwerbung und Zwangsrekrutierungen ausgelöste Exodus der Forscher stellte eine massive Bedrohung für die Zukunft Deutschlands als Wissenschaftsstandort dar.

Zweitens untersuchen wir, wie sich, parallel und analog zum politischen Systemwechsel, die KWG in ihrem Übergang zur MPG wandelte. Die Ausgangslage für die Schaffung eines organisatorischen Rahmens für außeruniversitäre Spitzenforschung in Deutschland war nach Kriegsende denkbar schlecht: Ein erheblicher Teil der Forschungsinfrastruktur lag in Trümmern, zudem waren viele Institute aus den städtischen Ballungszentren in ländliche Regionen verlagert worden. Hinzu kamen die von den Alliierten verhängten umfangreichen Forschungsverbote. Der Zusammenhalt der noch verbliebenen Forschungseinrichtungen der KWG war, nicht zuletzt durch die Aufteilung Deutschlands in vier Besatzungszonen, infrage gestellt. Es mussten Leitungsstrukturen etabliert werden, die mit dem Demokratisierungsimperativ der Westmächte in Einklang standen, ohne die eigene Autonomie preiszugeben. Auch galt es, Mittel für den Wiederaufbau zu akquirieren und die Finanzierung der Forschung für die Zukunft dauerhaft zu sichern.

Eine weitere Herausforderung stellte – drittens – die Abrechnung mit dem Nationalsozialismus dar, mit der die Alliierten die deutsche Bevölkerung in toto konfrontierten. Das Ziel lautete, die deutsche Gesellschaft von Grund auf zu demokratisieren, um ein abermaliges Abgleiten in den Totalitarismus (inklusive Weltkrieg und Völkermord) zu verhindern. Für die KWG, deren Personal vielfach durch »Selbstgleichschaltung«, Rüstungsforschung und Menschenversuche diskreditiert war, stellte dies eine massive Bedrohung dar. Wie reagierte die MPG darauf und wir wirkte sich die Entnazifizierung auf die Direktoren und die Belegschaften der Institute aus?

2.2 Die Sammlung der Kaiser-Wilhelm-Institute unter der Fahne der MPG

Mit der militärischen Besetzung Deutschlands ging sämtliche Entscheidungsgewalt auf die Alliierten über, während die deutschen Akteure in völliger Unsicherheit (re-)agierten, was ihre Zukunft betraf. Vieles erschien in den ersten Jahren der Besatzungsherrschaft möglich, selbst die Zerschlagung einer ehedem so hoch angesehenen Institution wie der Kaiser-Wilhelm-Gesellschaft. Die Amerikaner forderten ihre Auflösung als eine »Institution des Dritten Reichs«,⁵ während alle vier Besatzungsmächte in ihren Zonen eigene wissenschaftspolitische Ziele und Interessen verfolgten. Obwohl die alliierte Politik der Etablierung einer zonenübergreifenden deutschen Wissenschaftsorganisation zuwiderlief, gelang es, das Organisationsmodell der KWG, langfristig angelegte außeruniversitäre Forschung in ganz unterschiedlichen Disziplinen unter einem Dach zu vereinigen, zu sichern – wenn auch unter einem anderen Namen: als Max-Planck-Gesellschaft.

---

4 Schelsky, *Wandlungen der deutschen Familie*, 1955, 218. Siehe dazu Braun, Schelskys Konzept, 1989.
5 Heinemann, Wiederaufbau der KWG, 1990, 408.

2.2.1 Westverschiebung und Forschungskontrolle

Eine der wesentlichen Weichenstellungen dafür erfolgte bereits vor dem Kriegsende: die »Westverschiebung« der KWG.[6] Um sie vor dem Bombenkrieg zu schützen, wurden die aus historischen Gründen in Berlin-Dahlem konzentrierten Kaiser-Wilhelm-Institute ab 1943 in vermeintlich sichere Gegenden verlegt, hauptsächlich in ländliche Regionen im Süden und Südwesten Deutschlands.[7] Im Zuge dieser Verlagerung verließen rund drei Viertel des wissenschaftlichen Personals bis Kriegsende Berlin.[8] Die verlagerten Institute und ihre Belegschaften bildeten später »die Keimzelle für den Wiederaufbau der Gesellschaft« im entstehenden Weststaat.[9]

Eine besondere Bedeutung für die weitere Entwicklung hatte die Verlegung der Generalverwaltung: Als im Januar 1945 das Berliner Stadtschloss, seit 1922 Verwaltungssitz der KWG, schwer beschädigt wurde, wich auch die Generalverwaltung aus – ins kaum vom Krieg in Mitleidenschaft gezogene Göttingen.[10] Die Stadt lag im Westen, sodass man angesichts der sich abzeichnenden Niederlage nicht mit der aus dem Osten heranrückenden Roten Armee konfrontiert wurde. Als Sitz einer Akademie und mit einer der ältesten deutschen Universitäten stellte Göttingen für die Wissenschaft ein vertrautes Pflaster dar, wo die KWG mit der Aerodynamischen Versuchsanstalt (AVA) und dem Kaiser-Wilhelm-Institut (KWI) für Strömungsforschung bereits vertreten war. Vor allem aber standen in Göttingen auf dem Gelände der AVA ausreichend Räumlichkeiten zur Verfügung, um die Generalverwaltung und weitere Kaiser-Wilhelm-Institute unterzubringen.[11] Damit verschob sich der Schwerpunkt der KWG von Berlin nach Göttingen, das nach Kriegsende in der britischen Besatzungszone lag. Deshalb fand die zweite Gründung der MPG im Februar 1948 denn auch in der Stadt an der Leine statt, die bis in die 1960er-Jahre hinein das administrative Zentrum der MPG blieb.

Unmittelbar nach Kriegsende war daran indes noch gar nicht zu denken gewesen. Trotz der kaum zu übersehenden Spannungen zwischen den Siegermächten galt zunächst die Gewährleistung der Sicherheit vor Deutschland – sozusagen der kleinste gemeinsame Nenner, auf den sich Amerikaner, Briten, Franzosen und Sowjets einigen konnten – als oberste Maxime der Besatzungspolitik. Daraus resultierte eine Deutschlandpolitik unter überwiegend negativen Vorzeichen. Die Wissenschaftspolitik ist dafür ein gutes Beispiel. Angesichts der engen Verbindung von Wissenschaft und Rüstungsproduktion sollte auch die Forschung einer strengen Kontrolle unterworfen werden, um Deutschland nachhaltig zu entmilitarisieren. Dieser Leitlinie folgte das Kontrollratsgesetz Nr. 25 vom 29. April 1946, das bereits in der Präambel unmissverständlich das Ziel formulierte, die »naturwissenschaftliche Forschung für militärische Zwecke und ihre praktische Anwendung für solche Zwecke zu verhindern […] und sie in friedliche Bahnen zu lenken«. Das galt explizit nicht nur für die »angewandte naturwissenschaftliche Forschung«, sondern ebenfalls für die »grundlegende naturwissenschaftliche Forschung«, so sie »rein oder wesentlich militärischer Natur« war – beides war den Deutschen nunmehr verboten.[12] In der Praxis bewirkten diese Vorschriften, dass beispielsweise dem von Walther Bothe geleiteten Institut für Physik des KWI für medizinische Forschung in Heidelberg rund zwei Jahre lang jegliche Forschungsarbeit untersagt wurde, ja dem Personal war bis auf Weiteres nicht einmal das Betreten der Institutsgebäude erlaubt.[13]

Die Einschränkungen betrafen auch ganze Forschungsfelder. Unter die Verbote des Kontrollratsgesetzes Nr. 25 fielen mit der Nuklearforschung und der Uranaufbereitung Forschungsbereiche, deren zerstörerisches Potenzial mit dem Abwurf von Atombomben auf Hiroshima und Nagasaki offensichtlich geworden war. Als Teil ihrer Entmilitarisierungsstrategie sorgten die Alliierten zumindest in den ersten Jahren der Besatzungsherrschaft mit

---

6 Zum Begriff »Westverschiebung« und ihrer Bedeutung siehe Albrecht und Hermann, KWG im Dritten Reich, 1990, 401.

7 Zu den Verlagerungen der KWG während des Kriegs siehe ausführlich Hachtmann, *Wissenschaftsmanagement*, 2007, 1022-1034. Zum Standort Dahlem siehe Engel, Dahlem, 1990.

8 Meiser, *Deutsche Forschungshochschule*, 2013, 17. Zu den gravierenden territorialen Verschiebungen in der deutschen Wissenschaftslandschaft um 1945 siehe vom Bruch, Traditionsbezug und Erneuerung, 2002, 15-17.

9 Renn, Kant und Kolboske, Stationen der KWG/MPG, 2015, 62.

10 Hachtmann, *Wissenschaftsmanagement*, 2007, 1034-1036.

11 Diesen Aspekt betonte Ernst Telschow im Rückblick vor dem Senat der MPG. Protokoll der 13. Sitzung des Senates vom 18.1.1952, AMPG, II. Abt., Rep. 60, Nr. 13.SP, fol. 94-95.

12 Kontrollrat, *Kontrollratsgesetz Nr. 25*, in Kraft getreten am 7.5.1946. Siehe dazu auch Osietzki, *Wissenschaftsorganisation*, 1984, 86-87.

13 Richard Kuhn: MPI für medizinische Forschung, in: Die Geschichte der Kaiser-Wilhelm-Gesellschaft und der Max-Planck-Gesellschaft 1945-1949 vom 8.3.1949 (im Folgenden zitiert als »FS Hahn«), Bl. 158, AMPG, Vc. Abt., Rep. 4, Nr. 186; Walther Bothe: Institut für Physik am MPI für medizinische Forschung, ebd., Bl. 164-165.

engmaschigen Kontrollen dafür, dass die ausgesprochenen Forschungsverbote nicht bloß auf dem Papier standen.¹⁴ Jede deutsche Einrichtung, die die Genehmigung zur Wiederaufnahme von Forschungsarbeiten erhalten hatte, musste alle vier Monate einen detaillierten »technischen Bericht« vorlegen.¹⁵ Auf deutscher Seite akzeptierte man die alliierten Forschungsbeschränkungen und -kontrollen, um den Fortbestand der KWG als Forschungsverbund zu wahren. Die Strategie, die sich dahinter verbarg, lässt sich auf die Formel »Existenzsicherung durch Entmilitarisierung« bringen.¹⁶ Sie sollte sich mittelfristig als erfolgreich erweisen.

2.2.2 Die Kaiser-Wilhelm-Institute in der unmittelbaren Nachkriegszeit

Auf der Ebene der einzelnen Institute ging es zunächst ebenfalls um die Sicherung der Existenz. Die Institutsleiter und ihre Mitarbeiter:innen standen in der unmittelbaren Nachkriegszeit oft genug buchstäblich vor einem Scherbenhaufen und sahen sich mit vier Problemkreisen konfrontiert:¹⁷ Große Schwierigkeiten warf, erstens, die teilweise oder vollständige Verlagerung der Forschungsstätten auf, und auch deren Rückführung erwies sich als extrem mühsam. Oftmals hatte die Verlagerung die Forschungsarbeit mehr oder weniger zum Erliegen gebracht, zumal dann, wenn die Verlagerung zu einer Zersplitterung des Instituts geführt hatte. Mitunter wurden die Schwierigkeiten nach Kriegsende noch größer, wenn sich die verlagerten Institutsteile plötzlich in unterschiedlichen Besatzungszonen wiederfanden. In eine besonders kritische Lage gerieten die landwirtschaftlichen Institute, die zuvor in den deutschen Ostgebieten ansässig gewesen waren, die infolge des Potsdamer Abkommens an Polen abgetreten werden mussten.

Erschwerend kam – zweitens – hinzu, dass die meisten Institute den Verlust eines Teils ihrer Belegschaft verkraften mussten, darunter nicht wenige Direktoren, wissenschaftliche Mitarbeiter:innen und kaum zu ersetzende Techniker. Einige waren im Krieg umgekommen, andere zogen die Besatzungsmächte bei der Abrechnung mit dem Nationalsozialismus nach Kriegsende aus dem Verkehr. Hinzu kamen Abgänge durch die gezielte Abwerbepolitik der Alliierten, aber auch durch die Berufung von Institutsdirektoren und Mitarbeitern auf Lehrstühle und Professuren. Drittens gesellten sich zu den Personalsorgen fast überall finanzielle Engpässe, weil die Institute ihre bisherigen Einnahmequellen eingebüßt hatten. Da die Notetats bei Weitem nicht ausreichten, mussten vielerorts die Gehälter der Angestellten erheblich gekürzt werden; manche Direktoren sahen sich angesichts der akuten Finanznot sogar genötigt, einen Teil ihrer Belegschaft zu entlassen. Kriegszerstörungen, Einquartierungen und Beschlagnahme sorgten viertens für grassierende Raumknappheit. Wenig besser sah es beim wissenschaftlichen Inventar aus, an dem in der unmittelbaren Nachkriegszeit enormer Mangel herrschte – teils aufgrund von Kriegsschäden, teils wegen Demontagen.

Dies alles führte dazu, dass die Forschung in den Kaiser-Wilhelm-Instituten praktisch zum Erliegen kam. Statt neue Experimente durchzuführen, war das verbliebene Personal zunächst in erster Linie damit beschäftigt, die in der Kriegszeit erzielten Forschungsergebnisse zu Papier zu bringen, und zwar hauptsächlich im Rahmen der Field Information Agency, Technical (FIAT) Review of German Science, von der noch die Rede sein wird; diese Arbeit brachte den Autor:innen Geld ein, das sie angesichts stark gekürzter oder ganz ausbleibender Gehaltszahlungen dringend benötigten. Dass der Wiederaufbau der Institute dennoch gelang, lag an der Treue des Stammpersonals, der nicht nur finanziellen Unterstützung von Wirtschaft, Politik und Besatzungsmächten, aber auch an der Göttinger Generalverwaltung, dem Verhandlungsgeschick der Institutsdirektoren und nicht zuletzt an dem Umstand, dass Verwaltung und Politik auf wissenschaftliche Expertise angewiesen waren, um die Nachkriegskrise zu überwinden.¹⁸

Angesichts der drastischen Einschnitte bei den Gehältern, zu denen sich die Institutsleitungen gezwungen sahen, darf die Treue des Personals nicht als Selbstverständlichkeit abgetan werden, schließlich mussten ja auch die Mitarbeiter:innen sich selbst und ihre Angehörigen durch die harte Nachkriegszeit bringen. Dessen ungeachtet arbeitete das Gros der Belegschaft teils ohne Bezahlung, teils mit stark reduzierten Bezügen in den Forschungseinrichtungen weiter. Allen Widrigkeiten zum Trotz nahmen die Stammkräfte die Instandsetzung der beschädigten Institutsgebäude beherzt in Angriff. Vielleicht noch wichtiger für das Überleben der Institute in

---

14 Zur Nachkriegsplanung der Alliierten und ihrer Umsetzung siehe Cassidy, Controlling German Science, 1994.
15 Meiser, *Deutsche Forschungshochschule*, 2013, 21. Zur Forschungskontrolle in der KWG/MPG siehe Heinemann, Überwachung und »Inventur«, 2001.
16 Heinemann, Wiederaufbau der KWG, 1990, 412.
17 Siehe dazu und zum Folgenden ausführlich Balcar, *Ursprünge*, 2019, 45–61.
18 Siehe dazu und zum Folgenden, soweit nicht anders gekennzeichnet, ebd., 61–69.

der unmittelbaren Nachkriegskrise war die Unterstützung von Wirtschaft und Politik auf regionaler Ebene und seitens der Besatzungsmächte. Da zentrale Institutionen auf der Länderebene fehlten, blieben die Möglichkeiten für die Politik, Schützenhilfe zu leisten, zunächst weitgehend auf die lokale Ebene beschränkt, was der »kommunale[n] Wissenschaftspolitik im Zeichen des Wiederaufbaus« besondere Bedeutung verlieh.[19] Später engagierten sich die Länder ebenfalls in der Wissenschaftsförderung. Auch die Besatzungsmächte griffen den Instituten häufig unter die Arme, um ihre jeweilige Besatzungszone als Wissenschaftsstandort zu stärken. Die lokale Wirtschaft trug ebenfalls ihren Teil dazu bei, dass die Institute die schwierige Nachkriegszeit überstanden. Als beispielsweise das Institut für Metallforschung wegen ausgebliebener Zahlungen der Wirtschaftsgruppe Metallindustrie in die Bredouille geriet, bedeuteten einzelne Forschungsaufträge mittelständischer schwäbischer Industriebetriebe die Rettung.[20] Auch die Generalverwaltung in Göttingen half wiederholt mit kleineren Finanzspritzen aus; die Beträge waren zwar nicht hoch, doch kam es seinerzeit auf jeden Pfennig an. Gerade bei den besonders industrienahen Kaiser-Wilhelm-Instituten verringerten diese Zahlungen die Abhängigkeit von der Wirtschaft und stellten einen – wenn auch kleinen – Schritt in Richtung Grundlagenforschung dar.

Gemessen am Finanzbedarf der Institute war das Geld der Generalverwaltung kaum mehr als der sprichwörtliche Tropfen auf den heißen Stein. Deswegen beschritten einige Institute den Weg der Selbsthilfe und nutzten die noch vorhandenen Werkstätten, führten Reparaturen durch oder stellten in bescheidenem Umfang selbst Geräte her, um sich finanziell über Wasser zu halten. Auf der Haben-Seite der Institute ließ sich auch das Verhandlungsgeschick ihrer Direktoren verbuchen. Berufungen auf Lehrstühle von Universitäten aus Deutschland und dem Ausland verschafften ihnen die Möglichkeit, an alter Wirkungsstätte nachzuverhandeln – und davon machten sie reichlich Gebrauch, um bei den alliierten und deutschen Behörden mehr für sich und ihre Institute herauszuschlagen. Als Großmeister in dieser Disziplin darf Adolf Butenandt gelten, in dessen Nachkriegskarriere sich forschungspolitische Interessen aus dem In- und Ausland, NS-Vergangenheit und ungebrochene wissenschaftliche Reputation in eigentümlicher Weise verschränkten. Wiederholte Versuche, ihn in die Schweiz zu berufen, scheiterten teils am Widerstand von Politik und Öffentlichkeit, teils an der erheblichen Verbesserung seiner Forschungsbedingungen in Tübingen, die ein Konsortium der drei Chemieunternehmen Bayer, Hoffmann-La Roche und Schering finanzierte.[21] Hinzu kam, dass so manche Forschungen einen Beitrag zur Lösung damals akuter Probleme zu leisten versprachen, weshalb sie von staatlicher Seite wie auch von der Privatwirtschaft besonders gefördert wurden. Angesichts der Ernährungskrise, die Deutschland im Würgegriff hielt,[22] galt das vor allem für die landwirtschaftlichen Institute, aber auch für das KWI für Arbeitsphysiologie.[23] Auch die rechtswissenschaftlichen Institute konnten mit Expertise aufwarten, die seinerzeit gefragt war, warfen doch die Niederwerfung, Befreiung und Besetzung Deutschlands zahlreiche juristische Fragen auf, die damals Neuland darstellten.[24] So viele Schwierigkeiten die Nachkriegszeit den Instituten bereitete, so sorgten die spezifischen Probleme jener Jahre zugleich dafür, dass Verwaltung, Politik und Wirtschaft nicht auf wissenschaftlich fundierte Beratung verzichten konnten – und dies trug indirekt zur Existenzsicherung der Institute bei.

2.2.3 Besatzer und Besetzte

Die einzelnen Institute waren eine Sache, die KWG als Dachorganisation eine ganz andere – deren Überleben hing von den Besatzungsmächten ab. Zwar einte die Maxime »Sicherheit vor Deutschland« Amerikaner, Briten, Franzosen und Sowjets zunächst, doch betrieben sie keine einheitliche Wissenschaftspolitik, sondern verfolgten jeweils eigene übergeordnete Ziele. Alle vier Mächte legten allerdings ein eminentes Interesse an den bemerkenswerten Forschungsergebnissen an den Tag, die im »Dritten Reich« erzielt worden waren – sei es, um sie selbst zu nutzen, sei es, um zu verhindern, dass sie anderen Mächten in die Hände fielen.[25] Die Deutschen hatten also etwas zu bieten, was ihnen Handlungsspielräume gegenüber den Besatzern verschaffte. Darüber hinaus er-

---

19 Deutinger, Kommunale Wissenschaftspolitik, 1999.
20 Köster, MPI für Metallforschung, 1962, 70–71.
21 Ausführlich: Stoff, Butenandt, 2004. Siehe auch Balcar, *Ursprünge*, 2019, 66–67.
22 Trittel, *Hunger und Politik*, 1990; Erker, Hunger und sozialer Konflikt, 1994.
23 Lehmann, MPI für Arbeitsphysiologie, 1962, 96.
24 Davon profitierte vor allem das KWI für ausländisches und internationales Privatrecht, dessen Angehörige in der Nachkriegszeit eine rege und gut bezahlte Gutachtertätigkeit entfalteten. Dölle, MPI für ausländisches und internationales Privatrecht, 1962, 315.
25 Z. B. Naimark, *Russen in Deutschland*, 1997, 243–246.

öffnete die Uneinigkeit der Sieger im Zeichen der heraufziehenden Systemkonkurrenz und Blockbildung den Besiegten unverhofft die Möglichkeit, über Allianzen mit der einen oder anderen Besatzungsmacht eigene Interessen durchzusetzen. Davon machten unterschiedliche Akteure, die nach der Leitung der KWG trachteten, regen Gebrauch. Daraus resultierte ein auf unterschiedlichen Ebenen ausgetragener Machtkampf entlang komplizierter Konfliktlinien, der vom Sommer 1945 bis in den Herbst 1949 andauerte. Sein Ausgang sollte die künftige Gestalt der MPG maßgeblich mitprägen.

Die Amerikaner und Friedrich Glum
Die Amerikaner, denen nach dem Ende des Zweiten Weltkriegs die Führungsrolle in der westlichen Welt zukam, wollten die militärische Besetzung Deutschlands nutzen, um eine tiefgreifende Umgestaltung ins Werk zu setzen.[26] Über den Weg zu diesem Ziel war sich die US-Politik indes nicht einig. Für Finanzminister Henry Morgenthau stand die Bestrafung von NS-Verbrechern und die Wiedergutmachung von NS-Unrecht im Vordergrund,[27] während man im War Department und im State Department den Wiederaufbau der wirtschaftlichen und politischen Strukturen des besetzten Landes favorisierte. Langfristig sollten sich diejenigen durchsetzen, die Deutschland wieder in das internationale System eingliedern wollten. Die Amerikaner gewährten den Deutschen Hilfe zur Selbsthilfe, um in der immer schärfer werdenden und zunehmend Reaktionen erfordernden Konkurrenz mit den Sowjets die wirtschaftliche Erholung Europas voranzutreiben, die ohne den Motor Deutschland kaum gelingen konnte. Darin bestand der Grundgedanke des European Recovery Program, das aus US-Perspektive auch zur »Immunisierung der deutschen Bevölkerung gegen kommunistische und sowjetische Einflüsse« beitragen sollte.[28] In der ersten Phase behielten jedoch die Hardliner die Oberhand. Die Direktive der Joint Chiefs of Staff Nr. 1067, kurz vor Kriegsende erlassen, legte die Grundzüge der US-Besatzungspolitik fest und betonte den Aspekt der Bestrafung.[29]

In Bezug auf die Forschung wies die Direktive den Besatzungsoffizieren drei Aufgaben zu: erstens Forschungsaktivitäten zu unterbinden und Forschungseinrichtungen zu schließen, zweitens Labore zu zerstören, die für die deutsche Kriegsmaschinerie gearbeitet hatten, und drittens die Wiederaufnahme von Forschungen nur in Einzelfällen und nur nach gründlicher Prüfung zu gestatten.[30] Diesen Leitlinien folgte dann auch das bereits zitierte Kontrollratsgesetz Nr. 25, das die Forschungsmöglichkeiten in Deutschland regelte und limitierte. Bei den US-Offizieren vor Ort, die die Bewältigung des alltäglichen Mangels zu organisieren hatten, stießen diese Vorgaben jedoch auf Unverständnis. Der amerikanische Militärgouverneur Lucius D. Clay und seine Mitstreiter versuchten alles, um die Wirtschaft in der US-Zone möglichst schnell wieder in Gang zu bringen.[31] Das lag ganz auf der Linie von Roger Adams, dem Leiter der Foreign Economic Administration im State Department, in dessen Konzept die Forschung einen wichtigen Beitrag zum Wiederaufbau der deutschen Wirtschaft leisten sollte.[32]

Forschungskontrolle, Entnazifizierung und Wiederaufbau der deutschen Forschung stellten indes nur die eine Seite der US-Wissenschaftspolitik dar. Auf der anderen Seite verfolgten die Amerikaner massive Eigeninteressen, und zwar zum einen über den Transfer von Know-how aus Deutschland in die USA, zum anderen durch die Abwerbung von deutschen Spitzenwissenschaftlern und Technikern. Um den Stand der Forschung in Deutschland zu dokumentieren und den Technologietransfer aus Deutschland zu forcieren, hatten die Amerikaner eine Reihe spezieller Organisationen ins Leben gerufen.[33] Die wichtigste war die FIAT, die »the greatest transfer of mass intelligence ever made from one country to another« ins Werk setzte.[34] Das in Deutschland akkumulierte Know-how sollte dem US-Militär und der amerikanischen Industrie gleichermaßen zugutekommen, weshalb die Teams von FIAT nicht nur praktisch unbegrenzten Zugang zu Forschungseinrichtungen, sondern auch zu Industriebetrieben erhielten. Hinter diesem Vorgehen stand die Überlegung, dass derartige »Intellectual Reparations« die einzige Form von Reparationen sein

---

26 Zur US-Besatzungspolitik siehe die monumentale Studie von Henke, *Amerikanische Besetzung*, 1996. Siehe auch den knappen Überblick bei Rupieper, Amerikanische Besatzungspolitik, 1999.
27 Greiner, Morgenthau-Plan, 1999. Ausführlich dazu Greiner, *Morgenthau-Legende*, 1995.
28 Graml, Strukturen und Motive alliierter Besatzungspolitik, 1999, 28.
29 Baganz, JCS 1067, 1999.
30 Macrakis, *Surviving the Swastika*, 1993, 128.
31 Cassidy, Controlling German Science, 1994, 210. Zur Rolle Clays siehe ausführlich Krieger, *General Lucius D. Clay*, 1987.
32 Zum Adams-Plan siehe Cassidy, Controlling German Science, 1994, 212–215.
33 Überblick bei Werth-Mühl, Berichte alliierter Nachrichtendienste, 2001.
34 Gimbel, *Science, Technology and Reparations*, 1990, 68.

würden, die man realistischerweise vom besiegten und zerstörten Deutschland erwarten konnte.³⁵ Zeitgenössische Schätzungen bezifferten den Gesamtwert der Beute, die Amerikaner und Briten auf diese Art machten, mit rund zehn Milliarden US-Dollar.³⁶ Für die deutschen Forscher:innen eröffnete der erzwungene Wissenstransfer im Wege der FIAT Reports die willkommene Möglichkeit, die eigenen Forschungsergebnisse, die zuvor als kriegswichtige Staatsgeheimnisse behandelt worden waren, zu veröffentlichen. Die Serie »FIAT Review of German Science« erschien in über 80 Bänden, an denen zahlreiche Forscher:innen aus Kaiser-Wilhelm- bzw. Max-Planck-Instituten mitwirkten.³⁷ Es blieb allerdings nicht allein bei derartigen Berichten. Im Rahmen von »Project Overcast« und mehr noch »Operation Paperclip« rekrutierten die Amerikaner über 1.000 deutsche Forscher und Techniker.³⁸ Der bekannteste von ihnen war Wernher von Braun, der – zusammen mit seinem Mitarbeiterstab – bis 1945 beträchtliches Know-how bei der Entwicklung und dem Bau von Raketentriebwerken akkumuliert hatte.³⁹

Zugleich eröffnete die US-Besatzungspolitik deutschen Akteuren die Möglichkeit, eigene Ziele zu verfolgen. Sozusagen im Windschatten der Amerikaner versuchte Friedrich Glum, bis 1937 Amtsvorgänger Ernst Telschows als Generaldirektor der KWG, wieder Fuß in der MPG zu fassen und die Leitung ihrer Generalverwaltung an sich zu bringen.⁴⁰ Zunächst war Glum in Berlin für die Amerikaner als Rechtsberater tätig, bevor er 1946 im Rang eines Ministerialdirigenten in die Bayerische Staatskanzlei unter Ministerpräsident Wilhelm Hoegner (SPD) eintrat. Von München aus bemühte sich Glum um eine »süddeutsche Lösung« der Neustrukturierung der Forschungslandschaft.⁴¹ Der Sonderausschuss Wissenschaftliche Forschung des Länderrats der US-Zone, der aus Fachleuten der Wissenschaftsförderung bestand, folgte Glums Konzept, das auf die Zerschlagung der KWG hinausgelaufen wäre, jedoch nicht. Schließlich gelang es Telschow, mit der Veröffentlichung von Zeitungsartikeln, die Glum im Frühjahr 1933 verfasst und in denen er die Hitler-Regierung eilfertig begrüßt hatte, seinen Rivalen nachhaltig zu diskreditieren und schließlich zur Aufgabe zu bewegen.⁴²

Die Sowjets und Robert Havemann

Auch die Deutschlandpolitik der Sowjets blieb lange Zeit uneindeutig, weil man sich in Moskau nicht entscheiden konnte, ob man sich mit der eigenen Besatzungszone zufriedengeben oder nicht doch nach dem ganzen Deutschland greifen sollte. So versuchten die Sowjets, insbesondere hinsichtlich der Reparationen, beides zugleich. Letztlich scheiterte Moskau sowohl mit dem Versuch, Zugriff auf den wirtschaftlich hoch entwickelten Westen Deutschlands zu erhalten, als auch mit der Forderung, die eigenen Reparationsansprüche völkerrechtlich verbindlich auf zehn Milliarden US-Dollar festzuschreiben.⁴³ Erfolgreicher war die Politik der Sowjetisierung: Die sowjetische Besatzungsmacht begann in der eigenen Zone frühzeitig damit, ein radikales sozioökonomisches Transformationsprogramm zu implementieren, was zu tiefen Eingriffen in das Wirtschafts- und Gesellschaftsgefüge der Sowjetischen Besatzungszone führte. Mit der Zwangsvereinigung von KPD und SPD zur SED wurden auch politisch die Weichen in Richtung einer sozialistischen Einparteiendiktatur gestellt.⁴⁴

In der Wissenschaftspolitik verfolgten die Sowjets einen ähnlichen Kurs wie in der Reparationsfrage – und zugleich analoge Ziele wie die Amerikaner. Auch Moskau ging es darum, in den Besitz des Know-hows zu gelangen, das die Deutschen im Zuge der NS-Rüstungsforschung angesammelt hatten. Unmittelbar nach der Eroberung Berlins begannen die Sowjets mit der Demontage der

---

35 Fisch, Reparations, 1996.
36 Gimbel, *Science, Technology and Reparations*, 1990, 152 u. 170.
37 Balcar, *Ursprünge*, 2019, 23–24.
38 Jacobsen, *Operation Paperclip*, 2014. Grundlegend nach wie vor Lasby, *Project Paperclip*, 1971.
39 Allgemein Biddle, *Dark Side of the Moon*, 2009; Ash, Wandlungen, 2018, 32–33.
40 Przyrembel, *Friedrich Glum und Ernst Telschow*, 2004. Zu Glum siehe vom Brocke, KWG in der Weimarer Republik, 1990, 251–266. Siehe auch die Autobiografie Glum, *Zwischen Wissenschaft, Wirtschaft und Politik*, 1964.
41 Heinemann, Wiederaufbau der KWG, 1990, 426. Siehe dazu und zum Folgenden ausführlich Hachtmann, *Wissenschaftsmanagement*, 2007, 1134–1143.
42 Zu den Details dieser Intrige, in der sich der braune Bock zum entnazifizierenden Gärtner machte, siehe vom Brocke, KWG in der Weimarer Republik, 1990, 263–266.
43 Schätzungen gehen davon aus, dass die UdSSR Reparationen über eine »Trophäenaktion, Demontagen, Warenlieferungen, Zahlungen und andere Werte in Höhe von mindestens vierzehn Milliarden Dollar (nach 1938-Weltmarktpreisen)« erhielt, »die Leistungen der Kriegsgefangenen und der zwangsdeportierten deutschen Wissenschaftler und Ingenieure in der Sowjetunion nicht mitgerechnet«. Scherstjanoi, Sowjetische Besatzungspolitik, 1999, 81.
44 Überblick bei Naimark, *Russen in Deutschland*, 1997. Siehe auch Scherstjanoi, Sowjetische Besatzungspolitik, 1999.

noch vorhandenen wissenschaftlichen Einrichtungen. Davon waren unter anderem das KWI für physikalische Chemie und Elektrochemie und das KWI für Physik betroffen.⁴⁵ Die Abteilung für Tieftemperaturphysik des KWI für Physik wurde mitsamt ihrem Leiter, Ludwig Bewilogua, »in die Sowjetunion gebracht, zusammen mit seiner kompletten Abteilung, deren technischer Ausrüstung und allem Inventar einschließlich Wasserhähnen, Waschbecken und Türklinken«.⁴⁶ Später ging auch Moskau dazu über, gezielt deutsche Spitzenforscher abzuwerben – bisweilen mit verlockenden Angeboten, häufiger aber unter Anwendung von Zwang. So wurden in einer einzigen Nacht im Oktober 1946 mehrere Tausend deutsche »Spezialisten«, die zuvor in der Rüstungsindustrie gearbeitet hatten, in die Sowjetunion gebracht.⁴⁷

Was die KWG betrifft, waren die Sowjets von Anfang an gegenüber den Westalliierten im Nachteil, denn aufgrund der zahlreichen Verlagerungen befanden sich bei Kriegsende nur noch wenige KWG-Einrichtungen im sowjetischen Machtbereich.⁴⁸ Deswegen konnte die sowjetische bzw. ostzonale Einflussnahme auf die KWG nur über Berlin erfolgen. Damit verknüpften die Sowjets das weitere Schicksal der KWG/MPG mit dem der ab Juli 1945 in vier Sektoren aufgeteilten ehemaligen Reichshauptstadt. Als Hebel diente der Vier-Mächte-Status der Stadt, der eine einheitliche Verwaltung Berlins durch den Magistrat vorsah. Dieser hatte Anordnungen der Alliierten Kommandantur umzusetzen – wenn diese Anordnungen einstimmig von den vier Stadtkommandanten der Siegermächte beschlossen worden waren.⁴⁹ Die Gelegenheit, Einfluss auf die in Dahlem verbliebenen Institute zu nehmen, ergab sich schon Anfang Juli 1945, als mit Otto Winzer ein Mitglied der »Gruppe Ulbricht« zum Leiter des Amts für Volksbildung des Berliner Magistrats avancierte. Winzer betrieb gezielte Kaderpolitik, indem er den Physikochemiker Robert Havemann, einen überzeugten Kommunisten, mit der kommissarischen Leitung der KWG beauftragte.⁵⁰

Havemann machte sich mit großem Elan ans Werk und unterstrich seinen Leitungsanspruch sowohl gegenüber den Beschäftigten in Dahlem als auch gegenüber der Göttinger Generalverwaltung. Unter Verweis auf den Eintrag seines Namens in das Berliner Vereinsregister hob er sämtliche Vollmachten Ernst Telschows auf und setzte ein Personalrevirement in der Berliner Verwaltung in Gang, durch das Telschow-Vertraute beurlaubt wurden.⁵¹ Havemanns Möglichkeiten – und damit auch der Einfluss der Sowjetunion auf die KWG als Ganzes – waren jedoch trotz dieser Maßnahmen begrenzt.⁵² Zwar verfügte Havemann formal über die Institutsgebäude in Berlin-Dahlem, doch waren deren Einrichtungen von der Roten Armee demontiert worden, was die Forschungsmöglichkeiten stark einschränkte. Zudem stieß Havemann bei den in Berlin verbliebenen KWG-Direktoren auf Ablehnung, weil seine Bestellung angeblich nicht satzungskonform erfolgt war.⁵³ Dies wiederum erleichterte der Generalverwaltung in Göttingen den Kampf gegen diesen Rivalen: Da Havemann »nicht nach den Satzungen zum Präsidenten der Kaiser-Wilhelm-Gesellschaft ernannt worden« sei, bestritten die Göttinger seine »Verfügungsberechtigung über die Konten der Kaiser-Wilhelm-Gesellschaft und ihrer Institute in der Britischen Zone«.⁵⁴

Ins gleiche Horn stieß Max Planck, der in einem Rundschreiben an die Institutsleiter vom 15. September 1945 auf das Schreiben der »in Dahlem noch anwesenden Wissenschaftler« Bezug nahm und seinerseits betonte, »daß die Ernennung des Herrn Dr. Havemann nicht der

---

45 Stamm, *Staat*, 1981, 43; Albrecht und Hermann, KWG im Dritten Reich, 1990, 401.
46 Naimark, *Russen in Deutschland*, 1997, 246–247.
47 Ash, Wandlungen, 2018, 33. Näheres bei Naimark, *Russen in Deutschland*, 1997, 259–269.
48 Laitko, Etablierung der Deutschen Akademie, 2018, 322.
49 Dazu ausführlich Rengel, *Berlin nach 1945*, 1993, 77–193.
50 Das Ernennungsschreiben vom 5.7.1945 ist abgedruckt bei Hoffmann, *Robert Havemann*, 1991, Dokument 2.4, 101. Siehe dazu auch Hachtmann, *Wissenschaftsmanagement*, 2007, 1056–1057. – Den Aspekt der Kaderpolitik betont Hoffmann, Physikochemiker und Stalinist, 1991, 65–66.
51 Meiser, *Deutsche Forschungshochschule*, 2013, 26–27.
52 Hoffmann, Physikochemiker und Stalinist, 1991, 66–68. Siehe zum Folgenden Oexle, Göttingen, 1994, 46; Renn, Kant und Kolboske, Stationen der KWG/MPG, 2015, 67–68; Heinemann, Wiederaufbau der KWG, 1990, 409, 425–428, 435 u. 441–442.
53 Schreiben leitender Direktoren und Mitarbeiter vom 7.7.1945 an die Generalverwaltung der KWG, abgedruckt in: Hoffmann, *Robert Havemann*, 1991, Dokument 2.5, 101–102; Hachtmann, *Wissenschaftsmanagement*, 2007, 1057–1059; Macrakis, *Surviving the Swastika*, 1993, 189. Der Vorwurf, Havemann sei nicht vom Senat gewählt worden, diente nur als Vorwand.
54 Schreiben der KWG-Generalverwaltung in Göttingen, Sommer 1945, an die Deutsche Bank, abgedruckt in: Hoffmann, *Robert Havemann*, 1991, Dokument 2.6, 102.

Satzung entspricht und von der Kaiser-Wilhelm-Gesellschaft nicht anerkannt wird«.⁵⁵ Im Oktober 1945 unternahm Telschow eine Rundreise durch die Westzonen, um die Direktoren der dortigen Institute gegen die Berliner Zentrale einzuschwören und von ihnen umgekehrt einen »klaren Auftrag zur Eindämmung der Ansprüche Havemanns« zu erhalten.⁵⁶

Angesichts dieses Schismas blieb Havemanns Einfluss faktisch auf Berlin und die SBZ beschränkt. Zudem sah er sich mit großen Schwierigkeiten bei der Finanzierung der Berliner Institute konfrontiert, deren Haushalt für 1946 nicht einmal zur Hälfte gedeckt werden konnte, wodurch sich das traditionsreiche KWI für physikalische Chemie und Elektrochemie in seiner Existenz bedroht sah.⁵⁷ In dieser kritischen Lage verschaffte die Wiedereröffnung der Preußischen Akademie der Wissenschaften als Deutsche Akademie der Wissenschaften zu Berlin im Sommer 1946 den Instituten in Dahlem eine neue Finanzierungsmöglichkeit. Im Zuge des Aufbaus einer Forschungsakademie – eines neuen Typs von Akademie, die überregional und mit gesamtdeutschem Anspruch tätig sein, multifunktional aufgestellt und mit eigenen Forschungsinstituten ausgestattet werden sollte⁵⁸ – richtete sich das Augenmerk auf die in Berlin verbliebenen Forschungseinrichtungen der KWG. Im Sommer unterbreitete ein Vertreter der Deutschen Zentralverwaltung für Volksbildung, die die Finanzierung der Berliner Akademie übernommen hatte, Havemann den Vorschlag, »Mittel für die Forschung der Berliner Kaiser-Wilhelm-Institute bereitzustellen«. Havemann, der damit zwischen die Fronten der Besatzungsmächte geriet, machte seine Zustimmung von der Genehmigung der US-Militärregierung abhängig. Da sich die Deutsche Akademie der Wissenschaften jedoch unter dem direkten Einfluss der Sowjetischen Militäradministration in Deutschland (SMAD) befand, standen die Amerikaner diesem Finanzierungsangebot »sehr distanziert« gegenüber.⁵⁹

Nachdem sich diese Option zerschlagen hatte, verfiel Havemann auf die Idee, zur Finanzierung der Institute in Dahlem Geldquellen aus den drei übrigen Zonen anzuzapfen. Im August 1946 legte er den Plan vor, die »ehemaligen Kaiser-Wilhelm-Institute« in Berlin »zu einer Hochschule der wissenschaftlichen Forschung« umzufunktionieren, um dort »die stets nur geringe Zahl der hervorragend begabten jungen Wissenschaftler in ihren Instituten zu unterrichten«. Auf diese Weise wollte Havemann die Möglichkeiten nutzen, »durch welche die ehemaligen Kaiser-Wilhelm-Institute zum Wiederaufbau des deutschen Lebens und zur Entwicklung eines freiheitlichen Geistes beizutragen imstande sind«.⁶⁰ Der Clou seines Plans bestand darin, dass das Konzept einer Deutschen Forschungshochschule (DFH) frappant den in den USA geläufigen Schools of Advanced Studies ähnelte. Nicht zuletzt deshalb rannte Havemann mit seinem Vorschlag bei Fritz Karsen offene Türen ein, der als Chief Higher Education and Teacher Training in der Hauptabteilung Education and Cultural Relations vom Office of Military Government for Germany (OMGUS) für sämtliche Fragen der Hochschulbildung in der US-Zone zuständig war.⁶¹ Auf Karsens Initiative wurde der Umfang der geplanten Einrichtung erheblich ausgeweitet. Das Projekt verfolgte zwei Ziele: Es sollte zum einen die Finanzierung der Berliner Institute sichern, zum anderen zur Demokratisierung der deutschen Wissenschafts- und Hochschullandschaft beitragen.⁶² Nach schwierigen Verhandlungen gelang es Karsen, die Länder der US-Zone zum Abschluss eines Staatsabkommens zu bewegen, das die Deutsche Forschungshochschule in Form einer Stiftung ins Leben rief und nach einem festen Schlüssel finanzierte.⁶³

Der heraufziehende Kalte Krieg durchkreuzte diesen Plan jedoch. Die zunehmende Abschottung der Sektoren schränkte Havemanns Möglichkeiten, Einfluss auf die Institute in Dahlem zu nehmen, weiter ein. Anfang Mai

---

55 Rundschreiben vom 15.9.1945 an die Direktoren der Kaiser-Wilhelm-Institute, abgedruckt in: ebd., Dokument 2.7, 103. Siehe auch Meiser, *Deutsche Forschungshochschule*, 2013, 27; Macrakis, *Surviving the Swastika*, 1993, 190.
56 Heinemann, Wiederaufbau der KWG, 1990, 428.
57 James et al., *Hundert Jahre*, 2011, 148.
58 Nötzoldt, Deutsche Akademie der Wissenschaften, 2018, 365 u. 380–382.
59 Meiser, *Deutsche Forschungshochschule*, 2013, 34–35.
60 Plan Robert Havemanns für die ehemaligen Kaiser-Wilhelm-Institute vom 21.8.1946, abgedruckt in: ebd., 183–185, Zitate 184 u. 183. Zum Gründungsprozess der DFH siehe im Folgenden, soweit nicht anders gekennzeichnet, die minutiöse Aufarbeitung in ebd., 32–76; Hoffmann, Physicochemiker und Stalinist, 1991, 69. Siehe dazu auch Macrakis, *Surviving the Swastika*, 1993, 193, die die Initiative zur Gründung der DFH allerdings Fritz Karsen zuschreibt.
61 Zur Biografie von Karsen siehe Meiser, *Deutsche Forschungshochschule*, 2013, 163.
62 James et al., *Hundert Jahre*, 2011, 148–149. Siehe auch Florath, Orientierungsprobleme, 2016, 82–83.
63 Bayern sollte 50 Prozent der Kosten tragen, Württemberg-Baden und Hessen jeweils 25 Prozent. Staatsabkommen zwischen Bayern, Hessen und Württemberg-Baden und Stiftungsurkunde über die Errichtung der Forschungshochschule vom 3. Juni 1947, abgedruckt in: Meiser, *Deutsche Forschungshochschule*, 2013, 192–196.

1946 hatten die Amerikaner der Kommandantur die Zuständigkeit für die in Dahlem gelegenen Forschungsinstitute entzogen und sie direkt dem Stadtkommandanten ihres Sektors unterstellt. Als die für die SBZ zuständige Deutsche Zentralverwaltung für Volksbildung im Juli 1947 dazu überging, die in der SBZ gelegenen Kaiser-Wilhelm-Institute in die Deutsche Akademie der Wissenschaften zu Berlin zu integrieren, war der Kampf um die KWG für Havemann endgültig verloren.[64] Im Juli 1949 betreiben die Amerikaner seine Ablösung als Verwaltungsdirektor der Berliner Kaiser-Wilhelm-Institute. Im Frühjahr 1950 nahmen die West-Berliner Behörden einen Artikel Havemanns in der Ost-Berliner Zeitung *Neues Deutschland* zum Anlass,[65] um ihn auch aus seiner letzten Dahlemer Bastion, der des Abteilungsleiters am KWI für physikalische Chemie und Elektrochemie, zu entlassen und ihm das Betreten des Instituts zu verbieten.[66] Havemann, seit 1949 Abgeordneter der DDR-Volkskammer, übersiedelte daraufhin nach Ost-Berlin, wo er einen Lehrstuhl für angewandte physikalische Chemie an der Humboldt-Universität übernahm.

Die Franzosen und die »Tübinger Herren«

Frankreich befand sich am Ende des Zweiten Weltkriegs in einer Sonderstellung: Zwar zählte die Grande Nation offiziell zu den vier Siegermächten, fühlte sich jedoch als Siegermacht zweiter Klasse behandelt. Wie in Teheran und Jalta saßen die Franzosen auch in Potsdam nicht mit am Tisch, als die »großen Drei« – Churchill, Roosevelt und Stalin – über die Nachkriegsordnung Europas und die Zukunft Deutschlands verhandelten. Daher sahen sich die Franzosen allenfalls eingeschränkt an die Beschlüsse der Potsdamer Konferenz gebunden. Zur Leitlinie ihrer Deutschlandpolitik avancierten die eigenen Sicherheitsinteressen gegenüber dem Nachbarn im Osten; solange diese nicht ausreichend befriedigt schienen, torpedierte Paris jedes gemeinsame Vorgehen der vier Siegermächte im Alliierten Kontrollrat und in der Berliner Stadtkommandantur. Vor allem war man in Paris bestrebt, eine allzu rasche wirtschaftliche Erholung und die abermalige Formierung eines deutschen Nationalstaats zu verhindern.[67]

In der Wissenschaftspolitik ging es den Franzosen in erster Linie darum, die in den Südwesten Deutschlands verlagerten Institute in der eigenen Zone zu halten, um direkten Einfluss auf die deutsche Forschung nehmen und diese so unter Kontrolle halten zu können.[68] Die Möglichkeiten dafür waren gar nicht einmal so schlecht. Während die französische Zone von ihrer wirtschaftlichen Potenz nicht an die übrigen drei Besatzungszonen heranreichte, hatte die kriegsbedingte Verlagerung eine Reihe bedeutender Forschungsinstitute in den Südwesten gespült; unter ihnen befanden sich mit dem KWI für Biologie, dem KWI für Biochemie, dem KWI für Chemie und dem KWI für ausländisches und internationales Privatrecht vier besonders renommierte Institute der KWG. Den Franzosen schwebte eine Integration dieser Forschungsinstitute in die Universitäten vor, zumindest aber sollten sie nicht mehr über die KWG bzw. die MPG, sondern von den Ländern ihrer Zone finanziert werden. Diesem Zweck diente die Schaffung eines Forschungsrats als Dachorganisation für die Institute auf Länderebene. In dem neu geschaffenen Forschungsausschuss für Württemberg-Hohenzollern, der für Personal- und Haushaltsfragen zuständig war, dominierten Direktoren der Kaiser-Wilhelm-Institute.[69] Während die französische Besatzungspolitik einigen Raum für akademische Selbstverwaltung und deutsche Mitbestimmung ließ, schob sie einem Beitritt der Kaiser-Wilhelm-Institute ihrer Zone zur entstehenden MPG zunächst einen Riegel vor.[70]

Im Unterschied zu Glum in München oder Havemann in Berlin starteten die Direktoren der in der französischen Zone gelegenen Kaiser-Wilhelm-Institute keine Initiative, um die (Wieder-)Gründung der KWG voranzutreiben bzw. die Führung der MPG an sich zu bringen, weil sie »nach

---

64 Zum Versuch Havemanns, die KWG von Berlin aus wieder zu errichten, wie auch zum Scheitern dieses Versuchs siehe ausführlich Hachtmann, *Wissenschaftsmanagement*, 2007, 1059–1077. Zur Integration von Kaiser-Wilhelm-Instituten in die Deutsche Akademie der Wissenschaften siehe Nötzold, Wissenschaftsbeziehungen, 1990, 792. Die Datierung nach Henning und Kazemi, *Handbuch*, Bd. 1, 2016, 448.

65 In diesem Artikel kritisierte Havemann die US-Atomwaffenpolitik und deren »Wasserstoff-Superbombe« scharf. Prof. Dr. Robert Havemann: Greifen und Begreifen, in: Neues Deutschland vom 5.2.1950, auszugsweise abgedruckt in: Hoffmann, *Robert Havemann*, 1991, Dokument 2.8, 104–106.

66 Magistrat von Groß-Berlin, Abteilung Volksbildung (gez. Stadtrat May) an Prof. Dr. Havemann vom 27.2.1950 betr. Ihre Tätigkeit in der Forschungsgruppe Dahlem, abgedruckt in: ebd., Dokument 2.9, 106.

67 Überblick bei Wolfrum, Französische Besatzungspolitik, 1999.

68 Osietzki, *Wissenschaftsorganisation*, 1984, 165–183.

69 Auszug aus dem Senatsprotokoll vom 18./19.3.1949, in: Generalverwaltung der Max-Planck-Gesellschaft, *50 Jahre KWG/MPG*, 1961, Dokument 70, 226–227.

70 Hachtmann, *Wissenschaftsmanagement*, 2007, 1098–1099; Fassnacht, *Universitäten am Wendepunkt?*, 2000.

Kriegsende ein eigenes, recht bequemes Arrangement mit den französischen Besatzern ausgehandelt« hatten.[71] Dafür gab die Gestalt, in der die Besatzungsmacht ihnen entgegentrat, den Ausschlag: Die »Tübinger Herren« sahen sich nicht mit Berufssoldaten konfrontiert, sondern mit ihnen wohlbekannten französischen Kollegen. Für die Tübinger Institute war der Chef der Mission Scientifique, Lieutenant-Colonel André Lwoff, zuständig, im zivilen Leben Chef de Service de Physiologie Microbienne am Institut Pasteur in Paris. Alfred Kühn, Direktor des KWI für Biologie, charakterisierte ihn als »Forscher von Rang«.[72] Gerade die Institute für Biologie und Biochemie fanden in Lwoff »einen starken Fürsprecher«, der »Entscheidendes zur Entspannung im Verhältnis zwischen den deutschen Wissenschaftlern und der französischen Militärregierung« beisteuerte.[73] Josef Mattauch, Direktor des KWI für Chemie, meinte rückblickend, »dass insbesondere im Hinblick auf die Arbeitsmöglichkeiten des Instituts die französische Besatzung der amerikanischen weit vorzuziehen war«.[74] Zu dieser Einschätzung trug bei, dass die Franzosen als erste Besatzungsmacht einer Finanzierung der in ihrer Besatzungszone gelegenen Forschungseinrichtungen durch die Länder zustimmten. Die Landesverwaltung für Kultus, Erziehung und Kunst hatte schon am 10. Juli 1945 die Betreuung der Kaiser-Wilhelm-Institute in Tübingen übernommen, zugleich war deren Finanzierung »aus Staatsmitteln vorgesehen«.[75] Daher konnten die Institute in der französischen Zone zunächst auf eine für die damaligen Verhältnisse üppige Alimentierung durch das jeweilige Sitzland vertrauen. Das galt insbesondere für diejenigen Institute, die in und um Tübingen untergekommen waren. Mit Carlo Schmid (SPD) und Hans Rupp (SPD) sorgten zwei ehemalige KWG-Angehörige dafür, dass Württemberg-Hohenzollern bereits 1946 eine Million Reichsmark (RM) für die verlagerten Institute im Staatshaushalt einplante.[76]

Kein Wunder, dass den Direktoren aus der französischen Zone ein Beitritt zur sich formierenden MPG zunächst wenig attraktiv erschien, zumal sich gerade die Direktoren der in Tübingen ansässigen Institute nicht nach der Bevormundung durch die Generalverwaltung unter Telschow zurücksehnten. Mit der sich abzeichnenden Weststaats-Gründung änderte sich diese Perspektive jedoch. Nachdem die Finanzierung der Institute in der französischen Zone durch die Währungsreform vom Juni 1948 erheblich schwieriger geworden war, da die stabile D-Mark den Landesregierungen nicht mehr so locker saß wie die bereits stark entwertete Reichsmark, sahen sich die Franzosen zum Handeln gezwungen, um einen »Exodus der Forscher« aus ihrer Zone zu verhindern.[77] Ernst Telschow ahnte schon seit dem Herbst 1948, dass die Franzosen ihren Widerstand gegen den Beitritt der im Südwesten gelegenen Kaiser-Wilhelm-Institute zur MPG nicht durchhalten konnten, da die kleinen und finanzschwachen Länder Südwürttemberg-Hohenzollern und Südbaden »niemals in der Lage sein werden, die in diesem Raum konzentrierten hochwertigen Forschungsinstitute mit ausreichenden Mitteln zu versehen«.[78] Butenandt berichtete dem Senat der MPG im März 1949, dass der Notetat des Landes Württemberg-Hohenzollern nur eine Auszahlung von 70 Prozent der Löhne und Gehälter zulasse und der Sachetat der Institute »mässig« sei.[79] Den Ausschlag für die Zustimmung der Franzosen zur Ausdehnung der MPG auch auf ihre Besatzungszone gab schließlich das Argument, dass die Tübinger Institute von einer gemeinsamen Finanzierung durch elf westdeutsche Länder profitieren würden. So gaben sie schließlich schweren Herzens ihren Widerstand gegen die Eingliederung der Kaiser-Wilhelm-Institute aus dem Südwesten Deutschlands in die MPG auf.

Die Briten und die Göttinger Generalverwaltung

Von allen Besatzungsmächten agierten die Briten am pragmatischsten und weitsichtigsten.[80] Aufgrund des bedeutenden Machtzugewinns der Sowjetunion erteilte der

---

71 Schüring, *Kinder,* 2006, 249–250, Zitat 249. Siehe dazu auch Hachtmann, *Wissenschaftsmanagement,* 2007, 1047–1048.
72 Alfred Kühn, KWI für Biologie, in: FS Hahn, Bl. 287, AMPG, Vc. Abt., Rep. 4, Nr. 186. Dazu auch Balcar *Ursprünge,* 2019, 38–39.
73 Lewis, Kalter Krieg in der MPG, 2004, 416.
74 Josef Mattauch: KWI für Chemie, in: FS Hahn, Bl. 271, AMPG, Vc. Abt., Rep. 4, Nr. 186.
75 Alfred Kühn: KWI für Biologie, in: FS Hahn, Bl. 286–287, ebd.
76 Lewis, Kalter Krieg in der MPG, 2004, 407.
77 Heinemann, Wiederaufbau der KWG, 1990, 453. – Zu den finanziellen Problemen der Institute in der französischen Zone siehe auch den Auszug aus dem Senatsprotokoll vom 18./19.3.1949, Generalverwaltung der Max-Planck-Gesellschaft, *50 Jahre KWG/MPG,* 1961, Dokument 70, 223–227, 225–227.
78 Protokoll der 3. Sitzung des Senates vom 29.10.1948, AMPG, II. Abt., Rep. 60, Nr. 3.SP, fol. 10.
79 Auszug aus dem Senatsprotokoll vom 18./19.3.1949, in: Generalverwaltung der Max-Planck-Gesellschaft, *50 Jahre KWG/MPG,* 1961, Dokument 70, 223–227, 225.
80 Jürgensen, Britische Besatzungspolitik, 1999.

britische Premier Winston Churchill einer allzu nachhaltigen Schwächung des bisherigen Kriegsgegners eine Absage. Der Eindruck des vom Krieg weitgehend verheerten Landes bewirkte bei den Briten eine rasche Abkehr von einer Politik der Bestrafung. An deren Stelle trat die wirtschaftliche Erholung der eigenen Besatzungszone als wichtigste Zielsetzung. Früher als in Paris und Washington erkannte man in London, dass es künftig weniger um eine Sicherheit vor Deutschland gehen würde, sondern im Angesicht des sich abzeichnende Kalten Kriegs um »Sicherheit mit Deutschland«,[81] also um die Integration Deutschlands oder eines Teils von Deutschland in die westliche Wertegemeinschaft.

Auch in der Wissenschaftspolitik vertraten die Briten »eine ausgesprochen liberale Position«.[82] Dies lag auch an der amerikanisch-britischen Alsos-Mission, die der Frage nachging, wie weit die Deutschen bei der Entwicklung einer Atombombe gekommen waren. Nachdem die an der Mission beteiligten Geheimdienste herausgefunden hatten, dass das deutsche Atomwaffenprojekt sang- und klanglos gescheitert war,[83] setzte sich im Herbst und Winter 1945 in London eine konziliantere Haltung durch. Ihr lag die Erkenntnis zugrunde, dass man den Deutschen in einem enger zusammenrückenden Westeuropa wieder Spitzenforschung gestatten müsse – allerdings mit einer wichtigen Differenzierung: Grundlagenforschung sollte den Deutschen ohne Beschränkungen erlaubt sein, anwendungsorientierte Forschung (vor allem natürlich militärische) dagegen weiterhin verboten.[84] In dieser Unterscheidung liegt *ein* Nukleus für die Transformation der MPG in eine Einrichtung der Grundlagenforschung, die die KWG nie gewesen ist, auch wenn ihre Mitglieder dies später behaupteten, um sich von Rüstungsforschung und NS-Verbrechen abzugrenzen. Ganz uneigennützig waren allerdings auch die Motive der Briten nicht: Sie wollten die deutsche Grundlagenforschung unter ihrer Kontrolle halten, »um an den Ergebnissen partizipieren zu können«.[85] Beim Eintreiben der »intellektuellen Reparationen« operierten die Briten über weite Strecken gemeinsam mit den Amerikanern, und auch was die Abwerbung deutscher Spitzenforscher betrifft, blieben sie nicht untätig.[86]

Dass sich besonders die Briten darum bemühten, die deutschen Forschungsaktivitäten wieder anzukurbeln, hatte auch etwas mit der Verteilung der Forschungsinstitute auf die Besatzungszonen zu tun: In der britischen Zone befanden sich 17 Kaiser-Wilhelm-Institute, in der US-Zone nur acht.[87] Hinzu kam, dass die Idee der KWG – vor allem naturwissenschaftliche Forschung in besonders innovativen (Grenz-)Bereichen außerhalb der Universitäten zu organisieren, um herausragende Gelehrte von Lehrverpflichtungen zu befreien – nicht nur bei den Deutschen, sondern auch bei den Briten (und in geringerem Maße sogar bei den Franzosen) tief verwurzelt war, erschien doch die KWG aus britischer Perspektive geradezu als Gegenstück zur Royal Society; sie stellte in einem aufzubauenden neuen deutschen Wissenschaftssystem, wie es sich die Briten vorstellten, einen zentralen Baustein dar. Die deutschen Spitzenforscher waren indes selbst nicht untätig und erweiterten ihre internationalen Netzwerke, um den Fortbestand der KWG zu sichern. Das galt insbesondere für Otto Hahn, der – wie einige der Entscheidungsträger auf britischer Seite auch – zur »Rutherford-Familie« gehörte, den Freunden, Mitarbeitern und Schülern des großen Experimentalphysikers und Nobelpreisträgers Ernest Rutherford.[88]

Die Aufgeschlossenheit der Briten resultierte also auch aus persönlichen Kontakten, die unmittelbar nach Kriegsende erneuert und vertieft wurden. Schon im April 1945 hatten britische und amerikanische Truppen zehn Forscher, die am deutschen Uranprojekt beteiligt gewesen waren – darunter neben Hahn auch Werner Heisenberg, Max v. Laue und Carl Friedrich v. Weizsäcker –, im Auftrag der Alsos-Mission verhaftet und auf den englischen Landsitz Farm Hall verbracht, wo sie bis Anfang 1946 interniert blieben.[89] In langen und vertraulichen Gesprächen mit ihnen konnten sich die »Gastgeber« von ihrer Kooperationsbereitschaft überzeugen. So wurden im Herbst und Winter 1945 in Farm Hall die »Grundlagen für die Wissenschaftspolitik in Nachkriegsdeutschland

---

81 Ebd., 54.
82 Alter, KWG in den deutsch-britischen Wissenschaftsbeziehungen, 1990, 744.
83 Goudsmit, *Alsos*, 1996.
84 Potthast, »Rassenkreise« und die Bedeutung des »Lebensraums«, 2003, 744.
85 Heinemann, Wiederaufbau der KWG, 1990, 423.
86 Werth-Mühl, Berichte alliierter Nachrichtendienste, 2001, 40; Gimbel, Deutsche Wissenschaftler, 1990.
87 Cassidy, Controlling German Science, 1994, 203.
88 Dies nach Oexle, Göttingen, 1994, 49–52 u. 59. Siehe dazu auch Oexle, *Hahn, Heisenberg und die anderen*, 2003, 34.
89 Die Gespräche, die die internierten Wissenschaftler untereinander führten, wurden ohne deren Wissen abgehört. Die Protokolle wurden in den 1990er-Jahren veröffentlicht. Ebd. – Siehe auch Hoffmann, *Operation Epsilon*, 1993.

geschaffen«.⁹⁰ Insbesondere Otto Hahn wurde während seiner Zeit in Farm Hall auf Herz und Nieren geprüft, genau instruiert und auf seine künftige Rolle als Präsident einer deutschen Forschungsorganisation vorbereitet.⁹¹ Die Briten hatten sich nicht nur für den Fortbestand der KWG entschieden; sie wussten auch, wer der richtige Mann sein würde, um sie künftig zu leiten.

Wie in der französischen Zone André Lwoff gab es auch in der britischen Zone eine Person, die ganz wesentlich zum gedeihlichen Verhältnis zwischen Besatzern und Besetzten beitrug: Bertie K. Blount, der Beauftragte für Wissenschaft der britischen Militärregierung.⁹² Blount hatte 1931 in Frankfurt am Main in Chemie promoviert und fühlte sich der deutschen Wissenschaft eng verbunden. Als britischer Besatzungsoffizier residierte Blount ebenfalls auf dem Gelände der AVA und damit in unmittelbarer Nachbarschaft der verlagerten Generalverwaltung der KWG.⁹³ So entwickelte sich insbesondere zu Ernst Telschow eine enge persönliche Beziehung. Die Göttinger konnten sich stets auf die Hilfe des Briten verlassen – so sehr, dass Blount mit Fug und Recht als »Geburtshelfer der MPG« gelten darf.⁹⁴ Hinzu kam als institutionelles Band zwischen den Briten und ihren künftigen deutschen Partnern der German Scientific Advisory Council, der sich am 1. Januar 1946 in den Räumen der AVA in Göttingen gründete, um die Militärregierung »in allen wissenschaftlichen Fragen [zu] beraten und von sich aus Wünsche und Anregungen an die Militär-Regierung weiter[zu]leiten«.⁹⁵ Ihm gehörten unter dem Vorsitz Blounts nicht nur Ernst Telschow, sondern später auch Otto Hahn und Werner Heisenberg an, was die Verbindung der KWG (und bald schon der MPG) zur britischen Besatzungsmacht nochmals intensivierte.

2.2.4 Die doppelte Gründung der MPG

So war es in erster Linie den Briten zu verdanken, dass das Organisationsmodell der KWG erhalten blieb und sich der Göttinger Zirkel um Otto Hahn und Ernst Telschow gegen seine Konkurrenten in der amerikanischen und sowjetischen Zone durchsetzen konnte.⁹⁶ Auf der Grundlage einer Direktive vom 16. November 1945, die den Deutschen zwar jede Form der militärischen Forschung untersagte, der Grundlagenforschung aber keine Beschränkungen auferlegte,⁹⁷ beorderte der britische Brigadegeneral Frank Spedding den gerade erst aus Farm Hall nach Göttingen zurückgekehrten Otto Hahn am 3. Januar 1946 zur »Wiederingangsetzung der deutschen Wissenschaft, vor allem auch der Kaiser-Wilhelm-Institute, soweit sie sich auf englisch besetztem Gebiet befinden«.⁹⁸ Damit war das Überleben der KWG vorerst gesichert.

Einzig in der Frage des Namens gab es Dissens: Während die in Deutschland verbliebenen Wissenschaftler an dem traditionsreichen Namen festhalten wollten,⁹⁹ bestanden die Briten auf einer Änderung – und blieben in diesem Punkt hart. Angeblich war es der britische Biochemiker und Nobelpreisträger Henry H. Dale, der Präsident der Royal Society, der den Vorschlag machte, die KWG in »Max-Planck-Gesellschaft« umzubenennen. »Es ist nur der Name, gegen den sie etwas haben«, soll Dale argumentiert haben, »allein das Wort Kaiser Wilhelm beschwört ein Bild von rasselnden Säbeln und maritimer Expansion herauf. Nennen sie es Max-Planck-Gesellschaft, und jedermann wird zufrieden sein.«¹⁰⁰ Nachdem dieser Name erst einmal im Raum stand, wurden keine Alternativvorschläge mehr unterbreitet. Im Rückblick erwies sich die Umbenennung als glückliche Fügung: Der wissenschaftliche Rang Max Plancks stand außer Frage, zudem galt der allseits hochgeschätzte Physiker im In- und Aus-

---

90 Renn, Kant und Kolboske, Stationen der KWG/MPG, 2015, 69.
91 Oexle, Göttingen, 1994, 50–51. Zur Internierung der deutschen Wissenschaftler in Farm Hall, die Oexle als »Experimentalanordnung mit Folgen« gedeutet hat, siehe ausführlich Oexle, Hahn, Heisenberg und die anderen, 2003, 27–38.
92 Siehe die biografische Würdigung bei Oexle, Bertie Blount, 1999. Zur Rolle Blounts siehe im Folgenden auch Macrakis, Surviving the Swastika, 1993, 191–193.
93 Heinemann, Wiederaufbau der KWG, 1990, 419; Osietzki, Wissenschaftsorganisation, 1984, 95. Ausführlich zur Rolle Blounts Hachtmann, Wissenschaftsmanagement, 2007, 1087–1089 u. 1199.
94 Hachtmann, Wissenschaftsmanagement, 2007, 1088. Die MPG würdigte seine Verdienste, indem sie ihm 1984 die Ehrenmitgliedschaft verlieh. Henning und Kazemi, Chronik, 2011, 578.
95 Zitiert nach Henning und Kazemi, Chronik, 2011, 278.
96 Die Rolle der Briten bei der Gründung der MPG ins rechte Licht gerückt zu haben ist vor allem das Verdienst des langjährigen Direktors am Göttinger MPI für Geschichte, Otto Gerhard Oexle. Oexle, Göttingen, 1994.
97 Alter, KWG in den deutsch-britischen Wissenschaftsbeziehungen, 1990, 744.
98 Zitiert nach Henning und Kazemi, Chronik, 2011, 279. Siehe auch Oexle, Göttingen, 1994, 58.
99 Hachtmann, Wissenschaftsmanagement, 2007, 1091–1095.
100 Zitiert nach Osietzki, Wissenschaftsorganisation, 1984, 102. Die englische Version des Zitats findet sich bei Macrakis, Surviving the Swastika, 1993, 193.

land als Gegner des Nationalsozialismus und als »integrer Mann«.[101] Max Planck verschaffte der Gesellschaft als Namenspatron symbolisches Kapital, das sie nach Weltkrieg und Zivilisationsbruch gut brauchen konnte.

Im Sommer 1946 wurde eine Umgründung unausweichlich. Die Zukunft der KWG war seit Kriegsende unsicher gewesen. Gerüchte, dass die Amerikaner ihre Auflösung betrieben, hatte Roger Adams, Professor für Chemie und wissenschaftspolitischer Berater Clays, bereits am 10. Dezember 1945 bestätigt. Acht Monate später schien plötzlich Eile geboten. Wie Hahn von Blount erfuhr, hatte der Alliierte Kontrollrat auf amerikanische Initiative hin am 2. August 1946 die Auflösung der KWG formell beschlossen.[102] Zwar zerbrach die Viermächteregierung während der Arbeit an dem entsprechenden Kontrollratsgesetz, zudem legten die vier Besatzungsmächte den Auflösungsbeschluss recht unterschiedlich aus,[103] doch erhielten die deutschen Akteure von diesen Entwicklungen, die sich auf den höchsten Ebenen der Besatzungspolitik abspielten, gar nicht, nur unvollständig oder verspätet Kenntnis. Daher erschien ihnen der Handlungsdruck unverändert hoch, weshalb die Generalverwaltung in Göttingen mit Unterstützung der Briten fieberhaft an der Gründung einer »Auffanggesellschaft für den Notfall« arbeitete.[104]

Die Gründung der »Max-Planck-Gesellschaft zur Förderung der Wissenschaften in der Britischen Zone« erfolgte am 11. September 1946 im Clementinum, dem Theologischen Konvikt zu Bad Driburg. Das war die (erste) Geburtsstunde der MPG, der zu diesem Zeitpunkt 13 Institute angehörten, darunter die Institute für Arbeitsphysiologie in Dortmund, für landwirtschaftliche Arbeitswissenschaft und Landtechnik auf Gut Imbshausen, für Bastfaserforschung, das zunächst in Stammbach und später in Bielefeld ansässig war, für Eisenforschung in Düsseldorf, für Kohlenforschung in Mülheim an der Ruhr, für Tierzucht und Tierernährung auf dem Remontegut Mariensee und für Züchtungsforschung auf dem Gut Voldagsen. Hinzu kamen die in Göttingen ansässigen Institute für Hirnforschung, für Instrumentenkunde, für Physik und für Strömungsforschung sowie die Hydrobiologische Anstalt in Plön und das Deutsche Spracharchiv (Institut für Phonometrie) in Braunschweig.[105] Auf der Gründungssitzung wurde Otto Hahn, der die Amtsgeschäfte des KWG-Präsidenten offiziell seit dem 1. April 1946 geführt hatte, zum Präsidenten der MPG gewählt. Hahns wichtigstes Ziel lautete, von Göttingen aus die KWG als MPG wieder aufzubauen und als eine zusammenhängende Organisation der Grundlagenforschung in allen drei westlichen Besatzungszonen zu etablieren – und das lag ganz auf der Linie der Briten.[106]

Allerdings gestaltete sich die von Göttingen aus betriebene Ausdehnung der MPG auf die amerikanische und französische Zone schwierig. Nicht nur die Amerikaner sträubten sich, auch bei einigen Länderregierungen stieß der Plan der Expansion der KWG/MPG auf wenig Gegenliebe. Zur Begründung verwies etwa die Bayerische Staatsregierung darauf, dass führende Repräsentanten des NS-Staats und der Rüstungsindustrie Spitzenpositionen in der KWG innegehabt hatten. Das galt beispielsweise für den vormaligen Landwirtschaftsminister Herbert Backe, den SS-Brigadeführer und Bankier Kurt Freiherr von Schröder und für Albert Vögler, den letzten Präsidenten der KWG, der zugleich der starke Mann bei den Vereinigten Stahlwerken gewesen war, einem der größten Rüstungskonzerne des »Dritten Reichs«.[107] Inwiefern die Länder dieses Argument vorschoben, um die Forschungsinstitute unter der eigenen Kontrolle zu halten, ist heute kaum mehr zu sagen. Umgekehrt verhallte auch ein Appell an den Militärgouverneur der US-Zone ungehört, mit dem sich auf eine Bitte Otto Hahns hin am 5. April 1947 alle zehn deutschen Nobelpreisträger bei Lucius D. Clay für den Erhalt der KWG eingesetzt hatten.[108]

Die Zusammenlegung der amerikanischen und britischen Besatzungszone zur »Bizone«, die zum 1. Januar 1947 aus primär ökonomischen und versorgungstechnischen Motiven heraus erfolgte,[109] verbesserte jedoch die Realisierungschancen für die Expansionsbestrebungen

---

101 Rürup, Spitzenforschung, 2014, 112. Kritisch zur angeblich anti-nationalsozialistischen Haltung Plancks im »Dritten Reich« Albrecht, Besuch bei Adolf Hitler, 1993.
102 Siehe Heinemann, Wiederaufbau der KWG, 1990, 408. Zur Auflösung der KWG durch den Alliierten Kontrollrat siehe auch Hachtmann, *Wissenschaftsmanagement*, 2007, 1085–1086; Macrakis, *Surviving the Swastika*, 1993, 191–193.
103 Balcar, *Ursprünge*, 2019, 73.
104 Heinemann, Wiederaufbau der KWG, 1990, 432. Der Begriff Auffanggesellschaft stammt von den Gründern der MPG. Auszug aus dem Protokoll über die Gründungssitzung der MPG in der Britischen Zone am 11.9.1946 im Theologischen Konvikt zu Bad Driburg, abgedruckt in: Generalverwaltung der Max-Planck-Gesellschaft, *50 Jahre KWG/MPG*, 1961, Dokument 64, 202–205, Zitat 204.
105 Eine Aufstellung der 13 Gründungsinstitute findet sich bei Renn, Kant und Kolboske, Stationen der KWG/MPG, 2015, 75.
106 Oexle, Göttingen, 1994, 58.
107 Walker, *Otto Hahn*, 2003, 45–46; Osietzki, *Wissenschaftsorganisation*, 1984, 160–161.
108 Osietzki, *Wissenschaftsorganisation*, 1984, 161; Heinemann, Wiederaufbau der KWG, 1990, 436–437.
109 Benz, *Die Gründung der Bundesrepublik*, 1999, 49–78.

der MPG. Im Sommer 1947 gelang es Hahn in schwierigen Verhandlungen, den Amerikanern die Zustimmung zur Ausdehnung der MPG auf die US-Zone abzuringen.[110] Die Bedingung lautete allerdings, dass die neue MPG weder vom Staat noch von der Wirtschaft abhängig sein dürfe und für die Aufnahme weiterer Institute offen sein müsse. Daraufhin wurde die bereits bestehende, auf die britische Zone beschränkte MPG am 24. Februar 1948 von einer außerordentlichen Hauptversammlung aufgelöst und an ihrer Stelle zwei Tage später in Göttingen eine neue MPG gegründet, und zwar als »Vereinigung freier Forschungsinstitute, die nicht dem Staat und nicht der Wirtschaft angehören«.[111] An dieser Stelle wird deutlich, wie die Vorgaben der Alliierten »sich auch langfristig auf die Gestaltung und das Selbstverständnis der MPG als einer staats- und wirtschaftsfernen Forschungsinstitution« auswirkten.[112]

Mit der Ausweitung der Bizone zur Trizone, zu der ab März 1948 auch das französische Besatzungsgebiet gehörte, war es nur noch eine Frage der Zeit, wann die Kaiser-Wilhelm-Institute der französischen Zone der MPG beitreten würden. Vertreter aus dem Südwesten nahmen ab Ende 1948 an den Senatssitzungen der MPG teil. Bei der Gründung des Forschungsausschusses für Württemberg-Hohenzollern im März 1949 bestand »allseitiges Einverständnis darüber, dass die Beschlüsse des Ausschusses nur im Einvernehmen mit der MPG gefasst werden sollen, damit diese bei einer erhofften baldigen Ueberleitung der französischen Institute in die MPG alsdann bereits von der MPG anerkannt sind«.[113] Dem Beitritt standen jedoch einstweilen zwei Hindernisse entgegen: Zum einen mussten zunächst die heftigen internen Auseinandersetzungen zwischen der Göttinger Generalverwaltung und den »Tübinger Herren«, in denen es vor allem um die Person Ernst Telschows ging, ausgestanden werden.[114] Zum anderen leisteten die Franzosen immer noch hinhaltenden Widerstand gegen eine Ausweitung der MPG auf den Südwesten. Erst am 8. Juli 1949 gelang es, die Anerkennung der MPG durch alle drei Westmächte zu erwirken.[115] Auf dieser Grundlage wurden die in der französischen Besatzungszone gelegenen Institute am 18. November 1949 in die MPG aufgenommen.[116] Mit dem Beitritt des KWI für Biochemie, des KWI für Biologie und des KWI für ausländisches und internationales Privatrecht, die alle drei in Tübingen ansässig waren, sowie des gerade nach Mainz umgezogenen KWI für Chemie, der Vogelwarte Radolfzell, der Arbeitsgruppe des KWI für Physik in Hechingen und der Forschungsstelle für Physik der Stratosphäre waren, wie Präsident Hahn befriedigt feststellte, »nunmehr sämtliche Kaiser-Wilhelm-Institute in den drei Westzonen in der Max-Planck-Gesellschaft zusammengeschlossen«.[117]

Deutlich länger dauerte es mit der Reintegration der in Berlin verbliebenen Institute und Abteilungen, die in die Deutsche Forschungshochschule eingegliedert worden waren.[118] Dem stand zweierlei entgegen: Erstens herrschte über die künftige Finanzierung der in Dahlem gelegenen Institute noch keine Klarheit, zweitens mussten MPG und Berliner Senat ihren Konflikt um die Grundstücke in Dahlem beilegen, die früher von der KWG genutzt worden waren. Im Kern berührten beide Themen die Zukunft der Deutschen Forschungshochschule, die seit der Gründung der Freien Universität Berlin ungewiss war.[119] Überhaupt hatte die Forschungshochschule bei den Universitäten, die eine Degradierung zu reinen Lehrbetrieben fürchteten, einen schweren Stand. Zudem verlor sie mit der Rückkehr von Fritz Karsen in die USA ihren wichtigsten Mentor. Selbst unter dem eigenen Personal, das sich überwiegend der KWG zugehörig fühlte und eine Eingliederung in die MPG anstrebte, hatte die Forschungshochschule nur wenig Rückhalt.[120]

---

110 Mark Walker betont, dass den Amerikanern dabei »die Aktivitäten und Intentionen der Angehörigen der Kaiser-Wilhelm-Gesellschaft während des ›Dritten Reiches‹ verzerrt dargestellt wurden«. Walker, *Otto Hahn*, 2003, 43–48.

111 So lautet die Formulierung in § 1 Satz 2 der ersten Satzung der MPG aus dem Jahr 1948, abgedruckt in: Generalverwaltung der Max-Planck-Gesellschaft, *50 Jahre KWG/MPG*, 1961, Dokument 67, 211–221, Zitat 211. Zum Zeitpunkt ihrer (zweiten) Gründung gehörten der MPG 23 Institute und Forschungsstellen an. Siehe die Aufstellung bei Henning und Kazemi, *Chronik*, 2011, 297–299.

112 Kolboske et al., *Anfänge*, 2018, 11. Ähnlich auch Macrakis, *Surviving the Swastika*, 1993, 193.

113 Protokoll der 4. Sitzung des Senates vom 18./19.3.1949, AMPG, II. Abt., Rep. 60, Nr. 4.SP, fol. 68.

114 Zu den heftigen internen Streitigkeiten, die dem Beitritt der in der französischen Zone gelegenen Institute vorangingen, siehe Lewis, Kalter Krieg in der MPG, 2004. Siehe auch unten, Kap. II.2.4, 56

115 Anerkennung der MPG durch die drei Besatzungsmächte vom 8.7.1949, abgedruckt in: Generalverwaltung der Max-Planck-Gesellschaft, *50 Jahre KWG/MPG*, 1961, Dokument 72, 231–232.

116 Henning und Kazemi, *Chronik*, 2011, 314–316. Auszug aus dem Senatsprotokoll [der MPG] vom 18.11.1949, abgedruckt in: Generalverwaltung der Max-Planck-Gesellschaft, *50 Jahre KWG/MPG*, 1961, Dokument 74, 233.

117 Protokoll der 6. Sitzung des Senates vom 18.11.1949, AMPG, II. Abt., Rep. 60, Nr. 6.SP, fol. 88.

118 Zum Folgenden ausführlich Balcar, *Ursprünge*, 2019, 80–85.

119 Ausführlich Lönnendonker, *Freie Universität Berlin*, 1988.

120 Meiser, *Deutsche Forschungshochschule*, 2013, 72–74 u. 152–154; Hoffmann, Physikochemiker und Stalinist, 1991, 69–70.

Der Streit um die Grundstücke in Dahlem zog sich fast ein Jahrzehnt hin und wurde erst durch einen Vertrag, den KWG und MPG am 5. Juli 1957 mit dem Land Berlin abschlossen, endgültig beigelegt.[121] Es dauerte deswegen so lange, weil gleichzeitig die Finanzierung der Berliner Institute zu klären war. Mit dem Abschluss des Königsteiner Abkommens im Jahr 1949, von dem noch ausführlicher die Rede sein wird, schien dies vom Tisch, doch konnten sich Berlin und die MPG lange nicht auf die Bedingungen verständigen, zu denen die Berliner Institute der MPG beitreten sollten. Umstritten war nicht nur, welche Institute in die MPG aufgenommen werden sollten, sondern auch, welchen Einfluss der Berliner Senat auf die Forschungseinrichtungen in Dahlem künftig haben sollte. Dass die Berliner Seite immer wieder neue Forderungen erhob, erschwerte eine Einigung zusätzlich. Als unannehmbar bezeichnete die MPG den wiederholt vorgebrachten Wunsch, die Generalverwaltung an die Spree zurückzuverlegen.[122] Einen wichtigen Schritt zur Beilegung des Konflikts markierte der wechselseitige Austausch von Vertretern in den jeweiligen Leitungsgremien: Der Regierende Bürgermeister Ernst Reuter (SPD) und Erwin Stein (CDU), der hessische Kultus- und Justizminister, wurden als Repräsentanten der Deutschen Forschungshochschule in den Senat der MPG aufgenommen, Ernst Telschow sowie später auch Max v. Laue und Otto Warburg als Vertreter der MPG in den Stiftungsrat der Forschungshochschule.[123] Danach kam eine Einigung in der Sache relativ rasch zustande: Die MPG verpflichtete sich, »keines der jetzt in Berlin arbeitenden Institute zu verlegen«, und sicherte der Stadt Berlin in den Kuratorien der in Dahlem gelegenen Max-Planck-Institute jeweils zwei Sitze zu.[124] Im Gegenzug konzedierte der Stiftungsrat der Deutschen Forschungshochschule, dass die Berliner Institutsdirektoren zwar »von den zuständigen Organen der Forschungshochschule« bestellt werden sollten, jedoch »nur mit Zustimmung des Wissenschaftlichen Rates und des Senats der MPG«.[125] Daraufhin gab Ernst Reuter die Auflösung der Stiftung zum 30. Juni 1953 bekannt und zum 1. Juli 1953 übernahm die MPG die Einrichtungen der Deutschen Forschungshochschule. Ihre Betreuung erfolgte durch das Berliner Büro der MPG, das nun als Verwaltungsstelle Berlin der Max-Planck-Gesellschaft firmierte und wie bisher unter der Leitung des Telschow-Vertrauten Walther Forstmann stand.[126]

Mit der Abwicklung der Deutschen Forschungshochschule fielen die in Berlin verbliebenen Institute und Abteilungen der KWG an die MPG. Darunter befand sich mit dem ehemaligen KWI für physikalische Chemie und Elektrochemie, das nach der Gründung eines Parallelinstituts in Göttingen in Fritz-Haber-Institut (FHI) der MPG umbenannt worden war, eine der ältesten und renommiertesten Forschungseinrichtungen der KWG.[127] Mit Otto Warburg konnte die MPG zudem einen weiteren Nobelpreisträger in ihren Reihen begrüßen. Formell zu Ende ging die Geschichte der KWG am 21. Juni 1960. An diesem Tag rang sich eine außerordentliche Hauptversammlung dazu durch, die Auflösung der KWG in einem »schmerzlichen Schlußakt« förmlich zu beschließen.[128] Damit war die KWG endgültig Geschichte.

2.3 Finanzgeschichte – Verstaatlichung und Zentralisierung

Der Übergang von der KWG zur MPG markiert den tiefsten Einschnitt in der Finanzgeschichte der Gesellschaft. Die 1911 gegründete KWG hatte sich etwa zur Hälfte aus Spenden der Wirtschaft und der Industrie finanziert und die andere Hälfte ihrer Mittel von der öffentlichen Hand bezogen.[129] Zwar fällt der Anteil des Staats an der Finanzierung der KWG höher aus, wenn man etwa die zur Verfügung gestellten Grundstücke in Dahlem mit einrechnet und bedenkt, dass dieser Anteil in manchen

---

121 Henning und Kazemi, *Chronik*, 2011, 376.
122 Ernst Reuter an Otto Hahn vom 21.3.1950, AMPG, II. Abt., Rep. 60, Nr. 7.SP, fol. 256.
123 Meiser, *Deutsche Forschungshochschule*, 2013, 133 u. 140.
124 Protokoll der 15. Sitzung des Senates vom 11.11.1952, AMPG, II. Abt., Rep. 60, Nr. 15.SP, fol. 165.
125 Zitiert nach Meiser, *Deutsche Forschungshochschule*, 2013, 140.
126 Henning und Kazemi, *Chronik*, 2011, 347.
127 Zur Wiedereingliederung des FHI in die MPG siehe Henning und Kazemi, *Handbuch*, Bd. 1, 2016, 617–623; James et al., *Hundert Jahre*, 2011, 151–155.
128 Auflösung der Kaiser-Wilhelm-Gesellschaft zur Förderung der Wissenschaft e.V.i.L durch die Außerordentliche Hauptversammlung am 21.6.1960, abgedruckt in: Generalverwaltung der Max-Planck-Gesellschaft, *50 Jahre KWG/MPG*, 1961, Dokument 84, 249–250, Zitat 250.
129 Allerdings war die Staatsquote starken Schwankungen unterworfen und variierte von KWI zu KWI, weil der Anteil an Spenden und Zuschüssen aus der Wirtschaft sehr unterschiedlich war. Nach Berechnungen von Rüdiger Hachtmann lag die Staatsquote der KWG insgesamt 1924 bei 34,4 Prozent, 1936 bei 84 und 1938 noch bei 70 Prozent, bevor sie 1944 wieder auf 59,3 Prozent absank. Hachtmann, *Wissenschaftsmanagement*, 2007, 1264 (Tabelle 2.1).

Jahren tatsächlich größer war als offiziell ausgewiesen, und wenn man berücksichtigt, dass die staatlichen Zuschüsse, die die KWG im Zuge der forcierten Rüstungsforschung vor und während des Zweiten Weltkriegs erhielt, tendenziell deutlich zunahmen. Dennoch hat die Wirtschaft stets einen signifikanten Teil der Einnahmen der KWG bestritten, während die MPG schon unmittelbar nach ihrer Gründung fast völlig von Zuschüssen der öffentlichen Hand abhängig war,[130] die sie in Form von Globalzuweisungen erhielt. Das bewirkte einen gewaltigen Zentralisierungsschub, da die Institute dadurch ihr Mitspracherecht in den Finanzverhandlungen mit den Geldgebern verloren[131] – eine dauerhafte Weichenstellung, die bis heute nachwirkt.

Anfangs zehrte die in Göttingen untergekommene Generalverwaltung von Mitteln der KWG, die Ernst Telschow im Frühjahr 1945 gerade noch rechtzeitig von Berlin nach Göttingen transferiert hatte. Sie stammten aus zwei Spenden in Höhe von jeweils einer Million RM. Die erste hatte die Fördergemeinschaft der deutschen Industrie der KWG 1944 zur Verfügung gestellt, die zweite hatte Telschow auf Vermittlung von Hermann v. Siemens erhalten, und zwar explizit »zur Verwendung nach meinem Ermessen für den Betrieb der Institute und der Generalverwaltung«.[132] Um den Zugriff auf diese Mittel entbrannte nach Kriegsende zwischen Berlin und Göttingen ein heftiger Streit. Einmal mehr war es vor allem der Unterstützung der Briten zu verdanken, dass Telschow sich im Sommer 1945 im Kampf um die Konten der KWG gegen Havemann durchsetzte.[133] Zwar reichte dieses Geld, wie Telschow Ende Juli 1945 schrieb, selbst »bei größter Sparsamkeit« nur für »ein halbes bis ein Jahr«.[134] Immerhin sicherte aber dieser Notgroschen nicht nur das finanzielle Überleben der Kaiser-Wilhelm-Institute in der unmittelbaren Nachkriegszeit, sondern förderte auch deren Anhänglichkeit an die Generalverwaltung in Göttingen, auf deren Zahlungen die Institute in Ermangelung anderer Geldquellen angewiesen waren. Telschows eiserne Reserve stellte eine finanzielle Klammer dar, die ein Auseinanderdriften der bei Kriegsende vor allem über Süddeutschland verteilten Forschungsstätten verhinderte und deren provisorischen Weiterbetrieb ermöglichte. Das war eine weitere Voraussetzung, um den Verbund der Institute der KWG über den Zusammenbruch von 1945 hinweg zu erhalten.

Die Währungsreform vom Juni 1948, die schlagartig sämtliche noch verbliebenen Rücklagen der KWG entwertete, vergrößerte die Schwierigkeiten bei der Finanzierung der Institute. Da sich die vormaligen Geldgeber aus der Industrie nach Kriegsende selbst in einer schweren Krise befanden, war die MPG schon frühzeitig auf staatliche Zuschüsse angewiesen, um den Betrieb der Institute aufrechtzuerhalten. Seinerzeit existierte noch kein (west-)deutscher Staat, sodass als Zuschussgeber nur die Länder infrage kamen. Hinsichtlich des Modus der Forschungsfinanzierung gab es allerdings zunächst große Unterschiede zwischen den drei westlichen Besatzungszonen: In der französischen und in der US-Zone erfolgte die Finanzierung der Institute durch die jeweiligen Länder, also dezentral, in der britischen Zone dagegen ab April 1947 durch das Zentralhaushaltsamt.[135] Auch die Bildung der Bizone änderte nichts an den unterschiedlichen Finanzierungsmodi, obwohl die MPG deren Gründung zum Anlass nahm, auf eine Ausweitung ihrer Finanzbasis zu drängen, und zu diesem Zweck – überhaupt erstmals! – einen Stellenplan vorlegte.[136]

Das Modell der dezentralen Finanzierung brachte zwei gravierende Nachteile mit sich: Erstens bedeuteten die jährlich wiederkehrenden Haushaltsverhandlungen mit dem Finanzministerium des Sitzlandes eine Belastung für die Institute, zweitens warf dieses Modell – aus der Perspektive der Geldgeber – die Frage auf, wie überregio-

---

130 So schon die zeitgenössische Feststellung im Bericht der Deutschen Revisions- und Treuhand AG über die bei der MPG durchgeführte Prüfung der Übernahmebilanz zum 21.6.1948 und des Rechnungsabschlusses (Generalverwaltung »Öffentliche Mittel«) zum 31.3.1949 (gez. Dr. Bösselmann, gez. Dr. Jacobs), Bl. 6, AMPG, II. Abt., Rep. 69, Nr. 68. – Ein knapper Überblick über die Finanzgeschichte von KWG und MPG bei Hachtmann, Strukturen, Finanzen und das Verhältnis zur Politik, 2010. Siehe dazu auch Hohn und Schimank, *Konflikte und Gleichgewichte*, 1990, 86–92.
131 Hohn und Schimank, *Konflikte und Gleichgewichte*, 1990, 97–98. Die stark steigenden staatlichen Zuschüsse, die einen zügigen Wiederaufbau der Infrastruktur ermöglichten, entzog möglicher Kritik aus den Instituten jegliche Grundlage. Siehe zur Entwicklung des Haushalts der MPG unten, Anhang 1, Tabelle 1 und Anhang, Grafik 2.6.
132 Ernst Telschow, Generalverwaltung der Kaiser-Wilhelm-Gesellschaft, in: FS Hahn, Bl. 3, AMPG, Vc. Abt., Rep. 4, Nr. 186. In der Chronik der KWG/MPG liest man eine etwas andere Darstellung: Danach habe die »Fördergemeinschaft der Deutschen Industrie« der KWG im Februar 1945 zwei Millionen RM gespendet, und zwar »mit Rücksicht auf die großen Aufgaben – insbesondere auch für die Notwendigkeiten, die sich nach dem Kriege ergeben«. Henning und Kazemi, *Chronik*, 2011, 264.
133 Oexle, Göttingen, 1994, 46. Siehe dazu und zur Rolle, die Erika Bollmann bei diesem Transfer spielte, Kolboske, *Hierarchien*, 2023, 109.
134 Zitiert nach Heinemann, Wiederaufbau der KWG, 1990, 422.
135 Hohn und Schimank, *Konflikte und Gleichgewichte*, 1990, 97; Henning und Kazemi, *Chronik*, 2011, 292.
136 Adressat war die Verwaltung für Finanzen des Vereinigten Wirtschaftsgebiets, die Vorläuferin des Bundesfinanzministeriums. Protokoll der 2. Sitzung des Senates vom 18.7.1948, AMPG, II. Abt., Rep. 60, Nr. 2.SP, fol. 3.

nal relevante Forschungseinrichtungen künftig finanziert werden sollten. Die »begrenzte Finanzkraft«, erkannte rückblickend Kurt Pfuhl aus der Generalverwaltung, zwang »die nach 1945 überwiegend neu geschaffenen Gebietskörperschaften zu einer Koordinierung, ja Kombination ihrer Förderungsmaßnahmen«.[137] Auch ein Land wie Bayern mit einer langen staatlichen Tradition konnte diese Last aufgrund seiner eklatanten Finanzschwäche nicht allein stemmen.[138] Deswegen verfiel der in der Bayerischen Staatskanzlei tätige Friedrich Glum im März 1947 auf die Idee, die überregional bedeutsamen Forschungsinstitute von den Ländern gemeinsam finanzieren zu lassen. Bei den Verhandlungen über ein Staatsabkommen zwischen den Ländern der US-Zone, mit dem die Finanzierung der Deutschen Forschungshochschule in Berlin-Dahlem geregelt werden sollte, verknüpfte Glum ohne Wissen der Amerikaner die Finanzierung der Forschungshochschule mit der Finanzierung der Forschungsinstitute in den Ländern der US-Zone.[139] Aus den Verhandlungen der Länder Bayern, Hessen und Württemberg-Baden resultierten zwei Dokumente, die als »Vorläufer« des Königsteiner Abkommens gelten können:[140] zum einen ein Staatsabkommen, mit dem die Deutsche Forschungshochschule in Form einer Stiftung des öffentlichen Rechts ins Leben gerufen wurde, zum anderen ein Staatsvertrag, der die Finanzierung von Forschungsinstituten mit überregionaler Bedeutung in der US-Zone regelte.[141] Der Kernsatz des Staatsvertrags lautete, dass die Verantwortung für die »herrenlos« gewordenen Institute, die zuvor »ganz oder teilweise vom Reich verwaltet und finanziert« worden waren, »in Zukunft nicht mehr durch ein Reichskultusministerium getragen werden [kann], sondern ihre Verwaltung und Finanzierung […] von den deutschen Staaten gemeinsam geregelt werden müssen«.[142] Damit stellten die Länder der US-Zone frühzeitig die Weichen für die künftige Finanzierung außeruniversitärer Forschungseinrichtungen in Deutschland.

Am 10. März 1948 beantragte Otto Hahn bei der Verwaltung für Finanzen des Vereinigten Wirtschaftsgebiets eine einheitliche Finanzierung der MPG. Die daraufhin gebildete »Kommission für die Finanzierung der wissenschaftlichen Forschungsinstitute, insbesondere der Max-Planck-Gesellschaft«, sollte Wege ausloten, um die Alimentierung der Forschungsstätten in der Bizone zu gewährleisten.[143] Da die Kultusminister einmal mehr auf die Zuständigkeit der Länder in Kultusangelegenheiten pochten, sodass die Bizone als Geldgeber nicht infrage kam, schlug die Kommission vor, den in der US-Zone 1947 geschlossenen Staatsvertrag für den Beitritt der Länder aus der britischen und der französischen Zone zu öffnen. Zugleich stellte die Kommission drei Grundsätze für die künftige Finanzierung außeruniversitärer Forschungsinstitute auf: Sie sollte, erstens, die »materiellen Voraussetzungen« schaffen, dass Wissenschaft und Forschung »einen wirksamen Beitrag zum wirtschaftlichen und kulturellen Wiederaufbau Deutschlands« leisten konnten, zweitens »die für Forschungszwecke verfügbaren Mittel so ökonomisch wie möglich« einsetzen und drittens sicherstellen, »daß im künftigen Bundesstaat Kultur- und Wissenschaftspflege grundsätzlich Aufgabe der Länder sein werden«.[144] Das war der Startschuss für die Verhandlungen zwischen den Ländern der drei westlichen Besatzungszonen, die im April 1949 zum Königsteiner Abkommen führten, dem »forschungspolitischen ›Grundgesetz‹ der jungen Bundesrepublik«.[145]

Die Verhandlungen gestalteten sich jedoch schwierig: Erstens musste ein Finanzierungsschlüssel gefunden, zweitens festgelegt werden, welche Institute überhaupt als förderungswürdig gelten sollten.[146] Die Generalverwaltung der MPG in Göttingen opponierte zunächst vehement gegen die Ausweitung des 1947 von den Ländern der US-Zone geschlossenen Staatsvertrags. Telschow wetterte, dass dies von Ländern wie Bayern ausgehe, die bis dato »niemals etwas für die Forschung getan hätten«.[147]

---

137 Pfuhl, Königsteiner Staatsabkommen, 1959, 285.

138 Deutinger, *Vom Agrarland zum High-Tech-Staat*, 2001; Trischler, Nationales Innovationssystem, 2004, 125.

139 Meiser, *Deutsche Forschungshochschule*, 2013, 56–58. Eine Aufstellung der Institute, die mittels des Staatsvertrags von den drei Ländern gemeinsam finanziert werden sollten, findet sich ebd., 59–60. Zum Folgenden siehe ebd., 61–74.

140 Trischler, Nationales Innovationssystem, 2004, 126. Bremen und Berlin traten beiden Vereinbarungen am 25.2.1948 bei.

141 Auch hier galt der Verteilungsschlüssel, der zur Finanzierung der Deutschen Forschungshochschule festgelegt worden war: Bayern bestritt 50 Prozent der Kosten, Hessen und Württemberg-Baden je 25 Prozent. Begründung zum Staatsabkommen über die Errichtung einer deutschen Forschungshochschule in Berlin-Dahlem und die Finanzierung deutscher Forschungsinstitute, undatiert, abgedruckt in: Meiser, *Deutsche Forschungshochschule*, 2013, 197–201, 200.

142 Ebd., 197.

143 Siehe dazu und zum Folgenden Pfuhl, Königsteiner Staatsabkommen, 1959, 286–287.

144 Zitiert nach Meiser, *Deutsche Forschungshochschule*, 2013, 75–76. Pfuhl, Königsteiner Staatsabkommen, 1959, 289.

145 Trischler, Nationales Innovationssystem, 2004, 125, sowie unten, Kap. IV.2.1, 479.

146 Deutinger, *Vom Agrarland zum High-Tech-Staat*, 2001, 53; Pfuhl, Königsteiner Staatsabkommen, 1959, 288.

147 Zitiert nach Trischler, Nationales Innovationssystem, 2004, 126.

2. Von der KWG zur MPG (1945–1955)

Der Kultusminister von Nordrhein-Westfalen, Heinrich Konen, sprang der MPG bei und blockierte die Initiative zunächst. Erst die schwierige Haushaltslage der Länder infolge der Währungsreform vom Juni 1948 und die Einsetzung des Parlamentarischen Rats im September 1948, mit der sich die Gründung eines westdeutschen Bundesstaats abzeichnete, brachten wieder Bewegung in die festgefahrenen Verhandlungen. Im Juni 1948 trat die »Flurbereinigungskommission« des Länderrats zusammen, die – argwöhnisch beäugt von der MPG, die Eingriffe in ihren Besitzstand fürchtete – klären sollte, welche Forschungsinstitute als überregional relevant anzusehen waren und wie diese künftig finanziert werden sollten.[148] Die Verhandlungen zogen sich jedoch der unterschiedlichen Interessen der Länder wegen in die Länge. Erst am 24. März 1949 gelang es den Kultusministern der Länder, eine Einigung zu erzielen – buchstäblich in letzter Minute, da bereits am 1. April das neue Haushaltsjahr begann.[149]

Das Königsteiner Abkommen, das am 1. April 1949 in Kraft trat, regelte nicht nur die Finanzierung der MPG und ihrer Institute sowie der Deutschen Forschungsgemeinschaft. Es enthielt darüber hinaus eine Liste von 53 Instituten, die künftig ebenfalls durch die Ländergemeinschaft alimentiert wurden.[150] Um die Einigung zu ermöglichen, hatten sich die Kultusminister in Königstein darauf verständigt, »nicht in ›sachliche Debatten‹ einzutreten«, sondern die Institute rein schematisch »nach der Höhe ihres Jahresetats in regionale, überregionale und zentrale Forschungseinrichtungen« einzuteilen.[151] Der Umlageschlüssel sah vor, dass die Länder zwei Drittel der jeweils notwendigen Gesamtsumme im Verhältnis ihrer Steuereinnahmen, ein Drittel nach ihrem Bevölkerungsanteil beisteuern mussten. Hinzu kam die »Interessenquote« der jeweiligen Sitzländer, die bei Max-Planck-Instituten 12,5 Prozent, bei den übrigen Forschungsinstituten 25 Prozent und bei Museen 30 Prozent betrug.[152] Das Königsteiner Abkommen fixierte die Finanzierung der MPG und ihrer Institute durch die Ländergemeinschaft der Trizone, die mit dem Inkrafttreten des Grundgesetzes am 23. Mai 1949 zur Bundesrepublik wurde. »Gegenüber den Finanzierungsstrukturen der KWG war diese Zentralisierung der Finanzpolitik innerhalb der MPG ein organisationspolitisches Novum.«[153] Zwei Faktoren hatten für die Einigung der Länder den Ausschlag gegeben: Erstens ließ sich so der Widerstand der Franzosen gegen einen Zusammenschluss aller ehemaligen Kaiser-Wilhelm-Institute in den drei Westzonen überwinden.[154] Zweitens untermauerten die Länder dadurch ihre Kultushoheit.[155] Einer Bundesfinanzierung schoben sie bereits mit dem ersten Satz des Königsteiner Abkommens einen Riegel vor, indem sie betonten: »Die Länder der drei Westzonen betrachten die Förderung der Wissenschaft grundsätzlich als eine Aufgabe der Länder.«[156]

Unter dem Druck der politischen Strukturen und Ereignisse fanden die Länder die Kraft zu einem weitsichtigen Kompromiss. Der in Königstein ausgehandelte Finanzierungsmechanismus »ergab den gewollten Ausgleich zwischen Kulturhoheit der Länder und länderübergreifenden Schwerpunktsetzungen in der Forschung, denen sich der Bund später als weitere Kraft anschließen konnte«.[157] Die Königsteiner Formel ermöglichte eine zeitgemäße Wissenschaftsförderung auf föderaler Grundlage. Zudem trug die dezentrale Lösung dazu bei, die im Ausland damals noch weitverbreiteten und tiefsitzenden Ängste vor Deutschland zu mindern. Dies war wiederum eine Voraussetzung für die Einbindung der westdeutschen Wissenschaft in europäische Kontexte, die in den 1950er-Jahren parallel zu gleichartigen Bestrebungen auf der politischen Ebene einsetzte. Am meisten profitierte allerdings die MPG vom Königsteiner Abkommen. Sie blieb durch diese Art der Finanzierung frei vom Zugriff einer einzigen Exekutive – eine langfristig wirksame Weichenstellung, denn auch der Bund bzw. die Bundesministerien mussten sich später in diese Strukturen einfügen. Das war die Voraussetzung dafür, dass die

---

148 Hohn und Schimank, *Konflikte und Gleichgewichte*, 1990, 99–100.
149 Trischler, *Nationales Innovationssystem*, 2004, 126–127.
150 Staatsabkommen der Länder des amerikanischen, des britischen und des französischen Besatzungsgebietes über die Finanzierung wissenschaftlicher Forschungseinrichtungen vom 1.4.1949, abgedruckt in: Generalverwaltung der Max-Planck-Gesellschaft, *50 Jahre KWG/MPG*, 1961, Dokument 71, 227–231. – Eine ausführliche Analyse bei Pfuhl, *Öffentliche Forschungsorganisation*, 1958, 116–164.
151 Osietzki, *Wissenschaftsorganisation*, 1984, 259–260.
152 Pfuhl, Königsteiner Staatsabkommen, 1959, 290.
153 Hohn und Schimank, *Konflikte und Gleichgewichte*, 1990, 97–98.
154 Heinemann, Wiederaufbau der KWG, 1990, 453.
155 Hohn und Schimank, *Konflikte und Gleichgewichte*, 1990, 102–104.
156 Staatsabkommen der Länder des amerikanischen, des britischen und des französischen Besatzungsgebietes über die Finanzierung wissenschaftlicher Forschungseinrichtungen vom 1.4.1949, abgedruckt in: Generalverwaltung der Max-Planck-Gesellschaft, *50 Jahre KWG/MPG*, 1961, Dokument 71, 227–231, Zitat 227.
157 Heinemann, Wiederaufbau der KWG, 1990, 459.

MPG ihre Autonomie gegenüber der Politik bewahren konnte, obwohl sie weitgehend von staatlichen Finanzmitteln abhängig war.

Aus dieser Abhängigkeit ergaben sich aber mehrere Probleme. Die »Gründungskrise« der Bundesrepublik zwang die Länderregierungen, viel Geld zur Bewältigung der Kriegsfolgelasten aufzuwenden.[158] Hinter dieser gewaltigen Aufgabe musste der Wiederaufbau der Wissenschaft zurückstehen. Die MPG reagierte auf die knappen Mittel mit einer Selbstbeschränkung, das heißt mit der Auf- oder Abgabe von Forschungseinrichtungen: Das galt für das in Berlin-Dahlem beheimatete KWI für Anthropologie, menschliche Erblehre und Eugenik, von dem schließlich nur die Abteilung für experimentelle Erbpathologie unter Hans Nachtsheim weitergeführt wurde.[159] Ebenfalls aufgegeben wurde das benachbarte Deutsche Etymologische Institut in der KWG, das später in der DDR in anderer Trägerschaft fortexistierte. Hinzu kamen die im Ausland gelegenen Institute, auf die die MPG keinen Zugriff hatte.[160] Aufgrund von Haushaltskürzungen war es ebenfalls nicht mehr möglich, das Institut für Phonometrie in der Verwaltung der MPG zu belassen und das am Bodensee gelegene Institut für Seenforschung und Seenbewirtschaftung weiter zu finanzieren.[161]

Die Finanzierung nach dem Königsteiner Schlüssel fachte zudem die Konkurrenz zwischen den Ländern an. Otto Hahn seufzte schon im Sommer 1949, dass »diejenigen Länder, in denen bereits eine Massierung von Forschungs-Instituten z. T. durch die seinerzeit vorgenommene Verlagerungen aus Berlin zu verzeichnen« war, auf »eine Zentralisation der Forschung« drängten, während die anderen Länder, »die keine Institute haben, aber die Max-Planck-Gesellschaft finanziell unterstützen«, eine »Dezentralisation« der MPG forderten, um auch in den Genuss von Max-Planck-Instituten zu kommen.[162] Bundesländer, die nach eigener Auffassung in Königstein zu kurz gekommen waren, versuchten später, auf eigene Faust Änderungen durchzusetzen. Für die MPG konnte dies nachteilige Folgen haben. So hatte beispielsweise Rheinland-Pfalz bis zuletzt darauf gedrängt, das vormalige KWI für Rebenzüchtung in die gemeinsame Finanzierung durch die Ländergemeinschaft aufzunehmen, was die MPG ablehnte, weil sie dem Institut keine überregionale Bedeutung beimaß.[163] Dem Senat der MPG war durchaus bewusst, dass er dadurch »die Finanzierung der MPG von seiten des Landes Rheinland-Pfalz« gefährdete.[164] So kam es denn auch: Rheinland-Pfalz als Sitzland kürzte eigenmächtig die Zuschüsse an die MPG, um mit dem eingesparten Geld das Institut für Rebenzüchtung zu finanzieren.[165]

Wie sehr die MPG angesichts der kriegsbedingten Verlagerung des Großteils der Forschungseinrichtungen der KWG und infolge der Finanzierung durch die Ländergemeinschaft zum Spielball der Länderkonkurrenz geworden war, verdeutlichen die Streitereien um das MPI für Silikatforschung. Das ursprünglich in Dahlem ansässige KWI für Silikatforschung war 1943 weitgehend in ländliche Regionen Unterfrankens verlagert worden. Nach Kriegsende zeigte der Freistaat Bayern zunächst kein Interesse an dem Institut. Die Wirtschaftsverbände der Glas- und Keramikindustrie, für die das Institut eine wichtige Rolle als Innovationsmotor spielte, drängten auf seine Verlegung nach Aachen. Als der Umzug bereits unter Dach und Fach zu sein schien, wurden plötzlich Stimmen aus Unterfranken laut, die aus regionalpolitischen Gründen eine Ansiedlung des Instituts in Würz-

---

158 Hockerts, Integration der Gesellschaft, 1986.
159 Sachse, »als Neugründung zu deutender Beschluss...«, 2011, besonders 34–38.
160 Dazu zählten das in Piräus ansässige Deutsch-Griechische Institut für Biologie, die Biologische Station Lunz, das Schlesische Kohlenforschungsinstitut in Breslau, das KWI für Kulturpflanzenforschung in Wien mit dem ihm angeschlossenen Versuchsgut Tuttenhof in Niederösterreich, von dem später die in Dahlem ansässige Abteilung für Kulturpflanzen unter ihrer Leiterin Elisabeth Schiemann in die MPG zurückkehrte, das in der Nähe von Sofia gelegene Deutsch-Bulgarische Institut für landwirtschaftliche Forschung, das ab 1948 von seinem deutschen Direktor Arnold Scheibe als Forschungsstelle für Pflanzenbau und Pflanzenzüchtung in der MPG auf Gut Neuhof weiterbetrieben wurde, das Deutsch-Italienische Institut für Meeresbiologie in Rovigno, dessen deutscher Teil unter dem Direktor Joachim Hämmerling zunächst nach Langenargen verlagert und 1947 als KWI für Meeresbiologie in Wilhelmshaven neu gegründet wurde, die Observatorien des Sonnenblick-Vereins in Österreich, die auf die Wiener Akademie der Wissenschaften übergingen, sowie das in der Mark Brandenburg gelegene KWI für Rebenzüchtungsforschung. Henning und Kazemi, *Chronik*, 2011, 332–333.
161 Ebd., 309.
162 Auszug aus dem Bericht Otto Hahns im Senat der MPG am 22.7.1949, zitiert nach ebd., 307.
163 Protokoll der 3. Sitzung des Verwaltungsrates vom 14.1.1950, AMPG, II. Abt., Rep. 61, Nr. 3.VP, fol. 5. – Das Institut war 1942 aus dem KWI für Züchtungsforschung ausgegliedert und in ein eigenständiges KWI mit Sitz in Müncheberg umgewandelt worden. 1945 wurde das Institut zunächst nach Würzburg verlagert, 1947 in die Forschungsgesellschaft für Rebenzüchtung GmbH umgewandelt und in die Nähe von Landau in der Pfalz verlegt. Im November 1949 lehnte der Senat seine Aufnahme in die MPG ab. Henning und Kazemi, *Handbuch*, Bd. 2, 2016, 1449–1450.
164 Protokoll der 5. Sitzung des Senates vom 22.7.1949, AMPG, II. Abt., Rep. 60, Nr. 5.SP, fol. 48.
165 Osietzki, *Wissenschaftsorganisation*, 1984, 265; Hohn und Schimank, *Konflikte und Gleichgewichte*, 1990, 104.

burg verlangten. Ende Juni 1949 fasste der Bayerische Landtag einen Beschluss, der die Annahme des Königsteiner Abkommens vom Verbleib des MPI für Silikatforschung in Würzburg abhängig machte. Nachdem Nordrhein-Westfalen zähneknirschend dem Drängen Bayerns nachgegeben hatte, fügte sich auch der Senat der MPG ins Unvermeidliche und beschloss – auf einen in scharfem Ton gehaltenen Brief des bayerischen Kultusministers Alois Hundhammer (CSU) hin, der der MPG unverhohlen mit der Kürzung der bayerischen Zuschüsse gedroht hatte – am 18. November 1949, das MPI für Silikatforschung in Würzburg zu belassen.[166] Standortkonkurrenz und Länderproporz machten der MPG kontinuierlich zu schaffen, und zwar im Grunde bis heute. Das war der Preis, den die MPG für die Finanzierung durch die Ländergemeinschaft entrichten musste.

2.4 Zur Governance – Politik- und Industrieferne als Überlebensstrategie

Anders als bei der Finanzierung markierte die Wiedergründung der KWG als MPG keinen Bruch in der Governance der Organisation, und zwar weder in den Strukturen noch bei den Personen. Neu war hauptsächlich, dass sich die MPG in ihrer Satzung vom Februar 1948 gegen jede Einflussnahme von außen verwahrte. Explizit erklärte sie sich sowohl dem Staat als auch der Wirtschaft gegenüber für unabhängig.[167] Damit gab die MPG dem Druck der Westmächte nach, die vor allem der militärischen Nutzung von Forschungsergebnissen einen Riegel vorschieben wollten. Es war bereits die Rede davon, dass die Amerikaner ihre Zustimmung zur Ausdehnung der MPG auf die Bizone von einer solchen Klausel abhängig gemacht hatten.[168] Die MPG akzeptierte diese Bedingung, zumal man schnell erkannte, dass sie zugleich als Schutzwall gegen jeden Versuch der Einflussnahme staatlicher Stellen diente. Dies trug gerade in ihrer Gründungsphase dazu bei, dass die MPG ihre Handlungsautonomie in der Wissenschaftspolitik wahren konnte, obwohl sie weitgehend von den Zuschüssen der öffentlichen Hand abhängig geworden war. Auf diese Weise leistete die MPG einen Beitrag zur Festigung der Autonomie der Wissenschaft gegenüber politisch-ideologisch motivierten Steuerungsansprüchen – ein Punkt, an dem sich die Bundesrepublik wohltuend vom NS-Staat wie auch von der DDR unterschied.

Was die Rechtsform betrifft, so wurde die MPG – wie schon die KWG – als »eingetragener Verein«, das heißt als privatrechtliche Organisation ins Leben gerufen. In dieser Verfasstheit fand die »wissenschaftliche Autonomie der Max-Planck-Gesellschaft […] sinnfälligen Ausdruck und zugleich rechtliche Kontur«.[169] Auch der innere Aufbau des Leitungsgefüges der MPG – der Gremien und ihrer wechselseitigen Beziehungen – gemahnte stark an die KWG.[170] Zwei Leitungsorgane, die Mitgliederversammlung und der Vorstand, waren aufgrund der Rechtsform als eingetragener Verein vorgegeben. Als Mitgliederversammlung fungierte die jährlich zusammentretende Hauptversammlung der MPG, zu der alle Mitglieder eingeladen waren: Fördernde und Wissenschaftliche Mitglieder, Mitglieder von Amts wegen und Ehrenmitglieder. Ihr wichtigsten Aufgaben bestanden in der Wahl der Senatoren, der Prüfung der Jahresrechnungen und der Genehmigung von Satzungsänderungen, für die eine Zweidrittelmehrheit erforderlich war. Da sie in der Regel nur Entscheidungen nachvollzog, die andere Gremien zuvor gefällt hatten, diente die Hauptversammlung in erster Linie der Selbstdarstellung der MPG »gegenüber Staat und allgemeiner Öffentlichkeit«.[171] Als Vorstand im Sinne des Vereinsrechts fungierte der Verwaltungsrat der MPG, der in der KWG als »Verwaltungsausschuss« firmiert hatte.[172] Ihm gehörten qua Amt der Präsident, die Vizepräsidenten, der Schatzmeister und der Schriftführer nebst ihren Stellvertretern sowie der Generalsekretär an. Dem Verwaltungsrat oblag die »Führung der laufenden Geschäfte« und die »Verwaltung des Vermögens der Gesellschaft«. In der Gründungsphase der MPG beschränkte

---

166 Eine eingehende Analyse der Gründungsgeschichte des MPI für Silikatforschung bei Deutinger, *Vom Agrarland zum High-Tech-Staat*, 2001, 49–83. Siehe auch Deutinger, *Kommunale Wissenschaftspolitik*, 1999.
167 Erste Satzung der Max-Planck-Gesellschaft zur Förderung der Wissenschaften e. V., abgedruckt in: Generalverwaltung der Max-Planck-Gesellschaft, *50 Jahre KWG/MPG*, 1961, Dokument 67, 211–220, 211.
168 Siehe dazu Meusel, *Außeruniversitäre Forschung*, 1999, 78.
169 Schön, *Grundlagenwissenschaft*, 2015, 19. Dazu und zum Folgenden ausführlich unten, Kap. IV.4.2.
170 Eine detaillierte Analyse der Kompetenzverteilung zwischen den einzelnen Gremien bietet Schön, *Grundlagenwissenschaft*, 2015, 24–42. Siehe dazu auch Meusel, *Außeruniversitäre Forschung*, 1999, 79–81. – Die folgende Analyse bezieht sich auf die Erste Satzung der Max-Planck-Gesellschaft zur Förderung der Wissenschaften e.V., abgedruckt in: Generalverwaltung der Max-Planck-Gesellschaft, *50 Jahre KWG/MPG*, 1961, Dokument 67, 211–220. Siehe zum Folgenden auch Balcar, *Ursprünge*, 2019, 112–116.
171 Meusel, *Außeruniversitäre Forschung*, 1999, 80.
172 Die Satzung der KWG vom 11.1.1911 ist abgedruckt in: Henning und Kazemi, *Chronik*, 2011, 899–903. Zum Verwaltungsausschuss der KWG siehe die §§ 7 und 12–13.

sich seine Rolle weitgehend darauf, die Beschlüsse des Senats vorzubereiten; die Entscheidungen selbst fällte er dagegen nicht.

Der Wissenschaftliche Rat, der ebenfalls aus der KWG übernommen wurde, fungierte als Vertretungskörperschaft der Wissenschaftlichen Mitglieder. Anfangs bestand er aus zwei Sektionen, der Biologisch-Medizinischen (BMS) und der Chemisch-Physikalisch-Technischen (CPTS); 1950 kam, wie schon früher in der KWG, eine Geisteswissenschaftliche Sektion (GWS) hinzu.[173] Das Problem des Wissenschaftlichen Rats bestand von Anfang an darin, dass er über keine klar umrissenen Zuständigkeiten verfügte, denn an dieser Stelle blieb die Satzung erstaunlich schwammig. Daher wirkte er im Gefüge der Satzung von 1948 fast wie ein fünftes Rad am Wagen.

Das zentrale Leitungsgremium der MPG war der Senat, der aus von der Hauptversammlung gewählten Mitgliedern und Mitgliedern von Amts wegen bestand, wobei Letztere zunächst ausnahmslos MPG-Funktionsträger waren und nicht länger Vertreter der Politik. Die Satzung von 1948 stellte damit nicht lediglich den Zustand wieder her, der vor der Machtübernahme der Nationalsozialisten im Senat der KWG geherrscht hatte, sondern entzog den Regierungen in Bund und Ländern das Recht, eigene Vertreter in den Senat der MPG zu entsenden. Die Forderung der Amerikaner, die MPG müsse unabhängig vom Staat bleiben, fand auch in dieser Bestimmung ihren Niederschlag. Dem Senat oblagen zentrale Aufgaben: Zum einen wählte er die leitenden Repräsentanten der Gesellschaft, allen voran den Präsidenten, zum anderen verfügte er über umfassende Entscheidungskompetenzen. Darunter fiel die Aufnahme bzw. der Ausschluss von »Mitgliedsinstituten«, die Ernennung von Wissenschaftlichen Mitgliedern sowie die Aufstellung des Haushaltsplans und des Jahresberichts. Dass der Senat in der Gründungsphase der MPG zu ihrem eigentlichen Entscheidungszentrum avancierte und damit weit mehr war als ein bloßer »Aufsichtsrat«,[174] lag an drei Faktoren: der geringen Mitgliederzahl dieses Gremiums, seiner hochrangigen personellen Besetzung und der damals noch überschaubaren Größe der MPG.

Zwischen 1948 und 1954 gehörten dem Senat insgesamt 39 Männer an,[175] das Gremium blieb in der Gründungsphase also eine reine Herrenrunde, ganz wie schon der Senat der KWG. Im Februar 1948 wählte die Gründungsversammlung den Präsidenten und elf Senatoren, hinzu kamen von Amts wegen der Generalsekretär und die Vorsitzenden der beiden Sektionen des Wissenschaftlichen Rats. Mit der Gründung der Geisteswissenschaftlichen Sektion folgte auch deren Vorsitzender sowie der zweite Generalsekretär als weitere Amtssenatoren. Im April 1951 schied satzungsgemäß die Hälfte der Wahlsenatoren aus, die indes größtenteils wiedergewählt wurden. Bereits zuvor hatte der Senat weitere Mitglieder kooptiert, indem er sie der Hauptversammlung zur Zuwahl vorgeschlagen hatte, oder zu Ehrenmitgliedern ernannt. Unter den 39 Senatoren, die dem Senat zwischen 1948 und 1954 angehörten, befanden sich 29 Wahlsenatoren, sechs Mitglieder von Amts wegen, drei Ehrensenatoren und der Präsident. Die Gründungsmannschaft aus dem Februar 1948 bestand aus sieben Wissenschaftlern, drei Wirtschaftsvertretern und zwei Politikern, die allerdings nicht als Regierungsvertreter, sondern *ad personam* gewählt worden waren. Zählt man die Personen hinzu, die bis 1954 hinzugewählt wurden, gehörten dem Senat in der ersten Phase 17 Wissenschaftler, elf Wirtschaftsvertreter und acht Politiker an, von denen allerdings nur zwei in ihre politische Funktion gewählt worden waren. Hinzu kamen die beiden Generalsekretäre Ernst Telschow und Otto Benecke sowie Hans Böckler, der Vorsitzende des Deutschen Gewerkschaftsbundes (DGB).

Die Wissenschaftler, die anfangs den Senat dominierten, hatten fast alle bereits vor 1933 Leitungsfunktionen in der KWG ausgeübt. Insofern charakterisierte ein hohes Maß an personeller Kontinuität den Neustart. Die MPG hielt es wie der entstehende Weststaat, der seine personelle Erstausstattung für Politik und Wirtschaft weitgehend aus der Weimarer Republik übernahm. Zum Zeitpunkt ihrer Gründung war der Senat der MPG allerdings sehr viel »wissenschaftlicher«, als es der Senat der KWG je gewesen war. Zudem handelte es sich bei den Wissenschaftlern durch die Bank um Hochkaräter wie Werner Heisenberg, Max v. Laue, Richard Kuhn, Heinrich Wieland oder Adolf Windaus; eine höhere Dichte an Nobelpreisträgern gab es in diesem Gremium nie, weder früher noch später. Vertreter von Politik und Wirtschaft, die im Senat der KWG ein Übergewicht besessen hatten,[176] fehlten im ersten Senat der MPG zwar nicht gänzlich, blieben jedoch gegenüber den Wissenschaftlern eindeutig in der Minderheit. Zudem achtete man – jedenfalls anfangs – peinlich genau darauf, nur Personen aufzunehmen, die unbelastet aus der NS-Zeit hervorgegangen waren.

---

173 Protokoll der 9. Sitzung des Senates vom 4.10.1950, AMPG, II. Abt., Rep. 60, Nr. 9.SP, fol. 48–49.
174 Als solchen bezeichnet ihn Meusel, *Außeruniversitäre Forschung*, 1999, 79.
175 Die folgende Analyse basiert auf den Aufstellungen bei Heinemann, Wiederaufbau der KWG, 1990, 467–469.
176 Siehe die Aufstellungen bei vom Brocke, KWG in der Weimarer Republik, 1990, 349–355, und bei Albrecht und Hermann, KWG im Dritten Reich, 1990, 403–406. Siehe auch Hachtmann, *Wissenschaftsmanagement*, 2007, 1082–1084.

2. Von der KWG zur MPG (1945–1955)

Im Februar 1948 bestand die Riege der Wirtschaftskapitäne aus lediglich drei Männern, die zum Zeitpunkt ihrer Wahl bereits das 60. Lebensjahr überschritten und zuvor schon enge Beziehungen zur KWG unterhalten hatten: Wilhelm Bötzkes, der Vorstandsvorsitzende der Deutschen Industriebank, Alfred Petersen, Vorstandsmitglied der Metallgesellschaft AG, und Theo Goldschmidt, der Präsident der Industrie- und Handelskammer Essen. Aus der Politik stammten zunächst nur zwei Senatoren, die notabene nicht die Regierungen repräsentierten, denen sie angehörten: Adolf Grimme (SPD), ehemals Preußischer Kultusminister und nunmehr Kultusminister des Landes Niedersachsen, und Heinrich Landahl (SPD), Kultusenator der Hansestadt Hamburg. Die Zuwahl prononcierter Demokraten war – ebenso wie der Verzicht auf KWG-Senatoren, die sich durch ihr Verhalten in der NS-Zeit kompromittiert hatten – der primär an die Adresse der Besatzungsmächte gerichtete Versuch, sich ostentativ vom NS-Regime zu distanzieren.

Allerdings hielt die Dominanz der Wissenschaftler nicht allzu lange an. Es folgte eine Art Rückfall in die alten KWG-Zeiten. Bereits im Oktober 1948 kehrte Heinrich Hörlein, der ab 1937 KWG-Senator gewesen war, in den Senat der MPG zurück; seine Karenzzeit als Direktor der 1945 aufgelösten IG-Farbenindustrie AG, die unter anderem in ihrem Werk Auschwitz-Monowitz am Judenmord mitgewirkt hatte,[177] war relativ kurz ausgefallen. Gleichzeitig wurde auch Heinrich Kost, der Generaldirektor der Deutsche Kohlenbergbau-Leitung Essen, aufgenommen, nachdem das von ihm geleitete Unternehmen 300.000 DM für das MPI für Kohlenforschung und das MPI für Arbeitsphysiologie gespendet hatte,[178] kurz nach der Währungsreform eine Menge Geld. Weitere hochrangige Wirtschaftsvertreter kamen in schneller Folge hinzu, darunter der vormalige Reichsbankdirektor Karl Blessing, das Vorstandsmitglied der Ruhrgas AG Fritz Gummert, der Vorstandsvorsitzende der Gutehoffnungshütte Hermann Reusch oder auch Wilhelm Roelen, der Vorstandsvorsitzende von Thyssen-Gas.[179]

Parallel zur Rückkehr der Industriellen kam auch die Politik wieder zum Zuge. Das Königsteiner Abkommen verlangte im Gegenzug für die finanzielle Alimentierung, »daß den Ländern im Senat der Max-Planck-Gesellschaft eine angemessene Vertretung einzuräumen ist«.[180] Der Senat kooptierte daraufhin den niedersächsischen Finanzminister Georg Strickrodt (CDU) in seiner Funktion als Vorsitzender der Finanzministerkonferenz der Länder; als er dieses Amt abgab, ersetzte ihn Heinrich Weitz (CDU), der Finanzminister von Nordrhein-Westfalen. Zuvor war bereits Hermann Pünder (CDU), seinerzeit Oberdirektor des Frankfurter Wirtschaftsrats, Mitglied des Senats geworden. 1950 kam Bundeslandwirtschaftsminister Wilhelm Niklas (CSU) an die Reihe, dessen Zuwahl im Zusammenhang mit dem Versuch stand, die landwirtschaftlichen Institute der MPG vom Bund finanzieren zu lassen.[181] Weitere hochrangige Politiker folgten, was der MPG zwei Vorteile brachte: Erstens fanden dadurch viele heikle Verhandlungen – insbesondere, aber keineswegs ausschließlich um Haushaltsfragen – in ihrem Senat statt und nicht im Verwaltungsausschuss des Königsteiner Abkommens oder später in den zuständigen Gremien der Bund-Länder-Konferenz. Zweitens wurde die MPG von den Mitgliedern ihrer Leitungsgremien bei Verhandlungen im politischen Raum mitvertreten, saß also gleichsam mit am Tisch, wenn in den Ländern, im Bund und sogar in Europa über die Vergabe von Finanzmitteln entschieden wurde. Dieser Aspekt ihrer Governance ist ein Grund für die nach wie vor große Durchschlagskraft der MPG in Finanzierungsfragen.

Was das Zusammenspiel der Leitungsgremien betrifft, war und blieb vieles von den Personen abhängig, die die Führungspositionen bekleideten. Das galt vor allem für die zentrale Gestalt im Ämtergefüge der MPG, den Präsidenten – ihn betraute die Satzung mit dem Vorsitz »aller Verwaltungsorgane der Gesellschaft« –, und seine Beziehung zum Generalsekretär der Gesellschaft, dessen Kompetenzen die Satzung nicht näher regelte. Otto Hahn, der das Präsidentenamt von 1946 bis 1960 innehatte, gehörte zwar zu den herausragenden Wissenschaftlern seiner Zeit und galt als unbelastet vom Nationalsozialismus, ein Wissenschaftsmanager war er dagegen nicht.[182] Deswegen blieb er zur Ausübung der Amtsgeschäfte auf die Unterstützung Ernst Telschows angewiesen, einen mit allen Wassern gewaschenen Verwaltungsfachmann, der

---

177 Wagner, *IG Auschwitz*, 2000.
178 Protokoll der 3. Sitzung des Senates vom 29.10.1948, AMPG, II. Abt., Rep. 60, Nr. 3.SP, fol. 104A.
179 Balcar, *Ursprünge*, 2019, 125–127.
180 Staatsabkommen der Länder des amerikanischen, des britischen und des französischen Besatzungsgebietes über die Finanzierung wissenschaftlicher Forschungseinrichtungen vom 1.4.1949, abgedruckt in: Generalverwaltung der Max-Planck-Gesellschaft, *50 Jahre KWG/MPG*, 1961, Dokument 71, 227–231, Zitat 228.
181 Balcar, *Ursprünge*, 2019, 123–124.
182 Dazu abwägend Sime, The Politics of Memory, 2006.

die Generalverwaltung der KWG ab 1937 geleitet hatte.¹⁸³ Allerdings hatte sich Telschow von 1933 bis 1945 sehr weitgehend mit dem NS-Regime eingelassen, dem er seinen kometenhaften Aufstieg zum Generaldirektor der KWG verdankte. Aufgrund seiner engen Kontakte zu den Mächtigen im »Dritten Reich« war es der KWG einerseits möglich gewesen, in Finanzangelegenheiten gewissermaßen »mit sich selbst« zu verhandeln.¹⁸⁴ Doch hatten sie sich damit weitaus stärker an das NS-Regime gebunden, als es zum Überleben der Organisation nötig gewesen wäre – und dieses Odium blieb nach 1945 insbesondere an Telschow haften. Um seine Karriere in der MPG fortsetzen zu können, war er darauf angewiesen, dass Hahn seine schützende Hand über ihn hielt. Hahn und Telschow befanden sich mithin in einem wechselseitigen Abhängigkeitsverhältnis, was sie umso fester aneinanderkettete.

Gestützt auf Hahns Rückendeckung, übte Telschow in den Anfangsjahren noch großen Einfluss in der MPG aus, der weit über den eines weisungsgebundenen Verwaltungsleiters hinausging. Nach wie vor besaß er exzellente Kontakte in Politik und Wirtschaft, aber auch zu den Briten, und unter den Wissenschaftlichen Mitgliedern war er geachtet oder gefürchtet. Allerdings gebot er nach Gründung der MPG nicht mehr über dasselbe Maß an Macht und Einfluss wie noch in der KWG.¹⁸⁵ In wichtigen Fragen, in denen Hahn und Telschow uneins waren, setzte sich der Präsident gegen den Generalsekretär durch, etwa was die Aufnahme von Wissenschaftlern mit brauner Vergangenheit oder die Anknüpfung offizieller Wissenschaftskontakte nach Israel betraf.¹⁸⁶ Da die Mehrebenendemokratie der Bundesrepublik anderen Prinzipien gehorchte als der »Führerstaat«, funktionierten Telschows Herrschaftstechniken nicht mehr. Das Königsteiner Abkommen hatte nicht nur die Finanzierung der MPG gesichert, sondern auch den Weg der Aufstellung eines Haushalts institutionalisiert – die Institute hingen finanziell nicht länger von persönlichen Absprachen des Generaldirektors in den Hinterzimmern von Staat, Wirtschaft und Partei ab. Und wenn die MPG Unterstützung aus Politik und Wirtschaft benötigte, konnte sie sich auf ihre Senatoren verlassen, deren Einfluss auf die Entscheidungen im Bund und in den Ländern weitaus größer war als der Telschows.

Ein letzter Faktor, der die Macht des Generaldirektors limitierte, bestand in der Einführung des Kollegialitätsprinzips an der Spitze der Generalverwaltung. Sie resultierte aus einem Streit um Telschows Person, der sich zur »Zerreißprobe für die gesamte Max-Planck-Gesellschaft« auswuchs.¹⁸⁷ Die Direktoren der Kaiser-Wilhelm-Institute in der französischen Zone machten nämlich ihren Beitritt zur MPG davon abhängig, dass Telschow aus dem Amt des Generaldirektors entfernt wurde. Da Hahn sich jedoch nicht in der Lage sah, auf Telschow zu verzichten, einigte man sich schließlich auf einen Kompromiss: die Ernennung eines zweiten Generalsekretärs, der die gleichen Rechte und Pflichten haben sollte wie Telschow.¹⁸⁸ Für die Position des »weiteren geschäftsführenden Mitglieds des Verwaltungsrats« konnte die MPG den Sozialdemokraten Otto Benecke gewinnen, der sein Amt am 1. Oktober 1951 antrat. Benecke, der in der ersten deutschen Demokratie Mitarbeiter des preußischen Kultusministers Carl Heinrich Becker gewesen war, diente »als Ausgleich für die alles in allem sehr rechtslastige Generalverwaltung«, wodurch die MPG nicht zuletzt »der neuen Machtverteilung in der politischen Landschaft der Bundesrepublik Rechnung« trug.¹⁸⁹

2.5 Abrechnung mit dem Nationalsozialismus und Vergangenheitspolitik

Dass es im Übergang von der KWG zur MPG ein erstaunlich hohes Maß an Kontinuität gab, lag nicht zuletzt an der ganz und gar unzureichenden Entnazifizierung.¹⁹⁰ Dabei hatte es zunächst völlig anders ausgesehen. Die Alliierten, und hier vor allem die Amerikaner, betrachteten unmittelbar nach Kriegsende eine umfassende Entnazifizierung der deutschen Gesellschaft als Voraussetzung

---

183 Zu Telschow siehe ausführlich Hachtmann, *Wissenschaftsmanagement*, 2007, 633–648.
184 Ebd., 140; Hachtmann, KWG 1933–1945, 2008, 35–38.
185 Siehe dazu und zum Folgenden Balcar, *Ursprünge*, 2019, 132–138.
186 Zur Kontaktaufnahme der MPG mit Israel und zur Haltung Telschows dazu siehe Steinhauser, Gutfreund und Renn, *Relationship*, 2017, 31–35.
187 Schüring, *Kinder*, 2006, 247.
188 Ausführlich zu diesem Konflikt und seinem Ausgang ebd., 247–256; Lewis, Kalter Krieg in der MPG, 2004, passim; Hachtmann, *Wissenschaftsmanagement*, 2007, 1143–1147; Balcar, *Ursprünge*, 2019, 138–141.
189 Schüring, *Kinder*, 2006, 253 u. 255.
190 Siehe dazu und zum Folgenden auch unten, Kap. IV.6.4.

für deren Demokratisierung, die von unten, an den *grass roots*, ansetzen sollte.[191] Aus diesem Grund nahmen die Amerikaner die Abrechnung mit dem Nationalsozialismus in weit größerem Umfang, energischer und radikaler in Angriff als Briten und Franzosen.[192] Was das Personal der KWG betrifft, bekamen dies vor allem die Direktoren der Kaiser-Wilhelm-Institute zu spüren, denn sie unterlagen dem »automatic arrest«.[193] Die US-Army zog viele von ihnen aus dem Verkehr, sobald sie ihrer im Verlauf ihres Vormarschs habhaft wurde, danach blieben sie auf unbestimmte Zeit inhaftiert.[194]

Ob es dabei die Falschen traf, davon gibt eine Festschrift eine Ahnung, die die Generalverwaltung am 8. März 1949 anlässlich des 70. Geburtstags von Otto Hahn in maschinenschriftlicher Form vorlegte. Unter dem Titel »Die Geschichte der Kaiser-Wilhelm-Gesellschaft und Max-Planck-Gesellschaft 1945-1949« bilanzierten die Institutsdirektoren den steinigen Weg des Wiederaufbaus von den letzten Kriegstagen bis zum Jahreswechsel 1948/49.[195] Die einzelnen Darstellungen spiegelten nicht zuletzt die Einstellungen der Institutsleiter zu Nationalsozialismus, Krieg und Kriegsende wider, das einige wenige als Befreiung, die große Mehrheit jedoch als Niederlage und Besetzung empfanden. Das Genre der Festschrift und die Zeitumstände trugen das Ihre dazu bei, dass nicht wenige Direktoren die krisenhafte Übergangsphase von der KWG zur MPG mit apologetischen Tendenzen schilderten. Ein Beispiel der besonderen Art bietet die geradezu grotesk verzerrte Darstellung der angeblich so unbeschwerten Tage in der NS-Zeit, bevor die Bomben der Alliierten zu fallen begannen, aus der Feder von Franz Wever, dem Direktor des KWI für Eisenforschung. Sie wird nur noch überboten von Wever selbst, der an anderer Stelle »die ständigen Beraubungen durch verschleppte Ausländer und andere dunkle Elemente« nach Kriegsende beklagte.[196]

Wever ist ein extremes Beispiel, aber kein Einzelfall. Vielfach vermischten sich in den Berichten der Institutsleiter die Kritik an den von den Alliierten verhängten Zwangsmaßnahmen mit der mangelnden Einsicht in die eigene – persönliche und institutionelle – Mitverantwortung für die verbrecherische NS-Politik und die deutsche Kriegsführung. Umgekehrt war auch die Einsicht in den Ursachenzusammenhang zwischen dem von Deutschland begonnenen Weltkrieg, der mit der totalen Niederlage des Deutschen Reichs geendet hatte, und den Folgen dieser Niederlage für Deutschland und die Deutschen sehr unterschiedlich ausgeprägt. Überwiegend sahen sich die KWI-Direktoren als Opfer, die schuldlos in die Mühlen der Besatzungsbürokratie geraten waren, deren »Abrechnungsfuror« sie nicht begreifen konnten oder wollten.

Die Maßnahmen zur Entnazifizierung, die zunächst die Alliierten und später auch deutsche Stellen ergriffen, betrafen freilich nicht allein die Leitungsebene der Institute, sondern wirkten sich auf allen Hierarchiestufen aus. Das zeigt das Beispiel des KWI für Eisenforschung: Als Ersten nahmen US-Truppen unmittelbar nach ihrem Einmarsch den Direktor Franz Wever fest und brachten ihn in ein Lager nach Frankreich, aus dem er im September 1945 entlassen wurde. Im August 1945 verhafteten die Amerikaner zwei wissenschaftliche Mitarbeiter des Instituts, ehe eine »innerbetriebliche Reinigung«, die auf Initiative der Handels- und Gewerbekammer Hannover erfolgte, zur Trennung von drei weiteren Mitarbeitern führte. Nach Auswertung der Fragebögen wurden schließlich auf Druck der Militärregierung abermals neun Personen im Zuge des Entnazifizierungsverfahrens entlassen.[197] Besonders hart traf es diejenigen, die östlich der Oder-Neiße-Linie oder in der Tschechoslowakei verhaftet wurden. Zwar galten sie dort als »unersetzliche Spezialisten« und blieben als solche zunächst von der Vertreibung verschont, doch gerieten sie – wenn sie die Übersiedlung in die Sowjetunion ablehnten – in die Mühlen der polnischen oder tschechoslowakischen Retributionspolitik. Für die Mitarbeiter des im Sudetenland gelegenen Hauptstandorts des KWI für Bastfaserforschung und ihre Familienangehörigen bedeutete dies eine längere Irrfahrt, die sie in den Jahren 1945 und 1946 durch vier verschiedene

---

191 Zum amerikanischen Demokratisierungskonzept siehe Balcar, *Politik auf dem Land*, 2004, 39-51.
192 Überblick bei Rauh-Kühne, *Entnazifizierung*, 1995; Vollnhals, *Entnazifizierung*, 1991. Mit Blick auf die KWG/MPG siehe Hachtmann, *Wissenschaftsmanagement*, 2007, 1048-1050.
193 *Automatic arrest* bedeutete, dass Angehörige bestimmter Personengruppen von den Besatzungsbehörden ohne Einzelprüfung sofort festzusetzen waren. Dies war, neben der Entnazifizierung, der Leitgedanke der Direktive JCS 1067, die zunächst als temporäre Leitlinie für die US-Besatzungspolitik unmittelbar nach der Eroberung Deutschlands ausgearbeitet worden war; die Beschlüsse der Potsdamer Konferenz folgten diesen Vorstellungen, von wenigen Ausnahmen abgesehen, ziemlich genau. Latour und Vogelsang, *Okkupation und Wiederaufbau*, 1973, 9-27; Baganz, JCS 1067, 1999.
194 Hachtmann, *Wissenschaftsmanagement*, 2007, 1095, Anm. 147.
195 FS Hahn, AMPG, Vc. Abt., Rep. 4, Nr. 186. Siehe dazu auch Schüring, *Kinder*, 2006, 261-268.
196 Franz Wever, MPI für Eisenforschung, in: FS Hahn, Bl. 41 und Bl. 46, AMPG, Vc. Abt., Rep. 4, Nr. 186.
197 Ebd., Bl. 46-47.

Lager führte, bevor man sie schließlich in die US-Zone abschob.¹⁹⁸

Die von den Alliierten ergriffenen Maßnahmen führten indes nicht zu einem dauerhaften Personalrevirement. Das Gros der zunächst Entlassenen wurde umgehend wieder eingestellt, sobald sie ihre Entnazifizierungsverfahren durchlaufen hatten, in denen die meisten Beschuldigten aus den Reihen der ehemaligen KWG als »politisch tragbar« oder »unbedenklich« eingestuft wurden oder unter die Jugendamnestie fielen.¹⁹⁹ Beim KWI für Eisenforschung, um bei diesem Beispiel zu bleiben, betraf das fünf Personen.²⁰⁰ Die MPG selbst agierte bei der Abrechnung mit dem Nationalsozialismus bestenfalls halbherzig. Wie schwer es ihr fiel, sich selbst von der verbrecherischsten Seite des NS-Regimes abzugrenzen, verdeutlicht der Umgang mit Otmar Freiherr v. Verschuer, dem Direktor des KWI für Anthropologie, menschliche Erblehre und Eugenik, der sich durch seinen rabiaten Antisemitismus und seine indirekte Mitwirkung – über seinen Schüler, den KZ-Arzt Josef Mengele – an Menschenversuchen in Auschwitz vollständig diskreditiert hatte.²⁰¹ Und doch brachte es die MPG nicht fertig, einen Wissenschaftler fallenzulassen, den sie als ehemaligen KWI-Direktor als einen der ihren betrachtete. Allerdings scheiterte zunächst jede Form der »Wiederbeschäftigung« Verschuers am hessischen Kultusminister Erwin Stein.²⁰² Das lag hauptsächlich daran, dass Robert Havemann Verschuers »Verbindung nach Auschwitz« im Frühjahr 1946 öffentlich gemacht und bei den Amerikanern gegen den »Rassefanatiker« interveniert hatte.²⁰³

Schließlich kam Adolf Butenandt seinem Kollegen, mit dem er in der Kriegszeit gemeinsam zur Tuberkulose-Abwehr geforscht hatte, zur Hilfe, und das, obwohl der Biochemiker selbst »Bedenken gegen die Belastung der Max-Planck-Gesellschaft mit einem neuen Institut für Anthropologie« hegte.²⁰⁴ Im September 1949 verfasste Butenandt gemeinsam mit dem Biophysiker Boris Rajewsky, dem Zoologen Max Hartmann und dem Pharmakologen Wolfgang Heubner eine Denkschrift, die als »eines der erstaunlichsten Beispiele der Persilscheinliteratur der Nachkriegszeit« gelten kann.²⁰⁵ Die krude und doch zeittypische Argumentation lief zum einen darauf hinaus, Verschuer als gläubigen Christen (und so als heimlichen Regimegegner) und objektiven Wissenschaftler (und nicht als »Rassefanatiker«) zu stilisieren, der sich allein seiner »wissenschaftlichen Forschungsarbeit« hingegeben habe, und zwar frei von jeder »politischen Ideologie«. Zum anderen versuchten die Verfasser, Verschuers »Beziehungen zu Auschwitz« herunterzuspielen, indem sie seine Kenntnisse vom dort begangenen Massenmord in Zweifel zogen; dabei bezeichneten sie Josef Mengele als harmlosen »Lazarettarzt«, der möglicherweise selbst nicht über die »Greuel und Morde in Auschwitz orientiert« gewesen sei.²⁰⁶ Die Denkschrift verfehlte ihr Ziel nicht: 1954 erhielt Verschuer einen Lehrstuhl für Humangenetik an der Universität Münster.

Dass die Entnazifizierung auf diese Weise zur »Mitläuferfabrik« (Lutz Niethammer) verkam,²⁰⁷ lag indes nicht nur am Unwillen der Deutschen, entschieden mit dem Nationalsozialismus und den Nazis zu brechen. Auch die Besatzer verhielten sich inkonsequent, was die Abrechnung mit dem Nationalsozialismus in Deutschland betraf. Für sie hatte nämlich die Anwerbung von Rüstungsforschern im Zuge des heraufziehenden Systemgegensatzes zwischen Ost und West Vorrang. So kam es, »daß die Besatzungsmächte die Zusammenhänge nicht immer bis in die letzten Einzelheiten aufdecken wollten. Die Alliierten kümmerten sich mehr um die Wunder der deutschen Technik – um Raketenforschung und dergleichen – als etwa um die Frage, wie wer was über den Judenmord und

---

198 Ernst Schilling, Institut für Bastfaserforschung, in: FS Hahn, Bl. 84, AMPG, Vc. Abt., Rep. 4, Nr. 186. Siehe dazu allgemein Staněk, *Internierung und Zwangsarbeit*, 2007.
199 Aktennotiz von Sommer zum Gespräch mit Hentze vom 24.9.1946, AMPG, II. Abt., Rep. 102, Nr. 124, fol. 273. Entnazifizierung der Wissenschaftler des KWI für Züchtungsforschung vom 22.11.1948, ebd., fol. 64.
200 Franz Wever, MPI für Eisenforschung, in: FS Hahn, Bl. 46-47, AMPG, Vc. Abt., Rep. 4, Nr. 186.
201 Zu Verschuer siehe Schmuhl, *Grenzüberschreitungen*, 2005, 470–482; Massin, Rasse und Vererbung als Beruf, 2003; Gausemeier, Rassenhygienische Radikalisierung, 2003; Massin, Mengele, 2003.
202 Protokoll der 5. Sitzung des Senates vom 22.7.1949, AMPG, II. Abt., Rep. 60, Nr. 5.SP, fol. 135.
203 Sachse, Butenandt und von Verschuer, 2004, 299–300.
204 Protokoll der 6. Sitzung des Senates vom 18.11.1949, AMPG, II. Abt., Rep. 60, Nr. 6.SP, fol. 259-260.
205 Proctor, *Adolf Butenandt*, 2000, 28. Siehe dazu und zum Folgenden ausführlich Sachse, Butenandt und von Verschuer, 2004. Zu Butenandts Rolle siehe auch Lewis, Kalter Krieg in der MPG, 2004, 434–435.
206 Protokoll der 11. Sitzung des Senates vom 6.4.1951, AMPG, II. Abt., Rep. 60, Nr. 11.SP, fol. 136-138. Zur Argumentation der Denkschrift und ihren Folgen siehe ausführlich Sachse, Butenandt und von Verschuer, 2004, 301–316, Zitate 308–309; Proctor, *Adolf Butenandt*, 2000, 28–30; Sachse, »Persilscheinkultur«, 2002, 230–237.
207 Niethammer, *Die Mitläuferfabrik*, 1982; Vollnhals, *Entnazifizierung*, 1991. Mit Blick auf die Wissenschaften siehe Ash, Verordnete Umbrüche, 1995.

2. Von der KWG zur MPG (1945–1955)

zu welchem Zeitpunkt wußte.« Aus dem gleichen Grund wurde »viel mehr Energie [...] darauf verwandt, sich das Wissen deutscher Wissenschaftler nutzbar zu machen, als deutsche Wissenschaftler vor Gericht zu bringen«.[208] So kam manch Täter ungestraft davon – beispielsweise Wilhelm Eitel, der Direktor des KWI für Silikatforschung, der schon vor der Machtübernahme Hitlers ein Antisemit und eifriger Nazi gewesen war. 1933 hatte Eitel die Zeit für gekommen gehalten, um die KWG im »deutschnationalen Sinne« umzuorganisieren und auf Rüstungsforschung auszurichten.[209] Dessen ungeachtet gehörte Eitel zu denjenigen, die die Amerikaner nach Kriegsende im Rahmen der »Operation Paperclip« abwarben – und auf diese Weise vor einer Bestrafung schützten.

Das Beispiel illustriert, wie die Anwerbung deutscher Wissenschaftler die juristische Abrechnung mit Nazis und Kriegsverbrechern, die sich gerade die Amerikaner auf die Fahnen geschrieben hatten, konterkarierte. Ganz ähnlich gingen auch die Sowjets vor – mit der gleichen unerfreulichen Nebenwirkung auf die stockende Entnazifizierung der deutschen Gesellschaft. So gelang ihnen beispielsweise die Anwerbung von Peter Adolf Thießen, bis 1945 Direktor des KWI für physikalische Chemie und Elektrochemie und übergangsweise Leiter der KWG.[210] Thießen hatte als einer der ganz wenigen KWI-Direktoren zu den »alten Kämpfern« gezählt, die der NSDAP bereits vor 1933 beigetreten waren.[211] Unter deutschen Wissenschaftlern, Technikern und Ingenieuren sprach sich schnell herum, wie zuvorkommend deutsche »Spezialisten« in der SBZ behandelt wurden und welch hervorragende Arbeitsbedingungen sie in der Sowjetunion vorfanden. Da man sich auf diese Weise zugleich einem Verfahren vor der Spruchkammer elegant entziehen konnte, boten nicht wenige deutsche Forscher den Sowjets ihre Dienste freiwillig an.[212]

Auch die Absicherung der Versorgung rangierte in der Prioritätenliste der Alliierten vor der Bestrafung von NS-Verbrechen. Bei Heinrich Kraut etwa, dessen Arbeiten im Dienst der NS-Kriegswirtschaft und im Zusammenhang mit der Ausbeutung der besetzten Ostgebiete gestanden hatten und der im großen Stil Forschungen an KZ-Häftlingen und Kriegsgefangenen durchgeführt hatte,[213] drückten die Briten mehr als nur ein Auge zu. Trotz seiner Vergangenheit durfte er seine in der NS-Zeit begonnenen biologisch-chemischen Untersuchungen physiologischer Prozesse – vor allem über den Zusammenhang von Ernährung und Leistungsfähigkeit – am KWI für Arbeitsphysiologie in Dortmund fortsetzen, nun freilich gleichsam zivilisiert, das heißt ihrer militärischen und rasseideologischen Implikationen entkleidet. Angesichts der desaströsen Ernährungssituation förderten die Briten seine Forschungen nach Kräften. Bereits 1945 gelang es Kraut, der sich als Experte des Ernährungsmanagements in Zeiten knapper Ressourcen einen Namen gemacht hatte, Finanzmittel vom Zentralamt für Ernährung und Landwirtschaft in der britischen Zone einzuwerben. Damit legte Kraut den Grundstein für eine glänzende Nachkriegskarriere, auf deren Höhepunkt er 1956 zum Gründungsdirektor des MPI für Ernährungsphysiologie avancierte.[214]

Die durch die alliierten Forschungsbeschränkungen erzwungene Umorientierung auf Grundlagenforschung ließ sich ebenfalls als rhetorische Entlastungsstrategie im Prozess der Entnazifizierung instrumentalisieren. Die aus der KWG stammenden Wissenschaftler nahmen diese Steilvorlage dankbar auf: Die Differenzierung zwischen scheinbar unpolitischer Grundlagenforschung und angewandter militärischer Forschung sowie die Rückprojektion der Ausrichtung auf anwendungsferne Grundlagenforschung auf die KWG ermöglichte es ihnen, sich von der Unterstützung für Hitlers Krieg und der Mitwirkung an den Verbrechen des NS-Regimes zu distanzieren.[215] Auf diese Weise entwickelte sich die nach 1945 in der KWG/MPG ubiquitäre Bezugnahme auf die Grundlagenforschung zu einem Instrument des »Whitewashing« belasteter deutscher Wissenschaftler. Damit trugen auch die

---

208 Proctor, *Adolf Butenandt*, 2000, 31. Das folgende Zitat ebd.
209 Stoff, *Zentrale Arbeitsstätte*, 2006, passim, Zitat 4 u. 24. – Dennoch verlieh ihm die Freie Universität Berlin 1966 die Ehrendoktorwürde. James et al., *Hundert Jahre*, 2011, 142. Siehe dazu auch Macrakis, *Surviving the Swastika*, 1993, 197.
210 Zur Biografie Thießens siehe Eibl, *Peter Adolf Thiessen*, 1999; Naimark, *Russen in Deutschland*, 1997, 246–247. Zu Thießens Rolle als kurzzeitiger Leiter der KWG siehe Meiser, *Deutsche Forschungshochschule*, 2013, 24–26.
211 Macrakis, *Surviving the Swastika*, 1993, 195 u. 197. – Thießen, der zusammen mit zehn seiner Mitarbeiter in die Sowjetunion ging, kehrte nach dem Ende seines auf zehn Jahre befristeten Vertrags in die DDR zurück, wo er als einer der führenden Wissenschaftler galt und – u.a. durch die Gründung des ostdeutschen Forschungsrats – aktiv am Aufbau einer »sozialistischen Wissenschaft« mitwirkte. Zur eilig betriebenen Entnazifizierung Thießens, die die Sowjets noch in Berlin besorgten, siehe Naimark, *Russen in Deutschland*, 1997, 246–247.
212 Siehe Naimark, *Russen in Deutschland*, 1997, 258–259.
213 Man denke etwa an die »Krautaktion«, bei der Kriegsgefangene und Zwangsarbeiter massenhaft zu Menschenversuchen missbraucht worden waren, um den Nahrungsbedarf für verschiedene Bevölkerungsgruppen zu berechnen. Eichholtz, »Krautaktion«, 1991.
214 Dazu ausführlich Thoms, *MPI für Ernährungsphysiologie*, 2012.
215 Ausführlich Sachse, *Historisierung*, 2014, 251–255; Maier, »Grundlagenforschung« als Persilschein, 2004.

Briten ungewollt ihr Scherflein dazu bei, die angestrebte gründliche Entnazifizierung der deutschen Gesellschaft im Wege der Spruchkammerverfahren zu konterkarieren. Im Zweifelsfall rangierte der Wiederaufbau – unter anderem der KWG in Gestalt der MPG – auch bei den Briten höher als die Entnazifizierung, und der heraufziehende Kalte Krieg tat ein Übriges, diese Haltung noch zu verstärken.[216] Auch deshalb fiel die personelle Kontinuität in der deutschen Wissenschaft über die Zäsur von 1945 wesentlich größer aus, als notwendig gewesen wäre, um den Wissenschaftsbetrieb in den beiden deutschen Staaten wieder anzukurbeln.

Zu der stark ausgeprägten personellen Kontinuität gesellte sich das Festhalten an den alten, streng hierarchischen Strukturen, denn eine Demokratisierung der MPG unterblieb fast vollständig. Zwar entstanden auf Drängen der Briten bereits im Dezember 1946 Betriebsräte in den Göttinger Einrichtungen, aus denen im Juni 1948 dort ein »Hauptbetriebsrat« hervorging, der an die Generalverwaltung angeschlossen war. Bei der MPG-Spitze um Hahn und Telschow, die Betriebsvereinbarungen im »Familienunternehmen« MPG schlicht für »Unheil« hielten, stieß die betriebliche Mitbestimmung jedoch auf schroffe Ablehnung. Da die MPG als »Tendenzbetrieb« galt,[217] waren die Mitwirkungsmöglichkeiten der Betriebsräte – zumal in Personalfragen – ohnehin stark eingeschränkt. Geografisch blieb der Hauptbetriebsrat auf Göttingen beschränkt und ab Mitte der 1950er-Jahre ließen seine Aktivitäten spürbar nach.[218] Damals wurde dies in der MPG kaum als Defizit empfunden, vielmehr galt die nicht zu übersehende strukturelle und personelle Kontinuität zur KWG bald schon nicht mehr als Problem für einen demokratischen Neubeginn in Westdeutschland, sondern als Garant für die Leistungsfähigkeit der MPG als prestigeträchtigster Wissenschaftsorganisation der Bundesrepublik.

Zwar kritisierten auch die Briten bisweilen die nur schleppend betriebene Entnazifizierung in der KWG/MPG,[219] doch blieb dies weitgehend ohne Folgen. So fand eine intensive Auseinandersetzung mit der eigenen Vergangenheit im Grunde gar nicht statt – und wenn es sich nicht vermeiden ließ, sie zu thematisieren, redete man die Verbindung zu den Repräsentanten des NS-Staats und ihren Verbrechen klein. Das galt beispielsweise für den Umgang mit Herbert Backe, Staatssekretär im Reichsministerium für Ernährung und Landwirtschaft und ab 1942 dessen kommissarischer Leiter, der 1937 zum Senator und 1941 zum 1. Vizepräsidenten der KWG avanciert war. Anlässlich des deutschen Angriffs auf die Sowjetunion hatte Backe einen nach ihm benannten Hungerplan entwickelt, der den Tod von rund 30 Millionen Menschen einkalkulierte.[220] Damit nicht genug, spielten die auf landwirtschaftliche Forschung ausgerichteten Kaiser-Wilhelm-Institute in Backes Konzeptionen von Autarkie und Ostexpansion durchaus eine Rolle,[221] doch davon wollte Otto Hahn nach Kriegsende nichts wissen. Im Juni 1947 schrieb der MPG-Präsident: »Die Tatsache, daß Persönlichkeiten wie der frühere Reichsernährungsminister Backe [...] dem Senat der Kaiser-Wilhelm-Gesellschaft angehört haben, ist m. E. ohne Bedeutung. Dem Senat der Kaiser Wilhelm-Gesellschaft gehörten stets Mitglieder der Reichsregierung an. Ebenso wie früher haben unter dem Dritten Reich diese Persönlichkeiten in der Kaiser-Wilhelm-Gesellschaft keine führende Rolle gespielt. Sie sind zum allergrößten Teil nicht in Erscheinung getreten und haben sich von jeder Einflußnahme ferngehalten.«[222]

Mit dieser Haltung trug Hahn dazu bei, die Vergangenheit zu verdunkeln.[223] Sie war keineswegs auf den Präsidenten beschränkt. Verdrängung und Ausblendung statt Selbstreflexion und Aufarbeitung, auf diese Formel lässt sich der Umgang der MPG mit ihrer KWG-Vergangenheit in der Nachkriegszeit bringen. Deswegen verbietet es sich, den bewussten Verzicht auf besonders belastete KWG-Funktionäre beim Aufbau der MPG als eine Art unausgesprochene Distanzierung vom Nationalsozialismus bzw. von der Rolle, die die KWG im »Dritten Reich« gespielt hatte, zu interpretieren. Es ging vielmehr um die Außenwirkung. Um die neue Gesellschaft in einem mög-

---

216 Scientific Officer R. M. Goody an Sommer, A Note Upon AVA Problems, AMPG, II. Abt., Rep. 66. Nr. 5, fol. 68–69; Vermerk von Hans Seeliger vom 2.10.1946, AMPG, II. Abt., Rep. 102, Nr. 124, fol. 262.

217 Mit dem Begriff Tendenzbetrieb bezeichnet das deutsche Betriebsverfassungsrecht einen Betrieb bzw. ein Unternehmen, das nicht primär gewinnorientiert wirtschaftet, sondern politische, wissenschaftliche oder künstlerische Ziele verfolgt. Bei Tendenzbetrieben sind die Mitwirkungsrechte des Betriebsrats insbesondere in personellen Angelegenheiten eingeschränkt. Die MPG zählte (und zählt) sowohl als Wissenschaftsorganisation als auch als gemeinnütziger eingetragener Verein zu den Tendenzbetrieben.

218 Ausführlich Scholz, *Partizipation*, 2019, 25–78.

219 Aktennotiz über eine Besprechung mit Professor Hahn, Oberst Blount, Mr. Goody, Mr. Purchase und Mr. Newel am 31.7.1946, AMPG, II. Abt., Rep. 66, Nr. 5, fol. 103.

220 Eine biografische Skizze bei Lehmann, Herbert Backe, 1993. Zum »Hungerplan« siehe Benz, *Der Hungerplan*, 2011.

221 Heim, *Kalorien*, 2003, 23–33.

222 Zitiert nach ebd., 22.

223 Dies betont Sime, The Politics of Memory, 2006.

lichst günstigen Licht erscheinen zu lassen, sollten, so Otto Hahn bereits im August 1946, zu ihrer Gründung »mehr Wissenschaftler herangezogen [werden] als Industrielle, weil dies im In- und Ausland sicherlich einen guten Eindruck macht«.[224] Rückblickend sprach Hahn von einem »Antinazi-Senat« der KWG in der britischen Zone, der angeblich 1947 eine wichtige Rolle dabei gespielt hatte, Clay die Zustimmung zur Ausdehnung auf die US-Zone abzuringen.[225]

Weit weniger Mühe gab man sich, um vormalige Angehörige der KWG, die nach 1933 aus rassischen oder politischen Gründen aus der KWG vertrieben worden waren, für eine Mitarbeit in der MPG zu gewinnen.[226] Soweit es sich um ehemalige Wissenschaftliche Mitglieder handelte, wurden sie in der Regel mit dem Status eines »Auswärtigen Wissenschaftlichen Mitglieds« abgespeist. Nur wenige Emigranten bemühten sich aktiv um eine Rückkehr nach Deutschland; zwischen den Remigranten und den »Dagebliebenen und Dabeigewesenen« entwickelten sich bisweilen »belastete Beziehungen«,[227] zumal wenn die Rückkehrer auf die Bestrafung derjenigen drängten, die seinerzeit an ihrer Entrechtung mitgewirkt hatten. In anderen Fällen verhinderten ehemalige Nationalsozialisten die Rückkehr von Emigranten: Als der Pflanzengenetiker Max Ufer seine Wiedereinstellung am MPI für Züchtungsforschung betrieb, wurde dies vom Direktor des Instituts, Wilhelm Rudorf, hintertrieben.[228] Kein Wunder, dass Albert Einstein die Berufung zum Auswärtigen Wissenschaftlichen Mitglied der MPG ausschlug, auch wenn er der einzige Emigrant war, der dies seinerzeit ablehnte.

2.6 Fazit

Die MPG entstand 1946 bzw. 1948 als »Auffanggesellschaft«, um von der verbliebenen Substanz der KWG, über der das Damoklesschwert der Auflösung durch die Alliierten schwebte, zu retten, was noch zu retten war. Diese Aufgabe erfüllte die MPG mit Bravour. Die Jahresrechnung 1949/50, die erstmals alle zur MPG gehörenden Forschungsstätten im gesamten Bundesgebiet enthielt, führte »29 rechtlich unselbständige Institute, sowie 2 treuhänderisch verwaltete Institute, 4 gemeinsame Betriebe sowie 4 rechtlich selbständige Institute mit insgesamt 1.442 Beschäftigten« auf.[229] Damals zählte die MPG 74 Wissenschaftliche Mitglieder, hinzu kamen 49 Wissenschaftliche Mitglieder der KWG und der Deutschen Forschungshochschule.[230] Im Zuge der Eingliederung der in West-Berlin gelegenen Institute wuchs die Zahl der Forschungsstellen bis zum März 1955 auf 38 an, in denen »2.050 wissenschaftliche Mitarbeiter und Angestellte« Beschäftigung fanden. »Damit ist sowohl in der Anzahl der Forschungsstätten als auch der beschäftigten Personen nicht nur der Stand des Jahres 1944, sondern auch der Stand des Jahres 1939 bei der Kaiser-Wilhelm-Gesellschaft überschritten«, hieß es im Jahrbuch der MPG für 1955 nicht ohne Stolz.[231] Die Sammlung der Kaiser-Wilhelm-Institute unter der Flagge der MPG war damit abgeschlossen.

Mehrere Faktoren trugen dazu bei, dass das Organisationsmodell der KWG überlebte und dass sich der Göttinger Kreis um Otto Hahn und Ernst Telschow gegen seine innerdeutschen Rivalen durchsetzen konnte. Basis war die Westverschiebung der KWG in der letzten Kriegsphase, die in der Übersiedlung der Generalverwaltung nach Göttingen gipfelte. Damit befand sich das Zentrum der zukünftigen MPG in der britischen Besatzungszone. Die entschiedene und früh wirksam werdende Unterstützung der Briten, die für die MPG eher als Schutz- denn als Besatzungsmacht agierten, trug mehr als alles andere zum Überleben der KWG als Wissenschaftsorganisation bei. Ohne diese Hilfe wäre es kaum gelungen, die über den Süden und Westen Deutschlands verstreuten Kaiser-Wilhelm-Institute bei der Stange zu halten, zumal alternative Organisationsmodelle für einen Dachverband im Raum standen: zum einen die Deutsche Akademie der Wissenschaften zu Berlin, deren Aufbau die Sowjets in der SBZ/DDR vorantrieben, zum anderen die von den Amerikanern favorisierte Deutsche Forschungshochschule, die als Zusammenschluss der in Dahlem ansässigen Kaiser-Wilhelm-Institute nach dem Vorbild der amerikanischen Schools of Advanced Studies entstand. Für die MPG günstig wirkte sich die entstehende Blockkon-

---

224 Zitiert nach Hachtmann, *Wissenschaftsmanagement*, 2007, 1083.
225 Hahn, Ansprache, 1960, 271–278, Zitat 274.
226 Rürup, *Schicksale*, 2008. Siehe dazu und zum Folgenden auch Schüring, *Kinder*, 2006.
227 Heinsohn und Nicolaysen, *Belastete Beziehungen*, 2021.
228 Ausführlich Schüring, Vorgang, 2002.
229 Auszug aus der Niederschrift über die 2. Ordentliche Hauptversammlung der MPG vom 13.9.1951, AMPG, II. Abt., Rep. 69, Nr. 79, fol. 4.
230 Diese Angaben nach Bergemann, *Mitgliederverzeichnis*, 1990; Tempelhoff und Ullmann, *Mitgliederverzeichnis*, 2015. – Für die Unterstützung der Auswertung dieser Mitgliederverzeichnisse sei Aron Marquart herzlich gedankt.
231 Generalverwaltung der Max-Planck-Gesellschaft, Die MPG im Jahre 1954/55, 1955, Zitate 5.

frontation aus, die es zunächst den Briten, später dann auch den Amerikanern geraten erscheinen ließ, »ihre« Deutschen weniger als geschlagene Kriegsgegner und mehr als künftige Verbündete zu betrachten. In dieser Perspektive erschien die deutsche Forschung als ein Instrument, das einen wichtigen Beitrag zur wirtschaftlichen Erholung des zerstörten Landes leisten konnte.

Hinzu kam, dass die Göttinger zwei Galionsfiguren aufbieten konnten, die im In- und Ausland gleichermaßen hohes Ansehen genossen: Max Planck und Otto Hahn. Dass ein Mitarbeiter des Office of Strategic Services (OSS), des Nachrichtendiensts des US-Kriegsministeriums, Max Planck Mitte Mai 1945 nach Göttingen brachte, war zweifellos ein »Glücksfall«:[232] Mit diesem »Coup« war die »strategische Absicht [der Sowjets; J.B.], über Havemann Einfluss auf die gesamte KWG zu nehmen, [...] de facto gescheitert«.[233] Da sich Planck aus Alters- und Gesundheitsgründen nicht mehr in der Lage sah, das Präsidentenamt der KWG/MPG zu übernehmen, designierte er Otto Hahn als seinen Nachfolger.[234] Eine kluge Entscheidung, denn sie befestigte die vertrauensvolle Zusammenarbeit mit der britischen Besatzungsmacht, war Hahn doch in der Wissenschaftslandschaft Großbritanniens bestens vernetzt. Zu den beiden Präsidenten gesellte sich eine Riege weiterer Nobelpreisträger wie Werner Heisenberg, Richard Kuhn, Max v. Laue und Adolf Windaus, von deren Renommee die MPG in ihrer Gründungsphase profitierte.

Last, but not least hatte auch die Generalverwaltung unter Ernst Telschow ihren Anteil daran, dass sich der Göttinger Gründerzirkel im Machtkampf gegen die Konkurrenz in Berlin, München und Tübingen durchsetzen konnte. Der erfahrene und administrativ mit allen Wassern gewaschene Telschow nutzte instinktsicher sämtliche Möglichkeiten, um die Stellung der MPG als Nachfolgeorganisation der KWG zu sichern. Eine solche Gelegenheit ergab sich im Juli 1949, als die Amerikaner Robert Havemann seines Amts als Verwaltungsdirektor der Berliner Kaiser-Wilhelm-Institute enthoben. Telschow betrieb daraufhin – in einer Nacht-und-Nebel-Aktion auf fragwürdiger rechtlicher Grundlage, aber taktisch überaus geschickt – die Löschung Havemanns als vorläufigen Leiter der KWG aus dem Vereinsregister von Berlin-Charlottenburg und setzte einen Notvorstand unter Franz Arndt ein.

»Damit waren die Rechtsansprüche auf das Vermögen der KWG in Berlin in den Händen der Generalverwaltung in Göttingen«,[235] die auch deswegen den Sieg im Ringen um die künftige Leitung der KWG/MPG davontrug.

Vergleicht man die MPG mit der KWG, fällt Kontinuität ins Auge, aber auch so manche Neuerung. Anders als die KWG stilisierte sich die MPG von Anfang an zu einer Institution der »reinen Grundlagenforschung«, obwohl sie eine Reihe von Instituten in ihrem Verbund behielt, die anwendungsorientierte Forschung betrieben. Die Bezugnahme auf die Grundlagenforschung verfolgte – auf jeweils verschiedenen Zeitebenen – drei Stoßrichtungen: Mit Blick auf die Vergangenheit sollte sie die Forscher:innen der KWG von dem Vorwurf entlasten, Forschung für Hitlers Krieg betrieben oder an den NS-Verbrechen in irgendeiner Form mitgewirkt zu haben. Für die Gegenwart – die ersten Jahre nach dem Zweiten Weltkrieg – sollte die Betonung der Grundlagenforschung die wissenschaftliche Tätigkeit der MPG als konform mit den alliierten Vorgaben ausweisen, die angewandte Forschung, insbesondere mit militärischem Bezug, untersagten, Grundlagenforschung dagegen gestatteten. Bezogen auf die Zukunft diente der Hinweis, eine Institution der Grundlagenforschung zu sein, nicht zuletzt als Rechtfertigung dafür, dass die MPG das Gros ihrer Finanzmittel von der öffentlichen Hand erhielt.[236]

Letzteres stellte eine weitere Neuerung dar, die weit in die Zukunft wirkte. Für die MPG bedeutete die Neuregelung ihrer Finanzierung, die das Ergebnis des Ringens um eine zentrale oder föderale Ausrichtung der Wissenschaftspolitik in Westdeutschland war, eine tiefe Zäsur. War die KWG dezentral vom Staat und von der Wirtschaft finanziert worden, bestritt die öffentliche Hand den Großteil des Haushalts der MPG, und zwar seit ihrer Gründung. In der unmittelbaren Nachkriegszeit hatten die Institute der KWG/MPG buchstäblich von der Hand in den Mund gelebt, bevor es ab 1947 gelang, die staatliche Finanzierung der Grundlagenforschung sicherzustellen, zunächst allerdings mit großen Unterschieden zwischen den drei westlichen Besatzungszonen. Das zentrale Finanzierungsmodell der britischen Zone, das eine Alimentierung der Institute über einen Globalzuschuss an die MPG vorsah, die das Geld dann an die Forschungsstätten weiterreichte, bot sowohl für die Geldgeber als

---

232 Heinemann, Wiederaufbau der KWG, 1990, 410. Ähnlich auch Albrecht und Hermann, KWG im Dritten Reich, 1990, 402.
233 Laitko, Etablierung der Deutschen Akademie, 2018, 325–326.
234 Rundschreiben Max Plancks an die Direktoren aller Kaiser-Wilhelm-Institute und den Wissenschaftlichen Rat z.Hd. der drei Sektionsvorsitzenden, abgedruckt in: Generalverwaltung der Max-Planck-Gesellschaft, *50 Jahre KWG/MPG*, 1961, Dokument 60, 198.
235 Heinemann, Wiederaufbau der KWG, 1990, 442. Siehe auch Florath, Orientierungsprobleme, 2016, 94–97.
236 Zur vergangenheitspolitischen, gegenwartsbezogenen und zukunftsorientierten Funktion des Begriffs Grundlagenforschung siehe Sachse, Historisierung, 2014, 264.

auch für die Empfänger die meisten Vorteile. Deswegen orientierte sich das Königsteiner Abkommen, mit dem die Ländergemeinschaft die Finanzierung der außeruniversitären Forschung übernahm, an diesem Modell. Der Pakt der Ländergemeinschaft ermöglichte nicht nur die Zustimmung der Franzosen zur Ausdehnung der MPG auf alle drei westlichen Besatzungszonen, sondern untermauerte auch die Kultushoheit der Länder im Bereich der Forschung, noch ehe die Bundesrepublik aus der Taufe gehoben worden war.

Allerdings lief die Königsteiner Formel auf einen Kompromiss hinaus, mit dem die Länder ihre Ziele nur teilweise erreichen konnten. Ihre Kultusministerien mussten darauf verzichten, auf die einzelnen Max-Planck-Institute direkten Einfluss zu nehmen. Nur auf diese Weise konnten die Länder die latente Bedrohung eines Einstiegs des Bundes in die Forschungsfinanzierung einstweilen bannen. Die MPG profitierte von dem Konflikt zwischen Bund und Ländern, der in der Bonner Mehrebenendemokratie strukturell angelegt war. »Die Logik dieser forschungspolitischen Konstellation schloß für die MPG sowohl die Gefahr einer föderalistischen Zersplitterung wie eines zentralstaatlichen Dirigismus aus, indem sich die beiden forschungspolitischen Kontrahenten in ihren Steuerungsbemühungen wechselseitig neutralisierten.«[237] So erlangte die MPG ein zuvor nie gekanntes Maß an forschungspolitischer Unabhängigkeit, und das paradoxerweise just in dem Moment, in dem sie sich weitgehend in die finanzielle Abhängigkeit von der öffentlichen Hand begab.

Der Übergang von der KWG zur MPG machte jedoch nicht alles neu. In der Governance der MPG erfolgte kein radikaler Bruch mit den Traditionen der KWG, hier herrschte vielmehr ein Mix aus reichlich Kontinuität und einem Schuss Wandel. Zugespitzt ließe sich sagen, dass die institutionelle Konsolidierung der jungen MPG nicht zuletzt deswegen so schnell gelang, weil sich im Vergleich zur KWG so wenig veränderte. Der Aufbau der Leitungsgremien und ihre Struktur, wie sie die Satzung der MPG von 1948 vorsah, erinnerten stark an die KWG. Allerdings verschob sich das eigentliche Machtzentrum ein Stück weit von der »Exekutive« – dem Präsidenten und der Generalverwaltung, die im »Dritten Reich« bestimmend gewesen waren – auf die »Legislative«, den Senat. In ihm dominierten anfangs renommierte Wissenschaftler, während sich die Vertreter aus Politik und Wirtschaft zunächst in der Minderheit befanden. Das begann sich jedoch schon bald wieder zu ändern, sodass sich die Führungsriege der MPG tendenziell in Richtung KWG rückentwickelte – bei nach wie vor großer personeller Kontinuität: Kaum ein MPG-Senator der Gründerjahre hatte nicht zuvor schon engste Kontakte zur KWG unterhalten oder war in ihr Mitglied gewesen. An der Spitze der Gesellschaft kam es zu einem Zusammenspiel von zwei Personen, die diese Kontinuität verkörperten und das Funktionieren der MPG in der Umbruchsphase sicherstellten: Otto Hahn, der als Nobelpreisträger der MPG Prestige verlieh, und Ernst Telschow, auf dessen Verwaltungserfahrung Hahn bei der Führung der Amtsgeschäfte nicht verzichten konnte.

Auch an der personellen Besetzung der Institute änderte sich, aufs Ganze gesehen, wenig, weil das Gros der deutschen Wissenschaftler:innen mehr oder weniger ungeschoren die Abrechnung mit dem Nationalsozialismus überstand. Das lag nicht nur an der mangelnden Bereitschaft der Deutschen, sich ihrer Verantwortung zu stellen, was die Entnazifizierung bisweilen zu einer »Mitläuferfabrik« verkommen ließ. Hinzu kam – als Spezifikum der Wissenschaft – das merkwürdige Spannungsverhältnis, in dem Entnazifizierung und »Intellectual Reparations« zueinander standen. Vor die Wahl gestellt, deutsche Wissenschaftler für ihre (Un-)Taten in der NS-Zeit zu bestrafen oder von ihrem Know-how sowohl militärisch als auch ökonomisch zu profitieren, entschieden sich die Besatzungsmächte fast immer für Letzteres. »[S]owohl für die sowjetischen als auch für die amerikanischen Militärbehörden und Geheimdienste spielte die NS-Vergangenheit der deutschen Wissenschaftler und Techniker keine Rolle, ›wenn die Qualifikation der betreffenden Person selbst genutzt werden konnte und damit keinesfalls in die Hände der konkurrierenden Alliierten fallen sollte‹.«[238] Das trug dazu bei, dass die personelle Kontinuität in der Wissenschaft über die Epochengrenze von 1945 hinweg ähnlich stark ausgeprägt war wie etwa in Ministerien und Behörden.[239] Im Übergang von der KWG zur MPG gab es keine »Stunde null«.

---

237 Hohn und Schimank, *Konflikte und Gleichgewichte*, 1990, 110.
238 Ash, *Wandlungen*, 2018, 52.
239 Siehe dazu die Beiträge in: Creuzberger und Geppert, *Ämter und ihre Vergangenheit*, 2018.

KONSTELLATIONEN

Foto 1: Adolf Butenandt und der amtierende MPG-Präsident Otto Hahn (in der Mitte: Porträt von Lise Meitner), 1959 (oben)

Foto 2: Otto Hahn und der neue MPG-Präsident Adolf Butenandt bei der Nobelpreisträgertagung in Lindau 1963 (unten links)

Foto 3: Walter Bothe und Erich Regener vor dem MPI für medizinische Forschung, Heidelberg 1955 (unten rechts)

KONSTELLATIONEN

Foto 4: Ansprachen des scheidenden MPG-Präsidenten Otto Hahn und des neu gewählten Präsidenten Adolf Butenandt auf der Hauptversammlung, Bremen 1960 (oben links)

Foto 5: Übergabe der Amtskette von Butenandt an den neuen MPG-Präsidenten Reimar Lüst, Bremen 1972 (oben rechts)

Foto 6: Übergabe des Präsidentenamts von Lüst an Heinz A. Staab, Bremen 1984 (Mitte links)

Foto 7: Übergabe der Amtskette von Staab an den neuen Präsidenten Hans F. Zacher, Lübeck 1990 (Mitte rechts)

Foto 8: Amtsübergabe von Zacher an den neuen MPG-Präsidenten Hubert Markl, Saarbrücken 1996 (unten links)

Foto 9: Hubert Markl mit Generalsekretärin Barbara Bludau, der ersten Frau an der Spitze der Generalverwaltung der MPG, München 1996 (unten rechts)

KONSTELLATIONEN

Foto 10: Interview mit Feodor Lynen vom MPI für Zellchemie zu seinem Nobelpreis für Medizin, 1964 (oben)

Foto 11: MPG-Präsident Adolf Butenandt im Gespräch mit einer Reporterin der *Quick*, 1968 (unten)

KONSTELLATIONEN

Foto 12: Interview mit Carl Friedrich von Weizsäcker, dem Gründungsdirektor des MPI zur Erforschung der Lebensbedingungen der wissenschaftlich-technischen Welt, Saarbrücken 1970 (oben links)

Foto 13: Interview mit Heinz A. Staab, Heidelberg 1988 (oben rechts)

Foto 14: »Medientraining«: MPG-Mitarbeiter:innen (hier: Florian Holsboer vom MPI für Psychiatrie) sollen Berührungsängste gegenüber den Medien abbauen, 1990 (unten)

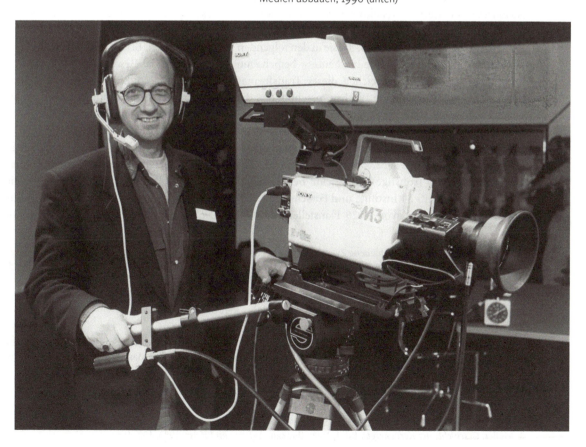

3. Die formative Phase der MPG (1955–1972)

3.1 Wachstum als Chance und Herausforderung

Sieht man von der Westverschiebung und der geänderten Finanzierungsgrundlage ab, bedeutete der Übergang von der Kaiser-Wilhelm-Gesellschaft zur Max-Planck-Gesellschaft bis 1955 wenig mehr als die Änderung des Firmenschildes. Der eigentliche Wandel fand in den folgenden knapp zwei Dekaden statt: Zur gleichen Zeit, als sich die Bundesrepublik vom ungeliebten Provisorium zu einem respektablen, im In- und Ausland angesehenen Staatswesen mauserte,[1] kristallisierte sich in dieser formativen Phase eine neue Gestalt der MPG als integrierte Wissenschaftsgesellschaft heraus, die sie in den folgenden Jahrzehnten – und im Grunde bis heute – beibehalten sollte. Das wichtigste Kennzeichen dieser Transformation war der atemberaubende Wachstumsschub, den die Gesellschaft in jenen Jahren durchlief. 1955, als ihre Gesamtaufwendungen rund 42,2 Millionen DM betrugen,[2] unterhielt die MPG – wie erwähnt – 38 Institute und Forschungsstellen, in denen sie 2.050 wissenschaftliche Mitarbeiter:innen und (sonstige) Angestellte beschäftigte.[3] 1971 waren es bereits 54 Institute und Forschungsstellen mit 7.840 Planstellen, davon 2.028 Planstellen für Wissenschaftler:innen.[4] Der Gesamthaushalt des Jahres 1972, der sich aus drei separaten Haushalten zusammensetzte, belief sich auf über 577 Millionen DM.[5] Das heißt, die Zahl der Institute hatte zwischen 1955 und 1972 knapp um die Hälfte zugelegt, die Zahl der Beschäftigten hatte sich annähernd vervierfacht und der Haushalt mehr als verzehnfacht.

Für den atemberaubenden Wachstumsschub, den die MPG in den langen 1960er-Jahren erlebte, zeichneten vier Faktoren, besser gesagt: deren Zusammenspiel, verantwortlich: Erstens fielen die alliierten Forschungsbeschränkungen weg, als am 5. Mai 1955 die Pariser Verträge in Kraft traten, die das Besatzungsregime von Amerikanern, Briten und Franzosen in Westdeutschland beendeten, das Besatzungsstatut von 1949 aufhoben und der Bundesrepublik weitgehende Souveränitätsrechte zusprachen.[6] Die westdeutsche Forschung konnte nun wieder in Bereichen tätig werden, die zuvor angesichts ihrer militärischen Implikationen tabu gewesen waren – etwa die Luftfahrtforschung,[7] vor allem aber die Kernforschung.[8] Letzterer wurde nicht nur potenziell große ökonomische Bedeutung zugeschrieben, sie galt seinerzeit als »Inbegriff von Zukunftsoptimismus und Hoffnung«.[9] Die Bundesregierung legte ein ambitioniertes Atompro-

---

[1] Siehe dazu die erste, 1974 erschienene Zwischenbilanz bei Löwenthal und Schwarz, *Die zweite Republik*, 1974. Die darin versammelten Beiträge zeichnen bei aller wissenschaftlich gebotenen Vorsicht bereits ein sehr positives Bild von der Entwicklung der Bundesrepublik in den ersten 25 Jahren ihres Bestehens.
[2] Bericht des niedersächsischen Landesrechnungshofs über die Prüfung der Verwertung der Länderzuschüsse durch die MPG im Rechnungsjahr 1955 vom 11.2.1957 (gez. Dr. Härtig), AMPG, II. Abt., Rep. 69, Nr. 127, fol. 3.
[3] Generalverwaltung der Max-Planck-Gesellschaft, *Jahrbuch 1955*, 1955, 5.
[4] Die Bezeichnung Wissenschaftler schließt hier Direktoren, Abteilungsleiter und Assistent:innen ein. In diesen Zahlen nicht enthalten sind dagegen Gastwissenschaftler:innen und Stipendiat:innen. Generalverwaltung der Max-Planck-Gesellschaft, *Jahrbuch 1972*, 1972, 12.
[5] Max-Planck-Gesellschaft, Jahresrechnung 1972, 1974, 145.
[6] Siehe dazu und zum Folgenden Küsters, Pariser Verträge, 2011; dort auch die Texte der sechs Vereinbarungen zwischen der Bundesrepublik und den drei Westalliierten, die das Vertragspaket bildeten.
[7] Ausführlich Trischler, *Luft- und Raumfahrtforschung*, 1992.
[8] Müller, *Geschichte der Kernenergie*, Bd. 1, 1990; Radkau, *Aufstieg und Krise*, 1983, 132–196.
[9] Herbert, *Geschichte*, 2014, 800.

3. Die formative Phase der MPG (1955–1972)

gramm auf, das in der Gründung mehrerer großer Forschungsanlagen mündete. Der westdeutsche (Wieder-) Einstieg in die Kernforschung tangierte auch die MPG, in deren Reihen sich einige der prominentesten deutschen Atomforscher befanden. Zweitens schuf das »Wirtschaftswunder«, das in den 1950er- und 1960er-Jahren nicht nur Westdeutschland, sondern ganz Europa erfasste, finanzielle Verteilungsspielräume. Von dem Geldsegen profitierten auch die Wissenschaft und nicht zuletzt die MPG – davon wird noch die Rede sein.

Zur Finanzierung der Forschung trug, drittens, deren zunehmende Europäisierung bei,[10] die einen Teil des europäischen Integrationsprozesses ausmachte. Dies betraf insbesondere die Großforschung, was die Wiedereingliederung der westdeutschen Wissenschaft in die internationale Scientific Community wesentlich erleichterte. Den Anfang machte CERN, ein gemeinsames europäisches Unterfangen im Bereich der kernphysikalischen Grundlagenforschung, das angesichts des Vorsprungs der USA und der UdSSR auf dem Gebiet der Kernforschung die Kräfte in Westeuropa bündeln sollte. Auf einen Vorschlag des französischen Physikers Louis de Broglie hin konstituierte sich im Mai 1952 der Conseil Européen pour la Recherche Nucléaire in Genf. Zu den Gründungsmitgliedern zählten Belgien, Dänemark, Frankreich, Griechenland, Italien, Jugoslawien, die Niederlande, Norwegen, Schweden, die Schweiz, das Vereinigte Königreich und die Bundesrepublik Deutschland.[11] 1957 markierte die Unterzeichnung der Römischen Verträge durch die Regierungschefs von Belgien, der Bundesrepublik, Frankreich, Italien, Luxemburg und der Niederlande einen weiteren Meilenstein im Prozess der europäischen Integration, nicht zuletzt im Bereich der Wissenschaftspolitik. Sie stellten der seit 1952 existierenden Europäischen Gemeinschaft für Kohle und Stahl[12] mit der Europäischen Wirtschaftsgemeinschaft (EWG) und der Europäischen Atomgemeinschaft (EURATOM) zwei weitere Säulen des Einigungsprozesses an die Seite. Auch EURATOM diente der gemeinsamen europäischen Forschung auf dem Gebiet der Kernenergie, war indes deutlich anwendungsorientierter als CERN.[13] 1964 folgte die European Molecular Biology Organization (EMBO), eine Art europäische Akademie auf dem Gebiet der Molekularbiologie.[14]

Dass auf nationaler und europäischer Ebene so viel Geld in die Forschung investiert wurde, lag, viertens, nicht zuletzt an einem spektakulären Erfolg der Sowjetunion im »Space Race«: Am 4. Oktober 1957 glückte ihr der Start einer Interkontinentalrakete, die den ersten Satelliten in die Erdumlaufbahn beförderte. Das Kurzwellensignal, das der legendäre Sputnik für 21 Tage ausstrahlte, »piepste das Zeitalter der Raumfahrt ein«.[15] Im Westen löste dieses Ereignis Ängste und Sorgen aus. Angesichts der Systemkonkurrenz des Kalten Kriegs erschien das Aufholen des Rückstands gegenüber der Sowjetunion als Überlebensfrage sowohl in militärischer als auch in ökonomischer Perspektive. Deswegen steigerten die westlichen Industriestaaten ihre Ausgaben für Forschung und Entwicklung ab diesem Zeitpunkt signifikant, wovon insbesondere die Weltraumforschung profitierte.

In der Bundesrepublik befeuerte der Sputnik-Schock die sogenannte Rückstandsdebatte, in der seit 1955 beklagt wurde, dass die westdeutsche Forschung im internationalen Vergleich zurückgefallen sei.[16] In diesen Kontext gehören auch die Debatte um eine Bildungsreform und die Gründung des Berliner Instituts für Bildungsforschung, von der noch die Rede sein wird. Die MPG profitierte einerseits finanziell vom Sputnik-Schock, andererseits stieg der politische und gesellschaftliche Druck, sich besonders in den zuvor verbotenen Forschungsbereichen zu engagieren, in denen der deutsche Rückstand seit der NS-Zeit signifikant angewachsen war, was nun die wirtschaftliche und militärische Wettbewerbsfähigkeit der Bundesrepublik zu bedrohen schien.

Reagieren musste die MPG in dieser Phase auf zwei Großtrends, einen wissenschaftlichen und einen gesellschaftlich-politischen. Die wissenschaftliche Forschung schlug seit der Mitte des 20. Jahrhunderts den Weg in Richtung Großforschung ein. Die Zeiten, in denen kleine Labors ausgereicht hatten, um bahnbrechende Entdeckungen zu machen, gingen in vielen Wissenschaftsbereichen zu Ende. Ohne teure und technologisch immer anspruchsvollere Forschungsapparate wie Teilchenbeschleuniger, Elektronenmikroskope, Radioteleskope oder

---

10 Darauf wiesen schon Zeitgenoss:innen hin. Siehe etwa Ballreich, Forschungsförderung, 1959.
11 Ausführlich Hermann et al., *History of CERN*, Bd. 1, 1987; Heisenberg, Europäische Organisation, 1954.
12 Zur Montanunion siehe Bührer, *Ruhrstahl*, 1986.
13 Politische Union, Vertrag zur Gründung der Europäischen Atomgemeinschaft, 25.3.1957, http://www.politische-union.de/eagv03/. Siehe auch Weilemann, *Gründungsgeschichte von EURATOM*, 1983.
14 Zu EMBO siehe unten, Kap. III.9. und Kap. IV.9.5.1.
15 Notstand, *Der Spiegel*, 21.2.1998, Zitat 44. Siehe dazu und zum Folgenden Siddiqi, *Sputnik*, 2003; Röthlein, *Mare Tranquillitatis*, 1997, 57–59. Mit Bezug zur MPG auch Keppler, *Weg zum MPI*, 2003, 10–11.
16 Siehe dazu und zum Folgenden Orth, *Autonomie und Planung*, 2011, 96–100, sowie unten, Kap. IV.2.1.

Trägerraketen war es kaum mehr möglich, wissenschaftliche Erkenntnisse zu erzielen, die die Forschung im internationalen Maßstab voranbrachten. Die zunehmende Spezialisierung erforderte immer größer werdende Teams, die unterschiedliches Expertenwissen kombinierten. »Moderne Forschung kann nur dann wirksam werden«, brachte es Adolf Butenandt auf den Punkt, »wenn die Anzahl der bearbeiteten Arbeitsrichtungen verwandter Gebiete sowie die Anzahl und Größe der Arbeitsgruppen eine ›kritische‹ Grenze überschreiten.«[17] Damit stellte der Trend zu »Big Science« das Harnack-Prinzip infrage, betraf also den organisatorischen Markenkern der MPG als Nachfolgerin der KWG.

Forschung wurde aber nicht nur größer, sondern dadurch auch erheblich kostspieliger.[18] Privates Mäzenatentum reichte nun noch weniger aus als früher, sodass die Rolle des Staats als Financier der Forschung immer wichtiger wurde. Die Großforschungsprojekte ihrerseits verfolgten wegen der weitgehenden Abhängigkeit von der öffentlichen Hand in erster Linie Ziele, die als politisch bzw. gesellschaftlich relevant galten und – zumindest perspektivisch – ökonomisch verwertbar zu sein versprachen. So formierte sich Großforschung im Dreieck aus Staat, Wirtschaft und Wissenschaft.[19] Das Paradebeispiel stellte die Kernphysik dar, in der – in den Worten von Wolfgang Gentner – die »Zeit der Konquistadoren, als man mit einer Hand voll Menschen ein Königreich erobern konnte«, nach 1945 »vorüber« war.[20] Der Wiedereinstieg in die Atomforschung bedeutete für Westdeutschland zugleich den Einstieg in die Großforschung. Da die gewaltigen Mittel, die für die neuen Kernforschungszentren aufzubringen waren, die Finanzkraft der Länder überstiegen, musste der Bund einspringen, der auf diese Weise »einen wichtigen und prestigeträchtigen Bereich der Forschungspolitik in seinen Einflußbereich« brachte.[21] Damit gingen entsprechende Steuerungsansprüche einher, denen sich auch die MPG ausgesetzt sah.

Eine ganz andere Herausforderung für die MPG stellte der politische und gesellschaftliche Wandel dar, den die Bundesrepublik in dieser Phase durchlebte. Während die zeithistorische Forschung die Gesellschaftsgeschichte der Bundesrepublik der 1950er-Jahre auf den Begriff der »Modernisierung im Wiederaufbau« gebracht hat,[22] gelten die 1960er-Jahre wahlweise als »dynamische Zeiten«[23] oder als »Wendezeit der Bundesrepublik«.[24] In der Historiografie werden die soziokulturellen Veränderungen, die Westdeutschland in dieser Dekade erfassten, als »Fundamentalliberalisierung« (Ulrich Herbert)[25] oder »Westernisierung« (Anselm Doering-Manteuffel)[26] bezeichnet. Die Wohlstandsgesellschaft, die sich in den 1950er-Jahren herausschälte, bildete die materielle Grundlage für tiefgreifende Modernisierungs- und Individualisierungsprozesse, die in der Bundesrepublik von Mitte der 1960er- bis Mitte der 1970er-Jahre eine besondere Dynamik entfalteten – so ein Wertewandel, der gelegentlich als »Silent Revolution« firmierte.[27] Ganz so still ging dieser Wandel indes nicht über die Bühne. Seinen eruptiven Höhepunkt erlebte er 1968 mit den Protesten der Außerparlamentarischen Opposition und der Studentenbewegung. Dabei handelte es sich zwar um ein globales Phänomen, doch schlugen die Auseinandersetzungen in der Bundesrepublik wegen der zuvor weitgehend verdrängten NS-Vergangenheit im internationalen Vergleich besonders hohe Wellen.[28] Als Trägerschicht des Wandels und des Protests trat hauptsächlich die nachwachsende Generation auf, allen voran ihr akademisch gebildeter Teil. Der daraus resultierende Generationenkonflikt trug maßgeblich dazu bei, dass die MPG in eine Auseinandersetzung mit dem eigenen wissenschaftlichen Nachwuchs geriet, in der es auch in der Wissenschaft primär um das Aufbrechen verkrusteter Strukturen ging, die dort noch aus alten KWG-Zeiten stammten.

Die Forderung nach einer umfassenden Demokratisierung verband die Debatten in der MPG allerdings nicht

---

17 Protokoll der 61. Sitzung des Senates vom 30.11.1968, AMPG, II. Abt., Rep. 60, Nr. 61.SP, fol. 20.
18 Dies beklagte beispielsweise Otto Hahn auf der Hauptversammlung 1959. Hahn, Ansprache, 1959, 254.
19 Szöllösi-Janze und Trischler, Entwicklungslinien, 1990, besonders 14.
20 Gentner, Erkenntnissuche, 1965, 81–82.
21 Szöllösi-Janze und Trischler, Entwicklungslinien, 1990, 16.
22 Schildt und Sywottek, *Modernisierung im Wiederaufbau*, 1993.
23 Schildt, Siegfried und Lammers, *Dynamische Zeiten*, 2000.
24 Frese, Paulus und Teppe, *Demokratisierung*, 2003.
25 Herbert, Liberalisierung, 2002.
26 Doering-Manteuffel, Westernisierung, 2000; Doering-Manteuffel, *Wie westlich sind die Deutschen?*, 1999.
27 Inglehart, *The Silent Revolution*, 1977. Für die Bundesrepublik siehe Klages, *Wertorientierungen im Wandel*, 1984; Klages, Verlaufsanalyse, 1992.
28 Zur globalen Komponente besonders instruktiv Hockerts, »1968«, 1999. Eine gute Gesamtdarstellung der westdeutschen Protestbewegung und ihrer internationalen Zusammenhänge bietet Frei, *Jugendrevolte*, 2018.

nur mit der Studentenbewegung, sondern auch mit dem Programm einer neuen Bundesregierung, die erstmals in der Geschichte der Bundesrepublik nicht unter Führung der Union stand. Die SPD, die 1966 als Juniorpartner der CDU und der bayerischen CSU in eine Große Koalition eingetreten war und ihre Regierungstauglichkeit unter Beweis gestellt hatte, schaffte nach der Bundestagswahl von 1969 den »Machtwechsel«.[29] Die von Willy Brandt geführte sozialliberale Koalition trat mit dem Anspruch an, »mehr Demokratie wagen« zu wollen.[30] Damit traf sie den Nerv einer ganzen Generation – und zwang auch die MPG dazu, intensiv über eine Änderung ihrer Leitungs- und Entscheidungsstrukturen nachzudenken. Eine zusätzliche Herausforderung, zu der sich die MPG verhalten musste, bestand darin, dass sich seit der Bildung der Großen Koalition auch der Politikstil in Bonn zu verändern begann. Die Hinwendung zur zuvor verpönten Planung vergrößerte den Bedarf an Politikberatung, der in einer immer komplexer werdenden Welt ohnehin zunahm.[31]

In diesem Kapitel untersuchen wir zunächst Finanzierung und Finanzgebaren der MPG von 1955 bis 1972 und fragen, wofür sie das viele Geld ausgab. Danach widmen wir uns dem Verhältnis der MPG zu Staat und Wirtschaft, wobei es in erster Linie um die Konflikte mit der Bundesregierung und den Länderregierungen geht, die als eine Folge des Wachstums in dieser Phase ausbrachen und in denen letztlich die Autonomie der MPG zum Gegenstand der Verhandlungen wurde. Daran anschließend analysieren wir, welche Schritte die MPG unternahm, um das enorme Wachstum zu bewältigen; anhand der Satzungsreformen von 1959, 1964 und 1972 beschäftigen wir uns mit den heftigen Auseinandersetzungen um die innere Demokratisierung der MPG, die sich an der Frage entzündeten, ob und gegebenenfalls wie die wissenschaftlichen Mitarbeiter:innen an Entscheidungsprozessen beteiligt werden sollten, und zwar sowohl in den einzelnen Instituten als auch in der MPG insgesamt.

3.2 Geldsegen und Institutsgründungen

3.2.1 Das westdeutsche »Wirtschaftswunder«

Die gedeihliche wirtschaftliche Entwicklung, die die junge Bundesrepublik ab den frühen 1950er-Jahren verzeichnete, schuf die materielle Voraussetzung für Wachstum und Transformation der MPG. Den Zeitgenoss:innen kam das einsetzende Wirtschaftswachstum, das mit steigenden Reallöhnen und einem schnellen Abbau der Arbeitslosigkeit einherging, angesichts der Mangelerfahrungen in der unmittelbaren Nachkriegszeit und der Erinnerungen an die Massenarbeitslosigkeit in der Weltwirtschaftskrise der frühen 1930er-Jahre manchmal märchenhaft vor. Trotz des anhaltenden Zustroms von Flüchtlingen herrschte ab Mitte der 1950er-Jahre Vollbeschäftigung, die bald in Arbeitskräftemangel umschlug.[32] Das »Wirtschaftswunder« war indes bei näherer Betrachtung der strukturellen Faktoren und des trotz aller Zerstörungen immer noch vorhandenen Potenzials Westdeutschlands eine wenig wundersame Entwicklung und zudem kein deutsches, sondern ein westeuropäisches Phänomen. Mit Blick auf die steigenden Einkommen und die deutlich verbesserten Konsummöglichkeiten breiter Bevölkerungsschichten gilt die Phase vom Kriegsende 1945 bis zum Ölpreisschock Mitte der 1970er-Jahre – eine in der modernen Geschichte einzigartige Wachstums- und Wohlstandsperiode – in der europäischen Wirtschafts- und Sozialgeschichte als die »Trente Glorieuses«.[33]

In der Bundesrepublik sprang der Motor der Konjunktur mit dem »Korea-Boom« wieder an.[34] Das Bruttosozialprodukt, das 1955 bescheidene 181,4 Milliarden DM betragen hatte, stieg bis 1961 auf 331,4 Milliarden DM, 1966 betrug es 487,4 Milliarden DM, um bis 1972 auf 827,2 Milliarden DM zu klettern.[35] Die günstige konjunkturelle Entwicklung bei gleichzeitig sinkender Arbeitslosigkeit spülte erheblich mehr Geld in die Staatskasse. Ab 1955 stiegen die Gesamteinnahmen der öffentlichen Hand von 45 Milliarden DM[36] über 114 Milliarden DM

---

[29] Baring, *Machtwechsel*, 1982.

[30] Der Text des berühmten Regierungsprogramms findet sich bei Süß, Brandts Regierungserklärung, 2011.

[31] Siehe beispielsweise Seefried, Experten für die Planung?, 2010. Zur Durchsetzung des Planungsgedankens in der Bundesrepublik siehe Ruck, Kurzer Sommer, 2000; Süß, »Wer aber denkt für das Ganze?«, 2003.

[32] Siehe ausführlich Abelshauser, *Deutsche Wirtschaftsgeschichte*, 2011. Einen knappen Überblick gibt Wolfrum, *Geglückte Demokratie*, 2006, 79–82; Wolfrum, *Die Bundesrepublik*, 2005, 115–130.

[33] Der Begriff geht auf Jean Fourastié zurück, einen französischen Demografen. Fourastié, *Les Trente Glorieuses*, 1979. Siehe dazu die Analysen von Kaelble, *Kalter Krieg*, 2011, 81–123; Ambrosius und Kaelble, Folgen des Booms, 1992.

[34] Abelshauser, Wirtschaft und Rüstung, 1997, 3–19.

[35] Diese Angaben erfolgen in den jeweiligen Preisen, d.h., die Inflation ist nicht berücksichtigt. Statistisches Bundesamt, *Statistisches Jahrbuch*, 1975, 508; Statistisches Bundesamt, *Statistisches Jahrbuch*, 1979, 514.

[36] Statistisches Bundesamt, *Statistisches Jahrbuch*, 1960, 418.

(1962)³⁷ auf 237 Milliarden DM im Jahr 1972 an,³⁸ das heißt, sie verfünffachten sich in dieser Zeitspanne. Das eröffnete wachsende Verteilungsspielräume. Die Politik nutzte sie unter anderem dazu, um die sozialen Netze fester und engmaschiger zu knüpfen.³⁹ Die Rentenreform von 1957 brachte die Einführung der dynamischen Rente, was wesentlich zur sozialen Integration der westdeutschen Gesellschaft beitrug, allerdings angesichts der damals unmittelbar bevorstehenden Bundestagswahl zugleich den Charakter eines Wahlgeschenks hatte.⁴⁰

Auch die Ausgaben der öffentlichen Hand für Hochschulen und Forschung stiegen in den 1950er- und 1960er-Jahren stark an, von bescheidenen 408 Millionen DM im Jahr 1950 (was 9 DM pro Kopf der Bevölkerung entsprach) über 2,4 Milliarden DM (43 DM je Einwohner) 1961 bis auf 14,3 Milliarden DM (232 DM je Einwohner) 1972.⁴¹ Besonders beeindruckend fielen die Zuwachsraten während der Zeit der Großen Koalition und in den Anfangsjahren der sozialliberalen Koalition aus. Zwar floss der Löwenanteil der Mittel, die die öffentliche Hand für Wissenschaft und Forschung bereitstellte, in den Ausbau von Universitäten, deren Expansion »eine Schlüsselbedeutung in den säkularen Prozessen gesellschaftlichen Wandels« zukam,⁴² doch zählte auch die MPG zu den Profiteuren.⁴³ 1960 konstatierte Otto Hahn im Rückblick auf seine Präsidentschaft mit dem ihm eigenen Understatement, dass der rasche Wiederaufbau und zunehmende Ausbau der MPG und ihrer Institute »durch die wirtschaftliche Entwicklung der Bundesrepublik« massiv »begünstigt« worden seien.⁴⁴

3.2.2 Mehr Geld für die Grundlagenforschung

Zwei Trends kennzeichneten die Haushaltsentwicklung der MPG in den langen 1960er-Jahren: erstens hohe jährliche Zuwachsraten, zweitens eine zunehmende Abhängigkeit von den Zuschüssen der öffentlichen Hand, die bereits 1957 über drei Viertel des MPG-Budgets ausmachten.⁴⁵ Beides lag am Einstieg des Bundes in die Finanzierung der MPG – wie übrigens auch der Deutschen Forschungsgemeinschaft (DFG). Am 28. Juni 1956 bewilligte der Deutsche Bundestag auf Initiative der MPG-Senatoren Carlo Schmid (SPD) und Hermann Pünder (CDU) der MPG erstmalig einen Sonderhaushalt von sieben Millionen DM, der über die von der Ländergemeinschaft zur Verfügung gestellten Haushaltsmittel hinausging. Die MPG erhielt den Betrag, den sie »zur Pflege der Auslandsbeziehungen, zur Förderung des wissenschaftlichen Nachwuchses und besonderer Zwecke der Grundlagenforschung beantragt« hatte, »zur freien Verfügung«.⁴⁶ Die Einschränkungen des Verwendungszwecks dienten dazu, den Bedenken der Länder Rechnung zu tragen, die sich gegen eine dauerhafte Beteiligung des Bundes an der (Grund-)Finanzierung der MPG richteten.⁴⁷ Da die Länder allein jedoch nicht über ausreichende Mittel verfügten, blieb ihnen letztlich nichts anderes übrig, als den Einstieg des Bundes in die Forschungsförderung hinzunehmen. Im Gegensatz zu den Ländern schwamm der Bund seinerzeit förmlich im Geld, denn Finanzminister Fritz Schäffer (CSU) hatte die für damalige Verhältnisse ungeheure Summe von rund acht Milliarden DM für Besatzungskosten und einen »Wehrbeitrag« der Bundesrepublik im Rahmen einer Europäischen Verteidigungsgemeinschaft (EVG) beiseitegelegt. Nachdem die EVG jedoch durch das negative Votum der französischen Nationalversammlung vom 30. August 1954 hinfällig ge-

---

37 Statistisches Bundesamt, *Statistisches Jahrbuch*, 1965, 444.
38 Statistisches Bundesamt, *Statistisches Jahrbuch*, 1975, 400.
39 Ruck und Boldorf, *Sozialpolitik*, 2007.
40 Hockerts, Sicherung im Alter, 1985, 313–316; Hockerts, *Rentenreform 1957*, 2011; Torp, Pension Reform, 2016.
41 Diese Angaben nach Statistisches Bundesamt, *Statistisches Jahrbuch*, 1975, 398.
42 Kielmansegg, *Nach der Katastrophe*, 2000, 410.
43 Ausführlich Balcar, *Wandel*, 2020, 62–64.
44 Ansprache von Otto Hahn in der Hauptversammlung der MPG 1960 in Bremen: Hahn, *Ansprache*, 1960, Zitat 277.
45 Schatzmeisterbericht: Jahresrechnung 1957/58 (auf der 10. Ordentlichen Hauptversammlung am 4.6.1959 zu Saarbrücken gehalten), AMPG, II. Abt., Rep. 69, Nr. 144, fol. 7. Siehe dazu Balcar, *Wandel*, 2020, 65–67. Zur Haushaltsentwicklung siehe auch unten, Anhang 1, Tabelle 1 und Anhang, Grafik 2.6.
46 Henning und Kazemi, *Chronik*, 2011, 366. Protokoll der 25. Sitzung des Senates vom 6.11.1956, AMPG, II. Abt., Rep. 60, Nr. 25.SP, fol. 198–206. Protokoll der 25. Sitzung des Verwaltungsrates vom 5.11.1956, AMPG, II. Abt., Rep. 61, 25.VP, fol. 2. Schließlich stellte der Bund der MPG im Rechnungsjahr 1956 neun Millionen DM zur Verfügung. Schatzmeisterbericht: Jahresrechnung 1956/57 (auf der 9. Ordentlichen Hauptversammlung am 29.5.1958 in Hannover gehalten), AMPG, II. Abt., Rep. 69, Nr. 137, fol. 12.
47 Diese Bedenken hatte der hessische Finanzminister Heinrich Troeger (SPD) auf der Senatssitzung im Juni 1956 vorgebracht. Protokoll der 24. Sitzung des Senates vom 12.6.1956, AMPG, II. Abt., Rep. 60, Nr. 24.SP, fol. 163–171.

worden war,⁴⁸ machte es sich im wortwörtlichen Sinne bezahlt, dass die MPG einflussreiche Politiker in ihren Senat aufgenommen hatte. Schmid und Pünder ergriffen in einer Art informellen Großen Koalition die Initiative, der MPG einen Bundeszuschuss zukommen zu lassen, und sorgten für Rückendeckung aus den beiden größten Fraktionen im Bundestag – und damit für den Erfolg des Unternehmens. Einzig die MPG zierte sich anfangs noch ein wenig, denn sie wollte unbedingt den Eindruck vermeiden, »aus militärischen Zwecken dienenden Mitteln mitfinanziert« zu werden.⁴⁹ Daher setzte sie alle Hebel in Bewegung, um den Bundeszuschuss nicht vom Verteidigungs-, sondern vom Innenministerium zu erhalten, womit sich beide Bundesministerien schließlich einverstanden erklärten.⁵⁰

Die Bundesförderung blieb keine Eintagsfliege. 1958 machten Mittel aus dem Bundeshaushalt bereits 23,6 Prozent der Gesamteinnahmen der MPG aus, mit stetig steigender Tendenz.⁵¹ Neben 11,4 Millionen DM vom Bundesinnenministerium erhielt die MPG 6,7 Millionen DM vom Bundesministerium für Atomkernenergie und Wasserwirtschaft.⁵² Es bildete sich eine Kostenteilung heraus, die sich für die MPG als vorteilhaft erwies: Die Länder trugen die fortlaufenden Ausgaben, insbesondere die Personalkosten, während der Bund die einmaligen, vor allem investiven Ausgaben der MPG übernahm, was »eine viel größere Beschleunigung der genehmigten Bauvorhaben« ermöglichte.⁵³ Diese Aufteilung zwischen den Ländern und dem Bund bildete seinerzeit auch die Grundstruktur der Einnahmenseite des Haushalts der MPG;⁵⁴ sie erinnert entfernt an die Finanzierung der KWG, bei der der preußische Staat die Personalkosten getragen und die Grundstücke gestellt, während die Industrie die Investitionskosten übernommen hatte⁵⁵ – mit dem Unterschied, dass nun beide Finanzierungsträger zur öffentlichen Hand gehörten. Zunächst hatte die Ländergemeinschaft noch ein klares Übergewicht, doch stieg der Bundesanteil kontinuierlich an; 1969 lagen die Zuschüsse von Bund und Ländergemeinschaft fast gleichauf, ab 1971 bezog die MPG dann mehr Geld vom Bund als von den Ländern.⁵⁶ Die Bundesregierung griff seinerzeit gern tief in die Tasche, um nationale Prestigeprojekte zu realisieren und international moralischen Kredit zurückzugewinnen.⁵⁷

Regelungsbedürftig blieb allerdings, zu welchen Konditionen die MPG das Geld aus Bonn erhalten sollte. Während die MPG darauf bestand, den Bundeszuschuss »zur freien Verfügung« zu erhalten, sah die Bundeshaushaltsordnung eine Reihe von »Bewilligungsbedingungen« vor, die die MPG-Spitze für unannehmbar hielt.⁵⁸ Konkret ging es um genaue Verwendungsnachweise bei der Mittelanforderung, zusätzliche Prüfungen durch den Bundesrechnungshof, Eigentumsvorbehalte des Bundes, die Übertragbarkeit der Mittel und einiges anderes mehr. Die MPG nahm zwar das Geld des Bundes gern an, sie wollte es aber nach eigenem Gutdünken verwenden können. Der Verwaltungsrat sprach sich »mit größtem Nachdruck dafür aus, die Freiheit der Max-Planck-Gesellschaft zu wahren und keine dieser Freiheit widersprechenden wesentlichen Bedingungen anzuerkennen«.⁵⁹ Am Ende gaben die Haushälter nach. Der Präsident des Bundesrechnungshofs erklärte sich damit einverstanden, den Jahresbericht der MPG »als Generalbericht über die Verwendung des Bundeszuschusses« zu akzeptieren, was

---

48 Zum Scheitern der EVG in der französischen Nationalversammlung siehe Maier, Auseinandersetzungen um die Westintegration, 1990, 226–230. Siehe auch Herbst, *Option für den Westen*, 1996, 99–105.
49 Protokoll der 25. Sitzung des Verwaltungsrates vom 5.11.1956, AMPG, II. Abt., Rep. 61, Nr. 25.VP, fol. 2–7.
50 Ebd. Zum Problem der Finanzierung rüstungsrelevanter Forschung siehe Paul, Arbeitsbericht, 1990, 270–272.
51 Hohn und Schimank, *Konflikte und Gleichgewichte*, 1990, 121.
52 Schatzmeisterbericht: Jahresrechnung 1958/59 (auf der 11. Ordentlichen Hauptversammlung am 18.5.1960 in Bremen gehalten), AMPG, II. Abt., Rep. 69, Nr. 153, fol. 5.
53 Protokoll der 25. Sitzung des Verwaltungsrates vom 5.11.1956, AMPG, II. Abt., Rep. 61, Nr. 25.VP, fol. 33.
54 Das war bis 1962 der Fall. Für das Haushaltsjahr 1963 einigten sich Bund und Länder darauf, »daß sich der Bund mit 50 % an der Finanzierung der Einrichtungen, die im Rahmen des Königsteiner Staatsabkommens finanziert werden, beteiligt«. Protokoll der 43. Sitzung des Senates vom 23.11.1962, AMPG, II. Abt., Rep. 60, Nr. 43.SP, fol. 439.
55 Dazu ausführlich Witt, Wissenschaftsfinanzierung, 1990.
56 Siehe dazu mit genauen Angaben Balcar, *Wandel*, 2020, Tabelle 3, 69–70.
57 Den letztgenannten Aspekt betonte Bundespräsident Heinrich Lübke in seiner Ansprache vor der Hauptversammlung der MPG 1960 in Bremen: Lübke, Ansprache, 1960, 293.
58 Siehe beispielsweise den Auszug aus der Ansprache Otto Hahns vor der Festversammlung der MPG am 28.6.1957 in Lübeck: Hahn, Ansprache, 1957, vor allem 197–198. Siehe auch Balcar, *Wandel*, 2020, 70–72.
59 Protokoll der 25. Sitzung des Verwaltungsrates vom 5.11.1956, AMPG, II. Abt., Rep. 61, Nr. 25.VP, fol. 4.

die MPG »von quälenden Einzelberichten befreite«.⁶⁰ Er ging sogar noch einen Schritt weiter, indem er die alle zwei Jahre in der *Zeitschrift für Naturwissenschaften* erscheinenden Berichte der Max-Planck-Institute »als wissenschaftliche[n] Bericht über die Verwendung der Bundesmittel« anerkannte.⁶¹ Zudem verzichtete der Bund auf den ansonsten üblichen Eigentumsvorbehalt »an den aus den Zuwendungen beschafften beweglichen Gegenständen«.⁶² Weiter konnte die Politik, die ja ihrerseits der Öffentlichkeit gegenüber für die Verwendung der Steuermittel in der Verantwortung stand, der MPG kaum entgegenkommen.

Bei den Ländern sorgte der Einstieg des Bundes in die Finanzierung der MPG für beträchtliche Verärgerung. Die MPG war klug genug, ihre bis dato wichtigsten Geldgeber nicht vor den Kopf zu stoßen. Als der Senat im November 1956 beschloss, den in Aussicht gestellten Zuschuss des Bundes anzunehmen, verband er dies mit der beschwichtigenden Erläuterung an die Adresse der Länder, mit dem dadurch zu bildenden »Sonderhaushalt« ließen sich »dringende Pläne und Vorhaben außerhalb und in Ergänzung des Königsteiner Abkommens« durchführen.⁶³ Später lehnte die MPG wohlweislich das Angebot des Bundes ab, ihre Finanzierung allein zu übernehmen.⁶⁴ Den Ausschlag dafür gaben nicht zuletzt die guten Erfahrungen, die die MPG mit der Finanzierung durch die Ländergemeinschaft gemacht hatte. So widerstand man der Verlockung des Bundesangebots, das einerseits höhere Zuschüsse versprach, andererseits aber mit der Gefahr einer stärkeren Einflussnahme des Geldgebers auf die MPG einherging. Nach langwierigen Verhandlungen einigten sich Bund und Länder am 4. Juni 1964 auf ein »Verwaltungsabkommen zur Förderung von Wissenschaft und Forschung«, das die paritätische Finanzierung der MPG (und auch der DFG) durch Bund und Länder formell besiegelte, das Königsteiner Abkommen ersetzte und die Sonderförderung des Bundes ablöste.⁶⁵ Diese Regelung erwies sich für die MPG als sehr günstig, weil sie von nun an mit zwei Geldgebern konfrontiert war, die sich in der bundesrepublikanischen Mehrebenendemokratie strukturell als Rivalen gegenüberstanden – man konnte also, falls nötig, einen Geldgeber gegen den anderen ausspielen. Deswegen widersetzte sich die MPG auch so energisch einem Vorstoß der Länderfinanzminister, der darauf abzielte, die Finanzierung der MPG wieder ganz in die eigenen Hände zu bekommen. Im Verein mit der DFG und der Westdeutschen Rektorenkonferenz (WRK) gelang es der MPG-Spitze durch eine Intervention beim Bundeskanzler, die Initiative der Länder zu vereiteln.⁶⁶

Auf ähnliche Weise verliefen wenig später auch die Pläne der Troeger-Kommission im Sande, die eine umfassende Finanzreform vorbereiten sollte und sich in ihrem Bericht gegen die in Königstein gefundene Finanzierungsformel aussprach, weil »die Vorstellung einer Länder*gemeinschaft* als Träger von Aufgaben, die der Förderung von Forschungseinrichtungen gelten, dem Verfassungsrecht fremd sind«.⁶⁷ Zudem vertrat die von Heinrich Troeger (SPD), dem Vizepräsidenten der Deutschen Bundesbank, geleitete Kommission die Ansicht, dass »die Förderung der Max-Planck-Gesellschaft eine Gemeinschaftsaufgabe des Bundes und der *einzelnen Sitzländer*« sei, weshalb die Finanzierung »zu 50 % durch den Bund und zu 50 % durch das jeweilige Sitzland« erfolgen sollte.⁶⁸ Präsident Butenandt witterte darin nicht zu Unrecht eine Gefahr für die »Homogenität unserer Gesellschaft«, da das von der Kommission vorgeschlagene Finanzierungsmodell den Abschied vom Globalhaushalt bedeutet hätte und möglicherweise auf eine völlige Dezentralisierung der MPG hinausgelaufen wäre. Dank der

---

60 Protokoll der 33. Sitzung des Senates vom 3.6.1959, AMPG, II. Abt., Rep. 60, Nr. 33.SP, fol. 188; Protokoll der 27. Sitzung des Verwaltungsrates vom 22.1.1957, AMPG, II. Abt., Rep. 61, Nr. 27.VP, fol. 3–7; Protokoll der 29. Sitzung des Verwaltungsrates vom 26.6.1957, AMPG, II. Abt., Rep. 61, Nr. 29.VP, fol. 4–8.

61 Protokoll der 33. Sitzung des Senates vom 3.6.1959, AMPG, II. Abt., Rep. 60, Nr. 33.SP, fol. 189.

62 Protokoll der 29. Sitzung des Verwaltungsrates vom 26.6.1957, AMPG, II. Abt., Rep. 61, Nr. 29.VP, fol. 5.

63 Protokoll der 25. Sitzung des Senates vom 6.11.1956, AMPG, II. Abt., Rep. 60, Nr. 25.SP, fol. 198–206, Zitat fol. 204.

64 Protokoll der 32. Sitzung des Senates vom 12.2.1959, AMPG, II. Abt., Rep. 60, Nr. 32.SP, fol. 152. Siehe dazu und zum Folgenden Balcar, *Wandel*, 2020, 73–74.

65 Henning und Kazemi, *Chronik*, 2011, 428. Zu den Konflikten zwischen Bund und Ländern, die dem Verwaltungsabkommen vorangegangen waren, siehe Hohn und Schimank, *Konflikte und Gleichgewichte*, 1990, 115–120.

66 Balcar, *Wandel*, 2020, 76.

67 Protokoll der 50. Sitzung des Senates vom 12.3.1965, AMPG, II. Abt., Rep. 60, Nr. 50.SP, fol. 299, Hervorhebung J.B. Die von Bundeskanzler Ludwig Erhard eingesetzte Kommission legte 1966 ein umfangreiches Gutachten vor, das zahlreiche Vorschläge zur Neuordnung des Finanzausgleichs, zur Einführung der Gemeinschaftsaufgaben von Bund und Ländern sowie zu einer Reform der Gemeindefinanzen enthielt. Kommission für die Finanzreform, *Gutachten über die Finanzreform*, 1966.

68 Protokoll der 50. Sitzung des Senates vom 12.3.1965, AMPG, II. Abt., Rep. 60, Nr. 50.SP, fol. 300. Das folgende Zitat findet sich ebd., Hervorhebung J.B.

Rückendeckung aus dem Bundesministerium für wissenschaftliche Forschung gelang es Butenandt jedoch, Troeger zu einer Umformulierung des Berichts zu bewegen, »daß der Weg der Finanzierung über das Bund/Länder-Abkommen nicht verhindert wird«.⁶⁹ Damit war die Gefahr abgewendet worden.

So blieb es bei dem Paradox, dass die MPG einerseits in stetig weiter zunehmende finanzielle Anhängigkeit von der öffentlichen Hand geriet, andererseits aber ihre forschungspolitischen Handlungsspielräume gegenüber Bund und Ländern verteidigen konnte. Die gemeinsame Finanzierung durch Bund und Länder bescherte der MPG nicht nur ein erstaunliches Maß an Unabhängigkeit von ihren Geldgebern, sondern auch ungeahnte – und später niemals wieder erreichte – jährliche Zuwachsraten im Haushalt von teilweise über 20 Prozent. Die stetig steigenden Zuschüsse der öffentlichen Hand marginalisierten die übrigen Einnahmequellen, vor allem die Spenden aus der Wirtschaft, was die finanzielle Abhängigkeit der MPG vom Fiskus noch vergrößerte. In der MPG wurde diese Entwicklung bereits früh als »Strukturwandel« interpretiert und durchaus kritisch gesehen.⁷⁰ Tatsächlich brachte die spezifische Finanzierung durch die öffentliche Hand drei Nachteile mit sich: Erstens bestand die Kehrseite des Königsteiner Modells, das mit dem Verwaltungsabkommen von 1964 um den Bund erweitert wurde, in einem Phänomen, das man als »Geleitzugsprinzip« bezeichnen kann: Im Rahmen der paritätischen Globalförderung bestimmte letztlich der finanzschwächste Geldgeber – das langsamste Schiff des Geleitzuges, um im Bild zu bleiben – die Höhe der Gesamtzuschüsse, denn auch er musste auf einen bestimmten prozentualen Anteil kommen, den der Verteilungsschlüssel vorab festlegte. Wäre es allein nach dem Bund gegangen, hätte die MPG in den 1950er- und 1960er-Jahren noch deutlich höhere staatliche Zuschüsse erhalten. Das verhinderten die finanzschwächsten Länder, die der MPG eine indirekte Wachstumsgrenze zogen.⁷¹ Zweitens zwang die Finanzierung aus Staatsmitteln die MPG zur Anwendung des Tarifrechts des öffentlichen Dienstes. Dadurch fehlte es ihr mitunter an der nötigen Flexibilität, um sich im internationalen Wettbewerb um heiß begehrte Wissenschaftsstars durchsetzen oder auch die Abwerbung hoch qualifizierter Techniker durch die Industrie verhindern zu können. Drittens musste die MPG den stetig komplexer und komplizierter werdenden Vorschriften für den Umgang mit staatlichen Finanzmitteln gerecht werden, was einen beachtlichen Ausbau der Verwaltungskapazitäten erforderlich machte. Darüber hinaus führte die Reform der Bundeshaushaltsordnung in den späten 1960er-Jahren zu einer Zunahme der regulativen Komplexität, wodurch die Handlungsspielräume der MPG im Umgang mit den öffentlichen Mitteln spürbar abnahmen.⁷²

3.2.3 Einstieg in neue Forschungsfelder und Gründung neuer Institutstypen

Die MPG nutzte den enormen Wachstumsschub zu einer wissenschaftlichen Neuausrichtung, die durch Gründung neuer oder Erweiterung bereits bestehender Institute erfolgte. In dieser Phase erwiesen sich die Prinzipien der Fertilität und Mutationsfähigkeit – also die Fähigkeit der MPG, neue Institute durch Ausgliederung von Abteilungen, durch Zusammenlegen von Forschungseinrichtungen oder durch Umgründungen bestehender Institute zu etablieren – als besonders wirksam.⁷³ Zwar kam es mitunter auch zur Fortsetzung von Forschungsansätzen, die sich bereits in der KWG etabliert hatten. So knüpfte das 1956 gegründete MPI für Geschichte beispielsweise an das 1944 untergegangene KWI für deutsche Geschichte an, weshalb man in der MPG auch nicht von einer Neugründung, sondern von einer »Wiedererrichtung« sprach.⁷⁴ Überwiegend jedoch orientierte sich die MPG im Zuge des zuvor nicht gekannten Wachstums auf neue, aktuelle Forschungsthemen um oder schuf ganz neue Typen von Forschungseinrichtungen. Zu Letzteren zählte das Friedrich-Miescher-Laboratorium für biologische Arbeitsgruppen in der MPG, das 1969 in Tübingen entstand. Hoch qualifizierten Nachwuchskräften wurden hier für eine befristete Zeit Ressourcen zur Verfügung gestellt, um sich auf die höheren wissenschaftlichen Wei-

---

69 Protokoll der 52. Sitzung des Senates vom 14.12.1965, AMPG, II. Abt., Rep. 60, Nr. 52.SP, fol. 351–352. Siehe dazu auch Balcar, *Wandel*, 2020, 76–78.

70 So etwa der – wie stets besonders kritische – Senator Georg Schreiber. Protokoll der 33. Sitzung des Senates vom 3.6.1959, AMPG, II. Abt., Rep. 60, Nr. 33.SP, fol. 186.

71 Dazu ausführlich und mit Vergleichszahlen der Ausgaben des BMFT und der institutionellen Förderung der MPG Hohn und Schimank, *Konflikte und Gleichgewichte*, 1990, 127–134.

72 Zum Finanzgebaren der MPG und den Auswirkungen der zunehmenden staatlichen Regulierung siehe ausführlich Balcar, *Wandel*, 2020, 79–88.

73 Dazu Renn und Kant, Forschungserfolge, 2010, 75–76. Siehe auch unten, Kap. IV.4.1.

74 So im Gründungsbeschluss vom 25.3.1955, zitiert nach Schöttler, *Die Ära Heimpel*, 2017, 5. Siehe auch Rösener, *MPI für Geschichte*, 2014; Schulze, *Deutsche Geschichtswissenschaft*, 1989, 242–252; Kraus, Gründung und Anfänge, 2016. Siehe unten, Kap. III.14.

hen – den Ruf auf eine Professur oder die Ernennung zum Wissenschaftlichen Mitglied der MPG – vorzubereiten.[75]

Während die Neugründungen in der Biologisch-Medizinischen Sektion keine eindeutige Schwerpunktbildung erkennen lassen, setzte die Chemisch-Physikalisch-Technische Sektion in der zweiten Phase stark auf die Weltraumforschung.[76] Dies war zum einen dem Sputnik-Schock geschuldet, zum anderen dem Umstand, dass sich die deutschen Physiker aufgrund der alliierten Forschungsverbote nach 1945 primär mit theoretischen Fragen der Astro- und Plasmaphysik beschäftigt hatten. Zu dem neuen und rasch expandierenden Forschungscluster zählten mit dem MPI für Aeronomie in Katlenburg/Lindau (1958), dem MPI für Astrophysik in Garching (1958), dem MPI für Kernphysik in Heidelberg (1958), dem MPI für extraterrestrische Physik in Garching (1963) sowie dem MPI für Radioastronomie in Bonn (1966) und dem MPI für Astronomie in Heidelberg (1967) eine Reihe von Institutsneu- bzw. -ausgründungen, die das Gesicht der MPG bis heute mitprägen. Um die Aktivitäten all dieser Institute zu bündeln, richtete die MPG im Frühjahr 1960 eine »Arbeitsgruppe für extra-terrestrische Forschung« ein, der die Direktoren Julius Bartels, Ludwig Biermann, Walter Dieminger, Wolfgang Gentner und Werner Heisenberg angehörten. Die zusätzlichen Kosten, die die MPG beim Bundesministerium für Atomfragen einwarb, hatte man zunächst auf 300.000 DM geschätzt, doch verzehnfachte sich der Betrag im Handumdrehen. Zur Begründung hieß es lapidar, »daß wirkliche Weltraumforschung nur mit großen Mitteln möglich sei«.[77]

Um die hohen Kosten zu stemmen und um angesichts des Rückstands gegenüber der Sowjetunion und den USA die Kräfte zu bündeln, arbeiteten die Staaten Westeuropas auf dem Gebiet der Weltraumforschung eng zusammen.[78] 1962 wurden zu diesem Zweck gleich drei europäische Organisationen ins Leben gerufen: das European Southern Observatory (ESO), die europäische Südsternwarte, die Teleskope in Chile betreiben sollte, die European Space Research Organisation (ESRO), deren Ziel darin bestand, gemeinsame Satelliten zu Forschungszwecken zu entwickeln, und die European Launcher Development Organisation (ELDO), die eine europäische Trägerrakete konstruieren sollte, um Europa einen von den USA unabhängigen Zugang zum Weltraum zu sichern. Nach dem Misserfolg der »Europa-II-Rakete« fusionierte die ELDO 1975 mit der ESRO zur European Space Agency (ESA).[79] In diese Kooperation war die MPG aufs Engste eingebunden. So fungierte beispielsweise Reimar Lüst, der Gründungsdirektor des MPI für extraterrestrische Physik, von 1962 bis 1964 als Technischer Direktor der ESRO und von 1968 bis 1970 als deren Vizepräsident, um schließlich – nach dem Ende seiner Amtszeit als MPG-Präsident – von 1984 bis 1990 als Generaldirektor der ESA zu wirken.[80]

Zu dem beachtlichen Institutsverbund, der sich mit Fragen der Weltraumforschung befasste, gehörte im Grunde auch das 1960 in Garching bei München aus der Taufe gehobene Institut für Plasmaphysik (IPP), mit dem auch die MPG in die Großforschung einstieg. Werner Heisenberg hatte im Oktober 1956 die Initiative ergriffen und dem damaligen Bundesatomminister Franz Josef Strauß (CSU) die Gründung einer Anlage zur Kernfusionsforschung vorgeschlagen. Mit dem Argument: »Das experimentelle und theoretische Studium der genannten Vorgänge ist überall noch sehr jung, so daß wir uns von Deutschland aus noch mit einer vernünftigen Aussicht auf Erfolg in die internationale Konkurrenz einschalten können«,[81] machte Heisenberg dem Minister den Einstieg in das neue Forschungsfeld schmackhaft. Siegfried Balke (CSU), der Strauß als Atomminister beerbte, bewilligte im März 1957 erste Mittel »für den Aufbau einer theoretischen und experimentellen Arbeitsgruppe« am MPI für Physik und Astrophysik, um die Fusionsforschung in der Bundesrepublik anzukurbeln.[82] Wichtige Weichenstellungen brachte die zweite Genfer Atomkonferenz vom Herbst 1958: Erstens hoben die führenden Atommächte die Geheimhaltung für die Fusionsforschung auf, zweitens erhielten vorschnelle Hoffnungen auf eine baldige Entwicklung eines Fusionsreaktors einen Dämpfer. Das führte – drittens – dazu, die Fusionsforschung wieder stärker als Grundlagenforschung zu betrachten, was in einer Reihe von Ländern den Anstoß gab, bestehende Forschungen auszuweiten oder aber ganz neu aufzuneh-

---

75 Henning und Kazemi, *Handbuch*, Bd. 2, 2016, 1070–1072; Knippers, Friedrich-Miescher-Laboratorium, 1971.
76 Siehe zum Folgenden Bonolis und Leon, *Astronomy*, 2023, 206–296; siehe auch unten, Kap. III.6.
77 Protokoll der 47. Sitzung des Verwaltungsrates vom 10.11.1960, AMPG, II. Abt., Rep. 61, Nr. 47.VP, fol. 22.
78 Lüst, Internationale Zusammenarbeit, 1961.
79 Krige, Russo und Sebesta, *History of ESA*, Bd. 1, 2000.
80 Appenzeller, Reimar Lüst, 2021.
81 Werner Heisenberg an Franz Josef Strauß vom 10.10.1956, Anlage: Pläne für Arbeiten auf dem Gebiet der thermonuklearen Reaktionen am Max-Planck-Institut für Physik in Göttingen bzw. München, undatiert, abgedruckt in: Lucha, *Dokumente zu Entstehung und Entwicklung*, 2005, Dokument 1, 11–14, Zitat 12.
82 Siegfried Balke an Werner Heisenberg vom 1.3.1957, in: ebd., Dokument 2, 15–16, Zitat 16.

men.⁸³ Im Mai 1959 stellte Heisenberg gemeinsam mit mehreren Kollegen einen »Antrag auf die Errichtung eines Forschungszentrums Garching zum Studium der kontrollierten thermonuklearen Fusion«.⁸⁴ Der Gutachterausschuss Plasmaphysik, eine von Carl Friedrich von Weizsäcker geleitete Arbeitsgruppe des Arbeitskreises Kernphysik der Deutschen Atomkommission, befürwortete den Antrag nachdrücklich und sprach sich zugleich dafür aus, »die geplante Fusionsforschungsanlage wegen ihrer Größenordnung, wegen der speziellen Zielsetzung sowie wegen der geplanten engen Zusammenarbeit zwischen dem Max-Planck-Institut für Physik und Astrophysik, der Universität München und der Technischen Hochschule München nicht als neues Institut im Verband der Max-Planck-Gesellschaft« zu gründen.⁸⁵ Auf dieser Grundlage stimmte auch das Bundesatomministerium dem Antrag zu,⁸⁶ die förmliche Genehmigung eines Bundeszuschusses in Höhe von 9.457.000 DM erfolgte noch am selben Tag.⁸⁷

Schwerer war es, den hartnäckigen Widerstand von KWG-Traditionalisten innerhalb der MPG zu überwinden, die den Einstieg in die Großforschung schon aus Kostengründen ablehnten. Um die Entscheidung vorzubereiten, setzte der Senat eine Kommission ein, die im November 1959 dafür plädierte, »daß die Max-Planck-Gesellschaft elastisch genug sein muß, um wissenschaftlich wirklich bedeutende Einrichtungen betreuen zu können, auch wenn sie – gemessen an dem Institutstyp, der bei der Gründung der Kaiser-Wilhelm-Gesellschaft ins Auge gefaßt worden war – atypisch sind.«⁸⁸ Zugleich sprach sich die Kommission dafür aus, das neue Institut – »trotz der unmittelbaren arbeitsmäßigen Verbindung des Vorhabens Garching mit dem Max-Planck-Institut für Physik und Astrophysik« – als eigenständige Forschungseinrichtung mit eigener Rechtsfähigkeit und Satzung ins Leben zu rufen, zugleich aber »im Verband der Max-Planck-Gesellschaft zu belassen«,⁸⁹ wofür sie Haftungsfragen und die avisierte Kooperation mit EURATOM ins Feld führte.⁹⁰ Auf dieser Grundlage stimmte schließlich auch der Senat der Gründung des IPP zu. Sie erfolgte am 28. Juni 1960, und zwar in der Rechtsform einer GmbH.⁹¹ Damit war auch der Streit um die Großforschung innerhalb der MPG entschieden und für die nächsten 20 Jahre gehörte die »Großforschungsfähigkeit« gewissermaßen zum Markenkern der MPG.⁹²

Allerdings sollte das IPP das einzige echte Großforschungsinstitut in der MPG bleiben, das diesen Status durch seine Mitgliedschaft in der Arbeitsgemeinschaft der Großforschungseinrichtungen (AGF) dokumentierte. Eine Sonderstellung nahmen drei weitere Institute ein, deren Gründung Mitte der 1960er-Jahre beschlossen wurde und die auf die Entwicklung der MPG immensen Einfluss haben sollten: das MPI für Festkörperforschung in Stuttgart, das MPI für biophysikalische Chemie in Göttingen und das MPI für Biochemie in Martinsried bei München. In diesen Einrichtungen plante die MPG, ihre Aktivitäten auf Forschungsfeldern, die als besonders wichtig und förderungswürdig galten, zu bündeln und räumlich zu konzentrieren. Die drei Institute einte nicht allein die Zielsetzung, sich gleichsam als nationale Kompetenzzentren in zukunftsfähigen, gerade auch für die Industrie relevanten Forschungsbereichen zu etablieren. Hinzu kamen die für herkömmliche Max-Planck-Institute ungewöhnliche Größe, die ausgeprägten Department-Strukturen, die in dem neuen Institutstyp den Versuch einer Antwort auf die »amerikanische Herausforderung« erkennen lassen,⁹³

---

83 Boenke, *Entstehung und Entwicklung*, 1991, 79–84; Stumm, *Kernfusionsforschung*, 1999, 304–306.

84 Henning und Kazemi, *Handbuch*, Bd. 2, 2016, 1298. Der Antrag vom 17.6.1959, der Kosten für die Ausbaustufe I und den Beginn der Ausbaustufe II auf 9,22 Mio. DM bezifferte, ist abgedruckt bei Lucha, *Dokumente zu Entstehung und Entwicklung*, 2005, Dokument 6, 35–53.

85 Stellungnahme des Gutachterausschusses Plasmaphysik zu den Plänen für den Aufbau einer größeren Fusionsforschungsanlage in Garching bei München vom 23.6.1959, abgedruckt in: ebd., Dokument 7, 55–58, Zitat 58.

86 Vermerk des Bundesatomministeriums vom 28.10.1959 betr. Bundeszuschuß für den Aufbau einer größeren Fusionsforschungsanlage in Garching bei München, abgedruckt in: ebd., Dokument 8, 59–63.

87 Siegfried Balke an die Generalverwaltung der MPG vom 28.10.1959 betr. Bundeszuschuß zum Aufbau einer größeren Fusionsforschungsanlage in Garching bei München, abgedruckt in: ebd., Dokument 9, 63–64.

88 Niederschrift über die Sitzung der Senatskommission »Strukturwandel« am 11.11.1959, abgedruckt in: ebd., Dokument 10, 65–67, 66.

89 Protokoll der 34. Sitzung des Senates vom 27.11.1959, AMPG, II. Abt., Rep. 60, Nr. 34.SP, fol. 207; Niederschrift über die Sitzung der Senatskommission »Strukturwandel« am 11.11.1959, abgedruckt in: ebd., Dokument 10, 65–67, hier 66.

90 Siehe dazu auch Boenke, *Entstehung und Entwicklung*, 1991, 132.

91 Gesellschaftsvertrag und Satzung des Instituts für Plasmaphysik GmbH vom 28.6. bzw. 30.6.1960, abgedruckt in: Lucha, *Dokumente zu Entstehung und Entwicklung*, 2005, Dokument 12, 69–76. Siehe dazu ausführlich Boenke, *Entstehung und Entwicklung*, 1991, 133–135. Die MPG und Heisenberg teilten sich die Anteile an der GmbH im Verhältnis 20 zu 3. Boenke, Institut für Plasmaphysik, 1990, 102.

92 Balcar, *Wandel*, 2020, 118–120.

93 Die These von der eklatanten technologischen Rückständigkeit Europas gegenüber den USA popularisierte der französische Journalist Servan-Schreiber, *Amerikanische Herausforderung*, 1968. Zu der Diskussion und zur Reaktion der Politik siehe ausführlich Bähr, Technologiepolitik, 1995.

die Lage an den Rändern von Großstädten bzw. – im Falle Göttingens – eines etablierten Wissenschaftsstandorts, die Campus-Idee und last, but not least die für damalige Verhältnisse überaus moderne Architektur der Gebäude im Waschbeton-Stil,[94] was Vergleiche mit den neu gegründeten Reformuniversitäten der späten 1960er- und frühen 1970er-Jahre wie Bochum, Bielefeld oder Bremen nahelegt.[95]

Dass der gleichzeitige Aufbau von drei Instituten dieser Größenordnung einen finanziellen Kraftakt darstellte, der die verfügbaren Investitionsmittel auf Jahre hinaus band, war den Leitungsgremien der MPG vollkommen klar. Entsprechend hoch fiel die Meldung des Mittelbedarfs für die Jahre 1967 bis 1970 aus, die die MPG für den Bundesbericht Forschung II vorlegte. Für 1967 veranschlagte man den nötigen Zuwachs im Haushalt auf 19,5 Prozent, für 1968 auf 21, für 1969 auf 18 und für 1970 auf 16 Prozent.[96] Notabene waren in diesen hohen Zuwachsraten die Mittel, die für das MPI für Festkörperforschung, das zu gründende Institut für Radioastronomie und für die »Südsternwarte« (geschätzter Finanzbedarf 31 bzw. 75 Millionen DM) benötigt wurden, noch nicht enthalten – die Generalverwaltung setzte schlicht voraus, »daß die Finanzierung solcher Großprojekte aus Sondermitteln erfolgt«.[97] Ganz wohl war den Leitungsgremien ob dieser schwindelerregenden Zahlen allerdings nicht. »Problematisch bleibt jedoch«, hieß es in den *Mitteilungen aus der Max-Planck-Gesellschaft* von 1969, »wie in den nächsten fünf Jahren der hohe Investitionsbedarf der Gesellschaft finanziert werden kann«.[98]

Aus vier Gründen drängte die MPG trotz der sich abzeichnenden Finanzierungsschwierigkeiten auf eine parallele Realisierung dieser Vorhaben. Der erste ergab sich aus der zunehmenden Raumnot in Tübingen, Göttingen und vor allem in München, wo das erst 1956 eingeweihte Institutsgebäude des MPI für Biochemie kaum zehn Jahre später bereits aus allen Nähten zu platzen drohte.[99] Zweitens sprach die bevorstehende Emeritierungswelle für die Schaffung von Forschungszentren, da sich der Generationswechsel unter den Direktoren bei größeren, von einem Kollegium geleiteten Instituten leichter bewerkstelligen ließ als bei kleineren, nach dem Harnack-Prinzip organisierten Einheiten. Die Einführung des Department-Systems diente daher auch dazu, die existierenden Institute über die anstehenden Direktorenwechsel hinaus zu stabilisieren, zumal kollegial geleitete Forschungszentren in ihrer inhaltlichen Ausrichtung flexibler zu sein versprachen, was die Anpassung an neue Trends und Entwicklungen der Forschung erleichterte. Drittens waren die Forschungszentren Teil einer internen Strukturreform der MPG. Da selbst herausragende Gelehrte sich nicht mehr in der Lage sahen, das gesamte Forschungsfeld zu überblicken, nahm die Bedeutung von Spezialisierung und Kooperation zu. Das machte eine teilweise Abkehr vom Harnack-Prinzip erforderlich, dessen »Strukturfehler« – der Umstand, dass die MPG bzw. ein Max-Planck-Institut nur bei der Emeritierung des Institutsleiters auf aktuelle Forschungstrends reagieren konnte – nun durch die Aufteilung des Forschungskomplexes in eine Reihe selbstständiger Abteilungen behoben werden sollte.[100] Damit vollzog die MPG, viertens, zugleich den Trend zur verstärkten Kooperation innerhalb und außerhalb von Fachgrenzen nach, der die Forschung weltweit kennzeichnete und der durch die vielfache Institutionalisierung der europäischen Forschungskooperation einen zusätzlichen Schub erhalten hatte. Der Aufbau der Forschungszentren half, Stabilität und Flexibilität zu verbessern, denn ihre Struktur richtete sich nach dem Baukastenprinzip. Spätere Ergänzungen, Erweiterungen und Ersetzungen waren jederzeit und ohne großen Aufwand möglich, und zwar sowohl personell als auch baulich. Flexibilität lautete das Erfolgsrezept der neuen Einrichtungen – im Grunde gilt dies für Max-Planck-Institute auch heute noch.[101]

3.3 Die MPG zwischen Politik und Wirtschaft

Wachstum und Neuausrichtung der MPG bedingten zugleich Veränderungen ihres Verhältnisses zu Politik und Wirtschaft. Nachdem sie sich in ihrer Gründungsphase von beiden gleichermaßen distanziert und emanzipiert hatte, was der Geschäftsgrundlage geschuldet war, auf der die Alliierten zur Fortführung der KWG als MPG bestanden, folgte in der zweiten Phase eine vorsichtige Wiederannäherung, zumindest an einen der früheren Partner:

---

94 Keßler, Pöppelmann und Both, *Brutal modern*, 2018.
95 Z. B. Hoppe-Sailer, Jöchner und Schmitz, *Ruhr-Universität Bochum*, 2015.
96 Protokoll der 53. Sitzung des Senates vom 11.3.1966, AMPG, II. Abt., Rep. 60, Nr. 53.SP, fol. 155.
97 Ebd.
98 Max-Planck-Gesellschaft, Finanzierung, 1969, 198.
99 Protokoll der 50. Sitzung des Senates vom 12.3.1965, AMPG, II. Abt., Rep. 60, Nr. 50.SP, fol. 322.
100 Trischler, Nationales Innovationssystem, 2004, 191.
101 Ausführlich Balcar, *Wandel*, 2020, 129–133.

die Politik. Der Staat war als Financier für die MPG zu wichtig geworden, um ihn ignorieren zu können. Zudem brachten die rasanten Haushaltszuwächse die MPG mehr oder weniger automatisch in Konflikte mit ihren Geldgebern. Dabei ging es um zentrale Fragen, die in der Phase der (Wieder-)Gründung nur vorläufig geklärt worden waren: zum einen um die Entscheidungshoheit bei der Gründung neuer Institute, zum anderen um die Verfügungsrechte über die zum Großteil aus Staatsmitteln finanzierten Forschungseinrichtungen. Im Kern stand also die Autonomie der MPG auf dem Spiel. Während sie um ihr Verhältnis zur Politik rang, vergrößerte sich in der zweiten Phase ihre Wirtschaftsferne sogar noch.

3.3.1 Grundlagenforschung und Wirtschaftsferne

Nachdem die MPG bereits in den Gründungsjahren in ihrer Außendarstellung ostentativ auf Grundlagenforschung Bezug genommen hatte, änderte sich nun auch die innere Einstellung der Leitungsorgane und der MPG-Mitglieder zu diesem diffusen Begriff signifikant. Grundlagenforschung mauserte sich zum »institutionelle[n] Ordnungsmuster innerhalb der MPG« (Carola Sachse),[102] das heißt zu *dem* Kriterium für die Inklusion bzw. Exklusion von Forschungseinrichtungen. Wenngleich dieses Kriterium aufgrund der begrifflichen Unschärfe nie klare Konturen gewann,[103] diente die Nähe bzw. Ferne zur Grundlagenforschung bei der Entscheidung über Institutsgründungen und -schließungen als Richtschnur und Orientierungsrahmen. Auf diese Weise trug die Fixierung auf die Grundlagenforschung nicht unmaßgeblich zu dem Transformationsprozess bei, den die MPG in den 1950er- und 1960er-Jahren durchlief.

In der Wiederaufbauphase der MPG hatte ein instrumentelles Verständnis dieses Leitbegriffs vorgeherrscht. Die Bezugnahme auf Grundlagenforschung und ihre problematische retrospektive Projektion auf die KWG nutzte die MPG in erster Linie als Deckmantel, der die Mitwirkung deutscher Spitzenwissenschaftler an Kriegsforschung und Medizinverbrechen im Nationalsozialismus verschleiern sollte.[104] Hinzu kamen die Forschungsbeschränkungen der Alliierten, die sich insbesondere gegen angewandte – zumal militärisch nutzbare – Forschung richteten.[105] Die MPG musste also in den ersten Jahren ihres Bestehens schon allein deswegen die Grundlagenforschung preisen, um die eigenen Forschungsaktivitäten dem Bereich des Unbedenklichen zuzuordnen. Die Realität sah jedoch anders aus. Die Interessen der westdeutschen Industrie im Wiederaufbau dienten auch der jungen MPG als Richtschnur – hier ist eine weitere Kontinuitätslinie zur KWG zu erkennen. Das verdeutlicht ein Blick auf diejenigen Institute, die sich mit landwirtschaftlicher Forschung befassten. Vor dem Hintergrund der Ernährungskrise in der unmittelbaren Nachkriegszeit dominierte bei ihnen eindeutig die Anwendungsorientierung.[106] Während die Bastfaserforschung 1957 abgewickelt wurde, da sie wegen des Erfolgs der Kunstfasern keine ökonomische Bedeutung mehr besaß,[107] erfuhr die erst 1948 gegründete Forschungsstelle v. Sengbusch eine verstärkte Förderung, da sie die damaligen Interessen der Industrie bediente; 1957/59 stieg sie zum MPI für Kulturpflanzenforschung auf.[108] Industriekontakte und Anwendungsrelevanz galten in der Gründungsphase der MPG realiter nicht als Makel, sondern – wie zuvor schon in der KWG – eher als Gütesiegel.

Das änderte sich in der zweiten Phase. Ab Mitte der 1950er-Jahre setzte innerhalb der MPG die Internalisierung des Anspruchs ein, Grundlagenforschung zu betreiben. Was dem nicht entsprach, hatte kaum noch Chancen, in die MPG aufgenommen zu werden, denn neben Exzellenz – also einem qualitativen Kriterium – avancierte Grundlagenforschung zum Markenkern der Corporate Identity der MPG. Unter diesem gemeinsamen Label fanden sehr heterogene Forschungsrichtungen und Institute Platz, ließen sich aber nach außen als zusammengehörende Einheit darstellen. Das heißt nicht, dass die MPG nun alle anwendungsorientierten Forschungszweige bzw.

---

102 Sachse, Historisierung, 2014, 255.

103 Zum Problem der klaren Abgrenzung der Grundlagenforschung von der angewandten Forschung in historischer und vergleichender Perspektive siehe Schauz, Basic Research, 2014.

104 Dazu vor allem Sachse, Historisierung, 2014, 251–255; Maier, »Grundlagenforschung« als Persilschein, 2004.

105 Balcar, *Ursprünge*, 2019, 14–16.

106 Z. B. Erker, *Ernährungskrise und Nachkriegsgesellschaft*, 1998; Erker, Hunger und sozialer Konflikt, 1994. Zu den Auswirkungen auf die MPG siehe Schwerin, *Biowissenschaften*, in Vorbereitung.

107 Protokoll der 28. Sitzung des Verwaltungsrates vom 20.2.1957, AMPG, II. Abt., Rep. 61, Nr. 28.VP, fol. 20–21; Henning und Kazemi, *Chronik*, 2011, 372.

108 Protokoll der 28. Sitzung des Verwaltungsrates vom 20.2.1957, AMPG, II. Abt., Rep. 61, Nr. 28.VP, fol. 20–21; Protokoll der 25. Sitzung des Verwaltungsrates vom 5.11.1956, AMPG, II. Abt., Rep. 61, Nr. 25.VP, fol. 42. Henning und Kazemi, *Handbuch*, Bd. 1, 2016, 860–862. Siehe dazu demnächst ausführlich Schwerin, *Biowissenschaften*, in Vorbereitung.

Institute abgestoßen hätte. Von der KWG hatte sie einen »Gemischtwarenladen« übernommen,[109] zu dem auch solche Institute gehörten wie das MPI für Eisenforschung in Düsseldorf oder das in Mülheim an der Ruhr ansässige MPI für Kohlenforschung, die sich durch ausgeprägte Industrienähe auszeichneten. Wie ein Blick auf Karl Ziegler, den langjährigen Direktor des MPI für Kohlenforschung, zeigt, schlossen sich Anwendungsorientierung und Spitzenforschung keineswegs aus. Ziegler, der als Vater des modernen Kunststoffzeitalters gilt, erhielt für seine Forschungen über die Polymerisation mit metallorganischen Katalysatoren 1963 gemeinsam mit Giulio Natta den Nobelpreis für Chemie[110] – und damit gleichsam die Eintrittskarte für den Parnass der Wissenschaft.

Auch wenn anwendungsnahe Spitzenforschung somit weiterhin ihren Platz in der MPG fand, orientierte diese sich aufs Ganze gesehen in den 1950er- und 1960er-Jahren eindeutig in Richtung Grundlagenforschung. Eng wurde es im Zuge dieser Entwicklung für anwendungsorientierte Forschungsbereiche, deren Bedeutung für die Wirtschaft und Industrie abnahm. Das galt insbesondere für die landwirtschaftlich ausgerichteten Institute, die sich nach der Überwindung der Ernährungskrise unversehens auf der »Abschussliste« wiederfanden – ihnen drohte die Schließung oder die Ausgliederung aus der MPG. Das galt unter anderem für das zuvor erwähnte MPI für Kulturpflanzenzüchtung, das mit der Emeritierung seines Direktors, Reinhold v. Sengbusch, zum 31. Dezember 1969 in die Obhut des Bundes kam und als Bundesforschungsanstalt für gartenbauliche Pflanzenzüchtung weitergeführt wurde.[111]

Da die öffentliche Hand ihren Haushalt weitgehend finanzierte, musste sich die MPG – anders als ihre Vorgängerorganisation – auch nicht um die Verwertbarkeit bzw. Vermarktungsfähigkeit der in den Max-Planck-Instituten erzielten Forschungsergebnisse kümmern. Daher entschied der Verwaltungsrat, als er im Juni 1951 über eine Patentverwertungsgesellschaft debattierte, »daß die Zweckmäßigkeit einer solchen Gründung im Augenblick nicht gegeben erscheint«, und legte das Thema zu den Akten.[112] Und dabei blieb es einstweilen: Nachdem am 18. Juli 1953 das erste bundesdeutsche Patentgesetz verabschiedet worden war, bemühte sich die Fraunhofer-Gesellschaft um die Gründung einer Patentstelle, die für die gesamte von der öffentlichen Hand geförderte Forschung in der Bundesrepublik zuständig sein sollte.[113] Die MPG jedoch erteilte dem Angebot, sich an dieser Patentstelle zu beteiligen, Mitte der 1950er-Jahre eine Absage.[114]

Die Berufung auf Grundlagenforschung bescherte der MPG zwei große Vorteile. Zum einen fand sie damit einen spezifischen Platz im westdeutschen Forschungssystem, das sich in den 1950er-Jahren herausbildete und schnell stabilisierte.[115] Es gliedert sich in einen privatwirtschaftlich finanzierten Teil, die Industrieforschung, und einen staatlich finanzierten Sektor, der wiederum zwei Bereiche umfasst: die Forschung an den Universitäten, vertreten von der WRK und der DFG, und die außeruniversitäre Forschung. Letztere bestand zunächst nur aus der MPG; später kamen noch die Fraunhofer-Gesellschaft hinzu, die den Bereich der anwendungsorientierten Forschung abdeckte,[116] die Arbeitsgemeinschaft der Großforschungseinrichtungen, die sich 1995 in Helmholtz-Gemeinschaft Deutscher Forschungszentren e. V. umbenannte,[117] sowie die 1991 ins Leben gerufene Arbeitsgemeinschaft Blaue Liste, ein Dachverband von Instituten aus den unterschiedlichsten Disziplinen und Forschungsbereichen, der von Bund und Ländern gemeinsam finanziert wurde und seit 1997 unter der Bezeichnung Wissenschaftsgemeinschaft Gottfried Wilhelm Leibniz e. V. (WGL) firmiert.[118] Der MPG diente die Bezugnahme auf Grundlagenforschung jenseits der Universitäten – und damit auch jenseits des in den einzelnen Fächern etablierten Kanons – als Nische, Label und Alleinstellungsmerkmal.

Die einzelnen Organisationen des westdeutschen Wissenschaftssystems waren untereinander eng verflochten, einerseits durch den wechselseitigen Austausch von Ver-

---

109 Sachse, Historisierung, 2014, 255.
110 Remane, Karl Ziegler, 2007; Martin, *Polymere und Patente*, 2002.
111 Henning und Kazemi, *Handbuch*, Bd. 1, 2016, 863. Siehe dazu demnächst ausführlich Schwerin, *Biowissenschaften*, in Vorbereitung.
112 Auszug aus dem Protokoll der Sitzung des Verwaltungsrates vom 1.6.1951, AMPG, II. Abt., Rep. 67, Nr. 244, fot. 131.
113 Ausführlich Hermann, Technologietransfer, 1997.
114 Auszug aus dem Protokoll der Sitzung des Verwaltungsrates vom 4.3.1955, AMPG, II. Abt., Rep. 67, Nr. 243, fot. 412–415: Vermerk Hans Seeligers vom 22.1.1955 betr. Patentstelle für die deutsche Forschung, AMPG, II. Abt., Rep. 67, Nr. 244, fot. 408–409; Vermerk Hans Ballreichs vom 6.4.1956 betr. Besprechung bei der Fraunhofer-Gesellschaft, Patentstelle für die deutsche Forschung, vom 28.3.1956, AMPG, II. Abt., Rep. 67, Nr. 243, fot. 260–262; Balcar, *Instrumentenbau*, 2018, 16.
115 Siehe dazu und zum Folgenden den knappen Überblick bei Hohn und Schimank, *Konflikte und Gleichgewichte*, 1990, 40–48; Balcar, *Wandel*, 2020, 98–105.
116 Zur Fraunhofer-Gesellschaft siehe Trischler und vom Bruch, *Forschung*, 1999.
117 Szöllösi-Janze, Geschichte der Arbeitsgemeinschaft, 1990.
118 Ausführlich Brill, *Geschichte der Leibniz-Gemeinschaft*, 2017.

tretern (und später auch Vertreterinnen) in den jeweiligen Leitungsorganen, andererseits über ihr Leitungspersonal, das sich »aus einem kleinen Reservoir von Personen« rekrutierte, wobei »der Wechsel in gleicher oder ähnlicher Funktion in eine der anderen Institutionen […] häufig« vorkam.[119] Doch nicht nur unter den Leitungspersönlichkeiten herrschte unter den westdeutschen Forschungsorganisationen ein reger Austausch, auch ganze Institute konnten den Träger wechseln. Dies war beispielsweise beim MPI für Silikatforschung der Fall, das angesichts seiner Industrienähe und seiner starken Anwendungsorientierung nicht mehr recht in die MPG zu passen schien. Als die MPG es mit dem Ausscheiden seines Direktors Adolf Dietzel 1971 an die Fraunhofer-Gesellschaft abtrat,[120] stellte dieser Schritt eine Art Frontbegradigung innerhalb des westdeutschen Forschungssystems dar.

Zum anderen erleichterte die Berufung auf die (außer-universitäre) Grundlagenforschung in Verbindung mit der engen Vernetzung mit den übrigen Akteuren im Forschungssystem es der MPG, ihre weitgehende staatliche Alimentierung zu rechtfertigen. Sie nahm dabei implizit, bisweilen auch explizit Bezug auf das lineare Modell, das der Grundlagenforschung eine zentrale Rolle für die Innovationsfähigkeit einer Volkswirtschaft zuschreibt.[121] So hatte, um nur ein Beispiel zu nennen, Ernst Telschow im Zusammenhang mit Geldmitteln aus dem Marshallplan bereits im Sommer 1948 gefordert, »dass ein erheblicher Betrag vorab für die Grundlagenforschung abgezweigt« werden müsse, »denn ohne Grundlagenforschung wäre die Industrieforschung binnen kurzem unfruchtbar«.[122] Hierbei konnte man an Gedanken anknüpfen, die bereits Adolf v. Harnack in seiner berühmten Denkschrift vom 21. November 1909 formuliert hatte.[123] Nicht zufällig engagierte sich die MPG bevorzugt auf Forschungsfeldern, die weit genug von den Interessen des Staates und der Wirtschaft entfernt waren, um als »reine Grundlagenforschung« akzeptiert zu werden, aber doch – mit Verweis auf das lineare Modell – für Staat und Wirtschaft genug Relevanz besaßen, um die Finanzierung durch die öffentliche Hand zu rechtfertigen. Das Paradebeispiel in den langen 1960er-Jahren stellte die Weltraumforschung dar.

3.3.2 Neue Wege in der Politikberatung

Die Politikberatung eröffnete einen anderen Weg, über den sich die MPG in ihrer zweiten Entwicklungsphase wieder an die Politik annäherte. Politikberatung an sich war für die MPG nicht neu. Schon die KWG hatte Institute eigens zu diesem Zweck eingerichtet, etwa das 1924 gegründete KWI für ausländisches öffentliches Recht und Völkerrecht, das nicht zuletzt dazu diente, die Reichsregierung beim Umgang mit dem Versailler Vertrag zu beraten.[124] Mitte der 1960er-Jahre kamen drei weitere rechtswissenschaftliche Institute hinzu, auch sie gegründet bzw. in die MPG aufgenommen, um der Bundesregierung (und nicht nur ihr) in rechtlichen Fragen beizustehen, die im Zuge des europäischen Einigungsprozesses immer komplexer wurden – von diesen Instituten wird im folgenden Abschnitt noch die Rede sein.

Neuland betrat die MPG dagegen mit der Gründung von zwei dezidiert sozialwissenschaftlich ausgerichteten Instituten, die sich mit seinerzeit tagesaktuellen politischen Fragen befassen sollten: das Berliner Institut für Bildungsforschung und das MPI zur Erforschung der Lebensbedingungen der wissenschaftlich-technischen Welt in Starnberg. Beide Institute wurden von einem Netzwerk protestantischer Wissenschaftler und Intellektueller initiiert, das auf langjährigen persönlichen Freundschaften und gemeinsamen Einstellungen beruhte; zentral war die Überzeugung, dass die Problemlösungskompetenz der Wissenschaft(en) zur Bewältigung aktueller politischer und gesellschaftlicher Herausforderungen genutzt werden sollte, ja musste. Allerdings stießen beide Institute aufgrund dieser Ausrichtung innerhalb der MPG auf heftigen Widerstand.

Die Gründungsgeschichte des MPI für Bildungsforschung reicht weit zurück,[125] mindestens bis in die Bildungsreformdebatte, die in den 1950er- und 1960er-Jahren in Westdeutschland hohe Wellen schlug und mit

---

119 Orth, *Autonomie und Planung*, 2011, 111–112.
120 Henning und Kazemi, *Handbuch*, Bd. 2, 2016, 1485.
121 Ausführlich Lax, *Das »lineare Modell der Innovation«*, 2015.
122 Protokoll der 2. Sitzung des Senates vom 18.7.1948, AMPG, II. Abt., Rep. 60, Nr. 2.SP, fol. 8.
123 Denkschrift von Harnack an den Kaiser vom 21.11.1909, abgedruckt in: Generalverwaltung der Max-Planck-Gesellschaft, *50 Jahre KWG/MPG*, 1961, Dokument 4, 80–94.
124 Dazu Hueck, Völkerrechtswissenschaft im Nationalsozialismus, 2000, 490–491; vom Brocke, KWG in der Weimarer Republik, 1990, 300–304. Siehe dazu jetzt auch Lange, *Zwischen völkerrechtlicher Systembildung*, 2020.
125 Behm, Anfänge der Bildungsforschung, 2017. Zur Einordnung in den zeithistorischen Kontext siehe Kenkmann, Bundesdeutsche »Bildungsmisere«, 2000.

Georg Pichts Artikelserie über die »deutsche Bildungskatastrophe« ihren Höhepunkt erreichte.¹²⁶ Gleichzeitig stieg als Ausfluss des beginnenden Planungsdiskurses in der Bundesrepublik der Bedarf an Bildungsforschung als Politikberatung.¹²⁷ In dieser Situation verfasste der bestens vernetzte Rechtsanwalt Hellmut Becker, der Sohn des vormaligen preußischen Kultusministers Carl Heinrich Becker, eine Denkschrift über Ziele und Strukturen eines einschlägigen Forschungsinstituts.¹²⁸ Auf dieser Grundlage beantragten Carl Friedrich von Weizsäcker, Hermann Heimpel und Carlo Schmid, die als Direktoren bzw. Senatoren in der MPG über einigen Einfluss geboten, im April 1959 die Einsetzung einer Kommission, die die Gründung eines entsprechenden Instituts prüfen sollte.¹²⁹

In diesem Fall mahlten die Gremienmühlen jedoch langsam. Dass sich die MPG mit der Entscheidung zur Gründung eines Instituts für Bildungsforschung so schwertat, lag nicht allein an der sozialwissenschaftlichen und gleichzeitig politiknahen Ausrichtung dieser Einrichtung, deren Tätigkeit sich nicht ohne Weiteres als Grundlagenforschung bezeichnen ließ. Aus der Politik wurde die Befürchtung laut, »das Institut könne aus den rein wissenschaftlichen Arbeiten abgleiten« und »unter dem Schutz der Max-Planck-Gesellschaft schließlich in die Entscheidungsbereiche der Herren Kultusminister unmittelbar eingreifen«.¹³⁰ Auch aus der MPG hagelte es Kritik. Prälat Georg Schreiber meldete »große Bedenken« gegen ein solches »Mammutinstitut« an, das »leicht als ein weltanschauliches Institut« gebrandmarkt werden könne und »ein Politikum« bedeute.¹³¹ Ein zusätzliches Hindernis lag in der Person des designierten Direktors: Becker, der weder habilitiert, ja anfangs noch nicht einmal promoviert war, noch in der Lehre tätig, entsprach so gar nicht dem Profil eines MPI-Direktors.¹³² Auch die Kultusministerkonferenz stieß sich an Becker und forderte, dass die Leitung des neuen Instituts in den Händen eines »anerkannten Gelehrten« liegen müsse.¹³³ Gleichzeitig stand und fiel das ganze Unternehmen mit Becker,¹³⁴ auch wenn die mit der Sondierung beauftragte Senatskommission betonte, dass es sich um »ein von einem dringenden Sachanliegen gefordertes Institut« handle.¹³⁵ Nach langen Debatten und einem komplizierten Abstimmungsprozess mit den Länderregierungen beschloss der MPG-Senat schließlich im September 1961 die Institutsgründung. Allerdings galt es »wegen seiner Neu- und Andersartigkeit« als »Experiment«, weshalb es »zunächst nicht als vollwertiges MPI, sondern als ein von der MPG betreutes Institut gegründet« wurde.¹³⁶ Erst im Sommer 1971 erhielt es die Weihen eines »echten« Max-Planck-Instituts.¹³⁷

Noch höhere Wellen schlug die Auseinandersetzung um das MPI zur Erforschung der Lebensbedingungen der wissenschaftlich-technischen Welt, die rund ein Jahrzehnt später ausgetragen wurde.¹³⁸ Auch diesmal ging der Impuls von einer Denkschrift aus, in diesem Fall verfasst von Carl Friedrich von Weizsäcker. Wieder drehte es sich um wissenschaftliche Politikberatung, diesmal allerdings nicht auf ein Politikfeld begrenzt, sondern umfassend und in größeren internationalen Zusammenhängen. Nachdem die seit Dezember 1966 in Bonn regierende Große Koalition aus Union und SPD die Devise »Planung als Re-

---

126 Picht, *Bildungskatastrophe*, 1964. Das 1964 erstmals aufgelegte Buch fasste Pichts Artikelserie zusammen, die 1963 in der Wochenschrift *Christ und Welt* erschienen war. Zur Bildungsreformdebatte und zur Bildungsexpansion, die sich daran anschloss, siehe Conze, *Suche nach Sicherheit*, 2009, 242–250. Zu Picht, der ebenfalls Teil des protestantischen Netzwerks war, siehe Rudloff, Georg Picht, 2009.
127 Siehe dazu die instruktive Skizze von Rudloff, Öffnung oder Schließung, 2018.
128 Die Denkschrift trug den Titel »Warum benötigen wir ein Institut für Recht und Soziologie der Bildung?«. Thoms, MPI für Bildungsforschung, 2016, 1011, Anm. 1. Zu Beckers berühmtem Vater siehe Düwell, Becker, 1991.
129 Protokoll der 37. Sitzung des Senates vom 11.11.1960, AMPG, II. Abt., Rep. 60, Nr. 37.SP, fol. 178. Zur Gründung des MPI für Bildungsforschung siehe Kant und Renn, Eine utopische Episode, 2014, 232–234; Thoms, MPI für Bildungsforschung, 2016, 1012–1014.
130 Z. B. das Protokoll der 41. Sitzung des Senates vom 9.3.1962, AMPG, II. Abt., Rep. 60, Nr. 41.SP, fol. 45.
131 Ebd., fol. 48.
132 Protokoll der 36. Sitzung des Senates vom 17./18.5.1960, AMPG, II. Abt., Rep. 60, Nr. 36.SP, fol. 135. Deswegen enthielten sich, als der MPG-Senat im November 1962 über Becker als Direktor abstimmte, immerhin sechs Senatoren der Stimme. Protokoll der 43. Sitzung des Senates vom 23.11.1962, AMPG, II. Abt., Rep. 60, Nr. 43.SP, fol. 464.
133 Ebd., fol. 462.
134 Protokoll der 36. Sitzung des Senates vom 17./18.5.1960, AMPG, II. Abt., Rep. 60, Nr. 36.SP, fol. 135.
135 Protokoll der 37. Sitzung des Senates vom 11.11.1960, AMPG, II. Abt., Rep. 60, Nr. 37.SP, fol. 179; Kant und Renn, Eine utopische Episode, 2014.
136 Thoms, MPI für Bildungsforschung, 2016, 1014. Zum Gründungsbeschluss siehe das Protokoll der 40. Sitzung des Senates vom 6.12.1961, AMPG, II. Abt., Rep. 60, Nr. 40.SP, fol. 224–227.
137 Henning und Kazemi, *Handbuch*, Bd. 1, 2016, 163–169.
138 Die gründlichste Aufarbeitung der (Gründungs-)Geschichte des Starnberger MPI bei Leendertz, *Pragmatische Wende*, 2010, 11–22; Leendertz, Gescheitertes Experiment, 2014. Siehe dazu auch Laitko, MPI zur Erforschung, 2011, sowie unten, Kap. III.14.

formprinzip« (Hans Günter Hockerts) ausgegeben hatte,[139] stieg der Bedarf an wissenschaftlicher Expertise für politische Entscheidungen nochmals stark an. Damit schlug die Stunde der Zukunftsforschung, die unter der Bezeichnung Futurologie insbesondere im angloamerikanischen Raum, aber auch in Frankreich für Aufsehen sorgte.[140] Mit Fragen der Zukunft, vor allem im Kontext der internationalen Friedens- und Konfliktforschung, hatte sich Weizsäcker, der sich dabei sukzessive vom Physiker zum Philosophen gewandelt und seinen Arbeitsplatz am MPI für Physik und Astrophysik gegen einen Lehrstuhl für Philosophie an der Universität Hamburg eingetauscht hatte, seit geraumer Zeit beschäftigt.[141] Hinter Weizsäcker stand dasselbe Netzwerk, das bereits die Gründung des Instituts für Bildungsforschung betrieben hatte. Insbesondere Weizsäckers Mentor Werner Heisenberg warf seinen gesamten Einfluss in die Waagschale, um die massiven inhaltlichen wie auch politischen Bedenken gegen dieses Unternehmen zu überwinden.[142] Das Institut wurde schließlich nach langen Debatten im November 1968 gegründet, im Januar 1970 nahm es in Starnberg seine Arbeit auf und im März 1971 wurde Jürgen Habermas – ebenfalls gegen starke Widerstände aus der MPG, die sich sowohl an seiner politischen Orientierung als auch an seiner angeblich fehlenden wissenschaftlichen Qualifikation festmachten – zum Wissenschaftlichen Mitglied und zweiten Direktor am Institut berufen.[143]

Angesichts der KWG-Tradition und im Vergleich zu den anderen Neugründungen, die die MPG bis 1972 vornahm, ragen die Institute für Bildungsforschung und für Zukunftsforschung als etwas völlig Neues, ja Unerhörtes hervor. Beide verbanden sich mit »utopischen Erwartungen«, bei beiden ging es um den »Versuch, traumatische Erfahrungen aus der Zeit des Nationalsozialismus in erlösende Zukunftsvisionen umzusetzen, die einer Wiederholung der Schrecken der Vergangenheit entgegenwirken sollten«.[144] Auch wenn sie diese hohen Ansprüche nicht einlösen konnten, bleibt festzuhalten, dass die MPG niemals zuvor und auch später nie wieder den Mut aufbrachte, konzeptionell und vom Erkenntnisanspruch her derart gewagte Forschungsstätten ins Leben zu rufen. Deswegen war die MPG wohl auch nie so sehr am Puls der (west-) deutschen Gesellschaft wie in dieser Phase, in der sie zentrale Diskurse aufgriff, um sie zum Gegenstand primär sozialwissenschaftlich orientierter Institute zu machen.

3.3.3 Der Konflikt mit den Ländern um die rechtswissenschaftlichen Institute

Der rasante Ausbau, den die MPG in den langen 1960er-Jahren vorantrieb, brachte sie mehr oder weniger automatisch in einen Konflikt mit der Ländergemeinschaft, die seit dem 1949 geschlossenen Königsteiner Abkommen als einer ihrer Hauptgeldgeber wirkte. Hierbei ging es um die zentrale Frage, wer in letzter Instanz über die Gründung neuer Max-Planck-Institute entscheiden durfte: die MPG als ihre Trägerin oder die Länderregierungen als Financier.[145] Konkret drehte sich der Streit um die Gründung bzw. die Aufnahme von drei weiteren rechtswissenschaftlichen Instituten, die sich mit der europäischen Rechtsgeschichte, dem Patent-, Urheber- und Wettbewerbsrecht sowie mit dem Strafrecht befassten.[146] Vor dem Hintergrund des europäischen Einigungsprozesses sollten sie durch Rechtsvergleichung zur Angleichung und Vereinheitlichung der Rechtssysteme innerhalb der Sechsergemeinschaft beitragen, weshalb auch der Vorsitzende der EWG-Kommission, Walter Hallstein, zu ihren Befürwortern zählte. Zugleich entsprach das Vorgehen der MPG ganz dem von Harnack formulierten Prinzip, eine Institutsgründung »um einen bedeutenden Gelehrten herum« vorzunehmen.[147] Das galt insbesondere für den Zivilrechtler, Rechtsphilosophen und Rechtshistoriker Helmut Coing, der als Gründungsdirektor des Instituts für Rechtsgeschichte vorgesehen war. Coing, die »Verkörperung des Begriffs ›Groß-Ordinarius der Ordinarien-Universität‹« und ein »Netzwerker par excellence«,[148] zählte

---

139 Hockerts, Planung als Reformprinzip, 2003.
140 Siehe dazu die instruktive Studie von Seefried, *Zukünfte*, 2015, die das Phänomen der Zukunftsforschung in seine internationalen Kontexte einordnet. Siehe auch Seefried, Gestaltbarkeit der Zukunft, 2015. Zum Aspekt der Zukunftsforschung als Politikberatung siehe Seefried, Experten für die Planung?, 2010.
141 Zu den Veränderungen der wissenschaftlichen Interessen Weizsäckers siehe Walker, »Mit der Bombe leben«, 2014.
142 Carson, Wissenschaftsorganisator, 2005, 219; Carson, *Heisenberg in the Atomic Age*, 2010, 273–274.
143 Henning und Kazemi, *Handbuch*, Bd. 1, 2016, 886–888; Protokoll der 99. Sitzung des Verwaltungsrates vom 1.2.1974, AMPG, II. Abt., Rep. 61, Nr. 99.VP, fol. 73–74.
144 Kant und Renn, Eine utopische Episode, 2014, 238.
145 Zum Folgenden ausführlich Balcar, *Wandel*, 2020, 133–145. Siehe unten, Kap. III.13.
146 Zu diesen Instituten Thiessen, MPI für europäische Rechtsgeschichte, 2023; Steinhauer, Institut auf der Suche, 2023; Ziemann, Werben um Minerva, 2023.
147 Zum Harnack-Prinzip siehe Laitko, Harnack-Prinzip, 2014. Siehe auch die Beiträge in: vom Brocke und Laitko, *Harnack-Prinzip*, 1996.
148 Hockerts, *Erbe für die Wissenschaft*, 2018, 176.

nicht nur zu den herausragenden deutschen Rechtsgelehrten seiner Zeit, sondern war – unter anderem als Rektor der Universität Frankfurt am Main (1955–1957), erster Vorsitzender des Wissenschaftsrats (1958–1961) und langjähriger Vorsitzender des Wissenschaftlichen Beirats der Fritz-Thyssen-Stiftung (1960–1995) – auch ein überaus einflussreicher Wissenschaftspolitiker und Wissenschaftsorganisator.[149] Hans-Heinrich Jescheck und Eugen Ulmer, die als Gründungsdirektoren der beiden anderen Institute auserkoren waren, hatten vielleicht nicht den Rang eines Helmut Coing, galten aber doch als »die ersten Vertreter der betreffenden Fächer«.[150]

Dennoch erwies sich die Gründung der drei neuen Institute als schwierig und langwierig. Kritik daran kam von innen und von außen. Einige Wissenschaftliche Mitglieder um Georg Schreiber befürchteten, dass durch die Aufnahme weiterer rechtswissenschaftlicher Institute in der Geisteswissenschaftlichen Sektion der MPG ein Ungleichgewicht entstehen könne. Zur Klärung dieser »Grundsatzfrage« wurde schließlich eine Senatskommission eingesetzt.[151] Der Hauptwiderstand ging allerdings von den Ländern aus, bei denen die Initiative der MPG aus unterschiedlichen Gründen auf Ablehnung stieß. Erstens galten die Rechtswissenschaften traditionell als Kernbereich der Universitäten, zweitens befanden sie sich durch den Studienabschluss qua Staatsexamen in einer besonderen Staatsnähe, drittens erforderten sie – anders als etwa astrophysikalische Forschungseinrichtungen – keine großen und teuren Forschungsinstrumente, die sich an einzelnen Universitäten nur schwer beschaffen ließen. Am schwersten wog jedoch, dass sich die Länder durch die Gründungsbeschlüsse der MPG vor vollendete Tatsachen gestellt fühlten, da sie die Finanzierung der neuen Institute übernehmen sollten, ohne in den Gründungsprozess eingebunden gewesen zu sein.[152] Dieser Einwand war aus Perspektive der Länderregierungen durchaus nachvollziehbar, denn die Minister mussten sich gegenüber der Öffentlichkeit für den Einsatz der von ihnen verwalteten Finanzmittel verantworten – ein generelles Problem, wenn die öffentliche Hand in einem demokratischen System Grundlagenforschung finanziert. Zudem befürchteten die Länder, »daß den Universitäten durch die Gründung geisteswissenschaftlicher Institute bei der Max-Planck-Gesellschaft Lehrer und Nachwuchskräfte verlorengehen würden«.[153] Dagegen beharrte die MPG auf dem Standpunkt, dass nur die Wissenschaft selbst darüber befinden könne, welche Gelehrten oder Forschungszweige künftig gefördert werden sollten.[154]

Der Streit weitete sich zu einer Debatte um die Grundsatzfrage aus, ob die MPG überhaupt weitere geisteswissenschaftliche Institute gründen sollte, ja, ob sie als Trägerorganisation für Geisteswissenschaften überhaupt geeignet sei. Eine weitere Senatskommission, die eigens zur Beantwortung dieser Frage eingesetzt worden war, kam zu dem Ergebnis, »daß die Frage der Aufnahme neuer Max-Planck-Institute nicht davon abhängen kann, ob es sich um ein Vorhaben auf dem Gebiet der Geisteswissenschaften oder der Naturwissenschaften handelt, sondern daß die Frage jeweils nur lauten kann, ›welche Organisationsform ist in der Lage, für das betreffende Forschungsgebiet optimale Leistungsmöglichkeiten sicherzustellen?‹«[155] Dies akzeptierten die Länder nicht und verweigerten einstweilen neuen geisteswissenschaftlichen Max-Planck-Instituten die Finanzierung, was die Gründung der drei Rechtsinstitute weiter verzögerte. Auch die MPG blieb in der Sache hart. Sie konnte sich auf einflussreiche Bundesgenossen verlassen: Zum einen machten sich die Wirtschaftsvertreter im MPG-Senat für die drei neuen Institute stark, die auch der westdeutschen Industrie angesichts der fortschreitenden europäischen Einigung notwendig erschienen.[156] Zum anderen, und das gab den Ausschlag, stärkte der Bund der MPG den Rücken und forderte sie sogar nachdrücklich auf, an den Gründungsbeschlüssen festzuhalten.[157] Mit dem Verwaltungsabkommen von 1964, das die gemeinsame Finanzierung der MPG durch Bund und Ländergemeinschaft regelte, fiel es den Ländern zunehmend schwer, ihre Verzögerungstaktik durchzuhalten, zumal sie eine weitere

---

149 Trotz seiner eminenten Bedeutung als Rechtswissenschaftler und Wissenschaftsmanager liegt noch keine Biografie über Helmut Coing vor. Siehe einstweilen die autobiografische Schrift Coing, *Wissenschaften und Künste*, 2014.
150 Protokoll der 42. Sitzung des Senates vom 23.5.1962, AMPG, II. Abt., Rep. 60, Nr. 42.SP, fol. 21.
151 Ebd., fol. 22.
152 Protokoll der 43. Sitzung des Senates vom 23.11.1962, AMPG, II. Abt., Rep. 60, Nr. 43.SP, fol. 451–452. Siehe auch Protokoll der 50. Sitzung des Senates vom 12.3.1965, AMPG, II. Abt., Rep. 60, Nr. 50.SP, fol. 288.
153 Protokoll der 44. Sitzung des Senates vom 13.3.1963, AMPG, II. Abt., Rep. 60, Nr. 44.SP, fol. 246.
154 Protokoll der 40. Sitzung des Senates vom 6.12.1961, AMPG, II. Abt., Rep. 60, Nr. 40.SP, fol. 223; Protokoll der 43. Sitzung des Senates vom 23.11.1962, AMPG, II. Abt., Rep. 60, Nr. 43.SP, fol. 451.
155 Protokoll der 49. Sitzung des Senates vom 4.12.1964, AMPG, II. Abt., Rep. 60, Nr. 49.SP, fol. 254.
156 Ebd., fol. 255–256. Protokoll der 50. Sitzung des Senates vom 12.3.1965, AMPG, II. Abt., Rep. 60, Nr. 50.SP, fol. 304.
157 Protokoll der 49. Sitzung des Senates vom 4.12.1964, AMPG, II. Abt., Rep. 60, Nr. 49.SP, fol. 255.

3. Die formative Phase der MPG (1955–1972)

Erosion ihrer Stellung in der Forschungspolitik befürchten mussten, von der allein der Bund profitiert hätte. Somit setzte sich die MPG schließlich in diesem Streit dank der Unterstützung des Bunds gegen die Länder durch. Ohne die grundlegende Änderung ihrer Finanzierungsstruktur wäre es der MPG seinerzeit sehr wahrscheinlich nicht möglich gewesen, sich gegen den hartnäckigen Widerstand der Länder stärker in den Geisteswissenschaften zu engagieren.

3.3.4 Der Konflikt mit dem Bund um das IPP

Den einen Geldgeber gegen den anderen auszuspielen, verstand die MPG indes auch zulasten des Bundes, wie der Konflikt um das Institut für Plasmaphysik (IPP) zeigt, der parallel zur Auseinandersetzung um die Gründung der drei Rechtsinstitute die Gemüter erhitzte. Obwohl das Bundesfinanzministerium für den Aufbau des Instituts allein in den ersten Jahren rund 80 Millionen DM zur Verfügung stellen sollte[158] – weit mehr, als jedes andere Institut in der Geschichte der KWG/MPG bis zur Mitte der 1960er-Jahre verschlungen hatte –, war der Bund nicht an der Institut für Plasmaphysik GmbH beteiligt. Nachdem der Bundesrechnungshof diesen Umstand 1961 gerügt hatte, pochte der Haushaltsausschuss des Bundestags auf eine Mehrheitsbeteiligung an dem Institut bzw. seiner Trägergesellschaft.[159] Es folgte ein rund zehnjähriges Tauziehen, in dem es ganz grundsätzlich um die Organisation der Großforschung, ihre Finanzierung zwischen Bundes- und Länderinteressen sowie um ihre Stellung zwischen staatlichem Steuerungsanspruch und wissenschaftlicher Autonomie ging.[160]

Das IPP markierte den Präzedenzfall, an dem die Zukunft der Großforschung in der Bundesrepublik ausgehandelt wurde.[161] Aus der Perspektive der MPG ging es darum, die Erosion der Autonomie in der Forschungspolitik zu verhindern. Um eine Übertragung von 51 Prozent der Anteile an der GmbH zu erzwingen, sperrte der Bundeshaushaltsausschuss 1963 zuvor bewilligte Investitionsmittel in Höhe von zehn Millionen DM, für die die MPG »bereits rechtliche Verpflichtungen eingegangen« war.[162] Dies brachte die MPG nicht nur finanziell in die Bredouille, sondern verzögerte den Auf- und Ausbau des IPP beträchtlich. Die Länder, die ebenfalls zur Finanzierung des IPP beitrugen, wenn auch in wesentlich geringerem Maße als der Bund, waren in diesem Fall die natürlichen Verbündeten der MPG.[163] Zunächst erwies es sich als nicht ganz einfach, alle elf Länder auf eine gemeinsame Linie einzuschwören,[164] doch letztlich stärkten sie der MPG gegenüber dem Bund den Rücken. Im Bundesministerium für wissenschaftliche Forschung (BMwF) war man sich durchaus darüber im Klaren, dass die MPG »gegen den Wunsch des Haushaltsausschusses, dem Bund die Mehrheit in der ›Plasmaphysik GmbH‹ zu überlassen, ernste Bedenken« hegte. »Sie befürchtet«, so konstatierte ein interner Vermerk des Ministeriums vom 26. April 1963 mit großer Klarheit, »daß der Fall ›Plasmaphysik GmbH‹ nicht ein Sonderfall sei, sondern das ›Trojanische Pferd‹, mit dem der Bund in die MPG eindringen *wolle* oder richtiger nach dem Wunsch des Haushaltsausschusses eindringen *solle*.«[165] Schon aus diesem Grund kam für die MPG ein Nachgeben in der Sache nicht infrage. Zur Begründung verwies man auf die Satzung aus dem Jahr 1948, in der die Unabhängigkeit der MPG von Staat und Wirtschaft festgeschrieben war.[166]

Nach langem und zähem Ringen einigte man sich darauf, dass der Bund 90 Prozent der Kosten für die Großforschung übernahm, während das jeweilige Sitzland – im Fall des IPP also Bayern – die restlichen 10 Prozent

---

158 Siehe Protokoll der 46. Sitzung des Senates vom 6.12.1963, AMPG, II. Abt., Rep. 60, Nr. 46.SP, fol. 415.
159 Ernst Telschow und Günter Lehr an Adolf Butenandt vom 25.1.1963, Anlage: Auszug aus dem Kurzprotokoll der 18. Sitzung des Haushaltsausschusses des Deutschen Bundestages am 21.3.1962, abgedruckt in: Lucha, *Dokumente zu Entstehung und Entwicklung*, 2005, Dokument 36, 161–163.
160 Boenke, Institut für Plasmaphysik, 1990, 99–102; zu den Hintergründen siehe Szöllösi-Janze, Arbeitsgemeinschaft, 1990, 150–151.
161 Dies war den Leitungsgremien der MPG vollkommen bewusst. Protokoll der 45. Sitzung des Senates vom 15.5.1963, AMPG, II. Abt., Rep. 60, Nr. 45.SP, fol. 146.
162 Ebd., fol. 143. Zu den Forderungen des Bundes und den Mitteln, mit denen er ihnen Nachdruck verlieh, siehe auch den Vermerk BMwF (gez. Trabant) vom 26.4.1963 betr. IPP GmbH, Beteiligung des Bundes, abgedruckt in: Lucha, *Dokumente zu Entstehung und Entwicklung*, 2005, Dokument 37, 163–165; siehe auch Boenke, *Entstehung und Entwicklung*, 1991, 207–215; Carson, *Heisenberg in the Atomic Age*, 2010, 280.
163 So auch Boenke, Institut für Plasmaphysik, 1990, 106.
164 Protokoll der 48. Sitzung des Senates vom 10.6.1964, AMPG, II. Abt., Rep. 60, Nr. 48.SP, fol. 158.
165 Vermerk BMwF (gez. Trabant) vom 26.4.1963 betr. IPP GmbH, Beteiligung des Bundes, abgedruckt in: Lucha, *Dokumente zu Entstehung und Entwicklung*, 2005, Dokument 37, 163–165, Zitat 163, Hervorhebungen im Original.
166 Protokoll der 46. Sitzung des Senates vom 6.12.1963, AMPG, II. Abt., Rep. 60, Nr. 46.SP, fol. 415.

beisteuerte.¹⁶⁷ Trotz seiner anderen Finanzierungsart wurde das IPP Anfang 1971 in ein echtes Max-Planck-Institut umgewandelt, was aus der Sicht der MPG der bestmögliche Ausgang des Konflikts war. Susan Boenke führt den Erfolg in erster Linie »auf das starke wissenschaftspolitische Gewicht der MPG« zurück; das Nachgeben des Bundeswissenschaftsministeriums sei »als ein Resignieren gegenüber ihrem Widerstand und dem des IPP zu werten«.¹⁶⁸ Hinzu kam zum einen, dass die Großforschungsinstitute auf die immer forscher vorgetragenen Steuerungsansprüche des Bundes mit einem Schulterschluss reagierten, nämlich mit der Gründung der AGF, die bereits auf ihrer Gründungsversammlung selbstbewusst eigene Vorstellungen von der künftigen Organisation der Großforschung und zu ihrem Verhältnis zum Staat formulierte.¹⁶⁹ Damit gewann die MPG bzw. das IPP einen weiteren Verbündeten in der Auseinandersetzung mit dem Bund. Zum anderen agierten die drei Männer, die zwischen 1962 und 1972 dem Bundesministerium für wissenschaftliche Forschung vorstanden, in der Auseinandersetzung um das IPP sehr unterschiedlich. Während Hans Lenz von der FDP zwischen Bundeshaushaltsausschuss und MPG zu vermitteln suchte, ging es seinem Nachfolger Gerhard Stoltenberg (CDU) dezidiert darum, den Steuerungsanspruch des Bundes in der Forschung – und in diesem Fall konkret: gegen die MPG – durchzusetzen. Dieses Ziel wiederum verfolgte sein Nachfolger, der parteilose Hans Leussink, nicht weiter, weshalb es ihm weniger schwerfiel, in dem Streit nach- und den Steuerungsanspruch des Bundes aufzugeben.¹⁷⁰ Die starke Position der MPG war dem Umstand geschuldet, dass sie im Setting der bundesrepublikanischen Mehrebenendemokratie in den Ländern mächtige Verbündete hatte, die sie in ihrer Auseinandersetzung mit dem Bund unterstützten. So wurde aus der Institut für Plasmaphysik GmbH zum 1. Januar 1971 das Max-Planck-Institut für Plasmaphysik, das – obwohl es keine eigene Rechtspersönlichkeit mehr hatte – auch fortan nach dem für Großforschungseinrichtungen maßgeblichen Schlüssel von 90 zu 10 vom Bund und vom Freistaat Bayern finanziert wurde.¹⁷¹

3.3.5 Atomwaffen für die Bundeswehr?

Zu Konflikten mit der Politik kam es freilich nicht nur in Geldangelegenheiten. Über ihre Funktion in der Politikberatung gewann die Wissenschaft auch in der breiten Öffentlichkeit an Ansehen. Wissenschaftler unterschiedlicher Disziplinen stiegen zu Autoritäten bei der Erklärung komplexer Phänomene in einer immer komplizierter werdenden Welt auf, sodass es nur eine Frage der Zeit war, wann es darüber zu einem Konflikt mit den politisch Verantwortlichen kam. Nicht zufällig wurde die Kernforschung zur Arena dieser Auseinandersetzung, weil sich hier nicht klar zwischen ziviler und militärischer Relevanz bzw. Nutzanwendung unterscheiden ließ und weil es in diesem Forschungsfeld seit jeher eine eigentümliche Verschränkung von Wissenschaft und Politik gegeben hatte, die im Oktober 1955 – unmittelbar nach dem Wiedereinstieg Westdeutschlands in die Kernforschung – zur Gründung eines Bundesministeriums für Atomfragen geführt hatte. Der Forschung brachte dies den großen Vorteil, dass die Politik – zumal unter der Federführung eines eigenen Bundesministeriums – sehr viel durchsetzungsstärker war, was die Bereitstellung von Forschungsmitteln betrifft, als eine Selbstverwaltungsorganisation. Damit ging jedoch der Nachteil einher, dass sich die Wissenschaft in noch stärkere Abhängigkeit von der Politik begab und so mehr oder weniger automatisch in (partei-)politische Auseinandersetzungen hineingezogen wurde.¹⁷² Genau dies geschah in den Jahren 1956/57.

Während Wissenschaft und Politik bei der friedlichen Nutzung der Kernenergie an einem Strang zogen, kam es in diesen Jahren zwischen Bundesregierung und Atomforschern zu einem Konflikt über die Frage, ob die im Entstehen begriffene Bundeswehr mit Atomwaffen ausgerüstet werden sollte. Vor dem Hintergrund eines amerikanischen Strategiewechsels, der darauf hinauslief, die konventionellen US-Streitkräfte in Europa zu reduzieren und stattdessen taktische Atomwaffen zu stationieren, liebäugelten Kanzler Konrad Adenauer und Verteidigungsminister Franz Josef Strauß öffentlich damit, die Bundeswehr ebenfalls mit diesen neuartigen Waffen aus-

---

167 Für das IPP griff der neue Finanzierungsmodus ab dem 1.1.1970. Vermerk aus dem Bayerischen Staatsministerium für Finanzen, undatiert, betr. IPP, Ausführung des Wirtschaftsplanes 1970, abgedruckt in: Lucha, *Dokumente zu Entstehung und Entwicklung*, 2005, Dokument 33, 154. Siehe dazu auch Szöllösi-Janze, Arbeitsgemeinschaft, 1990, 154–155; Boenke, Institut für Plasmaphysik, 1990, 108 u. 113.
168 Boenke, Institut für Plasmaphysik, 1990, 115.
169 Zu diesem Prozess wie auch zu den Positionen der AGF siehe ausführlich Szöllösi-Janze, Arbeitsgemeinschaft, 1990.
170 Siehe dazu das Kurzprotokoll der 11. Sitzung des Ständigen Ausschusses am 29.10.1969 im MPI für Physik und Astrophysik, abgedruckt in: Lucha, *Dokumente zu Entstehung und Entwicklung*, 2005, Dokument 45, 185–186.
171 Vertrag zwischen der MPG und dem IPP vom 16.12.1970, abgedruckt in: ebd., Dokument 46, 187; Satzung des IPP vom 1.1.1971, abgedruckt in: ebd., Dokument 47, 188–192; Henning und Kazemi, *Handbuch*, Bd. 2, 2016, 1302–1303. Die Finanzierung des IPP durch Bund und Sitzland erfolgte abzüglich der Zuwendungen von EURATOM. Stumm, *Kernfusionsforschung*, 1999, 171.
172 So schon Hermann, *Werner Heisenberg*, 1976, 104–105.

3. Die formative Phase der MPG (1955–1972)

zurüsten.¹⁷³ Als Adenauer sich am 5. April 1957 in einer Pressekonferenz zu einer Verharmlosung von taktischen Kernwaffen hinreißen ließ, in denen er »nichts anderes als eine Weiterentwicklung der Artillerie« erblickte,¹⁷⁴ reagierten 18 deutsche Atomforscher mit der »Göttinger Erklärung«, mit der sie die Öffentlichkeit über die fatale Wirkung von Atomwaffen aufklären und die Bundesregierung zu einer Kurskorrektur bewegen wollten.¹⁷⁵ Schon die »kleinen« taktischen Atomwaffen, die damals zur Verfügung standen, hieß es in der Erklärung, entfalteten eine ähnliche Wirkung wie die Hiroshima-Bombe, und »durch Verbreitung von Radioaktivität« sei es ohne Weiteres möglich, »die Bevölkerung der Bundesrepublik heute schon auszurotten«. Da die atomare Abschreckung »auf die Dauer [...] unzuverlässig« sei, könne sich die Bundesrepublik am besten schützen, indem sie »ausdrücklich und freiwillig auf den Besitz von Atomwaffen jeder Art verzichtet«.¹⁷⁶

Zwar war die MPG als solche nicht direkt in die Auseinandersetzung verwickelt und Otto Hahn betonte auf der Hauptversammlung Ende Juni 1957, »daß es sich dabei nicht um eine Erklärung der Max-Planck-Gesellschaft« handelte, sondern dass die 18 Atomexperten »jeder für sich, im Bewußtsein ihrer besonderen Verantwortung auf Grund ihrer Sachkenntnis gehandelt« hätten.¹⁷⁷ Doch kamen die führenden Köpfe der 18 Unterzeichner aus den Reihen der MPG: Carl Friedrich von Weizsäcker, der die »Göttinger Erklärung« aufgesetzt hatte,¹⁷⁸ Werner Heisenberg, der angesehenste Atomphysiker des Landes, und Präsident Otto Hahn, über dessen Büro die Koordination der Erklärung gelaufen war und den – als einen der »Entdecker der Kernspaltung« – eine tief empfundene persönliche Betroffenheit zu seinem Engagement motiviert hatte. Die Veröffentlichung der Erklärung führte kurzzeitig zur Verstimmung der Bundesregierung, die der MPG-Hauptversammlung von 1957 in Lübeck demonstrativ fernblieb.¹⁷⁹ Den Regierungsparteien waren die heftigen Reaktionen der Öffentlichkeit im Vorfeld der Bundestagswahl von 1957 unangenehm, zumal die oppositionelle SPD sich an die Spitze der gesellschaftlichen Bewegung gegen Wiederbewaffnung und Atomtod stellte.¹⁸⁰ Zunächst unterschätzte Adenauer das Gewicht, das die Öffentlichkeit dem Urteil der Wissenschaftler zumaß, und kanzelte die Unterzeichner kühl ab – in Anspielung auf die »Göttinger Sieben« des Vormärz bezeichnete die Presse sie als »Göttinger Achtzehn«.¹⁸¹ Nachdem der Kanzler seine Fehleinschätzung erkannt hatte, gelang es ihm, die Wissenschaftler zu einem gemeinsamen Kommuniqué zu bewegen und den Konflikt auf diese Weise beizulegen.¹⁸² Für den Wahlausgang spielte die Auseinandersetzung zwischen Bundesregierung und Atomforschern zwar letztlich keine Rolle, die Union fuhr mit 50,2 Prozent der Stimmen einen glänzenden Wahlsieg ein.¹⁸³ Folgenlos blieb der Protest der Wissenschaftler jedoch nicht, denn die Einmischung von ausgewiesenen Experten in politische Debatten setzte ein Zeichen. Die im Entstehen begriffene westdeutsche Zivilgesellschaft bezog ihre Stärke nicht zuletzt daraus, dass sich Wissenschaftler und Intellektuelle zunehmend an politischen Debatten beteiligten und die Position der Regierung kritisch hinterfragten. Insofern ist die »Göttinger Erklärung« ein Beispiel dafür, dass die Adenauer-Ära nicht ganz so restaurativ gewesen ist, wie man ihr oft unterstellt.

---

173 Zur Rolle von Strauß siehe ausführlich Siebenmorgen, *Franz Josef Strauß*, 2015, 125–147; Möller, *Franz Josef Strauß*, 2015, 184–205.
174 Bundeskanzler Adenauer über die Aufrüstung der Bundeswehr mit atomaren Waffen, 5.4.1957, in: Bührer, *Adenauer-Ära*, 1993, 165–167, Zitat 166.
175 So Heisenberg, *Der Teil und das Ganze*, 1972, 265. – Zur »Göttinger Erklärung« vom 12.4.1957, die in der Forschung auf breites Interesse gestoßen ist, siehe im Folgenden, soweit nicht anders angegeben, Lorenz, »Göttinger Erklärung«, 2011; Lorenz, *Protest der Physiker*, 2011; Kraus, *Uranspaltung*, 2001; Kraus, *Atomwaffen*, 2007; Carson, *Heisenberg in the Atomic Age*, 2010, 320–330; Balcar, *Wandel*, 2020, 162–170.
176 Die »Göttinger Erklärung« vom 12.4.1957 ist u. a. abgedruckt bei Sontheimer, *Adenauer-Ära*, 1991, 210–211.
177 Hahn, Ansprache, 1957, 199.
178 Walker, »Mit der Bombe leben«, 2014.
179 Anstelle der bundespolitischen Prominenz sprachen in Lübeck als Vertreter der Politik Bürgermeister Walther Böttcher (CDU) und der Kultusminister Schleswig-Holsteins, Edo Osterloh (CDU). Max-Planck-Gesellschaft, Hauptversammlung, 1957, 187.
180 Zur westdeutschen Friedensbewegung in den 1950er-Jahren siehe Gassert, *Bewegte Gesellschaft*, 2018, 78–90; Kielmansegg, *Nach der Katastrophe*, 2000, 319–323.
181 Hermann, *Werner Heisenberg*, 1976, 105. Die »Göttinger Sieben« war eine Gruppe von sieben Professoren, die 1837 gegen die Aufhebung der liberalen Verfassung des Königreichs Hannover protestierten und deswegen von der Universität Göttingen entlassen wurden, was sie zu Galionsfiguren der nationalliberalen Bewegung im »Vormärz« machte. Hardtwig, *Vormärz*, 1998, 21–23.
182 Schwarz, *Staatsmann*, 1991, 236; Kraus, *Uranspaltung*, 2001, 57, 246–266. Zur Sichtweise des Kanzlers siehe Adenauer, *Erinnerungen*, 1989, 294–297.
183 Görtemaker, *Geschichte der BRD*, 1999, 345–347.

3.4 Die Bewältigung des Wachstums

Um das stürmische Wachstum zu bewältigen, das sie in ihrer zweiten Entwicklungsphase erlebte, baute die MPG ihre Generalverwaltung aus und nahm umfassende Veränderungen ihrer Leitungs- und Entscheidungsstrukturen vor. Einige dieser Änderungen, insbesondere die mehrfachen Satzungsreformen, waren das Resultat intensiver interner Beratungen und Debatten, andere Ausfluss mehr oder weniger kontingenter Entwicklungen. Letzteres galt vor allem für den Wechsel im Präsidentenamt, der 1960 erfolgte und mit einem Generationswechsel unter den Wissenschaftlichen Mitgliedern der MPG einherging.

3.4.1 Der Wechsel im Präsidentenamt

Von zentraler Bedeutung für die weitere Entwicklung der MPG war ein Wechsel an ihrer Spitze, der einen »Epochenwandel in der Gesellschaft« ankündigte.[184] Auf der in Bremen tagenden Hauptversammlung des Jahres 1960 übernahm der Biochemiker Adolf Butenandt das Präsidentenamt von Otto Hahn, der die Amtskette seit der Wiedergründung der KWG als MPG 14 Jahre lang getragen hatte. Auch wenn Hahn nicht ganz so hilflos war, wie er bisweilen dargestellt wird,[185] lag ihm die Leitung einer großen Wissenschaftsorganisation wie der MPG offensichtlich nicht. Hahn war im Grunde ein unpolitischer Mensch, der ganz in seinen Forschungen aufging – ein Wissenschaftler, kein Wissenschaftsmanager. Als MPG-Präsident musste er sich auf dem rutschigen Parkett der Politik bewegen, was ihm ebenso schwerfiel, wie innerhalb der MPG permanent die wissenschaftspolitische Agenda zu setzen und dabei nicht selten zuwiderlaufende Interessen auszugleichen. »Führung« im Sinne von Machtausübung war Hahns Sache nicht. Daher blieb er während seiner Präsidentschaft stets auf die Unterstützung von Generalsekretär Ernst Telschow angewiesen.

Hahns Nachfolger war von ganz anderer Statur. Mit der Wahl Butenandts legte der Senat die Führung der MPG in die Hände eines Machtmenschen mit großem Organisationstalent. Butenandt war ein exzellenter Wissenschaftler, der 1939 den Chemie-Nobelpreis erhalten hatte.[186] Zugleich ermöglichten ihm seine ausgeprägte Wendigkeit und Anpassungsfähigkeit, sich über Nacht in veränderten politischen Verhältnissen zurechtzufinden. Weder der Übergang von der Weimarer Republik zum Nationalsozialismus noch der Zusammenbruch des »Dritten Reichs«, die Besatzungsherrschaft oder die Etablierung demokratischer Strukturen in Westdeutschland bedeuteten für ihn einen Karriereknick; vielmehr verstand es Butenandt jeweils geschickt, sich die Möglichkeiten, die ihm die Systemwechsel boten, zunutze zu machen.[187]

1927 schloss der 1903 geborene, aus kleinen Verhältnissen stammende Butenandt das Chemiestudium mit einer Promotion bei Adolf Windaus in Göttingen ab, 1930 folgte die Habilitation und 1933 der Ruf an die Technische Hochschule Danzig. Der nächste Karriereschritt kam 1936 mit der Berufung zum Direktor des KWI für Biochemie in Berlin-Dahlem, die er – gestützt auf einen wachsenden Mitarbeiterstab und eine zunehmende Zahl von Schüler:innen – zum Einstieg in weitere Forschungsfelder nutzte.[188] Bis heute ist umstritten, inwieweit Butenandt selbst in der NS-Zeit an Kriegsforschung und Medizinverbrechen beteiligt war bzw. Kenntnis von entsprechenden Forschungsarbeiten seiner Mitarbeiter hatte.[189] Trotz nicht unerheblicher NS-Belastung, wegen der sein Name noch im Frühjahr 1947 auf der Fahndungsliste des US-Militärgeheimdiensts Counter Intelli-

---

184 Carson, Wissenschaftsorganisator, 2005, 219.
185 Das gilt insbesondere für Rüdiger Hachtmann, der Hahn »Hilflosigkeit« attestiert. Hachtmann, *Wissenschaftsmanagement*, 2007, 1199.
186 Butenandt durfte den Nobelpreis jedoch erst nach dem Zweiten Weltkrieg in Empfang nehmen, weil Hitler die Annahme verboten hatte, nachdem Carl von Ossietzky 1935 mit dem Friedensnobelpreis ausgezeichnet worden war. Siehe dazu die Laudatio auf Butenandt: The Nobel Prize: Award Ceremony Speech, 1949, https://www.nobelprize.org/prizes/chemistry/1939/ceremony-speech/.
187 Satzinger, Butenandt, Hormone und Geschlecht, 2004. Obwohl Butenandt seit rund 20 Jahren im Fokus der Forschung steht, ist der Forschungsstand nach wie vor unbefriedigend. Eine wissenschaftlichen Ansprüchen genügende Biografie Butenandts steht nach wie vor aus. Die Präsidentenkommission »Geschichte der KWG im Nationalsozialismus« hat dafür einige wichtige Bausteine geliefert, die Zeit nach 1945 und insbesondere die Phase von Butenandts Präsidentschaft ist dabei jedoch unterbelichtet bzw. ganz ausgeblendet geblieben. Schieder und Trunk, *Butenandt*, 2004. Die Biografie Peter Karlsons ist eine unkritische Hagiografie aus der Feder eines Schülers. Karlson, *Adolf Butenandt*, 1990. Eine erste Annäherung an das »Phänomen Butenandt«, allerdings verfasst im Duktus der Anklage, bei Ebbinghaus und Roth, Rockefeller Foundation, 2002.
188 Hier wie auch auf seinen späteren Stationen versammelte Butenandt, der den wissenschaftlichen Nachwuchs wie ein Magnet anzog, eine beeindruckende Schar von Schüler:innen um sich. Eine einschlägige Untersuchung kommt auf insgesamt 218 Doktoranden und 30 Doktorandinnen. Kinas, *Butenandt*, 2004, 7.
189 Roth, Kontroverse um Adolf Butenandt, 2007; Proctor, *Adolf Butenandt*, 2000; Müller-Hill, Erinnerung und Ausblendung, 2002; Klee, *Auschwitz*, 2015, 228–229; Klee, *Deutsche Medizin im Dritten Reich*, 2001, 350–355; Gausemeier, Heimatfront, 2004; Trunk, Rassenforschung und Biochemie, 2004; Ebbinghaus und Roth, Rockefeller Foundation, 2002, 402–411.

3. Die formative Phase der MPG (1955–1972)

gence Corps (CIC) stand, kam Butenandt unbeschädigt durch die Entnazifizierung. In Tübingen, wohin das KWI für Biochemie 1943/44 verlegt worden war, gab sowohl die französische Besatzungsmacht als auch die deutsche Verwaltung dem Wiederaufbau des Wissenschaftsstandorts den Vorrang vor der Abrechnung mit dem Nationalsozialismus. Als Direktor seines Instituts und Inhaber des Lehrstuhls für physiologische Chemie an der Eberhard Karls Universität Tübingen saß Butenandt schon bald nach Kriegsende wieder fest im Sattel,[190] zumal der wendige Biochemiker auch in der schwierigen Nachkriegszeit auf seine engen Verbindungen zur pharmazeutischen Industrie bauen konnte, die seine steile Karriere von Anfang an gefördert hatte.[191] Ein Firmenkonsortium stellte die nötigen Mittel bereit, um Butenandt weiterhin hervorragende Forschungsbedingungen zu schaffen und ihn trotz mehrerer Angebote aus der Schweiz in Deutschland zu halten.

Nach der Eingliederung der Institute aus der französischen Zone gehörte Butenandt umgehend wieder zum Kreis derjenigen, die in der MPG das Sagen hatten. Nachdem er im November 1949 in den Senat kooptiert worden war, wurde schon 1954 erstmals die Frage an ihn herangetragen, ob er gegebenenfalls die Präsidentschaft der MPG übernehmen würde.[192] Als die MPG dann Ende der 1950er-Jahre einen Nachfolger für den amtsmüden Otto Hahn suchte, schlug Butenandts Stunde, zumal aussichtsreiche Kandidaten wie Karl-Friedrich Bonhoeffer zwischenzeitlich verstorben waren, während andere wie Carl Friedrich v. Weizsäcker »mit Rücksicht auf seine wissenschaftliche Entwicklung und seine wissenschaftlichen Pläne« bereits im Vorfeld abgewinkt hatten.[193] So blieb als einziger ernst zu nehmender Rivale der Biochemiker Richard Kuhn vom MPI für medizinische Forschung übrig, gegen den sich Butenandt jedoch schon im ersten Wahlgang mit deutlicher Mehrheit durchsetzen konnte.[194]

Im Rückblick war Butenandt, dem die Forschung den »Habitus eines Patriarchen« attestiert,[195] der umstrittenste, aber auch der einflussreichste Präsident der MPG. Zwar sollte man nicht der Versuchung erliegen, alle Entwicklungen, die die MPG in den zwei Amtsperioden seiner Präsidentschaft durchlief, umstandslos auf Butenandts Wirken zurückzuführen. Auch gilt es, in Rechnung zu stellen, dass die hier vor allem herangezogenen Quellen – die Protokolle der Leitungsorgane der MPG nebst ihren Anlagen – in besonderem Maße auf den Präsidenten fokussiert sind, der sowohl im Verwaltungsrat als auch im Senat den Vorsitz führte. Dieser Fokus verzerrt die Perspektive, zumal Butenandt die Rolle des Präsidenten in diesen Gremien noch einmal akzentuierte. Doch bei aller gebotenen Zurückhaltung führt kein Weg an der Feststellung vorbei, dass Butenandt der MPG während seiner Präsidentschaft den Stempel aufgedrückt hat.

Neben der Persönlichkeit des Präsidenten trugen dazu mehrere Umstände bei:[196] Erstens leitete Butenandt nach dem Ausscheiden der beiden Generalsekretäre Ernst Telschow und Otto Benecke, von denen gleich noch die Rede sein wird, die Generalverwaltung der MPG quasi selbst. Zweitens kam er nicht allein, sondern installierte nach der Übernahme des Präsidentenamts eine Gruppe von Vertrauten in der Führungsriege der MPG, zu der Hans Dölle und insbesondere der BASF-Vorstandsvorsitzende Carl Wurster zählten, die 1960 zu Vizepräsidenten der MPG aufstiegen.[197] In einem Akt vorauseilenden Gehorsams hatten Verwaltungsrat und Senat zuvor darauf verzichtet, die turnusmäßig freiwerdenden Führungspositionen wieder zu besetzen, um dem neuen Präsidenten die Möglichkeit zu geben, Kandidaten seines Vertrauens zu benennen[198] – eine bedeutende Machtbefugnis jenseits der geschriebenen Satzung. In diesen Kontext gehört auch, drittens, dass Butenandt sich mit dem »Besprechungskreis Wissenschaftspolitik« eine Art Küchenkabinett schuf, über dessen Zusammensetzung er nach eigenem Gutdünken entschied; in dieser Runde von Experten aus Wissenschaft, Politik und Wirtschaft fielen besonders in den ersten Jahren seiner Präsidentschaft richtungsweisende Entscheidungen, denen die nach der Satzung zuständigen Gremien im Nachhinein zustimmten. Viertens stärkte eine unter Butenandts Ägide 1964 beschlossene

---

190 Stoff, Butenandt, 2004; Ebbinghaus und Roth, Rockefeller Foundation, 2002, 411–412; Balcar, *Ursprünge*, 2019, 38–40 u. 66–67.
191 Siehe dazu und zum Folgenden Gaudillière, Biochemie und Industrie, 2004; Gaudillière, Better Prepared, 2005.
192 Vertrauliches und persönliches Rundschreiben Otto Hahns an die Senatoren der MPG vom 9.11.1959, AMPG, II. Abt., Rep. 60, Nr. 34. SP, fol. 338–352. Siehe auch den Entwurf dieses wichtigen Dokuments vom 30.10.1959, ebd., fol. 318–333.
193 Vertrauliches und persönliches Rundschreiben Otto Hahns an die Senatoren der MPG vom 9.11.1959, AMPG, II. Abt., Rep. 60, Nr. 34.SP, fol. 340.
194 Auf Butenandt waren 27 Stimmen entfallen, fünf Senatoren hatten für Kuhn gestimmt, eine Stimme war ungültig. Protokoll der 34. Sitzung des Senates vom 27.11.1959, AMPG, II. Abt., Rep. 60, Nr. 34.SP, fol. 338–352.
195 Hockerts, *Erbe für die Wissenschaft*, 2018, 183.
196 Siehe zum Folgenden ausführlich, soweit nicht anders gekennzeichnet, Balcar, *Wandel*, 2020, 39–41.
197 Henning und Kazemi, *Chronik*, 2011, 400 u. 920.
198 Protokoll der 34. Sitzung des Senates vom 27.11.1959, AMPG, II. Abt., Rep. 60, Nr. 34.SP, fol. 188.

Satzungsreform die Stellung des Präsidenten, dem nunmehr die Aufgabe zufiel, die Wissenschaftspolitik der MPG zu entwerfen, und der das Recht hatte, Eilentscheidungen ohne die zuständigen Gremien zu treffen.[199] Auf dieser Grundlage konnte Butenandt fast nach Belieben schalten und walten.

3.4.2 »Südverschiebung« der MPG und Ausbau der Generalverwaltung

Zu den wichtigsten Weichenstellungen, die auf Butenandt zurückgingen, zählte die »Südverschiebung« der MPG.[200] Als sich die Verhältnisse in der Bundesrepublik zu normalisieren begannen, wurden die geografischen und verkehrstechnischen Nachteile des Standorts Göttingen, wo die KWG in Krieg und Nachkrieg Unterschlupf gefunden hatte, offensichtlich. Ab den frühen 1950er-Jahren schmiedete Telschow Pläne, die Generalverwaltung in die Nähe der Bundeshauptstadt zu verlegen, um engere Fühlung zu den politischen und wirtschaftlichen Entscheidungsträgern halten zu können.[201] Allerdings wog die Stärkung des Zonenrandgebiets in den Augen der Politik zunächst schwerer als der Wunsch einer Wissenschaftsorganisation, ihrer hinderlichen Randlage an der Leine zu entkommen. Die Generalverwaltung musste einstweilen in Göttingen verbleiben, während man in Düsseldorf eine Geschäftsstelle einrichtete.[202] Zeitgleich begann die MPG damit, ihren Schwerpunkt sukzessive von Göttingen nach München zu vierschieben, wobei Butenandt eine »Magnetwirkung« entfaltete:[203] 1952 hatte er einen Ruf an die Münchner Ludwig-Maximilians-Universität erhalten und war 1956 mitsamt dem MPI für Biochemie an die Isar übergesiedelt.[204] Zwei Jahre später folgten ihm Werner Heisenberg und das MPI für Physik, das bei dieser Gelegenheit umorganisiert und in MPI für Physik und Astrophysik umbenannt wurde. Der Umzug stand im Zusammenhang mit dem Wiedereinstieg Westdeutschlands in die Atomforschung. Heisenberg hatte gehofft, dass die große Kernforschungsanlage, als deren designierter Direktor er galt, ebenfalls in München angesiedelt werden würde. Zwar zerschlug sich diese Hoffnung, weil sich Baden-Württemberg in dem mit harten Bandagen geführten Konkurrenzkampf gegen Bayern durchsetzen konnte,[205] doch hielt die von Wilhelm Hoegner (SPD) geführte Bayerische Staatsregierung ihr Angebot an Heisenberg aufrecht, die beträchtlichen Kosten für die Übersiedelung seines Instituts in die Landeshauptstadt zu übernehmen. Am 11. Oktober 1955 beschloss der MPG-Senat schließlich die Verlegung des MPI für Physik von Göttingen nach München; zugleich wurde die Abteilung für Astrophysik in ein Teilinstitut umgewandelt.[206]

Die Bayerische Staatsregierung hatte hoch gepokert, um Wissenschaftsstars wie Adolf Butenandt und Werner Heisenberg für einen Umzug nach München zu gewinnen – und gewonnen. Neben dem MPI für Biochemie und dem MPI für Physik kam nach längerem Hin und Her schließlich auch das von Wolfgang Graßmann geleitete MPI für Eiweiß- und Lederforschung in die Landeshauptstadt,[207] die sich auf diese Weise in den 1950er-Jahren zu einem Zentrum der MPG entwickelte. Der Hauptgewinn winkte freilich beim Präsidentenwechsel von 1960, denn Butenandt akzeptierte das Amt nur unter der Bedingung, die Leitung seines Instituts und damit seinen Hauptwohnsitz in München behalten zu können. Die Generalverwaltung sollte in Göttingen verbleiben, die MPG in München ein kleines und personell dünn besetztes »Präsidialbüro« einrichten.[208] Dabei blieb es

---

199 Ebbinghaus und Roth, Rockefeller Foundation, 2002, 415; Marsch, Adolf Butenandt, 2003, 136.

200 Siehe zum Folgenden, soweit nicht anders gekennzeichnet, Balcar, *Wandel*, 2020, 41–52.

201 Ernst Telschow an Hermann Pünder vom 16.10.1950, AMPG, II. Abt., Rep. 60, Nr. 10.SP, fol. 223; Protokoll der 13. Sitzung des Senates vom 18.1.1952, AMPG, II. Abt., Rep. 60, Nr. 13.SP, fol. 141.

202 Henning und Kazemi, *Chronik*, 2011, 338 u. 344. Diese Geschäftsstelle wurde zum 1.7.1967 »im Zuge der Konzentration der Generalverwaltung in München« wieder aufgelöst. Max-Planck-Gesellschaft, Jahresbericht 1966, 1967, 253.

203 Trischler, Nationales Innovationssystem, 2004, 191.

204 Zu Butenandts Übersiedlung von Tübingen nach München siehe Henning und Kazemi, *Chronik*, 2011, 373; Deutinger, *Vom Agrarland zum High-Tech-Staat*, 2001, 112–127; Trischler, Nationales Innovationssystem, 2004, 187–190.

205 Siehe zu diesem Konflikt Gleitsmann-Topp, *Im Widerstreit der Meinungen*, 1986; Carson, Nuclear Energy Development, 2002; Boenke, *Entstehung und Entwicklung*, 1991, 93–98.

206 Protokoll der 22. Sitzung des Senates vom 11.10.1955, AMPG, II. Abt., Rep. 60, Nr. 22.SP, fol. 175–180; Henning und Kazemi, *Chronik*, 2011, 360. Dazu ausführlich Deutinger, *Vom Agrarland zum High-Tech-Staat*, 2001, 128–148.

207 Zur Verlegung des MPI für Eiweiß- und Lederforschung nach München siehe ausführlich Deutinger, *Vom Agrarland zum High-Tech-Staat*, 2001, 84–111.

208 Vertrauliches und persönliches Rundschreiben Otto Hahns an die Senatoren der MPG vom 9.11.1959, AMPG, II. Abt., Rep. 60, Nr. 34.SP, fol. 324; siehe auch den Entwurf dieses wichtigen Dokuments vom 30.10.1959, ebd., fol. 318–333; Protokoll der 43. Sitzung des Verwaltungsrates vom 21.1.1960, AMPG, II. Abt., Rep. 61, Nr. 43.VP, fol. 2.

jedoch nicht, im Lauf der 1960er-Jahre zog eine Abteilung nach der anderen in den repräsentativen Ludwigsbau der Münchner Residenz, wo die Generalverwaltung untergebracht worden war.[209]

Die Verlegung der Generalverwaltung nach München markiert den Beginn einer langen und engen Verbindung zwischen der MPG und dem Freistaat Bayern, die bis heute andauert und von der beide Seiten profitierten. In der Bayerischen Staatsregierung gewann die MPG einen verlässlichen Partner, der zur Modernisierung des in der Nachkriegszeit ökonomisch noch rückständigen Agrarlands zwei wichtige Weichenstellungen vornahm: Zum einen setzte sie auf Hightech, insbesondere auf die Atomkraft, um den Standortnachteil als revierfernes Binnenland auszugleichen; zum anderen betrieb sie die Ansiedlung von Forschungseinrichtungen als Mittel regionaler Strukturpolitik, mit der der Freistaat dauerhaft modernisiert werden sollte.[210] Beide Strategien waren bereits angelegt, bevor die CSU in Bayern mit absoluter Mehrheit regierte. Die Bayerische Staatsregierung – ob noch unter einem Ministerpräsidenten der SPD oder später der CSU – ließ sich die Ansiedlung von Forschungseinrichtungen der Spitzenklasse viel Geld kosten. Dies ist umso bemerkenswerter, als der Freistaat in den 1950er- und 1960er-Jahren noch längst nicht der Krösus unter den Bundesländern war, als der er sich heute gern geriert.

Auch die Generalverwaltung selbst durchlief in den langen 1960er-Jahren einen tiefgreifenden Wandel. Parallel zur Verlegung nach München erfuhr der Verwaltungsapparat der MPG einen massiven Ausbau und einen Modernisierungsschub. An der Spitze schied Generalsekretär Telschow 1960 aus Altersgründen aus dem Amt. Zwei Jahre später zog sich auch Otto Benecke aus gesundheitlichen Gründen zurück. Daraufhin betraute Butenandt Hans Ballreich und Hans Seeliger, die beide bereits in der Generalverwaltung tätig waren, mit »der Führung der Verwaltungsgeschäfte«.[211] Beide hatten indes nicht die Statur, in die Fußstapfen von Telschow und Benecke zu treten. Seeliger schied schon Ende 1963 auf eigenen Wunsch aus, Ballreich musste seinem angegriffenen Gesundheitszustand Tribut zollen und ging 1967 vorzeitig in den Ruhestand.[212] Erst als es im April 1966 gelang, den erfahrenen Juristen Friedrich Schneider für dieses Amt zu gewinnen, verfügte die MPG wieder über einen echten Generalsekretär, der sich zuvor im Wissenschaftsrat in gleicher Funktion den Ruf eines hervorragenden Wissenschaftsmanagers erworben hatte.

Der Übergang von Telschow zu Schneider bedeutete eine Abkehr von den Verwaltungstraditionen der KWG. Die frühe MPG hatte nahtlos an die Generalverwaltung der KWG angeknüpft, indem sie das Personal – soweit noch verfügbar – und auch die nur rudimentär ausgeprägten Strukturen übernahm. Erst 1955 erfolgte eine Aufgliederung der Generalverwaltung in fünf Referate. 1964 fand eine Reorganisation statt, wodurch die Generalverwaltung in sieben Abteilungen gegliedert wurde. Eine weitere Strukturreform reduzierte 1971 die Zahl der Abteilungen wieder auf sechs, untergliederte sie ihrerseits aber in Referate und Hilfsreferate.[213] Die verschiedenen Reorganisationsversuche reagierten auf ein stark erweitertes Aufgabenprofil der Generalverwaltung. Zum einen kamen laufend neue Tätigkeitsfelder hinzu, zum anderen musste die Münchner Zentrale immer mehr Pflichten übernehmen, die die Verwaltungen der einzelnen Institute überforderte. Das galt beispielsweise für die Lohn- und Gehaltszahlungen nach dem Bundesangestelltentarifvertrag (BAT). Um die Institutsverwaltungen von dieser Aufgabe zu entlasten, richtete die Generalverwaltung eine Zentrale Gehaltsabrechnungsstelle ein, an die bis 1968 »die meisten Institute« angeschlossen werden konnten.[214] Als Folge ihrer immer umfangreicheren Betätigungsfelder vervielfachte sich der Personalbedarf der Generalverwaltung. 1962 hatte ihr Stellenplan 61 Planstellen ausgewiesen, 1968 waren es 120 und 1971 bereits 182.[215] Auf diese Weise wandelte sich die Generalverwaltung der MPG von einer kleinen, verschworenen und ganz auf die Person Ernst Telschows ausgerichteten Gruppe in einen personell bestens besetzten, funktional differenzierten, aufs Ganze gesehen überaus schlagkräftigen Verwaltungsapparat.

---

209 Henning und Kazemi, *Handbuch,* Bd. 1, 2016, 8–9; Balcar, *Wandel,* 2020, 48–51.
210 Deutinger, *Vom Agrarland zum High-Tech-Staat,* 2001; Trischler, Nationales Innovationssystem, 2004; Milosch, *Modernizing Bavaria,* 2006, 36–39 u. 93–100.
211 Max-Planck-Gesellschaft, Jahresbericht 1961, 1962, 165.
212 Max-Planck-Gesellschaft, Aus den Instituten, 1968, 146.
213 Henning und Kazemi, *Chronik,* 2011, 934–935. Siehe unten, Kap. IV.4.4.2.
214 Ausarbeitung (gez. scho/leh): Verwaltungsrat, Bericht des Generalsekretärs vom 27.2.1968, Rationalisierung der Verwaltung, AMPG, II. Abt., Rep. 61, Nr. 76, fol. 38–39, Zitate fol. 38. Siehe dazu auch Ausarbeitung von Kurt Pfuhl: Verwaltungsrat, Bericht des Präsidenten vom 11.5.1965, betr.: Rationalisierung der Verwaltung, hier: Zentrale Gehaltsbuchhaltung, AMPG, II. Abt., Rep. 61, Nr. 65, fol. 51–54.
215 Vermerk Dietrich Ranft vom 12.2.1980 betr. TOP 9 der Sitzung des Verwaltungsrates vom 22.11.1979, hier: Wertigkeit der Stellen leitender Mitarbeiter der Generalverwaltung, AMPG, II. Abt., Rep. 61, Nr. 119.VP, fol. 312–317, hier fol. 317.

3.4.3 Erneuerung per Generationswechsel

Der Wechsel im Präsidentenamt von Hahn zu Butenandt steht exemplarisch für einen umfassenden Generationswechsel, den die MPG in ihrer zweiten Entwicklungsphase durchlief, und zwar nicht nur an der Spitze, sondern auch unter ihren Wissenschaftlichen Mitgliedern. Dieser war wiederum Teil der wissenschaftlichen Neuausrichtung der MPG, die sich nicht nur in der Gründung neuer und teilweise neuartiger Forschungsstätten zeigte, sondern auch in der Berufung von jüngeren Wissenschaftlern, die in den 1920er- und 1930er-Jahren geboren waren und damit der dritten wissenschaftlichen Generation angehörten.[216] Sie waren indes nicht nur deutlich jünger, sondern auch anders sozialisiert worden als ihre Vorgänger und hatten in ihrer großen Mehrheit wohl auch andere Vorstellungen von Wissenschaft und ihrer Bedeutung für die Gesellschaft als die Altvorderen, die größtenteils bereits in der KWG geforscht hatten. In zwei Punkten glich das Profil der Jüngeren allerdings auffällig dem ihrer Vorgänger: Bei den Wissenschaftlichen Mitgliedern, die ab Mitte der 1950er-Jahre bis Anfang der 1970er-Jahre berufen wurden, handelte es sich noch überwiegend, bei den Direktoren fast ausschließlich, um deutsche bzw. in Deutschland geborene Männer; Frauen und Ausländer kamen (noch) nicht zum Zug. Der Astrophysiker und spätere MPG-Präsident Reimar Lüst personifiziert die neue Generation von Wissenschaftlern, die in der zweiten Phase sukzessive in leitende Positionen des westdeutschen Wissenschaftsbetriebs aufstieg, wie kaum ein zweiter.[217]

Welche Dimension der generationelle Wandel in der MPG von 1955 bis 1972 annahm, machen einige Zahlen deutlich: 1955 gehörten erst zwei Wissenschaftliche Mitglieder der MPG dieser dritten Generation an, während 22 zur ersten Generation (der vor 1890 geborenen) und 80 zur zweiten (der um 1900 Geborenen) zählten. 1965 hatte sich das Bild bereits gewandelt: Nur noch vier Wissenschaftliche Mitglieder entstammten der Gründergeneration, 91 gehörten der zweiten Generation an und bereits 48 zählten zur dritten Generation. 1972 war die Gründergeneration der KWG aus der MPG verschwunden, und auch die zweite Generation hatte ihren Zenit überschritten, zu ihr zählten am Ende der langen 1960er-Jahre nur noch 63 Wissenschaftliche Mitglieder. Dagegen stellte die jüngere Generation mit 125 Angehörigen nunmehr die größte Gruppe.[218]

Der Jahresbericht 1958/59 zeugt in komprimierter Form von diesem sich über ein Jahrzehnt erstreckenden Generationswechsel.[219] Man liest dort einerseits, dass das KWG-Urgestein Max v. Laue (1879–1960), der sich um den Wiederaufbau der deutschen Wissenschaft nach 1945 in besonderem Maße verdient gemacht und zuletzt als Direktor des Berliner Fritz-Haber-Instituts gewirkt hatte,[220] im Alter von 79 Jahren in den Ruhestand getreten war; andererseits wurden wesentlich jüngere Männer zu Wissenschaftlichen Mitgliedern berufen, die die MPG in den folgenden Jahren mitprägen sollten, darunter Wolfgang Gentner (1906–1980), der Nachfolger von Walther Bothe und Gründungsdirektor des MPI für Kernphysik in Heidelberg,[221] sowie drei Schüler des 1957 verstorbenen Karl-Friedrich Bonhoeffer: Manfred Eigen (1927–2019), Reinhard Schlögl (1919–2007) und Hans Strehlow (1919–2012).[222] Mit der Berufung jüngerer Wissenschaftler, die einen wesentlichen Teil ihrer akademischen Sozialisation in den USA durchlaufen hatten, kam es zu einer Art mentaler Internationalisierung der MPG, auf längere Sicht zu einem Schub in Richtung Liberalisierung, womöglich sogar Demokratisierung. Die jungen Direktoren wie Eigen oder Lüst unterschieden sich jedenfalls sowohl in ihrem Habitus als auch in ihrem Umgang mit den Mitarbeiter:innen deutlich von den um Distinktion und Distanz bemühten Ordinarien alter Schule vom Schlage eines Hermann Heimpel, des Direktors des MPI für Geschichte, gegen die bald schon die Studentenbewegung zu Felde ziehen sollte.

3.4.4 Die Reform der Governance-Strukturen der MPG

Auf den vielfältigen Wandel, den die MPG in den langen 1960er-Jahren vollzog, reagierten ihre Leitungsorgane mit einer Reihe von Reformen der Satzung, die als Etappen eines zusammenhängenden Reformprozesses

---

216 Siehe im Folgenden oben Kap. II.1, 29–31.
217 Zu Lüst und den Erfahrungen, die die dritte wissenschaftliche Generation der MPG prägten, siehe Balcar, *Wandel*, 2020, 28–33.
218 Diese Angaben stammen aus der Biografischen Datenbank des Forschungsprogramms GMPG. Siehe oben, Kap. II.1, 31 (Abb. 1).
219 Max-Planck-Gesellschaft, Jahresbericht und Vorschau, 1959, 239.
220 Zeitz, *Max von Laue*, 2006.
221 Im Zuge der Berufung Gentners wurde Bothes Institut für Physik aus dem MPI für medizinische Forschung ausgegliedert und in ein eigenständiges MPI für Kernphysik umgewandelt. Protokoll der 32. Sitzung des Verwaltungsrats vom 17.12.1957, AMPG, II. Abt., Rep. 61, Nr. 32.VP, fol. 12–14; Protokoll der 33. Sitzung des Verwaltungsrats vom 26.3.1958, AMPG, II. Abt., Rep. 61, Nr. 33.VP, fol. 8–10.
222 Max-Planck-Gesellschaft, Jahresbericht und Vorschau, 1959, 239.

3. Die formative Phase der MPG (1955–1972)

begriffen werden müssen. In der Gründungsphase der MPG hatten sich ihre Leitungsorgane nur am Rande mit Satzungsfragen befasst; man übernahm als Rechtsnachfolgerin der KWG weitgehend deren Satzung und änderte sie nur insoweit, als Anpassungen an die Rahmenbedingungen der Besatzungszeit notwendig erschienen. Die Satzungsänderungen, die ab Ende der 1950er-Jahre erfolgten, waren Spiegelbilder der Wandlungsprozesse, die die MPG zwischen 1955 und 1972 durchlief, zugleich aber auch Manifestationen von äußerem und innerem Veränderungsdruck, auf den die MPG Antworten finden musste.

Den Auftakt markierte ein Vorstoß der Bundesregierung, die angesichts der von Jahr zu Jahr größer werdenden Bundeszuschüsse an die MPG im Sommer 1958 auf eine Vertretung des Innen- und des Finanzministeriums im Senat drängte.[223] Die daraufhin eingesetzte Kommission arbeitete zügig: Ab Ende 1959 gehörten dem Senat von Amts wegen drei Vertreter der Länder und zwei des Bundes an.[224] Hier schlug sich die finanzielle Abhängigkeit der Forschungsgesellschaft von der öffentlichen Hand direkt in ihrer (formellen) Governance nieder. Für die MPG erwies sich dies – wie bereits zuvor die Aufnahme von Vertretern der Länder[225] – als Glücksfall, weil Meinungsverschiedenheiten schnell und direkt ausgeräumt werden konnten. Die Regierungsvertreter fungierten gewissermaßen als Botschafter der MPG, die deren Bedürfnisse und Handlungslogiken den zuständigen Ministerialbürokratien gleichsam übersetzten – und genau diesen »Übersetzungen« verdankte die MPG einen Teil ihrer Durchsetzungsfähigkeit gegenüber Bund und Ländern.

Damit hatte die Senatskommission die ihr übertragene Aufgabe eigentlich erledigt. Doch wurde sie nicht aufgelöst, sondern beauftragt, die bestehende Satzung einer gründlichen Durchsicht zu unterziehen und Änderungsvorschläge zu unterbreiten, wo immer dies angezeigt schien. Im Frühjahr 1960 kam die Kommission zu dem Ergebnis, »daß die gesamte Satzung der Max-Planck-Gesellschaft überarbeitet und den veränderten Verhältnissen und Bedürfnissen angepaßt werden muß«.[226] Der Vorsitzende der Kommission, der Jurist Hans Dölle, begründete dies damit, »daß die geltende Satzung nicht frei von Unklarheiten war und daß sich seit ihrem Inkrafttreten innerhalb und außerhalb der Gesellschaft Entwicklungen angebahnt hatten, denen eine Reihe von Satzungsbestimmungen nicht genügend entgegenkamen«.[227]

Als Adolf Butenandt 1960 das Präsidentenamt übernahm, beschleunigte sich der Reformdiskurs, der sich von nun an um drei Themenkreise drehte: erstens die Erarbeitung von Grundsätzen für die Gründung neuer Max-Planck-Institute, zweitens die Möglichkeit der Schließung von Forschungseinrichtungen und drittens das Verhältnis der MPG zur Großforschung. Eine erste Satzungsänderung betraf den Verwaltungsrat, der personell erweitert wurde. Dies war notwendig geworden, nachdem dieses Gremium im Zuge des Wachstums der MPG, aber auch aufgrund der Amtsführung Butenandts zulasten des Senats an Bedeutung gewonnen und sich dabei von einem vorbereitenden Gremium in die operative Kommandozentrale der MPG verwandelt hatte. Damit er seine wachsende Aufgabenfülle bewältigen konnte, wurde der Verwaltungsrat 1960 von sechs auf acht Personen aufgestockt.[228] Zu diesem Reformschritt sah sich der Präsident auch deswegen genötigt, weil im Senat und unter den Wissenschaftlichen Mitgliedern massive Kritik an dem von Butenandt eingesetzten und nach eigenem Gutdünken berufenen »Beratungskreis Wissenschaftspolitik« laut geworden war. Nun firmierte dieses Gremium unter der Bezeichnung »erweiterter Verwaltungsrat«. In dieser Form erhielt es schließlich die Absolution von Hans Dölle, dem Spiritus Rector der Reform.[229] Ein Reizthema war und blieb die Frage, in welchem Maße die Wissenschaftlichen Mitglieder an der Satzungsreform mitwirken sollten. Eine Gruppe um den Tübinger Biologen Georg Melchers versuchte auf der Hauptversammlung von 1962, ein Mitspracherecht in der Satzungsre-

---

223 Gerhard Schröder an Otto Hahn vom 31.7.1958, AMPG, II. Abt., Rep. 60, Nr. 31.SP, fol. 108, fol. 172; Protokoll der 31. Sitzung des Senates vom 15.10.1958, ebd., fol. 108. Siehe dazu auch Dölle, *Erläuterungen*, 1965, 7.
224 Protokoll der 32. Sitzung des Senates vom 12.2.1959, AMPG, II. Abt., Rep. 60, Nr. 32.SP, fol. 54; Protokoll der 38. Sitzung des Verwaltungsrates vom 11.2.1959, AMPG, II. Abt., Rep. 61, Nr. 38.VP, fol. 3–4. Die Reform wurde schließlich auf der Hauptversammlung des Jahres 1959 formell verabschiedet, nachdem Hans Dölle sie dort nochmals eingehend erläutert hatte. Siehe Max-Planck-Gesellschaft, Neufassung von § 12 der Satzung, 1959.
225 Balcar, *Ursprünge*, 2019, 124–125.
226 Protokoll der 35. Sitzung des Senates vom 16.3.1960, AMPG, II. Abt., Rep. 60, Nr. 35.SP, fol. 277.
227 Dölle, *Erläuterungen*, 1965, 7.
228 Protokoll der 35. Sitzung des Senates vom 16.3.1960, AMPG, II. Abt., Rep. 60, Nr. 35.SP, fol. 278. Die Hauptversammlung von 1960 billigte den Änderungsvorschlag des Senats ohne lange Debatte. Henning und Kazemi, *Chronik*, 2011, 398–399. Siehe unten, Kap. IV.4.2.2.
229 Dölle, *Erläuterungen*, 1965, 50–51. Zu der Kritik an Butenandts Vorgehen siehe auch Protokoll der 39. Sitzung des Senates vom 7.6.1961, AMPG, II. Abt., Rep. 60, Nr. 39.SP, fol. 136; Protokoll der 46. Sitzung des Senates vom 6.12.1963, AMPG, II. Abt., Rep. 60, Nr. 46 SP, fol. 379.

formkommission zu erwirken, konnte sich mit diesem Vorstoß jedoch nicht durchsetzen.[230] So blieb die aktive Mitarbeit an der Reform weitgehend auf einen relativ kleinen Kreis von Personen beschränkt, die fast alle zum engeren Umfeld des Präsidenten zählten.

Angesichts der Komplexität der Materie dauerte es bis zum November 1963, ehe die Kommission dem Senat den Entwurf einer umfassenden Satzungsreform vorlegen konnte. Fünf Ziele standen dabei im Fokus: Erstens sollte die Stellung der Wissenschaftlichen Mitglieder »im Rahmen des Instituts« genauer bestimmt, zweitens eine »Aktivierung« des Wissenschaftlichen Rats bewirkt, drittens die »Figur des Präsidenten [...] deutlicher profiliert«, viertens der Verwaltungsrat als operatives Leitungsgremium gestärkt und fünftens die Möglichkeit einer kollegialen Leitung von Max-Planck-Instituten geschaffen werden.[231] Ganze Arbeit leistete die Reformkommission, was die Profilierung des Präsidenten betraf. Die Konturierung seiner Befugnisse sollte einerseits für die Person des Präsidenten Klarheit in der Amtsführung schaffen, also dessen Rechte und Pflichten eindeutig festlegen, andererseits aber auch umreißen, »welcher Art die Persönlichkeit sein soll, die künftig als Kandidat für die Wahl zum Präsidenten der MPG in Betracht zu ziehen ist«.[232] Seine Aufgaben blieben nicht auf die Repräsentation der Gesellschaft nach außen beschränkt. Vielmehr erhielt der Präsident nun eine umfassende Eilkompetenz in allen Fragen, die keinen Aufschub duldeten, zudem sollte er die Grundzüge der Wissenschaftspolitik der MPG entwerfen, was ihm eine Art Richtlinienkompetenz in der wissenschaftlichen Ausrichtung der MPG verschaffte. Die Kombination dieser Befugnisse machte den Präsidenten zum eigentlichen Machtzentrum der MPG.[233]

Gestärkt ging auch der Verwaltungsrat aus der Reform von 1964 hervor, die ihm im Gefüge der satzungsmäßigen Organe der MPG drei wichtige Funktionen zuschrieb: Erstens wirkte er, gemeinsam mit dem Generalsekretär, als Vorstand der MPG im Sinne des Vereinsrechts;[234] zweitens übte er die Aufsicht über die Generalverwaltung aus und war ihr gegenüber weisungsbefugt, weshalb der Generalsekretär als solcher dem Verwaltungsrat – im Unterschied zu früher – nicht mehr von Amts wegen angehörte; drittens sollte er den Präsidenten beraten und wichtige Beschlüsse vorbereiten, sofern er diese nicht eigenständig fassen konnte. Die neuen Befugnisse machten aus dem Verwaltungsrat »das maßgebende *Exekutiv-Organ* der Gesellschaft«.[235] Auch wenn der Senat nach der Satzung von 1964 immer noch das wichtigste Beschlussgremium der MPG blieb, verlor er faktisch zulasten des Verwaltungsrats an Gewicht.

Was die Stärkung der Stellung der Wissenschaftlichen Mitglieder betrifft, lief die Präzisierung ihrer Rechte und Pflichten vor allem darauf hinaus, die Position »des Institutsleiters« zu stärken, wobei »Leitung« sich sowohl auf die wissenschaftliche Arbeit als auch auf die Verwaltung des Instituts bezog.[236] Als wesentliche Weichenstellung für die Zukunft sollte sich die Einführung der kollegialen Leitung in den Max-Planck-Instituten erweisen, die in den 1950er-Jahren noch die große Ausnahme gewesen war, in den 1960er-Jahren bei Neugründungen zur Regel wurde und bereits in den frühen 1970er-Jahren in der großen Mehrheit der Institute galt. 1950 waren von den insgesamt 34 Max-Planck-Instituten nur drei in Abteilungen bzw. in Teilinstitute untergliedert gewesen und kollegial geleitet worden, 1960 waren es bereits 21 von 40 Instituten und 1970 dann 40 von 52 Instituten.[237] Hans Dölle erblickte in dieser Neuerung »im Grunde nur die Bestätigung einer schon gelegentlich geübten Praxis«.[238] Mit der Einführung der kollegialen Leitung reagierten Satzungskommission und Senat aber auch auf den allgemeinen Trend in Richtung »Big Science«.

Die »Aktivierung« des Wissenschaftlichen Rats stand als Forderung schon länger im Raum, weil ihn viele seiner Mitglieder für schwerfällig, entscheidungsunfähig und weitgehend ohnmächtig hielten. Sie gelang indes nicht, weil es auch die Reform von 1964 versäumte, diesem Gremium handfeste Befugnisse zu verschaffen und Zuständigkeiten zuzuweisen. Konkrete Vorschläge Konrad Zweigerts stießen bei Butenandt auf Ablehnung und fanden im Senat keine Mehrheit.[239] Die jährliche Berichts-

---

230 Protokoll der 42. Sitzung des Senates vom 23.5.1962, AMPG, II. Abt., Rep. 60, Nr. 42.SP, fol. 29–30; Max-Planck-Gesellschaft, Hauptversammlung, 1962, 133.
231 Dölle, *Erläuterungen*, 1965, 8–10, Zitat 9. Siehe zum Folgenden Balcar, *Wandel*, 2020, 179–186.
232 Dölle, *Erläuterungen*, 1965, 10.
233 Schön, *Grundlagenwissenschaft*, 2015, 26. Siehe unten, Kap. IV.4.2.4.
234 Dies sieht § 26 Abs. 1 BGB vor. Dölle, *Erläuterungen*, 1965, 53.
235 Ebd., 50.
236 Siehe unten, Kap. IV.4.3.1.
237 Diese Angaben nach Max-Planck-Gesellschaft, Jahresbericht 1971, 1972, 245.
238 Dölle, *Erläuterungen*, 1965, 10.
239 Protokoll der 48. Sitzung des Senates vom 10.6.1964, AMPG, II. Abt., Rep. 60, Nr. 48.SP, fol. 184–185.

3. Die formative Phase der MPG (1955–1972)

pflicht des Präsidenten, die stattdessen in der Satzung verankert wurde,[240] war allenfalls ein Trostpflaster.

Zwei Faktoren führten dazu, dass das Thema Satzungsreform bald wieder auf die Agenda der Leitungsgremien der MPG kam: Zum einen blieben die Schockwellen von »68« nicht auf die Universitäten beschränkt, sondern wirkten sich auch auf die MPG aus – davon wird noch ausführlich die Rede sein. Zum anderen war es der Reformkommission bis 1964 nicht gelungen, die anvisierte »Absterbeordnung« für Max-Planck-Institute zu entwickeln.[241] Das erwies sich gegen Ende der langen 1960er-Jahre als Manko, weil es zu diesem Zeitpunkt für die MPG immer dringender wurde, einmal geschaffene und seither bestehende Forschungseinrichtungen auch wieder schließen zu können. Der forcierte Ausbau von Hochschulen und Universitäten, den Bund und Länder in den 1960er-Jahren ins Werk setzten, zwang die MPG »zu sehr eingehenden wissenschaftspolitischen Überlegungen in bezug auf ihre eigenen Aufgaben«, und aus dem 1967 vorgelegten Bundesbericht Forschung II leitete man die »Notwendigkeit noch stärkerer Konzentration« ab.[242] Hinzu kam, dass diejenigen Direktoren, die der zweiten wissenschaftlichen Generation angehörten, gegen Ende der 1960er-Jahre die Emeritierungsgrenze erreichten. Viele waren jedoch nicht bereit, ihren Posten für Jüngere zu räumen, sondern bemühten sich nach Kräften darum, ihre Amtszeit ein ums andere Mal verlängern zu lassen oder zumindest ihren Arbeitsplatz und den damit verbundenen Zugang zu den Ressourcen des Instituts zu behalten. Dies brachte die MPG in eine schwierige Lage, denn solange die ehemaligen Leiter an ihren Instituten verblieben, konnte sie die Forschungseinrichtungen weder schließen noch neues Leitungspersonal rekrutieren. Doch waren der MPG die Hände gebunden, denn ein von ihr in Auftrag gegebenes Rechtsgutachten stellte unmissverständlich klar, dass die MPG keine rechtliche Handhabe besaß, um einmal bestellte Direktoren abzusetzen und bestehende Institute zu schließen.[243] Eine entsprechende Handhabe zu schaffen, um Institute gegebenenfalls schließen zu können, war daher eines der Ziele der letzten Phase des Reformprozesses.

Diesmal mahlten die Mühlen der Reformkommission, die Butenandt 1968 einsetzte, langsam. Die Kommission tagte nicht nur im Plenum, sondern auch in vier Unterkommissionen.[244] Ihre Mitglieder holten bei der Generalverwaltung und bei einzelnen Max-Planck-Instituten umfassende Informationen ein, um auf dieser Grundlage eine Unmenge von Papieren auszuarbeiten, die dann diskutiert, modifiziert und wieder verworfen wurden. Hinzu kamen vielfältige und zeitraubende Konflikte in der Sache, sodass die Präsidentenkommission für Strukturfragen dem Senat erst Anfang März 1970 einen ersten Bericht vorlegte, der auf Personal- und Institutsstrukturen einging. Bei dieser Gelegenheit wurde die Präsidentenkommission in eine Senatskommission umgewandelt und personell erweitert.[245] Parallel dazu erhielten die Max-Planck-Institute – also nicht nur die Direktoren und Wissenschaftlichen Mitglieder, sondern auch die dort beschäftigten wissenschaftlichen Mitarbeiter:innen – Gelegenheit zur Stellungnahme, wovon sie reichlich Gebrauch machten.[246] Die erweiterte Strukturkommission sah sich daraufhin mit einer Flut von Änderungs- und Ergänzungswünschen konfrontiert, deren Bearbeitung abermals viel Zeit kostete. Ende Juni 1971 rang sich der Wissenschaftliche Rat »im Prinzip« zur Anerkennung der »Grundsätze der MPG« durch, die der eigens zu diesem Zweck eingesetzte Intersektionelle Ausschuss – von dem noch die Rede sein wird – ausgearbeitet hatte. Auf dieser Grundlage erstattete die Senatskommission für Strukturfragen ihren Bericht, den der Senat Mitte März 1972 »im Grundsatz« billigte.[247]

---

240 Dölle, *Erläuterungen*, 1965, 66. Siehe unten, Kap. IV.4.2.5.
241 Mit diesem Begriff bezeichneten Butenandt und andere ein Verfahren, das festlegte, unter welchen Voraussetzungen und auf welchen Wegen Max-Planck-Institute geschlossen werden konnten. Protokoll der 37. Sitzung des Senates vom 11.11.1960, AMPG, II. Abt., Rep. 60, Nr. 37.SP, fol. 115–116.
242 Protokoll der 22. Ordentliche Sitzung des Wissenschaftlichen Rates vom 27.6.1968, AMPG, II. Abt., Rep. 62, Nr. 1947, fol. 76; Der Bundesminister für wissenschaftliche Forschung, *Bundesbericht Forschung II 1967*, 28.7.1967, v.a. 253.
243 Rechtsgutachten von Albrecht Zeuner vom 25.9.1968, AMPG, II. Abt., Rep. 61, Nr. 79.VP, hier v.a. fol. 99; Vermerk von Edmund Marsch zum Rechtsgutachten von Zeuner vom 16.10.1968, ebd., fol. 35.
244 Unterkommissionen waren für Institutsstruktur, für Personalstruktur, für Schlichtungsverfahren und für Fragen der Erfolgskontrolle gebildet worden. Protokoll der 68. Sitzung des Senates vom 10.3.1971, AMPG, II. Abt., Rep. 60, Nr. 68.SP, fol. 253–255; Röbbecke, *Mitbestimmung*, 1997, 189.
245 Henning und Kazemi, *Chronik*, 2011, 471; Protokoll der 66. Sitzung des Senates vom 11.6.1970, AMPG, II. Abt., Rep. 60, Nr. 66.SP, fol. 27–37; Scholz, *Partizipation*, 2019, 114–115.
246 Auswertung der Stellungnahmen der Wissenschaftlichen Mitglieder und wissenschaftlichen Mitarbeiter der Institute der MPG zum Bericht über die Institutsstruktur der Präsidentenkommission für Strukturfragen vom 21.5.1970, AMPG, II. Abt., Rep. 61, Nr. 86.VP, fol. 121–139.
247 Henning und Kazemi, *Chronik*, 2011, 484 u. 489.

Die Diskussionen zogen sich weiter hin, ehe die vom 20. bis 23. März 1972 wiederum in Bremen tagende Hauptversammlung – in einer untypisch stürmischen Sitzung und erst nach erregten Debatten – eine abermalige Satzungsreform beschloss.[248]

Die Satzungsreform von 1972 markiert den bislang tiefsten Einschnitt in die Verfassung und Verfasstheit der MPG in ihrer Geschichte. Sie umfasste fünf Kernbereiche:[249] Erstens die – allerdings stark eingeschränkte – Einführung von Elementen der Mitbestimmung für die wissenschaftlichen Mitarbeiter:innen; immerhin war diese Gruppe von nun an wenigstens im Senat sowie im Wissenschaftlichen Rat und seinen Sektionen vertreten. Zweitens wurde in Gestalt von Berater:innen auf Sektionsebene ein Schlichtungsverfahren ins Leben gerufen, das als Mittel zur Beilegung interner Konflikte dienen sollte, worauf insbesondere die wissenschaftlichen Mitarbeiter:innen gedrängt hatten. Drittens brachte die Reform die Befristung der Leitungsfunktionen auf Institutsebene und damit einen Schritt zur Reduzierung der Allmacht der Direktoren und Wissenschaftlichen Mitglieder. Dies ging mit einer Zunahme der Macht zentraler Organe und der Generalverwaltung einher, die nunmehr bereits zu einem früheren Zeitpunkt, also noch vor der Emeritierung eines Direktors, Verfügungsgewalt über Stellen und Mittel erhielten, zumindest in der Theorie. Während dies die Stellung der aktiven Wissenschaftlichen Mitglieder schwächte, erfolgte, viertens, die persönliche Absicherung der scheidenden Direktoren; die Regelung der Rechtsstellung der Emeriti sicherte ihnen auch im schlimmsten Fall – der Nichtverlängerung ihrer Leitungsfunktion – weiterhin Arbeitsplatz und Ausstattung. Fünftens führte die Reform eine institutionalisierte Effizienzkontrolle ein, und zwar in Gestalt von Fachbeiräten und Visiting Committees; diese Kontrollorgane sollten die Arbeit der einzelnen Max-Planck-Institute wie auch ganzer Forschungsrichtungen innerhalb der MPG und ihrer Sektionen kontinuierlich evaluieren. Gerade von dieser letzten Neuerung sollte die MPG noch sehr profitieren, allerdings erst rund 25 Jahre später.

3.5 »68« in der MPG: Der Streit um die Mitbestimmung

Die letzte Phase des seit den späten 1950er-Jahren laufenden inneren Reformprozesses der MPG erhitzte die Gemüter weit mehr als zuvor, weil der Reformimpuls noch durch die vor allem von Studierenden getragene Protestbewegung, die auch die Bundesrepublik seit 1967/68 in Atem hielt, verstärkt wurde.[250] »68« bewirkte einen Schub für den Reformdiskurs innerhalb der MPG, wirkte auf manche aber auch abschreckend. Die Verbindung zu Außerparlamentarischer Opposition und Studentenbewegung erklärt, warum die letzte Etappe des Reformprozesses von 1968 bis 1972 besonders konfliktreich verlief. Das enorme Wachstum der MPG sorgte automatisch für den »Import« der Studentenbewegung in die Gesellschaft, die ihren wissenschaftlichen Nachwuchs von den Universitäten bezog. Dadurch färbte die Forderung nach einer umfassenden Demokratisierung der Hochschulen auf die MPG ab und half auch dort, verkrustete Strukturen zumindest teilweise aufzubrechen.[251] Konkret ging es um das Maß an Mitbestimmung, das den wissenschaftlichen Mitarbeiter:innen sowohl in den einzelnen Instituten als auch in den zentralen Organen der MPG zugestanden werden sollte. Drei Faktoren zeichneten dafür verantwortlich, dass die Mitbestimmungsfrage ab 1968 ins Zentrum des Reformprozesses rückte, und zwar so sehr, dass sie andere Themenkomplexe – unter anderem die »Absterbeordnung« – fast völlig an den Rand drängte: erstens die Forderungen aus den Reihen der Mitarbeiter:innen, zweitens die Politik der seit 1969 amtierenden sozialliberalen Bundesregierung und drittens der 1970 ins Leben gerufene Gesamtbetriebsrat, der mit der Neufassung des Betriebsverfassungsgesetzes von 1972 wesentlich an Bedeutung gewann.[252]

Der erste und stärkste Impuls kam aus der Belegschaft der MPG, die im Kontext von Studentenbewegung und Universitätsreformen ebenfalls mehr Mitspracherechte einforderte. Artikuliert wurden diese Forderungen nicht nur von den Vertretern der Mitarbeiter:innen in der Strukturkommission, sondern auch vom Verband der

---

248 Ebd., 491–492. Eine Schilderung des Verlaufs des »Aufstand[s] der Forscher« in der MPG und seines Ausgangs bei Röbbecke, *Mitbestimmung*, 1997, 184–197.
249 Die im Folgenden genannten Eckpunkte der Reform bezeichnete Butenandt gegenüber dem Verwaltungsrat als »die wesentlichen Punkte«. Protokoll der 93. Sitzung des Verwaltungsrates und des Vorstandes vom 13./14.3.1972, AMPG, II. Abt., Rep. 61, 93.VP, fol. 209. Siehe auch Henning und Kazemi, *Chronik*, 2011, 491–492.
250 Einen guten Überblick bietet Frei, *Jugendrevolte*, 2018.
251 Protokoll der 22. Ordentlichen Sitzung des Wissenschaftlichen Rates vom 27.6.1968, AMPG, II. Abt., Rep. 62, Nr. 1947, fol. 90–91. Die MPG stellte keinen Sonderfall dar, vielmehr müssen die Debatten innerhalb der MPG als Teil eines größeren Diskurses um Mitbestimmung gesehen werden, der in den späten 1960er- und frühen 1970er-Jahren die gesamte Bundesrepublik erfasste und von hier aus auf alle Forschungseinrichtungen übergriff. Siehe ausführlich Röbbecke, *Mitbestimmung*, 1997, 11 u. 157–197.
252 Siehe zum Folgenden, soweit nicht anders gekennzeichnet, die ausführliche Analyse bei Balcar, *Wandel*, 2020, 192–235.

3. Die formative Phase der MPG (1955–1972)

Wissenschaftler an Forschungsinstituten (VWF), dessen Mitglieder zu einem beträchtlichen Teil aus der MPG kamen.[253] Noch aktiver waren die Delegiertenversammlungen des wissenschaftlichen Personals der MPG, die sich ab den späten 1960er-Jahren als regionale Graswurzelbewegungen mehr oder weniger zeitgleich an verschiedenen Standorten herausbildeten und überregional zu einer »Mitarbeiterkonferenz« zusammenschlossen.[254] Beide Sprachrohre der Mitarbeiter:innen diskreditierten sich jedoch durch überzogene Forderungen: Der VWF reagierte auf eine gemeinsame Presseerklärung der Präsidenten von DFG, MPG und WRK, die sich in scharfer Form gegen eine Politisierung der Universitäten im Kontext der angelaufenen Reformen gewandt hatten,[255] mit einer Rücktrittsforderung an die Adresse Butenandts.[256] Ab diesem Moment rangierte der VWF »vorwiegend auf einem wissenschaftspolitischen Abstellgleis« und spielte in der Reformdiskussion innerhalb der MPG keine Rolle mehr.[257] Die Mitarbeiterkonferenz der MPG, die im Juni 1971 in Bad Arnoldshain tagte, manövrierte sich mit den dort formulierten Thesen ins Abseits, in denen der wissenschaftliche Nachwuchs in ungewöhnlich heftiger Form mit den verkrusteten Strukturen in der MPG ins Gericht ging. Unter anderem forderte er »eine Änderung der Zusammensetzung der Organe«, »so daß die Mitwirkung aller in der Max-Planck-Gesellschaft Tätigen und die angemessene Beteiligung der Öffentlichkeit garantiert werden«.[258] Sowohl die Rücktrittsforderung des VWF als auch die »Arnoldshainer Thesen« bewirkten unter denjenigen Wissenschaftlichen Mitgliedern, die den Forderungen der Assistent:innen grundsätzlich aufgeschlossen gegenüberstanden, einen Solidarisierungseffekt mit der unter Beschuss geratenen MPG-Spitze.[259] In der Reaktion auf die »Arnoldshainer Thesen« wurde zudem klar, dass nur eine Minderheit der wissenschaftlichen Mitarbeiter:innen hinter der Forderung nach einem radikalen Umbruch der Strukturen der MPG stand.[260]

Der zweite Impuls, der die Mitbestimmungsfrage in der MPG auf die Tagesordnung brachte, ging von der neuen Bundesregierung aus, die ab dem Herbst 1969 erstmals in der Geschichte der Bundesrepublik nicht unter der Führung von CDU/CSU stand. Das Kabinett von Bundeskanzler Willy Brandt (SPD) hatte sich umfangreiche Reformen auf die Fahnen geschrieben, wobei der Wissenschafts- und Bildungspolitik eine Schlüsselrolle bei der weiteren Demokratisierung der westdeutschen Gesellschaft zukommen sollte. Brandt ging es dabei auch um die »Überwindung überalterter hierarchischer Formen« im Wissenschaftsbetrieb, wie er in seiner berühmten Regierungserklärung vom Herbst 1969 ausführte.[261] Butenandt verstand dies als Kampfansage an die Adresse der MPG und verteidigte die herausgehobene Stellung ihrer Wissenschaftlichen Mitglieder mit dem »Prinzip der vollen Verantwortlichkeit unserer Institutsdirektoren«, an dem die MPG auch künftig festhalten müsse.[262] Angesichts des erklärten Willens ihres wichtigsten Geldgebers, »mehr Demokratie wagen« zu wollen, konnte die MPG jedoch nicht einfach zur Tagesordnung übergehen.

Der dritte Impuls in Richtung Mitbestimmung ging vom Gesamtbetriebsrat der MPG aus, der sich im Herbst 1970 auf Betreiben von Betriebsräten aus einzelnen Max-Planck-Instituten konstituierte.[263] Der Gesamtbetriebsrat

---

253 Zum VWF siehe Deich, Redistribution of Authority, 1979, 425–426; Scholz, *Partizipation*, 2019, 107–114. Der VWF stellte das Pendant zur Bundesassistentenkonferenz dar, die in erster Linie die wissenschaftlichen Mitarbeiter:innen der Universitäten und Hochschulen vertrat. Huber, Entwicklung und Wirkung, 1986.
254 Zu den Delegiertenversammlungen siehe Scholz, *Partizipation*, 2019, 125–131; Röbbecke, *Mitbestimmung*, 1997, 187–188.
255 Gemeinsame Presseerklärung der Präsidenten der DFG, der MPG und des Westdeutschen Rektorenkonferenz zum Thema »Gefahr für die Forschung in den Universitäten der Bundesrepublik« vom 3.5.1969, AMPG, II. Abt., Rep. 61, Nr. 85.VP, fol. 339–340.
256 Presseerklärung des VWF zur Presseerklärung der Präsidenten der DFG, der MPG und der WRK zum Thema »Gefahr für die Forschung in den Universitäten der Bundesrepublik«, undatiert (Mai 1969), AMPG, II. Abt., Rep. 61, Nr. 85.VP, fol. 342; Protokoll der 64. Sitzung des Senates vom 25.11.1969, AMPG, II. Abt., Rep. 60, Nr. 64.SP, fol. 15–16; Erklärung des VWF: Jahresversammlung des VWF am 13./14.6.1969, AMPG, II. Abt., Rep. 61, Nr. 85.VP, fol. 344. Siehe dazu auch Scholz, *Partizipation*, 2019, 111–113.
257 Ebd., 114. Ähnlich auch Röbbecke, *Mitbestimmung*, 1997, 164.
258 Zu den »Arnoldshainer Thesen« siehe Scholz, *Partizipation*, 2019, 130–133; Röbbecke, *Mitbestimmung*, 1997, 191. Die »Arnoldshainer Thesen« sind abgedruckt bei Scholz, *Partizipation*, 2019, 172–174, Zitat 172. Siehe auch »Der Rest kommt aus der Industrie«. Claus Grossner über die Verflechtung von Forschung und Wirtschaft, in: Grossner, Rest, 1971, 112.
259 Protokoll der 69. Sitzung des Senates vom 24.6.1971, AMPG, II. Abt., Rep. 60, Nr. 69.SP, fol. 7–28. Siehe auch Scholz, *Partizipation*, 2019, 134–135.
260 Den »Eindruck, daß die Gemäßigten in der Mehrzahl waren«, hatte der Vorsitzende des Wissenschaftlichen Rats bereits in Arnoldshain gewonnen. Otto Westphal an Edmund Marsch vom 5.6.1971, AMPG, II. Abt., Rep. 57, Nr. 480, fol. 192. Abgedruckt bei ebd., 136. Dieser Umstand erklärt wohl auch, warum der heftige Protest in den Max-Planck-Instituten nach 1972 rasch wieder abflaute.
261 Zitiert nach Süß, Brandts Regierungserklärung, 2011.
262 Protokoll der 64. Sitzung des Senates vom 25.11.1969, AMPG, II. Abt., Rep. 60, Nr. 64.SP, fol. 12.
263 Ausführlich Scholz, *Partizipation*, 2019, 85–93.

um seinen Vorsitzenden Günter Hettenhausen vom MPI für Strömungsforschung machte sich schon qua Amt für mehr Mitbestimmung stark, was noch durch die engen Beziehungen zu den Gewerkschaften verstärkt wurde, die in den frühen 1970er-Jahren Universitäten und Forschungseinrichtungen als neue Einflussbereiche für sich erschlossen.[264] Dies trübte allerdings das Verhältnis zwischen Gesamtbetriebsrat und MPG-Spitze, da Letztere das Auftreten von Gewerkschaften in einzelnen Max-Planck-Instituten und in der Gesamtgesellschaft als Einmischung von außen empfunden zu haben scheint.[265] Wiederholt äußerten führende Köpfe der MPG die Befürchtung, dass »Funktionäre« in die MPG-Gremien Einzug halten könnten,[266] weshalb sie sich dagegen sträubten, Wahlen für eine Vertretung des wissenschaftlichen Personals in den Instituten abhalten zu lassen. Mit der Reform des Betriebsverfassungsgesetzes von 1972, die die Stellung und die Mitspracherechte der Betriebsräte stärkte,[267] gewann der Gesamtbetriebsrat zusätzlich an Gewicht. Die Generalverwaltung der MPG machte jedoch umgehend klar, dass sie von der auch in der Gesetzesnovelle enthaltenen Tendenzbetriebsklausel, die die Mitwirkungsrechte der Betriebsräte unter anderem bei politischen Organisationen, Verlagen und Forschungseinrichtungen wesentlich einschränkte,[268] umfassend Gebrauch zu machen gedachte – eine Haltung, in der sie die Wirtschaftsvertreter im Verwaltungsrat bestärkten.[269]

Die MPG-Spitze sah sich in der Mitbestimmungsdebatte vom Zeitgeist, von den eigenen Beschäftigten, von der Bundesregierung und vom Gesamtbetriebsrat gleichzeitig in die Defensive gedrängt. Sie betonte dagegen fachliche Qualifikation und individuelle Leistung als Kriterien wissenschaftlicher Qualität und trat letztlich dafür ein, an den bestehenden Macht- und Einflussstrukturen möglichst wenig zu ändern. Zwar gab es auch in der MPG Männer wie etwa den Hamburger Juristen Konrad Zweigert, die mehr Mitbestimmungsmöglichkeiten für die Mitarbeiter:innen begrüßten und die im Zuge der Reformdiskussionen mit elaborierten Vorschlägen aufwarteten, wie dies im Rahmen einer umfassenden Strukturreform der MPG verwirklicht werden könnte.[270] Die große Mehrheit der Wissenschaftlichen Mitglieder wollte davon jedoch nichts wissen, zumal sie ähnlich chaotische Verhältnisse wie an den Universitäten befürchtete.[271]

Angesichts dieser Herausforderung rief der Wissenschaftliche Rat samt seinen Sektionen ein Gremium ins Leben, das den Einfluss der Wissenschaftlichen Mitglieder auf Entscheidungen der MPG spürbar vergrößerte: den Intersektionellen Ausschuss (ISA), der aus drei gewählten Mitgliedern pro Sektion bestand.[272] Die wichtigste Aufgabe dieses »Neunerausschusses« bestand zunächst darin, den Rahmen für die anstehende Satzungsänderung abzustecken. Die »Grundsätze der MPG«, die der Intersektionelle Ausschuss Anfang Mai 1971 vorlegte, zogen die Grenzen, innerhalb derer eine Strukturreform der MPG möglich war, denkbar eng: Von einer »Mitbestimmung« konnte keine Rede sein, allenfalls eine »Mitberatung« sollte den wissenschaftlichen Mitarbeiter:innen zugestanden werden.[273] An dieser Maxime hielt die Führungsriege der MPG eisern fest, obwohl die eigene Belegschaft wie auch die Bundesregierung – in Gestalt der Staatssekretärin im Bundesministerium für Bildung und Wissenschaft,

---

264 Freyberg, »*Wissenschaft und Demokratie*«, 1973.
265 Z. B. das Protokoll der 85. Sitzung des Verwaltungsrates und des Vorstandes vom 2.3.1970, AMPG, II. Abt., Rep. 61, Nr. 85.VP, fol. 107 verso.
266 Drehbuch der 92. Sitzung des Verwaltungsrates vom 18.11.1971, AMPG, II. Abt., Rep. 61, Nr. 92.VP, fol. 9.
267 Testorf, *Ein heißes Eisen*, 2017, 275–278.
268 Röbbecke, *Mitbestimmung*, 1997, 18. Der »Tendenzparagraph« des Betriebsverfassungsgesetzes in der Fassung von 1972 ist abgedruckt in: ebd., 26–27.
269 Rundschreiben von Generalsekretär Schneider Nr. 7/1972 an die Direktoren und Leiter der Max-Planck-Institute vom 24.2.1972 betr. Neufassung des Betriebsverfassungsgesetzes, AMPG, II. Abt., Rep. 61, Nr. 93.VP, fol. 41–43; Anlage zum Rundschreiben Nr. 7/1972: Erste Bemerkungen zur Anwendung des neuen Betriebsverfassungsgesetzes vom 15.1.1972 in der Max-Planck-Gesellschaft, AMPG, II. Abt., Rep. 61, Nr. 93.VP, fol. 435; Horst K. Jannott an Adolf Butenandt vom 24.2.1972 betr. Betriebsverfassungsgesetz, ebd., fol. 43; Telex Carl Wurster an Adolf Butenandt vom 25.2.1972 betr. Betriebsverfassungsgesetz, ebd., fol. 44.
270 Konrad Zweigert: Organisationsreform der MPG vom 25.4.1970, in Anlage zu: Konrad Zweigert an Adolf Butenandt vom 13.5.1970, AMPG, II. Abt., Rep. 61, Nr. 86.VP, fol. 101–106.
271 Z. B. Protokoll der 62. Sitzung des Senates vom 7.3.1969, AMPG, II. Abt., Rep. 60, Nr. 62.SP, fol. 10; Protokoll der 63. Sitzung des Senates vom 12.6.1969, AMPG, II. Abt., Rep. 60, Nr. 63.SP, fol. 14; Protokoll der 66. Sitzung des Senates vom 11.6.1970, AMPG, II. Abt., Rep. 60, Nr. 66.SP, fol. 34.
272 Henning und Kazemi, *Chronik*, 2011, 471; Protokoll der 88. Sitzung des Verwaltungsrates vom 23.11.1970, AMPG, II. Abt., Rep. 61, Nr. 88.VP, fol. 30. Siehe unten, Kap. IV.4.2.5.
273 Grundsätze der MPG (Entwurf des Intersektionellen Ausschusses zur Vorlage an den Wissenschaftlichen Rat) vom 5.5.1971, AMPG, II. Abt., Rep. 61, Nr. 90.VP, fol. 25. Abgedruckt bei Röbbecke, *Mitbestimmung*, 1997, 190.

Hildegard Hamm-Brücher (FDP) – nachdrücklich »mehr Demokratie« in der MPG einforderte.²⁷⁴ Rückendeckung erhielt die MPG-Spitze dabei insbesondere von der bayerischen CSU, die auch diesen Konflikt nutzte, um sich als konservative Alternative zur sozialliberalen Koalition zu profilieren.²⁷⁵ Diese Episode zeigt einmal mehr, dass die MPG ihre bemerkenswerte Autonomie ganz wesentlich den Meinungsverschiedenheiten zwischen den Regierungen im Bund und in den Ländern verdankte, die der Mehrebenendemokratie der Bundesrepublik strukturell innewohnten. Das betraf nicht nur die Forschungspolitik, sondern auch Fragen ihrer inneren Struktur.

Zwar konnte die MPG-Spitze auf diese Weise eine Einflussnahme der Bundesregierung abwehren, doch gab sie in der Öffentlichkeit ein wenig vorteilhaftes Bild ab. In der letzten Reformphase von 1968 bis 1972 hatte die MPG eine durchwegs schlechte Presse, was freilich auch daran lag, dass sie damals noch keine professionelle PR-Arbeit betrieb. Erst 1971 richtete die MPG ein eigenes Referat für Presse- und Öffentlichkeitsarbeit in der Generalverwaltung ein, dessen Leitung der erfahrene Wissenschaftsjournalist Robert Gerwin übernahm.²⁷⁶ An den überkommenen Lenkungs- und Leitungsstrukturen in der MPG änderte das nichts, und genau die wurden in den späten 1960er-Jahren öffentlich kritisiert. Zum Skandalon geriet vor allem die Zusammensetzung von Senat und Verwaltungsrat, in denen Wirtschaft, Industrie und Hochfinanz sehr prominent, die Regierungen von Bund und Ländern dagegen nur marginal, ganz überwiegend von Amts wegen, oder gar nicht vertreten waren – und dies, obwohl die öffentliche Hand den Großteil der finanziellen Mittel für die MPG aufbrachte und nicht die Wirtschaft. Lange Zeit war dies nicht anstößig erschienen. Doch ab Mitte der 1960er-Jahre, in einer Phase des gesellschaftlichen Wandels, als sich marxistisch motivierte Kapitalismuskritik nicht nur in linksextremen Zirkeln verbreitete, geriet die MPG aufgrund des Übergewichts der Wirtschaftsvertreter in ihren Leitungsgremien unter massiven Beschuss.²⁷⁷ Zwar lässt sich dieses Ungleichgewicht in den Leitungsgremien der MPG ebenso wenig leugnen wie der Honoratiorencharakter der MPG-Senatoren, doch erscheinen die Vorwürfe der Kritiker überzogen: Ein willenloses Werkzeug oder erweitertes Labor der Industrie war die MPG zu keinem Zeitpunkt. Vielmehr profitierte sie vom persönlichen Renommee und der damit verbundenen Durchsetzungsfähigkeit ihrer Senatoren. Dies war nicht verwunderlich, da die MPG-Spitze die Wirtschaftsvertreter bewusst auswählte, um ihre wissenschaftspolitische Durchschlagskraft zu erhöhen, wie das Beispiel des Schatzmeisters Klaus Dohrn illustriert. Männer wie er, dessen Wort in Bonn und bei den Landesregierungen Gewicht hatte, sicherten der MPG hinter den Kulissen der »Deutschland AG« viel Einfluss.²⁷⁸

In der Auseinandersetzung um die Mitbestimmung nutzte dies allerdings wenig. Die Strukturkommission, die im Frühsommer 1970 von einer Präsidenten- in eine Senatskommission umgewandelt und dabei personell erweitert worden war, suchte fieberhaft nach einem für alle Seiten tragbaren Kompromiss. Der Kommissionsbericht sah schließlich vor, die »Mitberatung« an den Instituten über deren Satzungen zu institutionalisieren; darüber hinaus sollten Vertreter des wissenschaftlichen Personals in die drei Sektionen und in den Senat aufgenommen werden.²⁷⁹ Einen Modus für die Bestimmung dieser Vertreter zu finden – zwischen demokratischer Wahl und patriarchalischer Auswahl – erwies sich auch deswegen als überaus schwierig, weil die Führungsriege der MPG die Wahl von »Funktionären« in die Leitungsgremien unbedingt verhindern wollte.²⁸⁰ Nach langem Hin und Her stimmte im Frühjahr 1972 auch der Wissenschaftliche Rat dem Vorschlag der Kommission zu, allerdings erst, nachdem die Vorlage entschärft worden war: Die Vertreter der wissenschaftlichen Mitarbeiter:innen im Senat sollten in Berufungsangelegenheiten nicht stimmberech-

---

274 Protokoll der 69. Sitzung des Senates vom 24.6.1971, AMPG, II. Abt., Rep. 60, Nr. 69.SP, fol. 13–14. Eine auf dem zweiten Delegiertentag am 11. und 12. Mai 1972 in Göttingen verabschiedete Resolution bezeichnete den Zwischenbericht der Strukturkommission als »Pseudoreform«. Protokoll der 94. Sitzung des Verwaltungsrates vom 20.6.1972, AMPG, II. Abt., Rep. 61, Nr. 94.VP, fol. 83.
275 Protokoll der 69. Sitzung des Senates vom 24.6.1971, AMPG, II. Abt., Rep. 60, Nr. 69.SP, fol. 15. Zu den Auseinandersetzungen zwischen CSU und sozialliberaler Koalition siehe Mintzel, *Geschichte der CSU*, 1977, 397–406.
276 Protokoll der 89. Sitzung des Verwaltungsrates und des Vorstandes vom 9.3.1971, AMPG, II. Abt., Rep. 61, Nr. 89.VP, fol. 215. Siehe auch Henning und Kazemi, *Chronik*, 2011, 484–485; Leendertz, *Medialisierung*, 2014, 556–557.
277 Siehe beispielsweise Hochamt, *Der Spiegel*, 28.6.1971, 110–114.
278 Ahrens, Gehlen und Reckendrees, *Die »Deutschland AG«*, 2013. Zur Zusammensetzung der Leitungsgremien der MPG siehe ausführlich Balcar, *Wandel*, 2020, 200–206. Siehe unten, Kap. Kap. IV.4.2.1 und Kap. IV.4.2.2.
279 Vermerk Dietmar Nickel: Zwischenbericht der Präsidentenkommission für Strukturfragen vom 17.5.1971, AMPG, II. Abt., Rep. 61, Nr. 90.VP, fol. 7–24.
280 Drehbuch der 92. Sitzung des Verwaltungsrates vom 18.11.1971, AMPG, II. Abt., Rep. 61, Nr. 92.VP, fol. 9. Siehe auch Protokoll der 70. Sitzung des Senates vom 19.11.1971, AMPG, II. Abt., Rep. 60, Nr. 70.SP, fol. 7–22.

tig sein.²⁸¹ Eine Minderheit unter den Wissenschaftlichen Mitgliedern, die in der Abstimmung unterlegen war, agitierte jedoch weiter gegen diesen Kompromiss, denn ihnen gingen selbst diese stark eingeschränkten Mitberatungsrechte ihrer Assistent:innen noch zu weit.²⁸²

Da für die Satzungsänderung eine Zweidrittelmehrheit erforderlich war, erschien der Ausgang der Bremer Hauptversammlung im Juni 1972 lange ungewiss. Erst ein flammender Appell des ehemaligen Bundeswissenschaftsministers Gerhard Stoltenberg, der vehement für die Annahme des vorgelegten Satzungsentwurfs plädierte, sorgte schließlich dafür, dass die Vorlage mit knapper Mehrheit durchkam.²⁸³ Aus der Sicht der Delegiertenversammlungen und des Gesamtbetriebsrats, die sich wesentlich mehr Mitwirkungsmöglichkeiten erhofft hatten, war das Ergebnis eine herbe Enttäuschung. Und auch der alte wie der neue Präsident bedauerten, dass die Rechte der Belegschaftsvertreter im Senat auf Druck des Wissenschaftlichen Rats weiter eingeschränkt worden waren.²⁸⁴ So setzten sich die halsstarrigen Institutsleiter schließlich nicht nur gegen den aufmüpfigen wissenschaftlichen Nachwuchs durch, sondern auch gegen die MPG-Spitze.

Ganz ähnlich erging es den Bemühungen, die Leitungsfunktion der Direktoren und Wissenschaftlichen Mitglieder zu begrenzen, um die Schließung von Abteilungen und ganzen Instituten zu erleichtern bzw. überhaupt erst zu ermöglichen.²⁸⁵ Die MPG-Zentrale sollte frühzeitig – das heißt vor der Emeritierung eines Wissenschaftlichen Mitglieds – Zugriff auf die in den Max-Planck-Instituten investierten Finanzmittel erhalten.²⁸⁶ Die MPG reagierte damit auf ein Rechtsgutachten von 1968 und wollte auf diese Weise ihre Flexibilität in der Forschungspolitik vergrößern. Ursprünglich hatte dieser Aspekt am Anfang der dritten Phase des Reformprozesses gestanden, doch wurde er in der Folgezeit weitgehend von den Auseinandersetzungen um die Mitbestimmung in den Hintergrund gedrängt. In der Reformkommission gab es über diesen Punkt keine Konflikte, weil Wissenschaftliche Mitglieder und wissenschaftliche Mitarbeiter:innen hier an einem Strang zogen: Während Erstere die Befristung der Leitungsfunktion als Möglichkeit begrüßten, Fehlentscheidungen bei Berufungen im Nachhinein korrigieren zu können,²⁸⁷ werteten Letztere diese Regelung als »Korrektiv bei Entscheidungsmißbrauch«.²⁸⁸ Kein Wunder, dass gerade diejenigen Wissenschaftlichen Mitglieder, denen bereits moderate Formen der Mitwirkung von Mitarbeiter:innen zu weit gingen – und die vor allem aus der Biologisch-Medizinischen Sektion kamen –, auch gegen die Befristung ihrer Leitungsfunktionen Sturm liefen.²⁸⁹ Zwar konnten sie die Verabschiedung einer grundsätzlichen Befristungsbestimmung in der Bremer Hauptversammlung nicht verhindern,²⁹⁰ doch stand und fiel deren Wirksamkeit mit den konkreten Verfahrensregeln, die erst noch ausgearbeitet werden mussten.

Zu diesem Zweck wurde abermals eine Kommission eingesetzt, die sich ohne lange Debatten darauf verständigte, eine von nun an alle sieben Jahre anstehende Verlängerung der Leitungsfunktionen zur Regel zu machen, von der nur in Ausnahmefällen abgewichen werden sollte.²⁹¹ Als Instrument der Forschungsplanung fiel die Befristungsregelung damit praktisch aus, was im Verwaltungsrat auf harsche Kritik stieß, weil dadurch der eigentliche Sinn der Neuregelung ausgehebelt wurde,²⁹² die Flexibilität der MPG in ihrer Forschungspolitik zu

---

281 Drehbuch für die 94. Sitzung des Verwaltungsrates vom 20.6.1972, AMPG, II. Abt., Rep. 61, Nr. 94.VP, fol. 16–22. Siehe auch Protokoll der 72. Sitzung des Senates vom 21.6.1972, AMPG, II. Abt., Rep. 60, Nr. 72.SP, fol. 19–30.

282 Drehbuch der 94. Sitzung des Verwaltungsrates vom 20.6.1972, AMPG, II. Abt., Rep. 61, Nr. 94.VP, fol. 17. Protokoll der 72. Sitzung des Senates vom 21.6.1972, AMPG, II. Abt., Rep. 60, Nr. 72.SP, fol. 19–30.

283 Gerwin, Im Windschatten der 68er, 1996, 220.

284 Protokoll der 72. Sitzung des Senates vom 21.6.1972, AMPG, II. Abt., Rep. 60, Nr. 72.SP, fol. 26.

285 Siehe zum Folgenden, soweit nicht anders gekennzeichnet, Balcar, Wandel, 2020, 236–243.

286 Dies betonte kein Geringerer als Expräsident Adolf Butenandt, als der Senat im März 1975 über die Schließung des MPI für Landarbeit und Landtechnik debattierte. Protokoll der 80. Sitzung des Senates vom 7.3.1975, AMPG, II. Abt., Rep. 60, Nr. 80.SP, fol. 121.

287 In ungewohnter Schärfe sprach dies Helmut Coing aus. Protokoll der 71. Sitzung des Senates vom 15.3.1972, AMPG, II. Abt., Rep. 60, Nr. 71.SP, fol. 28–29. Butenandt formulierte es in der Sache ähnlich, aber doch erheblich konzilianter. Butenandt, Auszug der Ansprache, 1972, 277.

288 Einführung zum Vorschlag zur Änderung der Satzung der MPG, AMPG, II. Abt., Rep. 61, Nr. 94.VP, fol. 297.

289 Protokoll der 72. Sitzung des Senates vom 21.6.1972, AMPG, II. Abt., Rep. 60, Nr. 72.SP, fol. 22.

290 Max-Planck-Gesellschaft, Änderung der Satzung, 1972, 248.

291 Vermerk Dr. Ni/Pa: Ergebnisse der ersten Sitzung der Präsidentenkommission »Verfahren für die Befristung von Leitungsfunktionen«, AMPG, II. Abt., Rep. 61, Nr. 97.VP, fol. 244.

292 Protokoll der 98. Sitzung des Verwaltungsrates und des Vorstandes vom 22.11.1973, AMPG, II. Abt., Rep. 61, Nr. 98.VP, fol. 211–214. Siehe dazu den Entwurf der Verfahrensordnung zur Übertragung von Leitungsfunktionen (§ 28 Abs. 4 der Satzung der MPG) vom 10.10.1973, ebd., fol. 114–117.

verbessern. Indes war allen Beteiligten klar, dass eine schärfere Regelung im Wissenschaftlichen Rat auf kaum zu überwindenden Widerstand stoßen würde,[293] und so billigte man eine weitere Verwässerung der Beschränkung.[294] Dass die wissenschaftlichen Mitarbeiter:innen damit ein weiteres Mal vor den Kopf gestoßen wurden,[295] nahm man in Kauf. Die Selbstbezogenheit der Wissenschaftlichen Mitglieder hatte sich schließlich gegen die kompromissorientierten Ziele der MPG-Spitze durchgesetzt, die dann aber in Vorwegnahme der zu erwartenden Widerstände eine Verfahrensordnung auf den Weg brachte, die der ursprünglichen Intention dieser Reformmaßnahme zuwiderlief. Die allseits als notwendig erkannte Flexibilisierung ging auf diese Weise einseitig zulasten des wissenschaftlichen Personals, das sich seit den 1970er-Jahren vermehrt mit Zeitverträgen anstelle von Festanstellungen konfrontiert sah.[296] Dies zeigt, dass die Entscheidungs- und Leitungsstrukturen – kurz: die Governance – der MPG allzu tiefe Einschnitte in die Struktur der Gesellschaft verhinderte, und zwar vor allem dann, wenn es die Stellung der nach dem Harnack-Prinzip skrupulös rekrutierten Wissenschaftlichen Mitglieder betraf. Dadurch wurden die stark ausgeprägten hierarchischen Strukturen, die bereits die KWG gekennzeichnet hatten, zementiert. Dies bestimmt bis heute die Wahrnehmung der MPG von außen.[297]

Während die Reformen der 1960er- und 1970er-Jahre die Herrschaft der Ordinarien an den Universitäten beendeten oder zumindest stark einschränkten, blieben strikte Hierarchien das strukturelle Merkmal der MPG. Offensichtlich fehlten hier die Student:innen, die mit vielfältigen Protestformen die Reformen an den Hochschulen erzwangen. Zudem profitierten auch die wissenschaftlichen Mitarbeiter:innen in der MPG von den in der Regel hervorragenden Arbeitsbedingungen an den Max-Planck-Instituten, die ihnen eine gute Ausgangsposition für die eigene wissenschaftliche Karriere verschafften; das dürfte ihre geringere Neigung zu Protesten mit erklären. Die unterschiedliche Entwicklung hängt nicht zuletzt damit zusammen, dass »68« (auch) ein Generationenkonflikt gewesen ist. In der MPG aber blieb ein Konflikt zwischen der zweiten wissenschaftlichen Generation, die Ende der langen 1960er-Jahre von der Bühne abzutreten begann, und der dritten Generation, die ihre Nachfolge antrat, weitgehend aus. Deswegen traf der rebellische wissenschaftliche Nachwuchs auf eine relativ geschlossene Front der Wissenschaftlichen Mitglieder. Diese mochten unterschiedliche Meinungen darüber haben, wie die MPG auf die Mitbestimmungsforderung reagieren sollte, doch ließen sie sich in der emotionalisierten Debatte nicht auseinanderdividieren. Gestützt auf diesen Konsens konnte die MPG-Spitze ihre Ablehnung der Forderungen der wissenschaftlichen Mitarbeiter:innen wie auch des Gesamtbetriebsrats durchhalten, obwohl diese ganz auf der politischen Linie der sozialliberalen Bundesregierung lagen.

Wie man die Ergebnisse der Reformbemühungen bewertet, hängt davon ab, welchen Maßstab man anlegt. Gemessen an den Forderungen aus dem Kreis des wissenschaftlichen Personals, der Betriebsräte und des Gesamtbetriebsrats war die Reform kaum der Rede wert, denn faktisch änderte sich nichts an der Herrschaft der Direktoren. Nach wie vor besaßen die Belegschaften kaum nennenswerte Mitspracherechte, und zwar sowohl in den Instituten als auch in der MPG als Gesamtorganisation. Vergleicht man indes die Stellung der Wissenschaftlichen Mitglieder am Ende des Reformprozesses mit derjenigen, die sie in der KWG und in der frühen MPG besessen hatten, wird die mit der Reform von 1972 erreichte Zäsur augenfällig. Abgesehen von den politisch motivierten Eingriffen nach 1933 und nach 1945, die die absolute Ausnahme darstellten,[298] hatten KWI-Direktoren ihren Posten im Grunde erst mit ihrem Ableben verlassen. Die MPG-Spitze hatte keinerlei Handhabe besessen, um in ihre Institutsführung einzugreifen, solange die Direktoren dabei nicht allzu eklatant gegen geltendes Recht und Gesetz verstießen. Die ab 1972 eingestellten Wissenschaftlichen Mitglieder mussten sich dagegen alle sieben Jahre eine mehr oder weniger gründliche Überprüfung ihrer Tätigkeit gefallen lassen, von der die Verlängerung ihrer Leitungsfunktion abhing. Auch wenn diese Überprüfung sich in der Regel als Formsache erwies, können sich die Wissenschaftlichen Mitglieder seither nicht sicher sein, dass dies auch in ihrem speziellen Fall so gehandhabt wird.

---

293 Protokoll der 98. Sitzung des Verwaltungsrates und des Vorstandes vom 22.11.1973, AMPG, II. Abt., Rep. 61, Nr. 98.VP, fol. 212–213.
294 Vermerk Dietmar Nickel: Verfahrensordnung zur Übertragung von Leitungsfunktionen vom 29.1.1974, AMPG, II. Abt., Rep. 61, Nr. 99.VP, fol. 14–16; Protokoll der 99. Sitzung des Verwaltungsrates vom 1.2.1974, ebd., fol. 16.
295 Die Vertreter der wissenschaftlichen Mitarbeiter:innen im Senat verbargen ihre Enttäuschung über die in ihren Augen unzureichende Regelung nicht. Protokoll der 78. Sitzung des Senates vom 20.6.1974, AMPG, II. Abt., Rep. 60, Nr. 78.SP, fol. 23.
296 Siehe unten, Kap. II.4.5.
297 Ein extremes Beispiel bei Peacock, *We, the Max Planck Society*, 2014. Siehe unten, Kap. IV.4.
298 Ash, Ressourcenaustausche, 2015.

3.6 Fazit

Zwischen 1955 und 1972 erlebte die MPG eine Phase extremen Wachstums wie niemals zuvor und danach. Ihr Haushalt, bilanzierte die Unternehmensberatung McKinsey 1975, vergrößerte sich in dieser Zeit »nominal um ein Mehrfaches schneller [...] als das Bruttosozialprodukt, schneller als die F&E-Ausgaben der Industrie und teilweise auch schneller als die bekanntermassen überdurchschnittlich angewachsenen Bereiche staatlicher Forschungs- und Entwicklungsförderung«. Am Ende dieser Entwicklung konnte sich der Etat der MPG »mit dem Forschungsbudget der grössten Chemieunternehmen messen«, er überstieg »die F&E-Budgets von Grossforschungseinrichtungen teilweise um ein Mehrfaches«.[299] Ursächlich dafür war die großzügige Finanzierung primär aus öffentlichen Mitteln: In den Jahren des westdeutschen »Wirtschaftswunders« steckten Bund und Länder viel Geld in die MPG und andere Forschungseinrichtungen, weil sie Wissenschaft nicht nur als Garanten zukünftigen wirtschaftlichen Wohlstands und internationalen Ansehens schätzten, sondern auch als ein wichtiges Element von Modernisierung bejahten, durch die sich der noch junge westdeutsche Staat zunehmend definierte und festigte.

Dieses Wachstum bedeutete für die MPG einerseits eine große Chance: Neue Institute, darunter auch neue Institutstypen, konnten gegründet und neue Forschungsfelder erschlossen werden, während alte, aus der KWG übernommene Arbeitsfelder marginalisiert oder abgewickelt wurden. Dieser Prozess selektiver Umgestaltung stand unter dem Leitstern der »Grundlagenforschung«, die in dieser Phase zum zentralen Moment des Selbstverständnisses und der Selbstdarstellung, ja zum Markenzeichen der MPG (auch im Unterschied zur KWG) wurde – wie auch zu ihrem Alleinstellungsmerkmal unter den Institutionen der außeruniversitären Forschung. Das strich die MPG gegenüber ihren Geldgebern heraus, um die hohen staatlichen Zuschüsse zu rechtfertigen – was sie nicht daran hinderte, in nicht wenigen Einzelfällen anwendungsnahe Forschung zu betreiben. Ein anderes Kennzeichen des Wandels bestand in deutlich größer werdenden Instituten: 1950 zählte ein Max-Planck-Institut im Durchschnitt 34 Mitarbeiter:innen, 1960 waren es 44 und 1970 bereits 86.[300] Trotz dieser Hochskalierung blieben kleinere und mittlere Institute für die MPG auch weiterhin charakteristisch; einzig das 1960 gegründete IPP stieg in den Rang einer Großforschungseinrichtung auf, was auch durch einen anderen Finanzierungsschlüssel zum Ausdruck kam.

Die MPG verschob ihren regionalen Schwerpunkt nach Süden und gewann in dieser Zeit international rasch wieder an Ansehen. Zwischen 1954 und 1973 wurden fünf ihrer Wissenschaftler mit dem Nobelpreis ausgezeichnet. Die Wissenschaft avancierte indes – neben der Wirtschaft – zu einer Triebkraft des europäischen Integrationsprozesses und mit ihr auch Forscher:innen aus der MPG, die sich in zunehmendem Maße an europäischen Verbundprojekten beteiligten. Gleichzeitig wirkte die MPG in dieser Phase immer stärker in Politik und Gesellschaft der Bundesrepublik hinein, und zwar auf verschiedenen Kanälen: durch die Vermehrung ihrer rechtswissenschaftlichen Institute, zu deren Kernaufgaben – neben der Schaffung einer Grundlage für die Vereinheitlichung der Rechtssysteme in Europa – die kontinuierliche Politikberatung zählte; durch die Gründung neuartiger sozialwissenschaftlicher Institute, die das Reformklima der 1960er-und 1970er-Jahre mitinspirierten (und die zugleich in diesem Klima gediehen) und wissenschaftliches Denken in Gesellschaft und Politik des Landes aufzuwerten versuchten; aber auch durch viel beachtete zivilgesellschaftliche Initiativen, an denen prominente Wissenschaftler beteiligt waren, die man mit der MPG identifizierte, so etwa die »Göttinger Erklärung« von 1957 gegen die Atombewaffnung der eben erst gegründeten Bundeswehr. Ein (neues) Gesicht erhielt diese spektakuläre Expansions-, Aufstiegs- und Erfolgsgeschichte durch den Wechsel im Präsidentenamt, als 1960 der dynamische Biochemiker Adolf Butenandt auf den bedächtigen Chemiker Otto Hahn folgte, um bis 1972 zum wohl einflussreichsten, aber zugleich auch umstrittensten Präsidenten der MPG zu werden.

Das rasche Wachstum war aber nicht nur Chance, sondern auch Herausforderung. Auf die zunehmenden Fliehkräfte reagierte die Forschungsgesellschaft mit der Reform ihrer Governance, die in mehreren Stufen erfolgte. So führte die reformierte Satzung von 1964, in partieller Abkehr vom monokratischen Harnack-Prinzip, die Möglichkeit der kollegialen Leitung von Max-Planck-Instituten ein, die bereits im Lauf der nächsten Dekade zur Regel wurde. Überdies stärkte die Satzungsreform von 1964 die Rolle von Präsident und Verwaltungsrat, bewirkte also eine gewisse Zentralisierung von Entscheidungsstrukturen. Einer weiteren Satzungsreform, die 1972 beschlossen wurde, waren jahrelange kontroverse Diskussionen vorausgegangen. Im Zentrum stand die

---

299 Ausrichtung der Verwaltungsorganisation auf die Zukunft. Ergebnisse einer Kurzuntersuchung vom November 1975, DA GMPG, BC 105630, fol. 1–176, Zitate fol. 113.
300 Berechnungen von Juliane Scholz nach den Haushaltsplänen der MPG, AMPG, II. Abt., Rep. 69, Nr. 60. Siehe unten, Kap. IV.5.

3. Die formative Phase der MPG (1955–1972)

Forderung nach Mitbestimmung, die die Mitarbeiter:innen, aber auch der neu geschaffene Gesamtbetriebsrat erhoben und die sich mit einem zentralen Anliegen der seit 1969 amtierenden sozialliberalen Bundesregierung deckte. Allerdings konnten sich die reformorientierten Kräfte innerhalb der MPG nicht gegen die konservativen Hardliner durchsetzen, sodass die Satzung von 1972 – anders als an den Universitäten, an denen seinerzeit bisweilen sogar eine Drittelparität eingeführt wurde – nur eine Mitberatung durch die Belegschaft vorsah. Die Satzungsreform von 1972 reagierte aber auch auf die Organisationsbedürfnisse einer stark erweiterten Institution, indem sie das Gewicht der überdurchschnittlich gewachsenen Generalverwaltung stärkte, die Leitungsfunktionen auf Institutsebene formal befristete und in den Instituten Fachbeiräte einsetzte, die beratend, aber auch – durch regelmäßige Berichterstattung an die Zentrale – kontrollierend wirken sollten. Überhaupt nahm die Regelungsdichte zu, die MPG wurde bürokratischer. Im Grunde entstand in den langen 1960er-Jahren eine neue Gesellschaft, die sich nun klar von ihrer Vorgängerorganisation, der Kaiser-Wilhelm-Gesellschaft, unterschied, die in den ersten Jahren nach 1948 institutionell, personell und in Bezug auf ihre wissenschaftliche Substanz praktisch in der MPG fortgesetzt worden war. So gesehen waren die Jahre zwischen 1955 und 1972 nicht nur eine Phase rasanten Wachstums, sondern auch eine Phase tiefgreifenden Wandels, in der die MPG als die integrierte Wissenschaftsgesellschaft entstand, als die wir sie heute kennen.

In eigenartigem Kontrast zur Dynamik von Wachstum und institutionellem Wandel standen die sozialen Strukturen der MPG, die sich aufs Ganze gesehen in den langen 1960er-Jahren nur wenig veränderten. Zwar nahm der Anteil des nichtwissenschaftlichen Personals in der MPG insgesamt sowie an den Belegschaften der Max-Planck-Institute zu; auch erfuhren die institutionalisierten Arbeitnehmerrechte durch die (Wieder-)Gründung eines Gesamtbetriebsrats 1970 und die Einführung von Mitberatungsrechten im Senat, in den Sektionen des Wissenschaftlichen Rats und in den Max-Planck-Instituten 1972 eine Stärkung – doch gaben die Wissenschaftlichen-Mitglieder auf allen Ebenen der MPG weiterhin den Ton an. Diese Gruppe, deren Mitgliederzahl sich von 100 auf 190 Personen beinahe verdoppelte, machte in den langen 1960er-Jahren einen Generationswechsel durch, in dessen Verlauf deutlich jüngere Männer – unter den in der zweiten Phase berufenen 181 Wissenschaftlichen Mitgliedern befanden sich nur drei Frauen! – in Spitzenpositionen kamen. Die MPG wurde dadurch weltoffener und manche der neu berufenen Direktoren pflegten einen weniger hierarchischen Umgang mit ihren Assistent:innen als die Altvorderen. Was die Herkunft der Direktoren betrifft, änderte sich dagegen kaum etwas an der Rekrutierungspraxis der MPG: Die Wissenschaftlichen Mitglieder blieben nicht nur durch und durch männlich, sondern auch deutsch und bürgerlich: Gut 60 Prozent stammten aus der Mittel- und Oberschicht, vorwiegend aus bildungs- und wirtschaftsbürgerlichen Familien, mit einem hohen Maß an Binnenrekrutierung aus der MPG selbst.[301]

In gewisser Hinsicht ähnelt damit die Geschichte der MPG in jenen Jahrzehnten der Geschichte des entstehenden westdeutschen Staats: Nachdem unter der Ägide der Besatzungsmächte wichtige Weichen in Richtung einer politisch-gesellschaftlichen Neuordnung gestellt worden waren, zeichneten sich in den langen 1960er-Jahren weitere Demokratisierungs- und Modernisierungstendenzen ab, wenn auch einstweilen gleichsam noch mit angezogener Handbremse. Die MPG vollzog institutionell und wissenschaftlich einen Wandel, indem sie die sich bietenden Chancen des Wachstums beherzt ergriff und sich geschickt an neue Herausforderungen anpasste. Zugleich vermied sie aber allzu scharfe Brüche mit den KWG-Traditionen, etwa den radikalen Austausch ihres Leitungspersonals oder eine durchgreifende Demokratisierung ihrer inneren Strukturen.

---

301 Dies nach Berechnungen von Juliane Scholz. Siehe unten, Kap. IV.5.

VERFLECHTUNGEN

Foto 1: Bundespräsident Theodor Heuss zu Besuch am MPI für Physik und Astrophysik, mit dessen Direktor Werner Heisenberg, Göttingen 1951 (oben links)

Foto 2: Bundespräsident Gustav Heinemann bei der MPG-Hauptversammlung in Bremen, 1972 (oben rechts)

Foto 3: Bundespräsident Walter Scheel, Konrad Zweigert, Carl Friedrich von Weizsäcker und Jürgen Habermas am MPI zur Erforschung der Lebensbedingungen der wissenschaftlich-technischen Welt, Starnberg 1976 (unten)

VERFLECHTUNGEN

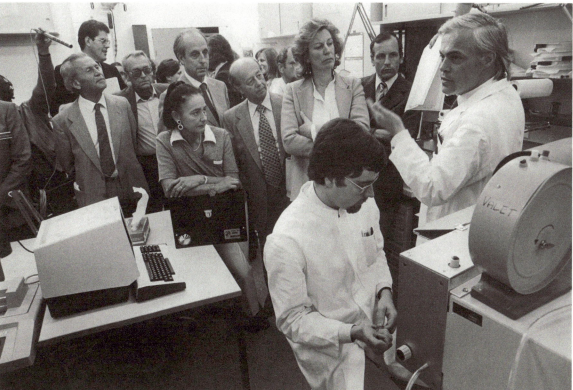

Foto 4: Am Rande der Senatssitzung der MPG in der Villa Hügel, dem ehemaligen Wohnhaus der Familie Krupp; von links: Walther Gerlach, Ernst Telschow, unbekannt, Otto Hahn, Wolfgang Grassmann, Alfried Krupp von Bohlen und Halbach, Otto Meitinger, Willibald Scholz, Edmund Marsch, Essen 1965 (oben)

Foto 5: Besuch von Mildred Scheel, Präsidentin der Deutschen Krebshilfe, die eine Forschungsgruppe zu Tumor-Zytometrie am MPI für Biochemie finanzierte, Martinsried 1981 (unten)

VERFLECHTUNGEN

Foto 6: Bundeskanzler Helmut Schmidt mit dem späteren Bundespräsidenten Richard von Weizsäcker (links) und dessen Bruder Carl Friedrich von Weizsäcker, Bonn 1978 (oben)

Foto 7: Der bayerische Ministerpräsident Franz Josef Strauß und Fang Yi, stellvertretender Ministerpräsident der Volksrepublik China, mit Reimar Lüst beim Empfang am MPI für extraterrestrische Physik, Garching bei München 1978 (unten)

VERFLECHTUNGEN

Foto 8: MPG-Mitglieder auf dem Weg nach Israel zum ersten Besuch beim Weizmann-Institut für Wissenschaft in Rechovot; von links nach rechts: Feodor Lynen, Wolfgang und Alice Gentner, Otto Hahn und Josef Cohn, Flughafen Zürich 1959 (oben links)

Foto 9: Wolfgang Gentner (rechts), Direktor am MPI für Kernphysik, mit Meyer W. Weisgal, Vorsitzender des Weizmann-Instituts für Wissenschaft, Rechovot 1965 (oben rechts)

Foto 10: MPG-Delegation mit Adolf Butenandt auf Japan-Reise, 1960er-Jahre (unten links)

Foto 11: MPG-Delegation mit Adolf Butenandt bei General Francisco Franco, Madrid 1963 (unten rechts)

VERFLECHTUNGEN

Foto 12: Beginn der Wissenschaftskooperation mit China, MPG-Präsident Reimar Lüst in Peking, 1974 (oben)

Foto 13–15: Reimar Lüst im Gespräch mit Wu Youxun, dem Vizepräsidenten der Chinesischen Akademie der Wissenschaften (unten)

VERFLECHTUNGEN

Foto 16: Chinesische Wissenschaftsdelegation zu Gast bei der MPG; links neben Lüst: Chou Pei-yuan von der Gesellschaft für Wissenschaft und Technik, München 1974 (oben)

Foto 17: Hubert Markl mit Lu Yongxiang von der Chinesischen Akademie der Wissenschaften, 1997 (unten)

VERFLECHTUNGEN

VERFLECHTUNGEN

Foto 18: Wissenschaftsaustausch mit der UdSSR, u.a. mit Angehörigen des MPI für extraterrestrische Physik und der russischen Geophysikerin Valeria E. Troitskaya, Moskau 1974 (links oben)

Foto 19: Mit der Kanzlermaschine auf dem Weg zur 200-Jahr-Feier der USA (v.r.n.l.): Helmut Schmidt, Kurt Sontheimer, Reimar Lüst, Arbeitgeberpräsident Hanns Martin Schleyer, Juli 1976 (links unten)

Foto 20: Das Observatorium Calar Alto des MPI für Astronomie wurde 1979 als deutsch-spanische Kooperation im kargen Bergland Südspaniens errichtet (oben)

Foto 21: Bundesforschungsminister Heinz Riesenhuber zu Besuch in Calar Alto, mit Hans Elsässer, Gründungsdirektor des MPI für Astronomie, 1991 (rechts)

4. Die MPG nach dem Boom (1972–1989)

4.1 Rahmenbedingungen und Herausforderungen

In den frühen 1970er-Jahren trat die MPG in eine neue Phase ihrer Entwicklung ein. Das lag an einer Fülle neuer Herausforderungen und Veränderungen, die sowohl die MPG selbst als auch ihr Umfeld betrafen und die sich nicht ohne Weiteres an einer konkreten Jahreszahl festmachen lassen. Wenn wir die Zäsur im Jahr 1972 ansetzen (und nicht etwa 1969 oder 1975), dann vor allem deswegen, weil dieses Jahr für wichtige Veränderungen in der MPG steht: Zum einen kam mit der Verabschiedung der Satzungsreform auf der in Bremen tagenden Hauptversammlung ein Reformprozess innerhalb der Gesellschaft zum Abschluss, der in den späten 1950er-Jahren begonnen hatte. Die kontroversen Debatten um Art und Umfang der Mitwirkungsrechte von wissenschaftlichen Mitarbeiter:innen in der MPG mündeten in ein relativ vage gefasstes Recht auf »Mitberatung«, nicht in wirkliche Mitbestimmung. Wie sich diese und andere Reformschritte, etwa die zeitliche Begrenzung der Leitungsfunktion der Wissenschaftlichen Mitglieder, in der Praxis bewähren würden, mussten die kommenden Jahre erst noch erweisen.

Zum anderen erfolgte 1972 in Bremen ein Wechsel im Präsidentenamt: Adolf Butenandt, der der MPG über eine Dekade lang seinen Stempel aufgeprägt hatte, übergab die Amtskette an Reimar Lüst. Wie zwölf Jahre zuvor, als Butenandt die Nachfolge von Otto Hahn angetreten hatte, stand auch diese Amtsübergabe für einen Generationswechsel.[1] Mit Butenandt trat eine wissenschaftliche Generation von der Bühne ab, deren Angehörige in der Regel noch als Direktoren von Kaiser-Wilhelm-Instituten berufen worden waren und die Indienstnahme durch das NS-Regime miterlebt oder die »Selbstgleichschaltung« der Wissenschaft aktiv vorangetrieben hatten. Nach materiell und teilweise auch persönlich schwierigen Jahren unter der Besatzungsherrschaft hatten sie federführend beim Wiederaufbau der Wissenschaft im westdeutschen Wirtschaftswunder mitgewirkt – die unbestreitbaren Leistungen, aber auch die Versäumnisse (insbesondere die auch im Bereich der Wissenschaft weitgehend unterbliebene Abrechnung mit dem Nationalsozialismus) waren zu einem beträchtlichen Teil ihr Werk.

Die jüngere Generation, für die Lüst stand, hatte ihre wissenschaftliche Laufbahn dagegen meist erst nach dem Ende des Zweiten Weltkriegs begonnen, an dem viele ihrer Angehörigen als Soldaten teilgenommen hatten. Dies war die eine generationelle Prägung, die Erfahrungen im Ausland (meist in den Vereinigten Staaten), wo sie als relativ junge Leute mit einer weitaus offeneren Wissenschaftskultur in Kontakt gekommen waren, die andere. Der nicht zuletzt aus diesen Erfahrungen resultierende kollegiale Führungsstil und das Bewusstsein, Teil eines Forschungsteams zu sein (wenngleich natürlich in leitender Position), passte ungleich besser zu der »Gesellschaft im Aufbruch«,[2] die sich in der Bundesrepublik herausgebildet hatte, als die patriarchalische und bisweilen auch gutsherrliche Art, in der Adolf Butenandt sein Institut und die MPG geleitet hatte.

Der neue Präsident sah sich von Beginn seiner Amtszeit an mit einer Fülle von Problemen konfrontiert, denn er übernahm das Ruder in einer Phase vielfältigen Umbruchs. In den frühen 1970er-Jahren kamen die »Trente Glorieuses«, die nach dem Zweiten Weltkrieg vor allem im westlichen Europa für Wachstum, Jobs und zunehmen-

---

[1] Robert Gerwin, der langjährige Leiter des Referats für Presse- und Öffentlichkeitsarbeit in der Generalverwaltung, sprach gar von einem »echten Generationssprung«. Gerwin, Im Windschatten der 68er, 1996, 215.
[2] Korte, *Gesellschaft im Aufbruch*, 2009.

den Wohlstand gesorgt hatten,³ an ihr Ende. Nun schlug ein Bündel ökonomischer Krisen durch: die Ölpreiskrisen von 1973 und 1979, die dadurch verschärfte Strukturkrise im Industriesektor, aus der wiederum Massenarbeitslosigkeit folgte, und die Stagflation – all dies trug nicht nur in der Bundesrepublik zur zeitgenössischen Wahrnehmung der 1970er-Jahre als krisenhaftes Jahrzehnt bei.⁴ Der Einschnitt war so tief, dass die zeithistorische Forschung die folgenden Dekaden als Zeit »nach dem Boom« charakterisiert hat.⁵ Hinzu kam eine Reihe weiterer Herausforderungen im nationalen, europäischen und globalen Maßstab, die sich – wenn auch in unterschiedlichem Ausmaß – ebenfalls auf die MPG auswirkten.

Dazu zählte die fortschreitende Umweltverschmutzung und -zerstörung. 1972 prangerte der berühmte Bericht des Club of Rome den Raubbau an der Natur an, auf dem das extensive Wirtschaftswachstum beruht hatte.⁶ In Westdeutschland waren es insbesondere der saure Regen, die Luft- und Gewässerverschmutzung sowie – ab den späten 1970er-Jahren – das »Waldsterben«, die die »Grenzen des Wachstums« offensichtlich machten und zum Politikum werden ließen.⁷ Auch die Kernkraft, auf deren friedliche Nutzung man in den 1950er- und 1960er-Jahre so große Hoffnungen als saubere Energiequelle der Zukunft gesetzt hatte, entwickelte sich nun mehr und mehr von einer Lösung des Energieproblems zum Problem selbst. Die Angst vor dieser unsichtbaren Gefahr stieg mit jedem Unfall in einem Kernkraftwerk weltweit, um 1986 mit der Reaktorkatastrophe von Tschernobyl ihren vorläufigen Höhepunkt zu erreichen.⁸ Als Reaktion auf diese Entwicklungen entstand die Umwelt- bzw. Anti-Atomkraft-Bewegung. Sie war – teils auf älteren Fundamenten aufbauend – aus der Studenten- und Protestbewegung von »68« hervorgegangen und mündete gegen Ende der 1970er-Jahre in die Gründung einer neuen Partei: Die Grünen erweiterten das westdeutsche Parteienspektrum um eine vierte Kraft, verharrten allerdings sowohl im Bund als auch in den Ländern zunächst noch in Fundamentalopposition gegen »das System«.⁹

Eine Herausforderung ganz anderer Art, deren Wurzeln ebenfalls in die Protestbewegung der 1960er-Jahre zurückreichen, stellte der Linksterrorismus dar. Er war zwar ebenfalls kein bloß westdeutsches Phänomen, griff jedoch hierzulande seit den frühen 1970er-Jahren mit einer Intensität um sich, die allenfalls noch in Italien (wo es zugleich auch einen wachsenden Rechtsterrorismus gab) und mit Abstrichen auch in Frankreich zu verzeichnen war.¹⁰ Die Bundesregierung reagierte auf die Terrorwelle, die im »Deutschen Herbst« des Jahres 1977 gipfelte, aber damit noch längst nicht an ihr Ende gekommen war, zunächst verunsichert, dann mit Härte. Die »innere Sicherheit«, die in den 1960er-Jahren allenfalls eine untergeordnete Rolle gespielt hatte, mauserte sich so zu einem politischen Thema ersten Ranges.¹¹

Auch auf der internationalen Ebene geriet vieles in Bewegung. Der europäische Einigungsprozess, der nach dem Abschluss der Römischen Verträge wenn nicht auf der Stelle getreten, so doch an Dynamik verloren hatte, nahm in den 1970er- und 1980er-Jahren wieder Fahrt auf. Zum 1. Januar 1973 traten Dänemark, Großbritannien und Irland der Europäischen Gemeinschaft (EG) bei. Dem folgte zum 1. Januar 1979 das Europäische Währungssystem mit der Einführung einer europäischen Währungseinheit, des ECU. Im selben Jahr fanden erstmals Direktwahlen zum Europäischen Parlament statt. Nachdem Griechenland 1981 zum zehnten EG-Mitglied geworden war, unterzeichneten Belgien, Deutschland, Frankreich, Luxemburg und die Niederlande im Juni 1985 in Schengen ein Abkommen, das die Abschaffung sämtlicher Personenkontrollen an den Grenzen der Unterzeichnerstaaten vorsah. Anfang 1986 wuchs die EG mit dem Beitritt Portugals und Spaniens auf zwölf Mitgliedsstaaten an, deren Außenminister im Februar 1986 in Luxemburg die »Einheitliche Europäische Akte« unterzeichneten, die die Römischen Verträge reformierte und auf die Schaffung eines europäischen Binnenmarktes abzielte. Damit hatte die Europäische Gemeinschaft, die in den 1950er-Jahren bescheiden gestartet war, wichtige

---

3 Siehe beispielsweise die Beiträge in Kaelble, *Der Boom*, 1992.
4 Jarausch, *Das Ende der Zuversicht?*, 2008. Für Großbritannien siehe Turner, *Crisis?*, 2008.
5 Doering-Manteuffel, Nach dem Boom, 2007.
6 Eine deutsche Übersetzung erschien ein Jahr später: Meadows, *Grenzen des Wachstums*, 1973.
7 Metzger, *Waldsterben*, 2015.
8 Brüggemeier, *Tschernobyl*, 1998.
9 Zur Entstehung und Entwicklung dieser neuen politischen Kraft siehe Mende, *Geschichte der Gründungsgrünen*, 2011.
10 Weinhauer, Requate und Haupt, *Terrorismus*, 2006; Hürter und Rusconi, *Die bleiernen Jahre*, 2010; Hof, *Staat und Terrorismus*, 2011; Lammert, *Der neue Terrorismus*, 2017.
11 Scheiper, *Innere Sicherheit*, 2010; Bergstermann, *Stammheim*, 2016; Hürter, *Terrorismusbekämpfung*, 2015.

Schritte in der Entwicklung hin zur Europäischen Union getan.¹²

Auch im Rest der Welt kam es zu einschneidenden Veränderungen. So öffnete sich die Volksrepublik China, die sich bis dahin weitgehend von der Außenwelt abgeschottet hatte, nach dem Tod ihres Gründervaters Mao Zedong langsam Richtung Westen. Dazu trug maßgeblich ein Kurswechsel in der Wirtschaftspolitik bei, den der neue starke Mann der Kommunistischen Partei Chinas, Deng Xiaoping, 1979 einleitete. Im selben Jahr betrat »mit der Iranischen Revolution unter Khomeini der fundamentalistische politische Islam die Weltbühne«.¹³ Hinzu kam der »Zweite Kalte Krieg«, der eine Zäsur im Verhältnis der beiden Supermächte USA und Sowjetunion bedeutete. Denn der Einmarsch sowjetischer Truppen in Afghanistan beendete 1979 schlagartig die Phase der Entspannung zwischen Ost und West, die in den 1960er-Jahren begonnen und mit der Unterzeichnung der Schlussakte der Konferenz über Sicherheit und Zusammenarbeit in Europa (KSZE) 1975 ihren Höhepunkt erreicht hatte. Die Stationierung sowjetischer Mittelstreckenraketen vom Typ SS-20 läutete eine neue Runde im Rüstungswettlauf ein. In der Bundesrepublik trug der Streit um den NATO-Doppelbeschluss nicht unwesentlich zum Auseinanderbrechen der sozialliberalen Koalition bei: Im September 1982 zogen sich die FDP-Minister aus der Bundesregierung zurück und wenig später ermöglichte der Koalitionswechsel der FDP von der SPD zur Union in Bonn die »Wende«.¹⁴ Gleichzeitig formierte sich jenseits der Parlamente eine stetig wachsende Friedensbewegung, die in den frühen 1980er-Jahren Hunderttausende Anhänger:innen zu den jährlichen Ostermärschen auf die Straßen brachte. Angesichts der hoch technisierten Kriegsführung, die mit dem US-amerikanischen Raketenabwehrprogramm SDI sogar auf den Weltraum ausgriff, geriet zunehmend auch die Forschung ins Visier der Kritiker:innen.¹⁵

Mit all diesen Gegebenheiten sah sich die MPG konfrontiert; einige wirkten sich direkt, andere indirekt auf sie aus. Hinzu kamen wissenschaftsgeschichtliche Umbrüche, die sich dem Einfluss der Politik weitgehend entzogen. Das galt vor allem für die Dritte Industrielle Revolution und die mit ihr verbundene Medienrevolution, kurz: die Digitalisierung.¹⁶ Das Aufkommen des Computers markiert zweifellos einen der tiefsten Einschnitte des 20. Jahrhunderts, der sich auf praktisch alle Lebensbereiche auswirkte. Zunächst handelte es sich allerdings noch nicht um Personal Computer (der PC kam erst in den 1980er-Jahren auf den Markt), sondern die Maschinen traten ihren Siegeszug in Form von extrem kostspieligen Großrechenanlagen an. Zu ihren Einsatzgebieten zählten anfangs Militär und Raumfahrt, doch Computer revolutionierten nicht zuletzt die Wissenschaft(en) selbst. Die Forschung zählte zu den wenigen Bereichen, in denen sich der computerbedingte Wandel bereits frühzeitig – nämlich schon in den 1960er-Jahren – bemerkbar gemacht hatte. Ab den 1970er-Jahren stellte der Zugang zu leistungsfähigen Rechenanlagen in den meisten Naturwissenschaften die Vorbedingung dar, um international konkurrenzfähig zu sein. Wissenschaftsorganisationen sahen sich gezwungen, entsprechende Geräte zu beschaffen und in regelmäßigen Abständen zu erneuern, wollten sie in der Scientific Community weiterhin eine Rolle spielen. Aufgrund der hohen Anschaffungskosten kamen die Computer vor allem in Rechenzentren zum Einsatz, die möglichst vielen Einrichtungen zur Verfügung standen. Zur Bewältigung dieser Herausforderung gründete die MPG den »Beratenden Ausschuss für EDV-Anlagen in der Max-Planck-Gesellschaft« (BAR), der am 20. Mai 1968 zu seiner ersten Sitzung zusammentrat. Der BAR erfüllte eine »doppelte Funktion«: Zum einen sollte er die »Generalverwaltung bei der Bereitstellung der beantragten Mittel« unterstützen, zum anderen den Instituten »bei der Planung und dem sinnvollen Einsatz der verschiedenen Typen von Rechenanlagen« unter die Arme greifen.¹⁷ Der gesteigerten Bedeutung der Informationstechnologie für Gesellschaft, Wirtschaft und Wissenschaft trug die MPG allerdings erst relativ spät Rechnung, nämlich im Jahr 1988 mit der Gründung des MPI für Informatik.¹⁸

Andere wissenschaftshistorische Trends zeigten sich zwar nicht so deutlich, wirkten sich in der dritten Entwicklungsphase jedoch ebenfalls auf die MPG aus. Auch jenseits des Computers zählte die Technisierung der Wissenschaft(en) im Zuge der weiter fortschreitenden Instru-

---

12 Thiemeyer, *Europäische Integration*, 2010.
13 Bösch, *Zeitenwende*, 2019, 9. Zur Revolution im Iran siehe ebd., 18–60. Zur Öffnung Chinas, die Bösch als »Wege in die Globalisierung« deutet, ebd., 141–186.
14 Scholtysek, *FDP*, 2012.
15 Gassert, Geiger und Wentker, *Zweiter Kalter Krieg*, 2011; Hansen, *Abschied*, 2016.
16 Bell, Technologische Revolution, 1990. Siehe auch unten, Kap. III.1.
17 Biron und Hennings, *Geschichte des BAR*, 2001, 82–83. Dort finden sich u.a. Aufstellungen der Rechenanlagen, die in der MPG angeschafft wurden. Zur zunehmenden Computerisierung der Forschung siehe unten, Kap. IV.7.5.
18 Henning und Kazemi, *Handbuch*, Bd. 1, 2016, 716–719.

mentenrevolution zu den Kennzeichen der 1970er- und 1980er-Jahre. So waren etwa Neurowissenschaften und Medizin stark von den neuen Möglichkeiten bildgebender Verfahren beeinflusst, die ihnen dank Magnetresonanz- oder auch Kernspintomografie Einblicke in den menschlichen Körper und dessen Organe eröffneten.[19] Diese maschinengetriebene Zugangsweise führte etwa in der Hirnforschung weg vom Pathologischen, das heißt der Konzentration auf »kranke« Gehirne, die bis in die 1960er-Jahre hinein vorgeherrscht hatte, hin zu Neurophysiologie und Neurochemie, die auch in die MPG Einzug hielten. Überall bewirkten die erheblich umfangreicher werdenden Geräteparks eine zunehmende Spezialisierung und Technisierung der Forschung – und eine Vervielfachung der Kosten. Das galt insbesondere für die Raumfahrt, die die Möglichkeiten der extraterrestrischen Forschung extrem erweiterte; unter Präsident Lüst wurde dieser Schwerpunkt der MPG weiter ausgebaut. Die Lebenswissenschaften folgten dem Trend in Richtung Molekularisierung, vor allem in der biochemischen Forschung setzte man ganz auf die Molekularbiologie. Die 1970er-Jahre gelten als »goldene Zeit der Molekularbiologie«, da sie damals noch hauptsächlich wissenschaftsintrinsischen Motiven folgte; erst in den 1980er-Jahren schlug die Kommerzialisierung auch auf dieses Forschungsfeld durch.[20]

Zur selben Zeit machten sich in Westdeutschland Tendenzen bemerkbar, die wissenschaftliche Forschung nicht mehr primär unter dem Fortschrittsparadigma sahen, sondern kritisch hinterfragten. Das galt besonders für die zunehmende Ablehnung der menschlichen Eingriffe in das Erbgut, aber auch von Tierversuchen. Nicht zuletzt musste die MPG auf staatliche Regulierungsbestrebungen auf diesen und anderen Feldern reagieren; aus ihrer Perspektive galt es, allzu starke Restriktionen zu verhindern, um der Forschung in der Bundesrepublik ähnliche Rahmenbedingungen zu schaffen bzw. zu erhalten wie anderswo. Hier warf die Globalisierung, die ab den 1990er-Jahren auch die Wissenschaft mit voller Wucht erfassen sollte, bereits ihre Schatten voraus.

Indes war nicht Wissenschaftskritik das Kennzeichen jener beiden Dekaden. Vielmehr nahm der Stellenwert, den Politik und Gesellschaft der Wissenschaft zumaßen, in den 1970er- und 1980er-Jahren nochmals deutlich zu, und zwar nicht allein durch den weiter steigenden Bedarf an wissenschaftlicher Welterklärung. Maßgeblich angestoßen von Daniel Bells Arbeit über die postindustrielle Gesellschaft kam eine länger anhaltende Debatte über die Rolle von Wissen bzw. Wissenschaft als (Produktiv-)Kraft für gesellschaftliche Veränderung auf. Sie mündete in das Konzept der Informationsgesellschaft, aber auch der Wissens- bzw. Wissenschaftsgesellschaft, was eine partielle Abkehr vom Primat der Ökonomie bedeutete, mit dem gesellschaftlicher Wandel spätestens seit Marx landläufig erklärt worden war. Anstelle der Produktivkräfte Kapital und Arbeit sahen Bell (und andere) in Wissen und informationellen Ressourcen die künftigen Quellen der wirtschaftlichen Wertschöpfung.[21] Damit lag allerdings die Messlatte, die wissenschaftliche Forschung meistern sollte, enorm hoch.

Natürlich waren die 1970er- und 1980er-Jahre weitaus heterogener, als es diese Kurzcharakterisierung andeutet – man denke etwa an den Regierungswechsel von 1982 in Bonn, der Helmut Kohl (CDU) anstelle von Helmut Schmidt (SPD) ins Kanzleramt brachte, oder den abermaligen Wechsel im Präsidentenamt der MPG 1984 von Reimar Lüst zu Heinz A. Staab. Zudem wirkten die skizzierten Herausforderungen nicht durchgehend auf dem gleichen Intensitätsniveau auf die MPG und ihr Umfeld ein. Aber sie unterscheiden die Entwicklung dieser beiden Dekaden doch klar von der in den langen 1960er-Jahren, die im Zeichen wirtschaftlichen Wachstums und großer ökonomischer Verteilungsspielräume gestanden hatten, wie auch von der in den 1990er-Jahren, als es in Institutionen wie der MPG vor allem um die Ausgestaltung der deutschen Einheit und um die Bewältigung der Folgen der Globalisierung gehen sollte. Für die MPG waren die Jahre »nach dem Boom« eine Bewährungsprobe: Würde es ihr auch unter den Bedingungen knapper Kassen gelingen, am Puls der Zeit zu bleiben, was für eine Wissenschaftsorganisation bedeutet: Würde die MPG weiterhin in neue Forschungsfelder einsteigen können? Woher würde sie die nötigen Mittel nehmen, um entsprechende Forschungseinrichtungen zu gründen und zu etablieren? Und wie würde sie auf Forderungen aus Politik und Gesellschaft reagieren, das Ihre zur Bewältigung politischer, ökonomischer, sozialer und ökologischer Krisen beizutragen? Diese Herausforderungen bilden die Klammer, die die 1970er- und 1980er-Jahre als *eine* Periode in der Geschichte der MPG zusammenhält – und von dem Vorher und Nachher unterscheidet.

---

19 Borck, Kernspintomographie, 2005.
20 Rheinberger, Kurze Geschichte, 2000.
21 Bell, *The Coming*, 1973. Dazu auch Leendertz, Schlagwort, 2012. Siehe unten, Kap. III.1.3.3 und Kap. III.1.3.4.

4.2 Haushaltsentwicklung – Im »stationären Zustand«

4.2.1 Die ökonomische Trendwende

Die größte Herausforderung der 1970er- und 1980er-Jahre stellte die krisenhafte Entwicklung der Wirtschaft dar, und zwar weltweit.[22] 1971 kollabierte das System von Bretton Woods, auf dessen festen Wechselkursen das internationale Handelssystem seit dem Ende des Zweiten Weltkriegs basiert hatte.[23] Dies wirkte sich schon bald auf den Ölpreis aus, der – auch als gezielt eingesetztes Machtinstrument der Mitgliedsstaaten der Organisation der Erdöl exportierenden Länder (OPEC) – regelrecht explodierte.[24] Die erste Ölpreiskrise von 1973, die eine bereits schwelende Strukturkrise im Industriebereich dramatisch verschärfte, traf die von fossilen Brennstoffen abhängige Weltwirtschaft ins Mark.[25] In der Bundesrepublik manifestierten sich die ökonomischen Turbulenzen vor allem als Krise der alten Industriebranchen, die kapitalintensiv, kaum automatisiert und mit hohem Personalbedarf produzierten: Montansektor, Textilindustrie, Schiffbau.[26] Daraus resultierte ein Folgeproblem, das die westdeutsche Gesellschaft seit Mitte der 1950er-Jahre nicht mehr gekannt hatte, aber aus historischen Erfahrungen heraus fürchtete: Massenarbeitslosigkeit.[27] 1972 registrierte die Bundesanstalt für Arbeit knapp 250.000 Arbeitslose, was einer Arbeitslosenquote von 1,1 Prozent entsprach. 1974 betrug die Arbeitslosenquote bereits 2,6 Prozent und 1975 verdoppelte sie sich fast auf 4,7 Prozent. In der folgenden Dekade kam es zu einer weiteren Verdoppelung auf 9,3 Prozent (1985); bis zum Ende der 1980er-Jahre, als immer noch 2.037.781 Menschen in Westdeutschland einen Job suchten, ging die Arbeitslosenquote nur langsam auf 7,9 Prozent zurück.[28]

Auch andere Indikatoren zeigten seit den frühen 1970er-Jahren nach unten. Das Bruttoinlandsprodukt (BIP), das in den 1950er-Jahren hohe zweistellige Zuwachsraten aufgewiesen und in den langen 1960er-Jahren meist immerhin noch über 5 Prozent gelegen hatte, brach mit der ersten Ölpreiskrise regelrecht ein: 1974 erreichte das Wachstum nur noch magere 0,5 Prozent, 1975 schrumpfte die westdeutsche Volkswirtschaft sogar um 1 Prozent. Eine kurzfristige Erholung machte die zweite Ölpreiskrise von 1979 zunichte und erst ab 1988 nahm das Wachstum in der Bundesrepublik wieder etwas Fahrt auf.[29] Die Politik reagierte auf diese krisenhafte Entwicklung von Wirtschaft und Arbeitsmarkt mit dem keynesianischen Rezept des Deficit Spending. Angesichts sinkender Staatseinnahmen finanzierte der Bund die stark steigenden Ausgaben in zunehmendem Maße durch die Aufnahme neuer Schulden.[30] Da es weder der sozialliberalen, noch der schwarz-gelben Bundesregierung gelang, die Nettokreditaufnahme wieder zu senken, glitt die Bundesrepublik in den »Schuldenstaat« ab.[31] Schlimmer noch, die steigenden Staatsausgaben fachten im Verein mit kräftigen Lohn- und Gehaltserhöhungen (nicht zuletzt im öffentlichen Dienst) die Inflation an, die ab 1972 emporschnellte und bis 1982 auf hohem Niveau verharrte.[32] Alle Maßnahmen, die die Politik ergriff, um die wirtschaftliche Stagnation zu beenden, die Konjunktur zu beleben und die Arbeitslosigkeit zu beseitigen, verpufften. Das Gespenst der Stagflation ging um. Daher saß der öffentlichen Hand das Geld nicht mehr so locker, zumal die Bundesregierung große Summen in die Sozialsysteme pumpte, um die sozialen Folgen des durch die Krise beschleunig-

---

22 Die Wirtschaftskrise der frühen 1970er-Jahre gilt in der Historiografie mittlerweile als tiefe Zäsur nicht nur der deutschen, sondern zumindest der westeuropäischen Geschichte. Doering-Manteuffel, Nach dem Boom, 2007; Raphael, *Jenseits von Kohle und Stahl*, 2019; Doering-Manteuffel, Raphael und Schlemmer, *Vorgeschichte*, 2016.
23 James, *Rambouillet*, 1997.
24 Graf, *Öl und Souveränität*, 2014.
25 Eric J. Hobsbawm sprach rückblickend sogar von einem »Zusammenbruch« der Weltwirtschaft 1973/74. Hobsbawm, *Zeitalter der Extreme*, 1995, 362.
26 Siehe pars pro toto zur Textilindustrie Lindner, Westdeutsche Textilindustrie, 2008.
27 Raithel, *Jugendarbeitslosigkeit in der BRD*, 2012; Eversberg, Destabilisierte Zukunft, 2016; Wiede, Zumutbarkeit von Arbeit, 2016.
28 Diese Angaben nach Statistisches Bundesamt, Registrierte Arbeitslose, https://www.destatis.de/DE/Themen/Wirtschaft/Konjunkturindikatoren/Lange-Reihen/Arbeitsmarkt/lrarb003ga.html.
29 Alle Angaben nach Institut für Wachstumsstudien, *Wachstum*, 2002, Tabelle 2, 3. Die Angaben beruhen auf in den Jahrbüchern des Statistischen Bundesamts veröffentlichten Daten, wobei die unterschiedlichen Preise und Berechnungssysteme vereinheitlicht wurden, sodass die Zahlen für die 1960er-Jahre mit denen für die 1970er-Jahre vergleichbar sind.
30 Ausführlich Hinrichs, *Verschuldung des Bundes*, 2002.
31 Ausführlich Ullmann, *Abgleiten in den Schuldenstaat*, 2017.
32 Statistisches Bundesamt, Inflationsrate, 2021, https://de.statista.com/statistik/daten/studie/4917/umfrage/inflationsrate-in-deutschland-seit-1948/.

ten ökonomischen Strukturwandels abzufedern.³³ Dafür musste sie an anderer Stelle Budgets kürzen. Angesichts dieser veränderten ökonomischen Großwetterlage sah sich auch die MPG zum Sparen gezwungen.

4.2.2 Die Auswirkungen der Wirtschaftskrise auf die MPG

Da sich die MPG seit ihrer Wiedergründung sehr weitgehend aus staatlichen Mitteln finanzierte, schlugen die Geldschwierigkeiten von Bund und Ländern direkt auf ihren Haushalt durch. Die zweistelligen jährlichen Zuwachsraten, die die MPG in den langen 1960er-Jahren verbucht hatte – noch 1971 verzeichnete sie gegenüber dem Vorjahr ein sattes Plus von 28,2 Prozent –, gehörten der Vergangenheit an. Hans-Hilger Haunschild, ab 1971 Staatssekretär im Bundesministerium für Forschung und Technologie (BMFT), machte im Mai 1973 klar, »daß sich die Max-Planck-Gesellschaft auf einen stationären Zustand einstellen müsse«.³⁴ In den späten 1970er-Jahren und über weite Strecken der 1980er konnte die MPG schon froh sein, wenn ihr Bund und Länder einen jährlichen Haushaltszuwachs von 3 Prozent bewilligten. Dabei handelte es sich notabene um Bruttowerte; berücksichtigt man die vergleichsweise hohe Inflation und die massiv steigenden Personalausgaben der MPG, blieb von den nominalen Zuwächsen der Dekade von 1975 und 1985 real kaum etwas übrig.³⁵

Eine Untersuchung der Finanzabteilung der Generalverwaltung bezifferte den durchschnittlichen jährlichen Zuwachs im Haushalt für die Dekade von 1968 bis 1978 nominal auf 9,2 Prozent, real dagegen – aufgrund der »zunehmende[n] Belastung durch anteilig zu zahlende Sozialleistungen und die Preissteigerungen bei den Sachausgaben« – nur auf 1,6 Prozent und kam zu dem ernüchternden Ergebnis: »Die realen Gesamtausgaben liegen seit 1974 jeweils unter dem realen Ausgabenniveau 1973.«³⁶ Von da an gehörte der Verweis auf den real stagnierenden Haushalt zum Standardrepertoire,

mit dem die MPG ihre unzureichende finanzielle Ausstattung durch die öffentliche Hand beklagte. »Eine Analyse der Haushaltsentwicklung zeige unter Einbeziehung von Sonderfinanzierungen und Projektförderung nominal seit 1972 eine Verdoppelung der Gesamtausgaben der Gesellschaft«, erläuterte Präsident Staab 1986. »In realen Werten – nach Abzug der Auswirkungen der Lohn- und Preisentwicklung – liege der Etat aber jetzt um 2 % unter dem Niveau des Jahres 1972.«³⁷

Erschwerend kam hinzu, dass der Großteil der geringen Zuwächse, die Bund und Länder der MPG ab 1972 noch zugestanden, bereits fest verplant war. Mitte der 1960er-Jahre – zu einem Zeitpunkt, als ein Ende der hohen jährlichen Zuwachsraten noch nicht absehbar gewesen war – hatte die MPG die Gründung einiger großer und extrem teurer Forschungseinrichtungen beschlossen.³⁸ Während die MPG beim Aufbau des MPI für Biochemie und des MPI für biophysikalische Chemie bis 1972 bereits erhebliche Fortschritte gemacht hatte, stand sie beim MPI für Festkörperforschung und beim MPI für Astronomie noch am Anfang. Trotz Sondermitteln aus Bonn verschlang die Verwirklichung dieser ambitionierten Projekte über Jahre hinweg einen erheblichen Teil des realen Zugewinns. Die Finanzabteilung der Generalverwaltung schätzte Anfang 1973, dass »kaum ein höherer Betrag als 1 % [der Haushaltszuwächse der MPG; J.B.] für Neuvorhaben bis 1977 disponibel« war.³⁹ Die einmal gefällten Gründungsbeschlüsse angesichts der veränderten finanziellen Rahmenbedingungen zu revidieren kam für die MPG nicht infrage, da sie sowohl gegenüber den bereits berufenen Gründungsdirektoren der neuen Institute als auch gegenüber deren Sitzländern im Wort stand.

Einen anderen Engpass, der die Neugründung von Forschungseinrichtungen erschwerte, gab es beim Personal. Die Geldgeber fanden sich zunehmend weniger bereit, der MPG neue Stellen zu bewilligen. Nach Berechnungen der Generalverwaltung war die Zahl der Planstellen zwischen 1960 und 1972 um 175 Prozent, beim wissenschaftlichen Personal um 150 Prozent und bei den Wissenschaftlichen Mitgliedern um 62,6 Prozent gestie-

---

33 Leisering, Nach der Expansion, 2016.
34 Protokoll der Sitzung des Senatsausschusses für Forschungspolitik und Forschungsplanung (SAFPP) vom 15.5.1973, AMPG, II. Abt., Rep. 60, Nr. 197.SP, fol. 8.
35 Siehe dazu unten, Anhang 1, Tabelle 1 und Anhang, Grafik 2.6.
36 Wieland Keinath: Entwicklung der Ausgaben der Max-Planck-Gesellschaft in den Jahren 1968–1978 vom 10.1978, AMPG, II. Abt., Rep. 61, Nr. 116, fol. 334–336.
37 Protokoll der 138. Sitzung des Verwaltungsrats vom 12.6.1986, AMPG, II. Abt., Rep. 61, Nr. 138.VP, fol. 257–258.
38 Balcar, *Wandel*, 2020, 120–133.
39 Sprechvorlage über die Sitzung des SAFPP vom 15.5.1973, AMPG, II. Abt., Rep. 60, Nr. 197.SP, fol. 53. Siehe dazu auch einen Vermerk von Manfred Meinecke: Vorbereitung der Sitzung des Planungsausschusses am 15.5.1973; hier: Finanzrahmen vom 4.5.1973, ebd., fol. 117–120.

gen, doch danach kaum noch.⁴⁰ Als Präsident Staab anlässlich des 75-jährigen Bestehens der KWG/MPG eine Bilanz der Entwicklung von 1972 bis 1986 zog, beklagte er, »daß jetzt bereits im *fünfzehnten* Jahr sowohl die Gesamtstellenzahl als insbesondere auch die Zahl der Wissenschaftlerstellen praktisch stagniert«.⁴¹ In der dritten Phase machte sich das Personal zusehends als Kostenfaktor bemerkbar. Neben der Inflation bewirkten vor allem die stark zunehmenden Lohn- und Gehaltszahlungen, dass die Schere zwischen nominalem Haushaltswachstum und realen finanziellen Möglichkeiten immer weiter auseinanderging. Angesichts hoher Tarifabschlüsse im öffentlichen Dienst entwickelten sich die Personalausgaben zum wahren Kostentreiber. »Am deutlichsten war die Preisentwicklung im Personalbereich spürbar«, hieß es in der bereits erwähnten Analyse der Finanzabteilung. »Während die Personalausgaben von 1968 bis 1978 von rd. 102 Mio. DM auf rd. 315 Mio. DM anstiegen, also um rd. 210 %, nahm die Zahl der Beschäftigten im gleichen Zeitraum nur um 24 % zu. Im Jahresdurchschnitt mußten damit für einen Beschäftigten 9,5 % mehr an Lohn und Gehalt einschließlich Sozialleistungen aufgewendet werden.«⁴² Allerdings trug die MPG zu den überproportional gestiegenen Personalkosten selbst bei, indem sie die Gehälter ihrer Wissenschaftlichen Mitglieder bis 1978 nach eigenem Gutdünken erhöhte, und zwar »ohne Beteiligung der Finanzierungsträger« und »nicht nur zur Abwehr von Rufen«.⁴³

Schließlich geriet in den 1970er- und 1980er-Jahren auch der Finanzierungsmechanismus der MPG selbst in eine Krise. Zwar machte die Rahmenvereinbarung Forschungsförderung vom 28. November 1975 die gemeinsame Forschungsförderung durch Bund und Länder nun auch rechtlich wasserdicht,⁴⁴ doch kamen in den frühen 1970er-Jahren Zweifel auf, ob der paritätische Finanzierungsmechanismus noch zeitgemäß war. Das Kernproblem bestand darin, dass die Finanzkraft der Länder nicht ausreichte, um die Großprojekte der MPG (mit) zu bezahlen, weshalb sich die Finanzierungslast tendenziell immer stärker in Richtung des Bundes verschob. Bei Licht besehen, befand sich die paritätische Alimentierung der MPG durch Bund und Ländergemeinschaft, die seit 1964 gängige Praxis war,⁴⁵ bereits vor Beginn der ökonomischen Turbulenzen in einer Krise. Generalsekretär Friedrich Schneider zog daraus im Juni 1972 die Konsequenz, »daß die Max-Planck-Gesellschaft bei einem Festhalten an der derzeitigen hälftigen Finanzierung durch Bund und Länder infolge der schwächeren Finanzkraft der Länder geringere Zuwachsraten hinnehmen oder aber eine Änderung des Finanzierungsschlüssels anstreben müsse.«⁴⁶ Der Nachteil des »Geleitzugprinzips«, das seit dem Königsteiner Abkommen von 1949 der Pferdefuß im ansonsten für die MPG so günstigen Institutionellen Arrangement ihrer staatlichen Finanzierung gewesen war,⁴⁷ erreichte in den frühen 1970er-Jahren eine Dimension, die aus der Perspektive der MPG das ganze System infrage stellte. Sollte sie nicht doch auf eine alleinige (oder zumindest weitgehende) Finanzierung durch den Bund setzen, der die mangelnde Finanzkraft der Länder ohnehin durch Sonderzuweisungen ausgleichen musste?⁴⁸ Das Thema blieb in den 1980er-Jahren aktuell. »Auch der Bund müsse deutlich machen«, forderte der Verwaltungsrat im November 1985, »daß die Beiträge zur Erfüllung dieser Gemeinschaftsaufgabe nicht am finanzschwächsten Partner orientiert werden könnten«.⁴⁹

Einstweilen sprang der Bund mit Sondermitteln in die Bresche, um die größten Haushaltslöcher zu stopfen – für die MPG allerdings ein zweischneidiges Schwert. Das zusätzliche Geld nahm man zwar gern, doch sahen die Leitungsgremien durch die Verschiebung von der Grund- zur Sonderfinanzierung die Unabhängigkeit der Gesellschaft bedroht. Die Jahresrechnung 1982 verzeichnete auf der

---

40 Materialien für die Sitzung des SAFPP vom 30.3.1982, betr. Punkt 6 der Tagesordnung: Strukturelle Entwicklungen im Bereich des wissenschaftlichen Personals der MPG, AMPG, II. Abt., Rep. 60, Nr. 209.SP, fol. 329.
41 Bericht des Präsidenten im Wissenschaftlichen Rat der Max-Planck-Gesellschaft vom 30.1.1986, AMPG, II. Abt., Rep. 60, Nr. 213.SP, fol. 242, Hervorhebung im Original.
42 Wieland Keinath, Entwicklung der Ausgaben der Max-Planck-Gesellschaft in den Jahren 1968–1978 vom Oktober 1978, AMPG, II. Abt., Rep. 61, Nr. 116.VP, fol. 336.
43 Protokoll der 116. Sitzung des Verwaltungsrates vom 23.11.1978, ebd., fol. 14.
44 *Rahmenvereinbarung zwischen Bund und Ländern über die gemeinsame Förderung der Forschung nach Artikel 91 b GG*. Bundesanzeiger Nr. 240 vom 30.12.1975, 4, zuletzt geändert durch Vereinbarung vom 25.10.2001, in: Bundesanzeiger, 25218; Wissenschaftlicher Dienst, *Finanzielle Förderung*, 2006, 7–8; siehe auch unten, Kap. IV.2.3.2.
45 Ausführlich Balcar, *Wandel*, 2020, 65–79.
46 Protokoll der 94. Sitzung des Verwaltungsrates vom 20.6.1972, AMPG, II. Abt., Rep. 61, Nr. 94.VP, fol. 102. Siehe auch Vorschau auf den Haushalt 1973, ebd., fol. 44–46.
47 Siehe Hohn und Schimank, *Konflikte und Gleichgewichte*, 1990, 127–134; Balcar, *Wandel*, 2020, 78–79.
48 Protokoll der 72. Sitzung des Senates vom 21.6.1972, AMPG, II. Abt., Rep. 60, Nr. 72.SP, fol. 14–16.
49 Protokoll der 137. Sitzung des Verwaltungsrates vom 21.11.1985, AMPG, II. Abt., Rep. 61, Nr. 137.VP, fol. 182.

Einnahmenseite ein Wachstum der staatlichen Zuschüsse zur institutionellen Förderung um magere 4,17 Prozent, während die Zuweisungen im Rahmen der Projektförderung um 32 Prozent angestiegen waren.⁵⁰ So wuchs der Anteil an Mitteln der Projektförderung zwischen 1982 und 1987 im Haushalt A der MPG von 8 auf auf 15 Prozent.⁵¹ Ohne Sondermittel des Bundes waren in den 1970er- und 1980er-Jahren Institutsneugründungen kaum mehr möglich, was intern als Indiz dafür galt, »daß bei strenger Betrachtung schon heute von einer Finanzkrise der Max-Planck-Gesellschaft gesprochen werden müsse«.⁵² Für problematisch hielt man insbesondere, dass »die schwerpunktmäßige Förderung von Vorhaben nicht mehr ausschließlich von ihrer eigenen Beurteilung der wissenschaftlichen Qualität, sondern von äußeren Rahmenbedingungen wie Förderungsprogrammen des Bundes« abhing.⁵³ Durch die Bewilligung (oder Verweigerung) von Sondermitteln entschied der Bund sehr stark mit, worüber in der MPG geforscht wurde und worüber nicht. Deswegen forderte Ernst-Joachim Mestmäcker, Direktor am MPI für ausländisches und internationales Privatrecht, »daß das Prinzip der Prioritätensetzung unter wissenschaftlichen Gesichtspunkten gewahrt bleibe«.⁵⁴ Weit mehr als in den ersten beiden Phasen musste die MPG nun darum kämpfen, dass ihre wissenschaftspolitische Unabhängigkeit gegenüber den Geldgebern nicht durch den zunehmenden Anteil an Sonder- und Drittmitteln an ihrem Gesamthaushalt eingeschränkt wurde.

4.3 Planung als Strategie der Krisenbewältigung

Um trotz erheblich geringerer Haushaltszuwächse weiterhin in neue Forschungsfelder einsteigen zu können und die wissenschaftspolitische Autonomie gegenüber den Geldgebern zu wahren, setzte die MPG in der dritten Phase ihrer Entwicklung verstärkt auf Planung. Daran ist bemerkenswert, dass die MPG dieses Instrument erst mit einer beträchtlichen Zeitverzögerung einzusetzen bereit war. In den 1960er-Jahren hatte in Europa eine regelrechte Planungseuphorie geherrscht, die auch die Bundesrepublik erfasste.⁵⁵ Eine planmäßige, gesteuerte Entwicklung von Wirtschaft und Gesellschaft versprach, die ökonomischen und sozialen Verwerfungen zu vermeiden, die die Älteren noch aufgrund der Erfahrung mit der Großen Depression der späten 1920er- und frühen 1930er-Jahre fürchteten. Neuartige Instrumente der Wirtschafts- und Fiskalpolitik wie Globalsteuerung oder Mittelfristige Finanzplanung sollten es ermöglichen, derartige Katastrophen künftig zu vermeiden. Dass die Wirtschaftskrise von 1966/67 auch dank des beherzten Einsatzes keynesianischer Rezepte schnell hatte überwunden werden können, war Wasser auf die Mühlen der Planungsbefürworter:innen. Als diese Instrumente jedoch im Kampf gegen die 1973/74 einsetzende Stagflation wirkungslos blieben, ließ die Begeisterung für die Planung in der Politik rasch wieder nach.

In den Führungszirkeln der MPG hingegen herrschte in den langen 1960er-Jahren nach wie vor jene Planungsskepsis vor, die in den 1950er-Jahren für die Bundesrepublik kennzeichnend gewesen war.⁵⁶ Dafür gaben zwei Gründe den Ausschlag: Zum einen bezweifelte man in der MPG grundsätzlich, dass sich wissenschaftliche Forschung planen lässt. »Die Problematik einer Mehrjahresplanung im Bereich der Forschung ist bekannt«, erklärte Generalsekretär Schneider. »Die Forschung als schöpferischer Prozeß stellt auch die Max-Planck-Gesellschaft vor die Frage, wie sie wichtigen, nicht vorhersehbaren Entwicklungen gerecht zu werden vermag.«⁵⁷ Zum anderen hatte die MPG bereits negative Erfahrungen gesammelt, die die Vorstellung von der Unplanbarkeit der Forschung verfestigten. Wiederholt verwies man auf die »Aufstellung eines Fünfjahresplanes im Rechnungsjahr 1956/1957« und die »Vorausschätzungen unseres Bedarfs für die Bundesforschungsberichte I und II«, bei denen sich »wichtige Entwicklungstendenzen in der Forschung« – genannt wurden »die spätere Gründung des

---

50 Protokoll der 130. Sitzung des Verwaltungsrates vom 9.6.1983, AMPG, II. Abt., Rep. 61, Nr. 130.VP, fol. 114.
51 Protokoll der 144. Sitzung des Verwaltungsrates vom 9.6.1988, AMPG, II. Abt., Rep. 61, Nr. 144.VP, fol. 12. Seit das IPP 1971 in die MPG integriert worden war, gliederte sich deren Haushalt in zwei Teile: Haushalt B umfasste das IPP, zu deren Finanzierung der Bund 90 Prozent und das Sitzland Bayern 10 Prozent beitrugen, Haushalt A alle übrigen Institute und zentralen Einrichtungen der MPG, die jeweils zur Hälfte vom Bund und von der Ländergemeinschaft finanziert wurden.
52 Protokoll der 17. Sitzung des SAFPP vom 24.4.1985. AMPG, II. Abt., Rep. 60. Nr. 212.SP, fol. 270 recto.
53 Protokoll der 142. Sitzung des Verwaltungsrates vom 19.11.1987, AMPG, II. Abt., Rep. 61, Nr. 142.VP, fol. 11–12.
54 Protokoll der 144. Sitzung des Verwaltungsrates vom 9.6.1988, AMPG, II. Abt., Rep. 61, Nr. 144.VP, fol. 13.
55 Seefried, *Zukünfte*, 2015; Leendertz, *Ordnung schaffen*, 2008. Zur Planungseuphorie der 1960er-Jahre siehe Ruck, Kurzer Sommer, 2000.
56 Ruck, Kurzer Sommer, 2000, 365–370.
57 Rundschreiben von Friedrich Schneider an die Mitglieder des Verwaltungsausschusses des Verwaltungsabkommens zwischen Bund und Ländern zur Förderung von Wissenschaft und Forschung vom 23.9.1968 betr. Mittelfristige Finanzplanung der MPG für die Jahre 1970–1972, AMPG, II. Abt., Rep. 60, Nr. 61.SP, fol. 207.

Instituts für Plasmaphysik oder die zukünftige Bedeutung der Kybernetik« – nicht hatten vorhersehen lassen.[58] Präsident Butenandt sprach im Juni 1970 mit Blick auf die Veränderungen in der westdeutschen Wissenschaftslandschaft sogar von einem »Planungs-Dschungel«. Mit dieser Formulierung verlieh er seiner »Befürchtung« Ausdruck, »daß wir schließlich in einen Zustand geraten, in dem mehr geplant als geforscht wird«.[59] Unter Butenandts Ägide war es mit Planung in der MPG nicht weit her. Als Generalsekretär Schneider die »Entwicklung der Forschungsbereiche der Max-Planck-Gesellschaft von 1960 [bis] 1972« bilanzierte, konstatierte er, dass diese »nicht das Ergebnis einer Planung« gewesen sei, »sondern historische Gründe habe«, die bis in die Zeiten der KWG zurückreichten, die »da begonnen [habe], wo man sich nennenswerte Ergebnisse erhoffte«.[60]

4.3.1 Der Senatsausschuss für Forschungspolitik und Forschungsplanung

Das sollte sich ab 1972 schlagartig ändern, und auch deswegen markiert dieses Jahr in der Geschichte der MPG eine Zäsur. Eine der Weichenstellungen der Satzungsreform von 1972 bestand darin, mit dem Senatsausschuss für Forschungspolitik und Forschungsplanung (SAFPP) ein zentrales Koordinationsgremium für Planungsfragen zu schaffen. Butenandt hatte ein solches Gremium noch nicht zur Verfügung gestanden, weshalb er den »Besprechungskreis Wissenschaftspolitik« einberufen hatte, was jedoch intern auf Kritik gestoßen war, da die Statuten ein solches Küchenkabinett nicht vorsahen.[61] Angesichts dieser Erfahrung hielt Lüst die Schaffung des SAFPP für erforderlich, »um die Planungen in einem kontinuierlichen und in der Satzung fest verankerten Gremium auf breiterer Basis vorbereiten zu können«.[62]

Große Bedeutung, die weit über die in der Satzung formulierten Aufgaben hinausreichte, erlangte das relativ kleine Gremium dank seiner hochkarätigen personellen Zusammensetzung. Seine Mitglieder lassen sich in vier Gruppen einteilen. Zur ersten Gruppe gehörten besonders angesehene Wissenschaftliche Mitglieder der MPG, darunter die drei ihre jeweilige Sektion repräsentierenden Vizepräsidenten. Die zweite Gruppe bildeten Männer aus der Wirtschaft, die im SAFPP die industrielle Forschung vertraten. Sie besaß allerdings zahlenmäßig kein großes Gewicht – anders als im Senat und im Verwaltungsrat, wo sie weitaus stärker vertreten war, als es dem Beitrag von Wirtschaft und Industrie zur Finanzierung der MPG entsprach.[63] Die dritte Gruppe bestand aus hochrangigen Wissenschaftspolitikern aus Bund und Ländern. Sie zu beteiligen erwies sich als kluger Schachzug, weil sich auf diese Weise die Planung der MPG mit den Haushaltsplanungen von Bund und Ländern abstimmen ließ. Die Präsidenten bzw. Vorsitzenden deutscher und internationaler Forschungsorganisationen – konkret: des französischen Centre National de la Recherche Scientifique (CNRS) und des britischen Science Research Council (SRC) – machten die vierte Gruppe aus. Sie war besonders wichtig, weil sie die Planungen der MPG mit denen anderer Akteure im westdeutschen Wissenschaftssystem und in Europa verzahnte.

Den Vorsitz im SAFPP führte qua Amt der Präsident. Mit Reimar Lüst hatte es seit 1972 ein Mann inne, der zu Recht als besonders planungsaffin galt.[64] Trotz seiner jungen Jahre – bei Amtsantritt war Lüst 49 Jahre alt und damit genau 20 Jahre jünger als sein Amtsvorgänger – blickte der Astrophysiker damals bereits auf eine beachtliche wissenschaftliche Laufbahn zurück, die ihn mit 37 zum Wissenschaftlichen Mitglied der MPG und mit 40 zum Direktor des Instituts für extraterrestrische Physik am MPI für Physik und Astrophysik gemacht hatte. Zudem hatte sich Lüst national wie international als »Wissenschaftsmacher« etabliert.[65] Von 1962 bis 1964 hatte der Astrophysiker als wissenschaftlicher Direktor der European Space Research Organisation und von 1968 bis 1970 als deren Vizepräsident amtiert. 1965 war er als Mitglied in den Wissenschaftsrat gewählt und 1970 in den Beratenden Ausschuss für Bildung und Wissenschaft beim Bundesministerium für Bildung und Wissenschaft kooptiert worden. Den vorläufigen Höhepunkt seiner Karriere als Wissenschaftsorganisator stellte im

---

58 Protokoll der 59. Sitzung des Senates vom 5.3.1968, AMPG, II. Abt., Rep. 60, Nr. 59.SP, fol. 12. Siehe dazu auch Drehbuch der Verwaltungsratssitzung vom 4.3.1968, AMPG, II. Abt., Rep. 61, Nr. 76.VP, fol. 2–61 verso.
59 Protokoll der 66. Sitzung des Senates vom 11.6.1970, AMPG, II. Abt., Rep. 60, Nr. 66.SP, fol. 9.
60 Protokoll der Sitzung des SAFPP vom 15.5.1973, AMPG, II. Abt., Rep. 60, Nr. 197.SP, fol. 6.
61 Balcar, *Wandel*, 2020, 176–177.
62 Sprechvorlage über die Sitzung des SAFPP vom 15.5.1973, AMPG, II. Abt., Rep. 60, Nr. 197.SP, fol. 46.
63 Balcar, *Wandel*, 2020, 200–206. Siehe unten, Kap. IV.4.2.1 und Kap. IV.4.2.2.
64 Die folgenden Angaben, soweit nicht anders gekennzeichnet, nach Lebenslauf Professor Dr. rer. nat. Reimar Lüst, undatiert, Anlage zu: Reimar Lüst an Adolf Butenandt vom 20.10.1971, GVMPG, BC 204881, fol. 186–188.
65 Die Bezeichnung nach Lüst und Nolte, *Wissenschaftsmacher*, 2008.

November 1969 seine Wahl zum Vorsitzenden des Wissenschaftsrats dar.[66] Damit erfüllte Lüst ein Auswahlkriterium, das Vizepräsident Konrad Zweigert im Vorfeld der Wahl stark gemacht hatte, nämlich »besondere Wissenschaftsmanager-Qualifikationen«.[67] Die MPG bekam mit Lüst einen jungen und überaus dynamischen Präsidenten, der als Wissenschaftler wie als Wissenschaftspolitiker im In- und Ausland hohes Ansehen genoss. Er beherrschte die Klaviatur der westdeutschen Wissenschaftspolitik, wie er es auch verstand, auf der Bühne der europäischen Wissenschaftsdiplomatie *bella figura* zu machen. Mit Reimar Lüst saß der richtige Mann zur richtigen Zeit am richtigen Platz.

Aufgrund seiner Erfahrungen als Wissenschaftsmanager war Lüst ein wahrer Meister der Gremienarbeit. Anders als Butenandt trachtete er nicht danach, stets selbst alle Fäden in der Hand zu behalten, sondern delegierte eine Reihe von Aufgaben an seine Stellvertreter. Den SAFPP machte Lüst zu seiner Schaltzentrale. In ihm liefen die Fäden aus den drei Sektionen und den vielen Kommissionen, die über die Zukunft einzelner Institute oder ganzer Forschungsfelder berieten, zusammen. So avancierte der SAFPP von 1972 bis 1984 zur de facto wichtigsten Steuerungsinstanz der MPG, auch wenn der Ausschuss nominell ein reines Beratungsgremium war, das Beschlüsse lediglich vorbereiten sollte.[68] Die hochkarätige Zusammensetzung, die Autorität des ihm vorstehenden Präsidenten sowie sanfter Druck auf die Sektionen, die einzelnen Institute in diesem Sinne zu beeinflussen, sorgten dafür, dass die für die jeweilige Entscheidung zuständigen Gremien in der Regel die »Empfehlungen« des SAFPP unverändert übernahmen.[69]

Auf seiner ersten Sitzung am 15. Mai 1973 umriss Reimar Lüst das »Aufgabengebiet des Ausschusses«, wobei er drei Bereiche unterschied: In der »Sachplanung« galt es erstens, »Stand und Entwicklungstendenz der Forschung deutlich zu machen und auszuwerten, um daraus Vorschläge für die Priorität von Forschungsvorhaben zu erarbeiten«. Parallel dazu müsse das neue Gremium – zweitens – die personellen Möglichkeiten im Blick behalten, »da die Verfügbarkeit eines ausgezeichneten Wissenschaftlers für ein Sachvorhaben eine unverzichtbare Voraussetzung sei und auch in Zukunft bleiben müsse.« Bei aller Planung wollte die MPG also auch unter ihrem neuen Präsidenten nicht vom Harnack-Prinzip lassen, das bereits die Wissenschaftsförderung in der KWG geprägt hatte. Drittens schrieb Lüst dem Ausschuss die Aufgabe zu, »die Entwicklung in der Max-Planck-Gesellschaft für die Öffentlichkeit überschaubarer [zu] machen und die Grenzen von Planung im Bereiche der Grundlagenforschung [zu] verdeutlichen«.[70] Die MPG hatte aus den Fehlern ihrer jüngsten Vergangenheit gelernt, als ihr Intransparenz und fehlende Öffentlichkeitsarbeit in der Debatte um Satzungsreform und Mitbestimmung eine schlechte Presse beschert hatten.[71]

4.3.2 Die Politik der Flexibilisierung

Der Schwerpunkt der Arbeit des SAFPP lag in der Praxis auf dem ersten Aufgabengebiet, der Sachplanung. Dabei trat – je länger, desto stärker – die Frage in den Vordergrund, wie der Einstieg in neue Forschungsfelder finanziert werden konnte. Das umfasste nicht nur den Aufbau von Neuem, sondern zugleich die Abwicklung von Altem. Angesichts ausbleibender Haushaltszuwächse und eingeschränkter Einsparungsmöglichkeiten im laufenden Betrieb blieb der MPG nämlich kaum etwas anderes übrig, als bereits vorhandene Ressourcen umzuschichten – entweder durch die Schließung von Instituten bzw. einzelnen Abteilungen oder durch »eine Verschiebung der Schwerpunkte«.[72] Die Generalverwaltung ging im Herbst 1973 davon aus, dass die »Entwicklung unserer Gesellschaft von einer allmählich abnehmenden Wachstumsrate und von dem Übergang zu einem weitgehend stationären Zustand gekennzeichnet ist«. Der »Erhaltung der Beweglichkeit der Gesellschaft« komme »gerade aufgrund dieser Entwicklung eine besondere Bedeutung zu«, um auch in Zukunft »neue Forschungsvorhaben mindestens alle zwei Jahre zu initiieren«.[73] Der Planungs-

---

66 Lüst übernahm auch dieses Amt in einer schwierigen Zeit. Bartz, *Wissenschaftsrat*, 2007, 113–119.
67 Konrad Zweigert an Adolf Butenandt vom 13.5.1970, AMPG, II. Abt., Rep. 61, Nr. 86.VP, fol. 102.
68 Reimar Lüst an Hans Maier vom 20.12.1972, AMPG, II. Abt., Rep. 60, Nr. 218.SP, fol. 93.
69 Z. B. Protokoll der 9. Sitzung des SAFPP vom 1.3.1978, AMPG, II. Abt., Rep. 60, Nr. 205.SP, fol. 6–7. Protokoll der 10. Sitzung des SAFPP vom 27.2.1979, AMPG, II. Abt., Rep. 60, Nr. 206.SP, fol. 16–17.
70 Protokoll der Sitzung des SAFPP vom 15.5.1973, AMPG, II. Abt., Rep. 60, Nr. 197.SP, fol. 5–6. Diesen Aspekt hatte Lüst bereits in einem Interview betont, das er der *Süddeutschen Zeitung* unmittelbar nach seiner Wahl zum Präsidenten gegeben hatte. Urban, Mehr Mitbestimmung, *Süddeutsche Zeitung*, 23.11.1971.
71 Balcar, *Wandel*, 2020, 198–199.
72 Protokoll der Sitzung des SAFPP vom 15.5.1973, AMPG, II. Abt., Rep. 60, Nr. 197.SP, fol. 8–9.
73 Vermerk Nickel: Sprechvorlage für die 2. Sitzung des SAFPP vom 18.10.1973, AMPG, II. Abt., Rep. 60, Nr. 198.SP, fol. 58–59.

ausschuss schlussfolgerte aus einer Bestandsaufnahme, »daß gerade die stagnierende Haushaltsentwicklung eine größere Beweglichkeit innerhalb der Gesellschaft erfordert«. Er drängte auf »eine strenge Prüfung der Fortführung von Forschungsvorhaben bei der Emeritierung von Institutsdirektoren« und auf »eine ständige Prüfung innerhalb der Institute selbst, ob Forschungsprojekte ggf. abgebrochen werden sollen«.[74] *Flexibilisierung* – der Leitbegriff der inneren Entwicklung der MPG in der Ära Lüst – bedeutete also die grundsätzliche Bereitschaft, laufende Forschungsvorhaben aufzugeben, um mit den vorhandenen Ressourcen neue wissenschaftliche Projekte in Angriff nehmen zu können.

Den Flaschenhals bei Neugründungen stellten in zunehmendem Maße die Planstellen dar. Die »eigentliche Problematik unseres Haushalts« erblickte die Generalverwaltung im »Bereich der personellen Ressourcen«.[75] Die Haushälter aus Bund und Ländern zögerten ab Mitte der 1970er-Jahre, neue Stellen zu bewilligen. Dadurch versuchten die »Finanzierungsträger«, wie Staatssekretär Haunschild erklärte, »die ungleichgewichtigen Entwicklungen von Personal- und Sachkosten zu bremsen«.[76] Dieser Kurswechsel zeitigte gravierende Folgen für die MPG. Allein für die Jahre 1975 und 1976 klaffte »eine Lücke von insgesamt 120 Stellen«.[77] Kurzfristig ließ sie sich mithilfe der Personalmittelreserve schließen, doch schob man »die eigentlichen Probleme« auf diese Weise nur vor sich her. Eine dauerhafte Lösung erschien nur »innerhalb des gegebenen personellen Rahmens der Institute« möglich.[78] Auch wenn die Personalabteilung bezweifelte, dass sich durch interne Umschichtungen genügend Stellen freimachen ließen, um den Bedarf zu decken, gab es keinen anderen Ausweg,[79] auch wenn das schmerzhafte Einschnitte bedeutete.[80]

In der Debatte über »die hierfür erforderlichen Methoden« standen sich zwei Positionen gegenüber: Die Vertreter der Politik empfahlen aus psychologischen Gründen, »sich bei der Umverteilung von Personalstellen eines Systems von globalen Kürzungen zu bedienen […], da dabei die Beweislast hinsichtlich der tatsächlichen Stellenbedürfnisse auf die Institute verlagert würde«. Damit stießen sie jedoch unter den Wissenschaftlern, die im SAFPP in der Mehrheit waren, auf einhellige Ablehnung. Zwar bezeichnete auch Lüst Kürzungen nach der »Rasenmähermethode« als »einfach in der Durchführung«, doch würden sie »den spezifischen Erfordernissen der Institute nicht gerecht werden«.[81] Die Mehrheit im SAFPP wollte stattdessen aus der Not eine Tugend machen und die sich ergebende Möglichkeit nutzen, um die in der MPG versammelten Forschungen einer gründlichen Überprüfung zu unterziehen. Dafür griff sie auf ältere Überlegungen zurück, um »zu überdenken, welche Bereiche entbehrt werden können«.[82] Mit einem Mal kam alles auf den Prüfstand.

Die Mitglieder des SAFPP setzten zunächst ihre Hoffnung darauf, dass die 1972 eingeführte Befristung der Leitungsfunktionen der Wissenschaftlichen Mitglieder ihnen ihre Aufgabe erleichtern würde. Die Kommission, die das entsprechende Verfahren entwickeln sollte, entzog dem jedoch die Grundlage. Ihre Mehrheit sprach sich dafür aus, »die Begrenzung der Leitungsfunktion nicht als gezieltes Instrument der Forschungsplanung zu verwenden«, sondern stattdessen »das in der Satzung verankerte Prinzip der Kontinuität« zu wahren.[83] Wegen der hartleibigen Interessenpolitik der Wissenschaftlichen Mitglieder, die ihre privilegierte Stellung mit allen Mitteln verteidigten, verpasste die MPG die einmalige Gelegenheit, die gerade von Lüst immer wieder beschworene »Flexibilität der Gesellschaft« zu verbessern.[84] So gesehen, zahlte die MPG für ihr Festhalten am Harnack-Prinzip, das den Wissenschaftlichen Mitgliedern in ihrer internen Governance enormes Gewicht verlieh, einen hohen Preis.[85]

Aber auch in anderer Hinsicht stieß die Flexibilisierungsstrategie des SAFPP auf massive Schwierigkeiten.

---

74 Ebd.
75 Sprechvorlage für die 10. Sitzung des SAFPP vom 27.2.1979, AMPG, II. Abt., Rep. 60, Nr. 206.SP, fol. 93.
76 Protokoll der 4. Sitzung des SAFPP vom 5.11.1974, AMPG, II. Abt., Rep. 60, Nr. 244.SP, fol. 449.
77 Sprechvorlage für die 4. Sitzung des SAFPP vom 10.10.1974, AMPG, II. Abt., Rep. 60, Nr. 200.SP, fol. 26. Zu den Berechnungen der zur Deckung des dringendsten Bedarfs in den kommenden Jahren fehlenden Planstellen siehe auch ebd., fol. 74–75.
78 Ebd., fol. 26.
79 Ebd., fol. 74.
80 Protokoll der 4. Sitzung des SAFPP vom 5.11.1974, AMPG, II. Abt., Rep. 60, Nr. 244.SP, fol. 448.
81 Ebd., fol. 449–450.
82 Protokoll der Sitzung des Wissenschaftlichen Rates vom 27.6.1968, AMPG, II. Abt., Rep. 62, Nr. 1947, fol. 94.
83 Protokoll der Sitzung des SAFPP vom 15.5.1973, AMPG, II. Abt., Rep. 60, Nr. 197.SP, fol. 10–11. Siehe dazu ausführlich Balcar, *Wandel*, 2020, 236–243.
84 Protokoll der Sitzung des SAFPP vom 15.5.1973, AMPG, II. Abt., Rep. 60, Nr. 197.SP, fol. 2–58, Zitat fol. 13.
85 Siehe unten, Kap. IV.4.

4. Die MPG nach dem Boom (1972–1989)

Im Wissenschaftsbereich gab es damals keine Vorbilder, an denen sich die MPG hätte orientieren können. Um Neugründungen durch die Umschichtung von Mitteln zu ermöglichen, musste die MPG Stellen über einen gewissen Zeitraum sozusagen ansparen, doch ließ sich diese Art von Vorratshaltung mit Planstellen nur schwer mit den Haushaltsordnungen der öffentlichen Hand vereinbaren.[86] Zu diesen administrativen Hürden kam die jeder Institution innewohnende Tendenz hinzu, die eigene Existenz auch in Zukunft zu sichern. Dieser Überlebensreflex war in den Max-Planck-Instituten besonders stark ausgeprägt, da die Wissenschaftlichen Mitglieder darin ihr Lebenswerk erblickten, das auch nach ihrer Emeritierung fortgeführt werden sollte. Pointiert formuliert, nahmen die Direktoren die Schließung der eigenen Abteilung oder des gesamten Instituts als Geringschätzung der wissenschaftlichen Lebensleistung wahr, als Ausweis ihres Scheiterns. Deswegen setzten sie alle Hebel in Bewegung, um die Fortführung ihrer Forschungsarbeit nach ihrem Ausscheiden aus dem aktiven Dienst sicherzustellen.[87] Hinzu kam, dass der stetig stärker werdende Schließungsdruck Zank zwischen den Sektionen hervorrief. So vermeinte etwa Alfred Gierer, Direktor am MPI für Virusforschung, die »Ernsthaftigkeit, bestimmte Institute in Frage zu stellen, [...] nur im Bereich der Biologisch-Medizinischen Sektion zu erkennen«.[88] Lüst war sich dieser Probleme bewusst: »Beweglichkeit im Einsatz des Stellenpotentials klingt als Forderung vielleicht vernünftig«, hatte der Präsident bereits Ende 1972 erklärt, »sie in der Praxis bei mehr als 50 Forschungsinstituten zu handhaben, ist selbst nach längerer Vorbereitung problematisch; sie von heute auf morgen durchzuführen, ist schlicht unmöglich.«[89]

Eine besondere Herausforderung bestand darin, die Planung auf der zentralen Ebene mit den Vorhaben der einzelnen Institute zu verzahnen. Zu diesem Zweck beschritt der SAFPP zwei Wege: Zum einen bat der Präsident die Institute in einem Rundschreiben, »eine Darstellung der gegenwärtigen Arbeiten sowie der Vorhaben und Projekte der nächsten fünf Jahre zu geben«,[90] wobei die Direktoren von zwei alternativen Entwicklungsszenarien ausgehen sollten. Deren Reaktionen auf eventuelle Stellenkürzungen fielen, wie zu erwarten gewesen war, kritisch aus,[91] was der MPG-Spitze »in den bevorstehenden schwierigen Verhandlungen mit den Finanzierungsträgern nachdrückliche argumentative Unterstützung« bot.[92] Zum anderen setzte der SAFPP verstärkt auf den Einsatz international besetzter Visiting Committees, um die Arbeit einzelner Institute und ganzer Forschungsbereiche evaluieren zu lassen, weil die im Wesentlichen aus Wissenschaftlichen Mitgliedern der MPG bestehenden Kuratorien und Kommissionen nicht selten geschönte Berichte vorlegten, die sich für die Frage der künftigen Weiterentwicklung als wenig hilfreich erwiesen.[93] Auf beiden Wegen hoffte die Generalverwaltung, besseren Einblick in das zu gewinnen, was in den Instituten vorging.[94] Ohne dieses Wissen ließ sich die Entwicklung der MPG nicht zentral beeinflussen oder gar steuern.

Ein Instrument, das mit den gesteigerten Planungsaktivitäten in den 1970er- und 1980er-Jahren auch in der MPG an Bedeutung gewann, war die Mittelfristige Finanzplanung. Die Planung der Einnahmen und Ausgaben der öffentlichen Hand über einen mehrjährigen Zeitraum sollte, so der Kerngedanke dieses 1967 eingeführten Instruments, einen effizienteren Einsatz staatlicher Mittel gewährleisten. Zur Ergänzung des jährlichen Haushaltsplans wurden die Ausgaben und Einnahmen für einen Zeitraum von fünf Jahren angegeben, der mit dem vorangegangenen Haushaltsjahr einsetzte, das laufende Haushaltsjahr einschloss und drei weitere Jahre in die Zukunft reichte. Dadurch sollten finanzpolitische Prioritäten gesetzt, die Kosten und Folgekosten von projektierten Maßnahmen aufgedeckt und die Planungen verschiedener Träger frühzeitig miteinander koordiniert werden.[95] Die MPG war zunächst skeptisch gewesen und hatte erst im Herbst 1968 einen ersten mittelfristigen Finanzplan vorgelegt.[96] Mit der Gründung des SAFPP erhielt die Mittel-

---

86 Protokoll der Sitzung des SAFPP vom 15.5.1973, AMPG, II. Abt., Rep. 60, Nr. 197.SP, fol. 2–58, Zitat fol. 12.
87 Ein Beispiel für diese Haltung bei Schöttler, *MPI für Geschichte*, 2020, 110–123.
88 Protokoll der Sitzung des SAFPP vom 26.10.1973, AMPG, II. Abt., Rep. 60, Nr. 198.SP, fol. 3–24, fol. 18.
89 Protokoll der 73. Sitzung des Senates vom 29.11.1973, AMPG, II. Abt., Rep. 60. Nr. 73.SP, fol. 15.
90 Protokoll der 5. Sitzung des SAFPP vom 15.5.1975, AMPG, II. Abt., Rep. 60, Nr. 244.SP, fol. 365.
91 Materialien für die Sitzung des SAFPP vom 15.5.1975, AMPG, II. Abt., Rep. 60, Nr. 201.SP, fol. 181–186.
92 Protokoll der 5. Sitzung des SAFPP vom 15.5.1975, AMPG, II. Abt., Rep. 60, Nr. 244.SP, fol. 365–366.
93 Protokoll der Sitzung des SAFPP vom 5.11.1975, ebd., fol. 455–456; Sprechvorlage für die 4. Sitzung des SAFPP vom 10.10.1974, AMPG, II. Abt., Rep. 60, Nr. 200.SP, fol. 35–36.
94 Siehe am Beispiel der Vermarktung von Forschungsergebnissen Balcar, *Instrumentenbau*, 2018, 25.
95 *Gesetz zur Förderung der Stabilität und des Wachstums der Wirtschaft*, 1967. Zavelberg, Mehrjährige Finanzplanung, 1970.
96 Rundschreiben Friedrich Schneiders an die Mitglieder des Verwaltungsausschusses des Verwaltungsabkommens zwischen Bund und Ländern zur Förderung von Wissenschaft und Forschung vom 23.9.1968, AMPG, II. Abt., Rep. 60, Nr. 61.SP, fol. 207–222.

fristige Finanzplanung größeres Gewicht, denn mit ihrer Hilfe sollte der Ausschuss eigene Planungen durchführen und substantiieren können. Dadurch verwandelte sich die zuvor oft gescholtene Finanzplanung von einer lästigen Pflichtübung in ein Werkzeug zur Weiterentwicklung der MPG.⁹⁷

Zwei Faktoren verhinderten jedoch, dass sich die Hoffnungen der MPG erfüllten, im Wege der »MifriFi« Bund und Länder auf verlässliche Haushaltszusagen – und dementsprechende Haushaltszuwächse – festlegen zu können. Zum einen beschränkte die Entwicklung der öffentlichen Kassen den Rahmen der Mittelfristigen Finanzplanung. So lagen, um nur ein Beispiel zu nennen, die Anforderungen der MPG für die Jahre 1972 bis 1976 »so hoch«, dass das Planwerk in den Augen von Manfred Meinecke, dem Leiter der Finanzabteilung, »als überholt betrachtet werden muß«.⁹⁸ In den folgenden Jahren ging die Schere zwischen dem, was die MPG meinte, für die weitere gedeihliche Entwicklung der Grundlagenforschung in der Bundesrepublik fordern zu müssen, und den Beträgen, die die Haushälter der öffentlichen Hand angesichts schwindender Staatseinnahmen und wachsender Staatsausgaben bewilligen zu können glaubten, immer weiter auseinander. Zum anderen stellte sich heraus, dass auf Zusagen von Bund und Ländern immer weniger Verlass war, je länger die Wirtschafts- und Finanzkrise andauerte. Die MPG, die mit den einmal bewilligten Finanzmitteln und Stellen fest rechnete, geriet dadurch immer wieder in die Bredouille. Als beispielsweise der Bundestag 1980 eine deutliche Kürzung des bereits bewilligten Stellenhaushalts der MPG beschloss, sah sich die MPG »zu Überlegungen gezwungen, ob und in welcher Weise die in den mittelfristigen und langfristigen Planungen vorgesehenen Forschungsvorhaben verwirklicht werden können«; man war vor die Notwendigkeit gestellt, »gegebenenfalls auch neue Prioritäten [zu] setzen«.⁹⁹ Die Mittelfristige Finanzplanung machte den Haushalt der MPG mitnichten planbarer, vor allem dann nicht, wenn es um Zuwächse ging.

Es gab aber auch einen Hoffnungsschimmer: die Altersstruktur der Wissenschaftlichen Mitglieder. Eine Bestandsaufnahme im Frühjahr 1975 ergab, dass mehr als 50 von ihnen zwischen 60 und 68 Jahre alt waren; man schätzte, dass mindestens die Hälfte in den nächsten fünf Jahren emeritiert würden und dass bis 1983 weitere 20 bis 25 Emeritierungen anstünden.¹⁰⁰ Da eine Abteilung und manchmal sogar ein ganzes Institut mit dem Direktor bzw. der Direktorin stand und fiel – hier entfaltete das aus der KWG übernommene Harnack-Prinzip nach wie vor seine volle Wirkung –, die Leitungspersonen während ihrer aktiven Dienstzeit nach ebendiesem Prinzip aber praktisch unantastbar waren, bot sich allein im Moment ihres Ausscheidens aus dem aktiven Dienst die Möglichkeit für eine Reallokation von Ressourcen innerhalb der MPG. Die Kumulation von Emeritierungen ermöglichte umfassende »Zukunftsüberlegungen«, ging man doch davon aus, »daß etwa ein Drittel des Forschungspotentials der Max-Planck-Gesellschaft in allernächster Zukunft in den Organen und Gremien der Max-Planck-Gesellschaft zur Diskussion stehen wird«.¹⁰¹ Die Generalverwaltung sah darin »eine Chance, vielleicht die einzige Chance für die Max-Planck-Gesellschaft, trotz stationärer Entwicklung des Stellenplans auch in Zukunft ein gewisses Maß an Beweglichkeit für die Disposition der Forschung in unseren Instituten zu erhalten«.¹⁰²

Bei der Umsetzung der MPG-internen Umschichtung von Mitteln und insbesondere bei der Entscheidung, welche Forschungsbereiche zu diesem Zweck eingestellt werden sollten, wirkten verschiedene Organe wie ein Orchester zusammen, wobei der SAFPP die Rolle des Dirigenten übernahm. Den Sektionen, in deren Zuständigkeit Berufungsfragen fielen, kam im Planungsprozess die Aufgabe zu, »das Spektrum der gegenwärtigen Schwerpunkte der Forschung innerhalb der Max-Planck-Gesellschaft einer eingehenden Beratung [zu] unterziehen« und im Kontext anstehender Emeritierungen die »ersten Vorstellungen zur Schwerpunktbildung« zu entwickeln.¹⁰³ Als »Orientierung« sollten den Sektionen jene »Schwerpunkte der Entwicklung« dienen, die der SAFPP erarbeitet hatte. Das Ziel seiner Beratungen lautete, »sich in absehbarer Zeit weitere Klarheit über die ›Probleminstitute‹ zu verschaffen«.¹⁰⁴ Eine Vorlage, die die Generalverwaltung erstellt hatte, teilte die bestehenden Max-Planck-Institute in drei Gruppen ein: erstens »Institute, die gegenwärtig für die

---

97 Vermerk Nickel: Sprechvorlage für die 2. Sitzung des SAFPP vom 18.10.1973, AMPG, II. Abt., Rep. 60, Nr. 198.SP, fol. 63; Protokoll der 11. Sitzung des SAFPP vom 16.1.1980, AMPG, II. Abt., Rep. 60, Nr. 207.SP, fol. 32.
98 Vermerk Manfred Meinecke vom 4.5.1973, AMPG, II. Abt., Rep. 60, Nr. 197.SP, fol. 117-120, Zitat fol. 118.
99 Protokoll der 11. Sitzung des SAFPP vom 16.1.1980, AMPG, II. Abt., Rep. 60, Nr. 207.SP, fol. 4-5.
100 Diese Angabe nach Ergänzung zur Sprechvorlage zur 5. Sitzung des SAFPP am 15.5.1975, AMPG, II. Abt., Rep. 60, Nr. 201.SP, fol.32-36.
101 Ebd., fol. 35.
102 Ebd., fol. 35-36.
103 Protokoll der 5. Sitzung des SAFPP vom 15.5.1975, AMPG, II. Abt., Rep. 60, Nr. 244.SP, fol. 366.
104 Ebd., fol. 381.

Überlegungen und Maßnahmen zur Planung keinen Ansatz erkennen lassen«,[105] zweitens »Institute, zu deren künftiger Entwicklung sich Fragen mit Bezug auf wissenschaftliche Orientierung, Größenordnung und Struktur ergeben«,[106] und drittens »Institute, zu deren künftiger Entwicklung unter Gesichtspunkten der wissenschaftlichen Orientierung, des Umfangs und der Struktur Entscheidungen erforderlich und gegebenenfalls Maßnahmen einzuleiten sind«.[107] Die Aufstellung ergab, dass sich in der MPG bis Mitte der 1970er-Jahre zahlreiche Probleme angehäuft hatten, die zuvor nicht offen zutage getreten oder vom Glanz der Neugründungen überstrahlt worden waren. In Zeiten knapper Kassen erwiesen sich diese Problemfälle mit einem Mal als Chance für die MPG, denn aus dieser Konkursmasse ließ sich gegebenenfalls Neues schaffen.

Auf diese Weise gelang es dem SAFPP – wenn auch erst nach langen und kontroversen Debatten –, einen erheblichen Teil des Stellenbedarfs, der in Lüsts zwölfjähriger Amtszeit anfiel, »aus dem gegebenen Plafond der Gesellschaft verfügbar zu machen«.[108] Das war eine beachtliche Leistung, wenn man bedenkt, dass in dieser Zeit eine Reihe großer Institute arbeitsfähig gemacht werden musste, deren Gründung noch unter Butenandt beschlossen worden war. Dafür trennte sich die MPG nicht nur weitgehend von der landwirtschaftlichen Forschung,[109] sondern auch von einer Reihe anderer traditionsreicher Einrichtungen, beispielsweise dem Institut für Werkstoffwissenschaft am MPI für Metallforschung oder dem Institut für Elektronenmikroskopie am Fritz-Haber-Institut; selbst die Abteilung von Jürgen Aschoff am MPI für Verhaltensphysiologie in Seewiesen wurde nach seiner Emeritierung geschlossen, obwohl Aschoff in den 1960er- und 1970er-Jahren eine der prägenden Persönlichkeiten der MPG gewesen war.

Trotz einer Fülle von Hindernissen und Widerständen gelang es der MPG unter Federführung des SAFPP, Ressourcen in beachtlichem Maße umzuschichten. Genau dies machte den Kern der Erfolgsbilanz von Reimar Lüst aus. Als er 1984 nach zwei Amtszeiten aus dem Präsidentenamt ausschied, verkündete er vor der abermals in Bremen tagenden Festversammlung der MPG nicht ohne Stolz: »Insgesamt konnten in den vergangenen zwölf Jahren zehn neue Institute gegründet werden. Darüber hinaus haben sieben zeitlich befristete Projektgruppen ihre Arbeit aufgenommen. Dies war nur möglich, indem mehr als 600 Personalstellen aus bestehenden und geschlossenen Instituten freigemacht und neuen oder vorhandenen Instituten zugeführt wurden. Während dieses Zeitraums wurden zwanzig Institute, Abteilungen und Forschungseinrichtungen in der Max-Planck-Gesellschaft geschlossen.«[110]

4.3.3 Das Ende der Planungseuphorie

Die Strategie, die Erneuerungsfähigkeit der MPG durch die interne Umschichtung von Ressourcen zu gewährleisten, kam mit dem Präsidentenwechsel im Jahr 1984 an ihr Ende. Nach zwölf Jahren als Präsident übergab Reimar Lüst, der die Geschicke der MPG in seiner Amtszeit in

---

105 Zu dieser Gruppe zählten aus der Biologisch-Medizinischen Sektion das MPI für molekulare Genetik, das MPI für biologische Kybernetik, das MPI für Immunbiologie, das MPI für Virusforschung, das MPI für Zellbiologie sowie die Forschungsstelle Vennesland und die Forschungsstelle für Psychopathologie und Psychotherapie; aus der Chemisch-Physikalisch-Technischen Sektion gehörten dazu das MPI für Aeronomie, das MPI für Meteorologie, das MPI für Astronomie, das MPI für Radioastronomie, das MPI für Physik und Astrophysik (hier die Institute für Astrophysik und extraterrestrische Physik), das Max-Planck-Institut für Plasmaphysik (IPP), das MPI für Eisenforschung, das MPI für Kohlenforschung, das Gmelin-Institut sowie das MPI für biophysikalische Chemie, das MPI für Festkörperforschung und das MPI für Metallforschung; aus der Geisteswissenschaftlichen Sektion (GWS) waren es das MPI für ausländisches öffentliches Recht und Völkerrecht, das MPI für ausländisches und internationales Strafrecht, das MPI für ausländisches und internationales Privatrecht, das MPI für ausländisches und internationales Patent-, Urheber- und Wettbewerbsrecht, das MPI für europäische Rechtsgeschichte sowie die Bibliotheca Hertziana und das MPI für Geschichte. Notiz von Beatrice Fromm an die Vizepräsidenten, betr.: Sitzung des SAFPP am 15.5.1975, hier: Bericht der Vizepräsidenten zu den Stellungnahmen der Institutsleitungen zum Rundschreiben Nr. 1/1975 vom 7.5.1975, AMPG, II. Abt., Rep. 60, Nr. 201.SP, fol. 38–40, 42, 87 u. 120.
106 Zu dieser Gruppe, die nur aus Instituten der BMS bestand, zählten das MPI für Biochemie, das MPI für experimentelle Medizin, das MPI für medizinische Forschung, das MPI für physiologische und klinische Forschung, das MPI für Psychiatrie, das MPI für Verhaltensphysiologie und das MPI für Biologie. Ebd., fol. 53, 100 u. 127.
107 Zu dieser Gruppe zählten aus der BMS das MPI für Pflanzengenetik, das MPI für Züchtungsforschung, das MPI für Ernährungsphysiologie, das MPI für Systemphysiologie, das MPI für Hirnforschung, das MPI für Biophysik, das MPI für Limnologie und das Friedrich-Miescher-Laboratorium; aus der CPTS das MPI für Kernphysik, das Institut für Physik des MPI für Physik und Astrophysik, das MPI für Chemie, das Fritz-Haber-Institut und das MPI für Strömungsforschung; und aus der GWS das MPI für Bildungsforschung sowie das MPI zur Erforschung der Lebensbedingungen der wissenschaftlich-technischen Welt. Ebd., fol. 71, 110 u. 135.
108 Vermerk Fromm: Sprechvorlage zur 6. Sitzung des SAFPP vom 23.10.1975, AMPG, II. Abt., Rep. 60, Nr. 202.SP, fol. 36–61, Zitat fol. 38.
109 Schwerin, *Biowissenschaften*, in Vorbereitung.
110 Ansprache Reimar Lüsts in der Festversammlung der MPG in Bremen am 29.6.1984, zitiert nach Henning und Kazemi, *Chronik*, 2011, 575.

ähnlich starkem Maße geprägt hatte wie zuvor Adolf Butenandt, das Amt an Heinz A. Staab. Wie schwer es der MPG fiel, Lüst zu ersetzen, zeigt schon der Umstand, dass die Kommission, die im November 1982 zur Vorbereitung der Wahl des Präsidenten eingesetzt worden war, ernsthaft eine Satzungsänderung erwog, »um dadurch die Möglichkeit einer Wiederwahl des amtierenden Präsidenten zu eröffnen«.[111] Dazu kam es freilich nicht. Ebenso verwarf die Wahlkommission den Gedanken, »für das Präsidentenamt eine außerhalb der Gesellschaft – möglicherweise im Ausland – tätige Persönlichkeit zu gewinnen, um den internationalen Charakter der Gesellschaft zu betonen und ihre Beziehungen zu Wissenschaftlern und Forschungseinrichtungen im Ausland zu stärken«; zur Begründung führte man die Rolle der MPG in der Wissenschaftspolitik und »ihr besonderes Verhältnis zu Bund und Ländern als Finanzierungsträger« an. Nachdem einige favorisierte Kandidaten signalisiert hatten, »daß sie eine Wahl nicht annehmen würden«, verfiel die Kommission schließlich auf den Chemiker Heinz A. Staab, Direktor und Abteilungsleiter am MPI für medizinische Forschung in Heidelberg.[112]

Aus drei Gründen war der Kommission mit diesem Vorschlag kein großer Wurf gelungen. Erstens war Staab zwar ein hoch angesehener Wissenschaftler, aber bis zu seiner Wahl zum MPG-Präsidenten noch nicht an exponierter Stelle als Wissenschaftspolitiker in Erscheinung getreten.[113] Zweitens wollte Staab seine Forschungen auch während seiner Amtszeit fortsetzen, also nur eine Art Teilzeitpräsident sein. Dies stand im Widerspruch zum Anforderungsprofil, das die Wahlkommission formuliert hatte, in dem es unter anderem hieß, »daß das Präsidentenamt auch künftig ein Hauptamt bleiben muss und nebenamtlich nicht wahrgenommen werden kann«.[114] Drittens verpasste die MPG die Gelegenheit, mit der Wahl eines ausländischen Wissenschaftlers oder gar einer Präsidentin ein Zeichen der Internationalisierung bzw. der gesellschaftlichen Modernisierung zu setzen. Staab erwies sich – im Kontrast zu seinen Amtsvorgängern – als schwacher Präsident, dem es nicht gelang, der MPG seinen Stempel aufzudrücken. Anders als Butenandt und Lüst wollte Staab im Grunde gar nicht gestalten. Zunächst führte er die Politik seines Amtsvorgängers fort, durch interne Umschichtung von Ressourcen neue Forschungseinrichtungen gründen zu können. Er agierte dabei jedoch halbherzig und ließ es bei Appellen an die Wissenschaftlichen Mitglieder bewenden, ihre Institute bzw. Abteilungen bei Emeritierung »besenrein« zu übergeben, das heißt Mitarbeiterstellen nicht durch unbefristete Anstellungen zu blockieren. In einer Reihe von Fällen verhallten diese Appelle ungehört, wie Staab selbst wiederholt konsterniert konstatieren musste – so etwa in seinem Bericht vor dem Wissenschaftlichen Rat vom 30. Januar 1986, einer Philippika wider das unsolidarische Verhalten seiner Kollegen.[115]

Entnervt von solchem »Mangel an Loyalität der Max-Planck-Gesellschaft gegenüber«,[116] aber auch von den Mühen, die die Schließung bestehender Forschungseinrichtungen mit sich brachten, leitete Staab wenig später eine Kehrtwende in der Forschungspolitik der MPG ein. Das in der Haushaltsplanung »hervorgehobene Ziel« bestand nunmehr in der »Sicherung des Status quo«. Dies bedeutete, dass bestehende Einrichtungen nicht mehr überprüft und gegebenenfalls geschlossen werden sollten, um mit diesen Ressourcen Neues zu schaffen; Staab setzte stattdessen auf eine »Konzentration auf Ersatzberufungen an die bestehenden Institute«, die seiner Ansicht nach ebenfalls »wissenschaftliche Erneuerung einschließe«.[117] Nunmehr rangierte Besitzstandswahrung vor Innovation, damit verlor der SAFPP sein wichtigstes Betätigungsfeld.

---

111 Bericht der Senatskommission zur Vorbereitung der Wahl des Präsidenten der MPG für die Amtszeit von 1984 bis 1990 vom 30.9.1983, AMPG, II. Abt., Rep. 57, Nr. 3, fol. 65–68, Zitat fol. 66.
112 Ebd., fol. 65–68.
113 Von 1966 bis 1968 hatte Staab als Dekan und von 1968 bis 1970 als Prorektor an der Ruprecht-Karls-Universität Heidelberg gewirkt, von 1976 bis 1979 war er Mitglied des Wissenschaftsrats und 1981/82 Vorsitzender der Gesellschaft Deutscher Naturforscher und Ärzte, doch die Leitungsebene der in der »Heiligen Allianz« zusammengeschlossenen wichtigsten deutschen Wissenschaftsorganisationen war ihm bis 1986 verschlossen geblieben. Guggolz, Heinz A. Staab, 1999.
114 Bericht der Senatskommission zur Vorbereitung der Wahl des Präsidenten der MPG für die Amtszeit von 1984 bis 1990 vom 30.9.1983, AMPG, II. Abt., Rep. 57, Nr. 3, fol. 65–68.
115 Bericht des Präsidenten im Wissenschaftlichen Rat der MPG vom 30.1.1986, AMPG, II. Abt., Rep. 60, Nr. 213.SP, fol. 245–253.
116 Ebd., fol. 247.
117 Protokoll der 19. Sitzung des SAFPP vom 20.5.1987, AMPG, II. Abt., Rep. 60, Nr. 214.SP, fol. 9. Dieser Kurswechsel hatte sich bereits in den »haushaltspolitischen Leitlinien« angekündigt, die der Verwaltungsrat angesichts der herrschenden Finanznot im November 1986 aufstellte. »Neuvorhaben können, unabhängig von der fachlichen Bewertung der einzelnen Projekte, aus der Grundfinanzierung vorerst nicht durchgeführt werden«, hieß es dort. »Die durch Emeritierungen freiwerdenden Stellen und Mittel sind in vollem Umfang erforderlich, um durch Ersatzberufungen die Arbeitsfähigkeit der bestehenden Institute zu erhalten.« Anlage zur Niederschrift über die Sitzung des Verwaltungsrates vom 20.11.1986 in München, betr.: Punkt 4.3 der Tagesordnung/Haushaltspolitische Leitlinien der MPG, AMPG, II. Abt., Rep. 61, Nr. 139.VP, fol. 146.

Zum Bedeutungsverlust des SAFPP in der Ära Staab trugen drei weitere Faktoren bei. Erstens war der Ausschuss über die Jahre aus einem kleinen, personell exzellent besetzten Thinktank zu einem Gremium von über 20 Mitgliedern angewachsen. Je mehr Personen mit am Tisch saßen, desto schwieriger wurde es, die Vertraulichkeit der Beratungen zu gewährleisten. Das führte dazu, dass dem SAFPP besonders sensible Dokumente, die nicht für die Öffentlichkeit bestimmt waren, zusehends vorenthalten wurden. Angesichts des erheblich vergrößerten Kreises fiel es den Mitgliedern zudem deutlich schwerer, unkonventionelle Vorschläge zu machen – sei es, um nicht als in der Sache unkundig zu erscheinen, sei es, um nicht damit zitiert zu werden.

Zweitens verlor der SAFPP schrittweise seine internationalen Mitglieder, die einige originelle Vorschläge eingebracht hatten. Als 1981 der Generalsekretär des CNRS von seinem Amt zurücktrat, gelang es nicht, seinen Nachfolger für eine Mitwirkung im SAFPP zu gewinnen.[118] Angesichts der seltenen Anwesenheit des Vorsitzenden des SRC, verzichtete die MPG-Führung ab 1986 auch auf die Mitwirkung von britischer Seite. Dieser Entscheidung lag die Überlegung der Generalverwaltung zugrunde, »daß die zunehmend auf interne Probleme gerichteten Aufgaben des Ausschusses einen jedenfalls vorübergehenden Verzicht auf die Einbeziehung ausländischer Ratgeber rechtfertigen würden«.[119] Außerdem war der Aufwand für die Mitwirkung von Wissenschaftspolitikern aus dem europäischen Ausland »in der Tat erheblich« gewesen. Für beide Mitglieder mussten Dolmetscher zu den Sitzungen des SAFPP hinzugezogen und die schriftlichen Vorlagen ihnen »in Vorgesprächen am Tage vor den Sitzungen mündlich noch einmal ausführlich erläutert« werden, was Beatrice Fromm aus der Generalverwaltung oder Präsident Lüst höchstselbst besorgt hatten.[120] Durch den Verzicht auf die Mitwirkung ausländischer Mitglieder, an der Reimar Lüst besonders gelegen gewesen war, fand so etwas wie ein Stück Re-Nationalisierung, ja Provinzialisierung des Ausschusses statt.

Drittens verzeichnete der Haushalt der MPG ab Mitte der 1980er-Jahre wieder reale Zuwächse, die zwar bescheiden ausfielen, aber doch perspektivisch Spielräume für Neugründungen eröffneten. Der Druck, Altes zu beenden, um Neues beginnen zu können, ließ somit spürbar nach. Zu dieser Entwicklung trug bei, dass die Tarifabschlüsse des öffentlichen Dienstes in den 1980er-Jahren deutlich unter denen der 1970er-Jahre lagen und dass die Inflationsrate sank. Als »die für 1988 und 1989 vereinbarten Tariferhöhungen niedriger als erwartet ausgefallen« waren, nutzte die MPG den so entstandenen finanziellen Spielraum, um ihr »Geräte-Modernisierungsprogramm« voranzutreiben.[121] Auf diese Weise blieb von den nominellen Haushaltszuwächsen real mehr übrig. Hinzu kam, dass es Forschungsminister Heinz Riesenhuber (CDU) gelang, die MPG von pauschalen Kürzungsmaßnahmen auszunehmen,[122] mit denen die unionsgeführte Bundesregierung die Staatsverschuldung einzudämmen gedachte. Mittel im großen Stil intern umzuschichten erwies sich deswegen in Staabs Amtszeit nicht mehr als unumgänglich. Der Bonner Bildungsgipfel vom 21. Dezember 1989 beendete schließlich die finanzielle Stagnation. Die öffentliche Hand fand sich bereit, der MPG für die Jahre von 1991 bis 1995 einen jährlichen Haushaltszuwachs von 5 Prozent zu garantieren, wodurch die MPG erstmals in ihrer Geschichte eine mittelfristige Planungssicherheit in ihrem Haushalt zu haben schien.[123] Dass es anders kommen sollte, ahnte damals noch niemand.

4.4 Neue Forschungseinrichtungen in Zeiten knapper Kassen

Die Entscheidung, in welche Forschungsfelder eine Institution einsteigen soll, ist die Königsdisziplin der Planung im Bereich der Wissenschaft. So bestand denn auch der eigentliche Gründungszweck des SAFPP darin, den Senat zu beraten, welche Institute neu gegründet werden sollten, um den Anschluss an die modernsten Entwicklungen und die neuesten Trends in der Wissenschaft nicht zu verpassen, Innovationschancen wahrzunehmen und die MPG auch international konkurrenzfähig zu halten. Kein einfacher Auftrag, denn es gab im Bereich der Forschung kaum Vorbilder, an denen sich der SAFPP hätte orientieren können. Wie ihr Präsident Julius Speer erklärte, hatte »der Versuch der Deutschen Forschungsgemeinschaft,

---

[118] Vermerk von Beatrice Fromm, betr.: Besuch beim CNRS am 27.2.1985 vom 25.2.1985, AMPG, II. Abt., Rep. 60, Nr. 213.SP, fol. 75–76.
[119] Vermerk von Beatrice Fromm für den Präsidenten, betr.: Mitgliedschaft des Vorsitzenden des Science and Engineering Research Council im SAFPP vom 24.1.1986, ebd., fol. 73.
[120] Ebd.
[121] Protokoll der 144. Sitzung des Verwaltungsrates vom 9.6.1988, AMPG, II. Abt., Rep. 61, Nr. 144.VP, fol. 11.
[122] Protokoll der 141. Sitzung des Verwaltungsrates vom 11.6.1987, AMPG, II. Abt., Rep. 61, Nr. 141.VP, fol. 13.
[123] Henning und Kazemi, *Handbuch*, Bd. 1, 2016, 10.

durch systemanalytisches Vorgehen zu Planungstechniken zu kommen, zu keinem Ergebnis geführt«.[124]

Gleichwohl lagen dem Ausschuss viele Gründungsanträge aus der MPG, aber auch von außen vor. Also ging es zunächst darum, Prioritäten zu setzen. Bereits in seiner ersten Sitzung nahm der SAFPP wichtige Weichenstellungen vor: Zum einen verständigten sich die Mitglieder darauf, »daß die Sachüberlegungen mit den Personalüberlegungen synchron laufen sollten«. Zum anderen sollten die »Anträge auf Neuvorhaben« in drei Kategorien eingeteilt werden: Die Anträge in Kategorie I wurden ohne weitere Debatten verworfen, über die in Kategorie II wollte man weitere Überlegungen anstellen und zu den Anträgen in Kategorie III sollten »konkrete Verfahren in den Organen« eingeleitet werden.[125] Angesichts der ausbleibenden Haushaltszuwächse sah sich das Gremium allerdings bald mit einer weiteren Frage konfrontiert: nämlich über neue und finanziell weniger aufwendige Formen der Forschungsförderung nachzudenken.

4.4.1 Befristete Projektgruppen als neues Instrument der Forschungsförderung

Seit den Tagen der KWG bestand der »klassische« Weg, neue Forschungsfelder zu erschließen oder bestehende Forschungsfelder zu erweitern bzw. zu vertiefen, in der Gründung eines Kaiser-Wilhelm- bzw. Max-Planck-Instituts. Da dies der MPG nach 1972 angesichts des enger werdenden Finanzrahmens nur noch sehr eingeschränkt möglich war, sahen sich ihre Gremien schon bald gezwungen, über alternative Formen der Wissenschaftsförderung nachdenken. Problematisch erschien im Licht ausbleibender Haushaltszuwächse nicht zuletzt die »hohe, 20- bis 25jährige Lebensdauer der Institute«. Deshalb lag der Gedanke nahe, kurzlebigere Forschungseinheiten »für einen Zeitraum von fünf Jahren ins Leben zu rufen«.[126]

Solche befristeten Forschungseinrichtungen stellten kein absolutes Neuland für die MPG dar. Ein Pilotprojekt etwa war das 1969 in Tübingen eingerichtete Friedrich-Miescher-Laboratorium für selbstständige Arbeitsgruppen, in dem »jüngeren, besonders qualifizierten Wissenschaftlern Gelegenheit gegeben« wurde, »sich in völliger Unabhängigkeit in einer auf drei bis fünf Jahren befristeten Tätigkeit für die Berufung auf einen Lehrstuhl oder eine äquivalente Stellung – etwa zum Wissenschaftlichen Mitglied der Max-Planck-Gesellschaft – zu qualifizieren«.[127] Ein Jahr später folgten vier weitere selbstständige Arbeitsgruppen, die im Umfeld des MPI für molekulare Genetik entstanden. Bis 1975 wuchs die Zahl der befristeten Projektgruppen auf zwölf an, die »im Wesentlichen auf dem Gebiet der Molekularbiologie« tätig waren.[128] Neu war nun, dass befristete Einrichtungen nicht mehr nur für den wissenschaftlichen Nachwuchs, sondern für gestandene Forscher:innen eingerichtet wurden. Dafür spielten Vorbilder aus dem europäischen Ausland eine nicht unwichtige Rolle, beispielsweise die vom Medical Research Council in Großbritannien geschaffenen »Units« – kleinere, auf Zeit eingerichtete Forschungseinheiten mit einem Leiter und jeweils drei bis vier Wissenschaftlern, von denen seinerzeit bereits über 100 auf der Insel existierten. Sir Brian Flowers zufolge, dem Vorsitzenden des SRC, hatten sich die »Units« in der Praxis bewährt, weshalb man in England die »kurzfristige Förderung einzelner Arbeitsgruppen […] als notwendige komplementäre Förderung zu den Instituten der Universität und anderen Einrichtungen langfristiger Förderung« ansah.[129]

Der SAFPP beschloss »eine ernsthafte Prüfung eines Förderungssystems für begrenzte Zeit«. Der zu diesem Zweck eingesetzte Unterausschuss »zur Frage künftiger Förderungsmethoden durch die Max-Planck-Gesellschaft«[130] empfahl nach der ersten Sitzung am 26. Oktober 1973, dass die MPG befristete Projektgruppen einrichten sollte, »um die langfristige Bindung von Betriebs- und Investitionsmitteln bei neuen interessanten Projekten zu vermeiden und auf diese Weise die Mobilität der Max-Planck-Gesellschaft auch bei abnehmenden Wachstumsraten zu erhalten«.[131] Das sollte geschehen, wenn sich

---

124 Protokoll der Sitzung des SAFPP vom 15.5.1973, AMPG, II. Abt., Rep. 60, Nr. 197.SP, fol. 15.

125 Ebd., fol. 16.

126 Ebd., fol. 12.

127 Notiz von Beatrice Fromm für den Präsidenten, betr.: Sitzung des SAFPP vom 15.5.1975, hier: Bericht der Vizepräsidenten zu den Stellungnahmen der Institutsleitungen zum Rundschreiben NR. 1/1975 vom 9.5.1975, AMPG, II. Abt., Rep. 60, Nr. 201.SP, fol. 84. Zum Friedrich-Miescher-Laboratorium siehe Henning und Kazemi, *Handbuch*, Bd. 2, 2016, 1070–1072; Knippers, Friedrich-Miescher-Laboratorium, 1971.

128 Notiz von Beatrice Fromm für den Präsidenten, betr.: Sitzung des SAFPP vom 15.5.1975, hier: Bericht der Vizepräsidenten zu den Stellungnahmen der Institutsleitungen zum Rundschreiben Nr. 1/1975 vom 9.5.1975, AMPG, II. Abt., Rep. 60, Nr. 201.SP, fol. 83–85, Zitat fol. 84.

129 Protokoll der Sitzung des SAFPP vom 26.10.1973, AMPG, II. Abt., Rep. 60, Nr. 198.SP, fol. 12.

130 Ebd., fol. 15.

131 Materialien für die Sitzung des SAFPP vom 27.2.1974, AMPG, II. Abt., Rep. 60, Nr. 199.SP, fol. 56–59, Zitat fol. 57.

4. Die MPG nach dem Boom (1972–1989)

ein Forschungsvorhaben nicht für die Gründung eines Max-Planck-Instituts eignete, wenn das Thema »von den Universitäten z. Zt. noch nicht wahrgenommen werden« konnte oder falls eine »Übergangsphase« bis zur Gründung eines Instituts erforderlich erschien. Für die Leitung der Arbeitsgruppen sollten »Hochschullehrer« gewonnen werden, die für diesen Zweck von ihren Universitäten zu beurlauben waren, während für »das übrige Personal« von vornherein »nur eine befristete Anstellung in Betracht« kam.[132] Nach seiner zweiten Sitzung legte der Unterausschuss im Oktober 1974 eine »Untersuchung über die Möglichkeiten der Förderung befristeter Projektgruppen durch die Max-Planck-Gesellschaft« vor,[133] in der er seine Überlegungen präzisierte.

Mit ihrem Vorstoß kam die MPG allerdings zwei anderen Akteuren im westdeutschen Forschungssystem ins Gehege, nämlich der DFG, die die Finanzierung befristeter Projektgruppen als ihre Domäne begriff, und den Universitäten, auf deren Personal die MPG für ihre befristeten Forschungseinrichtungen zurückgreifen wollte. Die Reaktionen fielen heftig aus. »Die Erhaltung der Beweglichkeit der MPG bei abnehmenden Wachstumsraten […] ist zweifellos wünschenswert«, hieß es aus dem DFG-Präsidium, »erscheint aber nicht als geeignetes Kriterium für die prinzipielle Abgrenzung zwischen den Förderungsmaßnahmen von DFG und MPG.« Bei den geplanten Projektgruppen handele es sich »nach der bisherigen Aufgabenverteilung zwischen MPG und DFG im Rahmen der allgemeinen Forschungsförderung um eine typische DFG-Aufgabe«.[134] Deswegen forderte die DFG bei ihrer Einrichtung ein Mitsprache-, ja sogar ein Vetorecht. Ähnlich scharf ging das bayerische Kultusministerium, das sich zum Gralshüter der universitären Interessen aufschwang, mit dem Vorstoß der MPG ins Gericht. Staatssekretär Erwin Lauerbach (CSU) kritisierte, es sei »nichts damit gewonnen, daß arbeitsrechtliche Probleme (z. B. das Problem des befristeten Arbeitsvertrages) von der Max-Planck-Gesellschaft um den Preis abgewendet werden, daß sie dann bei den wissenschaftlichen Hochschulen der Länder entstehen«. Insbesondere stieß sich Lauerbach daran, »daß das leitende Personal für die Projektgruppen möglichst im Wege der teilweisen Beurlaubung von den Hochschulen gewonnen werden sollte«. Da »in vielen Bereichen der Hochschule Schwierigkeiten bezüglich der Lehrkapazität« bestünden, können »weder eine Beurlaubung noch die Genehmigung für eine etwaige Nebentätigkeit bei der Max-Planck-Gesellschaft schon im Voraus erwartet werden«.[135]

Lüsts Antworten waren kleine diplomatische Meisterwerke. Der MPG-Präsident betonte, die MPG verfolge mittels intensivierter Kooperation mit den Universitäten das »Ziel optimaler Nutzung des Forschungspotentials in der Bundesrepublik«, was »angesichts zunehmend begrenzter finanzieller Ressourcen« geboten sei. Zudem könne die MPG kaum »mehr als ein halbes Dutzend Projektgruppen gleichzeitig unterhalten«, und »in diesem bescheidenen Rahmen müßte die Problematik einer temporären Entlastung von Hochschullehrern im Bereich der Lehre durch Vereinbarungen, die, den jeweils gegebenen Erfordernissen angemessen, zwischen Kultusverwaltung, Universität und Max-Planck-Gesellschaft zu treffen wären, zu bewältigen sein«.[136] Der DFG schrieb Lüst, »daß wir uns der möglichen Gefahr solcher Überschneidungen natürlich völlig bewußt sind«, weshalb »eine eingehende Abstimmung mit der Deutschen Forschungsgemeinschaft die Voraussetzung« dafür sei, dass die MPG »den Weg der Projektgruppenförderung überhaupt gehen« wolle.[137] Was das Verfahren betraf, nahm Lüst einen Vorschlag des Staatssekretärs im Bundesministerium für Bildung und Wissenschaft, Reimut Jochimsen (SPD), auf, der empfohlen hatte, »für die Abgrenzung mit der Deutschen Forschungsgemeinschaft eine festere Form als lediglich die gegenseitige Vertretung in den Gremien und die Absprache der Geschäftsstellen« vorzusehen. Zu diesem Zweck hatte er die Bildung von einem »gemeinsamen Unit-Ausschuß beider Organisationen« ins Spiel gebracht.[138] Auf dieser Grundlage lenkte schließlich auch die DFG ein, sodass der MPG-Senat das Konzept befristeter Projektgruppen am 22. November 1974 verabschieden konnte.[139]

Auch bezüglich der Projektgruppen fiel dem SAFPP die Aufgabe zu, aus dem beachtlichen Pool an Vorschlägen

---

132 Ebd., fol. 57–58.
133 Vorlage des Unterausschusses »Befristete Förderungsmaßnahmen« des Senatsausschusses für Forschungspolitik und Forschungsplanung vom 8.10.1974, AMPG, II. Abt., Rep. 60, Nr. 200.SP, fol. 46–59.
134 Deutsche Forschungsgemeinschaft: Anmerkungen zur Vorlage über die Förderung befristeter »Projektgruppen« durch die Max-Planck-Gesellschaft vom 15.5.1974, AMPG, II. Abt., Rep. 60, Nr. 219.SP, fol. 189–194, Zitate fol. 190–192.
135 Erwin Lauerbach an Reimar Lüst vom 5.8.1974, ebd., fol. 162–164.
136 Reimar Lüst an Hans Maier vom 3.10.1974, ebd., fol. 169–171.
137 Reimar Lüst an Heinz Maier-Leibnitz vom 15.6.1974, ebd., fol. 10–12.
138 Reimut Jochimsen an Reimar Lüst vom 16.5.1974, ebd., fol. 187–188.
139 Henning und Kazemi, *Chronik*, 2011, 508.

diejenigen herauszufiltern, deren Realisierung das größte wissenschaftliche Potenzial freizusetzen versprach. Die ersten drei Projekte, die mehr oder weniger zeitgleich realisiert wurden, beschäftigten sich mit Laserforschung, Sozialrecht und Sprachforschung. Sie offenbarten die Möglichkeiten, aber auch die Probleme, die mit dem neuen Instrument der Forschungsförderung einhergingen. Auch zur Einrichtung einer befristeten Projektgruppe benötigte die MPG zusätzliche Mittel, um das Vorhaben anzuschieben. So wäre das Projekt Sozialrecht beinahe daran gescheitert, dass Bund und Länder der MPG 1974 und 1975 nur minimale Zuwächse im Haushalt bewilligten, die selbst für die Einrichtung einer Projektgruppe kaum ausreichten. Daraufhin beantragte die MPG beim Stifterverband für die Deutsche Wissenschaft einen Zuschuss, um »die Max-Planck-Gesellschaft für eine Anfangsphase der Arbeit dieser Projektgruppe von dem Hauptteil der sachlichen und personellen Aufwendungen zu entlasten«.[140] Ähnlich sah es bei der Arbeitsgruppe für Psycholinguistik aus, deren Anschubfinanzierung eine Sachbeihilfe der Stiftung Volkswagenwerk in Höhe von 1,8 Millionen DM sicherstellte.[141] Einen Sonderfall stellte die Projektgruppe Laserforschung dar, da ihre Finanzierung »seit der Gründung im Jahre 1976 auf der Grundlage einer Vereinbarung zwischen dem Bundesministerium für Forschung und Technologie und der Max-Planck-Gesellschaft aus Projektmitteln des Bundes« erfolgte.[142] Dieser Umstand sollte später die Umwandlung der Projektgruppe in ein MPI für Quantenoptik erschweren, da dies mit der Umstellung der Finanzierungsgrundlage einherging – und dazu mussten die Länder zustimmen.

Gründungsentscheidungen bedeuten immer auch Entscheidungen gegen Pläne, in andere Forschungsfelder einzusteigen – zumal in Zeiten knapper Kassen. Dies engte die Handlungsspielräume der MPG in der Forschungspolitik im Vergleich zu den langen 1960er-Jahren erheblich ein. Unter den Bedingungen faktischen Nullwachstums wurde Forschungsplanung zum Nullsummenspiel. Die Entscheidung zur Gründung einer Projektgruppe für internationales Sozialrecht, die auf eine Anregung des Präsidenten des Bundessozialgerichts, Georg Wannagat, aus dem Jahr 1972 zurückging,[143] war de facto zugleich eine Entscheidung gegen zwei weitere rechtsvergleichende Forschungsvorhaben, die die Gremien der MPG zur selben Zeit beschäftigten: zum einen gegen den Vorschlag, ein Institut für internationales Finanz- und Steuerrecht ins Leben zu rufen, der allerdings bereits in der Sektionskommission überwiegend auf Ablehnung gestoßen war;[144] zum anderen gegen die Idee, ein Institut für vergleichendes Privatversicherungsrecht zu gründen, das der Aufgabe hätte dienen sollen, »eine Harmonisierung der europäischen Versicherungsvertragsrechte wissenschaftlich vorzubereiten«.[145] Im SAFPP herrschte die Meinung vor, dieser Vorschlag sei, »verglichen mit dem Antrag ›Sozialrecht‹, […] weniger interessant«.[146] Dieses Urteil war gleichbedeutend mit einer Absage, denn auch wenn die drei Anträge formal nicht in direkter Konkurrenz zueinander standen, war doch angesichts der angespannten Haushaltslage klar, dass die MPG allenfalls einen von ihnen würde realisieren können.

Erschwerend kam hinzu, dass auch die Projektgruppen nach dem Harnack-Prinzip funktionierten, das heißt, die Realisierungschancen standen und fielen damit, dass eine geeignete und allseits überzeugende Leitungspersönlichkeit zur Verfügung stand. Da die MPG diese in der Regel von den Universitäten gewinnen musste und dabei nicht mit einer lebenslangen Stellung an einem Max-Planck-Institut locken konnte, erwies sich dies mitunter als schwer zu erfüllende Bedingung. Deshalb standen auch Projekte, die inhaltlich über jeden Zweifel erhaben schienen, zwischenzeitlich auf der Kippe. Das galt beispielsweise für ein Vorhaben, das zunächst unter dem Titel »Linguistik und Sprachpsychologie« firmierte und von dem man hoffte, dass es »zu neuen grundlegenden anthropologischen Erkenntnissen« verhelfen würde.[147] Die Besonderheit des Gründungsantrags bestand darin, dass er über die Sektionsgrenzen hinausging, weshalb zu seiner Beratung eine intersektionelle Kommission gebildet wurde, die aus Mitgliedern der Biologisch-Medizinischen und der Geisteswissenschaftlichen Sektion bestand. Aus der sektionsübergreifenden Anlage bezog das Projekt seinen Charme, sein unbestreitbar großes innovatives Potenzial sowie seine Durchschlagskraft in den MPG-Gremien. Schnell avancierte es zum Favoriten unter den Neuvorschlägen. Die geplante Projektgruppe zur »Erforschung der Sprache« sollte aus einer »sprachtheoretisch

---

140 Sprechvorlage für die 4. Sitzung des SAFPP, 10.10.1974, AMPG, II. Abt., Rep. 60, Nr. 200.SP, fol. 24–25.
141 Protokoll der 8. Sitzung des SAFPP vom 4.3.1977, AMPG, II. Abt., Rep. 60, Nr. 204.SP, fol. 24.
142 Protokoll der 10. Sitzung des SAFPP vom 27.2.1979, AMPG, II. Abt., Rep. 60, Nr. 206.SP, fol. 18.
143 Zur Gründungsgeschichte siehe ausführlich Schulte und Zacher, Der Aufbau, 1981; Eichenhofer, MPI für Sozialrecht, 2023.
144 Sprechvorlage für die 3. Sitzung des SAFPP, AMPG, II. Abt., Rep. 60, Nr. 199.SP, fol. 45.
145 Hans Dölle, Fritz Reichert-Facilides und Reimer Schmidt an Reimar Lüst, undatiert, ebd., fol. 119–126, Zitat fol. 119.
146 Protokoll der Sitzung des SAFPP vom 27.2.1974, ebd., fol. 23.
147 Alfred Gierer: Vorschlag für ein Max-Planck-Institut für Sprachforschung, ebd., fol. 63–67.

arbeitenden Gruppe und einer Arbeitsgruppe von ›Pragmatikern‹ – den Psycholinguisten« – bestehen.[148] Die Realisierung erwies sich allerdings als enorm schwierig, weil es an geeigneten Persönlichkeiten mangelte, die diese beiden Bereiche im Rahmen des ohnehin noch recht jungen Forschungsfelds zusammenführen konnten. Da »in der Bundesrepublik keine hinreichende Fachkompetenz in dieser Disziplin vorhanden« war, verfiel die Kommission schließlich auf Willem J. M. Levelt, der am Department für Psychologie der Universität Nijmegen lehrte.[149] Das sollte später die Umwandlung in ein Max-Planck-Institut erschweren, weil die Geldgeber auf einen Standort in Westdeutschland drängten.

Die Einrichtung von Projektgruppen begründete indes Pfadabhängigkeiten bei einer späteren Umwandlung in ein Max-Planck-Institut. Rudolf Vierhaus, Direktor am MPI für Geschichte, erkannte hellsichtig, »daß hier ein grundsätzliches Problem vorliege, das bei der Gründung von Projektgruppen zu beachten sei. Mit der Wahl der leitenden Wissenschaftler sowie des Standortes der Projektgruppen sei im Grunde schon die Weichenstellung für die Zukunft dieser Vorhaben erfolgt.«[150] Das traf auf alle drei genannten Projektgruppen zu. Wollte man Hans F. Zacher als Direktor eines MPI für internationales und vergleichendes Sozialrecht halten, kam eine Verpflanzung an einen anderen Standort nicht infrage, da Zacher »zur Übernahme der Leitung des neu gegründeten Instituts nur bei einer Ansiedlung in München bereit« war.[151] Ähnlich lagen die Dinge bei der Umwandlung der Projektgruppe Laserforschung in das MPI für Quantenoptik. Präsident Lüst erklärte, »daß bei allem Verständnis für das politische Ziel einer regional ausgewogenen Forschungsförderung in den Bundesländern nicht übersehen werden dürfe, daß wissenschaftliche Gründe für die Beibehaltung des bisherigen Standortes in Garching sprechen«.[152] Gleiches galt für die Projektgruppe Psycholinguistik. Zwar erwartete die MPG bei deren Umwandlung in ein Max-Planck-Institut »in den Verhandlungen mit den Finanzierungsträgern gewisse Widerstände gegen den Standort Nijmegen«, doch stand für Lüst fest, »daß eine Entscheidung gegen Nijmegen zum jetzigen Zeitpunkt das Ende der Arbeiten der Projektgruppe bedeuten würde«.[153] Die Pfadabhängigkeit bei der Standortwahl hatte zur Folge, dass die drei neuen Institute die bereits bestehenden regionalen Disparitäten verschärften: Während München bzw. Bayern profitierten und auch das Ausland bedacht wurde, ging der Rest der Republik leer aus. Die Drift der MPG nach Süden, die ein Kennzeichen ihrer Entwicklung in den langen 1960er-Jahren gewesen war,[154] setzte sich auch unter der Präsidentschaft von Reimar Lüst fort.

4.4.2 Institutsgründungen in Abhängigkeit von der Politik

Wissenschaftlich erwiesen sich die ersten drei befristet eingerichteten Forschungsgruppen als voller Erfolg. Wie Lüst Anfang 1979 rekapitulierte, waren sie »mit dem doppelten Ziel geschaffen« worden, »zeitlich befristete Forschungsaufgaben durchzuführen und wissenschaftliches Neuland zu erschließen«. Das Urteil des Präsidenten fiel uneingeschränkt positiv aus: »In beiden Funktionen habe sich die Einführung der Projektgruppen bewährt.«[155] Damit stand die MPG allerdings vor dem Problem, das sie durch die Schaffung von Projektgruppen eigentlich hatte umgehen wollen: neue Institute in Zeiten knapper Kassen zu gründen. So gesehen, war die MPG zur Gefangenen des eigenen Erfolgsmodells geworden. Einen großen Vorteil hatten die Projektgruppen allerdings: Sie waren in der Regel relativ klein, wie klassische Kaiser-Wilhelm-Institute auf eine Führungsperson orientiert und daher – verglichen mit den weit größeren, aus mehreren Abteilungen bestehenden Max-Planck-Instituten, wie sie seit den langen 1960er-Jahren üblich geworden waren – in Aufbau und Unterhalt erheblich billiger. Nur deswegen sah sich die MPG überhaupt in der Lage, ihre spätere Umwandlung in ein Max-Planck-Institut durch die interne Umschichtung von Ressourcen zu bewerkstelligen. Hierbei ging es in erster Linie um die Bereitstellung von Planstellen, die im Zuge der vom SAFPP

---

148 Sprechvorlage für die 4. Sitzung des SAFPP, 10.10.1974, AMPG, II. Abt., Rep. 60, Nr. 200.SP, fol. 29–30.
149 Protokoll der 10. Sitzung des SAFPP vom 27.2.1979, AMPG, II. Abt., Rep. 60, Nr. 206.SP, fol. 23.
150 Ebd., fol. 24.
151 Zacher führte dabei »neben sachlichen Argumenten« auch »persönliche Gründe« an. »Nach seinem erst vor wenigen Jahren erfolgten Umzug nach München scheue er eine erneute Umsiedlung seiner großen Familie mit schulpflichtigen Kindern.« Protokoll der 118. Sitzung des Verwaltungsrates vom 10.5.1979, AMPG, II. Abt., Rep. 61, Nr. 118.VP, fol. 110.
152 Protokoll der 10. Sitzung des SAFPP vom 27.2.1979, AMPG, II. Abt., Rep. 60, Nr. 206.SP, fol. 21.
153 Ebd., fol. 22 u. 24.
154 Ausführlich Balcar, *Wandel*, 2020, 41–52.
155 Protokoll der 10. Sitzung des SAFPP vom 27.2.1979, AMPG, II. Abt., Rep. 60, Nr. 206.SP, fol. 17. Ähnlich positiv hatte sich Lüst zuvor bereits im Verwaltungsrat geäußert. Protokoll der 115. Sitzung des Verwaltungsrates vom 15.6.1978, AMPG, II. Abt., Rep. 61, Nr. 115.VP, fol. 7.

orchestrierten Flexibilisierungspolitik aus geschlossenen Abteilungen oder Instituten gewonnen wurden. Auf diese Weise gelang es, das MPI für Psycholinguistik, das MPI für internationales und vergleichendes Sozialrecht sowie wenig später auch das MPI für Gesellschaftsforschung sozusagen aus dem Bestand der MPG heraus zu gründen.

Große Institute aufzubauen war jedoch auf diese Weise nicht möglich. Hierzu war die MPG auf die finanzielle Hilfe von Bund und Ländern angewiesen, die deutlich über eine »normale« Förderung hinausging. Das vergrößerte deren Einfluss auf Institutsgründungen erheblich im Vergleich mit der zweiten Phase, in der die MPG ihren Autonomieanspruch gegenüber ihren Geldgebern auch in dieser Beziehung hatte durchsetzen können.[156] Pointiert formuliert, sah sich die MPG zur Gründung größerer Institute in der dritten Phase nur noch unter der Bedingung in der Lage, dass der Bund (bzw. die Wirtschaft, um deren Ankurbelung es der Bundespolitik seinerzeit in besonderem Maße ging) ein massives Eigeninteresse an der betreffenden Forschungseinrichtung besaß. Nur unter dieser Voraussetzung fand sich der Bund bereit, tiefer in die Schatulle zu greifen und neue Institute im Wesentlichen allein – das heißt ohne die Länder und mit Sonderzuweisungen – zu finanzieren. Das war bei allen drei großen Institutsgründungen jener Jahre der Fall: beim MPI für Meteorologie, beim MPI für Quantenoptik und auch beim MPI für Polymerforschung. Auf diese Weise geriet die MPG in ihrer Wissenschaftspolitik in eine gesteigerte Abhängigkeit von Sonderzuweisungen aus Bonn. Zugleich sah sie sich gezwungen, die wirtschaftliche oder gesellschaftliche Relevanz ihrer Neuvorhaben gegenüber Politik und Öffentlichkeit stärker zu betonen als zuvor.

Beim MPI für Meteorologie, das »auf eine Anregung des Bundesministeriums für Forschung und Technologie an die Max-Planck-Gesellschaft herangetragen wurde«,[157] handelte es sich streng genommen nicht um eine Neugründung, denn das Institut für Radiometeorologie und maritime Meteorologie existierte bereits – und zwar in der Trägerschaft der Fraunhofer-Gesellschaft (FhG). Die FhG wollte es allerdings nicht länger in ihren Reihen behalten, »da sich das Forschungsprogramm des Instituts weitgehend an der Grundlagenforschung orientiere und deswegen nicht dem Konzept der Fraunhofer-Gesellschaft entspreche«, wie Lüst dem SAFPP im Oktober 1973 berichtete.[158] Nachdem die FhG endlich ihren Platz im westdeutschen Forschungssystem gefunden hatte – nämlich als Institution der angewandten Forschung[159] –, hatte sie für das meteorologische Institut keine Verwendung mehr. Die Übertragung an die MPG stellte, ähnlich wie die Überführung des MPI für Silikatforschung an die FhG wenige Jahre zuvor, eine Frontbegradigung innerhalb des westdeutschen Forschungssystems dar.

Dem BMFT lag sehr an der Aufnahme des Instituts in die MPG, da »der wissenschaftliche Rang des Hamburger Instituts von den Fachleuten als sehr hoch eingeschätzt« wurde, jedoch »eine Eingliederung in die Universität Hamburg [...] nicht möglich« erschien. Zu den Wünschen der Bundesregierung trat eine intrinsische Motivation der MPG hinzu. Für sie war das Übernahmeangebot »insbesondere von Interesse im Zusammenhang mit den Überlegungen zur Zukunft des Max-Planck-Instituts für Aeronomie in Lindau, da ggf. ein Teil der zukünftigen Entwicklung dieses Instituts im Bereich der meteorologischen Aeronomie liegen könne«.[160] Aus Sicht der MPG-Spitze bot die Offerte des Bundes eine willkommene Möglichkeit, das kriselnde MPI für Aeronomie, dem angesichts der Emeritierung seiner beiden Direktoren ein Generationswechsel in der wissenschaftlichen Leitung bevorstand, durch eine Verbindung zur Meteorologie wieder auf Kurs zu bringen.[161]

Die Ergebnisse einer Expertenkommission, die über die Zukunft des MPI für Aeronomie beriet, fasste Christian Junge, der Pionier der Erdsystemforschung in der MPG,[162] in einem Memorandum zusammen. »Verglichen mit dem Engagement der MPG in Astronomie, Astrophysik und extraterrestrischer Forschung«, urteilte der Direktor des MPI für Chemie, »wurde der ausserordentlichen Entwicklung der Erdwissenschaften in den letzten Jahrzehnten, insbesondere auch der theoretischen Meteorologie, kaum Rechnung getragen.«[163] Auch sei die

---

156 Ausführlich Balcar, *Wandel*, 2020, 133–145.
157 Protokoll der Sitzung des SAFPP vom 26.10.1973, AMPG, II. Abt., Rep. 60, Nr. 198.SP, fol. 9–10. Siehe dazu auch den Vermerk der Abt. Ia der Generalverwaltung der MPG, betr. Institut für Radiometeorologie und maritime Meteorologie vom 19.10.1973, ebd., fol. 53. Diese Gründungsgeschichte analysiert ausführlich Lax, *Wissenschaft*, 2020, 43–65.
158 Protokoll der Sitzung des SAFPP vom 26.10.1973, AMPG, II. Abt., Rep. 60, Nr. 198.SP, fol. 10.
159 Trischler und vom Bruch, *Forschung*, 1999, 98–131.
160 Protokoll der Sitzung des SAFPP vom 26.10.1973, AMPG, II. Abt., Rep. 60, Nr. 198.SP, fol. 10.
161 Protokoll der Sitzung des SAFPP vom 27.2.1974, AMPG, II. Abt., Rep. 60, Nr. 199.SP, fol. 16–19; Sprechvorlage für die Sitzung des SAFPP, ebd., fol. 48–49. Dazu ausführlich Lax, *Wissenschaft*, 2020, 48–53; Bonolis und Leon, *Astronomy*, 2023, 351–368.
162 Zu Christian Junge siehe Lax, *Atmosphärenchemie*, 2018, 42–45.
163 Christian Junge: Memorandum zur Frage der Aufnahme meteorologischer oder meteorlogisch-ozeanographischer Grundlagenforschung in die MPG vom 4.2.1974, AMPG, II. Abt., Rep. 60, Nr. 199.SP, fol. 130–136, Zitat fol. 130.

4. Die MPG nach dem Boom (1972–1989)

Bundesrepublik an groß angelegten internationalen Forschungsprojekten zur Klimaforschung »so gut wie nicht beteiligt«, weil »ein genügend leistungsfähiges zentrales Forschungsinstitut fehlt, das sich ganz diesen grundlegenden Fragen widmen kann«. Die Gründung eines MPI für Meteorologie sollte, so Junge, »die Basis dafür liefern, daß auch die Bundesrepublik sich in angemessener Weise an diesen dringenden und hoch aktuellen Fragen beteiligen könnte«. Junge hob noch einen weiteren Aspekt positiv hervor: Obwohl es sich dabei »um Grundlagenforschung im eigentlichen Sinne« handle, besäßen »die gewonnenen Kenntnisse gleichzeitig große potentielle Bedeutung für angewandte Fragestellungen« – in Junges Augen »ein Gesichtspunkt, der für die Forschungsplanung in der heutigen Zeit nicht unbeachtet bleiben sollte«.[164]

Auf Grundlage dieses Memorandums bewertete auch die zuständige Chemisch-Physikalisch-Technische Sektion »die wissenschaftliche Aufgabe« der Meteorologie als »sehr hoch« und gab gegenüber dem Senat »ein eindeutig positives Votum« ab.[165] Den SAFPP überzeugte die Übernahme des meteorologischen Instituts, »da hier interessante Ansätze vorhanden« seien, die es »wert« seien, »weiter verfolgt zu werden«. Hinzu kam ein weiterer Aspekt: Generalsekretär Schneider sah »besondere Vorteile […] darin, daß Planstellen und Räume übernommen werden können, was eine schnelle Verwirklichung des Projekts ermögliche«.[166] Dieser Gesichtspunkt war gerade angesichts sehr begrenzter finanzieller Mittel nicht von der Hand zu weisen. Nicht zuletzt deswegen sprach man sich in diesem Fall gegen eine befristete Projektgruppe aus. Die Sektion begründete dies damit, »daß wegen der Komplexität des gesamten Gebietes das Vorhaben nur in einem langfristig angelegten Forschungsprogramm verwirklicht werden könne und daher nur in der Form eines Instituts angegangen werden könne«.[167] Am 15. März 1974 wurde das MPI für Meteorologie formell aus der Taufe gehoben, bereits im Jahr darauf nahm es seine Arbeit auf.[168]

Auch das Max-Planck-Institut für Quantenoptik war keine Neugründung im eigentlichen Sinn. Es ging aus der bereits erwähnten Projektgruppe Laserforschung hervor, die unter den von der MPG eingerichteten Projektgruppen einen Sonderfall darstellte, und zwar schon aufgrund ihrer Größe. Ursprünglich hatte es sich um eine Arbeitsgruppe am IPP gehandelt, die aus 20 Wissenschaftlern und 29 Hilfskräften bestand und sich mit Laser- und Laserplasmauntersuchungen befasste. Da man am IPP jedoch anderen Wegen, Plasma einzuschließen und stabil zu halten, den Vorzug gab, sollte die Arbeitsgruppe nicht zuletzt aufgrund der extrem hohen Kosten, die die Laserforschung verursachte, nicht fortgeführt werden.[169] Innerhalb und außerhalb der MPG gab es allerdings zahlreiche Unterstützer, die sich für die Fortsetzung der hochmodernen Laserforschung starkmachten. Vizepräsident Wolfgang Gentner etwa verwies »auf die große Bedeutung, die man besonders in den USA, England und Frankreich der Laserforschung beimesse«, wofür auch militärische Aspekte sprachen.[170] Die Bundesregierung zeigte sich ebenfalls sehr an einer Fortführung der Garchinger Laserforschung interessiert und sicherte ab 1975 die »Übernahme von Personal-, Sach- und Investitionskosten« für eine Übergangszeit zu.[171] Auf dieser Grundlage wurde die Projektgruppe für Laserforschung, die zunächst aus drei Arbeitsgruppen bestand, zum 1. Januar 1976 offiziell eingerichtet.[172]

Damit war die Entscheidung nur vertagt, »ob und in welcher Weise wir Laserforschung in der Max-Planck-Gesellschaft als notwendig ansehen und daher in unserem Verbande weiter betreiben wollen«.[173] Im Raum standen verschiedene Möglichkeiten: die Gründung eines eigenen Instituts, die Fortführung der Gruppe am IPP, allerdings auf anderer Finanzierungsgrundlage, oder ihre Überführung in eine andere Trägerschaft. Siegbert Witkowski, der seit 1969 den Arbeitsbereich »Experimentelle Plasmaphysik 3« am IPP leitete,[174] plädierte von Anfang

---

164 Ebd., fol. 130–136, Zitate fol. 134.
165 Protokoll der Sitzung des SAFPP vom 27.2.1974, ebd., fol. 17. Das Votum der Sektion war einstimmig. Sprechvorlage für die 3. Sitzung des SAFPP, ebd., fol. 48–49.
166 Protokoll der Sitzung des SAFPP vom 27.2.1974, ebd., fol. 18.
167 Sprechvorlage für die 3. Sitzung des SAFPP, ebd., fol. 49.
168 Henning und Kazemi, *Handbuch*, Bd. 1, 2016, 1048.
169 Protokoll der Sitzung des SAFPP vom 27.2.1974, AMPG, II. Abt., Rep. 60, Nr. 199.SP, fol. 20. Siehe auch Siegbert Wittkowski: Vorschlag für ein Institut für Laserforschung vom 11.2.1974, ebd., fol. 80, sowie Stumm, *Kernfusionsforschung*, 1999, 90–92 u. 262–270.
170 Protokoll der Sitzung des SAFPP vom 27.2.1974, AMPG, II. Abt., Rep. 60, Nr. 199.SP, fol. 20.
171 Sprechvorlage für die 3. Sitzung des SAFPP, ebd., fol. 41.
172 Henning und Kazemi, *Chronik*, 2011, 519. Siehe dazu auch Materialien für die Sitzung des SAFPP vom 15.5.1975, betr.: Punkt 4 der Tagesordnung: Beratungen zur Einrichtung einer Projektgruppe für Laserforschung in der MPG, AMPG, II. Abt., Rep. 60, Nr. 201.SP, fol. 187–189; Protokoll der 6. Sitzung des SAFPP vom 23.10.1975, AMPG, II. Abt., Rep. 60, Nr. 244.SP, fol. 318–320.
173 Sprechvorlage für die 3. Sitzung des SAFPP, AMPG, II. Abt., Rep. 60, Nr. 199.SP, fol. 42.
174 Henning und Kazemi, *Chronik*, 2011, 466.

an für die Gründung eines MPI für Laserforschung. Ihm ging es darum, »die Einstellung der einzigen Hochleistungslaserentwicklung in Deutschland, die auch für andere Anwendungsgebiete in Wissenschaft und Technik von Bedeutung ist«, zu verhindern. Witkowski argumentierte damit, dass die Forschung nicht erst mühsam neu aufgebaut werden müsse, sondern komplett aus dem IPP übernommen werden könne. Das in Garching versammelte Team »sollte im wesentlichen den Kern des neuen Instituts bilden. Dadurch würde die sonst unvermeidliche Anlaufzeit vermieden und die Kontinuität der Arbeiten gewährleistet werden«.[175] Für eine Institutsgründung fehlten jedoch einstweilen die erforderlichen Mittel. Auf der Suche nach einem Ausweg kollidierten die Wünsche der Wissenschaft mit dem Sparimperativ der Politik. Insbesondere die Verhandlungen mit den Ländern, die zur Finanzierung eines Max-Planck-Instituts mit ins Boot geholt werden mussten, gestalteten sich schwierig. Angesichts der großen wirtschaftlichen und militärischen Bedeutung, die die Politik der Laserforschung zumaß, fand sich schließlich eine Lösung. Am 10. Mai 1979 wurde die Projektgruppe offiziell in das MPI für Quantenoptik umgewandelt.[176]

Die Geschichte des MPI für Polymerforschung,[177] das als einzige wirkliche Neugründung eines großen Instituts in der dritten Phase gelten darf, begann im Grunde mit einer negativen Entscheidung. 1978 wurden am Fritz-Haber-Institut die dort laufenden Arbeiten zur Polymerforschung im Zuge einer »Neuorientierung der Forschungstätigkeit des Instituts« nach der Emeritierung von Rolf Hosemann und Kurt Ueberreiter eingestellt.[178] Diese Entscheidung führte zu zahlreichen Interventionen »aus Wissenschaft und Industrie im In- und Ausland«, die »die besondere Bedeutung der Polymerforschung« betonten und »die Notwendigkeit ihrer verstärkten Förderung unterstrichen«.[179] Eine von der DFG einberufene Expertenkommission kam zu keinem einheitlichen Urteil, während der Verband der Chemischen Industrie, die Gesellschaft Deutscher Chemiker und die Deutsche Physikalische Gesellschaft intensive Lobbyarbeit für eine entsprechende Institutsgründung betrieben.[180] Die MPG reichte die Begutachtung an den Wissenschaftsrat weiter, der wiederum 1979 eine Arbeitsgruppe unter Leitung von Hans-Jürgen Engell vom MPI für Eisenforschung einsetzte, die die Lage der Polymerforschung in der Bundesrepublik sondieren sollte.[181] Auf der Grundlage dieser Beratungen verabschiedete der Wissenschaftsrat 1980 einen Bericht, der vorschlug, »ein interdisziplinäres Forschungsinstitut zu schaffen, für das, sollte es in der Form einer außeruniversitären Forschungseinrichtung verwirklicht werden, bevorzugt die Organisationsform eines Max-Planck-Instituts empfohlen« wurde.[182]

Als schwierig erwies sich die Finanzierung des Instituts, dessen Ressourcenbedarf weit über das hinausging, was die MPG durch interne Umschichtungen freimachen konnte. Aus diesem Grund dachte eine von Lüst eingesetzte Kommission über die Möglichkeit »einer stufenweisen Realisierung des Vorhabens« nach.[183] Auch der Wissenschaftsrat war sich bewusst, »daß die Max-Planck-Gesellschaft mit den ihr gegenwärtig zur Verfügung stehenden Mitteln ein Institut dieser Größenordnung nicht tragen könnte, ohne die Erfüllung ihrer anderen Aufgaben zu gefährden«. Deswegen würden die »Errichtung und der Betrieb eines solchen Instituts […] eine entsprechende Erhöhung des Haushalts der Gesellschaft voraussetzen«.[184] Trotz ernsthafter Zweifel, »ob die Gründung eines Max-Planck-Instituts für Polymerforschung finanziell überhaupt möglich« war,[185] empfahlen sowohl der SAFPP als auch die CPTS eine Institutsgründung, die der Senat der MPG am 19. November 1982 offiziell beschloss. Die Standwortwahl war auf Mainz gefallen, »da dort mit dem DFG-Sonderforschungsbereich Chemie und Physik

---

175 Siegbert Wittkowski: Vorschlag für ein Institut für Laserforschung vom 11.2.1974, AMPG, II. Abt., Rep. 60, Nr. 199.SP, fol. 80–87, Zitate fol. 80 u. 85.
176 Henning und Kazemi, *Handbuch*, Bd. 2, 2016, 1422. Siehe ausführlich unten, Kap. III.8.
177 Siehe dazu und zum Folgenden Wegner, *MPI für Polymerforschung*, 2015, 15–58. Wegner schildert den Gründungsprozess ausführlich anhand von Dokumenten und en détail aus der Insider-Perspektive.
178 Die Empfehlung dazu hatte eine von der CPTS eingesetzte Kommission ausgesprochen. Protokoll der 8. Sitzung des SAFPP vom 4.3.1977, AMPG, II. Abt., Rep. 60, Nr. 204.SP, fol. 17. Siehe dazu auch James et al., *Hundert Jahre*, 2011, 202–203.
179 Protokoll der 9. Sitzung des SAFPP vom 1.3.1978, AMPG, II. Abt., Rep. 60, Nr. 205.SP, fol. 26.
180 Protokoll der 10. Sitzung des SAFPP vom 27.2.1979, AMPG, II. Abt., Rep. 60, Nr. 206.SP, fol. 32.
181 Protokoll der 11. Sitzung des SAFPP vom 16.1.1980, AMPG, II. Abt., Rep. 60, Nr. 207.SP, fol. 14–15.
182 Protokoll der 12. Sitzung des SAFPP vom 7.7.1981, AMPG, II. Abt., Rep. 60, Nr. 208.SP, fol. 23 verso; Wissenschaftsrat: Empfehlung zur Förderung der Polymerforschung in der Bundesrepublik Deutschland vom 14.11.1980, Drs. 5071/80, AMPG, II. Abt., Rep. 60, Nr. 208. SP, fol. 334 recto–351 verso.
183 Beatrice Fromm: Beschlüsse und Ergebnisse der 12. Sitzung des SAFPP vom 7.7.1981, ebd., fol. 38–42, Zitat fol. 41.
184 Materialien für die Sitzung des SAFPP vom 7.7.1981, ebd., fol. 329–333, Zitat fol. 331.
185 Protokoll der 14. Sitzung des SAFPP vom 2.11.1982, AMPG, II. Abt., Rep. 60, 209.SP, fol. 2–37, Zitat fol. 4 verso.

4. Die MPG nach dem Boom (1972–1989)

der Polymeren ›ein breites Spektrum von Hochschuleinrichtungen mit Bezug zur Polymerforschung besteht‹ und da ›die räumliche Nähe zu industriellen Forschungseinrichtungen die Möglichkeit zur Einbeziehung spezieller Methoden, Apparate und Materialien bietet‹«.[186] An der Finanzierung beteiligten sich sowohl Bund und Länder als auch der Fonds der chemischen Industrie, der die Hälfte der Kosten der apparativen Erstausstattung übernahm. Geldprobleme führten allerdings immer wieder zu Verzögerungen, sodass die feierliche Eröffnung des Instituts bis zum 10. März 1986 auf sich warten ließ – der Auf- und Ausbau des Instituts war erst im Herbst 1995 abgeschlossen.

Indes machte nicht allein die schwieriger werdende Finanzierung Institutsneugründungen mehr als früher zu einer politischen Frage, sondern auch die ausgeprägten Unterschiede in der regionalen Verteilung der Forschungseinrichtungen der MPG. In der Phase der Expansion hatten vor allem die Südländer Baden-Württemberg und Bayern, in denen zuvor keine bzw. nur wenige Kaiser-Wilhelm-Institute ansässig gewesen waren, von der Ansiedlung neu gegründeter oder der Verlagerung bereits bestehender Max-Planck-Institute profitiert. Im Norden fehlten diese weitgehend, sieht man von Niedersachsen ab, wo die MPG mit Göttingen einen traditionellen Schwerpunkt besaß, der in der unmittelbaren Nachkriegszeit nochmals stark an Bedeutung gewonnen hatte.[187] Mit der Übernahme des MPI für Meteorologie war die MPG auch in Hamburg vertreten, doch Bremen wie auch das Saarland warteten immer noch sehnsüchtig auf ein Max-Planck-Institut. Auch die nordrhein-westfälische Landesregierung, seinerzeit im Rahmen des Länderfinanzausgleichs die größte Nettozahlerin, wähnte sich – gemessen an den eigenen Zahlungen für die MPG im Rahmen ihrer Bund-Länder-Finanzierung – nicht ausreichend berücksichtigt und verlangte, neue Institute bevorzugt im Rheinland oder in Westfalen anzusiedeln.[188] Ein angemessener Länderproporz und der Abbau des Süd-Nord-Gefälles mussten bei den Neugründungen mitbedacht werden – und gerade deswegen erwies sich die erwähnte Pfadabhängigkeit in der Frage des Standorts, die sich bei den befristeten Arbeitsgruppen herauskristallisierte, als Problem.

Erst Ende der 1980er-Jahre gelang es der MPG, die beiden letzten weißen Flecken auf der bundesrepublikanischen Landkarte zu tilgen. Dazu hatten Bremen und das Saarland durch eigene Initiativen wesentlich beigetragen – wie auch die in der MPG umgehende Angst, dass diejenigen Bundesländer, die sich bei der regionalen Verteilung ihrer Forschungseinrichtungen benachteiligt fühlten, bei künftigen Haushaltsverhandlungen noch stärker auf die Bremse treten könnten.[189] Den Anfang machte das Saarland: In Saarbrücken sollte ein Max-Planck-Institut für Informatik entstehen, an dem die MPG-Gremien angesichts der im Lauf der 1980er-Jahre immer deutlicher hervortretenden Bedeutung der Informationstechnologie (nicht nur für die Wissenschaft, sondern auch für die Wirtschaft) großes Interesse zeigten. Saarbrücken lag als Standort insofern nah, als die dort beheimatete Universität des Saarlands bereits ein einschlägiges Institut von hervorragendem Ruf besaß, das als Keimzelle des zu gründenden Max-Planck-Instituts dienen konnte. Allerdings zog sich der Gründungsprozess in die Länge, weil sich die MPG von ihrem Wunschkandidaten für den Posten des Gründungsdirektors, A. Nico Habermann von der Universität Pittsburgh, eine Absage einhandelte.[190] Formell erfolgte die Gründung am 10. November 1988, bevor das Institut ein Jahr später – noch in Räumlichkeiten der Universität – seine Arbeit aufnahm.[191]

Ganz direkt ging das kleinste Bundesland Bremen zu Werke. 1988 reichte die Hansestadt den Antrag auf Gründung eines »Max-Planck-Instituts für Hochseebiologie«, der auf einer Denkschrift des Meeresbiologen Gotthilf Hempel aus dem Jahr 1986 beruhte, kurzerhand selbst bei der MPG ein. Die MPG war durchaus gewillt, dem Wunsch ihres Geldgebers zu entsprechen, doch erwies sich dies als gar nicht so einfach. Die BMS setzte eine Kommission ein, die gemeinsam mit der noch jungen Universität Bremen ein eigenständiges Forschungsfeld für das geplante Institut definieren sollte, das noch nicht von den bereits bestehenden Einrichtungen zur Meeresforschung bearbeitet wurde.[192] Am 21. Juni 1990 wurde

---

186 Henning und Kazemi, *Handbuch,* Bd. 2, 2016, 1326. Das Folgende nach ebd., 1328–1329.
187 Balcar, *Ursprünge,* 2019, 12–14.
188 Protokoll der 116. Sitzung des Verwaltungsrates vom 23.11.1978, AMPG, II. Abt., Rep. 61, Nr. 116.VP, fol. 15.
189 Protokoll der 137. Sitzung des Verwaltungsrats vom 21.11.1985, AMPG, II. Abt., Rep. 61, Nr. 137.VP, fol. 182.
190 Protokoll der 145. Sitzung des Verwaltungsrats vom 10.11.1988, AMPG, II. Abt., Rep. 61, Nr. 145.VP, fol. 15; Protokoll der 147. Sitzung des Verwaltungsrats vom 8.6.1989, AMPG, II. Abt., Rep. 61, Nr. 147.VP, fol. 6; Protokoll der 148. Sitzung des Verwaltungsrates vom 15.11.1989, AMPG, II. Abt., Rep. 61, Nr. 148.VP, fol. 9.
191 Henning und Kazemi, *Handbuch,* Bd. 1, 2016, 716–719.
192 Protokoll der 144. Sitzung des Verwaltungsrats vom 9.6.1988, AMPG, II. Abt., Rep. 61, Nr. 144.VP, fol. 7. Siehe dazu auch Protokoll der 148. Sitzung des Verwaltungsrats vom 15.11.1989, AMPG, II. Abt., Rep. 61, Nr. 148.VP, fol. 9–10.

das MPI für mikrobielle Ökologie offiziell gegründet, das im November 1991 in MPI für marine Mikrobiologie umbenannt wurde, um dadurch »die thematische Verwandtschaft mit dem Max-Planck-Institut für terrestrische Mikrobiologie zum Ausdruck zu bringen«.[193] Mit der Gründung der Institute für Informatik in Saarbrücken und für maritime Mikrobiologie in Bremen war die MPG endlich »flächendeckend« – das heißt in jedem der damals elf Bundesländer – vertreten, worauf die Länder schon so lange gedrungen hatten.[194] Allerdings sollte die MPG nur wenig später neuerlich und in weit stärkerem Maße mit dem Problem des regionalen Proporzes konfrontiert werden.

4.5 Zeitverträge als Ausweg?[195]

Auch im Hinblick auf die Personalentwicklung waren die 1970er- und 1980er-Jahre eine Phase stark verlangsamten Wachstums. Von 1950 bis 1970 hatte sich die Zahl der Wissenschaftler:innen in der MPG von 418 auf 1.431 erhöht, also jährlich um etwa 12 Prozent, und die Zahl der Angehörigen des technischen Personals von 462 auf 2.426, das heißt pro Jahr um 21 Prozent. Von 1970 bis 1990 nahm dagegen die Zahl der Wissenschaftler:innen (Planstellen) nur von 1.431 auf 2.343 zu, also um gut 3 Prozent pro Jahr, und die für das technische Personal von 2.426 auf 3.636, das heißt nur um knapp 2,5 Prozent jährlich.[196]

In dieser dritten Phase veränderte sich die Verteilung des Personals auf die drei Sektionen: Bis 1976 war die BMS die größte der drei Sektionen gewesen, doch nun löste sie die CPTS ab, deren Anteil an Beschäftigten von 43 Prozent (1973) auf knapp 56 Prozent (1985) anwuchs. Der Anteil der BMS ging im selben Zeitraum von 49 auf 37 Prozent zurück, während die GWS leicht von 7 auf 8 Prozent zulegte.[197] Was die Geschlechterverteilung betrifft, änderte sich dagegen auch in der dritten Phase kaum etwas. Während 1975 nur 11 Prozent der Planstellen von Wissenschaftlerinnen besetzt gewesen waren, erhöhte sich ihr Anteil bis 1990 leicht um zwei Prozentpunkte. In der GWS betrug der Frauenanteil in den späten 1980er-Jahren knapp 20, in der BMS knapp 18 und in der CPTS 6 Prozent.[198] Anders sah die Verteilung im nichtwissenschaftlichen Bereich aus; so arbeiteten in der Verwaltung – in der Generalverwaltung ebenso wie in den Verwaltungsabteilungen der Max-Planck-Institute – viermal so viele Frauen wie Männer.

Trotz gewisser Kontinuitätslinien änderte sich in der dritten Phase einiges in der Personalpolitik und der Personalentwicklung der MPG. Der Bedeutungszuwachs der Generalverwaltung äußerte sich auch darin, dass die Veränderungen in der Personalstruktur nun statistisch erfasst und regelmäßig im *Zahlenspiegel der MPG* publiziert wurden – eine wichtige Grundlage für die zentrale Personalplanung, die im Zeichen der Flexibilisierungspolitik an Bedeutung gewann.[199] Die nach Personalkategorien differenzierende, regelmäßig veröffentlichte Statistik machte stärker als zuvor sichtbar, dass die MPG neben dem zumeist unbefristet beschäftigten wissenschaftlichen und nichtwissenschaftlichen Stammpersonal zahlreiche Nachwuchskräfte in ihren Reihen hatte: vorwiegend Doktorand:innen und Postdoktorand:innen, die die Statistik als »Stipendiaten und Gastwissenschaftler« subsumierte; sie waren befristet angestellt und verließen die MPG in der Regel nach wenigen Jahren wieder.[200] Gleichsam als Kompensation für den stagnierenden Stellenkegel nahm diese Gruppe von 1972 (2.045) bis 1989 (3.734) deutlich zu, wobei die GWS den höchsten Anteil an Stipendiat:innen aufwies (21 %), gefolgt von BMS (17 %) und CPTS (15 %).[201] Ihrer spezifischen Probleme nahm sich der 1970 gegründete Gesamtbetriebsrat an, der schon frühzeitig eine eigene Vertretung der Dokto-

---

193 Henning und Kazemi, *Handbuch*, Bd. 2, 2016, 923–924.
194 Henning und Kazemi, *Handbuch*, Bd. 1, 2016, 10.
195 Der Text des Abschnitts 4.5 stammt von Juliane Scholz.
196 Berechnungen auf Grundlage des *Zahlenspiegels der Max-Planck-Gesellschaft*, Jg. 1974–1993. Gesamtstellenpläne 1972–1987, AMPG, II. Abt., Rep. 1, Nr. 234. — Haushaltsplan 1990 und 2000, AMPG, II. Abt, Rep. 69, Nr. 498; Haushaltsvoranschlag 1950, lt. Protokoll Verwaltungsrat vom 14.1.1950, AMPG, II. Abt., Rep. 69, Nr. 23; Haushaltsplan (Wirtschaftsplan) für das Rechnungsjahr 1960, AMPG, II. Abt., Rep. 69, Nr. 40; Haushaltsplan (Wirtschaftsplan) für das Rechnungsjahr 1965, AMPG, II. Abt., Rep. 69, Nr. 45; Haushaltsplan (Wirtschaftsplan) für das Rechnungsjahr 1970, AMPG, II. Abt., Rep. 69, Nr. 60. Siehe auch auch unten, Anhang, Grafik 2.6.
197 Eigene Berechnungen nach der Beschäftigtenstatistik im *Zahlenspiegel der MPG*, Jg. 1974–1991.
198 Übersicht Dienststellung nach Geschlecht, Max-Planck-Gesellschaft, *Zahlenspiegel*, 1977, 14; Wissenschaftlerinnen in der MPG, AMPG, II. Abt., Rep. 1, Nr. 234, fol. 315; Ruschhaupt-Husemann und Hartung, Lage der Frauen, 1988.
199 Die erste Ausgabe des *Zahlenspiegels der MPG* erschien 1974.
200 Doktorand:innen verbrachten 1988 zwischen zwei und drei Jahren in der MPG, nur 6 % mehr als drei Jahre.
201 Max-Planck-Gesellschaft, *Zahlenspiegel*, 1989, 7 u. 47; Max-Planck-Gesellschaft, *Zahlenspiegel*, 1974, 2; Gesamtstellenplan 1972–1987, AMPG, II. Abt., Rep. 1, Nr. 234.

4. Die MPG nach dem Boom (1972–1989)

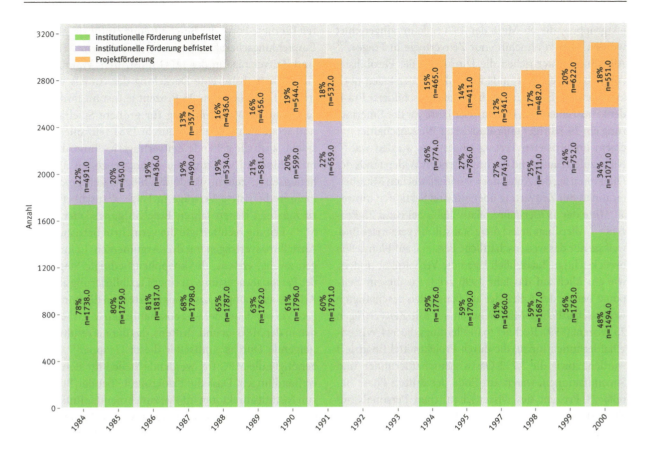

Abb. 2: Befristete und unbefristete Verträge für Wissenschaftler:innen in der MPG (1984–2000). Institutionelle und Projektförderung. – Quellen: Zahlenspiegel 1985–1993; MPG in Zahlen 1994–1998; Zahlen und Daten/Facts and Figures 1998–2000. doi.org/10.25625/3NT4IV.

rand:innen etablierte.[202] Trotz der fehlenden langfristigen Perspektive waren solche Ausbildungsplätze begehrt, denn angesichts der hervorragenden Arbeitsbedingungen in den Max-Planck-Instituten versprachen sie, die zukünftigen Karrierechancen zu verbessern.[203] Aus der Perspektive der MPG waren diese Nachwuchskräfte ein dynamisches Element in der Personalstruktur, in der aufgrund der angespannten Haushaltslage Neueinstellungen und damit Gestaltungsmöglichkeiten begrenzt waren. Angesichts der zahlreichen Zu- und Abgänge fungierte die MPG gewissermaßen als Durchlauferhitzer – und profitierte davon.[204] Die mit dem befristeten Beschäftigungsverhältnis verbundenen sozialen Kosten mussten allerdings die Nachwuchskräfte tragen, zumal sich auf dem angespannten Arbeitsmarkt adäquate Anschlussbeschäftigungen nur schwer finden ließen.

Dieses Problem betraf freilich nicht nur Stipendiat:innen und Doktorand:innen, sondern auch die wissenschaftlichen Mitarbeiter:innen an den Instituten, die seit den frühen 1970er-Jahren in zunehmendem Maße mit Zeitverträgen beschäftigt und damit weniger fest an die MPG angebunden wurden.[205] Das lag zum einen an der Zunahme der Projektmittel, die eine unbefristete Anstellung nicht zuließen, zum anderen am Flexibilisierungskurs der MPG-Führung: Um eine Abteilung nach der Emeritierung des Direktors umwidmen zu können, mussten möglichst auch die Assistentenstellen verfügbar sein, durften also nicht durch Festanstellungen blockiert werden. Präsident Lüst hielt Zeitverträge »zur Lösung des Mobilitätsproblems« für »unverzichtbar«.[206] Bei den Pro-

---

202 Zankl, Probleme, 1973.
203 Siehe unten, Kap. IV.2.2.1
204 Für das Jahr 1992 hielt die MPG eine Zugangsrate aller Mitarbeiter:innen (einschließlich Projektförderung) von 20 % und eine Abgangsrate von 16,4 % fest. Die Zugangsrate der Wissenschaftler:innen einschließlich Projektförderung lag 1992 bei 33,2 % bei einer Abgangsrate von 26,6 %. Max-Planck-Gesellschaft, *Zahlenspiegel*, 1993, 25.
205 Siehe dazu und zum Folgenden Leendertz, *Wissenschaftler auf Zeit*, 2020.
206 Protokoll der 5. Sitzung des SAFPP vom 15.5.1975, AMPG, II. Abt., Rep. 60, Nr. 244.SP, fol. 382.

jektgruppen, die ab Mitte der 1970er-Jahre eingerichtet wurden, kamen ohnehin »nur Zeitverträge in Frage«.²⁰⁷ Allerdings hintertrieben die Direktoren die Flexibilisierungspolitik teilweise, indem sie Mitarbeiterstellen noch kurz vor ihrer Emeritierung besetzten. So schilderte Präsident Staab einen Fall, in dem »vier Jahre vor der Emeritierung ein 29-jähriger unpromovierter Wissenschaftler mit einem unbefristeten Vertrag eingestellt« worden war.²⁰⁸ Nicht zuletzt aufgrund des hinhaltenden Widerstands der Direktoren lag der Anteil der wissenschaftlichen Mitarbeiter:innen mit Zeitvertrag über alle drei Sektionen hinweg ab Mitte der 1970er-Jahre relativ stabil bei rund 25 Prozent.²⁰⁹ Allerdings liefert diese Statistik ein verzerrtes Bild, weil sie nur das wissenschaftliche Personal auf Planstellen berücksichtigt. Tatsächlich lagen die Verhältnisse anders, wie ein Blick auf das Jahr 1990 zeigt. Zu diesem Zeitpunkt betrug der Anteil der auf Planstellen beschäftigten wissenschaftlichen Mitarbeiter:innen mit Zeitverträgen 25 Prozent (599). Rechnet man allerdings die 544 Wissenschaftler:innen hinzu, die durch Projektmittel finanziert wurden, sowie die 3.732 Gastwissenschaftler:innen und Stipendiat:innen, waren am Ende der dritten Phase bereits 73 Prozent des wissenschaftlichen Personals auf Zeitvertragsbasis beschäftigt.²¹⁰ Damit lag die MPG unter den deutschen Wissenschaftsorganisationen relativ weit vorne. Der Anteil der Zeitverträge war in der MPG deutlich höher als an den Universitäten, wenn auch weniger hoch als in den Großforschungseinrichtungen.²¹¹

Debatten über die Vor- und Nachteile von Zeitverträgen hatten in der MPG in den späten 1960er-Jahren im Kontext der Verhandlungen über die 1972 verabschiedete Satzungsreform eingesetzt. 1974 erließ Präsident Lüst eine Zeitvertragsrichtlinie, die eine Altersgrenze von 33 Jahren für diese Form der Beschäftigung einführte, aber nur Empfehlungscharakter besaß.²¹² Seit diesem Zeitpunkt sind Zeitverträge in der MPG umstritten. Während der Gesamtbetriebsrat eine Deckelung des Anteils von Befristeten auf höchstens 25 Prozent je Institut forderte,²¹³ plädierte die MPG-Führung für größere Spielräume – und setzte sich schließlich durch: 1984 reformierte Präsident Staab die geltende Zeitvertragsrichtlinie, die nunmehr bindend war und die Altersgrenze auf 35 Jahre heraufsetzte; zudem wurde die Möglichkeit geschaffen, mehrere befristete Verträge in Folge abzuschließen, bis zu maximal sieben Jahren Beschäftigungsdauer.²¹⁴ Die MPG-Leitung rechtfertigte die vermehrte Befristung von Anstellungsverträgen mit drei Argumenten: In ihren Augen zwang, erstens, die knappheitsbedingte Stagnation des Personalwachstums zu einer Flexibilisierung auch der Arbeitsbeziehungen, zweitens führte man die immer längere Verweildauer der wissenschaftlichen Mitarbeiter:innen in der MPG an und, drittens, das daraus resultierende steigende Durchschnittsalter dieser Gruppe.²¹⁵ Zudem benötigte die MPG frei werdende Stellen für Berufungsverhandlungen. Dass die Erfolgsquote bei der Berufung von Institutsdirektoren infolge zunehmender Rufabsagen (vor allem von Forscher:innen aus dem Ausland) von 84 Prozent im Jahr 1972 auf 81 Prozent 1980 gesunken war,²¹⁶ galt in der MPG als Warnsignal.

Auch wenn sie in der dritten Phase noch nicht zur Regel wurde, setzte die Praxis der Befristung von Wissenschaftlerstellen in der MPG in den 1970er- und 1980er-Jahren ein, zunächst konzentriert vor allem auf jüngere Nachwuchskräfte. Neben den Großforschungseinrichtungen fungierte die MPG als Laboratorium für befristete Beschäftigungen im Wissenschaftsbereich, die inzwischen

---

207 Vorlage des Unterausschusses »Befristete Förderungsmaßnahmen« des SAFPP, AMPG, II. Abt., Rep. 60, Nr. 200.SP, fol. 46–59, Zitat fol. 53.

208 Bericht des Präsidenten im Wissenschaftlichen Rat der Max-Planck-Gesellschaft vom 30.1.1986, AMPG, II. Abt., Rep. 60, Nr. 213.SP, fol. 236–264, Zitat fol. 247.

209 Tischvorlage für die 12. Sitzung des SAFPP vom 7.7.1981, AMPG, II. Abt., Rep. 60, Nr. 208.SP, fol. 78–83, fol. 79; Materialien für die Sitzung des SAFPP vom 30.3.1982, AMPG, II. Abt., Rep. 60, Nr. 209.SP, fol. 332.

210 Eigene Berechnung nach Max-Planck-Gesellschaft, Zahlenspiegel, 1990, 9–14.

211 Arbeitsverträge in Hochschule und Forschung. Untersuchung der Gewerkschaft ÖTV und der Gewerkschaft Erziehung und Wissenschaft, Nr. 16, Juli 1976, Bl. 4, AMPG, II. Abt., Rep. 81, Nr. 51.

212 Ergebnisprotokoll über die 4. Sitzung der Präsidentenkommission für Zeitvertragsfragen vom 16.4.1974, DA GMPG, BC 105520, fot. 551–555.

213 Zankl, Zeitvertragskommission, 1974.

214 Grundsätze für den Abschluß befristeter Verträge mit wissenschaftlichen Mitarbeitern der Max-Planck-Gesellschaft, Fassung 1974 und Fassung 1984, AMPG, II. Abt., Rep. 81, Nr. 52; Richtlinien für den Abschluß befristeter Arbeitsverträge mit wissenschaftlichen Mitarbeitern der Max-Planck-Gesellschaft nach den §§ 57 a ff HRG, Fassung 1986, DA GMPG, BC 105520, fot. 6.

215 Protokoll der 12. Sitzung des SAFPP vom 7.7.1981, AMPG, II. Abt., Rep. 60, Nr. 208.SP, fol. 11 verso–12 recto; Protokoll der 13. Sitzung des SAFPP vom 30.3.1982, AMPG, II. Abt., Rep. 60, Nr. 209.SP, fol. 129 verso–130 recto; Materialien für die Sitzung des SAFPP vom 30.3.1982, AMPG, II. Abt., Rep. 60, Nr. 209.SP, fol. 331–332.

216 Berufungen In- und Ausland, Erfolgsquote, AMPG, II. Abt., Rep. 1, Nr. 234, fol. 138–141.

4. Die MPG nach dem Boom (1972–1989)

auf breiter Front zum Kennzeichen des Wissenschaftsbetriebs und zugleich zum Gegenstand verbreiteter Kritik geworden sind.[217] Die Lasten der Flexibilisierung, die es der MPG ermöglicht hat, die Haushaltsengpässe in dieser Phase zu bewältigen, hat sie weitgehend ihren wissenschaftlichen Mitarbeiter:innen aufgebürdet. Die privilegierte Stellung ihrer Wissenschaftlichen Mitglieder blieb dagegen fast ungeschmälert erhalten. Daran änderte auch der Umstand nichts, dass sich seit den 1960er-Jahren der Typ des mittelgroßen, kollegial geleiteten Instituts (meist mit rotierender Geschäftsführung) als Ideal der MPG durchsetzte.[218]

Bei der Abfederung sozialer Härten, die die Politik der Flexibilisierung in erster Linie für die Belegschaft der zu schließenden Einrichtungen bedeutete, wirkte auch der Gesamtbetriebsrat mit. Er wollte vor allem sozialverträgliche Lösungen für die Angestellten der betroffenen Institute erreichen. Ein Erfolg zäher Verhandlungen, die mit der Schließung der landwirtschaftlichen Institute begonnen hatten, war der 1973 unterzeichnete Rahmensozialplan, der die wirtschaftlichen Folgen von Einsparungsmaßnahmen wie im Falle des MPI für Zellbiologie in Wilhelmshaven lindern sollte.[219] Die Zahlungen, die die MPG im Rahmen von Sozialplänen an die Betroffenen leistete, fielen sehr unterschiedlich aus. So schätzte Generalsekretär Dietrich Ranft »den Aufwand für Sozialplanleistungen an etwa 16 Starnberger Mitarbeiter auf rd. 1 Mio. DM gegenüber rd. 464.000 DM, die für 42 (der 79) Mitarbeiter des Max-Planck-Instituts für Landarbeit und Landtechnik aufzubringen waren«.[220]

Von Umstrukturierungs- und Schließungsmaßnahmen waren von 1978 bis 1987 insgesamt 237 Mitarbeiter:innen betroffen, darunter 78 Wissenschaftler:innen. »Mehr als die Hälfte von ihnen« kündigte »das Arbeitsverhältnis unter Inanspruchnahme der Sozialplanregelungen«, weitere rund 100 Mitarbeiter:innen fanden »neue Arbeitsplätze in ihren Instituten oder in anderen Max-Planck-Einrichtungen«, sodass die MPG nur sieben Kündigungen aussprechen musste. Der Verwaltungsrat bilanzierte befriedigt, »daß für die Mitarbeiter bisher keine schwerwiegenden sozialen Probleme entstanden seien und die Gesellschaft mit dem Instrument der Schließung verantwortungsbewußt umgehe«.[221] Diese Beispiele zeigen, dass die Gründung des Gesamtbetriebsrats und die Kämpfe um Mitbestimmung Anfang der 1970er-Jahre nicht folgenlos geblieben waren. Allerdings verhinderte die Reform des Betriebsverfassungsgesetzes 1972 und die für die MPG gültige Tendenzschutzklausel eine größere Mitsprache des Betriebsrats.[222] Was damals anderswo zu institutionalisierter Mitbestimmung in unterschiedlichen Formen führte, wirkte sich in der MPG nur abgeschwächt aus oder blieb auf einige wenige Institute begrenzt, die – wie in Starnberg und im Berliner Bildungsforschungsinstitut – damit einige Jahre lang experimentierten, auch wenn das erhebliche Konflikte hervorrief.[223]

Die sozialgeschichtlich relevanteste Veränderung in der dritten Phase der MPG betraf nicht die nur rudimentär ausgeprägten Mitbestimmungsrechte, sondern die Durchsetzung befristeter Arbeitsverhältnisse vor allem im Hinblick auf wissenschaftliche Nachwuchskräfte, aber auch darüber hinaus. Mit der partiellen Befristung von Arbeitsverhältnissen und der damit errungenen Flexibilisierung gelang es der MPG, eine produktive Antwort auf die finanziellen Engpässe zu finden, die mithalf, auch unter ungünstigen Bedingungen ein gerüttelt Maß an Dynamik und Erneuerungsfähigkeit zu erhalten, ohne die wissenschaftspolitischer und wissenschaftsgeschichtlicher Erfolg unmöglich gewesen wäre. Allerdings wurden mit der Einführung von Zeitverträgen langfristig wirksame Weichen gestellt, deren soziale Folgen sehr ungleichmäßig verteilt sind und heute vielfach als spezifisches Problem des Subsystems Wissenschaft wahrgenommen werden.

4.6 Das Verhältnis der MPG zu Politik und Wirtschaft

Die MPG hatte in der zweiten Phase ihres Bestehens vor dem Hintergrund des »Wirtschaftswunders« den Anspruch, »Grundlagenforschung« zu betreiben, verinnerlicht und sich stärker von anwendungsorientierten Bereichen – und damit von der Wirtschaft – distanziert. Nun erzwang die einsetzende Rezession in der dritten Phase eine vorsichtige Wiederannäherung. Dies lag ganz im Interesse der Politik, die der Bekämpfung der Wirtschaftskrise oberste Priorität zumaß. Im Verhältnis der MPG zur Politik entwickelten sich Ambivalenzen: Einerseits flankierte die MPG durch ihre internationalen Kontakte

---

217 Z. B. Leendertz und Schlimm, Flexible Dienstleister, *Frankfurter Allgemeine Zeitung*, 21.3.2018.
218 Siehe oben, Kap. II.3.4.4, 94.
219 Scholz, *Partizipation*, 2019, 95–98.
220 Protokoll der 121. Sitzung des Verwaltungsrates vom 5.6.1980, AMPG, II. Abt., Rep. 61, Nr. 121.VP, fol. 82.
221 Protokoll der 146. Sitzung des Verwaltungsrates vom 16.3.1989, AMPG, II. Abt., Rep. 61, Nr. 146.VP, fol. 9.
222 Zankl, Gesamtbetriebsrat, 1972; Röbbecke, *Mitbestimmung*, 1997.
223 Scholz, *Partizipation*, 2019, 168–170.

zumindest teilweise die Außenpolitik der Bundesregierung – dies traf insbesondere auf die Anbahnung von Beziehungen zur Volksrepublik China zu –, anderseits zog sich die MPG ein Stück weit aus der Politikberatung zurück, die in den langen 1960er-Jahren an Bedeutung gewonnen hatte.

4.6.1 Forcierter Technologietransfer: Die Garching Instrumente GmbH

Angesichts der Wirtschaftskrise stieg der Druck auf die Wissenschaftsorganisationen, einen Beitrag zu ihrer Überwindung zu leisten. Forschung wurde nun »verstärkt am Kriterium der wirtschaftlichen Relevanz gemessen«.[224] So setzte die Bundesregierung unter Helmut Schmidt ab Mitte der 1970er-Jahre auf die Förderung kleiner und mittlerer Unternehmen, um auf diese Weise die Wirtschaft anzukurbeln. In diesem Zusammenhang sollte die Wissenschaft die Ergebnisse ihrer Forschung zügiger und öfter in technologische Innovationen umsetzen, die sich dann kommerziell vermarkten ließen. Mithilfe der Wissenschaft sollte die ökonomische Leistungsfähigkeit des Standorts Deutschland und die Konkurrenzfähigkeit der westdeutschen Wirtschaft auf den Weltmärkten durch modernste Technik gesichert werden. Nicht zuletzt der kometenhafte Aufstieg Japans zu einer ökonomischen Großmacht gab den Kassandrarufen Auftrieb, die Bundesrepublik werde wirtschaftlich untergehen, wenn sie technologisch nicht zu den führenden Staaten der Welt aufschließe.

Die MPG traf die Forderung, Forschung müsse wirtschaftlich und gesellschaftlich »relevant« sein, nicht unvorbereitet. Sie hatte 1970 eine eigene Agentur für den Technologietransfer gegründet: die »Garching Instrumente Gesellschaft zur industriellen Nutzung von Forschungsergebnissen mbH« (kurz: Garching Instrumente oder GI). Die aus dem IPP hervorgegangene Firma war eigens geschaffen worden, um Erfindungen, Erfahrungswissen und Know-how aus den seinerzeit knapp 50 Max-Planck-Instituten in die Wirtschaft zu transferieren und damit kommerziell zu verwerten.[225] Das war an sich nichts Neues. Dieses Geschäftsmodell hatte sich bereits in der KWG etabliert, deren Direktoren ihre Erfindungen regelmäßig hatten patentieren lassen,[226] und zwar nicht allein in den industrienahen Instituten für Eisenforschung oder für Kohlenforschung, die sogar über eigene Agenturen zur Vermarktung von Patenten verfügten.[227] Auch Adolf Butenandt, um nur ein besonders prominentes Beispiel zu nennen, war fast seine gesamte wissenschaftliche Karriere hindurch eng mit der Schering AG verbunden gewesen, wovon beide Seiten profitiert hatten.[228] Neu war indes, dass die MPG mit der Gründung von GI versuchte, die Entwicklung von kommerziell verwertbaren Forschungsergebnissen zu forcieren und diese dann durch eine eigene Technologietransfer-Agentur zentral zu vermarkten – wiewohl GI kein Monopol auf die Vermittlung von Forschungsergebnissen aus der MPG besaß und nicht wenige Direktoren die Anmeldung ihrer Patente weiterhin selbst besorgten.

Mit der Gründung von GI war der MPG ein Coup gelungen: Sie forcierte den Technologietransfer aus der Grundlagenforschung heraus, noch bevor die Regierungen in Bund und Ländern darin ein Instrument zur Ankurbelung der schwächelnden Wirtschaft erblickten; als sie dies dann taten, fiel der MPG die Rolle des Vorreiters zu. Es kam zunächst nicht darauf an, ob GI Gewinn erwirtschaftete oder nicht; wichtig war, dass sich die renommierte MPG auf dem Gebiet des Technologietransfers engagierte. Tatsächlich war die allseits gepriesene Firma zunächst alles andere als ein finanzieller Erfolg, weil man Technologietransfer nach der Trial-and-Error-Methode betrieb.

Der Geburtsfehler von GI resultierte daraus, dass sich die MPG und das IPP nicht auf ein Geschäftsmodell hatten einigen können: Die MPG zielte auf eine klassische Patentagentur ab, die Patente über Lizenzverträge an die Wirtschaft vermitteln sollte.[229] Das IPP hingegen wollte GI mit der Weiterentwicklung von Instrumenten zur Serienreife und deren anschließender Vermarktung betraut wissen, das heißt ein Unternehmen mit Entwicklungs-, Produktions- und Vertriebskapazitäten aufbauen. Während man also im IPP die Inwertsetzung der im eigenen Haus entwickelten Forschungs*technologien* im Sinn hatte, ging es der MPG um die Vermarktung der aus den überaus heterogenen Max-Planck-Instituten stammenden Forschungs*ergebnisse*. GI tat schließlich beides zugleich und entwickelte sich so zu einem Zwitter, der zwei Aktivitäten nachging, die sich im Grunde gegenseitig ausschlossen.[230]

---

224 Orth, *Autonomie und Planung*, 2011, 158.
225 Zur Geschichte von GI siehe ausführlich Balcar, *Instrumentenbau*, 2018, passim.
226 Hartung, Erfindertätigkeit, 1996.
227 Zur »Studiengesellschaft Kohle« siehe Rasch, Weg, 2015.
228 Gaudillière, Biochemie und Industrie, 2004; Gaudillière, Better Prepared, 2005.
229 Kuhn, Garching Instrumente, 1970.
230 Der Geschäftsleitung war dies durchaus bewusst. Bericht der Geschäftsführung zur 10. Sitzung des GI-Beirats am 24.11.1975, AIPP, IPP 4, Nr. 510002, fot. 226–239.

Zudem verlief die Entwicklung von GI anders als ursprünglich geplant. Ab Mitte der 1970er-Jahre setzte die Firmenleitung ganz auf das scheinbar lukrativere Feld der Geräteentwicklung, um die Rentabilität des Technologietransfers möglichst schnell nachzuweisen – kurzfristige Profitabilität rangierte vor langfristigem Erfolg des Unternehmens. Da sich die Einwerbung entsprechender »Erfindungen« aus den Max-Planck-Instituten als schwierig und langwierig erwies, verfiel man auf die Idee, Geräte von Herstellern aus dem Ausland in Lizenz zu fertigen und zu vertreiben. So steuerte GI geradewegs auf den Abgrund zu, denn die auf Forschungsinstrumente begrenzte Produktpalette konfrontierte die Firma mit zwei Problemen:[231] Zum einen war der Markt für diese Erzeugnisse begrenzt, da fast nur Forschungseinrichtungen als Abnehmer infrage kamen. Zum anderen hatten derartige Produkte eine beschränkte Halbwertszeit, weil die Instrumente in der Regel rasch weiterentwickelt wurden.[232] Deswegen mussten die Garchinger permanent am Ausbau und an der Erneuerung ihrer Produktpalette arbeiten, was eine kleine Firma wie GI kaum leisten konnte.

Hinzu kam, dass GI für Konstruktion, Herstellung und Vertrieb von Geräten, auch in kleinem Maßstab, völlig unterkapitalisiert war. Selbst nach mehreren Kapitalerhöhungen betrug das Eigenkapital von GI lediglich 950.000 DM.[233] Schon die durch die Ausweitung der Produktpalette bedingten rasant steigenden Lohn- und Lagerkosten überstiegen die Finanzkraft. Als 1978 ein Zulieferer in Konkurs ging und sich neue Geräte zum Teil als Flop erwiesen, zum Teil fehlerhaft waren und aufwendig nachgebessert werden mussten,[234] fiel GI im Frühjahr 1979 wie ein Kartenhaus in sich zusammen. Der Gesamtverlust, den die MPG tragen musste, belief sich auf über 3,2 Millionen DM.[235] Ende 1980 beklagte der Schatzmeister der MPG, Karl Klasen, »die außergewöhnliche Belastung des privaten Vermögens durch den Ausgleich der bei der Garching Instrumente GmbH eingetretenen finanziellen Verluste.«[236]

Trotz dieses Fiaskos hielt die MPG aus drei Gründen weiter an GI fest. Erstens stieg vor dem Hintergrund der anhaltenden Wirtschaftskrise die Bedeutung, die dem Technologietransfer zugeschrieben wurde, sodass Forschungspolitik »mehr denn je […] unter dem Primat der Wirtschaftspolitik« stand.[237] Erst im Oktober 1977 hatte sich der Sachverständigenkreis »Patente und Lizenzen bei öffentlich geförderter Forschung und Entwicklung« für eine »aktive Patent- und Lizenzpolitik« ausgesprochen, um die Vermarktung wirtschaftlich verwertbarer Forschungsergebnisse zu fördern.[238] Zweitens war Technologietransfer gegen Ende der 1970er-Jahre einfach en vogue. Agenturen, die teilweise dem Vorbild von GI nacheiferten, schossen wie Pilze aus dem Boden, man veranstaltete eine European Technology Transfer Conference, die EG gründete eine Kommission für Einrichtungen des Technologietransfers und das BMFT vergab einen Technologietransfer-Preis, der »das Innovationsbewußtsein der Forscher stärken« sollte.[239] Drittens profitierte die MPG in hohem Maße von ihrem Image als Pionier auf dem Gebiet des Technologietransfers. In dieser Rolle gefiel man sich und wurde darin nicht zuletzt vom Forschungsministerium bestärkt, das im April 1980 die GI als »wichtiges Pilotprojekt« bezeichnete.[240] Kein Wun-

---

231 Siehe am Beispiel der Kernspintomografie die instruktive Untersuchung von Steinhauser, *Zukunftsmaschinen*, 2014.
232 Dieses Problem hatte der weitsichtige Leiter der Abteilung Technik am IPP schon vor der Gründung von GI vorausgesehen. Vermerk der Abt. Technik des IPP (Karl-Heinz Schmitter) vom 22.11.1968 betr. Vorschlag zur Gründung einer Tochtergesellschaft mit dem Ziel der wirtschaftlichen Nutzung der Entwicklungsergebnisse des IPP, AIPP, IPP 4, Nr. 510001, fot. 132-135.
233 1973 wurde das Kapital der GI von 500.000 auf 700.000 DM erhöht. Materialien für die Sitzung des Verwaltungsrats vom 27.6.1973, AMPG, II. Abt., Rep. 61, Nr. 97.VP, fol. 397-398. Eine weitere Kapitalerhöhung erfolgte Ende 1974. Der Verwaltungsrat beschloss, das Kapital der GI »letztmalig von derzeit DM 700.000,- auf DM 950.000,- bis 1 Mio. DM zu erhöhen, falls die Liquiditätslage der GARCHING INSTRUMENTE GmbH dies erfordert«. Protokoll der 102. Sitzung des Verwaltungsrates vom 21.11.1974 in Stuttgart, AMPG, II. Abt., Rep. 61, Nr. 102.VP, fol. 24.
234 Ausführlich Materialien für die 119. Sitzung des Verwaltungsrates vom 22.11.1979, AMPG, II. Abt., Rep. 61, Nr. 119.VP, fol. 322-338.
235 Protokoll der 119. Sitzung des Verwaltungsrates vom 22.11.1979, ebd., fol. 151-152.
236 Protokoll der 122. Sitzung des Verwaltungsrates vom 20.11.1980, AMPG, II. Abt., Rep. 61, Nr. 122.VP, fol. 130. Der Zusammenbruch von GI sorgte auch international für Aufsehen. Sogar die Zeitschrift *Nature* wartete mit einem eigenen Bericht auf. Höpfner, Production Venture, 1979, 347.
237 Trischler und vom Bruch, *Forschung*, 1999, 85.
238 Empfehlung zur Patent- und Lizenzpolitik der öffentlich geförderten Forschungseinrichtungen vom Oktober 1977, zitiert nach Stumm, *Kernfusionsforschung*, 1999, 300.
239 Zum Technologietransferpreis des BMFT siehe die Vorlage zu Punkt 7 der Tagesordnung der 22. Sitzung des GI-Beirats vom 30.11.1982: Verschiedenes, AMPG, II. Abt., Rep. 1, Nr. 1076, fol. 150.
240 Ungezeichneter Vermerk aus dem BMFT vom 18.4.1980 betr. Sitzung der Arbeitsgruppe DFG/MPG vom 23.4.1980, hier: Verwertungsvergütung für GI, AMPG, II. Abt., Rep. 1, Nr. 1078, fol. 69-70.

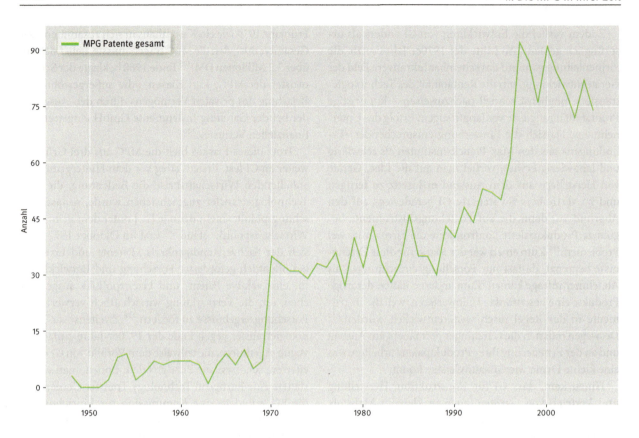

Abb. 3: Anzahl der Patente der gesamten MPG (1948–2005). – Quellen: Patentdatenbank GMPG auf Grundlage der Angaben der europäischen, der US-amerikanischen und der japanischen Online-Patentdatenbanken. doi.org/10.25625/BMQAUJ.

der, dass das BMFT finanzielle Unterstützung in Aussicht stellte, als GI vor der Pleite stand.[241]

Die MPG, die seit 1970 nicht müde geworden war, ihre Vorreiterrolle im Technologietransfer herauszustreichen, war gewissermaßen zur Gefangenen ihrer eigenen Propaganda geworden. Eine Schließung von GI kam nicht infrage. Allerdings unterzog man die Firma einer umfassenden Restrukturierung: Die Abteilung, die Instrumente konstruierte und vertrieb, wurde abgewickelt. Künftig sollte sich GI auf die Vermarktung von Patenten und Lizenzen beschränken. Damit folgte die MPG dem Trend der Zeit, galt doch Ende der 1970er-Jahre der Patentschutz gemeinhin »als das wirksamste Mittel des heute in aller Munde befindlichen Technologietransfers«.[242] Im Zuge der Neuausrichtung des Geschäftsmodells von GI wurde die Belegschaft drastisch reduziert: Von 35 Angestellten blieben lediglich ein Geschäftsführer, zwei wissenschaftliche Experten sowie drei Sekretärinnen. Der bescheidene Jahresetat von rund 500.000 DM wurde »ausschließlich für Gehälter, Kontaktpflege, Mieten und Reisen« verwendet, und man achtete nach dem gescheiterten Experiment des Instrumentenbaus streng darauf, keinen »Verwaltungswasserkopf« entstehen zu lassen.[243] Damit wurde GI letztlich genau zu der kleinen, aber feinen Patentagentur, die der MPG von Anfang an vorgeschwebt hatte. Wenig später sollte sich dieses Modell dank des am MPI für biophysikalische Chemie entwickelten Flash-Patents finanziell als überaus lukrativ erweisen.[244]

4.6.2 Außenwissenschaftspolitik/ Wissenschaftsaußenpolitik[245]

Die frühen 1970er-Jahre brachten – forciert noch durch den Präsidentenwechsel von Butenandt zu Lüst – eine überfällige Umstrukturierung im Management der inter-

---

241 Heinrich Kuhn: Vorläufiger Liquidations-Abschlussbericht GI zum 30.6.1979, AMPG, II. Abt., Rep. 1, Nr. 1077, fot. 376–406.
242 Krieger, Innovation, 1979, 353.
243 Zitiert nach dem Artikel: KFA Jülich und Hudson-Institut Indianapolis, Gratwanderung, 1984, 11–12.
244 Balcar, *Instrumentenbau*, 2018, 52–57.
245 Der Text des Abschnitts 4.6.2 stammt von Carola Sachse.

4. Die MPG nach dem Boom (1972–1989)

nationalen Beziehungen der MPG mit sich.²⁴⁶ Überfällig war sie vor allem aus zwei Gründen: Zum einen hatten sich mit dem starken Zuwachs an Instituten in den 1960er-Jahren die zu verwaltenden Kooperationsbeziehungen nicht nur entsprechend vermehrt. Sie waren sogar überproportional gewachsen, da vor allem der international gut vernetzte astrophysikalische Forschungscluster mit seinen zahlreichen bi- und multilateral betriebenen großtechnologischen Infrastrukturen und Forschungskooperationen enorm ausgebaut wurde. All dies war mit aufwendigen Abstimmungsprozessen und Vertragsverhandlungen verbunden, was niemand besser verstand als der neue MPG-Präsident, der nicht nur diesen Cluster, sondern auch (und an führender Stelle) die europäische Weltraumforschung mitaufgebaut hatte. Das Arbeitsgebiet »Zusammenarbeit mit dem Ausland« nahm in den 1970er-Jahren innerhalb der dafür zuständigen Abteilung I der Generalverwaltung immer mehr Raum ein und wurde zum Hauptaktionsfeld des von Dietmar Nickel geleiteten Referats mit zunächst zwei, später vier Referent:innen. Sie sollten die Wissenschaftler in den Instituten bei der inhaltlichen Anbahnung und administrativen Umsetzung der von ihnen gewünschten Kooperationen mit Partnerinstitutionen im Ausland unterstützen. Zum anderen hatte die neue Ostpolitik sozialliberaler Prägung die außenpolitischen Mahnungen jener um Carl Friedrich v. Weizsäcker und Werner Heisenberg versammelten intellektuellen »Meinungsmacher« innerhalb der MPG ernst genommen, die sie unter anderem mit dem »Tübinger Memorandum« von 1961/62 in die öffentlich Debatte hineingetragen hatten.²⁴⁷ Zugleich hatte Willy Brandts bereits Ende der 1960er-Jahre gestartete »neue Außenpolitik« die wissenschaftlich-technische Zusammenarbeit (neben der klassischen Diplomatie und den Außenhandelsbeziehungen) zu ihrer »dritten Säule« erklärt. Beides – die außenpolitischen ebenso wie die wissenschaftlichen und institutionellen Entwicklungen innerhalb der MPG – bot Anlass, die internationalen Beziehungen der MPG zu überdenken.

Mitte der 1970er-Jahre entwickelte der Auslandsreferent in einem in den folgenden Jahren immer wieder herangezogenen, gelegentlich modifizierten, aber im Kern richtungsstabilen Strategiepapier die administrativen Leitlinien zur internationalen wissenschaftlichen Zusammenarbeit der MPG.²⁴⁸ Zunächst identifizierte Nickel vier Ebenen, auf denen sich solche Kooperationen abspielten:

erstens die Mitgliedschaft in internationalen Organisationen wie der European Science Foundation (ESF), den European Science Research Councils (ESRC), dem International Institute for Applied Systems Analysis (IIASA) und der Galapagos Foundation; zweitens die von seinem Präsidenten präferierte unmittelbare Zusammenarbeit zwischen einzelnen Max-Planck-Instituten und entsprechenden ausländischen Einrichtungen sowie – drittens – die in den 1970er-Jahren weiter zunehmende Zahl an Verbundprojekten wie die European Incoherent Scatter Facility in the Auroral Zone (EISCAT) oder das trinational mit dem CNRS und dem spanischen Instituto Geográfico Nacional (IGN) betriebene Institut de Radioastronomie Millimétrique (IRAM) in Grenoble. Als problematisch galten dagegen – viertens – langfristige Rahmenverträge mit ausländischen Einrichtungen; sie bestanden bis dahin nur mit dem israelischen Weizmann-Institut, dem spanischen Consejo Superior de Investigaciones Científicas (CSIC) und später auch mit dem französischen CNRS sowie dem japanischen RIKEN-Institut, nicht jedoch mit den wissenschaftlichen Dachorganisationen in den USA oder Großbritannien, obwohl gerade mit Forscher:innen in diesen Ländern zahlreiche wichtige und intensive Kooperationen gepflegt wurden.

Aus Sicht der Generalverwaltung gab es gute Gründe, gerade bei solchen »Allgemeinverträgen«, wie das Reizwort in der Münchner Zentrale lautete, zurückhaltend zu sein: Zunächst galt es, den grundsätzlichen und von der MPG auch zugestandenen Vorrang der DFG zu wahren. Sie war als eigentliche Repräsentantin der bundesdeutschen Wissenschaft im Ausland prädestiniert, solche binationalen Verträge abzuschließen, bei denen auch die Universitäten und alle anderen bei der DFG antragsberechtigten bundesdeutschen Wissenschaftseinrichtungen zu berücksichtigen waren. Darüber hinaus waren solche Verträge immer auch mit mehr oder minder konkreten Festlegungen verbunden, sei es von Forschungsfeldern, sei es von vorab definierten Austauschquoten und spezifischen Kooperationsformen. Alle derart vertraglich fixierten Vereinbarungen bedeuteten budgetäre und operative Festlegungen auf längere Sicht. Sie schränkten die Flexibilität ein, mit den Haushaltsmitteln, die in den 1970er- und 1980er-Jahren stets knapp bemessen waren, auf die wissenschaftlichen Kooperationsbedürfnisse, die in den Instituten im Zuge laufender Forschungsprozesse neu entstanden, kurzfristig reagieren zu können.

---

246 Siehe dazu und zum Folgenden ausführlich Sachse, *Wissenschaft*, 2023, 106–110 und passim.
247 In dieser an den Deutschen Bundestag gerichteten Denkschrift vom 6.11.1961 hatten sich prominente Wissenschaftler, darunter Hellmut Becker, Werner Heisenberg und Carl Friedrich v. Weizsäcker, gegen die Atombewaffnung der Bundeswehr und für die Anerkennung der Oder-Neiße-Grenze ausgesprochen. Greschat, Mehr Wahrheit, 2000.
248 Vermerk Dietmar Nickel vom 25.2.1974, AMPG, II. Abt., Rep. 70, Nr. 373, fol. 34–37.

Maximale wissenschaftliche Autonomie der Institute und entsprechende finanzielle Flexibilität, nicht aber wie auch immer außen(wissenschafts)politisch definierte Ziele waren die Kriterien für eine den konkreten Forschungsinteressen dienenden Wissenschaftsaußenpolitik, wie sie die Generalverwaltung bevorzugte. An ihnen versuchte sich die MPG auch dann zu orientieren, wenn ihr die realen außenpolitischen Entwicklungen einen Strich durch die Rechnung machten. So gab es dank der Ostverträge zwar in den wissenschaftlichen Beziehungen zu vielen osteuropäischen Ländern merkliche Fortschritte. Aus Polen beispielsweise kam bis in die 1980er-Jahre hinein die drittgrößte Gruppe an Gastwissenschaftler:innen (nach denen aus den USA und Großbritannien); und auch die Gäste aus anderen Ostblockländern wurden zahlreicher, obwohl man auf die Wünsche ihrer Wissenschaftsakademien nach Rahmenverträgen nicht eingegangen war. Anders sah es mit den Kollegen aus der DDR aus; sie erhielten nur in ganz vereinzelten Fällen eine Reiseerlaubnis ihrer Regierung und auch in die Gegenrichtung waren die Reisemöglichkeiten beschränkt. Das mit Abstand wichtigste Forum deutsch-deutscher Wissenschaftsbegegnungen blieben die alle zwei Jahre abgehaltenen Hauptversammlungen der Leopoldina in Halle, die unter den vielen Wissenschaftlern aus westlichen Ländern auch viele Kollegen aus der MPG zu ihren aktiven Mitgliedern zählte. Sie durften nicht nur in die DDR einreisen, sondern sich auch in den Gremien dieser ältesten deutschen Wissenschaftsakademie engagieren.

Ebenso wenig verbesserten sich die für viele MPG-Wissenschaftler:innen unterschiedlicher Fachrichtungen von der Limnologie bis zur Astrophysik so wichtigen Beziehungen zur Sowjetunion. Dies lag nicht nur an der restriktiven Ausreisepolitik seitens der Sowjets, die die Einladungen an sowjetische Wunschpartner immer wieder abschlägig beschieden. Es lag vor allem auch an der höchst misslichen Rolle, die der MPG von der bundesdeutschen Außenwissenschaftspolitik gegenüber der Sowjetunion zugedacht war. Die Bundesregierung bemühte sich nahezu drei Jahrzehnten lang (bis 1987) vergeblich um ein bilaterales Kulturabkommen, das die West-Berliner Einrichtungen gleichberechtigt einbezog. Dabei nutzte sie die wissenschaftliche Zusammenarbeit und besonders diejenige der MPG als Flaggschiff bundesdeutscher Forschung gern als diplomatischen Joker. Mit je nach politischer Großwetterlage dosierten Restriktionen, die mit dem Ende der Entspannungspolitik nach 1979 zunahmen, versuchte sie, die sowjetische Seite, die ihrerseits großes Interesse an den Forschungen in verschiedenen Max-Planck-Instituten hatte, zum Einlenken zu bewegen. Wenn die MPG sich nicht diesem Primat der Außenpolitik unterordnen wollte, musste sie dem Auswärtigen Amt für jede Form der Kooperation eine Zustimmung abringen. Oder aber sie ignorierte dessen Haltung, riskierte dann aber wegen der zahlreichen als »privat« deklarierten Reisen ihrer Wissenschaftler in sowjetische Wissenschaftszentren, sich als Verräterin an der gesamtdeutschen Sache abmahnen zu lassen.

Anders als man vor diesem Hintergrund vielleicht denken mag, spielte die MPG bei der wissenschaftlich-technischen Zusammenarbeit als neuer »dritter Säule« der sozialliberalen Außenpolitik keine tragende Rolle. Hier waren vor allem die Technischen Hochschulen, die Fraunhofer-Gesellschaft und Einrichtungen der Berufsbildung gefragt, nicht aber der bundesdeutsche Gralshüter der Grundlagenforschung – mit einer höchst bemerkenswerten Ausnahme, die für die globalisierte Zukunft der MPG wegweisend werden sollte: China.

Was für die Bundesregierung die Berlin-Frage war, war für die Regierung der Volksrepublik China die Taiwan-Frage; die Ein-China-Politik soll sogar seinerzeit bei der Hallstein-Doktrin, die in der Berlin-Frage noch immer nachhallte, Pate gestanden haben.[249] Diese eigentümliche außenpolitische Übereinstimmung zwischen konträren Herrschaftssystemen machte die MPG mit einem Mal zum gefragten Partner, als die bundesdeutsch-chinesischen Wissenschaftsbeziehungen 1973/74 im Gefolge der chinesisch-amerikanischen Pingpong-Diplomatie und noch unter kulturrevolutionären Vorzeichen starteten. Denn die MPG unterhielt zwar auch wissenschaftliche Kontakte nach Taiwan, aber sie hatte getreu ihren Leitlinien keinen Vertrag mit taiwanesischen Institutionen, etwa der Academia Sinica, geschlossen – anders als die DFG und der Deutsche Akademische Austauschdienst (DAAD), die damit für die Volksrepublik als Vertragspartner nicht mehr infrage kamen. Stattdessen übernahm die MPG – in diesem Fall in völliger Übereinstimmung mit der Bundesregierung und in deren Auftrag – für die nächsten fünf Jahre die Administration des gesamten wissenschaftlichen Austauschprogramms für die bundesdeutsche Seite. Sie ergriff die Chance, den sich öffnenden chinesischen Wissenschaftsraum zu erkunden und sich dort, soweit dies im Kontext einer kommunistischen Parteidiktatur möglich war, in eigener Regie zu positionieren; hier brauchte sie sich nicht wie besonders im Fall der Sowjetunion den von der DFG ausverhandelten Proze-

---

249 Runge, Kooperation im Wandel, 2002. Die nach dem Staatssekretär im Auswärtigen Amt Walter Hallstein benannte und bis 1969 geltende Doktrin erklärte die Aufnahme diplomatischer Beziehungen von Drittstaaten zur DDR zum »unfreundlichen Akt« gegenüber der Bundesrepublik. Gülstorff, Hallstein-Doktrin, 2017.

duren unterzuordnen. Ende der 1970er-Jahre nutzte die MPG die Möglichkeit, die sich für sie mit Deng Xiaopings »Reform- und Öffnungspolitik« und dessen geschmeidigerer Außenpolitik ergab: Sie reduzierte ihr Engagement auf die von ihr präferierten naturwissenschaftlichen Forschungsfelder und gab die Verwaltung der anderen an die inzwischen ebenfalls akzeptierten bundesdeutschen Wissenschaftsorganisationen (vor allem DFG, DAAD und FhG) ab, ohne ihre als außenwissenschaftspolitische Vorreiterin in China gewonnene Selbstständigkeit aufgeben und wieder hinter die DFG zurücktreten zu müssen. Die MPG trug neben vielen anderen westlichen Wissenschaftsorganisationen erheblich dazu bei, dass die chinesischen Naturwissenschaften – nach einem dramatischen Niedergang in der Dekade der Kulturrevolution[250] – verblüffend rasch wieder zum internationalen Niveau aufschließen konnten. Sie erprobte dabei verschiedene Instrumente, wie Rückkehrstipendien für chinesische Nachwuchswissenschaftler:innen, Partnergruppen an chinesischen Standorten bzw. in dem von ihr eingerichteten biowissenschaftlichen »Gästelabor« in Shanghai, die sie auch heute noch für ihre internationale Zusammenarbeit nutzt.

Eine weitere Herausforderung stellte die aus Sicht der MPG falsch justierte Forschungspolitik der Europäischen Gemeinschaft dar. Zwar hatten alle bisherigen Präsidenten der MPG immer wieder die Schaffung eines europäischen Wissenschaftsraums gefordert, der es an Größe und Leistungsfähigkeit mit den USA und der Sowjetunion würde aufnehmen können. Aber so, wie die Kommission in Brüssel an diese Aufgabe heranging, sah sich die MPG in ihrem Selbstverständnis als autonome, größtenteils vom Bund und den Ländern grundfinanzierte Institution der Grundlagenforschung infrage gestellt: Erstens gaben die kommissionsseitig formulierten Forschungsrahmenprogramme die inhaltlichen Förderschwerpunkte und die Modi der multilateralen Kooperationen vor, an die man die Projektanträge und damit die Forschungsdesigns notgedrungen anpassen musste; zweitens steuerte die Kommission die Auswahlprozesse, statt sie in die Hände der europäischen Wissenschaftsorganisationen zu legen; drittens gehorchten diese Brüsseler Vorgaben dem politischen Primat der Kommission und sollten vornehmlich die Kohäsion unter den europäischen Mitgliedsländern fördern, statt die Cutting-Edge-Forschung voranzutreiben; viertens war zu befürchten, dass die aus nationalen Steueraufkommen aufgebrachten Brüsseler Förderbudgets Mittel von der national finanzierten Grundlagenforschung abzogen; fünftens schließlich verstärkten diese Programme den Trend zur Projektfinanzierung, den die zusätzlichen, gerade für großtechnologische Forschungen dringend benötigten Bundesmittel angeschoben hatten – und je stärker dieser Trend wurde, umso mehr drohte er die Grundfinanzierung zu unterminieren. Als die EG-Kommission sich 1972 anschickte, ihre zuvor im Wesentlichen auf die angewandte Forschung konzentrierte Förderpolitik mit der Gründung der ESF auf die Grundlagenforschung auszudehnen, war daher aus MPG-Perspektive nicht etwa Freude angesagt, sondern Gefahr im Verzug. Tatsächlich gelang es der Generalverwaltung im Verein mit anderen europäischen Wissenschaftsorganisationen in den folgenden drei Jahren, auf die Satzung der ESF, die Zusammensetzung ihrer Gremien und die Vergabemodi der Fördermittel Einfluss zu nehmen und die Macht der EG-Kommission zurückzudrängen.

Es gab aber auch außen(wissenschafts)politische Probleme, denen die MPG auswich. Anders als in den 1960er-Jahren, als ihre intellektuellen Führungspersönlichkeiten öffentlich einer realistischen Entspannungspolitik das Wort redeten, sich mit amerikanischen Vorbildern einer wissenschaftlichen Politikberatung auf höchster Ebene auseinandersetzten und eigens ein Max-Planck-Institut gründeten, das die Bedingungen der Möglichkeit einer friedlichen Weltgesellschaft erforschen sollte, verlor sich in der dritten Phase der außenpolitische Gestaltungswille der MPG als institutionellem Gesamtakteur immer mehr. Zwar bat Bundeskanzler Schmidt MPG-Präsident Lüst einige Male, ihn als Repräsentant der deutschen Wissenschaft auf Auslandsreisen zu begleiten, woraus sich eine belastbare Freundschaft zwischen den beiden Männern entwickelte. Zugleich bestand Lüst im bundesdeutschen Binnenverhältnis jedoch auf einer strikten Trennung von Politik und Wissenschaft – durchaus zum Missfallen des Kanzlers, der vergeblich die Sozialbindung steuerfinanzierter Forschung und die Bereitschaft ebenso bezahlter Wissenschaftler:innen einforderte, der Politik mit »ordnendem Überblick« zur Seite zu stehen.[251]

In der MPG galt außenpolitisch im Gegenteil die Parole strikter politischer Neutralität – mit der Folge, dass sowjetische Dissidenten wie Andrej Sacharow vergeblich auf offizielle Unterstützung der MPG warteten. Umsonst baten auch MPG-Senatsmitglieder wie der 1982 gestürzte Bundeskanzler Schmidt und Peter Glotz, ebenfalls SPD, um eine wissenschaftliche Einschätzung der vom US-Präsidenten Ronald Reagan 1983 gestarteten Strategic Defense Initiative (SDI). Die gewaltsame Niederschlagung der studentischen Demokratiebewegung im Juni 1989 auf dem Tian'anmen-Platz in Beijing blieb ebenso unkommentiert wie die spektakuläre Flucht eines langjährigen

---

250 Heberer, Wenhua da Geming, 2000.
251 Generalverwaltung der Max-Planck-Gesellschaft, *Jahrbuch 1982*, 1982, 22.

chinesischen Kooperationspartners, des Astrophysikers Fang Lizhi. Von Kollegen wie dem Kernphysiker Hans-Peter Dürr, der dennoch öffentlich als SDI-Kritiker und Friedensaktivist auftrat, und Wissenschaftlern wie Horst Afheldt, dessen am Starnberger Institut entwickelte defensive Verteidigungsstrategie[252] in der internationalen Abrüstungsdiskussion ebenso kritisch wie aufmerksam rezipiert wurde, distanzierte man sich, wo und wann immer es geboten schien, politische Neutralität zu demonstrieren.

4.6.3 Politikberatung? Nein danke!

So markierte die Abkehr von der proaktiven Politikberatung, die sie in der zweiten Entwicklungsphase noch energisch forciert hatte, eine wichtige Kehrtwende in der dritten Phase der Geschichte der MPG. Sie betraf insbesondere die geistes- und sozialwissenschaftlichen Institute – mit Ausnahme der rechtswissenschaftlichen – und setzte ein, wenige Jahre bevor der vormalige MPG-Direktor Jürgen Habermas die »neue Unübersichtlichkeit« ausrief.[253] Der Kurswechsel äußerte sich auf dreierlei Weise: Erstens versuchte die MPG-Spitze unter den Präsidenten Lüst und Staab – wie erwähnt –, eine klare Grenze zwischen Wissenschaft und Politik zu ziehen, um auf diese Weise Forschung gleichsam zu entpolitisieren. Stellungnahmen zu tagesaktuellen politischen Fragen wie beispielsweise dem Raketenschutzschirm SDI ließen sich zwar nicht immer verhindern, waren aber nicht mehr willkommen.[254] Die MPG brach so mit einer Traditionslinie, die über das »Tübinger Memorandum« (1961), die »Göttinger Erklärung« (1957) und die »Mainauer Deklaration« (1955) zurückreicht bis zur Gründung des Deutschen Forschungsrats, der im März 1949 explizit zum Zweck der Politikberatung gegründet worden war und in dem MPG-Wissenschaftler wie Adolf Butenandt und Werner Heisenberg eine zentrale Rolle gespielt hatten.[255] Zweitens wurden bestehende Institute, die eigens ins Leben gerufen worden waren, um Regierungen und Parlamenten in einer zunehmend komplexer werdenden Welt wissenschaftlich fundierte Entscheidungshilfen anzubieten, entweder geschlossen oder so umstrukturiert, dass Politikberatung kaum mehr eine Rolle spielte. Drittens ging die MPG nicht auf die Forderungen aus Politik und Öffentlichkeit ein, brandaktuelle Themen zum Forschungsgegenstand eines neu zu gründenden Max-Planck-Instituts zu machen. Letzteres galt ganz besonders für die zunehmende Verschmutzung und Zerstörung der Umwelt.

In den langen 1960er-Jahren war die MPG mit der Gründung zweier Institute beherzt in die sozialwissenschaftliche Politikberatung eingestiegen. Beide Institute, das MPI für Bildungsforschung in Berlin und das MPI zur Erforschung der Lebensbedingungen der wissenschaftlich-technischen Welt in Starnberg, waren intern schon zum Zeitpunkt ihrer Gründung nicht unumstritten gewesen und befanden sich in den 1970er-Jahren aufgrund massiver interner Schwierigkeiten in der Krise. In den frühen 1980er-Jahren führte eine Reihe von Umständen dazu, dass das eine Institut geschlossen, das andere personell reduziert und wissenschaftlich anders ausgerichtet wurde. In beiden Fällen hing die Krise der Institute mit der Emeritierung ihrer Gründungsdirektoren zusammen – ein für jedes Max-Planck-Institut heikler Moment: Die Gremien müssen dann nämlich die Frage beantworten, ob das betreffende Institut seinen Zweck erfüllt hat und – nach dem Harnack-Prinzip – abgewickelt werden kann, oder ob die wissenschaftliche Problemstellung, zu deren Bearbeitung es gegründet worden war, unter einer neuen Leitungspersönlichkeit weiterverfolgt werden soll. Und selbst wenn die Entscheidung für eine Weiterführung fällt, gestaltet sich die Suche nach einem Nachfolger oder einer Nachfolgerin mitunter schwierig, weil Institute oder Abteilungen in der MPG – ebenfalls als Folge des Harnack-Prinzips – weit stärker auf die Direktorin oder den Direktor ausgerichtet und zugeschnitten sind als in anderen Wissenschaftsorganisationen.

Prekär war der anstehende Generationswechsel insbesondere für das Starnberger MPI, das 1970 als »Institut auf Zeit« gegründet worden war;[256] schon damals hatte man eine Schließung mit dem Ausscheiden des Gründungsdirektors explizit als eine Option ins Auge gefasst. Das Institut war nicht nur innerhalb der MPG umstritten gewesen, es avancierte aufgrund seiner thematischen Ausrichtung sowie seiner personellen Besetzung auch

---

252 Afheldt, *Verteidigung*, 1983.
253 Habermas, *Neue Unübersichtlichkeit*, 1985.
254 Siehe dazu ausführlich Sachse, *Wissenschaft*, 2023, 453-461.
255 Zum Deutschen Forschungsrat, der 1951 mit der Notgemeinschaft der Deutschen Wissenschaft zur DFG fusionierte, siehe Stamm-Kuhlmann, Deutsche Forschung und internationale Integration, 1990, 892-896. – In der »Mainauer Deklaration« hatte sich, auf eine Initiative von Otto Hahn und Max Born hin, eine Reihe von Nobelpreisträgern und weitere Spitzenforscher bereits gegen den Einsatz von Atomwaffen und die friedliche Lösung von Konflikten ausgesprochen.
256 Siehe dazu und zum Folgenden, soweit nicht anders gekennzeichnet, die detaillierte Analyse von Leendertz, *Pragmatische Wende*, 2010, 14-49, Zitat 22. Siehe auch Leendertz, Gescheitertes Experiment, 2014; Leendertz, Ungunst des Augenblicks, 2014; mit etwas anderem Akzent: unten, Kap. III.14.

zu einem (partei-)politischen Zankapfel. So blieben die hitzigen Debatten um die Zukunft von Starnberg, die die Medien zusätzlich anheizten, nicht auf die MPG-Gremien beschränkt.[257] Die näher rückende Emeritierung des Gründungsdirektors Carl Friedrich v. Weizsäcker, der den Arbeitsbereich I leitete, setzte eine Neustrukturierung des Instituts auf die Tagesordnung. Es galt nämlich als schlicht unmöglich, abermals einen Universalgelehrten zu finden, der die gesamte Breite von Weizsäckers Abteilung abdeckte, in der zu Kriegsverhütung, politischer Ökonomie, Forschungspolitik und Wissenschaftstheorie, Quantentheorie und Philosophie geforscht wurde.

1975 beantragten die beiden Direktoren Habermas und Weizsäcker bei der MPG, eine dritte Abteilung für »Internationale Ökonomie« zu schaffen, um das Institut auf eine breitere Basis zu stellen, nicht zuletzt, um den Fortbestand des Instituts nach Weizsäckers Emeritierung zu sichern. Doch genau aus diesem Grund lehnte eine von der Geisteswissenschaftlichen Sektion eingesetzte Kommission den Antrag ab. 1977 setzte die Sektion eine weitere Kommission ein, die über die Zukunft des Instituts beraten sollte. Unter anderem gewann sie den an der London School of Economics and Political Sciences lehrenden Ralf Dahrendorf dafür, ein Konzept für die Neuausrichtung des Instituts auszuarbeiten. Der prominente Soziologe, FDP-Politiker und MPG-Senator schlug vor, aus Weizsäckers Abteilung lediglich die Arbeitsgruppe »Wissenschaftsforschung« fortzuführen und das Institut künftig in vier Arbeitsbereiche zu gliedern: Politische Soziologie, Politologie, Psychologie und den bereits bestehenden Arbeitsbereich von Jürgen Habermas, der sich mit Theorien der Sozialisation und der Entwicklung von Gesellschaftsformen befasste.[258] Mit diesem Vorschlag verwandelte sich Dahrendorf über Nacht vom Gutachter zum aussichtsreichen Kandidaten für die Weizsäcker-Nachfolge.

Offen blieb die Frage, was aus Weizsäckers Mitarbeiter:innen werden sollte. Dahrendorf wollte weder die Gruppe Ökonomie noch die Wissenschaftsforschung in seine künftige Abteilung übernehmen, während die Betroffenen eben darauf drängten. Daraus resultierten jene »schwierigen menschlichen Probleme«, die nicht unwesentlich dazu beitrugen, dass die Berufung Dahrendorfs schließlich scheiterte.[259] Im März 1979 beschloss der Senat mit großer Mehrheit die Schließung der Abteilung I, die Umbenennung des Instituts in MPI für Sozialwissenschaften und die Berufung von Ralf Dahrendorf. Da Dahrendorf die anhaltende öffentliche Debatte missfiel, er sich mehr Unterstützung aus der MPG gewünscht hätte und die personelle Abwicklung des Arbeitsbereichs I nicht übernehmen wollte, lehnte er den Ruf im Mai 1979 jedoch ab. Die Querelen mit Weizsäckers Mitarbeiter:innen, bei denen es auch um Verhandlungen über einen Sozialplan ging, liefen unvermindert fort. Unterstützung erhielten sie vom Betriebsrat des Starnberger Instituts, der für alle Betroffenen Arbeitsmöglichkeiten innerhalb der MPG forderte. Während die Generalverwaltung die Schaffung von Präzedenzfällen vermeiden wollte, in denen es wissenschaftlichen Mitarbeiter:innen gelang, sich unkündbar zu machen, lehnte es Habermas ab, Musterprozesse zu führen. Hinzu kam, dass sich die Ludwig-Maximilian-Universität (LMU) München und die CSU-geführte Bayerische Staatsregierung weigerten, den als linken Ideologen verschrienen Habermas zum Honorarprofessor zu ernennen. Es endete damit, dass Habermas im April 1981 entnervt von seinem Direktorenposten zurücktrat. Daraufhin empfahl der Senat die Schließung des gesamten Instituts. Das Team von Horst Afheldt, das sich mit »stabilitätsorientierter Sicherheitspolitik« befasste, wurde als selbstständige Arbeitsgruppe in der MPG weitergeführt.[260] Die Arbeitsgruppe »Kriegsverhütung« unter Leitung von Klaus Gottstein übersiedelte an das MPI für Physik und Astrophysik, während mehrere Mitglieder der Projektgruppe »Wissenschaftsforschung« an die Universität Bielefeld wechselten, wo sie die Ergebnisse ihrer in Starnberg durchgeführten Forschungen in einer viel beachteten Studie veröffentlichten.[261]

Die Schließung von Starnberg bedeutete indes nicht den Ausstieg der MPG aus den Sozialwissenschaften. Die Geisteswissenschaftliche Sektion wie auch der Senat verbanden den Schließungsbeschluss mit der Absicht, »über die Möglichkeiten der künftigen Förderung der Sozialwissenschaften in der Max-Planck-Gesellschaft weiter zu beraten«.[262] Aus diesen Beratungen resultierte schließlich 1985 die Gründung des MPI für Gesellschaftsforschung in Köln.[263]

Auch wenn die Restrukturierung des MPI für Bildungsforschung im Zuge des Wechsels von Hellmut Becker zu

---

257 Leendertz, Medialisierung, 2014.
258 Dies nach Henning und Kazemi, *Handbuch,* Bd. 1, 2016, 888.
259 Zitiert nach Leendertz, *Pragmatische Wende,* 2010, 33.
260 Henning und Kazemi, *Handbuch,* Bd. 2, 2016, 68–69.
261 Daele, Krohn und Weingart, Politische Steuerung, 1979; Henning und Kazemi, *Handbuch,* Bd. 2, 2016, 889.
262 Protokoll der 99. Sitzung des Senats vom 22.5.1981, AMPG, II. Abt., Rep. 60, 99.SP, fol. 89 u. 91.
263 Link, *Soziologie,* 2022.

Paul B. Baltes in weniger dramatischen Bahnen verlief als das »Desaster von Starnberg«,²⁶⁴ bewirkte das Ausscheiden des Gründungsdirektors auch in diesem Fall einen Stresstest für das Institut. Im Grunde befand sich das MPI für Bildungsforschung, das unter Beckers Ägide zu einer »Denkfabrik« des Deutschen Bildungsrats mutiert war,²⁶⁵ seit Mitte der 1970er-Jahre in der Krise. Der 1974 vollzogene Kanzlerwechsel von Willy Brandt zu Helmut Schmidt symbolisierte die Abkehr der Bundesregierung vom Planungsgedanken, der den kometenhaften Aufstieg des Instituts für Bildungsforschung ermöglicht hatte. Mit der Auflösung des Bildungsrats im Jahr 1975 verlor das Institut eine wichtige Stütze und zugleich das Bindeglied zwischen Wissenschaft und Politik. Hinzu kam der rigide Sparkurs, den Lüst innerhalb der MPG steuerte. Die hervorragende personelle Ausstattung »mit derzeit 58 Wissenschaftlerstellen und 95 Planstellen für sonstiges Personal« sorgte dafür, dass bei den Diskussionen um Einsparungsmöglichkeiten in der Geisteswissenschaftlichen Sektion neben Starnberg immer auch das MPI für Bildungsforschung genannt wurde.²⁶⁶ 1975 fiel dann auch noch das Urteil des wissenschaftlichen Beirats des Instituts über einzelne Forschungsprojekte sehr negativ aus.

All dies ließ für die 1980 anstehende Emeritierung Beckers nichts Gutes erwarten. Ähnlich wie im Fall Weizsäcker erwies es sich als schwierig, »eine Persönlichkeit ähnlichen Formats und Zuschnitts zu ermitteln«.²⁶⁷ Im Jahr zuvor war es schon nicht gelungen, einen Nachfolger für Friedrich Edding zu finden. Da auch der dritte Direktor, Dietrich Goldschmidt, kurz vor der Emeritierung stand, schien sogar die komplette Schließung des Instituts denkbar. So weit kam es jedoch nicht. Die MPG-Gremien begnügten sich damit, eine umfängliche Reorganisation ins Werk zu setzen, »die de facto einer Neugründung gleichkam«.²⁶⁸ An die Stelle von Politikberatung trat nun verstärkt empirische Forschung und interdisziplinäre Zusammenarbeit innerhalb der MPG.

Dass die MPG mit Politikberatung offenkundig nichts mehr zu tun haben wollte, zeigt auch und vor allem das Beispiel der Umweltforschung, die ab 1972 – nach dem Erscheinen des Berichts des Club of Rome – in aller Munde war.²⁶⁹ Anfangs versuchte die MPG, auf diesen Trend zu reagieren, doch kam dabei kaum etwas heraus. Noch 1972 beauftragte ihre Generalverwaltung die Firma Infratest damit, eine »Erhebung über Aktivitäten auf dem Gebiet der Umweltforschung« in den Max-Planck-Instituten durchzuführen. Das Ergebnis war jedoch wenig aufschlussreich: Infratest hatte 33 Institute angeschrieben und 18 Antworten erhalten, wobei acht Institute entsprechende Aktivitäten angaben, während zehn Institute Fehlanzeige meldeten. Als Gründe für die »ungenaue[n] Ergebnisse« führte die Generalverwaltung in erster Linie definitorische Probleme an; so war keineswegs eindeutig, was man unter Begriffen wie »Umweltforschung« oder »Umweltschutz« konkret verstehen sollte. Hinzu kam, dass die Institute nicht klar unterschieden »zwischen einem gezielten Tätigwerden auf dem Gebiet des Umweltschutzes und einem mehr oder weniger zufälligen Tangieren dieser Probleme bei einzelnen Forschungsvorhaben«. Zu guter Letzt zeigte die Auswertung der Fragebögen, »daß eine Bejahung oder Verneinung zu den Fragestellungen von der subjektiven Auffassung der Betroffenen abhängt«. Während das MPI für Verhaltensforschung »ein Tätigwerden auf dem Gebiet der Umweltforschung ohne Einschränkung bejaht« und dabei unter anderem auf die »Bestandsaufnahme an europäischen Singvögeln« abgehoben hatte, sah man am MPI für Züchtungsforschung »Züchtungen auf biologische Resistenz – die zu einer Verminderung der eingesetzten Chemikalien beitragen sollen – nicht als ein Projekt der Umweltforschung« an.²⁷⁰

Der SAFPP war in der Frage gespalten, ob die MPG in die Umweltforschung einsteigen sollten und zu diesem Zweck gegebenenfalls ein eigenes Institut gründen sollte. Befürworter wie Jürgen Aschoff sahen die MPG in der Pflicht, sich der Umweltthematik als aktueller gesellschaftlicher Herausforderung anzunehmen. Die Skeptiker um Vizepräsident Feodor Lynen verwiesen auf »die Fülle von Problemen, die mit dem Begriff der Umweltforschung zusammenhängen, wie Rückstandsanalysen,

---

264 Heigert, Jürgen Habermas, *Süddeutsche Zeitung*, 14.4.1981, zitiert nach Leendertz, *Pragmatische Wende*, 2010, 47. Das Folgende, soweit nicht gekennzeichnet, nach Thoms, MPI für Bildungsforschung, 2016, 1013–1018. Behm, *MPI für Bildungsforschung*, 2023.
265 Anweiler, Bildungspolitik, 2007, Zitat 628.
266 Protokoll der 5. Sitzung des SAFPP am 15.5.1975, AMPG, II. Abt., Rep. 60, Nr. 244.SP, fol. 379; Vermerk Beatrice Fromm: Sprechvorlage zur 6. Sitzung des SAFPP vom 23.10.1975, AMPG, II. Abt., Rep. 60, Nr. 202.SP, fol. 54; Notiz von Beatrice Fromm an die Vizepräsidenten, betr.: Sitzung des SAFPP am 15.5.1975, AMPG, II. Abt., Rep. 60, Nr. 201.SP, fol. 135.
267 Thoms, MPI für Bildungsforschung, 2016, 1016.
268 Ebd., 1017.
269 Meadows, *Grenzen des Wachstums*, 1973. Siehe dazu Lax, *Wissenschaft*, 2020, 29–43. Zu den politischen Debatten um die Umweltforschung siehe Sachse, *Wissenschaft*, 2023, 472–494, und unten, Kap. IV.10.3.
270 Vermerk: Infratest – Erhebung über Aktivitäten auf dem Gebiet der Umweltforschung für Herrn Dr. Marsch vom 10.11.1972, AMPG, II. Abt., Rep. 60, Nr. 197.SP, fol. 113–115.

4. Die MPG nach dem Boom (1972–1989)

Änderung der Methoden zur Schädlingsbekämpfung, Verrottung von Kunststoffen etc.«, um daraus zu schließen: »Ein Max-Planck-Institut könne hier wohl kaum weiterhelfen.« Lynen, der in der Umweltforschung »mehr eine Aufgabe des Bundesministeriums für Forschung und Technologie« sah, schob den »Schwarzen Peter« der Politik zu. Schließlich einigte man sich darauf, eine neuerliche Erhebung zu den Aktivitäten der MPG auf dem Gebiet der Umweltforschung durchzuführen und die Ergebnisse zu einem späteren Zeitpunkt zu beraten, allerdings explizit »nicht mit dem Ziel einer Institutsneugründung«.[271] Damit war die Richtung vorgegeben, und als Aschoff die Aufstellung schließlich vorlegte, bezeichnete Präsident Lüst sie lapidar als »›Nebenprodukte‹ der Grundlagenforschung«.[272]

Auch als das »Waldsterben« Öffentlichkeit und Politik ab den späten 1970er-Jahren zunehmend beunruhigte, ergriff die MPG keine Initiative, im Gegenteil: Im Juni 1979 wurde das Institut für langfristige Kontrolle geophysikalischer Umweltbedingungen, das zum MPI für Aeronomie gehörte, geschlossen.[273] Da regte im Frühjahr 1983 – als die öffentliche Debatte um die kranken Wälder einen ersten Höhepunkt erreichte – der baden-württembergische Ministerpräsident Lothar Späth (CDU) an, dass sich die MPG »an der Aufklärung des Waldsterbens« beteiligen sollte.[274] Von diesem Vorstoß überrascht, spielte die MPG-Spitze mit dem Gedanken, dazu eine auf fünf Jahre befristete Projektgruppe einzurichten. Lüst berief eine hochrangig besetzte Präsidentenkommission, die zwar durchaus Bedarf an »Grundlagenforschung zum Ökosystem Wald« erkannte, eine Projektgruppe jedoch für ungeeignet hielt. Im Ergebnis der Kommissionsberatungen sah die MPG »selbst keine Möglichkeit für eine wirksame Initiative« auf diesem Gebiet – und delegierte die Angelegenheit an die DFG.[275]

Bei dieser Linie blieb die MPG auch später, nachdem sich Helmut Schmidt und Hans Leussink im Sommer 1986 abermals dafür eingesetzt hatten, »im Rahmen der Max-Planck-Gesellschaft ein entsprechend angelegtes Institut zur Erforschung terrestrischer Ökosysteme zu gründen«.[276] Als der SAFPP ein Jahr später über die Gründung eines solchen Instituts beriet, hoben die Antragsteller, Jozef Schell vom MPI für Züchtungsforschung und Hubert Ziegler von der Technischen Universität München, hervor, »daß die wissenschaftliche Arbeit zwar auf den Wald konzentriert werden solle, aber gerade nicht im Sinne einer Schadensforschung«.[277] So mündete die zähe Debatte, in der die MPG einigen Kredit in Politik und Öffentlichkeit verspielte, letztlich in die Gründung des MPI für terrestrische Mikrobiologie und des MPI für marine Mikrobiologie, die beide die Ökologie nicht einmal mehr im Namen führten; bei Letzterem ging es aus Sicht der MPG primär darum, endlich auch im kleinsten Bundesland vertreten zu sein.[278]

Der Rückzug der MPG aus der Politikberatung hing möglicherweise auch damit zusammen, dass konservative Kreise ab Mitte der 1970er-Jahre verstärkt versuchten, die Wissenschaftsorganisation politisch für sich zu vereinnahmen. In Bonn seit 1969 in der Opposition, legte die Union die bis dahin von allen politischen Parteien geübte Zurückhaltung ab, eindeutig parteipolitisch motivierte Vorschläge für die Gründung neuer Max-Planck-Institute zu unterbreiten. 1975 regte die CDU/CSU-Bundestagsfraktion an, im Rahmen der MPG ein Institut für Familienforschung zu schaffen,[279] ein für die Union damals wie heute zentrales Politikfeld.

Nach der »Wende« von 1982 brach die von Helmut Kohl geführte schwarz-gelbe Koalition mit einer stillschweigenden Übereinkunft, an die sich bis dahin alle Bundesregierungen gehalten hatten: Sie versuchte gezielt, die eigene Regierungspolitik mittels Gründung neuer Max-Planck-Institute zu untermauern oder zu legitimieren. Mehrfach zielte die Regierung Kohl darauf ab, die MPG für ihre auswärtige Kulturpolitik zu instrumentalisieren. Das galt in erster Linie für die Gründung eines deutschen geistes- und sozialwissenschaftlichen Forschungsinstituts in Japan, das in den MPG-Gremien als »Horchposten für die deutsche Wirtschaft« bezeichnet

---

271 Protokoll der Sitzung des SAFPP am 15.5.1973, ebd., fol. 20–21.
272 Sprechvorlage für die 4. Sitzung des SAFPP, 10.10.1974, AMPG, II. Abt., Rep. 60, Nr. 200.SP, fol. 40. Siehe dazu die Aufstellung: Forschungsvorhaben in der MPG auf Gebieten der Umweltforschung und des Umweltschutzes, ebd., fol. 154–160.
273 Henning und Kazemi, *Chronik*, 2011, 544.
274 Protokoll der 130. Sitzung des Verwaltungsrates vom 9.6.1983, AMPG, II. Abt., Rep. 61, Nr. 130.VP, fol. 109. Zur Debatte über das Waldsterben siehe Metzger, *Waldsterben*, 2015, 203–436.
275 Protokoll der 15. Sitzung des SAFPP vom 4.10.1983, AMPG, II. Abt., Rep. 60, Nr. 210.SP, fol. 19 verso; Sprechvorlage für die 15. Sitzung des SAFPP vom 4.10.1983, ebd., fol. 141–142.
276 Materialien für die 19. Sitzung des SAFPP vom 20.5.1987, AMPG, II. Abt., Rep. 60, Nr. 214.SP, fol. 148.
277 Protokoll der 19. Sitzung des SAFPP am 20.5.1987, ebd., fol. 19; Jozef Schell und Hubert Ziegler: Institut für terrestrische Ökologie bei der Max-Planck-Gesellschaft, undatiert, AMPG, II. Abt., Rep. 60, Nr. 214.SP, fol. 151–158.
278 Siehe dazu Protokoll der 144. Sitzung des Verwaltungsrates vom 9.6.1988, AMPG, II. Abt., Rep. 61, Nr. 144.VP, fol. 7–8.
279 Protokoll der 6. Sitzung des SAFPP vom 23.10.1975, AMPG, II. Abt., Rep. 60, Nr. 244.SP, fol. 321.

und schließlich ohne Beteiligung der MPG gegründet wurde.²⁸⁰ Ähnlich erging es dem Wunsch der Politik nach einem Deutschen Historischen Institut in den USA, das ebenfalls in der Trägerschaft der MPG errichtet werden sollte. Der Verwaltungsrat lehnte auch dieses Ansinnen ab und begründete dies mit den »vorwiegend kulturpolitischen Aufgaben, die das Institut voraussichtlich wahrzunehmen haben werde«.²⁸¹

Am deutlichsten ausgeprägt war die parteipolitische Stoßrichtung bei der 1983 gestarteten Initiative zur Gründung eines »Instituts für Philosophie«, das sich der Kanzler persönlich wünschte, und zwar explizit in der Trägerschaft der MPG. Die zentrale Person, um die herum dieses Institut gegründet werden sollte, war Robert Spaemann, ein an der LMU München lehrender konservativ-katholischer Philosophieprofessor, der sich vehement gegen Abtreibung wie gegen Sterbehilfe aussprach, sich zugleich aber auch in Fragen von Ökologie und Umweltschutz engagierte. Die von Spaemann inspirierte Civitas-Gruppe galt Beobachter:innen »unter allen Spielarten des Konservatismus« als »anregendste«, aber damit zugleich »gefährlichste«.²⁸² Von ihm und seinem Mitarbeiter Peter Koslowski stammte auch das Konzept für die Institutsgründung.²⁸³ Die Ziele des geplanten Instituts umfassten »eine ›philosophische Politikberatung‹ und zugleich ausdrücklich eine Wirkung über die engeren Grenzen der Fachöffentlichkeit hinaus, verstanden als Beitrag zur ›geistigen und ethischen Orientierung‹«.²⁸⁴

Spaemann galt in der zeitgenössischen Debatte als »Gegenspieler« von Habermas.²⁸⁵ Tatsächlich liest sich sein Antrag über weite Strecken als Antithese des Konzepts, mit dem seinerzeit das Starnberger MPI gegründet worden war. »Nach den 70er-Jahren, die entscheidend durch Sozialutopismus und Szientismus geprägt waren, ist ein neues Bedürfnis nach geistiger und ethischer Orientierung und nach einer vernünftigen Begründung von Sitten und Lebensformen unserer Lebenswelt entstanden. Dieses Bedürfnis nach geistiger Orientierung ist nur durch philosophische und religiöse Weisheit zu erfüllen, die die Ergebnisse der Wissenschaften aufnimmt, sie aber einfügt in eine umfassende Theorie der menschlichen Existenz und der Gesellschaft.« Zugleich gingen Spaemann und Koslowski hart mit ihren wissenschaftlichen und politischen Gegner:innen und der »Schwäche des ›kritischen Rationalismus‹« ins Gericht.²⁸⁶ Immer wieder schimmert in dem Antrag der Anspruch der neuen Bundesregierung durch, nicht nur eine andere Politik ins Werk setzen, sondern auch das geistige Klima des Landes ändern zu wollen. Kurzum, Kohl wollte seiner »geistig-moralischen Wende« von Spaemann die wissenschaftlichen Weihen verleihen lassen.

Bemerkenswert war indes nicht nur das eminent (partei-)politische Programm, das das geplante Institut verfolgen sollte, sondern auch die Art und Weise, wie es aus der Politik in die MPG eingespeist wurde. Bundeskanzler Helmut Kohl hatte sich mit dieser Idee höchstpersönlich an Alfred Herrhausen gewandt, den Vorstandssprecher der Deutschen Bank, der zugleich dem Senat der MPG angehörte. Wenig später erhielt Herrhausen vom Presse- und Informationsamt der Bundesregierung die entsprechenden Unterlagen.²⁸⁷ Daraufhin unterbreitete der Bankier im Oktober 1983 Generalsekretär Dietrich Ranft den Vorschlag Kohls und erklärte, dass »bei dem Übergang auf den neuen Präsidenten Herr Professor Lüst nicht mehr der Adressat meiner Bitte sein kann«.²⁸⁸ Fast scheint es, dass Herrhausen Lüst, dessen Amtszeit 1984 endete, gezielt außen vor halten wollte – sei es, weil man ihn für einen Gegner des Projekts hielt, sei es, weil man sich bei einem neuen und noch unerfahrenen Präsidenten bessere Realisierungschancen ausrechnete. Doch daraus wurde nichts, denn Ranft war seinem Präsidenten gegenüber viel zu loyal, als dass er ihn in einer solchen Frage über- oder hintergangen hätte. Beide – Präsident wie Generalsekretär – hielten die Möglichkeiten, ein solches Projekt zu verwirklichen, schon aus finanziellen Gründen für gering, leiteten aber das Vorhaben pflichtgemäß an

---

280 Protokoll der 141. Sitzung des Verwaltungsrates vom 11.6.1987, AMPG, II. Abt., Rep. 61, Nr. 141.VP, fol. 12. Protokoll der 144. Sitzung des Verwaltungsrates vom 9.6.1988, AMPG, II. Abt., Rep. 61, Nr. 144.VP, fol. 5.
281 Protokoll der 18. Sitzung des SAFPP am 14.4.1986, AMPG, II. Abt., Rep. 60, Nr. 213.SP, fol. 21. Protokoll der 137. Sitzung des Verwaltungsrates vom 21.11.1985, AMPG, II. Abt., Rep. 61, Nr. 137.VP, fol. 185.
282 Leggewie, *Der Geist*, 1987, 147. Zu Spaemann und der Civitas-Gruppe siehe ebd., 145–177.
283 Robert Spaemann und Peter Koslowski: Überlegungen zur Errichtung eines Max-Planck-Instituts für Philosophie vom 29.6.1983, AMPG, II. Abt., Rep. 60, Nr. 211.SP, fol. 135–142.
284 Sprechvorlage für die 16. Sitzung des SAFPP vom 28.2.1984, ebd., fol. 49–50, Zitat fol. 49.
285 Leggewie, *Der Geist*, 1987, 156.
286 Robert Spaemann und Peter Koslowski: Überlegungen zur Errichtung eines Max-Planck-Instituts für Philosophie vom 29.6.1983, AMPG, II. Abt., Rep. 60, Nr. 211.SP, fol. 135–142, Zitate fol. 137–138.
287 Protokoll der 16. Sitzung des SAFPP vom 28.2.1984, ebd., fol. 17; Sprechvorlage für die 16. Sitzung des SAFPP vom 28.2.1984, ebd., fol. 49.
288 Alfred Herrhausen an Dietrich Ranft vom 26.10.1983, ebd., fol. 134.

den SAFPP weiter.²⁸⁹ Dieser machte mit dem Gründungsvorschlag kurzen Prozess, indem er sich die Meinung von Helmut Coing zu eigen machte, dass »Forschungen der vorgeschlagenen Art eher Aufgaben einer Akademie als der Max-Planck-Gesellschaft darstellten«.²⁹⁰ Das war ein vorgeschobenes Argument, um den Bundeskanzler nicht zu brüskieren. Tatsächlich stand die gesamte Führungsriege der MPG dem Vorschlag mit unverhohlener Skepsis gegenüber. Eine derartige Gründung würde, vermutete man in der Generalverwaltung, in der Öffentlichkeit »mit Sicherheit unter politischen Vorzeichen betrachtet werden«, und schlimmer noch, »eine Etikettierung als Gegengründung zu Starnberg läge nahe, und das wohl nicht zu Unrecht«.²⁹¹ Auf solche Art der »Politikberatung« konnte und wollte die MPG sich nicht einlassen.

Ganz gab die MPG die Politikberatung allerdings nicht auf. Die rechtswissenschaftlichen Institute blieben intensiv auf diesem Feld tätig, und auch am Kölner MPI für Gesellschaftsforschung beriet man unter Renate Mayntz und Fritz W. Scharpf Regierungen und Parlamente, wenn auch empirisch fundierter und spezialisierter, als es dem Wissenschaftsverständnis des Starnberger Instituts entsprochen hatte.

4.7 Fazit

Vergleicht man die MPG des Jahres 1989 mit der aus dem Jahr 1972, dann fällt die quantitative Stagnation, hinter der sich teilweise sogar ein Schrumpfungsprozess verbarg, zumindest anhand der nackten Zahlen nicht auf. Die Zahl der Institute und Forschungsstellen war von 50 auf 62 gestiegen,²⁹² während sich beim Personal nur wenig geändert hatte: 1989 kamen zu den 8.723 Planstellen noch 3.732 »Gastwissenschaftler« und 803 »aus Projektmitteln finanzierte Mitarbeiter« (einschließlich Doktorand:innen) hinzu. Demgegenüber hatte der Jahrbericht 1973 noch 8.089 Planstellen verzeichnet und keine Angaben über »Gastwissenschaftler, Stipendiaten oder aufgrund eines persönlichen Forschungsauftrages beschäftigten Wissenschaftler« gemacht.²⁹³ Dagegen hatte sich das Haushaltsvolumen von 577 Millionen DM auf 1,322 Milliarden DM nominell weit mehr als verdoppelt.²⁹⁴ Allerdings war ein beträchtlicher Teil des Zuwachses nicht real, sondern der Inflation und zunehmenden Personal(neben)kosten geschuldet, die in den 1970er-Jahren – insbesondere was die beachtlichen Tarifsteigerungen im öffentlichen Dienst betrifft – auch Auswirkungen der Politik der sozialliberalen Bundesregierung waren. Bereits 1974 klagte Schatzmeister Klaus Dohrn, dass der achtprozentige Zuwachs des Gesamthaushalts 1972 gegenüber dem Vorjahr »zum nicht geringen Teil leider inflationsbedingt« sei.²⁹⁵ Unsichtbar bleibt in diesen Zahlen zudem, dass im selben Zeitraum zahlreiche Abteilungen und ganze Institute geschlossen wurden.

In ihrer dritten Entwicklungsphase (1972 bis 1989) schlug die krisenhafte Entwicklung der Wirtschaft aufgrund der weitgehenden Abhängigkeit der MPG von staatlichen Zuschüssen direkt auf ihren Haushalt durch. Die Zeit der großen Zuwächse, die den Ausbau in den langen 1960er-Jahren ermöglicht hatten, kam damit an ihr Ende; nun stagnierten die Mittel, die der MPG real zur Verfügung standen, in manchen Jahren gingen sie sogar leicht zurück. Entscheidend war jedoch, wie die MPG auf diese Herausforderung reagierte. Nie zuvor und nie danach wurde in der Gesellschaft so intensiv darüber nachgedacht, welche Forschungsziele man verfolgen und welche Forschungsfelder man beackern sollte – und welche nicht. Das extrem hohe Reflexionsniveau bei Institutsgründungen korrespondierte in den zwölf Jahren der Präsidentschaft von Reimar Lüst mit einer bis dato nicht gekannten Bereitschaft, Bestehendes infrage zu stellen. Abteilungen und ganze Institute, deren Forschungen nicht mehr dringlich oder zeitgemäß erschienen, wurden umgekrempelt oder abgewickelt, die dadurch frei werdenden Ressourcen in neue Projekte gesteckt. Durch diese Art der Umverteilung gelang es der MPG, in diesen finanziell kargen Jahren den Anschluss an die internationale Entwicklung der Forschung zu halten.

Eine zentrale Rolle bei der Konzeption wie auch der Umsetzung der Politik der Flexibilisierung kam dem Senatsausschuss für Forschungspolitik und Forschungsplanung zu. Geschaffen im Zuge der Satzungsreform von 1972, avancierte der SAFPP unter dem planungsaffinen Reimar Lüst zum de facto wichtigsten Leitungsgremium der MPG, in dem maßgebliche Entscheidungen über die

---

289 Dietrich Ranft an Alfred Herrhausen vom 28.11.1983, ebd., fol. 133.
290 Protokoll der 16. Sitzung des SAFPP vom 28.2.1984, ebd., fol. 17.
291 Sprechvorlage für die 16. Sitzung des SAFPP vom 28.2.1984, ebd., Zitate fol. 51.
292 Max-Planck-Gesellschaft, Jahresbericht 1973, 1974, 199. Die Angabe zur Zahl der Forschungseinrichtungen im Jahr 1989 laut Inhaltsverzeichnis des Jahresberichts der MPG 1990.
293 Max-Planck-Gesellschaft, Jahresbericht 1972, 1973, 268; Generalverwaltung der Max-Planck-Gesellschaft, *Jahrbuch 1990*, 1990, 78.
294 Max-Planck-Gesellschaft, Jahresrechnung 1972, 1974, 145; Generalverwaltung der Max-Planck-Gesellschaft, *Jahrbuch 1990*, 1990, 78.
295 Max-Planck-Gesellschaft, Jahresrechnung 1972, 1974, 146. Siehe dazu auch unten, Anhang 1, Tabelle 1 und Anhang, Grafik 2.6.

künftige Entwicklung der MPG fielen. Seine Bedeutung bezog der Ausschuss nicht zuletzt aus seiner hochkarätigen Besetzung, obwohl (oder gerade weil) Wirtschaftsvertreter – anders als in Senat und Verwaltungsrat – in ihm nur marginal präsent waren. Neben besonders angesehenen Wissenschaftlichen Mitgliedern der MPG gehörten ihm hochrangige Wissenschaftspolitiker aus Bund und Ländern sowie die Vorsitzenden deutscher und internationaler Forschungsorganisationen an. Dadurch wurden die Planungen der MPG nicht nur mit denen der öffentlichen Hand verzahnt, sondern auch mit den Vorhaben anderer Akteure im westdeutschen Wissenschaftssystem und in Europa abgestimmt. Die Partizipation an internationalen Forschungsprojekten nahm zu, aber auch hier sollte die Kooperation die Autonomie der MPG nicht beeinträchtigen, das heißt, langfristige Verträge und damit einhergehende Verpflichtungen sollten in der Wissenschaftsaußenpolitik vermieden werden. Über die Kooperation mit europäischen und global agierenden Partnern fanden auch ganz neue Ideen Eingang in die MPG. Nicht zuletzt die ausländischen Mitglieder des SAFPP brachten kreative Ideen ein, wie die MPG auf die schwindenden Zuwächse im Haushalt reagieren konnte. So ging die Einführung befristeter Forschergruppen, zu der die MPG in enger Kooperation mit der DFG und den Hochschulen schritt, nicht unwesentlich auf englische und französische Vorbilder zurück.

Die künftige Entwicklung planmäßig zu gestalten war allerdings auch für die MPG schwierig. Das lag nicht (nur) daran, dass sich die wissenschaftliche Entwicklung kaum mittel- oder gar langfristig planen ließ. Zu viele Faktoren, die die MPG nicht beeinflussen konnte, unterlagen Veränderungen, die sich auf die Plankennziffern auswirkten und diese nicht nur einmal zur Makulatur machten. Dies verdeutlicht die Mittelfristige Finanzplanung, an der sich die MPG aufgrund politischen Drucks nolens volens beteiligen musste. In den ersten Jahren erwiesen sich die von der MPG aufgestellten Finanzpläne auf der Ausgabenseite als unzuverlässig – die MPG benötigte im Planungszeitraum mehr Geld, als man vorab geschätzt hatte–, später betraf das vornehmlich die Einnahmenseite: Die Politik hatte zunächst höhere Zuwachsraten akzeptiert, diese dann aber angesichts der durch die Wirtschaftskrise bedingten Finanzprobleme der öffentlichen Hand wieder zurückgefahren. Da es der Mittelfristigen Finanzplanung an Verlässlichkeit fehlte, entstanden immer wieder beträchtliche Haushaltslöcher, die durch kurzfristige Umschichtungen gestopft werden mussten.

In diesem Krisenmanagement bewies der SAFPP Umsicht, Standfestigkeit und Größe. Seine Kürzungsvorschläge, die nötig waren, um den Haushalt der MPG an das schmalere Budget anzupassen, waren gut begründet, abgestuft und ausgewogen. Vor allem aber vermieden sie Kürzungen nach der »Rasenmähermethode«, die bei einzelnen Instituten schwere Schäden angerichtet hätten. Unter Lüst gelang es, Planung als Mittel einer vernünftigen Umlage von Kürzungen einzusetzen, die für die betroffenen Institute zwar schmerzhaft, aber zu verkraften waren. Die ausgezeichnet funktionierende Institutsbetreuung durch vier Abteilungsleiter der Generalverwaltung, die in der MPG hohes Ansehen genossen, leistete dazu einen wichtigen Beitrag. Allerdings gelang es zu keinem Zeitpunkt, die Mittelfristige Finanzplanung mit der Sachplanung des SAFPP zu verzahnen, um der Planung dadurch ein solides – eben auch finanzielles – Fundament zu verleihen. Die Mitglieder des SAFPP konnten dies angesichts fehlender Detailkenntnisse nicht leisten. Die Aufstellung von Finanzplänen war eine Wissenschaft für sich, in der die im SAFPP vertretenen Wissenschaftler:innen nicht bewandert waren und die deshalb Teil des Arkanwissens der Generalverwaltung blieb. Überhaupt nahm die Bedeutung der Generalverwaltung im Planungsprozess stetig zu, da sie die nötigen (insbesondere statistischen) Materialien zusammenstellen musste, auf die der SAFPP bei seinen Planüberlegungen nicht verzichten konnte.

Um Abteilungen beim Ausscheiden ihres Direktors umwandeln oder schließen zu können, ging die MPG ab den 1970er-Jahren zunehmend dazu über, ihr wissenschaftliches Personal über Zeitverträge anzustellen. Damit bürdete sie die sozialen Lasten ihrer Flexibilisierungspolitik einseitig ihren Mitarbeiter:innen und Nachwuchskräften auf. Aus der Perspektive der MPG-Spitze bestand die Kehrseite der Flexibilisierungspolitik in Sozialplänen, die aufgestellt werden mussten, um die von der Schließung von Forschungseinrichtungen betroffenen Mitarbeiter:innen materiell abzusichern. Fraglos riefen die Pläne selbst und deren Umsetzung in den betroffenen Instituten bisweilen Unruhe hervor – Starnberg war in dieser Hinsicht nur die Spitze des Eisbergs, auch wenn die Querelen um die Schließung von Abteilungen oder ganzen Instituten in der Regel deutlich unter dem dortigen Erregungsniveau blieben. Die in einigen Fällen aufkommenden Streitigkeiten um die Sozialpläne erreichten auch längst nicht die Dimensionen des Konflikts, der von 1968 bis 1972 um die Mitbestimmung ausgetragen worden war.

Aufs Ganze gesehen stellte die MPG in den 1970er- und 1980er-Jahren ihre Fähigkeit unter Beweis, auch unter Knappheitsbedingungen Neues aufzugreifen; die Umverteilung von Mitteln, die dazu unabdingbar war, gelang weitgehend ohne große innere Konflikte. Allerdings schränkte der Eigensinn der Wissenschaftlichen Mitglieder, die verhinderten, dass die 1972 eingeführte

4. Die MPG nach dem Boom (1972–1989)

Befristung ihrer Leitungsfunktion als Instrument der Forschungsplanung eingesetzt werden konnte, den Spielraum für Umverteilungen ein. Die Reallokation von Ressourcen blieb in der MPG nur im Moment der Emeritierung von Wissenschaftlichen Mitgliedern möglich.

In Folge der knappen Kassen, die auch die Forschung zu spüren bekam, veränderte sich das Verhältnis der MPG zu Markt und Staat bzw. Politik und Wirtschaft. In erster Linie stieg der Druck auf die Wissenschaft, das Ihre zur Entwicklung kommerziell verwertbarer Technologien beizutragen, um auf diese Weise Wege aus der Wirtschaftskrise zu weisen und Westdeutschland als Industriestandort international konkurrenzfähig zu halten. Die MPG war dafür gut gerüstet, denn sie hatte bereits 1970 mit der Garching Instrumente GmbH eine eigene Firma ins Leben gerufen, die den Transfer von Erfindungen und Erfahrungswissen aus den Max-Planck-Instituten in die Wirtschaft fördern sollte. Vor diesem Hintergrund machte der Begriff »anwendungsorientierte Grundlagenforschung« die Runde. Zunächst setzte GI darauf, Einnahmen durch Entwicklung, Herstellung und Vertrieb von Forschungsinstrumenten zu erwirtschaften. Dieses Geschäftsmodell erwies sich jedoch Ende der 1970er-Jahre als Sackgasse – ein folgenloses Scheitern. Denn die MFG konnte sich damit rühmen, eine Vorreiterrolle beim Technologietransfer zu spielen, der im Lauf der 1970er-Jahre stetig an Bedeutung gewann, das heißt, sie bezog aus der Gründung von GI symbolisches Kapital, das sich bei den Vertreter:innen der Politik in klingende Münze umwandeln ließ. Deswegen hielt die MPG auch an ihrer Technologietransfer-Agentur fest, als diese 1979 zahlungsunfähig wurde. Auf lange Sicht sollten sich die Mittel, die man in die Sanierung der Firma steckte, als gute Geldanlage erweisen, denn mit einem anderen Geschäftsmodell sollte GI bald schwarze Zahlen schreiben.

Während die MPG in ihrer dritten Entwicklungsphase beherzt zur Kommerzialisierung von Forschungsergebnissen schritt, nahm im gleichen Zeitraum ihre Bereitschaft, jenseits der Rechtswissenschaften Forschungen zur Bewältigung aktueller gesellschaftlicher Probleme aufzunehmen, deutlich ab. Das galt insbesondere für den Bereich Ökologie, dem Politik und Öffentlichkeit angesichts zunehmender Umweltschäden immer größere Bedeutung zumaßen. Es dauerte jedoch bis zum Ende der 1980er-Jahre, ehe die MPG zwei Institute gründete, die dezidiert dieser Problematik gewidmet waren. Parallel dazu wickelte die MPG Institute ab, die man in der zweiten Phase nicht zuletzt zum Zweck der Politikberatung gegründet hatte und die in den 1970er-Jahren in große innere Schwierigkeiten geraten waren. Das betraf das Starnberger MPI zur Erforschung der Lebensbedingungen der wissenschaftlich-technischen Welt, das nach allerlei Querelen geschlossen wurde, und das MPI für Bildungsforschung, das grundlegend umstrukturiert und auf empirische Forschung umgepolt wurde. Mit der »pragmatische(n) Wende«, wie Historiker:innen den Ausstieg aus der Politikberatung bezeichnet haben, kam die »utopische Episode« der MPG an ihr Ende.[296] Dies mag auch eine Reaktion auf die zunehmenden Versuche insbesondere aus den Reihen der CDU/CSU gewesen sein, Max-Planck-Institute zu (partei-)politischen Legitimationszwecken gründen zu lassen.

Unter den Präsidenten Lüst und Staab unternahm die MPG den Versuch, Forschung gleichsam zu entpolitisieren; Stellungnahmen führender MPG-Wissenschaftler zu tagesaktuellen politischen Fragen, die in den langen 1960er-Jahren noch hohe Wellen geschlagen hatten, waren nun nicht mehr erwünscht. Damit gab die MPG ein Stück weit den Anspruch einer Forschungsorganisation preis, den Schleier der Unübersichtlichkeit einer stetig komplexer werdenden Welt mit den Mitteln der Wissenschaft zu lüften. Der Prozess der Verwissenschaftlichung aller Lebensbereiche, den man in der Forschung mit den Begriffen Wissenschafts- bzw. Wissensgesellschaft bezeichnet, ging weder mit der »Tendenzwende« noch mit der »Wende« von 1982 zu Ende.[297] Die MPG jedoch tat sich seit den 1970er-Jahren zunehmend schwer damit, die »Bringschuld der Wissenschaft«, die Bundeskanzler Helmut Schmidt auf der Hauptversammlung des Jahres 1982 in Erinnerung rief,[298] einzulösen. Dass Präsident Lüst den Spieß umzudrehen versuchte, indem er Schmidts Diktum die »Holschuld der Politik« gegenüberstellte,[299] machte die Sache nicht besser. So war denn das Verhältnis der MPG zur Politik am Ende der 1980er-Jahre nicht spannungsfrei. Die größte politische Herausforderung stand der MPG indes noch bevor.

---

296 Leendertz, *Pragmatische Wende*, 2010; Kant und Renn, Eine utopische Episode, 2014.
297 Dazu Hoeres, Von der »Tendenzwende«, 2013. Siehe auch unten, Kap. III.1.
298 Schmidt, Moral des Wissenschaftlers, 1982, 60.
299 Lüst, Wechselwirkungen, 1982, 57.

RECHNERMETAMORPHOSEN

Foto 1: Der erste deutsche Großrechner – G1, benannt nach dem Standort Göttingen – wurde am MPI für Physik von Heinz Billing entwickelt, 1952 (oben)

Foto 2: Heinz Billing mit Lochstreifenband neben der nächsten Rechnergeneration, dem G2; am Kommandopult Hermann Oehlmann, 1954 (unten)

RECHNERMETAMORPHOSEN

Foto 3: Heinz Billing neben dem soeben eingeweihten G3, an der Konsole Arno Carlsberg, 1960 (oben)

Foto 4: Heinz Billing (links) und Ludwig Biermann, Direktor am MPI für Physik und Astrophysik, (rechts) beim Shutdown des G3, 1972 (unten)

RECHNERMETAMORPHOSEN

Foto 5: MPI für Plasmaphysik, Rechenzentrum mit Hochleistungsrechner CRAY (Mitte), Garching bei München 1980 (oben)

Foto 6: Steuerpult der »Tandem-Nachbeschleuniger-Kombination« am MPI für Kernphysik (Brigitte Huck), Heidelberg 1980 (unten)

RECHNERMETAMORPHOSEN

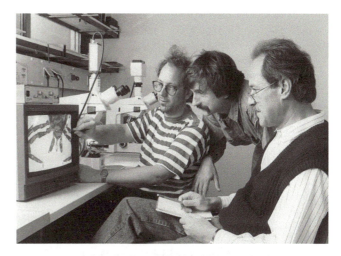

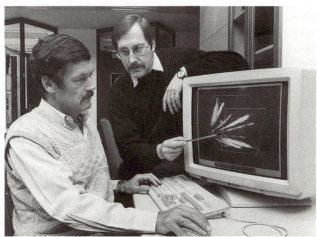

Foto 7: MPI für Immunbiologie (v.l.n.r.: Ulrich Schaible, Markus Simon, Klaus Eichmann), Freiburg 1990 (oben)

Foto 8: MPI für Wissenschaftsgeschichte (Jürgen Renn), Berlin 1995 (Mitte links)

Foto 9: MPI für extraterrestrische Physik (Gregor Morfill, Herbert Scheingraber), Garching bei München 1997 (Mitte rechts)

Foto 10: MPI für Hirnforschung (Kerstin Schmidt), Frankfurt am Main 1998 (unten links)

Foto 11: MPI für demografische Forschung (Ursula Witwer-Backofen), Rostock 2002 (unten rechts)

5. Zwischen »Aufbau Ost« und Globalisierung (1990–2002/05)

5.1 Das Ende der bipolaren Welt

Die weltgeschichtliche Zäsur von 1989/90 hat die MPG mit unerwarteten Herausforderungen konfrontiert, ihr zugleich neue Chancen eröffnet und ihre Politik in den nächsten anderthalb Jahrzehnten geprägt. Zwei gegenläufige, ja gegensätzliche Trends bestimmten ihre Entwicklung in den 1990er-Jahren: Enormes Wachstum in Ostdeutschland bei gleichzeitigen schmerzhaften Einschnitten im Westen sollten die MPG abermals stark verändern.

Im November 1989 implodierte die DDR. Ausgelaugt von einer Reihe schwerer ökonomischer Krisen und den gescheiterten Bemühungen, mit der wissenschaftlich-technischen Entwicklung des Westens Schritt zu halten, kollabierte die SED-Diktatur. Der immer stärker werdenden Protestbewegung, die mit einer massenweisen Abwanderung der Bevölkerung einherging, hatte die Partei nichts mehr entgegenzusetzen, zumal die starrsinnigen SED-Funktionär:innen seit Mitte der 1980er-Jahre auch den Rückhalt aus Moskau verloren hatten. Dort versuchte Michail Gorbatschow, der Generalsekretär der KPdSU, letztlich erfolglos, das sozialistische System durch umfangreiche Reformmaßnahmen – Stichworte: Glasnost und Perestroika – zu retten; eine gewaltsame Niederschlagung von Protesten in den Satellitenstaaten der Sowjetunion nach dem Vorbild des Prager Frühlings 1968 stand für ihn nicht zur Debatte. So kam es, dass die Revolution von 1989 in Deutschland und Ostmitteleuropa weitestgehend ohne Gewalt und Blutvergießen über die Bühne ging.[1]

Das Fallen des Eisernen Vorhangs eröffnete unverhofft die Möglichkeit, die beiden deutschen Staaten miteinander zu vereinen und damit den deutschen Nationalstaat, der 1945 als Folge von Angriffskrieg und Völkermord gleichsam suspendiert worden war, in verkleinerter Form und mit veränderter gesellschaftlich-politischer Ausrichtung wiederherzustellen. Die von Helmut Kohl geführte Bundesregierung, die diese Chance beherzt ergriff, sah sich mit zwei Problemkreisen konfrontiert: einem deutschen und einem internationalen. Auf dem diplomatischen Parkett ging es darum, die Zustimmung der Siegermächte des Zweiten Weltkriegs zum Zusammenschluss der beiden deutschen Staaten zu erwirken. Dabei waren Fragen zu klären, die für die internationale Sicherheitsarchitektur wie auch für die europäischen Strukturen zentrale Bedeutung hatten und daher »den schwierigsten Engpass auf dem Weg zur deutschen Einheit« darstellten: Würde ein vereinigtes Deutschland weiterhin Mitglied in der EG und in der NATO sein oder künftig einen neutralen Status haben, etwa nach dem Vorbild Österreichs oder der Schweiz?[2] Dass die Deutschen dies selbst entscheiden durften, was nach Lage der Dinge auf eine Verankerung in den westlichen Bündnisstrukturen hinauslaufen musste, lag in erster Linie an der Einsicht, dem Weitblick und wohl auch an der Schwäche Gorbatschows. Im Gegenzug für die Anerkennung der Oder-Neiße-Grenze und den Verzicht auf ABC-Waffen erlangte die Bundesrepublik mit der Unterzeichnung des Zwei-plus-Vier-Vertrags am 12. September 1990 die volle Souveränität. Damit endete die Verantwortung der vier Siegermächte für Deutschland als Ganzes; die sowjetischen Truppen, die sich noch auf dem Territorium der DDR befanden, sollten bis Ende 1994 abziehen.[3]

Parallel zu den nicht immer einfachen Verhandlungen zwischen der Bundesrepublik und der DDR sowie

---

1 Siehe dazu aus der Fülle an einschlägiger Literatur Sapper und Weichsel, *Freiheit im Blick*, 2009; Maier, *Verschwinden der DDR*, 1999; Vollnhals, *Jahre des Umbruchs*, 2011.
2 Rödder, Staatskunst statt Kriegshandwerk, 1998, 221–260, Zitat 225.
3 Vertrag über die abschließende Regelung in Bezug auf Deutschland vom 19.9.1990, abgedruckt in: Pautsch et al., *Einheit*, 2015, Dokument 152, 700–706.

Frankreich, Großbritannien, der Sowjetunion und den Vereinigten Staaten liefen in beiden Teilen Deutschlands intensive Debatten um die Ausgestaltung der »inneren Einheit«. Das eilig entworfene »Zehn-Punkte-Programm zur Überwindung der Teilung Deutschlands und Europas« vom 28. November 1989, mit dem Kohl die Initiative an sich riss, lief noch auf eine Konföderation zwischen DDR und Bundesrepublik hinaus.[4] Das Programm war jedoch, kurz nachdem es der Öffentlichkeit vorgestellt worden war, bereits wieder Makulatur. Unter dem Druck großer Teile der ostdeutschen Bevölkerung, die vehement eine rasche Angleichung der Lebensverhältnisse an diejenigen der Bundesrepublik forderten, verlor die Bürgerbewegung der DDR, deren Mut den Fall der Mauer überhaupt erst möglich gemacht hatte, rasch an Bedeutung. Statt einer demokratischen Reform der DDR rückte nun die Wiedervereinigung der beiden deutschen Staaten ganz oben auf die Tagesordnung. Umstritten blieb zunächst noch, ob die DDR einfach der Bundesrepublik (nach Art. 23 Grundgesetz) beitreten oder ob man die Wiedervereinigung nutzen sollte, um auch die politischen, wirtschaftlichen und gesellschaftlichen Strukturen der Bundesrepublik grundlegend zu reformieren (auch diese Möglichkeit sah das Grundgesetz in Art. 146 vor).

Die angesichts der ökonomischen Misere hastig vorgezogenen Wahlen zur DDR-Volkskammer im März 1990 endeten mit einem überwältigenden Sieg der von der Ost-CDU geführten »Allianz für Deutschland«.[5] Sie stellten endgültig die Weichen in Richtung eines Beitritts der DDR zur Bundesrepublik nach Art. 23 Grundgesetz. Nun ging es Schlag auf Schlag: Um den nicht abreißenden Strom der Übersiedler:innen aus der DDR in die Bundesrepublik zu stoppen, kam mit der Wirtschafts- und Währungsunion die D-Mark am 1. Juli 1990 nach Ostdeutschland; gleichzeitig wurde die marktwirtschaftliche Transformation der Zentralplanwirtschaft eingeleitet, indem die »Anstalt zur treuhänderischen Verwaltung des Volkseigentums« (meist kurz »Treuhand« genannt) die »Volkseigenen Betriebe« der DDR übernahm, in denen über 40 Prozent der ostdeutschen Werktätigen beschäftigt waren.[6] Auf der Grundlage der Wirtschafts- und Währungsunion sowie der Fusion der Sozialsysteme beschloss die DDR-Volkskammer am 23. Juli den Beitritt zur Bundesrepublik. Die Details regelte der am 31. August unterzeichnete Einigungsvertrag, der die Reorganisation von Recht und Verwaltung sowie nicht zuletzt eine Neuordnung der Eigentumsverhältnisse im »Beitrittsgebiet« und den Umgang mit den Hinterlassenschaften der einst omnipräsenten Organe des Ministeriums für Staatssicherheit beinhaltete.[7] Der förmliche Beitritt erfolgte schließlich am 3. Oktober 1990. Damit wurde die Bundesrepublik um die Länder Brandenburg, Mecklenburg-Vorpommern, Sachsen, Sachsen-Anhalt und Thüringen erweitert, die 1952 aufgelöst und im Juli 1990 von der Volkskammer wieder eingerichtet worden waren.[8] Berlin, die nun nicht länger geteilte Stadt, avancierte zur Hauptstadt der neuen Bundesrepublik, der »Berliner Republik«.[9]

Der Prozess der deutschen Einheit vollzog sich in einer Zeit, da sich die internationalen und transnationalen Beziehungen erheblich intensivierten, und zwar in zweifacher Hinsicht: zum einen durch eine Ausweitung und Vertiefung der europäischen Integration, zum anderen durch die Globalisierung. Letztere ging wesentlich auf die rasanten Fortschritte in der Informations-, Kommunikations- und Transporttechnologie zurück, die die verschiedenen Teile der Welt durch eine dramatische Steigerung der Mobilität von Menschen, Gütern und Ideen gleichsam näher zusammenrücken ließen. In diesem Zusammenhang erfolgten ordnungspolitische Weichenstellungen in zahlreichen Staaten, die den Welthandel liberalisierten und intensivierten, Direktinvestitionen im Ausland erleichterten und so den Siegeszug transnationaler Konzerne ermöglichten. Im Rahmen einer grenzüberschreitenden Arbeitsteilung im weltweiten Maßstab entstanden Lieferketten, die sich rund um den Globus spannten und wechselseitige Abhängigkeiten schufen

---

4 Rede von Bundeskanzler Dr. Helmut Kohl vor dem Deutschen Bundestag am 28. November 1989, auszugsweise abgedruckt in: Münch, *Dokumente der Wiedervereinigung*, 1991, 57–66.

5 Das Wahlergebnis bei Hoog und Münch, Einführung, 1991, XXIV–XXVI.

6 Vertrag über die Schaffung einer Wirtschafts-, Währungs- und Sozialunion zwischen der Bundesrepublik Deutschland und der Deutschen Demokratischen Republik vom 18. Mai 1990, abgedruckt in: Münch, *Dokumente der Wiedervereinigung*, 1991, 213–276.

7 Vertrag zwischen der Bundesrepublik Deutschland und der Deutschen Demokratischen Republik über die Herstellung der Einheit Deutschlands – Einigungsvertrag – vom 31. August 1990, abgedruckt in: ebd., 327–354.

8 Verfassungsgesetz zur Bildung von Ländern in der Deutschen Demokratischen Republik – Ländereinführungsgesetz – vom 22. Juli 1990, abgedruckt in: ebd., 315–323.

9 Die nach wie vor gründlichste Aufarbeitung des Wiedervereinigungsprozesses in seiner nationalen wie in seiner internationalen Dimension bei Rödder, *Deutschland einig Vaterland*, 2009. Freilich sind viele Bewertungen bis heute umstritten, zumal aus ostdeutscher Perspektive. Siehe unlängst Kowalczuk, *Übernahme*, 2019. Zu den Folgen für Deutschland siehe insbesondere Ritter, *Preis der deutschen Einheit*, 2006. Einen knappen, aber instruktiven Überblick bietet Wolfrum, *Geglückte Demokratie*, 2006, 434–450. Eine ausführliche Dokumentation bei Küsters und Hofmann, *Deutsche Einheit*, 1998.

bzw. vergrößerten. All dies steigerte, aufs Ganze gesehen, den Einfluss privatwirtschaftlicher Akteure, während die Regulierungsmöglichkeiten staatlicher Stellen tendenziell abnahmen.[10]

Parallel dazu gewann der europäische Integrationsprozess an Dynamik, wobei die deutsche Wiedervereinigung als Katalysator wirkte: Um das Sicherheitsbedürfnis der deutschen Nachbarn zu befriedigen, sollte das vergrößerte Deutschland noch fester in den europäischen Strukturen verankert werden. Zu diesem Zweck initiierten Bonn und Paris im Frühjahr 1990 die Umwandlung der EG in eine Europäische Union. Deren Gründung, die eine Wirtschaftsgemeinschaft in eine politische Union transformierte und damit auf eine höhere Ebene hob, geschah durch den Vertrag von Maastricht, der am 7. Februar 1992 unterzeichnet wurde.[11] Weitere Schritte in Richtung Verflechtung und Freizügigkeit folgten: Der gemeinsame Binnenmarkt (1993) und der Europäische Wirtschaftsraum (1994) legten die »vier Freiheiten« im Personen-, Waren-, Dienstleistungs- und Kapitalverkehr fest, im März 1995 trat das bereits 1985 in Schengen unterzeichnete Abkommen in Kraft, mit dem für Reisende Grenzkontrollen innerhalb des »Schengen-Raums« (zunächst zwischen Belgien, Deutschland, Frankreich, Luxemburg, den Niederlanden, Portugal und Spanien) entfielen. Den Höhepunkt bildete die Einführung des Euro als gemeinsamer Währung (zum 1. Januar 1999 als Buchwährung, zum 1. Januar 2002 dann auch als Zahlungsmittel). Zudem hatte das Ende der Systemkonkurrenz zwischen Ost und West die Erweiterung der Europäischen Union möglich gemacht, die in zwei Schritten erfolgte. Zunächst traten ihr 1995 die vormals »blockfreien« Staaten Finnland, Österreich und Schweden bei, 2004 dann – nach längerer Vorbereitung – neben Malta und Zypern auch Estland, Lettland, Litauen, Polen, die Slowakei, Slowenien, Tschechien und Ungarn, die bis 1989 zur Sowjetunion gehört oder in deren Einflussbereich gelegen hatten.[12]

In diesem Kapitel werden wir analysieren, wie sich Globalisierung und europäische Integration auf die MPG auswirkten. Wie hat die MPG darauf reagiert? Wie hat sie den Trend der zunehmenden Internationalisierung aufgenommen, welche neuen Probleme ergaben sich daraus? Zunächst aber beschäftigen wir uns damit, wie die MPG als führende (west-)deutsche Institution der außeruniversitären Grundlagenforschung mit der deutschen Wiedervereinigung umging. Wie bzw. in welchen Formen beteiligte sie sich am »Aufbau Ost« und welche Rückwirkungen auf ihre inneren Strukturen zeitigte dies? Wie bewältigte die MPG das Wachstum, das mit der Schaffung neuer Forschungseinrichtungen im Osten Deutschlands einherging? Und inwiefern trug die MPG dazu bei, dass letztlich das westdeutsche Wissenschaftssystem ohne große Veränderungen oder Anpassungen auf die neuen Bundesländer übertragen wurde?

5.2 Keine Entspannung beim MPG-Haushalt

Der Zusammenbruch der DDR und des Ostblocks, der einen Zusammenschluss der beiden deutschen Staaten möglich machte, traf die MPG nicht nur völlig unvorbereitet, er erwischte sie sozusagen auf dem falschen Fuß. Denn als die Wiedervereinigung den »Aufbau Ost« ganz oben auf die Tagesordnung der Geldgeber setzte, war die MPG vollauf mit dem Aufbau von drei neuen Instituten im Westen der Republik beschäftigt. Die Gründung des MPI für marine Mikrobiologie in Bremen, des MPI für terrestrische Mikrobiologie in Marburg und des MPI für Informatik in Saarbrücken sollte nicht nur die offenen Flanken in der Umweltforschung und im zunehmend wichtiger werdenden IT-Bereich schließen, sondern die MPG auch in allen (alten) Bundesländern verankern und damit der Forderung der Geldgeber nach einem regionalen Proporz Genüge tun. Ermöglicht hatte diese kleine Gründungswelle der Bonner »Bildungsgipfel« vom 21. Dezember 1989, bei dem Bund und Länder beschlossen hatten, den Haushalt der MPG in den Jahren 1991 bis 1995 jährlich um jeweils 5 Prozent anzuheben. Mit dem »5x5 %-Beschluss« schien die finanzielle Stagnation, unter der die MPG bereits seit über eineinhalb Dekaden geächzt hatte, endlich überwunden und erstmals überhaupt in ihrer Geschichte »eine längerfristige Planungssicherheit« gegeben zu sein.[13] Als die Mauer fiel, befand sich die MPG also wieder auf Expansionskurs – allerdings nicht im Osten, sondern im Westen Deutschlands, was sich bald als Problem erweisen sollte.

Der Fall der Berliner Mauer führte in der Bundesregierung nämlich umgehend zu einer Verschiebung der Prio-

---

10 Zur Einführung Osterhammel und Petersson, *Geschichte der Globalisierung*, 2012; Fäßler, *Globalisierung*, 2007.
11 Vertrag über die Europäische Union vom 7. Februar 1992. Bundesgesetzblatt Nr. 47 vom 30.12.1992, 1253–1296.
12 Gehler, *Europa*, 2010; Brasche, *Europäische Integration*, 2017.
13 Henning und Kazemi, *Handbuch*, Bd. 1, 2016, 10; Protokoll der 149. Sitzung des Verwaltungsrates vom 14.3.1990, AMPG, II. Abt., Rep. 61, Nr. 149.VP, fol. 9–10. Zum Zusammenhang des »5x5 %-Beschlusses« mit der Gründung und dem Aufbau der drei neuen Max-Planck-Institute in den alten Bundesländern siehe Protokoll der 151. Sitzung des Verwaltungsrates vom 14.11.1990, AMPG, II. Abt., Rep. 61, Nr. 151.VP, fol. 14–16.

5. Zwischen »Aufbau Ost« und Globalisierung (1990–2002/05)

ritätensetzung. Um die Zustimmung zur Wiedervereinigung und zur Verankerung eines vereinigten deutschen Staats in den westlichen Strukturen zu erhalten, flossen bereits 1990 zweistellige Milliardenbeträge in die Sowjetunion, mit denen Gorbatschow seine ins Trudeln geratene Wirtschaft wiederzubeleben versuchte.[14] Das war indes nur ein kleiner Vorgeschmack auf die Kosten, die auf die Bundesrepublik mit dem Abzug der sowjetischen Truppen aus Ostdeutschland zukamen. Und diese Kosten wiederum nahmen sich bescheiden aus im Vergleich zu den Transferzahlungen in die neuen Bundesländer, die in dem Maße anstiegen, in dem das ganze Ausmaß der wirtschaftlichen Zerrüttung, aber auch des maroden Zustands von Infrastruktur und Bausubstanz in der vormaligen DDR sichtbar wurde. Auf diese Weise schlitterte die Bundesrepublik in eine schwere Finanzkrise.

Im Sommer 1991 sah sich die Bundesregierung aus CDU/CSU und FDP zu Steuererhöhungen gezwungen, die sie zuvor (nicht zuletzt aus wahltaktischen Gründen) ausgeschlossen hatte; bald darauf folgte ein zunächst zeitlich befristeter »Solidaritätszuschlag« auf Lohn-, Einkommen- und Körperschaftsteuer (der ab 1995 dauerhaft erhoben wurde), ein erster Solidarpakt (dem weitere folgen sollten) und die Auflage eines »Erblastentilgungsfonds«, um die Staatsschulden der DDR und die Kosten der Währungsumstellung in den neuen Ländern zu begleichen. Anderer finanzieller Folgelasten der Vereinigung entledigte sich der Fiskus weitgehend: Die Bundesregierung wälzte die Kosten der Massenarbeitslosigkeit – Arbeitslosenunterstützung und Frühverrentung –, die aus dem Zusammenbruch der ostdeutschen Wirtschaft resultierten, weitgehend auf die sozialen Sicherungssysteme ab, namentlich auf Arbeitslosen- und Rentenversicherung. Schätzungen zufolge betrugen die Nettotransferleistungen aus den alten in die neuen Länder bis 2006 rund 1400 Milliarden Euro, was zwischen 4 und 5 Prozent des westdeutschen Bruttoinlandsprodukts entsprach. Die deutsche Einheit erwies sich finanziell als Fass ohne Boden.[15]

Umso dringender musste an anderer Stelle gespart werden. Zuvor geplante Projekte in den alten Bundesländern verloren durch Wiedervereinigung und »Aufbau Ost« an Aktualität und wurden aufgeschoben. Die Auswirkungen dieser Prioritätenverschiebung bekam die MPG bald schon zu spüren. Aus dem BMFT hieß es ohne Umschweife, »daß [...] die Geschäftsgrundlage für die Verabredung zwischen den Ministerpräsidenten der alten Länder und dem Bundeskanzler vom Dezember 1989 durch die Wiedervereinigung Deutschlands entfallen sei«.[16] Damit geriet die finanzielle Basis, auf der die MPG die Gründung der drei neuen Institute im Westen beschlossen hatte, ins Wanken. Zugleich galt es, eine ganze Reihe neuer Institute in Ostdeutschland zu gründen. Bald musste sich die MPG-Führung von der Illusion verabschieden, der Aufbau von Wissenschaftseinrichtungen in den neuen Bundesländern ließe sich kostenneutral, das heißt ohne Einschnitte bei den bestehenden Einrichtungen bewerkstelligen.[17] Spätestens im Frühjahr 1991 wurde klar, dass der »Aufbau Ost« auch von der MPG Opfer erfordern würde.

Hinzu kamen weitere Faktoren, die Aufstellung und Durchführung des MPG-Haushalts in den 1990er-Jahren zu einem schwierigen Geschäft machten, zumal es zwei getrennte Haushaltskreisläufe in Ost- und Westdeutschland gab, von denen später noch zu sprechen sein wird. Die »Diskrepanz zwischen dem nominalen und dem realen Haushaltswachstum« engte ihren finanziellen Spielraum – wie schon in den 1970er-Jahren – ein. Dies machte immer wieder »Sparmaßnahmen« sowie »im einen oder anderen Fall« auch den »Verzicht auf Neuberufungen nach Emeritierungen« erforderlich, ging also an die Substanz der MPG.[18] Im Sommer 1991 sah sich der Verwaltungsrat genötigt, das erst kurz zuvor aufgelegte »Adolf-von-Harnack-Förderprogramm«, das dem wissenschaftlichen Nachwuchs zugutekommen sollte, auszusetzen, da die zur Verfügung stehenden Finanzmittel dafür nicht ausreichten.[19] Das bedeutete zwar keinen großen Einschnitt in die Forschungsförderung, symbolisierte aber den Trend der Haushaltsentwicklung der MPG: Die Zeichen standen auf Sparen.

Wenig später, bei der Aufstellung des Haushaltsplans 1992, sah sich der Verwaltungsrat mit einer »Deckungslücke« von 16,8 Millionen DM konfrontiert. Um sie zu schließen, mussten »Verstärkungsmittel« gekürzt, »Personalstellen« reduziert, das »Programm zur Sanierung alter Gebäude« gestoppt und das »Geräte-Modernisierungsprogramm« »über zehn Jahre gestreckt« werden, »was allerdings seinen Erfolg mehr als fraglich« machte.[20] So

---

14 Rödder, *Deutschland einig Vaterland*, 2009, 195–199 u. 250–252.
15 Ebd., 357–361; Ritter, *Preis der deutschen Einheit*, 2006, vor allem 100 u. 127.
16 Protokoll der 137. Sitzung des Senates vom 9.6.1994, AMPG, II. Abt., Rep. 60, Nr. 137.SP, fol. 13 verso.
17 Zu dieser Illusion siehe Ash, *MPG im Kontext*, 2020, 86–87.
18 Protokoll der 152. Sitzung des Verwaltungsrates vom 7.3.1991, AMPG, II. Abt., Rep. 61, Nr. 152.VP, fol. 9. Zur Haushaltsentwicklung der MPG siehe auch unten, Anhang 1, Tabelle 1 und Anhang, Grafik 2.6.
19 Protokoll der 153. Sitzung des Verwaltungsrates vom 5.6.1991, AMPG, II. Abt., Rep. 61, Nr. 153.VP, fol. 12.
20 Protokoll der 154. Sitzung des Verwaltungsrates vom 21.11.1991, AMPG, II. Abt., Rep. 61, Nr. 154.VP, fol. 11.

ging es die nächsten Jahre weiter. 1992 brachten Tarifabschlüsse im öffentlichen Dienst, die über den Erwartungen lagen, den Haushalt der MPG in die Bredouille.[21] Ab 1993 geriet dann auch noch das MPI für Kohlenforschung in die Krise. Das Institut, das sich »auf der Grundlage von Patenten und Lizenzverträgen über mehrere Jahrzehnte hinweg selbst finanziert« hatte,[22] musste nach dem Auslaufen wichtiger Patente – »analog zu einer Neugründung« – in den allgemeinen Haushalt der MPG aufgenommen werden, was ab 1994 zusätzliche Kosten von rund 20 Millionen DM pro Jahr bedeutete.[23] Zudem verhängte der Bundesfinanzminister immer wieder Haushaltssperren, um Geld zur Finanzierung der deutschen Einheit zusammenzubringen; so sperrte er der MPG 1996 beispielsweise 3 Prozent der Mittel, die er der MPG für die bereits bestehenden Einrichtungen im Westen zuvor bewilligt hatte.[24] Schließlich wirkten sich auch die Terroranschläge vom 11. September 2001 negativ auf die ohnehin angespannte Haushaltslage der öffentlichen Hand aus, was die Aussichten der MPG auf den Haushalt 2002 zusätzlich eintrübte.[25] Wer in der MPG gehofft haben sollte, dass sich die Haushaltslage in den 1990er-Jahren deutlich günstiger darstellen würde als in den beiden Dekaden zuvor, sah sich getäuscht. Zwar gelang die Gründung einer Reihe von neuen Forschungseinrichtungen in Ostdeutschland, doch ging dies letztlich zulasten der Substanz im Westen.

Trotzdem hielt die MPG-Führung unbeirrt am Aufbau der drei neuen Institute im Westen fest. Anderenfalls fürchtete man, »gegenüber den Zuwendungsgebern, die nicht zuletzt angesichts der Neugründungspläne eine 5x5%ige Zuschußsteigerung zugesagt hätten, in eine noch schwierigere Position« zu geraten.[26] Die MPG wollte mit ihrem Beharren auf den einmal gegebenen Zusagen zugleich ihre Geldgeber an die dafür in Aussicht gestellte Gegenleistung binden, denn ohne eine Perspektive auf gesicherte Zuwächse erschien ihren Leitungsgremien weder der Aufbau der drei neuen Institute im Westen noch ein größeres Engagement in den neuen Ländern realisierbar. Die Forderung nach Einhaltung des »5x5%-Beschlusses« wurde zum Mantra, das die führenden Repräsentanten der MPG in den Verhandlungen mit den Geldgebern gebetsmühlenartig wiederholten.[27]

In diesem Kontext wuchs der Mittelfristigen Finanzplanung, auf die sich die MPG in den späten 1960er-Jahren nur sehr zögerlich eingelassen hatte, eine neue Bedeutung zu: Während die »MifriFi« der Politik längst nicht mehr als Rezept zur Vermeidung zukünftiger (Finanz-)Krisen, sondern eher als lästige Pflichtübung galt, nutzte die MPG dieses Instrument dazu, ihre Geldgeber auf einen gesicherten Entwicklungshorizont festzulegen. Das würde es ihr ermöglichen, ihre Aufbaupläne in Ost und West zu verwirklichen, ohne dramatisch in die bestehende Substanz eingreifen zu müssen – eben durch die Realisierung des »5x5%-Beschlusses« von 1989. Mit anderen Worten, die MPG setzte den Versuch fort, die Mittelfristige Finanzplanung in ein Instrument der Absicherung künftiger Haushaltszuwächse zu verwandeln. Angesichts der Finanznot der öffentlichen Hand standen die Erfolgsaussichten jedoch schlecht, was den Leitungsgremien vollkommen klar war. So warnte Präsident Hans F. Zacher mit Blick auf die Mittelfristige Finanzplanung für die Jahre 1993 bis 1997, »es dürfe bei den Planungen der Gesellschaft nicht das ›Prinzip Hoffnung‹ an die Stelle der ›internen Ernsthaftigkeit‹ treten«.[28]

Tatsächlich drehten die Geldgeber den Spieß um und verankerten das Nullwachstum der MPG in den alten Ländern in der Mittelfristigen Finanzplanung für die Jahre 1996 bis 2000 – ein herber Schlag, auch wenn Zacher darin noch keinen Grund erblickte, die »Finanzdispositionen« der MPG »auf eine Katastrophenplanung« umzustellen.[29] Im Jahr darauf bezeichnete Generalsekretärin Barbara Bludau diese Vorgabe als »quasi ›fortgeschriebene Stagnation‹«.[30] Zuwachs verzeichnete der Haushalt der MPG, zumal bei den Investitionen, in den 1990er-Jahren ausschließlich im Osten, wie überhaupt »die Jahre

---

21 Der Tarifabschluss sah Lohn- und Gehaltssteigerungen von 5,4 % vor, die MPG hatte ihn in ihrem Haushaltsplan mit 3,5 % veranschlagt. Protokoll der 131. Sitzung des Senates vom 4.6.1992, AMPG, II. Abt., Rep. 60, Nr. 131.SP, fol. 24.
22 Protokoll der 134. Sitzung des Senates vom 17.6.1993, AMPG, II. Abt., Rep. 60, Nr. 134.SP, fol. 22.
23 Protokoll der 133. Sitzung des Senates vom 19.3.1992, AMPG, II. Abt., Rep. 60, Nr. 133.SP, fol. 26.
24 Protokoll der 143. Sitzung des Senates vom 20.6.1996, AMPG, II. Abt., Rep. 60, Nr. 143.SP, fol. 13 verso.
25 Protokoll der 159. Sitzung des Senates vom 23.11.2001, AMPG, II. Abt., Rep. 60, Nr. 159.SP, fol. 7.
26 Protokoll der 152. Sitzung des Verwaltungsrates vom 7.3.1991, AMPG, II. Abt., Rep. 61, Nr. 152.VP, fol. 10.
27 Aus der Fülle an Belegen siehe Hans F. Zacher an den Bundeskanzler und die Regierungschefs der alten Bundesländer und Berlins vom 14.5.1992, AMPG, II. Abt., Rep. 61, Nr. 156.VP, fol. 221; Protokoll der 132. Sitzung des Senates vom 20.11.1992, AMPG, II. Abt., Rep. 60, Nr. 132.SP, fol. 20–24.
28 Protokoll der 158. Sitzung des Verwaltungsrates vom 18.3.1993, AMPG, II. Abt., Rep. 61, Nr. 158.VP, fol. 9.
29 Protokoll der 142. Sitzung des Senates vom 15.3.1996, AMPG, II. Abt., Rep. 60, Nr. 142.SP, fol. 8 recto.
30 Protokoll der 145. Sitzung des Senates vom 7.3.1997, AMPG, II. Abt., Rep. 60, Nr. 145.SP, fol. 18 recto.

bis 2002 [...] stark vom Aufbau in den neuen Ländern geprägt« waren.³¹

Um die Stagnation in den alten Bundesländern zu beenden, forderte die MPG im Frühjahr 2002 von den Geldgebern eine jährliche Zuschusssteigerung um 5 Prozent bis einschließlich 2006, was die Länder jedoch als »unrealistisch« bezeichneten – Berlin drohte angesichts dieser Forderung sogar unverhohlen damit, aus der Gemeinschaftsfinanzierung der MPG auszusteigen.³² So blieb die Verbindlichkeit der Mittelfristigen Finanzplanung bis zum Ende des Untersuchungszeitraums Wunschdenken, und die MPG musste sich damit abfinden, dass Bund und Länder in den haushaltspolitisch schwierigen Jahren des »Aufbaus Ost« im Westen Wissenschaftsförderung nach Kassenlage betrieben – und die Kassen von Bund und Ländern waren in dieser Zeit meist ziemlich leer.

Ganz besonders schmerzte die »besorgniserregende Entwicklung« des Haushalts, da andere Wissenschaftsorganisationen – zumindest in der Wahrnehmung der MPG-Spitze – eine bessere Behandlung erfuhren. Als die Geldgeber für den Haushalt des Jahres 2000 nur ein mageres Plus von 3 Prozent bewilligten, kritisierte MPG-Präsident Hubert Markl, »daß – ausgehend von 1990 mit 100 % – die Haushaltszuwächse für die FhG und die WGL im Gegensatz zur Max-Planck-Gesellschaft stetig gestiegen seien«.³³ Während die Universitäten immer wieder klagten, die MPG werde bei der Finanzierung durch die öffentliche Hand bevorzugt, sah sich die MPG selbst nicht als Günstling der Politik. Als Bund und Länder die Steigerungsrate für den MPG-Haushalt des Jahres 2001 ein weiteres Mal von den beantragten 5 auf 3 Prozent drückten, während »die Deutsche Forschungsgemeinschaft für ihren Haushalt den beantragten Zuwachs« erhielt, bezeichnete Präsident Markl dies als »Niederlage für die Max-Planck-Gesellschaft« und für sich persönlich. Der nordrhein-westfälische Ministerpräsident Wolfgang Clement (SPD) rechtfertigte die Haltung der Länder damit, dass deren Haushaltslage durch die Folgen der Vereinigung »so kritisch wie seit langem nicht mehr« war.³⁴ In der Tat steckten die Länder angesichts knapper Kassen in einer Zwickmühle, denn die »Differenz zwischen dem, was sie den Hochschulen wegnähmen, und dem, was sie

der Max-Planck-Gesellschaft gäben, werde immer größer«, wie Wolf-Dieter Dudenhausen (SPD), Staatssekretär im Bundesministerium für Bildung und Forschung, dem Senat im Juni 2002 erläuterte.³⁵ Hier machte sich der strukturelle Nachteil der MPG, die – anders als die DFG – direkt mit den von den Ländern getragenen Hochschulen konkurrierte, einmal mehr bemerkbar. Abermals sah sich die MPG – als Folge des »Geleitzugprinzips« – mit dem schon bekannten »Zielkonflikt« konfrontiert: Einerseits würde eine alleinige Finanzierung durch den Bund, mit der die MPG in der Vergangenheit geliebäugelt hatte, höhere finanzielle Zuschüsse ermöglichen. Andererseits erinnerte Fritz W. Scharpf, Direktor am MPI für Gesellschaftsforschung in Köln, die Senatoren daran, »dass die Gemeinschaftsfinanzierung von Bund und Ländern die Grundlage für die im internationalen Vergleich absolut exzeptionelle wissenschaftliche Unabhängigkeit der deutschen Grundlagenforschung« war (und ist).³⁶ Erneut vor die Wahl zwischen der Aussicht auf mehr Geld und der Bewahrung ihrer außergewöhnlichen Handlungsspielräume in der Forschungspolitik gestellt, entschied sich die MPG auch diesmal für Letzteres.

5.3 Die MPG im »Aufbau Ost«

In den elf Monaten zwischen dem Mauerfall und dem feierlichen Vollzug der Wiedervereinigung kam es zu wichtigen wissenschaftspolitischen Weichenstellungen, die das Forschungssystem der Bundesrepublik bis heute prägen.³⁷ Im Kern ging es um zwei eng miteinander verbundene Fragen: Sollte, erstens, ein gesamtdeutscher Staat einfach das westdeutsche Wissenschaftssystem übernehmen, oder wollte man die Gelegenheit nutzen, dieses System einer grundlegenden Reform zu unterziehen, wofür unter anderem der Wissenschaftsrat in einer aufsehenerregenden Denkschrift aus dem Juli 1990 plädierte?³⁸ Dieser Teil der Debatte glich einem verkleinerten Spiegelbild des innerdeutschen Diskurses um die Wiedervereinigung. Was sollte, zweitens, aus den zahlreichen, personell in der Regel übersetzten Instituten der Akademie der Wissenschaften der DDR (AdW)

---

31 Protokoll der 154. Sitzung des Senates vom 10.3.2000, AMPG, II. Abt., Rep. 60, Nr. 154.SP, fol. 15 recto.
32 Protokoll der 160. Sitzung des Senates vom 8.3.2002, AMPG, II. Abt., Rep. 60, Nr. 160.SP, fol. 8 verso. — Protokoll der 161. Sitzung des Senates vom 13.6.2002, AMPG, II. Abt., Rep. 60, Nr. 161.SP, fol. 5 verso.
33 Protokoll der 153. Sitzung des Senates vom 19.11.1999, AMPG, II. Abt., Rep. 60, Nr. 153.SP, fol. 5 verso.
34 Protokoll der 156. Sitzung des Senates vom 24.11.2000, AMPG, II. Abt., Rep. 60, Nr. 156.SP, fol. 5 verso, fol. 6 verso.
35 Protokoll der 161. Sitzung des Senates vom 13.6.2002, AMPG, II. Abt., Rep. 60, Nr. 161.SP, fol. 8 verso.
36 Ebd., fol. 9 verso.
37 Siehe dazu und zum Folgenden die grundlegende Analyse von Ash, *MPG im Kontext*, 2020, 19–48.
38 Wissenschaftsrat, *Perspektiven*, 6.7.1990. Siehe dazu auch Ash, *MPG im Kontext*, 2020, 42.

werden, deren internationale Reputation sich von Institut zu Institut (bisweilen auch von Abteilung zu Abteilung) stark unterschied? In der DDR überwogen die Stimmen derjenigen, die für einen mindestens temporären, möglicherweise dauerhaften Erhalt der Akademieinstitute plädierten, etwa in Form einer »Leibniz-Gesellschaft«, die jedoch im Rahmen des westdeutschen Wissenschaftssystems keinen rechten Platz hatte.[39]

In der Hauptversammlung, die Ende Juni 1990 in Travemünde tagte, legte sich die MPG-Spitze fest: Sie lehnte jegliche »Konvergenz« zwischen den beiden deutschen Wissenschaftssystemen ab – und sprach sich damit gegen den Erhalt der AdW-Institute als eigenständigem Akteur aus. Präsident Staab begründete diese Haltung mit dem Charakter der Akademie, die »fest in den zentralistischen Machtapparat, der […] ein Apparat der SED war, eingebunden« gewesen sei. Zacher, der in Travemünde das Präsidentenamt von Staab übernahm, sekundierte seinem Vorgänger mit der Forderung, die MPG dürfte keine AdW-Institute aufnehmen, »die ihr nicht entsprechen«.[40] Der alte und der neue Präsident argumentierten damit auch pro domo, denn wären die Akademie-Institute auf dem Gebiet der DDR als Forschungsverbund erhalten geblieben, hätten sie dort in etwa die Rolle eingenommen, die die MPG in der alten Bundesrepublik spielte. Staab bezeichnete eine eventuell zu gründende »Leibniz-Gesellschaft« denn auch explizit als »Konkurrenzorganisation«.[41]

In Bundesforschungsminister Heinz Riesenhuber (CDU), der sowohl in der Frage der Konvergenz als auch hinsichtlich der AdW-Institute ähnliche Vorstellungen hatte, besaß die MPG einen mächtigen Verbündeten. Am 3. Juli 1990 trafen sich Riesenhuber und sein ostdeutscher Amtskollege Frank Terpe (SPD) mit Wissenschaftsminister:innen der Länder sowie »hochrangigen Vertretern aus Wissenschaft und Wirtschaft aus beiden Teilen Deutschlands« zu einem »Kamingespräch«, um über Perspektiven der außeruniversitären Forschung in der DDR zu beraten. Als Ergebnis hielt die »Gemeinsame Pressemitteilung« fest, dass man »eine einheitliche Forschungslandschaft für Gesamtdeutschland« anstrebe, die sich an den westdeutschen Strukturen orientieren sollte. Als »zentrale Aufgabe« galt die »Einpassung« der Einrichtungen der AdW in diese Forschungslandschaft. Um deren »Umstrukturierung« vorzunehmen, wurde der Wissenschaftsrat um »eine Bewertung der Forschungskapazitäten der DDR« und um »Vorschläge zu ihrer Neuausrichtung« gebeten.[42]

Damit hatten sich die Positionen von Riesenhuber, Staab und Zacher durchgesetzt – allerdings um den Preis, dass die MPG nun in der Mitverantwortung stand, was den Aufbau leistungsfähiger Forschungseinrichtungen in Ostdeutschland betraf und was künftig aus den AdW-Instituten werden sollte. Damit geriet die MPG unter enormen Druck, einen Beitrag zum »Aufbau Ost« im Bereich der Forschung zu leisten, zumal andere westdeutsche Wissenschaftsorganisationen bereits relativ früh entsprechende Schritte eingeleitet hatten.[43]

5.3.1 Ein »Sofortprogramm«

Als die MPG diese Aufgabe in Angriff nahm, musste sie verschiedene Hürden überwinden – und Geld zu beschaffen war nicht einmal das größte Problem. Schwerer wog, dass die MPG auf eine wissenschaftliche Kooperation mit Ostdeutschland denkbar schlecht vorbereitet war, denn die DDR stellte für sie weitgehend Terra incognita dar. An Spitzenforschung in internationalem Maßstab ausgerichtet, hatte sie vor 1989 die Zusammenarbeit über Landesgrenzen und Kontinente hinweg mit Kooperationspartnern aus den wissenschaftlich führenden Nationen gesucht, allen voran aus den USA. Wenn sie den Blick nach Osten wandte, dann fiel er hauptsächlich auf die Sowjetunion, deren wissenschaftliches Potenzial nicht zu übersehen war, wie etwa die Entwicklung der Fusionsforschung zeigt.[44] Umgekehrt erschien aus Moskauer Perspektive angesichts einer fehlenden

---

39 Zu dieser Einschätzung kam auch der Wissenschaftsrat, *Stellungnahmen Allgemeiner Teil*, 1992, 8. Zur AdW siehe Mayntz, *Deutsche Forschung*, 1994.

40 Staab, Freiheit und Unabhängigkeit, 1990, 53–57 u. 60–63, Zitat 60; Zacher, Herausforderungen, 1990, 64. Siehe dazu Ash, *MPG im Kontext*, 2020, 70; Tischvorlage zur Sitzung des Verwaltungsrats der MPG am 21.6.1990, betr.: Gegenwärtige und künftige Aufgaben der Max-Planck-Gesellschaft in der Entwicklung der innerdeutschen Zusammenarbeit in Wissenschaft und Forschung, AMPG, II. Abt., Rep. 61, Nr. 150.VP, fol. 270–271.

41 Protokoll der 125. Sitzung des Senates vom 21.6.1990, AMPG, II. Abt., Rep. 60, Nr. 125.SP, fol. 10.

42 Pressemitteilung des BMFT: Weichenstellungen für eine künftige gesamtdeutsche Forschungslandschaft vom 3.7.1990, BArch DF 4/24357. Siehe dazu ausführlich Ash, *MPG im Kontext*, 2020, 39–42.

43 Ebd., 22 u. 28.

44 Das in der Sowjetunion durchgeführte sogenannte Tokamak-Experiment brachte Mitte der 1960er-Jahre bis dato unerreichte Plasma-Einschlusszeiten und erlangte richtungsweisende Bedeutung für die Fusionsforschung; in den frühen 1970er-Jahren brach weltweit ein regelrechtes »Tokamak-Fieber« aus. Stumm, *Kernfusionsforschung*, 1999, 50–51 u. 63–64, Zitat 64.

5. Zwischen »Aufbau Ost« und Globalisierung (1990–2002/05)

westdeutschen Akademie die MPG als die natürliche Partnerin für Forschungskooperationen mit der sowjetischen Akademie der Wissenschaften – und nicht etwa die Universitäten, die in der Sowjetunion weitgehend auf ihre Ausbildungsfunktion beschränkt blieben.[45] Selbst mit der Volksrepublik China unterhielt die MPG Ende der 1980er-Jahre einen viel engeren wissenschaftlichen Austausch als mit der DDR. Eine erste Kontaktaufnahme war unter Präsident Lüst Mitte der 1970er-Jahre erfolgt, anschließend entwickelte die MPG exklusive Beziehung zur Chinesischen Akademie der Wissenschaften (CAS), die man auch nach der blutigen Niederschlagung der Demokratiebewegung im Juni 1989 nicht infrage stellte.[46]

Was die Vernachlässigung der DDR betrifft, war die MPG nicht allein. Auch die DFG verfügte am Vorabend des Mauerfalls allenfalls über rudimentäre Verbindungen in den anderen deutschen Staat.[47] Da es an institutionellen Kontakten fehlte, blieben als Anknüpfungspunkte allein die Beziehungen einzelner Wissenschaftlicher Mitglieder, die über ihre Mitgliedschaft in der Leopoldina – als einer der ganz wenigen in gewisser Weise gesamtdeutschen Institutionen in der Zeit der staatlichen Teilung – Kollegen aus der DDR kannten.[48] Hinzu kam die »vorsichtige Annäherung« zwischen einzelnen Max-Planck-Instituten und Instituten der AdW in der Mauerstadt, die sich in der Vorwendezeit ergeben hatten, und zwar bisweilen auch unterhalb der Leitungsebene.[49]

Diese persönlichen Kontakte erfuhren Ende 1989 eine deutliche Aufwertung. Nach einem Treffen mit Heinz Bethge, dem langjährigen Präsident der Leopoldina, im Dezember 1989 beschloss das »Präsidium« der MPG, auf der Grundlage solcher persönlicher Kontakte Einzelkooperationen von Max-Planck-Instituten mit Kolleg:innen in der DDR gezielt zu fördern.[50] Im Januar 1990 stellte die öffentliche Hand entsprechende Sondermittel in Aussicht, und bis zum Sommer gelang es der MPG bzw. den Max-Planck-Instituten, mehr als 30 einzelne Projekte auf den Weg zu bringen.[51] Im Vergleich zu den Aktivitäten der DFG, die sich aufgrund der ganz anderen Art von Forschungsförderung freilich wesentlich leichter tat, war dies allerdings nicht viel, weshalb die MPG bereits im Mai 1990 seitens des BMFT unter Druck geriet, ihr Engagement in der DDR deutlich zu intensivieren.[52] Es musste dringend etwas geschehen. Nachdem die MPG sich – wie erwähnt – gegen ein Fortbestehen der Akademie der Wissenschaften und gegen eine Konvergenz ausgesprochen hatte, war sie in der Pflicht, andere Angebote zu unterbreiten.

Zwei Tage nach dem »Kamingespräch« setzte der frischgebackene Präsident Hans F. Zacher eine »Präsidentenkommission DDR« unter der Leitung Herbert Walthers vom MPI für Quantenoptik ein, die entsprechende Maßnahmen erarbeiten sollte. Die Kommission, die für die Aufbauleistung der MPG in Ostdeutschland eine zentrale Rolle spielte, erfüllte die ihr zugewiesene Aufgabe zügig und legte dem Senat im September ein Programm vor, das drei Aspekte enthielt: Erstens sollte die Förderung der Einzelkooperationen fortgesetzt, zweitens sollten befristete Arbeitsgruppen an ostdeutschen Universitäten gegründet werden, die eng an einzelne Max-Planck-Institute angebunden sein sollten, und drittens empfahl die Kommission dem Senat, ebenfalls zeitlich befristete Projektgruppen ins Leben zu rufen, aus denen später gegebenenfalls neue Institute hervorgehen konnten (ohne dass dies indes eine Festlegung in diese Richtung bedeutete).[53] Bei der Konzeption der Forschungsförderung in den neuen Bundesländern profitierte die MPG von den Erfahrungen, die sie seit Mitte der 1970er-Jahre mit derartigen Projektgruppen gemacht hatte – Zacher selbst hatte eine solche Gruppe geleitet, aus der später ein Max-Planck-Institut hervorgegangen war.[54] Über die Arbeitsgruppen hieß es im Jahresbericht der MPG explizit, das ihnen zugrunde liegende Konzept »orientiert sich an dem bewährten Instrument der Nachwuchsgruppen bzw. klinischen Forschungsgruppen«.[55] Ganz so neu waren die Wege also nicht, die die MPG in Ostdeutschland beschritt.

---

45 Sachse, *Wissenschaft*, 2023, 255–298.
46 Ebd., 298–371.
47 Protokoll der 120. Sitzung des Senates vom 10.11.1988, AMPG, II. Abt., Rep. 60, Nr. 120.SP, fol. 14.
48 Parthier, *Leopoldina*, 1994; Meulen, *Akademie der Naturforscher*, 2007, 10–13. Siehe auch Ash, *MPG im Kontext*, 2020, 52–53.
49 Laitko, Vorsichtige Annäherung, 2002, 309–338.
50 Bethge, Einigungsprozess, 1991, 206; Ash, *MPG im Kontext*, 2020, 53.
51 Ash, *MPG im Kontext*, 2020, 56.
52 Siehe mit weiteren Details und den entsprechenden Belegen ebd., 61. Protokoll der 153. Sitzung des Verwaltungsrates vom 5.6.1991, AMPG, II. Abt., Rep. 61, Nr. 153.VP, fol. 2–16, fol. 6.
53 Rundschreiben von Hans F. Zacher an die Wissenschaftlichen Mitglieder der MPG vom 26.10.1990, AMPG, II. Abt., Rep. 1, Nr. 391, fol. 354–358. Anlage 1: Empfehlungen der Kommission, ebd., fol. 359–364; Protokoll der 151. Sitzung des Verwaltungsrates vom 14.11.1990, AMPG, II. Abt., Rep. 61, Nr. 151.VP, fol. 7–10. Siehe dazu auch Ash, *MPG im Kontext*, 2020, 77.
54 Siehe oben, Kap. II.4.4.1, 129.
55 Max-Planck-Gesellschaft, *Jahresbericht 1990*, 1991, 22.

Was die Umsetzung der von der Präsidentenkommission ausgearbeiteten Vorschläge betraf, drängte die Zeit. Für die MPG ging es darum, ein Signal zu senden, dass sie beim »Aufbau Ost« nicht zurückstand, sondern sich ebenso tatkräftig engagierte wie die anderen westdeutschen Wissenschaftsorganisationen. Deswegen begann man – nachdem Minister Riesenhuber den Plan abgesegnet und die Bund-Länder-Konferenz (BLK) grünes Licht für deren Finanzierung gegeben hatte[56] – umgehend mit der Gründung von Arbeitsgruppen. Für jede Arbeitsgruppe an einer ostdeutschen Universität übernahm ein Max-Planck-Institut gleichsam die Patenschaft, das heißt die wissenschaftliche Betreuung. Präsident Zacher nannte dieses Vorgehen »Institutsprinzip«, weil die Gründung von Arbeitsgruppen »von den Instituten ausgehen und verantwortet werden« müsse.[57] Die Arbeitsgruppen standen und fielen – auch in diesem Punkt blieb sich die MPG treu – mit der Auswahl des Leitungspersonals. Da für eine förmliche Ausschreibung keine Zeit blieb (und ein solches Verfahren auch nicht den traditionellen Berufungsusancen der MPG entsprochen hätte),[58] gaben bei der Auswahl der Arbeitsgruppenleiter – es handelte sich ausnahmslos um Männer, die bis auf zwei Ausnahmen aus den neuen Ländern stammten – einmal mehr persönliche Kontakte von MPG-Direktoren zu ostdeutschen Kollegen den Ausschlag. Durch diese »Auswahl auf Zuruf« versuchte die MPG, die ihr eigenen Qualitätsstandards zu sichern.[59] Intensive Gründungsaktivitäten begannen noch im Winter 1990. Bis Ende 1991 – also in rund einem Jahr – entstanden 29 Arbeitsgruppen, von denen sich allerdings zwei wegen der Stasi-Vergangenheit der in Aussicht genommenen Leiter dann doch nicht realisieren ließen. Der Schwerpunkt lag mit 19 Arbeitsgruppen ganz eindeutig in der Chemisch-Physikalisch-Technischen Sektion, während die Biologisch-Medizinische Sektion sechs und die Geisteswissenschaftliche Sektion fünf Arbeitsgruppen ins Leben rief, von denen jeweils eine nicht zustande kam.[60]

Trotz der beiden Fehlschläge war die Einrichtung der Arbeitsgruppen an den Universitäten der neuen Bundesländer eine beachtliche Leistung und insgesamt ein Erfolg. Damit gelang der MPG ein zügiger Einstieg in den »Aufbau Ost«, was ihr Standing bei der Bundesregierung (im Besonderen bei Bundesforschungsminister Riesenhuber) verbesserte. Zudem setzte die MPG-Führung ihre Vorstellung durch, die Arbeitsgruppen als temporäre Einrichtungen zu etablieren: Die MPG übernahm nur für deren Gründung und eine fünfjährige Übergangsphase die Verantwortung, danach sollten sie (auch budgettechnisch) in die jeweilige Universität eingegliedert werden. Nach einigem Hin und Her wurden die meisten Arbeitsgruppen trotz nicht unerheblicher Personal- und Finanzierungsschwierigkeiten tatsächlich in Universitätsinstitute umgewandelt – ein Beleg dafür, dass die »Präsidentenkommission DDR« bei der Auswahl von Themen und Leitungspersonal gute Arbeit geleistet hatte. Zugleich bediente die MPG mit der Gründung von Arbeitsgruppen eine Argumentationsfigur innerhalb des westdeutschen Diskurses über das Forschungssystem der DDR, nach der Grundlagenforschung ausschließlich an den Instituten der AdW betrieben worden sei, weshalb sie nun gleichsam an die Universitäten zurückverlagert werden müsste. Das entsprach zwar nicht ganz den Realitäten, erleichterte aber die Integration der neuen Bundesländer in ein gesamtdeutsches Wissenschaftssystem, das sich weitgehend an den westdeutschen Strukturen orientierte. Dies war ganz im Sinne der MPG, die dadurch ihren Status als *die* (gesamt-)deutsche Institution der außeruniversitären Grundlagenforschung wahren konnte.

Ähnlich erfolgreich war die MPG auch bei der auf eine Empfehlung des Wissenschaftsrats zurückgehende Einrichtung von sieben Geisteswissenschaftlichen Zentren aus der Konkursmasse der zur Schließung stehenden AdW-Institute. Für deren administrative Betreuung rief die MPG eine eigene Gesellschaft ins Leben – die »Förderungsgesellschaft Wissenschaftliche Neuvorhaben mbH«. Wieder konnte die MPG die Verantwortung für diese ihr im Grunde wesensfremden Zentren auf eine Übergangszeit – zunächst drei, schließlich fünf Jahre – beschränken.[61] Auch diesmal wälzte die MPG die Verantwortung für den Weiterbetrieb dieser Einrichtungen, die teilweise wissenschaftlich überaus erfolgreich waren, auf andere Träger ab: im Fall der Arbeitsgemeinschaften auf die Universitäten, bei den Geisteswissenschaftlichen Zentren zunächst auf die DFG, dann auf die »Blaue Liste« bzw. die WGL.

---

56 Ash, *MPG im Kontext*, 2020, 81–82.
57 Protokoll der 126. Sitzung des Senates vom 15.11.1990 (Entwurf), AMPG, II. Abt., Rep. 60, Nr. 126.SP, fol. 309.
58 Zur Praxis der Berufung Wissenschaftlicher Mitglieder ausführlich unten, Kap. IV.4.
59 Ash, *MPG im Kontext*, 2020, 78–85, Zitat 79.
60 Henning und Kazemi, *Chronik*, 2011, 634–636, 640 u. 643–645. Die Zahlenangaben nach Ash, *MPG im Prozess*, 2023, 68–82.
61 Siehe unten, Kap. III.14. Siehe auch Ash, *MPG im Kontext*, 2020, 97–103; Henning und Kazemi, *Chronik*, 2011, 647–648; Wissenschaftsrat, *Stellungnahmen Allgemeiner Teil*, 1992, 65–73; Rundschreiben Hans F. Zachers an die Senatoren der MPG vom 23.10.1991, AMPG, II. Abt., Rep. 61, Nr. 154.VP, fol. 107–109.

5.3.2 Institutsgründungen im Osten

Die Gründung von Arbeitsgruppen und Zentren war indes nur eine Ad-hoc-Maßnahme, mit der die MPG kurzfristig auf die Wiedervereinigung reagierte. Traditionell galten Institutsgründungen in der MPG als Königsweg der Forschungsförderung. Vor dem Senat bezeichnete Präsident Zacher es als das »erste Prinzip [...], dass die Max-Planck-Gesellschaft Forschung durch die Gründung und Unterhaltung von Instituten fördere«. Deswegen müssten Institute »auch das zentrale Instrument der Arbeit der Max-Planck-Gesellschaft in der früheren DDR sein«.[62] Das sah man auch in der Politik so, doch wollten die Führungsgremien der MPG von Instituten in Ostdeutschland zunächst nichts wissen. Zu unklar schien die weitere Entwicklung auf dem Weg zu einer deutschen Einheit zu sein, wie diese dann auch immer aussehen mochte. Noch im Sommer 1990 hielt man daher in der Generalverwaltung die Gründung von Max-Planck-Instituten »jenseits der bisherigen innerdeutschen Grenze« nur in »langfristiger Perspektive« überhaupt für denkbar.[63] Dafür fehlten, so der damals noch amtierende Präsident Staab auf der MPG-Hauptversammlung, die »politischen Rahmenbedingungen«, konkret »die staatliche Vereinigung und die Wiederherstellung der Länderstruktur«.[64] Darauf konnte sich die MPG allerdings nach dem Vollzug der deutschen Einheit am 3. Oktober 1990 nicht länger herausreden. Angesichts des zunehmenden Drucks aus der Bundesregierung und den ostdeutschen Länderregierungen mussten nun möglichst schnell Max-Planck-Institute in den neuen Ländern aus der Taufe gehoben werden. Dabei galt es aus Sicht der MPG, zwei Forderungen abzuwehren: schon bestehende Max-Planck-Institute in die neuen Bundesländer zu transferieren sowie AdW-Institute zu übernehmen und als Max-Planck-Institute weiterzuführen.

Dem von der Politik und aus den neuen Bundesländern geäußerten Ansinnen, bestehende Forschungseinrichtungen aus West- nach Ostdeutschland zu verlagern,[65] erteilte die MPG eine Absage.[66] Ein früher Vorstoß in diese Richtung hatte darauf abgezielt, die drei Max-Planck-Institute, die sich 1990 im Stadium der Gründung und des Aufbaus befanden, kurzerhand nicht in Bremen, Marburg und Saarbrücken anzusiedeln, sondern in den neuen Ländern – diese Zumutung, die den zeitnahen Aufbau der drei Institute gefährdet und die Berufung der Gründungsdirektor:innen infrage gestellt hätte, konnte die MPG-Spitze jedoch abwehren. Kurioserweise gab es auch einen Vorstoß in umgekehrter Richtung, der im Zusammenhang mit der Hauptstadtfrage stand. Bereits Art. 2 des Einigungsvertrags hatte Berlin zur Hauptstadt der größer gewordenen Bundesrepublik erklärt,[67] der sogenannte Hauptstadtbeschluss des Bundestags vom 20. Juni 1991 machte die Stadt an der Spree dann auch zum Regierungssitz. Doch erst das sogenannte Bonn-Berlin-Gesetz, das der Bundestag im März 1994 verabschiedete, legte fest, welche Ministerien nach Berlin umziehen und welche in Bonn verbleiben sollten. Als Kompensation für den Verlust von Bundesministerien sollten andere öffentliche Einrichtungen nach Bonn verlegt werden, darunter auch das MPI für Bildungsforschung, um »Bonn als Wissenschaftsstandort« zu stärken.[68] Dieser Vorschlag, den die Föderalismuskommission bereits 1992 unterbreitet hatte, stieß bei der MPG auf Ablehnung. Für Verwaltungsrat und Senat kam eine »Entwurzelung« des MPI für Bildungsforschung nicht infrage. Die laufenden Populationsstudien galten als »langfristige, an den Berliner Raum gebundene Projekte, die nicht transferiert werden könnten«. Zudem verwies man auf die enge »Verzahnung« mit anderen Berliner Einrichtungen, wobei die über Jahre gewachsenen Kooperationen »an Personen gebunden« seien. Auch erschien der Standort Berlin unverzichtbar für die Durchführung gesamtdeutscher Untersuchungen mit Ost-West-Vergleich. Hinzu kam die Befürchtung, »daß bei einer Verlegung ein Teil des Personals nicht mitziehen würde«. Aus diesen Gründen lehnte der Senat schließlich eine Verlegung des MPI für Bildungsforschung von Berlin nach Bonn

---

62 Protokoll der 126. Sitzung des Senates vom 15.11.1990, AMPG, II. Abt., Rep. 60, Nr. 126.SP, fol. 10.

63 Beatrice Fromm: Gegenwärtige und künftige Aufgaben der MPG in der Entwicklung der innerdeutschen Zusammenarbeit in Wissenschaft und Forschung vom 8.5.1990, AMPG, II. Abt., Rep. 61, Nr. 150.VP, fol. 353–357, Zitate fol. 355.

64 Staab, Freiheit und Unabhängigkeit, 1990, 61–62.

65 Diese Forderung erhob 1993 der thüringische Ministerpräsident Bernhard Vogel gleich mehrfach. Protokoll der 137. Sitzung des Senates vom 9.6.1994, AMPG, II. Abt., Rep. 60, Nr. 137.SP, fol. 10; Protokoll der 142. Sitzung des Senates vom 15.3.1996, AMPG, II. Abt., Rep. 60, Nr. 142.SP, fol. 8 verso.

66 Protokoll der 133. Sitzung des Senates vom 19.3.1992, AMPG, II. Abt., Rep. 60, Nr. 133.SP, fol. 25–26.

67 Siehe dazu Vertrag zwischen der Bundesrepublik Deutschland und der Deutschen Demokratischen Republik über die Herstellung der Einheit Deutschlands – Einigungsvertrag – vom 31. August 1990, abgedruckt in Münch, *Dokumente der Wiedervereinigung*, 1991, 327–354, hier 328.

68 *Gesetz zur Umsetzung des Beschlusses des Deutschen Bundestages vom 20. Juni 1991 zur Vollendung der Einheit Deutschlands*, 1994, 918–921; Staatssekretär Gebhard Ziller (BMFT) an Hans F. Zacher vom 21.9.1994, AMPG, II. Abt., Rep. 61, Nr. 163.VP, fol. 123–124.

ab, ergänzte diese Ablehnung aber um den Vorschlag, »statt dessen eines der Vorhaben, das sie im Hinblick auf die neuen Bundesländer berate, im Rahmen der für den Raum Bonn vorgesehenen Mittel in der Bundesstadt zu verwirklichen«.[69]

Nicht so einfach zurückweisen konnte die MPG dagegen die Forderung, AdW-Institute zu übernehmen, die vom Wissenschaftsrat positiv evaluiert worden waren.[70] Die »Präsidentenkommission DDR« bestand jedoch darauf, dass auch solche Institute »nach den für Neuvorhaben geltenden Kriterien geprüft« werden müssten – Präsident Zacher sprach in diesem Zusammenhang von »induzierten Neugründungen«.[71] Das heißt, sie mussten, erstens, wissenschaftliches Neuland betreten, zweitens Forschungsfelder abdecken, die an den Universitäten nicht oder noch nicht ausreichend vertreten waren, und drittens musste sich eine herausragende Persönlichkeit finden lassen, die man mit der Leitung betrauen konnte. Die MPG sah sich zwar genötigt, die Vorschläge des Wissenschaftsrats aufzunehmen, doch reklamierte ihre Leitung bei ihrer Umsetzung einen beachtlichen Spielraum, um die betreffenden Institute »nach den eigenen Vorstellungen gestalten zu können«.[72]

Was das in der Praxis bedeutete, zeigt das Beispiel des MPI für Mikrostrukturphysik, das als erstes Max-Planck-Institut in den neuen Bundesländern gegründet wurde. Es entstand aus dem AdW-Institut für Festkörperphysik und Elektronenmikroskopie in Halle, das der Wissenschaftsrat positiv evaluiert und zur Weiterführung als Max-Planck-Institut empfohlen hatte.[73] Dabei war das Arbeitsgebiet des neuen Instituts so mit dem bereits in der MPG vorhandenen Cluster materialwissenschaftlicher Einrichtungen abzustimmen, dass »Doppelarbeit« vermieden wurde.[74] Zugleich musste das Personal des Instituts deutlich reduziert werden, um die Kosten für die MPG dauerhaft tragbar zu machen. Um eine »Betriebsübernahme« zu umgehen, durch die die MPG gezwungen gewesen wäre, alle mit unbefristeten Verträgen ausgestatteten Beschäftigten zu übernehmen, wurde das Institut für Festkörperphysik und Elektronenmikros-

kopie zunächst formell geschlossen und gleich darauf als MPI für Mikrostrukturphysik neu gegründet – so kam es, dass die MPG in diesem einen Fall de facto doch ein AdW-Institut in ihre Reihen aufnahm. Die Ausnahmestellung des Hallenser Instituts resultierte nicht zuletzt aus den engen persönlichen Kontakten seiner Institutsleiter zu Direktoren gleich mehrerer Max-Planck-Institute, darunter das MPI für Quantenoptik, das MPI für Metallforschung und das Fritz-Haber-Institut. Diese Beziehungen ermöglichten nicht nur die faktische Aufnahme des Instituts in die MPG, sondern kamen auch in der Besetzung des Leitungskollegiums des neuen MPI zum Ausdruck.[75] Anfang September 1991 setzte Zacher Gerhard Ertl vom Fritz-Haber-Institut sowie Hellmut Fischmeister und Manfred Rühle vom MPI für Metallforschung als kommissarische Leiter des neuen MPI ein; hinzu kam mit Johannes Heydenreich der bisherige Institutsleiter, der 1990 bereits zum Auswärtigen Mitglied des MPI für Metallforschung ernannt worden war. Heydenreich war der einzige Wissenschaftler aus dem Osten, der unmittelbar nach der Wende den Aufstieg zum Wissenschaftlichen Mitglied der MPG und zum Direktor eines MPI schaffte – und auch er war kaum mehr als ein Mann des Übergangs, stand die Emeritierung des 1930 geborenen Physikers doch bereits in absehbarer Zeit an.

Zu den »induzierten« Gründungen zählten – neben dem MPI für Mikrostrukturphysik – das MPI für Kolloid- und Grenzflächenforschung und das MPI für Gravitationsphysik, die beide in Golm bei Potsdam angesiedelt wurden. Die beiden Letztgenannten unterschieden sich insofern vom MPI für Mikrostrukturphysik, als sie keine faktische Übernahme eines ehemaligen AdW-Instituts darstellten, sondern aus einzelnen Abteilungen verschiedener AdW-Institute sozusagen zusammengeschweißt wurden.[76] Diese drei Institute markierten allerdings Ausnahmen. Die »Richtlinie« lautete, wie sich Wolf Singer später erinnerte, »daß wir auch in günstigen Fällen von einer Übernahme absehen sollten, um keine Begehrlichkeiten zu wecken, keine Präzedenzfälle zu schaffen und die Kontrolle über das Wachstum der Max-

---

69 Protokoll der 138. Sitzung des Senates vom 18.11.1994, AMPG, II. Abt., Rep. 60, Nr. 138.SP, fol. 9 recto–11 recto; Materialien für die 138. Sitzung des Senates vom 18.11.1994, AMPG, II. Abt., Rep. 61, Nr. 163.VP, fol. 128 recto–129 verso.

70 Ausführlich Ash, *MPG im Kontext*, 2020, 88–103.

71 Protokoll der 126. Sitzung des Senates vom 15.11.1990, AMPG, II. Abt., Rep. 60, Nr. 126.SP, fol. 10 u. 313. Siehe dazu und zum Folgenden auch Ash, *MPG im Kontext*, 2020, 116–118.

72 Protokoll der 153. Sitzung des Verwaltungsrates vom 5.6.1991, AMPG, II. Abt., Rep. 61, Nr. 153.VP, fol. 8.

73 Wissenschaftsrat, *Stellungnahme*, 13.3.1991, 16. Siehe zum Folgenden unten, Kap. III.4.2; Ash, *MPG im Kontext*, 2020, 119–125; Henning und Kazemi, *Handbuch*, Bd. 2, 2016, 1080–1083.

74 So drückte sich Präsident Zacher aus, zitiert nach Ash, *MPG im Kontext*, 2020, 120.

75 Das Folgende nach Protokoll der 154. Sitzung des Verwaltungsrates vom 21.11.1991, AMPG, II. Abt., Rep. 61, Nr. 154.VP, fol. 9.

76 Siehe zu den beiden Instituten Ash, *MPG im Kontext*, 2020, 125–131 u. 211–218; Henning und Kazemi, *Handbuch*, Bd. 1, 2016, 603–604 u. 842–843.

Planck-Gesellschaft nicht zu verlieren«.⁷⁷ Die übrigen Neugründungen gingen nicht auf eine Empfehlung des Wissenschaftsrats – und somit auch nicht auf vormalige AdW-Institute – zurück, weshalb Zacher sie als »originäre Gründung« bezeichnete, »ganz nach den Grundsätzen, die für uns [die MPG; J.B.] gelten«.⁷⁸ Während die MPG mit den »induzierten« Gründungen ihre Pflicht beim »Aufbau Ost« erfüllte, konnte sie mit den »originären« Gründungen die Gunst der Stunde nutzen, um die Flaute der 1970er- und 1980er-Jahre hinter sich zu lassen und neue Projekte in Angriff zu nehmen.

Die zahlreichen Neugründungen, die die MPG in Ostdeutschland – bei gleichzeitigem massiven Sparzwang im Westen – umsetzte, trugen überwiegend dazu bei, Forschungscluster zu verstärken oder zu arrondieren, die bereits in der MPG vorhanden gewesen waren.⁷⁹ Das lag nicht zuletzt an dem mehrstufigen Gründungsverfahren, das starke innere Impulse voraussetzte und Vernetzungen innerhalb einer Sektion (und bisweilen auch über die Sektionsgrenzen hinweg) beförderte bzw. erforderte; bereits bestehende Forschungscluster waren dadurch klar im Vorteil.⁸⁰ Freilich nutzte die MPG die Chance, die ihr die Wiedervereinigung bot, auch zum Einstieg in neue Forschungsfelder, die zuvor in der MPG noch gar nicht vorhanden gewesen waren. Hier mag pars pro toto ein Hinweis auf das 1993 in Jena gegründete MPI zur Erforschung von Wirtschaftssystemen genügen,⁸¹ mit dem die MPG auch in den Wirtschaftswissenschaften Fuß zu fassen suchte.⁸² Der »Aufbau Ost« löste in der MPG ein regelrechtes Gründungsfieber aus, mit dem sich – allerdings ausschließlich in den neuen Bundesländern – auch Projekte realisieren ließen, die in der vorangegangenen Stagnationsphase schon aus finanziellen Gründen keine Chance gehabt hatten.

Zeitlich lassen sich zwei Wellen von Institutsgründungen in den neuen Ländern unterscheiden.⁸³ Die erste begann 1991 und umfasste insgesamt acht Institute: die drei »induzierten« Gründungen, von denen bereits die Rede war, das MPI für Wissenschaftsgeschichte und das MPI für Infektionsbiologie, die beide in Berlin eingerichtet wurden, das MPI für molekulare Pflanzenphysiologie, das MPI für neuropsychologische Forschung in Leipzig und das MPI für Wirtschaftssysteme. Damit lag der regionale Schwerpunkt der Institute, die die MPG in Ostdeutschland gründete, zunächst eindeutig auf Berlin und Potsdam. Das sollte sich nicht zuletzt auf massiven Druck aus den neuen Bundesländern später ändern.⁸⁴ Zur zweiten Gründungswelle, die 1994 einsetzte, gehörten neun Institute und ein Teilinstitut. Vier davon, nämlich das MPI für Mathematik in den Naturwissenschaften und das MPI für evolutionäre Anthropologie (beide in Leipzig), das MPI für Chemie fester Stoffe und das das MPI für molekulare Zellbiologie und Genetik (beide in Dresden), lagen in Sachsen; eines, das Magdeburger MPI für Dynamik komplexer technischer Systeme – das erste MPI in den Ingenieurwissenschaften –, in Sachsen-Anhalt; drei weitere wurden in Thüringen angesiedelt, nämlich das MPI für chemische Ökologie und das MPI für Biogeochemie, die beide in Jena entstanden, sowie das MPI für ethnologische Forschung in Halle an der Saale; in Mecklenburg-Vorpommern schließlich entstand das MPI für demografische Forschung in Rostock und die riesige Außenstelle des IPP in Greifswald, in der künftig die Stellaratorenforschung betrieben wurde.

Die Pause zwischen den beiden Gründungswellen war der massiven Finanzkrise geschuldet, in die der Bund infolge der Wiedervereinigung geriet: Weder gelang die Finanzierung der Kosten der Einheit aus den Erlösen des »volkseigenen Vermögens« der ehemaligen DDR, da die »Volkseigenen Betriebe« vielfach marode waren und sich als nur schwer verkäuflich erwiesen; noch wurde das erklärte Ziel erreicht, den Ostteil Deutschlands durch eilig in Angriff genommene Sanierungs- und Modernisierungsmaßnahmen wirtschaftlich rasch an den Westteil heranzuführen. Damit dämmerte im Frühjahr und Sommer 1991 die Erkenntnis, dass die Herstellung der materiellen Einheit weit länger dauern und erheblich teurer werden würde, als die Bundesregierung zunächst gedacht bzw. öffentlich erklärt hatte. Die öffentliche Hand musste im Westen der Republik drastische Einsparungen

---

77 Wolf Singer an Hubert Markl vom 10.2.2000, AMPG, II. Abt., Rep. 61, Nr. 197.VP, fol. 117.
78 Protokoll der 126. Sitzung des Senates vom 15.11.1990, AMPG, II. Abt., Rep. 60, Nr. 126.SP, fol. 313.
79 So ergänzte beispielsweise das MPI für molekulare Pflanzenphysiologie, das seinen Sitz im entstehenden »Science Park« in Golm bei Potsdam fand, den Forschungsschwerpunkt in den Lebenswissenschaften. Siehe unten, Kap. III.9. Henning und Kazemi, *Handbuch*, Bd. 2, 2016, 1159–1161; Ash, *MPG im Kontext*, 2020, 138–140.
80 Siehe unten, Kap. IV.4.2 und Kap. IV.4.3.
81 Henning und Kazemi, *Handbuch*, Bd. 2, 2016, 1663–1665; Ash, *MPG im Kontext*, 2020, 146–153.
82 Seit der Ära Butenandt waren entsprechende Initiativen, die meist von den Wirtschaftsvertretern in Verwaltungsrat und Senat ausgegangen bzw. unterstützt worden waren, aus unterschiedlichen Gründen immer wieder gescheitert.
83 Diese Periodisierung wie auch das Folgende nach Ash, *MPG im Kontext*, 2020, 116–153 u. 190–218; Ash, *MPG im Prozess*, 2023, 101–128.
84 Siehe dazu unten, Kap. II.5.3.4.

vornehmen, um die vorhandenen Finanzmittel auf den »Aufbau Ost« umzulenken. Das zeitigte Folgen für alle Ressorts, auch für das BMFT, was sich wiederum direkt auf die MPG auswirkte, die sich 1991 noch der Illusion hingab, Forschungseinrichtungen in den neuen Ländern weitgehend ohne Abstriche bei bestehenden Instituten gründen zu können.[85] Umso böser war das Erwachen: Im Juni 1992 sah sich der Senat – auf Drängen Zachers – genötigt, die bereits gefassten Gründungs- und Berufungsbeschlüsse einstweilen auszusetzen und diese »nur in Abhängigkeit von den zu diesem Zweck zur Verfügung stehenden Finanzierungsmöglichkeiten zu vollziehen«.[86] Unter diesen Voraussetzungen war an die Gründung weiterer Institute einstweilen nicht zu denken. Eine Entspannung trat erst mit dem »Solidarpakt des Bundes und der Länder« vom März 1993 ein, mit dem der »Fonds Deutsche Einheit« für 1993 und 1994 massiv aufgestockt wurde, ehe die neuen Bundesländer ab 1995 in den Länderfinanzausgleich einbezogen werden sollten.[87] Auf dieser Grundlage konnte die MPG nicht nur die bereits angestoßenen Neugründungen vollziehen, sondern auch eine zweite Gründungswelle vorbereiten. Die Forschung betont dabei die Rolle des neuen Bundesforschungsministers Paul Krüger (CDU), der aus Mecklenburg-Vorpommern stammte und gegenüber der MPG »auch als Anwalt der [neuen Bundesländer] und insbesondere seines Heimatlandes« agierte.[88]

Alles in allem bewirkte der »Aufbau Ost« einen enormen Wachstumsschub der MPG, der allerdings weitgehend auf die neuen Bundesländer beschränkt war. Hier entstanden 18 Max-Planck-Institute, die Außenstelle des IPP in Greifswald sowie die Forschungsstelle von Ernst Fischer in Halle; bis 2002 kamen zwei weitere Institute im Westen hinzu – die MPG wuchs also binnen einer Dekade um rund 30 Prozent! Es erscheint dabei besonders bemerkenswert, dass die MPG trotz des starken Drucks aus der Politik beim Aufbau ihrer Forschungsinfrastruktur in den neuen Bundesländern so weit wie irgend möglich an ihren hohen Standards für die Neugründung von Instituten festhielt. Das gilt sowohl für die genannten Voraussetzungen, die für einen Gründungsbeschluss vorliegen mussten, als auch für das komplizierte und zeitaufwendige Verfahren für die Gründung neuer Institute und die Berufung Wissenschaftlicher Mitglieder, obwohl die Regierungen aus den neuen Bundesländern drängten.[89] Allerdings stellten Institutsgründungen am Fließband Senat und Verwaltungsrat vor enorme Herausforderungen. Auch die Sektionen arbeiteten unter Hochdruck: Verschiedene Gründungs- bzw. Berufungskommissionen tagten parallel, was für die Sektionsvorsitzenden und die Vizepräsidenten eine große Belastung darstellte. In einer Ausarbeitung für den Verwaltungsrat vom Frühjahr 1992, die eine Zwischenbilanz zu den Gründungsvorhaben der MPG in den neuen Ländern zog, hob die Generalverwaltung hervor, »daß insbesondere die Wissenschaftler der Gesellschaft hier eine ganz außerordentliche Aufgabe mit einem persönlichen Einsatz bewältigt haben, den man nur als vorbildlich bezeichnen kann«.[90] In der Tat verlangte der »Aufbau Ost« der MPG enorm viel Kraft ab, sowohl was die Umsetzung des kurzfristigen Programms in Form von Arbeitsgruppen, Forschergruppen und Geisteswissenschaftlichen Zentren betrifft als auch – und erst recht – mit Blick auf seine langfristige Komponente, die Gründung von 18 neuen Instituten. Beides in so kurzer Zeit bewerkstelligt zu haben ist in der Tat bemerkenswert.

5.3.3 Der »Aufbau Ost« als »Abbau West«

All dies gab es allerding nicht zum Nulltarif. Der rasante Aufbau von Forschungseinrichtungen in den neuen Bundesländern ging mit schmerzhaften Einschnitten in die Substanz im Westen einher. Das geschah zum einen über Einsparungen, die die MPG selbst vornahm, um durch die Umverteilung von Mitteln Neues schaffen zu können, ganz so, wie man es in der Amtszeit von Reimar Lüst bereits erfolgreich durchexerziert hatte; zum anderen musste die MPG strikte Sparmaßnahmen umsetzen, die ihr die Politik verordnete, um durch Einsparungen im Westen zur Finanzierung der deutschen Einheit beizutragen.

Der stockende Aufbau der drei neuen Max-Planck-Institute im Westen, die bevorstehende Übernahme eines

---

85 Ritter, Kosten der Einheit, 2009, 537–552; Paqué, *Bilanz*, 2009; Schwind, *Finanzierung der deutschen Einheit*, 1997. Zu den Auswirkungen der Finanzkrise auf die MPG siehe im Folgenden die Analyse von Ash, *MPG im Kontext*, 2020, 159–188.
86 Dieser Teil des Senatsbeschlusses war besonders umstritten, wie die drei Gegenstimmen und eine Enthaltung beweisen. Protokoll der 131. Sitzung des Senates vom 4.6.1992, AMPG, II. Abt., Rep. 60, Nr. 131.SP, fol. 19.
87 Schwind, *Finanzierung der deutschen Einheit*, 1997, 171–172; Ash, *MPG im Kontext*, 2020, 188.
88 Ash, *MPG im Kontext*, 2020, 224. Nachweisen lässt sich dieser Einfluss Krügers v. a. bei der Errichtung der Zweigstelle des IPP in Greifswald, die Krüger im Gespräch mit Zacher ins Spiel brachte. Protokoll der 159. Sitzung des Verwaltungsrates vom 16.6.1993, AMPG, II. Abt., Rep. 61, Nr. 159.VP, fol. 8; Unterlage für die Senatssitzung der MPG am 11.3.1994, Gründung eines Teilinstituts des Max-Planck-Instituts für Plasmaphysik (IPP) in Greifswald, AMPG, II. Abt., Rep. 61, Nr. 161.VP, fol. 215–217.
89 Dies betont auch Ash, *MPG im Kontext*, 2020, 117.
90 Protokoll der 155. Sitzung des Verwaltungsrates vom 12.3.1992, AMPG, II. Abt., Rep. 61, Nr. 155.VP, fol. 60–68, Zitat fol. 62.

5. Zwischen »Aufbau Ost« und Globalisierung (1990–2002/05)

erheblichen Teils der Betriebskosten des MPI für Kohlenforschung in den allgemeinen Haushalt, die steckengebliebene Modernisierung der Forschungsinfrastruktur bereits bestehender Institute und die beginnende Finanzkrise des Bundes, die eine komplette Übernahme der Kosten für die Gründung weiterer Institute in den neuen Ländern unwahrscheinlich machte – all diese Faktoren erhöhten in den Jahren 1991 und 1992 kontinuierlich den Druck auf die MPG, Mittel intern umzuschichten. Bereits im März 1991 verabschiedete sich der Verwaltungsrat von der unter Staab formulierten Doktrin, »der Ausstattung der bestehenden Institute Priorität [gegenüber Neugründungen; J.B.] einzuräumen«. Nun hielt man »verstärkte Bemühungen um Konzentration« für notwendig, »um den Leistungsstandard und die Innovationsfähigkeit der Gesellschaft auch für die Zukunft zu erhalten«.[91] Im November 1991 sah sich die MPG-Führung genötigt, »auf Dauer angelegte Einsparungen bei den Personalausgaben« vorzunehmen, die sich »nur über eine Reduzierung der Planstellen erreichen ließen«.[92] Der Verwaltungsrat beschloss daraufhin, 90 Stellen »aus den Institutshaushalten« einzuziehen, was einer Einsparung von 6,1 Millionen DM entsprach. Das strukturelle Problem, vor dem sie im Grunde seit 1973 stand, löste die MPG damit nicht: Kürzungen von Stellen brachten weniger Einsparungen, als Neuberufungen kosteten.[93] Auf diese Weise verlor die MPG mehr an Substanz, als sie an Spielraum für Investitionen in die Zukunft gewann.

Der MPG-Führung blieb daher nichts anderes übrig, als das Ausmaß der internen Umschichtungen zu vergrößern. Zacher sah es als notwendig an, »bis zu 10 % der Arbeitsbereiche in den alten Ländern zu schließen, um aus der durch die Stagnation der vergangenen zwanzig Jahre entstandenen ›Investitionsfalle‹ herauszukommen«.[94] Im Juni 1992, gleichzeitig mit dem Aussetzen der Gründungsbeschlüsse in den neuen Bundesländern, verabschiedete der Senat auf Vorschlag Zachers für die bereits bestehenden Einrichtungen ein »Konzentrationsprogramm«, das die Hürden für Nachfolgeberufungen heraufsetzte. Die Maßnahme zielte darauf ab, »eine Umschichtung des Personalhaushalts in den Sachhaushalt (Haushaltskorrektur) herbeizuführen und durch den Verzicht auf Nachfolgeberufungen Einsparungen für Innovationen zu erreichen«.[95] Unter den Senatoren war diese Strategie nicht unumstritten. DFG-Präsident Wolfgang Frühwald hatte bereits ein halbes Jahr zuvor das Vorgehen der MPG und anderer westdeutscher Wissenschaftsorganisationen im Zuge der Wiedervereinigung mit dem Kalkül verglichen, »ein gesundes Bein abzuschneiden in der vagen Hoffnung, dafür eine sehr gute Prothese zu bekommen«. Manfred Erhardt (CDU), der Berliner Senator für Wissenschaft und Forschung, konterte mit dem »Bild von den verdorrenden Zweigen, die abgeschnitten werden müssten, damit neue Triebe und Blüten sprießen könnten«.[96] So oder so, die Einschnitte, die Verwaltungsrat und Senat beschlossen, waren schmerzhaft.

Im Zusammenhang mit den MPG-internen Umschichtungen von Stellen und Mitteln diskutierten die Leitungsgremien mehrfach die Frage, ob und inwieweit der MPG-Präsident das Recht haben sollte, einmal gemachte Berufungszusagen zumindest partiell zurückzunehmen, um entsprechende Einsparungen auch vor der Emeritierung Wissenschaftlicher Mitglieder vornehmen zu können. Die MPG sollte damit die Möglichkeit erhalten, »den Ausstattungsumfang eines Instituts, einer Abteilung oder eines Arbeitsbereichs gegebenenfalls an ein verringertes Leistungsvermögen eines Wissenschaftlichen Mitglieds anzupassen«.[97] Ganz ähnliche Argumente waren in den frühen 1970er-Jahren vorgetragen worden, als es um die Einführung der Befristung von Leitungsfunktionen gegangen war, die sich jedoch als stumpfes Schwert erwiesen hatte.[98] Tatsächlich stand der neue Vorstoß in engem Zusammenhang mit der Überprüfung der Leitungsfunktionen, denn Zacher schlug vor, »im Rahmen des Verfahrens zur Verlängerung der auf sieben Jahre befristet übertragenen Leitungsfunktionen auch die Ressourcenzuteilung zu überprüfen«.[99] Unter Hubert Markl wurde die Aufweichung der Berufungszusagen als »eine Konsequenz der Fortentwicklung des Fachbeiratswesens« begriffen, da bei »gravierenden negativen Leistungen […]

---

91 Protokoll der 152. Sitzung des Verwaltungsrates vom 7.3.1991, AMPG, II. Abt., Rep. 61, Nr. 152.VP, fol. 10.
92 Hierzu und zum Folgenden Protokoll der 154. Sitzung des Verwaltungsrates vom 21.11.1991, AMPG, II. Abt., Rep. 61, Nr. 154.VP, fol. 12.
93 Protokoll der 136. Sitzung des Senates vom 11.3.1994, AMPG, II. Abt., Rep. 60, Nr. 136.SP, fol. 15 recto.
94 Protokoll der 132. Sitzung des Senates vom 20.11.1992, AMPG, II. Abt., Rep. 60, Nr. 132.SP, fol. 24.
95 Protokoll der 143. Sitzung des Senates vom 20.6.1996, AMPG, II. Abt., Rep. 60, Nr. 143.SP, fol. 6 recto.
96 Protokoll der 131. Sitzung des Senates vom 4.6.1992, AMPG, II. Abt., Rep. 60, Nr. 131.SP, fol. 12 u. 16.
97 Protokoll der 161. Sitzung des Verwaltungsrates vom 10.3.1994, AMPG, II. Abt., Rep. 61, Nr. 161.VP, fol. 5 verso.
98 »Seit Einführung des Instruments im Jahr 1974«, berichtete Zacher dem Senat später, »habe die Leitungsbefugnis nur in einem Fall entzogen werden müssen.« Protokoll der 140. Sitzung des Senates vom 22.6.1995, AMPG, II. Abt., Rep. 60, Nr. 140.SP, fol. 10 verso.
99 Protokoll der 161. Sitzung des Verwaltungsrates vom 10.3.1994, AMPG, II. Abt., Rep. 61, Nr. 161.VP, fol. 2 recto–11 recto, Zitate fol. 5 verso.

immer auch die Möglichkeit zu härteren Maßnahmen vorhanden sein« müsse.[100] Ein entsprechender Senatsbeschluss vom Juni 1998 begrenzte die »Kürzung der Ressourcenausstattung« auf »in der Regel« 25 Prozent. Da diese Bestimmung allerdings erst auf die ab diesem Zeitpunkt Berufenen angewandt werden konnte, spielte dieses neue Instrument im Untersuchungszeitraum keine Rolle mehr.

Kein Wunder, dass die MPG 1994 begonnen hatte, darüber nachzudenken, was ihr einen flexibleren Umgang mit den in den Instituten investierten Finanzmitteln erlauben würde. Denn just in diesem Jahr begannen die Sparmaßnahmen des Föderalen Konsolidierungsprogramms zu greifen. Um die eklatante Finanzschwäche der neuen Länder auszugleichen, hatte der Gesetzgeber Änderungen in der vertikalen (zwischen Bund und Ländern) und horizontalen Steuerverteilung (unter den Ländern) vorgenommen.[101] Zur Kompensation der dadurch entstandenen Einnahmeausfälle des Bundes und der West-Länder aus dem Umsatzsteueraufkommen wurden die Ausgaben an anderen Stellen gekürzt; unter anderem musste die MPG im Rahmen des Föderalen Konsolidierungsprogramms in den Jahren 1994 und 1995 je 1 Prozent ihres Personalhaushalts in den alten Bundesländern einsparen.[102] Zum 1. Januar 1994 stand die MPG in der Pflicht, »88 Planstellen aus den Instituten der alten Bundesländer an die Zuwendungsgeber zurück[zu]geben«.[103] Zwischen 1994 bis 1996 summierte sich die Zahl der Stellen, die die MPG in den alten Bundesländern einsparte und zurückgab, auf 231, darunter drei C 4- und fünf C 3-Stellen, was dem »Potential eines größeren Max-Planck-Instituts« entsprach.[104] Nachdem die Bundesregierung 1995 das Konsolidierungsprogramm bis ins Jahr 2000 verlängert und die Zahl der einzusparenden Stellen nochmals erhöht hatte, sah sich die MPG im Juni 1996 zu einem drastischen Schritt veranlasst: Nach Rücksprache mit seinem designierten Nachfolger verhängte Zacher ein »Berufungseinleitungsmoratorium«, das heißt, der Präsident leitete einstweilen »keine Berufungsanträge von Max-Planck-Instituten der alten Bundesländer an die Sektionen« weiter.[105] Dies war ein demonstrativer Akt, der das »akute Stellendefizit« der MPG nicht reduzierte; vielmehr sollte er »ein Warnsignal« an die Politik senden – der Empfänger, vor allem die Regierungen der alten Bundesländer, reagierte allerdings nicht darauf, sodass das Berufungseinleitungsmoratorium weitgehend folgenlos blieb (und schließlich still und leise wieder aufgehoben wurde). Insgesamt verlor die MPG im Rahmen des Föderalen Konsolidierungsprogramms zwischen 1994 und 2000 737 Stellen, was rund 11 Prozent ihres Personals entsprach[106] – ein gewaltiger Aderlass.

Zunächst machte die MPG die zurückzugebenden Stellen durch das bereits laufende interne Konzentrationsprogramm frei, das heißt im Weg von »linearen Abschöpfungen«.[107] 1995 ging der Verwaltungsrat davon aus, dass die MPG zwischen 1996 und 1999 insgesamt rund 460 Stellen würde einsparen müssen, von denen »bis zu 300 Stellen nach den Vorgaben aus dem Föderalen Konsolidierungsprogramm an die Finanzierungsträger abzugeben« seien. Um dieses Ziel zu erreichen, beschloss man eine Fortsetzung des Konzentrationsprogramms sowie »eine lineare Stellenkürzung von ca. 2,5 %«, die »in den Instituten der alten Bundesländer […] vorgenommen« werden sollte.[108]

Spätestens 1996 war allerdings »die Grenze des Machbaren überschritten«,[109] das »Konzentrationsprogramm« an seine Grenzen gestoßen. Präsident Zacher teilte Bundesbildungsminister Jürgen Rüttgers (CDU) klipp und klar mit, dass die MPG weitere Stelleneinsparungen »nicht mehr auf dem Wege einer ›Verschlankung‹ unserer Institute«, sondern »*nur durch Schließung von Instituten*

---

100 Protokoll der 149. Sitzung des Senates vom 25.6.1998, AMPG, II. Abt., Rep. 60, Nr. 149.SP, fol. 9 verso. Die folgenden Zitate ebd., fol. 10 recto.
101 *Gesetz zur Umsetzung des Föderalen Konsolidierungsprogramms – FKPG*, 1993, 944–991. Siehe dazu Eggert und Minter, Konsolidierungsprogramm, 19.2.2018, https://wirtschaftslexikon.gabler.de/definition/foederales-konsolidierungsprogramm-36839/version-260286.
102 Protokoll der 159. Sitzung des Verwaltungsrates vom 16.6.1993, AMPG, II. Abt., Rep. 61, Nr. 159.VP, fol. 10–11. Zu den dramatischen Folgen für die MPG siehe Materialien für die 165. Sitzung des Verwaltungsrates vom 21.6.1995, AMPG, II. Abt., Rep. 61, Nr. 165.VP, fol. 59–61.
103 Protokoll der 135. Sitzung des Senates vom 19.11.1993, AMPG, II. Abt., Rep. 60, Nr. 135.SP, fol. 33; Henning und Kazemi, *Chronik*, 2011, 667–668.
104 Hans F. Zacher an Jürgen Rüttgers vom 8.5.1996, AMPG, II. Abt., Rep. 60, Nr. 143.SP, fol. 140.
105 Protokoll der 143. Sitzung des Senates vom 20.6.1996, ebd., fol. 6 recto. Die folgenden Zitate ebd., fol. 6 verso, fol. 8 recto; Protokoll der 168. Sitzung des Verwaltungsrates vom 19.6.1996, AMPG, II. Abt., Rep. 61, Nr. 168.VP, fol. 3 recto.
106 Henning und Kazemi, *Chronik*, 2011, 667.
107 Protokoll der 143. Sitzung des Senates vom 20.6.1996, AMPG, II. Abt., Rep. 60, Nr. 143.SP, fol. 7 recto.
108 Protokoll der 165. Sitzung des Verwaltungsrates vom 21.6.1995, AMPG, II. Abt., Rep. 61, Nr. 165.VP, fol. 5.
109 Protokoll der 143. Sitzung des Senates vom 20.6.1996, AMPG, II. Abt., Rep. 60, Nr. 143.SP, fol. 6 verso.

aufbringen« könne.¹¹⁰ Zacher setzte diese Ultima Ratio allerdings nicht mehr selbst ins Werk, sondern überließ diese undankbare Aufgabe seinem Nachfolger. Bereits in seiner Rede auf der MPG-Hauptversammlung im Juni 1996 kündigte Markl vorsichtig Institutsschließungen »nach sorgfältig prüfendem Ermessen« an, ohne jedoch zu sagen, welche Einrichtungen von einem solch drastischen Schritt betroffen sein könnten.¹¹¹ Diese Bombe – besser gesagt: vier Bomben – ließ Markl am 21. Oktober 1996 platzen: In einem Rundschreiben an die Mitglieder des Senats, dem nach der Satzung für Institutsschließungen zuständigen Gremium, und einer gleichzeitig herausgegebenen Presseerklärung kündigte er an, dass die MPG die Schließung von vier Instituten plane, nämlich des MPI für Biologie in Tübingen, des MPI für Verhaltensphysiologie in Seewiesen, des MPI für Aeronomie in Katlenburg-Lindau und des MPI für Geschichte in Göttingen.¹¹² Markl rechtfertigte dies damit, dass die MPG bis zum Jahr 2000 »über 500« weitere Stellen in den alten Bundesländern freimachen müsse, was in diesen Dimensionen nicht mehr nach der »Rasenmähermethode« möglich sei, »sondern durch strukturelle Eingriffe – das heißt auch durch Institutsschließungen – vorgenommen werden« müsse. Die Alternative, nämlich eine Fortsetzung der »über Jahre hinweg geübten Praxis«, jede frei werdende Stelle ohne Weiteres zu streichen, würde die MPG »in einen andauernden Depressionszustand versetzen«.¹¹³

Markl verfolgte mit seiner Ankündigung ein strategisches Ziel: Die Schließung ganzer Institute würde die einschneidenden Folgen der von der Bundesregierung verhängten Sparmaßnahmen für jedermann offensichtlich zutage treten lassen. Ein Aufschrei aus Wissenschaft, Sitzländern und Öffentlichkeit war also vorprogrammiert, worauf ein mit allen Wassern gewaschener Wissenschaftspolitiker wie Hubert Markl fraglos spekulierte.¹¹⁴ Genau so kam es denn auch, allerdings fiel der Protest heftiger aus, als Markl kalkuliert haben dürfte. Der Beschluss, gerade diese vier Institute abzuwickeln, war auf Betreiben Markls im »Präsidium« gefallen und nicht in den laut Satzung zuständigen Organen. Ein solches Vorgehen erschien einigen als ein »autoritärer Akt«,¹¹⁵ der ebenso für Entrüstung sorgte wie die Entscheidung selbst. Besonders ungehalten reagierte der niedersächsische Ministerpräsident Gerhard Schröder (SPD), in dessen Bundesland gleich zwei Institute geschlossen zu werden drohten, was ihn »mit großer Sorge für den Wissenschaftsstandort Niedersachsen erfüllt[e]«.¹¹⁶ Schröder erklärte, er werde sich bei Gesprächen mit den Länderchefs und dem Bundeskanzler »mit Nachdruck dafür einsetzen, daß das vom Bund angestrebte Stellenkürzungskonzept nicht, vor allen Dingen nicht in dem vorgesehenen zeitlichen Rahmen umgesetzt wird«. Das war ganz im Sinne Markls, der die Bundesregierung unter Druck setzen wollte, ihre Kürzungsbeschlüsse zurückzunehmen oder doch zumindest abzumildern. Schröders Nachsatz, Niedersachsen werde sich anderenfalls »an den 5 %-Beschluß nicht mehr gebunden« sehen,¹¹⁷ lief dagegen den Interessen der MPG diametral entgegen, die diesen finanziellen Aufwuchs dringend für den weiteren Aufbau ihrer Institute in den neuen Ländern benötigte. Hinzu kam ein entsprechender

---

110 Hans F. Zacher an Jürgen Rüttgers vom 8.5.1996, ebd., fol. 139–144, Zitat fol. 140, Hervorhebung im Original. Der erste, der innerhalb der MPG angesichts der sich verschlechternden Finanzlage der öffentlichen Hand Institutsschließungen prognostiziert hatte, war Altpräsident Reimar Lüst gewesen. Protokoll der 142. Sitzung des Senates vom 15.3.1996, AMPG, II. Abt., Rep. 60, Nr. 142.SP, fol. 10 verso.
111 Markl, Ansprache des neuen Präsidenten Hubert Markl, 1996, 42.
112 Rundschreiben von Hubert Markl an die Mitglieder und Ständigen Gäste des Senates der Max-Planck-Gesellschaft vom 21.10.1996, AMPG, II. Abt., Rep. 60, Nr. 144.SP, fol. 204–205; Presseerklärung zu Stellenkürzungen bei der Max-Planck-Gesellschaft und den daraus folgenden Maßnahmen vom 21.10.1996, ebd., fol. 207–209. Die Direktoren der betroffenen Institute hatte Markl im Rahmen der Sektionssitzungen am 18.10.1996 informiert. Der Verwaltungsrat billigte Markls Vorgehen einstimmig. Protokoll der 169. Sitzung des Verwaltungsrates vom 21.11.1996, AMPG, II. Abt., Rep. 61, Nr. 169.VP, fol. 3 recto.
113 Protokoll der 144. Sitzung des Senates vom 22.11.1996, AMPG, II. Abt., Rep. 60, Nr. 144.SP, fol. 7 verso–8 recto. Den Begriff »Rasenmähermethode« für lineare Kürzungen hatte in der Sitzung zuvor bereits der thüringische Ministerpräsident Bernhard Vogel verwendet. Protokoll der 143. Sitzung des Senates vom 20.6.1996, AMPG, II. Abt., Rep. 60, Nr. 143.SP, fol. 8 verso.
114 In der Presseerklärung hatte es geheißen, dass Institutsschließungen abgewendet werden könnten, »wenn Bund und Länder die geplanten Personalkürzungen entsprechend mindern würden« – ein Wink mit dem Zaunpfahl. Presseerklärung zu Stellenkürzungen bei der Max-Planck-Gesellschaft und den daraus folgenden Maßnahmen vom 21.10.1996, AMPG, II. Abt., Rep. 60, Nr. 144.SP, fol. 207–209, Zitat fol. 208–209. Mit den vier Institutsschließungen, die das »Präsidium« beschlossen hatte, ließ sich ohnehin nur knapp die Hälfte der bis zum Jahr 2000 zu streichenden Stellen einsparen, der Rest sollte »auf dem Wege von Abteilungsschließungen gedeckt werden«. Insofern hatte auch dieser Beschluss Symbolcharakter. Auszug aus dem Protokoll der Präsidiums-Sitzung vom 4.10.1996, ebd., fol. 196–200, Zitat fol. 197.
115 Schöttler, *MPI für Geschichte*, 2020, 111. Markl erläuterte, dass eine offizielle Presseerklärung der MPG nötig gewesen sei, »damit diese Informationen korrekt und einheitlich und unter Darlegung der wesentlichen Hintergründe weitergegeben werden und so verkürzten Darstellungen in den Medien vorgebeugt wird.« Rundschreiben von Hubert Markl an die Mitglieder und Ständigen Gäste des Senats der Max-Planck-Gesellschaft vom 21.10.1996, AMPG, II. Abt., Rep. 60, Nr. 144.SP, fol. 204–205, Zitat fol. 205.
116 Gerhard Schröder an Hubert Markl vom 22.10.1996, GVMPG, BC 233119, fol. 332–333, Zitat fol. 332.
117 Gerhard Schröder an Hubert Markl vom 19.11.1996, AMPG, II. Abt., Rep. 60, Nr. 144.SP, fol. 234–235, Zitate fol. 235.

Vorstoß der SPD-Fraktion im niedersächsischen Landtag, durch den die MPG-Spitze die »Autonomie« der Gesellschaft »in Frage gestellt« sah, indem »ein Parlament zu bestimmen suche, welche Institute geschlossen werden dürften und welche nicht«.[118]

Heftige Kritik schlug Markl und der MPG insbesondere wegen der Ankündigung entgegen, das MPI für Geschichte schließen zu wollen.[119] Der Beirat des Instituts vermerkte befremdet, »daß eine derart gravierende Entscheidung ohne vorherige Evaluierung des Instituts und ohne angemessene Vorunterrichtung der Direktoren sowie des Beirats ausgesprochen wurde«. Da das Institut in der Scientific Community sehr gut vernetzt war, gingen zahlreiche »Solidaritätserklärungen aus aller Welt« ein; in Göttingen fand sogar eine Straßendemonstration statt. Die persönlichen Verletzungen, die der Beschluss bewirkte, waren tief und nachhaltig. Einer der beiden Direktoren, der Mediävist Otto Gerhard Oexle, unterstellte Markl wahlweise »Biologismus, Darwinismus und Sozialdarwinismus« oder aber »eine Haltung, in der sich technizistisches Verständnis von Wissenschaft und Welt, Willkür, Zynismus und Hohn mischen«. Obwohl das Tischtuch zwischen Institut und MPG zerrissen war, gelang es einstweilen noch, die Schließung zu verhindern. Markl hatte es der Geisteswissenschaftlichen Sektion überlassen, »die Fortführung des Max-Planck-Instituts für Geschichte sicherzustellen, wenn sie die geforderten 36 Stellen auf andere Weise einsparen könne«.[120] Von dieser Möglichkeit machte die Sektion Gebrauch und verteilte die Last der Stellenkürzungen auf mehrere Institute, sodass der Senat in seiner nächsten Sitzung nur drei (Teil-)Schließungen – des MPI für Biologie, des MPI für Verhaltensphysiologie und des MPI für Aeronomie – beschloss.[121] Damit war das MPI für Geschichte allerdings nur vorläufig gerettet. Nach der Emeritierung von Oexle und seinem Kollegen, dem Neuzeithistoriker Hartmut Lehmann, wurde es 2006 schließlich doch geschlossen bzw. umgewandelt.[122]

Die MPG befand sich beim »Aufbau Ost« in einer Zwickmühle, denn sie bezahlte die Gründung zahlreicher neuer Institute im Osten de facto mit massiven Kürzungen im Westen. Die MPG lief Gefahr, »in den alten Ländern Erstklassiges aufgeben zu müssen und in den neuen nur mit großer Verzögerung eine einheitliche Forschungslandschaft aufbauen zu können«.[123] Doch alles Klagen half nichts. Reimar Lüst machte den Senatoren klar, »daß zugunsten dieser Gründungen [in Ostdeutschland; J.B.] Opfer in den alten Bundesländern gebracht werden müßten. Die Max-Planck-Gesellschaft könne nicht achtzehn Institute in den neuen Ländern gründen, ohne wenigstens drei Einrichtungen in den alten zu schließen.«[124] Daran führte schon deswegen kein Weg vorbei, da die öffentliche Hand beim »Aufbau Ost« nach dem Prinzip »rechte Tasche – linke Tasche« agierte: Was sie der MPG mit der einen Hand gab, um den »Aufbau Ost« zu bewerkstelligen, nahm sie ihr mit der anderen durch Kürzungsmaßnahmen in den alten Bundesländern wieder weg. Auf diese Weise bewirkte die Politik eine beachtliche Verschiebung der regionalen Schwerpunkte der MPG.

5.3.4 Die Wiedervereinigung und der Finanzierungsmechanismus der MPG

Die Wiedervereinigung erwies sich aber auch deswegen als schwieriger Prozess, weil sie tektonische Verschiebungen im Verhältnis zwischen Bund und Ländern bzw. zwischen den Ländern bewirkte. Kurz gesagt, gelang es der MPG in den 1990er-Jahren nicht mehr, Nutzen aus der Finanzierung durch zwei Geldgeber zu ziehen, die in einem strukturellen Gegensatz zueinander standen – also Bund und Länder gegeneinander auszuspielen. Die Fähigkeit, dies zu tun, hatte seit den 1960er-Jahren wesentlich dazu beigetragen, dass die MPG Steuerungsansprüche der Politik abwehren konnte, obwohl sie finanziell fast vollständig von Zuschüssen der öffentlichen Hand abhängig geworden war.[125]

Für diese Veränderung gab es zwei Gründe. Zum einen existierten bis 1995 in den alten und in den neuen Bun-

---

118 Protokoll der Besprechung des Präsidenten mit den Vizepräsidenten am 9.12.1996, AMPG, II. Abt., Rep. 61, Nr. 170.VP, fol. 1 recto–5 recto, Zitat fol. 2 recto.
119 Das Folgende, wie auch die Zitate, nach Schöttler, *MPI für Geschichte*, 2020, 111–115.
120 Protokoll der 144. Sitzung des Senates vom 22.11.1996, AMPG, II. Abt., Rep. 60, Nr. 144.SP, fol. 9 verso.
121 Siehe Protokoll der 145. Sitzung des Senates vom 7.3.1997, AMPG, II. Abt., Rep. 60, Nr. 145.SP, fol. 10 verso, 15 recto–17 recto; siehe dazu auch Aktenvermerk Franz Emanuel Weinert für den Präsidenten der MPG über Herrn Dr. Ebersold, betr.: Überlegungen und Kriterien zur Schließung von Max-Planck-Instituten aus der geisteswissenschaftlichen Sektion vom 19.9.1996, AMPG, II. Abt., Rep. 61, Nr. 171.VP, fol. 44–46; Ulrich Marsch, Vertrauliche Anlage zum Protokoll der 170. Sitzung (Vizepräsidentenkreis) 9.1.1997, ebd., fol. 20–25.
122 Rösener, *MPI für Geschichte*, 2014, 149–159; Schöttler, *MPI für Geschichte*, 2020, 118–123.
123 Protokoll der 139. Sitzung des Senates vom 24.3.1995, AMPG, II. Abt., Rep. 60, Nr. 139.SP, fol. 17 verso.
124 Protokoll der 137. Sitzung des Senates vom 9.6.1994, AMPG, II. Abt., Rep. 60, Nr. 137.SP, fol. 10.
125 Dazu ausführlich Balcar, *Wandel*, 133–162.

desländern zwei getrennte Haushaltskreisläufe. Damit sollte verhindert werden, dass auch die ärmeren Bundesländer im Westen, die vor dem Mauerfall vom Länderfinanzausgleich profitiert hatten und auch weiterhin auf derartige Transferzahlungen angewiesen waren, angesichts der eklatanten Armut der neuen Bundesländer zu Nettozahlern mutierten. Deswegen bestand zunächst auch der Haushalt der MPG »aus zwei Finanzierungskreisen [...], die einen Ressourcentransfer aus den alten in die neuen Länder nicht zuließen«.[126] Auf diese Weise wurde allerdings auch der Umstand kaschiert, dass die MPG indirekt einen beachtlichen Teil ihres »Aufbaus Ost« aus ihrer Substanz in den alten Bundesländern bestritt. Zum anderen hatte die Wiedervereinigung die Lage auf der Länderseite komplizierter gemacht, indem sie die Länder in zwei Lager spaltete: Die Westländer waren aufs Ganze gesehen Nettozahler, die Ostländer Nettoempfänger. Die Folgen, die diese Frontstellung bewirkte, bekam die MPG direkt zu spüren. Immer wieder beklagten die Vertreter:innen der alten Bundesländer, »daß ein Institut in den alten Ländern geschlossen werde, um ein neues in den neuen Ländern zu gründen«.[127] Die Ländergemeinschaft, die das Königsteiner Abkommen seit 1949 getragen hatte, wurde durch diesen strukturellen Antagonismus zeitweilig sistiert. Hinzu kam, dass die neuen Länder zwar massiv vom »Aufbau Ost« profitierten, sich selbst jedoch einstweilen als Habenichtse keine großen Sprünge in der Forschungsförderung leisten konnten. Angesichts mangelnder Finanzkraft fielen sie als Verbündete und Förderer der MPG mehr oder weniger aus; dies zeigte sich, als Zacher 1992/93 versuchte, sie für eine Beschleunigung der Institutsgründungen in Ostdeutschland zu gewinnen.[128] So wurden die neuen Institute weitestgehend durch Transferzahlungen des Bundes und der Westländer finanziert. Auch ein Hilferuf Zachers an Bundeskanzler Kohl und die Ministerpräsidenten der alten Bundesländer, der die »Erosion der Entwicklungsmöglichkeiten« im Westen stoppen oder doch zumindest begrenzen sollte, verhallte weitgehend wirkungslos.[129]

Da sie nicht mehr zwischen ihren Geldgebern lavieren konnte, geriet die MPG in den 1990er-Jahren unter starken Druck der Politik, wobei sich drei Druckpunkte unterscheiden lassen: Erstens sollte sie AdW-Institute übernehmen; wie wir gesehen haben, gelang es der MPG, diese Zumutung in einer überschaubaren Größenordnung zu halten und die aufgenommenen Institute bzw. Institutsteile nach ihren Vorstellungen umzugestalten. Zweitens drängten Bund und neue Bundesländer auf die möglichst zügige Gründung möglichst vieler Max-Planck-Institute in Ostdeutschland, damit die MPG dort so bald wie möglich in dem gleichen Maße präsent war wie in den alten Bundesländern.[130] Den Regierungsvertretern konnte es damit nicht schnell genug gehen, weshalb immer wieder Kritik an der MPG laut wurde. So behauptete beispielsweise Bundeswissenschaftsminister Rüttgers in einer Bundestagsdebatte am 14. November 1996, »die Max-Planck-Gesellschaft hätte beim Aufbau neuer Forschungseinrichtungen in den neuen Ländern ›geschlafen‹«.[131] Drittens forderten die Regierungen der neuen Bundesländer wieder und wieder die Ausgewogenheit der regionalen Verteilung der Max-Planck-Institute im Osten ein – und drückten dabei massiv aufs Tempo.[132] Die MPG wandte zu Recht ein, dass es vollkommen unmöglich war, die neuen Einrichtungen überall zur gleichen Zeit aus dem Boden zu stampfen.[133] Von dem Argument, die Ergebnisse des »Aufbau Ost« erst an dessen Ende zu beurteilen, wollte man allerdings in den ostdeutschen Länderregierungen nichts wissen. »Wünschenswert wäre eine strikt wissenschaftlich begründete Standortentscheidung«, schrieb Markl den Länderregierungen ins Stammbuch. »Dazu müßte die Politik im Rahmen der Konsensfindung politische Partikularinteressen und Tendenzen zu einer gleichmäßigen regionalen Verteilung von Max-Planck-Instituten auf alle Bundesländer

---

126 Protokoll der 131. Sitzung des Senates vom 4.6.1992, AMPG, II. Abt., Rep. 60, Nr. 131.SP, fol. 25.
127 In diesem Fall der bayerische Kultusminister Hans Zehetmair. Protokoll der 145. Sitzung des Senates vom 7.3.1997, AMPG, II. Abt., Rep. 60, Nr. 145.SP, fol. 9 recto.
128 Hans F. Zacher an Manfred Erhardt, Hinrich Enderlein, Steffi Schnoor, Hans-Joachim Meyer, Rolf Frick und Ulrich Fickel vom 31.3.1992, AMPG, II. Abt., Rep. 61, Nr. 156.VP, fol. 132-135. Siehe dazu auch Ash, *MPG im Kontext*, 2020, 178-179.
129 Hans F. Zacher an den Bundeskanzler und die Regierungschefs der alten Bundesländer und Berlins, 14.5.1992 (Entwurf), AMPG, II. Abt., Rep. 61, Nr. 156.VP, fol. 219-224, Zitat fol. 220.
130 Ash, *MPG im Kontext*, 2020, 229-230.
131 Präsident Markl reagierte darauf mit einem Leserbrief an die Zeitschrift *Das Parlament*. Protokoll der 170. Sitzung des Verwaltungsrates vom 9.12.1996, AMPG, II. Abt., Rep. 61, Nr. 170.VP, fol. 1 recto–5 recto, fol. 1 verso.
132 Hierbei tat sich besonders der thüringische Ministerpräsident Bernhard Vogel hervor. Protokoll der 139. Sitzung des Senates vom 24.3.1995, AMPG, II. Abt., Rep. 60, Nr. 139.SP, fol. 16 verso.
133 Siehe dazu beispielsweise den Vermerk von Beatrice Fromm für den Präsidenten und den Generalsekretär vom 16.3.1993, betr.: Präsidiumssitzung am 17.3.1993, hier: Umsetzung von Gründungsvorhaben für Max-Planck-Institute in den Neuen Bundesländern und Standortfestlegungen, AMPG, II. Abt., Rep. 61, Nr. 158.VP, fol. 58-64, hier v.a. fol. 59-60.

zurückstellen.«¹³⁴ Das war bereits vor 1989 ein frommer Wunsch gewesen, in den heftigen Geburtswehen des wiedervereinigten Deutschland wurde er vollkommen illusorisch.

Freilich zogen die neuen Bundesländer keineswegs alle an einem Strang. Brandenburg und Sachsen waren bei der Gründung von Max-Planck-Instituten früh und reichlich bedacht worden, während sich Mecklenburg-Vorpommern und Thüringen zu kurz gekommen wähnten.¹³⁵ Dies anzuprangern wurde der thüringische Ministerpräsident Vogel nicht müde. Als »Westimport« – seine politische Heimat lag in Rheinland-Pfalz, dessen Ministerpräsident er von 1976 bis 1988 gewesen war – besaß er in ländertypischer Kirchturmpolitik ebenso viel Erfahrung wie im Umgang mit der MPG. Der Erfolg gab ihm recht: Im September 1995 forderte die BLK die MPG ohne Umschweife auf, bis zum 1. Januar 1997 ein weiteres Institut in Thüringen »in die institutionelle Förderung […] aufzunehmen«. Dies war in den Augen der MPG ein »bisher einmaliger Vorgang«, denn zuvor hatte die BLK noch nie ein einzelnes Bundesland besonders herausgestellt.¹³⁶ Aus Sicht der MPG kam es im Jahr darauf sogar noch schlimmer: Das Ergebnisprotokoll der Ministerpräsidentenkonferenz, die im Oktober 1996 in Erfurt getagt hatte, enthielt die »Bitte der Regierungschefs von Bund und Ländern an die Max-Planck-Gesellschaft, bei der Gründung weiterer Institute besonders die Bundesländer Mecklenburg-Vorpommern, Sachsen-Anhalt und Thüringen zu berücksichtigen«. Von einer »Bitte« konnte indes nicht die Rede sein, da das Protokoll zugleich die »Absicht« von Bund und Ländern bekräftigte, »ein Max-Planck-Institut in Thüringen zum 1. Januar 1997 in die institutionelle Förderung der Max-Planck-Gesellschaft aufzunehmen«.¹³⁷

Auch unter den West-Ländern gab es Konflikte. Zwar akzeptierten sie zähneknirschend ihre staatspolitische Aufgabe, den neuen Ländern beim »Aufbau Ost« unter die Arme zu greifen; auf vermeintliche oder tatsächliche Bevorteilungen anderer Altbundesländer reagierten sie dafür umso allergischer. Das galt vor allem für den nordrhein-westfälischen Ministerpräsidenten Johannes Rau (SPD), dem »das bisher schon bestehende Ungleichgewicht zwischen den alten Ländern im Lichte dieser Entwicklung [gemeint ist die Gründung weiterer Institute in Ostdeutschland; J.B.] noch gravierender« erschien. Rau forderte, »daß der unabweisbare Transfer in den Osten nicht zu einem Abbruch und damit verbunden zu noch mehr Ungerechtigkeit im Bereich der westlichen Länder« führen dürfe.¹³⁸ Der Neid der vermeintlich zu kurz Gekommenen beschränkte sich nicht auf derartige Forderungen, sondern schlug sich auch in Änderungen des Finanzierungsmechanismus der MPG nieder. So beschloss die BLK im September 1995, die Sitzlandquote zur Finanzierung von Max-Planck-Instituten ab 1997 auf 50 Prozent zu erhöhen – gegen die Stimmen Bayerns und Niedersachsens, die beide überproportional viele Einrichtungen der MPG beherbergten.¹³⁹ Vom Geist von Königstein, der 1949 die Finanzierung überregional bedeutender Forschungseinrichtungen durch die Ländergemeinschaft ermöglicht hatte, war da nicht mehr viel zu spüren.

Die MPG lehnte die »Gleichverteilungsmaxime« ab, da sie ihrer ureigenen Aufgabe wesensfremd erschien. »Der Auftrag der Max-Planck-Gesellschaft, das nationale Forschungssystem durch spezielle herausragende Grundlagenforschung zu ergänzen und dadurch zu optimieren«, erklärte Zacher, »sei nicht mit einer unbedingten Gleichverteilung der Einrichtungen über das gesamte Bundesgebiet hin in Einklang zu bringen«.¹⁴⁰ Auf diesem Ohr schienen die Länderregierungen jedoch taub zu sein, und so erreichte deren Kirchturmpolitik in den 1990er-Jahren ihren Höhepunkt, als die neuen Bundesländer alles daran setzten, Einrichtungen der MPG in den eigenen Regionen anzusiedeln. Die Neulinge lernten schnell, auch ihnen galt Wissenschaftspolitik schon bald als wichtiges Mittel der regionalen Infrastrukturpolitik. Die MPG konnte machen, was sie wollte – angesichts der so stark divergierenden Interessen der Länder konnte sie es nicht allen zugleich und gleichermaßen recht machen. Im Ergebnis führte dies dazu, dass sich in Ostdeutschland kein so eindeutiger regionaler Schwerpunkt der MPG heraus-

---

134 Antworten auf die Fragen der Evaluationskommission DFG/MPG an den Präsidenten der Max-Planck-Gesellschaft vom 3.6.1998, AMPG, II. Abt., Rep. 60, Nr. 149.SP, fol. 18.
135 Zacher räumte in einer »Zwischenbilanz« vor dem Verwaltungsrat ein, »daß die ausgewogene Verteilung von Max-Planck-Instituten auf die neuen Bundesländer der Gesellschaft große Sorge bereite«, wobei ein »besonderes Problem […] in bezug auf das Land Mecklenburg-Vorpommern [bestehe], da dort zur Zeit kein geeigneter Standort für eine der geplanten Institutsgründungen ersichtlich sei«. Protokoll der 155. Sitzung des Verwaltungsrates vom 12.3.1992, AMPG, II. Abt., Rep. 61, Nr. 155.VP, fol. 6–7.
136 Protokoll der 141. Sitzung des Senates vom 17.11.1995, AMPG, II. Abt., Rep. 60, Nr. 141.SP, fol. 7 recto. Siehe dazu auch Vorläufiges Ergebnisprotokoll der Konferenz der Ministerpräsidenten der Länder am 7.3.1996, AMPG, II. Abt., Rep. 61, 167.VP, fol. 102–103.
137 Protokoll der 144. Sitzung des Senates vom 22.11.1996, AMPG, II. Abt., Rep. 60, Nr. 144.SP, fol. 6 verso.
138 Protokoll der 137. Sitzung des Senates vom 9.6.1994, AMPG, II. Abt., Rep. 60, Nr. 137.SP, fol. 10–11.
139 Protokoll der 141. Sitzung des Senates vom 17.11.1995, AMPG, II. Abt., Rep. 60, Nr. 141.SP, fol. 7 recto.
140 Ebd., fol. 7 verso.

bildete, wie er sich in den langen 1960er-Jahren mit dem Großraum München entwickelt hatte.

5.4 Europäische Integration und Globalisierung

Die zunehmende Internationalisierung – sowohl hinsichtlich des europäischen Einigungsprozesses als auch als Globalisierung – war die zweite große Herausforderung, der sich die MPG in ihrer vierten Entwicklungsphase stellen musste. Beide Trends führten dazu, dass zunehmend Forscher:innen aus dem Ausland zu Wissenschaftlichen Mitgliedern der MPG berufen wurden, wovon noch die Rede sein wird.[141] Das hatte gravierende Folgen: Mit einem Mal befand sich die MPG, die ihr Leitungspersonal bis dato fast ausschließlich unter deutschen Wissenschaftlern (und bisweilen auch Wissenschaftlerinnen) rekrutiert hatte (wiewohl nicht wenige zuvor für kürzere oder längere Zeit im Ausland tätig gewesen waren), in einem weltweiten Wettbewerb um die besten Köpfe. Sie trat damit in direkte Konkurrenz zu den finanzkräftigen Eliteuniversitäten in den Vereinigten Staaten, Großbritannien oder auch in der Schweiz. Die MPG nahm die Herausforderung an: »Die wirtschaftlichen Notwendigkeiten zur Globalisierung zwingen zu einem Wettbewerb der Innovationssysteme im Weltmaßstab, dem sich auch der deutsche Wissenschafts- und Forschungsstandort nicht entziehen kann«, hieß es in einer Stellungnahme des MPG-Präsidenten vom Sommer 1996. Allerdings fühlte man sich dafür nicht gerade gut gerüstet. Um international wettbewerbsfähig zu sein, forderte die MPG, flexibler mit den staatlichen Mitteln umgehen zu dürfen. Im »öffentlichen Tarif-, Dienst- und Arbeitsrechts« erblickten ihre Leitungsgremien »das eigentlich einengende Korsett notwendiger Reformschritte«.[142]

Bereits in den frühen 1990er-Jahren hatte man in der MPG beklagt, dass die Besoldung der Wissenschaftlichen Mitglieder nach den Grundsätzen des öffentlichen Dienstes der Gesellschaft unmöglich mache, internationale Topstars anzuwerben. Bei Berufungen aus den USA und dem europäischen Ausland, aber teilweise auch bei Kandidaten von deutschen Hochschulen hatte man die Erfahrung gemacht, dass die betreffenden »Wissenschaftler zumeist bereits so hohe Bezüge haben, daß sie nur mit einem sehr hohen Besoldungsangebot gewonnen werden können«.[143] Zu diesem Zeitpunkt erhielt die Mehrzahl ihrer Wissenschaftlichen Mitglieder Sonderzulagen von mehreren Tausend DM monatlich – zuzüglich zu ihren regulären Gehältern, die sich nach der »Bundesbesoldungsordnung C« richteten. Das reichte in den Augen der MPG-Spitze aber längst nicht aus, um mit den üppigen Gehaltszahlungen mithalten zu können, die in den USA winkten. In der zweiten Hälfte der 1990er-Jahre verschärfte sich die Lage nochmals. Die MPG wähnte sich im Nachteil, da der Konkurrenz aus den USA und der Schweiz »wesentlich mehr Mittel für Berufungen zur Verfügung stünden«, so Hubert Markl.[144] Vor diesem Hintergrund bedeutete die von der rot-grünen Bundesregierung 2001 ins Werk gesetzte Reform des Hochschulrahmengesetzes eine herbe Enttäuschung: Die aus der MPG wiederholt laut gewordene Forderung, »dass die Gehaltsangebote für Spitzenwissenschaftler kompetitiv sein müssten, damit die besten Wissenschaftler sowohl an Universitäten als auch an außeruniversitäre Forschungseinrichtungen in Deutschland berufen werden könnten«, verhallte letztlich ungehört.[145]

Die MPG reagierte auf die zunehmende Konkurrenz nicht etwa mit einer Änderung ihres Berufungsschemas – man hätte beispielsweise darüber nachdenken können, vermehrt vielversprechende, aber international noch wenig bekannte Nachwuchskräfte zu Wissenschaftlichen Mitgliedern zu machen[146] –, sondern mit verstärktem Fundraising, um beim weltweiten Wettbieten um arrivierte Wissenschaftsstars mithalten zu können. Zum einen wandte sie sich hilfesuchend an die Geldgeber, den

---

141 Siehe unten, Kap. II.5.6; siehe auch unten, Kap. IV.5.
142 Stellungnahme des Präsidenten der MPG zu dem Konzeptpapier des Bundesministers für Bildung, Wissenschaft, Forschung und Technologie »Innovation durch mehr Flexibilität und Wettbewerb. Leitlinien zur strategischen Orientierung der Deutschen Forschungslandschaft« (übermittelt durch Schreiben des BMBF vom 9.7.1996), AMPG, II. Abt., Rep. 61, Nr. 173.VP, fol. 90–92. Zur MPG im weltweiten Wettbewerb um die besten Köpfe siehe auch Sachse, *Wissenschaft*, 2023, 508–509.
143 Siehe hierzu und zum Folgendem Sprechvorlage zur 152. Sitzung des Verwaltungsrates vom 7.3.1991, AMPG, II. Abt., Rep. 61, Nr. 152.VP, fol. 166.
144 Protokoll der 149. Sitzung des Senates vom 25.6.1998, AMPG, II. Abt., Rep. 60, Nr. 149.SP, fol. 8. Siehe auch Protokoll der 150. Sitzung des Senates vom 20.11.1998, AMPG, II. Abt., Rep. 60, Nr. 150.SP, fol 5–8.
145 Protokoll der 159. Sitzung des Senates vom 23.11.2001, AMPG, II. Abt., Rep. 60, Nr. 159.SP, fol. 9; *Bekanntmachung der Neufassung des Hochschulgesetzes*. Vom 19. Januar 1999. BGBl. I, Nr. 3 vom 27.1.1999, 18–34.
146 Dafür plädierte etwa Hans-Jürgen Quadbeck-Seeger, der im Vorstand von BASF für die Forschung zuständig war und gleichzeitig dem Senat und dem Verwaltungsrat der MPG angehörte. Protokoll der 149. Sitzung des Senates vom 25.6.1998, AMPG, II. Abt., Rep. 60, Nr. 149.SP, fol. 8 verso.

Rahmen »für die Gewährung von Sonderzuschüssen« zu erweitern. Zum anderen richtete sie 1998 einen »Exzellenzsicherungsfonds« ein, der mit dem Erlös aus dem Verkauf privater Immobilien und mit Spenden gespeist wurde. Aus den Erträgen des Fonds, der in wenigen Jahren »10 bis 20 Mio. DM umfassen« sollte, plante man unter anderem, »Darlehen zum Erwerb von Wohneigentum, Umzugshilfen, Ausbildungskosten für Kinder« und anderes mehr auszureichen, »um den zumeist aus dem Ausland berufenen Wissenschaftlern den Übertritt in die Max-Planck-Gesellschaft zu erleichtern«.[147] Da insbesondere von Stiftungen aus der Wirtschaft großzügige Spenden eingingen – Krupp-Stiftung, ZEIT-Stiftung und Jan Philipp Reemtsma stellten jeweils eine Million DM zur Verfügung –, schätzte der Verwaltungsrat, dass der Exzellenzsicherungsfonds bereits Ende 1999 über zehn Millionen DM beinhalten würde. »Auf diese Weise«, hoffte Generalsekretärin Bludau, »könne die Max-Planck-Gesellschaft im internationalen Wettbewerb konkurrenzfähig bleiben.«[148] Bereits zuvor hatte die MPG im Zuge von Berufungsverhandlungen aus ihren privaten Mitteln gezielt Wohnungsbaudarlehen vergeben, um High Potentials zur Annahme eines Rufs zu bewegen. Der dafür vorgesehene Finanzrahmen von fünf Millionen DM war allerdings bald erschöpft und musste vergrößert werden.[149]

Trotz dieser beachtlichen zusätzlichen Leistungen bereitete der immer schärfer werdende Wettbewerb der MPG-Spitze Kopfzerbrechen. Die USA etwa starteten um die Jahrtausendwende eine Offensive, um ausgewiesene Fachleute, aber zunehmend auch gut ausgebildete, aufstrebende Nachwuchskräfte aus Europa – und nicht zuletzt aus Deutschland – ins Land zu locken. So erfuhr Präsident Markl in einem Gespräch mit James Sensenbrenner, dem Vorsitzenden des Forschungsausschusses des US-Kongresses, im Februar 2000, dass die USA zu diesem Zweck die Forschungsförderung 2001 um 8 Prozent aufzustocken gedachten, sodass etwa die National Science Foundation auf einen Zuwachs von 17 Prozent hoffen durfte – eine Steigerungsrate, von der die MPG und andere deutsche Wissenschaftsorganisationen seit den frühen 1970er-Jahren nur noch träumen konnten.

Die »Globalisierung in der Wirtschaft und im Wissenschaftsbereich« bereiteten dem MPG-Präsidenten »zunehmend Sorge [...], denn der kommunikative Zugang zu Arbeitsgruppen, Diplomanden und Doktoranden, beispielsweise über das Internet, und damit verbunden die gezielte Konkurrenz um die jüngsten Talente werde immer größer«.[150] Dem pflichtete der Präsident der Hochschulrektorenkonferenz (HRK), Klaus Landfried, bei und unterstrich, »daß sich das deutsche Wissenschaftssystem in einer dramatischen Wettbewerbssituation befinde«.[151]

Die MPG zählte freilich selbst zu den Profiteuren von Globalisierung und Internationalisierung, was die Rekrutierung ihres Personals betrifft – sowohl bei den Nachwuchskräften als auch bei den Wissenschaftlichen Mitgliedern. Mit dem Fall des Eisernen Vorhangs taten sich völlig neue Möglichkeiten auf, Spitzenwissenschaftler aus Ostmittel- und Osteuropa zu gewinnen, vor allem aus der Sowjetunion, deren Forschung in einigen Bereichen Weltspitze war. Die MPG bediente sich reichlich aus diesem Reservoir, denn angesichts der beklagenswerten ökonomischen Situation in ihrer Heimat zeigten sich viele Forscher:innen aus der untergegangenen Sowjetunion gern bereit, eine Offerte aus dem Westen anzunehmen. Reimar Lüst erklärte, es »liege im deutschen und im europäischen Interesse, russischen Wissenschaftlern zu helfen und ihnen eine Basis im europäischen Raum zu erhalten, damit sie nicht den Weg in die USA suchten«.[152] Der wohl prominenteste Fall war der Astrophysiker Rashid Sunyaev, der Leiter der Abteilung für Hochenergie-Astrophysik der Akademie der Wissenschaften der UdSSR. In München versprach man sich von »seine[r] besondere[n] Fähigkeit, Theorie und Beobachtung miteinander zu verknüpfen«, die schon seit Längerem angestrebte Intensivierung der Kooperation zwischen den beiden in Garching beheimateten Max-Planck-Instituten für Astrophysik und für extraterrestrische Physik sowie dem European Southern Observatory. Allerdings war die MPG nicht der einzige Interessent. Der Senat wusste, »daß renommierteste Institute in den USA jegliche Anstrengung unternehmen würden, um Herrn *Sunyaev* zu gewinnen«.[153] Die MPG obsiegte schließlich im Wettbieten, weil sie Sunyaev ein

---

147 Ebd. Siehe auch Protokoll der 150. Sitzung des Senates vom 20.11.1998, AMPG, II. Abt., Rep. 60, Nr. 150.SP, fol. 5–8.
148 Protokoll der 153. Sitzung des Senates vom 19.11.1999, AMPG, II. Abt., Rep. 60, Nr. 153.SP, fol. 9 verso; Materialien für die Sitzung des Verwaltungsrates vom 9.6.1999, AMPG, II. Abt., Rep. 61, Nr. 191.VP, fol. 208. Zur Entwicklung des Fondsvermögens siehe auch Materialien für die Sitzung des Verwaltungsrates vom 20.6.2001, AMPG, II. Abt., Rep. 61, Nr. 207.VP, fol. 239 recto–240 recto.
149 Materialien für die Sitzung des Verwaltungsrates vom 16.11.1995, AMPG, II. Abt., Rep. 61, Nr. 166.VP, fol. 95–97.
150 Protokoll der 154. Sitzung des Senates vom 10.3.2000, AMPG, II. Abt., Rep. 60, Nr. 154.SP, fol. 8 recto. Siehe, mit gleichem Tenor, auch Protokoll der 158. Sitzung des Senates vom 21.6.2001, AMPG, II. Abt., Rep. 60, Nr. 158.SP, fol. 6 recto–6 verso.
151 Protokoll der 154. Sitzung des Senates vom 10.3.2000, AMPG, II. Abt., Rep. 60, Nr. 154.SP, fol. 8 verso.
152 Protokoll der 138. Sitzung des Senates vom 18.11.1994, AMPG, II. Abt., Rep. 60, Nr. 138.SP, fol. 16 verso.
153 Ebd., Hervorhebung im Original.

paralleles Arbeiten in Garching und Moskau ermöglichte; im März 1995 wurde er zum Wissenschaftlichen Mitglied und zum Direktor am MPI für Astrophysik berufen.[154]

In den 1990er-Jahren rückte nicht nur die Welt gleichsam ein Stück näher zusammen, sondern auch die europäischen Staaten durch die Ausgestaltung der Europäischen Union, die nach dem Abschluss des Vertrags von Maastricht als Geldgeber für die MPG immer wichtiger wurde. So stieg der Anteil der EU-Gelder insbesondere bei den projektbezogenen Mitteln in der zweiten Hälfte der 1990er-Jahre deutlich an und verstärkte einen Trend, der schon einige Jahre früher eingesetzt hatte: 1992 hatte die MPG 11,5 Millionen DM von der Europäischen Union bezogen, im Jahr darauf bereits 21,2 Millionen DM – im selben Jahr sorgte das »reale Nullwachstum des Bundesforschungshaushalts« dafür, dass die Projektförderung des Bundes signifikant zurückging.[155] »Die einzige Wachstumsmöglichkeit« erblickte Generalsekretär Wolfgang Hasenclever »in der Projektfinanzierung durch die Europäischen Gemeinschaften«.[156] Er sollte recht behalten. 1999 machten Gelder aus der europäischen Forschungsförderung »fast ein Viertel der Drittmittel-Förderung der Max-Planck-Gesellschaft« aus.[157]

Ohne die massive finanzielle Unterstützung durch die EU wäre auch die Gründung der Außenstelle des IPP in Greifswald nicht möglich gewesen. Von den rund 500 Millionen DM, auf die die Kosten für das Projekt im Vorfeld geschätzt wurden, sollten 230 Millionen DM aus dem 4. Europäischen Rahmenprogramm zur Forschungsförderung kommen – allerdings unter der Voraussetzung, dass der Bund 55 Prozent der Kosten übernehmen würde. Trotz des langwierigen mehrstufigen Antrags- und Genehmigungsverfahrens lohnte sich der Aufwand: Die Europäische Kommission steuerte schließlich 45 Prozent der Investitionskosten und 25 Prozent der laufenden Kosten bei. Auf dieser finanziellen Grundlage war es dem IPP als weltweit einzigem Player in der Fusionsforschung möglich, neben dem Tokamak-Experiment, das in Garching verblieb, auch die nach Greifswald verlagerte Stelleratorenforschung beizubehalten.[158]

Diese Entwicklung führte allerdings nicht dazu, die grundsätzliche Skepsis in der MPG gegenüber der europäischen Forschungspolitik zu beseitigen. Das Geld aus Brüssel nahm man zwar gern, aber es sollte der MPG – ähnlich wie die Zuschüsse von Bund und Ländern – weitgehend zur freien Verfügung überlassen werden. Europäische Initiativen in der Forschungspolitik, gar deren Europäisierung, lehnte man weiterhin strikt ab. Genau dies war die Crux der Forschungsrahmenprogramme, die die EG bzw. die EU seit 1984 auflegten: Sie setzten inhaltliche Schwerpunkte und machten organisatorische Vorgaben. Zudem lag das mit ihnen verbundene Vergabeverfahren nicht in den Händen der Wissenschaft, sodass nicht unbedingt die wissenschaftliche Qualität für die Bewilligung oder Ablehnung eines Antrags den Ausschlag gab.[159] Dadurch sah die MPG-Spitze die eigene Unabhängigkeit bedroht, die man stets verbissen verteidigt hatte. Präsident Zacher klagte schon im November 1993 mit Blick auf Brüssel, »der Aufbau der politisch-bürokratischen Maschinerie habe in den vergangenen Jahren zu einer Reduktion des Einflusses der Wissenschaft geführt«.[160] Deswegen bezeichnete man es innerhalb der MPG als »Gefahr, daß die EG-Forschungsförderung immer mehr Grundlagenforschung erfaßt«.[161] Die MPG reagierte darauf mit dem Versuch, strategische Allianzen mit anderen europäischen Wissenschaftsorganisationen zu schmieden, und mit gezielter Lobbyarbeit in Brüssel.

Um dort eigene Interessen durchzusetzen, hatte die MPG schon 1990 damit begonnen, eine Reihe neuer Institutionen aufzubauen. Als Erstes die »Koordinierungsstelle EG der deutschen Wissenschaftsorganisationen« (KoWi), zu deren Gründungsmitgliedern die MPG gehörte und in der sie mit einem eigenen EG-Referenten vertreten war.[162] Im Mai 2000 richtete die MPG eine eigene Ver-

---

154 Henning und Kazemi, *Chronik*, 2011, 683. Siehe unten, Kap. III.6, 303.
155 Protokoll der 153. Sitzung des Verwaltungsrates vom 5.6.1991, AMPG, II. Abt., Rep. 60, Nr. 153.VP, fol. 9; Protokoll der 139. Sitzung des Senates vom 24.3.1995, AMPG, II. Abt., Rep. 60, Nr. 139.SP, fol. 6 recto–13 verso.
156 Protokoll der 134. Sitzung des Senates vom 17.6.1993, AMPG, II. Abt., Rep. 60, Nr. 134.SP, fol. 25.
157 Hubert Markl an die Direktoren und Leiter der Institute, Forschungsstellen und Arbeitsgruppen der MPG am 25.6.1999, betr.: Europäische Forschungsförderung, AMPG, II. Abt., Rep. 61, Nr. 193.VP, fol. 212–214, Zitat fol. 213.
158 Protokoll der 136. Sitzung des Senates vom 11.3.1992, AMPG, II. Abt., Rep. 60, Nr. 136.SP, fol. 11 recto–14 recto; Protokoll der 162. Sitzung des Verwaltungsrates vom 8.6.1994, AMPG, II. Abt., Rep. 61, Nr. 162.VP, fol. 6 recto; Protokoll der 137. Sitzung des Senates vom 9.6.1994, AMPG, II. Abt., Rep. 60, Nr. 137.SP, fol. 11 verso–12 recto; Protokoll der 141. Sitzung des Senates vom 17.11.1995, AMPG, II. Abt., Rep. 60, Nr. 141.SP, fol. 12 recto–13 recto.
159 Ausführlich Sachse, *Wissenschaft*, 2023, 181–193; Protokoll der 158. Sitzung des Verwaltungsrates vom 18.3.1993, AMPG, II. Abt., Rep. 61, Nr. 158.VP, fol. 119.
160 Protokoll der 135. Sitzung des Senates vom 19.11.1993, AMPG, II. Abt., Rep. 60, Nr. 135.SP, fol. 12.
161 Protokoll der 158. Sitzung des Verwaltungsrates vom 18.3.1993, AMPG, II. Abt., Rep. 61, Nr. 158.VP, fol. 118.
162 Henning und Kazemi, *Chronik*, 2011, 626.

tretung in Brüssel ein, die im Haus des Bundesverbands der Deutschen Industrie untergebracht und die zugleich für das IPP zuständig war.¹⁶³ Sowohl die KoWi als auch das Brüsseler Büro dienten dazu, »die Interessen der erkenntnisorientierten und anwendungsoffenen Grundlagenforschung einzubringen«, »die Ausgangsposition der Max-Planck-Institute zu stärken und ihre Erfolgschancen bei einer konkreten Antragstellung zu erhöhen«.¹⁶⁴ Intern rief die MPG einen europapolitischen Beraterkreis ins Leben, der die Institute instruieren sollte, »wie sie sich besser europäisch organisieren könnten, um sich in Zukunft mit größerem Erfolg am europäischen Wettbewerb zu beteiligen«.¹⁶⁵ Zudem ernannte Präsident Markl einen Europabeauftragten; seine Wahl fiel auf Klaus Pinkau, der als Direktor am IPP für diesen Posten prädestiniert war. All diese neuen Einrichtungen konnten durchaus Erfolge verzeichnen, die sich in Euro und Cent messen ließen. So flossen aus dem 6. Forschungsrahmenprogramm der EU, das von 2002 bis 2006 aufgelegt wurde, immerhin 159 Millionen Euro an Max-Planck-Institute.¹⁶⁶

Schwieriger gestalteten sich die Versuche, dauerhafte Bündnisse mit anderen Forschungseinrichtungen in Europa zu schließen, um der Top-down-Politik aus Brüssel eine Bottom-up-Initiative internationaler bzw. europäischer Wissenschaftskooperation entgegenzusetzen.¹⁶⁷ Einige Hoffnung setzte man auf die European Science Foundation, noch größere auf die European Heads of Research Councils (EuroHORCs), die Anfang 1993 unter Beteiligung der MPG mit dem Anspruch gegründet worden waren, die europäischen Wissenschaftsorganisationen gegenüber der EU-Kommission zu vertreten. Ein Problem der EuroHORCs bestand aus Sicht der MPG in der fehlenden personellen Kontinuität, da an der Spitze vieler europäischer Forschungsorganisationen und Dachverbände – anders als in der Bundesrepublik – eine rege Fluktuation herrschte, was die Bildung langfristig tragfähiger Allianzen behinderte.¹⁶⁸ Noch schwerer wog, dass sich deren Vertreter:innen weder auf die Besonderheiten des deutschen Wissenschaftssystems noch gar auf die Sonderstellung festlegen lassen wollten, die die MPG innerhalb dieses System genoss. Sie waren schlicht nicht bereit, gegenüber ihren Regierungen und der EU-Kommission für Prinzipien einzutreten, die aus der Perspektive der MPG die Freiheit der Forschung sicherten, sich jedoch aus französischer oder italienischer Sicht exotisch ausnahmen.¹⁶⁹ Daher ließ sich die Alimentierung mit Geldern der öffentlichen Hand bei gleichzeitiger Abwehr staatlicher Steuerungsansprüche auf europäischer Ebene nicht durchsetzen.

Wesentlich erfolgreicher agierte die MPG bei der Internationalisierung eigener Forschungseinrichtungen. Ab Mitte der 1990er-Jahre exportierte sie das bewährte Konzept der Nachwuchsgruppen ins Ausland. Den Anfang hatte das sogenannte Gästelabor in Shanghai gemacht, das bereits 1982 ins Leben gerufen worden war und an dem verschiedene Arten biologischer Forschungen durchgeführt wurden.¹⁷⁰ Weitere Partnergruppen im Ausland folgten. Im Februar 1999 einigten sich der Präsident der Chinesischen Akademie der Wissenschaften, Lu Yongxian, und Hubert Markl auf die Einrichtung mehrerer Partnergruppen in China, die der projektorientierten Zusammenarbeit des wissenschaftlichen Nachwuchses dienen sollten.¹⁷¹ Als weiteres Mittel der Nachwuchsförderung betrieb die MPG ab der Jahrtausendwende die Gründung von International Max Planck Research Schools, die als Kooperationsprojekte zwischen Max-Planck-Instituten und (in der Regel deutschen) Universitäten entstanden.¹⁷² Das Ziel dieser auf sechs Jahre angelegten Graduiertenkollegs, die einen Mindestanteil ausländischer Doktorand:innen von 50 Prozent aufweisen mussten, lautete »Intelligenzimport«: Sie wurden eingerichtet, »um die Heranbildung des wissenschaftlichen

---

163 Protokoll der 154. Sitzung des Senates vom 10.3.2000, AMPG, II. Abt., Rep. 60, Nr. 154.SP, fol. 13 verso; Henning und Kazemi, *Chronik*, 2011, 761.

164 Hubert Markl an die Direktoren und Leiter der Institute, Forschungsstellen und Arbeitsgruppen der MPG am 25.6.1999, betr.: Europäische Forschungsförderung, AMPG, II. Abt., Rep. 61, Nr. 193.VP, fol. 212–214, Zitat fol. 212. Siehe dazu auch Materialien für die 193. Sitzung des Verwaltungsrates vom 13.11.1999, ebd., fol. 206–207.

165 Protokoll der 150. Sitzung des Senates vom 20.11.1998, AMPG, II. Abt., Rep. 60, Nr. 150.SP, fol. 8 verso; Henning und Kazemi, *Chronik*, 2011, 719.

166 Ebd., 753.

167 Siehe dazu und zum Folgenden Sachse, *Wissenschaft*, 2023, 186–191.

168 Sprechvorlage (gez. Dr. Kü/Schön): Neuere Entwicklungen in der Europäischen Forschungspolitik und Forschungsförderung, AMPG, II. Abt., Rep. 61, Nr. 163.VP, fol. 45.

169 Siehe unten, Kap. IV.9.5.

170 Sachse, *Wissenschaft*, 2023, 341–342.

171 Henning und Kazemi, *Chronik*, 2011, 739.

172 Damit reagierte die MPG auch auf die Anregung aus der Systemevaluierung, ihre Kooperation mit den Hochschulen zu intensivieren – davon wird noch die Rede sein. Siehe unten, Kap. II.5.5.3.

Nachwuchses für beide Partner zu verbessern«.[173] Auf diese Weise sollte der oft beklagte Braindrain in einen Braingain umgewandelt werden. Wie erfolgreich die International Max Planck Research Schools langfristig dabei waren, ist hier nicht zu beurteilen. Ihre Gründung allein zeugt jedenfalls schon vom Selbstbewusstsein der MPG als Global Player.

5.5 Organisatorische Konsequenzen

5.5.1 Die Bürde des Präsidentenamts

Um die Chancen nutzen zu können, die mit den Herausforderungen von Wiedervereinigung und Globalisierung einhergingen, benötigte die MPG eine effiziente Organisation und eine tatkräftige Führung, die ihre Ziele taktisch flexibel und mit strategischem Weitblick verfolgte. Dem Präsidenten, dem die Satzung seit 1964 die Aufgabe zuwies, »die Grundzüge der Wissenschaftspolitik der Gesellschaft« zu »entwerfen«,[174] kam dabei eine Schlüsselrolle zu. Allerdings leiteten zwei Präsidenten die MPG zwischen 1990 und 2002, die ein für dieses Amt ungewöhnliches Profil aufwiesen: Der eine war kein Naturwissenschaftler, der andere kein Wissenschaftliches Mitglied der MPG. Keiner von beiden hatte vor seiner Wahl als Wunschkandidat für diesen Posten gegolten, beide kamen erst zum Zuge, nachdem andere, denen man das Amt angetragen hatte, aus verschiedensten Gründen abgewinkt hatten. Das schwächte ihre Position von Beginn an und trug dazu bei, dass sie der MPG nicht in dem Maße ihren Stempel aufprägen konnten, wie dies Adolf Butenandt oder Reimar Lüst getan hatten.

Nachdem Heinz A. Staab eine Wiederwahl abgelehnt hatte, »da er sich nach dem Ende seiner sechsjährigen Amtszeit wieder in vollem Umfang seinen wissenschaftlichen Aufgaben widmen« wollte,[175] stand die Wahlkommission auch 1989 vor grundlegenden Entscheidungen. Sie beschloss, »bei etwa gleicher Eignung einem ›Insider‹ den Vorzug zu geben«, plädierte also einmal mehr gegen einen Präsidenten, der nicht aus der MPG kam.[176] Vor dem Hintergrund der Erfahrung mit Staab, der neben dem Präsidentenamt weiterhin an der Leitung seines Instituts mitgewirkt und dort aktiv geforscht hatte, daher nur eine Art Teilzeitpräsident gewesen war, verlangte man nun, »daß das Präsidentenamt als Hauptamt – ohne andere berufliche Verpflichtungen – wahrgenommen werden müsse«.[177] Dafür schloss die Kommission diesmal die Wahl einer aus der Geisteswissenschaftlichen Sektion stammenden Persönlichkeit nicht von vornherein aus – vielleicht auch, weil »nur wenige der in Betracht kommenden Persönlichkeiten die Bereitschaft zur Kandidatur signalisiert« hatten.[178]

Schließlich fiel die Wahl tatsächlich auf einen Geisteswissenschaftler, nämlich den Juristen Hans F. Zacher, Direktor des MPI für ausländisches und internationales Sozialrecht. Zacher hatte von 1985 bis 1988 als Vorsitzender des Wissenschaftlichen Rats gewirkt, wobei seine ausgleichende Art bei den Wissenschaftlichen Mitgliedern der MPG auf viel Zustimmung gestoßen war. Da die MPG jedoch nach wie vor naturwissenschaftlich geprägt war bzw. von Naturwissenschaftlern dominiert wurde und die Befürchtung bestand, die »Wahl eines Geisteswissenschaftlers in das Präsidentenamt könne zu weitreichenden strukturellen Veränderungen [...] führen«, musste diese Entscheidung nach innen und nach außen penibel begründet werden. Zacher traute man zu, »daß er die Anliegen und Bedürfnisse der Max-Planck-Gesellschaft gegenüber einer Öffentlichkeit, die bestimmte Entwicklungen – gerade in der naturwissenschaftlichen Forschung – mit Skepsis verfolge, überzeugend vertreten könne«.[179] Man hoffte also, dass es dem versierten Juristen gelingen würde, einer zunehmend wissenschaftskritischen Öffentlichkeit die Notwendigkeit und die Bedürfnisse der naturwissenschaftlichen Forschung – gerade mit Blick auf strittige Themen wie die Genforschung oder Tierversuche – zu kommunizieren. Ganz wohl war dem Verwaltungsrat dabei offenbar nicht, weshalb man daran erinnerte, »daß Adolf von Harnack, der erste Präsident der Gesellschaft, bewiesen habe, daß ein Geisteswissenschaftler diese Aufgaben bewältigen könne«.[180] Schließ-

---

173 Protokoll der 149. Sitzung des Senates vom 25.6.1998, AMPG, II. Abt., Rep. 60, Nr. 149.SP, fol. 6 verso; Siehe dazu auch Henning und Kazemi, *Chronik*, 2011, 31 u. 741.
174 So bestimmt es – seit der Reform von 1964 – § 11 Abs. 2 der Satzung der MPG. Zitiert nach Schön, *Grundlagenwissenschaft*, 2015, 26.
175 Protokoll der 148. Sitzung des Verwaltungsrates vom 15.11.1989, AMPG, II. Abt., Rep. 61, Nr. 148.VP, fol. 4. Siehe zum Folgenden auch den von Herbert Grünewald gezeichneten Bericht der Senatskommission zur Vorbereitung der Wahl des Präsidenten der MPG für die Amtszeit von 1990–1996 vom 20.9.1989, ebd., fol. 59–62; Protokoll der 123. Sitzung des Senates vom 16.11.1989, AMPG, II. Abt., Rep. 60, Nr. 123.SP, fol. 9–13.
176 Protokoll der 147. Sitzung des Verwaltungsrates vom 8.6.1989, AMPG, II. Abt., Rep. 61, Nr. 147.VP, fol. 22.
177 Protokoll der 148. Sitzung des Verwaltungsrates vom 15.11.1989, AMPG, II. Abt., Rep. 61, Nr. 148.VP, fol. 4.
178 Protokoll der 147. Sitzung des Verwaltungsrates vom 8.6.1989, AMPG, II. Abt., Rep. 61, Nr. 147.VP, fol. 22.
179 Protokoll der 148. Sitzung des Verwaltungsrates vom 15.11.1989, AMPG, II. Abt., Rep. 61, Nr. 148.VP, fol. 5.
180 Ebd., fol. 6.

lich wählte der Senat Zacher einstimmig zum Nachfolger von Staab; zu diesem Ergebnis mochte auch das Lob beigetragen haben, das Altpräsident Butenandt der Arbeit der Wahlkommission gespendet hatte.[181]

Die Hoffnung, dass der neue Präsident in der Kommunikation mit der Öffentlichkeit punkten würde, zerschlug sich indes schon vor Zachers offiziellem Amtsantritt. Staab hatte seinen Nachfolger zur Pressekonferenz anlässlich der Hauptversammlung der MPG am 20. Juni 1990 in Lübeck mitgenommen, wo er auf die Frage nach dem Zustand der Geisteswissenschaften in der DDR antwortete: »Bei den Geisteswissenschaften gibt es natürlich Bereiche, an denen kein System etwas verderben kann, so wie die klassische Philologie. *Aber dahinter gibt es Wüsten.*«[182] Die *Frankfurter Allgemeine Zeitung* machte daraus die reißerische Überschrift: »›Wüste‹. Kritik an der DDR-Wissenschaft«.[183] Das vermeintliche Pauschalurteil, das Zacher so gar nicht gesprochen hatte, sollte ihm während seiner gesamten Amtszeit nachhängen. Aus der ostdeutschen Wissenschaftslandschaft schlug ihm unverhohlene Skepsis, ja Ablehnung entgegen; zudem wurde das spätere Verhalten der MPG – etwa die Weigerung, AdW-Institute zu übernehmen, oder bei der Frage nach der Zukunft der Geisteswissenschaftlichen Zentren – in Beziehung gesetzt zu Zachers Äußerung vom Juni 1990. Das setzte die MPG auch in der Öffentlichkeit in ein ungünstiges Licht und brachte Zacher selbst von Anfang an in die Defensive. Er agierte fortan in seinem neuen Amt überaus zurückhaltend und vorsichtig.

Als das Ende von Zachers Amtszeit im Jahr 1996 näher rückte, musste wieder ein neuer Präsident gefunden werden, da Zachers Alter eine Wiederwahl nicht mehr zuließ.[184] Einer neuerlich eingesetzten Wahlkommission lagen 15 Vorschläge vor, die sie gründlich prüfte, wobei sie diejenigen Kriterien anlegte, die bereits bei den letzten Wahlen ausschlaggebend gewesen waren. Dazu zählten »Reputation als Wissenschaftler und nach Möglichkeit als Wissenschaftspolitiker, verbunden mit Führungserfahrung in der wissenschaftlichen Selbstverwaltung«, aber auch »Vertrautheit mit dem forschungspolitischen Umfeld auf nationaler und internationaler Ebene« sowie »Akzeptanz in der Max-Planck-Gesellschaft«. Erklärtes Ziel der Kommission war es, »einen Institutsdirektor aus der Gesellschaft zu nominieren, der das Präsidentenamt als Hauptamt – ohne andere berufliche Verpflichtungen – wahrnehmen würde und möglichst von seinem Lebensalter her für zwei Amtsperioden in Frage käme«. Doch auch diesmal gelang es nicht, einen Kandidaten zu finden, der alle Kriterien erfüllte. So fiel die Wahl schließlich auf Hubert Markl, der zwar nicht der MPG angehörte, aber als DFG-Präsident (von 1986 bis 1991) »hohe Anerkennung über die Grenzen der Bundesrepublik Deutschland hinaus gefunden und in dieser verantwortungsvollen Tätigkeit bewiesen [hatte], daß er über die erforderlichen Fähigkeiten zur Leitung einer wissenschaftlichen Organisation vom Rang der Max-Planck-Gesellschaft verfügt«. Zudem hatte er in dieser Zeit die MPG, in deren Senat er als Gast geladen worden war, von innen kennengelernt. Die Kommission gab sich davon überzeugt, dass »Markls Erfahrungen in der Wissenschaftsadministration und -politik sowie seine bekannte Fähigkeit, komplexe Sachverhalte verständlich darzustellen, für die Max-Planck-Gesellschaft gerade in einer für die Grundlagenforschung schwierigen Zeit von großer Bedeutung sein« würden.[185] Da Markl jedoch zwischenzeitlich zum Rektor der Universität Konstanz gewählt worden war und dieses Amt zum 1. November 1995 antreten sollte, informierte die Kommission den Verwaltungsrat, den Senat und die Hauptversammlung bereits frühzeitig von ihrer Entscheidung.[186] Aus diesem Grund erfolgte Markls Wahl brieflich; von 45 stimmberechtigten Senatoren votierten 41 für Markl und zwei gegen ihn, zwei Senatoren beteiligten sich nicht an der Wahl.[187]

Als erster Präsident der MPG, der nicht zuvor ihr Wissenschaftliches Mitglied geworden war, blieb Markl in seinen sechs Amtsjahren ein Außenseiter – was allerdings auch Vorteile mit sich brachte: Dieser Status verschaffte ihm einigen Handlungsspielraum, den er entschlossen nutzte, um mit Traditionen und eingeschliffenen Verfahrensweisen zu brechen. Es war bereits die Rede davon, dass Markl kurz nach seiner Amtsübernahme die Schließung ganzer Institute in die Wege leitete, um die staat-

---

181 Siehe Protokoll der 123. Sitzung des Senates vom 16.11.1989, AMPG, II. Abt., Rep. 60, Nr. 123.SP, fol. 10–12.

182 Zitiert nach Ash, *MPG im Kontext*, 2020, 65, Hervorhebung im Original.

183 »Wüste«, *Frankfurter Allgemeine Zeitung*, 21.6.1990; zitiert nach ebd. Zum Folgenden ebd., 65–66 u. 249–265.

184 Laut Beschluss des Verwaltungsrats vom 15.11.1989 durfte keine Personen mehr gewählt werden, »die das 67. Lebensjahr vollendet haben«. Eberhard v. Kuenheim: Bericht der Senatskommission zur Vorbereitung der Wahl des Präsidenten der MPG für die Amtszeit 1996 bis 2002 vom 4.7.1995, AMPG, II. Abt., Rep. 1, Nr. 432, fol. 19–22, fol. 20.

185 Ebd., fol. 19–22; Protokoll der 165. Sitzung des Verwaltungsrates vom 21.6.1995, AMPG, II. Abt., Rep. 61, Nr. 165.VP, fol. 4 recto–4 verso.

186 Rundschreiben von Hans F. Zacher an die Senatoren der MPG vom 26.6.1995, AMPG, II. Abt., Rep. 1, Nr. 432, fol. 29–30; Protokoll der 140. Sitzung des Senates vom 22.6.1995, AMPG, II. Abt., Rep. 60, Nr. 140.SP, fol. 5 verso–8 verso.

187 Eberhard v. Kuenheim an die Senatoren der MPG vom 4.8.1995, AMPG, II. Abt., Rep. 1, Nr. 432, fol. 4. Markl nahm die Wahl umgehend an. Hubert Markl an Hans Zacher vom 14.8.1995, ebd., fol. 3.

lich auferlegten Einsparungen zu ermöglichen, und dabei recht freihändig vorging. Ganz ähnlich agierte Markl im Umgang mit der Garching Innovation GmbH, der Technologietransfer-Agentur der MPG, der er im Hauruckverfahren die Erlaubnis erteilte, Forschungsergebnisse aus Max-Planck-Instituten auch durch die Gründung von Start-ups in klingende Münze zu verwandeln – über den Kopf der Generalverwaltung hinweg, die gegenüber derartigen Ausgründungen skeptisch war.[188] Einen gordischen Knoten zerschlug Markl auch, was die institutionalisierte Frauenförderung betrifft, die unter seiner Ägide endlich einsetzte.[189] Ähnlich verhielt es sich bei der Aufarbeitung der NS-Vergangenheit der KWG, der Vorläuferin der MPG, zu der mannigfaltige persönliche Bezüge und Kontinuitätslinien bestanden, was entsprechende Aufklärungsarbeiten lange behindert hatte. In diesem Bereich leistete Markl, der als Außenstehender weniger Rücksicht auf die Altvorderen nehmen musste, mit der Einsetzung der Präsidentenkommission »Geschichte der Kaiser-Wilhelm-Gesellschaft im Nationalsozialismus« ganze Arbeit.[190]

Der institutionelle und kulturelle Wandel, den Markl durch sein bisweilen unorthodoxes Vorgehen bewirkte, verband sich allerdings mit einer Kehrseite: Der Präsident stieß durch seine einsamen Entscheidungen und seine forsche Art, diese zu kommunizieren, die Angehörigen der MPG und nicht zuletzt die Mitarbeiter:innen der Generalverwaltung regelmäßig vor den Kopf. Und da er in der MPG über keine »Hausmacht« gebot, fehlte es ihm bald an dem nötigen Rückhalt in der Gesellschaft, um ihre Interessen erfolgreich nach außen vertreten zu können. Als Markl 2001 »nach reiflicher Überlegung« von sich aus auf eine zweite Amtszeit verzichtete,[191] hielt sich das Bedauern in der MPG in Grenzen. Andernorts erfuhr Markl höhere Wertschätzung. So ließ ihm die Royal Society eine »außergewöhnliche [...] Ehre« angedeihen, indem sie Markl zum »Auswärtigen Mitglied« kürte.[192]

Beide Fälle verdeutlichen, dass die Wahl eines neuen Präsidenten die MPG in der vierten Phase vor zuvor ungekannte Probleme stellte, hinter denen sich strukturelle Verwerfungen verbargen. Die 1995 eingesetzte Wahlkommission führte die Schwierigkeit, einen geeigneten Kandidaten zu finden, darauf zurück, »daß hinsichtlich des Anforderungsprofils an die Person des Präsidenten einander widersprechende Vorstellungen bestehen. So werden einerseits Durchsetzungskraft und andererseits die volle Wahrnehmung der Autonomie der Institute, starkes öffentliches Auftreten und gleichzeitig große Zurückhaltung sowie Wissenschaftlichkeit und politisches Denken erwartet.«[193] Die Suche nach der »eierlegenden Wollmilchsau« musste mit einer Enttäuschung enden. Außerdem gab es in den 1990er-Jahren keine gleichsam »geborenen« Kandidaten vom Schlage eines Butenandt oder eines Lüst, die über das nötige Standing verfügt und zugleich den erklärten Willen zur Führung der MPG gehabt hätten. Noch-Präsident Zacher erläuterte 1995, »die Tatsache, daß die Kommission innerhalb der Max-Planck-Gesellschaft keinen Kandidaten gefunden habe, habe zwei Seiten: Einerseits seien die nach der Wahrnehmung der Kommission hinreichend akzeptierten Persönlichkeiten zur Kandidatur nicht bereit gewesen, andererseits hätten diejenigen, die bereit gewesen seien, nicht die nötige Akzeptanz gefunden. Diese Konstellation spiegele eine Krise wider, in der jemand herbeigewünscht werde, der die Dinge auf eine irgendwie ganz andere Weise in Ordnung bringe, als man es sich aus der Nähe vorstellen könne.«[194] Die MPG suchte also eine Art Heilsbringer, die auch in der Wissenschaft selten sind.

Beim nächsten Mal war die Lage auch nicht viel besser. Auf der Suche nach einem Nachfolger für Markl fragte man sich im Senat, »ob die Wissenschaftlichen Mitglieder noch bereit seien, über ihr Institut hinaus noch Verantwortung für die Max-Planck-Gesellschaft als Ganze zu übernehmen«. Das war eine Frage ums Ganze, denn die MPG wurde (und wird) »vom Prinzip der Selbstverwaltung der Wissenschaft geprägt«; zudem hing »die wissenschaftliche Unabhängigkeit der Max-Planck-Gesellschaft [...] entscheidend davon ab, dass ihre Mitglieder diese Selbstverwaltung ernst« nahmen, weshalb »jedes Mitglied bereit sein müsse, seinen Beitrag dazu zu leisten«. Reimar Lüst äußerte zwar Verständnis dafür, »dass jedes Wissenschaftliche Mitglied von der Bedeutung seiner

---

188 Siehe dazu Balcar, *Instrumentenbau*, 2018, 66–68.
189 Die MPG verwendete dafür ihre besonders wertvollen »privaten Mittel«. Protokoll der 169. Sitzung des Verwaltungsrates vom 21.11.1996, AMPG, II. Abt., Rep. 61, Nr. 169.VP, fol. 5 recto. – Siehe unten, Kap. II.5.6 und Kap. IV.5. Siehe auch Kolboske, *Hierarchien*, 2023.
190 Siehe unten, Kap. IV.6.6.
191 Markl führte dafür »vor allem Altersgründe« an. Protokoll der 157. Sitzung des Senates vom 23.3.2001, AMPG, II. Abt., Rep. 60, Nr. 157.SP, fol. 6 verso.
192 Protokoll der 161. Sitzung des Senates vom 13.6.2002, AMPG, II. Abt., Rep. 60, Nr. 161. SP, fol. 15 recto.
193 Eberhard v. Kuenheim: Bericht der Senatskommission zur Vorbereitung der Wahl des Präsidenten der MPG für die Amtszeit 1996 bis 2002 vom 4.7.1995, AMPG, II. Abt., Rep. 1, Nr. 432, fol. 21.
194 Protokoll der 140. Sitzung des Senates vom 22.6.1995, AMPG, II. Abt., Rep. 60, Nr. 140.SP, fol. 7 verso.

eigenen Forschungsarbeit überzeugt sei«, doch dürfe »die Wichtigkeit der Forschungsarbeit [...] nicht als Vorwand genutzt werden, um sich der Übernahme zusätzlicher Verantwortung in der Max-Planck-Gesellschaft zu entziehen, wie z. B. als Präsident«. Wer von der MPG jahrelang in seinen Forschungen gefördert worden war, sollte umgekehrt auch zu persönlichen Opfern bereit sein, weil »das Amt des Präsidenten der Max-Planck-Gesellschaft ein *full time job*« sei – und daran ließ sich nun einmal nichts ändern, »ohne dabei ein wesentliches Stück der Selbstverwaltung aufzugeben«.[195]

Dieser flammende Appell eines Ex-Präsidenten änderte weder etwas an der aktuellen Lage – die favorisierten Kandidaten winkten in der Regel gleich ab – noch an dem Dilemma, in dem sich die MPG aufgrund ihrer »monarchische[n] Struktur« befand. Die »Stellung des Präsidenten«, hatte Zacher einmal erläutert, sei »durch charismatisches Vertrauen charakterisiert, das vom Amtsinhaber mit großem persönlichen Einsatz bezahlt werden müsse. Die Erwartung einer ›personalen Garantie‹ mache das Delegieren von Aufgaben nahezu unmöglich.«[196] Da die MPG sozusagen in ihren eigenen Strukturen gefangen war, glich die Suche nach einem Ausweg aus dem präsidentiellen Dilemma in den 1990er-Jahren der Quadratur des Kreises. Erst 2002 gelang es, mit dem Biologen Peter Gruss, Direktor der Abteilung Molekulare Zellbiologie am MPI für biophysikalische Chemie in Göttingen, wieder einen Naturwissenschaftler aus der MPG ins Präsidentenamt zu bringen.[197] Mit seiner Wahl und dem Abschluss des massiven Aufbauprogramms in Ostdeutschland kehrte die MPG gleichsam wieder zur Normalität zurück.

5.5.2 Auf der Suche nach einer Kommandozentrale

Hans F. Zacher und Hubert Markl einten indes nicht nur ihr für dieses Amt ungewöhnliche Profil und die überzogenen Erwartungen, mit denen sie sich konfrontiert sahen und denen sie kaum gerecht werden konnten. Beide befanden sich auch auf der Suche nach einer geeigneten Kommandozentrale, von der aus sie – gestützt auf einen kleinen Kreis von Ratgebern und Mitstreitern – den Organismus MPG kontrollieren und steuern konnten. Der SAFPP, der in der Ära Lüst als ein solches Instrument fungiert hatte, kam dafür nicht mehr infrage. Unter Lüsts Nachfolger Staab hatte dieses Gremium rasch an Bedeutung verloren.[198] Zudem war der SAFPP zu groß und seine Sitzungsfrequenz zu niedrig, um als Leitstelle beim »Aufbau Ost« zu taugen. Benötigt wurde ein kleineres, geschmeidigeres Gremium, das wesentlich häufiger zusammentrat, um umgehend auf die sich schnell ändernden Rahmenbedingungen für die Schaffung einer Forschungsinfrastruktur in den neuen Bundesländern reagieren zu können.

Zacher setzte auf die sogenannten Vizepräsidentenbesprechungen, die sich unter seinem Amtsvorgänger Staab als eine Mischung aus Kommandozentrale und Tabakskollegium entwickelt hatten. Aus dieser Runde, in der Zacher wichtige Entscheidungen vorbereiten ließ, ging das »Präsidium« hervor, das »de facto zu einem Organ der Max-Planck-Gesellschaft« wurde, jedoch »keine satzungsrechtliche Grundlage« hatte. Hinzu kam, dass das Tätigkeitsprofil des »Präsidiums« weitgehend dem »eines Vorstandes« entsprach. Dies warf später ein Problem auf, denn damit trat »das Präsidium in Konkurrenz zum satzungsgemäßen Vorstand, nämlich zum Verwaltungsrat«.[199] Die Wiedervereinigung, aber auch »die zunehmende Europäisierung und Internationalisierung wissenschaftlicher und wissenschaftspolitischer Strukturen« sowie die »wachsende Intensität der Diskussion und Auseinandersetzung um Strukturen, Ressourcen und Freiräume der Forschung« bewirkten in Zachers Amtszeit eine »stürmische Entwicklung der Führungsaufgaben«, was »erhöhten Beratungsbedarf« erzeugte, den der Verwaltungsrat »in seiner bisher üblichen Sitzungsfrequenz« nicht befriedigen konnte. Dies führte, etwa auf dem Weg der Protokollierung der Sitzungen, zu einer Formalisierung und Institutionalisierung der Vizepräsidentenbesprechungen, die intern bald als »Präsidiumssitzungen« firmierten. So war »hausintern von Beschlüssen des Präsidiums die Rede«, ganz so, »als seien es Beschlüsse des satzungsmäßigen Vorstands«.[200]

Einstweilen schien sich daran niemand zu stören. Zacher ging noch weiter. Zum Zweck der Zukunftsplanung der MPG rief er den »MEGA-Kreis« ins Leben, der erst-

---

195 Protokoll der 158. Sitzung des Senates vom 21.6.2001, AMPG, II. Abt., Rep. 60, Nr. 158.SP, fol. 11 recto, Hervorhebung im Original.
196 Protokoll der 164. Sitzung des Verwaltungsrates vom 23.3.1995, AMPG, II. Abt., Rep. 61, Nr. 164.VP, fol. 4 recto.
197 Henning und Kazemi, *Chronik*, 2011, 772.
198 Siehe oben, Kap. II.4.3.3.
199 Protokoll der 169. Sitzung des Verwaltungsrats am 21.11.1996 (Sprechvorlage), AMPG, II. Abt., Rep. 61, 169.VP, fol. 145–146, Zitate fol. 145.
200 Vermerk von Martin Steins (Leiter des Stabsreferats A der Generalverwaltung) über StGS, GS an den Herrn Präsidenten, betr. Verwaltungsrat/Präsidium vom 13.8.1996, ebd., fol. 149–150.

5. Zwischen »Aufbau Ost« und Globalisierung (1990–2002/05)

mals im Januar 1991 (und danach jeweils am Jahresanfang) zusammentrat. Dieser informelle Zirkel bestand aus dem Präsidenten, den Vizepräsidenten, dem Vorsitzenden des Wissenschaftlichen Rats und den Sektionsvorsitzenden; er befasste sich mit der künftigen Entwicklung der MPG, und zwar in erster Linie auf der Ebene einzelner Institute, aber auch mit Fragen der Leitungsstruktur der MPG als Ganzes.[201] Da zeitgleich der Senatsausschuss für Forschungspolitik und Forschungsplanung in eine Art Dornröschenschlaf fiel, entstand die paradoxe Situation, dass unter dem Juristen Hans F. Zacher wichtige Entscheidungen beim »Aufbau Ost« in Gremien getroffen wurden, die in der Satzung der MPG gar nicht vorkamen.

Es entbehrt nicht einer gewissen Ironie, dass es schließlich der Zoologe Hubert Markl war, der seine Rolle als MPG-Präsident recht hemdsärmelig interpretierte, der den Verwaltungsrat darauf hinwies, »daß das Präsidium keine satzungsrechtliche Grundlage habe«.[202] Hinzu kam das Kompetenzgeragel mit dem Verwaltungsrat, sodass es »sowohl in satzungsrechtlicher wie auch in gremienpolitischer Hinsicht Probleme« zu lösen galt.[203] Im Unterschied zum »Präsidium«, das nur aus MPG-Funktionären bestand, gehörten dem Verwaltungsrat auch »hochrangige externe Mitglieder« an: Vertreter der Großindustrie und der Hochfinanz, die »den Entscheidungen des Verwaltungsrats sowohl nach innen wie auch nach außen ein besonderes Gewicht« verleihen und die »Vermittelbarkeit und Akzeptanz« in beide Richtungen erhöhen sollten.[204] Gerade dieser Aspekt erschien umso wichtiger, »je mehr der Verwaltungsrat zukünftig unangenehme Entscheidungen treffen muß, vor allem hinsichtlich der Steuerung von Ressourcen«.[205] Die Existenz eines »Präsidiums« barg die Gefahr, »den Verwaltungsrat auszuhöhlen und insbesondere die Bereitschaft hochrangiger externer Mitglieder zur Mitwirkung in diesem Gremium in Frage zu stellen«.[206] Welcher Topmanager wollte sich schon als Staffage eingesetzt sehen?

Der naheliegende Vorschlag, das »Präsidium« aufzugeben und stattdessen den Verwaltungsrat öfter einzuberufen, ließ sich nicht umsetzen, da gerade die viel beschäftigten externen Mitglieder über volle Terminkalender klagten, in denen sie keine weiteren Sitzungen mehr unterbringen konnten. Die Lösung bestand schließlich darin, »die Sitzungsfrequenz des Verwaltungsrats« zu erhöhen, dieses Gremium aber aufzuteilen: »Angelegenheiten, die Beschlüsse erforderten, [sollten] wie bisher in den den Senatssitzungen vorgeschalteten Verwaltungsratssitzungen behandelt werden.« Die zusätzlichen Zusammenkünfte waren dem »Vizepräsidentenkreis des Verwaltungsrats« vorbehalten und dienten der Beratung anderer Themen.[207] Seit 2003 firmiert der Vizepräsidentenkreis in der Außendarstellung der MPG wieder als »Präsidium«, ohne dass der Verwaltungsrat dafür eine Satzungsänderung für notwendig gehalten hätte.[208] Hierin kommt nicht zuletzt die zunehmende Unantastbarkeit der Satzung zum Ausdruck, die den Leitungsgremien der MPG ab den 1980er-Jahren als beinahe sakrosankt galt – und sei es auch nur, um kein Einfallstor für staatliche Steuerungsansprüche zu bieten.

Markls halbherzige Versuche, den SAFPP wiederzubeleben, den er in »Senatsausschuss für Forschungsplanung« umbenennen ließ, und mit dem »MEGA-Kreis« zu verschmelzen, waren zum Scheitern verurteilt. Denn unter seiner Ägide ging die MPG dazu über, »vermehrt *ad hoc* Präsidentenkommissionen zur strategischen Planung« einzusetzen.[209] Da damit mehrere Gremien und Kommissionen gleichzeitig mit der Zukunftsplanung der MPG beschäftigt waren, konnte der neu formierte Planungsausschuss keine Statur gewinnen.[210] Er diskutierte zwar die anstehenden Neuvorhaben und legte dem Senat entsprechende Empfehlungen vor, die Agenda setzte er aber nicht.

---

201 Henning und Kazemi, *Chronik*, 2011, 670.
202 Protokoll der 169. Sitzung des Verwaltungsrates vom 21.11.1996, AMPG, II. Abt., Rep. 61, Nr. 169.VP, fol. 6 verso.
203 Vermerk von Martin Steins (Leiter des Stabsreferats A der Generalverwaltung) an den Herrn Präsidenten, betr. Verwaltungsrat/Präsidium vom 13.8.1996, ebd., fol. 148–153, Zitat fol. 148.
204 Sprechvorlage zur Sitzung des Verwaltungsrats am 21.11.1996, ebd., fol. 145–146, Zitate fol. 145.
205 Vermerk von Martin Steins (Leiter des Stabsreferats A der Generalverwaltung) über StGS, GS an den Herrn Präsidenten, betr. Verwaltungsrat/Präsidium vom 13.8.1996, ebd., fol. 148–153, Zitat fol. 149.
206 Sprechvorlage zur Sitzung des Verwaltungsrats am 21.11.1996, ebd., fol. 145–146, Zitate fol. 145.
207 Protokoll der 169. Sitzung des Verwaltungsrates vom 21.11.1996, ebd., fol. 6 verso. Siehe auch Henning und Kazemi, *Chronik*, 2011, 703.
208 Ebd., 788.
209 Protokoll der 153. Sitzung des Senates vom 19.11.1999, AMPG, II. Abt., Rep. 60, Nr. 153.SP, fol. 10 verso, Hervorhebung im Original.
210 Der neu formierte Senatsausschuss für Forschungsplanung tagte zweimal pro Jahr, wobei die Tagung im Januar – wie früher die MEGA-Tage – für die Fortentwicklung der einzelnen Institute reserviert war. Protokoll der 157. Sitzung des Senates vom 23.3.2001, AMPG, II. Abt., Rep. 60, Nr. 157.SP, fol. 10 recto.

5.5.3 Evaluierung als neues Lenkungsinstrument

Im Zuge der Herstellung der deutschen Einheit kam es auch im Wissenschaftssystem zu der einen oder anderen unerwarteten Weichenstellung. Eine davon war die Einführung der Evaluierung als neues Instrument der Governance von Wissenschaftsorganisationen in der Bundesrepublik.[211] Sie ging zum einen auf Vorbilder aus den USA und Großbritannien zurück, die für die deutsche Forschungs- und Wissenschaftspolitik schon lange stilbildend gewesen waren, deren Strukturen es nach Möglichkeit zu kopieren galt, um international in der Spitzenklasse der Forschung mithalten zu können; auf diese Weise wiesen sie umfassenden Reformen in der deutschen Hochschul- und Forschungslandschaft, die reichlich Staub angesetzt hatte, den Weg. Zum anderen wirkte die Evaluierung der ostdeutschen Universitäten und der AdW-Institute nach, deren regionale Beschränkung auf Kritik stieß. Warum sollte ein derartiger Schritt auf die ostdeutschen Länder beschränkt bleiben?[212] Da auch die westdeutschen Hochschulen bei den internationalen Rankings, die in den 1990er-Jahren aufkamen und sich schnell zu einem viel beachteten Indikator für Prestige und Leistungsfähigkeit von Universitäten entwickelten, auf den hinteren Rängen landeten (wenn sie es denn überhaupt schafften, gelistet zu werden), schien es an der Zeit, überkommene Strukturen wie etwa das humboldtsche Ideal der Einheit von Forschung und Lehre einer gründlichen Prüfung zu unterziehen. Die Evaluierung der Forschungsinstitutionen durch die Forschenden selbst galt dafür als zentrales wissenschaftsimmanentes Instrument.

Am 7. März 1996 beschloss die Ministerpräsidentenkonferenz »die Evaluation aller gemeinsam geförderten Forschungseinrichtungen […] bis 1998«, woraufhin der Intersektionelle Ausschuss der MPG am 12. März eine hochkarätig besetzte Arbeitsgruppe ins Leben rief, die sich mit der »Thematik ›Evaluation‹« befassen sollte.[213] Ihr gehörten »je zwei Mitglieder der drei Sektionen sowie vier externe Wissenschaftler« an. Dieser Schritt sei »nicht als defensive Strategie zu verstehen«, wie Paul B. Baltes, der die Arbeitsgruppe gemeinsam mit Franz Emanuel Weinert leitete, dem Senat versicherte. Vielmehr bestehe ihre Aufgabe darin, »einen analytischen Beitrag zu den Kriterien der Evaluation und zum Prozedere zu leisten«.[214] Im Klartext bedeutete das: Die Kommission sollte die Evaluation – unter anderem durch die Bestimmung der Indikatoren – in Bahnen lenken, die der MPG genehm waren. So hieß es denn auch in einer Stellungnahme, die die MPG gemeinsam mit der DFG abgab: »Auf der Ebene der *Systemevaluation* [könne] der Bewertungsmaßstab nur der internationale Vergleich sein, d. h., daß die deutschen Institutionen an ihren leistungsfähigsten ›Konkurrenten‹ im Ausland zu messen seien (›benchmarking‹). Dies habe durch internationale Experten zu geschehen, die sich nicht nur als Forscher, sondern auch als Kenner von Wissenschaftssystemen ausgewiesen hätten.«[215] Man vergaß dabei nicht zu betonen, dass die MPG ihre Forschungseinrichtungen schon längst (nämlich seit 1972) regelmäßig evaluieren ließ. Dieser Umstand verschaffte ihr nun einen großen Vorteil gegenüber den anderen Wissenschaftsorganisationen in der Bundesrepublik.

In der MPG lag (und liegt) die Evaluation in den Händen der Fachbeiräte. Sie setzen sich größtenteils aus externen Mitgliedern zusammen und sollen das Profil sowie die Leistungsfähigkeit der Max-Planck-Institute in regelmäßigen Abständen überprüfen. Wie so manch andere wegweisende Weichenstellung auch waren die Fachbeiräte durch die Satzungsreform von 1972 eingeführt und im Lauf der 1970er-Jahre in den Institutsstatuten verankert worden. Im März 1997 konstatierte Präsident Markl zufrieden, »daß mehr als 90 % aller in den Fachbeiräten tätigen Wissenschaftler von außerhalb der Max-Planck-Gesellschaft kämen, davon deutlich über 50 % aus dem Ausland«. Dadurch sei sichergestellt, »daß Spitzenwissenschaftler aus der ganzen Welt in diese Gremien berufen würden«.[216] Die MPG profitierte auch nach über 25 Jahren ein weiteres Mal von der Weitsicht ihrer Leitungsgremien, die in den frühen 1970er-Jahren gegen massive interne Widerstände eine umfassende Strukturreform auf den Weg gebracht und die MPG damit zukunftsfähig gemacht hatten. So konnte die MPG die »Evaluationsdiskussion« der 1990er-Jahre, in der Reimar

---

211 Hintze, *Wissenschaftspolitik*, 2020, 116–128; Kuhlmann, Evaluation, 2006, 289–310; Gläser und Stuckrad, Reaktionen auf Evaluationen, 2013. Mit Blick auf die außeruniversitäre Forschung siehe Heinze und Arnold, Governanceregimes, 2008.
212 Siehe Schönstädt, Transformation der Wissenschaft, 2021; Krull und Sommer, Systemevaluation, 2006.
213 Protokoll der 142. Sitzung des Senates vom 15.3.1996, AMPG, II. Abt., Rep. 60, Nr. 142.SP, fol. 6 recto.
214 Protokoll der 143. Sitzung des Senates vom 20.6.1996, AMPG, II. Abt., Rep. 60, Nr. 143.SP, fol. 5 verso.
215 Protokoll der 144. Sitzung des Senates vom 22.11.1996, AMPG, II. Abt., Rep. 60, Nr. 144.SP, fol. 6 verso, Hervorhebung im Original; Barbara Bludau an den Ministerialdirigenten Jürgen Schlegel (Bund-Länder-Kommission für Bildungsplanung und Forschungsförderung), AMPG, II. Abt., Rep. 61, Nr. 173.VP, fol. 15–17.
216 Protokoll der 145. Sitzung des Senates vom 7.3.1997, AMPG, II. Abt., Rep. 60, Nr. 145.SP, fol. 17 verso. Siehe unten, Kap. IV.4.3.3.

5. Zwischen »Aufbau Ost« und Globalisierung (1990–2002/05)

Lüst »zum Teil eine Modeerscheinung« erblickte, »mit großer Gelassenheit verfolgen«.²¹⁷

Dazu trug auch Präsident Zacher seinen Teil bei, der sich eine Reform des Fachbeiratswesens auf die Fahnen schrieb. Um »den Präsidenten bei der Wahrnehmung seiner Aufgaben zu unterstützen« und das jeweilige Institut »hinsichtlich seiner wissenschaftlichen Arbeit« zu beraten und zu bewerten, drängte Zacher vehement darauf, Fachbeiräte in allen Forschungseinrichtungen der MPG verbindlich zu machen. Sie sollten turnusmäßig alle zwei Jahre zusammentreten, um als ihre »vornehmste Aufgabe […] das Institut und, im Zusammenhang damit, den Präsidenten hinsichtlich einer innovativen Entwicklung der Arbeit des Instituts zu beraten«.²¹⁸ Zacher verfolgte damit zwei Zielsetzungen: Zum einen hielt er es für »zweckmäßig«, die Vorschriften für die Fachbeiräte für alle MPG-Einrichtungen zu vereinheitlichen, um »mehr Systematik in die Arbeit der Gremien zu bringen.« Zum anderen erkannte er klar, »daß die Max-Planck-Gesellschaft der Öffentlichkeit unter dem Gesichtspunkt ›Effizienz‹ Rechenschaft schulde«.²¹⁹ Zacher ging noch einen Schritt weiter und appellierte an den Senat, »bei allen Diskussionen die Eigenanstrengungen der Max-Planck-Gesellschaft zur Selbstevaluation zur Geltung zu bringen und unüberlegte Schritte der Finanzierungsträger vermeiden zu helfen«.²²⁰ Eine weitsichtige Mahnung: Wenn die MPG sich nicht selbst gewissenhaft evaluierte, würden die Regierungen von Bund und Ländern dies veranlassen, was für die Betroffenen fraglos sehr viel unangenehmer wäre.

Markl nahm diesen Faden auf und verknüpfte ihn geschickt mit einem anderen Reformprojekt, das Zacher angestoßen hatte, ohne es abschließen zu können: der Flexibilisierung von Berufungszulagen. Bei der »Weiterentwicklung des Fachbeiratswesens« ging es Markl um die »Operationalisierung jenes Verfahrens, das Herr Zacher im März 1994 initiiert« hatte, »um die Ressourcenverwendung eines Wissenschaftlichen Mitglieds in regelmäßigen Abständen zu überprüfen«. Dies geschah »unter Einbeziehung der Empfehlungen der Fachbeiräte im Rahmen der alle sieben Jahre zu treffenden Entscheidung über die Verlängerung der Leitungsbefugnis des jeweiligen Wissenschaftlichen Mitglieds«.²²¹ Damit erhielt die Evaluation durch die Fachbeiräte auch eine interne Komponente: Sie avancierte zum Instrument der Ressourcensteuerung innerhalb der MPG. Markl wollte die Fachbeiräte allerdings auch als Werkzeug für »künftige Weichenstellungen in der Max-Planck-Gesellschaft« einsetzen. »Über den ursprünglichen Zweck hinaus«, nämlich die »Evaluation der wissenschaftlichen Arbeit der Institute«, sollten »die Erkenntnisse der Fachbeiräte künftig auch in eine ›Perspektivendiskussion‹ einfließen, die der Entwicklung der Max-Planck-Gesellschaft über das Jahr 2000 hinaus dienen solle«. Das Ziel lautete, »sinnvolle Umstrukturierungsmaßnahmen – Aufnahme neuer Forschungsthemen und Zurückziehen aus etablierten Forschungsgebieten – zu erarbeiten«.²²² Die Fachbeiräte waren demnach auch für die Planung der weiteren Entwicklung der MPG zuständig – ein weiterer Grund, warum der reformierte Senatsplanungsausschuss keine wesentliche Rolle mehr spielte.

Vor diesem Hintergrund stellte die anstehende »Systemevaluation« für die MPG keine große Herausforderung dar, zumal sie sowohl an der Auswahl der »international hochangesehenen Gutachter« als auch an der Festlegung der »*terms of reference*«²²³ mitwirkte und der »Bewertungskommission« vorab als »Informationsgrundlage« eine ausführliche »Selbstdarstellung […] in deutscher und englischer Sprache« vorlegte.²²⁴ Daraufhin reichte die Kommission »einen weit gefaßten Katalog mit Fragen zur Struktur des Wissenschaftssystems in Deutsch-

---

217 Protokoll der 141. Sitzung des Senates vom 17.11.1995, AMPG, II. Abt., Rep. 60, Nr. 141.SP, fol. 10 recto. Der sächsische Ministerpräsident Kurt Biedenkopf warnte angesichts der Entwicklung der öffentlichen Haushalte dagegen davor, die »Evaluationsdiskussion als bloße Modeerscheinung wahrzunehmen«, er riet der MPG vielmehr zu einem offensiven Umgang mit diesem in Zukunft wichtiger werdenden Instrument. Ebd., fol. 10 recto–10 verso.

218 Sprechvorlage Verwaltungsrat zu TOP 5, hier: Reform des Fachbeirats- und Kuratoriumswesens in der Max-Planck-Gesellschaft 1992/93 vom 18.11.1993, AMPG, II. Abt., Rep. 61, Nr. 160.VP, fol. 194–197; Protokoll der 161. Sitzung des Verwaltungsrates vom 10.3.1994, AMPG, II. Abt., Rep. 61, Nr. 161.VP, fol. 5.

219 Protokoll der 137. Sitzung des Senates vom 9.6.1994, AMPG, II. Abt., Rep. 60, Nr. 137.SP, fol. 8 recto–9 verso.

220 Protokoll der 141. Sitzung des Senates vom 17.11.1995, AMPG, II. Abt., Rep. 60, Nr. 141.SP, fol. 9 recto.

221 Protokoll der 145. Sitzung des Senates vom 7.3.1997, AMPG, II. Abt., Rep. 60, Nr. 145.SP, fol. 17 verso. Zur Reform Zachers siehe Vermerk von Martin Steins für Edmund Marsch vom 9.3.1994, betr.: Reform des Fachbeirats- und Kuratorienwesens in der MPG – Musterregelung für Fachbeiräte und Kuratorien, AMPG, II. Abt., Rep. 61, Nr. 161.VP, fol. 104–107.

222 Protokoll der 146. Sitzung des Senates vom 5.6.1997, AMPG, II. Abt., Rep. 60, Nr. 146.SP, fol. 10 verso–11 recto.

223 Ebd., fol. 7 recto, Hervorhebung im Original. Protokoll der 173. Sitzung des Verwaltungsrates vom 11.4.1997, AMPG, II. Abt., Rep. 61, Nr. 173.VP, fol. 2. Dazu und zum Folgenden auch Kap. IV.4.3.3.

224 Protokoll der 148. Sitzung des Senates vom 27.3.1998, AMPG, II. Abt., Rep. 60, Nr. 148.SP, fol. 6 verso. Dass der Vorsitzende der Kommission, der Brite Richard J. Brook, von 1988 bis 1991 Direktor am MPI für Metallforschung gewesen war, wirkte sich für die MPG alles andere als nachteilig aus. Henning und Kazemi, *Handbuch*, Bd. 2, 2016, 1008.

land, zur Stellung der Max-Planck-Gesellschaft darin sowie zur inneren Struktur der Max-Planck-Gesellschaft« ein,[225] den die MPG ebenso ausführlich beantwortete, wobei sie – taktisch geschickt – vergangene Leistungen mit künftigem Reformwillen verband.[226] Entsprechend zufrieden konnte die MPG mit dem Ergebnis der Evaluierung sein. Der Bericht, den die Kommission der BLK am 25. Mai 1999 übergab, enthielt »Empfehlungen« an die MPG, die »mit keinerlei Maßgaben oder Hinweisen« verbunden waren. Besonders befriedigt zeigte sich die MPG-Spitze über »die ausdrückliche Empfehlung der Kommission, die Förderung der Deutschen Forschungsgemeinschaft und der Max-Planck-Gesellschaft mit einer jährlichen Steigerungsrate von 5 % fortzusetzen«, was in den »schwierigen haushaltspolitischen Zeiten« eine große Unterstützung bedeutete.[227] Unter den »Empfehlungen« fanden sich die Intensivierung der Kooperation mit den Universitäten, eine »Lockerung des Institutsprinzips als Wesensmerkmal der MPG durch verstärkte Förderung zeitlich begrenzter Forschungsvorhaben« sowie die Synchronisierung der »geplante[n] institutsübergreifende[n] Evaluation nach Forschungsfeldern [...] mit der periodischen Erneuerung von Leitungsfunktionen in den Max-Planck-Instituten«.[228]

Letzteres – die weitere »Fortentwicklung des Fachbeiratswesens« – stand ohnehin auf der Tagesordnung, denn als Gegenleistung für die Einführung der Budgetierung des Haushalts, von der noch die Rede sein wird, »fordern die Geldgeber von der Max-Planck-Gesellschaft eine Mittelsteuerung nach einer kontinuierlichen Evaluierung der Leistung und nach den Erfolgen der betreffenden Einrichtung«. Deswegen ging es nunmehr darum, »die Effizienz des Ressourceneinsatzes des Instituts unter einer mittelfristigen Perspektive zu begutachten«. Darüber hinaus strebte die MPG eine »Ausweitung des Betrachtungshorizonts über einzelne Institute hinaus auf eine bereichsspezifische Synopse verwandter Forschungseinrichtungen in der Max-Planck-Gesellschaft« an.[229] Bald schon ergänzte die Forschungsfeldevaluation die Evaluation einzelner Institute.[230] So bestand die MPG die Prüfung durch die Systemevaluation mit Bravour. Dazu trug wesentlich bei, dass sie Elemente der Begutachtung durch die Peergroup der Scientific Community schon früh eingeführt hatte – weit früher als alle anderen deutschen Wissenschaftsorganisationen –, was nun auch ihr Ansehen bei den Geldgebern aus Bund und Ländern mehrte.

5.5.4 Der Umbau der Generalverwaltung

Auch im Binnengefüge der MPG galt es, Antworten auf die vielfältigen Herausforderungen nach 1989 zu finden: auf die rasant gestiegene Zahl der Institute, die es administrativ abzufedern galt, auf den im Zuge der deutschen Einheit gefällten Hauptstadtbeschluss für Berlin sowie auf die deutlich stärkere Rolle der EU als Geldgeber der MPG.[231] Die MPG reagierte auf die tiefgreifenden Veränderungen auf nationaler wie auf internationaler Ebene mit dem größten Umbau ihrer Generalverwaltung seit den späten 1960er-Jahren.

Die vielen und in rascher Folge neu entstandenen Max-Planck-Institute stellten die Münchner Generalverwaltung vor enorme Probleme – nie zuvor hatte sie derart viele Neugründungen parallel zu stemmen gehabt. Sie musste die bewilligten Mittel jeweils rechtzeitig abrufen, entsprechende Ausschreibungen auf den Weg bringen, die Neubauten vom Architektenentwurf über die Bauphase bis zur Übergabe an die Forschung betreuen und dabei die Wissenschaftler:innen, denen es damit nicht schnell genug gehen konnte, vertrösten. Einige Besonderheiten in Ostdeutschland erschwerten dieses Geschäft zusätzlich, wenn etwa eigentumsrechtliche Unklarheiten auftauchten, die den Erwerb von Liegenschaften behinderten oder die Bebauung bereits erworbener Grundstücke verzögerten.[232] Hinzu kam die Betreuung der an den Universitäten eingerichteten Arbeitsgruppen wie auch der Geisteswissenschaftlichen Zentren; für Letztere hatte die MPG mit der »Förderungsgesellschaft Wissenschaft-

---

225 Protokoll der 149. Sitzung des Senates vom 25.6.1998, AMPG, II. Abt., Rep. 60, Nr. 149.SP, fol. 5 verso; Anlage 1: Fragen der Evaluationskommission DFG/MPG an den Präsidenten der Max-Planck-Gesellschaft, AMPG, II. Abt., Rep. 60, Nr. 149.SP, fol. 15.
226 Antworten auf die Fragen der Evaluationskommission DFG/MPG an den Präsidenten der Max-Planck-Gesellschaft vom 3.6.1998, AMPG, II. Abt., Rep. 60, Nr. 149.SP, fol. 16 recto–26 verso.
227 Protokoll der 152. Sitzung des Senates vom 10.6.1999, AMPG, II. Abt., Rep. 60, Nr. 152.SP, fol. 8.
228 Pressestelle der BLK, Systemevaluation von DFG und MPG, 25.5.1999. Siehe dazu auch Protokoll der 153. Sitzung des Senates vom 19.11.1999, AMPG, II. Abt., Rep. 60, Nr. 153.SP, fol. 10 recto–12 recto.
229 Protokoll der 147. Sitzung des Senates vom 14.11.1997, AMPG, II. Abt., Rep. 60, Nr. 147.SP, fol. 10 verso–11 recto. Siehe dazu auch Protokoll der 148. Sitzung des Senates vom 27.3.1998, AMPG, II. Abt., Rep. 60, Nr. 148.SP, fol. 8.
230 Protokoll der 156. Sitzung des Senates vom 24.11.2000, AMPG, II. Abt., Rep. 60, Nr. 156.SP, fol 8 verso–9 verso.
231 Zur Gründung der KoWi und des Brüsseler Büros der Generalverwaltung der MPG siehe oben Kap. II.5.4, 177–178.
232 Rückblickend Hubert Markl an Eberhard Diepgen vom 2.9.1999, betr.: Standort unseres Instituts für Wissenschaftsgeschichte, AMPG, II. Abt., Rep. 61, Nr. 193.VP, fol. 78–79.

liche Neuvorhaben mbH« eine eigene Trägergesellschaft gegründet, die unter der Leitung von Wieland Keinath stand, der eigentlich die Abteilung Interne Revision leitete.²³³ Sein Beispiel steht stellvertretend für viele Mitarbeiter:innen der Generalverwaltung, die neben ihren angestammten Aufgaben überaus zeitraubende Funktionen im »Aufbau Ost« übernehmen mussten. Kurzum, eine neue Forschungsinfrastruktur in Ostdeutschland aus dem Boden zu stampfen erwies sich auch aus Verwaltungsperspektive als Herkulesaufgabe, wenn auch als eine zeitlich begrenzte.

Allerdings musste die Generalverwaltung die neuen Institute, nachdem sie einmal gegründet waren, auch im laufenden Betrieb weiterhin begleiten. Das stellte die Institutsbetreuung der MPG, die seit den späten 1960er-Jahren in den Händen von vier Abteilungsleitern lag, vor gewaltige Probleme. Dieses Modell, das die Unternehmensberatung McKinsey bereits 1975 angesichts der Doppelaufgabe der betroffenen Abteilungsleiter kritisiert hatte,²³⁴ mochte bei einer Größenordnung von 50 bis 60 Instituten noch angehen, schließlich hatte es sich über 20 Jahre lang in der Praxis bestens bewährt. Mit der Welle von Neugründungen in Ostdeutschland kam es jedoch an seine Grenzen – und die Neuorganisation der Institutsbetreuung (und damit der Generalverwaltung insgesamt) auf die Tagesordnung der Leitungsgremien der MPG. Barbara Bludau, die ab dem 1. August 1995 als Generalsekretärin amtierte, warf die Frage auf, »ob die heutigen Strukturen noch zeitgemäß sind und die MPG ihre Aufgaben noch optimal erfüllen kann«.²³⁵

Mit der Reorganisation der Generalverwaltung befassten sich Mitte der 1990er-Jahre verschiedene Akteure:

Der Wissenschaftliche Rat setzte eine Arbeitsgruppe »Institute und Generalverwaltung« unter Leitung von Hans A. Weidenmüller ein, Direktor am MPI für Kernphysik. Innerhalb der Generalverwaltung erarbeitete das »Projekt für Aufgabenkritik und Organisationsentwicklung« Vorschläge aus der Sicht der Verwaltungspraktiker. Am wichtigsten war indes der Input der Boston Consulting Group, die die MPG mit einer Bestandsaufnahme und der Entwicklung von Vorschlägen beauftragt hatte.²³⁶ Um die »Serviceorientierung der Generalverwaltung gegenüber den Instituten« zu erhöhen,²³⁷ plädierte Boston Consulting dafür, die »Institutsbetreuung in einer Abteilung mit sektionaler Gliederung« zusammenzuführen und in der Generalverwaltung einen eigenen Institutsbereich von beachtlicher Größe zu schaffen, zu dem außer der Abteilung Institutsbetreuung auch die Personal- und Bauabteilung sowie das EDV-Referat gehören sollten.²³⁸

Auf dieser Grundlage beschloss der Verwaltungsrat am 21. April 1997 die Reorganisation der Generalverwaltung.²³⁹ Um die Generalsekretärin zu entlasten, erhielt der Stellvertretende Generalsekretär einen eigenen Geschäftsbereich, der drei Abteilungen und den Bereich Informations- und Kommunikationstechnik umfasste – also diejenigen Bereiche, die hauptsächlich »Dienstleistungen für die Institute erbringen«.²⁴⁰ Der Kern der Reform bestand darin, die Institutsbetreuung, die zuvor bei den Fachabteilungen gelegen hatte, zu einer organisatorisch selbstständigen Abteilung zusammenzufassen. Das geschah bereits am 1. Juli 1997.²⁴¹ Durch »eine deutliche Verringerung der Zahl der Schnittstellen« werde sich, so glaubte der Verwaltungsrat, »eine Optimierung möglichst vieler Arbeitsabläufe erreichen« lassen.²⁴²

---

233 Ash, *MPG im Kontext*, 2020, 101. Zu Keinath siehe Henning und Kazemi, *Chronik*, 2011, 938. – Immer wieder begegnet einem für die Abteilung auch die Bezeichnung »Innere Revision«.
234 Bericht: Ausrichtung der Verwaltungsorganisation auf die Zukunft. Ergebnisse einer Kurzuntersuchung vom November 1975, DA GMPG, BC 105630, fol. 1–176, hier v.a. fol. 27.
235 Barbara Bludau an alle Mitarbeiterinnen und Mitarbeiter der Generalverwaltung der MPG vom 25.11.1996, GVMPG, BC 230261, fol. 271 verso. Zur Reform der Institutsbetreuung siehe ausführlich Kap. IV.4.3.3.
236 Vermerk von Manfred Meinecke vom 30.6.1998 für den Vizepräsidentenkreis am 6.7.1998, hier: Fortentwicklung der Abteilung I – Institutsbetreuung, AMPG, II. Abt., Rep. 57, Nr. 304, fol. 53–56.
237 Barbara Bludau an alle Mitarbeiterinnen und Mitarbeiter der Generalverwaltung der MPG vom 25.11.1996, GVMPG, BC 230261, fol. 271 recto–272 verso, Zitat fol. 271 verso.
238 Boston Consulting Group: Strukturreformprojekt der Max-Planck-Gesellschaft, Detaillierte Mitarbeiterinformation vom 24.4.1997, GVMPG, BC 214928, fol. 1–83, Zitat fol. 23. Siehe dazu auch den Vermerk von Manfred Meinecke vom 30.6.1998 für den Vizepräsidentenkreis am 6.7.1998, hier: Fortentwicklung der Abteilung I – Institutsbetreuung, AMPG, II. Abt., Rep. 57, Nr. 304, fol. 53–56.
239 Protokoll der 174. Sitzung des Verwaltungsrates vom 21.4.1997, AMPG, II. Abt., Rep. 61, Nr. 174.VP, fol. 2–4; Barbara Bludau an die Geschäftsstelle der Bund-Länder-Kommission für Bildungsplanung und Forschungsförderung vom 22.2.2000, betr.: Veränderung des Stellenplans für den Bereich der B-Stellen, AMPG, II. Abt., Rep. 1, Nr. 81, fol. 271–278. Siehe auch Henning und Kazemi, *Chronik*, 2011, 935.
240 Barbara Bludau an die Geschäftsstelle der Bund-Länder-Kommission für Bildungsplanung und Forschungsförderung vom 22.2.2000, betr.: Veränderung des Stellenplans für den Bereich der B-Stellen, AMPG, II. Abt., Rep. 1, Nr. 81, fol. 271–278, Zitat fol. 273.
241 Notiz von Rüdiger Willems an die Teilnehmer der Abteilungsleiterbesprechung vom 22.9.1998, betr.: Jahresbilanzgespräch Strukturreformprojekt, GVMPG, BC 230261, fol. 17 recto–18 recto, Zitat fol. 17 recto.
242 Protokoll der 174. Sitzung des Verwaltungsrates vom 21.4.1997, AMPG, II. Abt., Rep. 61, Nr. 174.VP, fol. 2–4, Zitate fol. 3.

Während die MPG-Spitze und insbesondere Generalsekretärin Bludau, die sich für diese Lösung starkgemacht hatte, optimistisch in die Zukunft blickten, haderte das Gros der Wissenschaftlichen Mitglieder mit der Reform. Die Direktoren sahen sich bei der Institutsbetreuung nunmehr mit untergeordneten Befehlsempfänger:innen konfrontiert, weshalb ihre Eingaben lange Dienstwege innerhalb der Generalverwaltung zurücklegen mussten, wo sie früher schnelle Entscheidungen in persönlichen Gesprächen mit den hochrangigen und entsprechend einflussreichen Abteilungsleitern hatten herbeiführen können. Mit der Neustrukturierung fiel die Institutsbetreuung als Clearingstelle zwischen den Interessen der MPG-Zentrale und den Instituten praktisch aus. Kein Wunder, dass sich die Arbeitsgruppe des Wissenschaftlichen Rats vehement dagegen aussprach,[243] die Kritik »aus Kreisen der Institutsdirektoren« heftig ausfiel und länger nachhallte.[244] Anfangs musste die neu formierte Abteilung I, die nun für die Institutsbetreuung zuständig war, eine starke Fluktuation des Personals verkraften,[245] was ihre Arbeitsfähigkeit in den ersten Jahren einschränkte. Langfristig schwächte die Reform der Institutsbetreuung die Bindekräfte innerhalb der MPG, wodurch die Tendenz zur »Verinselung« der einzelnen Max-Planck-Institute zunahm.

Davon drang allerdings kaum etwas nach außen. Wenn die Generalverwaltung in den 1990er-Jahren überhaupt in der Öffentlichkeit wahrgenommen wurde, dann im Zusammenhang mit der Frage ihres Sitzes.[246] 1952 hatte die Hauptversammlung beschlossen, den »Sitz der Max-Planck-Gesellschaft [...] zu dem Zeitpunkt nach Berlin« zu verlegen, »wenn Berlin die Aufgaben der Bundeshauptstadt übernommen hat«.[247] Seinerzeit schien dies utopisch zu sein, doch der Fall der Mauer veränderte auch hier die Perspektiven. Die MPG spielte zunächst auf Zeit. Als der Gesamtbetriebsrat die Frage aufwarf, hielt Zacher den Beschluss von 1952 »für interpretationsbedürftig« und erklärte im November 1990, »daß man im Augenblick dringendere Probleme zu lösen habe«.[248] Ein Jahr später stellte sich Zacher auf den Standpunt, dass »die Frage des Sitzes der Gesellschaft als eingetragenem Verein und die Frage des Standortes der Generalverwaltung [...] strikt voneinander zu trennen« seien und »die Entscheidungskompetenz der Mitgliederversammlung [...] nur die Sitzfrage« betreffe.[249] Der Präsident griff damit eine Differenzierung auf, die Generalsekretär Otto Benecke bereits 1959 vorgenommen hatte und die der MPG Spielraum verschaffte.[250] Als Bayern im Frühjahr 1992 der MPG »in München für die Generalverwaltung eine die Zusammenführung aller Mitarbeiter erlaubende neue Unterbringung« anbot, hielt Zacher es angesichts der »hohen Friktionskosten, die ein Umzug der Verwaltung in eine andere Stadt mit sich bringen würde«, für »ratsam [...], das Angebot gegebenenfalls anzunehmen«.[251] Das sah der Verwaltungsrat ebenso, zumal Berlin sich bedeckt hielt und Bonn, das als Alternative ebenfalls im Raum stand, »keine Basis für ein eigenes Angebot« hatte, weil seinerzeit noch nicht feststand, »welche Ministerien nach Berlin übersiedeln werden«. Den Ausschlag gab, »daß die Gesellschaft bei einem Standortwechsel der Generalverwaltung auf keinen Fall mit einer finanziellen Unterstützung des Bundes rechnen« durfte, weshalb »das Ergebnis einer rational begründeten Entscheidung zum Standort der Generalverwaltung [...] unter den gegebenen Bedingungen nur München sein« konnte.[252]

Schließlich entschied die Hauptversammlung 1992, den juristischen Sitz der MPG von Göttingen nach Berlin zu verlegen, während der »Funktionssitz« – das heißt der

---

243 Siehe Hans Weidenmüller: Bericht der Arbeitsgruppe »Institute und Generalverwaltung des Wissenschaftlichen Rates« vom 3.6.1997, AMPG, II. Abt., Rep. 61, Nr. 178.VP, fol. 118 recto–120 recto.
244 Vermerk von Manfred Meinecke vom 30.6.1998 für den Vizepräsidentenkreis am 6.6.1998, hier: Fortentwicklung der Abteilung I – Institutsbetreuung, AMPG, II. Abt., Rep. 57, Nr. 304, fol. 53–56, Zitat fol. 53.
245 Notiz von Rainer Gastl für Frau Rausch vom 30.3.2000, betr.: Klausurtagung auf Schloß Ringberg am 2.12./3.12.1999, GVMPG, BC 230261, fol. 2 recto–2 verso. Dass die neu geschaffene Abteilung I »in der Anfangsphase nicht unerheblich unter großen personellen Veränderungen zu leiden« hatte, war bereits seit Längerem bekannt gewesen. Siehe beispielsweise das Protokoll der 185. Sitzung des Verwaltungsrates vom 19.11.1998 (Sprechvorlage zu TOP 10), GVMPG, BC 214928, fol. 84–85, fol. 84.
246 Siehe dazu und zum Folgenden Ash, *MPG im Kontext*, 2020, 154–155.
247 Zitiert nach Henning und Kazemi, *Chronik*, 2011, 341.
248 Protokoll der 126. Sitzung des Senates vom 15.11.1990, AMPG, II. Abt., Rep. 60, Nr. 126.SP, fol. 13.
249 Protokoll der 154. Sitzung des Verwaltungsrates vom 21.11.1991, AMPG, II. Abt., Rep. 61, Nr. 154.VP, fol. 11.
250 Vertrauliches und persönliches Rundschreiben Otto Hahns an die Senatoren der MPG vom 9.11.1959, AMPG, II. Abt., Rep. 60, Nr. 34 SP, fol. 319. Siehe dazu Balcar, *Wandel*, 2020, 48.
251 Protokoll der 155. Sitzung des Verwaltungsrates vom 12.3.1992, AMPG, II. Abt., Rep. 61, Nr. 155.VP, fol. 8. Das Angebot des Freistaats sah vor, der MPG ein Grundstück in zentraler Lage in unmittelbarer Nähe zur neuen Bayerischen Staatskanzlei zu extrem günstigen Konditionen zu überlassen. Max Streibl an Hans F. Zacher vom 11. April 1992, AMPG, II. Abt., Rep. 61, Nr. 156.VP, fol. 199–200.
252 Protokoll der 156. Sitzung des Verwaltungsrates vom 3.6.1992, ebd., fol. 16.

Sitz der Generalverwaltung – in München bleiben sollte.²⁵³ Der Bau des hochmodernen Verwaltungsgebäudes, in dem die Generalverwaltung bis heute residiert, wurde mit über 50 Millionen DM veranschlagt; den Großteil brachte die MPG durch den Verkauf eines anderen Grundstücks in der Münchner Innenstadt auf, den Differenzbetrag – in der Planung sollte er elf Millionen DM betragen – übernahm der Freistaat im Weg einer Sonderfinanzierung.²⁵⁴ Die Grundsteinlegung für das »Max-Planck-Haus« erfolgte im Mai 1996, die Einweihung im Juli 1999.²⁵⁵ Damit blieben die engen Bande zwischen der MPG und Bayern, von denen beide Seiten in der Vergangenheit auf je spezifische Weise profitiert hatten, auch künftig erhalten.

5.5.5 Die Reform des Rechnungswesens und die Einführung der Budgetierung

Eine weitere wichtige Reform in der vierten Entwicklungsphase betraf das Finanz- und Rechnungswesen der MPG. Während die Zuschüsse der öffentlichen Hand in der Höhe durchweg hinter den Erwartungen und Hoffnungen der MPG zurückblieben, zeigten sich die Zuwendungsgeber nun erheblich offener hinsichtlich einer flexibleren Verwendung der bewilligten Finanzmittel. Auch dieser Sinneswandel hing mit der Veränderung von Governance-Modellen in Wissenschaft und Forschung zusammen, deren Trend wegführte von staatlicher Steuerung und direkter Kontrolle. An deren Stelle trat nun verstärkt die Selbststeuerung der Wissenschaftsorganisationen, die sich dabei an effizienzorientierten Kriterien aus dem Unternehmensmanagement ausrichten sollten. Die staatlichen Stellen verbanden damit die Erwartung einer effizienteren Verwendung der knappen Mittel, die Forschungseinrichtungen dagegen die Hoffnung auf mehr Gestaltungsspielraum in der eigenen Forschungspolitik.

Eine wichtige Voraussetzung schuf die MPG aus eigenem Antrieb heraus. Ihre Generalverwaltung ventilierte ab 1990 Pläne zur »Umgestaltung des Rechnungswesens«. Da das »bisher eingesetzte, selbstentwickelte EDV-System [...] keine Verbindung zwischen Einnahmen- und Ausgabenrechnung und Vermögensrechnung« ermöglichte, erwies sich die Dateneingabe als mühsam. Deswegen sollte ein neues System beschafft werden, das zugleich eine »Umstellung von kameralistischer auf kaufmännische Buchführung« ermöglichte. Man erhoffte sich von diesen Maßnahmen, deren geschätzte Kosten sich anfangs auf 20 Millionen DM beliefen, »eine Verbesserung der Produktivität, einheitliche und vereinfachte Abläufe in der Generalverwaltung und in den Instituten, eine Senkung des Software-Entwicklungs- und Pflegeaufwandes sowie die Schaffung einer einheitlichen Hardware«.²⁵⁶

Die Einführung des Finanzcontrollings sollte der Generalverwaltung nicht zuletzt einen besseren Einblick in die Haushalte der Institute ermöglichen, doch genau das war intern umstritten. Als »problematisch« erwies sich nämlich die mangelnde »Akzeptanz der Reform durch die Institute«, die durch sie »ihre satzungsmäßige Autonomie bedroht« sahen.²⁵⁷ Deswegen empfahl eine vom Intersektionellen Ausschuss eingesetzte Kommission, »einer dezentralisierten Version eines kommerziellen Systems den Vorzug zu geben«. Daraufhin beschloss der Verwaltungsrat, »das Projekt SAP-R/2 nicht weiter zu verfolgen, sondern das dezentrale SAP-R/3-System zu erproben«.²⁵⁸

Die Umsetzung dieses Projekts warf eine Fülle technischer Schwierigkeiten auf. Massive Unterstützung erhielt die MPG von Wolfgang Röller, dem Vorsitzenden des Aufsichtsrats der Dresdner Bank, der wiederholt »Hilfe von Fachleuten« der Bank organisierte.²⁵⁹ Überhaupt waren es die Wirtschaftsvertreter im Verwaltungsrat, die die Einführung von SAP – in den meisten Unternehmen längst Standard – in der MPG im Wesentlichen vorantrieben.²⁶⁰ Die praktische Erprobung begann im Mai 1994 in drei Max-Planck-Instituten, später wurde die Testphase auf »sechs Max-Planck-Institute unterschiedlicher Größe

---

253 Henning und Kazemi, *Chronik*, 2011, 652–653.
254 Protokoll der 135. Sitzung des Senates vom 19.11.1993, AMPG, II. Abt., Rep. 60, Nr. 135.SP, fol. 31–32.
255 Henning und Kazemi, *Chronik*, 2011, 697 u. 747.
256 Protokoll der 151. Sitzung des Verwaltungsrates vom 14.11.1990, AMPG, II. Abt., Rep. 61, Nr. 151.VP, fol. 17. Siehe dazu auch Protokoll der 152. Sitzung des Verwaltungsrates vom 7.3.1991, AMPG, II. Abt., Rep. 61, Nr. 152.VP, fol. 9–11.
257 Protokoll der 158. Sitzung des Verwaltungsrates vom 18.3.1993, AMPG, II. Abt., Rep. 61, Nr. 158.VP, fol. 10.
258 Protokoll der 159. Sitzung des Verwaltungsrates vom 16.6.1993, AMPG, II. Abt., Rep. 61, Nr. 159.VP, fol. 12.
259 Protokoll der 152. Sitzung des Verwaltungsrates vom 7.3.1991, AMPG, II. Abt., Rep. 61, Nr. 152.VP, fol. 11; Protokoll der 157. Sitzung des Verwaltungsrats vom 19.11.1992, AMPG, II. Abt., Rep. 61, Nr. 157.VP, fol. 11–12. Röller selbst erklärte, es sei »für einen Außenstehenden [...] unverständlich, wie man einen solch großen Haushalt ohne ›Controlling‹ führen wolle«. Protokoll der 158. Sitzung des Verwaltungsrates vom 18.3.1993, AMPG, II. Abt., Rep. 61, Nr. 158.VP, fol. 10.
260 Wolfgang Hasenclever an Herbert Grünewald vom 28.5.1991, betr.: Reform des Haushalts- und Rechnungswesens der Max-Planck-Gesellschaft, AMPG, II. Abt., Rep. 61, Nr. 152.VP, fol. 44.

und Struktur« ausgeweitet.²⁶¹ Im Juni 1995 stimmte der Verwaltungsrat der flächendeckenden Einführung von SAP-R/3 zu.²⁶² Die Generalverwaltung zeigte sich überzeugt, dass »der Nutzen die Betriebskosten weit übertreffen« werde,²⁶³ während die Institutsverwaltungen dem Einsatz mit gemischten Gefühlen entgegensahen. Aus ihrer Sicht bedeutete die Einführung des softwarebasierten Finanzcontrollings nämlich die Entstehung gläserner Institutshaushalte, was ihre Handlungsautonomie gegenüber der Generalverwaltung ein Stück weit einschränkte. Diese dagegen sah darin eine wichtige Voraussetzung, um bei den Geldgebern die Erlaubnis für einen flexibleren Umgang mit den zur Verfügung gestellten Mitteln zu erhalten.

Man hatte sich in der Generalverwaltung nicht getäuscht. Mit Schreiben vom 9. Juli 1996 leitete der Bundesminister für Bildung, Wissenschaft, Forschung und Technologie der MPG ein Strategiepapier zu. Es trug den vielsagenden Titel »Innovationen durch mehr Flexibilität und Wettbewerb. Leitlinien zur strategischen Orientierung der deutschen Forschungslandschaft« und eröffnete, so frohlockte Präsident Markl, »interessante Perspektiven im Hinblick auf Flexibilisierung und Globalisierung der Haushalte sowie hinsichtlich größerer Autonomie der geförderten Organisationen im Umgang mit den ihnen zugeteilten Mitteln«.²⁶⁴ Auch die Politik verband damit Hoffnungen: Anke Brunn (SPD), die nordrhein-westfälische Ministerin für Wissenschaft und Forschung, erklärte vor dem MPG-Senat, »daß mit Methoden des modernen Managements, mit Organisationsuntersuchungen sowie mit Budgetierung und Controlling finanzielle Spielräume zu gewinnen seien, ohne gleichzeitig eine schlechtere Arbeitsweise zu erreichen«.²⁶⁵ Zwar lehnten die Regierungschefs der Länder wie auch der Bundesforschungsminister eine vorab festgelegte »Effizienzrendite« ab – die Finanzministerkonferenz hatte sie auf 3 Prozent veranschlagt²⁶⁶ –, doch auch sie erwarteten, dass die MPG durch die Budgetierung mit dem vorhandenen Geld mehr erreichen werde. Ein anderer Grund, die »Übertragbarkeit von Resten sowie die flexible Verwendung der Mittel einzuführen«, bestand für den bayerischen Kultusminister Hans Zehetmair (CSU) in der Beseitigung des sogenannten Dezember-Fiebers: Mit der »bisherige[n] Haushaltspraxis, Geld auszugeben, nur weil das Ende des Haushaltsjahres bevorstehe«, sollte nun endlich Schluss sein.²⁶⁷

Mit Niedersachsen und Bayern unterstützten die beiden Bundesländer, die die meisten Einrichtungen der MPG beherbergten, die Initiative zur Budgetierung des Haushalts der MPG am stärksten.²⁶⁸ Letztlich hatten sie Erfolg. Am 20. März 1997 forderte die Ministerpräsidentenkonferenz die Bundesregierung auf, »die Zuwendungen an die Max-Planck-Gesellschaft zu budgetieren, um eine größere Flexibilität der Haushaltsführung erreichen und auch auf verbindliche Stellenvorgaben verzichten zu können«. Markl begrüßte »ein möglichst hohes Maß an Eigenverantwortung« für die »im Wissenschaftsbereich autonom handelnden Organisationen«.²⁶⁹ Auch die BLK sprach sich im Juni 1997 nochmals »nachdrücklich« für die Budgetierung des Haushalts der MPG aus, und zwar »bereits im Hinblick auf den Haushalt 1998«.²⁷⁰

Im März 1998 setzte die BLK neue Rahmenbedingungen für die Haushaltsführung der MPG fest. Die flexibleren Bewirtschaftungsregeln sollten zunächst in einem Zeitraum von drei Jahren erprobt werden, womit der MPG eine »Pilotfunktion« zugewiesen wurde.²⁷¹ Der Verwaltungsrat beschloss, »die im Außenverhältnis erreichten zusätzlichen Flexibilitäten möglichst weitgehend an die Institute« weiterzugeben, und räumte auch ihnen deutlich mehr Spielraum im Umgang mit einmal

---

261 Materialien für die Sitzung des Verwaltungsrates der MPG am 23.3.1995 in Berlin, betr.: Punkt 6 der Tagesordnung, Reform des Haushalts- und Rechnungswesens der MPG; weiteres Verfahren, AMPG, II. Abt., Rep. 61, Nr. 164.VP, fol. 133 recto–133 verso, Zitat fol. 133 recto. Protokoll der 162. Sitzung des Verwaltungsrates vom 8.6.1994, AMPG, II. Abt., Rep. 61, Nr. 162.VP, fol. 6 verso.

262 Protokoll der 165. Sitzung des Verwaltungsrates vom 21.6.1995, AMPG, II. Abt., Rep. 61, Nr. 165.VP, fol. 2 recto–fol. 8 verso.

263 Materialien für die Sitzung des Verwaltungsrats der MPG am 23.3.1995 in Berlin, betr.: Punkt 6 der Tagesordnung, Reform des Haushalts- und Rechnungswesens der MPG; weiteres Verfahren, AMPG, II. Abt., Rep. 61, Nr. 164.VP, fol. 133 recto–133 verso, Zitat fol. 133 verso.

264 Protokoll der 144. Sitzung des Senates vom 22.11.1996, AMPG, II. Abt., Rep. 60, Nr. 144.SP, fol. 5 verso; Jürgen Rüttgers an Hubert Markl vom 9.7.1996, Anlage: Innovationen durch mehr Flexibilität und Wettbewerb. Leitlinien zur strategischen Orientierung der deutschen Forschungslandschaft, AMPG, II. Abt., Rep. 60, Nr. 144.SP, fol. 24 recto–fol. 32 verso.

265 Protokoll der 142. Sitzung des Senates vom 15.3.1996, AMPG, II. Abt., Rep. 60, Nr. 142.SP, fol. 9 verso.

266 Dazu und zum Folgenden Protokoll der 148. Sitzung des Senates vom 27.3.1998, AMPG, II. Abt., Rep. 60, Nr. 148.SP, fol. 7 recto.

267 Protokoll der 144. Sitzung des Senates vom 22.11.1996, AMPG, II. Abt., Rep. 60, Nr. 144.SP, fol. 16 verso.

268 Protokoll der 145. Sitzung des Senates vom 7.3.1997, AMPG, II. Abt., Rep. 60, Nr. 145.SP, fol. 7 recto.

269 Protokoll der 146. Sitzung des Senates vom 5.6.1997, AMPG, II. Abt., Rep. 60, Nr. 146.SP, fol. 5 verso.

270 Ebd., fol. 10 recto.

271 Protokoll der 148. Sitzung des Senates vom 27.3.1998, AMPG, II. Abt., Rep. 60, Nr. 148.SP, fol. 7 recto. Siehe dazu auch Henning und Kazemi, *Chronik*, 2011, 726.

5. Zwischen »Aufbau Ost« und Globalisierung (1990–2002/05)

bewilligten Finanzmitteln der öffentlichen Hand ein. Die Mittelverteilung erfolgte »künftig verstärkt direkt auf die Institute«, also »dezentral orientiert«. Zudem fielen »viele Sonder- und Einzelregelungen weg«, was die Verwaltung der bewilligten Mittel vereinfachte.[272] Mit diesen Zielsetzungen erfolgte im November 1998 die Umstellung des Haushalts- und Rechnungswesens der MPG von der kameralistischen auf die kaufmännische Buchführung.[273]

Die Institute machten von den Möglichkeiten, die ihnen die Budgetierung und Globalisierung ihrer Haushalte eröffneten, »zunächst zögernd, dann jedoch immer häufiger […] Gebrauch«.[274] Ihre ersten Erfahrungen fielen rundum positiv aus: Die meisten Verwaltungen erblickten darin »eine wertvolle Möglichkeit, mit den ihnen zur Verfügung gestellten Mitteln im Interesse ihres Institutes und ihrer Forschung besser umzugehen«. Die Generalsekretärin stellte fest, »dass es deutlich mehr Übertragungen in das nächste Haushaltsjahr als Vorgriffe gegeben habe«, wobei es offenbar keine Unterschiede zwischen größeren und kleineren Instituten gab. Der größte Vorteil für die MPG bestand darin, dass sie – obwohl sie gegenüber ihren Geldgebern »nach wie vor berichtspflichtig« war und »wie bisher ihre Pläne« vorlegen musste – »nun erst nach Vollzug des Haushalts« darzulegen hatte, »wie mit den zur Verfügung gestellten Mitteln umgegangen« wurde.[275] Die Lobeshymnen auf die Budgetierung gipfelten in der Feststellung, »dass die Max-Planck-Institute die Budgetierung als Befreiung empfänden und nun auch das wirtschaftliche Handeln in den Instituten verankert sei«.[276]

Die »viel größere Flexibilität im Haushalt«, die der MPG »ein besseres Wirtschaften« erlaubte, hatte allerdings ihren Preis. »Nachdem die Zuwendungsgeber die Mittel nun pauschaler und mit einem Vertrauensvorschuss zuwiesen, d. h. nicht mehr vorab die Kontrolle hätten«, erläuterte Generalsekretärin Bludau, »müssten nun andere Kontrollmechanismen eingeführt werden.« Daher sah sich die MPG zur Einführung der Kosten- und Leistungsrechnung (KLR) genötigt, die »eine Voraussetzung zur dauerhaften Fortführung der Budgetierung des Haushalts« war.[277] Für Bundesbildungsministerin Edelgard Bulmahn (SPD) war dies »eine Bringschuld der Wissenschaft«. Schließlich »müsse erkennbar gemacht werden, zu welchen Ergebnissen die investierten Mittel geführt hätten«. Die kameralistische Haushaltsführung erschien ihr dafür ungeeignet; »dieses könne nur über eine gute und ausführliche – und manchmal auch selbstkritische – Information geschehen«.[278] Insofern blieb der bürokratische Aufwand, den die MPG für die Finanzmittel der öffentlichen Hand betreiben musste, nach wie vor beträchtlich.

So ging allen Effizienzgewinnen zum Trotz die Einführung der Budgetierung und der KLR mit einer deutlichen Zunahme des Personals in der Generalverwaltung und in den Institutsverwaltungen einher, von der im Anschluss noch die Rede sein wird. Die Umstellung in der Bewirtschaftung gelang ohne größere Schwierigkeiten, allerdings nicht zum Nulltarif – Bund und Länder mussten den gestiegenen administrativen Personalbedarf aus Steuermitteln finanzieren. Innerhalb der MPG bewirkte die Reform der Mittelzuweisung einschneidende Veränderungen im Verhältnis von Generalverwaltung und Instituten. Letztere waren seit dem Königsteiner Abkommen finanziell zu Kostgängern der MPG herabgesunken; mit der Einführung der Budgetierung gewannen sie beachtliche Handlungsspielräume im Umgang mit den staatlichen Mitteln und mehr Unabhängigkeit gegenüber der Generalverwaltung. Gleichwohl behielt diese nach wie vor beträchtlichen finanziellen Einfluss auf die Institute: zum einen über die Verteilung derjenigen Mittel, die die Geldgeber der MPG zentral zuwiesen, zum anderen über die Kontrolle des Finanzgebarens der Institute. Durch die Installation der SAP-Software gewann die Münchner Zentrale genaueren Einblick als je zuvor, wie die Institute mit den ihnen zur Verfügung stehenden Mitteln umgingen. Insofern wies die Umstellung des Rechnungswesens zugleich Züge von Zentralisierung und Dezentralisierung auf.[279]

---

272 Protokoll der 149. Sitzung des Senates vom 25.6.1998, AMPG, II. Abt., Rep. 60, Nr. 149.SP, fol. 11 recto. Siehe auch Henning und Kazemi, *Chronik*, 2011, 733.
273 Ebd., 733, 736.
274 Protokoll der 153. Sitzung des Senates vom 19.11.1999, AMPG, II. Abt., Rep. 60, Nr. 153.SP, fol. 14 recto.
275 Protokoll der 155. Sitzung des Senates vom 8.6.2000, AMPG, II. Abt., Rep. 60, Nr. 155.SP, fol. 11 recto–11 verso.
276 Protokoll der 158. Sitzung des Senates vom 21.6.2001, AMPG, II. Abt., Rep. 60, Nr. 158.SP, fol. 13 verso.
277 Protokoll der 161. Sitzung des Senates vom 13.6.2002, AMPG, II. Abt., Rep. 60, Nr. 161.SP, fol. 10 recto. Dass die KLR sozusagen der Preis für die Budgetierung war, hatten Bund und Länder bereits frühzeitig klargemacht. Protokoll der 148. Sitzung des Senates vom 27.3.1998, AMPG, II. Abt., Rep. 60, Nr. 148.SP, fol. 7 recto.
278 Protokoll der 155. Sitzung des Senates vom 8.6.2000, AMPG, II. Abt., Rep. 60, Nr. 155.SP, fol. 12 verso.
279 Siehe unten, Kap. IV.4.5.

5.6 Sozialgeschichtliche Dynamik[280]

Insgesamt stellten die anderthalb Jahrzehnte von 1990 bis 2002/2005 für die MPG eine Phase ausgeprägten Wachstums und institutionellen Wandels dar, ähnlich wie in der zweiten Entwicklungsphase von 1955 bis 1972. Allerdings war dies nun auch – im Unterschied zur zweiten Phase – mit tiefgreifenden sozialgeschichtlichen Veränderungen verknüpft. Sie spiegelten den institutionengeschichtlichen Wandel, resultierten aus diesem und ermöglichten ihn.

5.6.1 Ungleichmäßiges Wachstum

Um die Dimension des Wachstums zu skizzieren, das die MPG in den 1990er-Jahren erlebte, genügen einige wenige Zahlen: 1990 existierten 62 Institute in der MPG, 2005 waren es 75.[281] 1990 betrug die Gesamtbeschäftigtenzahl 14.600, 2005 hatte sie sich auf 23.054 erhöht.[282] Wie bereits ausführlich geschildert, resultierte dieses Wachstum aus regional asynchron verlaufenden Prozessen, aus einer Verbindung von raschem »Aufbau Ost« und partiellem »Abbau West«. Fast alle Max-Planck-Institute, die in diesem Zeitraum gegründet wurden, entstanden in den neuen Bundesländern und in Berlin. Insgesamt stellte die MPG etwa 1.500 Stellen für den Aufbau von Instituten, Arbeitsgruppen und Forschungsstellen im Osten der Republik bereit, in denen ost- und westdeutsches Personal zum Zuge kam, mit einem ausgeprägten westdeutschen Übergewicht in den Leitungsfunktionen. Aus Sicht der MPG und für deren Entwicklung war dies eine erhebliche, unter politischem Druck und in kurzer Zeit größtenteils durch Umwidmungen erzielte Leistung. Kontinuitäten zur Wissenschaftslandschaft der DDR, wie sie an deren Ende existiert hatte, ergaben sich daraus nicht. Von den etwa 1.200 wissenschaftlichen Angestellten der abgewickelten Institute der Akademie der Wissenschaften der DDR wurden bloß etwa 70 mit einer dauerhaften Perspektive in der MPG neu oder weiter beschäftigt. Nur etwa 100 – ostdeutsche und westdeutsche – Wissenschaftler:innen nahmen 1992 ihre Arbeit an den neu eingerichteten Geisteswissenschaftlichen Zentren auf, die sich vorübergehend unter dem Dach der MPG befanden.[283] Im Osten entstand also in Bezug auf die Wissenschaft etwas Neues, allerdings nach den Grundsätzen und Regeln der MPG.

Die verschiedenen Personalkategorien entwickelten sich in der vierten Entwicklungsphase der MPG unterschiedlich. Am deutlichsten waren die Veränderungen im technischen Bereich, der zwischen 1985 und 2000 um fast 10 Prozent schrumpfte. Bei den Arbeiter:innen und Lohnempfänger:innen gab es ab Ende der 1980er-Jahre Abwanderungsquoten von 19 bzw. 23 Prozent, wogegen kaum noch Zugänge zu verzeichnen waren. Eine Ursache hierfür war das starke Gewicht geistes- und sozialwissenschaftlicher Institute unter den Neugründungen der 1990er-Jahre, die vergleichsweise weniger Techniker:innen und Arbeiter:innen benötigten. Zudem wurde die geräteaffine Forschung in mittelgroßen Instituten mit gemeinsamen, für mehrere Abteilungen zugänglichen Servicebereichen konzentriert und effizienter gestaltet, sodass hier Personal eingespart werden konnte. Dagegen nahm der Anteil der Verwaltungsstellen am Gesamtpersonal zu, und zwar von 13 Prozent im Jahr 1990 auf 15 Prozent im Jahr 2000. Das war teils dem überproportionalen Wachstum der Generalverwaltung geschuldet (von 251 Stellen im Jahr 1991 auf 315 im Jahr 2000), teils dem Personalzuwachs in den Institutsverwaltungen (von 569 Personen 1990 auf 749 im Jahr 2000). Offensichtlich schritt die Ausdifferenzierung zwischen verwaltenden und wissenschaftlichen Tätigkeiten weiter voran, die Zunahme administrativer Tätigkeiten in den verschiedensten Bereichen der MPG zeigte sich in dieser Verschiebung zwischen den Hauptgruppen des Personals. Aber auch der Anteil von Wissenschaftler:innen am Gesamtpersonal der MPG nahm zu: von 29 Prozent 1990 auf 35 Prozent im Jahr 2000.[284] Sie wurden zunehmend aus der Projektförderung finanziert statt auf etatisierten Planstellen beschäftigt und waren daher befristet angestellt. Wurden 1987 nur 357 Wissenschaftler:innen aus Projektfördertöpfen finanziert, waren es 1999 schon 622.[285]

---

280 Der gesamte Abschnitt 5.6 stammt von Birgit Kolboske und Juliane Scholz.
281 Ohne Außenstellen und sonstige Forschungsstellen. Generalverwaltung der Max-Planck-Gesellschaft, *Jahrbuch 2005*, 2005, 70–72; Generalverwaltung der Max-Planck-Gesellschaft, *Jahrbuch 1990*, 1990, 892.
282 Max-Planck-Gesellschaft, *Personalstatistik*, 2005, 20. Zur Gesamtzahl der Beschäftigten zählte das Personal auf Planstellen und aus der Projektförderung, aber auch Stipendiat:innen und Gastwissenschaftler:innen.
283 Peter Ebert und Dirk Hartung: »Die Max-Planck-Gesellschaft und die Forschung in den neuen Bundesländern«, in: …reingelegt, Beilage Nr. 6 des Gesamtbetriebsrates zum MPG-Spiegel Heft 6/95, S. 4, AMPG, II. Abt., Rep. 81, Nr. 58, fol. 230–233; Modell »Einheitliche Forschungslandschaft« Planstellen, 1997, AMPG, II. Abt., Rep. 1, Nr. 46, fol. 3.
284 Eigene Berechnungen auf Grundlage des *Zahlenspiegel* (1974–1993), *MPG in Zahlen* (1994–1999), Max-Planck-Gesellschaft, *Zahlen und Daten 2000*, 2001.
285 Statistische Angaben entnommen aus: *MPG-Zahlenspiegel* (1974–1993), *MPG in Zahlen* (1994–1999) und Max-Planck-Gesellschaft, *Zahlen und Daten 2000*, 2001.

5. Zwischen »Aufbau Ost« und Globalisierung (1990–2002/05)

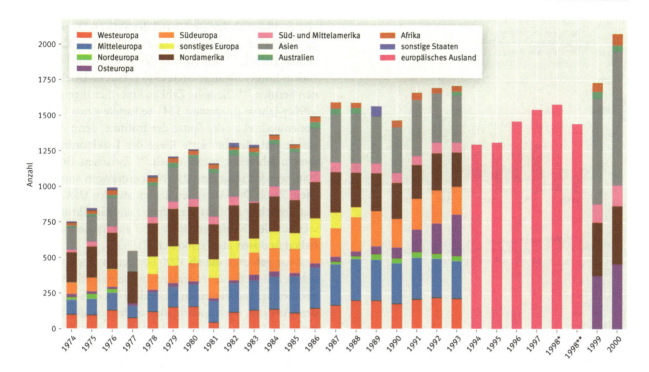

Abb. 4: **Anzahl der ausländischen Stipendiat:innen und Gastwissenschaftler:innen (1974–2000).** – Quelle: Zahlenspiegel 1974–2000. doi.org/10.25625/GLZYQV.

5.6.2 Internationalisierung der Rekrutierung

Bereits seit Ende der 1960er-Jahre waren regelmäßig Nachwuchswissenschaftler:innen aus dem Ausland – vor allem aus Westeuropa und Nordamerika – zur MPG gekommen.[286] Ab 1987 nahm besonders die Zahl der Nachwuchswissenschaftler:innen aus Osteuropa, Südeuropa sowie aus Übersee und Asien zu. Das spiegelte die fortschreitende Globalisierung wider und hatte mit der veränderten weltpolitischen Lage nach dem Zusammenbruch der Sowjetunion zu tun. In der zweiten Hälfte der 1990er-Jahre verdreifachte sich der Anteil der Nachwuchswissenschaftler:innen aus dem asiatischen Raum beinahe, und auch Gastwissenschaftler:innen und Stipendiat:innen aus Osteuropa – insbesondere Russland – waren nach Fallen des Eisernen Vorhangs zu einer festen Größe geworden. Im Jahr 2000 kamen 374 Gastwissenschaftler:innen aus Russland, 256 aus China sowie 196 aus dem übrigen asiatischen Raum, gegenüber 325 aus den USA.[287]

Im Jahr 1990 waren insgesamt 3.960 meist ausländische Stipendiat:innen und Gastwissenschaftler:innen an den Instituten der MPG tätig, bis 2002 stieg ihre Zahl auf 9.109. Diese jungen Forscher:innen hatte die Zentrale der MPG lange kaum beachtet. Sie arbeiteten in den einzelnen Instituten und blieben meist nur für einige Monate oder Jahre. Doch ihre Bedeutung für die wissenschaftliche Leistungsfähigkeit und vor allem für die nationale und internationale Ausstrahlung der MPG sollte nicht unterschätzt werden. Mit der Einrichtung strukturierter Promotionsprogramme in den International Max Planck Research Schools (IMPRS) im Jahr 2000 wurden Förderprogramme aufgelegt, die auf Teile dieser in sich vielfältigen und hoch mobilen Gruppe zielten. 2002 machte der Anteil der Stipendiat:innen und Gastwissenschaftler:innen erstmals fast die Hälfte aller Beschäftigten aus: 9.109 Personen gegenüber 10.046 Beschäftigten auf Planstellen.[288]

Auch das Leitungspersonal der MPG wurde mittlerweile immer häufiger aus dem Ausland rekrutiert. Der Anteil der ausländischen Forscher:innen, die als Wissenschaftliche Mitglieder berufen wurden, lag ab 1991 regelmäßig bei über 30 und ab 1998 bei über 40 Prozent. 2004 wurden 48 Prozent der Berufungszusagen an ausländische Spitzenforscher:innen ausgesprochen.[289]

---

[286] Erhebung inländische und ausländische Gastwissenschaftler und Stipendiaten 1965, AMPG, II. Abt., Rep. 67, Nr. 177, fol. 521–534.
[287] Schott-Stettner, *MPG Personalstatistik 2000*, 2000, 15.
[288] Eigene Berechnungen auf Grundlage des *Zahlenspiegel* (1974–1993), *MPG in Zahlen* (1994–1999), Max-Planck-Gesellschaft, *Zahlen und Daten 2000*, 2001, Max-Planck-Gesellschaft, *Personalstatistik*, 2003.
[289] Scholz unter Mitarbeit von Aron Marquart, Robert Egel und Florian Kaiser, Neuberufene, 2023. doi:10.25625/X9LXH3.

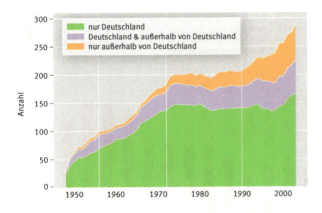

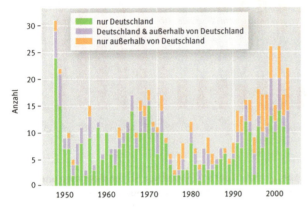

Abb. 5 und 6: Studiums- und Promotionsländer von aktiven Wissenschaftlichen Mitgliedern (oben) und bei Berufungen (unten), 1948–2005. – Quelle: Biografische Datenbank des Forschungsprogramms GMPG. doi.org/10.25625/RDNCUB.

Auch die Wahl der Studien- und Promotionsorte und der Verlauf der akademischen Karrieren der aktiven Wissenschaftlichen Mitglieder wurden wesentlich internationaler. Zwischen 1990 und 2003 hatten bereits 34 Prozent der aktiven Wissenschaftlichen Mitglieder ihr Studium und/oder ihre Promotion im Ausland absolviert.[290] Seit MPG-Gründung war damit der Anteil von Direktor:innen und Abteilungsleiter:innen, die ihre akademische Ausbildung ausschließlich in Deutschland genossen hatten, kontinuierlich kleiner geworden. In der vierten Phase blickte ein Viertel der aktiven Direktor:innen auf einen globalen und kosmopolitischen Karriereverlauf zurück.[291] Seit Anfang der 1990er-Jahre wurden zudem immer häufiger nach 1940 geborene Direktor:innen berufen.[292] Die hohe Zahl an Emeritierungen in den 1990er-Jahren (insgesamt 134) bedeutete einen Generationenwechsel an der Spitze der Institute, denn de facto wurde fast die komplette Riege der Direktor:innen in diesem Jahrzehnt ausgewechselt.[293] Zwischen 1990 und 2005 wurden insgesamt 251 Neuberufungen ausgesprochen: Zwölf Direktor:innen kamen aus den USA, elf aus Österreich, je acht aus der Schweiz und Großbritannien, vier aus den Niederlanden, je drei aus Tschechien und Italien und zwei aus Frankreich.[294]

Zwar gehörten die ab 1990 berufenen Wissenschaftlichen Mitglieder einer anderen wissenschaftlichen Generation an und stammten wesentlich öfter als früher aus dem Ausland, doch änderte dies an der sozialen Schichtung der Direktor:innen in der MPG wenig. Nach wie vor entstammten sie ganz überwiegend bildungsbürgerlichen und akademisch geprägten Elternhäusern. Unter den Instituts- und Abteilungsleiter:innen dominierten die Söhne und Töchter von Beamten, leitenden Angestellten, Unternehmern und Freiberuflern wie Ärzten und Rechtsanwälten, während der Anteil der Wissenschaftlichen Mitglieder, die aus der bildungsfernen Unterschicht stammten, nur leicht auf 4 Prozent zunahm.[295]

5.6.3 Befristung und Fluktuation

In den 1990er-Jahren nahm auch beim Stammpersonal der Anteil der befristet Beschäftigten deutlich zu. Waren 1989 nur 581 der 2.343 Wissenschaftler:innen auf Planstellen befristet angestellt, waren es im Jahr 2000 bereits 1.071 von 2.565. Das bedeutete einen Anstieg in etwas mehr als zehn Jahren von knapp 25 auf etwa 42 Prozent. Rechnet man die durchweg befristet beschäftigten Wissenschaftler:innen aus der Projektförderung hinzu, war der Zeitvertragsanteil der in der MPG angestellten Wissenschaftler:innen zwischen 1989 und 2000 von

---

290 Scholz unter der Mitarbeit von Florian Kaiser und Aron Marquart, Geburts-, Studien- und Promotionsländer, 2023. doi:10.25625/RDNCUB.

291 Sample-Größe waren 406 Personen. Siehe ebd.

292 Siehe unten, Kap. IV.5; zu den wissenschaftlichen Generationen siehe oben, Kap. II.1, 29–31.

293 Die MPG hatte im Jahr 2004 272 Wissenschaftliche Mitglieder bei 74 Instituten und drei Außen- bzw. Forschungsstellen. Zahl der Emeritierungen, AMPG, II. Abt., Rep. 1, Nr. 27, fol. 18.

294 Scholz unter der Mitarbeit von Florian Kaiser und Aron Marquart, Geburts-, Studien- und Promotionsländer, 2023. doi:10.25625/RDNCUB.

295 Näheres bei Scholz unter Mitarbeit von Hannes Benne, Robert Egel und Florian Kaiser, Soziale Herkunft der Wissenschaftlichen Mitglieder, 2023. doi:10.25625/T95K3E.

38,5 auf 51,6 Prozent gestiegen.²⁹⁶ Hinzu kamen noch die temporär an den Instituten arbeitenden Nachwuchswissenschaftler:innen und Stipendiat:innen. Im Bereich Wissenschaft muss die Gesamtsituation als außerordentlich fluide bezeichnet werden. Für die Verwaltung bedeutete das eine enorme zusätzliche Belastung, denn durch den ständigen Arbeitsplatzwechsel entstanden neue arbeitsvertragliche Probleme und Reibungsverluste.

Ariane Leendertz führt die in den 1990er- und 2000er-Jahren stark forcierte Befristungspraxis der MPG darauf zurück, dass die Leitung für eine Festanstellung immer größere Hürden aufbaute und der Senat 1998 eine Obergrenze festlegte: Demnach durfte maximal die Hälfte der an den Instituten beschäftigten Wissenschaftler:innen unbefristete Arbeitsverträge haben. Solche Entscheidungen waren einerseits auf den Zwang zu finanziellen Einsparungen zurückzuführen, andererseits auf die sich ab Ende der 1980er-Jahre verstärkt abzeichnende Wettbewerbsorientierung und die nunmehr stark betonten »ökonomisch determinierten Referenzsysteme« in Wissenschaftsorganisationen, die Flexibilität, Konkurrenzfähigkeit und Leistungsfähigkeit als Bezugsgrößen etablierten.²⁹⁷

5.6.4 Erste Schritte Richtung Chancengleichheit

Neben dem raschen, wenngleich ungleichmäßigen Wachstum im Personalbereich, der Internationalisierung bei der Rekrutierung von Wissenschaftler:innen und der zunehmenden Fluidität der Arbeitsverhältnisse markierten eine neue Gleichstellungspolitik und eine erkennbare Zunahme des Wissenschaftlerinnenanteils einen weiteren Aspekt der sozialgeschichtlichen Veränderungen der vierten Phase der MPG-Entwicklung.

Die Zweite Welle der Frauenbewegung in den 1970er-Jahren hatte in Westdeutschland die tradierten Geschlechterrollen radikal infrage gestellt und das Thema Chancengleichheit in verschiedenen Bereichen der Gesellschaft auf die Tagesordnung gesetzt. Ende der 1980er-Jahre drängten der Wissenschaftsrat und die BLK darauf, auch in den außeruniversitären Forschungsorganisationen gezielte Fördermaßnahmen für Frauen in Wissenschaft und Forschung zu entwickeln und umzusetzen.²⁹⁸ Neben der quantitativen Dimension ging es dabei um qualitative Integration: Die Chancen für Frauen, sich zu qualifizieren und beruflich Karriere zu machen, sollten verbessert werden. Gesetzgeberische Maßnahmen zur Förderung von Frauen, die 1994 im »Gesetz zur Förderung von Frauen und der Vereinbarkeit von Familie und Beruf in der Bundesverwaltung und den Gerichten des Bundes« (Frauenfördergesetz) festgeschrieben wurden, betrafen die MPG nicht unmittelbar. Die Entwicklung und Anwendung eigener frauenfördernder Maßnahmen blieben vorerst weitgehend im Ermessen der MPG und ihrer Institute. Gleichwohl stieg in Öffentlichkeit und Politik der Druck auf die Wissenschaftsorganisationen, etwas in dieser Hinsicht zu unternehmen, sonst musste man langfristig einen Verlust an Fördermitteln befürchten. Zehn Jahre später stellte die BLK fest, dass Wissenschaftlerinnen weiterhin signifikant unterrepräsentiert waren.²⁹⁹ Im internationalen Vergleich lag Deutschland deutlich hinter Ländern wie den USA, Frankreich oder Großbritannien.³⁰⁰ Das galt für Hochschulen und Universitäten ebenso wie für die MPG, die hinsichtlich des Frauenanteils beim wissenschaftlichen Personal das Schlusslicht in Deutschland bildete.³⁰¹

Es ist im Wesentlichen dem MPG-Gesamtbetriebsrat und dessen Frauenausschuss zu verdanken, dass Themen der Frauenförderung in der MPG überhaupt auf die Agenda kamen und im weiteren Verlauf bindende Vereinbarungen zur Gleichstellungspolitik (Senatsbeschluss 1995, Gesamtbetriebsvereinbarung und Frauenförder-Rahmenplan) erkämpft worden sind.³⁰² In der Gleichstellungspolitik betrachtete die MPG in dieser Zeit Maßnahmen zur Vereinbarkeit von Familie und Beruf als wichtigsten Beitrag zur Erhöhung des Frauenanteils. Gleichstellungspolitische Maßnahmen wie die Einführung einer Quote, die direkte Förderung von Wissenschaftlerinnen oder ihre Bevorzugung bei gleicher Qualifikation wurden dagegen beargwöhnt und ausdrücklich abgelehnt. Wissenschaftsadäquate Formen der Förderung, um im Rahmen der Nachwuchsförderung gezielt Wissenschaftlerinnen zu unterstützen, setzten erst spät ein.

---

296 Eigene Berechnungen auf Grundlage der Angaben Zeitverträgen im *MPG-Zahlenspiegel* (1985–1993); *MPG in Zahlen* (1994–1998); Schott-Stettner, *MPG Personalstatistik 2000*, 2000, 1–11.
297 Leendertz, *Wissenschaftler auf Zeit*, 2020, 18–19.
298 Wissenschaftsrat, *Empfehlungen des Wissenschaftsrates*, 1988; Bund-Länder-Kommission für Bildungsplanung und Forschungsförderung, *Förderung von Frauen*, 1989.
299 Bund-Länder-Kommission für Bildungsplanung und Forschungsförderung, *Frauen in Führungspositionen*, 1998.
300 European Commission Directorate-General for Research et al., »She Figures«, 2003.
301 Siehe unten, Kap. IV.5.
302 Ausführlich Kolboske, *Chancengleichheit*, 2018.

Das war unter anderem eine Folge der bereits erwähnten Anforderungen des Föderalen Konsolidierungsprogramms im forschungspolitischen Kontext des »Aufbaus Ost«, die sich auch auf die Gleichstellungsmaßnahmen der MPG auswirkten. Nach Ansicht von Präsident Zacher fehlten dadurch die notwendigen Ressourcen, um ein C3-Sonderprogramm zur Frauenförderung zu finanzieren. Letztlich war dies jedoch eine Frage der Prioritätensetzung. Das zeigte sich 1996 mit der Übernahme des Präsidentenamts durch Hubert Markl. Mit ihm nahm die Gleichstellungspolitik der MPG Fahrt auf. Markl zeigte, was mit politischem Willen selbst gegen gehörigen Widerstand aus den eigenen Reihen möglich war.

Mit der Thematik forschungspolitischer Frauenförderung war Markl bereits aus seiner Zeit als Präsident der DFG und als Gründungspräsident der Berlin-Brandenburgischen Akademie der Wissenschaften vertraut. Unter seinem Vorsitz beschloss der MPG-Verwaltungsrat im November 1996 das Sonderprogramm zur Förderung von Wissenschaftlerinnen (später bekannt als W2-Minerva-Programm), das von Zacher noch im März des Jahres abschlägig beschieden worden war, und stellte unter Verwendung privater Stiftungsmittel 7,2 Millionen Mark zu dessen Umsetzung bereit.[303] Das Programm wurde als frauenfördernde Maßnahme im Frauenförder-Rahmenplan vom März 1998 verankert.[304] Kurzum: Gleichstellungspolitik war in den 1990er-Jahren kein Ruhmesblatt in der MPG-Geschichte. Erst externe Faktoren – wie der Druck aus der Politik und die Sorge um den Verlust von Fördermitteln – haben die Gleichstellungspolitik in der MPG überhaupt in Gang gesetzt, und zur partiellen Umsetzung verhalf ihr ein Präsident, der von außen kam und generell wenig Rücksicht auf gewachsene Strukturen und Traditionen der MPG nahm.

Traditionell war die Verwaltung die Domäne der in der MPG beschäftigten Frauen. Dort hatte sich ihr Beschäftigungsanteil seit den 1970er-Jahren kaum gewandelt, er lag auch in den 1990er-Jahren bei durchschnittlich 77 Prozent.[305] Im »wissenschaftsunterstützenden Bereich«, zu dem unter anderem die Sekretärinnen, Bibliothekarinnen und Laborantinnen zählten, stellten Frauen durchschnittlich 46 Prozent der Beschäftigten. Nimmt man alle Beschäftigungsgruppen zusammen, lag der Frauenanteil in der MPG in den 1990er-Jahren bei etwa 42 Prozent. Dagegen waren 1990 nur 283 – das waren 14 Prozent – der insgesamt 1964 tätigen Wissenschaftler:innen weiblich.[306] Zur Gruppe des wissenschaftlichen »Mittelbaus« gehörten im selben Jahr nur acht weibliche Angestellte (von insgesamt 178). Besonders niedrig war der Frauenanteil in den besser vergüteten Leitungsfunktionen des Wissenschaftsbereichs. Nur zwei der insgesamt 201 Direktor:innen waren Frauen.[307]

Trotz der sehr bescheidenen Zahlen: Nach dem nahezu vollkommenen Stillstand in den vorangegangenen Jahrzehnten kam in die Gleichstellungspolitik allmählich Bewegung, wenn auch weiterhin auf sehr niedrigem Niveau. 2004 gab es in der MPG immerhin zwölf Frauen auf C4-Stellen und eine Frau auf einer W3-Stelle. Das entsprach einer Frauenquote von 4,6 Prozent im Bereich der Leitungsfunktionen. Auf einer Hierarchiestufe darunter waren Frauen – als Abteilungsleiterinnen – schon häufiger anzutreffen: Dort lag ihr Anteil bei 11,6 Prozent. Die größte Steigerung beim weiblichen Personal fand auf der Ebene der wissenschaftlichen Mitarbeiter:innen nach BAT 2a statt (bis 2004 auf 31,5 %) sowie bei den Doktorand:innen (40,3 %) und den Postdoktorand:innen (30,6 %). Knapp die Hälfte der studentischen Hilfskräfte in der MPG war ebenfalls weiblich. Insgesamt (inklusive des wissenschaftlichen Nachwuchses) belief sich 2004 der Frauenanteil im wissenschaftlichen Bereich auf knapp 32 Prozent.[308]

In Bezug auf Chancengleichheit ist in den vergangenen 25 Jahren in der Max-Planck-Gesellschaft einiges in Bewegung geraten. Zwar kann noch lange keine Rede von Parität an der Spitze sein, doch das Geschlechter-

---

[303] Protokoll der 169. Sitzung des Verwaltungsrates vom 21.11.1996, AMPG, II. Abt., Rep. 61, Nr. 169.VP, fol. 5. Siehe dazu auch Protokoll der 144. Sitzung des Senates vom 22.11.1996, AMPG, II. Abt., Rep. 60, Nr. 144.SP, fol. 15 verso–16. Bei den privaten Stiftungsmitteln handelte es sich unter anderem um Gelder aus der Gielen-Leyendecker-Stiftung, zu deren Förderschwerpunkten die Förderung von Nachwuchswissenschaftlerinnen gehört. Deutsches Stiftungszentrum, Gielen-Leyendecker-Stiftung, https://www.deutsches-stiftungszentrum.de/stiftungen/gielen-leyendecker-stiftung.

[304] »Als Signal gegen die bestehende Unterrepräsentation von Frauen in Positionen der Besoldungsordnung C3 wurde im November 1996 in Ergänzung zu den bestehenden Fördermöglichkeiten ein auf drei Jahre befristetes Sonderprogramm geschaffen, das jährlich ca. drei hervorragend qualifizierten Wissenschaftlerinnen die Möglichkeit bietet, sich im Rahmen eines fünfjährigen C3-Vertrages für eine leitende Tätigkeit in Hochschulen oder außeruniversitären Forschungseinrichtungen zu qualifizieren.« Rundschreiben Nr. 49/1998 der Generalsekretärin an die Institutsverwaltungen, Betriebsräte, Vertrauenspersonen für die weiblichen Beschäftigten. Förderung von Frauen und der Vereinbarkeit von Familie und Beruf in der Max-Planck-Gesellschaft. Frauenförder-Rahmenplan, BC 207184, fol. 152.

[305] European Commission Directorate-General for Research et al., »She Figures«, 2003.

[306] Wissenschaftsrat, *Empfehlungen des Wissenschaftsrates*, 1988; Bund-Länder-Kommission für Bildungsplanung und Forschungsförderung, *Förderung von Frauen*, 1989.

[307] Bund-Länder-Kommission für Bildungsplanung und Forschungsförderung, *Frauen in Führungspositionen*, 1998.

[308] Siehe unten, Kap. IV.5.3.

verhältnis hat sich zahlenmäßig inzwischen zugunsten von Frauen verschoben. Maßnahmen wie etwa das W2-Minerva-Programm (seit 1997), das Mentoringprogramm Minerva-FemmeNet (seit 2001) sowie das Dual-Career-Netzwerk (seit 2010) haben maßgeblich dazu beigetragen, dass sich in dieser Hinsicht ein Kulturwandel in der MPG bemerkbar macht. Von grundlegender Bedeutung für dieses Umdenken ist auch die Rekrutierung anerkannter Wissenschaftlerinnen aus dem Ausland gewesen.[309] Diese brachten neue Denkanstöße mit und konnten entscheidend dazu beitragen, traditionelle Vorstellungen hinsichtlich der Bedingungen ausgezeichneter Wissenschaft aus den Köpfen zu bekommen. Lange Zeit ist es bei der rigorosen Ablehnung einer Quotenregelung geblieben, allerdings verpflichtet sich die MPG seit Januar 2005 selbst dazu, die Anteile an Wissenschaftlerinnen auf den drei höchsten Karriereebenen kontinuierlich zu erhöhen.[310]

5.7 Fazit

Ein Ereignis und ein Prozess prägten die MPG in ihrer Entwicklung von 1989/90 bis ins frühe 21. Jahrhundert: die deutsche Einheit und die Globalisierung. Was die Herstellung Ersterer betrifft, verdeutlicht das Beispiel der MPG, dass die Art der Wiedervereinigung – die faktisch einem Anschluss der DDR an die Bundesrepublik gleichkam – nicht allein das Ergebnis von Entscheidungen im politischen Raum war. Auch bundes-, das heißt hier: westdeutsche Organisationen – wie eben die MPG – scheuten Experimente mit offenem Ausgang und trachteten sehr erfolgreich danach, ihre eigenen Strukturen zu bewahren und auf den östlichen Landesteil auszudehnen. Wären alternative Wege besser gewesen, in diesem Fall etwa der Erhalt eines größeren Teils der AdW-Institute im Rahmen eines neu zu schaffenden Dachverbands oder deren Integration in die MPG? Der enorme technologische Rückstand, den die DDR gegenüber der Bundesrepublik aufwies, und – vor allem in den Geistes- und Sozialwissenschaften – das hohe Maß an Politisierung der Wissenschaft in der SED-Diktatur sprechen nicht dafür, dass es von Vorteil gewesen wäre, Elemente des DDR-Wissenschaftssystems ins wiedervereinigte Deutschland zu transferieren. Unter den westdeutschen Akteuren fand sich denn auch kaum jemand, der zu einer grundlegenden Neugestaltung des bundesrepublikanischen Wissenschaftssystems bereit gewesen wäre. Die MPG machte in dieser Frage also keine Alleingänge, sondern befand sich im Mainstream. Dass sie in Ostdeutschland »Rosinenpickerei« betrieb, indem sie allenfalls diejenigen Abteilungen und Arbeitsgruppen aus AdW-Instituten weiterführte, die international als konkurrenzfähig galten, war aus ihrer Perspektive nicht nur legitim, sondern geboten; anderenfalls hätte sie ihren Ruf national und international aufs Spiel gesetzt.

Vielleicht hätte man sich in der MPG stärker darum bemühen sollen, mehr Wissenschaftler:innen, die in der DDR sozialisiert worden waren, in Spitzenpositionen zu bringen, das heißt, sie als Wissenschaftliche Mitglieder an die Institute in den neuen Ländern zu berufen, zumindest aber deutlich mehr als 70 der 1200 Ostwissenschaftler:innen zu übernehmen, um den Anschein der »Kolonisierung« zu vermeiden. Da sie dies nicht tat, bewältigte die MPG den »Aufbau Ost« mit Leitungspersonal, das weitgehend aus dem Westen stammte – allerdings nicht mehr nur aus Westdeutschland, sondern verstärkt aus Westeuropa und den USA. Zudem wurden in der vierten Entwicklungsphase erstmals vermehrt Frauen als Wissenschaftliche Mitglieder berufen. Beides, die zunehmende Internationalisierung des wissenschaftlichen Personals und die zunehmende Rekrutierung von Wissenschaftlerinnen in dieser traditionell so männlich geprägten Forschungsgesellschaft, machte die MPG – im Unterschied zur Wachstumsphase zwischen 1955 und 1972 – sozialgeschichtlich gesehen etwas vielfältiger und offener als zuvor. Ihre ehemals stärker ausgeprägte soziale Homogenität verringerte sich hinsichtlich Herkunft und Geschlecht ein wenig: In den 1990er-Jahren wurde das Gesicht der MPG internationaler und weiblicher. Das galt jedoch notabene nicht für die MPG-Spitze, an der – abgesehen von Generalsekretärin Barbara Bludau – deutsche Männer »in den besten Jahren« nach wie vor unter sich blieben.

Was den »Aufbau Ost« angeht, erreichte die MPG das Ziel, das die Politik ihr vorgegeben hatte: Rund zehn Jahre nach dem Fall der Berliner Mauer war sie in den neuen Bundesländern in etwa so stark vertreten wie in den alten. Die MPG trug auf diese Weise zur Verwirklichung der deutschen Einheit bei. Allerdings ging die Gründung von 18 neuen Instituten im Osten Deutschlands mit massiven Kürzungen im Westen einher, die in der zweiten Hälfte der 1990er-Jahre nicht nur die Schließung von einzelnen Abteilungen, sondern von ganzen Instituten erforderlich

---

[309] Jede zweite Wissenschaftlerin der MPG kommt inzwischen aus dem Ausland. Siehe *Pakt für Forschung*, 2021, 66.
[310] Die ersten beiden Selbstverpflichtungen galten vom 1. Januar 2005 bis 1. Januar 2010 sowie vom 1. Januar 2012 bis 31. Dezember 2016, die dritte vom 1. Januar 2017 bis 31. Dezember 2020. Die aktuelle gilt von 2020 bis 2030 mit einer geplanten Zwischenevaluation im Jahr 2025.

machten. In gleichem Maße, wie sich die Erweiterung nach Osten für die Bundesrepublik als eminente Herausforderung erwies, die zu erheblichen finanziellen und politischen Anstrengungen zwang, erbrachte die MPG de facto einen beträchtlichen Teil der Aufbauleistung in den neuen Ländern aus der eigenen Substanz. Dies ohne größere interne Verwerfungen bewerkstelligt zu haben stellt eine beachtliche Moderationsleistung der MPG-Spitze um die Präsidenten Hans F. Zacher und Hubert Markl dar, an der auch die Generalverwaltung ihren Anteil hatte.

Die Persönlichkeiten, die die MPG durch diese schwierige vierte Phase steuerten, wiesen ein anderes Profil auf als ihre Amtsvorgänger. Zacher war der erste Geisteswissenschaftler, der das Amt des MPG-Präsidenten innehatte, Markl der erste Präsident, der nicht zuvor Wissenschaftliches Mitglied der MPG geworden war, und Barbara Bludau die erste Frau, die zur Generalsekretärin der MPG bestellt wurde. Diese Besonderheiten, die alle drei streckenweise zu Außenseitern machten, brachten Vor- und Nachteile mit sich, wie sich insbesondere bei Hubert Markl zeigte. Als von außen Kommender brach er bisweilen mit Konventionen und Traditionen der MPG; damit ermöglichte er dringend nötige Schritte der Öffnung und Erneuerung, etwa den Beginn der Frauenförderung oder den Kurswechsel in puncto Kommerzialisierung. Besonders verdient machte sich Markl um die Aufarbeitung der NS-Vergangenheit der KWG; das Thema war bereits seit der Amtszeit von Staab aktuell gewesen, doch hatte sich die MPG-Spitze lange nicht dazu durchringen können, es gründlich in Angriff zu nehmen.

Indes kann nicht alles, was Markl anpackte, als Erfolgsgeschichte gelten. Keine Verbesserung brachte etwa die Reform der Generalverwaltung, die Generalsekretärin Bludau unter Markls Ägide mit Unterstützung der Unternehmensberatung Boston Consulting ins Werk setzte: Die Umstrukturierung der Institutsbetreuung, die zuvor in den Händen von vier einflussreichen Abteilungsleitern gelegen hatte, machte Kommunikation und Interaktion zwischen den Instituten und der Generalverwaltung eher schwerfälliger. Dazu trug auch bei, dass nun vermehrt Wissenschaftler:innen berufen wurden, die keinen deutschen Pass besaßen und mit den bürokratischen Gepflogenheiten in der Bundesrepublik kaum vertraut waren.

Als Folge von Globalisierung und Europäisierung sah sich die MPG einem weltweiten Wettbewerb unter den führenden Wissenschaftsorganisationen »um die besten Köpfe« ausgesetzt – ein Wettbewerb, bei dem man sich durch die Bindung an die Besoldungsregeln des öffentlichen Dienstes gegenüber der Konkurrenz aus Großbritannien, der Schweiz oder den USA im Nachteil wähnte. Um dennoch weiterhin internationale Wissenschaftsstars gewinnen zu können, legte die MPG einen aus privaten Mitteln gespeisten »Exzellenzsicherungsfonds« auf, aus dem sie umfangreiche zusätzliche Leistungen bestritt. Gleichzeitig stieg die Bedeutung der EU als Geldgeber, vor allem bei den Drittmitteln, stark an. Um eigene Interessen durchzusetzen und einen stärkeren Einfluss der EU-Kommission auf die Forschungspolitik zu verhindern, betrieb die MPG in Brüssel intensive Lobbyarbeit und versuchte gleichzeitig, strategische Allianzen mit anderen europäischen Forschungsorganisationen zu schmieden – Ersteres mit mehr, Letzteres mit weniger Erfolg. Parallel dazu baute die MPG durch die Einrichtung von Partnergruppen im Ausland und von International Max Planck Research Schools ihre Forschungsinfrastruktur international aus, womit sie ihren Anspruch unterstrich, als Wissenschaftsakteurin ein Global Player zu sein.

Bei der Bewältigung der Herausforderungen der vierten Phase zeigte sich ein weiteres Mal, wie vorausschauend die MPG-Spitze in den langen 1960er-Jahren bei der Reform der inneren Strukturen agiert hatte. Evaluationen, die in den 1990er-Jahren als neues Steuerungselement in der bundesdeutschen Wissenschaftspolitik Einzug hielten und einige Forschungsorganisationen vor beträchtliche Probleme stellten, gehörten in der MPG seit 1972 zum Alltagsgeschäft. Die längst bestehenden Institutsbeiräte und ihre Arbeitsweisen mussten nur geringfügig verändert werden, um den neuen Anforderungen zu entsprechen. Zwar ließ sich die Befristung der Leitungsfunktionen, die ebenfalls 1972 eingeführt worden war, aufgrund des Widerstands der Wissenschaftlichen Mitglieder nicht als Instrument der Forschungsplanung nutzen, doch hatte die MPG in der Ära Lüst bereits viel Erfahrung mit der Schließung von Abteilungen und Instituten gemacht, die ihr nun zugutekamen, um dem Sparzwang, den ihr die Politik im Westen auferlegte, nachzukommen. Zur Erleichterung der Schließung bestehender Einrichtungen beschlossen die Leitungsgremien zum einen eine gewisse Aufweichung der Berufungszusagen, die zuvor Eingriffe in den Besitzstand eines Instituts bzw. einer Abteilung vor Emeritierung des Direktors verhindert hatten; zum anderen wurde die Festanstellung von wissenschaftlichen Mitarbeiter:innen bedeutend erschwert – sie wurden nun in der Regel über Zeitverträge an die MPG gebunden, damit eine Abteilung nach der Emeritierung ihres Direktors sozusagen besenrein übergeben und gegebenenfalls geschlossen werden konnte. So waren die Lasten des Flexibilisierungskurses, mit dem die MPG auf die Sparvorgaben aus der Politik reagierte, ungleich verteilt: Während die Wissenschaftlichen Mitglieder nach wie vor sehr gut abgesichert waren, sahen sich ihre wissenschaftlichen Mitarbeiter:innen in ökonomisch ohnehin schwierigen Zeiten großen Unsicherheiten ausgesetzt.

Aufs Ganze gesehen war die MPG mit diesem Kurs erfolgreich. Zwar konnte sie sich dem enormen Druck der Regierungen von Bund und Ländern nicht völlig entziehen; gerade was die Zahl und die Standorte der neuen Institute im Osten betrifft, musste die MPG nachgeben. Trotzdem gelang es der MPG, ihre Unabhängigkeit in der Forschungspolitik weitgehend zu bewahren. In welche Forschungsfelder sie einsteigen und welche der bestehenden Forschungsschwerpunkte sie dafür aufgeben wollte, blieb allein der Entscheidung ihrer Leitungsgremien überlassen. Dort gaben Wissenschaftler und Vertreter der Wirtschaft den Ton an, während die Regierungen aus Bund und Ländern nach wie vor unterrepräsentiert waren, obwohl sie den Löwenanteil zum Haushalt der MPG beisteuerten. Somit gelang es der MPG, das, was sie als die grundgesetzlich garantierte »Freiheit der Wissenschaft« interpretierte, über den gesamten Untersuchungszeitraum hinweg konsequent zu verteidigen. Angesichts des Steuerungsanspruchs, den der Bund ab ungefähr Mitte der 1950er-Jahre mit stetig steigender Intensität erhob, und der Rivalität der Länder, die zu Zwecken der regionalen Strukturpolitik, aber auch aus Prestigegründen untereinander um die begehrten Max-Planck-Institute konkurrierten, war dies alles andere als selbstverständlich.

Für ihre erheblichen Anstrengungen beim »Aufbau Ost« zahlte die MPG allerdings einen hohen Preis. Die Gründung von 18 neuen Max-Planck-Instituten in den fünf neuen Bundesländern bedeutete eine Erweiterung um fast ein Drittel – in nicht einmal zehn Jahren! Dies bewirkte eine strategische Überdehnung der MPG als Gesamtorganisation, der keine Zeit blieb, den rapiden Zuwachs gleichsam zu verdauen. An mahnenden Stimmen, die auf die Risiken eines ungebremsten Wachstums verwiesen, hatte es nicht gefehlt. Reimar Lüst und andere vertraten den Standpunkt, »daß die geplante Ausdehnung der Max-Planck-Gesellschaft auch intellektuell verkraftet werden müsse«.[311] Dies gelang jedoch zunächst nicht oder nur eingeschränkt. Der Versuch, die enorme Vergrößerung mit einer eilig konzipierten und noch schneller umgesetzten Reform der Institutsbetreuung zu bewältigen, reichte nicht aus. Das führte in der Folge zu vermehrten Konflikten zwischen der Zentrale und ihren Instituten und erschwerte die Kooperation zwischen den Instituten – auch und gerade über die Sektionsgrenzen hinweg – zumindest für einige Jahre.

---

311 Protokoll der 137. Sitzung des Senates vom 9.6.1994, AMPG, II. Abt., Rep. 60, Nr. 137.SP, fol. 10 recto.

III. Forschungsstrukturen in der MPG

1. Konjunkturen der Forschung im 20. Jahrhundert

Jürgen Renn

1.1 Wechselwirkungen von Wissenschaft und Gesellschaft

1.1.1 Wachsende Verflechtung

Das folgende einleitende Kapitel skizziert ein Bild der langfristigen Entwicklung der Wissenschaften im 20. Jahrhundert, vor dessen Hintergrund die Voraussetzungen, die Bedeutung und Entwicklung der Max-Planck-Gesellschaft (MPG) sowie ihre Erfolge und Misserfolge im internationalen Kontext verständlicher werden. Leitende Fragen sind: Wie hat sich die internationale Forschung im 20. Jahrhundert entwickelt, welche Schwerpunkte haben sich gebildet und wie haben sie sich im Laufe der Zeit verschoben? Wie hat sich das Verhältnis zwischen Wissenschaft und Gesellschaft verändert? Unter welchen Voraussetzungen haben die Institute der Max-Planck-Gesellschaft ihre Arbeit aufgenommen, auf welche übergreifenden Entwicklungslinien haben sie reagiert, in welchen Spannungsfeldern bewegten sie sich, welche langfristigen Pfadabhängigkeiten und welche Alternativen gab es? Wo war die MPG sehr präsent, wo eher abwesend, wo gab es Ungleichzeitigkeiten? Wo hat die MPG die Wissenschaftslandschaft beeinflusst und wo wurden sie und ihre wissenschaftliche Ausrichtung selbst beeinflusst?

Wissenschaft beruht auf der Exploration der durch die materiellen und symbolischen Mittel der gesellschaftlichen Arbeit gegebenen Möglichkeitshorizonte für Erkenntnisgewinnung über die natürliche und soziale Welt.[1] Dazu gehören natürlich auch solche Mittel, die erst durch die Wissenschaften selbst konstituiert werden. In der Antike beispielsweise entstand die Wissenschaft der Geometrie aus der Erforschung der durch die Vermessungsinstrumente Zirkel und Lineal gegebenen Möglichkeiten; im 20. Jahrhundert entwickelte sich die Informatik aus der Exploration der durch den Computer eröffneten Möglichkeitshorizonte, weit über die jeweiligen konkreten Anwendungen hinaus. In kapitalistischen Gesellschaften wird dieses Auskundschaften und Prüfen nicht zuletzt durch die Bedeutung wissenschaftlicher Erkenntnisse für die Entfaltung von Produktivkräften angetrieben, aber auch durch staatliche Regulierungsinteressen sowie durch die Notwendigkeit, Infrastrukturen und allgemeine Daseinsfürsorge zu sichern, die zunehmend von wissenschaftlichen Erkenntnissen abhängig geworden sind. Neben ihrer Rolle als Produktivkraft ist Wissenschaft, jedenfalls potenziell, immer auch Aufklärungs- und Reflexionsinstanz, eine Rolle, die aber durch ihre Spezialisierung im Rahmen einer immer arbeitsteiliger werdenden Organisation tendenziell in den Hintergrund getreten ist oder selbst zur Aufgabe von Spezialdisziplinen gemacht und damit aus dem Wissenschaftsalltag weitgehend verdrängt wurde.

Das System wissenschaftlicher Disziplinen hat sich seit dem 18. Jahrhundert etabliert – institutionell, konzeptionell und als Ensemble wissenschaftlicher Praktiken und ihrer Instrumentierung. Diese Disziplinstruktur schuf eine lange nachwirkende Pfadabhängigkeit der weiteren Wissenschaftsentwicklung, die allerdings durch das Auftauchen von Problemen, die sich nicht an disziplinäre Grenzen halten, immer wieder herausgefordert wurde.[2]

---

1 Damerow und Lefèvre, *Rechenstein, Experiment, Sprache*, 1981; Renn, *Evolution des Wissens*, 2022.
2 Die Tatsache interdisziplinärer Forschung widerlegt die These der Pfadabhängigkeit nicht, sondern stützt sie, denn es sind ja die in den Einzeldisziplinen gewachsenen Wissens- und Methodenressourcen, die in interdisziplinärer Forschung unter einer neuen Fragestellung aufeinander bezogen werden. Das System der Disziplinen und Subdisziplinen bestimmt auch, wie Wissenschaft als Werkzeug gesellschaftlicher, wirtschaftlicher, politischer Zwecke eingesetzt werden kann, wodurch diese Zwecke (stabilisierend oder verändernd) auf die Disziplinstruktur zurückwirken. Auch hier zeigt sich also ein enges Verhältnis von innerer Dynamik der Wissenschaft und externen Einflüssen.

Wissenschaft, Forschung und technologische Entwicklung haben im Verlauf des 20. Jahrhunderts massiv zugenommen, in allen Dimensionen – finanziell, personell, geografisch und in Bezug auf ihre gesellschaftliche Relevanz.³ Die Schwerpunkte internationaler wissenschaftlicher Forschungen haben sich seit Beginn des Jahrhunderts vor allem in Richtung einer zunehmenden Überschneidung der verschiedenen Disziplinen, einer wachsenden Verflechtung von Wissenschaft, Wirtschaft und Gesellschaft, immer stärker vernetzter Formen der globalen Kooperation und mannigfacher menschlicher Eingriffe in das Erdsystem und deren Rückwirkungen verschoben.

Die Gründe dafür liegen nicht nur in externen, gesellschaftlichen Einflüssen auf die Wissenschaft, insbesondere in der Rolle der Wissenschaft als Innovationsressource der Wirtschaft und als Mittel nationaler, kolonialistischer und imperialistischer Hegemonie, sondern auch in einer Eigendynamik der Wissenschaft, die durch ihre Innovationen und oft unvorhergesehenen Einsichten selbst neue Schwerpunkte gesetzt hat, sowie in der Entwicklung neuer Technologien und in neuen Organisationsformen.

Die Organisationsformen der Wissenschaft sind zwar durch gesellschaftliche Traditionen und Vorgaben bestimmt, müssen sich aber zugleich der dynamischen Entwicklung des wissenschaftlichen Wissens selbst und seiner immer vielfältigeren Inanspruchnahme durch die Gesellschaft anpassen – eine Herausforderung, für die die Kaiser-Wilhelm-Gesellschaft (KWG) und in ihrer Nachfolge die MPG als sich ständig erneuernder Verband von Instituten gut gerüstet waren. Außerdem sahen sie sich mit dem quantitativen Wachstum wissenschaftlicher Tätigkeit und ihrer jeweiligen gesellschaftlichen Prägung konfrontiert, was zur Auffächerung verschiedener Organisationsformen führte, die einen höheren Grad an Spezialisierung ermöglichten, zugleich aber wachsende Anforderungen an die Koordination und Integration des produzierten Wissens stellten. Während der internationale Austausch innerhalb der Wissenschaft einen mehr oder weniger einheitlichen, letztlich globalen Wissensstand erzeugt hat, auf den sich die Wissensökonomien⁴ unterschiedlicher Nationalstaaten beziehen konnten, gab es hinsichtlich der Organisationsformen von Wissenschaft und ihres Zusammenwirkens innerhalb einer Wissensökonomie stets ein relativ breites Spektrum unterschiedlicher Möglichkeiten.

Beginnend mit der industriellen Revolution des 18. Jahrhunderts haben wirtschaftliche Dynamik, technische Innovationen und Wissenschaftsentwicklung eine sich selbst verstärkende Rückkopplungsschlaufe gebildet.⁵ Die wissenschaftlich-technisch-ökonomische Entwicklung bleibt dabei von kontingenten historischen Bedingungen abhängig, die oft in Pfadabhängigkeiten – im Sinne nicht mehr hintergehbarer Voraussetzungen der weiteren Entwicklung – transformiert werden. Ein zentrales Beispiel sind Ausbeutung und Nutzung fossiler Energiequellen, die durch lokale geologische Bedingungen möglich waren und dann zu einer verallgemeinerten Bedingung der Industrialisierung wurden. Dabei sind nicht nur Pfadabhängigkeiten, sondern auch »blinde Flecken« der wissenschaftlich-technischen Entwicklung entstanden, die dringende gesellschaftliche Probleme, wie die durch die Industrialisierung verursachten Umweltschäden, lange Zeit weitgehend ausgeblendet haben.

Seit Beginn der industriellen Revolution haben sich unterschiedliche Resonanzwirkungen, im Sinne sich gegenseitig verstärkender Wechselwirkungen, zwischen wissenschaftlichen Disziplinen und gesellschaftlicher Praxis ergeben, die ihren Niederschlag etwa in der Institutionalisierung der Technikwissenschaften seit der zweiten Hälfte des 18. Jahrhunderts fanden. Bildete in der frühen Phase die bereits hoch entwickelte wissenschaftliche Mechanik den Hintergrund für eine fortschreitende Mechanisierung der Arbeit, spielten seit Mitte des 19. Jahrhunderts Chemie und Elektrotechnik eine Schlüsselrolle für die zunehmende Kopplung zwischen Wissenschaft, Technologie und industrieller Entwicklung.⁶ Der Physik verlieh dies einen Entwicklungsschub, durch den sich neben der Mechanik neue Teildisziplinen, wie die Elektrodynamik oder die Thermodynamik, ausbildeten und neue Technikwissenschaften, wie der Maschinenbau, verselbstständigten.

Für die Chemie hatte diese Entwicklung eine enge Verzahnung zwischen akademischer und industrieller Forschung zur Folge, die bis heute charakteristisch geblieben

---

3 So hat sich die Zahl der wissenschaftlich-technisch ausgebildeten Menschen weltweit zwischen 1850 und 1950 von einer auf zehn Millionen verzehnfacht und bis 2000 noch einmal verzehnfacht. Schofer und Meyer: Worldwide Expansion, 2005, 898–899. – Internationale Vergleiche von Ausgaben für Forschung und Entwicklung zeigen eine weltweite Zunahme, aber auch eine geografische Erweiterung, etwa ein Aufschließen Chinas zu den USA. Viglione, China, 2020. – Die gesellschaftliche Relevanz von Wissenschaft ist nicht in gleichem Maße quantifizierbar wie Personen und Finanzen, aber die folgenden Ausführungen werden zeigen, in welchem Sinne auch diese zugenommen hat.
4 Zum Begriff Wissensökonomie siehe Renn, *Evolution des Wissens*, 301–346.
5 Z. B. Klein, *Technoscience, 2020*; Klein, *Wissen, 2016*.
6 Für die USA siehe die exemplarische Studie zum Aufstieg von General Electrics und Bell: Reich, *American Industrial Research, 1985*. Zur Rolle der Chemie siehe Travis, *Rainbow Makers, 1993*; Reinhardt, *Forschung, 1997*. Zur Rolle der Elektrotechnik siehe König, *Technikwissenschaften, 1995*.

ist, vor allem in der organischen Chemie, deren Expansion eine symbiotische Beziehung mit der deutschen Industrie im letzten Viertel des 19. Jahrhunderts begünstigte. Wissenschaftliche Entwicklungen im Bereich der Chemie und ihre technischen und wirtschaftlichen Folgen haben die Lebensbedingungen der Menschheit hinsichtlich der verfügbaren Materialien, der Ernährungs- und Gesundheitslage, aber auch im Hinblick auf militärische Anwendungen weitreichend verändert. Die Anfang des 20. Jahrhunderts entwickelte Ammoniaksynthese zum Beispiel hat in eines der grundlegendsten Systeme überhaupt eingegriffen, in die für alle weiteren Hervorbringungen des Menschen zentrale Produktion von Nahrungsmitteln.[7] Mindestens bis zur Entwicklung der Kernforschung und der Halbleitertechnologie ab den 1930er-Jahren war deshalb die Wirkung der Chemie auf die industrielle Basis entwickelter Gesellschaften wohl bedeutender als die der Physik.

Auch die Sozial-, Rechts- und Verhaltenswissenschaften unterlagen dieser Verflechtungsdynamik. Ab dem 19. Jahrhundert wurden sie in den Dienst von Staat, Wirtschaft und Gesellschaft genommen oder intervenierten aus eigener Initiative, um mit Gutachten, Denkschriften und Studien gesellschaftliche Probleme konzeptionell zu definieren und Lösungsstrategien zu unterbreiten.

Zusammenfassend lässt sich festhalten, dass die Entwicklung der Wissenschaften im 20. Jahrhundert einem zunehmenden Einfluss gesellschaftlicher (wirtschaftlicher, militärischer, politischer) Interessen unterlag, der sich in der Gestaltung von Institutionen der Forschung und Lehre, in Finanzierungsentscheidungen, in Schwerpunktsetzungen und in politischen und wirtschaftlichen Steuerungsversuchen niederschlug. Vor diesem Hintergrund ist diese Entwicklung als Ergebnis einer Wechselwirkung der Eigendynamik von Wissenschaft mit solchen externen Einflüssen zu verstehen.

Der Wissenschaftshistoriker Jon Agar spricht von spezifischen »Arbeitswelten«, welche die Verflechtungen zwischen Wissenschaft, Wirtschaft und Gesellschaft im Laufe des 20. Jahrhunderts befördert und kanalisiert haben.[8] Dazu gehören Infrastrukturen – Verkehr, Kommunikation, Energieversorgung, Ernährungs- und Gesundheitssysteme –, die zivile Verwaltung moderner Staaten und das Informationssystem, für das der Computer zuletzt eine Schlüsselrolle spielte. Dazu zählt aber auch die Arbeitswelt der Vorbereitung, Mobilisierung und Instandhaltung von Streitkräften, der in den Weltkriegen eine überragende und beständig wachsende Bedeutung auch für die Entwicklung der Wissenschaften zukam.

1.1.2 Frühe institutionelle Weichenstellungen

Während der zweiten industriellen Revolution im ausgehenden 19. Jahrhundert hat die Verflechtung der industriellen Entwicklung mit der der Wissenschaften weiter zugenommen, immer mehr Wissenschaftsfelder einbezogen und den Aufstieg der Technikwissenschaften beschleunigt, von den Agrarwissenschaften über die Materialwissenschaften bis zur Pharmazie. Während die Physik und die mit ihr verwandten Technikwissenschaften zunächst vor allem den Ausbau neuer Infrastrukturen prägten (Beleuchtung, Elektrizitätsnetze, Telekommunikation), veränderten Chemie und Energie sowie Fortschritte der Medizin die menschlichen Lebensbedingungen (Ernährung, Gesundheit, Mobilität, Materialien) und die Kriegsführung grundlegend.

Die Gründung der Kaiser-Wilhelm-Gesellschaft im Jahr 1911 ist auch als Antwort auf die Herausforderungen dieser Verflechtung zu verstehen. Die Themen der ersten Institute – Chemie, physikalische Chemie und Elektrochemie, Kohlenforschung, Eisenforschung, Arbeitsphysiologie, Biologie und Biochemie – wirkten sich auf jene Arbeitswelten aus, in denen sich industrielle Produktion, Politik und wissenschaftliche Erkenntnisse immer stärker gegenseitig durchdrangen. Die Gründung der KWG zielte zugleich auf eine Mobilisierung privaten Kapitals für die Förderung einer Wissenschaft, die jenseits der etablierten Traditionen von Universitäten und Akademien an diesen Arbeitswelten ausgerichtet war, allerdings in einem Rahmen, welcher der Wissenschaft ein hohes Maß an Autonomie sicherte. Weltweit entwickelten sich in der ersten Hälfte des 20. Jahrhunderts unterschiedliche Formen eines solchen Zusammenwirkens von Wissenschaft, Staat und Wirtschaft, die langfristig die Ausrichtung der jeweiligen Innovationssysteme prägten.

Die Gründung der KWG war auch eine Reaktion auf die massive Förderung der Wissenschaft durch privates Kapital in den USA, wie Adolf von Harnack in der von ihm verfassten Denkschrift deutlich machte. Er bezog sich auf den immensen Reichtum von Stahl- und Ölmagnaten wie Carnegie und Rockefeller, der zum Teil in philanthropische Stiftungen floss. Dieser Reichtum ermöglichte die Gründung von mächtigen Forschungsinstitutionen, die zunächst europäischen Modellen folgten, aber durch ihre großzügige Finanzierung Weichenstellungen für die Ausrichtung und Methodik der Wissenschaften vornahmen, die für das gesamte Jahrhundert ausschlaggebend sein würden und mit die Grundlage für die US-amerikanische Dominanz in den Naturwissenschaften legten.

---

7 Mittasch, *Salpetersäure aus Ammoniak*, 1953; Szöllösi-Janze, *Fritz Haber,* 1998, 155–195; Smil, *Enriching the Earth*, 2001.
8 Agar, *Science*, 2012, 3–6. Der folgende Überblick basiert u. a. auf Agar, *Science,* 2012, sowie auf Krige und Pestre, *Companion*, 2016.

Beispiele dafür sind die Gründung der Universität Chicago 1889 nach dem Modell der deutschen Forschungsuniversität durch eine Spende von Rockefeller und die Gründung des Rockefeller Institute for Medical Research im Jahre 1901, ebenfalls nach dem Modell deutscher und französischer Forschungsinstitute. Die größten Auswirkungen auf die Wissenschaft hatte wohl die 1913 gegründete Rockefeller Foundation, die auch Entwicklungen in Deutschland nachhaltig prägte. Der Einfluss philanthropischer Stiftungen schlug sich insbesondere in den Bereichen Astronomie und Biomedizin nieder. Aufgrund der durch sie finanzierten Errichtung großer Teleskope verlagerte sich die Führung in der optischen Astronomie bereits in der ersten Hälfte des 20. Jahrhunderts von Europa in die Vereinigten Staaten.

Ab den 1930er-Jahren förderte die Rockefeller-Stiftung systematisch ein Forschungsprogramm, um das Leben auf molekularer Grundlage zu verstehen, und trug durch die langfristige Förderung interdisziplinärer Zusammenarbeit– unter Nutzung neuartiger, zum Teil aus der Industrie übernommener Forschungsstile wie Teamarbeit und Management – maßgeblich zur Entstehung der Molekularbiologie bei. Einher ging damit eine Schwerpunktverlagerung hin zu Gebieten wie Genetik, Embryologie, Physiologie, Reproduktionsbiologie, Biochemie und Biophysik, die rasch expandierten, während andere Gebiete der Lebenswissenschaften, wie Evolution, Systematik oder Ökologie, weitaus weniger Unterstützung erfuhren. Hinter dieser Schwerpunktsetzung stand auch die Hoffnung der beteiligten Führungseliten, einen wissenschaftlichen Rahmen für soziale Kontrolle zu schaffen und auf dieser Grundlage die Gesellschaft umzugestalten – eine Hoffnung, wie sie insbesondere im 1933 aufgelegten Programm der Rockefeller-Stiftung »Science of Man« zum Ausdruck kam.[9]

1.1.3 Die langfristige Entwicklung neuer begrifflicher Grundlagen

Innovationen sind oft das Ergebnis einer langfristigen, konfliktreichen Zusammenführung heterogener Wissensbestände, von denen einige in enger Wechselwirkung mit gesellschaftlichen Herausforderungen gewachsen sind. Förderung und Diversifizierung der Technikwissenschaften im 20. Jahrhundert schufen neuartige gesellschaftlich-institutionelle Bedingungen für derartige Zusammenführungen. Die herausfordernden Gegenstände der neuen Arbeitswelten und die Grenzprobleme in den neu entstandenen Schnittmengen von Disziplinen und Teildisziplinen wurden zu Ausgangspunkten für eine Revision von Grundbegriffen klassischer Fächer wie der Physik, der Chemie und der Biologie.[10]

Beispiele sind die Entdeckung der Röntgenstrahlen, der Radioaktivität und des Elektrons sowie die Vermessung der Wärmestrahlung Ende des 19., Anfang des 20. Jahrhunderts, die allesamt unter Bedingungen stattfanden, in denen sich Traditionen der akademischen Physik mit technischen Mitteln der Elektroindustrie verbanden. Die Vermessung der Wärmestrahlung an der Physikalisch-Technischen Reichsanstalt, die um 1900 mit den Arbeiten von Max Planck zum Ausgangspunkt der Quantentheorie wurde, fand im Rahmen von Forschungen zur Festlegung industrieller Standards statt, einem weiteren charakteristischen Schnittpunkt zwischen Wissenschaft, Staat und Produktion. Die Entdeckung der Röntgenstrahlen und der Radioaktivität veränderte nicht nur die Physik, sondern führte auch zu wichtigen medizinischen und industriellen Anwendungen im Bereich der Materialwissenschaft, der Chemie und der Lebenswissenschaften.[11]

Die konzeptionellen Umwälzungen in der Physik, insbesondere der Begriffe Raum, Zeit, Materie und Kausalität, zu denen die Quantentheorie und auch die Relativitätstheorie führten, die aus Grenzproblemen zwischen Mechanik, Thermodynamik und elektromagnetischer Feldtheorie hervorgegangen waren, stellten keine plötzlichen wissenschaftlichen Revolutionen dar, sondern waren das Ergebnis äußerst langfristiger Prozesse. Einige dieser Prozesse zogen sich fast über das ganze 20. Jahrhundert hin und prägten auch noch die Arbeiten der Max-Planck-Gesellschaft, die langfristigen Forschungsprozessen immer wieder günstige Entfaltungsmöglichkeiten bieten konnte.

Einsteins relativistische Theorie der Schwerkraft von 1915 spielte fast ein halbes Jahrhundert lang eher eine Außenseiterrolle in der Physik, bis sie in den 1950er-Jahren neben der Quantentheorie zu einem Grundpfeiler der modernen Physik wurde. Die Entwicklung der Quantentheorie im 20. Jahrhundert wiederum trug wesentlich zu einem neuen Verständnis von lange zuvor entwickelten Grundkonzepten der Chemie bei, insbesondere des Konzepts der chemischen Bindung und des periodischen Systems der Elemente.

Ähnlich langfristige Prozesse vollzogen sich in den Lebenswissenschaften. Die darwinsche Evolutionstheorie bildete um 1900 noch keineswegs die allgemein akzep-

---

9 Kay, *Vision*, 1993; Morange, *Black Box*, 2020, 79–87. Siehe auch Cohen, Scientific Management, 1997.
10 Zu den Termini »herausfordernde Gegenstände« und »Grenzprobleme« siehe Renn, *Evolution des Wissens*, 2022.
11 Heuck und Macherauch, *Röntgenstrahlen*, 2013.

tierte Grundlage der Biologie und wurde erst im Zusammenhang mit der Wiederentdeckung der mendelschen Vererbungslehre zu einem zentralen Bezugspunkt für die Lebenswissenschaften. Die sogenannte moderne evolutionäre Synthese entstand in einem langwierigen Prozess, der erst in den 1940er-Jahren zu einem gewissen Abschluss kam.

Die konzeptionellen Umwälzungen der organischen Chemie und der Lebenswissenschaften wurzelten ebenso wie die der Physik in Arbeitswelten der industrialisierten Gesellschaft, die ihrerseits durch die neuen wissenschaftlichen Erkenntnisse gestaltet wurden. Um nur ein Beispiel zu nennen: Das Kaiser-Wilhelm-Institut (KWI) für Faserstoffchemie mit seiner Orientierung an der Arbeitswelt der Textilherstellung trug in den 1920er-Jahren erheblich zur Herausbildung einer makromolekularen Chemie bei und damit zu den Grundlagen eines molekularen Verständnisses des Lebens. Die Ursprünge der Biochemie, die sowohl in der KWG wie auch in der MPG eine wichtige Rolle spielte, lagen im Überschneidungsbereich von Biologie und Chemie und in der Verwissenschaftlichung landwirtschaftlicher Produktionstechniken, insbesondere der Erforschung des Gärungsprozesses, sowie in der Entwicklung der Endokrinologie, also der Theorie der »inneren Sekretion«, die durch klinische Forschung in verschiedenen medizinisch-klinischen Fächern bereits um 1900 etabliert war.[12]

1.1.4 Der Aufstieg der Lebenswissenschaften

Die Lebenswissenschaften, die sich aus einer langen Tradition naturkundlichen Wissens entwickelt hatten, erfuhren in der zweiten Hälfte des 19. Jahrhunderts einen rasanten Bedeutungsgewinn im Rahmen der Arbeitswelten der Landwirtschaft, des Gesundheitswesens und der Bevölkerungspolitik. Die experimentelle klinische Medizin und insbesondere Forschungen zur Bekämpfung der Infektionskrankheiten entstanden in der medizinischen Bakteriologie nicht nur an den Universitäten, sondern auch an staatlichen und privat gestifteten Instituten.[13] Mit der Hygiene und den ersten Impfstoffen erhielten Staat und Politik wirksame Instrumente an die Hand, den Folgeerscheinungen der Verelendung in den Städten als den Zentren der industriellen Produktion durch medizinisch-technische Maßnahmen zu begegnen, während die drängenden sozialen Fragen letztlich ungelöst blieben.[14] Zugleich bildeten Statistik, aufkommendes Versicherungswesen, Psychophysik und Verwaltungswissenschaften die Grundlagen für die Verwissenschaftlichung des Sozialen und staatlicher Bevölkerungspolitik.[15]

Die aus dem angestammten Apothekenwesen und der Teerfarbenindustrie hervorgegangene Pharmaindustrie wurde zu einem Schmelztiegel akademischer und Industrieforschung.[16] Die sogenannte erste pharmakologische Revolution, die ab Mitte der 1920er-Jahre eine Reihe von Schmerz- und Schlafmitteln, Heilseren und Antimalariamitteln hervorbrachte, basierte auf einem engen Austausch von universitärer und außeruniversitärer Grundlagenforschung mit der Industrieforschung. Sie führte ab den 1930er-Jahren zur Entwicklung innovativer Produkte, wie synthetisch hergestellter Vitamine, Sulfonamide und Antibiotika, Steroide und Herz-Kreislauf-Medikamente, die Bayer, Hoechst, Schering, E. Merck, Hoffmann-La Roche, Ciba, Sandoz, Knoll, Boehringer, Pfizer und andere Pharmaunternehmen weltweit vermarkteten.[17]

Die Erforschung von Wirkstoffen wie Vitaminen, Hormonen oder Enzymen, zu der die KWG wesentlich beitrug, vertiefte die Verflechtung der biomedizinischen Wissenschaften mit der Industrie. Sie beförderte zugleich die staatliche Regulierung des »Bevölkerungskörpers«, aber auch die ersten sozialen Bewegungen der sogenannten Lebensreform.[18] Besonderen Einfluss auf das politische Handeln in der ersten Hälfte des 20. Jahrhunderts sollten die im Kontext von Kolonialismus, Antisemitismus und sich zuspitzender sozialer Frage an den Universitäten entstandene Anthropologie, Rassenbiologie und Eugenik nehmen, mit ihrer fatalen Rolle bei der Ausformulierung und Durchführung der NS-Gesundheits- und »Rassenpolitik«.[19] Der weitere rasante Aufstieg der Lebenswis-

---

12 Schlich, *Erfindung der Organtransplantation*, 1998; Marschall, *Schatten*, 2000; Stoff, *Ewige Jugend*, 2004; Haller, *Cortison*, 2012.
13 Hüntelmann, *Hygiene*, 2008.
14 Sarasin und Tanner, *Physiologie und industrielle Gesellschaft*, 1998; Gradmann, *Krankheit*, 2005; Sarasin, *Reizbare Maschinen*, 2001.
15 Siehe unter anderem Porter, *Trust*, 1995; Hacking, *Chance*, 1990; Raphael, *Verwissenschaftlichung*, 1996.
16 Reinhardt, *Chemical Sciences*, 2001; Reinhardt, *Forschung*, 1997.
17 Gaudillière, Industry, 2001; Bartmann, *Zwischen Tradition*, 2003; Bürgi, *Pharmaforschung*, 2011; Lesch, *First Miracle Drugs*, 2007; Bächi, *Vitamin C*, 2009; Galambos und Sturchio, Transformation, 2016.
18 Bächi, *Vitamin C*, 2009; Ratmoko, *Chemie*, 2010; Stoff, *Wirkstoffe*, 2012; Stoff, *Ewige Jugend*, 2004; Möhring, *Marmorleiber*, 2004; Hau, *Cult of Health*, 2003; Harrington, *Cure*, 2008.
19 Schmuhl, *Rassenhygiene*, 1987; Weingart, Kroll und Bayertz, *Rasse, Blut und Gene*, 1988; Adams, *Wellborn Science*, 1990; Kühl, *Internationale*, 1997; Eckart, *Medizin*, 1997; Kaufmann, *Eugenik*, 1998; Schmuhl, *Grenzüberschreitungen*, 2005; Turda und Weindling, *Blood and Homeland*, 2007; Bashford und Levine, *History of Eugenics*, 2010.

senschaften in der zweiten Hälfte des 20. Jahrhunderts, ihre oft beschworene Ablösung der Physik als Leitwissenschaft, ist ohne den hier geschilderten Vorlauf, an dem die Institute der KWG einen entscheidenden Anteil hatten und an den spätere Forschungen im Rahmen der MPG direkt anknüpfen konnten, nicht zu verstehen.

1.2 Die mobilisierende Kraft des Krieges

1.2.1 Der Erste Weltkrieg als Katalysator der organisierten Wissenschaft

Der Erste Weltkrieg führte nicht nur zu einer Mobilisierung technischer und wissenschaftlicher Ressourcen für militärische Zwecke, sondern auch zu Bestrebungen, die Wissenschaft noch stärker gezielt zu fördern, politisch zu steuern und in diesem Sinne zu organisieren. Zusammen genommen trugen sie zur Expansion der Wissenschaft bei, aber auch zu ihrer Ausrichtung an Themen der Ausbeutung natürlicher und menschlicher Ressourcen. Außerdem förderten sie eine fortschreitende Abhängigkeit menschlicher Lebensbedingungen von wissenschaftsbasierten Technologien sowie ihre Durchdringung des Alltags.

Der Krieg besiegelte insbesondere den Aufstieg der Chemie als Schlüsseldisziplin für Wirtschaft und Militär. Mithilfe der industriellen Ammoniaksynthese konnten die Düngemittelproduktion und die Sprengstoffherstellung im Ersten Weltkrieg exponentiell gesteigert werden.[20] Die Übertragung der Leistung von Mehrstoff-Katalysatoren aus dem Bereich der Ammoniaksynthese in weitere Bereiche der Chemie ermöglichte die Entstehung eines neuen Materialienspektrums (Kraftstoffe, Kunststoffe etc.) in der zweiten Hälfte des 20. Jahrhunderts. Die Katalyseforschung bildete in der KWG und bildet in der MPG bis in die Gegenwart eine der langlebigsten und erfolgreichsten Forschungstraditionen. Ihr Spektrum reichte in der MPG von der Entwicklung eines Verfahrens zur Herstellung von Polyolefinen mithilfe von metallorganischen Katalysatoren im Jahr 1953 am MPI für Kohlenforschung über die langfristig angelegte Erforschung der Rolle von Oberflächeneigenschaften am Fritz-Haber-Institut bis zur Entwicklung der asymmetrischen Organokatalyse um die Jahrtausendwende, ebenfalls am MPI für Kohlenforschung – sämtlich Forschungen, die durch Nobelpreise ausgezeichnet wurden.

Der Erste Weltkrieg war darüber hinaus ausschlaggebend für den Aufstieg der Meteorologie, Ozeanografie und Geologie, aber auch neuer Wissenschaften des Menschen wie der Arbeitsphysiologie, der Management Science, der Psychiatrie und Psychologie. Die zunehmende Organisation der Wissenschaft, in den USA etwa durch den 1916 initiierten Nationalen Forschungsrat, fand dabei in einem den Akteuren durchaus bewussten Spannungsfeld zwischen Autonomieansprüchen der Wissenschaft und ihrer Instrumentalisierung für wirtschaftliche und militärische Zwecke statt.

Die Mobilisierung für den Krieg trug zur Beschleunigung wissenschaftlicher und technischer Entwicklungen und zur Überwindung etablierter sozialer Ordnungen auch im Wissenschaftsbereich bei. Das Bestreben, die Radiotechnologie militärisch zu nutzen, führte in den USA zur Überwindung einer durch Patentstreitigkeiten bewirkten Blockade ihrer weiteren Entwicklung durch eine Intervention der Regierung und schließlich zu ihrer Verbreitung als Alltagstechnologie. Während um 1900 noch weniger als ein Prozent der akademischen Wissenschaftler:innen Frauen waren, boten neue Tätigkeitsfelder und der dringende Bedarf an qualifizierten Arbeitskräften Frauen neue Chancen für wissenschaftliche, wenn auch zumeist subalterne Tätigkeiten, von den Durchbrüchen einer Marie Curie oder Lise Meitner über Beschäftigung im Labor- und Ingenieurwesen bis zu der vor allem von Frauen entwickelten und betriebenen militärischen Röntgenmedizin. Am sichtbarsten durch den von deutschen Spitzenwissenschaftlern ermöglichten und forcierten Gaskrieg trug der Erste Weltkrieg auch zur Entgrenzung der Wissenschaft bei, zu ihrer Nutzung für die Entwicklung von Massenvernichtungswaffen – ein Menetekel des Versagens wissenschaftlicher Verantwortung angesichts ihrer umfassenden Mobilisierung.

1.2.2 Der Zweite Weltkrieg und die permanente Mobilisierung der Wissenschaft

Der Zweite Weltkrieg verstärkte alle bisher genannten Tendenzen: die Verflechtung von Wissenschaft und industrieller Produktion, die Mobilisierung der Wissenschaft für militärische Zwecke und die Organisation der Wissenschaft im Rahmen staatlicher Innovationssysteme, aber auch den Beitrag der Wissenschaft zur Ausbeutung und Vernichtung menschlicher und natürlicher Ressourcen bis hin zur Beteiligung von Wissenschaftlern an den Gräueln des Holocaust. Gleichzeitig schufen wissenschaftliche und technische Innovationen wie die Entdeckung der Kernspaltung, die Weiterentwicklung der Flugzeug- und Raketentechnik sowie der Funktechnologie neue

---

[20] Johnson, Technological Mobilization, 2006; Johnson, *Making Ammonia*, 2022.

Voraussetzungen, unter denen sich diese Dynamiken entfalteten[21] und neue Tendenzen der Wissenschaftsentwicklung ausbildeten, die für die zweite Hälfte des 20. Jahrhunderts charakteristisch blieben. Sie sollten später auch die Forschungen der MPG und ihr Umfeld prägen, wenn auch zum Teil mit durch Kriegsverlauf und -ausgang bedingten Verzögerungen. Zu diesen übergreifenden Tendenzen gehört die Entstehung von Großforschung (»Big Science«), die Ausweitung des Dual-Use-Charakters von Wissenschaft und Technologie sowie die Entstehung von Steuerungswissenschaften wie Kybernetik, Informatik, Operations Research und Verhaltensforschung, die in Deutschland allerdings erst später Fuß fassten.

Der Schwerpunkt innovativer Forschungen verschob sich im Verlauf des Zweiten Weltkriegs und im Kontext des Kalten Krieges von Europa in die USA, verstärkt zunächst durch die erzwungene Emigration und Flucht vor dem NS-Regime und dann zunehmend durch den massiven Mitteleinsatz für militärisch relevante Forschungen.[22] Bei den Siegermächten USA und Sowjetunion bildeten sich militärisch-industriell-wissenschaftliche Komplexe heraus, die die Wissenschaft durch enorme Investition von Ressourcen und gezielte Steuerung formten, etwa durch die Entwicklung der Kernphysik, der Raketentechnologie, der Geowissenschaften, der Technik- und Materialwissenschaften, der Petrochemie, der oben genannten Steuerungswissenschaften sowie später auch der Halbleiter- und Lasertechnologie.[23]

Betrachten wir einige Schwerpunkte dieser Neukonfiguration im Einzelnen. In den 1920er- und 1930er-Jahren hatte sich im Anschluss an die genannten Forschungen zur Radioaktivität die Kernphysik entwickelt, damals noch verstanden als eine umfassende Erforschung der Mikrostruktur der Materie; sie umfasste auch die Teile der Physik, die heute als Hochenergiephysik aufgefasst werden.[24] Diese Untersuchungen erforderten bereits in ihren Anfängen immer aufwendigere Experimentalapparaturen, insbesondere Teilchenbeschleuniger, eine Tendenz, die letztlich in die Großforschung mündete.[25] Teilchenbeschleuniger sind nicht nur leistungsstarke Mikroskope zur Untersuchung feinster Details der Materie, sondern wurden auch rasch zu kommerziellen Werkzeugen, die in einem weiten Bereich industrieller und medizinischer Anwendungen eingesetzt werden konnten, etwa im Bereich der Strahlentherapie oder zur Herstellung künstlicher Radioisotope.

Die Entdeckung des Neutrons als Bestandteil des Atomkerns läutete 1932 das moderne Atomzeitalter ein. Die Neutronenphysik avancierte zum klassischen Beispiel des Dual-Use-Charakters der Forschung. Sie entwickelte sich zugleich zur militärischen Wissenschaft, zum Schlüssel für die wirtschaftliche Nutzung der Kernkraft und zum Instrument der Forschung in einer Vielzahl von Gebieten außerhalb der Physik, nicht zuletzt in den Laboratorien der KWG.[26] Durch sie erweiterten sich 1933/34 als Folge der Erzeugung künstlicher Radioaktivität die Möglichkeiten medizinischer Anwendungen der Radioaktivität dramatisch. Die Entwicklung der Neutronenphysik führte Ende der 1930er-Jahre zur Entdeckung der Kernspaltung und der Möglichkeit einer Kettenreaktion der neutroneninduzierten Kernspaltung.

Einen entscheidenden Schub in Richtung Großforschung brachte das US-amerikanische Manhattan-Projekt mit dem Ziel, auf der Grundlage dieser Erkenntnisse eine Atombombe zu entwickeln.[27] Ab 1941 wurden Tausende Wissenschaftler:innen, Ingenieur:innen, Techniker:innen und Militärs in einem nach industriellen Maßstäben organisierten Großprojekt zusammengebracht. Dabei profitierte das Projekt von bereits zuvor etablierten engen Verbindungen zwischen Wissenschaft und Industrie sowie von Erfahrungen, die man mit groß angelegtem Systemmanagement gewonnen hatte, etwa im Rahmen der Tennessee Valley Authority, einem Staatsunternehmen der Regierungszeit von Präsident Roosevelt im Rahmen seines New-Deal-Programms, das gewaltige Wasserkraft- und Flussregulierungsanlagen am Tennessee River schuf.[28] Ein erster Atombombentest fand am 16. Juli 1945 in New Mexico statt; am 6. August 1945 wurde eine Atombombe auf Hiroshima abgeworfen, drei Tage später eine auf Nagasaki.

Das Manhattan-Projekt etablierte ein noch für lange Zeit nach dem Krieg wirksames Modell der gelenkten Großforschung. Zu dessen Merkmalen zählten Missionsorientierung, sowohl im Sinne der Projektförmigkeit als auch im Sinne der Orientierung an höheren, politischen und militärischen Zielen, Management nach Vorbildern der kapitalistischen Großindustrie, massiver

---

21 Maier, *Forschung*, 2007; Flachowsky, *Notgemeinschaft*, 2008.
22 Fraser, *Exodus*, 2012; Krige, *American Hegemony*, 2006.
23 Leslie, *Cold War*, 1993; Kerkhof, ›Military-Industrial-Complex‹, 1999; Lassman, *Military*, 2015; Feldman, *Complex*, 2003.
24 Stuewer, *Age of Innocence*, 2018.
25 Osietzki, Physik, Industrie und Politik, 1989; Weiss, Harnack-Prinzip und Wissenschaftswandel, 1996; Westwick, *The National Labs*, 2003.
26 Creager, *Life Atomic*, 2013; Schwerin, *Strahlenforschung*, 2015.
27 Rhodes, *Atomic Bomb*, 1988; Hoddeson et al., *Critical Assembly*, 1993.
28 Holmes, Bolen und Kirkbride, Born Secret, 2021.

Einsatz von Ressourcen, Arbeitsteilung sowie oft auch Geheimhaltung und amerikanische Hegemonie. Aus dem Manhattan-Projekt und vergleichbaren Unternehmen entwickelte sich in den USA ein militärisch-industriell-wissenschaftlicher Komplex, der die Forschung langfristig beeinflussen sollte und insbesondere der Physik eine herausragende Bedeutung an der Schnittstelle zwischen Forschung und militärischer Anwendung verlieh. Das schlug sich im Kalten Krieg auch in üppigen Budgets und neuen institutionellen Strukturen nieder, wie dem Ausbau eines internationalen Postdoc-Programms.[29]

Im deutschen Raketenprogramm der Nazis hatte es eine ähnlich massive Mobilisierung technischer und wissenschaftlicher Ressourcen für die Entwicklung einer neuen Militärtechnologie schon früher gegeben. Trotz seiner technischen Erfolge und der rücksichtslosen Ausnutzung von KZ-Häftlingen bei der Herstellung der Raketen, die zu Zehntausenden dabei zu Tode gepeinigt wurden, beeinflusste das Programm den Ausgang des Kriegs nicht mehr. Die Siegermächte USA und Sowjetunion eigneten sich nach dem Krieg die deutsche Raketentechnologie sowie vergleichbare Innovationen im Bereich der Flugzeugtechnik (Strahltriebwerke, transsonische Kampfjets, Pfeilflügel) an, indem sie Pläne, technische Komponenten, aber vor allem auch Wissenschaftler:innen und Techniker:innen in ihren Dienst nahmen, die diesen teils freiwillig, teils gezwungenermaßen auf sich nahmen.[30] Zusammen mit der Entwicklung von Kernwaffen stand die Raketentechnologie nicht nur im Zentrum des Wettrüstens der Siegermächte nach dem Krieg, sondern war auch Teil eines von ihnen weitgehend dominierten, mehr oder weniger exklusiven Technologiekomplexes mit ausgeprägtem Dual-Use-Charakter, der insbesondere in den konkurrierenden Raumfahrtprogrammen zum Ausdruck kam.

Die herausragende Rolle der Luftwaffe im Zweiten Weltkrieg verlieh nicht nur der Entwicklung neuer Bombentechnologien wie der Atombombe einen Schub, sondern auch Überlegungen zu einem weitergehenden Einsatz chemischer und biologischer Waffen sowie ihrer Abwehr. Als Reaktion auf diese zentrale Rolle wurde sowohl in Großbritannien als auch in Deutschland das Radar als neue Aufklärungstechnologie entwickelt. Die Alliierten nutzten es im Rahmen eines ausgefeilten Informationsmeldesystems, in dem sie eingehende Informationen sammelten, prüften und zentral auswerteten.[31]

Die während des Kriegs entwickelten Technologien eröffneten nach dem Krieg vielfältige Optionen für die Forschung. Dabei ging es zum Beispiel um die Radiowellenausbreitung in der Ionosphäre und die Radioastronomie, Technologien, von denen die astrophysikalische und astronomische Forschung erheblich profitierte. Im Zusammenhang mit einer Renaissance der Relativitätstheorie seit den späten 1950er-Jahren führten sie zu einem neuen, dynamischen Bild des Universums, zu dem die MPG-Forschung wesentlich beitrug.[32]

1.2.3 Der Kalte Krieg und die Grundlagenforschung als neues Wissenschaftsideal

Mit dem Ende des Zweiten Weltkriegs entstand eine neue, bipolare Weltordnung konkurrierender Supermächte. Im Februar 1946 argumentierte ein junger Diplomat an der Botschaft der Vereinigten Staaten in Moskau, George F. Kennan, in einem berühmt gewordenen »Langen Telegramm«, dass der Westen den sowjetischen Feindseligkeiten nur durch eine Politik der langfristigen, geduldigen Eindämmung der russischen Expansionstendenzen begegnen könne. Im März desselben Jahres sprach Großbritanniens Premierminister Winston Churchill erstmals vom Eisernen Vorhang, der Europa teile. Es folgten 1947 der Marshallplan, als Beitrag zum Wiederaufbau Westeuropas, und 1949 die Gründung der NATO.

Für die Wissenschaft bedeutete dieser »Kalte Krieg«, dass sie noch stärker in die jeweiligen militärisch-industriellen Komplexe eingebunden wurde. Das betraf nicht nur die konkurrierenden Atom- und Raketenprogramme. Die Wissenschaft war zu einem für die nationale Sicherheit und damit das Überleben der jeweiligen Gesellschaftsordnung so entscheidenden Teilbereich geworden, dass ihre Ordnung nicht nur in den USA auch auf Regierungsebene diskutiert wurde. Der globale Konkurrenzkampf um militärische und wirtschaftliche Überlegenheit, aber auch um kulturelles Prestige warf grundsätzliche Fragen über die Ausrichtung, Potenziale, Organisation, Steuerung, Kontrolle und Finanzierung der Wissenschaft auf. Waren die im Zweiten Weltkrieg etablierten Strukturen der gelenkten Großforschung mit Einschränkungen wie Geheimhaltung und Begrenzung der Wissenschaftsfreiheit wirklich geeignet, die Innovationspotenziale der Wissenschaft dauerhaft zu erhalten? Oder zehren sie im Grunde von

---

29 Hewlett und Holl, *Atoms*, 1989; Creager, *Life Atomic*, 2013; Kaiser, *Freeman Dyson*, 2005.
30 Schabel, *Wunderwaffen*, 1994; Meier, *Pfeilflügelentwicklung*, 2006; Neufeld, *Rakete*, 1999; Aspray, Radar, 1996; Kern, *Entstehung des Radarverfahrens*, 1984; Rhodes, *Atomic Bomb*, 1988.
31 Butrica, *Unseen*, 1996.
32 Blum, Lalli und Renn (Hg.). *Renaissance*, 2021; Bonolis und Leon, *Astronomy*, 2023.

Errungenschaften aus früheren Zeiten, in denen solche Beschränkungen nicht in gleicher Weise bestanden hatten? Wie passten diese Restriktionen zum freiheitlichen Selbstbild westlicher Gesellschaften?

Aus solchen Überlegungen heraus hatte man bereits vor Ende des Zweiten Weltkriegs in den USA über ein neues Wissensbild diskutiert, auf das man nun zurückgriff: das Ideal der »Grundlagenforschung«.[33] Dieses Konzept akzentuierte nicht nur das im Wesen von Wissenschaft verankerte Moment der Ermöglichung des Erkenntnisgewinns frei von unmittelbaren Zwecken, sondern fasste diese Freiheit auch wissenschaftsorganisatorisch. Damit sollte ihr, wenn auch im Rahmen eines weitaus umfassenderen, von militärischen, industriellen und politischen Interessen wesentlich bestimmten Wissenschaftssystems, ein begrenzter, jedoch stets umkämpfter Raum gesichert werden – nicht zuletzt in der Hoffnung, so über einen steten Quell von Innovationsimpulsen im linear gedachten Modell technischer Modernisierung zu verfügen. Deswegen hatte Präsident Roosevelt im November 1944 an Vannevar Bush, den Direktor des Office of Scientific Research and Development, der Behörde der US-amerikanischen Regierung zur Koordinierung der militärischen Forschung, geschrieben und die Frage nach der Rolle der Wissenschaft nach dem Krieg aufgeworfen. Daraus entstand 1945 Bushs Schrift »Science – The Endless Frontier«, die den Begriff Grundlagenforschung in den Vordergrund rückte. Dort heißt es unter anderem plakativ: »Die Grundlagenforschung wird ohne Rücksicht auf praktische Zwecke betrieben. Sie führt zu allgemeinem Wissen und einem Verständnis der Natur und ihrer Gesetze. Dieses allgemeine Wissen ermöglicht die Beantwortung einer großen Anzahl wichtiger praktischer Probleme, auch wenn sie möglicherweise keine vollständige spezifische Antwort auf eines dieser Probleme geben kann.«[34]

Damit verfolgte Bush zwei Ziele: die Verstetigung und Institutionalisierung der kriegsbedingt hohen politischen und finanziellen Priorität der Wissenschaft, aber verbunden mit einem Paradigmenwechsel – nach dem Krieg sollte nicht mehr die gelenkte Großforschung, sondern die freie Marktwirtschaft das Paradigma für die Entfaltung der Wissenschaft liefern, das heißt mehr Freiheit und Wettbewerb unter Forschenden herrschen, die an Themen ihrer Wahl arbeiten sollten. Die Grundlagenforschung war dabei für Bush »wissenschaftliches Kapital«, das akkumuliert und investiert werden musste, um Gewinne zu erzielen. Damit akzentuierte er in besonderem Maße ein »lineares Modell«, nach dem die naturwissenschaftliche Grundlagenforschung die weichenstellende Voraussetzung für technikwissenschaftliche und angewandte Forschung darstellt ebenso wie für technische Entwicklungen und wirtschaftlichen Erfolg.[35]

Der Bush-Bericht propagierte eine auf Arbeitsteilung angelegte Wissenschaftspolitik, die aber zum Teil nur nachvollzog, was in industrialisierten Ländern wie Deutschland schon seit gut einem Jahrhundert institutionelle Praxis war, nämlich die unterschiedliche Schwerpunktsetzung innerhalb eines breiten Institutionenspektrums. Diese Ausdifferenzierung lässt sich jedoch – wie Wissenschaftsgeschichte und Wissenschaftsforschung gezeigt haben – kaum durch eine Skala erfassen, bei der die Grundlagenforschung das eine Ende, die anwendungsbezogene Forschung das andere markiert. Vielmehr konkurrierten stets verschiedene gesellschaftliche Akteure – Militär, Wirtschaft, Regierung, Öffentlichkeit, aber auch die jeweiligen wissenschaftlichen Communities – um die Bestimmung der Entwicklungspotenziale von Wissenschaft, die ihren unterschiedlichen Interessen entsprachen.

Abgesehen von der strategischen Verwendung des Begriffs zu politischen Zwecken, wie sie Bushs Bericht vorführt, wird die Abgrenzung der Grundlagenforschung von anderen Formen der Erkenntnisgewinnung damit wesentlich zu einer Frage der institutionellen Verfasstheit ihrer Förderung und der Spezifik ihrer Ziele. Grundlagenforschung in einem epistemischen Sinne liegt immer dann vor, wenn das primäre Ziel einer institutionalisierten Praxis der Erkenntnisgewinn ist, angetrieben von der kollektiven Konstruktion einer sich ständig weiter bewegenden Grenze der Forschung, und wenn dieses Ziel in der Verfasstheit der entsprechenden Institution durch Sicherung einer weitgehenden Autonomie der Forschung angelegt ist, die seine Umsetzung in der Praxis fördert und ermöglicht. Unter diesem Gesichtspunkt unterscheidet sich insbesondere die institutionelle Förderung der Grundlagenforschung, das Markenzeichen von KWG und MPG, durch Autonomie der Forschenden, was die Setzung ihrer Ziele und die Wahl ihrer Mittel betrifft, von der Projektförderung und der Auftragsforschung. Zwar kann auch die Auftragsforschung den Wissenschaftler:innen die Freiheit lassen, ihre eigenen Ziele zu verfolgen, aber immer im Rahmen der Lösung eines praktischen Problems. Die institutionell geförderte

---

33 Für das Konzept der Wissensbilder oder »Wissensvorstellungen« (»images of knowledge«) siehe Elkana, *Anthropologie der Erkenntnis*, 1986. Zur Geschichte des Begriffs der Grundlagenforschung und zum Kontext seiner Verwendung siehe Sachse, Basic Research, 2018; Schauz, *Nützlichkeit und Erkenntnisfortschritt*, 2020, insbes. 376–378.
34 Bush, Science, *National Science Foundation*, 1.7.1945.
35 Zur Aufnahme dieses Modells in der Bundesrepublik siehe Lax, *Das »lineare Modell der Innovation«*, 2015.

Grundlagenforschung erlaubt außerdem die Verfolgung von langfristigen Forschungszielen über mehrere Jahre oder Jahrzehnte hinweg und gelegentlich sogar über mehrere Generationen. In der Geschichte der Grundlagenforschung im 20. Jahrhundert und auch in der Geschichte der MPG lassen sich allerdings die politischen und die epistemischen Motive in der Verwendung des Begriffs oft nur schwer voneinander trennen.

1.3 Die Kontexte der Entwicklung der MPG

1.3.1 Wissenschaft in der Provinz (1945–1955)

Die Gründung der MPG als Fortführung der KWG war eine Antwort auf die nach dem Krieg entstandene neue Situation der Wissenschaft in Deutschland, deren internationale Stellung sich wesentlich verändert hatte. Sie war der letztlich erfolgreiche Versuch, Auswege aus einer Lage zu finden, die sich als »Provinzialisierung« der deutschen Wissenschaft beschreiben lässt. War Deutschland vor dem Zweiten Weltkrieg eine führende Wissenschaftsnation gewesen, so war es selbst verschuldet durch die Vertreibung und Ermordung jüdischer und anderer missliebiger Wissenschaftler:innen, die Einschränkungen internationalen Austausches und die Unterdrückung bestimmter Forschungsrichtungen in der NS-Zeit zu einer von den Siegermächten abhängigen Provinz herabgesunken, auch in wissenschaftlicher Hinsicht. Das Erbe von NS-Zeit und Krieg wirkte in doppelter Weise auf die Wissenschaft, in vielen Gebieten als Abkopplung vom internationalen Forschungsstand und in fast allen als unbewältigte Vergangenheit.

Die von den Alliierten auferlegten Verbote und Restriktionen der Wissenschaft betrafen die militärisch relevante Forschung und damit zugleich einige der zukunftsweisenden Entwicklungen der jüngeren Vergangenheit, gleich, ob diese in Deutschland selbst stattgefunden hatten, wie die Luftfahrt- und Raketenforschung, deren Potenziale weitgehend demontiert wurden, oder Forschungsbereiche, die während des Krieges und im anschließenden Kalten Krieg in den USA und Großbritannien zu technologischer Reife gelangten, wie die Kernforschung und ihre zahlreichen Anwendungen oder die neuen Steuerungswissenschaften.

In allen vier Besatzungszonen Deutschlands erzwangen die alliierten Militärregierungen nach dem Zweiten Weltkrieg einen Konversionsprozess, der auch die in hohem Maße in die Rüstungs- und Kriegsforschung involvierten Institute der KWG betraf. Mit dem am 26. April 1946 verkündeten Kontrollratsgesetz Nr. 25 verboten die Alliierten militärisch relevante Forschung und schufen eine institutionalisierte Forschungskontrolle zu deren Durchsetzung.[36] Die gesetzlichen Forschungsverbote erstreckten sich unter anderem auf die Kernphysik, die Aerodynamik, die Raketen- und Düsenantriebe, auf elektronische Verschlüsselungsverfahren, zu militärischen Zwecken verwendbare elektromagnetische und infrarote Strahlung sowie Sprengstoffe, chemische Waffen und hochtoxische Stoffe bakteriellen oder organischen Ursprungs.[37]

Einen vergleichbaren militärisch-industriellen Komplex wie in den USA, der eng mit der Wissenschaft verflochten war und ihr sowohl erhebliche finanzielle Ressourcen zur Verfügung stellte als auch mit technischen Herausforderungen konfrontierte, gab es nach dem Krieg in Deutschland nicht mehr. An seine Stelle war in vielen Bereichen von Wissenschaft und Technologie die Abhängigkeit der Teilstaaten Deutschlands von Entwicklungen in den jeweiligen Hegemonialmächten getreten. Das zeigte sich besonders deutlich in wissenschaftlichen und technischen Entwicklungen, die direkt oder indirekt mit dem atomaren Wettrüsten und der zentralen Rolle von interkontinentalen Waffensystemen zusammenhingen, etwa der Miniaturisierung von Steuerungssystemen, die in den USA der Entwicklung der Mikroelektronik und der Computertechnologie erheblichen Auftrieb gaben. Immerhin blieben in Deutschland große industrielle Komplexe, wie die chemische, die metallverarbeitende und die elektrotechnische Industrie, als makroökonomische Antriebskräfte wissenschaftlicher und technischer Entwicklungen erhalten, an die auch der Wiederaufbau in Westdeutschland, um das es im Folgenden ausschließlich gehen soll, anknüpfen konnte.

Außerhalb Deutschlands gingen nach 1945 auch biowissenschaftliche Forschungen weiter, die in der Bundesrepublik durch die NS-Vergangenheit weitgehend tabuisiert waren und gewissermaßen aus der »Grundlagenforschung« aussortiert wurden. Dazu gehörten Themen wie Bevölkerungspolitik, Geburtenkontrolle oder Welternährung, die neue bio- und sozialwissenschaftliche Forschungsschwerpunkte generierten und an die man in der Bundesrepublik erst sehr viel später anknüpfte.

Dennoch gab es auch aus der Situation der Abhängigkeit von den Hegemonialmächten heraus und zunächst unter den Bedingungen beschränkter Souveränität für die deutsche Wissenschaft Möglichkeiten, an den internationalen wissenschaftlichen und technischen Entwicklungen teilzuhaben. Diese eröffneten sich zum Bei-

---

36 Heinemann, Überwachung und »Inventur«, 2001.
37 Kontrollrat, *Kontrollratsgesetz Nr. 25*, in Kraft getreten am 7.5.1946.

spiel im Zusammenhang mit Fragen der Verbreitung der Atomenergie. Nach dem Scheitern des Versuchs ihrer internationalen Kontrolle durch die Vereinten Nationen und der Entwicklung einer sowjetischen Atombombe kündigte US-Präsident Eisenhower im Jahr 1953 ein Programm zur zivilen Nutzung der Kernenergie an, das letztlich zur weiteren Proliferation von Atomwaffen beitrug, zugleich aber von ihr ablenken sollte und auch Staaten wie der Bundesrepublik Deutschland Zugang zur neuen Technologie verschaffte.

Die zunehmende Westintegration der Bundesrepublik eröffnete weitere Möglichkeiten der Partizipation, auch im militärischen Bereich. Beispiele sind die Beteiligung der Bundesrepublik an der Gründung des CERN, der Europäischen Organisation für Kernforschung, im Jahre 1954 sowie der Beitritt der Bundesrepublik zur Westeuropäischen Union und zur NATO nach den Pariser Verträgen aus dem Jahr 1955, die ihr unter anderem die Chance zur Teilnahme an Raumfahrtprogrammen boten. Am 5. Mai 1955 hob die Alliierte Hohe Kommission schließlich die Alliierten Gesetze zur Forschungsüberwachung auf.[38] Die durch internationale Kooperationen wie das CERN unterstützte Förderung der Hochenergiephysik, die auch in der MPG eine wichtige Rolle spielen sollte, war nicht zuletzt durch das Bestreben einer Wiederbelebung des europäischen Gedankens nach dem Krieg auf der Grundlage friedlicher Grundlagenforschung motiviert. Solche Kooperationen legten die Basis für ein einheitliches theoretisches Verständnis physikalischer Grundkräfte und wurden zugleich zum Experimentierfeld für neue Formen der Distribution von Wissen.[39]

Gründung und frühe Entwicklung der MPG verfolgten die Ziele, was von der KWG den Krieg überstanden hatte, wo möglich und sinnvoll, zu bewahren, den neuen Bedingungen anzupassen, weiterzuentwickeln oder gegebenenfalls abzustoßen. Die Fokussierung auf die Grundlagenforschung erwies sich dabei als ideale Formel, die eine Verdrängung der Verflechtungen der KWG in das NS-System erleichterte, den auferlegten Einschränkungen Rechnung trug und zugleich ein geeignetes Vehikel war, um Anschluss an eine internationale Wissenschaftsentwicklung zu finden, die sich, wie oben beschrieben, diesen Begriff aus ganz anderen Gründen, wenn auch mit ähnlicher Ambivalenz, ihrerseits auf die Fahnen geschrieben hatte.

1.3.2 Die Vergesellschaftung der Wissenschaft (1955–1972)

Die »langen 1960er-Jahre« (Detlef Siegried), also die Zeit von Mitte der 1950er- bis Mitte der 1970er-Jahre, war eine Epoche, in der die im Zweiten Weltkrieg und im Kalten Krieg hochgezüchtete Wissenschaft in die Breite der Gesellschaft zu wirken begann, durch die globale wirtschaftliche Nutzung der durch sie ermöglichten Innovationen, durch die Ausweitung des Bildungssystems, durch die wachsende Bedeutung von Experten in Politik und Öffentlichkeit, aber auch durch kritische öffentliche Diskussionen wissenschaftlich-technischer Entwicklungen und ihrer Auswirkungen. Diese Durchdringung der Gesellschaft und selbst des Alltags vieler Menschen lässt sich in Anlehnung an einen Begriff Max Webers als »Vergesellschaftung« der Wissenschaft beschreiben – im Sinne einer Aneignung wissenschaftlicher Potenziale durch die Gesellschaft im Rahmen eines langfristigen Prozesses, in dem sich, zumeist unter den Bedingungen und Einschränkungen kapitalistischen Gewinnstrebens, aus hoch spezialisierten Aktivitäten wie etwa der Verwendung des Computers, die zunächst auf eng begrenzte Teilbereiche der Gesellschaft wie die akademische Welt oder das Militär beschränkt waren, allgemeingesellschaftlich relevante Tendenzen wie die Digitalisierung entwickelten.[40] Dabei war die Vergesellschaftung der Wissenschaft zugleich eine Verwissenschaftlichung der Gesellschaft, insbesondere in den Arbeitswelten, die mit der Wissenschaft in Berührung gekommen waren.[41] Durch sie wurde, was als kriegswichtige Forschung in einem abgegrenzten gesellschaftlichen Teilbereich begonnen hatte, schließlich zur Triebkraft hinter dem umfassenden Modernisierungsschub und der »Großen Beschleunigung«, die in den langen 1960er-Jahren Fahrt aufnahm.[42]

Neben dem immer noch maßgeblichen Militär entwickelte sich in dieser Zeit die Konsumindustrie zu einer wichtigen Antriebskraft wissenschaftlicher und technischer Innovationen, für die die Entwicklung der Konsumelektronik, ab Mitte der 1970er-Jahre des Personal Computers und immer leistungsfähigerer Speichermedien beispielhaft stehen mögen. Die Erfindung des Transistors 1947 in den vom Militär mitfinanzierten Bell Laboratories und seine spätere kommerzielle Nutzung in den ab 1954 auf den Markt gebrachten Transistor-

---

38 Glaser, *Sicherheitsamt*, 1992, 329–335; Heinemann, Überwachung und »Inventur«, 2001, 180–181.
39 Hermann et al., *History of CERN*, Bd. 1, 1987; Hermann et al., *History of CERN*, Bd. 2, 1990; Berners-Lee und Fischetti, *Web*, 1999; Krige, *History of CERN*, Bd. 3, 1996.
40 Weber, *Wirtschaft*, 2009.
41 Weingart, *Stunde*, 2005.
42 Steffen et al., The Trajectory of the Anthropocene, 2015; McNeill und Engelke, *The Great Acceleration*, 2016.

radios illustrieren den Beginn dieses Wandels, an dem die Bundesrepublik oft eher aus der zweiten Reihe im Nachvollzug US-amerikanischer und japanischer Entwicklungen teilhatte.[43] Der Aufstieg der Halbleitertechnik in den 1950er-Jahren hatte nicht nur weitreichende wirtschaftliche Folgen, sondern revolutionierte auch Forschungstechnologien.

Die Große Beschleunigung zeigte sich einerseits im exponentiellen Anstieg verschiedener sozioökonomischer Parameter, wie der Weltbevölkerung, des globalen Bruttosozialprodukts, des Wasser- und Düngemittelverbrauchs und des globalen Verkehrs, andererseits im ebenso rapiden Anstieg von Parametern des Erdsystems, wie dem Gehalt des Kohlendioxids in der Atmosphäre oder dem Biodiversitätsverlust.[44] Diese auffallend parallelen exponentiellen Anstiege weisen auf globale Dynamiken hin, die unter anderem durch die Entstehung neuer wirtschaftlicher und finanzieller Verflechtungen seit dem Zweiten Weltkrieg, den fortschreitenden globalen Austausch von Wissen und Waren und die Entwicklung neuer wissenschaftsbasierter technologischer Netzwerke, von der Telekommunikation über das Internet bis zum World Wide Web, angetrieben wurden.

Die Industrialisierung der Landwirtschaft im Rahmen der sogenannten Grünen Revolution leistete einen bedeutenden Beitrag zur Großen Beschleunigung. Die von amerikanischen Stiftungen wie der Rockefeller und der Ford Foundation durch groß angelegte Forschungsprogramme unterstützte Intensivierung der Landwirtschaft setzte auf importierte Zuchtsorten, den Einsatz chemisch hergestellter Düngemittel und großflächige Anpflanzungen. Sie war ein Instrument des Kalten Krieges und sollte dabei helfen, politische Instabilitäten durch Ernährungs- und Überbevölkerungskrisen zu vermeiden, verdrängte dabei allerdings stärker auf lokale Bedingungen und ökologische Nachhaltigkeit zielende Ansätze. Die Anfänge der »Grünen Revolution« reichen in die 1940er-Jahre zurück; sie erreichte ihre größte Wirksamkeit in den 1960er-Jahren, zu einer Zeit, als die MPG ihre landwirtschaftlichen Institute abbaute, weil diese nicht mehr in das zeitgemäße Bild der Grundlagenforschung zu passen schienen. In Ländern wie Mexiko und Indien führte die »Grüne Revolution« zwar zu wachsenden Erträgen, aber auch zu Umweltschäden, sozialen Ungleichheiten und neuen Abhängigkeiten von westlichen Industrienationen, einschließlich einer immer stärkeren Abhängigkeit der Landwirtschaft insgesamt von der Nutzung fossiler Energie.

Die Vergesellschaftung der Wissenschaft in den langen 1960er-Jahren beschränkte sich nicht auf die Expansion akkumulierten Wissens und die Fortschreibung der unter den Bedingungen des Krieges entstandenen Strukturen, sondern hatte darüber hinaus erhebliche Rückwirkungen auf die Ausrichtung und Organisation der Wissenschaft, etwa durch die zunehmende Bedeutung von systemischen Zusammenhängen als Themen wissenschaftlicher Forschung sowie auf die verstärkte Entwicklung globaler Perspektiven internationaler und interdisziplinärer Kooperation.

Das Systemdenken hatte seine Wurzeln noch im 19. Jahrhundert in der Gestaltung der großen Infrastrukturen von Eisenbahn, Elektrizität und Telegrafie. Es entwickelte sich im Zweiten Weltkrieg in Richtung von Informationssystemen, insbesondere im Zusammenhang mit der Auswertung der durch Radar gelieferten Informationen, und wurde im Kalten Krieg zu einem zentralen Thema von Denkfabriken wie der 1946 in den USA gegründeten RAND Corporation, die mithilfe verschiedener mathematischer Techniken – wie der neu entwickelten Spieltheorie – militärische Systeme zu optimieren versuchten und langfristig zur Quantifizierung der Sozial- und Verhaltenswissenschaften beitrugen. Diese Tendenz verstärkte sich im Kalten Krieg mit weitreichenden Konsequenzen für ihre Schwerpunktthemen und Methoden, insbesondere für die Rolle statistischer Untersuchungen in den Sozialwissenschaften und die Rolle von Testverfahren in den Verhaltenswissenschaften, aber auch in der experimentellen Psychologie und der physiologischen Forschung.[45] In den 1950er- und 1960er-Jahren übte die US-amerikanische Seite auch Druck auf deutsche Institutionen aus, die Sozialwissenschaften und die wissenschaftliche Politikberatung in der Bundesrepublik auszubauen.[46]

Zu einer globalen Perspektive der Wissenschaft trug zum einen das Internationale Geophysikalische Jahr 1957/58 bei, ein geophysikalisches Forschungsprogramm, das sich unter anderem mit der Erforschung der Antarktis und der oberen Atmosphäre beschäftigte und an dem sich Tausende von Wissenschaftler:innen weltweit beteiligten, und zum anderen das Raumfahrtzeitalter, das ebenfalls im Jahr 1957 die sowjetische Sputnik-Mission einläutete. Der Konkurrenzkampf um Prestige und wis-

---

43 Misa, Military Needs, 1985; Eckert und Schubert, *Kristalle*, 1986; Collet, History of Electronics, 2016; Shinn, Silicon Tide, 2010.
44 Steffen et al., *Change*, 2004.
45 Raphael, Verwissenschaftlichung, 1996; Raphael, Sozialaufklärung, 2014; Roelcke, »Verwissenschaftlichungen des Sozialen«, 2008; Sarasin und Tanner, *Physiologie und industrielle Gesellschaft*, 1998; Ash und Geuter, *Psychologie*, 1985.
46 Cassel und Baumann, Wissenschaftliche Beratung, 2019; Szöllösi-Janze, Politisierung, 2004; Wiarda, *Beratung*, 2015; Albrecht, Politikberatung, 2004; Bruder, *Sozialwissenschaften*, 1980; Rudloff, Verwissenschaftlichung, 2004, Siehe auch unten, Kap. IV.9.5.4.

1. Konjunkturen der Forschung im 20. Jahrhundert

senschaftlich-technischen Vorsprung war allerdings nur die eine Seite der Medaille, deren andere die Gefahr eines weltweiten atomaren Vernichtungskriegs blieb.

Vor diesem Hintergrund stellte die zentrale Rolle der Wissenschaft für die Entwicklung neuer militärischer Technologien auch ihre Protagonisten vor neue politische und moralische Herausforderungen. Nach dem Zweiten Weltkrieg verbreitete sich gerade unter Wissenschaftler:innen das Bewusstsein der Gefahren für das Überleben der menschlichen Zivilisation, die sich aus der Verbreitung und möglichen Anwendung von Atomwaffen ergaben. Weltweit und auch in Deutschland organisierten sich Wissenschaftler:innen gegen die militärische Nutzung der Atomkraft, während die Probleme ihrer zivilen Nutzung bis in die 1970er-Jahre hinein, trotz offenkundig ungeklärter Probleme des Umgangs mit atomarem Abfall, weitgehend unbeachtet blieben. Prominente Wissenschaftler der MPG warnten in der »Göttinger Erklärung«[47] von 1957 vor einer atomaren Bewaffnung der neu gegründeten Bundeswehr und nutzten damit auch die Gelegenheit, von ihrer eigenen Verwicklung in kriegsrelevante Forschung während der NS-Zeit abzulenken.

Mit dem Triumph der sowjetischen Raumfahrt über ihre US-amerikanische Konkurrenz verband sich im Westen der viel zitierte »Sputnik-Schock« und damit die Wahrnehmung einer vermeintlichen Unterlegenheit der westlichen Wissensökonomie, insbesondere ihrer Innovations- und Bildungssysteme. Sie wurden in der Folge einer weitgehenden Erneuerung unterzogen, die auch darauf zielte, breitere Schichten der Bevölkerung in diese Wissensökonomie einzubeziehen, um das Rekrutierungspotenzial für wissenschaftliche und technische Entwicklungen zu vergrößern. Die Gründung des MPI für Bildungsforschung als Reaktion auf einen wahrgenommenen »Bildungsnotstand« gehört in diesen Zusammenhang.[48]

Ebenfalls als Reaktion auf den Sputnik-Schock wurden in den USA bereits 1958 neue Regierungsbehörden gegründet, die mit Blick auf den Konkurrenzkampf der Systeme gezielt innovative Forschungen und technische Entwicklungen fördern sollten, im Bereich der Weltraumforschung die NASA und im Bereich risikoreicher Entwicklungen von Militärtechnologien ARPA (Advanced Research Projects Agency), eine Einrichtung, die noch fast 60 Jahre später zum Vorbild einer deutschen Agentur für Sprunginnovationen werden sollte. Das wohl einflussreichste Projekt von ARPA war das 1968 in Betrieb genommene Computernetzwerk ARPANET, das zur Keimzelle des Internets wurde.

Die langen 1960er-Jahre waren trotz der Systemkonkurrenz durch eine immer weiter ausgreifende Internationalisierung der Wissenschaft charakterisiert. Dazu zählten die Forschungslabore global agierender Unternehmen ebenso wie die bereits unmittelbar nach Kriegsende gegründeten Weltorganisationen, darunter FAO, WHO und UNESCO, aber auch neue Organisationen wie die 1961 eingerichtete OECD – Organisationen, die allesamt auch Forschungen unterstützten. Dies geschah zum Teil im Rahmen weltweiter Kampagnen, etwa der 1965 angestoßenen und letztlich erfolgreichen Kampagne der WHO, die Pocken durch Impfen auszurotten.

Auch hier reagierten Wissenschaft und Politik auf die Herausforderungen einer neuen »Arbeitswelt«, der des stark gestiegenen globalen Reiseverkehrs, eines wichtigen Aspekts der Großen Beschleunigung, der das Risiko von Epidemien erheblich erhöht hatte. Dennoch blieben andererseits nationalstaatliche Strukturen entscheidend für die Entwicklung der Wissenschaft. Die richteten sich allerdings ihrerseits zunehmend an den neuen internationalen bzw. europäischen Rahmenbedingungen aus, wie die Gründung der European Space Research Organisation (ESRO) 1962 und die der European Molecular Biology Organization (EMBO) im Jahr 1963 deutlich machen.[49]

Eine Vergesellschaftung von ursprünglich vor allem aus militärischen Motiven betriebenen Wissenschaften und Technologien fand in den langen 1960er-Jahren auch durch eine geradezu dramatische Ausweitung der Anwendung der in diesem Zusammenhang entwickelten Konzepte, Werkzeuge und Methoden statt. Das gilt für die Kernforschung und die Nutzung ihrer Einsichten und Experimentaltechniken für Strahlenmedizin und Tracer-Untersuchungen wie die Radiokohlenstoffdatierung archäologischer Funde mit ihren geradezu revolutionären Auswirkungen auf das Verständnis von Vor- und Frühgeschichte sowie den Nachvollzug von Stoffwechselwegen oder ökologischen Wechselwirkungen.

Das betrifft ebenso die Anwendung von Radar- und anderen Funktechnologien in der sich rasant entwickelnden Radioastronomie mit ihren bereits erwähnten Auswirkungen auf Astronomie und Kosmologie, Entwicklungen, bei denen Max-Planck-Institute auch international eine herausragende Rolle spielten. Vor allem aber gilt dies für die Schlüsselrolle, die Computer in der Datenverarbeitung als Modell für das Verständnis von Denkprozessen in einer neuartigen Kognitionsforschung sowie die Informationswissenschaften ganz allgemein als Folie für eine Neukonzeption der Molekularbiologie als »Code

---

[47] Siehe unten, Kap. IV.10.2.1
[48] Siehe unten, Kap. III.14.2.1.
[49] Siehe unten, Kap. IV.9.5.1.

Wissenschaft« gespielt haben – seit der Entschlüsselung der DNA 1953. Hier versuchte die MPG ab den 1960er-Jahren, Anschluss an den internationalen Mainstream zu finden, was ihr allerdings erst in den 1970ern gelang.

Eine ganz andere Art der Vergesellschaftung knüpfte dagegen an die Errungenschaften der erwähnten pharmakologischen Revolution der 1920er- und 1930er-Jahre an und führte zu einer Entwicklung, die sich als eine Biomedikalisierung des Alltags charakterisieren lässt. Sie zeichnete sich durch eine Zunahme der von der pharmazeutischen Industrie auf den Markt gebrachten Medikamente aus, die eher der Kontrolle des eigenen Körpers und dem Umgang mit Alltagsbeschwerden als der Heilung von schweren physischen Erkrankungen dienten.

Zwei extreme Beispiele sind die 1951 in den USA und Puerto Rico entwickelte Pille zur Verhütung von Schwangerschaften und das in Deutschland hergestellte und zwischen 1957 und 1961 vertriebene Beruhigungsmedikament Contergan, das von Schwangeren zur Behandlung der Morgenübelkeit genommen wurde und schwere Missbildungen bei Neugeborenen hervorrief. Beide Entwicklungen hatten, ebenso wie die Entwicklung von Psychopharmaka in den 1960er-Jahren, erhebliche Auswirkungen auf das Verhältnis zwischen Wissenschaft und Gesellschaft. Dazu gehörten die Einführung neuer Regularien, wie randomisierter klinischer Studien als Mittel zur Überprüfung der Sicherheit und Wirksamkeit neuer Medikamente, und öffentliche Auseinandersetzungen über die Autorität der Wissenschaft, insbesondere über die Hierarchie zwischen Arzt und Patient, Auseinandersetzungen, die von verschiedenen Subjekten geführt wurden – von der Frauenbewegung bei der Durchsetzung der Pille bis zur Anti-Psychiatrie-Bewegung.

Einige der beschriebenen Entwicklungslinien, vor allem die durch atomare Bedrohung und Raumfahrt geförderte globale Perspektive, die Industrialisierung der Landwirtschaft und die Problematisierung wissenschaftlicher Autorität kamen am Ende der langen 1960er-Jahre in einer kritischeren Sicht auf den Umgang der Menschheit mit ihren natürlichen Lebensbedingungen zusammen. Dies betraf nicht zuletzt die Rolle, die Wissenschaft und Technik dabei spielten. Hatte seit Ende der 1940er-Jahre zunächst die Gefahr eines atomaren Weltkriegs im Vordergrund der öffentlichen Auseinandersetzung mit der Wissenschaft gestanden, forderten bald auch die Umweltfolgen der Kernwaffentests und der Industrialisierung der Landwirtschaft Kritik heraus. Auch in anderen Bereichen, wie der Abschätzung von Gefahrstoffen am Arbeitsplatz, der industriellen Lebensmittelproduktion unter Einsatz immer neuer Zusatzstoffe und einer insgesamt größeren Belastung der menschlichen Umwelt mit Abertausenden von in ihrer Wirkung zumeist unbekannten Substanzen, entwickelte sich die in der MPG allerdings kaum vertretene Risikoforschung zu einem neuen Aufgabengebiet »reflexiver Wissenschaft«. Sie sollte die Politik bei der Bewältigung der Folgeprobleme des wissenschaftlich-technischen Fortschritts unterstützen.

Der Kalte Krieg spielte dabei eine Doppelrolle: Er hat zum einen zur Proliferation der militärischen und zivilen Nutzung der Kernenergie und auch zur »Grünen Revolution« beigetragen. Er hat zugleich die Mittel bereitgestellt, die es erlaubten, globale Umweltveränderungen zu registrieren, von der Messung radioaktiven Fallouts bis zu der des stetigen Anstiegs des Kohlendioxidgehalts in der Atmosphäre und seiner Folgen für den globalen Klimawandel. Die durch Wissenschaft und Technik bedingten Veränderungen der menschlichen Lebensbedingungen stellten ihrerseits herausfordernde Objekte interdisziplinärer Forschung dar, die auch in der MPG – im Rahmen einer kurzlebigen utopischen Episode – aufgegriffen wurden, etwa am 1970 gegründeten Max-Planck-Institut zur Erforschung der Lebensbedingungen der wissenschaftlich-technischen Welt in Starnberg.[50]

1.3.3 Wissenschaft als Projekt (1972–1989)

Die Warnungen aus der Wissenschaft vor Klimawandel und Umweltkrisen wurden im Verlauf der 1970er-Jahre lauter, als sich die Beweislage für den anthropogenen Klimawandel verdichtete, führten aber nicht zu einem globalen Kurswechsel in der Nutzung fossiler Energien. Immerhin konnte die Bedrohung der gesamten Biosphäre durch das Ozonloch über der Antarktis, das durch die industrielle Nutzung von Fluorchlorkohlenwasserstoffen (FCKW) entstanden war, mithilfe eines internationalen Abkommens aus dem Jahre 1987, an dem auch der Max-Planck-Wissenschaftler Paul Crutzen einen wesentlichen Anteil hatte, abgewendet werden.[51] Allerdings wäre dieser Ausstieg ohne FCKW-produzierende Firmen, wie zum Beispiel DuPont, die stark in Forschung und Entwicklung engagiert waren, wohl nicht bereits 1987 vollzogen worden. Dort hatte man frühzeitig die politische Brisanz der neuen atmosphärenchemischen Studien gesehen und damit begonnen, alternative Kühlmittel zu erforschen. Dass diese Alternativen dann greifbar waren, hat den Ausstieg

---

50 Kant und Renn, *Eine utopische Episode*, 2013.
51 Grundmann, *Transnationale Umweltpolitik*, 1999; Grundmann, *Transnational Environmental Policy*, 2001; Böschen, *Risikogenese*, 2000, 41–104; Brüggemann, *Ozonschicht*, 2015.

1. Konjunkturen der Forschung im 20. Jahrhundert

durch das sogenannte Montrealer Abkommen befördert. Dieses diente zugleich als Vorbild für die Gründung des IPCC, des »Weltklimarats«, im Jahre 1988 und damit für die Schaffung einer neuartigen Schnittstelle zwischen Wissenschaft und Politik.

Das Bild von der Wissenschaft selbst änderte sich in dieser Zeit auch unter dem Einfluss anderer politischer und gesellschaftlicher Erwartungen, die sich etwa auf die erfolgreiche Behandlung von Krebs oder neuer Krankheiten wie Aids und BSE richteten und nicht zuletzt auf die Ausschöpfung des ökonomischen Potenzials der Gentechnologie. Die Entwicklung sogenannter wissensintensiver Hochtechnologien, im Zusammenhang mit Informationstechniken, neuen Materialwissenschaften und Biotechnologie sowie der Globalisierung der Industrie, ging einher mit einer teilweisen Verlagerung von Industrieforschung in den Bereich staatlich geförderter Forschung.[52] Die Lebenswissenschaften erwiesen sich dabei als Vorreiter eines Prozesses der Kommerzialisierung akademischer Forschung durch Wissenschaftler:innen, die Firmen gründeten.[53]

Insgesamt nahm in den 1970er- und 1980er-Jahren die Bedeutung von Wissenschaft in der öffentlichen Wahrnehmung weiter zu.[54] Die Wissenschaft und ihre Folgen waren nicht nur Gegenstand von sozialen Bewegungen und Protesten, etwa der Anti-Atomkraft-Bewegung, sondern auch von staatlich geförderten Programmen, die zum öffentlichen Verständnis von Wissenschaft beitragen sollten. Parallel wurden Wissenschaftsjournalismus und Wissenschaftsforschung immer wichtiger.[55] Breiteres gesellschaftliches Interesse an Aufklärung, etwa über die Folgen der Industrialisierung für die natürliche Umwelt, Fragen der Energieversorgung oder der Biosicherheit, also der sicheren Handhabung und Eindämmung infektiöser Mikroorganismen und gefährlicher biologischer Materialien, führten bereits in den 1970er-Jahren zu größeren Forschungsanstrengungen.

Die Wissenschaft der 1970er- und 1980er-Jahre erschien den Zeitgenossen vielfach als ein Unternehmen, das sich in den Dienst konkreter Ziele stellen ließ, seien diese allgemein-gesellschaftlicher oder privatwirtschaftlicher Natur. Die Frage der Steuerbarkeit von Wissenschaft war ab den 1960er-Jahren im Rahmen von Forschungsprogrammen, wie der Zukunftsforschung, selbst zum Gegenstand wissenschaftlicher Forschung geworden.[56] In der von Wissenschaftsforscher:innen des Starnberger Max-Planck-Instituts vertretenen sogenannten Finalisierungsthese ging man davon aus, dass sich Ziele am besten durch planbare Projekte realisieren ließen, die aus einem Wettbewerb von Forschenden um die nötigen Finanzmittel hervorgegangen waren. Deren Erträge würden dann nach den Vorstellungen eines linearen Modells zunächst in Erkenntnissen und dann in anwendbaren Resultaten münden.

Das war auch das Motiv des Bayh-Dole-Gesetzes in den USA von 1980. Es räumte Einrichtungen, die mit Bundesmitteln forschten, das Recht zur kommerziellen Verwertung ihrer Resultate ein.[57] Das führte an vielen amerikanischen Universitäten zur Etablierung von Technologietransferbüros, zur Ausgründung zahlreicher Unternehmen und einer zunehmenden Kommerzialisierung der Wissenschaft.[58] Eine solche Entwicklung passte zur Aufwertung unternehmerischen Handelns und der Deregulierung von Märkten in den 1980er-Jahren. Sie fand auch in Europa Anklang und Nachahmung, in der Max-Planck-Gesellschaft durch die Neuausrichtung ihrer Garching Innovation GmbH auf die Vermarktung von Forschungsergebnissen in Form von Patenten und Lizenzen und die Ausgründung von Firmen.[59]

Prägend für das neue Wissenschaftsverständnis der 1970er- und 1980er-Jahre, das den Hintergrund für diese Entwicklung darstellte, war zum einen die immense Ausweitung der Biomedizin, in den USA massiv gefördert im Rahmen von Nixons 1971 ausgerufenem »Krieg gegen den Krebs«, der Milliardensummen für die Forschung mobilisierte.[60] In den 1980er-Jahren folgte eine Konsolidierungswelle der pharmazeutischen Industrie, die zu multinationalen Zusammenschlüssen führte, deren Medikamente den globalen Markt beherrschten.[61] Zum anderen waren die 1970er- und 1980er-Jahre die Epoche, in der die Molekularbiologie ihren Siegeszug antrat – aus der akademischen Welt in die zunehmend kommerziali-

---

52 Janneck, *Forschung*, 2020; Hack und Hack, *Multinational organisierte Forschung*, 1981; Hack, *Technologietransfer*, 1998.
53 Krimsky, Science, 2003; Kenney, *Biotechnology*, 1986; Dolata, *Modernisierung*, 1992.
54 Siehe u. a. Felt, Wissenschaft, 2002; Nikolow und Schirrmacher, *Wissenschaft und Öffentlichkeit*, 2007; Peters et al., Medialisierung, 2008.
55 Weingart, *Stunde, 2005*.
56 Seefried, *Zukünfte, 2015*.
57 Berman, *University*, 2012.
58 Mirowski, *Science-Mart*, 2011.
59 Balcar, *Instrumentenbau*, 2018. Siehe auch unten, Kap. IV.3.3.2.
60 Proctor, *Cancer Wars*, 1995.
61 Hack, *Globalisierung, 2007*.

sierte Gentechnologie und in den daraus hervorgehenden Biotechnologieboom.

Die Vorstellung von einem genetischen Code hatte bereits seit den 1950er-Jahren den Weg für weitergehende Visionen von Möglichkeiten seiner »Umprogrammierung« bereitet. In den frühen 1970-Jahren stieg nun die Zahl der Werkzeuge zum Editieren von Genen stetig. Die maßgebliche Forschung fand zunächst vor allem in den USA statt, in Erwartung späterer Anwendungen größtenteils finanziert von den National Institutes of Health. Die Ölkrise von 1973/74, die Inflation in den westlichen Volkswirtschaften sowie zurückgehende Außenhandelsbilanzen ließen aber alsbald auch die Bereitschaft von Pharmazie-, Chemie- und Ölunternehmen größer werden, in Biotechfirmen zu investieren, obwohl solche Investitionen angesichts vieler offener Fragen hinsichtlich der Natur des Genoms und seiner Expression in Organismen risikoreich waren.[62]

Die Entwicklung verlief so rasant, dass die National Academy of Sciences der Vereinigten Staaten Mitte der 1970er-Jahre empfahl, den Forschungen Beschränkungen aufzuerlegen, um biologische Risiken zu verringern und die Überschreitung ethischer Grenzen zu vermeiden. Risiken und ethische Grenzen der Wissenschaft wurden rasch selbst zum Gegenstand öffentlicher Debatten, aber auch neuer wissenschaftlicher Forschungsrichtungen. In dieser Zeit des Wandels der Molekularbiologie von akademischer zu immer stärker privatwirtschaftlich finanzierter Forschung änderte sich auch das Ethos von Wissenschaftler:innen und ihr Publikationsverhalten, für das Geheimhaltung und Patentierung zu wichtigen Gesichtspunkten wurden.

Die Entwicklung der Gentechnologie erreichte einen weiteren Höhepunkt, als Mitte der 1980er-Jahre die Möglichkeit einer Kartierung des menschlichen Genoms absehbar wurde, die in den 1990er-Jahren zum Ziel konkurrierender Großprojekte wurde. Einen Schlüssel dafür lieferte die von einer US-amerikanischen Biotechfirma 1983 entwickelte Methode der Polymerase-Kettenreaktion (PCR), die es ermöglicht, DNA im Labor zu vervielfältigen. Immer raffiniertere Verfahren der Automatisierung der Gensequenzierung mithilfe von PCR und der computergestützten Verarbeitung der gewonnenen Daten kamen zur Anwendung. Allerdings beruhten nicht alle Fortschritte der Biologie in dieser Zeit auf solchen Hightech-Verfahren, wie das Beispiel der mit konventionellen Mitteln durchgeführten und dennoch bahnbrechenden Arbeiten zur genetischen Steuerung der frühen Embryonalentwicklung durch die Max-Planck-Wissenschaftlerin Christiane Nüsslein-Volhard illustriert.

Auch in anderen Gebieten führten technologische Fortschritte zu weitreichenden Transformationen. In den Verhaltenswissenschaften etwa drängten ab den 1980er-Jahren neurologische Ansätze qualitative, in geisteswissenschaftlichen Traditionen wurzelnde Konzepte in den Hintergrund.[63] Neben der Entwicklung der Messtechniken erwies sich einmal mehr die Computerisierung als wichtige Triebkraft – sowohl hinsichtlich der Datenverarbeitung als auch weil »künstliche Intelligenz« nun als Maßstab für das Verständnis natürlicher Intelligenz fungierte.

Die digitale Revolution, die noch im Zweiten Weltkrieg mit den ersten programmgesteuerten Rechenmaschinen begonnen und sich in den 1950er- und 1960er-Jahren mit der Produktion kommerzieller Computer und der Erfindung der Mikroprozessoren fortgesetzt hatte, erreichte mit der Verbreitung der PCs ab den 1980er-Jahren einen alle gesellschaftlichen Bereiche durchdringenden Aufschwung. Die exponentiellen Wachstumstendenzen bestätigten die 1965 von Gordon Moore, dem Mitbegründer der Firma Intel, die die ersten Mikroprozessoren in Serie baute, geäußerte Prophezeiung, dass sich die Leistungsfähigkeit integrierter Schaltkreise durchschnittlich innerhalb von ein bis zwei Jahren verdoppeln werde.

Diese Entwicklung verband sich eng mit neuen Ansätzen der Materialforschung,[64] die sich, aus den USA kommend, in den 1970er-Jahren auch in der MPG etablierten. Gab es bis in die 1970er-Jahre in der MPG noch Eigenentwicklungen von Computern als Forschungsinstrumenten, etwa durch den Computerpionier Heinz Billing, dominierten danach kommerzielle Hochleistungsrechner die Forschungsinfrastruktur, bis sie beginnend mit den 1980er-Jahren in einigen Bereichen teilweise durch die immer leistungsfähigeren PCs abgelöst wurden.[65]

Die rasant wachsenden Möglichkeiten der Computertechnologie beflügelten nicht nur die Gentechnologie, sondern praktisch alle Wissenschaftsbereiche, in denen Datenverarbeitung eine Rolle spielte, so insbesondere die Hochenergiephysik, die Astrophysik und die Klimaforschung. Darüber hinaus erlaubten computergestützte Modellierungen auch erste Simulationen der globalen Gesellschaft, ihrer Entwicklung und ihres Ressourcenverbrauchs. Solche Simulationen waren die Grundlage für die Warnungen des Club of Rome, einer internationalen

---

62 Dolata, Ökonomie, 1996; Wieland, Technik, 2009.
63 Singer, Auf dem Weg, 1998. Siehe auch unten, Kap. III.11.
64 Siehe unten, Kap. III.4.
65 Siehe dazu unten, Kap. IV.7.5.

Gruppe von Geschäftsleuten, Wissenschaftler:innen und Politiker:innen, die 1972 auf die Grenzen des Wachstums hinwies und den globalen Umweltkollaps zum politischen Thema machte. Der mit solchen Simulationen einhergehende Planungsoptimismus, der auch in vielen anderen Hinsichten die 1970er-Jahre kennzeichnete und den Projektcharakter der zeitgenössischen Wissenschaft einschloss, legte zugleich technokratische Antworten auf erwartete Krisen wie die der Überbevölkerung nahe. Dass es nicht bei Möglichkeiten blieb, zeigt das Beispiel der brutalen Ein-Kind-Politik Chinas in den 1980er-Jahren.

Die globalen Veränderungen wurden ab den 1970er-Jahren jedenfalls aus einer systemischen Perspektive gesehen, die, wie oben ausgeführt, auch zum Erbe der Atomwissenschaft des Kalten Kriegs gehörte. Ihre programmatische Formulierung erhielt sie im 1986 veröffentlichten Bericht der NASA »Earth System Science: A Program For Global Change«. In Deutschland griff man diese Tendenz Mitte der 1980er-Jahre am MPI für Chemie auf, aus der ein einflussreicher Cluster im Bereich der Erdsystemwissenschaften entstand.[66]

Mit den Amtszeiten von US-Präsident Ronald Reagan und der britischen Premierministerin Margaret Thatcher begann Anfang der 1980er-Jahre nach einer Phase des Tauwetters eine erneute Intensivierung des Kalten Kriegs. Vorausgegangen waren die Auseinandersetzung um die Stationierung atomarer Mittelstreckenraketen in Europa und die festgefahrenen Gespräche über Rüstungskontrolle zwischen den USA und der Sowjetunion. An der öffentlichen Diskussion, die sich darüber in Deutschland entzündete und zu einem Wiederaufleben der Friedensbewegung führte, nahmen auch Max-Planck-Wissenschaftler:innen prominenten Anteil.[67]

Die Rückkehr des Kalten Krieges schloss eine Stärkung des militärisch-industriell-wissenschaftlichen Komplexes durch Projekte wie den Plan für weltraumgestützte Raketenabwehrsysteme ein, die sogenannte Strategic Defense Initiative (SDI, oder »Star Wars«), die die Welt an den Rand eines atomaren Krieges brachte.

Auch abgesehen von solchen militärisch motivierten Projekten waren die 1980er-Jahre eine Periode, in der internationale Großforschungsprojekte erneut den Ton angaben, von Mitterands europäischer Forschungsinitiative EUREKA als zivilem Gegenvorschlag zu SDI über die konkurrierenden Humangenom-Projekte bis zu den großen Teilchenbeschleunigern, wie dem 1989 am CERN in Betrieb genommenen Large Electron-Positron (LEP) Collider und dem 1990 gestarteten Hubble Space Telescope, das eine neue Epoche der optischen Astronomie einleitete. Auch für die MPG veränderte sich dadurch das Umfeld, da in einigen Wissenschaftsfeldern die Beteiligung an solchen Großprojekten zur Voraussetzung wurde, um international konkurrenzfähig zu bleiben. Daneben gelangen ihr allerdings auch Durchbrüche wie Mitte der 1980er-Jahre die Entwicklung der FLASH-Technologie durch Jens Frahm am MPI für biophysikalische Chemie, mit revolutionären Folgen für bildgebende Verfahren in der medizinischen Diagnostik und Forschung.

1.3.4 Wissenschaft zwischen globalem Kapitalismus und globaler Verantwortung (1989–2002)

Als 1989 die Berliner Mauer fiel und 1991 die Sowjetunion zusammenbrach, war dies keineswegs das Ende der Geschichte und gewiss nicht der Wissenschaftsgeschichte, aber immerhin das Ende einer Konkurrenz der Gesellschaftssysteme, die zeitweise auch eine Konkurrenz der akademischen Systeme eingeschlossen hatte. An ihre Stelle trat eine neue Ära der Globalisierung der Wissenschaft, die zugleich Tendenzen zur Homogenisierung der internationalen Bildungs- und Wissenschaftslandschaft stärkte, von der Ausdehnung westdeutscher Wissenschaftsinstitutionen wie der MPG auf das Territorium der ehemaligen DDR über den 1999 begonnenen Bologna-Prozess der europaweiten Vereinheitlichung von Studiengängen und -abschlüssen bis zur Einführung des Shanghai-Ranking im Jahre 2003, bei dem jährlich 1.000 Hochschulen nach global einheitlichen, quantitativen Maßstäben geprüft und in eine Rangfolge gebracht werden.

Diese Angleichung an internationale Standards betraf auch Wissenschaftseinrichtungen in den ehemaligen Sowjetrepubliken und den Staaten des Warschauer Pakts, vor allem aber die rasch aufstrebende Wissenschaft der Volksrepublik China, mit der die MPG ab Ende der 1980er-Jahre enge Verbindungen geknüpft hatte. Diese Verbindungen trugen, zusammen mit anderen internationalen Kontakten,[68] zum Anschluss chinesischer Institutionen an den wissenschaftlichen Mainstream kapitalistischer Gesellschaften bei. Auch im Angesicht dieser Globalisierung und Homogenisierung der internationalen Wissenschaftslandschaft gelang es der MPG immer noch – bis auf einige Zugeständnisse an den Zeitgeist –, ihr Alleinstellungsmerkmal der von Staat und Wirtschaft

---

66 Siehe unten, Kap. III.7.
67 Siehe unten, Kap. IV.9.7.
68 Siehe unten, Kap. IV.9.

unabhängigen, wenn auch nicht unbeeinflussten institutionellen Förderung von Forschung beizubehalten.

In ihrer thematischen Aufstellung und bei der Rekrutierung ihres Führungspersonals hatte sich die MPG längst aus ihrer Provinzialität befreit und zunehmend internationalisiert. Das galt allerdings nicht, jedenfalls im Verhältnis zur internationalen Konkurrenz, in gleicher Weise für die Größenordnung der ihr verfügbaren Ressourcen. Hier war sie, auch aufgrund der finanziellen Belastungen durch die Wiedervereinigung, noch mehr als zuvor auf Kooperationen im europäischen und internationalen Rahmen angewiesen. Diese boten ihr immerhin die Möglichkeit, sich in der zweiten Reihe zu beteiligen, etwa bei Großprojekten wie der Sequenzierung des menschlichen Genoms. Gelegentlich übernahm sie sogar eine ausschlaggebende Rolle aus der zweiten Reihe, wie bei der Gravitationswellenforschung, was angesichts ihrer ursprünglichen Vorreiterrolle für die Protagonisten auf diesem Gebiet dennoch enttäuschend war. Ohne die konsequente institutionelle Förderung der Gravitationswellenforschung durch die MPG über Jahrzehnte und alle personellen und konzeptionellen Brüche hinweg hätte das 2015 erfolgreiche US-amerikanische LIGO-Projekt (das Laser-Interferometer Gravitationswellen-Observatorium) viele technische Probleme nicht oder jedenfalls nicht so schnell lösen können. Zugleich gelangen der MPG insbesondere dort wissenschaftliche Erfolge abseits des Mainstreams, wo sie sich auf langfristig geförderte eigene Forschungstraditionen stützen konnte, etwa in dem bereits genannten Beispiel der Entwicklungsbiologie oder auch in der Infrarotastronomie.

Nachdem es den Eisernen Vorhang nicht mehr gab, setzten sich die bereits besprochenen Tendenzen zur Kommerzialisierung der Wissenschaft und zu immer größeren Skalen der Kooperation auf globaler Ebene fort. Auch die Antriebskräfte dieser Entwicklung blieben die gleichen: zum einen die ökonomischen Visionen und Hoffnungen, die sich mit Biomedizin und Gentechnologie verbanden, und zum anderen die Möglichkeiten für internationale Großprojekte, die mit den neuen Informationstechnologien einhergingen und die in der Hochenergiephysik und in der Raumfahrt ebenso wie in den Projekten zur Genomsequenzierung intensiv genutzt wurden.

Hatte sich nach dem Zweiten Weltkrieg der Systembegriff zu einem neuen Leitbegriff interdisziplinärer Forschung entwickelt, trat nun der Netzwerkbegriff in den Vordergrund. Er beschrieb sowohl das Organisationsprinzip von Großprojekten als auch – im Zusammenhang mit den neuen Informationstechnologien – Computernetzwerke als die wichtigste Forschungsinfrastruktur der Jahrtausendwende, die schließlich auch zu einer allgegenwärtigen neuen Arbeitswelt wurde.

Diese Entwicklungen vollzogen sich vor dem Hintergrund der weiter anhaltenden Großen Beschleunigung (und trugen zu ihr bei), was Ressourcennutzung, Umweltzerstörung, Klimakrise und das bereits seit den 1980er-Jahren sichtbare Artensterben betrifft. Im Jahr 2000 führte der bereits erwähnte Max-Planck-Forscher Paul Crutzen für diese gesamthafte Veränderung des von Menschen verursachten planetaren Zustands den Begriff Anthropozän ein, der neben Begriffen wie Klimawandel und Biodiversität ebenfalls rasch zu einem Leitbegriff an der Schnittstelle zwischen Wissenschaft, Öffentlichkeit und Politik wurde.

Anhand des Themas der biologischen Vielfalt lässt sich das Spannungsfeld zwischen globalem Kapitalismus und globaler Verantwortung, mit dem die Wissenschaft um die Jahrtausendwende konfrontiert war, verdeutlichen. Zum einen wurde der Begriff Biodiversität Ende der 1980er-Jahre zu einem Signalbegriff des Naturschutzes, verbunden mit Forderungen nach globalen Anstrengungen, biologische Vielfalt zu erhalten und zu verwalten – Forderungen, die mit dem Erdgipfel von Rio 1992 die Ebene der globalen Governance erreichten. Zum anderen nahm in den letzten Jahrzehnten des 20. Jahrhunderts die Kommerzialisierung biologischer Ressourcen rapide zu, von kommerziellen Sammlungen von Saatgut bis zur Patentierung indigener Pflanzen.

Auch die Sequenzierung des menschlichen Genoms bewegte sich in diesem Spannungsfeld. In den 1980er-Jahren zunächst von US-amerikanischen Institutionen unterstützt, erhielt sie mit Beginn der 1990er-Jahre weiteren Auftrieb durch gewaltige Investitionen des britischen Wellcome Trusts. Sowohl in den USA als auch in Großbritannien kam es schon bald zum Streit über die Frage der Patentierung von kurzen Genfrequenzen, die schließlich in die Konkurrenz zwischen einem öffentlichen und einem privaten Genomprojekt mündeten, die im Jahre 2000 gleichzeitig ihre vorläufigen Ergebnisse vorstellten.

Die Humangenom-Projekte umfassten Netzwerke von Laboratorien mit Tausenden von Wissenschaftler:innen aus sechs Ländern, an denen auch die MPG beteiligt war, und verschlangen Mittel von mehreren Milliarden US-Dollar. Doch schon bald sanken die Kosten für die Sequenzierung eines Genoms. Sequenzdaten für immer mehr Organismen wurden verfügbar. Damit war es nun möglich, den Stammbaum des Lebens auf der Erde neu zu vermessen, einschließlich der Evolution des Menschen, einem Gebiet, auf dem Max-Planck-Forscher:innen in der ersten Dekade des neuen Jahrtausends revolutionäre Durchbrüche erzielten.

Dagegen ließen die ursprünglich erwarteten biomedizinischen Durchbrüche auf sich warten. Die Hoffnungen richteten sich zum einen auf die Systembiologie und ihre

Versuche, Organismen und ihre Zellen wieder stärker gesamtheitlich zu verstehen, ein anderer, vielversprechender Ansatzpunkt war die Stammzellenforschung, die 1981 mit der Isolierung embryonaler Stammzellen aus der Maus einen ersten Durchbruch erzielt hatte, aber bis zu den 1990er-Jahren brauchte, bis menschliche Stammzellen gefunden wurden. Die Forschung an Stammzellen, die auch kommerziell eine Goldgrube zu sein versprach, löste in den frühen 2000ern international und besonders in Deutschland heftige Diskussionen aus, an denen sich auch die MPG beteiligte, die die von einigen Politiker:innen und Kirchenvertretern geforderten Restriktionen als eine Bedrohung ihrer Forschungsfreiheit betrachtete.

Eine vergleichbare Goldgräberstimmung gab es in der Physik nicht. Eine Resonanz zwischen Forschung und kommerziellen Interessen entwickelte sich am ehesten noch in der Nanowissenschaft, beflügelt unter anderem durch die Synthese von Fullerenen, einer Verbindung von 60 Kohlenstoffatomen, die in Form eines Fußballs angeordnet sind. Sie versprach weitreichende Anwendungen in der Materialwissenschaft, in der Elektronik und in der Nanotechnologie. Die Synthese dieser Moleküle gelang – nach dem prinzipiellen Nachweis ihrer Existenz in den 1980er-Jahren durch britische und US-amerikanische Wissenschaftler – 1990 am MPI für Kernphysik in Heidelberg.

Goldgräberhoffnungen nur mit Blick auf die Forschung entwickelten sich im Zusammenhang mit dem seit Mitte der 1980er-Jahre geplanten Bau des Large Hadron Colliders (LHC) am CERN, zu dem auch das MPI für Physik und Astrophysik wesentliche Beiträge lieferte. Diese Hoffnungen richteten sich zum einen auf die Entdeckung des letzten Bausteins des Standardmodells der Teilchenphysik, des Higgs-Teilchens, die schließlich 2012 gelang, und zum anderen auf Hinweise auf eine Physik jenseits des Standardmodells, die bis heute im Wesentlichen ausgeblieben sind. Die Zeit um die Jahrtausendwende war für die Fundamentalphysik äußerst ambivalent: Zum einen wurden sowohl das Standardmodell der Teilchenphysik als auch das Standardmodell der Kosmologie konsolidiert. Zum anderen stellte sich heraus, dass riesige Lücken im Weltbild der Physik klaffen, da die uns bekannte Materie nur 4,9 Prozent des Universums ausmacht, während der Rest nicht nur unverstanden ist, sondern möglicherweise auf lange Sicht einer experimentellen Untersuchung, etwa durch immer größere Beschleuniger, unzugänglich bleiben könnte.

Bereits 1993 hatte der US-amerikanische Kongress eines der ehrgeizigsten Projekte der Hochenergiephysik, den supraleitenden Supercollider, aus Budgetgründen gestrichen und damit der europäischen Forschung den gerade beschriebenen Fortschritt eingeräumt. Große, der Grundlagenforschung gewidmete Forschungseinrichtungen boten jedoch nicht nur einzigartige Erkenntnismöglichkeiten in einem Spezialgebiet der Forschung, sondern konnten auch als Laboratorien für andere gesellschaftlich relevante Innovationen, etwa neue Formen der Zusammenarbeit, der Kommunikation und der Informationsverarbeitung, dienen. So entstand aus den Herausforderungen des Umgangs mit riesigen Datenmengen am CERN in den späten 1980er-Jahren ein Modell für die Organisation des Datenmanagements und -verkehrs, das World Wide Web. Die Entwicklung des Webs schuf in der Tat völlig neue Voraussetzungen nicht nur für wissenschaftliche Kooperationen, sondern für die Gestaltung jeglicher Art sozialer Netze, mit weitreichenden Konsequenzen für die Realwirtschaft ebenso wie für eine globale Wissensökonomie, die ungeahnte Möglichkeiten für die Distribution von Wissen bot, aber auch für seine Kommerzialisierung.

Auch in diesem Zusammenhang stand die weitere Entwicklung also im Spannungsfeld zwischen globalem Kapitalismus und globaler Verantwortung, wobei sich immer wieder engagierte Wissenschaftler:innen seit den frühen 2000ern weltweit für den offenen Zugang zu Forschungsergebnissen einsetzten. Die MPG schuf hier 2003 mit der weltweit beachteten »Berliner Erklärung über den offenen Zugang zu wissenschaftlichem Wissen« einen Meilenstein dieser Open-Access-Bewegung, die nun auch die Forderung nach offenem Zugang zum kulturellen Erbe einschloss.

In dieser Zeit verschärfte sich zugleich die Auseinandersetzung über die Existenz und die Gefahren der globalen Erwärmung. Während der dritte (2001) und der vierte (2007) Bewertungsbericht des IPCC, an dem sich auch Max-Planck-Wissenschaftler:innen federführend beteiligten, zu einem zunehmend gefestigten wissenschaftlichen Konsens über diese Gefahren führten, sollte es noch bis 2015 dauern, bis sich die internationale Staatengemeinschaft mit dem Pariser Abkommen völkerrechtlich verbindlich darauf einigte, die Erderwärmung auf deutlich unter 2°C gegenüber dem vorindustriellen Niveau zu begrenzen.

Während sich so der Blick auf die Fragilität unseres Planeten als menschlicher Lebensraum und auf die globale Verantwortung für dessen Erhaltung schärfte, weiteten astronomische Entdeckungen seit Mitte der 1990er-Jahre diesen Blick auf andere Welten aus. Die epochale Entdeckung von immer zahlreicheren Exoplaneten, an der die MPG keinen Anteil hatte, zeigte deutlich, dass unsere Erde kein kosmischer Einzelfall ist und dass man aus dem Vergleich mit anderen Systemen viel über unser eigenes Sonnensystem lernen kann, aber auch, dass es zur Erde als Lebensraum für die Menschheit vorläufig wohl keine Alternative gibt.

2. Strukturen der Forschung

Carsten Reinhardt

Die folgenden Beiträge konzentrieren sich auf Forschungsbereiche, die in der Max-Planck-Gesellschaft besondere Berücksichtigung und Förderung erfahren haben,[1] ob in den Naturwissenschaften, in den Lebenswissenschaften oder in den Geistes- und Sozialwissenschaften. Anders als in den Ausführungen des Kapitels II, die chronologisch geordnet sind, liegt diesem III. Kapitel eine systematische Ordnung zugrunde, wobei innerhalb dieser Systematik nach historischem Wandel gefragt wird.

Auf den ersten Blick folgt diese Gliederung einer disziplinären Logik. Dahinter verbirgt sich allerdings auch die Beobachtung, dass sich innerhalb der MPG an wissenschaftlichen Themensetzungen und Zugängen orientierte Forschungsstrukturen ausgebildet haben, die in der offiziellen wissenschaftlichen Struktur der Max-Planck-Gesellschaft, also ihren Instituten und Sektionen, nicht abgebildet waren. In den folgenden Kapiteln analysieren wir dementsprechend Praktiken der Wissenschaftlichen Mitglieder der MPG, die zur Ausbildung einer solchen informellen wissenschaftlichen Strukturierung innerhalb der MPG geführt haben. Wir betonen disziplinäre, technologische, soziale, ökonomische und politische Parameter, die diese Entwicklung förderten oder einschränkten. Die Zusammenballungen von Instituten, Abteilungen und weiteren Einheiten, die um eine bestimmte Thematik und Methodologie zentriert waren, nennen wir »Cluster«, und wir vertreten die These, dass Cluster einen wesentlichen Bestandteil der inoffiziellen wissenschaftlichen Struktur und Kultur der MPG darstellten.

Keineswegs kann jegliche an Max-Planck-Instituten durchgeführte Forschung den von uns identifizierten Forschungsclustern zugeordnet werden. Viele Arbeiten in den Geistes- und Sozialwissenschaften ließen sich dafür hier anführen, auch manche aus den Natur- und Lebenswissenschaften. Vor allem die Stellung der medizinischen Forschung wies derartige Besonderheiten auf, dass der Ansatz des Clusters an seine Grenzen stößt, wie das entsprechende Kapitel zeigen wird. Wir werden auch Fälle thematisieren, die sich nicht mit dem Gerüst eines spezifischen Clusters erfassen lassen. Dabei werden wir nach den Spezifika ihrer Verankerung in der MPG fragen, die erklären helfen, warum ein relativer Mangel an Zusammenhalt – verglichen mit Einheiten eines Clusters – zu beobachten ist. Dennoch konstatieren wir, dass sich im Verlauf der Entwicklung der MPG informelle Strukturen ausbildeten, die große Forschungsfelder abdeckten, beträchtliche Ressourcen banden und starke Auswirkungen auf die operativen Entscheidungen in der MPG zeitigten. Die offizielle Haltung der MPG – über den gesamten Untersuchungszeitraum hinweg ist dies in öffentlichen Äußerungen ihrer führenden Mitglieder und dem Tenor vieler Verlautbarungen erkennbar – schloss eine derartige Konzentration von Ressourcen zumindest nicht aus.[2] Dabei bezogen Vertreter:innen der MPG prinzipiell sämtliche Wissenschaftsgebiete ein und betonten immer wieder, Richtungsentscheidungen würden einerseits auf der Grundlage sachbezogener Kriterien, andererseits auf der Basis des intellektuellen Potenzials individueller Wissenschaftler:innen getroffen werden.

Im Folgenden fragen wir nach den Gründen für die Ausbildung der von uns ermittelten Forschungsschwerpunkte, der Cluster, in der MPG. Übergreifend haben wir

---

[1] Dieses Kapitel konnte nur auf der Basis meiner fast ein Jahrzehnt währenden Zusammenarbeit mit den Mitgliedern des Forschungsprogramms GMPG verfasst werden. Ich danke ihnen allen, vor allem den Autor:innen dieses Teils. Janu Höreth danke ich für Unterstützung bei Recherchen in der Schlussphase der Erstellung des Manuskripts.

[2] Als Beispiel ein Zitat des Präsidenten der MPG von 1972 bis 1984, Reimar Lüst: »Die Begrenztheit der Mittel bei der Suche nach Unbekanntem erfordert die Bildung von Schwerpunkten. Andererseits benötigt man aus spieltheoretischen Gründen zu ihrer Optimierung auch eine erhebliche Breite.« Lüst, MPG heute, 1974, 369.

2. Strukturen der Forschung

das Konzept der Forschungscluster aus drei Gründen entwickelt: Erstens dient es uns als historiografisches Ordnungsprinzip, das es erlaubt, die wissenschaftlichen Felder im Gefüge der MPG systematisch zu erfassen – immerhin 55 Jahre Tätigkeit an insgesamt mehr als 100 Instituten. Zweitens erhoffen wir uns von dem Konzept wichtige Impulse, um die Institutionengeschichte der MPG mit ihrem Wandel auf epistemischer Ebene zu verknüpfen. Drittens versetzt uns das Clusterkonzept in die Lage, Themen der Zeitgeschichte mittels wissenschaftshistorischer Fragestellungen zu beleuchten, da die Entwicklung vieler Cluster mit der Forschungs- und Förderpolitik in enger Wechselwirkung stand. Vor allem gilt dies, so werden wir zeigen, für die Gebiete Ernährung, Energie, Umwelt, Gesundheit, Hochtechnologie und Recht. So wird deutlich werden, auf welche Weise die führenden Mitglieder der MPG die globalen Konjunkturen der Forschung aufnahmen und diese wiederum beeinflussten.

In diesem Kapitel wird zunächst das neuartige, innerhalb unseres Forschungsprogramms entwickelte Konzept des Clusters vorgestellt, wobei wir auch auf einige Besonderheiten der Terminologie und Methodologie eingehen. Anschließend folgt eine skizzenhafte Darstellung der Entwicklung der Forschung der MPG von 1948 bis in die frühen 2000er-Jahre, bevor ein Überblick über die Gliederung dieses Teils das Kapitel beschließt.

2.1 Das Konzept des Clusters

Unsere Entscheidung, den Begriff Cluster einzuführen, um die zentralen Forschungsfelder innerhalb der MPG zu untersuchen, beruht auf unserer Beobachtung einer thematischen Verdichtung: Die Wissenschaftlichen Mitglieder der MPG engagierten sich nicht in allen möglichen Forschungsgebieten, sondern wählten einige aus und konzentrierten ihre Ressourcen auf diese. Aus den Gebieten, die wir in diesem Teil vorstellen werden, seien hier beispielhaft drei kurz genannt. Als die MPG in den späten 1940er-Jahren gegründet wurde, übernahm sie fast alle der etwa 40 Institute der Kaiser-Wilhelm-Gesellschaft. Von diesen beschäftigten sich neun mit Landwirtschaftswissenschaften und -techniken, wobei die meisten dieser Institute in der Zeit des Nationalsozialismus gegründet worden waren. Bis in die 1960er-Jahre hinein baute die MPG diese landwirtschaftlichen MPI, zum Teil mit beträchtlichem Aufwand, neu auf und organisierte ihre Verankerung im bundesdeutschen Forschungssystem. Schon Mitte der 1970er-Jahre jedoch hatten mit Ausnahme eines einzigen alle landwirtschaftlichen MPI die MPG entweder verlassen oder waren geschlossen worden.

Das zweite Beispiel betrifft die Astrophysik und Astronomie: Ab den späten 1950er-Jahren führten zunächst kleinteilige Anstrengungen an MPI in München, Heidelberg und Lindau im Harz über etwa 15 Jahre hinweg zu einer Expansionsbewegung, die alle wichtigen Gebiete der Astrophysik und Astronomie erfasste und es der MPG schließlich ermöglichte, die bundesdeutsche Szene zu dominieren. Aufgrund ihrer nationalen Dominanz wurden die einschlägigen MPI zum bevorzugten Partner europäischer, US-amerikanischer und sowjetischer Forschungsprogramme und -organisationen. Die MPG nutzte schließlich sämtliche in der Astronomie wichtigen Beobachtungstechniken und baute eine international beachtliche Forschungsinfrastruktur auf. Bereits in den 1970er-Jahren hatten die in der Astrophysik und Astronomie tätigen MPI fast den Status eines internationalen Schwergewichts erreicht, den sie bis heute haben halten können.

Beispiel drei: Die Gründung von drei MPI auf dem Gebiet der Rechtswissenschaften führte in den 1960er-Jahren, zusammen mit zwei bereits seit KWG-Zeiten bestehenden Instituten, zu einer Schwerpunktbildung in den Geisteswissenschaften. Die Rechtswissenschaften beanspruchten fortan etwa die Hälfte aller Ressourcen in den Geistes- und Sozialwissenschaften, stellten entscheidende Verbindungen zur Politik her und beeinflussten die Gesetzgebung in einer Reihe von Rechtsgebieten, darunter das bundesdeutsche Sozialrecht und das internationale Steuerrecht. Heute ist »Max Planck Law« eine formalisierte Allianz von zehn MPI, bei einer Zahl von insgesamt 83.

Anhand dieser drei Beispiele lassen sich mehrere Beobachtungen machen: In der Entwicklung der MPG gab es offensichtlich Gelegenheiten, Kerngebiete zu bilden, die zusammengenommen einen beträchtlichen Teil der verfügbaren Ressourcen banden. Bei all dieser feststellbaren Konzentration waren Wissenschaftliche Mitglieder der MPG gleichwohl in der Lage, auch größere Umschichtungen vorzunehmen, indem sie alte Gebiete aufgaben und neue initiierten. Einmal etabliert, zeigten einige dieser Aktivitäten ein beträchtliches Beharrungsvermögen. Diese erkennbare Forschungsstruktur war und ist ebenso abhängig von Forschungs- und Technologiepolitik, wie sie in Bezug auf Themen und Methodologie einer disziplinären oder auch interdisziplinären Logik folgt. Trotz ihrer Bedeutung sind Cluster nicht Teil der offiziellen Organisationsstruktur der MPG, sie finden weder in der Satzung noch in deren Kommentaren Erwähnung. Schwerpunktsetzungen wurden in Forschungsplanung und -evaluierung, der fiskalischen Aufsicht oder der Öffentlichkeitsarbeit der MPG erst gegen Ende unseres Untersuchungszeitraums thematisiert, wobei die dabei genannten Schwerpunktbereiche nicht deckungsgleich mit den von uns entwickelten, historiografisch ausgerichteten Ordnungsmustern sind.³

Gemeinschaften der Wissenschaftlichen Mitglieder der MPG und ihre Aktivitäten führten sowohl in den Natur- als auch in den Lebens- und den Geisteswissenschaften zu solchen Clustern. Wir verstehen sie deshalb als informelle, »unsichtbare« strukturelle Einheiten, die trotz ihres inoffiziellen Charakters die Dynamik der MPG und ihrer Institute entscheidend geprägt haben. Dementsprechend analysieren wir in diesem Teil Praktiken der Wissenschaftlichen Mitglieder, die eine solche informelle Organisationsstruktur erkennbar machen, wobei wir besonderes Augenmerk auf politische, wirtschaftliche und wissenschaftliche Freiräume und Zwänge legen. Dafür suchen wir auf drei miteinander korrespondierenden Ebenen nach Beziehungen und Ähnlichkeiten zwischen den Forschungseinheiten der MPG: auf der sozialen, der epistemischen und der organisatorisch-infrastrukturellen Ebene.

Betrachtet man zunächst die soziale Ebene, so werden Cluster durch Netzwerke von Wissenschaftlichen Mitgliedern konstituiert. Diese Netzwerke, so unser Argument, sind durch eine Genealogie ihrer Wissenschaftlichen Mitglieder und kollegiale »Verwandtschaftsbeziehungen« geprägt, die in manchen Fällen zu einer Wissenschaftskultur führten, die an gesellschaftliche Clubs erinnert und durch ihren sozialen Zusammenhalt die Gestalt und den Verlauf des Clusters bestimmte. Die diese Netzwerke bildenden Praktiken untersuchen wir mit quantitativen und qualitativen Methoden, wobei wir die Praktiken des »Clusterns« als soziale Kräfte kennzeichnen, die sowohl zur Kohäsion der Einheiten innerhalb der Cluster als auch zu ihrer Abgrenzung nach außen beitrugen.

Zweitens, auf der epistemischen Ebene, erkennen wir Cluster als Verbünde wissenschaftlicher Teil- oder Spezialgebiete. Vor allem wissenschaftshistorische Arbeiten haben diese Ebene mit dem Begriff Disziplin thematisiert.⁴ Für den untersuchten Zeitraum sind jedoch die postdisziplinären Entwicklungen der zweiten Hälfte des 20. Jahrhunderts von ausschlaggebender Bedeutung. Wir schließen deswegen inter- und transdisziplinäre Felder ein und betonen diese sogar.⁵ In der MPG spiegelt ein Cluster die Gestalt eines wissenschaftlichen, disziplinär oder interdisziplinär organisierten Feldes, wobei diese Spiegelung nicht vollständig, sondern nur in Teilen und auch verzerrt geschieht. Die Praktiken der Auswahl bestimmter Spezialgebiete werden dabei von größtenteils dezentral organisierten Prozessen getragen. In dieser Hinsicht werden Cluster durch informelle wissenschaftspolitische Ordnungsprinzipien geformt, die sich in der MPG im Laufe ihrer Entwicklung ausgebildet haben. Diesbezügliche Entscheidungen der Wissenschaftlichen Mitglieder werden von uns erkundet, indem wir ihre Argumentation des Vergleichens und Bewertens von Alternativen bei Neugründungen von Instituten und Abteilungen sowie bei Schließungen untersuchen.

Drittens, auf der Ebene der organisatorisch-infrastrukturellen Praktiken innerhalb und außerhalb der MPG, interpretieren wir Planungsverfahren vor dem Hintergrund der Forschungspolitik und der wirtschaftlich-industriellen Interessen. Hier berücksichtigen wir auch das beträchtliche Gewicht, das eine weit ausgebaute Forschungsinfrastruktur auszeichnet, wobei diese von Instrumenten über Rechenanlagen bis zu Bibliotheken und Datenbanken reicht. In jeder dieser drei Hinsichten lassen Praktiken des Clusterns auf ein dynamisches Gleichgewicht zwischen Zentralisierungsbestrebung und Forschungsplanung der MPG-Leitung auf der einen Seite und der Selbstverwaltung und Autonomie der MPI-Direktor:innen auf der anderen Seite schließen.

Aus unserer Sicht ist es ein großer Vorteil des Clusterkonzepts, die sozialen und die epistemischen Seiten wissenschaftlicher Praktiken auf einer intermediären Ebene (der »Meso-Ebene«) zwischen dem einzelnen Labor (der Mikroebene) und der Gesellschaft als ganzer (der Makroebene) untersuchbar zu machen. Zusätzlich, zumindest gilt das für unseren Untersuchungszeitraum, sind Cluster keine Akteurskategorie, das heißt, sie hängen ganz von unserer historiografischen Expertise und Einschätzung ab. Das Clusterkonzept ist also ein »anachronistisches Konzept« (Cornelius Borck). Gerade weil es nicht auf dem administrativen Jargon der von uns untersuchten Personen beruht, erlaubt es, »unsichtbare« Strukturen aufzuspüren und damit – hoffentlich – der Gefahr zu entgehen, eine etablierte und institutionalisierte Rhetorik und Politik einfach fortzuschreiben (Jasper Kunstreich).

---

3 Ein Ungleichgewicht des Engagements der MPG ist von ihren Mitgliedern selbst festgestellt und sogar untersucht worden. Zum Beispiel hat die Leitung der Chemisch-Physikalisch-Technischen Sektion (CPTS) 1998 die relativen Anteile von Publikationen in den in ihrer Sektion betriebenen Naturwissenschaften erhoben. Physik (ca. 34 %), Chemie (ca. 19 %) und Astrophysik/Astronomie (ca. 11 %) hatten die relativ größten Anteile. Physik und Astrophysik/Astronomie waren dabei – im Vergleich zu den weltweit registrierten Anteilen (16 % bzw. 1 %) – in der MPG deutlich übergewichtet. Nur im Bereich Chemie entsprach der Anteil in etwa der weltweiten Publikationsleistung (ca. 21 %). »Zwischenbericht zum Projekt Portfolioanalyse der Chemisch-Physikalisch-Technischen Sektion«, Materialien für die Sitzung des Senatsplanungsausschusses vom 16.10.1999, AMPG, II. Abt., Rep. 60, Nr. 227.SP, fol. 163 recto.
4 Lenoir, *Instituting Science*, 1997; Nye, *From Chemical Philosophy*, 1994, 13–33; Abbott, *The System of Professions*, 1988.
5 Frodemann, *Oxford Handbook*, 2017.

2. Strukturen der Forschung

Dabei steht das Konzept des Clusters sicherlich in einer Spannung vor allem zum Harnack-Prinzip, das in der MPG immer noch sehr lebendig ist. Benannt nach dem ersten Präsidenten der KWG, Adolf v. Harnack, drückt es – pointiert formuliert – aus, dass die Institute der Gesellschaft je um eine einzige, brillante Forschungspersönlichkeit gebaut werden, die allein über die Ausrichtung des jeweiligen Instituts entscheidet.[6] Das Harnack-Prinzip wurde oft angerufen, um die Autonomie der Wissenschaft zu garantieren. Es diente auch der Absicherung etablierter Hierarchien in der MPG und dazu, sie von anderen Forschungsorganisationen abzusetzen, die als stärker abhängig von Wirtschaft und Politik gelten, wie die Universitäten oder die heutige Helmholtz-Gemeinschaft. Es ist unsere Hoffnung, mit unserer Konzeption dazu beizutragen, einen angemesseneren Blick sowohl auf das komplexe Gefüge der Akteure innerhalb der MPG als auch auf die sich verändernde Rolle und den Status der MPG im bundesdeutschen Wissenschaftssystem werfen zu können.

Für einen langen Zeitraum nach dem Zweiten Weltkrieg beanspruchten leitende Vertreter:innen der MPG erfolgreich das Terrain der Grundlagenforschung als ihr eigenes im Gefüge der deutschen Wissenschaftsorganisationen. Sie stellten Grundlagenforschung gar als ihre Raison d'Être dar. Diese Fokussierung auf Grundlagenforschung und der spezifische Status der MPG als eingetragener Verein, sicher und langfristig von der Bundesregierung und den Ländern ausgestattet, führten zu beträchtlichen Freiheitsgraden im Hinblick auf die Wahl der Forschungsthemen und Methoden. Da die MPG nicht in die Lehre involviert war und im Prinzip auch nicht an der Formierung des universitären Nachwuchses teilnahm, waren ihre Mitglieder darüber hinaus – im Prinzip – größtenteils von disziplinärem Druck und den Zwängen des Unterrichtens bestimmter Lehrinhalte befreit.

Nimmt man alle diese Faktoren zusammen, scheint die MPG den idealen organisatorischen Fall darzustellen, um Forschungsstrukturen zu untersuchen, wenn diese sich frei entfalten können bzw. zumindest nicht vorrangig durch wirtschaftliche Anwendung, politische Ziele oder disziplinäre Tradition geformt werden. Wir würden also eine »reine« Repräsentation einer Wissenschaftsorganisation erwarten, die – nicht eingezwängt durch die gerade erwähnten Faktoren – allein durch epistemische Erwägungen bestimmt wurde. Wie die folgenden Kapitel deutlich machen, gab es aber keine solche Entwicklung hin zu einer »reinen« Wissenschaftsorganisation, auch wenn die Mitglieder der MPG einen Habitus ausprägten, der es ihnen ermöglichte, epistemischen Erwägungen einen besonderen Stellenwert bei ihren Entscheidungen einzuräumen. Die Mitglieder der MPG blieben Teil der disziplinären, wirtschaftlichen und politischen Sphären. Mit unserer Untersuchung hoffen wir, die Dynamiken von Forschungsstrukturen in ihren auf sozio-epistemische Praktiken zurückgehenden Charakteristika erkennen zu können. Auf dieser Basis können wir dann die Bedeutung der politischen und wirtschaftlichen Faktoren herausarbeiten und deren Auswirkungen auf die Wahl der Forschungsrichtungen einschätzen. Gerade weil Cluster sich auf informelle Strukturen in einer Organisation beziehen, die durch große Freiheitsgrade ausgezeichnet ist und erfolgreich einen Elite-Status für sich reklamiert hat, kann unser Konzept Einblicke in die allgemeine Dynamik der Wissenschaften in der zweiten Hälfte des 20. Jahrhunderts liefern, wie Jürgen Renn sie im ersten Teil dieses Kapitels vorstellt.

Die Cluster, die wir nachfolgend vorstellen, sind in ihrer Gesamtheit nicht einheitlich, auch weisen sie über den Lauf ihrer Entwicklung oft tiefgreifende Veränderungen auf. Die MPG war immer besonders stark in den Natur- und Lebenswissenschaften engagiert; die Geistes- und Sozialwissenschaften standen zumindest quantitativ auf dem dritten Rang. Jedoch war es der Anspruch der Mitglieder der MPG, im Prinzip sämtliche Bereiche der Wissenschaften zu verfolgen. Obwohl wir für unsere Darstellung vor allem Gebiete ausgewählt haben, mit denen wir unser Clusterkonzept besonders gut entwickeln und empirisch untermauern können, streben wir danach, einen großen Teil der Forschungsgebiete der MPG abzudecken. Auch wenn wir hier keine Vollständigkeit erreichen können, möchten wir unterschiedliche wissenschaftliche Kulturen untersuchen, verschiedene Größenordnungen thematisieren und eine große Vielfalt erkennbar machen. Dabei ist uns bewusst, dass die Praktiken des Clusterns in ihren sozialen, epistemischen und organisatorisch-infrastrukturellen Dimensionen innerhalb jedes Clusters miteinander verwoben sind. Vor allem wird sich bemerkbar machen, dass Cluster inter- und transdisziplinäre Felder abbilden, das heißt, dass mit dem Auftreten von hierarchiebedingten Friktionen und Verwerfungen zu rechnen ist.[7] Die epistemische Ordnung der MPG ist immer auch das Resultat eines Kräftemessens der Cluster und ihrer Vertreter:innen gewesen. Viele der Cluster reichen in Medizin, Technik und Gesellschaftsordnung hinein. So hat sich in der MPG Grundlagenwissenschaft mit professionellen Interessen und Kräften verbunden, was ebenfalls zu beobachtbaren Friktionen führen kann. Diese Interaktionen zu erforschen und ihr

---

6 Vom Brocke und Laitko, *Harnack-Prinzip*, 1996.
7 Zu Hierarchien generell: Smith et al., Scientific Graphs, 2000.

Zusammenspiel zu analysieren kann dazu beitragen, Stabilität oder Fragilität der Cluster in der MPG und damit zu einem guten Teil auch die Stabilität oder Fragilität der MPG selbst zu erklären.

2.2 Terminologie und Methodologie des Clusterkonzepts

In unserer Terminologie gelten Cluster als von uns in der MPG identifizierte Häufungen von Forschungseinheiten, also Institute und Abteilungen, die um gemeinsam geteilte Themen und Methoden zentriert sind. Sie sind das Pendant zu den wissenschaftlichen Feldern in der nationalen und internationalen Forschung. Es ist allerdings nicht zu erwarten, dass ein Cluster eine einfache »Spiegelung« eines ganzen wissenschaftlichen Feldes darstellen würde, da die Zuordnung der Einheiten zu einem Cluster durch die institutionelle »Linse« der MPG bestimmt wird. Auf der Ebene der Organisation der MPG ordnen wir vor allem Abteilungen und weitere Forschungseinheiten einem Cluster zu. Abteilungen sind die kleinsten von uns erfassbaren Einheiten, die zusammen einen Cluster bilden; dies hängt mit unserem methodischen Vorgehen und dessen Grenzen zusammen. Vor diesem Hintergrund ist es nicht überraschend, dass Cluster nicht mit wissenschaftlichen Gemeinschaften kuhnscher Prägung identisch sein können. Kuhn selbst bezog sich auf solche Gemeinschaften, die um ein Paradigma herum entstehen.[8] Cluster sind einerseits zu amorph und andererseits zu groß, um durch eine kuhnsche wissenschaftliche Gemeinschaft beschrieben werden zu können. Wie wir argumentieren, werden Cluster durch heterogene Kräfte zusammengehalten, die von den Anforderungen eines geteilten intellektuellen Gebiets über wissenschaftspolitische Imperative bis zu sozialer Akzeptanz und technischer Anwendung der Forschungsergebnisse reichen. Dieser amorphe Charakter geht also auf die relativ schwachen epistemischen und organisatorischen Bindungen zwischen den Einheiten eines Clusters zurück und ist ein weiterer Grund, warum wir diesen Begriff gewählt haben, der durch eine Analogie zu den Naturwissenschaften geprägt wurde. In der Molekularphysik und in der Chemie gelten Cluster nicht als Einheiten, die durch starke Bindungen zwischen Atomen zusammengehalten werden, wie es in Molekülen der Fall ist, sondern zwischen den einzelnen Bestandteilen eines Clusters wirken schwache Kräfte, die vergleichsweise schwach zusammenhängende Aggregate ausbilden. Trotzdem zeichnen sich molekulare Cluster durch eine Tendenz zu Stabilität und Wachstum aus. Übertragen auf unsere Fragestellung bedeutet dies danach zu fragen, welche Formen der Entscheidungsfindung die Bildung, die Stabilisierung und das Wachstum der Forschungscluster in der MPG beeinflusst haben. Bevor wir versuchen, diese Frage zu beantworten, ist es nötig, unsere Verwendung des Begriffs Cluster von anderen, bereits eingeführten, abzugrenzen.

Im Kontext von Wissenschaft und Technik bezieht sich der Begriff Cluster auf zwei sehr unterschiedliche Phänomene: Einerseits wird er benutzt, um lokale Zusammenballungen von Forschungseinheiten und Instituten zu bezeichnen, meist verbunden mit einer Betonung von Innovation. Diese Bedeutung wurde vor allem von Forscher:innen eingeführt, die im Bereich ökonomischer Innovationsforschung arbeiten. Eine ihrer forschungsleitenden Fragestellungen ist die nach der Bedeutung der räumlichen Nähe von Forschungseinrichtungen, um die erwünschten Erfolge in technischer Innovation und Wirtschaftswachstum herbeizuführen.[9] Obwohl die MPG das Prinzip des lokalen Clusterns an einigen Orten durchaus praktiziert hat, basiert unser forschungsleitendes Prinzip des Clusters auf thematischer und methodologischer Nähe. Sämtliche von uns untersuchten Cluster zeigen ein hohes Maß an Dezentralisierung in Bezug auf ihre geografische Ansiedlung, was sicherlich auch der föderalen Struktur der Bundesrepublik Deutschland und der damit gegebenen Förderstruktur der MPG geschuldet ist. Die zweite weitverbreitete Bedeutung des Clusterbegriffs, zumindest im bundesdeutschen Kontext seit den frühen 2000er-Jahren, hängt mit der Exzellenzinitiative des Bundes zusammen, die die Konkurrenz zwischen den Universitätsstandorten forcierte und ihre Diversifizierung in Bezug auf ihre Qualität, oder »Exzellenz«, verstärkte. Wie wir noch sehen werden, ermöglichten es die Forschungscluster der MPG indirekt, andere Forschungsorganisationen auf Abstand zu halten. Da die Exzellenzinitiative weitgehend außerhalb unseres Untersuchungszeitraums liegt, lassen wir ihre Auswirkungen auf die MPG hier allerdings unberücksichtigt.[10]

Obwohl wir die vielfältigen Bedeutungen des Begriffs Cluster kennen (es wären noch mehr zu nennen) und wir uns bewusst sind, dass wir ihn im Wesentlichen aus einer

---

8 Kuhn und Hacking, *The Structure of Scientific Revolutions*, 2012. Eine soziologische Analyse von Forschungsgemeinschaften bietet Gläser, *Wissenschaftliche Produktionsgemeinschaften*, 2006. Ähnlich wie gegenüber Kuhn gilt unser Argument auch für neuere Arbeiten, darunter vor allem Ankeny und Leonelli, Repertoires, 2016.
9 Schmid, Heinze und Beck, *Strategische Wirtschaftsförderung*, 2009; Porter, Locations, 2000. Ich danke Britta Behm für diese Referenzen.
10 Siehe die Analyse von Schimank, Opportunities and Obstacles, 2014.

2. Strukturen der Forschung

Analogie heraus entwickeln, setzen wir Cluster als unser eigenes »boundary concept«[11] ein, das wir im Hinblick auf unsere Methode und deren Notwendigkeiten mit Bedeutung füllen. In dieser Hinsicht liegt der entscheidende Vorteil des Konzepts in der Möglichkeit, die epistemische Dimension wissenschaftlichen Arbeitens mit den Auswirkungen des institutionellen Umfeldes zu verbinden. Letzteres ist vorrangig durch offizielle und nichtoffizielle Organisationsstrukturen, die sozialen Akteure und deren formale und informelle Netzwerke geprägt. Verfolgt man diesen Gedankengang, trägt das Clusterkonzept zu einer neuen Institutionengeschichte in Hinsicht auf wissenschaftliche Organisationen bei, indem es die Reichweite der Institutionengeschichte um wissenschaftliche Inhalte, Methodologie und Konzepte erweitert. Cluster umfassen notwendigerweise die epistemischen, sozialen und organisatorisch-infrastrukturellen Dimensionen wissenschaftlichen Arbeitens. Unsere eigene Aufgabe ist es deswegen, diejenigen formalen und informellen Gruppen und Netzwerke zu identifizieren, die Praktiken des Clusterns innerhalb der MPG vorantrieben. Auf diese Aufgabe richten wir unsere eigene Forschungsmethode aus, die im Folgenden kurz umrissen werden soll.

Die erste unserer methodologischen Entscheidungen betrifft die Wahl bestimmter netzwerkanalytischer Verfahren. Cluster, oder Clustern, ist auch ein Begriff der Netzwerkanalyse, der Gruppen von Objekten durch ihre Ähnlichkeiten in Bezug auf bestimmte Parameter zusammenfasst. In diesem Sinne bezeichnen wir beispielsweise eine Gruppe von Instituten, die eine bestimmte Forschungsmethode einsetzen oder eine gemeinsame Fragestellung bearbeiten, als Cluster. Um die Cluster auf den drei genannten Ebenen zu untersuchen – der sozialen, der epistemischen und der organisatorisch-infrastrukturellen[12] –, haben wir im Rahmen unseres Forschungsprogramms über die Jahre mehrere Datenbanken aufgebaut, die im Anhang dieses Bandes näher erläutert werden. Darunter befinden sich eine biografische Datenbank mit Informationen zu den Berufsverläufen sämtlicher Wissenschaftlichen Mitglieder zwischen 1948 und 2002/05; eine Kommissionsdatenbank, die Angaben zu Mitgliedschaft und Dauer der Berufungs- und Planungskommissionen der MPG enthält; eine Datenbank mit Angaben zu Patenten, die durch die MPG selbst angemeldet worden sind, sowie mehrere Datensätze mit Angaben zu Publikationen. Die Analyse der so aufbereiteten Daten erlaubt es uns erstens, Aktivitätszentren der MPG zu identifizieren und in ihrem zeitlichen Verlauf zu verfolgen; zweitens, Personen (»brokers«) zu bestimmen, die als zentrale »Knoten«

in den Netzwerken fungierten; drittens, bearbeitete Forschungsthemen und eingesetzte Methoden zu erkennen sowie deren Wandel zu verfolgen. Mit Blick auf das soziale Netzwerk ist es wichtig zu betonen, dass die kleinste Organisationseinheit, die wir erfassen können, die Abteilung und damit das Wissenschaftliche Mitglied ist, meist ein Direktor bzw. eine Direktorin an einem MPI und also Leiter:in einer Abteilung, die wiederum eine Reihe wissenschaftlicher Mitarbeiter:innen, technisches Personal und Verwaltungspersonal umfasst. Oft sind die einzigen verlässlichen Informationen, die wir zusammenführen können, diejenigen über ihre MPI-Direktor:innen. Diese Einschränkung kann durch die Budgethoheit gerechtfertigt werden, über die die MPI-Direktor:innen verfügen, führt aber zu zahlreichen »weißen Flecken« in unserer Datenerfassung und kann sogar – von uns unbeabsichtigt – zu einer Verstärkung offiziell existierender Hierarchien und Leitlinien führen, darunter das genannte Harnack-Prinzip, wonach ein Institut oder eine Abteilung um eine einzelne Direktorin oder einen einzelnen Direktor gegründet wird, der bzw. die die Einheit in einer Top-down-Hierarchie führt. Im Folgenden werden wir versuchen, dieser von uns nicht beabsichtigten Tendenz entgegenzuwirken, aber wir wollen die potenzielle Interpretation einer auf einzelne Personen ausgerichteten Forschungsorganisation, die unsere Datenlage mit sich bringt und durch diese verstärkt werden kann, hier zumindest ansprechen.

Die soziale Ebene der von uns untersuchten Netzwerke ist – mit den genannten Einschränkungen – relativ direkt zugänglich und bildet somit eine wichtige Grundlage für unser weiteres Vorgehen. Natürlich sind die so erhobenen Daten begrenzt und bedürfen der Ergänzung und Erweiterung durch weitere Quellenarten und deren qualitative Interpretation. Dafür stehen sehr umfangreiche, in weiten Teilen digitalisierte Quellenbestände vor allem aus dem Archiv zur Geschichte der MPG zur Verfügung, aber auch aus dem Bundesarchiv und Archiven der Länder, die in den einzelnen Kapiteln erläutert werden. Wir identifizieren mit ihnen Kerngebiete der Forschung der MPI und verfolgen ihre Entwicklung inner- und außerhalb der MPG. Diese epistemische Ebene kommt dem nahe, was wir als Forschungsprogramm bezeichnen können, ohne dabei eine bestimmte wissenschaftsphilosophische Prägung dieses Begriffs verfolgen zu wollen. Da die epistemischen Praktiken des Clusterns Forschungsabteilungen zueinander in Beziehung setzen, suchen wir nach Argumentationslinien, die zu einem bestimmten Muster von einzelnen Spezialgebieten, die miteinander einen Cluster bildeten, geführt haben. Was waren ihre Beziehungen, wie

---

11 Löwy, The Strength of Loose Concepts, 1992.
12 Siehe dazu die sehr hilfreiche Einführung von Wintergrün et al., *Netzwerke als Wissensspeicher,* 2015.

verhielten sie sich zu der Struktur eines wissenschaftlichen Feldes auf internationaler Ebene? Verglichen sich Wissenschaftliche Mitglieder der MPG mit anderen Forschungsorganisationen, folgten sie nationalen bzw. internationalen Trends oder setzten sie diese? Wie wurden Lücken oder Häufungen erkannt und wie wurden sie behandelt?

Die organisatorisch-infrastrukturelle Ebene der Netzwerke ist die dritte grundlegende Dimension, die wir analytisch ansprechen, indem wir Forschungspolitik mit wissenschaftlicher Infrastruktur in Beziehung setzen. Während unseres Untersuchungszeitraums gab es verschiedene Ansätze einer expliziten Forschungsplanung, inner- wie außerhalb der MPG. Dies bezog sich auf Themen und Methodologie der Forschung ebenso wie auf ihre Ziele und Anwendungen, zum Beispiel die Aufteilung in Grundlagenforschung und angewandte Forschung ab den 1960er-Jahren.[13] Selbstverständlich waren MPI-Direktor:innen und die Generalverwaltung der MPG von dieser Entwicklung beeinflusst (und suchten wiederum selbst, diese zu beeinflussen). Für Planungsanstrengungen gibt es eine Reihe von Gründen, die von fiskalischer Aufsicht über Öffentlichkeitsarbeit bis zur Zentralisierung der Verwaltung reichen können. Mit der Notwendigkeit, auf externe Konkurrenz und politischen Druck zu reagieren, argumentierte das Leitungspersonal der MPG am häufigsten und deutlichsten, wenn es um die Einführung einer Forschungsplanung ging. Allen Anstrengungen der Planung und Lenkung standen aber immer auch die dezentrale Struktur der MPG, die unabhängige Stellung der MPI und der drei wissenschaftlichen Sektionen entgegen. Was die wissenschaftliche Infrastruktur betrifft, so bestand sie im Wesentlichen in den Forschungsbauten, Bibliotheken, Datenbanken und Rechenzentren sowie den Forschungstechnologien; auch Notationssysteme und Kommunikationsplattformen gehören zu dieser Kategorie. Während des gesamten Untersuchungszeitraums von 1949 bis 2002/2005 kümmerte sich die MPG eingehend um Aufbau und Erhalt ihrer Forschungsinfrastruktur, manchmal selbstständig, manchmal in Kooperation mit externen Partnerorganisationen. Diese ist wohl die am stärksten formalisierte Ebene der Netzwerke, da die Infrastruktur immer umfangreicher Ressourcen bedurfte und damit auch die Generalverwaltung sich häufig ihrer annahm. In diesem Zusammenhang untersuchen wir die Bildung von Organisationsstrukturen, die als infrastrukturelle Kerne der Forschungscluster angesehen werden können.

Nur im Zusammenspiel aller drei Netzwerkdimensionen, der sozialen, der epistemischen sowie der organisatorisch-infrastrukturellen, kann ein Gesamtbild entstehen. In unseren Analysen arbeiten wir dabei immer wieder bestimmte Indikatoren heraus, die es uns erlauben, bestimmte Praktiken im Hinblick auf die Dynamiken der Cluster zu identifizieren. Der erste Indikator (von fünf) ist Koordination. Mit diesem Begriff erfassen wir formalisierte Planungsverfahren auf allen Ebenen der Verwaltung ebenso wie informelle Abstimmungsprozesse zwischen den beteiligten Akteuren. Das Organisationsumfeld der MPG hat steile Hierarchien zwischen den einzelnen Funktionsgruppierungen (zum Beispiel zwischen der Gruppe der Direktor:innen und der Gruppe der wissenschaftlichen Mitarbeiter:innen) und flache Hierarchien innerhalb dieser Gruppen ausgebildet. Abstimmungsprozesse zwischen relativ gleichrangigen Akteuren lassen auf lange Entscheidungszeiten, die Notwendigkeit zur Konsensfindung und einen sich daraus ergebenden Hang zum Konservatismus schließen.

Unser zweiter Indikator ist Kooperation, wobei wir hier auf die Forschungspraxis fokussieren. Kooperation kann in manchen Fällen zu wirklicher Zusammenarbeit, zur Kollaboration führen und wird in der Regel als Gegenbild zur Konkurrenz verstanden, die unseren dritten Indikator darstellt.[14] Wir sind an dem Zusammenspiel von Kooperation und Konkurrenz interessiert und gehen der Frage nach, wie dieses Zusammenspiel die Forschungsdynamik der MPG beeinflusste. Konkurrenz, so unsere Erwartung, entsteht auf allen Ebenen epistemischer und sozialer Zusammenarbeit, reicht von personaler und Gruppenkonkurrenz innerhalb der Cluster zu Konkurrenz zwischen Clustern, zum Beispiel um wissenschaftliche Dominanz, auch in der Wahrnehmung in der Öffentlichkeit, sowie natürlich um Ressourcen innerhalb und außerhalb der MPG.

Der vierte Indikator, Komplementarität, beruht auf der von uns konstatierten Tatsache, dass Cluster relativ lose Aggregate sind, die große, heterogene Themengebiete umfassen und umfangreiche Ressourcen in Anspruch nehmen. In dieser Hinsicht könnte es eine formale oder informelle Strategie sowohl einzelner Direktor:innen als auch der Leitung der MPG gewesen sein, direkte Konkurrenz (und damit auch Doppelarbeit) zu vermeiden und Synergien im Bereich unterschiedlicher Expertise herzustellen. Ein auf Komplementarität abzielendes wissenschaftliches Umfeld unterstützt damit die Ausbildung einer wissenschaftlichen Kultur, die auf einer auf Distanz gestellten Kooperation beruht, oft in interdisziplinärer Weise. Den fünften Indikator, Komplettierung, können wir vor allem in der Langzeitperspektive beobachten.

---

13 Lax, *Das »lineare Modell der Innovation«*, 2015.
14 Nickelsen und Krämer, Introduction, 2016.

2. Strukturen der Forschung

Dies bezieht sich auf Leerstellen in Expertise und Forschungsausrichtung verglichen mit dem internationalen Stand, den technischen Gegebenheiten und den epistemischen Gelegenheiten. Ob diese Leerstellen als Lücken angesehen wurden, die es zu füllen galt, oder als Bereiche, die offen gehalten werden konnten, hängt von dem jeweiligen Fall ab.

Wir sind uns des informellen Status der Cluster innerhalb der Organisation der MPG bewusst und setzen den Begriff sowohl als historiografisches Ordnungsmittel als auch als heuristisches Instrument ein. Darüber hinaus haben wir empirische Belege gefunden, die auf den Realcharakter der Cluster schließen lassen. Indem wir ihre Konturen nachzeichnen, richtet sich unser Augenmerk nicht nur auf die Strukturen der Forschung der MPG, sondern auch und vor allem auf die Praktiken der zeitgenössischen Akteure. Koordination, Kooperation, Konkurrenz, Komplementarität und Komplettierung (die »fünf K«) dienen uns dabei als Indikatoren für Aktivitäten und Prozesse, die zur Bildung und Veränderung der Cluster führten. Die Zusammenschau all ihrer Dimensionen ermöglicht es uns, die Dynamiken der Forschungscluster in der MPG zu erfassen und zu verstehen.

2.3 Die Forschungsstruktur der MPG in ihrem zeitlichen Verlauf: Ein Überblick

Die Anfänge der MPG in den späten 1940er- und frühen 1950er-Jahren waren entscheidend durch ihre Vorläuferorganisation geprägt, die Kaiser-Wilhelm-Gesellschaft. Bereits ein kurzer Blick auf deren Geschichte offenbart eine starke Emphase der Zusammenarbeit mit Industrie und Politik. Ein Amalgam von akademischen, industriellen und politischen Eliten formte die KWG offen und direkt – seit ihrer Gründung im Jahr 1911, durch Weimarer Republik und Nationalsozialismus hindurch. Während des Nationalsozialismus, vor allem im Zweiten Weltkrieg, war an Kaiser-Wilhelm-Instituten betriebene Forschung entscheidend für die Aufrüstung und beteiligt an der Durchführung der rassenpolitischen Ziele des NS, einschließlich des Holocaust. Auf den ersten Blick ist zu erkennen, dass die folgenden Felder eine ausreichende Kohäsion aufweisen, um bereits während der KWG-Zeit als Cluster bezeichnet zu werden: Kernforschung (v.a. Kernphysik und Nuklearchemie), Landwirtschaftswissenschaften und -techniken sowie die Materialforschung.[15] Diese Felder wurden tiefgreifend von der auf Rüstung und Autarkie ausgerichteten Politik geprägt und durch Versuche zusammengeführt, ein System der sogenannten Gemeinschaftsforschung auszubilden.[16] Auch innerhalb der biomedizinischen Gebiete sind strategische, strukturierende Aktivitäten zu erkennen,[17] ebenso wie wir in den Luftfahrtwissenschaften eine frühe, durch Rüstungsanstrengungen geprägte Ausformung der Großforschung sehen.[18] Allerdings waren in der KWG die meisten Forschungsaktivitäten an einzelnen, thematisch getrennten Instituten angesiedelt, die ihre je eigenen Entwicklungspfade zeigten.

Als Mitte der 1950er-Jahre, nach der Gründung der MPG aus der Substanz der KWG, die Neuformierung abgeschlossen war, repräsentierte die »neue« MPG die »alte« KWG, wie es ihr zweiter Präsident, der Biochemiker Adolf Butenandt, einmal ausdrückte.[19] Die in der Endphase des Zweiten Weltkriegs vollzogene Verlagerung vieler KWI in den Westen Deutschlands stellte zwar eine geografische und schließlich auch politische Verschiebung dar, bedeutete aber zunächst nicht, dass die MPI auch neue intellektuelle Räume betraten. Fast alle der etwa 40 KWI wurden in die MPG übernommen, ein Prozess, der erst zu Beginn der 1950er-Jahre abgeschlossen war. Während dieser Zeit wurden viele der bisherigen wissenschaftlichen Tätigkeitsbereiche fortgeführt, wenn auch unter stark veränderten politischen und wirtschaftlichen Rahmenbedingungen. Die beiden größten Cluster in den 1950er-Jahren waren die Landwirtschaftswissenschaften mit neun Instituten und die Materialforschung mit drei Instituten (1934 war das vierte den Materialwissenschaften zuzurechnende Institut, das KWI für Faserstoffchemie, aufgrund der rassistischen und antisemitischen Politik geschlossen und sein Direktor, Reginald Oliver Herzog, entlassen worden). Beide Cluster waren nach dem Krieg ohne substanzielle Veränderungen in Bezug auf die sie konstituierenden Institute und Abteilungen übernommen worden. Während die Landwirtschaftswissenschaften ein Konglomerat von relativ schwach zusammenhängenden Instituten darstellten, die vor allem durch wirtschaftliche und politische Interessen zusammengeführt worden waren, wies die Materialforschung einen epistemischen Kern sowie eine vereinheitlichende Methodologie auf und wurde von einem homogenen Industriezweig, der Montan- und Metallindustrie, gefördert.

---

15 Walker, *German National Socialism*, 1989; Heim, *Kalorien*, 2003; Maier, *Forschung*, 2007.
16 Maier, *Gemeinschaftsforschung*, 2007.
17 Gausemeier, *Ordnungen*, 2005.
18 Trischler, *Luft- und Raumfahrtforschung*, 1992.
19 Butenandt, Ansprache, 1972, 32–33.

Die anderen Gebiete, darunter vor allem Kern- und Luftfahrtforschung, waren aufgrund der von den Alliierten verhängten Forschungsverbote in ihren Aktivitäten stark beeinträchtigt, passten sich an die Situation aber an und konnten so fortbestehen. In den biochemischen und biomedizinischen Gebieten überstanden kleinere Forschungsstrukturen die Umbruchszeit und bildeten eine wesentliche Säule für den Aufbau der MPG, darunter beispielsweise die Biochemie und -physik sowie die Virus- und die Hirnforschung. Neben diesen Kerngebieten fand sich eine Vielzahl einzelner Institute und Forschungsstellen. Die frühe MPG wies daher, genau wie die späte KWG, zwar einige Forschungsstrukturen auf, die wir als Cluster bezeichnen können, aber diese repräsentierten keineswegs die Mehrzahl ihrer Forschungsgebiete. Die von uns identifizierten Häufungen waren auf die Bedürfnisse und Interessen der Landwirtschaft und der Metallindustrie ausgerichtet. Als sich in den späten 1950er-Jahren abzeichnete, dass ein Cluster in der Kernforschung entstehen würde, wurde er vor dem Hintergrund des Kalten Krieges durch die Interessen des Bundes, hier in Bündnis- und Energiefragen, bestimmt.

In den späten 1950er- und frühen 1960er-Jahren waren die meisten MPI also noch in den Gebieten aktiv, die sie von der KWG übernommen hatten, und bauten diese teilweise sogar aus. Bald nach der Konsolidierungsphase fand allerdings unter Orchestrierung des Präsidiums ein Prozess der Erneuerung und Reform statt, der durch das ständige Wachstum der Fördermittel, vor allem des Bundes, erleichtert und verstärkt wurde.[20] Bei alldem wies die MPG gut erkennbare Muster der Schwerpunktsetzung um thematische Felder herum auf und verstärkte diese Anstrengungen noch. Im Juni 1966 brachte dies Werner Heisenberg, damals Vizepräsident der MPG, auf die Formel, die MPG sei »eine Institution zur Bildung von Schwerpunkten« und habe dort gefördert, wo es »notwendig« gewesen sei.[21] Hintergrund für diese Äußerung war nicht nur die Konkurrenz zur Deutschen Forschungsgemeinschaft (DFG), die gerade Sonderforschungsbereiche gegründet hatte, sondern waren auch strategische Bemühungen des Verwaltungsrats der MPG und vieler Wissenschaftlicher Mitglieder, die Forschungsinfrastruktur der MPG zu modernisieren und darüber hinaus sich auch in neuen, vielversprechenden Forschungsfeldern zu engagieren, die allerdings erhebliche Investitionen erforderten.

Mitte der 1970er-Jahre sah die »wissenschaftliche Landkarte« der MPG dann auch schon sehr anders aus als 20 Jahre zuvor. Nachdem sie in den 1950er- und frühen 1960er-Jahren eine Art zweite Blütezeit erlebt hatten und vollständig wiederaufgebaut worden waren, wurden die Landwirtschaftswissenschaften aufgrund veränderter sozialer Bedürfnisse (unter anderem den Verschiebungen in der Ernährungspolitik), aber auch interner Konflikte bis Mitte der 1970er-Jahre fast vollkommen abgewickelt. Nahezu alle landwirtschaftswissenschaftlichen MPI wurden geschlossen oder von anderen Trägern übernommen; nur eines blieb bestehen und sollte später die Grundlage der heutigen Aktivitäten der MPG in der Pflanzengentechnik bilden.

Die Materialforschung wiederum erfuhr eine tiefgreifende Umorientierung, ausgelöst durch die Gründung eines neuen Instituts für Festkörperforschung in Stuttgart. Diese Umorientierung beruhte auf dem Konzept einer neuen Material- und Oberflächenforschung, schloss neben Metallen nun auch andere Materialien mit ein, darunter Keramiken und Halbleiter. Viele MPI des auf KWG-Zeiten zurückgehenden Clusters der Materialforschung wurden im Laufe von etwa 15 Jahren so umgebaut, dass sie in den Cluster der neuen Materialwissenschaften passten. Der Cluster für Kernforschung dagegen stellte nur ein Übergangsphänomen dar, da die MPG nie in der Lage war, ausreichende Ressourcen für dieses Feld zu akquirieren. In der frühen Bundesrepublik war es der neue Forschungstypus der Großforschung mit den dazugehörigen Instituten, der dieses Feld prägen und schließlich zur heutigen Helmholtz-Gemeinschaft führen sollte.

Innerhalb der MPG entwickelten sich aus der eigentlichen Kern- oder Atomforschung aber mehrere neue, wichtige Tätigkeitsfelder, die den Fortgang der MPG entscheidend prägten. Zunächst ist hier die Hochenergiephysik zu nennen. Sie führte die Traditionen der KWI für Physik und für medizinische Forschung fort und etablierte sich als eigener Bereich, den die MPG allerdings weder national noch gar international dominieren konnte. Nationale Bedeutung und auch internationale Strahlkraft erreichte dagegen die Kernfusionsforschung, die in einem eigens eingerichteten Großforschungsinstitut, dem Institut für Plasmaphysik (IPP) vorangetrieben wurde. Aus dem IPP heraus entwickelten sich zahlreiche neuartige Spezialgebiete; gleichzeitig stellte dieses sehr große Institut Ressourcen im technischen und infrastrukturellen Bereich bereit, von denen die MPG als ganze profitierte. Aus derselben wissenschaftlichen Fachrichtung, die auch das IPP begründete, der Plasmaphysik, entwickelte sich schließlich ein sehr großes und für die MPG gänzlich neuartiges Forschungsfeld, das Astrophysik, Astronomie und Weltraumforschung umfasste. Schon Mitte der 1970er-Jahre war in diesem Feld, das die MPG zwei Jahrzehnte zuvor noch gar

---

20 Balcar, *Wandel*, 2020.
21 Protokoll der 70. Sitzung des Verwaltungsrates vom 20.6.1966, AMPG, II. Abt., Rep. 61, Nr. 70.VP, fol. 116.

2. Strukturen der Forschung

nicht bearbeitet hatte, ein großer Cluster entstanden, der das ganze Spektrum der Beobachtungswellenlängen abdeckte, die deutsche »Szene« dominierte und die europäische Weltraumforschung entscheidend mitprägte.

Zur gleichen Zeit entstand mit den Erdsystemwissenschaften, die in der MPG zunächst mit einer einzigen Abteilung am Mainzer MPI für Chemie Fuß gefasst hatten und 1975 mit der Gründung des MPI für Meteorologie in Hamburg ausgebaut wurden, ebenfalls ein völlig neuartiges Forschungsfeld, das, obwohl recht klein, wegen seiner Fokussierung auf die Umweltpolitik schnell die politische und öffentliche Aufmerksamkeit auf sich zog.

Diese meist in der CPTS angesiedelten Forschungscluster spiegeln die interdisziplinäre Entwicklung der zweiten Hälfte des 20. Jahrhunderts wider. Dagegen hatten es klassisch disziplinär organisierte Bereiche schwerer, die in der MPG durchaus vertreten waren. An erster Stelle ist hier die Chemie zu nennen, eine Disziplin, die in diesem Zeitraum umwälzende methodologische Veränderungen erfuhr, aber weiterhin mit der Industrie konstitutiv verflochten blieb.[22] In der MPG war klassische, auch technisch-industriell wichtige chemische Forschung nicht am, wie es sein Name vermuten ließe, MPI für Chemie angesiedelt, sondern vor allem am MPI für Kohlenforschung in Mülheim/Ruhr. Dieses auf ein KWI gleichen Namens zurückgehende große Institut bildet auch heute noch das Zentrum chemischer Forschung in der MPG. Seine Forschungsbereiche konzentrierten sich vor allem auf chemische Katalyse und großindustriell einsetzbare Trennungs- und Syntheseverfahren. Sehr bekannt geworden sind die Forschungen des ersten Nachkriegsdirektors Karl Ziegler zur katalytischen Synthese von Polyethylen, einem der auch mengenmäßig bedeutendsten Kunststoffe. Die innovative Leistung lag hier in der Entwicklung geeigneter Katalysatoren, wobei Ziegler und seine Mitarbeiter:innen die in den 1950er- und 1960er-Jahren international boomende metallorganische Chemie sowohl nutzten als auch vorantrieben.[23] Zieglers Nachfolger Günther Wilke und (ab 1993) Manfred Reetz vertieften die Ausrichtung des Instituts auf Katalyseforschung und erweiterten sie in den 1990er-Jahren mit Abteilungen zu homogener und heterogener Katalyse, metallorganischen Verbindungen und theoretischer Chemie.

Das MPI für Kohlenforschung ist institutionell ein Sonderfall, da es sich lange fast vollständig durch Lizenzgebühren finanzieren konnte. Auch durch seine enge Verzahnung mit der chemischen Großtechnik passte es nicht recht in den Cluster der in Teilen durchaus ähnliche Themen und Methoden verfolgenden Materialforschung. Andererseits hemmte der die Grundlagenforschung betonende Diskurs innerhalb der MPG wohl auch eine über dieses einzelne MPI hinausgehende Entwicklung der Chemie. Dabei war die globale Entfaltung der Chemie in der zweiten Hälfte des 20. Jahrhunderts gerade durch ihre Heterogenität und ihr Aufgehen in benachbarten Forschungsfeldern gekennzeichnet, neben den Materialwissenschaften waren das vor allem die Lebenswissenschaften. In der MPG war die »chemische Linie« in den molekularen Lebenswissenschaften sogar besonders stark ausgeprägt.

Die Abwicklung der Landwirtschaftswissenschaften hatte Ressourcen freigesetzt, die eine völlige Umgestaltung der Lebenswissenschaften vorantreiben konnten. In den 1960er-Jahren befanden sich Biologie und Biomedizin inmitten der durch die Molekularbiologie ausgelösten Neuaufstellung ihrer Forschungsobjekte und Methoden, die neue Verbindungslinien innerhalb der Biologie, aber auch zur Chemie und Physik hin aufzeigten. Die MPG errichtete große Institute in Göttingen, Heidelberg und München, die als Zentren dienen sollten, um die notwendige Infrastruktur bereitzustellen und die Verbindung zu den dortigen Universitätskliniken zu schaffen. In diesem Prozess erhielt auch die Hirnforschung eine ganz neue Bedeutung, die in der KWG-Zeit noch eines der kleineren Forschungsgebiete gewesen war. Beflügelt durch die Expansion der MPG in den 1960er-Jahren, entfaltete es sich zu einem eigenen Cluster, der die Verhaltens-, Neuro- und Kognitionswissenschaften umfasste.

Molekularisierung, die Fokussierung auf die Neurowissenschaften sowie das Ausgreifen in die Biomedizin verstärkten sich gegenseitig. Obwohl dies alles neuartige, zeitgemäße Gebiete waren, die eine beträchtliche Modernisierung der MPG darstellten, versäumten es die Vertreter:innen der MPG, sich dauerhaft und in ausreichender Größenordnung in der klinischen Forschung zu etablieren. Die klinische medizinische Forschung blieb ein Fremdkörper in der MPG, nicht zuletzt wegen der kontrastierenden Stile der laborbasierten Molekularbiologie und der klinikbasierten Medizin.

Zu Beginn der 1970er-Jahre beanspruchten die Natur- und die Lebenswissenschaften etwa 90 Prozent der in der MPG verfügbaren finanziellen Ressourcen.[24] Sie

---

22 Reinhardt, *Shifting*, 2006; Reinhardt, Name, 2018; Reinhardt, Culture and Science, 2021.
23 Siehe beispielhaft Ziegler, Metallorganische Verbindungen, 1958; Ziegler, Bauen, 1964; Wilke, Ringsysteme, 1967; Rasch, Mülheim, 2010; Herbst, Interview Wilke, 2010.
24 Siehe die Angaben für 1972 in »Anlage 1, Förderung der einzelnen Forschungsbereiche in der Max-Planck-Gesellschaft«. Auf die Naturwissenschaften entfielen 56,2 % der Betriebsausgaben und 55,2 % der Personalausgaben (Planstellen); auf die Lebenswissenschaften

wurden durch die Sektion für Chemisch-Physikalisch-Technische Wissenschaften (CPTS) und die Sektion für Biologische und Medizinische Wissenschaften (BMS) im Wissenschaftlichen Rat der MPG repräsentiert. Die dritte, kleinste, Sektion war die der Geisteswissenschaften (GWS), die die anfangs noch wenigen Institute der Geschichts- und Rechtswissenschaften versammelte. In den 1960er- und 1970er-Jahren vollzogen sich in der GWS zwar im Vergleich zu den Naturwissenschaften eher kleinteilige, aber dennoch erstaunliche, die MPG stark prägende Entwicklungen. Die Rechtswissenschaften expandierten von zwei auf fünf Institute und legten damit den Grundstein für einen Cluster, der heute etwa 40 Prozent dieser Sektion ausmacht.

Diese Ausdehnung der Geisteswissenschaften, die in den frühen 1960er-Jahren stattfand, bildete auch den Hintergrund einer zwischen der MPG und den Ländern ausgetragenen Debatte, ob die Geisteswissenschaften überhaupt in die MPG gehörten. Die Leitungsebene der MPG versicherte ein ums andere Mal, dass sie im Prinzip das komplette Spektrum der Wissenschaften abdecken wolle, was eben Geistes- und Sozialwissenschaften einschloss. Neben den expandierenden Rechtswissenschaften, die Strukturen aufbauten, die wir als Cluster analysieren, waren mit dem neu eingerichteten MPI für Geschichte und der von der KWG übernommenen Bibliotheca Hertziana in Rom die Geschichtswissenschaften und die Kunstgeschichte in der MPG etabliert. Hinzu kamen in den 1960er-Jahren mit dem MPI für Bildungsforschung in Berlin und dem MPI zur Erforschung der Lebensbedingungen der wissenschaftlich-technischen Welt in Starnberg zwei gänzlich neue Gebiete, die besondere Akzente setzten. Ersteres war um Hellmut Becker herum zunächst ein Zentrum für viele Facetten der Bildungsforschung, Letzteres wollte mit Carl-Friedrich von Weizsäcker und Jürgen Habermas in einer multidisziplinären Perspektive die Folgen moderner Wissenschaft und Technik für die Gesellschaft erforschen. Mit diesen beiden Neugründungen (die im Übrigen aus einem Kreis von Wissenschaftlern initiiert wurden, die fast sämtlich seit der KWG-Zeit miteinander befreundet waren) wollte die MPG die sozialen Folgen und Bedingungen wissenschaftlicher Forschung und Lehre mit dem Instrumentarium der Geistes- und Sozialwissenschaften untersuchen. Das Kölner Institut für Gesellschaftsforschung konzentrierte sich seit 1984 stärker auf die empirische Erforschung von sozialem Wandel und die Analyse der Möglichkeiten seiner politischen Steuerung.

Insgesamt gesehen blieben in der MPG trotz aller Clusterbildung die Natur-, die Lebens- und die Geistes- und Sozialwissenschaften weitgehend in ihre drei Sektionen getrennte Wissenschaftskulturen, die nur wenige Berührungspunkte kannten. Die lange Zeit einzige, wichtige Ausnahme war das von Manfred Eigen mitgegründete MPI für biophysikalische Chemie in Göttingen, das die BMS und die CPTS miteinander verband. Auch in dem Cluster der Verhaltens-, Neuro- und Kognitionswissenschaften erkennen wir schon früh Anzeichen interdisziplinärer Zusammenarbeit über alle drei Sektionen hinweg, die sich aber erst in den 1980er- und 1990er-Jahren beträchtlich intensivieren sollte.

Der interdisziplinäre Charakter der Cluster in den 1970er-Jahren unterschied sich von dem der 1950er-Jahre grundlegend. In den 1950ern garantierten, wie erwähnt, die Anwendungsaspekte und die politischen Dimensionen wissenschaftlicher Forschung die Stabilisierung der Cluster der Landwirtschaftswissenschaften und der Materialforschung. In den folgenden Kapiteln werden wir der Frage nachgehen, inwieweit auch epistemische Abwägungen die Reichweite und Konstitution der Cluster beeinflussten, vielleicht sogar bestimmten. Obwohl es weiterhin Institute gab, die einen klaren Anwendungsbezug aufwiesen, darunter das genannte MPI für Kohlenforschung in Mülheim/Ruhr und auch das MPI für Eisenforschung in Düsseldorf, war die Betonung der Grundlagenforschung in der Ausformung der Cluster der 1970er-Jahre sehr viel stärker ausgeprägt. Aber alle Gebiete, die wir Clustern zuordnen können, waren voller Anwendungsmöglichkeiten. Dies gilt für die molekularen Lebenswissenschaften ebenso wie für die Materialwissenschaften und war vielleicht am stärksten ausgeprägt in den Rechtswissenschaften mit ihrer Betonung der Beratung bei Gesetzgebungsverfahren. Wir werden daher versuchen, diese Beobachtungen zu verifizieren, indem wir in den einzelnen Kapiteln epistemische Prägungskräfte der Cluster untersuchen werden.

Wir schätzen, dass die neun Cluster, die wir bis in die 1970er-Jahre identifizieren können (Landwirtschaftswissenschaften; Astrophysik, Astronomie und Weltraumforschung; Kernforschung; Erdsystemwissenschaften; biomolekulare Wissenschaften; Verhaltens-, Neuro- und Kognitionswissenschaften; Rechtswissenschaften; die »alte« an Konstruktionswerkstoffen orientierte Materialforschung; die »modernen« Festkörper- und Oberflächenwissenschaften) – zusammen knapp zwei Drittel der

37,2 und 34,3 % und auf die Geistes- und Sozialwissenschaften 6,6 und 10,5 %. Siehe 1. Sitzung des Senatsausschusses für Forschungspolitik und Forschungsplanung am 15.5.1973, AMPG, II. Abt., Rep. 60, Nr. 197, fol. 63. Teilweise veröffentlicht und um einen Vergleich mit der Situation 1960 ergänzt in Lüst, MPG heute, 1974.

2. Strukturen der Forschung

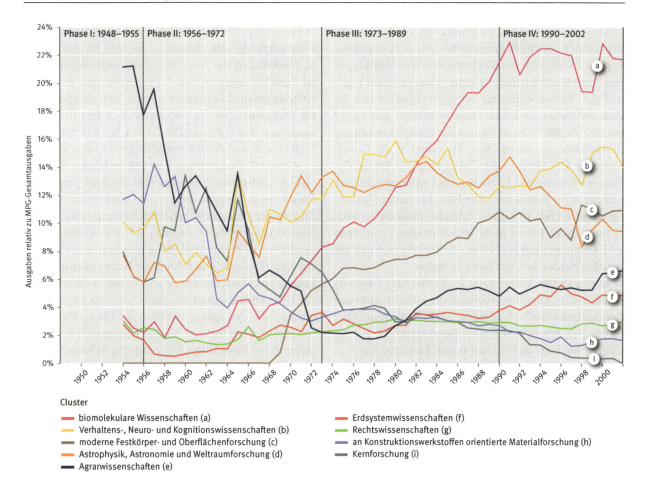

Abb. 7: Zeitliche Entwicklung der Ausgaben von Clustern in der Max-Planck-Gesellschaft. Die Zuordnung der MPI zu den entsprechenden Clustern erfolgte auf Grundlage der einzelnen Cluster-Studien in Kapitel III (Astro-, Material-, und Rechtswissenschaften) bzw. der einzelnen MPI-Abteilungen aufgrund des forschungsbezogenen Taggings der WM (Kern-, Erdsystemforschung, Agrar-, biomolekulare Wissenschaften und VNK). – Quellen: Haushaltspläne der MPI, Rechnungsabschlüsse der MPG und Biografische Datenbank des Forschungsprogramms GMPG; Statistik: Robert Egel; doi.org/10.25625/LCKMTB. Zur Methode siehe unten, Anhang 5.5.

finanziellen Ressourcen in der MPG verbrauchten (siehe Abb. 7).

Die Mehrzahl der MPI und ihrer Abteilungen in der Mitte der 1970er-Jahre kann von uns Clustern zugerechnet werden, selbst wenn kleinere Gebiete und einzelne Institute erfolgreich substanzielle Ressourcen beanspruchten und die MPG Vorhaben auf Gebieten startete, die wir nicht mit Clustern in Zusammenhang bringen. Sechs der neun von uns identifizierten Cluster reichen in die Zeit der KWG zurück, auch wenn die damaligen Anfänge sehr bescheiden gewesen sein mögen. Drei von ihnen wurden größtenteils aufgegeben: die Landwirtschaftswissenschaften, die Kernforschung und die alte Form der Materialwissenschaften. In den folgenden Kapiteln werden wir solchen Pfadabhängigkeiten und ihren Brüchen Aufmerksamkeit schenken.

In den Jahren von 1955 bis 1972 ist allerdings nicht nur die Debatte um Kontinuität und Diskontinuität bedeutsam; vielmehr ist diese Periode durch eine Änderung der Größenordnung geprägt: Der Jahresetat der MPG stieg in diesem Zeitraum auf das Zehnfache, der Personalstand um den Faktor vier. Ein großer Teil des Wachstums fand in den Instituten statt, deren Zahl sich von 1955 bis 1972 von 38 auf 54 erhöhte, und – so werden wir argumentieren – innerhalb der Cluster. Natürlich war dieses Wachstum nicht auf die MPG beschränkt, die Universitäten und die DFG wiesen ebenfalls hohe Wachstumsraten auf. Während die MPG relativ klein blieb, steigerte sie ihren Anteil am deutschen Wissenschaftssystem moderat.[25]

Ein entscheidendes Moment des Wandels war die graduelle Einführung des kollegialen Leitungsprinzips. Waren bis in die 1960er-Jahre hinein MPI in der Regel noch

---

25 Balcar, *Wandel*, 2020.

von einem einzigen Direktor geleitet worden, der die volle Etathoheit besaß, stand ihnen in den 1970er-Jahren in der Regel ein Kollegium aus Direktor:innen von Abteilungen vor, deren Geschäftsführung unter ihnen in einem regelmäßigen Turnus wechselte. Damit vervielfachte sich die Zahl der verantwortlichen Direktor:innen – von ca. 40 auf 200 bis 300.[26] Dieses System der kollegialen Leitung führte letzten Endes zu einer Änderung in der Governance der MPI, die auch die Cluster tangierte. Da die Zusammenführung von Etathoheit und wissenschaftlicher Leitung in der Person eines Direktors bzw. einer Direktorin erhalten blieb, sich deren Zahl aber mehr als verfünffachte, wurden immer mehr zeitaufwendige Beratungen und Abstimmungen zur Norm: Cluster beruhten nun auf sozialen Netzwerken von Direktor:innen.

In den 1990er-Jahren, nach der Vereinigung Deutschlands, und im Zuge der Expansion der MPG in die neuen Bundesländer, wuchs die Zahl der MPI von ca. 55 auf über 80 an. Die bereits in der alten Bundesrepublik aktiven Cluster wuchsen auch in den neuen Ländern, meistens durch dortige Institutsgründungen, so im Fall der Astrophysik in Potsdam und des IPP in Greifswald; der Materialwissenschaften mit einem Institut in Halle, zwei in Dresden und einem weiteren in Potsdam; der Erdsystemforschung in Jena. Die molekularen Lebenswissenschaften, nun in der Ära der Gentechnik, erhielten weitere Institute in Dresden, Potsdam und Jena; die Verhaltens-, Neuro- und Kognitionswissenschaften eines in Leipzig. Die Rechtswissenschaften bekamen mit dem MPI zur Erforschung von Wirtschaftssystemen in Jena »nur« eine Ergänzung, die allerdings nicht von Dauer war. Das Feld der Laser- und Lichtforschung, das sich aus dem IPP und in Anlehnung an einige weitere Institute bereits ab den 1970ern ausformte, kam mit zwei Instituten in der alten Bundesrepublik zum Zuge, allerdings erst nach dem Ende unseres Untersuchungszeitraums. Erkennbar ist in den 1990er-Jahren also eine Tendenz zur Ausdehnung bestehender Forschungscluster.

Einen Sonderfall bildet die Mathematik, die bis 1980 in der MPG gar nicht vertreten gewesen war, als in Bonn nach jahrzehntelangen internen Beratungen das MPI für Mathematik gegründet wurde. Dieses Institut entstand im Anschluss an den an der Universität Bonn angesiedelten DFG-Sonderforschungsbereich »Theoretische Mathematik« und war stark auf internationale Zusammenarbeit in Form eines Institute for Advanced Study ausgerichtet. 1988 folgte mit der Gründung des MPI für Informatik in Saarbrücken die Aufnahme einer technischen, stark an Entwicklungen in den USA angelehnten Richtung. 1996 wurde die Mathematik mit der Gründung des MPI für Mathematik in den Naturwissenschaften in Leipzig ausgebaut, wobei dieses MPI die Brücke zwischen reiner Mathematik und ihren Anwendungen schlagen sollte.[27]

Weitere Gründungen in den 1990er-Jahren, die neue Gebiete abdeckten, waren das MPI für demographische Forschung in Rostock, das mit dem seit 1980 am MPI für Bildungsforschung bestehenden Schwerpunkt der Altersforschung kooperierte, und das MPI für Wissenschaftsgeschichte in Berlin 1994. Etwa gleichzeitig entstanden auf Anthropologie und Ethnologie bezogene Institute in Leipzig und Halle, die eine Brücke zwischen der BMS und der GWS bilden sollten. Zu dieser Tendenz trugen auch die schon in den späten 1970er-und frühen 1980er-Jahren gegründeten Institute für Psycholinguistik in Nijmegen und für Psychologische Forschung in München bei (letzteres später in Verbindung mit neuropsychologischer Forschung in Leipzig). In all diesen Instituten sind es naturwissenschaftlich orientierte Konzepte und Methoden, die auf bis dahin vorrangig geisteswissenschaftliche Problemfelder angewandt werden und zu einer Annäherung zwischen den Sektionen BMS und GWS geführt haben. 2004 wurde die GWS in Geistes-, Sozial- und Humanwissenschaftliche Sektion (GSHS) umbenannt.

Das Wachstum der 1990er-Jahre unterschied sich von der Wachstumsdynamik der 1960er-Jahre in zweierlei Hinsicht: Zum einen wurden vor allem neue Institute gegründet, das Wachstum fand also im Wesentlichen außerhalb der in den alten Bundesländern bestehenden Institute statt. Dies hatte politische Gründe, war doch der Auftrag der Bundesregierung, Institute in den neuen Bundesländern zu errichten.[28] Zum anderen ist eine beachtliche Diversifizierung zu beobachten in Hinblick auf die internationale Herkunft der neuen Direktor:innen[29] sowie – wenn auch noch zögerlich – eine Berücksichtigung von Wissenschaftlerinnen bei der Vergabe von Leitungspositionen,[30] auch bei der Ernennung zu Direktorinnen. Ob und inwieweit dies Auswirkungen auf die wissenschaftliche Ausrichtung, vor allem die Clusterbildung, hatte, ist eine offene Forschungsfrage, die nur mit Untersuchungen über die Zeit nach 2005 zu klären wäre.

---

26 Scholz, *Transformationen*, in Vorbereitung und unten, Kap. IV.5.2.
27 Zum MPI für Mathematik siehe Generalverwaltung der Max-Planck-Gesellschaft, *Jahrbuch 1980*, 1980, 116–118; zum MPI für Informatik Staab, Ansprache Präsident Staab 1988, 1988, 19–20; Generalverwaltung der Max-Planck-Gesellschaft, MPI für Mathematik, 1997.
28 Ash, *MPG im Kontext*, 2020. Siehe auch oben, Kap. II.
29 Scholz, *Transformationen*, in Vorbereitung und unten, Anhang, Grafik 2.7.3.
30 Kolboske, *Hierarchien*, 2023 und unten, Anhang, Grafik 2.7.4.

2. Strukturen der Forschung

Die Zeit um die Jahrtausendwende ist von einer Verstärkung der evaluierenden und planenden Aktivitäten innerhalb der MPG geprägt gewesen. Wie schon in den frühen 1970er-Jahren kam es in der unmittelbar an eine starke Wachstumsdynamik anschließenden Phase zu Ordnungsbestrebungen, die sich zum Beispiel in dem Plan MPG 2000+ äußerten.[31] Auch wenn darin Schwerpunktsetzungen und deren Folgen explizit angesprochen wurden, kam es zu direkt auf Cluster bezogenen, formalisierten Verbünden erst nach dem Ende des Untersuchungszeitraums unserer Studie, mit der Partnerschaft Erdsystemforschung und »Max Planck Law«.[32]

Die nun folgenden Kapitel bieten Einblicke in die Entwicklung einer Vielzahl von Forschungsgebieten der MPG. Zu Beginn stehen die Landwirtschaftswissenschaften (Alexander v. Schwerin), die wie erwähnt aus der KWG in die MPG übernommen und bis in die 1960er-Jahre wieder auf- und ausgebaut wurden, bevor sie bis Mitte der 1970er-Jahre fast völlig aus der MPG verschwanden. Es folgt das Kapitel zu den Materialwissenschaften (Thomas Steinhauser), die in einer traditionellen Form ebenfalls aus der KWG in die MPG kamen und ab den 1960er-Jahren durch Initiativen außerhalb der MPG als Hochtechnologie in die modernen Material- und Oberflächenwissenschaften transformiert wurden. Im anschließenden Kapitel zur Kernforschung skizziert Thomas Steinhauser einen in der Übergangsphase der 1950er- und 1960er-Jahre eminent wichtigen Bereich, der Ressourcen sicherte und Anregungen für viele weitere Forschungslinien der MPG lieferte, aber in den 1970er-Jahren als Forschungsgebiet eigenen Rechts aufgegeben wurde. Juan-Andres Leon und Luisa Bonolis schildern den rasanten Aufstieg der Astronomie, Astrophysik und Weltraumforschung in der MPG, die seit den 1960er-Jahren einen der bedeutendsten und am besten ausgebauten Bereiche der MPG darstellen. Kapitel zur Erdsystemforschung (Gregor Lax) und zur Licht- und Laserforschung (Johannes-Geert Hagmann) beschließen die Natur- und Technikwissenschaften. Während die Erdsystemforschung ab den späten 1960er-Jahren schrittweise in der MPG eingerichtet und erweitert wurde und heute wegen ihrer Bedeutung in der Klimaforschung sicher eines der öffentlich am stärksten wahrgenommenen Forschungsfelder der MPG ist, kam die Forschung zu Licht und Laser erst relativ spät (und im kleinen Maßstab) in die MPG, war lange Zeit eher anwendungsorientiert, hat aber ganz am Ende unseres Untersuchungszeitraums eine bemerkenswerte Entwicklung in die Grundlagenforschung durchlaufen.

Mit den molekularen Lebenswissenschaften adressieren Alexander v. Schwerin und Alison Kraft einen Bereich, der innerhalb der BMS seit den 1960er-Jahren eine prägende Wirkung entfaltete und seit den 1980er-Jahren in der Ära der Gentechnik noch einmal grundlegend reformiert wurde. Als eine der wesentlichen Entwicklungslinien identifiziert Hanna Worliczek die Zellbiologie, die in der MPG eine lange Tradition hat und eine spezifische Ausprägung erfuhr. Eng verzahnt mit beiden Bereichen ist das Gebiet der Verhaltens-, Neuro- und Kognitionsforschung (Sascha Topp), das aus der seit der KWG-Zeit betriebenen Hirnforschung hervorging, mit den Konzepten und Methoden der modernen Neurowissenschaften transformiert und ausgebaut wurde und schließlich eine der wesentlichen Klammern zwischen dem biomedizinischen Feld und den Geistes- und Kognitionswissenschaften bildete. Das von Martina Schlünder verfasste Kapitel zur medizinischen Forschung thematisiert mit der klinischen Forschung einen Forschungsstil, der nicht mit der auf Laborforschung ausgerichteten Vorgehensweise der MPG harmonierte und trotz vielfältiger Versuche über den gesamten Untersuchungszeitraum hinweg nie richtig in der MPG etabliert werden konnte.

Mit den von Jasper Kunstreich analysierten Rechtswissenschaften kommen wir zum Feld der Geistes- und Sozialwissenschaften, die in der MPG zwar kontinuierlich vertreten waren, aber doch im Vergleich zu den Natur- und Lebenswissenschaften eine quantitativ nachgeordnete Bedeutung hatten und auch heterogen blieben. Beides gilt allerdings gerade nicht für die Rechtswissenschaften, die in der MPG einen bemerkenswerten Aufschwung erlebten und sich dabei auch durch eine große Geschlossenheit auszeichneten. Das von Jürgen Kocka und Beatrice Fromm verfasste Kapitel zu den Geistes- und Sozialwissenschaften, das einen Überblick über die vielfältige und heterogene Forschungslandschaft in der MPG auf diesem Gebiet gibt, vervollständigt die Darstellung der einzelnen Forschungsgebiete der MPG. Eine von Alexander von Schwerin stammende Analyse von übergreifenden Trends und Besonderheiten bei der Entwicklung der Publikationen in den Forschungsgebieten der MPG beschließt diesen Teil.

---

31 Z. B. Darstellung der Forschungsperspektiven der MPG nach Forschungsgebieten, Materialien für die Sitzung des Senatsausschusses für Forschungsplanung vom 5.11.2001, AMPG, II. Abt., Rep. 60, Nr. 238.SP, fol. 67–69. Siehe auch den von Wilhelm Krull verantworteten Bericht: Brook et al., *Forschungsförderung*, 1999.

32 Andreae et al., *Partnerschaft Erdsystemforschung*, 2006; »Max Planck Law« mit zehn MPI, siehe Max Planck Law, Startseite, https://law.mpg.de/.

3. Landwirtschaftswissenschaften

Alexander von Schwerin

Die Landwirtschaftswissenschaften spielen seit den 1980er-Jahren nur noch im Bereich der pflanzenbiologischen Forschung und als Pflanzenzüchtungsforschung eine nennenswerte Rolle in der MPG. Doch zu Spitzenzeiten hatte die MPG neun landwirtschaftliche Institute und deckte damit ein erstaunlich breites Spektrum von Disziplinen und Forschungsgebieten aus den Agrarwissenschaften ab, von denen sie sich jedoch größtenteils in einem langwierigen Prozess trennte. Mit dieser vollständigen institutionellen Reorganisation ging eine Einengung des Forschungsfokus auf das umstrittene und risikobehaftete, aber innovative Spezialgebiet der Pflanzenbiotechnologie sowie die molekulare Pflanzenbiologie einher. Die MPG folgte damit der von Politik, Saatgut- und Chemieindustrie bevorzugten Strategie, in der Züchtungsforschung auf Biotechnologie und Gentechnik zu setzen, und entschied sich damit gegen alternative Wege einer breit aufgestellten, ökologisch oder auch sozialwissenschaftlich avancierten Agrarwissenschaft. Zugleich kam darin zum Ausdruck, wie sehr Experiment, Petrischale und hoch technisierte Laborapparate im Laufe des 20. Jahrhunderts zum Signum der modernen Lebenswissenschaften geworden sind. Die Landwirtschaftswissenschaften blieben davon nicht unberührt, wie das Beispiel des landwirtschaftlichen Clusters in der MPG zeigt, aber auch nicht von Gegenbewegungen, in deren Folge vernachlässigte Disziplinen, Ideen, Fertigkeiten und Wissensbestände wie die Ökologie jüngst neue Beachtung zu finden scheinen.

Die Übersicht in Abbildung 8 veranschaulicht Umfang, Struktur und Dynamik des landwirtschaftlichen Forschungsfeldes in der MPG, von der Züchtungsforschung bis hin zur Arbeitswissenschaft, und verdeutlicht den sich über Jahrzehnte erstreckenden Fokussierungsprozess auf pflanzenbiologische Disziplinen oder, wie es im MPG-Jargon hieß: auf die »Grüne Biologie«.[1]

Die Entwicklung des Landwirtschaftsclusters folgte nicht den in Teil II beschriebenen übergreifenden Zäsuren der MPG, war aber durch gesellschaftliche Einflüsse und MPG-interne Konflikte sehr wohl von Faktoren bestimmt, die für die MPG insgesamt prägend waren. Vier dieser Faktoren sind hervorzuheben: das landwirtschaftswissenschaftliche Erbe der Kaiser-Wilhelm-Gesellschaft (KWG), die Formierung des westdeutschen Wissenschaftssystems, die Erwartungen von Wirtschaft und Politik und die Entstehung des globalisierten Forschungsmarktes. Eine spezifischere Rolle spielten das Aufkommen der Gentechnik als prägendes Einzelereignis zum einen und die Entgegensetzung klassisch biologisch-agrarwissenschaftlicher Feldforschung und einer biochemisch und molekularbiologisch geprägten Laborwissenschaft als ein durchgehender, die Lebenswissenschaften in der MPG prägender Antagonismus zum anderen.[2] Entstehung, Zusammenhalt und die lange Transformation des Agro-Clusters waren insgesamt besonders politisch geprägt und untergliedern sich in drei zum Teil überlappende Phasen:

1. bis 1960: Wiederaufbau und Konsolidierung in Kontinuität alter Landwirtschaftsnetzwerke;
2. bis 1978: Krise und systematischer Abbau im Neuordnungsprozess des bundesdeutschen Wissenschaftssystems
3. bis 2004: gentechnologische Transformation und fokussiertes Wachstum in Zeiten von Hightech-Strategien und Globalisierung.

---

[1] Die Agrargeschichte der MPG ist auf Leitungsebene von Männern bestimmt, mit zwei Ausnahmen: Elisabeth Schiemann und Käthe Seidel waren kurzzeitig Leiterinnen von Forschungsstellen. Werden im Folgenden männliche Akteursbezeichnungen benutzt, reflektiert dies diesen Umstand. Zur Genderpolitik der MPG siehe unten, Kap. IV.7.6, und Kolboske, *Hierarchien*, 2023.

[2] Siehe zu dieser Unterscheidung mit Blick auf die MPG ausführlich Schwerin, *Biowissenschaften,* in Vorbereitung. Allgemein zur In-vitro-Kultur experimenteller Forschung in den Biowissenschaften Rheinberger, *Spalt,* 2021, 166–181.

3. Landwirtschaftswissenschaften

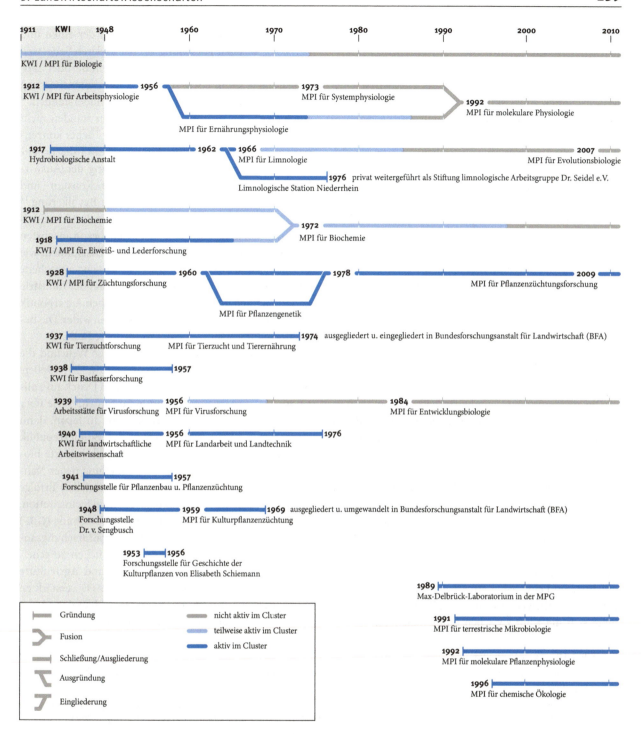

Nach einer Übersicht über die Geschichte der Landwirtschaftswissenschaften seit den 1950er-Jahren werde ich die Entwicklung der MPG-Landwirtschafts- und Ernährungswissenschaften entlang dieser drei Phasen darstellen.[3]

Abb. 8: Forschungseinrichtungen der MPG mit landwirtschaftlicher und verwandter Themensetzung. Die Forschungseinrichtungen sind, ggf. mit ihrem Vorlauf als KWI, in der Reihenfolge ihrer Gründung angegeben (Jahreszahlen in Klammern). Der Namenswechsel von KWI zu MPI ist nicht gesondert vermerkt.

---

[3] Die Darstellung beruht größtenteils auf Schwerin, *Biowissenschaften,* in Vorbereitung; dort findet sich auch eine Literaturübersicht. Literatur und Quellen werden hier vornehmlich ergänzend und exemplarisch aufgeführt.

3.1 Zwischen Intensivlandwirtschaft, Ernährungssicherheit und Umweltpolitik

Eine Übersicht über die Geschichte der Landwirtschaftswissenschaften muss skizzenhaft bleiben, da ihre Historiografie mit Ausnahme von Teilgebieten wie der Pflanzenzüchtung und Ernährungsforschung noch am Anfang steht.[4] Hochleistungssorten bzw. -rassen, Maschinen-, Dünger- und Pestizideinsatz zählten seit Mitte des 20. Jahrhunderts zu den Hauptantriebskräften der landwirtschaftlichen Produktionssteigerung, die in Teilen des kriegsgeschädigten Europas und in Westdeutschland unter den Bedingungen der Mangelversorgung erfolgte.[5] Saatgutwirtschaft, chemische Industrie, Erzeuger landwirtschaftlicher Maschinen, aber auch Tierzuchtbetriebe formten das bis heute dominierende Paradigma industrieförmiger landwirtschaftlicher Produktion, zusätzlich vorangetrieben von staatlichen Akteuren, großen Stiftungen, der UNO und der Weltbank.[6] Agrikulturchemie, Pflanzen- und Tierzüchtung sowie Maschinen- und Motorenentwicklung schufen die Voraussetzungen für die Intensivierung der Landwirtschaft.

Die akademischen Landwirtschaftswissenschaften, aber auch die chemische und biowissenschaftliche Grundlagenforschung hatten nicht unerheblichen Anteil an der technologie- und wissensgetriebenen Effektivierung der landwirtschaftlichen Produktion, allerdings recht selektiv. Die Erforschung von Pflanzen- und Nutztierkrankheiten sowie die Züchtungsforschung gehörten zu den Taktgebern der Entwicklung.[7] Mit der Hybridzüchtung etwa gelang es in den 1950er-Jahren, den Maisanbau zu revolutionieren.[8] Wie in diesem Fall standen sich häufig eine stärker staatlichen Aufgaben verpflichtete und eine näher am Marktgeschehen agierende Landwirtschaftswissenschaft gegenüber.[9] Zugleich vertiefte sich die Kluft zwischen industriellen und privatwirtschaftlichen Entwicklungstrends auf der einen und der akademischen Forschung auf der anderen Seite, weil landwirtschaftliche Fächer wie Bodenkunde oder Bioklimatologie kaum etwas direkt zur Agrarintensivierung beitrugen oder ihr sogar kritisch gegenüberstanden.[10] Auch Hochschulen und Bundesanstalten standen nicht im Zentrum der Entwicklung.[11] Manche Fächer konzentrierten sich auf Begleitforschung, wie etwa die Ernährungswissenschaften mit der Erforschung der Auswirkungen veränderter Arbeitsverhältnisse, Konsum- und Essgewohnheiten auf die Gesundheit der Bevölkerung.[12] Die Untersuchung von Gefahren, die von Lebensmittelzusatzstoffen und Pestiziden ausgingen, bezog ansonsten den Agrarwissenschaften fernstehende Disziplinen, wie Biochemie und Toxikologie, mit ein.[13] Die angesprochene Kluft spiegelte sich in der MPG in einer eher der Industrie nahestehenden und einer eher der staatlichen Agrarpolitik nahestehenden Gruppe von Einrichtungen wider. Die Begleitforschung spielte eine untergeordnete Rolle.

Die Hungerkatastrophen in Teilen der Welt und die einsetzende Umweltdebatte verstärkten in den 1960er- und 1970er-Jahren den gesellschaftlichen Druck auf Politik und Wissenschaft, Antworten zu finden.[14] Die über Regierungsprogramme sehr früh schon in Japan, dann Anfang der 1970er-Jahre auch in der Bundesrepublik beförderte, hauptsächlich mikrobiologisch basierte biotechnologische Forschung zur Erschließung neuer Nahrungsquellen konnte allerdings keine schnellen Erfolge vorlegen.[15] Mit der bundesdeutschen Vorzeigeinstitution, der Gesellschaft für Biotechnologische Forschung (GBF) in Braunschweig, drohte sogar eine Großforschungsanstalt des Bundes an den eigenen Ansprüchen zu scheitern.[16] Unter Federführung der Food and Agriculture Organization of the United Nations (FAO) verstärkten Wissenschaftler:innen auch aus Deutschland und der MPG Bemühungen, die genetischen Ressourcen zu si-

---

4 Parolini, History, 2015; Phillips und Kingsland, *Perspectives*, 2015.
5 Farquharson, Management, 1985, 50–68; Trittel, *Hunger und Politik*, 1990; Büschenfeld, Pflanzenschutz, 2006, 129–150.
6 In Auswahl siehe Kloppenburg, *Seeds*, 1988; Flitner, *Sammler*, 1995, 138; Harwood, *Revolution*, 2012.
7 Zu einer Übersicht siehe Phillips und Kingsland, *Perspectives*, 2015; für eine kritische Sicht auf die tatsächlichen Erfolge der mendelschen Genetik siehe Harwood, Mendelism, 2015; für die Sichtweise der Pflanzenzüchtung siehe Röbbelen, *Pflanzenzüchtung*, 2008.
8 Grimberg, *Saatmaismarkt*, 1995; Alber und Estler, *Faszination*, 2006; Curry, *Maize*, 2022.
9 Zur prägenden Bedeutung dieser Konfliktlage schon in der ersten Hälfte des 20. Jahrhunderts siehe Harwood, *Styles*, 1993; Harwood, *Dilemma*, 2005; Wieland, *Wir beherrschen*, 2004.
10 Siehe die Darstellungen in Vogt, *Entstehung*, 2000; Uekötter, *Wahrheit*, 2010.
11 Thoms, Ressortforschung, 2010; Thoms, Nutzen, 2010; Thoms, Introduction, 2014.
12 Thoms, MPI für Ernährungsphysiologie, 2012.
13 Schwerin, Gift, 2014; Stoff, *Gift*, 2015; Thoms, Antibiotika, 2017; verschiedene Beiträge in Boudia und Jas, *Science*, 2014; Boudia und Jas, *Toxicants*, 2013; Homburg und Vaupel, *Chemicals*, 2019.
14 Wieters, Debatten, 2012, 369–375; Bud, *Uses*, 1993, 122–140; Karafyllis und Lammers, Data, 2017, 180–182.
15 Buchholz, Förderung, 1979; Wieland, *Technik*, 2009.
16 Dolata, *Modernisierung*, 1992; Amann et al., *Kommerzialisierung*, 1985; Wieland, *Technik*, 2009.

chern und damit dem durch die industrialisierte Landwirtschaft dramatisch beschleunigten Verlust von Kultursorten und -rassen entgegenzuwirken.[17] An der Kritik der Umweltbewegung an der Intensivlandwirtschaft und an den Bestrebungen für eine alternative Landwirtschaft beteiligten sich vereinzelt Vertreter:innen aus der Wissenschaft.[18] Der Privatwirtschaft und akademischen Wissenschaft erwuchs mit der ökologischen Landbaubewegung eine durchaus einflussreiche zivilgesellschaftliche Konkurrenz.[19]

In der zunehmend biowissenschaftlich beeinflussten Züchtungswissenschaft durchliefen die Objekte der Züchtung derweil eine sukzessive Miniaturisierung. War anfangs noch die ganze Pflanze Gegenstand gezielter Manipulation, verlegten sich die Wissenschaftler:innen ab den 1960er-Jahren zunehmend auf Gewebe und Zellen, ab den 1980er-Jahren auf die Erbsubstanz, einzelne Gene und das Genom.[20] Die Hochertragssorten, die vor allem in Laboren internationaler öffentlich-privater Forschungskonsortien entwickelt worden waren und in den 1970er-Jahren den Pflanzenbau eroberten, basierten noch auf konventionellen Züchtungsmethoden; die herbizidresistenten Pflanzen, die ab den späten 1980er-Jahren erstmals Marktreife erlangten, beruhen auf der Entwicklung des Genetic Engineering in den Laboren der akademischen Biowissenschaften.[21] Neue Methoden und Techniken, hinzukommende Datenbanken der Genomforschung wie auch neue Forschungsmodelle, wie die Ackerschmalwand (*Arabidopsis thaliana*), bildeten Verbindungspunkte zur Pflanzenbiologie.[22]

Die wissenschaftlich-technischen Neuerungen hatten zusammengefasst weitreichende und tiefgreifende Auswirkungen auf die Landwirtschaft weltweit. Sie ebneten der Chemisierung der Landwirtschaft mit ihren ungeahnten Ertragssteigerungen den Weg, zugleich aber auch ökologischen, gesundheitlichen und sozialen Folgeproblemen der Intensivlandwirtschaft. Dabei bleibt es zweifelhaft, ob die Agrogentechnik ihre Versprechen trotz immenser, auch öffentlich finanzierter Forschungsanstrengungen einlösen kann.[23] Vor dem Hintergrund von Bodenerosion, schwindender Biodiversität, den Herausforderungen des Klimawandels und wachsender Ungleichheit im globalen Agrarmarkt ist es jedoch unzweifelhaft, dass auch die Landwirtschaftswissenschaften ihre eigentliche ökologische und soziale Bewährungsprobe erst noch zu meistern haben.

3.2 Wiederaufbau und Konsolidierung: Im Bann der KWG-Tradition

Den Ausgangspunkt für die Aktivitäten der Landwirtschaftswissenschaften in der MPG bildete die Entscheidung, den Hauptteil der unter der Ägide der nationalsozialistischen Wissenschaftspolitik von der KWG aufgebauten landwirtschaftlichen Institute als MPI weiterzuführen.[24] Mit neun Hauptinstituten war der landwirtschafts- und ernährungswissenschaftliche Schwerpunkt der MPG damit gleich anfangs außerordentlich breit aufgestellt. Zu den Forschungsgebieten gehörten Pflanzenzüchtung und -forschung, Bastfaserforschung, Tierzucht und -ernährung, Lederforschung, Gewässerkunde und Hydrobiologie, Landtechnik, Landarbeitswissenschaft und die Ernährungsforschung. Am breitesten vertreten war die pflanzenbiologische Forschung, verteilt auf verschiedene Standorte und mit unterschiedlichen Schwerpunkten (siehe Abb. 8). Außerhalb des Hochschulbereichs suchte dieses heterogene Konglomerat seinesgleichen. Am ehesten wäre es mit dem viel später, 1971, auf öffentliche und private Initiative gegründeten, von der Bundesregierung stark unterstützten, bislang aber kaum historisch erforschten supranationalen Institutsnetzwerk der Consultative Group on International Agricultural Research (CGIAR) zu vergleichen.[25]

---

17 Doyle, *Harvest*, 1985; Kloppenburg, *Seeds*, 1988; Flitner, *Sammler*, 1995; Auderset und Moser, *Agrarfrage*, 2018; Curry, *Maize*, 2022. Zur Kritik an der einseitigen Funktion der Genbanken siehe Kloppenburg, *Seed*, 2004, 166–175; Flitner, *Sammler*, 1995, 167–174 u. 191–199.
18 Engels, *Umweltschutz*, 2010; Treitel, *Nature*, 2017, 265–280.
19 Vogt, *Entstehung*, 2000, 275–276; Schaumann et al., *Geschichte*, 2000, 85–114; Schwerin, *Zeitlichkeit*, 2022.
20 Zur Geschichte der Züchtungsforschung in Auswahl siehe Wieland, *Wir beherrschen*, 2004; Müller-Wille und Rheinberger, *History*, 2012; Müller-Wille und Brandt, *Heredity*, 2016; Röbbelen, *Pflanzenzüchtung*, 2008; Campos, *Radium*, 2015; Breitwieser und Zachmann, Biofakte, 2017; Curry, *Evolution*, 2016; Berry, *Historiography*, 2019.
21 Charles, *Lords*, 2002.
22 Leonelli, *Weed*, 2007; Leonelli, *Biology*, 2016.
23 McIntyre et al., *Global Report*, 2009, 166–167; Heinemann et al., *Biotechnology*, 2009; Boysen et al., *Nutzen*, 2013, 108; Potthof, *Revolution*, 2018.
24 Zum landwirtschaftlichen Schwerpunkt der KWG siehe Heim, *Kalorien*, 2003; Hachtmann, *Wissenschaftsmanagement*, 2007.
25 Shaw, *Food*, 2009; Zeigler und Mohanty, *Support*, 2010; Curry, *Collections*, 2017; Curry, *Maize*, 2022, 116–123; CGIAR Fund Office, CGIAR, 2011.

3.2.1 Staatsdienerschaft und fertige Antworten auf die Mangelgesellschaft

Im ersten Jahrzehnt nach Gründung der MPG standen die Landwirtschaftswissenschaften voll und ganz im Zeichen der Bestandssicherung und Konsolidierung. Die nationalsozialistische Belastung der alten KWI und ihrer Institutsdirektoren blieb nach 1945 zwar nicht unbemerkt, die Altdirektoren blieben aber im Amt und das Personal im Wesentlichen unverändert.[26] Seilschaften aus der NS-Zeit sicherten gegen durchaus bestehende Kritik einen reibungslosen Übergang von der KWG in die MPG, an erster Stelle MPG-Generalsekretär Ernst Telschow.[27] Auch die Bonner Landwirtschaftspolitik hatte ihren Anteil.[28]

Überhaupt bestand von Beginn an reges staatliches Interesse am Erhalt der landwirtschaftlichen Forschungskapazitäten der KWG/MPG, angefangen mit den Alliierten und dem deutschen landwirtschaftswissenschaftlichen Verwaltungsrat über die Länder bzw. Bundesländer bis hin zum Bundeslandwirtschaftsministerium, das die Patenrolle des Reichslandwirtschaftsministeriums für die KWG-Institute damit fortführte.[29] Die MPI entsprachen dieser Nachfrage, indem sie in eingespielter Weise die nachholende Modernisierung der westdeutschen Landwirtschaft durch Forschung und Politikberatung unterstützten. Handlungsleitend war dabei für die meisten der MPG-Agrarwissenschaftler:innen das Bestreben, staatliche Ordnungsziele, moderne Forschung und traditionelle Agrarstrukturen zu vereinbaren. »Modernisierung unter konservativen Vorzeichen« hat der Historiker Willi Oberkrome diese in der deutschen Agrarwissenschaft verbreitete Haltung genannt.[30]

Das Selbstverständnis, dem gesellschaftlich-staatlichen Interesse zu dienen, bildete den Kitt des ansonsten sehr heterogenen Landwirtschaftsschwerpunkts, der seine Legitimation weiterhin aus der KWG-Tradition bezog.[31] Mit der Vergangenheitspolitik befand man sich zugleich mitten in den Bemühungen der MPG, ihre zukünftige Stellung im westdeutschen Wissenschaftssystem zu bestimmen. Die Generalverwaltung benutzte den Landwirtschafts-Cluster gegenüber dem Bund als eine Art Faustpfand, drückte damit den landwirtschaftlichen Instituten allerdings den Stempel besonders anwendungsbezogener Forschung auf, der ihr vor dem Hintergrund der wachsenden Bedeutung biowissenschaftlicher Grundlagenforschung später zum existenziellen, wenn auch nicht ganz zutreffenden Makel werden sollte.[32] Denn auch die landwirtschaftswissenschaftlichen Institute betrieben Grundlagenforschung, während umgekehrt die biowissenschaftlichen Institute traditionell durchaus Anwendungsbezüge verfolgten.[33]

Auch inhaltlich setzten die MPI auf Kontinuität, da die Erfordernisse der westdeutschen Mangel- und Aufbaugesellschaft zumeist umstandslos an die schon zu Kriegszeiten verfolgten Ziele der Ernährungssicherung und Aktivierung menschlicher Arbeitsfähigkeit unter Bedingung von Knappheit anschlossen.[34] Während Ziele der Ersatzstoffforschung entfielen, konzentrierte sich die Nutztier- und Pflanzenzüchtungsforschung den staatlichen Erfordernissen gemäß und mit einigem Erfolg auf konkrete Züchtungsaufgaben, wie sie sich mit Blick auf die Ernährungssicherung in Westdeutschland stellten,[35] und griff dabei auch Impulse von außen auf, wie den Maisanbau für die Fütterungswirtschaft.[36] Das MPI für Züchtungsforschung in Köln-Vogelsang und das MPI für

---

[26] Zum Beispiel das MPI für Züchtungsforschung: Noch Anfang der 1960er-Jahre stammte die Mehrzahl der wissenschaftlichen Angestellten aus den Jahren vor 1945, das Durchschnittsalter betrug entsprechend 50 Jahre. Anlage: Liste der Wissenschaftlichen Assistenten, Bauer an BMS, 1.3.1963, AMPG, II. Abt., Rep. 62, Nr. 701, fol. 39.

[27] Schüring, Vorgang, 2002; Lewis, Continuity, 2002, 258–261 u. 403–443; Sachse, »Persilscheinkultur«, 2002; Gausemeier, Ordnungen, 2005, 308–310; Schüring, Kinder, 2006, 247–256; Hachtmann, Wissenschaftsmanagement, 2007, 1131–1134, 1157 u. 1177–1179; Heim und Kaulen, Müncheberg, 2010, 354; Sudrow, Schuh, 2010, 716–717.

[28] Zur Einflussnahme des Bundeslandwirtschaftsministers im Senat der MPG siehe z. B. Protokoll der 7. Sitzung des Senates vom 28.4.1950, AMPG, II. Abt., Rep. 60, Nr. 7.SP, fol. 167 verso – 168 verso.

[29] Siehe auch Balcar, Ursprünge, 2019.

[30] Oberkrome, Ordnung, 2009, 256–257.

[31] Schriftwechsel, in: AMPG, II. Abt., Rep. 62, Nr. 717 und Nr. 701.

[32] Balcar, Wandel, 2020.

[33] Zu den Biowissenschaften siehe unten, Kap. III.9; zu den biowissenschaftlichen Instituten in der KWG-Zeit siehe Gausemeier, Ordnungen, 2005.

[34] Zur Forschung und Mitwirkung an der Kriegs- und Eroberungspolitik der ehemaligen KWI im NS siehe umfassend Heim, Kalorien, 2003; Eichholtz, »Krautaktion«, 1991. Siehe auch Deichmann, Biologen, 1995; Raehlmann, Arbeitswissenschaft, 2005; Gausemeier, Ordnungen, 2005; Sudrow, Schuh, 2010; Thoms, MPI für Ernährungsphysiologie, 2012.

[35] Programmatisch siehe Kraut, Erhaltung, 1955, 61–64; Preuschen, Feierabend, 1956; Witt, Ernährungssicherung, 1963, 7; Witt, Aufrechterhaltung, 1964, 25–26.

[36] Latzin, Lernen, 2005, 264–275; Torma, Biofakte, 2017.

Kulturpflanzenzüchtung in Hamburg-Volksdorf versorgten die privaten Züchter:innen in der Bundesrepublik kontinuierlich mit häufig schon marktreifen Neuzüchtungen (z. B. Wintergerste Vogelsanger Gold, Erdbeere Senga Sengana).[37]

Neben dem Ertrag stand die Zucht von Resistenzen gegen Pflanzenkrankheiten und -schädlinge im Vordergrund. Die MPG-Forscher griffen dabei vor allem auf die am Institut vorhandenen genetischen Ressourcen zurück – auf die im Prinzip unbezahlbaren Pflanzen- und Samensammlungen, die über Jahrzehnte und zuletzt durch Raubzüge in den von der Wehrmacht besetzten Ländern aufgebaut worden und mit anderen beweglichen Gütern in den Westen geschafft worden waren.[38] Explorativ befassten sie sich bereits seit den 1930er-Jahren mit der künstlichen Erzeugung neuer Variationen mithilfe von Strahlen und Chemikalien, ein in den 1950er- und 1960er-Jahren mit Ausbau der Atomenergie international stark gefördertes Forschungsgebiet.[39] Die Pflanzen- und Agrarwissenschaftler:innen präferierten Disziplinen wie Physiologie und Anatomie, eine praxisnahe, vergleichende Freilandforschung sowie klassische Züchtungsexperimente. Dies brachte sie in Gegensatz zu den Biowissenschaftler:innen in der MPG, die solche Forschungsansätze zunehmend geringschätzten.

Die Institute konnten bei ihrer Forschung in der Regel auf ihre etablierten Verbindungen zurückgreifen. Die Züchtungsinstitute behielten ihre alten Netzwerke, da sich die privaten Zuchtfirmen aus dem Osten ebenfalls im Westen angesiedelt hatten. Das in Dortmund verankerte MPI für Ernährungsphysiologie wiederum konnte seine mit Zwangsarbeiter:innen durchgeführten Ernährungsversuche mit Gefängnisinsass:innen fortsetzen, auf die es über seine regionale Vernetzung zugreifen konnte.[40] Das MPI für Eiweiß- und Lederforschung holte seinen internationalen Rückstand schnell auf und begab sich in engem Austausch mit der Industrie in das international prosperierende Forschungsgebiet der biochemischen Eiweißforschung. Die MPI für Biochemie, Virusforschung und Biologie leisteten bei der Erforschung der für die Schädlingsbekämpfung interessanten Insektenlockstoffe (Pheromonen) sowie von Viruskrankheiten von Pflanzen und Tieren bis in die 1960er-Jahre hinein Pionierarbeit, auch dies in engem Austausch mit ihren etablierten Partnerunternehmen, den Chemiekonzernen Bayer, Hoffmann-La Roche, Hoechst bzw. Schering.[41]

3.2.2 Gegentendenzen: biochemische Forschungskultur und finanzielle Lasten

Im Gegensatz zur Hauptgruppe landwirtschaftlicher Institute schlugen die biochemisch geprägten MPI mit ihren teils engen Arbeitsbeziehungen zur Chemieindustrie wissenschaftlich einen anderen Weg ein und entfernten sich von ihren landwirtschaftlichen Arbeitsthemen.[42] Unter dem Eindruck der Fortschritte in der Biochemie biologischer Makromoleküle unterstützte die Chemieindustrie die MPI auf diesem Weg.[43] Das MPI für Virusforschung orientierte sich nun in Richtung Krebsmedizin und gab die veterinärmedizinische Virologie auf. Das MPI für Eiweiß- und Lederforschung driftete über die Jahre weg von der lederbezogenen Forschung hin zur auch medizinisch-pharmazeutisch interessanten Erforschung der Proteine und Peptide. Das MPI für Ernährungsphysiologie erforschte nach einem Wechsel in der Institutsleitung Mitte der 1960er-Jahre fortan die Bioenergetik von Bakterien und anderen einfachen Modellorganismen.

Die MPI mit landwirtschaftlichen Gütern waren im Unterhalt zum Teil sehr aufwendig. Vor allem die Etablierung der landwirtschaftswissenschaftlichen KWI nach der zum Teil fluchtartigen Verlegung aus dem Osten Deutschlands in den Westen war für die MPG vor dem Hintergrund geschwundener Ressourcen teuer erkauft.[44]

---

37 Straub, *Forschung*, 1977; Scheibe, *Bedeutung*, 1987.
38 Welches Raubgut genau in den Bestand des MPIZ eingeflossen ist, ist noch zu erforschen. Flitner, *Sammler*, 1995, 115–120; siehe auch Deichmann, *Biologen*, 1995, 182–183 u. 228–232; Heim, *Kalorien*, 2003, 221–226; Hossfeld und Thornström, *Brücher*, 2002, 135–138; Schwerin, *Biowissenschaften*, in Vorbereitung. – Zu eigenen Expeditionen des MPIZ siehe Ross et al., *Bericht*, 1959; Flitner, *Sammler*, 1995.
39 Gaul, Gen- und Chromosomenmutationen, 1959. Zur Forschungskonjunktur allgemein siehe Zachmann, *Machbarkeit*, 2011; Zachmann, *Atoms*, 2011; Breitwieser und Zachmann, *Biofakte*, 2017. Zur Forschungstradition in den 1930er-Jahren siehe Wieland, *Wir beherrschen*, 2004, 203–207; Gausemeier, *Ordnungen*, 2005, 137–142.
40 Thoms, MPI für Ernährungsphysiologie, 2012, 315.
41 Hier und nachfolgend Schwerin, *Biowissenschaften*, in Vorbereitung. Die Agrikulturchemie spielte darüber hinaus kaum eine Rolle.
42 Zum industrienahen Arbeitsmodus in Chemie und Biochemie im Allgemeinen siehe in Auswahl Reinhardt, *Chemical Sciences*, 2001; Ratmoko, *Chemie*, 2010; Haller, *Cortison*, 2012.
43 Dazu und zur biochemischen Forschungskultur siehe unten, Kap. III.9; im Allgemeinen siehe Gaudillière, *Biomédicine*, 2002; Bürgi, *Pharmaforschung*, 2011.
44 Balcar, *Ursprünge*, 2019, 54–57. – Ursprüngliche Standorte der nach dem Krieg verlagerten Institute waren: KWI für Tierzuchtforschung in Dummersdorf (Mecklenburg), KWI für Züchtungsforschung in Müncheberg bei Berlin mit einer Reihe von Außenstellen

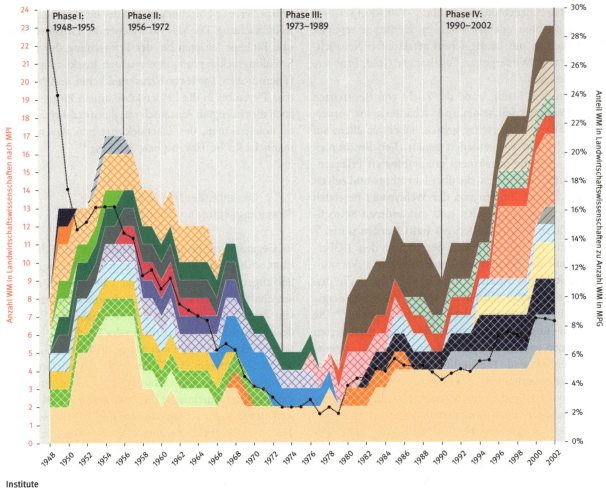

Abb. 9: Entwicklung und Struktur der Agrarwissenschaften und Pflanzenbiologie in der MPG, 1948–2002. Dargestellt ist die Anzahl Wissenschaftlicher Mitglieder (WM) in den genannten Gebieten, aufgeschlüsselt nach MPI (Flächendiagramm, Ordinate links) und relativ zur Gesamtzahl an WM der MPG (schwarz gestrichelt, Ordinate rechts) pro Jahr. Die über den gesamten Zeitraum involvierte Anzahl von WM je Institut ist in der Legende vermerkt. Die Phaseneinteilung entspricht den übergreifenden MPG-Phasen nach Kapitel II. – Quellen: Haushaltspläne der MPI und forschungsbezogenes Tagging der WM der MPG in der Biografischen Datenbank des GMPG. Statistik: Robert Egel; Inflationsindex: IMF Consumer Price Index, mit Stichjahr 2002; doi.org/10.25625/9R62X9. Zur Methode des Tagging siehe unten, Anhang 5.5.

Vollständig gelang es nicht, die alten Dimensionen dieser Institute wiederherzustellen. Hatte die KWG aus der Enteignung landwirtschaftlichen Grundbesitzes im NS-Staat Nutzen gezogen, um zusammenhängende und außerordentlich großzügige Nutzflächen für ihre Institute zu ergattern, waren Patchwork-Flächen nach dem Krieg fast unvermeidlich.[45]

Auch der Personalstand verursachte erhebliche Kosten mit 812 Planstellen für alle landwirtschaftlichen Institute zum Stichjahr 1970. Die Institute der Pflanzenzüchtung nahmen davon 310 in Anspruch, das MPI für Züchtungsforschung allein 150 Planstellen.[46] Zu den größeren Instituten gehörten auch das MPI für Tierzucht und Tierernährung sowie das MPI für Eiweiß- und Lederforschung mit rund 140 Planstellen kurz vor Auflösung der Institute.[47] Mit der Zeit fielen die Landwirtschaftsinstitute allerdings hinter den MPG-weiten Wachstumstrend zurück. Dies lag zum einen an den Veränderungen in der landwirtschaftlichen Arbeit: Landarbeiter:innen verloren durch die Mechanisierung auch in der Wissenschaft an Bedeutung.[48] Einen altersbedingten Schwund gab es bei der Zahl der Wissenschaftlichen Mitglieder (WM), die Anfang der 1950er-Jahre noch 13 Prozent aller WM der MPG gestellt hatten (siehe Abb. 9).[49] Finanziell gesehen beanspruchte der Landwirtschaftscluster in den Anfangsjahren der MPG einen Anteil von bis zu 21 Prozent der Ausgaben der MPG, zu Beginn der 1960er-Jahre waren es noch 13 Prozent.[50]

3.3. Krise und systematischer Abbau im Neuordnungsprozess des bundesdeutschen Wissenschaftssystems

In dem Maße, wie die Forschungs- und Technologiepolitik des Bundes an Bedeutung gewann, verlor die Landwirtschaftspolitik in den 1960er-Jahren ihren Einfluss auf die MPG. Ins Abseits geriet zugleich der Hauptbestand der landwirtschaftlichen Forschungseinrichtungen, von denen sich die MPG sukzessive bis Mitte der 1970er-Jahre sämtlich trennte. Ihnen wurde nun zum Verhängnis, dass sie Forschungswege abseits von Agrarintensivierung und Molekularbiologie eingeschlagen hatten.

3.3.1 Welternährung und Ökologie: auf innovativen Wegen ins Abseits

Die Forschung der landwirtschaftlichen MPI konzentrierte sich weiter auf Probleme der Ernährungssicherung, nun allerdings auf die Aufgaben Europas, der Welternährung und eines ressourcenschonenden Landbaus gewendet. Ökonomische oder gesundheitliche Probleme der entstehenden Konsum- und Feierabendgesellschaft – etwa solche, die sich aus einseitiger Ernährung ergaben – blieben weitgehend außen vor.[51] Das MPI für Züchtungsforschung beteiligte sich zeitweise führend an Planung und Aufbau internationaler Saatgut- und Biobanken, darunter der ersten europäischen Kulturpflanzen-Genbank in Braunschweig-Völkenrode, die nach der deutschen Einheit mit der ostdeutschen Genbank am Pflanzenforschungsinstitut der Akademie der Wissenschaften in Gatersleben bei Halle zu einer der größten

---

in Ost- und Westpreußen, KWI für Bastfaserforschung in Sorau (Niederlausitz), KWI für landwirtschaftliche Arbeitswissenschaft in Breslau. Hinzu kamen Standorte auf fremden Staatsgebieten: KWI für Kulturpflanzenforschung in Wien, Biologische Station in Lunz (Niederösterreich) und Deutsch-Bulgarisches Institut für landwirtschaftliche Forschung in Sofia.

45 Das KWI für Züchtungsforschung etwa verkleinerte seine Versuchsfläche von 328 auf 277 Hektar. Die Versuchsflächen der MPI für Tierzucht und Züchtungsforschung waren auf je drei unterschiedliche Versuchsgüter verteilt. Witt, Max-Planck-Institut, 1961, 747 u. 751; Heim, *Kalorien*, 2003, 52; Hachtmann, *Wissenschaftsmanagement*, 2007, 1157; Sudrow, *Schuh*, 2010, 716–717.

46 Hier und nachfolgend Haushaltspläne, AMPG, II. Abt., Rep. 69, Nr. 60; Kuckuck und Schmidt, Zwanzig Jahre, 1948, 131–132. Ich danke Ulrike Thoms für die Überlassung dieser Zahlen, entnommen aus AMPG, II. Abt., Rep. 69, Nr. 498 bzw. AMPG, II. Abt., Rep. 69, Nr. 40. Eingerechnet ist bei den Nachkriegszahlen die Zweigstelle Rosenhof.

47 Haushaltspläne in AMPG, II. Abt., Rep. 69, Nr. 60.

48 Während Landarbeiter:innen in den ersten Jahren nach 1945 noch die größte Gruppe der Angestellten in den Flächeninstituten bildeten, ging ihr Anteil danach kontinuierlich zurück, am MPIZ zum Beispiel von 81 im Jahr 1950 auf 45 im Jahr 1970. Technisches Personal nahm dagegen später durch den Anstieg der biowissenschaftlichen Laborarbeit zu. So stieg deren Zahl im MPIZ von 39 (1950) auf 68 im Jahr 1970. AMPG, II. Abt., Rep. 69, Nr. 24, fol. 238; ebd., Nr. 41, fol. 298; ebd., Nr. 60, fol. 236. – Ähnliche Veränderungen vollzogen sich außerhalb der MPG, etwa in der Bundesforschungsanstalt für Milchwirtschaft. Thoms, Ressortforschung, 2010, 137.

49 Da die Anzahl von WM, die die BMS den landwirtschaftlichen MPI zugestand, bis in die 1970er-Jahre hinein unterdurchschnittlich blieb, ergibt dieses Verhältnis allerdings kein vollständiges Bild vom Gewicht des Landwirtschaftsclusters.

50 Siehe oben, Kap. III.2, Abb. 7.

51 Kraut, Max-Planck-Institut, 1962, 311–313; Thoms, MPI für Ernährungsphysiologie, 2012, 321; Thoms, Problem, 2009. Zur Konsumgesellschaft und Bedeutung des Feierabends siehe auch Preuschen, Feierabend, 1956; Langer, *Revolution*, 2013.

Sammlungen weltweit fusionierte.⁵² Im Trend internationaler Entwicklungsforschung standen die Arbeiten zur landwirtschaftlichen Versorgungsautonomie in Ländern Afrikas, die das MPI für Ernährungsphysiologie auch über eine eigens etablierte Forschungsstation in Tansania durchführte.⁵³ Das MPI für Landarbeit und Landtechnik in Bad Kreuznach entwickelte eine ökologische und nachhaltige Zielsetzung.⁵⁴ Entscheidende Anstöße für die sich Ende der 1970er-Jahre formierende Agrarökologie, den ökologischen Landbau und seine wissenschaftliche Grundlegung gingen daraus hervor.⁵⁵ Das MPI für Tierzucht und Tierernährung, das in Mariensee bei Hannover zu den großen landwirtschaftlichen Instituten der MPG gehörte, erforschte die Produktivität der Nutztierhaltung als Problem sowohl von Züchtung und Vererbung als auch von Haltung und Ernährung und damit unter Maßgabe eines »ganzheitlichen« Ansatzes abseits des biowissenschaftlichen Mainstreams.⁵⁶ Nicht zuletzt durch diese sehr multidisziplinäre Ausrichtung auf die Physiologie, Endokrinologie und Biochemie von Großtieren ergaben sich Anknüpfungspunkte zur medizinischen Forschung, wodurch das Institut zum Wegbereiter des MPI für experimentelle Endokrinologie in Hannover wurde.⁵⁷

Verschiedene Institute gingen biotechnologische Entwicklungen *avant la lettre* an. Der Zeit voraus waren Projekte am MPI für Ernährungsphysiologie zur biotechnologischen Gewinnung proteinreicher Nahrung aus künstlichen Algenkulturen.⁵⁸ Zukunftsweisend waren auch die künstlichen ökologischen Systeme zur Abwasserreinigung, wie sie die Arbeitsgruppe um Käthe Seidel an der Limnologischen Forschungsstation Niederrhein in Krefeld international viel beachtet bis zur Anwendungsreife brachte.⁵⁹ Seidels Arbeiten rückten die Rhizosphäre, den von Pflanzenwurzeln geprägten Raum im Erdboden, als Schnittstelle von Bodenfruchtbarkeit und Pflanzenökologie in den Mittelpunkt, eine Forschungsrichtung, die die MPG erst in den 1990er-Jahren mit dem MPI für terrestrische Mikrobiologie wieder aufnahm.⁶⁰ Am MPI für Züchtungsforschung machte der Generationswechsel in der Institutsleitung im Jahr 1962 den Weg frei, die pflanzenbiologische Züchtungsforschung stärker auf technologieorientierte Grundlagenforschung hin auszurichten. Die breit aufgestellte praktische Züchtungsarbeit wurde zurückgefahren zugunsten der Entwicklung theoretisch-methodischer Grundlagen und neuer zell- und gewebebasierter Züchtungsmethoden.⁶¹ Auch am Tübinger MPI für Biologie begannen Hybridisierungsversuche mit Pflanzengewebe und Pflanzenzellen, die in den 1970er-Jahren noch vor Laboren in den USA in der Fusion von Tomaten- und Kartoffelzellen zu neuartigen Hybridpflanzen gipfelten: »Wir nennen sie Karmaten oder [...] Tomoffeln«.⁶² Die Tübinger und Kölner Erfolge ermöglichten dem größten deutschen Saatzuchtbetrieb, der Kleinwanzlebener Saatzucht AG (KWS), als erster Betrieb in Europa die Erhaltungszucht bei Kartoffeln komplett auf Gewebetechnik umzustellen.⁶³ Die MPG gehörte damit in den 1970er-Jahren zu den wenigen Forschungsinstitutionen in Westdeutschland und Europa, die sich an die voraussetzungsvolle Entwicklung neuer

---

52 Hawkes und Lamberts, Years, 1977, 1; Kuckuck, *Wandel*, 1988, 144–145; Flitner, *Sammler*, 1995, 162–166; Karafyllis und Lammers, Data, 2017, 176–178; Munz und Wobus, *Institut*, 2013.

53 Siehe die Darstellungen in Kraut et al., *Investigations*, 1969; Thoms, MPI für Ernährungsphysiologie, 2012. Zur Geschichte des Konzepts der Hilfe zur Selbsthilfe sowie zur Kritik daran siehe Büschel, *Hilfe*, 2014, 116–180 u. 526–533.

54 Preuschen, Mensch, 1958; Preuschen, Grundlagen, 1977; Preuschen, *Lebenserinnerungen*, 2002, 352–371.

55 Preuschen, *Lebenserinnerungen*, 2002, 340–343; Schwerin, *Biowissenschaften*, in Vorbereitung. Zur Stiftung Ökologie und Landbau (SÖL), die Preuschen bis in die 1990er-Jahre hinein prägte, siehe Vogt, *Entstehung*, 2000, 275; Schaumann et al., *Geschichte*, 2000, 85–114; Schwerin, Zeitlichkeit, 2022. Zur Agrarökologie siehe Radkau, *Ära*, 2011, 193–195; Grossarth, *Vergiftung*, 2018, 160–161.

56 Max Witt: Vermerk »Nachfolge Witt«, 8. Juli 1968, AMPG, III. Abt., Rep. 83, Nr. 104/2; siehe auch Witt, Ergebnisse, 1967, 9.

57 Niederschrift über die Sitzung des Kuratoriums des MPI für Tierzucht und Tierernährung am 7.7.1972, AMPG, III. Abt., Rep. 83, Nr. 104, fol. 392–409.

58 Zur Kohlenbiologischen Forschungsstation des MPI für Ernährungsphysiologie in Essen siehe Koch, *Weg*, 1983, 60–61; Brüggemeier und Rommelspacher, *Himmel*, 1992, 62–64; Vierhaus, *Umweltbewußtsein*, 1994, 74–75; Uekötter, *Rauchplage*, 2003, 425–426; Thoms, MPI für Ernährungsphysiologie, 2012, 328.

59 Generalverwaltung der Max-Planck-Gesellschaft,, *Jahrbuch 1975*, 1975, 297–298; Dr. H/Bo: Laudatio, S. 2–4, AMPG, II. Abt., Rep. 66, Nr. 4638, fol. 138–139; Stauffer, *Water Crisis*, 1998, 98; Vymazal et al., Wastewater Treatment, 2006, 86–88; Vymazal, Wetlands, 2005; Mitsch und Gosselink, *Wetlands*, 2007, 428.

60 Zu Seidel siehe Kickuth, *Landwirtschaft*, 1982; Könemann, *Wurzelraumverfahren*, 1998, 1–2.

61 Straub an Hertzsch, 6.11.1967, AMPG, II. Abt., Rep. 66, Nr. 4632, fol. 230–231; Straub, Züchtungsforschung, 1964, 140.

62 [Melchers]: Joseph Straub zum Namenstag 1984, Seite 11, AMPG, III. Abt., ZA 56, K2; Straub, *Fortschritte*, 1976; siehe auch Weyen, In-vitro-Kulturverfahren, 2008, 216; Melchinger, Oettler und Link, Zuchtmethoden, 2008, 239; Schilde, Melchers, 2002, 202.

63 Hier und nachfolgend Büchting und Büchting, Wissenschaft, 2003, 64.

Züchtungstechniken wagten.⁶⁴ Dies passte in das von der MPG angestrebte Profil, während für die anderen, ebenfalls zukunftsträchtigen Entwicklungen in der MPG kein Platz mehr sein sollte.

3.3.2 Im Getriebe des westdeutschen Wissenschaftssystems

Die wachsenden forschungs- und technologiepolitischen Ambitionen der Bundesregierung forcierten in den 1960er-Jahren unter Vermittlung des Wissenschaftsrates eine »Flurbereinigung« in den Landwirtschaftswissenschaften der Bundesrepublik, mit den Max-Planck-Instituten als Hauptdispositionsmasse.⁶⁵ Der zunehmende Druck von außen verstärkte gärende Konflikte innerhalb der MPG.⁶⁶ Um ein stärkeres biowissenschaftliches Profil zu bekommen, forcierte der Biochemiker und neu gewählte Präsident Adolf Butenandt Mitte der 1960er-Jahre eine Neuordnung der Lebenswissenschaften der MPG, die sein Nachfolger und ehemaliger Vorsitzender des Wissenschaftsrates Reimar Lüst in den 1970er-Jahren mit Elan fortführte.⁶⁷

Die Wege der Abwicklung der Landwirtschaftswissenschaften waren unterschiedlich (Abb. 8), waren aber in der Regel an die Emeritierung von Leitungspersonal gebunden. Das MPI für Bastfaserforschung schloss schon Ende der 1950er-Jahre angesichts des Aufstiegs synthetischer Faserstoffe als Vorbote eines weitreichenden Gestaltwandels der westdeutschen Agrarforschung seine Pforten.⁶⁸

Eine Reihe von Instituten oder zumindest Teile von ihnen gab die MPG im Laufe der 1960er-Jahre an Bund und Länder ab, so die MPI für Tierzucht und für Kulturpflanzenzüchtung. In den 1970er-Jahren folgte die Schließung des MPI für Landarbeit sowie der Limnologischen Station Niederrhein. Einige Institute verlegten im Lauf der Zeit selbstständig ihren Arbeitsschwerpunkt weg von landwirtschaftlichen Kontexten, so das MPI für Eiweiß- und Lederforschung und das MPI für Ernährungsphysiologie. Ende der 1970er-Jahre verblieb aus dem ehemaligen Cluster im Wesentlichen nur das MPI für Züchtungsforschung.

Die Neuordnung ging mit tiefgreifenden Konflikten innerhalb der BMS um die Ausrichtung der Forschung in der MPG einher. Viele Biowissenschaftler:innen richteten sich gegen die dezidiert problembezogene Forschung ihrer landwirtschaftlichen Kolleg:innen etwa im Bereich der Ernährungssicherung. Mit der MPG-Leitung waren sie sich einig, dass biowissenschaftliche Grundlagenforschung zwar mit der Verpflichtung auf Technologietransfer im Allgemeinen vereinbar sei, nicht aber mit der Ausrichtung auf konkrete politisch-gesellschaftliche Herausforderungen wie die Mitte der 1970er-Jahre bestehende Welternährungskrise oder das dann aufkommende »Waldsterben« in Verbindung gebracht werden dürfe.⁶⁹ Auch deshalb entschieden sich Leitung und BMS gegen die Etablierung eines eigenen Max-Planck-Instituts für Welternährung, wie es die Landwirtschaftsdirektoren und einige Biowissenschaftler in der MPG seit den 1960er-Jahren wiederholt forderten. Stattdessen forcierten sie eine Ausrichtung auf die aufstrebende Gentechnik.

3.4 Biotechnische Transformation in Zeiten von Hightech-Strategie und Globalisierung

Die Auflösung des alten Landwirtschaftsclusters machte für den Aufstieg des neuen Pflanzenbiologieschwerpunkts ab den 1980er-Jahren Platz, der dem übergreifenden Trend zur Biologisierung und Biotechnologisierung der Landwirtschaftswissenschaften folgte und den die MPG im Zuge der deutschen Vereinigung durch die MPI für terrestrische Mikrobiologie in Marburg, für molekulare Pflanzenphysiologie in Golm (bei Potsdam) und für chemische Ökologie in Jena weiter ausbaute. Die Heterogenität, die die Landwirtschaftswissenschaften bis dahin in der MPG ausgezeichnet hatten, war damit Vergangenheit. Waren zu Beginn der 1950er-Jahre von den neun landwirtschaftlichen MPI vier pflanzenbiologisch ausgerichtet, deckte die MPG Ende der 1980er-Jahre außer der Pflanzenbiologie keine weiteren landwirtschaftlichen

---

64 Reimann-Philipp et al., Stand, 1976.
65 Wissenschaftsrat, *Empfehlungen*, 1969, 226; Wissenschaftsrat und Ausschuß für Hochschulausbau, *Empfehlungen*, 1965, 149–153; Grunenberg, Empfehlungen, 1966; Stucke, *Institutionalisierung*, 1993, 67–77.
66 Korrespondenz der BMS mit und über den Wissenschaftsrat in AMPG, II. Abt., Rep. 62, Nr. 725; AMPG, III. Abt., Rep. 75, Nr. 30; Sitzungen des Erweiterten Verwaltungsrates der MPG für die Jahre 1967 bis 1970 in: AMPG, II. Abt., Rep. 61; Balcar, *Wandel*, 2020.
67 Materialien für die Sitzung des SAFFP der MPG am 23.10.1975, Punkt 2, AMPG, II. Abt., Rep. 61, Nr. 106, fol. 236–248; Melchers an Weber, 6.8.1968, AMPG, III. Abt., Rep. 75, Nr. 30, fol. 498. Siehe auch unten, Kap. III.9.
68 Telschow in Niederschrift über die Sitzung des VR der MPG vom 20.2.1957, AMPG, II. Abt., Rep. 61, Nr. 28, fol. 20–21; Oberkrome, *Ordnung*, 2009, 225. – Ein Jahr zuvor hatte die MPG auch die Forschungsstelle für Geschichte der Kulturpflanzen mit der Begründung geschlossen, dass sich die Forschungsrichtung überholt habe. Henning und Kazemi, *Handbuch*, Bd. 2, 2016, 861.
69 Siehe auch unten, Kap. IV.3.

Forschungsgebiete mehr ab. Dabei machten die um die Jahrtausendwende etablierten pflanzenbiologischen MPI ein Zehntel der BMS-Institute aus, das war weit weniger als die knapp zwei Drittel, die sie Anfang der 1950er-Jahre gestellt hatten.

3.4.1 Biotechnologisch initiierte Umstrukturierungen

Dass die MPG die Landwirtschaftswissenschaften nicht komplett abwickelte, sondern die Pflanzenbiologie ab den 1980er-Jahren sukzessive zu einem neuen Schwerpunkt ausbaute, hatte im Wesentlichen zwei Gründe. Die Pflanzenbiologie gehörte zu den ersten Anwendungsgebieten der in den 1970er-Jahren aufkommenden Gentechnik als ein Set molekularer Instrumente und Methoden zur Manipulation genetischer Informationen auf Ebene der DNA. Gerade noch rechtzeitig entschied sich die MPG deshalb, nicht auch noch das Kölner Max-Planck-Institut für Züchtungsforschung (MPIZ) zu schließen, sondern stattdessen auf biowissenschaftlich-gentechnische Pflanzenzüchtung neu auszurichten. Die MPG konnte auf diese Weise zugleich den gestiegenen Erwartungen der Politik gegenüber den öffentlich finanzierten Wissenschaftsorganisationen nachkommen, ihren Output von wirtschaftlich verwertbaren Forschungsergebnissen im Sinne des Technologietransfers für die Zwecke der Wirtschaft zu steigern. Staat und Industrie fungierten gleichsam als Paten beim Aufbau des in Köln etablierten gentechnologischen Forschungsverbundes (»Genzentrum«) und der pflanzenbiologischen Wende in der Max-Planck-Gesellschaft.[70] Der neue Schwerpunkt, der mit dem gentechnologisch ausgerichteten MPIZ in den 1980er-Jahren seinen Ausgang nahm, blieb in der Anzahl der Forschungseinrichtungen zwar kleiner, konnte aber im Rahmen der neuen Forschungs- und Technologiepolitik finanziell stark reüssieren.

Grund für den starken Anstieg in der Finanzierung[71] war die veränderte Förderstruktur für die Pflanzenzüchtung. Bundesregierung und EU-Kommission sahen in der Bio- und Gentechnologie Schlüsseltechnologien für die wirtschaftliche Entwicklung und stellten ab den 1980er-Jahren erhebliche Fördermittel für sie zur Verfügung. War das MPIZ 1977 noch auf Spenden angewiesen gewesen, um die Feier seines 50-jährigen Bestehens ausrichten zu können, schnellten die zweckgebundenen Drittmittel mit Umstellung der Pflanzenzüchtung auf Bio- und Gentechnologie in Höhen, von denen die landwirtschaftlichen Institute bisher nur hatten träumen können (Abb. 10).[72] Die 33,1 Millionen DM, die das MPI für Züchtungsforschung Mitte der 1980er-Jahre zusätzlich zum laufenden Haushalt erhielt, stammten zu 37 Prozent aus staatlichen Projektmitteln, mit steigender Tendenz. Einhergehend damit fand eine fast komplette Verlagerung der Finanzierung weg von der Landwirtschaft hin zu den Strukturen der Wissenschafts- und Technologieförderung statt. Während die (relativ bescheidenen) Zusatzmittel, die die landwirtschaftlichen MPI in den 1970er-Jahren einwarben, noch aus den Kassen des Bundeslandwirtschaftsministeriums (BML) und anderer Landwirtschaftsförderer stammten, trat das Bundesministerium für Forschung und Technologie (BMFT) in den 1980er-Jahren an deren Stelle.[73] In der folgenden Dekade sorgte die Europäische Union mit ihren vielfältigen Förderprogrammen auf dem Gebiet der Pflanzenzüchtung und Biotechnologie zusätzlich für eine Europäisierung der Förderstrukturen.[74] Parallel dazu intensivierte sich die Anbindung der Pflanzen- und Züchtungsforschung an internationale Wissenschaftsnetzwerke. So waren die MPI in zwölf Verbundprojekte einbezogen, zehn davon auf europäischer Ebene.[75]

Dass die Biotechnologie in die Pflanzenzüchtung Einzug hielt und sich die Forschung ins Labor verlagerte, machte sich auch in den Fachgebieten der Direktoren bemerkbar. Ab 1980 gerieten die klassisch-biologischen

---

70 Zu den Genzentren siehe auch unten, Kap. III.9, Kap. IV.3.
71 Für eine Darstellung der Clusterfinanzen relativ zum MPG-Haushalt siehe oben, Kap. III.2, Abb. 7.
72 Niederschrift über die Sitzung des Kuratoriums des MPI für Züchtungsforschung vom 1.7.1977, AMPG, II. Abt., Rep. 66, Nr. 4646, fol. 95; Straub: Zwölf Jahre Lüst in Köln-Vogelsang, Ansprache am 4.5.1984, Bl. 8, AMPG, III. Abt., ZA 56, K2.
73 Hier und nachfolgend: Schell an EMBL, 10.3.1988, AMPG, III. Abt., ZA 207, Nr. 23; Finanzakten der GV der MPG mit den Signaturen GVMPG, BC 209447; GVMPG, BC 209448; GVMPG, BC 209450; GVMPG, BC 209451; GVMPG, BC 209452; GVMPG, BC 209453; GVMPG, BC 233213. Berücksichtigt sind die Förderinstitutionen (Industrie ausgenommen) der MPI für Züchtungsforschung, Zellbiologie (Abt. für Haploidforschung), molekulare Pflanzenphysiologie und chemische Ökologie sowie des Max-Delbrück-Laboratoriums.
74 Für eine Statistik zur zunehmenden Bedeutung solcher Projektmittel in den Lebenswissenschaften siehe unten, Kap. IV.3, Abb. 37. Zur Europäisierung der Förderung der Biotechnologie allgemein siehe Abels, *Forschung*, 2000, 100.
75 Beispiele: AMICA = Advanced Molecular Initiative in Community Agriculture; BRIDGE = Biotechnology Research for Innovation, Development and Growth in Europe; ZIGIA = Zentrum zur Identifikation von Genfunktionen durch Insertionsmutagenese bei *Arabidopsis thaliana*. Siehe auch Saedler, Hahlbrock, Schell, Salamini an Zacher, 31.10.1995, Anlage: Zukunftsperspektiven des MPIZ, GVMPG, BC 233213, fot. 157. Zu der bundesdeutschen Genomforschungsinitiative GABI siehe unten, Kap. IV.3.

3. Landwirtschaftswissenschaften

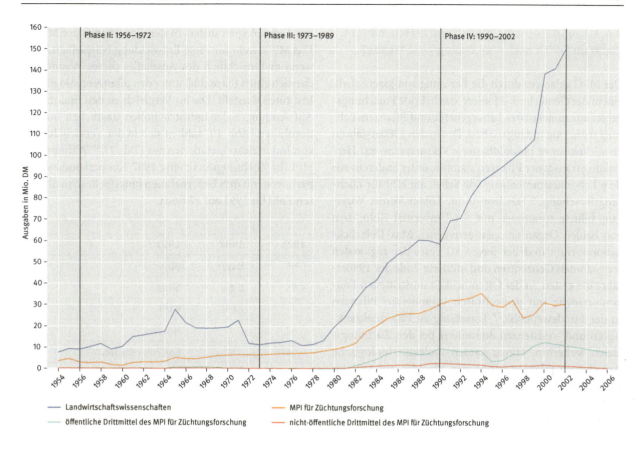

Ausbildungswege zugunsten der Expertise in Molekularbiologie und Biochemie ins Hintertreffen.[76] Auch die Zusammensetzung der Direktorenschaft wurde internationaler. Hatte sich die MPG ihre Institutsdirektoren bis dahin entsprechend der MPG-üblichen Praxis aus dem eigenen Umfeld rekrutiert, berief sie ab den späten 1970er-Jahren erstmals auch Wissenschaftler ohne MPG-Bezug und aus dem Ausland auf die landwirtschaftlichen Direktorenposten.[77] Ein ähnlicher Internationalisierungsschub ist auf der Ebene wissenschaftlicher Publikationen feststellbar.

Abb. 10: Der Landwirtschaftscluster im Spiegel der Haushaltszahlen und das MPI für Züchtungsforschung darin (inflationsbereinigt). Wachstum der Landwirtschaftswissenschaften in der MPG (inkl. Pflanzenbiologie, blau). Das Wachstum des Pflanzenbiologie-Schwerpunktes ab etwa 1980 trug zunächst das MPI für Züchtungsforschung allein (orange), durch Zuschüsse aus öffentlichen (grün) und nicht-öffentlichen (rot) Mitteln unterstützt, dann ergänzt um Arbeiten am MPI für Biochemie, am Max-Delbrück-Laboratorium und durch die im Zuge der deutschen Einheit gegründeten Institute. – Quelle: Haushaltspläne der MPI und forschungsbezogenes Tagging der WM der MPG in der Biografischen Datenbank des GMPG. Statistik: Robert Egel. Inflationsindex: IMF Consumer Price Index, mit Stichjahr 2002; doi.org/10.25625/9R62X9. Zur Methode siehe unten, Anhang 5.5.

---

76 Zu den Direktoren des MPIZ: Schell stammte aus der Zoologie und Mikrobiologie, Klaus Hahlbrock aus der Biochemie und Heinz Saedler aus der Molekularbiologie. Personen-Datenbank des GMPG-Forschungsprogramms. – Saedler war bezeichnenderweise auch als Direktor am MPI für Biochemie im Gespräch. Ergebnisprotokoll der »Grünen Kommission« am 24.4.1979, AMPG, II. Abt., Rep. 62, Nr. 707, fol. 74. – Dass es ganz ohne Pflanzenbiologie nicht ging, verdeutlichte die vierte, zuletzt realisierte Abteilung unter dem Landwirtschaftswissenschaftler und Pflanzengenetiker Francesco Salamini, die mit dem Fokus auf Pflanzenzüchtung und Ertragsphysiologie ein Bindeglied zwischen molekularbiologischer Grundlagenforschung und Pflanzenzüchtung darstellen sollte. Korrespondenz und Vermerke der GV in AMPG, II. Abt., Rep. 62, Nr. 709. – Auch die Direktoren der in den 1990er-Jahren gegründeten Institute kamen aus der Molekularbiologie, Genetik, Biochemie und Chemie, nur in einem Fall aus der Botanik. Personen-Datenbank des GMPG-Forschungsprogramms.
77 Personen-Datenbank des GMPG-Forschungsprogramms. – Joseph Straub und Wilhelm Menke waren ehemalige Mitarbeiter am KWI bzw. MPI für Biologie; der Gründungsdirektor des MPI für molekulare Pflanzenphysiologie Lothar Willmitzer war ehemaliger Mitarbeiter am MPI für Züchtungsforschung. Mit Schell, Salamini, Mark Stitt, Bill Hansson, Ian Baldwin, Jonathan Gershenzon, David G. Heckel und Thomas Mitchell-Olds kamen Wissenschaftler aus Belgien, Italien, England, Schweden und den USA in die MPG, dagegen nur drei in dem gleichen Zeitraum berufene Direktoren aus Deutschland.

3.4.2 Laborforschung, globalisierter Forschungsmarkt und doch noch eine ökologische Wende?

Der MPG gelang es durch die Berufung von Jozef Schell, einem der Gentechnik-Pioniere, das hybride Forschungsgebiet aus molekularer Laborgenetik und Pflanzenzüchtung frühzeitig mitzugestalten. Das in den 1980er-Jahren entwickelte erste plasmidbasierte Vektorsystem zur Herstellung transgener Pflanzen stammte unter anderem aus dem Laborzusammenhang von Schell am MPI für Züchtungsforschung.[78] Das Institut im Kölner Vorort Vogelsang bildete zusammen mit der Universität Köln, dem von beiden Organisationen getragenen Max-Delbrück-Laboratorium und der Bayer AG eines der regionalen sogenannten Genzentren und initiierte Ende der 1980er-Jahre die ersten, in der Öffentlichkeit umstrittenen Freilandversuche mit gentechnisch veränderten Pflanzen in der Bundesrepublik.[79] Forschung zu Pflanzenkrankheiten und -resistenzen dominierte bei den Züchtungszielen weiterhin. Hinzu kamen molekularbiologische Arbeiten zu pflanzenpathogenen Viroiden am MPI für Biochemie.[80]

Die neuen Forschungsansätze intensivierten die Beziehungen zur Wirtschaft und ermöglichten zugleich, den Schwerpunkt der MPG in molekularbiologischer und biotechnischer Grundlagenforschung auszubauen. Lange hatten Kooperationen mit einzelnen Saatzuchtbetrieben und Privatzüchtern die Wirtschaftsbeziehungen der Pflanzenzüchtungsinstitute der MPG geprägt. Die Gemeinschaft zur Förderung der privaten deutschen Pflanzenzüchtung e. V. (GFP), ein Konsortium von Mitgliedsfirmen aus der Saatgutbranche, diente in dieser Zeit als Hauptansprechpartnerin für die Wissenschaftler in der MPG. Nach dem Einstieg in die Bio- und Gentechnologie verlagerten sich die Beziehungen hin zu größeren Betrieben der Branche sowie zur chemischen Industrie und Lebensmittelindustrie des In- und Auslands, deren Interesse es war, die traditionelle Pflanzen- und Saatbranche durch herbizidresistente Pflanzensorten noch enger an das Chemiegeschäft zu binden.[81] Diese Verschiebung korrespondierte mit dem Bedeutungsgewinn des Technologietransfers in der Governance der MPG.[82] Das MPIZ steht für diese Entwicklung beispielhaft, auch wenn es hinsichtlich des Ausmaßes dieses Wandels sicherlich einen Extremfall unter den pflanzenbiologischen Instituten darstellt. Die im Vergleich zu den finanziellen Aufwendungen der Industrie hohen staatlichen Innovationshilfen (Abb. 10) zahlten sich in der Vervielfältigung von Industriekooperationen aus (Tab. 1).[83] Während das MPI für Züchtungsforschung 1987 Kooperationsvereinbarungen mit drei Unternehmen unterhielt, schnellte deren Zahl bis 1993 auf 17 hoch.

1975	1987	1993
GFP	Bayer	Bayer
KWS*	Sibia	Sibia
	BASF	BASF
		Hoechst
		EniChem (Italien)
		Kirin (Japan)
		LVMH (Frankreich)
		ECSA (European association)
		KWS
		Hodogaya (Japan)
		Svaloef (Schweden)
		Zadunie (Niederlande)
		Enimont (Italien)
		Monsanto (USA)
		Roquette Freres (Frankreich)
		Pharmacia (Schweden)
		Euron (Belgien)

Tab. 1: Die Förder- und Kooperationspartner des MPI für Züchtungsforschung aus Industrie und Wirtschaft. * = Kleinwanzlebener Saatzucht. – Quelle: MPI für Züchtungsforschung: Grundlagenforschung zur Unterstützung anwendungsorientierter Projekte, GVMPG, BC 110883, fol. 193–201.

---

78 Schell, *Aussichten*, 1981; Hahlbrock, *Molekularbiologie*, 2003; siehe auch Charles, *Lords*, 2002.
79 Wieland, *Genen*, 2011. Siehe dazu unten, Kap. IV.10.6.3.
80 In der Abteilung des Biochemikers Heinz Ludwig Sänger, der ursprünglich an das Kölner MPI hätte berufen werden sollen. Generalverwaltung der Max-Planck-Gesellschaft, *Jahrbuch 1989*, 1989, 90–91 u. 104–106.
81 Zur Konvergenz von Saatgutwirtschaft und Chemieindustrie und die Steigerung des Pestizideinsatzes durch Herbizid-tolerante Pflanzen siehe Flitner, *Sammler*, 1995, 160–161; siehe auch Doyle, *Harvest*, 1985, 94–99; Kloppenburg, *Seed*, 2004, 211–214 u. 245–251; Juma, *Hunters*, 1989, 112–115; Wehnelt, *Hoechst*, 2009, 127–128.
82 Siehe unten, Kap. IV.3.
83 Zum MPI für molekulare Pflanzenphysiologie siehe Schwerin, *Biowissenschaften*, in Vorbereitung; Balcar, *Instrumentenbau*, 2018; Schröder, *Wissen*, 2009; Max-Planck-Gesellschaft, *Max-Planck-Innovation*, 2020.

3. Landwirtschaftswissenschaften

Die politische Ökonomie der Gentechnik erklärt die markanten Strukturveränderungen. Zum einen räumte die Bundesregierung der chemischen Großindustrie bei der Förderung der Gentechnologie Priorität ein, um ihre wirtschaftspolitische Zielsetzung zu erreichen und die Bundesrepublik als Hightech-Standort im internationalen Wettbewerb zu erhalten.[84] Zum anderen brachten große Unternehmen am ehesten die technischen und ökonomischen Voraussetzungen mit, die Entwicklung von gentechnologisch modifizierten Pflanzen (GMO) zur Marktreife zu bringen. Neu war diese Arbeitsteilung zwischen Grundlagenforschung und Großindustrie mit Blick auf die erwähnte biochemische Forschungskultur für MPG-Verhältnisse nicht. Neu war, dass Biochemie-Paradigma und Technologietransfer nun auch den Orientierungsrahmen des neuen landwirtschaftlichen Schwerpunktes bildeten. Legitimatorisch knüpfte die MPG dabei umstandslos an eigene, ältere Vorbilder an, in diesem Fall an die staatlich und industriell geförderte Gründung des KWI für Züchtungsforschung im Jahr 1927 als Spezialinstitut für technologieorientierte Grundlagenforschung und den damals damit verfolgten Technologietransfer der mendelschen Erblehre in die Pflanzenzüchtung.[85]

Die Biotechnologiewelle und die damit einhergehende Kommerzialisierung der Forschung brachten indes neues Konfliktpotenzial mit sich. Die Gentechnik-Wende provozierte unter Biolog:innen der BMS, die einem bodenständigen Verständnis akademischer Wissenschaft verpflichtet waren, Bedenken. Da sich aber die zwischen MPG, Chemieindustrie und Staat ausgehandelten Rahmenbedingungen für den Technologietransfer aus den Gentechnik-Laboratorien der MPG letztlich in der Tradition des biochemischen Arbeitsmodus und innovations- und technologieorientierter Grundlagenforschung zu bewegen schienen, blieb es bei vereinzelten kritischen Stimmen.[86] Sehr viel umstrittener war die Gründung von Biotechnologie-Forschungsfirmen (sogenannte Biotech Spin-offs) durch Wissenschaftler:innen selbst. Der Gründungsboom, der die Einführung der Gentechnik ab Ende der 1970er-Jahre vor allem in den USA begleitete, fand in der Bundesrepublik zuerst bei MPG-Wissenschaftler:innen Nachahmer.[87] Dass diese sich gewissermaßen unterm Schutzschirm von Staat und Industrie teils sehr erfolgreich als Gründer von eigenen Biotech-Firmen betätigten, stellte das gerade mit den Genzentren erneuerte korporatistische Verhältnis zwischen Politik, Großindustrie und MPG auf die Probe.[88] Solche Spannungen zwischen den Interessen der Forschung, der Großindustrie und eigenen Firmengründungen kamen etwa bei der Gründung des MPI für molekulare Pflanzenphysiologie zum Tragen.[89]

Während die MPG unter dieser Prioritätensetzung andere Forschungsbereiche vernachlässigt hatte, holten die politisch brisanten Themen Umwelt und Ökologie die MPG seit den 1980er-Jahren immer wieder ein.[90] Der gesellschaftliche Erwartungsdruck bewirkte schließlich, dass die MPG in den 1990er-Jahren die Pflanzenbiologie um ökologische Themen ergänzte:[91] zum einen durch die Integration ökologischer Fragestellungen in die Forschungsagenda der schon vorhandenen Pflanzenzüchtungsforschung, zum anderen durch die Gründung ökologisch ausgerichteter Institute. Allerdings stellte die MPG bezeichnenderweise die Gründung der MPI für terrestrische Mikrobiologie im Jahr 1990 und für chemische Ökologie im Jahr 1996 nicht primär in den Dienst umweltpolitischer Belange oder einer weiter gefassten Ökosystemforschung. Stattdessen wählte sie einen Zuschnitt, der die neuen Institute – zum Teil explizit – in die Tradition biochemischer Forschung einreihte, wie sie in Butenandts Untersuchungen über Pheromone und des

---

84 Dolata, *Modernisierung*, 1992.
85 Schriftwechsel der »Grünen Kommission«, AMPG, II. Abt., Rep. 62, Nr. 699 und 706.
86 Zur Bedeutung der innovationsorientierten Grundlagenforschung für die MPG siehe unten, Kap. IV.3.
87 Schell war unter den Pflanzenbiologen in der MPG Pionier als Gründer der belgischen Firma Plant Genetic Systems (PGS) im Jahr 1982, welche von der AgrEvo GmbH (ein Gemeinschaftsunternehmen von Hoechst und Schering) im Jahr 1996 gekauft wurde und im Jahr 2002 in den Besitz der Bayer AG gelangte. Klingholz, *Leben*, 1988, 41–44; Bijman, *AgrEvo*, 2001; Charles, *Lords*, 2002, 3–21; Lijsebettens, Angenon und De Block, *Plants*, 2013.
88 Z. B. Balcar, *Instrumentenbau*, 2018.
89 Schwerin, *Biowissenschaften*, in Vorbereitung. – Gründungsdirektor Lothar Willmitzer, ehemaliger Mitarbeiter von Schell, rief zusammen mit Mitarbeiter:innen 1996 die PlantTec GmbH ins Leben. Weitere Ausgründungen folgten 2009 mit der Firma Metabolomic Discoveries, 2012 mit metaSysX GmbH und 2013 mit targenomix. Max-Planck-Institut für molekulare Pflanzenphysiologie, Wirtschaft und Wissenschaft, 2022, https://www.mpimp-golm.mpg.de/7465/econsci. Zuletzt aufgerufen am 9. Mai 2018.
90 Lax, *Wissenschaft*, 2020, 65–66; Sachse, *Wissenschaft*, 2023, 472–494, sowie unten, Kap. III.7.
91 Zum Erwartungsdruck allgemein siehe u. a. Ergebnisprotokoll der 2. Sitzung der Kommission »Chemische Kommunikation in Ökosystemen« vom 22. und 23.6.1994, AMPG, II. Abt., Rep. 62, Nr. 343, fol. 29–30.

MPI für Virusforschung über Pflanzenpathogene erfolgt waren.⁹²

Die beiden neuen Institute ergänzten den bestehenden landwirtschaftlich-pflanzenbiologischen Schwerpunkt, indem sie die Probleme des Pflanzenbaus um die Perspektive der biochemischen und molekularbiologischen Erforschung von Pflanzen-Umwelt-Wechselbeziehungen erweiterten.⁹³ Im Fall des MPI für chemische Ökologie nahm die MPG in bewährter Vorgehensweise eine Problematik auf, deren Potenzial ein DFG-Forschungsprogramm zuvor ausgelotet hatte.⁹⁴ Die molekulare Erforschung des Pflanzenstoffwechsels sowie die mikrobiologische und biochemische Erforschung der Schädlingsökologie versprachen neue Ansätze für verbesserte Zuchteigenschaften und Anbaumethoden. Zugleich beteiligten sich die neuen Institute maßgeblich an Forschungsinitiativen im europäischen Raum, etwa an der Erforschung verheißungsvoller Modellorganismen wie der Petunie (*Petunia*) und der Ackerschmalwand (*Arabidopsis thaliana*). Hinzu kamen eigens entwickelte Modellsysteme für Zwecke der chemischen Ökologie wie der Wilde Tabak (*Nicotiana attenuata*) und der Schwarze Nachtschatten (*Solanum nigrum*).

Die Ökologisierung der landwirtschaftlichen Forschung relativierte den lange Zeit dominierenden Trend vom Feld ins Labor, denn, um die pflanzeneigenen Abwehrmechanismen in ihrer ökologischen Komplexität zu verstehen, mussten die Modellpflanzen in ihrer natürlichen Umgebung studiert werden.⁹⁵ Die landwirtschaftliche Pflanzenbiologie öffnete sich nach Vernachlässigung dieser Arbeitsgebiete auf diese Weise wieder der biologischen Feldforschung.⁹⁶ Zugleich setzte sich mit der Etablierung der chemischen Ökologie die Expansion labortechnischer, inklusiver gentechnischer Forschungsansätze in den Biowissenschaften fort, nun auch in der Ökologie.

3.5 Fazit: Der lange Trend vom Feld ins Labor

Konflikt und Verdrängung prägten die Geschichte der landwirtschaftlichen Forschung in der MPG, weniger Kooperation und Wettbewerb der Wissenschaftler:innen.

Interne und externe Faktoren spielten dabei zusammen. Auffällig ist, wie sehr die Verfasstheit der MPG als Wissenschaftsorganisation dabei ins Gewicht fiel, nicht zuletzt durch ein erstaunlich persistentes, bis in die Kaiserzeit zurückreichendes institutionelles Gedächtnis, das fast idealtypisch für die wissenschaftlich-institutionelle Traditionsbildung in der MPG und die damit verbundenen Konflikte steht.

Auf der einen Seite waren es die praxisorientierten, durch die Staatswirtschaft der NS-Zeit geprägten Agrarwissenschaftler der KWG, die sich in der MPG und in der Bundesrepublik als gemeinwohlorientierte Treuhänder staatlicher Interessen verstanden. Dies traf auf diejenigen Institute zu, die ein unmittelbares Ergebnis der NS-Wissenschaftspolitik waren, aber auch auf solche, die ihren Arbeitsmodus und ihr Selbstverständnis an die NS-Wirtschaft angepasst hatten, wie das KWI für Züchtungsforschung. Die stärker biowissenschaftlich orientierten Landwirtschaftswissenschaften bezogen sich dagegen auf eine KWG-Tradition, die noch weiter zurückreichte, weniger eng auf staatliche Interessen ausgerichtet, sondern mehr durch die Zusammenarbeit mit Industrie und Wirtschaft geprägt war. Dazu gehörten vor allem die biochemisch arbeitenden Institute. Schon auf dieser Ebene war eine Spannung angelegt, die über die Belastung der Landwirtschaftswissenschaften durch ihre Mitwirkung an der NS-Politik hinaus den Landwirtschaftscluster beeinträchtigte, trotz erfolgreicher Anpassung an die Erfordernisse der westdeutschen Mangelgesellschaft.

Die Spannungen nahmen in dem Maße zu, in dem die molekularen Biowissenschaften Erfolge feierten und in der Max-Planck-Gesellschaft an Einfluss gewannen, fast symbolisch mit der Wahl des Biochemikers Butenandt zum neuen Präsidenten Anfang der 1960er-Jahre. Die Kluft weitete sich zudem dadurch aus, dass sich die althergebrachten Landwirtschaftswissenschaftler in der MPG nun als Gralshüter eines umfassenderen Lebensverständnisses im Dienst gewachsener, behutsam zu modernisierender ländlicher Strukturen sowie des Erhalts des eingespielten Gleichgewichts zwischen landwirtschaftlicher Nutzung und natürlichen Ressourcen sahen. Biochemie und Molekularbiologie standen dagegen für

---

92 Zum MPI für ökologische Chemie siehe Schneider an Schwarz, 30.5.1994, AMPG, II. Abt., Rep. 62, Nr. 343, fol. 156–160; Ergebnisprotokoll der 3. Sitzung der Kommission »Chemische Kommunikation in Ökosystemen« vom 6.12.1994, ebd., fol. 4–5; Böschen, *Risikogenese*, 2000, 295–301.
93 Hier und nachfolgend siehe die Publikationslisten in den Jahrbüchern der MPG für die 1990er-Jahre.
94 Siehe die Beratungsergebnisse der Kommission »Chemische Kommunikation in Ökosystemen«, AMPG, II. Abt., Rep. 62, Nr. 343–346, u. a. Ergebnisprotokoll der 3. Sitzung vom 6.12.1994, ebd., Nr. 343, fol. 4–6.
95 Baldwin, Forschungsbericht, 2007.
96 Allerdings war es angesichts der Vernachlässigung dieser Arbeitsgebiete in der MPG und an den Universitäten schwer, einen passenden Leiter für das MPI für chemische Ökologie zu finden.

3. Landwirtschaftswissenschaften

einen reduktionistischen Forschungsansatz, der die bedeutenden biologischen Fragen auf der Ebene der Biomoleküle ganz neu zu denken und anzugehen versprach. Voraussetzung dafür war der Rückzug der Biologie in das mit neuartigen Forschungstechniken ausgestattete Labor, in dem nun aufbereitete Biomaterialien und standardisierte Modellpflanzen an die Stelle landwirtschaftlicher Nutzpflanzen und -tiere traten. Die Beispiele Virusforschung und Pheromonforschung belegen, dass die molekulare Biologie durchaus auch landwirtschaftlich relevante Fragen bearbeitete.

Äußere Einflüsse und Entwicklungen trugen maßgeblich dazu bei, das jahrzehntelange Tauziehen um die Landwirtschaften in der MPG zu entscheiden. Die internationale Entwicklungsdynamik der molekularen, laborbasierten Biologie verstärkte die Verteilungskonflikte innerhalb der Lebenswissenschaften der MPG erheblich und forcierte die organisations- und wissenschaftspolitischen Richtungsentscheidungen zugunsten der Laborforschung. Unter den Bedingungen von Autonomie und Mitbestimmung der Wissenschaftlichen Mitglieder trafen die entgegenstehenden Positionen zur Ausrichtung der Lebenswissenschaften in der MPG umso härter aufeinander.[97] Die MPG hat dafür einen hohen Preis bezahlt. Sie wickelte den landwirtschaftlichen Cluster und die damit verbundenen Forschungstraditionen etwa in der Ökologie und Physiologie der Tiere und Pflanzen bis Ende der 1970er-Jahre fast vollständig ab.

Der Neuordnungsprozess im bundesdeutschen Wissenschaftssystem kam als Faktor hinzu. In dem Maße, in dem die Technologie- und Innovationspolitik auf Bundesebene an Einfluss gewann und die Hightech-Strategie der Bundesregierung ab den späten 1960er-Jahren die technologiebezogene Grundlagenforschung in den Fokus staatlicher Wissenschafts- und Technologiepolitik rückte, verlor die traditionalistische Landwirtschaftsforschung in der MPG an politischer Unterstützung. Schließlich brachte das Aufkommen neuer »unkonventioneller« Züchtungstechnologien und vor allem der Gentechnik weitreichende Transformationen in der MPG in Gang, die in dem Aufbau eines Schwerpunktes gentechnischer Pflanzenzüchtung mündeten, befördert und gefördert wiederum durch die Forschungsprogramme der Bundesregierung und durch die Anreize für den Technologietransfer.

Eine weitere Folge dieser Entwicklung war, dass in den Biowissenschaften der MPG letztlich nur wenige Forschungsansätze übrig blieben, die nicht auf der Adaptation biochemisch-molekularbiologischer Konzepte, Methoden und Instrumentarien beruhten. Damit einhergehend setzte sich der industriebezogene Arbeitsmodus auch in der Pflanzenzüchtung durch. In der *longue durée* ergab sich damit eine neue Traditionslinie, die von den Anfängen der Züchtungsforschung in der KWG über die starke Rolle der biochemischen Forschungskultur bis zur Agrogentechnik der 1980er- und 1990er-Jahre reichte. Sie steht mithin für das MPG-weite Erfolgsrezept, Grundlagenforschung innovationsorientiert und im engen Austausch mit der Wirtschaft zu betreiben.[98] Es wäre allerdings verfehlt, die Abkehr von der Staatsorientierung der traditionellen Landwirtschaftswissenschaften als Entpolitisierung zu verstehen. Wie der Fall der Pflanzenbiologie zeigt, vollzog die MPG mit ihrem spezifischen Verständnis von Grundlagenforschung seit den 1970er-Jahren einen engen Schulterschluss mit der staatlichen Wissenschafts- und Technologiepolitik.[99]

Die im Zuge der deutschen Vereinigung und vor dem Hintergrund steigender gesellschaftlicher Erwartungen neu gegründeten Max-Planck-Institute im Bereich der Ökologie und Umweltforschung erweiterten die Pflanzenbiologie um die Erforschung der Wechselbeziehung zwischen Pflanzen und Umwelt. Der Rückgriff auf beschreibendes Naturwissen entsprach dabei einem Trend in der jüngsten Geschichte der Biowissenschaften, in dem nicht zuletzt die verspätete Einsicht zum Ausdruck kam, dass die Datenmengen aus der molekularen Biologie und Genomforschung allein wenig aussagen, sondern für ihre Interpretation das Wissen der klassisch biologischen Fächer wie Systematik, Morphologie und Anatomie oder auch der Ökologie gebraucht wird.

Die MPG blieb ihrem bisherigen Entwicklungsrezept dennoch treu. Die Institutsneugründungen stellten den in den Biowissenschaften der MPG etablierten biochemisch-biomolekular dominierten Arbeitsmodus nicht infrage. Die pflanzenbiologische Forschung blieb auf potenzielle Industrieanwendungen zugeschnitten, nicht auf primär politische Zielsetzungen, sei es der Ernährungssicherung oder der Umweltpolitik. Es ist offen, inwieweit sich seitdem eine anders geartete ökologische »Grüne Biologie« in der MPG entwickeln konnte.

---

97 Siehe auch unten, Kap. III.9 und Kap. III.12.
98 Siehe etwa auch unten, Kap. III.4.
99 Siehe auch unten, Kap. IV.3.

4. Materialforschung

Thomas Steinhauser

In der zweiten Hälfte des 20. Jahrhunderts erfuhr die Materialforschung eine starke Erweiterung und Verschiebung,[1] die sich auch innerhalb der Max-Planck-Gesellschaft widerspiegelte. Um die grundlegenden Veränderungen dieses großen und vielfältigen Gebietes besser zu erkennen und zu analysieren, hilft eine generelle Strukturierung. Zu diesem Zweck werden in der vorliegenden Darstellung zwei Arbeitsrichtungen der Materialwissenschaften in der MPG unterschieden, die der Konstruktionswerkstoffe und die der Funktionswerkstoffe. Sie sind durch verschiedene epistemische, soziale und organisatorisch-infrastrukturelle Kontexte als getrennte Cluster charakterisierbar, deren Forschungsfelder allerdings aufeinander bezogen blieben.

Als Konstruktionswerkstoffe gelten Materialien, die vor allem wegen ihrer mechanischen Eigenschaften erforscht und verwendet werden. Die Bezeichnung Funktionswerkstoffe dagegen zielt auf weitere Parameter, vor allem elektrische oder magnetische. Historisch gesehen waren zunächst die Konstruktionswerkstoffe in der Materialforschung bestimmend, der Forschungsschwerpunkt verschob sich dann ab der Mitte des 20. Jahrhunderts zu den Funktionswerkstoffen.[2]

Dieser generelle Trend zeigt sich auch in der Forschungsgesellschaft. Ein in den Traditionen der KWG verankerter und vor allem an den Konstruktionswerkstoffen orientierter Cluster blieb bis in die 1960er-Jahre hinein fest in der MPG etabliert, wuchs aber nicht mehr nennenswert, anders als etwa die ab den späten 1950er-Jahren stark expandierenden Arbeitsfelder wie Astronomie und Astrophysik.[3]

Ende der 1960er-Jahre begann dann in der MPG bei der Materialforschung eine grundlegende Umorientierung hin zum Forschungsfeld der modernen Festkörper- und Oberflächenwissenschaften, was zur Ausbildung eines neuen, erfolgreichen Clusters führte, der die ältere Arbeitsrichtung ablöste. Indem sie die in den USA bereits angelaufene Entstehung der modernen Materialwissenschaften abbildete, wurde die MPG auf nationaler Ebene zum Vorreiter. Ihre Strukturen erwiesen sich als flexibel genug, um das neue Forschungsfeld repräsentieren zu können. Der Übergang fand in drei Formen institutionellen Wandels statt: Erstens durch die trotz angespannter Finanzlage erfolgte Neugründung von Instituten, zweitens wurden Institutionen des älteren Clusters der Materialforschung eingestellt oder abgegeben, drittens gelang es, bestehende Institute fachlich umzuorientieren, denn trotz der spezifischen Institutstraditionen sind Max-Planck-Institute nicht wie Universitätsinstitute an bestimmte Disziplinen gebunden.

Die neue, auf Funktionswerkstoffe ausgerichtete Materialwissenschaft haben Historiker:innen oft als eine für die zweite Hälfte des 20. Jahrhunderts prototypische, transdisziplinäre Technowissenschaft angesehen, die ihre eigene institutionelle Basis aufbaute und mit der Elektronik eine neue, ihr spezifisch zugeordnete Industriebranche aufwies.[4] Letzteres galt mit der metallerzeugenden und -verarbeitenden Industrie sicher auch für die Materialwissenschaft alter Prägung. Bei aller Betonung der Unterschiede sehe ich auch Gemeinsamkeiten der materialforschenden Cluster. Diese sind über die oft von Wissenschaftler:innen selbst in ihren historischen

---

1 Bensaude-Vincent, The Construction of a Discipline, 2001, 246–247; Cahn, *Materials Science*, 2003, 3–15, 541; Hentschel, Werkstoffforschung, 2011.
2 Fraunhofer-Institut für Systemtechnik und Innovationsforschung, *Delphi '98-Umfrage*, 1998, 67.
3 Siehe unten, Kap. III.6.
4 Bensaude-Vincent, Chemists, 2018, 600–602.

Betrachtungen gezogenen Traditionslinien hinaus zu erkennen,[5] in persönlichen und organisatorischen Verbindungslinien, die den Wandel begleiteten.

4.1 Die an Konstruktionswerkstoffen orientierte Materialforschung

Metalle bildeten die wichtigste materielle Grundlage der Industriellen Revolution des 18. und 19. Jahrhunderts. Damit verbunden kam es zu einer schnellen Fortentwicklung der metallurgischen Produktionsprozesse,[6] angetrieben durch ökonomische, technische und militärische Bedürfnisse. Metallkundler:innen bearbeiteten in der Regel Probleme mit konkretem Praxisbezug, wobei der Schwerpunkt bei den Metallen oder Legierungen lag und deren statischen Struktureigenschaften wie Bruchfestigkeit, Härte oder Zähigkeit. Eine der wichtigsten empirischen Methoden war die Beobachtung von Legierungen an angeätzten, polierten Oberflächen im Lichtmikroskop.[7] Einen wesentlichen Impuls zur stärkeren Orientierung an den Theorien der Physik gab ab 1912 die neue wissenschaftliche Methode der Röntgenstrukturanalyse, welche die Mikrostruktur von Kristallen in Metallen und Legierungen erstmals empirisch zugänglich machte. Die Metallkundler:innen begannen so nach dem Ersten Weltkrieg, ihr Fachgebiet um die Metallphysik zu erweitern.[8] Dabei blieben aber die Metallgewinnung aus Erzen und die empirisch begründeten Produktionsprozesse zentrale Teile des Arbeitsgebietes.[9]

Ab den 1920er-Jahren bot die Quantentheorie neue Grundlagen für die Arbeit von Physiker:innen und Chemiker:innen. Der damit verbundene theoretische Trend zur Mikrostruktur erreichte auch die Metallkunde. In den 1930er-Jahren entwickelten Metallphysiker eine zunächst noch qualitative Theorie, mit der sie wichtige Eigenschaften von Metallen und Legierungen auf Veränderungen und Störungen der Kristallstruktur zurückführen. 1934 wurde die Versetzung von Atomgruppen gegeneinander als eine neue Form von Kristalldefekten dargestellt.[10] Andere Kristalldefekte wurden als Leerstellen, Zwischengitteratome oder Farbzentren definiert, die ebenfalls starken Einfluss auf die Materialeigenschaften haben. Die systematische Kombination verschiedener Defektarten ermöglichte dann eine theoretische Abschätzung der produktionsrelevanten Eigenschaften.[11] Diese prinzipielle Herangehensweise ließ sich auch auf andere Materialien übertragen, zum Beispiel auf Mineralien und organische Werkstoffe wie Seide oder Zellulose.[12]

Die ersten beiden materialforschenden Institute der KWG, das 1917 gegründete KWI für Eisenforschung[13] und das 1921 gegründete KWI für Metallforschung,[14] gingen auf Initiativen der Industrie zurück, denn Metalle waren von hohem militärisch-wirtschaftlichen Interesse. Die Textil-, Glas- und Baustoffindustrien folgten in den 1920er-Jahren und unterstützten die Gründung von Kaiser-Wilhelm-Instituten mit entsprechender Ausrichtung und Methodik. So entstand 1924 mit dem KWI für Faserstoffchemie und 1925 mit dem KWI für Silikatforschung zusammen mit den metallforschenden Instituten eine Tradition grundlegender, aber dennoch stark industriebezogener Materialforschung, die sich vor allem auf die Analyse und Gestaltung von Konstruktionswerkstoffen und ihrer mechanischen Eigenschaften konzentrierte. Bereits in dieser Zeit sind im Zusammenspiel von Industrie, Staat und Wissenschaft die Grundlagen eines Clusters zu beobachten, der hier als an Konstruktionswerkstoffen orientierte Materialforschung bezeichnet wird.

Aufgrund der rassischen Verfolgungen im Nationalsozialismus wurde das von Reginald O. Herzog geführte KWI für Faserstoffchemie 1934 aufgelöst.[15] Dagegen erlebten die anderen drei materialwissenschaftlichen KWI

---

5 Z. B. Wever, Eisenforschung, 1951; Stratmann, *Materials Science*, 2006, 219 u. 224.
6 Z. B. Mehl, *Science of Metals*, 1948, 1–20; Ashby, Shercliff und Cebon, *Materials*, 2007, 112.
7 Der Ausschuss für angewandte Forschung der Deutschen Forschungsgemeinschaft (DFG) betrachtete das als Beginn der modernen Metallforschung. Wever, *Denkschrift*, 1966, 9.
8 Mehl, *Science of Metals*, 1948, 52–54. Heinz Jagodzinski vom MPI für Silikatforschung beschrieb diesen Schritt analog als Beginn der Silikatforschung als selbstständiges Fachgebiet. Jagodzinski, Strukturproblem, 1956, 152.
9 Wever, Eisenforschung, 1951; Wever, Entwicklungslinien der Eisenforschung, 1956.
10 Orowan, Kristallplastizität I, 1934; Orowan, Kristallplastizität II, 1934; Orowan, Kristallplastizität III, 1934; Polanyi, Gitterstörung, 1934; Taylor, Mechanism of Plastic Deformation I, 1934, 362; Taylor, Mechanism of Plastic Deformation II, 1934, 388.
11 Ekkehart, Versetzungen in Kristallen, 1965; Seeger, Verhakungen, 2009.
12 Michael Polanyi, Herman Mark und der Metallurge Erich Schmid waren Anfang der 1920er-Jahre am KWI für Faserstoffchemie Pioniere auf diesem Gebiet. Zu Polanyi siehe Nye, *Michael Polanyi*, 2011. Zu Herman Mark siehe Priesner, *H. Staudinger, H. Mark und K.H. Meyer*, 1980. Zu Schmid, der auch am MPI für Metallforschung gearbeitet hatte, siehe Fischmeister, *Erich Schmid*, 1985.
13 Flachowsky, Wagenburg der Autarkie, 2010.
14 Maier, *Forschung*, 2007.
15 Löser, Gründungsgeschichte, 1996.

im NS-Staat einen starken Aufschwung.[16] Ähnlich wie in der Landwirtschaft räumte die Autarkiepolitik des NS-Regimes mit ihrer Suche nach Ersatzstoffen und den anlaufenden Kriegsvorbereitungen der Materialforschung höchsten Stellenwert ein. Bei der Untersuchung des Zusammenhangs von Materialstrukturen und -eigenschaften entsprachen die instrumentellen Methoden dem allgemeinen wissenschaftlichen Stand der Zeit,[17] die Materialforschung der KWG hatte somit einen spezifischen Anwendungsfokus, genoss aber auch hohes wissenschaftliches Prestige.

Als rüstungswichtige Betriebe wurden die materialforschenden KWI gegen Ende des Zweiten Weltkriegs zerstört oder verlagert und danach, unter alliierter Kontrolle, teilweise demontiert. Trotzdem gehörten alle drei 1948 zu den Gründungsinstituten der neuen MPG. Das Gesetz Nr. 25 des Alliierten Kontrollrats zur Regelung und Überwachung der naturwissenschaftlichen Forschung untersagte die im Krieg intensiv betriebene, auf militärische Anwendung zielende Forschung.[18] Die Direktoren der materialforschenden KWI reagierten ähnlich wie die Leitung der KWG/MPG: Sie stellten ihre Arbeit als traditionell der naturwissenschaftlichen Grundlagenforschung verpflichtet dar,[19] um ihre Unterstützung der NS-Kriegsmaschinerie herunterspielen und den Forschungsverboten ausweichen zu können. Die Berufung auf die Grundlagenforschung diente ihnen in dieser Situation als Schild zur Abwehr alliierter Bedrohung.[20]

Nichtsdestotrotz knüpften die Wissenschaftler:innen direkt nach dem Krieg an die alten Industriekontakte an[21] und behielten ihre traditionellen, an der industriellen Anwendung orientierten Themen und Methoden bei.[22] Leitende Institutsmitglieder nutzten in den 1950er-Jahren zum Teil unveröffentlichte Ergebnisse aus der Zeit vor 1945 für neue, eigene Patente.[23] Noch vorhandene Mittel und Materialien konnten für zivile Zwecke eingesetzt werden, bei denen die rechtlichen Forschungsbeschränkungen weniger tiefgreifend waren. Mit Ausnahme des MPI für Eisenforschung patentierten die einzelnen materialforschenden Institute in den 1950er- und 1960er-Jahren aber kaum unter ihrem Namen.[24] Hier scheint die Patenttätigkeit als Indikator für Industrienähe nicht durchgehend funktioniert zu haben, was mit dem damals geringen wissenschaftlichen Prestige von Patenten innerhalb der MPG und mit ihrer starken Betonung der Grundlagenforschung erklärbar wäre. Die Situation des Instituts für Eisenforschung war ein Ausnahmefall, weil der Verein Deutscher Eisenhüttenleute (VDEh) es bald wieder direkt unterstützte.[25] Außerdem lag es in der britischen Zone, wo die für die Forschungsüberwachung zuständige alliierte Behörde schon sehr früh eine Kooperation mit deutschen Wissenschaftler:innen suchte.[26] Analoge Bemühungen, deutsche Expert:innen mit relevantem wissenschaftlich-technischem Wissen in den eigenen Machtbereich zu bringen bzw. dort zu halten, gab es auch auf amerikanischer, französischer und sowjetischer Seite.[27]

Die organisatorischen Parallelen der drei materialforschenden Institute waren in der KWG-Tradition verankert. Es handelte sich um Ein-Direktoren-Institute, ausgerichtet auf die starken Leitungspersonen Franz Wever, Werner Köster und Adolf Dietzel. Trotz der nach dem Krieg bedrohlich gewordenen Verflechtung mit dem NS-Regime gelang es ihnen letztlich, sowohl die persönlichen Forscherkarrieren als auch ihre Institute weitgehend un-

---

16 Heim, Sachse und Walker, *Kaiser Wilhelm Society*, 2009; Maier, *Forschung*, 2007; Kieselbach, Deppe und Schwartz, *Eisenforschung*, 2019, 101–168.

17 Max von Laue, ab 1919 am KWI für Physik, war eine treibende Kraft der Röntgenstrukturanalyse (Nobelpreis für Physik 1914), die eine starke Tradition in der KWG begründete. In den 1930er- und 1940er-Jahren wurden Pionierarbeiten zur Elektronenmikroskopie an den KWI für Silikatforschung, für Metallforschung und für Eisenforschung durchgeführt.

18 Heinemann et al., Überwachung und »Inventur«, 2001.

19 Maier, *Forschung*, 2007, 952–960.

20 Z.B. Kieselbach, Deppe und Schwartz, *Eisenforschung*, 2019, 238–239.

21 Vor allem Werner Köster betrieb kurz nach dem Zweiten Weltkrieg die Neugründung der Deutschen Gesellschaft für Metallkunde e.V. mithilfe der alten Netzwerke der Nichteisenmetallindustrie und -forschung. Köster, *100 Jahre DGM*, 2019, 33–34.

22 Franz Wever, Die Geschichte des MPI für Eisenforschung, in: Die Geschichte der Kaiser-Wilhelm-Gesellschaft und Max-Planck-Gesellschaft 1945–1949, Bl. 48, 50–51 u. 53–55, AMPG, V. Abt. Vc, Rep. 4, Nr. 186. Auch am MPI für Silikatforschung wurden anwendungsbezogene Arbeiten wieder aufgenommen. Adolf Dietzel an Otto Hahn am 17.9.1950, AMPG, II. Abt., Rep. 66, Nr. 4038, fol. 321 verso.

23 Das zeigt die Patenttätigkeit von Werner Köster, Franz Wever, Adolf Dietzel und Willy Oelsen, die 1949 wieder einsetzte. GMPG Patentdatenbank, siehe unten, Anhang 5.5.

24 GMPG Patentdatenbank, siehe unten, Anhang 5.5.

25 Franz Wever, Die Geschichte des MPI für Eisenforschung, in: Die Geschichte der Kaiser-Wilhelm-Gesellschaft und Max-Planck-Gesellschaft 1945–1949, Bl. 48–49, AMPG, V. Abt. Vc, Rep. 4, Nr. 186; Kieselbach, Deppe und Schwartz, *Eisenforschung*, 2019, 262.

26 Heinemann, Wiederaufbau der KWG, 1990, 418.

27 Gimbel, *Science, Technology and Reparations*, 1990, 3, 17–20 u. 82–84.

4. Materialforschung

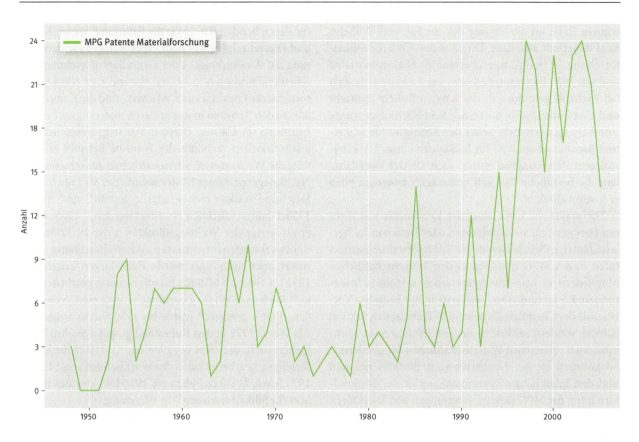

Abb. 11: Anzahl der von der MPG oder ihren Institutionen angemeldeten Patente in der Materialforschung. Aufgenommen sind nur Patente, bei denen die MPG explizit erwähnt wird. In der Regel ist im Patent als Anmeldende die MPG oder eines ihrer Institute angegeben, allein oder mit anderen. Patente von MPG-Angehörigen ohne Erwähnung der MPG sind nicht berücksichtigt. – Quelle: GMPG-Patentdatenbank; doi:10.25625/BMQAUJ. Zur Datengrundlage siehe unten, Anhang 5.5.

beeinträchtigt fortführen zu können. Als nach Kriegsende die Stellung des ehemaligen NSDAP-Mitglieds[28] Wever gefährdet erschien,[29] fragte der KWG-Generalsekretär Ernst Telschow in Abstimmung mit dem VDEh bei Köster nach, ob dieser bereit wäre, vom Institut für Metallforschung als Direktor an das Institut für Eisenforschung zu wechseln.[30] Auch die englischen und amerikanischen Alliierten erwogen diese Variante, bei der die beiden Institute zusammengeführt werden sollten.[31] Kösters Arbeitsstil entsprach dem am Institut für Eisenforschung. Als Direktor des KWI für Metallforschung saß er nicht nur im Kuratorium des Schwesterinstitutes[32] – auch diese Tradition wurde in der MPG fortgesetzt –, sondern war in seiner frühen wissenschaftlichen Laufbahn von 1922 bis 1924 selbst Assistent am KWI für Eisenforschung gewesen. Köster war demnach gut geeignet, das KWI für Eisenforschung zu leiten. Es zeigt sich hier sowohl Kompatibilität als auch Konkurrenzpotenzial innerhalb des Clusters. Köster wollte aber Stuttgart nicht verlassen, obwohl er bis 1948 Berufsverbot hatte. Danach war er als ständiger geschäftsführender Direktor wieder der »Kapitän«[33] am MPI für Metallforschung, dem ab 1949 auch Richard Glocker und Georg Grube als Direktoren angehörten, womit das Vorkriegsdirektorium wieder eingesetzt war.

Trotz der Internierung fast aller Direktoren der Materialforschung durch die Westalliierten wirkte sich deren

---

28 Kieselbach, Deppe und Schwartz, *Eisenforschung*, 2019, 23–26, 47, 147–148.
29 Max Planck an Universitätsrektor Heinrich Konen, 19.11.1945, AMPG, II. Abt., Rep. 66, Nr. 989, fol. 575; Ernst Telschow an Otto Petersen, 2.3.1946, ebd., fol. 519–520. Siehe auch Kieselbach, Deppe und Schwartz, *Eisenforschung*, 2019, 255.
30 Ernst Telschow an Nora Körber vom 24.9.1945, AMPG, II. Abt., Rep. 66, Nr. 2720, fol. 550.
31 Otto Petersen an Ernst Telschow vom 25.7.1945, AMPG, II. Abt., Rep. 66, Nr. 989, fol. 603 verso; Kieselbach, Deppe und Schwartz, *Eisenforschung*, 2019, 262; Maier, *Forschung*, 2007, 941–942.
32 Im Gegenzug saß Wever im Kuratorium des MPI für Metallforschung.
33 So berichtet es z. B. Günter Petzow, der in den 1950er-Jahren an das MPI für Metallforschung kam. Köster, *100 Jahre DGM*, 2019, 45.

frühere Rolle im NS-Regime nur im Fall von Wilhelm Eitel dauerhaft aus. Eitel, Direktor des KWI für Silikatforschung in Berlin, war überzeugter Nationalsozialist und seit 1933 Parteimitglied gewesen. Er hatte sich auch bei Fachkollegen:innen in der KWG unbeliebt gemacht und ging Ende 1945 in die USA.[34] Sein Nachfolger wurde Adolf Dietzel, seit 1935 Leiter der Abteilung für Silikat- und Bauchemie am KWI für Silikatforschung.[35] Als ehemaligem Parteimitglied wurde auch Dietzel zwei Jahre lang die berufliche Tätigkeit untersagt,[36] trotzdem blieb er Institutsdirektor.

Die praktische Umsetzung der Kontinuität war nicht nur über persönliche Beziehungen oder Treffen in Fachgesellschaften möglich. Gerade die Selbstverwaltungsstrukturen in der MPG erlaubten es den Wissenschaftlichen Mitgliedern, gemeinsame Interessen zu verfolgen. Insbesondere Köster und Wever waren nicht nur zeitweise Vorsitzende der Chemisch-Physikalisch-Technischen Sektion (CPTS), sondern zählten zu den am häufigsten in Kommissionen vertretenen Wissenschaftlichen Mitgliedern.[37] So konnten sie bei Neuberufungen Einfluss nehmen und den inhaltlichen Zusammenhang in der Materialforschung der MPG sichern. Berufungen von Direktoren und Wissenschaftlichen Mitgliedern erfolgten entweder innerhalb der Institute selbst oder innerhalb des Clusters,[38] was sowohl den sozialen Zusammenhalt als auch die Fortsetzung erfolgreicher Karrieren gewährleistete.

Das betonte Beharren auf autonomer Grundlagenforschung erleichterte die personelle Kontinuität in den materialforschenden KWI. Wie die Fälle Eitel, Wever, Köster und Dietzel zeigen, war dabei aber weniger die Ausrichtung auf Anwendungs- oder Grundlagenforschung entscheidend und auch nicht der Abstand zum NS-Regime, sondern die Loyalität zur KWG/MPG und die Kompatibilität zu den Arbeiten in den anderen materialforschenden Instituten im Cluster. Diese Praxis trug wesentlich zur institutionellen Stabilität der Institute bei und erleichterte ihr Wachstum im wirtschaftlichen Aufschwung der Nachkriegszeit. Unter Köster konnte das MPI für Metallforschung vollkommen wiederhergestellt[39] und in den 1950er-Jahren erheblich erweitert werden.[40] 1965 wurde er als letzter der Vorkriegsdirektoren der an Konstruktionswerkstoffen orientierten Materialforschung emeritiert, sein Nachfolger wurde Hans-Jürgen Engell, der 1952 bis 1963 am MPI für Eisenforschung gearbeitet hatte.[41] Auch das KWI für Eisenforschung, dessen Vermögen dem VDEh gehörte,[42] wurde bis 1950 wieder aufgebaut. Als Wever 1959 in den Ruhestand ging, folgte ihm Willy Oelsen nach, der 1931 bis 1948 am KWI/MPI für Eisenforschung gearbeitet hatte, das er schließlich von 1959 bis 1970 leitete.[43] Dietzel blieb bis 1970 Direktor des neuen MPI für Silikatforschung[44] in Würzburg.

Die entscheidenden Anstöße zu größeren Veränderungen kamen von außen. Im Zuge der Diskussionen um die funktionale Ausgestaltung der bundesdeutschen Forschungslandschaft durch drei getrennte Bereiche für Grundlagenforschung, angewandte Forschung und Ausbildung[45] listete die von Bundesforschungsminister

---

34 Zu Eitel siehe Stoff, *Zentrale Arbeitsstätte*, 2006.
35 Hier versuchte Franz Wever seinen ehemaligen Mitarbeiter Gerhard Trömel ins Spiel zu bringen. Franz Wever an Werner Köster, 23.11.1950, AMPG, III. Abt., ZA 35, Nr. 1.
36 In Vertretung war Carl Schusterius, seit 1928 am KWI für Silikatforschung, kommissarischer Institutsleiter. Er wurde mit dem Großteil des Instituts von Berlin in die Rhön verlagert. Nach dem Ende des Spruchkammerverfahrens gegen Dietzel wurde Schusterius Leiter einer eigenständigen Abteilung. Ende 1951 schied er aus dem MPI für Silikatforschung aus und machte sich selbstständig.
37 Köster (bis 1965 in der MPG aktiv) saß in 61, Wever (bis 1959 in der MPG aktiv) in 22 die CPT-Sektion betreffenden Kommissionen. Damit stehen sie bei 1.112 Personen mit Kommissionsbeteiligungen in der CPTS auf Platz 7 und 61. GMPG Kommissionsdatenbank, siehe unten, Anhang 5.5.
38 An den drei Instituten wurden bis 1971 zu Direktoren ernannt: Adolf Dietzel (MPI für Silikatforschung 1951), Willy Oelsen (1959 MPI für Eisenforschung), Hans-Jürgen Engell (1965 MPI für Metallforschung, 1970 MPI für Eisenforschung), Alfred Seeger (1965 MPI für Metallforschung), Erich Gebhardt (1965 MPI für Metallforschung), Helmut Kronmüller (1970 MPI für Metallforschung), Manfred Wilkens (1970 MPI für Metallforschung), Oskar Pawelski (1971 MPI für Eisenforschung), Wolfgang Pitsch (1971 MPI für Eisenforschung). Alle waren zuvor Mitarbeiter dieser Institute gewesen.
39 Metallforschung Stuttgart, 1985, 24.
40 1958 wurde eine große Abteilung für Sondermetalle gegründet, 1961 dazu eine Außenstelle am Kernforschungszentrum Karlsruhe eingerichtet. Allgemeine Angaben über das Max-Planck-Institut für Metallforschung in Stuttgart, Seestr. 75, AMPG, III. Abt., ZA 35, K 7.
41 Siehe den tabellarischen Lebenslauf in AMPG, II. Abt., Rep. 66, Nr. 995, fol. 22.
42 Kuhn, Rechtsform des Max-Planck-Instituts für Eisenforschung am 19.1.1966, AMPG, II. Abt., Rep. 66, Nr. 992, fol. 322–330.
43 Den Nachruf für Oelsen verfasste Werner Köster. Köster, Willy Oelsen, 1970.
44 Dietzel, MPI für Silikatforschung, 1953; Dietzel, Erweiterungsbau, 1959.
45 In seiner Rede zum 50-jährigen Bestehen des Instituts im Jahr 1967 meinte Butenandt, dass die Frage der angewandten Forschung in der MPG noch offen sei. Ansprache des Präsidenten der Max-Planck-Gesellschaft z.F.d.W. e.V. anlässlich des 50-jährigen Jubiläums des Max-Planck-Instituts für Eisenforschung vom 19.6.1967, AMPG, II. Abt., Rep. 66, Nr. 992, fol. 112–113.

Gerhard Stoltenberg 1968 eingesetzte Kommission zur Förderung des Ausbaus der Fraunhofer-Gesellschaft Forschungsinstitute auf, die noch in die Fraunhofer-Gesellschaft überführt werden könnten.[46] Dort finden sich die MPI für Eisenforschung, für Landarbeit und Landtechnik sowie die Abteilung Reibungsforschung des MPI für Strömungsforschung, also traditionell stark anwendungsorientierte Teile der MPG. Die Materialforschung geriet somit unter Druck. An die Spitze des MPI für Eisenforschung, das in der MPG verblieb, rückte 1971 Hans-Jürgen Engell, der zwischenzeitlich Direktor des MPI für Metallforschung in Stuttgart gewesen war.[47] Das Institut erhielt die Rechtsform einer selbstständigen GmbH mit den Gesellschaftern VDEh und MPG.[48] Dennoch blieb der Einfluss des VDEh stark genug, um die fachliche Ausrichtung des Instituts weitgehend beizubehalten.

Eine Untersuchung der Finanzdaten[49] zeigt, dass die Gesamtausgaben des Clusters in absoluten Zahlen über den betrachteten Zeitraum hinweg leicht anstiegen, was eine scheinbar stabile Clusterentwicklung nahelegt. Setzt man die Zahlen in Relation zu den Gesamtzahlen der MPG, ergibt sich ein verändertes Bild. Aus den relativen Zahlen wird ersichtlich, dass der Cluster schon ab Beginn der 1960er-Jahre an Bedeutung verlor, weil die Steigerungsraten anderer Cluster oder Einzelinstitute größer waren. Der Cluster der an Konstruktionswerkstoffen orientierten Materialforschung geriet also gerade in der Zeit des Booms in der MPG in eine Krise und dehnte sich nicht – etwa durch Neugründungen – aus.[50] Ursache waren vor allem die weitgehend geschlossenen sozialen Strukturen der Materialforschung in der frühen MPG, die den Cluster nun gegenüber anderen Bereichen und Instituten ins Hintertreffen brachten. Zusammen waren ihre Institute aber stark genug, um sich in der MPG zu behaupten. So herrschte noch bis Ende der 1960er-Jahre an den materialwissenschaftlichen Instituten eine recht umfassende Kontinuität vor, was die personelle Leitung, die Forschungsgegenstände und die wissenschaftliche Ausrichtung anbelangt. Die eng an den industriellen Bedürfnissen ausgerichtete Arbeitsweise wurde beibehalten, allerdings durch moderne Arbeitsrichtungen und Methoden ergänzt.

4.2 Die modernen Festkörper- und Oberflächenwissenschaften

Am Ende des Zweiten Weltkrieges hatte ausgehend von den USA eine grundlegende Verschiebung in der Materialforschung eingesetzt, aus der als neues Forschungsfeld die modernen Materialwissenschaften hervorgingen.[51] Dabei wurden, zunächst bei Metallen und Halbleitern, quantitativ messbare mikroskopische Verhältnisse nicht nur auf ihre mechanische Struktur, sondern vor allem auf ihre grundlegenden energetischen Zustände hin untersucht. Elektrische, magnetische oder optische Funktionen rückten in den Blick, die nicht im Fokus der an Konstruktionswerkstoffen orientierten Materialforschung lagen. Ähnlich der älteren Forschung wollte auch die neue ihre Erkenntnisse nutzen, um gezielt Materialien mit ganz bestimmten, genau planbaren Eigenschaften zu konstruieren.[52] Dieser wie in der Chemie auf die Materialsynthese bezogene Aspekt unterscheidet die modernen Materialwissenschaften von der Physik. Umgekehrt unterscheidet der intensive Einsatz physikalischer Methoden, mit denen die kondensierte Phase untersucht wird, sie von der Chemie. Das heißt, die modernen Materialwissenschaften entstanden durch die Aggregation von Wissensbeständen verschiedener Disziplinen, vor allem aus Physik und Chemie, und sind nicht in direkter Kontinuität zu den alten Materialwissenschaften zu sehen. Sie lieferten mit neuartigen quantitativen Theorien und experimentellen Me-

---

46 Vermerk Günter Preiß vom 30.9.1969, AMPG, II. Abt., Rep. 66, Nr. 992, fol. 268–270.
47 Siehe tabellarischen Lebenslauf in AMPG, II. Abt., Rep. 66, Nr. 995, fol. 22. Engell wechselte also zweimal zwischen zwei Instituten, die wir dem gleichen Cluster zuordnen.
48 Vermerk. Dirk von Staden, MPI für Eisenforschung. Historischer Abriß + Entwicklung der Finanzierung vom 22.5.1987, AMPG, II. Abt., Rep. 66, Nr. 1047, fol. 405–407.
49 Datengrundlage sind dabei die Ist-Daten der ab 1955 alljährlich erstellten Haushaltspläne der Institute und Teilinstitute der MPG. Haushaltspläne der MPG im AMPG, II. Abt., Rep. 69. Für die wertvolle Hilfe bei der Umsetzung der Finanzdaten in grafische Interpretationen danke ich den studentischen Hilfskräften Robert Egel und Michael Zichert.
50 Ein Vorstoß der Industrie zur Gründung eines MPI für die Metallurgie der Nichteisenmetalle scheiterte bereits in der CPTS. Die einberufene Kommission (Erich Gebhardt, Willy Oelsen, Iwan Stranski, Carl Wagner, Franz Wever, Vorsitz: Werner Köster) sah eine Überschneidung zum MPI für Metallforschung und empfahl die Einrichtung einer Arbeitsgruppe an diesem Institut. Memorandum zum Vorschlag der Gründung eines zentralen Forschungsinstitutes für NE-Metallurgie, AMPG, II. Abt., Rep. 62, Nr. 1317, fol. 355–364; Protokoll der CPTS vom 5.3.1965, AMPG, II. Abt., Rep. 62, Nr. 1745, fol. 8–9.
51 National Academies of Sciences, *Materials Science and Engineering*, 1974, 22; Bensaude-Vincent, The Construction of a Discipline, 2001, 227–228; Cahn, *Materials Science*, 2003, 3–5; Maier, *Forschung*, 2007, 941; Hentschel, Werkstoffforschung, 2011, 8.
52 Stratmann, *Materials Science*, 2006, 209.

thoden die Grundlagen für die anschlussfähige transdisziplinäre Bearbeitung[53] einer immer größer werdenden Zahl an Materialien mit besonderen funktionalen Eigenschaften, zum Beispiel bei der elektrischen Leitfähigkeit, den magnetischen Eigenschaften oder dem Verhalten beim Erhitzen. Dazu gehören Materialien aus den Bereichen der Keramik, der Hochpolymere oder der amorphen Festkörper, die weit über das traditionelle Gebiet der Metalle, Kristalle und Gläser hinausreichen, bis hin zu Kompositen, biomimetischen und Nanomaterialien.

Als zentraler Anstoß für die fachliche Entwicklung der modernen Materialwissenschaften gilt die Erfindung des Transistors 1947 und die damit verbundene Halbleiterforschung.[54] Auf Halbleitertechnik basierende Computer ermöglichten neue Simulationen und bildgebende analytische Verfahren, zum Beispiel eine leistungsfähigere Röntgenstrukturuntersuchung[55] oder die Rastersondenmikroskopie,[56] was wiederum den Festkörper- und Oberflächenwissenschaften wichtige Impulse gab. Ähnliches geschah mit der Anwendung von supraleitenden Magneten[57] oder der Lasertechnik in der Spektroskopie. Mit aufwendigen Apparaturen wurden die Grenzen des Machbaren bei Drücken und Temperaturen gesteigert. Nicht zuletzt wegen des dynamischen Zusammenspiels von Material, Methode und Theorie betrachtete man die Festkörperforschung als wissenschaftlich zukunftsträchtiges und attraktives Feld. Zudem war man im Kalten Krieg der Ansicht, der zwischen den Systemen eskalierende technologische Wettbewerb würde wesentlich durch das Wissen über und die Verfügbarkeit von modernen Materialien entschieden, womit die Materialforschung ähnlich wie Weltraumforschung und Astrophysik von den politischen Spannungen profitierte.

Zusammengefasst heben drei Punkte die neue Materialforschung von der alten ab: die schnell wachsende Zahl der bearbeiteten Materialien und deren große Vielfalt, die Fokussierung auf die energetischen Zusammenhänge und der breite Einsatz neuartiger Methoden. Die neuen Materialwissenschaften sind durch disziplinäre Zuordnungen kaum zu beschreiben und ein einziges, dominierendes Arbeitsgebiet, wie es in der älteren Materialforschung die Metallkunde darstellte, ist nicht auszumachen.

Innerhalb der MPG begann in den 1960er-Jahren eine grundlegende Veränderung der Materialforschung, die als Ausbildung eines neuen Clusters beschrieben werden kann. Dieser Cluster der modernen Festkörper- und Oberflächenwissenschaften wird im Wesentlichen durch folgende MPI repräsentiert: MPI für Festkörperforschung, Fritz-Haber-Institut (FHI) der MPG, MPI für Metallforschung, MPI für Polymerforschung, MPI für Mikrostrukturphysik, MPI für chemische Physik fester Stoffe und MPI für Physik komplexer Systeme. Die Entwicklung lässt sich in zwei Abschnitte teilen, in die Etablierung innerhalb der alten Bundesländer bis 1990 und in die darauffolgende Erweiterung in den neuen Bundesländern.[58] Diese Unterteilung entspricht unseren allgemeinen Phasengrenzen in der MPG-Geschichte[59] und unterstreicht die Bedeutung des Jahres 1990 für die MPG.[60]

In einem Memorandum[61] schlugen deutsche Festkörperforscher 1963 der Deutschen Forschungsgemeinschaft (DFG) die Gründung eines Schwerpunkts zur Festkörperphysik und als mittelfristige Maßnahme die Einrichtung eines großen, zentralen Instituts für Festkörperphysik vor.[62] DFG-Präsident Gerhard Hess wandte sich daraufhin an die MPG und bat, die Errichtung eines solchen als Max-Planck-Institut zu prüfen. In der MPG delegierte man die Frage an eine Expertenkommission der CPTS,[63] in der unter anderen Werner Köster und Alfred Seeger vom MPI für Metallforschung saßen. Es kam aber vorerst zu keiner Entscheidung.[64]

1966 nahm eine Gruppe junger Festkörperphysiker um den Frankfurter Professor Hans-Joachim Queisser

---

53 National Academies of Sciences, *Materials Science and Engineering*, 1974, V.

54 Cahn, *Materials Science*, 2003, 256–261 u. 403–404; Eckert und Schubert, *Kristalle*, 1986, 172–213.

55 Krüger, Röntgenstrukturanalyse, 1984.

56 Voigtländer, *Microscopy*, 2015, 77–99.

57 Steinhauser, *Zukunftsmaschinen*, 2014, 269–284.

58 Die mit digitalen Methoden durchgeführte Untersuchung der Kommissionsnetzwerke in der MPG unterstützt die Unterscheidung der Phasen vor und nach 1990. Wintergrün, *Netzwerkanalysen*, 2019, 202.

59 Zu den Phasen siehe Schmaltz et al., Research Program History of the Max Planck Society, 2017, 22.

60 Ash, *MPG im Kontext*, 2020, 312–314.

61 Werner Buckel, Hermann Haken, Karl Heinz Hellwege, Rudolf Hilsch, Karl Küpfmüller, Heinz Pick, Walter Rollwagen, Horst Rothe, Alfred Seeger (MPG) und Carl Wagner (MPG) an Gerhard Hess am 28.11.1963. AMPG, II. Abt., Rep. 62, Nr. 1317, fol. 346–353.

62 Zur Vorgeschichte der Gründung des MPI für Festkörperforschung siehe Eckert, »Großes für Kleines«, 1989. Zur Institutsentwicklung siehe Schröder und Wengenmayr, *Max-Planck-Institut für Festkörperforschung*, 2019.

63 Gerhard Hess an Adolf Butenandt, 31.3.1964, AMPG, II. Abt., Rep. 62, Nr. 1317, fol. 313. Protokoll der CPTS gelegentlich der diesjährigen Hauptversammlung der MPG am 9.6.1964, AMPG, II. Abt., Rep. 62, Nr. 1743, fol. 31–32.

64 Eckert, »Großes für Kleines«, 1989, 190–191.

4. Materialforschung

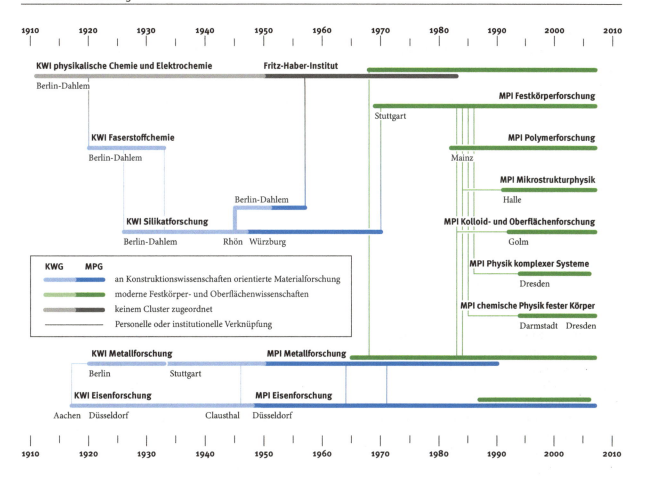

Abb. 12: Überblick über die Entwicklung und personelle Vernetzung des Clusters der an Konstruktionswerkstoffen orientierten Materialforschung und des Clusters der modernen Festkörper- und Oberflächenwissenschaften. – Quelle: Eigene Darstellung

einen neuen Anlauf.[65] Diese Gruppe wollte im eigenen Forschungsinteresse die Festkörperphysik als nationale Fachgemeinschaft fest etablieren. Die noch ungeklärten Fragen der Institutsträgerschaft und des Standorts sollten nun in einer Kommission des Wissenschaftsrats erörtert werden, zu der auch vier der jungen Festkörperphysiker gehörten.[66] Die Empfehlung des Wissenschaftsrats erweiterte das fachliche Spektrum der Festkörperphysik durch die Integration von Chemie und Technik auf die im Sinne der modernen Materialwissenschaften transdisziplinär ausgerichtete Festkörperforschung.[67] In Bezug auf den Standort schlug der Wissenschaftsrat als Kompromiss zwischen den Vorstellungen der akademischen Vertreter und der des Bundesministeriums für wissenschaftliche Forschung je ein Institut in Stuttgart und an der Kernforschungsanlage (KFA) in Jülich vor. Die wissenschaftliche Koordination sollte durch einen gemeinsamen Beirat erfolgen.[68] Träger des neuen, 1969 in Stuttgart als MPI für Festkörperforschung gegründeten Instituts wurde die MPG,[69] bei den 1970 einsetzenden Berufungen[70] wurden

---

[65] D. Geist, G. Landwehr, H.J. Queisser, Denkschrift zum gegenwärtigen Rückstand der Halbleiter-Physik in der Bundesrepublik, September 1966, AMPG, II. Abt., Rep. 102, Nr. 463, fol. 175–185.

[66] Eckert, »Großes für Kleines«, 1989, 192–197.

[67] Geschäftsstelle des Wissenschaftsrates: Empfehlungen des Wissenschaftsrates zur Förderung der Festkörperforschung, 10.5.1969, AMPG, II. Abt., Rep. 66, Nr. 1195, fol. 145.

[68] Geschäftsstelle des Wissenschaftsrates: Empfehlungen des Wissenschaftsrates zur Förderung der Festkörperforschung, 10.5.1969, AMPG, II. Abt., Rep. 66, Nr. 1195, fol. 154–155. Der gemeinsame Beirat bestand bis zur Satzungsänderung des MPI für Festkörperforschung im Jahr 1986. Protokoll der 113. Sitzung des Senates vom 12.6.1986, AMPG, II. Abt., Rep. 60, Nr. 113.SP, fol. 25.

[69] Protokoll der 63. Sitzung des Senates vom 12.06.1969, AMPG, II. Abt., Rep. 60, Nr. 63.SP, fol. 33–34.

[70] Seeger gehörte wieder der Berufungskommission an. Es wurden ausnahmsweise auch externe Kommissionsmitglieder berufen, darunter auch zwei der späteren Direktoren, Ludwig Genzel und Hans-Joachim Queisser, die sich bald wieder zurückzogen. Sie wurden

Physiker und Chemiker berücksichtigt.[71] Die eine kollegiale Institutsleitung bildenden Direktoren kamen fast alle von außerhalb der Max-Planck-Gesellschaft aus dem Feld der modernen Materialwissenschaften,[72] mit Manuel Cardona wurde auch ein Wissenschaftler aus dem nichtdeutschsprachigen Ausland berufen. In Kooperation mit dem Centre national de la recherche scientifique (CNRS) entstand zudem eine externe Abteilung des MPI für Festkörperforschung am Hochfeld-Magnetlaboratorium in Grenoble.

Die Festkörper- und Oberflächenforschung war somit keine alleinige Angelegenheit der Max-Planck-Gesellschaft, sondern eingebettet in eine Art Topografie der westdeutschen Forschungslandschaft.[73] So erklärte die Stuttgarter Institutsleitung, sich bei Projekten und Großgeräten nicht nur mit dem Institut für Festkörperforschung an der KFA Jülich, sondern auch mit dem MPI für Metallforschung, dem Sonderforschungsbereich (SFB) Defektstrukturen der Universität Stuttgart, dem Institut Laue-Langevin in Grenoble und dem Institut für angewandte Festkörperphysik der Fraunhofer-Gesellschaft in Freiburg i. Br. zu koordinieren.[74]

Die wichtigsten fachlichen Arbeitsgebiete des Instituts waren die Untersuchung von Verbindungshalbleitern, Supraleitern, Ionenleitern sowie die Entwicklung neuer analytischer Verfahren.[75] Ein weiteres, durch das Hochfeld-Magnetlaboratorium in Grenoble möglich gemachtes Arbeitsgebiet waren magnetische Eigenschaften in Halbleiterstrukturen bei tiefen Temperaturen. Durch Klaus von Klitzing, der 1985 den Nobelpreis für Physik erhielt und von 1985 bis 2018 Direktor am MPI für Festkörperforschung war, wurde das Arbeitsgebiet besonders prominent. Die enge multidisziplinäre Zusammenarbeit war programmatisch und in Deutschland ganz neu.

Parallel zum Aufbau dieses großen Instituts begann die Umorientierung älterer Max-Planck-Institute in Richtung der modernen Festkörper- und Oberflächenwissenschaften, wodurch sich der neue Cluster formierte. Zuwachs kam vom Fritz-Haber-Institut in West-Berlin. Trotz der langen Tradition als eines der beiden Gründungsinstitute der KWG wurde das FHI Ende der 1960er-Jahre in einer Zukunftskommission der CPTS als teilweise veraltet und zersplittert eingeschätzt.[76] Als 1968 ein Direktorenwechsel anstand, sollte dem FHI eine fachlich klarere Ausrichtung gegeben werden.[77] Der neue Institutsdirektor Heinz Gerischer legte dazu einen Entwicklungsplan vor. Gerischer hatte sich am MPI für Metallforschung mit elektrolytischen Halbleiteruntersuchungen befasst und war 1961/62 Wissenschaftliches Mitglied dieses Instituts gewesen. Er gehörte wie Alfred Seeger zu den jüngeren Wissenschaftlern, die sich an den neuen Materialien und Methoden der internationalen Wissenschaftsgemeinschaft orientierten. Gerischer kann als Schlüsselfigur für die Integration des FHI in den entstehenden Schwerpunkt der modernen Festkörper- und Oberflächenwissenschaften angesehen werden. Seinem Plan folgend wurde das FHI zu einem Zentrum für moderne Oberflächenwissenschaft umgestaltet.[78]

Darüber hinaus fand auch eine organisatorische Modernisierung statt; das betraf vor allem eine kollegiale Institutsleitung. 1981, nach der Emeritierung der letzten Direktoren aus der Zeit vor 1968, war die geplante Umstellung abgeschlossen.[79] Die neue Ausrichtung des Instituts führte dazu, dass Gerhard Ertl an das FHI wechselte.

---

durch Heinz Gerischer vom FHI und Hans-Jürgen Engell vom MPI für Metallforschung ersetzt. Protokoll der CPTS vom 11.6.1969, AMPG, II. Abt., Rep. 62, Nr. 1756, fol. 26–27; Protokoll der CPTS vom 7.11.1969, AMPG, II. Abt., Rep. 62, Nr. 1757, fol. 17–22.

71 Nach der Anlaufphase bestand das Institut 1978 aus zwei Abteilungen für Theoretische Physik, vier Abteilungen für Experimentalphysik und drei Abteilungen für Festkörperchemie. Generalverwaltung der Max-Planck-Gesellschaft, *Jahrbuch 1978*, 1978, 439.

72 Gründungsdirektoren waren die Physiker Ludwig Genzel, Wilhelm Brenig vom MPI für Physik und Astrophysik, Manuel Cardona und Hans-Joachim Queisser, dazu der Chemiker Albrecht Rabenau.

73 Nationale und europäische Stellen förderten seit den 1960er-Jahren die modernen Materialwissenschaften in wechselnden Programmen. Hohn, Institutionelle Dynamik, 2011, 250; Stackmann und Streiter, *Sonderforschungsbereiche 1969–1984*, 1985; Reillon, *EU-Rahmenprogramme*, 2017, 9 (Abb. 1) u. 32 (Abb. 5).

74 Ludwig Genzel, Vorlage an den gemeinsamen wissenschaftlichen Beirat des Max-Planck-Instituts für Festkörperforschung in Stuttgart und des Institutes für Festkörperforschung in der KFA Jülich, 20.5.1970, AMPG, II. Abt., Rep. 66, Nr. 1196, fol. 125.

75 Im Gegensatz zur bereits weit fortgeschrittenen technischen Entwicklung integrierter Schaltkreise sah man bei neueren technischen Entwicklungen aussichtsreiche Chancen für die deutsche Industrie im internationalen Wettbewerb.

76 Z.B. Niederschrift über die Sitzung der Kommission »Zukunft des Fritz-Haber-Instituts, Berlin« – Nachfolge von Herrn Prof. Dr. R. Brill – am Montag, den 15.1.1968, in Berlin, AMPG, II. Abt., Rep. 66, Nr. 1521, fol. 20–25. Erwin W. Müller an Wolfgang Gentner, 15.2.1967, AMPG, II. Abt., Rep. 66, Nr. 1521, fol. 26–28. Paul Harteck an Wolfgang Gentner, 31.1.1968, AMPG, II. Abt., Rep. 66, Nr. 1521, fol. 29–30.

77 Zu den Veränderungen siehe James et al., *Hundert Jahre*, 2011, 184–190.

78 Protokoll der CPTS vom 22.6.1977, AMPG, II. Abt., Rep. 62, Nr. 1781, fol. 9 verso – 10.

79 James et al., *Hundert Jahre*, 2011, 188–215; Protokoll der 91. Sitzung des Verwaltungsrates vom 25./26.10.1971, AMPG, II. Abt., Rep. 61, Nr. 91.VP, fol. 34.

4. Materialforschung

Ertl hatte an der Universität München mithilfe der Ultrahochvakuum-Technik erfolgreich an der Aufklärung des Mechanismus der katalytischen Ammoniaksynthese aus den Elementen gearbeitet, die als Haber-Bosch-Verfahren bekannt ist und für deren Entwicklung Fritz Haber 1918 den Nobelpreis für Chemie erhalten hatte. Der Entschluss dieses renommierten Wissenschaftlers, im Jahr 1986 von München in das geopolitisch isolierte West-Berlin zu wechseln, war alles andere als naheliegend. Auch persönliche Beziehungen waren dabei von Bedeutung. Ertl war Schüler Gerischers und mit diesem 1962 von Stuttgart an die TU München gewechselt, wo er promoviert hatte und habilitiert worden war. Er erhielt für seine Studien chemischer Prozesse an Festkörperoberflächen im Jahr 2007 den Nobelpreis.[80]

Die fachliche Umorientierung des MPI für Metallforschung begann schon mit einzelnen Wissenschaftlichen Mitgliedern, insbesondere mit dem Festkörperphysiker Alfred Seeger. Seeger war teilweise in Großbritannien ausgebildet worden und pflegte intensive internationale Kontakte.[81] Sein Arbeitsgebiet war die Mikrostruktur von Metallen und später auch Halbleitern, was gut in die modernen Festkörper- und Oberflächenwissenschaften passte. Er war interessiert an neuen Methoden und betrieb die Einrichtung eines Zentrums für moderne Elektronenmikroskopie. Mit der Emeritierung Kösters 1965 wurde Seeger Direktor eines neuen Teilinstituts für Physik,[82] an dem grundlegende Strukturen von Metallen, Halbleitern und Keramiken untersucht wurden. Schüler und Mitarbeiter Seegers, so zum Beispiel Manfred Rühle und Ulrich Gösele, arbeiteten ebenfalls an Themen der modernen Festkörper- und Oberflächenwissenschaften. Seeger war damit ein Vorreiter bei der Umorientierung der MPG auf die modernen Festkörper- und Oberflächenwissenschaften. Das im Kontext der Kernforschung gegründete Teilinstitut für Sondermetalle,[83] ab 1973 Institut für Werkstoffwissenschaften, wurde zu einem weiteren Ausgangspunkt der fachlichen Neuorientierung. 1968 wurde in Stuttgart-Büsnau als Außenstelle des Teilinstituts unter Leitung von Günter Petzow ein Pulvermetallurgisches Laboratorium eröffnet.[84] Ausgehend von metallurgischen Methoden erwarb sich Petzow hohes Renommee als Experte für Hochleistungskeramik, insbesondere weil seine Gruppe eine Mikrostruktur entwickelte, die der an sich spröden Keramik Elastizität verlieh und sie so bei hoher mechanischer Belastung und hohen Temperaturen einsetzbar machte.[85]

Begleitend zur Gründung des MPI für Festkörperforschung wurde also ab den 1960er-Jahren auch am MPI für Metallforschung zunehmend im Feld der modernen Festkörper- und Oberflächenwissenschaften gearbeitet.[86] Das MPI für Metallforschung zog zwischen 1975 und 2002 nach Stuttgart-Büsnau in die Nachbarschaft des MPI für Festkörperforschung, wo die beiden Institute in Konkurrenz und Kooperation einen materialwissenschaftlichen MPG-Campus bildeten.

1982 wurde trotz knapper Finanzen auf Empfehlung des Wissenschaftsrates und mit Industrieunterstützung[87] das MPI für Polymerforschung in Mainz völlig neu gegründet.[88] Die Wissenschaftler:innen am Institut sahen sich in der Tradition der Makromolekularen Chemie Hermann Staudingers in Freiburg und deckten komplementär ein Spezialgebiet der modernen Materialwissenschaften ab, das nicht in der MPG vertreten war. Forschungsschwerpunkt wurde die Grundlagenforschung im Bereich polymerer Materialien, die große Bedeutung für Wissenschaft, Technik und Industrie hat. Die Institutsgründung spiegelt einen generellen Trend in der MPG, ökonomisch zumindest potenziell verwertbare Ergebnisse der Wissenschaft höher wertzuschätzen. Einen

---

80 Ertl, *Mein Leben*, 2021.
81 Eßmann et al., Nachruf Seeger, 2016; Alfred Seeger, 2011.
82 Protokoll der 49. Sitzung des Senates vom 4.12.1964, AMPG, II. Abt., Rep. 60, Nr. 49.SP. fol. 259–260.
83 Siehe unten, Kap. III.5.
84 Max-Planck-Institut für Metallforschung, Stuttgart (August 1971), AMPG, II. Abt., Rep. 66, Nr. 2714, fol. 178. Das Pulvermetallurgische Laboratorium wurde vom Bundesministerium für wissenschaftliche Forschung finanziert.
85 Ebd.
86 Editorial. Metals Research, 2011.
87 Der Forschungsvorstand der BASF, Helmut Dörfel, spielte eine wichtige Rolle in den Kommissionen, die das MPI für Polymerforschung vorbereiteten. Er sorgte auch für die Zustimmung der chemischen Industrie und für finanzielle Hilfe vonseiten des Fonds der Chemischen Industrie. Neben Vertretern von Hoechst und Bayer saß er im Kuratorium des MPI für Polymerforschung. Ergebnisprotokoll der CPTS vom 27.10.1981, AMPG, II. Abt., Rep. 62, Nr. 1794, fol. 12–13; Ergebnisprotokoll der CPTS vom 4.2.1987, AMPG, II. Abt., Rep. 62, Nr. 1810, fol. 48 verso – 49; Stenografische Notizen bzw. Tonbandaufzeichnungen (Fr. Schulz/Dr. Marsch) über die 103. Senatssitzung vom 19.11.1982, AMPG, II. Abt., Rep. 60, Nr. 103.SP, fol. 376; Zusammensetzung des Kuratoriums des Max-Planck-Instituts für Polymerforschung, Mainz. Stand: April 1990. GVMPG, BC 202865, fol. 11–12.
88 Wissenschaftsrat, *Förderung der Polymerforschung*, 14.11.1980. Protokoll der 103. Sitzung des Senates vom 19.11.1982, AMPG, II. Abt., Rep. 60, Nr. 103.SP, fol. 21–27.

Beleg geben die Zahlen der über die MPG erteilten Patente,[89] die mit dem MPI für Polymerforschung als patentstärkstem Institut und den in den 1990er-Jahren neu gegründeten materialwissenschaftlichen MPI in den neuen Bundesländern stark anstiegen.

Die in den 1970er-Jahren beginnende Stahlkrise war eine der Ursachen der Umstrukturierung des MPI für Eisenforschung in Düsseldorf. Als sich die Krise noch verstärkte und das finanzielle Engagement der Stahlindustrie zurückging, führte das in den 1990er-Jahren zu einer teilweisen Neuorientierung. Nun wurden auch neue Verbundmaterialien, wie Polymerfilme zur Oberflächenbeschichtung, erforscht.[90] Diese späte und nur teilweise Umorientierung des MPI für Eisenforschung auf die modernen Materialwissenschaften zeigt, dass sich die Dynamik der Forschungscluster nicht zwangsläufig und in gleicher Weise auf alle Institute oder Abteilungen auswirkte. Dies lag beim MPI für Eisenforschung vor allem am Einfluss des VDEh, dessen Interessen einen Teil der an Konstruktionswerkstoffen orientierten Materialforschung in der MPG hielten.

Betrachtet man die relativen Zahlen der Finanzentwicklung der materialforschenden Institute bezogen auf die gesamte MPG, dann ist deutlich die Krise der an Konstruktionswerkstoffen orientierten Materialforschung in den 1960er-Jahren zu erkennen. Danach verdrängten die modernen Festkörper- und Oberflächenwissenschaften zunehmend den älteren Cluster. Zusammengenommen blieb das finanzielle Gewicht der Materialforschung relativ zu den Gesamtausgaben der MPG am Anfang und am Ende des Beobachtungszeitraums ungefähr gleich. Der Übergang zwischen 1965 und 1975 kann als Ablösevorgang interpretiert werden.

Im Fall des MPI für Silikatforschung führte die Konkurrenz der modernen Festkörper- und Oberflächenwissenschaften sogar zum Ausscheiden des Instituts aus der MPG. Als man nach der Emeritierung des langjährigen Direktors Dietzel im Jahr 1970 über die Zukunft des Instituts diskutierte und der Plan, es in den neuen Cluster einzubinden, scheiterte,[91] wurde das Institut für Silikatforschung in die Fraunhofer-Gesellschaft eingegliedert.[92] Die einzige Gruppe, die das Institut gern in der MPG belassen hätte, war am Ende die Glas- und Keramikindustrie.[93]

Der mit der deutschen Einheit verbundene gesellschaftlich-politische Umbruch nach 1990 führte zu einem neuen Wachstumsimpuls für den Cluster der modernen Festkörper- und Oberflächenwissenschaften.[94] Der Wissenschaftsrat bescheinigte 1991 dem Institut für Festkörperforschung und Elektronenmikroskopie der Deutschen Akademie der Wissenschaften in Halle eine herausragende fachliche Stellung. Da seine Leistungen denen eines MPI entsprächen, sollte die MPG den Fortgang der Arbeiten ermöglichen.[95] Heinz Bethge, ein Pionier der Elektronenmikroskopie, hatte das Institut in Halle bis 1985 geleitet und es zu einem international anerkannten Zentrum für Elektronenmikroskopie gemacht.[96] In dessen Nachfolge wurde das MPI für Mikrostrukturphysik in Halle/Saale das erste MPI in den neuen Ländern.[97] Es blieb das einzige Akademieinstitut, das vollständig in ein MPI umgewandelt wurde. Die Zeit drängte, da Ende 1991 die im Einigungsvertrag festgelegte staatliche Übergangsfinanzierung der Akademieinstitute auslief. Die CPTS und der Senat der MPG trafen daher unter hohem Zeitdruck die grundsätzliche Entscheidung, ein Max-Planck-Institut in Halle zu gründen.[98]

Nach der Schließung des Akademieinstituts erfolgte die Eröffnung des MPI für Mikrostrukturphysik an gleicher Stelle direkt im Anschluss zu Beginn des Jahres 1992. Mit der formalen Neugründung bewahrte sich die MPG die Freiheit, das neue Institut nach eigenen Kriterien zu gestalten und wissenschaftlich auszurichten und vermied, die Verpflichtungen und Traditionen des Akademieinstituts übernehmen zu müssen. Über 30 Prozent der Mitglieder der mit der Vorbereitung und Betreuung des Institutsaufbaus beauftragten CPTS-Kommission »Gründung eines MPI in Halle« gehörten dem Cluster moderne

---

89 1995 bis 2004 wurden über das MPI für Polymerforschung 54 Patente angemeldet (das sind 28 % der in dieser Zeit über die MPG in der Materialforschung angemeldeten Patente). Im selben Zeitraum waren auch das MPI für Grenzflächenforschung (22 Patente) und das MPI für Mikrostrukturphysik (38 Patente) besonders patentstark, GMPG-Patentdatenbank; siehe unten, Anhang 5.5.

90 Generalverwaltung der Max-Planck-Gesellschaft, *Jahrbuch 1991*, 1991, 340–349.

91 Tischvorlage für die Sitzung des Senates am 12.6.1969 in Göttingen, Punkt II.6 der Tagesordnung, AMPG, II. Abt., Rep. 62, Nr. 438, fol. 329–332.

92 Protokoll der 67. Sitzung des Senates vom 24.11.1970, AMPG, II. Abt., Rep. 60, Nr. 67.SP, fol. 30–31.

93 Vermerk, Edmund Marsch, München 12.2.1970, AMPG, II. Abt., Rep. 62, Nr. 438, fol. 263–264; Protokoll der 62. Sitzung des Senates vom 7.3.1969, AMPG, II. Abt., Rep. 60, Nr. 62.SP, fol. 20–22.

94 Zur Reaktion der MPG auf die deutsche Einheit siehe oben, Kap. II.5; und Ash, *MPG im Kontext*, 2020.

95 Wissenschaftsrat, *Stellungnahme*, 13.3.1991, 16. Siehe dazu auch Ash, *MPG im Kontext*, 2020, 116–125.

96 Wissenschaftsrat, *Stellungnahme*, 13.3.1991, 3–6.

97 Protokoll der CPTS vom 7.2.1992, AMPG, II. Abt., Rep. 62, Nr. 1825, fol. 11.

98 Protokoll der CPTS vom 5.6.1991, AMPG, II. Abt., Rep. 62, Nr. 1823, fol. 11–12.

4. Materialforschung

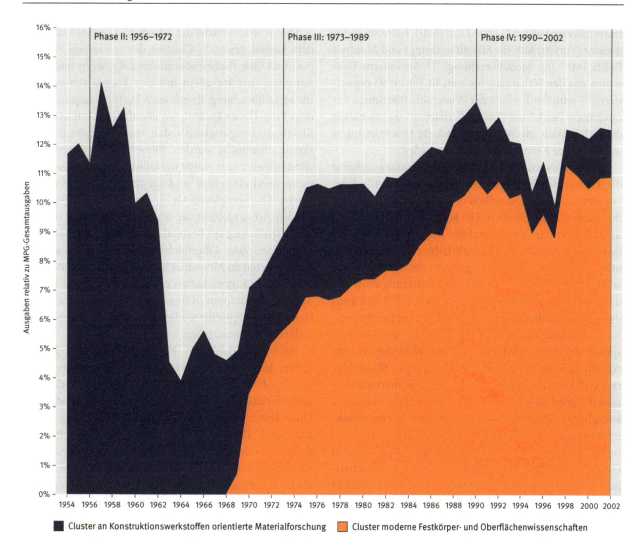

Abb. 13: **Gesamtausgaben beider Cluster der Materialforschung relativ zu den MPG-Gesamtausgaben.** – Quelle: GMPG-Finanzdaten erhoben aus den Haushaltsplänen der MPG im Archiv der MPG, Bestand AMPG, II. Abt., Rep. 69; doi:10.25625/BDAU6Z.

Festkörper- und Oberflächenwissenschaften an.[99] Zudem gab es eine Planungsgruppe, die später vor Ort auch als kommissarische Institutsleitung die Übergangsschwierigkeiten bewältigen und die ersten wichtigen Entscheidungen vorbereiten musste.[100] Zu Letzteren zählte die Berufung der ersten Institutsdirektoren, denn das neue MPI hatte bei seiner Gründung noch keinen regulären Direktor.[101] Johannes Heydenreich, der Nachfolger Bethges, war in der kommissarischen Leitung der Einzige, der aus dem ehemaligen Akademieinstitut kam. Als ordentlicher Institutsdirektor von 1992 bis 1995 bildete er einerseits auf der Leitungsebene die Klammer zum alten Institut, andererseits war seine Emeritierung aus Altersgründen absehbar, so engte seine Berufung zum Direktor am Institut die zukünftige fachliche Ausrichtung des Instituts kaum ein. Die weiteren Mitglieder der kommissarischen

---

99 Die Senatskommission »neue Bundesländer« legte zunächst einen Besetzungsvorschlag für die Gründungskommission zum MPI in Halle vor, der in der Sektion auf wenig Gegenliebe stieß, weil die fachverwandten Institute FHI und MPI für Metallforschung nicht vertreten waren. Das Argument der Befangenheit wurde von dem der Fachkenntnis mehr als aufgewogen. Daraufhin wurden Alexander Bradshaw (FHI) und Günter Petzow (MPI für Metallforschung) als Gäste in die Kommission aufgenommen. Protokoll der CPTS vom 5.6.1991, AMPG, II. Abt., Rep. 62, Nr. 1823, fol. 13.
100 Ernennungsschreiben Hans Zacher an Ertl, Fischmeister, Heydenreich und Rühle, 2.9.1991, AMPG, II. Abt., Rep. 52, Nr. 1; Protokoll der CPTS vom 5.6.1991, AMPG, II. Abt., Rep. 62, Nr. 1823, fol. 21; Protokoll der 129. Sitzung des Senates vom 22.11.1991, AMPG, II. Abt., Rep. 60, Nr. 129.SP, fol. 31–32.
101 Protokoll der CPTS vom 23.10.1991, AMPG, II. Abt., Rep. 62, Nr. 1824, fol. 9.

Institutsleitung waren Gerhard Ertl (FHI), Hellmut Fischmeister (Vorsitz, MPI für Metallforschung) und Manfred Rühle (MPI für Metallforschung).[102] An diesem Gremium, das den Neuanfang bis zum 30. Juni 1993 organisierte,[103] wird der Einfluss der Wissenschaftler:innen der modernen Festkörper- und Oberflächenwissenschaften deutlich, womit im Westen entwickelte Orientierungen und fachliche Kriterien übertragen wurden.

Zu den schwierigsten Punkten des Neuanfangs gehörte die Personalfrage. Wegen der formalen Neugründung mussten sich die Angestellten des Akademieinstituts auf ihre Stellen neu bewerben. Die kommissarische Leitung und ein Gremium aus ehemaligen Angestellten des Akademieinstituts stuften sie bezüglich ihrer fachlichen Qualifikation als geeignet oder ungeeignet ein. Das Vorgehen stieß auf Unverständnis und löste Erbitterung aufseiten der ehemaligen Akademieangestellten aus,[104] hatte doch der Wissenschaftsrat dem Akademieinstitut bescheinigt, in der Leistung einem MPI ebenbürtig zu sein. Der Anspruch der MPG auf Freiheit in der Wahl der wissenschaftlichen Ausrichtung bei Neuberufungen führte hier zu Konflikten. Die organisatorischen Strukturen wurden, soweit irgend möglich, den westlichen MPG-Standards angeglichen. Die drei ersten ordentlichen Institutsdirektoren wurden 1992 berufen. Neben Heydenreich[105] waren das Jürgen Kirschner von der FU Berlin und Ulrich Gösele von der Duke University, der seine wissenschaftliche Karriere am MPI für Metallforschung in Stuttgart begonnen hatte.[106] Nach der Emeritierung Heydenreichs 1995 wurde seine restliche Abteilung in die Abteilung Gösele integriert.[107] Mit der Berufung des erst 32-jährigen Franzosen Patrick Bruno an das MPI für Mikrostrukturphysik als Theoretiker[108] war das vorab ausgearbeitete Gründungskonzept umgesetzt.

Die Arbeitsbereiche des Akademieinstituts hatten auf dem Gebiet des MPG-Clusters der modernen Festkörper- und Oberflächenwissenschaften gelegen und überschnitten sich vor allem mit den Tätigkeiten am MPI für Metallforschung. Es gab auch Berührungspunkte mit dem Fritz-Haber-Institut, wo ebenfalls Oberflächen mit Elektronenbeugungsmethoden und Elektronenmikroskopie untersucht wurden. Dieser konkurrierende Institutsschwerpunkt wurde in Halle bis in die 2000er-Jahre weitgehend eingestellt und durch neue Schwerpunkte ersetzt. Die komplementär zu den MPI im Westen liegenden Arbeitsgebiete der neuen Direktoren[109] machen die Orientierung am Bestand des Clusters der modernen Festkörper- und Oberflächenwissenschaften deutlich. Sie arbeiteten an Mesostrukturen mit magnetischen und elektrischen Eigenschaften und an Prozessen in Mikro- und Nanostrukturen in Bezug auf ihre Eigenschaften als elektronische Speichermedien, Sensoren oder selbstorganisierende Eigenschaften.

Nach vergleichbaren Prinzipien erfolgten in den 1990er-Jahren drei weitere MPI-Gründungen im Osten der Republik, die den Cluster der modernen Festkörper- und Oberflächenwissenschaften wesentlich verstärkten. Diese Institute waren zum Ersten das 1992 gegründete MPI für Kolloid- und Grenzflächenforschung in Potsdam.[110] Da das Institut durch die Zusammenlegung von Teilen verschiedener Akademieinstitute entstand, ähnelt die Gründungsgeschichte der des MPI für Mikrostrukturphysik. Die kommissarische Leitung übernahmen Manfred Kahlweit (MPI für biophysikalische Chemie), Karl Ludwig Kompa (MPI für Quantenoptik) und Hans-Wolfgang Spieß (MPI für Polymerforschung).[111] Der Aufbau des 1992 völlig neu gegründeten MPI für Physik komplexer Systeme in Dresden begann in Stuttgart unter den Fitti-

---

102 Protokoll der 129. Sitzung des Senates vom 22.11.1991, AMPG, II. Abt., Rep. 60, Nr. 129.SP, fol. 31–32.
103 Hans Zacher an Manfred Rühle am 1.7.1993, AMPG, II. Abt., Rep. 52, Nr. 1.
104 Hellmut Fischmeister an Gastl, 5.8.1991, u. Hellmut Fischmeister an Wolfgang Hasenclever, 5.8.1991, AMPG, II. Abt., Rep. 52, Nr. 2.
105 Protokoll der 131. Sitzung des Senates vom 4.6.1992, AMPG, II. Abt., Rep. 60, Nr. 131.SP, fol. 30.
106 Protokoll der 129. Sitzung des Senates vom 22.11.1991, AMPG, II. Abt., Rep. 60, Nr. 129.SP, fol. 31–32; Protokoll der 130. Sitzung des Senates vom 13.3.1992, AMPG, II. Abt., Rep. 60, Nr. 130.SP, fol. 36; Protokoll der 131. Sitzung des Senates vom 4.6.1992, AMPG, II. Abt., Rep. 60, Nr. 131.SP, fol. 29.
107 Materialien für die Sitzung der Chemisch-Physikalisch-Technischen Sektion des Wissenschaftlichen Rates der Max-Planck-Gesellschaft am 3. Februar 1994 in Heidelberg, Betrifft: Punkt 5.2 der Tagesordnung – Max-Planck-Institut für Mikrostrukturphysik in Halle, AMPG, II. Abt., Rep. 62 Wissenschaftlicher Rat, Nr. 1831, nicht paginiert.
108 Protokoll der 146. Sitzung des Senates vom 5.6.1997, AMPG, II. Abt., Rep. 60, Nr. 146.SP, fol. 14; Protokoll der 147. Sitzung des Senates vom 14.11.1997, AMPG, II. Abt., Rep. 60, Nr. 147.SP, fol. 14 verso.
109 Bereits zu Beginn betonte MPG-Präsident Hans Zacher in der CPTS, dass bei der Gründung die Arbeitsgebiete der MPI insbesondere in Stuttgart und Berlin berücksichtigt werden müssten. Auch in der folgenden Diskussion wurde die Notwendigkeit der Abgrenzung des neuen Instituts gegenüber Arbeiten an bereits bestehenden MPI betont. Protokoll der CPTS vom 5.6.1991, AMPG, II. Abt., Rep. 62, Nr. 1823, fol. 11 verso, fol. 12 verso.
110 Ash, *MPG im Kontext*, 2020, 25–29.
111 Protokoll der 129. Sitzung des Senates vom 22.11.1991, AMPG, II. Abt., Rep. 60, Nr. 129.SP, fol. 32–33.

4. Materialforschung

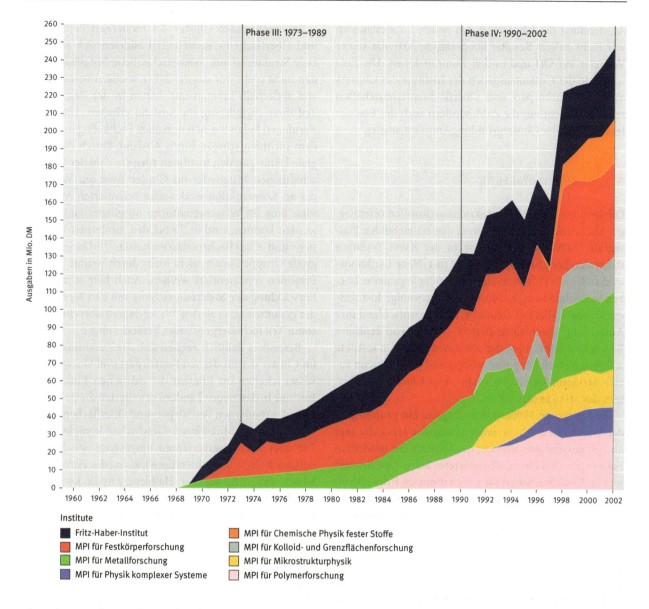

Abb. 14: Gesamtausgaben im Cluster moderne Festkörper- und Oberflächenwissenschaften, mit den Anteilen der Institute. – Quelle: GMPG-Finanzdaten erhoben aus den Haushaltsplänen der MPG im Archiv der MPG, Bestand AMPG, II. Abt., Rep. 69.4.3 Zusammenfassung; doi:10.25625/BDAU6Z.

chen des MPI für Festkörperforschung und Peter Fulde, bis dahin Wissenschaftliches Mitglied dieses Instituts, war Gründungsdirektor.[112] Auch die Einrichtung des 1995 gegründeten MPI für Chemische Physik fester Stoffe in Dresden war eine Neugründung und startete in Abstimmung mit dem MPI für Festkörperforschung mit der Gruppe Frank Steglichs in Darmstadt.[113]

Im Zuge der deutschen Einheit erweiterten äußere Faktoren die Handlungsspielräume der modernen Festkörper- und Oberflächenwissenschaften in der MPG. Einige Wissenschaftliche Mitglieder aus den Instituten des Clusters nutzten die Gelegenheit der deutschen Einheit und halfen bei der Gründung neuer, in ihrem Arbeitsfeld angesiedelter Institute im Osten. Die komplementäre

---

[112] Protokoll der 132. Sitzung des Senates vom 20.11.1992, AMPG, II. Abt., Rep. 60, Nr. 132.SP, fol. 25–27.

[113] Im Vorfeld wurde diskutiert, ob die chemische Physik fester Stoffe an einem der beiden Stuttgarter Institute, dem MPI für Metallforschung oder dem MPI für Festkörperforschung, bearbeitet werden sollte. Frank Steglich entwarf zusammen mit Reinhard Nesper von der ETH Zürich das Grundkonzept des neuen MPI. Protokoll der 139. Sitzung des Senates vom 24.3.1995, AMPG, II. Abt., Rep. 60, Nr. 139. SP, fol 15 verso –16. – Nesper hatte am MPI für Festkörperforschung zu seiner 1977 publizierten Dissertation gearbeitet und war 1978 bis 1990 wissenschaftlicher Mitarbeiter an diesem MPI gewesen.

Ausdehnung des Clusters in den neuen Bundesländern war nicht zuletzt Resultat kooperativer Aktivität seiner Vertreter vor Ort und in den Kommissionen. Die Entwicklung der Gesamtausgaben der Institute des Clusters moderne Festkörper- und Oberflächenwissenschaften zeigt, dass nicht nur die Zahl, sondern auch der Etat der Institute seit der Clustergründung konstant anstieg.

4.3 Zusammenfassung

Die Institute der an Konstruktionswerkstoffen orientierten Materialforschung führten in den ersten beiden Phasen der MPG-Geschichte ihre in der KWG-Tradition stehenden Forschungsprogramme fort. Neue Funktionswerkstoffe wie Polymere, Halbleiter oder Supraleiter blieben weitgehend ausgeschlossen. Einige wenige Institutsdirektoren – allesamt Deutsche, die in Deutschland ihre Ausbildung durchlaufen hatten – waren von zentraler Bedeutung. Die Gruppe der von ihnen geführten Institute stabilisierte sich über ihre weitgehend geschlossene soziale Struktur. Soweit entspricht dieser Cluster den Mustern der MPG in dieser Zeit.

In den späten 1960er-Jahren begann ein grundlegender Wandel in der Materialforschung der MPG, der hier als Aufbau und Ausdehnung des Clusters der modernen Festkörper- und Oberflächenwissenschaften beschrieben wurde. Ursachen waren die internationalen Entwicklungen im Forschungsfeld, nationale wissenschaftspolitische Initiativen zur Stärkung des deutschen Innovationssystems und die Aktivitäten von jüngeren Wissenschaftlern zur Etablierung ihres neuen Arbeitsfeldes in der Bundesrepublik. Daher war der Aufbau des neuen Clusters Teil einer größeren Entwicklung, des Aufstiegs der modernen Festkörper- und Oberflächenwissenschaften. In der Übergangszeit hatten einzelne Institutsdirektoren besondere Bedeutung bei der praktischen Durchsetzung der fachlichen Umorientierung. Spezifisch für die MPG ist, dass der von außen angestoßene Wandel über einen bestimmten Zeitraum hinweg stattfand und die Wissenschaftlichen Mitglieder in den Selbstverwaltungsgremien die konkreten Entscheidungen nach und nach trafen.

Im wachsenden Cluster der modernen Festkörper- und Oberflächenwissenschaften bildeten sich neue soziale Strukturen aus. Wissenschaftliche Mitglieder wurden nicht mehr nur aus der MPG, sondern vornehmlich von außerhalb berufen und hatten in der Regel einen Teil ihrer Ausbildung im Ausland erhalten. Unter den Berufenen befanden sich nun auch Fachkolleg:innen aus dem nichtdeutschsprachigen Ausland. Durch die kollegiale Leitung an den Instituten stieg die Zahl der Wissenschaftlichen Mitglieder im Cluster stark an. Während der an Konstruktionswerkstoffen orientierten Materialforschung 20 Wissenschaftliche Mitglieder zugeordnet werden können, sind es 79 bei den modernen Festkörper- und Oberflächenwissenschaften.[114] Diese relativ große Gruppe konnte nicht mehr durch wenige zentrale Personen repräsentiert werden. Auch hier stimmt die Entwicklung der Materialforschung mit den Merkmalen der gesamten MPG ab den 1970er-Jahren überein und ist somit Teil fachübergreifender Veränderungen.

Besonders deutlich zeigten sich die Zusammenhänge im Cluster der modernen Festkörper- und Oberflächenwissenschaften im Kontext der deutschen Einheit. Die Institute in den neuen Ländern erweiterten die Arbeitsgebiete der modernen Festkörper- und Oberflächenwissenschaften in der Max-Planck-Gesellschaft komplementär. Die über Berufungsverfahren umgesetzte Ausdehnung entsprach der allgemeinen Entwicklung des Forschungsfeldes, das sich, aus der Halbleiterphysik kommend, ständig durch die Integration neuer Materialien und Methoden vergrößerte. Die Finanzdaten stärken die These von den zwei materialforschenden Clustern. Der Cluster der modernen Festkörper- und Oberflächenwissenschaften zeigt dabei eine mit der Mitgliederzahl steigende Wachstumsdynamik. Über die Selbstorganisation der Wissenschaftlichen Mitglieder gebildete Kommissionen waren ein wichtiges, MPG-spezifisches Entscheidungselement der Entwicklung. Das analytische Konzept der Forschungscluster ist eine Möglichkeit, emergenten Phänomenen in der modernen Wissenschaftsgeschichte Rechnung zu tragen, zumindest sind dem Clusterkonzept entsprechende Konstellationen innerhalb der Materialforschung beobachtbar.

---

114 GMPG Kommissionsdatenbank, siehe unten, Anhang 5.5.

EXPERIMENTALANLAGEN

Foto 1: Kaskadengenerator am MPI für Chemie, Mainz 1956

EXPERIMENTALANLAGEN

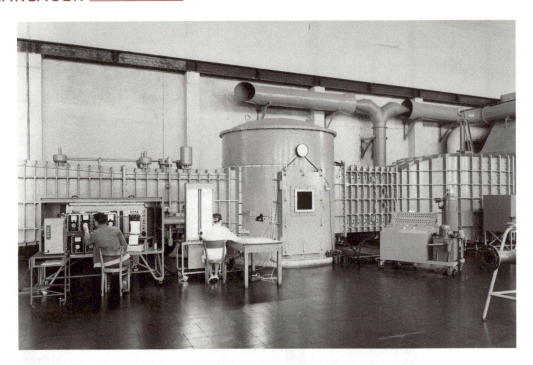

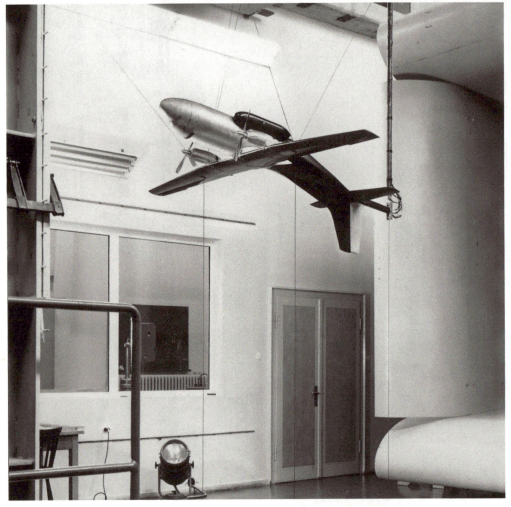

Foto 2: Aerodynamische Versuchsanstalt (AVA), Hochgeschwindigkeitskanal mit Überschalldüse, Göttingen 1962 (oben)

Foto 3: Modell einer Transall (C 160) im Windkanal der AVA, Göttingen 1962 (unten)

EXPERIMENTALANLAGEN

Foto 4: Sonnensonde Helios, Gemeinschaftsprojekt des MPI für extraterrestrische Physik mit den MPI für Aeronomie, für Astronomie, für Kernphysik und der NASA, Garching bei München 1974

EXPERIMENTALANLAGEN

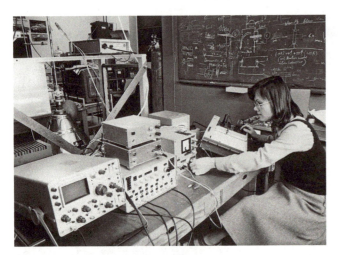

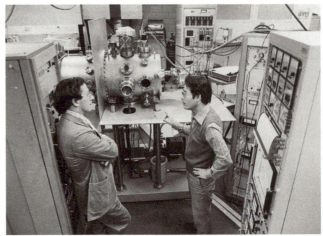

Foto 5: MPI für Physik und Astrophysik (Marianne Zahn), München 1977 (oben links)

Foto 6: Ultra-Hochvakuumapparatur am MPI für Festkörperforschung, Stuttgart 1978 (oben rechts)

Foto 7: Montage der Zentraleinheit des Feuerrad-Hauptsatelliten am Institut für extraterrestrische Physik, damals noch Teil des MPI für Physik und Astrophysik (Jakob Stöcker und Werner Göbel), München 1980 (unten)

EXPERIMENTALANLAGEN

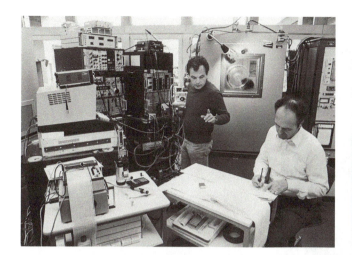
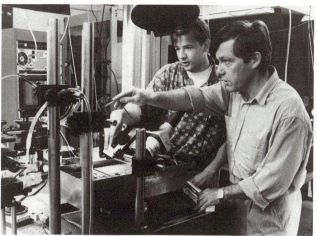
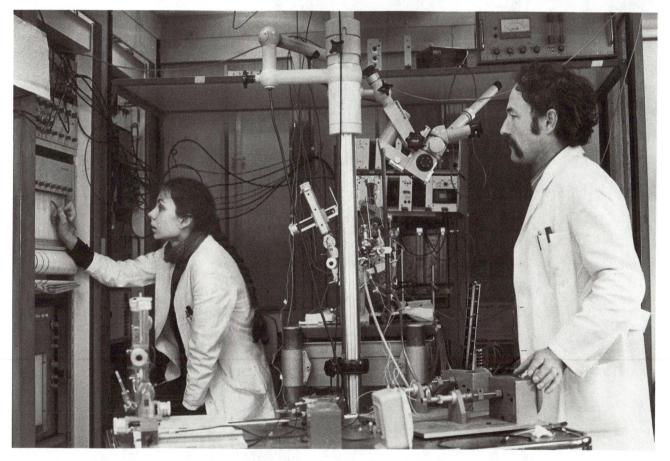

Foto 8: Thermal-Vakuum-Test eines Raumfahrtexperiments am MPI für Aeronomie, Lindau 1981 (oben links)

Foto 9: Experiment zur nichtlinearen optischen Mikroskopie und Spektroskopie an flüssigen Grenzflächen am MPI für Kolloid- und Grenzflächenforschung (rechts: Gründungsdirektor Helmuth Möhwald), Potsdam 1995 (oben rechts)

Foto 10: Operationsmikroskop am MPI für Hirnforschung (Daniela Winkler, Gerhard Rosner), Frankfurt am Main 1982 (unten)

EXPERIMENTALANLAGEN

Foto 11: Blick in das ASDEX-Plasmagefäß am MPI für Plasmaphysik, Garching bei München 1981 (oben)

Foto 12: »Tag der offenen Tür« am MPI für Plasmaphysik, Fusionsanlage »Wendelstein 7-A«, Garching bei München 1975 (unten)

EXPERIMENTALANLAGEN

Foto 13: Journalist:innen lassen sich ein neues Laserlichtverfahren erklären, Einweihung des MPI für Quantenoptik, Garching bei München 1986 (oben)

Foto 14: MPI für Quantenoptik, Garching bei München 2004 (unten)

EXPERIMENTALANLAGEN

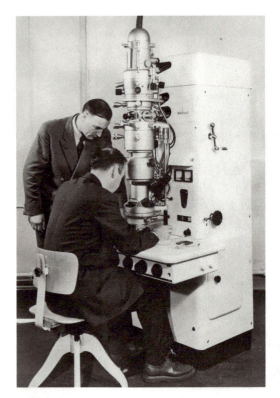

Foto 15: Ernst Ruska vom Fritz-Haber-Institut der MPG am Elektronenmikroskop (1956), für dessen Entwicklung er 1986 den Nobelpreis für Physik erhielt (oben links)

Foto 16: Astropeiler Stockert in Bad Münstereifel, 1968 (oben rechts)

Foto 17: 100-Meter-Teleskop auf dem Effelsberg, seinerzeit das größte bewegliche Radioteleskop der Welt – installiert und betrieben vom MPI für Radioastronomie, 1976 (unten)

5. Kernforschung

Thomas Steinhauser

Um das Forschungsfeld mit seinen vielfältigen Berührungspunkten und Überschneidungen einzugrenzen, wird die Kernforschung hier als Niederenergie-Kernphysik verstanden, deren zentrale Themen Kernstrukturen und Kernreaktionen sind. Zu ihrer Erforschung stellte die Quantenmechanik entscheidende theoretische Grundlagen bereit, auf der experimentellen Seite war es das Interesse an immer kleineren Dimensionen und höheren Energien, das die Entwicklung neuer, aufwendigerer Methoden und Instrumente antrieb.[1] Die komplexer werdende Forschungsinfrastruktur konnte schließlich nur noch in nationalen und internationalen Großforschungseinrichtungen durch die Zusammenarbeit von Wissenschaft, Staat und Industrie bereitgestellt werden.[2] Ab den 1970er-Jahren wurde auf dieser Basis das aktuell gültige Standardmodell der Teilchenphysik, das alle Wechselwirkungen im Kern berücksichtigt, aufgestellt und weiter ausgebaut.[3]

Die hohen Investitionen von Staat und Wirtschaft in die Kernforschung waren nicht nur durch das Interesse am Aufbau der Materie begründet, sondern vor allem durch die militärische Bedeutung der Kernwaffen und durch die Möglichkeit, mit Kernreaktoren Energie zu gewinnen. Die Kernforschung ist daher von einer grundlegenden Ambivalenz zwischen militärischer Bedrohung und zivilem Nutzen gekennzeichnet und hat die zweite Hälfte des 20. Jahrhunderts derart geprägt, dass man seit dem Kalten Krieg vom Atomzeitalter gesprochen hat,[4] was nicht nur die wissenschaftlichen, sondern vor allem auch die militärischen, ökonomischen und kulturellen Aspekte einschließt.[5] Wie ging die MPG mit dieser Verbindung staatlicher, wirtschaftlicher und wissenschaftlicher Interessen in der Kernforschung um? Gerade die militärischen und wirtschaftlichen Aspekte der Forschung konnten für eine Institution problematisch werden, die sich der wissenschaftlichen Grundlagenforschung verschrieben hatte.

Nach dem Zweiten Weltkrieg war die Kernforschung an deutschen Instituten zunächst durch alliierte Verbote stark eingeschränkt, aber nicht verschwunden. Die Leitfiguren Werner Heisenberg und Wolfgang Gentner kooperierten schon ab Anfang der 1950er-Jahre, um in Absprache mit der Politik einen erneuten Aufschwung der Kernforschung in Deutschland vorzubereiten. Ihr Ausbau in der MPG wurde dann vor allem aus Bundesmitteln finanziert und war somit an staatliche und politische Interessen gebunden.

Auf der Ebene der Wissenschaft zeichnet sich die Kernforschung durch eine Reihe von Überschneidungen mit anderen Arbeitsgebieten aus, etwa mit der Elementarteilchen- oder Hochenergiephysik, der Atomphysik und der Kernchemie. Kernchemische Altersbestimmungen etwa spielen in den Geowissenschaften und der Archäologie[6] eine wesentliche Rolle und sind die Grundlage der Kosmochemie. Kernreaktionen sind zudem die Quelle

---

1 Kaskadenbeschleuniger 1930, erster Van-de-Graaff-Beschleuniger 1931, erstes Zyklotron 1932, erster kritischer Kernreaktor in Chicago durch die Gruppe E. Fermis 1942, erster Positron-Elektron-Speicherring in Stanford 1960, großer Elektron-Positron-Speicherring LEP am CERN 1989.
2 Zur Großforschung siehe Galison und Hevly, *Big Science*, 1992; Szöllösi-Janze und Trischler: *Großforschung*, 1990; Szöllösi-Janze: *Geschichte der Arbeitsgemeinschaft*, 1990; Trischler: Wolfgang Gentner, 2006.
3 Mayer-Kuckuk: *Kernphysik*, 2002, 9.
4 Weizsäcker: *Verantwortung*, 1957; Radkau: *Aufstieg und Krise*, 1983, 78–95.
5 Zeman: *Atomic Culture*, 2004.
6 Am bekanntesten ist wohl die Radiokarbonmethode. De Messières, Libby, 2001. – Es verwundert nicht, dass der Erfinder im Manhattan-Projekt mitgearbeitet hat, da die zivilen Anwendungen in der Regel in Zusammenhang mit den militärisch orientierten Arbeiten standen.

kosmischer Strahlung, die in der Astrophysik untersucht wird,[7] und kernphysikalische Methoden sind in der Nuklearmedizin und der Materialforschung weit verbreitet. Darüber hinaus wirkten sich technische Entwicklungen, die sich aus dem Kontext der Kernforschung ergeben haben, auch auf andere Wissenschaftsfelder aus, etwa neuartige Magnet-, Detektor- oder Computersysteme.

Diese große wissenschaftliche Bandbreite erlaubte es Wissenschaftler:innen der MPG, die finanziellen und forschungspolitischen Möglichkeiten des nationalen Atomprogramms für die eigenen wissenschaftlichen Interessen zu nutzen und im Zusammenhang mit der Kernforschung auf ihren jeweiligen Gebieten zu arbeiten, auch wenn diese komplementär zu den zentralen Fragen der Kernforschung nach Kernstrukturen und Kernreaktionen lagen. Obwohl der Cluster der Kernforschung in der MPG nicht sehr langlebig war, half er dabei, die Entwicklung neuer Arbeitsgebiete anzustoßen.

5.1 Die Anfänge in der KWG

Wissenschaftler:innen der KWG, allen voran Otto Hahn, Werner Heisenberg, Walther Bothe und Wolfgang Gentner, gehörten zur Elite in der Kernforschung und hatten ab den 1920er-Jahren die Grundlagen des Forschungsfelds mitentwickelt.[8] Die am KWI für Chemie in Berlin-Dahlem von der Arbeitsgruppe um Otto Hahn, Fritz Straßmann und Lise Meitner mit einem im Jahr 1938 durchgeführten Experiment unverhofft nachgewiesene Kernspaltung eröffnete die Möglichkeit, einen energieliefernden Reaktor zu bauen.[9] Schnell erkannte man, dass die potenzielle Sprengwirkung auch militärisch von Belang war.[10] Das Experiment zeigte andererseits, dass der Neutronenbeschuss eine wichtige analytische Methode der Kernphysik war und ein Reaktor als wissenschaftliches Instrument würde dienen können.

Kernreaktoren unterschiedlicher Bauart, aber auch Teilchenbeschleuniger und Zyklotrone wurden zu Schlüsselinstrumenten der Kernforschung, die wegen ihrer aufwendigen Infrastruktur der Großforschung zugerechnet werden kann.[11] In den 1930er-Jahren verschob sich die Kernkompetenz von der Kernchemie zur Arbeit mit derartigen Großinstrumenten.[12] Die erste Atombombe entstand dann am Ende des Zweiten Weltkrieges im Zuge des US-amerikanischen Manhattan-Projekts, das zum Paradebeispiel für Großforschung wurde.[13] Im Verlauf des Zweiten Weltkrieges bildeten ab 1939 in Deutschland führende Kernforscher »Uranvereine«, um einen Atomreaktor zu bauen, der Energie und spaltbares Material liefern sollte.[14]

Beteiligt waren neben Carl Friedrich von Weizsäcker, Karl Wirtz, Otto Hahn, Erich Bagge, Horst Korsching und Wilhelm Groth mit Werner Heisenberg und Walther Bothe zwei KWG-Wissenschaftler, die im zweiten »Uranverein« leitende Funktionen übernahmen. Eine Gruppe arbeitete am KWI für Physik in Berlin-Dahlem, wo 1940 der Direktor Peter Debye unter dem Druck des NS-Regimes das Land verlassen hatte. Als Vertreter und ab 1942 als Nachfolger Debyes agierte Heisenberg, der damals führende theoretische Kernphysiker Deutschlands.[15] 1943 wurde unter Leitung von Wirtz mit dem Bau eines mit Natururan und schwerem Wasser als Moderator betriebenen Reaktors begonnen. Nach der kriegsbedingten Verlagerung des KWI für Physik in den Südwesten Deutschlands baute man den Kernreaktor in Haigerloch neu auf, konnte ihn aber nie in Betrieb nehmen, da die notwendigen materiellen Ressourcen fehlten.

Eine Gruppe um Walther Bothe vom Teilinstitut für Physik am KWI für medizinische Forschung in Heidelberg war ebenfalls am Aufbau des Reaktors beteiligt, arbeitete aber hauptsächlich an Beschleunigerexperimenten. Am KWI für Chemie setzte unterdessen Hahns Abteilung ihr Forschungsprogramm der radiochemischen Untersuchung von Kernreaktionen und schweren Elementen fort und konnte dafür die neue Hochspannungsanlage des KWI für Physik nutzen. Zusätzliche Expertise im Hochspannungsbereich brachte der im Jahr 1939 als Nach-

---

7 Wong, *Introductory Nuclear Physics*, 2004, 4–5.

8 So entdeckte Otto Hahn 1921 die Kernisomerie. Hahn, Über ein neues radioaktives Zerfallsprodukt, 1921, 84. – Bothe konstruierte mit Gentner das 1943 in Betrieb genommene erste deutsche Zyklotron. Hoffmann und Schmidt-Rohr, Wolfgang Gentner, 2006, 13–21. – Heisenberg gehörte u. a. zu den Pionieren der Quantenfeldtheorie. Carson, *Heisenberg in the Atomic Age*, 2010, 75–79.

9 Krafft, *Im Schatten der Sensation*, 1981, 74–135.

10 Walker, *Waffenschmiede?*, 2005, 14–27. – Ziel des Experiments war es ursprünglich, durch Neutronenbeschuss von Atomen besonders schwere Kerne herzustellen.

11 Weiss, Harnack-Prinzip und Wissenschaftswandel, 1996, 541 u. 545.

12 Gentner, MPI für Kernphysik 1962, 487–488.

13 Reed, *History and Science of the Manhattan Project*, 2014, 183–238.

14 Walker, *Uranmaschine*, 1990.

15 1932 hatte er für die Begründung der Quantentheorie den Nobelpreis für Physik erhalten.

folger der vom NS-Regime vertriebenen Lise Meitner berufene Josef Mattauch mit. Mattauch war ein Experte für Massenspektrometrie, einer Methode zur Isotopenanalyse und Isotopentrennung.[16] Geplante Apparaturen konnten jedoch nicht mehr aufgestellt werden, weil das KWI für Chemie 1944 bombardiert und ebenfalls nach Südwestdeutschland, nach Tailfingen verlagert wurde.

Als die französische Armee den deutschen Südwesten befreite, beschlagnahmten Spezialeinheiten des US-Geheimdienstes[17] die Materialien in Haigerloch und internierten die aufgefundenen Wissenschaftler zunächst in Frankreich und Belgien, dann im britischen Farm Hall bei Cambridge. Von den zehn Internierten hatten sieben in der KWG gearbeitet. Anfang 1946 begannen sechs von ihnen – Heisenberg, Wirtz, Bagge, Korsching, Max v. Laue und Weizsäcker – nach ihrer Rückkehr aus der Internierung in Göttingen unter britischer Kontrolle das KWI für Physik neu aufzubauen. Das ging aber nur unter ganz eingeschränkten Bedingungen. Die Laboratorien waren entweder im Krieg zerstört oder von den Alliierten beschlagnahmt worden; die Zahl der verfügbaren Wissenschaftler:innen war durch alliierte Internierung oder Abwerbung stark reduziert; im Ausland erhältliche Brennstoffe und Moderatoren waren unerreichbar; und vor allem verboten die Alliierten deutschen Forscher:innen strikt die angewandte Kernforschung.[18]

Es gab dennoch Arbeitsmöglichkeiten für die Kernforscher, so wurde das Heidelberger Zyklotron Bothes und Gentners unter US-amerikanischer Leitung wieder in Betrieb genommen, durfte aber bis 1953 nur für medizinische Zwecke genutzt werden.[19] Alliierte Behörden kontrollierten die Einhaltung der Verbote und forderten regelmäßig Berichte an. Der 1945 an Hahn für die Spaltung schwerer Atomkerne verliehene Nobelpreis für Chemie und der 1954 an Bothe für die Koinzidenzmessung[20] verliehene Nobelpreis für Physik waren Belege für das hohe Potenzial der deutschen Kernforschung, an dem auch die Alliierten interessiert waren.

5.2 Die MPG und der Aufstieg der bundesdeutschen Kernforschung

Für die Alliierten Berichte über die deutsche Forschung während des Krieges zu schreiben – vor allem ihre Arbeit an den Bänden der FIAT (Field Information Agencies, Technical) Review of German Science 1939–1946 – war für viele deutsche Wissenschaftler:innen die erste Möglichkeit, wieder in ihrem Spezialgebiet tätig zu werden, auch für die Göttinger Kernphysiker.[21] Die praktische Arbeit erfolgte dann auf Gebieten, die als allgemein orientierte Grundlagenforschung verstanden werden konnten, etwa die Elementarteilchenphysik mittels kosmischer Strahlung, die theoretische Physik, die Spektroskopie und die Astrophysik. Für die Astrophysik wurde 1947 am KWI für Physik eine Sonderabteilung unter Leitung Ludwig Biermanns gegründet, die in der frühen Nachkriegszeit zur Keimzelle eines neuen Schwerpunktes der MPG in der Astronomie und Astrophysik avancierte.[22]

»Ausgelagerte« Mitarbeiter, die sich noch in Hechingen in der Französischen Zone befanden, arbeiteten ab 1947 unter der Leitung Gentners an Spektrometrie und Hochspannungsexperimenten, was ihre Tätigkeit im Sinne der Forschungsverbote entschärfte. Auch Gentner selbst, der über hervorragende Beziehungen zur französischen Besatzungsbehörde verfügte und nach dem Krieg eine Professur an der Universität Freiburg angenommen hatte, passte sich den neuen Kontexten an. Zum einen untersuchte er energiereiche kosmische Strahlung in der Astrophysik, andererseits nutzte er seine Expertise in der Kosmochemie bei der Analyse von Meteoriten und geologischen Proben.[23]

In Tailfingen war die Situation des KWI für Chemie vergleichbar. 1949 zog das Institut nach Mainz um, wo Straßmann die radiochemische Arbeitsrichtung Hahns fortführte und einen ersten Kaskadengenerator in Betrieb nahm.[24] Aufgrund der Forschungsbeschränkungen entstand dort nun ein neues Arbeitsgebiet, das sich mit

---

16 Reinhardt, *Massenspektroskopie*, 2012, 101–106.
17 Goudsmit, *Alsos*, 1996.
18 Heinemann et al., Überwachung und »Inventur«, 2001.
19 Hintergrundinformation zur Stilllegung des Zyklotrons des Max-Planck-Instituts für Kernphysik, Heidelberg, im Rahmen des Pressetags der Max-Planck-Gesellschaft am 21.2.73, AMPG, II. Abt., Rep. 71, Nr. 15, fol. 500–504, hier fol. 501; Generalverwaltung der Max-Planck-Gesellschaft, *Jahrbuch 1952*, 1952, 15; Reinhardt, Massenspektroskopie, 2012, 111; Osietzki: Physik, Industrie und Politik, 1989, 56–57.
20 Diese Messung der Gleichzeitigkeit (Koinzidenz) der Erzeugung des Rückstoßelektrons und der Streuung des Photons beim Compton-Effekt wurde zu einem Standardverfahren. Maier, Teilchenbillard, 2011; Bonolis, Walther Bothe and Bruno Rossi, 2011.
21 Cassidy, Controlling German Science, 1994; O'Regan, *Science, Technology, and Know-How*, 2014; Heinemann, Alliierte Erschließung, 2018.
22 Bonolis und Leon: *Astronomy*, 2023, 87–119. Siehe unten, Kap. III.6.
23 Hoffmann und Schmidt-Rohr, Wolfgang Gentner, 2006, 27–30.
24 Reinhardt, Massenspektroskopie, 2012, 111.

der medizinischen Verwendung von Radioisotopen befasste. Der aus gesundheitlichen Gründen zunächst in Bern arbeitende Mattauch kam 1952 wieder nach Mainz, wo die technische Infrastruktur weiter verbessert wurde, um die Kernforschung mit Beschleunigern und Massenspektrometern zu intensivieren. Da sich der Aufbau eines leistungsstarken Teilchenbeschleunigers erheblich verzögerte, wurde die Massenspektrometrie zur wichtigsten kernphysikalischen Methode am Institut. Als Straßmann 1953 an die Universität Mainz wechselte, endete die kernchemische Forschungslinie Hahns. Straßmanns Nachfolger Friedrich Paneth konzentrierte sich vor allem auf radiochemische Altersbestimmungen von Meteoriten; die Radiochemie und Massenspektrometrie wurden zum Hilfsmittel der Kosmochemie.[25]

Trotz des offiziellen Verbots war angewandte Kernforschung schon in der frühen Nachkriegsphase unter Kontrolle der Alliierten möglich. Diese interessierten sich vor allem für deutsche Expert:innen mit waffentechnisch relevantem Know-how. So wollten die Briten eine Gruppe Konrad Beyerles für sich arbeiten lassen, der sich vor 1945 mit der Anreicherung von spaltbarem Uran-235 durch Hochleistungszentrifugen beschäftigt hatte.[26] Hintergrund war die Weigerung der USA ab 1946, ihre militärische Nukleartechnik an die anderen Westalliierten weiterzugeben. Daher forcierten die Briten ein eigenes Atomprogramm, und britische Militärbehörden suchten nach einer Gelegenheit, die Gruppe Beyerles in ihrer Zone eine Gaszentrifuge der neuesten Bauart konstruieren zu lassen. Man vereinbarte, die Gruppe als Institut für Instrumentenkunde in die KWG/MPG zu integrieren.[27] Im Gegenzug unterließen es die Briten, die Reste der Werkstätten der ehemaligen Aerodynamischen Versuchsanstalt zu demontieren.

Der hier ersichtliche enge Zusammenhang mit militärischen Interessen störte die Selbstdarstellung der neuen MPG als Institution der wissenschaftlichen Grundlagenforschung und wurde folgerichtig nicht oder nur indirekt erwähnt.[28] Beyerle arbeitete unter anderem auch für Forschungseinrichtungen wie das MPI für medizinische Forschung in Heidelberg oder das von Wilhelm Groth geleitete Institut für Physikalische Chemie an der Universität Bonn an der Konstruktion von Teilchenbeschleunigern und Zentrifugen.[29] 1955 empfahl schließlich eine MPG-Kommission, das Institut für Instrumentenkunde zu schließen, weil dessen Ausrichtung auf technische Auftragsarbeit nicht in die MPG passte.[30] Ab 1957 war Beyerles Gruppe in der Gesellschaft zur Förderung der kernphysikalischen Forschung aktiv, die 1960 in Kernforschungsanlage Jülich (KFA) umbenannt wurde.

Eine andere Ausweichmöglichkeit praktizierte die Reaktorgruppe unter Karl Wirtz, die ab 1950 kerntechnisch mit dem spanischen Franco-Regime kooperierte. Die Wirtz-Gruppe brachte technische Expertise für den Aufbau eines Reaktors in das spanische Atomprogramm ein und konnte im Gegenzug einige alliierte Einschränkungen umgehen.[31] Die deutschen Kernforscher:innen standen bereit, ihre Arbeiten wieder in vollem Umfang aufzunehmen, allerdings waren Kernbrennstoffe und Kernreaktoren immer noch nicht frei zugänglich, sodass viele Expert:innen ins Ausland gingen, um dort weiterzuarbeiten.[32] Doch die Bestimmungen der alliierten Forschungskontrolle wurden zunehmend gelockert und in Erwartung einer baldigen Aufhebung der Verbote versuchten Kernphysiker, insbesondere Heisenberg, durch Politikberatung die Stellung ihres Faches weiter zu verbessern.[33] 1951 rieten sie der deutschen Regierung, sich zumindest mit kerntechnischen Überlegungen vertraut zu machen, trotz der Kontrollratsgesetze, denn die Atomenergie würde ein bedeutender wirtschaftlicher Faktor werden und man könnte den Vorsprung des Auslands noch einholen.[34] Sie wollten an das Prestige früherer Zeiten anknüpfen und strebten die staatliche Unterstützung der Kernforschung und den Aufbau von Forschungsre-

---

25 Reinhardt, Massenspektroskopie, 2012, 113–118.

26 Heinz Wiese (in Vertr.), Jahresbericht des Institutes für Instrumentenkunde in der Kaiser-Wilhelm-Gesellschaft für die Zeit vom 1.7.1946 bis zum 30.6.1947, AMPG, II. Abt., Rep. 102, Nr. 117, fol. 503–504.

27 Protokoll der Sitzung des Wissenschaftlichen Rates vom 13.6.1955, AMPG, II. Abt., Rep. 62, Nr. 1933, fol. 12–13.

28 Noch in der Chronik von 2016 wird die britische Initiative bei der Institutsgründung und der Arbeitsschwerpunkt Gasultrazentrifugen weggelassen bzw. nur angedeutet. Henning und Kazemi: *Handbuch*, Bd. 1, 2016, 725–728.

29 Protokoll 28.9.1955, Bl. 10, AMPG, II. Abt., Rep. 8, Nr. 7; Groth, Gaszentrifugenanlagen, 1973.

30 Protokoll der 21. Sitzung des Senates vom 14.6.1955, AMPG, II. Abt., Rep. 60, Nr. 21.SP, fol. 12–15.

31 Presas i Puig, Science on the Periphery, 2005.

32 Z. B. Walter Seelmann-Eggebert, ein Mitarbeiter Hahns am KWI für Chemie. Er ging 1949 nach Argentinien und half beim Aufbau des nationalen Nuklearprogramms. Nach dem Sturz Juan Peròns 1955 kehrte er in die Bundesrepublik Deutschland zurück, wozu er von Hahn eingeladen worden war.

33 Carson, Wissenschaftsorganisator, 2005, 214–215.

34 Werner Heisenberg, »Die Möglichkeit der angewandten Atomforschung in Deutschland«, Vortrag, gehalten vor den Abgeordneten des Bayerischen Landtags in München am 11.7.1956, Bl. 4, AMPG, III. Abt., Rep. 93, Nr. 848.

5. Kernforschung

aktoren und Teilchenbeschleunigern an.³⁵ Bereits in dieser Zeit begannen die Vorbereitungen für die Errichtung eines nationalen Kernforschungsreaktors und die Vorarbeiten sollten am MPI für Physik stattfinden.³⁶ Heisenberg konnte dort ab 1951 wieder eine Reaktorgruppe unter der Leitung von Wirtz aufbauen.³⁷

Heisenbergs Interesse beschränkte sich allerdings nicht auf die Entwicklung seiner Arbeitsgebiete in der Kernforschung. Aus der Kriegserfahrung heraus sah er sich als Wissenschaftler verpflichtet, zum öffentlichen Wohlergehen beizutragen. Er beriet Bundeskanzler Konrad Adenauer und Wirtschaftsminister Ludwig Erhard in Fragen der Kernforschung³⁸ und saß in vielen Gremien, die zwischen Wissenschaft, Politik und Wirtschaft vermitteln sollten.³⁹ Er trat dabei für eine national koordinierte nichtmilitärische Kernforschung zur Energiegewinnung unter der Leitung von Wissenschaftler:innen ein. Die MPG mit ihren institutionellen Beziehungen zu Vertreter:innen der Wirtschaft und der Länder im Senat war in der Vorbereitungszeit des nationalen Atomprogramms, in der es kaum staatliche Institutionen für die Kernforschung gab, für Heisenberg eine wichtige Clearingstelle.⁴⁰

Die Galionsfigur Heisenberg wurde von den Kolleg:innen unterstützt, unter denen Wolfgang Gentner herausragte. Beide Kernphysiker trugen mit ihren Schüler:innen und Mitarbeiter:innen entscheidend zur Etablierung der Kernforschung in der MPG bei. In den komplexen Beziehungen überlagerten sich unterschiedliche Aspekte von Kooperation und Konkurrenz.⁴¹ Heisenberg und Gentner hatten sich im »Uranverein« 1943 persönlich kennengelernt und ihr Verhältnis war kollegial-freundlich. Allerdings war Gentner als Schüler Bothes experimentell orientiert, während sich Heisenberg als Theoretiker verstand. Neben der unterschiedlichen methodischen Ausrichtung gab es noch andere Spannungsfelder,⁴² doch ihr gemeinsames Interesse an der Etablierung der bundesdeutschen Kernforschung ließ bis Ende der 1950er-Jahre die Kooperation überwiegen. Gentner entlastete dabei Heisenberg, der sich zunehmend auf das nationale Reaktorprogramm konzentrierte, in Fragen der Beschleunigerphysik⁴³ an der in Genf neu entstehenden Europäischen Organisation für Kernforschung (CERN).⁴⁴ Dort traten deutsche Wissenschaftler als diplomatische Vertreter ihres Landes auf.⁴⁵

Als Berater in Atomfragen machte Heisenberg im Hintergrund seinen Einfluss geltend, um den geplanten nationalen Forschungsreaktor nach München zu holen.⁴⁶ Bereits 1953 verhandelte er mit der bayerischen Staatsregierung über einen Umzug des MPI für Physik in seine Heimatstadt, um dort Teil eines nationalen nuklearen Forschungszentrums zu werden.⁴⁷ Vorbild war das britische Zentrum in Harwell.⁴⁸ 1954 wurde die Physikalische Studiengesellschaft Düsseldorf mbH unter Beteiligung

---

35 Geier, *Schwellenmacht*, 2011, 227.
36 Stamm, *Staat*, 1981, 157–158. Wissenschaft und Politik glaubten an eine schnelle Souveränität der Bundesrepublik, was sich durch das Scheitern der Europäischen Verteidigungsgemeinschaft am Veto der französischen Nationalversammlung allerdings noch einige Jahre hinzog.
37 Die Arbeiten wurden ab 1955 in den »Berichten der Reaktorgruppe der Physikalischen Studiengesellschaft Düsseldorf m.b.H. im Max-Planck-Institut für Physik« dokumentiert.
38 Carson, *Heisenberg in the Atomic Age*, 2010, 192–205 u. 220–227.
39 Auch wenn das Grundgesetz die Betreuung der wissenschaftlichen Forschung generell den Ländern zuwies, hielt Heisenberg für die Kernforschung eine national zentral organisierte Forschungspolitik wie in den USA und Großbritannien für sinnvoll. Zu diesem Zweck war er z. B. Ende der 1940er-Jahre Hauptinitiator des, allerdings erfolglosen und kurzlebigen, Deutschen Forschungsrats. Carson und Gubser, Science Advising, 2002.
40 Carson, *Heisenberg in the Atomic Age*, 2010, 171–255.
41 Ebd., 287–293; Trischler, Wolfgang Gentner, 2006, 105–111. Zur Situation in Zusammenhang mit der Astrophysik siehe Bonolis und Leon, *Astronomy*, 2023, 34–159 u. 260–296.
42 So bei der Betreuung der Hechinger Arbeitsgruppe des KWI für Physik durch Gentner. Carson, *Heisenberg in the Atomic Age*, 2010, 187.
43 Rechenberg, Gentner und Heisenberg, 2006, 74–90.
44 Krige, *History of CERN*, Bd. 3, 1996. Das Forschungszentrum wurde 1954 gegründet.
45 Stamm, *Staat*, 1981, 156.
46 Siehe z. B. Ernst Telschow, Aktenvermerk, 22.6.1954, AMPG, III. Abt., Rep. 83, Nr. 181, fol. 3–4.
47 Ministerialdirektor Dr. Heilmann an Heisenberg, München 22.10.1953, AMPG, III. Abt., Rep. 83, Nr. 191, fol. 18.
48 Cockroft, *Die friedliche Anwendung der Atomenergie*, 1956; Werner Heisenberg, »Die Möglichkeit der angewandten Atomforschung in Deutschland«, Vortrag, gehalten vor den Abgeordneten des Bayerischen Landtags in München am 11.7.1956, Bl. 2–3, AMPG, III. Abt., Rep. 93, Nr. 848; Eckert, Die Anfänge der Atompolitik, 1989, 125. Britische Reaktoren waren auch Vorbild für Reaktorkonzepte in Jülich. Brandt, *Staat und friedliche Atomforschung*, 1956, 45–46.

von 16 Unternehmen gegründet.⁴⁹ Deren Reaktorgruppe wurde die unter Wirtz am MPI für Physik und hatte 1956 bereits 55 Mitarbeiter:innen, von denen 27 schon vor der Gründung der Studiengesellschaft am MPI tätig gewesen waren.⁵⁰ Die MPG unterstützte auch die Arbeitsgruppe für Kernchemie der Studiengesellschaft unter Walter Seelmann-Eggebert am MPI für Chemie.⁵¹ Präsident der Studiengesellschaft wurde Heisenberg, Geschäftsführer war bis zum August 1956 Ernst Telschow.⁵² Ziel war es, eine geeignete Infrastruktur für die Kernforschung aufzubauen – durch die Ausbildung junger Wissenschaftler:innen und durch den Erwerb und die Konstruktion von Forschungsreaktoren, sobald die politische Lage das zuließ.

Mitte der 1950er-Jahre änderte sich diese grundlegend. Mit einer Rede von Präsident Dwight D. Eisenhower am 8. Dezember 1953 vor der UN-Vollversammlung endete die nukleare Monopolpolitik der USA. Im Atoms-for-Peace-Programm versuchte die USA fortan, andere Nationen über die Teilhabe an der friedlichen Nutzung der Kernenergie zu kontrollieren, und exportierte kleine »Swimming Pool«-Forschungsreaktoren in mehr als 25 Länder. Begleitend wurden Informationen zur zivilen Nutzung der Kernenergie auf der 1. Genfer Atomkonferenz im August 1955 freigegeben. Die im selben Jahr in Kraft getretenen Pariser Verträge sicherten der Bundesrepublik Deutschland weitgehende staatliche Souveränität zu und beendeten die Forschungsverbote.

Das ermöglichte ein groß angelegtes bundesdeutsches Atomprogramm,⁵³ für das man noch 1955 das Bundesministerium für Atomfragen gründete – zunächst unter Leitung von Franz Josef Strauß, den schon im folgenden Jahr Siegfried Balke ablöste.⁵⁴ Im Bundeskabinett war das Ressort eine Ausnahmeerscheinung, denn es befasste sich mit einem Gebiet, das vor allem Wissenschaft und Technikentwicklung betraf. Ersteres war verfassungsgemäß Ländersache und die Technik wurde damals höchstens im Zusammenhang mit dem Wirtschaftsministerium für politikrelevant erachtet. Als Beratungsgremium im neuen Politikfeld setzte Strauß 1956 die unter ministerieller Leitung stehende Deutsche Atomkommission (DAtK) ein mit Mitgliedern aus Industrie und Wissenschaft. Otto Hahn, Leo Brandt und Karl Winnacker waren ihre Vizepräsidenten.⁵⁵

Man nahm zwar das US-amerikanische Angebot der Forschungsreaktoren an, wollte aber beim geplanten nationalen Forschungsreaktor unabhängig von ausländischer Technologie sein. Die Überwachung der kerntechnischen Aktivitäten der Bundesrepublik Deutschland erfolgte durch die Einbindung in ein europäisches Kontrollsystem der 1958 gegründeten Atombehörde EURATOM. Diese regelte den Atommarkt und die Versorgung mit spaltbarem Material, die Kernforschung sowie den Strahlenschutz auf gemeinschaftlicher Basis. Im Zuge der Pariser Verträge trat die Bundesrepublik Deutschland der NATO bei. Vor dem Hintergrund der Remilitarisierung diente eine freiwillige bundesdeutsche Regierungserklärung, auf Herstellung und Besitz von ABC-Waffen zu verzichten, zur Beruhigung des Auslands.⁵⁶

Viele Wissenschaftler:innen meinten, die militärische Anwendung stehe der Aufwertung der Kernforschung im Wege, sie versuchten daher, die Aspekte der Grundlagenforschung und der zivilen Anwendung von der militärischen zu trennen und in den Vordergrund zu rücken. So initiierte Otto Hahn 1955 zusammen mit Max Born auf dem Nobelpreisträgertreffen in Lindau eine Stellungnahme gegen das atomare Wettrüsten, und gerade Wissenschaftler der MPG reagierten ungewöhnlich heftig, als Bundeskanzler Adenauer 1957 die atomare Bewaffnung der Bundeswehr offen ins Kalkül zog.⁵⁷ In der von Carl Friedrich von Weizsäcker verfassten und organisier-

---

49 Rusinek, *Forschungszentrum*, 1996, 110. – Beispielhaft für die Institutionen des Atomprogramms war die Physikalische Studiengesellschaft auch über nichtwissenschaftliche Mitglieder aus der Wirtschaft vielfältig mit der MPG verbunden, so war der Aufsichtsratsvorsitzende Wilhelm Bötzkes 1943 bis 1951 Senator der KWG, 1947 bis 1958 Senator und 1952 bis 1958 Vizepräsident der MPG.

50 Bericht über die Arbeiten der Reaktorgruppe der Physikalischen Studiengesellschaft Düsseldorf m.b.H. im Max-Planck-Institut für Physik, 1.9.1955 bis 31.6.1956, AMPG, II. Abt., Rep. 102, Nr. 299, fol. 209–225.

51 Memorandum Düsseldorf, 5.12.1958, AMPG, II. Abt., Rep. 102, Nr. 299, fol. 22–23. Aus der Gruppe Seelmann-Eggeberts entwickelte sich das Radiochemische Institut des Kernforschungszentrums Karlsruhe.

52 Ernst Telschow an Franz Josef Strauß, 13.8.1956, AMPG, III. Abt., Rep. 83, Nr. 193, fol. 20.

53 Zur frühen Phase des Atomprogramms siehe Müller, *Geschichte der Kernenergie*, Bd. 1, 1990.

54 Der Chemiker und Chemiemanager Balke hatte weniger politischen Einfluss als Strauß, war aber besser mit den Ansichten und Interessen der Wissenschaft vertraut, so war er besonders aktiv in den Selbstverwaltungsorganen der MPG, wo er ab 1959 persönliches förderndes Mitglied und Senator war. In einer Phase des wirtschaftlichen Booms konnte er die Kernforschung großzügig fördern. Er unterstützte auch den Umzug des MPI für Physik nach München. Zu Balke siehe Lorenz, *Siegfried Balke*, 2010.

55 Zu den wissenschaftlichen Kommissionen und Ausschüssen, die die Regierung zuvor beraten hatten, siehe Müller, *Geschichte der Kernenergie*, Bd. 1, 1990, 98–99, 319–320 u. 659.

56 Geier, *Schwellenmacht*, 2011, 80–103.

57 Kant, Otto Hahn, 2012, 190–193; Knoll, *Atomare Optionen*, 2013, 145–158.

ten »Göttinger Erklärung« wandten sich Kernforscher[58] scharf gegen diese Überlegungen. Sie waren der Ansicht, dass ihre Verantwortung über ihr eigenes Fachgebiet hinausgehe, und kritisierten die Absicht der atomaren Bewaffnung als militärisch nutzlos und politisch gefährlich. Dazu kam Eigeninteresse, denn sie sahen das öffentliche Ansehen der Kernforschung und des Atomprogramms in Gefahr. Sie erklärten, nur die friedliche Nutzung der Kernenergie fördern zu wollen und jede Mitarbeit an militärischer Forschung abzulehnen. Von den 18 Unterzeichnern kamen sieben aus der MPG.[59] Ähnlich wie in der Zeit der alliierten Forschungsverbote konnte man durch das Aufmachen eines Gegensatzes zwischen militärischer und friedlicher Nutzung der staatlichen Bevormundung und politisch motivierter Kritik entgehen, ohne auf öffentliche Förderung verzichten zu müssen.[60]

Obwohl Heisenberg und einflussreiche bayerische Politiker wie Strauß München als Standort favorisierten, beschloss Adenauer 1955, dass der nationale Forschungsreaktor in Karlsruhe gebaut werden sollte.[61] 1956 wurden dafür die vom Bund, dem Land und der Industrie getragene Kernreaktor Bau- und Betriebsgesellschaft mbH sowie 1959 die von Bund und Land eingerichtete Gesellschaft für Kernforschung gegründet, die 1963 zur staatlichen Gesellschaft für Kernforschung mbH fusionierten. Als größter Forschungsreaktor der Bundesrepublik wurde 1957 bis 1962 nach Plänen der Gruppe Wirtz in Karlsruhe ein Schwerwasserreaktor errichtet.[62]

5.3 Clusteransätze und Ausstieg aus der Kernforschung

Wegen seines geringen Einflusses auf die Entscheidung über den Reaktorstandort zeigte sich Heisenberg von der Politik enttäuscht;[63] vielleicht spielte auch die Furcht vor einer unkontrollierbaren militärischen Mitbenutzung der Anlage eine Rolle[64] – jedenfalls lehnte er es ab, die Leitung des Kernforschungszentrums in Karlsruhe zu übernehmen.[65] Auch eine Beteiligung am kleinen amerikanischen Forschungsreaktor in München[66] fand er uninteressant, da dort keine grundlegende technische Entwicklung stattfand, die aus seiner Sicht für die Reaktorentwicklung an seinem Institut unerlässlich war.[67] In München füllte der Bothe-Schüler Heinz Maier-Leibnitz mit seiner Gruppe an der TU München die Lücke, er nutzte den kleinen Garchinger Forschungsreaktor und wurde zu einer zentralen politischen Figur der deutschen Kernforschung.[68]

Trotz eines letzten Versuchs, die nun schon für das Kernforschungszentrum arbeitende Reaktorgruppe in der MPG zu halten,[69] wanderte Wirtz mit seinen Mitarbeiter:innen 1957 komplett nach Karlsruhe ab und leitete die Planungsabteilung der Kernreaktor Bau- und Betriebsgesellschaft mbH.[70] Auch Carl Friedrich von Weizsäcker verließ das Institut, um sich an der Universität Hamburg philosophischen Fragen zuzuwenden. Dennoch folgte Heisenberg dem Senatsbeschluss der MPG von 1955[71] und zog 1958 mit dem MPI für Physik von Göttingen nach München um, wo der Institutsname in

---

58 Darunter waren die Mitglieder der DFG-Kommission für Atomphysik, die hinreichend Erfahrungen aus dem »Uranverein« hatten, und viele Wissenschaftler, die in den Gremien der DAtK aktiv waren. Kollert, *Atomtechnik*, 2000, 42–43.
59 Otto Hahn, Werner Heisenberg, Max von Laue, Josef Mattauch, Fritz Paneth, Karl Witz und Carl Friedrich von Weizsäcker. Mit Otto Haxel, Heinz Maier-Leibnitz und Fritz Straßmann unterzeichneten auch Kernforscher, die früher in der KWG/MPG gearbeitet hatten.
60 Lorenz, *Protest der Physiker*, 2011; Sachse, *MPG und die Pugwash Conferences*, 2016; Carson, *Heisenberg in the Atomic Age*, 2010, 318–330; Kraus, Atomwaffen, 2007.
61 Gleitsmann, *Im Widerstreit der Meinungen*, 1986; Boenke, *Entstehung und Entwicklung*, 1991, 93–97.
62 Sperling, *Geschichten aus der Geschichte*, 2006, 9–13.
63 Rechenberg, Gentner und Heisenberg, 2006, 82; Carson, *Heisenberg in the Atomic Age*, 2010, 239.
64 Kollert, *Atomtechnik*, 2000, 39–40; Radkau, Forschungspolitik, 2006, 54.
65 Carson, *Heisenberg in the Atomic Age*, 2010, 242.
66 Koester und Pabst, *40 Jahre Atom-Ei Garching*, 1997.
67 Heisenberg an Wolfgang Finkelnburg, 23.7.1955, Bl. 2, AMPG, III. Abt., Rep. 93, Nr. 155; Gleitsmann, *Im Widerstreit der Meinungen*, 1986, 88–99.
68 Werner Heisenberg, »Die Möglichkeit der angewandten Atomforschung in Deutschland«, Vortrag, gehalten vor den Abgeordneten des Bayerischen Landtags in München am 11.7.1956. AMPG, III. Abt., Rep 93 Nachlass Werner Heisenberg, Nr. 848, nicht pag., Typoscr. S. 8–9. Siehe auch Eckert, Das »Atomei«, 1989.
69 Hans Ballreich, Vermerk über die Finanzierung der Reaktorgruppe (Leitung Prof. Dr. Wirtz) durch die MPG, 22.7.1956, AMPG, II. Abt., Rep. 102, Nr. 299, fol. 200–204; Heisenberg an Friedrich Jähne vom 7.6.1956, AMPG, II. Abt., Rep. 93, Nr. 1707, fol. 1142.
70 Rechenberg, Werner Heisenberg, 1981, 362. – Im wissenschaftlich-technischen Beirat saßen 1957 Otto Hahn, Werner Heisenberg, Erich Gebhardt, Wolfgang Gentner, Hermann Muth (MPI für Biophysik), Boris Rajewsky und Carl Friedrich v. Weizsäcker. Müller, *Geschichte der Kernenergie*, Bd. 1, 1990, 164 u. 664–665.
71 Protokoll der 22. Sitzung des Senates vom 11.10.1955, AMPG, II. Abt., Rep. 60, Nr. 22.SP, fol. 21–26.

MPI für Physik und Astrophysik geändert wurde, was durchaus programmatisch zu verstehen war.[72] Heisenberg teilte die Arbeitsrichtungen der Atomforschung in zwei Gruppen: die Kernforschung an Forschungsreaktoren und die Konstruktion eigener Reaktoren einerseits, andererseits die Elementarteilchenphysik mit großen Beschleunigern oder kosmischer Strahlung und die Arbeit an thermonuklearen Reaktionen mit dem Fernziel eines Fusionsreaktors.[73] Das Arbeitsgebiet des MPI für Physik sah Heisenberg nun in der zweiten Gruppe, die er stärker der Grundlagenforschung zuordnete, er verschob das Arbeitsspektrum in Richtung Astrophysik, Elementarteilchenphysik, Plasmaphysik und Quantenfeldtheorie. Zur niederenergetischen Kernphysik arbeitete nur noch die theoretische Abteilung von Wilhelm Brenig.[74] Schon 1963 bemerkte Heisenberg im Bundestag mit einem Seitenhieb auf die MPG-Konkurrenz: »Da die niederenergetische Kernphysik an den Max-Planck-Instituten in Heidelberg und Mainz und an den Hochschulen ausreichend betrieben wird, kann die Max-Planck-Gesellschaft auf eine darüber hinausgehende Förderung dieses Forschungszweiges wohl verzichten.«[75]

Das MPI für Physik eröffnete für sich also weitere Forschungsfelder[76] und wurde damit zum Ursprung einer Familie von Max-Planck-Instituten, zu denen auch das 1960 gegründete Institut für Plasmaphysik (IPP) in Garching gehörte, das einzige Großforschungsinstitut der MPG. Es solle in Kooperation mit anderen Großforschungseinrichtungen einen Fusionsreaktor entwickeln, hieß es,[77] war aber tatsächlich eher der Grundlagenforschung als einem staatlichen Programm der angewandten Kernforschung verpflichtet. So wurde das IPP – mit Heisenberg und der MPG als Gesellschafter – zum Experimentierfeld für neue Forschungsbereiche wie der modernen Magnettechnik, der elektronischen Datenverarbeitung oder der Laserforschung.[78] 1971 wurde das Institut als MPI für Plasmaphysik in die MPG aufgenommen. Auch wenn das IPP im Kontext des deutschen Atomprogramms entstand, wird es hier aufgrund seiner starken Bindung an die Hochenergiephysik, seines breiten Arbeitsbereiches sowie seiner abweichenden Größenordnung und Finanzierungsform nicht dem Cluster Kernforschung zugerechnet.

Während das MPI für Physik relativ schnell das Forschungsfeld verließ,[79] gab es eine Reihe anderer MPI, die an der Kernforschung in unterschiedlicher Form weiterhin interessiert waren. Das wichtigste war das MPI für Kernphysik. Gentner war 1957 Nachfolger seines Lehrers Walther Bothe als Direktor des Instituts für Physik am MPI für medizinische Forschung in Heidelberg geworden. Auf seinen Wunsch wurde das Teilinstitut ausgegliedert und als neues, eigenständiges MPI für Kernphysik in Heidelberg gegründet. Heisenberg verhielt sich der Gründung gegenüber weitgehend neutral,[80] doch die Konflikte zwischen beiden nahmen zu. Während Gentner versuchte, die Infrastruktur des Heidelberger Raums auszubauen, wollte Heisenberg München als Forschungszentrum etablieren. Beide waren maßgeblich an der Gründung des CERN beteiligt gewesen und meinten, dass Großforschungseinrichtungen ihren Platz in der MPG haben müssten. In der Strategie für den Ausbau ihrer Arbeitsfelder gab es allerdings unterschiedliche Auffassungen: Gentner setzte auf starke Expansion, er wollte Kernphysik und Hochenergiephysik in der MPG durch viele Beschleuniger fördern und der MPG so eine zentrale Stellung verschaffen. Heisenberg dagegen wollte die Kräfte nicht zersplittern und sprach sich für eine gezielte Schwerpunktbildung aus. Sein Ausstieg aus der Niederenergie-Kernphysik und die stärkere

---

72 Zur Institutsgeschichte bis dahin siehe Eröffnungsfeier des Max-Planck-Instituts für Physik und Astrophysik am 9.5.1960, München. Begrüßung der Gäste durch Herrn Prof. Heisenberg, Bl. 1–12, AMPG, III. Abt., Rep. 93, Nr. 1323.

73 Werner Heisenberg, »Die Möglichkeit der angewandten Atomforschung in Deutschland«, Vortrag, gehalten vor den Abgeordneten des Bayerischen Landtags in München am 11.7.1956, Bl. 6–11, AMPG, III. Abt., Rep. 93, Nr. 848.

74 Max-Planck-Gesellschaft, Die Einweihungsfeier des Max-Planck-Instituts für Physik und Astrophysik am 9. Mai 1960 in München, 1960, 334; Rechenberg, Werner Heisenberg, 1981, 362–364. – Brenig arbeitete zunehmend in der theoretischen Festkörperforschung und wechselte 1970 an das MPI für Festkörperphysik.

75 Werner Heisenberg, »Zum Stand der experimentellen Hochenergiephysik (Elementarteilchenphysik) in der Bundesrepublik 1963«, Vortrag vor dem Parlament (Bundestag), 6.11.1963, Bl. 6, AMPG, III. Abt., Rep. 93, Nr. 918.

76 Siehe unten, Kap. III.6 und Kap. III.8.

77 Das Ziel wurde bei der Einwerbung staatlicher Finanzierung angegeben, allerdings nie schriftlich fixiert. Die Wissenschaftler:innen vermieden konkrete Aussagen zu zukünftigen Anwendungen, um sich eine weitgehende Forschungsfreiheit zu sichern. Boenke, *Entstehung und Entwicklung*, 1991, 148–150.

78 Ebd., 172, 174 u. 176.

79 Die Kontakte zu den politischen Vertreter:innen des deutschen Atomprogramms blieben über den Wechsel hinaus erhalten, so war der Atomminister Siegfried Balke Vorsitzender des Institutskuratoriums. Max-Planck-Gesellschaft, Die Einweihungsfeier des Max-Planck-Instituts für Physik und Astrophysik am 9. Mai 1960 in München, 1960, 339–344.

80 Carson, *Heisenberg in the Atomic Age*, 2010, 288.

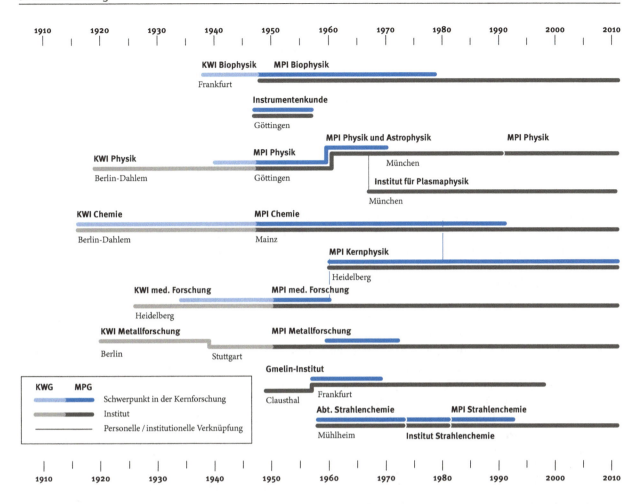

Abb. 15: Institute der KWG/MPG mit einem Schwerpunkt in der niederenergetischen Kernforschung. – Quelle: Eigene Darstellung auf Grundlage von Henning und Kazemi, *Handbuch*, 2016.

Konzentration auf die Hochenergiephysik erhöhte die Konkurrenz zur Gruppe um Gentner. Nachdem Heisenberg 1963 eine erhebliche Erweiterung von Gentners MPI für Kernphysik blockiert hatte, das mit einem großen Hochenergieprotonenbeschleuniger ausgestattet werden sollte,[81] betrachtete ihn Gentner nun als Hauptrivalen, auch wenn Heisenberg mit seinen Bedenken nicht allein gewesen war. Er war im Gegensatz zu Gentner gegenüber der jungen Generation der Hochenergiephysiker:innen weitgehend isoliert und zog sich zurück.[82]

Ab 1961 konnten die modernen Neubauten des MPI für Kernphysik am Stadtrand Heidelbergs bezogen werden. Arbeitsgebiete des Instituts waren die Konstruktion von Instrumenten, aber auch die Grundlagenforschung mit Beschleunigern und die Anwendung kernphysikalischer Methoden auf Fragen der Kosmophysik und Kosmochemie,[83] was den Forschungsinteressen Gentners entsprach. Den Aufbau des Instituts samt Großgeräten finanzierte zum größten Teil das Atomministerium (später Bundesministerium für wissenschaftliche Forschung).[84] Bei der Institutsgründung betonte Gentner die enge Zusammenarbeit mit der Heidelberger Universität, was dem Ziel des Atomforschungsprogramms entsprach, junge Kernforscher:innen auszubilden: »So soll einerseits die Schwierigkeit der Betriebsunterhaltung großer techni-

---

[81] Carl Wagner, Niederschrift über die Kommissionssitzung »Antrag von Herrn Prof. Dr. W. Gentner auf Berufung von Herrn Anselm Citron an das Max-Planck-Institut für Kernphysik in Heidelberg als gleichberechtigtem Direktor«, 4.12.1963, AMPG, II. Abt., Rep. 62, Nr. 485, fol. 13–18; Carson, *Heisenberg in the Atomic Age*, 2010, 289.

[82] Carson, *Heisenberg in the Atomic Age*, 2010, 299–300.

[83] Generalverwaltung der Max-Planck-Gesellschaft, *Jahrbuch 1961*, 1961, 192–193.

[84] Entwurf zur Rede des Präsidenten der Max-Planck-Gesellschaft aus Anlaß der 25-Jahrfeier des Max-Planck-Instituts für Kernphysik am 24. Juni 1983 in Heidelberg, AMPG, II. Abt., Rep. 57, Nr. 1156, fol. 7–15, Zitat fol. 12.

scher Anlagen durch Universitätsinstitute umgangen und andererseits die Unterrichtsmöglichkeit für Studenten der höheren Semester bis zu den modernsten Forschungsgebieten erstreckt werden. Ebenso wie die beiden experimentellen Institute der Universität wird außerdem auch das Max-Planck-Institut in gleicher Weise an der Ausbildung der Diplomanden und Doktoranden teilnehmen.«[85]

In der fachlichen Tradition Bothes und Gentners waren große Teilchenbeschleuniger die Schlüsselinstrumente am MPI für Kernphysik.[86] Somit waren die Forschungsziele nicht auf das Reaktorprogramm ausgerichtet, sondern hatten eher Bezug zur am CERN betriebenen Hochenergiephysik, wo Gentner 1955 bis 1959 als Forschungsdirektor und Direktor der Abteilung zum Aufbau des großen Synchrozyklotrons gearbeitet hatte.[87] Die Kooperation mit dem CERN ergänzte die Zusammenarbeit mit weiteren Großforschungszentren, vor allem mit dem Deutschen Elektronen-Synchrotron in Hamburg (DESY),[88] dem Kernforschungszentrum in Karlsruhe (KfK)[89] und der Gesellschaft für Schwerionenforschung in Darmstadt (GSI).[90] Die in Konkurrenz zum MPI für Physik und Astrophysik als zweites Arbeitsgebiet ausgebaute Astrophysik entwickelte ähnliche Strukturen: »Der ›Verbundforschung‹ im Bereich der Kernphysik mit den Zentren CERN, Karlsruhe, Darmstadt und Hamburg steht gleichrangig das Engagement des Instituts [für Kernphysik] im Bereich der Weltraumforschung gegenüber, die in Zusammenarbeit mit internationalen und nationalen Einrichtungen und Instituten erfolgreich betrieben wird.«[91]

Am MPI für Kernphysik umfasste die Weltraumforschung zunächst Analysen von Meteoriten und kosmischem Staub. In den 1970er-Jahren verschob sich der Schwerpunkt mit der Untersuchung kosmischer Teilchen weiter in Richtung Astrophysik, aber auch geowissenschaftliche Arbeiten wurden durchgeführt.[92] Dazu kamen Anwendungen von Kernforschungsmethoden in der Festkörperforschung.[93] Die niederenergetische Kernforschung war also nur ein Teil des fachlichen Spektrums am MPI für Kernphysik und wurde durch weitere neue Arbeitsfelder ergänzt.

Auch am MPI für Chemie in Mainz zeigte das nationale Kernforschungsprogramm Wirkung. Es war über die Beschleunigermethoden und die Kosmochemie fachlich mit dem MPI für Kernphysik verbunden. 1959 wurde eine vom Schweizer Physiker Hermann Wäffler geleitete selbstständige Abteilung für Kernphysik eingerichtet. Er hatte 1960 Zugriff auf zwei Teilchenbeschleuniger und kooperierte mit dem Institut für Kernphysik der Universität Mainz, das ab 1967 einen großen Linearbeschleuniger betrieb,[94] den das Bundesministerium für Atomkernenergie und Wasserwirtschaft finanziert hatte.[95] Wäfflers Arbeitsprogramm war wieder stärker auf die Kernforschung bezogen als die Kosmochemie und Massenspektrometrie der älteren Abteilungen des Instituts. Die Emeritierung Wäfflers im Jahr 1978 markierte das Ende der Abteilung für Kernphysik.[96] Nur eine Arbeitsgruppe für Kernphysik blieb bis 1991 unter der externen Leitung von Peter Brix, Direktor am MPI für Kernphysik, erhalten.[97] Die niederenergetische Kernforschung hatte keine Zukunft am MPI für Chemie, denn mit der Berufung des Atmosphärenchemikers Christian Junge zum Direktor im Jahr 1968 war ein neues, sich zusehends in der MPG ausdehnendes Forschungsgebiet etabliert worden.[98]

Das MPI für Biophysik war ähnlich wie die MPI für Chemie, für Physik oder für medizinische Forschung traditionell mit der Kernforschung verbunden.[99] 1937

---

85 Gentner, MPI für Kernphysik, 1962, 490.
86 Weiss: Harnack-Prinzip und Wissenschaftswandel, 1996. – Zu den bis 1962 finanzierten Apparaturen siehe Müller, *Geschichte der Kernenergie*, Bd. 1, 1990, 670–672; Theo Mayer-Kuckuk (Hg.), Tandem-Laboratorium Jahresbericht 1963, Bl. 1–21, AMPG, III. Abt., Rep. 93, Nr. 185.
87 Adams, Wolfgang Gentner and CERN, 2006.
88 Lohrmann und Söding, *Von schnellen Teilchen*, 2009.
89 Sperling, *Geschichten aus der Geschichte*, 2006.
90 Buchhaupt, *Die Gesellschaft für Schwerionenforschung*, 1995.
91 Entwurf zur Rede des Präsidenten der Max-Planck-Gesellschaft aus Anlaß der 25-Jahrfeier des Max-Planck-Instituts für Kernphysik am 24. Juni 1983 in Heidelberg, AMPG, II. Abt., Rep. 57, Nr. 1156, fol. 7–15, Zitat fol. 14.
92 Max-Planck-Institut für Kernphysik, *50 Jahre Max-Planck-Institut für Kernphysik*, 2008.
93 Z. B. Kalbitzer, Ionenstrahlen, 1994.
94 Kant, Lax und Reinhardt, Die Wissenschaftlichen Mitglieder, 2012, 359.
95 Generalverwaltung der Max-Planck-Gesellschaft, *Jahrbuch 1959*, 1959, 18; Max-Planck-Gesellschaft zur Förderung der Wissenschaften, Tätigkeitsbericht, 1966, 649.
96 Protokoll der 87. Sitzung des Senates vom 23.6.1977, AMPG, II. Abt., Rep. 60, Nr. 87.SP, fol. 171.
97 Generalverwaltung der Max-Planck-Gesellschaft, *Jahrbuch 1992*, 1992, 330.
98 Siehe unten, Kap. III.7.
99 Max-Planck-Gesellschaft (Hg.), *Max-Planck-Institut für Biophysik*, 1982.

in Frankfurt am Main als KWI für Biophysik gegründet und vom Gründungsdirektor Boris Rajewsky auf radiologische Fragestellungen ausgerichtet, stellte Rajewsky sein Institut in den Dienst des NS-Regimes und stieg zum führenden Experten für Strahlenschutz auf.[100] Seine Kontakte mit den verschiedensten Forschungsstellen eröffneten ihm die Möglichkeit, Erfahrungen mit nuklearen Materialien und Strahlung von Teilchenbeschleunigern zu sammeln.[101] Nach der Internierung durch die amerikanischen Besatzungsbehörden[102] konnte Rajewsky an seine alte Tätigkeit anknüpfen und beginnen, das Institut in Frankfurt wieder aufzubauen, das 1948 als MPI für Biophysik eines der Gründungsinstitute der MPG war. Rajewsky engagierte sich im Rahmen des bundesdeutschen Atomprogramms und gestaltete in leitender Position den Strahlenschutz in der Bundesrepublik.[103]

Sein Netzwerk erschloss auch in der Nachkriegszeit neue Forschungsressourcen.[104] 1957 wurde am MPI für Biophysik ein 35-MeV-Kreisbeschleuniger für biomedizinische Zwecke installiert.[105] Hinzu kamen aus Mitteln des Bundesministeriums für Atomkernenergie und Wasserwirtschaft ein 1960 fertiggestelltes Laborgebäude für die Abteilung für Strahlenschutz und eine Abteilung für molekulare Biophysik.[106] Nach wiederholter Verlängerung seiner Amtszeit emeritierte Rajewsky 1966.[107] Als im darauffolgenden Jahr der Physiologe Karl Julius Ullrich als Direktor ans Institut berufen wurde,[108] leitete das die Neuausrichtung des MPI für Biophysik ein. In der Institutssatzung von 1973 ist als Forschungsaufgabe des Instituts die Biophysik angegeben, insbesondere die Erforschung des Stofftransports durch biologische und synthetische Membranen.[109]

Am MPI für Metallforschung in Stuttgart plante man ab 1956 eine neue Abteilung, die als Beitrag zum Kernreaktorbau vor allem die Wirkung der Strahlung auf Metalle untersuchen sollte.[110] Erich Gebhardt wurde zum Leiter der 1958 eröffneten selbstständigen Abteilung für Sondermetalle und zugleich zum Wissenschaftlichen Mitglied ernannt.[111] Die Namensgebung sollte den fachlichen Arbeitsspielraum erweitern, denn es sollten nicht nur Reaktormetalle, sondern auch hochtemperaturfeste Materialien für die Luft- und Raumfahrt untersucht werden.[112] Schon im Jahr darauf war ein großer Neubau bezugsfertig, den das Atomministerium zur Hälfte finanziert hatte.[113]

Das Ministerium bewilligte Gebhardt 1960 zudem Mittel für den Aufbau einer von Jörg Diehl geleiteten Außenstelle am Forschungsreaktor des KfK.[114] Die von Diehl in Karlsruhe installierten Bestrahlungsapparaturen wurden bis zur Stilllegung des von Wirtz konstruierten Reaktors 1984 zur Untersuchung von Fehlstellen bei hoher Strahlenbelastung genutzt.[115] Der Metallphysiker Diehl setzte Methoden der Kernforschung und Kerntechnik ein. Er untersuchte Schwächungen der Materialstruktur, die er als Fehlstellen des metallischen Mikrogefüges interpretierte.[116] 1968 wurde als weitere Außenstelle ein

---

100 Karlsch, Boris Rajewsky, 2007; Schwerin, *Strahlenforschung*, 2015, 241–261.
101 Schwerin, Mobilisierung der Strahlenforschung, 2016, 414–420.
102 Seine Entlastung wurde erst nach wiederholtem Anlauf erreicht. Karlsch, Boris Rajewski, 2007, 446–447.
103 Müller, *Geschichte der Kernenergie*, Bd. 1, 1990, 121, 183, 661 u. 664. Siehe auch Sonderausschuss Radioaktivität (Hg.), *Bundesrepublik Deutschland*, 1958, 5 u. 15; Sonderausschuss Radioaktivität (Hg.), *Bundesrepublik Deutschland*, 1959, 5 u. 18.
104 Protokoll der 22. Sitzung des Senates vom 11.10.1955, AMPG, II. Abt., Rep. 60, Nr. 22.SP, fol. 29–30.
105 Niederschrift über die Sitzung des Haushaltsausschusses der Max-Planck-Gesellschaft vom 13.12.1951, AMPG, II. Abt., Rep. 69, Nr. 471, fol. 248; »Die ersten sechs Wochen Betatronbetrieb«, AMPG, III. Abt., Rep. 71, Nr. 112.
106 Ministerialrat Hocker an Ballreich, 9.5.1957, AMPG, II. Abt., Rep. 66, Nr. 775, fol. 114; Protokoll der 39. Sitzung des Verwaltungsrates vom 2.4.1959, AMPG, II. Abt., Rep. 61, Nr. 39.VP, fol. 7–8; Max-Planck-Gesellschaft zur Förderung der Wissenschaften, Tätigkeitsbericht, 1962, 563.
107 Max-Planck-Gesellschaft, Die Max-Planck-Gesellschaft zur Förderung der Wissenschaften, 1968, 582. – Ein großer Teil der Abteilung Rajewskys wurde als Abteilung für Biophysikalische Strahlenforschung von der Gesellschaft für Strahlen- und Umweltforschung (GSF) in Neuherberg bei München übernommen. Karlsch, Boris Rajewsky, 2007, 452.
108 Protokoll der 57. Sitzung des Senates vom 8.6.1967, AMPG, II. Abt., Rep. 60, Nr. 57.SP, fol. 241.
109 Protokoll der 67. Sitzung des Senates vom 24.11.1970, AMPG, II. Abt., Rep. 60, Nr. 67.SP, fol. 34–35.
110 10 Jahre Institut für Sondermetalle, 19.11.1969, AMPG, III. Abt., ZA 35, Nr. 8.
111 Protokoll der 27. Sitzung des Senates vom 27.6.1957, AMPG, II. Abt., Rep. 60, Nr. 27.SP, fol. 170. – Auch Gebhardt war im wissenschaftlich-technischen Beirat der Kernreaktor Bau- und Betriebs-Gesellschaft mbH in Karlsruhe. Müller, *Geschichte der Kernenergie*, Bd.1, 1990, 664.
112 Gebhardt, Aufbau und Aufgaben, 1960, 181.
113 Ebd., 177.
114 Allgemeine Angaben über das Max-Planck-Institut für Metallforschung in Stuttgart, Seestr. 75, AMPG, III. Abt., ZA 35, K 7.
115 Diehl, Erich Gebhardt, 1979.
116 Diehl, Einfluß energiereicher Korpuskularstrahlen, 1968, 92.

sicherheitstechnisch günstig am Stadtrand in Stuttgart-Büsnau gelegenes Pulvermetallurgisches Laboratorium unter der Leitung von Günter Petzow eröffnet.[117] Das mit Mitteln des Bundesministeriums für wissenschaftliche Forschung errichtete Laboratorium sollte Reaktormetalle sowie nichtmetallische Moderatoren für Hochleistungsreaktoren untersuchen, vor allem Karbide und Oxide oder keramische Verbindungen.[118] Pulvermetallurgische Methoden waren allerdings auch auf andere neue Materialien anwendbar, und schon bald wurde die Hochleistungskeramik zum zentralen Arbeitsgebiet, das keinen Bezug mehr zur Kernforschung hatte.[119] Seit Ende der 1960er-Jahre wurde das gesamte MPI für Metallforschung zunehmend in Richtung der modernen Festkörper- und Oberflächenwissenschaften umorientiert.[120]

Das Gmelin-Institut für anorganische Chemie und Grenzgebiete war ein Sonderfall in der MPG, weil es sich ausschließlich mit Literaturarbeit, Dokumentation und der Methodenentwicklung für diese Serviceleistung befasste. 1957 zog es unter seinem Gründungsdirektor Erich Pietsch von Clausthal im Harz nach Frankfurt am Main um.[121] Schon Anfang 1956 hatte Pietsch bei Ernst Telschow angeregt, am Gmelin-Institut eine Dokumentationsstelle für Kernforschung einzurichten, im selben Jahr hatte Karl Winnacker, der dem Kuratorium des Gmelin-Instituts angehörte und als Vorstandsvorsitzender der Hoechst AG besonders aktiv im deutschen Atomprogramm war, den Vorschlag dem Atomminister unterbreitet.[122] 1957 beauftragte daraufhin das Atomministerium das Gmelin-Institut, sämtliche Berichte zur friedlichen Verwendung der Atomkernenergie zu dokumentieren. Dieses Referat Atomkernenergie-Dokumentation (AED) – 1961 in Zentralstelle für Atomkernenergie-Dokumentation (ZAED) beim Gmelin-Institut umbenannt – sollte die Informationen Interessent:innen aus dem In- und Ausland zur Verfügung stellen.[123] Die Zentralstelle war personell weitgehend vom Institut getrennt und zog 1965 in ein anderes Gebäude.[124] Der räumlichen Trennung folgten bald Verhandlungen über die verwaltungsmäßige Trennung. Hintergrund waren 1967 finanzielle Unregelmäßigkeiten der ZAED, verursacht durch den Verwaltungsleiter des Instituts, der daraufhin entlassen wurde.[125] 1968 wurde die ZAED aus dem Gmelin-Institut ausgegliedert und ging an die Karlsruher Gesellschaft für Kernforschung über.[126] Damit war das Gmelin-Institut aus dem Kontext der Kernforschung ausgeschieden.

1958 begann mit Mitteln des Atomministeriums am MPI für Kohlenforschung in Mülheim der Aufbau der Abteilung für Strahlenchemie von Günther Otto Schenck. Der Chemiker Schenck war ein Schüler von Karl Ziegler und hatte bis Kriegsende am KWI für Kohlenforschung in Mülheim gearbeitet.[127] Schenck teilte die Strahlenchemie in Photochemie und Radiationschemie mit ionisierender Strahlung ein.[128] Er selbst betrieb hauptsächlich Photochemie, doch wies er dezidiert auf die Bedeutung der Strahlenchemie als Grundlagenwissen für die Kerntechnik hin.[129] Schencks fachliches Renommee und seine persönlichen Beziehungen führten dazu, dass er erhebliche Bundesmittel einwerben konnte.[130] Durch die großzügige Förderung wuchs die Abteilung für Strahlenchemie

---

117 Max-Planck-Institut für Metallforschung, Stuttgart (August 1971), AMPG, II. Abt., Rep. 66, Nr. 2714, fol. 178–183.
118 Gebhardt, Aufbau und Aufgaben, 1960, 181; Einweihung des Pulvermetallurgischen Laboratoriums des Instituts für Sondermetalle am Max-Planck-Institut für Metallforschung. *Mitteilungen aus der MPG*, 1969, 28–40, 37–38. Hauptursache des Reaktorunfalls von Windscale waren Probleme mit Strahlungsschäden an den Moderatorstäben. Eckert, Anfänge der Atompolitik, 1989, 134.
119 Schon bei der Eröffnung des Laboratoriums hatte Gebhardt so eine Möglichkeit angedeutet. Gebhardt, Aufbau und Aufgaben, 1960, 182.
120 Siehe oben, Kap. III.4.
121 Max-Planck-Gesellschaft, *Gmelin-Institut*, 1988, 73.
122 Ebd., 79. – Mit Boris Rajewsky, der 1956/57 Vorsitzender des Kuratoriums des Gmelin-Instituts war, unterhielt eine weitere zentrale Person des Atomprogramm-Netzwerks enge Beziehungen zum Institut.
123 Ebd., 79–80.
124 Protokoll der Kuratoriumssitzung vom 18.11.1965, AMPG, II. Abt., Rep. 66, Nr. 1374, fol. 23–51.
125 Protokoll der 73. Sitzung des Verwaltungsrates vom 7.6.1967, AMPG, II. Abt., Rep. 61, Nr. 73.VP, fol. 112–114. – Pietsch selbst hatte bereits 1953 Probleme wegen seiner Verwaltungsführung. Protokoll der 64. Sitzung des Verwaltungsrates vom 11.3.1965, AMPG, II. Abt., Rep. 61, Nr. 64.VP, fol. 67–68.
126 Gesellschaft für Kernforschung an Preiss, Betr.: Übernahme der Zentralstelle für Atomenergie-Dokumentation, AMPG, II. Abt., Rep. 102, Nr. 295, fol. 240.
127 Zur Biografie Schencks siehe Rasch, Schenck, 2005.
128 Elektromagnetische Röntgen- und Gammastrahlung sowie der Beschuss mit energiereichen Neutronen-, Alpha- und Betastrahlung und anderen Partikeln.
129 Schenck, Entwicklungstendenzen, 1960, 170.
130 Müller, *Geschichte der Kernenergie*, Bd. 1, 1990, 672.

schnell, erhielt ein eigenes großes Gebäude und setzte Maßstäbe in der Photo- und Radiationschemie.[131] Trotzdem gab es finanzielle Probleme. 1966 stellten eine MPG-interne und eine externe Revisionsabteilung viele Fälle von verschwenderischem Finanzgebaren fest.[132] Der Verwaltungsleiter wurde entlassen und Schenck auf eigenen Antrag hin 1968 als Direktor entpflichtet. Er blieb aber passives Wissenschaftliches Mitglied und wurde weiter durch die MPG unterstützt.[133] Die Bundesförderung der Abteilung für Strahlenchemie brach ein, auch wenn ab 1970 mit Dietrich Schulte-Frohlinde ein Direktor zu den Auswirkungen ionisierender Strahlung auf die DNS arbeitete. Schulte-Frohlinde hatte 1959 an Seelmann-Eggeberts Abteilung für Kernchemie am KfK mit den Forschungen begonnen und setzte diese Arbeitsrichtung bis 1992 an der Abteilung (ab 1973: Institut; ab 1981: MPI für Strahlenchemie) fort.

Die Sonderzuschüsse des Bundes unterstützten spezifische Infrastrukturen und Projekte oder finanzierten Forschungsaufträge. Gerade im Feld der Kernforschung, in dem der Bund erstmals wissenschaftspolitisch massiv intervenierte, sind die Sonderzuschüsse ein Indikator für die Bedeutung der Kernforschung an den MPI. Sie belegen die anhaltende Rolle des MPI für Kernphysik, das auch noch nach 1972 Sonderzuschüsse für die Kernforschung im engeren Sinne einwarb. Mit dem Beginn des nationalen Atomprogramms und der Gründung des Atomministeriums setzte die Förderung der Kernforschung durch Sonderzuschüsse des Bundes 1956 ein. Sie erreichte ihren Höhepunkt aber schon um 1962, als diese Sonderzuschüsse fast ein Drittel der Gesamthaushalte der Institute der Kernforschung ausmachten. Danach sank die Summe, obwohl gleichzeitig ab 1965 die Gesamthaushalte der Institute stark anstiegen. Der Grund war, dass es nun auch in anderen Arbeitsgebieten die Möglichkeit gab, erhebliche Ressourcen zu erhalten, was die Bedeutung der Sonderzuschüsse speziell für die niederenegetische Kernforschung weiter verringerte. So warb das MPI für Biophysik nach dem Abebben der Kernforschungsförderung kaum mehr Sonderzuschüsse des Bundes ein.[134] Die Finanzdaten unterstreichen, dass der Cluster der Kernforschung politisch getrieben und zeitlich begrenzt war.

5.4 Der ambivalente Kernforschungscluster in der MPG

Schon in der KWG war erfolgreich niederenergetische Kernforschung betrieben worden. Das MPI für Chemie, das MPI für Physik, das MPI für medizinische Forschung und das MPI für Biophysik konnten an diese Tradition anknüpfen, denn trotz der Forschungseinschränkungen in der frühen Nachkriegszeit gab es Strategien, Kernforschung weiter betreiben zu können. Man wich auf die Theorie oder auf Randgebiete der Kernforschung aus, wie die Medizin oder die Astrophysik. Auch angewandte Arbeiten unter alliierter Aufsicht oder im Ausland waren möglich, wie im Fall von Beyerle oder Wirtz. So konnten die Traditionsinstitute der Kernforschung in der MPG bereits ab Anfang der 1950er-Jahre ein wichtiger Teil der Vorbereitung des nationalen Atomprogramms werden, insbesondere mit den Leitfiguren Heisenberg und Gentner.

Im 1955 offiziell einsetzenden Atomprogramm äußerte sich der politische Wille, eine nukleare Infrastruktur aufzubauen, um der Bundesrepublik mehr internationale Anerkennung und Macht zu verschaffen und gleichzeitig im Inland nationale Forschungspolitik zu betreiben. In diesem Sinne konnten in der Kernforschung Wissenschaft und Politik Ressourcen tauschen.[135] Mithilfe der Fördermittel des Atomministeriums und seiner Nachfolger ordneten sich in die Kernforschung auch Abteilungen oder Institute der MPG ein, deren Arbeitsgebiete komplementär zu den zentralen Kernforschungsthemen der Kernstrukturen und Kernreaktionen waren. Eine zu Beginn fachlich breit angelegte Förderstrategie des Atomministeriums unterstützte diese Entwicklung. Da die Infrastruktur der Kernforschung sehr aufwendig war, verstärkte das die Wirkung der Förderangebote und motivierte zur Kooperation in den Fördergremien. So bahnte sich in der Kernforschung der MPG eine Clusterdynamik an.

Allerdings war diese Entwicklung nur von kurzer Dauer und erreichte schon um 1962 einen Höhepunkt. In den 1970er-Jahren sind kaum mehr Spuren eines Kernforschungsclusters zu erkennen. Dafür lässt sich eine Reihe von Gründen nennen. Im Atomprogramm wuchs die Bedeutung wirtschaftlicher Interessen,[136] was die För-

---

131 Schaffner, Günther Otto Schenck, 2004.
132 Vermerk, Betr.: Max-Planck-Institut für Kohlenforschung, Abteilung Strahlenchemie, 11.5.1967, AMPG, II. Abt., Rep. 61, Nr. 73, fol. 191–196.
133 Protokoll der 77. Sitzung des Verwaltungsrates vom 26.6.1968, AMPG, II. Abt., Rep. 61, Nr. 77.VP, fol. 4–8.
134 Siehe dazu auch die niedrigen Beträge für das MPI für Biophysik in den MPG-Statistiken der Projektmittel 1981–1988, AMPG, II. Abt., Rep. 1, Nr. 234, fol. 13–14, 19–20, 25–26 u. 31.
135 Ash, Wissenschaft und Politik, 2002, 32–51.
136 Roth, Konzernsskizze Degussa, 1988, 43; Szöllösi-Janze, *Geschichte der Arbeitsgemeinschaft*, 1990, 82; Radkau, Forschungspolitik, 2006, 36–37 u. 58.

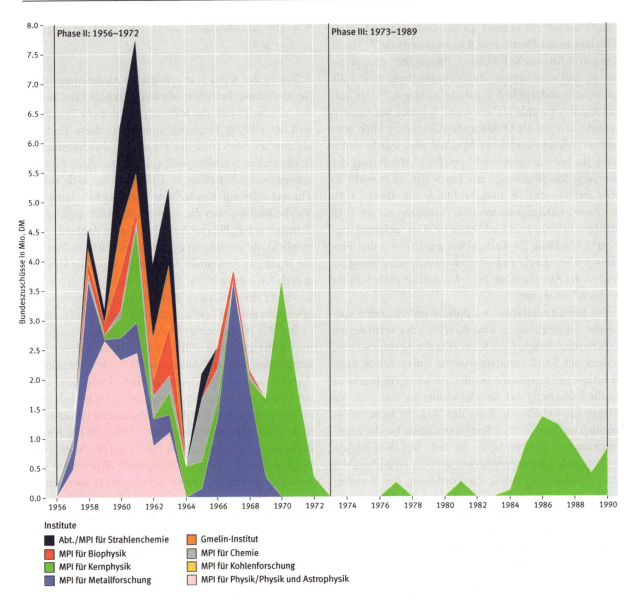

Abb. 16: Sonderzuschüsse des Bundes für Kernforschung der geförderten MPI. – Quelle: Daten ermittelt aus den Anlagen zu den Gesamtrechnungsabschlüssen. AMPG, II. Abt., Rep. 69; doi:10.25625/EQSCFM. Anlagen für die Jahre 1978 bis 1980, 1982 und 1983 sind nicht in den Jahresrechnungen nachgewiesen.

derung der Grundlagenforschung beeinträchtigte. Die inhaltliche Zielsetzung bot darüber hinaus kaum mehr Aufgaben für grundlegende Kernforschung, was Heisenberg besonders hervorhob. Andererseits wurde das Atomministerium zum Wissenschaftsministerium, das zunächst die Luft- und Raumfahrtforschung und dann weitere Forschungsfelder gezielt förderte. Damit boten sich den MPG-Wissenschaftler:innen neue Möglichkeiten abseits der Kernforschung.

Innerhalb der MPG konnte kein Kernreaktor zur Verfügung gestellt werden und die Konkurrenz zwischen den führenden kernphysikalischen Gruppen um Heisenberg und Gentner um die Mittel für die aufwendigen Teilchenbeschleuniger verschärfte sich. Das hemmte in den 1960er-Jahren zusätzlich den weiteren Aufbau eines Clusters der Kernforschung. Wie das Beispiel des MPI für Kernphysik zeigt, bot der zentrale Instrumententyp der Beschleuniger allerdings die Möglichkeit, hochenergetische Elementarteilchenforschung zu betreiben, bei der große, international genutzte Forschungszentren die entscheidende Rolle spielten (und spielen). Dort entstand eine neue Fachcommunity, an der auch Mitglieder des MPI für Kernphysik und des MPI für Physik bzw. für Physik und Astrophysik beteiligt waren. Letztlich blieb nur das MPI für Kernphysik der Ort in der MPG für eine modern interpretierte niederenergetische Kernforschung, die teilweise mit Hochenergie- und Teilchenphysik überlappt.

Wie gesehen war kein MPI allein auf die niederenergetische Kernforschung ausgerichtet. Dazu kamen weitere Ambivalenzen in der niederenergetischen Kernforschung, wie die Verschiebung im staatlichen Atomprogramm von einer wissenschaftlichen zu einer eher technischen Ausrichtung, oder die fachliche Ausbreitung der Kernforschung in der MPG von Fragen der Kernstrukturen und Kernreaktionen zu eher peripheren Arbeitsgebieten des Forschungsfeldes.

Das führte schließlich dazu, dass nicht ein einziger neuer Cluster den Platz der Kernforschung in der MPG übernahm, sondern Teile der Kernforschung zur Ausbildung einer ganzen Reihe verschiedener neuer Arbeitsgebiete oder Cluster beitrugen. So entwickelten sich mithilfe von Ressourcen aus der Kernforschung die Arbeitsgebiete Elementarteilchenphysik (MPI für Physik und Astrophysik, MPI für Kernphysik), Plasmaphysik und Laserforschung (IPP), Informationstechnologie (Gmelin-Institut) und Photochemie (MPI für Strahlenforschung) sowie die Cluster Astrophysik (MPI für Kernphysik, MPI für Physik und Astrophysik, MPI für Chemie),[137] moderne Festkörper- und Oberflächenwissenschaften (MPI für Metallforschung)[138] und Erdsystemwissenschaften (MPI für Kernphysik, MPI für Chemie).[139]

---

[137] Siehe unten, Kap. III.6.
[138] Siehe oben, Kap. III.4.
[139] Siehe unten, Kap. III.7.

6. Astronomie, Astrophysik und die Erforschung des Weltraums

Luisa Bonolis und Juan-Andres Leon

6.1 Einführung

Der Astro-Forschungscluster der MPG umfasst Institute, die in den Bereichen Astronomie, Astrophysik und Weltraumforschung arbeiten. Obwohl sie nominell unabhängig sind, haben viele der Institute gemeinsame Wurzeln, Forschungslinien, internationale Kooperationspartner, regionale Unterstützungsnetze und politische Verbündete. In den frühen 1950er-Jahren war die Astro-Forschung auf der Liste der Forschungsbereiche der MPG fast nicht vertreten. Doch Ende der 1960er-Jahre beanspruchten die Forschungsaktivitäten auf diesem Gebiet schon über 10 Prozent der MPG-Ressourcen und die MPG war der dominierende Akteur auf diesem Gebiet in der Bundesrepublik. Diese rasante Entwicklung des Astro-Forschungsclusters ist in einem erheblichen Ausmaß das Ergebnis des Zusammenwirkens von zum Teil rivalisierenden Gemeinschaften, die zunehmend auf eine clusterweite Koordination hinarbeiteten, indem sie die politischen Möglichkeiten zur Stärkung des Clusters nutzten. Triebkräfte für das Wachstum waren entweder die interne Ausweitung auf angrenzende neue Gebiete oder die Einbeziehung externer Forscher und Traditionen; Letzteres geschah vor allem durch die Bemühungen, mehrere astronomisch und astrophysikalisch ausgerichtete MPI aufzubauen.[1]

Die kosmische Forschung in der MPG kann in drei Perioden unterteilt werden: Die erste, die mit dem ersten Nachkriegsjahrzehnt zusammenfällt, war durch das Wachstum verschiedener wissenschaftlicher Gemeinschaften gekennzeichnet, die geografisch verstreut waren und unterschiedliche lokale, nationale und internationale Verbündete hatten. Diese Gemeinschaften richteten ihre Bemühungen auf die Astro-Forschung aus, um international relevant zu bleiben, als die Kernforschung in Deutschland verboten war. Dabei konkurrierten sie vor allem im Bereich der Kernphysik.[2] Diese erste Periode ist durch einen intensiven Wettbewerb zwischen den Wissenschaftlichen Mitgliedern des Clusters gekennzeichnet. Die Clusterbildung verstärkte sich dann vor allem nach 1957, als der Start des Sputniks den Beginn der zweiten Periode markierte. Die Astro-Forschung emanzipierte sich zunehmend von nuklearen Interessen, und die Pioniere innerhalb der MPG vergrößerten nicht nur ihren eigenen Einfluss, sondern rekrutierten auch externe Forscher zur Gründung neuer MPI. Das Wachstum in dieser Zeit ging auf die Versprechen des Weltraumzeitalters zurück. Die Dynamik war so groß, dass der Cluster sogar während der Sparmaßnahmen in den 1970er-Jahren weiterwuchs. In diesem letzten Teil der zweiten Phase wurden viele große Infrastrukturen in Betrieb genommen, die teilweise bereits lange zuvor initiiert worden waren. Dieser Umstand erleichterte die Umverteilung von Forschungsbereichen, um die Arbeitsteilung zu optimieren und einen direkten Wettbewerb zwischen den Instituten zu vermeiden. Im Fall der Astronomie bot das Vordringen der Disziplin in neue optische Wellenlängen ein geeignetes Modell für die Spezialisierung der Institute entlang dieser Wellenlängen. Die zweite Periode ist also durch Komplementarität und das Streben nach Vollständigkeit gekennzeichnet.

Für die dritte Periode seit 1990 ist eine wissenschaftliche Produktionsweise charakteristisch, die auf eine globale Zusammenarbeit unter Nutzung der internationalen Infrastruktur ausgerichtet ist. Anstatt den Besitz großer Anlagen anzustreben, wurden Forschungsprojekte mittleren Umfangs und spezialisierte instrumentelle Ent-

---

1 Zum Astro-Custer in der MPG siehe Bonolis und Leon, *Astronomy*, 2023, Kap. 5.3; Bonolis und Leon, Gravitational-Wave Research, 2020.
2 Siehe oben, Kap. III.5.

wicklungen auf der Ebene der MPG als Teil viel größerer globaler Konsortien realisiert, die sich die neuen Generationen sehr großer, international verwalteter Einrichtungen teilen. Diese Art der Globalisierung erleichterte eine Forschung, die innerhalb der MPG besonders ausgeprägt ist: Langjährige Forschungstraditionen mit ihren eigenen technischen Werkstätten leisten oft über Jahrzehnte hinweg Pionierarbeit auf völlig neuen Gebieten. Als diese in vollem Umfang sichtbar wurden und ein globaler Wettlauf einsetzte, waren die Forschungsgemeinschaften innerhalb der MPG hervorragend positioniert, um in den Konsolidierungsphasen der entstehenden großen globalen Gemeinschaftsprojekte eine Führungsrolle zu übernehmen.

6.2 Forschung mit Unterstützung der Kernforschungsgemeinschaften

Im ersten Nachkriegsjahrzehnt war die astronomische und astrophysikalische Forschung den politisch viel relevanteren Arbeiten auf dem Gebiet der Kernphysik – einschließlich des noch im Entstehen begriffenen Bereichs der modernen Teilchenphysik – und deren Anwendungen untergeordnet, insbesondere der Kernspaltung und -fusion. Damals spielten vier verschiedene Wissenschaftlergemeinschaften in der MPG eine große Rolle, die alle eine lange Vorkriegs- und Kriegsgeschichte hatten. Eine Gruppe scharte sich um Werner Heisenberg in Göttingen und München, die andere um Wolfgang Gentner in Heidelberg, beide Mitglieder des deutschen »Uranvereins« der Kriegszeit. Leitfigur der dritten Gemeinschaft war Erich Regener, Deutschlands führender Forscher auf dem Gebiet der kosmischen Strahlung und der Erforschung der Hoch- und Stratosphäre mit Flugsonden und Gründungsvizepräsident der MPG. Obwohl Regener und das auf seine Initiative hin gegründete Institut für Stratosphärenforschung (später Aeronomie) für den Rest des Jahrhunderts eine wichtige Rolle in dem Cluster spielten, führten Regeners früher Tod, sich anschließende Probleme bei der Nachfolgeregelung und die lockere Verbindung des MPI für Aeronomie mit der Kernforschung dazu, dass dieses MPI die Chancen des Weltraumzeitalters nicht in vollem Umfang nutzen konnte, als sich die Gelegenheit dazu ergab.

Eine vierte für dieses Kapitel relevante Gruppe von Forschern leitete Erich Bagge; sie war zunächst nicht in der MPG vertreten, sondern bildete eine regionale Hochburg in Norddeutschland.[3] Diese externe Gruppe, die ebenfalls aus der Kernforschung der Kriegszeit stammte, wird in diesem Kapitel aufgrund der Beteiligung von Bagges Schülern an der weltraumgestützten Hochenergieastronomie und der bodengestützten Gammastrahlenastronomie erwähnt, die sie schließlich in die MPG brachte.

Astronomie und Astrophysik wurden in diesem ersten Jahrzehnt stark von ihren »nuklearen« Verbindungen bestimmt, und daher auch von den Rivalitäten, die von diesem Forschungszweig herrührten.[4] Diese Rivalität schadete zwar letztlich ihren Ambitionen in der Kernforschung, war aber langfristig entscheidend für die Etablierung einer dominanten Rolle in der Astronomie und Astrophysik der Bundesrepublik, die auf einem politisch scharfen Wettbewerb und einer sorgfältigen Anerkennung des wissenschaftlichen Territoriums des jeweils anderen beruhte.

6.2.1 Das Max-Planck-Institut für Physik in Göttingen und München

Die mächtigste Einrichtung innerhalb der MPG war das MPI für Physik unter der Leitung von Werner Heisenberg, das seinen Sitz zunächst in Göttingen hatte. Heisenberg war einer der Begründer der Quantenmechanik in den 1920er-Jahren gewesen und während des Krieges einer der zentralen Koordinatoren des »Uranvereins«, der die Kernspaltung und die mögliche Entwicklung von Waffen anstrebte.[5] Heisenbergs eigene Forschungen nach dem Zweiten Weltkrieg betrafen die fundamentale Theorie der Teilchenphysik, wurden allerdings zunehmend an den Rand der internationalen Forschung gedrängt. Dennoch war er eine der einflussreichsten Persönlichkeiten an der Schnittstelle von Politik und Wissenschaft in der frühen Bundesrepublik. Heisenbergs Ziel war es vor allem, sein eigenes MPI zum zentralen Akteur bei der Einführung der Kernenergie in Westdeutschland zu machen.[6] Im ersten Nachkriegsjahrzehnt unterlag diese Forschung jedoch strengen Restriktionen. Heisenberg und seinem engen Mitarbeiter Carl Friedrich von Weizsäcker gelang es gleichwohl, eine Gruppe von brillanten Forscher:innen zu versammeln. Dabei dehnten sie ihre Forschung auf den Kosmos aus, am erfolgreichsten auf dem Gebiet der Plasmaastrophysik, und holten Ludwig

---

3 Bagge, Diebner und Jay, *Von der Uranspaltung*, 1957.
4 Zur MPG-Kernforschung siehe oben, Kap. III.5.
5 Bagge, Werner Heisenberg und das Forschungsprogramm, 1996.
6 Carson, *Heisenberg in the Atomic Age*, 2010.

Biermann, Deutschlands produktivsten Astrophysiker, an das Göttinger Institut.⁷ Er und Weizsäcker waren Mentoren einer neuen Generation von theoretischen Experten in der Plasmaphysik.⁸ Das plasmaorientierte Team erlangte bald internationalen Ruhm durch spektakuläre Vorhersagen wie den Sonnenwind und knüpfte besonders enge Verbindungen zur Gruppe von Lyman Spitzer in Princeton, der neben der Plasmaastrophysik im Geheimen an der thermonuklearen Fusion sowohl für Wasserstoffbomben als auch für Reaktoren arbeitete.⁹ Obwohl die Göttinger Tradition der Plasma(astro)physik in der theoretischen Astrophysik wurzelte, stand sie also beim thermonuklearen Krieg und bei der Kernfusion an vorderster Front.¹⁰ Als die Alliierten ihre Beschränkungen für die deutsche Kernforschung 1955 aufhoben, zog Heisenbergs MPI nach München um, wo es die Gründung des Großforschungs-Instituts für Plasmaphysik unter der Leitung von Arnulf Schlüter vorantrieb¹¹ und die rasche Vermehrung von Unterinstituten durch einen Prozess der »Zellteilung« veranlasste, der bis zum Ende des Jahrhunderts zu sechs vollwertigen MPI führen sollte.¹²

6.2.2 Wurzeln der astrophysikalischen Forschung an den MPI in Heidelberg und Mainz

Das zweite Forscherkollektiv, das die astrophysikalische Forschung in der MPG begründete, war in Südwestdeutschland angesiedelt und konzentrierte sich auf die experimentelle Kern- und Teilchenphysik. Walther Bothe, einer der bedeutendsten deutschen Kernforscher, hatte sein eigenes Unterinstitut am Kaiser-Wilhelm-Institut für medizinische Forschung in Heidelberg, nachdem er aus politischen Gründen in den 1930er-Jahren von der Universität Heidelberg vertrieben worden war. Zusammen mit seinem Schüler Wolfgang Gentner leistete er Pionierarbeit bei der Entwicklung von Teilchenbeschleunigern im Vorkriegsdeutschland.¹³ Während des Krieges unterstützte Gentner, der eng mit Frédéric Joliot-Curie befreundet war, die französische Widerstandsbewegung und leitete Joliots Institut in Paris. Infolgedessen war Gentner einer der wenigen Deutschen, der in den europäischen Wissenschaftskreisen der Nachkriegszeit weitgehend akzeptiert wurde, und der Erbauer des ersten Beschleunigers am CERN.¹⁴ Angesichts der Beschränkungen für die Kernforschung in Deutschland wandte sich Gentner der Kosmochemie zu, die durch die Analyse von Meteoritenproben tiefe Einblicke in grundlegende physikalische Prozesse sowie in die Entwicklung unseres Universums und unseres Planeten ermöglicht. Ihr instrumentelles Fachwissen basierte auf Radiochemie und Massenspektrometrie, ein Handwerk, das eng mit der Forschung mit Teilchenbeschleunigern verbunden ist. Dieses analytische Instrumentarium wurde damals auch dringend benötigt, um die Auswirkungen der kosmischen Strahlung und von Kernexplosionen in der höheren Atmosphäre zu analysieren.¹⁵

Ende der 1950er-Jahre hatte sich die kosmochemische Tradition in einem Netzwerk von Städten im Südwesten fest etabliert, darunter Heidelberg, Freiburg und Mainz sowie Bern in der nahen Schweiz.¹⁶ 1958, nach dem Tod von Bothe, wurde Gentner sein Nachfolger und erhielt ein völlig unabhängiges MPI für Kernphysik in Heidelberg, das von der Entwicklung der Kernenergie in Deutschland profitierte.¹⁷ Gentners Netzwerk war auch außerhalb der MPG präsent, vor allem an Universitäten in Westdeutschland und im benachbarten europäischen Ausland.¹⁸ Aufgrund von Gentners Beteiligung am CERN knüpfte diese Gruppe von Forschern aus dem Südwesten auch enge Verbindungen zum Brookhaven-Labor und den damit verbundenen Universitäten in den Vereinigten Staaten¹⁹ sowie zu Universitäten und Instituten in Boulder und San Diego, deren Forschungsgebiete sich in den kommenden Jahrzehnten von der Kosmochemie zu den Erdsystemwissenschaften verschoben.²⁰

---

7 Wielebinski, German Post-War Astrophysics, 2015. Siehe auch AMPG, III. Abt., Rep. 93, Nr. 1687.
8 Biermann, Interview Harwit, 16.2.1984. Siehe auch AMPG, II. Abt., Rep. 66, Nr. 1787.
9 Bromberg, Interview Spitzer, 15.5.1978.
10 Jürgen Renn und Horst Kant: Interview mit Reimar Lüst. Hamburg, 18.5.2010, DA GMPG, ID 601068.
11 Breuer und Schumacher, *Max-Planck-Institut für Plasmaphysik*, 1982, 10–12; Boenke, Entstehung und Entwicklung, 1991.
12 Trümper, Astronomy, 2004; Lemke und Astronomische Gesellschaft, *Astronomische Gesellschaft*, 2013.
13 Schmidt-Rohr, *Erinnerungen an die Vorgeschichte*, 1996.
14 Hoffmann und Schmidt-Rohr, Wolfgang Gentner, 2006.
15 Edwards, Entangled Histories, 2012.
16 Landrock, Friedrich Georg Houtermans, 2003.
17 Schmidt-Rohr, *Die Aufbaujahre*, 1998. Protokoll der CPTS vom 26.6.1957, AMPG, II. Abt., Rep. 62, Nr. 1731. Siehe auch oben, Kap. III.5.
18 Kopfermann, Heidelberger Physik, 1960.
19 Schaeffer und Zähringer, High-Sensitivity Mass, 1959; Kirsten, Experimental Evidence, 1968.
20 Lax, *Atmosphärenchemie*, 2018.

Während ihrer Gründung blieben die rivalisierenden Gemeinschaften um Heisenberg und Gentner weitgehend unabhängig voneinander, jede mit ihren eigenen regionalen Unterstützern und internationalen Verbindungen. Gegen Ende des ersten Nachkriegsjahrzehnts kam es jedoch zu Spannungen, da jede von ihnen den Eintritt Westdeutschlands in das Atomzeitalter anführen wollte. Unstimmigkeiten über den Standort und die technische Auslegung der ersten deutschen Kernreaktoren[21] spiegelten die Machtkämpfe innerhalb der MPG wider und erschwerten es beispielsweise Gentner zeitweilig, ein völlig neues MPI in Heidelberg zu gründen. Das Ergebnis dieser Rivalität war eine fragile Entspannung, in der jede Fraktion versuchte, sich so wenig wie möglich in die Angelegenheiten der anderen einzumischen und stattdessen ihr Wachstum innerhalb der MPG auf der Grundlage ihrer eigenen regionalen Hochburgen und differenzierten wissenschaftlichen Expertise fortzusetzen. Beide projizierten jedoch ihre Macht auf andere MPI und das westdeutsche Forschungssystem und konkurrierten sogar um die Kontrolle der MPG.

6.2.3 Das MPI für Aeronomie: »Sorgenkind« der MPG

Am Anfang des MPI für Aeronomie stand das Schicksal der Forscher im Bereich der kosmischen Strahlung, die sich durch den Tod von Erich Regener, Deutschlands führendem Wissenschaftler auf dem Gebiet der Ballon- und Raketenforschung, in einer institutionellen Schwebe befanden.[22] Nach Regeners Tod zog sein Team ans Institut für Physik der Stratosphäre ins niedersächsische Lindau um (nicht weit von Göttingen entfernt, wo Heisenbergs Gruppe damals noch ansässig war). Dort hatte die britische Verwaltung der MPG das Institut für Ionosphärenforschung von Walter Dieminger aufgezwungen. Dieminges Gruppe war ein Überbleibsel eines Stationsnetzes aus der Kriegszeit, das eingerichtet worden war, um die durch den Einfluss der Sonnenaktivität auf die Ionosphäre verursachten Störungen der Kommunikation vorherzusagen.[23] Das daraus entstandene MPI für Aeronomie kämpfte wiederholt mit seiner Identität und dem frühen Tod mehrerer Direktoren. Mit wenigen Verbindungen zu nuklearen Themen und versehen mit Beschränkungen für die Art von Forschung, die Regener

zu einem weltweit führenden Wissenschaftler gemacht hatte (er hatte die erste Raumsonde gebaut, die mit einer V2 geflogen werden sollte),[24] war das Lindauer Institut im Nachteil. Wie so oft wurde die Entscheidung über die Ausrichtung des Lindauer Instituts mit der Berufung einer weltbekannten Persönlichkeit am Ende seiner Karriere, dem Pionier der Magnetosphärenforschung Julius Bartels, der als Direktor von 1955 bis 1964 agierte, um ein Jahrzehnt verschoben. In den späten 1950er-Jahren profitierte das Aeronomie-Institut enorm von seiner Beteiligung am Internationalen Geophysikalischen Jahr, das sich als wissenschaftlicher Schauplatz für den Start der ersten Satelliten der Welt erwies.[25] Das Lindauer Institut ist insofern ein gutes Beispiel für ein immer wieder auftretendes Merkmal des Clusterprozesses: dass das Schicksal eines schwachen Instituts zu einer der zentralen Koordinationsmöglichkeiten wurde, die die Institute in benachbarten Forschungsfeldern einbezog.

6.3 Ausweitung auf große Infrastrukturen

Ab den späten 1950er-Jahren verzeichneten die Astronomen und Astrophysiker der MPG ein erstaunliches Wachstum ihrer Arbeitsgebiete. Die Expansion hatte sowohl epistemische als auch organisatorische Gründe: Die Forschung wurde in weitgehend unabhängigen Instituten organisiert, die sich entlang des Spektrums möglicher Beobachtungswellenlängen komplementär zusammenschlossen. Auf diese Weise konnte man Wettbewerb vermeiden und die Chancen maximieren, Bundesmittel für ein weiteres Wachstum einzuwerben, sodass schließlich die gesamte Bandbreite möglicher Spezialgebiete abgedeckt wurde. Gleichzeitig bedeutete dies aber auch, dass man sich auf eine große, für viele Jahrzehnte festgelegte Infrastruktur verlassen musste und dadurch neue Möglichkeiten der Zusammenarbeit, Flexibilität und Agilität verpasste.

6.3.1 Mit Sputnik die Chance ergreifen

Im ersten Jahrzehnt nach dem Start von Sputnik mobilisierte jede dieser Gemeinschaften ihre wissenschaftlichen Traditionen und ihr Fachwissen für weltraumbezogene Themen: in München durch die Durchführung

---

21 Osietzki und Eckert, *Wissenschaft für Macht und Markt*, 1989.
22 Paetzold, Pfotzer und Schopper, *Erich Regener als Wegbereiter*, 1974.
23 Seiler, *Kommandosache »Sonnengott«*, 2007.
24 DeVorkin, *Science*, 1992, 3–4.
25 Bartels, *Zur Vorgeschichte*, 1962.

von Plasmaexperimenten in der oberen Atmosphäre mit französischen Raketen;[26] in Heidelberg und Mainz durch die Analyse von Proben US-amerikanischer Raumfahrtmissionen und die Entwicklung von Instrumenten für Raumsonden;[27] in Lindau durch die Fortsetzung der Ionosphärenforschung vom Boden aus und die Leitung der Bemühungen um den Bau der ersten westdeutschen Satelliten, die mit amerikanischen Raketen geflogen werden sollten.[28]

Da führende Mitglieder der MPI in München und Heidelberg die Bundesregierung in Nuklearangelegenheiten berieten, gelang es der MPG, den institutionellen Rahmen für die Weltraumforschung auf Bundesebene mitzugestalten[29] und darüber hinaus eine privilegierte Beziehung zum im Entstehen begriffenen Bundesatomministerium aufzubauen.[30] Die Entscheidung für eine enge Zusammenarbeit mit dem Atomministerium (das ausdrücklich für die Forschung zuständig sein sollte und dann auch bald Forschungsministerium hieß) wurde explizit begrüßt, da dieses Ministerium derjenige Zweig der Bundesregierung war, der die Autonomie der wissenschaftlichen Forschung am meisten respektierte, die sich an der MPG und ihrem Goldstandard der Unabhängigkeit orientierte: Forschung ohne Einmischung zu diskutieren und zu veröffentlichen, unabhängig davon, wer sie bezahlt.[31]

6.3.2 Erforschung des Weltraums: Eine Chance zur Neuerfindung

In München bot der Sputnik-Schock einer neuen Generation von Plasmaphysiker:innen die Gelegenheit, dem Feld der Kernfusion zu entkommen, das seine anfänglichen Versprechungen nicht einlösen konnte.[32] Vor allem Reimar Lüst, ein Schüler von Biermann und Weizsäcker und enger Kollege von Schlüter, begann eine Zusammenarbeit mit dem französischen Forscher Jacques Blamont, um In-situ-Plasmaexperimente in der oberen Atmosphäre an Bord französischer Testraketen durchzuführen,[33] die bald internationale Bekanntheit erlangten. Das verschaffte Lüst eine entscheidende Rolle bei der Gründung der Europäischen Weltraumforschungsorganisation (ESRO), die sich eng an das CERN anlehnte: Lüst fungierte als erster Forschungsdirektor der Organisation.[34] Parallel dazu wurde Lüst an ein neues Teilinstitut für extraterrestrische Physik berufen, das direkt neben dem Institut für Plasmaphysik (IPP) in Garching entstand.[35] Aufgrund der deutschen Vergangenheit hielten die Forscher der MPG bewusst Abstand von den heimischen Bemühungen in der Raketenentwicklung.[36] Für die Max-Planck-Wissenschaftler bestand ihr größter Vorteil darin, dass sie Zugang zu Kooperationen mit Organisationen in den verbündeten Ländern hatten und an wissenschaftlichen Programmen teilnahmen, die ihren »friedlichen« Charakter rechtfertigten und eine internationalistische Aura vermittelten. In dieser Zeit entsprach die offene politische Haltung der MPG-Forscher:innen den Erwartungen aus dem Ausland, dass Westdeutschland auf jegliche militärischen Ambitionen verzichtete und Entwicklungen mit Dual-Use-Potenzial nur von den verbündeten Ländern aus verfolgte. Die Kooperationen im Ausland ermöglichten einen intensiven Austausch von Fachwissen in sensiblen Bereichen des Kalten Kriegs und wurden durch eine Profilierung der Raumfahrtforschung in Deutschland als überwiegend grundlagenorientiert unterstützt. Die starke internationale Verankerung der an der Forschung beteiligten MPI bedeutete, dass ihre Wissenschaftler über mehrere Jahrzehnte hinweg oft »über« den nominell leitenden Institutionen der deutschen Raumfahrtaktivitäten agierten, einschließlich der westdeutschen Version der NASA, der Deutschen Forschungs- und Versuchsanstalt für Luft- und Raumfahrt (DFVLR), dem heutigen Deutschen Zentrum für Luft- und Raumfahrt (DLR).[37]

---

26 Blamont, The Beginning of Space Experiments, 1983.
27 Zähringer, Mondproben, 1970.
28 Reinke, *German Space Policy*, 2007, 112–113.
29 Bericht von Lüst auf der Sitzung des Wissenschaftlichen Rates vom 6.6.1961 über »Internationale Zusammenarbeit auf dem Gebiet der Weltraumforschung und Beteiligung der Max-Planck-Gesellschaft an dieser«, Protokoll der CPTS vom 6.6.1961, AMPG, II. Abt., Rep. 62, Nr. 1737, fol. 70–82.
30 Trischler, *Luft- und Raumfahrtforschung*, 1992, 442.
31 Protokoll der CPTS vom 6.6.1961, AMPG, II. Abt., Rep. 62, Nr. 1737, fol. 56.
32 Weisel, Plasma Archipelago, 2017.
33 Lüst hatte Blamont dank seiner Teilnahme an früheren internationalen COSPAR-Treffen zur Weltraumpolitik kennengelernt. Rauchhaupt, Colorful Clouds, 2001.
34 Massie und Robins, *British Space Science*, 1986, 131–133.
35 Rauchhaupt, Venture Beyond the Atmosphere, 2000.
36 Reinke, *German Space Policy*, 2007, 50; Trischler, *Luft- und Raumfahrtforschung*, 1992, 453.
37 Trischler, *Luft- und Raumfahrtforschung*, 1992.

Trotz ihres Credos der Grundlagenforschung waren die MPI ein wichtiger Motor für die westdeutsche Raumfahrtindustrie. Der Grundgedanke der staatlichen Industrieförderung brachte jedoch wirtschaftliche Schwierigkeiten und Misserfolge mit sich, da sich die Bundesrepublik im Gegensatz zu anderen Ländern nicht auf inländische militärische Aufträge verlassen konnte. Doch die daraus resultierenden Raumfahrzeuge wie Azur, Dial, AEROS und Helios trugen dennoch zum nationalen Prestige bei. Noch wichtiger ist, dass die Forschungsinstitute und Unternehmen, die an den Satelliten arbeiteten, diese in Zusammenarbeit mit NASA- und ESRO-Missionen – später auch mit sowjetischen und russischen – weiterentwickelten und zu wichtigen Lieferanten von Instrumenten und Experimenten für weltraumgestützte Aktivitäten wurden, unabhängig von der Nationalität des Raumfahrzeugs.[38]

6.3.3 Expansion in die bodengestützte Astronomie in Bonn und Heidelberg

Im ersten Nachkriegsjahrzehnt hatten die Wissenschaftlichen Mitglieder der Max-Planck-Gesellschaft, überwiegend Physiker, die Astronomen bewusst aus der Gesellschaft herausgehalten. Erst nach dem Sputnik-Schock wurde deutlich, dass sich die MPG auch in der Astronomie engagieren sollte, einer Disziplin, die schnell mit den Aktivitäten der Physiker verschmolz. Der Anstoß dazu kam von der Radioastronomie, die aus der Radarentwicklung im Zweiten Weltkrieg hervorgegangen war. Außerhalb der MPG – in Universitäten, lokalen Forschungsinstituten und der Industrie – hatten die deutschen Radarpioniere das Ende der alliierten Restriktionen abgewartet und dann ein Programm zum weltweiten Wettbewerb beim Bau der größten Radioteleskopschüsseln gestartet.[39] Vor allem das Land Nordrhein-Westfalen war dank des modernen Technologie gegenüber aufgeschlossenen Politikers Leo Brandt führend in dieser Initiative.[40] In dem Bestreben, ein nationales radioastronomisches Institut zu gründen, verbanden sich diese Interessen in NRW mit der MPG. Sie rekrutierten dafür Otto Hachenberg, den Erbauer des größten deutschen Radioteleskops in der DDR. Hachenberg sollte bald in den Westen ziehen und in Effelsberg bei Bonn, innerhalb der MPG, das größte steuerbare Radioteleskop der Welt (100 Meter im Durchmesser) bauen.[41]

Ab den 1960er-Jahren gab es innerhalb der MPG Bestrebungen, die Macht der Gründungsdirektoren zu beschneiden.[42] Das machte sich auch in diesem Cluster bemerkbar. Für das neue Institut für Radioastronomie (MPIfR) schlugen Biermann, Lüst und Gentner eine kollegiale Leitung vor und wollten gleichzeitig den in Göttingen (Universität und MPI) und am National Radio Astronomical Observatory (NRAO) in den USA ausgebildeten Sebastian von Hoerner berufen, der ein Teilinstitut in Baden-Württemberg aufbauen sollte.[43] Hachenberg und das Land Nordrhein-Westfalen verhinderten diese Pläne, aber die MPG-Verwaltung beharrte weiterhin auf der kollegialen Leitung und berief schließlich zwei weitere Direktoren mit internationaler Erfahrung als Gegengewicht zu Hachenberg ans MPI: Peter Mezger und Richard Wielebinski.[44]

Auch nach Hachenbergs Pensionierung 1978 blieb das Bonner Institut noch zwei Jahrzehnte auf Distanz zu anderen MPI und konnte diese Unabhängigkeit durch die hervorragende Leistung des Effelsberger Radioteleskops sowie durch den Bau neuer Observatorien mit kürzeren Wellenlängen und die Beteiligung an bahnbrechenden multinationalen Kooperationen wie IRAM (Institut de Radioastronomie Millmétrique in Grenoble) und der VLBI-Allianz rechtfertigen.[45] Das MPIfR wurde zu einer der weltweit bekanntesten »Marken« in der Radioastronomie und stand in regem Austausch mit seinen europäischen, australischen und sowjetischen Pendants und nicht zuletzt mit dem »Mekka« des Fachgebiets, dem NRAO. Die internationale wissenschaftliche Zusammenarbeit und die Führung in entsprechenden Organisationen sicherten Macht und Unabhängigkeit des Bonner Instituts gegenüber der MPG. Dazu kamen regionale politische und wirtschaftliche Allianzen, in diesem Fall mit dem Land Nordrhein-Westfalen und dem Krupp-MAN-Konsortium, das seine berühmten Radioteleskope in Effelsberg (1971), Spanien (1984) und Arizona (1993) baute, gefördert von der Volkswagen-Stiftung. Noch wäh-

---

38 Trischler, »*Triple Helix*«, 2002, 21–24.
39 Wielebinski, Fifty Years of the Stockert Radio Telescope, 2007.
40 Menten, Leo Brandt, 2009.
41 Carsten Reinhardt, Jürgen Renn, Florian Schmaltz: Interview mit Reimar Lüst. Berlin, 20.10.2016, DA GMPG, ID 601016.
42 Siehe oben, Kap. II.3.3.4, 95–96.
43 Hoerner, Large Steerable Antennas, 1967; Kellermann, Bouton und Brandt, Largest Feasible Steerable Telescope, 2020, 465–469.
44 Brief von Lüst und Biermann an Gentner vom 8.3.1968, AMPG, III. Abt., ZA 1, Nr. 18 und Gentner an Schneider vom 25.3.1968, AMPG, III. Abt., ZA 1, Nr. 18.
45 Baars, *International Radio Telescope*, 2013, 33. VLBI – Very Long Baseline Interferometry.

rend ihres Baus bestand sogar die Absicht, weitere Exemplare dieser Radioteleskope ins Ausland zu verkaufen.⁴⁶

Die Radioastronomie war in den 1960er-Jahren die wissenschaftlich produktivste Beobachtungsastronomie und diente als Vorbild für die Einbeziehung der astronomischen Forschung in anderen Wellenlängenbereichen. Im Bereich der optischen Astronomie baute die MPG mit nationalen Mitteln einige der größten optischen Teleskope und profitierte dabei von der weltweit führenden Expertise der Firma Zeiss im baden-württembergischen Oberkochen. Damit brachte die MPG erneut eine Initiative, die auf regionaler Ebene von Hans Elsässer, dem Direktor der Landessternwarte Heidelberg, ausgegangen war, auf die internationale Ebene.⁴⁷ Diese Ambitionen des Heidelberger Instituts für Astronomie konfligierten allerdings mit der Beteiligung Westdeutschlands an der Europäischen Südsternwarte (ESO), die damals Elsässers persönlicher Rivale Otto Heckmann aus Hamburg leitete. Die ESO hatte zunächst geplant, in Südafrika zu bauen, entschied sich aber bald danach für Chile. Das MPI in Heidelberg hatte dagegen den Bau zweier Großteleskope (2,2 Meter im Durchmesser) vor – je eines auf jeder Hemisphäre, in Spanien und Namibia, dazu noch eines der damals größten der Welt (3,5 Meter im Durchmesser) zunächst auf der Südhalbkugel. Offensichtliche Überschneidungen mit den Projekten der ESO erzwangen die Verlegung des Großteleskops nach Spanien. Aufgrund von Budgetüberschreitungen und geopolitischen Erwägungen wurde der Standort in Namibia aufgegeben und das Großteleskop auf dem Calar Alto in Spanien erst mit zehnjähriger Verspätung in den 1980er-Jahren in Betrieb genommen.⁴⁸ Trotz all dieser Schwierigkeiten konnten die anderen MPI-Direktoren im Forschungscluster in Bezug auf das, was in Heidelberg geschah, kaum mitreden, zumal die Observatorien direkt auf der Ebene der Bundesministerien finanziert wurden. Demgegenüber war Elsässer bis zu seiner Pensionierung in den 1990er-Jahren in die Clusterentscheidungen eingebunden, die die Richtung der kosmischen Forschung in der MPG bestimmten.⁴⁹

In diesen beiden Fällen der bodengebundenen Astronomie wurde die MPG de facto zum Betreiber der nationalen Infrastrukturen und erlangte eine privilegierte Stellung gegenüber den Universitäten und staatlichen Observatorien. Nominell hatten zwar alle nationalen Einrichtungen Zugang, aber es gab häufig Beschwerden über eine ungleiche Behandlung. Das änderte sich erst Anfang der 1990er-Jahre.⁵⁰ Während des Kalten Kriegs wurden diese Monopole, wie bei vielen Max-Planck-Projekten, gegenüber dem Bund und anderen Forschungsorganisationen und Universitäten durch die Dringlichkeit gerechtfertigt, von einer starken nationalen Plattform aus eine herausragende internationale Stellung zu erlangen. Die Erfahrungen mit dem CERN und später der ESRO zeigten westdeutschen Wissenschaftlern und Politikern, dass die europäischen Partner in diesen Organisationen die westdeutsche Mitgliedschaft in erster Linie als Quelle für finanzielle Mittel nutzen wollten, was die deutsche Beteiligung an den Kooperationen herunterspielte.⁵¹ Reimar Lüst war, selbst als er bei ESRO mit französischen Wissenschaftlern zusammenarbeitete, ein starker Befürworter eines bedeutenden nationalen Fußabdrucks und wies darauf hin, dass in Ländern wie Frankreich das Verhältnis von nationaler zu internationaler Finanzierung um ein Vielfaches höher war als in Westdeutschland.⁵²

6.3.4 Weltraumgestützte Astronomie von Kiel bis Garching

Dieser Spagat zwischen nationalen und internationalen Aktivitäten gelang vor allem am Institut für extraterrestrische Physik (zunächst als Teilinstitut des MPI für Physik und Astrophysik, ab den 1990er-Jahren als eigenständiges MPE) von Reimar Lüst, auch deshalb, weil die Westdeutschen ohnehin keinen eigenständigen Zugang zum Weltraum hatten. Multinationale Kooperationen markierten den Übergang von einem Institut, das sich zunächst auf In-situ-Plasmaexperimente mit relativ kleinen, suborbitalen Raketen konzentrierte, zu einem astronomischen Forschungsinstitut mit dem Anspruch, Satelliten zu betreiben.⁵³ Eine der bemerkenswertesten instrumentellen Plattformen dafür, die Gammastrahlenastronomie, brachte die vierte in der MPG-Forschung aktive Gruppe

---

46 Ebd., 65, 79.
47 Lemke, *Himmel über Heidelberg*, 2011.
48 Elsässer, *Weltall*, 1989.
49 Lemke, *Himmel über Heidelberg*, 2011, 120–121.
50 Luisa Bonolis und Juan-Andrés Leon, Interview mit Heinrich Völk. Heidelberg, 10.8.2017, DA GMPG, ID 601037.
51 Carson, Beyond Reconstruction, 2010.
52 Lüst, *Die gegenwärtigen Probleme*, 1964.
53 Vorschlag (mit Gruppenleiter Reimar Lüst): Max-Planck-Institut für extraterrestrische Physik, Extraterrestrische Messungen, 1.2.1964, https://archives.eui.eu/en/fonds/96556?item=COPERS-06.01-1236. Klaus Pinkau an Luisa Bonolis, E-Mail, 15. Oktober 2016. Unveröffentlicht.

um Erich Bagge ein, der auch das erste atomgetriebene Schiff der Bundesrepublik Deutschland baute. Neben seiner Leitung des Kernforschungsinstituts in Geesthacht bei Hamburg wurde er 1957 als Professor nach Kiel berufen. Noch in Hamburg hatte sein brillantes Forscherteam einen bahnbrechenden Detektor zur Teilchenspurensuche entwickelt: die Funkenkammer.[54]

Wie auch anderswo auf der Welt suchte diese sich kosmischer Strahlung widmende Forschungsgruppe in den späten 1950er-Jahren nach neuen Horizonten für ihre Instrumente, als leistungsstarke Teilchenbeschleuniger ihre bestehenden Forschungsprogramme nicht mehr konkurrenzfähig machten. Das war bei den Funkenkammern der Fall, die als Gammastrahlendetektoren fungieren können und aufgrund ihres elektronischen Charakters eine einfache Funkübertragung der Messwerte ermöglichen. So konnten sie für eine neue Art der Astronomie eingesetzt werden. Als die Forscher in Kiel versuchten, weiter in den Weltraum vorzudringen, und satellitengestützte Beobachtungen vorschlugen, die wesentlich teurer waren als ballongestützte Geräte, war das der Moment, in dem die MPG das Feld betrat: Einer von Bagges Schülern, Klaus Pinkau, wurde 1966 an das Institut für extraterrestrische Physik in Garching berufen, von wo aus er die Bemühungen der ESRO und später der ESA im Bereich der satellitengestützten Gammastrahlenastronomie leitete.[55] Pinkau setzte sich auch dafür ein, dass ein Kollege aus Kiel, Joachim Trümper, die Leitung der Arbeiten im benachbarten Röntgenbereich übernahm. Trümper knüpfte enge Verbindungen zur Universität Tübingen und zur Firma Zeiss in Oberkochen,[56] die später ihre Röntgenteleskope bauen sollte. Da die Arbeiten in Kiel und Tübingen, abgesehen von einigen kurzen Raketenstarts, auf Experimenten mit Ballons basierten, war Trümpers Hauptgrund für den Umzug nach München die Chance, dort den Bau eines deutschen Röntgenastronomie-Satelliten voranzutreiben. Dies wurde das bedeutendste Weltraumforschungsprojekt, das die Bundesrepublik Deutschland (mit kleineren Beiträgen in den USA und Großbritannien) jemals in Angriff genommen hat. 1990 startete die NASA den Röntgenastronomie-Satelliten ROSAT.[57]

6.4 Interne Cluster-Rekonfigurationen

Den stärksten internen Schub erhielt die Entwicklungsdynamik des Astro-Forschungsclusters ab Ende der 1960er-Jahre durch zwei miteinander verbundene Ereignisse. Damals stand das Ausscheiden der Gründungsdirektoren aus der Nachkriegszeit an, darunter Heisenberg, Gentner und Dieminger. Gleichzeitig gab es Bestrebungen in der MPG, die Alleinherrschaft der Direktoren durch eine kollegiale Leitung zu ersetzen. Das führte während Heisenbergs Ausscheiden zum Erlass einer Richtlinie, der »Lex Heisenberg«, die besagte, dass scheidende Direktoren keinen Einfluss auf den Nachfolgeprozess haben sollten. Diesen sollten stattdessen Kommissionen von Wissenschaftlichen Mitgliedern leiten, die in wissenschaftlich angrenzenden Bereichen tätig waren. Diese bewusste Verlagerung und Verteilung der Macht auf einen ganzen Cluster, zusammen mit der Kontinuität langjähriger wissenschaftlicher Traditionen und den langfristigen, manchmal generationenübergreifenden Projekten in der Forschung, begünstigte ein fragiles diplomatisches Gleichgewicht zwischen den Direktoren der Institute innerhalb desselben Clusters. Und gleichzeitig öffnete sich nach der Emeritierung eines Institutsdirektors ein Zeitfenster für Interventionen bei Nachfolgeprozessen. Das half – wie beim Institut für Aeronomie gesehen – auch schwächeren Instituten des Clusters zu überleben: Statt geschlossen zu werden, wurden sie zu einer Arena für Expansion und clusterweite Reorganisation.

Die Institute in München und Heidelberg waren bis zur Emeritierung Heisenbergs relativ immun gegen äußere Einflüsse gewesen. Nun kam es Anfang der 1970er-Jahre, vor allem dank eines von Lüst und Gentner betriebenen Versöhnungsprozesses, zu einem Austausch von Experten zwischen diesen beiden Instituten, zu Fortschritten in Richtung kollegialer Leitung[58] und schließlich Anfang der 1990er-Jahre zur Aufspaltung des Münchner Max-Planck-Instituts für Physik und Astrophysik in mehrere unabhängige Max-Planck-Institute, die dem Mandat mittelgroßer, kollegial geführter Einheiten besser entsprechen.[59]

---

54 Galison, *Image and Logic*, 1997, 469–470.
55 Pinkau, Gamma-Ray Astronomy, 1996; Trischler, Interview Pinkau, 9.3.2010, Historical Archives of the EU. INTO72.
56 Luisa Bonolis und Juan-Andrés Leon, Interview mit Joachim Trümper. Garching, 7.9.2017, DA GMPG, ID 601036.
57 Aschenbach, Hahn und Trümper, *Invisible Sky*, 1998.
58 Luisa Bonolis und Juan-Andrés Leon, Interview mit Heinrich Völk. Heidelberg, 10.8.2017, DA GMPG, ID 601037.
59 Lemke und Astronomische Gesellschaft, *Astronomische Gesellschaft*, 2013, 82.

6.4.1 Umverteilung von Plasma- und Sonnensystemforschung

In den 1970er-Jahren bot die wiederkehrende Nachfolgekrise am MPI für Aeronomie die Gelegenheit zu einer clusterübergreifenden Neuorganisation der kosmischen Forschung. Bis dahin hatte dieses Institut oft mit dem Institut Lüsts konkurriert, das mit seinen Ambitionen, die ersten westdeutschen Raumsonden zu entwickeln, einen ähnlichen Ansatz verfolgte.[60] Einmal hatte das Aeronomie-Institut sogar erfolglos versucht, ein drittes Teilinstitut für Weltraumphysik unter der Leitung von Erhard Keppler zu schaffen.

Während sich das Institut für extraterrestrische Physik stetig von der Plasmaphysik weg und hin zur Weltraumastronomie bewegte, versuchten die dortigen Direktoren, die Weltraumplasma-Aktivitäten in Lindau zu konsolidieren, was 1974 zur Ernennung von Ian Axford (auf Vorschlag von Pinkau) führte, gefolgt von der Verlegung des größten Teils der Gruppe der Weltraumplasma-Forscher dorthin unter der Leitung von Helmuth Rosenbauer.[61] Die Grenzen dieser Umzüge werden jedoch dadurch deutlich, dass Gerhard Haerendel, Lüsts Nachfolger in der Plasmaexperimentiergruppe, in Garching bleiben konnte und dennoch eine Schlüsselposition in der Aufsicht über das Aeronomie-Institut erhielt.[62]

Auch in Garching befand sich das riesige IPP durch das bevorstehende Ausscheiden seines Gründers Arnulf Schlüter in den 1970er-Jahren in einer Krise. Obwohl sich die Versprechungen der Kernfusion in Ernüchterung verwandelt hatten, blieb das IPP eine der weltweit besten Adressen für diese Forschung und wurde als größtes Institut der MPG offiziell aufgenommen, ausnahmsweise auch gleichzeitig als eines der sogenannten Großforschungsinstitute.[63] Die Richtlinie der MPG sah vor, dass das IPP in erster Linie ein wissenschaftliches Forschungsinstitut darstellen und nicht nur auf den Bau eines Fusionsreaktors im Rahmen von EURATOM ausgerichtet sein sollte. Darüber hinaus ermöglichte die Wiedereingliederung des IPP in die MPG anderen Instituten, sein Fachwissen und seine Infrastruktur zu nutzen, wovon vor allem die astronomische und astrophysikalische Forschung profitierten. Die Experten des IPP strahlten auf andere Institute aus und seine Rechenressourcen wurden zum Schlüssel für den Erfolg des benachbarten Instituts für Astrophysik. 1981 ging Klaus Pinkau, Pionier der Gammastrahlenastronomie am Teilinstitut MPE, als wissenschaftlicher Direktor zum IPP.[64]

6.4.2 Divergenz zwischen Kosmochemie und Astroteilchenphysik in Südwestdeutschland

In den 1960er-Jahren ermöglichte die Nachfolgekrise am MPI für Chemie in Mainz eine teilweise Neuformulierung der Kosmochemie in der MPG, einerseits in Richtung Atmosphären- und Planetenforschung, andererseits in Richtung des aufkommenden Gebiets der Astroteilchenphysik.[65] Nachdem verschiedene Anläufe gescheitert waren, einen neuen Direktor in Mainz zu finden, ermöglichte Gentner 1968 die Berufung des Atmosphärenchemikers und Meteorologen Christian Junge, der dann die Bemühungen des Instituts um eine Ausweitung der Forschungen auf die beginnenden Umwelt- und Erdsystemwissenschaften leitete. Dieser Übergang in Mainz trieb einen eigenständigen Clusterbildungsprozess voran.[66] In Heidelberg wiederum entwickelte sich die Kosmochemie mit der Berufung eines vom MPE kommenden Direktors, Heinrich Völk, zunehmend in Richtung Astroteilchenphysik und Astrophysik.[67] Mainz behielt seine Spezialisierung auf die Kosmochemie des Sonnensystems bei, eine stolze Tradition, die für die Expansion der MPG in das Raumfahrtzeitalter von entscheidender Bedeutung gewesen war, jedoch mit dem Jahrhundert endete.[68]

6.4.3 Ergänzung der Wellenbereiche und institutsübergreifende Konvergenz mit der Infrarotastronomie

In der Astronomie betrieb man zunächst eine Arbeitsteilung, die auf den Möglichkeiten des Spektrums der Beobachtungswellenlängen beruhte: Jedes astronomische

---

60 Keppler, *Weg zum MPI*, 2003.
61 Protokolle der CPTS vom 16.11.1976 und 8.3.1977, AMPG, II. Abt., Rep. 62, Nr. 1779 und Nr. 1780.
62 Trischler und Knopp, Interview Haerendel, 9.4.2010, Historical Archives of the EU. INTO66.
63 Boenke, Institut für Plasmaphysik, 1990, 99–116.
64 Encrenaz et al., Highlighting the History, 2011, 83–92. Zur Ernennung von Pinkau, siehe Protokoll der CPTS vom 16.11.1976, 29.10.1980, 21.1.1981 und 21.05.1981, AMPG, II. Abt., Rep. 62, Nr. 1779, 1791, 1792 und 1793.
65 Lax, *Atmosphärenchemie*, 2018; Michel, *Denkschrift Planetenforschung*, 1977.
66 Siehe unten, Kap. III.7
67 Protokolle der CPTS vom 8.2.1973, 26.6.1973, 23.10.1973 und 15.2.1974, AMPG, II. Abt., Rep. 62, Nr. 1768, 1769, 1770 und 1771.
68 Palme, Cosmochemistry along the Rhine, 2018, 1–116.

Institut spezialisierte sich auf einen bestimmten Wellenbereich und war damit ziemlich unabhängig von den anderen. Die für die einzelnen Wellenlängen benötigten Instrumente hatten unterschiedliche disziplinäre Ursprünge und Traditionen, wobei die Radioastronomie zuerst von Elektroingenieuren betrieben wurde, die optische Astronomie von traditionellen Astronomen und die weltraumgestützte Hochenergie-Astronomie im Bereich der Röntgen- und Gammastrahlen von Wissenschaftler:innen aus der Teilchenphysik. Ein bedeutender Konvergenzpunkt ergab sich im Infrarotbereich, in dem sich alle astronomischen Institute der MPG zusammenzuschließen begannen. Dieser Wellenbereich war militärisch besonders sensibel, da er für die Verfolgung und Erkennung von Raketen verwendet wird; er war daher in den ersten Nachkriegsjahren für die Deutschen tabu, obwohl einige dieser Technologien während des Krieges in Deutschland entstanden waren.[69]

Auch in der Infrarotastronomie gibt es bodengebundene und weltraumgestützte Wellenbereiche, was verschiedenen Instituten weitere Möglichkeiten eröffnete, sich zu engagieren. Das MPI für Astronomie in Heidelberg begann schon früh mit seinen luft- und weltraumgestützten Bemühungen in der Infrarotastronomie, was zu Konflikten mit dem MPE führte, das sich ursprünglich als das »Weltrauminstitut« der MPG verstand.[70] In den 1960er- und 1970er-Jahren drang Peter Mezgers Abteilung für Millimeterwellenlängenastronomie am MPI für Radioastronomie vom niederfrequenten Ende des Spektrums aus ebenfalls in den Infrarotbereich vor. Mezger war gleichzeitig ein früher Befürworter eines flugzeuggestützten Infrarotobservatoriums, das heute SOFIA heißt.[71] Schließlich gründete das Institut für extraterrestrische Physik in den 1970er-Jahren eine Infrarotforschungsgruppe in Gerhard Haerendels Abteilung für Weltraumplasmen; aber erst in den 1980er-Jahren konnte das MPE eine eigene Abteilung für Infrarotastronomie unter der Leitung von Reinhard Genzel eröffnen.[72] In den 1980er- und 1990er-Jahren wurde die Infrarotastronomie zu einem Berührungspunkt aller einschlägigen Max-Planck-Institute, da sie gemeinsam Instrumente für das erste weltraumgestützte Infrarotobservatorium der ESA (ISO) entwickelten.[73]

6.5 Abkehr von großen Infrastrukturen und Konzentration auf internationale Kooperationen

6.5.1 Projektorientierte Forschungserfolge versus infrastrukturelle Krisen

Die Ernennung Reinhard Genzels 1986 ist ein frühes Beispiel für jemanden, der nicht mehr mit der Absicht eingestellt wurde, nationale Observatorien und Teleskope zu bauen, sondern mit einer wissenschaftlichen Forschungsagenda, die den Zugang zu den am besten geeigneten Teleskopen anstrebt, wo auch immer in der Welt diese sich befinden. Während er seine engen Verbindungen zur University of California in Berkeley und zum Nobelpreisträger Charles Townes pflegte, nutzte Genzel bald auch die Infrastrukturen der ESO und wurde zu einem der produktivsten Anwender ihres in den 1980er-Jahren eingeweihten New Technology Telescope (NTT). Später lieferte er einige der spektakulärsten astronomischen Beobachtungen des Zentrums unserer Galaxie am Very Large Telescope (VLT) der ESO, das zu Beginn des 21. Jahrhunderts eröffnet wurde; er erhielt dafür 2020 den Nobelpreis für Physik.[74]

Mit dem Ende des Kalten Kriegs, der deutschen Wiedervereinigung und dem Ausscheiden der Generation von Sternwartenbauern wurde diese neue Art der wissenschaftlichen Produktion zum Standard. Anstatt den vollständigen Besitz und Betrieb von Observatorien anzustreben, behielt jedes Institut einige Anteile an Observatorien-Projekten (APEX, LBT), gab aber die kostspieligen Projekte (Calar Alto, Heinrich-Hertz-Submillimeter-Teleskop – HHT) auf. Im Falle einer Eigentümerschaft von Observatorien musste man diese ab den 1990er-Jahren damit begründen, es handele sich um »Experimente« und »Wegbereiter« für Technologien, die später in größeren multinationalen Kooperationen eingesetzt werden

---

69 Rogalski, History of Infrared Detectors, 2012, 279–308.
70 Trischler und Knopp, Interview Haerendel, 9.4.2010, Historical Archives of the EU. INTO66.
71 Luisa Bonolis und Juan-Andrés Leon, Interview mit Karl Menten. Bonn, 5.2.2018 bis 8.2.2018, DA GMPG, ID 601051.
72 Genzel begann seine Laufbahn am MPIfR in Bonn. Sein Vater Ludwig Genzel war ebenfalls ein Infrarotexperte im Bereich der Festkörperforschung und MPI-Direktor. CPTS-Sitzungsprotokolle vom 18.9.1984 und 12.6.1985, AMPG, II. Abt., Rep. 62, Nr. 1803 und 1805.
73 Lemke und Kessler, Infrared Space Observatory, 1989, 53–71.
74 Genzel, Eisenhauer und Gillessen, Galactic Center, 2010, 3121–3195.

sollten.⁷⁵ Nach mehreren Krisen, die sich aus enttäuschten Erwartungen an einzelne Teleskope ergeben hatten, hatte die westdeutsche astronomische Gemeinschaft eine Denkschrift in Auftrag gegeben, um die Zukunft der gesamten Disziplin im Lande zu bewerten und Empfehlungen für die künftige Organisation zu geben.⁷⁶ Obwohl die Autoren aus der MPG stammten, erkannten sie in ihren Resultaten die Ungleichheit zwischen Universitäten, Sternwarten und MPI an und empfahlen eine Angleichung der Wettbewerbsbedingungen im Rahmen der »Verbundforschung«:⁷⁷ ein institutionalisierter Rahmen für die Zusammenarbeit auf nationaler Ebene zur Teilnahme an globalen Projekten.

In der Tat ist der Umfang der Forschung seit den 1980er-Jahren so stark gestiegen, dass das Gewicht eines einzelnen Instituts oder manchmal sogar der MPG insgesamt im Vergleich zu dem einer ganzen Forschungskooperation relativ bescheiden ist. Um die Macht innerhalb dieser großen, heterogenen Strukturen zu maximieren, bestand die erfolgreiche Strategie darin, nach außen hin einheitlich aufzutreten und gleichzeitig die traditionelle Stärke der MPG bei der Instrumentenentwicklung weiter zu fördern.⁷⁸ Die gemeinsame Entwicklung von Instrumenten ist zu einer der am häufigsten genutzten Formen der MPG-internen Zusammenarbeit geworden, beginnend – wie geschildert – mit der Infrarotastronomie und dann erweitert um Techniken wie der adaptiven Optik und Interferometrie.⁷⁹ Im Einklang mit diesen Verschiebungen hin zu einer globalisierten Zusammenarbeit, die bei weltraumgestützten Plattformen noch stärker ausgeprägt war und ist, hat selbst das angesehene MPE Ende des Jahrhunderts aufgehört, auf den Bau nationaler Satelliten abzuzielen. Stattdessen widmete es sich ganz den multinationalen astronomischen Weltraummissionen, in erster Linie mit der ESA, aber auch mit der NASA und vor allem mit dem russischen Institut für Kosmosforschung.⁸⁰

6.5.2 Widerstandsfähigkeit in Krisenzeiten

In den 1990er-Jahren stand der gesamte Bereich der Astro-Forschung auf dem Prüfstand. Nach der Wiedervereinigung mussten Institute verlagert, neue im Osten gegründet und einige im Westen geschlossen werden.⁸¹ Gleichzeitig traten viele Direktoren in den Ruhestand, was zu massiven Veränderungen führte. Das Institut für Astrophysik in München stand kurz davor, entweder geschlossen oder verlagert zu werden. Einem Teil des Instituts unter Leitung von Jürgen Ehlers gelang es, diesen Druck umzulenken und für die Gründung eines neuen MPI für Gravitationsphysik in Potsdam zu mobilisieren.⁸²

Vor allem musste das erste Institut des Clusters, das von Biermann und seinem Nachfolger Kippenhahn geleitete Institut für Astrophysik (MPA), seine weitere internationale Relevanz rechtfertigen. Auch, warum es als theoretisches Institut gerade in der Region Garching bleiben sollte,⁸³ wo durch Clustering bis in die 1990er-Jahre hinein einer der weltweit wichtigsten Standorte der astronomischen und astrophysikalischen Forschung entstanden war. In den 1970er-Jahren hatte die ESO ihren Sitz vom CERN in Genf nach Garching verlegt, um der Tatsache Rechnung zu tragen, dass Deutschland ihr größter Geldgeber war.⁸⁴ Durch das IPP war Garching auch zu einem der wichtigsten Supercomputing-Standorte in Deutschland geworden, und das MPA hatte privilegierten Zugang zu diesen Rechenressourcen.⁸⁵ Mithilfe des internationalen Netzwerks war es nunmehr in dieser Krisensituation möglich, für das MPA Direktoren zu finden, die in der Lage waren, seine internationale Bedeutung

---

75 Siehe Materialien für die Sitzung des Vizepräsidentenkreises der Max-Planck-Gesellschaft am 7.10.1998 mit Ergebnissen einer Diskussion über astronomische Forschung in der MPG, die am 29.7.1998 am MPIE in Garching stattfand. »Astronomische Forschung in der MPG: MPI mit Interessen an bodengebundenen astronomischen Beobachtungen. Koordinationsgespräch am 29.7.98 in Garching«, AMPG, II. Abt., Rep. 61, Nr. 185.VP, fol. 259–264.
76 Völk, *Denkschrift Astronomie*, 1987.
77 Astronomische Gesellschaft, BMBF Project, 2022.
78 Beispiele für die Bevorzugung von Instrumentenbeiträgen bei Großteleskopprojekten sind das Giant Magellan Telescope: GMT Scientific Advisory Committee, *Operations Concept White Paper*, 2012; Gran Telescopio Canarias: Espinosa, Miguel und Alvarez, *Guaranteed Time for PI Instruments*, 2005.
79 Davies et al., ALFA, 1998, 116–124; Hofferbert et al., Large Binocular Telescope, 2013.
80 Luisa Bonolis und Juan-Andrés Leon, Interview mit Joachim Trümper. Garching, 7.9.2017, DA GMPG, ID 601036.
81 Siehe z. B. Zacher, Max-Planck-Gesellschaft im Prozeß, 1991; Ash, *MPG im Kontext*, 2020.
82 Goenner, Some Remarks, 2016.
83 Z. B. R. Lüst an H.-A. Weidermüller, 13.2.1990, AMPG, II. Abt., Rep. 62, Nr. 17, fol. 287. Siehe auch: Klaus J. Fricke an Zacher, 28.8.1992, AMPG, II. Abt., Rep. 62, Nr. 17, fol. 537.
84 Madsen, *Jewel on the Mountaintop*, 2012. Siehe auch Kap. IX in Blaauw, *ESO's Early History*, 1991.
85 White und Springel, Fitting the Universe, 1999, 36–45.

zu erhalten und gleichzeitig die regionalen Stärken zu nutzen: Simon White, ein theoretischer und sich auf Rechner stützender Forscher auf dem Gebiet der großräumigen Struktur des Universums, und Rashid Sunyaev, ein langjähriger Kooperationspartner des MPE im Rahmen von Weltraummissionen am Moskauer Institut für Kosmische Forschung und einer der weltweit führenden Theoretiker.[86]

Die deutsche Einheit ermöglichte auch die Wiederbelebung des MPI für Astronomie in Heidelberg (MPIA). Wie viele in einer Krise befindlichen Institute hatte auch dieses in den 1990er-Jahren zwei nur kurzfristig agierende Direktoren, während es darum ging, einen dauerhaften Nachfolger für seinen Gründer Hans Elsässer zu finden. Diese beiden Direktoren, Steven Beckwith und Immo Appenzeller, verstärkten den Fokus auf die Entwicklung von Instrumenten, indem sie zum Beispiel den Calar Alto als Testgelände für bahnbrechende Fortschritte in der adaptiven Optik in Zusammenarbeit mit dem MPE nutzten.[87] Sie begannen auch mit der Beteiligung am LBT (Large Binocular Telescope) in Arizona, was den Zugang zu den Entwicklungen der nächsten Generation in der adaptiven Optik und der optischen Interferometrie sicherte. Während Beckwiths Amtszeit fiel die Entscheidung, das Calar Alto aufzugeben und sich auf das LBT zu konzentrieren.[88] Nach all diesen Veränderungen wurden zwei Direktoren ernannt, die eng mit den Prozessen der 1990er-Jahre verbunden waren. Hans-Walter Rix, ein Schüler von Simon White, hatte in einer der traditionell mit Heidelberg verbündeten Institutionen gearbeitet, der Universität von Arizona. Thomas Henning war der erste ostdeutsche Direktor im Forschungscluster – mit einem überraschend vertrauten Profil: Nach seiner Ausbildung in Plasmaphysik war er in den späten 1980er-Jahren zur Astronomie gewechselt und hatte von den Arbeitsgruppen profitiert, die während der Wiedervereinigung eingerichtet worden waren und in denen die MPG die Forschung an den ehemaligen ostdeutschen Universitäten betreute. Henning hatte in Jena eine Gruppe geleitet, die sich mit der Bildung von stellaren und planetarischen Wolken beschäftigte und vom MPIfR unterstützt wurde. Interessanterweise hatten Weizsäcker, Lüst und Völk über mehrere Generationen hinweg theoretische Pionierarbeit auf diesem Gebiet geleistet.

Währenddessen stand das MPI für Aeronomie in den 1990er-Jahren erneut vor der Schließung, da sein Retter aus den 1970er-Jahren, Ian Axford, sich auf seine Emeritierung vorbereitete.[89] Im Gegensatz zum MPI in Garching war das Institut in Lindau im Harz abgelegen und die ländliche Abgeschiedenheit gereichte ihm nicht zum Vorteil. Schließlich wurde ein verkleinertes Institut unter dem Namen MPI für Sonnensystemforschung nach Göttingen verlegt. Wie in anderen Fällen auch, hing das Überleben des Instituts letztlich von regionalen Interessen ab. Der Instrumentenbau für Weltraummissionen, der dem Institut für Aeronomie in den 1970er- und 1980er-Jahren den größten Erfolg beschert hatte, wurde jedoch eingestellt, da die Entwicklung solcher Instrumente in die Verantwortung einer Ost-Berliner Außenstelle des DLR, des Instituts für Planetenforschung, überging.[90]

6.5.3 Globale Zusammenarbeit im Stil des 21. Jahrhunderts

Ab den 1970er-Jahren sind viele Teilchenphysiker der ganzen Welt zur Astrophysik abgewandert, identifizierten sich häufig aber immer noch mit den Methoden, Instrumenten und der Arbeitsorganisation der Teilchenphysik und haben eine schwierige Beziehung zu den früheren Forschergenerationen aufgebaut:[91] Vor allem sind die Teilchenphysiker an viel größere Kooperationen gewöhnt, die sich zunehmend auf einige wenige Standorte in der ganzen Welt konzentrieren. Einige Aktivitäten sind sogar zu einem globalen Monopol geworden, weil sie nur an Standorten wie dem CERN möglich sind. Die Ziele der Forschung in der Teilchenphysik sind oft recht »reduktionistisch«, zum Beispiel der Nachweis neuer Teilchen, fundamentaler Kräfte und grundlegender Phänomene. Der Wettbewerb zwischen Teams, die dieselben Ziele verfolgen, ist unvermeidlich und wird gefördert, manchmal sogar innerhalb einer einzigen Einrichtung. Diese konkurrenzorientierte Art der Forschung gibt es in der MPG schon seit Langem, meist konzentriert auf die beiden ursprünglichen Institute in München und Heidelberg.

Diese Rivalität innerhalb der Max-Planck-Gesellschaft ist vor allem während der bahnbrechenden Entwicklung der bodengebundenen Gammastrahlenastronomie ab den

---

86 Sunyaev et al., Detection of Hard X-Rays, 1987; Sunyaev et al., Supernova 1987 A, 1990.
87 Quirrenbach und Hackenberg, ALFA Dye Laser System, 1997, 126–131.
88 »Astronomische Forschung in der MPG: MPI mit Interessen an bodengebundenen astronomischen Beobachtungen Koordinationsgespräch am 29.7.98 in Garching«, AMPG, II. Abt., Rep. 61, Nr. 185.VP, fol. 261–262.
89 Abbott, German Astronomers, 1992, 267.
90 Trischler und Knopp, Interview Keller, 10.6.2010, Historical Archives of the EU. INT078.
91 White, Fundamentalist Physics, 2007, 883–897.

1980er-Jahren bemerkenswert, einer astronomischen Praxis, die in der Physik der kosmischen Strahlung wurzelt. Forschungen zur kosmischen Strahlung waren von den MPI in den 1960er-Jahren weitgehend aufgegeben worden, bis in den frühen 1980er-Jahren ein Experiment an der Universität Kiel Aufmerksamkeit erregte. Nun wurde ein groß angelegtes Experiment im Bereich Kosmische Strahlen und Gammastrahlen vorbereitet. An diesem Projekt namens H.E.G.R.A (High Energy Gammaray Astronomy) beteiligten sich viele deutsche Institute, darunter die beiden MPI in München und Heidelberg.[92] Diese Institute trugen mit eigenen Experimenten zu dieser Zusammenarbeit bei, und in den 1990er-Jahren veranlasste der Erfolg insbesondere bei der armenischen Technik der abbildenden Cherenkov-Teleskope jedes von ihnen, unabhängige Folgeinitiativen mit den Namen MAGIC (Major Atmospheric Gamma Imaging Cherenkov Telescopes) und H.E.S.S. (High Energy Stereoscopic System) zu starten.[93] Beide Max-Planck-Institute konkurrierten miteinander, teilten sich die sowjetisch-armenischen Pionierexperten hinter den anfänglichen Erfolgen bei H.E.G.R.A, und wurden weltweit führend in dieser neuen Art der Astronomie.

Die (implizite und explizite) Koordinierung innerhalb von Clustern spielte bei diesem Erfolg eine wichtige Rolle. Die Institute waren unabhängig genug, um ihre Projekte schnell und selbstständig in Angriff nehmen zu können, insbesondere dank der Stärke ihrer internen Werkstätten. Aber es gab auch einen inhärenten Drang zur Komplementarität: Ein Teil der Meinungsverschiedenheiten, die zur Aufteilung der Anstrengungen führten, hatte seinen Ursprung in unterschiedlichen Präferenzen beim Bau von Teleskopen: MAGIC konzentrierte sich auf ein großes, schnell bewegliches Einschalenteleskop auf La Palma (Nordhalbkugel), während H.E.S.S. ein Array aus schwereren, langsameren und billigeren Teleskopen mittlerer Größe ist. Nachdem sich diese beiden parallelen Projekte bewährt hatten, wurden sie durch Verbesserungen, die die MPG 2005 bewilligte, einander angenähert: MAGIC wurde um ein zweites Teleskop erweitert, wodurch es zu einem stereoskopischen Array wurde, und H.E.S.S. erhielt eine zusätzliche, viel größere Einzelschüssel, was seine Empfindlichkeit bei niedriger Energie erhöhte. Diese Erweiterung war jedoch auch mit der Forderung nach einer künftigen Konvergenz in einer einzigen, umfassenden Zusammenarbeit verbunden: CTA (Cherenkov Telescope Array) ist die erste große globale Kollaboration unter deutscher Leitung, die den Bereich der bodengebundenen Gammastrahlenastronomie mit über 100 geplanten Teleskopen an zwei Standorten auf jeder Hemisphäre in La Palma und Chile praktisch monopolisiert.[94]

Ein weiteres Beispiel für die Rolle der Clusterbildung innerhalb dieser neuen Art der globalen Konvergenz ist der Wettlauf um die Entdeckung und Einrichtung von Observatorien für Gravitationswellen. Über ein halbes Jahrhundert lang waren die Münchner Institute, die auf Heisenbergs und Biermanns Max-Planck-Institut zurückgingen, Pioniere. Dabei machte man sich die Vorteile zunutze, dass es in einem einzigen Gebiet an mehreren Instituten Expertise gab, die für diese Aufgabe eingebracht werden konnte: von der theoretisch-relativistischen Astrophysik am MPA bis hin zur Laserinterferometrie aufgrund der Nähe der Max-Planck-Institute für Plasmaphysik und Quantenoptik.[95] Die implizite Komplettierungslogik der kosmischen Forschung in der MPG erleichterte auch die Berufung des führenden deutschen Experten für Allgemeine Relativitätstheorie, Jürgen Ehlers, an das MPA, nachdem die Beobachtungen und die daraus resultierenden Fragestellungen der relativistischen Astrophysik in den späten 1960er-Jahren für das Gebiet maßgebend geworden waren.[96]

Die breite Abdeckung experimenteller und theoretischer Ansätze zur Allgemeinen Relativitätstheorie verschaffte der MPG eine dominierende Stellung, die in den 1980er-Jahren zu einer deutsch-britischen Partnerschaft ausgebaut werden konnte, deren Ziel es war, einen Detektor in voller Größe zu bauen. Nach dem Scheitern dieser Pläne verlagerte sich die Aufmerksamkeit in den frühen 1990er-Jahren auf den Bau des GEO600-Detektors in Hannover. Nach und nach ging die deutsch-britische Kooperation in die LIGO-Kollaboration über. GEO600 lieferte viele der technologischen Innovationen, die für

---

92 Juan-Andrés Leon: Interview mit Razmik Mirzoyan. München, 13.8.2018 und 14.8.2018. DA GMPG, ID 601021. Luisa Bonolis und Juan-Andrés Leon, Interview mit Heinrich Völk. Heidelberg, 10.8.2017, DA GMPG, ID 601037.
93 Lorenz, The MAGIC Telescope Project, 1996, 494–496; Hofmann und HESS Collaboration, (HESS) Project, 2000, 500–509.
94 The CTA Consortium, Design Concepts, 2011, 193–316.
95 Bonolis und Leon, *Astronomy*, 2023, 489–520. Siehe dazu auch ausführlich Bonolis and Leon, Gravitational-Wave Research, 2020, 285–361.
96 Protokoll, 15. Treffen des Kuratoriums, Max-Planck-Institut für Physik und Astrophysik, 17.3.1970, AMPG, II. Abt., Rep. 66, No. 3069.

den vor mehr als vier Jahrzehnten begonnenen Nachweis von Gravitationswellen notwendig waren.⁹⁷

Auf der Seite der Experimentalphysik waren die Einrichtungen in Hannover Ergebnis einer Kooperation des MPI für Quantenoptik (MPQ) mit der dortigen Universität auf der Basis der in Aussicht gestellten Finanzierung durch die Volkswagen-Stiftung.⁹⁸ Auf theoretischer Seite konnte 1994 ein neues MPI für Gravitationsphysik in Potsdam (Albert-Einstein-Institut) unter Leitung von Ehlers gegründet werden.⁹⁹ 2002 wurde die MPQ-Außenstelle in Hannover, ursprünglich von Karsten Danzmann geleitet, zu einem Teilinstitut des Albert-Einstein-Instituts. Die Entstehung des MPI für Gravitationsphysik mit zwei Standorten in Potsdam und Hannover spiegelt die parallelen Wege und Allianzen der theoretischen und experimentellen Gravitationsforschung wider und ermöglichte die Intensivierung der Gravitationswellenforschung in Potsdam.

Die Astroteilchenphysik schließlich, die durch die Abwanderung der Teilchenphysiker in die Astrophysik entstanden war, ist ein Beispiel dafür, wie in dieser neuen globalisierten Bewegung der wissenschaftlichen Forschung manchmal sogar ein einziges Institut unabhängige Projekte beherbergt, die auf dasselbe Erkenntnisziel hinarbeiten und jeweils mit eigenen internationalen Partnern und Unterstützern verbunden sind. Am deutlichsten wird dies bei der Neutrinoforschung, einer Besonderheit des MPI für Kernphysik in Heidelberg. Durch seine langjährige kosmochemische Expertise erhielten seine Forscher seit den 1960er-Jahren früh Zugang zu dem weltweiten Pionier der Neutrino-Observatorien, Raymond Davis aus Brookhaven.¹⁰⁰

Die Entwicklung der Forschung, die auf diese Erfahrung zurückgeht, führte schließlich zu einer der ersten weltweiten Kollaborationen im Bereich des Nachweises solarer Neutrinos (GALLEX), die auf dem radiochemischen Nachweis von Transmutationen in einer Flüssigkeit auf Galliumbasis beruht und im unterirdischen Gran-Sasso-Labor in Italien angesiedelt ist. Dieses Experiment trug maßgeblich zum glorreichen »Jahrzehnt des Neutrinos« bei, aus dem mehrere Nobelpreise hervorgingen und das die Bedeutung der Neutrinos als kritische Schnittstelle zwischen fundamentaler Teilchenphysik und Astrophysik begründete. Im Laufe der 1980er-Jahre begann der Neutrinonachweis mit elektronischen Methoden an Boden zu gewinnen, was zu den Heidelberg-Moskau-Experimenten in Russland und später zu GERDA in Gran Sasso führte, diesmal auf der Grundlage von Germanium-Detektoren für seltene nukleare Ereignisse, um einen der heiligen Grale der Teilchenphysik, den neutrinolosen Doppel-Beta-Zerfall, zu suchen.¹⁰¹ Innerhalb desselben Instituts profitierten diese unabhängigen Aktivitäten jedoch von derselben technischen Infrastruktur, in diesem Fall von Werkstätten und Fachwissen über die Low-Level-Techniken, die für die Untersuchung extrem seltener physikalischer Ereignisse erforderlich sind.

Die beiden rivalisierenden Max-Planck-Institute in München und Heidelberg standen an der Spitze dieser Neudefinition der physikalischen Grundlagenforschung, bei der die Teilchenphysik unweigerlich mit den größten Fragen des Kosmos verbunden ist, wie etwa den Eigenschaften der dunklen Materie und der dunklen Energie und ihrer Rolle für das Schicksal des Universums. Der Schlüssel zu all den globalen Kooperationen, die seit den 1990er-Jahren entstanden sind und an denen nun alle Institute des Clusters teilhaben, war die zunehmende Bedeutung des Wettbewerbs zwischen Europa und den Vereinigten Staaten als maßgebliche Motivation für die Organisation und Finanzierung der Forschung. Der Keim für diesen transkontinentalen Wettbewerb existierte bereits kurz nach dem Ende des Zweiten Weltkriegs und hat die Gründung des CERN und später die von ESRO und ESO motiviert. Die Teilnahme an US-amerikanischen Projekten erwies sich dabei als außerordentliche Chance, um auf einem wissenschaftlichen Gebiet »aufzuholen« und sich bestimmte Nischen des Fachwissens zu erschließen.

Während des Kalten Kriegs und in den ersten Jahren der europäischen Integration waren hochrangige internationale Organisationen nach dem Modell des CERN der wichtigste Mechanismus, um mit den Amerikanern in wissenschaftlichen Schlüsselbereichen zu konkurrieren. In den folgenden Jahrzehnten stabilisierten sich diese Organisationen als Anbieter langfristiger wissenschaftlicher Infrastrukturen, die für diese »große Wissenschaft« erforderlich sind. In den letzten Jahrzehnten des 20. Jahrhunderts wurde die paneuropäische Zusammenarbeit jedoch auch in kleineren Forschungsbereichen zur Rou-

---

97 Nicht alles in dieser Geschichte war ein Erfolg, da ein vollwertiger Gravitationswellendetektor in Deutschland inmitten der Wiedervereinigungskrise sowie wegen disziplinären Widerstands von Astronomen und Festkörperphysikern (wie auch in anderen Ländern) nicht finanziert wurde. Bonolis, and Leon, Gravitational-Wave Research, 2020, 285–361. Siehe auch unten, Kap. IV.6.
98 Bonolis, and Leon, Gravitational-Wave Research, 2020, 285–361.
99 Goenner, Some Remarks, 2016.
100 Luisa Bonolis und Juan-Andres Leon, Interview mit Till Kirsten. Heidelberg, 24.10.2017 und 25.10.2017. DA GMPG, ID 601050.
101 Elliott, Hahn und Moe, *A Direct Laboratory Measurement*, 1988, 213–219.

tine. Kleinere, vielseitige Kollaborationen wie GALLEX, GEO600, MAGIC und H.E.S.S. waren projektorientiert, auf eine Dauer von vielleicht einem Jahrzehnt angelegt und mit der impliziten Erwartung verbunden, sich neu zu konfigurieren, zu vergrößern oder mit anderen Projekten auf der ganzen Welt, die ähnliche Ziele verfolgten, zusammenzuschließen. Zu Beginn des 21. Jahrhunderts begann der Europäische Forschungsrat ausdrücklich auf dieser supranationalen Ebene tätig zu werden, um solche Pilotprojekte zu unterstützen, insbesondere in Bereichen, die das Potenzial haben, weltweit führend zu werden.[102] Dies bedeutet nicht, dass nationale Interessen vernachlässigt werden, da sie in den Verhandlungen über die Beteiligung von Wissenschaftlern und Unternehmen an einer Zusammenarbeit eine wichtige Rolle spielen. Allerdings ist der nationale Diskurs der einzelnen europäischen Länder eher gedämpft und steht im Gegensatz zu der zunehmenden Bedeutung, gemeinsam auf Augenhöhe mit den wissenschaftlichen Leistungen der Konkurrenten in den Vereinigten Staaten, Japan und China zu sein und diese eventuell sogar zu übertreffen. Wie beschrieben, können sich solche Wettbewerbe innerhalb von ein oder zwei Jahrzehnten auch in globale Kooperationen auf höherem Niveau verwandeln.

Die offene Frage in der astronomischen und astrophysikalischen Forschung ist, inwieweit national verankerte Organisationen wie die MPG in diesem neuen, globalisierten System eine unverwechselbare und führende Rolle spielen können. Die Fähigkeit der Max-Planck-Institute, über ihr Gewicht hinauszuwachsen, verdanken sie ihren tiefen regionalen, nationalen und internationalen Verbindungen, einem einzigartigen Angebot an langjährigen wissenschaftlichen Traditionen und Fachkenntnissen sowie, wie wir gesehen haben, einem geschlossenen Auftreten gegenüber externen Konkurrenten, das durch ihr Clustern in der MPG erleichtert wurde. Dieses Clustern hat es ihnen ermöglicht, seit Kriegsende die nationale und internationale Wissenschaftspolitik zu beeinflussen, und kann ein Hinweis darauf sein, was in den kommenden Jahrzehnten noch möglich ist.

---

[102] Mitzner, European Union Research, 2020.

7. Erdsystemwissenschaften

Gregor Lax

7.1 Einführung

Ein erster Schwerpunkt in den Erdsystemwissenschaften entwickelte sich in der MPG ab den späten 1960er-Jahren aus der Atmosphärenchemie und der Klimaforschung heraus. Heute umfassen die Erdsystemwissenschaften ein breit gefächertes Spektrum wissenschaftlicher Disziplinen, die sich mit den wechselseitigen Einflüssen der Teilsysteme der Erde und der Rolle des Menschen darin befassen. Ihr wesentliches Ziel besteht darin, relevante chemische und physikalische Prozesse in einem gekoppelten Modell des Erdsystems zu erfassen. Dies vor allem, um die Modellrechnungen beispielsweise zur Prognose der globalen Klimaentwicklung unter dem Einfluss anthropogener Emissionen einzusetzen.[1] Ein solch komplexes Vorhaben kann nicht von einem Institut oder einer einzelnen Forschungsorganisation allein getragen werden. Deshalb gehören Kooperationen im Rahmen langfristig angelegter Forschungsprogramme zu den Charakteristika der Klima- und Erdsystemforschung.

Die gegenwärtige große Bedeutung dieser Forschung, die seit der von MPI-Direktor und Nobelpreisträger Paul Crutzen im Jahr 2000 angestoßenen Anthropozän-Forschung eine erneute Konjunktur erlebt,[2] spiegelt sich nicht zuletzt in den Erfolgen der Bewegung Fridays for Future (FFF). 2019 brachte sie Millionen von Menschen in rund 150 Ländern auf die Straße.[3] FFF beruft sich für ihre Forderungen nach einer nachhaltigen Klima- und Ressourcenpolitik vor allem auf wissenschaftliche Erkenntnisse und Prognosen, die unter anderem in den Berichten des Intergovernmental Panel on Climate Change (IPCC) enthalten sind.[4] An diesen Berichten waren von Beginn an auch MPG-Wissenschaftler:innen beteiligt.[5]

Einen solchen Trend hatte Ende der 1960er-Jahre niemand voraussahen können, als am Mainzer MPI für Chemie (MPIC) die erste Abteilung für Atmosphärenchemie entstand. Dabei hatten meteorologische und zum Teil auch atmosphärenchemische Arbeiten bereits in der KWG und in der frühen MPG durchaus eine Rolle gespielt.[6] Tatsächlich aber lag die Atmosphärenforschung in der Bundesrepublik etwa ein Jahrzehnt hinter internationalen Entwicklungen zurück. In den USA und in manchen Teilen Europas diskutierte man integrative, auf Stoffkreisläufe hin ausgerichtete erdsystemische Ansätze spätestens ab den 1950er-Jahren, und mit ihnen verbanden sich schon damals gesellschaftsrelevante Erkenntnisse. Prominent ist in diesem Zusammenhang die CO_2-Forschung zu nennen. So zeigten Hans Suess und Roger Revelle 1957,

---

1 Schellnhuber, »Earth System« Analysis, 1999.
2 Brauch, The Anthropocene Concept, 2021.
3 Globaler Klimastreik, *Frankfurter Allgemeine*, 27.9.2019.
4 Der erste IPCC-Bericht erschien 1992. Intergovernmental Panel on Climate Change, *The IPCC 1990 and 1992 Assessments*, 1992.
5 Eingang fanden in die ersten Berichte beispielsweise Arbeiten von Meinrat Andreae zu Biomasseverbrennung in den Tropen und von Crutzen zu Methan. Intergovernmental Panel On Climate Change und World Meteorological Organization/United Nations Environment Programme, *The IPCC Response Strategies*, 1990, 79, 86, 97, 118. Im Vorlass des Gründungsdirektors des MPI für Biogeochemie (MPIBGC), Ernst-Detlev Schulze, ist die Beteiligung von MPIBGC-Mitarbeiter:innen an IPCC-Berichten dokumentiert. AMPG, III. Abt., ZA 208, Nr. 28, fol. 230–232 u. 241.
6 Ein bis in die Weimarer Republik zurückreichendes Beispiel hierfür ist das Göttinger KWI für Strömungsforschung (heute MPI für Dynamik und Selbstorganisation), in dem bereits Mitte der 1920er-Jahre unter anderem Turbulenz- und Grenzschichtforschung betrieben wurde. Ein weiteres Beispiel ist das Institut für Stratosphärenforschung unter Erich Regener, das sich ebenfalls unter anderem mit atmosphärenchemischen Fragen, wie der Verteilung von Ozon (O) in der Stratosphäre, befasste und 1956 im MPI für Aeronomie (MPIAe) aufging. Freytag, »Bürogenerale« und »Frontsoldaten«, 2007.

dass Ozeane durch fossile Brennstoffe emittiertes CO_2 nur begrenzt binden und sich dieses zum Teil in der Atmosphäre ansammelt.[7] Revelle, der eine der wichtigsten Einrichtungen für die Klimaforschung in den USA leitete, die Scripps Institution of Oceanography in La Jolla bei San Diego, unterstützte die Arbeiten von Charles-David Keeling, die seit 1958 zu ernsthaften medialen und politischen Auseinandersetzungen mit dem Thema beitrugen.[8] Die »Keeling-Kurve« zeigt den exponentiellen globalen CO_2-Anstieg und wurde zu einem Symbol des anthropogen verursachten Klimawandels. In der bundesrepublikanischen Atmosphärenforschung etablierte jedoch erst der Meteorologe Christian Junge, der 1968 als Direktor einer neuen Abteilung an das MPIC in Mainz berufen wurde, das Konzept der modernen Atmosphärenchemie.[9] Die Atmosphäre wurde jetzt nicht mehr wie in traditionellen Ansätzen der Meteorologie für sich allein betrachtet, sondern als Komponente eines komplexen Systems gesehen, die mit anderen Komponenten der Erde in wechselseitiger Beziehung steht. Mit dieser Abteilung agierte die MPG im internationalen Vergleich zunächst als Nachzüglerin gegenüber dem Scripps-Institut, dem 1962 in Boulder (Colorado) gegründeten National Center for Atmospheric Research (NCAR) und dem Meteorologischen Institut der Universität Stockholm (MISU) in Schweden.

Junge etablierte neue Forschungsansätze, die er aus den USA mitgebracht hatte.[10] Das Spektrum der erdsystemischen Forschung, die über die folgenden Jahrzehnte an MPI betrieben wurde, erweiterte sich von da an kontinuierlich. Analog zu den internationalen Entwicklungen standen anfänglich vor allem Stoffkreisläufe und Austauschprozesse zwischen der Atmosphäre, den Ozeanen und der Geosphäre im Vordergrund, dann auch zwischen der Atmosphäre und der Landbiosphäre. In den 1980er-Jahren rückten schließlich die Kryosphäre und die Regenwälder als klimarelevante Räume in das Blickfeld der Forschung. Dass die MPG Mitte der 1980er-Jahre mehrere international beachtete Spitzenstandorte in diesen Bereichen vorzuweisen hatte, war noch Anfang der 1970er-Jahre nicht zu erwarten gewesen.

In der vorliegenden Studie werde ich die Entwicklung der Erdsystemforschung in der MPG darstellen, ausgehend von der Atmosphärenchemie und ab Mitte der 1970er-Jahre der Ozean- und Klimaforschung. Dabei lasse ich mich von folgenden Thesen leiten: Planung und Absprachen zwischen leitenden Wissenschaftlern[11] spielten eine herausragende Rolle, insbesondere mit Blick auf Berufungen und Neugründungen. Charakteristisch waren die Komplementarität empirischer, theoretischer und modellierender Forschung, eine sich stark auf chemische und physikalische Traditionen beziehende Genealogie der Themen und Methoden sowie eine sich hieraus herleitende Fokussierung auf spezifische Teilsysteme der Erde und deren Interaktionen. Spätestens mit der 2006 entstandenen »Partnerschaft Erdsystemforschung« entstand ein eigenes, institutsübergreifendes »Türschild«.[12]

In der MPG war nie das gesamte internationale Feld der Erdsystemforschung repräsentiert, sondern es bildeten sich spezifische Schwerpunkte und Pfadabhängigkeiten heraus. Die Mainzer Abteilung für Atmosphärenchemie fungierte dabei sowohl unter Junges als auch ab 1980 unter Crutzens Leitung oftmals als entscheidender Impulsgeber für Abteilungs- und Institutsneugründungen. Mit der bald typischen Verbindung empirischer Forschung auf der einen und Computermodellierung auf der anderen Seite gelang der Anschluss an die internationale Spitzenforschung. Die »chemischen Ursprünge«, die zu Beginn nahezu ausschließlich auf der empirischen Datenerfassung und -analyse gelegen hatten, ziehen sich dabei wie ein roter Faden durch.

Schließlich korrespondierte die Entwicklung mit den Umweltdiskursen der Zeit und den sich hiermit verbindenden wissenschaftspolitischen Prozessen, die eine Bündelung verschiedenster Ansätze und Themen unter dem Begriff Umweltforschung anstrebten. Diese in den 1970er-Jahren einsetzende Dynamik wurde ab Mitte der 1980er-Jahre durch Schlüsselereignisse wie die Entdeckung des Ozonlochs und den Reaktorunfall bei Tschernobyl weiter verstärkt. So gingen die Neugründungen stets aus einer Mischung MPG-interner Prozesse, externer politischer Entwicklungen und den sich hieraus ergebenden Gestaltungs- und Partizipationsmöglichkeiten hervor. Die an MPI tätigen Wissenschaftler:innen waren zunehmend an Beratungs- und Gestaltungsprozessen auf umwelt- sowie förderpolitischer Ebene beteiligt und trugen so maßgeblich zum Aufbau einer einzigartigen Forschungsinfrastruktur bei. Umgekehrt wirkten diese Prozesse auf die jeweiligen MPI zurück und beeinflussten Gründungspro-

---

7 Revelle und Suess, Carbon Dioxide Exchange, 1957.
8 Weart, Global Warming, 1997, 353.
9 Warneck, Geschichte der Luftchemie, 2003; Jaenicke, Erfindung der Luftchemie, 2012.
10 Lax, Aufbau der Atmosphärenwissenschaften, 2016, 84–100.
11 Während es in den Mitarbeiterstäben wenige, aber doch gut sichtbar Frauen gab, waren die Leitungen der betreffenden Abteilungen und Institute über den gesamten Zeitraum hinweg ausschließlich männlich besetzt.
12 Andreae et al., *Partnerschaft Erdsystemforschung*, 2006.

zesse und fachliche Ausrichtungen ein Stück weit mit. Nach 20 Jahren Anthropozän-Diskurs[13] mag die These einer von der Politik getriebenen und diese wiederum treibende Wissenschaft als Allgemeinplatz anmuten. Mit Blick auf die Entwicklung der Erdsystemwissenschaften in der MPG war dies keineswegs selbstverständlich.

Im ersten Teil werde ich die relevanten Institute, die wir dem Cluster zuordnen, vorstellen, um einen Überblick über die Gesamtentwicklung von den späten 1960er-Jahren bis zum Anfang der 2000er-Jahre zu erhalten. Im zweiten Abschnitt will ich die Ursprünge der Erdsystemforschung in der MPG betrachten und anschließend den Übergang zur Entstehung des Clusters als institutsübergreifendes Phänomen beleuchten. Dabei steht der Aufbau der Klimaforschung im Vordergrund, bezugnehmend auf Entwicklungen innerhalb der MPG, aber auch auf deren Einbettung in umwelt- und wissenschaftspolitische Prozesse.

Im darauffolgenden Abschnitt geht es um die epistemische Grundstruktur der MPI, die sich institutsübergreifend ab Mitte der 1970er-Jahre durchgesetzt hat. Charakteristisch für diese Struktur ist die Aufteilung der Forschung in die feld- und laborbasierte Datenerhebung und -analyse einerseits und die computerbasierte Modellierung andererseits.

Im fünften Teil werde ich mich mit der Fortentwicklung des Clusters in den 1980er-Jahren befassen – mit teils aufsehenerregenden Forschungsergebnissen wie dem »Nuklearen Winter«, dem Ozonloch und der globalen Erwärmung. In dieser Zeit gewann auch der internationale Aufbau von Forschungsinfrastrukturen an Dynamik und die Biogeochemie kam als neuer Bereich hinzu.

Im sechsten Abschnitt der Studie will ich auf allgemeine Entwicklungen im Zuge der Neusortierung der deutschen Wissenschaftslandschaft aufmerksam machen, um dann im Besonderen auf die Gründung des MPI für Biogeochemie in Jena einzugehen.

7.2 Die Institute und Abteilungen in der Gesamtschau

Abbildung 17 zeigt die dem Cluster zugeordneten Abteilungen und Institute von 1968 bis in die jüngste Vergangenheit. Sichtbar wird ein kontinuierliches Wachstum seit Mitte der 1970er-Jahre. Drei »Kerninstitute« haben den Cluster sowohl auf der organisatorisch-institutionellen als auch auf der forschungsprogrammatischen Ebene geprägt, bis hin zur gemeinsamen Außendarstellung seit 2006: das MPI für Chemie (MPIC) in Mainz, das MPI für Meteorologie (MPIM) in Hamburg und das MPI für Biogeochemie (MPIBGC) in Jena. Als Kerninstitute lassen sie sich auch deshalb bezeichnen, weil die Institute in Hamburg und Jena von Beginn an mit expliziten erdsystemischen Zielsetzungen gegründet wurden und das MPIC in Mainz über die Jahrzehnte andere Bereiche schließlich vollständig zugunsten der Chemie des Erdsystems ausgliederte. Zudem wird ersichtlich, dass es neben diesen drei Instituten eine beachtliche Anzahl weiterer Abteilungen an anderen Einrichtungen gab, die ebenfalls bedeutsam waren.[14]

Betrachtet man die Namen der dem Cluster zugeordneten Abteilungen wird deutlich, dass sich spezifische Schwerpunkte herausbildeten und nicht das internationale Gesamtfeld der Erdsystemforschung in der MPG repräsentiert ist. Die Schwerpunkte liegen auf der Atmosphärenchemie und -physik, der Biogeochemie sowie der Klima- und Ozeanmodellierung. Deutlich tritt der große Einfluss der Chemie hervor, die in 11 von 19 Abteilungsnamen bereits begrifflich enthalten ist.

7.3 Atmosphärenchemie als Ursprung und Impulsgeber

Als die Atmosphärenchemie mit Junges Berufung 1968 am MPIC in Mainz verankert wurde, geschah dies nicht aus einer weitsichtigen Zukunftsplanung heraus. Junges neue Abteilung war das Resultat einer Reihe von Zufällen und am Ende eine Folge der Notlage gewesen, nach fast einem Jahrzehnt erfolgloser Kandidatensuche die Nachfolge des vorherigen MPIC-Direktors Josef Mattauch regeln oder das Institut eventuell schließen zu müssen.[15] Doch so ungünstig diese Ausgangssituation anfänglich auch gewesen sein mochte, so nachhaltig wirkte die Forschungsagenda Junges. Sie beeinflusste über 15 Jahre hinweg den Aufbau einer neuen Atmosphärenchemie in der Bundesrepublik, die auf die Erforschung von Stoffkreisläufen, -quellen und -senken in und zwischen Teilsystemen der Erde ausgerichtet war. Auch auf die Programmatik des 1975 gegründeten MPI für Meteorologie

---

[13] Crutzen und Stoermer, »Anthropocene«, 2000; Crutzen, Geology of Mankind, 2002. Zum Anthropozänkonzept siehe Trischler, The Anthropocene, 2016. Eine umfassende Sammlung mit Beiträgen zur Anthropozändebatte erschien zuletzt bei Benner et al., *Paul J. Crutzen and the Anthropocene*, 2021.
[14] Dies spiegelt sich deutlich in wiederkehrenden Absprachen zwischen Direktoren einzelner MPI und ihrer regelmäßigen Präsenz beispielsweise in Berufungskommissionen wider, aber auch im Rahmen von Forschungskooperationen. Beispiele hierfür folgen unten.
[15] Lax, *From Atmospheric Chemistry*, 2018, 9–47.

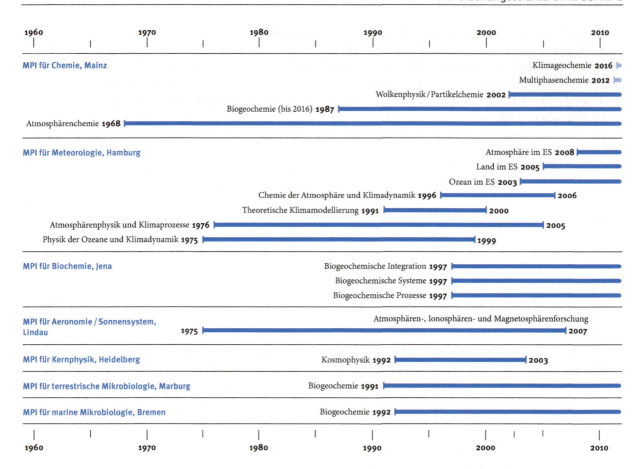

Abb. 17: **Die Institute und Abteilungen des Erdsystemclusters des Clusters der Erdsystemwissenschaften in der Max-Planck-Gesellschaft.** – Quelle: Eigene Darstellung auf Grundlage von Henning und Kazemi, *Handbuch*, 2016.

in Hamburg nahm Junge Einfluss und half, die Entwicklung von Computermodellen mit Fokus auf die Klimaforschung als neuen Schwerpunkt zu etablieren.[16]

Junge hatte 1963 in seiner Monografie *Air Chemistry and Radioactivity* erstmals Arbeiten aus verschiedenen geowissenschaftlichen Forschungsfeldern systematisiert, die für die Erforschung von Stoffaustauschprozessen in der Atmosphäre relevant waren.[17] Hieraus leitete er später seine Forschungsagenda ab, in der er diejenigen vier Schwerpunkte bearbeitete, die die Systematik der Monografie dominiert hatten.[18] Diese waren erstens die Erforschung von Quellen und Senken sowie die Untersuchung der Verteilung und des chemischen Verhaltens von Spurengasen in der Atmosphäre. Zweitens wurde in Kooperation mit den Universitäten Mainz und Frankfurt am Main die Aerosolforschung mit Fokus auf Kategorisierung und Analytik aufgebaut. Drittens wurden physikalisch-chemische Prozesse in der Atmosphäre untersucht, anfangs primär Photo- und Niederschlagschemie, nach Junges Emeritierung stärker die Eisphase.[19] Viertens kümmerte sich eine Forschungsgruppe unter Manfred Schidlowski um die Paläoatmosphärenforschung. Dieser Bereich war damals international noch Neuland, entwickelte sich aber schon bald zu einem zentralen Feld, da die Klimaforschung auf die Erschließung geologischer Archive angewiesen war.

---

16 Lax, *Wissenschaft*, 2020, 53–65.

17 Junge, *Air Chemistry*, 1963 Das Buch gilt in der Atmosphären- und Erdsystemforschung als einschlägig. Jaenicke, Erfindung der Luftchemie, 2012, 187; Gordon, Atmospheric Science, 1987; Gordon, Atmospheric Chemistry, 1987; Andreae, Biogeochemische Forschung, 2012, 146.

18 Lax, *From Atmospheric Chemistry*, 2018, 72–79.

19 1985 wurde hierzu im Anschluss an den Sonderforschungsbereich 73 der SFB-233 »Dynamik und Chemie der Hydrometeore« ins Leben gerufen, der sich gezielt mit der feuchten Atmosphäre, vor allem der Eisphase, Hagelbildung und Nebelausbreitung befasste. Siehe auch Deutsche Forschungsgemeinschaft, *Jahresbericht*, Bd. 2, 1986, 839–840; Gregor Lax: Telefoninterview mit Hans-Walter Georgii vom 27.4.2015 in DA GMPG, ID 601090.

Die Arbeiten in Mainz konzentrierten sich auf Analytik und Datenerhebung im Rahmen von Labor- und Feldexperimenten sowie -messungen. Messungen wurden vor allem am Boden sowie mithilfe von Ballons, Bojen, Schiffen und Flugzeugen, in den 1980er-Jahren verstärkt auch satellitengestützt vorgenommen. Für die Analyse kamen unter anderem Testkammern und Massenspektrometer zum Einsatz, die man in Mainz für die Bedürfnisse der Atmosphärenchemie entwickelte und optimierte.[20] Aus den vom MPIC maßgeblich mitgetragenen Ausbildungs- und Forschungsstrukturen im Rahmen des DFG-Sonderforschungsbereichs 73 (atmosphärische Spurenstoffe) in Mainz, Frankfurt am Main und Darmstadt ging später eine ganze Reihe von Institutsleitern und Professoren unter anderem an Max-Planck-Instituten hervor.[21] Das Mainzer Institut avancierte zu einem Knotenpunkt mit großer Sogwirkung für Nachwuchswissenschaftler:innen. Die andernorts zu dieser Zeit längst eingesetzte computergestützte Modellierung[22] sollte in Mainz erst unter Junges Nachfolger Crutzen ab 1980 bedeutsam werden. Bereits fünf Jahre zuvor hatte sie mit der 1975 am MPIM in Hamburg eingerichteten Klimaforschung Einzug in die MPG gehalten, und zwar durchaus mit maßgeblicher Unterstützung von politischer Seite sowie auf fachlicher Ebene, auch von Junge.[23]

7.4 Die Gründung des MPI für Meteorologie

In der frühen Erdsystemforschung der MPG ist eine starke Korrespondenz mit der Umweltpolitik, besonders auf Bundesebene, zu beobachten, mit großen Folgen für die Forschungsausrichtung.[24] Besonders eindrücklich lässt sich dieser Einfluss am 1975 gegründeten MPIM aufzeigen. Seit der Eröffnung des Deutschen Klimarechenzentrums (DKRZ) 1987 gehört das Institut zu den international wichtigsten Einrichtungen für Klimaforschung.[25]

Die Hamburger Gründung ist auch im Kontext der stärkeren Ausdifferenzierung der Wissenschaftslandschaft in der Bundesrepublik insgesamt zu sehen. Der entscheidende Impuls kam vom 1972 gegründeten Bundesministerium für Forschung und Technologie (BMFT). Das Ministerium fragte bei der MPG an, ob sie Interesse habe, in Hamburg ein meteorologisches Institut aufzubauen, das auf Teilen des Fraunhofer-Instituts für Radiometeorologie und Maritime Meteorologie (IRM) fußen sollte.[26] Dessen bisheriger Direktor, Karl Brocks, war 1972 überraschend verstorben und hatte ein Institut mit starker Grundlagenausrichtung hinterlassen, dessen Zukunft nun ungewiss war.[27] Denn die Fraunhofer-Gesellschaft wollte sich fortan in der bundesdeutschen Wissenschaftslandschaft als »Säule für Anwendungsforschung« profilieren und schien daher als Trägerin nicht mehr recht geeignet.[28] Aus Sicht des Ministeriums musste die MPG hingegen mit ihrem stets betonten Grundlagenprofil ein passender Träger sein. Das sah MPG-Präsident Lüst genauso und unterstützte das Vorhaben in der Folge höchst engagiert.[29]

Neben dem BMFT hatte auch die Stadt Hamburg ein Interesse an der adäquaten Fortführung des international renommierten Instituts,[30] nicht zuletzt weil es in der Nähe noch andere Einrichtungen gab, die mit Ozean- und Klimaforschung befasst waren.[31] In der MPG fand Lüst vor allem bei Junge in Mainz Unterstützung, der in der Folge

---

20 Warneck, Geschichte der Luftchemie, 2003. Zu den Entwicklungsstufen der Massenspektrometrie am MPIC insgesamt siehe auch Jochum, Drei Jahrzehnte, 1998.
21 Beispiele hierfür sind Hans Hinzpeter (ab 1976 Direktor am MPIM), Ruprecht Jaenicke (ab 1980 Professor für Meteorologie an der Universität Mainz), Wolfgang Seiler (ab 1986 Direktor des FhI für atmosphärische Umweltforschung, Hartmut Graßl (1987 Direktor am MPIM) und Peter Warneck (ab 1992 Gründungsdirektor des TROPOS in Leipzig).
22 Zu den frühen atmosphärenchemischen Computermodellen in den USA siehe Heymann, Lumping, Testing, Tuning, 2010.
23 Die Gründungsgeschichte wurde ausführlicher bereits an anderer Stelle ausgeführt. Lax, *Wissenschaft*, 2020, 43–64.
24 Müller, Innenwelt der Umweltpolitik, 2009, 72–74.
25 Deutsches Klimarechenzentrum, Rechnerhistorie 1988–2015, https://www.dkrz.de/de/kommunikation/galerie/Media-DKRZ/rechnerhistorie-1988-2010.
26 Haunschild an Lüst vom 31.8.1973, AMPG, II. Abt., Rep. 62, Nr. 694, fol. 192–193.
27 Christian E. Junge, Memorandum zur Frage der Aufnahme meteorologischer oder meteorologisch-ozeanographischer Grundlagenforschung in die MPG vom 4.2.1974, AMPG, II. Abt., Rep. 62, Nr. 694, fol. 231–232.
28 Protokoll der CPTS vom 23.10.1973, AMPG, II. Abt., Rep. 62, Nr. 1770; Schulz an Lüst vom 21.2.1974, AMPG, II. Abt., Rep. 62, Nr. 694, fol. 201–202.
29 Ausführlich zur Gründung des Instituts: Lax, *Wissenschaft*, 2020, 53–58.
30 Präsident des Senates der Hansestadt Hamburg an Lüst vom 21.2.1974, AMPG, II. Abt., Rep. 62, Nr. 694, fol. 201–202; Vermerk Marsch zur Vorbesprechung zum MPIM vom 16.9.1974, AMPG, II. Abt., Rep. 66, Nr. 2827, fol. 433.
31 Hierzu gehörten die geowissenschaftliche Fakultät der Universität Hamburg, das Geesthachter Kernforschungszentrum (GKSS), das Kieler Institut für Meeresforschung sowie das Alfred-Wegener-Institut (AWI) in Bremerhaven, das 1991 Teilgesellschafter im DKRZ wurde.

entscheidend zum Gelingen der Hamburger Gründung und der ersten langfristig angelegten Schwerpunktsetzungen des Instituts beitragen sollte.[32] Diese bestanden in der Identifikation und Erforschung von Zirkulationsprozessen und Rückkopplungseffekten im Klimasystem, zunächst vor allem zwischen Ozeanen und Atmosphäre – später ergänzt um Biosphäre und Kryosphäre.[33]

Wie schon in Mainz die Atmosphärenchemie hatte die Entwicklung globaler Zirkulationsmodelle, die mit dem Hamburger MPIM zu einer tragenden Säule erdsystemischer Forschung werden sollte, zuvor keine Rolle in bundesrepublikanischen Forschungseinrichtungen gespielt. Andernorts war man da schon weiter. Vor allem in den USA und in Schweden hatte man in den 1950er- und 1960er-Jahren von der numerischen Wettervorhersage kommend[34] Fortschritte für die Ozeanzirkulation[35] und dann auch für Atmosphärenzirkulation verzeichnet.[36] Der wichtigste Standort für Atmosphärenforschung in Schweden war das MISU, das seit Mitte der 1950er-Jahre Bert Bolin leitete, bei dem Crutzen seine Karriere als Atmosphärenforscher und Programmierer begann.[37] Bolin selbst war an der Gründung und Entwicklung des MPIM beteiligt.[38] In den 1960er-Jahren hatte man in den USA bereits erste Modelle entwickelt, die Ozean und Atmosphäre miteinander koppelten.[39] Die MPG betrat diesen neuen Bereich Mitte der 1970er-Jahre also zu einer Zeit, als sich das Potenzial solcher Modelle in der internationalen Forschung deutlich abzuzeichnen begann.

Von Beginn an war offenkundig, dass in Hamburg ein besonders teures MPI entstehen würde. Allein die für die Entwicklung von Klimamodellen essenziellen Hightech-Computer hätte die MPG allein bei Weitem nicht finanzieren können. Dies ging nur mit Sondermitteln der Bundesregierung, die in großem Maßstab in die Klimaforschung einsteigen wollte, weil sie hoffte, so politische Entscheidungen treffen zu können, die sich an wissenschaftlichen Erkenntnissen orientierten. Im Fall des MPIM ging es um die potenziellen Auswirkungen anthropogener Aktivitäten auf das Klimasystem. Dieses Problem anzugehen hatten die Teilnehmerstaaten der UN-Konferenz zu Mensch und Umwelt 1972 gefordert,[40] darunter auch die Bundesrepublik. Das MPIM war 1975 das erste Institut in Deutschland, das hier explizit seine Forschungsziele sah.[41] Dazu war eine Verbindung von datengestützter Empirie mit computergestützter Modellierung der Klimaentwicklung nötig, eine für die Erdsystemforschung charakteristische Doppelstruktur.

7.5 Forschungsstruktur nach zwei epistemischen Schwerpunktbereichen

Die Hauptausrichtungen der Erdsystemforschung in der MPG lassen sich in zwei grundlegende Bereiche aufteilen, die mit der Gründung des MPIM erstmals in der MPG etabliert wurden und die in der Praxis viele Verzahnungen miteinander aufweisen: die labor- und feldbezogene Datenerhebung und -auswertung auf der einen und die Konzeption und Umsetzung von Computermodellen zur Erforschung von Prozessen, Phänomenen und langfristigen Trends im Klima- bzw. Erdsystem auf der anderen Seite.

Um Modelle zu erstellen, mit denen Aussagen über spezifische Phänomene im Klimasystem getroffen werden können, bedarf es Datensätze, aus denen sich die relevanten Variablen ableiten lassen, die zur Beschreibung dieser Phänomene heranzuziehen sind. Solche Datensätze werden zum Beispiel aus kontinuierlicher Aufzeichnung von Wetterdaten gewonnen, aber auch aus geologischen, biologischen und kulturellen Quellen; das Spektrum reicht von Eisbohrkernen und Tropfsteinen über Korallen und Baumringe bis hin zu archäologischen Objekten. Zugleich werden durch die empirische Feldforschung Mechanismen und wiederkehrende Phänomene erforscht, beispielsweise Transportsysteme in den Ozeanen und der Atmosphäre, die wiederum in den Modellen Berück-

---

32 Christian E. Junge, Memorandum zur Frage der Aufnahme meteorologischer oder meteorologisch-ozeanographischer Grundlagenforschung in die MPG vom 4.2.1974, AMPG, II. Abt., Rep. 62, Nr. 694, fol. 231–232.
33 Ebd.
34 Gates, Ein kurzer Überblick, 2003.
35 Munk, Wind-Driven Ocean Circulation, 1950. – Das erste komplexere Modell der Ozeanzirkulation wurde in den 1960er-Jahren entwickelt. Bryan, Climate and the Ocean Circulation, 1969.
36 Kasahara und Washington, Global General Circulation Model, 1967.
37 Carsten Reinhardt und Gregor Lax, Interview mit Paul J. Crutzen, Mainz, 7.11.2011, DA GMPG, ID 601091.
38 Bolin beriet Lüst während des Gründungsprozesses und wurde später langjähriges Mitglied des Fachbeirates des MPIM. Vermerk Lüst über Diskussion mit Bert Bolin in Stockholm vom 14.12.1973, AMPG, II. Abt., Rep. 62, Nr. 694, fol. 276A–279; Lüst an Hasselmann, 8.9.1980; Zusammensetzung des Fachbeirats des MPIM, Stand November 1987, AMPG, II. Abt., Rep. 66, Nr. 2831, fol. 52.
39 Manabe und Bryan, Climate Calculations, 1969.
40 United Nations, *Report of the United Nations*, 1973, 20.
41 Lax, *Wissenschaft*, 2020, 53–65.

sichtigung finden müssen.⁴² Die zur Beschreibung eines bestimmten Phänomens relevanten Variablen sind in mathematische Gleichungen zu übersetzen, um sie in Modelle einpflegen zu können. Dabei ist der ständige Rückbezug auf die empirische Forschung obligatorisch, wie das Beispiel der Modellierung des globalen Wellengangs zeigt: Um Wellengang modellieren zu können, musste zunächst erforscht werden, wie er entsteht. Dies hatte der spätere MPIM-Direktor Hasselmann 1973 im Rahmen eines schiffsgetragenen Experiments in der Nordsee anhand von Wellen- und Windmessungen zeigen können. Anders als vermutet hing die Größe einer Welle nicht unmittelbar von der Windstärke ab, wohl aber die Wellenfrequenz, das heißt, stärkerer Wind führt zu einer höheren Frequenz kleiner Wellen, die gegebenenfalls in größere Wellen übersetzt werden.⁴³ Hierauf aufbauend konnte später am MPIM ein Wave-Prediction-Model (WAM) entwickelt werden, das das zweidimensionale Wellenspektrum des Seegangs als Funktion von Wellenfrequenz und -richtung an jedem Punkt des Ozeans weltweit berechnen kann.⁴⁴

Hasselmanns Arbeitsschwerpunkt in den ersten Jahren am MPIM lag auf der Identifizierung und Modellierung anthropogener Einflüsse auf das Klimasystem. Hierfür bedurfte es zunächst eines theoretischen Ansatzes, der es ermöglichte, diese Einflüsse aus den verfügbaren Datensätzen herauszufiltern. Dies gelang Hasselmann und seinen Mitarbeiter:innen mit einem 1976 vorgestellten Ansatz, der die Identifikation anthropogener Signale in der Klimaentwicklung durch stochastische Annäherung erlaubte⁴⁵ und bis heute als Meilenstein in der Klimaforschung gilt.⁴⁶

Die Leistungsfähigkeit von Klimamodellen hängt unmittelbar von den verfügbaren Rechenkapazitäten ab. Um Rechenleistung einzusparen, wendet man verschiedene Strategien an, zu denen die Auswahl besonders relevanter Faktoren und die Zusammenführung mehrerer korrelierender Variablen in Parameter gehören. Der Technikhistoriker Matthias Heymann hat für atmosphärenchemische Modelle der 1960er- und 1970er-Jahre gezeigt, dass dieser Auswahl- und Übersetzungsprozess realer Phänomene in die Gleichungen der Modelle stets auch von dem besten Argument mitgeprägt wird, das neben den avisierten Forschungsleistungen zum Beispiel auch die Grenzen der verfügbaren Rechenleistung einbezieht.⁴⁷ Der Entwicklungsweg verschiedener Modelle mit ähnlicher Fragestellung kann in der Folge bedingt durch die jeweils verfügbaren Rechenzeiten, die an das Modell gestellten Forschungsfragen und den Entscheidungsprozess der beteiligten Wissenschaftler:innen unterschiedlich ausfallen. Am Ende können mehrere Modelle stehen, die Phänomene wie *global warming* mit leichten Abweichungen ähnlich zuverlässig beschreiben, obwohl sie nicht identisch in ihrer Bauart sein müssen. Der ständige Vergleich von Modelldurchläufen und Modellen untereinander gehört deshalb ebenso zum methodischen Repertoire der Klimaforschung wie der regelmäßige Abgleich mit Datensätzen aus der empirischen Feld- und Laborforschung. Anhand der Modelle können künftige Entwicklungen relativ genau abgeschätzt werden, wenngleich sie stochastische Annäherungsinstrumente bleiben und keine vollkommen präzisen Vorhersagen erlauben. Die Genauigkeit der Modelle ist unter anderem von ihrer Komplexität und von der gewünschten Auflösung abhängig, wobei Letztere direkt an die verfügbaren Computerleistungen gekoppelt ist.⁴⁸

Zwischen empirischer Datenerhebung und Modellierung gibt es besonders in den Abteilungen der Kerninstitute Überschneidungen, doch die Grundaufteilung entspricht insgesamt dieser Doppelstruktur. Hamburg ist hierfür das früheste Beispiel.⁴⁹ Während sich Hasselmanns Abteilung für Physik der Ozeane und Klimadynamik vor allem mit der Konzeption und Entwicklung von Computermodellen befasste, konzentrierten sich die Forschungen der 1976 eingerichteten Abteilung für Atmosphärenphysik und Klimaprozesse unter Hans Hinzpeter primär auf, oft schiffsgestützte, Feldversuche und Datenanalyse.⁵⁰ Eine ähnliche Aufteilung gab es mit der Eingliederung der Biogeochemie unter Meinrat O. Andreae ab 1987 am MPIC in Mainz, die mit ihrer Feld-

---

42 Storch, Güss und Heimann, *Das Klimasystem und seine Modellierung*, 1999, 112, 133, 197–200.
43 Hasselmann et al., Measurements of Wind-Wave Growth, 1973. Hasselmann selbst betrachtete die Erklärung des Wellengangs retrospektiv als eine der wichtigsten seiner Arbeiten. Gregor Lax, Interview mit Klaus Hasselmann. Hamburg, 4.3.2019, DA GMPG, ID 601092; Klaus Hasselmann: E-Mail an Gregor Lax, 25.11.2020.
44 Hasselmann et al., The WAM Model, 1988.
45 Hasselmann, Stochastic Climate Models, 1976; Hasselmann, On the Signal-to-Noise Problem, 1979.
46 Santer et al., Celebrating the Anniversary, 2019, 181; Hegerl et al., Detecting Greenhouse-Gas-Induced Climate Change, 1996.
47 Heymann, Lumping, Testing, Tuning, 2010.
48 Storch, Güss und Heimann, *Das Klimasystem und seine Modellierung*, 1999, 87, 123.
49 Christian E. Junge, Memorandum zur Frage der Aufnahme meteorologischer oder meteorologisch-ozeanographischer Grundlagenforschung in die MPG vom 4.2.1974, AMPG, II. Abt., Rep. 62, Nr. 694, fol. 231–232.
50 Storch und Fraedrich, Interview Hinzpeter, 1995.

und Labordatenerhebung gezielt als Pendant zur atmosphärenchemischen Abteilung gedacht war. Dort nämlich war unter Crutzen seit 1980 vor allem die Computermodellierung ausgebaut worden.[51] Wie wir noch sehen werden, sollte auch die Grundstruktur des 1997 gegründeten MPI für Biogeochemie in Jena dieser Logik folgen.

7.6 Neue Weichenstellungen in den 1980er-Jahren

Am MPIC hielt 1980 mit der Berufung von Junges Nachfolger Paul Crutzen die Entwicklung von atmosphärenchemischen Zirkulationsmodellen Einzug in die MPG. Gleichzeitig wurden dort stärker auf Teamarbeit ausgerichtete Arbeitsstrukturen geschaffen, die Crutzen zuvor in den USA gewohnt gewesen war.[52] Er arbeitete von Beginn seiner wissenschaftlichen Karriere an zu gesellschaftlich und politisch höchst relevanten Themen.[53] 1995 erhielt er unter anderem für seine Arbeiten zum stratosphärischen Ozonabbau zusammen mit Mario Molina und Frank Sherwood Rowland den bislang einzigen Nobelpreis für Chemie, der explizit atmosphärenchemische Forschung honoriert hat.[54]

Einhergehend mit dem Aufschwung der satellitengestützten Fernobservation[55] stiegen in den 1980er-Jahren die Anforderungen an die Computerrechenleistung in der Atmosphären- und Klimaforschung, um der wachsenden Datenflut bei der Verarbeitung, Kalibrierung und Integration in zunehmend komplexere Modelle Herr zu werden. Diese Entwicklung beeinflusste in besonderem Maße die Arbeit am primär auf Klimaforschung ausgerichteten MPIM, dessen Geschichte eng mit derjenigen der Großrechenanlagen verbunden ist.[56] 1978 richtete das Institut mit der Universität Hamburg ein gemeinsames Rechenzentrum ein, aus dem neun Jahre später die DKRZ GmbH hervorging. Finanziert in erster Linie vom BMFT, sollte das Rechenzentrum explizit der bundesweiten Atmosphärenforschung als Infrastruktur dienen. Die MPG nahm hierbei jedoch eine Sonderrolle ein und konnte sich über Jahre hinweg gut 30 Prozent der Hauptrechenzeiten sichern.[57] Zugleich stellte sie mit MPIM-Direktor Klaus Hasselmann bis 1999 in Personalunion den geschäftsführenden Direktor des Rechenzentrums. Nur durch Bundesmittel war eine international konkurrenzfähige Klimaforschung in der MPG langfristig möglich.

Die vielfältige Verflechtung wissenschaftlicher Entwicklungen und umweltpolitischer Entscheidungsprozesse wird besonders augenfällig beim Hamburger MPI, und zwar sowohl hinsichtlich der institutionellen als auch der forschungsprogrammatischen Ebene. So gestalteten Akteure aus Max-Planck-Instituten politisch angestoßene Förderprogramme mit, zum Beispiel Hasselmann das »Rahmenprogramm zur Förderung der Klimaforschung«,[58] aus dem später die BMFT-Gelder für den Aufbau des DKRZ kamen.[59] Die Auftaktfinanzierung für die Anlage belief sich auf rund 40 Millionen DM, von denen knapp die Hälfte in die Rechenanlage und der Rest in ein bundesweites Förderprogramm für »Globale Klimamodelle und Klimadiagnostik« flossen. Jedes der zwölf am Ende bewilligten Teilprojekte ging in letzter Instanz über Hasselmanns Tisch, der auch für die Übermittlung der infrage kommenden Projektvorschläge an das BMFT zuständig war.[60]

Ab den 1980er-Jahren beteiligten sich MPI-Direktoren immer häufiger an Beratungsgremien zur Unterstützung politischer Entscheidungsträger:innen. So saß Crutzen in der 1986 eingerichteten Enquetekommission zum Schutz der Atmosphäre, und MPIM-Direktor Hartmut Graßl übernahm den Vorsitz des Wissenschaftlichen Beirats der Bundesregierung »Globale Umweltveränderungen« (WBGU), in dem später auch Ernst-Detlev Schulze, der 1996 an das MPIBGC berufen wurde, mitarbeitete.[61] Wäh-

---

51 Andreae an Lowe vom 29.7.1987, AMPG, III. Abt., Rep. 148, Nr. 5. Am MPIBGC in Jena geschah dies von Beginn an. Siehe Konzept zur Gründung eines MPI für biogeochemische Kreisläufe, vom 26.6.1995, AMPG, II. Abt., Rep. 62, Nr. 498, fol. 167–181).
52 Zum Vergleich der Arbeitsweisen zwischen Junge und Crutzen siehe Reinhardt und Lax, Interview Crutzen, 7.11.2011.
53 Für eine etwas ausführlichere Zusammenfassung zu Crutzens Arbeiten zu anthropogenen Einflüssen seit 1970 siehe Lax, Paul J. Crutzen and the Path, 2021.
54 The Nobel Prize: Nobel Prize in Chemistry 1995, 11.10.1995, https://www.nobelprize.org/prizes/chemistry/1995/press-release/.
55 Krige, Russo und Sebesta, *A History of the ESA*, Bd. 2, 2000, 65–66; Jirout, Lessons of Landsat, 2018.
56 Die Großrechner des DKRZ wurden seit seiner Gründung mittlerweile elfmal vollständig ausgetauscht. Deutsches Klimarechenzentrum, Rechnerhistorie 1988–2015, https://www.dkrz.de/de/kommunikation/galerie/Media-DKRZ/rechnerhistorie-1988-2010.
57 Bengtsson an Staab vom 4.3.1990, AMPG, II. Abt., Rep. 62, Nr. 393, fol. 110–111.
58 Gregor Lax, Interview mit Klaus Hasselmann, Hamburg, 4.3.2019, DA GMPG, ID 601092; Rahmenprogramm der Bundesregierung zur Förderung der Klimaforschung. So vom Bundeskabinett am 1.9.1982 verabschiedet, AMPG, II. Abt., Rep. 66, Nr. 2831, fol. 193 verso.
59 Lax, *Wissenschaft*, 2020, 31–32.
60 Protokoll der 113. Sitzung des BAR vom 17.10.1986, AMPG, II. Abt., Rep. 66, Nr. 2841, fol. 29–67.
61 Deutscher Bundestag, *Erster Zwischenbericht*, 2.11.1988; Wissenschaftlicher Beirat der Bundesregierung Globale Umweltveränderungen, *Grundstruktur globaler Mensch-Umwelt-Beziehungen*, 1993, 221; Wissenschaftlicher Beirat der Bundesregierung Globale Umweltverän-

rend MPI-Direktoren also in diesen Zusammenhängen gestalterisch mitwirkten, veränderten sich zugleich deren eigene Strukturen und thematischen Schwerpunkte, mit oft unmittelbarer Relevanz für die zu bearbeitenden Problemfelder. Hierzu gehörten neben dem anthropogen verursachten Klimawandel vor allem die regionale und globale Luftreinheit inklusive des »sauren Regens« und seiner Rolle als Verursacher von Waldschäden. Auch die Strukturen der Institute veränderten sich, wie sich anhand mehrerer Beispiele illustrieren lässt. In Hamburg etwa drückte sich dies in erheblichen Schwankungen des Personalvolumens durch Drittmittelprojekte aus,[62] auch in der Gründung einer neuen Abteilung. Sie wurde 1991 mit Fokus auf theoretische Modellbildung unter der Leitung von Lennart Bengtsson eröffnet, war primär auf die durch das DKRZ geschaffenen Möglichkeiten orientiert und dadurch unmittelbar vom Fortbestehen des maßgeblich durch Bundessondermittel finanzierten Rechenzentrums abhängig.[63] In Mainz (MPIC), Heidelberg (MPIK) und später auch Lindau (MPIAe) wurden Kapazitäten zur Untersuchung des Ozonlochs und seines Entstehungskontexts gebündelt. In Mainz wurde der weitere Ausbau des erdsystemwissenschaftlichen Profils bis weit in die 2000er-Jahre kontinuierlich vorangetrieben. Heute entspricht die Struktur dieses Instituts vollständig der 1994 vom Wissenschaftsrat an die MPG gerichteten Empfehlung, diese Entwicklung nicht zuletzt in Mainz zu forcieren.[64]

Die 1980er-Jahre waren für die Erdsystemwissenschaften auch international ein entscheidendes Jahrzehnt. Die Nachhaltigkeits- und die Global-Change-Forschung boomten, 1983 lag die erste satellitengenerierte Weltkarte vor, der Terminus »Erdsystem« tauchte erstmals in wissenschaftspolitischen Kontexten auf und erlebte in den folgenden Jahren eine Konjunktur.[65] Diese Entwicklungen waren verknüpft mit Umwelt- und Risikodiskursen, die wissenschaftliche Expertise erforderlich machten, um politische Entscheidungen besser abwägen bzw. rechtfertigen zu können.[66] In diesem Jahrzehnt entstanden national wie international neue große, mittel- bis langfristig angelegte Forschungsprogramme und -infrastrukturen,[67] an deren Gestaltung auch MPI-Direktoren und ihre Mitarbeiter:innen mitwirkten. Hartmut Graßl, der an der Gesellschaft für Kernenergieverwertung in Schiffbau und Schiffahrt (GKSS) eine atmosphärenwissenschaftliche Forschungsgruppe aufgebaut hatte und 1987 in der Nachfolge Hans Hinzpeters Direktor am MPIM wurde, war zwischen 1994 und 1999 Geschäftsführer des World Climate Research Programme (WCRP) in Genf, bevor er auf seine vorherige Direktorenstelle an das MPIM zurückkehrte.[68] Weitere solche Beispiele sind das schon genannte International Geosphere-Biosphere Programme (IGBP), das 1986 begann,[69] und besonders eines seiner Teilprogramme, das International Geosphere Atmosphere Chemistry Programme (IGAC), in dessen Koordinierungsausschuss Crutzen saß.[70] Die zentralen Themengebiete des IGAC deckten sich über weite Strecken mit den Schwerpunkten der Abteilungen von Crutzen und Andreae in Mainz. Hierzu gehörten die Erforschung globaler Trends atmosphärisch relevanter Stoffe, die Untersuchung von Austauschprozessen der Atmosphäre mit der Biosphäre, von Transformationsprozessen in der Gasphase und die Schaffung einer stärkeren theoretischen Basis für Zirkulationsmodelle, besonders für die Chemie der Atmosphäre.[71]

Mitte der 1980er-Jahre weitete die Europäische Gemeinschaft ihre Integrationsstrategie aus und verstärkte dabei auch ihre Umwelt-[72] und Wissenschaftspolitik mit

---

derungen, *Wege zu einem nachhaltigen Umgang*, 1997. Gregor Lax, Interview mit Klaus Hasselmann. Hamburg, 4.3.2019, DA GMPG, ID 601092. – Carsten Reinhardt und Gregor Lax, Interview mit Paul J. Crutzen, Mainz, 7.11.2011, DA GMPG, ID 601091.

62 Lax, *Wissenschaft*, 2020, 84–89.
63 Vermerk Meinecke vom 28.1.1990, AMPG, II. Abt., Rep. 66, Nr. 2832, fol. 65–71; Protokoll der 123. Sitzung des Senates vom 16.11.1989 in München, AMPG, II. Abt., Rep. 60, Nr. 123.SP, fol. 146; Bengtsson an Staab vom 4.3.1990, AMPG, II. Abt., Rep. 62, Nr. 393, fol. 110–111.
64 Wissenschaftsrat, *Stellungnahme*, Bd. 2, 1994, 340.
65 Die NASA verwendete 1983 erstmals den Begriff Earth-System-Science. Sie bezeichnete damit ein Komitee, das 1986 mit dem Bretherton-Report ein erstes, bis heute viel beachtetes Konzept für die Erforschung des Erdsystems vorlegte, das »Bretherton Diagram«. NASA Advisory Council und The Earth System Sciences Committee, *Earth System Science Overview*, 1986, 24–25.
66 Eine Auswahl von Studien, die dezidiert an Umweltthemen geknüpfte Risikodiskurse betrachten: Wehling, Ungeahnte Risiken, 2004; Böschen, *Risikogenese*, 2000; Beck, *Weltrisikogesellschaft*, 1997.
67 Andreae, Biogeochemische Forschung, 2012, 165–183; Lax, *From Atmospheric Chemistry*, 2018, 85–107.
68 Graßl an Markl vom 8.6.1999, AMPG, II. Abt., Rep. 66, Nr. 2832, fol. 174–175.
69 National Research Council, *Toward an Understanding*, 1988, 3.
70 Galbally, *(IGAC) Programme*, 1989, 3.
71 Ebd., 45. Multiphasenprozesse wurden als eigenständiger Bereich 2012 schließlich mit der Einrichtung einer eigenen Abteilung unter der Leitung von Ulrich Pöschl am MPIC fest verankert.
72 Knill, *Europäische Umweltpolitik*, 2003, 28.

der europäischen Forschungsinitiative EUREKA sowie dem ersten Forschungsrahmenprogramm (FP-1). Dies eröffnete auch für die MPG neue Spielräume, wofür das 1986 begonnene, über neun Jahre laufende und mit 100 Millionen Euro geförderte »European Experiment on Transport and Transformation of Environmentally Relevant Trace Constituents on the Troposphere« (EUROTRAC) ein Beispiel ist. An diesem Programm, das auf die Etablierung eines europäischen Netzwerks zur Untersuchung von Spurenstoffen in der Troposphäre ausgerichtet war, nahmen etwa 250 Forschungsgruppen teil.[73] Nicht zuletzt die Katastrophe von Tschernobyl im selben Jahr führte die Relevanz einer solchen Initiative deutlich vor Augen. Das Ausgangskonzept für EUROTRAC stammte aus der Feder von Crutzen; der Hauptsitz war das im selben Jahr unter Leitung von Wolfgang Seiler gegründete Fraunhofer-Institut für atmosphärische Umweltforschung in Garmisch-Partenkirchen.[74] Seiler hatte zuvor unter Junge und Crutzen gearbeitet.

Aufsehenerregende Forschungsthemen, Entdeckungen und Ereignisse befeuerten die Konjunktur umweltwissenschaftlicher Forschung über die 1980er-Jahre hinweg kontinuierlich. Beiträge und Impulse hierzu kamen nicht selten unmittelbar aus den MPI, so auch die Computersimulation von Crutzen und seinem Doktoranden John Birks, die 1982 zur Debatte um den »Nuklearen Winter«[75] führte. Sie beschrieb die möglichen Folgen eines atomaren Schlagabtauschs und konzentrierte sich dabei vor allem auf die Quantität und Verweilzeit des aufgewirbelten Staubs in der Atmosphäre sowie auf die aus den Einschlägen resultierenden Emissionen aus verbrennendem Material. Die Studie legte eine Verdunkelung der Atmosphäre über viele Jahre hinweg nahe, die wiederum Missernten und in deren Folge Hungersnöte erwarten ließ.[76] Der Widerhall war groß,[77] beeinflusste politische Entscheidungsprozesse auf höchster Ebene und hatte zur Konsequenz, dass neue internationale Organisationsstrukturen entstanden, etwa die 1982 eingerichtete Kommission Environmental Consequences of Nuclear War (ENUWAR) im Rahmen des Scientific Committee on Problems of the Environment (SCOPE) des Internationalen Wissenschaftsrats (ICSU), an dem über 300 Wissenschaftler beteiligt waren.[78]

Die Geschichte des 1985 entdeckten Ozonlochs[79] verbindet sich ebenfalls eng mit Forschungen an Max-Planck-Instituten, denn die bis heute gültige Erklärung für dieses Phänomen, das manche Medien zu einer Dystopie mit finalen Folgen für die Menschheit stilisierten,[80] lieferte Crutzen 1986 zusammen mit Frank Arnold am MPI für Kernphysik (MPIK) in Heidelberg.[81] Das Ozonloch führte nicht nur der ganzen Welt die Folgen anthropogener Aktivitäten dramatisch vor Augen, sondern lenkte das Augenmerk internationaler Forschung verstärkt auf säurehaltige polare Stratosphärenwolken, die insbesondere in Heidelberg weiter untersucht wurden.[82] Andere umweltpolitische Ereignisse und Entwicklungen in den 1980er-Jahren, die institutsübergreifend in der MPG erforscht wurden, waren der sogenannte Treibhauseffekt, der die Welt in Alarmbereitschaft versetzende Reaktorunfall bei Tschernobyl 1986[83] und die Entdeckung großflächiger Waldschäden auf mehreren Kontinenten, die in den 1980er-Jahren in der Bundesrepublik einen massiven Schub für die Waldschadensforschung bewirkte.[84] Dies hat seit Anfang der 1990er-Jahre zu mehreren

---

73 Siehe das Vorwort von Peter und Patricia Borell, Tomislav Cvitas, Kerry Kelly und Wolfgang Seiler, in: Borrell et al., Forword by the Series Editors, 1997.

74 Protokoll der ersten Sitzung des EUROTRAC-SSC vom 14.–15.9.1986, Annex 6, AMPG, III. Abt., Rep. 125, Nr. 48.

75 Seinen Namen erhielt der Nukleare Winter erst später durch die Crutzens und Birks' Forschungen bestätigende Studie: Turco et al., Nuclear Winter, 1983.

76 Crutzen und Birks, The Atmosphere, 1982.

77 Siehe zur Gesamtgeschichte des »Nuklearen Winters« Badash, *A Nuclear Winter's Tale*, 2009. Zur Rolle von Crutzens und Birks Aufsatz siehe Lax, *From Atmospheric Chemistry*, 2018, 118–123.

78 Pittock et al., *Nuclear War*, 1986. – Zu den Herausgebern gehörte auch Paul Crutzen.

79 Farman, Gardiner und Shanklin, Large Losses of Total Ozone, 1985. Siehe das erste, 1985 präsentierte, mit einem auf den NASA-Satelliten Nimbus 7 aufmontierten Total Ozone Mapping Spectrometer (TOMS) aufgenommene Bild des Ozonlochs hier: NASA Goddard Space Flight Center, First Space-Based View, 27.11.2003, https://commons.wikimedia.org/wiki/File:First_Space_Based_View_of_the_Ozone_Hole_(8006648994).jpg?uselang=de.

80 Das Ozon-Loch, *Der Spiegel*, 29.11.1987.

81 Crutzen und Arnold, Nitric Acid Cloud Formation, 1986.

82 Schreiner et al., Chemical Analysis, 1999.

83 Zur historiografischen Aufarbeitung des Reaktorunfalls siehe den Sammelband Arndt, *Politik und Gesellschaft nach Tschernobyl*, 2016. Siehe auch Arndt, *Auswirkungen des Reaktorunfalls*, 2012; Brüggemeier, *Tschernobyl*, 1998.

84 Zur Debatte um das sogenannte Waldsterben weiterführend: Metzger, *Waldsterben*, 2015; Detten, *Umweltpolitik und Unsicherheit*, 2010.

7. Erdsystemwissenschaften

Neugründungen von Instituten und einzelnen Abteilungen in der MPG mit öko- und erdsystemischen Schwerpunkten geführt.[85]

Die erdsystemischen Einrichtungen in der MPG korrespondierten aber nicht nur mit den eben skizzierten Gesamtentwicklungen, sondern veränderten sich auf mehreren Ebenen selbst durch sie und erweiterten ihr Forschungsfeld, etwa durch die stärkere Ausrichtung auf die Landbiosphäre. Dazu trug vor allem die Biogeochemie bei, die unter Betreiben von Crutzen unter der Leitung von Meinrat O. Andreae 1987 in einer neuen Abteilung am MPIC angesiedelt wurde. Wie schon bei der Atmosphärenchemie zwei Jahrzehnte zuvor wurde auch die Biogeochemie, die einen nachhaltigen Einfluss haben sollte, erstmals in der Bundesrepublik institutionell verankert – nicht ohne Widerstände.[86]

Andreaes Arbeiten zum globalen Schwefelkreislauf trugen noch im Jahr seiner Berufung an das MPIC entscheidend zur sogenannten »CLAW«-Hypothese bei.[87] Sie unterbreitete einen bis heute viel beachteten Vorschlag für einen Feedback-Loop-Mechanismus im Erdsystem, über den die Biosphäre regulierend auf das Erdklima wirken könnte: Die Sonneneinstrahlung bedingt das Wachstum von Phytoplanktonarten in den Ozeanen, die Dimethylsulfid (DMS) in die marine Troposphäre emittieren. DMS wiederum fördert signifikant die Bildung von Wolkenkondensationskeimen, wodurch weniger Sonneneinstrahlung erfolgt, was entsprechend zu einer Reduzierung der Produktion von Phytoplankton und DMS beiträgt.[88] Des Weiteren startete Andreae Anfang der 1990er-Jahre große Feldforschungen in Namibia (Southern African Fire-Atmosphere Research Initiative, SAFARI) und später in Brasilien (Cooperative Airborne Regional Experiment, CLAIRE-98 und -2001), um die Folgen der Biomasseverbrennung für Umwelt und Klima zu untersuchen, die bis dahin in der internationalen Forschung stark unterschätzt worden waren.[89]

Wie aus Abbildung 18 ersichtlich ist, war die Integration der Biogeochemie für die MPG folgenreich: Mit der Mainzer Abteilung bildeten sich neue Pfadabhängigkeiten innerhalb der MPG heraus. Bei den neuen biogeochemischen Abteilungen an den MPI für terrestrische bzw. marine Mikrobiologie in Marburg 1990 und Bremen 1991 nahmen MPI-Direktor:innen bereits bestehender MPG-Einrichtungen Einfluss und die Erdsystemforschung dehnte sich nun allmählich über die Chemisch-Physikalisch-Technische Sektion (CPTS) hinaus auf die Biologisch-Medizinische Sektion (BMS) aus. So waren Andreae und Crutzen aus der CPTS bei der BMS-Gründungskommission für das MPI für terrestrische Mikrobiologie beratend tätig,[90] während Hasselmann Mitglied der Gründungskommission des Instituts für marine Mikrobiologie in Bremen war. In Marburg gelang es, mit Ralf Conrad einen Kandidaten zu platzieren, der mit dem MPIC seit Jahren eng verbunden war.[91] Dies ist ein prägnantes Beispiel für die allgemein festzustellende Tendenz, dass Berufungen aus dem Netzwerk der Direktor:innen in den 1980er-Jahren zunehmend häufiger vorkamen. Sämtliche berufenen Kandidaten waren zuvor mit den betreffenden Instituten in näherer Verbindung gewesen, durch frühere Anstellungen als Mitarbeiter, in Gutachterfunktionen, durch gemeinsame Publikationen über längere Zeit hinweg usw.[92] Die daraus resultierenden wissenschaftlichen und teils persönlichen Querverbindungen erleichterten zweifellos die Abstimmung der Akteure untereinander und erklären zum Teil auch die außerordentliche Handlungsfähigkeit bei Berufungen, Neugründungen und der programmatischen Gestaltung erdsystemischer Forschung in der MPG insgesamt.

Die Gründungen dieser neuen MPI waren unmittelbar an die wissenschafts- und gesellschaftspolitischen Entwicklungen jener Zeit geknüpft, zum einen an die Konjunktur der Umweltthemen in den 1980er-Jahren und zum anderen an die sich wenig später aus der deutschen Wiedervereinigung ergebenden Möglichkeitsräume. So kam es in der MPG im Zuge der Waldschadensdebatte zu Diskussionen hinsichtlich ihres umweltwissenschaftlichen Profils, als sich dem MPG-Senat die Frage nach

---

85 Siehe unten, Kap. IV.10.3.4.
86 Während der Terminus Biogeochemistry international durchaus bereits in Verwendung war, hatte man gerade in Deutschland noch keine rechte Vorstellung davon. So beschreibt Andreae, dass er unter anderem bei MPG-Präsident Heinz Staab dafür werben musste, eine MPG-Abteilung mit Biogeochemie zu bezeichnen. Andreae, Biogeochemische Forschung, 2012, 168.
87 Charlson et al., Oceanic Phytoplankton, 1987. Der Aufsatz wurde inzwischen über 2.800-mal zitiert. Siehe hierzu die Zitationsangaben des Fachblattes Nature:, Article Metrics, 26.8.2020. Der Name CLAW leitet sich aus den Nachnamen der Autoren (Charlson, Lovelock, Andreae und Warren) ab.
88 Andreae, Biogeochemische Forschung, 2012, 170–171.
89 Ebd., 175–177. Gregor Lax: Interview mit Meinrat O. Andreae, Mainz, 2.12.2015, DA GMPG, ID 601093.
90 Protokoll der BMS vom 8.5.1990, AMPG, II. Abt., Rep. 62, Nr. 266, fol. 5.
91 Lax, *Wissenschaft*, 2020, 69–70.
92 Ebd.

einem etwaigen MPI zur Untersuchung des sogenannten Waldsterbens stellte.⁹³ Doch Ursachenforschung zu einem einzelnen Problemfeld erschien nicht als ausreichend und generell nicht stimmig für ein neues MPI. Zu eng war der Fokus für ein Grundlageninstitut, zu geschlossen die Problemstellung.⁹⁴ Doch auf ebendiese Diskussionen referierte man bei den späteren Gründungen der beiden neuen mikrobiologischen Institute in Marburg und Bremen, die ein breites Spektrum explizit grundlagenorientierter Fragestellungen bearbeiten und zugleich Voraussetzungen für die sachgemäße Einschätzung ökologischer Probleme bieten sollten. Die MPG übersetzte gewissermaßen die gesamtgesellschaftlichen Debatten in ihr grundlagenorientiertes Profil und veränderte sich dabei ein Stück weit selbst. Zugleich gelang es ihr, von den Umweltdiskursen zu profitieren und auch produktiv zu diesen beizutragen, ohne ihre institutionelle Identität als Organisation für Grundlagenforschung zu verlieren.

7.7 Der Ausbau erdsystemischer Forschung in den 1990er-Jahren

Wie sehr sich die Instituts- und die personelle Ebene einzelner entscheidender Akteure mit der forschungsprogrammatischen und epistemischen Ebene deckten, lässt sich anschaulich anhand der Gründung des MPI für Biogeochemie in Jena aufzeigen.⁹⁵ Die Voraussetzungen hierfür ergaben sich aus der deutschen Einheit, durch die sich die MPG Anfang der 1990er-Jahre mit potenziellen Gründungen von MPI in den neuen Bundesländern zu befassen hatte.⁹⁶ Zeitgleich zeigte die Bundesregierung wieder stärkeres Interesse an Umweltforschung, was sich auch in dem Auftrag an den Wissenschaftsrat spiegelte, Empfehlungen für Entwicklungsmöglichkeiten der Umweltwissenschaften in Deutschland zu erarbeiten, was dieser 1994 schließlich ausführlich tat und die MPG dabei explizit als idealen Ort für Umweltforschung erwähnte.⁹⁷

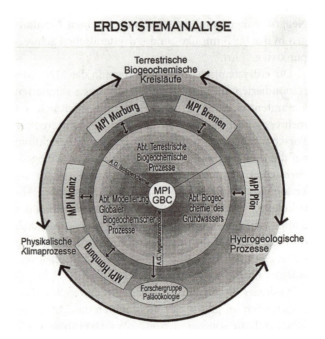

Abb. 18: Grafische Einbettung des MPI für Biogeochemie in die bereits bestehende Erdsystemforschung in der MPG. Erstellt von MPIM-Direktor Lennart Bengtsson, 1995. – Quelle: AMPG, III. Abt., Rep. ZA 208, Nr. 117

Unter den in der CPTS eingereichten Vorschlägen für potenzielle neue Institute befand sich ein Konzept von Crutzen zur Gründung »eines Max-Planck-Instituts für die Modellierung atmo-bio-geochemischer Kreisläufe (Global System Modeling)«.⁹⁸ Hieraus entstand in enger Zusammenarbeit und maßgeblich von MPI-Direktoren forciert zunächst das Diskussionspapier »Neuvorhaben Atmosphärische Kreisläufe«, aus dem wiederum das Konzept zum »Studium biogeochemischer Kreisläufe« hervorging. Dies diente seinerseits als Blaupause für das 1997 eröffnete MPI für Biogeochemie,⁹⁹ dessen von der CPTS eingesetzte zwölfköpfige Gründungskommission sich mehrheitlich direkt aus jenen Instituten rekrutierte, die dem Cluster zugeordnet sind.¹⁰⁰ Das neue Institut

---

93 19. Sitzung des Senatsausschusses für Forschungspolitik und Forschungsplanung der MPG vom 20.5.1987 in München, Top 7.1, BArch B196/134374.
94 Protokoll der BMS vom 6.11.1987, AMPG, II. Abt., Rep. 62, Nr. 1647, fol. 20 verso.
95 Detailliert: Lax, *Wissenschaft*, 2020, 68–84.
96 Zu den unmittelbaren Folgen der Wiedervereinigung in der MPG siehe Ash, *MPG im Kontext, 2020*.
97 Wissenschaftsrat, *Stellungnahme*, Bd. 1, 1994; Wissenschaftsrat, *Stellungnahme*, Bd. 2, 1994.
98 Feutner an die Mitglieder der Kommission »Neuvorhaben: Atmosphärische Kreisläufe« (Anhang) vom 2.3.1994, AMPG, II. Abt., Rep. 62, Nr. 498, fol. 45–47.
99 Crutzen an Kommissionsmitglieder »Neuvorhaben: Atmosphärische Kreisläufe« vom 6.6.1994, AMPG, II. Abt., Rep. 62, Nr. 498, fol. 5–6.
100 Sieben der zwölf Kommissionsmitglieder sind unmittelbar Cluster-Instituten zuzurechnen. Hinzu kam Winfried Lampert vom MPI für Limnologie, das später ebenfalls in die »Erdsystemanalyse« in der MPG eingebunden werden sollte (siehe Abb. 17). Siehe auch Kommissionsdatenbank, unten, Anhang 5.5.

sollte explizit nicht für sich allein agieren, sondern wurde von Beginn an komplementär zu den bereits bestehenden Einrichtungen in der MPG gedacht. Das Konzept folgte der Logik der anderen Kerninstitute und setzte auf die »enge Verknüpfung von theoretischen und experimentellen Arbeiten – von der Modellierung bis hin zu Feldversuchen«.[101] Untersucht werden sollten die »Anpassung von Ökosystemen und Stoffkreisläufen an die sich ändernden globalen und regionalen, klimatischen und atmosphärischen Randbedingungen und deren Rückwirkungen auf Stoffkreisläufe, chemische Zusammensetzung der Atmosphäre und das Klima der Erde« sowie paläohistorische Fragen »zum Systemkomplex Biosphäre/Klima/Biogeochemie/Atmosphärenchemie«.[102] Am MPIC liege der Schwerpunkt auf den Arbeiten im Bereich der Atmosphärenchemie; am MPIM sei man in erster Linie am Verständnis dynamischer und physikalischer Prozesse sowie an den Wechselwirkungen zwischen Ozeanen und Atmosphäre interessiert. Am neuen Institut könnten dagegen verstärkt die Kopplungen zwischen klimarelevanten biologischen, chemischen und physikalischen Prozessen untersucht werden.[103] Darüber hinaus sollte die Einrichtung auch an die übrige MPG-Institutslandschaft anschlussfähig sein, woraufhin MPIM-Direktor Bengtsson ein entsprechendes Konzept für eine interinstitutionelle, auf Komplementarität hin ausgerichtete »Erdsystemanalyse« in der MPG für die Gremien erstellte, die sich mit der Gründung zu befassen hatten (siehe Abb. 18).

Gegenüber der CPTS ließ sich argumentieren, dass dieses Konzept »von den Experten geradezu mit Enthusiasmus aufgenommen worden« sei, da es international »an vergleichbaren Initiativen mangele«.[104] Das Ziel sollte es sein, »in Deutschland eine in der Welt einmalige Situation der Klimaforschung entstehen zu lassen«,[105] eine »in der geplanten Form weltweit als Novum« anzusehende Infrastruktur.[106] Mit der Gründung des MPIBGC erreichte die Erdsystemforschung in der MPG ihre bislang größte Ausdehnung.

7.8 Schlussbetrachtungen

Der Cluster der Erdsystemwissenschaften, der seit den 1970er-Jahren auf weitgehend neu geschaffenen Abteilungen und Instituten beruht, ist vergleichsweise jung, etwa mit Blick auf die Agro- oder Materialwissenschaften, die bis zurück in die KWG-Zeit reichen. Seine Ursprünge liegen in der 1968 eingerichteten Mainzer Abteilung für Atmosphärenchemie, mit der die MPG im internationalen Vergleich mit der Latenz von etwa einem Jahrzehnt den Anschluss an internationale Entwicklungen fand. In der bundesrepublikanischen Atmosphärenforschung nahm sie sehr bald eine Vorreiterrolle ein und erwies sich in den folgenden Jahren auch für die institutionelle Entwicklung der MPG als folgenreich. Institutsübergreifende Clusterstrukturen bildeten sich Mitte der 1970er-Jahre mit dem Aufbau der Klimaforschung in Hamburg heraus, die auf wesentliches Betreiben eines kleinen Personenkreises um Lüst und Junge in der MPG verankert wurde. Neben der Ozean- und Klimamodellierung, die jetzt Auftrieb erhielt, wurde zugleich auch die Feldforschung ausgebaut. Die Erdsystemforschung in der MPG fußt damit wesentlich auf den in den 1970er-Jahren geschaffenen Pfadabhängigkeiten. Diese Periode kann als Formierungsphase des Clusters bezeichnet werden, in der grundlegende institutionelle und epistemische Strukturen entstanden, die seine künftige Entwicklung in vielerlei Hinsicht prägen sollten.

Die epistemische Grundstruktur erdsystemischer Forschung folgt mit Blick auf die einzelnen Abteilungen und Institute in der MPG insgesamt einer Arbeitsteilung zwischen empirischer, feld- und laborbasierter Datenerfassung und -analyse auf der einen sowie der Integration und Modellierung auf der anderen Seite. Beide Bereiche stehen über gegenseitige Rückbezüge, Theoriebildung und Validierungsprozesse kontinuierlich im Austausch und bedingen einander. Geistes- und sozialwissenschaftliche Bereiche wurden bislang nicht in den Cluster integriert, wiewohl sie andernorts schon länger einbezogen werden. Dies überrascht auch vor dem Hintergrund, als die von

---

101 Protokoll der CPTS vom 19.–20.10.1995, AMPG, II. Abt., Rep. 62, Nr. 1836, fol. 17 verso; siehe hierzu auch Ergebnisprotokoll der dritten Sitzung der Kommission »Atmosphärische Kreisläufe« vom 18. 1.1995 in Hamburg, AMPG, II. Abt., Rep. 62, Nr. 218, fol. 120. – Die Kommission glich ihren Namen später dem Fokus auf biogeochemische Kreisläufe an.
102 Ergebnisprotokoll der zweiten Sitzung der Kommission »Neuvorhaben: Atmosphärische Kreisläufe« vom 7.6.1994 in Göttingen, AMPG, II. Abt., Rep. 62, Nr. 217, fol. 19.
103 Ergebnisprotokoll der dritten Sitzung der Kommission »Atmosphärische Kreisläufe« vom 18.1.1995 in Hamburg, AMPG, II. Abt., Rep. 62, Nr. 218, fol. 120.
104 Protokoll der CPTS vom 8.– 9.2.1996, AMPG, II. Abt., Rep. 62, Nr. 1837, fol. 18 verso – 19 recto.
105 Ergebnisprotokoll der dritten Sitzung der Kommission »Atmosphärische Kreisläufe« vom 18.1.1995 in Hamburg, AMPG, II. Abt., Rep. 62, Nr. 218, fol. 121.
106 Ergebnisprotokoll der fünften Sitzung der Kommission »Studium globaler biogeochemischer Kreisläufe« vom 30.6.1995 in München, AMPG, II. Abt., Rep. 62, Nr. 498, fol. 310.

Crutzen 2000 angestoßene Anthropozän-Debatte längst eine breite Anbindung und Rezeption gefunden hat, gerade auch in den Geistes- und Sozialwissenschaften.[107] In jüngster Zeit gibt es Bestrebungen, diesen Schritt mit dem neuen MPI für Geoanthropologie in Jena zu vollziehen.[108]

In den 1980er-Jahren dehnte sich der Cluster in entscheidender Weise weiter aus. Die atmosphärenchemischen Schwerpunkte verlagerten sich mit dem Generationenwechsel in Mainz von der zuvor primär auf empirische Feld- und Laborforschung ausgerichteten Forschung hin zur Computermodellierung, die ab Mitte des Jahrzehnts massiv ausgebaut wurde. Zu Atmosphärenchemie, Klimaforschung und Ozeanografie gesellte sich nun die Biogeochemie hinzu, die in den folgenden Jahrzehnten in anderen Max-Planck-Instituten ebenfalls Eingang fand und später schließlich ein eigenes Institut in Jena erhielt. Gemessen an Abteilungen und Instituten erreichte der Cluster in den 1990er-Jahren seine bislang größte Ausdehnung, seitdem zeichnet sich zudem eine umfangreichere Einbindung der ökologischen Forschung ab.

Dass ihre Entwicklung stark mit den gesamtgesellschaftlichen und politischen Entwicklungen korrespondiert, ist ein auffälliges Merkmal der Erdsystemforschung in der MPG. Im Vergleich etwa zu den viel stärker mit wirtschaftlichen Akteuren interagierenden Materialwissenschaften ist die Geschichte der Klima- und Erdsystemforschung vor allem mit den politischen, insbesondere umweltpolitischen Entwicklungen der Zeit verbunden. Der zu Beginn der 1970er-Jahre einsetzende Boom in der Umweltforschung war eng verknüpft mit der an Bedeutung hinzugewinnenden Umweltpolitik sowie der sich teils hieran orientierenden Wissenschafts- und Förderpolitik. Dies galt sowohl auf Bundesebene als auch im Kontext internationaler Organisationen. Diese Entwicklungen entfalteten bereits in den 1970er-Jahren, vor allem aber im Zuge der »zweiten Umweltkonjunktur« (Radkau) während der 1980er-Jahre eine starke Dynamik.

Klima- und Erdsystemforschung gehörten im Zuge dieser Prozesse gleichermaßen zu den Profiteuren als auch zu den gestaltenden Elementen im Wissenschaftsbetrieb. Dies spiegelt sich in der Entwicklung der betreffenden MPI deutlich wider, und es ist durchaus fraglich, ob die MPG die Erdsystemforschung ohne die neu geschaffenen Möglichkeitsräume überhaupt je in großem Stil aufgebaut hätte bzw. hätte aufbauen können. Gerade die Neugründungen in Hamburg, Marburg, Bremen und Jena sowie der Einstieg der MPG in das Deutsche Klimarechenzentrum 1987 gingen stets aus einer Gemengelage MPG-interner Prozesse, politischer Entwicklungen und den sich hieraus ergebenden Möglichkeitsräumen hervor. Letztere entwickelten sich nicht selten auch zu *Notwendigkeits*räumen, in denen häufig die Forschung auf spezifische Problemfelder aufmerksam machte und damit zugleich ein Stück weit den Rahmen künftiger Forschung vordefinierte. Denn oft waren Themengebiete, die in den MPI erforscht wurden, von unmittelbarer Relevanz für Politik und Zivilgesellschaft: von der Luftverschmutzung bis zu den Waldschäden und radioaktiver Verseuchung, von Stickoxiden und FCKW bis zum Ozonloch, vom Klimawandel bis zum Treibhauseffekt. Dies nötigte auch dazu, Konzepte zu entwickeln, die an die bestehenden Strukturen in der MPG anknüpfen konnten, was zumindest nach dem holprigen Beginn 1968 weitere Schritte zur Ausweitung sehr erleichterte. Gleichzeitig weist es auch auf die entstandenen Pfadabhängigkeiten hin, von der Atmosphärenchemie zur Ozean- und Klimaforschung, zur Biogeochemie und gegen Ende des Untersuchungszeitraums auch zur Ökologie.

Die Dynamik des Clusters ist in der Retrospektive überwiegend durch Komplementarität und weniger stark durch unmittelbare Konkurrenz zwischen den involvierten Einrichtungen geprägt. Dies unterscheidet ihn zum Beispiel vom Astro-Cluster, dessen Konsolidierung gewissermaßen durch ein Tauziehen verschiedener Gruppen geprägt war.[109] In der Erdsystemforschung spielten Kommunikation und Verbindungen zwischen den verschiedenen MPI eine maßgebliche Rolle. Sie erleichterten Absprachen und waren die Voraussetzungen für die Flexibilität und die Fähigkeit, auch innerhalb kürzerer Zeiträume vergleichsweise zügig tragfähige Konzepte und Strategien zu entwickeln, die zu Berufungen, neuen Abteilungen und Instituten führten. Während das Hamburger Institut zunächst die Modellierung in die Atmosphärenforschung der MPG integrierte und den Beginn des eigentlichen institutsübergreifenden Clusters markiert, zeigte sich bei der Gründung des Max-Planck-Instituts für Biogeochemie, welchen Einfluss Akteure aus den schon bestehenden erdsystemisch arbeitenden Instituten darauf ausübten. Auch bei den biogeochemischen Abteilungen an den MPI in Marburg und Bremen lassen sich erfolgreiche Einwirkungen einschlägiger Protagonisten deutlich aufzeigen. 2006 folgte dann der gemeinsame Auftritt als institutsübergreifende Partnerschaft »Erdsystemforschung«.

---

107 Brauch, The Anthropocene Concept, 2021.
108 Renn, Den Menschen helfen, *Der Tagesspiegel*, 16.10.2019.
109 Siehe oben Kap. III.6.

8. Licht und Laserphysik

Johannes-Geert Hagmann

8.1 Einführung

Zu den bedeutendsten Entwicklungen in der Physik des frühen 20. Jahrhunderts zählen die Relativitätstheorie und die Quantenmechanik. Ihr konzeptioneller Einfluss auf Theorie und Experiment in einer Vielzahl von Forschungsrichtungen, ihr Beitrag zur Genese weiterer physikalischer Forschungsfelder und ihre Auswirkungen auf die Entwicklung neuer Technologien können in ihrer Bedeutung kaum überschätzt werden. Folgten aus diesen konzeptionellen Umwälzungen auch in kurzer Folge methodische Veränderungen in Forschungsgebieten wie der Atom- und Teilchenphysik, so zeigte sich in anderen Bereichen eine verzögerte Wirkung: Erst mit der Rezeption der physikalischen Theorien des 20. Jahrhunderts über mehrere Generationen von Forschenden hinweg berührte die neue Physik auch die experimentelle Praxis in anderen Gebieten. Hierzu zählt die Lehre vom Licht – die Optik und ihre Anwendungen, die in der zweiten Hälfte des 20. Jahrhunderts sowohl neue instrumentelle als auch grundlagenbezogene Impulse erhielt.[1] Für sie entstanden in der Forschung der Max-Planck-Gesellschaft wegweisende Arbeitsfelder, auf denen die Gesellschaft heute in der internationalen Spitzenforschung konkurriert.

Im Zentrum der Forschungstätigkeit zu den Grundlagen der Optik und im Teilbereich Licht und Laserphysik stehen innerhalb der MPG heute das Max-Planck-Institut für die Physik des Lichts (MPL) und das Max-Planck-Institut für Quantenoptik (MPQ), die ihre inhaltlichen Schwerpunkte bereits im Titel andeuten. Dass es sich bei der begrifflichen Wahl nur um eine von vielen Möglichkeiten zur Beschreibung eines heute vielfältigen Forschungsfelds handelt und dass dessen Verständnis in den letzten Jahrzehnten auch innerhalb der MPG einer rasanten Entwicklung unterworfen war, soll in diesem Beitrag nachgezeichnet werden.

So wenig wie der heute noch an einigen deutschen Universitäten gebräuchliche Terminus »Institut für Kernphysik« den tatsächlichen Inhalt der Forschungstätigkeit akkurat beschreibt, so wenig lässt sich das Feld der Quantenoptik der 1970er-Jahre mit dem heutigen gleichnamigen Forschungsbereich vergleichen. Gleichzeitig arbeiteten auch andere Institute innerhalb der Max-Planck-Gesellschaft an eng verwandten Fragen, ohne sich dabei notwendigerweise auf das Feld der Quantenoptik zu beziehen, dessen Definition in der Literatur verschiedenartig ausfällt.[2]

Um dieser Unschärfe sowie der thematischen Vielfalt Rechnung zu tragen, sei zur Abgrenzung von anderen Strömungen daher folgende Festlegung getroffen: Das Forschungsfeld Licht und Laserphysik widmet sich erstens den Grundlagen der Wechselwirkung von Materie und Licht – oder allgemeiner von Materie und elektromagnetischer Strahlung – sowie zweitens der Erzeugung von Strahlung und der Kontrolle ihrer Eigenschaften. Auch wenn eine Zuordnung zu einem einzigen Fach, einer terminologisch klar abgegrenzten Forschungsrichtung oder einer exakt verorteten wissenschaftlichen Community nicht möglich ist, so sind dem Feld Licht und Laserphysik dennoch drei zentrale wissenschaftliche Säulen gemein: die Grundlagen der Quantenphysik, die spektroskopischen Verfahren der Atom-, Molekül- und Kernphysik

---

[1] Zur historischen Darstellung der Quantentheorie des Lichts zusammen mit einer differenzierten Untersuchung der Entwicklung unterschiedlicher Modellvorstellungen siehe Hentschel, *Photons*, 2018.

[2] Zugespitzt heißt es über diese Vielfalt in einem bekannten Lehrbuch: »What is quantum optics? This is a rather personal question. A well-known scientist in this field once gave the following authoritative answer: ›*Whatever* I do defines quantum optics!‹ On a more objective basis one is tempted to define this branch of physics by the pun: ›Quantum optics is that branch of physics where the quantum features of light matter.‹« Schleich, *Quantum Optics in Phase Space*, 2001, 1.

sowie der Laser als Forschungsgegenstand und zeitgleich wichtigstes Instrument.

Die fortschreitende Ausdifferenzierung der physikalischen Forschung des 20. Jahrhunderts in immer feinere Subdisziplinen spiegelt sich auch in der Entwicklung von Kategorisierungen innerhalb der zugehörigen wissenschaftlichen Fachverbände wider. So führte beispielsweise die American Physical Society (APS) im Jahr 1943 als erster spezialisierter Fachbereich eine Sparte für »Electron and Ion Optics« ein, aus dem 1986 die noch heute bestehende »Division of Atomic, Molecular and Optical Physics« (DAMOP) hervorging.[3] Dabei sieht die DAMOP ihre Aufgabe in einer »ermöglichenden/ermächtigenden« (»enabling«) Rolle für andere Wissenschaften.[4] Zu den heute beitragenden und begrifflich etablierten Feldern gehören die Atom- und Molekülspektroskopie, die Laser-, Halbleiter- und Plasmaphysik, die Photonik, die Metrologie sowie die Photochemie, um nur einige der zahlreichen wissenschaftlichen Ausrichtungen zu nennen. Zudem sind Kategorisierungen wie die Zuordnung zur Laserphysik, zur Quantenelektronik, zur Quantenoptik oder aktuell zu den Quantenwissenschaften einem Wandel unterworfen, den sowohl wissenschaftliche als auch wissenschaftspolitische Faktoren treiben.[5] Daher kann die verkürzende Bezeichnung »Licht und Laserphysik« mit Blick auf diese Diversität und die Dynamik nur ein Behelf sein.

Wie eine genauere Betrachtung der Ereignisse innerhalb der MPG zeigt, ist die Etablierung der Forschungsbereiche von Licht und Laserphysik in der zweiten Hälfte des 20. Jahrhunderts weder auf einen Masterplan noch auf eine initiale forschungspolitische Vision zurückzuführen. Dass es den Raum zur Entfaltung eines neuen wissenschaftlichen Feldes gab, ausgehend von einem fragilen Ausgangszustand in den 1950er-Jahren hin zur heutigen Stellung in der internationalen Spitzenforschung, ist nicht das Resultat einer strategischen Entscheidung der MPG-Führung gewesen. Vielmehr war das eine Folge der geschickten Einbettung in die politischen Rahmenbedingungen und ihrer Gelegenheiten sowie der Auswahl von herausragenden wissenschaftlichen Talenten, denen die MPG Zeit, Mittel und Vertrauen für die Entwicklung ergebnisoffener Forschungsthemen einräumte. Dabei stellte sich der langfristige Erfolg trotz eines verzögerten Einstiegs gegenüber der internationalen Entwicklung ein – etwa zehn Jahre liegen zwischen den Anfängen der Laserphysik und ihrer institutionellen Aufnahme in das Gefüge der MPG. Zunächst fanden die Spektroskopie als Methode und der Laser als wesentliches Werkzeug auf der Ebene der Methoden weite Verbreitung innerhalb der MPG, bevor diese Felder selbst zum Gegenstand von Grundlagenforschung wurden. Dabei kehrte einmal mehr in der Geschichte der MPG die Auseinandersetzung darüber wieder, ob die Wahl von Forschungsthemen oder die Auswahl von Persönlichkeiten mit herausragendem Forschungspotenzial erfolgversprechender ist. Im Fall des Felds Licht und Laserphysik hat der langfristige Erfolg, gemessen an der wissenschaftlichen Exzellenz und Reputation, den Befürworter:innen von Personen vor Themen recht gegeben.

Mit der starken Betonung von Anwendungsbezügen der Laserforschung zu Beginn der 1970er-Jahre bot die MPG jungen Wissenschaftlern eine hervorragende Chance, ihr Arbeitsfeld von der Ebene der Methoden zum eigenständigen Forschungsgebiet – sowohl institutionell als auch finanziell – aufzuwerten. Gleichzeitig begab sich die MPG jedoch zumindest anfänglich in eine Abhängigkeit vom Bundesministerium für Forschung und Technologie (BMFT), das die Gruppe finanzierte. Die Wissenschaftssoziologie hat auf den Zusammenhang hingewiesen zwischen der Professionalisierung von wissenschaftlichen Disziplinen und dem Maß an Kontrolle, das die Forschenden auf die Organisation ihrer Arbeit, die Prozesse und Ziele ausüben können.[6] Die Ziele der Laserforschung etwa in der MPG wurden Mitte der 1970er-Jahre in wesentlichen Teilen durch die Desiderate der Politik mitbestimmt, von der die Forschung auch wirtschaftlich abhängig war. Erst die Loslösung von Weisungen des Bundesministeriums für Forschung und Technologie verschaffte den Forschenden den Raum, die wissenschaftliche Arbeit um Grundlagenfragen zu erweitern und innerhalb der internationalen Forschungsgemeinschaft in einer Phase der wissenschaftlichen Konjunktur mit zu definieren. Mit dem Eintreten in ein grundlagenbezogenes Feld in seiner internationalen Wachstumsphase und ihrem Anteil an seinem Erfolg

---

3 Kleppner, Short History of Atomic Physics, 1999; American Physical Society, Proceedings, 1943. – Trotz der Ausgründung eines weiteren Fachverbands für Laser Science im Jahr 1985 zählt DAMOP weiterhin zu den mitgliederstärksten Fachverbänden der APS. Dove, Division, 2020. – Die vergleichbare Sektion der Deutschen Physikalischen Gesellschaft (DPG) vereint mehrere Fachverbände, DPG, SAMOP, https://www.dpg-physik.de/vereinigungen/fachlich/samop.
4 APS, Division of Atomic, Molecular & Optical Physics, https://engage.aps.org/damop/home.
5 Die DPG führte die Quantenoptik zu Beginn der 1970er-Jahre in die Terminologie der Fachverbände ein, während beispielsweise die Deutsche Forschungsgemeinschaft (DFG) sie erst 2004 in ihre Fachgebietssystematik übernahm. The World Intellectual Property Organization (WIPO) führt »quantum optics« seit Januar 2011 im System der International Patent Classification (IPC).
6 Modell der *scientific community* nach Richard Withley in: Weingart, *Wissenschaftssoziologie*, 2013, 50–53.

sicherten sich die Handelnden schließlich auch innerhalb der MPG so viel Reputation, dass Freiräume für neue grundlagenorientierte Forschungsthemen entstanden. Dass aufbauend auf dem Erfolg des ersten Kerninstituts spätere Ansätze zur Expansion des Felds in der MPG teils fruchteten, andere zum Teil auch aus nichtwissenschaftlichen Gründen scheiterten, war kein gerichteter oder planender Prozess. Ganz im Gegenteil: Die Offenheit und der Möglichkeitsraum der MPG waren ausschlaggebend für eine kontingente Entwicklung. Verglichen mit anderen Clustern wie beispielsweise der Materialforschung oder der Astrophysik sind dabei die beteiligten wissenschaftlichen Einheiten stets wenige geblieben. Dennoch werden, aus heutiger Perspektive, einige der epistemischen und sozialen Muster deutlich, die auch die größeren Forschungscluster innerhalb der Chemisch-Physikalisch-Technischen Sektion (CPTS) charakterisieren.

8.2 Spektroskopische Tradition in der MPG-Forschung

In der Forschung der Kaiser-Wilhelm-Gesellschaft spielte die Beschäftigung mit den Grundlagen der Optik eine untergeordnete Rolle. Zwar kamen in verschiedenen Instituten moderne optische und spektroskopische Methoden zum Einsatz, so zum Beispiel die systematische Untersuchung von Atomspektren und Kristallstrukturen am Kaiser-Wilhelm-Institut für physikalische Chemie und Elektrochemie sowie am KWI für Physik.[7] Auch rühmte sich auf theoretischer Seite die KWG unmittelbar nach dem Ersten Weltkrieg einer Beteiligung »in gewissem Sinne«[8] an der Quantentheorie des Lichts durch die Ernennung Albert Einsteins als Direktor des KWI für Physik. Für die Mehrzahl der Institute stellten optische Verfahren jedoch lediglich ein Mittel zum Zweck der Analytik dar, und so entstanden innerhalb der KWG keine Ansätze, die die Begründung eines eigenen Schwerpunkts oder seine Ausweitung durch ein eigenes Institut jenseits der Forschung in der Atom- und Kernphysik begründet hätten.

Unmittelbar nach Ende des Zweiten Weltkriegs verblieb die Forschung zu Themen der Wechselwirkung von Licht und Materie sowie zu Strahlungsquellen für die Spektroskopie zunächst allein im Fokus einer einzigen Arbeitsgruppe um den Physiker Hermann Schüler.[9] Damals untersuchte sie hauptsächlich die magnetischen Momente und Quadrupolmomente von Atomkernen aus der spektroskopischen Analyse der Hyperfeinstruktur.[10] Um solche präzisen Untersuchungen zur Struktur der Kerne durchführen zu können, entwickelten Schüler und seine Mitarbeiter:innen spezielle Lichtquellen und verbesserten diese über viele Jahre in zahlreichen Versuchen.[11]

1950 beschloss die MPG, die Gruppe Schülers in die selbstständige »Forschungsstelle für die Spektroskopie« in Hechingen umzuwandeln, die aber im Vergleich zu einem Institut eine schwache Position besaß. Einen Schwerpunkt der Arbeit der Hechinger Gruppe bildeten in den 1950er-Jahren Untersuchungen chemischer Substanzen sowie die Reaktionsabläufe durch die Beobachtung von Emissions- und Absorptionsspektren in der Glimmentladung. Für Schüler war dies eine konsequente Fortführung seiner bereits in der KWG durchgeführten Arbeiten, die mit modernen Methoden der Infrarotspektroskopie, der Tieftemperaturphysik sowie der photoelektrischen Detektion erweitert wurden. Mit dem Fokus auf Moleküle anstelle von Kernen verlagerte sich die Arbeit der Forschungsstelle auf das Gebiet der physikalischen Chemie. Allerdings ergaben sich methodisch für die Untersuchung von Molekülspektren in der Praxis bedeutende Einschränkungen.[12] Erst der durchstimmbare Laser stellte später eine geeignete Strahlungsquelle für diese Messungen dar.

8.2.1 Thema vs. Person: Gründung des MPI für Spektroskopie

Zu Beginn der 1960er-Jahre hatte der 1894 geborene Schüler das 65. Lebensjahr bereits überschritten, was die Frage der Nachfolge nach seinem absehbaren Dienstende aufwarf. Mit der Zukunft der Forschungsstelle, die 1960 nach Göttingen umgezogen war, befasste sich daher von 1963 an die CPTS und eine von ihr eingesetzte Zukunftskommission, die unter Vorsitz des Chemikers Carl Wagner stand. Schüler selbst nahm an den Beratungen

---

7 Hervorzuheben sind u. a. die spektroskopischen Arbeiten von Hans Kopfermann am KWI für physikalische Chemie und Elektrochemie. James et al., *Hundert Jahre*, 2011, 56–58.
8 Planck, *Wesen des Lichts*, 1920, 22.
9 Zur Biografie Schülers siehe Swinne, *Friedrich Paschen*, 1989, 137.
10 Heisenberg, Max-Planck-Institut für Physik und Astrophysik, 1962, 636.
11 Schüler und Schmidt, Glimmentladungsröhre, 1935.
12 Übereinstimmungen zwischen den Emissionslinien der Atome in den Lampen und den molekularen Übergängen in den (molekularen) Proben traten nur zufällig auf. Demtröder, *Laserspektroskopie*, 2007, 290.

der Kommission teil und beeinflusste deren Richtung maßgeblich. Neben einigen international tätigen Forschern, darunter der spätere Nobelpreisträger Hans Dehmelt, benannte Schüler im weiteren Verlauf Albert Weller als geeigneten Kandidaten aus einer »spektroskopischen Schule«.[13]

Der Vorsitzende der Kommission versuchte vergeblich, die durch die Teilnehmer bereits sehr stark in der Kontinuität der Spektroskopie geführte Diskussion um neue Themen zu erweitern. So nannte Wagner die Laserforschung als ein Gebiet, das es zu bearbeiten gelte. Obwohl einige Kommissionsmitglieder und Gutachter die Bedeutung des neuen wissenschaftlichen Themas Laser- und Maserphysik erkannten, wurde die Einrichtung einer Abteilung mit einem solchen Schwerpunkt zu diesem Zeitpunkt nicht verfolgt. Stattdessen entschied man sich, die Forschungsstelle – von 1965 an als eigenes Max-Planck-Institut für Spektroskopie (MPIS) – mit Albert Weller an der Spitze fortzuführen und damit für eine inhaltliche Kontinuität mit dem Forschungsschwerpunkt des Vorgängers.[14] Wie Schüler untersuchte Weller Dissoziationsreaktionen, darüber hinaus jedoch auch die Kinetik anderer schneller chemischer Prozesse mit Methoden der Fluoreszenzspektroskopie.[15] Mit der Institutsgründung vollzog sich eine weitere Abgrenzung von Anfängen der struktur- und methodenorientierten spektroskopischen Forschung in der Atom- und Kernphysik der KWG hin zur prozessorientierten analytischen Spektroskopie mit physikalisch-chemischem Schwerpunkt.

Um 1961/62 hielten Laserlichtquellen als Werkzeuge für die experimentelle Forschung Einzug in die Max-Planck-Gesellschaft. Der erste Laser, den Theodore Maiman 1960 in den USA entwickelte, nutzte künstlichen Rubin als Verstärkungsmedium.[16] Mit seinen besonderen Eigenschaften – eine monochromatische, linear polarisierte Strahlung mit geringer Strahldivergenz – gab es mit dem Laser nun eine Lichtquelle mit kontrollierbaren Eigenschaften als Instrument der Forschung. Zwar standen Mitte der 1960er-Jahre bereits verschiedene kontinuierlich emittierende Lasersysteme für die spektroskopische Forschung zur Verfügung, doch blieb die grundsätzliche Schwierigkeit, dass nur bestimmte Wellenlängen für spektroskopische Zwecke verwendet werden konnten, zunächst bestehen.

8.2.2 Neues Licht für die Spektroskopie: Abteilung Laserphysik

Diese Situation änderte sich 1966 schlagartig mit der Erfindung der Farbstofflaser, die Peter Sorokin bei der International Business Machines Corporation (IBM) und Fritz Peter Schäfer an der Universität Marburg zeitgleich entwickelten.[17] Jetzt waren durchstimmbare Lichtquellen verfügbar, deren Eigenschaften auf die Bedürfnisse der Spektroskopie eingestellt werden konnten.[18] Insbesondere für Molekülspektroskopie wurde die bis dahin bestehende methodische Begrenzung, mit der beispielsweise Schüler noch konfrontiert war, aufgehoben.

Das große Potenzial der Methode erkannten auch Wissenschaftler der MPG, und so stellte im März 1968 das MPI für physikalische Chemie (MPIPC) in Göttingen auf Initiative des gerade mit dem Nobelpreis für Chemie ausgezeichneten Physikochemikers Manfred Eigen den Antrag, Schäfer zum Wissenschaftlichen Mitglied zu ernennen.[19] Das war ein günstiger Zeitpunkt nicht nur deshalb, weil Schäfer damals nationale und internationale Auszeichnungen für seine Entdeckung erhielt. Der Vorschlag fiel zusammen mit Überlegungen, die physikochemische Forschung der MPG neu auszurichten. Die entsprechende Konzeption für ein »Biophysikalischchemisches Zentrum« in Göttingen-Nikolausberg, aus dem 1971 das Max-Planck-Institut für biophysikalische Chemie (MPIBPC) hervorgehen sollte, war schon weit gediehen. Mit der Berufung Schäfers im Jahr 1970 entstand erstmals eine Abteilung innerhalb der MPG, die sich in der Hauptsache der Methodenentwicklung zur Erzeugung von Laserlicht widmete.

Die neue Abteilung Laserphysik knüpfte an die in Marburg von Schäfer betriebene Grundlagenforschung zu Farbstofflasern und Spektroskopie an und führte diese in Göttingen fort. Zeitgleich behielt Schäfer jedoch auch industrielle Anwendungen und die Bedürfnisse des Markts für Forschungsinstrumente im Blick. So zählten

---

13 Protokoll der Sitzung der CPT-Sektion am 14.5.1963, AMPG, II. Abt., Rep. 62, Nr. 1741, fol. 183.
14 Generalverwaltung der Max-Planck-Gesellschaft, *Jahrbuch 1965*, 1965, 285.
15 Zur Biografie Wellers siehe Zachariasse, Albert Weller Festschrift, 1991.
16 Zur Geschichte der Laserphysik in den USA siehe u. a. Bromberg, *Laser*, 1991. Für Deutschland Albrecht, *Laserforschung in Deutschland 1960–1970*, 2019.
17 Zur Entdeckungsgeschichte siehe Friess und Steiner, *Deutsches Museum Bonn*, 1995, 312–313.
18 An der Verbesserung von Farbstofflasern arbeiteten sowohl Herbert Walther als auch Theodor Hänsch während ihrer Forschungsaufenthalte in den USA, beide (später) an MPI tätig.
19 Witt (Technische Universität Berlin) an Schmitz (Universität Marburg) 14.3.1968, AMPG, II. Abt., Rep. 66, Nr. 909, fol. 207.

zu den ersten Doktoranden in Göttingen Dirk Basting und Bernd Steyer, die bereits 1971 auf Initiative Schäfers das Unternehmen Lambda Physik gründeten,[20] das in den Anfangsjahren mit der Firma Carl Zeiss in Oberkochen kooperierte. Dort leitete von 1978 an Schäfers ehemaliger Marburger Doktorand Werner Schmidt die Abteilung Zentrale Forschung.[21]

Für die Weiterentwicklung von Halbleiterlasern, die von 1962 an erstmals und damit nur wenig später als die vorausgegangenen Festkörper- und Gaslaser realisiert wurden, spielte die Charakterisierung und Verarbeitung der eingesetzten Materialien eine entscheidende Rolle. Aufgrund ihrer kompakten Dimensionen, den industriellen Voraussetzungen zur Massenproduktion und den von Beginn an starken Verbindungen zur Industrieforschung sind Halbleiterlaser bis heute optische Zugpferde in der Nachrichtentechnik und der Unterhaltungselektronik. Auch am MPI für Festkörperforschung (MPI-FKF) in Stuttgart wandten sich Wissenschaftler:innen zu Beginn der 1970er-Jahre der Untersuchung der physikalischen Eigenschaften von Halbleiter-Lasermaterialien, Festkörperlasern sowie dem Gebiet der integrierten Optik zu. Hervorzuheben sind hier insbesondere die Arbeiten von Hans Günter Danielmeyer sowie Hans-Joachim Queisser. Im Gegensatz zur Gruppe Schäfers am MPIBPC, wo sich eine eigene Abteilung der Laserphysik widmete, stellte die Laserforschung am MPI-FKF lediglich eines unter vielen Themen im Programm des Instituts dar.

8.3 Anwendung – dann zu den Grundlagen

8.3.1 Laseranwendungen in der Plasmaphysik

Als analytische Werkzeuge kamen Laser auch in der Plasmaphysik früh zum Einsatz. Innerhalb der MPG begannen Anfang der 1960er-Jahre Arbeitsgruppen des Instituts für Plasmaphysik (IPP) sowie des Max-Planck-Instituts für Physik und Astrophysik damit, Rubinlaserpulse zur Messung an Plasmen zu verwenden. Bald rückte auch das Thema Fusion mit Lasern in den Fokus der Garchinger Institute. Mit den technologischen Fortschritten bei der Leistungssteigerung von Laserpulsen erkannten weltweit in der Fusions- bzw. der Kernwaffenforschung tätige Wissenschaftler:innen die mit der neuen Strahlungsquelle sich eröffnende Chance, ein neues Konzept der Kernfusion zu verwirklichen: den sogenannten Trägheitseinschluss (inertial confinement fusion, ICF), bei dem die Verdichtung von Wasserstoffatomen zur Zündung der Fusion durch den Rückstoß aus der Verdampfung mit Laserlicht erreicht werden sollte.[22]

Um 1962 richtete das Lawrence Radiation Laboratory (heute Lawrence Livermore National Laboratory – LLNL) in Kalifornien eine Arbeitsgruppe unter Leitung des Physikers Ray Kidder ein. Während die amerikanische, sowjetische und britische Forschungstätigkeit zu ICF aufgrund ihres Bezugs zur Kernwaffenforschung teilweise der Geheimhaltung unterlag, forschten die Länder der Europäischen Atomgemeinschaft (EURATOM) Italien, Frankreich und Deutschland am IPP in der Gruppe von Rudolf Wienecke überwiegend offen an diesem Prinzip. Als Wienecke 1969 vom IPP als Professor an die Universität Stuttgart wechselte, beschloss das IPP die Neugründung der Abteilung Experimentelle Plasmaphysik 4, in der die Arbeiten zur Erzeugung von Plasmen durch Laser gemeinsam mit der Forschung zur Magnetohydrodynamik konzentriert wurden.[23] Die Leitung der Gruppe übernahm Siegbert Witkowski. Als Herausforderung für den Fortschritt der Laserfusionsforschung stellte sich vor allem die Entwicklung einer geeigneten Laserquelle heraus, die den hohen Anforderungen hinsichtlich der Pulsenergie und ihrer zeitlichen Verteilung zum Erreichen der Fusion genügte. Unter den möglichen Kandidaten-Systemen nahm die Gruppe der chemischen Laser aufgrund der hohen Leistungen, die sie erreichten, eine herausragende Rolle ein.

In der zweiten Hälfte der 1960er-Jahre hatte der Chemiker Karl-Ludwig Kompa als Assistent im Institut für Anorganische Chemie der Ludwig-Maximilians-Universität München an der Entwicklung chemischer Laser sowie zu Themen der Spektroskopie und Blitzlichtphotolyse geforscht.[24] Nach seiner Rückkehr von einem USA-Aufenthalt ergab sich eine Zusammenarbeit mit der Abteilung von Witkowski, die an der Entwicklung von Hochleistungslasern zur Plasmaerzeugung sehr interessiert war. 1973 wurde Kompa an das inzwischen in

---

[20] Die MPG bezeichnet Lambda Physik als das erste Unternehmen, das aus einem Max-Planck-Institut hervorging. Globig, Wer langfristig denkt, 1998.
[21] Schramm, *Wirtschaft*, 2008, 262.
[22] Zur Geschichte der ICF-Forschung aus wissenschaftsinterner Perspektive siehe Velarde und Carpintero-Santamaría, *Inertial Confinement Nuclear Fusion*, 2007.
[23] Boenke, Entstehung und Entwicklung, 1991, 172.
[24] Kompa und Pimentel, Hydrofluoric Acid, 1967.

die MPG eingegliederte Max-Planck-Institut für Plasmaphysik (IPP) berufen.[25] Sein besonderes Forschungsinteresse galt der Weiterentwicklung von Jodlasern als Hochleistungssystemen.[26]

Zu Beginn der 1970er-Jahre wurden weltweit unterschiedliche Konzepte für den Bau von Hochleistungslasern verfolgt. Hierfür erschienen neben dem erwähnten Jodlaser auch CO_2-, Xenon- und Neodym-Glas-Lasersysteme geeignet.[27] Auch die Gruppe Laserplasmen im IPP verfolgte zunächst verschiedene Ansätze. Die nationalen Planungen für Forschungsprogramme zu Hochleistungslasern erhielten eine neue Dynamik, nachdem auf der 7. Internationalen Konferenz für Quantenelektronik im Mai 1972 US-amerikanische Forscher des Lawrence Livermore Laboratory öffentlich über das Konzept der Kompression von Deuterium und Tritium berichtet hatten und die wissenschaftliche Machbarkeit in Fachartikeln bekräftigten.[28] Am 11. Juli 1972 lud das Bundesministerium für Bildung und Wissenschaft (BMBW) Vertreter der Laser- und Plasmaforschung, unter ihnen Wolfgang Kaiser von der Technischen Universität München sowie Kompa und Witkowski vom IPP, zu einer Besprechung in die Kernforschungsanstalt Jülich ein und ließ sich von Kaiser und Witkowski über die Konferenzbeiträge informieren.[29] Angesichts der überwiegend positiven Aussichten bat das BMBW um Vorschläge und regte ein Folgetreffen des Ausschusses zum Sammeln »konkreter Vorschläge für ein deutsches Laserprogramm«[30] an.

8.3.2 Forschung im Auftrag: Projektgruppe Laserforschung in Garching

Bei der Ausgründung einer Forschungsgruppe für Laserfusion aus dem Garchinger IPP spielten auch strategische Überlegungen der Bundesregierung zur europäischen Energiepolitik eine wichtige Rolle. Im Jahr 1973 begannen im Rahmen von EURATOM die Planungen für die Versuchsanlage Joint European Torus (JET), die nach dem Prinzip des magnetischen Einschlusses operieren sollte. In Garching hegten sie Hoffnungen, dass das IPP als Standort für den Bau der Anlage auserkoren würde, was sich letztlich nicht erfüllte.[31] Gleichwohl legte man dafür, auch mit Blick auf Kürzungen im Personaletat des Instituts, die Priorität auf die Entwicklung eines magnetischen Fusionsreaktors und gab die Laserfusion auf. Das BMFT bekundete in der Folge die grundsätzliche Bereitschaft, die Hochleistungslaserforschung in Deutschland in einem neuen Institut über das Thema Fusion hinaus zu fördern, und berief den Ad-hoc-Ausschuss »Laserforschung und -entwicklung« ein, um Fragen nach dem wissenschaftlichen Programm, der Organisationsform und des Standorts zu klären.

Für die Sitzung des Ausschusses arbeitete Witkowski eine Konzeptskizze für ein »Institut für Laserforschung« aus,[32] dessen Gründung der Ausschuss befürwortete. Als mögliche Schwerpunkte wurden die anwendungsbezogene Laserforschung, Laseranwendungen in der Chemie und Isotopentrennung, fusionsorientierte Laseranwendungen sowie nichtlineare Prozesse benannt. Für den möglichen Standort Stuttgart machte sich im Sommer 1974 die Deutsche Forschungs- und Versuchsanstalt für Luft- und Raumfahrt (DFVLR) stark. Das BMFT präferierte zu diesem Zeitpunkt bereits offenbar, wenn auch nicht öffentlich kommuniziert, den Standort München.[33] Das Ministerium schlug zudem eine Ergänzung der Arbeitsgruppe von Kompa und Witkowski um Herbert Walther vor, der gerade von Köln nach München berufen worden war, sowie um Theodor Hänsch, der zu dieser Zeit in Stanford forschte und einen Ruf nach Regensburg erhielt.

Im September 1974 wurde der Ad-hoc-Kreis noch einmal um Vertreter der Industrie (Zeiss, Leitz, Siemens), der Gesellschaft für Kernenergieverwertung in Schiffbau

---

25 Zur Biografie Kompas siehe Lebenslauf, AMPG, II. Abt., Rep. 62, Nr. 510, fol. 48–49. Das Max-Planck-Institut für Plasmaphysik behielt auch nach seiner Eingliederung in die MPG 1971 das Institutskürzel IPP.
26 Zu den Grundlagen von Jodlasern siehe Witkowski, ASTERIX III, 1980.
27 Nuckolls, Emmett und Wood, Laser induced Thermonuclear Fusion, 1973.
28 Teller, Teller und Talley, *Conversations*, 1991, 211.
29 Bericht über eine Besprechung über Hochleistungslaserentwicklung in der K.F.A. am 11.7.1972, AIPP, IPP4, 510014, fot. 503–504.
30 Ebd., fot. 512. – Die Verhandlungen führte das BMFT weiter, das im Dezember 1972 durch Teilung des BMBW im zweiten Kabinett von Willy Brandt entstand.
31 1977 sprach sich der europäische Forschungsrat zugunsten des britischen Standorts Culham aus. Über das politische Tauziehen der Regierung von Helmut Schmidt in den Verhandlungen siehe Wall, *Official History*, 2020, 37–97; Stumm, *Kernfusionsforschung*, 1999, 304–359.
32 Vertragsentwurf zwischen der BRD, vertreten durch die Bundesregierung, dem Minister für Forschung und Technologie, und der MPG, vertreten durch die Vorstandsmitglieder, AIPP, IPP4, 510014, fot. 301.
33 Vermerk von Ernst-Joachim Meusel über Gespräche mit Prof. Jordan (DFVLR) und MR Dr. Menden (BMFT) am 9.7.1974, AIPP, IPP4, 510014, fot. 387–390.

und Schiffahrt (GKSS) in Geesthacht sowie der DFVLR erweitert.³⁴ Der Kreis betrachtete die Forschung zur Anwendung von Lasern für die Materialbearbeitung als nicht vordringlich, priorisierte dafür die bereits geförderte Forschung zur Laserisotopentrennung sowie die Laserfusion und die Laserchemie.³⁵ Die Wehrtechnik wurde dabei zwar ausgeklammert, für das BMFT schien jedoch eine »Zusammenarbeit der Lasergruppe mit den MBB-Stellen«³⁶ und damit die Berücksichtigung des Dual-Use-Potenzials der Forschung nicht ausgeschlossen. Hingegen fanden Halbleiter- und Festkörperlaser keinerlei Erwähnung, möglicherweise auch deshalb, weil daran bereits das MPI-FKF in Stuttgart forschte und keine Konkurrenzsituation entstehen sollte. Hinsichtlich der Organisationsform plädierte das BMFT für eine »neue Form der Arbeitsgruppe mit der MPG als Kontraktor«,³⁷ in der das Ministerium mit seinen Beratern »ein weitgehendes Mitspracherecht«³⁸ erhalten wollte. Die Feinabstimmungen zwischen IPP, MPG und BMFT zogen sich hin, erst im Oktober 1975 waren die Vertragsbedingungen abschließend geklärt und der Start der Projektgruppe Laserforschung (PLF) zum 1. Januar 1976 konnte nun auch offiziell verkündet werden. Ihre Verwaltungsgeschäfte übernahm die Verwaltung des IPP, und die Projektgruppe nutzte zunächst mietfrei das Gebäude L5 der Plasmaphysik, bevor sie über eigene Räume verfügen konnte.

Das Referat 302 »Physikalische Technologien«, geleitet von Wolfram Schött, der als Mitglied des Projektausschusses³⁹ die wissenschaftlichen Fortschritte der Gruppe verfolgen konnte, vertrat die PLF innerhalb des BMFT. Ein weiteres Gremium, der Projektbeirat der PLF,⁴⁰ trat im November 1976 erstmals unter dem Vorsitz von Wolfgang Kaiser zusammen, dem als internationaler Vertreter auch Ray Kidder vom LLNL angehörte. An erster Stelle der Empfehlungen des Beirats an die PLF stand die Einrichtung eines internationalen Besucherprogramms nach dem Vorbild anderer Institute.⁴¹ Darüber hinaus empfahlen die Experten die Einstellung eines Theoretikers für die Laserchemie-Gruppe oder alternativ hierzu die enge Kooperation mit einer Theoriegruppe.⁴²

In der Zusammenarbeit zwischen BMFT und MPG gab es bald schon Differenzen hinsichtlich der Rollenverteilung der Vertragspartner bei der Lenkung der Gruppe und der Mitbestimmung des wissenschaftlichen Programms. Beispielsweise missfiel der MPG, dass Regierungsvertreter in wissenschaftlichen Gremien saßen, und ihr Präsident Reimar Lüst forderte Bundesminister Volker Hauff auf, diese Leute zurückzuziehen, um die unabhängige Meinungsbildung der Fachbeiräte sicherzustellen. Trotz interner Widerstände fügte sich das BMFT der Forderung nach der Intervention Lüsts.⁴³

8.3.3 Verstetigung und Grundlagenorientierung: MPI für Quantenoptik

Einen weiteren Rückschlag erlitt das BMFT in der gewünschten Schwerpunktsetzung auf Laseranwendungen. In den bereits zwei Jahre nach dem Start der PLF einsetzenden Verhandlungen zur Umwandlung der Gruppe in ein Max-Planck-Institut für Quantenoptik befürwortete das BMFT den Schritt zunächst nur unter der Voraussetzung, »daß das Institut bereit sei, sich mit etwa 30 % seiner Kapazität anwendungsorientierten Fragen zuzuwenden und mit der Industrie zusammenzuarbeiten«.⁴⁴ Die PLF und die MPG-Leitung sahen dies anders:

---

34 Protokoll der Ad-hoc-Besprechung »Laserforschung und -entwicklung« am 19.9.1974 im BMFT, AIPP, IPP4, 510014, fot. 371–386.

35 Kooperative Ansätze zwischen den Gruppen in Göttingen und Garching zeigten sich insbesondere auf dem Gebiet der Laserisotopentrennung bei gemeinsamen vom BMFT geförderten Projekten unter Federführung der Uranit GmbH in Jülich.

36 Der Luftfahrt- und Rüstungskonzern Messerschmitt-Bölkow-Blohm (MBB) in München forschte in den 1960er- und 1970er-Jahren zu militärischen Anwendungen der Lasertechnik, gefördert vom Bundesministerium der Verteidigung. Albrecht, Anfänge der Militärischen Laserforschung, 2014.

37 Protokoll der Ad-hoc-Besprechung »Laserforschung und -entwicklung« am 19.1.1974 im BMFT, AIPP, IPP4, 510014, fot. 388.

38 Ebd.

39 Der Projektausschuss diente aus BMFT-Sicht als »Aufsichtsrat« der PLF, ihm gehörten vom BMFT Wolfram Schött und Christoph Eitner sowie von der Generalverwaltung der MPG Edmund Marsch an.

40 Bei dem Projektbeirat handelte es sich um einen unabhängigen wissenschaftlichen Beirat, zu dessen Aufgaben die Orientierung und Evaluierung des Forschungsprogramms zählten. Dem Projektbeirat gehörte auch von Beginn an Fritz Peter Schäfer an, sodass zwischen der Gruppe (und dem späteren Institut) bereits frühzeitig soziale Kontakte mit der Abteilung Laserphysik als weitere einschlägige Forschungsgruppe innerhalb der MPG geknüpft wurden.

41 Eine Vorlage für die Projektausschusssitzung vom 21.3.1977 nannte das Joint Institute for Laboratory Astrophysics (JILA), das Deutsche Elektronen-Synchrotron (DESY) und das Conseil Européen pour la Recherche Nucléaire (CERN) als Vorbilder. BArch B 196/34432.

42 Final Session of the Fachbeirat der Projektgruppe für Laserforschung, Garching 24.11.1976, BArch B 196/34431.

43 Haunschild an Lüst 11.12.1978, BArch B196/34431.

44 Auszug aus dem Protokoll der 93. Sitzung des Senates der Max-Planck-Gesellschaft vom 10.5.1979, BArch B 196/34432.

Witkowski sprach in der Kommission zur Einsetzung der Wissenschaftlichen Leitung nur noch von einem »Sechstel Anwendung« im Rahmen des Forschungsprogramms, deutlich weniger, als vom Ministerium erwartet wurde.[45] Schließlich konnte Lüst Staatssekretär Hans-Hilger Haunschild und damit das Ministerium ganz davon abbringen, einen prozentualen Anteil an angewandter Forschung in die Vereinbarung zur Institutsgründung aufzunehmen.[46]

In einer genaueren Betrachtung der Entwicklung des wissenschaftlichen Programms der PLF, vom ersten Konzept um 1974 bis zur Umwandlung in ein Institut, wird deutlich, wie die Forschergruppe die in sie gesetzten Erwartungen des BMFT als »Kristallisationspunkt«[47] für Laserforschung in Deutschland aufnahm, aber auch neue Themen aus dem internationalen Forschungsumfeld registrierte. Neben der Erweiterung und Ausdifferenzierung der ursprünglichen Programmschwerpunkte Laserfusion, Hochleistungslaser und Laserchemie wurden neue thematische Akzente gesetzt, insbesondere durch die Abteilung Walther. Hingegen trat die Laserisotopentrennung im neu gegründeten Institut in den Hintergrund. Weitere inhaltliche Ergänzungen erfuhr die Gruppe durch die Einstellung des Theoretikers Pierre Meystre sowie durch die Einladung internationaler Gäste, die unabhängig vom Institutsprogramm neue Fragestellungen mitbrachten. Hier ist die Zusammenarbeit mit dem Theoretiker Marlan Scully hervorzuheben, den Meystre und Walther an das MPI für Quantenoptik (MPQ) von 1980 an als Gast einluden.[48]

Rückblickend betrachtet, ging die MPG mit der Begründung der PLF strategisch geschickt vor. Zunächst ergab sich vor dem Hintergrund, dass der Forschungsschwerpunkt Laserplasmen am IPP eingestellt wurde, die Notwendigkeit, wissenschaftliches Personal in eine neue Trägerstruktur zu überführen.[49] Durch ihre frühzeitige Einbindung in die Beratungen des BMFT zur Begründung eines Forschungsprogramms zur Laserforschung in Deutschland wirkten Vertreter der MPG selbst am Design der Forschungsförderung mit. Die durch das BMFT mit Blick auf Energiefragen geforderte Anwendungsorientierung nahm man im Programm zunächst billigend in Kauf und stach auf diese Weise Mitbewerber um die Trägerschaft und Standortansiedlung der neuen Arbeitsgruppe aus. Durch seine hundertprozentige finanzielle Förderung sah sich das BMFT in einer weisungsbefugten Rolle hinsichtlich des wissenschaftlichen Programms der PLF. Dem trat die Führung der MPG frühzeitig entgegen, indem sie die geschäftsführenden Hierarchien des BMFT übersprang, sich direkt an Hauff wandte und sich die wissenschaftliche Unabhängigkeit versichern ließ. Gleichzeitig begann die MPG parallel dazu mit Verhandlungen über eine Verstetigung der Forschung in einem eigenen Max-Planck-Institut. Bereits kurz nach seiner Einrichtung begannen wiederum Planungen für einen dringend benötigten Neubau, der schließlich durch eine Sonderfinanzierung des Bundes, vertreten durch das Bundesministerium für Finanzen, gesichert werden konnte. Indem es sich auf die Erforschung von Hochleistungslasern und die Entwicklung der Asterix-Jodlaser fokussierte, verfügte das MPQ zunächst über ein instrumentelles Alleinstellungsmerkmal innerhalb der Laserforschung. Obwohl auch in anderen Instituten neue Laserquellen und ihre wissenschaftlichen Anwendungen, hier vor allem in der Abteilung Laserphysik in Göttingen, erforscht wurden, wurden an keinem anderen Ort in Deutschland vergleichbar hohe Laserleistungen erzeugt.

Mit der Übernahme der Kontrolle über die Ziele und die Organisation ihrer Arbeit gewannen die Wissenschaftler:innen der PLF neuen Handlungsspielraum, um jenseits von politischen Weisungen ein stark auf internationale Reputation zielendes Forschungsprogramm aufzusetzen und auf diese Weise die Professionalisierung der eigenen Disziplin mitzugestalten. Die Veränderungen des Forschungsprogramms der PLF auf dem Weg zu einem neuen Max-Planck-Institut spiegelten sich auch in der Namensgebung wider. Rund ein Dutzend Vorschläge[50] – darunter »Institut für Laserphysik und Laserchemie«, »Institut für photophysikalische Prozesse« sowie »Institut für Quantenoptik« – wurden in die engere Auswahl einbezogen.[51] Schließlich fiel die Wahl auf »Institut für Quantenoptik«. Das ist aus zwei Gründen bemerkenswert: Zum einen beanspruchten zum Zeitpunkt der In-

---

45 Niederschrift der Kommisionssitzung vom 9.12.1975, AMPG, II. Abt., Rep. 62, Nr. 510, fol. 23–24.
46 Auszug aus dem Ergebnisprotokoll der CPTS vom 9.5.1979, AMPG, II. Abt., Rep. 62, Nr. 511, fol. 20.
47 Ref. 211 (Schött) an Ref. 212 (Stümpfig), 7.12.1978, BArch B 196/ 146250.
48 Durch die Berufung Scullys zum Auswärtigen Wissenschaftlichen Mitglied des MPQ wurde die Zusammenarbeit mit den experimentellen Abteilungen verstetigt. Auszug aus dem Ergebnisprotokoll der CPTS vom 26.10.1982, AMPG, II. Abt., Rep. 62, Nr. 511, fol. 105.
49 Zeitweise musste Rudolf Wienecke am IPP Gerüchten entgegentreten, dass es sich bei diesem Schritt um einen Erpressungsversuch gegenüber dem Ministerium gehandelt habe. Rudolf Wienecke an Hans-Hilger Haunschild 3.4.1974, AMPG, II. Abt., Rep. 57, Nr. 504, fol. 104–107.
50 Ad-hoc-Ausschuss »Laserforschung« (Namensdiskussion 15.1.1979), AMPG, III. Abt., Rep. 168, Nr. 5.
51 Auszug aus der Niederschrift der CPTS vom 30.1.1979, AMPG, II. Abt., Rep. 62, Nr. 511, fol. 28.

stitutsgründung die vornehmlich von Herbert Walther bearbeiteten Schwerpunkte Spektroskopie und Quantenoptik keineswegs den größten Teil der personellen und finanziellen Ressourcen. Zum anderen handelte es sich bei Quantenoptik *(quantum optics)* um einen unscharfen, den fundamentalen Charakter der Forschung betonenden Begriff, der ab den 1960er-Jahren zunächst in der theoretischen Physik an Popularität gewann. Als Ausblick auf die zukünftige Erweiterung war der Begriff geschickt gewählt: Im April 1986 erfuhr das Institut durch die bereits seit 1975 avisierte Berufung Theodor Hänschs eine beträchtliche Stärkung. Hänsch, der 16 Jahre in den USA geforscht und dort ein äußerst vielseitiges Forschungsprogramm zur Laserphysik entwickelt hatte, ergänzte das Institutsportfolio mit neuen und originellen Beiträgen in der Laserspektroskopie, unter anderem zu metrologischen Fragestellungen. Etwa gleichzeitig erregten die in Garching durchgeführten Grundlagenexperimente zur Licht-Materie-Wechselwirkung in den 1980er-Jahren internationale Aufmerksamkeit, sodass das Institut das Forschungsfeld sowohl experimentell als auch theoretisch mitprägte. Für die Entwicklung des Frequenzkammgenerators in seiner Arbeitsgruppe um 1998 erhielt Hänsch 2005 den Nobelpreis für Physik, für den er bereits viele Jahre zuvor durch seine Miterfindung des Verfahrens der Laserkühlung als Kandidat galt.[52]

Dass sich das neu gegründete Institut im Selbstverständnis zunehmend von den Anwendungsbezügen der Laserforschung löste, konstatierte auch der neu eingerichtete internationale Fachbeirat, der 1982 erstmals zusammentrat.[53] Das Gremium zeigte sich beeindruckt von den Fortschritten der Abteilungen im neuen Institut, das eine flexible, junge und sehr aktive Forschergemeinschaft repräsentiere. Gleichzeitig war der Beirat überrascht, dass in den Präsentationen der Abteilungsleiter die Anwendungsbezüge so stark hervorgehoben wurden, und erklärte sich dies mit den Ursprüngen der Gruppe. Zu den neuen und anspruchsvollen Grundlagenexperimenten, die im MPQ begonnen wurden, zählte die Untersuchung der Licht-Materie-Wechselwirkung durch sogenannte Cavity-Quantum-Electrodynamics-Experimente (Cavity-QED) mit Rydberg-Atomen. Im Gegensatz zu den Experimenten mit Hochleistungslasern, in denen immer stärkere Strahlungsfelder realisiert wurden, stand für diese neue Serie von Experimenten ein möglichst schwaches Feld von Mikrowellen im Vordergrund, das mit einem einzelnen Atom in Wechselwirkung tritt.[54] Einen äußerst empfindlichen »one atom maser« entwickelten Dieter Meschede, Günter Müller und Herbert Walther 1984 und schufen damit eine experimentelle Plattform zur systematischen Untersuchung von Vorhersagen der theoretischen Quantenoptik sowie zur Erzeugung von »nichtklassischem Licht«.[55] »Die Physiker lesen jedenfalls wieder Kant«, kommentierte Hans-Joachim Queisser diese Hinwendung zu Grundlagenfragen in der damals aktuellen Forschung des MPQ.[56]

Parallel zur Entwicklung eines wissenschaftlich vielfältigen und originellen Arbeitsprogramms beendete das MPQ mit der Fertigstellung eines Institutsneubaus auch die langen Jahre der provisorischen Unterkünfte. Gehörten 1976 noch 46 Mitarbeiter:innen dem Institut an, so wuchs deren Zahl bis zur Gründung des MPQ 1981 bereits auf 82 an, hinzu kam jährlich eine größere Anzahl von wissenschaftlichen Gästen. 1986 konnten 105 Angehörige des Forschungsinstituts den Neubau in Garching in direkter Nachbarschaft zum IPP beziehen.[57] Bei den umfangreichen und langjährigen Raumplanungen, die vor allem den Ausbau des Hochleistungslasers Asterix mit eigener Halle im Zentrum des Gebäudes berücksichtigen mussten, hatte man auch an Büros und Unterkünfte für Gäste gedacht, was die Attraktivität des internationalen Gästeprogramms noch einmal steigerte.

Zu Beginn der 1980er-Jahre erweiterte das MPQ seine Forschungsschwerpunkte durch die Übernahme einer Arbeitsgruppe, die es in rund 20 Jahren zu einer herausragenden inhaltlichen Reifung mit Anbindung an die internationale Spitzenforschung führte: Im Jahr 1982 integrierte das MPQ nach der Emeritierung Heinz Billings die Arbeitsgruppe zur Gravitationswellenforschung des Max-Planck-Instituts für Astrophysik. Am MPQ wurde der Umfang ihrer Arbeiten erweitert und der Bau neuer Instrumente-Prototypen unter der Leitung von Gerd Leuchs in Angriff genommen. Von 1990 an leitete Karsten Danzmann die Projektgruppe Gravitationswellenforschung zunächst in Garching, ab 1993 dann in Hannover, wo sie bis 2001 als Außenstelle des MPQ galt und anschlie-

---

52 Für die Entwicklung der Laserkühlung erhielten im Jahr 1997 Steven Chu, Claude Cohen-Tannoudji und William D. Phillips den Nobelpreis für Physik.
53 Protokoll der 1. Fachbeiratssitzung des MPI für Quantenoptik vom 30.9.–1.10.1982, AMPG, II. Abt., Rep. 66, Nr. 5181, fol. 210–219.
54 Diese »Photonen-Detektoren« basieren auf Ideen aus den Arbeitsgruppen von Daniel Kleppner und Serge Haroche. Figger et al., Photon Detector, 1980.
55 The Nobel Prize: Serge Haroche – Nobel Lecture, https://www.nobelprize.org/prizes/physics/2012/haroche/lecture/.
56 Queisser, Tendenzen moderner Physik, 1982, 61.
57 Max-Planck-Gesellschaft, Max-Planck-Institut für Quantenoptik Garching b. München, 1986.

ßend mit der Berufung Danzmanns als Wissenschaftliches Mitglied der MPG zu einem Teilinstitut des MPI für Gravitationsphysik wurde.[58] In den 1980er-Jahren begann die MPG mit der Entwicklung von Prototypen dieser Interferometer in einer explorativen Phase der Forschung als eine von nur wenigen Gruppen weltweit und sicherte sich einen Platz in dem heute zur Reife entwickelten Forschungsbereich der Gravitationswellenforschung. Somit hat auch das 2001 neu gegründete Teilinstitut in Hannover eine Vorgeschichte im und soziale Bindung an das MPQ, wo die Entwicklung von hoch stabilen Laserquellen für die Interferometrie weiterhin eine zentrale Rolle spielt.

8.4 Wiedervereinigung, Generationenwechsel und neue inhaltliche Impulse

Mit der Neugründung des MPQ als zentraler Forschungsstätte verstetigte sich in den 1980er-Jahren die Forschung auf dem Gebiet Licht und Laserphysik, die zunächst auch in Abteilungen an anderen Standorten der MPG, insbesondere in Göttingen und Stuttgart, weiterverfolgt wurde. Ende der 1980er-Jahre liefen die am Max-Planck-Institut für Festkörperforschung von Hans-Joachim Queisser und Hans Danielmeyer Anfang der 1970er-Jahre begonnenen Forschungsarbeiten zu Festkörper- und Halbleiterlasern mit Anwendungen in der Telekommunikation aus. Die deutsche Vereinigung brachte 1989/90 einen Wandel für das Forschungsfeld Licht und Laserphysik mit sich. Sie stellte auch das MPQ vor die Herausforderung, Forschungsgruppen aus der ehemaligen DDR zu integrieren.[59] Von rund 45 Vorschlägen für neue Projekt- und Arbeitsgruppen in der CPTS wurden zunächst nur fünf als besonders förderungswürdig ausgewählt und zwei an das MPQ angegliedert: die Gruppen »Nichtklassische Strahlung« (AG Paul) an der Humboldt-Universität zu Berlin und »Röntgenoptik« (AG Förster) an der Friedrich-Schiller-Universität Jena.[60]

Neben diesen zeitlich befristeten Ergänzungen des Forschungsfelds durch die Forschungsgruppen in den neuen Bundesländern gab es Anfang der 1990er-Jahre Bestrebungen, die Gebiete Optik und Laserphysik durch Institutsgründungen in den neuen Bundesländern zu erweitern. Der Astrophysiker Reinhard Genzel schlug 1994 die Einrichtung eines Max-Planck-Instituts für »Moderne Angewandte Optik« vor, das sich mit der Entwicklung moderner optischer Messmethoden für die Grundlagenforschung beispielsweise in der Gravitationswellen- und Astrophysik befassen, aber auch eine »(von der Politik geforderte) Anwendungsorientierung zur Technologie in fast idealer Weise« ermöglichen sollte.[61] Als Standort bot sich Jena mit der Nähe zu den Unternehmen Zeiss und Jenoptik sowie dem Fraunhofer-Institut für Angewandte Optik und Feinmechanik an. Die Kommission für das vielversprechende Vorhaben leitete Steven Beckwith vom Max-Planck-Institut für Astronomie. In einer ersten noch nicht scharf umrissenen Konzeptionsphase identifizierte man die Forschungsbereiche Optische Informationsverarbeitung, Digitale oder Binäre Optik sowie Interferometrie – und damit zunächst eine Mischung aus Methoden und Forschungsgebieten – als mögliche Schwerpunkte für das neue Institut. Aus einer Shortlist von 15 Wissenschaftler:innen (darunter drei an Institutionen in Deutschland) wählte die Kommission den Forscher einer US-amerikanischen Einrichtung als geeignetsten Kandidaten aus.

So optimistisch die Kommission anfangs gestimmt war, eine internationale Berufung erfolgreich abschließen zu können, so überraschend endete das Verfahren mit einem Rückzug. In einem Gespräch mit dem Kommissionsvorsitzenden teilte der Kandidat mit, dass er einer Berufung nach München wohl zugesagt hätte, doch erschien ihm die Aussicht auf eine Vielzahl von Verwaltungsaufgaben im Zusammenhang mit der Neugründung wenig attraktiv. Außerdem äußerte er Sorgen vor einem Umzug nach Jena und mögliche xenophobe Übergriffe auf seine Person.[62] Da die Kommission zuvor beschlossen hatte, das Verfahren bei einer Absage einzustellen, scheiterte der Plan der Einrichtung eines Instituts der MPG für anwendungsbezogene optische Forschung in den neuen Bundesländern.

Ein weiteres nicht realisiertes Vorhaben ging auf Fritz Peter Schäfer zurück, der 1990 vorgeschlagen hatte, einen Kryptonfluorid-Kurzpulslaser mit hohen Leistungen als neue Forschungsinfrastruktur zu errichten. Durch die Fortschritte in der Entwicklung von Laserquellen in den

---

58 Ausführlich Bonolis und Leon, Gravitational-Wave Research, 2020.
59 Ash, *MPG im Kontext*, 2020.
60 Harry Paul leitete bis zur Auflösung der Akademie der Wissenschaften die Theorieabteilung am Zentralinstitut für Optik und Spektroskopie. Eckhart Förster leitete vor der MPG-Kooperation seit den 1980er-Jahren eine Arbeitsgruppe zur Röntgenmikroskopie und Röntgenspektroskopie an der Universität Jena.
61 Konzeptskizze MPI für Angewandte Optik, AMPG, II. Abt., Rep. 62, Nr. 252, fol. 119, Klammern im Originaltext.
62 Steven Beckwith (Kommissionsvorsitzender) an die Mitglieder der Kommission »Angewandte Optik«, 28.11.1996, AMPG, II. Abt., Rep. 62, Nr. 241, fol. 1–2.

1980er-Jahren war es möglich geworden, nicht nur die Leistung der Laser weiter zu erhöhen, sondern auch die Pulslänge auf immer kürzere Zeiträume zu verkleinern und damit neue Untersuchungen in der Atom-, Molekül- und Plasmaphysik zu ermöglichen. Schäfer empfahl den Aufbau eines Max-Planck-Instituts für Laserphysik in Göttingen, wo man an die Infrastruktur seiner bereits bestehenden Gruppe anknüpfen könne.[63] Die CPTS-Kommission würdigte den innovativen Charakter des Projekts, den mehrjährigen Zeitplan zu dessen Verwirklichung sah man jedoch als sehr ambitioniert an und verwies darauf, dass Schäfer als Initiator spätestens 1999 emeritiert werden würde. Erneut wurde auch Jena als Standort ins Gespräch gebracht, doch weder die MPG noch das BMFT verfolgten das Projekt weiter.

Zusätzlichen Anlass, über eine inhaltliche Neuorientierung nachzudenken, gab eine Welle von Emeritierungen der in den 1960er- und 1970er-Jahren berufenen Direktoren. Diese begann mit dem Dienstende Albert Wellers im Jahr 1990, dessen Nachfolger der Physikochemiker Jürgen Troe wurde, der die Forschung in den Fachgebieten Spektroskopie und Photochemische Kinetik fortsetzte. Ebenfalls in Göttingen ging Schäfer 1994 vorzeitig in den Ruhestand, womit innerhalb weniger Jahre am MPIBPC erneut eine Richtungsentscheidung durch eine Neuberufung getroffen werden musste. Zwei Anläufe für vorgezogene Berufungsverfahren konnten nicht vollzogen werden,[64] ein dritter Versuch der Nachbesetzung der Abteilung Laserphysik im Jahr 1996 scheiterte an der Länge des Verfahrens. Die Abteilung wurde nicht mehr besetzt.[65]

Am MPQ entschloss sich Siegbert Witkowski, seine Tätigkeit als Leiter der Abteilung Plasmaphysik nicht über das 65. Lebensjahr hinaus zu verlängern, und verließ 1993 den aktiven Dienst. Inzwischen hatte sich gezeigt, dass die Laserfusion mit dem Asterix-Jodlaser entgegen den ursprünglichen optimistischen Annahmen nicht mit einem Laser dieser Leistungsklasse zu bewerkstelligen war. Der Betrieb dieses Lasers wurde aufgegeben und das Instrument 1998 an das Institut für Plasmaphy-

sik der Tschechischen Akademie der Wissenschaften abgegeben.[66]

Zwei neue Arbeitsschwerpunkte im MPQ schienen nun denkbar: die Physik mit Lasern der höchsten Intensität sowie die Physik der Bose-Einstein-Kondensate, die sich durch Arbeiten von Eric Cornell, Carl Wieman und Wolfgang Ketterle zu einem weltweit expandierenden experimentellen Forschungsgebiet zu den Grundlagen der Quantenphysik entwickelt hatte.[67] Der Wechsel bot damit einen »Einschnitt und eine Chance zur Innovation«, wie der Geschäftsführende Direktor des MPQ Hänsch in seinen Überlegungen zur weiteren Entwicklung des MPQ feststellte.[68] Der Versuch des MPQ, Ketterle, einen ehemaligen Doktoranden Herbert Walthers, aus den USA für die Besetzung einer vierten experimentellen Abteilung zu gewinnen, gelang auch aufgrund der anfänglichen Zurückhaltung der Generalverwaltung, der Länge des Verfahrens sowie anderer Mitbieter nicht. Trotz sehr guter Rahmenbedingungen für einen Wechsel zur MPG beschloss Ketterle, am Massachusetts Institute of Technology (MIT) zu bleiben und weiter in den USA zu forschen. 1999 wurde Gerhard Rempe, der mit seinem Doktorvater Herbert Walther in den 1980er-Jahren grundlegende Cavity-QED-Experimente durchgeführt hatte, als Direktor und Leiter der Abteilung Quantendynamik nach Garching berufen. Zuvor hatte er an der Universität Konstanz gelehrt, wo ihm die erste Beobachtung eines Bose-Einstein-Kondensats außerhalb der USA gelungen war. Der in Garching ausgebildete wissenschaftliche Nachwuchs bereicherte nicht nur die Forschungen der Bundesrepublik (und darüber hinaus) und stärkte die Kooperation mit den Universitäten; mit Gerhard Rempe und Immanuel Bloch[69] kehrten auch zwei am MPQ ausgebildete Wissenschaftler später als Direktoren in zweiter Generation an das Institut zurück.

Im Jahr 2001 vergrößerte die Leitung des MPQ das Direktorium durch eine fünfte Stelle für Theorie[70] mit der Berufung von Ignacio Cirac und setzte mit dem Bereich Quanteninformation inhaltlich einen wichtigen Impuls zur Erweiterung der Institutsschwerpunkte. Im Gegensatz zu den MPQ-Mitbegründern Walther und Kompa,

---

63 Schäfer an Großmann vom 6.8.1991, AMPG, II. Abt., Rep. 62, Nr. 120, fol. 62–63.
64 Darunter auch die Berufung des Chemikers und späteren Nobelpreisträgers Ahmed H. Zewail. Schriftverkehr zu Nachfolgeberufung Schäfer Zewail, GVMPG, BC 218980.
65 Jürgen Troe an Hubert Markl, 12.7.1996, AMPG, II. Abt., Rep. 62, Nr. 110, fol. 16–17.
66 PALS – Prague Asterix Laser System, The Laser Spark of Life, http://www.pals.cas.cz/the-laser-spark-of-life-triggered-at-the-pals-facility-recognized-by-the-czech-science-foundation/.
67 Im Jahr 2001 erhielten die drei Forscher für ihre Entdeckung den Nobelpreis für Physik.
68 Theodor Hänsch an Hans Zacher, Überlegungen zur weiteren Entwicklung des MPQ, 2.1.1996, AMPG, III. Abt., ZA 214, Nr. 20.
69 Bloch hatte bei Hänsch promoviert, war bis 2002 wissenschaftlicher Mitarbeiter am MPQ gewesen und hatte 2003 eine Professur in Mainz angenommen.
70 Zuvor war von 1993 bis 2000 Peter Lambropoulos am MPQ als Leiter der Theorie zur Licht-Materie-Wechselwirkung berufen worden. Zudem wurde Raphael Levine als Auswärtiges Wissenschaftliches Mitglied für Theorie ernannt.

die in den Jahren 2003 und 2006 emeritiert wurden, kann Theodor Hänsch nach der Verleihung des Nobelpreises im Jahr 2005 seine intensive Forschungstätigkeit an der Ludwig-Maximilians-Universität und am MPQ durch eine Sonderregelung bis heute fortsetzen.

8.5 Physik mit Lasern und Physik des Lichts

Ein neuer Anlauf, das Forschungsfeld innerhalb der MPG durch eine Institutsneugründung auszubauen, war erst wieder nach der Jahrtausendwende möglich. Die von DFG und MPG in Auftrag gegebene Systemevaluation der Forschungsförderung in Deutschland, die unter dem Namen Brook-Report bekannt wurde, schlug zur Weiterentwicklung der Organisationsformen sowie zur Stärkung der Vernetzung an den Universitäten vor, »MPG-Forschungsstellen« einzurichten. Ziel war es, eine »größere Beweglichkeit und Risikobereitschaft bei der Bearbeitung neuer Forschungsgebiete« zu erreichen.[71] Eine Möglichkeit hierzu bot sich an der Friedrich-Alexander-Universität Erlangen, wo Gerd Leuchs – nach einigen Jahren der Forschung in der Industrie im Anschluss an seine MPQ-Tätigkeit – im Jahr 2000 das Zentrum für Moderne Optik begründet hatte. Leuchs ehemaliger Chef Herbert Walther brachte im August 2000 in den Senatsausschuss für Forschungsplanung der MPG die Option ein, mit dem Erlanger Zentrum eine MPG-Forschungsgruppe zu etablieren.[72] Auf Anregung von MPG-Vizepräsident Gerhard Wegner und unter Einbindung von Walther legte Leuchs im Jahr 2001 ein Konzeptpapier[73] als Diskussionsgrundlage innerhalb der CPTS vor, in dem es um die Errichtung einer Forschungsgruppe »Optik, Information und Photonik« ging. Diese nahm nach mehrjähriger Vorbereitung zum 1. Januar 2004 mit den Wissenschaftlichen Leitern Leuchs und Philipp St. John Russel ihre Arbeit auf. Aus der Forschungsgruppe entstand nach fünfjähriger Förderung 2009 mit dem mit drei Direktorenstellen ausgestatteten Max-Planck-Institut für die Physik des Lichts (MPL) ein zweites Kerninstitut mit Schwerpunkt Licht und Laserphysik. Dort erforscht man heute ein Themenspektrum, das auch die Schnittstellen zwischen Optik, Biologie und Medizin einschließt.

Ebenfalls außerhalb des Betrachtungszeitraums des Forschungsprojekts »Geschichte der Max-Planck-Gesellschaft« liegt die Entstehung des auch aus einer Forschungsgruppe hervorgegangenen und im Jahr 2014 eingerichteten Max-Planck-Instituts für Struktur und Dynamik der Materie (MPSD) mit drei Abteilungen, in denen die Struktur und die Eigenschaften der Materie auf der Ebene atomarer Längenskalen mit Ultrakurzzeit-Spektroskopie untersucht werden. Die Wechselwirkung zwischen Strahlung hoher Intensitäten und Materie bildet auch am Max-Planck-Institut für Kernphysik (MPIK) in Heidelberg mit der Quantendynamik einen theoretischen wie experimentellen Forschungsschwerpunkt. Dort forschen seit 2001 der Experimentalphysiker Joachim H. Ullrich und seit 2004 auch der Theoretische Physiker Christoph H. Keitel als Direktoren.

Die thematischen Schnittmengen zwischen der Forschung in den Instituten zeigten sich ebenfalls in der Festlegung der MPG-internen Forschungsfelder im Zuge der ab 1997 einsetzenden Reform der Fachbeiräte: Sowohl das MPQ als auch das MPIK gehörten (Stand 1998) neben dem MPI für Physik und dem MPP dem Forschungsfeld 6 (»Teilchen/Felder«) der CPTS an.[74]

8.6 Zusammenfassung und Ausblick

Gemessen an der Zahl der beteiligten Wissenschaftler:innen, den aufgewandten Ressourcen sowie der Anzahl der Kernabteilungen und -institute stellt das Forschungsfeld Licht und Laserphysik eine kleinere Einheit im wissenschaftlichen Spektrum der MPG dar. Dies liegt zum einen an fehlenden Vorläufern aus der Zeit der KWG, was einen Aufbau der Forschungstätigkeit von Grund auf notwendig machte. Zum anderen ereigneten sich signifikante Veränderungen im wissenschaftlichen Gebiet der Optik erst zu Beginn der 1960er-Jahre mit neuen Erkenntnissen zur Quantentheorie des Lichts sowie der Entwicklung des Lasers, der eine neue Dynamik in der Forschung entfachte.

Mehrere Momente der historischen Entwicklung der Erforschung von Licht und Laserphysik verdienen eine besondere Hervorhebung. Spektroskopie sowie Laserphysik verblieben erstens innerhalb der MPG zunächst auf dem Status von Methoden. Obgleich es sich bei der Forschung zur Laserphysik um eine äußerst dynamische internationale Entwicklung handelte, griff die Max-Planck-Gesellschaft das neue Thema erst mit einer zeitlichen Verzö-

---

71 Brook et al., *Forschungsförderung*, 1999, 43–44.
72 Institutionalisierungsvorschlag für eine Max-Planck-Forschungsgruppe an der Universität Erlangen (Dr. Stefan Echinger), 3.5.2001, AMPG, II. Abt., Rep. 57, Nr. 1285, fol. 49.
73 »Perspektiven der Optik an der Universität Erlangen-Nürnberg« vom 11.1.2001, AMPG, II. Abt., Rep. 62, Nr. 1855, fol. 169–176.
74 Materialien für die Sitzung des Senats des MPG am 20.11.1998 in München, Top 4 Fachbeiratswesen der Max-Planck-Gesellschaft; Festlegung der Forschungsfelder für die erweiterte mittelfristige Evaluation (Bericht), AMPG, II. Abt., Rep. 62, Nr. 635, fol. 2–3.

8. Licht und Laserphysik

gerung von fast zehn Jahren auf und richtete eine erste Abteilung zur Laserphysik innerhalb der MPG ein.

Im Gegensatz hierzu zeigte die MPG mit der Gründung des Max-Planck-Instituts für Quantenoptik in den 1980er-Jahren zweitens eine vorausschauende und risikobewusste Haltung in der Besetzung eines neuen Forschungsfelds im internationalen Wettbewerb mit hohem wissenschaftlichem Ertrag. Dabei nahm sie die Betonung von Anwendungsorientierung zunächst billigend in Kauf und wertete die Laserphysik zu einem neuen Forschungsfeld innerhalb der MPG auf. Gleichzeitig sah sich die MPG jedoch damit einem Kraftfeld externer forschungspolitischer Interessen ausgesetzt. Drittens: Durch das frühe Gegensteuern der MPG-Führung hinsichtlich der Forschungsdesiderate der Politik emanzipierte sich die Laserforschung schnell von den an sie gestellten Forderungen hinsichtlich Anwendungsorientierung und Kooperation mit der Industrie. Der vom BMFT erhoffte technologische Durchbruch bei den anfangs priorisierten Projekten Laserfusion und Laserisotopentrennung blieb aus, beide Programme zu den Anwendungen der Zukunft wurden in den 1980er- und 1990er-Jahren in Deutschland aufgegeben. Stattdessen veränderte das Institut im Zuge seiner Autonomie die wissenschaftliche Ausrichtung hin zur Erforschung von Grundlagenfragen. Erst die damit geschaffenen Freiräume für neue wissenschaftliche Themen ermöglichten den Beteiligten die Teilhabe an der Spitzenforschung und das MPG entwickelte sich zu einem internationalen Zentrum auf dem aufstrebenden Gebiet der Quantenoptik.

Andere Technologien, wie zum Beispiel die interferometrischen Aufbauten zur Messung von Gravitationswellen, konnten zunächst übernommen und entwickelt, in ihrer wissenschaftlichen Reife jedoch schließlich ausgelagert und an andere Standorte transferiert werden. Forschungsarbeiten zu Halbleiterlasern spielten weder in Göttingen noch in Garching eine nennenswerte Rolle, da dieses zur Halbleiterphysik zählende Feld bereits vom MPI-FKF in Stuttgart besetzt war. Damit wurde zumindest implizit eine Aufgabenteilung hinsichtlich der Laserentwicklung an den verschiedenen Instituten vorgenommen. Nachdem die Forschung zu Laserplasmen eingestellt worden war, kam es am MPQ zu einer Verlagerung der Forschungsschwerpunkte hin zur Physik von Bose-Einstein-Kondensaten, der Erforschung von Quantengasen in optischen Gittern, zur Quanteninformation sowie zur Attosekundenphysik.[75] Lediglich Letztere benötigt weiterhin eine umfangreiche Forschungsinfrastruktur und Ressourcen, die sich nicht ohne Weiteres an anderen Standorten reproduzieren lassen.

Mit der Erweiterung des Forschungsfelds, vor allem der Neugründung des MPL an der Schnittstelle von Optik, Biologie und Medizin, zeigt sich, dass die epistemische Entwicklung keineswegs abgeschlossen ist. Zudem spielt das Forschungsfeld für die Nachwuchsförderung aktuell innerhalb der MPG durch die 2019 eingerichtete Max-Planck-School of Photonics eine besondere Rolle. Für das zunächst bis 2025 vom BMBF geförderte institutionell- und standortübergreifende Graduiertenprogramm tragen – gemeinsam mit 17 deutschen Universitäten und Forschungseinrichtungen – insbesondere das MPL und das Fraunhofer-Institut für Angewandte Optik und Feinmechanik (IOF) in Jena Verantwortung.[76] Daher scheint aus der gegenwärtigen Perspektive auch völlig offen, ob es sich bei Licht und Laserphysik in der MPG um einen Cluster oder um eine ephemere Entität handelt: In der Antrags- und Förderungsrhetorik treten gegenwärtig im Umfeld des Forschungsfelds die Optik und der Laser mit seinen Grundlagen stärker in den Hintergrund. Gleichzeitig verschiebt sich der wissenschaftliche Fokus mit der massiven forschungspolitischen Unterstützung für die Quanteninformation und Quantentechnologien – erneut – auf eine weltweit geförderte Wette auf die technologischen Anwendungen der Zukunft.

---

[75] Seit 2003 leitet Ferenc Krausz als Direktor die Abteilung Attosekundenphysik am MPQ. Für die Entwicklung experimenteller Methoden zur Schaffung von Attosekundenpulsen, mit denen die Dynamik von Elektronen in Materie untersucht werden kann, wurde ihm im Oktober 2023 gemeinsam mit Pierre Agostini und Anne L'Huillier der Nobelpreis für Physik zugesprochen.

[76] Netzwerk der Partner, Max-Planck-School of Photonics, https://photonics.maxplanckschools.org/partner.

LABORLANDSCHAFTEN

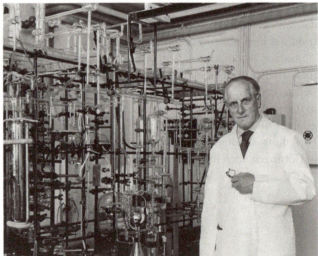

Foto 1: MPI für Biochemie, Tübingen 1951 (oben)
Foto 2: MPI für Biochemie, Martinsried 1977 (unten links)
Foto 3: MPI für Chemie (Friedrich Paneth), Mainz 1956 (unten rechts)

_____ LABORLANDSCHAFTEN _____

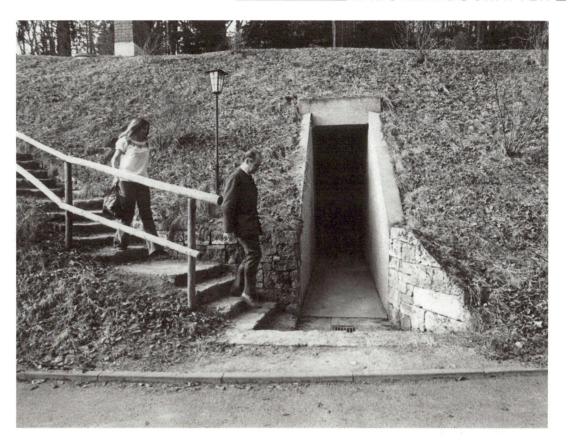

Foto 4 und Foto 5: Experiment des MPI für Verhaltensphysiologie zur Erforschung der »inneren Uhr«: Versuchsteilnehmer:innen leben eine gewisse Zeit im Bunkerlaboratorium. Meist, so wurde berichtet, seien es Student:innen gewesen, die die Zeit für Prüfungsvorbereitungen genutzt hätten. Erling/Andechs 1973

LABORLANDSCHAFTEN

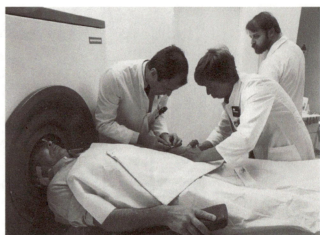
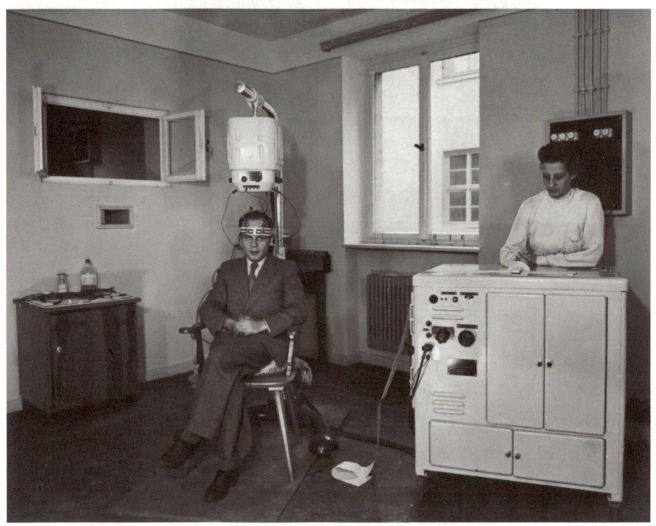

Foto 6: MPI für Psycholinguistik (Angela Friederici), Nijmegen/Niederlande 1980 (oben links)

Foto 7: Positronen-Emissions-Tomografie zum Nachweis von Stoffwechselstörungen im Gehirn am MPI für neurologische Forschung, Köln 1982 (oben rechts)

Foto 8: MPI für Hirnforschung, Gießen 1950er-Jahre (unten)

LABORLANDSCHAFTEN

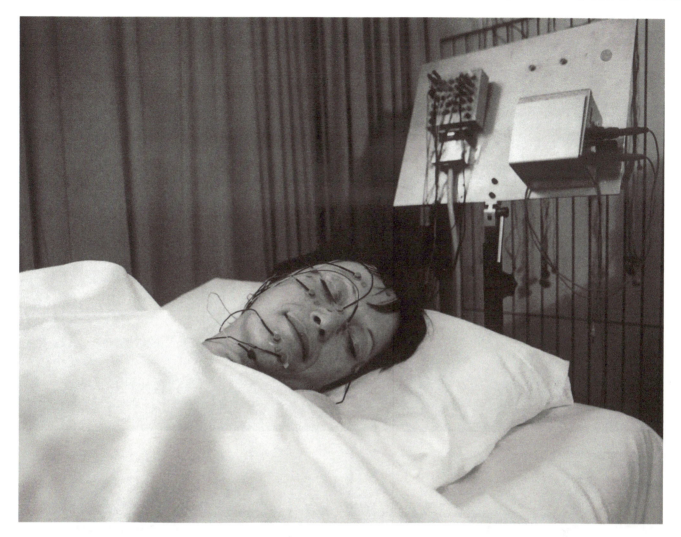

Foto 9: MPI für Psychiatrie, Schlaflabor, München 1983 (oben)
Foto 10: Versuchslabor am MPI für Psycholinguistik, Nijmegen/Niederlande 2000 (unten)

LABORLANDSCHAFTEN

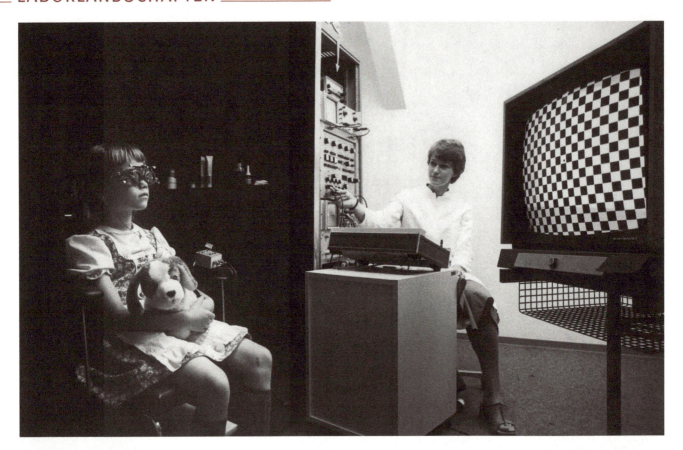

Foto 11: Experiment zur elektrophysiologischen Beurteilung der Sehleistung am MPI für physiologische und klinische Forschung, Bad Nauheim 1981 (oben)

Foto 12: »Modellstadt-Experiment« am MPI für Psycholinguistik, um den Gebrauch von Begriffen zur räumlichen Orientierung zu untersuchen, Nijmegen/Niederlande 1990 (unten)

LABORLANDSCHAFTEN

Foto 13: Student:innen – in der Mitte Otfried Butenandt – beim Sortieren von Seidenspinnerraupen im Labor des MPI für Biochemie, Tübingen 1950er-Jahre (oben links)

Foto 14: Aufblasen von Versuchsballons mit fotosensiblen Platten, um von kosmischer Strahlung verursachte nukleare Reaktionen zu messen, MPI für Physik, Göttingen 1952 (oben rechts)

Foto 15: Käthe Seidel, Leiterin der Arbeitsgruppe Krefeld am MPI für Limnologie, 1974 (Mitte links)

Foto 16: Pflanzschalen, die ein Versuchsfeld ersetzen, am MPI für Pflanzengenetik, Heidelberg 1976 (Mitte rechts)

Foto 17: Forschung an Tabakpflanzen am MPI für terrestrische Mikrobiologie, Marburg 1997 (unten links)

Foto 18: Ernte eines Versuchsfelds, MPI für Pflanzenzüchtungsforschung, Köln 2004 (unten rechts)

9. Molekulare Lebenswissenschaften

Alexander von Schwerin und Alison Kraft

Die Lebenswissenschaften gelten heute als Leitwissenschaften. Große Erwartungen richten sich damit auch an sie, zum Wohl der Menschheit beizutragen. Vor allem ist es die Durchdringung des Lebens mit molekularbiologischen und biomolekularen Forschungsansätzen, die diese hochgesteckten Erwartungen weckt.

Biomoleküle sind in den letzten Jahrzehnten des 20. Jahrhunderts weltweit in eine Schlüsselrolle bio- und humanwissenschaftlicher, biomedizinischer und landwirtschaftswissenschaftlicher Forschung – den molekularen Lebenswissenschaften – aufgerückt und haben zuletzt auch Teilgebiete der Chemie und Physik erobert. Die Max-Planck-Gesellschaft (MPG) bildet in dieser Entwicklung keine Ausnahme, im Gegenteil. Sie räumt heute den biomolekularen Wissenschaften auch über den engeren Rahmen der Lebenswissenschaft hinaus einen überdurchschnittlich breiten Raum ein. Das war allerdings nicht immer so. Der biomolekulare Cluster entwickelte sich zunächst vor allem aus einer eigenen Dynamik heraus, bevor die MPG ihm wissenschaftspolitische Priorität einräumte, und bildet seither den Typ eines Clusters, der mit Erfolg und wachsender Größe zunehmend an Kontur und Zusammenhalt verlor. Heute gehören die molekularen Lebenswissenschaften zu den größten Ansammlungen innerhalb der Biologisch-Medizinischen Sektion (BMS) der MPG mit 34 über den Untersuchungszeitraum hinweg involvierten Max-Planck-Instituten (MPI). Hinzu kommen chemisch-physikalische Institute, die sich der biomolekularen Forschung zugewendet haben. Zweifellos spiegeln sich die Geschichte der Molekularbiologie und allgemeiner die Molekularisierung der Lebenswissenschaften in dieser Entwicklung.

Unter Molekularisierung verstehen wir die Reformulierung von Forschungsproblemen und -themen in biomolekularen Begrifflichkeiten – vornehmlich, aber nicht zwingend der molekularen Biologie – sowie die Anwendung von Methoden und Techniken zur Erforschung, Manipulation und Anwendung von Biomolekülen in verschiedensten Gebieten der Biowissenschaften, der Medizin, der Pharmaforschung und der Landwirtschaftswissenschaften und darüber hinaus in chemischen und physikalischen Forschungsbereichen und der Technik.[1] Die alles andere als gradlinig zu bezeichnende disziplinäre Genese der Molekularbiologie, die in der Zeit des Kalten Kriegs Fahrt aufnahm und Anfang der 1970er-Jahre ihren Höhepunkt erreichte, bildete in diesem die Lebenswissenschaften übergreifenden Forschungstrend insofern nur eine, wenn auch entscheidende Durchgangsphase, über deren Anfang und Ende Wissenschaftshistoriker:innen unterschiedlicher Auffassung sind.[2]

In der Beantwortung der Frage, wie Biomoleküle – Vitamine, Hormone und Enzyme etwa – zum beherrschenden Bezugspunkt der Lebenswissenschaften und der Biomedizin werden konnten, greift Jean-Paul Gaudillière weit über die Molekularbiologie hinaus.[3] Es ist eine bis ins 19. Jahrhundert zurückreichende, den Aufstieg der Biochemie, frühe Ansätze der Biotechnologie und bioindustrielle Netzwerke einschließende Geschichte.[4] Ein wichtiger Fluchtpunkt für die Geschichte der Lebenswissenschaften in der MPG führt nicht zufällig bis

---

1 Dieses Verständnis von »Molekularisierung« unterscheidet sich insofern von anderen Verwendungen, die vor allem auf die Entwicklung der Molekularbiologie abheben. Siehe etwa Sloan, Chicago, 2014.
2 Olby, Revolution, 1990; Morange, *Black Box*, 2020, 3; Deichmann, Emigration, 2002, 451. Zu einem aktuellen Überblick über die Historiografie der Molekularbiologie siehe Grote et al., Vista, 2021.
3 Gaudillière, *Biomédicine*, 2002, 13; allgemein auch schon in de Chadarevian und Kamminga, Introduction, 1998.
4 Zur biochemisch begründeten Geschichte der Biotechnologie siehe Bud, *Uses*, 1993; Gaudillière, Wine, 2009; Schwerin, Stoff und Wahrig, *Biologics*, 2013.

9. Molekulare Lebenswissenschaften

in die Gründungszeit der Kaiser-Wilhelm-Gesellschaft (KWG) zurück. Als ein Begründer der chemischen Tradition in der KWG entfaltete Emil Fischer im Jahr 1915 die Vision einer »chemisch-synthetischen Biologie«, lange bevor die Rockefeller Foundation ihr berühmtes Programm für eine molekulare Biologie auflegte.[5] Molekularisierung muss also in der *longue durée* und als ein Prozess verstanden werden, der mit der chemischen und physikalischen Erforschung biologischer Moleküle, ihrer Struktur und Funktion einsetzte und zunehmend auf die technische Mobilisierung solcher Biomoleküle hinauslief: angefangen mit der biochemischen Isolierung und Synthetisierung von körpereigenen Funktionsstoffen, durch das expansive, chemische und physikalische Methodenspektrum der Molekularbiologie maßgeblich vorangetrieben, über die Verwandlung der Biomoleküle in Instrumente der Gentechnik und ihre Manipulation für die Zwecke von Medizin, Pharmazie und Pflanzenzüchtung bis hin zur noch kaum beachteten Adaption biomolekularer Methoden und Konzepte in entfernteren Wissenschaftsgebieten, wie der Chemie und den Materialwissenschaften. Diese neueren biomolekularen Wissenschaften können inzwischen mit einem beachtlichen Arsenal von Biotechniken, das von der Prozesstechnik über das Materialdesign bis zur Informatik reicht, aufwarten. Um diesen langfristigen Prozess der Molekularisierung in den Blick zu nehmen, sprechen wir hier von den molekularen Lebenswissenschaften im engeren und den biomolekularen Wissenschaften im weiteren Sinne.[6]

Abbildung 19 gibt eine Übersicht über die Struktur der molekularen Lebenswissenschaften in der MPG und ihre institutionelle Breite. Die KWG gehörte international zwar zu den Vorreitern auf dem Feld der molekularen Biologie, in der MPG verlief deren Aufstieg jedoch zunächst langsam. Erst ab den 1960er-Jahren nahm die Zahl molekularbiologisch arbeitender MPI zu, zum Teil parallel zu wichtigen Zäsuren der MPG-Geschichte.

Die weitgehende Molekularisierung der lebenswissenschaftlichen Forschung in der MPG spiegelt sich in der Publikationstätigkeit der MPG-Wissenschaftler:innen wider (Abb. 20).[7] In den Blick zu nehmen sind dafür Biochemie und Zellbiologie sowie Genetik als die maßgeblichen Gebiete, in denen sich in der MPG seit den 1970er-Jahren die molekularbiologische Forschung entwickelte. Das Publikationsaufkommen dieser Bereiche überflügelte andere lebenswissenschaftliche Forschungsgebiete in der MPG bei Weitem. Das wirft zugleich bereits ein Schlaglicht auf die besondere Bedeutung der Biochemie, welche in der Geschichte der Molekularbiologie zumeist im Schatten der Biophysik und ihrer faszinierenden Instrumente, wie etwa dem Elektronenmikroskop, stand.[8]

Die Frage stellt sich, wie es nach dem verzögerten Einstieg zu dem rasanten Aufstieg der molekularen Lebenswissenschaften in der Max-Planck-Gesellschaft kam. Ein Grund bestand sicher in der Eigenschaft der Molekularbiologie, neue Forschungsfragen aufwerfen und durch ihr großes Methodenspektrum verschiedenste biologische Felder zusammenbinden zu können. Darüber hinaus begünstigten die politische und ökonomische Bedeutung der aufkommenden Biotechnologie in Kombination mit der besonderen Verfasstheit der MPG diese Entwicklung.[9] Im Unterschied zu anderen Wissenschaftsorganisationen, die ähnlich den National Institutes of Health (NIH) oder der Rockefeller University eine Entwicklung zu stark biomolekular ausgerichteten Forschungsinstitutionen durchmachten, spielten im organisatorischen Rahmen der MPG Top-down-Entscheidungen weniger eine Rolle als Mechanismen sozialer und epistemischer Kohäsion sowie Aushandlungsprozesse in der Arena der MPG-Gremien.[10] Es scheint, dass das »bedauernswerte Schisma« (Helmreich) zwischen molekularer und klassischer Biologie die Lebenswissenschaften der MPG besonders prägte und letztlich zum Motor von deren Molekularisierung wurde.[11] Vier teils überlappende Phasen

---

[5] Johnson, *New Dahlems*, 2023. Zum Rockefeller-Programm siehe Kay, *Vision*, 1993. – Fischers Schule gilt als ein Vorbild für die Arbeit am Rockefeller Institute for Medical Research. Hollingsworth, Excellence, 2004, 37.

[6] Dieses Begriffspaar ist insofern unabhängig von den verschiedenen Definitionen der Molekularbiologie zu verstehen. Zu Letzteren siehe etwa Zallen, Boundaries, 1993; Morange, *Black Box*, 2020, 2.

[7] Die Geschichte der molekularen Lebenswissenschaften in der MPG ist auf Leitungsebene weitgehend von Männern bestimmt. Werden im Folgenden männliche Akteursbezeichnungen benutzt, reflektiert dies diesen Umstand. Zur Genderpolitik der MPG siehe unten, Kap. IV.5 und Kolboske, *Hierarchien*, 2023.

[8] Rheinberger, *Spalt*, 2021, 180; ähnlich Morange, *Black Box*, 2020, 5, Kapitel 1. Zur Bedeutung der Chemie allgemeiner siehe Creager, Reaction, 2017; Reinhardt, Name, 2018.

[9] Wir verbinden mit dieser Darstellung den Versuch, die Entwicklung der Biotechnologie als Teil der Geschichte der molekularen Lebenswissenschaften zu verstehen. Zur Kritik an einer wissenschaftlich zentrierten Geschichte der Molekularbiologie siehe Rasmussen, Biomedicine, 2018, 5–6. Umgekehrt konzentrieren sich Geschichten der Biotechnologie zumeist einseitig auf die Gentechnik und ihre Verfahren. Ein weiter gefasstes Verständnis von Biotechnologie vertreten dagegen Bud, *Uses*, 1993; Marschall, *Schatten*, 2000; Gaudillière, Industry, 2001.

[10] Siehe verschiedentlich Hinweise in Hannaway, *Biomedicine*, 2008; Scheffler, *Cause*, 2019; Kay, *Vision*, 1993; Hanson et al., *University*, 2000.

[11] Helmreich, *Molekülen*, 2011, 43–44.

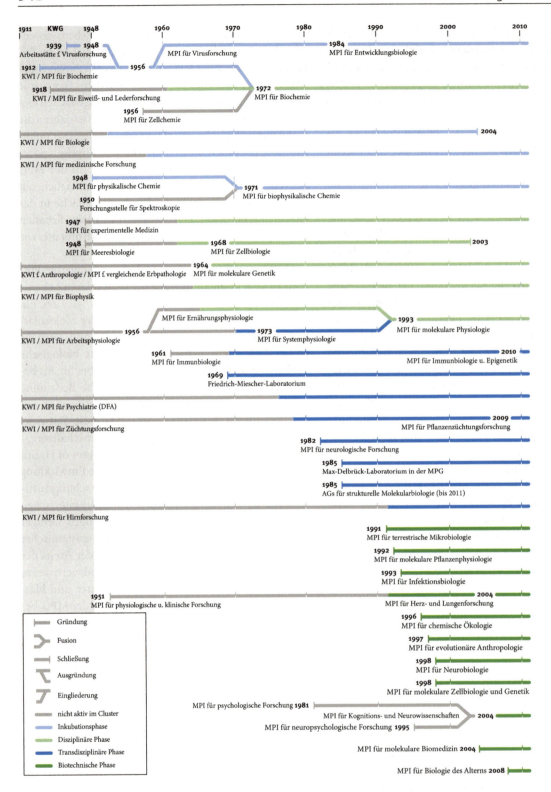

Abb. 19: Die lebenswissenschaftlichen Forschungseinrichtungen des biomolekularen Clusters der MPG. Aufgelistet sind alle Institute, die zumindest teilweise auf Grundlage molekularbiologischer Methoden oder Fragestellungen arbeiteten. Die Darstellung beginnt mit der noch zu KWG-Zeiten im Jahr 1939 eingerichteten Arbeitsstätte für Virusforschung. Nicht einbezogen sind – wie unten ausgeführt – Institute der Chemisch-Physikalisch-Technischen Sektion, die vermehrt ab den 1990er-Jahren biomolekulare Forschungsansätze entwickelten. – * Gemeinschaftsprojekt von KWI für Biologie und KWI für Biochemie. – Quelle: Eigene Darstellung.

9. Molekulare Lebenswissenschaften

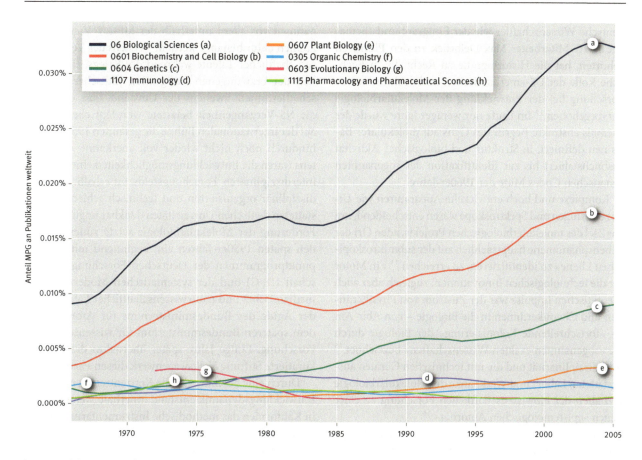

Abb. 20: Publikationsvolumen der MPI in Gebieten der Biowissenschaften und molekularen Lebenswissenschaften relativ zum weltweiten wissenschaftlichen Publikationsaufkommen (1965–2005). – Quelle: Publikationsanalyse von Malte Vogl, Dirk Wintergrün und Alexander von Schwerin auf Basis der Dimensions-Datenbank Dimensions, Dimensions Data, 2021; doi. org/10.25625/BILDRV.

können dabei unterschieden werden (siehe die Farbcodes in Abb. 19):

1. Phase bis 1963: Vorlauf- bzw. Inkubationsphase und Suche nach internationalem Anschluss. Die MPG schloss mit Verzögerung und in begrenztem Umfang an molekularbiologische Forschungsansätze in der KWG und die internationale Wissenschaftsentwicklung an.

2. Phase bis 1973: disziplinäre Phase im Fahrwasser nationaler und europäischer Aufholjagd und Formierung des molekularbiologischen Clusters.

3. Phase ab den 1970er-Jahren: interdisziplinäre Phase und Ausweitung biomolekularer Forschungsansätze in einer Zeit hochfliegender wissenschaftlich-technischer Verheißungen.

4. Phase seit den 1990er-Jahren: biotechnische Phase mit Aufkommen der Bioökonomie und Übergang des organisierten molekularbiologischen Clusters zu einem wissenschaftsübergreifenden biomolekularen Trend.

In den folgenden Abschnitten untersuchen wir nach einer Einführung in die internationale Wissenschaftsentwicklung die Entwicklung in der MPG entlang der vier Phasen nach jeweils drei Aspekten: 1. Entwicklung der Forschung, 2. strukturelle Merkmale und 3. innere und externe Einflüsse.

9.1 Im Zeitalter der Biomoleküle: Biomedikalisierung und Biotechnisierung

Die zweite Hälfte des 20. Jahrhunderts war eine Zeit tiefgreifenden Wandels in den Biowissenschaften, geprägt durch die Untersuchung zellulärer Mechanismen und Strukturen auf molekularer Ebene. Das molekulare Paradigma führte zu dem, was Lily Kay in ihrer bahnbrechenden Studie über die Molekularbiologie am California Institute of Technology in Pasadena (Caltech) die »molekulare Vision des Lebens« genannt hat, eine Vorstellung von Biologie, die sich der klassisch biologischen Forschung an Pflanzen und Tieren schnell entfremdete.[12] Die Erforschung molekularer Strukturen und Mechanismen konzentrierte sich auf einfachere Organismen, insbesondere Bakterien und Viren. Auch wenn einige

---

12 Kay, *Vision*, 1993.

deutsche Wissenschaftler wie der Emigrant und ehemalige KWG-Mitarbeiter Max Delbrück zu den Pionieren gehörten, hat die Historiografie zu Recht die maßgebliche Rolle der US-amerikanischen und auch britischen Forschung bei der Entwicklung der Molekularbiologie hervorgehoben.[13] Im Laufe nur weniger Jahre wurde der ehemals abstrakte Begriff des Gens auf molekularer Basis neu definiert, in Struktur und biologischer Aktivität ausbuchstabiert bis zur Identifikation des sogenannten genetischen Codes Mitte der 1960er-Jahre.

Komplexe und hoch entwickelte Apparaturen wie Ultrazentrifugen und Spektroskope waren entscheidend, um das Ziel des molekularbiologischen Projekts, »den Ort der Lebensphänomene hauptsächlich auf der submikroskopischen Ebene« zu identifizieren, zu erreichen.[14] Ein Motor für die technologischen Innovationen, zugleich aber auch theoretischen Impulse war der Zustrom von Physiker:innen und Chemiker:innen in die Biologie – von Abir-Am als »fortschreitende Kolonisierung« der Biologie durch die »sogenannten exakten Wissenschaften« bezeichnet.[15] Interdisziplinarität und die mit technischen Geräten ausgestatteten Labors und Werkbänke der Molekularbiologie verhalfen der biowissenschaftlichen Forschung zu einer neuen »epistemologischen Autorität«.[16]

Tempo und Muster der Entwicklung in Westeuropa waren unterschiedlich und spiegelten sowohl frühere biologische Forschungstraditionen als auch die spezifischen Merkmale der einzelnen nationalen Wissenschaftssysteme wider.[17] Im Vereinigten Königreich beispielsweise gründete der Medical Research Council bereits im Jahr 1947 das Labor für Molekularbiologie an der Universität Cambridge, während sich in Frankreich das Pasteur-Institut erst mit der Zeit und mit finanzieller Unterstützung der USA zu einem bedeutenden Zentrum für Molekularbiologie entwickelte.[18] Im Gegensatz dazu blieb die Molekularbiologie in der Bundesrepublik hinter ihren europäischen Nachbarn zurück, mit bedeutenden Ausnahmen vor allem innerhalb der MPG.[19] Vier Gründe können dafür benannt werden:[20] erstens der Verlust wissenschaftlicher Talente während des Kriegs, einschließlich der erzwungenen Emigration jüdischer Wissenschaftler:innen; zweitens der Umstand, dass die durch die NS-Vergangenheit belastete westdeutsche Biologie auf der internationalen Bühne die gesamten 1950er-Jahre hindurch noch nicht wieder voll anerkannt war. Drittens waren die Entwicklungsmöglichkeiten eines solchen interdisziplinären Forschungsfelds innerhalb der stark disziplinär organisierten und technisch schlecht ausgestatteten deutschen Universitäten denkbar ungünstig. Die Förderung der Molekularbiologie setzte zudem erst in den späten 1950er-Jahren ein, beginnend mit Schwerpunktprogrammen der Deutschen Forschungsgemeinschaft (DFG) und der systematischen Modernisierung medizinischer und naturwissenschaftlicher Labore unter der Ägide des Bundesministeriums für Atomenergie, dem späteren Bundesministerium für wissenschaftliche Forschung. Einige Jahre später übernahm die staatlich kuratierte Stiftung Volkswagenwerk diesen Part.[21]

Durch eine beeindruckende Konzentration regionaler Entwicklungsdynamik entstand innerhalb weniger Jahre in Kalifornien das methodische Instrumentarium für die Entwicklung des Genetic Engineering.[22] Die Weiterentwicklung der Gentechnik, die vielfältigen Kontroversen um Sicherheitsfragen und die Kommerzialisierung der akademischen Forschung – zunächst in Form kleiner, meist aus den Universitäten ausgegründeten Wissenschaftsfirmen (Biotech Start-ups), dann zunehmend unter Einbeziehung der Industrie – haben schon früh die Wissenschaftsforschung, in den letzten Jahren auch die historische Forschung beschäftigt und zur Feststellung geführt, dass der »Forschungsprozess in den Lebenswissenschaften […] von industriellen und techno-kommerziellen Einflüssen mit Blick auf die Verbindung von Objekten, eingeschlossen ›industrialisierter‹ Organismen,

---

13 Hier und nachfolgend ebd., 269–277; de Chadarevian, *Designs*, 2002; Morange, *Black Box*, 2020, 88–98; Müller-Wille und Rheinberger, *Gen*, 2009, 75–88.
14 Kay, *Vision*, 1993, 4; Morange, *Black Box*, 5; Rheinberger, *Spalt*, 2021, 166–181.
15 Abir-Am, Transformation, 1997, 496.
16 Fox Keller, Physics, 1990.
17 de Chadarevian und Strasser, Molecular Biology, 2002; Strasser, *Fabrique*, 2006.
18 de Chadarevian, *Designs*, 2002, 54–69; Gaudillière, *Biomédicine*, 2002, 115–184. Zur Wissenschaftsförderung der Rockefeller Foundation in Deutschland siehe Sachse, Research, 2009. Zur Verbindung von MPG und CNRS siehe unten, Kap. IV.9.3.
19 Deichmann, Emigration, 2002, 452.
20 Ebd., 453–460. Siehe auch Düwell, Wissenschaftsbeziehungen, 1990; Deichmann, *Biologen*, 1995.
21 Zur Stiftung siehe Rheinberger, Stiftung, 2002; Globig, *Impulse*, 2002; zur DFG Wenkel, *Molekularbiologie*, 2013, 76–90; zum Bundesministerium Schwerin, *Strahlenforschung*, 2015; Schwerin, Forschung, 2023. – Wenig beachtet in seiner Bedeutung ist bislang das Großgeräteprogramm der DFG geblieben. Siehe Hinweis in Reinhardt und Steinhauser, Formierung, 2008, 81–88.
22 Für einen Überblick siehe Morange, *Black Box*, 2020, 184–203; Müller-Wille und Rheinberger, *Gen*, 2009, 89–103; Rheinberger und Müller-Wille, *Vererbung*, 2009, 243–257. In Auswahl aus der weitläufigen Literatur siehe Vettel, *Biotech*, 2006; Yi, *University*, 2015.

Instrumente und Arbeitsformen untrennbar geworden ist«.[23] Methodische und technische Neuerungen, frühe Datensammlungen und die Computerisierung der Biowissenschaften schufen in schneller Folge in diesen Jahren nicht zuletzt die Grundlage für die Sequenzierung der DNA und das Human Genome Project.[24] Genomsequenzierung und funktionelle Genomforschung haben in den 1990er-Jahren eine erhebliche Anziehungskraft sowohl auf die Lebenswissenschaften als auch auf Öffentlichkeit und Politik entfaltet, selbst wenn sie bislang hinter den hochgesteckten Erwartungen zurückgeblieben sind.[25]

Während die DNA als »Gral des Lebens« die Aufmerksamkeit von Öffentlichkeit und Wissenschaftsforschung beherrschte, hat die Annäherung von Molekularbiologie und anderen lebenswissenschaftlichen Disziplinen, eingeschlossen Biomedizin, Lebensmittel- und Landwirtschaftsforschung, weniger Beachtung gefunden.[26] Diesen Aspekt der Molekularisierung bezeichnen wir in Bezug auf die MPG als ihre interdisziplinäre Phase. Das betrifft etwa die Ausweitung des molekularbiologischen Themenfelds und Instrumentariums auf die Probleme der Zellbiologie.[27] Auch die Biomedizin kann weitgehend als das Ergebnis einer solchen Konvergenz verstanden werden.[28]

Inzwischen reicht die Molekularbiologie bis in Chemie und Technikwissenschaften hinein, eine Entwicklung, die bislang noch kaum in den Blick der Wissenschaftsforschung geraten ist. Zu denken ist etwa an Versuche unter anderem in der MPG, molekulare Pumpen als optische Datenspeicher oder in Lichtleitern einzusetzen.[29] Auch das Wiederaufleben der Naturstoffchemie in biomolekularer Gestalt vor allem für die Zwecke der Arzneimittelentwicklung ist ein Beispiel für das fortschreitende Ausgreifen biomolekularer Forschungsansätze.[30] Wie wir zeigen werden, prägte die Biotechnisierung der Molekularbiologie – die technische Anwendung molekularbiologischer Methoden und Kenntnisse über die Gentechnik hinaus – die Erforschung von Biomolekülen, ihrer Strukturen und biologischen Funktion in der MPG maßgeblich.

9.2 Avantgarde und bioindustrieller Innovationskeim

9.2.1 KWG-Erbschaft: Biochemie on the top

»Die richtigen Zutaten für die Entwicklung der Molekularbiologie waren, so scheint es, in Dahlem versammelt«, so resümiert der Biologiehistoriker Robert Olby die Erforschung der molekularen Grundlagen des Lebens in den im vornehmen Berliner Stadtteil versammelten Instituten der Kaiser-Wilhelm-Gesellschaft.[31] Hatte die KWG noch als Vorreiterin der neuen molekularen Biowissenschaften gelten können, geriet die MPG ins Hintertreffen – wie die Forschung auf diesem Gebiet in der Bundesrepublik insgesamt.[32] Vertreibung und Emigration ließen wichtige Entwicklungen in der Röntgenkristallografie und gentheoretische Ansätze abbrechen.[33] Anders erging es der Virusforschung als einem Schlüsselgebiet in der Erforschung der Erbsubstanz. Die 1939 in der KWG eingerichtete Arbeitsstätte für Virusforschung bildete den Ausgangspunkt für das 1954 in Tübingen gegründete biochemisch ausgerichtete MPI für Virusforschung (Direktoren: Hans Friedrich-Freksa, Gerhard Schramm, Werner Schäfer).[34] Teil der bundesweit einmaligen Konzentration

---

23 Rheinberger, *Physics*, 2004, 225. In Auswahl aus der weitläufigen Literatur vor allem mit Blick auf die Bundesrepublik siehe Amann et al., *Kommerzialisierung*, 1985; Kenney, *Biotechnology*, 1986; Dolata, *Ökonomie*, 1996; Gill, Bizer und Roller, *Forschung*, 1998; Gottweis, *Molecules*, 1998; Abels, *Forschung*, 2000; Giesecke, *Forschung*, 2001; Charles, *Lords*, 2002; Krimsky, *Science*, 2003; Jasanoff, *Designs*, 2005; Mirowski, *Science-Mart*, 2011; de Chadarevian, *Making*, 2011; Yi, *Who Owns What?*, 2011; Berman, *University*, 2012; Rasmussen, *Jockeys*, 2014; Parthasarathy, *Patent Politics*, 2017.
24 García-Sancho, *Biology*, 2012; Strasser, *Experiments*, 2019; de Chadarevian, *Heredity*, 2020.
25 Zur Öffentlichkeit siehe Salem, *Wahrnehmung*, 2013. Zu nicht erfüllten Erwartungen siehe Hopkins et al., *Myth*, 2007.
26 Zur Expansion und Interdisziplinarität der Molekularbiologie siehe Morange, *Black Box*, 2020, 167-183, 204-214 u. 243-252; Grote et al., *Vista*, 2021, 6-9.
27 Siehe unten, Kap. IV.10; siehe auch Worliczek, *Biologie*, 2020.
28 Rheinberger, *Spalt*, 2021, 181. Zur Biomedikalisierung siehe Gaudillière, *Biomédicine*, 2002, 9-20; Clarke et al., *Biomedicalization*, 2010.
29 Oesterhelt und Grote, *Leben*, 2022, 179-187.
30 Angerer, *Vermittlungsarbeit*, 2021.
31 Olby, *Path*, 1994, 40; Rheinberger, *Molekularbiologie*, 2014, 7.
32 Zur frühen Entwicklung der Molekularbiologie in der Bundesrepublik siehe Rheinberger, *Stiftung*, 2002; Deichmann, *Emigration*, 2002; Wenkel und Deichmann, *Max Delbrück*, 2007; Wenkel, *Molekularbiologie*, 2013.
33 Deichmann, *Flüchten*, 2001, 127, 252 u. 283; Gausemeier, *Ordnungen*, 2005, 170-174 u. 244-254.
34 Zur Geschichte der Arbeitsstätte siehe Rheinberger, *Virusforschung*, 2000; Lewis, *Continuity*, 2002, 48-108; Gausemeier, *Ordnungen*, 2005, 222-254; Brandt, *Metapher*, 2004, 68-97. Zur Gründungsgeschichte des MPI für Virusforschung siehe Lewis, *Continuity*, 2002, 202-209; Brandt, *Metapher*, 2004, 79 u. 97-103. Zu Planungen für eine Institutsgründung noch in den 1940er-Jahren siehe Butenandt an Hahn vom 19.12.1953, AMPG, II. Abt., Rep. 66, Nr. 4428, fol. 291.

molekularbiologischer Forschung in Tübingen war auch das altehrwürdige MPI für Biologie (Abteilung Georg Melchers), aus dem ebenfalls erfolgreiche Molekularbiologen hervorgingen (Karl-Wolfgang Mundry, Heinz-Günter Wittmann, Hans Günther Aach).[35] Beide Institute schlossen bald wieder an die »Weltspitze« (Rheinberger) an, leisteten wichtige Beiträge zur Entschlüsselung des genetischen Codes und damit zum Verständnis der Umsetzung genetischer Information in Enzyme und Proteine.[36]

Die von der KWG geerbte Institutsstruktur begründete das Gewicht der Biochemie in der molekularbiologischen Forschung der MPG. Zu den vier vor 1930 gegründeten biochemischen KWI (Lederforschung, Zellphysiologie, medizinische Forschung sowie Biochemie) kamen zwischen 1947 und 1956 weitere ganz oder teilweise biochemisch ausgerichtete Institute dazu (Medizinische Forschungsanstalt, Virusforschung, Zellchemie, physikalische Chemie). Die Arbeiten in den biochemischen Kerninstituten von Adolf Butenandt (MPI für Biochemie), Richard Kuhn (MPI für medizinische Forschung) und Feodor Lynen (MPI für Zellchemie) konzentrierten sich zwar auf klassisch biochemische Probleme – Strukturaufklärung biologischer Wirkstoffe, vornehmlich Hormone, Vitamine und Naturstoffe –, halfen aber auch dabei, dass molekulare Hybridgebiete, wie die Virusforschung, »voll zur Blüte« kommen konnten.[37] Die Physik spielte dagegen weniger eine Rolle. Vor dem Hintergrund einer insgesamt schwach vertretenen physikalisch-chemischen Forschung bildeten Arbeitsgruppen am MPI für Eiweiß- und Lederforschung und dem MPI für physikalische Chemie wichtige Ausnahmen.[38] Das MPI für Biophysik konzentrierte sich dagegen in Kontinuität seiner praktischen Ausrichtung zur NS-Zeit fast vollständig auf biologische und medizinische Strahlenforschung.[39] Die Biochemie gehörte also nicht nur zu den dominierenden lebenswissenschaftlichen Arbeitsgebieten in der MPG ab den 1950er-Jahren (Abb. 21 oben), sondern bildete vielfach den entscheidenden Ausgangspunkt für molekularbiologische Forschung (Abb. 21 unten).

Neben der funktionellen Erforschung der DNA rückte in den 1960er-Jahren die Aufklärung der Struktur und Eigenart von Proteinen – etwa von Funktions- und Strukturproteinen wie Kollagenen, Insulin und Hämoglobin sowie der Hüllproteine von Viren – in zum Teil scharfem internationalen Wettbewerb in den Vordergrund.[40] Klassische Fächer wie die Naturstoffchemie bewiesen dabei ihre Bedeutung für die Formierung der molekularen Biologie.[41] Die MPI prägten wegen ihrer Vorreiterrolle nicht zuletzt mit Blick auf die Nachwuchsausbildung die biochemische Ausrichtung der westdeutschen Molekularbiologie.[42]

9.2.2 Das US-amerikanische Modell und traditionelle Industrieverbindungen

Die Kontinuität zwischen KWG und MPG begründete eine noch weitergehende Pfadabhängigkeit der molekularbiologischen Forschung in der MPG. Ihre Prägung erhielt sie von einer Generation von Wissenschaftler:innen, die in der KWG wissenschaftlich sozialisiert worden waren und deren Karrieren im Kalten Krieg ihren Höhepunkt erreichten.[43] International standen sie indes eher am Rand, selbst wenn sie in manchen Bereichen zur internationalen Spitzenforschung aufschließen konnten.[44] Da die biochemische Forschung in der allgemeinen Wahrnehmung nicht als belastet galt, konnten die führenden MPG-Biochemiker aus der KWG-Zeit, Butenandt, Kuhn und Wolfgang Graßmann, ihre Kontakte ins Ausland relativ schnell wieder aktivieren – ihre Beteiligung an der NS-Kriegsforschung wurde erst später hinterfragt[45] –, was den Wissenschaftleraustausch in den

---

35 Wenkel, *Molekularbiologie*, 2013, 61.
36 Brandt, *Metapher*, 2004; Rheinberger, Molekularbiologie, 2014, 8.
37 Oesterhelt, *Brücke*, 1998.
38 Deichmann, *Flüchten*, 2001, 181–185, 250–255 u. 296–297; Wenkel, *Molekularbiologie*, 2013, 171.
39 Schwerin, *Strahlenforschung*, 2015, 305–353.
40 Wenkel, *Molekularbiologie*, 2013, 161–167; Schwerin, *Biowissenschaften*, in Vorbereitung.
41 Siehe die Hinweise in Oesterhelt, Brücke, 1998, 115–118.
42 Siehe die Hinweise in Wenkel, *Molekularbiologie*, 2013, 141.
43 Zur Kontinuität in der deutschen Universitätslandschaft siehe Deichmann, Emigration, 2002, 459–460; Deichmann, *Flüchten*, 2001, 429–433.
44 Friedrich-Freksa, Genetik, 1961; Eigen, Zeugen, 1979.
45 Zur NS-Kriegsforschung siehe unten, Kap. IV.6.4, sowie Schieder und Trunk, *Butenandt*, 2004; Schmaltz, *Kampfstoff-Forschung*, 2005; Sudrow, *Schuh*, 2010. – Belastet waren allerdings die Beziehungen der MPG zu emigrierten Wissenschaftlern wie den ehemaligen KWG-Direktoren Otto Meyerhof, Carl Neuberg oder Fritz Lipmann. Zum Teil kam es zu offenen Konflikten wie etwa zwischen Heinz Fraenkel-Conrat und Gerhard Schramm. Deichmann, *Flüchten*, 2001, 450–480; Schüring, *Kinder*, 2006, 291–321; Rürup, *Schicksale*, 2008, 124–134. Zu Fraenkel-Conrat siehe Brandt, *Metapher*, 2004, 164–168.

9. Molekulare Lebenswissenschaften

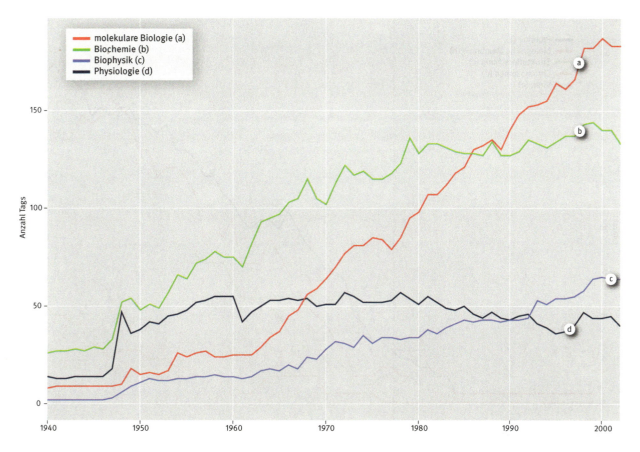

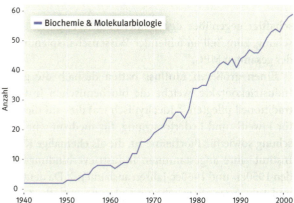

Abb. 21: Dominanz der Biochemie in den Arbeitsschwerpunkten der lebenswissenschaftlichen Institute und Abteilungen der MPG. Aufgetragen ist die Anzahl Wissenschaftlicher Mitglieder (WM) mit Arbeitsschwerpunkten in den genannten Gebieten. Die Biochemie (grüner Graph) dominierte die Arbeitsschwerpunkte der WM lange, bis die molekulare Biologie (rot) sie in den 1990er-Jahren überrundete. Biophysik (blau) und physiologische Forschung (dunkelblau) zum Vergleich.

Die zweite, kleinere Grafik zeigt die Schnittmenge von Biochemie und Molekularbiologie in den Abteilungen der Institute. – Quelle: Forschungsbezogenes Tagging der WM der MPG in der Biografischen Datenbank des Forschungsprogramms GMPG. Statistik Dirk Wintergrün, dh-lab MPIWG; doi.org/10.25625/G8S3WE. Zur Methode siehe unten, Anhang 5.5.

1950er-Jahren beschleunigte.[46] Als Problem erwies sich indes, dass sich Englisch als Wissenschaftssprache gerade in den neuen biologischen Fächern durchzusetzen begann, die MPG-Wissenschaftler:innen aber vielfach weiter in deutschsprachigen Zeitschriften publizierten, etwa in *Die Naturwissenschaften*.[47]

Als interdisziplinäre und innovative Grundlagenforschung entsprach die molekulare Biologie zwar dem Selbstbild, mit dem die MPG an ihre Vorgängerinstitution anknüpfte, doch zögerte die MPG, sie gezielt zu fördern.[48] Zum Teil lag dies an den fortbestehenden Strukturen in der Forschung und am Argwohn mancher Altwissen-

---

46 Oesterhelt, Brücke, 1998, 116–117; Schwerin, *Biowissenschaften*, in Vorbereitung. Zu Beispielen über die MPG hinaus siehe Wenkel, *Molekularbiologie*, 2013.
47 Eine sprachliche Umorientierung lässt sich unter Biolog:innen in Europa ab den 1960er-Jahren feststellen. Siehe unten, Kap. IV.9.4. Zu weiteren kulturellen und politischen Hindernissen siehe Deichmann, Emigration, 2002, 460–464.
48 Rheinberger, Stiftung, 2002; Wenkel, *Molekularbiologie*, 2013, 74–95; Schwerin, *Strahlenforschung*, 2015, 360–369.

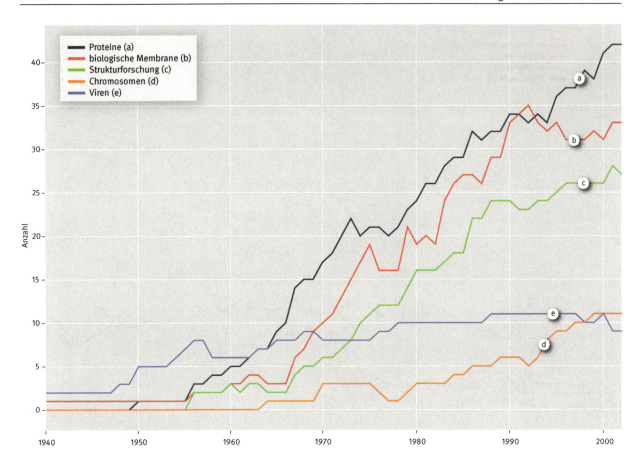

Abb. 22: Entwicklung von ausgewählten Forschungsbereichen in der BMS, gemessen an Anzahl der dort tätigen WM (1940–2004). Die Graphen zeigen das wachsende Interesse an Proteinen als Forschungsgegenstand (blauer Graph) und insbesondere an der Strukturaufklärung (grün). Hinzu kam das spezielle Interesse an biologischen Membranen, bei deren Funktion Proteine eine prominente Rolle spielen (rot). Das Interesse an Viren (lila) und Chromosomen (orange) als Modelle bzw. Forschungsgegenstand blieb dagegen vergleichsweise gering. – Quelle: Forschungsbezogenes Tagging der WM der MPG in der Biografischen Datenbank des GMPG. Statistik Dirk Wintergrün, dh-lab MPIWG, und Alexander von Schwerin; doi.org/10.25625/2KHJSL. Zur Methode siehe unten, Anhang 5.5.

schaftler gegenüber der »Amerikanisierung« der Forschung, zum Teil an fehlender Wissenschaftsplanung in der gesamten MPG.[49]

Einen größeren Einfluss hatten deshalb die guten Industriekontakte, welche die biochemischen Institute traditionell pflegten.[50] Idealtypisch traf dies auf die MPI für Eiweiß- und Lederforschung, für medizinische Forschung sowie für Biochemie zu, die als ehemalige KWG-Institute ihre angestammten Industrieverbindungen in den 1950er- und 1960er-Jahren ausbauten.[51] Da deutsche und Schweizer chemische und pharmazeutische Großunternehmen mit großen Interesse die Grundlagenforschung zu Strukturen und Funktionen von Biomolekülen verfolgten, geriet teilweise auch die molekularbiologische Forschung schon zu diesem frühen Zeitpunkt unter industriellen Einfluss.[52]

---

49 Zur Amerikanisierung siehe Krige, *Hegemony*, 2006; Agar, *Science*, 2012, 500–507. Zur Amerika-Skepsis siehe Beyler, *Physics*, 2010.
50 Vaupel, Wieland, 2008; Haller, *Cortison*, 2012; Reinhardt, Basic Research, 1998; Bächi, *Vitamin C*, 2009; Ratmoko, *Chemie*, 2010.
51 Hier und nachfolgend zu den Industrieverträgen der biochemischen MPI siehe Gaudillière, Better Prepared, 2005; Sudrow, *Schuh*, 2010; Johnson, *New Dahlems*, 2023. Dieser industrienahe Arbeitsmodus ähnelt wiederum den seit dem 19. Jahrhundert eingespielten Kooperationsbeziehungen zwischen organischer Chemie und Industrie. Reinhardt, *Forschung*, 1997, 332–333. Zur Spannung zwischen biowissenschaftlicher und chemischer Forschung aus Perspektive der Industrie siehe Marschall, *Schatten*, 2000; Bächi, *Vitamin C*, 2009; Bürgi, *Pharmaforschung*, 2011.
52 Zu den MPI für Virusforschung bzw. für Eiweiß- und Lederforschung siehe Schwerin, *Biowissenschaften*, in Vorbereitung.

9.3 Aufstieg des Molekül-Reduktionismus

9.3.1 Proteine: Biologische Makromoleküle in den internen Netzwerken

Die Molekularbiologie etablierte sich in der MPG, wie in der Bundesrepublik insgesamt, erst im Laufe der 1960er-Jahre. Die Forschung in der MPG konzentrierte sich auf biologische Makromoleküle, speziell auf die Proteine, die Arbeitsmoleküle in den Zellen. Nach der erfolgreichen Erforschung des genetischen Codes entsprach dies einem der internationalen Trends.[53] »Von der Struktur zur Funktion« lautete das Motto dieses Forschungsstrangs, mit dem auch das biophysikalische Methodenarsenal in der MPG wieder stärker an Bedeutung gewann.[54] Die Forschung zu biologischen Makromolekülen, speziell zu Proteinen, hatte Tradition in der Kaiser-Wilhelm-Gesellschaft und ab den 1960er-Jahren eine neue Zukunft auch in der MPG (Abb. 22). Viren als Forschungsmodelle traten dagegen in den Hintergrund und auch die zeitgleich in der Genetik reüssierende strukturell ausgerichtete Chromosomenforschung blieb in der MPG mangels eines humangenetischen Schwerpunkts eine Randerscheinung.[55]

Nach Abbruch der Strukturforschung in der NS-Zeit nahmen in den 1960er-Jahren Arbeitsgruppen am MPI für Eiweiß- und Lederforschung (Walter Hoppe – angeregt durch einen Forschungsaufenthalt in England –, Kurt Hannig und Robert Huber) und am MPI für physikalische Chemie (Manfred Eigen) diesen Faden mit Forschungen zur Raumstruktur und Kinetik der Proteine neu auf.[56] Im Jahr 1968 holte sich die MPG mit dem Biophysiker Kenneth C. Holmes Verstärkung von einem der weltweit führenden Forschungsstandorte für Kristallografie in England an das MPI für medizinische Forschung. An den Universitäten dominierten dagegen andere Gebiete, wie die Viren-, Phagen- und Bakteriengenetik und die Nukleinsäureforschung.[57]

Ein weiteres Spezialgebiet der MPG kam in den 1960er-Jahren mit der Erforschung biologischer Membranen hinzu. Ausgangspunkt war unter anderem die Erkenntnis, dass viele biochemische Reaktionen fest an Zellstrukturen gebunden ablaufen. Das Untersuchungsfeld, das sich damit eröffnete, lag zwar abseits der aufsehenerregenden Entdeckungen zur DNA und ihren Regulationsmechanismen, war aber riesig.[58] Die Schwerpunkte in der Struktur-, Protein- und Membranforschung brachten über die Jahrzehnte Erfolge und Anwendungsperspektiven »fast serienhaft« hervor.[59] Forschungstraditionen entstanden am MPI für Biophysik und am MPI für Biochemie – gekrönt von einem Nobelpreis für Robert Huber, Hartmut Michel und Johann Deisenhofer –, aber auch am MPI für molekulare Genetik mit Blick auf die Erforschung von Primärstrukturen in der Tradition des MPI für Biochemie (Gerhard Braunitzer) sowie auf die Strukturforschung an Ribosomen durch Brigitte Wittmann-Liebold, Heinz-Günter Wittmann und Nobelpreisträgerin Ada Yonath.[60]

Dass sich die Strukturforschung in der MPG etablierte, lag nicht nur an der Stärke der Biochemie, sondern auch an der erfolgreichen Entwicklung von Methoden und Instrumenten in den Max-Planck-Instituten. In manchen Fällen wurde diese gezielt gefördert, wie im Fall physikalisch basierter Methoden im Bereich der Röntgenkristallografie (Hoppe und Holmes), in anderen konnte sie an gewisse Traditionen anknüpfen, wie im Fall der Kooperation von Yonath mit Elmar Zeitler vom Fritz-Haber-Institut (FHI).[61] Auch die für die Molekularbiologie wichtige Elektronenmikroskopie hatte Tradition am FHI.[62] Die chemischen MPI befassten sich seit Langem mit der Entwicklung der Spektroskopie, allerdings erst ab den 1970er-Jahren auch mit Blick auf biowissenschaftliche Themen.[63] Das MPI für Eiweiß- und Lederforschung

---

53 Lynen, Strukturen, 1969, 54–76; Helmreich, *Molekülen*, 2011, 94–99; Morange, *Black Box*, 2020, 148–161 u. 251.
54 Zum Zusammenhang von Struktur und Funktion siehe Worliczek, *Biologie*, 2020, 100–111.
55 Zum Aufstieg der (medizinischen) Chromosomenforschung siehe de Chadarevian, *Heredity*, 2020.
56 Eigen, Information, 1964; Huber und Holmes, *Hoppe*, 1987, 80.
57 Wenkel, *Molekularbiologie*, 2013, 84–88.
58 Grote, *Membranes*, 2019, 54–55.
59 Markl, Forschung, 1998, 26.
60 Wittmann-Liebold, Braunitzer, 1989; Deichmann, *Flüchten*, 2001, 292–296; Brandt, *Metapher*, 2004, 164–168; Wenkel, *Molekularbiologie*, 2013, 137, 161–163 u. 200; Nierhaus, Ribosomenforschung, 2014; Oesterhelt und Grote, *Leben*, 2022; Schwerin, *Biowissenschaften*, in Vorbereitung.
61 Zur Kooperation siehe James et al., *Hundert Jahre*, 2011, 209–211. – Am FHI bestand eine ungebrochene Traditionslinie in der Strukturforschung, die von Otto Kratky bis zu Rudolf Brill reichte. Deichmann, *Flüchten*, 2001, 284–285 u. 291–296; James et al., *Hundert Jahre*, 2011, 121–124 u. 179–184. Zur Bedeutung der Instrumente und Methodik in diesem Zusammenhang siehe Morange, *Black Box*, 2020, 251.
62 James et al., *Hundert Jahre*, 2011, 168–178.
63 Reinhardt und Steinhauser, Formierung, 2008, 79; Reinhardt, Massenspektroskopie, 2012; Schüler, Forschungsstelle für Spektroskopie, 1962; Generalverwaltung der Max-Planck-Gesellschaft, *Jahrbuch 1972*, 1972, 260–262; Generalverwaltung der Max-Planck-

spezialisierte sich erfolgreich auf Methodenentwicklung im Bereich Elektrophorese, Chromatografie, Ultrazentrifugation, Peptidsynthese, Aminosäure- und Röntgenstrukturanalyse.[64] Die methodischen und instrumentellen Stärken der MPG-Lebenswissenschaftler:innen lagen insgesamt vor allem in der Analyse und Darstellung von Biomolekülen, zunächst als isolierte Präparate (in vitro), dann zunehmend auch in ihrem zellulären Kontext (in vivo). So dehnte die in den 1990er-Jahren entwickelte und wiederum mit einem Nobelpreis (Stefan Hell) ausgezeichnete STED-Mikroskopie das »molekulare Sehen« auf lebende Zellen aus und ermöglichte so, Proteinen mit 200 Bildern in der Sekunde bei der Arbeit »zuzuschauen«.[65] An der Entwicklung DNA-zentrierter Methoden hingegen, dem Methodenarsenal des Genetic Engineering und Methoden zur Herstellung monoklonaler Antikörper, waren Institute der Max-Planck-Gesellschaft so gut wie nicht beteiligt.

Fast ebenso viel wie die internationale Wissenschaftsentwicklung prägten soziale Umstände die Ausformung der molekularen Biologie in der MPG. Denn zur Eigenart der MPG gehörte, das Leitungspersonal aus dem eigenen Nachwuchs heraus zu rekrutieren.[66] Das geschah zum Teil im Zuge von Nachfolgeberufungen. Die neuen Direktoren am MPI für Biologie etwa hatten durchweg wichtige Karrierestufen in der MPG verbracht: im MPI für Biochemie und im selben Institut (Wolfhard Weidel), im MPI für Meeresbiologie (Wolfgang Beermann) sowie im MPI für Zellchemie (Ulf Henning und Peter Overath). Ähnliches traf auf den Generationswechsel an den Max-Planck-Instituten für Ernährungsphysiologie (Benno Hess) und Biophysik (Reinhard W. Schlögl) zu. Am MPI für medizinische Forschung und am MPI für experimentelle Medizin standen jeweils zwei interne Berufungen (Hartmut Hoffmann-Berling, Karl Hermann Hausser bzw. Norbert Hilschmann, Heinrich Matthaei) einer (Holmes) bzw. zwei externen Berufungen (Friedrich Cramer, Günter v. Ehrenstein) gegenüber. Die externen Berufungen glichen in diesen Fällen gezielt Engpässe in den eigenen Rekrutierungsmöglichkeiten aus.

Eine andere Form interner Rekrutierung von Leitungspersonal bestand darin, für verheißungsvolle Nachwuchswissenschaftler neue Abteilungen zu schaffen. Am MPI für Eiweiß- und Lederforschung entstanden bis Anfang der 1970er-Jahre vier, exakt auf MPG-Wissenschaftler zugeschnittene Abteilungen (Hoppe, Hannig, Klaus Kühn, Huber).[67] In ähnlicher Weise erfolgte eine Hausberufung am MPI für Meeresbiologie (Hans-Georg Schweiger).[68] Schließlich vermehrte die MPG die Arbeitsstellen im Bereich der Molekularbiologie durch die Verselbstständigung von bestehenden Abteilungen oder Arbeitsgruppen. Neben dem MPI für Virusforschung entstand auf diese Weise das im Jahr 1964 in West-Berlin gegründete MPI für molekulare Genetik, dessen Leitungstrio (Heinz-Günter Wittmann, Heinz Schuster, Thomas Trautner) sich ebenfalls vollständig aus der MPG rekrutierte.[69]

Die Bedeutung der auf diese Weise hergestellten sozialen Kohäsion zeigt sich im Fall des MPI für Biochemie unter Leitung von Butenandt besonders drastisch. 23 am Münchner MPI beschäftigte Wissenschaftler und eine Wissenschaftlerin, die sich der Molekularbiologie zuwendeten, nahmen später leitende Stellungen in der MPG ein.[70] Zum Teil setzten sich institutionelle Schulenbildung und soziale Kohäsion über mehrere Generationen oder in Form familiärer Beziehungen zwischen den MPG-Mitgliedern (Heirat, Elternschaft) fort.[71] Die Bedeutung der MPG-Gemeinschaft für die Expansion der molekularen Lebenswissenschaften lässt sich quantitativ für den gesamten Untersuchungszeitraum belegen (Abb. 23).

Gesellschaft, *Jahrbuch 1980*, 1980, 437–440; Generalverwaltung der Max-Planck-Gesellschaft, *Jahrbuch 1985*, 1985, 457–461. Siehe auch oben, Kap. III.8.
64 Bericht des Direktors, Kuratoriumssitzung vom 30.4.1957, AMPG, III. Abt., Rep. 84-2, Nr. 2074, fol. 16; Graßmann, Max-Planck-Institut, 1962, 273 u. 284.
65 Willig et al., STED Microscopy, 2006; Wegner et al., Mouse, 2017. Zu molekular-zellulären Visualisierungsmethoden siehe Worliczek, *Biologie*, 2020.
66 Hier und zum Nachfolgenden Biografische Datenbank des GMPG, ergänzt durch Brandt, *Metapher*, 2004, 104–105; Wenkel, *Molekularbiologie*, 2013, 51; Grossbach, Beermann, 2000, 1490; Kühlbrandt, Schlögl, 2007. Zur Bedeutung interner Berufungen für die MPG siehe unten, Kap. III.15 sowie Kap. IV.5.
67 Henning und Kazemi, *Handbuch, Bd. 1*, 2016, 899–901.
68 Traub, Schweiger, 1987, 88.
69 Sachse, Kaiser-Wilhelm-Institut, 2014, 42. Zu freundschaftlichen Netzwerken siehe Moelling, Erinnerungen, 2014, 40.
70 Biografische Datenbank des GMPG und forschungsbezogenes Tagging der WM der MPG darin. Siehe auch Kinas, *Butenandt*, 2004.
71 Siehe Alexander von Schwerin: Interview mit Brigitte Wittmann-Liebold, 1.7.2015, DA GMPG, ID 601042; Oesterhelt und Grote, *Leben*, 2022. Allgemeiner und mit Blick auf die KWG Satzinger, *Differenz*, 2009; Kolboske, *Hierarchien*, 2023, 346. Siehe unten, Kap. IV.5.

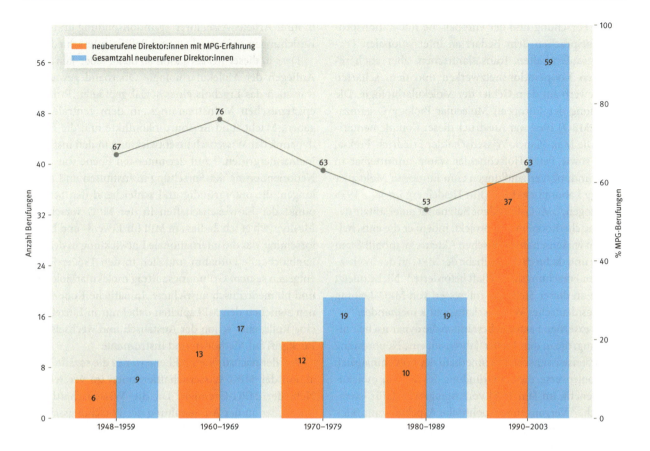

Abb. 23: Interne Rekrutierung von wissenschaftlichem Leitungspersonal als prägendes Merkmal des molekularwissenschaftlichen Clusters. Die Anzahl der neu berufenen Direktor:innen mit einschlägiger MPG-Erfahrung (orange Säulen) war im Vergleich zur Gesamtzahl neu berufener molekularwissenschaftlicher Direktor:innen (blaue Säule) zu jeder Zeit hoch; anteilsmäßig am höchsten in den ersten beiden Dekaden (grauer Graph). – Quelle: Forschungsbezogenes Tagging der WM der MPG in der Biografischen Datenbank des GMPG; Statistik Dirk Wintergrün und Alexander von Schwerin, dh-lab MPIWG; doi.org/10.25625/OOYESO. Zur Methode siehe unten, Anhang 5.5.

9.3.2 Europäisierung und epistemisches Mainstreaming

In den 1960er-Jahren entwickelte sich die Wissenschaftsförderung vor dem Hintergrund des Sputnik-Schocks und der Sorge um die technologische Innovationsfähigkeit in westlichen Staaten zu einer wesentlichen Triebkraft bei der Institutionalisierung der molekularen Biologie in Westdeutschland. Eine von der Deutschen Forschungsgemeinschaft beauftragte Kommission, die mit Lynen, Melchers, Weidel sowie Alfred Kühn und Hans Nachtsheim zur Hälfte aus Mitgliedern der MPG bestand, hatte schon Ende der 1950er-Jahre den Handlungsbedarf bei der Ausstattung von Laboren und bei der Ausbildung des Nachwuchses in den Biowissenschaften angemahnt.[72] Ein Netzwerk aus Wissenschaftler:innen im Umfeld der Deutschen Biophysikalischen Gesellschaft, dessen Ursprung in die KWG-Zeit zurückreichte, beeinflusste die Förderprogrammatik der staatlich kuratierten Stiftung Volkswagenwerk.[73] Ein 1968 publiziertes, von der VW-Stiftung beauftragtes Gutachten zur Lage der molekularen und physikalischen Biologie in Westdeutschland lieferte dafür die Grundlage und bestätigte zugleich die wichtige Rolle der MPG als eine der Schlüsselinstitutionen in der Entwicklung der Molekularbiologie in der Bundesrepublik.[74]

Die Trends in der Wissenschafts- und Technologiepolitik passten exakt zu den Bedürfnissen der Molekularbiologie. Internationalisierung, ein forcierter Wettbewerb

---

[72] Meyl, *Denkschrift*, 1958, 8.
[73] Die Hälfte der 23 Mitglieder der Gesellschaft kam aus dem Kölner Institut für Genetik und den molekularbiologisch arbeitenden MPI in Göttingen und Tübingen, darunter Eigen, Schlögl, Weidel sowie Friedrich-Freksa und Reichardt als Vorsitzende des Vereins. Rheinberger, Stiftung, 2002, 204–205.
[74] Zarnitz, *Molekulare und Physikalische Biologie*, 1968, 52–70.

in der Forschung und der europäische Integrationsprozess entsprachen dem Bedarf an internationalen Forschungsaufenthalten, transatlantischen, aber auch regionalen Kooperationsnetzwerken und dem scharfen Wettbewerb auf dem Gebiet der Molekularbiologie. Die Gründung der European Molecular Biology Organization (EMBO) 1964 war Ausdruck dieser Komplementarität.[75] Die Max-Planck-Wissenschaftler Friedrich-Freksa, Eigen sowie Peter Hofschneider waren unmittelbar in die Gründungsverhandlungen zum European Molecular Biology Laboratory (EMBL) in Heidelberg im Jahr 1978 einbezogen.[76] MPG-Präsident Butenandt unterstützte das europäische Kooperationsprojekt, indem er die entscheidenden wissenschaftspolitischen Akteure zu mobilisieren wusste und dadurch die Teilhabe der MPG an der internationalen Forschungslandschaft beförderte.[77] Nicht zuletzt griffen an dieser Stelle die Interessen von MPG-Leitung und westdeutscher Wissenschaftspolitik ineinander.[78]

Die externen Faktoren bestärkten die dynamische Entwicklung, die in den 1960er-Jahren auf eine Neuordnung der Lebenswissenschaften innerhalb der MPG hinauslief. Die Kontroverse, die der Gründung des MPI für molekulare Genetik im Jahr 1964 vorausging, war dafür exemplarisch.[79] Vergangenheitspolitische Aspekte – mit Blick auf Schuld und Verbrechen der Humangenetik in der Zeit des Nationalsozialismus –, Ablehnung der zu großen Politiknähe der Genetik und unterschiedliche Vorstellungen über eine fortschrittliche und MPG-gemäße Biologie ermöglichten diese Gründung. Denn die »Analyse von elementaren Lebensvorgängen« mit Mitteln der Physik, der physikalischen Chemie, der Biochemie und der Technik stand für eine neue, fortschrittliche »Denkmethode«, während die klassische Genetik oder auch Strahlenbiologie und Biophysik, wie sie das MPI für Biophysik in Frankfurt am Main betrieb, als »Inbegriff« überholter Biowissenschaft galten.[80] Es standen sich in der MPG gewissermaßen verschiedene lebenswissenschaftliche Kulturen und Gruppenidentitäten gegenüber, die sich in ihrer Arbeitsweise, ihrer Traditionsbildung und ihren Beziehungen zu Wirtschaft und Politik unterschieden.[81]

Dass in dieser Konstellation ab den 1960er-Jahren die Anliegen der Molekularbiologie Oberhand gewannen, war auch das Ergebnis eines sozial geprägten Prozesses epistemischen Mainstreamings, in dem zentrale Vorgaben, Macht- und Ressourcenkonflikte und die Eigendynamik der Wissenschaftsentwicklung in den Instituten ineinandergriffen.[82] Auf der untersten Ebene war es die Neuorientierung der Forschung in Instituten und Abteilungen, die untergründig und schleichend den Schwerpunkt der Biowissenschaften in der MPG verschob.[83] Idealtypisch geschah dies am MPI für Eiweiß- und Lederforschung, das die internationale Entwicklung in der Proteinbiochemie aufnahm und sich in den 1960er-Jahren entgegen seinem Gründungsauftrag molekularbiologisch und biomedizinisch ausrichtete. Inhaltliche Kooperationen zwischen den MPI spielten dabei nur in Einzelfällen eine Rolle, eher schon der Austausch und wechselseitige Rückgriff auf Methoden und Instrumente.

Auf der nächsthöheren Ebene war es die soziale Interaktion der MPG-Wissenschaftler:innen im verzweigten Netz der MPG-Gremien. Da die Wissenschaftlichen Mitglieder an der Ausgestaltung der Forschungsschwerpunkte unmittelbar beteiligt und nicht, wie in den Universitäten, durch die Zuständigkeitsbereiche disziplinärer Grenzen voneinander getrennt waren, prallten die Gegensätze in der Arena der BMS direkt aufeinander. Die Fürsprecher:innen der molekularen und allgemeiner: der laborbasierten In-vitro-Biowissenschaften, die von Biophysik, Biochemie und Immunbiologie bis zu den Neurowissenschaften reichten, bildeten darin eine Interessengemeinschaft, die ab Mitte der 1960er-Jahre dominierte (Abb. 24).[84] Kritik an den sich auf diese Weise manifestierenden Machtverhältnissen blieb nicht aus und kam vor allem aus dem Munde von Vertretern derjenigen Wissenschaftsgebiete, die, wie Physiologie, Medizin und Landwirtschaft, zunehmend ins Hintertreffen gerieten.

---

75 Siehe unten, Kap. IV.9.5.2.
76 Dokumente in AMPG, III. Abt., Rep. 31B, Nr. 190; European International Collaboration in Molecular Biology during the 1980s, AMPG, III. Abt., Rep. 84-1, Nr. 458, fol. 15–119. Zu EMBO und EMBL allgemein siehe Tooze, Role, 1986; Krige, Birth, 2002; Santesmases, Politics, 2002; Strasser, Molecular Biology, 2002; Cassata, Cold Spring Harbor, 2015.
77 Dokumente in AMPG, II. Abt., Rep. 102, Nr. 396.
78 Siehe dazu auch oben, Kap. III.3, sowie unten, Kap. IV.2.
79 Sachse, Beschluss, 2011; Schwerin, *Strahlenforschung*, 2015, 344–353; Schwerin, *Biowissenschaften*, in Vorbereitung.
80 Hier und nachfolgend Rheinberger, Stiftung, 2002, 204–205.
81 Zu den lebenswissenschaftlichen Kulturen in der MPG siehe Schwerin, *Biowissenschaften*, in Vorbereitung. Zu Ansätzen, Gruppenidentitäten in den Wissenschaften zu beschreiben, siehe Reinhardt, Habitus, 2011.
82 Zum epistemischen Mainstreaming siehe auch oben, Kap. III.3.
83 Zu ähnlichen Bottom-up-Entwicklungen siehe unten, Kap. III.10 und Kap. III.11.
84 Zur epistemisch definierten In-vitro-Kultur experimenteller Forschung im Unterschied zum breiter angelegten, hier verwendeten Konzept von Wissenschaftskultur siehe Rheinberger, *Spalt*, 2021, 166–181.

9. Molekulare Lebenswissenschaften

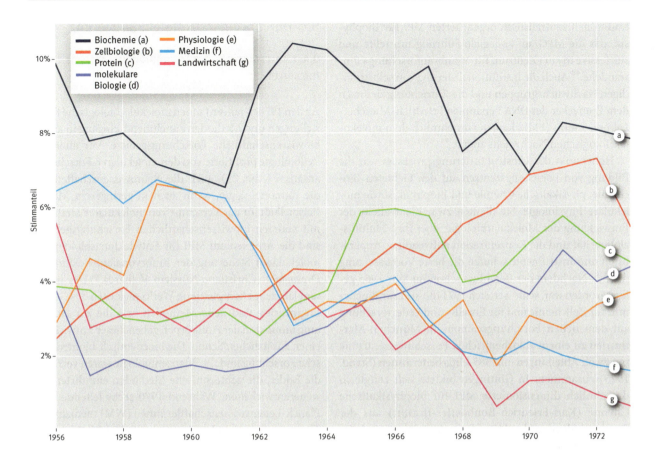

Der Physiologe Rudolf Thauer unkte im Jahr 1964, die MPG entwickele sich zunehmend in eine »Gesellschaft zur Unterstützung der Biochemie«,[85] der Tierzüchter Max Witt klagte im Jahr 1971: »Zurzeit herrscht in der MPG die Diktatur der Molekularbiologen«,[86] und der Botaniker Joseph Straub resignierte im Jahr 1979 vor »einem weiteren Institut für molekulare Genetik oder dergleichen«.[87]

Ab Mitte der 1960er-Jahre griffen auch MPG-Leitung und externe Strukturvorgaben in den MPG-internen Machtkampf um wissenschaftskulturelle Hegemonie in den Lebenswissenschaften ein. MPG-Präsident Butenandt verfolgte nachdrücklich das Ziel, der »modernen Biologie in ihren molekularbiologischen Aspekten eine besonders breite Förderung« zukommen zu lassen.[88] Unterstützt wurde er dabei von Carl Wurster, Chemiemanager und einflussreiches MPG-Verwaltungsratsmitglied, sowie von verlässlich aktiven BMS-Mitgliedern wie Melchers und dem Immunbiologen und Sektionsvorsit-

Abb. 24: Stimmanteile in den Kommissionen der BMS (1956–1972). Dargestellt ist der Anteil, den eine bestimmte Wissenschaftlergruppe an der Gesamtheit der in MPG-Kommissionen tätigen Personen in einem Jahr ausmachte. Ab den 1960er-Jahren stieg der Anteil von Vertreter:innen molekularbiologisch affiner Fächer wie Biochemie, Zellbiologie oder auch der Proteinforschung gegenüber denen aus Physiologie, Medizin und Landwirtschaft, die stetig an Repräsentanz verloren. Die Zahlen sind auf die jährlich veränderliche Anzahl von Kommissionen normiert. Die Gruppen sind nicht exklusiv, es bestehen Überschneidungen. – Quelle: Kommissionen-Datenbank und Forschungsbezogenes Tagging der WM der MPG in der Biografischen Datenbank des GMPG; Statistik Dirk Wintergrün, dh-lab MPIWG; doi.org/10.25625/PF1UVE. Zur Methode siehe unten, Anhang 5.5.

zenden Otto Westphal. Zu den wichtigsten Pflöcken, die Butenandt einschlug, gehörte die Schließung einer Reihe älterer biologischer Forschungseinrichtungen mit landwirtschaftlicher oder ökologischer Ausrichtung.[89] Hinzu kam die Neuausrichtung von Instituten, wie etwa dem

---

85 Protokoll der Kommissionssitzung zum MPI für Biophysik vom 7.6.1964, AMPG, II. Abt., Rep. 62, Nr. 918, fol. 407.
86 Witt an Telschow vom 3.11.1971, AMPG, III. Abt., Rep. 83, Nr. 104, fol. 198.
87 Straub an Melchers vom 19.4.1979, AMPG, III. Abt., ZA 56, Nr. 15.
88 Butenandt, Ansprache, 1965, 29.
89 Siehe oben, Kap. III.3.

traditionell zentralistisch organisierten MPI für Biophysik, das die MPG auf kollegiale Führung umstellte und sukzessive in ein »Zentrum für Membranforschung« umwandelte.[90] Auch die Institutionalisierung von selbstständigen Nachwuchsgruppen und die Einrichtung des nach dem Entdecker der DNA benannten Friedrich-Miescher-Laboratoriums (FML) kamen vornehmlich dem molekularbiologischen Nachwuchs zugute.[91]

Höhepunkt des Umstrukturierungsprozesses war die Bildung von Forschungszentren auf den Gebieten Biochemie, physikalische Chemie und Biophysik sowie molekulare Physiologie. Sie dienten zwar nicht allein der Entwicklung der Molekularbiologie, aber ihre Multidisziplinarität und die Konzentration aufwendiger Apparaturen und Instrumente schufen die beste Voraussetzung dafür.[92] Nachdem der Beschluss schon im Jahr 1965 gefasst worden war, schlossen sich 1971 die MPI für Biochemie, für Zellchemie und für Eiweiß- und Lederforschung auf dem neuen Forschungscampus in München-Martinsried zu einem »biochemischen Forschungszentrum« mit zwölf Abteilungen und 385 Mitarbeiter:innen (Stand: 1975) zusammen. In Göttingen bildete sich zeitgleich das ähnlich dimensionierte MPI für biophysikalische Chemie (Karl-Friedrich-Bonhoeffer-Institut) aus der Zusammenlegung des MPI für Spektroskopie und des auf Bonhoeffer zurückgehenden MPI für physikalische Chemie, welches sich damit endgültig als zweiter bedeutender Entwicklungsstrang der Molekularbiologie in der MPG festschrieb.[93]

9.4 Durchdringende Molekularisierung

9.4.1 Interdisziplinäre Expansion und ihre Infrastruktur

Ab den 1970er-Jahren fanden molekularbiologische Fragestellungen und Methoden zunehmend Eingang in andere biowissenschaftliche Forschungsgebiete. Vor allem die Zellbiologie profitierte von den molekularen Forschungsansätzen (Abb. 25), auch die Neurowissenschaften und die Immunbiologie, wenn auch in geringerem Maße.[94] Beispielhaft für das Verschmelzen molekularer Methoden mit anderen biowissenschaftlichen Forschungsgebieten sind die Arbeiten am MPI für Entwicklungsbiologie zur molekularen Steuerung der Embryonalentwicklung bei *Drosophila* (Christiane Nüsslein-Volhard).[95] Der in diesem Jahrzehnt komplettierte Werkzeugkasten des Genetic Engineering und neue Methoden, wie die zur Herstellung monoklonaler Antikörper, gaben dieser Entwicklung einen zusätzlichen Schub. Die biochemisch-biomedizinische Forschung und die Pflanzenbiologie waren vorrangig die Felder, die gentechnische Methoden einführten und weiterentwickelten. Während 1970 sechs leitende Max-Planck-Lebenswissenschaftler:innen (WM) medizinische Themen mit molekularwissenschaftlichen Methoden bearbeiteten, waren es zehn Jahre später 18, im Jahr 1990 bereits 31 und zur Jahrtausendwende 46.

Die Expansion der biomolekularen Forschung ging mit der Veränderung organisatorischer Strukturen zum Teil Hand in Hand. Die Konvergenz machte sich ab den 1980er-Jahren in hybriden Abteilungsbezeichnungen bemerkbar, wie etwa »molekulare Pflanzengenetik« oder »molekulare Entwicklungsbiologie«, und ab den 2000er-Jahren in Mehrfachkombinationen, wie »zelluläre und molekulare Immunbiologie« oder »molekulare Ökophysiologie« – zusammengenommen existierten in diesem Zeitraum 57 Abteilungen, die auf diese Weise als Bestandteil der molekularen Lebenswissenschaften ausge-

---

90 Hinweise in Protokoll der BMS vom 21.6.1966, AMPG, II. Abt., Rep. 62, Nr. 1588, fol. 26–27. Akten der BMS-Kommission, u. a. Protokoll der Kommissionssitzung vom 5.12.1963, AMPG, II. Abt., Rep. 62, Nr. 918, fol. 434–441; Kühlbrandt, Schlögl, 2007, 22.

91 Butenandt, Ansprache, 1970, 36–38. Zu den Nachwuchsgruppen siehe auch unten, Kap. III.15 und Anhang 1, Tabelle 4.

92 Hier und nachfolgend zum MPI für Biochemie und MPI für biophysikalische Chemie Johnson, *New Dahlems*, 2023. Zu den Zahlen im Folgenden siehe Generalverwaltung der Max-Planck-Gesellschaft, *Jahrbuch 1975*, 1975, 75 u. 319; Generalverwaltung der Max-Planck-Gesellschaft, *Jahrbuch 1999*, 1999, 351; Henning und Kazemi, *Handbuch*, 2016, 107–108, 300–301, 207, 1282 u. 1559. Zu ähnlichen Effekten der Zentrenbildung an den NIH in den USA siehe Reinhardt, Wissenstransfer, 2006.

93 Die ebenfalls im Zuge der Zentrenbildung im Jahr 1967 als »Physiologisches Institutszentrum Humanbiologie« angedachte und 1969 beschlossene Zusammenlegung der MPI für Arbeitsphysiologie und für Ernährungsphysiologie wurde erst 1993 als »Zentrum für integrative biologische und medizinische Grundlagenforschung« respektive MPI für molekulare Physiologie umgesetzt.

94 Zu Einzelheiten siehe Kap. III.10 und Kap. III.11.

95 Die mit einem Nobelpreis ausgezeichneten Arbeiten entstanden u. a. am EMBL und sind insofern ein Beispiel für die erwähnte Bedeutung der Europäisierung sowie die Transferfunktion der mit dem FML in der MPG geschaffenen Nachwuchsförderung. Siehe Hinweise in Keller, Drosophila, 1996, 325–338; Wieschaus und Nüsslein-Volhard, Screen, 2016, 4–14.

9. Molekulare Lebenswissenschaften

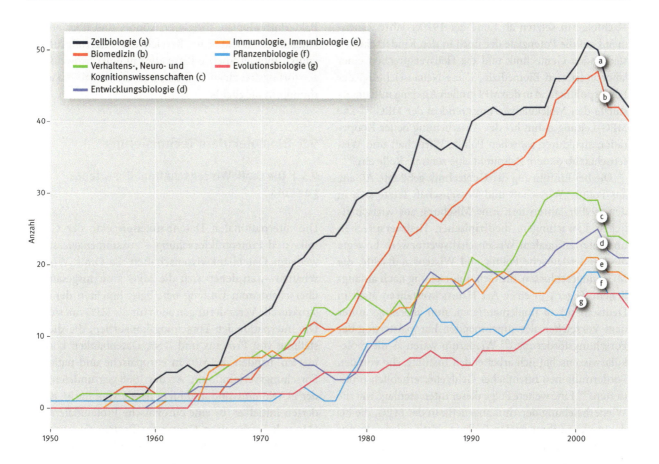

wiesen waren.[96] Die mit der Expansion der molekularen Laborforschung einhergehende Technisierung der Lebenswissenschaften stellte wachsende Anforderungen an die Finanzierung und die Infrastruktur der Institute. Der Anschaffungswert des Geräteparks am MPI für biophysikalische Chemie etwa summierte sich Anfang der 1980er-Jahre auf 17,4 Millionen DM.[97] Diese Entwicklung vertiefte die Abhängigkeit der Wissenschaft von der Politik.

Abb. 25: Hybridisierung von Molekularbiologie und anderen Forschungsgebieten (1960–2004). Dargestellt ist die Anzahl Wissenschaftlicher Mitglieder der MPG (WM), die molekularwissenschaftliche Forschungsansätze und andere biologische Fragestellungen miteinander verknüpften. Zellbiologische Fragestellungen standen bei der Molekularisierung an erster Stelle. – Quelle: Forschungsbezogenes Tagging in der Biografischen Datenbank des GMPG; Statistik Dirk Wintergrün, dh-lab MPIWG; doi.org/10.25625/NMJPCB. Zur Methode siehe unten, Anhang 5.5.

9.4.2. Verheißungen der Biomedizin und der Gentechnik

Während in den USA das »War on Cancer«-Programm den Beteiligten aus Molekularbiologie, Immun-, Virus- und Zellforschung schon in den 1970er-Jahren einen wahren Geldsegen bescherte, blieb die Reichweite der bundesdeutschen Wissenschaftspolitik zunächst beschränkt.[98] Die Max-Planck-Wissenschaftler:innen ließen sich jedenfalls nicht auf den dezidierten Wunsch der Bundesregierung ein, Umwelt-, medizinische und klinische Forschung in ihren MPI zu verstärken.[99] Die internationale Wissenschafts- und Technikentwicklung blieb aber nicht ohne Folgen. Die sozialliberale Bundesregierung und ihre

---

96 Hier und nachfolgend GMPG-Datenbank; Henning und Kazemi, *Handbuch,* 2016.
97 Zum Vergleich: Das MPI für Chemie kam auf 5,7 Millionen DM bei Instrumenten mit einem Anschaffungsbetrag über 50.000 DM. Bestandslisten nach Instituten, AMPG, II. Abt., Rep. 69, Nr. 936, fol. 68 bzw. 76.
98 Zu den folgenden Zusammenhängen siehe auch unten, Kap. III.12.4, Kap. IV.3.3 und Kap. IV.9.2. Zum »War on Cancer« siehe u. a. Proctor, *Cancer Wars,* 1995; Rheinberger, *History,* 1997; Scheffler, *Cause,* 2019.
99 Bericht und Empfehlungen der Präsidialkommission für medizinische Forschung, AMPG, II. Abt., Rep. 60, Nr. 205. SP, fol. 113–114; Zusammenfassende Niederschrift über die 9. Sitzung des SAFFP, 1. März 1978, ebd., fol. 11. Siehe unten, Kap. III.12.

Nachfolgerin setzten ab Ende der 1970er-Jahre zunehmend auf die Potenziale der noch in den Kinderschuhen steckenden Gentechnik und die Heilsversprechen einer laborzentrierten Biomedizin. Diese Neuausrichtung der Förderpolitik fand in den MPI großen Anklang und unterstützte den Molekularisierungstrend in der MPG.[100] Die MPG-Leitung nahm bei der Ausarbeitung neuer Kooperationsstrukturen zwischen Politik, Wirtschaft und Wissenschaft ab diesem Zeitpunkt eine zentrale Rolle ein.[101]

Die bei Einführung der Gentechnik gebildete Allianz aus Politik, Wirtschaft und Wissenschaft setzte sich in den 1990er-Jahren fort. Eine Mischung aus wirtschaftlichen Erwartungen, medizinischen Heilsversprechen und internationalem Wissenschaftswettbewerb bewegte die bundesdeutsche Politik und Wissenschaftselite, die MPG eingeschlossen, die Genomforschung nach anfänglichem Zögern in einer Art Hauruckverfahren auch in Deutschland zu implementieren, nun allerdings unter dem Vorzeichen der zunehmenden Europäisierung der Forschungsförderung.[102] Wiederum waren es die molekularwissenschaftlich arbeitenden Institute, die von den Fördermillionen öffentlicher Geldgeber erheblich profitierten.[103] Eine weitere Folge dieser Interessenlage war die Wiederbelebung der Humangenetik in der MPG, die bis dahin wegen ihrer fatalen Rolle im Nationalsozialismus nur ein Schattendasein in der MPG geführt hatte.[104] Umgekehrt steuerten die biomolekular ausgerichteten MPI Know-how und Forschungsergebnisse für die Nutzbarmachung der Molekularbiologie bei. Die Anwendungsmöglichkeiten beschränkten sich nicht nur auf die neue, synthetische Biologie im Zeichen landwirtschaftlicher oder medizinischer Gentechnik. Die weite Welt der Biomoleküle ließ bereits darüber hinausgehendes Potenzial erkennen, wie etwa die technische Nutzung von molekularen Protonenpumpen aus Zellmembranen. MPI-Direktor Dieter Oesterhelt berichtete beispielsweise, wie man ein ferngesteuertes Auto mit einem solchen Protein, dem Bakteriorhodopsin, dirigieren könne, und über andere »ungeheure Effekte« im Bereich der Materialprüfung: »durch Interferometrie Risse etwa in einer Schweißnaht zerstörungsfrei zu entdecken, so etwas war mit Bakteriorhodopsin möglich!«[105]

9.5 Biomolekulare Technisierung

9.5.1 Die Omik-Wissenschaften: Big Science goes bio

Die internationalen Datenbankenprojekte der Genomik- und Proteomikforschung – zusammengefasst mit weiteren Datenbankwissenschaften als Omik-Wissenschaften –, an denen sich die MPG zwar insgesamt in überschaubarem Umfang beteiligte, brachten dennoch strukturelle Veränderungen auch für die MPG mit sich.[106] Die internationalen Forschungskonsortien, die die Erstellung von Protein- und DNA-Datenbanken koordinierten, banden die MPI in europäische und nationale Forschungsverbünde ein. An der 1988 gegründeten, von der EU-Kommission und hierzulande vom BMBF geförderten Initiative für eine europäische Proteindatenbank (Munich Information Center for Protein Sequences – MIPS) etwa waren neben dem MPI für Biochemie 35 Laboratorien in zehn Ländern beteiligt.[107] Die dann auch in Europa einsetzende Genomforschung baute auf solchen Strukturen zum Teil auf. Das MIPS etwa leistete die Informationsverarbeitung bei der Sequenzierung des Hefegenoms – einem »Paradebeispiel für die Möglichkeiten europäischer Forschungspolitik« (Abels).[108]

Hervorstechend war die führende Rolle, die das MPI für molekulare Genetik ab 1995 gemeinsam mit dem Deutschen Krebsforschungszentrum (DKFZ) beim Aufbau und bei der Betreuung des Ressourcenzentrums des Deutschen Humangenomprojekts (DHGP) spielte.[109] An-

---

100 Insgesamt gab es in den 1980er-Jahren 36 molekularbiologische, durch den Bund finanzierte Projekte an zehn Instituten. Projekttitel in den Anlagen 3.1.14, 7 bzw. 8 »Projektförderung« in den Jahresrechnungen der MPG für die Jahre 1981, 1984 bis 1990 in Repositur der GV der MPG, GVMPG, BC 216899, BC 216900, BC 216902 u. BC 246746.
101 Zu den sogenannten Genzentren siehe unten, Kap. IV.3.
102 Zur MPG siehe Suffrin, *Party*, 2023. Zur Europäisierung siehe Abels, *Forschung*, 2000, 93 u. 136–141. Zur Finanzierung und dem relativ geringen Gewicht im Gesamtforschungsbudget der EU siehe ebd., 102–107, 138–140 u. 191–197.
103 Siehe unten, Kap. IV.3.3.
104 Suffrin, *Party*, 2023, Kapitel »We are on the Map«.
105 Oesterhelt und Grote, *Leben*, 2022, 183.
106 Zur Genomforschung siehe Suffrin, *Party*, 2023; zu den Veränderungen siehe auch oben, Kap. III.3.
107 Generalverwaltung der Max-Planck-Gesellschaft, *Jahrbuch 1990*, 1990, 128.
108 Generalverwaltung der Max-Planck-Gesellschaft, *Jahrbuch 1992*, 1992, 128; Generalverwaltung der Max-Planck-Gesellschaft, *Jahrbuch 1997*, 1997, 130; Abels, *Forschung*, 2000, 103–104.
109 Generalverwaltung der Max-Planck-Gesellschaft, *Jahrbuch 2001*, 2001, 847–850; Suffrin, *Party*, 2023, Kapitel »Das Ressourcenzentrum«.

dere MPI übernahmen Verantwortung in den Koordinationsgremien der Genomkonsortien, so das MPI für Züchtungsforschung, das zusammen mit dem John Innes Centre in Norwich die Arbeit von 130 Laboratorien in verschiedenen Ländern im EU-Programm zur Entwicklung der »Spitzenforschung« in der Pflanzenbiotechnologie koordinierte.[110] Die Datenbanken für Protein- und Genomsequenzen beschleunigten gleichzeitig die Mathematisierung und Computerisierung der Lebenswissenschaften in der MPG.[111]

Das Interesse an biomedizinischen Forschungsproblemen stieg in den MPI weiter an (siehe Abb. 25) ebenso wie die Anwendung gentechnischer Methoden in der landwirtschaftlichen Pflanzenbiologie, die durch die Integration ökologischer und physiologischer Aspekte zugleich an Breite gewann.[112] Die traditionelle Stärke der MPG in der Proteinforschung setzte sich in der Proteomik fort, ohne allerdings systemisch ausgerichtete Forschungsansätze in großem Stil aufzunehmen; die MPG bevorzugte solche, die molekulare Spezialgebiete vertieften.[113] Mit den im Zuge der deutschen Einheit neu gegründeten Instituten erweiterte die MPG die molekularbiologische Forschung um neue Forschungsschwerpunkte in der Infektionsmedizin, der Anthropologie, der Mikrobiologie, der Zell- und Neurobiologie, der Pflanzenphysiologie sowie der Ökologie.[114] Auch die neuen Institute nahmen die internationalen Megatrends der Genomforschung auf, meist aber erst einige Jahre nach ihrer Gründung. Das 1992 eingerichtete MPI für molekulare Pflanzenphysiologie in Potsdam-Golm etwa war neben dem MPI für Züchtungsforschung in Köln führend in das von 1999 bis 2014 laufende und 162 Millionen Euro schwere Bundesprogramm zur Pflanzengenomforschung eingebunden; allein diese beiden Institute waren an 55 der insgesamt 231 geförderten Projekte beteiligt.[115] Auch Nobelpreisträger Swante Pääbo gründete die Erforschung der Neandertalerabstammung und die neue Disziplin der Paläogenomik im 1997 eingerichteten MPI für evolutionäre Anthropologie auf den neuen Technologien und Datenbanken der Genomforschung.[116]

9.5.2 Auflösung von Grenzen: biomolekulare Bioökonomie

Die Aufnahme biomolekularer Methoden und Konzepte in Chemie und Technik führte zu einer zusätzlichen markanten Ausweitung biomolekularer Forschung, einhergehend mit weiteren Auflösungserscheinungen disziplinärer Grenzen und der Ausbildung »transdisziplinärer Forschung«, das heißt neuen eigenständigen Arbeitsbereichen »in komplexer disziplinärer Vernetzung«.[117] MPG-Präsident Hubert Markl, enthusiastischer Förderer der Biotechnologie in der MPG, beschrieb diesen Trend als das Zusammenwachsen »aller naturwissenschaftlichen Disziplinen«, vorangetrieben sowohl durch die neue »Leitwissenschaft Biologie« als auch durch die chemischen, physikalischen und technischen MPI.[118] Das im Jahr 1971 gegründete MPI für biophysikalische Chemie, das physikalische, chemische und biowissenschaftliche Forschung unter einem Dach vereinigte und bis 1998 der Chemisch-Physikalisch-Technischen Sektion (CPTS) angehörte, kann als einer der Vorboten dieses Trends angesehen werden.[119]

In den 1990er-Jahren beschleunigte sich die Entwicklung und die Liste von Forschungsansätzen mit biowissenschaftlichen Bezügen in Instituten der CPTS nahm weiter zu. Die Forschungsinteressen am MPI für Strahlenchemie etwa richteten sich zunehmend auf die chemisch-synthetische Nachahmung der biologischen Photosynthese als Zukunftstechnologie und auf die Suche nach biologischen Modellen für Verbesserungen in der Prozesstechnik.[120] Vor allem in der Klima- und Umweltforschung, den Neurowissenschaften, den Materialwissenschaften und der Katalyseforschung entwickel-

---

110 Schell und Weinand, Agrarpolitik, 1998, 82–83; Metzlaff, AMICA, 2000.
111 Siehe unten, Kap. IV.7.5.
112 Siehe auch oben, Kap. III.3.
113 Zu einzelnen systembiologischen Ansätzen etwa am MPI für Biochemie siehe Oesterhelt und Grote, *Leben*, 2022, 199–210. Im von 2007 bis 2015 vom BMBF geförderten systembiologischen Großverbund FORSYS waren vier MPI vertreten. Die Helmholtz-Gemeinschaft nahm sich dagegen in der »Helmholtz-Allianz Systembiologie« der Systembiologie prominent an. Redaktionsteam, Systeme, 2010.
114 Siehe auch oben, Kap. III.3.
115 Capgemini Consulting, *Evaluation*, 2013, 7 u. 46.
116 Karlsson, Wedell und The Nobel Assembly at Karolinska Institute, Background, 2022.
117 Zitate aus Generalverwaltung der Max-Planck-Gesellschaft, *Jahrbuch 1995*, 1995, 39.
118 Markl, Forschung, 1998, 23–24; siehe auch Hodgson, Doors, 1997.
119 Gründungsdirektor Bonhoeffer gehörte seit 1951 der BMS und der CPTS an. Henning und Kazemi, *Handbuch, Bd. 1*, 2016, 298 u. 309.
120 Generalverwaltung der Max-Planck-Gesellschaft, *Jahrbuch 1995*, 1995, 44; Generalverwaltung der Max-Planck-Gesellschaft, *Jahrbuch 2002*, 2002, 669–676. – Die MPG benannte das Institut folgerichtig 2003 in MPI für bioanorganische Chemie, 2012 in MPI für chemische Energiekonversion um. Henning und Kazemi, *Handbuch, Bd. 1*, 2016, 184–186.

Zeit-raum	CPTS- bzw. GWS-Institut	Bezeichnungen der Abteilungen bzw. Arbeitsgebiete (kursiv) mit biowissenschaftlicher Relevanz oder Ausrichtung
seit den 1950er-Jahren		
1949–1968	MPI für physikalische Chemie	bioelektrische Fragen; Nervenphysiologie; Transport in Membranen; Strukturforschung; experimentelle Methoden; biochemische Kinetik
1960–1993	MPI für Kohlenforschung	Strahlenchemie; heterogene Katalyse; synthetische Organische Chemie; metallorganische Chemie
1971–1997	MPI für biophysikalische Chemie	molekulare Biologie; molekularer Systemaufbau; molekulare Genetik; Membranen; Biochemie; Spektroskopie; Neurochemie; Membranbiophysik; Zellphysiologie; molekulare Zellbiologie; molekulare Entwicklungsbiologie; Neurobiologie; zelluläre Biochemie
1981	MPI für Strahlenchemie	Photochemie und -biologie; Strahlenchemie; bioanorganische Chemie, Metalloproteine
1983	MPI für Polymerforschung	*Biopolymere; Biomimetik; Bio-Elektronik*
seit den 1990er-Jahren		
1993	Fritz-Haber-Institut	anorganische Chemie
1993–2008	MPI für Kolloid- und Grenzflächenforschung	Bios-Systeme; Biomaterialien; biomolekulare Systeme
1996	MPI für Biogeochemie	biogeochemische Systeme; Integration biogeochemischer Kreisläufe; biogeochemische Integration; biogeochemische Prozesse
1997–2010	MPI für Dynamik komplexer technischer Systeme	system- und signalorientierte Bioprozesstechnik; systemtheoretische Grundlagen der Prozess- und Bioprozesstechnik
2001	MPI für Informatik	Bioinformatik
2001–2004	MPI für Dynamik und Selbstorganisation	nichtlineare Dynamik; Strukturbildung und Nanobiokomplexität
2003	MPI für Bioanorganische Chemie	biophysikalische Chemie; molekulare Theorie und Spektroskopie; bioanorganische Chemie
2004	MPI für Psycholinguistik	Language and Genetics
2005	MPI für evolutionäre Anthropologie	evolutionäre und Paläogenetik
2012	MPI für chemische Energiekonversion	anorganische Spektroskopie; molekulare Katalyse; heterogene Reaktionen
2014	MPI für Menschheitsgeschichte	Archäogenetik

Tab. 2: Grenzen zwischen den Wissenschaften in Auflösung – Biomolekulare Wissenschaften in der Chemisch-Physikalisch-Technischen Sektion (CPTS). Aufgelistet sind Institute der CPTS (blau) und der Geisteswissenschaftlichen bzw. Geistes-, Sozial- und Humanwissenschaftlichen Sektion (GWS/GSHS = gelb) mit Hybridthemen zwischen Biowissenschaften, Chemie, Physik bzw. Humanwissenschaften. Die Bezeichnungen in der dritten Spalte sind die Titel der Abteilungen, die biowissenschaftlich arbeiten oder relevant sind. Der Zeitraum umfasst den Beginn solcher Arbeiten, den Wechsel zu einer anderen Sektion bzw. den Zeitpunkt der Umwandlung des Instituts. – Quelle: Jahrbücher und Institutsberichte der MPG, 1950 bis 2015.

ten sich eigenständige, transdisziplinäre Arbeitsbereiche (Tab. 2).[121] Technische und pharmazeutische Entwicklungsziele standen in den CPTS-Instituten ganz oben auf der Liste. Häufig genannte Stichworte waren Biomimetik, Biokatalyse, biomolekulare Chemie und Selbstorganisation. Das inhaltliche Zusammenrücken spiegelte sich auch im Publikationsspektrum der MPI wider. Die biowissenschaftlichen und chemisch-physikalischen Forschungsinhalte überschnitten sich Anfang der Jahrtausendwende stärker als noch 20 Jahre zuvor.[122] Zugleich nahmen Kooperationen über die Sektionsgrenzen zwi-

---

[121] Siehe auch Generalverwaltung der Max-Planck-Gesellschaft, *Jahrbuch 1995*, 1995, 39–46.
[122] Siehe dazu die bibliometrische Netzwerkanalyse zur inhaltlichen Überschneidung unten, Kap. IV.7.4.

schen BMS und CPTS hinweg in diesem Zeitraum zu.[123] Die MPG förderte die Annäherung der Wissenschaften, indem sie die Geisteswissenschaftliche Sektion (GWS, ab 2004 GSHS) in diesen Trend einzubeziehen suchte.[124] Die Zahl von Instituten der CPTS und GWS/GSHS, die biochemisch, molekularbiologisch oder in Adaption biowissenschaftlicher Wissensmodelle arbeiteten, stieg auf diese Weise auf 16 (Tab. 2).

Annäherung und Überschneidung von Biowissenschaften, Chemie und Technik waren auch das Resultat der ab Ende der 1970er-Jahre verfolgten Wissenschafts- und Technologiepolitik. Der in der Bundesrepublik staatlich forcierte Technologietransfer und die aufkommende Biotech-Ökonomie machten sich in einer zunehmenden Anzahl von Industriekooperationen und Gründungen von Spin-off-Unternehmen aus Max-Planck-Instituten bemerkbar.[125] Die Finanzierungskrise der Wissenschaftsorganisationen ab Mitte der 1990er-Jahre erhöhte die Abhängigkeit der MPG von Drittmitteln und damit einhergehend vom biotechnischen Anwendungspotenzial und von der ökonomischen Verwertung biomolekularer Forschung. Mit ihrer Ausrichtung befanden sich die MPI auf der Höhe der Zeit, da Politik und Wirtschaft die Bedeutung der biomolekularen Wissenschaften als wirtschaftlichen Innovationsfaktor in den 2000er-Jahren erkannten und seitdem einen auf biomolekularen, gen- und biotechnischen Innovationen gestützten wirtschaftlichen Umbau anstreben.[126] Der Zusammenschluss von neun MPI aus CPTS und BMS zu dem vom BMBF mitfinanzierten MaxSynBio-Netzwerk zur Förderung synthetischer Biologie an der Schnittstelle von Chemie, Materialwissenschaften und Biologie ordnet sich in diesen Trend ein, so etwa mit Versuchen zur Konstruktion synthetischer »Minimalzellen«, mit denen man einmal aus CO_2 jede beliebige organische Verbindung herstellen können soll.[127] Auch der Weg des MPI-Direktors und Nobelpreisträgers Benjamin List von der Chemie über die Molekularbiologie bis hin zu einer neuen Generation von Biokatalysatoren, die drauf und dran ist, die pharmazeutische und chemische Produktion zu revolutionieren, ist hierfür bezeichnend.[128]

9.6 Fazit: Die MPG im Zeichen biomolekularer Wissenschaften

Die molekularen Lebenswissenschaften nahmen mit der Zeit einen wachsenden Raum in der MPG ein. Diese Schwerpunktsetzung blieb nicht ohne Auswirkungen auf das Gesamtprofil der lebenswissenschaftlichen Forschung. Die Molekularbiologie verdrängte traditionelle Fächer wie die Physiologie und die Landwirtschaftswissenschaften, aber auch aufstrebende Bereiche wie die Umweltforschung – »bereits fühlbar reduziert«, vermeldete die Generalverwaltung im Jahr 1975.[129] Der Aufschwung biomedizinischer – das heißt: zumeist molekularer – Laborforschung und die ökonomische Ausrichtung der staatlich koordinierten Großprogramme trugen dazu bei, die klinische Forschung in der MPG zu marginalisieren bzw. systembiologische Ansätze gegenüber molekularen Spezialfragen ins Hintertreffen zu bringen.[130] In den 1990er- und 2000er-Jahren erst gab es Bestrebungen, diesen Trends entgegenzusteuern.

Die Übersicht mit Stand zum Ende des Untersuchungszeitraums zeigt, dass das Arbeitsspektrum von knapp 32 Prozent der MPG-Wissenschaftler:innen (Abb. 26, roter Graph) an 29 MPI (Flächendiagramm) Anfang der 2000er-Jahre ins biomolekulare Wissenschaftsfeld fiel. Die MPG ähnelte darin anderen auf biomolekulare Forschung spezialisierten Wissenschaftsorganisationen wie der Rockefeller University oder den NIH, mit dem Unterschied allerdings, dass sich der biomolekulare Trend in der MPG über die Lebenswissenschaften hinaus auch auf die chemischen und humanwissenschaftlichen Institute auszudehnen begann.

In den Entwicklungsschritten, die bei der Expansion biomolekularer Forschung in der MPG auszumachen sind, spiegeln sich die bis zur KWG zurückreichende Tradition ebenso wider wie die Dynamik der MPG-Gemeinschaft, die der Technisierung biowissenschaftlicher Forschung innewohnende Kraft zur Hybridisierung von Disziplinen sowie nicht zuletzt der in den vergangenen Jahrzehnten gewachsene Einfluss der Forschungs- und Technologie-

---

123 Siehe dazu die bibliometrische Netzwerkanalyse zu Ko-Publikationen unten, Kap. IV.7.4.
124 Siehe unten, Kap. III.15.
125 Hier und nachfolgend siehe unten, Kap. IV.3.
126 Zur Programmatik und Begrifflichkeit der Bioökonomie siehe OECD, *Bioeconomy*, 2009, 52–84; Pavone und Goven, Introduction, 2017, 3–6; BMBF und BMEL, *Bioökonomiestrategie*, 2020, 19. – Im Jahr 2008 erstmals im »Bundesbericht Forschung« erwähnt, fasste die Bundesregierung im Jahr 2011 ihre Bestrebungen in der »Nationalen Forschungsstrategie BioÖkonomie 2030« zusammen. Federal Ministry of Education and Research, *Strategy*, 2010. Zur Kritik siehe Gottwald und Krätzer, *Irrweg*, 2014.
127 Zum MaxSynBio siehe MPG, Forschungsnetzwerk, 2014. Zu den Versuchen von Tobias Erb am MPI für terrestrische Mikrobiologie siehe Wilhelm, Stoffwechsel, 2016.
128 Beteiligtes Institut: MPI für Kohlenforschung. Pietschmann, Perspektive, 2016.
129 Materialien für die Sitzung des SAFFP der MPG am 23.10.1975, Punkt 2, Seite 8–12, AMPG, II. Abt., Rep. 61, Nr. 106, fol. 236–248.
130 Siehe unten, Kap. III.12; Capgemini Consulting, *Evaluation*, 2013, 31.

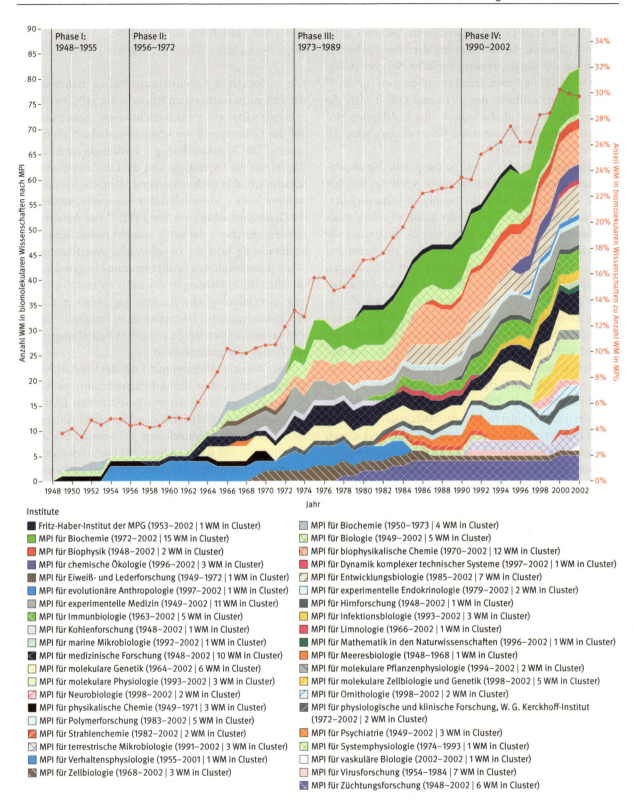

Abb. 26: Entwicklung und Struktur der biomolekularen Wissenschaften in der MPG (1948–2002). Dargestellt ist die Anzahl Wissenschaftlicher Mitglieder (WM) in den Gebieten der biomolekularen Wissenschaften, aufgeschlüsselt nach den involvierten MPI (Flächendiagramm, Ordinate links) und relativ zur Gesamtzahl an WM in der MPG (roter Graph, Ordinate rechts) pro Jahr. Die über den gesamten Zeitraum involvierte Anzahl von WM je Institut ist in der Legende vermerkt. Die Phaseneinteilung entspricht den übergreifenden MPG-Phasen nach Kapitel II. – Quelle: Forschungsbezogenes Tagging der WM der MPG in der Biografischen Datenbank des GMPG; Statistik Robert Egel; doi.org/10.25625/1BSJ2G. Zur Methode des Tagging siehe unten, Anhang 5.5.

9. Molekulare Lebenswissenschaften

politik auf die MPG. Im ersten Vierteljahrhundert der MPG bildeten wenige – vornehmlich biochemisch und physikalisch-chemisch geprägte – Kerninstitute die Triebkräfte bei der Entwicklung molekularbiologischer Methoden und Fragestellungen in der MPG (Abb. 26). In den traditionell guten Beziehungen zur Industrie fanden die biochemischen Institute darunter besonderen Rückhalt.

Die molekulare Biologie nahm ab Mitte der 1960er-Jahre an Fahrt auf. Sie hinkte zwar der Entwicklungsdynamik der Gesamt-MPG hinterher, mit zehn Prozent Anteil an den WM trat der neue MPG-Schwerpunkt aber deutlich in Erscheinung. Dieser Aufwärtstrend hielt getragen von der Eigendynamik der molekularen Forschung auch in den 1970er-Jahren an, als das Wachstum der MPG aus finanziellen Gründen stagnierte. Unter dem Einfluss der internationalen Expansion der molekularen Biologie in die verschiedensten Gebiete der Biologie, Medizin und Landwirtschaftswissenschaften sowie der Entwicklung immer neuer Methoden, wie die der Gentechnik, adaptierten die MPI zunehmend molekularbiologische Forschungsansätze und Methoden, und zwar jenseits des DNA-Zentrismus mit einem starken Schwerpunkt in der Proteinforschung. Die biomolekulare Expansion verlief insofern bis Ende der 1980er-Jahre gegenläufig zu den übergreifenden, in Kapitel II beschriebenen MPG-Phasen. Die deutsche Einheit führte die Entwicklungen wieder stärker zusammen, da die molekularen Lebenswissenschaften in besonderem Maße von der allgemeinen Expansion der MPG profitierten und zugleich zunehmend den politischen Maßgaben folgten, zum Wissens- und Technologietransfer beizutragen. Der Erwartungsdruck, der auf der Grundlagenforschung lastete, bestimmte auch die mit der Genomforschung einhergehende Europäisierung, Internationalisierung und zunehmende Interdisziplinarität der Forschung und die Entwicklung transdisziplinärer biotechnischer Forschungsansätze an der Schnittstelle von Biowissenschaften, Biomedizin, Chemie und Technik. In der Folge entstand in der MPG ein weitgespanntes biomolekulares Wissenschaftsfeld, das über die Lebenswissenschaften bis in die CPTS hineinreichte, ab den 2000er-Jahren auch in die GWS/GSHS.

Die MPG erwies sich als ein sehr passendes organisatorisches Gerüst für die biomolekulare Neuformierung der Lebenswissenschaften und die Konvergenz zwischen Biowissenschaften und Chemie. Dies erklärt, warum sich die MPG in besonderem Maße zu einer auf biomolekulare Wissenschaften ausgerichteten Wissenschaftsorganisation entwickelte. Von Bedeutung war die traditionelle Stärke der Biochemie in der MPG und deren »komplementäre Rolle« bei der Entwicklung der Molekularbiologie.[131] Später erwiesen sich die chemischen Spezialgebiete in der MPG als zentral für die Formierung der biomolekularen Wissenschaften.[132] Forschungskooperationen zwischen MPI spielten bei alldem eine geringere Rolle. Ausschlaggebend war eher, dass die Wissenschaftlichen Mitglieder über die Ausrichtung der Forschung in der MPG mitbestimmen konnten. Auf diese Weise schlugen internationale Forschungstrends, aber auch der sich in der zweiten Hälfte des 20. Jahrhundert vertiefende Hiatus zwischen molekularer Biologie und anderen lebenswissenschaftlichen Forschungsansätzen direkter und umfassender auf die Entwicklung des Forschungsprofils der MPG durch, als dies an den durch formale Prozesse und Disziplinproporze geprägten Universitäten der Fall war.

Die vielfältigen MPG-Gremien und die Soziabilität der MPG-Gemeinschaft wurden damit zur Arena von auch durch Machtkämpfe bestimmten Entscheidungsprozessen, die wir hier als epistemisches Mainstreaming charakterisiert haben. Die Erklärungskraft der molekularen Perspektive und die inhärente Technizität und Anwendungsfähigkeit der Biomoleküle bildeten dabei den Schnittpunkt wissenschaftlicher, ökonomisch-industrieller und politischer Interessen. So taten die Forschungs- und Technologiepolitik der Bundesregierung und die traditionell guten Beziehungen der MPG und vieler MPI zur Industrie ein Übriges, dass die MPG-Leitung den biomolekularen Wissenschaften in besonderem Maße Rückhalt und Förderung gewährte. Die bioindustriellen Netzwerke reichten zum Teil bis in die KWG-Zeit zurück und führten ab den 1990er-Jahren zu einem Boom biotechnologischer Firmengründungen aus Max-Planck-Instituten. Die biomolekulare Grundlagenforschung blieb auf diese Weise den Anforderungen technologischer Innovation verbunden, wenn auch für die einzelnen MPI in sehr unterschiedlichem Grad. Einmal mehr kam damit die spezifische, bis auf die KWG zurückgehende Tradition zum Zug, selektiv gerade solche Grundlagenforschung zu fördern, die am ehesten auch in ökonomischen Nutzen umzumünzen war.

---

131 Morange, *Black Box*, 2020, 235.
132 Zur Chemie siehe auch unten, Kap. III.15.

10. Zellbiologische Forschung

Hanna Lucia Worliczek

Die Zellbiologie, ein explizit interdisziplinäres Feld, ist in der heutigen Max-Planck-Gesellschaft unübersehbar mit einem großen, kollegial geleiteten und international renommierten Institut vertreten, dem 1998 gegründeten Max-Planck-Institut für molekulare Zellbiologie und Genetik in Dresden. Diese prominente strukturelle Verankerung zellbiologischer Forschung in der MPG mag heute selbstverständlich erscheinen. Seit ihrer Gründung bis in die 1980er-Jahre war dies aber weder in der MPG noch in der gesamten westdeutschen Forschungslandschaft der Fall. Nach zeitgenössischen Einschätzungen sei diese – von wenigen Ausnahmen abgesehen – im Vergleich zur US-amerikanischen Zellbiologie regelrecht »unterentwickelt« gewesen.[1] Gleichwohl gab es in der MPG ab etwa 1970 eine breite Streuung zellbiologischer Themen in etlichen Max-Planck-Instituten, was auf epistemische Gemeinsamkeiten im Sinne eines Clusters hindeutet,[2] aber nur ein MPI, das tatsächlich Zellbiologie im Namen führte. Dies legt auf infrastruktureller Ebene zunächst keine ausgeprägte Clusterbildung nahe.

Vor diesem Hintergrund befasse ich mich im Folgenden vornehmlich mit Entwicklungen der 1950er- bis 1980er-Jahre und den Widersprüchlichkeiten zwischen institutioneller Planung und epistemischem Fokus. Den roten Faden bilden dabei Dynamiken um das MPI für Meeresbiologie (ab 1969 MPI für Zellbiologie), das für die moderne Zellbiologie bis zum Ende der 1970er-Jahre gleichsam eine »Zentrale ohne Peripherie« repräsentierte – von anderen MPI geografisch isoliert in Wilhelmshaven gelegen. Zellbiologische Forschungsperspektiven, die im hier untersuchten Zeitraum in neu entstehende post- und transdisziplinäre systemisch orientierte Forschungsfelder eingeflochten waren, wie etwa in die Neurowissenschaften,[3] die Immunbiologie oder die systemische Entwicklungsbiologie, wurden hingegen nicht systematisch untersucht, da eine solche partielle Betrachtungsweise ohne umfassende wissenschaftshistorische Studie diesen Feldern in ihren komplexen Konstitutionen nicht gerecht werden würde.

Als Vergleichsfolie dient vor allem die US-amerikanische Zellbiologie, deren Vertreter:innen damals die Entwicklung des Feldes sowohl epistemisch als auch strukturell prägten: von der Idee, Morphologie (Untersuchung der Form) und Biochemie (Analyse der Funktion auf molekularer Ebene) von Zellen zusammenzuführen, über eine Integration beider Zugänge in einen Erkenntnisweg, der Form und Funktion verschränkt untersuchte und mechanistische Erklärungen zellulärer Prozesse anstrebte, bis hin zu einer »molekularen Zellbiologie«.[4] Gemessen an diesen langfristigen Dynamiken stellte die zeitgenössische lebenswissenschaftliche Forschung in der MPG, die grundlegende zelluläre Phänomene in dieser Logik interdisziplinär untersuchte, bis zum Ende der 1970er-Jahre eher ein Randphänomen dar. Die dennoch breite Streuung von entsprechend konnotierten Themen ist dabei oft auf zellbiologische Teilaspekte von grundsätzlich

---

1 »Recommendations of the Presidential Commission on Research into Molecular Biology and Biochemistry«, basierend auf der Sitzung der Präsidialkommission für molekularbiologisch-biochemische Forschung vom 24.– 25.3.1975, AMPG, II. Abt., Rep. 57, Nr. 701, fol. 20–21. Siehe auch Meyl, *Denkschrift*, 1958, 3–11; Zarnitz, *Molekulare und physikalische Biologie*, 1968, 64–68; Franke, Einheit des Lebens, 1999, 44. – Zu generellen Entwicklungen der modernen Zellbiologie in Deutschland (oder auch Europa) liegen bislang keine umfassenden Studien aus der Wissenschaftsgeschichte vor.
2 Siehe dazu oben, Kap. III.2.
3 Siehe dazu unten, Kap. III.11.
4 Überblicksmäßige Verweise zu Entwicklungen in den USA beziehen sich, so nicht separat ausgewiesen, auf Rasmussen, *Picture Control*, 1999; Bechtel, *Discovering Cell Mechanism*, 2006; Reynolds, *The Third Lens*, 2018; Worliczek, *Biologie*, 2020; Matlin, *Crossing the Boundaries of Life*, 2022.

auf andere biologische Organisationsebenen ausgerichteter Forschung zurückzuführen – durch die zunehmende Verbreitung zellbiologischer Methoden und eukaryotischer Modellsysteme.

Dass die Zellbiologie in der MPG auch die prekäre Situation dieses Feldes an westdeutschen Universitäten lange nicht maßgeblich zu komplementieren wusste – und damit an internationale Entwicklungen kaum anschließen konnte –, ist auf mehrere Faktoren zurückzuführen. Intern konnten sich Zellbiologen lange nicht in jenen »Grabenkämpfen« zwischen Biochemie und Biologie durchsetzen, in denen es um grundsätzliche Fragen der Ausrichtung lebenswissenschaftlicher Forschung in der MPG ging[5] und die maßgeblich von einer molekular-reduktionistischen Übermacht der Biochemie geprägt waren. Deren Dominanz in der Biologisch-Medizinischen Sektion (BMS) und territoriale Ansprüche von Direktoren förderten weder interdisziplinäre Zusammenarbeit noch dafür notwendige Strukturen, machten aber auch die nötige Abgrenzung von Zellbiologen gegenüber einer molekular-reduktionistisch denkenden Biochemie schwierig. Aus größeren strukturellen Dynamiken der MPG ging die Zellbiologie lange als Verliererin hervor, deren Anliegen in planerischen Überlegungen immer wieder zurückgestellt wurden. Erst die Gründung großer kollegial geleiteter Institute führte zu einer vollen Clusterbildung, die sich nicht nur in epistemischen Gemeinsamkeiten erschöpfte, sondern sich in institutsübergreifenden strukturellen Fördermaßnahmen und wissenschaftlichen Kooperationen niederschlug und schließlich auch die Neugründung eines MPI in Dresden zeitigte. Offen bleibt aus heutiger Sicht, wie kooperativ arbeitende Wissenschaftliche Mitglieder (WM) der MPG mit ihren zellbiologischen Forschungsinhalten ab Mitte der 1970er-Jahre diesen Cluster in seiner ganzen Breite inhaltlich im Detail ausgestalteten.

10.1 Die Entwicklung der modernen Zellbiologie ab den 1940er-Jahren

Die Frühgeschichte der »modernen Zellbiologie«[6] ist als eine Zusammenführung mehrerer Forschungstraditionen zu verstehen: der Cytologie, der Biochemie und der Biophysik. Im Mittelpunkt dieses bewusst vorangetriebenen Forschungsansatzes stand für die Akteure ein interdisziplinärer Zugriff auf die eukaryotische Zelle, ihre Struktur und ihre Funktionen. Dabei waren die Visionen einer solchen neuen Hybriddisziplin von zwei Aspekten geprägt: zum einen von der Idee einer Verschmelzung von Morphologie und Physiologie, um die Zelle als »Grundeinheit des Lebens« zu verstehen, zum anderen als Abkehr von als naturalistisch verstandenen Forschungstraditionen hin zu einer experimentellen Lebenswissenschaft. Diese Abkehr richtete sich vor allem gegen eine so aufgefasste »alte Cytologie« als beschreibende Morphologie von Zellen, die ausschließlich mit Methoden der Lichtmikroskopie arbeitete.

Entscheidend für das Entstehen der Zellbiologie war zunächst die Entwicklung der biologischen Elektronenmikroskopie (EM) und damit eines modernen, hochauflösenden morphologischen Zugangs, der erstmals die Untersuchung subzellulärer Strukturen erlaubte. Besonders Albert Claude ab den späten 1930er-Jahren sowie Keith Porter und George Palade (Rockefeller Institute, New York City) in den späten 1940er- und frühen 1950er-Jahren leisteten wichtige Beiträge zur Mikroskopentwicklung und Probenpräparation für die zellbiologische EM: mit neuen Fixier- und Färbetechniken und der Erfindung von Mikrotomen, um Ultradünnschnitte von Zellen herzustellen. Diese Methoden ermöglichten die Beschreibung von membranumschlossenen Zellorganellen (etwa der Mitochondrien oder des Golgi-Apparates). Entscheidend für die tatsächliche Integration von Morphologie und Physiologie der Zelle war auf methodischer Ebene schließlich der gezielte Einsatz von Ultrazentrifugen, um Organellen aus zerkleinerten Zellen zu isolieren (Zellfraktionierung), diese biochemisch zu untersuchen und die so gewonnenen Erkenntnisse mittels EM wieder in Beziehung zur Anatomie der Zelle zu setzen.[7] Dieser integrative Ansatz stand im Gegensatz zur traditionellen Biochemie, die davon ausging, dass biochemische Reaktionen unabhängig von den anatomischen Strukturen erklärbar seien. Der zellbiologische Zugang erlaubte eine holistischere Perspektive: Biochemische Stoffwechselreaktionen seien in ihrer Gebundenheit an bestimmte Strukturen der Zelle zu verstehen und die Mechanismen der Zellfunktionen somit nur über eine Kombination aus morphologischer und biochemischer Forschung aufzuklären.[8]

Mit zunehmender »Reifung« der Zellbiologie in den 1960er- und 1970er-Jahren differenzierte sich diese sehr

---

5 Siehe dazu oben, Kap. III.3 und Kap. III.9.
6 Moderne Zellbiologie (*modern cell biology*) ist sowohl ein Akteursbegriff (v. a. ab den 1960er-Jahren, zuvor: *cell/ cellular biology*) als auch eine heutige historiografische Kategorie, um Zellbiologie von älteren Traditionen der Zellforschung vor 1940 abzugrenzen.
7 Rasmussen, *Picture Control*, 1999, 113–148.
8 Matlin, Pictures and Parts, 2018.

schnell aus. Sie war daher nicht mehr als eindeutig definierbare wissenschaftliche Disziplin zu verstehen, sondern als Oberbegriff für eine Vielzahl von Forschungsgebieten, zum Beispiel morphologisch informierte Cytoskelett-, Membran- und Signaltransduktionsforschung, Zelldifferenzierung, Zell-Zell-Interaktionen, Regulation zellulärer Prozesse, Funktionen von Organellen. Für sich genommen kann fast jedes dieser Gebiete, bedingt durch seine jeweilige interdisziplinäre Einbettung, mehreren Feldern zugeordnet werden. Die Beteiligten selbst ordneten ihre Arbeiten mal mehr der Biochemie zu, mal der Physiologie, mal einem zellbiologischen Forschungsgebiet im engeren Sinne. Der kleinste gemeinsame Nenner ihrer Forschungsgebiete bestimmte dabei sowohl die Konstitution der Zellbiologie als auch ihre Identität. Ab den späten 1970er-Jahren dominierte zunehmend das Selbstverständnis einer sogenannten »molekularen Zellbiologie«. Diese behielt aber, im Gegensatz zur Biochemie oder Molekularbiologie, morphologische Aspekte und dadurch definierte räumliche Kompartimente als zentrale Bezugspunkte.[9]

Der interdisziplinäre Charakter, wie er vor allem in den USA als typisch für die Zellbiologie verstanden wurde, kommt im folgenden Zitat deutlich zum Ausdruck. »During this century, a new realization has grown up of the interrelationships between chemistry and physics and cellular processes. In recent years, largely because of the invention of the electron microscope and of techniques to break cells apart into recognizable subunits, the classical disciplines of cytology, biochemistry and cell physiology have merged, since no single classical attack is now adequate to answer questions about the basic biology of the cell. Cell Biology is the modern discipline under which investigations into the cell and how it works fall.«[10]

Während es in den USA ab 1961 die American Society for Cell Biology (ASCB) gab, die große Tagungen organisierte und eine wissenschaftliche Zeitschrift herausgab, existierte eine vergleichbare wissenschaftliche Gesellschaft in Deutschland bis zur Jahrtausendwende nicht. Die 1975 gegründete Deutsche Gesellschaft für Zellbiologie (DGZ) hat Werner W. Franke, eines der Gründungsmitglieder, noch 1999 vor allem im Vergleich zur ASCB als besonders klein bewertet und der Zellbiologie in Deutschland insgesamt ein Aschenputteldasein attestiert.[11]

Aus der historischen epistemischen Ausrichtung der Zellbiologie ergeben sich vier Perspektiven für die Analyse zellbiologischer Forschung in der MPG: erstens eine explizite Orientierung einzelner MPI oder Abteilungen auf zellbiologische Forschung bzw. eine Selbstverortung ihrer WM in der Zellbiologie, zweitens der epistemische Fokus, der sich in der Ausrichtung und Gewichtung zellbiologischer Forschungsinhalte widerspiegelte, drittens die Auswahl von Zeitschriften, in denen Forschende mit zellbiologischen Bezügen ihre Ergebnisse publizierten, und viertens Kooperationsbeziehungen inner- oder außerhalb der MPG, in denen sich ein typischer disziplinenübergreifender Charakter niederschlug. Mithin entsprechen diese Forschungsperspektiven den für die Entstehung von Clustern in der MPG wesentlichen Faktoren: erstens epistemische Gemeinsamkeiten, zweitens Kooperations- und Konkurrenzbeziehungen in den sozialen Netzwerken der MPG und drittens forschungspolitische und infrastrukturelle Dynamiken.[12]

10.2 Zellbiologische Forschung der 1950er- und 1960er-Jahre in Westdeutschland

Die zellbezogenen Forschungstraditionen in Deutschland vor 1933, an die Forscher:innen nach dem Zweiten Weltkrieg hätten anknüpfen können, um eine mit den USA vergleichbare Entwicklung anzustoßen, wären vielfältig gewesen.[13] Besonders die MPG konnte mit dem früheren KWI für Biologie in Berlin-Dahlem auf eine reiche Vorkriegsgeschichte zurückblicken, die experimentelle Genetik und Entwicklungsbiologie, aber auch »experimentelle Zellbiologie in Gestalt von Protozoologie und Histologie« umfasste.[14] Aus diesem Umfeld gingen jene beiden MPI-Direktoren am MPI für Meeresbiologie hervor, die sich selbst als Zellbiologen verstanden und vielfältige Aspekte der modernen Zellbiologie in ihre interdisziplinär angelegten Arbeiten integrierten: Joachim Hämmerling (1901–1980) und Hans Bauer (1904–1988). Beide gehörten zur »zweiten Generation« von Direktoren von KWG/MPG, die, geboren um 1900, in der Weimarer Republik wissenschaftlich sozialisiert und in der NS-Zeit zu KWG-Mitgliedern berufen worden waren. Beide waren damit nachhaltig von der »Selbstmobilisierung«

---

9 Matlin, *Crossing the Boundaries of Life*, 2022.
10 Satir, *A Guide to Opportunities*, 1969, 2. Dieses Heft, herausgegeben von der American Society for Cell Biology, sollte Studierenden und Postdocs eine Orientierung im Fach ermöglichen.
11 Franke, Einheit des Lebens, 1999, 44.
12 Siehe dazu oben, Kap. III.2
13 Richmond, The Cell as the Basis, 2007, 174.
14 Rheinberger, Biologie Berlin–Tübingen, 2010, 206.

10. Zellbiologische Forschung

und der »Indienstnahme« der Wissenschaft durch den Nationalsozialismus geprägt.[15]

Außerhalb der MPG zählten zu diesen Traditionen die Entwicklungsbiologie und Embryologie, aber ebenso die vergleichende Mikroanatomie und Entwicklungsgeschichte. An den Universitäten fielen diese Perspektiven klassischerweise in die Fächer Zoologie und Botanik. Besonders in diesem Bereich aber sei, so Arwed Meyl in seiner *Denkschrift zur Lage der Biologie* von 1958, die »Ausbildung des Nachwuchses für die Morphologie und Systematik« seit den 1920er-Jahren immer mehr durch eine Schwerpunktverlagerung der Biologie in Richtung »physikalischer und chemischer Methoden« eingeschränkt worden.[16] Für Meyl war das problematisch, da erst jene Methoden völlig neue Skalen für biologische Fragestellungen in der Morphologie eröffnet hatten – »bis in den Bereich der Moleküle«, etwa durch die EM und die Röntgenspektroskopie. Deshalb wäre eine Ausbildung in diesem Bereich umso wichtiger gewesen. Genau diese neue Perspektive, die eine enge Zusammenarbeit der Morphologie mit Genetik, Physik, Biochemie und Zellphysiologie voraussetzte, sei aber in der deutschen Zellforschung noch kaum aufgegriffen worden.[17] Die Lage der Biochemie hingegen sei wesentlich besser, wenn es auch immer noch an ausreichend Lehrstühlen mangele, um ihrer Bedeutung für die gesamte »moderne Biologie« gerecht zu werden.[18]

Die Biochemie und ihre Arbeitsgebiete aber dominierten die Lebenswissenschaften in der MPG. Während der 1950er-Jahre expandierten sie massiv und drückten der sich verspätet entwickelnden Molekularbiologie in den 1960er-Jahren durch ihren hauseigenen Nachwuchs im Sinne einer »Hauptachse der molekularbiologischen Genealogie« ihren epistemischen Stempel auf.[19] Das galt auch für die Zellbiologie in der MPG. Die Biochemie sei, so zwei Zellbiologen rückblickend auf internationale Entwicklungen, die »engste Nachbarin« der Zellbiologie gewesen. Sie habe während ihrer »Renaissance« nach dem Zweiten Weltkrieg, getrieben durch molekular-reduktionistische Ansätze, nicht nur den Gegenpol zur Zellbiologie mit ihrer Fokussierung auf die zelluläre Organisation gebildet, sondern erst die nötige Abgrenzungsfläche bereitgestellt und so die Herausbildung einer distinkten zellbiologischen Wissenschaftskultur ermöglicht. Erst die Molekularbiologie habe eine Brücke zwischen diesen beiden Feldern gebaut und schließlich eine trennscharfe Unterscheidung fast unmöglich gemacht.[20]

Die von der 1951 wiedergegründeten Deutschen Forschungsgemeinschaft (DFG) geförderten Schwerpunktprogramme[21] geben einen Einblick in Forschungsgebiete, die als besonders förderungsbedürftig eingestuft wurden, und können damit Entwicklungen auch innerhalb der MPG spiegeln. So finanzierte die DFG zwischen 1955 und 1963 das Schwerpunktprogramm »Experimentelle Zellforschung«. Gemeinsam mit »Sinnesphysiologie« und »Genetik« bildete dieses in der zweiten Hälfte der 1950er-Jahre gleichsam ein Triumvirat der biologischen Schwerpunktförderung und wurde von 1959 bis 1965 durch die Entwicklungsphysiologie ergänzt, in der sich ebenfalls stark zellbiologisch konnotierte Themen fanden.[22] Anschließend förderte die DFG den Themenkomplex »Biochemische Morphogenese«, in dem ab 1966 vor allem die »biochemischen Grundlagen der Zelldifferenzierung« erforscht werden sollten,[23] und ab 1968 auch die interdisziplinäre Membranforschung. Als interdisziplinär sei diese Forschung deshalb aufzufassen, da die nötigen »morphologischen und physiologischen Untersuchungen […] in Händen der Biologen liegen«, die Modellentwicklung hingegen »von Seiten der Physikochemiker« beigesteuert werden müsste.[24] In all diesen Schwerpunkten finden sich geförderte Projekte aus etlichen MPI.[25]

Angelehnt an die historischen Entwicklungen in den USA können die 1950er- und 1960er-Jahre als formative Phase der modernen Zellbiologie charakterisiert werden. Wie bescheiden es um das Feld in Westdeutschland aber noch Ende der 1960er-Jahre bestellt war und welche Rolle die MPG dabei spielte, wird an einem Bericht von Marie Luise Zarnitz deutlich, den sie 1968 im Auftrag

---

15 Siehe oben, Kap. II.3.
16 Meyl, *Denkschrift*, 1958, 3.
17 Ebd., 5.
18 Ebd., 10–11.
19 Siehe oben, Kap. III.9.
20 Bradshaw und Stahl, Preface, 2016.
21 Deutsche Forschungsgemeinschaft, *Aufgaben und Finanzierung I*, 1961, 35. Siehe dazu Orth, *Autonomie und Planung*, 2011.
22 Deutsche Forschungsgemeinschaft, *Aufgaben und Finanzierung III*, 1968, 55.
23 Deutsche Forschungsgemeinschaft, *Aufgaben und Finanzierung II*, 1965, 47–48.
24 Deutsche Forschungsgemeinschaft, *Aufgaben und Finanzierung III*, 1968, 51, 79.
25 Diese Beurteilung basiert auf einer stichprobenartigen Evaluierung der veröffentlichten DFG-Berichte 1952–1969, z.B. Deutsche Forschungsgemeinschaft, *Bericht DFG 1952*, 1953.

der Stiftung Volkswagenwerk vorlegte. Benannt als »Zellforschung« mit »molekularbiologischen Arbeitsrichtungen« zählte sie dazu chemisch-physikalische Analysen des Zellstoffwechsels, aber auch die Erforschung von der Zellinteraktion und -differenzierung, die sie als modernisierte Ansätze der »klassischen Cytologie, der Zellphysiologie und der Entwicklungsphysiologie« verstand. Hier täten sich besonders das MPI für Meeresbiologie sowie eine Handvoll universitärer Institute hervor. Abgesehen von diesen Ausnahmen sei aber »die moderne Richtung der Zellforschung noch wenig verbreitet«, obwohl »große Traditionen auf diesem Gebiet vorhanden sind und genügend Institute, nämlich botanische und zoologische existieren«. Zarnitz beschloss ihre Begutachtung mit dem Befund, dass überall »noch die klassisch-deskriptive Richtung der Zellforschung« vorherrsche, wenn auch »in methodischer Hinsicht eine gewisse Modernisierung registriert werden« könne.[26] Ein Teilgebiet, das gemessen an US-amerikanischen Entwicklungen konstitutiv für die Zellbiologie ist,[27] besprach Zarnitz separat: die »Forschung an subcellulären Systemen«, welche die biochemische Präparation und Analyse von Chloroplasten, Ribosomen, Mitochondrien, Membranen oder Chromosomen mittels EM verbinde. Eine Gesamtbewertung der deutschen Forschung in diesem Gebiet nahm Zarnitz nicht vor, doch die zahlreichen Nennungen von Max-Planck-Instituten sprechen dafür, dass die MPG hier durchaus eine prominente Rolle spielte. Hinsichtlich der Proteinsynthese nannte Zarnitz das MPI für experimentelle Medizin (Göttingen) und das MPI für Biochemie (München), zu bakteriellen Membranen das MPI für Biologie (Tübingen) und zu »molekulare[n] Vorgängen und Mechanismen bei der Muskelarbeit« das MPI für medizinische Forschung (Heidelberg).[28] Insgesamt würden, so Zarnitz, die Struktur- und Funktionsforschung an Proteinen, die Virusforschung, die molekulare Genetik und die Zellforschung in der MPG »auf relativ breiter Basis bearbeitet«, aber an den Hochschulen seien hier praktisch keine »wissenschaftlich bedeutenden Beiträge« entstanden.[29] Als größtes Hindernis für eine auf internationalem Niveau arbeitende Zellbiologie in Deutschland identifizierte Zarnitz die Inkompatibilität zwischen grundsätzlich interdisziplinär orientierten Forschungsfeldern und der bestehenden Hochschulstruktur.[30]

Auch wenn sich innerhalb der MPG eine institutsübergreifende Zellbiologie, die mit der interdisziplinären Entwicklung in den USA vergleichbar gewesen wäre, in diesen zwei Dekaden nicht finden lässt, manifestierten sich in der MPG der 1950er- und 1960er-Jahre epistemische Perspektiven auf zellbiologisch höchst relevante Forschungsobjekte. Zunächst sind das die Forschungsgebiete jener Personen, die sich selbst als Zellbiologen verstanden: die Abteilungen von Hämmerling und Hans-Georg Schweiger am MPI für Meeresbiologie (morphologisch-biochemische Erforschung der Zellkern-Cytoplasma-Wechselwirkung, Regulierung der Zellmorphogenese und -differenzierung); von Hans Bauer am MPI für Meeresbiologie sowie dessen Schüler Wolfgang Beermann, der mit seiner Abteilung am MPI für Biologie eine fast deckungsgleiche, wenn auch molekularisierte und damit modernisierte Ausrichtung hatte (morphologisch informierte Cytologie und Cytogenetik). Darüber hinaus fanden sich noch folgende Forschungsgebiete, deren Vertreter wichtige zellbiologische Grundlagen erarbeiteten, sich aber im Gegensatz zu den gerade Genannten und zu Zarnitz' Einordnung nicht als Zellbiologen, sondern als Biochemiker oder Physiologen verstanden: Das waren Forschungen zu kontraktilen Proteinen von Muskeln und Zellen am MPI für medizinische Forschung unter Hans Hermann Weber, zu Zellmembranen am MPI für Biochemie, vor allem von Gerhard Ruhenstroth-Bauer, Kollagenforschung vor allem am MPI für Eiweiß- und Lederforschung unter Wolfgang Graßmann, zellbiologische Perspektiven auf die Kanzerogenese am MPI für Virusforschung, Fragen zu Zellkernen der Protisten vor allem am MPI für Biologie von Max Hartmann.

10.3 Das MPI für Meeresbiologie als isolierter Kondensationspunkt der Zellbiologie

Das MPI für Meeresbiologie in Wilhelmshaven bildete den stärksten Kondensationspunkt für die internationalen Entwicklungen der modernen Zellbiologie in der MPG. Dass sich von dort ausgehend dennoch kein institutsübergreifender Cluster Zellbiologie innerhalb der BMS etablierte, der sich strukturell, in intendierten übergreifenden epistemischen Schwerpunkten oder ausgeprägten Kooperationsbeziehungen niedergeschlagen hätte, ist auf mehreren Ebenen erklärbar. In der Forschung der Wilhelmshavener Zellbiologen bildeten sich jene Entwick-

---

26 Zarnitz, Molekulare und physikalische Biologie, 1968, 64–65.
27 Rasmussen, *Picture Control*, 1999, 113–148.
28 Zarnitz, Molekulare und physikalische Biologie, 1968, 63–64.
29 Ebd., 68.
30 Ebd., 83.

lungsschritte ab, die international zur Herausbildung einer »reifen« Zellbiologie führten und ihre Institutionalisierung motivierten – allerdings zeitigten diese keine Wirkung in anderen MPI. Angesichts der zunehmenden Hinwendung zur Molekularbiologie hätte es dazu einer starken Lobby innerhalb der MPG bedurft, waren die Biochemiker in dieser Periode doch die dominierende Gruppe hinsichtlich größerer Entwicklungen in der Sektion.[31] Dem stand die moderne Zellbiologie als Forschungsfeld gegenüber, das nicht nur abhängig war von institutionell geförderter interdisziplinärer Zusammenarbeit, sondern sich ebenso von ihren explizit disziplinär verstandenen Ursprungsfeldern abgrenzen musste – der Cytologie, Physiologie, Biochemie und Biophysik. In den 1960er-Jahren wurde diese Konkurrenzsituation noch um die Molekularbiologie ergänzt, die fundamentale Lebensprozesse auf molekularer Ebene und an den einfachsten Organismen wie Bakterien erforschte. Wie wichtig eine starke Lobby für die Entwicklung der modernen Zellbiologie war, zeigt sich einmal mehr an den USA. Dort sah sich die ASCB – und mit ihr ihre Zeitschrift, das *Journal of Cell Biology* – in der zweiten Hälfte der 1960er-Jahre veranlasst, klare thematische Schwerpunkte für ihre Tagungen und ihre Zeitschrift zu definieren. Diese »thematischen Monopole« sollten die US-amerikanische Zellbiologie sichtbar machen und vor allem von der Biochemie und Biophysik abgrenzen, bewirkten aber auch, dass sich eigene epistemische Standards und damit eine eigene Wissenschaftskultur ausbilden konnten.[32] Nicht nur in der MPG, sondern in Westdeutschland insgesamt fehlten vergleichbare Initiativen, die angesichts der starken Disziplinen- und Lehrstuhllogik an den Hochschulen umso wichtiger gewesen wären.

Als prädestinierte Keimzelle eines Clusters moderner Zellbiologie hatte das MPI für Meeresbiologie der MPG-internen Dynamik von Biochemie und Molekularbiologie zunächst wenig entgegenzusetzen. Es war keineswegs mit einem bevorzugten Fokus auf Zellforschung gegründet worden, sondern sollte, so der Gründungsbeschluss von 1947, vor allem »der Erforschung allgemeinbiologischer und meeresbiologischer Probleme dienen«[33] und damit das ab 1943 schrittweise evakuierte und 1945 geschlossene Deutsch-Italienische Institut für Meeresbiologie zu Rovigno d'Istria ersetzen. Dort war Hämmerling ab 1940 Direktor des deutschen Institutsteils gewesen,[34] während Bauer am ehemaligen Kaiser-Wilhelm-Institut für Biologie 1942 zum WM und Abteilungsleiter ernannt worden war. So umfasste das MPI für Meeresbiologie in seinen Anfangsjahren neben den Abteilungen des geschäftsführenden Direktors Hämmerling und jener von Bauer noch vier weitere selbstständige Einheiten. Zwischen 1954 und 1958 wurden die Abteilungen von Erich Walter von Holst (Nerven- und Flugphysiologie, Wilhelmshaven), Konrad Lorenz (Verhaltensphysiologie, Buldern, Westfalen) und Gustav Kramer (Orientierungs- und Heimkehrvermögen der Vögel, Wilhelmshaven) ausgegliedert und im MPI für Verhaltensphysiologie (Gründungsbeschluss von 1954) in Seewiesen (Oberbayern) zusammengeführt, um die verhaltensbiologisch arbeitenden Abteilungen an einem gemeinsamen Standort zu vereinen.[35] Nach dem plötzlichen Tod von Karl Strenzke (experimentelle Ökologie) im Jahr 1961, dessen Stelle nicht wieder besetzt wurde, fiel die letzte nicht zellbiologisch orientierte Abteilung weg. Bis Mitte der 1960er-Jahre wurden allerdings keine neuen WM an das MPI für Meeresbiologie berufen.[36] Hämmerling wurde als sehr zurückhaltende und wenig machtbewusste Person beschrieben, die sich nur widerwillig in die Machtlogik der Direktoren in der MPG einfügte.[37] Über Bauer ist keine vergleichbare Einschätzung überliefert, doch es gibt Belege dafür, dass er sich mit den naheliegenden Verbündeten gegen die Dominanz der Biochemiker – den Direktoren des MPI für Biologie in Tübingen – überworfen hatte.[38] Die geografische Isolation in Niedersachsen verstärkte die missliche Situation sicherlich. Zwar waren die WM aus Wilhelmshaven in der MPG-Gremienarbeit durchaus aktiv, aber die Isolation verhinderte pragmatische Allianzen, etwa durch die gemeinsame Nutzung von Großgeräten, und erschwerte auch externe Kooperationen.

Auch jene ab Mitte der 1960er-Jahre neu berufenen WM verfügten nur in begrenztem Maße über Kontakte zum MPG-Netzwerk, da sie entweder aus dem eigenen Institut oder von außerhalb kamen. Der Biochemiker und Mediziner Hans-Georg Schweiger sollte ab 1958 als Assistent in Wilhelmshaven seine biochemisch-zellbiologische Expertise einbringen. 1965 wurde er zum WM und Di-

---

31 Siehe oben, Kap. III.9.
32 Worliczek, *Biologie*, 2020, 99.
33 Max-Planck-Gesellschaft, Tätigkeitsbericht KWG/MPG, 1951, 375.
34 Generalverwaltung der Max-Planck-Gesellschaft, *Jahrbuch 1961*, 1961, 584 u. 869.
35 Ebd., 583–584.
36 Henning und Kazemi, *Handbuch*, Bd. 2, 2016, 1000.
37 Worliczek, *Biologie*, 2020, 57–64.
38 Georg Melchers an Senatskommission am 13.3.1959, AMPG, II. Abt., Rep. 66, Nr. 2697, fol. 369.

rektor einer selbstständigen Abteilung berufen.³⁹ In der Begründung für die Berufung unterstrich Hämmerling nicht nur Schweigers molekularbiologischen Zugang zum Modellorganismus *Acetabularia* (eine einzellige Grünalge), sondern auch dessen umfassenden Forschungsansatz, der in der kombinierten Untersuchung von Zellkern, Chloroplasten und Cytoplasma bestand und auch die Untersuchung circadianer Rhythmik (»physiologische Uhr«) einschloss. Damit ist Hämmerlings Rhetorik nicht nur als Plädoyer für den integrativ arbeitenden Zellbiologen Schweiger zu sehen, sondern auch für das Potenzial der einzelligen Grünalgen, mit deren Erforschung sich das Institut in die aktuellsten Themen der molekularisierten, aber dennoch morphologisch orientierten Zellbiologie einschrieb.⁴⁰ Die explizite Hervorhebung von Funktionen des Zellkerns kann dabei durchaus als implizite Kritik an den Forschungsperspektiven jener Biochemiker:innen und Molekularbiolog:innen gedeutet werden, die sich ausschließlich mit kernlosen Bakterien als Forschungsobjekten oder rein biochemischen Forschungsfragen befassten. Schweiger selbst begriff die Zellbiologie in der Logik der US-amerikanischen Entwicklungen und positionierte sich frühzeitig strategisch.⁴¹ Doch auf breiter Front wurde die Wichtigkeit von genau solchen Modellsystemen in der biologischen Forschung innerhalb der MPG erst Anfang der 1970er-Jahre erkannt und die Deutsche Forschungsgemeinschaft griff das Thema eukaryotischer Modelle erst 1976 auf.⁴²

Mit den Neuberufungen Ende der 1960er-Jahre erweiterte sich das zellbiologische Portfolio in Wilhelmshaven. Der 1967 berufene Peter W. Jungblut, ein biochemisch orientierter Mediziner, hatte sich nach der Promotion auf die Proteinchemie von Hormonen spezialisiert, nach seiner Habilitation 1963 internationale Erfahrung an der University of Chicago gesammelt und sich danach auf die Erforschung des Steroidmetabolismus konzentriert.⁴³ In Jungbluts Berufungsantrag wurde sein Potenzial für wesentliche Erkenntnisfortschritte bezüglich der »stofflichen Steuerung von Differenzierungsvorgängen der Zelle« hervorgehoben.⁴⁴

Peter Traub, 1970 berufen, hatte hingegen eine MPG-interne Karriere vorzuweisen. Er hatte als Chemiker sowohl seine Diplom- und Doktorarbeit bei Adolf Butenandt am MPI für Biochemie geschrieben und dann zwei Jahre mit Butenandt und Wolfram Zillig als wissenschaftlicher Mitarbeiter gearbeitet, bevor er in den USA forschte. Traub hatte sich dort auf die Proteinbiosynthese und Ribosomen von Bakterien spezialisiert.⁴⁵ Butenandt war über die Berufung Traubs sehr erfreut und merkte an, dass »das Institut in Wilhelmshaven« damit »die kritische Masse erhalte, welche es für eine erfolgreiche Zukunft brauche«.⁴⁶

Diese Beurteilung Butenandts erscheint allerdings ein wenig zynisch, denn nach der Emeritierung von Hämmerling im Jahr 1969 war das Institut zuvor um einen Direktor geschrumpft. Was damit allerdings sehr wohl erfolgte, war eine vollständige Besetzung der Abteilungen mit Vertretern der »dritten Generation« von MPI-Direktoren, die meist substanzielle Auslandserfahrung gesammelt hatten und nicht mehr von der KWG-Logik geprägt waren.⁴⁷ Die Berufung des ausgewiesenen Molekulargenetikers Traub führte in der Anbahnungsphase zu Widerstand – vor allem vom Biologen Georg Melchers, der die Sektion provokativ fragte, »wieviele Molekulargenetiker sie noch […] berufen wolle« und wo denn die Biologie bliebe. Die Molekulargenetik sei an den Universitäten mittlerweile stark vertreten, die MPG solle sich deshalb um jene Forschungsgebiete kümmern, auf die das noch nicht zutreffe. In seiner Replik stellte Schweiger klar, dass sein MPI Traubs Berufung »weniger vom Standpunkt der Molekularbiologie als vom Standpunkt der Zellbiologie zu sehen wünsche«.⁴⁸ Und tatsächlich sollte sich Traub in seiner weiteren Karriere gänzlich der integrativen Zellbiologie von Eukaryoten widmen, nicht aber den Bakterien. Melchers' Einwände verdeutlichen zwei Aspekte in der Entwicklung der BMS um 1970: erstens, dass alteingesessene Biologen befürchteten, die »Übermacht« der Biochemie und Molekularbiologie werde genuin biologische Forschungszugänge gefährden. Und zweitens, dass eine tatsächliche Verschmelzung morphologischer und mole-

---

39 Traub, Schweiger, 1987.
40 Anlage 5 zur Sitzung der Biologisch-Medizinischen Sektion des Wissenschaftlichen Rats (BMS) vom 2.12.1964, AMPG, II. Abt., Rep. 62, Nr. 1583, fol. 105–109.
41 Schweiger, Acetabularia, 1968.
42 Deutsche Forschungsgemeinschaft, *Aufgaben und Finanzierung V*, 1976, 128.
43 Bauer, Peter Wilhelm Jungblut, 2004.
44 Lebenslauf Jungblut, Materialien für die 56. Sitzung des Senates am 10.3.1967, AMPG, II. Abt., Rep. 60, Nr. 56, fol. 399.
45 Lebenslauf Traub, Materialien zur Sitzung der BMS vom 11.6.1969, AMPG, II. Abt., Rep. 62, Nr. 1594, fol. 68–70.
46 Protokoll der BMS vom 23.1.1970, AMPG, II. Abt., Rep. 62, Nr. 1595, fol. 14.
47 Siehe oben, Kap. II.3.
48 Melchers nach Protokoll der BMS vom 11.6.1969, AMPG, II. Abt., Rep. 62, Nr. 1595, fol. 14.

10. Zellbiologische Forschung

kularer Perspektiven entweder nicht ernst genommen wurde oder aber gänzlich außerhalb des Denkbaren lag.

Hämmerling selbst hatte vor der Übersiedlung nach Wilhelmshaven bevorzugt allein gearbeitet und diesen solitären Arbeitsstil, der einer notwendigen Integration verschiedener Forschungsansätze entgegenstand, nicht etwa freiwillig aufgegeben, sondern versucht, mit der Anwerbung von Mitarbeiter:innen eher die Erwartungen der MPG an einen Direktorenposten zu erfüllen. Es war insofern weniger geplant als den MPG-internen Umständen geschuldet, dass sich Hämmerlings Abteilung durch Teamarbeit immer weiter den Ansprüchen der modernen Zellbiologie annäherte. Inhaltlich hingegen versammelte Hämmerling damit bewusst genau jene Expertisen, die nötig waren, um morphologische und biochemische Zugriffe auf die Zelle in einen prinzipiell experimentell-interventionellen Forschungsstil zu integrieren.[49] Das ermöglichte es, Hämmerlings morphologische Beobachtungen in biochemische Konzepte zu übersetzen. Die jungen Mitarbeiter:innen trugen auch dazu bei, dass die Abteilung ab den späten 1950er-Jahren vermehrt auf Englisch publizierte.

Das Arbeitsgebiet seiner Abteilung beschrieb Hämmerling 1957 als »experimentelle Zellforschung in entwicklungsphysiologisch-genetischer und biochemischer Richtung«.[50] Für ihn selbst seien die 1950er-Jahre eine »fruchtbare und optimistische Dekade« gewesen: Seine Arbeit fand internationale Anerkennung und Eingang in Lehrbücher; Zellbiolog:innen hätten ungeduldig auf neue Publikationen aus Wilhelmshaven gewartet. Bereits 1951 hatte Hämmerling als einziger Deutscher am Internationalen Kongress für Zellbiologie in Yale, New Haven, teilgenommen.[51] Einen richtigen Boom erlebte die Rezeption von Hämmerlings Forschung 1953, als dieser einen Übersichtsartikel über seine Arbeiten veröffentlichte – auf Englisch in der Buchreihe »International Review of Cytology«.[52]

Ab 1960 wurden in den Jahrbüchern der MPG auch Protein- und Ribonukleinsäuresynthese in den Arbeitsgebieten genannt, ab 1961 Enzyme, und ab 1962 wurde das bevorzugte Forschungsobjekt *Acetabularia* um rote Blutkörperchen ergänzt; auf technischer Ebene fanden nun auch Methoden Erwähnung, etwa 1962 ein »UV-Fernseh-Mikroskop«, und 1963 wurden elektronenmikroskopische Untersuchungen besonders hervorgehoben. 1965 zeigte sich hier eine zumindest begriffliche Modernisierung, denn im entsprechenden Jahresbericht hieß es in der Beschreibung der Abteilung statt »experimentelle Zellforschung« nun »Zellbiologie« – mit dem Zusatz: »in biochemischer, genetisch-entwicklungsphysiologischer und feinstruktureller Richtung«.[53] Diese Bezeichnung gab nicht nur den tatsächlichen epistemischen Fokus der Abteilung mit Referenz auf internationale Entwicklungen adäquat wieder, sondern fügte sich passgenau in die Schwerpunktprogramme der DFG ein. Sie kann zugleich als harsche Kritik an den Gremien der MPG gelesen werden, denn vergeblich hatte Hämmerling gemeinsam mit Bauer seit 1959 versucht, eine Umbenennung des Instituts in MPI für Zellbiologie zu erreichen. Das geschah erst 1969.

Ihre Aufsätze konnten Hämmerling und seine Mitarbeiter:innen, von denen etliche außerhalb der MPG Karriere machen sollten, thematisch breit platzieren, von botanischen Journalen über zellbiologische Periodika bis hin zu biochemischen und allgemein-naturwissenschaftlichen Zeitschriften.[54] Jene MPG-internen Rekrutierungsdynamiken für WM und MPI-Direktoren,[55] die vor allem im Feld der Biochemie sehr ausgeprägt waren,[56] griffen in der Abteilung kaum. Nur Schweiger als Hämmerlings Nachfolger und Traub als ehemaliger Doktorand und Mitarbeiter von Butenandt machten eine solche Karriere. Die Anerkennung von Hämmerlings Arbeit im Ausland in den 1950er-Jahren und seine nach internationalen Maßstäben moderne Interpretation der Zellforschung führten innerhalb der MPG allerdings nicht zu einer ausgeprägten Wertschätzung, wie die Bestrebungen um eine Institutsverlegung und Umbenennung des MPI zeigen.

Als 1957 eine Eingliederung in das MPI für Biologie in Tübingen im Raum stand, lehnten die Tübinger Direktoren Hämmerling von vornherein ab: »Die Arbeitsrich-

---

49 Worliczek, *Biologie*, 2020, 57–64.
50 Generalverwaltung der Max-Planck-Gesellschaft, *Jahrbuch 1957*, 1957, 254.
51 Harris, Joachim Hämmerling, 1982, 119.
52 Hämmerling, Nucleo-Cytoplasmic Relationships, 1953.
53 Generalverwaltung der Max-Planck-Gesellschaft, *Jahrbuch 1965*, 1965, 255.
54 Erhoben aus den Jahrbüchern der MPG, Generalverwaltung der Max-Planck-Gesellschaft, *Jahrbücher der Max-Planck-Gesellschaft*, 1953–1970.
55 Angesichts der nur sehr kleinen Anzahl von Frauen, die zwischen 1948 und 1982 zu Abteilungsleiterinnen (13), WM (7) oder Direktorinnen (2) in der MPG berufen wurden, und den Widerständen, denen diese vonseiten der männlichen Direktoren ausgesetzt waren, sind diese MPG-internen Netzwerke als klar männlich dominiert aufzufassen. Kolboske, *Hierarchien*, 2023, 197–304.
56 Siehe oben, Kap. III.9.

tung Hämmerlings passe nicht zu den künftig im Institut gepflegten modernen Biologie-Richtungen.«[57] Damit ignorierten die Tübinger Direktoren die sehr positive internationale Rezeption von Hämmerlings zellbiologischer Arbeit, die aus dem Fach selbst gekommen war, und stempelten sie als unmodern ab. Gegen Bauer hingegen wurden keine wissenschaftlichen Vorbehalte, sondern persönliche Differenzen ins Feld geführt.[58] Nach langjährigen Diskussionen empfahl die BMS schließlich dem Senat Ende 1959, für Hämmerling ein Gebäude in Marburg zu errichten und Bauer nach Tübingen in das ehemalige Gebäude des MPI für Virusforschung umziehen zu lassen. Beide Abteilungen sollten gemeinsam unter dem Titel MPI für Zellbiologie geführt werden.[59] Der Senat setzte aber nur Bauers Verlegung um; Hämmerling musste in Wilhelmshaven bleiben, was wahrscheinlich nicht zuletzt auch ganz pragmatische Gründe hatte. Denn die MPG musste sowohl das Land Niedersachsen, mit dem es Vereinbarungen gab, als auch die Stadt Wilhelmshaven zufriedenstellen. Die Stadt selbst gab schließlich den Ausschlag dafür, dass der Senat sogar die Umbenennung ablehnte, sei das MPI für Meeresbiologie doch eine fixe Größe in der Selbstpräsentation von Wilhelmshaven.[60] Die MPG-internen Diskussionen über die damals nicht erfolgte Umbenennung belegen allerdings auch, dass die Namensgebung nicht nur und in diesem Fall nicht einmal primär durch die Forschungsinhalte bestimmt wurde, die adäquat repräsentiert werden sollten, sondern auch durch territoriale Ansprüche von Direktoren bestehender Institute – eine zu starke Ähnlichkeit, die Verwechslungen erlauben könnte, sollte in jedem Fall vermieden werden. Wobei hier alle Vorschläge, die das Wort »Zelle« beinhalteten, hinter den Kulissen sogar ins Lächerliche gezogen wurden.[61]

Über den gesamten Zeitraum seines Bestehens ist das MPI immer wieder als »Manövriermasse« behandelt worden. Die Ansiedlung in Wilhelmshaven kam der MPG in der unmittelbaren Nachkriegszeit sehr gelegen, als der finanzielle Druck hoch und bestehende Gebäude ohne substanzielle Kriegsschäden Mangelware waren. Die Stadt Wilhelmshaven hatte der MPG ein ehemaliges Marinegebäude inklusive Dienstwohnungen zur Verfügung gestellt; das Grundstück war 1948 von Störungen durch den Schiffsverkehr noch unberührt und zusätzlich von einem Freilandversuchsgelände umgeben. Ebenso war die Gründung einer Universität im nordwestdeutschen Raum in Aussicht gestellt worden – ein nicht zu vernachlässigender Faktor, war doch Wilhelmshaven weit abgelegen von allen relevanten akademischen Einrichtungen, die Möglichkeiten zur Zusammenarbeit geboten hätten.[62] Der Standort sollte sich allerdings in mehrfacher Weise als Hemmschuh erweisen, denn das Wattenmeer konnte keine geeigneten Organismen für die von Bauer angestrebte experimentelle Embryologie zur Verfügung stellen, die Universitätsgründung ließ bis 1971 auf sich warten, und in den 1950er-Jahren wurde die verstärkte Schifffahrts- und Marinetätigkeit ebenso zum Problem wie die angegriffene Bausubstanz. Die angestrebte Umsiedlung fiel sowohl politischen wie auch finanziellen Überlegungen zum Opfer und als das MPI 1977 schließlich auf den teilweise verwaisten MPG-Standort in Ladenburg bei Heidelberg übersiedelte und nicht etwa in einen Neubau, geschah dies vor dem Hintergrund von Einsparungsüberlegungen. Damit stand der wissenschaftliche Erfolg des MPI für Meeresbiologie/Zellbiologie und auch die zunehmende internationale Bedeutung der integrativen Zellbiologie der strukturellen Förderung innerhalb der MPG diametral entgegen.

10.4 Diversifizierung zellbiologischer Erkenntnisinteressen in den 1970er-Jahren

Vier Jahre nach Zarnitz' Bericht deklarierte die DFG 1972 – ob intendiert oder nicht – genau jenen epistemischen Zugang als besonders förderungswürdig, dessen Fehlen die Autorin besonders im Bereich der Zellforschung bemängelt hatte: die Integration morphologischer und funktioneller Aspekte.[63] Die »vordringliche Aufgabe der Biologie«, so hätten Expertenbefragungen ergeben,

---

57 Vermerk Hans Ballreich am 1.8.1957, AMPG, II. Abt., Rep. 66, Nr. 2697, fol. 467–470. – Die Direktoren in Tübingen waren zu dieser Zeit Alfred Kühn, Georg Melchers und Wolfhard Weidel.
58 Georg Melchers an Gunther Lehmann am 9.12.1959, AMPG, II. Abt., Rep. 66, Nr. 2697, fol. 282. – Bauer selbst scheint hier keinen generellen Konflikt wahrgenommen zu haben, sondern sah ausschließlich Melchers in Opposition und wollte auch selbst nicht in das MPI für Biologie integriert werden. Hans Bauer an Max Hartmann am 13.7.1959, AMPG, III. Abt., Rep. 26B, Nr. 28b.
59 Protokoll der BMS vom 26.11.1959, AMPG, II. Abt., Rep. 62, Nr. 1568, fol. 12.
60 Gunther Lehmann an Hans Ballreich am 21.12.1959, AMPG, II. Abt., Rep. 66, Nr. 2697, fol. 277. Otto Benecke an Gunther Lehmann am 2.1.1960, AMPG, II. Abt., Rep. 66, Nr. 2697, fol. 269.
61 Handschriftliche Notiz am Vermerk Hans Ballreich vom 18.4.1958 zu Treffen Joachim Hämmerling mit Otto Benecke am 31.3.1958, AMPG, II. Abt., Rep. 66, Nr. 2697, fol. 432.
62 Hämmerling, MPI für Meeresbiologie, 1962, 585.
63 Deutsche Forschungsgemeinschaft, *Aufgaben und Finanzierung IV*, 1972, 90.

10. Zellbiologische Forschung

	ICCB 1976	ICCB 1980	1970	1975	1980	1985	1990
MPI für Arbeitsphysiologie, ab 1973 MPI für Systemphysiologie, Dortmund		+		P*		P*	P*
MPI für Biochemie, München, ab 1972 Martinsried bei München	+	+		P*		P*	P
MPI für Eiweiß- und Lederforschung, München, 1973 eingegliedert in MPI für Biochemie, Martinsried				n.n.	n.n.	n.n.	n.n.
MPI für Biologie, Tübingen	+	+	P	P	P		P*
MPI für Biophysik, Frankfurt/Main		+		P*	P*	P*	P*
MPI für experimentelle Endokrinologie, Hannover (Ausgründung 1979 aus MPI für Zellbiologie)		+	n.n.	n.n.			
MPI für Ernährungsphysiologie, Dortmund		+					P*
MPI für Hirnforschung, Frankfurt/Main	+	+	P*	P*			
MPI für Immunbiologie, Freiburg/Br.	+	+				P*	P*
MPI für biologische Kybernetik, Tübingen						P	
MPI für experimentelle Medizin, Göttingen		+	P*	P*			
MPI für medizinische Forschung, Heidelberg		+		P*		P*	
MPI für Pflanzengenetik, Ladenburg	+			P	P	n.n.	n.n.
MPI für Psychatrie, München	+	+	P*		P*	P*	P*
MPI für Virusforschung, ab 1984 MPI für Entwicklungsbiologie, Tübingen		+	P	P	P*	P	P*
Friedrich-Miescher-Laboratorium der MPG, Tübingen						P	P
MPI für Zellbiologie, Wilhelmshaven & Tübingen, ab 1977 Ladenburg	+	+	P	P	P	P	P
MPI für Zellchemie, München, ab 1972 Teil des MPI für Biochemie				n.n.	n.n.	n.n.	n.n.
MPI für Zellphysiologie, Berlin-Dahlem				n.n.	n.n.	n.n.	n.n.
MPI für Züchtungsforschung (Erwin-Baur-Institut), Köln-Vogelsang		+	P			P*	P*
MPI für physikalische Chemie, ab 1971 MPI für biophysikalische Chemie, Göttingen	+	+		P	P	P	P
Klinische Forschungsgruppe für Blutgerinnung und Thrombose, Gießen			n.n.	n.n.	n.n.	n.n.	
Klinische Arbeitsgruppe Biologische Regulation der Wirt-Tumor-Interaktionen, Göttingen			n.n.	n.n.	n.n.	n.n.	
Arbeitsgruppen für strukturelle Molekularbiologie, Hamburg – Arbeitsgruppe Zytoskelett			n.n.	n.n.	n.n.	n.n.	P

Tab. 3: Max-Planck-Institute mit zellbiologisch orientierter Forschung (1970–1990). Erhoben in Fünfjahresschritten aus den Jahrbüchern der MPG. Schwarz: Hauptfokus zellbiologische Forschung am gesamten MPI; dunkelgrau: zellbiologische Forschung in zumindest einer Abteilung (Haupt- oder Nebenthema); hellgrau: vereinzelt zellbiologische Themenfelder abgedeckt. – P: Publikationen in zellbiologischen Zeitschriften; P*: nur vereinzelte Publikationen in zellbiologischen Zeitschriften in Relation zum Publikationsoutput der jeweiligen Abteilung; n.n.: MPI aufgelöst oder noch nicht gegründet; ICCB: International Congress on Cell Biology (1976: Boston, 1980: West-Berlin), +: Präsentation von mindestens einer Person des MPI auf den ICCB. – Quellen: ICCB: American Society for Cell Biology: *Final Program*, University of Maryland, Baltimore County (UMBC) MSS 95-01 Box 54 Folder 3; European Cell Biology Organization, *Program*, 1980; European Cell Biology Organization, Congress on Cell Biology, 1980.

sei die molekulare Analyse des Baus und der Entwicklung kernhaltiger Zellen und Zellverbände«.⁶⁴ Grundlage dieser Forderung – und damit trug die DFG ein wenig verspätet der »Massenmigration«⁶⁵ von Molekularbiolog:innen zu eukaryotischen Zellen als Forschungsobjekte Rechnung – war die Feststellung, dass molekularbiologische Untersuchungen bisher hauptsächlich Bakterien und Viren gewidmet gewesen seien. Nun aber gelte es, diese Erkenntnisse auf höhere Zellen zu übertragen.⁶⁶

Mit diesem Votum hätte die DFG nun einige Ressourcen im Rahmen ihrer Schwerpunktprogramme bereitstellen und für einen Boom in der zellbiologischen Forschung sorgen können. Allein, sie konnte keinen direkten Einfluss auf die Universitätsstrukturen nehmen, die der nötigen interdisziplinären Zusammenarbeit im Weg standen. Biochemische (und in geringerem Maße biophysikalische) Forschung sowohl im Bereich biologischer Membranen als auch des Zellstoffwechsels und der Zelldifferenzierung waren dagegen in der MPG in der ersten Hälfte der 1970er-Jahre bereits breit gestreut – wobei aber nur ein Bruchteil dieser Arbeiten in zellbiologischen Zeitschriften publiziert wurde, sondern vornehmlich in biochemischen. Ein verstärktes Engagement der MPG bei der Förderung der Zellbiologie oder gar strukturierte Planungsarbeit fand in der Zeit aber nicht statt.

Die Stiftung Volkswagenwerk beschloss 1975, das Förderprogramm »Molekulare und physikalische Biologie« aufzugeben und stattdessen einen Schwerpunkt »Zellbiologie« einzurichten, um Forschungsprojekte zur »Organisation und Funktion von Zellen und Zellsystemen sowie Zelldifferenzierung« zu fördern. Den Trend der Molekularbiologie hin zu eukaryotischen Zellen interpretierte die Stiftung als Übergang dieser Forschungsrichtung in die Zellbiologie – im Gegensatz zur sogenannten »biochemischen Richtung der Molekularbiologie«, die sie damit implizit von der Förderung ausschloss.⁶⁷ Nach der ersten Förderperiode konkretisierte die Stiftung die Ein- und Ausschlusskriterien für die Zellbiologie, die sie zu fördern gedachte. Eingeschlossen seien »Fragen der Regulation der Genaktivität bei Transkription und Translation, der Zelldifferenzierung, der Rolle der Zellmembran bei Wechselwirkungen mit extrazellulären Vorgängen und die Mechanismen der ›Selbst/Fremd‹-Erkennung« sowie Fragen der Krebsforschung. Projekte, »die sich in biochemischen oder physiologischen Untersuchungen mit einzelnen Stoffwechselreaktionen jeweils isoliert befassen, ohne die biologische Gesamtfunktion der Zelle in Betracht zu ziehen«, schloss die Stiftung hingegen explizit aus.⁶⁸

Dieser Wechsel von einem impliziten zu einem expliziten Ausschluss bestimmter epistemischer Zugänge lässt darauf schließen, dass vermehrt Anträge in ebendiese Richtung gestellt worden waren und von vornherein abgewehrt werden sollten, um das Konzept »Zellbiologie«, wie es die Stiftung verstand, in Deutschland gezielt zu fördern und damit auch normativ wirksam zu werden. Davon betroffen waren wohl auch etliche Arbeitsgebiete von MPI, die unter dem Label »Zelldifferenzierung« in den MPG-Jahresberichten vorkamen, im Grunde aber rein molekular orientiert waren. Nutznießer waren dagegen das MPI für Immunbiologie, das MPI für Biochemie und das MPI für Zellbiologie.⁶⁹

Bis zum Ende der 1970er-Jahre blieb das MPI für Zellbiologie das einzige, das sich vollumfänglich der Zellbiologie widmete. Dann wurde es 1979 durch eine Ausgründung ergänzt, als Jungblut seine Abteilung für Hormonforschung als eigenständiges Institut in das MPI für experimentelle Endokrinologie überführen konnte; die Abteilungen von Schweiger und Traub waren bereits 1977 von Wilhelmshaven nach Ladenburg übergesiedelt. In einigen anderen MPI wurde indes ebenfalls teilweise oder sporadisch zellbiologisch gearbeitet (Tab. 3).

Diese stark ausgeprägte Einstreuung zellbiologischer Themenfelder unterstreicht zum einen die wachsende Relevanz von eukaryotischen Zellen als Forschungsobjekt und damit assoziierten Methoden in den Lebenswissenschaften. Zum anderen zeigt sie, dass sich die Zellbiologie als explizites Feld kaum entfalten konnte, sondern als hybride Wissenschaft reüssierte – als Teil anderer post- und transdisziplinärer systemorientierter Forschungsfelder, wie etwa den Neurowissenschaften, der Immunbiologie oder der modellorientierten Entwicklungsbiologie. Gleichzeitig scheinen Biochemiker:innen in der MPG die epistemische Hoheit über manche Forschungsobjekte behalten zu haben, die etwa in den USA und Großbritannien spätestens ab den 1970er-Jahren fest in die Zellbiologie eingebettet waren, so etwa kontraktile Proteine, Cytoskelettproteine und Komponenten der extrazellulären Matrix.⁷⁰ Die Mehrzahl von MPG-Publikationen zu diesen

---

64 Ebd., 102.
65 Yi, Cancer, Viruses, and Mass Migration, 2008.
66 Deutsche Forschungsgemeinschaft, *Aufgaben und Finanzierung IV*, 1972, 103.
67 Stiftung Volkswagenwerk, *Bericht 1975/76*, 1976, 3.
68 Stiftung Volkswagenwerk, *Bericht 1976/77*, 1977, 100.
69 Ebd., 106 u. 109–110.
70 Worliczek, *Biologie*, 2020, 122–123, 204 u. 242–250.

epistemischen Objekten fand sich nicht etwa in zellbiologischen, sondern in biochemischen Zeitschriften. Dieser Befund einer fortdauernden biochemischen Dominanz in der MPG trifft beinahe auf alle Abteilungen zu, in denen außerhalb des MPI für Zellbiologie zellbiologische Forschungsperspektiven eingeflochten waren – bis auf einige Ausnahmen publizierten diese Abteilungen ihre zellbiologischen Arbeiten in biochemischen Zeitschriften, in geringerem Ausmaß auch in biomedizinischen, physiologischen oder allgemein naturwissenschaftlichen Periodika. Dennoch positionierten Forschende dieser Abteilungen auf zumindest zwei internationalen Kongressen ihre Arbeiten in oder zumindest in enger Verschränkung mit der Zellbiologie (siehe Tab. 3).

Dabei ist davon auszugehen, dass MPG-Wissenschaftler:innen oft bewusst keine entsprechende Rahmung der Forschungsergebnisse für zellbiologische Periodika vorgenommen haben, obwohl diese es zweifellos ermöglicht hätte, dort zu publizieren. Das heißt, sie haben darauf verzichtet, sich im Feld der Zellbiologie sichtbar zu positionieren, und sich zugleich der fachlichen Kritik von Zellbiolog:innen entzogen. Ob damit auch ein Verlust des räumlich-morphologischen Bezugspunktes Zelle einherging, lässt sich in dieser Studie nicht klären. Diese Publikationsstrategie verweist aber zumindest im Feld der Biochemie auf eine ausgeprägte molekular-reduktionistische Perspektive, der möglicherweise der holistische Rahmen der ganzen Zelle fehlte. Im Fall der Immunologie, der Neurowissenschaften[71] und der Entwicklungsbiologie war es hingegen die Perspektive auf komplexere Systeme (Gewebe, Organe, Nervensysteme, ganze Organismen), die den explanatorischen Anspruch der Zellbiologie überstieg.

Die Publikationsstrategien jedenfalls bieten eine Erklärung dafür, warum die MPG von außen als weniger aktiv in der Zellbiologie wahrgenommen wurde, als es die breite Streuung, die Forschungsgebiete und die beachtliche Publikationsleistung nahelegen würden. Denn unabhängig davon, in welchen Zeitschriften die Forscher:innen publizierten, kristallisierten sich mehrere äußerst relevante Schwerpunkte der zellbiologischen Forschung in der MPG heraus: Pflanzenzellbiologie, Zelldifferenzierung und Morphogenese, Zell-Zell-Kommunikation, Zell-Umwelt-Interaktionen, Cytogenetik, Membranen und Membrantransport, zellbiologische Krebsforschung, Nervenzellbiologie, Zellstoffwechsel, Cytoskelettforschung, Chemo- und Phototaxis und extrazelluläre Matrix.

Auf struktureller und forschungspolitischer Ebene der gesamten MPG ist das Fehlen einer wahrnehmbaren und strukturierten Planungsarbeit in Bezug auf die Zellforschung sehr wahrscheinlich dem »Erbe« der KWG, dem Harnack-Prinzip und damit einhergehender Ideen einer epistemischen Hoheit einzelner Direktoren über bestimmte Forschungsgebiete geschuldet. Denn Initiativen, vor allem aus dem MPI für Zellbiologie/Meeresbiologie zu einem planvollen Vorgehen hatte es durchaus gegeben. Diese scheiterten aber nach anfänglicher Resonanz infolge von Grabenkämpfen darum, was denn Zellbiologie zu sein habe, wie biochemisch oder molekularbiologisch orientiert sie sein dürfe und auch wer in der MPG grundsätzlich das Recht habe, Zellbiologie im Namen eines MPI oder einer Abteilung zu führen. Diese Situation entspannte sich erst mit der Gründung und Expansion großer kollegial geleiteter Institute wie dem MPI für Biochemie in Martinsried oder dem MPI für biophysikalische Chemie in Göttingen in Kombination mit der Berufung neuer Direktoren, wie etwa Günther Gerisch oder Klaus Weber, die nicht in der Tradition von früheren KWI Karriere gemacht hatten. So konnten in geografisch sinnvoller Nähe abteilungsübergreifende Kooperationen fruchtbar umgesetzt werden.

Diese strukturelle Verschiebung brachte auch Bewegung in die Planung zellbiologischer Perspektiven – durch zuvor mit dem Institut abgestimmte Berufungsvorschläge, die an einzelnen Standorten das nötige Methodenspektrum und Erkenntnisinteresse versammelten. Auch die jeweilige wissenschaftlich-soziale Prägung scheint von einiger Bedeutung gewesen zu sein. Vor allem jene Personen, die es gelernt hatten, traditionelle Disziplingrenzen zu überschreiten, haben Visionen zur Zellbiologie in der MPG entwickelt und schließlich auch verwirklicht.

10.5 Größere strukturelle Dynamiken der 1970er-Jahre

In den 1970er-Jahren manifestierten sich strukturelle Dynamiken hauptsächlich in Prozessen, die das MPI für Zellbiologie in Wilhelmshaven (ab 1977 Ladenburg) betrafen. Die Beratungen zum weiteren Schicksal der Abteilung Bauers in Tübingen nach dessen Emeritierung hatten dazu geführt, dass sich vor allem das MPI für Biochemie ab 1971 zunächst intern über die Rolle und das weitere Schicksal der Zellbiologie beriet, während gleichzeitig die Sektion Pläne zur Erweiterung des MPI für Zellbiologie mit relativ fadenscheinigen Argumenten ablehnte. Die Debatten in der dazu gebildeten Kommission zur »Zukunft des MPI für Zellbiologie, Abteilung Tübingen« verrieten allerdings wenig Kenntnis von der internationalen Entwicklung in den angesprochenen zell-

---

[71] Siehe unten, Kap. III.11.

biologischen Forschungsgebieten.[72] Am Ende verständigte sich die Kommission 1973 darauf, den Institutsteil in Tübingen zu schließen, da sie sich offenbar auf keine Kandidaten einigen konnte. Gleichwohl hielt sie fest, dass »bestimmte Gebiete der Zellbiologie nach wie vor hohe Priorität« hätten.[73] Dieses Urteil wirkt angesichts der boomenden Entwicklung der Zellbiologie in den USA grotesk und zeigt ein doch recht beschränktes Vorstellungsvermögen der Kommissionsmitglieder.

In Wilhelmshaven betrieb man indes, so die Selbstbezeichnung, molekulare Zellbiologie. Diese Selbstbezeichnung ist insofern bemerkenswert, als sie Anfang der 1970er-Jahre ein noch selten verwendeter Terminus war und sich die Wilhelmshavener Zellbiologen damit in die innovativsten internationalen Entwicklungen einschrieben.[74] Die drei verbliebenen Abteilungen (Jungblut, Schweiger, Traub) befassten sich mit der Biosynthese von Proteinen und Hormonrezeptoren, mit Entwicklungsphysiologie, circadianer Rhythmik von Zellen, mit der Ribosomenstruktur und mit biochemisch-morphologischen Untersuchungen der Zelldifferenzierung.

Mitte der 1970er-Jahre konstatierte der 1972 von MPG-Präsident Reimar Lüst eingesetzte Senatsausschuss für Forschungspolitik und Forschungsplanung (SAFPP) als »zentrales Koordinationsgremium für Planungsfragen«[75] ein Fehlen von strukturierter Planung auf MPG-Ebene. In der BMS habe es seit Anfang der 1960er-Jahre verstärkte Aktivitäten im Bereich der Zellforschung gegeben, die sich durch das Wachstum der MPG fast schon natürlich ergeben hätten und daher planungsunabhängig gewesen seien. Da dieses Wachstum aufgrund geschrumpfter finanzieller Ressourcen nun aber nicht mehr stattfinden könne, bräuchte es verstärkte Planung, auch wenn diese möglicherweise zu der Erkenntnis käme, die Arbeit im Bereich Zellforschung zu konzentrieren oder gar einzuschränken.[76] Nur zwei Jahre später fällte die auf Empfehlung des SAFPP eingesetzte Präsidialkommission für molekularbiologisch-biochemische Forschung[77] – ein mit nicht der MPG angehörenden Professoren aus der Bundesrepublik, aus Großbritannien, Schweden und den USA besetztes Expertengremium – ein fast schon vernichtendes Urteil. Die MPG habe der Zellbiologie bisher nur sehr geringe Aufmerksamkeit geschenkt, ja diese geradezu vernachlässigt. Nun bestehe die reale Gefahr, dass die MPG revolutionäre Entwicklungen verpasse. Doch nicht nur die MPG allein, die gesamte deutsche Forschungslandschaft sei in Bezug auf einige moderne Gebiete der Zellbiologie »unterentwickelt«. Deshalb solle die MPG die Initiative ergreifen und diese Lücke füllen, besonders in den Bereichen Strukturen der Zelloberfläche, Zellrezeptoren, Biochemie des Membrantransportes, Struktur und Funktion von membrangebundenen Enzymen und Proteinen, aber auch in der Zellhybridisierung, Immunologie und der Phytogenetik.[78]

Eine direkte Konsequenz dieser internen Reflexion im SAFPP und der externen Bewertung durch die Präsidialkommission waren 1979 die Berufungen von Günther Gerisch und Dieter Oesterhelt ans MPI für Biochemie in Martinsried, die sich sowohl in Bezug auf die Forschungsleistung als auch in struktureller Hinsicht als Glücksgriff erwiesen. Denn sie führten nicht nur zu weiteren zellbiologisch relevanten Neuberufungen am MPI für Biochemie, sondern auch zu Initiativen auf Sektions- und schließlich MPG-Ebene, die molekulare Zellbiologie zu einem Schwerpunkt auszubauen. Es scheint allerdings bis 1980 gedauert zu haben, bis sich mit Gerisch ein WM, das nicht dem MPI für Zellbiologie angehörte, wirklich aktiv für die Förderung der Zellbiologie auf Sektionsebene einsetzte. Dazu kam noch Klaus Weber vom MPI für biophysikalische Chemie, der von 1974 an zunächst Gast in der BMS gewesen war und sich ab 1978 außerordentlich aktiv in die Sektionsarbeit einbrachte, was bei seiner Berufung noch nicht vorhersehbar gewesen war. Erst nachdem die MPG im Jahr 1971 erstmals überlegt hatte, Weber von der Harvard University an das neu gegründete MPI für biophysikalische Chemie zu berufen, vollzog Weber in einem sehr kurzen Zeitraum einen Wechsel von der biochemischen Erforschung von Bakterien hin zur Tumor-

---

72 Protokoll der BMS vom 22.1.1972, AMPG, II. Abt., Rep. 62, Nr. 1602, fol. 22–23.
73 Protokoll der BMS vom 26.6.1973, AMPG, II. Abt., Rep. 62, Nr. 1608, fol. 15.
74 Matlin, *Crossing the Boundaries of Life*, 2022.
75 Siehe unten, Kap. IV.4.2.7.
76 Teil I einer Besprechungsunterlage für den Senatsplanungsausschuß für die Sitzung am 23.10.1975, AMPG, II. Abt., Rep. 60, Nr. 217, fol. 95–96.
77 Diese Kommission war dem Präsidenten verantwortlich und sollte »die Möglichkeiten künftiger Entwicklung der molekularbiologisch-biochemischen […] Forschung in der Max-Planck-Gesellschaft unter Berücksichtigung der allgemeinen Situation der Forschung in diesen Bereichen im nationalen und im internationalen Rahmen« prüfen. Vermerk Umsetzung der Empfehlung des Senatsausschusses vom 5.12.1975, DA GMPG, BC 100001, fot. 253–254.
78 »Recommendations of the Presidential Commission on Research into Molecular Biology and Biochemistry«, basierend auf der Sitzung der Präsidialkommission für molekularbiologisch-biochemische Forschung vom 24./25.3.1975, AMPG, II. Abt., Rep. 57, Nr. 701, fol. 20–21.

virusforschung an Säugetierzellen und schließlich zur Cytoskelettforschung.⁷⁹ Gerisch hingegen hatte von 1969 bis 1975 eine MPG-Nachwuchsgruppe am Friedrich-Miescher-Laboratorium für biologische Arbeitsgruppen⁸⁰ in Tübingen geleitet und an der Universität Basel gelehrt, bevor ihn die MPG 1979 als ausgewiesenen Zellbiologen, der auf Schleimpilze spezialisiert war, nach Martinsried berief. Gerisch trat zunächst sehr aktiv für die Erweiterung seines MPI ein, was sich in Berufungsanträgen niederschlug, die er im Namen des Instituts einbrachte und die alle auf einen Ausbau zellbiologischer Expertise am Standort Martinsried abzielten. Die strukturellen und strategischen Überlegungen am MPI für Biochemie begannen sich unmittelbar auszuwirken. Im Zuge von Neustrukturierungen ihrer gerade übernommenen Abteilungen sei es nötig geworden, diese umzubenennen – jene von Günther Gerisch in »Abteilung für Zellbiologie« und jene von Dieter Oesterhelt in »Abteilung für Membranbiochemie«.⁸¹ Damit positionierte sich Gerisch auch nach außen hin wahrnehmbar in der Zellbiologie, Oesterhelt hingegen in der boomenden biophysikalischen Membranforschung.

Am MPI für Zellbiologie verlagerte sich ab 1980 ein Schwerpunkt in Richtung der Cytoskelettforschung (Traub), was sich gut in Entwicklungen der US-amerikanischen Zellbiologie einfügte.⁸² Gegen Ende der 1980er-Jahre wurde der Bezug zu medizinischen Fragestellungen und die Fokussierung auf mechanistische Ansätze immer dominanter.

10.6 Epistemische Vielfalt und Schwerpunktsetzung um 1980 – Eine Momentaufnahme

Der Second International Congress on Cell Biology (ICCB), der 1980 in West-Berlin stattfand, gibt einen Einblick in die veränderte zellbiologische Forschungslandschaft in Deutschland, verdeutlicht aber auch, gleichsam als Momentaufnahme, wie sich Forschende aus der MPG in die internationale Zellbiologie einschreiben wollten. Mit sechs Plenarvorträgen, 228 Vorträgen (Symposien, Workshops, Filmvorführungen) sowie 1.626 Posterpräsentationen in bis zu sechs parallelen Sektionen war der Kongress eine ausgezeichnete Gelegenheit für Forscher:innen aus der Bundesrepublik, sich international zu präsentieren und zu vernetzen.

Hauptverantwortlich für die Organisation waren Werner W. Franke vom Deutschen Krebsforschungszentrum (DKFZ) und Hans-Georg Schweiger vom MPI für Zellbiologie.⁸³ Von den 77 Vorsitzenden der insgesamt 39 Sektionen kamen neun aus Max-Planck-Instituten⁸⁴ (11,7 %), eine aus dem European Molecular Biology Laboratory (EMBL; 1,3 %), fünf von deutschen Universitäten (6,5 %) und zwei aus dem DKFZ (2,6 %).⁸⁵ Damit waren, gemessen an der Verteilung aller 1.854 Abstracts (exklusive Plenarvorträge), Forschende aus MPI klar überrepräsentiert, stellten sie doch »nur« 5,2 Prozent der Abstracts, deutsche Universitäten jedoch 13,2 Prozent. Unter den eingeladenen Vortragenden kamen 4,8 Prozent aus MPI, was in etwa ihrer Frequenz bei den Abstracts entsprach. Bei jenen Beiträgen, die die Sektionsvorsitzenden erst nach der Einreichung von Abstracts für Vorträge ausgewählt hatten, war die MPG jedoch mit 11,7 Prozent dieser »contributed talks« klar überrepräsentiert. In der prozentualen Aufteilung ihrer jeweiligen Beiträge (Vorträge und Poster) zeigen sich bei den MPI, dem EMBL, westdeutschen Universitäten und dem DKFZ deutliche Unterschiede in der Gewichtung der sieben vorgegebenen Großthemen (Abb. 27). Heruntergebrochen auf die insgesamt 68 von den Organisatoren nach Sichtung der Einreichungen festgelegten Unterthemen lagen die stärksten Schwerpunkte der MPG-Beiträge auf Arbeiten zu Proteinsynthese und Ribosomen, der Differenzierung von Zellen und höheren Organismen, der Cytoskelett- und Motilitätsforschung und Austauschprozessen an Membranen.

Eine Detailanalyse der Abstracts⁸⁶ zeigt, dass fast die Hälfte der Beiträge aus MPI (und damit im innerdeutschen Vergleich ein sehr hoher Anteil) integrativ Zugänge zu (sub-)zellulärer Struktur und Funktion miteinander verband. Dies zeugt von einer deutlich ausgeprägten Umsetzung dieser für die Zellbiologie typischen Herangehensweise an biologische Fragestellungen. Rein bio-

---

79 Worliczek, *Biologie*, 2020.
80 Zur Funktion des Friedrich-Miescher-Labors siehe oben, Kap. II.3.2.3 und Kap. II.4.4.1.
81 Protokoll der BMS vom 25.10.1979, AMPG, II. Abt., Rep. 62, Nr. 1627, fol. 24.
82 Worliczek, *Biologie*, 2020, 122–123, 204 u. 242–250.
83 European Cell Biology Organization, Congress on Cell Biology, 1980, Titelei.
84 Günther Gerisch, Klaus Kühn, Victor P. Whittaker, Klaus Weber, Mary Osborn, Peter Jungblut, Heinz-Günter Wittmann, Hermann Passow, Georg Wilhelm Kreutzberg.
85 European Cell Biology Organization und Schweiger, *International Cell Biology*, 1981.
86 European Cell Biology Organization, Congress on Cell Biology, 1980.

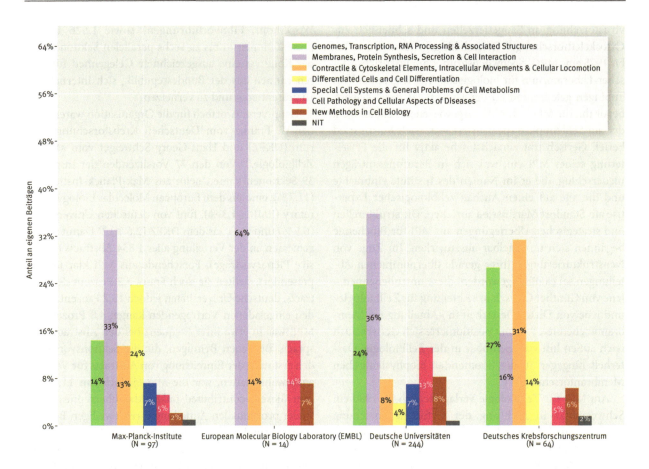

Abb. 27: Beiträge aus Westdeutschland beim Second International Congress on Cell Biology, 1980 in West-Berlin. Prozentuale Verteilung nach vorgegebenen Großthemen der Abstracts zu Vorträgen und Postern aus MPI, dem EMBL, westdeutschen Universitäten und dem DKFZ. Die in Klammern angegebene Gesamtzahl an Abstracts stellt die jeweilige Berechnungsgrundlage (100 %) dar. Insgesamt wurden 1854 Abstracts angenommen. NIT: Abstract nach Deadline eingetroffen und daher nicht kategorisiert. – Quelle: European Cell Biology Organization, Congress on Cell Biology, 1980.

chemische oder molekularbiologische Arbeiten waren allerdings mit einem guten Drittel der Beiträge ebenfalls stark vertreten. Solche Grundlagenarbeiten dienten als Basis, um komplexere Prozesse auf zellulärer und organismischer Ebene zu adressieren. Dies galt nicht nur für die Genexpression und deren Regulierung, sondern ebenso für die supramolekulare Architektur von Zellbestandteilen. Deren molekulare Komposition und, in einem zweiten Schritt, deren Topografie in der Zelle galt es aufzuklären, bevor Modelle zur Funktion und Regulierung entwickelt werden konnten.

Zusammenfassend zeigt sich, dass die MPI ein breites Themenfeld absteckten (Beiträge zu 36 von insgesamt 68 Unternehmen), sich dabei aber keineswegs eklektisch in beinahe alle vertretenen Forschungsgebiete einschrieben, wie das für die westdeutschen Universitäten der Fall war (Beiträge zu 57 von 68 Unterthemen). Wenn diese Tagung von 1980 auch keine Schlüsse darüber zulässt, wie zellbiologische im Verhältnis zu anderer biomedizinischer Forschung innerhalb der MPG gewichtet war, macht sie ersichtlich, wer sich mit welchen Themen zumindest punktuell in die Zellbiologie einzuschreiben suchte (siehe Tab. 3). Dass ein beträchtlicher Anteil von MPG-Forscher:innen – vor allem im Vergleich zu den Universitäten – als ausgewiesene Expert:innen in Workshops und Symposien die Zellbiologie aus Westdeutschland repräsentieren sollten und unverhältnismäßig viele MPI-Einreichungen für Vorträge ausgesucht wurden, spiegelt zum einen deren international wahrgenommene Reputation wider. Zum anderen deutet sich hier aber ebenso eine Dynamik von MPG-internen pragmatisch motivierten Verstärkungen an. Dass etwa Schweiger, der von 1977 bis 1981 Präsident der DGZ war, nicht nur die zellbiologischen Entwicklungen in Deutschland, sondern jene in der MPG besonders aufmerksam verfolgte, verwundert nicht weiter. Andererseits bilden die Kongressbeiträge kaum Kooperationen *zwischen* MPI ab und von den vertretenen MPI und Abteilungen waren nur wenige vollumfänglich der Zellbiologie gewidmet, vielmehr war diese oft ein Randthema. Damit ist es auch nicht weiter überraschend, dass nur sehr wenige MPI-Direktor:innen an einem Strang zogen, um die Zellbiologie in der MPG strukturell zu stärken.

10.7 Strukturierte Planungsdynamiken auf dem Weg ins 21. Jahrhundert

Wenn das MPI für Meeresbiologie/Zellbiologie auf Gesamtinstitutsebene gleichsam der zellbiologische Hotspot der MPG im 20. Jahrhundert war, so sollte dies im 21. Jahrhundert das MPI für molekulare Zellbiologie und Genetik in Dresden werden. Spätestens 1991, als es um die zukünftige wissenschaftliche Ausrichtung des MPI für molekulare Genetik in Berlin ging, schlugen der Biologe Gerisch, der Biochemiker Weber und der Physiker Eckhard Mandelkow, Letzterer von den Max-Planck-Arbeitsgruppen für strukturelle Molekularbiologie am DESY,[87] gemeinsam als zukünftigen Arbeitsschwerpunkt die »Dynamik subzellulärer Strukturen« vor und stellten den Findungsprozess im Rahmen eines 1992 abgehaltenen Symposiums breit auf.[88] Die Allianz der drei war inhaltlich schlüssig, arbeiteten sie doch alle an Fragen der Zellbewegung, Zellintegrität und Zellkommunikation auf molekularer Ebene unter Einbeziehung morphologischer Aspekte. Ihre Initiative scheiterte jedoch – denn die Berufungskandidat:innen waren nicht zu einem Wechsel von den USA nach Deutschland zu bewegen, zum Teil wegen einer schlechteren technischen und räumlichen Ausstattung, die sie in Berlin erwartete.[89] 1993 entschied die MPG, das MPI für molekulare Genetik zukünftig der »modernen Humangenetik« zu widmen, hielt aber explizit fest, dass die »Dynamik subzellulärer Strukturen« als ein »im Rahmen der Perspektivendiskussion mit hoher Priorität behandelte[s] Thema insgesamt nur vorübergehend zurückgestellt werden müsse«.[90]

Weber forderte als Vorsitzender der »Präsidentenkommission Zellbiologie« parallel dazu, die MPG solle grundsätzlich Auskunft geben, welche strukturellen Perspektiven die Zellbiologie in der MPG habe, nicht zuletzt um zu klären, »auf welche Weise und an welchem Ort die von der Kommission als wichtig angesehene Förderung der molekularen Zellbiologie optimal verwirklicht werden könne«.[91] Damit offenbarte sich Weber 1991 als Fürsprecher der molekularen Zellbiologie und schuf dafür ein Bewusstsein in der BMS und beim Präsidium der MPG. Anlass für diese Initiative war der plötzliche Tod von Schweiger (1986) und die damit entstandene Vakanz einer Abteilungsleitung am MPI für Zellbiologie in Ladenburg. Der damit einzig verbliebene Direktor Traub hatte sich Anfang der 1980er-Jahre auf die Erforschung von Cytoskelettkomponenten in Tumorzellen spezialisiert und bald auch grundlegende Fragen zur Funktion und Dynamik dieser Filamente aufgenommen. Damit überschnitt sich sein Arbeitsgebiet mit jenem von Weber, und die beiden kooperierten, wie sich an drei gemeinsamen Publikationen ablesen lässt. Webers Engagement für eine Neubesetzung in Ladenburg blieb allerdings erfolglos wie auch eine von Georg W. Kreutzberg vom MPI für Psychiatrie veranlasste Intervention des Präsidenten der DGZ.[92]

Die von Weber angestoßene Entwicklung bekam mit der 1992 gegründeten Kommission »Forschungsperspektiven der BMS« neuen Schwung, als die MPG intern um Themenvorschläge für zukünftige Entwicklungsfelder und damit für Neugründungen in den neuen Bundesländern bat. In der Kommission trat Gerisch als regelrechter Promoter auf und unterbreitete einen gut durchdachten Vorschlag zum Bereich molekulare Zellbiologie, der eine breite Perspektive von der molekularen Ebene bis zur Zelle als System umfassen sollte[93] und der 1994 schließlich im offiziellen »BMS Projekt 1: Genetik, molekulare Zellbiologie, Faltung und gezielter Abbau von Makromolekülen« mündete. Dazu setzte man eine Kommission ein,[94] die als Allianz zwischen Zellbiologie, Genetik, Entwicklungsbiologie und Proteinchemie zu verstehen ist.

Ende 1996 schließlich empfahl die Kommission die Gründung eines MPI für molekulare Zellbiologie und Genetik und stellte die bereits begutachteten Berufungsvorschläge vor. Sie hob hervor, dass die Initiative auf Christiane Nüsslein-Volhard vom MPI für Entwicklungsbiologie, Gerisch, Weber und Oesterhelt zurückgehe. Das zukünftige MPI solle sich der »Erforschung der biologischen Vorgänge [widmen], die grundlegend seien für die Bildung von Geweben aus unterschiedlichen

---

87 Weber und Mandelkow hatten bereits gemeinsam publiziert, als Mandelkow noch am MPI für medizinische Forschung arbeitete.
88 Protokoll der BMS vom 22./23.10.1991, AMPG, II. Abt., Rep. 62, Nr. 1660, fol. 9–10.
89 Zur Bedeutung solcher Ausstattung in Berufungsverfahren siehe etwa Kirschner, What Makes the Cell Cycle Tick, 2020, 2877.
90 Protokoll der BMS vom 16.6.1993, AMPG, II. Abt., Rep. 62, Nr. 1665, fol. 3 verso.
91 Protokoll der BMS vom 22./23.10.1991, AMPG, II. Abt., Rep. 62, Nr. 1660, fol. 17–18.
92 H. Dariush Fahimi an Heinz Staab vom 16.9.1988, AMPG, III. Abt., ZA 134, Nr. 36.
93 Protokoll der BMS vom 16.6.1993, AMPG, II. Abt., Rep. 62, Nr. 1665, fol. 4.
94 Protokoll der BMS vom 1./2.2.1994, AMPG, II. Abt., Rep. 62, Nr. 1668, fol. 9.

Zelltypen«. Dies solle mit Berufungen auf zunächst vier Arbeitsschwerpunkte verwirklicht werden: Zellteilung, Organellenstruktur, Membranverkehr und Zellpolarität. Die vorgeschlagenen Personen für die Berufungen kamen allesamt vom EMBL in Heidelberg – Anthony Hyman, Marino Zerial, Wieland Huttner und Kai Simons. Diese Gruppe sollte die Grundlage für ein internationales »Center of Excellence« schaffen. Das EMBL hatte sich, inhaltlich und strukturell inspiriert von der Rockefeller University, bereits einige Jahre nach seiner Gründung (1974) als eine der führenden Institutionen für zellbiologische Forschung in Deutschland etabliert und war damit Ende der 1970er-Jahre neben dem DKFZ, an dem bereits früher ein starker und erfolgreicher Schwerpunkt der zellbiologischen Krebsforschung verfolgt wurde, sicher ein Vorzeigemodell. Wie ein Zellbiologe, der Anfang der 1980er-Jahre Postdoc am EMBL gewesen war, berichtet, hätten EMBL-Mitglieder die Zellbiologie in Deutschland jenseits von EMBL und DKFZ als weitgehend irrelevant wahrgenommen – mit einigen Ausnahmen.[95] Umso attraktiver mag es für beide Seiten – die MPG und die zu Berufenden – gewesen sein, hier ein neues Zentrum zu schaffen und mit ihrer organisatorischen Prägung aus dem EMBL auch ein anderes Forschungsmanagement einzuführen. Zu diesem neuen Konzept zählten etwa Nachwuchsgruppen, die auch Drittmittel einwerben sollten und das zentrale Standbein der Nachwuchsförderung sein würden. Als Standort für das neue MPI wählte man Dresden aus.[96] Im Oktober 1997 beschloss der Senat die Gründung des MPI für molekulare Zellbiologie und Genetik, 2001 zog die erste Arbeitsgruppe in das neu errichtete Gebäude ein. Bereits 1999 hatte die MPG, um das Gründungskonzept umzusetzen, das Berufungsverfahren für einen Biophysiker als fünften Direktor eingeleitet und berief Jonathon Howard von der University of Washington in Seattle. Damit wurde das schon 1991 von Gerisch, Weber und Mandelkow propagierte Thema »Dynamik subzellulärer Strukturen« schließlich, eingebettet in viel breitere Forschungsgebiete, in wesentlich größerem Maßstab in der MPG verwirklicht, als die drei sich das wohl erträumt hatten – sie hatten initial lediglich die Berufung von zwei WM an das MPI für molekulare Genetik im Sinn gehabt. Man kann zusammenfassend sagen, dass die interne wie externe Beurteilung der 1970er-Jahre, die Zellbiologie in der MPG sei unterentwickelt, in gewisser Hinsicht zutraf (wenn auch nicht auf alle MPI). Zum einen fehlte es an strukturierter und forschungspolitischer Planung und der Bereitstellung von Ressourcen, die angesichts rasanter internationaler Dynamiken zentral gewesen wären. Zum anderen positionierten sich etliche Forscher:innen der MPG, deren Arbeit etwa in den USA in die feldinterne Logik und auch in die institutionellen Strukturen der Zellbiologie eingebettet gewesen wäre, bevorzugt in der Biochemie. So verwundert es wenig, dass die MPG nicht als wichtige Akteurin in der Zellbiologie wahrgenommen wurde, obwohl sowohl epistemische Schwerpunkte als auch die breite Themenstreuung dies nahegelegt hätten. Diese Befunde lassen sich dem Harnack-Prinzip und damit einhergehenden Ideen einer epistemischen Hoheit einzelner Direktoren über bestimmte Forschungsgebiete ebenso zuschreiben wie der Übermacht der Biochemie und Molekularbiologie in der BMS. Dass mit Joachim Hämmerling ausgerechnet eine Person, der solche Machtkämpfe zuwider waren, in ihrem MPI Ressourcen und Expertisen versammeln konnte, die eine Manifestation der jeweils aktuellen Entwicklungssprünge internationaler zellbiologischer Forschung erlaubten und förderten, ist hierbei sicher ein wichtiger Faktor. Denn trotz seines wissenschaftlichen Erfolgs konnte Hämmerling keine Lobby für die Zellbiologie etablieren, die sich gegenüber den einflussreichen Biochemikern und Tübinger Biologen durchgesetzt und auch seinem Nachfolger Hans-Georg Schweiger in den MPG-Gremien den Weg geebnet hätte. Somit brauchte es erst jene grundsätzliche Neustrukturierung, die mit der Gründung von lebenswissenschaftlichen Großinstituten und entsprechenden externen Neuberufungen angestoßen wurde, um dem Cluster Zellbiologie seine volle Entfaltung in der MPG zu ermöglichen – auf Basis epistemischer Gemeinsamkeiten, die sich in abteilungs- und institutsübergreifenden Kooperationen und Allianzen ebenso abbildeten wie auf infrastruktureller Ebene.

---

95 Persönliche Korrespondenz H. L. Worliczek mit Karl Matlin, 2.5.2022.
96 Protokoll der BMS vom 18.10.1996, AMPG, II. Abt., Rep. 62, Nr. 1676, fol. 8–9.

11. Verhaltens-, neuro- und kognitionswissenschaftliche Forschung

Sascha Topp

11.1 Einleitung

Verhaltens-, Neuro- und Kognitionswissenschaften (VNK) umfassen ein riesiges, stetig wachsendes und bis heute faszinierendes Forschungsfeld. Es reicht von der älteren zoologisch-biologischen und psychologischen Verhaltensforschung an Tier und Mensch über medizinische Fächer wie Neurologie und Psychiatrie, die nichtklinische Hirnforschung und Neurobiologie bis hin zu den Forschungsgebieten, die sich kognitiven Prozessen widmen, einschließlich Psychologie, Anthropologie und Ethnologie. Dabei boten die VNK wie wohl nur wenige Forschungsfelder Anlass zu heftigen gesellschaftlichen Auseinandersetzungen. Das belegen unter anderem die seit den 1980er-Jahren wellenartig wiederkehrenden Debatten,[1] ob Menschen freie Willensentscheidungen treffen können oder ob gegebene Hirnstrukturen und nicht bewusst zugängliche Hirnprozesse das Denken und Handeln determinieren.

Seitdem gab es Differenzen unter Fachvertreter:innen darüber, inwieweit öffentliche Erfolgserwartungen an die Forschung bestärkt[2] oder besser überhaupt nicht bedient werden sollten.[3] Einig war man sich nur über die Bedeutung des eigenen Forschungsfelds, in dem, wie es der Neurochemiker Volker Neuhoff vom Max-Planck-Institut für experimentelle Medizin in Göttingen einmal spielerisch ausdrückte, das »Gehirn sich selbst zu verstehen versucht«.[4]

Im Folgenden wird beschrieben, wie das Forschungsfeld in der Max-Planck-Gesellschaft repräsentiert war, welche Ansätze aus der Kaiser-Wilhelm-Gesellschaft weiterentwickelt wurden und wie die MPG internationale Trends aufgenommen hat.[5] Der Wandel wird anhand des Clusterkonzepts dargestellt, um zu veranschaulichen, wie sich die Forschungen in der Institutslandschaft der MPG materialisierten. Den Ausgangspunkt bilden die Sicherung der KWG-Bestände nach Ende des Zweiten Weltkriegs und erste Neuvorhaben Mitte der 1950er-Jahre. Die daraus resultierende Entwicklung bis Anfang der 1970er-Jahre kann als Ära der *Verhaltensforschung* in der MPG abgegrenzt werden (11.2). Die 1970er- und 1980er-Jahre standen vorrangig im Zeichen der Erneuerung durch die sich etablierenden *multidisziplinären Neurowissenschaften*. Was in den beiden Dekaden zuvor mit dem Rückzug aus der Humanmedizin begonnen hatte, verstärkte sich in Form einer Verlagerung auf grundlagenwissenschaftliche Ansätze der Neurobiologie (11.3). Mit einigen in den 1980er-Jahren umgesetzten Entscheidungen gab es – im Vergleich zum internationalen Feld nachziehend – einen dritten Aufbruch im Cluster. Ausgelöst durch die deutsche Einheit mit dem Ausgreifen der MPG auf die neuen Bundesländer beschleunigte sich

---

1 Aus der Fülle an Literatur: Deecke, Experimente, 2015; Kornhuber und Deecke, *Will*, 2012; Cechura, Streit, 2008; Geyer, *Hirnforschung*, 2004; Singer, *Beobachter*, 2002; Singer, *Brain*, 2013; Stompe und Schanda, *Wille*, 2013.
2 Elger et al., Manifest, 2004.
3 Tretter et al., Reflexive Neurowissenschaft, 2014, https://webcache.googleusercontent.com/search?q=cache:swMQJmf1kWgJ:www.exp.unibe.ch/research/papers/Memorandum%2520Reflexive%2520Neurowissenschaft.pdf+&cd=1&hl=de&ct=clnk&gl=de; Borck, Looking Glass, 2009; Hagner und Borck, Practices, 2001.
4 Neuhoff, *Gehirn*, 1978.
5 Vereinzelte Überblicksdarstellungen stammen von Feldvertretern der MPG. Singer, Auf dem Weg, 1998; Singer, Weg nach Innen, 1998; Neuhoff, Neuroscience, 1983; Braitenberg, Status, 1983.

diese Entwicklung, die in eine bis heute anhaltende Ära *der interdisziplinären Kognitionsforschungen* mündete. Während dieser Zeit wurde der Fokus wieder auf den Menschen als Untersuchungsobjekt gerichtet (11.4). Historisch betrachtet ging damit eine Rückkehr zu den Anfängen der KWG-Forschung einher – allerdings unter völlig veränderten epistemischen Bedingungen und mit gänzlich neuartigem Methodenarsenal.

Über die Jahrzehnte hinweg lösten sich in der MPG die Ära der Verhaltensforschung, die Ära der Neurowissenschaften und die Ära der Kognitionsforschung nicht einfach ab. Sie flossen eher ineinander über. Damit spiegeln sie zeitgleiche Strömungen eines global wachsenden Untersuchungsgebiets, in dem ein ständig wechselndes Mischverhältnis von Spezialgebieten jene großen Schwerpunktverschiebungen des gesamten Forschungsfelds bewirkte. Die MPG-typische organisatorische Ausprägung der drei Großtrends bis etwa 2005 wird abschließend in Form eines generellen Cluster-Überblicks vorgestellt (11.5).

11.2 Die Ära der Verhaltensforschung

11.2.1 Die »langen 1950er-Jahre« der Altinstitute

Zu Zeiten der KWG bestanden vor allem zwei hier relevante, international prominente Institute: das Kaiser-Wilhelm-Institut für Hirnforschung in Berlin-Buch unter dem Forscherehepaar Cécile und Oskar Vogt[6] sowie die von Emil Kraepelin[7] gegründete Münchener Deutsche Forschungsanstalt für Psychiatrie (DFA). Beide galten in den 1920er- und 1930er-Jahren nicht zuletzt wegen ihrer Multidisziplinarität und Kombination aus grundlagenwissenschaftlicher Forschung mit starkem Anwendungsbezug auf die Humanmedizin als Erfolgsmodelle mit Vorbildcharakter in der Welt. So wurden sie beispielsweise durch die Rockefeller Foundation[8] gefördert. Beide Einrichtungen waren nach 1945 durch die Kriegsereignisse stark geschwächt, was wider Erwarten nicht etwa aus der nachweislichen Beteiligung verantwortlicher Wissenschaftler:innen an nationalsozialistischen Verbrechen resultierte, denn sie wurden nicht zur Rechenschaft gezogen.[9] Der DFA fehlte über Jahre hinweg kriegsbedingt die nötige Infrastruktur einer eigenen Klinik mit gesichertem Zugang zu Patient:innen für die Forschung. Auch Kostenübernahmen und Personalfragen boten wiederholt Anlass zu Streitigkeiten zwischen der DFA, ihrer Stiftung, der MPG, der Stadt München und dem Land Bayern.[10] Nicht nur einmal stand die DFA kurz davor, aufgelöst oder aus dem MPG-Verbund ausgegliedert zu werden.[11]

Das KWI für Hirnforschung wiederum war durch die Westverlagerung während des Kriegs über vier alliierte Verwaltungszonen und ein halbes Dutzend Standorte zerstreut. Alle Verhandlungen der MPG mit den zuständigen Ländern und politischen Repräsentant:innen in München, Göttingen, Bochum, Köln, Gießen oder Marburg führten nicht zu einer institutionellen Wiedervereinigung an einem Ort.[12] Auch eine mehrfach erwogene Zusammenführung der Hirnforschungsabteilungen mit der DFA in München[13] scheiterte letztlich an der Konkurrenz der beteiligten Direktoren.[14] Diese Prozesse bewirkten zwar nicht, dass die Funktionalität der Forschung infrage gestellt war, an die ursprüngliche internationale Strahlkraft konnten die Institute aber vorerst nicht wieder anknüpfen.

Der Vergleich mit den Entwicklungen anderer Forschungsstandorte in Skandinavien, Frankreich, Großbritannien und vor allem den USA offenbarte zeitgenössischen Beobachter:innen, dass viele, wenn nicht die meisten Gruppen der Altinstitute längst nicht mehr Im-

---

6 Martin, Karenberg und Fangerau, Neurowissenschaftler, 2020; Marazia und Fangerau, Imagining, 2018; Satzinger, *Geschichte*, 1998; Bielka, Hirnforschung, 2002.
7 Roelcke, Biologizing, 1997; Engstrom, *Emil Kraepelin*, 1990.
8 Borck, Mediating, 1.1.2001; Weindling, Rockefeller, 1988; Abir-Am, Assessment, 1988.
9 Roelcke, Programm, 2002; Weber, *Ernst Rüdin*, 1993; Peiffer, *Hirnforschung*, 2004; Hagner, *Gehirne*, 2004; Satzinger, Hirnforschung, 2010; Schmuhl, *Gesellschaft*, 2016; Gausemeier, *Ordnungen*, 2005; Zeidman, *Brain*, 2020.
10 Übernahme Bettenhaus MPG. Personal, Zukunft der DFA, AMPG, II. Abt., Rep. 66, Nr. 3698; Historisches Archiv MPI für Psychiatrie München (APsych), Forschungsklinik; Korrespondenz, Pläne; 1956–1958, MPIP-D 66. Jüngst auch Malich, Drug Dependence, 2022.
11 Protokoll der 25. Sitzung des Senates vom 6.11.1956 in München, AMPG, II. Abt., Rep. 60, Nr. 25.SP, fol. 23.
12 Topp und Peiffer, Hirnforschung, 2007.
13 Protokoll der 23. Sitzung des Senates vom 24.2.1956, AMPG, II. Abt., Rep. 60, Nr. 23.SP, fol. 21 und fol. 32A–33. – Ein letztes Mal kam die Idee einer Fusionierung in München 1976 auf den Tisch, AMPG, III. Abt., ZA 85, Nr. 65.
14 DFA-Direktor Willibald Scholz fürchtete die Dominanz der Hirnforschung. Psychiatrie ginge nicht in Letzterer auf, schon allein wegen der therapeutischen Forschungsziele. APsych, Forschungsklinik, Korrespondenz, Pläne, 1956–1968, MPIP-D 66. Akten des Bayer. Staatsministeriums für Unterricht und Kultus: Gehirnforschungsinstitut Göttingen, Bayerisches Hauptstaatsarchiv (BayHSta) MK Kultusministerium 71247.

pulsgeber waren.¹⁵ Die MPI für Hirnforschung und für Psychiatrie blieben zunächst ganz der Humanmedizin verschrieben, mit Schwerpunkten auf morphologischer und neuropathologischer Krankheitsaufklärung, und das bis in die 1960er-Jahre. Im Falle des MPI für Hirnforschung war 1959 im Senat der MPG bereits die Grundsatzentscheidung getroffen worden, nicht alle der früheren KWI-Abteilungen fortzuführen.¹⁶ Damit unterband man Versuche einzelner Direktoren, ihre Abteilung zu einem eigenständigen MPI aufzurüsten.¹⁷ Insbesondere der 1951 berufene Klaus-Joachim Zülch (Abt. Allgemeine Neurologie) wollte sich am Kölner Standort dem Auslaufen seiner Forschung bei Emeritierung nicht beugen.¹⁸ Einige Gießener Abteilungen des MPI wurden zu Beginn der 1960er-Jahre mit dem Edinger-Institut der Universität Frankfurt am Main organisatorisch zusammengefasst.¹⁹ Bei den Neuberufungen setzte sich die Kontinuitätslinie zur KWG-Zeit durch. Mit Wilhelm Krücke trat 1956 ein Schüler von Julius Hallervorden (KWI/MPI für Hirnforschung) dessen Nachfolge an. Und mit der Abteilung Neuroanatomie repräsentierte mit Rolf Hassler ab 1958 ein Schüler der Vogts eine weitere Linie aus dem KWI für Hirnforschung. Obwohl neue methodische Zugänge Einzug hielten, blieb die Forschung klinisch ausgerichtet.²⁰ Zu einer möglichen Neuorientierung auf Grundlagenforschungen der visuellen Systeme kam es wegen einer Rufabsage des Physiologen Werner K. Noell vom Roswell Park Memorial Instiute (Buffalo, NY) nicht.²¹

Auch die DFA setzte mit dem Erb- und Konstitutionspsychiater Klaus Conrad²² ihren klinisch orientierten Forschungskurs fort. Conrad entwickelte mit dem im deutschsprachigen Raum renommiertesten Neurophysiologen, Richard Jung²³ von der Universitätsnervenklinik Freiburg, ein Konzept zur Erneuerung der DFA inklusive einer modernen Forschungsklinik. Schwirige Verhandlungen mit der Stadt München über Kosten und Personalia ließen jedoch den an einer Berufung interessierten Jung in Freiburg bleiben.²⁴ Klaus Conrad wiederum verstarb 1961 vorzeitig, noch ehe er die Forschungsklinik leiten konnte.

Den Versuch translationaler klinischer und grundlagenwissenschaftlicher Forschungen vollzogen daher ab Mitte der 1960er-Jahre andere. Gerd Peters (Institut für Neuropathologie der Universität Bonn) und der an den National Institutes of Health (NIH, Bethesda, Maryland) experimentell ausgebildete Verhaltensforscher und Marburger Psychiater Detlev Ploog²⁵ überführten als Direktoren die DFA in eine neuartige Einrichtung, bestehend aus zwei verschränkt geplanten Teilinstituten. Anlässlich der Eröffnung der Forschungsklinik im Jahr

---

15 Beispiele von Rückstandsrhetorik: Klaus-Joachim Zülch an Präsident Adolf Butenandt, 4.11.1965, AMPG, III. Abt., ZA 85, Nr. 35, fot. 26–36; Jung, Zur Neurophysiologie, 1983.

16 Präsident Butenandt an Otto D. Creutzfeldt, 10.1.1969, AMPG, III. Abt., ZA 85, Nr. 35, fot. 24–25. – 1962 wurde die Marburger Abteilung von Bernhard Patzig aufgelöst. Er hatte noch kurz vor seinem Tod versucht, mittels einer privaten Spenderin (200.000 DM) den Fortbestand der Abteilung als eigenständiges MPI durchzusetzen. Protokoll der 41. Sitzung des Senates vom 9.3.1962, AMPG, II. Abt., Rep. 60, Nr. 41.SP, fol. 40. – Dagegen wurde Direktor Wilhelm Tönnis (Köln) gewährt, in einem neu errichteten Gebäude die Abteilung für Tumorforschung und experimentelle Pathologie bis zum 70. Lebensjahr zu leiten. Protokoll der 43. Sitzung des Senates vom 23.11.1962, AMPG, II. Abt., Rep. 60, Nr. 43.SP, fol. 441.

17 Zu Alois Kornmüller, dem Pionier der Elektroenzephalographie (EEG), der zunächst dem Ausbaustopp seiner Göttinger Abteilung wegen der Fusionspläne mit München zugestimmt hatte und zweimal mit dem Anliegen scheiterte, ein »MPI für Neurobiologie« zu bekommen: Protokoll der 43. Sitzung des Senates vom 23.11.1962, AMPG, II. Abt., Rep. 60, Nr. 43.SP, fol. 447. Baumann et al., Neurophysiologen, 2020; Borck, *Brainwaves*, 2018.

18 Zülch erlebte noch die Rettung eines Teils seiner Abteilung. Die bald sehr erfolgreiche Forschungsstelle für Hirnkreislaufforschung (1978) wurde zum MPI für Neurologische Forschung (1981) aufgewertet mit den Direktoren Wolf-Dieter Heiss und Konstantin-Alexander Hossmann. Bewermeyer und Limmroth, *50 Jahre*, 2009; Hossmann, *Zülch*, 1989.

19 Kreft, Köpfe, 2014; Max-Planck-Institut für Hirnforschung, *100 Years*, 2014.

20 AMPG, III. Abt., ZA 85, Nr. 65.

21 Der Deutsche Noell war in der »Operation Paperclip« (siehe oben, Kap. II, 39) für die Forschung auf die Randolph Air Force Base USA abgeworben worden. 1952 hatte er aus familiären Gründen bereits ein Angebot der DFA abgelehnt. Protokoll der BMS vom 2.6.1959, AMPG, II. Abt., Rep. 62, Nr. 1567, fol. 5–6 sowie AMPG, II. Abt., Rep. 67, Nr. 1073; Hunt, *Secret Agenda*, 1991; Winkler, In Memoriam, 1992.

22 Conrad, Schizophrenie, 2002; Rauh und Topp, Konzeptgeschichten, 2019.

23 Jung hatte zuvor in der Abteilung von Hugo Spatz am KWI für Hirnforschung geforscht. Dichgans, Richard Jung, 2013; Baumann et al., Neurophysiologen, 2020; Jung, Neuroscientists, 1992.

24 APsych, Forschungsklinik; Korrespondenz, Pläne; 1956–1958.

25 National Institute of Mental Health (U.S.), Chronology of Events, 11.2.2015, https://www.nih.gov/about-nih/what-we-do/nih-almanac/chronology-events; Harden, *Inventing*, 1986; Weil, Louis Sokoloff, *Washington Post*, 3.8.2015; Farreras, Hannaway und Harden, *Mind*, 2004; Rowland, NINDS, 2003; Whigham, Burns und Lageman, Institute, 2017. Siehe auch Forsbach, *Fakultät*, 2006; Kreutzberg, Gerd Peters, 1987; Ploog, Gerd Peters, 1976. – Ploog hatte bei Richard Jung den Hirnforscher Paul D. MacLean getroffen, der ihn in die USA einlud. Ploog, Ploog, 2004; Cory und Gardner, *Neuroethology*, 2002; MacLean, Paul D. MacLean, 1998.

1966 streifte man auch den alten Namen der Einrichtung (DFA) endgültig ab. Die Institution ging vollständig von der ehemaligen Stiftung in den MPG-Verbund über und firmiert seither als MPI für Psychiatrie.[26] Mehrfache Brückenbildungen zwischen dem Klinischen Teilinstitut und dem Theoretischen Teilinstitut sollten der alten kraepelinschen Konzeption gerecht werden.[27]

11.2.2 Erfolgreiche Neuvorhaben: Verhaltensphysiologie und Biokybernetik

Dem Kreis an älteren KWI-Direktoren[28] stand in der gerade gegründeten MPG ein Zeitfenster von allenfalls 10 bis 15 Jahren zur Verfügung, um im Zuge der Bestandssicherung schon Schritte zu einer Erneuerung einzuleiten. Eine Möglichkeit war, den wissenschaftlichen Nachwuchs in den USA ausbilden zu lassen, wodurch ein Trend der »Amerikanisierung« der MPG-Forschung einsetzte. Dabei nutzten die Beteiligten Kontaktnetzwerke deutschsprachiger Kolleg:innen.[29] Wichtige Impulsgeber waren Migranten wie Max Delbrück am California Institute of Technology (Caltech) in Pasadena, Los Angeles.[30] Er stand in engem Austausch mit seinem Verwandten Karl-Friedrich Bonhoeffer, dem Direktor des 1949 in Göttingen gegründeten MPI für physikalische Chemie.[31] Delbrück vermittelte eine ganze Schar junger Nachwuchswissenschaftler:innen aus der Bundesrepublik – und der MPG – in die US-amerikanische Wissenschaftsszene der aufstrebenden Molekular- und Neurobiologie. Weitere Kontakte bestanden zwischen MPG-Direktoren und John von Neumann, Norbert Wiener, Warren McCulloch sowie Walter A. Rosenblith, das heißt zur innovativen US-amerikanischen Szene aus Kybernetik- und Computerpionieren am Massachusetts Institute of Technology (MIT).[32] Mehrere aus dem Kreis waren deutschsprachig, so wie auch der Biologe und Wissenschaftsmanager Francis Otto Schmitt, ebenfalls vom MIT.[33] Sie alle interessierten sich für die Informationsverarbeitung im Gehirn.

Zeitgleich zur anziehenden Amerikanisierung der MPG-Forschung verstärkten sich auch die wissenschaftlichen Verbindungen zwischen relevanten Instituten der MPG, allerdings ohne jegliche Steuerung von oben. Ursächlich war eine nicht abreißende Serie von Todesfällen auf Direktorenebene, die Berufungen aus dem vorhandenen Personalstamm der MPG notwendig machte, um die Krise abzufedern – zumal bei Rufabsagen aus dem Ausland.[34] Jene internen »Rekruten« stammten sinnvollerweise aus epistemisch benachbarten Instituten, doch so manches attraktive Neuvorhaben verzögerte sich durch die Ersatzsuche. So war zum Beispiel der an das Heidelberger MPI für medizinische Forschung berufene Physiologe Hermann Rein unmittelbar nach Dienstantritt 1953 verstorben.[35] Später etablierte sein langjähriger Mitarbeiter Jürgen Aschoff das zuvor in der Wehrmedizin betriebene Spezialgebiet biologischer Rhythmen (Chronobiologie).[36] Daneben hatte Karl-Friedrich Bonhoeffer bereits früh entscheidende neue Impulse im Forschungsfeld gesetzt, indem er sich mit der Modellbildung zur Nervenleitung befasste.[37] Er förderte Arbeitsgruppen, deren Forschung

---

26 Peters, Biologische Forschung, 1962; Max-Planck-Gesellschaft, *Max-Planck-Institut für Psychiatrie*, 1983.
27 Die Integration gelang nur bedingt, da die grundlagenwissenschaftlichen und klinischen Teams teils in getrennten sozialen Welten lebten. Singer und Topp, Interview, 2021.
28 Bei Gründung der MPG überwogen personelle Kontinuitäten aus der NS-Zeit. Schmuhl, Hirnforschung, 2002; Peiffer, Phasen, 2007; Peiffer, *Hirnforschung*, 1997; Topp und Peiffer, Hirnforschung, 2007.
29 Stahnisch, Learning, 2016; Stahnisch, Nerves, 2017; Stahnisch, Emigré Neuroscientists, 2010.
30 Fischer, *Atom*, 1988; Fischer und Lipson, *Thinking*, 1988; Kay, Models, 1985; Wenkel und Deichmann, *Max Delbrück*, 2007.
31 Housley, *Scientific World*, 2019; Gerischer, Bonhoeffer, 1957; Bok, Dean Buzzati-Traverso, A., Bonhoeffer, K. F., 1940–41, 1946–1957, Box 4, Folder 4,5, Max Delbrück Papers (MDP. Archives, California Institute of Technology).
32 Karl-Friedrich Bonhoeffer erhielt über Delbrück und seinen Kollegen John von Neumann neueste Forschungsarbeiten. Ebd. Siehe auch Rosenblith, Wiener, 1965; Wiener, *Cybernetics*, 1996; Malapi-Nelson, *Nature*, 2017; Aumann, Nutzen, 2010; McCulloch und Pitts, Logical, 1943; McCulloch und Pitts, Organization, 1948; McCulloch, *Embodiments*, 2016; Wiener, *Norbert Wiener*, 2018; Abraham, *Rebel*, 2016.
33 Zu Schmitt siehe nachfolgendes Unterkapitel sowie Adelman und Smith, Francis Otto Schmitt, 1998; Eigen, Erinnerungen, 1996.
34 Der deutschstämmige Neuroethologe Kenneth D. Roeder von der Tufts University in Massachusetts lehnte einen Ruf als Nachfolger eines verstorbenen Direktors am MPI für Verhaltensphysiologie in Seewiesen ab. Protokoll der BMS vom 12.3.1964, AMPG, II. Abt., Rep. 62, Nr. 1581, fol 6. – Die BMS schlug daraufhin eine Umberufung des erst kurz zuvor an die DFA berufenen Dietrich Schneider vor. Schneider etablierte in der MPG die Riechforschung an Insekten. Roeder, *Nerve Cells*, 1998; Huber und Markl, *Neuroethology*, 1983; Kaissling und Steinbrecher, Dietrich Schneider, 2008.
35 Trittel, *Hermann Rein*, 2018.
36 Daan, *Innere Uhr*, 2017; Daan und Gwinner, Jürgen Aschoff, 1998. – Rein und Aschoff waren über die Wehrmedizin weiterhin mit dem in der »Operation Paperclip« in die USA abgeworbenen Hubertus Strughold in Kontakt, der als Physiologe das Weltraummedizinprogramm für die NASA mit aufbaute. Campbell et al., Hubertus Strughold, 2007; Campbell und Harsch, *Life and Work*, 2013.
37 Beinert und Bonhoeffer, Passivität, 1941; Bonhoeffer, Modelle, 1953.

an der Schnittstelle von selbstorganisiertem Regelungsverhalten (Kybernetik) und biologischen Phänomenen angesiedelt war. Dafür nutzte seine kleine effiziente Gruppe um den Festkörperphysiker Werner Ernst Reichardt[38] Kooperationen mit dem 1948 in Wilhelmshaven neu gegründeten MPI für Meeresbiologie, wo Direktor Erich von Holst mit seinem Mitarbeiter Horst Mittelstaedt die unterkomplexe Reflexketten-Hypothese zur Erklärung von Verhalten widerlegt hatte.[39] Bonhoeffers Plan, den Göttinger Standort durch ein neues Institut für Regelungstechnik mit biologischer Forschung auszubauen, konnte durch seinen frühen Tod 1957 nicht realisiert werden. Ebenso wenig wie ein durch von Holst vorgeschlagenes biokybernetisches Zentrum, für das er vergeblich den Physiker und Philosophen Carl Friedrich von Weizsäcker (MPI für Physik und Astrophysik) zu gewinnen versuchte.[40] Zudem starb auch Holst 1962 mit nur 53 Jahren.[41]

Was den wachsenden Zusammenhalt der Gruppe an epistemisch verwandten Forschungseinheiten der MPG bald noch mehr auszeichnen sollte, lässt sich an der spontanen Reaktion einiger auch biokybernetisch interessierter Direktoren am MPI für Biologie in Tübingen aufzeigen. Sie boten 1958 der heimatlos gewordenen Gruppe um den bei Max Delbrück biologisch ausgebildeten Reichardt beste Arbeitsmöglichkeiten, woraus ein nachhaltiger Erfolg für die MPG wurde.[42] Dass es anfangs um vergleichsweise simple Black-Box-Modelle zur reduktionistischen Klärung von Input-Output-Korrelationen bei Insekten ging, darf nicht übersehen lassen, dass die Forschung per angewandter Biomathematik, Biophysik und filigranen Experimentalsystemen auf das Niveau von Systemzusammenhängen gehoben wurde.[43] Die ab 1960 als Abteilung Reichardt firmierende Gruppe etablierte in Tübingen einen Expertise-Schwerpunkt der Biokybernetik in der Bundesrepublik,[44] der schnell in die Forschungslandschaft weltweit ausstrahlte. Die Gruppe war nicht nur Teil des dort entstehenden Max-Planck-Campus,[45] sondern auch der Ursprung des heutigen »Cyber Valley« Tübingen, wo man intensiv Künstliche-Intelligenz- und Kognitionsforschung betreibt.[46]

Neue Impulse setzten zudem das 1951 in den MPG-Verbund aufgenommene Kerckhoff-Institut[47] mit neurophysiologischem Spezialinteresse in Bad Nauheim sowie das neu gegründete MPI für Verhaltensphysiologie am bayerischen Eßsee (Seewiesen-Andechs) unter der Leitung des erwähnten von Holst, des vergleichenden Verhaltensforschers Konrad Lorenz[48] sowie des Ornithologen Gustav Kramer, des Entdeckers des Sonnenkompasses der Vögel.[49] Der frühe Tod Kramers (1959)[50] riss erneut eine Lücke, die zunächst Lorenz inhaltlich füllen musste, bis schließlich Jürgen Aschoff vom MPI für medizinische Forschung durch einen Ruf nach Seewiesen-Andechs abgeworben werden konnte. Aschoff, Lorenz, Kramer und Holst waren allesamt »Importe« aus Universitätsstandorten, die nun gemeinsam mit nachberufenen Direktoren das MPI für Verhaltensphysiologie (intern: »Forschungsdorf«) innerhalb kürzester Zeit zu einer exklusiven und international bekannten Forschungsadresse mit vielen Zweigstellen entwickelten.[51]

Die dort aktiven Gruppen erregten schon bald in den USA Aufsehen mit ihren Forschungen zur Orientierung der Vögel,[52] der vergleichenden Verhaltensforschung an

---

38 Reichardts autobiografische Skizze (1942–1955), AMPG, III. Abt., ZA 76, Nr. 238. Reichardt, Neurobiologie, 1983.
39 Holst und Mittelstaedt, Reafferenzprinzip, 1950; Kazemi, Gründung, 2005.
40 Korrespondenz, AMPG, II. Abt., Rep. 62, Nr. 1299.
41 Autrum, Erich von Holst, 1963; Hassenstein, Erich von Holst, 2001.
42 Butenandt, Standort, 1961, 9; Max-Planck-Gesellschaft, *Max-Planck-Institut für Biologie*, 1983.
43 Hassenstein, Weg, 2007; Hassenstein und Reichardt, Schluß, 1953; Reichardt, Neurobiologie, 1983.
44 Aumann, *Mode*, 2009.
45 Max-Planck-Gesellschaft, Geschichte der MPI für Entwicklungsbiologie und Biologie, 2022, https://www.eb.tuebingen.mpg.de/de/institute/geschichte/.
46 Siehe dazu https://cyber-valley.de; Eberhard Karls Universität Tübingen, Cyber Valley, 2022, https://uni-tuebingen.de/forschung/kooperationspartner/cyber-valley/.
47 Siehe unten, Kap. III.12; Timmermann, Modell, 2010; Thauer, William G. Kerckhoff, 1962; Gerwin, *Jubiläumsfeier Max-Planck-Institut*, 1981; Simon, Forschungsinstitut, 1981.
48 Kaufmann, *Konrad Lorenz*, 2018; Wuketis, *Symposium*, 2003.
49 Holst et al., Max-Planck-Institut für Verhaltensphysiologie, 1962; Max-Planck-Gesellschaft, *Max-Planck-Institut für Verhaltensphysiologie*, 1978.
50 Lorenz, Gustav Kramer, 1959; Ludl, *Ethologists*, 2015.
51 Neuankömmlingen in der MPG und berufenen Hochschulforscher:innen wurde der Start zuweilen schwer gemacht. Klagen in Huber, *Leben*, 2016. – Ein kritischer Rückblick durch Aschoffs Mitarbeiter Erich Pöppel findet sich in AMPG, III. Abt., Rep. 155, Nr. 588.
52 Korrespondenz Kramer, Lorenz und Donald R. Griffin, Woods Hole, MA und Rockefeller Institute NY (RU) zum Vogelzug und »homing experiments« mit Tauben; Griffin entsandte auch Forschergruppen zu Kramer. Rockefeller Archive Center, Sleepy Hollow NY (RAC),

Vögeln, Fischen und Säugetieren, der Riech- und Kommunikationsforschung an Insekten[53] und wegen der Chronobiologie (*biological clocks*[54]). Ein unter Aschoff und Rütger Wever errichteter unterirdischer »Isolations-Bunker« zur Untersuchung innerer Biorhythmen[55] an freiwilligen Versuchspersonen – Aschoff sprach von »Menschenversuchen«[56] – führte zu Kooperationen mit dem Münchener MPI für Psychiatrie (Schlafforschung[57]), was international Vorbildcharakter hatte;[58] sowohl die NATO als auch die NASA förderten die Forschungen zur Temperaturregulation und zu Nacht-Tag-Rhythmen.[59] Die Arbeiten anderer Direktoren wie des Biokybernetikers Horst Mittelstaedt stießen ebenfalls auf reges Interesse der US-amerikanischen Raumfahrtmedizin.[60]

Das waren nicht die einzigen Indizien für eine schrittweise Etablierung im Chor tonangebender Forschungsorganisationen. Im Jahr 1972 erhielten Karl von Frisch, Nikolaas Tinbergen und Konrad Lorenz anteilig den Nobelpreis für Medizin oder Physiologie.[61] Diese Würdigung steht emblematisch für die Ära der physiologisch orientierten Verhaltensforschung, deren Ursprünge noch in die 1930er-Jahre außerhalb der KWG zurückreichten, aber die die MPG 25 Jahre nach dem Kriegsende in internationale Anerkennung ummünzte.[62] Der nächste Nobelpreis in diesem Forschungsfeld für die MPG sollte allerdings weitere 20 Jahre auf sich warten lassen und für die Neurowissenschaften vergeben werden.

11.3 Die Ära der Neurowissenschaften

11.3.1 Anwendungsorientierung oder grundlagenwissenschaftliche Aufklärungsarbeit

Die für die 1950er- und 1960er-Jahre beobachtbare Spannung zwischen angewandter Forschung und grundlagenwissenschaftlicher Ausrichtung fand sich auch in zwei unterschiedlichen Entwicklungen in den USA. Dort formierten sich auf der einen Seite die behördlich strukturierten, klinisch ausgerichteten NIH in Bethesda zu einem Lokalcluster.[63] Auf der anderen Seite gab es den Trend, nicht die kliniknahen Forschungsgebiete zu fördern, sondern sich durch den Einsatz kleiner und flexibler Abteilungen auf das Zusammenspiel der natürlichen (gesunden) physiologischen, chemischen und molekularbiologischen Funktionszusammenhänge des Nervensystems und des Gehirns zu konzentrieren. Letzteres fand in den USA seine organisatorische Form im 1962 gegründeten

---

RU, RG 450 G875 (Griffin), S 1, B 6, F 60; RAC, RU, RG 450 G875 (Griffin), S 1, B 7, F 66; RAC, RU, RG 450 G875 (Griffin), S1, B 11, F 109. – Griffin klärte die Ultraschall-Echoortung der Fledermäuse auf. Couffer, *Bat Bomb*, 1992.

53 Schneider, 100 Years, 1992.

54 Aschoff, Zeitgeber, 1954.

55 Aschoff, *Circadian Clocks*, 1965; Sobiella und Langrock-Kögel, Bunker-Experiment, 23.10.2020, https://enorm-magazin.de/gesellschaft/wissenschaft/zeit/chronobiologie-das-bunker-experiment.

56 Jürgen Aschoff an die DFG, 8.11.1970, AMPG, III. Abt., Rep. 155, Nr. 428.

57 Zu Schlaflabors ausgehend von den Bunkerexperimenten siehe Zulley und Knab, Schlafforschung, 2015; Zulley, Chronobiologie, 1992.

58 Chandrashekaran, Biological Rhythms, 1998. – Initialzündung des Spezialgebiets war ein Cold-Spring-Harbour-Symposium von Colin Pittendrigh und Aschoff. Chovnik, *Clocks*, 1960.

59 Aschoff, *Circadian Clocks*, 1965. Präsident Butenandt hatte keine Einwände gegen eine Finanzierung von MPG-Konferenzen durch die NATO, empfahl allerdings diskrete Handhabung. Der MPG sollte nicht der Ruch der Militärfinanzierung anhaften. Den wissenschaftlichen Austausch mit Staaten des Warschauer Pakts galt es ebenfalls zu erhalten. AMPG, III. Abt., Rep. 155, Nr. 227 und Nr. 654.

60 Massachusetts Institute of Technology, *Report of the President*, 1968. Siehe auch die Arbeiten des Holst-Schülers Hermann Schoene zur Orientierung des Menschen im Raum unter Gravitationseinfluss. Massachusetts Institute of Technology, *Report of the President*, 1967. – Mittelstaedt amtierte 1968 als Präsident der Deutschen Gesellschaft für Kybernetik. Marko und Färber, *Kybernetik 1968*, 1968. – Jüngere MPG-Kolleg:innen (MPI für Psycholinguistik) bezogen sich später auf Mittelstaedts Arbeiten für ihre eigenen Microgravity Studies und Space-Lab-Experimente zur Raumorientierung. Friederici und Levelt, Conflicts, 1987; Friederici und Levelt, Reference, 1990.

61 Tinbergen war Auswärtiges Wissenschaftliches Mitglied (AWM) des MPI für Verhaltensphysiologie. Auszug aus der Begründung des Nobel-Komitees: »für ihre Entdeckungen betreffend den Aufbau und die Auslösung von individuellen und sozialen Verhaltensmustern«. The Nobel Prize: Nobel Prize in Physiology or Medicine 1973, 2022, https://www.nobelprize.org/prizes/medicine/1973/summary/; Marler und Griffin, The 1973 Nobel Prize, 1973.

62 Preisträger Lorenz war bereits zeitgenössisch umstritten wegen seiner NS-Vergangenheit und der Verteidigung der Rassenhygiene bzw. Eugenik. Nisbett, *Konrad Lorenz*, 1976; Kalikow, History, 1975; Kalikow, Brown Past, 1978; Kalikow, Theory, 1983; Taschwer und Föger, *Lorenz*, 2009. – Zudem sorgten die vom Tier auf den Menschen übertragenen Interpretationen zur »Naturgeschichte der Aggression« im Kalten Krieg für Diskussionsstoff. Lorenz, Töten, 1955; Lorenz, Böse, 1975; Roth, Kritik, 1974.

63 Ähnliches schwebte MPI-Direktor Zülch für Köln vor, wo eine »Deutsche Forschungsanstalt für Neurologie« als Zwillingseinrichtung zur DFA in München entstehen sollte. Zülch an Butenandt, 4.11.1965. AMPG, III. Abt., ZA 85, Nr. 35, fot. 26–36. – Das Neuvorhaben wurde von neurobiologischen Vertretern der BMS abgelehnt.

Neurosciences Research Program (NRP).⁶⁴ Zu den Gründungsmitgliedern um den erwähnten Francis O. Schmitt vom MIT gehörten nun – statt wie in früheren Zeiten die Ärzteschaft – Physiker:innen und Chemiker:innen, die mit biologischen Objekten vertraut waren. Die ersten Verbindungen zur MPG suchte Schmitt, der vor dem Weltkrieg in der KWG geforscht hatte, bezeichnenderweise zu jüngeren Vertretern wie Manfred Eigen (Chemie-Nobelpreis 1967) und Leo de Maeyer am Göttinger MPI für physikalische Chemie sowie zur Reichardt-Gruppe in Tübingen. Das NRP wurde bis Ende der 1970er-Jahre für die internationale Szene – und den entstehenden Cluster in der MPG – von kaum zu überschätzender Bedeutung: einerseits als Bühne für den wissenschaftlichen Nachwuchs, andererseits als Indikator für jüngere MPG-Direktoren, um zu erkennen, was »hot« war oder »where to go«⁶⁵ in der nationalen Forschungslandschaft der Bundesrepublik. Für die MPG und ihren Nachwuchs zahlte sich die Einbindung in das NRP mehr als aus, weshalb die MPG später das NRP mit 250.000 DM bezuschusste.⁶⁶

Durch die verstärkte Hinwendung zum Tierexperiment, zu Zellkulturen und zu naturwissenschaftlichen Forschungsmethoden etablierten sich ab Ende der 1960er-Jahre auch in der MPG auf diese Weise die sogenannten Neurowissenschaften.⁶⁷ Viele Gruppen der MPG folgten diesem Trend: Das durch die Gruppe um Reichardt ausgegründete MPI für biologische Kybernetik (1968) etwa verschränkte mustergültig Theoriebildung und Experimentalsysteme. Wegen der epistemischen Nähe der Arbeitsbereiche der vier Gründungsdirektoren richtete man erst gar keine autonomen Institutsabteilungen ein.⁶⁸ Selbst die Auswahl der Modellsysteme wurde komplementär angelegt, um höchstmögliche Synergien in der Forschung zu erzielen.⁶⁹

Auftrieb erfuhren auch die entwicklungsbiologischen Forschungsbereiche des Tübinger MPI für Virusforschung, in denen die Teams der Direktoren Alfred Gierer⁷⁰ und – etwas später – Friedrich Johann Bonhoeffer⁷¹ nach Entstehungs- und Entwicklungsbedingungen des Nervensystems suchten. Immer mehr biophysikalische und biochemisch arbeitende Gruppen an verschiedenen MPI griffen nun Untersuchungen an Nervenzellen auf. Die breitere Einstreuung in die Institutslandschaft der BMS beschleunigte Ende der 1960er-Jahre den Übergang von einer Art »naturwüchsigem« Frühstadium eines losen Konglomerats (Proto-Cluster) hin zu einer Institutsgruppe der MPG unter einer gemeinsamen Vision.

11.3.2 Vision einer übergreifenden Koordinierung

Vor dem Hintergrund dieser dynamischen Entwicklung an mehreren Standorten entwickelte 1969 der junge Institutsdirektor Otto D. Creutzfeldt,⁷² seit 1962 Leiter der Abteilung für experimentelle Neurophysiologie am MPI für Psychiatrie, die Idee für eine stärker komplementäre Ausrichtung derjenigen MPI, die sich mit den Funktionen des Zentralen Nervensystems und Gehirns auf mo-

---

64 Schmitt, *Search*, 1990; Stahnisch, *New Field*, 2020.

65 Detlev Ploog, Interview *Society for Neuroscience* 1992, APsych München, MPIP-DP 318, fol. 103.

66 Reichardt an Präsident Reimar Lüst, 10.6.1974, AMPG, II. Abt., Rep. 70, Nr. 362, fol. 159–160; Protokoll der 102. Sitzung des Verwaltungsrates vom 21.11.1974, AMPG, II. Abt., Rep. 61, Nr. 102.VP, fol. 45.

67 Shepherd, *Creating*, 2010; Kandel und Squire, Neuroscience, 2000; Kandel et al., *Principles*, 2013; Magoun, *Neuroscience*, 2003; Marshall und Magoun, *Discoveries*, 1998.

68 Unter der kollegialen Leitung wurden die vier Bereiche festgelegt: Verhaltensphysiologie und Verhaltensgenetik (Karl Georg Götz), Physiologie des peripheren und zentralen Nervensystems (Kuno Kirschfeld), Anatomie und Histologie (Valentino Braitenberg) und Systemanalyse der Rezeptorfunktion und der Wechselwirkungsprozesse im zentralen Nervensystem (Werner Reichardt). MPI für biologische Kybernetik 1967 bis 1968. Materialien für die Sitzung des Senates am 27.6.1968, AMPG, II. Abt, Rep. 62, Nr. 720, fol. 8, AMPG, II. Abt., Rep. 66, Nr. 2202, fol. 246.

69 Die Modellsysteme sollten möglichst auch in anderen Kontexten relevant werden können. Schriftliche Mitteilung K. Kirschfeld, Tübingen, 19. August 2019. – In späteren Jahren gingen die Teams am MPI sukzessive zu höheren Modelltieren wie Säugetieren inklusive Primaten über.

70 Alfred von Gierer (Abt. Molekularbiologie) begann Mitte der 1970er-Jahre zu neuroentwicklungsbiologischen Fragen zu forschen, ebenso wie Uli Schwarz, mit dem er Projekte zur Neuroembryologie entwarf. Max-Planck-Gesellschaft, *Max-Planck-Institut für Entwicklungsbiologie. Tübingen*, 1997; Gierer, Development, 1981; Höltje, Uli Schwarz, 2007.

71 Clusterberufung 1972 aus dem Tübinger Friedrich-Miescher-Laboratorium für biologische Arbeitsgruppen der MPG. Friedrich Johann Bonhoeffer (Abt. Physikalische Biologie) forschte ab Ende der 1970er-Jahre zur Plastizität von Nervenzellen und Nervennetzen. Knippers, *Friedrich-Miescher-Laboratorium*, 1971; Max-Planck-Gesellschaft, *Laboratorium*, 1989; Drescher, Friedrich Bonhoeffer, 4.2.2021, https://www.tagblatt.de/Nachrichten/Lenken-war-sein-Schluesselthema-488727.html; Weigel, Bonhoeffer, 29.1.2021, http://eb.tuebingen.mpg.de/article/we-mourn-the-passing-of-prof-dr-friedrich-bonhoeffer/; Bonhoeffer und Huf, Recognition, 1980; Bonhoeffer und Gierer, Axons, 1984.

72 Creutzfeldt, *Cortex*, 1983; Creutzfeldt, *Erforschung*, 1991; Reichardt und Henn, Otto D. Creutzfeldt, 1992; Singer, Otto Detlev Creutzfeldt, 1992; Wässle und Topp, Neurosciences, 2022.

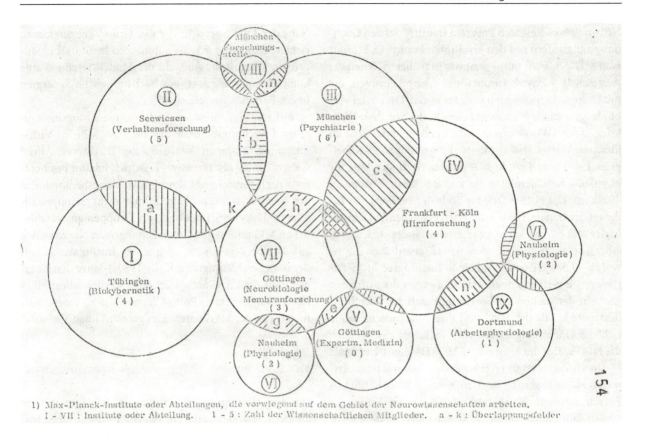

Abb. 28: **Überlappungsbereiche verschiedener Spezialgebiete im VNK-Cluster** laut Erhebung und Selbstdarstellung in der Kommission »Hirnforschung in der MPG« 1974. Ziffern in Klammern: Zahl beteiligter Arbeitsbereiche Wissenschaftlicher Mitglieder in einem Institut. Schnittflächen: a) Biokybernetik und Insektenphysiologie, b) Sozialverhalten bei Menschen/allgemeines Interesse an Verhaltensforschung, c) Klinische Neurologie, Neuropathologie, Neurophysiologie, Neuropharmakologie, d) Neurochemie an Gewebekulturen, e) Neurochemie – verschiedene Ansätze, f) Allgemeine Neurologie und Neurobiologie, g) Visuelle Sinnesphysiologie, h) Neuroanatomie und Zytologie, i) Allgemeine Neurophysiologie, k) Allgemeine Sinnesphysiologie und biokybernetische Fragen, l) menschliches Verhalten (Aggression), m) Psychiatrie, n) Hirnkreislauf. – Quelle: AMPG, II. Abt., Rep. 62, Nr. 746, fol. 154.

lekularer, zellulärer oder systemphysiologischer Ebene befassten.[73] Da Manfred Eigen Creutzfeldt bereits 1969 aus München an das geplante Göttinger Großinstitut für biophysikalische Chemie abgeworben hatte, wodurch ein zusätzlicher neurowissenschaftlicher Standort entstehen sollte, lag eine Koordinierung aller vorhandenen Standorte in der Luft. Creutzfeldt erkannte als Erster das strategische Potenzial einer clusterartigen Forschungsinfrastruktur in der MPG-Landschaft aus Hybridinstituten[74] einerseits wie etwa dem MPI für biophysikalische Chemie (Göttingen) oder dem MPI für Virusforschung (später: Entwicklungsbiologie, Tübingen) und den etablierten Kerninstituten andererseits. Zu diesen Instituten, in denen mehr als 80 Prozent der Tätigkeit auf das Forschungsfeld entfiel, gehörten das MPI für Hirnforschung (Frankfurt am Main), für Psychiatrie (München), für biologische Kybernetik (Tübingen) und für Verhaltensphysiologie (Seewiesen).[75] Der unmittelbare zeitliche Zusammenhang mit der von Präsident Butenandt einberufenen Zukunftskommission »Hirnforschung in der MPG« (1972–1974) war darum kein Zufall.[76]

---

73 Creutzfeldt an Butenandt, 10.2.1969, AMPG, III. Abt., ZA 85, Nr. 35, fot. 10.

74 Cluster-analytischer Begriff von Alexander v. Schwerin als Abgrenzung zu Kerninstituten. Mit Hybridinstituten sind die MPI gemeint, die in zwei oder mehr Forschungsfeldern gleichzeitig aktiv waren, siehe unten, Kapitel Kap. III.11.5.2.

75 Zur Creutzfeldt-Schule späterer Professor:innen und MPI-Direktoren: Neurotree Stammbaum (Neurotree, 2005, https://neurotree.org/neurotree/tree.php?pid=134); Simon, Otto Creutzfeldt, 28.9.2012, https://www.dasgehirn.info/entdecken/meilensteine/otto-creutzfeldt-mittler-zwischen-den-disziplinen sowie Creutzfeldt, *Cortex*, 1983; Creutzfeldt, *Erforschung*, 1991; Reichardt und Henn, Otto D. Creutzfeldt, 1992; Singer, Otto Detlev Creutzfeldt, 1992.

76 Butenandt bündelte 1969 mehrere Neuvorhaben: Neurologie, Primatologie, psychologische Forschung bzw. die Verhaltens- und Hirnforschung. Butenandt an Creutzfeldt, 10.1.1969, AMPG, III. Abt., ZA 85, Nr. 35, fot. 24.

11. Verhaltens-, neuro- und kognitionswissenschaftliche Forschung

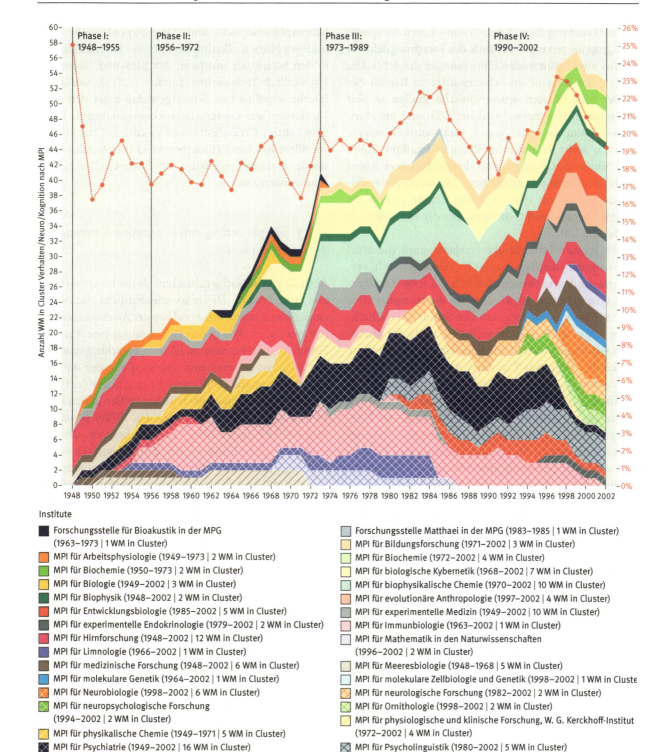

Institute

- Forschungsstelle für Bioakustik in der MPG (1963–1973 | 1 WM in Cluster)
- MPI für Arbeitsphysiologie (1949–1973 | 2 WM in Cluster)
- MPI für Biochemie (1950–1973 | 2 WM in Cluster)
- MPI für Biologie (1949–2002 | 3 WM in Cluster)
- MPI für Biophysik (1948–2002 | 2 WM in Cluster)
- MPI für Entwicklungsbiologie (1985–2002 | 5 WM in Cluster)
- MPI für experimentelle Endokrinologie (1979–2002 | 2 WM in Cluster)
- MPI für Hirnforschung (1948–2002 | 12 WM in Cluster)
- MPI für Limnologie (1966–2002 | 1 WM in Cluster)
- MPI für medizinische Forschung (1948–2002 | 6 WM in Cluster)
- MPI für molekulare Genetik (1964–2002 | 1 WM in Cluster)
- MPI für Neurobiologie (1998–2002 | 6 WM in Cluster)
- MPI für neuropsychologische Forschung (1994–2002 | 2 WM in Cluster)
- MPI für physikalische Chemie (1949–1971 | 5 WM in Cluster)
- MPI für Psychiatrie (1949–2002 | 16 WM in Cluster)
- MPI für psychologische Forschung (1981–2002 | 4 WM in Cluster)
- MPI für Strömungsforschung (1948–2002 | 1 WM in Cluster)
- MPI für vergleichende Erbbiologie und Erbpathologie (1953–1964 | 1 WM in Cluster)
- MPI für Virusforschung (1954–1984 | 4 WM in Cluster)
- Vogelwarte Radolfzell (1949–1959 | 1 WM in Cluster)
- Forschungsstelle Matthaei in der MPG (1983–1985 | 1 WM in Cluster)
- MPI für Bildungsforschung (1971–2002 | 3 WM in Cluster)
- MPI für Biochemie (1972–2002 | 4 WM in Cluster)
- MPI für biologische Kybernetik (1968–2002 | 7 WM in Cluster)
- MPI für biophysikalische Chemie (1970–2002 | 10 WM in Cluster)
- MPI für evolutionäre Anthropologie (1997–2002 | 4 WM in Cluster)
- MPI für experimentelle Medizin (1949–2002 | 10 WM in Cluster)
- MPI für Immunbiologie (1963–2002 | 1 WM in Cluster)
- MPI für Mathematik in den Naturwissenschaften (1996–2002 | 2 WM in Cluster)
- MPI für Meeresbiologie (1948–1968 | 5 WM in Cluster)
- MPI für molekulare Zellbiologie und Genetik (1998–2002 | 1 WM in Cluster)
- MPI für neurologische Forschung (1982–2002 | 2 WM in Cluster)
- MPI für Ornithologie (1998–2002 | 2 WM in Cluster)
- MPI für physiologische und klinische Forschung, W. G. Kerckhoff-Institut (1972–2002 | 4 WM in Cluster)
- MPI für Psycholinguistik (1980–2002 | 5 WM in Cluster)
- MPI für Sozialwissenschaften (1980–1983 | 1 WM in Cluster)
- MPI für Systemphysiologie (1974–1993 | 1 WM in Cluster)
- MPI für Verhaltensphysiologie (1955–2001 | 12 WM in Cluster)
- MPI für Zellbiologie (1968–2002 | 2 WM in Cluster)
- William G. Kerckhoff-Herzforschungsinstitut der MPG (1951–1972 | 2 WM in Cluster)

Abb. 29: Cluster-Entwicklung anhand von Zahl und Prozentanteil Wissenschaftlicher Mitglieder im Forschungsfeld VNK (Ordinate links), relativ zur Gesamtzahl der WM in der MPG (rote Kurve, Ordinate rechts). – Biografische Datenbank des GMPG; Tagging-Verfahren WM, ST/AS, Plot: Robert Egel; doi:10.25625/MPCJTF. Zur Methode des Tagging, siehe unten, Anhang 5.5.

Laut Erhebung dieser Kommission – intern die »große Hirngruppe« genannt – berührte das Forschungsfeld ein Fünftel aller existierenden Einrichtungen der MPG. Die wichtigsten inhaltlichen Schwerpunkte zu Beginn der 1970er-Jahre bildeten neurochemische Studien an fünf Instituten in Göttingen, Frankfurt/Köln und im Münchener Raum sowie die Sinnes- und Neurophysiologie an sogar sechs Instituten in Tübingen, Frankfurt/Köln, Bad Nauheim, Göttingen und dem Münchener Raum (Abb. 28). Dabei bildete die Bestandserhebung der Zukunftskommission »Hirnforschung« nicht einmal das gesamte, bereits beachtliche Spektrum der Aktivitäten ab (siehe Abb. 29).[77]

Mit dieser Cluster-Strukturvariante stach die MPG international durchaus heraus.[78] Verglichen mit verhaltens- und neurowissenschaftlichen Labor- und Forschungsstandorten in den USA waren die Teams der MPG um 1975 allemal auf dem aktuellen Stand.[79] MPI-Direktoren reagierten 1980 sogar verhalten, als die für grundlagenwissenschaftliche Spitzenforschung renommierte Rockefeller University[80] eine systematische Kooperation in den Neurowissenschaften mit der MPG anstrebte.[81]

Ansätze an mehreren Standorten der MPG ließen erkennen, wie sehr es mit der Erforschung von Erregungszuständen an biologischen Membranen sowie mit Untersuchungen zu Ausbildung, Funktion und Plastizität neuronaler Netzwerke epistemisch zur zellphysiologischen und in Ansätzen selbst zur molekularen Ebene »hinabging«.[82] Komplementäre Bereichsforschungen der Neuroethologie, Neuroendokrinologie sowie zur jüngeren vergleichenden Neuroimmunologie wurden neben der breit etablierten experimentellen Neurophysiologie gefördert. Auch die Zahl jener Gruppen, die sich mit neuro- und entwicklungsbiologischen Untersuchungen von Hormonen, mit der Membranbiophysik[83] oder etwa der Neurogenese in Embryonen befassten, wuchs. Verhaltensphysiologische und systemphysiologische Perspektiven blieben allerdings immer ein Referenzrahmen in den beteiligten Instituten der BMS und Chemisch-Physikalisch-Technischen Sektion (CPTS), wofür die forschungspolitischen Schwergewichte unter den MPI-Direktoren wie Gierer (Entwicklungsbiologie), Ploog (Psychiatrie), Creutzfeldt (biophysikalische Chemie) und vor allem Reichardt (Biokybernetik) Pate standen. Dies wurde zu einem Spezifikum des Clusters in der Ära der Neurowissenschaften.

11.3.3 Europäisierung und Internationalisierung der Neurosciences

Auch die eigene Nachwuchsschmiede der MPG trug mehr und mehr Früchte. Dieser wissenschaftliche Nachwuchs emanzipierte sich zunehmend von der Amerikanisierung früherer Zeiten. War in den 1950er-Jahren eine Aus- und Fortbildung an US-amerikanischen Forschungsstandorten ein Muss gewesen und war dem Sog der dortigen Förderprogramme (NRP) und Fachverbände (z. B. Society for Neuroscience) noch in den 1960er-Jahren kaum zu entkommen, so zeigte sich in den 1970er-Jahren ein gegenläufiger Trend. Man versuchte bewusst, den US-amerikanischen Universitäten und Fachgesellschaften mit ihren Tausenden Mitgliedern etwas entgegenzusetzen, die mit ihren Jahreskonferenzen zeitweise europäische Expert:innen abzogen. Dagegen organisierte beispielsweise Creutzfeldt ab 1973 jährlich zusammen mit Norbert Elsner (Universität Göttingen),[84] einem Schüler des Seewiesener Direktors und Insektenneurobiologen Franz Huber, die Göttinger »Neurobiologentagung«, zu der Hunderte Teilnehmer:innen aus Europa anreisten.[85]

In den 1970er- und 1980er-Jahren war die nächstjüngere Generation – darunter auch Wissenschaftler:innen

---

77 Tatsächlich bearbeiteten Teams in 40 Arbeitsbereichen bzw. MPI-Abteilungen in etwa 15 Kern- und Hybridinstituten verschiedenste Spezialgebiete des Forschungsfeldes. Damit entfielen 20 Prozent aller WM der MPG (Stand 1974) auf das Forschungsfeld, wie in Abb. 29 dargestellt.

78 Als Einzelinstitut war das Metropolitan Institute for Brain Research in Tokyo weitaus größer. Daneben schätzte man die Ausgaben für »Hirnforschung« an den NIH in Bethesda als höher ein. Protokoll der Sitzung der BMS vom 29.10.1974, AMPG, II. Abt., Rep. 62, Nr. 1612, fol. 15–16.

79 Für den indirekten Vergleich siehe Report to the Trustees on the Particular Program in Neuroscience, June 5, 1970 Sloan Foundation, RAC, Warren Weaver Papers, S6, B 26, F 288.

80 The Rockefeller University: »An Introduction« 1980, RAC, RG 531, Rockefeller University Press, Books and Reports Department, Special Items (RU), B 1, F 5; »A special place« 1981, RAC, RG 531, Rockefeller University Press, Books and Reports Department, Special Items (RU), B 1, F 6; Corner und Lederberg, *Interesting*, 1982; Rockefeller University, *Institute*, 1985.

81 Präsident Frederick Seitz und Präsident Lüst, 1977–1978. Kooperation der RU mit der MPG auf dem Gebiet der Neurowissenschaften, AMPG, II. Abt., Rep. 70, Nr. 556.

82 Siehe oben, Kap. III.10 und Kap. III.9.

83 Zum Supertrend der Membranforschung inklusive der MPG-Neuroforschung Grote, *Membranes*, 2019.

84 Elsner und Lüer, *Gehirn*, 2000; Heisenberg, Elsner, 2012.

85 Huber, *Leben*, 2016, 287; Wässle und Topp, *Neurosciences*, 2022.

aus der MPG – sehr um eine Stärkung der europäischen Verhaltens- und Neurowissenschaften bemüht.[86] Immer häufiger ging der wissenschaftliche Nachwuchs nach Großbritannien, Frankreich, Italien, in die Niederlande, in skandinavische Länder oder nach Australien und Japan, wo sie je nach Spezialgebiet hohe Forschungsstandards vorfanden. Zudem lockten seit Längerem attraktive Forschungsmöglichkeiten der 1963 gegründeten European Molecular Biology Organization (EMBO) mit den zehn Jahre später eingerichteten Laboratorien (EMBL)[87] Forschungsteams aus der ganzen Welt an.[88] EMBO förderte mehrere innovative Neurogruppen, die in den Cluster-Instituten der MPG ihre Forschungen fortsetzten.[89] Nicht zuletzt legte auch die European Science Foundation Programme zur Förderung der neuartigen Verhaltens- und Hirnforschung, den multidisziplinären Neurosciences, auf.[90]

11.3.4 Wachstum durch Erneuerung und Umbau

Für manche der Kern- und Hybridinstitute brachten die 1970er- und 1980er-Jahre Veränderungen mit sich, die sich langfristig positiv auswirkten; vor allem für die Clusterentwicklung als Ganzes. Ausgelöst durch eine Neuberufung am MPI für Psychiatrie (1977: Hans Thoenen, Neurochemie), die das Platzproblem im Gebäudekomplex des MPI in der Münchner Innenstadt verschärfte, verlegte die MPG das Theoretische Institut im Jahr 1984 auf den Forschungscampus Martinsried[91] – gegen den Willen des geschäftsführenden Direktors Detlev Ploog.[92] Die nun gegebene räumliche Nähe zum MPI für Biochemie sollte Synergien und Kollaborationen in den grundlagenwissenschaftlichen Abteilungen befördern.[93]

Derweil entging das Frankfurter MPI für Hirnforschung nach zwei Rufabsagen ausländischer Koryphäen[94] nur knapp einer Schließung, nämlich durch die Berufung junger Kandidaten aus dem Cluster: Wolf Singer vom MPI für Psychiatrie und Heinz Wässle vom Friedrich-Miescher-Laboratorium Tübingen. Ab Beginn der 1980er-Jahre sollte fortan im Frankfurter Institut hauptsächlich tierexperimentell und neurobiologisch gearbeitet werden.[95]

Am Göttinger MPI für biophysikalische Chemie, an das Creutzfeldt 1972 für eine große Abteilung für Neurobiologie gewechselt war,[96] führten Kollaborationen zwischen mehreren Abteilungen des MPI zu Fortschritten der Nachwuchsforscher Erwin Neher und Bert Sakmann[97] hinsichtlich der Perfektionierung neurophysiologischer Methoden zur Messung von Membranpotenzialen von (Nerven-)Zellen: der Patch-Clamp-Technik.[98] Am MPI für biologische Kybernetik in Tübingen entstand mit dem

---

86 Jahrgänge der späten 1930er- und 1940er-Jahre. – Zum berufspolitischen Engagement der sogenannten »gang of four« (Michel Cuénod, Wolf Singer, Anders Björklund, Per Andersen), die das *European Journal of Neuroscience* gründeten und sich in der European Brain and Behavior Society sowie in der European Neuroscience Association engagierten, siehe u. a. Guillery, European Journal of Neuroscience, 2015; Singer, Europe, 1994.
87 Krige, Birth, 2002; Morange, EMBO, 1997; Morange, *Black Box*, 2020.
88 Siehe oben, Kap. III.9 sowie unten, Kap. IV.9.4.2.
89 Beispiele: Projektgruppenleiter Nicholas Strausfeld oder Tomaso Poggio am MPI für biologische Kybernetik. European Molecular Biology Laboratory. Annual Report 1984 bis 1987. EMBO-Teilnehmerlisten, AMPG, III. Abt., ZA 76, Nr. 201 und Nr. 202. – Strausfeld arbeitete als funktionaler Neuroanatom am MPI für biologische Kybernetik. Strausfeld, Days, 2009. CV unter The Royal Society, Nicholas Strausfeld, 2002; Poggio, Poggio, 2014, 367.
90 Zwenk, European Training Programme, 1978.
91 Die avisierten Modernisierungskosten (60 Millionen DM) am alten Standort in der Innenstadt erschienen der Generalverwaltung nicht plausibel, zumal kein Platz für spätere Ergänzungen blieb. Protokoll der 116. Sitzung des Verwaltungsrates vom 23.11.1978, AMPG, II. Abt., Rep. 61, Nr. 116.VP, fol. 15–16; Singer und Topp, Interview, 2021; Rimkus, *Wissenstransfer*, 2008.
92 Ploog, *MPI für Psychiatrie*, 1992.
93 Kreutzberg, *Das Theoretische Institut*, 1992. – Das Theoretische (Teil-)Institut des MPI für Psychiatrie wurde 1998 als MPI für Neurobiologie eigenständig, wodurch die institutionelle Verbindung endgültig verloren ging. Henning und Kazemi, *Handbuch*, Bd. 2, 2016, 1098–1105.
94 Neben den verlorenen »big shots« David Hubel und W. Maxwell Cowan hätte mit der molekularwissenschaftlichen Neurobiologin Melitta Schachner erstmals eine Frau eine Institutsleitung im Cluster übernehmen können. Auch sie entschied sich gegen die MPG. AMPG, III. Abt., ZA 76, Nr. 98. Leopoldina, Melitta Schachner, 2022, https://www.leopoldina.org/mitgliederverzeichnis/mitglieder/member/Member/show/melitta-schachner/.
95 Reichardt: Exposé der Kommissionsempfehlung für die BMS, Zukunft des Max-Planck-Instituts für Hirnforschung in Frankfurt, September 1979, AMPG, III. Abt., ZA 76, Nr. 98.
96 Generalverwaltung der Max-Planck-Gesellschaft, *Institut für biophysikalische Chemie*, 1975, 64.
97 Sakmann und Stahnisch, Interview, 2021.
98 Eine der am häufigsten zitierten neurowissenschaftlichen Arbeiten: Neher und Sakmann, Currents, 1976; Springer Nature Press, 150 Years of Nature, 2019; Wässle und Topp, Neurosciences, 2022, 9–14.

Wechsel des langjährigen Mitarbeiters Tomaso Poggio ans MIT[99] eine dauerhafte Brücke zwischen dem bundesdeutschen und dem US-amerikanischen Spezialgebiet der entstehenden *computational neurosciences*[100] und der Forschung zur künstlichen Intelligenz. Überhaupt waren mit der flächendeckenden Einführung von Computern[101] die Grundlagen für neuartige Visualisierungstechniken in den Neurowissenschaften gelegt worden.[102] Unter den anteilig humanmedizinisch ausgerichteten Clustereinheiten zählte das Kölner MPI für neurologische Forschung, geleitet von den Direktoren Wolf-Dieter Heiss und Konstantin-Alexander Hossmann, neben dem MPI für Psychiatrie zu den Pionieren in der Entwicklung und frühen Anwendung der Positronen-Emissions-Tomografie (PET)[103] und Computertomografie (CT).[104]

11.3.5 Wachstum durch epistemische Erweiterung

In der US-amerikanischen – und auch der russischen – Psychologie beherrschte Mitte des 20. Jahrhunderts ein deterministischer Behaviorismus[105] die Interpretationen, wonach nur das als wissenschaftlich untersuchbar galt, was als Verhalten von außen beobachtbar und messbar war. Aussagen über mentale Prozesse waren weitgehend zum Tabu erklärt worden,[106] bis erste Initiativen zum Ausbau geistes- und sozialwissenschaftlicher Forschungsbereiche mit Diskussionen zur Sprachforschung zu einer Gegenbewegung konvergierten.[107] Das Epizentrum dieser kognitiven Wende – zuweilen auch »kognitive Revolution« genannt – war Mitte der 1950er-Jahre das Center for Cognitive Studies (CCS) der Harvard University.[108] Was dort seit 1960 zu einer Mischung aus Künstlicher-Intelligenz-Forschung, Psychologie, Philosophie, Linguistik, Anthropologie und Neurowissenschaften verschmolz, konnte die MPG ohne eigene Expertise nur mit großer zeitlicher Verzögerung implementieren.

So gelang es erst in den späten 1970er- und in den 1980er-Jahren, die andernorts schon gereiften Kognitionsforschungen durch die Berufung internationaler Spezialist:innen zu etablieren. Wiederum unter Vermittlung deutschstämmiger Fachleute im Ausland richtete man beispielsweise 1977 eine Projektgruppe für Psycholinguistik im niederländischen Nijmegen unter Leitung von Willem Levelt ein,[109] die sowohl der Biologisch-Medizinischen Sektion als auch der Geisteswissenschaftlichen Sektion (GWS) angehörte. Levelt und seine Mitstreiter Wolfgang Klein und William David Marslen-Wilson setzten sich zum Ziel, sich dem kindlichen Spracherwerb und der erwachsenen linguistischen Kommunikation, der interdisziplinären Verschränkung kognitiver linguistischer Strukturen sowie weiterer noch wenig erforschter Gebiete zu widmen.[110] Die MPG wertete die innovative Gruppe 1980 zum vollwertigen MPI für Psycholinguistik auf.[111]

---

99 Massachusetts Institute of Technology Office of the President, *Report of the President*, 1984. Poggio ist Direktor des Center for Brain, Mind and Machines am McGovern Institute of Brain Research am MIT, USA.

100 Gutfreund und Toulouse, *Biology*, 1994; Bower, *Computational Neuroscience*, 2000.

101 Siehe unten, Kap. IV.7.5. – Durchbrüche gelangen mit der dritten Generation von Computern mit integrierten Schaltkreisen (ab ca. 1964) und der vierten Generation mit ersten Mikroprozessoren (ab ca. 1972). Campbell-Kelly et al., *Computer*, 2014; Cortada, *IBM*, 2019; Ceruzzi, *History*, 2003; Ceruzzi, Professor Brian Randell, 2011.

102 Inside the Brain, *Time-Magazine*, 14.1.1974, 32–41.

103 Paulson et al., History, 2012; Heiss, Hirnfunktionen, 1985; Sokoloff, Louis Sokoloff, 1996; Raichle, History, 2009; Raichle, Paradigm Shift, 2009; Raichle, Visualizing, 1994.

104 Hacker, Beginning of CT, 1996; Hacker, Tomometrie, 1975.

105 Lecas, Behaviourism, 2006; Rüting, *Pavlov*, 2002; Amsel, *Behaviorism*, 1989; Strapasson und de Freitas Araujo, Methodological Behaviorism, 2020; Sperry, Turnabout on Consciousness, 1992.

106 Eine wichtige Ausnahme: Tolman, Cognitive Maps, 1948.

107 Miller, Magical Number Seven, 1956; Bruner, Goodnow und Austin, *Thinking*, 1956; Chomsky, *Syntactic Structures*, 1957; Chomsky, Review, 1959; Gardner, *Mind's New Science*, 1985; Miller, Revolution, 2003.

108 Cohen-Cole, Instituting, 2007; Hirst, *Making*, 1988; Bruner, Founding, 1988.

109 Eric H. Lenneberg, Psychologe und Neurobiologe der Cornell University, beteiligte sich auf Einladung der Tübinger Direktoren Reichardt und Gierer an einem Sondierungsworkshop zur biologischen Linguistik. Reichardt an B. Scheller, 31.5.1972, Kommission MPI Linguistik, AMPG, II. Abt., Rep. 62, Nr. 1002, fol. 131. – Gierer bezog sich in seinem Memorandum »Vorschlag für ein Max-Planck-Institut für Sprachforschung« auf die Arbeiten des Linguisten Noam Chomsky, um das für die MPG neue Gebiet zu umreißen. Ein deutschstämmiger Experte im Ausland schlug Willem Levelt für eine Arbeitsgruppe vor. Levelt hatte mit dem Psychologen und Kognitionswissenschaftler George A. Miller am CCS gearbeitet. Neuvorhaben Linguistik III, AMGP, II. Abt., Rep. 62, Nr. 681, fol. 9; Norman und Levelt, Life at the Center, 1988; Lenneberg und Rieber, *Neuropsychology*, 1976; Lenneberg und Lenneberg, *Foundations*, 1975; Neisser, Tapper und Gibson, Lenneberg, 2010.

110 Proposal for a Max-Planck-Institut für Psycholinguistik, APsych, MPIP-DP 68. Bouman und Levelt, *Reichardt*, 1994.

111 Max Planck Institute, 40th Anniversary, 2020, https://www.mpi.nl/40-anniversary; Max-Planck Gesellschaft, *Psycholinguistics*, 2000.

Ein zweiter Strang der neuartigen kognitionswissenschaftlichen Forschung in der MPG war ein Erbe des kurzlebigen MPI für Sozialwissenschaften, dem Nachfolgeinstitut von Weizsäckers MPI zur Erforschung der Lebensbedingungen der wissenschaftlich-technischen Welt.[112] Aus dem von Direktor Jürgen Habermas geleiteten Institut, das nie vollständig funktionsfähig wurde, überdauerte organisatorisch nur die Gruppe des Psychologen Franz Emanuel Weinert, der 1981/82 in München ein eigenes Institut erhielt, das MPI für psychologische Forschung.[113] Eine damals über Jahre aktive Kommission der GWS zur Förderung der Sozialwissenschaften in der MPG hatte für Weinerts Projekt empfohlen, ergänzend den Psychologen Heinz Heckhausen von der Universität Bochum zu berufen.[114] Dieses Institut etablierte nicht weniger erfolgreich als das psycholinguistische in Nijmegen ein neues Spezialgebiet mit der Kombination aus Motivations-, Volitions- und Kognitionsforschung. Weinert und Heckhausen bekamen für ihre Konzepte international Anerkennung.[115] Nach dem frühen Tod von Heckhausen 1988 wurde der Kognitionswissenschaftler Wolfgang Prinz 1990 nachberufen. Die Planungen der Kommission Sozialwissenschaften sahen noch weitere Ergänzungen vor, doch scheiterte eine eingerichtete Projektgruppe für kognitive Anthropologie in Berlin 1988 bereits im Anlauf, als der dafür schon gewonnene Psychologe und Linguist Dietrich Dörner an die Universität Bamberg zurückkehrte.[116]

Die Erweiterung des Clusters um Kognitionsforschungen war durch selbstorganisierte Vorbereitung aus dem Cluster selbst auf den Weg gebracht worden. So wie in den 1960er-Jahren die USA für die Eingliederung der neurowissenschaftlichen Forschungsmethoden maßgeblich gewesen waren, brauchte man nun für die Sprachforschung zum Teil Expertise europäischer Nachbarländer wie den Niederlanden. Das Fundament dieses dritten Cluster-Schwerpunkts hatten aber noch jene Vertreter der verhaltens- und neurowissenschaftlichen Spezialgebiete wie Creutzfeldt, Reichardt, Gierer oder Ploog gelegt. Als deren Generation Ende der 1980er-, Anfang der 1990er-Jahre schließlich aus der MPG ausschied,[117] konnten – aus Sicht der MPG vergleichbar mit dem Erfolg von 1972 für die Verhaltensforschung – die Früchte der Ära der Neurowissenschaften eingebracht werden: Ein weiterer Nobelpreis für Physiologie oder Medizin ging an die Grundlagenwissenschaftler Bert Sakmann und Erwin Neher für die Entwicklung der für die multidisziplinären Neurowissenschaften bahnbrechenden Patch-Clamp-Technik.[118]

11.4 Die Ära der Kognitionswissenschaften

11.4.1 Effekte der Konsolidierung im Cluster der 1990er-Jahre

Die deutsche Einheit ging für den VNK-Cluster mit einem markanten Generationswechsel auf Direktorenebene einher, der noch umfangreicher war als in der MPG insgesamt.[119] Gründungsboom infolge der Vereinigung und Generationswechsel boten zusammengenommen die Chance für eine Neuverteilung von Ressourcen. Allerdings musste eine Reihe zukunftsweisender Entscheidungen für das Forschungsfeld in verhältnismäßig kurzer Zeit getroffen werden.[120]

Während der ersten Jahre des MPG-Programms »Aufbau Ost«[121] konkurrierten zahlreiche Konzepte miteinander. Gemeinsames Ziel war es, Traditionslinien der MPG neu kombiniert in den neuen Bundesländern institutionell zu verankern und dort zugleich die Kooperation

---

112 Siehe unten, Kap. III.14.2.2 und Kap. IV.7.7.
113 Habermas nahm 1983 die Berufung zum AWM am MPI für psychologische Forschung an. Prinz, Franz E. Weinert, 2002; Max-Planck-Gesellschaft, *MPI für psychologische Forschung*, 1998.
114 Vierter Bericht der Kommission »Förderung der Sozialwissenschaften«, AMPG, III. Abt., ZA 76, Nr. 103.
115 Weinert, Heckhausen und Gollwitzer, *Rubikon*, 1987; Heckhausen, Vier Dekaden, 1990.
116 Der für die Projektgruppe vorgesehene Kollege Stephen C. Levinson wechselte im Cluster an das MPI für Psycholinguistik nach Nijmegen, wo er 1994 zum Direktor berufen wurde. Max-Planck-Gesellschaft, *MPI Psycholinguistik*, 2015; Max-Planck-Gesellschaft, Jahrbuch-Beiträge 2003–2020, 2021, https://www.mpg.de/152220/psycholinguistik.
117 Siehe den vorübergehenden Einbruch bei der Zahl der WM im Cluster um 1989 in Abb. 29.
118 Die Methode gilt sowohl in der neurowissenschaftlichen Community als auch im Wissenschaftsjournalismus als Gamechanger. The Nobel Prize: Erwin Neher, 2021, https://www.nobelprize.org/prizes/medicine/1991/neher/biographical/; The Nobel Prize: Bert Sakmann, 2021, https://www.nobelprize.org/prizes/medicine/1991/sakmann/facts/; Reyes, Breakthrough, 2019.
119 Siehe oben, Kap. II.5.6.2, und unten, Kap. IV.5.2.2.
120 Bigl und Singer, Neuroscience, 1991; Rose, Improving, 1990. Siehe auch Zeitzeugengespräche im Rahmen des GMPG-Workshops: On the History of Neuroscience Research in the Max Planck Society, 1948–2005 – German, European and Trans-Atlantic Perspectives, 11.1.2019, Harnack-Haus Berlin.
121 Siehe oben, Kap. II.5.

mit Universitätsstandorten zu stärken. Einige Anläufe glückten, wie die zügige Gründung des MPI für neuropsychologische Forschung (1993)[122] und der Aufbau des international besetzten MPI für evolutionäre Anthropologie (1997), beide in Leipzig, zeigen.[123] Einige ältere, aber weniger ausgereifte Entwürfe gingen dagegen im Ideenwettbewerb unter, so ein von Manfred Eigen projektiertes MPI für theoretische Biologie in Jena.[124]

In den alten Bundesländern büßte der Cluster einige Abteilungen an angestammten Standorten ein. Drastisch war die 1998 vorgenommene Schließung des MPI für Verhaltensphysiologie, durch die dem Cluster erstmals ein Kerninstitut – nahezu vollständig – verloren ging. Bei diesem Rückschlag kamen eine unglückliche Kette von Rufabsagen und Unstimmigkeiten der Direktoren über die zukünftige Ausrichtung des Hauses zusammen.[125] Wie auch in drei anderen Fällen nutzte der amtierende Präsident seine satzungsgemäße Richtlinienkompetenz, um seine Vorstellungen durchzusetzen.[126] Ein Vertreter der Freilandforschung äußerte bereits vor der Schließung des Seewiesener Instituts den Verdacht, Kapitän (Präsident Hubert Markl) und Schiff (MPG) würden von einem »Kaperkommando« der laborbasierten Zell- und Molekularbiologie gesteuert.[127] Es herrschte offenbar auch enormer Konkurrenzdruck bestimmter Forschungskulturen auf solche der Verhaltensforschung.

11.4.2 Globale Forschungskontexte

Neben der deutschen Vereinigung beeinflusste die Globalisierung in Form internationaler Forschungsförderprogramme die Entwicklung des VNK-Clusters. Teams der MPG profitierten beispielsweise von der Förderung des von Japan initiierten und in Straßburg implementierten Human Frontier Science Program (HFSP).[128] Ab 1990 wurden dort Innovationen in den Neuro- und Kognitionswissenschaften an den Grenzbereichen von Physik, Chemie, Mathematik, Ingenieurwissenschaften und Informatik gefördert. Zeitgleich starteten die USA mit der Initiative »Decade of the Brain« ein Großförderprogramm für grundlagenwissenschaftliche und klinisch-angewandte Forschung, das von 1990 bis 1999 lief.[129] Die Europäische Union antwortete stark zeitversetzt 2013 mit einem ähnlich dimensionierten und umstrittenen Flaggschiff-Förderprogramm:[130] dem Human Brain Project.[131] Auch der über Jahre vorbereitete, für die Förderung der Grundlagenforschung 2007 gegründete European Research Council[132] startete prestigeträchtige Förderprogramme.

---

122 Diese MPI-Gründung wurde jüngst als »nachzuholende Innovation« charakterisiert. Ash, *MPG im Kontext*, 2020, 204.
123 Damit hielt eine neuartige Methodenmischung aus biologischer Anthropologie, Genetik, Primatologie sowie Linguistik und Entwicklungspsychologie Einzug in die MPG. Anthropologie hatte nach dem Ende des Nationalsozialismus für längere Zeit den Status eines Auslaufmodells; abgesehen von einer langlebigen Forschungsstelle für Humanethologie (1975–1996) unter dem nicht unumstrittenen Evolutionsbiologen Irenäus Eibl-Eibesfeld, einem Schüler von Konrad Lorenz in Seewiesen, AMPG, II. Abt., Rep. 66, Nr. 4355, AMPG, III. Abt., ZA 76, Nr. 96, 97.
124 AMPG, II. Abt., Rep. 62, Nr. 929. Das Institutskonzept sah auch neurowissenschaftliche Gruppen vor. Als Vorbild diente das 1984 explizit für Komplexitätsforschung gegründete Santa Fe Institute in den USA. Waldrop, *Complexity*, 2019. Santa-Fe-Gründungsworkshop mit Eigen, Macromolecular Evolution, 1988. Zu Eigens Überraschung wurde ein verwandtes Projekt der nicht-linearen Dynamik (Antrag: Hans A. Weidenmüller, MPI für Kernphysik) verhandelt und als Abteilung am Göttinger MPI für Strömungsforschung (Berufung von Theo Geisel 1996) realisiert. 2004 ging daraus das MPI für Dynamik und Selbstorganisation hervor, dessen Teams sich später am Bernstein-Netzwerk für Computational Neuroscience (Förderinitiative des BMBF 2004) beteiligten. Faber und Weigmann, *Computational Neuroscience*, 2011.
125 Huber, *Leben*, 2016. – Dem Seewiesener Institut gelang es, wie Phoenix aus der Asche wiederaufzuerstehen – zunächst als Forschungsstelle und als MPI für Ornithologie (2004) am Bodensee, aus dem wiederum das MPI für Verhaltensbiologie 2019 ausgegründet wurde. Max-Planck-Gesellschaft, *Neubau*, 2011; Max-Planck-Gesellschaft, *Verhaltensbiologie*, 2021, https://www.mpg.de/987944/verhaltensbiologie.
126 Ash, *MPG im Kontext*, 2020.
127 Ökosoziologe und Verhaltensökologe Wolfgang Wickler an J. Aschoff, 27.11.1996, AMGP, III. Abt., Rep. 155, Nr. 418.
128 Jahrbücher HFSP 1989–2001; der Autor dankt der HSFPO (Guntram Bauer, Director of Science Policy & Communications) für die freundliche Bereitstellung der Jahrbücher. Zur HSFP-Gründung Corning, *Japan*, 2004.
129 Das Förderprogramm wurde am 17. Juli 1990 von Präsident Georg W. Bush ausgerufen und unter Bill Clinton fortgesetzt. Cohen, Coming, 1986; Whigham, Burns und Lageman, Institute, 2017; Rowland, *NINDS*, 2003; *Approaching*, 1988.
130 Enserink und Kupferschmidt, Updated, 2014; Theil, Why the Human Brain Project Went Wrong, 2015
131 Zum 2005 installierten Vorläuferprogramm Blue Brain Project in Lausanne unter Leitung des Sakmann-Schülers Henry Markram siehe Markram, Blue Brain Project, 2006.
132 MPI-Direktor:innen waren intensiv in die Vorgänge involviert. König, *Council*, 2016; Simons und Featherstone, European Research Council, 2005; Antonoyiannakis, Hemmelskamp und Kafatos, Council, 2009.

11.4.3 Komplexitätsforschung und Neuro-Imaging

Zu den durchschlagenden Trends im Cluster während der »Decade of the Brain« zählte die Auseinandersetzung mit steigenden Komplexitätsgraden der untersuchten Objektbereiche. In Instituten mit primär neurowissenschaftlich ausgerichteten Teams war man längst zu höheren Modellsystemen aus dem Reich der Säugetiere übergegangen. Wie andernorts ergänzte man auch in der MPG experimentelle Untersuchungsdesigns in Labors durch Simulationen an Computern, die theoretisch-mathematische Modellbildungen im Bereich nicht-linearer komplexer Dynamiken ermöglichten.[133] Beispielsweise bearbeiteten in den 1990er-Jahren mehrere Teams des Göttinger MPI für biophysikalische Chemie sowie des Frankfurter MPI für Hirnforschung den Problemkreis von synaptischer Plastizität, Selbstorganisation und Synchronizität von Nervennetzen. Unter Beteiligung der MPG-Gruppen schritten so auch die Erkenntnisse über das *binding problem* voran.[134] Diskutiert wurde, wie das komplexe Zusammenspiel der Subsysteme des Gehirns bei der Wahrnehmung, der Aufmerksamkeit und schließlich beim Eindruck des Bewusstseins räumlich und zeitlich koordiniert wird. Damit war die nicht weniger schwierige und noch immer aktuelle Forschungsfrage verbunden, wie eingehende Informationen aus der Welt mit einem offenbar im Gehirn entworfenen Bild von der Welt fortlaufend abgeglichen und in Einklang gebracht werden.[135]

Korrespondierend mit dem Großtrend nicht-linearer Dynamiken komplexer Systeme wandte sich die Forschung an vielen Standorten, ausgehend von höheren Lebewesen, nun auch vermehrt dem Menschen als Untersuchungsobjekt zu. Neue technologische Entwicklungen verlockten zu der Hoffnung, ein seit Langem erklärtes Versprechen einlösen zu können, nämlich endlich die Lücke zwischen verhaltenspsychologischen und neurowissenschaftlichen Wissensbereichen zu überbrücken, indem kognitive Prozesse in Echtzeit quasi auf Landkarten des Gehirns beobachtet werden können. Sowohl die naturwissenschaftlich-mathematischen[136] als auch die medizinisch-technischen sowie die primär neurobiologisch und kognitionswissenschaftlichen Teams des Clusters setzten neben flächendeckend etablierten Geräten wie Elektronenmikroskopen und älteren Kernspintomografen (NMR) gezielt auf nichtinvasive Imaging-Verfahren wie CT, PET, Magnetenzephalografie (MEG), insbesondere auf die neueste Technologie der funktionellen Magnetresonanztomografie (fMRT) mit Magnetfeldstärken von drei Tesla. Zeitlich versetzt kamen gar einige der in Europa leistungsstärksten Geräte mit sieben Tesla am MPI für biologische Kybernetik in Tübingen und dem 2004 gegründeten MPI für Kognitions- und Neurowissenschaften in Leipzig hinzu.

11.4.4 Ein neuer Institutstypus – integrierte Interdisziplinarität

Im Grunde seit der Etablierung der Kognitionsforschungen in der MPG, aber besonders seit der deutschen Einheit häuften sich unübersehbar Gründungskommissionen, in denen Mitglieder von mindestens zwei der drei Sektionen saßen. Sie entwarfen gezielt Institutskonzepte, in die kombinierte Expertise aus allen Wissenschaftsbereichen einfloss. Eine solche »gemischte Kommission« (BMS/GWS) beriet ab 1994 über ein neues Institut im Bereich Ethologie/Anthropologie anlässlich der Nachfolgeregelung Eibl-Eibesfeld (Forschungsstelle Humanethologie). Aus den Beratungen für Standorte in Rostock oder Halle-Leipzig ging das MPI für evolutionäre Anthropologie in Leipzig hervor, für das ausschließlich Personen aus dem Ausland ohne MPG-Hintergrund berufen wurden.[137] Auf weiteren Vorschlag von Direktoren dreier Cluster-Standorte der BMS und GWS (Levelt/Singer/

---

133 Siehe unten, Kap. IV.7.5.
134 Singer, What Binds, 2012.
135 Einschlägig: Malsburg, *Correlation Theory*, 1981; Malsburg, Correlation Theory, 1994. Ein Forschungsüberblick der 1990er-Jahre mit Beiträgen der MPI-Gruppen in Treisman, Solutions, 1999. Weitere Beispiele: Singer und Lazar, Cerebral, 2016; Auletta, Colagè und Jeannerod, *Brains*, 2013; Aliu, Hemmen und Schulten, *Models I*, 1991; Domany, Hemmen und Schulten, *Models II*, 1994; Domany, Hemmen und Schulten, *Models III*, 1996; Hemmen, Cowan und Domany, *Models IV*, 2011.
136 Mit Rückzug der Gründungsdirektoren des MPI für biologische Kybernetik folgte die Erneuerung u. a. durch Berufung von Kâmil Uğurbil (2002), einem internationalen Experten für MRT-Technologie. Er war 1997 bis 2002 zudem Mitglied im Fachbeirat des MPI für neuropsychologische Forschung. 2003 wurde er als fMRI-Experte (BOLD-Technik) als Direktor berufen und war zugleich Direktor am Hochfeld-Magnetresonanz-Zentrum in Tübingen. Er schied mit dem Aufbau des MRT-Zentrums 2007 wieder aus der MPG aus, AMPG, II. Abt., Rep. 62, Nr. 782. Henning und Kazemi, *Handbuch, Bd. 2*, 2016, 876–877.
137 Eine GWS-Kommission entschied um 1995 über ein neues Vorhaben im Bereich Ethnologie/Kulturanthropologie. Es wurden ausschließlich Personen ohne MPG-Hintergrund berufen, die 1998/99 am MPI für ethnologische Forschung in Halle (Saale) die Arbeit aufnahmen, AMPG, II. Abt., Rep. 62, Nr. 1154. Max-Planck-Gesellschaft, *MPI für ethnologische Forschung*, 2002; Generalverwaltung der Max-Planck-Gesellschaft, MPI für ethnologische Forschung, 2000.

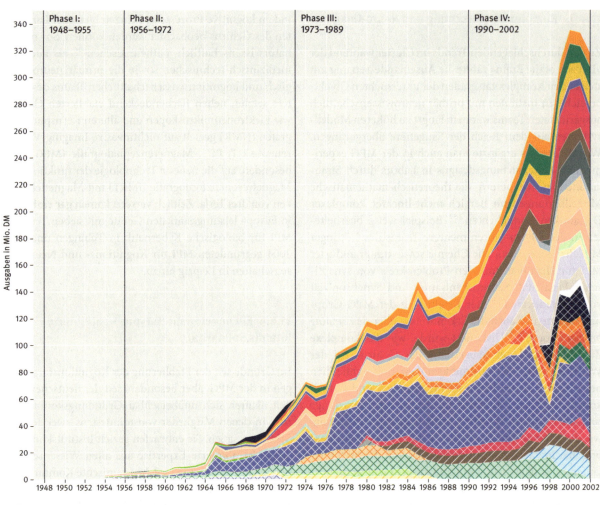

Abb. 30: Zeitliche Entwicklung der Ausgaben am VNK-Cluster beteiligter Max-Planck-Institutionen. Annäherung der anteiligen Ausgabenentwicklung von WM in Cluster-Instituten – Quellen: Haushaltspläne der MPG und Tagging-Verfahren WM, ST/AS, Plot: Robert Egel; doi:10.25625/MPCJTF. Zur Methode des Tagging siehe unten, Anhang 5.5.

Prinz) entschied man sich in der MPG für das erwähnte MPI für neuropsychologische Forschung. Die zwei Gründungspersonen stammten in diesem Fall aus dem Cluster: der Neuroradiologe und Neuroanatom Detlev Ives von Cramon (München Klinik Bogenhausen, MPI für Psychiatrie) und die Neuropsychologin Angela D. Friederici (MPI für Psycholinguistik). Sie etablierten mit der Anbindung an die Medizinische Fakultät der Leipziger Universität formell einen weiteren Klinikbezug.[138] Durch den Langzeitvergleich von chronisch hirngeschädigten Patient:innen einer neuropsychologischen Tagesklinik (Chefarzt Cramon – »Krankheit als Modell«) mit im fMRT untersuchten gesunden Proband:innen sollte die Informationsverarbeitung zum Beispiel von Sprache oder Musik in Echtzeit aufgeklärt werden.[139]

Angesichts der angespannten Finanzlage in den 1990er-Jahren und der daraus resultierenden Notwendigkeit, Ressourcen optimal zu nutzen, überrascht die Suche nach MPG-spezifischen Synergien wenig. Die Prioritätensetzung mündete beispielsweise in einer Fusion des bereits stark verkleinerten MPI für psychologische Forschung in München[140] mit dem Leipziger Standort im Jahr 2003.[141]

Dass im Zuge dessen die Psychologie begrifflich ins Hintertreffen geriet, ist als Indiz einer fortschreitenden naturwissenschaftlichen Technisierung der humanwissenschaftlichen Forschungen innerhalb der MPG zu deuten. Im Jahr 2010 wurde zwar seitens der BMS offiziell erklärt, biologische, das heißt naturwissenschaftliche Forschungen mit sozial- und geisteswissenschaftlichen weiter zusammenführen zu wollen, um möglicherweise »bis zum Heiligen Gral der Kognitionsforschung: dem menschlichen Geist« vorzudringen. Allerdings sah man es als primär an, über die »molekularen und zellulären Grundlagen des Gehirns« Erkenntnisse zu gewinnen, um einen »Durchbruch im Verständnis übergeordneter Prozesse« zu erzielen.[142]

Dass ihr Beitrag tatsächlich für die Aufklärung kognitiver Prozesse einschlägig werden würde, um sie erfolgreich mit anderen naturwissenschaftlichen, biologisch-medizinischen und sogar humanwissenschaftlichen Forschungen zu verbinden, darauf richteten sich die Hoffnungen vielleicht nicht aller,[143] aber doch vieler im Cluster für eine in die neuen Bundesländer expandierende MPG. Wie in keiner Phase der Geschichte der MPG sind zeitgenössische Kontexte so ausgeprägt für einen organisatorischen Aufbruch mit interdisziplinär-integrativen Neuvorhaben genutzt worden wie in den Jahren nach der deutschen Einheit. Dieser Trend institutioneller Verschmelzungsprozesse als Instrument der Erneuerung und Integration des Forschungsfelds in der Ära der Kognitionswissenschaften hält letztlich bis heute an.

11.5 Die VNK in einer Clusterperspektive – Ein Fazit

Für eine Forschungsorganisation wie die Max-Planck-Gesellschaft, deren Vorgängerin schon mit dem Forschungsschwerpunkt Psychiatrie und Hirnforschung aktiv gewesen war, bekam die Frage nach der Ausgestaltung der Forschungsinfrastruktur in Zeiten des globalen Wandels zunehmend Relevanz. Antworten wurden nicht sofort gefunden, auch weil man in den Altinstituten an Überkommenem aus der KWG festhielt. Bis Ende der 1960er-Jahre prägte sich dann aber in dem Forschungsfeld eine gänzlich neue Strukturvariante in der MPG aus, die es in der KWG mit ihrer Dominanz großer Spezialinstitute um eine einzelne Forscherpersönlichkeit nicht gegeben hatte.

Diese neue Form lässt sich als Cluster aus unterschiedlich dicht vernetzten Untereinheiten in einer wachsenden Landschaft aus Instituten beschreiben. Einen Masterplan für Aufbau und Steuerung aller feldrelevanten Institute

---

138 Zudem hielten das Klinische Teilinstitut des MPI für Psychiatrie, Teile des Martinsrieder Lokalclusters neben dem Klinikum Großhadern sowie das MPI für neurologische Forschung Köln den Zugang zu Patient:innen immer aufrecht. Kreutzberg, *Das Theoretische Institut*, 1992; Max-Planck-Gesellschaft, *Neurologische Forschung*, 1992; Tönnis, *Jahre*, 1984; Bewermeyer und Limmroth, *50 Jahre*, 2009.
139 Henning und Kazemi, *Handbuch*, Bd. 2, 2016, 1114–1119.
140 Weinerts Entwicklungspsychologie wurde 1998 nicht fortgeführt. Gerd Gigerenzer (Abt. Adaptives Verhalten und Kognition) wurde 1997 an das Berliner MPI für Bildungsforschung umberufen. Protokoll der GWS vom 18.10.1996, AMPG, II. Abt., Rep. 62, Nr. 1507, fol. 17.
141 Die Berufung des Verhaltensneurowissenschaftlers Hans-Jochen Heinze (Abt. Imaging Science als Nachfolge v. Cramon) scheiterte aufgrund eines Vorlaufstreits zwischen den Ländern Sachsen-Anhalt und Sachsen in der Bund-Länder-Kommission für Bildungsplanung und Forschungsförderung. Ersteres befürchtete Konkurrenz seiner MRT-Standorte, wenn in Leipzig ein 7-Tesla-MRT-Gerät installiert würde. Siehe Veto des Landes Sachsen-Anhalt gegen Erweiterungsbau und MRT-Gebäude. BLK: Ausschuss »Forschungsförderung« MPG-Anträge (Mappe 2), AMPG, II. Abt., Rep. 1, Nr. 136, fol. 3. Der Streit drohte sich auf die Universitätsstandorte Magdeburg und Leipzig auszuweiten, bis letztlich Heinze zum Bedauern der MPG ablehnte. Präsident Peter Gruss an Heinze, 20.6.2005, AMPG, Registratur, A-III-K, Berufung Heinze. 2003-2005, fol. 1.
142 Lupas, *Einleitung*, 2010.
143 Skeptisch zur Aufklärung höherer Hirnfunktionen Sakmann in: Sakmann und Stahnisch, *Interview*, 2021, 5.

und Forschungsstellen hat es nachweislich nicht gegeben. Dem stand ohnehin die Autonomie der MPI entgegen. Anfangs war eher ein komplementäres Ausbauen innerhalb einzelner Institute zu beobachten. Mehr und mehr stimmten sich dann aber die Institutsdirektoren ab und konnten in Berufungs- oder Zukunftskommissionen den generellen Kurs im reifenden Cluster korrigieren. Ergänzend kamen auch wiederholt neue Institute hinzu, für deren Gründung nicht selten Expertise in Form von Hausberufungen oder Berufungen aus dem »Clusternachwuchs« zügig einsetzbar war.[144]

Der VNK-Cluster, der im Untersuchungszeitraum gut 140 Abteilungen Wissenschaftlicher Mitglieder in knapp 40 MPI und Forschungsstellen umfasste, wuchs – absolut betrachtet – bis Mitte der 1970er-Jahre stetig, bis er sich bei einer Zahl von etwa 50 gleichzeitig feldaktiven Teams Wissenschaftlicher Mitglieder einpegelte. Zuweilen waren Gruppen in über 20 Instituten und Forschungsstellen gleichzeitig mit verhaltens-, neuro- und kognitionswissenschaftlichen Untersuchungen befasst. Institutioneller Ausbau und Wachstum verliefen damit weitgehend parallel zur generellen Entwicklungsdynamik der MPG, weshalb sich die Gruppe aller Arbeitsbereiche der VNK in Relation zur Gesamtzahl aller WM in der MPG stabil in einer Schwankungsbreite zwischen 16 und 23 Prozent bewegte (siehe Abb. 29). Besondere Ausschläge zeigen sich einerseits Mitte der 1980er-Jahre mit einem gegen den MPG-Gesamttrend laufenden positiven Aufwuchs und andererseits mit dem generationell bedingten Einbruch durch eine Emeritierungswelle zur Zeit der deutschen Einheit. Im VNK-Cluster wie generell in der MPG[145] wurden Anfang der 1990er-Jahre erstmals überdurchschnittlich viele Personen aus dem Ausland berufen, weil ein derartig starker Abgang aus Altersgründen mit dem eigenen Nachwuchs nicht auszugleichen war.

Ausgehend von Traditionslinien aus der Zeit der KWG vertrat die Instituts- und Einheitengruppe ab den 1960er-Jahren zwei ineinander verschränkte Schwerpunkte: die biologisch-medizinisch fundierte Hirnforschung aus der Neurologie bzw. Psychiatrie heraus und die Verhaltensforschung. Beide Schwerpunkte dominierten bis Mitte der 1970er-Jahre das Forschungsfeld in der MPG (VN-Cluster), ohne dass es eine übergeordnete Abstimmung der Direktoren gegeben hätte (Proto-Cluster).[146] Mit der Durchsetzung der grundlagenwissenschaftlich orientierten multidisziplinären Neurowissenschaften ging der Anteil der physiologischen und vergleichenden Verhaltensforschung zurück, bis in den 1980er-Jahren ein dritter Schwerpunkt integriert wurde: die vergleichende Sprachforschung im Allgemeinen bzw. die Psycholinguistik und kognitive Anthropologie im Besonderen. Schließlich ist für den Zeitraum von den 1990er-Jahren bis ca. 2004 ein Cluster aus drei interdisziplinären Schwerpunkten zu bestimmen (VN-K), in denen die human-, sozial- und geisteswissenschaftlichen Kognitionswissenschaften mehr Raum einnahmen und biologisch-anthropologische Forschungsperspektiven deutlichere Konturen erhielten.[147] Wie vor allem die gemischten Kommissionen und doppelten Sektionszugehörigkeiten mehrerer Neuinstitute in der Zeit nach der deutschen Einheit zeigen, verstärkte speziell dieser Cluster die Tendenz, Sektionsgrenzen der MPG durchlässiger werden zu lassen oder gar infrage zu stellen.

Aufgrund sich vielfach überlappender Untersuchungsgebiete der Lebenswissenschaften in der MPG zeigt der VNK-Cluster eine distributive Struktur. Obwohl aus epistemisch-technischen Gründen eher kleine flexible Laboreinheiten und Teams präferiert wurden, entstand kein Prototyp mit Modellcharakter. Die 140 involvierten Abteilungen unterschieden sich untereinander stark nach

---

144 Als besonderes Merkmal dieses Clusters sticht heraus, wie viele Forscherkarrieren durch Wechsel zwischen epistemisch benachbarten MPI bzw. durch Haus- und Clusterberufungen gekennzeichnet waren. Einige Beispiele der Binnenmigration im VNK-Cluster: Nils Brose, Otto D. Creutzfeldt, Friedrich Johann Bonhoeffer, Tobias Bonhoeffer, Angela Friederici, Peter Wilhelm Jungblut, Hans-Dieter Lux, Erwin Neher, Volker Neuhoff, Bert Sakmann, Reinhard Schlögl, Wolf Singer, Joachim Spiess, Walter Stühmer, Hermann Träuble, Heinz Wässle oder Hartmut Wekerle.

145 Siehe oben, Kap. II.5.6.2.

146 In der MPG-Zentrale erkannte man 1973 den forschungsstrategischen Umschwung. Anders als in der KWG, in der man auf neue Erkenntnisse und Erfolge einzelner Persönlichkeiten setzte, habe man sich in der MPG mehr thematisch »auf einzelne Schwerpunkte konzentriert«. MPG-Generalsekretär Friedrich Schneider, Niederschrift über die Sitzung des Senatsausschusses für Forschungspolitik und Forschungsplanung der MPG am 15.5.1973, AMPG, II. Abt., Rep. 60, Nr.197.SP, fol. 6.

147 Beispiele für interdisziplinäre Verschmelzungsprozesse von Instituten sind das Zusammengehen der Forschungen zu evolutionärer Anthropologie mit (teilweise) denen zur Menschheitsgeschichte in Leipzig sowie der Ornithologie mit der Neurobiologie in Martinsried. Jüngst hat es die Ankündigung eines MPI für biologische Intelligenz gegeben, das aus dem Zusammenschluss der MPI für experimentelle Medizin und dem MPI für biophysikalische Chemie zum größten aller MPI hervorgehen soll. Max-Planck-Gesellschaft, Zwei Göttinger, 20.9.2022, https://goettingen-campus.de/de/news/translate-to-deutsch-view?tx_news_pi1%5Baction%5D=detail&tx_news_pi1%5Bcontroller%5D=News&tx_news_pi1%5Bnews%5D=776&cHash=a32ec633807397db687447ce575682f8. Siehe auch Kap. III.14. – Die GWS erhielt 2005 in einem einmaligen Vorgang per Sprung über die Sektionsgrenze Zuwachs mehrerer Institute aus der BMS, von denen einige intersektionelles Besuchsrecht in der BMS behielten. Henning und Kazemi, *Handbuch*, Bd. 2, 2016.

Art, Größe, Ausstattung, architektonischer Gestaltung, räumlicher Ballung und auch nach wissenschaftlicher Programmatik. Kennzeichnend für die Ära der Verhaltensforschung war der komplementäre Ausbau innerhalb der alten und neuen Kerninstitute. Charakteristisch für die Ära der multidisziplinären Neurowissenschaften war demgegenüber die Kombination aus wenigen Kerninstituten und einer Vielzahl an Hybridinstituten, in denen nur anteilig oder vorübergehend im Bereich VNK gearbeitet wurde. Durch die neuartigen Institutsexperimente (*merger*) seit der Ära der interdisziplinären Kognitionswissenschaften hat sich das genannte Verhältnis zugunsten eines Clusters aus Arbeitsbereichen Wissenschaftlicher Mitglieder verschoben, die nunmehr überwiegend in Kerninstituten bestehen. In dieser organisatorischen Clusterreifung ist eine spezifische auf das ständig im Wandel befindliche globale Forschungsfeld zu erkennen.

Die mehrfachen Modernisierungen des Clusters hatten für die MPG im wahrsten Sinne des Wortes ihren Preis. Fügt man mit der gebotenen methodischen Vorsicht Ausgabenanteile der Hybridinstitute[148] zu denen der Kerninstitute hinzu, ist ein absolutes Anwachsen der Ausgaben auf 200 Millionen DM um 1995 und weit über einer Viertelmilliarde DM am Ende des Untersuchungszeitraums zu verzeichnen (siehe Abb. 30). Da der Clusteranteil am gesamten MPG-Aufkommen seit den 1970er-Jahren stabil bei 13 bis 15 Prozent gelegen hat, bleibt festzuhalten, dass der Cluster der Verhaltens-, Neuro- und Kognitionswissenschaften seit dieser Zeit dauerhaft und krisenunabhängig etabliert und den anderen schwergewichtigen Clustern der MPG absolut ebenbürtig war.[149]

---

[148] Tagging-basierte Clusterprozentanteile von WM; zum Tagging-Verfahren sie unten, Anhang 5.5.
[149] Siehe oben, Kap. III.2.

12. Medizinische Forschung

Martina Schlünder[1]

Medizinische Forschung wird im Folgenden als Sammelbegriff benutzt für ein heterogenes Feld von Forschungsinhalten und -methoden, angesiedelt zwischen biologischer Grundlagenforschung und klinischer Praxis. Das Feld selbst ist aufgrund seiner Lage in diesem prekären Zwischenraum schwer zu definieren, da es von den Dynamiken in den Disziplinen abhängt, die den Zwischenraum konstituieren. Als Eckpunkte für die zweite Hälfte des 20. Jahrhunderts gelten hier vor allem die Entstehung der Molekularbiologie ab den 1940er-Jahren in der biologischen Grundlagenforschung und auf der Seite der klinischen Praxis die Etablierung der leitlinien- und evidenzbasierten Medizin (EBM) ab Mitte der 1990er-Jahre. Dazwischen entwickelte sich ein ganzes Spektrum von grundlagen-, krankheits- und patientenorientierter medizinischer Forschung, basierend auf experimentellen Praktiken aus der Physiologie, Biochemie und Molekularbiologie, wie auch statistischen und sozialwissenschaftlichen Methoden, die in klinischen Studien, Epidemiologie und Versorgungsforschung angewandt wurden. Der enorme Wissenszuwachs im Feld medizinischer Forschung nach dem Zweiten Weltkrieg beruhte auch auf der zunehmenden Diversität der Wissensformen. Dieses Wissen ließ sich aber oft nicht nahtlos aneinanderfügen, aufeinander anwenden oder ineinander übersetzen, sondern war eingebettet in die jeweiligen Forschungsstile, -praktiken, materiellen Kulturen und Konzepte der unterschiedlichen Forschungskollektive.[2]

Kein Wunder also, dass Protagonist:innen für den Zwischenraum zwar eine Menge unterschiedlicher Bezeichnungen generierten – wie beispielsweise »experimentelle Medizin«, »theoretische Medizin«, »klinische Studien«, »molekulare Medizin« –, aber kein gemeinsames Programm. Das trifft auch auf den inflationär genutzten Begriff Biomedizin zu. Dieser ist gerade deshalb problematisch, weil er sowohl von der Biologie als auch von der Medizin benutzt wird, damit aber unterschiedliche Projekte verknüpft sind.[3] Während er in der medizinisch-klinischen Forschung als Sammelbegriff oder als ideale, nichthierarchische Verbindung für das heterogene Feld zwischen Biologie und Medizin gebraucht wurde, verfolgte die Molekularbiologie den Anspruch, alle Lebensvorgänge auf molekularer Ebene zu erklären und andere Einheiten und Systeme (darunter Zellen, Organe, funktionelle Systeme wie Atmung oder Kreislauf) der molekularen Ebene unterzuordnen. Biomedizin meinte in diesem Fall also nicht die ideale Hybridisierung von Biologie und Medizin, sondern molekularen Reduktionismus, die Vorstellung, dass sich Krankheitsprozesse vollständig durch molekulare Mechanismen erklären und sich deswegen Medizin in Biologie auflösen ließe.[4] Kann für die erste Hälfte des 20. Jahrhunderts noch die Aufklärung von Krankheitsprozessen durch unterschiedliche experimentelle Techniken als gemeinsames Programm der medizinischen Forschung gelten, traf dies auf die biomedizinische Forschung der 1970er-Jahre nicht mehr zu,

---

1 Mein besonderer Dank gilt neben dem Kollegium Janika Seitz für ihre exzellente Forschungsassistenz, Skúli Sigurdsson und Beatrice Fromm für die kritische Lektüre, Ernesto Fuenmayor Schadendorf, Ira Kokoshko, Robert Egel, Stefano Veronese, Anna Maria Rilke und den studentischen Hilfskräften des Projekts, meinen Kolleg:innen, insbesondere der BMS-Arbeitsgruppe, Florian Spillert und den Mitarbeiter:innen des Archivs der Max-Planck-Gesellschaft. Die nichtbinäre Genderschreibweise wird nur an den Stellen nicht eingehalten, an denen es das historische Quellenmaterial fordert.
2 Fleck, *Entstehung und Entwicklung*, 1980.
3 Zur Uneindeutigkeit des Begriffs und seiner vielfältigen, teils widersprüchlichen Nutzung siehe Bruchhausen, Biomedizin, 2010. – Keating und Cambrosio widmen dem schillernden Begriff ein eigenes Kapitel. Keating und Cambrosio, *Biomedical Platforms*, 2003, 49–82. – Der Begriff Biomedizin unterscheidet sich auch von dem der Biomedikalisierung. Siehe Clarke et al., *Biomedicalization*, 2010.
4 Keating und Cambrosio, Biomedicine, 2004.

12. Medizinische Forschung

weil diese sich von der Krankheit und damit vom pathologischen Wissen als Erkenntnismodell abwandte. Aus Sicht der Molekularbiologie hatte die Krankheit der Erkenntnis des Lebens nichts mehr zu lehren.[5] Krankheits- und patientenorientiertes Forschen entsprach nicht mehr ihren Fragen, die Komplexität des Krankheitsbegriffs und die (teilweise fallbasierten) Methoden der medizinisch-klinischen Forschung wurden als unsystematisch, nicht rigoros, »messy« oder gar als unwissenschaftlich abgelehnt, entsprechende Veröffentlichungen in klinischen Zeitschriften galten als nicht exzellent genug.

Insgesamt war das Feld der medizinischen Forschung während des Untersuchungszeitraums (1948–2005) durch tiefgreifende epistemische Konflikte charakterisiert, die sich unter anderem in Streitigkeiten um Zugang zu Ressourcen äußerten, sich darauf aber nicht beschränkten. Es ist wichtig, zwischen der realen Misere der klinischen Forschung in der Bundesrepublik – davon wird noch ausführlich im nächsten Abschnitt die Rede sein – und der epistemischen Ablehnung medizinisch-klinischer Forschung durch die Grundlagenwissenschaften zu unterscheiden. Obwohl die MPG wichtige Projekte initiierte, um die Qualität der medizinischen Forschung in der BRD zu heben, und bedeutende »clinician scientists« zu ihren Direktoren zählte, gab es gleichzeitig Vorbehalte gegen die Methodik dieser Forschung, die als störend, fremd, irgendwie unwissenschaftlich und dadurch der Grundlagenwissenschaft untergeordnet klassifiziert wurde. Diese Ablehnung unterlag wohl historischen Konjunkturen, doch war sie erstaunlich persistent.[6]

Letztendlich, so meine These, löste sich in der zweiten Hälfte des 20. Jahrhunderts die traditionelle medizinische Forschung auf, die noch von einer gemeinsamen Sprache oder – in Anlehnung an Ludwik Fleck – einem gemeinsamen Denkstil von Biologie, Physiologie und Medizin ausgegangen war.[7] Das Verhältnis zwischen theoretisch-experimenteller und klinischer Medizin war bereits in der ersten Hälfte des 20. Jahrhunderts schwierig gewesen. Die Anstrengungen nach dem Zweiten Weltkrieg, diese beiden Felder zusammenzuhalten oder ihr Auseinanderdriften zu stoppen, scheiterten jedoch, wie sich am Beispiel der MPG zeigen lässt. Ein Grund dafür war der Aufstieg der Molekularbiologie und ihre Hinwendung zur Medizin in den 1970er-Jahren. Im Zwischenraum der früheren medizinischen Forschung entstanden dadurch zwei distinkte Zugänge, die biomedizinische und die klinische Forschung, die wie zwei unterschiedliche Sprachen (Denkstile) funktionierten. Die theoretisch-experimentelle Medizin in der medizinischen Forschung wurde dominiert von Physiolog:innen, die selbst eine medizinische Ausbildung hatten, während die biomedizinische Forschung vor allem durch die Molekularbiologie vorangetrieben wurde, also durch Biolog:innen und Biochemiker:innen, denen klinische Expertise fremd war und die ihre Forschung nicht auf klinischem Wissen aufbauen wollten. Stattdessen verstand sich die Biomedizin als Teil eines linearen Innovationsmodells, in der sich alle Neuerungen nun umgekehrt von der »bench« in Richtung »bedside« bewegten, die Klinik also als Anwendungsbereich des Labors definiert wurde.

Die MPG war die einzige Wissenschaftsorganisation in der Bundesrepublik, in der beide Sprachen oder Denkstile auf engstem Raum (in der BMS) aufeinandertrafen und dort ihre unterschiedlichen Interessen miteinander verhandeln mussten. Insofern ist dieser Beitrag ein Fallbeispiel für Konflikte und deren Lösungen in der BMS. Er liefert gleichzeitig eine aufschlussreiche Vignette über die Machtverhältnisse zwischen Präsident und Sektion, da in den 1970er-Jahren Reimar Lüst mit seinem Planungsstab neue Initiativen zur Förderung der medizinischen Forschung startete, ohne der BMS in diesem Prozess eine tragende Rolle einzuräumen. Die Interventionen der MPG in das sich stark wandelnde Feld müssen im Rahmen der Rekonfiguration des Zwischenraums verstanden werden, um deren Gelingen und Scheitern beurteilen zu können.

Im Folgenden benutze ich den Begriff medizinische Forschung als Klammer, die den Zwischenraum als gemeinsames Feld und als gemeinsamen »Sprachraum« umfasst. Der Begriff biomedizinische Forschung steht für einen molekularbiologisch-reduktionistischen Zugang unter weitgehendem Verzicht auf krankheitsbasiertes Wissen, der Begriff klinische Forschung für einen komplexen, krankheits- und patientenorientierten medizinischen Zugang. Diese Definitionen helfen, Klarheit in die vielfältige und sich ändernde Terminologie der Akteur:innen zu bringen, und dienen dem Zweck, die Be-

---

5 Canguilhem, *Das Normale*, 1974.
6 Das belegen Protokolle der Kommissionen, die über die Einrichtung und Verlängerung klinischer Forschungsabteilungen in der MPG entschieden, über den ganzen Untersuchungszeitraum hinweg. Siehe beispielsweise das Scheitern der Berufung eines Direktors für eine klinische Abteilung an die MFA in Göttingen 1959: Protokoll der Sitzung der Biologisch-Medizinischen Sektion des Wissenschaftlichen Rates vom 2.6.1959, Tagesordnungspunkt 4, AMPG, II. Abt., Rep. 62, Nr. 1567, fol. 6–7. Das Scheitern der Entfristung und Implementierung der klinischen Forschungsgruppen: Mitschrift der Sitzung der Kommission »Klinische Forschungsgruppen«, 11.9.1984, AMPG, II. Abt., Rep. 62, Nr. 1290, fol. 95–119. Zum Scheitern der Nachfolgeberufung für die Abt. experimentelle Neurologie am MPI für neurologische Forschung und Schließungsbeschluss 2003 siehe Henning und Kazemi, *Handbuch*, Bd. 2, 2016, 1110.
7 Fleck, *Entstehung und Entwicklung*, 1980.

ziehungen im Zwischenraum von Biologie und Medizin in der MPG besser zu analysieren.[8]

12.1 Die »chronische Krise« der klinischen Forschung in der BRD

Aufgrund des Ausbaus des Gesundheitswesens und der zunehmenden Spezialisierung brauchten medizinische Forscher:innen nach dem Zweiten Weltkrieg eine doppelte Ausbildung, die ihnen klinische Expertise, die Kenntnisse neuer klinischer Methoden ihres Fachs, aber auch eine solide naturwissenschaftliche, labor-experimentelle Ausbildung verschaffte. Um diese neue »Spezies« von Forscher:innen, die »clinician scientists« oder »physician scientists«, ausbilden zu können, mussten Studienordnungen verändert, neue Finanzierungsmodelle und Ausbildungswege geschaffen werden, was in Ländern wie den USA, Großbritannien und in Skandinavien auch gelang. In der Bundesrepublik Deutschland war dies leider nicht der Fall. Dass die Förderung der klinischen Forschung hier so gründlich misslang, ist drei strukturellen Problemen geschuldet, die historisch mit dem Aufbau des Gesundheitswesens in der Bundesrepublik zusammenhingen.

1. Die Forschungsausbildung wurde weder in die ärztliche Ausbildung noch in die Weiterbildung (Facharztausbildung) integriert und durch Curricula abgesichert, da die ärztlichen Standesorganisationen, die Ärztekammern, die Ausbildungsordnungen beeinflussten. Deren Idealbild von ärztlicher Ausbildung war geprägt von alltäglichen Bedürfnissen niedergelassener Kassenärzte, klinische Forschung spielte dabei keine Rolle.[9] Es gab deshalb für Mediziner:innen in Deutschland weder eine strukturierte Forschungsausbildung noch einen Karriereweg zu einer Forschungsprofessur, die den klinischen Professuren gleichgestellt gewesen wäre.
2. Die Restauration der Ordinarienuniversität und deren Bekenntnis zur Einheit von Forschung und Lehre bewirkte eine Zementierung der überragenden Stellung des Einzelforschers.[10] Moderne medizinische Forschung bedurfte aber ganz anderer Formen von Finanzierung und Organisation, einer Orientierung zum teamzentrierten Arbeiten, einer klaren Abgren-

zung von Forschung und Lehre, die beide durch bessere Strukturierung, Arbeitsteilung und Kooperation effizienter und transparenter hätten gestaltet werden müssen. Auch das Beharren auf der Habilitation verstetigte die Krise der klinischen Forschung, weil die dafür notwendige Forschung primär dem Titelerwerb, nicht aber dem Erkenntnisgewinn diente.
3. Es mangelte an einer zentralen Institution, die sich speziell mit der Förderung der medizinischen Forschung und der Stabilisierung des prekären Zwischenraums befasste, wie das die National Institutes of Health (NIH) in den USA oder der Medical Research Council (MRC) in Großbritannien tun.

Bei internationalen Vergleichen fiel die Bundesrepublik deshalb immer weiter zurück. Die stetige Flut von Empfehlungen und Denkschriften von Wissenschaftsrat und Deutscher Forschungsgemeinschaft (DFG) belegt, dass die Krise der klinischen Forschung seit den 1960er-Jahren wahrgenommen und mit Gegenmaßnahmen und zusätzlichen Geldern nicht gespart wurde. Das änderte jedoch nichts an den strukturellen Problemen: Forschung fand an den Universitätskliniken weiterhin oft nach Feierabend statt, nachdem Patient:innen versorgt und die Lehre beendet war. Es gab keine systematische Ausbildung klinischer Forscher:innen. Diejenigen, die sich auf dieses Feld wagten, taten das auf eigenes Risiko und organisierten – oft durch langjährige Auslandsaufenthalte – ihre Ausbildung selbst. Insgesamt waren also die Konditionen zum Auf- und Ausbau einer patienten- und krankheitsorientierten klinischen Forschung an ihrem eigentlichen Ort – den Universitätskliniken – ausgesprochen schlecht.

12.2 Die klinische Forschung in der MPG – Ein Cluster?

In der Max-Planck-Gesellschaft waren die Konditionen besser, weil ihre Ausrichtung allein auf der Forschung lag. Allerdings war der Weg in die Grundlagenforschung, den die MPG im Gegensatz zur Vorgängerinstitution, der Kaiser-Wilhelm-Gesellschaft, einschlug, nicht unbedingt eine gute Voraussetzung, medizinisch-klinische Forschung zu fördern, die eher als angewandte Wissenschaft

---

[8] Auch die klinische Forschung nennt sich manchmal biomedizinische Forschung, verliert aber nie ihren Schwerpunkt in der krankheitsbasierten Forschung, auch nicht nach der Übernahme molekularbiologischer Techniken (siehe oben, Kap. III.9); in der MPG tauchen dann Differenzierungen auf wie biomedizinische Grundlagenforschung, molekulare Medizin und klinikrelevante Grundlagenforschung, oft ohne genauere Erläuterung und Abgrenzung. Wenn auch etwas holzschnittartig, erleichtern die oben genannten Definitionen den Überblick und die Analyse.

[9] Lindner, *Gesundheitspolitik in der Nachkriegszeit*, 2004.

[10] Bartz, *Wissenschaftsrat*, 2007.

verstanden wurde. Trotzdem gab es über den gesamten Untersuchungszeitraum eine Vielzahl klinischer Forschungsprojekte in der MPG. Diese verteilten sich über eine beträchtliche Anzahl ihrer Institute, oft bestanden sie aus Kooperationen mit anderen Institutionen und Kliniken. Insgesamt blieben diese Aktivitäten aber eher informell und entfalteten keine Außen- oder Innenwirkung. Gleichzeitig entfernten sich Institute, die (grundlagenorientierte) medizinische Forschung als Auftrag seit Gründung der MPG in ihrem Namen führten, wie das Max-Planck-Institut für medizinische Forschung in Heidelberg und das MPI für experimentelle Medizin in Göttingen (die frühere Medizinische Forschungsanstalt, MFA), im Laufe der Jahrzehnte immer weiter in Richtung molekularbiologischer und neurowissenschaftlicher Grundlagenforschung und verloren den Kontakt zur Medizin fast vollständig.

Trotz dieser Ambivalenz investierte die MPG immer wieder in die medizinische Forschung in der Absicht, dass diese Investitionen nicht nur interne Wirkungen entfalten, sondern auch wichtige Impulse in die schlecht aufgestellte klinische Forschung der BRD senden sollten. Dies geschah hauptsächlich durch den Import innovativer Organisationsformen, die darauf abzielten, den prekären Raum zwischen Labor und Klinik zu stabilisieren. In den 1950er- und 1960er-Jahren waren dies Forschungskliniken, teils angelehnt an das Konzept der NIH in den USA. Ende der 1970er-Jahre wurden Clinical Research Units – klinische Forschungsgruppen, inspiriert vom Modell des MRC aus Großbritannien – importiert und als MPG-Projektgruppen an Universitätskliniken etabliert. Schließlich versuchte die MPG nach Einsetzen des Biotech-Booms Ende der 1990er-Jahre, die klinische Forschung mithilfe einer Präsidentenkommission neu zu ordnen und sich auf innovative Forschungsstrategien, wie die translationale Forschung, nach der Millenniumswende (2003) vorzubereiten.

Die Initiativen zu diesen Innovationen verschoben sich allerdings und wurden nicht von denselben Interessenlagen und -gruppen angetrieben. Sie wechselten im Laufe der Jahrzehnte von den Wissenschaftlichen Mitgliedern der Biologisch-Medizinischen Sektion (BMS) als sogenannte forschungsgetriebene Innovation (was in der MPG als Standard gilt) zum Präsidenten und dessen Planungsstab in Form einer planerischen Initiative von oben und wieder zurück zur BMS. Mit einer internen Denkschrift 1964 und zwei Präsidentenkommissionen 1977 und 1997 versuchte die MPG, ihr allgemeines Engagement in der medizinisch-klinischen Forschung zu evaluieren und zu reorganisieren.

In diesem Beitrag untersuche ich die Innovationen der MPG im Bereich der klinischen Forschung im Hinblick auf eine Clusterbildung.[11] Mit Cluster wird die Agglomeration von Forschungsthemen und -methoden in Instituten oder Abteilungen der MPG bezeichnet. Der Clusterbegriff zielt auf die informellen und offiziellen Bindungsfähigkeiten und -kapazitäten eines Forschungsfelds: Verhalfen die Initiativen und Innovationen der medizinischen Forschung zu einer Bündelung und Profilbildung, die es ihr erlaubte, ein eigenes Forschungsprogramm über einzelne Gruppen, Abteilungen und Kliniken hinweg zu entwickeln?

Ich argumentiere, dass es der MPG trotz vielfacher Interventionen nicht gelang, die klinische Forschung so zu bündeln und zu stärken, dass sie einen Cluster hätte bilden können. Ich untersuche die verschiedenen Initiativen der MPG unter dem Aspekt ihrer Wirksamkeit im Hinblick auf eine Profilschärfung des Forschungsfelds und versuche, mögliche Gründe für das Scheitern zu benennen. Wurden Bindungen zu anderen MPI mit ähnlichen Methoden und Themen gesucht und eingegangen? Welche Auswirkungen hatten diese Innovationen auf das interne Gleichgewicht in der BMS, aber auch zu Clustern, die sich mit dem Feld der medizinisch-klinischen Forschung überlappten, wie die Neurowissenschaften oder die Molekularbiologie?[12] Was verhinderte den Ausbau und die Verselbstständigung der klinischen Forschung? Inwieweit ist das Scheitern, besser das Fehlen eines medizinisch-klinischen Clusters als Teil der Rekonfiguration des Zwischenraums von Medizin und Biologie zu verstehen? Im Folgenden untersuche ich diese Fragen in drei Schritten: der Gründung von Forschungskliniken zwischen 1956 und 1966, der Einrichtung und Abschaffung von klinischen Forschungsgruppen in den 1980er-Jahren sowie den Versuchen um die Millenniumswende, klinische Forschung neu zu organisieren und translationale Forschung in der MPG zu installieren.

12.3 Forschungskliniken

Das Konzept der Forschungsklinik war für die MPG nicht neu. Ihre Vorläuferorganisation hatte eine Forschungsklinik am Kaiser-Wilhelm-Institut für Hirnforschung in Buch unterhalten; die Pläne, weitere Forschungskliniken einzurichten, wurden jedoch nicht realisiert. Bereits in

---

11 Siehe oben, Kap. III.2. Der Beitrag kann aufgrund der vorgegebenen Kürze nicht auf die Forschungspraktiken und epistemischen Entwicklungen der einzelnen Fächer im Detail eingehen.
12 Siehe oben, Kap. III.11 und Kap. III.9.

den 1930er-Jahren ging es darum, den prekären Raum zwischen Klinik und Labor zu stärken, und um einen direkten Zugang zu Patient:innen, die für bestimmte Forschungsprojekte in die Klinik aufgenommen werden sollten. In den USA erhielt die Idee der Forschungskliniken und klinischen Forschungsabteilungen nach dem Zweiten Weltkrieg neuen Auftrieb vor allem durch den Ausbau der NIH und durch die Implementierung der Nuklearmedizin in das zivile Gesundheitssystem.[13] 1953 eröffneten die NIH in Bethesda eine Forschungsklinik mit 500 Betten, die alle zugehörigen Institute zu Forschungszwecken nutzen konnten. Die angestrebte Teamarbeit zwischen Naturwissenschaften und Klinik sollte auch dazu dienen, neue Resultate aus der Forschung klinisch zu evaluieren und gleichzeitig Impulse für die Laborforschung zu liefern, im Sinne eines gleichberechtigten, epistemischen Austauschs.[14]

Für diese Art von Forschungskliniken interessierten sich in der BMS vor allem die Wissenschaftlichen Mitglieder, die sich für eine moderne Ausrichtung der medizinischen Forschung in der MPG engagierten, oft inspiriert durch persönliche Kenntnis der erfolgreichen Reorganisation der klinischen Forschung im Ausland, besonders der NIH.[15] Dieser Personenkreis bestand überwiegend aus Physiologen, Biochemikern und Morphologen, die selbst eine medizinische Ausbildung absolviert hatten, aber nicht mehr klinisch, sondern naturwissenschaftlich arbeiteten oder beides in Personalunion zu vereinigen suchten. In der MPG formierten sie sich 1963 als »Beraterkreis beim Präsidenten über die Zweckmäßigkeit der Eingliederung klinischer Institute und der Förderung der experimentellen Medizin«.[16] Sie hielten den engen Bezug von Biologie und Medizin aufeinander für essenziell. Der regelmäßige Austausch mit Kliniker:innen galt ihnen als enorm wichtig, auch um weiterhin jungen Ärztinnen und Ärzten Ausbildungsplätze im Labor anbieten zu können und so – ähnlich wie in der Forschungsklinik der NIH – den epistemischen Kreislauf zwischen theoretischer und klinischer Medizin aufrechtzuerhalten, der an den Universitätskliniken kaum noch funktionierte.

Die Implementierung von Forschungskliniken traf bei den Nichtmedizinern in der BMS nicht unbedingt auf Gegenliebe. Wegen angeblich mangelhafter Forschungsstandards gab es Bedenken, die sich unter anderem darin äußerten, dass Kliniker:innen nicht zu Wissenschaftlichen Mitgliedern ernannt werden sollten. Nur diese Form der Mitgliedschaft aber erlaubte es, an Kommissionen teilzunehmen, bei Berufungen mitzuentscheiden, ein Forschungsfeld mitzugestalten, das heißt, einen Cluster aufzubauen. So scheiterte 1959 die Berufung eines Klinikers zum MPI-Direktor der Abteilung für experimentelle Medizin an der MFA in Göttingen, und Rudolf Knebel, Direktor der Abteilung für experimentelle Kardiologie am Kerckhoff-Institut und in Personalunion Leiter der seit 1956 mit der MPG assoziierten Kerckhoff-Klinik in Bad Nauheim, wurde 1963 erst nach langen Debatten und insgesamt 17 Gutachten zum Wissenschaftlichen Mitglied ernannt.[17] Eine Berufung scheiterte (bzw. verzögerte sich im Falle Knebels) durch die grundsätzlichen Zweifel an der wissenschaftlichen Qualität medizinisch-klinischer Forschung. Diese epistemischen Zweifel hatten ein erstaunliches Beharrungsvermögen in der BMS, wie die Debatten um die Neubesetzung des Direktorenpostens am MPI für neurologische Forschung 40 Jahre später belegen.[18]

Um den schwelenden Konflikt in der BMS einzugrenzen, entschied der Beraterkreis, eine Denkschrift zum Thema als Diskussionsgrundlage der BMS auszuarbeiten.[19] Darin forderte er die MPG auf, die Lücke in der

---

13 Creager, Nuclear Energy, 2006; Lenoir und Hays, The Manhattan Project, 2000.

14 Topping, Public Health, 1952.

15 Eine spezielle Rolle spielte hier Rudolf Thauer, Direktor des Kerckhoff-Instituts in Bad Nauheim, der 1956 die erste MPG-Forschungsklinik initiierte. Zu seinen Beziehungen zur NIH und der Reform der medizinischen Ausbildung in der BRD siehe AMPG, III. Abt., ZA 61, Nr. 22. Siehe auch Timmermann, Modell, 2010.

16 Dazu gehörten unter dem Vorsitzenden der BMS fünf Direktoren aus dem MPI für Hirnforschung (Julius Hallervorden, Rolf Hassler, Alois Kornmüller, Wilhelm Krücke, Wilhelm Tönnis), jeweils zwei Direktoren aus der MFA (Werner Koll, Wolfgang Schoedel), der DFA/ dem MPI für Psychiatrie in München (Gerd Peters, Detlev Ploog), der physiologischen Institute in Dortmund (Gunther Lehmann, Heinrich Kraut) und jeweils ein Direktor aus den MPI für medizinische Forschung (Hermann Weber), für Biochemie (Gerhard Ruhenstroth-Bauer), für Biophysik (Boris Rajewsky) und für Kulturpflanzenzüchtung (Reinhold von Sengbusch). AMPG, II. Abt., Rep. 62, Nr. 722, fol. 1. Zur beratenden Funktion Thauers, ebd., fol. 39–40.

17 Protokoll der Sitzung der Biologisch-Medizinischen Sektion des Wissenschaftlichen Rates vom 2.6.1959, Tagesordnungspunkt 4, AMPG, II. Abt., Rep. 62, Nr. 1567, fol. 6–7; Protokoll der Sitzung der Biologisch-Medizinischen Sektion des Wissenschaftlichen Rates vom 8.3.1963, AMPG, II. Abt., Rep. 62, Nr. 1578, fol. 7–8.

18 Zur epistemischen Beharrungstendenz siehe Fleck, *Entstehung und Entwicklung*, 1980, 40–53; Ergebnisse der Sitzung der Stammkommission MPI für neurologische Forschung am 16.10.2002, AMPG, II. Abt., Rep. 62, Nr. 1277, fol. 55–57. Das offizielle Ergebnis der Kommission wurde im März 2003 an die BMS weitergeleitet und kann daher aufgrund der Aktenzugangsregelung nicht zitiert werden.

19 Bereits 1957 schlug Präsident Hahn in einem Rundschreiben vor, die BMS in zwei Sektionen aufzuteilen, was aber nicht umgesetzt wurde. Protestschreiben von Rajewsky, BMS-Vorsitz an Hahn, 18.4.1957, AMPG, II. Abt., Rep. 20B, Nr. 122.

Forschungslandschaft der BRD zu schließen und die Verzahnung von Klinik und Forschung zu stärken.²⁰ Als Forschungsthemen wurden Krankheiten wie Allergien, Herz- und Stoffwechselerkrankungen (Diabetes), neurologische und psychiatrische Krankheitsbilder sowie Krebs benannt. Für die meisten dieser Krankheiten gebe es keine befriedigenden tierexperimentellen Modelle, daher müsse man für Forschungen zwangsläufig auf den kranken Menschen selbst zurückgreifen. Zu den ethischen Implikationen dieser Versuche schwiegen sich die Autoren der Denkschrift aus. Auch in entsprechenden Gremienprotokollen zu Forschungskliniken wurde das Thema ausgespart. Man sorgte sich allerdings um die Akzeptanz solcher Kliniken bei Patient:innen, die durch einen besseren Versorgungsschlüssel und eine persönlichere Betreuung erreicht werden sollte.²¹

Idealerweise sollten Forschungskliniken nur 20 bis 30, maximal 50 Betten umfassen. Die Denkschrift schlug vier Organisationsformen zwischen MPG und Forschungskliniken vor. Neben der eigentlichen Institutsklinik gebe es noch die Möglichkeit, eine Klinik oder eine Bettenstation innerhalb einer größeren Versorgungsklinik an ein MPI anzuschließen. Außerdem wäre eine Anbindung durch Personalunion von MPI-Direktoren, Lehrstuhlinhabern und Klinikvorständen möglich. Als die Denkschrift Anfang 1964 zirkulierte, hatte die MPG alle diese Formen entweder schon etabliert oder war im Begriff, sie umzusetzen. Beispiele für eine erfolgreiche Personalunion gab es seit mehreren Jahren, etwa den schon genannten Rudolf Knebel.²² In München plante die MPG eine Forschungsklinik mit 120 Betten für das dort angesiedelte MPI für Psychiatrie (MPI-P). Dass die MPG als Forschungsinstitution Kliniken betreiben konnte, war 1961 durch die Gründung einer eigenen Betriebsgesellschaft, der Minerva GmbH, einer 100-prozentigen Tochtergesellschaft der MPG, möglich geworden.²³

Die Denkschrift selbst und andere klinische Initiativen, zum Beispiel Klaus Zülchs Versuch, eine Neurologische Forschungsanstalt, angelehnt an das Modell der Deutschen Forschungsanstalt für Psychiatrie (DFA, später umbenannt in MPI-P) in Köln zu etablieren, diskutierte in der BMS niemand mehr. Dort schien absehbar, dass die Repräsentanten der medizinischen Forschung bald emeritieren und die Molekularbiologen die Entscheidungen dominieren würden. Zu Beginn der 1970er-Jahre unterzogen große Kommissionen die Leitdisziplinen der medizinischen Forschung wie Physiologie und Morphologie, die in der Hirnforschung immer noch eine bedeutende Rolle spielten, einer Revision. Entweder reorganisierten sie sich – wie die Physiologie, die zur Systemphysiologie wurde – oder sie wurden als nicht mehr forschungsrelevant eingeschätzt – wie Teile der anatomischen und histo-pathologischen Hirnforschung – und an die Universitätskliniken abgetreten.²⁴

Insgesamt war die Verbindung zweier so heterogener Einrichtungen wie Forschungsinstitut und Klinik schwierig. Beide Kliniken unterschieden sich erheblich schon aufgrund der unterschiedlichen Disziplinen, Kardiologie (Kerckhoff-Klinik in Bad Nauheim) und Psychiatrie (am MPI-P in München). Beide Kliniken kooperierten eher mit Einrichtungen ihrer jeweiligen Disziplin, statt sich als gemeinsame klinische Forschungseinrichtung in der MPG zu verstehen. Die strukturellen Spannungen zwischen Forschungsinstitut und Forschungsklinik speisten sich aus drei Quellen: aus institutionellen, der Max-Planck-Gesellschaft zugehörigen, aus epistemisch-disziplinären und aus staatlich-verwaltungstechnischen Eigenheiten.

---

20 Denkschrift »Zur Frage der experimentell-medizinischen und klinischen Forschung in der Max-Planck-Gesellschaft«, 26.2.1964, AMPG, II. Abt., Rep. 62, Nr. 722, fol. 5–10.
21 Ebd., fol. 7. Wenn die Forschenden es vorzogen, über die nicht allzu weit zurückliegende Erfahrung der medizinischen Menschenversuche und Patiententötungen im Nationalsozialismus zu schweigen, so hatten sie wohl doch Befürchtungen, dass ihre zukünftigen Proband:innen sich daran erinnern könnten. Zur Geschichte ethischer Regulationen in Deutschland ab 1931 und deren fragliche legale Wirksamkeit siehe Roelcke, Use and Abuse, 2007; zur Funktion des Schweigens siehe Roelcke, Topp und Lepicard, *Silence*, 2014 sowie unten, Kap. IV.10.4.
22 Außerdem am MPI für Hirnforschung (Köln), Abteilung für experimentelle Pathologie, Direktor Wilhelm Tönnis, auch Lehrstuhlinhaber für Neurochirurgie an der Universität Köln, oder Klaus Zülch, am selben MPI, Direktor der Abteilung für allgemeine Neurologie und Direktor der Neurologischen Abteilung am Städtischen Krankenhaus Köln-Merheim. Diese Kölner Tradition wurde fortgeführt durch die Berufung von Wolf-Dieter Heiss zum Direktor am MPI für neurologische Forschung (1982–2005), der in Personalunion Inhaber des Lehrstuhls für Neurologie an der Universität Köln (1985–2005) war.
23 Ab Januar 1963 übernahm die Minerva GmbH den Betrieb der Kerckhoff-Klinik. Die Gründung der Minerva erlaubte die Auslagerung aller nichtwissenschaftlichen Aktivitäten der MPG wie beispielsweise das Betreiben von Kliniken. Diese Auslagerung war zunächst nötig, um der MPG als Verein den Status der Gemeinnützigkeit zu erhalten; siehe auch unten, Kap. IV.4.2.
24 Zu Zülchs regelmäßigen Gesprächen mit MPG-Präsident Butenandt über seine Initiative siehe AMPG, III. Abt., Rep. 154, Nr. 76. Zur Kommission »Physiologie in der MPG« siehe AMPG, II. Abt., Rep. 62, Nr. 1012. Zur Neuausrichtung der Hirnforschung in den 1970er-Jahren siehe u. a. AMPG, II. Abt., Rep. 62, Nr. 746–748, sowie oben, Kap. III.11.

Der enorme verwaltungstechnische Aufwand, der mit dem Betrieb von Kliniken einherging, war Neuland für die MPG. Staatliche Regulationen und Legislativen zur Finanzierung von Krankenhäusern änderten sich erheblich im Laufe der Jahre. Die MPG durfte als gemeinnütziger Verein keine Gewinne, die Kliniken dagegen sollten keine Verluste machen, angestellte Ärzte pochten auf ihr Privat-Liquidationsrecht. Steuerrechtlich wiederum mussten die Bereiche Forschung und Patientenversorgung penibel getrennt werden, also das, was man epistemisch und institutionell verbinden wollte, musste den Finanzbehörden gegenüber sorgfältig auseinanderdividiert werden.[25]

Das MPI-P in München sollte den alten Kraepelin-Gedanken, experimentelle Forschung mit klinischer Beobachtung zu verbinden, auf neue Weise verkörpern. Es bestand aus einem Klinischen und einem Theoretischen Institut (KI und TI), die sich beide um die Klinik gruppierten. Als die Minerva GmbH im Mai 1966 nach der Kerckhoff-Klinik auch die Münchner Klinik übernahm, mussten dort – um der kaufmännischen Buchhaltung zu genügen – alle Stellen und das Inventar den jeweiligen Bereichen Forschung oder Klinik zugeordnet werden, was zu heftigen Protesten führte. Leitung und Belegschaft sahen den Kern des Institutskonzepts gefährdet, weil die Klinik nun wieder von der Forschung getrennt nicht mal mehr zur MPG, sondern zur Minerva GmbH gehörte. Schließlich wurde der Vertrag mit der Minerva bereits 1968 wieder gelöst und die Klinik in das Budget des KI integriert.[26] Die MPG leistete sich damit den Luxus, beide Forschungskliniken administrativ auf unterschiedliche Weise zu betreiben.

Es stellte sich heraus, dass die Münchner Lösung den Zusammenhalt von Forschung und Klinik in der Tat besser förderte, allerdings nicht zwischen KI und TI, sondern in der Klinik (dem KI) selbst. Wie den Jahrbüchern der MPG zu entnehmen ist, entwickelte sich unter Leitung von Detlev Ploog und Johannes Brengelmann, angelehnt an die Struktur der Klinik, eine eigene klinische Forschung, die von Quantifizierung und Objektivierung geprägt war und sich absetzen wollte von einer in Deutschland lange gepflegten geisteswissenschaftlich-philosophischen Tradition zum Verständnis und zur Klassifikation psychischer Erkrankungen. In der Behandlungsforschung standen verhaltenstherapeutische und pharmakologische Methoden im Vordergrund. 1989 veränderte sich die Praxis und Ausrichtung der Forschung unter dem neuen Direktor Florian Holsboer. Er intensivierte die psychopharmakologische Forschung und konzentrierte sich besonders auf das Feld der Neuroendokrinologie, wodurch sich die Forschung des MPI-P deutlich biologisierte.[27] Während das KI mit der Klinik verschmolz, lösten sich die Bindungen zur neurophysiologischen und neurochemischen Grundlagenforschung des TI. 1984 wurde es zunächst nur räumlich an den Stadtrand nach Martinsried verlegt, in die Nähe des MPI für Biochemie. 1997 verselbstständigte es sich dort zum MPI für Neurobiologie. Der Versuch, über das Modell der Forschungsklinik die gemeinsame Sprache zwischen Naturwissenschaft und Medizin zu erhalten oder wiederzufinden, blieb ohne Erfolg. Das war nicht erstaunlich, angesichts der Tatsache, dass die Psychiatrie das klinische Fach war, in dem sich neben naturwissenschaftlich-experimentellen auch geisteswissenschaftlich-humanistische und sozialwissenschaftliche Forschungen behaupten konnten, in dem also der Spagat zwischen Naturwissenschaften und Klinik am größten war.

Am anderen Ende des Spektrums der klinischen Fächer war die Kardiologie und damit die Kerckhoff-Klinik angesiedelt. Anders als die Psychiatrie entwickelte sich die Kardiologie in der zweiten Hälfte des 20. Jahrhunderts zum Inbegriff erfolgreicher Hightech-Medizin, basierend auf Innovationen im kardiologischen, chirurgischen, anästhesiologischen und pharmakologischen Bereich. 1956, zum Zeitpunkt der Assoziierung der Klinik, war die Rasanz dieser Entwicklungen nicht vorhersehbar, aber die Kardiologie war zum einen fest in der Physiologie verwurzelt und zum anderen war sie der Gründungsanlass des Kerckhoff-Instituts 1931 gewesen, das von der privaten Kerckhoff-Stiftung betrieben wurde. Mit der Übernahme in die MPG 1951 verschob sich der Forschungsschwerpunkt von Elektrokardiografie auf Kreislaufphysiologie. Die Gründung einer kardiologischen Abteilung im Institut 1955 und die Verbindung zur Klinik im Jahr darauf ergänzten daher durchaus das Profil des Instituts und passten zu deren regulationsphysiologischer Ausrichtung.

Die Klinik wurde zunächst durch Rudolf Knebel mit dem Institut verbunden, da der Leiter der kardiologischen Abteilung des Instituts gleichzeitig auch der Direktor der Klinik war. 1972, nach Knebels Emeritierung,

---

25 Leonhard, *Abgrenzung*, 2005.
26 AMPG, II. Abt., Rep. 66, Nr. 3801, fol. 86–92 u. fol. 165.
27 Dies fand die ungeteilte, enthusiastische Zustimmung des Visiting Committee. Bericht, 10.8.1994, AMPG, II. Abt., Rep. 62, Nr. 853, fol. 380–390. – Der frühere Fachbeirat (FBR) hatte sich zur klinischen Forschung der 1970er- und 1980er-Jahre kritisch geäußert; sie sei zu allgemein, nicht fokussiert genug und es sei teilweise unklar, wie sich die Forschung von der klinischen Routinearbeit abgrenze. FBR-Bericht von 1981, AMPG, II. Abt., Rep. 57, Nr. 712, fol. 333–357.

wurde diese Stelle aufgeteilt: Die Abteilungsleiterstelle für experimentelle Kardiologie am Institut übernahm Wolfgang Schaper, der Direktorenposten der Klinik ging an Martin Schlepper. Administrativ lockerte sich durch die Aufhebung der Personalunion die Bindung zwischen Klinik und Institut erheblich. Gleichzeitig wurden die Interessen der klinischen Forschung und der Klinik selbst nicht mehr durch ein Wissenschaftliches Mitglied in den Gremien der MPG vertreten. Die Kliniker verfügten nicht einmal über Gastrechte in der MPG, ihre Verträge liefen über die Minerva GmbH, die Klinik selbst war rechtlich nur ein Anhängsel des Kerckhoff-Instituts.

Erst 20 Jahre später fiel dem Juristen Hans Zacher, ab 1990 Präsident der MPG, dieses Wegdriften der Klinik auf, als der leitende Posten der Herzchirurgie neu besetzt werden und er satzungsgemäß dem Verwaltungsrat der Minerva GmbH einen Vorschlag für die Nachfolge unterbreiten musste.[28] Diese strukturelle und satzungsmäßige Vernachlässigung der Klinik überrascht insofern, als die MPG in den 1980er-Jahren in die Klinik investierte und sie gemeinsam mit dem Land Hessen um herzchirurgische, anästhesiologische und intensivmedizinische Abteilungen erweiterte und so zum modernen Herzzentrum ausbaute. Dies verknüpfte die MPG mit der Hoffnung auf eine Intensivierung der Forschung, die sich aber nicht erfüllte.[29] Die Klinik wurde zusehends in Versorgungs- statt in Forschungsaufgaben involviert. Gleichzeitig wurde sie immer bekannter und war auch finanziell erfolgreich. Die MPG realisierte sehr spät, dass sie sozusagen die falsche Seite der antagonistischen Beziehung von Forschung und Versorgung, mit der deutsche Universitätskliniken immer kämpften, gestärkt hatte, und versuchte 1992 endlich, mit einer Strukturreform dieser Tendenz entgegenzusteuern. Die Klinik wurde aus der Minerva herausgelöst und als eigene GmbH und selbstständige Einrichtung dem Kerckhoff-Institut unter einem gemeinsamen institutionellen Dach gleichgestellt. Die Leiter der klinischen Abteilungen wurden nun offiziell Mitglieder der MPG und Mitglieder des Wissenschaftlichen Rates, nicht aber Mitglieder der BMS (was die Wissenschaftliche Mitgliedschaft bedeutet hätte), in der sie zwar nun ständiges Gastrecht, allerdings kein Stimmrecht hatten.[30]

Ein gemeinsamer Forschungsrat von Institut und Klinik sollte die kooperative Forschung intensivieren. Im Prinzip war das eine Verbesserung der klinischen Forschung, aber immer noch keine Gleichstellung. Die neue Struktur für die Klinik kam offensichtlich auch zu spät, um sie auf ihrem Weg in die Versorgung aufzuhalten, da ihre Reputation im Versorgungsbereich viel zu hoch und ihre Forschungsbilanz zu schwach ausfiel.[31] 1998 wurde die Kerckhoff-Klinik schließlich aus der MPG ausgegliedert und in eine Stiftung überführt. Der Versorgungserfolg der Klinik hatte eine gemeinsame institutionelle Zukunft unmöglich gemacht.[32]

Insgesamt erwiesen sich Forschungskliniken verwaltungstechnisch als sehr aufwendig und schwer steuerbar. Die Anpassungen an das bundesdeutsche Gesundheitssystem verwandelte sie in etwas völlig anderes als das viel gepriesene NIH-Vorbild: Ihre Einbindung in Versorgungsstrukturen reproduzierte das bekannte Problem, weil das Gewicht der Routinearbeit der Forschung wenig Raum ließ. Kliniken als Institution professionalisierten sich in der Bundesrepublik zwischen 1956 und 1998 erheblich. Um sie zu unterhalten, bedurfte es einer eigens ausgebildeten Verwaltung. Die dafür gegründete Betriebsgesellschaft Minerva wiederum war ein verwaltungstechnisches Hindernis bei dem Wunsch, Forschung und Klinik miteinander zu verbinden. Am Ende des Modells Forschungsklinik standen Auflösungen. Sowohl in München als auch in Bad Nauheim trennten sich am Ende Klinik und Labor, statt sich anzunähern.

Das lag nicht nur am schwierigen – weil komplexen – Modell der Forschungsklinik, sondern auch daran, dass sich die klassische medizinische Forschung mit ihren Leitdisziplinen Physiologie und Morphologie aufzulösen begann. Sie verwandelte sich immer mehr in klinische Forschung, die eben auch mit molekularbiologischen Techniken arbeitete, sich also zum Teil molekularisierte, aber niemals ihre klinischen Fragestellungen aufgab, während sich die biologische Forschung, selbst in ihrer Form als biomedizinische Forschung, von Klinik und Pathologie als essenziellen Bestandteilen der medizinischen Forschung zunächst abwandte.[33] Die Dominanz der Molekularbiologie in der BMS ab Ende der 1960er-

---

28 Brief Zachers an den BMS-Vorsitzenden Hahlbrock, 20.12.1990, AMPG, II. Abt., Rep. 62, Nr. 816, fol. 104–106.
29 Protokoll der 107. Sitzung des Senats vom 9.3.1984, AMPG, II. Abt., Rep. 60, Nr. 107, fol. 118–119 und fol. 554–557.
30 Materialien für die Sitzung des Senats der MPG, 22.11.1991, AMPG, II. Abt., Rep. 62, Nr. 816, fol. 14–17. Siehe auch Organigramm der geplanten Struktur, ebd., fol. 82–85.
31 Fachbeiratsbericht der Klinik 1994. – Eine Ausnahme bildete die Abteilung für Hämostaseologie, eine frühere Klinische Forschungsgruppe der MPG, die erst seit 1991 zur Klinik gehörte. AMPG, II. Abt., Rep. 62, Nr. 853, fol. 374–378.
32 Materialien für die Sitzung des Senates der Max-Planck-Gesellschaft am 27.3.1998 in Stuttgart, TOP 8.2: Überleitung der Klinik auf eine Stiftung, AMPG, II. Abt., Rep. 62, Nr. 816, fol. 7–8.
33 Siehe oben, Kap. III.9.

Jahre bedurfte des Konzepts der Forschungsklinik nicht mehr, um ihre Forschung auf medizinische Fragestellungen anzuwenden. Letztendlich verursachte die Rekonfiguration des Zwischenraums dann auch die Trennungen in den beiden Forschungskliniken der MPG.

Die Frage, ob der Aufbau der Forschungskliniken die Clusterbildung der medizinisch-klinischen Forschung stärkte, muss verneint werden, zum Teil weil die Kliniken aufgrund der sehr unterschiedlichen fachlichen Ausrichtung untereinander nicht kooperierten. Die Einrichtung der beiden Kliniken war auch nicht Teil eines umfassenden Programms, mit dessen Hilfe die MPG die klinische Forschung fördern wollte. So wurden keine Anstrengungen unternommen, die Kliniken stärker miteinander zu vernetzen oder klinische Forschung selbst als Wissensfeld prominenter zu machen, wie das an den NIH der Fall gewesen war. Kliniken wurden zunächst als nichteigenständige Einrichtungen der MPG angesehen, als Anhängsel des jeweiligen Forschungsinstituts. Das zeigte sich auch im Umgang mit den klinischen Forschern. Ihnen wurde die Wissenschaftliche Mitgliedschaft oft nicht zugestanden, weil man die Qualität ihrer Forschung anzweifelte. In der Kerckhoff-Klinik gab es nur zwischen 1963 und 1969 ein Wissenschaftliches Mitglied.

In München sah die Situation etwas anders aus, da die Klinik mit dem KI eine Einheit bildete und die Direktoren auch Wissenschaftliche Mitglieder der MPG waren. Im Vergleich zum TI war die Anzahl aber wesentlich geringer: Zwischen 1966 (der Gründung der Klinik) und 1997 (der Verselbstständigung des TI) gab es drei Wissenschaftliche Mitglieder am KI und neun am TI.[34] Die Fluktuation am TI war größer, aber das Verhältnis der Wissenschaftlichen Mitglieder verschob sich immer mehr zu seinen Gunsten.[35] Unter diesen Bedingungen konnte sich die klinische Forschung nicht zum eigenständigen Feld oder MPG-internen Cluster ausbilden. Wenn überhaupt, dann zeigten sich im Falle der Münchner Klinik interne Bindungen an einen sich formierenden neurowissenschaftlichen Cluster.[36] Das Modell der Forschungskliniken war nicht in der Lage, die klinische Forschung als Methode in ein übergreifendes, eigenständiges Forschungsprogramm münden zu lassen.

12.4 Klinische Forschungsgruppen

Clinical Research Units (CRU) waren ein Modell der klinischen Forschung, das der MRC in Großbritannien bereits in den 1960er-Jahren mit großem Erfolg betrieb. Er unterhielt zeitweise bis zu 50 solcher Gruppen ganz unterschiedlicher Größe (zwischen 15 und 150 Personen). Diese waren an Universitätskliniken angeschlossen und dienten der gezielten Förderung eines spezifischen Forschungsgebiets. Die regelmäßig evaluierten Gruppen waren unbefristet eingerichtet ebenso wie die entsprechenden Stellen. Ihre Stärke und Effizienz resultierten aus der engen Kooperation mit der gastgebenden Klinik.

1977 etablierte die MPG die CRU als ein in der Bundesrepublik völlig neues Modell, um klinisch orientierte Grundlagenforschung zu fördern. Nun waren es – ganz anders als bei den Forschungskliniken – Flexibilität und Kompaktheit der relativ kleinen Gruppen, von denen man sich eine schnellere und wirksamere Form der Förderung klinischer Forschung versprach. Auch der Weg, wie die Klinischen Forschungsgruppen (KFG) in der MPG etabliert wurden, unterschied sich erheblich von dem der Forschungskliniken.

Oft sind organisatorische Innovationen in der MPG forschungsgetrieben, sie resultieren aus der Praxis der wissenschaftlichen Arbeit. Das war etwa der Fall bei den Forschungskliniken, die auf das Engagement von Wissenschaftlichen Mitgliedern zurückgingen: Diese ließen ihre Ideen in der eigenen Sektion (hier: BMS) durch die Einsetzung einer Kommission diskutieren und entscheiden, um sie anschließend in Verwaltungsrat und Senat zu geben. Der Weg der KFG verlief genau umgekehrt: Sie waren das Produkt einer planerischen Maßnahme von »oben«.

Reimar Lüst, ab 1972 Präsident der MPG, sah sich einer kritischen Situation ausgesetzt. Weil die MPG aufgrund der ökonomischen Krisen der BRD kein Budgetwachstum mehr erwarten konnte, stellte sich die Frage, wie die MPG in der nächsten Dekade Innovationen realisieren, neue Institute gründen sowie entsprechende Stellen finanzieren sollte.[37] Das neue zentrale Planungsgremium, der international besetzte Senatsausschuss für Forschungsplanung und -politik (SAFPP), durchleuchtete nun systematisch das Innovations- und Einsparungs-

---

34 Henning und Kazemi, *Handbuch*, Bd. 2, 2016, 1364–1365.
35 Wissenschaftliche Mitglieder waren zwischen 1966 und 1997 im KI Detlev Ploog, Johannes Brengelmann und Florian Holsboer, im TI Detlev Ploog (hier nur zum KI gerechnet), Alain Barde, Otto Detlev Creutzfeldt, Albert Herz, Horst Jatzkewitz, Georg Kreutzberg, Hans-Dieter Lux, Gerd Peters, Hans Thoenen und Hartmut Wekerle. In den 1970er-Jahren betrug das Verhältnis der Wissenschaftlichen Mitglieder zwischen KI und TI 2:3, in den 1980er-Jahren 2:4, ab den 1990er-Jahren 1:4.
36 Siehe oben, Kap. III.11.
37 Siehe oben, Kap. II.4.

potenzial jedes Instituts. So sollten Forschungsprofile durch Innnovation geschärft und Instrumente gefunden werden, die diese Innovationen ermöglichen. In diesem Zusammenhang entwickelte der SAFPP 1974 das Konzept der befristeten Projektgruppe. Um die enormen Kosten zu sparen, die mit sofortigen Institutsgründungen verbunden waren, sollten Projektgruppen wie kleine Institute auf Probe funktionieren. Abhängig von ihrer Evaluation nach fünf Jahren sollte dann entschieden werden, ob sie einem bestehenden MPI oder anderen Trägern zugeordnet oder aufgelöst werden sollten oder ob die Gründung eines neuen Instituts sinnvoll war.[38] Mit der expliziten Möglichkeit der Verstetigung und Institutsgründung unterschieden sich die Projektgruppen von anderen Einrichtungen der MPG wie den Nachwuchsgruppen.

Bei der Sichtung der Forschungsschwerpunkte der BMS erkannte der SAFPP ein Missverhältnis zwischen molekularbiologischer und medizinischer Forschung im engeren Sinne. Der geringe Einsatz für diese Art von Forschung, so der Planungsausschuss, sei selbst in Instituten sichtbar, die zumindest dem Namen nach der medizinischen Forschung gewidmet seien, deren Arbeitsrichtung aber höchstens noch im losen Zusammenhang damit stehe. Die Frage sei, ob man diesen Zustand aufrechterhalten oder der medizinischen Forschung neuen Spielraum geben wolle.[39]

Die Gretchenfrage der medizinischen Forschung in der BMS wurde im Kontext einer Reihe von Präsidentenkommissionen diskutiert. Neben der Kommission zur medizinischen Forschung gab es eine solche auch noch zur Molekularbiologie.[40] Im Unterschied zu den traditionellen BMS-Kommissionen wurden deren Mitglieder nicht von der Sektion gewählt, sondern vom Präsidenten ausgesucht. Dieser bestimmte den BMS-Vorsitzenden, Jürgen Aschoff, zum Vorsitzenden der Präsidialkommission zur medizinischen Forschung, aber die anderen Mitglieder stammten nicht aus der MPG. Knapp die Hälfte der neun Mitglieder kam nicht einmal aus Deutschland, sondern aus den USA, Großbritannien und Schweden, also Ländern, denen es gelungen war, trotz Schwierig-

keiten eine effiziente Form der klinischen Forschung zu etablieren. Die Aufgabe, Wege zur Neuorientierung der medizinischen Forschung zu finden, beantwortete die Präsidentenkommission mit dem Vorschlag, zur Verbesserung der direkten Kooperation zwischen Forschung und Klinik Projektgruppen in der Trägerschaft der MPG an Universitätskliniken einzurichten. Der Senat beschloss bereits zwei Monate später, im März 1978, ein solches Modellprojekt.[41] Die MPG wollte nicht nur für sich, sondern beispielhaft für ganz Westdeutschland erproben, ob dieses für die Bundesrepublik völlig neue Konzept in der Lage wäre, die strukturellen Probleme der klinischen Forschung zu lösen.

Der Präsident wandte sich zur Umsetzung des Senatsbeschlusses erneut nicht an die BMS, sondern bat die DFG, gemeinsam mit der MPG ein Konzept für die medizinischen Projektgruppen zu entwerfen, also Vorschläge zu Forschungsthemen zu unterbreiten und auch jüngere Wissenschaftler:innen zu benennen, die aus der Erfahrung der DFG für die Leitung der Gruppen infrage kämen.[42] Dies geschah auf Bitten der DFG, weil sie Überschneidungen mit ihrem Forschungsgruppenprogramm vermeiden wollte.[43] Die BMS kam erst nach Erhalt der DFG-Vorschläge im Januar 1979 zum Zuge, eine im April eingesetzte BMS-Kommission sollte aus den DFG-Vorschlägen eine Auswahl für die KFG treffen.

Parallel zu dieser Kommission beriet eine andere BMS-Kommission über einen Vorschlag, den Thomas Trautner, Molekularbiologe und Direktor am MPI für Molekulargenetik, 1977 direkt an den Präsidenten gerichtet hatte. Sein Exposé zur Errichtung eines MPI für medizinische Molekularbiologie wurde parallel zu den Diskussionen der KFG in der Präsidentenkommission mitgeführt, um dann 1978 direkt an die BMS zwecks Einrichtung einer eigenen Kommission weitergeleitet zu werden.[44] An Trautners Vorschlag wurde die Auflösung der medizinischen Forschung besonders deutlich, auch wenn die Präsidentenkommission diesen Begriff noch als Titel führte. Die Diskrepanz zwischen biomedizinischer gegenüber klinischer Forschung (den KFG) war nicht zu

---

38 Vermerk für die Mitglieder und Gäste der Kommission »Klinische Forschungsgruppen« zur Vorbereitung der Beratungen am 11.9.1984 in München vom 5.9.1984, AMPG, II. Abt., Rep. 1, Nr. 557, fol. 180.
39 Teil I Besprechungsunterlagen, 8.9.1975, 6. Sitzung des SAFPP, 23.10.1975, AMPG, II. Abt., Rep. 60, Nr. 217.SP, fol. 66–67.
40 Senatsbeschluss zur Einrichtung beider Kommissionen, 21.11.1975. – Die Kommission zur medizinischen Forschung tagte 1977 zweimal. Kommissionsempfehlung an den Präsidenten, 27.1.1978, AMPG, II. Abt., Rep. 57, Nr. 700, fol. 1–23.
41 Protokoll der 89. Sitzung des Senats, 17.3.1978, AMPG, II. Abt., Rep. 60, Nr. 89.SP, fol. 40–41.
42 Brief von Lüst an den DFG-Präsidenten, 22.3.1978, BArch B 227/162720, fol. 1.
43 Das Forschungsgruppenprogramm der DFG war nicht auf die Förderung klinischer Forschung ausgerichtet, schloss sie aber auch nicht aus, sodass klinische Forschung in dessen Rahmen tatsächlich gefördert wurde.
44 Zur Diskussion des Trautner-Vorschlags in der Präsidentenkommission siehe Kurzbericht der Kommission zum 2. Treffen, 24.–25.11.1977, AMPG, II. Abt., Rep. 57, Nr. 1233, fol. 53 und Abschlussbericht, 21.1.1978, ebd., fol. 27. Zur daraus folgenden BMS-Kommission zur medizinischen Molekularbiologie siehe AMPG, II. Abt., Rep. 62, Nr. 712, 713 u. 719.

übersehen. Sein Vorschlag zielte auf eine stärkere Anwendung der Molekularbiologie auf die Medizin, aber es ging eben nicht mehr um die medizinische Forschung, wie sie dem Beraterkreis noch 1964 vorschwebte, sondern um eine biomedizinische Forschung, die der eigentlichen Klinik nicht mehr bedurfte. Trautners Anliegen, die medizinische Mikrobiologie zu molekularisieren, verstanden die meisten seiner Kollegen in der BMS intuitiv, während sie mit dem Projekt der KFG fremdelten – vielleicht weil sie sehr viel später als üblich in den Auswahlprozess eingebunden wurden und durch die Präsidentenkommission am Diskussionsprozess kaum beteiligt gewesen waren. Es ist allerdings zweifelhaft, ob sich der Vorschlag bei der vorherrschenden Dominanz der Molekularbiologie innerhalb einer BMS-Kommission jemals hätte durchsetzen können. Auch Trautner scheiterte 1981 mit seinem Vorhaben an Platz-, Geld- und Kandidatenmangel. Einige Jahre später sollte das Projekt aber in etwas veränderter Form im Kontext der Gründung des MPI für Infektionsbiologie wieder aktuell werden, das wieder in Konkurrenz treten sollte mit der Förderung der klinischen Forschung.

Auf der ersten Sitzung der BMS-Kommission zu den KFG im April 1979 zeigte sich, dass die Kommissionsmitglieder sich nicht mit dem Projektgruppenstatus der KFG würden anfreunden können, den sie aber laut Senatsbeschluss eindeutig hatten. Dieser verschaffte ihnen bei positiver Evaluation die Möglichkeit, in die MPG aufgenommen zu werden, entweder als eigenes Institut (selbst wenn sie weiter an der Klinik angesiedelt wären) oder als Abteilung eines anderen Instituts. Bereits in der einleitenden Diskussion wurde deutlich, dass man die auszuwählenden Leiter der KFG eher als zeitlich befristete Gäste denn als zukünftige Kollegen sah. Diese sollten möglichst nicht zu Wissenschaftlichen Mitgliedern berufen werden. Außerdem müsse man darauf achten, dass mit der jeweiligen Gründung der Gruppe nicht zugleich der Nukleus eines Instituts entstehe; die Erfahrung – besonders in den USA – habe gezeigt, dass hervorragende Arbeit in erster Linie in »passageren« Einrichtungen geleistet werde.[45] Weil die BMS ein ums andere Mal versuchte, die KFG zu Nachwuchsgruppen ohne Verstetigungsmöglichkeit umzudeklarieren, mussten Präsident und Generalverwaltung (GV) immer wieder offiziell in Vermerken und direkten Erwiderungen klarstellen, dass die KFG satzungsgemäß genauso zu behandeln seien wie die anderen Projektgruppen der MPG mit Entfristungsoption (Psycholinguistik, Sozialrecht, Laserforschung), aus denen sämtlich MPI wurden.[46]

Trotz dieses Haderns der BMS mit dem Konzept der KFG wählten die Kommissionsmitglieder in den folgenden Sitzungen relativ schnell die ersten drei Projekte aus. 1980 startete eine Gruppe unter der Leitung von Eberhard Nieschlag an der Universität Münster, die zum hochaktuellen Thema Reproduktionsbiologie (vor dem Hintergrund des 1978 geborenen ersten sogenannten Reagenzglaskinds) forschte. In Gießen nahm Mitte 1982 die Gruppe von Gert Müller-Berghaus zum Thema Gerinnungsstörungen (Blutungen und Thrombosen) ihre Arbeit auf. Beide Leiter waren »clinician scientists«, Kliniker mit Facharztausbildung, Habilitation und naturwissenschaftlicher Grundausbildung, die sie in Großbritannien respektive den USA erhalten hatten. Sie standen den Forschungsgruppen vor, waren aber auch durch Leitungsfunktionen in die Klinik eingebunden. Die dritte Gruppe, die ab 1982 an der Universität Würzburg zur Multiplen Sklerose forschte, war als Kollegium von Experten (Kliniker, Neuropathologe, Neuroimmunologe) verfasst. Ihr Sprecher, Hartmut Wekerle, kam aus dem MPI für Immunbiologie in Freiburg und vertrat das Gebiet der Neuroimmunologie. Alle drei KFG waren technisch und personell exzellent auf MPG-Abteilungsniveau ausgestattet, wurden von der MPG verwaltet, an den Universitätskliniken angesiedelt und durch Drittmittel finanziert.[47]

Jede Gruppe hatte einen eigenen Fachbeirat, der die Forschung begleitete und regelmäßig evaluierte. Diese Begutachtungen durch internationale Fachgremien fielen hervorragend aus. Allen drei Gruppen wurde nach vier Jahren bescheinigt, dass sie in ihren Forschungsgebieten

---

45 Ergebnisprotokoll der Sitzung der Arbeitsgruppe »Klinische Forschungsgruppen«, 25.4.1979, AMPG, II. Abt., Rep. 1, Nr. 553, fol. 230-233, hier fol. 233.

46 Vermerk »Satzungsrechtliche Beurteilung von Forschungsstellen, Nachwuchsgruppen, Projektgruppen und Klinischen Forschungseinheiten«, 1.8.1979 (Unger), AMPG, II. Abt., Rep. 1, Nr. 553, fol. 380-383 und »Satzungsrechtlicher Status und Organisationsform von Klinischen Forschungsgruppen in der Max-Planck-Gesellschaft« (Fromm), 14.3.1980, ebd., fol. 332-342. Zum Überblick über die Arbeit der BMS-Kommission zu den KFG siehe AMPG, II. Abt., Rep. 62, Nr. 1290, fol. 120-122, besonders die Anfragen und Erwiderungen auf Thomas Trautners Interventionen in der BMS, 4.6.1980 und 1.2.1984, ebd., fol. 121-122. Siehe auch Vermerk Frau Fromm an Prof. Hofschneider, ebd., fol. 166-168. Siehe auch oben, Kap. III.8, und unten, Kap. III.14.

47 1983/84 wurden jeweils zwei Klinische Arbeitsgruppen in Göttingen (Gastroenterologie und Tumorforschung) und 1987 in Erlangen (Geweberforschung und Immunologie rheumatischer Erkrankungen) etabliert. Diese Gruppen hatten aber keinen Projektgruppenstatus mehr. Als Nachwuchsgruppen waren sie weniger gut ausgestattet und hatten auch keine Entfristungsoption. Im Gegensatz zu den ersten drei Projektgruppen hatten die Gruppenleiter keine klinischen Leitungsfunktionen mehr, zum Teil waren sie nicht mehr medizinisch ausgebildet.

zur internationalen Spitzengruppe gehörten. Das wären ausgezeichnete Bedingungen für ihre Entfristung und Institutionalisierung als MPI gewesen. Die BMS allerdings war dazu nicht bereit. Sie wollte das »ungeliebte Kind« lieber zur Adoption freigeben.[48] Daher optierte die Kommission im September 1984 nach der Begutachtung der ersten KFG in Münster und einige Wochen nach dem Ende der Amtszeit von Lüst nur für eine dreijährige Verlängerung der Gruppen, um in diesem Zeitraum die Übernahme an die Universitätskliniken zu organisieren.[49] Die hervorragende Arbeit der Gruppen ließ keine Auflösung zu, ihre Zukunft sollte aber unter keinen Umständen direkt mit der MPG verknüpft sein.

Trotz des gelungenen Modellprojekts, trotz der Erfolge, den die Gruppen an deutschen Universitätskliniken erzielen konnten, und trotz des Beweises, dass die MPG mit ihren Ausstattungsstandards und der Priorisierung der Forschung zum Erfolg der Gruppen beigetragen hatte, fand die klinische Forschung in der BMS keine Akzeptanz als eigenständiges Forschungsfeld. Nur wenige Wissenschaftliche Mitglieder wiesen in der entscheidenden Kommissionssitzung darauf hin, dass Grundlagenforschung auch auf Impulse aus der Klinik angewiesen sei.[50]

Die Abkehr vom Projektgruppenkonzept, die die BMS gegen die Absichten von SAFPP, Präsident und Senat durchsetzte, sollte erhebliche Folgen für die MPG haben. Nicht alle waren sofort sichtbar. Zunächst entstanden der MPG in der Außenwirkung große Probleme bezüglich ihrer Glaubwürdigkeit, so ein interner Vermerk der Generalverwaltung (GV).[51] Die Angelegenheit sei »kein Ruhmesblatt« für die MPG. Innerhalb der Gesellschaft habe der »Konzeptwandel« zu einer »Lustlosigkeit« dem Förderinstrument gegenüber geführt und es habe keine weiteren Vorschläge für KFG gegeben. Schließlich wurde das Förderformat 1987 ganz an die DFG übergeben, die es großflächig und sehr erfolgreich ausbaute. Das Ausmaß des Schadens, den sich die MPG damit selbst zufügte, sollte erst ein Jahrzehnt später deutlich werden.

In dem Konflikt um die KFG entluden sich nicht nur institutionelle Spannungen zwischen Zentrum (Präsident) und Peripherie (BMS). Es handelte sich ebenso sehr um einen epistemischen Konflikt konkurrierender Denkstile zwischen klinischer und biomedizinischer Forschung, der sich in der MPG lange angebahnt hatte, wie die Denkschrift über Forschungskliniken 20 Jahre zuvor bezeugt. Die Entscheidung über das innovative und sehr erfolgreiche Förderinstrument der KFG kam zur Unzeit, nämlich auf dem Höhepunkt der Ablehnung klinischer Forschung in der BMS, in der die dominante Fraktion der Molekularbiologen ihre Grundlagenforschung in biomedizinische, aber eben nicht in klinische Forschung umgewandelt wissen wollte. Die Entscheidung fiel im Rahmen einer erweiterten Kommissionssitzung, mit einem neuen Präsidenten, ohne offizielles Protokoll. Es waren zusätzlich sowohl externe Kliniker als auch Gäste aus der BMS eingeladen worden, aber keine internationalen Berater:innen, die ja ursprünglich das Konzept der MPG vorgeschlagen hatten. Insgesamt nahm sich die MPG nicht besonders viel Zeit, um diese grundsätzliche Entscheidung zu fällen. Durch sie wurde eine neue Grenze in den Zwischenraum von Biologie und Medizin gezogen, er wurde sozusagen neu sortiert, aufgeräumt und schärfer markiert als zuvor. Klinische Forschung gehörte für die BMS nicht mehr in die MPG, sondern eindeutig in die Klinik. Die KFG erschienen wie multiple Fremdkörper, die weder als Organisationsmodell noch hinsichtlich ihrer epistemischen Fragestellungen aus der Tradition der MPG stammten und dort auch möglichst keine Wurzeln schlagen sollten.

Die Entscheidung gegen Klinische Forschungsgruppen machte eine Clusterbildung der klinischen Forschung in der MPG lange Zeit unmöglich, ja mit ihr brachte sich die MPG – wie sich zeigen sollte – um die Chance des zukünftigen Ausbaus klinischer Expertise. Das Potenzial der klinischen Forschung als eigenständiges Forschungsfeld und damit auch als Kooperations- und Clusterpartner für die biomedizinische Forschung hat die BMS Mitte der 1980er-Jahren nicht gesehen.

12.5 Auf dem Weg zur translationalen Forschung

2003 setzten die NIH mit ihrer »Roadmap to Discoveries« den Begriff der translationalen Forschung (TF) durch, ein Konzept, das schon einige Zeit in der biotechnologischen

---

48 Mitschrift der Sitzung der Kommission »Klinische Forschungsgruppen«, 11.9.1984, AMPG, II. Abt., Rep. 62, Nr. 1290, fol. 100. – Es gibt kein offizielles Protokoll dieser Kommissionssitzung, lediglich die maschinengeschriebene Fassung einer Steno-Mitschrift.
49 Die gelang nur im Fall der Münsteraner Gruppe. Die Gießener Gruppe wurde 1991 an die Kerckhoff-Klinik überführt, die Würzburger aufgelöst. Ihr Sprecher Hartmut Wekerle, der einzige KFG-Leiter, der aus der MPG kam, wurde als Direktor und Wissenschaftliches Mitglied an das TI des MPI-P berufen. Protokoll der 117. Sitzung des Senats, 19.11.1987, AMPG, II. Abt., Rep. 60, Nr. 117.SP, fol. 155–156 u. fol. 172.
50 Maschinengeschriebene Fassung einer Steno-Mitschrift der Sitzung der Kommission »Klinische Forschungsgruppen«, 11.9.1984, AMPG, II. Abt., Rep. 62, Nr. 1290, fol. 95–119.
51 Vermerk Dr. Marsch an Zacher, 7.5.1991, AMPG, II. Abt., Rep. 57, Nr. 1034, fol. 165–166.

Forschung kursierte. Mit der Roadmap wurde die TF zum Schlagwort, zum Inbegriff einer bestimmten Form von klinischer Forschung, die die komplexe Infrastruktur klinischer Studien effizienter machen und so den Wissenstransfer beschleunigen sollte. Zugleich sollte sie ein Problem lösen, das sich schon in den 1990er-Jahren angedeutet hatte: Nach enormen finanziellen Investitionen stand die biomedizinische Forschung vor einem Performanzproblem, weil sich die Entzifferung des humanen Genoms oder die enorme Anzahl an produzierten Biomolekülen kaum oder nicht sehr schnell in therapeutische Anwendungen übersetzen ließen. Diesen von Investoren und Politiker:innen identifizierten Innovationsstau, auch »pipeline problem« genannt, sollte die Roadmap der NIH durch massive Förderung der translationalen klinischen Forschung beheben, um ein lineares Innovationsmodell zu retten, bekannt unter dem Namen »from bench to bedside«. Als Refinanzierungsmodell der biologischen Grundlagenforschung insbesondere des Humangenomprojekts läutete die translationale Forschung das bioökonomische Zeitalter ein.[52]

TF meinte aber nicht unbedingt die Förderung der mittlerweile auch in den USA in Bedrängnis geratenen komplexen klinischen Forschung, sondern reduzierte sie auf einen ihrer Teilbereiche, auf »clinical trials« (klinische Studien), die durch ständiges effizientes Testen neuer Medikamente oder Technologien Innovationen beschleunigen sollten. So lautete die heftige Kritik US-amerikanischer klinischer Forscher:innen (teilweise aus den NIH) an der Roadmap. Diese wolle wie schon frühere Untersuchungsberichte (etwa der Nathan-Report von 1997) – so ihr Verdacht – nicht die klinische Forschung retten, sondern solle sie weiter aushöhlen.[53] Sie bezweifelten, dass es sich beim »pipeline problem« nur um ein Infrastrukturproblem handelte, sondern vermuteten eher epistemische Schwierigkeiten, weil beim »Übersetzen« der Laborprodukte in die klinische Anwendung eben doch klinisches, also pathologisches, krankheitsbezogenes Wissen essenziell sei. Damit wurde im Konflikt zwischen Molekularbiologie und klinischer Forschung die alte Frage virulent, ob die Krankheit dem Leben nicht doch etwas zu lehren hätte.

Die patientenzentrierte klinische Forschung war aber mittlerweile auch in den USA durch die Umverteilung von Geldern in die biologische Grundlagenforschung jahrzehntelang vernachlässigt worden und die Zahl der ausgebildeten »clinician scientists« sank beständig.[54] Die neue Abhängigkeit der biomedizinischen Grundlagenforschung von der klinischen Forschung bestand darin, dass selbst für die Durchführung früher Phasen von klinischen Studien eine klinische Facharztausbildung zwingend notwendig war. Patente aus klinischen Studien wiederum brachten höhere Lizenzgewinne als solche aus der reinen Grundlagenforschung. Die verbliebenen Vertreter:innen der klinischen Forschung wehrten sich gegen drohende epistemische Einbahnstraßen und reduktionistische Modelle. Sie wollten die klinische Forschung nicht zur Testmaschine der Pharmaindustrie und der Grundlagenforschung degradieren lassen. Das hieß nicht, dass sie die Wissensform der klinischen Studien ablehnten, aber sie wollten diese eher als Experimentalsystem verstanden wissen, also als Teil ihres komplexen Methodenarsenals.[55] Wie auch immer klinische Forschung nun praktiziert werden sollte, das »pipeline problem« zeigte deutlich, wie sehr die biomedizinische Forschung eine spezifische Form klinischer Forschung brauchte, und das Label TF symbolisierte ihre wachsende Bedeutung.

Deutschland hingegen sah sich nicht mit einer Verlust-, sondern mit einer Mangelgeschichte konfrontiert. Hier gab es weder eine ausgebaute Infrastruktur für klinische Studien noch eine strukturierte Ausbildung für »clinician scientists«. Nachdem die DFG 1987 das Klinische Forschungsgruppenprogramm von der MPG übernommen hatte, wollte sie als zweiten Schritt zum Ausbau der klinischen Forschung Ende der 1990er-Jahre die Förderung epidemiologischer Forschung intensivieren. An den Universitätskliniken entstanden ab 1998 Koordinationszentren für klinische Studien, was in englischsprachigen und skandinavischen Ländern schon seit Jahrzehnten Standard war.[56] Förderprogramme bewegten sich also schon vor der Publikation der NIH-Roadmap in Richtung Intensivierung klinischer Studien. Dies passte zur zunehmenden Etablierung der evidenzbasierten Medizin (EBM) in der klinischen Praxis. EBM privilegierte klinische Studien gegenüber der ärztlichen Erfahrung als besonders wissenschaftliche Form von Wissen, verstand sich also als Reformbewegung im Sinne einer Verwissenschaftlichung ärztlichen Handelns. Ärztliche Ent-

---

52 Kraft, New Light, 2013; Pavone und Goven, *Bioeconomies*, 2017; OECD, *Bioeconomy*, 2009.
53 Schechter, Perlman und Rettig, Editors' Introduction, 2004; Schechter, Crisis, 1998; Meyer et al., *Klinische Forschung*, 1999. – Der Nathan-Report der NIH befand sich auch als Arbeitspapier in den Unterlagen der Mitglieder der Präsidentenkommission zur Klinischen Forschung 1998: AMPG, II. Abt., Rep. 62, Nr. 859, fol. 127–161.
54 Wyngaarden, Clinical Investigator, 1979; Ahrens, The Crisis, 1992.
55 Nelson et al., Testing Devices, 2014.
56 Meyer et al., *Klinische Forschung*, 1999.

scheidungen sollten sich nurmehr auf eine hierarchische Ordnung von Studientypen stützen, an deren Spitze als »Goldstandard« die randomisierte, kontrollierte Studie (RCT) stand. Anders als in den USA empfand man in Deutschland die Verengung auf die spezifische Wissensform der klinischen Studie nicht als drohenden Verlust von klinischer Forschungsexpertise, sondern als Phase positiver Verwissenschaftlichung.[57] In Deutschland wird heutzutage der Begriff der »klinischen Studien« oft als Synonym für klinische Forschung benutzt, statt klinische Studien als einen ihrer Teilbereiche zu verstehen.

Die MPG wiederum hatte es trotz ihrer langjährigen Investitionen in das Feld der klinischen Forschung geschafft, sich sowohl in eine Verlustgeschichte einzuschreiben als auch in eine Mangelsituation zu manövrieren. Die Folgen des Kommissionsbeschlusses von 1984, das KFG-Programm zu beenden, machten sich nun in den 1990er-Jahren bemerkbar, als klinische Forschungsexpertise dringend nötig, aber nicht mehr vorhanden war.

Nachdem die meisten KFG 1990 abgewickelt worden waren, beteiligte sich die MPG nach der Wiedervereinigung am »Aufbau Ost« und versuchte, ihre Interessen durch den Aufbau eigener Institute umzusetzen. Dazu gehörte auch das Institut für Infektionsbiologie, das vor allem von Thomas Trautner, Direktor am MPI für Molekulargenetik, als Projekt ab Mitte der 1980er-Jahre vorangetrieben wurde. In gewisser Weise stellte dieses Institut das biomedizinische Gegenprojekt der Molekularbiologie zur klinischen Forschung dar. Es war parallel in etwas veränderter Form zu der Einrichtung der KFG in der Präsidentenkommission 1977 besprochen worden, und zwar als Trautners Vorschlag zum Aufbau eines Instituts für medizinische Molekularbiologie. Der Vorschlag verschwand 1981 aus Mangel geeigneter Kandidat:innen für eine Direktorenstelle von der Bildfläche, während die KFG aufgebaut wurden. Nun tauchte er in den Diskussionen wieder auf, nachdem die BMS die Weiterführung der KFG in der MPG verhindert hatte.[58] Allerdings gestaltete sich der Prozess der Verwirklichung sehr mühsam. 1992 stimmte der Senat der Gründung zu.[59] Das Institut sollte neben den Abteilungen für Immunologie, Molekulargenetik und Zellbiologie möglichst durch Drittmittelprojekte mit der klinischen Forschung in Verbindung gebracht werden. Daher wurde ein Standort in Kliniknähe gesucht und schließlich in Berlin auf dem Gelände der Charité auch gefunden. Die provisorische Unterbringung des Instituts bis zur Eröffnung des Neubaus im Jahr 2000 belastete allerdings den Aufbau des Instituts.

Insgesamt wurden erhebliche Ressourcen durch den »Aufbau Ost« gebunden.[60] Dies erklärt auch die Zurückhaltung der MPG bei anderen Engagements im Bereich der klinischen Forschung, da die Etablierung des MPI für Infektionsbiologie (MPI-IB) priorisiert wurde.[61] So bot der Vorsitzende des Deutschen Krebsforschungszentrums (DKFZ), Harald zur Hausen, 1991 dem MPG-Präsidenten an, gemeinsam nach neuen Trägerformen und Organisationen für Reformkliniken zu suchen, was Zacher ablehnte.[62] Zur Hausens Initiative zielte auf die Einrichtung einer Dachorganisation für klinische Forschung, ähnlich den NIH in den USA und dem MRC in Großbritannien. Sein Vorschlag wurde aber nicht nur von Zacher, sondern auch von den anderen Wissenschaftsorganisationen, die in der Allianz vertreten waren, abgelehnt.[63]

Gleichzeitig formierten sich neue Verbünde zur Förderung der klinischen Forschung durch die Dynamiken der Wiedervereinigung. Außerhalb der MPG gab es konzertierte Versuche, die strukturellen Probleme der klinischen Forschung zu beheben. Das Bundesministerium für Forschung und Technologie (BMFT) gründete 1990 einen Gesundheitsforschungsrat und an der Charité in Berlin-Buch entstand 1992 das Max-Delbrück-Centrum für Molekulare Medizin (MDC). Von anderen Initiativen

---

57 Timmermans und Berg, *The Gold Standard*, 2003; Daly, *Evidence-Based Medicine*, 2005; Raspe, Kurze Geschichte, 2018.

58 AMPG, III. Abt., Rep. 156, Nr. 111; siehe auch Ergebnisprotokoll der Sitzung der Arbeitsgruppe »Klinische Forschungsgruppen«, 25.4.1979, AMPG, II. Abt., Rep. 1, Nr. 553, fol. 230-233. – Gegründet wurde das MPI für Infektionsbiologie 1992 mit dem Konzept, klinische Forschung in das Institut zu integrieren, aber eben unter der Maßgabe der biomedizinischen Forschung.

59 Niederschrift der 130. Sitzung des Senats der Max-Planck-Gesellschaft am 13.3.1992, TOP 2.2., Bl. 20-22, AMPG, II. Abt., Rep. 60, Nr. 130.SP.

60 Ash, *MPG im Kontext*, 2020, zur Gründung des MPI für Infektionsbiologie: 134-138 und zur Finanzkrise der Vereinigung: 159-190.

61 Siehe Ergebnisprotokoll eines Treffens von MPG, DFG und DKFZ am 28.2.1992, in dem die Klinischen Forschungsgruppen als »Auslaufmodell« für die MPG bezeichnet werden; stattdessen setze man auf die Gründung eines Instituts für Infektionsbiologie. AMPG, II. Abt., Rep. 57, Nr. 1034, fol. 64. Siehe auch Vermerk von Frau Fromm an den Präsidenten vom 24.11.1993 über die Anfrage Minister Zöllers zur Einrichtung einer Klinischen Forschungsgruppe in Rheinland-Pfalz, in der der Stand der Finanzierung des Klinischen Forschergruppenprogramms zwischen BMFT und DFG referiert und auf die Schwierigkeiten der MPG hingewiesen wird, Zugang zu den Fördergeldern zu bekommen. AMPG, II. Abt., Rep. 1, Nr. 243, fol. 3-4.

62 Vermerk Zachers über Gespräch mit zur Hausen, 1.3.1991, AMPG, II. Abt., Rep. 57, Nr. 1034, fol. 167-179. Das DKFZ begann dann allein mit dem Aufbau sogenannter Klinischer Kooperationseinheiten.

63 Zur Allianz siehe unten, Kap. IV.2.2.2.

war die MPG von vornherein ausgeschlossen. So schlug der Gesundheitsforschungsrat die Gründung von Interdisziplinären Zentren für Klinische Forschung (IZKF) an ausgewählten Universitätskliniken vor. Durch die Konzentrierung und das Umlenken von Geldern, die zuvor pauschal an alle Hochschulkliniken zur Forschungsförderung vergeben worden waren und dort oft genug ohne Kontrolle versickerten, sollte die Bildung dieser Zentren die Qualität der klinischen Forschung heben und bündeln. Dazu mussten sich die Kliniken mit einem Projekt zur Ausbildung eines speziellen Schwerpunkts in der klinischen Forschung auf die Gelder zur Einrichtung dieser Zentren bewerben.[64] Als das BMFT 1992 noch den Plan einer klinisch-biomedizinischen Verbundforschung umsetzte, der auch das MDC und das DKFZ einschloss, wurden MPG und DFG von erheblichen finanziellen Ressourcen abgeschnitten, die das BMFT nun eher in die von ihm initiierten Förderformen und Verbünde steckte.[65]

Durch diese Entwicklungen hatte die MPG zwischen 1985 und 1995 ihr Engagement immer mehr aus der klinischen Forschung in Richtung biomedizinische Forschung verlagert. 1996 wurde mit Hubert Markl erstmals ein Präsident gewählt, der nicht aus der MPG kam. Markl sah nun wiederum gerade die klinische Forschung aufgrund der Entwicklungen der Biotechnologie als besonders zukunftsträchtig an. Der Präsident beklagte, die vielen klinischen Forschungsaktivitäten in der MPG beschränkten sich zu sehr auf den jeweiligen Institutszusammenhang, und vermisste ein übergeordnetes Programm, das helfen könnte, diese verstreuten Initiativen besser zu integrieren.[66] Mit anderen Worten, er vermisste eine Clusterpolitik der klinischen Forschung in der MPG, eine Politik, die die klinische Forschung als Methode förderte und deren Bedeutung über einzelne Institute und Abteilungen hinaus als Forschungsfeld sichtbar machte.

1997, also sechs Jahre vor der Roadmap und der Erfindung der TF, setzte Markl eine Präsidentenkommission zur klinischen Forschung ein, die er fast durchgängig mit deutschsprachigen Universitätsmedizinern besetzte.

Die Kommission sollte Antworten auf drei Fragen liefern: »Wie kann die MPG zur Optimierung der klinischen Forschung in Deutschland beitragen? Ist die Politik der MPG richtig, kaum eigene klinische Aktivitäten zu unterhalten? Wie könnte sich die Interaktion von Grundlagenforschung in der MPG mit externen Kliniken optimal gestalten?«[67]

Außerdem erhoffte sich Markl von der Kommission konkrete Vorschläge für neue Kooperationsformen zwischen Max-Planck-Instituten und externen Kliniken. Die MPG, so Markl, müsse sich im Sinne der Forschungsprospektion neue Tätigkeitsfelder erschließen.[68] Da er sich der wachsenden Bedeutung der klinischen Forschung bewusst war, sollte die Kommission wohl auch prüfen, wie die MPG dafür aufgestellt war.

In ihrer Bestandsaufnahme klinischer Institutionen bewertete die Markl-Kommission auch die MPG-eigenen Forschungskliniken. Diese seien nicht geeignet als Modell für die Fortentwicklung der klinischen Forschung. Eine Umfrage unter allen Wissenschaftlichen Mitgliedern der BMS zeigte das erhebliche Ausmaß klinikrelevanter Forschung. Mehr als die Hälfte aller Abteilungen engagierte sich in der klinischen Forschung mit Schwerpunkten in den Neurowissenschaften, der Onkologie, Pharmakologie und Infektiologie. Allerdings waren die meisten Kooperationen mit Wirtschaftsunternehmen oder Kliniken nicht institutionalisiert und folgten keinem zielgerichteten Förderprogramm. Strukturierte Kooperationen – sei es durch Rahmenverträge mit Kliniken oder in Kooperationszentren, sei es durch Kooperationsfonds – standen denn auch ganz oben auf der Wunschliste der Wissenschaftlichen Mitglieder.[69]

Das von der Kommission erarbeitete Konzept zur Förderung der klinischen Forschung, also zur Frage, wie die MPG zukünftig mit externen Kliniken kooperieren könnte, umfasste ein Ausbildungsprogramm für Mediziner:innen, Nachwuchsgruppenprogramme und – die Einrichtung von Klinischen Forschungsgruppen. Da die MPG aber dieses Förderprogramm an die DFG abgetre-

---

64 Die MPG wurde gebeten, durch die Bereitstellung von Gutachtern die Einrichtung der Zentren zu fördern. AMPG, II. Abt., Rep. 1, Nr. 243, fol. 317 u. fol. 19–21.

65 Protestbrief MPG an BMFT, 10.7.1992. Die MPG sah sich mit einem »Verdrängungswettbewerb« und einer »pressure group außeruniversitärer biomedizinischer Forschungseinrichtungen« konfrontiert. Aus dieser »pressure group« entstand drei Jahre später die Helmholtz-Gemeinschaft. AMPG, II. Abt., Rep. 57, Nr. 1034, fol. 14–16, fol. 90 u. fol. 95.

66 Brief Markls an Konze-Thomas vom 28.2.1997, Anlage: Einsetzung einer Präsidentenkommission »Klinische Forschung«, AMPG, II. Abt., Rep. 62, Nr. 853, fol. 337.

67 Klinische Forschung (Senatssitzung am 5.3.1999), AMPG, II. Abt., Rep. 62, Nr. 859, fol. 17.

68 Protokoll der ersten Sitzung der Präsidentenkommission »Klinische Forschung« am 21.4.1997 in der Generalverwaltung der Max-Planck-Gesellschaft in München sowie Brief Markls an Konze-Thomas vom 28.2.1997, Anlage: Einsetzung einer Präsidentenkommission »Klinische Forschung«, AMPG, II. Abt., Rep. 62, Nr. 853, fol. 62 u. fol. 336–338.

69 Brief von Ebersold (GV) an Hahlbrock (BMS-Vorsitz), 24.10.1997, mit Anlage zur Auswertung des Fragebogens der Präsidentenkommission »Klinische Forschung«, AMPG, II. Abt., Rep. 62, Nr. 853, fol. 187–192.

ten hatte, konnte sie es nicht wieder für sich aktivieren.[70] Markl war von den Kommissionsvorschlägen bezüglich gemeinsamer Kooperationen von MPG und Kliniken insgesamt enttäuscht. Man habe dabei wohl vor allem an die Effizienzsteigerung der klinischen Forschung an den Unikliniken mithilfe der MPG gedacht, aber nicht daran, wie auch die Grundlagenforschung von den Kooperationen profitieren könnte.[71] Nachdem die MPG sich in den 1980er-Jahren entschieden hatte, auf den Ausbau eigener klinischer Expertise zu verzichten, stellte sich nun heraus, dass sich die Konditionen für die benötigten externen Kooperationen mit Kliniken für die MPG verschlechtert hatten. Es müssten, so hieß es bei der internen Evaluation der Kommissionsergebnisse, erhebliche Anstrengungen unternommen werden, um sich von der Vielzahl der klinischen Förderungsmodelle abzuheben, die nach der deutschen Einheit entstanden waren, an denen die MPG aber nicht partizipiert hatte. Insgesamt sei es unter den gegebenen Umständen für die MPG äußerst schwierig, in solchen Kooperationen auch einen Mehrwert für die Max-Planck-Institute zu erzielen.[72]

Um die Bedingungen für die MPG zu verbessern, setzte Markl auf verschiedene Strategien. Manche Empfehlungen der Kommission wurden umgesetzt, anstelle der KFG trat ein neues Förderungsmodul, die sogenannten Tandemprojekte, die Anreize schaffen sollten, um Grundlagenforscher:innen für klinische Forschung zu interessieren.[73] Darüber hinaus setzte Markl auf verstärkte Kommunikation zwischen der MPG und den Projekten, die nach der Wende angeregt worden waren und die die Landschaft der klinischen Forschung in Deutschland erheblich verändert hatten, um so mögliche Kooperationen anzubahnen. Stefan Fabry, als Referent des für die BMS zuständigen Vizepräsidenten, koordinierte die Förderstrategien im Bereich klinischer Forschung. Er organisierte mit der BMS regelmäßige Gesprächsrunden mit Nachwuchsforscher:innen, um deren Bedürfnisse besser zu verstehen, vermittelte Besuche bei den vom BMFT an Universitätskliniken gegründeten Interdisziplinären Zentren für Klinische Forschung und half bei der Vorbereitung und Durchführung gemeinsamer Symposien.[74] Kooperation und Kommunikation waren also die wichtigsten Förderelemente zur Belebung der klinischen Forschung.

In der MPG kursierte die translationale Forschung bis zur Veröffentlichung der Roadmap vor allem in Forschungspolitik-Papieren der EU und des Medical Research Councils,[75] doch hatte Markl durch seine Initiative und die Präsidentenkommission die MPG auf Veränderungen im Feld der klinischen Forschung vorbereitet. Ob dies ausreiche, um den Anforderungen zum Ausbau von Infrastrukturen klinischer Studien zu genügen, kann hier nicht beantwortet werden. Es gab ab 2004, offenkundig zur Sondierung neuer Aufgaben der klinischen Forschung, Symposien der Perspektivenkommission der BMS.[76] Ob es aber wirklich so einfach war, die Kooperationsschwierigkeiten zwischen Universitätskliniken und MPG zu lösen, die sich in der Präsidentenkommission gezeigt hatten, ist fraglich.

Es gab stattdessen Initiativen zwischen den Instituten im Bereich der translationalen Forschung. Nachdem 2003 die Abteilung für experimentelle Neurologie am MPI für neurologische Forschung in Köln geschlossen worden war, wurde nach der Emeritierung des zweiten Direktors am Institut, Wolf-Dieter Heiss, das Institut nicht abgewickelt, sondern mit einem neuen Konzept und in Kooperation mit der Medizinischen Fakultät der Universität zu Köln weitergeführt.[77] Damit wurde eines der erfolgreichsten klinischen Forschungsinstitute der MPG nicht geschlossen, sondern in einem anderen Rahmen fortgesetzt. 2009 wurde dann aus den Mitteln des Strategischen Innovationsfonds eine Forschungsinitiative zwischen Abteilungen des MPI für Biochemie in Martinsried und dem Kölner MPI finanziert, in der es um »Large

---

70 Ergebnisse der Kommission, AMPG, II. Abt., Rep. 57, Nr. 411, fol. 51–86.
71 Interne Besprechung der Kommissionsergebnisse, AMPG, II. Abt., Rep. 57, Nr. 1024, fol. 65–66, hier fol. 65 und AMPG, II. Abt., Rep. 62, Nr. 859, fol. 18.
72 Ebd., fol. 85.
73 Bericht von Dr. Stefan Fabry vom 7. Februar 2001: Aktivitäten der Max-Planck-Gesellschaft im Bereich »Klinische Forschung« seit Abschluss der Beratungen der Präsidentenkommission im November 1998, AMPG, II. Abt., Rep. 57, Nr. 763, fol. 80–83, hier fol. 81.
74 Protokolle der Besuche und Gespräche, AMPG, II. Abt., Rep. 57, Nr. 411, fol. 2–28. Vielen Dank an Stefan Fabry für das ausführliche Interview vom 5.12.2022 zu diesem internen klinischen Förderprogramm der BMS.
75 Siehe dazu Handakten Ebersold aus der Generalverwaltung: AMPG, II. Abt., 1. Rep., Nr. 164.
76 Dadurch liegen sie außerhalb des Untersuchungszeitraums und der Aktenzugangsregelung, siehe aber AMPG, Findbuch zu II. Abt., Rep. 62 (Wissenschaftlicher Rat).
77 Zur Schließung der Abteilung siehe Henning und Kazemi, *Handbuch*, Bd. 1, 2016, 794 u. 797; zur Konzeptänderung und veränderten Kooperationsform zwischen MPI und der Medizinischen Fakultät der Universität Köln siehe Henning und Kazemi, *Handbuch*, Bd. 2, 2016, 1110–1111.

Scale Translational Genomic Analysis« bei Lungenkrebs (Adenocarcinoma) ging.[78] Am MPI-P in München wurde 2013 Elisabeth Binder als Wissenschaftliches Mitglied mit dem Forschungsschwerpunkt »Translationale Forschung in der Psychiatrie« zur Direktorin ernannt.[79]

Ob sich aus diesen Einzelprojekten und einer Berufung jedoch eine Veränderung der schwierigen Beziehungen zwischen biomedizinischer und klinischer Forschung ablesen lässt, ist ungewiss. Genauso unsicher ist, ob die klinischen Forscher:innen in der MPG genug Einfluss geltend machen konnten, um das einseitige Innovationsschema der TF zu erweitern. Insbesondere auf dem Gebiet der klinischen Immunologie und speziell der Multiple-Sklerose-Forschung gab es Modellentwicklungen in Richung »reverse translation« und Versuche, translationale Forschung als iterativen, zirkulären Lernprozess aufzufassen, der von Patientenseite aus gedacht wurde. Dies sollte außerdem helfen, die chronisch invaliden Tiermodelle zu verbessern und die Übersetzung wirksamer Substanzen über eine Umkehrung der Übersetzung effektiver zu machen.[80] Eine zentrale Frage zukünftiger historischer Untersuchungen wäre – bei besserer Akteneinsicht –, ob die translationale Forschung in der MPG tatsächlich ein neues Verhältnis zwischen Labor und Klinik zu etablieren versuchte oder ob sie nicht eher eine bestimmte Wissensform funktionalisierte und damit das Gegebene einmal mehr reproduzierte.

Allerdings wuchs sich international das »pipeline problem« schon bald in die »reproducibility crisis« aus, das heißt, der Innovationsstau der biomedizinischen Forschung wurde nicht mehr als technisches Übersetzungsproblem verstanden, sondern als ein epistemisches, so wie es die klinischen Forscher:innen der NIH immer vermutet hatten. Die »messiness«, also die Unwissenschaftlichkeit, lag in diesem Fall aber auf der Seite der Laborforschung. Man vermutete, dass Ungenauigkeit, mangelnde Randomisierung und Verblindung die Datenqualität präklinischer Studien massiv beeinträchtigte.[81] Gleichzeitig hatte die TF aber ihre Chance genutzt und entwickelte sich zu einem Forschungsfeld mit eigenen Fachgesellschaften, Zeitschriften und Studiengängen.[82]

12.6 Fazit

Die MPG leistete wiederholt erhebliche Beiträge zur Verbesserung der klinischen Forschung in Deutschland. Dabei setzte sie auf einen Mix von Innovation und Tradition, das heißt auf den Import international bewährter Organisationsformen als Modellprojekte und zugleich auf die Wiederbelebung älterer Konzepte. Durch Ersteres wollte die MPG nicht nur selbst profitieren, sondern auch die prekäre Situation der klinischen Forschung in Deutschland verbessern. Paradoxerweise gelang ihr dies vor allem durch die Abgabe des KFG-Formats an das Förderprogramm der DFG, die es mit großem Erfolg an den Universitätskliniken etablierte. Allerdings schadete sie sich langfristig damit selbst, weil es ihr nicht mehr möglich war, einen Cluster klinischer Expertise aufzubauen, als sie ihn dringend benötigte. Auf die internationale Beratung, mit deren Hilfe die biologische Forschungskultur der MPG diverser und resilienter gestaltet werden sollte, hatte man bei der Entscheidung über die Fortführung der KFG komplett verzichtet. Innovationen, die zentral vom Präsidenten oder dem internationalen Planungsstab (SAFPP) initiiert und nicht hinreichend abgesichert in der Sektion implementiert wurden – wie die KFG –, hatten kaum eine Überlebenschance, da die internen Machtkonstellationen in der Sektion die Amtszeiten der Präsidenten normalerweise überdauerten. Die Entscheidung Mitte der 1980er-Jahre, sich von einem erfolgreichen klinischen Förderungsprogramm zu trennen, führte nicht nur dazu, dass eigene Ressourcen fehlten. Auch die Kooperationsbedingungen hatten sich Mitte der 1990er-Jahre zuungunsten der MPG verändert, wie die Ergebnisse der Präsidentenkommission von 1998 zeigten, in der die MPG keine eigenen Interessen den Universitätskliniken gegenüber durchsetzen konnte.

Die Gründe für die prekäre Situation der klinischen Forschung in der MPG rührten aus der langen Trennungsgeschichte zweier Forschungskollektive, die sich zuvor ein gemeinsames Feld geteilt hatten: den Zwischenraum der medizinischen Forschung, angesiedelt zwischen klinischer Praxis und biologischer Grundlagenforschung. Diese Kollektive kooperierten in der MPG nicht wie der (neue) Name Biomedizin suggerierte, sondern konkurrierten miteinander. Die medizinisch-klinische Forschung hatte schon seit Ende der 1950er-Jahre

---

78 Ebd., 1112.
79 Ebd., 1394.
80 't Hart, Laman und Kap, Reverse Translation, 2018 und das Sonderheft »Reverse Translation«, 2018 in *Clinical Pharmacology and Therapy*.
81 Prinz, Schlange und Asadullah, Believe It or Not, 2011; Nelson et al., Mapping, 2021; Nelson, Reproducibility Reform, 2021.
82 Jahn, *Translation und Überführung*, 2018.

einen zunehmend schweren Stand in der BMS. So wurden klinische Forscher:innen statusmäßig nicht ausreichend abgesichert und nur wenige zu Wissenschaftlichen Mitgliedern der MPG ernannt. Damit waren sie in Kommissionen kaum vertreten und konnten das eigene Forschungsfeld in der MPG nicht stärken oder auch nur behaupten. Begründet wurde dies über Jahrzehnte hinweg mit der angeblich mangelnden Qualität der klinischen Forschung, mit ihrer »Unwissenschaftlichkeit«. Die MPG-eigenen Kliniken wiederum waren in der MPG juristisch nicht einmal als selbstständige Institute verfasst.

Die Herausbildung eines Clusters war unter diesen Umständen in der Max-Planck-Gesellschaft unmöglich. Stattdessen etablierte sich eine dysfunktionale und asymmetrische Beziehung von Grundlagenforschung und klinischer Forschung, die sich trotz unterschiedlicher Konstellationen über den gesamten Untersuchungszeitraum immer wiederholte: Klinische Forschung wurde entweder als Anwendungsgebiet oder als Dienstleister verstanden, aber nicht als gleichberechtigte Wissensform. Es gab in der MPG zwar auch immer Ausnahmen, die auf gegenseitige Anerkennung und Inspiration setzten statt auf epistemische Einbahnstraßen, aber sie waren stets in der Minderheit und konnten ihre Auffassung in der BMS nicht durchsetzen.

Die anhaltende Ambivalenz, mit der die MPG der klinischen Forschung begegnete, beruhte eventuell auf einer spezifischen Betriebsblindheit, auf einer epistemischen, institutionellen und geschlechterspezifischen Homogenität einer Brüdergemeinschaft, die sich mit Differenz, Diversität und einer Ausbildung außerhalb ihrer eigenen Institute schwertat. Ein Beispiel dafür ist die Geschlechterverteilung in der BMS, die lange Zeit auffallend homogen, nämlich männlich dominiert, war. Im Zeitraum zwischen 1948 und 2005 gab es in der BMS insgesamt 235 Direktoren, aber nur neun Direktorinnen.

In demselben Zeitraum erhöhte sich der Anteil der Berufung weiblicher Mitglieder nur von 3 auf 7 Prozent.[83]

Die BMS interpretierte die Rekonfiguration des Zwischenraums und die Auflösung der medizinischen Forschung in zwei distinkte Forschungsstile als hierarchisches Verhältnis von Grundlagen- (biomedizinische Forschung) vs. angewandte Forschung (klinische Forschung), was nicht verwunderlich, aber eine sehr verkürzte Sicht der Dinge war. Dass die molekularbiologische Forschung selbst eher verspätet in die MPG Einzug hielt, hängt vielleicht auch mit den Beharrungstendenzen medizinischer Forschungsstile in der BMS zusammen, die sich – nachdem sich die Molekularbiologie einmal durchgesetzt hatte – unter umgekehrten Vorzeichen fortsetzte.

Hinzu kam ein spezifisches Element der Exklusion und Hierarchie. Es scheint in der BMS lange die Ansicht vorgeherrscht zu haben, dass es nur einen Weg zur wahren Erkenntnis geben kann und alle anderen Wege entweder in die Irre führen, nicht relevant sind oder »nur« als Anwendungswissen Bedeutung haben können und damit keinen Platz in der MPG haben. Das Fehlen eines klinischen Clusters in der MPG ist ebendieser spezifischen Mixtur geschuldet. Welche Bindungen wären nötig, um einen Cluster zu bilden und dysfunktionale Beziehungen zu beenden? Welche Bindemittel bräuchte es, um andersartiges Denken nicht sofort auszuschließen? Wie offen und geschlossen sollten die Grenzen eines Clusters sein? Was sind die Bedingungen von Zugehörigkeit? Wie stark muss man sich ähneln, wie lange in der MPG gewesen sein, um dazuzugehören? Wie viel Fähigkeit zu Differenz ist vorhanden, um Wissenspraktiken nicht zu hierarchisieren, sondern Unterschiede und Diversität als mögliche Bereicherung schätzen zu lernen? Es liegt in den Praktiken und Entscheidungen der Gegenwart, welche Geschichte Historiker:innen in der Zukunft darüber erzählen werden.

---

83 Zwischen 1956 und 1967 und von 1982 bis 1985 gab es überhaupt keine weiblichen Wissenschaftlichen Mitglieder und erst 1995 gab es erstmals zwei gleichzeitig in der BMS. Die neun Direktorinnen waren: Isolde Hausser (1938 (KWG)–1951), Elisabeth Schiemann (1953–1956), Birgit Vennesland (1967–1981), Christiane Nüsslein-Volhard (ab 1985), Angela Friederici (ab 1995), Regine Kahmann (ab 2000), Ilme Schlichting (ab 2002), Lotte Søgaard-Andersen (ab 2004), Elisa Azaurralde (ab 2005). In den Klammern stehen die Zeiten der Wissenschaftlichen Mitgliedschaft in der BMS während des Untersuchungszeitraums bis 2005. Siehe Biografische Datenbank des Forschungsprogramms GMPG. Zu den Geschlechterverhältnissen der WM in den Sektionen siehe unten, Anhang, Grafik 2.7.4. Herzlichen Dank an Ira Kokoshko und Maren Nie für die statistische Auswertung der Geschlechterverteilung aller drei Sektionen.

LESELANDSCHAFTEN

Foto 1 und Foto 2: Lesesäle der Bibliotheken am MPI für Biochemie, München 1956 (links) und Martinsried 1977 (unten)

LESELANDSCHAFTEN

Foto 3: MPI für Bildungsforschung, Berlin 1980 (oben)
Foto 4: MPI für Psychiatrie, München 1966 (Mitte links)
Foto 5: MPI für Physik und Astrophysik, München 1977 (Mitte rechts)
Foto 6: MPI für ausländisches und internationales Strafrecht, Freiburg 1977 (unten)

LESELANDSCHAFTEN

Foto 7: MPI für ausländisches und internationales Patent-, Urheber- und Wettbewerbsrecht, München 1978 (oben)

Foto 8: MPI für ausländisches öffentliches Recht und Völkerrecht, Heidelberg 2000 (unten)

LESELANDSCHAFTEN

Foto 9: Otto Warburg in seinem Arbeitszimmer am MPI für Zellphysiologie, Berlin 1960er-Jahre (oben)

Foto 10: Archivmitarbeiter:innen demonstrieren die Benutzung des Lesesaals des Archivs zur Geschichte der MPG, 1988 (unten)

13. Rechtswissenschaften

Jasper Kunstreich

13.1 Vorbemerkung

Die Sonderstellung der Rechtswissenschaften im Wissenschaftsbetrieb ist sowohl Selbst- als auch Fremdzuschreibung. Man kann sie an äußeren Merkmalen festmachen: Im Verhältnis zu den Naturwissenschaften sind Jura-Fakultäten klein in Ausstattung und Budget. Bei den geisteswissenschaftlichen Fakultäten hingegen lösen ihre Mittel und die Anzahl der Lehrstühle bisweilen Neid aus. Juristische Fachbereiche konnten sich einem erhöhten Kostendruck und Reformzwang immer wieder entziehen.[1] Bis heute ist die sogenannte Bologna-Reform mit Verweis darauf abgewehrt worden, man sei für die grundständige Juristenausbildung im Lande verantwortlich.

Dadurch sind die Rechtswissenschaften mit einem völlig anderen Gesetzmäßigkeiten unterworfenen nichtuniversitären Arbeitsmarkt verbunden. Die wenigsten Student:innen bleiben später in der Wissenschaft; das sich anschließende Referendariat soll sie auf eine Tätigkeit in der Praxis vorbereiten, die beiden Staatsexamina verleihen die Befähigung zum Richteramt. Das ist etwas anderes als eine wissenschaftliche Qualifikation.[2] Was wie ein Aspekt der Lehre klingt, wirkt auch auf die Forschung. Die Rechtswissenschaft begleitet die Entwicklung des Rechts, wie sie ihren Niederschlag in Gesetzgebung und Rechtsprechung findet, kritisch und konstruktiv. Rechtswissenschaftler:innen werden deshalb immer wieder als Sachverständige eingebunden oder wechseln bisweilen im Laufe ihrer Karriere die Seite und nehmen auf der Richterbank[3] oder als Abgeordnete im Parlament Platz. Umgekehrt steuern Praktiker:innen Publikationen in Fachzeitschriften oder Handbüchern bei und Richter:innen schreiben an Kommentaren mit – eine enzyklopädisch-exegetische Literaturgattung der Jurisprudenz.[4] Die Bereiche Rechtsetzung, Rechtswissenschaft und Rechtsanwendung sind im deutschen System arbeitsteilig miteinander verschränkt.[5]

Das liegt schließlich auch an dem Wissen, um das es hier geht. Es ist Wissen von Normen und ihrer Anwendung, eine methodisch-systematische Herangehensweise an normative Fragestellungen und an das Setzen neuer Normen.[6] Michael Stolleis hat es an anderer Stelle »deontisches Arbeiten« genannt.[7] Jurist:innen widmen sich der Analyse, Kommentierung und Systematisierung sowie der Schaffung neuer Sollenssätze. Das ist ein hermeneutischer Prozess, der Phänomene, die als Realakte in der physisch wahrnehmbaren Welt vorgefunden werden, nach normativen Vorgaben und Kriterien sortiert und in die Sprache des Rechts übersetzt.[8] Die Frage nach Recht oder Unrecht wird im konkreten Einzelfall beantwortet. Die so herbeigeführte Einzelfallgerechtigkeit soll sich wiederum widerspruchslos in das große Ganze des Rechtssystems einfügen. Ob eine Entscheidung in diesem Sinne ver-

---

1 Wissenschaftsrat, *Perspektiven der Rechtswissenschaft*, 9.11.2012; Stumpf, Quo vadis Rechtswissenschaft?, 2013, 212.
2 Kötz, Zehn Thesen, 1996, 565; Caenegem, *Judges, Legislators and Professors*, 1987, 71 u. 155.
3 Von den 16 Richter:innen des Bundesverfassungsgerichts sind neun Inhaber:innen einer Universitätsprofessur, unter den Vorsitzenden Richter:innen der 13 Zivilsenate des Bundesgerichtshofs führen sechs einen Professorentitel. Siehe die Geschäftsverteilungspläne unter Bundesgerichtshof, Geschäftsverteilungspläne Bundesgerichtshof, 1.1.2022, https://www.bundesgerichtshof.de/SharedDocs/Downloads/DE/DasGericht/GeschaeftsvertPDF/2022/geschaeftsverteilung2022.pdf?__blob=publicationFile&v=3.
4 Zur Gattung und ihrer Geschichte jetzt Kästle-Lamparter, *Die Welt der Kommentare*, 2016.
5 Schön, Grenzüberschreitungen, 2018, 206; Vogenauer, Empire of Light, 2006.
6 Duve, Global Legal History, 2020; Duve, Rechtsgeschichte, 2021.
7 Stolleis, Erinnerung, 1998, 174–175.
8 Zweigert, Rechtsvergleichung, 1949/50, 6; Schön, Quellenforscher und Pragmatiker, 2007, 316.

tretbar ist oder nicht, ist eine Frage der Rechtsdogmatik, und das ist das Kerngeschäft aller Rechtswissenschaften.[9] Dabei geht es darum, das Recht aus dem Recht heraus zu erklären, mit der Methodik und den Mitteln des Rechts.[10] Das bringt den Rechtswissenschaften den Vorwurf der Selbstreferenzialität ein. Es erklärt aber auch die Verzahnung der wissenschaftlichen Behandlung des Rechts mit den übrigen Institutionen des Rechtslebens.

In der früheren Geisteswissenschaftlichen Sektion (GWS) nahmen die Rechtswissenschaften eine Sonderstellung als größte Gruppe von fachlich aufeinander bezogenen Instituten ein. Daran hat sich auch in der heutigen Geistes-, Sozial- und Humanwissenschaftlichen Sektion (GSHS) wenig geändert. Dem trägt ein im Rahmen des Forschungsprogramms »Geschichte der Max-Planck-Gesellschaft« entstandener Sammelband Rechnung, der Beiträge zu jedem der im Untersuchungszeitraum gegründeten sechs Institute enthält. Die folgenden Ausführungen sind eine Synthese dieser sechs Institutsgeschichten und zugleich eine Einbettung dieser Gruppe in das Clusterkonzept, mit dem im vorliegenden Band die Geschichte der MPG untersucht wird.[11]

Das Augenmerk dieses Beitrags richtet sich auf die Frage, wie sich die juristischen Institute in der MPG, einer Gesellschaft, die wesentlich von den Naturwissenschaften dominiert wird, eingefunden und sich zu der großen und unübersehbaren Gruppe gebildet haben, die sie heute sind. Dazu gehörte das miteinander abgestimmte Verhalten in den Gremien der MPG und die besondere Komplementarität der Institute zueinander, die es ihnen erlaubte, das Fach Rechtswissenschaft in der MPG zu spiegeln, während Interdisziplinarität im engeren Sinne zunächst keine Rolle spielte.

13.2 Vorgeschichte

Die Geschichte der Rechtswissenschaften in der MPG führt zurück ins Berliner Stadtschloss in den 1920er-Jahren. Dort residierten die ersten beiden juristischen Institute der Kaiser-Wilhelm-Gesellschaft, einen Steinwurf vom politischen Berlin entfernt, in Nachbarschaft der Universität und der Staatsbibliothek und im Übrigen auch unter einem gemeinsamen Dach mit der Generalverwaltung der KWG. Diese Institute sollten ihr Augenmerk auf internationales Recht und Rechtsvergleichung legen. Zwar gab es in Deutschland eine Tradition und auch namhafte Vertreter der Rechtsvergleichung;[12] an den Universitäten war sie jedoch in ihrem Umfang stets begrenzt, denn sie erforderte in erheblichem Maße das Sammeln ausländischer Literatur und Materialien nebst den nötigen Sprach- und Fachkenntnissen.

Von den juristischen KWI wurde explizit auch gutachterliche Expertise für Gesetzgebung und Gerichte erwartet: Das Institut für ausländisches öffentliches Recht und Völkerrecht, gegründet 1924 unter Viktor Bruns, sollte eine Stelle sein, »die aufgrund systematischer Sammlung und Bearbeitung des ausländischen Materials im Stande wäre, rasch Auskunft über Rechtsfragen, die das ausländische öffentliche Recht wie das Völkerrecht betreffen, zu erteilen«.[13] Seine Gründungsgeschichte ist verwoben mit den Nachwehen des Versailler Vertrags. Sowohl das Vertragswerk als auch die Errichtung des Völkerbunds, an dem Deutschland zunächst nicht teilnahm, leisteten einer Forderung Vorschub, deutsche Juristen müssten sich aktiv um eine internationale und völkerrechtliche Expertise bemühen.[14] Nur wenig später, 1926, folgte das Institut für ausländisches und internationales Privatrecht. Die Initiative für dieses Institut ging von der deutschen Industrie aus, die sich von diesem Institut Expertise bei Transaktionen mit Auslandsbezug erhoffte.[15]

Die Nazi-Herrschaft vereinnahmte auch diese beiden Kaiser-Wilhelm-Institute: Sie erstellten Gutachten zu den Rechtsordnungen der von der Wehrmacht besetzten Gebiete[16] und verfassten Texte über Rechtsvereinheitlichung im »Großdeutschen Raum«.[17] Jüdische Wissenschaftler mussten die Häuser verlassen, viele emigrierten und kamen nie wieder zurück – allen voran der Gründungsdirektor des privatrechtlichen Instituts, Ernst Rabel.[18] Die Tonlage veränderte sich deutlich. Die *Chronik des*

---

9 Sauer, Juristische Methodenlehre, 2021, 204; Ernst, Gelehrtes Recht, 2007, 15.
10 Lennartz, *Dogmatik als Methode*, 2017, 58 u. 174.
11 Duve, Kunstreich und Vogenauer, *Rechtswissenschaft*, 2023. Zum Clusterkonzept siehe oben, Kap. III.2.
12 Vogenauer, Rechtsgeschichte und Rechtsvergleichung, 2012, 1152.
13 Denkschrift zur Gründung des Instituts, erschienen am 30. Oktober 1925, PA AA, R 54245, zitiert nach Lange, *Praxisorientierung*, 2017, 75, Fußnote 6, vermutlich verfasst von Viktor Bruns selbst.
14 Vagts, International Law, 1990, 664.
15 Magnus, MPI für ausländisches und internationales Privatrecht, 2023, 91.
16 Ausführlich Lange, Zwischen völkerrechtlicher Systembildung, 2023, 49, 52–56.
17 Hueck, Völkerrechtswissenschaft im Nationalsozialismus, 2000. Ebenso Lange, *Praxisorientierung*, 2017, 40, Fußnote 58.
18 Kunze, *Ernst Rabel und das Kaiser-Wilhelm-Institut*, 2004, 164–166.

Wirtschaftsrechts etwa, eine vom KWI für Privatrecht herausgegebene Zeitschrift, schrieb nicht mehr von der Bedeutung der Privatautonomie, sondern davon, dass »jetzt in diesem äußerst harten Abschnitt des Krieges […] die gesamte Wirtschaft wie eine kämpfende Truppe [erscheint], die mit den besten Kräften in das neue Jahr hineinmarschieren soll«.[19] Man stellte sich in den Dienst des Regimes.[20] Für die damit verbundene Hypothek ist es eine glückliche Fügung, dass es zu dem noch unter der Nazi-Herrschaft anvisierten Institut für Strafrecht nie kam. Aus den Akten ergibt sich, dass es vor allem an dem damals zuständigen Staatssekretär Roland Freisler lag (der spätere, als »Blutrichter« des Regimes bezeichnete Präsident des Volksgerichtshofs), mit dem man, so die nachträgliche Behauptung Telschows, seitens der KWG die Sache nicht weiter habe betreiben wollen.[21]

Mit dem heranrückenden Krieg und den Fliegerbomben wuchs die Sorge um die teuren Spezialbibliotheken, die man 1944 aus der preußischen Hauptstadt in die süddeutschen Universitätsstädte Heidelberg und Tübingen verlagerte.[22] Dabei trennten sich auch die Wege der beiden Institute. Womöglich war das eine notwendige Bedingung für die weitere Verästelung und das Wachstum des juristischen Clusters in der späteren MPG. Nach Kriegsende wurde das KWI für ausländisches und internationales Privatrecht zunächst unter demselben Namen fortgeführt, bis es 1949 in die MPG aufgenommen wurde und seitdem als MPI für ausländisches und internationales Privatrecht firmiert.[23] Das KWI für ausländisches öffentliches Recht und Völkerrecht wurde zunächst geschlossen und 1949 als neues MPI mit altem Direktor neu gegründet.[24]

13.3 Das Verhältnis zur Sektion

Für den Verbleib und das Wachstum der Rechtswissenschaft in der MPG waren die 1950er- und 1960er-Jahre entscheidend. Die Rechtsvergleichung als besonderen methodischen Zugang übernahmen die MPI als Erbe der KWG. Das kann man als Pfadabhängigkeit bezeichnen, entwickelte sich aber in den 1960er-Jahren auch zum Abgrenzungskriterium und zur Rechtfertigung eigener juristischer Institute in der MPG. Hinzu trat ein gesteigertes Interesse der Politik an diesen Einrichtungen. Darüber hinausgehende Fragen nach der Ausrichtung dieser Institute oder auch danach, was denn juristische Grundlagenforschung prinzipiell zu leisten habe, wurden nicht gestellt.

13.3.1 Frühe Sektionsgeschichte

Am Anfang waren die Juristen die Sektion: Hans Dölle, der Direktor des Tübinger Instituts für Privatrecht,[25] Carl Bilfinger, der rehabilitierte Direktor des Heidelberger Instituts[26] für Völkerrecht, sowie die (Auswärtigen) Wissenschaftlichen Mitglieder dieser Institute: Prälat Georg Schreiber, Hans Georg Rupp und Alexander Makarov.[27] Sie halfen, die Geisteswissenschaften überhaupt in der neu gegründeten MPG zu verankern. 1953 kam die Bibliotheca Hertziana, das kunsthistorische Institut in Rom, unter dem Direktor Graf Wolff Metternich hinzu.[28] Etwa zur gleichen Zeit gab es bereits Stimmen, die die Neugründung eines juristischen MPI auf dem Gebiet des Strafrechts und der Kriminologie anregten, doch wurde zunächst der Gründung eines MPI für Geschichte in Göttingen unter Hermann Heimpel der Vortritt gelassen.[29] Da die Kollegen aus Rom oftmals nicht die Reise

---

19 Chronik für Wirtschaftsrecht Januar 1944, AMPG, I. Abt., Rep. 37, Nr. 17, fol. 1.
20 Kunze, *Ernst Rabel und das Kaiser-Wilhelm-Institut*, 2004, 183–185; Landau, *Juristen jüdischer Herkunft*, 2020. Hans Dölle, der spätere Direktor des MPI für Privatrecht, trat 1937 in die NSDAP ein, lehrte bis zum Ende des Zweiten Weltkriegs an der Reichsuniversität Straßburg und war in dieser Zeit bereits Wissenschaftliches Mitglied der KWG, bevor er nach dem Tod Heymanns die Leitung des nach Tübingen umgezogenen KWI übernahm. Jürgen Basedow weist in seiner Würdigung Konrad Zweigerts darauf hin, Zweigert habe als Sozialliberaler am KWI gleichwohl einen geschützten Raum vorgefunden. Das mag für sich genommen so gewesen sein, schloss aber umgekehrt die generelle Indienstnahme des Instituts für die nationalsozialistische Rechtspolitik nicht aus. Basedow, Die politische Dimension des Rechts, 2019, 23.
21 Vermerk Telschow vom 7.8.1953, AMPG, II. Abt., Rep. 66, Nr. 4116, fol. 41.
22 Nachruf von Neuhaus, Hans Rupp, 1990.
23 Zum Fortbestand des Instituts nach Auflösung der Kaiser-Wilhelm-Gesellschaft in der französischen Zone siehe AMPG, I. Abt., Rep. 37, Nr. 21–22.
24 Lange, Zwischen völkerrechtlicher Systembildung, 2023, 53.
25 Zu Hans Dölle siehe Houbé, Hans Dölle, 2004.
26 Lange, Bilfingers Entnazifizierung, 2014.
27 Siehe beispielhaft das Protokoll der Sektionssitzung vom 28.5.1958, AMPG, II. Abt., Rep. 62, Nr. 1411, fol. 2.
28 Zur Biblioteca Hertziana siehe unten, Kap. IV.8.10.
29 Schöttler, *Die Ära Heimpel*, 2017, 5.

zu Sektionssitzungen antraten, war Heimpel bei vielen Sitzungen der einzige nichtjuristische MPI-Direktor.[30]

Wenngleich der Ruf nach einem strafrechtlichen Institut zunächst hintangestellt worden war, stellte sich doch die Frage nach der »Vollständigkeit« der Rechtswissenschaft in der MPG. Schon zu KWG-Zeiten hatte man von einer »Lücke« gesprochen, da von den drei Säulen der Rechtswissenschaft – Privatrecht, öffentliches Recht, Strafrecht – eben nur zwei in der KWG vertreten waren.[31] Dem schlossen sich auch die in den 1950er-Jahren bei der MPG eingehenden Anträge an.[32] Allerdings gab es zu dieser Zeit bereits in Freiburg ein etabliertes Universitätsinstitut für ausländisches und internationales Strafrecht unter Adolf Schönke,[33] mit dem Dölle durch die deutsche Gesellschaft für Rechtsvergleichung verbunden war und dem man keine Konkurrenz machen wollte.[34]

Anders verhielt es sich mit dem Vorschlag für ein rechtshistorisches Institut von Erich Genzmer, zu dieser Zeit Ordinarius an der Universität Hamburg.[35] Er sah eine besondere Verbindung zwischen Privatrechtsdogmatik und Rechtsgeschichte: »[I]n fünfzig oder hundert Jahren, wenn keine Menschheitskatastrophen eintreten, wird man die ganze große Materie der europäischen Obligationenrechte vereinheitlichen.«[36] Den Weg der europäischen Rechtsangleichung, den er weitsichtig vorhersah, könne man aber nicht ohne profunde Kenntnisse in der Rechtsgeschichte beschreiten, derer wiederum die Rechtsdogmatik bedürfe.[37] Damit stellte er nicht so sehr auf eine zu schließende Lücke und die Spiegelung des Fachs ab, als vielmehr auf die Bedeutung eines Grundlagenfachs[38] für die Rechtsdogmatik, was sich wiederum mit der Ausrichtung der MPG auf Grundlagenforschung vertrug.[39]

13.3.2 »Mosler-Kommission«

Die vielfältigen Anregungen führten zu Diskussionen innerhalb der Sektion über die Kriterien, die für die Neugründung geisteswissenschaftlicher Institute ausschlaggebend sein sollten. Hermann Mosler, der inzwischen Carl Bilfinger als Direktor des völkerrechtlichen Instituts in Heidelberg nachgefolgt war, engagierte sich besonders in dieser Diskussion. Er gab zu bedenken, dass ein Max-Planck-Institut nur dann eine »Daseinsberechtigung« habe, »wenn es etwas leiste, was an Universitäten nicht geleistet werden könne«.[40] Das sollte zum Leitmotiv der Diskussion werden. Schreiber wiederum warnte, jede Neugründung werde sofort neue Pfadabhängigkeiten schaffen. Er gehörte zu den Kritikern eines drohenden Übergewichts juristischer Institute in der Sektion.[41] Zur gleichen Zeit kam es zur Hängepartie zwischen den Ländern und der MPG um die Finanzierung der Gesellschaft. Die Aktivitäten der MPG auf dem Gebiet der Geisteswissenschaften wurden zum Stein des Anstoßes, an dem man die Finanzierung der MPG verhandelte.[42]

In der Folge richtete die Geisteswissenschaftliche Sektion eine Kommission unter Hermann Mosler ein, die sich mit der Daseinsberechtigung der Sektion befasste.[43] Die sogenannte Mosler-Kommission sollte Argumentationshilfen für die MPG zusammentragen, um sie in die Verhandlungen mit den Ländern einfließen zu lassen.

---

30 Noch vor ihrer Ernennung zu Direktoren berief man Konrad Zweigert und Hermann Mosler zu Auswärtigen Wissenschaftlichen Mitgliedern, gefolgt von den Privatrechtlern Paul Heinrich Neuhaus und Friedrich Korkisch sowie dem Völkerrechtler Günther Jaenicke.
31 Protokoll der Senatssitzung vom 24.4.1942, Bl. 9, AMPG, I. Abt., Rep. 1A, Nr. 81, fot. 65. Vermerk Telschow vom 7.8.1953, AMPG, II. Abt., Rep. 66, Nr. 4116, fol. 41.
32 Stellungnahme von Schaffstein am 30.7.1953, abgeheftet mit dem bockelmanschen Konzeptpapier, AMPG, II. Abt., Rep. 66, Nr. 4116, fol. 34.
33 Ziemann, Werben um Minerva, 2023, 197 u. 206–209.
34 Schreiben Hans Dölles an Benecke vom 21.9.1953, AMPG, II. Abt., Rep. 66, Nr. 4116, fol. 45.
35 Kriechbaum, Genzmer, 2019, 273.
36 Vorschlag zur Gründung eines Max-Planck-Institutes für vergleichende Rechtsgeschichte, AMPG, II. Abt., Rep. 62, Nr. 1412, fol. 18.
37 Kriechbaum, Genzmer, 2019, 307; Thiessen, MPI für europäische Rechtsgeschichte, 2023, 144.
38 Als juristische Grundlagenfächer gelten gemeinhin Rechtsgeschichte, Rechtsphilosophie, Rechtstheorie und Rechtssoziologie.
39 Sachse, Basic Research, 2018, 170–172.
40 Entwurf zum Protokoll der »Sitzung der in Frage der Gründung eines Max-Planck-Instituts für vergleichende Rechtsgeschichte eingesetzten Kommission« am 28.10.1959 in Frankfurt a.M., AMPG, Rep. 62, Nr. 1412, fol. 153.
41 Brief von Hermann Mosler an Hermann Heimpel vom 4.5.1960, AMPG, II. Abt., Rep. 62, Nr. 1413, fol. 88–89; Georg Schreiber, »Zur Neugründung von Forschungsinstituten«, AMPG, II. Abt., Rep. 62, Nr. 1413, fol. 298–304.
42 Zum Ringen mit den Ländern um die Finanzierung siehe Balcar, Wandel, 2020, 15, 133–145.
43 Brief von Konrad Zweigert an die Mitglieder der Geisteswissenschaftlichen Sektion vom 30.4.1964 in AMPG, II. Abt., Rep. 62, Nr. 1418, fol. 30 sowie Protokoll der GWS vom 9.6.1964, ebd., fol. 3.

Sie ging von der damals vorherrschenden Vorstellung aus, dass geisteswissenschaftliche Fächer zwingend die Einheit von Lehre und Forschung voraussetzten.[44] Wenn nun aber MPI-Direktoren auch unterrichteten, griffe die MPG in ein Hoheitsgebiet der Länder ein.

Die »Mosler-Kommission« hob hervor, die MPG orientiere sich bei ihren Entscheidungen am Forschungsinteresse und am Standpunkt der »optimalen Leistungschance«;[45] die Lehrtätigkeit sei demgegenüber eine untergeordnete organisatorische Frage, keine Grundsatzfrage. Das Memorandum formulierte schließlich Maßstäbe für die Neugründungen: die Förderung von Forschungsvorhaben »auf den Grenzgebieten« der Fächer, »die Verwendung organisatorischer Formen, die für die Hochschulen ungeeignet sind«, und »die Bereitschaft erstrangiger Forscher, sich diesen Aufgaben zu widmen«. Denn innerhalb des deutschen Wissenschaftssystems komme es der Max-Planck-Gesellschaft zu, »in elastischer Weise […] den Bedürfnissen der Forschung zu entsprechen«. Das müsse als allgemeines Kriterium gelten, unabhängig von der Fächerwahl. Die Stellungnahme ging deshalb auch nicht auf Spezifika der Geisteswissenschaften oder gar der Rechtswissenschaften ein – von einem Passus über die Bedeutung von Spezialbibliotheken als öffentliches Gut einmal abgesehen –, sondern verblieb auf der abstrakt-generellen Ebene.

Damit hatte man die Aufnahme neuer juristischer Institute argumentativ vorbereitet. Der Antrag für die Gründung des rechtshistorischen Instituts lag bereits auf dem Tisch und war eine Art Testballon. Dessen Erfolg eröffnete sodann die Möglichkeiten, das Strafrechtsinstitut in Freiburg und das von Eugen Ulmer geleitete Patentrechtsinstitut in München aufzunehmen, die beide bereits als Universitätsinstitute etabliert waren, sich von der Eingliederung in die MPG aber neue Entwicklungsmöglichkeiten erhofften.[46]

13.3.3 Ein bewegliches System

Nunmehr war die Rechtswissenschaft in der MPG endgültig angekommen. Mit dem Strafrecht sollte die fehlende dritte Säule der traditionellen Rechtswissenschaften in die MPG einziehen, mit dem Münchner MPI für internationales und ausländisches Patent-, Urheber- und Wettbewerbsrecht[47] hatte man sich einem stark wachsenden Gebiet des Wirtschaftsrechts geöffnet, und die Rechtsgeschichte verkörperte eines jener Grundlagen- und Querschnittsfächer, die auch an den Fakultäten zum Fächerkanon gehören. Mithin hatte man zwei Achsen, an denen entlang Erweiterungen möglich waren: die Aufnahme neuer Rechtsgebiete zum einen, die Methodik ihrer Bearbeitung (Rechtsvergleichung, historische Aufarbeitung etc.) zum anderen. Als Architekten dieser Cluster-Struktur dürfen Mosler und Zweigert gelten. Zweigert war bereits Mitglied der Sektion, bevor er 1962 zum Nachfolger Dölles erkoren wurde.[48] Wenn er betonte, die MPG müsse für »alle Fächer« offenstehen, meinte er damit zuvörderst für alle juristischen Fächer.[49] Zweigert orchestrierte den Konsens zwischen Sektion und Generalverwaltung, Mosler lieferte die Argumente. Das Protokoll der Sektionssitzung vom 30. Oktober 1962 vermerkte: »Ein Übergewicht juristischer Institute sei also gegebenenfalls in Kauf zu nehmen.«[50]

Die fünf juristischen Max-Planck-Institute, die sich 1966 in der GWS wiederfanden, agierten komplementär zueinander. Gerade dieser Umstand sollte zu immer neuen Erweiterungen einladen. In den späten 1960er- und frühen 1970er-Jahren erreichten die MPG denn auch gleich mehrere Vorschläge für juristische Neugründungen aus der Fach-Community. Durchsetzen konnten sich eine neue Abteilung für Kriminologie ab 1968 in Freiburg und der 1972 vom Präsidenten des Bundessozialgerichts in Kassel erstmals eingebrachte Vorschlag für ein MPI für Sozialrecht.[51] In den 1970er-Jahren vergrößerten sich zudem die bereits bestehenden Institute. Die Zeit der Al-

---

44 Mosler: Stellungnahme zur Pflege geisteswissenschaftlicher Forschungen durch Max-Planck-Institute, 9.6.1964, AMPG, II. Abt., Rep. 102. Nr. 438, fol. 162–164; Thiessen, MPI für europäische Rechtsgeschichte, 2023, 148–150.

45 Hierzu und zum Folgenden: Stellungnahme zur Pflege geisteswissenschaftlicher Forschungen durch Max-Planck-Institute vom 9.6.1964, AMPG, II. Abt., Rep. 102, Nr. 438, fol. 158–161, Zitate: fol. 158 u. 161.

46 Zur Gründungsgeschichte ausführlich Ziemann, Werben um Minerva, 2023, 197–265.

47 Im Folgenden aus Platzgründen »MPI für Patentrecht«, ohne damit die Bedeutung des Urheberrechts oder Wettbewerbsrechts für dieses Institut schmälern zu wollen, die vielmehr in dessen heutiger Bezeichnung »MPI for Innovation and Competition« klar in den Fokus gerückt sind.

48 Protokoll der GWS vom 21.5.1962, AMPG, II. Abt., Rep. 62, Nr. 1415, fol. 20.

49 Die Anträge aus Freiburg und München lagen bei der Sektionssitzung in Bremen bereits vor. Das Protokoll vermerkt dazu, dass durch die Aufnahme der Herren Jescheck und Ulmer eine »Verbindung zu allen Fächern des internationalen Rechts hergestellt« werde. Ebd., fol. 23.

50 Protokoll der GWS vom 30.10.1962, AMPG, II. Abt., Rep. 62, Nr. 1416, fol. 16.

51 Eichenhofer, MPI für Sozialrecht, 2023, 363–364; die Einrichtung der Abteilung Kriminologie ist dokumentiert in AMPG, II. Abt, Rep. 66, Nr. 4116 (Laufzeit 5.3.1970–10.3.1978).

13. Rechtswissenschaften

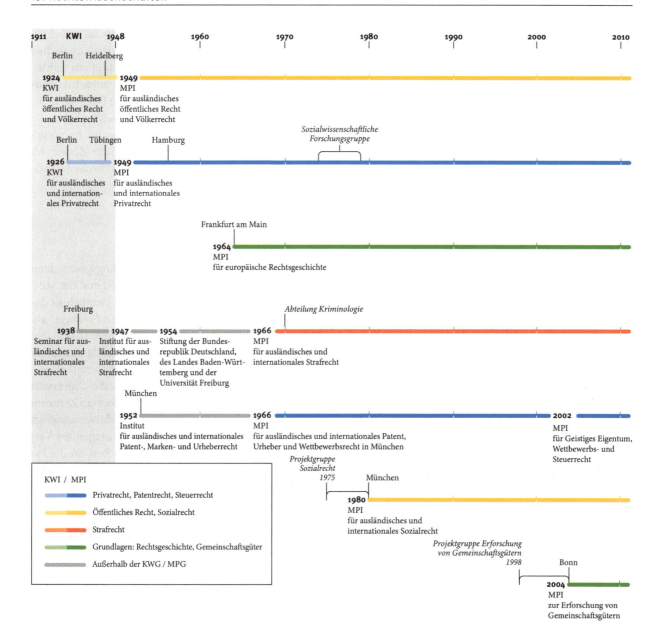

Abb. 31: Rechtswissenschaftliche Institute oder Institute mit rechtswissenschaftlichen Abteilungen in der MPG bis 2010. Die Farbgebung dient lediglich der Kennzeichnung fachlicher Schwerpunkte. Das 2002 umbenannte MPI für geistiges Eigentum, Wettbewerbs- und Steuerrecht teilte sich 2011 in das MPI für Steuerrecht und öffentliche Finanzen und das MPI für Immaterialgüter- und Wettbewerbsrecht (heute MPI für Innovation und Wettbewerb). 2011 wurde zudem das MPI für ausländisches und internationales Sozialrecht umbenannt in MPI für Sozialrecht und Sozialpolitik. – Quelle: Eigene Darstellung

leinherrscher neigte sich dem Ende zu und es entstanden Doppelspitzen oder sogenannte Triumvirate.[52]

Die Abteilung für Kriminologie ist ein Beispiel für die methodologische Erweiterungsachse. Als der Bundestagsabgeordnete Adolf Arndt (SPD) Präsident Butenandt den Vorschlag für ein kriminologisches Institut unterbreitete, schwebte ihm allerdings noch ein interdisziplinäres, eigenständiges Institut vor.[53] Die Juristen in der MPG opponierten: »Freilich sollte die Kriminologie nicht, wie es die Kriminologen selbst wollen, abseits von der Strafrechtswissenschaft rein medizinisch

---

52 Magnus, MPI für ausländisches und internationales Privatrecht, 2023, 118.
53 Brief von Adolf Arndt an den Präsidenten der MPG vom 10.10.1968, AMPG, II. Abt., Rep. 66, Nr. 4116, fol. 99; siehe auch Schreiben des Präsidenten Butenandt an den hessischen Ministerpräsidenten Zinn vom 13.11.1968, AMPG, II. Abt., Rep. 66, Nr. 4116, fol. 103–105.

oder naturwissenschaftlich betrieben werden, da gerade die enge Zusammenarbeit mit der Jurisprudenz das Entscheidende ist und nur dadurch Fehlentwicklungen und Fehlinvestitionen vermieden werden können.«[54]

Der Direktor des strafrechtlichen Instituts in Freiburg, Hans-Heinrich Jescheck, hatte bereits bei der Aufnahme in die MPG eine kriminologische Abteilung geplant, zunächst jedoch auf Anraten Zweigerts die »kleine Lösung« vorgezogen.[55] Nun holte er die Pläne wieder hervor. Die Gründung einer entsprechenden Abteilung am strafrechtlichen Institut ermöglichte es dem rechtswissenschaftlichen Cluster, weiter zu wachsen, und der MPG ersparte es den langwierigen Prozess einer Institutsgründung.

Auf einen solchen ließ man sich erst wieder im Fall des Sozialrechts ein, das ein Beispiel für die disziplinäre Erweiterungsachse ist. Der Vorschlag für dieses Institut musste sich gegen andere Projekte durchsetzen[56] und zugleich gegen ein Klima, in dem einerseits Interdisziplinarität und eine stärkere Einbindung der Sozialwissenschaften gefordert, andererseits aber auch eine Ideologisierung durch die Sozialwissenschaften befürchtet wurde.[57] Gemeint waren damit linke bzw. kommunistische Gesellschaftstheorien. Zweigert, ein Fürsprecher des Sozialrechtsinstituts, sah sich in einer Senatssitzung dazu veranlasst, dem Gremium zu versichern, dass kein ideologisches Abdriften zu befürchten sei, denn alle entwickelten Gesellschaften müssten sich mit den Problemen der sozialen Sicherung befassen – unabhängig von der Wirtschaftsordnung im engeren Sinne.[58]

Einer Einbindung der Sozialwissenschaften in das geplante Institut standen die Juristen skeptisch gegenüber. Hans Zacher, der als Gründungsdirektor im Gespräch war, lehnte das ab, weil es von seiner eigenen Expertise abwich. Und auch die übrigen juristischen Direktoren erklärten zwar ganz allgemein, dass für sozialwissenschaftliche Aspekte »selbstverständlich Raum« sei, machten aber zugleich deutlich, dass es eines klaren juristischen Zuschnitts bedürfe, um ein »Mammutinstitut« zu verhindern.[59] Der Verwaltungsrat genehmigte zunächst – anders als von der Sektion erhofft – nur eine Projektgruppe. Diese nahm 1975 ihre Arbeit auf. 1979 schließlich sollte daraus ein vollwertiges Max-Planck-Institut hervorgehen.[60] Noch einmal zehn Jahre später wurde Zacher der erste Präsident der MPG aus der Geisteswissenschaftlichen Sektion.

13.4 Bedeutung der Politik

Es fällt auf, dass in fast allen Gründungsgeschichten rechtswissenschaftlicher Institute der KWG und der MPG die Politik (zumindest auch) Pate stand. Deutlich ist das beispielsweise im Ringen um den Standort Frankfurt am Main in den 1950er-Jahren. Walter Hallstein (CDU), ein ehemaliger Habilitand des KWI für Privatrecht und später europäischer Kommissionspräsident, hatte bereits als erster Nachkriegsrektor der Frankfurter Goethe-Universität zwischen 1946 und 1950 versucht, ebendort ein Zentrum für internationale und vergleichende Rechtswissenschaft zu etablieren.[61] Er holte einen der herausragenden Vertreter der ordoliberalen Schule, Franz Böhm, an die Fakultät,[62] außerdem kamen in dieser Zeit Hermann Mosler und Helmut Coing nach Frankfurt.[63] Als Hallstein später gänzlich in die Politik wechselte, leitete Coing bereits dessen Institut für ausländisches und internationales Wirtschaftsrecht, bevor man ihn für den Direktorenposten des MPI für Rechtsgeschichte auserkor.

Von dieser Warte aus betrachtet war das MPI für Rechtsgeschichte lediglich eine Kompensation für den zuvor fehlgeschlagenen Versuch, die beiden alten KWI

---

54 Brief von Jescheck an Generalsekretär Schneider vom 5.12.1968, AMPG, II. Abt., Rep. 66, Nr. 4116, fol. 112.
55 Auszug aus dem Protokoll der Sitzung des Verwaltungsrats am 24.11.1969 AMPG, II. Abt., Rep. 66, Nr. 4116, fol. 2.
56 Beispielsweise hatten die Syndizi von Siemens, Dresdner Bank, AEG, Farbwerke Hoechst und BASF bereits 1973 die Einrichtung eines MPI für internationales Finanz- und Steuerrecht angeregt. Schreiben an Reimar Lüst vom April 1973, AMPG, II. Abt., Rep. 62, Nr. 1071, fol. 115–124.
57 In der Sektion bestand man auf einer stärkeren Einbindung der Sozialwissenschaften durch Einbeziehung der sozialen und theoretischen Grundlagen (einschließlich Politologie, Statistik und Ökonomie). Auszug aus dem Protokoll der Sektionssitzung vom 17.1.1974, AMPG, II. Abt., Rep. 62, Nr. 1074, fol. 308.
58 Ebd., fol. 308–310 sowie Auszug aus dem Protokoll der Sektionssitzung vom 17.6.1975, ebd., fol. 239.
59 Sitzung der Kommission Projektgruppe für internationales und vergleichendes Sozialrecht am 31.8.1978 in Heidelberg, ebd., fol. 173–182, hier fol. 175, sowie Auszug aus dem Protokoll der Sektionssitzung vom 17.1.1974, ebd., fol. 309.
60 Zur Gründungsgeschichte ausführlich Eichenhofer, MPI für Sozialrecht, 2023, 361–362 u. 368–374.
61 Schönwald, *Walter Hallstein*, 2018, 51–52; siehe auch die biografischen Erinnerungen seines Sekretärs: Kilian, Walter Hallstein, 2005.
62 Teubner, Wirtschaftsverfassung oder Wirtschaftsdemokratie?, 2014, 520 u. 522; Mestmäcker, Franz Böhm, 2007, 33.
63 Lange, *Praxisorientierung*, 2017, 58 Fußnote 152; Thiessen, MPI für europäische Rechtsgeschichte, 2023, 151.

am Frankfurter Standort wieder zu vereinigen.⁶⁴ Seit den 1950er-Jahren hatten sich Hallstein, inzwischen Staatssekretär im Auswärtigen Amt, und die Goethe-Universität vergeblich um die Ansiedlung dieser juristischen MPI bemüht. Der Plan scheiterte seinerzeit an der Schwerfälligkeit der Frankfurter Stadtverwaltung, einem günstigen Angebot an die Privatrechtler für ein Grundstück in Hamburg und der Realisierung eines Neubaus für das völkerrechtliche Institut in Heidelberg.⁶⁵

Walther Strauß war ein anderer CDU-Politiker, der sich starkmachte für die Juristen in der MPG. Von 1949 bis zu seinem Sturz über die »Spiegel-Affäre« 1963 diente er als Staatssekretär unter vier verschiedenen Justizministern und galt als graue Eminenz des Ministeriums.⁶⁶ Strauß war es, der bei strafrechtlichen Reformvorhaben immer wieder auf rechtsvergleichende Arbeiten zurückgriff, die er beim Freiburger Institut in Auftrag geben ließ. Der größte Auftrag des Justizministeriums kam Ende der 1950er-Jahre, als es um die Reform des Strafvollzugsrechts und des Strafregisterrechts ging.⁶⁷ Die in Freiburg erstellten Studien sollten den Referenten des Ministeriums und den Mitgliedern der vom Bundestag eingerichteten Strafrechtskommission »die im Ausland vorhandenen und erprobten Lösungsmöglichkeiten«⁶⁸ aufzeigen. Es war auch Walter Strauß, der dann 1961 den Antrag bei der MPG einbrachte, das Institut aus Freiburg in die MPG aufzunehmen. In die kurz darauf festgefahrenen Verhandlungen zwischen Bund, Ländern und MPG griff er ein, indem er, schon nicht mehr Staatssekretär, seine Parteikontakte in der CDU spielen ließ.⁶⁹

Daraus eine besondere Nähe der MPG-Juristen zur Politik abzuleiten griffe allerdings zu kurz. Vielmehr ist diese Nähe dem Fach als solchem immanent, und zwar aus drei Gründen: Zum einen ergreifen die allermeisten nach dem Studium einen Beruf in der Praxis – als Anwalt, in einem Unternehmen oder Verband, als Richter oder in der öffentlichen Verwaltung. Das bleibt nicht ohne Auswirkungen auf die Lehrinhalte an den Universitäten.⁷⁰ Zweitens baut das deutsche Rechtssystem – wie geschildert – auf einem Zusammenwirken von Rechtswissenschaft, Rechtsanwendung und Gesetzgebung auf. Und schließlich ist das Jurastudium gerade für die höhere Beamtenlaufbahn bis heute häufigste Zugangsvoraussetzung; die Sphäre der Ministerialbeamten und die der Rechtswissenschaft sprechen dieselbe Sprache.

Nun kamen gerade wegen der Fokussierung auf den »heimischen« Arbeitsmarkt rechtsvergleichende und internationale Inhalte an den Universitäten lange nicht vor bzw. nur dann, wenn sie im individuellen Interesse eines Lehrstuhlinhabers lagen.⁷¹ Dass aber die Gesetzgebung und die Gerichte einen Bedarf an Expertise in ausländischen Rechtsordnungen und in der Rechtsvergleichung haben, um Fälle mit internationalem Bezug zu entscheiden oder neue Gesetze vorzubereiten, ist bereits bei der Gründung der ersten beiden KWI formuliert worden. Die juristischen MPI haben sich in der Nachkriegszeit hier eine funktionale Nische gesucht, in der sie, getreu dem moslerschen Diktum, tatsächlich Dinge leisteten, die gebraucht wurden, aber von den Universitäten nicht geleistet wurden. Das hat sich für internationale Fragestellungen in der Zwischenzeit teilweise geändert; gerade das Völkerrecht und das Internationale Privatrecht gehören an vielen Universitäten inzwischen zum Kanon, Europarecht sowieso.⁷² Für die Rechtsvergleichung im engeren Sinne sowie für interdisziplinäre Zugänge zum Recht wird die Politik indes auch in Zukunft auf die juristischen MPI angewiesen sein.⁷³

13.5 Charakteristika der Institute

Ob es die heutige Geistes-, Sozial- und Humanwissenschaftliche Sektion gäbe, hätten sich die Juristen nicht mit der Gründung des MPI für europäische Rechtsgeschichte

---

64 Schreiben von Walter Hallstein vom 27.10.1952 an den Magistrat der Stadt Frankfurt, Institut für Stadtgeschichte Frankfurt am Main, Bestand A.02.01, Magistratsakten 8421 (unpaginiert).
65 Lange, Zwischen völkerrechtlicher Systembildung, 2023, 55. Der Senat Hamburgs war außerdem bereit, entsprechende Lehrstühle sowohl für den Direktor Hans Dölle als auch für Konrad Zweigert – zu dieser Zeit Bundesverfassungsrichter und Professor für Zivilrecht in Tübingen – einzurichten. Ebenfalls hatte Hamburg die Versicherung gegeben, dass das Institut nach Berlin zurückverlegt werde, sobald Berlin wieder Bundeshauptstadt geworden sei. Schreiben des hessischen Finanzministers an den Frankfurter Oberbürgermeister vom 12.11.1952, Institut für Stadtgeschichte Frankfurt am Main, Bestand A.02.01, Magistratsakten 8421 (unpaginiert).
66 Görtemaker und Safferling, *Die Akte Rosenburg*, 2016, 97–99; Apostolow, *Der »immerwährende Staatssekretär«*, 2019.
67 Zur »Großen Strafrechtsreform« siehe Deutscher Bundestag, *Entwurf StGB 1960*, 3.11.1960; Hassemer, Strafrechtswissenschaft, 1994.
68 Jescheck, Rechtsvergleichung im Max-Planck-Institut, 1967.
69 Ziemann, Werben um Minerva, 2023, 253 m.w.N.
70 Raff, Rechtsvergleichender Überblick, 2011, 33, 35; Trybus, Großbritannien, 2011, 77–78.
71 Duden und Trinks, Vergleichende Perspektiven, 2020, 27 u. 38.
72 Ebd., 39.
73 Wissenschaftsrat, *Perspektiven der Rechtswissenschaft*, 9.11.2012, 45, 51.

gegen Widerstände durchgesetzt, lässt sich schwer sagen. Die grundsätzliche Frage – nämlich ob die MPG überhaupt Geisteswissenschaften betreiben dürfe – haben sie damals zugunsten der MPG entschieden. Und doch sind die Rechtswissenschaften in dieser sich weiter ausdifferenzierenden Sektion Fremdkörper geworden.[74]

Das hängt mit ihren Tätigkeiten zusammen. Bis in die 1990er-Jahre hinein hatten die rechtswissenschaftlichen Institute – von einzelnen Experimenten abgesehen – eine stabile und klar umrissene Aufgabenstellung, die sich aber eben gerade nicht durch Interdisziplinarität hervortat. Im Gegenteil, man spiegelte das eigene Fach und ergänzte es um die internationale und rechtsvergleichende Perspektive. Das stieß nicht nur auf Gegenliebe, wie Helmut Coing in einer Nebenbemerkung bereits 1968 verriet: »Die Naturwissenschaftler [...] murren schon erheblich über die – wie sie sich ausdrücken – juristische Fakultät, die sie bekommen haben.«[75]

Das Wort von der Fakultät ist nicht völlig aus der Luft gegriffen. In ihrem Zuschnitt und aufgrund ihrer räumlichen Distanz verhielten sich die Institute komplementär zueinander, um ein möglichst breites Spektrum des Fachs abdecken zu können. Und in ihren Tätigkeiten blieben sie auch klar diesem Fach verbunden: Sammeln, Systematisieren, Ausbilden.[76] Deren Mehrwert und Berechtigung wurden in den 1980er-Jahren auch innerhalb der Sektion vermehrt infrage gestellt. Umgekehrt fühlten sich die Juristen von ihren Kolleg:innen der GWS nicht immer verstanden. Das scheint beispielsweise in einem Vermerk anlässlich der Suche eines Nachfolgers für den Direktor des Münchner Instituts für internationales und ausländisches Patent-, Urheber- und Wettbewerbsrecht – Friedrich-Karl Beier – durch:[77] Kritisiert wurde »die Geringschätzung, die einige Mitglieder der Sektion dem Forschungsgebiet des Instituts entgegenbrachten. Es bestünde eine Vorliebe für historische Fächer, Gegenwartsprobleme wie die am Institut bearbeiteten würden gering geachtet. In der Rechtswissenschaft gehe es nicht darum, geniale Ideen zu haben.«[78]

13.5.1 Wissensspeicher und Auskunftsstelle

Jurist:innen arbeiten mit Texten und das bedeutete in der Vergangenheit meist: mit vielen Büchern.[79] Gesetzestexte, Gesetzgebungsmaterialien wie Ausschussprotokolle, Kommentare, Gerichtsentscheidungen, Monografien, Festschriften – jeder neue Beitrag zu diesem Corpus wird in einer exegetischen Disziplin selbst wieder zum Objekt der Forschung.[80] In dem hier behandelten Zeitraum war die Bibliothek der wichtigste Wissensspeicher und Denkort für die Rechtswissenschaft. Die Spezialbibliotheken der juristischen MPI wurden zum Markenkern des Clusters und zugleich zum öffentlichen Gut.[81]

Es war die Sorge um die Bibliotheken, die den Umzug der Kaiser-Wilhelm-Institute von Berlin nach Süddeutschland veranlasste. Es war das Interesse an der Bibliothek, das die Aufnahme des strafrechtlichen Instituts begünstigte.[82] Es waren die Bibliotheken, mit denen die MPI früh um Gastwissenschaftler:innen und Austauschprogramme warben.[83] Und mit Verweis auf die besondere Ausstattung und Bedeutung ihrer Bibliotheken konnten auch Versuche, eine juristische Verbundbibliothek der MPG einzurichten, abgewehrt werden.[84] Das war nicht bloß Besitzstandwahrung. Tatsächlich haben nämlich auch die Staats- und Universitätsbibliotheken in Deutschland vielfach nicht im selben Maße ausländische juristische Literatur gesammelt, gerade weil man dort wusste, dass die juristischen MPI mit ihrer spezifischen Expertise diesen Aufwand betrieben.[85]

Eine besondere Rechtfertigung für diesen Ressourcenaufwand steuerte die Gutachtertätigkeit der Institute

---

74 Siehe unten, Kap. III.14.
75 Brief Coing an Kurt Biedenkopf vom 27.5.1968, AMPG, II. Abt., Rep. 62, Nr. 1074, fol. 111.
76 Stolleis, Erinnerung, 1998, 83.
77 Steinhauer, Institut auf der Suche, 2023, 281 u. 332–334.
78 Protokoll der Kuratoriumssitzung des Münchener Instituts für ausländisches und internationales Patent-, Urheber- und Wettbewerbsrecht vom 15.4.1997, AMPG, II. Abt., Rep. 62, Nr. 889, fol. 84 verso.
79 Sie auch unten, Kap. IV.7.6.
80 Sauer, Juristische Methodenlehre, 2021, 206; Laux, *Public Epistemic Authority*, 2022, 50.
81 Dazu ausführlich unten, Kap. IV.7.6.
82 Wissenschaftsrat, *Perspektiven der Rechtswissenschaft*, 9.11.2012, 40; Riegert, Max Planck Association's Institutes, 1973, 312, 328.
83 Korkisch, Die rechtswissenschaftlichen Institute, 1963; Bibliothek des MPI für Privatrecht, 1968.
84 Das geschah sowohl in den 1980er- als auch in den 1990er-Jahren. AMPG Abt II, Rep. 57 Nr. 1076 und AMPG, II. Abt, Rep. 1, Nr 3.
85 Der sogenannte Kötz-Bericht, der Abschlussbericht einer Kommission unter der Leitung des Hamburger MPI-Direktors Hein Kötz, die in den 1980er-Jahren das Einsparpotenzial bei juristischen Bibliotheken untersuchen sollte, unterstrich vielmehr die Bedeutung der juristischen Spezialbibliotheken und kam zu dem Ergebnis, dass Einsparungen in diesem Bereich die Funktionsfähigkeit der Institute gefährdeten. Vermerk vom 2.8.1983, AMPG, II. Abt., Rep. 57, Nr. 1076, fol. 5 ff.

bei, die Gutachten für deutsche Gerichte und Behörden erstellten (offiziell verfassten sie keine Privatgutachten für und im Auftrag von einzelnen Streitparteien).[86] Gerade die Gutachten erforderten das Zusammentragen und Systematisieren von Informationen aus der ganzen Welt. Es ging dabei überwiegend um Verfahren mit auslandsrechtlichen Bezügen oder um kollisionsrechtliche Fragen.[87] Auch zum Zwecke dieser Gutachten waren die Stellen der wissenschaftlichen Mitarbeiter:innen, die dort Referent:innen hießen, im Verhältnis zueinander häufig behördenmäßig nach sachlicher und örtlicher Zuständigkeit unterteilt.[88] Die jeweiligen Länder- und Sachgebietsreferent:innen bekamen diejenigen Aufträge auf den Tisch, die ihr Fachgebiet und ihre Fremdsprachenkompetenz betrafen. Bei den Wissenschaftler:innen waren diese Gutachten nicht beliebt.[89]

Eine wichtige Literaturgattung, die die juristischen MPI in Deutschland maßgeblich prägten, waren die sogenannten Länderberichte: Das waren Darstellungen, wie eine bestimmte Rechtsfrage oder auch ein bestimmter Problemkreis in einer einzelnen ausländischen Rechtsordnung geregelt war. Ein Länderbericht erschöpft sich nicht darin, eine Parallelvorschrift zu derjenigen des deutschen Rechts aufzufinden, die es im Zweifel nicht geben wird. Vielmehr geht es in einem ersten Schritt darum, die spezifische Regelungsproblematik zu identifizieren, um dann – unter Berücksichtigung der besonderen Systematik einer fremden Rechtsordnung und Rechtssprache – nachzuvollziehen, wie dem Problem in einer anderen Rechtsordnung begegnet wird.[90] Dafür sind Vorarbeiten nötig, das Zusammentragen unterschiedlichster Originalquellen aus der jeweiligen Rechtssprache, aber mitunter auch das Anfertigen von Übersetzungen.[91] Zugleich sind die Länderberichte ihrerseits häufig Vorarbeiten zu groß angelegten rechtsvergleichenden Untersuchungen,[92] werden aber auch vielfach im Gesetzgebungsprozess herangezogen.[93] In den MPI war es an den Länderreferaten, diese Berichte zu koordinieren und in regelmäßigen Abständen herauszubringen.[94]

Diese Art von enzyklopädischem Sammeln war nicht zuletzt Ausdruck einer spezifischen Konzeption von juristischer Großforschung, die dem juristischen Cluster durch die Übernahme der KWI vermittelt worden war. Allerdings hatte die möglichst systematische und vollständige Erfassung eines Teilgebiets des Rechts mit internationalen Bezügen und im Vergleich mit seinen ausländischen Pendants nichts mit einem arbeitsteiligen und kollaborativen Forschungsprozess zu tun, wie man ihn aus den Naturwissenschaften kennt.[95] Waren wissenschaftliche Mitarbeiter:innen im Rahmen ihrer Institutsaufgaben an Großprojekten wie Nachschlagewerken oder Übersetzungen beteiligt, war die Hierarchie maßgebend. Die inhaltlichen und wissenschaftlichen Konzeptionen für bestimmte Quelleneditionen oder Nachschlagewerke stammten vom Direktor,[96] der Beitrag der Mitarbeiter:innen beschränkte sich auf das Zusammentragen oder Ausführen. Je kleinteiliger die Aufgabenverteilung, desto mehr ähnelten die Arbeiten denen von Redaktionsassistent:innen.

Das Institut als Verbund von Spezialbibliothek und spezialisiertem Mitarbeiterstab wurde so zum Werkzeug – ein besonders kostspieliges Werkzeug, wohlgemerkt –, das aber erst in dieser besonderen Konstellation überhaupt »benutzt« werden konnte.[97] Das Potenzial sei-

---

86 Steinhauer, Institut auf der Suche, 2023, 314. – Dass Konrad Zweigert bspw. Privatgutachten für die Volkswagen AG erstattete, geht hervor aus einem Schreiben vom 16. Mai 1974 in AMPG, II. Abt, Rep. 66, Nr. 3664, fol. 365.
87 Beispiele dafür veröffentlicht in: Drobnig und Kegel, *Gutachten zum Internationalen und Ausländischen Privatrecht*, 1997; Neuhaus, Europäische Vereinheitlichung des Eherechtes, 1970; Frowein und Wolf, *Ausländerrecht im internationalen Vergleich*, 1985; Mestmäcker und Engel, *Das Embargo gegen Irak und Kuwait*, 1991; siehe auch beispielhaft aktuell Deutscher Rat für Internationales Privatrecht, *Gutachten*, 2017.
88 Eichenhofer, MPI für Sozialrecht, 2023, 383 u. 398.
89 Siehe auch Magnus, MPI für ausländisches und internationales Privatrecht, 2023, 95–97, 129; Riegert, Max Planck Association's Institutes, 1973, 316, Fußnote 10.
90 Zweigert und Kötz, *Einführung*, 1984, 34–36.
91 Eine der ersten Übersetzungen des chinesischen Urheberrechts ins Deutsche beispielsweise stammt von Adolf Dietz: Urheberrechtsgesetz China, 1990; Adolf Dietz war Referent am MPI für ausländisches Patent-, Urheber- und Wettbewerbsrecht und ein deutschlandweit und international anerkannter Sinologe.
92 Als Beispiel: K. Dilger: Länderberichte der arabischen Staaten sowie des Iran und Afghanistan in: Jescheck und Löffler, *Quellen und Schrifttum*, 1980, 42–262.
93 Ziemann, Werben um Minerva, 2023, 242–246.
94 Hopt und Baum, Börsenrechtsreform, 1997, 20.
95 Weingart, *Wissenschaftssoziologie*, 2003, 67–77.
96 Thiessen, MPI für europäische Rechtsgeschichte, 2023, 141.
97 Ebd., 155.

ner Spezialbibliotheken konnten nur hoch spezialisierte Mitarbeiter:innen ausschöpfen, die wiederum mit ihrer je spezifischen Perspektive sich am Zusammentragen und Wachsen dieser Sammlungen beteiligten. Das wurde bereits in den 1970er-Jahren als »Instituts-Approach« zusammengefasst: »Institutes permit sizable projects to be planned and executed over extended periods of time, providing for maximum continuity and cooperation. […] The institute approach also provides an efficient system for maximum use of the large, expensive, foreign law libraries and reduces the administrative costs of legal research.«[98]

Größe und Dauer, das waren die besonderen Vorteile, die eine Verfasstheit in der MPG mit sich brachte und diesen Instituten ihre Attraktivität verschaffte. So ging es beispielsweise im Fall des Münchner Instituts für Patentrecht darum, ein bekanntes Universitätsinstitut mit einem großen Mitarbeiterstab zu verstetigen, auch um diese Mitarbeiter:innen halten zu können.[99]

13.5.2 Publikationen und Themen

Ein nicht unwichtiger Beitrag für die deutsche Rechtswissenschaft waren ferner die institutseigenen Schriftenreihen und Zeitschriften. Erstere dienten nicht allein der Verbreitung hauseigener Schriften, sondern etablierten sich als herausragende Adressen für Qualifikationsschriften aus dem ganzen Land – wodurch insbesondere der Kontakt mit der Disziplin und den Fakultäten gehalten wurde.[100] Periodika wie *RabelsZ (Rabels Zeitschrift für ausländisches und internationales Privatrecht)* oder *ZaöRV (Zeitschrift für ausländisches öffentliches Recht und Völkerrecht)* gehören heute in den Kreis der sogenannten Archivzeitschriften.[101] Die *GRUR Int. (Gewerblicher Rechtsschutz und Urheberrecht. Internationaler Teil)* kann ohne Übertreibung als Hauptorgan für diesen Bereich bezeichnet werden. Und dass dieser im Fachjargon der »grüne Bereich« genannt wird, liegt an der Farbe des Umschlags der Zeitschrift.

Hinzu kommen die konventionellen Publikationen zum geltenden deutschen Recht, die zum Pflichtprogramm des wissenschaftlichen Nachwuchses gehören. Wenn dieses nicht bereits in der Promotion oder Habilitation abgedeckt wurde, mussten die entsprechenden Fähigkeiten wenigstens durch geeignete Veröffentlichungen in einschlägigen deutschen Fachzeitschriften nachgewiesen sein. Letztlich publizierte die Gesamtheit der juristischen Max-Planck-Institute durchgängig zu fast allen Aspekten des deutschen Rechts und wirkte auf diese Weise in die deutsche Fach-Community hinein.

Gemeinschaftliche Publikationen sind hingegen, von gemeinsamen Herausgeberschaften und Kommentarliteratur abgesehen, bis heute selten in den Rechtswissenschaften. Publikationen, die aus einer dezidierten Kooperation mehrerer MPI hervorgegangen sind, sucht man daher, von wenigen Ausnahmen abgesehen,[102] vergebens. Dennoch gab es Querschnittsthemen, zu denen alle MPI forschten – das größte unter ihnen: Europa.[103] Europäische Rechtsangleichung,[104] die Institutionen des europäischen Binnenmarkts,[105] kritische Analyse europäischer Rechtsprechung,[106] das Verhältnis von deutscher Verfassung und europäischen Vertragswerk[107] – kaum ein Thema ist so früh, so kontinuierlich und so umfassend und häufig zuerst an Max-Planck-Instituten bearbeitet worden.

Das deutsche und europäische Wirtschaftsrecht ist ein weiterer Schwerpunkt. Das ist bemerkenswert, weil das Wirtschaftsrecht als eigenständige Disziplin durch Fragmentierung in einer Vielzahl von Teilfächern verschwunden ist.[108] Seine Kerngebiete – Kartell- und Wettbewerbs-

---

[98] Riegert, Max Planck Association's Institutes, 1973, 329.
[99] Steinhauer, Institut auf der Suche, 2023, 286.
[100] In der Schriftenreihe des Heidelberger Instituts, »Beiträge zum ausländischen öffentlichen Recht und Völkerrecht«, sind bislang 312 Bände erschienen; die Schriftenreihe des Frankfurter Instituts, »Studien zur europäischen Rechtsgeschichte«, zählt aktuell 328 Bände; das Institut in München gab unter anderem die »Münchener Schriften zum europäischen und internationalen Kartellrecht« und die »Abhandlungen zum Urheber- und Kommunikationsrecht« heraus; das Hamburger MPI bringt in den »Studien zum ausländischen und internationalen Privatrecht« herausragende Dissertationen heraus, während Habilitationsschriften in der Reihe »Beiträge zum ausländischen und internationalen Privatrecht« erscheinen.
[101] Als Archivzeitschriften werden in der Rechtswissenschaft solche bezeichnet, in denen längere, sich gerade an die Wissenschaft richtende Beiträge erscheinen, in Abgrenzung zu Fachzeitschriften, die sich auch an Praktiker:innen wenden.
[102] An der »International Encyclopedia of Comparative Law« wirkten Mitarbeiter:innen von fast allen MPI mit.
[103] Die Festschrift zum 75-jährigen Bestehen des Hamburger MPI hieß bezeichnenderweise »Aufbruch nach Europa«.
[104] Mosler, Begriff und Gegenstand, 1968; Jaenicke, Gemeinschaftsrecht, 1963.
[105] Mestmäcker, Gröner und Basedow, *Gaswirtschaft*, 1990; Lagodny, Binnenmarkt, 1990; Meyer, Europäischer Binnenmarkt, 1996.
[106] Siehe Bleckmann, Rutili-Urteil, 1976; Stein, »Rutili«-Entscheidung, 1976.
[107] Mosler, Entstehung des Modells, 1966; Bernhardt, Europäische Gemeinschaft, 1983.
[108] Kübler, Wirtschaftsrecht, 1994, 364.

recht, gewerblicher Rechtsschutz, Gesellschaftsrecht, Handelsrecht, später auch Kapitalmarktrecht[109] – und die Überschneidungen im öffentlichen Wirtschaftsrecht[110] oder im Wirtschaftsstrafrecht[111] waren zu allen Zeiten im juristischen Cluster der MPG vertreten.

Neben diese beiden großen Leitthematiken haben sich kleinere Querschnittsthemen etabliert, teils durch das Zusammentreffen von geeigneten Persönlichkeiten und den »Konjunkturen«, die bestimmte Themen in der Forschung hatten, teils durch persönliche Netzwerke. Beispielhaft seien hier nur zwei genannt: zum einen der Themenkomplex um Ehe und Minderjährige. Seit 1957, als das erste Gleichberechtigungsgesetz in Kraft trat, behandelten MPI-Jurist:innen durchgehend Rechtsfragen zum Ehegüterrecht und Scheidungsrecht;[112] Vormundschaft und Anerkennung ausländischer Familienregime waren ebenso Gegenstand wie der Schutz Minderjähriger im Strafrecht,[113] Asylrecht und das Kindeswohl in der sozialen Sicherung.[114] In den 1970er-Jahren kam das Umweltrecht als neues Querschnittsthema auf. Umweltschutz wurde zur öffentlich-rechtlichen Aufgabe,[115] war zugleich Gegenstand des Deliktsrechts und wirtschaftlicher Anreizsysteme[116] und schloss auch das sich rasch ausdifferenzierende Umweltstrafrecht ein,[117] das freilich wieder als ein besonderer Ausdruck der Handhabung von Gemeinschaftsgütern konzeptualisiert werden konnte.[118]

13.6 Neue Methoden und Ansätze

Nachdem sich der juristische Cluster in den 1960er-Jahren etabliert hatte, kam es in den folgenden eineinhalb Jahrzehnten zu einer weiteren Ausdifferenzierung durch neue Abteilungen und neue Initiativen. In diesem Zusammenhang öffneten sich die Jurist:innen kurzzeitig auch neuen Methoden. Dies betraf zum einen die sogenannte Rechtstatsachenforschung, die ihrerseits eine große Schnittmenge mit der Rechtssoziologie aufweist, die damals an den Universitäten auch eine Blüte erlebte. Zum anderen wollte man die Wirtschaftswissenschaften in die MPG hineinholen – ein Versuch, der scheiterte. Diese Öffnungen und Erweiterungen endeten in den 1980er-Jahren fürs Erste.

13.6.1 Rechtstatsachen

Unter Rechtstatsachenforschung versteht man Untersuchungen, die sich der Methoden der empirischen Sozialforschung bedienen, um die tatsächlichen Grundlagen, Wirkungen und Zielabweichungen von bestehenden und geplanten rechtlichen Regelungen sowie ihre Ursachen aufzuzeigen.[119] Sowohl im Erkenntnisinteresse als auch in der Methodenwahl gibt es bei der Rechtstatsachenforschung Überschneidungen mit der Rechtssoziologie bzw. – neuerdings – mit den Empirical Legal Studies.[120] Die Rechtssoziologie ist aber nicht auf die bloße empirische Erfassung von rechtlich oder prozessual relevanten Vorgängen beschränkt, sondern betreibt eigenständig Theorie- und Begriffsbildung.[121]

In den 1960er- und 1970er-Jahren erlebte die Rechtssoziologie in Deutschland ein enormes Wachstum.[122] Das speiste sich aus einem gestiegenen Bedarf an Erkenntnissen und Einsichten über die Wirkungsweise und die tatsächlichen Grundlagen des Rechtssystems, die die Rechtswissenschaften mit ihren Methoden nicht beisteuern konnten.[123] 1974 trat das Bundesjustizministerium (BMJ) mit konkreten Anfragen nach empirischen Erhe-

---

109 In den 1990er-Jahren besonders bearbeitet von Hopt, *Comparative Corporate Governance*, 1998; Hopt, Rudolph und Baum, *Börsenreform*, 1997.
110 Frowein und Kühner, Rechtsfragen, 1983.
111 Ein Überblick bei Kaiser, Wirtschaftskriminologische Forschung, 1982, 41–54.
112 Erhebungen zu Alleinerziehenden und zu Problemen des Ehegüterrechts waren ein Kernprojekt der sozialwissenschaftlichen Forschungsgruppe am Hamburger MPI.
113 Kaiser, Kinder und Jugendliche, 1998.
114 Hohnerlein, *Adoption und Kindeswohl*, 1991.
115 Bothe und Gündling, *Tendenzen des Umweltrechts*, 1978.
116 Gessner, *Umweltschutz*, 1978; Siehr, Grenzüberschreitender Umweltschutz, 1981.
117 Albrecht, Heine und Meinberg, Umweltschutz, 1984; Heine, Ökologie und Recht, 1989.
118 Zacher, Erhaltung und Verteilung, 1993.
119 Köbler, Rechtstatsachenforschung, 2001; Stegmaier, Recht und Normativität, 2021, 75; Universität Konstanz, Rechtstatsachenforschung, 2022, https://www.jura.uni-konstanz.de/institut-fuer-rechtstatsachenforschung/.
120 Hamann, *Evidenzbasierte Jurisprudenz*, 2014, 18 u. 40–42.
121 Baer, Rechtssoziologie, 2021, 69.
122 Bender, *Rechtssoziologie*, 1994, 100 u. 112–116.
123 Ebd., 107.

bungen sowohl an das Münchner Institut für Patentrecht als auch an das Hamburger Institut für Privatrecht heran. Konrad Zweigert, der Direktor des Hamburger Instituts, hatte selbst ein interdisziplinäres Interesse, gerade auch an Rechtssoziologie und Rechtspolitik, sodass die Anfrage dort auf offene Ohren stieß,[124] zumal die Rechtstatsachenforschung auf dem Gebiet des Privatrechts Neuland betrat.[125]

Im Februar 1975 fanden erste Gespräche über die Ansiedlung einer sozialwissenschaftlichen Forschungsgruppe am Hamburger Institut statt. Hinsichtlich der Finanzierung einigte man sich darauf, für die Gruppe fünf Stellen einzurichten. Zwei Stellen wollte das MPI selbst bereitstellen und sie mit Ulrich Drobnig und Volker Gessner besetzen, die übrigen drei sollten aus Forschungsaufträgen des BMJ oder aus Fördermitteln der Volkswagenstiftung finanziert werden.[126] Die empirischen Erhebungen, die diese Gruppe für das BMJ – gleichsam als Ressortforschung – durchführte, beschränkten sich zunächst auf das Gebiet des Unterhaltsrechts einerseits und auf die Reform der Konkursordnung andererseits.[127] Sie erfolgten in Form von Fragebögen, die an die Richterschaft und die Ministerialverwaltungen der Länder verschickt wurden.

Aber nicht nur das Hamburger Institut betrieb Rechtstatsachenforschung. In Zusammenarbeit mit dem baden-württembergischen Justizministerium erstellte das Freiburger Institut eine Sozialstatistik für den Jugendstrafvollzug.[128] Das Münchner Institut für Patentrecht erhob in dieser Zeit für das BMJ (und von diesem finanziert) Daten zu Verbraucherverbandsklagen, Verbraucherschäden durch unlautere Geschäftspraktiken und zu Patentverletzungsverfahren.[129]

Das alles gab 1977 Anlass für einen gemeinsamen Vorstoß seitens der juristischen Institute: Die MPG solle einen zentralen Fonds für Rechtstatsachenforschung einrichten, denn diese Art der Forschung war kostenintensiv. Es mussten neben Jurist:innen auch Wissenschafler:innen aus den Bereichen Soziologie, Statistik, Politologie und Demoskopie eingestellt werden, hinzu kamen Materialkosten für Rechenmaschinen und Lochkarten, Fragebögen, Dienstreisen (für Feldstudien) und die Inanspruchnahme von Programmierer:innen.[130] Günther Kaiser, dem Antragsteller und Leiter der kriminologischen Abteilung in Freiburg, schwebte eine zentrale Einheit für Rechtstatsachenforschung vor, die von den jeweiligen Instituten, die die spezifisch juristische Expertise beisteuern sollten, je nach Projektlage in Anspruch genommen werden konnte.[131] Der Vorschlag wurde nicht weiter verfolgt, nachdem die Projekte des BMJ ausgelaufen waren, ohne dass es vergleichbare Nachfolgeprojekte gegeben hätte. Damit war das Ende der Hamburger Forschungsgruppe am MPI besiegelt.

Inzwischen hatte es dort einen Führungswechsel gegeben: Das neue Direktorium war nun ein »Triumvirat« aus Ulrich Drobnig, Ernst-Joachim Mestmäcker und Hein Kötz. Die neuen Direktoren hatten keine Verwendung mehr für die Gruppe und sagten das auch, wie aus einem Gesprächsvermerk im BMJ hervorgeht: »Die Gruppe sei mit ihren zeitweise bis zu 14 Mitgliedern im Institut ein Fremdkörper geblieben. Eine Integration habe nicht stattgefunden. Die Forschungsschwerpunkte der drei Direktoren lägen in anderer Richtung. Man wolle [… in Zukunft …] lieber auf von Direktoren für ihre Fachrichtung ausgesuchte und ihnen zugeordnete Mitarbeiter zurückgreifen.«[132]

13.6.2 Wirtschaftswissenschaften

An dem neuen Hamburger Direktor Ernst-Joachim Mestmäcker lässt sich das schwierige Verhältnis der MPG-Jurist:innen zu den Wirtschaftswissenschaften verdeutlichen.

Ein Blick ins Frankfurter Vorlesungsverzeichnis von 1956 weist neben einem Institut für Wirtschaftsrecht unter Leitung von Franz Böhm und seinem jungen Assistenten Ernst-Joachim Mestmäcker auch ein Institut

---

124 Basedow, Die politische Dimension des Rechts, 2019, 29.
125 Protokoll der Kommissionssitzung vom 18.2.1975 am Hamburger MPI, BArch, B 141/48974.
126 Vermerk vom 9.6.1975, BArch, B 141/48974.
127 Gessner et al., *Konkursabwicklung*, 1978.
128 Kaiser, *Jugendrecht und Jugendkriminalität*, 1973; Kürzinger, *Deliktfragebogen*, 1973.
129 Falckenstein, Praktische Erfahrungen, 1977; Falckenstein, *Bekämpfung unlauterer Geschäftspraktiken*, 1977; Kur, Mißbrauch der Verbandsklagebefugnis, 1981.
130 »Vorschläge zur Förderung der Rechtstatsachenforschung an den juristischen Max-Planck-Instituten«, vom 1.12.1977, AMPG, II. Abt., Rep. 66, Nr. 2994, fol. 161–177.
131 »Überlegungen zur Einrichtung einer Zentralstelle der Max-Planck-Gesellschaft für Rechtstatsachenforschung« von Günther Kaiser, 21.1.1977, ebd., fol. 114–124.
132 Vermerk vom 13.11.1979, BArch B 141/128807.

13. Rechtswissenschaften

für ausländisches und internationales Wirtschaftsrecht aus, das Helmut Coing unter Mitarbeit seines Assistenten Kurt Hans Biedenkopf leitete.[133] Just dieser Kurt Biedenkopf war 1970, inzwischen Professor und Rektor der Ruhr-Universität Bochum, als möglicher Gründungsdirektor für ein MPI für Wirtschaftsordnung vorgesehen. An der Kommission, die diesen Vorschlag behandelte, war auch Mestmäcker beteiligt.[134] Diese Gruppe von Lehrern und Schülern trat für einen besonderen Kurs in der Wirtschaftspolitik und der »Wirtschaftsverfassung« ein, eine »Ordnungspolitik« auf deutscher und europäischer Ebene, und lieferte dafür das intellektuelle Rüstzeug.[135] Mestmäcker und Biedenkopf strebten als Schüler nun ihrerseits in die MPG. Der erste Anlauf scheiterte, wohl auch an dem allgemeinen Klima der 68er-Jahre, in das ein Institut für Wirtschaftsordnung mit stark ordoliberaler Ausrichtung nicht passte.[136] Biedenkopf entschied sich 1971 zunächst für einen Posten in der Privatwirtschaft – bevor er zwei Jahre später als Generalsekretär der CDU in die Politik wechselte.

1977 gab es dann eine neue Initiative für die Integration der Wirtschaftswissenschaften. Diesmal ging sie von Zweigert aus, der den US-amerikanischen Wirtschaftshistoriker und Ökonomen Charles Kindleberger vom Massachusetts Institute of Technology (MIT) als Kommissionsmitglied für die Beratungen gewinnen konnte. Diese Kommission hatte den Präsidenten des Kieler Instituts für Weltwirtschaft, Herbert Giersch, und damit letztlich die Übernahme des Kieler Instituts in die MPG ins Auge gefasst.[137] Mestmäcker übernahm als ein Nachfolger Zweigerts 1979 die Kommission. Er fokussierte sich auf zwei jüngere Ökonomen: Heinz König aus Göttingen und Helmut Hesse aus Mannheim. Die Juristen der MPG begrüßten das Vorhaben, die Vertreter der Wirtschaftswissenschaftler selbst, die man um Stellungnahmen gebeten hatte, äußerten sich weder enthusiastisch noch ablehnend,[138] zwischen den Zeilen aber durchaus skeptisch. Kindleberger, dessen Votum ebenfalls eingeholt wurde, brachte das Planungsdilemma der MPG, zwischen Innovationsdruck und Harnack-Prinzip, auf den Punkt: »If you choose the men first you had better let them choose the subject, and disregard suggestions from outside. If, on the other hand, they were interested in a topic, I suspect they would want to fill out the team with a political scientist, [...] an international expert who was willing to read up on public goods.«[139]

In einer ersten Abstimmung in der Sektion fiel das Projekt durch.[140] Mestmäcker konnte zwar die Stimmung in der Sektion drehen, doch der Verwaltungsrat entschied sich anders.[141] Insbesondere in der Abstimmung mit der Deutschen Forschungsgemeinschaft war sachliche Kritik geäußert worden. So heißt es in einem internen Vermerk der DFG, der auch dem Generalsekretär der MPG, Dietrich Ranft, zuging: »Das Argument, die vorgeschlagene Projektgruppe ergänze sich mit den rechtswissenschaftlichen MP-Instituten, ist schwach. Dagegen bräuchte es politologische Expertise; die rhetorischen Pflichtübungen in Richtung Interdisziplinarität können diese nicht ersetzen. [...] Die MPG wäre gut beraten, vor weiteren Schritten z. B. eine Stellungnahme aus der Ford Foundation einzuholen [...] Es fehlt ein tragfähiges Konzept: Man setzt sich mit dem internationalen Forschungsstand nicht auseinander.«[142]

Diese Ereignisse fallen zusammen mit den Vorgängen um den öffentlichkeitswirksamen Fortgang von Habermas aus der MPG.[143] Die Sektion steckte in einer Krise. Sie antwortete darauf, indem sie sich ein neues Organisationsstatut gab, das die Rechtswissenschaften als tragende Säule endgültig festschrieb: Turnusmäßig sollte jeder zweite Sektionsvorsitz von einem der juristischen Direktoren wahrgenommen werden. Man war um Stabilität bemüht und nicht auf neue Experimente aus.[144]

Sowohl die Ökonomie als auch das Thema Gemeinschaftsgüter kamen rund zehn Jahre später noch einmal auf die Tagesordnung. Im Rahmen der Neugründungen von Instituten in den neuen Bundesländern entstand in

---

133 Johann Wolfgang Goethe-Universität, Vorlesungsverzeichnis, 1956, 43.
134 Vergleiche Liste »Mitglieder und Gäste der Kommission der geisteswissenschaftlichen Sektion zur Gründung eines Instituts für Wirtschaftsrecht- und Wirtschaftsordnung« vom 6.7.1970, AMPG, II. Abt., Rep. 62, Nr. 1074, fol. 15–16.
135 Teubner, Wirtschaftsverfassung oder Wirtschaftsdemokratie?, 2014, 520.
136 Brief Coing an Kurt Biedenkopf vom 25.4.1969, AMPG, II. Abt., Rep. 62, Nr. 1074, fol. 102.
137 Protokoll der Kommission Internationale Ökonomie am 29.01.1979 in AMPG, II. Abt., Rep. 1, Nr 372, fol. 313.
138 Stellungnahmen in AMPG, II. Abt., Rep. 1, Nr. 372, fol. 126–129.
139 Schreiben von Charles Kindleberger vom 10.7.1980, AMPG, II. Abt., Rep. 1, Nr. 372, fol. 152.
140 Protokoll der GWS vom 21.5.1981, AMPG, II. Abt., Rep. 62, Nr. 1080, fol. 2.
141 Anmerkung von Ranft zu den Briefen an Prof. Hesse und König v. 4.12.1981, AMPG, II. Abt., Rep. 62, Nr 1081, fol. 14.
142 »Interner Vermerk« der DFG vom 27.8.1981, ebd., fol. 33.
143 Dazu ausführlich Leendertz, Medialisierung der Wissenschaft, 2014.
144 Protokoll der GWS vom 21.5.1981, AMPG, II. Abt., Rep. 62, Nr. 1460, fol. 23.

Jena zunächst das rein volkswirtschaftlich geprägte MPI zur Erforschung von Wirtschaftssystemen.[145] Zugleich öffneten sich die Jurist:innen, als 2004 das neue Institut zur Erforschung von Gemeinschaftsgütern unter dem Gründungsdirektor (und Mestmäcker-Schüler) Christoph Engel ins Leben gerufen wurde.[146] Mit dem Aufbau dieses Instituts setzten die MPG-Jurist:innen zum ersten Mal ein eindeutiges Zeichen für neue interdisziplinäre Ansätze in der Rechtswissenschaft, die an den juristischen Fakultäten noch gar nicht Fuß gefasst hatten. Damit gingen sie ein Wagnis ein, denn sie verließen (zumindest teilweise) die Orthodoxie des Fachs.

13.7 Fazit

Mit dem Untersuchungszeitraum endet eine Ära der Stabilität und Kontinuität. Sie wurde hier auf drei Bedingungen zurückgeführt: die enge Verbindung zum eigenen Fach, das man fast vollständig in der MPG spiegelte; die spezifische Nische – Rechtsvergleichung und internationale Perspektive –, die man früh als etwas identifizierte, was die klassischen Jura-Fakultäten schon organisatorisch nicht leisten konnten; schließlich der immer wieder von der Politik geäußerte Bedarf an Expertise und Gutachten.

Diese drei Faktoren waren bereits mit den ersten beiden KWI angelegt; in den 1960er-Jahren begünstigten sie den Aufbau dreier neuer juristischer Institute, der zuvörderst von Pfadabhängigkeiten geprägt war – was genau juristische Grundlagenforschung leisten sollte, wurde hingegen nicht hinterfragt. Die neuen Institute übernahmen die Logik der alten KWI. Das enzyklopädische Systematisieren, das Zusammentragen und Katalogisieren von Informationen, die Fähigkeit, als Auskunftsstelle für Gerichte und Ministerien zu dienen, waren in dieser Anfangsphase Existenzberechtigung genug. Im Laufe der Zeit kamen die vielen Qualifikationsschriften hinzu, die an diesen Instituten angefertigt wurden und neue Themen erschlossen. Wissenschaftliche Nachwuchsförderung erlaubte Sichtbarkeit und die Möglichkeit, wieder in das Fach hineinzuwirken. Kooperation untereinander fand indes so gut wie nicht statt, vielmehr agierten die Institute komplementär. Die Zuständigkeitsbereiche waren klar abgesteckt; von einigen wenigen Ausnahmen abgesehen gab es jenseits der Direktorenebene kaum Kontakte und institutsübergreifende Zusammenarbeit von Mitarbeiter:innen.

Das Verhältnis zur Sektion war ambivalent. Auf der einen Seite waren die Rechtswissenschaften Stützpfeiler der frühen GWS, haben zu ihrer Verankerung in einer ansonsten von Naturwissenschaftler:innen dominierten Forschungsorganisation beigetragen. Die juristischen Institute wurden als eine Fachgruppe wahrgenommen. Keine andere geistes- oder sozialwissenschaftliche Einrichtung hat derart die Logik ihres eigenen Fachs in die MPG gespiegelt. Im Gegenteil wurden viele der übrigen Institute der GWS und der heutigen GSHS von vornherein dezidiert interdisziplinär ausgerichtet und an Grenzgebieten der Disziplinen angesiedelt.

Das hat sich nun auch für die Rechtswissenschaften gewandelt. Was sich mit der Projektgruppe zur Erforschung des Rechts der Gemeinschaftsgüter ankündigte, hat den Cluster in den letzten zwei Jahrzehnten verändert: das Erschließen neuer Fächer jenseits der Orthodoxie des Fachs, die Offenheit für neue Methoden und eine zunehmende globale Vernetzung. Die Kollegien sind weiblicher und internationaler geworden, das Fächerspektrum ist breiter und die Methoden sind hybrider. Im Jahr 2022 kann man zehn Standorte der Max-Planck-Gesellschaft zum rechtswissenschaftlichen Cluster zählen.[147] 2019 haben sie sich auch formell zu einem Verbund – Max Planck Law – zusammengetan, mit einer gemeinsamen Jahrestagung und vermehrter Kooperation auf allen Hierarchieebenen. Zum ersten Mal haben sie innerhalb der MPG und innerhalb der Sektion ihren Verbundcharakter institutionalisiert. Zugleich ist die Gruppe deutlich heterogener und interdisziplinärer. Ob daraus nun aber die Fakultät wird, die bereits in der Vergangenheit von einigen naturwissenschaftlichen Kolleg:innen prophezeit worden ist, bleibt abzuwarten.

---

145 Siehe dazu die Überlieferung der Gründungskommission 1990–1993 in AMPG, II. Abt., Rep. 62, Nr. 176.
146 Ebd.
147 MPI für ausländisches und internationales Privatrecht, MPI für ausländisches öffentliches Recht und Völkerrecht, MPI für Rechtsgeschichte und Rechtstheorie (vormals MPI für europäische Rechtsgeschichte), MPI for the Study of Crime Security and the Law, MPI for Innovation and Competition; MPI für Sozialrecht und Sozialpolitik; MPI zur Erforschung von Gemeinschaftsgütern; MPI für Steuerrecht und öffentliche Finanzen, MPI Luxembourg for International, European and Regulatory Procedural Law, Abteilung Law and Anthropology am MPI für ethnologische Forschung.

14. Geistes- und Sozialwissenschaften

Beatrice Fromm und Jürgen Kocka

14.1 Das Erbe der KWG

Schon die 1911 gegründete Kaiser-Wilhelm-Gesellschaft zur Förderung der Wissenschaften, aus der die Max-Planck-Gesellschaft 1948 hervorging, förderte nicht nur Naturwissenschaften. Ausdrücklich forderte ihr wichtigster Mitbegründer, der Theologe und Kirchenhistoriker Adolf von Harnack, auch die Geisteswissenschaften »angemessen zu berücksichtigen«.

Zwar hatte dann die KWG nur Platz für vier nichtnaturwissenschaftliche Einrichtungen: die Bibliotheca Hertziana in Rom, die durch eine testamentarische Stiftung der Mäzenatin Henriette Hertz samt Gemäldesammlung und Palazzo Zuccari 1913 an die KWG fiel und sich zu einem international stark beachteten Ort kunsthistorischer Forschung entwickelte; das 1914/1917 in Berlin gegründete Kaiser-Wilhelm-Institut für Deutsche Geschichte, nachdem es dem Historiker und Wissenschaftsorganisator Paul Fridolin Kehr mit Verweis auf die »Hauptaufgaben vaterländischer Geschichte im 20. Jahrhundert« sowie mit regierungsseitiger Unterstützung und privaten Spenden im Rücken gelungen war, die vielfältigen Vorbehalte und Widerstände zu überwinden. Dazu kamen zwei rechtswissenschaftliche Institute in Berlin, 1924 eines für ausländisches öffentliches Recht und Völkerrecht, 1926 ein weiteres für ausländisches und internationales Privatrecht. Beide Einrichtungen widmeten sich dem internationalen Rechtsvergleich und fungierten zugleich als regierungsnahe Beratungsstellen in rechtlichen Fragen, besonders in den internationalen Auseinandersetzungen über Anwendung und Auswirkung des Versailler Vertrags.[1]

Aber so klein und marginal diese Minderheit »geisteswissenschaftlicher« Institute in der naturwissenschaftlich orientierten KWG auch war, sie stellten wichtige Präzedenzfälle dar, die die Entscheidungen der MPG nach dem Krieg erheblich beeinflusst haben. Denn deren Leitung war kaum bemüht, sich von der Tradition ihrer Vorgängerin abzusetzen. Vielmehr versuchte sie, so viel wie möglich von deren Substanz zu bewahren oder zurückzugewinnen. Zu dieser Politik gehörte es, dass sie die beiden rechtswissenschaftlichen Institute ohne jeden Bruch durch die Zäsur von 1945 weiterführte, und dies mit Leitungspersonal, dessen explizite Nähe zur nationalsozialistischen Ideologie und Politik bekannt war.[2] 1950 bezeichnete es der einflussreiche MPG-Senator Prälat Georg Schreiber als »die Ehrenpflicht der MPG, die Tradition der KWG und damit auch die geisteswissenschaftliche Sektion weiterzuführen«. Auf seinen Antrag hin beschloss der Senat die Bildung einer »Kommission für Vorschläge zur Ausweitung der Geisteswissenschaftlichen Sektion« (später: »Senatskommission für geisteswissenschaftliche Angelegenheiten«), der er vorsaß und der unter anderen auch Werner Heisenberg und Carl Friedrich von Weizsäcker angehörten.[3]

Nach intensiven und von der Bonner Regierung unterstützten Bemühungen der MPG konnte 1953 die Bibliotheca Hertziana, seit Kriegsende unter internationaler Zwangsverwaltung, in Rom als Max-Planck-Institut wiedereröffnet werden. Unter Leitung des Kunsthistorikers,

---

[1] Neugebauer, Gründungskonstellation des Kaiser-Wilhelm-Instituts, 1996, 451–456; Neugebauer, KWI für Deutsche Geschichte, 1993, 154–155 u. 178–179.
[2] Magnus, *Geschichte des MPI für Privatrecht*, 2020, 20–22; Lange, *Zwischen völkerrechtlicher Systembildung*, 2020, 14–16. Die rechtswissenschaftlichen MPG-Institute gehörten zur 1950 wieder eingerichteten Geisteswissenschaftlichen Sektion der MPG, doch werden sie in diesem Band in einem separaten Abschnitt behandelt. Siehe oben, Kap. III.13. – Ausführlichere Informationen zu den einzelnen in diesem Beitrag behandelten Instituten: Fromm, *Geistes- und sozialwissenschaftliche MPI*, 2022, 8–9.
[3] Protokoll der 10. Sitzung des Senates vom 19.12.1950, AMPG, II. Abt., Rep. 60, Nr. 10.SP, fol. 179.

Denkmalpflegers und Diplomaten Franz Graf Wolff Metternich und (ab 1963) des international erfahrenen Kunst- und Architekturhistorikers Wolfgang Lotz widmete sie sich mit ihrer vorzüglichen Bibliothek und Fotothek vor allem der Geschichte der römischen Kunst und Architektur der Renaissance und des Barock.[4]

Und als 1955, nach entsprechenden Initiativen prominenter Historiker und nach langwierigen Verhandlungen mit verschiedenen Landesregierungen, das Göttinger Max-Planck-Institut für Geschichte gegründet wurde, galt dies in der MPG als »Wiedererrichtung«, so sehr sich das neue MPI auch nach Substanz und Form vom alten Kaiser-Wilhelm-Institut unterschied, das 1944 nach dem Tod seines Direktors aufgelöst worden war. Das Göttinger Institut wurde strikt nach dem Harnack-Prinzip gegründet,[5] um den früh als Direktor ausgespähten Hermann Heimpel herum, der seine hohe Reputation im Fach und in der Öffentlichkeit als Mitgift ins Institut einbrachte. Er leitete das MPI in großer Freiheit, unbürokratisch, aber effektiv, wenn auch gewissermaßen im Nebenamt, denn er behielt seine Ordentliche Professur an der Göttinger Universität und nahm sie auch wahr. In der Zunft war Heimpel vorzüglich vernetzt, in zahlreichen wissenschaftlichen und öffentlichen Ämtern tätig, zugleich als begehrter Redner und Publizist viel unterwegs – also nicht nur ein ausgewiesener Fachhistoriker, sondern auch ein *public intellectual*.

Heimpel leitete, wie Peter Schöttler schreibt, als »Grandseigneur an der Spitze« »ein kleines, unkompliziertes Haus« mit zunächst weniger als 15 Mitarbeitern und Mitarbeiterinnen, deren Zahl erst ab den späten 1970er-Jahren zunahm. Das Arbeitsprogramm nahm das Subsidiaritätsgebot ernst. Es beinhaltete – teils aus dem Vorgängerinstitut übernommene – Langzeitvorhaben zur deutschen Geschichte, vor allem des Mittelalters und der Frühen Neuzeit, die in Universitäten kaum denkbar gewesen wären, darunter handbuchartige Serien und ein kontinuierlich fortgesetztes bibliografisches Großprojekt, den »Dahlmann-Waitz«. Es entstanden aber auch monografische Arbeiten, mit denen sich eine erste Generation von relativ frei und selbstständig forschenden Mitarbeitern erfolgreich qualifizierte, sodass sie bald auf einflussreiche Professuren wechselten.[6]

Die ersten vier geisteswissenschaftlichen Institute der neu gegründeten MPG setzten also fort, was in der KWG angelegt worden war, so wie die Gründung der MPG intern überhaupt zunächst als Fortführung der KWG verstanden und begrüßt wurde, wenn auch leicht modifiziert und unter neuem Namen, den man unter dem Druck der Besatzungsmächte hatte akzeptieren müssen.[7]

14.2 Öffnung zur Gesellschaft und Politik

Für die MPG waren die langen 1960er-Jahre eine Phase rasanten Wachstums mit großen finanziellen Spielräumen, für die Geistes- und Sozialwissenschaften eine Periode der Expansion und Reform, des Aufbruchs und Umbruchs, des gesellschaftlichen Engagements und der partiellen Politisierung. Bereitschaft zur Kritik – an Traditionen und gegenwärtigem Status quo – prägte die Stimmung in Gesellschaft und Kultur wie in den zeitgeistsensibleren Wissenschaften. Doch die Kritik, so radikal sie sich auch teilweise gebärdete, war meist mit Modernisierungsoptimismus gepaart, mit dem Streben nach »Emanzipation«, bisweilen mit Planungseuphorie und oft mit der Erwartung von Fortschritt, zu dessen Realisierung Wissenschaft beitragen könne und solle. Die Sozialwissenschaften, besonders die Soziologie, gewannen an Boden und öffentlichem Einfluss. Die Disziplinen öffneten sich, Interdisziplinarität wurde zumindest als Forderung großgeschrieben. Die Reformbewegungen und die Reformpolitik der 1960er- und 1970er-Jahre boten neue Chancen zur Verknüpfung von wissenschaftlichem und gesellschaftlichem Engagement. Allerdings erwies sich bald manche Reformeuphorie als überzogen und korrekturbedürftig. Spätestens ab Mitte der 1970er-Jahre zeigten sich Ernüchterung und Ermüdung. Konservative Strömungen gewannen wieder an Boden und in der MPG löste eine Phase der Sparpolitik und der quantitativen Stagnation das rapide Wachstum ab.[8]

Doch zuvor hatte die MPG zum einen drei neue rechtswissenschaftliche Institute eingerichtet: 1964 das MPI für europäische Rechtsgeschichte und 1966 sowohl das MPI für ausländisches und internationales Strafrecht als auch das MPI für ausländisches und internationales Patent-, Urheber- und Wettbewerbsrecht. In den Auseinandersetzungen um diese Einrichtungen gelang es der MPG, gegen die Bedenken der Länder und teilweise der Universitäten, aber mit Unterstützung des in die Finanzie-

---

4 Costa, *Das kunsthistorische Institut in Florenz*, 2023, Kapitel 2; Ebert-Schifferer und Kieven, *100 Jahre Bibliotheca Hertziana*, Bd. 1, 2013.
5 Zum Harnack-Prinzip siehe unten, Kap. V.3.1.
6 Schöttler, *Die Ära Heimpel*, 2017, 17, 20 u. 39; Rösener, *MPI für Geschichte*, 2014.
7 Siehe oben, Kap. II.2.
8 Siehe oben, Kap. II.3 und II.4, sowie Ekel, *Deutsche Geisteswissenschaften seit 1870*, 2008, 112–132.

rung der MPG eintretenden Bundes, explizit das vorher eher implizit geltende Recht durchzusetzen, auch außerhalb des naturwissenschaftlichen Bereichs Institute zu gründen – sofern es sich um wissenschaftlich zukunftsträchtige Gebiete handelte, die Universitäten nicht oder nicht so gut wahrnehmen konnten.⁹ Mit diesen Neugründungen bekräftigte die MPG eine Tradition, in der sie autonome rechtsvergleichende Forschung mit intensiver Politik- und Regierungsberatung verband und damit sehr staatsnahe Funktionen wahrnahm, die ihr Selbstverständnis und ihr Bild in der Öffentlichkeit zumindest bis in die 1980er-Jahre stark mitprägten.

Zum andern stellte sich die MPG mit zwei viel beachteten, kontrovers diskutierten Neugründungen jenem Geist des Aufbruchs und des gesellschaftlichen Engagements, der die langen 1960er-Jahre charakterisierte: mit dem Institut für Bildungsforschung (seit 1961 in Berlin) und dem MPI zur Erforschung der Lebensbedingungen der wissenschaftlich-technischen Welt (1968–1981 in Starnberg). Mehr als jemals zuvor oder danach beteiligte sich die MPG damit am Ausgreifen der Geistes- und Sozialwissenschaften in Gesellschaft und Politik, bevor sie diese Dynamik ab Mitte der 1970er-Jahre resolut wieder abbremste und disziplinierte.

14.2.1 Bildungsforschung

Die Gründungsgeschichte des Berliner Instituts für Bildungsforschung¹⁰ war eng mit der ab den späten 1950er-Jahren in der Bundesrepublik anschwellenden Debatte um die Bildungsreform verbunden. Hellmut Becker, erfolgreicher Anwalt, Publizist und Bildungspolitiker, war an dieser Diskussion intensiv beteiligt, als er 1958 begann, der MPG mit ausführlichen Denkschriften nahezulegen, ein auf Politikberatung orientiertes Forschungsinstitut für Recht, Soziologie und Ökonomie der Bildung zu gründen. Die politiknahe und praxisbezogene Ausrichtung der vorgeschlagenen Forschungseinrichtung passte allerdings schlecht zum Prinzip der Grundlagenforschung, das die MPG zunehmend für sich beanspruchte. Zudem berührten die Themen Bildung und Bildungspolitik unmittelbar die Kompetenzen der auf ihre Kulturhoheit bedachten Länder – damals noch die Hauptfinanciers der MPG –, was die notwendige Abstimmung mit den Kultusministern schwierig machte. Doch in der MPG setzten sich einflussreiche Personen, darunter Heimpel, Weizsäcker und MPG-Senator Carlo Schmid, die mit Becker freundschaftlich oder über gemeinsame Initiativen im öffentlichen Raum verbunden waren, für den Vorschlag ein. Im sich aufbauenden Reformklima jener Zeit war auch in der MPG die Neigung weit verbreitet, sich mit den wissenschaftlichen Mitteln, die ihr zur Verfügung standen, an der Lösung großer gesellschaftlicher und politischer Aufgaben der Gegenwart zu beteiligen. Auch der seit 1960 amtierende Präsident Adolf Butenandt scheint einer größeren gesellschaftlichen und politischen Rolle der MPG nicht abgeneigt gewesen zu sein. 1961/62 beschloss der Senat die Gründung eines »Instituts für Forschung auf dem Gebiet des Bildungswesens in der Max-Planck-Gesellschaft« – offenbar wegen weiterhin verbreiteter Bedenken nur in Form einer betreuten Einrichtung, nicht als vollgültiges MPI, jedoch mit der Perspektive, zukünftig ein solches zu werden (was 1971 mit entschiedener Unterstützung des Präsidenten gelang). Becker wurde zum Gründungsdirektor berufen, obwohl er, weder promoviert noch habilitiert, die üblichen Qualifikationen eines MPI-Direktors nicht besaß. Doch er verfügte über einschlägige praktische Erfahrungen, Brillanz, Durchsetzungsvermögen, einen hohen Bekanntheitsgrad und ein umfangreiches Netzwerk in einschlägigen Kreisen von Politik, Wissenschaft und Gesellschaft. Dass ohne ihn das Vorhaben nicht denkbar war, stand offenbar von Anbeginn der Beratungen außer Frage.

In vier Abteilungen forschten Pädagogen, Juristen, Soziologen, Psychologen und Ökonomen, bald in enger Kooperation mit dem 1965 von Bund und Ländern eingerichteten Deutschen Bildungsrat, der den Entwicklungsbedarf des deutschen Bildungssystems analysieren und Empfehlungen für seine langfristige Planung erarbeiten sollte. Der von diesem 1970 veröffentlichte umfassende »Strukturplan für das Bildungswesen« war zu einem erheblichen Teil im Berliner Bildungsinstitut erarbeitet und koordiniert worden. Angesichts der wachsenden Zahl der Mitarbeiter und Mitarbeiterinnen (1965 bereits 102 Beschäftigte, darunter 46 Wissenschaftler sowie zusätzlich 25 aus Projektmitteln, Stipendien und Honoraren finanzierte wissenschaftliche Gäste) begann man

---

9 Protokoll der 42. Sitzung des Senates vom 23.5.1962, AMPG, II. Abt., Rep. 60, Nr. 42.SP; Protokoll der 43. Sitzung des Senates vom 23.11.1962, AMPG, II. Abt., Rep. 60, Nr. 43.SP; Protokoll der 48. Sitzung des Senates vom 10.6.1964, AMPG, II. Abt., Rep. 60, Nr. 48.SP und Protokoll der 50. Sitzung des Senates vom 12.3.1965, AMPG, II. Abt., Rep. 60, Nr. 50.SP. Zur Senatskommission für die Neugründung geisteswissenschaftlicher Institute und zu den Verhandlungen über das Verhältnis von MPI und Universitäten 1962ff., AMPG, II. Abt., Rep. 102, Nr. 438, fol. 109. Siehe auch oben, Kap. III.13.
10 Zum Folgenden siehe auch Behm, *MPI für Bildungsforschung*, 2023; Thoms, MPI für Bildungsforschung, 2016; Wiarda, *Beratung*, 2015.

1964 mit der Planung eines architektonisch avantgardistischen Neubaus,[11] der zehn Jahre später bezugsfertig war. Die Einbindung der Direktoren in die Lehre der Berliner Universitäten und die Ausbildung zahlreicher Doktoranden und Habilitanden am Institut, von denen viele auf Universitätsstellen im In- und Ausland wechselten, festigten die Position des Instituts als Zentrum der deutschen Bildungsforschung und erweiterten seine Netzwerke. Zunehmend öffnete es sich gegenüber Einflüssen der in Berlin sehr starken 68er-Studenten- und Assistentenbewegung. Dies hatte Konsequenzen für das Forschungsprogramm, aber auch für die Institutsorganisation: Mitbestimmung und Selbstbestimmung der Beschäftigten wurden großgeschrieben (größer als in den meisten anderen Instituten der MPG) und Hierarchien im Namen konsequenter Demokratisierung infrage gestellt. 1969 kam es zur Entmachtung der Abteilungsdirektoren und zur Auflösung der Abteilungsstruktur, die durch eine dezentralisierte, fluide, projektförmige Organisation ersetzt wurde.

Doch die Kritik am Institut, die schon in den 1960er-Jahren nicht gefehlt hatte, erscholl immer lauter, bemängelte zentrifugale Tendenzen und fehlende Kohärenz der Forschung. Die Auflösung des Bildungsrats 1975 reduzierte die Nachfrage nach den Expertisen des Instituts, das öffentliche Interesse an der Bildungsreform ließ nach, der wissenschaftspolitische Wind drehte sich und stärkte die konservative Kritik an einer links engagierten Forschungspraxis mit ausgeprägter Politiknähe und unmittelbarem Praxisbezug, die am Institut stark vertreten war.

Die immer entschiedenere Kritik an der Effizienz seiner Arbeit fand intern ihren Widerhall im Wissenschaftlichen Beirat des Instituts, in den nach 1972 skeptischer eingestellte Personen berufen und dessen Beaufsichtigungsbefugnisse geschärft wurden – als Teil von Reformen, die unter dem neuen Präsidenten Reimar Lüst MPG-weit einsetzten. Die in der Max-Planck-Gesellschaft 1972 anlaufenden Sparmaßnahmen betrafen das Institut massiv. Im Hinblick auf die bevorstehende Emeritierung der wichtigsten Leitungspersonen kam es in den Gremien bereits ab 1975 zu Beratungen über die Zukunft des Instituts. Was die 1980 anstehende Nachfolge für Hellmut Becker anging, gelangte man rasch zu dem Schluss, dass eine Persönlichkeit ähnlicher Statur kaum zu finden sein würde. Im Ergebnis beschloss man eine wissenschaftliche Neuorientierung und eine Reorganisation des Instituts, die die Abteilungsgliederung und die explizite Führungsverantwortung der Direktoren wiederherstellen sollte. Diese seit 1980 verwirklichte Reform kam fast einer Neugründung gleich. Dazu unten mehr.

14.2.2 Starnberg

Auch die zweite Initiative zur Aufnahme sozialwissenschaftlicher Forschungen in die MPG stieß auf Widerstand.[12] Weizsäcker, als Physiker Schüler von Heisenberg und aus der KWG-Tradition kommend, Professor für Philosophie an der Universität Hamburg und einflussreiches Wissenschaftliches Mitglied der MPG, legte 1967 eine Denkschrift zur Gründung eines MPI für die interdisziplinäre Erforschung der gesellschaftlichen Folgen wissenschaftlicher und technologischer Entwicklungen vor. Seit seiner Mitzeichnung der in der Öffentlichkeit viel beachteten »Göttinger Erklärung« von Atomwissenschaftlern gegen die atomare Ausrüstung der Bundeswehr 1957 hatte er sich zunehmend mit Friedens- und Konfliktforschung beschäftigt sowie generell mit Fragen der weltpolitischen Verflechtungen samt ihren sozialen und ökonomischen Konsequenzen. Seine Initiative, mitunterzeichnet von Heisenberg, unterstützte der gleiche Kreis von Persönlichkeiten in und im Umfeld der MPG, der schon den Gründungsprozess des Berliner Bildungsforschungsinstituts begleitet hatte.

Das Forschungsprogramm des vorgeschlagenen Instituts, 1968 in zwei weiteren Memoranden Weizsäckers ergänzt und modifiziert, sah in einem breiten Fächer methodischer Ansätze interdisziplinäre Forschungen zu einem umfangreichen Themenkatalog vor: Welternährung und Entwicklungspolitik; Strukturprobleme hoch industrieller Gesellschaften und technologische Prognostik; Auswirkungen von Biologie und Medizin; Waffensysteme sowie Konzepte der Strategie und der Rüstungsbegrenzung; Zielvorstellungen einer »Weltföderation« und schließlich die zukünftige Struktur Europas. Untersucht werden sollten diese Themen – nach einer »mehrjährigen Anfangsphase« zu ihrer theoretischen Fundierung und zur Präzisierung der Arbeitsplanung – nicht in Einzelstudien, sondern in »zusammenhängenden Problemkreisen«. Mit dem Verzicht auf die zunächst beabsichtigte Politikberatung und auf anwendungsorientierte Projektarbeit folgte Weizsäcker einer Bedingung des Senats. Wenn es im Jahrbuch der MPG von 1969 zum Gründungszweck des Instituts hieß, es sei »ein Bild der

---

[11] Siehe unten, Kap. IV.8.8.
[12] Auch zum Folgenden Leendertz, *Pragmatische Wende*, 2010; Leendertz, Die Politik der Entpolitisierung, 2015.

14. Geistes- und Sozialwissenschaften

Entwicklung unserer Welt in den kommenden Jahrzehnten und Jahrhunderten« zu entwerfen,[13] wird verständlich, warum in den Gremien und in den aufmerksam beobachtenden Medien immer öfter von einem Institut für »Zukunftsforschung« die Rede war. Rückblickend haben Horst Kant und Jürgen Renn an die sich oft mit der Gründung von Max-Planck-Instituten verbindenden utopischen Erwartungen erinnert; selten jedoch seien sie »so ambitioniert« aufgetreten wie bei der Gründung des Berliner Instituts für Bildungsforschung und des Starnberger Instituts.[14]

Gegner und Befürworter der Institutsgründung setzten sich in den Gremien der MPG intensiv mit dem Vorhaben auseinander.[15] Bedenken richteten sich gegen seinen experimentellen Charakter, die Vagheit des Konzepts sowie gegen eine ihm unterstellte »planungswissenschaftliche« Tendenz. Man befürchtete »utopisches Denken« und eine »doktrinäre Arbeitsweise« insbesondere bei den jüngeren Mitarbeitern und Mitarbeiterinnen und eine Verselbstständigung der interdisziplinären Arbeiten zu einer Art »Superwissenschaft«. Die Befürworter des Projekts verwiesen dagegen auf die große Relevanz der von Weizsäcker skizzierten Probleme und die auch mit Blick auf das zunehmende Orientierungsbedürfnis von Politik und Gesellschaft gegebene Notwendigkeit, sie nach strengen Qualitätsmaßstäben wissenschaftlich zu bearbeiten. Die MPG könne die dafür nötige Unabhängigkeit der Wissenschaft und die Voraussetzungen für eine breit angelegte interdisziplinäre und methodisch innovative Forschung gewährleisten. Sie müsse sich dieser gesellschaftlichen Aufgabe stellen. Unbestritten und von allen Seiten betont blieb die Autorität des Wissenschaftlers und Intellektuellen Weizsäcker. Das Konzept des Instituts war ganz auf ihn zugeschnitten. Als schließlich der Senat der MPG im November 1968 die Gründung des Instituts beschloss, geschah das im Hinblick auf Weizsäcker, also ganz in der Tradition des Harnack-Prinzips. Der Senat tat dies, nachdem Weizsäcker, seiner in zehn Jahren bevorstehenden Emeritierung bewusst, versichert hatte, dass er sich »der Schließung des Instituts nicht widersetzen werde, falls sich zeige, dass dessen Arbeiten nicht fortgeführt werden sollten«.[16]

1971 wurde zusätzlich der Philosoph und Sozialwissenschaftler Jürgen Habermas in das Direktorium des Instituts berufen. 1975 schloss das Institut seine Konzeptions- und Anfangsphase mit der Einrichtung von zwei thematisch definierten Arbeitsbereichen ab: Der eine sollte sich unter Weizsäckers Verantwortung mit den Themenkomplexen Kriegsverhütung und Strategie, Ökonomie (Umwelt, Wachstum, Entwicklungsländer), Grundlagen der Quantentheorie, Wissenschaftsgeschichte und Wissenschaftstheorie beschäftigen; der andere unter Leitung von Habermas mit Krisenpotenzialen spätkapitalistischer Gesellschaften, der Krisenbehandlung durch den Staat, Protest- und Rückzugspotenzialen von Jugendlichen sowie der Ontogenese von Moralbewusstsein und interaktiven Fähigkeiten.

Doch die Kritik am Institut hielt an. Es galt intern als »Probleminstitut«. Die Geisteswissenschaftliche Sektion (GWS), in der traditionell die Juristen den Ton angaben, wünschte sich von den Starnbergern weniger Theorie und mehr Empirie. Der Historiker Rudolf Vierhaus, Mitglied des Beirats des Instituts, sah dessen Problem in seinem Anspruch auf »Allzuständigkeit« und, damit verbunden, in seinem »permanenten Weitergehen« von einem Projekt zum nächsten; außerdem publizierten seine Angehörigen nicht genug.[17] Die Breite des Spektrums der im Institut bearbeiteten Themen und die disziplinär-methodische Vielfalt in der Gruppe der im Jahr 1979 etwa 70 meist jüngeren Mitarbeiter und Mitarbeiterinnen (davon 35 Wissenschaftler und Wissenschaftlerinnen) erscheinen auch in der Rückschau als außergewöhnlich ambitioniert. Sie dürften selbst den genialsten Direktor vor schier unlösbare Aufgaben der wissenschaftlichen Koordination gestellt haben. Auch die im Institut seit seiner Gründung praktizierten alternativen Beteiligungskonzepte, zu denen Strukturen basisdemokratischer Selbstverwaltung in mehreren sich überlagernden Gremien gehörten, erschwerten die wissenschaftliche Arbeit.[18] Der 1975 vom Institut gestellte Antrag auf Einrichtung einer weiteren Abteilung für »Internationale Ökonomie« und auf Berufung eines dritten Direktors scheiterte in den Gremien der MPG, wobei bereits grundsätzliche Fragen der Bewertung und der Zukunft des Instituts kontrovers ausge-

---

13 Generalverwaltung der Max-Planck-Gesellschaft, MPG zur Förderung der Wissenschaften im Jahre 1969, 1970, 11–12, zitiert nach Henning und Kazemi, *Chronik*, 2011, 911.
14 Kant und Renn, Eine utopische Episode, 2014, 238.
15 Z. B. Protokoll der 61. Sitzung des Senates vom 30.11.1968, AMPG, II. Abt., Rep. 60, Nr. 61.SP, fol. 30–37: Unterstützung durch Werner Heisenberg und Klaus v. Bismarck, Einwände durch die Wirtschaftsvertreter Carl Wurster und Karl Winnacker.
16 Leendertz, *Pragmatische Wende*, 2010, 20–21.
17 Zusammenfassende Niederschrift über die 5. Sitzung des SAFPP der MPG am 15.5.1975, in: AMPG, II. Abt., Rep. 60, Nr. 244, fol. 361–383, Zitate fol. 379.
18 Scholz, *Partizipation*, 2019, 152–155.

tragen wurden.[19] Bald zeichnete sich ab, dass eine Nachfolge für Weizsäcker mit seinen ungewöhnlich breiten Interessen und Kompetenzen nicht zu finden sein würde. Die Gremien votierten 1979 und 1980 für die Schließung seines Arbeitsbereichs und die Fortführung des Instituts als »MPI für Sozialwissenschaften« nach einem Konzept von Habermas. Die Reform hätte thematische Eingrenzung und Ausweitung zugleich bedeutet. Doch ehrgeizige Berufungen von renommierten Wissenschaftlern in Leitungspositionen des neu zu ordnenden Instituts und seiner vier geplanten Abteilungen scheiterten. Die gewünschte Neuordnung wurde zudem durch die mangelnde Flexibilität im Bereich unbefristet besetzter Mitarbeiterstellen belastet. Die Vorgänge – und damit die MPG – standen unter ständiger kritischer Beobachtung der Medien. In der Öffentlichkeit nahm man das Institut vor allem als politisch und links wahr. Seine internen Konflikte wurden als Teil der damals heftigen Auseinandersetzungen zwischen an Boden verlierenden Linken und an Kraft gewinnenden Konservativen gedeutet. Belastet wurde der Neuanfang auch durch Widerstände gegen die Ernennung von Habermas zum Honorarprofessor an der Münchner Universität und damit gegen eine engere Verbindung zu deren sozialwissenschaftlichem Fachbereich, die der geplante Umzug des Instituts nach München ermöglichen sollte.

Im April 1981 erklärte Habermas seinen Rücktritt. Der erst kurz zuvor für die Institutsleitung rekrutierte Psychologe Franz Weinert übernahm die alleinige Leitung der noch verbleibenden Arbeitsbereiche. Nach seinen Vorstellungen zur Zukunft des Instituts befragt, antwortete er nüchtern, das Institut sei »in seiner inneren Mentalität zutiefst beschädigt« und sein Ruf durch die Presseberichte derart beeinträchtigt, dass es kaum mehr möglich sein werde, qualifizierte Wissenschaftler zu gewinnen. Das geplante Forschungskonzept sei ohne Habermas nicht zu verwirklichen. Daraufhin empfahl die GWS dem Senat die Schließung des Instituts, die dieser im Mai 1981 beschloss, jedoch mit einer doppelten Auflage: Es müsse Weinert ermöglicht werden, sein Forschungsprogramm zu verwirklichen – unter seiner Leitung setzte ein neues MPI für psychologische Forschung in München einen kleinen Teil des Starnberger Programms fort. Und es müsse »über die Möglichkeiten einer künftigen Förderung der Sozialwissenschaften in der MPG« beraten werden – im Ergebnis dieser Beratungen entstand 1984 das MPI für Gesellschaftsforschung in Köln.[20]

Das Berliner und das Starnberger Institut unterschieden sich sehr voneinander. Aber sie ähnelten sich auch in zentralen Aspekten. Beide verkörperten hoch ambitionierte und innovative Initiativen, durch Forschung, Reflexion und Publikation beratend und mitgestaltend zur Identifizierung von und zum praktischen Umgang mit großen gesellschaftlichen und politischen Problemen der Zeit beizutragen, wobei zentrale Fragen der sich entwickelnden Wissensgesellschaft besondere Aufmerksamkeit fanden. Damit machte sich die MPG zum Gegenstand intensiver medialer Beobachtung und öffentlich-politischer Kritik.

Sowohl in der Berliner wie in der Starnberger Neugründung wurde zum ersten, aber nicht zum letzten Mal sozialwissenschaftliche Forschung in die Förderung aufgenommen, jedoch in ausgeprägtem Verbund mit anderen Fächern. Beide Institute setzten dezidiert auf Interdisziplinarität, ohne doch, das wird in der Rückschau klar, rechtzeitig die organisatorischen Strukturen und Verfahren entwickelt zu haben, die es gebraucht hätte, um eine empirisch ertragreiche Kooperation über mehrere Disziplingrenzen hinweg zu gewährleisten. Beiden Institutsgründungen lagen Initiativen aus ein und derselben auf gesellschaftliche Reform drängenden Gruppierung zugrunde, deren Angehörige freundschaftlich oder durch prägende gemeinsame Erfahrungen und Ziele verbunden waren. Sie verfügten über ausgedehnte Netzwerke in der Wissenschaft, im Bereich der protestantischen Kirchen sowie parteiübergreifend auch in der Politik. Es war eine im Kern bildungsbürgerliche Formation, für die Bildungsreform ein zentrales Ziel darstellte und in der die Überzeugung von der gesellschaftlichen Verantwortung der Wissenschaften breit verankert war. Dies galt umso mehr nach der Erfahrung des Nationalsozialismus, in dem dieser Gruppe angehörende Personen unterschiedliche Positionen eingenommen hatten, um deren Aufarbeitung (oder Verdrängung) es explizit wie implizit weiterhin ging. Personen, die diesen für die frühe Bundesrepublik sehr wichtigen Reformimpuls trugen, haben teils in der Leitung der MPG (z. B. Heisenberg, Weizsäcker, Heimpel, Carlo Schmid und Bismarck als Senatoren), teilweise in ihrem Umfeld (z. B. Georg Picht,

---

19 Dokumentiert im Protokoll der GWS vom 15.10.1976, AMPG, II. Abt., Rep. 62, Nr. 1446, fol. 14–18; Kommission »Max-Planck-Institut zur Erforschung der Lebensbedingungen der wissenschaftlich-technischen Welt« vom 27.9.1976, AMPG, II. Abt., Rep. 62, Nr. 1446, fol. 8–65 verso. Siehe besonders die Analyse von Rudolf Vierhaus in seinem Brief an Lüst vom 5.10.1976, AMPG, II. Abt., Rep. 62, Nr. 1446, fol. 69: »Ich meine nach wie vor, daß es der Offenheit und Beweglichkeit der MPG ein gutes Zeugnis ausstellt, einen derart interessanten und problematischen interdisziplinären ›think-tank‹ eingerichtet zu haben. Es lohnt sich, ihn zu erhalten!«
20 Protokoll der GWS vom 21.5.1981, AMPG, II. Abt., Rep. 62, Nr. 1460, fol. 19 u. 22.

Ludwig Raiser) eine entscheidende Rolle für die Durchsetzung der beiden Institute gespielt.[21]

Sowohl die Gründung der beiden Institute in den 1960er- wie auch ihre Ausbremsung in den 1970er-Jahren lassen bis in ihre inhaltlichen Präferenzen und organisatorischen Einzelheiten hinein erkennen, wie zeitgeistaffin die MPG zeitweise agieren konnte. Es wird klar, wie viel Entscheidungsspielraum die MPG-Leitung besaß und welch unterschiedliche Bedeutung die dezidiert personenbezogene Gründungs- und Förderungspolitik – in Anlehnung an das Harnack-Prinzip oder in seiner Fortführung – haben konnte. Das schloss auch die ihr innewohnende Dynamik ein, die zum Umbau oder zur Schließung eines Instituts beim Ausscheiden der Gründerpersönlichkeit drängte, sofern keine entsprechende Nachfolge gefunden werden konnte. Schließlich wird deutlich, wie sehr die MPG auf die Orientierung einzelner Institute Einfluss nehmen konnte, wenn es ihr nötig erschien. Als Institution überwiegend empirisch ausgerichteter Forschung mit zunehmender Betonung der Grundlagenforschung und starker Prägung durch die Naturwissenschaften gewährte sie »neuartigen« Experimenten wie den beiden Gründungen in Berlin und Starnberg lange viel Unterstützung und Raum zur selbstständigen Entfaltung. Aber sie bremste unerbittlich, als allzu direkter Praxis- und Politikbezug dominant wurde und ihr die Grundsätze methodischer Rigorosität nicht in ausreichendem Maße berücksichtigt erschienen. Dabei spielte der Übergang von Butenandt zu Lüst an der Spitze sowie der von der Phase großzügigen Wachstums bis 1972 zur Phase des Sparens und der Konsolidierung danach ebenso eine Rolle wie die wieder konservativer werdende Stimmung in Gesellschaft, Kultur und Staat, vor allem ab der Mitte der 1970er-Jahre.

14.3 Methodische Rigorosität und Interdisziplinarität

Die Bekräftigung empirisch-wissenschaftlicher Rigorosität einerseits und die Etablierung neuer Muster von Interdisziplinarität andererseits lassen sich als Leitmotive festhalten, wenn man den Umgang der MPG mit den durch sie geförderten Geistes- und Sozialwissenschaften und deren Entwicklung ab den 1980er-Jahren bis hinein ins neue Jahrhundert knapp kennzeichnen will. Zur Bekräftigung empirisch-wissenschaftlicher Rigorosität gehörte die Anerkennung der unterschiedlichen Logiken von Wissenschaft und Politik, von Analyse und Wertung, von wissenschaftlicher Arbeit und politischem Engagement,[22] gehörten der Respekt vor der disziplinären Spezialisierung der Wissenschaften und die Akzentuierung empirischer Forschung mit analytischen Methoden.[23] Hand in Hand damit wurde interdisziplinäre Kooperation nicht nur programmatisch gefordert, sondern auch verstärkt und neuartig praktiziert, und zwar auf Wegen, die der MPG in ihrer multidisziplinären Zusammensetzung besonders zur Verfügung standen, nämlich (auch) in der Verknüpfung von natur- und geistes- bzw. natur- und sozialwissenschaftlichen Ansätzen. Im Übrigen aber unterschieden sich die sozial- und geisteswissenschaftlichen MPI erheblich voneinander.

MPI für Geschichte: Zur Dynamik dieses 1955 in Göttingen errichteten Instituts[24] gehörte seine Fähigkeit zur inneren Verzweigung. Der vor allem an Forschungen zu Mittelalter und Frühneuzeit interessierte Gründungsdirektor Hermann Heimpel bemühte sich früh um die Einwerbung von »Abteilungsleitern« mit besonderer Kompetenz für spätere Jahrhunderte, wobei er den Ratschlägen eng verbundener Kollegen folgte und auf Gremienentscheidungen wenig Rücksicht nehmen musste. Als er 1971 ausschied, fand der Übergang zur kollegialen Leitung durch zwei von ihm vorgeschlagene Direktoren statt, die zwei zunehmend eigenständige und auch miteinander rivalisierende Abteilungen für Mittelalter (Josef Fleckenstein) und für Neuzeit (Rudolf Vierhaus) leiteten. Es war ihnen, den Anstößen einzelner Mitarbeiter und den vorzüglichen Arbeitsbedingungen eines MPI zu danken, dass – in Teamarbeit und mit sehr langem Atem über viele Jahre hinweg – bahnbrechende, das Fach auch international stark beeinflussende Arbeiten entstanden, die an den Hochschulen kaum möglich gewesen wären, etwa im Bereich der neueren Sozial-, Wirtschafts- und Kulturgeschichte wie auch in der Alltagsgeschichte.

Dabei half die Öffnung zu benachbarten Fächern, etwa zur Kultur- und Sozialanthropologie, für deren Einbezie-

---

21 Im Einzelnen zu dieser – bisweilen kritisch so bezeichneten – »protestantischen Mafia« bereits Kant und Renn, Eine utopische Episode, 2014, 14–17, 21 u. 29–38.
22 Leendertz hat diese Entwicklung im Hinblick auf die Sozialwissenschaften in der MPG als »Entpolitisierung« und als »pragmatische Wende« beschrieben. Wenn allerdings »Pragmatismus« ein Verhalten meint, das sich unter Zurückstellung von Grundsätzen nach situativen Gegebenheiten richtet, dann war die erneute Bekräftigung empirisch-wissenschaftlicher Grundsätze keineswegs nur pragmatisch, vielmehr sehr grundsätzlich begründet. Leendertz, *Pragmatische Wende*, 2010.
23 Dies ganz in Übereinstimmung mit dominanten Trends in der Bundesrepublik und international – v. a. in der Soziologie – seit Mitte der 1970er-Jahre. Weischer, *Das Unternehmen »Empirische Sozialforschung«*, 2004, Kap. C, D.
24 Zum Folgenden Schöttler, *MPI für Geschichte*, 2020.

hung – als »besonders entwicklungsträchtiges Gebiet« und zugleich anschlussfähig an bereits in der MPG betriebene Forschungen – sich Vierhaus in der GWS früh engagiert hatte.[25] Pionierarbeit leistete das Institut auch bei der Anwendung statistisch-quantifizierender Methoden und der Einführung der elektronischen Datenverarbeitung (EDV) für Zwecke der Geschichtswissenschaft. Überdies wurde es zu einem begehrten und stark frequentierten Ankerplatz für internationale Gäste und auch für die Mission Historique Française en Allemagne, ein von Frankreich in Deutschland gegründetes Geschichtsinstitut, das ab 1977 mit permanentem Gaststatus dem Göttinger Institut verbunden war. Später folgten ähnliche Verbindungen mit anderen Ländern. Das Institut hat mit seiner kosmopolitischen Orientierung viel für die Vertiefung der internationalen Beziehungen der MPG und für die grenzüberschreitende Öffnung der deutschen Geschichtswissenschaft geleistet – zu einer Zeit, als dies sehr viel weniger üblich war als heute. Seine Direktoren haben der Gesellschaft in zahlreichen Funktionen gedient. Gegen Ende seiner Amtszeit sprach Präsident Butenandt vom MPI für Geschichte als einem »Lieblingskind der Max-Planck-Gesellschaft«.[26]

MPI für Bildungsforschung: Nach der Krise des Instituts und der Entscheidung, es zu reorganisieren, begann 1980 mit der Berufung des Entwicklungspsychologen Paul Baltes eine tiefgreifende und erfolgreiche Neugestaltung des Instituts, ganz im Geist fortschreitender Professionalisierung der Sozialwissenschaften und mit Betonung der empirischen Sozialforschung. Neu eingerichtet wurden der Forschungsbereich »Psychologie und Humanentwicklung« unter Leitung von Baltes und der Bereich »Bildung, Arbeit und gesellschaftliche Entwicklung« unter Leitung des neu berufenen Soziologen Karl Ulrich Mayer. Fortgeführt wurden die Bereiche »Entwicklung und Sozialisation« sowie »Schule und Unterricht« unter der Leitung der Erziehungswissenschaftler Wolfgang Edelstein und Peter Martin Roeder, die dem Institut seit Langem angehörten. Im Vergleich zur Anfangsphase unter Becker waren Wirtschaft und Recht aus dem Kreis der das Institut tragenden Disziplinen ausgeschieden.

In der Folgezeit erschloss sich das Institut neue Schwerpunkte, indem es den Blickwinkel auf die gesamte Lebensspanne ausweitete. Die von Mayer aufgenommene Forschung zu Lebensverläufen im innerdeutschen Ost-West-Vergleich und die von Baltes und Mayer geleitete »Berliner Altersstudie«, beides interdisziplinäre, langfristig angelegte, empirisch-analytisch ungemein anspruchsvolle und aufwendige Gemeinschaftsprojekte, bestimmten die Arbeit der 1990er-Jahre. 1995 gewann mit der Berufung von Jürgen Baumert in der Nachfolge von Roeder der Forschungsbereich »Erziehungswissenschaft und Bildungssysteme« neue Aktualität und – im Kontext der Trends in International Mathematics and Science Study (TIMMS) und des Programme for International Student Assessment (PISA) – große öffentliche Aufmerksamkeit. 1997 stieß in der Nachfolge Edelsteins der Psychologe Gerd Gigerenzer zum Leitungsteam, für ihn wurde der Forschungsbereich »Adaptives Verhalten und Kognition« eingerichtet. Das international vielfach vernetzte Institut firmierte nicht nur unter seinem deutschen Namen, sondern auch auf Englisch als Max-Planck-Institute for Human Development. Die Namenserweiterung reflektierte den weiten Weg der Veränderung, den das Institut seit seiner Gründung unter Becker zurückgelegt hatte, doch wurde der ursprüngliche Name nicht ganz abgelegt: Zeichen der Kontinuität, die trotz allen Wandels bestand.[27]

MPI für Gesellschaftsforschung: Das Versprechen, auch zukünftig in der MPG sozialwissenschaftliche Forschung zu fördern, hatte bei der Schließung des Starnberger Instituts dazu gedient, den zahlreichen Kritikern dieses Beschlusses innerhalb und vor allem außerhalb der MPG Rechnung zu tragen. Vor diesem Hintergrund setzte die GWS 1981 eine Kommission mit dem Auftrag ein, über die künftige Förderung der Sozialwissenschaften in der MPG zu beraten. Diese schlug nach ausführlicher Diskussion alternativer Möglichkeiten die Gründung eines MPI »auf dem Gebiet der Institutionenanalyse« unter Leitung der renommierten Kölner Soziologin Renate Mayntz vor, die diesen Programmvorschlag in der Anhörung unterstützt hatte. Auf dem Weg der Empfehlung durch die weiteren Gremien lag erkennbar der Schatten von Starnberg. Der zuständige Senatsplanungsausschuss lud früh Vertreter der naturwissenschaftlichen Sektionen zur Mitberatung ein. Mayntz wurde mit kritischen Fragen zur Machbarkeit des Forschungsprogramms, zur stärkeren Gewichtung naturwissenschaftlich orientierter empirisch-analytischer Methoden und Theorien in den Sozialwissenschaften und zum Verhältnis von Ideologie und sozialwissenschaftlicher Forschung konfrontiert. Sie wusste sie zu beantworten. Ihr Programm sah die Untersuchung komplexer Gegenwartsgesellschaften vor, die durch das Spannungsverhältnis zwischen eigendynamischen Prozessen und kollektiven Steuerungsversuchen

---

25 R. Vierhaus, TOP 5 der Sitzung der GWS vom 6.2.1976, Überlegungen zum Ausbau der Geisteswissenschaftlichen Sektion der MPG, AMPG, II. Abt., Rep. 62, Nr. 1444, fol. 52–55, Zitat fol. 54.
26 Schöttler, *Die Ära Heimpel*, 2017, 17, 20, 39 u. passim; Rösener, *MPI für Geschichte*, 2014.
27 Thoms, MPI für Bildungsforschung, 2016.

gekennzeichnet seien. Ihr besonderer Ansatz bestand in der Verknüpfung empirischer Institutionenanalyse mit zu entwickelnder Gesellschaftstheorie. Der Senat begrüßte besonders den empirischen Charakter des Programms und beschloss einstimmig die Gründung eines »MPI für Gesellschaftsforschung« mit Renate Mayntz als Gründungsdirektorin, das 1985 in Köln die Arbeit aufnahm.

1986 kam der Rechts- und Politikwissenschaftler Fritz W. Scharpf als zweiter Direktor hinzu, mit besonderem Interesse an Problemen der Politikverflechtung und Steuerung in Mehrebenensystemen wie dem deutschen Föderalismus oder der Europäischen Wirtschaftsgemeinschaft (EWG). Die Verknüpfung von Ansätzen der Soziologie und der Policy-Forschung sowie die Orientierung an einem »akteurszentrierten Institutionalismus« wurden zu Markenzeichen des von Mayntz und Scharpf gemeinsam geleiteten Instituts, das zunächst – mit seiner Präferenz für analytische Verfahren, seiner durchgehaltenen Distanz zumindest zur Tagespolitik und seinem Wissenschaftsverständnis in weberianischer Tradition – in MPG und Öffentlichkeit als ein Gegeninstitut zu Starnberg galt. Das Institut gab aber auch, erst recht unter seinen späteren Direktoren Wolfgang Streeck (seit 1995) und Jens Beckert (seit 2005), systemkritischen Sichtweisen Raum, etwa in seinen Untersuchungen zum globalen Kapitalismus und zu den gesellschaftlich-kulturellen Grundlagen von Märkten und Wirtschaftsorganisationen.[28]

Wenn das MPI für Gesellschaftsforschung seine Existenz indirekt dem von ihm abgelösten Starnberger Institut verdankte, traf dies ebenfalls, wenn auch in anderer Form, auf das *MPI für Psychologische Forschung* zu, das 1981 in München entstand. In ihm entwickelte Franz Weinert den Arbeitsbereich weiter, den er im Starnberger Institut begonnen hatte.[29] Weinert nahm im Bereich »Entwicklungspsychologie« die Arbeit mit zunächst 26 Mitarbeitern und Mitarbeiterinnen sofort auf. Dagegen dauerte es noch etwas, bis die Bereiche »Motivationsforschung« und »Kognitionspsychologie« unter Heinz Heckhausen (1983–1988) und Wolfgang Prinz (ab 1990) arbeiteten. Während das Institut zunächst der GWS angehörte, empfahl diese für Heckhausen einen Gaststatus in der Biologisch-Medizinischen Sektion (BMS), was den biologischen Komponenten der Motivationsforschung Rechnung tragen sollte. Bei seiner offiziellen Eröffnung 1985 sprach Präsident Heinz A. Staab ausdrücklich von einem »zwischen Natur- und Geisteswissenschaften angesiedelten« Institut.[30] 2003 siedelte es nach Leipzig über und wurde dort mit dem mittlerweile entstandenen MPI für Neuropsychologische Forschung zum MPI für Kognitions- und Neurowissenschaften zusammengelegt. Seine Direktoren genossen Gaststatus in der BMS, votierten aber für die Zugehörigkeit des Instituts zur GWS.

Um die Vermittlung zwischen Geistes- und Naturwissenschaften ging es erst recht im *MPI für Psycholinguistik*, das im niederländischen Nijmegen als erstes im Ausland gegründetes MPI 1979 entstand. Die Standortwahl folgte der Entscheidung für Willem J. M. Levelt als erstem wissenschaftlichen Leiter, der an der dortigen Universität lehrte und von dieser für seine Arbeit in der MPG tatkräftig unterstützt wurde. Anregungen zur Gründung eines solchen Instituts auf dem zukunftträchtigen, noch wenig bestellten Feld der Psycholinguistik gab es schon in den frühen 1970er-Jahren sowohl aus entwicklungsbiologischer wie aus geisteswissenschaftlicher Perspektive. Die BMS und die GWS bildeten eine gemeinsame Kommission. Sie sprach sich 1974 für eine Institutsgründung aus, die über den Zwischenschritt einer »Projektgruppe zur Erforschung der Sprache« gelang. Die von Anfang an ausgeprägt interdisziplinäre Leitung teilten sich Levelt als Psychologe und Wolfgang Klein als Germanist und Sprachwissenschaftler mit ihren Arbeitsbereichen »Sprachproduktion« und »Spracherwerb«. Später kamen weitere Arbeitsbereiche mit neuen, meist international rekrutierten Leitungspersonen dazu, so »Sprachverstehen«, »Neurobiologie der Sprache« sowie »Sprache und Genetik«. Über die Jahre entfaltete das Institut international große Strahlkraft. Mit seinen Forschungen zu den psychologischen, sozialen und biologischen Grundlagen der Sprache, auch aus anthropologischer Perspektive, avancierte das Institut zu einem weltweit anerkannten Zentrum der Sprachwissenschaft. Bedenkt man seinen entschieden interdisziplinären Charakter, seinen internationalen Zuschnitt und seine Ausstattung mit Speziallabors, Experimentierräumen, Spracharchiven und Datenbanken, dann ist unverkennbar, dass eine solche ständig disziplinäre Grenzen überschreitende, nur langfristig mögliche, arbeitsteilige und koordinierte Forschung die Unterstützung durch eine Institution wie die MPG brauchte, die umfangreiche Mittel, einen langen Atem und fachübergreifende Kooperationsstrukturen bot.[31]

---

28 Vor allem Link, *Soziologie*, 2022.
29 Dies war Teil des Senatsbeschlusses zur Beendigung des Starnberger Instituts. Protokoll der GWS vom 21.5.1981, AMPG, II. Abt., Rep. 62, Nr. 1460, fol. 17–22.
30 Henning und Kazemi, *Handbuch*, Bd. 2, 2016, 1411.
31 Max-Planck-Gesellschaft, *Max-Planck-Institut für Psycholinguistik*, 1990; Henning und Kazemi, *Chronik*, 2011, 521–522; Henning und Kazemi, *Handbuch*, Bd. 2, 2016, 1396–1407; Levelt, *A History of Psycholinguistics*, 2013.

Sämtliche in diesem Abschnitt behandelte geistes- und sozialwissenschaftliche Institute standen unter kollektiver Leitung, anders als die Institute der frühen Zeit. Dies entsprach dem Gesamttrend in der MPG und den Einstellungen einer jüngeren Generation, die nun in Leitungspositionen eingerückt war, oft prägende Erfahrungen mit einer offenen Wissenschaftskultur im Ausland, besonders in den USA, gewonnen hatte und dem kollegialen Führungsstil näherstand als die Vorgängergeneration. Die Durchsetzung der kollektiven Leitung – meist durch Leitungspersonen mit disziplinär unterschiedlicher Qualifikation – deutete aber auch darauf hin, dass die fächerübergreifende Kooperation als Kernaufgabe von Max-Planck-Instituten sehr ernst genommen wurde und nicht mehr dem Weitblick und der Entscheidungsmacht großer leitender Einzelpersonen überlassen blieb, sondern in den Instituten auf oberster Leitungsebene personell dargestellt wurde. Damit wurde die disziplinäre Ausdifferenzierung der Wissenschaften in ihrer Berechtigung anerkannt und genutzt, aber gleichzeitig durch organisierte interdisziplinäre Kooperation ein Stück weit überwunden – ein Zuwachs an wissenschaftlicher Leistungsfähigkeit, soweit es denn gelang, die kollektive Leitung wirklich als kooperative Leitung zu realisieren und ein bloßes Nebeneinander relativ selbstständiger Abteilungen zu vermeiden. Dies gelang allerdings nicht immer.

14.4 Neue Kombinationen im wiedervereinigten Deutschland

Im Zuge der deutschen Wiedervereinigung gewann die Förderung der Geistes- und Sozialwissenschaften in der MPG eine zusätzliche Qualität. Unter der Präsidentschaft des Juristen Hans F. Zacher (1990–1996) nutzte die MPG den politisch induzierten Wachstumsschub des »Aufbaus Ost« zur Einrichtung mehrerer neuer Institute, in denen sich ein vorher schon in Einzelfällen erprobtes Prinzip, nämlich: Geistes- und Sozialwissenschaften in enger Verbindung mit Natur- und Lebenswissenschaften zu fördern, weiter festigte und bewährte.[32] Zugleich trug sie zur Entwicklung einer neuartigen, bis heute bestehenden Institution geisteswissenschaftlicher Forschung entscheidend bei: Als der Wissenschaftsrat 1991 die Schließung der meisten geistes- und sozialwissenschaftlichen Institute der Akademie der Wissenschaften der ehemaligen DDR empfahl, plädierte er gleichzeitig für die Errichtung neuer »Geisteswissenschaftlicher Zentren«. Sie sollten in ausgewählten Forschungsbereichen gut evaluiertem wissenschaftlichen Personal aus jenen Instituten angemessene Bedingungen zur Weiterarbeit bieten. Zugleich war dies ein neues Modell der Förderung interdisziplinärer geisteswissenschaftlicher Forschung in Deutschland. Der Wissenschaftsrat empfahl, sieben solcher Zentren in den neuen Bundesländern und Berlin als Verbund einzurichten, »sie im Interesse einer wirkungsvollen und koordinierten organisatorischen Betreuung [...] für einen Zeitraum von zunächst drei Jahren an die Max-Planck-Gesellschaft oder an die Minerva Gesellschaft für die Forschung[33] anzugliedern« und ihre weitere Ausgestaltung »in einer oder mehreren Kommissionen der MPG« zu erörtern.[34] Die MPG gründete die »Förderungsgesellschaft Wissenschaftliche Neuvorhaben mbH«, die sechs vom Wissenschaftsrat vorgeschlagene Zentren als universitätsnahe, aber selbstständige Institute errichtete und bis 1995 sehr professionell betreute – die Institute für Zeitgeschichte und für Aufklärungsforschung in Potsdam, für Literaturforschung, für Allgemeine Sprachwissenschaft und für die Erforschung des modernen Orients in Berlin sowie für Kultur und Geschichte Ostmitteleuropas in Leipzig.[35]

Das ehrgeizige Projekt war in der Wissenschaftspolitik zwischen Ost und West wie auch in und zwischen Universitäten und Wissenschaftsorganisationen über mehrere Jahre höchst umstritten und stand mehrfach auf der Kippe. Die MPG sah zwar ihre eigene Rolle dabei – wohl entgegen ursprünglichen Erwartungen im Wissenschaftsrat – immer als befristet an, setzte sich aber gegen vehemente Kritik für die Realisierung der Zentren ein. Wie MPG-Vizepräsident Franz Weinert 1993 als Vorsitzender der zuständigen Präsidentenkommission sagte: »Wenn die Forschungskollegs völlig untergingen, wären die Geisteswissenschaften die klaren Verlierer der deutschen Einheit«; dies gelte es zu verhindern. Schließlich fand die im Einzelnen modifizierte und in den Ansprüchen leicht reduzierte Zentren-Idee die Zustimmung des MPG-Senats und – erneut – des Wissen-

---

32 Generell zu dieser Phase siehe oben, Kap. II.5; Ash, *MPG im Kontext*, 2020.
33 Zu dieser Tochtergesellschaft der MPG siehe oben, Kap. III.12.3, 403–405.
34 Wissenschaftsrat, *Stellungnahmen zu den außeruniversitären Forschungseinrichtungen*, 1992, 45–78; Kocka, Geisteswissenschaftliche Zentren, 1994.
35 Jeweils mit einer Kommissarischen Wissenschaftlichen Leitung, einem internen Koordinator und einem wissenschaftlichen Beirat sowie mit 20 bis 30 Mitarbeiter:innen (aus Ost und West). Ein siebter Forschungsschwerpunkt war der Wissenschaftsgeschichte und -theorie gewidmet. An seine Stelle trat 1993 das neu gegründete MPI für Wissenschaftsgeschichte. Die Aufklärungsforschung ist aufgegeben worden. Siehe im Einzelnen Ash, *MPG im Kontext*, 2020, 191–203 u. 220–221.

schaftsrats. 1995 dankte der Berliner Wissenschaftssenator Manfred Erhardt (CDU) der MPG für ihren Einsatz und meinte, »dass das Vorhaben ohne Herrn Weinerts glückliche Hand und geschickte Moderation nicht gelungen wäre«. Die wissenschaftliche Wiedervereinigung ging hauptsächlich als Ausdehnung der bundesrepublikanischen Strukturen auf die beitretenden neuen Länder vor sich. Die Geisteswissenschaftlichen Zentren stellen dagegen einen der ganz wenigen produktiven Neuansätze dar, die aus dem Umbruch von 1989/90 wissenschaftsinstitutionell hervorgegangen sind. Für ihren Erfolg war in den frühen Jahren die Unterstützung durch die MPG mitentscheidend. Heute existieren sie als Zentren der Leibniz-Gemeinschaft.[36]

Der wiedervereinigungspolitisch induzierte »Aufbau Ost« der 1990er-Jahre beinhaltete auch für den geistes- und sozialwissenschaftlichen Bereich der MPG ein Stück west-östlicher Umverteilung: Die Institute im Westen hatten zum Teil erhebliche Kürzungen zu verkraften. Und das Göttinger MPI für Geschichte konnte die ihm drohende Schließung zwar 1996 noch, wenngleich verkleinert, verhindern, wurde aber nach der 2004 anstehenden gleichzeitigen Emeritierung seiner beiden Direktoren Otto G. Oexle und Hartmut Lehmann, nach inneren Konflikten und fehlschlagenden Nachfolgeberufungen 2006 geschlossen.[37] Dagegen konnte die GWS zwischen 1990 und 1998 sechs Neugründungen im Ostteil des Landes verbuchen, nämlich die MPI zur Erforschung von Wirtschaftssystemen (1992 in Jena), für neuropsychologische Forschung (1993 in Leipzig, dort 2004 mit dem bis dahin in München ansässigen MPI für psychologische Forschung zum MPI für Kognitions- und Neurowissenschaften fusioniert), für Wissenschaftsgeschichte (1993 in Berlin), für demografische Forschung (1995 in Rostock), für evolutionäre Anthropologie (1997 in Leipzig) und für ethnologische Forschung (1998 in Halle). Dazu kam das 2002 auf Drängen des Bundesministeriums für Bildung und Forschung (BMBF) übernommene Kunsthistorische Institut in Florenz von 1897, das unter der Regie der MPG in wenigen Jahren thematisch und methodisch kräftig erweitert, umgebaut und dynamisiert wurde.[38]

Die Chance, innovative Kombinationen von Disziplinen in neuen Instituten zusammenzuführen, verdanke die MPG der deutschen Wiedervereinigung, so Präsident Markl im Senat anlässlich der Gründung des MPI für evolutionäre Anthropologie.[39] In der Tat: Fast durchweg verfolgten die neuen Institute einen inter- oder zumindest multidisziplinären Forschungsansatz.[40] In ihrer Mehrheit verknüpften sie geistes- bzw. sozialwissenschaftliche Fragestellungen mit naturwissenschaftlichen Ansätzen, was in diesen Jahren zu einem Markenzeichen der MPG zu werden begann. Das galt zweifellos für das MPI für Wissenschaftsgeschichte, dessen unter anderem von dem Physiker und Philosophen Lorenz Krüger formuliertes Forschungsprogramm auf Wissenschaftsgeschichte in theoretischer Absicht abzielte, mit einem Natur- und Kulturwissenschaften integrierenden Ansatz unter dem Leitgedanken der historischen Epistemologie.

Auch das Rostocker MPI für demografische Forschung hatte unter der Leitung des in mehreren disziplinären Kontexten beheimateten Gründungsdirektors James W. Vaupel Standbeine in verschiedenen Wissenschaftskulturen, indem es den Themenbereich »Evolutionäre Biodemografie, Altern und Langlebigkeit« mit der Untersuchung von Fertilität und Familiendynamik und später mit dem Arbeitsgebiet »Ökonomische und soziale Demographie« verband. Das MPI für evolutionäre Anthropologie wurde nach seiner Gründung 1997 von einem Biologen und Paläogenetiker, einem Linguisten, einem Entwicklungspsychologen und Kognitionswissenschaftler sowie einem Verhaltensforscher und Primatologen gemeinsam geleitet – ein bemerkenswert weit gespanntes Spektrum unterschiedlicher Disziplinen, das weltweit einzigartig gewesen sein dürfte. Dies galt auch

---

36 Die wichtige Rolle der MPG zu Beginn dieser Erfolgsgeschichte wird häufig übersehen, so etwa völlig bei Weigel, Vom Problemfall zum Modellfall, 2021. – Obige Darstellung nach: Protokoll der 132. Sitzung des Senates vom 20.11.1992 in Herrenberg, AMPG, II. Abt., Rep. 60, Nr. 132.SP; Protokoll der 133. Sitzung des Senates vom 19.3.1993 in Frankfurt am Main, AMPG, II. Abt., Rep. 60, Nr. 133.SP, fol. 24 (Zitat); Protokoll der 134. Sitzung des Senates vom 17.6.1993 in Trier, AMPG, II. Abt., Rep. 60, Nr. 134.SP; Protokoll der 138. Sitzung des Senates vom 18.11.1994 in Frankfurt am Main, AMPG, II. Abt., Rep. 60, Nr. 138.SP; Protokoll der 140. Sitzung des Senates vom 22.6.1995 in Potsdam, AMPG, II. Abt., Rep. 60, Nr. 140.SP, fol. 12 (Zitat).

37 In Form der Umwandlung in das neue MPI zur Erforschung multireligiöser und multiethnischer Gesellschaften. Schöttler, *Die Ära Heimpel*, 2017, 99–123.

38 Wolf, Ever the Best, 2014, 325–327.

39 Protokoll der 145. Sitzung des Senates vom 7.3.1997, AMPG, II. Abt., Rep. 60, Nr. 145.SP, fol. 9 verso.

40 Oder sie umfassten sehr verschiedene Ausprägungen ein und derselben Disziplin, wie im MPI für ethnologische Forschung in Halle, dessen Direktoren unterschiedliche Schwerpunktbereiche vertraten – von der sozialanthropologisch informierten Erforschung Osteuropas und Eurasiens über Feldforschung in Afrika bis hin zur Rechtsethnologie in südostasiatischen Ländern. – Das MPI zur Erforschung von Wirtschaftssystemen startete 1992 mit dem Schwerpunkt, Prozesse des Systemwandels vom Sozialismus zur Marktwirtschaft zu untersuchen, wurde 2005 in MPI für Ökonomik umbenannt und 2014 durch ein MPI ersetzt, das »eine integrierte Wissenschaft der Menschheitsgeschichte« unter Anwendung neuer naturwissenschaftlicher Methoden bearbeiten sollte.

für das 2004 durch Fusion zweier Institute unterschiedlicher Fachprägung entstandene MPI für Kognitions- und Neurowissenschaften, in dem etwa die neuronalen Grundlagen von höheren Hirnfunktionen wie Sprache, Emotionen und Sozialverhalten und damit das Zusammenwirken von mentalen und biologischen Vorgängen untersucht wurden. Im Grunde unterlief die Forschungsplanung in solchen Instituten die herkömmliche Unterscheidung zwischen Geistes- und Naturwissenschaften. Die natur- und lebenswissenschaftlichen Fragestellungen und Methoden gewannen dabei mittel- und langfristig sehr an Gewicht. Die Geisteswissenschaftliche Sektion zog daraus die Konsequenz und änderte ihren Namen 2004 in Geistes-, Sozial- und Humanwissenschaftliche Sektion (GSHS).[41] Ihr trat das Institut für Kognitions- und Neurowissenschaften bei, blieb aber – wie auch das MPI für Psycholinguistik – mit der BMS durch den dortigen Gaststatus seiner Direktoren verbunden. Die Zahl der neurowissenschaftlich arbeitenden Abteilungen nahm in der GSHS in den folgenden Jahrzehnten weiter zu.

14.5 Verzweigungen

In den 1970er-Jahren monierten Kenner intern, dass sich die Geisteswissenschaftliche Sektion nicht auf Grundlage längerfristiger Planungen oder programmatischer Perspektiven entwickelt habe, sondern jeweils aus der Absicht, für die Arbeit angesehener Forscher auf ausgewählten Gebieten durch die Gründung eines Instituts besonders günstige Bedingungen zu schaffen.[42] Direktoren sozialwissenschaftlicher MPI beklagten auch noch 2002, dass Entscheidungen für Neugründungen oftmals dem Zufall oder politischen Präferenzen geschuldet seien. Eine gemeinsame Forschungsplanung der Sektion fehle, die Institute seien jeweils stark in den Kontext ihrer eigenen Scientific Communities integriert und ohne ausreichende Verbindung zueinander.[43] Politische Erwägungen spielten in der Tat sehr oft zumindest bei der Auswahl von Standorten eine Rolle. Immer wieder wird berichtet, dass einzelne MPI vielfache Kooperationsbeziehungen zu Einrichtungen außerhalb der MPG, aber nur wenige zu anderen MPI besaßen.[44] Methodisch, thematisch und ihrem Selbstverständnis nach bestanden die ausgeprägtesten Unterschiede zwischen den Instituten der GWS (und dann auch der GSHS), sie drängten in der Regel nicht auf intensive Kooperation miteinander. Trotzdem gab es ab den 1980er-Jahren auch im geistes- und sozialwissenschaftlichen Bereich Ansätze zu abgestimmter Planung und jeweils partieller Verflechtung, die erkennen lassen, dass die Gründung und Entwicklung der einzelnen Institute auch durch ihren Ort im Zusammenhang der MPG beeinflusst worden sind. Einige Beispiele mögen dies belegen.

Die von der GWS nach der Schließung des Starnberger Instituts 1981 eingesetzte Kommission »Förderung der Sozialwissenschaften«, die bis 1987 mindestens zwölfmal zusammentrat und einflussreiche Empfehlungen erarbeitete, ging in ihren Überlegungen über zu gründende sozialwissenschaftliche Projektgruppen und Institute primär nicht von Personen aus, sondern diskutierte unter thematischen und forschungspolitischen Gesichtspunkten über Inhalte und Programme, wenngleich sie auch gleichzeitig Personen suchte und benannte, die gegebenenfalls in der Lage sein würden, diese zu realisieren.[45] Dabei orientierte man sich an dem Ziel, wissenschaftlich besonders zukunftsträchtige und in den Hochschulen nur unzureichend bearbeitete Problembereiche der Grundlagenforschung zu identifizieren und zur Förderung durch die MPG vorzuschlagen, die – und dies ist hier entscheidend – »zudem in eine gewisse Beziehung gesetzt werden könnten zu den in den Instituten der Geisteswissenschaftlichen Sektion bereits verfolgten Arbeiten auf sozialwissenschaftlichem Gebiet«.[46] Ähnlich umschrieb Vizepräsident Jochen Frowein die Aufgaben einer 2001 aus auswärtigen Experten gebildeten Kommission »Sozialwissenschaftliche Forschung in der MPG«, die Forschungsschwerpunkte für die nächsten 25 Jahre benennen sollte. Neben anderen Kriterien sei zu bedenken, dass Neuerungen »ins Institutsgefüge« pas-

---

41 Protokoll der GWS vom 19.2.2004, AMPG, II. Abt., Rep. 62, Nr. 1530, fol. 9–10. Ein Jahr zuvor, auf der Sitzung am 13.2.2003, hatte der Psychologe Wolfgang Prinz den Vorschlag ausführlich begründet.

42 So R. Vierhaus, TOP 5 der Sitzung der GWS vom 6.2.1976, Überlegungen zum Ausbau der Geisteswissenschaftlichen Sektion der MPG, AMPG, II. Abt., Rep. 62, Nr. 1444, fol. 52–55.

43 So Karl Ulrich Mayer und Wolfgang Streeck in einer Anhörung bei der Präsidentenkommission »Sozialwissenschaftliche Forschung in der MPG«. Ergebnisprotokoll der 3. Sitzung vom 7./8.3.2002, AMPG, II. Abt., Rep. 1, Nr. 52, fol. 71.

44 Etwa im Kölner MPI für Gesellschaftsforschung, siehe Link, *Soziologie*, 2022, 128.

45 Notiz Beatrice Fromms für den Präsidenten vom 26.1.1988 über den »Gang der Beratungen zum Projekt ›Kognitive Anthropologie‹«, AMPG, II. Abt., Rep. 57, Nr. 340, fol. 536–539. Die Beratungen begannen im Mai 1981 und endeten im Februar 1988 mit dem Vorschlag, eine Projektgruppe für kognitive Anthropologie zu gründen.

46 Zweiter Zwischenbericht und weitere Empfehlungen der Kommission »Förderung der Sozialwissenschaften«, AMPG, II. Abt., Rep. 62, Nr. 1467, fol. 45.

sen sollten, um Wechselwirkungen zwischen den sozialwissenschaftlichen Instituten und mit anderen Instituten zu ermöglichen.[47] Solche Suchstrategien waren geeignet, Innovationspotenziale zu finden und Neuerungen anzustoßen, dabei jedoch ein Minimum an Kontinuität zu gewährleisten und einen gewissen Zusammenhang über Institutsgrenzen hinweg zu stärken.

Der Austausch zwischen den Instituten und ihren Forschungsgebieten wurde durch die Aufteilung in drei Sektionen – die Chemisch-Physikalisch-Technische (CPTS), die Biologisch-Medizinische (BMS) und die Geisteswissenschaftliche (GWS) – sehr gefördert. Die Sektionen waren *Foren* für den intellektuellen Austausch und die Willensbildung der Wissenschaftler und Wissenschaftlerinnen unterschiedlicher Institutszugehörigkeit und fachlicher Orientierung, vergleichbar den Fakultäten der Universität vor ihrer Auflösung in Fachbereiche. Sie waren *Podien* für die Austragung von Kontroversen und für das Aushandeln von Kompromissen. Und sie waren wichtige *Orte* der MPG-internen Vernetzung. Die Zahl der Personen, die an den zunächst einmal, später meist dreimal jährlich stattfindenden Sitzungen der GWS teilnahmen, stieg von unter zehn in den mittleren 1950er-Jahren auf über 30 bis 40 um 1980 und auf rund 50 in den Jahren um 2003/04. Dort trafen sich aktive und emeritierte Wissenschaftliche Mitglieder, gewählte Vertreter der Mitarbeiter und Mitarbeiterinnen sowie Personal aus Leitung und Generalverwaltung, darunter meist auch der Präsident und der Generalsekretär. Die Tagesordnung wurde immer länger, differenzierter und wohl auch formalisierter, die Sitzungsprotokolle wuchsen von etwa 5 auf 25 Seiten. Neben Berichten der MPG-Leitung, aus den Instituten und Kommissionen und neben der Befassung mit Berufungen, Gründungen, Umwidmungen oder Schließungen, zu denen Empfehlungen (meist an den Senat) zu formulieren waren, fanden vielstimmige Debatten über wissenschaftliche Initiativen, Perspektiven und Schwerpunktsetzungen statt, über Kooperationen und Ressourcen – dies oft mithilfe von ad hoc eingerichteten Kommissionen und auf der Grundlage von deren Berichten. Auch gemeinsame Kolloquien gab es.

Die regelmäßigen Zusammenkünfte in der Sektion mit ihren Berichten ermöglichten den Teilnehmenden Einblicke in ihnen inhaltlich und methodisch fremde Forschungs- und Denkgewohnheiten. Es war dieser interdisziplinäre Dauerdiskurs mit persönlichen Begegnungen, der die Akteure aus unterschiedlichen Instituten miteinander verband, der in gewisser Hinsicht ihre gegenseitige Kontrolle implizierte und der ein gemeinsames Problembewusstsein beförderte, aus dem instituts- und fächerübergreifende Innovationen hervorgehen konnten: eine spezifische Stärke der MPG.

Aufgrund solcher Anstöße entstanden tatsächlich »Verzweigungen« zwischen Abteilungen und Instituten.[48] Einzelne Institute – und einzelne Personen – erwiesen sich dabei als besonders verflechtungsstark. Als Beispiel diene das Berliner Bildungsforschungsinstitut. Einer seiner Direktoren, Paul Baltes, wirkte 1984 als Vorsitzender der Gründungskommission an der Entstehung des Kölner MPI für Gesellschaftsforschung mit; Karl Ulrich Mayer, Direktor am selben Institut, entwarf das Konzept und leitete die Gründungskommission für das 1995 in Rostock gegründete MPI für demografische Forschung; Jürgen Renn, mit Peter Damerow ab 1991 Leiter der »Arbeitsstelle Albert Einstein« des Bildungsforschungsinstituts, wurde 1993 als einer der drei Gründungsdirektoren des MPI für Wissenschaftsgeschichte berufen. Dem von Baltes geleiteten kooperativen Verbund »Max Planck International Research Network on Aging (MaxNetAging)« schloss sich 2004 auch das 1982 eröffnete MPI für ausländisches und internationales Sozialrecht in München an. Was hier entstand, kann als eine Art locker verbundene »Familie« gesehen werden. Ein Cluster[49] war dies jedoch angesichts der Diversität der einbezogenen Aufgabengebiete nicht.

Und solche Verzweigungen oder »Familien« erstreckten sich auch über Sektionsgrenzen hinweg. Die bereits erwähnten »Brückeninstitute«, die geistes-, sozial- und naturwissenschaftliche Elemente verbanden,[50] sind durchweg aus MPG-internen Anstößen in komplexen Entscheidungsprozessen entstanden, an denen die MPG-Leitung ermutigend und auswählend, die Sektionen mit ad hoc gebildeten Kommissionen und zahlreiche einzelne Wissenschaftliche Mitglieder Ideen generierend, abwägend, diskutierend und empfehlend beteiligt waren. Vor allem aber: An der Entstehung der Vorschläge für die »Brückeninstitute« waren durchweg Vertreter unterschiedlicher Sektionen beteiligt, insbesondere Mitglieder der GWS und der BMS – in interdisziplinärem Kontakt, den die Struktur der multidisziplinär zusammengesetzten MPG zwar nicht erzwungen, aber erleichtert und angeboten hat.

---

47 Ergebnisprotokoll der 1. Sitzung der Kommission vom 9.10.2001, AMPG, II. Abt., Rep. 1, Nr. 52, fol. 293.
48 Generell zu Verzweigungen und »Fertilität« in der MPG siehe Renn und Kant, Forschungserfolge, 2010, 75–76.
49 Zum Begriff oben, Kap. III.2.
50 Zumindest galt das für die MPI für Psycholinguistik, für demografische Forschung, für evolutionäre Anthropologie sowie für Kognitions- und Neurowissenschaften. Siehe oben, Kap. III.11.

14.6 Keine Kulturkämpfe, aber Unterschiede

Der Physiker und Schriftsteller C. P. Snow hat 1959 zwischen geisteswissenschaftlich-literarischen und naturwissenschaftlich-technischen Wissenschaftskulturen unterschieden und ihre ausgeprägte Gegensätzlichkeit unterstrichen.[51] Die Geschichte der MPG hat diese Sicht nicht bestätigt. Zwischen Natur- und Geistes- bzw. Sozialwissenschaften wurde in der MPG niemals grundsätzlich oder systematisch differenziert. Es gab keine Sonderbehandlung für die Geisteswissenschaften in der MPG. Vielmehr betonte man die Notwendigkeit, in den unterschiedlichen Wissenschaftsbereichen prinzipiell die gleichen Kriterien bei der Begründung und Bewertung von Instituten und ihren Leistungen anzuwenden. Dieses Prinzip wurde in den Auseinandersetzungen der frühen 1960er-Jahre um die Gründung von neuen rechtswissenschaftlichen Instituten als in der MPG handlungsleitende Richtschnur ausformuliert.[52]

Diese Gleichbehandlung haben die Geisteswissenschaftler in der MPG stets unterstützt, zumal sich angesichts des eklatanten Ausstattungsgefälles zwischen Natur- und Technikwissenschaften einerseits, Geistes- und Sozialwissenschaften andererseits dadurch ihre Chance verbesserte, ein Stück weit am zunehmend natur- und technikwissenschaftlich begründeten Finanzierungs- und Ansehenszuwachs der Wissenschaften teilzuhaben. Für die naturwissenschaftliche Mehrheit mag dieses Arrangement schon deshalb akzeptabel gewesen sein, weil die geistes- und sozialwissenschaftliche Minderheit klein war, pro Person und pro Institut weniger Ausstattung benötigte und folglich nur einen geringen Anteil des Gesamtbudgets konsumierte: in den späteren Jahren ungefähr 13 Prozent.[53]

Manchmal zeigten Naturwissenschaftler in der MPG ein gewisses Befremden gegenüber den Geisteswissenschaften, so etwa wenn Präsident Lüst 1975 der These beipflichtete, »dass in den Sozialwissenschaften die Bereitschaft zur kritischen Überprüfung der Theorie nicht im gleichen Maße und nicht mit der gleichen Selbstverständlichkeit gegeben sei wie im Bereich der naturwissenschaftlichen Disziplinen«.[54] Oder wenn Präsident Staab in einer Festversammlung der MPG 1985 ausführte: »Über die Grundprinzipien der wissenschaftlichen Arbeit besteht unter den Naturwissenschaftlern ein weitgehender Konsens, und die allgemein akzeptierten Normen der wissenschaftlichen Methodik scheinen zusammen mit der Orientierung am empirischen Objekt ein gesichertes Fundament unseres Wissens zu verbürgen. In den Geisteswissenschaften ist dagegen der wissenschaftsinterne Zweifel sehr viel größer; es ist sehr viel mehr von einer Legitimationskrise der Wissenschaft die Rede, und man spürt förmlich das Ringen um den Sinn der Geisteswissenschaften …«. Aber Äußerungen der Hochschätzung überwogen. Und auch Staab fuhr fort, indem er – vielleicht ein bisschen *tongue in cheek* – betonte, »welche nahezu grenzenlose Hochachtung wir Vertreter der anderen Kultur von C. P. Snows ›Two Cultures‹ vor unseren geisteswissenschaftlichen Kollegen und ihren Forschungsgegenständen haben – nicht zuletzt übrigens dank unseres ja immer noch vorwiegend geisteswissenschaftlich orientierten Bildungssystems!«[55]

Insgesamt hat die primär naturwissenschaftlich geprägte MPG ihrer geisteswissenschaftlichen Minderheit freundlichen Respekt entgegengebracht. Sie wusste wohl auch, was sie an ihr hatte: Hilfe bei der Selbstdarstellung in der Öffentlichkeit;[56] Beiträge zur Legitimation gegenüber den Geldgebern in der Politik; nach innen und außen gerichtete Stellungnahmen und Klärungen zu viel diskutierten ethischen, kulturellen und Sinnfragen, die mit dem Aufstieg der Wissenschaften in der modernen Gesellschaft verbunden sind.[57] Überdies haben Wissen-

---

51 Snow, The Two Cultures, 1959. Dazu Kreuzer, Zwei Kulturen, 1987; Lepenies, Drei Kulturen, 1985.
52 Mosler, »Stellungnahme zur Pflege geisteswissenschaftlicher Forschungen durch Max-Planck-Institute« vom 9.6.1964, AMPG, II. Abt., Rep. 102, Nr. 438, fol. 2–11; sowie Kap, III.13 Rechtswissenschaften.
53 Protokoll der GWS vom 13.2.2003, AMPG, II. Abt., Rep. 62, Nr. 1526, fol. 19 verso. Im Vergleich dazu erhielten die Institute der BMS 40 und die der CPTS 47 Prozent des Gesamtbudgets. Die Institute der GWS bzw. GSHS waren relativ klein: In ihr entfielen 2004 auf jedes der 18 Institute im Durchschnitt 2,6 Wissenschaftliche Mitglieder, in der CPTS dagegen 4,3 (bei 29 Instituten) und in der BMS 3,5 (im Durchschnitt von 26 Instituten). Die sozialwissenschaftlichen MPI hatten 2002 zwischen 31 und 68 Planstellen, nur das Bildungsforschungsinstitut stach mit rund 120 hervor.
54 In einer kontroversen Diskussion über das Berliner Bildungsforschungs- und das Starnberger Institut: Protokoll der 6. Sitzung des SAFPP vom 23.10.1975, AMPG, II. Abt., Rep. 60, Nr. 244, fol. 304.
55 Festansprache vom 14.6.1985, abgedruckt in: Henning und Kazemi, Chronik, 2011, 586.
56 Ein Beispiel: Die zuständige Kommission empfahl 1989 den Juristen Zacher als nächsten Präsidenten unter anderem auch deshalb, »weil er als Repräsentant einer geisteswissenschaftlichen Disziplin die Anliegen und Bedürfnisse der MPG gegenüber einer Öffentlichkeit, die bestimmte Entwicklungen in Forschung und Technologie mit Skepsis verfolge, gut vertreten könne«. Protokoll der 123. Sitzung des Senates vom 16.11.1989 in München, AMPG, II. Abt., Rep. 60, 123.SP, fol. 10.
57 Dazu generell auch Stolleis, Erinnerung – Orientierung – Steuerung, 1998.

schaftler und Wissenschaftlerinnen aus den nichtnaturwissenschaftlichen Bereichen der MPG in ihren vielfältigen Funktionen genützt und gedient. Schließlich mögen der Respekt für Qualität und eine gewisse Überzeugung von der Gemeinsamkeit aller Wissenschaften dazu beigetragen haben, dass die Unterscheidungslinien zwischen den verschiedenen Wissenschaftskulturen in der MPG niemals zu Front- und Konfliktlinien wurden. Kulturkämpfe fanden an ihnen nicht statt.

Als die Sektionen in der KWG 1928 gebildet wurden, ordnete man der GWS zu, was man nicht zu den Natur- und Lebenswissenschaften rechnete: Rechtswissenschaften, Kunstgeschichte und Geschichte. Das Schema übernahm dann die MPG. Die GWS war heterogen. Lange dominierten die Juristen, 1970 stellten sie fünf von neun und 2004 immerhin noch sieben von 18 Instituten der Sektion. Sie agierten als relativ geschlossene, relativ separate, zugleich einflussreiche Teilgruppe, die sich nur zögernd der interdisziplinären Kooperation öffnete, ansatzweise im 1982 eröffneten MPI für ausländisches und internationales Sozialrecht in München sowie am deutlichsten im 2004 gegründeten MPI zur Erforschung von Gemeinschaftsgütern in Bonn, das rechtswissenschaftliche und ökonomische Kompetenz verknüpfte und den Umgang mit Gütern untersuchte, die nicht oder nicht ausschließlich den Mechanismen des Markts überlassen werden können.[58]

Schon der Aufstieg der Sozialwissenschaften, die in den Anfangsjahren noch ganz gefehlt hatten, erst recht aber die Zunahme der Misch- und Brückeninstitute, die geistes- und sozialwissenschaftliche mit naturwissenschaftlichen (meist biologisch-medizinischen) Ansätzen verknüpften, hatten den nie sehr trennscharfen und tragfähigen Begriff Geisteswissenschaften als Bezeichnung für die Sektion längst gesprengt: eine Entwicklung in der MPG, die der allgemeinen Wissenschaftsentwicklung entsprach. Intern unterschied man zwischen »Rechtswissenschaften, Sozialwissenschaften und den eigentlichen Geisteswissenschaften«.[59]

In der GWS gelang es nur den Juristen, mit ihren wichtigsten Spezialisierungen umfassend in der MPG vertreten zu sein, auf eigenes Drängen hin und mit Unterstützung vonseiten der Politik. Die Arbeitsweise der meist rechtsvergleichenden MPI – mit ihrer Betonung des Sammelns, Ordnens und Systematisierens spezialisierten Wissens, mit ihren Gutachten, Kommentaren und Beratungen – fügte sich gut in das Muster langfristig organisierter Forschung ein, das für die MPG typisch war. Dies traf jedoch nur zum kleineren Teil auf die anderen Geistes- und Sozialwissenschaften zu, nämlich nur insoweit sie – zumindest auch – arbeitsteilig organisierte, langfristig angelegte und ressourcenintensive Großprojekte betrieben, die planmäßig koordinierte und kontinuierliche Kooperation von Forschenden, nicht aber ständigen Kontakt mit Studierenden erforderten.

Nur wenigen geistes- und sozialwissenschaftlichen Forschungsrichtungen ist die Aufnahme in die MPG gelungen, zum Teil aufgrund von Initiativen von außen, immer häufiger jedoch aufgrund MPG-interner Entscheidungsprozesse – oft sind entsprechende Versuche auch gescheitert. Die Zugehörigkeit zur MPG bedeutete für die geistes- und sozialwissenschaftliche Forschung ein Ausmaß an Förderung, wie es an den Hochschulen selten war: reichhaltige Ausstattung mit Ressourcen, langfristige Planbarkeit, erhebliche Gestaltungsfreiheit, leicht erreichbare Internationalität, die Öffnung des Blicks über Fächergrenzen hinweg und Reputation, allerdings auch stetige Qualitätskontrolle informeller und zunehmend formalisierter Art. Vor allem bot die MPG die Chance – und erwartete die Bereitschaft – zur interdisziplinären Kooperation, oft mit Brücken in die Naturwissenschaften hinein, deren Fragestellungen und Methoden dabei häufig prägend und maßgebend wurden. Diese Verbindung mit zunehmend dominanten naturwissenschaftlichen Ansätzen hat die geistes- und sozialwissenschaftliche Forschung in der MPG in den letzten Jahrzehnten zunehmend eingefärbt, als Chance und als besondere Stärke, manchmal auch als Begrenzung.

---

58 Protokoll der GWS vom 13.2.2003, AMPG, II. Abt., Rep. 62, Nr. 1526, fol. 24.
59 So Karl Ulrich Mayer in der Sitzung der GWS vom 4.6.2003, Protokoll der GWS vom 4.6.2003, AMPG, II. Abt., Rep. 62, Nr. 1528, fol. 13.

15. Ausdifferenzierung und Schwerpunktbildung[1]

Alexander von Schwerin

In diesem Kapitel werden auf Grundlage der quantitativen Analyse der Datenbanken des Projekts »Geschichte der Max-Planck-Gesellschaft« (GMPG) und der Publikationstätigkeit von Max-Planck-Instituten Veränderungen der MPG als Ganzes untersucht. Dazu gehören Verschiebungen im Verhältnis von Natur-, Geistes- und Sozialwissenschaften, sich verändernde Größenordnungen der Forschungseinheiten von »Little Science« über »Big Science« bis zu weltumspannenden Forschungsprojekten sowie das Spannungsfeld zwischen der besonderen, in einer spezifisch deutschen Tradition verankerten Struktur der institutionellen Forschungsförderung und dem Streben nach Anschluss an einen internationalen Mainstream.

Zudem wird – ergänzend zu den vorhergehenden Kapiteln – die Entwicklung der Wissenschaftsschwerpunkte der MPG im Spiegel der Publikationstätigkeit der MPI und im Vergleich zur Entwicklung wissenschaftlicher Publikationen weltweit dargestellt. Die Analyse der Publikationstätigkeit basiert auf der Literaturdatenbank Dimensions.[2] Die der Literaturdatenbank zugrunde gelegte Kategorisierung entspricht der gängigen Einteilung in Disziplinen. Im Zentrum der Betrachtung stehen deshalb hier, abweichend vom Fokus des Kapitels III, nicht die Struktur gebenden Cluster, sondern Disziplinen. Zum anderen werden die Karrierewege der Wissenschaftlichen Mitglieder der MPG analysiert, insbesondere mit Blick auf die Entwicklung der Institutsstruktur und der Wissenschaftsschwerpunkte. Denn wie in der Einführung bereits betont, beeinflussten informelle Organisationsstrukturen und -prinzipien, wie sie sich aus dem Handeln der Wissenschaftlichen Mitglieder ergaben, in besonderem Maße die Ausprägung des wissenschaftlichen Profils der MPG.[3] Zu den Besonderheiten der MPG gehörte, dass die Stimmen der Wissenschaftlichen Mitglieder bei der inhaltlichen Ausrichtung neuer Max-Planck-Institute (MPI) und der Auswahl des Leitungspersonals meist ausschlaggebend waren. Umso wichtiger ist es, Handlungsmuster und Zusammenhalt der Scientific Community der MPG genauer zu verstehen.

Die hier zusammengetragenen Auswertungen bestätigen die Ergebnisse der Clusterstudien, wonach die interne, sozio-epistemische Dynamik und Kohäsion von Teilgemeinschaften in hohem Maße die wissenschaftliche Profilbildung der MPG bestimmte. Die Entwicklung aus dem eigenen Bestand als dominanter Erneuerungsmodus und weitere organisatorische Besonderheit der MPG beruhen demnach zum einen auf der Rekrutierung von Leitungspersonal aus dem eigenen Nachwuchs als eine Form »akademischer Inzucht«[4] und zum anderen auf der Gründung und Neukonzipierung von MPI auf Grundlage bestehender Strukturen und Forschung.

Ein Überblick über das Wachstum der MPG verdeutlicht die Entwicklung seit Gründung ihrer Vorgängerorganisation, der Kaiser-Wilhelm-Gesellschaft, im Jahr 1911. Die Anzahl der Forschungseinrichtungen der MPG war schon in der frühen Bundesrepublik größer als die der KWG (Abb. 32), ebenso die Zahl der Wissenschaftlichen Mitglieder. Seitdem stieg die Zahl der Institute und ihrer Mitglieder stetig an, allerdings mit Unterschieden zwischen den Sektionen.

---

1 Eingeflossen sind in diesen Beitrag zahlreiche Anregungen und Zuarbeiten von der GMPG-Gruppe, insbesondere von Jürgen Renn.
2 Die Digital-Humanities-Gruppe des MPI für Wissenschaftsgeschichte mit Roberto Lalli, Bernardo Sousa Bernaque, Malte Vogl und Dirk Wintergrün hat die Daten zusammengetragen und statistisch aufbereitet. Zur Bibliometrie der MPG siehe Lalli et al., *Methods*, 2024, sowie Erläuterungen unten, Kap. IV.7.4.
3 Siehe oben, Kap. III.2.
4 Allgemein zu »academic inbreeding« siehe Horta, Inbreeding, 2022. – Die Erneuerung der MPG aus dem eigenen Bestand wird von Renn und Kant (Forschungserfolge, 2010) als Folge der »Mutationsfähigkeit« und »Fertilität« von Max-Planck-Instituten beschrieben.

15. Ausdifferenzierung und Schwerpunktbildung

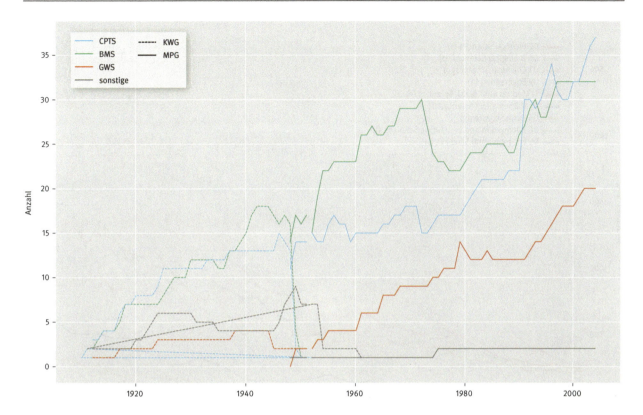

Abb. 32: Anzahl der Institute und Forschungsstellen der KWG und der MPG, unterschieden nach Sektionen (1911–2004). – Quelle: Forschungsdatenbanken der GMPG; Statistik Dirk Wintergrün, dh-lab MPIWG; doi.org/10.25625/JTJWFZ.

Die Biologisch-Medizinische Sektion (BMS) und die Chemisch-Physikalisch-Tecnische Sektion (CPTS) verdoppelten die Anzahl der ihnen zugeordneten Institute bis Ende der 1990er-Jahre auf 32, die Geisteswissenschaftliche Sektion (GWS) vervielfachte sogar ihren Bestand von 2 auf 18. Während die BMS lange die meisten Institute und Wissenschaftlichen Mitglieder (WM) hatte, überrundete die CPTS die BMS in den 1970er-Jahren hinsichtlich der Zahl der WM. Bei den CPTS-Instituten stieg sie in dieser Zeit auf 100 und von den 1980er-Jahren bis Ende des Jahrhunderts auf rund 130.[5] Die BMS verharrte dagegen lange bei 70 bis 80 WM, holte erst in den 1990er-Jahren wieder auf und hatte im Jahr 2000 rund 90 WM. Die CPTS-Institute waren demnach durchschnittlich größer als die der BMS, denn in der Zahl der Institute klafften die beiden Sektionen nicht so weit auseinander. Die Verfünffachung des Leitungspersonals in der GWS von acht Wissenschaftlichen Mitgliedern bei Gründung auf 40 im Jahr 2000 beruhte dagegen vor allem auf der zunehmenden Zahl von Instituten.

Das Wachstum der MPG entsprach der Aufwertung, die Wissenschaft und Forschung ab Mitte des 20. Jahrhunderts generell erfuhren, war aber auch das Ergebnis der erfolgreichen Nischenbildung der MPG durch ihre forschungspolitische Profilierung und die Ausformung von spezifischen Forschungsschwerpunkten.[6] Letztere spiegelt sich in der Publikationstätigkeit der MPI wider. Die Publikationszahlen zeigen, welche Wissenschaften die Wachstumsdynamik in der MPG bestimmten (siehe Abb. 33). Demnach prägten die naturwissenschaftlichen Leitwissenschaften Physik (roter Graph), Chemie (orange) und ab Mitte der 1980er-Jahre auch die Biowissenschaften (grün) zusammen mit den technischen Wissenschaften (hellblau) das wissenschaftliche Profil der Max-Planck-Gesellschaft, während die klassischen medizinischen Fächer (rosa) vor allem auch im internationalen Vergleich (Abb. 34) an Bedeutung verloren. Marginal blieben in der MPG bis zum Ende des Untersuchungszeitraums die für die gesellschaftliche Entwicklung der letzten Jahrzehnte so bedeutsamen Informations- (oliv) und Umweltwissenschaften (lila). Dagegen entwickelte die MPG zuletzt eine im internationalen Vergleich überproportionale Präsenz im Bereich der Geowissenschaften (gelb).

---

5 Zur Entwicklung der Anzahl der WM siehe Anhang (Infografik, Darstellung der Sektionen).
6 Siehe unten, Kap. IV.2, und oben, Kap. III.1 und Kap. III.2.

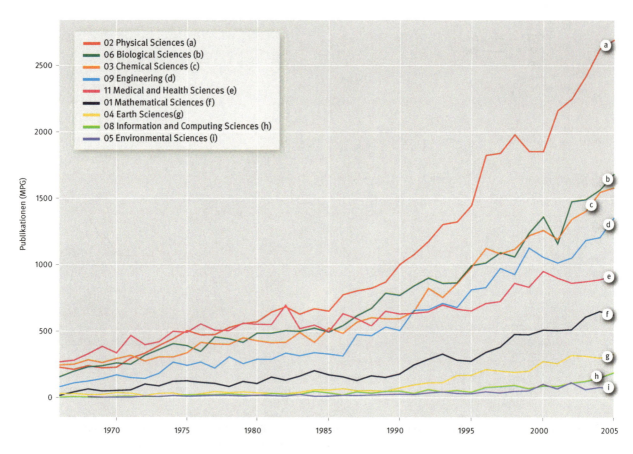

Abb. 33: Die Entwicklung der Wissenschaften in der MPG im Spiegel ihrer Publikationstätigkeit (1965–2005). Das Diagramm zeigt den absoluten Output wissenschaftlicher Publikationen unter Beteiligung von MPI, unterschieden nach einzelnen Wissenschaften; der Zeitraum vor 1965 kann wegen zu kleiner Datengrundlage nicht dargestellt werden. Zur Methodik siehe Lalli et al., *Methods*, 2024 – Quelle: Publikationsanalyse von Malte Vogl auf Basis der Dimensions-Datenbank, https://www.dimensions.ai/; doi.org/10.25625/GEYZAY.

Langfristigkeit und Stabilität waren Merkmale der Wissenschaftsentwicklung in der MPG, Merkmale, die angesichts der Freiheit, mit der die MPG – anders als Universitäten – autonom über ihre wissenschaftliche Ausrichtung entscheiden und Forschungszweige beliebig abbrechen oder forcieren konnte, erklärungsbedürftig sind. Die Gründe für die Konstanz im Wachstumsprofil der MPG liegen, wie zu sehen sein wird, zum einen in der Art und Weise, wie die MPG ihren Institutsbestand über die Zeit erneuerte. Zum anderen spielten der soziale Zusammenhalt und die epistemische Konvergenz der Scientific Community der MPG über ihr elitäres Selbstverständnis hinaus eine entscheidende Rolle. Dabei zeigen sich Unterschiede zwischen den Sektionen, auch wenn CPTS, BMS und GWS Teile derselben Dachstruktur waren und nach denselben Prinzipien und Regeln funktionierten. Zusammenfassend ergibt sich das Bild einer Wissenschaftsorganisation, deren besondere Fähigkeit darin bestand, gesellschaftliche Herausforderungen und Erwartungen in anwendungsorientierte Grundlagenforschung zu übersetzen; sie stand damit in der Tradition des naturwissenschaftlich-technischen Fortschrittsmodells, das schon bei Gründung der KWG als Leitbild gedient hatte. Die MPG vermied es dagegen, an der Lösung gesellschaftlich drängender Probleme direkt mitzuwirken. Die Gliederung der folgenden Ausführungen orientiert sich an der in Teil II eingeführten Periodisierung.[7]

15.1 Gründungsphase und das mächtige KWG-Erbe (1948–1954)

Die MPG gründete ihren Institutsbestand im Wesentlichen auf vorhandenen Strukturen. Sie übernahm in den ersten Jahren insgesamt 42 Forschungseinrichtungen, darunter gleich anfangs auf einen Schlag 13 Kaiser-Wil-

[7] Siehe oben, Kap. II.1.

15. Ausdifferenzierung und Schwerpunktbildung

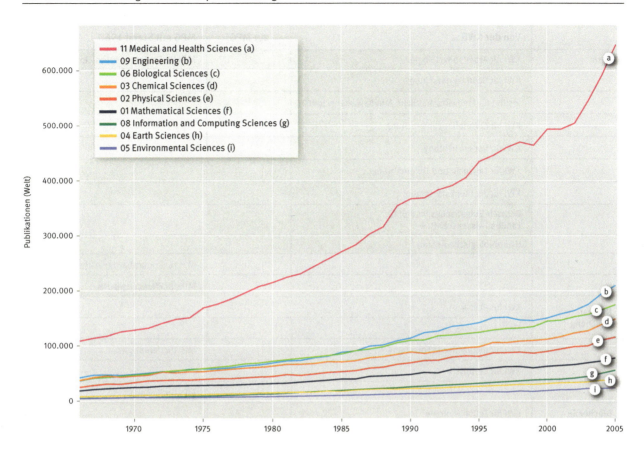

Abb. 34: Die internationale Entwicklung der Wissenschaften im Spiegel wissenschaftlicher Publikationen (1965–2005). Das Diagramm zeigt den absoluten Output wissenschaftlicher Publikationen weltweit, unterschieden nach einzelnen Wissenschaften; der Zeitraum vor 1965 kann wegen zu kleiner Datengrundlage nicht dargestellt werden. Zur Methodik siehe Lalli et al., *Methods*, 2024. – Quelle: Publikationsanalyse von Malte Vogl auf Basis der Dimensions-Datenbank, https://www.dimensions.ai/; doi.org/10.25625/GEYZAY.

helm-Institute, das letzte folgte im Jahr 1954.[8] Bei den Forschungseinrichtungen der KWG, die nicht in den Bestand der MPG gelangten, handelte es sich um kleinere und entbehrliche, im Ausland gelegene oder nur assoziierte Institute.[9] Die Aufnahme von externen Forschungseinrichtungen und Neugründungen glichen diese Verluste mehr als aus.[10]

Die MPG konzentrierte sich zunächst auf die Wiederherstellung der Arbeitsfähigkeit bestehender Forschungsstätten bzw. die Neustrukturierung und Erweiterung vorhandener Kapazitäten. Die beiden ersten Neugründungen erfolgten erst im Jahr 1954 und gingen aus Forschungsgruppen bestehender MPI hervor: das MPI für Verhaltensphysiologie aus einer Abteilung des MPI für Meeresbiologie, das MPI für Virusforschung aus einer Abteilung des MPI für Biochemie. Mit diesem Modus der Institutsgründung kündigte sich bereits der Weg institutionellen Wachstums an, den die MPG in den darauffolgenden Jahrzehnten vor allem beschritt.

Die MPG bewahrte wesentliche Merkmale der KWG nicht nur in Bezug auf ihre institutionellen und Governance-Strukturen,[11] sondern auch in Bezug auf ihre Forschungsentwicklung. Die KWG galt als Erfolgsmodell, nicht zuletzt aufgrund der vergleichsweise hohen An-

---

8 Zu den übernommenen Forschungsstellen der KWG im Einzelnen siehe unten, Anhang, Grafik 2.2.
9 Dazu gehörten die Biologische Station Lunz, das Deutsche Entomologische Institut der KWG, das Deutsche Spracharchiv, das Deutsch-Griechische Institut für Biologie in der KWG, das Forschungsinstitut für Wasserbau und Wasserkraft, die Forschungsstelle für Mikrobiologie der KWG in São Paulo/Brasilien, das KWI für Rebenzüchtungsforschung, das Schlesische Kohlenforschungsinstitut der KWG, das KWI für Kulturpflanzenzüchtung bei Halle sowie das wegen seiner Verbindung nach Auschwitz berüchtigte KWI für Anthropologie, menschliche Erblehre und Eugenik, von dem nur eine Abteilung in die MPG aufgenommen wurde. Henning und Kazemi, *Chronik*, 2011, 332–333.
10 Zu den extern übernommenen Forschungseinrichtungen siehe Anhang (Chronologische Auflistung der Institutsgründungen).
11 Siehe unten, Kap. IV.4.

	Von der KWG ...	... zur MPG	MPG mit Stand 1960
Agrar	KWI für Arbeitsphysiologie		MPI für Ernährungsphysiologie
	KWI für Bastfaserforschung		
	Institut für landwirtschaftliche Arbeitswissenschaft		
	KWI für Kulturpflanzenforschung		
	KWI für Rebenzüchtung		
	KWI für Tierzucht und Tierernährung		
	KWI für Züchtungsforschung		
	Deutsch-Bulgarisches Institut für Landbauwissenschaften		
	Hydrobiologische Anstalt		
			MPI für Kulturpflanzenzüchtung
			MPI für Pflanzengenetik
Nuklearforschung	KWI für Physik		
	KWI für Chemie		
	KWI für medizinische Forschung		MPI für Kernphysik
	KWI für Biophysik		
			MPI für Plasmaphysik
Biochemie	KWI für Zellphysiologie		
	KWI für Biochemie		
	KWI für Lederforschung		
	KWI für medizinische Forschung		
			MPI für physikalische Chemie
			MPI für Zellchemie
			Medizinische Forschungsanstalt
			MPI für Virusforschung
Biologisch-medizinische Forschung	KWI für Anthropologie		MPI für Erbpathologie
	KWI für Biochemie		
	KWI für medizinische Forschung		
	KWI für Hirnforschung		
	KWI für Psychiatrie		
			Medizinische Forschungsanstalt
			Wilhelm G. Kerckhoff-Institut
Material	KWI für Bastfaserforschung		
	KWI für Eisenforschung		
	KWI für Kohlenforschung		
	KWI für Lederforschung		
	KWI für Metallforschung		
	KWI für Silikatforschung		
Recht	KWI für ausländisches öffentliches Recht und Völkerrecht		
	KWI für ausländisches und internationales Privatrecht		

zahl an Nobelpreisen (bis 1945 waren es 15), mit denen KWG-Wissenschaftler ausgezeichnet worden waren.¹² Aufgrund der Übernahme des Gros der KWG-Institute bildeten sich im wissenschaftlichen Profil der jungen MPG die Schwerpunktsetzungen der KWG automatisch ab (Tab. 4). Diese hatten sich aus dem Gründungsauftrag der KWG ergeben, die modernen Naturwissenschaften und insbesondere die vernachlässigten, für das Fortkommen der nationalen Ökonomie vielversprechenden Forschungsfelder zu fördern.¹³ So war etwa das KWI für Chemie 1911 aus längerfristigen Überlegungen zur Gründung einer Chemischen Reichsanstalt nach dem Vorbild der Physikalisch-Technischen Reichsanstalt (PTR) heraus entstanden. In den 1920er-Jahren investierte die KWG stark in biochemische und biomedizinische Forschungsgebiete. In Verbindung mit der Rüstungsforschung und der deutschen Kriegsführung stand nach 1933 der Ausbau der Schwerpunkte in nuklearer Physik und Chemie, in den Landwirtschafts- sowie den Materialwissenschaften. Die MPG führte die Schwerpunktsetzung der KWG nicht nur fort, sondern baute sie im Fall der Biochemie und der biologisch-medizinischen Forschung noch aus.

Das auf Grundlagenforschung basierende Innovationsmodell bildete einen gemeinsamen Identifikationskern von KWG und MPG und lieferte nicht zuletzt die Begründung für die Autonomieansprüche der MPG gegenüber Wirtschaft und Politik.¹⁴ Der Auftrag der Kaiser-Wilhelm-Institute war es bereits gewesen, eine Brücke zu schlagen zwischen den Bedarfen aus Wirtschaft und Politik und einer auf Erkenntnisgewinn ausgerichteten Forschung. Im Nationalsozialismus hatte sich die Arbeit der KWI stark politisiert. Die »Reinigung« von der NS-Vergangenheit und die veränderten gesellschaftlichen Verhältnisse erforderten in der Bundesrepublik Anpassungen und Modifikationen von den Max-Planck-Instituten. Pfadabhängigkeiten, die seit dem Königsteiner Abkommen von 1949 gesicherte Finanzierungsgrundlage, Beharrungskräfte bei den verantwortlich Handelnden sowie ein mangelnder Steuerungswille verhinderten aber bis weit in die 1960er-Jahre hinein tiefgreifende Veränderungen bzw. eine gezielte und systematische Wissenschafts- und Forschungspolitik der MPG als Gesamtkörperschaft.¹⁵

Die Beispiele Landwirtschaftswissenschaften und Atomphysik belegen, wie sehr strukturelle Beharrungskräfte, kontingente Bedingungen und Interessenkonflikte zusammenspielten.¹⁶ Denn während eine wachsende Anzahl Wissenschaftlicher Mitglieder in der MPG früh schon auf eine »Flurbereinigung« drängte, konnten sich die aus der NS-Zeit herrührenden landwirtschaftlichen Institute des Rückhalts sowohl vonseiten der konservativ eingestellten Generalverwaltung als auch aus Politik und Wirtschaft sicher sein. Die Landwirtschaftswissenschaften wurden unter Aufwendung erheblicher Mittel für Erwerb und Betrieb von landwirtschaftlichen Gütern wieder aufgebaut, sodass es zu einem regelrechten Lock-in kam – Veränderungen am Status quo waren erst mit der Emeritierung der alten Generation möglich. Die Landwirtschaftswissenschaften passten zwar ihre Fragestellungen an die Probleme der Mangelgesellschaft und an die Ernährungssicherung in Europa und der »Dritten Welt« an, blieben aber im Wesentlichen auf einer staatsnahen Linie. Der Atomphysik dagegen versperrten die alliierten Forschungsbeschränkungen einen solchen Weg angepasster Kontinuität. Die MPG-Wissenschaftler mussten nach einem alternativen Weg suchen – mit dem Ergebnis, dass sich die Atomforschung in der MPG sukzessive in Richtung Astronomie und Kosmologie entwickelte.

15.2 Wachstum entlang gesellschaftlicher Herausforderungen und gewachsener Strukturen (1955–1972)

Wachstum und erste tiefgreifende Veränderungen im Forschungsprofil der MPG kennzeichneten die zweite Phase zwischen 1955 und 1972. Die Anzahl Wissenschaftlicher Mitglieder stieg von 95 im Jahr 1955 auf rund 200 im Jahr 1972, die Zahl der Max-Planck-Institute bis Anfang der 1970er-Jahre von 40 auf 59 (Abb. 32).¹⁷ Hauptgrund war der üppig wachsende Haushalt der MPG in diesen Jahren.¹⁸ Im Effekt verschoben sich zum einen die Ge-

Tab. 4: Fortsetzung von KWG-Schwerpunkten in der MPG und die ersten Neuzugänge zu den entstehenden Clustern (Stand 1960). Manche Institute können mehreren Schwerpunkten zugeordnet werden.

---

12 Siehe die Auflistung von Nobelpreisträger:innen im Anhang, Grafik 2.5.
13 Siehe oben, Kap. III.1, Kap. III.3, Kap. III.4 und Kap. III.5, sowie unten, Kap. IV.3.
14 Siehe unten, Kap. IV.3.
15 Zum Königsteiner Abkommen und der Finanzgeschichte der MPG siehe oben, Kap. II.
16 Siehe oben, Kap. III.5, Kap. III.6 sowie Kap. III.3.
17 Zu den Neugründungen im Einzelnen siehe unten, Anhang, Grafik 2.2.
18 Siehe oben, Kap. II.

wichte zwischen den Sektionen zugunsten der Lebenswissenschaften. Diese konnten mit acht Instituten knapp die Hälfte der 19 Neugründungen verzeichnen und damit ihren Institutsbestand bis Anfang der 1970er-Jahre auf 30 erhöhen. Demgegenüber gab es für die CPTS nur fünf Institutsneuzugänge, während sich die Zahl der Institute in der GWS um sechs auf zehn mehr als verdoppelte. Zum anderen gewann die Clusterstruktur weiter an Kontur, denn die neuen Institute verstärkten die schon vorhandenen Wissenschaftsfelder entweder direkt, wie im Fall der Rechtswissenschaften mit drei Neuzugängen, oder sie bauten auf Vorhandenem auf, wie im Fall der Astronomie und Astrophysik oder der molekularen Biologie.[19]

Auch die Schließung von Instituten und die Verlagerung von Forschungsschwerpunkten bestehender Institute trugen ab den 1960er-Jahren zur weiteren Ausprägung des wissenschaftlichen Profils der MPG bei. Manche Wissenschaftsbereiche erlebten einen nahezu völligen Bedeutungsverlust, darunter die Landwirtschaftswissenschaften, die Humangenetik, die zoologische und psychiatrische Forschung.[20] Andere Forschungsgebiete begannen ihren Aufstieg in der MPG, neben Astronomie und Astrophysik waren das die Fusions- und Plasmaforschung, die molekulare Biologie und die Immunbiologie. Durch Verlagerung von Forschungsschwerpunkten in bestehenden Instituten gewannen auch Licht- und Laserforschung, Festkörper- und Oberflächenwissenschaften, Erdsystemwissenschaften, Zellbiologie und Neurowissenschaften an Bedeutung.[21]

Die Verschiebungen in der MPG standen zu einem nicht geringen Teil im Zusammenhang mit dem Aufbau einer bundesdeutschen Atomwirtschaft und dem durch den Sputnik-Schock ausgelösten internationalen Technologiewettlauf.[22] Von der expansiven staatlichen Forschungsförderung im Kontext der Atom-, Fusions- und Weltraumforschung profitierten zahlreiche MPI. Die MPG nutzte die politischen Umstände zudem gezielt, um bereits vorhandene Forschungsansätze und Perspektiven auszuweiten. Präsident Adolf Butenandt leitete im Rahmen der Neuordnungsprozesse der westdeutschen Wissenschaftslandschaft einen umfangreichen Umbau der MPG ein, mit dem Anspruch, die Forschungsplanung in der MPG zentraler zu organisieren, verbunden mit der Konsequenz, Institute gezielt zu schließen oder auszugliedern, so geschehen im Fall der Aerodynamischen Versuchsanstalt und des MPI für Silikatforschung. Das im westdeutschen Wissenschaftssystem verankerte Subsidiaritätsprinzip erleichterte dieses Vorgehen. Die MPG trennte sich problemlos von solchen Forschungsbereichen, die als an den Hochschulen etabliert galten. Durch gezielte Instituttransformationen (MPI für Biophysik, MPI für medizinische Forschung) und die Zusammenfassung von Instituten zu Forschungszentren in München und Göttingen erfolgte auch der verspätete Anschluss der MPG an die Molekularbiologie. Der MPG-Leitung gelang es jedoch nicht, ihren weitgehenden Planungsanspruch grundsätzlich zu institutionalisieren.

Gesellschaftliche Impulse waren es vor allem, die den Aufschwung der Geisteswissenschaftlichen Sektion begründeten. So erweiterte die MPG den bestehenden rechtswissenschaftlichen Schwerpunkt um vier Institute, um ab 1961 mit dem MPI für europäische Rechtsgeschichte den europäischen Einigungsprozess zu begleiten oder ab 1980 mit dem MPI für Sozialrecht externe Anregungen aufzugreifen.[23] Die Gründung des MPI für Bildungsforschung 1963 in Berlin mit seinen Schwerpunkten Entwicklung und Bildung des Menschen war in gewisser Weise ebenfalls eine späte Reaktion auf den Sputnik-Schock, der nicht nur in den USA, sondern auch in der Bundesrepublik die Bildungskrise drastisch offenbarte. Die Gründung des Starnberger MPI zur Erforschung der Lebensbedingungen der wissenschaftlich-technischen Welt im Jahr 1970 schließlich antwortete auf die weitreichenden gesellschaftlichen Auswirkungen von Wissenschafts- und Technikentwicklung, insbesondere im Kalten Krieg. Beide Institute lagen im Trend internationaler Entwicklungen, waren wohl auch durch die ausgesprochene Hoffnung von Schlüsselakteuren motiviert, eine Aufarbeitung der NS-Vergangenheit durch die Orientierung an Zukunftsthemen überspringen zu können. Diese utopisch anmutende Öffnung der MPG für gesellschaftlich brisante Themen wie Weltfrieden und die »Bildungskatastrophe« blieb allerdings Episode bzw. unterlag einem Transformationsprozess, der solche Gebiete weitgehend in eine eher am Mainstream orientierte Wissenschaft zurückholte.[24] Die Themen Umwelt und Ernährung spielten nur vorübergehend in einigen Max-Planck-Instituten eine Rolle, darunter im MPI für Ernäh-

---

19 Siehe oben, Kap. III.9.
20 Forschungsbezogenes Tagging der WM der MPG in der Biografischen Datenbank des GMPG. Zur Methode siehe Anhang. Statistik Dirk Wintergrün, dh-lab MPIWG.
21 Ebd.
22 Siehe auch unten, Kap. IV.3.
23 Siehe oben, Kap. III.13.
24 Kant und Renn, Eine utopische Episode, 2014; Leendertz, *Pragmatische Wende*, 2010; Behm, *MPI für Bildungsforschung, 2023*.

15. Ausdifferenzierung und Schwerpunktbildung

rungsphysiologie, im MPI für Chemie und im Starnberger MPI, das lediglich zwölf Jahre lang existierte.

Im Wesentlichen bestimmte aber die innere Dynamik der MPG die Ausdifferenzierung der MPG-Forschungslandschaft. Die Gründung des MPI für biologische Kybernetik im Jahr 1966 bezeichnete Präsident Butenandt als »Musterbeispiel« der Art und Weise, wie in der MPG Institute entstanden.[25] Gründungsdirektor Werner Reichardt hatte zunächst als wissenschaftlicher Mitarbeiter am MPI für physikalische Chemie, dann als Abteilungsleiter im MPI für Biologie seine Forschungsansätze biologischer Kybernetik so weit entwickelt, dass das neue Institut mit Unterstützung vieler Kolleg:innen in der BMS auf den Weg gebracht werden konnte.[26] Derartige Institutsgründungen aus bestehenden und vielversprechenden Arbeitsgruppen heraus waren typisch für diese Wachstumsphase. Acht Institute und zwei selbstständige Forschungseinrichtungen gingen auf diese Weise aus anderen MPI hervor, also knapp die Hälfte der in dieser zweiten Phase neu gegründeten MPI.[27] In der Folgezeit spielten solche Ausgründungen eine geringere Rolle.

Die Umwidmung bestehender Ressourcen für neue Zwecke war ein weiterer für diese Phase typischer Modus der Veränderung.[28] Dies geschah entweder anlässlich von Neuberufungen oder auf dem Weg schleichender Veränderung von Arbeitsschwerpunkten an bestehenden MPI. Die Umwandlung des MPI für vergleichende Erbbiologie und Erbpathologie in das MPI für molekulare Genetik ist ein Beispiel für die Umgründung anlässlich der Emeritierung eines Direktors. Dagegen nahm die Verwandlung des MPI für Virusforschung in ein entwicklungsbiologisches Institut durch die Verlagerung der Forschungsinteressen innerhalb einer Abteilung ihren Anfang. Die Berufung neuer Direktor:innen und die Umbenennung des Instituts vervollständigten später die so angebahnte Neuorientierung. Dieser auf Verselbstständigungen von Abteilungen und Umwidmung von Ressourcen beruhende Erneuerungsmodus wäre nicht ohne die Besonderheit der Max-Planck-Gesellschaft und ihrer Institute denkbar gewesen, frei und flexibel über Forschungsinhalte bestimmen zu können.

Auch Hausberufungen als drittes Instrument der Steuerung beruhten auf diesen vergleichsweise ungeregelten Gestaltungsmöglichkeiten. Für die Neubesetzung frei werdender Leitungsstellen griff die MPG schon in dieser Phase zumeist auf Wissenschaftler aus ihren eigenen Reihen zurück (interne Rekrutierung). Die Wissenschaftler, die als Instituts- und Abteilungsleiter auf die Gründungsgeneration folgten, hatten zumeist unter jener bereits gearbeitet. Dabei vollzog sich der Umbruch relativ spät, sodass sich der Einfluss der Gründungsgeneration über ihre Schülerschaft bis in die 1980er-Jahre hinein erstreckte. Der Anteil der ehemaligen KWG-Direktoren, der anfangs bei über 90 Prozent lag, unterschritt erst Ende der 1960er-Jahre die Schwelle von 50 Prozent.[29]

Die externe Rekrutierung von Leitungspersonal erfüllte nichtsdestotrotz eine wichtige Funktion, wenn es darum ging, Forschungsgebiete gezielt zu entwickeln und Lücken beim Aufbau eines Instituts zu schließen. So kombinierte die MPG etwa die Berufung von MPG- und Universitätswissenschaftler:innen, um das MPI für Biophysik und das MPI für medizinische Forschung in den 1960er-Jahren in neue Bahnen zu lenken. Die MPG gab zwar gern vor, gemäß dem sogenannten Harnack-Prinzip vor allem exzellente Wissenschaftler:innen zu rekrutieren. Und tatsächlich warb die MPG verschiedentlich gerade solche Wissenschaftler:innen an, die aufgrund ihrer Leistung in der Vergangenheit als potenzielle Nobelpreiskandidat:innen galten.[30] Die Beweggründe für die Berufung einzelner Wissenschaftler:innen waren zumeist aber, wie das interne Beziehungsgeflecht zeigt, vielschichtiger. Zusammengenommen ermöglichte das spezifische System aus Institutsaus- und -umgründungen sowie interner Rekrutierung die Fortführung der epistemisch und sozial gewachsenen KWG-Gemeinschaft sowie zugleich Ausbau und Vertiefung der bestehenden Schwerpunkte.

---

25 Protokoll der Kommission Berufung von Herrn Prof. Dr. V. Braitenberg, Neapel, 11.12.1967, AMPG, II. Abt., Rep. 62, Nr. 720, fol. 34. Dank an Sascha Topp für den Hinweis.
26 Siehe oben, Kap. III.11.
27 Zu den Ausgründungen siehe unten, Anhang, Grafik 2.2.
28 Zu den Umgründungen siehe unten, Anhang, Grafik 2.2. – Forschungspolitische Überlegungen standen auch hinter der Zusammenlegung von bestehenden Forschungseinrichtungen in Göttingen (1971) und in München (1972). Solche Fusionen betrafen nicht zufällig vor allem die BMS, war doch der Grad der Zersplitterung in kleine Institute und der Trend zu neuen Arbeitsformen in den Biowissenschaften (flexible Teamarbeit in Forschungszentren) dort besonders groß. Siehe oben, Kap. III.9.
29 Statistik der Wissenschaftlichen Mitglieder der MPG von Dirk Wintergrün, dh-lab MPIWG, auf Grundlage der biografischen Datenbank der GMPG; Wintergrün, Vogl und Lalli, *Verflechtungen*, in Vorbereitung. Siehe auch unten, Kap. IV.6.4.
30 Elf von 19 Nobelpreisen, die MPG-Wissenschaftler:innen erhielten, würdigten Leistungen, die die Preisträger:innen *vor* ihrer Berufung in die MPG erzielt hatten. Siehe Aufstellung der Nobelpreisträger:innen Anhang, Grafik 2.5.

15.3 Binnendifferenzierung in Zeiten der Stagnation (1973–1989)

Die Ausdifferenzierung von Teilfächern prägte die Entwicklung der Naturwissenschaften weltweit und machte sich auch in der MPG ab den 1970er-Jahren bemerkbar. Veränderungen im Forschungsprofil der MPG fanden vor dem Hintergrund eines stagnierenden Haushalts und deshalb geschrumpften Gestaltungsspielraums vor allem in Form der Binnendifferenzierung bestehender Schwerpunkte statt. Das lässt sich an der Publikationstätigkeit der MPI ablesen. Das Verhältnis von Physik, Chemie und den Biowissenschaften untereinander blieb bis Ende der 1980er-Jahre im Wesentlichen unverändert, wenn die Physik auch etwas zulegte (Abb. 33). Unterhalb dieser Ebene zeigt sich aber eine bemerkenswerte Dynamik (Abb. 35). Einige Schwerpunkte expandierten überdurchschnittlich, darunter Biochemie, Zellbiologie und einhergehend damit die Molekularbiologie (lila Graph), Astrophysik (türkis) und die Neurowissenschaften (rosa).[31] Einen Aufstieg verzeichneten auch Atom- und Teilchenphysik (orange), physikalische und Strukturchemie (grün), Genetik (hellgrün), die modernen Materialwissenschaften in Festkörper- und Oberflächenforschung (rot), Immunologie (gelb) sowie einige andere, hier nicht dargestellte Teilgebiete, wie die medizinische und biomolekulare Chemie, die Psychologie und die optische Physik. Andere Teilgebiete stiegen dagegen ab, so etwa die Evolutionsbiologie (dunkelblau).

Überblickt man die gesamte MPG, so ergibt sich für die 1970er- und 1980er-Jahre das Bild einer Wendezeit, in der die allgemeine Struktur der MPG-Wissenschaften zwar relativ stabil blieb, die bestehenden Schwerpunkte sich aber weiter ausdifferenzierten und die Grundlagenforschung stärker in den Vordergrund trat. So machten die Landwirtschaftswissenschaften einem neuen pflanzenbiologischen Schwerpunkt Platz, der die Entwicklung des Genetic Engineering als Forschungs- und Züchtungsmethode zum Ziel hatte. Die klassischen Materialwissenschaften traten zugunsten der grundlagenbasierten Oberflächen-, Festkörper- und Polymerforschung in den Hintergrund. Der Bedeutungsverlust der medizinisch-klinischen Forschung schließlich ging einher mit dem Erstarken der Biomedizin in der MPG, das heißt einer Orientierung auf die biochemischen, molekularbiologischen oder auch zellbiologischen Grundlagen von Krankheit und Gesundheit.[32]

15.3.1 Zwischen Planung und Selbststeuerung

Die Bestrebungen in der MPG, die Entwicklung der Forschungsschwerpunkte zu steuern, verstärkten sich in der durch finanzielle Stagnation geprägten dritten Phase der MPG. Präsident Reimar Lüst forcierte die Bemühungen seines Vorgängers zur Institutionalisierung der Wissenschaftsplanung und -politik, indem er mit dem Senatsausschuss für Forschungspolitik und Forschungsplanung (SAFPP) ein neues Beratungsgremium einsetzte, das die Entwicklungsperspektiven der MPG zu systematisieren half.[33] Trotzdem blieben Verwaltungsrat und Generalverwaltung auf die Mitarbeit der Sektionen angewiesen. Ein Gutteil der Dynamik der dritten Phase resultierte darüber hinaus aus Entscheidungen, die schon in den 1960er-Jahren getroffen worden waren. Das betraf etwa den Aufstieg der modernen Oberflächen- und Festkörperforschung in der MPG sowie der Fusions- und Plasmaforschung, in der sich die MPG durch Gründung des Instituts für Plasmaphysik (IPP) in München-Garching aus dem Stand etablieren konnte. Auch den Ausbau der Biochemie und der molekularen Lebenswissenschaften hatte die MPG mit dem Aufbau von Forschungszentren in München-Martinsried und Göttingen bereits zuvor festgeschrieben.

Die Wissenschaftlichen Mitglieder nutzten ihre weitgehenden Mitspracherechte und die neuen Rahmenbedingungen, um eigene Vorstellungen und Interessen gezielt voranzubringen. Die BMS etwa folgte einerseits den Vorstellungen der Generalverwaltung, die Landwirtschaftswissenschaften abzuwickeln, verhinderte andererseits, auch die pflanzenbiologische Forschung zu beenden.[34] Sie bremste ebenfalls Pläne aus, die klinische Forschung in der MPG erheblich auszubauen.[35] Dagegen unterstützte die Sektion die Bestrebungen der Leitung, die innovationsorientierte Grundlagenforschung in der MPG zu stärken und sich damit auf die traditionelle Stärke von KWG/MPG zu besinnen sowie den Erwar-

---

31 Siehe auch die entsprechenden Kapitel, Teil III.
32 Etwa die Hälfte der MPG-Publikationen aus dem Zeitraum 1970 bis 1990, die der Kategorie »Biochemistry and Cell Biology« bibliometrisch zugeordnet werden, hatte medizinische oder humanwissenschaftliche Relevanz. Diese Entwicklung lag im internationalen Trend. Zahlen erhoben auf Grundlage der Publikationsanalyse von Malte Vogl, Dirk Wintergrün und Roberto Lalli auf Basis der Dimensions-Datenbank, https://www.dimensions.ai/; siehe auch Lalli et al., *Methods*, 2024. Siehe auch oben, Kap. III.12.
33 Siehe oben, Kap. II.4, sowie unten, Kap. IV.4.
34 Siehe oben, Kap. III.3.
35 Siehe oben, Kap. III.12.

15. Ausdifferenzierung und Schwerpunktbildung

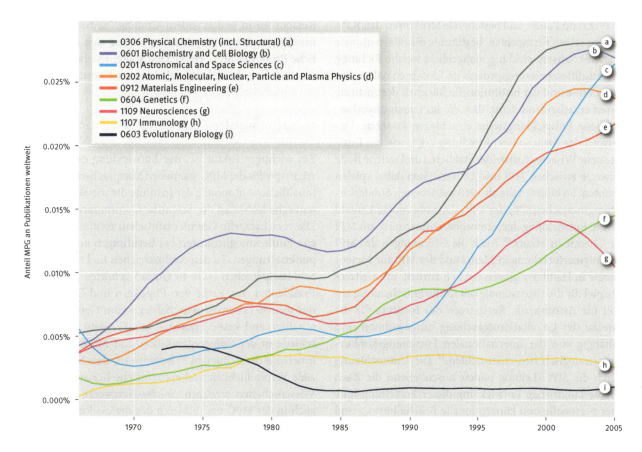

Abb. 35: **MPG-Forschungsbereiche international vergleichend im Spiegel der Publikationstätigkeit (1965–2005).** Dargestellt ist die Anzahl von Publikationen pro Jahr relativ zur Anzahl aller Publikationen weltweit in Feldern und Gebieten mit überdurchschnittlichen Veränderungen in den 1970er- und 1980er-Jahren; der Zeitraum vor 1965 kann wegen zu kleiner Datengrundlage nicht dargestellt werden. Zur Methodik siehe Lalli et al., *Methods*, 2024. – Quelle: Publikationsanalyse von Malte Vogl, Dirk Wintergrün und Roberto Lalli auf Basis der Dimensions-Datenbank, https://www.dimensions.ai/; doi.org/10.25625/N1NJ6T.

tungen der Bundesregierung nachzukommen, allen voran bei der Umstellung der Materialwissenschaften auf moderne Polymer- und Oberflächenforschung bzw. der Biochemie und Landwirtschaft auf molekulare Biomedizin und Pflanzengentechnik.[36] Bei den Informationswissenschaften verpasste die MPG hingegen den Anschluss, weil sich die Kräfte auf den Ausbau bestehender Schwerpunkte konzentrierten.[37]

Deutlich machen diese Beispiele, dass sich die Forschungsentwicklung in der MPG nicht allein von oben lenken ließ, sondern am besten auf der Grundlage bestehender Initiativen und Strukturen und in Kombination mit der Förderung von außen. MPG-Leitung und Wissenschaftliche Mitglieder waren sich darin einig, sich auf innovationsorientierte Grundlagenforschung zu konzentrieren, aber Forschungsaufgaben abzulehnen, die direkt auf gesellschaftliche Herausforderungen wie die sogenannte Humanisierung des Arbeitslebens, Fragen der Welternährung oder die Umweltkrise reagierten.[38] Unter dieses Entpolitisierungsverdikt fielen auch Disziplinen, die wie Sozialmedizin, Toxikologie oder Ökologie gemäß dem Subsidiaritätsprinzip durchaus in die Zielgruppe der MPG fielen.[39]

---

36 Siehe unten, Kap. IV.3.
37 Die MPG erreichte bis zum Jahr 2000 nur 0,1 Prozent des Publikationsvolumens in diesem Bereich weltweit. Publikationsanalyse von Malte Vogl, Dirk Wintergrün und Roberto Lalli auf Basis der Dimensions-Datenbank, https://www.dimensions.ai/; siehe auch Lalli et al., *Methods*, 2024.
38 Siehe unten, Kap. IV.3.
39 Siehe oben, Kap. II.4; Schwerin, *Biowissenschaften*, in Vorbereitung. Zu den in der MPG abschlägig diskutierten Vorschlägen für neu zu gründende MPI und neu aufzunehmende Forschungsthemen gehörten Anthropotechnik und Ergonomie, Rehabilitation Behinderter, Baubiologie, biochemische Toxikologie, Waldschäden, Entwicklungsländerforschung, Energiesystemforschung, experimentelle Mineralogie und Lagerstättenkunde, Radiochemie und Kernchemie, internationale vergleichende Wissenschaftspolitik, europäische Integration,

Während Politik und bestehende Strukturen den Rahmen zu setzen vermochten, bestimmte die internationale Wissenschaftsentwicklung maßgeblich, welche Richtung der Ausdifferenzierungsprozess im Einzelnen nahm. Die Autonomie und der institutionelle Rückhalt der Institute waren entscheidend dafür, dass die MPI auch unvorhergesehene Entwicklungswege einschlagen konnten. Das Beispiel der Atmosphärenforschung zeigt, wie die Institute neue Wissenschaftsfelder etablieren und welche Rolle Synergie zwischen MPI und Universitäten dabei spielen konnten. So bildeten die ab 1968 betriebenen Sonderforschungsbereiche (SFB) der DFG das notwendige Umfeld für die Entwicklung der Atmosphärenforschung am MPI für Chemie in Mainz.[40] Auch die Gründungen des MPI für Polymerforschung in Mainz und des MPI für Meteorologie in Hamburg gingen auf SFB zurück. Ein weiteres Beispiel für die Eigenständigkeit ist die Entscheidung am MPI für Astrophysik, Ressourcen des Instituts für die Zwecke der Gravitationsforschung umzuwidmen und abhängig von der internationalen Forschungskonkurrenz strategisch neu auszurichten.[41] Die Unterstützung durch die MPG-Leitung bildete anschließend die Basis für die langfristige Entwicklung dieser Forschungslinie über personelle und konzeptionelle Brüche hinweg und für ihren Erfolg drei Jahrzehnte später. In anderen Fällen spielten die institutionellen Rahmenbedingungen eine größere Rolle. Den übermäßig schnell wachsenden Bedarf an aufwendiger apparativer Ausstattung auch der laborexperimentellen Biowissenschaften federte die MPG verschiedentlich mit Sonderfonds ab, die zum Teil private Spender:innen und Firmen sponserten.[42] Sie nahm dabei in Kauf, ihre Abhängigkeit vom guten Willen externer Geldgeber zu vergrößern.[43] Solche Kampagnen oder auch die kostenintensive Einrichtung von Forschungszentren wie im Fall der MPI für Biochemie bzw. für biophysikalische Chemie Anfang der 1970er-Jahre banden Ressourcen in bedeutendem Umfang. Es handelte sich insofern auch um Entscheidungen, wie sich das inhaltliche Profil der MPG entwickeln sollte. Die laborexperimentelle Forschung hatte dabei immer Priorität.

15.3.2 Im sozialen Getriebe der Sektionen

Ein wichtiger Faktor bei der Entwicklung des Wissenschaftsprofils der MPG war neben Mitspracherechten und inhaltlicher Autonomie der Institute die soziale und epistemische Kohäsion der Scientific Community der MPG. Die verschachtelte Gremienlandschaft eröffnete zahlreiche Einflussmöglichkeiten bei Berufungen und Schwerpunktsetzungen. Zu den einflussreichen und engagierten Schlüsselpersonen (»Go-to Guys«) gehörten neben den Präsidenten eine Reihe von Physikern und Chemikern, nur wenige Lebenswissenschaftler, kaum Geisteswissenschaftler und keine Frauen – ein Hinweis auf Unterschiede in der Selbstorganisation und Machtverteilung innerhalb der Sektionen.[44] Bekannt ist, dass Schulen soziale Verbindlichkeit und epistemische Kohärenz in den Wissenschaften erzeugen. Solche Netzwerke existierten auch in der MPG und bildeten das soziale Rückgrat von Verstetigungsprozessen sowohl im Hinblick auf Entscheidungsmacht als auch auf die Tradierung von Know-how. Ein Beispiel sind die Schüler:innen von Adolf Butenandt,

Tab. 5: Nachwuchsgruppen der MPG. Zahl und Startdatum der von einzelnen MPI beginnend mit den 1960er-Jahren eingerichteten Nachwuchsgruppen bis Ende des Untersuchungszeitraumes und unterschieden nach Sektionen (CPTS, GWS = schwarze Schrift; BMS = weiße Schrift). Unterstrichen sind selbstständige Institutionen der Nachwuchsförderung. – Quellen: Bestand Instituts-Betreuerakten, AMPG, III. Abt., Rep. 66; Jahrbücher der MPG; Henning und Kazemi, *Handbuch*, 2016.

Strukturfragen der Politik und Wirtschaftsverflechtung, ökonomische Prognose-, Entscheidungs- und Gleichgewichtsmodelle. Siehe die Senatssitzungen in AMPG, II. Abt., Rep. 60, Nr. 200.SP, 204.SP, 210.SP, 212.SP, 214.SP, 218.SP, 223.SP und 244.SP.
40 Siehe oben, Kap. III.7.
41 Siehe oben, Kap. III.6.
42 Bludau an die geschäftsführenden Direktoren, 3. Mai 1999, Bl. 1–2, AMPG, II. Abt., Rep. 62, Nr. 843. Zu den Biowissenschaften siehe oben, Kap. III.9.
43 Kilian an Hahlbrock und Wegner, 23.3.2000, Bl. 5, AMPG, II. Abt., Rep. 62, Nr. 843; Betz an Abteilung I und Vizepräsidenten, 5.5.1998, Bl. 7–12, ebd. Zum Großgeräteverfahren auch Saurwein: Notiz für Herrn Ranft, 9.4.1979, Bl. 54–55, AMPG, II. Abt., Rep. 69, Nr. 935.
44 Dieser Befund beruht auf der Zählung von Mitgliedschaften in den Kommissionen, die die Sektionen zur Entscheidungsfindung einsetzten. Besonders einflussreich waren demnach in den ersten beiden Phasen und über diese zum Teil hinaus der Atomphysiker Wolfgang Gentner, der im Laufe von 15 Jahren in 71 Kommissionen vertreten war, ähnlich der Metallphysiker Werner Köster mit 61 Kommissionen in 16 Jahren, die Chemiker Carl Wagner (53; 16) und Albert Weller (52; 20), der Biophysiker Boris Rajewsky (47; 18), die Atomphysiker Werner Heisenberg (48; 20) und Hans-Arwed Weidenmüller (91; 34), die Biochemiker Richard Kuhn (39; 19), Wolfgang Graßmann (57; 17) und Hans Hermann Weber (51; 19), der Biologe Hans Bauer (43; 17), der Physiologe Gunter Lehmann (35; 15), aber auch die Chemiker Rudolf Brill (26; 11) und der früh verstorbene Chemiker Karl-Friedrich Bonhoeffer (16; 5); in der dritten Phase kamen die Chemiker Gerhard Wegner (86; 13) und Arndt Simon (81; 24), der Teilchenphysiker Gerd Buschhorn (87; 15), der Quantenphysiker Peter Fulde (82; 25) und der Laserphysiker Fritz-Peter Schäfer (50; 15) hinzu. Kommissionsdatenbank GMPG.

15. Ausdifferenzierung und Schwerpunktbildung

Institut	Sektion	Startdatum	Anzahl
MPI für Psychiatrie	BMS	1961	4
MPI für molekulare Genetik → ab 1983 Otto-Warburg-Laboratorium	BMS	1969/70	4
Friedrich-Miescher-Laboratorium	BMS	1969	4
MPI für Biochemie	BMS	1969–1973	3
MPI für Biophysik	BMS	1978	1
MPI für Virusforschung	BMS	1978	1
MPI für Limnologie	BMS	1980	2
MPI für biophysikalische Chemie	BMS	1982	1
MPI für Biochemie & MPI für Psychiatrie im Genzentrum München	BMS	1984	3
Max-Delbrück-Laboratorium am MPI für Züchtungsforschung	BMS	1985	6
MPI für Entwicklungsbiologie	BMS	1984–1986	4
Hans-Spemann-Laboratorium am MPI für Immunbiologie	BMS	1990	4
MPI für Psycholinguistik	GWS	1990	1
MPI für Verhaltensphysiologie	BMS	1992–1993	2
MPI für marine Mikrobiologie	BMS	1993	2
MPI für Physik komplexer Systeme	CPTS	1995	1
MPI für molekulare Pflanzenphysiologie	BMS	1995–1998	2
MPI für Chemie	CPTS	1995	1
MPI Kolloid- und Grenzflächenforschung	CPTS	1996	1
MPI für terrestrische Mikrobiologie	BMS	1996	2
MPI für Biochemie	BMS	1997	3
MPI für demografische Forschung	GWS	1997–1999	3
MPI für medizinische Forschung	BMS	1997–1999	2
MPI für Sozialrecht	GWS	1998	1
Fritz-Haber-Institut	CPTS	1999	1
MPI für Rechtsgeschichte	GWS	1999	1
MPI für Wissenschaftsgeschichte	GWS	1999	1
MPI für Neurobiologie	BMS	1998–1999	2
MPI für Mathematik in den Naturwissenschaften	CPTS	1998/99	2
MPI für evolutionäre Anthropologie	BMS	2000–2006	2
MPI für biophysikalische Chemie	BMS/CPTS	2000	2
MPI für biophysikalische Chemie	BMS/CPTS	2001	2
MPI für Immunbiologie	BMS	2001	1
MPI für Psychologische Forschung	GWS	2001	2
MPI für Informatik	CPTS	2002	3
MPI für Plasmaphysik	CPTS	2003	1
MPI für Hirnforschung	BMS	2003–2005	3
MPI für Infektionsbiologie	BMS	2003–2006	2
MPI für molekulare Zellbiologie und Genetik / MPI für Physik komplexer Systeme	BMS	2004	3
MPI für Kognitions- und Neurowissenschaft	GWS	2004	3

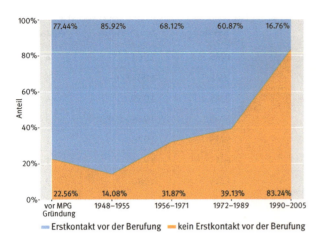

Abb. 36: Das System innerer Rekrutierung (1911–2005). Dargestellt ist die Anzahl Wissenschaftlicher Mitglieder (WM) der KWG bzw. MPG, die vor ihrer Berufung bereits zu einem früheren Zeitpunkt eine Position in der KWG bzw. MPG innegehabt hatten (blau), im Verhältnis (in %) zu solchen WM ohne jeglichen MPG-Hintergrund (orange). Für die KWG-Zeit sind nur solche WM berücksichtigt worden, die später auch WM der MPG waren. – Quelle: Biografische Datenbank des GMPG; Statistik Hannes Benne, Robert Egel und Ira Kokoshko.

die nicht nur weit in die Universitätslandschaft der Bundesrepublik hineinwirkten, sondern über mehrere Generationen hinweg die MPG bevölkerten.[45] Ein anderes Beispiel für die Wirkmächtigkeit interner Netzwerke ist der Aufstieg der kosmischen Forschung und Astrophysik auf Basis des engen Zusammenhalts, den die ehemaligen Atomphysiker der MPG pflegten. Ausgehend vom Münchner MPI für Physik bildeten sich auf sozialer Ebene »Familien«, die je eigene Pfade in der Entwicklung der Astrophysik ausprägten, deren Mitglieder über die Sozialisation eng verwobener Berufswege und intellektueller Affinitäten aber weiterhin zusammenhielten.[46]

Hausberufungen – die interne Rekrutierung von Leitungspersonal – blieben auch in der dritten Phase der dominante Erneuerungsmodus. Bis Ende der 1980er-Jahre nahm die MPG bevorzugt solche Wissenschaftler:innen in die Gemeinschaft ihrer Wissenschaftlichen Mitglieder auf, die zuvor schon Ausbildung, Qualifikation oder andere Karriereschritte in der MPG – im selben oder einem anderen MPI – absolviert hatten (Abb. 36).[47] Das Verhältnis kehrte sich erst im Laufe der 1990er-Jahre um.

Das System interner Berufungen entwickelte sich damit zu einem stabilen Merkmal der Wissenschaftskultur der MPG und zu einem entscheidenden Faktor bei der Ausprägung des Wissenschaftsprofils. Die Expansion der Molekularbiologie ab den 1960er-Jahren etwa beruhte vornehmlich auf neu berufenen Wissenschaftlichen Mitgliedern, die mindestens teilweise in der MPG wissenschaftlich sozialisiert worden waren – 13 von 17 in den 1960er-Jahren.[48] Die epistemische Erneuerung bewegte sich mit anderen Worten in solchen Fällen im Rahmen sozialer Kontinuität, allerdings mit Unterschieden zwischen den Sektionen. Die BMS war sehr viel stärker durch die Verflechtung der Institute untereinander geprägt als CPTS und GWS (Abb. 37).[49]

Ein Grund für das enge Beziehungsgeflecht der BMS dürfte in der stärkeren Kompartimentierung der lebenswissenschaftlichen Institute gelegen haben, die Wechsel zwischen Arbeitsgruppen beförderte, während die CPTS durch größere Forschungsprogramme insgesamt festgefügter war.[50] Die kleinteiligere Struktur lebenswissenschaftlicher Forschung beförderte zudem die Autonomie der Abteilungen und Forschungsgruppen innerhalb der Max-Planck-Institute und die Ausdifferenzierung der Forschungsschwerpunkte der BMS. Die Umwandlung des MPI für Virusforschung in das MPI für Entwicklungsbiologie ging letztlich auf den Themenwechsel nur einer Abteilung 20 Jahre zuvor zurück. Die Prägung durch kleinere Forschungseinheiten resultierte zudem in einer ausdifferenzierteren Zusammenarbeit mit den Universitäten.[51] Sie machte schließlich die BMS-Institute zu Vorreitern der Nachwuchsförderung in der MPG (Tab. 5).[52] Indem sie die ersten – und meisten – Nachwuchsgruppen einrichteten, schufen sie Bewährungsmöglichkeiten innerhalb der MPG, die das System der inneren Rekrutierung erweiterten.[53]

---

45 Siehe oben, Kap. III.9; Kinas, *Butenandt*, 2004.
46 Ausführlich siehe Bonolis und Leon, *Astronomy*, 2023; siehe auch oben, Kap. III.6.
47 Siehe auch unten, Kap. IV.5.
48 Siehe oben, Kap. III.9.3.
49 Siehe unten, Anhang, Grafik 2.7.2.
50 Dazu siehe unten, Kap. IV.7.3.
51 Die Analyse der von WM gehaltenen Universitätsprofessuren zeigt, dass die Verbindungen der BMS- und der rechtswissenschaftlichen Institute zu den Universitäten intensiver waren als die der CPTS-Institute. Wintergrün, Vogl und Lalli, Verflechtungen, in Vorbereitung.
52 Dazu siehe unten, Kap. IV.7.3.
53 Siehe auch Recommendations of the Presidential Commission on Research into Molecular Biology and Biochemistry, o. D. [März 1977], AMPG, II. Abt., Rep. 60, Nr. 205, fol. 97–98.

15.4 Gründerzeit erzwingt Veränderungen (1990–2004)

Die 1990er-Jahre standen im Zeichen der deutschen Vereinigung und wachsender gesellschaftlicher Erwartungen an den Beitrag der Wissenschaft zur Lösung gesellschaftlicher Probleme. Die deutsche Einheit änderte fast über Nacht die Planungsgrundlagen der MPG, die sich in die Überlegungen der Bundesregierung zum Umbau des ostdeutschen Wissenschaftssystems einfügte. Im Ergebnis fiel ihr die Aufgabe zu, in kurzer Zeit Max-Planck-Institute in den neuen Bundesländern zu etablieren.[54] Die Auswirkungen auf die Wissenschaftsentwicklung und die Dynamik der internen Planungsprozesse waren erheblich.

Die Gründungswelle im Zuge der Vereinigung umfasste 17 Institute, acht waren der CPTS, sechs der BMS und drei der GWS zugeordnet. Die neu gegründeten Institute folgten zunächst den wissenschaftlichen Trends, die sich in der zweiten und dritten Phase im Profil der MPG ausgebildet hatten. Die Materialwissenschaften wuchsen um drei Institute, Astronomie und Astrophysik um ein Institut, die molekularen Lebenswissenschaften um drei und die Verhaltens-, Neuro- und Kognitionswissenschaften um zwei Institute. Mathematik und Informatik rückten mit dem MPI für Mathematik in den Naturwissenschaften ebenfalls in den Fokus.

Die Neugründungen brachten aber auch Verschiebungen im MPG-Profil mit sich. Humangenetik und Anthropologie erlebten nach langer Abstinenz eine Renaissance (MPI für evolutionäre Anthropologie) ebenso wie die landwirtschaftlich orientierte Pflanzenbiologie (MPI für molekulare Pflanzenphysiologie und MPI für chemische Ökologie). Ökologische Probleme und Themen nahmen durch Institutsgründungen in Westdeutschland (MPI für terrestrische Mikrobiologie und MPI für marine Mikrobiologie) und den Aufstieg der Erdsystemwissenschaften (MPI für Biogeochemie) nun einen größeren Raum ein. Systembezogene Ansätze fanden auch in der CPTS vermehrt Eingang (MPI für Physik komplexer Systeme und MPI für Dynamik komplexer technischer Systeme). Schließungen von Instituten und Abteilungen waren zum Ausgleich der Gründungswelle notwendig. Abgewickelt wurden zwischen 1996 und 2008 das MPI für Verhaltensphysiologie, das MPI für Biologie, das MPI für Zellbiologie und weitere acht Abteilungen verschiedener BMS-Institute, von der CPTS das Gmelin-Institut und neun Abteilungen verschiedener CPTS-Institute, von der GWS das MPI für Geschichte und eine Abteilung eines weiteren GWS-Instituts.[55] Im Endeffekt stärkten die Schließungen die bestehenden Schwerpunktgebiete der MPG.

15.4.1 Struktureller Konservatismus mit Gewichtsverschiebungen

Erweiterung und Umbau der Institutslandschaft der MPG spiegelten sich in der Publikationsaktivität der Max-Planck-Institute. Generell vergrößerte die MPG ihr internationales Gewicht. Die Physik erreichte um die Jahrtausendwende einen Anteil von 1,6 Prozent an den physikalischen Publikationen weltweit und steigerte folglich ihren Anteil zwischen 1990 und 2000 um 0,7 Prozentpunkte. Chemie und Biowissenschaften standen dahinter zurück, verbesserten aber ebenfalls ihr internationales Standing (von rund 0,5 auf 0,9 bzw. 0,7 %). Zugleich verbreitete sich das Spektrum der Wissenschaften mit internationalem Gewicht bis zur Jahrtausendwende. Die Geowissenschaften sowie Psychologie und Kognitionswissenschaften verdreifachten ihren Publikationsanteil von 0,2 auf 0,6 Prozent bzw. von 0,1 auf 0,4 Prozent. Mathematik und Informationswissenschaften verdoppelten ihren internationalen Publikationsanteil von 0,23 auf 0,48 bzw. von 0,07 auf 0,15 Prozent, die Ingenieurswissenschaften blieben knapp darunter (von 0,3 auf 0,5 %). Nur die Medizin stagnierte bei konstant 0,1 Prozent und fiel weiter in ihrer Bedeutung zurück.[56]

Struktureller Konservatismus dominierte das MPG-Profil trotz der unverkennbaren Veränderungen. Die Neuzugänge erzielten zwischenzeitlich zwar große Zuwächse, blieben jedoch in ihrer Bedeutung, gemessen an ihrem MPG-internen Publikationsanteil, weit hinter den Hauptbereichen zurück. Informatik und Geowissenschaften verzeichneten mit 375 bzw. 194 Prozent zwischen 1970 und Anfang der 2000er-Jahre zwar die größten Zuwächse im MPG-internen Vergleich (Tab. 6, zweite Spalte). Die Informatik erreichte aber im Jahr 2000 nur einen Anteil von 1,9 Prozent an allen MPG-Publikationen, die Geowissenschaften einen von 3,3 Prozent. Den größten Sprung vollzogen die Umweltwissenschaften in den letzten Jahren des Jahrhunderts, erreichten aber nur 0,9 Prozent am Publikationsaufkommen der MPG.

Die anhaltende Dominanz von Physik, Chemie und Biowissenschaften beruhte derweil vor allem auf der

---

54 Hier und im Folgenden Ash, *MPG im Prozess*, 2023, 101-196. Siehe auch oben, Kap. II.5.
55 Henning und Kazemi, *Chronik*, 2011, 29–30, 694–695, 706, 751, 772 u. 792–797; Ash, *MPG im Prozess*, 2023, 255–276.
56 Publikationsanalyse von Malte Vogl, Dirk Wintergrün und Roberto Lalli auf Basis der Dimensions-Datenbank, https://www.dimensions.ai/; siehe auch Lalli et al., *Methods*, 2024. Die Werte sind gerundet.

Forschungsbereiche der MPG	Steigerungsraten der MPI-Publikationen (in %) zwischen 1970 und 2000 (in Klammern: Anteil für 2000 in %)		
	MPG vs. World	MPG vs. MPG	MPG vs. BRD
DISZIPLINEN			
Informatik	278 (0,1)	375 (1,9)	64 (10,0)
Geowissenschaften	264 (0,6)	194 (3,3)	k. A.
Umweltwissenschaften	370 (0,2)	80 (0,9)	52 (6,4)
Psychologie und Kognitionswissenschaften	296 (0,4)	75 (4,2)	19 (20,0)
Mathematik	297 (0,5)	36 (7,2)	140 (19,0)
Physik	276 (1,6)	33 (32,0)	83 (21,0)
Technik	229 (0,5)	25 (15,0)	76 (16,0)
Chemie	227 (0,9)	-5 (19,0)	185 (13,0)
Biowissenschaften	169 (0,7)	-4 (19,0)	11 (9,0)
Medizin	63 (0,1)	-35 (13,0)	-40 (6,4)
SUBDISZIPLINEN			
Atmosphärenwissenschaft	1025 (1,3)	450 (1,1)	90 (25,0)
Ozeanografie	254 (0,8)	200 (0,6)	88 (15,0)
Pflanzenbiologie	229 (0,5)	100 (1,4)	300 (10,0)
Ökologie	59 (0,2)	100 (0,6)	-34 (7,0)
Anorganische Chemie	278 (0,8)	100 (2,0)	30 (8,7)
Chemietechnik	325 (0,5)	86 (1,3)	95 (7,2)
Mikrobiologie	477 (0,6)	83 (1,1)	117 (13,0)
Makromolekulare Chemie	179 (1,0)	79 (2,5)	63 (16,0)
Genetik	100 (0,8)	76 (5,1)	-27 (14,0)
Astronomie und Weltraumwissenschaft	270 (2,4)	67 (8,0)	148 (45,0)
Geologie	154 (0,4)	67 (1,1)	-18 (7,3)
Geochemie	181 (1,2)	50 (0,9)	-1,9 (15,0)
Physikalische und Strukturchemie	233 (1,1)	48 (12,0)	55 (16,0)
Atom-, Teilchen- und Plasmaphysik	157 (1,7)	24 (9,8)	1,6 (19,0)
Biochemie und Zellbiologie	104 (1,1)	-15 (11,0)	1,4 (15,0)
Neurowissenschaften	203 (0,6)	-18 (5,5)	-50 (10,0)
Organische Chemie	45 (0,4)	-37 (1,0)	68 (6,2)
Festkörperphysik	39 (1,4)	-42 (2,6)	-9 (16,0)
Metallforschung	40 (1,9)	-77 (0,8)	-14 (16,0)

Stärke solcher Disziplinen und Gebiete, die im Zentrum langfristiger Strukturveränderungen in der MPG standen.[57] In der Physik waren dies vor allem zwei Bereiche, deren Erfolgsgeschichte in den 1960er-Jahren begonnen hatte und sich bis zur Jahrtausendwende fortsetzte: Atom-, Teilchen- und Plasmaphysik stellten 9,8 Prozent des gesamten Publikationsaufkommens der MPG im Jahr 2000, Astronomie und Weltraumwissenschaften 8 Prozent (Tab. 6, Klammern in zweiter Spalte).[58] Die Stärke der Chemie beruhte vor allem auf der physikalischen und Strukturchemie mit 12 Prozent am gesamten Publikationsaufkommen der MPG im Jahr 2000, während die makromolekulare Chemie mit 2,5 und die anorganische Chemie mit 2 Prozent zurückstanden. Zusammengenommen sind diese Disziplinen aber im Zusammenhang mit dem Aufstieg der modernen Materialwissenschaften ab den 1970er-Jahren zu sehen. Auch in den Lebenswissenschaften dominierten jene nicht zuletzt von Staat und Wirtschaft seit den 1970er-Jahren geförderten biochemischen, molekularbiologischen und biomedizinischen Querschnittswissenschaften: Biochemie und Zellbiologie mit 11, Genetik mit 5,1 und Neurowissenschaften mit 5,5 Prozent am MPG-weiten Publikationsaufkommen. Dass die Ausdifferenzierung dieser Hochtechnologiefelder mit Abstrichen an anderer Stelle einherging, zeigt der Bedeutungsverlust der klassischen Festkörperphysik (minus 42 %) und Metallforschung (minus 77 %), der Medizin (minus 35 %) und der Organischen Chemie (minus 37 %). Andere international reüssierende Disziplinen und Gebiete wie translationale Medizin, Systembiologie, Epigenetik oder auch die Ökotoxikologie hinterließen in der Publikationstätigkeit der MPG nur geringe Spuren.[59]

Größe und Wachstum einzelner Forschungsschwerpunkte sagen noch nichts über die Effektivität der MPG aus, also darüber, inwieweit der interne Bedeutungsgewinn mit einem Bedeutungsgewinn auf internationaler bzw. deutscher Ebene einherging (Tab. 6, Vergleich der drei Spalten). Eine beachtliche Bilanz konnte eine Reihe von Disziplinen und Gebieten vorweisen, darunter Astronomie und Weltraumwissenschaften, die ihren Publikationsanteil innerhalb der MPG um 67 Prozent steigerten, sich damit international und national aber fast vervierfachten. Innerhalb der Bundesrepublik festigten die Astrowissenschaften der MPG ihre überragende Stellung mit einem Anteil von 45 Prozent an allen astrowissenschaftlichen Publikationen. Das Wachstum der Astrowissenschaften in der MPG war in den 1990er-Jahren weltweit fast einmalig, nur gefolgt von einem ähnlichen Wachstum an der Harvard University.[60] Global erreichten sie mit 2,4 Prozent der Publikationen in diesem Feld einen Anteil, den kein anderes Forschungsfeld der MPG international erreichte. Dabei holten die MPG-Astrowissenschaften den Vorsprung führender US-amerikanischer Universitäten auf, indem sie sich auf bestimmte Nischen konzentrierten.[61]

Auch die Atmosphärenwissenschaften erzielten eine beachtliche Bilanz. Bei einer MPG-internen Steigerung um 450 Prozent verbesserten sie sich auf internationalem Parkett um 1025 Prozent, ein Ergebnis, das die gestiegene Stärke der Geowissenschaften in der MPG zum Ausdruck bringt. Bemerkenswert ist, dass die Steigerung vor allem auf die Publikationstätigkeit zweier Institute zurückging, des MPI für Chemie und des MPI für Meteorologie.[62] Die Atmosphärenwissenschaften sind insofern ein Beispiel dafür, wie die MPG mit verhältnismäßig geringem Einsatz national und international große Bedeutung erreichte. Im innerdeutschen Vergleich fiel das Wachstum mit 90 Prozent allerdings deutlich geringer aus, auch wenn die MPG mit 25 Prozent Anteil die führende Organisation auf diesem Gebiet in der Bundesrepublik blieb. Bemerkbar machte sich hier, dass die Atmosphärenwissenschaften in Deutschland insgesamt in den 1990er-Jahren einen

Tab. 6: Bedeutungsgewinne und -verluste von MPG-Forschungsbereichen im internationalen, im MPG-internen und im nationalen Vergleich (1970–2000). Aufgeführt ist die prozentuale Zunahme bzw. Abnahme der Anteile der dynamischsten Forschungsbereiche in der MPG an den gesamten MPG-Publikationen (mittig), am internationalen Publikationsaufkommen in dem jeweiligen Bereich (links) und am Publikationsaufkommen deutscher Forschungsinstitutionen (rechts) in dem jeweiligen Bereich. In Klammern gesondert jeweils die prozentualen Anteile bezogen nur auf das Stichjahr 2000. Das Farbraster hebt besondere Effekte der MPG-internen Steigerung auf die Außenwirkung hervor (Effektivität): dunkler = Die Steigerung in der MPG hatte einen ungleich größeren internationalen bzw. nationalen Steigerungseffekt; heller = Die Steigerung in der MPG hatte einen ungleich geringeren internationalen bzw. nationalen Effekt. Werte sind gerundet. – Quelle: Publikationsanalyse von Malte Vogl, Dirk Wintergrün und Roberto Lalli auf Basis der Dimensions-Datenbank, https://www.dimensions.ai/; siehe auch Lalli et al., *Methods*, 2024.

---

57 Zu Veränderungen (Stichwort anwendungsorientierte Grundlagenforschung) siehe oben, Kap. III.4, Kap. III.9, sowie unten, Kap. IV.3.
58 Hier und im Nachfolgenden siehe auch Lalli et al., *Methods*, 2024.
59 Zu den internationalen Trends siehe Agar, *Science*, 2012, 523–524.
60 Siehe Lalli et al., *Methods*, 2024.
61 Siehe oben, Kap. III.6; Bonolis und Leon, *Astronomy*, 2023.
62 Zu einzelnen Instituten siehe Lalli et al., *Methods*, 2024.

Schub erlebten, ein Umstand, der auch Unterschiede in ähnlich gelagerten Fällen erklären mag.

Mathematik, Pflanzenbiologie und Mikrobiologie konnten sich ebenfalls international und auf der deutschen Ebene überproportional verbessern, allesamt Gebiete, denen die MPG erst ab den 1980er- bzw. 1990er-Jahren größeren Raum gewährte und die in der verhältnismäßig kurzen Zeit jeweils einen Anteil von 0,5 Prozent des internationalen Publikationsaufkommens erzielten. Die MPG-Mathematik erreichte unter den mathematischen Publikationen mit deutscher Beteiligung sogar einen Anteil von 19, die Pflanzenbiologie von 10 und die Mikrobiologie von 13 Prozent. Einen Sonderfall stellten die molekularen Lebenswissenschaften dar – hier subsumiert unter »Biochemie und Zellbiologie«. Während sie innerhalb der MPG an Anteil verloren, konnten sie sich national und international dennoch verbessern (auf 1,1 % international, 15 % national).

Einige Schwerpunkte der MPG konnten sich zwar international überproportional verbessern, nicht aber innerhalb der deutschen Wissenschaftsgemeinschaft, darunter Atom-, Teilchen- und Plasmaphysik, fast alle chemischen Forschungsfelder, Geologie, Neuro- und Kognitionswissenschaften, Psychologie sowie Umweltwissenschaften. Schließlich gab es solche Forschungsfelder, die international und national bestenfalls mit dem allgemeinen Wachstum mithielten. Während die Genetik innerhalb der MPG stark reüssierte, blieb ein entsprechender Effekt auf nationaler und internationaler Ebene aus. Innerhalb Deutschlands schrumpfte ihr Anteil sogar. Auch die Ökologie fiel innerhalb Deutschlands weiter zurück und konnte international nicht substanziell aufholen. Der Einstieg in die Informatik schließlich erfolgte offenbar zu spät und zu unentschlossen.

15.4.2 Internationalisierung und Konvergenz der Wissenschaften

Zwei Phasen müssen im Gründungsboom der 1990er-Jahre unterschieden werden: In der ersten Phase entwickelte sich die MPG noch stark auf vorgegebenen Bahnen. In der zweiten Phase ab Mitte der 1990er-Jahre war sie stärker in eine politische Dynamik und Verteilungslogik eingebunden, die das Festhalten an eigenen Traditionen und wissenschaftlichen Prioritäten erschwerte. Sie musste mehr als zuvor ihr Forschungs- und Interessenspektrum ausbalancieren, was sie mittels neuer Gremien versuchte.[63]

Allein bis 1995 brachte die MPG zwölf Neugründungen auf den Weg (Tab. 7). Schon wegen der schnellen Abfolge der Ereignisse konnten die Entscheidungs- und Berufungsprozesse nicht in der gewohnten Weise ablaufen; soweit es ging, schöpfte die MPG trotzdem aus dem Bestehenden. Die meisten Gründungsbeschlüsse basierten auf Konzepten und Ideen, die bereits in den 1980er-Jahren ausgearbeitet worden waren und für deren Realisierung sich die Wissenschaftlichen Mitglieder der MPG starkmachten.[64] Die Mehrzahl der Gründungsdirektoren stammte dementsprechend aus Westdeutschland und aus bestehenden MPI (Tab. 7). Nur in Ausnahmefällen griff die MPG auf die vorhandenen Wissenschafts- und Forschungsstrukturen in den neuen Bundesländern zurück. Das einzige Akademieinstitut, das die MPG auf Empfehlung des Wissenschaftsrats aufnahm, war das Institut für Festkörperphysik und Elektronenmikroskopie (IFE) in Halle, ab 1991 MPI für Mikrostrukturphysik.[65] Aber auch das MPI für Wissenschaftsgeschichte wäre wohl ohne die DDR-Wissenschaft nicht realisiert worden.

In der zweiten Phase der Gründungswelle stieß dieses Vorgehen an seine Grenzen, nicht nur weil das Föderale Konsolidierungsprogramm der Bundesregierung die MPG zu Einsparungen zwang, sondern auch wegen gestiegener gesellschaftlicher Erwartungen und der Einbindung in internationale Forschungskonsortien.[66] Zum einen stellte der nicht abgeschlossene Gründungsboom die MPG und ihre Sektionen vor die Herausforderung, auf die Schnelle weitere tragfähige Institutskonzepte zu entwickeln und das passende Leitungspersonal ausfindig zu machen. Die MPG griff deshalb zunehmend auf externe Anregungen zurück und rekrutierte Leitungspersonal außerhalb ihrer Organisation und im Ausland (Tab. 7). Trotzdem kam es in einigen Fällen zu erheblichen Verzögerungen, bis alle Abteilungen der neu gegründeten Institute besetzt waren, so etwa im Fall des MPI für molekulare Pflanzenphysiologie erst Anfang der 2000er-Jahre. Im Ergebnis stieg der Anteil der extern und

---

63 Hierzu und zum Folgenden siehe auch Ash, *MPG im Prozess*, 2023. Zu neuen Gremien siehe auch unten, Kap. IV.4.
64 Aus solchen Vorlagen gingen die im Jahr 1992 gegründeten MPI für Infektionsbiologie und für molekulare Pflanzenphysiologie hervor, für die die neuen Standorte auf dem Charité-Gelände und in Potsdam-Golm bezeichnenderweise erst ex post ausgewählt wurden. Auch die Gründung dreier Institute im Bereich Erdsystemwissenschaften folgte einem Plan, den ein Wissenschaftlernetzwerk um das MPI für Chemie in Mainz in den 1970er- und 1980er-Jahren für die systematische Entwicklung der Atmosphärenwissenschaften ausgearbeitet hatte. Siehe oben, Kap. III.7; Lax, Atmosphärenchemie, 2018; Lax, Wissenschaft, 2020.
65 Siehe oben, Kap. III.4.
66 Hier und nachfolgend siehe oben, Kap. II.5.

15. Ausdifferenzierung und Schwerpunktbildung

speziell aus dem Ausland berufenen Wissenschaftler:innen auf einen Höchstwert von über 80 Prozent. Offen ist, welche Effekte die Internationalisierung des wissenschaftlichen Leitungspersonals auf die MPG, ihre Entwicklungsmechanismen und damit auch ihre Ausrichtung hatte und heute noch hat. Es kann vermutet werden, dass die Bedeutung gewachsener Bindungen an die MPG in den folgenden Jahren abnahm.[67]

Zum anderen reagierte die MPG auf das durch die Vorgaben der Politik entstandene Dilemma, neue Institute entwickeln und zugleich sparen zu müssen, sowohl mit der Schließung von Abteilungen und Instituten als auch mit verstärkter wissenschaftspolitischer Steuerung.[68] Die Revitalisierung des Senatsausschusses für Forschungspolitik und Forschungsplanung im Jahr 1998, die Institutionalisierung der durch die Sektionen initiierten »Perspektivenkommissionen« und die durch sie unternommene Sondierung von Forschungsfeldern, aber auch die Gruppierung der Institute in »Forschungsfelder« durch die vor allem für die Zwecke der Evaluierung eingerichteten Forschungsfeldkommissionen sowie die mehrtägigen Zusammenkünfte im MPG-eigenen Tagungszentrum Schloss Ringberg bildeten Maßnahmen bzw. Foren, die die wissenschaftliche Entwicklung der MPG in den kommenden Jahren beständig auf den Prüfstand stellten und kanalisierten. Ab dem Jahr 2002 kam der mit jährlich zwischen 80 und 90 Millionen Euro großzügig ausgestattete Strategische Innovationsfonds hinzu als ein Instrumentarium, Forschungsvorhaben »unter Einbeziehung wissenschaftspolitischer und forschungsstrategischer Überlegungen« gezielt zu fördern.[69]

Nach dem Vorbild der interdisziplinären Zusammenarbeit in den Naturwissenschaften erklärte die MPG nun auch den Brückenschlag zwischen Natur- und Geisteswissenschaften zu einer der Zielmarken ihrer Forschungspolitik. Denn seit den 1990er-Jahren war zu beobachten, dass Lebenswissenschaften, Chemie und Technik enger zusammenrückten – nicht zuletzt unter den forschungspolitischen Maßgaben zur Entwicklung einer Bioökonomie.[70] Ein Blick auf die Publikationen der MPI zeigt, dass sich diese Konvergenz auch in den Arbeitsthemen der MPI vollzog.[71] So nahm die Themenüberschneidung zwischen den Lebens-, Neuro- und Kognitionswissenschaften einerseits und Informatik und Mathematik andererseits deutlich zu, eine Konsequenz der Computerisierung und Biomathematisierung dieser Bereiche.[72] Auch zwischen anderen Bereichen etablierten sich Querschnittsbereiche, vor allem zwischen Biowissenschaften und Chemie. Daneben gab es auch Dissoziationen. Die biowissenschaftlich geprägte biomedizinische Forschung und die klinische Medizin drifteten weltweit auseinander; in der MPG verlief diese Entwicklung besonders dramatisch.[73] Die MPG sah sich als Vorreiterin eines allgemeinen Trends zur »transdisziplinären Forschung« – MPG-Präsident Hubert Markl prognostizierte bereits ein Zusammenwachsen »aller naturwissenschaftlichen Disziplinen«.[74] Allerdings beruhte dieser Trend zur Interdisziplinarität nicht auf einer verstärkten Zusammenarbeit der MPI über die Grenze der Sektionen hinweg, sondern auf der Integration interdisziplinärer Arbeitsweisen innerhalb der einzelnen Institute und auf Kooperationen mit externen Forschungspartnern.

Mit »Brückeninstituten« ging die MPG daran, die Geisteswissenschaften in die naturwissenschaftliche Konvergenz einzubeziehen. Das im Jahr 1997 gegründete MPI für evolutionäre Anthropologie, das Geschichtswissenschaften, Anthropologie, Archäologie sowie Sprach- und Verhaltenswissenschaften mit den Methoden der Genomforschung kombinierte, erfüllte die Kriterien eines solchen »Brückeninstituts« idealtypisch. Ein Wegbereiter dieses Trends war das 1980 als erstes im Ausland gegründete Institut der MPG: das MPI für Psycholinguistik, das den Anspruch erhob, naturwissenschaftliche Forschungsansätze in die Geisteswissenschaften einzuführen. Auch das 2004 gegründete Leipziger MPI für Kognitions- und Neurowissenschaften ging auf einen solchen Konvergenzprozess zurück, der mit dem Zerfall des sozialwissenschaftlich-philosophisch ausgerichteten MPI zur Erforschung der Lebensbedingungen der wissenschaftlich-technischen Welt Anfang der 1980er-Jahre in ein psychologisches und ein sozialwissenschaftliches Institut seinen Ausgang genommen hatte. In der Folge

---

67 Siehe auch unten, Kap. IV.4.
68 Zacher, Rückblick, 1996, 20–21; Markl, Forschung, 1998, 11–14; Henning und Kazemi, *Chronik*, 2011, 29–31, 673, 702, 710, 712, 786 u. 862.
69 Max-Planck-Gesellschaft, *Jahresbericht 2011*, 2012, 129; Henning und Kazemi, *Chronik*, 2011, 800–801.
70 Siehe oben, Kap. III.9.
71 Hierzu und zum Folgenden siehe unten, Kap. IV.7.3, und die bibliometrische Netzwerkanalyse zu Themenüberschneidungen der MPI im Anhang. Siehe methodisch allgemein Lalli, Howey und Wintergrün, Dynamics, 2020.
72 Siehe auch oben, Kap. III.11, sowie unten, Kap. IV.7.3.
73 Siehe oben, Kap. III.12; zur internationalen Entwicklung siehe Butler, Research, 2008.
74 Generalverwaltung der Max-Planck-Gesellschaft, *Jahrbuch 1995*, 1995, 39; Markl, Forschung, 1998, 23–24; siehe auch Hodgson, Doors, 1997.

Jahr	Instituts-Name	Standort	Gründungs-Vorschlag / ggf. Vorgänger-Institut	Herkunft der Gründungsdirektor:innen
1991	Max-Planck-Institut für Kolloid- und Grenzflächenforschung	Golm bei Postdam	MPG, Wissenschaftsrat u. Akademie d. Wiss. der DDR	Westdeutschland
	Max-Planck-Institut für Mikrostrukturphysik	Halle	Wissenschaftsrat / Akademie d. Wiss. der DDR	Westdeutschland u. Akademie d. Wiss. der DDR
1992	Max-Planck-Instituts zur Erforschung von Wirtschaftssystemen	Jena	MPG-interner Vorschlag	Westdeutschland
	Max-Planck-Institut für molekulare Pflanzenphysiologie	Golm bei Postdam	MPG-interner Vorschlag	MPG, Westdeutschland u. Ausland
	Max-Planck-Institut für Physik komplexer Systeme	Dresden	MPG-interner Vorschlag	MPG
	Max-Planck-Institut für Infektionsbiologie	Berlin-Mitte	MPG-interner Vorschlag	Westdeutschland u. MPG
1993	Max-Planck-Institut für neuropsychologische Forschung	Leipzig	MPG-interner Vorschlag	Westdeutschland
1994	Max-Planck-Institut für Gravitationsphysik	Golm bei Postdam	Wissenschaftsrat	MPG
	Max-Planck-Institut für Wissenschaftsgeschichte	Berlin-Mitte	MPG	Westdeutschland u. Ausland
1995	Max-Planck-Institut für chemische Physik fester Stoffe	Dresden	Ostdeutscher Vorschlag	Westdeutschland
	Max-Planck-Institut für Mathematik in den Naturwissenschaften	Leipzig	Ostdeutscher Vorschlag, MPG	West- / Ostdeutschland u. Ausland
	Max-Planck-Institut für demografische Forschung	Rostock	MPG-interner Vorschlag	Ausland
1996	Max-Planck-Institut für chemische Ökologie	Jena	MPG-interner Vorschlag	1 Westdeutschland u. 3 Ausland
	MPI für Biogeochemie	Jena	MPG-interner Vorschlag	Westdeutschland u. Ausland
	Max-Planck-Institut für Dynamik komplexer technischer Systeme	Magdeburg	MPG-interner Vorschlag	Westdeutschland
1997	Max-Planck-Institut für molekulare Zellbiologie und Genetik	Dresden	MPG-Perspektivenkommission	Westdeutschland
	Max-Planck-Institut für evolutionäre Anthropologie	Leipzig	MPG-Perspektivenkommission	Westdeutschland u. Ausland
1998	Max-Planck-Institut für ethnologische Forschung	Halle	MPG-Perspektivenkommission	Westdeutschland u. Ausland

kam es 2004/05 zur Neuordnung der GWS. Sie umfasste fortan mit den erwähnten Instituten aus der BMS auch die naturwissenschaftlich fundierten Humanwissenschaften und änderte entsprechend ihren Namen zu »Geistes-, Sozial- und Humanwissenschaftliche Sektion« (GSHS).[75] Weniger weitreichend war die Umstrukturierung der CPTS, die mit dem MPI für biophysikalische Chemie immerhin ein sehr großes Institut an die BMS abgab.

Die verstärkte Einbindung in das nationale und internationale Wissenschaftssystem blieb ebenfalls nicht ohne Auswirkungen auf das Wissenschaftsprofil der MPG. Im Laufe der 1990er-Jahre nahm durch die Gründung zum Teil konkurrierender außeruniversitärer Forschungseinrichtungen wie der Leibniz- und der Helmholtz-Gemeinschaft der Wettbewerb unter den Wissenschaftsorganisationen der Berliner Republik zu. Auch die wachsende Bedeutung von internationalen Forschungsverbünden und Großprojekten wie etwa in den Astrowissenschaften oder durch die Genomforschung forcierte die Abhängigkeit der MPG von nationalen und europäischen Entscheidungs- und Förderstrukturen.[76] International setzte die Politik zudem auf Drittmittelfinanzierung und verstärkten Wettbewerb als Instrumente der Steuerung. In Zuge dessen gewann die Forschungsförderung im Rahmen der europäischen Integration an Gewicht.[77]

Die MPG konnte sich diesen Entwicklungen trotz Vorbehalten gegenüber der »Projektforschung« nicht entziehen.[78] Besonders in Fällen, in denen die MPG einen schnellen Anschluss an Forschungstrends suchte, geriet sie in die Abhängigkeit dieser Instrumente. In den 1990er-Jahren gelang es ihr so immerhin, an die erfolgreiche Etablierung der Erdsystemwissenschaften an den westdeutschen Universitäten seit den 1980er-Jahren anzuknüpfen; ganz ähnlich bei den Kognitionswissenschaften. Die Gründung oder Neuausrichtung einzelner Institute war dabei meist nur der Auftakt zur angestrebten Aufholjagd; erst die Aufstockung der Institute mit drittmittelfinanziertem Forschungspersonal und eingeworbener Ausrüstung brachte die notwendige Dimensionierung. Auch aus diesen Gründen stieg die Drittmittelabhängigkeit der MPG weiter.

Die sich aus alldem ergebenden Abhängigkeitsverhältnisse konnten weder die Wissenschaftler:innen noch die Generalverwaltung der MPG in gewohnter Weise beeinflussen. Als »Gefangene« des nationalen Wissenschaftssystems war die MPG Teil des verspäteten Einstiegs der Bundesrepublik in die Genomforschung; ein Grund, weshalb die Genetik der MPG mit der prosperierenden Entwicklung des Fachs nicht mithalten konnte (Tab. 6).[79] So auch bei der Astrophysik: Das Spannungsverhältnis zwischen nationalen und internationalen, insbesondere europäisch orientierten Forschungsstrategien bestand schon lange in diesem Bereich, wurde aber mit zunehmender Internationalisierung eklatant. Das Scheitern beispielsweise einer weitergehenden europäischen Kooperation bei der Gravitationswellenforschung gründete nicht zuletzt im Konkurrenzdenken und im Fehlen geeigneter supranationaler Förderungsstrukturen, die zu einer besseren Abstimmung und zu einem Ausgleich strategischer Differenzen hätten führen können – der Europäische Forschungsrat (ERC) wurde, auch auf Betreiben der MPG, erst 2006 gegründet.[80] Zudem hätte es einer aktiveren »Außenpolitik« der Wissenschaftsorganisationen, einschließlich der MPG, bedurft, die angesichts der Schwierigkeiten, Laborexperimente in Großprojekte zu verwandeln, hilfreich gewesen wäre. Diese Umstände haben das Konkurrenzdenken eher noch befördert, während die US-amerikanische National Science Foundation (NSF) in den 1980er-Jahren erfolgreich auf einen Zusammenschluss der zunächst getrennten Aktivitäten am MIT und am Caltech gedrängt hatte.

Tab. 7: Gründung von MPI in den neuen Bundesländern aus den alten Strukturen heraus. Die neu gegründeten MPI in den neuen Bundesländern sind chronologisch zwischen 1990 und 2000 aufgeführt. Die tatsächliche Inbetriebnahme am endgültigen Standort verzögerte sich teilweise um Jahre. Die inhaltliche Ausrichtung der MPI ging meist auf interne Vorschläge der MPG zurück und knüpfte nur in zwei Fällen an die bestehenden Strukturen in der ehemaligen DDR an. Auch die Gründungsdirektor:innen rekrutierten sich zum Großteil aus dem vorhanden Leitungspersonal der MPG. – Quellen: Bestand Instituts-Betreuerakten, AMPG, III. Abt., Rep. 66; Jahrbücher der MPG; Henning und Kazemi, *Handbuch*, 2016.

---

75 Henning und Kazemi, *Handbuch*, 2016, 472, 798 u. 1404.
76 Siehe oben, Kap. III.6 und Kap. III.9.
77 Siehe Dolata, *Modernisierung*, 1992, 285–303; Wieland, *Technik*, 2009, 80–93; Flink, *Entstehung*, 2016, 80–90; Mayer, *Universitäten*, 2019, 283–289.
78 Siehe hier und nachfolgend unten, Kap. IV.3.
79 Suffrin, *Party*, 2023. Zu weiteren Gründen siehe unten, Kap. IV.8.2.
80 Zum ERC siehe Flink, *Entstehung*, 2016, 121–122.

15.5 Fazit: Entwicklung aus dem eigenen Bestand

Entwicklung aus dem eigenen Bestand heraus – auf diese Formel kann man die Ausdifferenzierung der MPG-Wissenschaftsprofils auf den Punkt bringen, wenn man den Institutsgründungen und Karrierewegen der WM folgt. Die MPG pflegte ein System der Selbstreproduktion, zu dessen Organisationsprinzipien an erster Stelle die interne Rekrutierung oder Hausberufung gehörte. Beste Chancen auf einen Posten als leitender Wissenschaftler oder, seltener, leitende Wissenschaftlerin hatten Anwärter:innen mit »Stallgeruch«, also solche, die bereits Ausbildungs- und Qualifikationsjahre oder später einige Zeit in der MPG verbracht hatten. Als weiteres Prinzip etablierte sich die Praxis, MPI und Abteilungen vornehmlich auf Grundlage von Vorstellungen zu gründen, die sich aus der Forschung bestehender Institute ergaben. Solches Vorgehen war nirgends festgeschrieben oder vorgegeben, sondern gehörte zum Bestand informeller Handlungsweisen, die über die Jahre einen außergewöhnlichen Einfluss auf das Wissenschaftsprofil der MPG entfalteten. Der Ausdifferenzierungsprozess, wie er weltweit in den Wissenschaften im Gange war, erfolgte innerhalb der MPG vornehmlich im Fahrwasser des Bestehenden und weniger durch die Aufnahme neuer und MPG-fremder Forschungsfelder. Dieser dominierende Erneuerungsmodus gründete sich auf einem verbreiteten Corpsgeist, der die MPG-spezifische Freiheit, über Institutsgründungen und Personalwahl weitgehend selbst zu entscheiden, ausfüllte.

Umso mehr fielen die sozio-epistemischen Gemeinschaften als Faktor bei Kontinuität, Expansion und Ausdifferenzierung bestehender Schwerpunkte und Cluster ins Gewicht, in denen sich die Wissenschaftlichen Mitglieder der MPG verschiedentlich informell und mehr oder weniger verbindlich zusammenfanden. Die bibliometrische Analyse des Publikationsverhaltens bestätigt dabei die Befunde der Einzeluntersuchungen zu den in der MPG vorhandenen wissenschaftlichen Clustern. Demnach spielten direkte wissenschaftliche Kooperationen keine entscheidende Rolle für die Bildung dieser Gemeinschaften. Es handelte sich vielmehr um informell gebildete Wahlgemeinschaften, die sich durch die Wahrnehmung gemeinsamer Interessen innerhalb der MPG-Gremien konstituierten. Als solche Interessengemeinschaften – man mag auch von Beutegemeinschaften sprechen – besaßen sie im MPG-Gremiengefüge die Macht, Ressourcen für ihr Feld zu sichern oder auszubauen, konkurrierten aber auch untereinander darum. Es handelte sich zudem um Abstammungsgemeinschaften, die sich aus dem System innerer Rekrutierung ergaben und die ihre epistemische und soziale Kohäsion über dieses System reproduzierten.

Die Ausdifferenzierung der MPG-Schwerpunkte war über die Entwicklungsphasen der MPG hinweg verschieden stark durch diese Interessen- und Beutegemeinschaften geprägt. In der ersten Phase hatte der Erfolg der jungen MPG im Wesentlichen drei Gründe. Zum Ersten konnten die Forschungsschwerpunkte und -potenziale, die seit KWG-Zeiten entwickelt worden waren, im Zusammenhang mit dem wirtschaftlichen Aufschwung der deutschen Grundstoff- und der verarbeitenden Industrie sowie der militärischen Wiederaufrüstung der Bundesrepublik im Rahmen der NATO und im Kontext des Kalten Kriegs genutzt und ausgebaut werden. Zum Zweiten partizipierte die MPG aktiv am erfolgreichen Streben der gesamten deutschen Wissenschaft nach einem Wiederanschluss an die internationale Forschung. Zum Dritten ermöglichten die personenbezogenen Leitungsstrukturen der MPG eine rasche und flexible Anpassung alter oder auch jüngerer Institute an die veränderten gesellschaftlichen und politischen Rahmenbedingungen. Aus der Übernahme des Großteils der KWG-Forschungseinrichtungen ergaben sich zudem maßgebliche Pfadabhängigkeiten.

Die zweite Phase, der »Wandel in dynamischen Zeiten«, führte zur Ausweitung des wissenschaftlichen Portfolios der MPG unter den nun prägenden MPG-spezifischen Modi institutionellen Wachstums. Die Verselbstständigung von bestehenden Abteilungen oder Forschergruppen als neue MPI (*Ausgründung*) war der gebräuchlichste und zugleich am wenigsten von außen beeinflusste Wachstumsweg der MPG.[81] Ein ebenfalls gebräuchlicher Modus bestand darin, dass die MPG Institute umbenannte, nachdem sich die dort bestehenden Forschungsschwerpunkte verschoben hatten (*Umgründung*). Beide Gründungsmodi gingen darauf zurück, dass die MPG ihr Leitungspersonal bevorzugt aus ihrem eigenen Nachwuchs rekrutierte. Daneben nutzte sie, wenn es opportun war, auch die *Fusion* bzw. *Schließung/Ausgliederung* von Instituten und Abteilungen als Steuerungsinstrumente, indem sie im Zuge der Neuordnung des westdeutschen Wissenschaftssystems MPI verschiedentlich an andere Träger abgab, bevorzugt an Bundesforschungsanstalten, wie im Fall des MPI für Tierzucht und Tierernährung, oder auch an die Fraunhofer-Gesellschaft, wie im Fall des MPI für Silikatforschung.

Zusammengenommen kamen auf diese Weise Forschungspotenziale insbesondere in interdisziplinären Gebieten auch international zur Geltung, so in der Plas-

---

[81] Zu den Ausgründungen bzw. Umgründungen siehe unten, Anhang, Grafik 2.2.

maphysik, der Verhaltensforschung, der molekularen Biologie und der Bildungsforschung. Impulse von außen machten sich am ehesten bei *Neugründungen* bemerkbar, blieben aber gegenüber der inneren Dynamik der MPG weniger prominent. Auf diese Weise entstand die starke rechtswissenschaftliche Komponente der MPG, die das Profil der GWS prägte.

Max-Planck-Institute genossen traditionell die Freiheit, Forschungswege abseits dominierender Forschungstrends einzuschlagen. Die Kehrseite war ein langfristig wirksamer Trend zur Deflexibilisierung durch die Bestrebungen von Instituten zum Bestandserhalt und gegenseitiger Existenzsicherung im Rahmen etablierter Clusterstrukturen. Die durch Berufungen und Institutsstrukturen hervorgebrachten Pfadabhängigkeiten führten einerseits zu starken Schwerpunktbildungen, andererseits verschiedentlich dazu, dass die MPG Innovationschancen verpasste oder erst sehr spät wahrnahm, etwa in den Bereichen der Umweltforschung und der Computertechnologie.

In der dritten Phase ab den 1970er-Jahren gab es neben der inneren Dynamik intensivierte Steuerungsbemühungen zur Entwicklung der Forschungsschwerpunkte. Die schon bestehende Spannung zwischen forschungsfeld- und personenbezogenen Entscheidungen stieg zusätzlich dadurch, dass Anforderungen aus Politik und Gesellschaft sowie finanzielle Engpässe den Handlungsspielraum einschränkten. Die Schließung und die Zusammenlegung von Instituten halfen, diesen Spielraum zum Teil zurückzugewinnen. Die Einrichtung von Forschungszentren beförderte die interdisziplinäre Ausrichtung der MPG, flexibilisierte das Berufungsgeschehen und schuf den Raum für die Ausdifferenzierung etablierter Forschungsschwerpunkte. Pfadabhängigkeiten und interne Wissenschaftsnetzwerke trugen dazu bei, dass vor allem jene Forschungsfelder, die sich als Schwerpunkte bereits bis zu den 1960er-Jahren in der MPG etabliert hatten, expandierten. Während die Fokussierung auf etablierte Gebiete der MPG den Anschluss an die internationale Forschungsentwicklung sicherte, barg sie zugleich die Gefahr, den thematischen Horizont zu verengen, wie der Abbau der Umweltforschung illustriert. Auch die »utopischen« Experimente der vorhergehenden Phase gingen mit dem Ab- und Umbau des MPI zur Erforschung der Lebensbedingungen der wissenschaftlich-technischen Welt und des MPI für Bildungsforschung zu Ende, zugunsten der enger an empirisch-experimentellen Methoden orientierten Human- und Sozialwissenschaften. Hinter diesen Trend fielen auch die Gesundheitswissenschaften ab den 1970er-Jahren in ihrer Bedeutung weiter zurück. Zu diesem Bild passt, dass andere klassische Forschungsfelder und -gebiete, wie die Evolutionsbiologie und die medizinische Physiologie, ebenfalls im Abwärtstrend lagen. Mit dieser Wende zu einer stärker grundlagen- und labororientierten Forschung knüpfte die MPG letztlich an die Gründungsidee der KWG und ihr Innovationsmodell an.

Die vierte Phase stand im Zeichen einer durch das Vereinigungsgeschehen in Deutschland und die Globalisierung ausgelösten neuen Gründerzeit, welche die eingespielten Entwicklungsmodi und -tempi der MPG durcheinanderbrachte. Die MPG weitete im Zuge des »Aufbaus Ost« ihr Themenspektrum aus, musste sich dabei den politisch vorgegebenen Rahmenbedingungen fügen und beispielsweise die Erwartung erfüllen, zu einer einheitlichen, am Modell der alten Bundesrepublik orientierten Wissenschaftslandschaft beizutragen. Während die MPG weitgehend an ihren traditionellen Prinzipien wie dem Harnack-Prinzip und dem Fokus auf Grundlagenforschung festhielt und längerfristige Tendenzen wie etwa die Integration verhaltenswissenschaftlicher und neurologischer Forschung oder die Molekularisierung der Lebenswissenschaften fortsetzte, bestimmten nun äußere Rahmenbedingungen die Erweiterung des Themen- und Institutsspektrums in hohem Maße, insbesondere im Bereich der Umweltwissenschaften. Der Gründungsboom half insofern, die MPG für neue, gelegentlich sogar die Sektionen übergreifende Themen zu öffnen, wie die Beispiele des Leipziger MPI für evolutionäre Anthropologie, des Bremer MPI für marine Mikrobiologie oder die Umwidmung des Stuttgarter MPI für Metallforschung in das MPI für intelligente Systeme illustrieren. Auch deshalb nahmen Interdisziplinarität des und Konvergenz im MPG-Forschungsprofil zu, in manchen Bereichen sogar überdurchschnittlich im internationalen Vergleich. Das geschah vor dem Hintergrund einer insgesamt fortbestehenden Fokussierung der MPG auf eine engere Auswahl naturwissenschaftlicher Forschungsbereiche sowie die Rechtswissenschaften. Zugleich stellten der Bedeutungsgewinn externer Einflüsse – speziell auch der Bedeutungsgewinn der Grundlagenforschung für die wirtschaftlich-technische Entwicklung –, die Einbindung in europäische Forschungskonsortien, die Verflechtung mit außeruniversitären Wissenschaftseinrichtungen und Universitäten sowie die zunehmende Abhängigkeit von nationaler und europäischer Projektfinanzierung die MPG in wachsendem Maße vor die Herausforderung, ihre Alleinstellungsmerkmale zu behaupten.

IV. Epistemische und gesellschaftliche Dynamiken

1. Einleitung

Jürgen Renn

In Kapitel IV analysieren wir anhand von zehn Themenkomplexen die epistemischen und gesellschaftlichen Dynamiken, die in ihrem Zusammenwirken die Geschichte der MPG geformt haben. Schwerpunkte sind dabei die Kontexte der Forschungsgesellschaft in der Bundesrepublik, die Strukturen der MPG im Wandel, die Formen und Bedingungen des wissenschaftlichen Arbeitens, die internationalen Dimensionen in der Geschichte der MPG sowie ihr Umgang mit den politischen und ethischen Herausforderungen, mit denen sie sich konfrontiert sah.

Ein erster Fokus liegt auf den gesellschaftlichen Kräften, die in der Bundesrepublik auf die MPG eingewirkt haben und die sie umgekehrt mitgestaltet hat. Hier zeichnen wir zunächst nach, welche Rolle die MPG bei der Entstehung und Entwicklung eines arbeitsteiligen Wissenschaftssystems in der Bundesrepublik gespielt hat und welchen Ort sie darin einnimmt. Wie verhält es sich mit der Konkurrenz zu und der Kooperation mit anderen Wissenschaftseinrichtungen, welche Entwicklungen gab es in diesem Verhältnis? Die MPG hat eine Führungsrolle beansprucht, aber wie hat sie diesen Anspruch zur Gestaltung des deutschen Wissenschaftssystems genutzt?

Wie sich die MPG in der bundesrepublikanischen Gesellschaft verortet hat, hängt eng mit ihrem eigentümlichen Charakter als Organisation zusammen. Ihr Verhältnis als Verein zu Staat und Wirtschaft ist zugleich durch Nähe und Distanz gekennzeichnet, eine Zwischenstellung, die schon der Kaiser-Wilhelm-Gesellschaft eigen war. Die MPG ist weder Teil des Staatsapparats noch marktwirtschaftlicher Akteur und dennoch Einflüssen aus beiden Sphären ausgesetzt. Lässt sich diese Zwischenstellung als Ausdruck einer für die bundesrepublikanische Gesellschaftsordnung charakteristischen korporatistischen Verfassung begreifen? Was heißt das für die von der MPG beanspruchte Autonomie der Grundlagenforschung? Wie hat sich die Dreieckskonstellation zwischen Wissenschaft, Staat und Wirtschaft im Laufe der Jahrzehnte verändert? Welche Bedeutung hatte dabei die stärkere Kommerzialisierung etwa der Lebenswissenschaften?

Ein zweiter Fokus liegt auf dem Strukturwandel der MPG, der bereits in Kapitel II aus zeitgeschichtlicher Perspektive diskutiert wurde, hier aber nochmals systematisch aufgegriffen und in zweierlei Hinsicht analysiert wird: zum einen mit einem strukturgeschichtlichen Blick auf das Verhältnis von internen und externen Steuerungsansprüchen und -mechanismen, zum anderen mit einem sozial- und genderhistorischen Blick auf die Veränderung von Hierarchien, sozialer Zusammensetzung des Personals, Geschlechterverhältnissen und Mitbestimmung. In Bezug auf die Steuerungsmechanismen gibt es zwei Unterschiede zu ihrer Vorgängerin: Seit ihrer Gründung ist die MPG weitgehend von der Grundfinanzierung der öffentlichen Hand abhängig und verfügt über einen zentralen Haushalt, der ihr eine große wissenschaftspolitische Handlungsfähigkeit verleiht. Wie weit ist es unter diesen Umständen der Governance der MPG gelungen, verschiedene Interessen auszubalancieren: die der Geldgeber und die der Wissenschaft, aber auch die der Zentralorganisation und die der einzelnen Institute? Wie stark waren und sind Zentralisierungstendenzen in der MPG und wie problematisch ist die doppelte Leitungsfunktion – wissenschaftlich und administrativ – ihrer Wissenschaftlichen Mitglieder?

Der zweite Themenkomplex in diesem Schwerpunkt beschäftigt sich mit dem Wandel der Personalstruktur der MPG, mit der Entwicklung der verschiedenen Beschäftigungsgruppen und den konfliktreichen Auseinandersetzungen um Mitbestimmung und Gleichstellung. Wie hat sich die Zusammensetzung des Personals im Laufe der Jahre entwickelt, welche Ausdifferenzierungsprozesse in den Berufsbildern lassen sich beobachten? Warum ist die MPG in der Mitbestimmung einen anderen Weg gegangen als die Universitäten? Welche Rolle hat das Harnack-Prinzip dabei gespielt? Warum ist das Thema der Chancengleichheit in der MPG so spät aufgegriffen worden und was hat schließlich einen Gleichstellungsprozess in Gang gebracht?

Anschließend verfolgen wir als dritten Themenkomplex mit einem mentalitätsgeschichtlichen Interesse den Wandel des Selbstverständnisses und der Selbstdarstellung der MPG im Spiegel ihrer offiziellen Reden, ihrer Vergangenheitspolitik sowie ihrer Öffentlichkeitsarbeit. Selbstverständnis und Selbstdarstellung hängen aus dieser Perspektive eng miteinander zusammen und beeinflussen sich gegenseitig. Wie hat das Selbstverständnis der MPG ihre Außendarstellung geprägt und welche Rückwirkungen hatte das öffentliche Agieren der MPG auf ihr Selbstverständnis? Wie hat sich das Selbstverständnis der MPG im Laufe ihrer Geschichte verändert und was waren die Gründe dafür? Ein besonderes Augenmerk legen wir auf die Vergangenheitspolitik, die Verdrängung der NS-Vergangenheit und ihre verspätete Aufarbeitung. Hierbei geraten Kontinuitäten und Diskontinuitäten auf institutioneller, personeller, wissenschaftlicher Ebene in den Blick. Warum ist es der MPG nicht gelungen, ein historisches Gedächtnis auszubilden, das der Gesellschaft die Chance eröffnet hätte, aus ihren Erfahrungen – aus ihren Erfolgen ebenso wie aus ihren Fehlschlägen – zu lernen?

Ein dritter Fokus liegt auf den Kontexten wissenschaftlichen Arbeitens. Die wissenschaftshistorische Perspektive von Kapitel III wird hier durch eine stärker ins Detail gehende Untersuchung der Geschichte des wissenschaftlichen Arbeitens in der MPG ergänzt. Dies geschieht nicht mit dem gleichen Anspruch eines mehr oder weniger umfassenden Überblicks, sondern exemplarisch mit einem praxeologischen Akzent auf den relevanten Dimensionen dieses Arbeitens und seiner Orte. Beispielhaft betrachten wir die Veränderungen wissenschaftlicher Arbeit in den Lebenswissenschaften und vergleichen sie mit Entwicklungen in der Chemisch-Physikalisch-Technischen Sektion der MPG. Die verschiedenen Dimensionen des wissenschaftlichen Arbeitens untersuchen wir anhand der Institutsstruktur, der Kooperationsformen, anhand von Infrastruktur, Macht, Geschlecht und Hierarchie sowie anhand der Spielräume für Kreativität.

Im zweiten Themenkomplex dieses Schwerpunkts befassen wir uns mit den Orten der Wissenschaft und den Herausforderungen des Bauens in der MPG. Wie ist die MPG mit den wechselnden, aber stets hohen Anforderungen der Wissenschaft an den Forschungsbau umgegangen und wie mit dem Individualismus und Ehrgeiz ihrer Wissenschaftlichen Mitglieder? Inwieweit ist sie dem Anspruch an kosteneffizientes und zugleich nachhaltiges Bauen gerecht geworden? Hat sie eigene Baustile entwickelt und wie haben sie sich im Laufe ihrer Geschichte verändert? Spiegeln die Wissenschaftsbauten der MPG das wechselnde Verständnis des Harnack-Prinzips? Wie haben Gebäude ihrerseits auf die Forschung gewirkt, welche Formen wissenschaftlichen Arbeitens haben sie begünstigt?

Nach dieser Nahaufnahme lenken wir den Fokus unserer Untersuchung abschließend auf die internationalen Dimensionen der Geschichte der MPG und die politischen und ethischen Herausforderungen, denen sie sich gegenübersah. Wir werfen dabei gewissermaßen einen Blick von außen auf diese Geschichte. In einem ersten Themenkomplex beschäftigen wir uns mit der Stellung der MPG im internationalen Kontext und untersuchen ihr Agieren sowie ihre Wahrnehmung auf der internationalen Bühne. Ein zentraler Aspekt ist die Dynamik zwischen US-amerikanischer Hegemonie und Selbstbehauptung der europäischen Wissenschaft. Welche Rolle hat die MPG insbesondere in der Herausbildung des europäischen Forschungsraums gespielt? Zudem werden wir untersuchen, wie die MPG auf weltpolitische Themen und Herausforderungen reagiert hat. Wo hat sie sich für politische Zwecke einspannen lassen und wo nicht? Welche Rolle hat sie in der Wissenschaftsdiplomatie gespielt? Hatte ihre konsequente Priorisierung von Grundlagenforschung eine außenpolitische Indifferenz oder sogar Opportunismus zur Folge?

In einem zweiten Themenkomplex geht es um weitere politische und ethische Herausforderungen der Forschung, denen sich die MPG im Verlauf ihrer Geschichte stellen musste, von der militärischen Nutzung von Forschung über die Umweltbewegung bis zu Tierversuchen und Gentechnik. Inwieweit hat sie diese Herausforderungen wahr- und angenommen, welche hat sie geleugnet, verdrängt oder ihrer Priorisierung der Autonomie der Forschung untergeordnet? Wie hat sich der Umgang mit den politischen und ethischen Aspekten von Wissenschaft im Laufe ihrer Geschichte gewandelt? Welche Rolle hat das Erbe der KWG für ihre Haltung gespielt und wie lange hat es nachgewirkt? Welche ethischen und politischen Grenzen hat sich die MPG selbst gesetzt und welche wurden ihr von außen auferlegt? Wir untersuchen insbesondere die verschiedenen Modi, die die MPG im Laufe ihrer Geschichte im Umgang mit solchen Herausforderungen entwickelt hat – von ihrer Verdrängung über ihre Abwehr durch Lobbyismus und Öffentlichkeitsarbeit bis zu ihrer Reflexion und ihrer offensiven Umsetzung in Problemlösungsstrategien.

Insgesamt zeigt dieses Kapitel, in welchem Maße die MPG – trotz des Primats der »reinen« Grundlagenforschung in ihrem Selbstverständnis – in innere und äußere Konfliktgeschichten verstrickt war, deren Verdrängung oder erfolgreiche Bewältigung ihre Identität geformt haben und bis heute prägen.

2. Der Ort der Max-Planck-Gesellschaft im deutschen Wissenschaftssystem

Helmuth Trischler

In Deutschland bildete sich im internationalen Vergleich recht früh ein ausdifferenziertes Wissenschaftssystem heraus. Die lange Wende zum 20. Jahrhundert sah mehrere institutionelle Innovationen, die Deutschland zu einer viel beachteten und vielfach nachgeahmten Vorreiterrolle im Bereich der Forschung verhalfen.[1] Erstens entwickelten sich die Universitäten durch den Ausbau der Seminare und den Aufbau von Laboratorien zu forschungsstarken Institutionen weiter. Zweitens ergab sich eine produktive Konkurrenz zwischen Universität und Technischer Hochschule um die wachsende Zahl von Studierenden. Drittens entstand sowohl auf der Ebene der Einzelstaaten als auch des Reichs eine breit gefächerte Landschaft von außeruniversitären Forschungseinrichtungen, aus der die 1887 gegründete Physikalisch-Technische Reichsanstalt und die ab 1911 bestehende Kaiser-Wilhelm-Gesellschaft, Vorläuferin der Max-Planck-Gesellschaft, herausragten. Viertens baute die Industrie eine eigene Infrastruktur von Laboratorien auf; es kennzeichnet die deutsche Industrieforschung, dass sie mit den Hochschulen und außeruniversitären Forschungseinrichtungen bis heute eng verkoppelt ist.

Zudem brachte der sich ausdifferenzierende Leistungs- und Interventionsstaat neue Instrumente der Wissenschaftsadministration hervor. In Preußen etwa richtete der Leiter der Hochschulabteilung des Kultusministeriums, Friedrich Althoff, das sogenannte System Althoff ein, das gestützt auf ein Netzwerk wissenschaftlicher Berater durch eine vorausschauende Berufungspolitik die Position der heimischen Universitäten stärken sollte.[2] Bezeichnenderweise entstanden die neuen Institutionen an den Schnittflächen zwischen Wissenschaft und Wirtschaft, Staat und Gesellschaft. Die Wissenschaft begann alle Ebenen der Gesellschaft zu durchdringen.

Nach dem Ersten Weltkrieg kamen durch den Druck der Inflation, als die Forschungseinrichtungen unter der Krise der öffentlichen Haushalte litten, weitere institutionelle Innovationen hinzu, vor allem der 1920 gegründete Stifterverband für die Deutsche Wissenschaft und die im selben Jahr etablierte Notgemeinschaft für die Deutsche Wissenschaft, die sich 1929 in Deutsche Gemeinschaft zur Erhaltung und Förderung der Forschung umbenannte und ab 1951 dann als Deutsche Forschungsgemeinschaft (DFG) firmieren sollte. Gemessen an der Quantität und Qualität der Wissenschaftler:innen und der von ihnen produzierten Publikationen war Deutschland in der Zwischenkriegszeit mit einem Anteil der Ausgaben für Forschung und Entwicklung von rund 1 Prozent des Bruttosozialprodukts eine im internationalen Vergleich einmalig verwissenschaftlichte Gesellschaft. Zu ergänzen ist, dass der bereits im Ersten Weltkrieg eingeschlagene Pfad der Autarkie, den der NS-Staat spätestens mit dem Vierjahresplan von 1936 massiv ausbaute, einen Gutteil dieses Innovationspotenzials absorbierte und nachgerade ins Leere laufen ließ.[3]

Der politischen und kulturellen Deformation der Wissenschaft im Nationalsozialismus ist jedoch ein zweites Entwicklungsmoment gegenüberzustellen: In zahlreichen Disziplinen und Forschungsfeldern gelang es den Wissenschaftler:innen, die Chancen und Ressourcen, die ihnen das NS-Regime bot, nicht nur für einen institutionellen Ausbau zu nutzen, sondern auch für konzeptionelle und methodische Neuorientierungen, die sich, forciert durch einen Generationswechsel, vielfach erst

---

[1] Zum Folgenden Trischler, »Made in Germany«, 2007, 44–60, mit weiterführender Literatur.
[2] Vom Brocke, *Wissenschaftsgeschichte*, 1991.
[3] Wengenroth, Flucht in den Käfig, 2002; Marsh, *Wissenschaft*, 2000, 504–507.

in den späten 1960er- und 1970er-Jahren voll entfalten konnten.

Die nach dem Zweiten Weltkrieg (wieder-)entstehende MPG war in dieses historisch gewachsene Wissenschaftssystem eingebunden.[4]

Wissenschaft ist ein Gesellschaftsbereich, in dem Kooperation und Konkurrenz mehr noch als in anderen Bereichen fast unauflöslich miteinander verbunden sind. Welcher Handlungsmodus überwiegt, ist situativ variabel und historisch wandelbar.[5] Im Folgenden wird der spezifische Ort der MPG im deutschen Wissenschaftssystem bestimmt, indem ich die Grundlinien staatlicher Forschungspolitik nachzeichne und die Dynamik der Kooperation und Konkurrenz der MPG mit den anderen Forschungsorganisationen von nationaler Bedeutung betrachte. Ich orientiere mich dabei an den in Kapitel II dargestellten vier Phasen der MPG-Entwicklung, welche in Einzelfällen aber geringfügig von diesem Periodisierungsschema ab und behandele phasenübergreifende Strukturen und Prozesse vornehmlich am Beginn ihrer Entwicklung.

2.1 Der Wiederaufbau des (west-)deutschen Wissenschaftssystems (1945–1955)

Als die Alliierten 1945/46 die deutsche Forschung mit umfassenden Verboten belegten und einem formal bis zu den Pariser Verträgen vom Mai 1955 dauernden Regime der Kontrolle unterwarfen, hatte Deutschland in vielen Bereichen der Wissenschaft seine Spitzenstellung eingebüßt. Nach der Entlassung von Tausenden Wissenschaftler:innen auf der Basis des infamen Gesetzes zur Wiederherstellung des Berufsbeamtentums durch das NS-Regime 1933 und dem Tod zahlloser Wissenschaftler an der Front während des Zweiten Weltkriegs erlebte Deutschland nach Kriegsende mit den »intellektuellen Reparationen«, der teils freiwilligen, teils erzwungenen Abwanderung Tausender Wissenschaftler:innen und Ingenieur:innen, einen dritten großen Aderlass.[6] Dieser gravierende Positionsverlust verdichtete sich in der Wahrnehmung der wissenschaftlichen wie auch der politischen Akteur:innen zu einem Rückstandssyndrom.[7]

Die Wissenschaftler:innen zogen aus der Erfahrung einer autoritären Zentralisierung der Forschung und der Fremd- und Selbstmobilisierung für politische Ziele während des »Dritten Reichs« mehrheitlich die Lehre, dass eine Beteiligung des Staats an forschungsbezogenen Entscheidungsprozessen so weit wie möglich zu vermeiden sei. Als wirksamste Barriere gegen eine neuerliche Indienstnahme der Wissenschaft galten ihnen die umfassende Wiederherstellung der Autonomie der Wissenschaft und die dezentralisierende Rückverlagerung kultur- und wissenschaftspolitischer Zuständigkeiten in die Kompetenz der Länder.

Lässt sich daraus der Schluss ziehen, die bundesdeutsche Wissenschaftspolitik der Nachkriegszeit habe einen restaurativen Entwicklungspfad genommen? Und welche innovativen Elemente stehen dem gegenüber?[8] Auf diese komplexen Leitfragen werde ich versuchen, eine differenzierte Antwort auf drei Ebenen zu geben.

Erstens: Als Paradebeispiel für die Restaurationsthese gilt das Scheitern des von Werner Heisenberg initiierten Deutschen Forschungsrats (DFR). Heisenberg hatte erkannt, dass der exponentielle Anstieg der Aufwendungen für die Wissenschaft die Bundesländer über kurz oder lang finanziell überfordern würde. Sein Versuch, mithilfe des 1949 gegründeten DFR eine auf den Zentralstaat abgestützte Forschungslandschaft aufzubauen, war als Gegenmodell zu den Autonomiebestrebungen seiner Kolleg:innen gedacht, die ihrerseits die Wiedergründung der Notgemeinschaft für die Deutsche Wissenschaft betrieben. Bei näherer Betrachtung erweist sich die 1951 dann als Verschmelzung von Notgemeinschaft und DFR gebildete DFG als typisch für die Nachkriegszeit: als Amalgam von Kontinuität und Diskontinuität, von restaurativen und innovativen Elementen.[9]

Zweitens: Restaurativ präsentiert sich auf den ersten Blick auch das institutionelle Ensemble der Wissenschaft. Aus den kontrovers geführten Debatten um den institutionellen Wiederaufbau der Forschung gingen mit der DFG und der MPG die beiden Organisationen gestärkt hervor, die bereits in der Zwischenkriegszeit in der Repräsentation der Wissenschaft gegenüber Staat, Wirtschaft und Gesellschaft den Ton angegeben hatten. Personell eng miteinander verflochten und sich in Konfliktfällen

---

[4] Siehe dazu oben, Kap. II.

[5] Als Überblick dazu Nickelsen, Kooperation und Konkurrenz, 2014. Zum Folgenden ausführlich Osganian und Trischler, *Wissenschaftspolitische Akteurin*, 2022.

[6] So zuletzt O'Reagan, *Nazi Technology*, 2019.

[7] Orth, *Autonomie und Planung*, 2011, 96–110; Trischler, Rückstandssyndrom, 2010.

[8] Zur Restaurationsthese bes. Osietzki, *Wissenschaftsorganisation*, 1984. Jüngst mit Blick auf den elitären Habitus der Wissenschaft und der Ordinarienuniversität Wagner, *Notgemeinschaften*, 2021.

[9] Carson, New Models, 1999; Orth, *Autonomie und Planung*, 2011, 39–51; Wagner, *Notgemeinschaften*, 2021, 293–379.

2. Der Ort der Max-Planck-Gesellschaft im deutschen Wissenschaftssystem

wechselseitig stützend, konnten sie im Verlauf des ersten Nachkriegsjahrzehnts ihre Führungspositionen konsolidieren. Ein dichtes Netzwerk von Beziehungen bestand auch zum Stifterverband für die Deutsche Wissenschaft, der sich in institutioneller und personeller Kontinuität zu seinem 1920 gegründeten Vorläufer im Herbst 1949 als »zentrale Schaltstelle industrieller Spendengelder zwischen Wirtschaft und Wissenschaft« re-etablieren konnte,[10] und zur ebenfalls 1949 gegründeten Westdeutschen Rektorenkonferenz (WRK).

Trotz aller Bemühungen konnte dieses historisch gewachsene institutionelle Arrangement der Wissenschaft jedoch nicht verhindern, dass in der Wiederaufbauphase neue Akteure auf den Plan traten. Das gilt vor allem für die ebenfalls auf das Gründungsjahr der Bundesrepublik zurückgehende Fraunhofer-Gesellschaft (FhG). Deren Initiatoren traten mit dem Ziel an, Lücken im Bereich der angewandten, industrienahen Forschung zu schließen. Wie andernorts ausführlich beschrieben, bekämpfte die Allianz von MPG, DFG und Stifterverband diesen unerwünschten Emporkömmling mit allen erdenklichen Mitteln.[11] Durch die enge Anlehnung an den politischen Parvenü des bundesdeutschen Forschungssystems, das Bundesverteidigungsministerium, gelang es der Fraunhofer-Gesellschaft, sich ab Mitte der 1950er-Jahre allmählich zu etablieren. Auch im Institutionenensemble der Wissenschaft zeigt sich bei näherer Betrachtung somit eine Verbindung von Elementen der Tradition und Innovation. Die strukturelle Offenheit des Systems für institutionelle Erweiterungen in der Wiederaufbauphase belegen auch die Neugründungen der Alexander von Humboldt-Stiftung (AvH) 1953 und der Arbeitsgemeinschaft industrieller Forschungsvereinigungen (AiF) im darauffolgenden Jahr.

Drittens: Nicht nur das Feld der Wissenschaft, sondern auch das der Wissenschaftspolitik spannte sich nach dem Zweiten Weltkrieg zwischen den Polen von Kooperation und Konkurrenz, Kontinuität und Diskontinuität neu auf. Hier kann uns nochmals ein Blick auf die Episode des Deutschen Forschungsrats als eine Art historischer Kippmoment dienen, an dem wichtige forschungspolitische Weichenstellungen vorgenommen wurden. Heisenberg und sein Göttinger Kreis gleich gesinnter Kollegen hatte für den DFR mit den drei westdeutschen Akademien und der MPG als Gründungsmitglieder durchaus mächtige Unterstützer aus der Wissenschaft gewinnen können. Wichtiger noch war der Schulterschluss mit Bundeskanzler Konrad Adenauer, der sich vom DFR erhoffte, die Dominanz der Bundesländer in der Forschungspolitik zu brechen. Kein Wunder, dass die Kultusminister:innen der Länder den DFR als verkapptes Einfallstor des Bundes in ihre Domäne wahrnahmen und ebenso entschieden wie erfolgreich auf seine Eingliederung in die DFG hinarbeiteten.

Am 3. Juni 1947 schlossen die drei Länder der US-amerikanischen Besatzungszone Bayern, Hessen und Württemberg-Baden einen Staatsvertrag, um Forschungs- und Kultureinrichtungen von überregionaler Bedeutung gemeinsam zu finanzieren. Die bevorstehende Währungsreform verwies die Länder dann jedoch auf das Problem ihrer knappen Kassen. Nicht von ungefähr verstand sich das vom Länderrat zur Prüfung der Frage, welche Forschungseinrichtungen künftig überregional verankert und gemeinschaftlich finanziert werden sollten, gegründete Gremium als »Flurbereinigungskommission«.[12] Gleichsam in letzter Minute einigten sich die Kultusminister:innen am 24. März 1949 – am 1. April begann das neue Haushaltsjahr – auf einen Vertragstext und auf eine Liste von 53 gemeinsam zu finanzierenden Forschungseinrichtungen.

Der Vertrag, der nach dem Ort der Beratungen als »Königsteiner Staatsabkommen« bezeichnet wurde, war nicht weniger als das forschungspolitische Grundgesetz der jungen Bundesrepublik. Es verankerte die Länder als starke Akteure und den Bund als schwachen, allenfalls subsidiär agierenden Teilnehmer am forschungspolitischen Gestaltungsprozess, was dann in Artikel 13 des Grundgesetzes unter dem Begriff der konkurrierenden Gesetzgebung firmierte.[13] Die Praxis der bundesdeutschen Forschungspolitik sollte sich freilich im Verlauf der 1950er- und 1960er-Jahre von dieser staatspolitischen Theorie zunehmend entfernen – je größer der zeitliche Abstand, desto mehr.

Die MPG ist als »Hauptprofiteur« der föderativen Regelung der Forschungsfinanzierung ausgemacht worden und in der Tat gewährleistete ihr das Königsteiner Abkommen eine mittelfristig planbare Finanzierung. Dieses »organisationspolitische Novum« baute ihre ohnehin große Autonomie weiter aus und bestärkte sie in ihrer Selbstwahrnehmung, im Konzert der Wissen-

---

10 Schulze, *Stifterverband*, 1995, 99.
11 Trischler und vom Bruch, *Forschung*, 1999, 170–210.
12 Bayerisches Finanzministerium an die Staatskanzlei am 22.6.1948 und Bericht von Oberregierungsrat Wagenhofer über die konstituierende Sitzung der »Flurbereinigungskommission« am 19.6.1948, BayHStA, MK 71003. Siehe hierzu und zum Folgenden Trischler, Nationales Innovationssystem, 2004.
13 Pfuhl, *Königsteiner Staatsabkommen*, 1958.

schaftsinstitutionen eine herausgehobene Stellung, ja die Führungsposition einzunehmen.[14] Die Erwartung, ihre »Sonderstellung« und die damit verbundenen Ansprüche an politischem, sozialem und finanziellem Kapital gebührend berücksichtigt zu wissen, vertrat die MPG nicht nur gegenüber einem Homo novus wie der Fraunhofer-Gesellschaft, sondern etwa auch gegenüber dem Stifterverband.[15] Der Topos von der eigenen Sonderstellung im bundesdeutschen Wissenschaftssystem kennzeichnet spätestens seit den frühen 1950er-Jahren das Selbstverständnis der MPG und perpetuierte sich in den nachfolgenden Jahrzehnten über alle personellen Führungswechsel und institutionellen Verschiebungen hinweg.[16] Er schrieb sich in die DNA der MPG ein und prägte je länger, desto mehr nicht nur ihre korporative Kultur, sondern auch ihre Fremdwahrnehmung in Wissenschaft und Wirtschaft, Politik und Öffentlichkeit.

2.2 Neue Akteure und neue wissenschaftspolitische Konstellationen (1955–1969)

Im Mai 1955 erlangte die Bundesrepublik ihre volle Souveränität, und damit waren auch die alliierten Verbote für zahlreiche naturwissenschaftlich-technische Forschungsfelder aufgehoben, zu denen unter anderem die Kernforschung gehörte. Bundeskanzler Adenauer ließ nur eine kurze Schamfrist verstreichen, ehe er im Oktober das Bundesministerium für Atomfragen (BMAt) schuf.

An der bereits mehrfach dargestellten Geschichte der Kernforschung in der frühen Bundesrepublik zeigt sich wie im Brennglas die Dynamisierung des wissenschaftlichen und wissenschaftspolitischen Institutionenensembles in der Verschränkung von Kooperation und Konkurrenz.[17] Auf der wissenschaftlichen Ebene konkurrierten eine Reihe von Forschungsgruppen um Reputation in der rasch wachsenden Scientific Community und um finanzielle und personelle Mittel auf diesem Forschungsfeld, das in bislang ungekanntem Maße Ressourcen verschlang. Wollte man international konkurrenzfähig sein, bedurfte es Investitionen zum Aufbau von Forschungsinfrastrukturen in zwei- bis dreistelliger Millionenhöhe.

Wissenschaftlich liefen die Fäden bei der MPG im Allgemeinen und bei Werner Heisenberg im Besonderen zusammen.[18] Sein Göttinger Max-Planck-Institut für Physik und Astrophysik war die Pflanzstätte der Kernforschung. Diese geht auf das wissenschaftskulturelle Milieu des sogenannten Uranvereins zurück, das sich im Nationalsozialismus unter der informellen Führung Heisenbergs gebildet und durch die gemeinsame Erfahrung sowohl im »Dritten Reich« als auch im alliierten Internierungslager in Farm Hall 1945 weiter gefestigt hatte.[19] Wie prägend die gemeinsame Sozialisation im »Uranverein« auf das Kooperations- und Konkurrenzverhalten wirkte und wie stabil die daraus resultierenden Netzwerke waren, zeigt *ex negativo* das Beispiel von Erich Bagge und Kurt Diebner. Ebenfalls Mitglieder des »Uranvereins« und ebenfalls in Farm Hall interniert, hatten sie sich aus dem heisenbergschen Netzwerk gelöst und waren von ihren Kollegen ausgegrenzt worden. Wissenschaftliche Kooperation verwandelte sich unter diesen Bedingungen in Konkurrenz. Bagge und Diebner gingen sowohl wissenschaftlich als auch institutionell einen separaten Weg. Sie gründeten 1956 mit Unterstützung der vier norddeutschen Küstenländer die Gesellschaft für Kernenergieverwertung in Schiffbau und Schiffahrt (GKSS), deren primäres Ziel darin bestand, das zivile Atomschiff »Otto Hahn« zu bauen.

Bagge und Diebner stehen aber auch für die Fähigkeit von Wissenschaft, im Dialog mit staatlichen Akteuren Ressourcen zu mobilisieren und damit Wettbewerb auf der politischen Ebene anzuheizen. Dies leitet zur zweiten Ebene über: der Verschränkung von Kooperation und Konkurrenz in der Forschungspolitik. Die ersten Initiativen zur Förderung der Atomforschung gingen von den Ländern aus, die sich einen intensiven Wettbewerb um die Forschungseinrichtungen als infrastrukturelle Voraussetzungen für die Ansiedlung arbeitsmarktwirksamer Produktion, für wirtschaftliches Wachstum und für eine langfristige Lösung ihrer Energieprobleme zum einen und um wissenschaftliches Prestige zum anderen

---

14 Hohn und Schimank, *Konflikte und Gleichgewichte*, 1990, 98; siehe auch oben, Kap. II.
15 Schulze, *Stifterverband*, 1995, 163.
16 Siehe unten, Kap. IV.6.
17 Deutinger, *Vom Agrarland zum High-Tech-Staat*, 2001, 128–148; Heßler, *Die kreative Stadt*, 2007, 69–165; Gleitsmann-Topp, *Im Widerstreit der Meinungen*, 1986; Eckert, *Das »Atomei«*, 1989; Müller, *Geschichte der Kernenergie*, Bd. 1, 1990, 112–135; Oetzel, *Forschungspolitik in der Bundesrepublik*, 1996; Rusinek, *Forschungszentrum*, 1996; siehe auch oben, Kap. III.5.
18 Zu den kernphysikalischen Forschungsaktivitäten von Wolfgang Gentner, Direktor am Heidelberger MPI für Kernphysik und in der MPG auf mehreren Ebenen Gegenspieler von Werner Heisenberg, und weiteren Forschungsgruppen innerhalb der MPG siehe auch oben, Kap. III.5 mit weiterführender Literatur sowie Hoffmann und Schmidt-Rohr, *Festschrift zum 100. Geburtstag*, 2006.
19 Walker, *Nazi Science*, 1995.

lieferten. Während die Länder auf der staatspolitischen Ebene Schulter an Schulter um die Wahrung des föderalen Prinzips rangen, finden wir in der Praxis der Förderung kernphysikalischer Forschung eine inverse Konstellation vor: Die Länder konkurrierten um Bundesmittel und luden dadurch den Bund nachgerade dazu ein, sich förderpolitisch zu engagieren.

Während sich die übrigen Bundesländer darum bemühten, auf diesem Gebiet prototypischer Großforschung in enger Abstimmung mit dem Bund vorzugehen, sah die Landesregierung von Nordrhein-Westfalen in der Kernforschungsanlage Jülich (KFA) in erster Linie ein Instrument regionaler Forschungs- und Technologiepolitik, über das sie autonom verfügen wollte.[20] Bald zeigte sich jedoch, dass sich das Land damit gewaltig übernommen hatte. Anfang der 1960er-Jahre musste der Bund in die Bresche springen, um die Nuklearforschung in Nordrhein-Westfalen aus der Krise zu führen.

Der Aufbau einer Handvoll neuer Forschungszentren allein im Bereich der Kernforschung war eine Erweiterung des Institutionenensembles der Wissenschaft um einen Akteur, der zugleich einen neuen Typus von Forschung kennzeichnet: die Großforschung. Mit ihrem Institut für Plasmaphysik (IPP) war auch die MPG auf diesem neuen Feld institutionalisierter Forschung tätig, mit dem sich freilich das überkommene Harnack-Prinzip nur schwerlich vereinbaren ließ.[21]

2.2.1 Verschränkung von außeruniversitärer und universitärer Wissenschaft

Bereits im Verlauf des 19. Jahrhunderts hatte die sich etablierende Konkurrenzkultur eine »legitime Ungleichheit zwischen Universitäten« erzeugt, die schließlich, wie Margit Szöllösi-Janze nachgewiesen hat, »das gesamte, sich […] horizontal ausdifferenzierende System aus Hochschulen und außeruniversitären Forschungseinrichtungen« strukturierte.[22] Die Hochschulen und Forschungsorganisationen reagierten auf den wachsenden Konkurrenz- und Profilbildungsdruck damit, dass sie über die Sektorengrenzen hinweg Formen der Zusammenarbeit entwickelten. Universitäre, außeruniversitäre und Industrieforschung verkoppelten sich, standen zugleich aber im Wettbewerb sowohl um Spitzenwissenschaftler:innen als auch um wissenschaftlichen Nachwuchs.

Diese strukturelle Interaktionsdynamik von Kooperation und Konkurrenz brachte in der Bundesrepublik neue Formen der Verknüpfung von universitärer und außeruniversitärer Forschung hervor. Zu nennen ist hier insbesondere das Instrument der gemeinsamen Berufung von leitenden Wissenschaftler:innen. Durch die personellen Verkoppelungen von Führungspositionen in der außeruniversitären Forschung mit Hochschulprofessuren gewinnen die Universitäten erfahrene Forscherpersönlichkeiten für die Lehre, während Forschungseinrichtungen über hoch qualifiziertes Leitungspersonal verfügen und Studierende sowie Nachwuchswissenschaftler:innen in die Arbeit ihrer Institute einbinden können. Zum anderorts ausführlich beschriebenen »Modellfall« wurde hier ab den späten 1950er-Jahren der Standort Karlsruhe;[23] auch an anderen Standorten kamen in der Folge weitere lokalspezifische administrative Lösungen für gemeinsame Berufungen zustande, die heute unter Bezeichnungen wie »Jülicher Modell« oder »Berliner Modell« geläufig sind.[24]

Universitäten und MPG kooperierten nicht nur, sie konkurrierten auch miteinander. So forderte die MPG bis in die 1970er-Jahre hinein immer wieder das Promotions- und Habilitationsrecht für sich – letztlich ohne Erfolg. Im Laufe der 1980er-Jahre förderte sie sukzessive mehr Doktorand:innen: Bis 1987 verfassten deutsche Doktorand:innen bereits 1.154 Promotionsschriften (davon knapp 300 allein im Jahr 1986) in Einrichtungen der MPG, ausländische 174.[25] Umgekehrt warfen die Universitäten der MPG immer wieder vor, ihr die besten Leute abspenstig zu machen, und zwar auf allen Ebenen.[26]

Sich in der Nachwuchsförderung zu profilieren und möglichst unverzichtbar zu machen wurde für die MPG im Laufe der Jahre zu einer Überlebensfrage, und dies umso dringlicher, je mehr die Universitäten selbst Strukturen exzellenter Forschung und Nachwuchsförderung aufbauten. Die MPG reagierte darauf mit einer Intensivierung der Kooperationsangebote in der Nachwuchsförde-

---

20 Hierzu und zum Folgenden Rusinek, *Forschungszentrum*, 1996, 159–505.
21 Zu den Debatten der MPG um die Großforschung siehe Trischler, »Großbetrieb der Wissenschaft«, 2015.
22 Szöllösi-Janze, Eine Art »pole position«, 2014, 321. Siehe auch Waßer, *Universitätsfabrik*, 2020.
23 Trischler, Kooperation, 2020. Siehe auch Hartmann, *Der Weg zum KIT*, 2013.
24 Zu den Spezifika der vier Hauptvarianten gemeinsamer Berufungen – Beurlaubungsmodell (Jülicher Modell), Erstattungsmodell (Berliner Modell), Nebentätigkeitsmodell (Karlsruher Modell) und Berufung in die mitgliedschaftsrechtliche Stellung eines Hochschullehrers (Thüringer Modell) – siehe die Materialsammlung GWK, *Gemeinsame Berufungen*, 2008.
25 Übersichten zu Qualifizierungsarbeiten in der MPG, AMPG, II. Abt., Rep. 1, Nr. 234, fol. 254–295.
26 Exemplarisch Protokoll der 44. Sitzung des Senats vom 13.3.1963, AMPG, II. Abt., Rep. 60, Nr. 44.SP, fol. 246.

rung. Das 1999 begründete Programm der International Max Planck Research Schools (IMPRS), das gemeinsame Graduiertenschulen von Max-Planck-Instituten und Universitäten fördert, institutionalisierte diese Kooperation erstmals auf der Ebene der MPG. Versuchen der MPG, institutionell eine stärkere Rolle bei der Promotion zu spielen, wenn nicht sogar de facto das Promotionsrecht zu erhalten – zuletzt im Rahmen des 2008 von der MPG und der Universität Mainz gemeinsam gegründeten »Max Planck Graduate Center Mainz« –, blieb dagegen der Erfolg versagt.

Im Verhältnis der MPG zu den Universitäten zeigt sich somit die von beiden Seiten vorangetriebene Verflechtung von Kooperation und Konkurrenz in der Wissenschaft in besonderem Maße. Überwog in der wissenschaftspolitischen Rhetorik beiderseits vielfach der Modus der Konkurrenz, so stand in der wissenschaftlichen Praxis der Kooperationsmodus im Vordergrund. Und so sehr die MPG sich in Selbstdarstellungen als Spitzenorganisation des nationalen Wissenschaftssystems anpries, so sehr war sie auf die umfangreichen Serviceleistungen angewiesen, welche die Universitäten insbesondere in der Nachwuchsausbildung zur Verfügung stellten.

Dass die auf die Formierungsphase des deutschen Wissenschaftssystems zurückgehende sektorenübergreifende Zusammenarbeit von Universitäten und außeruniversitärer Forschung zum beiderseitigen Vorteil ist und daher weiter ausgebaut werden sollte, darüber besteht spätestens seit der Wende zum 21. Jahrhundert Konsens. Wie der Wissenschaftsrat mehrfach betont hat, wirke eine solche Vernetzung einer latent drohenden »Versäulung« des Wissenschaftssystems in sich verselbstständigende und gegenseitig abschottende Bereiche (»Säulen«) von Forschung entgegen. Die institutionenübergreifende Kooperation steigere stattdessen die wissenschaftliche Exzellenz der beteiligten Einrichtungen, ermögliche die Herausbildung regionaler Kompetenznetzwerke sowie den Ausbau der Promotions- und Nachwuchsförderung und leiste damit einen wichtigen Beitrag zur Innovations- und Wettbewerbsfähigkeit Deutschlands.[27]

Der Ausbau der Kooperation mit den Universitäten gilt nicht nur für die MPG. Für die letzten beiden Jahrzehnte lässt sich generell eine markante Erweiterung der Zusammenarbeit von Hochschulen und außeruniversitärer Forschung hinsichtlich ihrer Intensität und Tiefe feststellen. Die großen Trägerorganisationen der außeruniversitären Forschung haben spezifische Formen verstärkter Zusammenarbeit mit den Hochschulen entwickelt, die ihrem jeweiligen Profil entsprechen. In sogenannten Leistungszentren der Fraunhofer-Gesellschaft kooperieren Universitäten, Fraunhofer-Institute und weitere außeruniversitäre Forschungseinrichtungen an einem Standort themenspezifisch mit Unternehmen, um Innovationen möglichst schnell zur Anwendung zu bringen. Mit dem Instrument des Leibniz-WissenschaftsCampus verfolgt die Leibniz-Gemeinschaft das Ziel, in Kooperation mit Hochschulen und weiteren außeruniversitären Partnern regionale Kompetenznetzwerke aufzubauen. In der Helmholtz-Gemeinschaft führen Forschergruppen aus Universitäten und Helmholtz-Zentren in sogenannten Virtuellen Zentren ihre Potenziale und Kompetenzen zusammen, und in Helmholtz-Instituten wird nicht nur virtuell, sondern am Standort einer Universität eine Außenstelle eines Helmholtz-Zentrums betrieben, das die Kompetenz beider Einrichtungen vereint. Zudem kooperieren die außeruniversitären Forschungseinrichtungen nicht nur mit den Universitäten, sondern vielfach auch untereinander.

2.2.2 Kooperation statt Konkurrenz: Die Allianz der Wissenschaftsorganisationen

In den oben beschriebenen Versuchen von MPG und DFG während der ersten Hälfte der 1950er-Jahre, im Verbund mit dem Stifterverband für die Deutsche Wissenschaft die Fraunhofer-Gesellschaft als ungeliebten Konkurrenten um staatliche Förder- und industrielle Stiftungsgelder abzuwickeln, lässt sich eine erste Weichenstellung auf dem Weg zur Herausbildung der Allianz der Wissenschaftsorganisationen ausmachen.[28] Im Verlauf dieser konzertierten Aktion wurden die Netzwerke der führenden Akteure des Wissenschaftssystems enger geknüpft, gemeinsame Interessen identifiziert und mit politischen Akteuren abgestimmt sowie bestehende Konfliktlagen entschärft. Auf diese Weise übten sie Modi des kooperativen Agierens über die Organisationen hinweg ein, die sich rasch bewähren sollten.

Weitere wichtige Weichenstellungen waren erstens die Gründung des Wissenschaftsrats, als sich ab Mitte des Jahres 1956 die drei großen Wissenschaftsorganisationen MPG, DFG und WRK in intensivem Austausch untereinander abstimmten, um mit einer gemeinsamen Position in die Verhandlungen mit der Politik über die Ausgestaltung des neuen Zentralrats für die Wissenschaft zu gehen, und zweitens die Debatten um die Transformation des Bundesatomministeriums zu einem vollwertigen Ressort

---

27 Wissenschaftsrat, *Thesen*, 7.7.2000, 2. Siehe auch GWK, *Gemeinsame Berufungen*, 2008.
28 Schulze, *Stifterverband*, 1995, 170–210; Trischler und vom Bruch, *Forschung*, 1999, 30–170; Wagner, *Notgemeinschaften*, 2021, 304–319. Zum Folgenden ausführlich Osganian und Trischler, *Wissenschaftspolitische Akteurin*, 2022, 16–28, mit weiteren Belegen.

für Forschung 1961/62. Als Ende 1962 schließlich das Bundesforschungsministerium entstand, erkannte das um den Vorsitzenden des Wissenschaftsrats erweiterte »Gremium« der Spitzenvertreter der Wissenschaft recht bald, dass die Freiheit der Forschung von politischen Lenkungsansprüchen nicht, wie zunächst befürchtet, unmittelbar bedroht war. Daher wählten sie den korporatistischen Weg einer wechselseitigen Abstimmung anstelle einer offenen Konfrontation mit der Politik.

Durch ihr geschlossenes Auftreten konnten die Präsidenten der großen Wissenschaftsorganisationen auf die Ausgestaltung der Forschungspolitik erheblichen Einfluss nehmen. Die Politik hatte ein solches Abstimmungsgremium nicht intendiert, arrangierte sich jedoch rasch mit der neuen Situation und erkannte die Vorteile einer koordinierten Einbindung der selbstverwalteten Wissenschaft. Die Verstetigung des korporatistischen Dialogs zwischen Wissenschaft und Politik ab Mitte der 1960er-Jahre zeigt sich auch in dessen begrifflicher Verfestigung als »Allianz« bzw. »Heilige Allianz« der Wissenschaftsorganisationen.

Unter den vier Gründungsmitgliedern der Allianz – MPG, DFG, WRK und Wissenschaftsrat –, die sich in der zweiten Hälfte der 1960er-Jahre als Dialogpartner der Politik stabilisierte, herrschte weder in der internen Selbstwahrnehmung noch in der Fremdwahrnehmung durch die Politik Gleichrangigkeit. Vielmehr konnte die MPG ihre Führungsposition behaupten, nicht zuletzt in der äußerst erfolgreichen Selbstpositionierung als *die* nationale Säule für Grundlagenforschung von internationaler Strahlkraft.[29] Komplementär dazu gelang es der DFG, sich als die das gesamte bundesdeutsche Wissenschaftssystem abbildende, selbstorganisierte Forschungsförderorganisation zu konsolidieren und mit neuen Förderformaten wie den Sonderforschungsbereichen innovative Forschung zu ermöglichen.[30] Nun konnten MPG und DFG auch die Allianz als Plattform für ebenso informelle wie effektive Arrangements der Kooperation durch wechselseitige Interessenabstimmung nutzen. Sie verstärkten sich wechselseitig in ihrer Positionierung als nationale Leitinstitutionen in Forschung und Forschungsförderung. Die Verstärkerrolle der Allianz für die verflochtene Führungsposition von MPG und DFG sollte sich noch deutlicher in den folgenden Jahrzehnten zeigen, als das Spannungsfeld von Inklusion und Exklusion deren institutionelle Dynamik in erheblichem Maße prägte.[31]

2.3 Dynamisierung des Wandels in der Konsolidierungsphase (1969–1990)

Die Entwicklung des Wissenschaftssystems in den 1970er- und 1980er-Jahren lässt sich in zwei Perioden unterteilen. Die erste umfasst die Ära der sozialliberalen Koalition von 1969 bis 1982, in der es sowohl auf der Ebene des Bundes als auch der Länder eine Fülle von forschungspolitischen Reforminitiativen gab. Die Tatsache, dass der Rückzug des Staates aus der Verantwortung für die aktive Steuerung der Forschung noch unter der Ägide der sozialliberalen Koalition eingeläutet wurde, verweist jedoch auf gleitende Übergänge zur zweiten, bis zur Wiedervereinigung 1990 reichenden Periode, in der die christlich-liberale Bundesregierung ein neues Regime ordnungspolitischen Handelns zu etablieren versuchte.[32]

2.3.1 Vor und nach dem Boom: Staatliche Ausgaben für Forschung und Entwicklung

Trotz unsicherer Datenlage lassen sich in der Langzeitperspektive drei Entwicklungssprünge der nationalen Aufwendungen für Forschung und Entwicklung feststellen. Ein erster erfolgte in den 1870er- und 1880er-Jahren, als die Ausgaben auf etwa 0,2 Prozent des Bruttosozialprodukts stiegen, ein zweiter in den 1920er-Jahren, als ein Wert von etwa 1 Prozent erreicht wurde, und ein dritter in den 1960er-Jahren, in deren Verlauf die Aufwendungen auf rund 2 Prozent stiegen. Dieser letzte Wachstumsschub verdankte sich der Reaktion des Westens auf den Sputnik-Schock, vor allem aber der Wahrnehmung einer »technologischen Lücke« zwischen den Ländern Westeuropas einerseits und den USA andererseits. Die OECD legte 1964 erstmals Statistiken vor, die einen systematischen Vergleich der Ausgaben für Forschung und Entwicklung ermöglichten. Ihre Daten zeigten, dass die Aufwendungen der USA für das Erhebungsjahr 1962 nominal rund 15-mal höher waren als diejenigen der westeuropäischen Staaten. Sie lagen in den USA mit einem Anteil von 3,1 Prozent weit über denjenigen von Frankreich (1,5 %) oder der Bundesrepublik (1,3 %).[33]

Als Mitte der 1960er-Jahre eine Rezession einsetzte, mehrten sich die Stimmen, die eine aktive staatliche Forschungs- und Technologiepolitik forderten. In der Tat

---

29 Sachse, *Historisierung*, 2014; Schauz, *Nützlichkeit und Erkenntnisfortschritt*, 2020, 377. Siehe auch unten, Kap. IV.6.
30 Orth, *Autonomie und Planung*, 2011, 182–202.
31 Osganian, Competitive Cooperation, 2022; Osganian und Trischler, *Wissenschaftspolitische Akteurin*, 2022, 43–96.
32 Hierzu und zum Folgenden Trischler, Innovationssystem, 2001.
33 Freeman und Young, *The Research and Development Effort*, 1965; OECD, *Gaps in Technology*, 1968. Siehe auch Ritter, Szöllösi-Janze und Trischler, *Antworten auf die amerikanische Herausforderung*, 1999; Bähr, Technologiepolitik, 1995, 115–130.

erhöhte die öffentliche Hand, und hier zuvorderst der Bund, ihre Forschungsausgaben deutlich bis zu einem bis heute nicht mehr erreichten Höchststand von 3,9 Prozent der staatlichen Gesamtausgaben im Jahr 1971.[34]

In den 1970er-Jahren kehrte die Krise als Strukturkonstante menschlicher Entwicklung in die bundesdeutsche Gesellschaft zurück. Die Periode »nach dem Boom«, der mit dem Zerfall des internationalen Währungssystems von Bretton Woods 1971/72 und dem ersten Ölpreisschock 1973/74 zu Ende ging, brachte eine neue Ordnung von Wirtschaft und Gesellschaft – und auch das Ende der hohen Wachstumsraten der Forschungsförderung, die im Verlauf der 1970er-Jahre den Anteil der Ausgaben für Forschung und Entwicklung von 3,9 auf 3,1 Prozent sinken ließ.[35]

Für die Akteure des Wissenschaftssystems im Allgemeinen und für die MPG im Besonderen bedeutete diese Entwicklung schrumpfende Verteilungsspielräume bei gleichzeitig expandierendem Aufgabenspektrum, gesteigerter Erwartungshaltung von Politik, Wirtschaft und Gesellschaft sowie mehr Konkurrenzdruck.

2.3.2 Strukturwandel des Forschungssystems

Das Zusammenspiel von Kooperation und Konkurrenz charakterisierte nicht nur die Forschung, sondern auch die Forschungspolitik, die mit dem Epochenjahr 1969/70 eine tiefgreifende Zäsur erlebte. In den neu gefassten Artikeln 91a–d des Grundgesetzes wurden die Gemeinschaftsaufgaben des Bundes und der Länder im Sinne eines »Kooperativen Föderalismus« neu geregelt. Die konkrete Aushandlung der jeweiligen Machtpositionen in der Forschungs- und Hochschulpolitik blieb freilich ein konfliktträchtiger Prozess. Erst nach zähem Ringen fand er 1975 einen vorläufigen Abschluss in der Rahmenvereinbarung Forschungsförderung, die das Königsteiner Staatsabkommen von 1949 als forschungspolitisches Fundament der Bundesrepublik ablöste und die Position des Bundes auf Kosten der Länder massiv stärkte.[36] Die eng miteinander verflochtenen Zuständigkeiten ermöglichten ein vergleichsweise hohes Maß an Autonomie der Wissenschaftsorganisationen. Die MPG vermochte es dabei weiterhin auf besonders elegante Weise, ihre beiden wichtigsten Finanziers situationsbedingt gegeneinander auszuspielen, um ihre eigenen Interessen durchzusetzen.[37]

Parallel dazu fand das System öffentlich finanzierter Forschung in einem Akt nachholender Rationalisierung kontingenter Entwicklungen zu einer neuen Arbeitsteilung. Die historische Auffächerung des Spektrums von Typen institutionalisierter Wissenschaft schlug sich in neu gebildeten Säulen staatlicher Forschung nieder, denen die nach dem Zweiten Weltkrieg entstandenen Aufgabenfelder der Großforschung (Arbeitsgemeinschaft der Großforschungseinrichtungen – AGF) und der Vertragsforschung (Fraunhofer-Gesellschaft) zugewiesen wurden. Als Auffangbecken für die sonstigen selbstständigen Einrichtungen »von überregionaler Bedeutung und gesamtstaatlichem wissenschaftspolitischem Interesse«, so die reichlich bemühte Definition in der Rahmenvereinbarung Forschungsförderung, wurde die sogenannte Blaue Liste geschaffen, die rund 30 Mitgliedsinstitute umfasste.

Die Etablierung der Großforschung und der Vertragsforschung erhöhte die Bedeutung der Allianz der Wissenschaftsorganisationen als intermediärer Ort korporatistischer Konsensfindung und Konkurrenzvermeidung. Wie groß die Vorbehalte der etablierten Allianzmitglieder insbesondere gegenüber der Großforschung waren, die einen Gutteil des Budgets des Bundesforschungsressorts verschlang, zeigte ihre Abwehrhaltung, die AGF als vollwertiges Mitglied in ihre Reihen aufzunehmen.[38] Deren Ausgrenzung sah meist die MPG in der Führungsrolle, die in den 1970er- und 1980er-Jahren in der Allianz den Ton angab. Vor allem in der Ära von Reimar Lüst (1972–1984) wurde der durchsetzungsstarke MPG-Präsident in

---

34 Siehe unten, Anhang 1, Tabelle 1.

35 Doering-Manteuffel, Raphael und Schlemmer, *Boom*, 2012. Zahlen nach Tabelle 1 im Anhang 1.

36 Die umstrittene Zentralisierung forschungspolitischer Zuständigkeit auf Bundesebene bedeutete nicht, dass alle anderen Bundesressorts aus der Verteilung von Ressourcen und Einfluss einerseits und der Sicherung fachwissenschaftlicher Expertise andererseits ausgeschlossen waren. Vielmehr bildete sich aus einer langen, weit in das Kaiserreich zurückreichenden Tradition staatlich finanzierter Forschung ein Konglomerat von Forschungseinrichtungen und wissenschaftlichen Beratungsgremien heraus, die den einzelnen Bundesministerien zugeordnet und in deren Etats verankert waren. Hohn und Schimank, *Konflikte und Gleichgewichte*, 1990, 405–406; Braun, *Steuerung*, 1997, 222–234; Stucke, *Institutionalisierung*, 1993, 54–67. – Ausgespart blieb aus historischen Gründen der Bereich der Verteidigungspolitik. Alle Versuche, militärische Ressortforschungsinstitute aufzubauen, haben zivile Staatsbürokratie und wissenschaftliche Selbstverwaltung zunächst abgeblockt im Bemühen, Vertrauen im internationalen Raum wiederaufzubauen. Zur Suche nach einem adäquaten Ort der Verteidigungsforschung siehe Trischler und vom Bruch, *Forschung*, 1999, 235–255; Trischler, *Verteidigungsforschung*, 2008. Siehe auch unten, Kap. IV.10.2.

37 Hintze, *Wissenschaftspolitik*, 2020; Trischler, Koordinierte Kooperation, 2023.

38 Osganian, Competitive Cooperation, 2022, 10–17.

allen wichtigen Initiativen vorgeschickt, ob es um drohende Haushaltskürzungen oder um neue Forschungsprogramme ging. Und wenn es einmal nicht die MPG selbst war, welche die Führung übernahm, spielte sie den Ball der DFG zu, so etwa 1983, als die Verlängerung des Heisenberg-Programms zur Förderung des wissenschaftlichen Nachwuchses anstand.[39] Ohne die MPG lief in der Allianz nichts.

Auf einer anderen Ebene begannen sich jedoch die Gewichte im Gefüge der Wissenschaftsorganisationen zu verschieben. Das vom späteren Bundesforschungsminister Volker Hauff (1978–1980) und dem Politikwissenschaftler Fritz Scharpf Mitte der 1970er-Jahre geprägte Leitbild der Forschungs- und Technologiepolitik als regionale Strukturpolitik griffen die Bundesländer rasch auf,[40] nahmen dabei aber insbesondere die Fraunhofer-Gesellschaft in den Blick, deren industriebezogene Vertragsforschung technische Innovationen und arbeitsmarktwirksame Wertschöpfung versprach. Zuvorderst Nordrhein-Westfalen, Baden-Württemberg und Bayern lieferten sich einen intensiven Konkurrenzkampf um die Ansiedlung neuer Fraunhofer-Institute in als Schüsseltechnologien geltenden Bereichen wie Mikroelektronik, Lasertechnik oder Robotik. Die rasant wachsende Attraktivität der Fraunhofer-Gesellschaft bedeutete eine strukturelle Schwächung der MPG, zumal sie sich ebenfalls des Instruments von Sonderfinanzierungen beim Aufbau neuer Institute bediente. Diese Konkurrenz um Sondermittel drohte Mitte der 1980er-Jahre gar die bis dato stets funktionierende Kooperationsachse von MPG und DFG zu sprengen. Nachdem DFG-Präsident Seibold den Vorstoß der MPG auf Gewährung von Sondermitteln kritisiert hatte, forderte MPG-Präsident Staab die solidarische Unterstützung der anderen Allianzmitglieder ein. In dieser heiklen Situation einigte man sich schließlich darauf, sich bei gravierenden finanziellen Fragen wie Sonderfinanzierungen für ein Mitglied künftig vorab in der Allianz abzustimmen.[41]

2.4 Selbstbehauptung mit beschränkter Handlungsautonomie (1990–2005)

Deutlicher noch konfligierten wissenschaftliche und staatspolitische Zielvorstellungen im Prozess der deutschen Wiedervereinigung und manifester noch zeigte sich hier das Primat der Politik gegenüber der Wissenschaft. Die MPG geriet bei der Integration der ostdeutschen Forschungslandschaft in das gesamtstaatliche Wissenschaftssystem unter massiven Druck.[42] Sie behielt zwar im Großen und Ganzen ihre Handlungsautonomie, musste sich aber in essenziellen Fragen ihrer Strategiefähigkeit politischen Rationalitäten unterordnen. Mit ihrem zurückhaltenden, am Kriterium der wissenschaftlichen Exzellenz orientierten Integrationskurs sah sie sich in das Zentrum der forschungspolitischen Aufmerksamkeit gerückt und zum »vollen Gehorsam« gegenüber der Politik verpflichtet.[43] Interessanterweise hielt aber die innere Konsenskultur der Allianz dem einigungspolitischen Stresstest einigermaßen stand.[44]

Das Eingeständnis der MPG, im Verhältnis zur Politik über einen begrenzten Entscheidungsspielraum zu verfügen, verweist in nuce auf die Wiedervereinigung als langfristig wirkendes forschungspolitisches Scharniermoment. Die Erfahrung einer Einschränkung wissenschaftlicher Ziele durch den Primat der Politik prägte das Vorgehen der Allianz in den 1990er-Jahren. Mehr denn je waren die Wissenschaftsorganisationen um den inneren Konsens zur Stärkung ihrer Position im Aushandlungsprozess mit der Politik bemüht. Wenn es zu inhaltlich gelagerten Konflikten in Sachfragen kam, diente die Allianz als Plattform der Konflikteinhegung und Konkurrenzvermeidung.

Die 1990er-Jahre waren ein »Jahrzehnt der Evaluation«.[45] Im Anschluss an die umfassenden Evaluationen des Wissenschaftsrats im Zuge der Wiedervereinigung begann sich die Überprüfung der wissenschaftlichen Leistungen einzelner Einrichtungen auch in den alten Bundesländern zu etablieren, darunter insbesondere die erneute Begutachtung aller Institute der Blauen Liste. Den vorläufigen Höhepunkt dieser Entwicklung markierte die sogenannte Systemevaluation aller vom Bund und den Ländern gemeinschaftlich geförderten Forschungsein-

---

39 Schreiben von R. Lüst (MPG) an E. Seibold (DFG) vom 1.6.1983, AMPG, II. Abt., Rep. 57, Nr. 606, fol. 469–470.
40 Hauff und Scharpf, *Modernisierung der Volkswirtschaft*, 1975. Ausführlich dazu Trischler und vom Bruch, *Forschung*, 1999, 293–309, mit weiterführender Literatur.
41 Osganian und Trischler, *Wissenschaftspolitische Akteurin*, 2022, 137.
42 Ash, *MPG im Kontext*, 2020, 281–316.
43 Interner Vermerk der MPG über die Sitzung des Präsidentenkreises am 16.9.1991, AMPG, II. Abt., Rep. 57, Nr. 646, fol. 159.
44 Hierzu und zum Folgenden siehe Osganian und Trischler, *Wissenschaftspolitische Akteurin*, 2022, 54–71.
45 Bartz, *Wissenschaftsrat*, 2007, 204.

richtungen.⁴⁶ Einmal mehr nahm die MPG dabei eine Vorreiterrolle ein, hatte sie doch durch ihr Fachbeiratswesen schon in den 1970er-Jahren eine intern organisierte Qualitätskontrolle auf den Weg gebracht, und einmal mehr suchte sie dabei insbesondere den Schulterschluss mit der DFG und stimmte sich eng mit ihr ab. Gemeinsam schlug man der Bund-Länder-Kommission für Bildungsplanung und Forschungsförderung (BLK) eine Begutachtung durch eine internationale Evaluationskommission vor und kam damit dem Angebot des Wissenschaftsrats zuvor, die Evaluation zu übernehmen. Die BLK folgte der Empfehlung und setzte im September 1997 eine zehnköpfige Kommission unter dem Vorsitz des britischen Materialwissenschaftlers und ehemaligen Max-Planck-Direktors Richard J. Brook ein. Wenig später nahm eine weitere internationale Kommission zur Evaluierung der Fraunhofer-Gesellschaft ihre Arbeit auf.

Diese Begutachtungen waren maßgebliche Weichenstellungen für das Wissenschaftssystem auf dem Weg in das neue Jahrtausend. Die Aufwertung des Wettbewerbs als wissenschaftlicher Handlungsmodus ging, wie oben dargestellt, mit einer Intensivierung der interinstitutionellen Kooperation einher. Zudem zeigten sich plastisch die Unterschiede in der Organisationsfähigkeit der einzelnen Organisationen. MPG, DFG und Fraunhofer-Gesellschaft konnten die Evaluationen aktiv beeinflussen und prägen, wenngleich diese auch für sie einschneidende Veränderungen mit sich brachten.⁴⁷ Drastischer noch waren die unmittelbaren Auswirkungen für die Großforschung, die mit der Umwandlung der AGF in die Hermann von Helmholtz-Gemeinschaft Deutscher Forschungszentren (HGF) 1995 und mit der 2001 beschlossenen Einführung der »Programmorientierten Förderung« eine grundlegende Reform erlebte, und für die Blaue Liste, die sich intensiv um eine Stärkung ihrer Autonomie bemühte und sich 1997 schließlich in Wissenschaftsgemeinschaft Gottfried Wilhelm Leibniz (WGL) umbenannte.⁴⁸

All dies hatte erhebliche Konsequenzen für die innere Governance der Forschungseinrichtungen, in denen Größe und Einfluss der Dach- und Trägerorganisationen auf Kosten der Institute bzw. Mitgliedseinrichtungen zunahmen. Dies gilt auch für die MPG, deren nationale Führungsposition sich sowohl in der Selbstwahrnehmung als auch in der Fremdzuschreibung fortsetzte. Vor allem wenn es um Fragen der Budgetierung und Flexibilisierung staatlicher Mittel ging, hegten sowohl das Bundesforschungsministerium als auch die anderen Forschungsorganisationen »ausnahmslos große Erwartungen an die Vorreiterrolle der MPG«.⁴⁹ Die politische Durchsetzungsfähigkeit der MPG barg freilich auch Risiken, denn in der staatlichen Finanzbürokratie war man hochgradig verärgert über den als unstillbar wahrgenommenen Ressourcenhunger der MPG. So wusste Joachim Treusch, Vorstandsvorsitzender des Forschungszentrums Jülich, zu berichten, er sei im Haushaltsausschuss des Bundestags dazu aufgefordert worden, »öffentlich gegen den 5 %-Zuwachs der MPG aufzutreten«.⁵⁰

Konflikte wie dieser taten dem Führungsanspruch der MPG keinen Abbruch. Die MPG setzte ihr Eigeninteresse jeweils mit dem kollektiven Interesse der Wissenschaft gleich. Sie war stets bereit, ihre Führungsrolle im nationalen Wissenschaftssystem offensiv wahrzunehmen, verband diese aber mit dem verbrieften Anspruch auf eine privilegierte Ressourcenausstattung.

---

46 Hintze, *Wissenschaftspolitik*, 2020, 116–120; Krull und Sommer, Systemevaluation, 2006, 202–206.
47 Für die MPG siehe unten, Kap. IV.4.
48 Helling-Moegen, *Forschen nach Programm*, 2009; Hoffmann und Trischler, Helmholtz-Gemeinschaft, 2015, 33–35; Brill, *Geschichte der Leibniz-Gemeinschaft*, 2017, 68–74.
49 Interner Vermerk der MPG über die Sitzung der Allianz und des Präsidentenkreises am 17.12.1997, DA GMPG, BC 108647, fot. 114.
50 Interner Vermerk der MPG über ein Gespräch der Allianz mit H. Mai (ÖTV) am 30.9.1997, AMPG, II. Abt., Rep. 57, Nr. 628, fol. 82. Siehe auch oben, Kap. II.5.2.

3. Die MPG zwischen Staat und Wirtschaft[1]

Jürgen Kocka und Alexander von Schwerin

3.1 Weichenstellung im Kaiserreich

Die entscheidende und bis heute wirksame Weichenstellung geschah im Wilhelminischen Reich. Die Gründung der Kaiser-Wilhelm-Gesellschaft zur Förderung der Wissenschaften 1911, aus der 1948 die Max-Planck-Gesellschaft hervorging, resultierte zum einen aus Initiativen von Wissenschaftlern; sie drängten auf eine neue »großbetriebliche« Form hauptberuflich betriebener Forschung, die nicht mehr in die herkömmlichen Institutionen der Wissenschaft, vor allem Hochschulen und Akademien, passte. Zum anderen verdankte sie sich den Plänen, Anstößen und Einflussnahmen staatlicher Behörden, allen voran der preußischen Verwaltung und des kaiserlichen Hofs; sie zielten, angeregt von ausländischen Beispielen, auf die Stärkung des nationalen Ansehens, der internationalen Wettbewerbsfähigkeit und der »Wehrkraft« des Deutschen Reichs durch systematischen Ausbau von wissenschaftlicher, besonders naturwissenschaftlicher Forschung. Schließlich entsprach die Neugründung starken privatwirtschaftlichen Interessen, die die Großindustrie, etwa aus den Sparten Chemie, Elektro und Montan, geltend machte. Die Anwendung wissenschaftlicher Verfahren war in der industriellen Produktion unverzichtbar geworden, die Nachfrage nach Wissenschaft als Produktivkraft wuchs. Die Unternehmen, ihre Leiter und ihre Verbände erhofften sich von einer neuen Institution natur- und technikwissenschaftlicher Forschung das dringend benötigte Wissen, das die bestehenden Einrichtungen – Technische Hochschulen und Fachschulen, Industrielabore und die wenigen spezialisierten staatlichen Forschungsanstalten – aus ihrer Sicht nicht hinreichend zur Verfügung stellten. Mit der KWG und ihren Instituten wurde eine neuartige Form der Organisation wissenschaftlicher Forschung institutionalisiert, die diesen unterschiedlichen, aber zusammenwirkenden wissenschaftlichen, staatlichen und wirtschaftlichen Bedürfnissen Rechnung trug.[2]

Dabei war entscheidend, dass die KWG nicht als »reine Staatsanstalt« im Anschluss an bestehende staatliche Einrichtungen wie Universitäten, Akademien oder Reichsanstalten gegründet wurde (was man durchaus erwogen hatte), sondern als Verein, der im Kontext des damals sehr lebendigen Stiftungswesens und Mäzenatentums privatwirtschaftliches und bürgerschaftliches Engagement einbezog, schon um die »ganz außerordentlichen Mittel« zu mobilisieren, ohne die die beabsichtigte Wissenschaftsförderung großen Stils nicht möglich erschien. Und tatsächlich: Die Finanzierung der KWG erfolgte in den ersten Jahren zu einem großen Teil aus nichtstaatlichen Investitionen, aus Spenden sowie vor allem aus Zuwendungen großer Wirtschaftsunternehmen.[3] Zugleich aber war die Neugründung, viel stärker als die als Vorbild dienenden US-amerikanischen Einrichtungen wie die 1902 gegründete Carnegie Institution of Washington for Fundamental and Scientific Research, durch ausgeprägte Staatsnähe gekennzeichnet. Das zeigte sich nicht nur in den entscheidenden Beiträgen der Verwaltung und des Hofes im Prozess der Errichtung der KWG, sondern auch in staatlicher Mitfinanzierung, die ab dem Ersten

---

[1] In den folgenden Text sind Ergebnisse einer zwischen Dezember 2020 und März 2021 tagenden Arbeitsgruppe eingegangen, der neben den beiden Autoren u. a. Jaromir Balcar, Britta Behm, Alison Kraft, Jürgen Renn, Carola Sachse und Florian Schmaltz angehörten. Andere Mitglieder des Forschungsprogramms haben schriftlich und in Diskussionen dazu beigetragen.

[2] Vom Brocke, KWG im Kaiserreich, 1990, 126–127 u. 140; Burchardt, *Wissenschaftspolitik*, 1975; Wendel, *Kaiser-Wilhelm-Gesellschaft*, 1975; Kuczynski, Rätsel, 1975.

[3] Adam, Wissenschaftsförderung, 2015. – Zehn Einrichtungen der KWG waren zwischen 1929 und 1944 gänzlich oder überwiegend von der Industrie finanziert, so z. B. die KWI für Eisenforschung, für Metallforschung und für Lederforschung, 18 gleichwertig von Industrie und Reich und 13 überwiegend vom Reich. Hachtmann, *Wissenschaftsmanagement*, 2007, 1276–1279.

Weltkrieg stetig zunahm.⁴ Die im Kreis der Gründer tonangebenden Wissenschaftler wie Adolf von Harnack begrüßten den damit verbundenen Einfluss staatlicher Stellen, weil er den der ohnehin starken privatwirtschaftlichen Interessen bremsen und es den Instituten der KWG ermöglichen sollte, sich, falls gewünscht, auf weitgehend selbstbestimmte »reine Wissenschaft« zu konzentrieren.⁵

So entstand ein organisatorischer Rahmen, der für sich gegenseitig befördernde und zugleich sich wechselseitig begrenzende staatliche, wirtschaftliche und wissenschaftliche Kräfte offen war und den Forschern das hohe Maß an Wissenschaftsfreiheit und Selbstbestimmung gewährte, das sie sich wünschten. Damit etablierte sich in der rechtlichen Form eines eingetragenen Vereins und unter der Prämisse nationalstaatlicher Interessen (auch an der Rüstungsforschung⁶) eine Einrichtung der Wissenschaft und der Wissenschaftsförderung besonderer Art: auf Forschung spezialisiert und von den Universitäten organisatorisch getrennt; staatsnah, aber nicht etatistisch; sehr wirtschaftsfreundlich, aber selbst kein marktwirtschaftlicher Akteur; mit großen Chancen zu wissenschaftlicher Selbstbestimmung, die sich schon in der KWG, erst recht aber in der späteren MPG als Spielraum für ergebnisoffene Grundlagenforschung konkretisieren sollte. Die Dreiecksbeziehung Wissenschaft – Staat – Wirtschaft war für dieses Arrangement zentral.

Diese bedeutende institutionelle Innovation gelang im Zusammenhang mit verwandten Strukturveränderungen in anderen Bereichen des Kaiserreichs. In Teilen der Wirtschaft ergänzte und überlagerte das Prinzip der kollektiven »Organisation« zunehmend das individuelle Konkurrenz- und Tauschprinzip, ohne es zu verdrängen. Dies zeigte sich an der Zunahme von Zusammenschlüssen von Wirtschaftsunternehmen in Form von Großkonzernen, Kartellen und Verbänden, an der engen Kooperation von Industrie- und Bankkapital, an der Professionalisierung des Managements und dem Aufstieg, der Konkurrenz und Kooperation von Interessenorganisationen sowie an neuen Formen der Interdependenz von staatlichen und wirtschaftlichen Handlungsbereichen in der Wirtschafts- und Sozialpolitik. Dazu passte die wachsende Hochschätzung von »Wissenschaftlichkeit« und »Organisation« in den öffentlichen Diskursen des Wilhelminischen Reichs. Die zunehmende Verflechtung von staatlicher und sozialökonomischer Sphäre manifestierte sich auch im frühen Aufstieg des deutschen Sozialstaats ab den 1880er-Jahren und in ersten Ansätzen zu neuen Formen gesellschaftlicher Konfliktregelung, etwa zwischen Verbänden der Arbeitnehmer und Arbeitgeber mit staatlicher Hilfestellung, dies allerdings im Wesentlichen dann im Ersten Weltkrieg. In vielen Hinsichten intervenierten staatliche Stellen in Wirtschaft und Gesellschaft und wurden gerade deshalb zu bevorzugten Adressen für wirtschaftliche und gesellschaftliche Einflussnahmen. Man hat all dies als zusammenhängende Merkmale eines sich durchsetzenden »organisierten Kapitalismus« analysiert. Der kapitalistische Grundcharakter der Wirtschaft blieb erhalten, aber er wurde modifiziert. Damals entstand in Deutschland, was später – unter den viel liberaleren Bedingungen nach dem Zweiten Weltkrieg – häufig als »koordinierte Marktwirtschaft« oder auch als »Rheinischer Kapitalismus« bezeichnet und dem eindeutig auf Markt und Konkurrenz setzenden angloamerikanischen Modell kontrastierend gegenübergestellt worden ist.⁷

Dieses bisweilen als »korporatistisch« bezeichnete Muster⁸ – das heißt hier: die enge, aber gleichwohl Dif-

---

4 Die »Staatsquote« aus Zuschüssen der öffentlichen Hand (Reich, Länder etc.) stieg von 34,4 Prozent im Jahr 1924 auf rund 60 Prozent Anfang der 1930er-Jahre und erreichte mit 88,4 Prozent 1937 ein Maximum. Ebd., 1264–1265.

5 Harnack an den Preussischen Kultusminister Trott zu Solz, 22. Januar 1910, zitiert nach Generalverwaltung der Max-Planck-Gesellschaft, *50 Jahre KWG/MPG*, 1961, 95.

6 Zum nationalstaatlichen Bezugsrahmen und zur Rüstungsforschung siehe Hachtmann, *Wissenschaftsmanagement*, 2007, 102–137; Maier, *Forschung*, 2007.

7 Kocka, Kapitalismus, 1974; Wehler, Aufstieg, 1974; Kocka, Kapitalismus, 1980; Berghahn und Vitols, *Kapitalismus*, 2006; Hall und Soskice, *Varieties*, 2013. – Unter Kapitalismus verstehen wir eine Form des Wirtschaftens, die durch individuelle Eigentumsrechte und dezentrale Entscheidungen, Marktmechanismen und Warenförmigkeit sowie durch Investitionen, Profitorientierung und Wachstum gekennzeichnet ist. Sie hat zahlreiche soziale, rechtliche, kulturelle und politische Voraussetzungen und Folgen, kann aber in verschiedenen Sozial- und Politiksystemen florieren. Näher dazu Kocka, *Geschichte*, 2017, 20–22.

8 Zu den Begriffen korporativ und korporatistisch im Hinblick auf die MPG siehe Hohn und Schimank, *Konflikte und Gleichgewichte*, 1990, 20–21 sowie Osganian und Trischler, *Wissenschaftspolitische Akteurin*, 2022, 7–12. – Als Korporatismus bezeichnet die politikwissenschaftliche Diskussion bestimmte Formen der Beteiligung gesellschaftlicher Gruppen an politischen Entscheidungen und deren Implementation. Im Unterschied zu traditionell-ständischen und autoritären (etwa faschistischen) Varianten bezieht sich Korporatismus in seinen liberalen Varianten auf die freiwillige Beteiligung eigenständiger gesellschaftlicher Organisationen an der politischen Willensbildung, auf die Vermittlung zwischen organisierten Interessen sowie zwischen ihnen und staatlichen Organen (vor allem durch Aushandlung und Kompromissbildung). Das Dreiecksverhältnis von Gewerkschaften, Arbeitgeberverbänden und Sozialstaat in westlichen Demokratien des 20. und 21. Jahrhunderts ist ein klassisches Untersuchungsfeld der politikwissenschaftlichen Korporatismusforschung. Siehe einführend Weßels, Entwicklung, 2000. – In dem in vielen Hinsichten autoritär-obrigkeitsstaatlichen deutschen Kaiserreich konnte von einem voll entwickelten liberalen Korporatismus keine Rede sein, wohl aber von Ansätzen dazu. Puhle, Konzepte, 1984.

ferenzierung erlaubende Verflechtung von Staat, Wirtschaft und Zivilgesellschaft – stellte eine spezifische Form »regulierter Selbstregulierung«[9] dar und charakterisierte auch andere Bereiche des Kaiserreichs.[10] Das zeigte sich an der inneren Struktur des deutschen Sozialstaats, der im gesetzlich-bürokratischen Rahmen Platz ließ für Elemente genossenschaftlicher oder zivilgesellschaftlicher Selbstorganisation, sei es in Form berufsständischer Unterstützungskassen, die integriert wurden, sei es in Form kirchlicher Organisationen wie der Caritas, die für die Wahrnehmung sozialstaatlicher Aufgaben gewonnen und dafür mit öffentlichen Mitteln unterstützt wurden, oder sei es durch Mitsprache und Mitarbeit von Arbeitnehmer- und Arbeitgeber-Vertretern in den Behörden der obligatorischen Sozialversicherung. Ein anderes Beispiel stellte das im Wilhelminischen Reich lebendige Stiftungswesen dar, in dem selbstständiges zivilgesellschaftliches[11] Engagement für unterschiedliche Belange des Gemeinwesens sehr eng mit wirtschaftlichem Reichtum und oft mit Interventionen staatlicher Behörden verklammert war, die Rahmenbedingungen und Anreize setzten, aber auch Einfluss nahmen. Und auch die immer systematischer organisierte Wissenschaft[12] entsprach diesem Grundmuster zunehmender Organisiertheit, das die deutsche Gesellschaft und eben auch die Grundstruktur der KWG durchdrang. Es scheint, dass dieses korporatistische Muster, das sowohl strikt etatistische als auch radikal marktwirtschaftliche Lösungen vermied, in Deutschland besonders ausgeprägt war.[13]

Trotz aller Erschütterungen und Veränderungen während der ersten Hälfte des 20. Jahrhunderts blieb die im Kaiserreich für die KWG gefundene Architektur auch für ihre Nachfolgerin, die MPG, maßgeblich. Unter dem Einfluss der westlichen Besatzungsmächte legte § 1 der MPG-Satzung von 1948 fest: »Die Gesellschaft ist eine Vereinigung freier Forschungsinstitute, die nicht dem Staat und nicht der Wirtschaft angehören. Sie betreibt die wissenschaftliche Forschung in völliger Freiheit und Unabhängigkeit, ohne Bindung an Aufträge, nur dem Gesetz unterworfen.«[14] Zwar fiel dieser Satz in der reformierten, im Wesentlichen auch heute noch gültigen Satzung von 1964 fort, angeblich weil, so der Vater der Satzungsreform, der Rechtswissenschaftler und MPG-Vizepräsident Hans Dölle, sein Inhalt »selbstverständlich und daher der Hervorhebung nicht bedürftig sei«.[15] Tatsächlich ist, wie gleich zu zeigen sein wird, der Einfluss der staatlichen Politik wie auch der Privatwirtschaft auf die Willensbildungsprozesse der MPG keineswegs unerheblich gewesen, einerseits bedingt durch die eindeutige Dominanz ihrer Finanzierung aus öffentlichen Mitteln, andererseits durch enge Verbindungen vieler Institute zur Industrie sowie insgesamt durch Anwesenheit und Stimmrecht von Vertretern des Staates und der Wirtschaft in den Leitungsorganen der MPG.

Aber die MPG war wie die KWG ein privatrechtlich verfasster Verein mit dem Status einer gemeinnützigen Einrichtung, getragen von (kooptierten) Mitgliedern mit herausgehobener wissenschaftlicher Qualifikation. Sie war und blieb eine wissenschaftliche Institution, die Autonomie gegenüber staatlichen Eingriffen und wirtschaftlichen Verwertungsinteressen beanspruchte und verteidigte. Je eindeutiger die MPG sich als Institution der – innovationsorientierten – Grundlagenforschung verstand und dadurch von anderen Wissenschaftsorganisationen abzuheben suchte, desto ausdrücklicher und nachdrücklicher pochte sie auf diese ihre besondere Eigenständigkeit – gegenüber Wirtschaft und staatlicher Politik.[16] Der ihr dadurch erschlossene Handlungsspielraum war groß und konnte von unterschiedlichen Instituten und in verschiedenen Phasen der Entwicklung sehr unterschiedlich genutzt werden. Auf solche Variationen und Veränderungen wird einzugehen sein.

Der folgende Abschnitt bietet einen Überblick über die Beziehungen der MPG zur staatlichen Politik und zur Wirtschaft im Wandel der Jahrzehnte, unter Berücksichtigung verschiedener Organisationsebenen, aber mit dem Hauptfokus auf den Leitungsebenen der MPG. Im Anschluss daran nehmen wir am Beispiel der Lebens-

---

9 Collin, Selbstregulierung, 2011.
10 Diese Verflechtung fand auch auf der Ebene des Leitungspersonals statt, von der noch später die Rede sein wird.
11 Mit »zivilgesellschaftlich« ist einerseits der Raum zwischen Staat, Erwerbswirtschaft und Privatsphäre gemeint, der Raum der Vereine, sozialen Bewegungen, Nichtregierungsorganisationen, Netzwerke und Graswurzel-Initiativen, andererseits ein in diesem Raum vorherrschender Typus sozialen Handelns, geprägt u. a. durch Gewaltlosigkeit, Freiwilligkeit, Selbstorganisation, Pluralität und Engagement für allgemeine Belange. Kocka, Zivilgesellschaft, 2000; Jessen, Reichardt und Klein, *Zivilgesellschaft*, 2004; Strachwitz, Priller und Triebe, *Handbuch*, 2020.
12 Für den Begriffsvorschlag »organisierte Wissenschaft« danken wir Florian Schmaltz.
13 Berghahn und Vitols, *Kapitalismus*, 2006; Kocka, Zivilgesellschaft, 2010; Adloff, *Handeln*, 2010.
14 Die Satzung findet sich in Generalverwaltung der Max-Planck-Gesellschaft, *50 Jahre KWG/MPG*, 1961, 211–220. Zum Zusammenhang und zum Einfluss der Besatzungsmächte siehe oben, Kap. II.2.
15 Dölle, *Erläuterungen*, 1965, 14.
16 Grundsätzlich erörtert bei Schön, *Grundlagenwissenschaft*, 2015, 12–22; Schön, Governance, 2020, 1127–1139.

wissenschaften stärker die Ebene der Institute und die durch Kooperation geprägte Forschungspraxis in den Blick. Schließlich fassen wir die wichtigsten Ergebnisse zusammen und ziehen einige Schlussfolgerungen.

3.2 Phasen und Trends

Die einzelnen Max-Planck-Institute unterschieden sich in ihrem Verhältnis zu Politik und Wirtschaft deutlich. Das Spektrum war und ist breit. Zu ihm gehörten beispielsweise, um drei weit auseinander liegende Fälle zu wählen, die rechtswissenschaftlichen Institute, die Politik und öffentliche Verwaltung kontinuierlich berieten und ausgeprägteste Nähe zu politischen Instanzen nicht scheuten. Dazu gehörte das MPI für Kohlenforschung in Mülheim an der Ruhr, das international ausgezeichnete Spitzenforschung in der Rechtsform einer selbstständigen Stiftung, ab 1955 als GmbH, betrieb, engste Verbindungen mit der rheinisch-westfälischen Schwerindustrie pflegte und über eine eigene Agentur für die Verwertung von Forschungsergebnissen verfügte. Dazu gehörte aber auch eine Einrichtung wie das MPI für Psycholinguistik in Nijmegen, das ähnlich wie andere geisteswissenschaftliche Institute weder mit der Politik noch mit der Wirtschaft viel zu tun hatte.[17] Die damit nur angedeutete Vielfalt unterschiedlicher MPI muss im Auge behalten werden, wenn man sich ein Gesamtbild vom Verhältnis zwischen MPG-Forschung und Politik bzw. Wirtschaft zu machen versucht. Das sei nun kursorisch versucht, wobei zwischen den vier Phasen der MPG-Geschichte unterschieden werden soll.[18]

3.2.1 KWG-Erbe

Zwar blieb in der 1948 gegründeten MPG das Dreiecksverhältnis Wissenschaft – Wirtschaft – Staat grundsätzlich erhalten, das bereits die KWG gekennzeichnet hatte, aber die MPG unterschied sich von ihrer Vorgängerorganisation dadurch, dass sie vorwiegend aus öffentlichen Geldern finanziert wurde. Zuwendungen aus der Privatwirtschaft spielten nun eine viel geringere Rolle als in der KWG. Die Fortführung der für die KWG typischen Grundstruktur wurde von der britischen und US-amerikanischen Besatzung akzeptiert, doch diese stimmten der leicht modifizierten Fortführung der KWG in Form der MPG nur unter der Bedingung zu, dass die neue Gesellschaft von Staat und Wirtschaft unabhängig sein würde. Hintergrund war die sehr weitgehende Unterstützung der staatlichen Politik durch die KWG in den Jahren der nationalsozialistischen Diktatur und besonders im Zweiten Weltkrieg, verbunden mit der Absicht, zukünftig der militärischen Verwendung von Forschungsergebnissen, etwa durch direkte oder indirekte Förderung der Rüstungsindustrie, einen Riegel vorzuschieben.[19]

Schon deshalb betonte die MPG 1948 bei ihrer Gründung dezidiert ihre Autonomie sowohl gegenüber staatlichen Einflussnahmen wie auch gegenüber der Wirtschaft und ihren Verwertungsinteressen. Aber da die staatliche Finanzierung der MPG durch die Ländergemeinschaft nach dem Königsteiner Abkommen von 1949 eindeutig vorherrschte, nahm – im Vergleich zur KWG der vornationalsozialistischen Zeit – die Abhängigkeit der MPG von der staatlichen Politik letztlich zu.[20] So setzten sich die Landesregierungen etwa bei Entscheidungen über die Standorte der MPI effektiv für ihre Interessen ein.[21] Auch die Bundesministerien wahrten ihren Einfluss, indem sie etwa erfolgreich auf die Fortführung der in der NS-Zeit gegründeten Institute aus den Landwirtschaftswissenschaften drängten, die umgekehrt eng mit den zuständigen Behörden kooperierten und sich in starker Kontinuität ihres Selbstverständnisses den Staatsinteressen verpflichtet sahen.[22] Die lang eingespielte Verflechtung mit Industrieunternehmen führte die MPG gleichwohl fort, sowohl auf der Leitungsebene als auch auf der Ebene der Institute.[23] Darunter fielen neben den erwähnten industrienahen und rechtlich selbstständigen Instituten der Kohlen- und Eisenforschung zu allererst jene Institute, die ebenfalls auf Industrieinitiative gegründet oder schon vor 1945 vornehmlich industriefinanziert waren, wie etwa das MPI für Eiweiß- und Lederforschung oder das

---

17 Rasch, Mülheim, 2010. Siehe auch oben, Kap. III.13 und Kap. III.14. Zur ähnlich gelagerten Konstellation im MPI für Eisenforschung siehe Flachowsky, MPI für Eisenforschung, 2010 und oben, Kap. III.4.
18 Zu den Phasen siehe oben, Kap. II.1, 28–29.
19 Siehe unten, Kap. IV.10.2.
20 Erst ab 1964 teilten sich Länder und Bund die Finanzierung zu je 50 Prozent. Balcar, *Wandel*, 2020, 76–79. Zum Königsteiner Abkommen siehe auch oben, Kap. II.2.3, 50–53.
21 Balcar, *Ursprünge*, 2019, 109–110; Deutinger, *Agrarland*, 2001, 49–83; siehe auch oben, Kap. III.4.
22 Siehe oben, Kap. III.3.
23 Eine verbreitete und auch in der MPG übliche Form der Zusammenarbeit waren bezahlte Beraterverträge, über die sich die Industrie zum Teil auch Verwertungsrechte auf Forschungsergebnisse sicherte. Schwerin, *Biowissenschaften*, in Vorbereitung.

MPI für Metallforschung sowie solche Institute, die im Rahmen ihrer Forschung enge Kooperationsverhältnisse mit Industrieunternehmen ausgebildet hatten, wie etwa das MPI für physikalische Chemie und Elektrochemie oder die noch näher zu betrachtenden biochemischen Institute.[24] Unter neuem Namen wurde also in den ersten Jahren der MPG viel KWG-Tradition fortgesetzt.

3.2.2 Abgrenzung von und Verflechtung mit Politik

In der allgemeinen Zeitgeschichte gilt die Zeit von den frühen 1950er- bis in die mittleren 1970er-Jahre als klassische Phase des sich gesamtgesellschaftlich etablierenden Korporatismus, in der die Verflechtung zwischen immer intensiveren staatlichen Interventionen, einer rasch wachsenden (»Wirtschaftswunder«), zunehmend organisierten Konkurrenzwirtschaft und organisierten gesellschaftlichen Interessen erheblich dichter wurde.[25] Diesen gesamtgesellschaftlichen Strukturveränderungen entsprach einiges in der Geschichte der MPG, die in diesen Jahren rasant wuchs und aufhörte, eine bloße Fortsetzung der KWG zu sein, vielmehr organisatorisch die Strukturen entwickelte, die sie auch in den folgenden Jahrzehnten beibehalten sollte. Die Interventionen der Bundesregierung in den Wissenschaftssektor nahmen unter der Federführung des Bundesministeriums für wissenschaftliche Forschung zu, das diesen Namen ab 1962 trug, aber seit 1955 mit wechselnden Bezeichnungen als zuständig für Fragen der Kernenergie entstanden war.[26] Die großen Wissenschaftsorganisationen, darunter die MPG, verfolgten das kritisch, gehörte doch die Unabhängigkeit von staatlicher Einflussnahme wesentlich zum Selbstverständnis der MPG.

In Reaktion auf die sich verstärkenden Steuerungsversuche des Bundes schlossen sich die Wissenschaftsorganisationen 1961 in einer »Allianz« zusammen, was die Eigenständigkeit des Wissenschaftsbereichs gegenüber der Politik stärkte, aber gerade dadurch dazu beitrug, die Organisiertheit des korporatistischen Systems zu forcieren.[27] Gleichzeitig verstärkten sich international und auch in der Bundesrepublik die Tendenzen zur Errichtung von Großforschungseinrichtungen, nicht nur in der Kernphysik. Großforschung aber verlangte die enge Kooperation von Staat, Wirtschaft und Wissenschaft.[28] Die Zunahme an Projektmitteln vor allem aus staatlichen Quellen im Haushalt der MPG (siehe Abb. 37, S. 494) dokumentiert den wachsenden Ehrgeiz politischer Instanzen, in den Bereich der Wissenschaft einzugreifen und wissenschaftliche Erkenntnisse für gesellschaftlich-politische Belange zu benutzen, zugleich aber auch die Bereitschaft der Wissenschaftler:innen, sich in ihrer Forschung darauf einzulassen.

Einige MPG-Wissenschaftler versuchten in dieser Phase, selbst politisch aktiv zu werden, durch Politikberatung oder durch gesellschaftlich-politisches Engagement. Der Biophysiker Boris Rajewsky etwa engagierte sich in gewisser Kontinuität zu seiner Mitarbeit im nationalsozialistischen Atomprogramm in der Deutschen Atomkommission.[29] Führende MPG-Forscher beteiligten sich aber auch an Memoranden, mit denen Wissenschaftler in die öffentliche Diskussion eingriffen. So unterschrieben die Atomphysiker Werner Heisenberg und Carl Friedrich von Weizsäcker 1957 die gegen nukleare Aufrüstung gerichtete »Göttinger Erklärung« und das »Tübinger Memorandum«, eine an den Bundestag adressierte Denkschrift, die sich 1961 darüber hinaus für die Anerkennung der Oder-Neiße-Grenze aussprach.[30] Drei neue rechtswissenschaftliche MPI entstanden in den 1960er-Jahren, die kontinuierlich politische Instanzen berieten und von diesen Anregungen entgegennahmen, die ihre wissenschaftliche Schwerpunktsetzung beeinflussten. Leitung und Wissenschaftler:innen des 1963 gegründeten Berliner Bildungsforschungsinstituts setzten sich nicht nur in der Öffentlichkeit vehement für die Reform des deutschen Bildungssystems ein, sondern arbeiteten auch bis Mitte der 1970er-Jahre intensiv dem Deutschen Bildungsrat zu, einer reformorientierten politisch-gesellschaftlichen Instanz. Das 1970 gegründete Starnberger MPI zur Erforschung der Lebensbedingungen der wissenschaftlich-technischen Welt schließlich befasste sich mit Grundsatzfragen der Gegenwart und Zukunft.[31] Während der

---

24 Enge Beziehungen zwischen Wirtschaftsunternehmen und einzelnen MPI wurden auch über deren Kuratorien vermittelt. Kuratoriumsakten der Institute, AMPG, II. Abt., Rep. 66, Nr. 1147, 779 u. 1070–1071.
25 Abelshauser, *Deutsche Wirtschaftsgeschichte*, 2011, 50–58 u. 173–212; Herbert, *Geschichte*, 2014, 619–628; Ambrosius und Kaelble, Folgen des Booms, 1992.
26 Raithel und Wiese, *Zukunft*, 2022, 45–133.
27 Osganian und Trischler, *Wissenschaftspolitische Akteurin*, 2022. Zur Allianz siehe auch oben, Kap. IV.2.
28 Szöllösi-Janze und Trischler, Entwicklungslinien, 1990.
29 Schwerin, *Strahlenforschung*, 2015, 338–376. Siehe oben, Kap. III.5.
30 Sachse, *Wissenschaft*, 2023.
31 Siehe oben, Kap. III.13, Kap. III.14 und unten, Kap. IV.10.8.

Präsidentschaft Adolf Butenandts (1960–1972) scheint die MPG ein Stück weit die Neigung entwickelt zu haben, selbst zu einem gesellschaftlichen Faktor oder politischen Akteur zu werden.[32] »Niemals vorher oder nachher war die MPG so nahe am Puls der deutschen Gesellschaft wie in dieser Phase, in der sie zentrale Diskurse aufgriff, um sie zum Gegenstand primär sozialwissenschaftlich orientierter Institute zu machen« (Jaromír Balcar).[33]

In anderen Hinsichten sperrte sich die MPG in der Phase zwischen 1955 und 1972 gegenüber dieser mächtigen Zeittendenz zur zunehmenden Verflechtung von Wissenschaft und Politik, und sie war stark genug, dies tun zu können. Sie verteidigte vehement ihre Autonomie gegenüber staatlichen Interventionen und bestand letztlich erfolgreich auf dem Recht, selbst darüber entscheiden zu können (wenngleich am Ende mit Zustimmung der geldgebenden politischen Instanzen), in welchen Forschungsfeldern MPI eingerichtet werden sollten. Die zahlreichen Institutsgründungen jener Jahre resultierten aus Initiativen, die aus der Wissenschaft selbst hervorgingen und in der MPG entwickelt wurden.[34] Auch den geschilderten zeitweiligen Annäherungen an die Politik lagen oft eigene Initiativen der Wissenschaftler zugrunde. Diese waren keineswegs nur Objekte, sondern auch Subjekte der Entwicklung. Zugleich entzogen sich gerade die Mitglieder der naturwissenschaftlichen Sektionen weitgehend politisch dringlichen Aufgaben, wie sie etwa aus Folgeproblemen des wissenschaftlich-technischen Fortschritts resultierten. Sie konnten sich dabei auf eine Art Arbeitsteilung berufen, insoweit die Deutsche Forschungsgemeinschaft (DFG) es übernommen hatte, die Politik bei der Erforschung und Regulierung industriebedingter Gesundheitsgefahren zu unterstützen, und sich die Fraunhofer-Gesellschaft (FhG) auf angewandte Forschung spezialisiert hatte.[35]

Je mehr sich die MPG auf »Grundlagenforschung« als ihr Alleinstellungsmerkmal im außeruniversitären Forschungsbereich der Bundesrepublik berief – und dies geschah zunehmend ab Mitte der 1950er-Jahre –,[36] desto häufiger rechtfertigten sich ihre Mitglieder damit, dass man sich nicht für explizit angewandte Forschung zuständig fühle, schließlich war man aufgrund der eigenen Erfahrung in der Vergangenheit überzeugt, dass Grundlagenforschung mittelbar auch der Industrieforschung zugutekommen werde.[37] In diesem Zusammenhang war man in der MPG froh, sich nun von einigen aus der KWG übernommenen unmittelbar anwendungsorientierten Instituten, zum Beispiel in der landwirtschaftlich ausgerichteten Forschung, trennen zu können. Auch bekräftigte die MPG in diesen Jahren, jedenfalls auf der Leitungsebene, ihre Vorbehalte gegenüber der wirtschaftlichen Verwertung von wissenschaftlichen Erkenntnissen als Richtschnur für Forschung.[38]

Im Zuge der zunehmenden Verflechtung zwischen den gesellschaftlichen Teilbereichen Wissenschaft, Politik und Wirtschaft verlor die Max-Planck-Gesellschaft als wissenschaftliche Institution nicht an Autonomie; die Verflechtung blieb begrenzt und führte nicht zu Entdifferenzierung.

3.2.3 Angewandte Grundlagenforschung und neue Allianzen

Die zweite Hälfte der 1970er- und die 1980er-Jahre in der Bundesrepublik werden in der allgemeinen Zeitgeschichte als eine Phase krisenhaften oder verlangsamten Wirtschaftswachstums »nach dem Boom« charakterisiert, in der die Tendenz zur korporatistischen Verflechtung der gesellschaftlichen Teilbereiche in den vorausgehenden Jahrzehnten ein Stück weit korrigiert wurde, nämlich durch Ausdifferenzierung als eine gegenläufige Tendenz. Insbesondere sei, so die gängige Interpretation, davon das Verhältnis von Wirtschaft und Staat betroffen gewesen, das angesichts größerer staatlicher Zurückhaltung bei wirtschafts- und sozialpolitischen Interventionen und angesichts größerer Selbstständigkeit und Selbstorganisation der kapitalistischen Unternehmenswirtschaft sich »neoliberalen« Vorbildern annäherte.[39] Wie weit diese Tendenz hin zum »Neoliberalismus«, die sich im ver-

---

32 Zu dem Versuch, das Verhältnis von Wissenschaft und Politik als unidirektionales, rein auf wissenschaftlicher Vernunft begründetes Beratungsverhältnis und als Alternative zur Staatsnähe der KWG während der NS-Zeit neu zu definieren, siehe Stoff, Butenandt, 2004. Siehe auch Sachse, *Grundlagenforschung*, 2014.
33 Siehe oben, Kap. II.3.3.2, 80–83.
34 Siehe oben, Kap. III.15.
35 Zur DFG siehe Stoff, *Gift*, 2015; Schwerin, *Strahlenforschung*, 2015, 380–409. Zur FhG siehe Trischler und vom Bruch, *Forschung*, 1999.
36 Sachse, *Grundlagenforschung*, 2014. Siehe oben, Kap. IV.2.
37 Dieses Verständnis war anschlussfähig an das auch in der Bundesrepublik dieser Zeit verbreitete lineare Modell von Innovation. Lax, *Das »lineare Modell der Innovation«*, 2015.
38 Siehe oben, Kap. II.3.3.
39 Doering-Manteuffel, Raphael und Schlemmer *Boom*, 2008. Siehe auch oben, Kap. II.4.1.

einigten Deutschland fortgesetzt habe, wirklich reichte, bleibt umstritten.⁴⁰

Was das Verhältnis von Wissenschaft, Politik und Wirtschaft angeht, wird die These von der ab Mitte der 1970er-Jahre zunehmenden Ausdifferenzierung durch die Befunde der MPG-Geschichte bestenfalls partiell bestätigt. Das Hauptergebnis lautet: Die Verflechtung nahm nicht ab, aber sie veränderte ihren Charakter. Viel spricht dafür, dass dieser Befund nicht nur für die MPG gilt. Vielmehr gingen Ausdifferenzierung und stärkere staatliche Intervention ab den 1970er-Jahren immer wieder Hand in Hand. Das korporative Dreieck von Staat, Wirtschaft und Teilen der Wissenschaft wurde verfeinert und neu justiert, nicht aber gesprengt oder auch nur gelockert.⁴¹

Zwar zog sich die MPG unter Reimar Lüsts Präsidentschaft (1972–1984) aus der umfassenden und engagierten, oft in Handlungsempfehlungen übergehenden Analyse und Prognose gesellschaftlich-politischer Gegenwartsverhältnisse und Zukunftsperspektiven zurück, wie sie im Geist der 1960er-Jahre vor allem im Berliner Bildungsforschungsinstitut und im Starnberger Institut zur Erforschung der Lebensbedingungen der wissenschaftlich-technischen Welt mit hohen interdisziplinären Ansprüchen betrieben worden waren. Die gründliche Reform von Programm und Struktur des Berliner Instituts und die Schließung des Starnberger Instituts Ende der 1970er-, Anfang der 1980er-Jahre resultierten nicht nur aus Schwierigkeiten bei der Rekrutierung der Nachfolger für das in den Ruhestand wechselnde Leitungspersonal und aus gravierenden internen Problemen der Institute, sondern auch aus der in der MPG wie überhaupt im Land an Boden gewinnenden Skepsis gegenüber der in beiden Instituten favorisierten Variante »progressiv« engagierter Sozialwissenschaft in praktischer Absicht.⁴²

Zweifellos wählte die MPG damit eine Strategie der Selbstbescheidung und der Konzentration auf empirisch-wissenschaftliche, schwerer politisierbare Forschung. Das war zugleich eine Strategie der professionellen Spezialisierung (und insofern der Differenzierung und Entflechtung), die die Grenzen wissenschaftlich begründbarer Urteile und damit auch die Zuständigkeit der MPG für allgemeine gesellschaftliche und politische Fragen enger fasste als bisher. Aber es war kein Abschied von gesellschaftlichem Engagement und Politikberatung überhaupt, die nämlich auch im reformierten Bildungsforschungsinstitut nach 1981 und im vier Jahre später neu gegründeten MPI für Gesellschaftsforschung in Köln mit professionellem Selbstbewusstsein betrieben wurde wie auch kontinuierlich und einflussreich in den rechtswissenschaftlichen Instituten.

Die Praxis der Wissenschaftler:innen in den Instituten und die Vorstellungen der MPG-Leitung liefen aber nicht immer parallel. Das Drängen der Politik, politisch dringliche, sozial relevante und die Zusammenarbeit von Natur- und Sozialwissenschaften fordernde Großprobleme wie die weltweite Ernährungsproblematik aufzugreifen, wies die MPG-Leitung zurück. Als »kleinmütig« wurde sie deshalb von Helmut Schmidt kritisiert, der nach dem Ende seiner Kanzlerschaft Mitglied des MPG-Senats wurde. Die MPG konterte mit dem Hinweis auf ihre Autonomie als Institution der Grundlagenforschung fern der »Tagespolitik«.⁴³ Der Einstieg der MPG in die in der Bundesrepublik Deutschland noch sehr unterentwickelte Atmosphären- und Erdsystemforschung ab den späten 1970er-Jahren ist ein Beispiel für die Eigeninitiative, mit der die Wissenschaftler in manchen Instituten Gesellschafts- und Weltprobleme aufgriffen.⁴⁴ Wenngleich deutlich verzögert, reagierte die MPG damit vor dem Hintergrund verschärfter umweltpolitischer Diskussion auf gesellschaftliche Entwicklungen und politische Erwartungen.

Die Erwartungen der Politik an die Wissenschaft nahmen ab den mittleren 1970er-Jahren zu, wobei der Regierungswechsel von 1982 keine grundsätzliche Zäsur darstellte. Zahlreiche forschungs- und technologiepolitische Maßnahmen, die die Regierung Kohl in den Vordergrund rückte, waren bereits unter Bundeskanzler Schmidt eingeleitet worden.⁴⁵ Auch die MPG wurde gedrängt, die Übersetzung von Forschungsergebnissen in technologische Innovationen, die sich kommerziell nutzen ließen, aktiver zu befördern, um so einen Beitrag zur Überwindung der wirtschaftlichen Schwierigkeiten zu leisten. Damit beförderte die Politik ein in der MPG sich abzeichnendes langfristiges Umdenken, das sich aller-

---

40 Beispielsweise ist in dieser Phase in der Bundesrepublik der Anteil der Gesamtausgaben, der für Zwecke des Sozialstaats ausgegeben wurde, kontinuierlich angestiegen. Kocka, Sozialstaat, 2020.
41 Grundlegend: Hirsch und Roth, *Gesicht*, 1986; Hirsch, *Staatstheorie*, 2005. Siehe auch Beule, *Weg*, 2019.
42 Leendertz, *Pragmatische Wende*, 2010; Behm, *MPI für Bildungsforschung*, 2023; Link, *Soziologie*, 2022. Siehe auch oben, Kap. III.14 und Kap. II.3.3.2, 80–83.
43 Zur Debatte um die Beschäftigung mit dem Waldsterben siehe oben, Kap. III.7. Siehe auch Sachse, *Wissenschaft*, 2023, 472–494.
44 Lax, *Wissenschaft*, 2020; Lax, *Atmosphärenchemie*, 2018. Siehe auch oben, Kap. III.7.
45 Wieland, *Technik*, 2009, 88. Ähnlich auch schon Väth, Modernisierungspolitik, 1984. Zu den Veränderungen in den 1970er-Jahren siehe auch Trischler, Innovationssystem, 2001, 121.

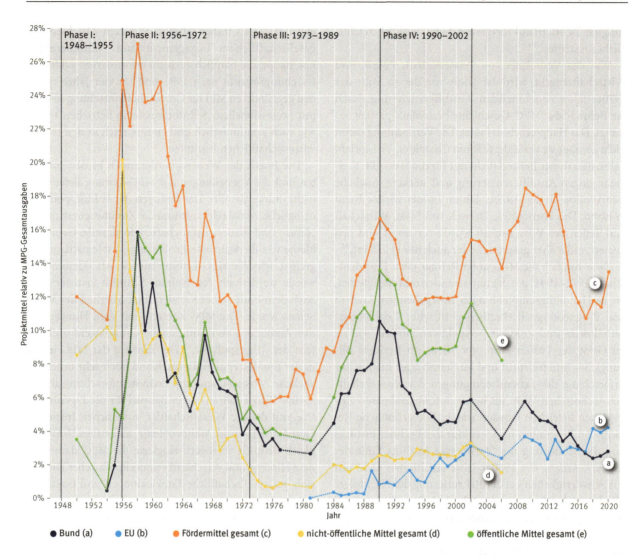

Abb. 37: Anteil der Projektmittel am Gesamthaushalt der MPG (1950–2020). Die Zahlenreihen konnten für die Haushaltsjahre 2007ff. nicht mehr vollständig erhoben werden. Bestehende Datenlücken für die Jahre 1978–1980, 1982–1983, 1993 und 2001–2005 sind extrapoliert. – Quellen: Jahresrechnungen der MPG und Berichte zur Projektförderung, AMPG, II. Abt., Rep. 69, diverse Nummern; GV MPG, diverse Barcodes. Erstellt von Alexander v. Schwerin, Anastasiia Malkova, Paul Schild und Robert Egel; doi.org/10.25625/WNQ3HS.

dings auf den verschiedenen Ebenen in unterschiedlichen Geschwindigkeiten entwickelte. Die Generalverwaltung unter Lüst nahm die Forderungen aktiv auf, unter der Bedingung, dass die Voraussetzungen der MPG-Forschung gewahrt blieben: Autonomie bei der Auswahl von Forschungsthemen und die auf Langfristigkeit angelegte Grundlagenforschung.[46]

Für die Verwertungszwecke konnte die MPG auf eine eigene Agentur für Technologietransfer verweisen, die sie bereits im Jahr 1970 gegründet hatte: die Garching Instrumente Gesellschaft zur industriellen Nutzung von Forschungsergebnissen mbH (GI). Als Verwertungsbüro für Forschungstechnologien gegründet, wurde sie Anfang der 1980er-Jahre in eine Agentur umgewandelt, die sich auf die Vermarktung von Forschungsergebnissen der MPI in Form von Patenten und Lizenzen, später auch auf die Ausgründung von neuen Firmen konzentrierte, also auf anwendungs- und verwertungsbezogene Aufgaben, die die MPG in früheren Jahren, jedenfalls auf zentraler Ebene, kaum wahrgenommen, sondern vielmehr miss-

---

[46] Anlage zum Ergebnisprotokoll über die Sitzung des Wissenschaftlichen Rates vom 18.6.1975; Bericht des Präsidenten, AMPG, II. Abt., Rep. 62, Nr. 1957, fol. 13 recto – fol. 14 verso; Anlage zum Ergebnisprotokoll über die Sitzung des Wissenschaftlichen Rates vom 14.6.1978, Bericht des Präsidenten, AMPG, II. Abt., Rep. 62, Nr. 1963, fol. 21; Lüst, Forschungsförderung, 1975.

3. Die MPG zwischen Staat und Wirtschaft

achtet hatte.⁴⁷ All dies trug zum Abbau der Skepsis bei, die manche MPG-Wissenschaftler:innen lange gegenüber der ökonomischen Nutzung grundlagenwissenschaftlicher Forschungsergebnisse gehegt hatten.⁴⁸ Auch am Umgang mit Patenten und Lizenzen zeigte sich eine steigende Bereitschaft von MPI zur Mitarbeit am Technologietransfer, wie der Präsident 1982 zufrieden feststellte.⁴⁹ Generalsekretär Wolfgang Hasenclever behauptete gar, die Unterscheidung von Grundlagenforschung und Anwendung sei ein Scheinproblem, da »Bemühungen um ›Technologietransfer‹ heute von jedem Max-Planck-Institut erwartet werden«.⁵⁰ Zur offiziellen Politik der MPG wurde diese zugespitzte Meinung aber nicht.

Ein weiteres, in den 1970er-Jahren von der Politik aufgebrachtes Konfliktfeld war die Stärkung der Projektforschung, also von Forschung, die sich an einem von außen vorgegebenen Themen- und Zielrahmen orientierte und über dementsprechend definierte Projektmittel finanzierte. Die Finanzierung der Forschung über Projektmittel war nicht neu in der Geschichte der MPG. Der langfristige Überblick zeigt, dass ihre Bedeutung über die Jahrzehnte gesehen aber schwankte, mit Spitzen in den expansiven Wachstumsphasen der Forschungsgesellschaft um 1960 mit rund 25 Prozent und in den 1990er-Jahren mit 11 bis 16 Prozent am Gesamthaushalt (siehe Abb. 37).

Hintergrund des ersten Höchststands war der sukzessive Einstieg des Bundes in die Grundfinanzierung der MPG, der gewissermaßen über einen Umweg stattfand, nämlich über verschiedene Arten der Sonderfinanzierung, und sich nicht zuletzt aus dem enormen Förderbudget des im Jahr 1955 gegründeten Bundesministeriums für Atomfragen (BMAt) und dessen Nachfolger, dem Bundesministerium für wissenschaftliche Forschung (BMwF), speiste.⁵¹ Nach dem Bund-Länder-Abkommen von 1964 sank dieser Anteil wieder und erreichte in den 1970er-Jahren, also in Zeiten allgemeiner Stagnation der Wissenschaftsfinanzierung, einen Tiefpunkt.

Dass sich dieser abnehmende Trend im Laufe der 1970er-Jahre in der MPG wieder umkehrte, ging auf den erheblichen Ausbau der staatlichen Wissenschaftsförderung, gerade auch im Bereich der Projektförderung, zurück.⁵² Die von der sozialliberalen Koalition eingeleitete und in den 1980er-Jahren von der CDU/FDP-Regierung fortgesetzte Wende in der Wissenschaftsförderung reagierte damit auf ökonomische Schwierigkeiten und größer werdende Umweltprobleme.⁵³ In der Projektforschung, der die prinzipiell auf ergebnisoffene Grundlagenforschung setzende MPG lange mit gewissem Misstrauen begegnet war, diese aber ab den 1980er-Jahren trotz fortbestehender Einwände akzeptierte, wurde die ohnehin nicht immer eindeutige Unterscheidung zwischen Grundlagenforschung und angewandter Forschung oft besonders unscharf. Denn es ging dabei meist um befristete Forschungen für vorweg zumindest in Umrissen skizzierte Ziele und häufig um die Bearbeitung wirtschaftlicher und gesellschaftlicher Aufgaben durch Anwendung wissenschaftlicher Erkenntnisse (im wissenschaftspolitischen Diskurs abgehandelt als »Wissenstransfer«). Die Auseinandersetzung um die Projektforschung machte allerdings deutlich, dass die Spannungen oft nicht aus einem grundsätzlichen Gegensatz zwischen akademischer und staatlich nachgefragter bzw. Industrieforschung resultierten, sondern in der Praxis schlicht aus divergierenden Interessen.⁵⁴

Seitdem wuchs der Anteil der Projektmittel am Gesamthaushalt der MPG, abgesehen von einem vorübergehenden Einbruch Mitte der 1990er-Jahre, und erreichte

---

47 Zur Geschichte der GI siehe Balcar, *Instrumentenbau*, 2018.
48 Schwerin, *Biowissenschaften*, in Vorbereitung.
49 Materialien für die Sitzung des Verwaltungsrates vom 18.11.1982, AMPG, II. Abt., Rep. 61, Nr. 128.VP, fol. 442. – Umfang und Art der Aktivitäten der MPI unterschieden sich stark. Patentanmeldungen liefen zudem zum Teil an der GV der MPG und an der GI vorbei. Anmelder der 71 auf Butenandt (KWI/MPI für Biochemie) zurückgehenden Patente waren zumeist die Schering AG oder die Bayer AG. Abruf der Datenbank Espacenet, Patentsuche, https://worldwide.espacenet.com/. – Im Fall des selbstständigen MPI für Kohlenforschung übernahm die Studiengesellschaft Kohle GmbH die Anmeldung (knapp 800 Patente ab den 1950er-Jahren). Zur Patentierungspraxis KWG und MPG siehe Rasch, *Weg*, 2015; Balcar, *Instrumentenbau*, 2018, 13–18. Für eine Patentstatistik der MPG siehe oben, Kap. II.4.6.1, Abb. 3.
50 Hasenclever: Vermerk, 26.6.1989, AMPG, II. Abt., Rep. 66, Nr. 4648, fol. 208.
51 Zum Haushalt der MPG in der zweiten Phase siehe Balcar, *Ursprünge*, 2019, 66–70. Zur Wissenschaftsfinanzierung durch das BMAt und BMwF siehe Stamm, *Staat*, 1981; Schwerin, *Strahlenforschung*, 2015, 360–369; Schwerin, *Forschung*, 2023; siehe auch oben, Kap. III.5. – In absoluten Zahlen sank der Haushalt der MPI allerdings nicht, da die bisherigen Projektmittel nach Beilegung der Kontroverse zwischen Bund und Ländern um die öffentliche Finanzierung der MPG in die regulären Etats der Institute eingepreist wurden. Für eine Darstellung der Entwicklung in absoluten Zahlen siehe doi.org/10.25625/WNQ3HS. Zum Haushalt der MPG siehe oben, Kap. II.4.2. Siehe auch Balcar, *Wandel*, 2020.
52 Zur Zunahme der Projektförderung siehe BMFT, *Bundesbericht Forschung 1993*, 1993, 560–561.
53 Trischler, *Innovationssystem*, 2001; Wieland, *Technik*, 2009.
54 Während das Drängen der Bundesregierung, Umwelt- und Gesundheitsforschung stärker in der MPG zu berücksichtigen, auf Ablehnung stieß, zeigten sich MPG-Forscher:innen offen und interessiert, wenn es um die Förderung der Biomedizin ging. Siehe oben, Kap. III.12.

Ende des ersten Jahrzehnts des neuen Jahrhunderts bei 18 Prozent einen neuen Höchststand.[55] Im Vergleich zur Fraunhofer-Gesellschaft, die im arbeitsteilig organisierten bundesdeutschen Wissenschaftssystem Auftragsforschung zu ihrer Hauptaufgabe gemacht hatte, war dies immer noch ein verhältnismäßig geringer Anteil.[56] Deutlich wird vor allem, dass die Finanzierung durch den Bund bis Anfang der 1990er-Jahre besonders ins Gewicht fiel (Abb. 37, dunkelblauer Graph). Die Projektmittel der Privatwirtschaft blieben dagegen über den gesamten Zeitraum hinweg zweitrangig, wenn auch alles andere als vernachlässigbar. Dieser Unterschied in der Bedeutung öffentlicher und privater Geldgeber entsprach einem internationalen Trend. Um für eine Belebung ihrer kriselnden Ökonomien zu sorgen, übernahmen die westlichen Regierungen indirekt Forschungs- und Entwicklungskosten für die Industrie, indem sie die akademische Forschung im Bereich der Hoch- und Schlüsseltechnologien verstärkt förderten und zugleich in die Pflicht zu nehmen suchten.[57] Denn diese Technologien waren in hohem Maße auf Grundlagenforschung angewiesen, die die Industrie nicht ohne Weiteres zu leisten in der Lage war.

In dieser Situation, in der sich die Aufmerksamkeit von Politik und Wirtschaft auf die forschungsintensiven Hochtechnologien fokussierte, war die MPG mit ihrer Betonung der Grundlagenforschung prädestiniert, eine besondere Rolle in der sich neu sortierenden Arbeitsteilung zwischen Politik und Wirtschaft zu spielen – mit weitreichenden Konsequenzen für die Gestalt der Forschungslandschaft der MPG: In wenigen Jahren vollzog sie die Umorientierung von der traditionellen Materialforschung in einen Cluster der modernen Oberflächen- und Festkörperwissenschaften; zudem etablierte sie mit der Beteiligung an regionalen Forschungszentren zur Einführung der Bio- und Gentechnologie in der Bundesrepublik neue Formen einer engen Kooperation zwischen Wissenschaft, Politik und Wirtschaft bei der Forschungs- und Technologieförderung.[58] Einen grundsätzlichen Kurswechsel im Verhältnis von MPG, Industrie und Staat bedeuteten diese Entwicklungen zwar nicht, jedoch eine Vertiefung der Beziehungen auf Augenhöhe. Dabei knüpfte die MPG nicht nur an ihre traditionell guten Beziehungen zur westdeutschen Großindustrie an. Vielmehr trug auch die Bundesregierung mit ihrer Hochtechnologiestrategie dazu bei, dass staatliche Politik, Wissenschaft und privatwirtschaftliche Interessen nun deutlicher als zuvor an einem Strang ziehen konnten, um technologieorientierte Grundlagenforschung zu intensivieren.

Insgesamt lassen sich für die 1970er- und 1980er-Jahre weder Tendenzen zum Rückzug der MPG auf sich selbst noch rückläufige Erwartungen staatlicher Instanzen und wirtschaftlicher Unternehmen an die MPG konstatieren. Wie die Leistungen der MPG für Staat und Wirtschaft eher gewichtiger wurden, so wuchs die Bedeutung staatlicher Politik für die Entwicklung der MPG und der Wissenschaften überhaupt. Auch verdichtete sich die Zusammenarbeit einzelner MPI mit Teilen der Privatwirtschaft und einzelnen wirtschaftlichen Unternehmen. Die Bedeutung von Wissenschaft für Staat und Wirtschaft nahm zu und mit ihr das Gewicht der MPG. Die Erfahrung nachlassenden und zeitweise stagnierenden Wachstums teilte die MPG mit der Bundesrepublik insgesamt. Aber falls in der Bundesrepublik in dieser Phase »nach dem Boom« der 1950er- und 1960er-Jahre tatsächlich die korporatistische Verflechtung zwischen Staat, Wirtschaft und Gesellschaft unter neoliberalen Vorzeichen ein Stück weit abgeschwächt worden sein sollte, traf dies für das Verhältnis zwischen MPG, staatlichen Instanzen und der Wirtschaft keineswegs zu. Es wurde eher enger, verflochtener. In der Konsequenz wurde die Unterscheidung zwischen Grundlagen- und angewandter Forschung noch unschärfer. Trotzdem konnte sich die MPG weiter als relativ autonome und einflussreiche Institution der Wissenschaft konsolidieren.

3.2.4 Wiedervereinigung, Ökonomisierung, Internationalisierung

Die tiefgreifenden institutionellen Entscheidungen und Veränderungen, die sich als Konsequenz der Wiedervereinigung Deutschlands für die Wissenschaftslandschaft vor allem im Osten des Landes, zum kleineren Teil auch im Westen ergaben, trafen und implementierten Politik

---

[55] Der Unterschied in absoluten Zahlen war allerdings beträchtlich, da sich der Gesamthaushalt der MPG über die Jahrzehnte vervielfachte. Während der anteilige Höchststand im Jahr 1960 absolut mit 69 Millionen DM zu Buche schlug, entsprach der anteilige Höchststand Anfang der 1990er-Jahre 268 Millionen DM und 528 Millionen DM im Jahr 2009 (inflationsbereinigt und auf DM umgerechnet). Für eine Gegenüberstellung von öffentlichen und nicht-öffentlichen Mitteln in absoluten Beträgen siehe doi.org/10.25625/WNQ3HS.

[56] Im Jahr 2005 machten die Drittmittel 64 Prozent des Gesamtbudgets der FhG aus (MPG: 16,7 %), die durch die Wirtschaft bereitgestellten Mittel allein knapp 24 Prozent (MPG: 1 %). Gemeinsame Wissenschaftskonferenz, *Pakt*, 2012, 57–58 u. 70; Trischler und vom Bruch, *Forschung*, 1999. Zur FhG und zu Vergleichsdaten siehe auch Rammer und Czarnitzki, Wissens- und Technologietransfer, 2000, 55; Polt et al., *Forschungs- und Innovationssystem*, 2010, 63–67 u. 125–127.

[57] BMFT, *Bundesbericht Forschung 1993*, 1993, 80–82; Dolata, *Modernisierung*, 1992, 293–299; Wieland, *Technik*, 2009, 80–89, 225–231.

[58] Siehe dazu oben, Kap. III.4 und Kap. III.9 sowie den Folgeabschnitt.

und öffentliche Verwaltung, wenngleich sie wissenschaftliche Institutionen und ihr Leitungspersonal (allerdings fast ausschließlich aus den alten Bundesländern) durchaus einbezogen, so auch das der MPG.[59] Will man deren Haltung in diesem Prozess verstehen, ist als Erstes zu betonen, dass die wissenschaftliche Wiedervereinigung im Wesentlichen als Ausdehnung der Institutionen und der Verfahren der alten Bundesrepublik auf die neuen Bundesländer stattfand und nicht als Verständigung von West und Ost auf ein neues Wissenschaftssystem. Die MPG war durch ihre Leitung an den entsprechenden Entscheidungsprozessen beteiligt, sie trug zu ihnen aktiv bei, die Ergebnisse entsprachen ihren Vorstellungen. Die MPG begrüßte überdies die politische Vorgabe, dass neue MPI in größerer Zahl in den Beitrittsgebieten gegründet werden sollten, um die regionale Vereinheitlichung der wissenschaftlichen Potenzen sowie der Arbeits- und Lebensverhältnisse im gesamtdeutschen Rahmen schrittweise zu befördern. Dass zu diesem kostspieligen, von der MPG in Übereinstimmung mit der Politik durchzuführenden »Aufbau Ost« als Kehrseite ein erheblicher »Abbau West« mit schmerzlichen Sparmaßnahmen bis hin zur Schließung ganzer Institute gehörte, wurde nicht sofort, aber sehr bald klar – auch dies wurde von der MPG im Prinzip, wenn auch zähneknirschend, akzeptiert. Die Politik nahm die MPG in die Pflicht, beteiligte sie an wichtigen Entscheidungen und zog sie für die Implementierung heran. Die frühzeitige Einrichtung von Arbeitsgruppen an den Universitäten in den neuen Bundesländern, die Organisation der neu geschaffenen Geisteswissenschaftlichen Zentren in einer sehr kritischen Phase von mehreren Jahren und erst recht die Gründung von 18 neuen MPI in einer Spanne von nur acht Jahren – das waren wichtige Leistungen auf dem Weg der wissenschaftlichen Wiedervereinigung, die die MPG in enger Zusammenarbeit mit den zuständigen staatlichen Regierungs- und Verwaltungsstellen erbrachte. Zweifellos lag dabei die Führungsrolle bei der Politik. Die Politik von Bund und Ländern wurde für die MPG im Zuge der Wiedervereinigung wichtiger, ihre autonomen Handlungsspielräume wurden enger und ihre Abhängigkeit von der Politik nahm zu, vor allem was Standortfragen betraf.[60]

Jedoch ist eine wichtige Einschränkung anzufügen. Wo die Wiedervereinigungspolitik begann, die Autonomie der MPG in von ihr als zentral erachteten Punkten infrage zu stellen, leistete die MPG Widerstand und setzte sich durch. So wies sie, um nur zwei Beispiele zu nennen, meist erfolgreich das Ansinnen zurück, bei neuen Instituten die Verfahren der Entscheidung über thematische Ausrichtung, Gründung und personelle Rekrutierung zu vereinfachen und zu beschleunigen, um die bestehenden krisenhaften Unsicherheiten rasch zu bewältigen und gewünschte Arrangements schnell zu realisieren. Solch eine Beschleunigung und Vereinfachung der Verfahren hätte, so fürchtete die MPG, eine Aufweichung ihrer üblichen Qualitätskriterien oder eine Suspendierung ihrer internen Regeln bedeutet.[61] Und sie weigerte sich, Einrichtungen, die sie nicht selbst gegründet hatte, als neue MPI aufzunehmen, etwa Institute der in Auflösung befindlichen Akademie der Wissenschaften der DDR. Für diese Widerständigkeit wurde sie politisch scharf kritisiert, auch deshalb haftete ihr bald das Attribut »strukturkonservativ« an. Im Zusammenhang der hier diskutierten Fragen ist aber vor allem festzuhalten, dass die MPG stark genug war, selbst angesichts erheblichen politischen Drucks ihre Autonomie im Kern zu verteidigen und ihre institutionelle Identität zu bewahren. Das eingespielte Verhältnis zwischen MPG und Staat – in seiner Mischung aus Nähe und Abgrenzung – bewährte sich und hatte Bestand.[62]

Eine wichtige Veränderung trat im Verhältnis der MPG zur Wirtschaft ein. Vor allem die Generalverwaltung hatte lange noch Vorbehalte gegenüber der marktwirtschaftlichen Verwertung von Forschungsergebnissen in Form von Firmengründungen durch Forscher:innen der MPG gehegt. Angesichts der weltweiten Konkurrenz bei rasch fortschreitender Globalisierung und des Zeitgeists der 1990er-Jahre schwanden diese Vorbehalte nun endgültig. Wirtschaftsnahe Argumentationen, die Wettbewerbs- und Leistungsfähigkeit betonten und die gesellschaftlich-politische Förderung von unabhängiger Wissenschaft mit ihrem ökonomischen Nutzen begründeten, gewannen in Grundsatzreden und anderen öffentlichen Äußerungen von MPG-Leitungspersonal erheblich an Boden. Öffentlichkeitswirksam etwa griff die MPG-Leitung den Trend zur Projektforschung in den Instituten Mitte der 1990er-Jahre mit einer Broschüre zu den »Problemlösekompetenzen in Max-Planck-Instituten« auf.[63] Die MPG präsentierte darin ihre Kompetenzen bei der »Identifizierung und Lösung von Problemen der modernen Industriegesellschaft« auf den Gebieten der Daseinsvorsorge, der Entwicklung des gesellschaftlichen und politischen Systems und der Optimierung von

---

59 Zur MPG siehe Ash, *MPG im Prozess*, 2023; sowie oben, Kap. II.5.3.
60 Ash, *MPG im Prozess*, 2023, 146–173.
61 Ebd., 104.
62 Siehe dazu auch oben, Kap. II.5.3.
63 Andreas Trepte: Vermerk für Präsidenten, 29.6.1994, DA GMPG, BC 108348, fot. 2–4.

Technologiefeldern, darunter Zell- und Biotechnologie sowie Molekularelektronik.⁶⁴ Das Credo der MPG lautete nun, dass »im Freiraum der Wissenschaftsorganisation MPG auch anwendungsorientierte Entwicklungen möglich sind, solange sie die Selbstbestimmung der MPI nicht tangieren, sich innerhalb einer exzellenten und international anerkannten Forschung verwirklichen lassen (und) eine Langzeitperspektive erkennen lassen«.⁶⁵ Die weitreichenden, »ergebnisorientierten Interessen der Industrie« »an einer Einflussnahme auf die geförderten Forschungsprojekte und an Kontrolle und bevorzugtem Zugriff auf die Ergebnisse« hoffte man durch die Verwertung von Patenten abzugelten.⁶⁶ MPG-Präsident Peter Gruss bezeichnete es Anfang der 2000er-Jahre als Selbstverständlichkeit, dass die Grundlagenforschung der MPG als Teil der von der Bundesregierung gestarteten Innovationsoffensive anzusehen sei.⁶⁷

Kritisch resümiert die Historikerin Ariane Leendertz: »Unter den Präsidenten Hubert Markl (1996–2002) und Peter Gruss (2002–2014) vollzog sich eine Ökonomisierung in der politischen Sprache der MPG.«⁶⁸ Präsident Markl war es auch, der die Gründung von selbstständigen Unternehmen zwecks wirtschaftlicher Verwertung neuer Forschungsergebnisse – also Ausgründungen oder Spinoffs – anders als seine Vorgänger ausdrücklich befürwortete und förderte.⁶⁹ Diese Form von Wissenschafts-Entrepreneurship verbreitete sich in den 1990er-Jahren in der Bundesrepublik rasant.⁷⁰ Mit 170 Ausgründungen zwischen 1990 und 2021 hatte die MPG einen erheblichen Anteil an dieser Entwicklung, wenn auch in geringerem Maße als die Fraunhofer-Gesellschaft und die Helmholtz-Gemeinschaft. Ähnlich stellte sich die Bilanz bei der Anmeldung von Patenten dar.⁷¹ Die Distanzen und Verbindungen innerhalb des Dreiecks Wissenschaft – Staat – Marktwirtschaft hatten sich damit verschoben. Eine gewisse Ökonomisierung der Forschung – oder zumindest der Forschungsergebnisse – gab es nun also auch in der MPG verstärkt; allerdings trat sie in vielen Untersuchungsfeldern gar nicht oder kaum auf, in anderen dagegen, etwa in den molekularen Lebenswissenschaften und der pharmazeutisch-medizinischen Forschung, ist sie geradezu strukturbildend geworden.⁷²

Schließlich beeinflusste die politische Integration Europas die Architektur des Dreiecks in der MPG. Sie hatte die Entstehung eines grenzüberschreitenden »Wissenschaftsraums« im westlichen Europa sowohl durch enge Zusammenarbeit einzelner Institute und Forschergruppen mit Partnern in anderen europäischen Ländern als auch durch aktive Mitarbeit in EG-Projekten befördert.⁷³ 1992 erreichte die politische Integration Europas mit dem Maastricht-Vertrag und der Begründung der Europäischen Union einen vorläufigen Höhepunkt. Diese wurde vor allem als Geldgeber immer wichtiger für die MPG. 1999 machten Gelder aus der europäischen Forschungsförderung ein Fünftel der Projektmittel aus, die die MPI insgesamt einwarben (siehe Abb. 37).

So sehr sich die MPG im Prinzip für die europäische Integration auszusprechen pflegte und so gern sie auch das Geld aus Brüssel annahm, so groß waren doch ihre Vorbehalte gegenüber der Forschungsförderungspolitik der EU-Kommission. Denn die Brüsseler Kommission pflegte die Gewährung von finanziellen Mitteln in einem bei der Forschung unbeliebten Top-down-Verfahren an die Fixierung inhaltlicher Schwerpunkte und an organisatorische Vorgaben zu knüpfen. Die Vergabeverfahren lagen in der EU sehr viel weniger in den Händen von Wissenschaftler:innen, als die MPG dies aus der Bundesrepublik kannte. Sie fürchtete schon während der Präsidentschaft von Lüst und erst recht ab den 1990er-Jahren, dass die aus übernationalen EU-Quellen stammenden Fördergelder die Freiheit und Autonomie bedrohten, die man in Deutschland als Forschungsgesellschaft genoss.⁷⁴

Die MPG reagierte darauf zum einen mit gezielter Lobbyarbeit in Brüssel, das heißt durch Adressierung von politischen Instanzen außerhalb des Nationalstaats, dessen Hilfe bei der Durchsetzung von Interessen im

---

64 MPG, Pressereferat: Hintergrundinformation zur 45. Ordentlichen Hauptversammlung der MPG vom 7. bis 10.6.1994, DA GMPG, BC 108348, fot. 14.
65 Protokoll Beirat Garching Innovation GmbH, 29.11.1993, GVMPG, BC 201077, fot. 121.
66 Drehbuch zur 33. Beiratssitzung am 10.10.1995, TOP 7 Genomforschung, GVMPG, BC 201077, fot. 284.
67 Gruss, Grundlagenforschung, 2004, 12; Henning und Kazemi, *Chronik*, 2011, 808, 836 u. 870.
68 Leendertz, Macht, 2022, 236.
69 Balcar, *Instrumentenbau*, 2018, 66–68. Siehe auch oben, Kap. II.5.
70 Giesecke, Forschung, 2001, 220–233; Schüler, *Biotechnologie-Industrie*, 2016, 366.
71 Schmoch, Wissens- und Technologietransfer, 2000, 27; Max-Planck-Gesellschaft, *Jahresbericht 2021*, 2022, 77; Gemeinsame Wissenschaftskonferenz, *Pakt*, 2012, 34–35; Gemeinsame Wissenschaftskonferenz, *Pakt*, 2022, 26–30.
72 Siehe dazu den folgenden Abschnitt.
73 Zu Zahlen und Beispielen siehe oben, Kap. III.3 und Kap. III.9.
74 Siehe Sachse, *Wissenschaft*, 2023, 167–197.

übernationalen Kontext jedoch umso wichtiger war. Zum anderen versuchte man, strategische Allianzen mit europäischen Wissenschaftsorganisationen zu schmieden. Dies erwies sich jedoch als schwierig, denn diese ließen sich nicht auf die Besonderheiten des deutschen Wissenschaftssystems und erst recht nicht auf die Sonderstellung festlegen, die die MPG innerhalb dieses Systems genoss.[75]

Die MPG musste andere Mittel finden, mit den Chancen und Bedrohungen umzugehen, die aus der fortschreitenden Internationalisierung der Forschung sowohl auf EU-Ebene wie auch global resultierten, und musste neue Wege finden, ihre Handlungsmöglichkeiten zu sichern und ihre Interessen durchzusetzen. Wie sich das Dreiecksverhältnis aus Wissenschaft, Staat und Wirtschaft auf Ebene der Forschung darstellte, soll am Beispiel der Lebenswissenschaften illustriert werden, die in den letzten Jahrzehnten eine markante Entwicklung durchgemacht haben.

3.3 Die Leitfunktion der Lebenswissenschaften

Dem Leitbild, der interdisziplinären und innovationsfördernden Grundlagenforschung zu dienen, so zeigt das Beispiel der Lebenswissenschaften, blieb die MPG treu. Besonders die molekulare Erforschung der Grundlagen des Lebens dominierte zunehmend die lebenswissenschaftliche Forschung in der MPG.[76] Aus deutscher Perspektive war dies nicht nur ein Ergebnis der internationalen Wissenschaftsentwicklung, sondern auch der Interessen von Wirtschaft und Politik an der Nutzbarmachung der molekularen Lebenswissenschaften für die Zwecke der Pharmazie, der Medizin und der Pflanzenzüchtung.

Während das staatliche Interesse an der Molekularbiologie in den 1950er-Jahren gering war, führte die Industrie ihr Engagement aus der NS-Zeit fort. Damals hatten Wirtschaftsunternehmen und Staatsstellen die Virusforschung als ein neues, interdisziplinäres und innovationsförderndes Forschungsgebiet in der KWG zusammen auf den Weg gebracht, vor allem wegen seiner voraussichtlichen Relevanz für die Praxis. Die KWG hatte man mit dieser Aufgabe betraut, weil die Beziehungen zwischen den Akteuren eingespielt waren und die KWG prädestiniert schien, solche noch in den Anfängen befindlichen Wissensgebiete zu bearbeiten.[77] Das Mitte der 1950er-Jahre gegründete MPI für Virusforschung nahm die landwirtschaftlich und medizinisch orientierte Virusforschung aus KWG-Zeiten auf und kooperierte zu diesem Zweck eng mit Nachfolgefirmen der IG-Farbenindustrie.[78]

Die enge Zusammenarbeit mit der Industrie folgte nicht zufällig dem Vorbild der chemischen und biochemischen Forschung, die jene als eine der wesentlichen Grundlagen ihres Erfolgs pflegte.[79] Neben dem Austausch von Knowhow und Materialien beinhalteten solche Kooperationen meist finanzielle Zuwendungen für die MPG und Zugriffsrechte der Industrie auf Forschungsergebnisse der MPG-Wissenschaftler:innen. Idealtypisch traf dies in der MPG auf die MPI für Eiweiß- und Lederforschung, für medizinische Forschung und für Biochemie zu, die als ehemalige KWG-Institute über angestammte Industrieverbindungen verfügten und diese in den 1950er- und 1960er-Jahren weiter ausbauten.[80] Die Bedeutung der Biochemie für die biowissenschaftliche Forschung, die Industrieinteressen an biomolekularen Wirkstoffen und die beginnende staatliche Förderung dieser ökonomisch relevanten Verbindung bildeten zusammen die Kennzeichen einer biochemisch und zugleich wirtschaftsnah geprägten Wissenschaftskultur, die die Entwicklung der molekularen Lebenswissenschaften in der MPG bis in die 1990er-Jahre hinein maßgeblich prägten.[81]

3.3.1 Aktualisierung alter Allianzen

Zwei wichtige Veränderungen beförderten den Aufstieg der molekularen Lebenswissenschaften in der MPG ab den 1970er-Jahren maßgeblich: zum einen die Veränderungen in der Forschungspolitik der Bundesregierung, zum anderen das Aufkommen der Gentechnik. Die umfangreichen Forschungsinitiativen der sozialliberalen Bundesregierung standen wie der von der US-Regierung ausgerufene »War

---

[75] Siehe oben, Kap. II.5.4 und Kap. IV.9; Sachse, *Wissenschaft*, 2023, 195–196.
[76] Hierzu und zum Folgenden siehe auch oben, Kap. III.9, sowie Schwerin, *Biowissenschaften*, in Vorbereitung.
[77] Gausemeier, *Ordnungen*, 2005, 275.
[78] Zur Praxisrelevanz der Virusforschung zu KWG-Zeiten siehe Munk, *Virologie*, 1995, 40–41; Rheinberger, Virusforschung, 2000; Lewis, *Continuity*, 2002, 79, 84–85 u. 91–100; Gausemeier, *Ordnungen*, 2005, 222–236 u. 275–277. Zu MPG-Zeiten siehe Schwerin, *Biowissenschaften*, in Vorbereitung.
[79] Reinhardt, *Forschung*, 1997; Haller, *Cortison*, 2012; Reinhardt, Basic Research, 1998; Bächi, *Vitamin C*, 2009; Ratmoko, *Chemie*, 2010.
[80] Hierzu und nachfolgend zu den Industrieverträgen der biochemischen MPI und des MPI für Virusforschung siehe Gaudillière, Better Prepared, 2005; Vaupel, Wieland, 2008; Sudrow, *Schuh*, 2010; Johnson, *New Dahlems*, 2023; Schwerin, *Biowissenschaften*, in Vorbereitung.
[81] Zur bislang kaum beachteten Bedeutung der Biochemie für die Entstehung der molekularen Biologie allgemein siehe Morange, *Black Box*, 2020, 2–3, Kap. 1.

on Cancer« im Zeichen einer stärkeren Indienstnahme der akademischen Forschung für drängende gesellschaftliche Belange. Doch während die US-Regierung in diesem Zusammenhang auch die biomedizinische Grundlagenforschung üppig bedachte, gingen die MPI in der Bundesrepublik leer aus. Die Forschungsagenda der MPI und die Förderprogramme der Bundesregierung passten nicht zusammen, da sich die MPI auf molekulare Biologie und Biomedizin konzentrierten, die Bundesregierung aber auf klassische Gesundheitsforschung und die Umweltwissenschaften.[82] Dies änderte sich mit dem Aufkommen der Gentechnik, verstärkt ab den 1980er-Jahren. Seitdem profitieren zunehmend die molekularen Lebenswissenschaften von den staatlichen Förderprogrammen, da Bund und Länder – ab den späten 1980er-Jahren auch die EU – auf den Brückenschlag zwischen biochemisch-molekularer Grundlagenforschung und ihrer Anwendung zielten, insbesondere in Verbundprojekten mit der Wirtschaft.[83] Die staatlichen Interventionen zeigten Wirkung: Während die MPI in den 1970er-Jahren noch kaum Projektforschung im Bereich der molekularen Biologie durchgeführt hatten – auch das erste Biotechnologie-Programm der Bundesregierung hatte nichts bewirkt –, betrieben Mitte der 1990er-Jahre 19 MPI biomedizinische Forschung oder Forschung im Bereich der Medizintechnik.[84]

Die Einführung der Gentechnik erneuerte die Zusammenarbeit von MPG und MPI mit der westdeutschen Großindustrie, wobei die staatliche Forschungspolitik bei dieser korporativ organisierten »nachholenden Modernisierung« die Rolle einer aktiv gestaltenden Industriepolitik spielte.[85] Um an den internationalen Wettbewerb anzuschließen, der um die Nutzbarmachung von Gen- und Biotechnologie in Wissenschaft und Wirtschaft entbrannt war, stellten Bund, Länder und die EU in den 1980er-Jahren mehrere Hundert Millionen DM zur Verfügung.[86] Die MPG-Leitung war in die Ausarbeitung der Förderstrategie, an der das Bundesministerium für Forschung und Technologie (BMFT) nur wenige ausgewählte Industrie- und Wissenschaftsvertreter Anfang der 1980er-Jahre beteiligte, eng eingebunden.[87] Eine innovative regionale Bündelung von Ressourcen sollte demnach die Implementierung der Gentechnik in die akademische Wissenschaft und den Wissenstransfer aus der Grundlagenforschung in die Industrie fördern. An allen vier der in der Bundesrepublik im Laufe der 1980er-Jahre eingerichteten sogenannten Genzentren war die MPG mit ihren Instituten beteiligt: zunächst an dem Münchner Zentrum, bestehend aus Universität, MPI für Biochemie und den industriellen Kooperationspartnern Hoechst AG und Wacker Chemie, sowie an dem Kölner Zentrum, das MPI für Züchtungsforschung, Universität und die Bayer AG als industriellen Kooperationspartner zusammenbrachte.[88] Aber auch das MPI für medizinische Forschung mit Standort in Heidelberg, das »Mekka für Molekularbiologie« zu jener Zeit, war später in die Strukturen und die Arbeit des Heidelberger Genzentrums eingebunden, das mit Unterstützung der industriellen Kooperationspartner Merck und BASF AG als Zentrum für Molekulare Biologie der Universität (ZMBH) gegründet wurde.[89] Die an den drei Zentren regional verankerte und mit rund 700 Millionen DM über zehn Jahre geförderte gentechnische und molekulare Forschung forcierte nicht nur den Anwendungsbezug, sondern auch das Ausgreifen der Molekularisierung auf andere Gebiete in der MPG, so auf die Pflanzenbiologie und -züchtung, die biochemisch-medizinische Grundlagenforschung und die Neurobiologie.[90] Schließlich beeinflusste auch das vierte Genzentrum in West-Berlin die MPG-Forschung, denn aus ihm

---

82   Der Plan für ein Institut für molekulare Medizin musste noch Anfang der 1980er-Jahre wegen knapper Mittel aufgegeben werden. Auszug aus dem Ergebnisprotokoll der BMS vom 22.1.1981, AMPG, II. Abt., Rep. 62, Nr. 713, fol. 5–6; Trautner: Zwischenbericht über die Arbeit der Kommission »Medizinische Molekularbiologie«, 19.8.1980, ebd., fol. 21–26. Zu den 1960er-Jahren siehe Butenandt: Einführung (Typoskript v. ca. 1965), AMPG, II. Abt., Rep. 62, Nr. 1309, fol. 3–18.
83   Dolata, Ökonomie, 1996, 130–137; Abels, Forschung, 2000, 93–104; Wieland, Technik, 2009, 225–238.
84   Im Jahr 1998 berechnete die GV, dass 54 Prozent der 124 Abteilungen und Arbeitsgruppen der Biologisch-Medizinischen Sektion (bio-)medizinisch relevante Forschung durchführten, fast alle in Drittmittelförderung, 75 Prozent in Kooperation mit Kliniken, 64 Prozent in Kooperation mit Wirtschaftsunternehmen, und zwar vor allem in den Bereichen der Krebsforschung, Neurowissenschaften, Pharmakologie, Molekularmedizin und Infektionsmedizin. Übersicht 1 in MPG: Hintergrundinformation zur 45. Ordentlichen Hauptversammlung, der MPG, 7.–10.6.1994, DA GMPG, BC 108348; Beck: Befragung von 124 Mitgliedern in der BM-Sektion der MPG, Januar 1998, AMPG, II. Abt., Rep. 62, Nr. 853, fol. 192; Beck: Zusammenfassung der Antworten zum Fragebogen der Präsidentenkommission »Klinische Forschung«, Januar 1998, AMPG, II. Abt., Rep. 62, Nr. 853, fol. 194–214.
85   Dolata, Modernisierung, 1992, 191; Abels, Forschung, 2000, 93.
86   Dolata, Modernisierung, 1992, 192; Gill, Gentechnik, 1991, 120–121; Wieland, Technik, 2009, 232. Zur EU siehe Abels, Forschung, 2000, 95 u. 98.
87   Siehe dazu den Aktenbestand in AMPG, II. Abt., Rep. 1, Nr. 634 u. 651. Siehe auch Wieland, Technik, 2009, 228–231.
88   Dolata, Ökonomie, 1996, 148–154.
89   Sakmann und Stahnisch, Interview, 2021, 3–4. Zur führenden Rolle des EMBL für den Standort Heidelberg siehe unten, Kap. IV.9.
90   Zur Finanzierung siehe Dolata, Ökonomie, 1996, 150.

3. Die MPG zwischen Staat und Wirtschaft

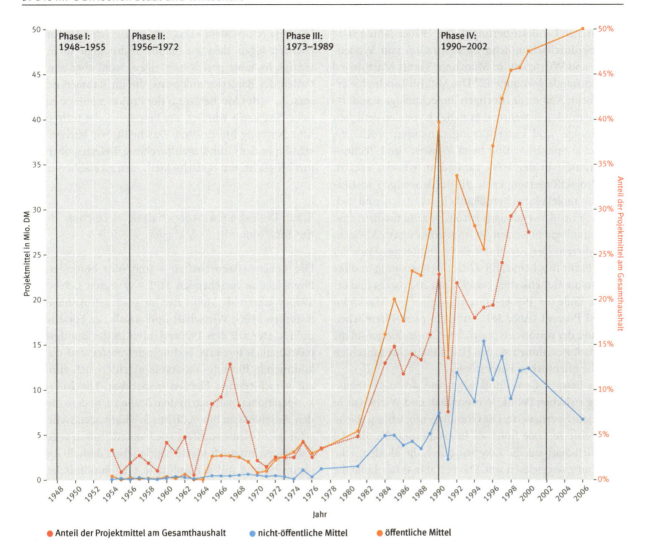

ging in den 1990er-Jahren das MPI für molekulare Pflanzenphysiologie in Potsdam-Golm hervor.[91]

Die Investitionen des Bundes in die gen- und biotechnologische Forschung und Infrastruktur der MPI summierten sich über neun Jahre auf knapp 95 Millionen DM, verteilt auf fünf wesentliche Standorte: das MPI für Psychiatrie mit 2,4 Millionen DM, das MPI für biophysikalische Chemie mit 3,7, das – für diesen Zweck gegründete – Max-Delbrück-Laboratorium mit 15 Millionen DM, das MPI für Biochemie mit 21,3 und das MPI für Züchtungsforschung mit 52,2 Millionen DM.[92] Der Bund finanzierte auf diese Weise auch eine Reihe von temporären gentechnologischen Forschungsgruppen an verschiedenen Instituten. Starke regionale Anreize setzten zusätzlich die Länder durch regionale Förderprogramme wie etwa den BioRegio-Wettbewerb. Ohne das Zutun der

Abb. 38 Fördermittelabhängigkeit der drei molekularbiologisch ausgerichteten MPI für Biochemie, für biophysikalische Chemie und für Züchtungsforschung (1955–2005). Unterschieden sind die Fördermittel aus öffentlichen Quellen (orange durchgehend; linke Ordinate) und nur die nicht-öffentlichen inkl. der privatwirtschaftlichen Zuwendungen (blau durchgehend; linke Ordinate), jeweils zusammengerechnet für die drei Institute und absolut in DM sowie der Anteil aller Fördermittel am Gesamthaushalt dieser Institute in Prozent (rot gestrichelt; rechte Ordinate). Die Beträge sind inflationsbereinigt. Bestehende Datenlücken für die Jahre 1978–1980, 1982–1983, 1993 und 2001–2005 sind extrapoliert. – Quellen: Jahresrechnungen der MPG und Berichte zur Projektförderung, AMPG, II. Abt., Rep. 69, diverse Nummern; GV MPG, diverse Barcodes. Erstellt von Alexander v. Schwerin, Anastasiia Malkova, Paul Schild und Robert Egel; doi.org/10.25625/WNQ3HS.

---

91 Schwerin, *Biowissenschaften*, in Vorbereitung.
92 Fördersumme einschlägiger Projekttitel in den Anlagen 3.1.14, 7 bzw. 8 »Projektförderung« in den Jahresrechnungen der Max-Planck-Gesellschaft e. V. für die Jahre 1984 bis 1992, GVMPG, BC 216900, BC 216902, BC 246746 u. BC 246747.

bayerischen Landesregierung ab den 1970er-Jahren wäre die überdurchschnittliche Konzentration von Wissenschaft und Wirtschaft im Münchner Vorort Martinsried nicht zustande gekommen.[93] Das MPI für Biochemie erfüllte beim Aufbau des dortigen Biotechnologiestandorts eine Leitfunktion, während es zugleich von den örtlichen Forschungs- und Unterstützungsstrukturen profitierte, was seine Spitzenstellung beim Wissens- und Technologietransfer in der MPG zumindest teilweise erklärt. Die Projektförderung ermöglichte denjenigen Instituten, die molekularwissenschaftlich arbeiteten und sich zugleich im Anwendungshorizont von Biomedizin und Biotechnologie bewegten, in ungewöhnlichem Maße zu expandieren. Der Anteil der Projektmittel am Haushalt der MPI für Biochemie, für Züchtungsforschung und für molekulare Genetik stieg bis 1990 auf 20 Prozent und erreichte Ende der 1990er-Jahre ein vorläufiges Maximum von 30 Prozent (Abb. 38). Auch die nicht-öffentlichen inklusive der privatwirtschaftlichen Zuwendungen an die drei Institute nahmen zu, den Hauptunterschied machten aber die öffentlichen Fördertöpfe.

Das Beispiel Gentechnik zeigt, wie sich die Arbeitsteilung zwischen Politik, Wissenschaft und Wirtschaft in jenen Jahren erneuerte. Die Grundlagenforschung spielte darin eine zentrale Rolle als Innovationsquelle, für die die Wirtschaft auf die Zuarbeit durch die akademische Forschung angewiesen war. Das betraf in erster Linie die Großindustrie, die ihrerseits allein über die Forschungskapazitäten verfügte, die Optionen der Grundlagenforschung bis zur Marktreife möglicher Produkte weiterzuentwickeln. Unausgesprochene Voraussetzung dafür war, dass sich die MPI, wie zu KWG-Zeiten, zunehmend auf jene *technologieorientierte* Grundlagenforschung konzentrierten, die für die Großindustrie überhaupt von Interesse sein konnte. Zum Teil taten sie dies in ausgesprochen direkter Form, in dem sie, wie das MPI für Züchtungsforschung, direkt der Industrie zuarbeiteten.[94] Der Direktor am MPI für Biochemie, Dieter Oesterhelt, erklärte, wie Grundlagenforschung und Anwendungsorientierung in der Praxis der MPI aber auch ohne Projektabsprachen harmonieren konnten, und zwar am Beispiel des Bakteriorhodopsins, eines jener rätselhaften Biomoleküle, die die MPI an den Grenzen biologischen Wissens erforschten: »Das Schöne ist: Ich kann mit Sicherheit sagen, dass wir für die Technologie nicht eine einzige Mutante gezielt herstellten, wohl aber alle Mutanten des Bakteriorhodopsins, die im Rahmen der Erforschung des Mechanismus der Protonenpumpe isoliert oder hergestellt wurden, auf eine mögliche technologische Nutzung hin prüften. Das heißt, wir blieben vollständig in der Grundlagenforschung, lieferten aber alles uns Mögliche, um optische Methoden zu etablieren.«[95]

3.3.2 Die Lebenswissenschaften im Zeichen der Bioökonomie

Die Lebenswissenschaften – und hier besonders die biomolekular forschenden MPI – erwiesen sich in den 1990er-Jahren als Motor der fortgesetzten Annäherung zwischen MPG, Wirtschaft und staatlicher Forschungspolitik. Der seit den 1970er-Jahren in der Bundesrepublik staatlich forcierte Technologietransfer und die aufkommende Biotech-Ökonomie machten sich zunächst auf verschiedenen Ebenen bemerkbar. Die Industriekooperationen nahmen in dem Maße zu, in dem die MPI den Anschluss an biomedizinisch-pharmazeutische Forschungsprobleme suchten. Die biomedizinisch angelegte Laborforschung erforderte häufig schon deshalb die Zusammenarbeit mit der Industrie, weil vorklinische und klinische Studien die Möglichkeiten einzelner MPI überstiegen, wie sich am MPI für Biochemie zeigen lässt.[96] In den 1970er-Jahren hatten sich die (offiziell erfassten) Industriezuschüsse auf 20.000 bis 50.000 DM jährlich beschränkt; sie kamen im Wesentlichen aus den Kassen von Industriestiftungen und -verbänden sowie von den Konzernen BASF, Bayer, Boehringer und Hoechst. Dagegen waren es Anfang der 1990er-Jahre knapp 50 private Geldgeber, die zusammen zwei Millionen DM investierten, auf einzelne Wissenschaftler:innen, Abteilungen und Arbeitsgruppen des Instituts verteilt.[97] Auch die Institute der molekularen und gentechnischen Züchtungsforschung, die weder über die Ressourcen verfügten noch das Ziel verfolgten, neue Pflanzensorten selbst zur Marktreife zu bringen, praktizierten Wissens- und Technologietransfer im Rahmen vertraglich geregelter Industrie-

---

93 Heßler, *Die kreative Stadt*, 2007; Rimkus, *Wissenstransfer*, 2008, 32–40; Trunk, Max-Planck-Institut für Biochemie, 2010; Johnson, *New Dahlems*, 2023. Siehe auch unten, Kapitel IV.7.3.
94 Siehe oben, Kap. III.3.4.
95 Oesterhelt und Grote, *Leben*, 2022, 183.
96 Kaufmann, Infektion, 1998, 55.
97 Jahresrechnungen der MPG und Berichte zur Projektförderung für die 1970er-Jahre bzw. das Jahr 1992, AMPG, II. Abt., Rep. 69, Nr. 819–826 bzw. Anlage 8.3, S. 91–93, GVMPG, BC 246747, fol. 748–750.

kooperationen.⁹⁸ Allerdings muss man zwischen stark und weniger stark in Wissens- und Technologietransfer eingebundenen MPI unterscheiden. Stark eingebunden waren Anfang der 1990er-Jahre ausschließlich biomolekular ausgerichtete Institute.⁹⁹

Die ein Jahrzehnt zuvor bei Einführung der Gentechnik gebildete Allianz aus Politik, Wirtschaft und Wissenschaft setzte sich beim forcierten Einstieg in die Genomforschung fort, nun allerdings unter den Vorzeichen einer »Europäisierung der Biotechnologie«.¹⁰⁰ Mithilfe von Sonderprogrammen sollte die Genomforschung, wie die Gentechnik zuvor, im Hauruckverfahren implementiert werden. Die Initiierung der Programme (für die die Bundesregierung und die EU große Geldsummen zur Verfügung stellten), der Aufbau internationaler Forschungskonsortien und die dazugehörigen organisatorischen Entscheidungen innerhalb der MPG standen in engem zeitlichen Zusammenhang.¹⁰¹ Das im Jahr 1992 gegründete MPI für molekulare Pflanzenphysiologie in Potsdam-Golm war neben dem MPI für Züchtungsforschung in Köln führend in das 162 Millionen Euro schwere und von 1999 bis 2014 laufende Bundesprogramm zur Pflanzengenomforschung (Genomanalyse im biologischen System Pflanze: GABI) eingebunden.¹⁰² Ab den späten 1990er-Jahren war auch das MPI für Entwicklungsbiologie in die Genominitiative des Bundes mit Aufgaben bei der Kartierung des Zebrafischgenoms einbezogen, ebenso das MPI für Immunbiologie bei der Mutationsanalyse von Modellorganismen.¹⁰³ Die führende Rolle, die Max-Planck-Institute bei GABI spielten, belegt, wie sehr die Vorgaben der Politik zum Wissens- und Technologietransfer in den MPI auf fruchtbaren Boden fielen. Das vom BMFT im Jahr 1998 aufgelegte Pflanzengenomprojekt zielte neben dem »wissenschaftlichen Ertrag« auf messbaren »wirtschaftlichen Ertrag« und »Wissenstransfer« bis in die Wertschöpfungskette hinein.¹⁰⁴ Soweit die geförderten Forschungsinstitutionen nicht ohnehin schon mit der Industrie kooperierten, wurden sie verpflichtet, mit der eigens vom BMFT eingerichteten Patent- und Lizenzagentur zusammenzuarbeiten.¹⁰⁵ Mehr als 40 Patente und acht Firmengründungen gingen aus GABI hervor, darunter vier Spin-offs aus MPI.

In der Fülle »anwendungsnaher Ergebnisse«, die die MPI Anfang der 1990er-Jahre an die MPG-Leitung meldeten, zeigte sich, wie eng Grundlagenforschung sowie Wissens- und Technologietransfer inzwischen zusammengerückt waren.¹⁰⁶ Der MPG kam der Bedeutungsgewinn der Lebenswissenschaften gelegen. Denn im Gegensatz zu früheren Zeiten verfolgte sie die Projektforschung nicht nur zur Beschwichtigung öffentlicher Erwartungen, sondern auch als Strategie der Institutsfinanzierung angesichts rückläufiger Haushaltsmittel des Bundesministeriums für Bildung und Forschung (BMBF) ab Mitte der 1990er-Jahre. Da kam es außerordentlich gelegen, dass die MPI in der Akquise von Fördermitteln aus der Staatskasse reüssierten: zum einen in der Aeronomie und extraterrestrischen Physik mit rund 160 Millionen DM, zum anderen in Biomedizin und Gentechnologie mit 124 Millionen DM (davon 20 Millionen DM für die Genomforschung).¹⁰⁷ Die Zusammenarbeit mit der Industrie und der Wissens- wie Technologietransfer galten nun als Beleg für die Leistungsfähigkeit der MPI und die MPI mit molekularer Ausrichtung in dieser Hinsicht als vorbildlich.¹⁰⁸ Die New Economy beförderte den Bedeutungsgewinn der molekularen Lebenswissenschaften. Der Börsenhype um die aus der Wissenschaft heraus gegründeten Start-up-Techfirmen fand zwar Anfang des neuen Jahrhunderts ein jähes Ende, stoppte aber weder

---

98 Siehe dazu oben, Kap. III.9.
99 Das waren das MPI für Biochemie mit 37 Industriekooperationen, das MPI für Züchtungsforschung mit 28 und das MPI für biophysikalische Chemie mit 14. Deutlich weniger Industriekooperationen unterhielten dagegen die MPI für Psychiatrie (8), für medizinische Forschung (6), für experimentelle Medizin (5) und das MPI für neurologische Forschung (5), wohingegen nicht molekular ausgerichtete Institute nur ganz vereinzelt Kooperationen vermeldeten. In der Chemisch-Physikalisch-Technischen Sektion waren es die MPI für Polymerforschung und für Metallforschung, die besonders viele Industriekooperationen (32 bzw. 19) unterhielten. Jahresrechnungen der MPG und Berichte zur Projektförderung für das Jahr 1992, GVMPG, BC 246747.
100 Bongert zitiert nach Abels, Forschung, 2000, 93 u. 136–141; Suffrin, Party, 2023.
101 Zur Finanzierung und zum relativ geringen Gewicht im Gesamtforschungsbudget der EU siehe Abels, Forschung, 2000, 102–107, 138–140 u. 191–197.
102 Capgemini Consulting, Evaluation, 2013, 7 u. 46.
103 Generalverwaltung der Max-Planck-Gesellschaft, Jahrbuch 1998, 1998, 169 u. 206.
104 Hier und nachfolgend Capgemini Consulting, Evaluation, 2013, 17–26.
105 Ebd., 39.
106 Antwortschreiben der MPI auf die Aufforderung von Präsident Zacher mit Schreiben vom 17.12.1993, über »anwendungsnahe Ergebnisse« der Forschungsarbeiten, insbesondere Industriekooperationen und Patente, zu berichten, in: DA GMPG, BC 108348, fot. 23.
107 MPG: Bericht Projektförderung 1995, S. 1, AMPG, II. Abt., Rep. 69, Nr. 900.
108 Markl, Forschung, 1998, 26. Zur Governance siehe Schüler, Biotechnologie-Industrie, 2016, 374; Balcar, Instrumentenbau, 2018.

die weitere Technisierung der biowissenschaftlichen Forschung in der MPG noch die Ausgründung eigener Forschungsfirmen (Spin-offs), die zum Teil in Konkurrenz zu den Kooperationen mit der Großindustrie standen.[109] An diesen neuen Formen des Wissenschafts-Entrepreneurships waren Lebenswissenschaftler:innen im Vergleich mit Kolleg:innen aus der Chemisch-Physikalisch-Technischen Sektion (CPTS) besonders häufig beteiligt, vor allem an solchen mit biomedizinisch-pharmazeutischer Ausrichtung.[110] Darunter befanden sich börsennotierte Unternehmen, die wie Biogen, Evotec und Morphosys langfristige kommerzielle Erfolge erzielten, Unternehmen, die in der Industrie aufgingen (z. B. SUGEN, Plant-Tec GmbH, ARTEMIS Pharmaceuticals GmbH), sowie zahlreiche kleinere Gesellschaften mit schmalem Portfolio.[111] Institute der CPTS und der Biologisch-Medizinischen Sektion (BMS) nahmen also mit unterschiedlicher Intensität an den Gründungsaktivitäten teil.[112] Darin spiegeln sich zum einen die Bedeutung der molekularwissenschaftlichen Laborforschung und der Biotech-Industrie für die Ökonomisierung der Forschung in den letzten 30 Jahren, zum anderen gewachsene strukturelle Unterschiede, wie der Wissens- und Technologietransfer in den verschiedenen Wissenschaften bewerkstelligt wurde.[113]

Die MPG-eigene Verwertungsagentur Garching Instrumente (GI) machte sich zur besonderen Aufgabe, die beschriebene Entwicklung in den Lebenswissenschaften zu fördern.[114] Nachdem die MPG-Leitung zu Beginn der Gentechnik-Ära noch ablehnend auf Firmengründungen von Max-Planck-Direktor:innen reagiert hatte, galten die vielen biomedizinischen Entdeckungen, die in enger Zusammenarbeit mit »in- und ausländischen Pharmafirmen unmittelbar zur therapeutischen oder diagnostischen Anwendung geführt« hatten, inzwischen als wichtiges Aushängeschild.[115] Während die Entwicklung von Werkstoffen und Forschungstechnologien bis Anfang der 1990er-Jahre das Geschäftsfeld von GI dominiert hatte, rückten nun die Lebenswissenschaften und pharmazeutischen Entwicklungen in den Vordergrund.[116] Die Technisierung der molekularen Lebenswissenschaften vollzog sich keineswegs nur unter den Auspizien der MPG-eigenen Verwertungsagentur; die chemisch-technischen Institute, die im Laufe der 1990er-Jahre Biomoleküle als Reagenzien und Arbeitsstoffe der Bioökonomie entdeckten und damit ab den 2000er-Jahren in den Mittelpunkt der Hybridisierung von Chemie und molekularen Lebenswissenschaften rückten, verfügten zumeist über etablierte Verbindungen zur Industrie und brauchten nicht auf die Vermittlung durch GI zurückzugreifen.[117] Die Vielzahl von Geschäftsideen auf biotechnischer Grundlage schlug sich dann schließlich auch in vermehrten Unternehmensgründungen aus chemisch-technischen Instituten nieder.[118]

---

109 Welsch, New Economy, 2003; Schüler, *Biotechnologie-Industrie*, 2016, 376–382. Zur Konkurrenz siehe Schwerin, *Biowissenschaften*, in Vorbereitung.

110 Unter den Firmengründungen zwischen den Jahren 1990 und 2000 zählte die MPG-eigene Verwertungsagentur 17 aus den Life Sciences, dagegen nur fünf aus den Gebieten Chemie, Physik und Technik; bis ins Jahr 2021 kamen weitere 29 bzw. 26 hinzu. Hierzu und zum Nachfolgenden siehe die Geschäftsberichte, Quartalsberichte und Jahresabschlüsse der Garching Innovation GmbH für die Jahre 1990 bis 2003 in den Finanzakten der MPG, GVMPG, BC 201080, 237114, 237118 bis 237122; Berichte von Max-Planck-Innovation GmbH in den Jahresberichten der MPG für die Jahre 2006 bis 2021.

111 Zum allgemeinen Trend siehe Robbins-Roth, *Zukunftsbranche*, 2001, 240–245. Zu einer Liste von Spin-offs siehe Max-Planck-Innovation, www.max-planck-innovation.com/spin-off/innovative-spin-offs.html.

112 Die Ausgründungen aus den Lebenswissenschaften, Chemie, Physik und Technik haben sich erst in den letzten Jahren angeglichen. Max-Planck-Gesellschaft, *Jahresbericht 2006*, 2007, 63; Max-Planck-Gesellschaft, *Jahresbericht 2017*, 2018, 62.

113 Nahezu alle lebenswissenschaftlichen Firmengründungen bewegten sich im Feld der biochemisch-molekularen Forschung (42 von insgesamt 46). Ein Großteil zielte auf medizinische Anwendungen (28) und speziell auf pharmazeutische Wirkstoffentwicklung (25). Das MPI für Biochemie vereinte mit zehn die meisten Ausgründungen auf sich, gefolgt vom MPI für biophysikalische Chemie mit acht, den MPI für molekulare Genetik und molekulare Pflanzenphysiologie mit jeweils fünf und dem MPI für molekulare Zellbiologie und Genetik mit vier.

114 Balcar, *Instrumentenbau*, 2018 sowie oben, Kap. II.5.

115 Markl, Forschung, 1998, 26.

116 Zu bedenken ist, dass das Portfolio von GI nicht die gesamten Verwertungsaktivitäten der MPI abbildet. Die durch GI erzielten Einnahmen aus der Verwertung von Forschungstechnologien und Werkstoffen fielen seit Anfang der 1990er-Jahre bei fast stetig wachsenden Gesamteinnahmen (2003: 17,7 Millionen DM). Dagegen stiegen die Verwertungseinnahmen aus der biomedizinischen und pharmazeutischen Forschung kontinuierlich und machten im Jahr 2003 über 80 Prozent der Einnahmen von GI aus. Garching Innovation: Geschäftsbericht für das Jahr 1990, GVMPG, BC 237118, fol. 27; Garching Innovation: Geschäftsbericht für das Jahr 2003, GVMPG, BC 201080. Zu FLASH siehe auch Balcar, *Instrumentenbau*, 2018.

117 Siehe oben, Kap. III.9.

118 Von 31 CPTS-Firmen (17 davon nach dem Jahr 2000 gegründet) arbeiteten 19 im biotechnischen Bereich, 15 davon speziell im Bereich der molekularen Lebenswissenschaften und/oder der Biomedizin. Geschäftsberichte, Quartalsberichte und Jahresabschlüsse der Garching

Die MPG musste allerdings weiterhin die richtigen Anreize setzen, damit die Erlöse aus der eigenen Bioökonomie nicht versiegten. Die ökonomische Produktivität der Lebenswissenschaften war jedenfalls kein Selbstläufer, wie sich Anfang der 2000er-Jahre zeigte. Als sich wegen der komplexer werdenden Entwicklungsschritte vom Labor bis hin zum marktreifen Produkt eine Lücke zwischen »der Entdeckung im Rahmen der ergebnisoffenen Grundlagenforschung« und der wirtschaftlichen Verwertung auftat, begannen die Einnahmen aus dem Biomolekül-Sektor zu stagnieren. Garching Innovation drohte in eine Krise zu stürzen.[119] Beiden, MPG und Industrie, war daran gelegen, die bewährte Zusammenarbeit fortzuführen. In den Folgejahren gelang es, die »Wertschöpfungslücke« zu schließen.

3.4 Fazit

Zweifellos hat staatliche Politik die MPG erheblich beeinflusst. Das geschah in den ersten Jahren nach dem Krieg durch die Alliierten und dann vor allem durch Länder und Bund, die der geplanten Gründung neuer Institute, großen Investitionen und anderen wichtigen Vorhaben zustimmen mussten. Die oft miteinander konkurrierenden Länder beeinflussten maßgeblich die Standortwahl für neue Institute. Bund und Länder hatten nicht nur die für die MPG einschlägigen vereinsrechtlichen Ordnungen, steuerlichen Vorschriften und personalpolitischen Regeln erlassen, sie übten auch die dazugehörige Rechts- und Verwaltungsaufsicht aus. Ausmaß und Intensität der behördlichen Regulierungen nahmen über die Jahrzehnte zu.[120] Immer intensiver griff Politik als Wissenschaftspolitik in die Wissenschaften ein.

Aus der Perspektive der Politik war wissenschaftliche Forschung ein teures, aber von der Allgemeinheit zu förderndes Unternehmen, das indirekt und langfristig der wirtschaftlichen Kraft, dem gesellschaftlichen Fortschritt sowie dem Ansehen und der Macht des Gemeinwesens zugutezukommen versprach. Die Politik drängte auf Beweise der Nützlichkeit von Wissenschaft. Auch wenn ihre diesbezüglichen Erwartungen von der auf ihre Freiheit und Autonomie pochenden MPG oft enttäuscht wurden, hatten wissenschafts- und forschungspolitische Schwerpunktsetzungen der Politik im Bund und in Europa – über grundlegende Entscheidungen, Projektmittel und andere Anreize vermittelt – durchaus Wirkung auf die wissenschaftliche Schwerpunktsetzung in der MPG. Und schließlich war die MPG vor allem in den späteren Jahren wie andere Forschungseinrichtungen auch auf staatliche Vermittlung und Hilfestellung angewiesen, um im sich verschärfenden internationalen Wettbewerb und in grenzüberschreitenden Kooperationsprojekten beispielsweise der EU zu bestehen.

Der Einfluss der Industrie auf die Forschung in der MPG wie auf die Verwertung ihrer Ergebnisse hat seit 1948 ebenfalls zugenommen. Das Bedürfnis großer Teile der Industrie nach der Nutzbarmachung der Ergebnisse einschlägiger wissenschaftlicher Forschung – schon ein wichtiger Faktor bei der Gründung der KWG – ist in der sich entwickelnden Wissensgesellschaft der zweiten Hälfte des 20. und des frühen 21. Jahrhunderts weiter gewachsen, gerade mit Blick auf die Grundlagenforschung als Voraussetzung wissensbasierter Technologieentwicklung. Dem versuchte die Industrie durch umfangreiche Investitionen in unternehmensinterne Forschung und Entwicklung Rechnung zu tragen, aber auch durch Kooperation mit Partnern in der primär aus öffentlichen Mitteln finanzierten akademischen Welt, in den Hochschulen und den Institutionen der außeruniversitären Forschung.[121] Die MPG hatte sich zwar auf Grundlagenforschung festgelegt und grenzte sich damit von der Bedienung kurzfristiger Wirtschafts- und Staatsinteressen ab, sie besetzte damit aber, wie Vertreter von Industrie und Staat verschiedentlich betonten, einen wichtigen Platz im Innovationsprozess. Die Beschwörung von Grundlagenforschung als Markenzeichen der MPG diente unterschiedlichen Zwecken, und die Interpretation, was jeweils als Grundlagenforschung galt, wurde immer wieder kontextbezogen neu ausgehandelt. Aber dass Grundlagenforschung dem naturwissenschaftlich-technischen Fortschritt dienen, Grundlagen für künftige Innovationen legen und insofern auch von großem wirtschaftlichem Nutzen sein sollte, das war schon ein entscheidendes Motiv für die Gründung der KWG gewesen und blieb auch in der MPG nach 1948 unbestritten. Es ist seit dem späten 20. Jahrhundert in der Selbstdarstellung der Gesellschaft immer offener betont worden.[122] Die MPG erfüllte insofern eine spezifische Funktion im deutschen Innovationssystem, das vor allem in den letzten

---

Innovation GmbH für die Jahre 1990 bis 2003 in den Finanzakten der MPG, GVMPG, BC 201080, 237114, 237118 bis 237122; Berichte von Max-Planck-Innovation GmbH in den Jahresberichten der MPG für die Jahre 2006 bis 2021.
119 Hier und nachfolgend Ergebnisvermerk der internen Besprechung des Beirats, 28. Januar 2004, GVMPG, BC 201080, fot. 138.
120 Schön, *Grundlagenwissenschaft*, 2015, 14–22; Schön, Governance, 2020, 1127.
121 Grundsätzlich Weingart, *Stunde*, 2005, 171–231; Szöllösi-Janze, Wissensgesellschaft, 2004.
122 Dazu beispielsweise Gruss, Grundlagenforschung, 2004.

Jahrzehnten zunehmend und darin einem internationalen Trend folgend auf die Vermehrung und den Transfer von Wissen in die Wirtschaft ausgerichtet war.[123]

Die MPG hat sich also, ohne ihre Grundsätze zu verleugnen, privatwirtschaftlichen Kooperationsbedürfnissen nie wirklich verschlossen, sie hat sie vielmehr in vielen Fällen gesucht und sich ihnen zunehmend geöffnet, auch in der Weise, wie sie ihre Schwerpunkte ausgebildet und entwickelt hat. Die MPG-internen Vorbehalte gegen die unmittelbare wirtschaftliche Verwertung wissenschaftlicher Ergebnisse verloren sukzessive an Kraft. Wenn auch, aufs Ganze gesehen, die Zuwendungen aus der Privatwirtschaft an die MPG weit hinter der Finanzierung aus öffentlichen Geldern zurückblieben, waren sie keineswegs unbedeutend. Besondere Aufmerksamkeit verdienen hierbei die Kooperationsbeziehungen zwischen einzelnen Industrieunternehmen und einzelnen MPI. Sie konnten zu beiderseitigem Nutzen sehr stabil sein und den beteiligten leitenden Wissenschaftlern nicht nur regelmäßige Zusatzeinkünfte, sondern auch deutlich verbesserte Arbeits- und Forschungsbedingungen einbringen, während das beteiligte Unternehmen von zunächst nur ihm zugänglichen neuesten Forschungsergebnissen profitierte.[124] Trotz ihrer weiter bestehenden Distanz zur direkten Anwendungs- und Auftragsforschung hat sich die MPG ab den 1990er-Jahren nur noch schwach und partiell gegen die zeittypische Ökonomisierung der wissenschaftlichen Forschung und die Kommerzialisierung (eines Teils) ihrer Ergebnisse gewandt, wobei zunächst vor allem das Patentwesen und später die Ausgründung spezialisierter kommerzieller Firmen – Start-ups, Spin-offs – eine große Rolle spielten.

Die Verflechtung von Wissenschaft, Politik und Wirtschaft geschah auch auf der Führungsebene der MPG, im Verwaltungsrat und im Senat, dem wichtigsten Entscheidungsorgan der Gesellschaft, und zwar mit zunehmendem Gewicht der Wirtschaft.[125] Dass im Senat leitende Wissenschaftler aus der MPG die größte Gruppe stellten, verwundert ebenso wenig wie die Tatsache, dass Vertreter von Politik und Verwaltung aus Bund und Ländern, die den Haushalt der MPG weitestgehend finanzierten, Sitz und Stimme im zentralen Entscheidungsorgan der Gesellschaft energisch forderten und besaßen. Die Wahl einer überproportional wachsenden Zahl von Unternehmern und Managern aus Industrie und Finanzwelt erschien dagegen schon der zeitgenössischen Kritik weniger selbstverständlich.[126] In der Leitung der MPG scheint dies nicht kontrovers gewesen zu sein.

Der MPG ging es nicht zuletzt darum, durch Einbeziehen einflussreicher Wirtschaftsvertreter zusätzlichen Zugang zu nützlichen Kontakten, Spenden, ökonomischer Beratungskompetenz – der Schatzmeister der MPG war durchweg eine Person aus Bankenwelt oder Großindustrie – und sonstiger Unterstützung zu gewinnen. Dafür räumte sie der Wirtschaft und ihren spezifischen Interessen großes Gewicht und erhebliche Einflussmöglichkeit ein, mehr als jeder anderen gesellschaftlichen Gruppe. Sehr namhafte und einflussreiche Kapital- und Unternehmensvertreter – zum Beispiel Carl Wurster (BASF), Eberhard von Kuenheim (BMW) und Alfred Herrhausen (Deutsche Bank) – konnten für die Mitarbeit und für leitende Ämter (wie das eines Vizepräsidenten oder Schatzmeisters) in der MPG gewonnen werden. Sie arbeiteten intensiv im Senat und seinen Ausschüssen wie auch im Verwaltungsrat[127] mit, sie engagierten sich in den Entscheidungsprozessen und übten Einfluss aus, etwa bei der Gründung von neuen Instituten, bei der die MPG auch Impulsen aus der Industrie folgen konnte.[128] Umgekehrt nahmen führende Wissenschaftler der MPG Beraterverträge mit Industrieunternehmen und Positionen in den Aufsichtsräten großer Wirtschaftsunternehmen wahr, wie etwa Butenandt bei Bayer, Lüst bei Daimler-Benz Aerospace, Markl bei Hoechst und Gruss bei Siemens und der Münchener Rückversicherung.[129] Diese Art von Elitenverflechtung war Teil des Systems.

Die MPG war also in vielfacher Weise offen für Einflüsse aus der staatlichen Politik und aus der Privatwirtschaft. Ihre Strukturen sahen solche Einflussmöglichkei-

---

123 Zur Begrifflichkeit siehe Freeman, National Systems of Innovation, 1995; Trischler, Innovationssystem, 2004; Stehr, *Wissenskapitalismus*, 2022. Zur Grundlagenforschung als Innovationsfaktor siehe Dolata, *Modernisierung*, 1992, 293–303; Berman, *University*, 2012.

124 Ein besonders ausgeprägtes Beispiel stellt die über Jahrzehnte andauernde Zusammenarbeit zwischen der Schering AG (zum Teil in Verbindung mit anderen Chemiefirmen) und dem von Adolf Butenandt geleiteten MPI für Biochemie in Tübingen dar. Dazu und zu anderen Beispielen siehe Gaudillière, Biochemie und Industrie, 2004; Schwerin, *Biowissenschaften*, in Vorbereitung; Johnson, *New Dahlems*, 2023; Balcar und Schneider, Science Business, 2024, 10–12.

125 Für Zahlen und Namen siehe Heinemann, Wiederaufbau der KWG, 1990, 467–470; Balcar, *Wandel*, 2020, 200–206. Zu weiteren Zahlen und Details siehe unten, Kap. IV.4.2.1; Max-Planck-Gesellschaft, *Mitglieder-Verzeichnis*, 1995, 5–12.

126 Jentsch, Kopka und Wülfing, Ideologie und Funktion, 1972; Hirsch, *Fortschritt*, 1973, 215–216 u. 228–229. Zur sozialkritischen Auseinandersetzung mit der MPG in den späten 1960er- und frühen 1970er-Jahren siehe oben, Kap. II.3.

127 Im Verwaltungsrat saßen zeitweise mehr Wirtschafts- als Wissenschaftsvertreter (etwa 1971).

128 Beispielsweise bei der Gründung des Instituts für Polymerforschung in Mainz. Wegner, *MPI für Polymerforschung*, 2015.

129 Zu weiteren Beispielen siehe Balcar und Schneider, Science Business, 2024, 9–10.

3. Die MPG zwischen Staat und Wirtschaft

ten ausdrücklich vor. Es bestand aber kein hierarchisches Verhältnis, innerhalb dessen die MPG oder ihre Wissenschaftlichen Mitglieder Anweisungen der Geldgeber aus Politik und Wirtschaft auszuführen gezwungen gewesen wären. Ganz im Gegenteil. Denn zum einen hatten auch diese ihre Anstöße und Einwände in komplexen Diskussions-, Aushandlungs- und Entscheidungsprozessen geltend zu machen, in denen wissenschaftliche Argumente und wissenschaftliche Kompetenz durchweg eine gewichtige Rolle spielten und spielen mussten, sollten die Institution und ihr Ansehen nicht beschädigt werden, was keiner der Beteiligten wünschen konnte. Die Einflussnahmen erfolgten überdies durchaus wechselseitig.

Nicht selten nahmen MPG-Wissenschaftler schon in vorausgehenden Gesprächen mit potenziellen Auftrag- und Geldgebern in Politik und Wirtschaft auf die Formulierung der Forschungsziele Einfluss, um deren Erfüllung es dann in den Projekten ging, die ihnen später zur Bearbeitung angeboten wurden. Die kontinuierliche Beratung der zuständigen Ministerien und Behörden durch die rechtswissenschaftlichen Institute der MPG beeinflusste auch politische Entscheidungen und Zielformulierungen.[130] Zeitweise betrieb die MPG forschungspolitisch relevante Kooperationen mit ausländischen Partnern, die gleichzeitig in Abstimmung mit dem Auswärtigen Amt zur Lösung außenpolitischer Probleme beitrugen, so im Verhältnis zwischen der Bundesrepublik und Israel, als noch kein Botschafteraustausch zwischen diesen beiden Ländern bestand, und später gegenüber China.[131] Die Wissenschaftler der MPG verfügten über zahlreiche Möglichkeiten, durch Beratung von Politik und Wirtschaft wie auch mithilfe ihrer weit gespannten Unterstützungsnetzwerke die Willensbildung in Politik und Wirtschaft zu beeinflussen. Allerdings verzichteten sie ab den späten 1970er-Jahren weitgehend auf Versuche, sich in gesellschaftliche, kulturelle und grundsätzlich-normative Diskussionen und Kontroversen einzuschalten, und vermieden es, mit ihrer Forschung unmittelbar gesellschaftliche Verantwortung zu übernehmen (z. B. im Hinblick auf Technikfolgenabschätzung, Waldsterbensforschung oder Sicherung der Welternährung).[132] Wissenschaftler:innen aus der MPG trugen aber erheblich dazu bei, der Wirtschaft, besonders der modernen Großindustrie, jenes Maß an wissenschaftlicher Kompetenz zuzuführen, das sie dringend benötigte. Die MPG war (und ist) ein gewichtiger Akteur in der »Allianz der Wissenschaftsorganisationen«, die sich seit den 1950er-Jahren herausgebildet hat und gemeinsame Interessen im Dialog mit den Regierungen und in den Diskursen der Öffentlichkeit wahrnimmt.[133] Im Dreiecksverhältnis Wissenschaft – Wirtschaft – Staat war die Wissenschaft also keineswegs nur die beeinflusste und nehmende, sondern sehr häufig auch die beeinflussende und gebende Seite.

Zum anderen ist zu beobachten, dass Geldgeber und Forscher:innen oft an einem Strang zogen und sich enge Allianzen zwischen Wissenschaft und staatlicher Politik, zwischen Wissenschaft und Wirtschaft oder auch zwischen Vertreter:innen aller drei Bereiche herausbildeten. Solche Übereinstimmung entstand aus Aushandlungsprozessen, in denen sicher auch Machtunterschiede und Konkurrenz eine Rolle spielten, vor allem aber ähnliche Sozialisationserfahrungen, soziale Verflechtungen und gemeinsame Interessen. Aushandeln war die dominante Kommunikationsform, nicht Anweisung und Vollzug – was nicht heißt, dass es in dieser Kultur des Aushandelns und Sichvereinbarens keine Konflikte und – neben Gewinnern – keine Verlierer gegeben hätte.

Schließlich kann gar nicht genug betont werden, dass die Wissenschaftler:innen der MPG einer selbstständigen, selbstbewussten und angesehenen Institution eigenen Rechts angehörten. Diese war weder eine nachgeordnete und weisungsabhängige staatliche Behörde noch ein Marktteilnehmer, dessen Handlungslogik primär durch Konkurrenz, Profitmaximierung und andere kapitalistische Kriterien bestimmt wurde. Trotz der allmählichen Zunahme behördlicher Regulierungen und politischen Interventionsversuche und ungeachtet der geschilderten Verflechtung mit wirtschaftlichen Akteuren und Interessen besaß die MPG ausreichend Autonomie, um sich Wünschen und Aufforderungen seitens der Politik und verführerischen Angeboten aus der Wirtschaft zu verweigern, und hat dies auch häufig getan. Entschieden und erfolgreich verteidigte sie das Recht, Gegenstand und Inhalte der von ihr gegründeten und getragenen Institute eigenständig zu bestimmen und Leitungspersonen eigenständig zu rekrutieren, nach ihren selbst gesetzten Regeln. Soweit sich Institute, Abteilungen oder einzelne Wissenschaftler:innen der MPG auf anwendungsorientierte Forschungen in enger Kooperation mit Wirtschaftsunternehmen einließen, geschah dies, jedenfalls zumeist und im Prinzip, unter der Bedingung, dass die Selbstbestimmung der MPI gewahrt blieb.

---

130 Siehe oben, Kap. III.9.
131 Steinhauser, Gutfreund und Renn, *Relationship*, 2017; Sachse, *Wissenschaft*, 2023, 64–93 u. 298–371.
132 Zum politischen Engagement einzelner Wissenschaftler siehe Sachse, *Wissenschaft*, 2023, 132–166, sowie unten, Kap. IV.10.
133 Osganian und Trischler, *Wissenschaftspoltiische Akteurin*, 2022. Siehe auch oben, Kap. IV.2.

SITZORDNUNGEN

Foto 1: Gründung der Max-Planck-Gesellschaft im Kameradschaftshaus der Aerodynamischen Versuchsanstalt in Göttingen am 26. Februar 1948 (oben)

Foto 2: Senatssitzung (vorn links: Hermann-Josef Abs, Vorstandssprecher der Deutschen Bank), Leverkusen 1960 (links unten)

Foto 3: Sitzung des Senats der MPG in Essen, 1965 (rechts unten)

SITZORDNUNGEN

Foto 4: Sitzung des Senats der MPG in Berlin, 1979 (oben)

Foto 5: Sitzung der Chemisch-Physikalisch-Technischen Sektion (CPTS) der MPG im Bonner Wissenschaftszentrum, 1982 (Mitte links)

Foto 6: Sitzung des Senats der MPG in Bremen, 1984 (Mitte rechts)

Foto 7: Sitzung des Senats der MPG in München, 1995 (unten)

SITZORDNUNGEN

Foto 8: Pause bei der Hauptversammlung (v.l.n.r.: Adolf Butenandt, Feodor Lynen, Heinz Maier-Leibnitz, Dietrich Ranft, Klaus Dohrn, Reimar Lüst, Friedrich Schneider, Wolfgang Gentner), Hamburg 1975 (oben)

Foto 9: Arbeitsbesprechung am MPI für ausländisches und internationales Sozialrecht, Freiburg 1980 (unten)

Foto 10: Teambesprechung im Projektraum des MPI für Bildungsforschung, Berlin 1980 (rechte Seite)

SITZORDNUNGEN

KÖRPERLANDSCHAFTEN

Foto 11: Die Gründungsdirektoren des neuen Instituts für Biochemie, Martinsried 1973 (oben)

Foto 12: Wissenschaftlicher Rat der MPG: Georg Melchers (rechts) und Albert H. Weller (links), Bremen 1972 (unten links)

Foto 13: Einweihung des MPI für Mathematik in den Naturwissenschaften (links: der ehemalige MPG-Präsident Hans F. Zacher, in der Mitte: MPG-Präsident Hubert Markl, rechts: Generalsekretärin Barbara Bludau), Leipzig 1996 (unten rechts)

KÖRPERLANDSCHAFTEN

Foto 14: Wissenschaftlicher Rat der MPG (von links: Paul B. Baltes, Fritz Peter Schäfer und Georg Melchers; ganz rechts: Hans-Joachim Queisser), 1980 (oben)

Foto 15: Die »kosmochemische Arbeitsgruppe« am MPI für Kernphysik (von links nach rechts: Jürgen Kiko, Reinhard Scholz, Manfred Hübner, Gerd Häuser, Till Kirsten), Heidelberg 1979 (Mltte)

Foto 16: Die ersten Bilder der Halley-Mehrfarben-Kamera werden geprüft, u.a. von Fred Whipple und Klaus Wilhelm (Bildmitte) vom MPI für Aeronomie, 1986 (unten)

KÖRPERLANDSCHAFTEN

Foto 17: »Damenprogramm« im Rahmen der Hauptversammlung der MPG, Bremen 1972 (oben)

Foto 18: Modenschau am Rande der Senatssitzung der MPG, Selbach 1969 (unten links)

Foto 19: »Damentee« am Rande der MPG-Hauptversammlung (stehend: Erika Butenandt, links von ihr: Wilhelmine Lübke, die Frau des Bundespräsidenten Heinrich Lübke), Göttingen 1969 (unten rechts)

KÖRPERLANDSCHAFTEN

Foto 20: »Tag der offenen Tür« am MPI für Plasmaphysik, Garching bei München, 1970 (oben)

Foto 21: Einweihung des Institutsneubaus des MPI für molekulare Pflanzenphysiologie, Golm/Potsdam 1999 (unten)

4. Das Ringen um die Steuerbarkeit der MPG

Jaromír Balcar und Jürgen Renn

4.1 Steuerungsfähigkeit als Organisationsproblem

Die Max-Planck-Gesellschaft, die nach dem Ende des Zweiten Weltkriegs die Rechtsnachfolge der Kaiser-Wilhelm-Gesellschaft antrat und von ihr weitgehend das Personal wie auch die Institute übernahm, unterschied sich in zwei zentralen Punkten deutlich von ihrer Vorgängerin: Zum einen war sie von Anfang an finanziell weitgehend von Zuschüssen der öffentlichen Hand abhängig; diese Abhängigkeit schrieb das Königsteiner Abkommen, das die Bundesländer 1949 abschlossen, sozusagen amtlich fest, und trotz aller Bemühungen gelang es in den 1950er- und 1960er-Jahren nicht, durch vermehrte Einwerbung von Spenden aus der Wirtschaft die Uhr gleichsam zurückzudrehen – im Gegenteil, der Einstieg des Bundes in die Finanzierung der MPG vergrößerte diese Abhängigkeit sogar noch. Zum anderen verwandelte sich die MPG auf dieser Basis allmählich, und zwar insbesondere in ihrer zweiten, von starkem Wachstum geprägten Entwicklungsphase, von einem Verbund diverser Forschungseinrichtungen zu einer integrierten Wissenschaftsgesellschaft. Die Verfügung über einen zentralen Haushalt stärkte diese Entwicklung noch, denn sie verlieh der MPG eine wissenschaftspolitische Handlungsfähigkeit, die einer reinen Dachorganisation typischerweise nicht eigen ist. Bis in die Gegenwart zeichnet dies die MPG auch im Vergleich zu anderen Wissenschaftsorganisationen aus und unterscheidet sie überdies in diachroner Perspektive von der KWG, die vornehmlich als Dachverband für die in unterschiedlichen Wissenschaftszweigen tätigen Kaiser-Wilhelm-Institute fungiert hatte.[1]

Aus diesen beiden Veränderungen resultierten die beiden wichtigsten Herausforderungen, denen die Governance der MPG im gesamten Untersuchungszeitraum – und im Grunde bis heute – Rechnung zu tragen hatte: Erstens musste sie ihre im internationalen Vergleich erstaunlich breiten Handlungsspielräume in der Wissenschaftspolitik verteidigen und immer wieder artikulierten staatlichen Steuerungsansprüchen Einhalt gebieten; dabei galt es, möglichst erst gar kein Einfallstor für eine derartige Steuerung von außen zu öffnen. Zweitens hat die Governance der MPG dafür zu sorgen, verschiedene Interessen und Bedürfnisse miteinander in Ausgleich zu bringen: die der Geldgeber mit denen der Wissenschaft, aber auch die der Zentralorganisation mit denen der größtenteils rechtlich unselbstständigen Max-Planck-Institute. Zwar verloren die Institute durch die staatliche Finanzierung der MPG mittels globaler Zuschüsse viel an Macht und Gestaltungsmöglichkeit, doch waren und sind sie die Orte der wissenschaftlichen Forschung, die zu fördern die satzungsgemäße Aufgabe der MPG ist. Der daraus resultierende Dualismus aus zentraler Leitung (der Gesamtorganisation MPG) und dezentraler Organisation der Forschung (in den Max-Planck-Instituten) ließe sich wohlwollend als »kollegiale Selbstorganisation« oder kritisch als »organisierte Anarchie« deuten.[2]

Die zunehmende Integration der Wissenschaftsgesellschaft im Sinne einer verstärkten Binnenvernetzung war wesentlich das Resultat eines verschiedene Phasen durchlaufenden, mehr oder weniger organischen Wachstums – »organisch« im Sinne einer Ausweitung des wissenschaftlichen und institutionellen Portfolios aus der eigenen Substanz, etwa durch die Weiterentwicklung von Verzweigungen bereits existierender Institute zu selbstständigen Einheiten. Neben der Fähigkeit, von außen (durch Politik, Wirtschaft und Wissenschaft) herangetragene Erwartungen und Anforderungen umgeformt in

---

[1] Die folgende Analyse basiert im Wesentlichen auf den empirischen Ergebnissen des Kapitels II »Die MPG in ihrer Zeit«, stellt diese jedoch in einen anderen Kontext, nämlich die Governance der MPG und ihre Entwicklung im Untersuchungszeitraum.
[2] Zitiert nach Schön, Governance, 2020, 1129.

4. Das Ringen um die Steuerbarkeit der MPG

die eigene Agenda integrieren zu können, bestand ein wesentlicher Erneuerungsmechanismus der MPG in der Ausdifferenzierung neuer Forschungsrichtungen aus der Binnendynamik der Max-Planck-Institute selbst, die sich pointiert als »Fertilitäts- und Mutationsfähigkeit« fassen lässt.[3] Dieser »organische« Charakter des Wachstums war, bei aller Heterogenität der Zuwächse im Einzelnen, der Tatsache geschuldet, dass institutionelle Erneuerungsprozesse in der Regel aus der Gesellschaft selbst gestaltet werden konnten, auch wenn sie oft erst auf externe Anregungen hin zustande kamen oder die MPG zufällig sich bietende Handlungsoptionen beherzt ergriff. Die Flexibilität der MPG hatte ihre Ursache vor allem darin, dass sie eben keinen Curricula folgen musste, sondern ihre »Chips« sehr frei platzieren konnte – und deswegen auch nicht an Instituten oder Abteilungen festhalten musste, die keinen großen Erkenntnisgewinn mehr versprachen oder nicht mehr in das Wissenschaftsprofil der MPG zu passen schienen.

Dies zeitigte zwei ganz unterschiedliche Konsequenzen: Einerseits führten Wachstumsschübe wie in den 1960er- oder 1990er-Jahren nicht nur zu einer quantitativen Ausdehnung der MPG, sondern langfristig auch zu der bereits erwähnten stärkeren Binnenvernetzung und zu einer größeren Bedeutung zentraler Steuerungsprozesse. Selbst die Expansion in den 1990er-Jahren nährte sich vor allem aus den bestehenden Instituten und Clustern. Andererseits bewirkte ihre große Flexibilität in der Forschungspolitik mehr oder weniger automatisch, dass die MPG in denjenigen Wissenschaftsbereichen überproportional vertreten war, die in den beiden Wachstumsphasen gerade en vogue waren; die inhaltliche Schwerpunktbildung der MPG war also weniger Resultat gezielter Planungsprozesse, vielmehr wohnte ihr eine gewisse Kontingenz inne.

Vor diesem Hintergrund und in diesem organisatorischen Setting strebte die MPG danach, ihre Steuerungsfähigkeit zu bewahren, um flexibel und der Situation angemessen auf verschiedene wissenschaftliche und außerwissenschaftliche (vor allem organisatorische, aber auch politische und gesellschaftliche) Herausforderungen reagieren zu können. Zu Letzteren zählten im Untersuchungszeitraum das enorme Wachstum, die zunehmende administrativ-rechtliche Komplexität, die in der letzten Phase ebenfalls stark zunehmende Internationalisierung (insbesondere des wissenschaftlichen Personals), die regionale und fachliche Ausdifferenzierung sowie die angesichts immer größer werdender nationaler und internationaler Konkurrenz drohende wissenschaftliche Marginalisierung. Zur Bewältigung dieser Herausforderungen schlug die MPG drei Wege ein: erstens eine gewisse Zentralisierung der zunächst weitgehend aus der KWG übernommenen Organisations- und Entscheidungsstrukturen, zweitens die weitere Ausdifferenzierung der Leitungsgremien bzw. die Verschiebung ihrer relativen Gewichte in Entscheidungsprozessen sowie drittens Ausbau und Professionalisierung der (General-)Verwaltung. Einfach zu beschreiben war keiner dieser Auswege, denn allen dreien standen strukturelle Hindernisse im Weg: in erster Linie die Machtposition der Wissenschaftlichen Mitglieder in ihrer eigentümlichen Doppelfunktion aus wissenschaftlicher und institutioneller (Instituts-)Leitung – eine Tradition, die noch aus der KWG herrührte und im Prozess der Umgründung in den unmittelbaren Nachkriegsjahren weitgehend unhinterfragt übernommen worden war; daraus resultierten Pfadabhängigkeiten, die zum Teil bis heute nachwirken. Hinzu kam die stetig steigende Regulierungsdichte, die es der MPG tendenziell immer schwerer machte, mit ausländischen Spitzenuniversitäten zu konkurrieren, an denen vieles weniger bürokratisch ablief – und die noch dazu mit mehr Geld winkten. Auch die gerade in den 1970er- und 1980er-Jahren knappen Ressourcen und die planerische Überforderung, die nicht zuletzt aus der Unzuverlässigkeit der Haushaltszusagen des Bundes und der Länder resultierte, wirkten als Hemmschuh. Gleiches galt für die sich ab den 1980er-Jahren herausbildende zunehmende Unantastbarkeit der Satzung: Das etablierte (und bewährte) Machtgefüge sollte möglichst nicht verändert werden, schon um Bund und Ländern keine Interventionsmöglichkeiten zu eröffnen.

In diesem Kapitel untersuchen wir, welche Schritte die Führungszirkel unternahmen, um die Steuerbarkeit der MPG zu erhalten bzw. zu verbessern. Damit geraten die innere Organisation und insbesondere die Governance der MPG in den Blick, das heißt die Gesamtheit der internen und externen Lenkungs- und Leitungsstrukturen der Forschungsgesellschaft.[4] Sie analysieren wir anhand folgender Fragen: Wie hat sich das Verhältnis zwischen Institutsstrukturen und zentralen Governance-Strukturen entwickelt? Warum haben zentrale Steuerungs- und Kontrollprozesse in der MPG im Lauf des Untersuchungszeitraums zugenommen? Welche Übergänge gab es zwischen formellen und informellen Governance-Strukturen? Wie wirkten sich veränderte politische, rechtliche und finanzielle Rahmenbedingungen auf die Governance der

---

3 Renn und Kant, Forschungserfolge, 2010, 75–76.
4 Aus der großen Menge an Literatur siehe Benz, Connected Arenas, 2007. Siehe auch Heinze und Arnold, Governanceregimes, 2008, 688–689.

MPG aus? Wie beeinflussten in unterschiedlichen historischen Phasen die Governance-Strukturen der MPG ihre Handlungsmöglichkeiten? Wie veränderten sich interne Hierarchien? Welche strukturellen Elemente haben die wissenschaftlichen Innovationschancen einerseits vergrößert und andererseits blockiert?

4.2 Das komplizierte Kräftespiel der MPG-Gremien

Wie die KWG weist auch die MPG die Rechtsform eines »eingetragenen Vereins« auf, eine Eigentümlichkeit des deutschen Rechtswesens. Sie bezeichnet einen privatrechtlichen Zusammenschluss von natürlichen oder juristischen Personen, der keine ökonomischen Ziele verfolgt, also nicht der Erwirtschaftung eines Gewinns dient (und nicht dienen darf), und in das Vereinsregister des jeweils zuständigen Amtsgerichts eingetragen ist. Wird seine Gemeinnützigkeit anerkannt, führt dies zu seiner Befreiung von Ertrags- und Vermögensteuern.[5] Darauf legte die MPG großen Wert, was zur Gründung der Minerva GmbH führte, die Geschäfte mit der Forschungsinfrastruktur inklusive Kliniken übernehmen sollte, die nicht in die gemeinnützige Vereinsstruktur passten. Die rechtliche Gestalt eines »e. V.« erschwerte zwar 1970 die Gründung einer eigenen Technologietransfer-Agentur,[6] trug der MPG freilich weit mehr als nur steuerliche Vorteile ein: Durch »den in der Vereinigungsfreiheit nach Art. 9 Abs. 1 GG verankerten Autonomieanspruch der Rechtsform« wird »die in Art. 5 Abs. 3 S[atz] 1 GG niedergelegte Wissenschaftsfreiheit der MPG und ihrer Mitglieder« noch verstärkt.[7] So trug auch die Rechtsform zu der gerade im internationalen Vergleich bemerkenswerten Autonomie der MPG bei; sie stellte die wichtigste langfristig wirksame Weichenstellung aus der Besatzungszeit dar, hatten doch Briten und Amerikaner angesichts der Erfahrung mit der KWG in der NS-Zeit darauf bestanden, dass die MPG unabhängig von Staat und Wirtschaft bleiben müsse.[8]

Um die von den Geldgebern gewährte Forschungsfreiheit auszugestalten, umfasste die Governance der MPG ein Geflecht von Gremien und Organen, die Steuerungs- und Entscheidungsprozesse strukturierten. Anders als in Unternehmen, in denen exekutive Aufgaben (die dem Vorstand obliegen) und die Aufsichtsfunktion (die der Aufsichtsrat übernimmt) klar voneinander getrennt sind, verschränken sich diese Felder in der Corporate Governance der MPG, was auch dazu führt, dass in einigen der MPG-Steuerungseinheiten zugleich *insider* und *outsider* vertreten sind.[9] Im Folgenden analysieren wir die wichtigsten Gremien in ihrer jeweiligen Funktion, ihrer Zusammensetzung und in ihrem Zusammenspiel, um die Art und Weise herauszuarbeiten, in der die Governance der MPG verschiedene Interessen ausglich und in ihrem Sinne moderierte. Dadurch werden zum einen die Spannungen sichtbar, die diese auf einen Kräfteausgleich zielende Governance im Laufe der Zeit hervorrief und die MPG bis heute immer wieder zur Weiterentwicklung ihrer Lenkungs- und Leitungsstrukturen antreiben. Zum anderen wird aus dieser Perspektive deutlich, dass der angestrebte Ausgleich zwar immer wieder die Widerstandsfähigkeit der MPG-Strukturen gegenüber inneren und äußeren Veränderungen, etwa das Wachstum der Gesellschaft oder die Konkurrenz durch andere Wissenschaftsorganisationen, gesichert hat, dass diese Resilienz jedoch durchaus auch in Resistenz gegenüber Innovationen umschlagen konnte.

Zu den wichtigen Entscheidungen, vor denen die MPG-Gremien turnusmäßig standen, zählte die Bestimmung von deren personeller Zusammensetzung: die Wahl von Senatoren und Mitgliedern des Verwaltungsrats, aber auch die Besetzung leitender Ämter wie das des Präsidenten, die der Vizepräsidenten oder die der Sektionsvorsitzenden. Immer wieder kamen auch Entscheidungen über institutionelle und personelle Erneuerungen auf die Agenda der Leitungsgremien, von denen die Innovationsfähigkeit der MPG wesentlich abhing, so etwa die Berufung von Wissenschaftlichen Mitgliedern oder die Gründung und Schließung von Forschungseinrichtungen. Besonders häufig standen Finanzierungsfragen auf der Tagesordnung, etwa die Aufstellung des Haushalts oder der Jahresrechnung, die bis zu ihrer endgültigen Verabschiedung in intensiven Verhandlungen mit den Geldgebern mehrmals modifiziert wurden. Bei Abstimmungen über Finanzangelegenheiten galt es, die (Forschungs-)Interessen der MPG, ihrer Institute und ihrer Wissenschaftlichen Mitglieder mit dem Anspruch der Zuwendungsgeber auf rechtmäßige und angemessene Verwendung der Mittel in Einklang zu bringen. Dies

---

5 Waldner et al., *Der eingetragene Verein*, 2016. Zu den Folgen, die sich aus der Steuerbegünstigung nach dem Gemeinnützigkeitsrecht für MPG und DFG ergaben, siehe Schön, Governance, 2020, 1131.
6 Balcar, *Instrumentenbau*, 2018, 22.
7 Schön, *Grundlagenwissenschaft*, 2015, 19.
8 Ausführlich: Balcar, *Ursprünge*, 2019, 77–80 u.111–112. Siehe auch oben, Kap. II.2.3, Kap. II.2.4 und Kap. IV.3.
9 Dies nach Schön, *Grundlagenwissenschaft*, 2015, 33–35.

war (und ist) für die MPG von existenzieller Bedeutung, denn jedes auftretende Problem, etwa auch ein kritischer Bericht der Rechnungshöfe, barg die (reale oder imaginierte) Gefahr, von der Politik als Anlass genutzt zu werden, die Autonomie der MPG grundsätzlich infrage zu stellen, wie das unter anderem in den Debatten über die Rolle der MPG in der Zeit der Wiedervereinigung geschah. Derartige Befürchtungen – ob berechtigt oder nicht – haben das wissenschaftspolitische Handeln der MPG wie auch das Verhältnis zwischen der MPG und ihren Instituten nicht unwesentlich beeinflusst.

4.2.1 Mehr als ein bloßer Aufsichtsrat: Der Senat

Pointiert formuliert, basiert das für die MPG charakteristische System von Checks and Balances auf einer gegenseitigen Kontrolle verschiedener Einheiten, die jeweils partielle Interessen vertreten und bestimmte Funktionen ausüben. Im Senat jedoch verschränken sich gemäß der Satzung wie auch in der Satzungswirklichkeit exekutive und beaufsichtigende Elemente, ebenso wie Binnen- und Außenperspektiven in ein und demselben Gremium.[10] Darin liegt der eine Grund, dass der Senat in der Frühphase zum wichtigsten Leitungsgremium avancierte. Der andere resultierte aus der spezifischen Situation der Umgründung in der unmittelbaren Nachkriegszeit. Die KWG, die im Zeichen von Autarkiebestrebungen und Aufrüstung durch massive staatliche Förderung stark angewachsen war, schrumpfte nach Kriegsende beim Übergang zur MPG ebenso schnell wieder auf das Maß einer kleinen und elitären Forschungsorganisation. 1949 wies die Jahresrechnung der MPG »29 rechtlich unselbständige Institute, sowie 2 treuhänderisch verwaltete Institute, 4 gemeinsame Betriebe sowie 4 rechtlich selbständige Institute mit insgesamt 1442 Beschäftigten« aus.[11] Zum gleichen Zeitpunkt zählte sie 74 Wissenschaftliche Mitglieder, hinzu kamen 49 Wissenschaftliche Mitglieder der KWG und der Deutschen Forschungshochschule.[12]

Verglichen mit späteren Jahren zeichnete sich die MPG anfangs sowohl durch eine geringe Zahl an Instituten als auch an Wissenschaftlichen Mitgliedern aus, von denen sich viele seit Langem persönlich kannten. Zudem waren die Wege im beschaulichen Göttingen kurz, wo nach Kriegsende nicht nur die Generalverwaltung, sondern auch mehrere Institute auf dem Gelände der ehemaligen Aerodynamischen Versuchsanstalt (AVA) eine neue Bleibe gefunden hatten. Diese überschaubaren, ja beinahe familiären Strukturen machten es möglich, wichtige Fragen in einem etwas größeren Kreis zu besprechen und zu entscheiden: im Senat.

Sein enormes Gewicht verdankte der Senat zum einen seiner gerade in der Anfangszeit hochkarätigen personellen Besetzung, zum anderen der Satzung. Dem Senat oblag es, aus seiner Mitte die leitenden Repräsentanten der Gesellschaft für die Dauer von jeweils sechs Jahren zu wählen: den Präsidenten, die Vizepräsidenten sowie den Schatzmeister und den Schriftführer nebst ihren Stellvertretern. Hinzu kamen umfangreiche Entscheidungskompetenzen: Der Senat beschloss die Annahme von Mitteln und deren Verwendung, die Aufstellung des Haushaltsplans und des Jahresberichts, die Feststellung der Jahresrechnung, die Aufnahme bzw. den Ausschluss von »Mitgliedsinstituten«, deren Satzungen er zu prüfen und zu genehmigen hatte, und die Ernennung von Wissenschaftlichen Mitgliedern der Institute. Hinzu kam eine Generalermächtigungsklausel, derzufolge der Senat »über alle Angelegenheiten der Gesellschaft beschließen« konnte, »die nicht durch die Satzung der Hauptversammlung vorbehalten sind«.[13] Damit besaß der Senat der MPG eine weitaus stärkere Stellung als der Senat der Fraunhofer-Gesellschaft (FhG), der Wissenschaftsgemeinschaft Gottfried-Wilhelm-Leibniz (WGL) oder der Hermann von Helmholtz-Gemeinschaft Deutscher Forschungszentren (HGF)[14] – und war weit mehr als ein bloßer »Aufsichtsrat«,[15] er verkörperte vielmehr zunächst das eigentliche Entscheidungsgremium der MPG. Auch wenn er ab den 1960er-Jahren sukzessive an Einfluss verlor, weil das Wachstum der MPG eine Machtverschiebung hin zu anderen Gremien – zunächst zum Verwaltungsrat, später zum »Präsidium« – bewirkte, blieb der Senat der Ort, an dem wichtige Aushandlungsprozesse zwischen der MPG und ihrem Umfeld stattfanden.

Das hing wesentlich mit seiner personellen Zusammensetzung zusammen, einer mit Bedacht gewählten Mischung aus hochkarätigen Wissenschaftlern (und

---

10 Ebd., 28–29.
11 Auszug aus der Niederschrift über die 2. Ordentliche Hauptversammlung der MPG am 13.9.1951, AMPG, II. Abt., Rep. 69, Nr. 79, fol. 4.
12 Angaben nach Bergemann, *Mitgliederverzeichnis*, 1990; Tempelhoff und Ullmann, *Mitgliederverzeichnis*, 2015. Für die Unterstützung bei der Auswertung der beiden Mitgliederverzeichnisse danken wir Aron Marquart.
13 Generalverwaltung der Max-Planck-Gesellschaft, Erste Satzung, 1961, Zitat 216.
14 Heinze und Arnold, Governanceregimes, 2008, 698.
15 Als solchen bezeichnet ihn Meusel, *Außeruniversitäre Forschung*, 1999, 79. Anders dagegen Schön, *Grundlagenwissenschaft*, 2015, 29. Siehe auch Schön, Governance, 2020, 1145.

später auch Wissenschaftlerinnen) sowie Vertretern verschiedener gesellschaftlicher Gruppen und aus der Politik. Bereits die Satzung von 1948 differenzierte zwischen Wahlsenatoren (die von der Hauptversammlung für sechs Jahre gewählt wurden) und Senatoren von Amts wegen (dies waren zunächst der Generalsekretär und die Sektionsvorsitzenden). Der zwölfköpfige Senat, der auf der Gründungsversammlung vom Februar 1948 gewählt wurde, bestand ganz überwiegend aus Wissenschaftlern, die bereits Mitglieder der KWG gewesen waren. Die Repräsentanten von Staat, Partei und Wirtschaft, die dem Senat der KWG angehört hatten, wurden dagegen nicht mehr berücksichtigt – ein symbolischer Akt, mit dem sich die MPG von der engen Verbindung der KWG mit dem »Dritten Reich« distanzierte und zugleich der Forderung der Amerikaner und Briten nachkam, unabhängig von Staat und Wirtschaft zu werden.

Die Dominanz der Wissenschaftler war indes nur von kurzer Dauer. Ab den 1950er-Jahren wurden vor allem westdeutsche Wirtschaftskapitäne, aber auch Politiker wieder in den Senat kooptiert, sodass sich die Wissenschaftler bald in der Minderheit befanden. Hier wirkte einmal mehr die Tradition der KWG nach. »Der Senat, das zu den wichtigsten Entscheidungen berufene Organ der MPG«, erklärte Hans Dölle in seinem autoritativen Kommentar zur Satzung der MPG von 1964, »soll nach der Tradition der KWG und der bewährten Übung der MPG ein Gremium sein, in dem Persönlichkeiten zusammenwirken, die, durch besondere Leistungen zu hohem Sozialprestige gelangt, ihre in verschiedenen Bereichen unseres Gemeinschaftslebens erworbenen Fähigkeiten und Erfahrungen für die Ziele der Gesellschaft einzusetzen bereit sind.«[16] Ähnlich, wenn auch mit etwas anderem Zungenschlag, rechtfertigte Hans F. Zacher später die Mitwirkung von Vertretern gesellschaftlicher Gruppen, allen voran der Wirtschaft, im Senat der MPG. Er betonte, »daß die Max-Planck-Gesellschaft einen hohen Grad an Legitimation gegenüber der Öffentlichkeit durch die Beteiligung der Externen an den Entscheidungen der Gesellschaftsorgane beziehe«. Diese »Legitimation durch die externen Mitglieder« helfe auch, »Entscheidungen wie Schließungen oder Erneuerung von Leitungsfunktionen« durchzusetzen.[17] En passant zeigen diese beiden Statements, dass der Bezug auf die Öffentlichkeit für die MPG als Folge des gesellschaftlichen Wandels, den die Bundesrepublik seit ihrer Gründung durchlief, erheblich an Bedeutung gewann.

Eine Aufstellung der Senatoren aus dem Jahr 1971 verdeutlicht schlaglichtartig, wie stark sich die Gewichte im Senat seit der Gründung der MPG verschoben hatten. Seinerzeit gehörten dem Gremium 39 Personen (zuzüglich sechs Ehrensenatoren, die im Folgenden außer Betracht bleiben) an, darunter zehn Wissenschaftler aus der MPG und ein weiterer Hochschullehrer (28,2 %). Den elf Forschern standen 17 hochrangige Vertreter aus der Wirtschaft (43,6 %), je ein Gewerkschafts- und ein Medienvertreter sowie sieben Politiker und eine Politikerin (20,5 %) gegenüber, hinzu kam von Amts wegen der Generalsekretär der MPG.[18] Die MPG profitierte von den Wirtschaftsbossen und Großbankern in ihrem Senat, und zwar in doppelter Weise: Zum einen handelte es sich um potenziell wichtige und potente Geldgeber, die der MPG im Notfall schnell unter die Arme greifen konnten; so wurde beispielsweise der 1998 aufgelegte Exzellenzsicherungsfonds zu mehr als der Hälfte von Spenden aus der Wirtschaft finanziert.[19] Zum anderen konnten sie ihr persönliches Renommee gegenüber der Politik zugunsten der MPG in die Waagschale werfen, was diese für den Erhalt ihrer wissenschaftspolitischen Autonomie gut brauchen konnte.[20] Allerdings erzeugte die Vertretung im Senat der MPG bei manch einem Unternehmen eine falsche Erwartungshaltung. Die MPG stand immer wieder vor dem Problem, »einzelnen Unternehmen und Institutionen erläutern zu müssen, daß die zeitweilige Mitgliedschaft ihrer führenden Persönlichkeiten im Senat keinen Anspruch auf ›Erbhöfe‹ begründe«.[21]

Schwerer wog, dass das zunehmende Gewicht der Vertreter von Industrie und Banken in keinem Verhältnis stand zu dem Beitrag, den die Wirtschaft zur Finanzierung der MPG leistete. Dieser Umstand befeuerte Vorwürfe – nicht zuletzt aus den Reihen der wissenschaftlichen Mitarbeiter:innen –, die MPG diene primär den Interessen der Wirtschaft, werde bei ihrer fachlichen Ausrichtung von dieser gar gesteuert. So prangerte etwa eine Studie aus dem Umfeld des Gesamtbetriebsrats der MPG die Dominanz der Wirtschaftsvertreter in Senat und Verwaltungsrat an.[22] Allerdings fiel es den Verfassern schwer, die konkrete Einflussnahme der Wirtschaft

---

16 Dölle, *Erläuterungen*, 1965, 40.
17 Protokoll der 162. Sitzung des Verwaltungsrates vom 8.6.1994, AMPG, II. Abt., Rep. 61, Nr. 162.VP, fol. 5.
18 Materialien für die Sitzung des Verwaltungsrates vom 18.11.1971, AMPG, II. Abt., Rep. 61, Nr. 92.VP, fol. 15.
19 Siehe dazu oben, Kap. II.5.4.
20 Balcar, *Wandel*, 2020, 205.
21 Protokoll der 149. Sitzung des Verwaltungsrates vom 14.3.1990, AMPG, II. Abt., Rep. 61, Nr. 149.VP, fol. 7.
22 Jentsch, Kopka und Wülfing, Ideologie und Funktion, 1972.

auf wissenschaftspolitische Entscheidungsprozesse der MPG nachzuweisen, was sie mit der »Geheimhaltung der wesentlichen Entscheidungsprozesse« innerhalb der MPG begründeten.²³ Einer der schärfsten Kritiker der MPG, der Publizist und Wissenschaftsjournalist Claus Grossner, behauptete gar, »die Konzeption von der freien, unabhängigen Wissenschaft« sei nur Rhetorik, »die die wahren Verflechtungen verschleiert«.²⁴ Zwar stand Grossners Beweisführung auf tönernen Füßen, doch schadeten diese Vorwürfe dem Ansehen der MPG, die auch deswegen in den frühen 1970er-Jahren dazu überging, ihre Presse- und Öffentlichkeitsarbeit zu professionalisieren.²⁵

Kaum umstritten war dagegen, dass auch Regierungsvertreter im Senat mitwirkten. Angesichts der weitgehenden finanziellen Abhängigkeit der MPG von Zuschüssen der öffentlichen Hand erschien es nur recht und billig, der Politik eine angemessene Vertretung einzuräumen. Die Länder, die mit dem Königsteiner Abkommen die Finanzierung der MPG übernommen hatten, nominierten drei Finanz- bzw. Kultusminister, die dem Senat von Amts wegen angehörten. Nachdem der Bund sich seit 1956 auch an der Alimentierung der MPG beteiligte, drängte Bundesinnenminister Gerhard Schröder (CDU) Ende Juli 1958 ebenfalls auf Mitwirkung in diesem zentralen Kontroll- und Entscheidungsgremium.²⁶ Daraufhin nahm die MPG eine Änderung ihrer Satzung vor, sodass ab 1959 »zwei Vertreter der Bundesregierung und drei von der Ländergemeinschaft benannte Länderminister« ihrem Senat von Amts wegen angehörten.²⁷ Dies bedeutete allerdings nicht, dass die Politik nun das Kommando in der MPG übernommen hätte, auch wenn oft mehr Politiker als die fünf Vertreter von Amts wegen in ihrem Senat mitwirkten. Durch die Aufnahme von Regierungsvertretern wandelte sich der Senat in eine Arena, in der die MPG Konflikte mit ihren wichtigsten Geldgebern austrug, dem Bund und den Ländern; dies galt beispielsweise für die Frage der Mitbestimmung, in der die Bundesregierung und die MPG-Führung Anfang der 1970er-Jahre unterschiedliche Positionen vertraten.²⁸

Für die MPG war (und ist) es ein Vorteil, dass derartige Meinungsverschiedenheiten in einem ihrer Gremien zur Sprache kamen (und nicht etwa in der Bund-Länder-Kommission für Bildungsplanung und Forschungsförderung, kurz BLK), denn dies verschaffte ihr gleichsam einen Heimvorteil. Hinzu kam, dass Politiker durch ihre zeitweilige Mitgliedschaft im Senat die Bedürfnisse und Handlungslogiken der MPG besser verstanden, was sie in die Lage versetzte, die MPG-Positionen im jeweiligen Ministerium zu erläutern und für die Ministerialbürokratie sozusagen zu übersetzen. Diesen »Übersetzungen« verdankte die MPG einen Teil ihrer Durchsetzungsfähigkeit gegenüber Bund und Ländern, und zwar sowohl in Finanzierungsfragen als auch in der gleichzeitigen Wahrung ihrer wissenschaftspolitischen Unabhängigkeit gegenüber den Geldgebern.

Parteipolitisch achtete die MPG auf strikte Neutralität, die darin zum Ausdruck kam, dass stets Vertreter der beiden Volksparteien (oder von deren Koalitionspartnern im Bund bzw. in den Ländern) im Senat saßen. Dies trug dazu bei, dass Regierungswechsel im Bund für die MPG keine größeren Einschnitte darstellten – weder der »Machtwechsel« von 1969 noch die »Wende« von 1982, noch die Abwahl Kohls im Jahr 1998. Die vormalige Opposition, die nunmehr die Regierungsgeschäfte in Bonn bzw. Berlin übernahm, war ja bereits in den Leitungsgremien der MPG präsent; man kannte sich und wusste, was man voneinander zu erwarten hatte.

4.2.2 Vom Vorbereiter zum heimlichen Herrscher: Der Verwaltungsrat

Wie der Senat war auch der Verwaltungsrat eine Erbschaft aus der KWG (in der er unter der Bezeichnung »Verwaltungsausschuss« firmiert hatte). Das lag hauptsächlich an der Beibehaltung der Rechtsform, denn ein eingetragener Verein benötigt einen Vorstand, und diese Funktion füllte der Verwaltungsrat aus. Zunächst gehörten ihm neben dem Präsidenten die Vizepräsidenten, der Schatzmeister und der Schriftführer sowie deren Stellvertreter an; hinzu kam, als »Geschäftsführendes Mitglied«, der Generalsekretär, der 1948 noch den aus der KWG stammenden Titel eines »Generaldirektors« führte. Die Hauptaufgaben des Verwaltungsrats bestanden in der »Führung der laufenden Geschäfte« und der »Verwaltung des Vermögens der Gesellschaft«.²⁹ Er stellte den

---

23 Röbbecke, *Mitbestimmung*, 1997, 113.
24 Zitiert nach Hochamt, *Der Spiegel*, 28.6.1971, 110–114, Zitat 114. Siehe auch Grossner, Aufstand der Forscher, *Die Zeit*, 18.6.1971. Siehe dazu Balcar, *Wandel*, 2020, 206.
25 Siehe dazu unten, Kap. IV.6.5.
26 Gerhard Schröder an Otto Hahn vom 31.7.1958, AMPG, II. Abt., Rep. 60, Nr. 31, fol. 172–173.
27 Protokoll der 32. Sitzung des Senates vom 12.2.1959, AMPG, II. Abt., Rep. 60, Nr. 32.SP, fol. 148.
28 Ausführlich: Balcar, *Wandel*, 2020, 227–228.
29 Generalverwaltung der Max-Planck-Gesellschaft, Erste Satzung, 1961, Zitate 216.

Haushaltsplan auf und nach Abschluss des Rechnungsjahres die Jahresrechnung, die dann dem Senat vorgelegt wurden. In der Amtszeit von Präsident Otto Hahn blieb der Verwaltungsrat weitgehend darauf beschränkt, die Sitzungen des Senats vorzubereiten – dort wurden die anstehenden Fragen diskutiert und schließlich entschieden.

Dieses Leitungsmodell, das ein großes Beschluss- mit einem kleinen Vorbereitungsgremium koppelte, stieß jedoch angesichts des rasanten Wachstums der MPG und der zeitgleichen Zunahme der Zahl an Senatoren bereits in den 1950er-Jahren an seine Grenzen. Der Senat, der nur zwei- bis dreimal pro Jahr zusammentrat, konnte die Vielzahl der Entscheidungen, die nunmehr anfielen, nicht mehr treffen; seine Mitglieder waren nicht länger im Raum Göttingen konzentriert, sondern über ganz Westdeutschland und West-Berlin verstreut, zusätzliche Senatssitzungen also nur unter großen Schwierigkeiten möglich. Umso mehr Bedeutung erlangte der Verwaltungsrat, der als wesentlich kleineres Gremium häufiger zusammentreten konnte. Die Art, wie er die Senatssitzungen vorbereitete, wandelte sich: Hatte der Verwaltungsrat anfangs Probleme benannt und Argumente zusammengetragen, bereitete er nun die Beschlüsse des Senats direkt vor, bis hin zur Formulierung von Beschlussvorlagen, denen der Senat zwar nicht immer, aber meistens folgte. Dies lag auch daran, dass die Mitglieder des Verwaltungsrats detailliertere Informationen aus der Generalverwaltung erhielten, was ihnen gegenüber den Senatoren einen Informationsvorsprung verschaffte, nicht nur in Haushaltsangelegenheiten – wobei gerade auf diesem Gebiet der Bedeutungsverlust des Senats zugunsten des Verwaltungsrats augenfällig war.[30] Der Verwaltungsrat mauserte sich von einem Entscheidungen vorbereitenden zu einem Entscheidungen de facto treffenden Gremium. Auf diese Weise entwickelte er sich zum »maßgebende[n] Exekutiv-Organ der Gesellschaft«,[31] wiewohl die Entscheidung wichtiger Fragen weiterhin dem Senat vorbehalten blieb.

Diese Verschiebung im Kräftefeld der Gremien wurde mit dem Ausscheiden von Otto Hahn aus dem Präsidentenamt offensichtlich. Hahns Nachfolger Butenandt krempelte die Senatssitzungen gleich zu Beginn seiner ersten Amtszeit völlig um. Um Wiederholungen mit den vorangegangenen Sitzungen des Verwaltungsrats zu vermeiden, begannen diese Sitzungen von nun an mit einem langen Bericht des Präsidenten, in dem er über den Vollzug der Beschlüsse beider Gremien, die allgemeine wissenschaftspolitische Situation der MPG und über die Entwicklung anderer Wissenschaftsorganisationen, in denen er die MPG in seiner Eigenschaft als Präsident vertrat, informierte.[32] Dadurch gewann der Verwaltungsrat als operatives Entscheidungsgremium an Bedeutung. Einzelne Senatoren protestierten zwar, »daß die spürbar verstärkte Aktivität des Verwaltungsrats zu einer Beschneidung des Arbeitseffekts des Senats führe«,[33] konnten jedoch die schleichende Machtverschiebung zugunsten des Verwaltungsrats nicht aufhalten. Die 1964 reformierte Satzung zementierte diese Entwicklung, indem sie den Verwaltungsrat – analog zum Senat – mit Aufsichts- und Exekutivfunktionen ausstattete. Im Gefüge der satzungsmäßigen Organe hatte er fortan vier Aufgaben zu erfüllen: Erstens wirkte der Verwaltungsrat, gemeinsam mit dem Generalsekretär, als Vorstand der MPG im Sinne des Vereinsrechts, was die Vertretung der MPG nach außen einschloss; zweitens übte er die Aufsicht über die Generalverwaltung aus und war ihr gegenüber weisungsbefugt (weshalb der Generalsekretär als solcher dem Verwaltungsrat nicht mehr von Amts wegen angehörte) – eine enorm wichtige Funktion, wenn man bedenkt, dass die Generalverwaltung ihrerseits das Verwaltungshandeln und das Finanzgebaren der Max-Planck-Institute kontrolliert; drittens sollte er den Präsidenten beraten und wichtige Beschlüsse vorbereiten, insbesondere die Aufstellung des Gesamthaushaltsplans sowie des Jahresberichts und der Jahresrechnung; viertens erhielt der Verwaltungsrat einen eigenen Kompetenzbereich (zu dem die Verwaltung und Verwendung des stark zunehmenden privaten Vermögens der MPG zählte), in dem er selbstständig entschied.[34]

Die Autorität des Verwaltungsrats resultierte zugleich aus seiner hochkarätigen Besetzung. Ihm gehörten neben dem Präsidenten, der auch hier den Vorsitz führte, ab 1964 die (mindestens zwei) Vizepräsidenten, der Schatzmeister und zwei bis vier »weitere Mitglieder« an, die sämtlich vom Senat auf sechs Jahre zu wählen waren (wobei auf den Präsidenten eine Zweidrittelmehrheit entfallen muss, bei den übrigen Mitgliedern genügt eine absolute Mehrheit). Seit 1972 ist es üblich, vier Vizepräsidenten zu wählen: jeweils einen Vertreter für jede der drei Sektionen sowie ein externes Mitglied. Wenn man den Generalsekretär mit hinzurechnet, der an den Sitzungen des Ver-

---

30 Balcar, *Wandel*, 2020, 184–185.
31 Dölle, *Erläuterungen*, 1965, 50.
32 Protokoll der 37. Sitzung des Senates vom 11.11.1960, AMPG, II. Abt., Rep. 60, Nr. 37.SP, fol. 165; Protokoll der 47. Sitzung des Verwaltungsrates vom 10.11.1960, AMPG, II. Abt., Rep. 61, Nr. 47.VP, fol. 3.
33 Protokoll der 38. Sitzung des Senates vom 24.2.1961, AMPG, II. Abt., Rep. 60, Nr. 38.SP, fol. 69.
34 Dölle, *Erläuterungen*, 1965, 49–57; Schön, *Grundlagenwissenschaft*, 2015, 32–37; Balcar, *Wandel*, 2020, 184.

waltungsrats schon deswegen teilnahm, um den Vorstand zu komplettieren, entsprach das Gremium ziemlich genau dem Gründungssenat der MPG von 1948, allerdings mit einem wesentlichen Unterschied: Hatten im Senat von 1948 eindeutig die Wissenschaftler dominiert, hielten sich im Verwaltungsrat seit der Präsidentschaft von Reimar Lüst Wissenschaft und Wirtschaft in etwa die Waage. Auf der einen Seite standen die drei aus den Sektionen stammenden Vizepräsidenten sowie der Präsident (seit der Gründung der MPG stets ein Wissenschaftler), auf der anderen Seite der externe Vizepräsident, die »weiteren Mitglieder« des Verwaltungsrats und der Schatzmeister. Dieses Amt bekleidete stets ein namhafter Vertreter von Industrie und Banken.[35] Die Liste der Industriekapitäne und Großbanker, die dem Verwaltungsrat der MPG angehörten, liest sich wie ein Who's who der deutschen Wirtschaft in der zweiten Hälfte des 20. Jahrhunderts. Die MPG achtete dabei sorgfältig darauf, hochkarätige Vertreter aus der Hochfinanz und forschungsaffinen Bereichen der Industrie wie etwa der chemischen Industrie, der Montan- und Metallindustrie oder der Elektrotechnik für die Mitwirkung in ihren Gremien zu gewinnen.

Allerdings entsprach die Zusammensetzung des Verwaltungsrats noch viel weniger als die des Senats der finanziellen Abhängigkeit der MPG von der öffentlichen Hand. Die wichtigsten Geldgeber, nämlich der Bund und die Ländergemeinschaft, waren in diesem Gremium überhaupt nicht vertreten, was der Kritik Tür und Tor öffnete.[36] Indes sank die MPG zu keinem Zeitpunkt auf eine Art Entwicklungslabor der deutschen Industrie herab. Zwar räumte sie der Wirtschaft ein beachtliches Maß an Mitwirkung in ihren Entscheidungsgremien ein, doch profitierte davon, wie wir bereits gesehen haben, in erster Linie die MPG selbst. In Sachfragen, nicht zuletzt bei der Gründung neuer Institute, deckten und verstärkten sich wissenschaftliche und wirtschaftliche Interessen häufig. Dadurch wurde es selbst in Zeiten knapper Kassen möglich, Bund und Länder von der Gründung neuer und teurer Max-Planck-Institute zu überzeugen, wie die Beispiele des MPI für Festkörperforschung oder des MPI für Polymerforschung zeigen.[37]

Die Wiedervereinigung brachte dieses Leitungsmodell jedoch an die Grenzen seiner Leistungsfähigkeit – und darüber hinaus. Angesichts der zahlreichen neuen Forschungseinrichtungen, die die MPG im Zuge des »Aufbaus Ost« ins Leben rief, herrschte in ihren Führungszirkeln ein mehr oder weniger ununterbrochener Planungs-, Beratungs- und Entscheidungsbedarf, der eine noch höhere Sitzungsfrequenz des Verwaltungsrats erforderlich machte. Indes war an zusätzliche Sitzungen dieses Gremiums aufgrund der ohnehin schon vollen Terminkalender gerade der Wirtschaftsvertreter nicht zu denken. Zacher verfiel daher auf den Vizepräsidentenkreis, der aus den Mitgliedern des Verwaltungsrats abzüglich seiner Mitglieder aus Industrie und Hochfinanz bestand. Im internen Sprachgebrauch entstand daraus das »Präsidium«, das jedoch nicht in der Satzung verankert war und bald mit dem Verwaltungsrat – dem eigentlichen Vorstand der MPG – in Konkurrenz geriet. Um diesen Konflikt zu lösen und die Wirtschaftsvertreter nicht zu verprellen, firmierte das Präsidium ab 1997 als »Vizepräsidentenkreis des Verwaltungsrats«, der 2003 wieder in »Präsidium« umbenannt wurde.[38]

4.2.3 Das höchste Gremium und das unwichtigste: Die Hauptversammlung

Die größte öffentliche Aufmerksamkeit von allen MPG-Gremien zog (und zieht) die jährliche Hauptversammlung auf sich, die einer mehrtägigen Forschungsmesse im Hochglanzformat glich und eine weitere Schnittstelle zur bundesrepublikanischen Gesellschaft darstellte. Ironisierend, aber nicht ganz unzutreffend, charakterisierte der *Spiegel* die Hauptversammlung der MPG als ein »Hochamt der deutschen Wissenschaft«.[39] Sie fand jedes Jahr an einem anderen Ort statt und bestand aus einer Reihe verschiedener Veranstaltungen bzw. Gremiensitzungen in schneller Abfolge. Zu nennen sind vor allem die Mitgliederversammlung und die Festversammlung, hinzu kamen unmittelbar davor stattfindende Sitzungen von Verwaltungsrat, Senat, Wissenschaftlichem Rat und den drei Sektionen. Für Spitzenfunktionäre wie den Präsidenten, die Vizepräsidenten und den Generalsekretär stellte die Hauptversammlung einen regelrechten Sitzungsmarathon dar.

Zur Mitgliederversammlung, die die MPG – wie jeder eingetragene Verein – jedes Jahr abhalten muss, sind alle Mitglieder der Gesellschaft eingeladen. Schon die erste Satzung von 1948 unterschied vier verschiedene Formen

---

35 Zu den Mitgliedern des Verwaltungsrats siehe Henning und Kazemi, *Chronik*, 2011, 919–923. Siehe dazu und zum Folgenden demnächst Balcar und Schneider, Science Business, 2024.
36 Z. B. Hochamt, *Der Spiegel*, 28.6.1971, 110–114.
37 Siehe oben, Kap. II.4.4 sowie Kap. IV.3.
38 Siehe oben, Kap. II.5.5.2.
39 Hochamt, *Der Spiegel*, 28.6.1971, 110–114.

der Mitgliedschaft: *Fördernde Mitglieder*, die natürliche oder juristische Personen sein konnten und einen jährlichen Mitgliedsbeitrag zu entrichten hatten; *Wissenschaftliche Mitglieder* der Institute, die dort in der Regel als Direktoren wirkten, vom Senat ernannt wurden und keine Beiträge bezahlen mussten; *Mitglieder von Amts wegen*, die ebenfalls von der Zahlung eines Mitgliedsbeitrags befreit waren;[40] schließlich *Ehrenmitglieder*, die für »besondere Verdienste um die Förderung der wissenschaftlichen Forschung« von der Hauptversammlung auf Vorschlag des Senats ernannt wurden.[41] Die wichtigsten Befugnisse der Hauptversammlung bestanden in der Wahl der Senatoren, in der Genehmigung von Satzungsänderungen, für die eine Zweidrittelmehrheit erforderlich war, in der Prüfung der Jahresrechnung, die mit der Entlastung des Schatzmeisters einherging, und – für den Fall der Fälle – in der Auflösung der Gesellschaft mit einer Dreiviertelmehrheit. Allerdings bereiteten andere Gremien, vor allem Senat und Verwaltungsrat, all diese Entscheidungen im Vorfeld gründlich vor, sodass die Mitglieder in der Regel kaum mehr zu tun hatten, als die bereits präfigurierten Entscheidungen abzunicken. Insofern diente die Mitgliederversammlung in erster Linie der Selbstdarstellung der MPG »gegenüber Staat und allgemeiner Öffentlichkeit«.[42]

Von dieser ungeschriebenen Regel gab es in der Geschichte der MPG eine einzige Ausnahme: die Hauptversammlung des Jahres 1972, auf der die Mitglieder über einen neuen Satzungsentwurf abstimmen mussten, der unter anderem Mitwirkungsrechte für die wissenschaftlichen Mitarbeiter:innen vorsah. Obwohl die Bestimmungen des Entwurfs von einer echten Mitbestimmung weit entfernt waren, befürchtete die MPG-Spitze, dass die nötige Zweidrittelmehrheit aufgrund der weitverbreiteten Ablehnung der Reform unter den Wissenschaftlichen Mitgliedern verfehlt werden könnte. Erst ein flammender Appell des vormaligen Wissenschaftsministers Gerhard Stoltenberg ließ die Stimmung unter den in Bremen versammelten Mitgliedern kippen, sodass die Satzungsreform am Ende doch die nötige Mehrheit fand.[43]

Von der Mitgliederversammlung zu unterscheiden ist die Festversammlung, die nicht in der Satzung festgeschrieben war und allein der Außendarstellung der MPG diente. Sie bestand aus zwei zentralen Elementen: einer programmatischen Rede des Präsidenten, die einer Regierungserklärung glich, die sich gleichermaßen nach innen wie nach außen richtete, und einem Festvortrag, den ein Wissenschaftler bzw. eine Wissenschaftlerin aus der MPG hielt. Diesen Festvortrag halten zu dürfen galt lange Zeit als eine Art wissenschaftlicher Ritterschlag, zumal die Organisatoren – die MPG-Spitze und die Generalverwaltung – ebenso großen Wert auf die Prominenz des bzw. der Vortragenden wie auf die Aktualität des Themas legten. Bedeutung erlangte die Festversammlung indes vor allem durch die Prominenz der externen Gäste, die sich lange Zeit regelmäßig ein Stelldichein gaben. Ab den 1980er-Jahren ließ das Hofieren der MPG durch die Politik indes spürbar nach, was nicht zuletzt darin zum Ausdruck kam, dass sich Bundeskanzler oder Bundespräsident nur noch selten auf einer MPG-Festversammlung zeigten. In ihrer Abwesenheit spiegelt sich ein Bedeutungsverlust der MPG, die angesichts der zunehmenden Konkurrenz im bundesdeutschen Wissenschaftssystem den Status als alleinige Vertreterin der Wissenschaft einbüßte.

4.2.4 Auf die Persönlichkeit kommt es an: Der Präsident

Der Präsident verkörpert seit der Satzungsreform von 1964 – wie auch schon zu Zeiten der KWG – das Zentralgestirn im Kosmos der MPG. Der Rechtswissenschaftler Hans F. Zacher, der das Präsidentenamt von 1990 bis 1996 bekleidete, sah gar das »Regelwerk auf die monarchische Struktur der Max-Planck-Gesellschaft zugeschnitten«.[44] Das war nicht immer so gewesen. Obwohl es sich um den wichtigsten Posten im Ämtergefüge der MPG handelte, definierte die erste Satzung von 1948 den Präsidenten vor allem als Vorsitzenden der diversen Leitungsgremien, umriss ansonsten jedoch nur sehr vage, wie er an bestimmten Entscheidungen mitwirken sollte.[45] Deswegen lautete eines der Hauptziele der Satzungsreform von 1964, die »Figur des Präsidenten« deutlicher zu profilieren, um ihn »als Repräsentant einer der größten und wirksamsten Forschungseinrichtungen der Bundesrepublik« ins rechte Licht zu rücken.[46]

---

40 Zunächst wurden nur die Senatoren als »Mitglieder von Amts wegen« geführt, später kamen die Vertreter der Länder und des Bundes hinzu, deren Mitgliedschaft automatisch mit dem Verlust des jeweiligen Ministerpostens endete.
41 Generalverwaltung der Max-Planck-Gesellschaft, Erste Satzung, 1961, Zitat 213.
42 Meusel, *Außeruniversitäre Forschung*, 1999, 80.
43 Balcar, *Wandel*, 2020, 233–234; Gerwin, Im Windschatten der 68er, 1996, 220.
44 Protokoll der 164. Sitzung des Verwaltungsrates vom 23.3.1995, AMPG, II. Abt., Rep. 61, Nr. 164.VP, fol. 4.
45 Generalverwaltung der Max-Planck-Gesellschaft, Erste Satzung, 1961, 216. Siehe dazu auch Balcar, *Ursprünge*, 2019, 129.
46 Dölle, *Erläuterungen*, 1965, 9–10.

4. Das Ringen um die Steuerbarkeit der MPG

Dies gelang eindrucksvoll: Nach der neuen Satzung sollte der Präsident die MPG zum einen nach außen repräsentieren, wobei »unter ›Repräsentation‹ nicht nur das konventionell-gesellschaftliche Auftreten für die MPG zu verstehen ist«, wie der Vater der Reform, der Rechtswissenschaftler Hans Dölle, erläuterte, »sondern vor allem auch das Verhalten im kulturpolitisch relevanten Bereich, etwa bei der Abgabe von Erklärungen, bei programmatischen Reden, bei Reaktionen auf Aktionen von Regierungsstellen, bei Kontakten mit inländischen oder ausländischen Wissenschaftsorganisationen u. dergl«.[47] Zum anderen hat der Präsident seither »die Grundzüge der Wissenschaftspolitik der Gesellschaft« zu entwerfen, er verfügte mithin über eine Art Richtlinienkompetenz, was die wissenschaftliche Ausrichtung der MPG betrifft. Aus dem Initiativrecht schließt Wolfgang Schön auf eine »Initiativpflicht«, »die Zukunftsfähigkeit der Gesellschaft strategisch zu sichern«.[48] Hinzu kam, wie bereits zuvor, der Vorsitz in den wichtigsten MPG-Gremien (allerdings nicht mehr im Wissenschaftlichen Rat), sowie – dies war neu – eine umfassende Eilkompetenz in allen Fällen, die »keinen Aufschub« duldeten.[49] Die Kombination all dieser Kompetenzen, die planende und ausführende Befugnisse vereinte, machten den Präsidenten zu einem machtvollen Organ der MPG. Allerdings spielte er gegenüber den Instituten nicht die Rolle eines weisungsbefugten CEO, sondern gestaltete die MPG durch seine strategische Forschungsplanung im Wechselspiel mit anderen Organen der Gesellschaft. Er ist – abermals in den Worten von Wolfgang Schön – im Gefüge der MPG »›omnipräsent‹, aber er ist nicht ›omnipotent‹«.[50]

Die Reform von 1964 legte indes nicht allein die Rechte und Pflichten des Präsidenten fest, sondern umriss zugleich auch, »welcher Art die Persönlichkeit sein soll, die künftig als Kandidat für die Wahl zum Präsidenten der MPG in Betracht zu ziehen ist«.[51] Auf dieser Grundlage bildete sich – teils implizit – ein Profil des MPG-Präsidenten heraus, von dem abzuweichen nur dann infrage kam, wenn sich partout niemand finden ließ, der dem fünf Eigenschaften umfassenden Idealbild entsprach. Der Präsident war, erstens, ein Mann. Soweit aus den Akten hervorgeht, zog der Senat im gesamten Untersuchungszeitraum nicht ein einziges Mal auch nur in Erwägung, eine Präsidentin zu wählen; dies spiegelte die männliche Dominanz wider, die die MPG im Untersuchungszeitraum – zumindest auf der Ebene der Wissenschaftlichen Mitglieder – charakterisierte.[52] Zweitens sollte der Präsident, ähnlich wie der Namenspatron der Gesellschaft, ein möglichst renommierter Wissenschaftler sein. Nach der Satzung wäre auch die Wahl eines Vertreters aus der Wirtschaft möglich, doch wurde dies ebenfalls nie ernsthaft in Erwägung gezogen; hier unterschied sich die MPG als Institution der Grundlagenforschung dann doch von der KWG, in der mit Carl Bosch und Albert Vögler zwei mächtige Wirtschaftsbosse als Präsidenten gewirkt hatten. Zunehmend wichtiger wurde im Zuge des Wachstums der MPG – drittens – die Zusatzqualifikation als Wissenschaftsmanager, der die Gesellschaft trotz wachsender nationaler wie internationaler Konkurrenz weiterentwickeln konnte; dazu waren gute Kontakte zu Politik und Wirtschaft ebenso unabdingbar wie eine breite Vernetzung in der Wissenschaft. Viertens legte man in der MPG großen Wert darauf, von einem Naturwissenschaftler repräsentiert und geführt zu werden. Trotz ihrer keineswegs marginalen geisteswissenschaftlichen Sektion galt die Wahl eines Geisteswissenschaftlers lange Zeit als undenkbar, und zwar selbst dann, wenn – wie 1971 in Gestalt von Helmut Coing – ein profilierter Kandidat zur Verfügung stand.[53] Als erster (und bis heute einziger) Geisteswissenschaftler übernahm der Jurist Hans F. Zacher 1990 das Präsidentenamt; indes hob ihn der Senat erst auf den Schild, nachdem andere potenzielle Kandidaten abgewinkt hatten. Fünftens schließlich galt eine Sozialisation in der MPG als Voraussetzung, zu ihrem Präsidenten aufzusteigen. Auch 1995 lautete das erklärte Ziel der Wahlkommissionen, »eine interne Besetzung des Amtes« zu erreichen.[54] Als dies jedoch nicht gelang, wurde mit Hubert Markl erstmals ein Kandidat von außen gewählt.

Dass die MPG in den 1990er-Jahren gleich zweimal hintereinander auf Außenseiter zurückgreifen musste, lag schlicht daran, dass es im Lauf der Zeit immer schwieriger wurde, eine geeignete und allseits akzeptable Person

---

47 Ebd., 33.
48 Schön, *Grundlagenwissenschaft*, 2015, 26.
49 Dölle, *Erläuterungen*, 1965, 38.
50 Schön, *Grundlagenwissenschaft*, 2015, 27.
51 Dölle, *Erläuterungen*, 1965, 10.
52 Kolboske, *Hierarchien*, 2023; siehe auch unten, Kap. IV.5.3.
53 Zur Präsidentenwahl von 1971 siehe Walter Dieminger: Bericht der Kommission zur Vorbereitung der Wahl des Präsidenten vom 5.10.1971, GVMPG, BC 204881, fol. 113–115; Balcar, *Wandel*, 2020, 323, Anm. 1092. Zur Bedeutung der Geisteswissenschaftlichen Sektion bzw. der Geisteswissenschaften in der MPG siehe oben, Kap. III.14.
54 Protokoll der 140. Sitzung des Senats am 22.6.1995, AMPG, II. Abt., Rep. 60, Nr. 140.SP, fol. 5 verso.

zu finden. Das Amt brachte enorme Verantwortung und vielfältige administrative Aufgaben mit sich. Zudem lasteten riesige Erwartungen auf den Schultern des Präsidenten. Butenandt und Lüst hatten in ihren jeweils zwölf Jahren im Amt Standards gesetzt und damit die Messlatte sehr hoch gelegt. Beim Amt des Präsidenten handelte es sich um einen »*full time job*«,[55] mit dem »ein vollständiger Berufswechsel und das Ende der wissenschaftlichen Karriere verbunden« war. Der Posten, der in KWG-Zeiten »ursprünglich ein Honoratiorenamt« gewesen war, verlangte in der MPG als integrierter Wissenschaftsorganisation »einen Einsatz«, der »einem ›Zweischichtbetrieb ohne Schichtwechsel‹« gleichkam.[56] Ähnliches galt auch für andere Posten. Deswegen, aber auch, weil sie sich ganz auf die eigene Forschung konzentrieren wollten, fanden sich die Wissenschaftlichen Mitglieder zunehmend weniger bereit, Ämter in der MPG zu übernehmen. Schon die Mitarbeit in Gremien und Kommissionen galt als Belastung. Gleichzeitig stand und fiel das die MPG prägende »Prinzip der Selbstverwaltung der Wissenschaft« damit, »dass ihre Mitglieder diese Selbstverwaltung ernst nähmen,« wie Reimar Lüst seinen jüngeren Kollegen ins Stammbuch schrieb.[57] Auch aus diesem Grund diskutierten die Leitungsgremien ab Mitte der 1990er-Jahre ernsthaft darüber, »ob das System, mit dem die Max-Planck-Gesellschaft bisher geführt worden sei, auch künftig in Anbetracht der Vergrößerung der Gesellschaft und der insgesamt wachsenden Anforderungen an die Gesellschaft funktionieren werde« oder »ob die Max-Planck-Gesellschaft nicht eine ähnliche Organisation wie ein Industrieunternehmen brauche.«[58] Hier zeigt sich, dass das enorme Wachstum von der MPG-Spitze durchaus kritisch als Überdehnung wahrgenommen wurde.[59]

Der jeweilige »Regierungsstil« des Präsidenten hing maßgeblich von der Persönlichkeit ab, die das Amt bekleidete. Otto Hahn scheint für das Amt nicht prädestiniert gewesen zu sein, denn er war kein Machtmensch, zudem fehlte ihm weitgehend das Zeug zum Wissenschaftsmanager. Deswegen war er auf die loyale Mit- und Zuarbeit von Generalsekretär Ernst Telschow angewiesen, mit dem Hahn nicht nur ein Lehrer-Schüler-Verhältnis verband, sondern auch eine wechselseitige Abhängigkeit.[60]

Hahns Nachfolger Butenandt, der aus ganz anderem Holz geschnitzt war, legte einen in der MPG bis dahin unbekannten Willen zur Veränderung und zur Gestaltung an den Tag. Dass und wie sich die MPG zu der integrierten Wissenschaftsorganisation entwickelte, die wir heute kennen, war nicht zuletzt das Verdienst des Biochemikers, der viele Entscheidungen an sich zog und der MPG seinen Stempel aufdrückte – auch weil er in seiner ersten Amtszeit gewissermaßen sein eigener Generalsekretär war.[61] Mit und an Adolf Butenandt entstand das Idealbild des MPG-Präsidenten als Mischung aus einem (Natur-) Wissenschaftler mit höchsten Weihen und einem mit allen Wassern gewaschenen Wissenschaftsmanager, der in der MPG die Agenda setzen, die verschiedenen Wissenschaftszweige, Institute und Forscherpersönlichkeiten integrieren und die Gesellschaft wissenschaftlich und organisatorisch weiterentwickeln konnte.

Reimar Lüst war nicht nur Butenandts Nachfolger, sondern in vielem auch sein Ebenbild, wenngleich weniger autoritär, dafür technokratischer als sein Amtsvorgänger. Beide agierten allerdings nicht als bonapartistische Alleinherrscher, sondern als Leiter eines mit Bedacht (und weitgehend von ihnen selbst) ausgewählten Führungszirkels, dem sowohl MPG-Mitglieder wie die Juristen Hans Dölle und später Konrad Zweigert, als auch Wirtschaftsgrößen wie Carl Wurster oder später Horst K. Jannott angehörten. Beide setzten denn auch auf jeweils spezifische Gremien, um die MPG in ihrem Sinn zu steuern und zu entwickeln: Butenandt zunächst auf den »Beratungskreis Wissenschaftspolitik« und später, nachdem dieses nicht in der Satzung verankerte Gremium auf Kritik aus den Reihen der Wissenschaftlichen Mitglieder gestoßen war, auf den erweiterten Verwaltungsrat. Lüst dagegen, der seine Lehren aus Butenandts Schwierigkeiten gezogen hatte, setzte auf den Senatsausschuss für Forschungspolitik und Forschungsplanung (SAFPP), den die Reform von 1972 in die Satzung geschrieben hatte. Mit diesem Gremium gelang der MPG steuerungspolitisch ein großer Wurf: Indem es die Präsidenten des Centre national de la recherche scientifique (CNRS) und des Science Research Council (SRC) sowie den Staatssekretär aus dem Bundesministerium für Forschung und Technologie (BMFT) ein-

---

55 So formulierte es 2001 der vormalige Präsident Reimar Lüst. Protokoll der 158. Sitzung des Senates vom 21.6.2001, AMPG, II. Abt., Rep. 60, Nr. 158.SP, fol. 11, Hervorhebung im Original.
56 Protokoll der 140. Sitzung des Senates vom 22.6.1995, AMPG, II. Abt., Rep. 60, Nr. 140.SP, fol. 6.
57 Protokoll der 158. Sitzung des Senates vom 21.6.2001, AMPG, II. Abt., Rep. 60, Nr. 158.SP, fol. 11.
58 Protokoll der 164. Sitzung des Verwaltungsrates vom 23.3.1995, AMPG, II. Abt., Rep. 61, Nr. 164.VP, fol. 4.
59 Siehe oben, Kap. II.5.7.
60 Dazu und zum Folgenden Balcar, *Ursprünge*, 2019, 129–141. Zur Machtposition Telschows in der KWG in der NS-Zeit siehe ausführlich Hachtmann, *Wissenschaftsmanagement*, 2007.
61 Ausführlich: Balcar, *Wandel*, 2020, 33–41.

band, gelang es, die Planungen der MPG schon in einem frühen Stadium mit denen der Bundespolitik und internationaler wissenschaftlicher Partner zu verzahnen. Dass es Lüst mit Bravour gelang, die MPG durch eine Dekade ohne nennenswerte finanzielle Zuwächse zu führen und trotzdem wissenschaftlich am Puls der Zeit zu bleiben, verdankt sich nicht zuletzt dem SAFPP.[62]

Nach 24 Jahren starker Führungspersönlichkeiten im Präsidentenamt fiel es besonders schwer, eine geeignete Persönlichkeit zu finden, die 1984 die Nachfolge von Lüst antreten konnte – so schwer, dass der Senat ernsthaft mit einer weiteren Satzungsänderung liebäugelte, um Lüst eine dritte Amtszeit zu ermöglichen, was dieser freilich ablehnte.[63] Mit dem Chemiker Heinz A. Staab fiel die Wahl auf einen Wissenschaftler, der bis dahin als Wissenschaftspolitiker noch keine nachhaltigen Spuren hinterlassen hatte. Schwerer wog, dass Staab wenig Ehrgeiz in dieser Richtung entwickelte und weitaus mehr Wert darauf legte, neben seinen Amtsgeschäften als Präsident weiterhin in seinem Institut in Heidelberg forschen zu können. Als Teilzeitpräsident lag ihm nicht daran, den Kurs Lüsts fortzusetzen und die MPG durch interne Umverteilungen wissenschaftspolitisch handlungsfähig zu halten. Stattdessen bewahrte die MPG unter Staabs Ägide im Wesentlichen den Status quo, indem man der Maxime folgte, die bereits bestehenden Institute arbeitsfähig zu halten.[64] Dieser Kurs mag durchaus im Interesse nicht weniger Institutsdirektoren gelegen haben, die nach den zwei Amtsperioden Lüsts genug von Umverteilungs- und Schließungsdebatten hatten. Ein Nebeneffekt des Kurswechsels unter Staab bestand im Verfall des SAFPP, der zwar formal weiterbestand, aber rasant an Bedeutung verlor; im »Aufbau Ost« spielte dieses Gremium dann praktisch keine Rolle mehr, obwohl es der MPG gerade in diesen turbulenten Jahren wertvolle Dienste hätte leisten können.

Im Rückblick mutet es wie eine Ironie der Geschichte an, dass die MPG in der Dekade nach der Wiedervereinigung, in der sie in kurzer Zeit 18 neue Institute und zahlreiche befristete Forschungseinrichtungen in Ostdeutschland aus dem Boden stampfte, von zwei Außenseitern im Präsidentenamt geleitet und nach außen vertreten wurde. Hans F. Zacher schlug als Geisteswissenschaftler, Hubert Markl als Nichtmitglied aus den Reihen der MPG von Anfang an spürbare und kaum verhohlene Skepsis entgegen. Das schwächte nicht nur ihre Stellung innerhalb (und außerhalb) der MPG, sondern wohl auch die Position der MPG insgesamt, die gerade in ihrer Außenwirkung als Institution stets maßgeblich von ihrem Präsidenten abhing – und dies in einer Phase, in der die MPG stärker als jemals zuvor unter den Druck der Politik geriet und umso heftiger darum ringen musste, ihre Unabhängigkeit und ihre wissenschaftspolitischen Handlungsspielräume zu bewahren. So gesehen, waren die 1990er-Jahre ein ungünstiger Zeitpunkt für Experimente im Präsidentenamt.

4.2.5 Das fünfte Rad am Wagen: Der Wissenschaftliche Rat

Den Wissenschaftlichen Rat, den Hans Dölle als »Gesamtheit der Wissenschaftlichen Mitglieder« und »Forum der Forscher der Gesellschaft« definierte,[65] übernahm die MPG ebenfalls von der KWG. Er war 1928 auf eine Initiative Fritz Habers hin gegründet und im Jahr darauf in der Satzung der KWG verankert worden, und zwar explizit als Gegengewicht gegen den Einfluss, den Staat und Wirtschaft über den Senat auf die KWG ausübten.[66] Nach der Umgründung diente der Wissenschaftliche Rat als Vertretung und Sprachrohr der Wissenschaftlichen Mitglieder, die in diesem Forum einmal im Jahr – in der Regel im Umfeld der Hauptversammlung – zusammenkamen, anfangs unter dem Vorsitz des Präsidenten, später unter einem Vorsitzenden aus den eigenen Reihen. Er gliederte sich in drei Sektionen: eine *Chemisch-Physikalisch-Technische* (CPTS), eine *Biologisch-Medizinische* (BMS) und eine *Geisteswissenschaftliche Sektion* (GWS), von denen noch die Rede sein wird.

Das Problem des Wissenschaftlichen Rats, der »das verbandsdemokratische Element in den Kernbereichen der wissenschaftlichen Tätigkeit zur Entfaltung bringen« sollte,[67] bestand von Anfang an darin, dass er über keine klar umrissenen Kompetenzen und Zuständigkeiten verfügte. »Der Wissenschaftliche Rat kann die allen Instituten gemeinsamen wissenschaftlichen Angelegenheiten, sofern sie nicht in den Zuständigkeitsbereich der übrigen

---

62 Siehe oben, Kap. II.4.3.1.
63 Bericht der Senatskommission zur Vorbereitung der Wahl des Präsidenten der MPG für die Amtszeit von 1984 bis 1990 vom 30.9.1983, AMPG, II. Abt., Rep. 57, Nr. 3, fol. 65–68.
64 Siehe oben, Kap. II.4.3.3.
65 Dölle, *Erläuterungen*, 1965, 63.
66 Vierhaus, Harnack, 1990, 481–482; Szöllösi-Janze, *Fritz Haber*, 1998, 616–620.
67 Schön, *Grundlagenwissenschaft*, 2015, 30.

Organe der Gesellschaft fallen, erörtern und Anträge an den Senat stellen«, hieß es in der Satzung von 1948.[68] Die schwammige Formulierung bedeutete eine dreifache Einschränkung: Erstens handelte es sich um eine Kann-Bestimmung, zweitens wurde das Handlungsfeld des Wissenschaftlichen Rats auf diejenigen Bereiche beschränkt, für die nicht explizit andere Gremien zuständig waren, und drittens entschied er auch bei sachlicher Zuständigkeit nicht selbst, sondern konnte lediglich Anträge an den Senat stellen. Die eklatante Funktions- und Bedeutungslosigkeit dieses Gremiums kontrastierte auf eigentümliche Art mit der eminent starken Position der Wissenschaftlichen Mitglieder, die in ihm vertreten waren: In ihren Instituten konnten sie nach Belieben schalten und walten, in der MPG jedoch zusammengefasst als (politische) Gruppe waren sie weitgehend ohne Einfluss.

Bereits in den 1950er-Jahren hatte es Forderungen gegeben, den Wissenschaftlichen Rat zu »aktivieren«, um ihm eine wichtigere Rolle in der Governance der MPG zuzuweisen.[69] Aber zunächst scheiterten alle Reformbemühungen, da die Satzungsreform von 1964 ihr selbstgestecktes Ziel, »die Teilnahme aller Wissenschaftlichen Mitglieder an dem Ergehen [sic!] der Gesellschaft zu beleben«, nicht erreichte.[70] Erst 1970 fand der Wissenschaftliche Rat einen Weg aus der gremienpolitischen Bedeutungslosigkeit heraus, und zwar durch die Gründung eines weiteren Gremiums: des *Intersektionellen Ausschusses* (ISA). Sie erfolgte im Kontext der kontroversen Debatten um die Mitbestimmungsfrage in der MPG, in der die Wissenschaftlichen Mitglieder seitens ihrer wissenschaftlichen Mitarbeiterinnen und Mitarbeiter unter Druck gerieten. In diesem Moment wurde die ganze Misere der korporativen Vertretung der Wissenschaftlichen Mitglieder offensichtlich. Der Kernphysiker Wolfgang Gentner, der von 1972 bis 1978 das Amt des Vizepräsidenten bekleidete, sprach vielen aus dem Herzen, als er kritisierte, »daß weder in den Sektionen noch im Wissenschaftlichen Rat die die Sektionen und den Wissenschaftlichen Rat betreffenden wichtigen Fragen gründlich beraten werden können. Die Sektionen und erst recht der Wissenschaftliche Rat sind dazu zu groß. Auch die Zusammensetzung ist schon von den Personen her gesehen zu unterschiedlich und auch die Kenntnis der Voraussetzungen für eine sachgerechte Diskussion ist in diesem breiten Rahmen nicht immer vorhanden.«[71] In einem Gespräch zwischen Butenandt, den drei Sektionsvorsitzenden und ihren Stellvertretern sowie Jürgen Aschoff, dem Direktor am MPI für Verhaltensforschung in Seewiesen und Mitbegründer der Chronobiologie, das am 11. Oktober 1969 stattfand, einigte man sich auf die Bildung »eines nicht institutionalisierten Gesprächskreises«, der aus drei Vertretern pro Sektion bestehen und an dessen Sitzungen nach Möglichkeit auch der Präsident und der Generalsekretär teilnehmen sollten.[72] Der so konstituierte Intersektionelle Ausschuss des Wissenschaftlichen Rats trat am 2. März 1970 zu seiner ersten Sitzung zusammen und verständigte sich darauf, möglichst eng mit den Leitungsgremien der MPG zu kooperieren. Der ISA wollte sich dabei – so sein Selbstverständnis – »den Organen der Gesellschaft und der Generalverwaltung zur Vorbereitung von Entscheidungen in wichtigen Angelegenheiten der Gesellschaft als schnell verfügbares beratendes Gremium zur Verfügung stellen.«[73] Seine wichtigste Aufgabe, für die er im Grunde genommen überhaupt erst ins Leben gerufen worden war, bestand darin, einen Rahmen abzustecken, in dem sich die anstehenden Satzungsänderungen bewegen sollten. Mit den »Grundsätzen der MPG« vom 5. Mai 1971 zog der ISA diesen Rahmen sehr eng.[74] Fortan trat der ISA in der Regel dann in Aktion, wenn die Wissenschaftlichen Mitglieder in wichtigen Fragen mit möglichst einer Stimme sprechen mussten. Seine Existenz sorgte dafür, dass die korporative Stimme der Wissenschaftlichen Mitglieder mehr Gewicht erhielt.

4.2.6 Die Sektionen als zentrale Instanz im Berufungs- und Erneuerungsprozess

Weit mehr als der lange Zeit macht- und einflusslose Wissenschaftliche Rat fungierten die drei Sektionen im Gefüge der MPG-Gremien als korporative Vertretung der Institute und der sie leitenden Wissenschaftlichen Mit-

---

68 Generalverwaltung der Max-Planck-Gesellschaft, Erste Satzung, 1961, Zitat 218. Siehe dazu und zum Folgenden auch Balcar, *Ursprünge*, 2019, 113–114.
69 Z. B. Protokoll der 19. Sitzung des Senates vom 14.12.1954, AMPG, II. Abt, Rep. 60, Nr. 19. SP, fol. 139.
70 Dölle, *Erläuterungen*, 1965, 9. Siehe dazu und zum Folgenden auch Balcar, *Wandel*, 2020, 181–182.
71 Zitiert nach dem Drehbuch zur 84. Sitzung des Verwaltungsrates und des Vorstandes der MPG am 24.11.1969, AMPG, II. Abt., Rep. 61, Nr. 84.VP, fol. 193. Siehe dazu auch Protokoll der Sitzung des Senates vom 11.6.1970, AMPG, II. Abt., Rep. 60, Nr. 66,SP, fol. 11–12.
72 Protokoll der 84. Sitzung des Verwaltungsrates vom 24.11.1969, ebd., fol. 86.
73 Protokoll der 88. Sitzung des Verwaltungsrates vom 23.11.1970, AMPG, II. Abt., Rep. 61, Nr. 88.VP, fol. 30. Zur Gründung des ISA auch Henning und Kazemi, *Chronik*, 2011, 471.
74 Grundsätze der MPG (Entwurf des Intersektionellen Ausschusses zur Vorlage an den Wissenschaftlichen Rat) vom 5.5.1971, AMPG, II. Abt., Rep. 61, Nr. 90.VP, fol. 25–26, abgedruckt bei Röbbecke, *Mitbestimmung*, 1997, 190; dazu ausführlich Balcar, *Wandel*, 2020, 224–225.

glieder. Sie verkörperten (und verkörpern) die eigentlichen Antipoden der Zentralorganisation, zu der sich die MPG entwickelte. Zacher bezeichnete dieses Verhältnis als »das dialektische Gegenschwingen von Zentrale und Sektionen«.[75] Sie bezogen ihr Gewicht daraus, dass sie in Bereichen mitwirkten, die für die Erneuerungsfähigkeit der MPG von zentraler Bedeutung waren (und sind): im Berufungsprozess sowie bei der Gründung und Schließung von Abteilungen und Instituten. Folgerichtig verortete Dölle den »*Schwerpunkt* des Einflusses der Gelehrten auf die Geschicke der MPG« in den Sektionen.[76]

In den Anfangsjahren der MPG, in denen die Neugründung von Instituten schon aus Geldmangel nicht infrage kam, erfolgten Berufungen neuer Wissenschaftlicher Mitglieder nur im Zuge des Ausscheidens von Direktoren. Die Satzung von 1948 erkannte dem jeweiligen Institut »das Recht« zu, »seinen eigenen Direktor zu berufen«; einzig in dem Fall, dass »ein Mitgliedsinstitut aus irgendeinem Grund nicht in der Lage oder nicht Willens« sein sollte, dieses Recht auszuüben, sollte der Wissenschaftliche Rat einen Berufungsvorschlag unterbreiten.[77] Die Welle von Institutsneugründungen in der ersten Wachstumsphase der MPG machte jedoch ein anderes Verfahren erforderlich, bei dem die Sektionen – in denen der wissenschaftliche Sachverstand zu einzelnen Forschungsfeldern versammelt war – mehr Mitwirkungsrechte erhielten. Sie sollten, so sah es die 1964 reformierte Satzung vor, den Senat beraten, dem die Entscheidung in Gründungs- und Berufungsfragen (wie auch bei der Schließung von Abteilungen und ganzen Instituten) oblag. Die Initiative konnte dabei sowohl vom Senat als auch von einer der Sektionen ausgehen. Handelte es sich um eine Nachfolgeberufung in einem bereits bestehenden Institut, ging die Satzung nach wie vor von einem »Vorschlag des Institutsleiters« aus, wobei die jeweils zuständige Sektion auch hierzu schriftlich Stellung nahm.[78]

Es war durchaus sinnvoll, die Sektionen auch an Berufungsverfahren zu beteiligen, die nicht im Kontext von Institutsgründungen standen. Bei jeder Emeritierung eines Wissenschaftlichen Mitglieds stand die Frage im Raum, ob eine Nachfolgeberufung erfolgen oder das Institut bzw. die Abteilung auf ein anderes Forschungsfeld ausgerichtet werden sollte. Die Wissenschaftlichen Mitglieder neigten in ihrer großen Mehrheit dazu, ihr »Lebenswerk« auch nach ihrem Ausscheiden weitergeführt wissen zu wollen, das heißt einen Nachfolger (oder bisweilen auch eine Nachfolgerin) zu installieren. Dass diese Strategie wissenschaftlich oftmals wenig fruchtbar und kaum innovativ war, wussten die meisten von ihnen nur zu gut, solange es sich nicht um die eigene Nachfolge handelte. So fragte etwa Otto Warburg auf einer Sitzung der BMS 1959 sarkastisch, ob denn »jeder, der Flöhe beobachtet hat, einen Nachfolger erhalten« müsse.[79]

Um die Partikularinteressen der Wissenschaftlichen Mitglieder abzubremsen, die Rolle der Emeriti im Berufungsprozess zu begrenzen und innovative (Berufungs-) Entscheidungen zu ermöglichen, verabschiedete der Wissenschaftliche Rat 1966 die »Lex Heisenberg«. Sie besagte, dass der (oder die) zu Emeritierende nicht mit Stimmrecht an den Entscheidungen der Gremien über seine (oder ihre) Nachfolge mitwirken durfte. Zugleich bestimmte diese Neuregelung, dass »bei Nachfolgeberufungen für die Leitung von Instituten, Teilinstituten und selbständigen Abteilungen […] grundsätzlich die Frage der Fortführung und ggf. die Schließung oder Ausgliederung zu prüfen« war.[80] Dennoch unternahmen Heisenberg selbst oder auch Hermann Heimpel in den späten 1960er-Jahren noch wie selbstverständlich Versuche, den eigenen Nachfolger zu bestimmen. Mitte der 1990er-Jahre schließlich sprach sich die große Mehrheit der Wissenschaftlichen Mitglieder in einer Debatte über die Berufungsverfahren im Wissenschaftlichen Rat gegen einen »Fortschreibungsautomatismus« aus und forderten einen »besonderen Begründungsbedarf für Fortsetzungen von Abteilungen« ein.[81] Die Mitwirkung der Sektionen und der von ihnen eingesetzten Berufungskommissionen bildete ein wichtiges Korrektiv gegen die Partikularinteressen einflussreicher Direktoren. Die Voten der Berufungskommission und der Sektion präfigurierten ihrerseits die Berufungsentscheidungen des Senats, der sie nur in Ausnahmefällen ignorierte bzw. überstimmte.

So gesehen spielte nicht nur die *Verflechtung* verschiedener Gremien und Organe eine wichtige Rolle für das Ausbalancieren unterschiedlicher Interessen in der Governance der MPG, sondern auch ihre *Ent-*

---

75 Protokoll der 140. Sitzung des Senates vom 22.6.1995, AMPG, II. Abt., Rep. 60, Nr. 140.SP, fol. 9.
76 Dölle, *Erläuterungen*, 1965, 67, Hervorhebung im Original.
77 Generalverwaltung der Max-Planck-Gesellschaft, Erste Satzung, 1961, 212.
78 Dölle, *Erläuterungen*, 1965, 68.
79 Zitiert nach »Hosen runter«. Ein Blütenstrauß franker Meinungsäußerungen aus Sektions- und Kommissionssitzungen dem scheidenden Vorsitzenden Otto Westphal überreicht von seinem Nachfolger, undatiert, Bl. 1, AMPG, III. Abt., Rep. 155, Nr. 678.
80 Henning und Kazemi, *Chronik*, 2011, 444.
81 Protokoll der 153. Sitzung des Senates vom 19.11.1999, AMPG, II. Abt., Rep. 60, Nr. 153.SP, fol. 12.

kopplung. Erst durch die weitgehende Entkopplung der wissenschaftszentrierten Entscheidungsprozesse der Sektionen von anderen Entscheidungen, etwa in Haushaltsfragen, entstand die für die MPG charakteristische Gestaltungsfreiheit ihrer wissenschaftlichen Ausrichtung. Diese Autonomie war (und ist) jedoch gestaffelt, denn die Sektionen konnten durch ihre zentrale Rolle im Berufungsprozess bei der Gestaltung ihres zukünftigen wissenschaftlichen Portfolios mitwirken, aber sie konnten keine Beschlüsse fassen, die in die Autonomie der bereits existierenden Institute eingriffen. Hinzu kommt, dass Berufungsentscheidungen (und erst recht Entscheidungen zur Gründung neuer Institute) immer unter dem Vorbehalt standen, dass die dafür erforderlichen Finanzmittel zur Verfügung standen – somit hatten die Geldgeber, in erster Linie Bund und Länder, das letzte Wort. Dies verdeutlicht en passant, dass die Finanzierung eine wesentliche »Form der staatlichen Governance« war (und ist).[82]

Wenn es sich nicht um die Neugründung eines Instituts handelte, entstand ein konkreter Berufungsvorschlag meist aus einer Art von Dialog zwischen der von der Sektion eingesetzten Berufungskommission und dem Institut. Daraus resultierte ein doppeltes Spannungsverhältnis: einerseits zwischen den konzeptionellen Vorstellungen der Sektion und denen des Instituts, andererseits zwischen derartigen inhaltlichen Konzepten und dem »Harnack-Prinzip«, das die MPG seit jeher zur Suche nach einer herausragenden Forscherpersönlichkeit anhielt. Das personenzentrierte Modell lief auf einen »Einer-Vorschlag« hinaus, weshalb es die bei der Besetzung von Universitätsprofessuren üblichen Berufungslisten in der MPG ebenso wenig gab wie Ausschreibungen und formelle Bewerbungen. Anschließend nahmen externe Fachleute in Form von Gutachten Stellung zu dem Vorschlag der Berufungskommission, die dem Senat dann – auf der Basis entsprechend positiver Gutachten – die Berufung empfahl. Daraufhin beschloss der Senat – seit 1963 üblicherweise in zwei Lesungen[83] – ein entsprechendes Berufungsangebot, auf dessen Grundlage der Präsident Berufungsverhandlungen führte. 1993 modifizierte der Wissenschaftliche Rat das Vorschlagsrecht der Institute, sodass seither »Berufungsvorschläge gemeinsam mit einer Kommission erarbeitet und Nominierungs- und Ausschreibungsverfahren durchgeführt« werden konnten. Kurz zuvor, im Juni 1992, hatte der Senat bereits eine »komparative Ressourcenprüfung« eingeführt, »die von der Generalverwaltung vorbereitet und vom Präsidenten, vom Verwaltungsrat« und im Konfliktfall »letztlich vom Senat über den Haushalt realisiert« wurde.[84] Parallel dazu griffen die Sektionen zum Instrument der Stamm- und Zukunftskommissionen, um über Berufungen zu beraten. Das Verfahren erwies sich – über alle Modifikationen hinweg – als kompliziert und langwierig, was bisweilen dazu führte, dass ein Wunschkandidat oder eine Wunschkandidatin einen Ruf der MPG ablehnte. Die in Teilen durchaus berechtigte Kritik an diesem strukturellen Effizienzdefizit übersieht allerdings, dass die skrupulöse Auswahl des wissenschaftlichen Leitungspersonals untrennbar zum Geschäftsmodell der MPG gehört, das langfristige Forschungsförderung vorsieht, die dementsprechend hohe finanzielle Investitionen erfordern; krasse Fehlentscheidungen bei Berufungen würden also das Modell der MPG insgesamt infrage stellen.

Was den Aushandlungsprozess zwischen Institut und Sektion betrifft, auf den Berufungsentscheidungen in der MPG seit den späten 1950er-Jahren de facto zurückgehen, muss dreifach differenziert werden: nach der Art der Berufung, nach Sektionen und nach dem Zeitverlauf.[85] Erstens kam es wesentlich darauf an, ob es sich um eine Berufung im Zuge einer Institutsneugründung handelte (dann hatte die Sektion das Sagen) oder um eine Nachfolgeberufung (bei der sich Sektion und Institut arrangieren mussten). Zu Konflikten kam es vor allem dann, wenn eine Nachfolgeberufung zur inhaltlichen Umorientierung des Instituts oder der Abteilung genutzt werden sollte, wie beispielsweise bei der Berufung Heinz Gerischers zum Direktor des Fritz-Haber-Instituts.[86] Dass die Institute dabei Mitsprache einforderten, war aus ihrer Perspektive verständlich, denn sie mussten mit den (inhaltlichen wie personellen) Konsequenzen der Berufungsentscheidung leben, und das möglicherweise jahrzehntelang.[87]

Bei den Versuchen, Institute oder Abteilungen im Zuge von Nachfolgeberufungen auf neue Forschungs-

---

82 Heinze und Arnold, Governanceregimes, 2008, 694.

83 Protokoll der 43. Sitzung des Senates vom 23.11.1962, AMPG, II. Abt., Rep. 60, Nr. 43.SP, fol. 466.

84 Protokoll der 141. Sitzung des Senates vom 17.11.1995, AMPG, II. Abt., Rep. 60, Nr. 141.SP, fol. 8 verso.

85 Die folgenden Ausführungen gehen auf einen intensiven Austausch mit den Kolleginnen und Kollegen zurück, die zu den Forschungsclustern in der MPG gearbeitet haben. Siehe dazu oben, Kap. III. In besonderer Dankesschuld stehen wir bei Beatrice Fromm, Jasper Kunstreich, Alexander von Schwerin, Martina Schlünder, Thomas Steinhauser und Sascha Topp.

86 James et al., *Hundert Jahre*, 2011, 184–190.

87 Da in der Regel erfahrene Wissenschaftler:innen berufen werden, Nachwuchskräfte dagegen eher selten, beträgt die Verweildauer der Direktor:innen in der MPG rund 20 Jahre. Heinze und Arnold, Governanceregimes, 2008, 697.

4. Das Ringen um die Steuerbarkeit der MPG

felder auszurichten, gab es allerdings, zweitens, bemerkenswerte Unterschiede zwischen den Sektionen: In der CPTS hielten sich mehrere große, relativ klar voneinander abgegrenzte Cluster (u. a. zur Kernphysik, zur astrophysikalischen Forschung, zu den alten und neuen Materialwissenschaften und später auch zur Erdsystemforschung) gewissermaßen gegenseitig in Schach, zudem bezogen sich alle auf die moderne physikalische Theorie und Methodik auf der Basis von Quantenphysik und Relativitätstheorie. Wenn es in seltenen Fällen gravierende Meinungsverschiedenheiten zwischen Sektion und Institut gab, führten diese nicht zu grundlegenden Konflikten zwischen den in der Sektion vertretenen Clustern. Die gemeinsame spezifischere Orientierung innerhalb der Cluster der Sektion harmonisierte zudem die fachlichen Zukunftsvorstellungen der beteiligten Institute, was dazu beitrug, dass die meisten Berufungen ohne größere Konflikte zwischen Sektion und betroffenem Institut erfolgten, auch wenn sie mit einer Neuausrichtung des Instituts bzw. der Abteilung verbunden waren.[88]

Ganz anders in der BMS, in der unterschiedliche Denkstile zu Verdrängungskämpfen zwischen den (sich in Teilen überlappenden) Clustern führten. Die Frontlinien verliefen, grob skizziert, zwischen den Zell- und Molekularbiologen (die unter Zuhilfenahme modernster Instrumente Organismen auf der Mikroebene untersuchten), die ab den späten 1950er-Jahren enorm expandierten, und den Verhaltensforschern (die Tiere beobachteten), den Klinikern (die auf dem Gebiet der medizinischen Forschung tätig waren) sowie denen, die landwirtschaftliche Forschung (oft klassische Züchtungsforschung) betrieben. Die Auseinandersetzungen, zu denen es in Berufungsfragen in der BMS häufig kam, wurden mit harten Bandagen geführt. Dies ging so weit, dass man sich wechselseitig den Wissenschaftscharakter absprach. Die Konflikte innerhalb der BMS endeten mit der Marginalisierung der Verhaltensforschung sowie der fast vollständigen Verdrängung der landwirtschaftlichen Forschung und der medizinischen (klinischen) Forschung aus der MPG.[89]

Wieder anders lagen die Dinge in der Geisteswissenschaftlichen Sektion. Hier führte die extreme Dominanz der Juristen – »die Fakultät in der Sektion« (Jasper Kunstreich) – dazu, dass der Bestandsschutz im Fall von Emeritierungen besonders stark ausgeprägt war. Da man die rechtswissenschaftlichen Institute und Abteilungen komplementär zueinander aufgebaut hatte,[90] zielten Berufungsverfahren hier primär darauf ab, die durch das Ausscheiden eines Direktors entstandene Lücke zu schließen.

Drittens kam es bei Berufungsprozessen im Lauf der Zeit immer wieder zu Verschiebungen der Gewichte und der Rollenverteilung. Als es in den 1970er-Jahren darum ging, die Flexibilität der MPG in der Forschungspolitik trotz ausbleibender realer Zugewinne im Haushalt zu sichern, schaltete sich der SAFPP auch in Berufungsverfahren ein, um interne Umschichtungen von Mitteln zu ermöglichen. Dabei wurde die jeweils zuständige Sektion ein Stück weit übergangen bzw. temporär entmachtet, was der MPG zugleich Möglichkeiten eröffnete, in Forschungsbereiche einzusteigen, die die Sektionen sonst wegen ihrer einseitigen Ausrichtung verhindert hätten. Dies gilt vor allem für die Einrichtung klinischer Forschungsgruppen, die nicht unwesentlich auf Empfehlungen der ausländischen Mitglieder des SAFPP zurückging – angesichts der Dominanz der Molekularbiologen in der BMS wäre dieses Vorhaben anderenfalls wohl am Widerstand der Sektion gescheitert.[91] Unter Präsident Staab erlahmte der Flexibilisierungseifer, sodass auch die Berufungsverfahren wieder in den eingefahrenen Gleisen erfolgten. Eine abermalige Änderung gab es nach der Wiedervereinigung, als die MPG unter starken Druck der Politik geriet, sich am Aufbau der Forschungslandschaft in den neuen Bundesländern zu beteiligen. Im Juli 1990 berief Zacher eine »Präsidentenkommission DDR«, die bei der Planung und Koordination der Aktivitäten der MPG in Ostdeutschland federführend war – allerdings nicht in Konkurrenz zu, sondern in enger Kooperation mit den drei Sektionen. Dieser Umstand dürfte mit dazu beigetragen haben, dass die MPG den gewaltigen Kraftakt des »Aufbaus Ost« bewältigte, ohne dass dabei massive innere Konflikte aufbrachen.

Ende 2000 beschloss der Senat eine Neuregelung des Berufungsverfahrens, die zu einer stärkeren Vereinheitlichung über die Sektionsgrenzen hinweg führte, ohne die Unterschiede völlig einzuebnen. Die Neuregelung sah ein vorausschauenderes Vorgehen bei Emeritierungen vor, das die Gesamtentwicklung der MPG stärker berücksichtigte: Zunächst musste das Institut, unterstützt von den Sektionen, darlegen, ob die Abteilung geschlossen, die Direktorenstelle wiederbesetzt oder die Berufung zu einer Neuausrichtung genutzt werden sollte, wobei die Sektionen (nicht zuletzt personelle) Alternativen zu den

---

[88] Etwa bei der schrittweisen Umorientierung des MPI für Metallforschung auf die modernen Festkörper- und Oberflächenwissenschaften. Siehe oben, Kap. III.4.
[89] Siehe dazu oben, Kap. III.3, Kap. III.9 und Kap. III.12.
[90] Siehe oben, Kap. III.13.
[91] Siehe oben, Kap. III.12.

Vorschlägen des Instituts erarbeiten sollten. Zur Auswahl der Person, die mit der inhaltlichen Weiterentwicklung in Verbindung zu setzen war, kamen nunmehr auch »eine öffentliche Ausschreibung der Stelle, ein offenes Berufungsverfahren bzw. Normierungsverfahren, Symposien sowie von den Sektionen eingesetzte Suchkonferenzen« infrage.[92] Zudem wurden die Berufungsverfahren stärker mit der Perspektivplanung der MPG verbunden.

4.2.7 Formelle und informelle Governance-Strukturen

Die bisherigen Ausführungen haben bereits gezeigt, dass Steuerung und Leitung der MPG nicht immer genau so abliefen, wie es die Satzung vorsah, weshalb es nötig ist, zwischen Satzung und Satzungswirklichkeit zu differenzieren. Während die Satzung etwa klar zwischen Beratungs- und Beschlussorganen unterschied, verschwamm der Unterschied zwischen diesen beiden Kategorien in der Satzungswirklichkeit oft. Das lag unter anderem daran, dass sich in der MPG neben diesen formellen institutionellen Strukturen wie in jeder Organisation im Lauf der Zeit zahlreiche informelle Kommunikations- und Entscheidungsstrukturen herausbildeten. Sie reichten von persönlichen Zirkeln und Netzwerken einzelner Entscheidungsträger bis zu informellen Gruppierungen bestimmter Fachdisziplinen innerhalb der MPG, den Clustern etwa der Juristen oder der Astrophysiker, die auch in ihrer Sektion in bestimmten Fragen gemeinsam Sonderinteressen verfolgten.

Die informellen Governance-Elemente funktionierten auf zwei Arten: Entweder wurden die Entscheidungen der satzungsmäßigen Organe in solchen eher informellen Zirkeln vorbereitet (dies war der Regelfall) oder Empfehlungen beratender Organe wurden faktisch zu Beschlüssen. So gaben die von den Sektionen beschlossenen Empfehlungen der Berufungskommissionen de facto den Ausschlag, denn sie wurden vom Senat in der Regel ohne lange Debatten bestätigt. Auch im Präsidium, einer im Grunde informellen Struktur, gab und gibt es Absprachen über Arbeitsteilung und Verantwortlichkeiten, etwa hinsichtlich von Fragen der Informationstechnologie oder der Außenpolitik. Wichtige Belange der Sektionen wurden (und werden) typischerweise im Vorfeld von Gremiensitzungen informell zwischen den jeweiligen Vizepräsidenten und Sektionsvorsitzenden abgestimmt.

Auch die Beratungen der »Allianz« der wichtigsten deutschen Wissenschaftsorganisationen stellten (und stellen) eine informelle Kommunikationsstruktur dar, deren Beschlüsse jedoch für ihre Mitglieder zumeist bindende Wirkung entwickelten – daraus bezog das korporatistisch organisierte deutsche Forschungssystem einen wesentlichen Teil seiner Funktionsfähigkeit.[93]

Das komplexe Geflecht der Organe, Gremien und informellen Strukturen der MPG, das sich über die Jahrzehnte (insbesondere in der ersten und zweiten Phase) herausbildete, hat sich in der Praxis weitgehend bewährt. Das »System von *checks and balances* zwischen den Vereinsorganen« sicherte der MPG zum einen eine effektive Governance.[94] Zum anderen half es, die wissenschaftliche Autonomie der Gesellschaft zu verteidigen. Sein Funktionieren als Steuerungsmechanismus verlangte jedoch ein hohes und im Lauf der Zeit stetig steigendes Maß an Kommunikation und Vorbereitungsaufwand für Sitzungen, Empfehlungen und Beschlüsse. Diese Voraussetzungen bildeten eine Hürde, die sich – je länger, je mehr – nur mit dem entsprechenden Insiderwissen und der notwendigen Erfahrung überwinden ließ. So schälte sich in der MPG immer wieder eine kleine »Steuerungselite« von Amtsträgern, erfahrenen Wissenschaftlichen Mitgliedern und hochrangigen Angehörigen der Generalverwaltung heraus, die durch ihre Routine im Steuerungsgeflecht einen beträchtlichen Einfluss auf die Geschicke der MPG ausüben konnte – gleichviel, ob es sich dabei um Amtsträger handelte oder nicht. Nicht zuletzt aufgrund ihrer Fachkenntnis, insbesondere im öffentlichen und Verwaltungsrecht, spielten dabei Juristen eine überproportional große Rolle. So war der Rechtswissenschaftler Helmut Coing, um nur ein Beispiel zu nennen, in der MPG stets sehr einflussreich, ob er nun gerade das Amt des Sektionsvorsitzenden der GWS innehatte, als Vizepräsident der MPG wirkte oder als »einfaches« Wissenschaftliches Mitglied agierte.

Im Laufe der Geschichte der MPG gingen immer wieder informelle Strukturen in formelle Institutionen über bzw. wurden durch diese legitimiert. So beim »Küchenkabinett« Butenandts (dem »Besprechungskreis Wissenschaftspolitik«), in dem der Präsident Planungen vorbesprechen und vorentscheiden ließ, die dann den laut Satzung zuständigen Gremien nur noch zur Absegnung vorlagen. Dies war ein Zeichen persönlicher Macht bzw. der Macht des Präsidentenamts gegenüber formellen, satzungsgemäßen Governance-Strukturen. Wegen die-

---

92 Siehe die Regeln zum Berufungsverfahren, beschlossen vom Senat der MPG am 24.11.2000, online unter: Max-Planck-Gesellschaft, Regeln, https://www.mpg.de/ueber_uns/verfahren.
93 Siehe dazu oben, Kap. IV.2 und Kap. IV.3.
94 Schön, *Grundlagenwissenschaft*, 2015, 23, Hervorhebung im Original.

ses Vorgehens wurde Butenandt vorgeworfen, die Satzung auszuhebeln. Er reagierte darauf mit der Einberufung eines erweiterten Verwaltungsrats, was ihm die Möglichkeit gab, weitere Personen seines Vertrauens zu den Beratungen hinzuzuziehen. Das ursprüngliche »Küchenkabinett« wurde auf diese Weise modifiziert und formalisiert, was die Satzungsreform von 1964 bestätigte.[95] Ähnlich verhielt es sich beim bereits geschilderten Machtzuwachs des Verwaltungsrats und der Installierung des ISA, mit dem der Wissenschaftliche Rat 1970 seine Gestaltungsmöglichkeiten zu erweitern und die Querverbindungen zwischen den Sektionen zu stärken versuchte. Ende der 1990er-Jahre verlor der Ausschuss jedoch seine Funktion an den enger an die formelle Repräsentation der Sektionen gebundenen Perspektivenrat, der sich aus Vertretern der 1997 gegründeten Perspektivenkommissionen zusammensetzt – was den Einfluss der MPG als Zentralorganisation auf die Berufungsentscheidungen verstärkte.[96] Diese von den Sektionen gewählten Kommissionen waren ebenfalls aus informellen Beratungszirkeln entstanden, in denen einflussreiche Sektionsmitglieder die Sektionssitzungen vorbereitet hatten.

Die Forschungsplanungen für die gesamte MPG orchestrierte in der Ära Lüst der 1972 eingerichtete Senatsausschuss für Forschungspolitik und Forschungsplanung, der auch über die Auflösung und Neugründung von Instituten beriet. Er avancierte damals zum entscheidenden Organ für die Weiterentwicklung der MPG in Zeiten knapper Kassen. Durch seine hochkarätige Besetzung mauserte sich der SAFPP de facto zu einem Beschlussgremium, das gelegentlich sogar die Voten der Sektionen überstimmte und wichtige Entscheidungen des Senats präfigurierte. Allerdings verlor der SAFPP bereits unter Lüsts Nachfolger Staab signifikant an Bedeutung. In den 1980er- und 1990er-Jahren wurden Planungsprozesse in eigens dafür eingerichteten Referaten der Generalverwaltung diskutiert und später wieder stärker in die Sektionen zurückverlagert, während der SAFPP zu einem reinen Beratungsorgan herabsank.[97]

4.3 Institute und Wissenschaftliche Mitglieder als Angelpunkte der MPG

Der eigentliche Zweck der MPG, nämlich Spitzenforschung von internationalem Rang zu ermöglichen und zu betreiben, wird nicht in der Zentralorganisation und ihren Gremien erfüllt, sondern in den einzelnen Max-Planck-Instituten. Ihnen und den Wissenschaftlichen Mitgliedern, die sie als Direktoren (und später dann bisweilen auch als Direktorinnen) leiteten, kam (und kommt) daher eine herausgehobene Bedeutung zu, der die MPG – auch dies in der Tradition der KWG – Rechnung trug.

4.3.1 Harnacks Erben: Die Wissenschaftlichen Mitglieder

Die Wissenschaftlichen Mitglieder, die in der Forschung an den Max-Planck-Instituten immer schon den Ton angaben, wirkten im Allgemeinen zugleich als Direktoren bzw. Direktorinnen an ihren Instituten und Abteilungen. Forschungspolitik und -strategie, interne Governance und Erneuerung waren (und sind) vor allem auf diesen Personenkreis konzentriert. Das Forschungsmodell der MPG, das wie so vieles andere auch aus der KWG übernommen wurde, war (und ist) elitär und personenzentriert. Die privatrechtliche Verfasstheit der MPG stützte diese Personenzentrierung noch, denn das Vereinsrecht »sichert den Mitgliedern Satzungsautonomie und den Organen eine von den Mitgliedern abgeleitete und begrenzte Leitungskompetenz zu«.[98] Das gilt selbstverständlich auch für die Satzung der MPG, die über alle Reformen hinweg darauf ausgerichtet war, das personenzentrierte Modell der MPG zu bewahren, was den Spielraum für durchgreifende Veränderungen stark einengte.[99]

Diese elitäre Personenzentrierung wurde (und wird) innerhalb der MPG als Harnack-Prinzip bezeichnet. Es geht auf Adolf von Harnack zurück, den Gründungspräsidenten der KWG, der es mutmaßlich auf der Hauptversammlung der KWG 1928 in München so formulierte: »In so hohem Grade ist der Direktor die Hauptperson, dass man auch sagen kann: die Gesellschaft wählt einen

---

95 Mit Blick auf die von Butenandt praktizierte Einberufung des »erweiterten Verwaltungsrats«, erklärte Dölle, vom »Standpunkt der Satzung« sei ein solches Vorgehen »nicht zu beanstanden«. Dölle, *Erläuterungen*, 1965, 50–51.
96 Heinze und Arnold, Governanceregimes, 2008, 707.
97 Ausführlich oben, Kap. II.4.3.3.
98 Schön, *Grundlagenwissenschaft*, 2015, 19.
99 Siehe dazu, am Beispiel der Satzungsreform von 1972, ausführlich Balcar, *Wandel*, 2020, 186–243.

Direktor und baut um ihn herum ein Institut.«[100] Auch wenn es das Harnack-Prinzip in seiner reinen Form in der Realität wohl nie gab, wurde die zentrale Stellung des herausragenden Forschers zum leitenden Strukturprinzip zunächst der KWG und dann der MPG – und zugleich zu ihrem »institutionelle[n] Markenzeichen«.[101] In seiner Rede zur 50-Jahr-Feier der KWG beschwor es Butenandt noch einmal als Moment der Kontinuität und der Identität, auch wenn er einräumte, das Harnack-Prinzip sei ein nicht leicht zu erreichendes Ideal der Max-Planck-Gesellschaft.[102] Eine Folge dieses Strukturprinzips bestand in den besonders stark ausgeprägten Hierarchien, die ebenfalls zum Erbe der KWG zählten und die MPG bzw. die Max-Planck-Institute – zumal seit den 1970er-Jahren – von anderen Forschungseinrichtungen im In- und Ausland abhoben.

Bereits seit den Anfängen der Gesellschaft kam es jedoch nicht nur auf die Auswahl der besten Köpfe an, sondern auch darauf, besonders relevante und ergiebige Themen zu erkennen, in denen diese Personen sich bewähren konnten. So wandelte sich das Verständnis des Harnack-Prinzips im Laufe der Entwicklung der MPG zu einem Komplex von wissenschaftsorganisatorischen Leitvorstellungen. Um das zunehmend anachronistisch wirkende Modell in seiner Grundstruktur dennoch erhalten zu können, hat die MPG – zum Teil auf äußeren und inneren Druck hin – schrittweise ein System von Checks and Balances eingeführt und sukzessive erweitert. Dieses System reicht von der kollegialen Leitung einzelner Institute über verschiedene Formen der Mitarbeitervertretungen und Ombudspersonen bis zu den heute diskutierten Persönlichkeitstests und »Onboarding«-Maßnahmen. Die Anfänge einer solchen kritischen Selbstprüfung reichen bis in die frühen 1970er-Jahre zurück, als die Präsidentenkommission für Strukturfragen in Vorbereitung der Satzungsreform von 1972 das Konzept der »überschaubaren Einheiten« ins Spiel brachte. Sie verband es mit der Frage, ob in Max-Planck-Instituten Forschung in »überschaubaren Einheiten«, in denen eine intensive wissenschaftliche Zusammenarbeit noch möglich ist, betrieben werde.[103] Das Thema blieb auch in der Folge aktuell. Noch 1981 veranlasste der SAFPP eine Untersuchung der Institute, um diese Frage zu klären.[104]

Gleichwohl bestand in der MPG ab den 1960er-Jahren die Tendenz, verhältnismäßig große Institute zu etablieren, die aus »Restbeständen« älterer Institute zusammengefügt wurden oder aus der Erweiterung bestehender Institute um neue Abteilungen entstanden. Eine weitere Möglichkeit bestand in der Gründung von zunächst kleinen Projekt- oder Forschergruppen, die später zu einem großen Institut ausgebaut wurden, wie etwa das MPI für Quantenoptik, das aus der Projektgruppe Laserforschung hervorging.[105] Wenn genügend Interesse vonseiten der Politik und/oder der Industrie – und damit entsprechende finanzielle Mittel – vorhanden waren, stampfte die MPG auch völlig neue große Institute aus dem Boden, die insgesamt bessere Chancen für nachhaltige Erneuerungsprozesse eröffneten, weil Emeritierungen nicht unmittelbar die Existenz des Instituts im Ganzen infrage stellten und sich oft andere Chancen für kreative Nischen und Experimente boten. Zugleich vergrößerten Institute, die aus mehreren Abteilungen bestanden, die Flexibilität und Anpassungsfähigkeit der MPG an aktuelle Trends in der Forschung, »weil die Neuorientierung des jeweiligen Instituts nicht etwa alle 20 Jahre mit der Berufung des Institutsdirektors sprunghaft erfolgt«, wie Butenandt 1965 vor dem Senat erklärte, »sondern die Angleichung an den jüngsten Stand der Wissenschaft jeweils gegeben ist«.[106] Last, but not least war diese Entwicklung Teil einer internen Strukturreform der MPG. Der Zellchemiker Gerhard Ruhenstroth-Bauer etwa hielt die Gründung des MPI für Biochemie in Martinsried angesichts der »Entwicklung des Wissensstils und damit der Arbeitsstruktur« für unvermeidlich, weil die enorme Ausweitung dieses Wissenschaftsfelds zu einer partiellen Abkehr vom Harnack-Prinzip zwinge; selbst herausragende Gelehrte seien nicht mehr in der Lage, das gesamte Gebiet »zu übersehen oder gar zu bearbeiten«, weswegen

---

100 Förderung, *Münchener Neueste Nachrichten*, 10.6.1928. – Eigentlich geht das Harnack-Prinzip jedoch bereits auf Theodor Mommsen zurück, der bei Harnacks Wahl in die Preußische Akademie der Wissenschaften betont hatte, dass Großwissenschaft zwar nicht von einer Person geleistet, aber von einer geleitet werde. Theodor Mommsen 1890, Antwort auf die Antrittsrede von Adolf Harnack, zitiert nach Rebenich, *Mommsen und Harnack*, 1997, 72.
101 Glum, Die Kaiser-Wilhelm-Gesellschaft, 1930, 360. Zum Harnack-Prinzip siehe die Beiträge in vom Brocke und Laitko, *Harnack-Prinzip*, 1996; Lüst, Der Antriebsmotor, 2014; Laitko, Harnack-Prinzip, 2015.
102 Butenandt, Standort, 1961, 8.
103 Z. B. Zwischenbericht der Präsidentenkommission für Strukturfragen vom 17.5.1971, AMPG, II. Abt., Rep. 61, Nr. 90.VP, fol. 7–24.
104 Materialien für die Sitzung des SAFPP am 7.7.1981, betr.: »Überschaubare Einheiten« in Max-Planck-Instituten, AMPG, II. Abt., Rep. 60, Nr. 208.SP, fol. 129–155.
105 Siehe oben, Kap. III.8.
106 Protokoll der 50. Sitzung des Senates vom 12.3.1965, AMPG, II. Abt., Rep. 60, Nr. 50.SP, fol. 324.

4. Das Ringen um die Steuerbarkeit der MPG

er eine »räumliche Zusammenfassung fachlich benachbarter Forscher« für notwendig hielt.¹⁰⁷

Obwohl das Harnack-Prinzip demnach prinzipiell mit unterschiedlichen Institutsstrukturen vereinbar war, blieb die MPG in ihrer Entwicklung weitgehend strukturkonservativ. Selbst als die von Willy Brandt geführte sozialliberale Bundesregierung in den frühen 1970er-Jahren mit Nachdruck Reformen auch in der MPG anmahnte, erfolgte deren »Demokratisierung« nur zögerlich. Die Satzungsreform von 1972 brachte den wissenschaftlichen Mitarbeiter:innen nicht die geforderte Mitbestimmung,¹⁰⁸ sondern nur eine »Mitberatung«; das Maß ihrer Mitwirkungsrechte fiel deutlich geringer aus als in anderen Wissenschaftsorganisationen oder an den Universitäten. Im Gegensatz dazu wurde die ebenfalls 1972 eingeführte Befristung der Leitungsfunktionen der Wissenschaftlichen Mitglieder auf deren Druck so sehr entschärft, dass sie nicht – wie es sich die Macher der Reform ursprünglich erhofft hatten – als Instrument der Forschungsplanung taugte.¹⁰⁹ Die Macht der Direktoren und Wissenschaftlichen Mitglieder, die dem Harnack-Prinzip eingeschrieben war (und ist), begrenzte auf diese Weise den Spielraum für innere Reformen in der MPG.¹¹⁰ So konnten sich nur an wenigen Max-Planck-Instituten neue Modelle wie etwa starke Gastwissenschaftlerprogramme (am MPI für Mathematik) oder flache Hierarchien im Sinne einer *faculty* (am MPI für Softwaresysteme) ausbilden. Nicht von ungefähr bestimmen starke und starre Hierarchien bis heute die Außenwahrnehmung der MPG.¹¹¹

Zur starken institutionellen Stellung der MPI-Direktoren (und auch der wenigen Direktorinnen) an ihren Instituten bzw. Abteilungen trug maßgeblich bei, dass sie – anders als in anderen wissenschaftlichen Organisationen – nicht nur wissenschaftlich, sondern auch institutionell in der Verantwortung standen, vor allem was die Haushaltsplanung und den Haushaltsvollzug betrifft.¹¹² Die 1964 reformierte Satzung der MPG betonte diese Doppelfunktion »des Institutsleiters« noch einmal ausdrücklich.¹¹³ Dieses Modell stellte hohe Ansprüche nicht nur an die wissenschaftlichen Qualifikationen des Leitungspersonals, sondern auch an seine Managementqualitäten – verlangte also auch »Fertigkeiten und Kompetenzen [...], die eher mit dem Anforderungsprofil eines Behördenleiters oder eines Unternehmensvorstands korrelieren«.¹¹⁴ Auch dadurch unterschied sich die MPG von anderen Wissenschaftsorganisationen, in denen die administrative Verantwortung stärker von der wissenschaftlichen Verantwortung getrennt wurde – allerdings um den Preis einer Einschränkung der Entscheidungs- und damit auch der Gestaltungsmöglichkeiten der wissenschaftlichen Leitung. Dafür eröffnete die den MPG-Direktor:innen ein »Maximum an Flexibilität« einräumende Verbindung von wissenschaftlicher und institutioneller Leitung ihnen sehr weitgehende Möglichkeiten, Forschungsorganisation und -infrastrukturen an Forschungsbedürfnisse anzupassen.¹¹⁵ Dieses Alleinstellungsmerkmal kam der MPG beim Wettbewerb um die »besten Köpfe«, der ab den 1990er-Jahren im globalen Rahmen ausgetragen wurde, durchaus zugute.

Nachteil war eine erhebliche Belastung des Leitungspersonals durch administrative Tätigkeiten, gerade mit Blick auf die zunehmende Regelungsdichte. Zudem stellte die Doppelfunktion besondere Ansprüche an die Management-, Leitungs- und Teamfähigkeit der Direktor:innen und schuf Möglichkeiten des Machtmissbrauches. Die Vielfalt der Ansprüche wirkte sich auch auf die Rekrutierung neuer Wissenschaftlicher Mitglieder aus, da es außerhalb der MPG kaum Sozialisierungsprozesse gab (und gibt), die potenzielle Direktor:innen auf diese Aufgaben vorbereiten. Auch innerhalb der MPG fand bis in die jüngste Vergangenheit kein »Onboarding«-Prozess außerhalb persönlicher Netzwerke statt. Gerade für Direktor:innen aus dem Ausland, die ab den 1990er-Jahren immer öfter berufen wurden, stellte die MPG-typische Doppelverantwortung eine große Herausforderung dar, denn dies hieß, dass sie sich praktisch sofort mit Amtsantritt mit dem komplexen deutschen Rechts- und Regelsystem vertraut machen mussten. Aufgrund der

---

107 Trischler, Nationales Innovationssystem, 2004, 191.
108 Siehe unten, Kap. IV.5.3.
109 Siehe oben, Kap. II.4.3.2.
110 Ausführlich: Balcar, *Wandel*, 2020, 236–243.
111 Ein extremes Beispiel bei Peacock, *We, the Max Planck Society*, 2014.
112 Seit 1949 enthielten die Anstellungsverträge der Direktoren einen Passus, der ihre »volle Verantwortung für die ordnungsgemäße Verwaltung und zweckmäßige Verwendung« der ihnen von der MPG zur Verfügung gestellten Finanzmittel zuwies. Zitiert nach Henning und Kazemi, *Chronik*, 2011, 310.
113 Der Begriff »Leitung« bezog sich explizit sowohl auf die wissenschaftliche Arbeit als auch auf die Institutsverwaltung. Siehe Balcar, *Wandel*, 2020, 180–181. – Dazu auch Schön, Governance, 2020, 1148.
114 Schön, Governance, 2020, 1137.
115 Mayntz, *Die Bestimmung von Forschungsthemen*, 2001, 10.

größer werdenden Belastung durch administrative Aufgaben – Management, Aushandlungsprozesse innerhalb der Institute, Evaluierungsprozesse, Revisionsprüfungen, Anträge und Berichtspflichten, Verwaltungsvorgänge, Compliance und überhandnehmende Gremienarbeit – flammten in der MPG immer wieder Diskussionen über Möglichkeiten auf, wie die Wissenschaftlichen Mitglieder von diesen Pflichten entlastet werden könnten, etwa durch die Einführung rein administrativer Direktor:innen und, damit einhergehend, einer Trennung der wissenschaftlichen von der Verwaltungsverantwortung, wie sie beispielsweise im Max-Planck-Institut für Plasmaphysik (IPP) als Großforschungseinrichtung von Anfang an installiert wurde. Dennoch hält die MPG bis heute an der Doppelfunktion der Direktor:innen fest.

Gleichwohl kam es zu strukturellen Veränderungen. Nachdem es bereits in den 1950er-Jahren einige wenige Institute mit kollegialer Leitung gegeben hatte, wurde diese Leitungsform mit der Satzungsreform 1964 flächendeckend ermöglicht. Das Rotationsprinzip, also die wechselnde geschäftsführende Verantwortung für ein Institut, erlaubte es, die Hauptbelastung durch administrative Aufgaben zeitweise in einer Hand zu konzentrieren. Bereits in den frühen 1970er-Jahren wurden weit mehr als die Hälfte aller Max-Planck-Institute kollegial geleitet.[116] Für Reimar Lüst war dies im Rückblick »der bedeutendste strukturelle Wechsel in der Max-Planck-Gesellschaft während der letzten hundert Jahre«.[117]

Und auch die Stellung der Direktor:innen in der MPG hat sich gewandelt. Im Unterschied zu den auf Lebenszeit berufenen Direktoren von Kaiser-Wilhelm-Instituten bedurfte eine Verlängerung der aktiven Dienstzeit »über das 65. Lebensjahr hinaus« ab 1949 in der MPG der Zustimmung des Senats (bzw. später des Verwaltungsrats).[118] Seit 1972 müssen sich die Wissenschaftlichen Mitglieder alle sieben Jahre eine mehr oder weniger gründliche Überprüfung ihrer Tätigkeit gefallen lassen, von der die Verlängerung ihrer Leitungsfunktion abhängt. Auch wenn diese Überprüfung sich in der Regel als Formsache erwies, können sich die Wissenschaftlichen Mitglieder seither – gerade in Zeiten knapper Kassen – nicht vollkommen sicher sein, dass dies auch in ihrem speziellen Fall genauso gehandhabt wird. Seit 1998 drohen »im Fall einer negativen Begutachtung« Kürzungen der im Berufungsverfahren zugesagten Mittel um bis zu 25 Prozent (»in Wiederholungsfällen jedoch nicht mehr als 50 %«).[119] Wenn Harnacks Enkel und Urenkel somit nach wie vor über enormen Einfluss an ihren Instituten (und in der MPG insgesamt) gebieten, ist ihre Macht doch gegenüber ihren Vorgängern deutlich eingeschränkt und ihre Stellung wesentlich weniger unangreifbar geworden.

4.3.2 Der Daseinszweck der MPG: Die Max-Planck-Institute

Die Max-Planck-Institute sind die Orte, an denen die von der MPG geförderte Forschung durchgeführt wird. Sie waren und sind meistens in interdisziplinären Forschungsfeldern tätig und wurden häufig bewusst an derartigen Schnittstellen gegründet, um langfristige Kooperationen über Disziplingrenzen hinweg zu ermöglichen, um eine »kritische Masse« an Wissenschaftler:innen zusammenzubringen oder auch um gemeinsame Infrastrukturen zu nutzen. Während die Reputation der MPG auf der fachlichen Qualität ihrer Mitglieder und deren fortdauernder Einbindung in deren Fachgemeinschaften beruhte, ermöglichte die starke und unabhängige Stellung ihrer Institute ihren (leitenden) Wissenschaftler:innen eine partielle Befreiung aus der Bindung an ihre Fachgemeinschaften, was ihre Innovationsfähigkeit in einigen Gebieten fraglos gefördert hat.

Die frühen Max-Planck-Institute, die allesamt aus der KWG übernommen worden waren, folgten – von wenigen Ausnahmen abgesehen – noch strikt dem Harnack-Prinzip: Sie waren gleichsam um ihren Direktor herum gebaut worden, der in seinem Institut unumstritten den Ton angab. Es handelte sich in den meisten Fällen um vergleichsweise kleine Institute, die unter der Leitung eines einzigen Direktors standen. Dies wandelte sich in der zweiten Entwicklungsphase ziemlich rasch: Im Zuge des Wachstums der MPG und des Trends zu »Big Science« umfassten die ab den späten 1950er-Jahren gegründeten Max-Planck-Institute typischerweise mehrere Abteilungen, die jeweils unter der Leitung eines Direktors oder

---

[116] Präsident Butenandt erläuterte diese Entwicklung mit den Worten, »daß sich auch die Struktur der Institute der Max-Planck-Gesellschaft in den letzten Jahren sehr gewandelt habe. Während im Jahr 1950 von 34 Instituten drei in Abteilungen bzw. in Teilinstitute untergliedert gewesen und kollegial geleitet worden seien, seien 1960 von 40 Instituten 21 und 1972 von 52 Instituten 40 untergliedert gewesen.« Max-Planck-Gesellschaft, Jahresbericht 1971, 1972, 245.
[117] Lüst, Der Antriebsmotor, 2014, 128.
[118] Zitiert nach Henning und Kazemi, *Chronik*, 2011, 310.
[119] Zitiert nach ebd., 728.

einer Direktorin standen.[120] Die Direktor:innen eines Instituts bilden gemeinsam dessen Kollegium, das über alle wesentlichen Fragen des Instituts entschied. Die Leitung der laufenden Geschäfte lag in den Händen des Geschäftsführenden Direktors oder der Geschäftsführenden Direktorin, die diese Verantwortung, wie erwähnt, in der Regel auf Zeit stellvertretend für das Kollegium nach dem Rotationsprinzip ausübten.

Was die Finanzen betrifft, hingen die Institute seit dem Königsteiner Abkommen, das eine Globalfinanzierung der MPG vorsah, von den Mittelzuweisungen ihrer Zentralorganisation ab.[121] Die jährlichen Haushaltsverhandlungen mit Bund und Ländern führten Generalsekretär und Generalverwaltung, die Institute waren an ihnen nicht beteiligt. Die Berufungsverhandlungen mit den Direktor:innen des Instituts legten die Fundamente des Institutshaushalts, der normalerweise alle Abteilungen umfasst. Die Haushaltsbewirtschaftung unterlag einer Reihe von Veränderungen, die von Bund und Ländern als wichtigsten Geldgebern ausgingen. Die letzte bestand in der Einführung der Budgetierung und der Kosten- und Leistungsrechnung (KLR) im Jahr 1998, mit der die alte Kameralistik abgelöst wurde.[122] Damit erhielten die Institute zusätzliche Freiräume in der Verwendung der ihnen bewilligten Mittel (wovon sie reichlich Gebrauch machten), allerdings wurde ihr Finanzgebaren – durch die fast zeitgleiche Einführung der Software SAP in der Verwaltung der Mittel – für die Generalverwaltung völlig transparent (was den Instituten andere Optionen versperrte, über die sie zuvor verfügt hatten). Das heißt, für die Institute ging die Flexibilisierung der Mittelverwendung mit gestiegener Kontrolle durch die Generalverwaltung einher, die gegenüber Bund und Ländergemeinschaft in der Verantwortung stand, dass die Institute die Gelder der öffentlichen Hand korrekt und sinnvoll verwendeten.[123]

Was die regionale Verteilung der Institute betrifft, so gab es im Untersuchungszeitraum mehrere bemerkenswerte Schwerpunktverschiebungen. Der erste, eine drastische »Westverschiebung«, fand kurz vor dem Übergang von der KWG zur MPG als Folge des Kriegs statt: Als neue Zentren kristallisierten sich Tübingen und Göttingen heraus, wo auch die Generalverwaltung residierte.[124] Im Zuge von Wiederaufbau und »Wirtschaftswunder« machten sich jedoch die Nachteile der Randlage im Südwesten bzw. im Zonenrandgebiet bemerkbar, was eine abermalige Schwerpunktverschiebung auslöste, diesmal nach Süden: Im Zusammenspiel von Bayerischer Staatsregierung und MPG entstanden in und um München hochmoderne Forschungszentren für Biochemie, Weltraum- und Fusionsforschung, und nachdem Butenandt das Präsidentenamt übernommen hatte, verlegte er auch die Generalverwaltung der MPG schrittweise von der Leine an die Isar.[125] Nach der Wiedervereinigung kam es in den 1990er-Jahren zu einer weiteren regionalen Verschiebung, diesmal nach Ostdeutschland, wo die MPG binnen eines Jahrzehnts 18 neue Institute und eine Reihe befristeter Forschungseinrichtungen gründete; nicht zuletzt aufgrund der Konkurrenz zwischen den fünf neuen Bundesländern, bildete sich dabei allerdings kein neues Zentrum der MPG heraus. Dazu trug auch bei, dass die MPG ein äußerst lukratives Angebot des Freistaats Bayern annahm und für ihre Generalverwaltung einen pompösen Neubau in München errichten ließ.[126]

4.3.3 Evaluierung als zusätzliches Steuerungsinstrument

Mit der Satzungsreform von 1972 führte die MPG turnusmäßige Evaluierungen ihrer Wissenschaftlichen Mitglieder und Institute als Steuerungs- und Kontrollinstrument ein, an dem auch externe Akteure mitwirkten. Seither müssen sich Direktor:innen gegenüber den wissenschaftlichen (Fach-)Beiräten ihrer Institute rechtfertigen, die alle zwei bis drei Jahre zusammentreten und anschließend dem Präsidenten (heute dem Präsidium) Bericht erstatten. Die MPG war damit ihrer Zeit weit voraus, denn sie führte diese Form der regelmäßigen Evaluierung erheblich früher ein als andere Forschungsorganisationen in der Bundesrepublik. Im Lauf der Zeit gewann »das Instrumentarium der Fachbeiräte und Kuratorien an Bedeutung«, ja es erwies sich »aufgrund der Entwicklung des gesellschaftlichen und wissenschaftlichen Umfelds in einer Weise als richtig und notwendig […], wie es 1972 nicht abzusehen gewesen« war.[127] Dies lag vor allem daran, dass der Legitimationsdruck für die von der öffent-

---

120 Dazu Balcar, *Wandel*, 110–111 u. 187.
121 Dazu und zum Folgenden Balcar, *Ursprünge*, 2019, 91–103.
122 Steinbauer und Herrmann, *Ressourcen*, 2004.
123 Siehe oben, Kap. II.5.5.5.
124 Balcar, *Ursprünge*, 2019, 12–14 u. 70–74. Heinemann, Wiederaufbau der KWG, 1990, 430–434.
125 Ausführlich: Balcar, *Wandel*, 2020, 41–52.
126 Siehe oben, Kap. II.5.5.4. Siehe auch Ash, *MPG im Kontext*, 2020; Ash, *MPG im Prozess*, 2023.
127 Protokoll der 137. Sitzung des Senates vom 9.6.1994, AMPG, II. Abt., Rep. 60, Nr. 137.SP, fol. 8.

lichen Hand finanzierten Forschung spürbar anstieg. Präsident Zacher räumte 1994 unumwunden ein, »daß die Max-Planck-Gesellschaft der Öffentlichkeit unter dem Gesichtspunkt ›Effizienz‹ Rechenschaft schulde«.[128]

Die vielfältige, komplexe und umfassende Evaluationspraxis der MPG bestand seither (und besteht noch) aus drei Stufen: Zunächst akzentuierte sie »dem Harnack-Prinzip entsprechend die Ex-ante-Evaluation von Personen«, das heißt den Berufungsprozess, der auf eine skrupulöse Auswahl des Leitungspersonals der MPG hinauslief, die allerdings von außen gesehen intransparent war. Das Berufungsverfahren kam einer doppelten Evaluation gleich, da »zum einen die thematischen und sachlichen Aspekte einer Berufung und zum anderen die Qualifikation des Kandidaten geprüft« wurden.[129] Die zweite Stufe bestand aus der »*begleitenden Evaluation der Max-Planck-Institute*«, deren »Kernstück« die 1972 eingeführten (international besetzten) Fachbeiräte verkörpern. Hinzu kam die erwähnte Überprüfung der Leitungsbefugnis der Wissenschaftlichen Mitglieder alle sieben Jahre. Die dritte Stufe machten »*flankierende Maßnahmen zur Evaluation der Ressourcenausstattung*« aus. Dies betraf in erster Linie Mittel für Großgeräte und umfängliche Baumaßnahmen, die von der MPG zentral bewirtschaftet und jeweils »nur nach Evaluation vergeben« wurden.[130] Da die MPG ihre Forschungseinrichtungen bereits seit den frühen 1970er-Jahren regelmäßig evaluieren ließ, konnte sie die in den 1990er-Jahren von der Politik angesichts knapper Kassen angestoßene Evaluierungsdiskussion »mit großer Gelassenheit verfolgen«, wie Ex-Präsident Reimar Lüst konstatierte.

Regelrechte Panik herrschte dagegen bei den Instituten der »Blauen Liste«, die seit 1995 erstmals vom Wissenschaftsrat evaluiert wurden, der »dabei unter wissenschaftlichem und wissenschaftspolitischem Aspekt sehr streng« vorging und in einigen Fällen sogar »Schließungsempfehlungen« aussprach.[131] 1996 beschlossen die Regierungschefs von Bund und Ländern, eine »Systemevaluation« vorzunehmen, in der die MPG gemeinsam mit der Deutschen Forschungsgemeinschaft (DFG) unter die Lupe genommen wurde.[132] Bereits im Vorfeld hatten MPG und DFG gemeinsam vorgeschlagen, ihre jeweiligen Stellungen im deutschen Wissenschaftssystem und im internationalen Vergleich zu evaluieren. Sie erreichten, dass diese Evaluation nicht durch den Wissenschaftsrat durchgeführt wurde, sondern durch eine mit zehn international renommierten Wissenschaftler:innen besetzte Kommission. Den Vorsitz führte der Materialforscher Richard John Brook, der von 1988 bis 1991 als Direktor am MPI für Metallforschung in Stuttgart gewirkt hatte. Dies dürfte zu dem für die MPG überaus positiven Ergebnis der Systemevaluation beigetragen haben.[133]

Die Wissenschaftlichen Mitglieder hatten stets Einfluss darauf, wer sie evaluierte. Die Fachbeiräte der Institute setzten sich zunächst weitgehend aus persönlichen Bekannten und Kooperationspartnern der Direktoren zusammen. Später legte man in der MPG mehr Gewicht auf fachliche Expertise und die Gewinnung internationaler Koryphäen.[134] Die kontinuierliche Evaluation war für die Geldgeber eine Voraussetzung für die Einführung der Budgetierung des Haushalts der MPG und hatte darüber hinaus »auch für die Planungsentwicklung der Max-Planck-Gesellschaft« Bedeutung, die nicht zuletzt auf Grundlage der Berichte der Fachbeiratsvorsitzenden erfolgte.[135]

In den Jahren der Präsidentschaft Hubert Markls wurden weitergehende Evaluationsinstrumente eingeführt, allen voran die »Forschungsfeldevaluation«, in der Institute desselben Forschungsfeldes alle sechs Jahre einer vergleichenden Untersuchung durch eigens dazu eingesetzte, international besetzte Kommissionen unterzogen wurden.[136]

Die MPG gab den von außen kommenden Evaluationsdruck an die Institute weiter, federte ihn aber zugleich ein

---

128 Ebd.
129 Protokoll der 141. Sitzung des Senates vom 17.11.1995, AMPG, II. Abt., Rep. 60, Nr. 141.SP, fol. 8 verso. Siehe dazu auch die Antworten auf die Fragen der Evaluationskommission DFG/MPG an den Präsidenten der Max-Planck-Gesellschaft vom 3.6.1998, AMPG, II. Abt., Rep. 60, Nr. 149, fol. 16–26 verso.
130 Protokoll der 141. Sitzung des Senates vom 17.11.1995, AMPG, II. Abt., Rep. 60, Nr. 141.SP, fol. 9. Hervorhebung im Original.
131 Dieses und die beiden vorigen Zitate ebd., fol. 10.
132 Siehe oben, Kap. II.5.5.3.
133 Ash, *MPG im Prozess*, 2023, 279–289. Zum Ergebnis der Systemevaluation siehe Brook et al., *Forschungsförderung*, 1999; siehe auch Krull und Sommer, Systemevaluation, 2006.
134 Protokoll der 145. Sitzung des Senates vom 7.3.1997, AMPG, II. Abt., Rep. 60, Nr. 145.SP, fol. 17 verso. – Dies führte dazu, dass sich der Anteil ausländischer Wissenschaftler in den Fachbeiräten in den 1990er-Jahren annähernd verdoppelte. Siehe Heinze und Arnold, Governanceregimes, 2008, 708.
135 Protokoll der 148. Sitzung des Senates vom 27.3.1998, AMPG, II. Abt., Rep. 60, Nr. 148.SP, fol. 8.
136 Protokoll der 156. Sitzung des Senates vom 24.11.2000, AMPG, II. Abt., Rep. 60, Nr. 156.SP, fol. 5–9 verso. Die Administrationslogik erforderte, dass jedes Institut einem – und nur einem – Forschungsfeld angehörte, was in der Praxis zu einigen Schwierigkeiten führte.

Stück weit ab, indem sie die Evaluation zu einem Binnengeschäft machte, um so ihre Autonomie zu wahren. Die Folgen waren ambivalent: Zum einen nahmen die von Wissenschaftler:innen aufzubringenden aktiven und passiven Begutachtungsleistungen im Laufe der Jahrzehnte in einem Maße zu, das mindestens ab den 1990er-Jahren ihre von der MPG versprochene Forschungsfreiheit einschränkte. Dazu trug auch die »Systemevaluation« bei, die zur Einführung einer vergleichenden Begutachtung führte. Zum anderen war die autonome und qualitative Bewertung der Max-Planck-Institute durch die Fachbeiräte und ihre Doppelrolle als Beratungsinstanz ein nicht zu unterschätzender Standortvorteil der MPG im Vergleich zu der mehr quantitativ ausgerichteten und standardisierten Evaluation durch andere Instanzen. Zudem besaß die »Systemevaluation« eine legitimatorische Funktion gegenüber dem Umfeld der MPG, indem sie ihr internes Begutachtungswesen einer zusätzlichen externen Kontrolle unterwarf – auch wenn diese nicht völlig »extern« war. Allerdings zeigte sich gerade am Beiratswesen, dass die Selbstbestimmungsmacht der MPG durch die Notwendigkeit, sich im Wissenschaftssystem und gegenüber den Geldgebern zu legitimieren, beschränkt war. Zwar wäre es im Prinzip denkbar gewesen und wurde auch wiederholt vorgeschlagen, das Verhältnis von Aufwand und Ertrag des Begutachtungswesens etwa durch eine Fokussierung auf Problemfälle zu optimieren, statt den Normalbetrieb von Instituten aufwendig zu begleiten. Aber ein solches Zurückfahren der Evaluationen konnte sich wohl auch aus legitimatorischen Gründen nicht durchsetzen.

4.4 Zwischen Steuerungsinstanz und Dienstleister: Die Generalverwaltung

Die Generalverwaltung stand (und steht) gewissermaßen zwischen der Zentralorganisation und ihren Gremien einerseits und den Max-Planck-Instituten andererseits. Zum einen bestand ihre Aufgabe darin, den Präsidenten und die übrigen Organe der Gesellschaft bei der Implementierung von Entscheidungen sowie bei der Außenvertretung, insbesondere in den Verhandlungen mit den Geldgebern, zu unterstützen. Zugleich war die Generalverwaltung in das System der Checks and Balances eingebunden, denn sie unterstand der Aufsicht des Präsidenten, der hier als Repräsentant des Verwaltungsrats agierte, und sie unterlag der Kontrolle von Verfahren, die interne Revision und externe Wirtschaftsprüfung einschloss. Zudem wurde ihre Arbeit durch die Rechnungshöfe des Bundes und der Länder sowie durch die zuständigen Finanzbehörden regelmäßig geprüft.[137] Um die regulative Komplexität zu bewältigen, weitete man die Kompetenzen und Reichweite der Generalverwaltung im Lauf der Zeit immer mehr aus, etwa durch die Einführung der Personalstatistik, mit der Zentralisierung der Gehaltsabrechnungen oder mit der Einführung von SAP. Im Lauf der Zeit gewann sie durch die normative Kraft des Vorbereitens der Gremiensitzungen immer mehr an Einfluss.

Zum anderen verband die Generalverwaltung ein enges, wenn auch nicht spannungsfreies Verhältnis mit den Instituten. Ihnen gegenüber spielte sie eine Doppelrolle als zentrale Finanzierungs- und Serviceeinrichtung einerseits und als Kontrollinstanz insbesondere in Fragen der Compliance und der Verwendung der zugewiesenen Finanzmittel andererseits. Damit wurde die Generalverwaltung in den Grundkonflikt zwischen dem Autonomieanspruch der Institute und dem Kontrollanspruch der Zentralorganisation verwickelt, was sich auf ihr Image in der Gesellschaft auswirkte: Die in der MPG seit jeher grassierenden, nie abreißenden Klagen über eine wachsende Bevormundung der Forschung durch die Verwaltung schwollen zu einem verwaltungskritischen Grundrauschen an, das fast den gesamten Untersuchungszeitraum hindurch vernehmbar war. Ernst-Joachim Meusel, der einflussreiche Verwaltungsleiter des IPP, sprach 1977 mit Blick auf die staatliche Regulierungsdichte sogar von der »Zerwaltung der Forschung«.[138] Dabei spielte die (General-)Verwaltung im Geschäftsmodell der MPG eine wichtige Rolle. Um die Wissenschaftlichen Mitglieder möglichst von allen anderen Dingen zu entlasten, damit diese sich ganz auf die eigene Forschung konzentrieren können, sollte die Generalverwaltung den Direktor:innen administrative Aufgaben abnehmen, die etwa an Universitäten einen erheblichen Teil der Arbeitszeit des wissenschaftlichen Personals ausmachen. Ziel war es, den Forschenden in der MPG bessere Arbeitsbedingungen zu verschaffen als in anderen wissenschaftlichen Einrichtungen.[139]

4.4.1 Zentrale Aufgaben

Nach der Satzung der MPG hat die Generalverwaltung »die laufenden Geschäfte der Gesellschaft« zu führen. Hans Dölle verstand unter dieser recht allgemeinen Charakterisierung alltägliche oder doch regelmäßig wiederkehrende administrative Aufgaben, nicht jedoch

---

137 Dazu und zum Folgenden Schön, Governance, 2020, 1132–1133.
138 Meusel, Zerwaltung, 1977.
139 Diese Entlastungsfunktion der Generalverwaltung betonte bereits Dölle, *Erläuterungen*, 1965, 57.

Entscheidungen »über einen besonders hohen Geschäftswert« oder in »Ausnahmeerscheinungen« – in den letztgenannten Fällen hatte die Generalverwaltung ausschließlich weisungsgebunden zu agieren.[140] Auch die Geschäftsordnung der Generalverwaltung gab über deren Aufgaben und Funktionen nur wenig Aufschluss.[141] Macht und Einfluss der Generalverwaltung basierten allerdings nicht in erster Linie auf den Regelungen von Satzung und Geschäftsordnung, sondern waren in starkem Maße abhängig von den personellen Konstellationen an der Spitze der Gesellschaft, insbesondere vom Verhältnis des Präsidenten zu seinem Generalsekretär (bzw. später zur Generalsekretärin) – derjenigen Person also, die die »schönste Position für einen Verwaltungsbeamten im Wissenschaftsbereich« bekleidete.[142]

In der Geschichte der Max-Planck-Gesellschaft wechselten die Kräfteverhältnisse wiederholt. Da Otto Hahn das Gestaltungspotenzial, das die MPG-Satzung ihm als Präsident zubilligte, nicht nutzen konnte oder wollte, setzte bis 1960 Generalsekretär Ernst Telschow die Agenda in der Generalverwaltung (und teilweise auch in den Leitungsgremien der MPG), wie er es schon in der KWG unter den Präsidenten Carl Bosch und Albert Vögler getan hatte.[143] Ganz anders sah es unter Hahns Nachfolger Adolf Butenandt aus, an dessen Führungswillen und -fähigkeiten kein Zweifel herrschte, zumal die Generalverwaltung erst ab 1966 mit Friedrich Schneider (bis 1976) wieder über einen Generalsekretär von Statur verfügte. Auch Reimar Lüst hielt während der zwei Amtsperioden seiner Präsidentschaft die Zügel fest in der Hand, war aber für Konzeption und Umsetzung der Flexibilisierungspolitik im Wege der internen Umschichtung von Mitteln in besonderem Maße auf Vorarbeiten der Generalverwaltung angewiesen. Unter Lüsts Nachfolgern Heinz A. Staab und Hans F. Zacher, die die Amtskette jeweils nur eine Amtsperiode trugen, verschoben sich die Gewichte tendenziell wieder in Richtung des Amts des Generalsekretärs, das damals in den Händen von Dietrich Ranft (1974–1987) bzw. Wolfgang Hasenclever (1987–1995) lag – starken Persönlichkeiten und erfahrenen Wissenschaftsmanagern, die indes beide menschlich nicht ganz einfach waren. Auf Hasenclever folgte Barbara Bludau (1995–2011). Erst nachdem Manfred Erhardt, bis dahin Wissenschaftssenator in Berlin, das Angebot zur Hasenclever-Nachfolge abgelehnt und eine leitende Position im Stifterverband vorgezogen hatte, war Barbara Bludau, vorher Staatsrätin in Hamburg, vom Senat der MPG zur Generalsekretärin gewählt worden – die erste und bis 2021 einzige Frau in dieser wichtigen Leitungsstelle, die jedoch gerade am Anfang ihrer Amtszeit einen schweren Stand hatte.[144]

Unter Präsident Hubert Markl kam es schließlich zum offenen Konflikt mit der Münchner Administration, woran beide Seiten eine Mitschuld trugen. Aus der Sicht der Generalverwaltung fehlte Markl – der erste MPG-Präsident, der zuvor nicht Wissenschaftliches Mitglied geworden war – der Stallgeruch; Markl seinerseits bemühte sich erst gar nicht, in seiner Amtsführung Rücksicht auf Traditionen und ungeschriebene Gesetze zu nehmen, wodurch sich die leitenden Angestellten der Generalverwaltung wiederholt brüskiert fühlten.[145]

Eine der wichtigsten Aufgaben und zugleich die Domäne der Generalverwaltung stellten Finanzfragen dar.[146] Mit der jährlichen Aufstellung des Haushalts war ein eigenes Referat in der Finanzabteilung betraut. Um die erforderlichen Mittel bei Bund und Ländern zu beantragen, mussten die Mittelanforderungen aus allen rechtlich unselbstständigen Instituten und Forschungseinrichtungen zusammengetragen und in den jeweiligen Kostenstellen addiert werden. Gerade im vordigitalen Zeitalter war dies ein mühevolles und extrem zeitraubendes Unterfangen, das zahlreiche Kräfte in der Finanzabteilung band. Zugleich war die Generalverwaltung für die Kontrolle des Haushaltsvollzugs verantwortlich, sie musste also prüfen, ob die Institute die bewilligten Haushaltspläne eingehalten hatten; das erledigte im Wesentlichen die Abteilung Interne Revision.[147] Auf diese Weise sollte sichergestellt werden, dass die Institute – und damit letztlich die MPG –

---

140 Dölle, *Erläuterungen*, 1965, 58.
141 Materialien für die Sitzung des Verwaltungsrates der MPG am 19.11.1981 in München, Betr.: Punkt 9.1 der Tagesordnung: Geschäftsordnung der Generalverwaltung und Neufassung der Prüfungsordnung der Abteilung »Interne Revision«, in: AMPG, II. Abt, Rep. 61, 125.VP, fol. 401–403, hier fol. 401.
142 Dieses Diktum geht auf den Staatssekretär im BMwF bzw. BMBW, Hans von Heppe, zurück. Heppe, *Denken und Handeln*, 1982, Zitat 47.
143 Siehe dazu die umfassende Analyse von Hachtmann, *Wissenschaftsmanagement*, 2007, passim.
144 Siehe auch Rundschreiben von Hans F. Zacher an die Wissenschaftlichen Mitglieder und Direktoren der Max-Planck-Institute und Leiter der Forschungsstellen der MPG vom 6.4.1995, AMPG, II. Abt, Rep. 1, Nr. 504, fol. 11–12.
145 Ein Beispiel bei Balcar, *Instrumentenbau*, 2018, 66–67.
146 Siehe zum Folgenden die erschöpfenden Analysen von Meusel, *Außeruniversitäre Forschung*, 1999, 301–368. Siehe auch Meinecke, Haushaltsrecht, 1996.
147 Dölle, *Erläuterungen*, 1965, 59; Schön, Governance, 2020, 1132.

die Vorschriften zur Verwendung, Verbuchung und Abrechnung staatlicher Finanzmittel, die im Lauf der Zeit zunehmend komplexer und komplizierter wurden, möglichst penibel einhielten. Diese Aufgabe war undankbar, aber unverzichtbar, weil die MPG seit ihrer (Wieder-)Gründung am Finanztropf der öffentlichen Hand hing.[148] Außerdem musste die Generalverwaltung »im Einvernehmen mit dem Schatzmeister«[149] das Vermögen der MPG verwalten, das im Lauf der Zeit beträchtlich angewachsen war. Dazu zählte auch die Liegenschaftsverwaltung.[150] Zum Kerngeschäft der Generalverwaltung gehörte schließlich die Institutsbetreuung, von der noch ausführlich die Rede sein wird.

Andere Aufgaben waren gewissen Konjunkturen unterworfen. Das galt vor allem für die Planung und Durchführung von Baumaßnahmen, die der Bauabteilung oblagen, die sich extrem in den beiden Wachstumsphasen – den langen 1960er-Jahren und den 1990er-Jahren – häuften.[151] Dazwischen musste die Generalverwaltung der MPG-Führung unter Präsident Lüst zuarbeiten, die von Mitte der 1970er- bis Mitte der 1980er-Jahre Planung gezielt als Instrument der Krisenbewältigung einsetzte. Um überhaupt planen und Mittel intern umschichten zu können, benötigte der SAFPP entsprechende Informationen – beispielsweise darüber, wann welcher Direktor emeritiert werden würde und wo mehrere Emeritierungen innerhalb einer kürzeren Zeitspanne anstanden, eine Aufgabe für das 1975 eigens eingerichtete Planungsreferat unter Leitung von Beatrice Fromm.[152]

Das war auch deswegen nötig, weil sich die Planung der Abwicklung von Forschungseinrichtungen als weit mühsamer erwies als deren Aufbau. Die »Mittelverknappung« machte »zwangsläufig eine viel intensivere Auseinandersetzung mit den Geldgebern, aber vor allem mit den betroffenen Instituten« erforderlich. Die Generalverwaltung musste sich wiederholt und intensiv mit der »Erstellung von Sozialplänen« für die von Institutsschließungen betroffenen festangestellten Mitarbeiter:innen befassen, aber auch mit der »Stellenvermittlung« des zu entlassenden Personals und der »Veräusserung von Liegenschaften«, die im Zuge von Schließungsmaßnahmen nicht mehr benötigt wurden.[153] Auch dieses Geschäft machte die Generalverwaltung unter den Forscher:innen nicht eben beliebt. Zudem brachte es die Administratoren in einen strukturellen Gegensatz zum Gesamtbetriebsrat und den Betriebsräten der betroffenen Institute. Allerdings heizte das Referat für Öffentlichkeitsarbeit mit seiner kleinlichen Haltung, Artikel des Gesamtbetriebsrats im Gesellschaftsorgan *MPG-Spiegel* immer wieder mit Gegendarstellungen zu versehen,[154] den Konflikt mit dem Gesamtbetriebsrat an.

4.4.2 Personelle und strukturelle Entwicklung der Generalverwaltung

Die Entwicklung der Generalverwaltung als organisatorischer Einheit verlief grundsätzlich in denselben Bahnen wie die der MPG. In den Anfangsjahren bestand sie aus einem sehr kleinen Apparat, dessen Personal weitgehend aus der KWG stammte. Mit dem Wachstum der MPG legte auch ihr Verwaltungsapparat zu, und zwar in einem Maße, das in manchen Phasen sogar das der MPG noch beträchtlich übertraf. 1948 zählte die Generalverwaltung 25 Beschäftigte.[155] In den folgenden Jahren nahm das Personal der Generalverwaltung stetig zu: 1950 beschäftigte sie 31 Personen, 1960 bereits 53,[156] 1971 waren es dann 182, 1979 schließlich über 230 Planstellen.[157] Der enorme

---

148 Siehe dazu den Bericht: Ausrichtung der Verwaltungsorganisation auf die Zukunft (II). Ergebnisse von Einzelprojekten, undatiert (1975), in: DA GMPG, BC 105630, fol. 179–341, hier fol. 183–185. — Zur Prüfungstätigkeit der Rechnungshöfe und ihrer Folgen siehe Materialien für die 122. Sitzung des Verwaltungsrates am 20.11.1980, Zu TOP 12: Prüfungstätigkeit des Bundesrechnungshofes und der Landesrechnungshöfe in den Jahren 1970–1979, in: AMPG, II. Abt., Rep. 61, Nr. 122.VP, fol. 243–247.
149 Dölle, *Erläuterungen*, 1965, 58.
150 Günter Preiß: 2. Entwurf zu den Durchführungsregelungen zur Geschäftsverteilung vom 1.1.1971, März 1971, AMPG, II. Abt., Rep. 1, Nr. 332, fol. 109–121, hier fol. 113.
151 Ash, *MPG im Kontext*, 2020; Ash, *MPG im Prozess*, 2023. Siehe auch unten, Kap. IV.8.
152 Geschäftsverteilungsplan der Generalverwaltung der Max-Planck-Gesellschaft zur Förderung der Wissenschaft e. V., Stand 1.1.1975, GVMPG, BC 215219, fol. 92–163, hier fol. 104.
153 Ausrichtung der Verwaltungs-Organisation auf die Zukunft. Ergebnisse einer Kurzuntersuchung vom November 1975, AMPG, II. Abt, Rep. 1, Nr. 702, 1–169, hier fol. 14.
154 Ausführlich Scholz, *Partizipation*, 2019, 101–103.
155 Übersicht der Generalverwaltung 1948, AMPG, II. Abt., Rep. 69, Nr. 498, fol. 241. Für diese Angabe danken wir Juliane Scholz.
156 Diese Angaben nach: AMPG, II. Abt., Rep. 69, Nr. 498; AMPG, II. Abt., Rep. 69, Nr. 23; AMPG, II. Abt., Rep. 69, Nr. 40, AMPG, II. Abt., Rep. 69, Nr. 45; AMPG, II. Abt., Rep. 69, Nr. 60. Auch diese Hinweise verdanken wir Juliane Scholz.
157 Vermerk Dietrich Ranft vom 12.2.1980 betr. TOP 9 der Sitzung des Verwaltungsrates der MPG am 22.11.1979, hier: Wertigkeit der Stellen leitender Mitarbeiter der Generalverwaltung, AMPG, II. Abt., Rep. 61, Nr. 119, fol. 312–317, hier fol. 317.

Ausbau und das angeblich überproportionale Wachstum des Verwaltungsapparats stießen bei den politisch Verantwortlichen, aber bisweilen auch innerhalb der MPG auf Kritik, die aus zwei Gründen überzogen erscheint. Zum einen stiegen im selben Zeitraum auch die Aufgaben, die die Generalverwaltung wahrnehmen musste, dramatisch an. Vor allem führte die finanzielle Abhängigkeit von der öffentlichen Hand zu einer »Fiskalisierung« des Buchungs- und Rechnungswesens der MPG und zeitigte, zumal im Zuge der »Einführung der Bewirtschaftungsgrundsätze des öffentlichen Dienstes im Jahre 1968«, massive Rückwirkungen auf die internen Verwaltungsabläufe. Da die kleinen Institutsadministrationen damit heillos überfordert waren, musste die Generalverwaltung einspringen. Was sie an Personal hinzugewann, wurde durch den so entstehenden Mehraufwand aufgezehrt.[158] Zum anderen unterhielt die MPG im Vergleich mit anderen (west-)deutschen Wissenschaftsorganisationen keinen überdimensionierten Verwaltungsapparat. So verfügte etwa die zentrale Verwaltung der Fraunhofer-Gesellschaft 1990 über 294 Planstellen, die Generalverwaltung der MPG nur über 251 – obwohl die MPG insgesamt mehr als doppelt so viele Beschäftigte aufwies.[159] Seit 1960 lag der Verwaltungsanteil (Generalverwaltung und Institutsverwaltungen zusammengenommen) an der Gesamtzahl der Beschäftigten der MPG relativ konstant bei etwa 5 Prozent. In absoluten Zahlen nimmt sich das Wachstum der Generalverwaltung allerdings beeindruckend aus: Von lediglich 23 Personen im Jahr 1947 nahm die Zahl der Beschäftigten der MPG-Generalverwaltung bis ins Jahr 2000 auf 315 zu.[160]

Die personelle Vergrößerung der Generalverwaltung und die gleichzeitige Zunahme ihrer Aufgaben machten eine umfassende Neuorganisation erforderlich, bei der sich die MPG gleichsam schrittweise von der KWG verabschiedete. Nicht nur war das anfangs gepflegte »Verwaltungsverfahren« »historisch gewachsen«,[161] auch die Strukturen ihrer Generalverwaltung stammten aus der KWG. Die kleine, verschworene und ganz auf die Person Ernst Telschows ausgerichtete Gruppe, die die MPG von der KWG übernommen hatte, verwandelte sich erst in der Amtszeit Butenandts in den personell bestens besetzten, funktional differenzierten Verwaltungsapparat, den wir heute kennen. 1955 wurde die Generalverwaltung erstmals formell untergliedert, und zwar in fünf Referate, was die persönlichen Zuständigkeiten ein Stück weit formalisierte. Eine abermalige Umgliederung, in der die Referate in Abteilungen umgewandelt wurden, erfolgte parallel zur Satzungsreform 1964.[162] Im Zuge des Wachstumsschubs der MPG kam es Ende der 1960er-Jahre zu einer Intensivierung der Reorganisationsbemühungen. Bei einer abschließenden Beratung im November 1969 einigte man sich auf eine Beibehaltung der (Sach-)Abteilungen, die jedoch einen Unterbau durch Referate und Hilfsreferate erhielten,[163] was den personellen Zuwachs der Generalverwaltung in den 1970er-Jahren zum Teil erklärt.[164]

Allerdings gelang es auch durch diese Reorganisation nicht, die administrativen Probleme, die durch die enorm gewachsene Größe der MPG entstanden waren, zu beseitigen, ja die Neustrukturierung der Generalverwaltung erzeugte ihrerseits neue Schwierigkeiten. Durch die Einziehung von zwei weiteren Ebenen unterhalb der Abteilungen, der Referate und der Hilfsreferate (für die sich später die Bezeichnung »Sachgebiete« einbürgerte),

Abb. 39 und 40: Geschäftsverteilungsplan der Generalverwaltung 1971 und 1999. Die beiden Organigramme verdeutlichen Wachstum und zunehmende Komplexität der Generalverwaltung. Vor dem Wachstumsschub in der Ära Butenandt hatte man es lange nicht für nötig gehalten, derartige Organigramme anzufertigen. Zudem gab es erst ab Mitte der 1950er-Jahre überhaupt feste Strukturen (zunächst in Form von Referaten, später in Form von Abteilungen und Referaten). – Quellen: Geschäftsverteilungsplan der Generalverwaltung der MPG, Stand: 1.6.1971, GVMPG, BC 215221, fol. 12; Organisationsplan der MPG – Generalverwaltung, Stand: August 1997, GVMPG, BC 237945, fol. 1.

---

158 Ausrichtung der Verwaltungs-Organisation auf die Zukunft. Ergebnisse einer Kurzuntersuchung vom November 1975, AMPG, II. Abt., Rep. 1, Nr. 702, fol. 1–169, hier fol. 10.

159 Übersicht über die personelle Entwicklung der Zentralverwaltungen von DFG, MPG und FhG, 1992, AMPG, II. Abt., Rep. 1, Nr. 27, fol. 20. Die folgende Angabe nach ebd. Für den Hinweis auf dieses Dokument danken wir Juliane Scholz.

160 Diese Angaben nach: AMPG, II. Abt., Rep. 69, Nr. 498; AMPG, II. Abt., Rep. 69, Nr. 23; AMPG, II. Abt., Rep. 69, Nr. 40, AMPG, II. Abt., Rep. 69, Nr. 45; AMPG, II. Abt., Rep. 69, Nr. 60.

161 Protokoll der Besprechung »Rationalisierung der Verwaltung der MPG« am 26.7.1960 in Frankfurt am Main, AMPG, III. Abt., Rep. 83, Nr. 49, fol. 4–15, hier fol. 6.

162 Zu den diversen Reorganisationen der Generalverwaltung mit weiteren Details Henning und Kazemi, *Chronik*, 2011, 934–935.

163 Vermerk von Winfried Roeske vom 4.12.1969, Betr.: Geschäftsverteilung; Ergebnis der Erörterung vom 11.11.1969, III. Abt, Rep. 84-1, Nr. 661, fol. 34–37.

164 Ausarbeitung: Verwaltungsrat, Entwurf, TOP 19. Geschäftsordnung der Generalverwaltung, ebd., fol. 11–14, hier v. a. die Tabelle auf fol. 13. – Rundschreiben Nr. 7/1971, Generalsekretär Friedrich Schneider an die Direktoren und Leiter der Institute und Forschungsstellen vom 11.1.1971, ebd., fol. 3–4.

4. Das Ringen um die Steuerbarkeit der MPG

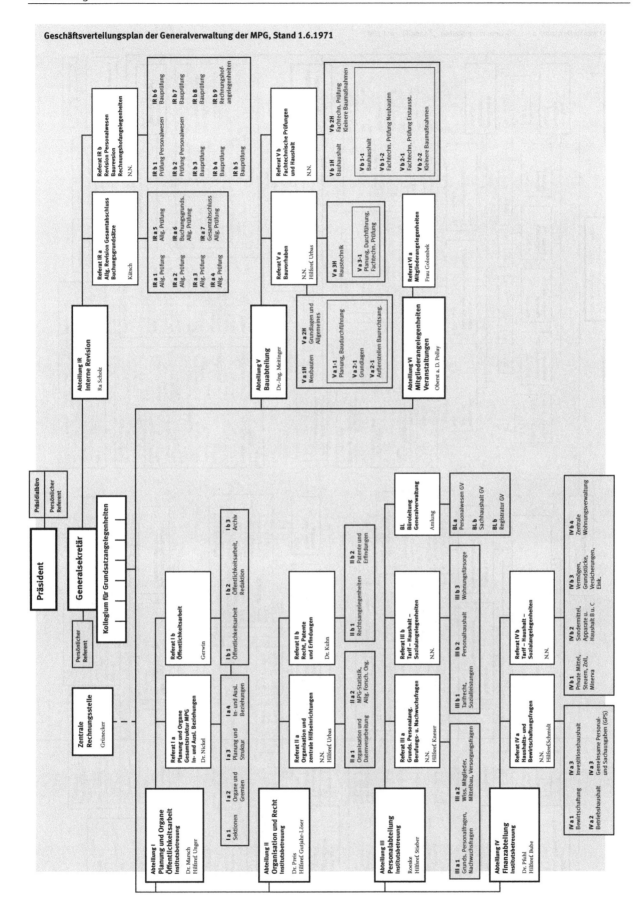

Geschäftsverteilungsplan der Generalverwaltung der MPG, Stand 1.6.1971

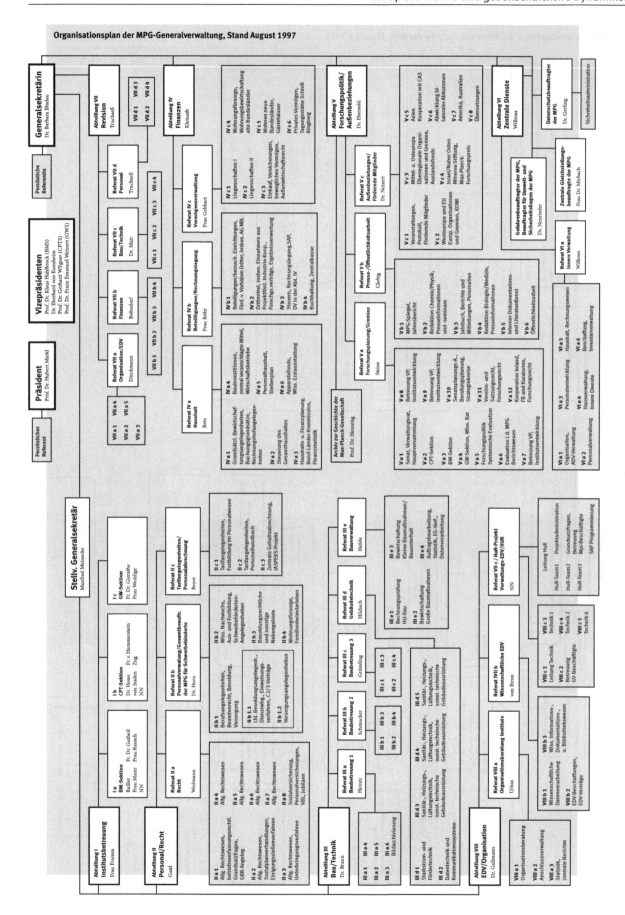

Organisationsplan der MPG-Generalverwaltung, Stand August 1997

verlängerten sich die Dienstwege, entstanden Reibungsverluste und wurden Routineprozesse schwerfälliger. Um Abhilfe zu schaffen, beauftragte die MPG die Unternehmensberatung McKinsey 1975, »Schwächen in der Verwaltungsorganisation aufzudecken und grundsätzliche Empfehlungen für die Zukunft auszuarbeiten«.[165] Auch dieser Versuch, der Generalverwaltung eine effizientere Struktur zu geben, verlief jedoch im Sande. Das Vorhaben wurde erst 20 Jahre später im Zuge des »Aufbaus Ost« wieder angegangen.

4.4.3 Die Institutsbetreuung als Scharnier zwischen Zentrale und Instituten

Ausgangspunkt der Reorganisation der Generalverwaltung, die Generalsekretärin Barbara Bludau ab 1996 ins Werk setzte, war die Institutsbetreuung, eine für die MPG typische und besonders wichtige Schnittstelle zwischen den Instituten und der Zentralorganisation. Die Satzung verpflichtete die Generalverwaltung, die Institute in besonderem Maße zu unterstützen. Zwar standen sie »unter der verwaltenden Leitung ihres Direktors«, doch sollte deren »Verantwortungslast […] nicht so schwer sein, daß darunter die Forschungsarbeit leidet«.[166] Die Institutsbetreuung war gleichsam die Königsdisziplin der Generalverwaltung und zugleich eine überaus anspruchsvolle Aufgabe. Die Generalverwaltung war »verantwortlich für eine sachgerechte Entwicklung des betreuten Instituts«, hielt Edmund Marsch 1975 in einem Vermerk fest; »sie hat Sorge und Verantwortung dafür zu tragen, daß die erforderlichen Mittel bereitgestellt werden und andere wichtige Voraussetzungen für die wissenschaftliche Entfaltung des Instituts gegeben sind«.[167] Dies erforderte nicht nur eine »umfassende Kenntnis des Instituts«, sondern auch »ein durchdringendes Verständnis der Forschungen in seinen Arbeitsgruppen«. Zugleich war eine »Gesamtschau Max-Planck-Gesellschaft« nötig, um beurteilen zu können, wo die knappen Mittel gerade optimal platziert werden konnten bzw. mussten.[168] Zu diesem Zweck hielt Winfried Roeske, der in der Generalverwaltung von 1964 bis 1991 die Personalabteilung leitete, es für erforderlich, »daß die Institutsbetreuung auf einer möglichst hohen Ebene angesiedelt wird«, um einen »möglichst weitgehenden Überblick über die Probleme der Gesellschaft« zu haben.[169]

An diese Maxime hatte man sich in der MPG ein halbes Jahrhundert gehalten. Nach der Wiedergründung fungierten zunächst die beiden Generalsekretäre Ernst Telschow und Otto Benecke als Institutsbetreuer. 1963 endete das Modell der Doppelspitze in der Generalverwaltung und angesichts des rasanten Wachstums der MPG erschien die Institutsbetreuung durch den Generalsekretär bald nicht mehr praktikabel, die Last musste auf mehr Schultern verteilt werden. Dieses Ziel verfolgte die Reform der Generalverwaltung von 1964, die das »Prinzip der Institutsbetreuung unter gleichzeitiger Aufgliederung der sachlichen Aufgabengebiete in Abteilungen« verankerte.[170] Von den späten 1960er-Jahren bis Mitte der 1990er-Jahre lag die Institutsbetreuung in den Händen der vier einflussreichen Abteilungsleiter (der »Stammesherzöge«) Edmund Marsch (Abt. I: Planung, Organe, Öffentlichkeitsarbeit), Kurt Pfuhl bzw. ab 1978 Manfred Meinecke (Abt. IV: Finanzen), Günter Preiß (Abt. II: Organisation und Recht) und Winfried Roeske (Abt. III: Personal). Dieses Organisationsmodell ermöglichte den Direktor:innen unmittelbaren Zugang zu hochrangigen Vertretern der MPG-Zentrale, die ihrerseits für »ihre« Institute eine gewisse Fürsorgepflicht erfüllten und als wichtige Relaisstation zwischen Institutsleitung und MPG-Spitze fungierten. Die Vorsondierung bei den Institutsbetreuern ermöglichte es den Beteiligten, die Reaktionen der jeweils anderen Seite vorab zu testen und gegebenenfalls Anträge oder Pläne zurückzustellen oder ohne Gesichtsverlust ganz zurückzuziehen, wenn sie dort nicht auf Gegenliebe oder gar auf Widerstand stießen. Dies erwies sich besonders in heiklen Fragen wie beispielsweise der Gründung oder Schließung einer Abteilung als überaus hilfreich. Auf diese Weise wurden die Abteilungsleiter den »Aufgaben der Institutsbetreuung« gerecht, die Winfried Roeske mit den Worten umriss: »Sie kümmert sich um die konzeptionellen Fragen der Institute und beobachtet die Entwicklung der Institute sorgfältig. Sie schafft ein Vertrauensverhältnis zwischen

---

165 Ausrichtung der Verwaltungs-Organisation auf die Zukunft. Ergebnisse einer Kurzuntersuchung vom November 1975, AMPG, II. Abt, Rep. 1, Nr. 702, fol. 1–169, hier fol. 4.
166 Dölle, *Erläuterungen*, 1965, 59.
167 Vermerk von Edmund Marsch vom 15.10.1975, Zur Institutsbetreuung, AMPG, II. Abt, Rep. 1, Nr. 385, fol. 3.
168 Ebd.
169 Vermerk von Winfried Roeske vom 4.12.1969, Betr.: Geschäftsverteilung – Ergebnis der Erörterung vom 11.11.1969, ebd., fol. 34–37, hier fol. 35.
170 Rundschreiben von Generalsekretär Friedrich Schneider an die Direktoren und Leiter der Institute und Forschungsstellen vom 11.1.1971, ebd., fol. 3–4, hier fol. 3.

den Instituten und der Generalverwaltung und ist ein Mittler oder Anwalt zwischen den Instituten und der Generalverwaltung.«[171]

Allerdings stellte dieses Modell die Generalverwaltung vor das Problem, die Institutsbetreuung und die verwaltungstechnischen Sachgebiete (Finanzen, Personal, Recht etc.) in einer behördenähnlichen Struktur miteinander zu verzahnen. Hinzu kam die Doppelbelastung der vier Abteilungsleiter, die in dem Maße zunahm, wie die MPG wuchs. Roeske mutmaßte bereits 1969, dass es bei »einem weiteren Anwachsen der Gesellschaft [...] vermutlich notwendig sein [werde], diese Verbindung [zwischen Abteilungsleitung und Institutsbetreuung, J.B./J.R.] aufzuheben«.[172] Da die MPG aufgrund der realen Stagnation ihres Haushalts in den 1970er- und 1980er-Jahren nicht weiter wuchs, entstand allerdings einstweilen kein zusätzlicher Handlungsdruck. Erst Mitte der 1990er-Jahre, als die MPG im Zuge des »Aufbaus Ost« die Gründung von 18 Instituten in den neuen Bundesländern vorbereitete,[173] kam die Neuorganisation der Institutsbetreuung – und damit der Generalverwaltung insgesamt – abermals auf die Tagesordnung. Nachdem Generalsekretärin Bludau die Frage, »ob die heutigen Strukturen noch zeitgemäß sind und die MPG ihre Aufgaben noch optimal erfüllen kann«,[174] negativ beantwortet hatte, beteiligte man wieder eine Unternehmensberatung (diesmal die Boston Consulting Group) an der anstehenden Reorganisation der Institutsbetreuung – mit weitreichenden Folgen für die Governance der MPG.

Das erklärte Ziel des 1996 eingeleiteten Prozesses lautete, die Kommunikation zwischen Zentrum und Peripherie angesichts einer stark gewachsenen Gesellschaft zu verbessern. Um eine »Neugestaltung der Führungsstruktur der Max-Planck-Gesellschaft« und der »Erhöhung der Serviceorientierung der Generalverwaltung gegenüber den Instituten« zu erreichen,[175] plädierte Boston Consulting für die »Zusammenführung der Institutsbetreuung in einer Abteilung mit sektionaler Gliederung« sowie für die Schaffung eines eigenen Instituts-Bereichs in der Generalverwaltung, zu dem außer der Abteilung Institutsbetreuung auch die Personal- und Bauabteilung sowie das EDV-Referat gehören sollten.[176] Nach intensiven und kontroversen Debatten beschloss der Verwaltungsrat die Reorganisation der Generalverwaltung am 21. April 1997 in diesem Sinne.[177]

Aus der Perspektive der MPG-Spitze und der Generalverwaltung mag diese Neuregelung angesichts der deutlichen Vergrößerung der MPG sinnvoll erschienen sein, wenngleich seinerzeit auch Alternativen diskutiert worden waren. Für die Institute bedeutete das neue Modell der Institutsbetreuung dagegen eine Verschlechterung, denn sie hatten nun keine hochrangigen Ansprechpartner in München mehr, sondern sahen sich in der Regel mit weisungsgebundenen Befehlsempfängern konfrontiert. Da wichtigere Entscheidungen vorab von einer Reihe von Stellen – Sachgebiets-, Referats- und Abteilungsleiter:innen aus unterschiedlichen Ressorts, bisweilen aber auch Generalsekretär(in) und Präsident – gegengezeichnet werden mussten, waren diejenigen, die das Geschäft der Institutsbetreuung im neuen Zuschnitt betrieben, im schlimmsten Fall kaum mehr als besser bezahlte Briefträger; eigene Spielräume, mit den Institutsleitungen zu verhandeln und von der Generalverwaltung bzw. der MPG-Spitze in München getroffene Entscheidungen zugunsten der Institute zu modifizieren, besaßen sie im Allgemeinen nicht. Damit ging vieles an Flexibilität im Verwaltungshandeln verloren, was die MPG zuvor gegenüber den Universitäten und anderen Wissenschaftsorganisationen ausgezeichnet hatte. Dementsprechend heftig fiel denn auch die Kritik an der Reorganisation der Institutsbetreuung »aus Kreisen der Institutsdirektoren« aus, die noch länger nachhallte.[178] Im Ergebnis wurde der Zugang der Institutsleitung zur MPG-Spitze durch die Konzentration der Institutsbetreuung in einer eigenen Abteilung der Generalverwaltung stärker reglementiert. Aufs Ganze gesehen schwächte die Reform der Institutsbetreuung die Bindekräfte innerhalb der MPG, wodurch die Tendenz zur Verinselung der einzelnen Max-Planck-Institute zunahm.

---

171 Vermerk von Winfried Roeske vom 4.12.1969, Betr.: Geschäftsverteilung – Ergebnis der Erörterung vom 11.11.1969, ebd., fol. 34–37, hier fol. 35.
172 Ebd., hier fol. 36.
173 Ausführlich Ash, *MPG im Kontext*, 2020.
174 Barbara Bludau an alle Mitarbeiterinnen und Mitarbeiter der Generalverwaltung der MPG vom 25.11.1996, Strukturreformprojekt macht Max-Planck-Gesellschaft für das Jahr 2010 fit, GVMPG, BC 230261, fol. 271 recto–272 verso, hier fol. 271 verso.
175 Ebd.
176 Boston Consulting Group: Strukturreformprojekt der Max-Planck-Gesellschaft, Detaillierte Mitarbeiterinformation vom 24.4.1997, GVMPG, BC 214928, fol. 1–83, hier fol. 23. Siehe dazu auch den Vermerk von Manfred Meinecke vom 30.6.1998 für den Vizepräsidentenkreis am 6.7.1998, hier: Fortentwicklung der Abteilung I – Institutsbetreuung, AMPG, II. Abt., Rep. 57, Nr. 304, fol. 53–56.
177 Protokoll der 174. Sitzung des Verwaltungsrats der MPG am 21.4.1997, AMPG, II. Abt., Rep. 61, Nr. 174.VP, fol. 2–4.
178 Vermerk von Manfred Meinecke vom 30.6.1998 für den Vizepräsidentenkreis am 6.7.1998, hier: Fortentwicklung der Abteilung I – Institutsbetreuung, AMPG, II. Abt., Rep. 57, Nr. 304, fol. 53–56, hier fol. 53.

4.5 Zentralisierungstendenzen in der MPG

Die Kritik, die aus den Instituten an der Generalverwaltung geübt wurde, betraf freilich nicht allein die Institutsbetreuung und deren organisatorische Veränderung, auch wenn dies ein wichtiger Punkt war. Viel früher schon hatten Klagen von Direktoren sowie Verwaltungsleiter:innen einzelner Max-Planck-Institute darüber eingesetzt, dass die Münchner Generalverwaltung Verwaltungsaufgaben und Entscheidungskompetenzen, die traditionell in die Zuständigkeit der Institute gefallen waren, an sich ziehe und auf diese Weise eine schleichende Zentralisierung der MPG ins Werk setze.[179] Tatsächlich lässt sich ein Trend in diese Richtung feststellen. Das lag zum einen an der inneren Entwicklung der MPG; die rasch gewachsene Anzahl Wissenschaftlicher Mitglieder stellte die Kommunikation und Koordination innerhalb der Gesellschaft vor neue Herausforderungen, darunter nicht zuletzt die Aufrechterhaltung ihres institutionellen Gedächtnisses angesichts generationeller Umbrüche und einer zunehmenden Rekrutierung von außen. Das waren nicht in der MPG sozialisierte Wissenschaftler:innen, die seit den 1990er-Jahren in verstärktem Maße nicht aus Deutschland kamen und denen die Gepflogenheiten des deutschen Wissenschaftssystems im Allgemeinen und der MPG im Besonderen daher in der Regel fremd waren. Die Zunahme von Steuerungs- und Kontrollprozessen war zum anderen das Resultat eines sich verändernden äußeren Umfelds, das durch verstärkte Außenkontrolle sowie höheren Erwartungs- und Konkurrenzdruck charakterisiert war und sich in einer steten Zunahme regulativer Komplexität niederschlug.[180]

Je mehr Rechenschaftspflichten und Leistungsnachweise die Zuwendungsgeber der Wissenschaft abverlangten, desto weniger Zeit und Ressourcen blieben ihr für ihr Kerngeschäft. Vor diesem Hintergrund gewann die Generalverwaltung, die für die Umsetzung all der geforderten Rechtsnormen zu sorgen hatte – Bauverordnungen, Reise- und Zollverordnungen, Sozialrecht, Anforderungen an die Compliance –, im Laufe der Zeit einen immer größeren Einfluss auf die Gestaltung der internen Strukturen und Prozesse der Gesellschaft – und auch auf die einzelnen Institute.

Das Rechnungswesen, wie überhaupt die Finanzierung, war gleichsam der archimedische Punkt, von dem aus die Zentralisierung der MPG erfolgen konnte – und auch erfolgte. Der Königsteiner Finanzierungsmechanismus hatte die rechtlich unselbstständigen Max-Planck-Institute von den Verhandlungen mit den Geldgebern ausgeschlossen, indem die Länder der MPG die benötigten Mittel in Form von Globalzuschüssen zukommen ließen, die sie auf die einzelnen Institute verteilte.[181] Dadurch sanken die Max-Planck-Institute – zumindest in ihrer Grundfinanzierung – tendenziell zu Kostgängern der MPG herab, wie diese ihrerseits mit dem Königsteiner Abkommen zur Kostgängerin der Ländergemeinschaft geworden war. Die weitgehend staatliche Finanzierung, die der MPG wie auch ihren Instituten große Vorteile brachte, ging allerdings mit einigen Nachteilen einher. Die Zuwendungen erfolgten »auf der Grundlage von Verwaltungsakten«, den sogenannten Zuwendungsbescheiden, die die Empfänger »nicht nur die allgemeinen Regeln des Haushaltsrechts« aufgaben, »sondern auch eine Vielzahl weitergehender Vorgaben« enthielten.[182] So musste sich die MPG etwa bei der Besoldung ihrer Beschäftigten nach den Vorgaben richten, die für den öffentlichen Dienst galten, und zwar vom Institutsdirektor bis zum Pförtner.[183] Schon die Lohn- und Gehaltszahlungen nach dem Bundesangestelltentarifvertrag (BAT) überforderten die Buchhaltungen der Institute häufig, zumal die einschlägigen Vorschriften permanenten Veränderungen unterlagen. Im Januar 1962 begann die Abteilung für wissenschaftliche Datenverarbeitung der Generalverwaltung, die vormals unter der Bezeichnung »Hollerith-Abteilung« firmiert hatte, versuchsweise damit, die Abrechnung der Gehälter zentral zu besorgen. Nachdem dies mit einigen Instituten und mit der Generalverwaltung gut geklappt hatte, gelang es bis 1968, »die meisten Institute« an die Zentrale Gehaltsabrechnungsstelle anzuschließen, deren Aufgaben sukzessive ausgeweitet wurden, weil »vor allem die kleinen Institute mit ihrem nicht spezialisierten Verwaltungspersonal« sich den in »den letzten Jahren immer komplizierter gewordenen Aufgaben nicht mehr gewachsen« zeigten.[184]

Bereits damals lautete ein weiteres Ziel der Rationalisierungsmaßnahmen, »die Übersicht der Generalverwal-

---

179 Z. B. Protokoll der 22. Sitzung des Wissenschaftlichen Rates vom 27.6.1968, AMPG, II. Abt., Rep. 62, Nr. 1947, fol. 98–101.
180 So auch Schön, Governance, 2020, 1139.
181 Ausführlich Balcar, *Ursprünge*, 2019, 91–103 u. 147–148; Hohn und Schimank, *Konflikte und Gleichgewichte*, 1990, 79–134.
182 Schön, Governance, 2020, 1131.
183 Ausführlich Meusel, *Außeruniversitäre Forschung*, 1999, 369–469.
184 Vermerk von Erwin Scholz für den Generalsekretär vom 27.2.1968, betr.: Rationalisierung der Verwaltung, AMPG, II. Abt, Rep. 61, Nr. 76.VP, fol. 38–39, hier fol. 38.

tung über den Gesamthaushalt der Gesellschaft« zu verbessern.¹⁸⁵ Dafür wollte die Generalverwaltung Einblick in die Vorgänge in den einzelnen Instituten gewinnen, die ihr bis dahin weitgehend verschlossen geblieben waren. Nicht zuletzt vor diesem Hintergrund und im Zusammenhang mit der bereits erwähnten Neustrukturierung trieb die MPG-Spitze 1970 den weiteren Ausbau ihrer Münchner Administration voran. Die Umstellung der Verwaltung auf Elektronische Datenverarbeitung (EDV), die Mitte der 1970er-Jahre weitgehend abgeschlossen war, brachte angesichts der enormen Kosten leistungsfähiger Großrechenanlagen eine weitere Zentralisierung der Verwaltungsarbeit mit sich. Dies führte zu Erleichterungen im Verwaltungsalltag, etwa in der Frage der Eingruppierung von Mitarbeiter:innen oder bei der Gehaltsabrechnung.¹⁸⁶ Allerdings stießen diese Rationalisierungsmaßnahmen, die mit dem Ausbau der Generalverwaltung einhergingen, in den Instituten von Anfang an auf Widerstand, und zwar sowohl seitens der Direktoren als auch der Verwaltungsleiter:innen.¹⁸⁷ Ganz geheuer war die Entwicklung selbst dem Verwaltungsrat nicht. Generalsekretär Schneider sprach von den »Gefahren einer ›Bürokratisierung‹« und Präsident Butenandt plagte die »Sorge vor einer Entfremdung zwischen den Instituten und der Generalverwaltung«, da »berechtigte Klagen der Institute über die Generalverwaltung [...] von Tag zu Tag« zunahmen.¹⁸⁸

Die Wissenschaftlichen Mitglieder, die die Zentralisierungstendenzen in der MPG argwöhnisch beäugten, trugen mit ihrem Verhalten das Ihre zur Verstärkung ebendieser Tendenzen bei. Die Satzung von 1964 hatte unter anderem Rolle und Aufgaben »des Institutsleiters« genauer bestimmt und dabei festgelegt, dass sich »Leitung« »sowohl auf die *wissenschaftliche Arbeit* wie auf die *geschäftliche Verwaltung*« des jeweiligen Instituts bezog.¹⁸⁹ An dieser doppelten Leitungsfunktion hielten die Direktoren und Direktorinnen eisern fest; zwar bedeuteten die damit verbundenen administrativen Aufgaben, wie oben beschrieben, eine Mehrbelastung, doch verschaffte die Doppelfunktion ihnen die Möglichkeit, die Organisation wie auch die Infrastrukturen des Instituts ganz an die individuellen Forschungsbedürfnisse anzupassen. Diesen Gestaltungsspielraum, der im nationalen und auch im internationalen Vergleich eine Besonderheit der MPG darstellte, nutzten die Wissenschaftlichen Mitglieder weidlich; weit weniger ausgeprägt war dagegen ihre Bereitschaft, die Verantwortung oder gar die Haftung für etwaige administrative Missstände in den von ihnen geleiteten Instituten zu übernehmen. Als beispielsweise in den frühen 1970er-Jahren an einem MPI durch wiederholte Fälschungen der Buchführung ein Schaden von 41.500 DM entstanden war, reagierte die MPG mit der »fristlose[n] Entlassung der Verwaltungsleiterin«.¹⁹⁰ Der verantwortliche Direktor wollte von einer »Pflichtverletzung« nichts wissen, und zwar mit der Begründung, »er sei in erster Linie als Forscher angestellt und müsse sich darauf verlassen, dass Verwaltungsfehler von der Revision aufgedeckt werden«.¹⁹¹ Und als Ende der 1980er-Jahre der Verwaltungsleiter eines anderen Max-Planck-Instituts Gelder in Höhe von insgesamt sechs Millionen DM unterschlagen hatte, wären die verantwortlichen Direktoren gar nicht in der Lage gewesen, für den angerichteten Schaden aufzukommen, auch wenn der Verwaltungsrat intensiv über Regressforderungen diskutierte.¹⁹² Der »Konnex von Herrschaft und Haftung« war – zumindest auf der Ebene der Institute und ihrer Leitungen – nicht immer gegeben.¹⁹³

In diesem und in anderen ähnlich gelagerten Fällen riefen die Direktoren ihrerseits nach der Generalverwaltung, und auch die Leitungsgremien reagierten mit einer Art Zentralisierungsreflex: Sie beauftragten die Generalverwaltung damit, die Institute engmaschiger zu kontrollieren oder schoben ihr die jeweilige Aufgabe gleich ganz zu. Während ab den 1960er-Jahren eine Tendenz zur Zentralisierung von Verwaltungsaufgaben zu verzeichnen war, gab es in einigen Teilbereichen in der zweiten Hälfte

---

185 Ebd.
186 Vermerk von Schäfer vom 3.9.1975, betr.: Fortschreibung des Standes und der Entwicklung der EDV-Anwendung in den Verwaltungen der Max-Planck-Gesellschaft – Vermerk vom 13.1.1975, gez. Ua/Ja, AZ 270, AMPG, II. Abt., Rep. 1, Nr. 704, fol. 57-58.
187 Protokoll der 80. Sitzung des Verwaltungsrates vom 29.11.1968, AMPG, II. Abt., Rep. 61, Nr. 80.VP, fol. 1-36, hier fol. 16-17.
188 Protokoll der 85. Sitzung des Verwaltungsrates vom 2.3.1970, AMPG, II. Abt., Rep. 61, Nr. 85.VP, fol. 103-125 verso, hier fol. 119 verso – 120.
189 Dölle, *Erläuterungen*, 1965, 79, Hervorhebungen im Original. Siehe dazu auch Balcar, *Wandel*, 2020, 180.
190 Protokoll der 105. Sitzung des Verwaltungsrates und des Vorstandes am 18.6.1975, TOP 15.2, AMPG, II. Abt., Rep. 61, Nr. 105.VP, fol. 30.
191 Protokoll der 106. Sitzung des Verwaltungsrates vom 20.11.1975, AMPG, II. Abt., Rep. 61, Nr. 106.VP, fol. 30.
192 Protokoll der 149. Sitzung des Verwaltungsrates vom 14.3.1990, AMPG, II. Abt., Rep. 61, Nr. 149.VP, fol. 10-12. Protokoll der 150. Sitzung des Verwaltungsrates vom 21.6.1990, AMPG, II. Abt., Rep. 61, Nr. 150.VP, fol. 12-13. Protokoll der 152. Sitzung des Verwaltungsrates vom 7.3.1991, AMPG, II. Abt., Rep. 61, Nr. 152.VP, fol. 14-15.
193 Schön, Governance, 2020, 1129.

4. Das Ringen um die Steuerbarkeit der MPG

der 1990er-Jahre auch gegenläufige Trends: Im Zuge der Reform der Generalverwaltung von 1997, die eine »Aufgabenverteilung zwischen der Generalverwaltung und den Instituten« vorsah, die »strikt dem Subsidiaritätsprinzip« folgte, wurde die Gehaltsabrechnung wieder »weitestgehend dezentralisiert«.[194] Hinzu kam die Einführung der Programmbudgetierung bzw. von Programmbudgets sowie der Kosten- und Leistungsrechnung in der MPG, die auch den Instituten wieder mehr Spielraum im Umgang mit einmal von der öffentlichen Hand bewilligten Finanzmitteln einräumte. Im März 1998 setzte die BLK neue Rahmenbedingungen für die Haushaltsführung der MPG fest, die sich von den bis dahin ehernen Prinzipien der Jährlichkeit des Haushalts, der Spezifikation der Mittelzuwendungen und »des in Zahl und Wertigkeit verbindlichen Stellenplans« verabschiedeten; ab diesem Zeitpunkt erhielt die MPG »weitgehend globale Zuweisung[en] für Personal, Sachausgaben und Investitionen«.[195] Die wesentlich flexibleren Bewirtschaftungsregeln sollten zunächst in einem Zeitraum von drei Jahren erprobt werden. Ab Juni 1998 durften die Max-Planck-Institute die Spielräume nutzen, die ihnen die Haushaltsbudgetierung eröffnete. Das hatte allerdings seinen Preis: Die Reform, die auf Vorbildern aus der Wirtschaft basierte und erkennbar neoliberale Züge (im Sinne des New Public Management) trug, setzte ganz auf Output-Effizienz anstelle der zuvor gängigen Input-Kontrolle. Dabei ging die Kontrolle des Finanzgebarens der MPG teilweise von staatlichen Stellen auf die MPG selbst – und damit auf deren Generalverwaltung – über. Im November 1998 erfolgte die Umstellung des Haushalts- und Rechnungswesens der MPG von der kameralistischen auf die kaufmännische Buchführung, gleichzeitig wurde die Software SAP R/3 – ebenfalls zunächst probeweise – in der Generalverwaltung und in den Max-Planck-Instituten eingeführt.[196] Dieser Schritt eröffnete der Generalverwaltung einerseits detaillierte Einblicke in das Finanzgebaren und in das Rechnungswesen der Institute (was dort bereits im Vorfeld der SAP-Einführung auf heftige Kritik gestoßen war), andererseits verwalteten die Institute ihre Finanzmittel nunmehr wieder weitgehend selbst.

Ein ganzes Bündel von Faktoren führte indes dazu, dass die fortschreitende Zentralisierung von Verwaltungsaufgaben den Gegentrend überwog. Dazu zählten der Einsatz der EDV im Verwaltungsbereich, der in der MPG lange vor dem Aufkommen des PC einsetzte. Die seinerzeit verwendeten Großrechenanlagen verursachten hohe Kosten und erforderten die Unterstützung durch IT-Spezialisten, was gegen eine flächendeckende Ausstattung aller Max-Planck-Institute mit derartigen Geräten und für eine zentrale EDV-Nutzung durch die Generalverwaltung bzw. der ihr unterstellten zentralen Abrechnungsstelle sprach. In die gleiche Richtung wirkten die Berichte der Unternehmensberatungen, die die MPG Mitte der 1970er- und Mitte der 1990er-Jahre damit beauftragt hatten, ihre Verwaltungsstrukturen auf deren Effizienz hin zu überprüfen. Der Verwaltungsrat interpretierte 1976 die »Vorschläge der Firma McKinsey zur Neuorganisation der Verwaltung« zutreffend als Plädoyer für die Bündelung administrativer Kompetenzen in der Generalverwaltung.[197]

Zentralisierung diente somit auch als Bewältigungsstrategie für das enorme Wachstum, das die MPG in den 1960er- und in den 1990er-Jahren erlebte – sie sollte dazu dienen, die Steuerungsfähigkeit der Gesellschaft als Gesamtorganisation zu erhalten. Die Flucht der Wissenschaftlichen Mitglieder aus der Verantwortung für Verwaltungsfehler an den von ihnen geleiteten Instituten verstärkte diesen Trend. Nicht zuletzt waren die Zentralisierungstendenzen eine Reaktion auf die Zunahme regulativer Komplexität und Ausfluss des Versuchs, die administrativen Abläufe innerhalb der MPG effizienter zu gestalten und zu regulieren. Die Ausweitung der Kontrollfunktion der Generalverwaltung und die sukzessive Zentralisierung administrativer Arbeiten dienten übrigens auch dazu, ein Ausgreifen staatlicher Stellen auf die MPG bzw. ihre Institute zu verhindern. So gesehen, trug die bisweilen gescholtene Tendenz zur Zentralisierung dazu bei, die wesentlich öfter beschworene »Freiheit« der MPG zu bewahren – und dies gelang der MPG tatsächlich deutlich besser als anderen deutschen Wissenschaftsorganisationen.[198]

---

194 Protokoll vom 19.7.1999. Konstituierende Sitzung der Arbeitsgruppe »Folgen der Evaluation für die Generalverwaltung« am 23.6.1999, AMPG, II. Abt., Rep. 57, Nr. 304, fol. 2–3, hier fol. 2 verso.
195 Heinze und Arnold, Governanceregimes, 2008, 696. Siehe zum Folgenden ebd., 716–717.
196 Siehe oben, Kap. II.5.5.5.
197 Protokoll der 108. Sitzung des Verwaltungsrates am 11.3.1976, AMPG, II. Abt., Rep. 61, Nr. 108.VP, fol. 2–25, hier fol. 23.
198 Heinze und Arnold, Governanceregimes, 2008, 701.

5. Personalstruktur im Wandel

Birgit Kolboske und Juliane Scholz

5.1 Dem Erfolg verpflichtet

Thomas Kuhns Feststellung, der Prozess zur Gewinnung wissenschaftlicher Erkenntnisse sei vor allem ein sozialer und untrennbar mit seinem zeitgeschichtlichen Kontext verwoben,[1] spiegelte sich auch in dem Gedanken wider, den der inzwischen verstorbene MPG-Präsident Hans Zacher dem Forschungsprogramm »Geschichte der Max-Planck-Gesellschaft« mit auf den Weg gab: »Forschung ist ein soziales Geschehen, eine soziale Wirklichkeit. Das bedeutet zentral: Wissenschaft ist einerseits ein in sich autonomes und geschlossenes Geschehen; und doch ist sie andererseits so, wie Gesellschaft und Staat sie ermöglichen, in Dienst nehmen und eingrenzen.«[2]

Kultursoziologisch betrachtet, ist die MPG ein soziales Feld mit eigenen Strukturen, Funktionsmechanismen und vor allem: einer eigenen Arbeits- und Wissenschaftskultur. »Die Max-Planck-Gesellschaft ist Deutschlands erfolgreichste Forschungsorganisation – mit 29 Nobelpreisträgerinnen und Nobelpreisträgern steht sie auf Augenhöhe mit den weltweit besten und angesehensten Forschungsinstitutionen.«[3] Dieser erste Satz ihrer aktuellen Selbstdarstellung versammelt die entscheidenden Kriterien wissenschaftlichen Erfolgs: Wettbewerb, Auszeichnung, Ansehen – und vermittelt zugleich eine deutliche Vorstellung vom Selbstverständnis der MPG.

Dieses basiert auf einer persönlichkeitszentrierten meritokratischen Bestenauslese, die sie von anderen Forschungseinrichtungen unterscheidet: dem Harnack-Prinzip. Dieses stellt traditionell die Leitlinie für die Berufung der »besten Köpfe als Wissenschaftliche Mitglieder« dar und bietet diesen »herausragend kreativen, interdisziplinär denkenden Wissenschaftlerinnen und Wissenschaftlern Raum für ihre unabhängige Entfaltung«.[4] Aus verschiedenen Gründen steht das Harnack-Prinzip seit geraumer Zeit in der Kritik.[5] So gilt seine klassische Auslegung – ein MPI wird um einen »genialen« Direktor herum etabliert – als überholt. Um die MPG global wettbewerbsfähig zu halten, bestimmen längst ebenso innovative Forschungskonzepte die Erneuerung bzw. Umorientierung eines Instituts, für die dann geeignete exzellente Leitungskräfte gesucht werden. Zugleich haben viele Max-Planck-Institute eine Reputation erworben, die herausragende Wissenschaftler:innen anlockt. Gleichwohl ist das entscheidende Kriterium bei Berufungen weiterhin wissenschaftliche Exzellenz, die jedoch ein schwer objektivierbares und messbares Kriterium darstellt.[6] So stellt sich beispielsweise die Frage, inwieweit Geschlecht oder soziale Herkunft – damals wie heute – bei der Bestenauslese eine Rolle spielt oder pointierter: ob das Harnack-Prinzip bei allem Anspruch auf Objektivität, die »besten Köpfe« und nicht die »besten Männer« in Leitungspositionen zu berufen, über Jahrzehnte dazu geführt (oder zumindest dazu beigetragen) hat, die Dominanz der Männer auf der Führungsebene der MPG, also der Wissenschaftlichen Mitglieder (WM), zu reproduzieren.

Im Folgenden werden wir Hierarchien, Beschäftigungs- und Geschlechterverhältnisse in der MPG unter folgenden Fragestellungen betrachten: Welche Faktoren haben die Transformation der MPG zu einer strukturell und personell modernen Forschungsorganisation be-

---

[1] Kuhn, *Die Struktur wissenschaftlicher Revolutionen*, 2003.
[2] Schreiben von Hans F. Zacher an Jürgen Renn, 24. März 2010, *unveröffentlicht*.
[3] MPG: Ein Porträt der MPG. http://www.mpg.de/kurzportrait. Siehe auch unten, Anhang 2.5, https://www.mpg.de/preise/nobelpreis.
[4] Ansatz »Max Planck«, 2010, 6–11.
[5] So etwa Laitko, Forschungsorganisation, 1996, 583–632.
[6] Verheyen, *Erfindung der Leistung*, 2018, 13–17; Münch, *Die akademische Elite*, 2007, 10–12; Graf, *Wissenschaftselite*, 2015, 10–11.

wirkt? Welche Formen institutionalisierter Mitbestimmung gab bzw. gibt es in der Forschungsgesellschaft und welche informellen und wissenschaftsspezifischen Partizipationsformen wurden daneben etabliert?

Aus der Perspektive wissenschaftlicher *Arbeitskulturen* werden wir dabei die quantitative Zusammensetzung des Personals und die Auswirkungen personeller Strukturveränderungen auf bereits etablierte vertikale und flache Hierarchien in der MPG untersuchen. Arbeitskultur verstehen wir dabei nicht nur als »unsichtbares Band«,[7] das die Forschungseinrichtung zusammenhält, sondern sie prägt die zwischenmenschliche Interaktion und Diskussionskultur, sie beeinflusst, wie gearbeitet oder kommuniziert und in Forschungsorganisationen entschieden wird. Arbeitskultur tritt also letztlich als symbolische Ordnung, kultureller Code sowie Sinn und Bedeutung stiftendes Element in Erscheinung.

Die meisten Berufsfelder in der MPG lassen sich mit dem Begriff *Wissensarbeit* charakterisieren. Aber auch andere Berufs- und Statusgruppen, die klassischerweise nicht in die Betrachtung der Wissenschaftsforschung einfließen und meist in Sammelkategorien wie nichtwissenschaftliches Personal, Verwaltung oder technischer Bereich aufgegangen sind, wie etwa Sekretärinnen, Laborant:innen und Bibliothekar:innen, sollten in die Analyse mit einbezogen werden. Denn diese Beschäftigtengruppen sind oft weitaus mehr gewesen als wissenschaftsunterstützend, als »unsichtbare Hände« der Direktoren und später auch der vereinzelten Direktorinnen.[8] Sie sind unverzichtbar für eine anhaltende Innovationsfähigkeit der MPG gewesen, da sie für die Ausgestaltung und Rahmung der wissenschaftlichen Arbeitskultur verantwortlich waren.[9] Im Hinblick auf soziale Hierarchien und Machtverhältnisse ist Wissensarbeit eine ambivalente Tätigkeit, da »Hierarchie, Kontrolle, Fremdbestimmung, eingeschränkte Subjektivität und Trennung von Arbeits- und Lebenswelt scheinbar aufgehoben worden« sind, de facto aber weiterbestehen.[10]

Die zunehmende Professionalisierung und Spezialisierung des wissenschaftlichen Felds ließ eine ebenso sozial greifbare wie symbolisch aufgeladene spezifische Berufskultur entstehen, die gegeneinander abgegrenzten Corporate Cultures.[11] Dazu gehören rationale wie auch habituelle Zeichen, Kommunikationsformen und Routinen sowie institutionalisierte Verhaltensregeln, die sich in einer spezifischen Berufskultur verstetigten und darauf aufbauend in formalen Organisationen ausdrückten. Diese »weichen« Ordnungsfaktoren,[12] die das Betriebsklima und das spezifische Selbstverständnis einer wissenschaftlichen Einrichtung hervorbrachten und deren Veränderung sich ausgehend von den Wissenschaftlichen Mitgliedern in allen Personalgruppen in Kommunikation und Arbeitsorganisation niederschlug, unterlagen einem stetigen Wandel. Die sowohl in der Medienberichterstattung als auch in Selbstzeugnissen aufscheinende Überhöhung der Wissenschaftlichen Mitglieder als »Wissenschaftselite« Deutschlands war sicherlich nur ein kleiner Teil dieses komplexen beruflichen Selbstverständnisses.[13] Dazu kam im vielschichtigen Wissenschaftssystem eine »Vielzahl von Hierarchien und das Nebeneinander praktisch unvereinbarer Machtformen«.[14] Im modernen Wissenschaftsbetrieb führten vielfache Rationalisierungstendenzen zu Veränderungen des Berufsverständnisses. Eine betriebsförmige, effiziente Organisation und zunehmende Arbeitsteilung überlagerte die Rolle des solitären Genies und wissenschaftlichen Einzelkämpfers. Die moderne Wissenschaft und Forschung wäre ohne kollektive Arbeitsanstrengungen und ohne wissenschaftsunterstützende Berufsgruppen kaum mehr denk- und durchführbar.[15]

Im Folgenden werden wir anhand quantitativer Methoden erörtern, wie sich Arbeits- und Berufskulturen in der MPG auf allen Hierarchieebenen gewandelt haben, um so nachzuvollziehen, wie sich die Transformation von autokratisch geführten Instituten zu stark ausdifferenzierten Abteilungsinstituten mit kollegialer Leitung vollzogen und welche Rolle Betriebsrat und Gleichstellungspolitik der MPG dabei gespielt haben.

---

7 Wörwag und Cloots, Einleitung, 2020.
8 Hentschel, *Unsichtbare Hände*, 2008; Hentschel, Wissenschafts- und Technikgeschichte, 2008.
9 Beerheide und Katenkamp, Wissensarbeit im Innovationsprozess, 2011, 69–70.
10 Ebd., 87.
11 Welskopp, Wandel der Arbeitsgesellschaft, 2004, 228.
12 Löffler, Moderne Institutionengeschichte, 2007, 168.
13 Graf, *Wissenschaftselite*, 2015, 12–23.
14 Bourdieu zitiert nach Fröhlich: Kontrolle durch Konkurrenz, 2003, 120.
15 Hartung, Beschäftigungsverhältnisse, 1989; Stehr, *Wissen und Wirtschaften*, 1989, 2001, 264–265.

5.2 Die Entwicklung von Beschäftigungsgruppen

5.2.1 Überblick: Wissenschaftliches und nichtwissenschaftliches Personal

Betrachtet man das Verhältnis der unterschiedlichen Beschäftigungsgruppen in der MPG im Wandel der Zeit, dann lässt sich Folgendes feststellen: Nach rasantem Wachstum und Ausdifferenzierung zwischen 1955 und 1972 blieb das Verhältnis von Wissenschaft, Verwaltung und Technik beim Stammpersonal bis Ende des Untersuchungszeitraums in etwa gleich. Im Jahr 1974 zählte die MPG insgesamt 1.695 Wissenschaftler:innen, davon 1.362 wissenschaftliche Assistent:innen, 161 Beschäftigte im sogenannten akademischen Mittelbau[16] und 172 Direktoren und Wissenschaftliche Mitglieder (davon drei Frauen). Alle Wissenschaftler:innen auf Planstellen machten zusammen etwa 25,7 Prozent des gesamten Stammpersonals der MPG aus.[17] Die Angehörigen des technischen Bereichs – handwerklich Angestellte, Technische Assistent:innen und sonstige Techniker:innen – stellten mit 39,4 Prozent die zahlenmäßig größte Gruppe. Dazu kamen 10,1 Prozent Verwaltungspersonal (darunter auch Sekretärinnen, die aber nicht eigens als solche ausgewiesen sind), 7,6 Prozent sonstige Dienste (z. B. Reinigungspersonal, Haustechnik, aber auch Telefonistinnen) sowie 17,2 Prozent Arbeiter:innen (Landarbeiter:innen, Tierpfleger:innen, Fahrer:innen, Bot:innen etc.).[18] Der technische Bereich mit seinen Bibliothekar:innen, Mechatroniker:innen, Elektroniker:innen, Medizinisch-Technischen Assistent:innen (MTAs), Laborassistent:innen und vielen mehr wuchs bereits ab Mitte der 1950er-Jahre erheblich und damit viel früher als der Wissenschaftsbereich.

Die Steigerungsraten beim wissenschaftlichen Stammpersonal fielen in den Jahren von 1960 (818) bis 1974 (1.695) überdeutlich aus. Die durchschnittliche jährliche Wachstumsrate betrug in dieser Zeit mehr als 7 Prozent und ging dann in den nächsten 15 Jahren drastisch zurück bis auf nur noch 0,9 Prozent pro Jahr. Die größten Zuwachsraten waren aber in dieser Phase vor allem bei den technischen Angestellten zu verzeichnen, deren Zahl von 1.035 Personen (1960) auf 2.595 Personen (1974) stieg.[19] Der Personalausbau in den 1960er-Jahren war zuvörderst der Vergrößerung der Institute und ihrer Infrastruktur geschuldet.

Im Jahr 2000 war der wissenschaftliche Bereich auf 3.116 Personen angewachsen. Davon waren 246 Wissenschaftliche Mitglieder (darunter neun Frauen), 174 Forschungsgruppenleiter:innen, 48 Leiter:innen selbstständiger Nachwuchsgruppen und 2.648 wissenschaftliche Mitarbeiter:innen. Der technische Bereich zählte 3.325, die Verwaltung 1.165 und sonstige Dienste 830 Personen. Außerdem gab es 1.318 Arbeiter:innen sowie 1.464 Auszubildende und Zeithilfen bei insgesamt 11.218 Mitarbeiter:innen. Dazu kamen aber noch 7.648 in- und ausländische studentische und wissenschaftliche Hilfskräfte, (Post-)Doktorand:innen, Forschungsstipendiat:innen und Gastwissenschaftler:innen, die nicht zum Stammpersonal aus Mitteln der Grundfinanzierung zählten und deren Zahl ab den 1970er-Jahren sprunghaft angestiegen war.[20]

Der frühe Personalzuwachs im technischen Bereich kann als Indikator für eine zunehmende Ausdifferenzierung der einzelnen Disziplinen sowie für den Einzug kooperativer Arbeitsverhältnisse angesehen werden. Der technische Bereich bildete zudem eine Art institutionalisiertes »Gedächtnis« der einzelnen Institute: In ihm war kollektives Erfahrungswissen über bildgebende Verfahren, über technische und apparative Abläufe in Labors und über die Bedienung und Wartung von Mess- oder Beobachtungsgeräten geronnen, somit ein wichtiges Element der sich weiterentwickelnden epistemischen und

---

16 Mit der MPG-weiten Einführung des Bundesangestelltentarifvertrags (BAT) ab 1968 wurden besonders qualifizierte langjährige – meist habilitierte – Wissenschaftler:innen und Abteilungsleiter:innen in eine neue Besoldungsgruppe (AH 2 Vergütung) eingruppiert, deren Status und Gehalt zwischen den Wissenschaftlichen Mitgliedern (C3/4) und den wissenschaftlichen Mitarbeiter:innen (W Ib) angesiedelt war. Dieser sogenannte Mittelbau wurde in der MPG zahlenmäßig nie so bedeutsam wie an den Hochschulen, wo die Akademischen Räte und Außerplanmäßigen Professoren vielfach verbeamtet wurden. Butenandt an die Direktoren und Leiter der Institute und Forschungsstellen der MPG, Einführung des Mittelbaus und Gleichstellung der Wissenschaftlichen Mitglieder mit den Ordinarien in der MPG, 11.12.1964, AMPG, II. Abt., Rep. 69, Nr. 498 und Roeske, Vermerk Einweisung von Mitarbeitern in Planstellen, 25.11.1987, AMPG, II. Abt., Rep. 1, Nr. 234, fol. 114–117.

17 Hier und im Folgenden beziehen sich die Personalangaben – wenn nicht anders vermerkt – auf Personal, das auf Planstellen arbeitete (auch als Stammpersonal bezeichnet) und aus der Grundfinanzierung bzw. der institutionellen Förderung bezahlt wurde. Hier nicht mitgerechnet sind der Nachwuchs, Stipendiat:innen, Gastwissenschaftler:innen oder Wissenschaftler:innen, die aus Projektmitteln finanziert wurden. MPG-Zahlenspiegel 1974–1993 sowie Haushaltspläne 1990 und 2000, AMPG, II. Abt., Rep. 69, Nr. 498; AMPG, II. Abt., Rep. 69, Nr. 23; AMPG, II. Abt., Rep. 69, Nr. 40; AMPG, II. Abt., Rep. 69, Nr. 45; AMPG, II. Abt., Rep. 69, Nr. 60. Die Finanzierung über Planstellen sagte allerdings noch nichts darüber aus, ob ein Vertrag befristet oder unbefristet war.

18 Max-Planck-Gesellschaft, *Zahlenspiegel 1974*, 1974, 2.

19 Notiz zur Zusammensetzung Planstellen 1951 und 1961, AMPG, II. Abt., Rep. 67, Nr. 176, fol. 384.

20 Max-Planck-Gesellschaft, *Zahlen und Daten 2000*, 2001, 12–18.

5. Personalstruktur im Wandel

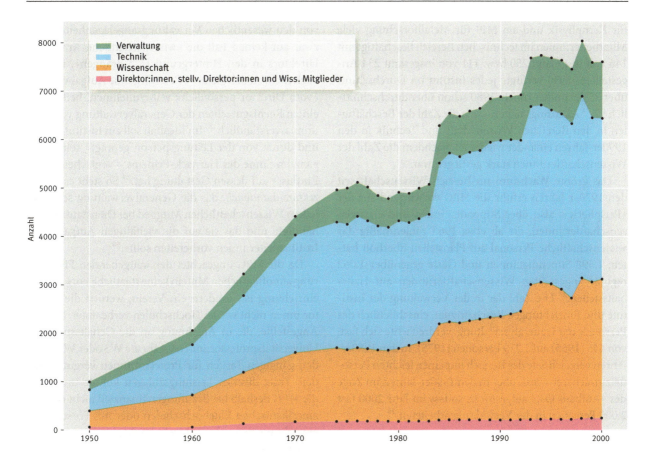

Abb. 41: MPG-Personal in Wissenschaft, Technik und Verwaltung (1950–2000). Wissenschaft umfasst alle wissenschaftlichen Beschäftigten auf Planstellen im Rahmen der Grundfinanzierung (institutionelle Förderung) inklusive Mittelbau; seit 1993 inkl. Personal aus der Projektförderung. Verwaltung umfasst alle Stellen der inneren Verwaltung, der Generalverwaltung und Institutsverwaltung. Nicht aufgeführt sind Arbeiter:innen, Auszubildende und Zeithilfen. – Quellen: Haushaltspläne 1990 u. 2000, AMPG, II. Abt., Rep. 69, Nr. 498; AMPG, II. Abt., Rep. 69, Nr. 23; AMPG, II. Abt., Rep. 69, Nr. 40; AMPG, II. Abt., Rep. 69, Nr. 45; AMPG, II. Abt., Rep. 69, Nr. 60; MPG-Zahlenspiegel 1974–1993, MPG in Zahlen 1994–1998; Zahlen und Daten. Facts and Figures 1998–2000. doi.org/10.25625/R64R8H.

damit verbundenen technischen Verfahren. Das wurde ab den 1970er-Jahren evident, als sich wissenschaftliche Karrieren in der MPG zunehmend flexibilisierten und die Fluktuationsraten im Wissenschaftsbereich stiegen. Die Techniker:innen besaßen in der Mehrzahl unbefristete Verträge, was sich auch in deren Verweildauer niederschlug, die 1990 durchschnittlich 13 Jahre betrug.[21] 1974 waren mehr als 86 Prozent des technischen Personals zehn Jahre und länger in der MPG beschäftigt, von den wissenschaftlichen Mitarbeiter:innen waren es nur gut 32 Prozent.[22] Umso wichtiger wurde das institutionalisierte Erfahrungs- und Prozesswissen des technischen Bereichs; die Vielfalt der dort zu erledigenden Aufgaben kann nur angedeutet werden: Sie erstreckten sich von der Vor- und Nachbereitung von Experimenten durch Laborkräfte und MTAs über die Tierpflege in den Ställen der biologischen Institute und das Sterilisieren der medizinischen Instrumente bis hin zur ingenieurswissenschaftlichen Expertise der Mechaniker:innen, die in der Wartung und Entwicklung optischer Geräte in astrophysikalischen Instituten arbeiteten.

Das quantitative Verhältnis zwischen technischen und wissenschaftlichen Mitarbeiter:innen unterschied sich sowohl in den Sektionen als auch von Institut zu Institut bzw. von Abteilung zu Abteilung. Die größte Zahl technischen Personals wies 1970 das MPI für Physik und Astrophysik mit insgesamt 202 Techniker:innen in vier Abteilungen auf, wovon allein die Abteilung Astrophysik 103 beschäftigte.[23] Zur selben Zeit waren auch am MPI

---

21 Entwicklung des Medianalters, AMPG, II. Abt., Rep. 1, Nr. 234, fol. 254 und Durchschnittsalter 1973, AMPG, II. Abt., Rep. 81, Nr. 51.
22 Max-Planck-Gesellschaft, *Zahlenspiegel 1974*, 1974, Abb. 7, Personalstatistik Allgemein, unpaginiert.
23 Haushaltsplan für das Rechnungsjahr 1970, AMPG, II. Abt., Rep. 69, Nr. 60.

für Kernphysik und am MPI für Metallforschung viele Mitarbeiter:innen im technischen Bereich beschäftigt mit 146 von insgesamt 250 bzw. 111 von insgesamt 234 Angestellten. 1950 verfügte jedes Institut im Durchschnitt über 35 Techniker:innen, 1980 schon über durchschnittlich 97.[24] Allerdings näherte sich die Zahl der Beschäftigten in den Bereichen Wissenschaft und Technik in den 1990er-Jahren einander wieder an, nachdem die Zahl der Wissenschaftler:innen stark gestiegen war.

Das größte Wachstum im Bereich Wissenschaft seit den 1970er-Jahren erfuhr die MPG vorwiegend aus der »Peripherie«, also über Stipendiat:innen und Gastwissenschaftler:innen, die ab etwa 1965 zahlenmäßig das wissenschaftliche Personal auf Planstellen überholt hatten: 1.598 Stipendiat:innen und Gäste gegenüber 1.062 regulär angestellten Wissenschaftler:innen auf Haushaltsstellen.[25] Die Zahl der in der Verwaltung der Institute und Einrichtungen Beschäftigten, einschließlich des Personals der Generalverwaltung, verdreifachte sich fast: von 445 (1965) auf 1.219 Personen (1975). In den 1980er-Jahren verzeichnete der Bereich nur einen leichten Personalzuwachs, er wurde aber in den 1990er-Jahren im Zuge des »Aufbaus Ost« aufgestockt, sodass im Jahr 2000 fast 2.000 Personen in der Verwaltung arbeiteten.[26]

5.2.2 Die Wissenschaftlichen Mitglieder

Die Wissenschaftlichen Mitglieder verantworten in ihrer Funktion als Direktor:innen bzw. Abteilungsleiter:innen die Forschungsprogrammatik der Institute und somit die inhaltliche Ausrichtung der MPG. Als »hochqualifizierte Gelehrte« sind die Wissenschaftlichen Mitglieder nicht nur die »Hauptträger der Forschungsarbeit der MPG«, sondern vertreten die MPG auch nach außen.[27]

Zugleich obliegen ihnen Aufgaben des administrativen Wissenschaftsmanagements. Die »Kenntnisnahme von den wesentlichen Verwaltungsangelegenheiten« soll zwar auf keinen Fall die »wissenschaftliche Arbeit des Direktors in den Hintergrund […] drängen«, ist aber auch nicht zu delegieren. »Grundlegende Aufgaben« sind »vom Direktor persönlich« wahrzunehmen, heißt es in einem Rechtsgutachten der Generalverwaltung von 1978 unmissverständlich.[28] Im Idealfall soll ein Institut »durch und durch von der Leitungsperson geprägt« sein, die – ganz im Sinne des Harnack-Prinzips – »entscheidenden Einfluss« auf dessen Gestaltung hat.[29] So steht es im *Direktorenhandbuch*, das die Generalverwaltung seit 1994 jedem Wissenschaftlichen Mitglied bei Dienstantritt aushändigte und das sie auf die vielfältigen Aufgaben als Institutsleiter:innen vorbereiten sollte.[30]

Da die MPG ungeachtet der weitgehenden Finanzierung aus öffentlichen Mitteln keine staatliche Forschungseinrichtung ist, sondern ein Verein, werden die Direktor:innen nicht wie an Hochschulen verbeamtet. Sie sind Angestellte, die in Anlehnung an die Gehaltsstufe von Universitätsprofessor:innen C4 (heute W3 oder W2) nach den gängigen Tarifen für Professor:innen vergütet werden. Trotz diverser Leistungszulagen konnte und kann die MPG deshalb bei Berufungen finanziell nicht mit US-amerikanischen Elitehochschulen oder mit Forschungseinrichtungen in der Schweiz konkurrieren. Die MPG punktete bei der Anwerbung von Spitzenforscher:innen mit der weitgehenden Autonomie für die Direktor:innen sowie der Befreiung von jeglicher Lehrverpflichtung. So wurde den zukünftigen Wissenschaftlichen Mitgliedern der größtmögliche wissenschaftliche und personelle Gestaltungsspielraum zugesichert, das heißt, sie entschieden über die Besetzung der offenen Stellen und die Verteilung des Haushalts auf die Abteilungen.[31] Hinzu kamen die für spezielle Forschungen notwendigen Apparaturen sowie angemessene Wohnmöglichkeiten.[32] Attraktiv war nicht zuletzt die Aussicht, Teil der Wissenschaftselite zu sein als Mitglied einer der erfolgreichsten Forschungs-

---

24 Haushaltsplan, 1950, AMPG, II. Abt., Rep. 69, Nr. 23 und Haushaltsplan 1980, AMPG, II. Abt, Rep. 69, Nr. 829.
25 AMPG, II. Abt., Rep. 67, Nr. 183 und AMPG, II. Abt., Rep. 69, Nr. 45.
26 Max-Planck-Gesellschaft, *Zahlenspiegel 1975*, 1975; Max-Planck-Gesellschaft, *Zahlenspiegel 1985*, 1985; Max-Planck-Gesellschaft, *Zahlenspiegel 1993*, 1993; Max-Planck-Gesellschaft, *MPG Zahlen und Daten 2000*, 2001.
27 Albrecht Zeuner, Rechtsgutachten über die Pflichten des Direktors eines Max-Planck-Instituts zur verwaltenden Leitung des Instituts und über die Aufgaben der Generalverwaltung, die Institutsleitung bei der Erfüllung ihrer Verwaltungsaufgaben«, undatiert, um 1978, AMPG, II. Abt., Rep. 1, Nr. 17, fol. 22.
28 Zitiert nach ebd.
29 Max-Planck-Gesellschaft, *Direktorenhandbuch*, 1994, 18.
30 Das Handbuch erschien im Jahr 2000 in 2. Auflage und ist seit 2004 auch auf Englisch erhältlich. Max-Planck-Gesellschaft, *Direktorenhandbuch*, 2000; Max-Planck-Gesellschaft, *Directors' Handbook*, 2004.
31 MPG und Referat für Organisationsberatung und zentrale Informationen, Max-Planck-Gesellschaft, *Direktorenhandbuch*, 1994, 18–19.
32 Protokoll der 97. Sitzung des Senates vom 21.11.1980 in München, AMPG, II. Abt., Rep. 60, Nr. 97.SP, fol. 97–98.

gesellschaften weltweit, betrachtet man wissenschaftliche Ehrungen wie etwa den Nobelpreis.[33] Zwischen 1948 und 2021 gingen insgesamt 20 Nobelpreise an Wissenschaftliche Mitglieder der MPG,[34] davon acht aus der Biologisch-Medizinischen Sektion (BMS) und 13 aus der Chemisch-Physikalisch-Technischen Sektion (CPTS).[35]

Das spezifische Berufungsverfahren der MPG unterschied sich in mehrfacher Hinsicht von solchen an deutschen Hochschulen. Die Auswahlverfahren an Universitäten waren stärker formalisiert und unterlagen vielfältigen Gremienentscheidungen, die auch andere Beschäftigtengruppen wie wissenschaftliche Mitarbeiter:innen oder Studierende in die Entscheidungen einbezogen.[36] Das MPG-Verfahren dagegen war weitaus weniger transparent und durch die überragende Position der Wissenschaftlichen Mitglieder in Sektion und Wissenschaftlichem Rat geprägt. Mitbestimmungsrechte des wissenschaftlichen Mittelbaus und Nachwuchses in Personalfragen – davon wird später noch ausführlich die Rede sein – gab es in einem eminenten Sinne nicht.[37]

In Übereinstimmung mit dem persönlichkeitszentrierten Harnack-Prinzip sollten die »besten Köpfe« für die MPG gewonnen werden und sich die Bestenauslese primär an wissenschaftlicher Exzellenz orientieren. Das ist in der Vergangenheit zweifellos erfolgreich praktiziert worden. Gleichwohl ist das auf dem Harnack-Prinzip basierende Berufungsverfahren schon verschiedentlich an immanente Grenzen gestoßen. Durch die Vergrößerung und Ausdifferenzierung der Institute hat sich bereits in den 1960er-Jahren zunehmend das Prinzip der kollegialen Leitung etabliert, das von der Vormachtstellung des *einen* Institutsdirektors abrückte, was das Harnack-Prinzip nicht ablöste, aber modifizierte.[38]

Dass die MPG-spezifische Doppelfunktion der Wissenschaftlichen Mitglieder als wissenschaftliche und administrative Leiter zu einem Zielkonflikt mit der erstrebten wissenschaftlichen Leistungsfähigkeit und den Anforderungen der Bestenauswahl führen könnte, darauf hat schon Renate Mayntz verwiesen, die dritte Wissenschaftlerin, die zum Wissenschaftlichen Mitglied und als Direktorin berufen wurde. Dabei ging es ihr etwa um Fragen der Integration von neuen Forschungsdisziplinen wie auch der Implementierung von Mitbestimmung und Chancengleichheit.[39] Die Kenntnis der administrativen und organisatorischen Besonderheiten der Forschungsgesellschaft, etwa hinsichtlich ihrer Finanzierung, begünstigten Hausberufungen gegenüber externen, gar ausländischen Bewerber:innen. Zugespitzt ausgedrückt konterkarierte ein im Harnack-Prinzip angelegtes Spannungsverhältnis die Gültigkeit des zentralen Kriteriums im Berufungsverfahren: wissenschaftliche Exzellenz.[40]

Ähnlich gelagert ist eine weitere Grenze des Harnack-Prinzips, die aber aus »guten« Gründen ein halbes Jahrhundert gar nicht als solche wahrgenommen wurde: die Geschlechterhierarchie. In der MPG herrschte lange Zeit die Überzeugung vor, dass Exzellenz und männliche Exklusivität Hand in Hand gingen, da Wissenschaftlerinnen dem geforderten hohen Qualifikationsstandard in der Regel angeblich nicht standhalten konnten. Herausragende wissenschaftliche Leistungen – und um allein das sollte es gehen – erforderten den kompletten Einsatz der betreffenden Person. Dazu seien Frauen aber schon deshalb nicht in der Lage, da sie sich auch um Haushalt und Familie zu kümmern hätten. Was heute wie ein reaktionärer Herrenwitz anmutet, war in der Bundesrepublik nicht nur gesellschaftliche Konvention, sondern bis 1977 auch

---

33 Zur hochpolitischen Bedeutung und patriarchalen Zuschreibung des Nobelpreises siehe Zuckerman, Werdegänge von Nobelpreisträgern, 1990; Zuckerman, *Scientific Elite*, 2018; Rossiter, Matthew Matilda Effect, 1993; Kerner (Hg.): *Madame Curie*, 1997, 9; Kolboske: *Hierarchien*, 2023; 305–313.

34 Gezählt wurden Nobelpreise der Wissenschaftlichen Mitglieder der MPG, die zu einem beliebigen Zeitpunkt ihrer Karriere den Nobelpreis erhielten, ungeachtet des Verleihungsdatums. 1991 teilten sich Erwin Neher aus der CPTS und Bernd Sakmann aus der BMS den Nobelpreis für Medizin.

35 Fünf spätere WM hatten ihre Nobelpreise bereits zu KWG-Zeiten erhalten; zehnmal ging die Ehrung an Auswärtige Wissenschaftliche Mitglieder (AWM) der MPG, drei Wissenschaftliche Mitglieder wurden quasi mit dem Nobelpreis »eingekauft«. Scholz unter Mitarbeit von Hannes Benne und Florian Kaiser, Übersicht zu Nobelpreisträger:innen, 13.4.2022, doi:10.25625/ZZMB1P.

36 Exemplarisch die Korrespondenz der Berufungskommission »Zukunft des Max-Planck-Instituts für Arbeitsphysiologie, Dortmund (Nachfolge Lehmann)«, 1967, besonders das Gutachten von G. Thews, 12.5.1967 und Weber an Butenandt, 26.5.1967, AMPG, II. Abt., Rep. 66, Nr. 320, fol. 52–54 u. fol. 64–68. – Zusammenfassung der Gutachten Nachfolge Lehmann, Weber an Butenandt, 26.5.1967, ebd., fol. 64–68.

37 Exemplarisch für eine Kritik daran siehe die im marxistischen Duktus verfasste Streitschrift von Jentsch, Kopka und Wülfing, Ideologie und Funktion, 1972, 476–503. Siehe auch Grossner, Aufstand der Forscher, *Die Zeit*, 18.6.1971; Urban: MPG in der Krise, *Süddeutsche Zeitung*, 28.6.1971, 4; Verhülsdonk, Max-Planck und der Nachwuchs, *Rheinischer Merkur*, 24.3.1972, 14.

38 Siehe oben, Kap. II.3.4.

39 Mayntz, *Forschungsmanagement*, 1985, 20–21.

40 Siehe oben, Kap. IV.4.3.

im Bürgerlichen Gesetzbuch verankert.⁴¹ Betrachtet man die Zahlen, so legt allein die Tatsache, dass in den ersten 50 Jahren ihres Bestehens in der MPG von den 691 berufenen Wissenschaftlichen Mitgliedern nur 13 Frauen waren, den Verdacht nahe, dass wissenschaftliche Exzellenz nicht das einzige Kriterium für diese Berufungen war.⁴²

Gelang es Frauen dennoch, die Vorwürfe von »Blaustrumpf« oder »Rabenmutter« zu ertragen und in die wissenschaftliche Elite aufzusteigen, so war ihre Diskriminierung oft noch nicht zu Ende. So hielt man in der MPG beispielsweise 20 Jahre lang daran fest, Frauen in Ausnahmefällen zwar zu Wissenschaftlichen Mitgliedern zu berufen, sie aber nicht zu Direktorinnen, sondern nur zu Abteilungsleiterinnen zu machen – und dergestalt die Wissenschaftlerinnen auf Abstand zu ihren Kollegen in der zweiten Reihe zu halten. Aber auch in den Berufungsverfahren von Wissenschaftlerinnen und den ihnen vorausgehenden Prozessen gab es gravierende Unterschiede, ganz gleich ob es um die bis zur Emeritierung von Margot Becke-Goehring verzögerte Zusage der Wissenschaftlichen Mitgliedschaft ging,⁴³ die Verschleppung des Berufungsverfahrens im Fall von Eleonore Trefftz⁴⁴ oder den Gender Pay Gap unter anderem bei Elisabeth Schiemann⁴⁵ und Anneliese Maier, die im Grunde genommen gar kein Budget hatten, sondern deren Finanzierung über jährlich zu beantragende und zu genehmigende »Forschungsbeihilfen« aus einem Sonderfonds erfolgen musste.⁴⁶ Selbst die spätere Nobelpreisträgerin Christiane Nüsslein-Volhard bekam zunächst nur ein Drittel der Ausstattung ihrer Kollegen.⁴⁷

Gehörten die Genannten immerhin zu den glücklichen 23 Wissenschaftlerinnen, die in den 57 Jahren des Untersuchungszeitraums berufen wurden,⁴⁸ gibt das gescheiterte Berufungsverfahren von Else Knake exemplarisch Aufschluss darüber, wie selbst überragenden Wissenschaftlerinnen der Zugang zum Kreis der Wissenschaftlichen Mitglieder verwehrt werden konnte. Zugleich dokumentiert es das informelle Netzwerk, das sich wiederholt als probat erwies, um diese erlesene Gemeinschaft exklusiv männlich zu halten.⁴⁹ Es ist belegt, dass Knake viele einflussreiche Fürsprecher hatte: die Präsidenten Otto Hahn und Adolf Butenandt, die sukzessiven Vorsitzenden der Biologisch-Medizinischen Sektion Boris Rajewsky, Hartmut Lehmann und Hans Bauer, Mitglieder der BMS wie Werner Koll und Gerhard Schramm, um nur die wichtigsten zu nennen. Dennoch wurde in ihrem Fall nicht im Sinne des Harnack-Prinzips auf Grundlage von Exzellenz entschieden: Nicht wissenschaftliche Faktoren, sondern Willkür und Hybris der Direktoren Otto Warburg und Hans Nachtsheim besiegelten ihren Ausschluss. Ignoriert wurden dabei die hervorragenden Fachgutachten, die Knake über Jahre hinweg immer wieder ausgestellt worden waren, ebenso wie die Befunde anderer Wissenschaftlicher Mitglieder, die deutlich der Auffassung Ausdruck verliehen, dass Knake »formal Unrecht geschehen« sei und »ihre wissenschaftlichen Leistungen nicht entsprechend gewürdigt worden« seien. Es gebe eine Verpflichtung der MPG Knake gegenüber, »einiges wieder gutzumachen«.⁵⁰ Doch als es darauf ankam, enthielten sich die Sektionsmitglieder ihrer Stimme – oder stimmten gegen Knake.⁵¹

Die historische Betrachtung des Harnack-Prinzips zeigt, dass diese Bestenauswahl eine Struktur ausbildete, die dem Direktor eine extrem machtvolle Position zusicherte. Durch dessen geschlechtsspezifische Exegese war es maßgeblich verantwortlich für die lange Persistenz

---

41 Kolboske, *Hierarchien*, 2023; 468–471.

42 Dazu ausführlich ebd., 155–349, hier insbesondere 314–336.

43 Zu den Berufungsverhandlungen Becke zur Direktorin des Gmelin-Instituts siehe die Protokolle der 79. Sitzung des Verwaltungsrates vom 18.10.1968 in München, AMPG, II. Abt., Rep. 61, Nr. 79.VP. sowie der 80. Sitzung des Verwaltungsrates vom 29.11.1968 in Dortmund, AMPG, II. Abt., Rep. 61, Nr. 80.VP.

44 Zur Begründung, warum Trefftz erst nach 23 Jahren berufen wurde, siehe Protokoll über die Sitzung der Kommission vom 3.6.1971 in Göttingen, AMPG, II. Abt., Rep. 67, Nr. 1448, fot. 14.

45 Beispielsweise AMPG, II. Abt., Rep. 66, Nr. 4885.

46 Personalakte Maier, AMPG, III. Abt., Rep. 67, Nr. 977.

47 Das geht aus den Unterlagen der Berufungskommission hervor: Berufung Nüsslein-Volhard, *Kommission MPI Biologie*, AMPG, II. Abt., Rep. 62, Nr. 927, fol. 7.

48 Nachdem in den ersten 50 Jahren insgesamt 13 weibliche Wissenschaftliche Mitglieder berufen worden waren, kamen in den folgenden sechs Jahren weitere acht hinzu, ein erster, wenn auch noch sehr bescheidener Erfolg des Minerva-Programms, von dem noch die Rede sein wird.

49 Carola Sachse hat die große Effizienz eines Teils dieses Netzwerks (»Tübinger Herren«) dargestellt, wenn es darum ging, einen der ihren, einen Geschlechtsgenossen, zu retten: Sachse, »Persilscheinkultur«, 2002.

50 Lehmann an Butenandt, 5.4.1960, AMPG, II. Abt., Rep. 62, Nr. 979, fol. 126.

51 Protokoll der Sitzung der Biologisch-Medizinischen Sektion des Wissenschaftlichen Rates der MPG am 5.6.1961 in Berlin, AMPG, II. Abt., Rep. 62, Nr. 1573, fol. 23.

5. Personalstruktur im Wandel

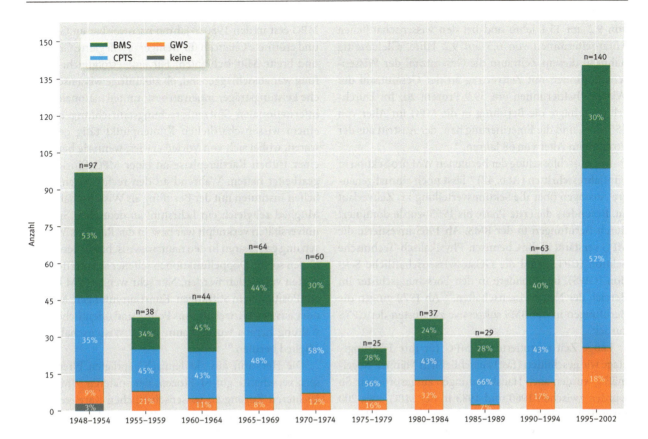

Abb. 42: **Berufungen zum Wissenschaftlichen Mitglied der MPG nach Sektionen (1948–2002).** Angaben in Fünf-Jahres-Schritten. – Quelle: Biografische Datenbank des GMPG, Stand 5.4.2022. Siehe auch Juliane Scholz: BioDB Dossier – Abschnitt Neuberufene. Unter Mitarbeit von Aron Marquart, Robert Egel und Florian Kaiser. Göttingen Research Online/Data 2023. doi: 10.25625/X9LXH3.

einer patriarchalen Wissenschaftsstruktur in der MPG. Nicht allein Qualität und Qualifikation der Kandidat:innen zählte, sondern auch das Geschlecht. Was im Widerspruch zum Grundverständnis des Harnack-Prinzips steht, bei dem es ganz geschlechtsneutral darum geht, die »besten Köpfe« und nicht die besten Männer zu versammeln.[52]

Die Anzahl der aktiven Wissenschaftlichen Mitglieder stieg von weniger als 50 im Jahr der MPG-Gründung 1948 auf über 300 im Jahr 2000, aber der Zuwachs erfolgte nicht gleichmäßig, nicht einmal kontinuierlich. Besonders zwischen 1955 und 1960 sowie zwischen 1995 und 2000 verzeichneten die Leitungspositionen immense Zuwächse, was mit der Neugründung von Instituten und dem generellen Wachstum der MPG korrespondierte. In den 1970er-Jahren stagnierten die Berufungszahlen und zwischen 1982 und 1987 übertraf die Zahl der Ausgeschiedenen. Mit dem Engagement der MPG in Ostdeutschland nach der Wiedervereinigung stiegen die Berufungszahlen wieder an. Seit Mitte der 2000er-Jahre – nach dem erfolgten »Aufbau Ost« – waren sie dann wieder leicht rückläufig.

Ein Generationenwechsel[53] im Bereich Wissenschaft war ab Ende der 1980er-Jahre abzulesen: Die MPG erwartete zwischen 1988 und 2000 insgesamt 120 Emeritierungen von Direktor:innen, das waren durchschnittlich 9,2 Abgänge pro Jahr und damit ein personeller Austausch der Spitze. Aber auch ein beträchtlicher Teil der festangestellten wissenschaftlichen Mitarbeiter:innen erreichte ab Ende der 1990er-Jahre die Altersgrenze und ging in Rente; dazu kam die hohe Fluktuationsrate durch Zeitverträge und damit ein beschleunigter Personalaustausch auf allen Ebenen, der bis etwa 2005 anhielt.[54]

Für die aktiven Wissenschaftlichen Mitglieder zwischen 1972 und 1984 stieg die Verweildauer in der Max-Planck-Gesellschaft von 14,4 auf 15,9 Jahre, im Mittelbau

---

52 Ausführlich dazu Kolboske, *Hierarchien*, 2023, 174–182.
53 Siehe oben, Kap. II.1, Abb. 1.
54 Erreichen der Altersgrenze Wissenschaftliche Mitarbeiter und Emeritierungen 1988–2000, AMPG, II. Abt., Nr. 234, fol. 203–204.

von 9,2 auf 13,1 Jahre und bei den wissenschaftlichen Mitarbeiter:innen von 6,5 auf 9,2 Jahre. Gleichzeitig nahm in diesem Zeitraum die Gesamtzahl der Wissenschaftler:innen mit Zeitvertrag an der Gesamtzahl der Wissenschaftler:innen um 59,9 Prozent zu. Im Durchschnitt erfolgte die Berufung in die MPG im Alter von 45 Jahren und die Emeritierung bzw. der Austritt aus der Position im Alter von 68 Jahren.[55]

Die Aufschlüsselung der berufenen WM pro Sektion in Fünfjahresschritten (Abb. 42)[56] lässt noch einmal genauere Aussagen über die Sektionsverteilung im Zeitverlauf zu. Besonders die erste Phase bis 1955 wurde dominiert durch Berufungen in der BMS. Ab 1965 investierte die MPG verstärkt in die Chemisch-Physikalisch-Technische Sektion (CPTS) und die Geisteswissenschaftliche Sektion (GWS), insbesondere in den Forschungscluster im Bereich der Neurowissenschaften.[57] Ab 1970 gingen die Berufungen in der BMS sukzessive zugunsten der CPTS zurück.

Lange Zeit rekrutierte die MPG für ihre Führungsetage wie geschildert (fast) ausschließlich Männer. Regelmäßig wurden auch Hausberufungen ausgesprochen: So wurden zwischen 1960 und 1983 in der MPG etwa 200 inländische Berufungen angenommen, davon 93 Hausberufungen, bei insgesamt 27 Rufablehnungen. Im selben Zeitraum wurden 43 ausländische Berufungen angenommen und von diesen insgesamt 23 Rufe abgelehnt.[58] Im Laufe der 1970er-Jahre wurden externe ausländische Berufungen häufiger, vor allem aus den USA.[59] Allerdings wurde dabei vorwiegend Personal aus den westlichen Industrienationen rekrutiert, kaum aus dem globalen Süden, was sich bis heute wenig verändert hat. Auch die engen Kooperationen mit China seit den 1970er-Jahren und der Zusammenbruch der Sowjetunion führten nicht zu häufigeren Rekrutierungen aus Asien.[60]

Die wirkmächtige Bindung deutscher Wissenschaftslaufbahnen an eine gehobene bildungsbürgerliche und vor allem privilegierte Herkunft aus akademischen Elternhäusern der gehobenen Mittel- und Oberschicht ließ sich auch für die WM nachweisen. Diese verlor in der MPG erst in den 1980er-Jahren nachweisbar an Gewicht und eröffnete Chancen für weniger privilegierte Gruppen und breite Mittelschichten. Für eine erfolgreiche Berufung war ausschlaggebend, ob zukünftige wissenschaftliche Leistungsträger:innen an bestimmten nationalen und internationalen Spitzenforschungseinrichtungen oder einem wissenschaftlichen Knotenpunkt tätig gewesen waren, wobei sich von Vorteil erwies, wenn sie bereits in einer frühen Karrierephase an einer MPG-Einrichtung gearbeitet hatten. Während an den rechtswissenschaftlichen Instituten mit der Berufung als Wissenschaftliches Mitglied zeitgleich ein Lehrstuhl an deutschen Spitzenuniversitäten verknüpft war bzw. in der Regel als Voraussetzung galt, waren in den naturwissenschaftlichen Disziplinen solche Doppelfunktionen seltener anzutreffen und sollten vermieden werden. Nur sehr wenige WM kamen aus Positionen in Stiftungen, Kunstsammlungen, Museen oder aus der Wirtschaft. Aus Politik und öffentlicher Verwaltung heraus wurde kaum je ein Wissenschaftliches Miglied berufen.[61]

Die Herkunft aus akademisch geprägten Elternhäusern verschaffte gut 61 Prozent der späteren WM einen leichteren Zugang zu wissenschaftlichen Karrieren und den damit verbundenen habituellen Anforderungen. Professorenkinder wie beispielsweise Ernst August Friedrich Ruska, Heinz Maier-Leibniz oder Feodor Lynen profitierten seit Kindertagen von der Nähe zum akademischen Feld.[62] Diese akademische Sozialisation förderte dabei spezifisch bildungsbürgerliche Werte der oberen Mittel- und der Oberschicht. Ebenso gab es unter den Wissenschaftlichen Mitgliedern der ersten Generationen, die die MPG bis in die 1970er-Jahre prägten, eine Nähe zu mittleren und hohen Beamtenlaufbahnen und Lehrberufen. Dazu kamen jene WM, die besonders in der Expansionsphase in die MPG berufen wurden und deren Väter bereits in wirtschaftlichen Leitungspositionen, als höhere Beamte oder in freien Berufen – beispielsweise als Rechtsanwälte – tätig waren, wie etwa der Vater des Kernphysikers Wolfgang Gentner, der eine Fabrik leitete. Erst in den 1990er-Jahren wandelte sich das Bild und die

---

55 Verweildauer und Zeitverträge, AMPG, II. Abt., Rep. 1, Nr. 234, Mappe 1, fol. 209–220.
56 Scholz unter Mitarbeit von Aron Marquart, Robert Egel und Florian Kaiser, BioDB Dossier – Abschnitt Neuberufene, 2023. doi:10.25625/X9LXH3.
57 Siehe oben, Kap. III.11.
58 Berufungen In- und Ausland, Erfolgsquote, AMPG, II. Abt., Rep. 1, Nr. 234, fol. 138–141.
59 Hausberufungen, Rufablehnungen und Berufungen Erfolgsquote, AMPG, II. Abt., Rep. 1, Nr. 234, fol. 142–143.
60 Berufungen In- und Ausland, Erfolgsquote, AMPG, II. Abt., Rep. 1, Nr. 234, fol. 138–141; Berufungen im Jahresdurchschnitt, AMPG, II. Abt., Rep. 1, Nr. 234, fol. 145–146.
61 Scholz unter Mitarbeit von Hannes Benne, Robert Egel und Florian Kaiser, Soziale Herkunft der Wissenschaftlichen Mitglieder, 2023, doi:10.25625/T95K3E.
62 Scholz unter Mitarbeit von Hannes Benne und Robert Egel, Soziale Herkunft der Nobelpreisträger, 2023. doi:10.25625/2KT8TB.

MPG berief vermehrt Wissenschaftliche Mitglieder, die aus nichtakademischen Haushalten stammten.[63]

Betrachtet man die *Altersstruktur* der WM und vergleicht diese mit Universitätsprofessoren in der Bundesrepublik, stellt man folgende Unterschiede fest: Zwischen 1977 und 2005[64] gehörten die Hochschulprofessor:innen insgesamt öfter jüngeren Altersgruppen an – insbesondere in den Altersgruppen 35 bis 39 und 40 bis 44 Jahre waren sie viel häufiger vertreten als die WM. Diese Entwicklung konnte Ende der 1990er-Jahre durch die vielen Neuberufungen nur verlangsamt, allerdings nicht grundsätzlich gestoppt werden.[65] Trotz des gestiegenen Anteils externer ausländischer Berufungen in den 1990er-Jahren und den bis heute weiterhin niedrigen Anteilen weiblicher Wissenschaftlicher Mitglieder hinterfragte die MPG-Leitung den Grundgedanken und die strukturellen Ungleichheiten der Leistungsauslese lange Zeit nicht substanziell. Vielmehr verlegte sie sich auf die Förderung des hauseigenen Nachwuchses, beispielsweise durch die Etablierung von Nachwuchsforschungsgruppen seit Ende der 1960er-Jahre und seit 2000 mit den strukturierten Doktorandenförderprogrammen (den International Max Planck Research Schools – IMPRS) sowie auf familienpolitische Maßnahmen zur Förderung des Frauenanteils in der Wissenschaft, wovon noch ausführlich die Rede sein wird.

5.2.3 Wissenschaftlicher Nachwuchs und Befristungen

Der wissenschaftliche Nachwuchs, der in den 1970er-Jahren noch unter der Bezeichnung Stipendiat:innen und Gastwissenschaftler:innen firmierte, war in Zeiten der Stagflation und des personellen Nullwachstums der 1980er-Jahre[66] zu einer wichtigen Beschäftigtengruppe der MPG geworden. Zwischen 1970 und 1999 hat sich die Zahl der Stipendiat:innen und Gastwissenschaftler:innen in der MPG fast vervierfacht – von 1.800 auf 6.908 Personen.[67] Um den personellen Wandel in den Arbeitsbeziehungen der Beschäftigtengruppen nachzuvollziehen, ist es sinnvoll, auch die recht heterogen zusammengesetzte Gruppe des wissenschaftlichen Nachwuchses einzubeziehen, die besonders von Zeitverträgen betroffen war. Für viele war die MPG nur eine von verschiedenen Stationen ihrer akademischen Karriere, für die Generalverwaltung galten sie, wie auch die aus Projektfördermitteln bezahlten Beschäftigten, nicht als Arbeitnehmer:innen im Sinne des Betriebsverfassungsgesetzes.[68]

Wie erwähnt hatte die Anzahl der Stipendiat:innen und wissenschaftlichen Gäste die der Wissenschaftler:innen auf Planstellen bereits Mitte der 1960er-Jahre überholt. Dieser Trend setzte sich im folgenden Jahrzehnt für die Stipendiat:innen fort, die Ende der 1970er-Jahre zum eigentlichen Wachstumsträger im Wissenschaftsbereich avancierten und damit einen wichtigen Beitrag zur personellen Erneuerung der MPG leisteten. Die Zahl der Nachwuchswissenschaftler:innen verdoppelte sich zwischen 1972 und 1989 fast von 2.045 auf 3.734 Personen. Demgegenüber wurden im Zeitraum von 1974 bis 1989 nur insgesamt 519 neue Planstellen (exklusive der noch zu vernachlässigenden Projektförderung) im Wissenschaftsbereich neu geschaffen (von 1.802 auf 2.321), die übrigen Neubesetzungen resultierten aus einem Stellenkarussell aus Umwidmungen, um Personalstellen für neue Institute bereitzustellen.[69] Die frühen 1990er-Jahre waren dann durch ein überdurchschnittliches Wachstum im Drittmittelbereich und bei den befristeten Nachwuchskräften gekennzeichnet. Im Jahr 2000 lag die Zahl der Stipendiat:innen mit 7.648 Personen etwa dreimal so hoch wie die der Wissenschaftler:innen auf Planstellen (2.528) und der bereits signifikant gewachsenen Gruppe der aus Projektförderung finanzierten Wissenschaftler:innen (insgesamt 530 Personen).[70]

Viele Dissertationen und Habilitationsschriften entstanden inhaltlich an Max-Planck-Instituten und wurden dann formal an Universitäten verteidigt. Auf Grundlage der ersten MPG-weiten Erhebung von Qualifizierungsarbeiten an den Instituten lässt sich ableiten, dass zwischen 1972 und 1986 an den MPI 3.452 Dissertationen

---

63 Scholz, Soziale Herkunft der Wissenschaftlichen Mitglieder, 2023. doi:10.25625/T95K3E.
64 Ein Vergleich vor 1977 war wegen fehlender Daten nicht möglich.
65 Der Altersstrukturvergleich basiert auf Auswertungen zu den WM mithilfe von Lundgreen, *Datenhandbuch*, 2009; Daten entnommen aus Lundgreen, Schwibbe und Schallmann, *Personal an den Hochschulen*; siehe auch Scholz unter Mitarbeit von Hannes Benne und Robert Egel, Vergleich der Altersstruktur von Professor:innen, 2023. doi:10.25625/1JBWXA.
66 Siehe Kap. II.4.5.
67 Max-Planck-Gesellschaft, Tätigkeitsbericht MPG, 1972, 534–645, 534; Max-Planck-Gesellschaft, *Zahlen und Daten 2000*, 2001, 14.
68 Gieren, Wichtige Betriebsvereinbarung unterschriftsreif, 1975, 22–24.
69 Max-Planck-Gesellschaft, *Zahlenspiegel 1989*, 1989, 7; Max-Planck-Gesellschaft, *Zahlenspiegel 1974*, 1974, 2.
70 Max-Planck-Gesellschaft, *Zahlen und Daten 1999*, 2000, 18.

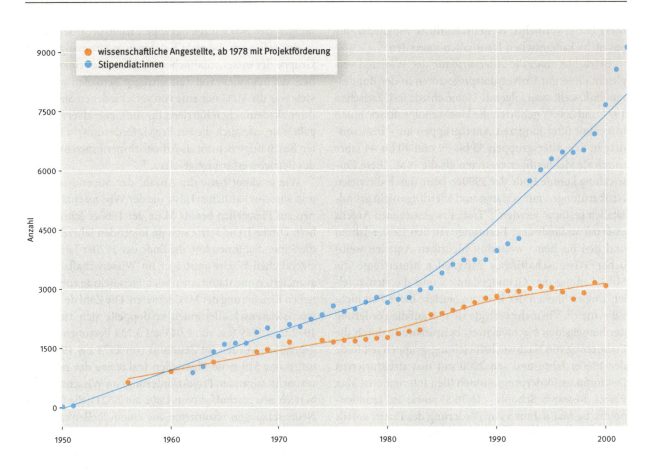

Abb. 43: Stipendiat:innen und wissenschaftliche Angestellte (1955–2000). Nur Wissenschaftler:innen unterhalb des Leitungspersonals (exklusive Mittelbau); ab 1978 mit Projektförderung. – Quellen: Max-Planck-Gesellschaft, Zahlenspiegel 1972–1993; Max-Planck-Gesellschaft, MPG in Zahlen 1994–1998; Max-Planck-Gesellschaft, Zahlen und Daten 2000, 2001. doi.org/10.25625/3LQPRM.

verfasst worden sind, darüber hinaus zahlreiche Diplomarbeiten (etwa 100 pro Jahr).[71] Obwohl die MPG-Wissenschaftler:innen offiziell keine Lehrverpflichtungen besaßen und die Forschungsgesellschaft keine Qualifizierungsverfahren wie die Universitäten durchführen konnte, wurden im Laufe der 1970er-Jahre zwischen 14 und 25 Habilitationsschriften pro Jahr an Max-Planck-Instituten verfasst. Damit leistete der wissenschaftliche Nachwuchs nicht nur einen gewichtigen Beitrag zum Erkenntnisfortschritt, sondern erhöhte auch die Zahl der Veröffentlichungen der Institute.[72] Die Mehrheit der Nachwuchswissenschaftler:innen war in den Naturwissenschaften tätig, fast die Hälfte widmete sich der Physik, ein nicht geringer Teil der Chemie und Biologie. Dem folgten Rechtswissenschaften, Medizin, Geistes- und Ingenieurswissenschaften.[73]

Ungeachtet ihrer unterschiedlichen Positionen waren den Stipendiat:innen und Gastwissenschaftler:innen die üblicherweise kurzen Aufenthalte an den Instituten und die Ausstattung mit Zeitverträgen gemein. Eine eigens eingerichtete Doktorandenvertretung aus Reihen des Gesamtbetriebsrats repräsentierte ab 1970 die Gruppe und kritisierte vor allem die arbeitsrechtliche Ungleichbehandlung und die unsichere Beschäftigungssituation des Nachwuchses. Die Kluft zwischen befristetet beschäftigten Nachwuchswissenschaftler:innen und unbefristeten, meist älteren Forscher:innen vertiefte sich nach 1989/90 noch einmal erheblich. Allerdings stieg ab Beginn der 1980er-Jahre auch der Anteil der Zeitverträge bei neu eingestellten Wissenschaftler:innen auf Planstellen mit Vertrag nach BAT. Waren es bis 1985 bereits 27 Prozent, so kletterte ihr Anteil bei Neueinstellungen fünf Jahre

---

71 Siehe Übersichten zu Qualifizierungsarbeiten in der MPG, AMPG, II. Abt., Rep. 1, Nr. 234, fol. 254–295.
72 Dissertationen, AMPG, II. Abt., Rep. 1, Nr. 234, fol. 287.
73 Max-Planck-Gesellschaft, *Zahlenspiegel 1987*, 1987, 37–46.

5. Personalstruktur im Wandel

später gar auf 38,5 und 1995 auf 47,3 Prozent.[74] Frauen waren von Befristungen besonders stark betroffen. 1986 waren nur 5 Prozent der Stellen im akademischen Mittelbau mit Frauen besetzt und nur 3,7 Prozent davon entfristet. Nur 11 Prozent des Personals im gesamten Wissenschaftsbereich waren weiblich. Die Sektionen wiesen ganz unterschiedliche Frauenanteile auf: In der GWS waren 19,7 Prozent, in der CPTS 5,6 Prozent und in der BMS 17,8 Prozent des Wissenschaftspersonals weiblich.[75]

Hintergrund für diesen massiven Befristungsanstieg war nicht nur das für Angestellte vorteilhafte Kündigungsschutzgesetz von 1951 und die Einführung des BAT beim wissenschaftlichen Stammpersonal der MPG, sondern die Verquickung dieser rechtlichen Rahmenbedingungen mit der Angst vor einer drohenden »Überalterung« des Wissenschaftspersonals.[76] Man fürchtete aufgrund der Stagflation und eines personellen Nullwachstums, das seit 1975 kaum mehr neue Planstellen hervorgebracht hatte, dem Anspruch der MPG nicht mehr gerecht zu werden, durch Neuberufungen, Umwidmungen, Schließungen und Neugründungen von Instituten ihr wissenschaftliches Profil flexibel erneuern zu können. Beispielsweise war die durchschnittliche Beschäftigungszeit der wissenschaftlichen Mitarbeiter:innen von 6,3 Jahren im Jahr 1974 auf mehr als elf Jahren 1988 gestiegen.[77] Dazu kam das von der neuen CDU-geführten Bundesregierung geschaffene neoliberale Klima, die Zuschreibung von unternehmerischen und wirtschaftlichen Kennzahlen sowie Leistungskriterien für öffentliche Forschungsorganisationen.[78]

Ein Resultat dieser Entwicklungen war die 1984 verabschiedete zweite reformierte Zeitvertragsrichtlinie in der MPG.[79] Ab 1986 galten die »Richtlinien für den Abschluß befristeter Arbeitsverträge mit wissenschaftlichen Mitarbeitern der MPG nach den §§ 57a ff. des Hochschulrahmengesetzes (HRG)« in der gesamten MPG. Der ab 1984 amtierende Präsident Heinz A. Staab hielt eine Befristungsquote von 25 bis 30 Prozent des Stammpersonals für vertretbar und strebte eine initiale Vergabe von Zweijahresverträgen für Wissenschaftler:innen auf Planstellen an. So sollten drohende Abteilungs- und Institutsschließungen abgewendet werden und die MPG hinsichtlich der Forschung die inhaltliche Autorität und die personelle Flexibilität bewahren. Betriebsräte und Mitarbeiter:innen verwiesen jedoch darauf, dass die reale Zeitvertragsquote an den Instituten bereits durchschnittlich 50 bis 60 Prozent betrage, rechnete man Drittmittelbeschäftigte und Stipendiat:innen zu den BAT-Beschäftigten hinzu.[80] Doch das focht die MPG-Leitung nicht an – auch nicht, als 1994 die zulässige gesetzliche Höchstbefristungsdauer von sieben Jahren zu einem geringen Teil (1 %) und die Altersgrenze von 35 Jahren in erheblichem Umfang (mehr als 42 % der Zeitvertragsinhaber:innen) überschritten wurden.[81]

Die Wiedervereinigung beschleunigte den Trend zu Befristungen, der nun auch auf andere Beschäftigungsgruppen übergriff. Dass die Zahlen zuerst noch nicht besorgniserregend hoch ausfielen, lag auch an den 1995 nochmals von der MPG veränderten Erhebungsgrundlagen für Zeitverträge: Die Verträge der Beschäftigten im Rahmen der Projektförderung (Drittmittel), die allesamt befristet waren, wurden getrennt erhoben und damit die Zeitvertragsquote nur auf das Stammpersonal auf Planstellen bezogen und damit künstlich verkleinert.[82]

Zugespitzt formuliert näherte sich mit den zunehmenden Befristungen bei Neueinstellungen das eigene wissenschaftliche Stammpersonal im Hinblick auf die berufliche und finanzielle Absicherung immer weiter der prekären Situation von Stipendiat:innen und Nachwuchsforscher:innen an. Große Teile des Wissenschaftspersonals auf unterschiedlichen Karrierestufen erhielten nun Zeitverträge. Unangetastet von diesem personellen Strukturwandel blieb die faktische Lebenszeitstellung der Direktor:innen und Abteilungsleiter:innen (C4/W3). Selbst der in der MPG zahlenmäßig ohnehin überschaubare akademische Mittelbau und das Leitungspersonal unterhalb von C4/W3-Stellen wurde mittlerweile befristet, das heißt, die Nachwuchs- und Forschungsgruppen-

---

74 Max-Planck-Gesellschaft, *MPG in Zahlen 1994*, 1994, V.
75 Wissenschaftlerinnen in der MPG, 22.1.1987, AMPG, II. Abt., Rep. 1, Nr. 234, fol. 315.
76 Auszug Tagesordnung und Sitzung BMWF zur »ungünstigen Altersentwicklung« 1967, AMPG, II. Abt., Rep. 67, Nr. 177, fol. 326–328.
77 Entwicklung der durchschnittlichen Beschäftigungszeit, AMPG, II. Abt., Rep. 1, Nr. 234, fol. 229.
78 Leendertz, Macht, 2022, 235–271.
79 Lüst, Rundschreiben Nr. 24/1984, Neufassung Zeitvertragsgrundsätze 18.4.1984, DA GMPG, BC 105520, fot. 289–290.
80 Protokoll des Gesprächs mit Vertretern des Gesamtbetriebsrats über Zeitverträge mit wissenschaftlichen Mitarbeitern vom 19. November 1985 in der Generalverwaltung, 6.12.1985, DA GMPG, BC 105520, fot. 17–25. – Nicht nur die Betriebsräte übten Kritik an den um sich greifenden Befristungen. Zankl, Probleme, 1973, 19–20; Zierold, Forschung auf Zeit, 1978; Hartung, Mehr Zeitverträge, 1986, 41–43; Zierold, Unkenntnis oder Augenwischerei, 1982. – Die Präsidentenkommission für Zeitvertragsfragen und die Generalverwaltung hatten mögliche Negativfolgen der Entwicklung bereits ausführlich ab 1970 diskutiert. Kneser, Mögliche Gründe für und gegen Zeitverträge, 8.10.1973, AMPG, II. Abt., Rep. 57, Nr. 439, fol. 2–3.
81 Max-Planck-Gesellschaft, *MPG in Zahlen 1994*, 1994, V.
82 Max-Planck-Gesellschaft, *MPG in Zahlen 1995*, 1995, 14.

leiter:innen fanden sich ebenfalls zunehmend in temporären und damit unsichereren Arbeitsverhältnissen wieder.[83] Insofern hatte sich die Schere von unbefristeten und befristeten Anstellungsverhältnissen in der MPG ab Mitte der 1980er-Jahren massiv geöffnet und erfasste neben den Wissenschaftler:innen auch die Verwaltungsmitarbeiter:innen oder Techniker:innen.

Mit den Befristungen verfolgte die MPG eine langfristige Personalplanung,[84] die im Grunde von einer stetigen Fluktuation junger Wissenschaftler:innen und damit auch von einem ständigen Zufluss neuer Ideen ausging und die nur sehr wenige – etwa 10 Prozent davon – in Zukunft in feste Arbeitsverhältnisse bringen sollte.[85] Lüst und stärker noch Staab argumentierten mit dem Erhalt der wissenschaftlichen Leistungsfähigkeit der Institute und einer zu erwartenden Mobilität, die im Idealfall zu einem Ideentransfer und einer thematischen Offenheit der Institute führen würde.[86] Zur Folge hatte es eine rapide steigende Fluktuationsrate im Wissenschaftsbereich von 8 Prozent 1987 auf 35 Prozent im Jahr 2000.[87] Hatten an den Universitäten zunächst eine hohe Verbeamtungsquote von rund 46 Prozent und ein quantitativ großer akademischer Mittelbau dafür gesorgt, dass es dort vergleichsweise wenige Verträge auf Stipendien- oder Honorarbasis gab (10 %), so ist heute das MPG-weite und dort früh erprobte Befristungsmodell im Rahmen des 2016 eingeführten Wissenschaftszeitvertragsgesetzes auch in den Hochschulen verankert und bestimmt dort die Arbeitswirklichkeit der überwiegenden Mehrheit von Wissenschaftler:innen.[88]

5.2.4 Nichtwissenschaftliches Personal: Sekretärinnen

Die erste statistische Erhebung zu den Mitarbeiter:innen der MPG wies im *Zahlenspiegel* von 1974 insgesamt 6.954 Beschäftigte aus, von denen 2.837 (= 43 Prozent) weiblich und 3.757 männlich waren.[89] Diese Statistik thematisierte erstmals und – lange Zeit auch letztmalig – die *geschlechtsspezifische* Verteilung der Beschäftigten. Es überrascht nicht, dass die Mehrheit der weiblichen Beschäftigten dem Verwaltungs- und Reinigungspersonal angehörte.[90] Daran änderte sich in den folgenden Jahrzehnten wenig: Noch 1991 wurden deutlich mehr Frauen als Sekretärinnen und Schreibkräfte neu eingestellt, Männer dagegen häufiger als Projektmitarbeiter sowohl für die IT als auch im allgemeinen und technischen Dienst.[91] Granulare Angaben zu den nichtwissenschaftlichen Angestellten, die konkrete Anhaltspunkte zur Anzahl der an den aktuell 86 Max-Planck-Instituten und ihrer Verwaltungszentrale beschäftigten Sekretärinnen hätten geben können, gibt es bis heute nicht – ein bemerkenswerter Befund, der viel über das fehlende Prestige dieser zentralen Position aussagt. Grund dafür sei, so 2019 die Auskunft der Personalabteilung der Generalverwaltung, dass es das »umfassende und vielfältige Tätigkeitsfeld« der Sekretärinnen nicht erlaube, die Zahl in diesem Bereich tätigen Personen statistisch zu erfassen, zumal die Gehaltsstufen in dieser Beschäftigtengruppe außerordentlich variierten. Das heißt, Sekretärinnen werden als nichtwissenschaftliches Personal unter Verwaltung subsumiert, ohne je eigens ausgewiesen zu werden.[92]

Die Komplexität und Vielfalt der Sekretariatsarbeit ist kein neuartiges Phänomen. Schon 1967 hatte man sich

---

83 Max-Planck-Gesellschaft, *MPG in Zahlen 1994*, 1994, V.
84 Protokoll des Gesprächs mit Vertretern des Gesamtbetriebsrats über Zeitverträge mit wissenschaftlichen Mitarbeitern am 19. November 1985 in der Generalverwaltung, 6.12.1985, DA GMPG, BC 105520, fot. 17–25.
85 Leendertz und Schlimm, Flexible Dienstleister, *Frankfurter Allgemeine Zeitung*, 21.3.2018, N4.
86 Leendertz, *Wissenschaftler auf Zeit*, 2020, 7.
87 Schott-Stettner, *MPG Personalstatistik 2000*, 2000, 7 und Vermerk Roeske, Einweisung von Mitarbeitern, 25.11.1987, AMPG, II. Abt., Rep. 1, Nr. 234, fol. 114–117.
88 Laak, Befristete Arbeitsverträge, 13.7.2018; Jan-Martin Wiarda, Dauerstellen, 7.3.2019; Stefan Keilmann, »Menschen- und wissenschaftsfeindlich«, 24.6.2021.
89 Max-Planck-Gesellschaft, *Zahlenspiegel 1974*, 1974, 2. Das Verhältnis ist bis heute in etwa gleichgeblieben. Zum 31. Dezember 2020 lag der Anteil der weiblichen Beschäftigten bei 44,5 Prozent. Max-Planck-Gesellschaft, Zahlen & Fakten, 2021.
90 Die genaue Verteilung nach Frauen (F) und Männern (M) stellte sich wie folgt dar: Wissenschaftliche Mitglieder 0,1 % F | 4,5 % M; Mittelbau 0.1 % F | 4,2 % M; wissenschaftliche Assistenz 6 % F | 31,7 % M; technisches Personal 40,3 % F | 38,6 % M; Verwaltung 15,3 % F | 6,3 % M; sonstige Dienste 16 % F | 1,2 % M; Facharbeit 0,2 % F | 10,5 % M; Arbeiter:innen 5,6 % F | 2,9 % M; Reinigungspersonal: 16,4 % F | 0,1 % M. Siehe auch Kolboske, *Hierarchien*, 2023, 373–380.
91 Siehe die Rekrutierungsmodalitäten und Stellenneubesetzungen in der MPG nach Art der Stelle und Geschlecht, insbesondere die Tabellen 4.28–4.30, die Munz auf Grundlage ihrer eigenen Erhebung erstellte, Munz, *Beschäftigungssituation*, 1993, 116–118. – Zum Stand 2005 siehe 2.1/S.7.
92 E-Mail von Dieter Weichmann, Referat II d, PVS, Personalstatistik, IT-Mitbestimmung, Sozial- und Personenversicherungen, an Kolboske vom 27. Januar 2020.

5. Personalstruktur im Wandel

Vergütungsgruppen 1967	Eingruppierung 2007
Sekretärin – VIII BAT (Eingangsgruppe)	E 4
Tätigkeitsmerkmale für Angestellte im Schreibdienst (z. B. 150 Silben Stenogramm/Minute aufnehmen) ® besteht heute nicht mehr, da sich die Tätigkeit in den Vorzimmern immer mehr zu einer Assistenztätigkeit entwickelt hat	
Sekretärin – VII BAT (erste Beförderungsstufe)	E 8 (Fremdsprachensekretärinnen)
übt in einer fremden Sprache geläufig Sekretariats- und Bürotätigkeiten aus	
Sachbearbeiterin/Fremdsprachliche Sekretärin – VIb BAT (zweite Beförderungsstufe)	E 9a (Fremdsprachensekretärinnen)
übt in zwei fremden Sprache geläufig Sekretariats- und Bürotätigkeiten aus	
Sachbearbeiterin/Fremdsprachliche Sekretärin – Vb BAT (dritte Beförderungsstufe)	E 9b (Fremdsprachensekretärinnen)
übt in mehr als zwei fremden Sprachen geläufig Sekretariats- und Bürotätigkeiten sowie Tätigkeiten aus, die gründliche, umfassende Fachkenntnisse und überwiegend selbstständige Leistungen erfordern; heute: Bachelorniveau	
Technische Assistentin – IVb BAT (vierte Beförderungsstufe)	E 10
übt »eine besonders wertvolle Tätigkeit aus«; wissenschaftliche Assistentin ohne abgeschlossene Hochschulbildung an Hochschulinstituten; dieser Karriereschritt besteht im Sekretariats- bzw. Verwaltungsbereich heute nicht mehr.	

am MPI für Bildungsforschung damit beschäftigt und im Rahmen der »Rationalisierung von Papierarbeit«[93] begonnen, spezifische Bürokarrieremöglichkeiten für Sekretärinnen zu schaffen. Es war geplant, ihnen sowohl Einkommens- als auch Prestigeanreize für den Aufstieg von der Schreibkraft zur Sachbearbeiterin zu geben.[94] Diese Eingruppierungsstruktur von fünf Tarifgruppen mit vier Beförderungsstufen wurde MPG-weit umgesetzt. 2007 wurden die ursprünglichen Eingruppierungen von 1967 gemäß Bundesangestelltentarifvertrag (BAT) an den aktuellen Tarifvertrag über die Entgeltordnung des Bundes (TV EntgeltO) 2007 angepasst (siehe Tab. 8).

Verglichen mit der Eingruppierung von Hochschulsekretärinnen – in der Regel zwischen E 5 und E 7 – ist diese für MPG-Sekretärinnen höher, basiert jedoch seit über 50 Jahren auf den einschlägigen Tätigkeitsmerkmalen von *Fremdsprachensekretärinnen*. Doch die Mitarbeiterinnen in den Vorzimmern der MPG üben generell Tätigkeiten aus, die weit jenseits des Stellenprofils von Fremdsprachensekretärinnen liegen.[95] Wie in anderen systemrelevanten, überwiegend von Frauen ausgeübten Berufen lässt sich hier Geld sparen, indem die Augen vor den realen Anforderungen und Leistungen der Sekretärinnen verschlossen werden. Das heißt, ihre Sprachkenntnisse und deren Anwendung werden honoriert, ihre vielfältigen, anspruchsvollen anderen Tätigkeiten jedoch nicht. Deutschsprachige organisatorische Tätigkeiten –

Tab. 8: Vergleich der Eingruppierungsgruppen und Tätigkeitsmerkmale von Sekretärinnen in der MPG 1967 und 2007. Vergütungsgruppen 1967: Diese Besoldung basierte auf dem Bundesangestelltentarifvertrag (BAT); Eingruppierung 2007: In Anpassung an den Tarifvertrag über die Entgeltordnung des Bundes (TV EntgeltO) von 2007. – Quellen: Tätigkeitsmerkmale im Zentralen Sekretariat, AMPG, II. Abt., Rep. 43, Nr. 374; E-Mail von Stein und Weichmann, Referat IId, PVS, Personalstatistik, IT-Mitbestimmung, Sozial- und Personenversicherungen, an Kolboske vom 18.9.2019.

und diese stellen den überwiegenden Teil der Tätigkeiten einer Sekretärin dar – finden keine Anerkennung und folglich auch keine Höhergruppierungsmöglichkeiten. Hier wäre eine strukturelle Überarbeitung der Bewertung und der darauf basierenden Eingruppierungen für Sekretärinnen erforderlich. Eine solche Initiative hat es in der MPG mit großem Erfolg im Bereich der Bibliothekar:innen gegeben – auch eine traditionell weibliche Domäne, nicht nur in der MPG.[96]

5.3 Mitbestimmung und Gleichstellung

Betriebsrat und Gleichstellungspolitik der MPG stehen im Fokus dieses Abschnitts. Wir analysieren, welche Formen der Selbst- und Mitbestimmung und welches Maß

---

[93] »Rationalisierung der Schreibarbeiten«, 1967, AMPG, II. Abt., Rep. 43, Nr. 374.
[94] Betriebsrat Bildungsforschung 1967–1968, AMPG, II. Abt., Rep. 43, Nr. 374.
[95] Ausführlich zum »doing office«, zu den Anforderungen und Aufgabengebieten von Sekretärinnen insbesondere in der MPG: Kolboske, *Hierarchien*, 2023, 68–145. Siehe auch unten, Kap. IV.7.6.1.
[96] Siehe unten, Kap. IV.7.6.3.

an Handlungsautonomie existieren bzw. existiert haben; ob und wenn ja, wie sich Abhängigkeiten, Hierarchien gewandelt haben.

5.3.1 Betriebsrat und Delegiertenvertretungen

Die gesellschaftspolitischen Reformprozesse in der Bundesrepublik Deutschland ab Ende der 1960er-Jahre bewirkten auch tiefgreifende Veränderungen in der Arbeitskultur von Forschungseinrichtungen. Die generationelle Verschiebung und das personelle Wachstum führten im Zusammenspiel mit Digitalisierung, Rationalisierung und Technisierung zu einer weiteren Differenzierung professioneller Wissensproduktion. Dazu gehörten die kritische Reflexion bestehender Machtverhältnisse und von Inklusions- und Exklusionsmechanismen ebenso wie Forderungen nach mehr Mitbestimmung am Arbeitsplatz, transparenten Kommunikations- und Entscheidungsstrukturen und weniger hierarchisch organisierter Zusammenarbeit.

Die Ausdifferenzierung der Institute und das starke Wachstum ihres Personalbestands in den 1960er-Jahren hatten auch dazu geführt, dass die autoritäre Führung Einzelner an Instituten als nicht mehr zeitgemäß und praktikabel erachtet und mit den Satzungsreformen von 1964 und 1972 vielerorts durch *kollegiale Institutsleitungen* ersetzt wurde. Auch die Einbeziehung nichtwissenschaftlicher Personalgruppen veränderte das Institutsgefüge nachhaltig und zeigte, dass moderne Forschung ohne die Partizipation seitens des wissenschaftlichen Nachwuchses und ohne den Einsatz der Mitarbeiter:innen in der Technik und Verwaltung kaum mehr auskam.

Im arbeitsrechtlichen Sinne bedeutet *Mitbestimmung* die betriebliche Teilhabe der in einer Organisation vertretenen Gruppen am Willensbildungs- und Entscheidungsprozess. In der MPG ist der Einführung von formalisierten Partizipationsrechten der Arbeitnehmer:innen ein langer und schwerer Kampf vorausgegangen, der mit der Neugründung der MPG 1948 eingesetzt hat. Die traditionelle industriegewerkschaftliche Idee von Mitbestimmung wurde in der MPG allerdings durch eine weitere Form der Partizipation durch vorrangig wissenschaftliche Beschäftigte ergänzt.[97] Das heißt, es lassen sich zwei Formen von Partizipation in der MPG unterscheiden, die zuweilen auch in direkter Konkurrenz zueinander standen: erstens die klassische Form von Mitbestimmung, die zunächst über Institutsbetriebsräte und seit 1970 durch den zentralen Gesamtbetriebsrat (GBR) und seine angeschlossenen Organe wahrgenommen wurde. Und zweitens eher informelle Beratungs- und Partizipationsrechte, die an den Instituten von den Wissenschaftler:innen gefordert und Ende der 1960er-Jahre etabliert wurden. Sie berührten besonders arbeitsrechtliche Felder wie die Personal- und Forschungsplanung. Diese unterschiedlichen Vorstellungen von Partizipation (formalisierte betriebliche Mitbestimmungsrechte und Mitsprache in der Ausgestaltung der Forschung) gingen im Grunde auf die Divergenz von der Autonomie der Institute, ihrer Leiter:innen und der postulierten Forschungsfreiheit der MPG einerseits und den arbeitsrechtlich zugesicherten Vertretungsrechten der Betriebsräte für das Personal andererseits zurück.[98]

Interessanterweise entstanden die aus den Reihen der Wissenschaftler:innen artikulierten Mitbestimmungsforderungen, die in die 1971 verfassten »Arnoldshainer Thesen«[99] mündeten und die auch in der Medienöffentlichkeit breit rezipiert wurden, durch die rechtliche Sonderstellung der MPG als sogenannter Tendenzbetrieb, was die Arbeit von Betriebsräten erschwerte bzw. einschränkte. Aufgrund des gültigen Tendenzschutzes in der MPG, wie er im Rahmen des Betriebsverfassungsgesetzes von 1952 festgeschrieben worden war,[100] konnten Betriebsräte Wissenschaftspersonal nur partiell vertreten, denn die Forschungsfreiheit wurde über die arbeitsrechtlichen Forderungen gestellt. Mit der Reform des Betriebsverfassungsgesetzes 1972 war überdies eine eigenständige Tendenzschutzklausel (Paragraf 118) wirksam, die den Handlungsspielraum der Betriebsräte nochmals empfindlich einschränkte.[101] Die MPG-Leitung ging daraufhin sogar so weit, alle Mitarbeiter:innen mit Studienabschluss bis hin zu Doktorand:innen als Tendenzträger zu bezeichnen, um den Betriebsrat aus den sie betreffenden Angelegenheiten herauszuhalten.[102]

Ende der 1960er-Jahre hatte sich in den Instituten eine Art Graswurzelbewegung entwickelt, die eigene Mitbestimmungsforderungen artikulierte und vorwiegend aus

---

97 Die nachfolgenden Ausführungen beziehen sich auf Scholz, *Partizipation*, 2019.
98 Zankl, Betriebsräte, 1973, 18.
99 Die Thesen zur Reform der MPG vom 2. Juni 1971 sind abgedruckt in Scholz, *Partizipation*, 2019, 171–174.
100 *Betriebsverfassungsgesetz 1952*, 1952, 681–695. – Der sogenannte Tendenzschutz gilt in Betrieben, die vorrangig keine Gewinnabsichten, sondern erzieherische, politische oder wissenschaftliche Zwecke verfolgen. In den Tendenzbetrieben waren wichtige Regelungen des Betriebsverfassungsgesetzes nicht gültig. Röbbecke, *Mitbestimmung*, 1997, 346–351.
101 Kneser, Zum Betriebsverfassungsgesetz, 1972, 6.
102 Scholz, Interview Hartung, unveröffentlicht, 2018, DA GMPG, ID 601008.

5. Personalstruktur im Wandel

Wissenschaftler:innen bestand. Sie wollten den begrenzten Einfluss der Betriebsräte erweitern und besondere Beteiligungsrechte für die Wissenschaftler:innen erstreiten, beispielsweise im Senat der MPG Sitz und Stimme zu haben. Dafür wurden regionale Delegiertenvertretungen gegründet, die sich vor allem dort etablierten, wo auch die Betriebsräte bereits einiges Gewicht besaßen – das waren die Regionen München, Heidelberg, Hamburg und Göttingen.

Besonders in den geisteswissenschaftlichen und rechtswissenschaftlichen Instituten wurden eher progressive Vorstellungen und weitergehende Mitbestimmungspraktiken gefordert, vielfach getragen von den Mitarbeiter:innen aus den linksalternativen Milieus. So experimentierte das Hamburger Max-Planck-Institut für ausländisches und internationales Privatrecht ab 1968 auf Initiative von Peter Rabel mit diversen Partizipationsmodellen, um der in der Gesellschaft »allenthalben bemerkbare[n] Demokratisierungsbewegung« Ausdruck zu verleihen. Der damalige Institutsdirektor Konrad Zweigert fasste die Ergebnisse des Experiments 1971 in einem hauseigenen Bericht als erfolgreiches und »voll leistungsfähiges Mitbestimmungsmodell« zusammen. Dort stand man beispielsweise den Plänen für mehr Befristungen im Wissenschaftsbereich äußerst skeptisch gegenüber.[103]

Am Berliner MPI für Bildungsforschung wurde nach Hamburger Vorbild ein Institutsausschuss aus Vertreter:innen des wissenschaftlichen Personals und einer Vertreter:in des Bibliothekspersonals bzw. der Verwaltung gebildet, um mehr Mitbestimmung aller Personalgruppen zu erreichen. Mit seinen demokratischen Mitbestimmungsstrukturen war das Berliner Institut eine Ausnahme. Auch dank engagierter Wissenschaftler:innen wie dem späteren Gesamtbetriebsratsvorsitzenden Dirk Hartung und dem Direktor Hellmut Becker experimentierte man dort ähnlich wie im Starnberger Institut mit Mitbestimmungsmodellen, die durch die Studentenbewegung angestoßen worden waren. In Starnberg gehörten dazu Gehaltsfonds, mit denen das Gehalt aller nach sozialen Kriterien neu berechnet wurde, gelockerte Arbeitszeiten und weniger Präsenzpflicht, Möglichkeiten der Heimarbeit, Kinderbetreuungsangebote durch eine Art »Ersatzkommune« und private Lese- und Literaturzirkel.[104]

Auf zentraler Ebene, insbesondere beim damals amtierenden Präsidenten Adolf Butenandt und im Senat stieß jede Form paritätischer Mitbestimmung auf kategorische Ablehnung. Sie befürchteten politisierte Zustände wie an den Hochschulen und betrachteten die Mitbestimmung von Wissenschaftler:innen unterhalb der Leitungsebene geradezu als Willkürherrschaft mit Selbstbedienungsmentalität. Diese rigide Haltung brachte der MPG viel Kritik ein. Trotz intransparenter Entscheidungsstrukturen und mangelnder Informationspolitik setzten der GBR, aber auch die Delegiertenvertretungen der Wissenschaftler:innen eher auf eine mediengeleitete Kommunikationspolitik, um auf ihre Anliegen aufmerksam zu machen.[105] Reimar Lüst, der 1972 ins Präsidentenamt kam, war zwar eher ein Zuhörer, der die Forderungen des Personals ernst nahm, doch sah auch er im Betriebsrat vor allem eine Bedrohung der zu wahrenden Wissenschaftsfreiheit und einen langen Arm der Gewerkschaften. So warnte er 1973 die Mitglieder des Senats vor einer drohenden kommunistischen Unterwanderung der Institute durch gewerkschaftliche Betriebsgruppen.[106] Die Debatte um Mitbestimmung wurde in der Folge zunehmend zu einer Auseinandersetzung, die auch die Parteipolitik bestimmte. Dabei ging es zwar vordergründig um die Frage der Partizipation in Wissenschaftseinrichtungen und eine anzustrebende Demokratisierung der Entscheidungsstrukturen, aber letztlich auch um den Geltungs- und Einflussbereich des Staates.[107]

Im Juni 1971 versammelten sich die Engagierten zur ersten großen MPG-weit organisierten Delegiertentagung in Arnoldshain. Die Anwesenden, überwiegend Wissenschaftler:innen, positionierten sich gegen jedwede Form von Befristung, verabschiedeten ein Sofortprogramm und 14 Thesen. Diese »Arnoldshainer Thesen« waren in einem kämpferischen Duktus formuliert. Sie zeugten von einer bisher nicht gekannten Aufbruchsstimmung, aber auch von Frustration und einer beginnenden Diskussionskultur besonders unter der jungen Generation von Forscher:innen, die bisher nur sehr partiell an »ihren« Instituten Einfluss hatten geltend machen können. Sie forderten nicht nur die Offenlegung darüber, wie sich der Senat und andere zentrale Gremien der MPG zusammensetzten, sondern stimmten für eine angemessene Vertretung der Öffentlichkeit in diesen zentralen Ent-

---

103 MPI ausländisches Privatrecht Hamburg, Bericht über die Arbeit des Institutsausschusses vom 8.10.1971, DA GMPG, VL Martina Röbbecke, Teil 2, BC 600014; Scholz, *Partizipation*, 2019, 122.
104 Scholz, *Partizipation*, 2019, 122 u. 157.
105 Ebd., 123–124.
106 Protokoll über die Sitzung der Kommission für Fragen der Bildung, Wissenschaft und Forschung in Bonn 13.3.1974, AMPG, II. Abt., Rep. 1, Nr. 360, fol. 435–436.
107 Ebd.

scheidungsorganen der MPG. Für die Mitbestimmung entscheidend waren die siebte und achte These, die auf allen Ebenen Mitbestimmung einforderten, besonders in personellen Fragen, und forderten, alle Beteiligten am Forschungsprozess ausreichend zu Wort kommen zu lassen.[108]

Doch die Aufbruchsstimmung hielt sich nicht lange. Nur wenige Forderungen wurden in die Institute getragen oder durch Lüst in seiner Amtszeit aufgegriffen. In der Folge konnten sich die Delegiertenvertretungen auch wegen ihrer Konkurrenz zum 1970 etablierten Gesamtbetriebsrat und ihres unsichereren rechtlichen Status nicht verstetigen. Ihre Mitglieder wanderten danach in die Betriebsräte und/oder Gewerkschaften ab. So war der »Aufstand der Forscher«[109] nur von kurzer Dauer und vor allem ein mediales Ereignis, das an den Instituten lediglich in Form von informellen Beratungsgremien seine Spuren hinterlassen hat. Mit der Hauptversammlung 1972 in Bremen und der dort verabschiedeten Satzungsreform, die weitreichende Strukturveränderungen in der MPG implementierte, wurde den umfangreichen betrieblichen Mitbestimmungsforderungen der Betriebsräte und der Delegierten eine klare Absage erteilt.[110]

Wichtigstes Resultat der Mitbestimmungsdebatte in der MPG war die Etablierung der bis heute einflussreichen Betriebsräte auf Institutsebene und besonders die Einrichtung des GBR im Jahr 1970. Damit wurde die so wichtige betriebliche Mitbestimmung institutionalisiert und formell ein Gremium geschaffen, das zwei Jahre später auch im Senat mit Sitz und Stimme vertreten war und an wichtigen Personalentscheidungen und der Forschungsplanung teilhatte. Dazu kamen in der Folge wichtige Gesamtbetriebsvereinbarungen, eine MPG-eigene Schlichtungsordnung für das wissenschaftliche Personal und eine Einigung über das Vorgehen bei anstehenden Abteilungsverlagerungen oder drohenden Institutsschließungen, die fortwährend zu Konflikten führten.

Ein paritätisches Mitbestimmungsmodell nach universitärem Vorbild – insbesondere bei wichtigen Personalentscheidungen wie der Berufung der Wissenschaftlichen Mitglieder – konnte jedoch nicht etabliert werden und ist in der MPG bis heute undenkbar. Damit unterschied sich die Mitbestimmungsdebatte in ihrem Ausgang ganz entscheidend von den Diskussionen an den Hochschulen, die basisdemokratische Vertretungsgremien nach und nach eingerichtet hatten, in denen sich alle Personalgruppen wiederfanden.[111]

5.3.2 Gleichstellungspolitik

Was die Forschung betrifft, so verortet sich die Max-Planck-Gesellschaft seit jeher gern an der internationalen Spitze. Was die Gleichstellung der Frauen betrifft, insbesondere in Leitungspositionen, so rangierte die MPG dagegen bis Mitte der 1990er-Jahre selbst in der Bundesrepublik Deutschland, das im internationalen Vergleich schlechter als die Türkei und Israel abschnitt, noch hinter Hochschulen und hinter anderen außeruniversitären Forschungseinrichtungen.[112] Mit gerade einmal 2,1 Prozent Frauen in C4-Positionen und 3,4 Prozent in C2-/C3-Positionen betrug der Frauenanteil in der MPG im Jahr 1995 nicht einmal die Hälfte der ohnehin geringfügigen Werte an den Hochschulen (4,8 bzw. 8,7 und 11,6 %).[113] Oder in absoluten Zahlen: Von den 691 zwischen 1948 und 1998 berufenen Wissenschaftlichen Mitgliedern waren – aus den oben angeführten Gründen – lediglich 13 Frauen.

Erst Mitte der 1990er-Jahre begannen in der MPG Aktivitäten, die den Namen Gleichstellungspolitik verdienen.[114] Diese gingen maßgeblich auf zwei Faktoren zurück: zum einen – endogen – auf die Initiative des Gesamtbetriebsrats und dessen 1987 gegründeten Frauenausschuss,[115] die in manchen Aspekten Unterstützung durch den 1990 im Wissenschaftlichen Rat der MPG einberufenen Arbeitsausschuss »Förderung der Wissenschaftlerinnen« erfuhr; zum anderen – exogen – auf das Inkrafttreten des Frauenförderungsgesetzes im Jahr 1994. Bis dahin hatte sich die MPG-Leitung bemüht, sowohl ein zu starkes Mitspracherecht seitens des Gesamtbetriebsrats als auch die Einführung einer Frauenquote bei Personal-

---

108 Scholz, *Partizipation*, 2019, 130–131.
109 Grossner, Aufstand der Forscher, *Die Zeit*, 18.6.1971.
110 Hartung, Beschäftigungsverhältnisse des wissenschaftlichen Personals, 1989, 159–184; Hartung, Ökonomisierung der Wissenschaft, 2003, 73–83.
111 Scholz, *Partizipation*, 2019, 81.
112 Kolboske, *Anfänge*, 2018; European Commission Directorate-General for Research et al., »She Figures«, 2003.
113 Die MPG wies in den 1990er-Jahren C2- und C3-Stellen gemeinsam aus. Für die MPG: Meermann, Senatsbeschluß, 1995, 20; MPG, *MPG in Zahlen 1996*, 1996, 12. – Insgesamt waren 1995 an den deutschen Hochschulen 8,2 % der insgesamt 37.672 Professuren (alle Besoldungsgruppen ohne Gastprofessuren) mit Frauen besetzt, GWK, *Chancengleichheit*, 2016, 18–19.
114 Siehe dazu ausführlich auch oben, Kap. II.5.6.4.
115 Zu den Akteur:innen der Gleichstellungsarbeit in der MPG ausführlich Kolboske, *Hierarchien*, 380–406 sowie insb. die Fußnoten 118, 189 u. 192.

entscheidungen zu verhindern. Dadurch war das eigentliche Anliegen, die Diskriminierung von Frauen bzw. Wissenschaftlerinnen abzuschaffen, in den Hintergrund geraten. Dies zeigt sich exemplarisch an ihrem Frauenförder-Rahmenplan, den die MPG auf Druck der Politik aufstellte. Er blieb bei Weitem hinter dem geschlechterpolitischen Potenzial zurück, das ihm das Frauenfördergesetz des Bundes geboten hätte.[116]

In den Anfängen der Gleichstellungspolitik hatte die MPG zwei Bereiche für sich identifiziert, in denen sie frauenfördernde Maßnahmen für erforderlich hielt: Maßnahmen zur Vereinbarkeit von Familie und Beruf sowie Maßnahmen zur Erhöhung des Frauenanteils. Die nachfolgende Gleichstellungspolitik konzentrierte sich dann allerdings fast ausschließlich auf die familienpolitischen Aspekte, obwohl man sich bewusst war, dass die Rekrutierungsverfahren bei der Auswahl von Wissenschaftler:innen verändert werden müssten, sollte der Frauenanteil tatsächlich erhöht werden. So wurde das Amt der Zentralen Gleichstellungsbeauftragten erst 1996 etabliert – zehn Jahre später als an den Universitäten.

Die (männlichen) Wissenschaftler verschanzten sich hinter dem Stichwort »Qualitätssicherung«, um ihre Deutungs- und Rekrutierungshoheit zu behalten – und in jedem Fall eine Quote zu verhindern. So änderte sich bei allen Beteuerungen, Frauen fördern zu wollen, faktisch wenig. Insofern überrascht nicht, dass die MPG ein Jahrzehnt später auch im Ergänzungsbericht der Bund-Länder-Kommission 1998 kein gutes Ergebnis erzielte.[117] Das erst späte Einsetzen wissenschaftsadäquater Förderungsformen, wie etwa von einem C3-Sonderprogramm, um im Rahmen der Nachwuchsförderung gezielt Wissenschaftlerinnen zu fördern, verhinderte einen Erfolg der Gleichstellungspolitik der MPG in dieser frühen Phase.

Konnte die MPG lange Zeit – auch über den Untersuchungszeitraum hinaus – nicht mit ihren Maßnahmen zur Erhöhung des Frauenanteils überzeugen, so erzielte sie jedoch im Bereich der Maßnahmen zur Vereinbarkeit von Familie und Beruf deutlich schneller außerordentliche Erfolge: 2006 wurde sie als erste komplette Wissenschaftsorganisation mit dem »berufundfamilie«-Audit zertifiziert.[118] Von Anfang an hatte die MPG hinsichtlich einer Verbesserung der Work-Life-Balance deutlich weniger Berührungsängste gezeigt als bei der Gleichstellung von Wissenschaftlerinnen mit ihren Kollegen.[119]

5.4 Fazit

Bei allen Veränderungen in der Personalstruktur und den Modifikationen des Harnack-Prinzips – geblieben ist bis heute die Machtfülle der Wissenschaftlichen Mitglieder mit ihrem beachtlichen Autonomiespielraum sowie einer wissenschaftlichen Selbstverwaltung, die durch den großen Verwaltungsapparat unterstützt wird. Strukturell lässt sich eine Konstante in Organisation und Aufbau der Institute sowie dem seit 1970 etablierten Typ eines mittelgroßen Forschungsinstituts mit mehreren gleichberechtigten Abteilungen festhalten.

Die Ausdifferenzierung der Berufsgruppen und des MPG-Personals folgte der personellen Expansion der Organisation, ihrer funktionalen Aufgabenbereiche und Arbeitsfelder. Teamarbeit und Kooperationen waren notwendig, um gerade auch im internationalen Vergleich konkurrenzfähig zu bleiben. Dies manifestierte sich nicht zuletzt in der Auswahl des Leitungspersonals nach einem bis heute konkurrenzlosen Leistungsparadigma. Weniger Beachtung fanden die Kosten (und Grenzen) dieser aus sozial- und geschlechtergeschichtlicher Perspektive einseitig anmutenden Bestenauslese der Wissenschaftlichen Mitglieder.

Hinsichtlich der Mitbestimmung verlief die Entwicklung in der MPG anders als die an den deutschen Hochschulen, wo vielfach paritätische Partizipationsrechte implementiert wurden. In der MPG haben Wissenschaftler:innen auf Instituts- und Sektionsebene zwar seit der Satzungsreform 1972 erweiterte Mitspracheöglichkeiten und auch der Gesamtbetriebsrat verfügt über einen Sitz im Senat, allerdings sind diese Rechte ungeachtet mancher Reformen Ende der 1990er-Jahre – bis heute – eher im Sinne einer Mitberatung zu verstehen. Dementsprechend mangelt es vor allem an formalen Mitbestimmungsrechten in der MPG – trotz der so wichtigen Institutsbetriebsräte und Gleichstellungsbeauftragten, deren Handlungsspielraum über die Mitberatungsvereinbarungen hinaus lange Zeit von der persönlichen Einstel-

---

116 Ausführlich zum Gleichstellungsprozess in der MPG sowie dessen Akteurinnen und Maßnahmen: Kolboske, *Anfänge*, 2018.
117 Bund-Länder-Kommission für Bildungsplanung und Forschungsförderung, *Frauen in Führungspositionen*, 1998.
118 Deutsche Forschungsgemeinschaft et al., *Offensive für Chancengleichheit*, 29.11.2006, 157.
119 Bereits seit 1980 war man sich in der MPG bewusst darüber geworden, dass den – damals in erster Linie – Ehefrauen und Partnerinnen angemessene Betätigungsmöglichkeiten am neuen Einsatzort zu vermitteln eine wichtige Rolle bei Berufungen spielte. Protokolle der 120. bis 122. Sitzung des Verwaltungsrates 1980, AMPG, II. Abt., Rep. 61, Nr. 120.VP–122.VP; Protokoll der 98. Sitzung des Senates vom 6.3.1981 in Hamburg, AMPG, II. Abt., Rep. 60, Nr. 98.SP. – In der Folgezeit wurden die Maßnahmen dahingehend ausgeweitet, dass auch für Ehegatten neue Einsatzmöglichkeiten gesucht wurden.

lung der Institutsdirektor:innen und dem Gutdünken der Präsidenten abhing. Obwohl sie gegen Ende der 1990er-Jahre an Gewicht gewonnen haben, sind sie bis heute eher als Gremien der Beratung zu verstehen.

Was die Chancengleichheit betrifft, so waren es vor allem exogene Faktoren, wie das Inkrafttreten des Frauenfördergesetzes 1994 und die damit verbundene Sorge vor finanziellen Einbußen sowie einer möglichen Einschränkung der Autonomie bei der Auswahl des wissenschaftlichen Personals, die einen Gleichstellungsprozess in Bewegung setzten, der bis in die Gegenwart andauert.

So ist in den vergangenen 20 Jahren, die außerhalb des Untersuchungszeitraums des GMPG-Forschungsprogramms liegen, im Hinblick auf Gleichstellung viel erreicht worden. Es ist sowohl dem Frauenausschuss als auch dem Wissenschaftlerinnenausschuss zu verdanken – im Verbund mit Gesamtbetriebsrat und Wissenschaftlichem Rat –, dass Themen zur Frauenförderung auf die Agenda gesetzt wurden und im weiteren Verlauf bindende Vereinbarungen zur Gleichstellungspolitik erkämpft worden sind. Zusammen, wenn auch selten gemeinsam, haben sie die wichtigsten frauenfördernden Maßnahmen durchgesetzt. Auch wenn es bis zur Parität an der Spitze noch ein weiter Weg ist, hat sich das Geschlechterverhältnis inzwischen deutlich verbessert. Nach offiziellen Angaben der MPG lag am »31. Dezember 2020 […] der Anteil der Mitarbeiterinnen bei 44,5 Prozent. Der Anteil der Frauen bei den Forschenden betrug auf der W3-Ebene 17,8 Prozent, auf der W2-Ebene 36,3 Prozent und auf der Ebene der nach dem Tarifvertrag für den öffentlichen Dienst beschäftigten Wissenschaftlerinnen und Wissenschaftler 32,3 Prozent, in den nichtwissenschaftlichen Bereichen lag er bei 55,1 Prozent.«[120]

Maßnahmen wie das W2-Minerva-Programm (seit 1996), das Mentoringprogramm Minerva-FemmeNet (seit 2001), das Dual-Career-Netzwerk (seit 2010), das Elisabeth-Schiemann-Kolleg (seit 2012) sowie das großzügig ausgestattete Lise-Meitner-Exzellenzprogramm (seit 2018), mit dem bis zu zehn zusätzliche Max-Planck-Forschungsgruppen pro Jahr ausgeschrieben werden und das herausragend qualifizierte Nachwuchswissenschaftlerinnen eine langfristige Perspektive bieten soll, hatten maßgeblichen Anteil daran, dass sich die Metamorphose der MPG zu einer »exzellenten Akteurin für die Chancengleichheit«[121] vollziehen konnte.

Von grundlegender Bedeutung für den langsam einsetzenden Kulturwandel in Sachen Gleichstellung war nicht zuletzt die Rekrutierung international anerkannter Wissenschaftlerinnen aus dem Ausland.[122] Mit neuen Denkanstößen brachten sie frischen Wind in die traditionellen Vorstellungen ausgezeichneter Wissenschaft. Inzwischen werde, so die Zentrale Gleichstellungsbeauftragte der MPG, Ulla Weber, die wechselseitige Förderung von Chancengleichheit und Exzellenz kaum noch infrage gestellt. Dazu hätten neben den Erfahrungen mit der Implementierung individueller Fördermaßnahmen und sektionsspezifischer Besetzungsquoten bzw. Selbstverpflichtungen auch Veranstaltungen wie etwa 2019 das feministische Symposium zu den im letzten halben Jahrhundert errungenen Fortschritten bei der Gleichstellung der Frauen beigetragen.[123] Im Jahr 2020 wurde mit der Molekularbiologin Asifa Akhtar erstmals eine Vizepräsidentin der MPG gewählt, die nicht aus Deutschland kommt.

Zusammenfassend lässt sich festhalten, dass der Erfolg der MPG recht zu geben scheint, auf ihre Leistungsprinzipien bei der Bestenauslese zu setzen: Ihre erkleckliche Anzahl an Nobelpreisträger:innen macht sie weltweit zu einer der angesehensten Forschungsorganisationen und bestätigt sie so in ihrem Selbstverständnis. Gleichwohl sind die immanenten Grenzen des Harnack-Prinzips deutlich geworden, die ein Festhalten an ihm für das Ziel, innovative Spitzenforschung im internationalen Vergleich zu betreiben, teils kontraproduktiv erscheinen lässt. Um weiter zur Spitzengruppe internationaler Forschungseinrichtungen zu gehören, und das heißt auch, autonom, flexibel und innovativ auf neue wissenschaftliche Herausforderungen reagieren zu können, hat es strukturelle Korrekturen oder Modifizierungen in der MPG gegeben, wie die Einführung des kollegialen Leitungsprinzips Mitte der 1960er-Jahre und die Internationalisierung des Personals spätestens ab den 1990er-Jahren. Die klassische Auslegung des Harnack-Prinzips im Sinne eines einzigartigen Wissenschaftlers, der im Arbeitskontext niemanden gleichberechtigt neben sich duldet, gilt als überholt. Um die MPG global wettbewerbsfähig zu halten, bestimmen inzwischen zunehmend auch innovative Forschungskonzepte die Erneuerung bzw. Umorientierung eines Instituts – für die dann passend exzellente Leitungskräfte gesucht werden.

---

120 MPG, Zahlen & Fakten, 12.10.2021.
121 Weber, *10 Jahre Pakt*, 2016, 54–55, 54.
122 Jede zweite Wissenschaftlerin der MPG kommt inzwischen aus dem Ausland. Generalverwaltung der MPG zur Förderung der Wissenschaften, *Pakt für Forschung*, 2021, 66.
123 Weber, Chancengleichheit in der Max-Planck-Gesellschaft, 2021. Zum Symposium siehe Weber und Kolboske, *50 Jahre später*, 2019.

BÜROLANDSCHAFTEN

Foto 1: Generalverwaltung der MPG, Büro Ernst Telschow, Göttingen 1954 (oben links)

Foto 2: Notquartier des MPI für Geschichte, Göttingen 1957 (oben rechts)

Foto 3: Generalverwaltung der MPG, Büro Ernst Telschow, Göttingen 1960 (unten)

BÜROLANDSCHAFTEN

Foto 4: Generalsekretär Ernst Telschow und seine Sekretärin Erika Bollmann, 1948 (oben)

Foto 5: MPG-Präsident Otto Hahn und seine Sekretärin Marie-Luise Rehder, 1950er-Jahre (unten)

Foto 6: Vorzimmer des Büros der Generalverwaltung in Düsseldorf, 1958 (rechte Seite)

BÜROLANDSCHAFTEN

BÜROLANDSCHAFTEN

Foto 7: Direktorenzimmer im MPI für experimentelle Medizin, Göttingen 1965 (oben)

Foto 8: Arbeitszimmer in der Vogelwarte Radolfzell, MPI für Verhaltensphysiogie, 1975 (unten)

BÜROLANDSCHAFTEN

Foto 9: Arbeitszimmer mit Ausblick im MPI zur Erforschung der Lebensbedingungen der wissenschaftlich-technischen Welt, Starnberg 1977 (oben)

Foto 10: Arbeitszimmer mit Rhesusäffchen im MPI für Psychiatrie, München 1983 (unten)

BÜROLANDSCHAFTEN

Foto 11 und Foto 12: Direktorenzimmer des MPI für Aeronomie, 1953 (links) und 1970 (unten)

BÜROLANDSCHAFTEN

Foto 13: Adolf Butenandt am MPI für Biochemie, 1950er-Jahre (oben)
Foto 14: Als frisch gewählter Präsident der MPG, München 1960 (Mitte)
Foto 15: Im Präsidialbüro in München, späte 1960er-Jahre (unten links)
Foto 16: Als Besucher im MPI für Biochemie, Martinsried 1991 (unten rechts)

6. Selbstverständnis, Selbstdarstellung und Vergangenheitspolitik

Alison Kraft, Jürgen Renn, Florian Schmaltz, Juliane Scholz

6.1 Einleitung[1]

Selbstverständnis und Selbstdarstellung sind eng miteinander verbunden: Man stellt dar, was man ist oder sein möchte, und man begreift sich oft auch so, wie man sich darstellt. Die Selbstdarstellung, die zunächst auf ein Außen gerichtet ist, hat, mit anderen Worten, Rückwirkungen auf das innere Selbstverständnis. In der historischen Entwicklung der MPG entfaltete sich dieses Wechselverhältnis über Jahrzehnte und war durch das Zusammenspiel ihrer verschiedenen Akteure geprägt. Ihr Selbstverständnis ist in einem umfassenden Sinne das ihrer Wissenschaftlichen Mitglieder (WM), ihrer herausgehobenen Repräsentanten, ebenso wie das ihrer Mitarbeiter:innen. Ihre Selbstdarstellungen obliegen allerdings den damit betrauten Funktionsträgern und Organen. Über den hier betrachteten Zeitraum lösten sich mehrere Generationen der Träger dieses Selbstverständnisses ab; neue Repräsentanten und Einrichtungen übernahmen die Aufgabe der Selbstdarstellung.

Der folgende Text beschreibt den Wandel des Selbstverständnisses und der Selbstdarstellungen der MPG von ihrer (Wieder-)Gründung aus der unter diesem Namen nicht länger tragbaren Kaiser-Wilhelm-Gesellschaft bis zum Beginn des neuen Jahrtausends sowie die Rolle, die die Auseinandersetzung mit der NS-Vergangenheit der KWG dabei spielte. In welchem Zusammenhang standen die Entwicklungen von Selbstverständnis und Selbstdarstellung, jeweils geformt durch unterschiedliche Akteurskonstellationen? Wie hat das Selbstverständnis der MPG ihre Außendarstellung beeinflusst und welche Rückwirkungen hatte das öffentliche Agieren der MPG auf ihr Selbstverständnis? Wie stabil waren die jeweiligen Konstellationen von Selbstverständnis und Selbstdarstellung? Wann und weshalb kam es zu Veränderungen? Wo gab es Blockaden und Defizite?

Den Ausgangspunkt der folgenden Darstellung bildet die starke Prägung des Selbstverständnisses der MPG durch den Traditionsbezug auf die Kaiser-Wilhelm-Gesellschaft oder, genauer gesagt, auf den Gründungsmythos der KWG (Abschnitt 2). Erst sehr spät, nach der deutschen Einigung, brach die MPG explizit mit diesem Traditionsbezug. Eine Schlüsselrolle spielte dabei Hubert Markl, der erste Präsident, der selbst nicht aus der MPG hervorging und der auch in anderen Hinsichten das Selbstverständnis der MPG maßgeblich veränderte, insbesondere im Hinblick auf die Vergangenheitspolitik der MPG.

Nach einem kurzen Rückblick auf diese prägende Rolle der KWG geht es um die Selbstdarstellungen der MPG, wie sie in den Reden ihrer Präsidenten zum Ausdruck kamen (Abschnitt 3). Auch hier steht über alle Epochen hinweg Kontinuität im Vordergrund, die, was die Kernbotschaft der MPG betrifft, also ihren Anspruch, nach Exzellenz zu streben und sie auch erreicht zu haben, keinen Bruch aufwies. Diese ebenso nach außen wie nach innen gerichteten Selbstdarstellungen übten gewiss zugleich eine Bindewirkung auf die Wissenschaftlichen Mitglieder aus, die sich als Teil einer Leistungselite fühlen durften. Dennoch gab es offenbar ein Spannungsverhältnis zwischen ihrem Selbstverständnis als Mitglieder einer Gesellschaft und als Direktor:innen weitgehend autonomer Institute. Dies wird ebenfalls anhand der Präsidentenreden deutlich, in denen – bis heute – immer wieder die Frage nach wissenschaftlichem Austausch und Kohäsion innerhalb der MPG und ihrer verstreut arbeitenden Institute aufgeworfen wird.

Beständigkeit und Wandel des Selbstverständnisses der MPG lassen sich an ihrem Verhältnis zum NS-Erbe

---

[1] Der nachfolgende Text stammt von Jürgen Renn.

der Vorgängerinstitution besonders eindrucksvoll ablesen (Abschnitt 4). Dieses Erbe wurde über Jahrzehnte verdrängt und beschönigt, Täter:innen wurden geschützt und Opfer abgewiesen. Dies geschah trotz einer zunehmend kritischen Forschung zur Wissenschaftsgeschichte im NS seit den 1980er-Jahren und trotz der mahnenden Stimmen Einzelner auch innerhalb der MPG. Erst gegen Ende der 1990er-Jahre begann sich die Situation allmählich zu verändern. Hier wird zunächst den Gründen für die langfristige Stabilität dieser Abwehrhaltung nachgegangen, die zum Teil in der personellen und institutionellen Kontinuität zwischen KWG und MPG zu suchen sind und zum Teil in der Konstruktion eines apolitischen Wissenschaftsbildes. Ein solches Wissenschaftsbild lässt der Wissenschaft ihre Selbstgleichschaltung und Mitwirkung an Rüstungsforschung und NS-Verbrechen als Missbrauch durchgehen, befreit sie so von jeder Verantwortung und erlaubt es ihr sogar, selbst als Opfer zu gelten. Die Selbstdarstellung der MPG als Wissenschaftselite wirkte hier zugleich als Schutzschirm gegen Selbstkritik, wie sie zuvor als Mittel des »Whitewashing« in der Entnazifizierung gewirkt hatte.

Wissenschaftsbilder werden nicht nur durch Präsidentenreden, sondern auch durch Institutionen geformt und gefestigt. In der MPG entstanden in den 1970er-Jahren zwei solcher Institutionen: das Pressereferat und das Archiv der MPG (Abschnitt 5). Ihre unterschiedlichen Entwicklungen sind daher ein zentrales Thema des folgenden Textes, beginnend mit der Gründung und frühen Entwicklung des Pressereferats. Die traditionelle Öffentlichkeitsarbeit der MPG stand zunächst in enger Verbindung mit ihren Vereinsaktivitäten, wie der jährlichen Hauptversammlung oder der Bekanntgabe von wissenschaftlichen Veröffentlichungen. Ab den 1960er-Jahren rückten dagegen angesichts des gestiegenen öffentlichen Interesses an wissenschaftlichen Erkenntnissen und dem stark wachsenden wissenschaftspolitischen Legitimationsdruck zunehmend strategische Interessen der Gesellschaft in den Vordergrund. In den 1990er-Jahren erfolgte schließlich eine weitgehende Modernisierung der Wissenschaftskommunikation der MPG. Hinzu kam die zunehmende Internationalisierung der MPG und die dadurch entstandene »kommunikative Lücke« als neue Herausforderung für interne und externe Kommunikationsprozesse, deren Bewältigung weitreichende Konsequenzen für die Entwicklung des Selbstverständnisses der MPG hatte. Besonders deutlich zeigte sich dies bei der Aufarbeitung der NS-Vergangenheit: Je mehr ausländische Wissenschaftliche Mitglieder an Bord kamen, umso weniger war ein Weiter-so in der Vergangenheitspolitik möglich. Mit der 1973 beschlossenen Gründung eines eigenen Archivs prägte die MPG ihr Bild von Wissenschaft auf eine ganz andere Weise. Sie sicherte sich durch die Kontrolle über den Aktenzugang eine gewisse Steuerungsmöglichkeit der historischen Forschung zu ihrer eigenen Geschichte und auch der ihrer Vorgängerorganisation. Zur Ausbildung eines historischen Gedächtnisses der Gesellschaft mit Einfluss auf ihr Selbstverständnis wurde es jedoch kaum genutzt.

Da in dieser Zeit ein stärkeres Interesse der internationalen wissenschaftshistorischen Forschung an von der MPG bewahrten historischen Dokumenten aufkam, erwog die MPG-Leitung sogar, das Archiv langfristig zu einem wissenschaftshistorischen Institut weiterzuentwickeln, nahm aber aufgrund der Haushaltslage von solch ehrgeizigen Plänen Abstand. Aber auch nachdem es Mitte der 1990er-Jahre zur Gründung eines solchen Instituts gekommen war, blieb der Aufgabenbereich des Archivs als Teil der Generalverwaltung auf den Sammlungsauftrag beschränkt und gegen die aktuellen Forschungen der Wissenschaftsgeschichte nahezu abgegrenzt. Dies hinderte das Archiv allerdings nicht daran, als Akteur der Wissenschaftskommunikation nach außen, insbesondere im Hinblick auf die Vergangenheitspolitik der MPG, tätig zu werden. Dabei bildete sich gegenüber einer lauter werdenden Kritik am Umgang der MPG mit ihrem KWG-Erbe eine Abwehrhaltung heraus, die sich im Laufe anhaltender Auseinandersetzungen noch verhärtete und geradezu eine Wagenburgmentalität hervorrief. Abgeschottet von der aktuellen wissenschaftshistorischen Forschung konzentrierte das Archiv sich nicht nur auf seine Rolle als Sammlungs- und Kontrollinstanz der historischen Dokumente, sondern entwickelte sich zugleich zu einem einflussreichen Ratgeber der Leitungsebene, der diese in ihrer Beschützerrolle gegenüber einem vermeintlich unbefleckten KWG-Erbe bestärkte.

Die Folgen dieser auf Verteidigung und Abschottung zielenden Haltung für die Wahrnehmung der MPG in der öffentlichen Debatte um das NS-Erbe der KWG waren gravierend (Abschnitt 6). Statt brisante Themen aufzugreifen, den Kritiker:innen Einblick in die historischen Dokumente zu gewähren und selbst vorausschauend Probleme zu identifizieren, blieb die MPG bis weit in die 1990er-Jahre hinein reaktiv und wurde erst tätig, wenn es unvermeidlich erschien. Nachdem die MPG bereits in ihren Anfängen die Chance zu einer klaren Abgrenzung gegenüber dem NS-Erbe versäumt hatte, verstrickte sie sich in den 1980er-Jahren, herausgefordert durch ihre Kritiker:innen, noch einmal in zweifelhafte Abwiegelungs- und Vertuschungsmanöver.

Vor dem Hintergrund nicht nachlassenden öffentlichen Interesses an der NS-Vergangenheit der KWG bildete sich schließlich, im Zusammenhang mit der Gründung des Max-Planck-Instituts für Wissenschaftsgeschichte

Mitte der 1990er-Jahre, eine neue Haltung der MPG heraus. Das Umdenken begann gegen Ende der Amtszeit von Präsident Zacher, wurde durch den Amtsantritt von Hubert Markl forciert und entwickelte sich durch Markls öffentliches Auftreten zu Ansätzen für ein neues Selbstverständnis der MPG. Einen Beitrag dazu leistete auch die Gründung einer Präsidentenkommission zur Aufarbeitung der NS-Geschichte der KWG mit ihrer besonderen institutionellen Konstruktion: Von der MPG finanziert und durch Ansiedelung am Max-Planck-Institut für Wissenschaftsgeschichte administrativ unterstützt, lag die Leitung und Durchführung der einschlägigen Forschungen in der Hand von unabhängigen Expert:innen. Die Wahrnehmung ihrer Ergebnisse durch die Mitglieder der MPG blieb jedoch selektiv und deren Wirkung auf das Selbstverständnis der MPG den eingespielten Verdrängungsmechanismen unterworfen.

Konzertierte Anstrengungen seitens der MPG-Leitung, das Bild der MPG zu prägen, richteten sich in den 1990er-Jahren wiederum eher nach außen, in Richtung Politik und Öffentlichkeit (Abschnitt 7). Gestützt auf die Beratung durch eine Agentur orientierten sie sich am Vorbild zeitgemäßer Unternehmenskommunikation. Erklärtes Ziel der in dieser Zeit stark ausgebauten Öffentlichkeitsarbeit war es, die Corporate Identity der MPG zu schärfen und möglichst effektiv und zielgruppenorientiert nach außen zu kommunizieren. Im Zentrum der Kommunikation stand die Kernbotschaft, die sich bereits durch alle Präsidentenreden seit Gründung der MPG hindurchgezogen hatte, die nun aber stärker als nationale und internationale Positionierung der Organisation als Ganzes akzentuiert wurde: die MPG als international anerkannte »Leistungselite«. Sehr viel offensiver als zuvor setzte die MPG auf die Nutzung neuer Kommunikationsformen. So avancierte das World Wide Web bereits in der zweiten Hälfte der 1990er-Jahre für die MPG zu einem neuen Medium der Selbstdarstellung.

Die Darstellung schließt mit einer Betrachtung, die auf der Grundlage der Einzelstudien Antworten auf die oben gestellten Fragen zu geben versucht und zusammenfassend das Spannungsfeld beschreibt, in dem sich Selbstverständnis und Selbstdarstellung der MPG seit ihren Anfängen bewegen (Abschnitt 8). Die sich daraus ergebende zentrale Frage ist die nach der Rolle des historischen Gedächtnisses für das Selbstverständnis und die Selbstdarstellung der MPG, eine Frage, die bis heute ungelöst ist.

6.2 Das Selbstverständnis der MPG und seine Prägung durch die KWG[2]

6.2.1 Gründungsmythos und fiktiver Erinnerungsort

Im institutionellen Selbstverständnis und Gedächtnis der MPG spielte der Traditionsbezug auf die 1911 gegründete KWG als kulturelles und soziales Kapital eine zentrale Rolle. Die KWG galt im deutschen Wissenschaftssystem, neben den Industrielaboren und den vor und seit der Reichsgründung 1870 entstandenen staatlichen Versuchsanstalten, als erfolgreicher dritter Typus außeruniversitärer Forschungsorganisationen.[3] Ihrem Selbstbild und Selbstverständnis nach beanspruchte die KWG und in ihrer Nachfolge die MPG für sich im nationalen Wissenschaftssystem die Position der wissenschaftlichen Eliteorganisation international anerkannter Spitzenforschung. Bei den Jubiläumsfeiern der MPG 1951, 1961 und 1986 bildete das Gründungsdatum der KWG den historischen Fluchtpunkt der Präsidentenreden und historischen Selbstdarstellungen.[4]

Erstmals löste sich die MPG 1998 von ihrer Fixierung auf die Gründung der KWG, als sie ihr eigenes Jubiläum zum 50-jährigen Bestehen feierlich beging. Der zwei Jahre zuvor zum Präsidenten ernannte Hubert Markl nutzte diese Gelegenheit, um in seiner Ansprache den Traditionsbezug zur KWG als »*invented tradition*«[5] zu problematisieren, was kein MPG-Präsident vor ihm gewagt hatte.[6] In seiner am 28. Februar 1998 auf dem Festkolloquium zum 50. Jahrestag der Gründung der MPG gehaltenen Ansprache reflektierte er die Funktion von Jubiläen. Institutionen sehnten sich, so Markl, wie Menschen nach Aufmerksamkeit und liebten »die Selbstmythologisierung durch Rekapitulation ihrer Herkunftsgeschichte«. Nichts eigne sich dazu mehr als Jubiläumsfeiern, weshalb »Selbstbesinnung zur Identitätsversicherung zu den regelmäßigen Initiationsriten langlebiger Organisationen« gehörten. Für jede Institution sei es von besonderer Bedeutung, was, wann und wie erinnert werde. Verwundert

---

2 Der nachfolgende Text stammt von Florian Schmaltz.
3 Zur Industrieforschung siehe Meyer-Thurow, Industrialization, 1982; Erker, Verwissenschaftlichung, 1990; Reinhardt, *Forschung in der chemischen Industrie*, 1997; Marsch, *Wissenschaft*, 2000. Zu den staatlichen Versuchsanstalten siehe Pfetsch, *Zur Entwicklung der Wissenschaftspolitik in Deutschland*, 1974; Szöllösi-Janze, Geschichte der außeruniversitären Forschung, 1996, 1191–1198.
4 Hahn, Ansprache, 1951; Butenandt, Standort, 1961; Staab, Kontinuität und Wandel, 1986.
5 Hobsbawm und Ranger, *Invention*, 1992.
6 Hierzu und zum Folgenden Markl, *Blick*, 1998, 10–12, dort auch die Zitate. – Zur Gründungsgeschichte ausführlich oben, Kap. II.2.

stellte Markl daraufhin fest, dass sich die MPG »bisher eigentlich noch nie gefeiert« hatte: »Im Jahre 1958, gerade 10jährig, wird darüber kein Wort verloren. Aber drei Jahre später, 1961, sind 50 Jahre Kaiser-Wilhelm-Gesellschaft und 1986 der 75. Jahrestag Anlaß genug zum Feiern und Erinnern.«

Als erster Präsident hinterfragte Markl in seinem selbstkritischen Rückblick, ob sich die MPG »nur als neu benannte Fortsetzung der Kaiser-Wilhelm-Gesellschaft« verstehen sollte. Markl beantwortete die Frage mit »Ja und Nein«. Für die Kontinuität spreche die im Februar 1948 beschlossene Übernahme der Wissenschaftlichen Mitglieder der KWG in die MPG, die, wie die zeithistorische Forschung gezeigt habe, »nicht nur in kriegswichtige Rüstungsprojekte, sondern auch in das Unrechtshandeln der Nazi-Diktatur verstrickt« gewesen seien. Deshalb könne sich die MPG »nicht davon dispensieren [...], auch die Bürde dieser Vorgeschichte unserer eigenen Geschichte zu tragen und dadurch unseren Beitrag zur vorbehaltlosen Aufklärung der Verantwortung zu übernehmen«. Man könne sich »nicht im Licht der Ruhmestaten der Forscher der ersten Jahrzehnte der Kaiser-Wilhelm-Gesellschaft sonnen, ohne zugleich auch von den dunklen Schatten getroffen zu werden, die auf die Wissenschaft in Deutschland im Dritten Reich fallen«.

Vergleicht man die Rede Markls mit der Jubiläumsansprache zum 50-jährigen Bestehen der KWG, die Adolf Butenandt auf der Hauptversammlung der MPG 1961 gehalten hatte, wird deutlich, auf welche Tabus Markl in seiner Rede anspielte. Butenandt war in seiner Ansprache lediglich in einem Satz auf die im Nationalsozialismus aus der KWG vertriebenen Wissenschaftler:innen eingegangen: »Erst die Zeit nach 1933«, so Butenandt, ohne konkrete Akteure oder das NS-Regime beim Namen zu nennen, habe »der Kaiser-Wilhelm-Gesellschaft bei Wahrung ihres äußeren Bestandes unwiederbringliche Verluste« gebracht, »und zwar an hochangesehenen Gelehrten und ihren Schulen, damit auch an jungen, begabten Nachwuchskräften, von denen ja die stetige Aufwärtsentwicklung der Forschung in erster Linie abhängt«.[7] Weshalb und unter welchen Umständen die »hochangesehenen Gelehrten« das Land und die KWG hatten verlassen müssen, dass es sich größtenteils um jüdische bzw. nach den Definitionen der antisemitischen NS-Rassegesetze um »nicht-arische« sowie einige politische Verfolgte gehandelt hatte, hielt Butenandt nicht für erwähnenswert.

Die institutionelle Selbst-Viktimisierung der KWG blendete die Mitwirkung der Generalverwaltung an den Verfolgungsmaßnahmen und an ihrer Selbstgleichschaltung im Nationalsozialismus aus. In seiner Rede widmete Butenandt der NS-Vergangenheit der KWG noch zwei weitere Sätze, in denen er behauptete, das von der KWG »1911 verwirklichte Prinzip einer weitgehenden Distanz vom Staate und seinen Reglementierungen« habe sich nach 1933 bewährt. Bis zum Kriegsbeginn 1939 sei es gelungen, »in immer stärkerem Maße, Kontakte mit dem Ausland zu pflegen und mit vielen jener Kollegen, die uns hatten verlassen müssen, in wissenschaftlichem Gedankenaustausch zu bleiben«.[8]

In ihrem Traditionsbezug auf die KWG als »Erinnerungsort«[9] knüpfte die MPG an Narrative an, die von Protagonisten ihrer Vorgängerorganisation schon früh entwickelt worden waren. Dieser vergangenheitspolitisch konstruierte Erinnerungsort fungierte – im Sinne Bourdieus – als kulturelles Kapital in ihrem Erinnerungshaushalt.[10] In einer 1921 anlässlich des zehnjährigen Bestehens der KWG von ihrem Generalsekretär Friedrich Glum gehaltenen Rede proklamierte dieser als »historische Mission« der KWG die »Förderung der Wissenschaften zum Nutzen der Forschung und zur Ehre des Vaterlandes«[11] und schrieb Kaiser Wilhelm II. die federführende Initiative zur Gründung der KWG zu. Sie sei »einer der glücklichsten Einfälle des an organisatorischen Ideen so reichen Kaisers anläßlich der Feier des hundertjährigen Bestehens der Universität Berlin« gewesen, behauptete Glum zu einem Zeitpunkt, als sich Wilhelm II. nach seiner Absetzung infolge der Novemberrevolution von 1918 schon einige Jahre im niederländischen Exil aufhielt und seine satzungsgemäße Funktion als »Protektor« der KWG nicht mehr wahrnahm.[12]

Der Gründungsmythos der KWG, wonach die Wissenschaftsgesellschaft auf Initiative Wilhelm II. geschaffen worden sei, überzeichnete freilich dessen wirkliche Rolle. Dabei hatte der Monarch als »Protektor« der KWG zu deren Gründung kaum mehr als einige Unterschriften auf ihm vorgelegten Spenden- und Gründungsaufrufen beigetragen sowie eine ihm vorformulierte Rede auf der Jubiläumsfeier der Berliner Universität im Januar 1911

---

7 Butenandt, 50 Jahre, 1961, 226.
8 Ebd.
9 François und Schulze, Einleitung, 2001; Nowak, Die Kaiser-Wilhelm-Gesellschaft, 2001; Siebeck, Erinnerungsorte, 2017.
10 Bourdieu, Ökonomisches Kapital, 1992.
11 Glum, Zehn Jahre, 1921, 283.
12 Ebd., 300.

vorgelesen.¹³ Für die noch im Kaiserreich geborenen und sozialisierten Wissenschaftler bildete die Erinnerung an den monarchischen Gründungsakt einen Glanzpunkt der preußischen Wissenschaftsgeschichte. Der Gründung der KWG haftete die majestätische Aura an, die mit dem kaiserlichen Dekret und der inszenierten Gründungsfeier verbunden war. Politik und Wissenschaft bestärkten sich dabei gegenseitig: »Das Kaisertum profitierte von der Aura wissenschaftlich-technischer Modernität, die Forschung vom Glanz der Krone«, wie der Historiker Kurt Nowak bemerkte.¹⁴

Tatsächlich war die Gründung der KWG nicht auf die Initiative von Kaiser Wilhelm II. zurückzuführen, sondern von einer Phalanx von Wissenschaftlern, Ministerialbeamten und Mäzenen aus Kreisen der Hochfinanz und Industrie über mehrere Jahre vorbereitet und in mehreren Denkschriften über Aufgaben und Ziele konzeptionell entwickelt worden. Auch bei der vermeintlichen Unabhängigkeit der KWG von der Wirtschaft handelt es sich um einen Mythos, wie die Existenz der industrienahen Kaiser-Wilhelm-Institute für Kohlenforschung, für Eisenforschung, für Metallforschung und für Arbeitsphysiologie sowie die Aerodynamische Versuchsanstalt zeigen, die auf unterschiedliche Weise finanziell von industriellen Geld- und Auftraggebern abhingen. Auch die Übernahme von direkter Auftragsforschung für Industrie und Militär, wie im Bereich der Luftfahrtforschung, trug in erheblichem Umfang zur Finanzierung dieser Institute bei.¹⁵ Gleichwohl zählte die später verdrängte Tradition anwendungsnaher Forschung zunächst zum Kernbestand des institutionellen Selbstverständnisses, das die in der KWG sozialisierten Wissenschaftler nach dem Ende des Zweiten Weltkriegs bewahren und in die MPG übernehmen wollten, als sich deren Gründung infolge der von den alliierten Siegermächten angestrebten Auflösung der KWG als unvermeidbarer Kompromiss einer institutionellen Rettungsstrategie erwies.

6.2.2 Die KWG als symbolisches Kapital der MPG

Der Generalsekretär der MPG Ernst Telschow brachte in einem 1947 verfassten Schreiben an die britische Militäradministration das symbolische und kulturelle Kapital der KWG auf eine knappe Formel: »Die Bezeichnung Kaiser-Wilhelm-Gesellschaft ist ein Qualitätsbegriff und eine Art Schutzmarke (Trademark). Sie bietet die Gewähr für gute wissenschaftliche Leistung, geordnete Verwaltung, politische und wirtschaftliche Unabhängigkeit und Sparsamkeit in der Verwendung der Mittel.« Über diese »bewährten Grundsätze« hinaus benannte Telschow drei Prinzipien, die bei der Reorganisation der KWG künftig beachtet werden sollten, weil die »alliierten Nationen« wüssten, »welche Bedeutung die wissenschaftliche Forschung für den geistigen und materiellen Wiederaufbau in Deutschland und darüber hinaus für die ganze Welt« habe: »1. Unabhängigkeit von den Regierungsstellen und damit von bürokratischen und politischen Einflüssen, 2. Unabhängigkeit von der Industrie, 3. Freiheit in der Verwaltung und in der Verwendung der finanziellen Mittel. Dies ist die beste Sparsamkeit.«¹⁶

Führt man sich die drei Punkte genauer vor Augen, verbinden sie rhetorisch geschickt den historischen Bezug auf den Gründungsmythos der KWG mit einer Distanzierung vom angeblichen Primat von Politik und Industrie gegenüber der Wissenschaft unter den Bedingungen des NS-Systems. Zugleich wurde zukunftsorientiert die wissenschaftspolitische Forderung nach größtmöglicher Autonomie und Handlungsfreiheit in der Verwendung der Haushaltsmittel postuliert. Der Topos der Unabhängigkeit von Regierung, Ministerialbürokratie und Industrie knüpfte an die Formulierung Adolf von Harnacks in seiner Denkschrift zur Gründung der KWG an, in der er vor der »Gefahr der Abhängigkeit der Wissenschaften von Clique und Kapital« gewarnt hatte. Der zu gründenden neuen Wissenschaftsorganisation müsse staatlicherseits garantiert werden, einen »Weg zwischen der Tyrannei der Masse und der Bureaukratie einerseits und der Clique und dem Geldsack andererseits« zu finden.¹⁷ Das Pochen auf Unabhängigkeit von Staat und Industrie spielte somit historisch auf die jüngste Vergangenheit an,

---

13 Burchardt, *Wissenschaftspolitik*, 1975; vom Brocke, KWG im Kaiserreich, 1990.
14 Nowak, Die Kaiser-Wilhelm-Gesellschaft, 2001, 60. Zum Wechselverhältnis von Politik und Wissenschaft als Ressourcen füreinander siehe Ash, Wissenschaft und Politik, 2002; Ash, Reflexionen zum Ressourcenansatz, 2016.
15 Rasch, *Vorgeschichte*, 1987; Flachowsky, Wagenburg der Autarkie, 2010; Flachowsky, MPI für Eisenforschung, 2010; Kieselbach, Deppe und Schwartz, *Eisenforschung*, 2019; Maier, »Wehrhaftmachung«, 2002; Maier, Forschung, 2007; Maier, Max-Planck-Institut für Metallforschung, 2010; Plesser und Thamer, *Arbeit*, 2012; Trischler, *Luft- und Raumfahrtforschung*, 1992; Epple und Schmaltz, Max-Planck-Institut für Dynamik, 2010; Schmaltz, Nutzen, 2010; Schmaltz, Luftfahrtforschung, 2016.
16 Telschow an Nordström, 13.10.1947, AMPG, II. Abt., Rep. 102, Nr. 43, fol. 47–48. Siehe auch Rürup, Kontinuität und Neuanfang, 2006, 259.
17 Harnack an Trott zu Solz, 22.1.1910, ediert in: Generalverwaltung der Max-Planck-Gesellschaft, *50 Jahre KWG/MPG*, 1961, 95.

weil der Verweis auf die Einflussnahmen des NS-Staats und der deutschen Rüstungs- und Kriegsindustrie auf die KWG gut zu der von den Alliierten verfolgten Entmilitarisierung von Forschung und Industrie passte.[18]

Zu den auch in der Historiografie lange Zeit unhinterfragt aufgegriffenen und weiter kolportierten Narrativen zählt die These, die KWG und ihre Institute hätten reine Grundlagenforschung betrieben, die Wissenschaft gegen politische Eingriffe standhaft verteidigt und so die Integrität und den Kern wissenschaftlicher Institutionen gerettet. Der Topos des »Überlebens« der KWG im Nationalsozialismus prägte bis in die 1990er-Jahre auch die historische Forschung.[19] Während nach der Machtübergabe an die Nationalsozialisten im Jahr 1933 zu keinem Zeitpunkt der institutionelle Fortbestand der KWG infrage gestellt war, befand sie sich 1945 erstmals in einer existenziellen Krise, als die alliierten Siegermächte die Auflösung der Wissenschaftsorganisation wegen ihres Beitrags zur Kriegsforschung anstrebten.[20] Als anstelle der zunächst vom Alliierten Kontrollrat beschlossenen vollständigen Auflösung der KWG deren Neugründung in reformierter Form debattiert wurde, war für die Alliierten klar, dass damit auch eine Umbenennung der Wissenschaftsorganisation einhergehen müsse.

Eine Wissenschaftsorganisation, die sich positiv auf Kaiser Wilhelm II. bezog, dessen Name im Ausland mit Säbelrasseln und Militarismus assoziiert wurde, hielten Angehörige der britischen Besatzungsverwaltung für unzeitgemäß und in einer demokratischen Republik, die nach der Befreiung von der NS-Herrschaft entstehen sollte, für unpassend. Vergeblich versuchte der amtierende Präsident der KWG, Otto Hahn, mit Unterstützung der Generalverwaltung die Namensänderung abzuwenden. Selbst für Hahn, der über den Verdacht erhaben war, Anhänger der Monarchie zu sein, besaß der Name KWG als kulturelles Kapital eine so starke symbolische Bindungskraft, dass ihm eine Umbenennung zunächst unvorstellbar erschien. Empört drohte er angesichts der geforderten Umbenennung im Juli 1946 mit seinem Rücktritt als Präsident und versuchte vergeblich, eine Welle von Protestbriefen zu lancieren. Als er erkannte, dass die Umbenennung nicht abzuwenden war, lenkte er ein und stimmte der Neugründung unter dem Namen Max-Planck-Gesellschaft zu.[21]

6.3 Die Präsidentenreden[22]

6.3.1 Kontinuität des institutionellen Narrativs

Die MPG war von Beginn an von dem Bestreben geleitet, Exzellenz in der Foschung zu erzielen und sich sowohl internationale Anerkennung als auch einen Platz in der Spitzengruppe der internationalen Forschungsinstitutionen zu sichern. Sie sah und sieht sich auf Augenhöhe mit der Elite der wissenschaftlichen Einrichtungen rund um den Globus – mit der ETH Zürich, mit Harvard und Caltech, mit den Universitäten von Cambridge und Oxford und in jüngster Zeit auch mit chinesischen Institutionen. Die MPG-Führung hat die Identität und das Ansehen der MPG als Flaggschiff der Grundlagenforschung in der Bundesrepublik Deutschland sowie als Teil der internationalen Wissenschaftselite bewusst gestaltet und konsequent kommuniziert, sowohl national als auch international. Dabei verbürgten die MPI-Direktor:innen Kontinuität über die wechselnden Präsidentschaften hinweg; an das Privileg ihrer Position und die akademische Kultur der MPG gewöhnt, trugen sie entscheidend dazu bei, diese Kultur zu bewahren und an die nachfolgenden Generationen weiterzugeben. Dennoch oblag es in erster Linie dem Präsidenten, die Traditionen und Werte der MPG aufrechtzuerhalten, für ihre Interessen und Prioritäten einzutreten und ihr Image und Prestige zu fördern.

Eine ausgezeichnete Gelegenheit, das Selbstverständnis der MPG zu präsentieren, bot sich bei den jährlich stattfindenden Hauptversammlungen der Gesellschaft. Die programmatischen Jahresansprachen der Präsidenten waren eine Art »Regierungserklärung«,[23] die im MPG-Jahrbuch abgedruckt wurden, das innerhalb Deutschlands und unter ausländischen Mitgliedern der MPG weite Verbreitung fand.[24] Die Reden beschworen nicht nur die Grundprinzipien der MPG, sondern gaben auf-

---

18 Siehe dazu unten, Kap. IV.10.2.
19 Die erste monografische Gesamtdarstellung zur Geschichte der KWG im Nationalsozialismus von Kristie Macrakis griff diesen Topos auf. Macrakis, *Surviving the Swastika*, 1993. Siehe auch Macrakis, The Survival, 1993; Macrakis, »Surviving the Swastika« Revisited, 2000.
20 Hachtmann, *Wissenschaftsmanagement*, 2007, 1085–1090.
21 Ebd., 1090–1095. Siehe auch Aktennotiz: Besprechung zwischen Blount, Hahn und Telschow am 10.7.1946, 11.7.1946, AMPG, II. Abt., Rep. 102, Nr. 4, fol. 40–41; Balcar, *Ursprünge*, 2019 sowie oben, Kap. II.2.2.4.
22 Der nachfolgende Text stammt von Alison Kraft.
23 Siehe dazu auch oben, Kap. IV.4.2.3.
24 Diese Information wurde mir freundlicherweise von Gottfried Plehn und Tanja Rahneberg (MPG-Pressestelle, München, April 2022) zur Verfügung gestellt, denen ich herzlich danke.

schlussreiche Einblicke in die Werte, Ansichten und Prioritäten der einzelnen MPG-Führung sowie in die Art und Weise, wie der jeweilige innerste Kreis um den Präsidenten versuchte, die Organisation im nationalen Kontext und auf der internationalen Bühne zu positionieren und zu fördern. Zudem behandelten sie Fragen und Probleme, mit denen die MPG konfrontiert war, und zeigten, wie die Präsidenten den Wandel des nationalen wie internationalen wissenschaftlichen, wirtschaftlichen und politischen Umfelds, in dem die Gesellschaft agierte, aufmerksam im Blick behielten. Somit erfüllten die Präsidentenreden nicht zuletzt eine politische Funktion hinsichtlich der Beziehungen zu den primären Geldgebern der Gesellschaft – Bund und Ländern – sowie zu wichtigen Akteuren des nationalen Wissenschaftssystems wie etwa der DFG, den Universitäten und der Leopoldina, von denen alle hochrangige Vertreter:innen im Publikum saßen.

Überblickt man die Jahresansprachen der Präsidenten von den 1960er- bis in die 2000er-Jahre, so war darin eine Reihe von Kernprinzipien stets präsent. Zu ihnen zählen die Autonomie der MPG und ihrer Wissenschaftler:innen, ihre Identität als Hort der Grundlagenforschung, das Festhalten am Harnack-Prinzip, das mit der Verpflichtung auf Forschungsexzellenz in sämtlichen Disziplinen und Instituten eng verbunden ist, das Eintreten für internationale Zusammenarbeit und eine Internationalisierung innerhalb der MPG, die Bewahrung der MPG als ein Ort für herausragende Forschungstalente (die zunehmend aus aller Welt stammten) sowie das Engagement für die Stärkung des nationalen Wissenschaftssystems. In ihrer Summe ergaben sie ein institutionelles Narrativ, das die Aufgaben und Rollen sowie die Vision der MPG bestimmte.

Neben einigen wiederkehrenden Themen, wie die Beziehungen zu den Universitäten, die Stärkung von Austausch und Zusammenhalt zwischen den einzelnen Instituten sowie die Nachwuchsförderung, spielte in den Festreden das Budget der MPG durchgängig eine große Rolle – seine zentrale Bedeutung, sein Umfang, die negativen Auswirkungen jedweder Kürzung oder die Notwendigkeit einer Aufstockung der Mittel. In der Amtszeit von Heinz A. Staab kam die Klage über die Zunahme der Projektmittel zulasten der Grundfinanzierung hinzu. Dabei stellten die Präsidenten die staatliche Finanzierungsgarantie als Quelle von Stabilität und Sicherheit für die MPG und ihre Wissenschaftler:innen heraus. Sie war in ihren Augen entscheidend für die Stärkung der Forschungsleistung der MPG und ermöglichte es dieser, ihrer nationalen Rolle gerecht zu werden und ihre Position als internationaler Leuchtturm der westdeutschen Wissenschaft zu bewahren. Das sahen ausländische Beobachter ähnlich. So hob ein Kommentarbeitrag in *Nature* 1986 anlässlich des 75-jährigen Bestehens der MPG/KWG hervor, dass »die Max-Planck-Gesellschaft oder MPG unter den öffentlich geförderten Forschungseinrichtungen etwas Besonderes, ja vielleicht sogar einzigartig« sei.[25] Zum selben Jubiläum schrieb der britische Wissenschaftsjournalist David Dickson in *Science*, dass die MPG »von Wissenschaftlern auf der ganzen Welt beneidet« werde, weil sie in den Genuss von etwas komme, »was Forschungseinrichtungen nur in wenigen anderen Ländern haben: eine umfangreiche öffentliche Finanzierung bei nahezu vollständiger wissenschaftlicher und administrativer Autonomie«.[26]

Resümierend kann man sagen: Über fünf Jahrzehnte hinweg, in denen die Wissenschaft einen starken Wandel erlebte und die MPG wachsender Kritik aus den eigenen Reihen wie auch von außen ausgesetzt war, erwies sich das von den MPG-Präsidenten vertretene institutionelle Narrativ als bemerkenswert stabil. Die institutionellen Werte und die Kultur der MPG, ihre Strukturen und Praktiken blieben in wichtigen Aspekten weitgehend unverändert. Das Festhalten an einigen Grundprinzipien verlieh der Organisation Resilienz und bestimmte die Konturen einer institutionellen Strategie, mit der sie ihre Ziele erreichen konnte: Forschungsexzellenz und ein dauerhafter Status als »globaler Akteur«.

6.3.2 Akzentverschiebungen

Obwohl die von allen Präsidenten in ihren Reden beschworenen Grundprinzipien der MPG das ideelle Fundament der Organisation bildeten, gab es selbst auf dieser prinzipiellen Ebene wichtige Akzentverschiebungen. So hat die MPG zum Beispiel durchgängig ihren Einsatz für Forschungsexzellenz betont und im Lauf der Zeit zunehmend behauptet, sie in sämtlichen Instituten auch erreicht zu haben, doch die Argumente, mit denen sie dieses Narrativ untermauerte, wandelten sich. In den 1950er- und 1960er-Jahren (der Ära Otto Hahn und der Ära Adolf Butenandt) spielten Verweise auf die herausragenden Leistungen der Vorgängerinstitution KWG eine wichtige Rolle, verschwanden dann aber allmählich. Ab den 1980er-Jahren (der späteren Amtszeit von Reimar Lüst, gefolgt von Heinz A. Staab, Hans F. Zacher und Hubert Markl) stützten sich das Selbstvertrauen und die Überzeugung, zu den weltweit führenden Forschungsorganisationen zu gehören, stärker auf ihre aktuellen

---

25 Max-Planck Survives, Opinion, 1986, 344.
26 Dickson, Germany's 75 Years, 1986, 811.

6. Selbstverständnis, Selbstdarstellung und Vergangenheitspolitik

Leistungen, ablesbar insbesondere an Prestigemerkmalen wie Nobelpreisen, breit gefächerten internationalen Forschungskooperationen und der Fähigkeit, internationale Spitzenforscher für die MPI zu gewinnen.[27] Das mag Generationsunterschiede ausdrücken, hatte aber auch externe Gründe, von denen unten noch ausführlich die Rede sein wird.

Zudem setzten die Präsidenten in ihrer Präsidentschaft unterschiedliche Schwerpunkte. Zu nennen sind hier beispielsweise Butenandts Unterstützung von Nachwuchsinitiativen und der europäischen Forschungskooperation in den Biowissenschaften, aber auch die Bedeutung der Ära Lüst für das Engagement der MPG in der europäischen Forschungskooperation, durch das sie ihre Stellung auf dem internationalen Parkett stetig ausbaute und vertiefte.[28] Staab wiederum betonte in seiner Antrittsrede vom Juni 1984 die Notwendigkeit, den Zusammenhalt zwischen den einzelnen Instituten zu stärken: »Ich bedaure sehr, dass sich die Wissenschaftler der MPIs nicht stärker als eine ›Gemeinschaft von Wissenschaftlern‹ verbunden fühlen.«[29] Markl griff das Problem 16 Jahre später noch einmal auf und sagte in einem Interview mit *Nature*, es gelte, dafür zu sorgen, dass die MPG »als ein in sich stimmiges Ganzes funktioniert«.[30] Auch das Nachwuchsproblem erwies sich als hartnäckig. Wie Lüst in seiner Abschiedsrede rückblickend konstatierte, war Nachwuchs nicht nur für die zukünftige Leistung der MPG von zentraler Bedeutung, sondern auch für ihre nationale »Konkurrenzfähigkeit«.[31] Die Spannungen zwischen der MPG und den Universitäten – ein anderes Dauerthema – wurde in der Amtszeit von Präsident Markl zwischen 1996 und 2002 zum Gegenstand von Reformen und Innovationen.[32] Mit seinem Vorschlag, International Research Schools einzurichten, legte er den Grundstein für eine Struktur zum Aufbau engerer Beziehungen zu den Universitäten.

In dieser Zeit formulierte die MPG-Führung ein Selbstbild, das die mittlerweile bewährten Stärken der Gesellschaft zur Geltung brachte und zwei Kernprinzipien herausstrich: das Bekenntnis zur Grundlagenforschung und das zur Internationalisierung. In einem Interview mit *Nature* erläuterte Markl im Jahr 2003, der Fokus auf die Grundlagenforschung diene dazu, die MPG im Spitzenfeld der Wissenschaft zu halten: »Die MPG hat nicht den Anspruch, sämtliche Forschungsgebiete abzudecken. Stattdessen konzentriert sie sich auf Pionierforschung in Bereichen, die die Universitäten und andere wissenschaftliche Einrichtungen nicht abdecken oder nicht abdecken können. Indem sie ihre Anstrengungen auf brennende Themen fokussiert und dabei die avancierteste internationale Perspektive einnimmt, will die MPG nicht nur den Bedürfnissen der Gesellschaft und ihrer Wirtschaft dienen, sondern auch den globalen Zielen eines nachhaltigen wissenschaftlichen und technologischen Fortschritts.«[33] Nach der Rolle der MPG im globalen Wissenschaftsnetzwerk gefragt, betonte Markl, dass die MPG bereits erfolgreich international kooperiere und mittlerweile ein »globaler Akteur« sei: »Die internationale Ausrichtung ist für die MPG und ihre Institute geradezu zwingend, weil sie sicherstellt, dass die MPG ein hohes Maß an wissenschaftlicher Exzellenz aufrechterhält und im globalen Wettbewerb bestehen kann, nicht zuletzt durch globale Kooperation.«[34]

Was hier wie eine Selbstverständlichkeit klingt – Betonung der Grundlagenforschung und der Internationalität –, das war es keineswegs, sondern in seiner Begründung eine Wende im Selbstverständnis der MPG, wie im Folgenden zu zeigen sein wird.

6.3.3 Die Rolle der Ökonomisierung im Selbstverständnis der MPG[35]

In den jährlichen Festreden der Präsidenten spiegeln sich – bei aller Kontinuität – auch Veränderungen im Verhältnis der MPG zu Politik und Wirtschaft. Eine wesentliche, von Adriane Leendertz untersuchte Veränderung betrifft die Erwartung der gesellschaftlichen und insbesondere der wirtschaftlichen Verwertbarkeit von Forschung, die von politischer Seite immer wieder

---

27 Staab, Ansprache des Präsidenten, 1989, 20. – Staab hob hervor, dass in den fünf Jahren bis 1989 sechs Nobelpreise an MPG-Wissenschaftler vergeben worden waren. Das sei, so Staab, ein besonders deutlicher Beweis für die Qualität der Forschung bei der MPG.
28 Lüst, Ansprache des Präsidenten, 1973; Lüst, Ansprache des Präsidenten, 1984; Sachse, *MPG und die Pugwash Conferences*, 2016; Butenandt, Ansprache des Präsidenten, 1970, besonders 38–40; Abbott, One for All, 2000. Siehe auch oben, Kap. III.9.
29 Staab, Ansprache des Präsidenten, 1984, 32.
30 Zitiert in Abbott, One for All, 2000.
31 Lüst, Ansprache des Präsidenten, 1984, 18.
32 Krull, Hubert Markl, 2015.
33 Markl, Global Goals, 2003.
34 Ebd.
35 Der nachfolgende Text stammt von Jürgen Renn auf der Grundlage von Leendertz, Macht, 2022.

an die MPG herangetragen wurde. Während die sozialliberale Bundesregierung unter Helmut Schmidt in der Forschungs- und Technologiepolitik ein Instrument der Wirtschafts- und Strukturpolitik sah und den volkswirtschaftlichen Nutzen der Forschungsförderung unterstrich, warnte Reimar Lüst als Präsident der MPG davor, Wissenschaftspolitik allein auf wirtschaftliches Wachstum und Wettbewerbsfähigkeit auszurichten, da dies dem eigentlichen Wesen der Wissenschaft widerspreche. Sein Nachfolger Heinz Staab betonte zwar den technologischen Mehrwert der Grundlagenforschung, grenzte sich jedoch ebenfalls von industriepolitischen Begehrlichkeiten ab und machte klar, dass technisch oder ökonomisch verwertbare Forschungsergebnisse und Entdeckungen der Grundlagenforschung nicht aus der praktischen Nachfrage resultieren, sondern aus der Offenheit der wissenschaftlichen Fragestellungen und Methoden und der Eigendynamik des Forschungsprozesses.

Noch deutlicher wies der Jurist Hans Zacher in den 1990er-Jahren als MPG-Präsident Forderungen nach industriellen und politisch definierten Forschungszielen zurück. Zugleich wuchs in dieser Zeit der fortschreitenden Globalisierung der Druck auf die MPG, auch die wirtschaftliche Effizienz der Grundlagenforschung nachzuweisen. Das Bundesministerium für Forschung und Technologie wollte diese Effizienz erhöhen und förderte deshalb bevorzugt anwendungsrelevante und zielgerichtete Forschung. Wettbewerbsfähigkeit war ein Schlüsselwort der 1990er-Jahre. Auch die Reformen des deutschen Wissenschaftssystems waren darauf ausgerichtet. Instrumente markt- und betriebswirtschaftlicher Steuerung, wie Controlling und Benchmarking, hielten Einzug in die akademische Welt.

In der MPG verbreiteten sich im Zusammenhang mit ihrem Bestreben, international eine Führungsrolle zu behaupten, ebenfalls ökonomisch konnotierte Argumentationsmuster. Wie bereits ausgeführt, begann unter der Präsidentschaft von Hubert Markl in der MPG eine breit angelegte Internationalisierung mit dem Ziel, im internationalen Wettbewerb um die weltweit besten Spitzenforscher:innen konkurrenzfähig zu bleiben. Die Mittel dazu waren eine Erhöhung von Gehältern, Zulagen und eine bessere Ausstattung. Wie Ariane Leendertz herausgearbeitet hat, dienten Rückgriffe auf neoliberales Gedankengut und ökonomische Analogien als argumentative Hebel gegenüber politischen Entscheidungsträgern, um die dafür notwendige Forschungsfinanzierung zu steigern. Die gesellschaftliche Bedeutung der Wissenschaft wurde nun mit ökonomischen Begriffen beschrieben und Humankapital als die wichtigste Quelle menschlichen Reichtums verstanden. Nach Markl könne die öffentlich finanzierte Forschung ihr Existenzrecht nur dadurch rechtfertigen, dass sie neues Wissen als öffentliches Gemeingut hervorbringt, auf dessen Grundlage patentierbare und privatwirtschaftliche Entwicklungen möglich werden. Er forderte auch Reformen des Arbeits- und Tarifrechts, um sich dem internationalen Wettbewerb anzupassen.[36]

Diese Diskussion orientierte sich an Leitbildern der OECD und der Europäischen Union, nach denen wissensbasierte Innovationssysteme als entscheidend für die globale Wettbewerbsfähigkeit galten. Das Selbstverständnis der MPG in den 1990er- und 2000er-Jahren befand sich im Einklang mit diesem dominanten politischen Diskurs. Die Unterschiede zwischen den deutschen Parteien waren dabei eher geringfügig: Die SPD legte mehr Wert auf soziale und gesellschaftspolitische Innovationen, während die CDU/CSU die Forschung stärker an die Wirtschaftspolitik koppelte. Das gemeinsame Interesse von Wissenschaft, Ökonomie und Politik war der Erhalt des gesellschaftlichen Wohlstands und der Führungsrolle Deutschlands als Wirtschaftsnation und Land wissenschaftlicher Spitzenleistungen. Zusammenfassend kommt Leendertz in der Analyse der Präsidentenreden zu dem Schluss, dass sich die MPG ab Mitte der 1990er-Jahre wie ein »global agierendes Unternehmen an der ständigen Optimierung ihrer Wettbewerbsfähigkeit« orientierte.[37]

Diese »neoliberale Wende« im Selbstverständnis der MPG ging mit dem Bemühen einher, die wissenschaftliche Produktivität zu quantifizieren und so die Kosteneffizienz ihrer öffentlichen Förderung zu belegen. Dazu wurden bibliometrische Indikatoren und Rankings eingesetzt, also Quantifizierungspraktiken, die englischsprachige Publikationen in begutachteten wissenschaftlichen Zeitschriften mit hohem Impactfaktor privilegierten. Das hatte eine Marginalisierung der Geistes- und Sozialwissenschaften zur Folge, für die solche Methoden nicht in gleichem Maße einsetzbar waren. Rankings und Indikatoren etablierten sich in dieser Zeit als wichtigster Maßstab für akademische Entscheidungen, von der studentischen Wahl für eine bestimmte Universität bis zu Finanzierungsentscheidungen über Forschungsprojekte. Auch für die MPG wurde das Shanghai-Ranking zu einer bedeutsamen Orientierungsmarke und spielte eine zentrale Rolle in ihrer Kommunikation mit Gesellschaft und Politik.

Die ökonomistische Wettbewerbsrhetorik bewirkte eine sich selbst verstärkende Dynamik, durch die sich der Wettbewerbsdruck auf die MPG selbst weiter erhöhte.

---

36 Leendertz, Macht, 2022, 257.
37 Ebd., 236.

Das hatte Konsequenzen nicht nur für ihr Selbstverständnis, sondern auch für ihre innere Verfasstheit und barg die Gefahr, durch Anpassung an einen internationalen Mainstream etwas von der traditionellen Sonderstellung und dem international einzigartigen Charakter zu verlieren. Beispielhaft seien zwei Tendenzen dieser Gefährdung genannt: zum einen die Fokussierung auf wirtschaftlich verwertbare Forschung – auf Kosten von Fächern und Disziplinen, die derartiges nicht anbieten können; zum anderen die durch das Ziel der internationalen Wettbewerbsfähigkeit gerechtfertigte »Flexibilisierung« von Personalstrukturen und der rapide Anstieg des Befristungsanteils beim wissenschaftlichen Personal im Jahrzehnt zwischen 1996 und 2006.[38] Inwieweit damit auch eine Verminderung des Potenzials der MPG verbunden war, abseits des Mainstreams innovative Forschung zu betreiben – oder doch eher eine Steigerung dieses Potenzials durch Vergrößerung der Erneuerungsfähigkeit zur Folge hatte, muss einer genaueren Untersuchung vorbehalten bleiben.

Während Präsident Markl in diesem Zusammenhang als Modernisierer der MPG im Sinne einer Anpassung an den zeitgenössischen ökonomistischen Diskurs wirkte, hat er sich noch in einem ganz anderen Sinne als Modernisierer der MPG hervorgetan: als jemand, der sich mutig wie kein Präsident vor ihm dem belastenden Erbe der NS-Vergangenheit der MPG gestellt und damit auch auf andere Weise ihr Selbstverständnis entscheidend geprägt hat. Um dies zu verstehen, ist eine Rückblende auf die Anfänge der MPG nötig.

6.4 Die Vergangenheitspolitik der MPG in den formativen Jahren[39]

6.4.1 Die Verdrängung der NS-Vergangenheit

Nach der militärischen Niederlage Deutschlands im Zweiten Weltkrieg empfand nur eine Minderheit der deutschen Bevölkerung die Beendigung der NS-Herrschaft als Befreiung. Mitwisserschaft und Beteiligung an NS-Verbrechen wirkten fort. Selbstmitleid, fehlende Schuldeingeständnisse, reservierte und abwehrende Reaktionen gegenüber den alliierten Entmilitarisierungs- und Entnazifizierungsmaßnahmen waren weit verbreitet – auch und gerade in den gesellschaftlichen Funktionseliten, die politisch überdurchschnittlich belastet waren.

Die wissenschaftlichen Eliten der KWG und der MPG bildeten hierbei keine Ausnahme. Eine (selbst-)kritische Bearbeitung vergangenheitspolitischer Problematiken wurde in den ersten Dekaden nach dem Ende des Zweiten Weltkrieges in der MPG durch die aus dem Kaiserreich und dem NS-Regime tradierten hierarchischen Organisationsstrukturen der KWG und langlebigen Mentalitäten des Leitungspersonals erschwert. Die im Nationalsozialismus gebildeten Netzwerke mehr oder minder politisch belasteter Wissenschaftler und einiger Wissenschaftlerinnen der KWG formierten sich nach 1945 zu Schweigekartellen, sofern es die Mitwisserschaft und die direkte oder indirekte Mittäterschaft an NS-Verbrechen betraf. Zugleich wurden aus der KWG heraus diskursiv rhetorische Strategien entwickelt, die von individuellen und institutionellen Verstrickungen durch eine Täterkreisverengung auf eine kleine Clique nationalsozialistischer Haupttäter ablenkten.[40] Zu den Verharmlosungsstrategien gehörte auch die Behauptung, innerhalb der KWG sei nur »reine Grundlagenforschung«, weit entfernt von militärischen Anwendungsmöglichkeiten, betrieben worden. Damit wurde rhetorisch jegliche Verantwortlichkeit der Wissenschaftler für die Nutzung von Forschungsergebnissen für die Waffenentwicklung und Rüstungsproduktion im NS-Regime in Abrede gestellt.[41]

Die bis 1945 angehäuften historischen Hypotheken der KWG waren erheblich: Insgesamt 126 an Kaiser-Wilhelm-Instituten tätige Mitarbeiter:innen waren aufgrund des antisemitischen Berufsbeamtengesetzes und der nachfolgenden Durchführungsverordnungen als Menschen »nicht arischer Abstammung« oder aus politischen Gründen entlassen worden. Dies entsprach etwa 11 Prozent des gesamten Personals der KWG.[42] Nur in Ausnahmefällen hatten sich der Präsident der KWG und deren Generalverwaltung auf dem Dienstweg beim Reichsministerium für Wissenschaft, Erziehung und Volksbildung für Wissenschaftler:innen eingesetzt, die von der Judenverfolgung betroffen waren. Öffentliche Proteste der Leitungsebene der KWG gegen die antisemitischen

---

[38] Zum Thema Befristungen in der MPG siehe oben, Kap. IV.5.2.3.
[39] Der nachfolgende Text stammt von Florian Schmaltz.
[40] Zur Täterkreisverengung siehe Frei, *Vergangenheitspolitik*, 1996, 405; Schüring, *Kinder*, 2006, 274–277; Hachtmann, *Wissenschaftsmanagement*, 2007, 1177–1178. Zur Rüstungsforschung der KWG siehe Maier, *Rüstungsforschung im Nationalsozialismus*, 2002; Maier, »Grundlagenforschung« als Persilschein, 2004; Maier, *Forschung*, 2007; Schmaltz, *Kampfstoff-Forschung*, 2005.
[41] Schüring, *Kinder*, 2006, 265–266.
[42] Ebd., 51–53.

Unrechtsmaßnahmen und Menschenrechtsverletzungen des NS-Regimes blieben ganz aus.[43]

Die KWG hatte als Teil des militärisch-industriell-wissenschaftlichen Komplexes mit ihrer Forschung bedeutende Beiträge zur Entwicklung des deutschen Kriegspotenzials geleistet.[44] Mit ihren Instituten war die KWG an der Entwicklung neuer Waffensysteme beteiligt gewesen und hatte zu den Kriegsanstrengungen des NS-Regimes beigetragen. Aktiv und aus eigener Initiative hatten in der KWG Forschende konzeptionell und legitimatorisch die nationalsozialistische Rassen-, Bevölkerungs- und Gesundheitspolitik unterstützt.

Als Gutachter hatten Wissenschaftler der KWG über Zwangssterilisationen entschieden und die massenhafte Tötung von Kranken und von Menschen mit Behinderungen im Rahmen des NS-»Euthanasie«-Programms genutzt, um für ihre hirnpathologische Forschung Gehirne von ermordeten Frauen, Männern, Jugendlichen und Kindern für ihre Sammlungen im KWI für Hirnforschung und in der Deutschen Forschungsanstalt für Psychiatrie zu beschaffen.[45] Auch nach dem Ende des Zweiten Weltkriegs wurden die aus den Tötungsanstalten zur Verfügung gestellten Gehirne und Hirnschnitte in Forschungsarbeiten und Publikationen an Max-Planck-Instituten genutzt.[46] Einen weiteren Bruch mit medizinethischen Grenzen stellen die an Kindern mit Epilepsie 1943 in einer Unterdruckkammer durchgeführten Experimente dar, die der Direktor des KWI für Anthropologie, menschliche Erblehre und Eugenik, Hans Nachtsheim, zusammen mit dem Mediziner Gerhard Ruhenstroth-Bauer, einem wissenschaftlichen Mitarbeiter aus dem von Adolf Butenandt geleiteten KWI für Biochemie, im Herbst 1943 durchgeführt hatte.[47] Selbst aus der Judenvernichtung des nationalsozialistischen Terrorregimes hatten Wissenschaftler:innen der KWG noch ihren Vorteil gezogen. So hatte das KWI für Anthropologie, menschliche Erblehre und Eugenik aus dem Vernichtungslager Auschwitz Augen dort ermordeter Sinti und Roma erhalten und Knochen jüdischer Opfer, die in die wissenschaftlichen Sammlungen des Instituts übernommen wurden.[48]

Der Zugriff auf wissenschaftliche Ressourcen umfasste auch die Aneignung von Forschungsergebnissen in den besetzten Gebieten, den Raub von Bibliotheken und wissenschaftlicher Pflanzen- und Saatgutsammlungen.[49] Während des Zweiten Weltkriegs griffen Kaiser-Wilhelm-Institute auf ausländische Zwangsarbeiter:innen bei der Errichtung neuer Gebäude oder als Arbeitskräfte in der Landwirtschaft agrarwissenschaftlicher Institute zurück.[50] Im Zusammenhang mit der luftkriegsbedingten Verlagerung von Teilen des KWI für physikalische Chemie und Elektrochemie wurden 1944 KZ-Häftlinge zu Bauarbeiten eingesetzt.[51]

Kurzum: Wissenschaftler:innen hatten den Krieg als »Chance« begriffen und die sich ihnen eröffnenden Handlungsspielräume und Karrieremöglichkeiten in den besetzten Ostgebieten genutzt.[52]

6.4.2 Das lange Nachwirken des NS-Regimes in der MPG

Die auf der Potsdamer Konferenz von den USA, der Sowjetunion und Großbritannien im August 1945 beschlossene Entnazifizierung sah eine Auflösung sämtlicher NS-Organisationen, die Verhaftung von mutmaßlichen Kriegsverbrechern und Nazifunktionären sowie einen umfassenden Prozess der institutionellen Neuordnung und personelle Säuberungen von den über 8,5 Millionen Mitgliedern der NSDAP in Deutschland und Österreich vor.[53] Im Unterschied zu Gerichtsprozessen basierten die

---

43 Rürup, *Schicksale*, 2008, 66–69; Schüring, *Kinder*, 2006, 51–61, 85–86.
44 Maier, *Rüstungsforschung im Nationalsozialismus*, 2002; Maier, *Forschung*, 2007; Maier, »Stiefkind«, 2005; Schmaltz, *Kampfstoff-Forschung*, 2005; Schieder, Der militärisch-industriell-wissenschaftliche Komplex, 2009.
45 Schmuhl, *Rassenforschung an KWI*, 2003; Trunk, Rassenforschung und Biochemie, 2004; Satzinger, *Rasse*, 2004.
46 Aly, Fortschritt, 1985; Peiffer, Hallervorden, 2003; Peiffer, *Wissenschaftliches Erkenntnisstreben*, 2005; Schmuhl, Hirnforschung, 2002; Topp und Peiffer, Hirnforschung, 2007.
47 Bericht über den Versuch in der Unterdruckkammer am 19.9.1943 in der Patientenakte des Kindes Hildegard K. in: Beddies, Kinder-›Euthanasie‹, 2003, 240. Ferner Knaape, Forschung, 1989, 227. Siehe auch Müller-Hill, Genetics, 1987, 9–10; Deichmann, *Biologen*, 1995, 311–313; Weindling, Genetik, 2003, 250–252; Schwerin, *Experimentalisierung*, 2004, 281–319.
48 Hesse, *Augen aus Auschwitz*, 2001; Sachse und Massin, *Biowissenschaftliche Forschung*, 2000; Massin, Mengele, 2003; Massin, Mengele, 2006; Weindling, Mengele, 2020; Weindling, Mengele Link, 2021.
49 Heim, Agrarwissenschaft, 2002, 161–163.
50 Strebel und Wagner, *Zwangsarbeit*, 2003.
51 Ebd., 43–48; Schmaltz, *Kampfstoff-Forschung*, 2005, 164–169.
52 Heim, *Kalorien*, 2003, 121–122.
53 Niethammer, *Die Mitläuferfabrik*, 1982; Rauh-Kühne, Entnazifizierung, 1995; Henke, *Politische Säuberung*, 1981; Welsh, Revolutionärer Wandel auf Befehl?, 1989; Leßau, Entnazifizierungsgeschichten, 2020.

Entnazifizierungsverfahren auf einer Umkehr der Beweislast und nicht auf staatsanwaltschaftlichen Anklagen. Grundlage des Verfahrens bildete eine Selbstauskunft der Betroffenen, die mittels eines umfangreichen Fragebogens erbracht werden musste. Zudem konnten die Betroffenen entlastende Leumundszeugnisse beibringen, die wegen ihrer Weißwäscher-Funktion umgangssprachlich als »Persilscheine« bezeichnet wurden. Auf Grundlage der Fragebögen und der vorgelegten Entlastungsschreiben nahmen Alliierte Militärbehörden eine vorläufige Einstufung des Belastungsgrades vor und entschieden, ob die überprüften Personen in ihrer beruflichen Position verbleiben konnten, suspendiert oder entlassen werden mussten. In dem anschließenden Verfahren entschieden die Spruchkammern bzw. Hauptausschüsse über mögliche Sühnemaßnahmen.[54]

In seiner Untersuchung zu den politischen »Säuberungen« des Personals der KWG nach 1945 kommt der Historiker Richard Beyler auf Grundlage von 87 exemplarischen Fällen unterschiedlicher beruflicher Statusgruppen des KWG-Personals zu dem Ergebnis, dass nur eine relativ geringe Anzahl ehemaliger Mitarbeiter von Kaiser-Wilhelm-Instituten infolge der Entnazifizierung ihre Stellen verlor.[55] Bei höchstens 10 Prozent sei der Ausschluss endgültig gewesen, eine Größenordnung, die auch mit Unterlagen der Generalverwaltung korrespondiert, wonach im Februar 1947 von 108 erfassten Beschäftigten nur acht Personen (7 %), entlassen worden waren.[56] In keinem der 87 Fälle wurden die Beklagten in die beiden höchsten Kategorien als Hauptschuldige oder Belastete eingestuft. Gemäß den endgültigen Urteilen der Entnazifizierungsausschüsse galten eine Person als minderbelastet, 27 als Mitläufer und 49 als entlastet, und bei zehn weiteren ließ sich die endgültige Kategorisierung nicht feststellen.[57] In einigen Fällen trugen falsche Angaben, die KWI-Direktoren in ihrem Entnazifizierungs-Fragebogen machten, zu ihrer Entlastung bei. So gab Adolf Butenandt wahrheitswidrig an, er sei nur Anwärter der NSDAP gewesen, jedoch nie in die Partei aufgenommen worden.[58] Der Hirnforscher Rolf Hassler unterschlug seine seit 1933 bestehende Mitgliedschaft in der SS in dem von ihm ausgefüllten Fragenbogen.[59] Beide wurden als »entlastet« eingestuft.[60]

Bei den zwischen 1946 und 1949 in den drei westlichen Besatzungszonen aus der KWG in die MPG übernommenen Instituten waren personelle Kontinuitäten des Leitungspersonals prägend. Zur Leitungsebene zählen die Wissenschaftlichen Mitglieder, die als Abteilungsleiter oder Direktoren die Entwicklung der Institute der KWG und MPG lenkten.[61] Von der Gründung der KWG im Jahre 1911 bis zum Ende des Untersuchungszeitraums im Jahr 2002 waren dies 733 Personen, von denen 325 den Geburtsjahrgängen bis 1927 angehörten, der letzten Jahrgangskohorte, die noch in die NSDAP aufgenommen werden konnte.[62] Nach der Machtübergabe an Hitler im Jahr 1933 waren von 63 Wissenschaftlichen Mitgliedern der KWG vier in der NSDAP. Da nach der Machtübergabe im Januar 1933 massenhaft Aufnahmeanträge gestellt wurden, verhängte die NSDAP Anfang Mai eine Aufnahmesperre. Als sie diese 1937 wieder aufhob, stieg der An-

---

54 Leßau, Entnazifizierungsgeschichten, 2020, 68.
55 Von den 87 von Beyler untersuchten Fällen der KWG waren 25 Direktoren, 18 Abteilungsleiter und Wissenschaftliche Mitglieder, 24 wissenschaftliche Mitarbeiter und Assistenten, vier Techniker und Laboranten, elf nichtwissenschaftliche Mitarbeiter und fünf Beschäftigte, deren berufliche Qualifikation nicht ermittelbar war. Beyler, »Reine« Wissenschaft, 2004, 50.
56 Ebd., 21.
57 Tabelle 2: Ergebnisse der Entnazifizierungsverfahren unter dem Aspekt der NSDAP-Mitgliedschaft, siehe ebd., 48.
58 Parteistatistische Erhebung 1939 Nr. 22264, Adolf Butenandt geb. 24.3.1903, 3.7.1939, BArch R 9361-I/447; Gouvernement Militaire en Allemagne. Fragebogen Adolf Butenandt, 10.8.1945, AMPG, III. Abt., Rep. 84-1, Nr. 156, fol. 2–8 verso. Siehe auch Schieder, Spitzenforschung, 2004, 38–43, 69–74.
59 R.u.S.-Fragebogen. Sip. Nr. 90150, Rolf Hassler, geb. 3.8.1914, BArch R 9361-III/68056 und Gouvernement Militaire en Allemagne, Fragebogen Rolf Hassler, 21.3.1947, AMPG, III. Abt., Rep. 115, Nr. 333, fol. 12–12 verso.
60 Staatskommissariat für die politische Säuberung Tübingen-Lustenau. Spruchkammer für den Lehrkörper der Universität (150/KN/351/47) Spruch Adolf Butenandt, 26.2.1950, AMPG, III. Abt., Rep. 84-1, Nr. 157, fol. 4; Der Staatskommissar für politische Säuberung: Säuberungsbescheinigung (B 1492) für Rolf Hassler, 26.10.1950, AMPG, III. Abt., Rep. 115, Nr. 333, fol. 11.
61 Quellengrundlage für die personenbezogene Datenerhebung des leitenden Personals bildeten die Mitgliederverzeichnisse der KWG (1926, 1927, 1929, 1930, 1932/33 und 1940) und der MPG (1949–2002). In den Jahren 1979 und 1980 erschien kein Mitgliederverzeichnis der MPG. Zusammenstellungen der WM der MPG finden sich in: Tempelhoff und Ullmann, Mitgliederverzeichnis, 2015. Jana Tempelhoff und Dirk Ullmann gilt unser Dank für die Überlassung der Datensätze ihrer Recherche.
62 Angehörige des Geburtsjahrgangs 1928 konnten altersbedingt nicht mehr in die NSDAP aufgenommen werden. Nolzen, Jugendgenossen, 2009. – Die empirischen Ergebnisse hier und im Folgenden basieren auf der Auswertung personenbezogener Unterlagen der NSDAP im Bundesarchiv (R 9361-I) und der NSDAP Parteikorrespondenz (R 9361-II) für alle bis 1927 geborenen Wissenschaftlichen Mitglieder. Zur Datengrundlage siehe Schmaltz, Mitgliedschaften der Wissenschaftlichen Mitglieder der Kaiser-Wilhelm-Gesellschaft und der Max-Planck-Gesellschaft in der NSDAP und der SA und der SS, 2023, doi:10.25625/IYPEKX.

teil der Parteimitglieder unter den 64 Wissenschaftlichen Mitgliedern der KWG signifikant auf 19 (30 %) an. Im Zweiten Weltkrieg gehörten von den 23 neu berufenen Wissenschaftlichen Mitgliedern 13 (57 %) der NSDAP an, immerhin zehn (43 %) waren keine Parteimitglieder. Bei Kriegsende wurden 36 der 76 Wissenschaftlichen Mitglieder der KWG als NSDAP-Mitglieder geführt, was einem Anteil von 47 Prozent des Leitungspersonals entsprach. Weil die meisten Institutsdirektoren nach 1948 aus der KWG in die MPG übernommen wurden, oszillierte der Anteil ehemaliger Parteigenossen unter den Wissenschaftlichen Mitgliedern noch lange um das bei Kriegsende erreichte Niveau von 47 Prozent. 1948, im Jahr der bizonalen Gründung der MPG in der britischen und amerikanischen Besatzungszone, hatten von den zunächst 37 Wissenschaftlichen Mitgliedern der MPG 16 (48 %) der Partei angehört, 17 (52 %) nicht. Damit lag der Anteil der ehemaligen NSDAP-Mitglieder bei den Wissenschaftlichen Mitgliedern im Gründungsjahr der MPG ein Prozent höher als bei der KWG bei Kriegsende.

Die Entnazifizierungsverfahren hatten demnach auf der Leitungsebene ihre Wirkung verfehlt. In der Berufungspolitik der MPG spielte die NS-Belastung der zu Direktoren ernannten Wissenschaftler offensichtlich keine Rolle. Nachdem der Deutsche Bundestag im Dezember 1950 Richtlinien zum Abschluss der Entnazifizierung beschlossen hatte, stieg der Anteil der ehemaligen NSDAP-Mitglieder bei den Neuberufungen von Wissenschaftlichen Mitgliedern nochmals deutlich an. Im Jahre 1952 hatte die MPG wieder so viele Wissenschaftliche Mitglieder wie die KWG 1945: insgesamt 76. Unter den zehn Neuberufenen in diesem Jahr waren sieben ehemalige NSDAP-Mitglieder. Daraufhin stieg ihr Anteil bei den Wissenschaftlichen Mitgliedern 1952 auf 49 Prozent an und lag damit zwei Prozentpunkte höher als bei Kriegsende. Nimmt man die Jahre 1957 und 1960 aus, stieg die Anzahl ehemaliger NS-Parteigenossen in absoluten Zahlen seit der Gründung der MPG im Jahre 1948 von Jahr zu Jahr an. 1967 waren von 155 Wissenschaftlichen Mitgliedern noch 63 ehemalige NSDAP-Mitglieder, was einem Anteil von 41 Prozent entsprach. Dieser Trend kehrte sich erst 1969 um. Fortan war die absolute Zahl ehemaliger Parteimitglieder rückläufig oder stagnierte.[63]

Die Trendwende hatte zwei Ursachen. Zum einen schieden die NS-Belasteten ab 1968 kontinuierlich aus Altersgründen aus der MPG aus; zum anderen waren immer mehr Neuberufene nach 1928 geboren, die aufgrund ihres Alters keine Parteimitglieder sein konnten. Das letzte ehemalige NSDAP-Mitglied unter den aktiven Wissenschaftlichen Mitgliedern der MPG wurde im Jahre 1996 emeritiert. Es handelte sich um den vormaligen Präsidenten der MPG Heinz A. Staab.[64]

6.4.3 Im Abwehrmodus: Kriegsverbrecherprozesse, »Wiedergutmachungs«- und Restitutionsverfahren

Sowohl in den individuellen Entnazifizierungsverfahren als auch in der administrativen Interaktion zwischen der KWG bzw. MPG mit alliierten und deutschen Behörden, Spruchkammern und Gerichten bildeten sich ab 1945 in einem kommunikativen Prozess vergangenheitspolitische Redeweisen und Topoi heraus, die individuell angepasst und situativ modifiziert wurden. Erfolgreiche apologetische Rhetoriken, Legitimations- und Verteidigungsstrategien gingen in den institutionellen vergangenheitspolitischen Diskurs der KWG und MPG ein.[65] Neben der Tabuisierung und dem Beschweigen der NS-Vergangenheit hat die historische Forschung die »semantischen Umbauten«[66] und »rhetorischen Strategien«[67] analysiert und aufgezeigt, wie diese dazu beitrugen, die personellen und institutionellen Kontinuitäten des Wissenschaftsbetriebs herzustellen.[68] Sowohl auf individueller wie auf institutioneller Ebene wurden hierbei die Sphären von Politik und Wissenschaft diskursiv scharf voneinander abgetrennt. Die politische Sphäre wurde eng auf nationalsozialistische Parteipolitik eingeschränkt und wissenschaftspolitisches Engagement oder wissenschaftliche Einflüsse auf die Politik ausgeblendet.[69]

Geradezu idealtypisch verdichtet formulierte Max Planck im Juni 1945 als kommissarischer Präsident der KWG diese rhetorische Strategie, wenige Wochen nach der militärischen Niederlage des NS-Regimes, in einem Schreiben an die Alliierte Wissenschaftliche Kommission. Die KWG habe, so Planck, »auch während des Krieges ihre eigentliche Aufgabe, die Grundlagenforschung

---

63 Zur Veranschaulichung dieser Entwicklung siehe unten, Anhang, Grafik 2.7.1.
64 NSDAP-Gaukarteikarte Nr. 9677201, Heinz Staab, geb. 26.3.1926, BArch R 9361-IX KARTEI/42241030.
65 Hachtmann, *Wissenschaftsmanagement*, 2007, 1101, 1159.
66 Bollenbeck und Knobloch, *Semantischer Umbau*, 2001.
67 Ash, Verordnete Umbrüche, 1995, 914.
68 Ebd. und Sachse, »Persilscheinkultur«, 2002, 217–218.
69 Schüring, *Kinder*, 2006, 269–273; Maier, »Unideologische Normalwissenschaft«, 2002; Beyler, »*Reine« Wissenschaft*, 2004, 29–30; Hachtmann, *Wissenschaftsmanagement*, 2007, 1159–1160.

6. Selbstverständnis, Selbstdarstellung und Vergangenheitspolitik

zu fördern, unbeirrt von den Forderungen des Krieges« erfüllt und »sich unter der nationalsozialistischen Regierung ihre völlige Unabhängigkeit und ihre wissenschaftliche Selbständigkeit erhalten«.[70] Der Generalsekretär der KWG Ernst Telschow ging noch weiter und erklärte unter dem Eindruck einer möglichen Auflösung der KWG diese zu einem Hort des Widerstands gegen das NS-Regime. Die KWG habe »in den letzten Jahren einen ständigen Kampf um ihre Erhaltung und ihre Selbständigkeit geführt« und es »wäre absurd, wenn gerade jetzt durch die Alliierten ein Unternehmen aufgelöst würde, das sich in seinem Kampf gegen die Regierung des Dritten Reichs erfolgreich behauptet hat«.[71] Ein nichtsystemkonformes Verhalten oder kritische Äußerungen wurden in Selbstdarstellungen retrospektiv zu systemoppositionellem Verhalten oder aktivem Widerstand gegen das NS-Regime überhöht.[72]

Neben der Leugnung und Relativierung des Schicksals der verfolgten jüdischen Wissenschaftler:innen stritten Funktionäre der MPG jegliche Beteiligung der KWG an verbrecherischen Handlungen der NS-Besatzungspolitik ab. So behauptete Telschow in seiner Korrespondenz mit alliierten Dienststellen im Mai 1947, die KWG habe in den besetzten Gebieten »keine besonderen Arbeiten durchgeführt« und »es auch immer abgelehnt, wissenschaftliche Einrichtungen, Bibliotheken und sonstiges wissenschaftliches Material, das von den deutschen Behörden in den besetzten Ländern beschlagnahmt war, zu übernehmen oder auch nur leihweise aufzunehmen oder zu beherbergen«.[73] Telschow leugnete dies wider besseres Wissen, ebenso wie den Raub wertvoller Saatgutsammlungen durch das KWI für Züchtungsforschung in den besetzten Gebieten der Sowjetunion.[74]

Die von der US-amerikanischen Militärjustiz zwischen 1946 und 1949 gegen Angehörige der Funktionseliten aus Industrie, Militär, Ministerien, Diplomatie, der NSDAP und dem NS-Terrorapparat durchgeführten Nürnberger Kriegsverbrecherprozesse eröffneten administrativ-rechtliche und diskursive Handlungsfelder der Vergangenheitsbearbeitung, in denen mehrere Institutsdirektoren der KWG als Zeugen und Gutachter der Verteidigung in Erscheinung traten. Vor allem Nobelpreisträger unter den Direktoren der KWG, wie Adolf Butenandt und Otto Hahn, waren begehrte Zeugen der Verteidigung. Ihre international anerkannte akademische Reputation verlieh ihnen vor Gericht als Zeuge Autorität und besonderes Gewicht. Ihre Aussagen und Gutachten beanspruchten, rational und auf wissenschaftlicher Basis zu argumentieren. Sie galten deshalb als objektiv und unparteiisch, wenn sie als Zeugen der Verteidigung schriftliche eidesstattliche Erklärungen abgaben oder im Gericht persönlich vernommen wurden. Die Verteidigung versuchte damit, das soziale und symbolische Kapital der Direktoren der KWG für ihre Mandanten zu nutzen.

Für den im Nürnberger Ärzteprozess angeklagten ehemaligen Chef des Sanitätswesens der Luftwaffe Oskar Schröder und für dessen Referenten für luftfahrtmedizinische Forschung Hermann Becker-Freyseng, denen eine Mittäterschaft an Fleckfieber-Experimenten an Häftlingen des KZ Natzweiler zur Last gelegt wurde, lieferte Adolf Butenandt eine von der Verteidigung vorstrukturierte entlastende eidesstattliche Erklärung.[75] Im Februar 1948 sagte Butenandt auch in dem Verfahren gegen den im IG-Farben-Prozess angeklagten Heinrich Hörlein aus, der ab 1941 auch Schatzmeister der KWG gewesen war.[76] Dem für die Entwicklung von Pharmazeutika Verantwortlichen wurde vorgeworfen, Menschenversuche in Konzentrationslagern gefördert zu haben. Bei den Experimenten waren Häftlinge vorsätzlich mit Fleckfieber-Erregern infiziert worden, um die Wirkung von Präparaten der IG Farbenindustrie als mögliche Heilmittel zu erproben.[77] Hörlein wurde aus Mangel an Be-

---

70 Max Planck an die Alliierte Wissenschaftliche Kommission über Royal Monceau, 25.6.1945, AMPG, II. Abt., Rep. 102, Nr. 108, fol. 641–643, hier fol. 641; Hachtmann, *Wissenschaftsmanagement*, 2007, 1160, 1164.
71 Vermerk, 13.6.1956, AMPG, II. Abt., Rep. 102, Nr. 32, fol. 15–16 verso. Siehe auch irrtümlich mit dem Datum vom 8.3.1946 versehen in: Hachtmann, Wissenschaftsmanagement, 2007, 1165.
72 Prominentes Beispiel hierfür ist Max Plancks Darstellung seines Antrittsbesuchs bei Hitler am 16. Mai 1933, bei dem der Präsident der KWG ein Wort zugunsten des zum Rücktritt gezwungenen Direktors des KWI für physikalische Chemie Fritz Haber einzulegen versucht habe. Siehe dazu Planck, Mein Besuch bei Adolf Hitler, 1947. Siehe hierzu kritisch Albrecht, Besuch bei Adolf Hitler, 1993; Schmaltz, *Kampfstoff-Forschung*, 2005, 68–71; Hachtmann, *Wissenschaftsmanagement*, 2007, 381–387.
73 Ernst Telschow, Antwort auf die Fragen, 18.5.1947, AMPG, II. Abt., Rep. 102, Nr. 43, fol. 3–4.
74 Heim, *Kalorien*, 2003, 42–49 u. 229–237.
75 Fragen zur eidesstattlichen Erklärung, 21.4.1947, AMPG, III. Abt., Rep. 84-1, Nr. 627, fol. 146–147; Butenandt an Marx, 4.7.1947, ebd., fol. 145 recto.
76 Direktes Verhör Adolf Butenandt, 2.2.1948, Zentrum für Antisemitismusforschung (Berlin), Vereinigte Staaten gegen Carl Krauch et al., Nürnberger I.G.-Farben-Prozess (Fall VI), Wortprotokoll (dt.), Bl. 6229–6258.
77 *Trials of War Criminals*, Vol. VIII. I.G. Farben Case, 1952, 202–205; Lindner, *Hoechst*, 2005, 326–328. Unkritisch hingegen Zummersch, *Heinrich Hörlein*, 2019, 294–298.

weisen in diesem Punkt freigesprochen, weil ihm juristisch keine direkte Mittäterschaft an den KZ-Versuchen nachgewiesen werden konnte.[78] Der Historiker Stefan Lindner geht jedoch mit an Sicherheit grenzender Wahrscheinlichkeit davon aus, dass Hörlein von den Fleckfieber-Versuchen an KZ-Häftlingen wusste, obwohl er dies im Nürnberger I.G.-Farben-Prozess vehement bestritten hatte.[79] Nach seiner Haftentlassung bedankte sich Hörlein bei Butenandt im August 1948 mit den Worten: »Sie haben als mein erster Zeuge in Nürnberg den Ring gebrochen, den die Anklage mit der falschen Übersetzung des Wortes ›Versuch‹ um mich legen wollte, wofür ich Ihnen zeitlebens verpflichtet sein werde.«[80] Kurz gesagt war die MPG Teil eines Schweige- und Entlastungskartells, das weit über die Wissenschaft hinausreichte.

Neben den Entnazifizierungsverfahren und den Nürnberger Kriegsverbrecherprozessen bildeten die Restitutions- und Wiedergutmachungsprozesse juristisch und vergangenheitspolitisch ein weiteres Terrain der Auseinandersetzung mit den Folgen der NS-Diktatur. Die in den 1950er-Jahren von Holocaust-Überlebenden angestrengten Restitutionsforderungen zielten auf eine Rückgabe von Grundstücken und Immobilien der Generalverwaltung in Göttingen, die von ihren jüdischen Eigentümern zwischen 1937 und 1939 scheinlegal geraubt worden waren, um für die im Zuge der forcierten Luftrüstung des NS-Regimes expandierende Aerodynamische Versuchsanstalt (AVA) Erweiterungsflächen und Unterkünfte zu verschaffen.[81] Die von Angehörigen der ermordeten Alteigentümer erhobenen Entschädigungs- und Restitutionsforderungen betrafen zwei von der MPG verwaltete Grundstücke des Rechtsanwalts Dr. Walter Schwabe in der Marienstraße und am Brauweg 27, ein Grundstück der Göttinger Schuhfabrikanten Max und Nathan Hahn in der Bunsenstraße 16 sowie ein Grundstück in der Bunsenstraße 18, dessen Alteigentümer der Bremer Kaufmann Wilhelm Trull war.[82] In den von der MPG vermieteten Wohnungen wohnten nach Kriegsende die Physiker Carl Friedrich von Weizsäcker und Karl Wirtz vom Max-Planck-Institut für Physik, der Physiker Max von Laue sowie der Direktor der Abteilung Reibungsforschung des Max-Planck-Instituts für Strömungsforschung Georg Vogelpohl.[83] Juristen der AVA, die ab Mai 1953 wieder als Verein der MPG angehörte, wiesen sämtliche Restitutionsansprüche der Erben der Opfer und der Überlebenden der Shoah zurück. Keine der jüdischen Familien erhielt eine Entschädigung. Die Gerichte werteten die Enteignungen nicht als spezifisches NS-Unrecht.[84]

Laut Michael Schüring ist kein Fall dokumentiert, in dem die Generalverwaltung der MPG aus eigener Initiative, »unaufgefordert, an vertriebene Mitarbeiter herangetreten ist, um bei der Formulierung und Durchsetzung« ihrer Ansprüche auf Wiedergutmachung und Entschädigung »behilflich zu sein«.[85] Rechtliche Schwierigkeiten in der Entschädigungspraxis resultierten daraus, dass es sich bei der MPG nicht um eine Institution öffentlichen Rechts, sondern um einen privatrechtlichen Verein handelte. Das 1951 verabschiedete »Gesetz zur Regelung der Wiedergutmachung nationalsozialistischen Unrechts für Angehörige des öffentlichen Dienstes« fand deshalb nach Auffassung der MPG auf ehemalige Beschäftigte der KWG keine Anwendung.[86]

In vielen Fällen mussten die vertriebenen Wissenschaftler:innen der KWG ihre Ansprüche juristisch gegen die MPG durchsetzen. Von den 37 Betroffenen oder deren Angehörigen, die Wiedergutmachungsleistungen bei der MPG beantragten, wurden 19 Anträge abgelehnt. In 18 Fällen gewährte die MPG Ruhegehälter, Vorschuss-

---

78 Lindner, Das Urteil, 2013, 110–113; *Trials of War Criminals, Vol. VII. I.G. Farben Case*, 1953, 1169–1172.
79 Lindner, *Hoechst*, 2005, 328.
80 Hörlein an Butenandt, August 1948, AMPG, III. Abt., Rep. 84-1, Nr. 286, fol. 245. Siehe auch Johnson, *New Dahlems*, 2023.
81 Zum Ausbau der Aerodynamischen Versuchsanstalt ab 1933 siehe Schmaltz, Luftfahrtforschung, 2016, 329–337; Epple und Schmaltz, Das Max-Planck-Institut für Dynamik und Selbstorganisation, 2010; Trischler, *Luft- und Raumfahrtforschung*, 1992, 199–203.
82 Zu den Restitutionsverfahren siehe die Akten GOAR 772 und AK-21266 im Zentralen Archiv des Deutschen Luft- und Raumfahrtzentrums in Göttingen (ZA DLR), sowie Niedersächsisches Landesarchiv (NLA), Abteilung Hannover (HA), Nds. 720 Göttingen, Acc. 2009/129, Nr. 214, Bd. 1 und Nds. 720 Göttingen, Acc. 2009/129, Nr. 108, Bd. 2. Zu den Biografien von Max und Nathan Hahn und deren Verfolgung siehe Ferera und Tollmien, *Vermächtnis*, 2015.
83 Scientific Branch Göttingen: Mieter der Wohnungen im Wohnhaus Bunsenstrasse 16, 6.6.1950, ZA DLR, AK-21266. Ob die Mieter der Wohnungen von dem Verfolgungsschicksal der früheren Eigentümer Kenntnis hatten und über das Restitutionsverfahren informiert waren, geht aus den bekannten Akten nicht hervor.
84 Der Eigentumstransfer der Grundstücke und Gebäude sei nicht aufgrund diskriminierender Erlasse zur »Arisierung« jüdischen Vermögens erfolgt, sondern weitgehend auf Grundlage Preußischer Enteignungsgesetze von 1874 und 1922. Siehe dazu Entscheidung des Obersten Rückerstattungsgerichts Herford. Zweiter Senat in Sachen Dr. Walter Schwabe gegen 1. Deutsches Reich vertreten durch die Oberfinanzdirektion Hannover, 2. Aerodynamische Versuchsanstalt (ORG/II/75 - 2 W 359/52; 32/33 WgK 543/50), gez. H.G. Bechmann, M.G.A. Edgley, C. v. Lorck, M.F.P. Herchenroder, P.P. Fuchs, 13.12.1957, Bl. 1–2, ZA DLR, AK-21266.
85 Schüring, *Kinder*, 2006, 146.
86 Ebd., 180.

zahlungen oder Abfindungen, davon in 14 Fällen jedoch erst im Rahmen eines rechtlichen Vergleichs nach häufig für die Antragsteller:innen mühsamen Verhandlungen und belastenden rechtlichen Auseinandersetzungen.[87] Schüring kommt zu dem Schluss, dass »die Generalverwaltung in allen dokumentierten Fällen lavierte und beschwichtigte, sich eng an fremd- und selbstgesetzten Vorschriften orientierte und dann zuweilen nach beharrlichem Insistieren der Betroffenen Bereitschaft zeigte, die Verwaltungslogik durch unorthodoxe Lösungen in deren Sinne zu brechen«.[88]

Nach Abschluss der Entnazifizierungsverfahren sowie der Entschädigungs- und Restitutionsprozesse kehrte Ende der 1950er-Jahre für die MPG vergangenheitspolitisch für lange Zeit Ruhe ein. Anfang der 1970er-Jahre holte die MPG die NS-Vergangenheit ihrer Vorgängerorganisation wieder ein. Die erneute Auseinandersetzung ging weder von NS-Verfolgten noch von studentischer Seite aus, die an den westdeutschen Universitäten Ordinarien mit ihrer NS-Vergangenheit konfrontiert hatten. Diesmal wurde die MPG von ganz anderer Seite öffentlich angegangen.

6.4.4 Die Attacke von Scientology als Wendepunkt?[89]

Im August 1972 veröffentlichte die von der Scientology-Sekte herausgegebene Zeitung *Freiheit. Unabhängige Zeitung für Menschenrechte* in ihrer ersten Ausgabe mehrere anonyme Artikel, in denen Wissenschaftlern der Deutschen Forschungsanstalt (DFA) für Psychiatrie (Kaiser-Wilhelm-Institut)[90] schwere Verbrechen zur Last gelegt wurden: Sie hätten an NS-»Euthanasie«-Opfern ein »Fünf-Jahres-Experiment« durchgeführt und zu diesem Zweck eine »mikroskopische Untersuchung von Gehirnabstrichen frischer Kinderleichen der Nervenheilanstalt Haar« vorgenommen.[91] Dankbar hätten sie einige »hundert Kilogramm von frischen und blutigen Kindergehirnen akzeptiert«. Weiter wurde behauptet, der Direktor der DFA für Psychiatrie Ernst Rüdin habe die von dem Arzt Alfred Ploetz in München begründete Tradition der Rassenhygiene mit vielen Nachfolgern fortgesetzt.[92] In dem MPI für Psychiatrie existiere immer noch eine »Abteilung für Psychiatrie und Rassenhygiene«, die institutionell in ungebrochener Kontinuität der NS-Wissenschaft tätig sei: »Die Psychiatrie am Max-Planck-Institut hat sich seit den Tagen der Menschen-Experimente und Todeslager unter der Leitung des leitenden Psychiaters kaum verändert«, behauptete Scientology, auch wenn die »Lieferungen menschlicher Geschlechtsorgane, die jungen Mädchen in den örtlichen Heilanstalten aus den Unterleibern gerissen wurden«, ebenso wie die »frischen und warmen Kinderhirne der psychiatrischen Institution am Rande Münchens« nicht mehr an das Institut geliefert würden, seien doch »viele der psychiatrischen Praktiken« geblieben.[93] Die gegen das MPI für Psychiatrie in der Scientology-Zeitung erhobenen Vorwürfe vermischten historische Fakten mit Halbwahrheiten, abstrusen und erfundenen Horrorgeschichten. Die Artikel bildeten den Auftakt zu einer längeren Scientology-Kampagne gegen das MPI für Psychiatrie, in der nationalsozialistische Medizinverbrechen öffentlichkeitswirksam instrumentalisiert wurden. Versuche, psychiatrische Behandlungsmethoden pauschal als Menschenrechtsverletzungen und prinzipiell kriminelle Praktiken zu delegitimieren, bilden ein Kernelement der Scientology-Ideologie und dienen der Rekrutierung neuer Mitglieder.[94]

Im August 1972 beantragte der damalige Geschäftsführende Direktor des MPI für Psychiatrie, Gerd Peters, beim Landgericht München gegen die Artikel eine einstweilige Verfügung. Als Beweismittel legte der von der MPG beauftragte Rechtsanwalt dem Gericht zwei eidesstattliche Erklärungen vor. Eine stammte von Peters selbst

---

87 Ebd., 183–188.
88 Ebd., 154.
89 Für eine ausführliche Darstellung der im folgenden skizzierten Scientology-Kampagne gegen das MPI für Psychiatrie siehe Schmaltz, Brain Research, 2023.
90 Die 1917 gegründete Deutsche Forschungsanstalt für Psychiatrie war am 18. März 1924 in die KWG aufgenommen worden. Seitdem führte es den Namenszusatz Kaiser-Wilhelm-Institut. 1954 wurde die Deutsche Forschungsanstalt für Psychiatrie in die MPG aufgenommen und 1966 in Max-Planck-Institut für Psychiatrie (Deutsche Forschungsanstalt für Psychiatrie) umbenannt. Weber, Forschungsinstitut für Psychiatrie, 1991, 80; Henning und Kazemi, *Handbuch*, 2016, 1370, 1380 u. 1385.
91 Wir sind jung – wir wagen nicht zu vergessen, *Freiheit. Unabhängige Zeitung für Menschenrechte. Scientology*, 1972, 1. Zu den Hintergründen der antipsychiatrischen und vergangenheitspolitischen Scientology-Kampagne gegen das MPI für Psychiatrie und die Unterlassungsklage der MPG hiergegen siehe ausführlicher Schmaltz, Brain Research, 2023, 245–255.
92 Wir sind jung – wir wagen nicht zu vergessen, *Freiheit. Unabhängige Zeitung für Menschenrechte. Scientology*, 1972, 1.
93 Höchste Zeit, daß sich etwas ändert. Erster entsetzender Bericht der Kommission für Menschenrechte, *Freiheit. Unabhängige Zeitung für Menschenrechte. Scientology*, 8.1972, 3.
94 Whitehead, *Scientology*, 1975; Harley und Kieffer, Development, 2009; Thomas, *Auditing in Contemporary Scientologies*, 2019.

und eine weitere von Edith Zerbin-Rüdin, der Tochter Ernst Rüdins, die Leiterin der Forschungsgruppe Psychiatrische Genetik am Theoretischen Institut des MPI für Psychiatrie war.⁹⁵ Sie waren von zentraler Bedeutung für den Erfolg der Unterlassungsklage gegen Scientology. Peters und Zerbin-Rüdin leugneten sowohl die Beteiligung ihrer Vorgänger und Verwandten an den »Euthanasie«-Verbrechen als auch die unethische Verwendung von Opfergehirnen in der Forschung.⁹⁶ Edith Zerbin-Rüdin bestritt in ihrer Aussage vehement jegliche Verbindungen zwischen den »Euthanasie«-Mordaktionen und der DFA für Psychiatrie. Ihr Vater habe vielmehr heftig gegen die NS-»Euthanasie« protestiert, »als er inoffiziell davon erfuhr«.⁹⁷

Die historische Forschung hat keine Belege für diese entlastenden Behauptungen gefunden. Im Gegenteil hat sie gezeigt, dass Ernst Rüdin es im Dezember 1939 und im Sommer 1940 ablehnte, Initiativen von Anstaltsleitern zu unterstützen, gegen die »Euthanasie«-Tötungen zu protestieren.⁹⁸ Im Oktober 1942 hatte Rüdin Reichsgesundheitsführer Leonardo Conti ein Forschungsprojekt vorgeschlagen, das klären sollte, welche Kleinkinder »einwandfrei als minderwertig eliminationswürdig charakterisiert werden« können, um sie im Rahmen der NS-»Euthanasie« zu töten.⁹⁹ Rüdins an der DFA für Psychiatrie tätiger Mitarbeiter Julius Deussen führte zwischen 1943 und 1945 an der Universität Heidelberg ein in diesem Kontext stehendes Forschungsprojekt an 52 psychisch kranken und behinderten Kindern durch, das aus dem Haushalt der DFA für Psychiatrie gefördert wurde.¹⁰⁰ Rüdin verfolgte, wie der Medizinhistoriker Volker Roelcke resümiert, eine Politik, »die unter den spezifischen Bedingungen des Nationalsozialismus und des Krieges die systematische Tötung von kranken Menschen nicht nur in Kauf nahm, sondern zum erklärten Ziel hatte«.¹⁰¹

Gleichwohl hielt das Landgericht München den Abwehranspruch der MPG für berechtigt, dass »angesehene Wissenschaftler des K.W.I. bei der ›dankbaren‹ Entgegennahme der frischen Kindergehirne von den heimtückischen Kindermorden ihrer psychiatrischen Kollegen gewußt« hätten.¹⁰² Nachdem es bereits am 18. August 1972 eine einstweilige Verfügung gegen den Chefredakteur der Freiheit, Hermann Brendel, erlassen hatte,¹⁰³ bestätigte es in seinem erstinstanzlichen Urteil vom 6. August 1973 die Verbotsverfügung und präzisierte dies in einigen Punkten.¹⁰⁴ Den Berufungsantrag des Anwalts von Scientology wies das Bayerische Oberlandesgericht in seinem endgültigen Urteil vom 18. August 1974 als unbegründet zurück.¹⁰⁵ Ein Abschluss des Rechtsstreits wurde im April 1975 mit einer außergerichtlichen Einigung erzielt, in der sich Scientology verpflichtete, die Aussagen und Werturteile nicht zu wiederholen. Im Gegenzug verzichtete die MPG auf alle Rechte und Ansprüche aus der einstweiligen Verfügung und dem rechtskräftigen Urteil und erklärte sich bereit, die Kosten für die Anwaltshonorare und die Hälfte der Gerichtskosten zu tragen.¹⁰⁶

Der Rechtsstreit zwischen der MPG und Scientology implizierte neben der gegenwärtigen Forschung des MPI für Psychiatrie auch die historischen Problematiken der NS-Vergangenheit der KWG, über welche die Richter des Landgerichts München in ihrem Urteil mitentschieden, ohne historisch-fachliche Expertise eingeholt zu haben. Der Wahrheitsgehalt der Aussagen von Peters und Zerbin-Rüdin blieb unhinterfragt. Weder die Leugnung jeglicher Verbindungen der DFA für Psychiatrie zur NS-»Euthanasie« noch die Behauptung, Ernst Rüdin sei ein

---

95 Edith Zerbin-Rüdin hatte von 1941 bis 1945 in München Medizin studiert. Ab 1947 arbeitete sie in der Abteilung für Genealogie and Demographie der Deutschen Forschungsanstalt, später am MPI für Psychiatrie. 1972 wurde sie habilitiert und erhielt 1978 eine außerordentliche Professur an der Ludwig-Maximilians-Universität. Siehe AMPG, IX. Abt., Rep. 1, Edith Zerbin-Rüdin.
96 Erklärung von Gerd Peters, 12.8.1972, APsych, Nachlass Detlev Ploog (DP) 187 (= BC 531187), fol. 106.
97 Erklärung von Edith Zerbin-Rüdin, 14.8.1972, ebd., fol. 112–113.
98 Schmuhl, Gesellschaft, 2016, 318–319; Roelcke, Psychiatrische Wissenschaft, 2000, 131–132; Roelcke, Ernst Rüdin, 2012, 307; Klee, »Euthanasie« im Dritten Reich, 2010, 117–118, 185. Mit einer apologetischen Interpretation: Weber, Ernst Rüdin, 1993, 272.
99 Rüdin an Walter Schütz (Verbindungsstelle des Reichsgesundheitsführers), 23.10.1942, APsych, Genealogisch-Demographische Abteilung (GDA) 8.
100 Roelcke, Hohendorf und Rotzoll, Erbpsychologische Forschung, 1998; Roelcke, Psychiatrische Wissenschaft, 2000; Roelcke, Ernst Rüdin, 2012.
101 Roelcke, Psychiatrische Wissenschaft, 2000, 149.
102 Landgericht München I (Az 30 O 106/73): Urteil im Rechtsstreit MPG gegen Hermann Brendel, 6.8.1973, Bl. 13–14, APsych, DP 187 (= BC 531187), fol. 45–46.
103 Ausführlicher: Schmaltz, Brain Research, 2023.
104 Landgericht München I (Az 30 O 106/73): Urteil, 6.8.1973, APsych, DP 187 (= BC 531187), fol. 39–59.
105 Bayerisches Oberlandesgericht München (Az 30 O 106/73): Endurteil im Rechtsstreit MPG gegen Hermann Brendel, 18.3.1974, ebd., fol. 11–31, hier fol. 20.
106 Terminbericht: MPG gegen Brendel vor dem OLG, Az. 99UU 1007/75, 15.4.1975, APych, DP 188 (= BC 531188), fol. 590–594.

Gegner der NS-»Euthanasie« gewesen, entsprachen den historischen Tatsachen.[107]

An der wissentlichen Nutznießerschaft der Lieferung von rund 1.500 Gehirnen von »Euthanasie«-Opfern aus den Heil- und Pflegeanstalten Eglfing-Haar, Hildburghausen, Ansbach, Kaufbeuren sowie zahlreichen Krankenhäusern und psychiatrischen Kliniken können im Fall des Direktors des Hirnpathologischen Instituts Willibald Scholz keine Zweifel bestehen. Aus der seit 1926 der DFA für Psychiatrie institutionell angegliederten Prosektur in Eglfing-Haar stellte der seit 1936 dort tätige Leiter Hans Schleussing zusammen mit seiner Stellvertreterin Barbara Schmidt sicher, dass während des Zweiten Weltkrieges rund 500 Gehirne geliefert wurden, von denen nach derzeitigem Kenntnisstand etwa die Hälfte von Opfern der dezentralen »Euthanasie« und der »Kindereuthanasie« stammten.[108]

Der zivilrechtliche Prozess der MPG gegen Scientology vor dem Landgericht München von 1972 bis 1975 stellt in gewisser Weise einen Wendepunkt in der vergangenheitspolitischen Auseinandersetzung der MPG mit ihrer Vorgängerorganisation dar. Zum ersten Mal trat die MPG aus eigener Initiative als Klägerin in einen Rechtsstreit um die NS-Vergangenheit der Kaiser-Wilhelm-Gesellschaft ein. Bis dahin waren die MPG oder ihre Mitarbeiter Beklagte in Entnazifizierungsverfahren, Restitutionsprozessen oder Entschädigungsfällen gewesen. Der Rechtsstreit mit Scientology führte jedoch innerhalb der MPG keineswegs zu einer aktiven Auseinandersetzung mit der NS-Vergangenheit der KWG. Im Gegenteil. Er erschwerte es leitenden Wissenschaftler:innen und Entscheidungsträger:innen der MPG in der Generalverwaltung, ihre mentalen Blockaden aufzulösen und Abwehrhaltungen gegenüber einer selbstkritischen historischen Aufarbeitung zu überwinden. Auch wenn die MPG nicht mehr Beklagte war, verblieb die Vergangenheitsbearbeitung durch das Scientology-Verfahren weiter im Modus einer juristischen Konfliktaustragung. Dies verzögerte den Beginn einer unvoreingenommenen und kritischen Geschichtsforschung über die Beteiligung von Wissenschaftler:innen der KWG an nationalsozialistischen Verbrechen und zu der Frage, welchen Nutzen die Forschung aus den Möglichkeiten gezogen hatte, die ihr das NS-Regime geboten hatte.

Sieht man von der Kampagne der Scientology-Sekte gegen das MPI für Psychiatrie einmal ab, blieb der MPG eine öffentliche Debatte über die NS-Vergangenheit ihrer Vorgängerorganisation KWG und deren Wissenschaftler:innen bis in die 1980er-Jahre erspart. Dies unterschied die MPG deutlich von den bundesdeutschen Universitäten. Dort kritisierten Studierende ab Mitte der 1960er-Jahre die mangelnde Selbstaufklärung der Universitäten und konfrontierten Hochschullehrer mit ihrer NS-Vergangenheit, was mancherorts zu heftigen politischen Auseinandersetzungen führte.[109]

Während einige Universitätsleitungen abwehrend reagierten, gaben die Universitäten Tübingen, München, Heidelberg, Bonn, Münster, Marburg und die Freie Universität (FU) Berlin dem politischen Druck nach und veranstalteten zwischen 1964 und 1966 Vorlesungsreihen zur Geschichte der deutschen Universitäten im »Dritten Reich«.[110] Trotz der berechtigten Kritik an der beschwichtigenden Tendenz der meisten dort gehaltenen Vorträge als »hilflosen Antifaschismus«[111] bleibt festzuhalten, dass es in der MPG in den 1960er-Jahren keine vergleichbaren Bemühungen gab, sich mit der NS-Vergangenheit der KWG auseinanderzusetzen.

Als einziger Wissenschaftler aus der MPG beteiligte sich der Direktor des MPI für Biologie, Georg Melchers, an der Ringvorlesung der Universität Tübingen. Mit seinem Vortrag über »Biologie im Nationalsozialismus« versuchte Melchers, das umstrittene Konzept von »Menschenrassen« als genetisch relativ homogene Gruppen gegen seinen ideologischen »Missbrauch« im NS-Regime durch die Unterscheidung in höhere und niedere »Rassen« im Sinne einer rettenden Kritik abzugrenzen.[112] Auf

---

107 Das von dem am MPI für Psychiatrie tätigen Mediziner und Archivar Matthias M. Weber noch in den 1990er-Jahren unkritisch übernommene Narrativ der Zeitzeug:innen, es hätten keine direkten und fördernden Verbindungen der DFA für Psychiatrie zur NS-»Euthanasie« bestanden, kann als wissenschaftlich widerlegt gelten. Weber, *Ernst Rüdin*, 1993, 270–279; Weber, Rassenhygienische und genetische Forschungen, 2000, 107–110; Weber, Psychiatric Research, 2000, 255–256. Siehe dazu die kritischen Widerlegungen durch Roelcke, Psychiatrische Wissenschaft, 2000, 138–139; Roelcke, Ernst Rüdin, 2012 und Schmuhl, *Gesellschaft*, 2016, 300–302, 309–310.
108 Peiffer, Neuropathologische Forschung, 2000, 158; Steger, Neuropathological Research, 2006, 139. Zur Verbindung der Prosektur mit der DFA für Psychiatrie und den Gehirn-Lieferungen siehe Kinzelbach et al., Routinebetrieb, 2022, 347.
109 Exemplarisch zur Universität Tübingen: Planert et al., »Verübt, verdrängt, vergessen«, 1990. Siehe auch die Dokumentation Rolf Seeligers zu seinen Versuchen, Lehrstuhlinhaber zu ihrer NS-Vergangenheit zu befragen: Seeliger, *Braune Universität*, 1964.
110 Lammers, Auseinandersetzung mit der »braunen« Universität, 2000; Thamer, NS-Vergangenheit, 1998. Die Vorträge der Vorlesungsreihen in Tübingen, München und West-Berlin wurden veröffentlicht in: *Deutsches Geistesleben und Nationalsozialismus*, 1965; Roegele, Student im Dritten Reich, 1966; Freie Universität Berlin, *Universitätstage*, 1966.
111 Haug, Der hilflose Antifaschismus, 1967.
112 Melchers, Biologie, 1965.

die Geschichte seines Instituts oder die anthropologische und rassenbiologische Forschung der KWG in der NS-Zeit ging Melchers in seinem Vortrag allerdings ebenso wenig ein wie auf die ihm seit 1949 bekannte Tatsache, dass Karin Magnussen, ehemalige Mitarbeiterin des KWI für Anthropologie, menschliche Erblehre und Eugenik, für ihre erbbiologischen Untersuchungen an Zwillingen mit heterochromatischer Irisfärbung von Josef Mengele Augen von Sinti und Roma geliefert bekommen hatte, die in Auschwitz ermordet worden waren.[113]

6.5 Die Institutionalisierung von Selbstverständnis und Selbstdarstellung

6.5.1 Die Gründung der Abteilung Presse und Öffentlichkeitsarbeit[114]

Die Professionalisierung von Öffentlichkeitsarbeit und der Ausbau der Wissenschaftskommunikation erfolgten in der MPG ab den 1970er-Jahren und lagen damit im gesamtgesellschaftlichen Trend der wissenschaftsjournalistischen Aufbereitung und der Medialisierung von Spezial- und Expertenwissen.[115] Bis dahin wurde darunter keine umfassende Wissenschaftskommunikation verstanden, sondern eine auf Technik- und Medizinberichterstattung fokussierte journalistische Bearbeitung wissenschaftlicher Inhalte.[116]

Was den Bedarf an professioneller Kommunikation anging, waren also Forschungsorganisationen zunächst nicht von Wirtschaftsunternehmen zu unterscheiden.[117] Informationsmanagement und regelmäßige Kommunikationsbeziehungen zu Medienvertreter:innen waren Ausdruck des wissenschaftspolitischen Legitimationsdrucks und des gestiegenen öffentlichen Interesses an wissenschaftlichen Erkenntnissen in diesen Jahren.[118] Dies führte allerdings in der MPG nicht unmittelbar zu einer umfassenden Wissenschaftskommunikation, sondern wurde bis in die 1990er-Jahre als klassische Öffentlichkeitsarbeit und erst ab dann mit neueren Methoden der Public Relations betrieben.[119]

Eine professionelle Pressearbeit hatte sich bereits in den 1930er-Jahren in der Kaiser-Wilhelm-Gesellschaft herausgebildet. Dazu gehörten unter anderem Selbstdarstellungen, öffentliche Vorträge und gesellschaftliche Veranstaltungen im Harnack-Haus.[120] Nach der MPG-Gründung wurden solche Aktivitäten teilweise wieder aufgenommen. Einzelne Institute reaktivierten ihren bestehenden Kontakt zum nun in Göttingen ansässigen Institut für Wissenschaftlichen Film (IWF). Das auf Wissenschafts- und Forschungsfilme spezialisierte IWF produzierte für die MPG bis in die 1960er-Jahre hinein einige »Persönlichkeitsaufnahmen«[121] – das waren Porträts einflussreicher Wissenschaftler – und eine Reihe ethologischer Forschungsfilme.[122]

Die frühen Presseaktivitäten der MPG gingen bis in die 1950er- und 1960er-Jahre zurück und wurden vom Präsidialbüro und der Generalverwaltung aus organisiert. Bis zur Verlegung nach München existierte eine eigene »Abteilung Öffentlichkeitsarbeit« unter Leitung von Heinz Pollay in der Generalverwaltung in Düsseldorf, die für Mitgliederangelegenheiten, Informationswesen (hier u. a. Presse), Veröffentlichungen, Veranstaltungen und allgemeine Protokollangelegenheiten zuständig war. Hierbei handelte es sich also noch nicht um ein modernes Pressereferat mit entsprechender personeller Ausstattung und Konzentration auf spezifische Kommunikationsfelder, sondern vor allem um die verantwortliche Stelle für die Vorbereitung der jährlichen Hauptversammlung, die Bekanntgabe von wissenschaftlichen Veröffentlichungen

---

113 Alfred Kühn (Zeitschrift für induktive Abstammungs- und Vererbungslehre) an Karin Magnussen (Bremen), 4.1.1949, AMPG, III. Abt., Rep. 75, Nr. 1, fol. 266–266 verso und Melchers an Karin Magnussen, 20.8.1949, ebd., fol. 267. Zu dem Forschungsprojekt zur Heterochromie siehe Müller-Hill, *Tödliche Wissenschaft*, 1984, 164; Sachse und Massin, *Biowissenschaftliche Forschung*, 2000; Hesse, *Augen aus Auschwitz*, 2001; Klee, *Deutsche Medizin im Dritten Reich*, 2001, 23–24, 357–371; Massin, Mengele, 2003, 241–246; Schmuhl, *Grenzüberschreitungen*, 2005, 482–502.

114 Der nachfolgende Text stammt von Juliane Scholz.

115 Scheu, Medialisierung von Forschungspolitik, 2015, 155; Leendertz, Medialisierung, 2014; Paletschek und Tanner, *Historische Anthropologie*, 2008; Peters et al., Medialisierung der Wissenschaft, 2008.

116 Kohring, Die deutsche Diskussion bis 1974, 1997, 30–31.

117 Weingart und Schulz, Einleitung, 2014,

118 Höhn, *Wissenschafts-PR*, 2011, 4–5; Brandt, Universität und Öffentlichkeit, 2014, 116–118.

119 Höhn, *Wissenschafts-PR*, 2011, 6–7.

120 Vom Brocke und Laitko, *Harnack-Prinzip*, 1996, 176–190; Kröher, *Club der Nobelpreisträger*, 2017, 20–22.

121 Bis 1961 wurden Wissenschaftlerporträts von Otto Hahn (G 27, Geschichte der Uranspaltung, 1956), Max Hartmann (G 36, Sexualtheorie, 1958) und Max von Laue (G 48, 1959) produziert. Filmvorhaben RWU/IWF mit Kaiser-Wilhelm- und Max-Planck-Instituten, Stand 2.2.1961, AMPG, II. Abt., Rep. 70 Nr. 1016, fol. 118–122.

122 Gotthard Wolf an Butenandt vom 13.9.1954, AMPG, III. Abt., Rep. 84-2, Nr. 2709, fol. 3; Scholz, Duplicating Nature, 2021.

6. Selbstverständnis, Selbstdarstellung und Vergangenheitspolitik

und letztlich die akribische Sammlung von MPG-relevanten Pressebesprechungen.[123]

Diese vornehmlich auf Printmedien und Festakte konzentrierte und damit nach innen gerichtete Selbstverständigung bewertete der Leiter des 1971 neu gegründeten Pressereferats, Robert Gerwin, rückblickend als »dilettantisch«.[124] In der Tat nahm eine nach außen gerichtete Presse- und Medienarbeit damals nur einen kleinen Teil der vielfältigen Arbeitsbereiche in der Generalverwaltung ein. Gerwin konnte jedoch später auf den Produkten dieser ersten Öffentlichkeitsabteilung aufbauen. Dort waren seit 1951 die »Jahrbücher der Max-Planck-Gesellschaft« und von 1952 bis 1974 die Reihe »Mitteilungen aus der Max-Planck-Gesellschaft« erschienen. Sie richteten sich nicht nur an Mitglieder und Mitarbeiter:innen, sondern auch an ausgewählte Pressevertreter:innen und enthielten neben Personalien auch »Nachrichten […], die nicht in der Geheimsprache der Wissenschaft, sondern in gemeinverständlicher Form über wissenschaftliche und allgemeine Fragen der Gesellschaft und der Wissenschaftspflege« aufklärten.[125] Bereits 1957 wurde eine Radiosendung zur Gründungsgeschichte der MPG produziert und eine 30-minütige Radiosendung über die MPG in der Deutschen Welle ausgestrahlt.[126]

MPG-Präsident Adolf Butenandt hatte 1966 schließlich strategische Kommunikation als übergeordnetes Ziel für die MPG formuliert und gefordert, »die Öffentlichkeit wissenschaftsbewusst zu machen […] und damit neben der materiellen Absicherung auch eine kulturell-rationale Dominanz wissenschaftlicher Autorität und letztlich technizistischer Rationalität«[127] durchzusetzen. Butenandts Aussage war von einem zeitgenössischen Modernisierungsgedanken getrieben, der die Nützlichkeit von Wissenschaft und technischem Fortschritt für die Gesellschaft unterstrich und typisch für die Tonart des damaligen Wissenschaftsjournalismus war. Butenandts Aussage zeugte zudem vom Verständnis eines medien-affinen Wissenschaftsmanagers, der an die Wirkung rational-wissenschaftlicher Argumentationen glaubte und den Schritt hin zu einer »Medialisierung von Wissenschaft« verinnerlicht hatte.[128]

Die Entstehung professioneller Öffentlichkeitsarbeit in der Max-Planck-Gesellschaft ab den 1970er-Jahren wurde in erster Linie durch externe gesellschaftspolitische Entwicklungen und den zunehmenden Einfluss einer kritischen Medienöffentlichkeit geprägt. Mit den gesellschaftspolitischen Umwälzungen nach 1968 nahm auch die öffentliche Kritik an der Intransparenz der Berufungsverfahren und der Mittelverwendung zu.[129] Es etablierte sich aus den Reihen der wissenschaftlichen und technischen Mitarbeiter:innen eine rege Mitbestimmungsdiskussion, die unter anderem eine Demokratisierung der Forschung und den Abbau von Hierarchien forderte.[130] Die Umgestaltung der Presse- und Öffentlichkeitsarbeit in ein modernes Pressereferat 1971 erfolgte also auch als Reaktion auf eine Konservatismus-Kritik und als Folge der nun enger verflochtenen wissenschaftspolitischen Zusammenarbeit mit Medien- und Politikvertreter:innen.

Bereits Mitte der 1950er-Jahre hatten sich MPG-Wissenschaftler im Rahmen des Protests der »Göttinger 18« und als Teil der Pugwash-Konferenzen für atomare Abrüstung und eine nichtmilitärische Nutzung der Kernenergie eingesetzt.[131] In den 1970er- und 1980er-Jahren folgten die hitzig geführten Debatten um Klimawandel, Gentechnik, aber auch Diskussionen um Tierschutz und Tierrechte.[132] Diese und andere Themen wurden vor allem in den Milieus des Max-Planck-Instituts für Bildungsforschung und des Starnberger »Zukunftsinstituts« diskutiert, hatten allerdings auch Auswirkung auf die Gestaltung des neuen Pressereferates in der Generalverwaltung.[133]

In England führten ähnliche Entwicklungen, die als Reaktion auf eine kritische Medienöffentlichkeit zu werten waren, vergleichsweise früh zu einer umfassenden

---

123 Abteilung Öffentlichkeitsarbeit, AMPG, II. Abt., Rep. 71, Nr. 5, fol. 42 und beispielhaft die Pressesammlung der MPG, AMPG, II. Abt., Rep. 102, Nr. 153, fol. 154.
124 Zitiert nach Robert Gerwin: Pressearbeit für die Wissenschaft am Beispiel der Max-Planck-Gesellschaft, AMPG, II. Abt., Rep. 71, Nr. 106, fol. 9.
125 So das Editorial der ersten Ausgabe von: Max-Planck-Gesellschaft, *Mitteilungen aus der Max-Planck-Gesellschaft*, 1952, 2.
126 Material für den Rundfunk, Vortragsmanuskript, AMPG, II. Abt., Rep. 71, Nr. 16, fol. 1–11; Schiemann an Telschow vom 23.8.1957, ebd., fol. 72–73.
127 Zitiert nach Kohring, Die deutsche Diskussion bis 1974, 1997, 41.
128 Göpfert, The Strength of PR, 2007, 216–220; Leendertz, Medialisierung, 2014.
129 Gerwin, Im Windschatten der 68er, 1996, 211–224.
130 Scholz, *Partizipation*, 2019, 79–85.
131 Lorenz, *Protest der Physiker*, 2011; Sachse, Max Planck Society and Pugwash, 2018. Siehe auch unten, Kap. IV.9.6.4.
132 Siehe auch unten, Kap. IV.10.5.
133 Leendertz, Medialisierung, 2014; Leendertz, Finalisierung der Wissenschaft, 2013; Behm, *MPI für Bildungsforschung*, 2023.

Kommunikationsstrategie seitens der Wissenschaftsorganisationen.[134] Mitte der 1980er-Jahre starteten sie unter der Bezeichnung »Public Understanding of Science« (PUS)[135] eine wissenschaftsorientierte Informationskampagne, die in Deutschland mit dem Memorandum »Public Understanding of Science and Humanities« (PUSH) im Jahr 1999 durch die Forschungsorganisationen aufgegriffen wurde.[136]

Die letztlich dauerhafte organisatorische Verankerung von Presse- und Öffentlichkeitsarbeit in der Generalverwaltung in München zu Beginn der 1970er-Jahre erfolgte im Zuge der Umgestaltung ihrer Governance-Strukturen.[137] Das Referat »Presse und Öffentlichkeitsarbeit« wurde 1971 gegründet, 1973 als Teil der Generalverwaltung in die Abteilung V für Forschungspolitik und Außenbeziehungen eingegliedert und damit auch institutionell verstetigt. Nach außen firmierte das Referat meist nur unter dem Kürzel »Pressestelle«, da der Begriff Öffentlichkeitsarbeit nach Meinung von Robert Gerwin bei den meisten Journalist:innen verpönt war.[138] Gerwin leitete 17 Jahre lang die MPG-Pressestelle, bis ihn Michael Globig 1988 ablöste.

Die langjährigen Referatsleiter drückten der Wissenschaftskommunikation der MPG ihren Stempel auf. Gerwin, 1922 in Dortmund geboren, hatte an der damaligen Technischen Hochschule Stuttgart Physik studiert. Er hatte als Redakteur für das Wissenschaftsressort verschiedener Tages- und Wochenzeitungen gearbeitet und war Autor für Radio- und Fernsehsendungen[139] und schon früh mit professionellen Presseabteilungen anglo-amerikanischer Wissenschaftsorganisationen in Berührung gekommen, die er auch in Deutschland zu etablieren gedachte.[140]

In der MPG konzentrierte sich Gerwin zunächst auf Hintergrundberichte und Nachrichten aus den Instituten und war für den Aufbau, die Sammlung und die Verteilung der zentralen *Presseinformationen* zuständig. So konnte sich Gerwin als Verdienst anrechnen, dass die MPG in seiner Amtszeit in überregionalen Zeitungen und Zeitschriften in rund 600 Ausgaben mit 3.000 Beiträgen genannt wurde, und so zum Popularitätsgewinn der Forschungsgesellschaft beitragen. Die MPG rangierte in den 1970er- und 1980er-Jahren – betrachtet man allein die Zahl der Nennungen in Presseerzeugnissen – noch vor der DFG und den meisten deutschen Universitäten.[141] Dabei ging es Gerwin vor allem um verständliche Wissenschaftssprache und eine Popularisierung von wissenschaftlichem Wissen.[142]

Gerwins Team – das waren die Journalisten Eugen Hintsche (*MPG-Presseinformationen*, Berichte aus der CPTS), Horst Meermann (Chef vom Dienst des *MPG-Spiegel*) und Walter Frese (*MPG-Presseinformationen* und *MPG-Spiegel*)[143] – gab ab 1972 den zweimonatlich erscheinenden *MPG-Spiegel* heraus, der die Reihe *Mitteilungen aus der Max-Planck-Gesellschaft* ablöste.[144] Der *MPG-Spiegel* richtete sich dezidiert an alle Mitarbeiter:innen und informierte diese auch über kontroverse Themen wie Mitbestimmung, da auf einer Doppelseite auch die Mitteilungen des Gesamtbetriebsrats abgedruckt wurden. Dazu kamen Institutsnachrichten und Informationen über Neuberufungen sowie eine leicht verständliche Aufbereitung der laufenden MPG-Forschungen anhand eines thematischen Features. Eine weitere Aufgabe war die Herausgabe der Reihe »Berichte und Mitteilungen«, die einzelne Institute in den Mittelpunkt rückten. Gerwins wohl auflagenstärkstes Produkt war die Informationsbroschüre *Die Max-Planck-Gesellschaft und ihre Institute*, die seit 1972 regelmäßig Neuauflagen erfuhr und 1977 erstmalig auf Englisch erschien.[145]

In dieser Zeit intensivierte Gerwin auch die Zusammenarbeit mit den Beauftragten für Öffentlichkeitsarbeit an den Instituten, die beispielsweise Programme für Visiting Journalists, Presseseminare und Pressetage organisierten. Doch blieb die Pressearbeit der einzelnen Insti-

---

134 Göpfert, The Strength of PR, 2007, 215.
135 Weitze und Heckl, *Wissenschaftskommunikation*, 2016, 18–19.
136 Korbmann, Weckruf für die Wissenschaftskommunikation, 20.5.2019, https://wissenschaftkommuniziert.wordpress.com/2019/05/20/der-weckruf-fuer-die-wissenschaftskommunikation-20-jahre-push/.
137 Siehe oben, Kap. IV.4.4.
138 Robert Gerwin: Vermerk vom 23.7.1973, AMPG, II. Abt., Rep. 71, Nr. 101, fol. 33–37.
139 Z. B. Robert Gerwin: Exposé zur Radiosendung »Der Mythos von der deutschen Atombombe«, 1988, AMPG, III. Abt., ZA 13, Nr. 4, fol. 30–32.
140 Robert Gerwin: Pressearbeit für die Wissenschaft am Beispiel der Max-Planck-Gesellschaft. Ringvorlesung in der Reihe »Medizin in Presse, Rundfunk und Fernsehen« an der Universität Erlangen-Nürnberg, 27.1.1981, AMPG, II. Abt., Rep. 71, Nr. 106, fol. 10.
141 Max-Planck-Gesellschaft, Wechsel im MPG-Pressereferat, 1988.
142 Vortrag Gerwins vor dem WR der MPG am 27.6.1973, AMPG, II. Abt., Rep. 71, Nr. 106, fol. 54–56.
143 Gerwin: Arbeitsplatzbeschreibung Meermann, Hintsche und Frese, 14.12.1984, AMPG, II. Abt., Rep. 71, Nr. 55, fol. 4–9.
144 1972 und 1973 noch unter dem Titel *MPG-Monatsspiegel* erschienen.
145 Gerwin, *MPG und ihre Institute*, 1972.

6. Selbstverständnis, Selbstdarstellung und Vergangenheitspolitik

tute bis in die 1990er-Jahre heterogen und war teils von offensiver Pressearbeit, teils von fehlender Bereitschaft zur öffentlichen Kommunikation geprägt.[146]

Die MPG-Presseabteilung verfügte in den 1970er-Jahren mit vier Journalisten über eine wesentlich bessere personelle Ausstattung als vergleichbare Presseabteilungen an den Universitäten.[147] Die Einrichtung des Pressereferats erfolgte zudem früher als in anderen Forschungseinrichtungen – in der Fraunhofer-Gesellschaft wurde beispielsweise erst drei Jahre später ein hauptamtlicher Pressereferent eingestellt.[148] Dabei konzentrierten sich die Informationen besonders auf wissenschaftliche Durchbrüche; die tägliche Laborarbeit war selten Thema.[149] Das damalige Selbstverständnis der Öffentlichkeitsarbeit kommt prägnant in Gerwins Gastvortrag an der Universität Erlangen-Nürnberg zum Ausdruck. Dort bezeichnete er seine Rolle als Pressesprecher der MPG als »die eines Mittlers, eines Schreibknechts der Wissenschaft, eines Verbindungsmannes zwischen einzelnen Wissenschaftlern und meinen Kollegen in den Medien«.[150] Er hob den Dienst an der Gesellschaft und an der Wissenschaft selbst hervor und reihte sich in das dominierende technikaffine Modernisierungsnarrativ der Gesellschaft ein.

Zu Beginn der 1980er-Jahre verfügte die MPG-Pressestelle neben Gerwin als Leiter über fünf weitere Redakteure. Dazu kam die Dokumentationsstelle, die Presseausschnitte sammelte und Sekretariats- und Schreibdienste erledigte, sodass insgesamt neun Personen angestellt waren.[151] Mit Übernahme der Presseabteilung durch Michael Globig im Jahr 1988 veränderte sich die Öffentlichkeitsarbeit in der MPG, die nun durch eine intensivere Kommunikation mit politischen Entscheidungsträger:innen und gezielte Öffentlichkeitsarbeit mit thematischen Schwerpunkten gekennzeichnet war. In Globigs Amtszeit fielen größere Strukturveränderungen der Abteilung, die nun nicht mehr nur traditionellen wissenschaftsjournalistischen Zielen und Gütekriterien folgte, sondern bis zum Ende der 1990er-Jahre in eine umfassende Abteilung für Wissenschaftskommunikation transformiert wurde.

6.5.2 Die Gründung des Archivs der MPG als Sammlungsort[152]

Die 1973 von der MPG getroffene Entscheidung, ein eigenes Archiv einzurichten, das drei Jahre später die Arbeit aufnahm, hat eine lange Vorgeschichte, die bis in die Zeit der KWG zurückreicht. Die Gründung eines »Archivs« der KWG kam erstmals im Oktober 1925 im Senat zur Sprache, als es darum ging, Belegexemplare der Veröffentlichungen der Wissenschaftlichen Mitglieder der Gesellschaft zu sichern.[153] 1936 forderte der Präsident der KWG, Max Planck, die Institutsdirektoren auf, Fotografien ihrer Institute einzusenden, die in einem geplanten »Bildarchiv« für Presseanfragen bereitgehalten werden sollten.[154]

Noch vor Kriegsende wurden die Personalakten der KWG von Berlin nach Göttingen verbracht, wo die Generalverwaltung in Räumen der Aerodynamischen Versuchsanstalt untergekommen war. Dorthin wurden in den folgenden Jahren auch die in Berlin verbliebenen Altakten der KWG überführt.[155] Nicht aufgegriffen wurde der schon früh, im Juli 1953, von Prälat Georg Schreiber, KWG-Senator und Direktor des Deutschen Instituts für Auslandskunde, der Generalverwaltung unterbreitete Vorschlag, die in Göttingen vorhandenen Archivbestände alter KWG-Akten »im Sinne einer Inventarisierung titelmäßig« zu verzeichnen.[156]

Ausschlaggebend für die mehr als 20 Jahre später erfolgte Gründung des Archivs der MPG waren dann mehrere Prozesse, die sich ab Mitte der 1960er-Jahre wechselseitig so verstärkten, dass eine institutionalisierte Archivlösung für die dauerhafte Sicherung der Akten-

---

[146] Ergebnisprotokoll über die Klausursitzung zur Neukonzeption der Presse- und Öffentlichkeitsarbeit der Max-Planck-Gesellschaft am 1.9.1997, AMPG, II. Abt., Rep. 1, Nr. 12, fol. 67–68.
[147] Leendertz, Medialisierung, 2014, 556–557.
[148] Ebd.
[149] Robert Gerwin: Pressearbeit für die Wissenschaft am Beispiel der Max-Planck-Gesellschaft, AMPG, II. Abt., Rep. 71, Nr. 106, fol. 9.
[150] Robert Gerwin: Pressearbeit für die Wissenschaft am Beispiel der Max-Planck-Gesellschaft. Ringvorlesung in der Reihe »Medizin in Presse, Rundfunk und Fernsehen« an der Universität Erlangen-Nürnberg, undatiert, wahrscheinlich 1981, ebd., fol. 2.
[151] Robert Gerwin: Pressearbeit für die Wissenschaft am Beispiel der Max-Planck-Gesellschaft, ebd., fol. 9.
[152] Der nachfolgende Text stammt von Florian Schmaltz.
[153] Adolf von Harnack an die Direktoren der KWG, 7.10.1925, Kopie als Anlage zum Brief Eckart Hennings an Edmund Marsch vom 10.2.1986, AMPG, II. Abt., Rep. 66, Nr. 4962, fol. 340–341. Zum Folgenden siehe auch Henning, Archiv, 1990, 291.
[154] Planck an Institutsdirektoren, 9.6.1939, ebd., fol. 342–343.
[155] Hannelore Kätsch-Kaese: Hinweise zur Archivarbeit der Kaiser-Wilhelm-/Max-Planck-Gesellschaft, 28.10.1985, Bl. 2–3, AMPG, Vc. Abt., Rep. 4, Nr. 183.
[156] Schreiber (Deutsches Institut für Auslandskunde) an MPG, 11.7.1953, AMPG, II. Abt., Rep. 60, Nr. 390, fol. 292 recto – 292 verso.

überlieferung der KWG und der MPG unausweichlich wurde. Erstens erzeugte der mit dem Amtsantritt Butenandts als Präsident schrittweise vollzogene Umzug der Generalverwaltung von Göttingen nach München akuten Handlungsbedarf.[157] Die Altakten der KWG waren nun auf die in Berlin noch ansässige Verwaltungsstelle, den in Göttingen verbliebenen Teil der Generalverwaltung und die Registratur der in München im Aufbau befindlichen Abteilungen der Generalverwaltung verteilt.[158]

Die mit dem Umzug zusammenhängende Reorganisation der laufenden Registratur und die Frage des Umgangs mit den Akten der in diesem Prozess gebildeten Alt-Registratur und den archivwürdigen Altakten der KWG, die für die laufenden Geschäfte nur noch selten benötigt wurden, verlangte nach einer Entscheidung. Die personell unterbesetzten Registraturen und die noch in Berlin verbliebene Verwaltungsstelle waren nicht mehr in der Lage, das Record Management der auf mehrere Standorte verstreuten Aktenüberlieferung zu bewältigen. Hinzu kam die Schließung einer Reihe von Max-Planck-Instituten, in denen sich nicht nur Registraturen der Nachkriegszeit, sondern auch historisch wertvolle, aber noch weitgehend unerschlossene Aktenüberlieferungen ihrer Vorgängerinstitute aus der Zeit der KWG befanden. Für deren archivalische Bewertung und Sicherung fehlte es an Personal, Räumlichkeiten und Sachmitteln.[159] Bis zum Ende der Amtszeit Butenandts im Jahre 1972 verfügte die MPG über keine zukunftsweisende Strategie, wie diesen Problemen beizukommen war, und suchte externen Rat beim Bundesarchiv.[160]

Daraufhin signalisierten das Bundesarchiv, aber auch die Bibliothek des Deutschen Museums und die Staatsbibliothek Preußischer Kulturbesitz Ende der 1960er- und Anfang der 1970er-Jahre Interesse an einer Übernahme der Akten der KWG und der MPG.[161] Die Begehrlichkeiten dieser Archive zwangen die MPG schließlich dazu, sich zu entscheiden, ob sie ihre Unterlagen einem anderen Archiv anvertrauen oder in einem eigenen Archiv sichern wollte. Auch stellten Vertreter:innen der im Aufschwung befindlichen internationalen Wissenschaftsforschung Ende der 1960er-Jahre bei der Generalverwaltung vermehrt Anträge auf Akteneinsicht in die KWG-Akten. Dadurch wurde der Leitung der MPG allmählich bewusst, welche bedeutenden wissenschaftshistorischen und kulturellen Schätze auf Dachböden und in Institutskellern verstaubten.[162]

Die Schließung des Max-Planck-Instituts für Zellphysiologie nach dem Tod seines Direktors Otto Warburg eröffnete die Möglichkeit, dort ein Archiv einzurichten, wofür der um Rat gefragte Direktor des MPI für Geschichte Rudolf Vierhaus im Sommer 1972 plädierte.[163] Im März 1973 fasste der Verwaltungsrat einen entsprechenden Beschluss und bewilligte zugleich drei Planstellen und erste Sachmittel. Das der Generalverwaltung organisatorisch angegliederte Archiv sollte »allen interessierten Wissenschaftlern des In- und Auslandes zugänglich gemacht werden«.[164] Mit dieser Grundsatzentscheidung sicherte die MPG der historischen Forschung wertvolle Quellen und gab zugleich die Kontrolle über den Aktenzugang nicht aus der Hand. Die Suche nach einer geeigneten Person für die Archivleitung war schwieriger als erwartet. Mehr als zwei Jahre vergingen, ehe der zuvor am MPI für Bildungsforschung als Bibliotheksleiter tätige Rolf Neuhaus im April 1975 einwilligte, Gründungsdirektor des Archivs zu werden, und im Oktober die Stelle antrat.[165]

---

157 Siehe oben, Kap. II.3.4.2; Balcar, *Wandel*, 2020, 48–52; Henning und Kazemi, *Chronik*, 2011, 398.

158 Hannelore Kätsch-Kaese: Hinweise zur Archivarbeit der Kaiser-Wilhelm-/Max-Planck-Gesellschaft, 28.10.1985, Bl. 9–10, AMPG, Vc. Abt., Rep. 4, Nr. 183.

159 Marsch: Vermerk. Betr.: Organisation des Dokumentationsdienstes, 3.8.1972, AMPG, II. Abt., Rep. 66, Nr. 358, fol. 433–434.

160 Kaese: Vermerk. Betr.: Informationsgespräch im Bundesarchiv Koblenz am 6.2.1968 über allgemeine Fragen der Registraturorganisation, 9.2.1968, AMPG, II. Abt., Rep. 102, Nr. 193, fol. 36–44.

161 Wolfgang A. Mommsen (Präsident des Bundesarchivs) an Butenandt, 17.5.1971, AMPG, II. Abt., Rep. 66, Nr. 357, fol. 51; Mommsen an Butenandt, 16.12.1971, ebd., fol. 49; Saupe an den Präsidenten und Generalsekretär der MPG: Betr.: Abgabe der [sic!] Aktenmaterials der KWG und ihrer Institute an das Bundesarchiv, 9.3.1972, ebd., fol. 20–22; Ernst H. Berninger (Direktor der Bibliothek des Deutschen Museums) an Heisenberg, 16.6.1972, AMPG, IX. Abt., Rep. 2, Archiv der MPG, fol. 112–113.

162 Kätsch: Themen von Benützern der KWG-Akten seit 1969, 13.11.1972, AMPG, II. Abt., Rep. 66, Nr. 357, fol. 11–12.

163 Robert Gerwin an den Präsidenten der MPG, Betr.: Verbleib der KWG- und MPG-Altakten, 29.8.1972, AMPG, II. Abt., Rep. 66, Nr. 57, fol. 453; Protokoll der 95. Sitzung des Verwaltungsrates am 28.11.1972 in Stuttgart, AMPG, II. Abt., Rep. 61, Nr. 95.VP, fol. 153–154.

164 Protokoll der 96. Sitzung des Verwaltungsrates der MPG am 8.3.1973 in Hannover, Bl. 44, AMPG, II. Abt., Rep. 61, Nr. 96.VP., fol. 73 und Protokoll der 97. Sitzung des Verwaltungsrates der MPG am 27.6.1973 in München, AMPG, II. Abt., Rep. 61, Nr. 97.VP. sowie Materialien. Betr.: Punkt 24 der Tagesordnung Einrichtung eines Archivs der Max-Planck-Gesellschaft im »Otto-Warburg-Haus«, Berlin, ebd., fol. 372 (Zitat).

165 Roeske an den Präsidenten, Generalsekretär und Marsch, Betr.: Archiv Berlin. Besprechung mit Dr. Neuhaus am 28.4.1975, 24.4.1975, AMPG, II. Abt., Rep. 66, Nr. 358, fol. 345–346; Neuhaus: Zur Sammlung der Archivalien der Max-Planck-Gesellschaft, 2.5.1975, ebd., fol. 342–344; Neuhaus an Marsch, 26.8.1975, ebd., fol. 306. Zur Biografie von Neuhaus siehe Henning, Neuhaus, 1992.

6. Selbstverständnis, Selbstdarstellung und Vergangenheitspolitik

Die 1976 anlässlich der Eröffnung des Archivs in Kraft gesetzte Benutzungsordnung ließ der Archivleitung gewisse Spielräume, den Aktenzugang zu regulieren und damit Einfluss auf die historischen Forschungsmöglichkeiten zu nehmen.[166] Als Neuhaus Ende März 1983 krankheitsbedingt in den vorzeitigen Ruhestand treten musste, diskutierte der Archivbeirat, ob der künftige Leiter ein archivfachliches, bibliothekarisches, historisches oder naturwissenschaftliches Qualifikationsprofil oder eine Kombination mehrerer Qualifikationen besitzen sollte.[167] Der Präsident der MPG intervenierte und entschied diese Frage. Reimar Lüst erinnerte daran, dass die MPG bei der Gründung des Archivs »einmal von der vagen Hoffnung ausgegangen« sei, es »später in ein Institut zur Erforschung der Geschichte der Naturwissenschaften weiterzuentwickeln«. Im Hinblick auf »die Haushaltslage sowie andere Prioritäten unserer Gesellschaft« hielt Lüst dies 1983 für unmöglich. Deshalb sollen »die Bibliothek und das Archiv zur Geschichte der Max-Planck-Gesellschaft in erster Linie als eine Stelle des Sammelns von Archivalien und einschlägiger Literatur und deren Aufbereitung für die Forschung« weitergeführt und die Leitungsfunktion entsprechend ausgeschrieben werden.[168]

Als Nachfolger von Neuhaus berief die MPG 1984 den Archivar und Historiker Eckart Henning, der zuvor als Archivoberrat beim Geheimen Staatsarchiv Preußischer Kulturbesitz tätig gewesen war.[169] Er professionalisierte das Archivwesen der MPG fachlich und führte 1986 eine nach archivwissenschaftlichen Prinzipien neu strukturierte Tektonik ein, die alle Bestände nach Abteilungen und Reposituren ordnete.[170] Henning engagierte sich in der akademischen Lehre für die archivwissenschaftliche Ausbildung und in der Öffentlichkeitsarbeit des Archivs.

Ab 1994 veranstaltete das Archiv wissenschaftshistorische Vortragsabende, die als »Dahlemer Archivgespräche« in einer Publikationsreihe des Archivs erschienen. In der Reihe »Veröffentlichungen aus dem Archiv zur Geschichte der Max-Planck-Gesellschaft« erschienen Bibliografien, Chroniken und Quelleninventare, die als Nachschlagewerke und Hilfsmittel für Archivrecherchen dienten.[171]

Die von der Generalverwaltung mit der Gründung des Archivs in Berlin angestrebte Zentralisierung des Archivwesens in der MPG wurde nie vollständig erreicht. Sie blieb strukturell ein ungelöstes Problem aufgrund der starken autonomen Stellung der Institute, die zu einem Weiterbestehen von Nebenarchiven führte,[172] wie das 1986 im MPI für Kohlenforschung in Mülheim an der Ruhr errichtete Institutsarchiv[173] oder das im Jahr 1990 eingerichtete Archiv des MPI für Psychiatrie in München.[174] Weitere Institutsarchive der MPG existieren in der Bibliotheca Hertziana (MPI für Kunstgeschichte) in Rom, wo Nachlässe von Institutsdirektoren und Institutsakten aufbewahrt werden, und im Institut für Plasmaphysik in Garching.[175] Als die Aerodynamische Versuchsanstalt 1969 aus der MPG ausgegliedert und in die Trägerschaft der Deutschen Forschungs- und Versuchsanstalt für Luft- und Raumfahrt überging, verblieben dort Überlieferungen des Kaiser-Wilhelm- und Max-Planck-Instituts für Strömungsforschung, der Aerodynamischen Versuchsanstalt und Teile von Nachlässen der Direktoren. Sie wurden in das Göttinger Archiv der Luft- und Raumfahrt in der Aerodynamischen Versuchsanstalt, das spätere Zentrale Archiv des Deutschen Luft- und Raumfahrtzentrums, übernommen.[176]

Trotz der Existenz lokaler Archive avancierte das Archiv in Berlin zum zentralen Ort der historischen

---

166 Marsch an Neuhaus, 31.3.1977, AMPG, II. Abt., Rep. 1, Nr. 358, fol. 830; Benutzungsordnung, 2.5.1977, AMPG, II. Abt., Rep. 66, Nr. 358, fol. 62–63.
167 Ergebnisprotokoll der 6. Sitzung des Beirates der Bibliothek und des Archivs zur Geschichte der MPG am 16.3.1983, gez. Ekkehart Vesper und Marion Kazemi, fol. 43–48; Vierhaus an Vesper, 1.2.1983, AMPG, II. Abt., Rep. 66, Nr. 360, fol. 102–104.
168 Lüst an Vesper, 20.1.1983, AMPG, II. Abt., Rep. 66, Nr. 360, fol. 139–140.
169 Protokoll der 131. Sitzung des Verwaltungsrates am 17.11.1983 in München, AMPG, II. Abt., Rep. 61, Nr. 131.VP, fol. 377–378; Henning, Tresor der Wissenschaft, 1984.
170 Eckart Henning: Archiv zur Geschichte der MPG. Tätigkeitsbericht 1986, AMPG, II. Abt., Rep. 66, Nr. 361, fol. 15.
171 Henning und Kazemi, *Chronik KWG*, 1988; Ellwanger, *Forscher im Bild I*, 1989; Bergemann, *Mitgliederverzeichnis*, 1990/1991; Henning und Kazemi, *Chronik MPG*, 1992; Gill und Klenke, *Institute im Bild I*, 1993; Hauke, *Bibliographie Geschichte KWG 1*, 1994; Hauke, *Bibliographie Geschichte KWG 2*, 1994; Hauke, *Bibliographie Geschichte KWG 3*, 1994; Parthey, *Bibliometrische Profile*, 1995; Ullmann, *Quelleninventar Max Planck*, 1996; Wegeleben, *Beständeübersicht des Archivs*, 1997; Kohl, *KWG im Nationalsozialismus. Quelleninventar*, 1997; Uebele, *Institute im Bild II*, 1998; Vogt, *Wissenschaftlerinnen in KWIs*, 2008; Henning, *Beiträge*, 2004; Hauke, *Literatur über Max Planck*, 2001; Kazemi, *Nobelpreisträger*, 2006; Kinas, *Butenandt*, 2004.
172 Ergebnisprotokoll der 13. Sitzung des Beirates des Archivs zur Geschichte der MPG, 13.3.1996, AMPG, II. Abt., Rep. 66, Nr. 4964, fol. 5–9, hier fol. 8–9.
173 Rasch, Archiv, 1987; Rasch, Aufbau eines Archivs, 1987.
174 Weber, Das Historische Archiv, 1996.
175 Krems et al., *Archiv der Bibliotheca Hertziana*, 1998.
176 Kazemi, Quellen, 1994; Wichner, Herkunft, 2014.

Forschung. Wer zur Geschichte der Kaiser-Wilhelm-Gesellschaft und der Max-Planck-Gesellschaft und ihrem Beitrag zu den Wissenschaften im 20. Jahrhundert historisch forschte, kam am Archiv der MPG nicht vorbei, das bei seiner Eröffnung rund 500 laufende Regalmeter Akten besaß.[177] Die Zahl der Benutzungen verdreifachte sich innerhalb von zwei Jahren von 51 (1977) auf 160 (1979).[178] Im Jahr 1990 verzeichnete das Archiv bereits 1.122 persönliche, schriftliche oder telefonische Benutzungsvorgänge.[179]

6.5.3 Das Archiv als vergangenheitspolitischer Akteur[180]

Im Zusammenhang mit der in den 1980er-Jahren einsetzenden kritischen Forschung zur Geschichte der Medizin und der Wissenschaften im Nationalsozialismus wurde das Archiv der MPG zum geschichtspolitischen Akteur. Die Veröffentlichungen von Ernst Klee, Götz Aly und Benno Müller-Hill förderten neue Fakten über Wissenschaftler:innen verschiedener Kaiser-Wilhelm-Institute zutage, die mit ihren Forschungsarbeiten zur Legitimation der nationalsozialistischen Rassenpolitik und der Umsetzung und Ausweitung von Verfolgungsmaßnahmen beigetragen hatten. Sie waren durch die Beschaffung von Gehirnen von Opfern des NS-»Euthanasie«-Programms und von Organen von Sinti, Roma und jüdischen Menschen, die in Auschwitz ermordet worden waren, zu Nutznießer:innen der NS-Vernichtungspolitik geworden. Die Veröffentlichungen darüber brachten die Generalverwaltung der MPG und die Leitungen der betroffenen Nachfolgeinstitute ab den 1980er-Jahren wiederholt in Erklärungsnot. Das Archiv der MPG übernahm in solchen Fällen die Aufgabe, das mediale Krisenmanagement der Öffentlichkeitsabteilung der Generalverwaltung und Institute durch gezielte Quellenrecherchen und argumentative Hilfestellung zu unterstützen, wie der im Folgenden beschriebene Fall illustriert.

Im Zusammenhang mit seinen Recherchen zur Geschichte der NS-»Euthanasie« hatte der Historiker Götz Aly 1982 in einem Gespräch mit dem Verwaltungsleiter des MPI für Hirnforschung Gerhard Kolb erfahren, dass dort noch die Unterlagen und Sammlungen der ehemaligen Direktoren des KWI für Hirnforschung Julius Hallervorden und Hugo Spatz aufbewahrt wurden. Anfang 1983 teilte das MPG-Archiv Aly mit, dass ein Teil der Akten des KWI für Hirnforschung »vor einigen Jahren« vernichtet worden sei, persönliche Unterlagen jedoch möglicherweise noch in der Generalverwaltung der MPG aufbewahrt würden.[181] Als Aly am 15. Februar 1983 schriftlich um die Erlaubnis bat, die Personalakte Hallervordens einsehen zu dürfen, teilte die Generalverwaltung ihm wahrheitswidrig mit, Hallervordens Personalakte aus der Zeit vor 1945 sei bei Luftangriffen zerstört worden.[182] Zudem könne ihm »aus grundsätzlichen Erwägungen« keine Einsicht in Personalakten gewährt werden.[183] Auch das an den Direktor des MPI für Hirnforschung, Wolf Singer, gerichtete Ersuchen, ihm Zugang zu den Akten des KWI für Hirnforschung und der Gehirnsammlung von Hallervorden zu gewähren, um »Euthanasie«-Opfer zu identifizieren und personelle, wissenschaftliche und institutionelle Verbindungen zwischen dem Institut und den »Euthanasie«-Tötungsanstalten im Nationalsozialismus weiter untersuchen zu können, stieß auf Widerstand.[184] Während Singer bereit war, Aly zu wissenschaftlichen Zwecken Aktenzugang zu gewähren, beschieden Generalverwaltung und Archiv der MPG sein Anliegen abschlägig.

Die MPG lenkte erst ein, als im April 1984 schließlich ein von Aly initiiertes ausführliches Rechtsgutachten aus dem Haus des hessischen Datenschutzbeauftragten vorlag, in dem es hieß, dass der Schutz der Persönlichkeitsrechte gegen die im Grundgesetz verankerte Freiheit von Wissenschaft und Forschung abgewogen werden müsse und die Akteneinsicht für eine historische Aufklärung unverzichtbar sei.[185] Eine »fortgesetzte Verweigerung der Einsichtnahme«, so die interne Einschätzung in der Ge-

---

[177] Bericht über die Tätigkeit der Bibliothek und des Archivs zur Geschichte der MPG vom 1.10.1975–31.12.1977, AMPG, II. Abt., Rep. 66, Nr. 3601, fol. 319–329, hier fol. 322.
[178] Bericht über die Tätigkeit der Bibliothek und des Archivs zur Geschichte der MPG vom 1.1.1978–31.12.1979, AMPG, II. Abt., Rep. 66, Nr. 3601, fol. 239–246, hier fol. 244.
[179] Archiv zur Geschichte der MPG. Tätigkeitsbericht 1990, AMPG, II. Abt., Rep. 66, Nr. 3601, fol. 41.
[180] Der nachfolgende Text stammt von Florian Schmaltz.
[181] Aly (FU Berlin) an MPG, 15.2.1983, AMPG, III. Abt., ZA 219, Nr. 40, fot. 290–291.
[182] Die im AMPG überlieferte Personalakte Hallervordens enthält Originale aus der Zeit vor dem Ende des Zweiten Weltkrieges. Personalakte Julius Hallervorden, AMPG, II. Abt., Rep. 67, Nr. 652.
[183] Beyer (MPG) an Aly, 3.3.1983, AMPG, III. Abt., ZA 219, Nr. 40, fot. 277.
[184] Aly an Singer, 15.2.1983, ebd., fot. 290–291.
[185] Hohmann an Kalb, 9.4.1984, AMPG, II. Abt., Rep. 71, Nr. 79, fol. 71–74, hier fol. 72–73. Sowie: Aly, Elaborate, 2015, 209.

neralverwaltung, hätte »den Verdacht verstärkt, die MPG wolle Material über die Euthanasie verheimlichen, weil dieses in einen wie auch immer gearteten Zusammenhang mit der KWG gebracht werden könne«.[186] Nach mehr als zweijährigen Verhandlungen erhielt Aly im Mai 1984 Zugang zu den im MPI für Hirnforschung in Frankfurt am Main aufbewahrten Patientenakten und konnte diese auswerten. Dadurch gelang es ihm, 33 Kinder zu identifizieren, die in der Brandenburger »Euthanasie«-Tötungsanstalt am 28. Oktober 1940 vergast und deren Gehirne von Hallervorden noch am selben Tag entnommen worden waren, um sie für neuropathologische Studien in die Gehirn-Sammlung in das KWI für Hirnforschung zu übernehmen.[187]

Einen Bericht mit seinen Forschungsergebnissen übermittelte Aly dem MPG-Präsidenten Heinz A. Staab Mitte September 1984 und bat ihn, seine Recherchen zu unterstützen, die er am MPI für Psychiatrie fortsetzen wollte, weil ihm Hinweise vorlagen, dass auch von der Deutschen Forschungsanstalt für Psychiatrie Gehirne von NS-»Euthanasie«-Opfern in deren wissenschaftliche Sammlungen übernommen worden waren.[188] Zugleich wies er den MPG-Präsidenten darauf hin, dass ihm bei seinen Recherchen in Frankfurt einzelne Aktenordner aufgefallen waren, die »offensichtlich unter dem Gesichtspunkt ihres besonderen wissenschaftlichen Interesses aus den Stehordnern herausgenommen« worden waren und sich in »aktueller Benutzung« befanden.[189] Aus diesem Grund schlug er Staab in seinem Schreiben vor, »die Gehirnschnitte in dem Frankfurter Hirnforschungsinstitut aus der Zeit zwischen 1939 und 1945 zu vernichten aus Gründen des Respekts gegenüber den Opfern der NS-Zeit« und die dazugehörigen Akten in das Archiv der MPG zu überführen, um sie dort der historischen Forschung zugänglich zu machen.[190]

Erneut traf er auf Ablehnung, diesmal beim Direktor des Archivs der MPG, Eckart Henning, der gegenüber der Generalverwaltung in einer internen Stellungnahme die Akten und die »Sammlung, die auch heute noch wissenschaftlichen Demonstrationszwecken« diene, zu einer untrennbaren »Einheit« erklärte. Die Hirnschnitte hätten »in einem Archiv nichts zu suchen bzw. könnten dort gar nicht sachkundig betreut werden« und die »Krankengeschichten allein« seien »dagegen kein dauernd aufbewahrungswürdiges Archivgut«. Vor allem an der These Alys, dass »sich das KWI für Hirnforschung im Rahmen von Euthanasie-Aktionen im 3. Reich ›wissentlich Gehirne beschafft hat‹«, stieß sich Henning, weil dies »auf den Vorwurf einer Tötung auf Anforderung« hinausliefe. Eine solche »Behauptung einer aktiven Mitwirkung des Instituts an diesen Aktionen« gelte es »so lange zurückzuweisen«, bis »sie sich hieb- und stichfest belegen« ließe.[191] Genau zu diesem Zweck benötigte Aly den Aktenzugang, von dem ihn Henning abhalten wollte.

6.6 Von der Abwehr zur Aufarbeitung der NS-Vergangenheit[192]

6.6.1 Die anhaltende Blockadehaltung der Generalverwaltung

Ähnliche Erfahrungen wie Aly musste auch der Kölner Genetiker Benno Müller-Hill machen. Im Rahmen der Recherchen für sein 1984 veröffentlichtes Buch *Tödliche Wissenschaft*, in dem er untersuchte, wie Medizin und Anthropologie vorbereitend, durchführend und auswertend in die NS-Vernichtungspolitik involviert waren, hatte Müller-Hill im Januar 1981 mit Adolf Butenandt ein Gespräch geführt. In dem Interview war er auf Butenandts früheren am KWI für Biochemie tätigen Mitarbeiter Günther Hillmann zu sprechen gekommen, der 200 von Josef Mengele übersandte Blutproben von Auschwitz-Häftlingen für Otmar von Verschuer, den Direktor des KWI für Anthropologie, menschliche Erblehre und Eugenik, untersucht hatte.[193] Als Müller-Hill Butenandt mehr als zwei Jahre später um Erlaubnis bat, das nachträglich aus der Erinnerung verfasste Gesprächsprotokoll

---

186 Kalb an Rechtsabteilung der MPG, 4.7.1984, AMPG, II. Abt., Rep. 71, Nr. 79, fol. 107.
187 Aly, Fortschritt, 1985, 64–71.
188 Aly an Staab, Zeitgeschichtliche Erforschung der »Sammlung Hallervorden« im Max-Planck-Institut für Hirnforschung in Frankfurt, 17.9.1984, AMPG, II. Abt., Rep. 71, Nr. 79, fol. 88–89.
189 Aly an Staab, Zeitgeschichtliche Erforschung der »Sammlung Hallervorden« im Max-Planck-Institut für Hirnforschung in Frankfurt, 17.9.1984, AMPG, II. Abt., Rep. 1, Nr. 410, fol. 319.
190 Ebd., fol. 316–317.
191 Eckart Henning: Stellungnahme zum Bericht des Dr. Götz Aly vom 16.9.1984, 26.9.1984, AMPG, II. Abt., Rep. 71, Nr. 79, fol. 62.
192 Der nachfolgende Text stammt von Florian Schmaltz.
193 Müller-Hill, *Tödliche Wissenschaft*, 1984, 74, 113 u. 163. Zum Entstehungshintergrund des Buchprojekts von Müller-Hill siehe Roth, Genetische Forschung, 2018, 12–22. Zur Untersuchung der Blutproben aus Auschwitz durch Hillmann im Kontext des Forschungsprojekts »Spezifische Eiweißkörper«, das »rassespezifische« Eiweißkörper in Blutserien identifizieren sollte, siehe Trunk, *Zweihundert Blutproben*, 2003; Trunk, Rassenforschung und Biochemie, 2004.

in seinem Buch veröffentlichen zu dürfen, lehnte Butenandt dies nach dessen Lektüre ab.¹⁹⁴ »Form und Inhalt« des Gesprächs erschienen ihm »in ihrem Charakter völlig verändert«, wodurch ein »Weg für viele fehlerhafte Trugschlüsse geöffnet« werde.¹⁹⁵ In zwei weiteren Fällen gingen die Interviewpartner Müller-Hills bzw. deren Angehörige noch weiter. Gerhard Ruhenstroth-Bauer und eine Tochter Hans Nachtsheims ließen Müller-Hill durch ihren Rechtsanwalt im Dezember 1983 Unterlassungsklagen und weitere rechtliche Schritte für den Fall androhen, dass er über die im Herbst 1943 in der Militärärztlichen Akademie in einer Unterdruckkammer der Luftwaffe an sechs epilepsieerkrankten Kindern aus der in das NS-»Euthanasie«-Programm einbezogenen Heil- und Pflegeanstalt Brandenburg-Görden durchgeführten unethischen Experimente veröffentlichen oder bei Vorträgen erwähnen würde.¹⁹⁶

Die Generalverwaltung der MPG trat bei den angedrohten Unterlassungsklagen gegen Müller-Hill nicht offen in Erscheinung, nahm aber auf Bitte von Ruhenstroth-Bauer mit dem Rowohlt-Verlag Kontakt auf, um den Erscheinungstermin des Buchs von Müller-Hill in Erfahrung zu bringen. Dessen Manuskript, das er dem Archiv der MPG vereinbarungsgemäß vor der Veröffentlichung vorgelegt hatte, ließ die MPG von einem Juristen der Rechtsabteilung unter persönlichkeitsrechtlichen Gesichtspunkten prüfen. Der Bitte Ruhenstroth-Bauers, ihm Rechtshilfe zu leisten, entsprach die Generalverwaltung nicht, riet ihm aber, seine Persönlichkeitsrechte selbst anwaltlich wahrzunehmen.¹⁹⁷ Müller-Hill wurde von Anwaltsseite aufgefordert, es zu unterlassen, von »entrechteten Kindern« zu sprechen, die einer »unzumutbaren Gefährdung« in unethischer Weise ausgesetzt worden seien.¹⁹⁸ Um das Erscheinen seines Buchs nicht zu gefährden, entschied er sich, die Nachtsheim und Ruhenstroth-Bauer betreffenden Textpassagen zu den medizinethisch unzulässigen Unterdruckversuchen in seinem Buch nicht zu veröffentlichen.¹⁹⁹ Butenandt, der hierüber von Ruhenstroth-Bauer informiert worden war, begrüßte dies und teilte Müller-Hill daraufhin mit, er sei »auch in diesem Punkt gut beraten«.²⁰⁰

Im Oktober 1985 wandte sich Benno Müller-Hill an den Präsidenten der FU Berlin, Dieter Heckelmann, und bat ihn, an dem im Besitz der Universität befindlichen Gebäude in der Ihnestr. 22/24 des Otto-Suhr-Instituts für Politikwissenschaft eine Gedenktafel mit folgendem Wortlaut anzubringen: »Dieses Gebäude beherbergte von 1927–1945 das Kaiser Wilhelm-Institut für Anthropologie, menschliche Erblehre und Eugenik. Hier arbeiteten Prof. Dr. E. Fischer, Prof. O. v. Verschuer und Dr. Dr. J. Mengele daran, den Nationalsozialismus zu stützen. Wissenschaft ohne Gerechtigkeit führt in den Abgrund.«²⁰¹ Im Dezember 1985 nahm Müller-Hill mit dem Sprecher des Fachbereichs Politische Wissenschaft, Bodo Zeuner, Kontakt auf und schlug auch ihm die Anbringung einer Gedenktafel vor.²⁰² Müller-Hills Anregung griff der Fachbereich Anfang 1986 auf, beauftragte die zur Geschichte der Rassenhygiene forschende Doktorandin Anna Bergmann sowie die wissenschaftliche Mitarbeiterin und Historikerin Christl Wickert mit Re-

---

194 Müller-Hill an Butenandt, 7.1.1981, AMPG, III. Abt. Rep. 84-2, Nr. 6092, fol. 97; Müller-Hill an Butenandt, 12.7.1983, ebd., fol. 107–108; Gesprächsprotokoll Prof. Adolf Butenandt, undatiert, ebd., fol. 109–112.

195 Butenandt an Müller-Hill, 19.8.1983, AMPG, III. Abt. Rep. 84-2, Nr. 6092, fol. 114–117.

196 Müller-Hill, Genetics, 1987, 9–10; Deichmann, *Biologen*, 1995, 311–313; Weindling, Genetik, 2003, 250–252; Schwerin, *Experimentalisierung*, 2004, 281–319. Rechtsanwalt Klaus Werner an Müller-Hill, Betr. Prof. Ruhenstroth-Bauer, Gisela und Manfred Eyser gegen Prof. Dr. Müller-Hill, 2.12.1983, Bl. 1–7; Müller-Hill an Werner, 15.12.1983, Bl. 1–4, Gedenkstätte Hadamar Archiv, NL Klee, Ordner: KWI; Roth, Genetische Forschung, 2018, 20–21.

197 Roeske: Vermerk für den Herrn Präsidenten persönlich, 16.9.1983, AMPG, II. Abt., Rep. 1, Nr. 410, fol. 548; Marsch an Ruhenstroth-Bauer, 20.10.1983, ebd., fol. 532; Edmund Marsch, Vermerk zum Brief an Herrn Professor Ruhenstroth-Bauer vom 20.10.1983, 21.10.1983, ebd., fol. 533–534; Ruhenstroth-Bauer an Marsch, 3.11.1983, ebd., fol. 526.

198 Rechtsanwalt Klaus Werner an Müller-Hill, 22.2.1984, AMPG, III. Abt., Rep. 84-2, Nr. 6092, fol. 151–157. Der Klagedrohung ging ein Schriftwechsel zwischen dem Rechtsanwalt und Müller-Hill voraus. Siehe dazu die Unterlagen in: AMPG, Va. Abt., Rep. 164, Nr. 2.

199 Rechtsanwalt Werner an Müller-Hill, 26.1.1984; Werner an Müller-Hill, 22.2.1984, Bl. 1–7; Müller-Hill an Werner, 12.12.1983, Gedenkstätte Hadamar Archiv, NL Klee, Ordner: KWI sowie AMPG Va. Abt., Rep. 164, Nr. 2.

200 Butenandt an Müller-Hill, 26.3.1984, AMPG, II. Abt., Rep. 1, Nr. 410, fol. 506.

201 Müller-Hill an Heckelmann, 22.10.1985, Universitätsarchiv der FU Berlin (FU Berlin, UA), Präsidium der FU Berlin (P), Fachbereich Politik und Sozialwissenschaften, und in: AMPG, II. Abt., Rep. 1, Nr. 410, fol. 95. Diese erste Initiative Benno Müller-Hills zur Anbringung einer Gedenktafel in der Ihnestraße 22/24 bleibt unerwähnt in: Wickert, Verantwortung, 2002; Aly, Elaborate, 2015, 219–220.

202 Benno Müller-Hill an Bodo Zeuner, 2.12.1985, Privatarchiv Anna Bergmann, Ordner (KWI I-Tafel). Ich danke Anna Bergmann, dass sie mir Unterlagen zu der Auseinandersetzung um die Gedenktafel zugänglich gemacht hat. Janika Raisch danke ich für die Überlassung ihrer Hausarbeit: »Auseinandersetzungen um die Erinnerung an das Kaiser-Wilhelm-Institut für Anthropologie, menschliche Erblehre und Eugenik an der Freien Universität Berlin 1983–1989. Forschungsarbeit (SoSe 2020). Projektseminar Dr. Manuela Bauche: Die Ihnestr. 22 und das Kaiser-Wilhelm-Institut für Anthropologie. FU Berlin. Fachbereich Politik- und Sozialwissenschaften.

cherchen zur Geschichte des Gebäudes Ihnestr. 22 und beschloss die Bereitstellung von finanziellen Mitteln, um die historischen Recherchen und die Anbringung einer Gedenktafel, die an Opfer und Täter erinnern sollte, zu unterstützen.[203]

Der darüber informierte Kanzler der FU Berlin, Detlef Borrmann, wandte sich daraufhin wiederholt an die MPG-Leitung und bat, sich über die vorliegenden Textentwürfe für eine Gedenktafel abzustimmen.[204] Anfang Juli 1986 teilte der Generalsekretär der MPG, Dietrich Ranft, dem FU-Kanzler in einem vertraulichen Antwortschreiben mit, man habe nun das der MPG zur Verfügung stehende Aktenmaterial geprüft und halte »die Anbringung einer Erinnerungstafel der vorgeschlagenen Art am Gebäude Ihnestraße 22 in Berlin-Dahlem für problematisch«.[205] Damit blieb es der FU Berlin überlassen, sich als Hausherrin des Gebäudes stellvertretend für die MPG der historischen Verantwortung zu stellen, die im Alleingang die Initiative jedoch nicht weiterverfolgen wollte. Bewegung in die Angelegenheit kam erst wieder, als am 15. September 1987 die von Anna Bergmann initiierte »Projektgruppe zur Erforschung der Geschichte des Hauses Ihnestraße 22 – ›Kaiser-Wilhelm-Institut für Anthropologie, menschliche Erblehre und Eugenik‹ 1927–1945«, der neben ihr Götz Aly, Gabriele Czarnowski, Annegret Ehmann und Susanne Heim angehörten, nach einer Pressekonferenz eine selbstfinanzierte Gedenktafel an dem Gebäude anbrachte.[206] Nach einer längeren Debatte im Fachbereich Politische Wissenschaft und dem Senat der FU Berlin um den Text der Gedenktafel wurde diese schließlich am 15. Juni 1988 gegen eine offizielle ausgetauscht und feierlich enthüllt.[207] Auf der von der FU Berlin organisierten Gedenkveranstaltung dankte der Dekan des Fachbereichs der hinter dieser Initiative stehenden engagierten Projektgruppe in seiner Ansprache, ließ aber die MPG, die der Einladung zu der Tafelanbringung nicht gefolgt war, unerwähnt.[208]

Zusammenfassend lässt sich festhalten, dass die MPG die von einer zivilgesellschaftlichen Initiative vorgeschlagene und vom Präsidium der FU Berlin schließlich aufgegriffene Anbringung einer Gedenktafel zwar nicht verhindern konnte, sie aber um mehr als zwei Jahre verzögerte. Die internationale Forschung zur Geschichte der Rassenhygiene hatte Ende der 1980er-Jahre Konjunktur.[209] Die MPG war hieran jedoch nicht beteiligt. Sie ergriff bis Ende der 1990er-Jahre keine eigenen Initiativen zur Erforschung der nationalsozialistischen Medizinverbrechen, in die das KWI für Anthropologie, menschliche Erblehre und Eugenik involviert gewesen war.

6.6.2 Der Skandal um die Hirnschnitte von NS-Opfern

Am 2. Januar 1989 berichteten die Tagesthemen über die Existenz von Humanpräparaten von NS-Opfern in medizinischen Sammlungen der Universitäten Heidelberg und Tübingen, die teilweise noch für Forschungs- und Lehrzwecke verwendet würden.[210] Die von der Zeitschrift *Nature* aufgegriffene Nachricht verbreitete sich rasch in der internationalen wissenschaftlichen Gemeinschaft.[211] Die Berichterstattung löste im Ausland eine Welle der Empörung aus. In Israel führte sie zu zahlreichen Anfragen bei der Holocaust-Gedenkstätte Yad Vashem, die sich mit einer formellen Anfrage an die deutsche Botschaft in Tel Aviv wandte und um Aufklärung des Sachverhalts bat. Zugleich erkundigte sich Yad Vashem nach dem Verbleib von Unterlagen des KWI für Anthropologie, menschliche

---

203 Egon Lodder (FU Berlin, FBR Politische Wissenschaft), Bescheinigung: Betr.: Geschichte des Hauses Ihnestr. 22, Dahlem, 6.1.1985, Privatarchiv Anna Bergmann, Ordner Kaiser-Wilhelm-Institut (KWI I-Tafel), fot. 389.
204 Zeuner an Borrmann, 24.1.1986, Privatarchiv Anna Bergmann, Ordner Kaiser-Wilhelm-Institut (KWI I-Tafel), fot. 388; Borrmann an Ranft, 21.4.1986, AMPG, II. Abt., Rep. 1, Nr. 410, fol. 94.
205 Ranft an Borrmann (Kanzler der FU), 2.7.1986, AMPG, II. Abt., Rep. 1, Nr. 410, fol. 70–71.
206 Projektgruppe zur Erforschung der Geschichte des Hauses Ihnestraße 22. Einladung zur Pressekonferenz am 15.9.1987, Privatarchiv Susanne Heim, Ordner Projektgruppe Ihnstr. 22; Henning und Kazemi, *Handbuch*, Bd. 1, 2016, 79.
207 Gerhard Kiersch an Fachbereich Politische Wissenschaft, 2.6.1988, AMPG, II. Abt., Rep. 1, Nr. 410, fol. 55.
208 Ansprache des Dekans Kiersch aus Anlaß zur Enthüllung der Plakette am Gebäude der Ihnestraße 22 am Mittwoch, den 15.6.1988, FU Berlin, UA, Präsidium der FU Berlin (P), FB PolSoz; Rondsheimer, Gedenktafel in der Ihnestraße. Erinnerung an die NS-Vergangenheit eines Kaiser-Wilhelm-Instituts, *Der Tagesspiegel*, 16.6.1988.
209 Schmuhl, *Rassenhygiene*, 1987; Weiss, *Race Hygiene*, 1987; Weingart, Kroll und Bayertz, *Rasse, Blut und Gene*, 1988; Proctor, *Racial Hygiene*, 1988; Weindling, *Health*, 1989; Adams, *Wellborn Science*, 1990.
210 Wilhelm Reschl: Gewebeproben von Nazi-Opfern. Tagesthemen vom 2.1.1989, Archiv des Norddeutschen Rundfunks (Tagesthemen: F 2772).
211 Dickman, Scandal, 1989, 195.

Erblehre und Eugenik, die Menschenversuche an Auschwitz-Häftlingen betrafen.²¹²

Die Berichterstattung führte zu Debatten in der Knesset und einer Protestaktion vor der deutschen Botschaft in Tel Aviv.²¹³ Der israelische Minister für religiöse Angelegenheiten Sebulon [Zevulun] Hammer verlangte in einem Schreiben an Bundeskanzler Helmut Kohl Aufklärung, der seinerseits in einer Telefonkonferenz die Kultus- und Wissenschaftsminister aller elf Bundesländer aufforderte, sämtliche medizinischen Sammlungen der Universitäten unverzüglich daraufhin untersuchen zu lassen, ob sich in diesen noch menschliche Überreste von NS-Opfern befänden.²¹⁴

Mitte Januar 1989 bestätigte der Pressesprecher der MPG Michael Globig gegenüber der *Stuttgarter Zeitung* die Existenz von Hirnschnitten von NS-Opfern im MPI für Hirnforschung, unterstrich jedoch, dass diese »nicht mehr für Forschungs- oder Lehrzwecke verwendet« würden.²¹⁵ In einem Artikel in der *Zeit* berichtete Götz Aly Anfang Februar 1989 über die Sammlung Hallervordens und die Widerstände der MPG gegen seine Recherchen und forderte erneut, dass von NS-Opfern stammende Präparate »für wissenschaftliche Zwecke unbrauchbar gemacht und bestattet werden«.²¹⁶ Als das Bayerische Staatsministerium für Wissenschaft und Kunst wenige Tage später die MPG aufrief, »noch vorhandene Präparate von Leichen von NS-Opfern und Präparate ungeklärter Herkunft, die zeitlich nicht eingeordnet werden können, sofort aus Sammlungen herauszunehmen und in würdiger Weise damit zu verfahren«, musste die Generalverwaltung handeln.²¹⁷

Ende Februar 1989 beauftragte Präsident Staab Archivleiter Henning, analog zu der von der Kultusministerkonferenz veranlassten Suche nach Präparaten von Leichen von NS-Opfern in universitären Sammlungen, in der MPG »umfassende Nachforschungen nach Art, Umfang und Laufzeit der entsprechenden Altakten, Krankenberichte, Präparatesammlungen und dergleichen aus der Zeit zwischen 1933 und 1945 anzustellen« und sich hierbei mit den Direktoren der betroffenen Institute abzustimmen.²¹⁸ Damit entschied sich die Leitung der MPG dagegen, ihre medizinischen Sammlungen von einer unabhängigen Kommission untersuchen zu lassen, wie dies die Universität Tübingen veranlasst hatte.²¹⁹ Nach Besuchen am MPI für Hirnforschung in Frankfurt am Main, am MPI für Psychiatrie in München und am MPI für neurologische Forschung in Köln übermittelte Henning am 23. März 1989 dem Präsidenten der MPG seine vorläufigen Untersuchungsergebnisse, die sich im Nachhinein als methodisch ungenau und unzuverlässig erwiesen, weshalb viele Präparate von NS-Opfern nicht identifiziert und – wie verlangt – bestattet wurden.²²⁰

Bei einer von Präsident Staab Ende April 1989 einberufenen Besprechung, an der neben Vertretern der Generalverwaltung auch Archivleiter Henning und die geschäftsführenden Direktoren des MPI für Hirnforschung Heinz Wässle und des MPI für Psychiatrie Georg Kreutzberg teilnahmen, entschied man, alle Präparate aus den Sammlungen von Hallervorden und Spatz »aus der Zeit von 1933 bis 1945, bei denen nicht positiv feststeht, daß sie nicht von Nazi-Opfern stammen«, zu entnehmen und einzuäschern oder – sofern es sich um histologische Schnitte auf Glasträgern handelte – diese zu einem Glasblock einzuschmelzen und im »Rahmen einer Gedenkstunde unter Beteiligung von Geistlichen der Kirchen und der Kultusgemeinde« zu bestatten. Zudem sollte das

---

212 Reinecke (Deutsche Botschaft Tel Aviv) an das Auswärtige Amt, 4.1.1989, UAF, Abt. 3400, Nr. 1, fol. 293; Haas (Deutsche Botschaft Tel Aviv) an Auswärtiges Amt, Fernschreiben. Betr. Berichte über Verwendung medizinischer Präparate von Leichen von Naziopfern an deutschen Universitäten, 5.1.1989, ebd., fol. 292.

213 Friedrich Schreiber: Entrüstung über Experimente mit Nazi-Opfern. Tagesthemen vom 10.1.1989 um 22:40 Uhr, Archiv des NDR, Archivnummer 20189.

214 Nazi Research under the microscope. Has the Holocaust tainted West German medical education?, *Time*, 27.2.1989, AMPG, II. Abt., Rep. 66, Nr. 1614, fol. 70–71.

215 Präparate aus NS-Zeit in Frankfurt. Max-Planck-Gesellschaft bestätigt Angaben, *Stuttgarter Zeitung*, 13.1.1989, AMPG, II. Abt., Rep. 71, Nr. 79, fol. 7.

216 Aly, Je mehr, desto lieber, *Die Zeit*, 3.2.1989.

217 Ministerialrat Karl Weininger (Bayerisches Staatsministerium für Wissenschaft und Kunst) an die Generalverwaltung der MPG, 8.2.1989, AMPG, II. Abt., Rep. 1, Nr. 410, fol. 470.

218 Staab an Henning, 28.2.1989, AMPG, II. Abt., Rep. 66, Nr. 1614, fol. 52–53.

219 Albin Eser, Kurt Ludwig, Arno Fern, Benigna Schönhagen, Christoph Rubens: Abschlussbericht der Kommission zur Überprüfung der Präparatesammlungen in den medizinischen Einrichtungen der Universität Tübingen im Hinblick auf Opfer des Nationalsozialismus, 13.7.1989, Bl. 8, PA AA, B 94-REF.621/613 996.

220 Henning an Staab, Betr. Umgang mit medizinischen Präparaten von Opfern des nationalsozialistischen Regimes, 23.3.1989, AMPG, II. Abt., Rep. 71, Nr. 79, fol. 283–293.

6. Selbstverständnis, Selbstdarstellung und Vergangenheitspolitik

Archiv der MPG die Akten der betroffenen Institute übernehmen und die Öffentlichkeit informiert werden.[221] Der Präsident und die Generalverwaltung der MPG entschieden sich damit zusammen mit den Direktoren der betroffenen Institute gegen die von ihrem Archivdirektor vorgeschlagene Vernichtung der personenbezogenen Opfer-Akten. So verhinderten sie, dass der historischen Forschung unwiderruflich jegliche Möglichkeiten genommen wurden auf empirisch gesicherter Quellengrundlage die Krankengeschichte und die Todesumstände der Opfer aufzuklären und deren Biografien zu rekonstruieren, um damit die Voraussetzungen für ein individualisiertes Gedenken zu schaffen.

Während die Direktoren des MPI für Hirnforschung alle Präparate der Jahre 1933 bis 1945 aus den Sammlungen nehmen ließen, um sie zu bestatten, verfolgte die Institutsleitung des MPI für Psychiatrie eine andere Strategie. Dort beauftragte Institutsdirektor Georg Kreutzberg die Medizinerin Elisabeth Rothemund damit, die umfangreichen Sammlungen von Hirnschnitten zu sichten und die zur Bestattung vorgesehenen zu identifizieren. Nach welchen Kriterien Präparate für die Bestattung entnommen wurden, ist aufgrund lückenhafter Dokumentationen nur noch schwer zu rekonstruieren.[222]

Bestärkt durch den Abschlussbericht des Archivleiters gab sich die Leitung der Max-Planck-Gesellschaft der trügerischen Erwartung hin, die MPG könne weitere öffentliche Diskussionen über die Frage vermeiden, inwieweit in ihrer Vorgängerorganisation Forschende die nationalsozialistischen Massenmorde und Medizinverbrechen skrupellos und ohne ethische Bedenken ausgenutzt hatten, um Gehirne von NS-Opfern für den Ausbau ihrer wissenschaftlichen Sammlungen voranzutreiben. Dies galt auch für die Diskussion, ob und wie lange die aus den verbrecherischen Kontexten der NS-»Euthanasie« stammenden Gehirne und Hirnschnitte nach dem Zweiten Weltkrieg innerhalb und außerhalb der MPG noch für Forschungszwecke und Publikationen verwendet worden waren.[223]

Eine schonungslose Aufarbeitung und selbstkritische Auseinandersetzung mit dieser Kontinuitätsproblematik wurde zu dieser Zeit auf der Leitungsebene der MPG offenbar noch als potenzieller Reputationsschaden angesehen und nicht als notwendiger Anstoß zur Reflexion ethischer Problematiken der Neurowissenschaften vor dem Hintergrund ihrer historischen Entwicklungen im NS-Regime und deren Nachwirkungen und Konsequenzen für die eigene Forschung.

Die Beisetzung der menschlichen Überreste aus dem MPI für Hirnforschung, dem MPI für Neurologische Forschung und dem MPI für Psychiatrie in 24 Metall- und Holzbehältern wurde am 21. Februar 1990 auf dem Waldfriedhof München ohne religiöse Trauer- oder Bestattungsrituale morgens »um 7.45 Uhr in der dafür ausgesuchten Grabstelle« wie ein Verwaltungsakt vollzogen. An dieser Veranstaltung nahmen nur Vertreter der Friedhofsverwaltung, der Neuropathologe Peter Schubert für das MPI für Psychiatrie und Edmund Marsch von der Generalverwaltung der MPG teil.[224]

Erst drei Monate nach der Bestattung der Hirnschnitte fand am 25. Mai 1990 die von der MPG organisierte »Gedenkveranstaltung für Opfer des Nationalsozialismus und ihren Mißbrauch durch die Medizin« statt. Sie sei atmosphärisch »eine Trauerfeier eigener Art« gewesen, wie Renate Schostack in der *Frankfurter Allgemeinen Zeitung* berichtete. 50 bis 60 »Männer, hauptsächlich in Trenchcoats«, gingen bei »strömendem Regen einer ernsten Pflicht« nach, doch das Gedenken blieb anonym.[225] Zur Gedenkfeier hatte die MPG keine Opferorganisationen der NS-Verfolgten eingeladen, weder den Bund der Euthanasiegeschädigten und Zwangssterilisierten noch den Zentralrat Deutscher Sinti und Roma, noch die Vereinigung der Verfolgten des Naziregimes, und auch keinen Vertreter von ihnen gebeten, sich auf der ihren Angehörigen gewidmeten Veranstaltung zu äußern.[226] So sprachen dort nur der Direktor des MPI für Psychiatrie Kreutzberg und MPG-Präsident Staab. Dieser betonte, die Gedenkveranstaltung, mit der man an die »Opfer der national-

---

221 Gutjahr-Löser: Ergebnisvermerk: Besprechung am 27.4.1989 über Hirnpräparate aus der Zeit des Nationalsozialismus, 28.4.1989, AMPG, II. Abt., Rep. 71, Nr. 79, fol. 278–280.

222 Siehe dazu die von Elisabeth Rothemund erstellte Liste der Patienten aus Eglfing in den Jahren 1938 bis 1945, Januar 1990 sowie die Kasten-Nr.-Liste 1938–1945 [Kasten 1–1500], Januar 1990, APsych, MPIP D 86.

223 Siehe dazu die erstmals von Peiffer zusammengestellte Liste von 37 Publikationen aus dem Zeitraum von 1940 bis 1959, die auf Forschungsarbeiten mit Hirnpräparaten aus den Sammlungen des KWI für Hirnforschung und der DFA für Psychiatrie basierten, bei denen es sich entweder um sicher dokumentierte Fälle von NS-Opfern handelte oder um solche Fälle, die er als sehr wahrscheinliche oder Verdachtsfälle ohne ausreichende Belege einstufte: Peiffer, Assessing, 1999, 353–355.

224 Marsch an Präsidenten und Verteiler, Vermerk, Hirnpräparate, 21.2.1990, AMPG, II. Abt., Rep. 71, Nr. 79, fol. 225.

225 Renate Schostack, Trauergang. Deutsche Szene, *Frankfurter Allgemeine Zeitung*, 29.5.1990, 37, AMPG, II. Abt., Rep. 71, Nr. 79, fol. 144.

226 So weit ersichtlich, nahm nur der Dachau-Überlebende Max Mannheimer als Repräsentant der Israelitischen Kultusgemeinde München an der Gedenkveranstaltung teil. Siehe Teilnehmer an der Gedenkstunde am 25.5.1990, um 14.00 Uhr im Münchner Waldfriedhof, alter Teil, AMPG, II. Abt., Rep. 71, Nr. 79, fol. 208–210.

sozialistischen Gewaltherrschaft erinnern wolle, die von der medizinischen Forschung in jenen Jahren mißbraucht wurden«, sei zugleich Anlass der »Mahnung zu verantwortlicher Selbstbegrenzung bei der wissenschaftlichen Forschung«.²²⁷ Als Nachfolgeorganisation, die an deren »große wissenschaftliche Tradition« anknüpfe, müsse sich die MPG »auch den geschichtlichen Belastungen« stellen. Staab zufolge hätten nur »einzelne Wissenschaftler« der KWG »zwischen 1933 und 1945 offenbar grundlegende ethische Werte und Regeln der Wissenschaft verletzt«.

Weder die Kaiser-Wilhelm-Institute, die an den Gehirnen der NS-Opfer forschten, noch die Namen der Täterinnen und Täter wurden auf dem von der MPG gestifteten Gedenkstein namhaft gemacht. Wo, durch wen und an wem der »Missbrauch durch die Medizin« verübt wurde, blieb unklar. Hinweise auf Tatorte und die Verbindungen zwischen den Instituten der Kaiser-Wilhelm-Gesellschaft und den nationalsozialistischen Tötungszentren, aus denen die Gehirne der Ermordeten für Forschungszwecke entnommen worden waren, blieben ungenannt.

Entgegen den Erwartungen war mit der Bestattung der Hirnschnitte auf dem Münchner Waldfriedhof die Affäre um die aus verbrecherischen Kontexten in die wissenschaftlichen Sammlungen übernommenen menschlichen Überreste noch nicht beendet. Im April 2001 veranlasste der Direktor des Edinger-Instituts, Wolfgang Schlote, der Ende des Jahres emeritiert werden sollte, die Abgabe weiterer Unterlagen aus den noch in Frankfurt verbliebenen Teilen des Nachlasses von Hallervorden an das Archiv der MPG.²²⁸ In den abgegebenen Unterlagen wurden bei deren Verzeichnung im Archiv rund 100 gläserne Objektträger mit Hirnschnitten aus der Sammlung Hallervordens entdeckt. Erst zwei Monate nach dem Fund der Hirnschnitte informierte Archivdirektor Henning am Rande der in Berlin am 21. Juni 2001 abgehaltenen Hauptversammlung der MPG seinen Vorgesetzten Bernd Ebersold mündlich über den Fund der Hirnschnittpräparate Hallervordens. Ebersold bat Henning umgehend, deren Herkunft gemeinsam mit dem Direktor des MPI für Psychiatrie, Kreutzberg, zu klären und ihm darüber Bericht zu erstatten.²²⁹

Weder die Direktoren des MPI für Hirnforschung, aus dessen Sammlungen die Hirnschnitte ursprünglich stammten, noch die 1997 eingesetzte Präsidentenkommission »Geschichte der Kaiser-Wilhelm-Gesellschaft im Nationalsozialismus«, von der noch ausführlich die Rede sein wird, wurden über den Fund in Kenntnis gesetzt.²³⁰ Am 4. Juli 2001 sichtete Kreutzberg im Archiv der MPG mit Henning, dessen Stellvertreterin Marion Kazemi und der mit der Verzeichnung der Unterlagen beauftragten Archivarin Ulrike Kohl die Hirnschnitte. In der zweiten Juliwoche teilte Henning daraufhin Ebersold mündlich mit, »dass derzeit kein dringender Handlungsbedarf bestünde, da in bestimmten Fällen die Herkunft der Präparate außerhalb des zeitlichen Kontextes der nationalsozialistischen Euthanasie läge und insgesamt keine konkret ›verdächtigen‹ Fälle erkennbar seien«.²³¹ Obwohl Henning kurz darauf seine erste Bewertung revidierte und drei Verdachtsfälle einräumte, bei denen aufgrund des Todesdatums und der Herkunftsanstalt »nicht ausgeschlossen werden« könne, dass »es sich um Opfer der Euthanasie handelt«, kam er zu dem Ergebnis, es bestünde »kein akuter Handlungsbedarf« – eine folgenreiche Fehleinschätzung.²³²

Die von der Generalverwaltung angewiesene Überprüfung der 2001 ins Archiv der MPG gelangten Hirnschnitte und die vorgesehene »Nachbestattung« der Präparate von NS-Opfern unterblieben. Erst sehr viel später, im Jahre 2015, kam das Thema wieder auf die Tagesordnung, als bei historischen Recherchen von Heinz Wässle im Archiv der MPG und danach durch eine von der MPG veranlasste Suche auch am MPI für Hirnforschung wei-

---

227 Hierzu und zum Folgenden siehe Staab, Ständige Mahnung, 1990.
228 Bericht Henning 4. Nachforschungen im Max-Planck-Institut für Hirnforschung am 9.3.1989. Anlage 2 zum Bericht Henning, 19.3.1989, AMPG, II. Abt., Rep. 1, Nr. 410, fol. 412; Schlote an Marsch, Betr: Sammlungen Hallervorden und Spatz, 26.4.1989, ebd., fol. 418–419.
229 Dr. Ebersold (AL V), Aktennotiz (persönlich, vertraulich), an Prof. Kreutzberg, Prof. Henning, 13.7.2001, AMPG, II. Abt., Rep. 1, Nr. 215, fol. 135–136.
230 Dies bestätigte der damalige geschäftsführende Direktor des MPI für Hirnforschung Heinz Wässle. Wässle an Schmaltz, E-Mail vom 5.12.2022.
231 Dr. Ebersold (AL V), Aktennotiz (persönlich, vertraulich), an Prof. Kreutzberg, Prof. Henning, 13.7.2001, AMPG, II. Abt., Rep. 1, Nr. 215, fol. 135.
232 In der von Henning übermittelten Liste der 2001 aufgefundenen Hirnschnitte wurde u. a. das Präparat mit der Nummer 40/70 genannt, das von Helga Kuschel stammte, die als Vierjährige 1940 in Brandenburg ermordet worden war. Henning, Vermerk, Hirnschnitte aus der Hallervorden-Sammlung, 19.7.2001, AMPG, II. Abt., Rep. 1, Nr. 215, fol. 127–133, hier fol. 131. – Sie wurde nur als mögliches »Euthanasie«-Opfer charakterisiert, obwohl Jürgen Peiffer die Präparat-Nummer 40/70 der Hallervorden-Sammlung in einem Aufsatz 1999 als sehr wahrscheinliches Opfer der NS-»Euthanasie« identifiziert hatte. Die Hirnpräparate von Kuschel waren in einem 1956 von Hallervorden und Krücke veröffentlichten Handbuch-Artikel über tuberöse Hirnsklerose, einer mit kognitiven Einschränkungen und epileptischen Anfällen einhergehenden Erbkrankheit, genutzt worden. Peiffer, Assessing, 1999, 354.

tere Hirnschnitte gefunden wurden. Der Präsident der MPG entschloss sich daraufhin zu einer breit angelegten Untersuchung und einer rückhaltlosen Transparenz gegenüber der Öffentlichkeit.[233]

6.6.3 Die späte Aufarbeitung der NS-Geschichte

Bereits 1959 hatte der Gründungsdirektor des Max-Planck-Instituts für Geschichte, Hermann Heimpel, in einem Vortrag die historische Aufarbeitung der NS-Vergangenheit eingefordert. »Unbewältigte Vergangenheit knechtet den Menschen, Geschichtswissenschaft verleiht Freiheit von der Geschichte«, so Heimpel, der die »Bewältigung der Vergangenheit« als »Versöhnung mit der Vergangenheit« verstand.[234] Mit dem auf die Schuld einer Generation abzielenden Verständnis der »Vergangenheitsbewältigung« löste sich Heimpel, der selbst im Nationalsozialismus an der »Reichsuniversität Straßburg« wissenschaftlich Karriere gemacht hatte, teilweise aus dem Mitte der 1950er-Jahre im Scham- und Schulddiskurs vorherrschenden Paradigma des nationalen Ehrverlusts und ging »zu einem schuldkulturellen Paradigma der Verantwortung« über, wie der Historiker Nicolas Berg bemerkt hat.[235]

Innerhalb der MPG traf Heimpels Forderung nicht auf offene Ohren. Noch in den 1980er-Jahren verharrte die MPG weitgehend in Passivität und überließ die kritische Aufarbeitung der NS-Vergangenheit der KWG Akademiker:innen außerhalb ihrer Reihen.[236] Ende des Jahrzehnts erschienen im Ausland kritische Arbeiten von Paul Weindling, Robert J. Lifton und Robert Proctor zur Geschichte der rassenhygienischen Forschung an Kaiser-Wilhelm-Instituten in der Weimarer Republik und im Nationalsozialismus.[237] Kontroversen löste auch die Studie über den »Mythos der deutschen Atombombe« von Mark Walker aus. Er widerlegte sowohl die US-amerikanische Sichtweise, wonach die deutschen Physiker wissenschaftlich nicht in der Lage gewesen seien, eine Atombombe zu konstruieren, als auch deren apologetisches Nachkriegsnarrativ, sie seien unwillig gewesen, dies zu tun.[238] Angesichts der zunehmend auch die Schattenseiten der KWG thematisierenden Forschungen im In- und Ausland und immer neuer verstörender Erkenntnisse über die Rolle von Wissenschaftler:innen der KWG im NS-Regime wurde die Auseinandersetzung der MPG mit der Geschichte ihrer Vorgängerorganisation unausweichlich.

Als im Frühjahr 1983 die Planungen für die Feierlichkeiten zum 75-jährigen Bestehen der KWG begannen, stellte sich die Frage, wie in diesem Zusammenhang mit der NS-Vergangenheit umgegangen werden sollte. Im März 1983 wandte sich Robert Gerwin an seinen Vorgesetzten Edmund Marsch, den Abteilungsleiter für Auslandsbeziehungen und Öffentlichkeitsarbeit, und brachte in deutlichen Worten sein Unbehagen zum Ausdruck: »Was die Max-Planck-Gesellschaft wirklich und dringendst braucht, ist eine Aufarbeitung der KWG-Geschichte von 1933–1945. Es ist nahezu peinlich, wenn wir auf alle Fragen zu dieser Zeit passen müssen. Niemand nimmt uns da Unwissenheit ab.« Dabei war sich Gerwin bewusst, dass »eine Darstellung dieses Zeitabschnitts erhebliche Schwierigkeiten machen wird« und einen vorläufigen Charakter haben müsse.[239]

Als der Beirat des Archivs der MPG eine Woche später den Vorschlag des Historikers Bernhard vom Brocke diskutierte, zum Jubiläum eine Gesamtdarstellung der Geschichte der KWG und der MPG zu erarbeiten, war man sich einig, dass die Zeit des Nationalsozialismus nicht ausgeklammert werden dürfe.[240] Die konzeptionellen

---

233 Max-Planck-Gesellschaft, Presseerklärung, 14.3.2016, https://www.mpg.de/10375426/max-planck-gesellschaft-fuehrt-gesamtrevision-ihrer-praeparate-sammlungen-durch. Zu den bisherigen Ergebnissen des Forschungsprojekts siehe auch den Zwischenbericht der Forschergruppe an den Bayerischen Landtag vom 15.1.2019: Max-Planck-Gesellschaft, Zwischenbericht, 17.2.2020, https://www.mpg.de/14472459/zwischenbericht-des-opferforschungsprojekts-wurde-dem-bayerischen-landtag-uebergeben. Die Funde der Hirnschnitte 2015 lagen außerhalb des vorgesehenen Untersuchungszeitraums des Forschungsprogramms zur Geschichte der MPG, weshalb sie an dieser Stelle nicht untersucht werden können.
234 Heimpel, Gegenwartsaufgaben, 1960, Zitate 45 u. 56.
235 Berg, *Der Holocaust*, 2003, 251.
236 Siehe u. a. die Arbeiten von Götz Aly, Anna Bergmann, Gabriele Czarnowski, Annegret Ehmann, Ernst Klee, Benno Müller-Hill, Peter Weingart, Jürgen Kroll und Kurt Bayertz im Literaturverzeichnis.
237 Weindling, Weimar Eugenics, 1985; Lifton, *The Nazi Doctors*, 1986; Proctor, *Racial Hygiene*, 1988; Weindling, *Health*, 1989.
238 Walker, German National Socialism, 1989; Walker, Uranmaschine, 1990; Walker, Legenden, 1990. Zu den Kontroversen siehe die Literaturzusammenstellung »KWG/MPG historisch« (1980–1991) des Pressereferats der MPG in: GVMPG, BC 247300.
239 Robert Gerwin an Edmund Marsch, Notiz. Betr., Aufarbeitung der MPG-Geschichte. Vermerk von Bernhard vom Brocke, 8.3.1983, AMPG, II. Abt., Rep. 66, Nr. 4959, fol. 125–126.
240 Auszug aus dem Ergebnisprotokoll der 6. Sitzung des Beirates der Bibliothek und des Archivs der MPG, 16.3.1983, AMPG, II. Abt., Rep. 71, Nr. 82, fol. 673.

Vorstellungen schwankten jedoch zwischen einem klassischen Jubiläumsband mit ausgewählten Dokumenten und Bildern und einer umfassenderen historischen Studie.[241] Schon früh herrschte unter den Beteiligten Skepsis, ob sich das anspruchsvolle Vorhaben – angesichts der noch zu leistenden Forschungsarbeit – innerhalb der verfügbaren Zeit von knapp drei Jahren überhaupt realisieren lassen würde.

Die Skepsis erwies sich als berechtigt. Als die MPG 1986 ihr Jubiläum beging, lag der von Vierhaus und vom Brocke herausgegebene Sammelband, dessen Erarbeitung Reimar Lüst 1983 angeregt hatte, noch nicht vor.[242] Der rund 1.000-seitige Sammelband erschien erst 1990 mit vierjähriger Verspätung.[243] Zur Geschichte der KWG im »Dritten Reich« enthielt der Sammelband erstmals eine wissenschaftliche Untersuchung, die auf Initiative der MPG entstanden war. Deren Autoren Helmuth Albrecht und Armin Hermann vertraten die These, die »Selbstgleichschaltung« der KWG habe Schlimmeres verhindert, etwa eine angeblich drohende »grundlegende Umgestaltung der Gesellschaft im nationalsozialistischen Sinne«.[244]

Konkrete Überlegungen zur Einrichtung einer Präsidentenkommission »Geschichte der Kaiser-Wilhelm-Gesellschaft im Nationalsozialismus« wurden erstmals im Frühjahr 1995 gegen Ende der Präsidentschaft Hans F. Zachers angestellt. Unmittelbarer Anlass war die Veröffentlichung mehrerer kritischer Artikel zur Gründung des MPI für Wissenschaftsgeschichte, darunter in der *Süddeutschen Zeitung*. Das neu gegründete Institut betreibe – so der Vorwurf – Wissenschaftsgeschichte »ganz interdisziplinär und philosophisch, ganz dem hohen Ton der Epistemologie verpflichtet und ohne jeden Blick auf ihre eigene Geschichte, auf Mengele et al.«[245]

Im Mai 1995 wandte sich der Generalsekretär der MPG, Wolfgang Hasenclever, jedoch nicht an das MPI für Wissenschaftsgeschichte, sondern an die Direktoren des MPI für Geschichte in Göttingen, Hartmut Lehmann und Otto Gerhard Oexle, und bat sie um konzeptionelle Überlegungen für ein Forschungsprojekt zur Geschichte der KWG im Nationalsozialismus. Weder der Mediävist Oexle noch Lehmann, dessen Forschungsschwerpunkte in der Frühen Neuzeit und dem Ersten Weltkrieg lagen, waren auf dem Gebiet der Wissenschaftsgeschichte ausgewiesen oder bis dahin mit Arbeiten zur Geschichte des Nationalsozialismus hervorgetreten.[246] Lehmann nahm mit Jürgen Renn, der 1994 zum Direktor des neuen MPI für Wissenschaftsgeschichte berufen worden war, Kontakt auf und lud ihn und seine Ko-Direktorin Lorraine Daston zur Zusammenarbeit ein. Renn erklärte umgehend seine Bereitschaft, sich an dem Projekt zu beteiligen, zumal am MPI für Wissenschaftsgeschichte hierzu bereits Forschungen unternommen würden.[247]

Nach Sondierungsgesprächen im Juni 1995[248] und einem informellen Treffen mit der Archivleitung im Mai 1996[249] legte Renn im Dezember 1995 ein erstes Eckpunktepapier vor, das thematische Schwerpunkte für ein Forschungsvorhaben zur Geschichte der KWG im Nationalsozialismus enthielt.[250] Im Mai 1996 wurden bei einem Arbeitstreffen im MPI für Geschichte Quellenlage, Forschungsstand, methodische Überlegungen und Finanzierungsfragen erörtert.[251] Die informelle Arbeitsgruppe verständigte sich darauf, das aus Mitteln der MPG finanzierte Forschungsvorhaben organisatorisch an das MPI für Wissenschaftsgeschichte in Berlin anzubinden. Die dort tätige Historikerin Doris Kaufmann sollte die leitenden Fragestellungen für das geplante Forschungsprogramm entwickeln und als Projektleiterin gewonnen

---

241 Gerwin an Marsch. Vermerk. Betr.: MPG-Jubiläumsband für 1986, 29.8.1983, AMPG, II. Abt., Rep. 71, Nr. 82, fol. 666.
242 Anlässlich der Jubiläumsfeier veröffentlichte Robert Gerwin eine Artikelserie zur Geschichte der KWG und der MPG, in der er die KWG als Opfer nationalsozialistischer Politik darstellte. Gerwin, 75 Jahre Max-Planck-Gesellschaft, 1986, 59. Kritisch dazu Hachtmann, *Wissenschaftsmanagement*, 2007, 1036–1040.
243 Vierhaus und vom Brocke, Forschung im Spannungsfeld von Politik und Gesellschaft, 1990.
244 Albrecht und Hermann, KWG im Dritten Reich, 1990, 375.
245 Schmittler, Einstein nicht unter uns, *Süddeutsche Zeitung*, 3.4.1995. Siehe auch ähnlich lautende Vorwürfe in: Fischer, Über den blutigen Spuren ein Elysium für Philosophen, *Die Weltwoche*, 20.5.1993.
246 Schöttler, *MPI für Geschichte*, 2020.
247 Renn an Lehmann, 9.6.1995, AMPG, II. Abt., Rep. 58, Nr. 1, fol. 257.
248 Vermerk: Gespräch mit Oexle, Renn am 21.6.1995 in Potsdam. Thema: Erforschung der Kaiser-Wilhelm-Gesellschaft im Dritten Reich, undatiert, AMPG, III. Abt., ZA 180, Nr. 62, fot. 169.
249 Matthiesen: Besprechungsprotokoll der Arbeitsgruppe zur Geschichte der Kaiser-Wilhelm-Gesellschaft im »Dritten Reich«, 9.5.1996, AMPG, II. Abt., Rep. 58, Nr. 1, fol. 245–247; Renn an Fromm, 29.3.1996, ebd., fol. 252.
250 Jürgen Renn, Die Kaiser-Wilhelm-Gesellschaft im Schatten des NS, 12.1995, AMPG, II. Abt., Rep. 58, Nr. 1, fol. 82–84.
251 Matthiesen: Besprechungsprotokoll der Arbeitsgruppe zur Geschichte der Kaiser-Wilhelm-Gesellschaft im »Dritten Reich«, 9.5.1996, AMPG, II. Abt., Rep. 58, Nr. 1, fol. 245–247.

6. Selbstverständnis, Selbstdarstellung und Vergangenheitspolitik

werden.²⁵² Zwischenzeitlich wurden von Jürgen Renn konzeptionelle Überlegungen für das Forschungsvorhaben eingeholt.²⁵³ Unter Einbeziehung dieser Vorarbeiten legte Kaufmann im Oktober 1996 eine Problemskizze vor, welche die Grundlage der weiteren Diskussion bildete.²⁵⁴

Im April 1997 wandte sich der inzwischen zum MPG-Präsidenten ernannte Hubert Markl an den an der Technischen Universität Berlin lehrenden Historiker Reinhard Rürup und seinen Kollegen Wolfgang Schieder von der Universität zu Köln und erläuterte ihnen das Vorhaben, das 1998 zum 50. Jahrestag der Gründung der MPG starten sollte. Das Projekt solle »zwar von der Max-Planck-Gesellschaft initiiert und verantwortet, nicht aber mit eigenen Kräften bewältigt werden« und sei »für die konkrete Forschungsarbeit im Wesentlichen auf die Expertise externer Wissenschaftler aus Universitäten des In- und Auslands« angewiesen. Markl bat Rürup und Schieder, den Vorsitz der Präsidentenkommission zu übernehmen.²⁵⁵ Die beiden erklärten ihre Bereitschaft und erhielten im Oktober 1997 offizielle Einladungsschreiben des Präsidenten der MPG. Die Leitung der Präsidentenkommission durch zwei Historiker, die nicht der MPG angehörten, sollte die wissenschaftliche Unabhängigkeit des geplanten Forschungsprogramms sichtbar unterstreichen.²⁵⁶ Mitte November unterrichtete Markl den Senat der MPG über die Einsetzung der Präsidentenkommission, ihre Aufgaben und Ziele.²⁵⁷

Die Einrichtung des Forschungsprogramms »Geschichte der Kaiser-Wilhelm-Gesellschaft im Nationalsozialismus« ist zeithistorisch vor dem Hintergrund der bundesdeutschen und internationalen Auseinandersetzungen um die NS-Vergangenheit zu sehen. Ab Mitte der 1980er-Jahre hatte die kritische Unternehmensgeschichte aufgezeigt, wie Unternehmen von »Arisierungen«, der Ausbeutung von Sklaven- und Zwangsarbeiter:innen und dem Raub von Vermögen in den okkupierten Ländern profitiert hatten.²⁵⁸ Im Deutschen Bundestag und im Europaparlament geführte Debatten über eine Entschädigung von Überlebenden der NS-Zwangs- und Sklavenarbeit, Sammelklagen gegen deutsche Unternehmen in den USA und internationale diplomatische Verhandlungen erzeugten politischen Handlungsdruck. Im Februar 1999 gründeten deutsche Großunternehmen eine Stiftungsinitiative, die nach langwierigen Auseinandersetzungen über die Entschädigungshöhe und die von Unternehmen geforderte Rechtssicherheit vor weiteren Klagen im Juli 2000 zu der von Bundestag und Bundesrat beschlossenen Gründung der »Stiftung Erinnerung, Verantwortung und Zukunft« führten.²⁵⁹ Mit der 1995 eröffneten und in 34 Städten gezeigten Wehrmacht-Ausstellung des Hamburger Instituts für Sozialforschung rückten die Dimensionen des nationalsozialistischen Vernichtungskriegs in den Fokus. Sie löste eine breite öffentliche Debatte über lange tabuisierte Verbrechen der angeblich »sauber« gebliebenen Wehrmacht aus.²⁶⁰ Auch die Wissenschaft und mit ihr die Beteiligung der KWG an nationalsozialistischen Medizinverbrechen geriet nun verstärkt in die Diskussion.

Als sich die MPG dem öffentlichen Erwartungsdruck beugte, sich ihrer historischen Verantwortung zu stellen und die Geschichte ihrer Vorgängerorganisation im Nationalsozialismus wissenschaftlich untersuchen zu lassen, erschien dies überfällig. Gleichwohl war die MPG 1997 die erste bundesweite Forschungsorganisation, die ihre NS-Vergangenheit durch ein größeres Forschungsprogramm aufarbeiten ließ. Der zuvor von der DFG unternommene

---

252 Reinhard Rürup, Vermerk, Ergebnisse der Sitzung der Arbeitsgruppe »Die Kaiser-Wilhelm-Gesellschaft im Nationalsozialismus« in Bremen am 3.6.1997, AMPG, II. Abt., Rep. 58, Nr. 1, fol. 207; Renn an Henning, Betr. Geschichte der KWG im NS, 10.7.1996, ebd., fol. 248; Kaufmann an Rürup, 20.6.1997, ebd., fol. 206.

253 Mitchell G. Ash, Die Wissenschaften im Nationalsozialismus am Beispiel der Kaiser-Wilhelm-Gesellschaft, 10.9.1996, AMPG, II. Abt., Rep. 58, Nr. 1, fol. 72–81; Ulrich Marsch, Forschungsfragen zur Rolle der Kaiser-Wilhelm-Gesellschaft und einzelner Institute in der Zeit des Nationalsozialismus, undatiert, ebd., fol. 93–96; Klaus A. Vogel (Berlin/Rom): Überlegungen zum Forschungsvorhaben »Die Kaiser-Wilhelm-Gesellschaft im Nationalsozialismus«, September 1996, ebd., fol. 99–105.

254 Doris Kaufmann: Die Kaiser-Wilhelm-Gesellschaft und ihre Institute im Nationalsozialismus, 14.10.1996, AMPG, II. Abt., Rep. 58, Nr. 1, fol. 46–54.

255 Markl an Rürup, 7.4.1997, AMPG, III. Abt., ZA 180, Nr. 62, fot. 184–185; Markl an Schieder, 7.4.1997, ebd., fot. 192–193.

256 Markl an Rürup und Schieder, 13.2.1998, AMPG, II. Abt., Rep. 58, Nr. 1, fol. 177–178.

257 Protokoll der 147. Sitzung des Senats der MPG vom 14.11.1997 in München, AMPG, II. Abt., Rep. 60, Nr. 147.SP, fol. 11–12 und Materialien. Tagesordnungspunkt 6. Einsetzung einer Präsidentenkommission »Die Kaiser-Wilhelm-Gesellschaft im Nationalsozialismus«, ebd., fol. 300–305.

258 Borggräfe, *Zwangsarbeiterentschädigung*, 2014, 150–170 und exemplarisch am Fallbeispiel der Daimler-Benz A.G.: Hamburger Stiftung für Sozialgeschichte des 20. Jahrhunderts, *Daimler-Benz-Buch*, 1987; Brünger, Umstrittene Konzerne, 2020.

259 Winkler, *Stiften gehen*, 2000; Spiliotis, *Verantwortung und Rechtsfrieden*, 2003; Borggräfe, *Zwangsarbeiterentschädigung*, 2014.

260 Heer und Naumann, *Vernichtungskrieg*, 1995; Hamburger Institut für Sozialforschung, *Vernichtungskrieg*, 1996. Zur Revision und Neukonzeption der in die Kritik geratenen ersten Wehrmachtausstellung siehe Bartov et al., *Bericht der Kommission*, 2000; Jureit und Stiftung Hamburger Institut für Sozialforschung, *Verbrechen der Wehrmacht*, 2002.

Versuch, die komplexe wissenschafts- und institutionsgeschichtliche Aufarbeitung ihrer NS-Vergangenheit einem einzelnen Historiker zu übertragen, hatte sich als unzureichend erwiesen. Die von Notker Hammerstein im Auftrag der DFG erarbeitete Untersuchung war – auch international – wegen mangelnder Quellenkritik, sprachlicher Ausrutscher und Auslassungen als beschönigend und methodisch unzureichend kritisiert worden.[261] DFG-Präsident Ernst-Ludwig Winnacker folgte dem Vorbild der MPG und initiierte im Frühjahr 2000 ein von Rüdiger vom Bruch und Ulrich Herbert geleitetes Forschungsprogramm der unabhängigen Forschergruppe »Geschichte der Deutschen Forschungsgemeinschaft 1920–1970«.[262] Im Mai 2006 wurde die »Historische Kommission zur Aufarbeitung der Geschichte des Robert-Koch-Instituts im Nationalsozialismus« ins Leben gerufen, deren Leitung Volker Hess und Rüdiger vom Bruch übernahmen.[263] Dem Forschungsprogramm der Präsidentenkommission der MPG kam damit eine Vorreiterrolle zu[264] – 19 Monografien und zahlreiche Einzelstudien gingen daraus hervor.[265] Voraussetzung für eine Reihe fundamentaler Paradigmenwechsel in der Geschichtsschreibung über die Wissenschaften im Nationalsozialismus war die quellenbasiert abgesicherte Kritik, Widerlegung und Dekonstruktion wirkungsmächtiger Narrative der im Nationalsozialismus aktiven Wissenschaftlergeneration, die nach 1945 als selbstlegitimatorische Argumentationsmuster entwickelt worden waren.

6.6.4 Die Bitte des Präsidenten um Vergebung

Noch bevor das Forschungsprogramm der Präsidentenkommission »Geschichte der KWG im Nationalsozialismus« erste Ergebnisse präsentieren konnte, wurden Forderungen nach einer Entschuldigung des Präsidenten der MPG bei den Opfern unethischer Forschung und verbrecherischer Menschenversuche laut. Bei der Auftakttagung des Forschungsprogramms forderte Benno Müller-Hill die MPG auf, »die letzten überlebenden Zwillinge« der Menschenversuche von Mengele »zu einer Konferenz« einzuladen und die Opfer um Entschuldigung zu bitten. Ernst Klee wiederholte diese Forderung in einem Artikel in der *Zeit* im Januar 2000.[266]

MPG-Präsident Hubert Markl reagierte hierauf in einem längeren Leserbrief an *Die Zeit* zunächst ablehnend, weil er den Ergebnissen des unabhängigen Forschungsprogramms »nicht in eilfertiger Vorwegnahme ihres Urteils unter dem Druck der Öffentlichkeit« vorgreifen wolle. Markl betonte, er sei persönlich der Ansicht, dass sich die Täter bei ihren Opfern entschuldigen müssten: »Wer als selbst nicht Beteiligter – im Namen nicht zum Schuldbekenntnis bereiter, vielleicht sogar reueloser Täter, insbesondere solcher, die bereits verstorben sind – Opfer für unverzeihliche Taten um Verzeihung bittet, maßt sich eine moralische Kompetenz an, die ihm nicht zukommt.« Ferner gab Markl zu bedenken, dass der Präsident der MPG »kein gewählter Vertreter des deutschen (Wissenschaftler-)Volkes« sei, »wie ein Bundespräsident oder Bundeskanzler, die in der Tat befugt sind, im Namen des ganzen deutschen Volkes um Verzeihung zu bitten«.[267]

Im Oktober 2000 veröffentlichten Benoît Massin und Carola Sachse vom Forschungsprogramm eine Bestandsaufnahme zur biowissenschaftlichen Forschung an Kaiser-Wilhelm-Instituten im Zusammenhang mit den Verbrechen des NS-Regimes.[268] Trotz offener Forschungsfragen bestätigte ihr Bericht in einer Reihe von Fällen die Beteiligung von Wissenschaftler:innen der KWG an ethisch unzulässigen und verbrecherischen Menschen-

---

261 Hammerstein, *Deutsche Forschungsgemeinschaft*, 1999. Siehe dazu die kritischen Rezensionen von Klee, Die Deutsche Forschungsgemeinschaft feiert 80. Geburtstag, *Die Zeit*, 12.10.2000; Haar, Rezension: Hammerstein Notker, 2000, sowie Finetti, Research as »normal«, 1999.
262 Winnacker, Späte Aufklärung (Leserbrief), *Die Zeit*, 26.10.2000. Siehe auch Forschergruppe zur Geschichte der Deutschen Forschungsgemeinschaft 1920–1970, 14.2.2006. https://web.archive.org/web/20060214034027/http://projekte.geschichte.uni-freiburg.de/DFG-Geschichte/.
263 Robert Koch-Institut, Geschichte des RKI, 12.5.2006, https://www.rki.de/DE/Content/Service/Presse/Pressemitteilungen/2006/13_2006.html; Kopke und Schmaltz, Das RKI im Nationalsozialismus, 7.8.2022, http://www.hsozkult.de/conferencereport/id/fdkn-120171; Hüntelmann, Infektionskrankheiten und Institutionen, 7.8.2022, http://www.hsozkult.de/conferencereport/id/fdkn-120831; Hinz-Wessels, *Das RKI im Nationalsozialismus*, 2008; Hulverscheidt und Laukötter, *Infektion und Institution*, 2009.
264 Zur Bestandsaufnahme der Forschung siehe Kaufmann, Kongressbericht, 2000; Kaufmann, *Geschichte*, 2000.
265 Zu den Publikationen des Forschungsprogramms »Geschichte der Kaiser-Wilhelm-Gesellschaft im Nationalsozialismus« siehe: Veröffentlichungen/Publications, https://www.mpiwg-berlin.mpg.de/KWG/publications.htm. Siehe dazu auch die Sammelrezension: Ash, Rezension KWG, 2010.
266 Klee, Auschwitz, *Die Zeit*, 27.1.2000.
267 Markl, Anmaßung, *Die Zeit*, 10.2.2000.
268 Sachse und Massin, *Biowissenschaftliche Forschung*, 2000.

6. Selbstverständnis, Selbstdarstellung und Vergangenheitspolitik

versuchen sowie die Verwendung von Humanpräparaten von Opfern des NS-Regimes zu Forschungszwecken.

Nunmehr hielt Markl – nach Beratungen in der Generalverwaltung – den Zeitpunkt für gekommen, seine Zweifel, ob eine stellvertretende Entschuldigung als Präsident der MPG angemessen sei, zu überwinden und diese Entschuldigung öffentlich auszusprechen. Wie erwähnt lud der Präsident für den 7. und 8. Juni 2001 zu einem von dem Forschungsprogramm organisierten wissenschaftlichen »Symposium über Biowissenschaften und Menschenversuche an Kaiser-Wilhelm-Instituten« ein, auf dem neue Forschungsergebnisse zu den im Kontext der KWG begangenen unethischen Humanversuchen und Medizinverbrechen vorgestellt und in Anwesenheit von acht Frauen und Männern, die als Kinder und Jugendliche Menschenversuche in nationalsozialistischen Konzentrationslagern überlebt hatten, diskutiert wurden.

Vor Beginn des Symposiums äußerte sich Markl in einer viel beachteten Rede zur Verantwortung der MPG. Unter den teilnehmenden Ehrengästen waren auch ehemalige Häftlinge des Vernichtungslagers Auschwitz, die als Kinder Opfer der Zwillingsversuche des KZ-Arztes Josef Mengele geworden waren. Markl benannte die aktive Beteiligung von Wissenschaftler:innen der KWG an medizinischen Verbrechen im Nationalsozialismus und bat die überlebenden Opfer öffentlich um Vergebung. Er räumte ein, dass die historische Aufarbeitung »gewiss ein Versäumnis der Max-Planck-Gesellschaft wie so vieler Organisationen, Unternehmen und Institutionen in Deutschland nach dem Zweiten Weltkrieg« gewesen sei.[269] Als »Organisation der Spitzenforschung« sei die 1948 gegründete MPG eine »neue Organisation«, stehe aber »zugleich wissenschaftlich in vielerlei Hinsicht ganz in der Tradition der Kaiser-Wilhelm-Gesellschaft, deren bestem wissenschaftlichen Erbe sie sich verpflichtet fühlte und das sie bis heute zu bewahren« suche. Dieses Erbe anzutreten bedeute auch, »Verantwortung für das Ganze zu übernehmen«, einschließlich der negativen Seiten, und »das Eingeständnis von Schuld«.[270] Inzwischen lägen »wissenschaftliche Befunde vor, die eine geistige Miturheberschaft und zum Teil sogar aktive Mitwirkung von Direktoren und Mitarbeitern von Kaiser-Wilhelm-Instituten an den Verbrechen des nationalsozialistischen Regimes historisch zweifelsfrei belegen«.[271]

Markl erklärte, er wolle sich »für das Leid entschuldigen, das den Opfern dieser Verbrechen – den Toten wie den Überlebenden – im Namen der Wissenschaft angetan wurde«, und schloss seine Rede mit den Worten: »Die ehrlichste Art der Entschuldigung ist daher die Offenlegung der Schuld; für Wissenschaftler sollte dies vielleicht die angemessenste Art der Entschuldigung sein. Um Verzeihung bitten kann eigentlich nur der Täter. Dennoch bitte ich Sie, die überlebenden Opfer, von Herzen um Verzeihung für die, die dies gleich aus welchen Gründen selbst auszusprechen versäumt haben.«[272]

Nach dem Symposium wandten sich Überlebende der Menschenversuche Mengeles an Markl und dankten ihm für seine Rede und den Austausch. Zugleich machten sie auf ihre verfolgungsbedingten psychischen und gesundheitlichen Probleme aufmerksam. Eva Mozes Kor, die 1984 die Selbsthilfeorganisation CANDELS (Children of Auschwitz Nazi Deadly Lab Experiments Survivors) gegründet hatte, bat Markl um eine monatliche Zahlung von 1.000 DM an jedes der noch lebenden Opfer der Zwillingsversuche Mengeles.[273] Andere Überlebende fragten, ob eine Kostenübernahme von Therapien möglich sei.[274]

Die Bitte der Überlebenden wurde Mitte September 2001 im Vizepräsidentenkreis erörtert. Dort »bestand die einhellige Meinung, dass diese Anfragen angesichts der Einzelschicksale zwar nicht unangemessen« seien, »die Max-Planck-Gesellschaft jedoch diesen Forderungen als eine von Bund und den Ländern finanzierte Forschungseinrichtung nicht entsprechen« könne. Gleichwohl hatte man intern geprüft, ob durch die Veräußerung von Vermögen, das der MPG von der KWG übertragen worden war – zum Beispiel durch den Verkauf von Immobilien wie dem Harnack-Haus –, finanzielle Unterstützungsleistungen für Opfer der KZ-Versuche geleistet werden könnten. Nach Ansicht der Leitung der MPG war das in der MPG noch vorhandene Vermögen der KWG »viel zu gering, um auch nur eine Geste zu ermöglichen«.[275] Nach einer rechtlichen Prüfung kam man darüber hi-

---

269 Markl, Entschuldigung, 2003, 41.
270 Ebd., 42.
271 Ebd., 47.
272 Ebd., 50-51.
273 Eva Mozes Kor an Markl, 20.7.2001, AMPG, II. Abt., Rep. 1, Nr. 203, fol. 1-2.
274 Sabine Feiner an Bludau, Vermerk: Termin mit dem Pressesprecher der Stiftung der Deutschen Wirtschaft »Erinnerung, Verantwortung und Zukunft«, Herrn Gibowski, am 16. Oktober, 10.10.2001, ebd., fol. 20.
275 Sabine Feiner, Vorbereitender Vermerk für den Vizepräsidentenkreis am 20.9.2001. Entschädigungsforderung an die Max-Planck-Gesellschaft seitens Überlebender von Menschenversuchen im Nationalsozialismus, 17.9.2001, ebd., fol. 54; Materialien für die 208. Sitzung des Verwaltungsrates (Vizepräsidentenkreis) der Max-Planck-Gesellschaft am 20. September 2001 in München. TOP 3 Forderung nach finanziellen Leistungen an NS-Opfer durch die MPG. Tischvorlage, ebd., fol. 52-53.

naus zu der Einschätzung, dass der MPG im Klagefall als »staatlich finanzierte Einrichtung der wissenschaftlichen Selbstverwaltung zuwendungsrechtlich von Bund und Ländern zwingend vorgeschrieben« sei, bezüglich möglicher Entschädigungsforderungen »Verjährung geltend zu machen«.[276]

Auch der Vorschlag aus dem Forschungsprogramm »Geschichte der KWG im Nationalsozialismus«, einen Hilfsfonds für Härtefälle jenseits rechtlicher Ansprüche einzurichten, der aus Mitteln der MPG oder privaten Spenden finanziert werden könnte, wurde nicht aufgegriffen.[277] Die MPG habe »bislang in ihrer Verantwortung als Nachfolgeorganisation der Kaiser-Wilhelm-Gesellschaft zwei Formen der Wiedergutmachung gewählt«: zum einen »die historische Aufarbeitung begangenen Unrechts durch das unabhängige Forschungsprogramm ›Geschichte der Kaiser-Wilhelm-Gesellschaft im Nationalsozialismus‹ und die Anerkennung der Schuld durch die Entschuldigung des Präsidenten der Max-Planck-Gesellschaft«, zum anderen »in Form symbolischer Gesten« wie der Einrichtung des Mahnmals in Berlin-Buch an die Opfer der NS-»Euthanasie«.[278] Eine materielle Entschädigung der Opfer von Menschenversuchen zählte nicht dazu.

Ende September 2001 bedankte sich Markl bei Eva Mozes Kor für die Schreiben und bat um Verständnis, dass die MPG bedauerlicherweise aus zuwendungsrechtlichen Gründen aus ihrem Haushalt keine Entschädigungs- oder Unterstützungszahlungen leisten könne. Der Verwendungszweck der Mittel der MPG sei ausschließlich auf Forschungstätigkeiten eingeschränkt. Markl verwies auf die Möglichkeit, bei der »Stiftung Erinnerung, Verantwortung und Zukunft«, die ein besonderes Programm für Opfer von Menschenversuchen im Nationalsozialismus aufgelegt hatte, und beim Härtefonds des Bundesministeriums der Finanzen finanzielle Unterstützung zu beantragen.[279]

Die vom Forschungsprogramm vorgelegten Ergebnisse wurden in der MPG und ihren Instituten nur selektiv rezipiert, wohl auch, weil die historische Selbstreflexion innerhalb der Naturwissenschaften gegenüber Forschungsfragen zumeist eine nachrangige Bedeutung hat, weil die wachsende Zahl ausländischer Wissenschaftler:innen in der MPG sich mit der institutionellen Vorgeschichte ihrer Max-Planck-Institute in der KWG weniger identifizierten und weil es schließlich immer wieder zu Versuchen kam, die Vergangenheit zu beschönigen. Die alten Narrative und Verteidigungsstrategien waren in vielerlei Hinsicht noch längst nicht überwunden und der lange Schatten der KWG lag weiterhin über dem Selbstverständnis der MPG.

6.7 Strategische Wissenschaftskommunikation ab den 1990er-Jahren[280]

Auch die jüngere Vergangenheit stellte das Selbstverständnis der MPG auf die Probe, insbesondere die deutsche Einigung, bei der die MPG eine zentrale Rolle bei der Neuordnung der ostdeutschen Wissenschaftslandschaft spielte und dabei verstärkt in politische Auseinandersetzungen hineingezogen wurde.[281] Dies brachte auch neue Herausforderungen für die Wissenschaftskommunikation mit sich. Auf Ebene der Generalverwaltung wandelte unter anderem Michael Globig und sein 1998 eingestellter Nachfolger Bernd Wirsing Gerwins »Pressestelle« zu einer modernen Kommunikationsabteilung um.[282] 1994 wurde zur Unterstützung für die Betreuung der nun zunehmend auch auf Wissenschaftspolitik ausgerichteten Öffentlichkeitsarbeit Andreas Trepte, der bislang für die Betreuung der Arbeitsgruppen in den neuen Bundesländern zuständig gewesen war, abgestellt.[283] Begründung war die andauernde »Kritik an der Präsentation der Max-Planck-Gesellschaft in der Öffentlichkeit«, die die Generalsekretärin Barbara Bludau und das Präsidium schließlich 1997 dazu veranlassten, ein neues Konzept- und Strategiepapier für Öffentlichkeitsarbeit mit externer Unterstützung erarbeiten zu lassen.[284] Ziel war der Ausbau der Presse- und Öffentlichkeitsarbeit angesichts »sich verändernder Kommunikationsbeziehungen, sich verändernder politischer, gesellschaftlicher und finanzieller Rahmenbedingungen, der zunehmenden internationalen Verflechtung von Wis-

---

276 Sabine Feiner: Vermerk an Teilnehmer der Abteilungsleiterbesprechung mit dem Präsidenten am 11.9.2001, 6.9.2001, ebd., fol. 86–87.
277 Ebd., fol. 86.
278 Ebd., fol. 87.
279 Hubert Markl an Eva Mozes Kor, 24.9.2001, ebd., fol. 29–30.
280 Der nachfolgende Text stammt von Juliane Scholz.
281 Siehe oben, Kap. II.5.
282 Ebersold an die Mitglieder des Vizepräsidentenkreises zur Sitzung am 13.10.1997, Statusbericht zur Fortentwicklung der Presse- und Öffentlichkeitsarbeit der MPG, AMPG, II. Abt., Rep. 71, Nr. 4, fol. 2–13.
283 Vertraulicher Vermerk von Marsch, betrifft Dr. Trepte, 13.4.1994, AMPG, II. Abt., Rep. 1, Nr. 12, fol. 158–159.
284 Bludau an Wolf Singer (Vorsitzender des WR), 18.6.1997, ebd., fol. 156–157.

senschaft und Forschung einer sich im Zuge der deutschen Vereinigung verändernden MPG«.²⁸⁵ Wichtig war zudem, dass die verantwortlichen Redakteure die Presse- und Öffentlichkeitsarbeit in der MPG seit den 1980er-Jahren mit »großer Selbstständigkeit – ohne ständige Überprüfung und Genehmigung der Texte durch Abteilungsleiter, Generalsekretär und Präsident«²⁸⁶ – ausführten.

Die Neuausrichtung der gesamten Presse- und Öffentlichkeitsarbeit in der Generalverwaltung ist – ebenso wie die oben beschriebene Gründung der unabhängigen Historikerkommission zur NS-Geschichte der KWG – vor dem Hintergrund des Jubiläumsjahrs 1998 zu verstehen. Sie war damit Teil einer umfassenden neuen Kommunikationsstrategie der MPG, die mithilfe einer PR-Agentur aus München erarbeitet wurde und erstmals »konkrete Maßnahmen im Bereich einer breitenwirksamen Öffentlichkeitsarbeit« benennen und zielgerichtet arbeiten sollte.²⁸⁷ Damit verlegte sich die neue Kommunikationsabteilung nach außen vor allem auf die Pflege der Selbstdarstellung der MPG als einheitliche Organisation, auf die Darstellung der bisherigen und zukünftigen Bedeutung im deutschen Forschungssystem und die Rechenschaftspflicht in Bezug auf die von ihr erzielten Leistungen. Nach innen kommunizierte sie nun geschlossen und förderte eine spezifische Corporate Identity unter den Beschäftigten, die sich zunehmend als Teil einer wissenschaftlichen Leistungselite verstehen sollten.²⁸⁸ 1998 schlossen sich die Pressebeauftragten der Max-Planck-Institute im Raum München zu einem Koordinationskreis mit Vertreter:innen des Bayerischen Rundfunks (BR) zusammen und intensivierten dadurch ihre Zusammenarbeit mit den öffentlich-rechtlichen Sendeanstalten.²⁸⁹

Kernaufgabe der Kommunikationspolitik blieb dennoch die Forschungsberichterstattung, die die MPG und ihre Wissenschaftler:innen als »selbstbewusste, aufgeschlossene und faire Partner im Dialog mit der Öffentlichkeit« porträtieren sollte. Gleichzeitig sah das Positionspapier aber auch vor, dass die Beteiligung der einzelnen Forscher:innen innerhalb der Max-Planck-Institute an der Kommunikation des jeweiligen Instituts auf das notwendige Minimum beschränkt werden sollte, schließlich sei Kommunikation kein Selbstzweck.²⁹⁰ Es lag auf der Hand, dass diese widerstreitenden Zielsetzungen nicht allesamt einlösbar waren. Sie hatten zudem handfeste budgetäre Konsequenzen. So sollte der Jahresetat Zentrale Kommunikation von 0,07 Prozent auf 0,25 Prozent Anteil am Gesamthaushalt – das entsprach 1996 vier bis fünf Millionen DM – erhöht werden.²⁹¹

Das neue Kommunikationskonzept zielte vor allem darauf, die MPG als »national und international anerkannte Forschungs-Leistungselite« zu positionieren, als »Instanz zum Nachfragen« und »Voice of Authority«. Das neue PR-Konzept beruhte auf einem aktiven Agenda-Setting und einer strategischen Kommunikationspolitik, die aber zugleich festschrieb, dass sich die nötige Kommunikation in die »›korporatistischen‹ Korsettstangen« des gewachsenen gesamtdeutschen Wissenschaftssystems einpassen, das heißt auf die Sonderrolle der MPG als Instanz für exzellente Grundlagenforschung fokussieren sollte.²⁹²

Mit der ersten Instituts-Website 1996 begann der Übergang von der Offline- zur Online-Kommunikation. Auf den frühen Internetseiten ging es zuvörderst um Informationen für Beschäftigte und die Servicefunktion der Generalverwaltung für die Institute. Viele Inhalte waren nur einem eingeschränkten Kreis zugänglich.²⁹³ Die ersten Institute mit eigenen Websites, die ab 1996 an den Start gingen, waren das MPI für Bildungsforschung, das MPI für Informatik und das MPI für extraterrestrische Physik. In Berlin etablierte sich davon ausgehend das Gemeinsame Netzwerkzentrum zusammen mit dem Fritz-Haber-Institut, das bis heute den Berliner Instituten als Rechenzentrum dient.²⁹⁴

Der erste für eine breite Öffentlichkeit konzipierte Internetauftritt wurde dann zum 50-jährigen Bestehen

---

285 Ebersold an die Mitglieder des Vizepräsidentenkreises zur Sitzung am 13.10.1997, Statusbericht zur Fortentwicklung der Presse- und Öffentlichkeitsarbeit der MPG, AMPG, II. Abt., Rep. 71, Nr. 4, fol. 3.

286 Vermerk Mitarbeiter Pressereferat, München, 14.12.1984, AMPG, II. Abt., Rep. 71, Nr. 55, fol. 3.

287 Ebersold an die Mitglieder des Vizepräsidentenkreises zur Sitzung am 13.10.1997, Statusbericht zur Fortentwicklung der Presse- und Öffentlichkeitsarbeit der MPG, AMPG, II. Abt., Rep. 71, Nr. 4, fol. 2–13, Zitat fol. 4.

288 Ebd., fol. 5.

289 Bernd Wirsing, Vermerk, Kooperation mit dem BR vom 8.5.1998, AMPG, II. Abt., Rep. 1, Nr. 12, fol. 1–2.

290 Ebersold an die Mitglieder des Vizepräsidentenkreises zur Sitzung am 13.10.1997, Statusbericht zur Fortentwicklung der Presse- und Öffentlichkeitsarbeit der MPG, AMPG, II. Abt., Rep. 71, Nr. 4, fol. 6.

291 Ebd., fol. 12.

292 Ebd., fol. 5–7.

293 Max-Planck-Gesellschaft, 2.8.1997, https://web.archive.org/web/19970802170101/http://www.gwdg.de/~hkuhn1/mpggv.html.

294 Max-Planck-Institut für Informatik, https://web.archive.org/web/2/http://mpi-inf.mpg.de/; Max-Planck-Institut für extraterrestrische Physik, https://web.archive.org/web/2/http://mpe.mpg.de/; Max Planck Institute for Human Development, https://web.archive.org/web/2/http://mpib-berlin.mpg.de/; Fritz Haber Institute, https://web.archive.org/web/2/http://fhi-berlin.mpg.de/.

der Gesellschaft unter der Domain www.mpg.de vorbereitet.[295] Die Website ging 1998 mit einem Festakt online.[296] Das Jubiläumsjahr wurde durch einen PR-Council begleitet.[297] Der neue Abteilungsleiter Bernd Wirsing forcierte ab 1998 den digitalen Wandel und die Selbstdarstellung der Marke »MPG«. Zeitgleich stiegen die Ausgaben für die Wissenschaftskommunikation kontinuierlich. So lagen die Sachmittelaufwendungen im Jahr 2000 bei etwa 3,15 Millionen DM und hatten sich binnen drei Jahren fast verdoppelt. Auch die Zahl der vorgesehenen Planstellen hatte sich im gleichen Zeitraum von 11,5 auf 18,5 Personen erhöht.[298] All diese Aktivitäten sind als Reaktion auf das deutsche »PUSH-Memorandum« von 1999 zu verstehen, in dem sich die bedeutenden deutschen Wissenschaftsorganisationen verpflichteten, den Dialog zwischen Wissenschaft und Öffentlichkeit zu fördern.[299] Es folgte eine intensivierte Öffentlichkeitsarbeit und umfassende Wissenschaftskommunikation, die sich in der weiteren Aufstockung von Stellen und in einem erhöhten Organisationsgrad der Presse- und Kommunikationsabteilung niederschlugen.[300]

Zusammenfassend lässt sich sagen, dass die Professionalisierung der Öffentlichkeitsarbeit und der Wissenschaftskommunikation besonders durch externe Faktoren motiviert war und durch das Aufkommen einer zunehmend kritischen (Medien-)Öffentlichkeit immens beschleunigt wurde. So entwickelte sich die Öffentlichkeitsarbeit der 1950er- und 1960er-Jahre, die vornehmlich auf die Organisation von Events und die klassische Pressearbeit beschränkt war, in den 1970er- und 1980er-Jahren zunächst zu einem stärker informativen Wissenschaftsjournalismus in vielfältigen Kommunikationskanälen. In den 1990er-Jahren zeichnete sich in der Medienarbeit dann ein weiterer Wandel der Wissenschaftskommunikation und eine Hinwendung zu strategischen Maßnahmen nach »innen« (Markenkern) und nach »außen« (Kampagnen und Zielgruppenkommunikation) ab.[301] Dazu wurde auch auf die Expertise externer PR-Agenturen zurückgegriffen und in der Generalverwaltung eine moderne Abteilung für Wissenschaftskommunikation eingerichtet, die ab 1998 verstärkt auch auf Online-Kommunikation setzte.

6.8 Schlussbemerkung[302]

Selbstverständnis und Selbstdarstellung der Max-Planck-Gesellschaft haben sich im Laufe von mehr als sieben Jahrzehnten gewandelt. Das Selbstverständnis der MPG als herausragende Wissenschaftsorganisation der Grundlagenforschung hat sich in einem langen Prozess immer mehr vom Traditionsbezug auf die Kaiser-Wilhelm-Gesellschaft gelöst. Ausschlaggebend dafür war wohl in erster Linie der Generationswandel, außerdem aber die Berufung auf eigene exzellente Forschungsleistungen und schließlich die späte Einsicht, dass die Verstrickungen der KWG in das NS-System einen Bruch unabdingbar machten. Angesichts der grundsätzlichen Übernahme des Modellcharakters der Kaiser-Wilhelm-Institute als autonome Institutionen der Spitzenforschung unter der Leitung herausragender Einzelforscher:innen und des damit zusammenhängenden Harnack-Prinzips ist der Gesellschaft dieser Ablösungsprozess allerdings sehr schwergefallen und hat sich über einen erstaunlich langen Zeitraum hingezogen.

Erkennbar ist diese Schwierigkeit unter anderem an der Beharrungstendenz bestimmter Topoi der Selbstdarstellung, die sich trotz Medienwandel und Professionalisierung der Wissenschaftskommunikation über den hier betrachteten Zeitraum immer noch am Muster der »genialen« Einzelleistung von Direktor:innen orientiert hat. Eher selten wurde auch dem kollektiven Charakter wissenschaftlicher Teamarbeit und ihren Verflechtungen mit anderen Formen der Arbeit, etwa wissenschaftsunterstützenden Tätigkeiten, in der Öffentlichkeitsarbeit Tribut gezollt, von der Langwierigkeit der Forschung, ihren Irrungen, Fehlschlägen und mühsamen Lernprozessen ganz zu schweigen. Dass diese Form der Selbstdarstellung natürlich auch Rückwirkungen auf das Selbstverständnis der Mitglieder als Angehörige einer privilegierten Leis-

---

295 Website Max-Planck-Gesellschaft, 25.1.1999, https://web.archive.org/web/19990125101359/http://www.mpg.de/.
296 Ebersold an die Mitglieder des Vizepräsidentenkreises zur Sitzung am 13.10.1997, Statusbericht zur Fortentwicklung der Presse- und Öffentlichkeitsarbeit der MPG, AMPG, II. Abt., Rep. 71, Nr. 4, fol. 8.
297 GV an Gerd Hombrecher 11.12.1997, AMPG, II. Abt., Rep. 71, Nr. 176, fol. 321.
298 Kopie der Materialien für die Sitzung des Verwaltungsrates der Max-Planck-Gesellschaft am 22.3.2001 in München, TOP 7 Entwicklung der Kosten der Presse- und Öffentlichkeitsarbeit im Haushalt der Generalverwaltung 1997–2000, AMPG, II. Abt., Rep. 71, Nr. 183, fol. 176.
299 Wissenschaftsjahre 2000 bis 2009, 2009, 44.
300 Weitze und Heckl, *Wissenschaftskommunikation*, 2016, 20.
301 Siehe auch unten, Kap. IV.10.6.
302 Der nachfolgende Text stammt von Jürgen Renn.

tungselite hatte, ist offensichtlich. Diese Rückkopplung hat gewiss zu der bemerkenswert langfristigen Stabilität der für die MPG charakteristischen Konstellation von Selbstverständnis und Selbstdarstellung beigetragen.

Diese Konstellation war jedoch von Beginn an auch durch ein fundamentales Spannungsverhältnis charakterisiert, das seine Ursache in der Schwierigkeit hatte und hat, die für die Mitglieder und Mitarbeiter:innen der MPG jeweils identitätsstiftende Rolle der einzelnen Institute mit der Identität der Gesellschaft als Ganzes überzeugend zu verbinden. Aus der Sicht der Zentrale – und insbesondere aus Sicht der mit der Selbstdarstellung betrauten Organe und Personen – ließ sich diese Schwierigkeit auf das pragmatische Problem reduzieren, die vielen Einzelnen und ihre Leistungen nach außen hin zu einem Gesamtbild der MPG zusammenzufassen, mit dem sich in Öffentlichkeit und Politik für die strategischen Interessen der Gesellschaft argumentieren ließ. Für den inneren Betrieb der Gesellschaft jedoch, für das Funktionieren ihrer Organe, für die erfolgreiche Arbeit ihrer Sektionen und Kommissionen und erst recht für das Ausschöpfen der Potenziale der Kooperation innerhalb und zwischen den Instituten war eine solche äußere Klammer kaum ausreichend. Hier bedurfte es eines tiefer ansetzenden Selbstverständnisses als einer Gemeinschaft von Forschenden, das über die Interessen einer »Beutegemeinschaft« hinausging.

In den Anfangsjahren wurzelte dieses gemeinschaftliche Selbstverständnis in der weitgehend ähnlichen Herkunft und Sozialisation der Mitglieder und wurde durch die überschaubare Zahl der Mitglieder und informelle Kommunikationsprozesse begünstigt, gelegentlich auch durch die gemeinsame Abwehr von Kritik. Mit dem Generationswechsel in den Jahren des Booms, der Expansion der Gesellschaft, ihrer Internationalisierung und Diversifizierung im Hinblick auf Herkunft und Geschlecht in den Jahren um die Jahrtausendwende schwächte sich die Bindekraft dieses Gemeinschaftsverständnisses allmählich ab. Die beschriebenen Veränderungen in der Wissenschaftskommunikation wie auch in der Vergangenheitspolitik der MPG in den 1990er-Jahren lassen sich durch diesen Wandel erklären. Die gegen den Verlust von Bindekraft und traditioneller Gruppenidentität ergriffenen Maßnahmen im Steuerungsbereich der Gesellschaft wie eine stärkere Formalisierung von Berufungs- und Entscheidungsprozessen, aber auch das Mantra der Selbstbeschreibung der MPG als Speerspitze der Grundlagenforschung reichten kaum aus, ein neues Selbstverständnis an die Stelle des alten zu setzen.

Das historische Gedächtnis der Gesellschaft wurde zu Gedenktagen aktiviert, an denen der alte Traditionsbezug auf die KWG einschließlich der damit verbundenen Verdrängungsleistungen immer wieder aufflackerte. Zur Ausbildung eines institutionellen Gedächtnisses, an dem sich das gemeinschaftliche Selbstverständnis der Gesellschaft hätte ausrichten können, kam es jedoch nicht. Der in den 1980er-Jahren diskutierte Gedanke, das Archiv der Gesellschaft mit einem Institut für Wissenschaftsgeschichte zu verbinden, wurde nie verwirklicht. (Dabei hat doch das Archiv selbst immer wieder Beiträge zur Wissenschaftsgeschichte geleistet.) Damit wurde nicht nur die traditionelle Trennung zwischen archivalischer Sammlungstätigkeit und historischer Forschung festgeschrieben. Vielmehr hat man es versäumt, ein auf Dokumentation und Forschung gestütztes, institutionalisiertes historisches Gedächtnis auszubilden, das der kollektiven Selbstreflexion der Gesellschaft als Grundlage hätte dienen können, indem es ihr die Chance geboten hätte, aus ihren Erfahrungen – aus ihren Erfolgen ebenso wie aus ihren Fehlschlägen – zu lernen, auch in Bezug auf ihr Selbstbild und dessen Ausprägung nach innen ebenso wie nach außen.

7. Dimensionen wissenschaftlichen Arbeitens

Bernardo S. Buarque, Mona Friedrich, Birgit Kolboske, Jürgen Renn,
Matthias Schemmel, Juliane Scholz, Alexander von Schwerin,
Sascha Topp, Malte Vogl

7.1 Einleitung[1]

Die Verflechtung von Wissenschaft und Produktion hat seit der Industriellen Revolution immer weiter zugenommen. Das hat die Praxis von Wissenschaft tiefgreifend verändert, aber auch die Frage nach wissenschaftlicher Praxis als einer besonderen Form der Produktion aufgeworfen, die nicht in geistiger Tätigkeit oder sozialen Beziehungen aufgeht, sondern darüber hinaus eng mit technischen und anderen materiellen Bedingungen der gesellschaftlichen Produktion zusammenhängt und zu dieser beiträgt.[2] Wie lassen sich wissenschaftliche Praxis und ihre historischen Veränderungen aus einer solchen umfassenderen Perspektive verstehen? Wie hat sich insbesondere die wissenschaftliche Arbeit in den Instituten der Max-Planck-Gesellschaft im Zusammenhang mit gesellschaftlichen, ökonomischen, technischen und kulturellen Entwicklungen verändert? Einige Antworten auf diese Fragen ergeben sich aus den Untersuchungen von Forschungsclustern und historischen Kontexten, über die wir in anderen Teilen dieses Bandes berichten und die vor allem die umfassenderen Strukturveränderungen in den Blick nehmen, wie beispielsweise Internationalisierung, Kommerzialisierung oder Veränderungen in den politischen und ethischen Herausforderungen des wissenschaftlichen Arbeitens. In diesem Kapitel liegt das Augenmerk dagegen auf den Veränderungen der alltäglichen Praxis des wissenschaftlichen Arbeitens im Sinne der historisch-soziologischen Praxistheorie.[3] Welchen expliziten oder impliziten Logiken ist die wissenschaftliche Praxis gefolgt, welche Wechselwirkungen gab es zwischen Wissen und sozialen Strukturen, welche Rolle haben materielle Infrastrukturen für die Gestaltung der Forschungspraxis gespielt, wo haben sich aus diesen Wechselwirkungen überraschende Neuerungen ergeben und wo sind solche Entwicklungen abgeschnitten worden?

Die Veränderungen des alltäglichen wissenschaftlichen Arbeitens in den unterschiedlichen Fächern und über einen Zeitraum von mehr als einem halben Jahrhundert lassen sich in diesem Zusammenhang nicht erschöpfend beschreiben und analysieren. Wir sind deshalb exemplarisch vorgegangen und haben versucht, möglichst verschiedenartige Dimensionen des wissenschaftlichen Arbeitens aufzugreifen, ohne sie von vornherein in ein hierarchisches Verhältnis zu setzen, um nach ihrer jeweiligen Veränderungsdynamik zu fragen. Die Analyse richtete sich dabei spezifisch auf Dimensionen des wissenschaftlichen Arbeitens, die für die Institute der Max-Planck-Gesellschaft charakteristisch erschienen und deren Veränderungen im Untersuchungszeitraum besonders augenfällig waren.

Der Abschnitt beginnt daher mit einer Übersicht über die verschiedenen Institutsstrukturen, mit denen jeweils unterschiedliche Hierarchien und Leitungsstrukturen verbunden sind. Wie haben sie sich auf die wissenschaftliche Arbeit ausgewirkt? Am Beispiel der Lebenswissenschaften und mit einem vergleichenden Blick auf die physikalisch-chemischen Wissenschaften werden dann weitere Dimensionen wissenschaftlichen Arbeitens und seiner Veränderungen erschlossen. Dazu gehören unter anderem die Flexibilisierung, Fragmentierung und Kompartimentierung von Arbeitsstrukturen, die wechselnden Konstellationen von Kooperation, die Zirkulation

---

[1] Der nachfolgende Text stammt von Jürgen Renn.
[2] Lefèvre, Science as Labor, 2005.
[3] Reckwitz, Grundelemente, 2003.

wissenschaftlichen Wissens und seiner Verkörperungen etwa in Technologien oder Reagenzien, die Organisation technischer Arbeit, die Rolle von Großprojekten und die verschiedenen Formen der Labor- und Experimentalarbeit. Welche vergleichbaren oder gegenläufigen Tendenzen gab es hier zwischen den Lebenswissenschaften und anderen Wissenschaftsbereichen?

Einigen der an diesem Beispiel herausgearbeiteten Fragestellungen gehen die nachfolgenden Beiträge vertiefend nach: Welche Rolle haben Kooperationen zwischen Instituten in der MPG gespielt und wie haben sie sich in den unterschiedlichen Wissenschaftsbereichen entwickelt? Hat die in Kapitel III beschriebene Ausbildung von Forschungsclustern Kooperationsbeziehungen zwischen den zu einem Cluster gehörigen Instituten besonders begünstigt oder liegt hier ein noch unerschlossenes Potenzial wissenschaftlicher Kooperationen vor? Diese Fragen werden auf der Grundlage einer breit angelegten Datenanalyse mithilfe der Digital Humanities untersucht. Nach den materiellen Bedingungen wissenschaftlichen Arbeitens fragen wir anhand des Beispiels der Rechnerinfrastrukturen. Wie ist die MPG mit der rasanten Entwicklung der Computertechnologie in der zweiten Hälfte des 20. Jahrhunderts umgegangen? Bis wann hat sie Eigenentwicklungen verfolgt und ab wann ist sie zum Ankauf kommerzieller Rechner übergegangen? Wie haben sich die verschiedenen Rechnerarchitekturen auf die Arbeits- und Kooperationsformen der Wissenschaft ausgewirkt? Und welche Steuerungsprozesse gab es in der Max-Planck-Gesellschaft im Umgang mit dieser raschen Technologieentwicklung?

Wissenschaftliche Arbeit als soziales Geschehen ist nicht von Fragen der Macht, der Hierarchie, der Teilhabe und des Geschlechts zu trennen. Diesen Aspekten gehen die beiden anschließenden Beiträge nach. Sie untersuchen die Binnenverhältnisse wissenschaftlichen Arbeitens unter diesen Aspekten anhand charakteristischer Orte, an denen sie in besonderem Maße hervortreten. Dazu gehört das Vorzimmer als dem lange Zeit paradigmatischen Ort patriarchalischer Verhältnisse ebenso wie das Labor und die Bibliothek, wo sich der Wandel der Geschlechterverhältnisse im Laufe der Geschichte der MPG besonders deutlich ablesen lässt. Abschließend geht es um Orte, an denen sich auch abseits der großen wissenschaftlichen Vorhaben der MPG, gewissermaßen in den Nischen der Max-Planck-Institute, kreative Freiräume für ungewöhnliche Arbeitsformen eröffnet haben. Welche Rolle haben das Harnack-Prinzip und seine Veränderungen für diese Entwicklungen gespielt?

7.2 Institutsstrukturen[4]

Renate Mayntz, emeritierte Direktorin des MPI für Gesellschaftsforschung, veröffentlichte noch kurz vor ihrer Berufung an das Kölner Institut im Jahr 1985 eine Studie zum Forschungsmanagement aus Sicht der MPG-Direktor:innen, mit denen sie Interviews geführt hatte. Neben zunehmender Verbetrieblichung, institutioneller Differenzierung und Spezialisierung der Disziplinen verwies Mayntz besonders auf die entstehenden Spannungen zwischen Leitungs- und Organisationsstruktur in den Instituten. Sie unterschied zwischen drei MPG-Institutstypen mit jeweils spezifischen Steuerungs- und Leitungsproblemen, die als Ausgangspunkt der folgenden Ausführungen dienen sollen (siehe Tab. 9).[5] Die Spannungen in den Instituten hingen eng mit dem Grad der Zentralisierung bzw. Dezentralisierung zusammen. Mayntz folgerte, dass das Austarieren dieser Spannungen maßgeblich zum Erfolg, also zum Erfüllen der kollektiven Forschungsziele beitrug und dass dazu eine Integration der sich teils verselbstständigenden Untereinheiten gegen autokratische Übersteuerung bzw. den Verlust der eigenen Steuerungsfähigkeit nötig war. Insofern sei das MPG-Forschungsinstitut auch als ein Paradebeispiel und geradezu als »Gegentyp zur Bürokratie« zu verstehen.[6]

Der erste Institutstyp ist das *Institut mit »einfacher« Struktur* mit allgemeinverantwortlichem Leiter und meist wenig formalisierter Hierarchie, in der der Leiter in direkter Interaktion mit dem Personal steht. Der Direktor sei selbst meist direkt an Forschungsprozessen beteiligt und das Institut erreiche eine maximale Größe von etwa 30 Personen (etwa fünf Personen pro Projekt). Das Grundproblem dieses einfachen Strukturtyps sei die Spannung zwischen flexibler Arbeitsteilung der Projektorganisation und dem hohen Maß an Zentralisierung, die meist der eigentlich basisdemokratischen Orientierung der Leiter:innen entgegensteht und eine Entwicklung hin zum Autokraten eher fördert.[7] Dieser einfache Typus zeichnet sich zudem durch seine Missionsorientierung aus, die die starke aufgabenbezogene Führung legitimiert. Leiter können diese deutliche Missionsorientierung und

---

[4] Der nachfolgende Text stammt von Juliane Scholz.
[5] Die drei Gruppen entsprechen grob den Organisationstypen nach Henry Mintzberg: *simple structure, professional bureaucracy, divisionalized form*. Allerdings bleibt unklar, welche Institute und Direktoren Mayntz für ihre empirische Studie einbezogen hat.
[6] Mayntz, *Forschungsmanagement*, 1985, 20–21.
[7] Ebd., 44–45.

Institutstyp	monokratischer Strukturtyp	Institut mittlerer Größe; Abteilungsmodell mit kollegialer Verfassung		Großforschungsinstitut »Big Science«
Leitung	ein verantwortlicher Leiter, selbst in die Forschung eingebunden	kollegial-kooperative Leitung, Direktor:innen fungieren meist zugleich als Abteilungsleiter:innen, Geschäftsführung teils exkludiert	additive Leitung, meist mit rotierender Geschäftsführung	eigenständige Forschungsinstitute mit verantwortlichem Leiter; gemeinsame administrative und technische Infrastruktur; Gesellschaftsverfassung als GmbH möglich
Steuerung / Kommunikation	direkt, aufgabenbezogen	in Abteilungen direkt, sonst indirekt und aufgabenbezogen		segmentäre Infrastruktur, indirekte Kommunikation
Hierarchie und Leitung	formalisiert, zentralisiert, monokratisch	formalisiert, zentralisiert, in den Abteilungen monokratisch oder kollegial		monokratische Leitungsinstanz oder Trägergesellschaft, formalisiert, zentralisiert
Größe	etwa 30 Beschäftigte, etwa fünf pro Projekt	Nebeneinander selbstständiger Einheiten; mittlere Größe; Addition von Instituten einfachen Strukturtyps, circa 50 bis 250 Beschäftigte		Abteilungen im Prinzip einzelne selbstständige Forschungsinstitute, Ähnlichkeiten zu Konzernen und zur Abteilungsform (betriebsförmig, Teamwork)
Besonderheiten	Konflikt: Legitimation der Führung durch Missionsorientierung; Spannungsverhältnis: flexible Arbeitsteilung und hohes Maß an Zentralisierung	Problem der Desintegration einzelner Institute; Abstimmung zwischen gleichberechtigten Direktor:innen spannungsvoll		Probleme: Desintegration und Koordination der einzelnen Institute, direkte Beteiligung am Forschungsprozess für Direktor:innen kaum möglich

Tab. 9: Leitungs- und Organisationsstruktur von unterschiedlichen Institutstypen. – Quelle: Zusammengestellt nach Mayntz, *Forschungsmanagement*, 1985, 66–90.

aufgabenbezogene Führung selten länger als einige Jahre durchhalten. Sie verlangte in der Folge eine Routinisierung der Aufgaben und einen höheren Grad der Delegation und Verminderung der Eigenbeteiligung der Direktor:innen am eigentlichen Forschungsprozess.[8]

Insofern kann dieser erste Strukturtyp auch als eine frühe, aber begrenzte Findungsphase im Leben eines Instituts gelten, denn der Strukturwandel ging in Richtung effektiver Dezentralisierung, dessen erster Ausdruck befristete Teambildung mit einem verantwortlichen Projektleiter darstellte. Der einfache monokratische Strukturtyp war historisch gesehen also eher fragil und kann laut Mayntz als Übergangsform zum *mittelgroßen Abteilungsmodell* angesehen werden.[9]

Das *Abteilungsmodell* mit kollegialer Verfassung verfügt über dauerhafte Untereinheiten und eine kollegiale Leitungsstruktur. Im Grunde handelt es sich um eine Addition von Instituten des einfachen Strukturtyps mit Direktorial-Verfassung, also um ein Nebeneinander selbstständig existierender Einheiten (Abteilungen), die deshalb auch ähnliche Probleme wie der einfache Strukturtyp besitzen. Probleme ergaben sich überdies aus der Tendenz zur Desintegration der einzelnen Einheiten – besonders in den mit Emeritierungen verbundenen Übergängen und den anschließenden Neuberufungen bestand die Gefahr, dass Teile oder das gesamte Institut geschlossen oder womöglich mit anderen bestehenden Einrichtungen fusioniert wurden.[10]

Das Abteilungsmodell mittlerer Größe setzte sich als prägende und dominante Institutsstruktur ab Ende der 1960er-Jahre in der MPG durch; es war anpassungsfähig und konnte flexibel auf neue programmatische Schwerpunktsetzungen reagieren. Konflikträchtig blieb die

8 Ebd., 49–51.
9 Ebd., 50–51.
10 Ebd., 60–61.

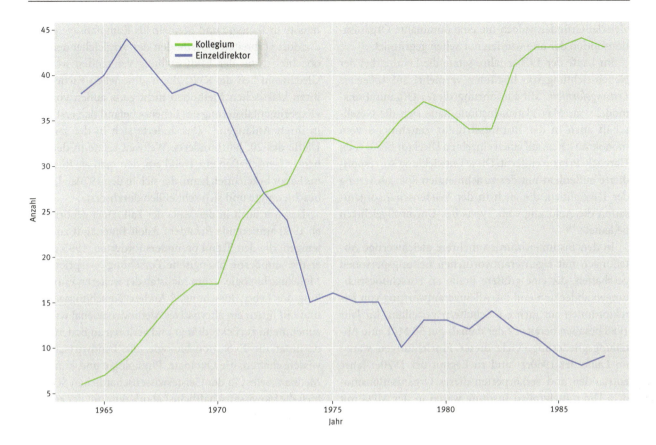

Abb. 44: Entwicklung der Institutsleitungen (1964–1987). – Quelle: Entwicklung Institutsleitungen Übersicht, AMPG, II. Abt., Rep. 1, Nr. 234, fol. 368. doi.org/10.25625/DL3R72.

Doppelfunktion der Direktor:innen als wissenschaftliche und administrative Leiter:innen, die Frage der Nachfolgebestimmung sowie das Problem der personellen »Altlasten«, also jener noch vielfach unbefristet angestellten Mitarbeiter:innen, die vom neuen Direktor bzw. der neuen Direktorin übernommen werden mussten.[11]

Die Herausbildung vorrangig *mittelgroßer Institute mit Abteilungsstruktur* und 30 bis 150 Beschäftigten, mit wechselnder Geschäftsleitung und kollektiver Leitungsstruktur kann als Königsweg der MPG-Arbeitsorganisation von Grundlagenforschung angesehen werden. Sie tastete das Harnack-Prinzip im Kern nicht an, ermöglichte es aber, neue Forschungsrichtungen nach Emeritierungen aus dem Bestand ohne höhere Investitionen und neue Planstellen zu gestalten und andere – weniger innovative Abteilungen – abzustoßen, umzuwidmen oder zu schließen. Damit blieb die MPG weitestgehend flexibel, auch wenn Bund und Länder den Mittelzufluss wieder einmal stoppten und das Wachstum – wie ab Mitte der 1970er- bis Mitte der 1980er-Jahre – nur noch dem Inflationsausgleich diente. Inzwischen hatte sich die Zahl der Institute mittlerer Größe, bezogen auf die Zahl der Mitarbeiter:innen, fast verdreifacht. Während dort noch 1950 im Mittel etwa 30 Mitarbeiter:innen beschäftigt waren, verfügten im Jahr 1980 die mittelgroßen Einrichtungen bereits über 75 Beschäftigte.[12]

Der dritte Strukturtyp für Institute war besonders in den *Großforschungseinrichtungen* anzutreffen, die sich zahlenmäßig in der MPG nie durchsetzen konnten. Diese Institute waren weitaus größer als die Abteilungsinstitute und bildeten eigenständige Forschungseinheiten mit verantwortlichen Leiter:innen und stark segmentierter Infrastruktur und zentraler Leitungsinstanz. Das konnte auch die Organisation einer Trägergesellschaft mit gemeinsamer technischer Infrastruktur und Finanzplanung einschließen, wie beispielsweise im MPI für Eisenforschung. Die Großforschungseinrichtungen wiesen außerdem Ähnlichkeiten zur Abteilungsform und zu Wirtschaftsunternehmen auf.[13] Für die MPG stellten sie aus

---

11 Ebd., 66–67.
12 Haushaltspläne der MPG, AMPG, II. Abt., Rep. 69, Nr. 40 und Nr. 23.
13 Mayntz, *Forschungsmanagement*, 1985, 73–74.

vielerlei Gründen jedoch nie eine dominante Organisationsoption dar und wurden nur selten gegründet.

Im Laufe der 1970er-Jahre setzte die Leitung bei der Neueinrichtung von Instituten vermehrt auf *kollegiale Leitungsformen*. Mit Einführung dieses Organisationsmodells für Max-Planck-Institute hatte sich die Gesellschaft auch in der Institutsstruktur zunehmend vom monokratischen, auf einen einzelnen Direktor bezogenen Harnack-Prinzip entfernt. Diese Entwicklung korrespondierte außerdem mit der zunehmenden Spezialisierung der Disziplinen, die auch in der Wissenschaftsorganisation die Ablösung vom Typus des Universalgelehrten bedeutete.[14]

In den Instituten wurden mehrere gleichwertige Abteilungen mit eigenverantwortlichen Leitungspersonen geschaffen, die eine größere Breite an Forschungsrichtungen abdeckten und die Alleinverantwortung von Direktor:innen auf mehrere Schultern verteilten. Im Jahr 1988 besaßen bereits 22 der damals gut 50 MPI eine Abteilungsgliederung. Viele dieser Einrichtungen waren im Laufe der 1960er- und zu Beginn der 1970er-Jahre entstanden und verkörperten dieses Organisationsmodell. Die mittelgroßen Institute waren in der MPG mit 40 bis etwa 150 Planstellen ausgestattet, wie zum Beispiel das neu geschaffene MPI für Meteorologie (zwei kleinere Abteilungen mit 42 Planstellen) oder das MPI für Strömungsforschung (vier große Abteilungen mit 157 Planstellen). Natürlich zählten auch Einrichtungen wie das MPI für Biochemie dazu, das mit 396 Planstellen, fünf Nachwuchsgruppen und zehn Abteilungen zu den größten MPI mit Abteilungsstruktur gehörte.

7.3 Arbeitsstrukturen der Lebenswissenschaften[15]

Veränderungen im wissenschaftlichen Arbeiten lassen sich in der MPG sinnfällig am Beispiel der Lebenswissenschaften verdeutlichen. Ein experimenteller, laborbasierter Ansatz bildete schon für die KWG ein »Grundprinzip« der Forschungsausrichtung ihrer Institute, gleich ob in Physik, Chemie, den Landwirtschaftswissenschaften, der medizinischen Forschung oder auch in der im Aufstieg befindlichen Biologie.[16] Diese Schwerpunktsetzung musste in Biologie und Medizin als Kampfansage gegen die dort verbreiteten Methoden des vergleichenden Beobachtens und der Feldforschung verstanden werden. Gleichwohl ließ die KWG die traditionellen Fächer mit ihren klassischen Methoden nicht ganz außen vor; die »Experimentalisierung des Lebens« befand sich erst noch in ihren Anfängen.[17] Das änderte sich in der zweiten Hälfte des 20. Jahrhunderts. Weltweit setzte in den Lebenswissenschaften ein Trend ein, den man als Rückzug ins Labor bezeichnen kann, der sich in den 1970er-Jahren beschleunigte und sich schließlich durchsetzte.

Das war auch in der MPG der Fall. Dort gehörte der ab 1960 amtierende Präsident Adolf Butenandt zu denjenigen, die den Trend besonders förderten. 1965 erhob er die »moderne biologische Forschung« – sprich: die Molekularbiologie – zum Maßstab der weiteren Entwicklung der Lebensforschung.[18] Andere Forschungsgebiete und mit ihnen ein alternatives Methodenarsenal wurden zunehmend zurückgedrängt und verloren an Bedeutung, darunter die Evolutionsbiologie, die Landwirtschaftswissenschaften, die Ökologie, Physiologie und klinische Medizin. Selbst in der Geisteswissenschaftlichen Sektion hielt die biowissenschaftliche Laborkultur mit der zunehmenden Konvergenz von Kognitions- und Neurowissenschaften Einzug.

Dieser internationale und in der MPG forcierte Trend in den Lebenswissenschaften hatte markante Auswirkungen für die wissenschaftliche Arbeitsweise und die Laborarbeit selbst. »Während noch einige Jahrzehnte zuvor in den Biologielaboren hauptsächlich Mikroskope, Petrischalen und Autoklaven standen, präsentierten sich die neuen Biologielabore mit avancierter Technik. Elektronenmikroskope, Ultrazentrifugen, Elektrophorese, Spektroskopie, Röntgenbeugung, Isotope und Szintillationszähler wurden zum unabdingbaren Bestandteil der biologischen Forschung.«[19] Die neuen Untersuchungstechniken und -apparate erweiterten das Auflösungsvermögen biologischer Untersuchungen tief ins Mikroskopische hinein und rückten die Lebensmoleküle, ihre Struktur und Funktion in den Blick der Biowissenschaftler:innen. Der Wissenschaftshistoriker Hans-Jörg Rheinberger hat diese langfristige Entwicklung als Aufstieg einer In-vitro-Kultur experimenteller Forschung bezeichnet, welche die Biowissenschaften im

---

14 Kröher, *Club der Nobelpreisträger*, 2017, 51.
15 Der nachfolgende Text stammt von Alexander von Schwerin.
16 Adolf von Harnack zitiert nach Thienemann, »Grundprinzip«, 1956, 68.
17 Zur Experimentalisierung der Lebenswissenschaften siehe Rheinberger und Hagner, *Experimentalisierung*, 1993.
18 Butenandt, Ansprache, 1965, 30; Butenandt, Molekulare Biologie, 1966.
19 Kay, *Vision*, 1993, 5.

20. Jahrhundert zunehmend beherrschte.[20] Miniaturisierung des Forschungsgegenstands und Technisierung des biowissenschaftlichen Labors mit hochgezüchteten Geräten und Apparaten bedingten sich gegenseitig. Denn die Molekularisierung des Forschungsgegenstands beförderte umgekehrt die Entwicklung neuer Methoden und Techniken, für die die Expertise von Chemiker:innen und Physiker:innen oft unentbehrlich waren. In der Außenwahrnehmung dominierten dabei die aus der Physik stammenden imposanten Großgeräte, wie das Elektronenmikroskop, während der weniger auffällige, auf chemische Analytik und Biochemie zurückgehende Methodenwandel mindestens genauso entscheidend war.[21] Tatsächlich war es die Biochemie, die die lebenswissenschaftliche Arbeit in den MPI besonders prägte.[22]

Die MPG war auf die Anforderungen der neuen, »molekularen« Arbeitsform in den Lebenswissenschaften, die sich durch Fragmentierung und größere Flexibilität auszeichnete und dem Individualismus des Harnack-Prinzips kongenial entsprach, gut vorbereitet. Weniger gut vorbereitet war sie indes auf die Anforderungen einer durch Langfristigkeit und systematische Kooperation sich auszeichnenden Forschung, wie sie etwa Großprojekte der Strahlenbiologie oder später der Genomforschung erforderten. Dies lag nicht nur am Strukturkonservativismus der MPG, sondern ergab sich auch aus der epistemischen Konstitution der Lebenswissenschaft und ihrer fragmentierten Arbeitsweise selbst, die den Individualismus des Harnack-Prinzips noch beförderte. Im Folgenden wird dies anhand einiger ausgewählter Aspekte illustriert, ohne den Wandel der wissenschaftlichen Arbeit in den lebenswissenschaftlichen MPI vollständig abbilden zu wollen.[23] Es zeigt sich dabei, wie epistemische Ordnung und Arbeitsstrukturen sich wechselseitig bedingen.

7.3.1 Miniaturisierung, Kompartimentierung und Autonomie

Die Arbeitsweise in den Lebenswissenschaften stand im Kontrast zu den Großforschungsprojekten in der Chemisch-Physikalisch-Technischen Sektion (CPTS).[24] Während die Biochemisierung und Molekularisierung der Lebenswissenschaften eine kleinteilige Experimentalkultur in der Biologisch-Medizinischen Sektion (BMS) beförderte, vergrößerte die Physik die Skalierung der Apparaturen und Arbeitsstrukturen stetig: hier hallenfüllende Großapparaturen der Atom- und Hochenergiephysik oder der kosmischen Forschung – Teilchenbeschleuniger, Fusionsreaktoren oder Radioteleskope –, dort Reagenzgläser und Petrischalen, umgeben von Kleinapparaturen und Laborautomaten.[25] Der ab Ende der 1950er-Jahre von der Bundesregierung vorangetriebene Trend zur Großforschung wuchs sich zu einem Organisationsproblem der physikalischen MPI aus, da Großprojekte wie die Kernfusionsforschung die gewohnten monozentrierten Arbeitsstrukturen der MPI infrage stellten und stattdessen enge Teamarbeit gleichberechtigter Spezialist:innen voraussetzten.[26] Mit der Ära der Gentechnik erreichte dagegen die Kleinteiligkeit der lebenswissenschaftlichen Laborarbeit ihren Höhepunkt, da nun die Biomoleküle selbst die Aufgaben von Instrumenten unsichtbar in den Reagenzgläsern der Biowissenschaftler:innen übernahmen.

Experimente der physikalischen oder astronomischen Großforschung waren zum Teil auf Jahrzehnte angelegt. Auch biowissenschaftliche Forschungsarbeiten traditioneller Machart, Feldversuche etwa, zogen sich über Monate oder Jahre hin. Dagegen verkürzten sich die Experimentzyklen im biomolekularen Labor auf Tage oder Wochen.[27] Ein biochemisches oder molekularbiologisches Experiment erforderte kaum Platz und war in viele kleine Arbeitsschritte zerlegbar, sodass Ergebnisse in wenigen Tagen vorlagen.[28] Da Abfolge und Richtung der Einzelexperimente häufig nicht vorbestimmt waren, konnten sich sowohl die Fragestellung als auch Richtung und Ziel der

---

20 Rheinberger, *Spalt,* 2021, 166–181.
21 Rheinberger, *History,* 1997, 180. Ähnlich Morange, *Black Box,* 2020, 5.
22 Zur Bedeutung der Biochemie siehe oben, Kap. III.9.
23 Für eine prinzipielle Betrachtung zum Thema wissenschaftliche Arbeit siehe Lefèvre, Science, 2005.
24 Allgemein zu diesem Vergleich Knorr Cetina, *Wissenskulturen,* 2002. Siehe auch unten, Kap. IV.7.4.
25 Zu Beispielen physikalischer Großapparaturen in der MPG siehe Bonolis und Leon, *Astronomy,* 2023, 120–152.
26 Senatskommission für Strukturwandel, 11.11.1959, AMPG, II. Abt., Rep. 61, 41.VP; Kuratorium des MPI für Biophysik, 22.5.1963, Bl. 4, AMPG, III. Abt., Rep. 83, Nr. 86; Besprechungskreis Wissenschaftspolitik in der MPG, AMPG, III. Abt., Rep. 83, Nr. 48. Siehe auch Balcar, *Wandel,* 2020, 108–109 u. 180–186. Siehe auch oben, Kap. IV.4.
27 Der Pflanzenbiologe Straub beurteilte diesen »Vorteil« der neuen Laborforschung kritisch, weil er negative Konsequenzen für langatmige Forschung befürchtete. Straub an Melchers, 15.2.1977, AMPG, III. Abt., ZA 56, Nr. 15.
28 Recommendations of the Presidential Commission on Research into Molecular Biology and Biochemistry, (o. D., März 1977), AMPG, II. Abt., Rep. 60, Nr. 205, fol. 96–97; Straub an Melchers, 15.2.1977, AMPG, III. Abt., ZA 56, Nr. 15.

Forschung schnell verändern. Selbst Langfriststrategien und übergeordnete Forschungsprogramme – wie etwa die über Jahrzehnte laufende Aufklärung der Struktur von Ribosomen, den »Eiweißfabriken« (Wittmann) in den Zellen, am MPI für molekulare Genetik – zerfielen in zahlreiche Teilexperimente, die jeweils eigenständig publikationswürdige Ergebnisse hervorbrachten.

Die Vollausstattung molekularer Labore mit biochemischen und biophysikalischen Instrumenten und Apparaten war zwar nicht kostengünstig, das Experimentieren konnte allerdings schon mit relativ geringem Aufwand beginnen, insbesondere solange die verwendeten Modellorganismen noch Viren, Einzeller oder niedere Mehrzeller und vergleichsweise leicht in Eigenregie zu züchten waren. Einzelne Laboreinheiten erreichten eine hohe Teilautarkie, die selbst einzelnen Arbeitsgruppen innerhalb von Abteilungen ein relativ autonomes Arbeiten ermöglichte. Physikalische Großforschung funktionierte dagegen wie ein »Superorganismus«, der sich in eine Vielzahl eng aufeinander abgestimmter und einem Programm unterworfener Einzelgruppen aufteilte.[29]

Und während Großforschung eine zentrale Leitung voraussetzte, begünstigten Miniaturisierung, Kompartimentierung und Interdisziplinarität in den Lebenswissenschaften die Einführung kleinteiliger Arbeitsstrukturen (Unit-Struktur), autonomere Institute und unabhängigere Untereinheiten sowie niedrigschwellige Organisationsebenen. Die Organisation mancher biowissenschaftlicher MPI entsprach bereits früh dem Kollegialprinzip, wie etwa die des MPI für Virusforschung. Die im Jahr 1964 vorgenommene Satzungsreform, die die Institutsordnung um die kollegiale Leitung an Instituten und sogar von einzelnen Abteilungen erweiterte, kam diesem Strukturwandel im Arbeitszuschnitt entgegen.[30] 1972 waren von 52 Instituten bereits 40 in Abteilungen untergliedert.[31] Die MPG unterstützte die kleinteiligeren Arbeitsstrukturen, die der Dominanz der molekularen Lebenswissenschaften in der BMS entsprachen, mit der Einrichtung zentraler Serviceeinheiten in den BMS-Instituten, welche allen Arbeitsgruppen den Zugang zu ansonsten nicht erschwinglichen Geräten ermöglichten.

Die Unit-Struktur der molekularwissenschaftlichen Arbeit machte die Forschung nicht nur flexibler und dynamischer, sondern erleichterte auch die Einrichtung von Nachwuchsgruppen. Nicht zufällig waren es deshalb die biochemisch-biomolekular ausgerichteten MPI, die Vorreiterinnen und Hauptnutznießerinnen der von der MPG ab den 1970er-Jahren fest eingeplanten und großzügig über Jahrzehnte geförderten Nachwuchsgruppen waren.[32] Im Jahr 1961 richtete das MPI für Psychiatrie unter dem geschäftsführenden Direktor Gerd Peters erstmals *selbstständige* Nachwuchsgruppen ein, vor allem für verheißungsvolle, interdisziplinäre Forschungsgebiete wie die experimentelle Neurophysiologie. Hauptkennzeichen dieser und späterer Gruppen war ihre Eigenständigkeit und ihre Befristung auf eine relativ kurze Laufzeit. Eigenständige Einrichtungen für den Nachwuchs entstanden nur in der Biologisch-Medizinischen Sektion und können als organisatorische Innovation dieser Sektion bezeichnet werden. Auf das im Jahr 1969 gegründete Friedrich-Miescher-Laboratorium (FML, Tübingen) folgten 1983 das Otto-Warburg-Laboratorium (Berlin), 1985 das Max-Delbrück-Laboratorium (Köln) und 1990 das Hans-Spemann-Laboratorium (Freiburg). Zusatznutzen versprachen diese Einrichtungen dadurch, dass diese Labore Nachwuchsförderung mit der Bewährung in der Praxis verbanden und auf diese Weise wie informelle Assessment-Center fungierten.[33]

7.3.2 Modelltiere, Biomedikalisierung und Patentierung[34]

Ein zentraler und spezifischer Aspekt lebenswissenschaftlicher Arbeit ist, dass die Forschungsobjekte der Lebenswissenschaftler:innen – Pflanzen, Tiere und Mikroorganismen – leben oder Teile und Extrakte von diesen sind. Die Auswahl ist groß, entscheidet aber maßgeblich über den späteren Arbeitserfolg. Viele der Modellorganismen, Stämme, Zuchten und Linien waren und sind zum Teil über Jahrzehnte hinweg im Gebrauch und teils gezielt an die Laborbedingungen und Versuchszwecke an-

---

29 Knorr Cetina, *Wissenskulturen*, 2002, 185.
30 Dölle, *Erläuterungen*, 1965.
31 Balcar, *Wandel*, 2020, 108–109. Siehe auch oben, Kap. II.4. und Kap. IV.7.2.
32 Bis 1990 hatten 11 BMS-Institute 24 Nachwuchsgruppen im Haushalt eingestellt. In der CPTS und der GWS gab es bis dahin keine einzige. Die erste Nachwuchsgruppe der GWS entstand 1990, der CPTS 1995. Die Unterschiede setzten sich bis in die 2000er-Jahre fort. Siehe oben, Kap. III.15.3.2, Tab. 5. Die Ende der 1990er-Jahre gegründeten International Max Planck Research Schools (IMPRS) machten Graduiertenprogramme zu einem wichtigen Instrument der Kooperation der MPG mit Universitäten, darunter zuerst die IMPRS in Chemical Biology am MPI für Molekulare Physiologie in Kooperation mit der Universität Dortmund.
33 Das FML illustriert diese Bedeutung der Nachwuchsgruppen. Nachwuchsgruppenleiter:innen, die zu Direktor:innen ernannt wurden, waren Christiane Nüsslein-Volhard, Uli Schwarz, Friedrich Bonhoeffer, Peter Hausen, Heinz Wässle und Günther Gerisch. Siehe auch Kap. III.10.
34 Dieser Abschnitt beruht auf gemeinsam mit Martina Schlünder, Juliane Scholz und Sascha Topp erarbeiteten Ergebnissen.

gepasst. In die Etablierung eines passenden Zuchtstamms fließt mitunter viel und zeitaufwendige Arbeit. Es handelt sich mit anderen Worten um originäre Produkte wissenschaftlicher Arbeit. »Mit Geld lässt sich der Wert der Tiere kaum bemessen«, erläutert der Veterinärmediziner Ludger Hartmann die Einzigartigkeit der Tierzuchten am MPI für molekulare Genetik.[35]

Im Wandel der Modellorganismen spiegeln sich Veränderungen der Forschungskultur. Die Dominanz der experimentellen Laborarbeit in der MPG hatte zur Folge, dass die Bedeutung anderer biowissenschaftlicher Arbeits- und Forschungsformen über die Jahre abnahm. Die Feldforschung spielte von Anfang an eine geringe Rolle, weil sich schon die KWG die Förderung der experimentellen Laborforschung zur besonderen Aufgabe gemacht hatte. Dieses Vermächtnis setzte die MPG fort.

Zu den wenigen Orten der Feldforschung in der Max-Planck-Gesellschaft gehörten die Landwirtschaftswissenschaften, die Verhaltensforschung, die Evolutionsbiologie und die Umweltforschung. Manche dieser Felder blieben bestehen, traten aber selbst einen Rückzug ins Labor an, etwa die Pflanzenzüchtung. Erbitterte Auseinandersetzungen begleiteten diese Transformation, auch weil sie eine Konkurrenz um die Verteilung von Ressourcen implizierte.[36] Sinnbildlich hierfür steht der Einzug von Bakterien und Petrischalen der molekularen Biologie Anfang der 1960er-Jahre in das MPI für vergleichende Erbbiologie und Erbpathologie. Dort hatte man über Jahrzehnte hinweg Kaninchenstämme für ganz spezifische Zwecke vergleichender biologischer und medizinischer Forschung herausgezüchtet, etwa Kaninchen mit genetisch veranlagter Disposition zu Epilepsie und anderen auch beim Menschen vorkommenden Krankheiten.[37] Die wertvollen Kaninchenstämme und die Infrastruktur gingen verloren.

Insgesamt trat die Forschung mit verhältnismäßig großen Säugetieren – Kaninchen, Rindern, Schweinen, Katzen, Hunden und Affen –, wie sie die Landwirtschaftswissenschaften, die Verhaltensforschung, Physiologie und Medizin bevorzugten, zurück.[38] Doch auch die leicht zu behausenden Viren- und Bakterienstämme blieben letztlich ein Intermezzo der Molekularbiologie.[39] Die Bedürfnisse der biomedizinischen Forschung prägten ab den 1970er-Jahren Auswahl und Aufwendungen für Tierarbeit und -unterbringung. Mäuse und Ratten waren die bevorzugten Versuchsobjekte und Materiallieferanten für die In-vitro-Experimente der biomedizinischen und immunologischen Arbeitsrichtung.[40] Der Verbrauch stieg exorbitant und überflügelte alles andere.[41] Der Siegeszug der Versuche an Nagetieren erklärt sich aus ihren epistemischen und arbeitspraktischen Vorteilen, da sich bei ihnen medizinische Relevanz und Ähnlichkeit zum Menschen mit schneller Reproduktionsfolge und technisch einfacher Handhabbarkeit verbanden.[42]

Während die für die medizinisch-klinische Forschung typische Arbeit mit Patient:innen und Versuchspersonen zurücktrat, machte die Beschaffung geeigneter Versuchstiere zunehmend Arbeit. In der Masse waren Versuchstiere nur über den Versuchstierhandel oder zentrale Tierzuchtanstalten in der Bundesrepublik zu erhalten; doch vielfach konnten diese Quellen den Qualitätsansprüchen und spezialisierten Anforderungen der biomedizinischen Forschung nicht genügen.[43] Ab den 1970er-Jahren ging die MPG den Bau von eigenen Tierhäusern vor allem für die biomedizinisch arbeitenden MPI an, verzichtete zugleich auf eine zentrale Lösung in Form einer großen MPG-weiten Versuchstierzuchtanlage.[44] Schon das im Jahr 1972 fertiggestellte MPI für Biochemie besaß ein großzügiges Tierhaus, andere MPI folgten.[45] Anfang der 1980er-Jahre deckten die MPI ihren Bedarf zu 54 Pro-

---

35 Zitiert in Lindner, *MPI für molekulare Genetik*, 2009, 34.

36 Schwerin, *Biowissenschaften*, in Vorbereitung.

37 Schwerin, Agriculture, 2013, 118–119; Schwerin, *Strahlenforschung*, 2015, 344–353.

38 Typische Experimentaltiere in der physiologischen Forschung der MPI waren Hund, Katze und Affe. AMPG, II. Abt., Rep. 1, Nr. 1025, fol. 420–421; Auswertung der Jahresberichte zu den verwendeten Versuchstieren in den MPI, Jahrbücher der MPG 1950–1985. Siehe auch unten, Kap. IV.10.5.

39 Rheinberger, Kurze Geschichte, 2000.

40 Bezeichnend für diese Verschiebung ist das MPI für medizinische Forschung, das in den 1960er-Jahren seine Forschung auf die molekulare Biologie ausrichtete; statt Katzen und Hunden standen auf den Orderlisten fortan nur noch Mäuse und Ratten. Jahrbücher der MPG 1950–1985. Das entsprach dem Trend zur biomedizinischen Forschung weltweit. Rader, *Mice*, 2004; Ferrari, *Genmaus*, 2008; Schwerin, Agriculture, 2013.

41 Zu den Zahlen siehe unten, Kap. IV.10.5.1.

42 Zu einer MPG-Sicht siehe Lindner, *MPI für molekulare Genetik*, 2009.

43 Zum Skandal um die Außenstelle der Charles-River-Breeding Laboratories im Allgäu siehe Tierversuche, *Der Spiegel*, 31.10.1993.

44 Dr. Saurwein: Vermerk, 23. Juni 1980, AMPG, II. Abt., Rep. 1, Nr. 1026, fol. 464–465. Siehe auch Vermerk, 30. September 1981, Betr.: Übernahme von Hilfseinrichtungen für die Forschung durch die Minerva GmbH, Bl. 1, AMPG, III. Abt., Rep. 61, 125.VP.

45 Braun, Löwenhauser und Schneider, *Bauten*, 1990, 26, 53–55, 87 u. 120–122; Henning und Kazemi, *Handbuch*, 2016, passim.

zent über eigene Zuchten ab.[46] Zucht, Haltung und Pflege der Versuchstiere erforderten besondere Kenntnisse und Maßnahmen. Die Arbeit in den Tierhäusern fand unter pathogenfreien Bedingungen statt und war unter Einsatz eines Barrieresystems mit Filtern und Schleusen hermetisch gegenüber der Umwelt abgeriegelt.[47] Das Spektrum der Arbeiten ging in manchen Fällen noch darüber hinaus und umfasste etwa Bakterien-Massenkultivierung, Zellkulturen, serologische, chemische und physiologische Tests und Analysen.[48]

Mit der aufkommenden Gentechnik rückte die Arbeit in den Tierhäusern näher an die Forschung heran. Die Gentechnik erweiterte die Möglichkeiten, Organismen mit speziellen Eigenschaften für die Zwecke bestimmter Versuche zu züchten. Das Tierhaus des MPI für molekulare Genetik beherbergte im Jahr 2009 allein 250 zum Teil selbst etablierte genetische Mausvarianten.[49] Die Max-Planck-Gesellschaft und andere Wissenschaftsorganisationen rechtfertigten die gentechnischen Manipulationsmethoden auch damit, diese würden dabei helfen, die Anzahl der Tierversuche zu reduzieren. Diese Voraussage erwies sich angesichts steigender Versuchszahlen als irreführend. Später sah sich die MPG zudem gezwungen, ihre grundsätzliche Haltung zu Fragen von Eigentumsrechten an Modelltieren zu revidieren. Nachdem Mitarbeiter des Max-Planck-Instituts für biophysikalische Chemie in Göttingen 2009 ein Patent zur gentechnischen Veränderung von Versuchstieren angemeldet und 2015 vom Europäischen Patentamt (EPA) auch erteilt bekommen hatten,[50] regte sich gesellschaftlicher Widerspruch. Ein Bündnis von Tier- und Umweltorganisationen sowie die Affenforscherin Jane Goodall engagierten sich in dieser Sache.[51] Das EPA wies zivilgesellschaftliche Einsprüche gegen das von der Max-Planck-Gesellschaft angemeldete Patent EP2328918B1 zunächst zurück, folgte im Jahr 2021 aber einer Beschwerde der Organisation Testbiotech und bezog sich dabei auch auf die europäische Tierschutzgesetzgebung.[52] Die MPG verzichtete daraufhin auf alle auf Wirbeltiere bezogenen Ansprüche.[53] Die Frage von Eigentumsrechten berührte dabei auch die Frage von Kooperation und Teilhabe in der Wissenschaft.

7.3.3 Spezialisierung, Kooperation und Teilhabe

Die Spezialisierung in den molekularen Biowissenschaften nahm schnell und beständig zu und führte zu spezifischen Kooperationsmustern, auf die wir im nächsten Beitrag zurückkommen werden. International geprägte Netzwerke, die an einem Spezialproblem arbeiteten, etwa an der Aufklärung von Sequenzen spezieller Subregionen eines Proteins, bestimmten das Forschungsgeschehen, einschließlich eigener Kommunikationsstrukturen in Form von Newslettern und Spezialtagungen (zum Beispiel Gordon Research Conferences, Methods in Protein Sequence Analysis Conferences).[54] Waren Kooperationen in den Großexperimenten der Physik auf Jahre und auf Ebene eines Verbundes von Instituten festgefügt und abhängig von wissenschaftspolitischer und diplomatischer Unterstützung,[55] so ergaben sich die Spezialnetzwerke der Biowissenschaften aus der Kooperation durchaus vieler, meist über die Welt verstreuter Labore und waren transienter, das heißt entsprechend der Wandelbarkeit der Forschungsrichtung in den einzelnen Laboren selten auf Dauer angelegt. Dies entsprach einem allgemeinen Trend: »In Wissenschaftsgebieten, die wie die Molekularbiologie auf Individualisierung insistieren, ist Kooperation immer problematisch und prekär.«[56] Individualisierung, Spezialisierung und Internationalisierung beförderten Zentrifugalkräfte in der biowissenschaftlichen Forschung, die systematischer arbeitsteiliger Forschung innerhalb der MPG, auch innerhalb von Clustern, zuwiderliefen. Nur in wenigen Fällen gelang die Organisation von MPI so, dass Arbeit und Expertise einzelner Abteilungen längerfristig

---

[46] MPG, Pressereferat: Tierversuche in den Instituten der MPG 1981, Mai 1982, AMPG, II. Abt., Rep. 1A, Nr. 1024, fol. 118.
[47] Generalverwaltung der Max-Planck-Gesellschaft, *Jahrbuch 1985*, 1985, 150–151.
[48] Generalverwaltung der Max-Planck-Gesellschaft, *Jahrbuch 1978*, 1978, 199.
[49] Lindner, *MPI für molekulare Genetik*, 2009, 34.
[50] Heise, Affen, 2019.
[51] Grahn, Behörde, 2021. Siehe auch unten, Kap. IV.10.5.
[52] Zu entsprechenden Dokumenten siehe Testbiotech: Einspruch gegen Patent auf gentechnisch veränderte Primaten und andere Versuchstiere der Max-Planck-Gesellschaft, 2020, https://www.testbiotech.org/content/einspruch-gegen-ein-patent-auf-gentechnisch-veraenderte-primaten-und-andere-versuchstiere.
[53] Baureithel, Jahren, 2022.
[54] Alexander von Schwerin: Interview mit Brigitte Wittmann-Liebold, 1.7.2015, DA GMPG, ID 601042; Alexander von Schwerin: Interview mit Hans-Jörg Rheinberger, 27.3.2016, DA GMPG, ID 601026; Schwerin, Circulation Sphere, 2022.
[55] Zum Vergleich der Kooperationen zwischen BMS- und CPTS-Instituten siehe unten, Kap. IV.7.4. Zur Astrophysik siehe auch Bonolis und Leon, *Astronomy*, 2023, 152–158, 202–206, 230–260, 271–276, 291–292, 321–327 u. 345–350.
[56] Knorr Cetina, *Wissenskulturen*, 2002, 241.

7. Dimensionen wissenschaftlichen Arbeitens

ineinandergriffen, wie im Fall des MPI für Biophysik in den 1960er-Jahren oder des MPI für medizinische Forschung Ende der 1980er-Jahre.[57] Allein die Forschungszentren, die die MPG Anfang der 1970er-Jahre in München-Martinsried und auf dem Göttinger Nikolausberg schuf, vereinigten so viel Expertise an einem Ort, dass sich vielfach örtliche Kooperationsbeziehungen ergaben. Sinnbildlich steht für diese kritische Masse der Nobelpreis an die drei MPG-Forscher Robert Huber, Johann Deisenhofer und Hartmut Michel, zugleich ein herausragendes Beispiel für die Art der flexiblen, kleinteiligen und iterativen Kooperationen, in deren Zentrum der methodisch-technische Austausch stand.[58]

Die mit der Spezialisierung einhergehende Technisierung der biowissenschaftlichen Forschung prägte ebenfalls ihre Kooperationsbeziehungen. Teilhabe an Technologien, Instrumenten und Materialien waren die Voraussetzung für funktionierende Experimentalkulturen.[59] So bestand Kooperation häufig im Austausch von Reagenzien und Materialien, im Zugang zu Spezialapparaten oder in der gegenseitigen Aushilfe mit Spezialanalysen. Arbeitsgruppen des MPI für Biochemie in München und des Friedrich-Miescher-Laboratoriums in Tübingen etwa tauschten speziell hergestellte Antikörper und isolierte Zellkomponenten aus. Eine Arbeitsgruppe des MPI für experimentelle Medizin erarbeitete die dazugehörige Primärsequenz zu den Spezialdaten einer Röntgenstrukturanalyse aus dem MPI für Biochemie.[60] Solche methodisch-technischen Kooperationen waren ein Kennzeichen der Integration von Molekularbiologie und anderen lebenswissenschaftlichen Disziplinen ab den 1970er-Jahren.[61]

Teilhabe konnte indes auch schnell zum Flaschenhals erfolgreicher Forschung in den molekularen Lebenswissenschaften werden. Deren Methodenarsenal hatte sich ab den 1970er-Jahren schnell verbreitet und konnte kaum noch aus eigenen Mitteln der Labore bestritten werden. Die Anforderungen an Finanzierung und Organisation der biowissenschaftlichen Forschung stiegen damit enorm und blieben bald kaum hinter denen durchschnittlicher CPTS-Institute zurück.[62] Umso dringlicher war es, eine umfängliche Ausstattung der Institute und den freien Austausch von Techniken, Materialien und Know-how zwischen Instituten und Laboren zu gewährleisten. Die MPI befanden sich in dieser Hinsicht in einer eher komfortablen Ausgangssituation, da die Institute zumeist überdurchschnittlich ausgestattet waren, insbesondere im Vergleich zu Universitätsinstituten.[63] Die MPG bemühte sich zudem, den die Haushalte der Institute sprengenden Mehrbedarf ihrer Institute über eigens aufgelegte Geräteprogramme zu decken.[64]

Der erforderliche freie Austausch von Know-how, Materialien und Techniken zwischen Laboren über Instituts- und Landesgrenzen, der zum Ethos akademischer Forschung gehörte, geriet allerdings ab den 1970er-Jahren vor allem durch die Kommerzialisierung der Forschung unter Druck.[65] Und das erst recht, als die Forschungsträger ab den 1980er-Jahren immer häufiger von den Laboren verlangten, den Austausch von Forschungsmaterialien in sogenannten Material Transfer Agreements (MTA) vertraglich zu regeln, um künftige Verwertungsoptionen zu sichern.[66]

Die Verregelung und Kommodifizierung dieser »Zirkulationssphäre«[67] brachte die Forschenden auch in Zugzwang, was die Publikation der Ergebnisse ihrer Forschungen betraf. Aus den unsystematischen methodisch-technischen Kooperationen in den Biowissenschaften gingen in der Regel eine oder zwei gemeinsame Publikationen hervor; ganz anders als in den Forschungsprogrammen der Astrophysiker:innen, die über die Jahre zu einer Vielzahl gemeinsamer Publikationen führten.[68] Aus der experimentellen Hochenergiephysik verschwand die individualisierte Autorenschaft praktisch; die einzelnen Forscher:innen gingen in den Teams und Kollektiven der

---

57 Zur Organisation des MPI für medizinische Forschung nach Berufung von Sakmann siehe oben, Kap. III.11.
58 Zu den Kooperationsbeziehungen am MPI für Biochemie allgemein siehe Oesterhelt und Grote, *Leben*, 2022.
59 Rheinberger, *Spalt*, 2021, 185.
60 Generalverwaltung der Max-Planck-Gesellschaft, *Jahrbuch 1983*, 1983, 310; Generalverwaltung der Max-Planck-Gesellschaft, *Jahrbuch 1985*, 1985, 237.
61 Zur Expansion und Interdisziplinarität der Molekularbiologie siehe Morange, *Black Box*, 2020, 167–183, 204–214 u. 243–252; Grote et al., *Vista*, 2021, 6–9.
62 Zu den Kosten siehe die Listen in AMPG, II. Abt., Rep. 69, Nr. 945 und AMPG, II. Abt., Rep. 62, Nr. 843.
63 Insgesamt lag die CPTS mit Kosten von 22,8 Millionen DM für wissenschaftliches Inventar im Jahr 1978 deutlich vor der BMS mit 16 Millionen DM. Titel 820 90 »Erwerb von wissenschaftlichem Inventar«, Rechnungsjahr 1978, AMPG, II. Abt., Rep. 69, Nr. 946, fol. 245–254.
64 Zu den Großgeräteprogrammen der MPG siehe oben, Kap. III.15.
65 Siehe etwa Yi, Who Owns What?, 2011.
66 Mirowski, MTA, 2008.
67 Schwerin, Circulation Sphere, 2022, 355–372.
68 Zur Analyse der Kooperationsbeziehungen zwischen einzelnen MPI siehe unten, Kap. IV.7.4.

Großexperimente auf.⁶⁹ In den molekularen Lebenswissenschaften hingegen rangen die Forscher:innen zunehmend darum, als eigenständige Wissenschaftler:innen sichtbar zu bleiben, denn Kooperationen verwässerten grundsätzlich ihren Stellenwert bei der Erstellung einer Publikation; umso wichtiger wurde die Stellung in der Aufzählung der Autor:innen. Zugleich erhöhten sich die Publikationsrhythmen.

Der Trend zu kürzeren Experimentalzyklen und Spezialisierung hatte zur Folge, dass Forschungsergebnisse in schnellerer Frequenz und in kleinteiligerer Form publiziert werden konnten (manche Publikationen waren nur wenige Seiten lang). Der teils scharfe Wettbewerb zwischen international um ein Spezialproblem konkurrierenden Forschungsgruppen und die Einführung von Citation Indices Anfang der 1980er-Jahre erhöhten den Publikationsdruck.⁷⁰ Auch die Beobachtung der Konkurrenz und die Lektüre der neuesten Publikationen verwandelten sich in ein Wettrennen um wichtige Informationen und Hinweise.⁷¹ Forschungs- und Schreibzeit standen auf diese Weise zusehends in Konkurrenz miteinander. Die Arbeit an den Publikationen begann schon vor Abschluss der Experimente oder in der Pausenzeit, während die Apparate liefen. Für Wissenschaftlerinnen, die auch Mütter waren, bedeutete der Zeitdruck nicht selten zusätzliche Belastung: tagsüber Experimente und innerfamiliäre Care-Arbeit, nachts Arbeit an den Publikationen.⁷² Zielkonflikte mussten sich auch in den Fällen verschärfen, in denen die kommerzielle Verwertung der Forschungsergebnisse Vorrang hatte.

Ab den 1970er-Jahren nahm die Bedeutung des Wissens- und Technologietransfers gegenüber dem Erkenntniserwerb im Selbstverständnis der MPG stetig zu.⁷³ MPG-Wissenschaftler:innen waren angehalten, vielversprechende Forschungsergebnisse zunächst der MPG-eigenen Verwertungsgesellschaft vorzulegen.⁷⁴ Kooperationsverträge mit der Industrie schlossen üblicherweise Klauseln ein, wonach die MPG-Wissenschaftler:innen ihre Forschungsergebnisse erst nach Prüfung durch die beteiligten Unternehmen auf Patentierbarkeit publizieren durften. Als ab den 1990er-Jahren Firmenausgründungen aus Max-Planck-Instituten zunahmen, standen MPG-Wissenschaftler:innen selbst häufiger vor der Entscheidung, schneller zu publizieren oder zunächst zu patentieren. Die MPG ermutigte sie in dieser Situation, Veröffentlichungen zurückzuhalten und mögliche Verwertungsrechte zuvor abzuklären, und sorgte zugleich mit der weiteren Professionalisierung ihrer Verwertungsagentur Max-Planck-Innovation für die notwendige Betreuung der mit den rechtlichen Problemen von Verwertungsverträgen normalerweise nicht vertrauten Wissenschaftler:innen.⁷⁵ Die MPG erkannte erst Ende der 1990er-Jahre die bremsenden Auswirkungen des Einzugs von Eigentumsrechten auf die Austauschbeziehungen in der akademischen Forschung, scheiterte aber mit der Initiative, einen liberalen Umgang mit Forschungsmaterial für alle deutschen Wissenschaftsorganisationen festzuschreiben.⁷⁶

7.3.4 Technisierung, Mathematisierung und Computerisierung

Die Technisierung der biowissenschaftlichen Forschung hatte auch eine sozialgeschichtliche Komponente. Technische Berufe wurden zu einem unersetzlichen Bestandteil der Forschung an den biowissenschaftlichen MPI. Umgekehrt verschwanden andere Berufsgruppen aus dem Spektrum der Mitarbeiterschaft. Während Landarbeiter:innen in den ersten Jahren nach 1945 noch die größte Gruppe der Angestellten in den landwirtschaftswissenschaftlichen Max-Planck-Instituten gebildet hatten, ging ihr Anteil danach kontinuierlich zurück.⁷⁷ Ausgebildetes technisches Personal nahm dagegen auch in diesen In-

---

69 Knorr Cetina, *Wissenskulturen*, 2002, 237.
70 Der Kölner Genetiker Benno Müller-Hill nutzte dieses Bewertungssystem Anfang der 1990er-Jahre, um zu argumentieren, dass Universitätsinstitute immer noch effektiver arbeiteten als die materiell besser ausgestatteten MPI. Müller-Hill, Funding, 1991; Herbertz und Müller-Hill, Quality, 1995.
71 Zur effektiven Organisation von Journalklubs siehe Alexander von Schwerin, Interview mit Hans-Jörg Rheinberger, 27.3.2016, DA GMPG, ID 601026.
72 Schwerin, Circulation Sphere, 2022, 355–372.
73 Siehe auch oben, Kap. IV.3.
74 Balcar, *Instrumentenbau*, 2018.
75 GV der MPG: Erfinderleitfaden. Hinweise für Erfinder in der Max-Planck-Gesellschaft, August 1994, Bl. 10, GVMPG, BC 202034; Balcar, *Instrumentenbau*, 2018, 65–68.
76 Löw: Vermerk, 25.11.1998, GVMPG, BC 202030, fol. 363–367; Bludau: Rundschreiben, 9.12.1999, ebd., fol. 235–238; Keinath, MPG, an Klofat, DFG, 17.7.2003, GVMPG, BC 202019, fol. 152.
77 Haushaltspläne in AMPG, II. Abt., Rep. 69. Ähnliche Veränderungen vollzogen sich außerhalb der MPG, wie etwa in der Bundesforschungsanstalt für Milchwirtschaft. Thoms, Ressortforschung, 2010, 27–48 u. 137.

stituten zu.⁷⁸ Mit den molekularen Lebenswissenschaften gewannen labortechnisches Personal und Tierpfleger:innen für die Kleintiere in den MPI-eigenen Tierhäusern an Bedeutung; später, mit Etablierung von Protein- und DNA-Datenbanken, auch IT-Spezialist:innen bzw. mit der Computerisierung der Simulation und Modellierung von Molekülstrukturen Biomathematiker:innen.

Das Geschick der Techniker:innen entschied mit darüber, ob die Experimentalanordnungen zum Laufen kamen oder nicht, wie etwa im Fall der Aminosäuresequenzierung am MPI für molekulare Genetik.⁷⁹ Während Werkstätten auch schon früher zur Infrastruktur biowissenschaftlicher Institute gehört hatten, etablierten sich nun schrittweise technische Servicegruppen und damit Organisationsformen, wie sie an chemisch-technischen Max-Planck-Instituten üblich waren. Am MPI für Biochemie etwa fungierte zunächst die Abteilung für Organische Chemie und Spektroskopie als Servicegruppe, die dem gesamten Institut spektroskopische Methoden – Infrarot, Ultraviolett, kernmagnetische Resonanz (NMR) und Massenspektroskopie/Gaschromatographie – zugänglich machte.⁸⁰ Ab den 1970er-Jahren etablierten MPI eigene, von den Abteilungen unabhängige Serviceeinheiten. So hatten am MPI für molekulare Genetik die Abteilungen eigene Räume für die Zentrifugen, den Szintillationszähler und das Kältelabor; aber das gesamte Institut teilte sich das Isotopenlabor und das Elektronenmikroskop, das nur speziell ausgebildetes Personal bedienen konnte.⁸¹ Gerangel um die Nutzungszeiten der zentralen Ressourcen blieb nicht aus. Die Mitarbeiter:innen des Instituts nutzten deshalb auch die großzügigen Kapazitäten für Elektronenmikroskopie am benachbarten Fritz-Haber-Institut.

Verschiedentlich rückte die Entwicklung von Forschungstechnologien in den Mittelpunkt der Arbeit mancher Arbeitsgruppen.⁸² In den 1990er-Jahren entstanden auf diese Weise »Big Robby« und andere Robotersysteme, die die »Fließbandarbeit« bei der Analyse von Zigtausenden Genomsequenzen zu automatisieren halfen.⁸³ Ab 1994 existierte auch am MPI für Biochemie eine eigene Servicegruppe für Technologieentwicklung, die unter anderem für die Zwecke des Instituts automatisierte Pipettiersysteme für die DNA- und Membranforschung entwickelte.⁸⁴ Eine besondere Rolle spielten die Megaapparaturen der Teilchenphysik oder der Materialwissenschaften, wie sie etwa am Europäischen Kernforschungszentrum (CERN) bei Genf oder dem Deutschen Elektronen-Synchrotron (DESY) in Hamburg vorhanden waren. Die technischen Servicegruppen der physikalisch-chemischen MPI nahmen darüber hinaus gelegentlich auch Servicefunktionen für die Hochschulen wahr.⁸⁵ Die Abteilung für Biophysik des MPI für medizinische Forschung übernahm Anfang der 1970er-Jahre die Vorreiterrolle und testete die Strahlenquelle des Speicherrings DORIS am DESY für die Untersuchung biologischer Makromoleküle.⁸⁶ Die erfolgreichen Arbeiten führten dazu, dass das Europäische Laboratorium für Molekularbiologie (EMBL) dort eine Außenstelle in den 1970er-Jahren etablierte.⁸⁷ Nachdem sich ursprüngliche Überlegungen, DESY als Institut für Hochenergiephysik in die MPG zu integrieren, zerschlagen hatten, folgte die MPG dem Vorbild des EMBL und siedelte im Jahr 1986 drei ständige Gastforschergruppen für strukturelle Molekularbiologie am DESY an.⁸⁸

Zu den entscheidenden Faktoren, die die Molekularisierung der Biowissenschaften vorantrieben, gehörten deren Mathematisierung und Computerisierung.⁸⁹ Diese

---

78 Eine einzige Arbeitsgruppe am MPI für Züchtungsforschung beanspruchte für ihre über zehn Jahre laufenden Experimente zehn technische Kräfte und 23 Zeithilfen. Siehe Verwendungsnachweis zum Bewilligungsbescheid des BMwF vom 15.2.1968 und 21.10.1968, AMPG, II. Abt., Rep. 66, Nr. 4692.
79 Siehe Alexander von Schwerin: Interview mit Brigitte Wittmann-Liebold, 1.7.2015, DA GMPG, ID 601042.
80 Generalverwaltung der Max-Planck-Gesellschaft, *Jahrbuch 1975*, 1975, 87; Generalverwaltung der Max-Planck-Gesellschaft, *Jahrbuch 1997*, 1997, 109.
81 Hier und nachfolgend Alexander von Schwerin: Interview mit Hans-Jörg Rheinberger, 27.3.2016, DA GMPG, ID 601026, 12–14.
82 Schwerin, Circulation Sphere, 2022, 355–372.
83 Hodge, Genomsequenzierung, 2014, 96–97.
84 Generalverwaltung der Max-Planck-Gesellschaft, *Jahrbuch 1994*, 1994, 114; Generalverwaltung der Max-Planck-Gesellschaft, *Jahrbuch 1997*, 1997, 117. Andere molekularbiologische Institute organisierten die Apparatenutzung so oder so ähnlich, so etwa die MPI für Infektionsbiologie, für Züchtungsforschung und für Biogeochemie. Generalverwaltung der Max-Planck-Gesellschaft, *Jahrbuch 1998*, 1998, 214 u. 396; Generalverwaltung der Max-Planck-Gesellschaft, *Jahrbuch 1999*, 1999, 457.
85 Siehe etwa Generalverwaltung der Max-Planck-Gesellschaft, *Jahrbuch 1977*, 1977, 443, 515 u. 701.
86 Generalverwaltung der Max-Planck-Gesellschaft, *Jahrbuch 1976*, 1976, 235; Nierhaus, Ribosomenforschung, 2014, 56.
87 Lohrmann und Söding, *Teilchen*, 2009, 235–239.
88 Habfast, *Großforschung*, 1989, 72, 191–200 u. 247. Die MPG beteiligte sich auch an der Trägerschaft der Berliner Elektronen-Speicherring-Gesellschaft für Synchrotronstrahlung (BESSY). Generalverwaltung der Max-Planck-Gesellschaft, *Jahrbuch 1978*, 1978, 104.
89 García-Sancho, *Biology*, 2012; Strasser, *Experiments*, 2019; de Chadarevian, *Heredity*, 2020.

Entwicklung setzte bereits in den 1950er-Jahren ein und beschleunigte sich ab den 1990er-Jahren mit Einführung großer Datenbankprojekte für Protein- und Genomsequenzen (Schlagwort: Biologie *in silico*) und einhergehend damit dem steigenden Bedarf an Rechnerkapazität und biomathematischer Expertise.[90] Im Laufe der Jahrzehnte verlagerte sich das Hauptfeld der Computerisierung von der statistisch arbeitenden Biologie (Genetik und Landwirtschaftswissenschaften)[91] hin zu einer datenmodulierenden Biologie (Simulation der Struktur von Makromolekülen etc.)[92] und dann zu einer Datenbank-Biologie (Genomik und andere Omik-Wissenschaften).

In der MPG kam es in diesem Zusammenhang zur Integration von Rechenkapazität und Expertise in die jeweiligen MPI und zu zentralen Inhouse-Lösungen.[93] Neue Hilfseinrichtungen, Infrastrukturen und Fachkräfte wurden geradezu zu einem Signum des mit der Genomforschung einhergehenden Bedeutungsgewinns der Biowissenschaften.[94] Spezielle Serviceeinheiten für Bioinformatik, dann auch auf Bioinformatik spezialisierte Abteilungen hielten Einzug in den MPI.[95]

Das MPI für molekulare Genetik und das Fritz-Haber-Institut nahmen schon Ende der 1980er-Jahre ein gemeinsames Rechenzentrum in Betrieb; das MPI für Biochemie erhielt ein eigenes Rechenzentrum und verselbstständigte eine Forschungsgruppe, die biometrische Methoden für die teils automatisierte Analyse von Protein- und DNA-Sequenzdatenbanken entwickelte; das MPI für biophysikalische Chemie installierte eine Arbeitsgruppe »Theorie und Berechnung molekularer Strukturen«; das MPI für Züchtungsforschung folgte mit einem eigenen Zentrum für Datenverarbeitung.[96] Ab Ende der 1990er-Jahre richtete die MPG (Stand 2023) sieben eigene Abteilungen für Bioinformatik an einer Reihe von MPI ein und darüber hinaus elf biometrische Nachwuchs- bzw. Forschungsgruppen.[97] Bemerkenswert ist auch die Anfang der 2000er-Jahre eingerichtete Arbeitsgruppe für Bioinformatik am MPI für Informatik. Hinzu kamen regionale und überregionale Forschungsnetzwerke sowie Max Planck Schools im Bereich der Bioinformatik.[98] Dieser Schritt von der Forschung zur Institutionalisierung und Standardanwendung markiert eine fortgeschrittene Mathematisierung der molekularwissenschaftlichen Experimentalkultur.

7.3.5 Grenzen der Biomolekularisierung der Lebenswissenschaften

Die spezifischen Arbeitsstrukturen, die sich mit den molekularen Lebenswissenschaften innerhalb der BMS etablierten, entsprachen in besonderem Maße dem auf Autonomie einzelner Abteilungen angelegten wissenschaftlichen Selbstverständnis innerhalb der MPG, brachten aber auch Nachteile mit sich. Besonders deutlich wird dies bei der Organisation großer, vernetzter und auf Dauer angelegter Großforschungsprojekte, bei der die MPG an ihre Grenzen stieß. Schon die in den 1950er- und 1960er-Jahren zum Teil international angestrengten Großforschungsprojekte der Physik stießen in der MPG auf wenig Gegenliebe, da sie der Arbeitsorganisation und Struktur der MPI entgegenliefen.[99] Aus diesen Gründen hatten auch biowissenschaftliche Großforschungsprojekte, wie sie andernorts im Bereich der Strahlenbiologie

---

90 Zur Computerisierung und Digitalisierung der Biowissenschaften allgemein siehe November, *Computing*, 2012; García-Sancho, *Biology*, 2012; Leonelli, *Biology*, 2016; Rheinberger, *Spalt*, 2021, 58–66. Zur Computerisierung in der MPG siehe unten, Kap. IV.7.5.

91 Bis in die 1980er-Jahre hinein benutzten biowissenschaftliche MPI bei Bedarf die an speziellen Standorten vorhandenen Rechnerkapazitäten, wie bei der GV in Göttingen oder dann vor allem des IPP in München-Garching.

92 Nach dem Abbau der Landwirtschaftswissenschaften in der MPG steigerte die makromolekulare Strukturforschung ab den 1960er-Jahren den Bedarf an Rechnerkapazität und biomathematischer Expertise. Auch andere biowissenschaftliche Gebiete basierten auf Simulations- und Modulationsrechnungen, wie etwa die Biokybernetik. Max-Planck-Gesellschaft, *MPI für Biochemie*, 1977; Generalverwaltung der Max-Planck-Gesellschaft, *Jahrbuch 1983*; 1983, 139; siehe auch oben, Kap. III.11.

93 Zu diesem Trend allgemein siehe November, Center, 2011; November, *Computing*, 2012.

94 Nicht erst die DNA-Datenbanken der Genomforschungsprojekte, sondern schon die Erstellung von Proteinsequenzen erforderten Datenbanken und deren Verarbeitung. Strasser, *Experiments*, 2019; de Chadarevian, *Heredity*, 2020.

95 Serviceeinheiten für Bioinformatik bestehen etwa an den MPI für Biologie des Alterns, für molekulare Pflanzenphysiologie und für Herz- und Lungenforschung.

96 Generalverwaltung der MPG, *Jahrbuch 1990*, 1990, 128; Generalverwaltung der Max-Planck-Gesellschaft, *Jahrbuch 1996*, 1996, 417; Generalverwaltung der Max-Planck-Gesellschaft, *Jahrbuch 1998*, 1998, 396 u. 112–113; Henning und Kazemi, *Handbuch*, 2016.

97 Henning und Kazemi, *Chronik*, 2011; Henning und Kazemi, *Handbuch*, 2016; Jahrbücher der MPG für die Jahre 2000 bis 2020.

98 Berlin Center for Genome Based Bioinformatics (BCB), Göttinger Bernstein Center für Computational Neurosciences (BCCN), IMPRS for Computational Biology and Scientific Computing, Max Planck UCL Centre for Computational Psychiatry and Ageing, London, und IMPRS for Genome Science, London.

99 Die Übernahme der Fusionsforschung in die MPG galt als Ausnahme. Besprechungskreis Wissenschaftspolitik in der MPG, AMPG, III. Abt., Rep. 83, Nr. 48.

angestrengt wurden, in der MPG lange Zeit keine Aussicht auf Unterstützung.¹⁰⁰ Innerhalb der BMS nahmen diese Widerstände weiter zu. Nicht zuletzt aus diesem Grund hatten es die Genomik und andere Omik-Wissenschaften, wie sie ab den 1980er-Jahren entstanden, innerhalb der MPG schwer. Das Human Genome Project, im Rahmen dessen sich zig verschiedene Organisationen und Institute international auf ein gemeinsames, arbeitsteilig zu erreichendes Ziel verpflichteten, ist dafür ein Beispiel.¹⁰¹ Max-Planck-Institute beteiligten sich verschiedentlich als Partnerinstitute an solchen Verbundforschungsnetzwerken.¹⁰² Als deutschlandweites Vorzeigeprojekt firmierte das Ressourcenzentrum (RZDP) des Deutschen Humangenomprojektes (DHGP). Ab 1995 durch das MPI für molekulare Genetik und das Deutsche Krebsforschungszentrum (DKFZ) aufgebaut und als Gemeinschaftsunternehmen zusammen mit dem Max-Delbrück-Centrum für molekulare Medizin betrieben, stellte das RZDP ab dem Jahr 2000 umfangreiche, mithilfe von Automatisierungstechnologien erstellte und gepflegte Klon- und Datensammlungen der internationalen Forschungs-Community zur Verfügung.¹⁰³ Bezeichnend ist allerdings, dass das RZDP als Kooperation zwischen einem MPI und externen Partnern entstand und nicht auf Grundlage der Kooperation verschiedener MPI. Ein ähnliches Schicksal war dem Plan beschieden, die genombasierte, systembiologische Modellierung von Krankheiten wie Krebs und einzelnen Patient:innen in einem großen Verbund in Angriff zu nehmen. Dies geschah letztlich in Kooperation einer einzelnen Abteilung mit dem Charité Comprehensive Cancer Center und der Harvard Medical School, also externen Partnerinstitutionen.¹⁰⁴

»Big Biology«-Projekte blieben mit anderen Worten der Initiative einzelner Institute bzw. Abteilungen überlassen. Als problematisch erwies sich in solchen Fällen weniger das Konkurrenzdenken zwischen Forschungsgruppen, sondern Konflikte, wie sie über die Frage der Genomforschung in den Lebenswissenschaften aufbrachen. So standen diejenigen Genetiker:innen, die in klassischer Art und Weise klar abgegrenzte Arbeitsthemen experimentell im Labor bearbeiteten, einer datengetriebenen Forschung, wie sie mit der Genomforschung in die Lebenswissenschaften Einzug hielt, kritisch gegenüber.¹⁰⁵

Nicht nur »Big Biology«, auch Kooperationen mit gemeinsamen Zielvorstellungen waren unter den Bedingungen fragmentierter Forschungsarbeit unter dem Dach der MPG und selbst zwischen Abteilungen desselben Instituts kaum durchführbar. Die größere Unabhängigkeit der Abteilungen innerhalb der BMS-Institute erwies sich als ein Hindernis für langfristige, systematische Kooperationen. Übergeordnete Forschungsprogramme, wie etwa zur Welternährung, oder Institutskonzepte, die auf der Integration verschiedener Abteilungen beruhten, scheiterten schnell an der Eigenständigkeit der einzelnen Abteilungen, aber auch der Eigendynamik, die die Forschung in diesen entfaltete.

In der BMS herrschte bezüglich groß angelegter Projektforschung auf diese Weise eine doppelte, epistemische und normative, Blockade: Man lehnte die inhaltliche Verbindlichkeit der Projektforschung ab und war wohl auch zur nötigen Kooperation und Skalierung nicht in der Lage. Mit der Unit-Struktur bestimmte mit anderen Worten ein Organisationsmerkmal der Arbeit in den Lebenswissenschaften die Ausgestaltung der Forschung – und damit im Übrigen auch das, was je als die Grenzen der Forschungsautonomie verstanden wurde. Die größere Flexibilität im Kleinen resultierte letztlich in einem Strukturkonservatismus im Großen.

7.4 Kooperationen¹⁰⁶

Der beschriebene Wandel wissenschaftlichen Arbeitens, insbesondere in den Lebenswissenschaften, veränderte die Struktur von Kooperationen in der Forschung. Wie zeigt sich diese im Spiegel der wissenschaftlichen Veröffentlichungen der MPG? Ist die MPG hier als eine kooperierende Gemeinschaft sichtbar oder werden Kooperationen ebenso schnell wieder beendet, wie sie eingegangen wurden? Können wir grundlegende Unterschiede zwischen den Veröffentlichungsstrategien der Sektionen feststellen und auf einzelne Institute zurückführen? Und wie positioniert sich die MPG im Wandel ihrer Kooperationsstrukturen im globalen Kontext? Im Folgenden werden diese Fragen mit bibliometrischen Methoden im Einzelnen beleuchtet.

---

100 Zu diesen ersten »Big Biology«-Experimenten siehe Rader, *Mice*, 2004; Rader, *Vision*, 2006; Schwerin, *Strahlenforschung*, 2015, 346–353.
101 Suffrin, *Party*, 2023.
102 Zu Beispielen siehe oben, Kap. III.9.
103 Generalverwaltung der Max-Planck-Gesellschaft, *Jahrbuch 2001*, 2001; Suffrin, *Party*, 2023, Kap. Ressourcenzentrum.
104 Hodge, Genomsequenzierung, 2014, 98–103; Alexander von Schwerin, Interview mit Hans Lehrach, 19.6.2015, DA GMPG, ID 601015.
105 Ropers, Genomforschung, 2001, 45; Alexander von Schwerin, Interview mit Hans-Hilger Ropers, 23.6.2015, DA GMPG, ID 601028.
106 Der nachfolgende Text stammt von Malte Vogl und Bernardo S. Buarque.

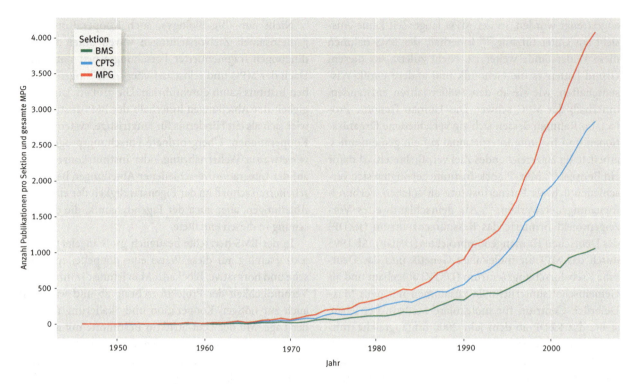

Abb. 45: Gesamtanzahl der Publikationen aus allen MPI pro Jahr (rot) sowie differenziert nach Sektionen (grün = BMS, blau = CPTS). Zum Publikationsaufkommen der GSHS liegen keine ausreichenden Daten vor. – Quelle: doi.org/10.25625/Z7XDBL.

Um diese Fragen zu beantworten, haben wir einen Vergleichsrahmen entwickelt, der es erlaubt, die MPG im globalen Kontext zu sehen. Als Datengrundlage für die Untersuchung nutzten wir die Publikationsdatenbank »Dimensions AI«, die rund 130 Millionen wissenschaftliche Publikationen weltweit nachweist. Da die Datenbankeinträge auch die institutionelle Anbindung der Autor:innen[107] erfassen, ist es möglich, die aus Max-Planck-Instituten hervorgegangenen oder unter Beteiligung von MPG-Wissenschaftler:innen erstellten Publikationen zu selektieren.[108] Unser Datensatz umfasst 107 verschiedene Max-Planck-Institute und 116.446 Veröffentlichungen im Untersuchungszeitraum von 1948 bis 2005. Gemeinsame Publikationen von Autor:innen verschiedener Institute haben wir als Kooperationen zwischen diesen Instituten gewertet. Geht man davon aus, dass Kooperationen in gemeinsamen Publikationen (Co-Autorschaft) münden, dann spiegelt sich das Ausmaß an Kooperationen in der Anzahl von Co-Autorschaften zwischen verschiedenen Max-Planck-Instituten und anderen Einrichtungen. Da »Dimensions AI« hauptsächlich Zeitschriften- und weniger Buchpublikationen erfasst, liefert die Datenbank keine verlässlichen Daten zu geisteswissenschaftlichen Publikationen. Die Publikationsanalyse konzentriert sich deshalb hier auf Institute der CPTS und BMS.[109]

7.4.1 Nach außen orientierte Kooperation

Die Sektionen unterscheiden sich markant im kumulierten Publikationsaufkommen der ihnen zugeordneten MPI (Abb. 45). Die Institute der CPTS publizierten im gesamten Zeitraum mehr als die Institute der BMS. Nach 1990 vergrößerte sich der Abstand zunehmend, sodass über 60 Prozent des gesamten Publikationsaufkommens der MPG auf CPTS-Institute zurückging. Ein Grund dafür dürfte die größere Anzahl Wissenschaftlicher Mit-

---

107 Bei mehreren angegebenen Affiliationen wird für jede Autorin bzw. jeden Autor nur die erste Affiliation berücksichtigt.
108 Dies geschieht durch sogenannte GRID (Global Research Identifier Database), die inzwischen in die ROR (Research Organization Registry, https://ror.org/) überführt wurde.
109 Durch externe Faktoren wie Sprache, Druckqualität und sich ändernde Veröffentlichungspraktiken ist keine Publikationsdatenbank repräsentativ. Ein Vergleich zwischen den Datenbanken Dimensions, Scopus, Web of Science und OpenAlex sowie der Anzahl der in den MPG-Jahrbüchern angegebenen Publikationen der MPI zeigt eine Diskrepanz von mehr als 50 Prozent. Da diese Faktoren systematisch alle Institute betreffen, lassen sich dennoch vergleichende Analysen mittels dieser Datenbanken durchführen.

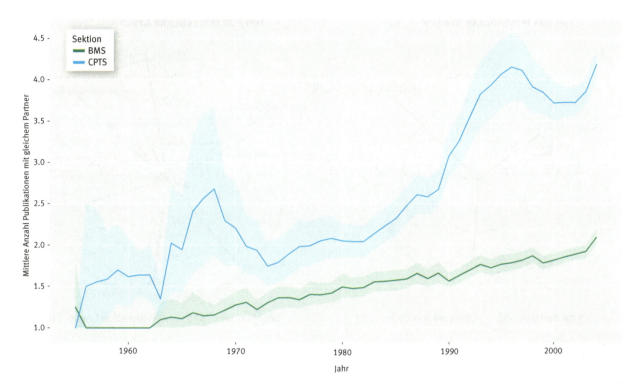

Abb. 46: Mittlere Anzahl der Publikationen mit gleicher Partnerinstitution für BMS (grün) und CPTS (blau) für rollende Fünf-Jahr-Fenster, das heißt, der Wert für 1990 umfasst die Jahre 1986 bis 1990. – Quelle: doi.org/10.25625/Z7XDBL.

glieder sein, über die die CPTS verfügte und die in den letzten Dekaden noch zunahm.[110]

Die Publikationsanalyse zeigt, dass wissenschaftliche Kooperationen zwischen den MPI nur sporadisch vorkamen und wesentlich seltener waren als Kooperationen mit Partnern außerhalb der MPG. Zwischen 1986 und 1990 kamen die MPI auf 152 Co-Autorschaften, mit externen Partnerinstitutionen auf 4.838. Zwischen 2001 und 2005 bestanden 319 Co-Autorschaften zwischen MPI bei 18.755 Verbindungen insgesamt. Kooperationen innerhalb der in Kapitel III beschriebenen Cluster waren in ihrer Bedeutung noch geringer (11 bzw. 25).

7.4.2 Unterschiedliche Kooperationsmuster

Wir haben im Weiteren untersucht, wie eng die Zusammenarbeit zwischen den MPI und ihren Partnerinstitutionen war, ob sie eher vorübergehend oder langfristig angelegt war. Dazu haben wir gezählt, wie häufig dieselben Institutionen gemeinsam publizierten. Abbildung 46 zeigt die Trends für die CPTS- und BMS-Sektionen. Während die CPTS-Institute oft mit denselben Partnern Forschungsergebnisse publizierten – vor allem in den 1990er-Jahren –, wechselten BMS-Institute ihre Kooperationspartner häufiger.[111]

Um die Unterschiede zwischen CPTS und BMS besser zu verstehen, haben wir die Kooperationen auf der Ebene von Instituten der BMS und der CPTS beispielhaft näher untersucht. Dabei zeigen sich charakteristische, voneinander abweichende Muster.

Für die Darstellung der Kooperationen eines bestimmten MPI werden sogenannte Ego-Netzwerke genutzt. Im Zentrum befindet sich das ausgewählte Institut. Die darum angeordneten Punkte stehen für einzelne Kooperationspartner. Je näher sich die Punkte am Zentrum befinden, desto häufiger haben das betreffende MPI und die Partnerinstitution in dem angegebenen Zeitraum miteinander publiziert, das heißt, desto intensiver und langfristiger war die Kooperation.

Abbildung 47 zeigt das Ego-Netzwerk des MPI für molekulare Genetik (MPIMolGen) mit allen Kooperationspartnern in den genannten Zeitabschnitten von 1986 bis 1990 (bezeichnet als 1990) und 2001 bis 2005 (bezeichnet als 2005). Die Anzahl der Publikationspartner stieg zwischen 1986 und 2005 deutlich: möglicherweise ein

---

110 Zur Entwicklung der Wissenschaftlichen Mitglieder in den Sektionen siehe unten, Anhang, Grafik 2.3.
111 Der temporäre Anstieg des Fünf-Jahres-Mittelwerts um das Jahr 1968 erklärt sich durch eine Serie von häufigen Publikationen der MPI für Physik und Kernphysik mit gleichen Partnern, wie der RWTH Aachen, der Universität Heidelberg oder dem CERN.

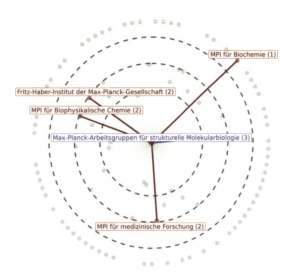
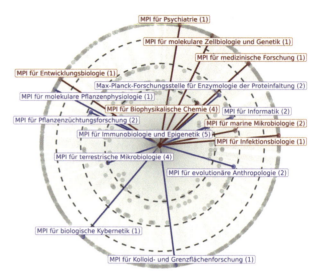

Abb. 47: Zentriertes Ego-Netzwerk des MPI für molekulare Genetik für 1986 bis 1990 (links) und 2001 bis 2005 (rechts). Dargestellt sind alle Kooperationen des MPI, gewichtet nach der Häufigkeit gemeinsamer Publikationen in dem jeweiligen Zeitraum (Radius invers proportional zur Anzahl der gefundenen Kooperationen): außen liegende Partnerinstitutionen haben mit dem MPI nur eine gemeinsame Publikation veröffentlicht, weiter innen liegende mehrere. Die äußere Begrenzung entspricht dem Mittelwert der jeweiligen Anzahl gemeinsamer Publikationen aller Kooperationspaare, die mittlere Begrenzung dem Mittelwert plus einer Standardabweichung, die innere Begrenzung dem Mittelwert plus zwei Standardabweichung. Kooperationspartner aus der MPG werden mit dem entsprechenden MPI-Namen angegeben. Rote Namen bezeichnen MPI desselben Clusters, blaue Namen MPI außerhalb des Clusters. Graue Punkte bezeichnen Kooperationspartner außerhalb der MPG. – Quelle: doi.org/10.25625/Z7XDBL.

Effekt der Beteiligung des MPIMolGen an den großen Genomforschungskonsortien. Auffällig ist vor allem die große Anzahl an kurzfristigen Kooperationen (äußerer, eng besetzter Ring aus Punkten) und die geringe Anzahl an langfristigen Kooperationen (Punkte innerhalb des inneren Kreises). Zu den engen Kooperationspartnern des MPIMolGen gehörte auch eine Reihe MPI, darunter aber nur wenige MPI aus demselben Cluster (gelb).

Abbildung 48 zeigt das Ego-Netzwerk eines MPI aus der CPTS, des MPI für extraterrestrische Physik (MPIExtPhys). Das Muster des Kooperationsverhaltens des MPIExtPhys, das sich aus dieser Abbildung ableitet, ist gegenläufig zu dem des MPIMolGen. Auch in diesem Fall vervielfachte sich die Zahl von Kooperationspartnern in den 1990er-Jahren. Das MPIExtPhys verfügte aber über eine Vielzahl von engen Kooperationspartnern (Punkte innerhalb der inneren und mittleren Begrenzung), dagegen deutlich weniger vorübergehende Kooperationen. Aus den festen Kooperationen ging eine Vielzahl von Publikationen hervor. Zu den bevorzugten, langfristigen Kooperationspartnern gehörten andere MPI mit Bezug zur Astrophysik. Die Astrophysik gehörte demnach zu den wenigen Clustern, deren Zusammenhalt sich auch in wissenschaftlichen Kooperationen ausdrückte. Im Mittel veröffentlichte das MPIExtPhys mehr als zwei gemeinsame Publikationen mit seinen Kooperationspartnern.

7.4.3 Zunehmende Interdisziplinarität

Neben den Unterschieden im Kooperationsverhalten der MPI aus BMS und CPTS entwickelte sich eine bemerkenswerte Konvergenz zwischen den Sektionen hinsichtlich der von den MPI bearbeiteten Forschungsthemen und -methoden, jedenfalls soweit diese aus den Publikationen ersichtlich sind. Die Interdisziplinarität der von den MPI bearbeiteten Themen nahm demzufolge zu.

Um die Veränderung in den Forschungsthemen der MPI im internationalen Vergleich zu beschreiben, haben wir ein sogenanntes Delta-Netzwerk für alle Publikationen der MPG erzeugt. Grundlage war wiederum die Datenbank »Dimensions AI«, die nicht nur die üblichen bibliografischen Angaben erfasst, sondern die Publikationen auch entsprechend ihrer disziplinären Zugehörigkeit einordnet. Diese Klassifikation erfolgt automatisch mittels maschinellen Lernens. Dabei greift »Dimensions« auf das Klassifikationsschema (FOR-Codes) der Version

7. Dimensionen wissenschaftlichen Arbeitens

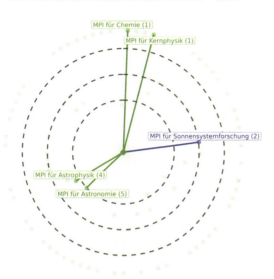
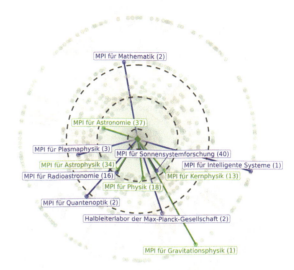

Abb. 48: Zentriertes Ego-Netzwerk des MPI für extraterrestrische Physik für 1986 bis 1990 (links) und 2001 bis 2005 (rechts). Zu den Details der Darstellung siehe Erläuterung zu Abb. 47. MPI innerhalb des Astroclusters = grün; MPI außerhalb des Astroclusters = blau. – Quelle: doi.org/10.25625/Z7XDBL.

2008 der »Australian and New Zealand Standard Research Classification« zurück.[112] Sind einer Publikation mehrere solcher Codes zugeordnet, werten wir dies als einen Hinweis auf Interdisziplinarität. Die Knoten in dem auf Grundlage dieser Daten erzeugten Netzwerk repräsentieren die FOR-Codes. Wenn eine Publikation zwei FOR-Codes aufeinander vereint, entsteht eine Verbindung zwischen den Knoten.[113] Um die MPG in einen globalen Kontext zu setzen, haben wir für ein rollendes Zeitfenster von fünf Jahren zweierlei solcher Netzwerke erzeugt: einmal für die FOR-Code-Kombinationen aller im »Dimensions«-Datensatz vorhandenen weltweiten Publikationen und außerdem für den reduzierten Datensatz aller MPG-Publikationen. Für den Vergleich bilden wir nun die Differenz der beiden Netzwerke, indem wir von jeder FOR-Code-Kombination der MPG den globalen Wert abziehen. Hierdurch erhalten wir ein Delta-Netzwerk mit gewichteten positiven oder negativen Kanten. Ist eine Kante positiv, tritt die Kombination von FOR-Codes bei der MPG häufiger auf als im globalen Vergleich. Im umgekehrten, negativen Fall ist die Kombination im Kontext der MPG seltener als im globalen Vergleich. Über die Stärke des Gewichts kann zudem ausgesagt werden, wie unterschiedlich diese Kombinationen sind. Wir erhalten somit einen »Fingerabdruck« der interdisziplinären Wissensproduktion innerhalb der MPG.

Der folgende Fingerabdruck zeigt diejenigen interdisziplinären Kombinationen, bei denen die MPG im internationalen Vergleich hervorstach, also das positive Delta-Netzwerk. Zwei Zeiträume sind im Abstand von 15 Jahren gegenübergestellt: 1986 bis 1990 (Abb. 49) bzw. 2001 bis 2005 (Abb. 50).

Interdisziplinäre Stärken der MPG bestanden demnach in der Kombination von Materialwissenschaft und anorganischer Chemie, Festkörperphysik und chemischer Ingenieurswissenschaft, Genetik, Biochemie, Zellbiologie, Biomechanik und Physiologie. Die Gegenüberstellung beider Netzwerke macht die Veränderungen deutlich. Anfang der 2000er-Jahre gründete sich die interdisziplinäre Stärke der MPG auf anderen Kombinationen, vor allem etwa der Atmosphärenwissenschaft mit der Ozeanografie oder der Pflanzenbiologie mit der Genetik. Insgesamt nahm die Dichte an Verbindungen zu, das heißt, die Veröffentlichungen der MPG hoben sich durch ihre Interdisziplinarität vom internationalen Kontext stärker ab. Einige wenige Disziplinen spielen

---

112 Für eine Liste der Kategorien siehe Australian Bureau of Statistics, Contents, 31.3.2008, https://www.abs.gov.au/ausstats/abs@.nsf/Previousproducts/1297.0Contents12008.
113 Die Häufigkeit der jeweiligen Verbindungen normalisieren wir über die Wurzel des Produkts der Anzahl von Publikationen, in denen die verbundenen FOR-Codes insgesamt auftreten. Hierdurch wird verhindert, dass besonders häufig auftretende FOR-Codes das Netzwerk dominieren.

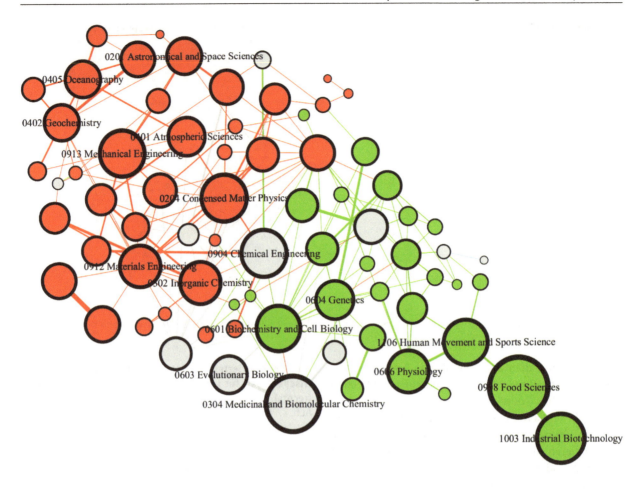

Abb. 49: Delta-Netzwerk der MPG für 1986 bis 1990 auf Grundlage der in der Datenbank »Dimensions AI« erfassten Publikationen der MPI. Knoten bezeichnen wissenschaftliche Disziplinen entsprechend dem FOR-Code-Schema. Verbindungen zwischen den Knoten bezeichnen die Kombination von Disziplinen (Interdisziplinarität), die in den Publikationen der MPI im internationalen Vergleich häufiger vorkommt. Die Abstände sind invers zur Häufigkeit dieser Kombination. Sind sich also zwei FOR-Codes nahe, treten sie besonders häufig gemeinsam auf. Die Größe der Knoten ist abhängig von der gewichteten Grad-Zentralität der Knoten. Größere Knoten haben also mehr Verbindungen mit anderen Knoten. Beschriftete Knoten haben eine Grad-Zentralität größer 0.27. Eingefärbt sind Knoten, wenn die mit ihnen verbundenen Publikationen hauptsächlich (mehr als 70 %) aus MPI einer bestimmten Sektion der MPG stammen (rot = CPTS; grün = BMS; weiß = gemischt). Erstellt mit Gephi. – doi.org/10.25625/Z7XDBL.

eine herausragende Rolle bei der Ausbildung der Interdisziplinarität in der Forschung der MPI, darunter Festkörperphysik, Atmosphärenwissenschaften, Biochemie und Zellbiologie sowie Neurowissenschaften. Während in den 1980er-Jahren die Ingenieurswissenschaften Verbindungsglieder zwischen den Disziplinen der BMS und der CPTS bildeten, übernahmen Anfang der 2000er-Jahre die Biowissenschaften diese Rolle.

7.4.4 Fazit

Im Spiegel der Publikationen der MPI zeigt sich, dass Kooperationen zwischen Max-Planck-Instituten weit hinter Kooperationen mit externen Partnerinstitutionen zurückstanden. Insbesondere waren Kooperationen zwischen MPI, die im selben Feld arbeiteten, eher die Ausnahme als die Regel. Dieser Befund verdeutlicht einmal mehr, dass der Zusammenhalt der Forschungscluster, der in den Governance-Prozessen der MPG so augenscheinlich ist, nicht auf der Zusammenarbeit von MPI verwandter Arbeitsgebiete beruhte.

Unterschiede im Kooperationsverhalten bestanden insbesondere zwischen den Sektionen. CPTS-Institute pflegten im Durchschnitt intensivere Kooperationen, aus denen mehr als eine Publikation hervorging. Die BMS-Institute bevorzugten dagegen kurzfristige Kooperationen, die sich nach einer gemeinsamen Publikation auflösten.

7. Dimensionen wissenschaftlichen Arbeitens

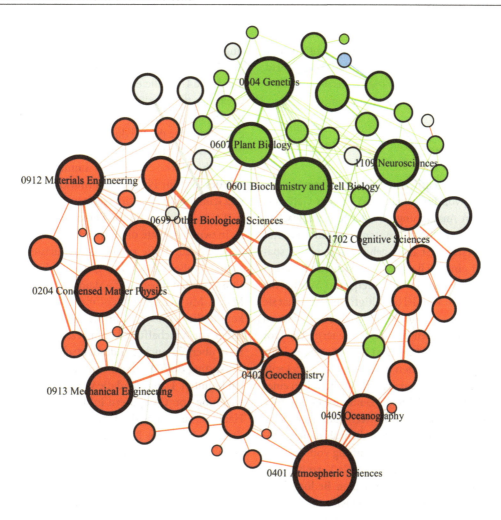

Abb. 50: Delta-Netzwerk der MPG für 2001–2005. (rot = CPTS; grün = BMS; blau = GWS; weiß = gemischt). Zur Darstellung siehe die Erläuterung zu Abb. 49. Erstellt mit Gephi. – doi.org/10.25625/Z7XDBL.

Dieser allgemeine Unterschied zwischen den Sektionen scheint in unterschiedlichen Kooperationsmustern der MPI zu gründen. Das MPI für extraterrestrische Physik etwa arbeitete auf einem Gebiet, das stark durch langfristig angelegte Großforschung geprägt war. Dementsprechend war das Publikations- und Kooperationsmuster des Instituts durch Langfristigkeit geprägt. Anders dagegen das MPI für molekulare Genetik, ein Vertreter einer sehr viel kleinteiliger organisierten Forschung. Kooperationen waren in der Masse kurzfristig angelegt, wiederholende Kooperationen kamen seltener vor, langfristige Kooperationen gar nicht.

Die geringe Anzahl von Kooperationen zwischen den MPI könnte vermuten lassen, dass es wenig inhaltliche Überschneidungen zwischen den MPI gab. Dagegen spricht die Analyse der Forschungscluster in Kapitel III, die deutlich gemacht hat, wie eng die Themengebiete verschiedener Institute zusammenhängen. Außerdem haben sich die MPI im Laufe der Jahre in ihren Arbeitsschwerpunkten weiter angenähert. Insbesondere nahm vor dem Hintergrund der besonderen Aufmerksamkeit, die biotechnische und bioökonomische Forschungsthemen sowohl in der BMS als auch in der CPTS erfuhren, die thematische Überschneidung zwischen CPTS und BMS zu.[114]

Insgesamt zeigen sich im Spiegel der wissenschaftlichen Veröffentlichungen neben der unterschiedlichen wissenschaftlichen Praxis von Instituten der CPTS und der BMS eine große inhaltliche Überschneidung und die Bildung interdisziplinärer Nischen. Warum jedoch Kooperation innerhalb der MPG und zwischen den MPI einen so geringen Stellenwert hatte, kann hier nur vermutet werden. Die Unabhängigkeit der MPI, Freiheit und Individualismus, die das Harnack-Prinzip ermöglichen, mögen Gründe

[114] Siehe auch oben, Kap. III.15.

dafür sein. Insbesondere stellt sich die Frage, warum die zunehmende inhaltliche Überschneidung nicht auch zu vermehrten Kooperationen zwischen den MPI führte. Hinweise hierauf wird eine zukünftige Untersuchung über den Zeitraum bis 2005 hinaus geben müssen.

7.5 Computerisierung[115]

Der Wandel wissenschaftlichen Arbeitens hing eng mit der Veränderung von Infrastrukturen wie der Gebäude, ihrer technischen Ausstattung und der technologischen Entwicklung von Experimentalsystemen zusammen. Auf die Rolle der Forschungsbauten gehen wir in einem späteren Abschnitt ein.[116] Hier steht die sich rasch verändernde Rechnertechnologie im Vordergrund. Wie hat die MPG diesen rasanten Wandel bewältigt? Inwieweit hat sie selbst dazu beigetragen? Welche Governance-Strukturen hat sie etabliert, um diesen Wandel zu steuern? Und vor allem: Wie hat die Entwicklung der Computertechnologie das wissenschaftliche Arbeiten verändert? Eine relevante Überlieferung hierzu findet sich in den Protokollen eines 1968 in der MPG eingerichteten zentralen Gremiums, des Beratenden Ausschusses für Rechenanlagen, kurz BAR. Der bis heute existierende BAR dient als dauerhaftes Steuerungsinstrument für die Beschaffung von Computertechnologie in der MPG und wirkt als Vermittlungsinstanz zwischen den wissenschaftlichen Bedürfnissen der Institute, der Strategie des Präsidenten und den Anforderungen der Münchner Generalverwaltung. Darüber hinaus stellt er eine Art institutionalisiertes Gedächtnis und zentrales Kompetenzzentrum der MPG im Bereich der Rechnerentwicklung dar und hat ihre Strukturpolitik durch die Etablierung von Begutachtungsverfahren und die Formulierung von Leitlinien wesentlich geprägt.

In der Gründungsphase der MPG steckte die Entwicklung von Rechenmaschinen noch in den Kinderschuhen. Es existierten zunächst nur wenige Computer, die manuellen Rechenverfahren überlegen waren. In der jungen MPG war es wohl die Aerodynamische Versuchsanstalt in Göttingen, die den höchsten Bedarf an automatisierten Rechnungen hatte. Werner Heisenberg und Arnulf Schlüter beauftragten den Ingenieur Heinz Billing mit der Konstruktion einer Rechenanlage für die Simulationsberechnungen der astrophysikalischen Forschungen.[117] Billing und sein Team entwickelten zwischen 1952 und 1955 einen auf Röhrensystem und Magnettrommelspeicher basierenden Rechner und schrieben mit der G1 (G = Göttingen, 1952) und G2 (1955) Computergeschichte. Mitte der 1950er-Jahre besuchte Billing auf einer Rundreise durch die USA alle einschlägigen Forschungs- und Entwicklungsstätten, die mit Computerkonstruktion befasst waren, ausgenommen militärische Einrichtungen. Auf der Grundlage des bei dieser Forschungsreise gesammelten Wissens entstanden neue Ideen für die Entwicklung der rechenstärkeren G3, die – unmittelbar nach dem Umzug des MPI für Physik nach München – 1960 zum Einsatz kam und bis 1972 im Gemeinsamen Rechenzentrum (GRZ) in Garching für die Forschung Verwendung fand.

Inzwischen hatte die Entwicklung von Computern in den USA durch die rasante Miniaturisierung des Transistors große Fortschritte gemacht. Unternehmen wie IBM brachten integrierte »Mainframe«-Anlagen auf den Markt. Mit der Rechenleistung der IBM 360/91 (1964) konnte die G3 nicht mehr Schritt halten. Die MPG ging daher zur Anschaffung kommerzieller Produkte aus den USA über, da auch bundesdeutsche Unternehmen den Vorsprung der US-amerikanischen Firmen nicht einholen konnten. Damit fand die kurze Epoche der Eigenentwicklung von Computern in der MPG ein Ende. In der Hauptversammlung der MPG 1971 bedauerte Heisenberg dies ausdrücklich. Rückblickend musste man sich eingestehen, dass die MPG gemeinsam mit der bundesdeutschen Industrie die Chance, eine Führungsrolle in dieser Technologieentwicklung zu übernehmen, vertan hatte.[118]

Die Verbreitung der »Mainframe«-Großrechner führte zur Einrichtung zentralisierter Recheninfrastrukturen in lokalen Rechenzentren, die an den bundesdeutschen Hochschulen schon in den 1950er-Jahren begonnen hatte und die sich mit Ausstieg aus dem G3-Programm auch in der MPG durchsetzte. Neben dem GRZ in Garching entstand 1969/70 in Göttingen ein weiteres Rechenzentrum, wo ein multidisziplinäres MPI mit elf Abteilungen entstehen sollte. Zudem bestand in Göttingen das MPI für experimentelle Medizin, mit dem eine engere Kooperation geplant war. Die Göttinger Universität und die MPG gründeten die Gesellschaft für wissenschaftliche Datenverarbeitung Göttingen (GWDG), die am Standort Faßberg gemeinsam mit dem neu gegründeten MPI für biophysikalische Chemie angesiedelt wurde.

Doch nicht nur die Wissenschaft hatte ein Interesse an der Nutzung der neuen Rechnerkapazitäten. Ende der 1950er-Jahre suchte auch die Generalverwaltung nach Wegen der Modernisierung durch eine »Rationalisie-

---

115 Der nachfolgende Text stammt von Mona Friedrich, Jürgen Renn, Sascha Topp und Malte Vogl.
116 Siehe unten, Kap. IV.8.
117 Billing, *Meine Lebenserinnerung*, 1994.
118 Heisenberg, zitiert in ebd., 72.

rung«, wie ein Aktenvorgang mit entsprechender Bezeichnung belegt.[119] In einem Pilotprojekt begann der Testlauf für eine zentrale Gehaltsabrechnung. Das Lochkartensystem sollte der MPG Ressourcen einsparen. In dem Testlauf übergab die Generalverwaltung ihre interne Gehaltsabrechnung und die eines personalstarken MPI an die »Hollerith-Abteilung«.[120] Die Umfrage unter anderen MPI brachte zunächst zögerliche bis abwehrende Haltungen zutage, da die Direktor:innen mit dieser Form der zentralisierten Abrechnung Eingriffe in ihre Institutsautonomie befürchteten. Nachdem jedoch die Testphase erfolgreich verlaufen war, die Generalverwaltung für das Verfahren MPG-weit zu werben begann und daraufhin vereinzelt größere MPI das Potenzial für Personalkosteneinsparungen im eigenen Haus erkannten, erweiterte sich die Gruppe der teilnehmenden Institute an der »Rationalisierung« stetig. Es ist daher nicht überraschend, dass die Generalverwaltung die Gründung des BAR unterstützte und auch später an seiner Tätigkeit regen Anteil nahm.

Der BAR wurde 1968 als Präsidentenkommission von Adolf Butenandt einberufen. Die erste Sitzung erweckte den Anschein, das Gremium sei eher für den Präsidenten und die Generalverwaltung als für die Bedarfe der Institute und Forschungseinrichtungen der MPG eingerichtet worden, aber das sollte sich bald ändern. Die Leitung des BAR wurde wegen dessen unbestrittener Expertise Heinz Billing übertragen, der dem BAR beachtliche 30 Jahre angehörte, länger als alle anderen Mitglieder. Dazu zählten MPI-Direktoren mit Kompetenz im Bereich des wissenschaftlichen Rechnens sowie interne und externe Computerexpert:innen. Die Generalverwaltung war im BAR ebenfalls ständig vertreten, sodass der BAR eine Vermittlungsinstanz zwischen den zentralen Interessen der MPG und der Selbstorganisation der Institute bildete. Durch die externen Mitglieder, etwa Leiter von Rechenzentren, ermöglichte der BAR auch einen Austausch über Perspektiven technischer Entwicklungen über die MPG hinaus. Diese Art von gesteuerter Selbstorganisation beinhaltete auch die Festlegung funktionsfähiger Verfahrensweisen, insbesondere für die Beurteilung und Bewilligung der von den Instituten vorgelegten BAR-Anträge. Nach eingehender Prüfung der Antragsbegründungen sprach der Ausschuss Empfehlungen an die Institute und die zuständige Abteilung der Generalverwaltung aus.

Zu den strategischen Zielen des BAR gehörte die Optimierung der Anschaffungspolitik, sowohl hinsichtlich technischer Standards als auch hinsichtlich Kosteneffizienz. Die Institute konnten zwar weiterhin ihre EDV-Anlagen selbstständig beschaffen, waren aber durch die Notwendigkeit, ab einer gewissen Bemessungsgrenze einen BAR-Antrag zu stellen, der ihnen einen Teil der Anschaffungskosten aus zentralen Mitteln gewährte, gezwungen, ihre Anschaffungspolitik mit der im BAR versammelten Expertise abzugleichen. Auf diese Weise konnte die Verhandlungsposition der Institute gegenüber den großen Firmen gestärkt werden. Die Zusammensetzung aus Wissenschaftler:innen und Techniker:innen sowie das Recht einer Präsidentenkommission, Empfehlungen für die Vergabe zentraler Mittel zu erteilen, machten den BAR zu einem in der MPG einzigartigen Organ der Selbststeuerung.

Im gesamten Untersuchungszeitraum von 1968 bis etwa 2000 verhandelte, beriet und entschied der BAR über nicht weniger als 2.500 Anträge aus den Instituten sowie der Generalverwaltung. Das geschätzte Gesamtvolumen zur Finanzierung der beantragten Computer und Speichererweiterungen belief sich auf rund 600 Millionen DM.[121] Es liegt in der Natur der Sache, dass unter den MPI mit der höchsten Zahl an Anträgen (60 bis 120) jene zu finden sind, die über lange Zeit existierten und aus vielen Abteilungen mit Hunderten Mitarbeiter:innen bestanden. Hierzu zählen das MPI für biophysikalische Chemie, das MPI für Physik und Astrophysik, das MPI für Biochemie, das MPI für Metallforschung, das Fritz-Haber-Institut, das MPI für Kernphysik und das MPI für Psychiatrie. Mit 20 bis 60 Anträgen waren mittelgroße MPI vertreten wie die Aeronomie, die Biophysik, die Hirnforschung, die experimentelle Medizin, die Polymerforschung, und unter den Instituten der GWS auch die Bildungsforschung und die Psycholinguistik. Bemerkenswert sind auch die Anschaffungssummen. Der Hauptanteil von etwa 440 Millionen DM (1.308 Anträge) im Untersuchungszeitraum entfiel dabei allein auf die äußerst apparateintensiven Institute der CPTS. Vergleichsweise geringe 87 Millionen beantragten die in der BMS (572 Anträge) organisierten Einrichtungen, während der geringste Teil von kaum 30 Millionen in den Instituten der GWS (190 Anträge) benötigt wurde.[122]

---

119 Siehe Ordner »Rationalisierung«, AMPG, II. Abt., Rep. 67, Nr. 255.
120 Zum Namensgeber u. a. Bauer, Kurzer Abriß, 1990.
121 Laut Angaben von BAR-Mitgliedern belief sich die Summe der beantragten Mittel auf etwa 650 Millionen DM. Biron und Hennings, *Geschichte des BAR*, 2001, 97. Unsere eigenen Erhebungen auf Grundlage der gescannten BAR-Protokolle bestätigen Werte in Höhe von mehr als 554 Millionen DM.
122 Diese und die folgenden Zahlen basieren auf den Auswertungen der in den BAR-Protokollen enthaltenen Informationen.

Das Themenspektrum des BAR erweiterte sich im Laufe seiner Tätigkeit erheblich; so wurden bereits seit 1984 auch Hacker-Probleme, Datensicherheit und Internettechnologien diskutiert. Bei größerem Sondierungsbedarf wurden Unterkommissionen zur Entscheidungsfindung eingerichtet. Das Gremium empfing regelmäßig Wissenschaftliche Mitglieder der antragstellenden Institute, um ihnen Gelegenheit zur mündlichen Aussprache über ihre Anträge zu geben. Schließlich lud man wiederholt Delegationen von Unternehmen zu Verhandlungen ein, die Produkte zu verkaufen suchten oder Informationen über notwendige Verbesserungen in der MPG sammelten. Durch alle diese Aktivitäten nahm das Gewicht des BAR als MPG-weites Kompetenzzentrum zu. Nicht zuletzt legte der BAR ganz im Sinne seiner Gründungsaufgabe den wechselnden Präsidenten und der Generalverwaltung richtungweisende Empfehlungen und Memoranden vor, in denen er Strategien zur Anpassung an die sich mehrfach umwälzende Computertechnologie formulierte.

Die rasante Entwicklung und zunehmende Verbreitung rechnergestützter Technologien in der MPG lässt sich aus den Verschiebungen der sogenannten Beratungspflichtgrenze ablesen, die immer wieder erhöht wurde, auch um die Tätigkeit des BAR zu entlasten. Es handelt sich dabei um eine Antragsschwelle, die 1968 noch bei 10.000 DM gelegen hatte und die im Jahr 1980 auf 100.000 DM heraufgesetzt wurde. Erst über diesem Wert fanden die Anträge ihren Weg zur Begutachtung im BAR. Im Verlauf der 1980er-Jahre wurde unter anderem aufgrund struktureller Veränderungen der Computertechnologie den Instituten mehr Autonomie in der Anschaffung zugestanden. Eine Neuregelung aus dem Jahr 1990 über die Beratungspflichtgrenze enthielt die Festlegung, dass Anschaffungen von mehr als 30.000 DM über das zentrale EDV-Mittelkontingent der MPG zu decken waren. Anschaffungen im Wert darunter sollten zukünftig aus den MPI-Haushalten finanziert werden, wozu die Institutsetats entsprechend aufgestockt werden mussten.

In der Rückschau lassen sich folgende Grundzüge der Entwicklung konstatieren. Der BAR zielte primär darauf ab, den forschungsimmanenten Bedürfnissen auf Grundlage von Antrag und Erörterung gerecht zu werden. Dabei schlugen sich Haushaltsengpässe während der 1970er- und 1980er-Jahre in der Genehmigungspraxis nieder. Angesichts der verschiedenen Bedürfnisse der Forschungsfelder und des Wandels der Computertechnologie etablierte sich in der MPG eine aus größeren und kleineren Rechnern gemischte Infrastruktur. Dies gilt nicht nur für die Dekaden der primären Nutzung von Großrechnern, in denen institutsweise immer ergänzend mittelgroße Rechner eingekauft wurden. Auch ab den 1970er-Jahren, als »Superminis« oder »Supermi-

dis« als Workstations auf den Markt kamen, schuf die MPG die Großrechenzentren nicht ab, obwohl es hitzige Diskussionen mit geteiltem Meinungsbild über die notwendigen Weichenstellungen gab. Unter dem Aspekt der Infrastrukturpolitik kann die Entwicklung von den 1950er- bis in die 1970er-Jahre als Trend der Zentralisierung beschrieben werden. Während dieser Jahre setzte die MPG strategisch vorrangig auf lokale Strukturschwerpunkte in Form von Vernetzungen um Rechenzentren. Als dann die technischen Möglichkeiten gegeben waren, um Computer über kilometerlange Strecken miteinander über Terminals zu verbinden, begann in den 1980er-Jahren marktbedingt eine Tendenz der Dezentralisierung.

Diese führte zu einer Veränderung der Infrastruktur, die den vielen Abteilungen und Forschungsgruppen der MPI eine größere Unabhängigkeit von zentralen Ressourcen ermöglichte. Der Grundbedarf an EDV-Leistung wurde nun hauptsächlich durch vernetzte Workstations und PCs in den Instituten über »Knotencomputer« gedeckt. An die bestehenden Anlagen mit mittlerer Rechenstärke wurden kleinere Rechner angeschlossen. Dabei kam dem Ausbau von Internet und LAN-Strukturen ab den 1980er-Jahren eine große Bedeutung zu, weshalb der BAR mehrfach die Einbindung der MPG in das Deutsche Forschungsnetz und die intensive Nutzung des Wissenschaftsnetzes empfahl. Gleichwohl spielten zentrale Hochleistungsinfrastrukturen wie das Rechenzentrum in Garching, das Deutsche Klimarechenzentrum in Hamburg oder das Stuttgarter Rechenzentrum nach wie vor eine wichtige Rolle für die Bereitstellung von Rechenkapazitäten für die Forschung in der MPG, ohne die einige ihrer Spitzenleistungen nicht denkbar gewesen wären. Auch für ihre Gestaltung und Finanzierung, etwa über Anträge, die im hohen einstelligen Millionenbereich lagen, kam dem BAR nach wie vor eine Schlüsselrolle zu.

Mit der Einführung, Entwicklung und ausgreifenden Verwendung von Computern in den Grenzbereichen der Natur-, Geistes- und Sozialwissenschaften war eine fortschreitende Digitalisierung verbunden, die das wissenschaftliche Arbeiten nachhaltig veränderte. Computer waren zunächst nur eine Support-Technologie für die Forschung, durch die quantitative Auswertungen automatisiert werden konnten. Das führte zu Zeitersparnissen und erheblichen Umschichtungen von personellen Ressourcen im Forschungsalltag. Mit der Computerisierung veränderte sich jedoch zugleich die epistemische Konstellation von Theorie und Empirie. Der Einsatz von Computern stärkte spezifische theoretische Zugänge und Erkenntnisstrategien durch die Ermöglichung von Simulationen und digitaler Modellbildung, die wiederum mit der empirischen Forschung in einem fortlaufenden Feedback-Prozess abgeglichen werden konnten.

Andererseits hatten auch Veränderungen der Forschungspraxis Einfluss auf die Entwicklung der Computertechnologie, nicht nur in technisch-physikalischer Hinsicht, sondern auch durch neue Fragestellungen und Herangehensweisen, etwa bei Fragen der Selbstorganisation, der Stochastik oder der Chaostheorie. Im Bereich der Lebenswissenschaften wurden Erkenntnisse der Hirnforschung zu Assoziativspeichern und zur Modellierung neuronaler Netze genutzt, um Systeme Künstlicher Intelligenz, ja sogar die Architektur von Computern zu verbessern.[123] Mit jeder neuen Entwicklungsstufe erweiterten Computer die Möglichkeiten, komplexe Dynamiken in den verschiedensten Untersuchungsbereichen besser zu verstehen, woraus neuartige Spezialgebiete oder Schwerpunkte hervorgehen konnten. Ab Mitte der 1970er-Jahre entstand in der MPG praktisch kein neues Forschungsfeld mehr, das nicht auf Rechentechnologie gestützt war.

Die rasante Durchsetzung moderner Workstations in der MPG seit den 1980er-Jahren hatte ihren Grund unter anderem in den neuartigen Visualisierungsmöglichkeiten wissenschaftlicher Untersuchungsobjekte, die nicht nur für die Wissenschaft selbst, sondern auch für die Öffentlichkeitsarbeit der MPG von ungemeiner Bedeutung waren. Die über Jahrzehnte hinweg grafisch verbesserten Publikationsserien der MPG, wie die Jahrbücher, der *MPG-Spiegel* oder speziell das für die breite Öffentlichkeit herausgegebene Monatsjournal *Max Planck*, dokumentieren den Übergang zu einer neuen Nutzung von Bildern für die Kommunikation von Forschung. Die erfolgreiche Medialisierung wissenschaftlicher Visualisierungsstrategien gehört seit den 1980er- und 1990er-Jahren zum alltäglichen Werkzeug der Öffentlichkeitsarbeit der MPG.[124]

Ein weiteres Feld, auf dem die Digitalisierung weitreichende Konsequenzen für die Arbeitspraktiken und sozialen Hierarchien in der MPG hatte, war die Sekretariatsarbeit, mit der sich der folgende Abschnitt unter anderem beschäftigt.

7.6 Macht, Geschlecht und Hierarchie[125]

In diesem Abschnitt stehen Vorzimmer, Labor und Bibliothek als Arbeitsplätze von Menschen in der MPG im Fokus. Wie haben sich dort der Arbeitsalltag und die Machthierarchien verändert beim Übergang vom patriarchalen und personenzentrierten, aber fürsorglich strukturierten »Familienbetrieb«, dessen Zusammengehörigkeitsgefühl das Selbstverständnis der Mitarbeiter:innen auf allen Ebenen der betrieblichen Arbeitskultur prägte, hin zu einer Forschungsorganisation mit Manager:innen und funktionaler Arbeitsteilung im Modus kooperativer Wissensarbeit? Dabei stehen die aus der vorherrschenden Geschlechterordnung resultierenden Spannungen und Zielkonflikte im Vordergrund.

7.6.1 Im Vorzimmer: Paradigmatischer Ort überkommener Herrschaftsverhältnisse

Bis heute verbringen erwerbstätige Frauen ihren Arbeitsalltag überwiegend in Einrichtungen, die traditionell von Männern dominiert bzw. deren Leitungs- und Entscheidungsfunktionen überwiegend von diesen besetzt sind.[126] Theoretisch werden Arbeitsplätze und Hierarchien zwar als genderneutrale Organisationskonzepte imaginiert, orientieren sich jedoch de facto am männlichen Standard – ob im Supermarkt oder im Krankenhaus, in börsennotierten Unternehmen oder im Wissenschaftsbetrieb.

Der Bereich, in dem die Mehrheit der weiblichen MPG-Angestellten im Untersuchungszeitraum den Großteil ihrer Zeit verbracht hat, ist das »Vorzimmer« des Chefs.[127] Das Arbeitsverhältnis dort, das Sekretariat, steht bis heute exemplarisch für ein hierarchisches Machtgefüge, das bereits in der Weimarer Republik etabliert wurde. Wie in vielen anderen traditionell weiblichen Berufen auch wird diese geschlechtsspezifische Arbeitsstruktur bewusst aufrechterhalten, was sich symptomatisch in der mangelnden Trennschärfe einer adäquaten Berufsbezeichnung für Sekretärinnen ausdrückt.[128] Dies wird der Tatsache nicht

---

123 Pennisi, Neurobiology, 1989, 283–287; Gutfreund und Toulouse, *Biology*, 1994; Schwartz, *Computational Neuroscience*, 1990; Sejnowski, Koch und Churchland, Computational Neuroscience, 1988, 1299–1306.
124 Siehe oben, Kap. IV.6.5.1 und Kap. IV.6.7.
125 Der nachfolgende Text stammt von Birgit Kolboske.
126 Nach Angaben des Statistischen Bundesamts war 2019 nicht einmal jede dritte Führungskraft (29,4 Prozent) weiblich. Statistisches Bundesamt, Qualität der Arbeit, 2021. – Ausnahmen davon bilden Fürsorgeberufe in Kindergärten/-tagesstätten, in klinischen Pflegediensten, in der Altenpflege und in Grundschulen, wobei Letztere auch einen Direktor an der Spitze eines sonst durchweg weiblichen Lehrkörpers haben können.
127 Der hier im Text verwendete etwas antiquierte Begriff Vorzimmer ist im digitalen Zeitalter architektonisch überholt, da die Erreichbarkeit der Sekretärin inzwischen keine Frage räumlicher Nähe mehr ist; aber er evoziert immer noch das konkrete Sekretariat, das hier untersucht und analysiert wird.
128 Zur Annäherung an die Berufsbezeichnung im Vorzimmer ausführlich Kolboske, *Hierarchien*, 2023, 36–39.

gerecht, dass viele Sekretärinnen in der MPG seit Langem nicht nur als Büro-, sondern auch als Wissen(schaft)smanagerinnen fungieren.[129]

Das Instrumentarium des Vorzimmers, das »doing office«,[130] vereint ein komplexes Geflecht aus materiellen Praktiken und kognitiven Tätigkeiten der Sekretärinnen. Im klassischen Verständnis von Büroarbeit bestanden die damit verbundenen materiellen Praktiken im Wesentlichen aus eher untergeordneten »mechanischen Verrichtungen« des Schreibens und Ablegens: »Arbeiten, die Denken, Planen, Entscheiden und Überlegen, also höhere geistige Qualitäten erfordern, sollen weitgehend von laufend wiederkehrenden, einfachen, mehr mechanischen Verrichtungen des Ordnens, Schreibens, Rechnens, Sammelns getrennt werden.«[131] Diese Arbeiten entwickelten sich von der Abschrift per Hand über Maschineschreiben, Diktat aufnehmen, Kurzschriftsysteme, Vervielfältigen, Katalogisieren per Karteikarten, Ablagesysteme, Lochkartensysteme bis hin zur Textverarbeitung im heutigen virtuellen Büro.[132] Exemplarisch für die vermeintlich anspruchslosen Aufgaben der Sekretärinnen wird hier das Diktat beleuchtet.

Im Zusammenspiel aus Textgenese und dem Handwerk des Schreibens herrschte im Vorzimmer eine klare, geschlechtsspezifische Arbeitsteilung,[133] die auf dem tayloristischen Rationalisierungsansatz basiert: Der eine denkt und diktiert, die andere stenografiert und tippt. Im Büro war der intellektuelle Akt des Schreibens im Sinne des *Textverfassens* den Vorgesetzten vorbehalten. Für die Sekretärin ging es dagegen um das *Textverarbeiten*, sprich: um das *Mitschreiben*. Die Voraussetzung, die von der Sekretärin für diese Basisaufgabe erwartet wurde, ist Literacy, und zwar im Sinne einer weit über die Schlüsselqualifikationen von Lese- und Schreibkompetenz hinausgehenden Schriftkultur. Diese umfasst Kernkompetenzen wie Textverständnis, Sinnverstehen, sprachliche Abstraktionsfähigkeit, Vertrautheit mit dem Œuvre der Vorgesetzten, Schriftsprache und Grammatik und gegebenenfalls auch Medienkompetenz, Kenntnis der Grundzüge des Patentrechts sowie Fremdsprachen. Dieses vorausgesetzte selbstständige Mitarbeiten und Mitdenken findet keine Anerkennung, stattdessen bleibt die inhärente qualifizierte Arbeit unsichtbar.[134]

Im Idealfall sollte das Diktieren, also »einen Text zur wörtlichen Niederschrift ansagen, vorsprechen«,[135] dem Diktierenden die Fähigkeit des druckreifen, zumindest jedoch deutlichen Sprechens abverlangen. Ersteres ist jedoch eine Kunst und nicht allen Wissenschaftler:innen gegeben. Zudem entspricht diese Erwartung auch nicht dem Machtgefälle des Büros: Der Chef bewertet die Leistung der Sekretärin, nicht umgekehrt. Wenn sie nicht in der Lage ist, auch aus einer inkohärenten, im Stakkato vorgetragenen Artikulation einen erstklassigen Text zu machen, ist das ihr Fehler, nicht seiner. MPG-Präsident Adolf Butenandt verfügte dagegen über einen gestochenen Diktierstil. Seine ehemalige Sekretärin Barbara Bötticher, die täglich zum Diktat erscheinen musste, bezeichnete Butenandt als einen »Meister in Wort und Schrift«.[136] Dieser verfügte offenbar über ein ausgezeichnetes Gedächtnis und zeigte keinerlei Verständnis für Vergesslichkeit. Nachfragen kommentierte er mit der Bemerkung, ob man denn nicht richtig zugehört habe. Zudem erwartete er, dass die Stenogrammdiktate noch am selben Tag bzw. Abend abgetippt wurden, der Feierabend sei schließlich dazu da, »um eine aufgetragene Aufgabe zu beenden«.[137]

Das Diktat ist heute weitgehend aus dem Vorzimmer verschwunden und auch eine Stenotypistin wird in der MPG nicht mehr gebraucht – eine Entwicklung, die auf die »digitale Revolution«[138] im Büro zurückzuführen ist. Als Microsoft im August 1989 sein Softwarepaket Office auf den Markt brachte, bedeutete das eine Revolution in allen Büros. Dieses erste Microsoft-Office-Paket enthielt die Komponenten Word, Excel, PowerPoint sowie Microsoft Mail und verband so auf einfache Weise Textverarbeitung, Tabellenkalkulation, Präsentation und E-

---

129 Zum Unterschied von Wissenschaftsmanagerin und Wissenschaftsunterstützerin siehe ebd., 144–146.
130 Mit »doing office« wird hier – in Anlehnung an den Begriff »doing gender« – die Summe performativer Zuschreibungen sowie sozialer und materieller Praktiken im Rahmen der tradierten binären Geschlechterordnung des Vorzimmers bezeichnet. Siehe dazu ebd., 68–69.
131 Holtgrewe, *Schreib-Dienst*, 1989, 33.
132 Einen umfassenden Einblick in diese Kulturtechniken des Schreibens, Kopierens, Ablegens, Rechnens und Buchführens sowie den damit korrespondierenden Materialien des Bürolebens bietet Gardey, *Schreiben, Rechnen, Ablegen*, 2019.
133 Fast im gesamten Untersuchungszeitraum lag der Anteil weiblicher Führungskräfte in der MPG unter 1 Prozent.
134 Holtgrewe, *Schreib-Dienst*, 1989, 57.
135 Zitiert nach Duden.de, Diktieren, 17.5.2018.
136 Barbara Bötticher, *Persönliche Erinnerungen*, Bl. 27, AMPG, Va. Abt., Rep. 165, Nr. 1.
137 Ebd.
138 Zum Begriff und zur Periodisierung der »digitalen Revolution« siehe etwa Mühlhoff, Breljak und Slaby, *Affekt Macht Netz*, 2019; Stengel, van Looy und Wallaschkowski, *Digitalzeitalter – Digitalgesellschaft*, 2017.

Mail-Verwaltung. Inzwischen – mehr als drei Jahrzehnte später – gibt es global kaum einen Bürorechner und ein Betriebssystem, auf dem es nicht installiert ist. Mit dieser »digitalen Revolution« und dem Einzug des PC erlebte auch das Vorzimmer in vergleichsweise kurzer Zeit umwälzende Entwicklungen, die für die dort lange schon etablierte Geschlechterhierarchie jedoch folgenlos blieb.

Historisch betrachtet galten die Computerberufe einst als weibliche Domäne. Der englische Begriff *computer*, der so viel bedeutet wie »jemand, der rechnet«, bezog sich ursprünglich auf die Person, die händisch mit unterschiedlichen mathematischen Berechnungen beauftragt war.[139] In den 1940er- und 1950er-Jahren arbeiteten hoch qualifizierte Wissenschaftlerinnen wie die Mathematikerinnen und Physikerinnen Grace Hopper, Katherine Johnson, Eleonore Trefftz und Margaret Hamilton tonangebend im Bereich Informatik. Frauen wie sie und ihre Kolleginnen, die von den 1940er- bis in die 1970er-Jahre als Programmiererinnen gearbeitet haben, hätten die Vorstellung absurd gefunden, dass Programmieren jemals als Männerberuf wahrgenommen werden könnte.[140] Fatal war, dass zum Zeitpunkt, als der PC Einzug in das Büro hielt, die Einbindung von Frauen in die Informatik bereits rückläufig und moderne Computerarbeit schon männlich konnotiert war. Nathan Ensmenger macht diesen Prozess der Maskulinisierung an der Entwicklung professioneller disziplinärer Strukturen in Form von formalen Informatikprogrammen, Fachgesellschaften (die wiederum Fachzeitschriften herausgaben), Zertifizierungsprogrammen und standardisierten Entwicklungsmethoden fest.[141] Eine Verlagerung, die auch Marie Hicks in der Marketingstrategie ab Ende der 1960er-Jahre beobachtet hat, als es auf einmal hieß: »[D]o you have good men to run your computer installation?«[142]

Für die Mehrheit der Sekretärinnen in der MPG begann die Textverarbeitung erst mit der Einführung der Personal Computer in den späten 1980er- und frühen 1990er-Jahren: 1991 kam auf Wunsch der damaligen Chefsekretärin Martina Walcher der erste Desktop-Computer in das Präsidialbüro der MPG.[143]

Inzwischen gehört eine Vielzahl neuer und umfangreicher Aufgaben zu den beruflichen Anforderungen einer »Fremdsprachensekretärin« in der MPG, die Projekte und Abteilungen managt: Terminkoordination, Öffentlichkeitsarbeit (Medien- und Website-Management), Planung von Geschäftsreisen oder Veranstaltungsmanagement. Englisch ist mittlerweile Lingua franca an den Max-Planck-Instituten, folglich werden ausgezeichnete Englischkenntnisse und umfassende Computerkenntnisse auf dem neuesten Stand der Entwicklung in den Stellenanzeigen gar nicht mehr erwähnt, sondern als selbstverständlich vorausgesetzt. Erfüllung und Feststellung von Leistungsindikatoren gehören ebenso zu den Aufgaben wie Administration und Budgetierung von Drittmittelprojekten, die basale Kenntnisse des Haushaltsrechts erfordern.[144]

Die Anzahl der Sekretärinnen eines Max-Planck-Instituts orientiert sich an dessen Größe, der Anzahl seiner Abteilungen, Nachwuchs- und Forschungsgruppen. Allein jeder Direktorin und jedem Direktor stehen durchschnittlich zwei Sekretärinnen zur Verfügung, was abhängig von der Größe des Forschungsteams und anderer direktoraler Verpflichtungen (wie etwa Geschäftsführung, Ämter im Wissenschaftlichen Rat) noch variieren kann. Das heißt, im Gegensatz zur Situation an den Hochschulen, wo eine Sekretärin oft mehreren Professor:innen zuarbeiten muss, sind die Einheiten an den Max-Planck-Instituten überschaubarer, was zu einer deutlich höheren Identifikation mit dem Arbeitgeber führt.

Die spezifischen Anforderungen unterscheiden sich von Institut zu Institut und zudem in den drei Sektionen der MPG. So gehören beispielsweise in den Instituten der GSHS mit ihrem umfangreichen Publikationsaufkommen neben Sekretärinnen in jüngerer Zeit auch zunehmend Editionsassistent:innen zum Standard.[145]

In der CPTS und der BMS hingegen, wo zur Patentierung und Vermarktung verwertbare Forschungsergebnisse generiert werden, die weltweite Kommunikation mit Industriepartnern erfordern, werden Sekretärinnen mit Kenntnissen im und Verständnis für das Patent- oder

---

139 Zu den Astronominnen, die in den Observatorien des späten 19. Jahrhunderts als »human computers« arbeiteten, siehe Rossiter, *Women Scientists in America*, 1982, 55 und Kolboske, *Hierarchien* 2022, 57–67.
140 Abbate, *Recoding Gender*, 2017, 1.
141 Ensmenger, Making Programming Masculine, 2010, 121.
142 Hicks, *Programmed Inequality*, 2017.
143 Persönliche Kommunikation Martina Walcher und Kolboske am 16. Juni 2021.
144 Für die Finanzbuchhaltung und das Rechnungswesen der Institute ist eine entsprechende Verwaltungsabteilung zuständig, dies fällt nicht in den Zuständigkeitsbereich der Sekretariate.
145 Zweifelsohne stellen auch Patent- und Gebrauchsmusterschriften eine wichtige Form der wissenschaftlichen Publikation dar, die jedoch nicht die Art von Lektorat wie geisteswissenschaftliche Texte verlangen.

Vertragsrecht gebraucht.¹⁴⁶ Im Umgang mit den dort behandelten sensiblen Daten ist die Geheimhaltungsklausel von allergrößter Bedeutung.

Dass die Mehrheit der Sekretärinnen der MPG inzwischen akademisch gebildet ist (viele haben einen Universitätsabschluss, manche sind promoviert),¹⁴⁷ erweist sich bei Aufgaben, die wissenschaftliches Verständnis erfordern, wie etwa beim Entwerfen von Gutachten oder Forschungsberichten, als sehr hilfreich – auch wenn diese Aufgaben nicht Teil der offiziellen Stellenbeschreibung sind. Das berührt den strukturellen Dauerkonflikt zwischen realen Arbeitsanforderungen und einer Eingruppierungspolitik als Fremdsprachensekretärin, an der zentral festgehalten wird.¹⁴⁸

Tiefgreifende Veränderungen der Arbeit haben also das Vorzimmer seit 1948 in weiten Teilen vollständig transformiert. Die extremen Erwartungen angesichts moderner Bürokommunikationstechnik wirkten sich entsprechend auf Aufgabenstrukturen und Tätigkeitsfelder aus. Die Digitalisierung hat gewissermaßen die vorangegangene Zergliederung von Arbeitsbereichen revidiert und zur Erwartungshaltung geführt, dass eine Sekretärin und ihr Computer alle im Vorzimmer anfallenden Aufgaben allein beherrschen. Vorzimmer fungieren als Zentralen, in denen Informationen koordiniert, kontrolliert, verhandelt und, falls dabei Konflikte oder Probleme entstehen, diese routiniert gelöst werden müssen. Das heißt, von der Sekretärin wird erwartet, diese selbstständig zu priorisieren, um die definierten Ziele zu erreichen. Das erfordert zugleich ein optimales Zeitmanagement und führt dazu, dass in Vollzeit beschäftigte Sekretärinnen mit keinem Achtstundentag, keiner Vierzigstundenwoche rechnen dürfen.

Der Beruf der Sekretärin ist einem stetigen Wandel unterworfen, die Erwartungshorizonte an sie wachsen weiter, ihre Aufgabenbereiche werden kontinuierlich ergänzt, es scheint keine Grenze nach oben zu geben – außer in der Bezahlung. Ihre grundsätzliche tarifliche Eingruppierung – Fremdsprachensekretärin – korrespondiert weder mit ihrer tatsächlichen Arbeitsleistung noch mit den an sie gestellten Erwartungen und Anforderungen. Insgesamt wurden und werden somit seitens der Arbeitgeber tiefgreifende technologische, administrative und ökonomische Transformationsprozesse im Wissenschaftsbetrieb seit den 1980er-Jahren ebenso ignoriert wie das Spektrum daraus resultierender soziokultureller Realitäten und Veränderungen. Dadurch wurden administrative Voraussetzungen geschaffen, die gestatten, Sekretärinnen weiterhin als Unterstützerinnen zu behandeln und zu besolden statt als die Managerinnen, die sie tatsächlich sind.

Bei allen Veränderungen ist eine Verpflichtung der Sekretärinnen jedoch im Laufe der Jahrzehnte unverändert geblieben, und zwar jene, die einst ursächlich für ihre Berufsbezeichnung gewesen ist: Das Substantiv Sekretär leitet sich vom mittelalterlichen lateinischen Wort *secretarius* ab und bezeichnet einen verschwiegenen Mitarbeiter, das heißt, eine Vertrauensperson und damit eine angesehene Tätigkeit. Das Prestige hat der Beruf mit seiner Feminisierung verloren, doch absolute Diskretion ist weiterhin das oberste Gebot in der Vertrauensbeziehung zwischen Sekretärinnen und ihren Vorgesetzten. Denn, wie Butenandt es gegenüber seiner Sekretärin einmal ausdrückte, »wenn ich zu meiner Sekretärin kein Vertrauen hätte, könnte ich mir gleich einen Strick nehmen!«¹⁴⁹ Dass es dazu nicht kommen muss(te), liegt – trotz Hierarchie und Machtgefälle – in der großen Identifikation von Sekretärinnen mit ihrem Beruf begründet, die oft einhergegangen ist mit einer tiefen Ergebenheit für ihre Vorgesetzten. Grund für diese enorme Loyalität ist das Gefühl gewesen, Teil einer großen, erfolgreichen und berühmten »Familie« zu sein. Die daraus resultierende Aufopferungsbereitschaft führte bisweilen bis an die Grenzen der Selbstausbeutung, wenn eine Sekretärin nicht ohne Stolz erklärte, dass sie ihr Privatleben ganz auf die Bedürfnisse ihres Chefs eingestellt habe – die perfekte Büroehefrau eben. Der Topos des »familiären Zusammengehörigkeitsgefühls« wird uns im Folgenden auch noch an anderen Arbeitsplätzen und den dort herrschenden Hierarchien begegnen.

7.6.2 Im Labor: Steile Hierarchien und familiäre Beziehungen

Die MPG ist traditionell eine Organisation vorwiegend naturwissenschaftlicher Grundlagenforschung. Insofern bieten ihre Labore einen guten Einblick in Berufs- und Arbeitskulturen der MPG, in die dort geltenden hierarchischen und funktionalen Strukturen sowie in die wis-

---

146 Ich danke Dorothea Damm vom Fritz-Haber-Institut der MPG für die Einblicke, die sie in die sektionsspezifischen Unterschiede der Vorzimmer gewährt hat.
147 Eine Studie von Birgit Kolboske zu diesen Aspekten in der MPG bis in die Gegenwart ist in Vorbereitung.
148 Zum Anforderungsprofil, wie es sich in den Stellenanzeigen der MPG niedergeschlagen hat, siehe ausführlich Kolboske, *Hierarchien*, 2023, 118–135.
149 Barbara Bötticher, Persönliche Erinnerungen, Bl. 26, AMPG, Va. Abt., Rep. 165, Nr. 1.

7. Dimensionen wissenschaftlichen Arbeitens

senschaftsspezifischen Partizipationsformen. Sie vermitteln eine Vorstellung von den in der MPG stattfindenden Wandlungsprozessen und nicht zuletzt auch von den herrschenden geschlechtergeschichtlichen Bedingungen.

Nehmen wir das Beispiel der Chemikerinnen. Nachdem es ihnen überhaupt gelungen war, ihren Berufsstand zu etablieren,[150] boten sich für eine Chemikerin zwar bereits ab Beginn des 20. Jahrhunderts vergleichsweise interessante berufliche Möglichkeiten: Sie konnte in der Wissenschaft als Laborantin, Technikerin, Assistentin arbeiten oder versuchen, einen Arbeitsplatz in der Chemieindustrie zu finden. Allerdings musste sie dabei von Anfang an das Ansinnen zurückweisen, dass sie als Chemikerin hybride wissenschaftlich-sekretäre Arbeit in untergeordneter Position annehmen sollte.[151]

Ein Blick in die Labore der MPG zeigt gleichwohl eine deutliche Geschlechterhierarchie: In Kontinuität zur KWG war in den von Männern geführten Laboren die Arbeit der Frauen grundsätzlich als unterstützende Zuarbeit konzipiert. So setzte sich Butenandts Laborteam zwischen 1930 und 1972 gleichbleibend überwiegend aus promovierten Chemikern und Technischen Assistentinnen zusammen und bestimmte so eine soziale Ordnung, die sich in erster Linie an Geschlecht und weniger am Bildungsgrad orientierte, denn viele der beschäftigten Technischen Assistentinnen oder Medizinisch-Technischen Assistentinnen waren selbst akademisch ausgebildet.[152]

Hinzu kam, dass sich die Grenzen zwischen Privat- und Arbeitsleben verwischten: Butenandt selbst hatte 1931 seine Kollegin Erika von Ziegner geheiratet, mit der er nicht nur bereits vier Jahre lang im Labor zusammengearbeitet hatte, sondern die auch nach Butenandts eigener Aussage maßgeblichen Anteil an seiner Habilitationsschrift hatte.[153] Ausgebildet als Medizinisch-Technische Assistentin, arbeitete Ziegner mit Butenandt ab 1927 in Göttingen vor allem an der erfolgreichen Hormonkristallisation zusammen, die Schering unter dem Namen »Progynon« vermarktete.[154] Mit physiologischen Tests an Mäusen hatte sie den experimentellen Nachweis geführt, welches Isolierungsverfahren den wirksamsten Stoff erbrachte. Zugleich arbeitete sie auch chemisch an der Isolierung der gesuchten Substanz. Und so war sie es auch, »die als erste den kristallinen Niederschlag nach entsprechendem Reinigungsschritt sah«.[155] Nach der Hochzeit bekam Erika sieben Kinder und das Mutterverdienstkreuz. Dennoch wirkte sie während des Zweiten Weltkriegs als »Mithelferin« am KWI für Biochemie ihres Mannes maßgeblich bei der Etablierung eines »Testverfahrens für die Wirksamkeit des neu isolierten Insektensexuallockstoffes« mit.[156] Auch eine erkleckliche Anzahl von Butenandts »Schülern« fand ihre Ehepartnerinnen im Kreis der Kolleginnen.[157]

In seinem Labor herrschte eine strenge Rangordnung, an deren Spitze Butenandt stand, der noch als Ehrenpräsident der MPG täglich seinen weißen Labormantel trug, ungeachtet der Tatsache, dass er gar nicht mehr im Labor arbeitete.[158] Als unangefochtener Chef kontrollierte er den Zugang zu wissenschaftlichen und ökonomischen Ressourcen, entschied allein über Forschungsthemen und Aufgabenverteilung; unter ihm gab es eine hierarchische Abstufung zwischen männlichen Wissenschaftlern und den ihnen auf verschiedenen Ebenen zuarbeitenden Frauen. Von besonderer Tragweite war dabei die mit dieser Geschlechterordnung einhergehende Hierarchisierung wissenschaftlicher Disziplinen, bei der die Chemie dominierte, »mit der nahezu ausschließlich männliche Akademiker einen bestimmten Stoff oder seine künstliche Synthese suchten«, während auf der anderen Seite Technische Assistentinnen, wie auch Erika von Ziegner, standardisierte Testverfahren zum Nachweis der Wirksamkeit besagter Stoffe durchführten, damit die Physiologie der Chemie bzw. Biochemie unterordnend.[159]

---

150 Dazu und zu weiteren geschlechtsspezifischen Diskriminierungen siehe Johnson, Frauen in der deutschen Chemieindustrie, 2008, 285–286.
151 Puaca, *Searching for Scientific Womanpower*, 2014, 87.
152 Siehe dazu »Verzeichnis der Mitarbeiter bis 1972« in Kinas, *Butenandt*, 2004, 203–254, in dem Kinas die »Schule« Butenandts prosopografisch behandelt. Dort lässt sich auch ablesen, dass bis 1971 insgesamt 30 Wissenschaftlerinnen bei Butenandt promoviert haben.
153 »112 Schreibmaschinenseiten, sauber von Erikas Hand geschrieben, von mir in 4 Monaten zusammengestellt, und in genau 3 Jahren erarbeitet von uns beiden zusammen. Es ist schon ein Werk, auf das wir stolz sein dürfen!« Butenandt an die Eltern, 21.11.1930, AMPG, III. Abt., Rep. 84-2, Nr. 7804, fol. 89.
154 Zu Progynon und Butenandts Kooperation mit Schering siehe Satzinger, *Differenz*, 2009, 293, 315 u. 324; Gaudillière, Biochemie und Industrie, 2004.
155 Satzinger, *Differenz*, 2009, 323.
156 Satzinger, Butenandt, Hormone und Geschlecht, 2004, 112–115.
157 Zum Phänomen der vielen Eheschließungen unter den Mitarbeiter:innen an Butenandts Institut siehe Satzinger, *Differenz*, 2009, 351–352; Kinas, *Butenandt*, 2004, 7–8.
158 Barbara Bötticher, *Persönliche Erinnerungen*, Bl. 26, AMPG, Va. Abt., Rep. 165, Nr. 1.
159 Satzinger, *Differenz*, 2009, 355.

Trotz der steilen Hierarchien haben sowohl Butenandts Schüler als auch seine Mitarbeiterinnen die Arbeitsatmosphäre als familiär beschrieben.[160] Die Arbeit im Labor habe zwar höchsten Einsatz erfordert, und dies, wenn nötig, rund um die Uhr, aber diese Disziplin sei auch belohnt worden, so das Empfinden: »In den Labors wurde – wenn es sein musste – auch nachts geforscht«, schreibt Barbara Bötticher in ihren persönlichen Erinnerungen. »Als 1988 insgesamt drei Wissenschaftler für ihre fachlich zusammenhängenden Forschungen mit dem Nobelpreis ausgezeichnet wurden, empfanden […] alle Mitarbeiter des Instituts wie auch ich diese Ehrung als persönliche Auszeichnung, da es mit den Forschern viele arbeitsmäßige und auch persönliche Berührungspunkte gegeben hatte.«[161]

Diese Rang- und Geschlechterordnung bei gleichzeitig familiärem Zusammengehörigkeitsgefühl herrschte keineswegs nur in Butenandts Labor, wie auch die Erinnerungen von Margret Böhm, Laborleiterin am MPI für Ernährungsphysiologie[162] unter Heinrich Kraut und dem Butenandt-Schüler Benno Hess belegen.[163] Böhm hatte nach dem 1940 abgelegten Abitur eine zweijährige Ausbildung als Chemielaborantin am Dortmunder KWI für Arbeitsphysiologie gemacht. Kraut war ihr Ausbilder, der im Anschluss an die Ausbildung dafür sorgte, dass sie in Göttingen Chemie studieren konnte. 1947 kehrte sie an Krauts Institut zurück, als dieser ihr schon nach dem Vordiplom eine unbefristete Stelle als Laborleiterin in Dortmund anbot. Sie leitete das Labor, in dem neben den von ihr ausgebildeten Lehrlingen immer vier bis fünf Laborantinnen unter ihr arbeiteten sowie auch zunehmend Doktorand:innen, die am Institut ihre Dissertationen schrieben.[164] Eine Arbeit, die Eigeninitiative und Einfallsreichtum erforderte, was nichts an den etablierten, steilen Hierarchien änderte. Böhm erinnerte sich in einem Interview daran, dass Kraut sie einmal am Abend vor Weihnachten um 21 Uhr angerufen habe, während sie zu Hause schon den Baum schmückte, und ins Institut beordertete, »um Arbeiten noch einmal durchzugehen«.

Man habe zwar eine gewisse Freiheit gehabt, doch zugleich habe Kraut großen »Einsatz verlangt«. Und dies habe sie nicht infrage gestellt, es sei damals wie in einer großen Familie gewesen, in der man sich dem Familienoberhaupt gefügt habe.[165]

Else Knake und Birgit Vennesland waren weder Technische Assistentinnen noch Laborleiterinnen, sondern Medizinerin und Pathologin bzw. Biochemikerin mit jahrzehntelanger Berufserfahrung, die sich wissenschaftlich auf Augenhöhe mit ihren Kollegen Butenandt und Otto Warburg befanden. In der Wissenschaft vertraten sie andere Forschungsansätze als diese. Knake beispielsweise hatte sich in den 1920er-Jahren der hochempfindlichen Arbeitsmethode der damals ganz neuen Wissenschaft der Gewebezüchtung bzw. Zellforschung gewidmet und war eine international anerkannte Kapazität auf diesem Gebiet.[166] Doch mit der hierarchischen Unterordnung der »weiblichen« Physiologie unter die »männliche« Chemie blieb Wissenschaftlern wie Butenandt die Deutungshoheit über Forschungserkenntnisse vorbehalten; an ihm – und seinen Kollegen – war es, festzulegen, welche Forschungsrichtung zu vertiefen sich lohnte und welche nicht, welche Ursache für eine Krankheit als naheliegend und damit erforschenswert galt und welche nicht. Knake, deren Ruf als gestrenge Lehrmeisterin im Labor legendär war, sah den Grund für die gescheiterte Zusammenarbeit mit Butenandt gerade in der Krebsforschung darin, dass sie sich genauso wenig wie er vorschreiben lassen wolle, »worüber, mit wem, wann, wie lange und wo ich zu arbeiten habe«. Für ihn sei es selbstverständlich gewesen, dass er »über Arbeit und Arbeitsweise [seiner] Mitarbeiter« bestimme, und für sie sei genauso selbstverständlich, »daß darüber nur ich bestimme«.[167]

Die verschiedenen epistemischen Hierarchien gründeten sich nicht notwendigerweise auf Wissensvorsprung, sondern auch auf Geschlecht.[168] Bemerkenswert war hingegen die Zusammenarbeit am MPI für molekulare Genetik von Brigitte Wittmann-Liebold mit ihrem Mann und Institutsdirektor Heinz-Günter Wittmann in der Zeit von

---

160 So etwa in den *Persönliche[n] Erinnerungen* von Barbara Bötticher oder in der Biografie von Karlson, *Adolf Butenandt*, 1990.
161 Barbara Bötticher, Persönliche Erinnerungen, Bl. 21, AMPG, III. Abt., Rep. 165, Nr. 3.
162 Seit 1993 Max-Planck-Institut für molekulare Physiologie.
163 Böhm selbst war unverheiratet und hatte keine Kinder, auch für sie galt, die Arbeit war ihr Leben. Einen anschaulichen Einblick in ihren Arbeitsalltag bieten ihre *Fototagebücher 1941–1984*, AMPG, VI. Abt., Rep. 1, R_106, R_107 und R_108.
164 Herbst, Interview mit Margret Böhm, 2010, 288–289.
165 Ebd., 291.
166 Nachruf von Einstein auf Katzenstein, 1930, AEA 5-134, 2-3; Satzinger, Butenandt, Hormone und Geschlecht, 2004, 78–133; Kolboske, *Hierarchien*, 2023, 239–252.
167 Knake an Butenandt, 15.4.1946, AMPG, III. Abt., Rep. 84-2, Nr. 3114, fol. 27.
168 Zu Butenandts Annexion bzw. »Kolonisation« der Krebsforschung siehe etwa Gausemeier, *Ordnungen*, 2005, 211–220.

1964 bis 1990.[169] Diese unterschied sich deutlich von dem traditionellen, hierarchischen Arbeitsverhältnis des Ehepaars Butenandt. In einer Zeit, in der *dual career couples* noch kein Begriff im Wissenschaftsbetrieb waren, waren sie eins der ersten Ehepaare in der MPG, das wissenschaftlich auf Augenhöhe zusammenarbeitete.

Wittmann-Liebolds Karriere begann Ende der 1950er-Jahre am MPI für Biochemie in München, wo sie promovierte. 1961 ging Liebold zu Georg Melchers an das Tübinger MPI für Biologie, wo auch Heinz-Günter Wittmann arbeitete, den sie im selben Jahr heiratete. 1963 wurde Wittmann Gründungsdirektor des MPI für molekulare Genetik in Berlin und Wittmann-Liebold Gruppenleiterin in der Abteilung ihres Mannes. Ausdrückliche Voraussetzung dafür war allerdings Wittmann-Liebolds Erklärung gewesen, keine Ambitionen auf eine eigene Abteilung zu hegen.[170]

Nach dem unerwarteten Tod ihres Mannes 1990 kämpfte Wittmann-Liebold für die Fortführung der Forschungsgruppen der Abteilung, was die MPG jedoch nicht unterstützte. Wittmann-Liebold wurde nie zum Wissenschaftlichen Mitglied der MPG berufen; offenbar traute man ihr nicht zu, die kommissarische Leitung zu übernehmen. So kam es, dass sie – ungeachtet ihres hohen internationalen Ansehens als Wissenschaftlerin aufgrund ihrer molekulargenetischen Arbeiten zur Proteinstruktur, Proteinbiosynthese und zum genetischen Code – ihre Forschungsgruppe am MPI für Molekulargenetik aufgeben musste. Das war eine Art »Witwenverbrennung«, wie sie auch andere Wissenschaftlerinnen wie Isolde Hausser nach dem Tod ihrer Ehemänner und Kollegen erlebten.[171] Diese Praxis wirft einmal mehr die Frage auf, wieso die MPG zum Teil überholte geschlechterspezifische Erwägungen über wissenschaftliche Leistung gestellt hat. Auf Letztere verweisen die zahlreichen Auszeichnungen und Preise, die Liebold-Wittmann in ihrer anschließenden Karriere als Professorin am Max-Delbrück-Centrum für Molekulare Medizin (MDC) in der Helmholtz-Gemeinschaft erhalten hat.

7.6.3 In der Bibliothek: Direktoren und Leiterinnen

Die Geisteswissenschaften verfügen über keine Labore, sondern über Bibliotheken. Michael Stolleis hat diese als »Labor der Juristen«[172] bezeichnet und Jan Thiessen ihre Bedeutung für die geisteswissenschaftlichen Max-Planck-Institute mit den Laboranlagen naturwissenschaftlicher Institute verglichen.[173] An den rechtswissenschaftlichen Instituten etwa existiere eine Art »Dreifaltigkeit« aus Wissenschaft, Bibliothek und Verwaltung. Die Bibliotheken mit ihren hoch spezialisierten Sammlungen bilden nicht nur das »Rückgrat eines rechtswissenschaftlichen Instituts«,[174] indem sie den Wissenschaftler:innen die wertvolle Arbeitsgrundlage zur »Wissenssammlung«[175] und Recherche sowie einen Rückzugsort zum Schreiben bieten. Darüber hinaus hat ihr exzellenter Ruf maßgeblich zum hohen Ansehen der Max-Planck-Institute beigetragen.

Auch die Forschungsbibliotheken am Berliner MPI für Wissenschaftsgeschichte oder in der Bibliotheca Hertziana in Rom setzen sich durch ihre Orientierung an den Forschungsaufgaben der Institute deutlich von den Universitätsbibliotheken mit ihren breit angelegten Sammlungen ab und sind attraktiv für in- und ausländische Forscher:innen. Die ständig in Erweiterung befindlichen Sammlungen der Institutsbibliotheken von Leipzig bis Nijmegen, von Rostock bis München spiegeln immer auch die aktuelle Forschung ihrer Institute wider.[176]

Seit jeher fungieren die juristischen MPI-Bibliotheken auf nationaler und internationaler Ebene als Sammlungs-, Vorbereitungs- und Ordnungszentren für »Recht«. Sie

---

169 Ausführlich zur bahnbrechenden Forschung von Wittmann-Liebold und dem Gender-Bias in der MPG siehe Schwerin, Circulation Sphere, 2022. Allgemein zu den Lebenswissenschaften siehe oben, Kap. III.9 und Kap. IV.7.3.
170 Alexander von Schwerin, Interview mit Brigitte Wittmann-Liebold, 1.7.2015, DA GMPG, ID 601042.
171 Ebd. – Die Physikerin Isolde Hausser und ihr Mann Karl Wilhelm arbeiteten zusammen am KWI für medizinische Forschung in Heidelberg, er als Direktor, sie als wissenschaftliche Mitarbeiterin. Nach seinem plötzlichen Krebstod 1933 standen sowohl ihre Position am Institut als auch die Möglichkeit ihrer eigenständigen Forschung komplett infrage. Der neue Direktor, ihr ehemaliger Kommilitone Walther Bothe, ließ nichts unversucht, um sie ganz aus dem Institut zu vertreiben, wenngleich ohne Erfolg. Zu Hausser ausführlich Kolboske, *Hierarchien*, 2023, 202–208.
172 Stolleis, Erinnerung, 1998, 90.
173 Thiessen, MPI für europäische Rechtsgeschichte, 2023. Siehe auch Franz E. Weinert an Anke Weddige vom 23.7.1998, AMPG, II. Abt., Rep. 62, Nr. 885, fol. 9.
174 Max-Planck-Gesellschaft, MPI für ausländisches öffentliches Recht und Völkerrecht, 1975, 16.
175 Als »Ort der Wissenssammlung« hat Hermann Mosler die juristische Fachbibliothek bezeichnet. Mosler, MPI für ausländisches öffentliches Recht und Völkerrecht, 1976.
176 Ausführlich zu den Rechtswissenschaften in der MPG, siehe oben, Kap. III.13, sowie Kunstreich, Vogelperspektive, 2023; Duve, Kunstreich und Vogenauer, *Rechtswissenschaft*, 2023.

sind integraler Teil eines ausgeklügelten Auftrags- und Gutachtenwesens, bei dem der Rückgriff auf den Bibliotheksbestand, insbesondere auf aktuelle Periodika, Gesetzestexte und dazugehörige Kommentare zentral ist.[177]

Die Arbeitsschwerpunkte der in den Bibliotheken Beschäftigten spiegeln die Entwicklungen des modernen Bibliothekswesens wider: von Kartenkatalogen über Microfiches hin zu den Digital Humanities, die heute auch die Arbeit in den Bibliotheken prägen.[178] Eine der wichtigsten Tätigkeiten sind nach wie vor Erwerbungen zur kontinuierlichen Aktualisierung und Erweiterung der bestehenden Sammlungen und Magazine. Der Erwerb von Büchern und elektronischen Quellen erfordert die Zusammenarbeit mit Buchhandlungen und Antiquariaten in vielen Ländern und wird durch Rechnungswesen, Vertragskarteien und Etatkontrolle administrativ strukturiert. In besonderen Fällen, wie etwa der Bibliothek des MPI für Wissenschaftsgeschichte mit seiner wachsenden Sammlung an Rara, die seltene Bücher vom frühen 16. bis zum frühen 19. Jahrhundert sowie Zeitungen, Enzyklopädien und Vortragsnotizen aus dem 19. und 20. Jahrhundert enthält, sind für deren Beschaffung Spezialkenntnisse bzw. die Anfertigung oder Anforderung von entsprechenden Gutachten erforderlich. Ein praktisches Problem, das bei antiquarischen Büchern und Rara auftritt, ist der durch saure Hydrolyse sinkende pH-Wert des Papiers, der die Bücher angreift. Um diese vor der Zerstörung zu retten, müssen sie zur Konservierung in großen Spezialanlagen »entsäuert« werden.[179]

Neben Erwerb und Konservierung bieten manche Bibliotheken spezielle Dienste an, etwa Fernleihe (»interlibrary loan«), bei dem gedruckte und digitale Quellen leihweise aus Sammlungen weltweit beschafft werden. Der Gesamtbestand muss kontinuierlich und systematisch katalogisiert und sein Stichwortregister aktualisiert werden.

Ein weiteres umfangreiches Arbeitsgebiet ist die Unterstützung und Beratung bei wissenschaftlichen Publikationen. Hier sind unterschiedliche Hard Skills gefragt, angefangen bei der Digitalisierung von Quellen für Forschung und Publikationen über Beratung zum Urheberrecht, etwa bei Zweitveröffentlichungsrechten, sowie die Unterstützung beim Besorgen von Bildern, beim Einholen von Bildrechten und gegebenenfalls bei der Bildbearbeitung. Darüber hinaus bieten Bibliothekar:innen Beratung zu Verlagsverträgen und insbesondere zu Open-Access-Veröffentlichungen an. Dies hängt damit zusammen, dass die MPG seit der Berliner Erklärung von 2003 Open Access fördert und bestrebt ist, Forschungsergebnisse im Internet frei zugänglich zu publizieren. Weitere Arbeitsbereiche sind die Unterstützung bei der Erstellung von Bibliografien und die Anleitung zum Einsatz von Reference Management Software. Dazu kann im Vorfeld auch das Managen von Publikationsrepositorien und Forschungsdaten gehören, um die Daten bereits vor der Publikation zu organisieren.

Aufgrund dieses umfassenden Portfolios an Leistungen verwundert es nicht, dass Bibliothekar:innen in der MPG über eine Vielzahl an Spezialkenntnissen verfügen müssen, seien es Sprachkenntnisse – wie etwa Arabisch, Chinesisch, Hebräisch, Latein, (Alt-)Griechisch und Türkisch –, um Materialien aus aller Welt handhaben zu können, zu denen neben fremdsprachigen Buchtiteln auch aus weit über 100 Staaten bezogene (Fach-)Periodika gehören. Dazu kommen noch spezifische Kenntnisse, wie etwa an den rechtswissenschaftlichen Instituten der Umgang mit Gesetzestexten. Vielfach sind auch Computer Literacy und IT-Kenntnisse im Bereich der Informationsdienstleistungen gefordert. Zwar ist eine akademische Ausbildung neben dem Bibliotheksdiplom keine formale Voraussetzung für die Bibliothekar:innen, dennoch ist diese in der Praxis häufig vorhanden.[180]

Anders als in den Bibliotheken der naturwissenschaftlichen Max-Planck-Institute, bei denen One Person Libraries (OPL) die typische Bibliotheksform darstellen,[181] erfordern die spezialisierten Forschungsbibliotheken der geisteswissenschaftlichen Institute mit ihren auch vom Umfang her beeindruckenden Beständen einen zunehmend wachsenden Stab an Mitarbeiter:innen.[182] Auch

---

177 Magnus, *Geschichte des MPI für Privatrecht*, 2020, 12. Für tiefere Einblicke in die Geschichte und Bedeutung der rechtswissenschaftlichen MPG-Bibliotheken siehe Schwietzke, Bibliothek, 2018; Coudres, Bibliothek des Instituts, 1973; Gödan, Vom Bücherwart zum Informationsmanager, 2001.
178 Ich danke Sabine Bertram, Esther Chen und Urs Schoepflin dafür, dass sie mich mit ihrer Expertise unterstützt haben.
179 Exemplarisch dazu und den damit verbundenen hohen Kosten: Thiessen, MPI für europäische Rechtsgeschichte, 2023, 186. Zu gewährten bzw. nicht mehr gewährten Zuschüssen zur Bestandserhaltung Dieter Simon an Heinz A. Staab vom 2.10.1989, AMPG, II. Abt., Rep. 36, Nr. 23; Marie Theres Fögen an Wieland Keinath vom 12.9.2002, AMPG, II. Abt., Rep. 36, Nr. 25.
180 Verein Deutscher Bibliothekarinnen und Bibliothekare, *Jahrbuch der Deutschen Bibliotheken*, 2019, 359–544.
181 So etwa die gemeinsame »Campus-Bibliothek« in Tübingen für das MPI für Biologische Kybernetik, das MPI für Entwicklungsbiologie und das Friedrich-Miescher-Laboratorium: Max Planck Campus Tübingen, Campus-Bibliothek, 2022.
182 Zu dieser Personalentwicklung im Einzelnen siehe den Kötz-Bericht, AMPG, II. Abt., Rep. 1, Nr. 3, Handakte Ebersold, »Expertenkommission Bibliotheken Juristischer MPIs 1983–1995« sowie Duve, Kunstreich und Vogenauer, *Rechtswissenschaft*, 2023; Kunstreich, Vogelperspektive, 2023.

dort gab es lange Zeit eine geschlechtsspezifische Hierarchie: Die zunächst ausnahmslos männlichen Bibliotheksleiter zählten zum wissenschaftlichen Dienst des Instituts, nicht jedoch die überwiegend weiblichen Diplombibliothekarinnen.[183] Damit spiegelten die MPG-Bibliotheken das in den öffentlichen Bibliotheken seit der Jahrhundertwende etablierte geschlechtersegregierte System wider, aus deren vertikaler Hierarchie sich auch die Arbeitsteilung ableitete, ungeachtet des Umstands, dass viele »Volksbibliothekarinnen« über eine bessere Vor- und Ausbildung verfügten als ihre männlichen Kollegen.[184]

Die traditionelle Arbeitsteilung zwischen den leitenden Rechtsbibliothekaren[185] und überwiegend weiblichen Bibliothekar:innen war so organisiert, dass die Bibliothekarinnen für das Bibliotheksmanagement in den zuvor beschriebenen Bereichen zuständig waren, während die Leitung die wissenschaftliche Ausrichtung der geistes- und insbesondere rechtswissenschaftlichen Max-Planck-Bibliotheken bestimmte. Zudem lag die Personalführung in den Händen der Bibliotheksleitung, deren »vornehmste Aufgabe« es laut Jürgen Christoph Gödan, ehemaliger Direktor der Hamburger Institutsbibliothek, sei, »im Umgang mit seinen Mitarbeiterinnen und Mitarbeitern einen kooperativen Stil zu pflegen« und so für ein gutes Betriebsklima zu sorgen.[186] Die Nähe zur Institutsleitung und die wissenschaftliche Zusammenarbeit auf Augenhöhe drückten sich nicht zuletzt auch im Titel »Bibliotheksdirektor« aus, der in den rechtswissenschaftlichen Instituten üblich war. Ab den 1970er-Jahren entwickelte sich zunehmend das Tandem eines Bibliotheks*direktors* und einer stellvertretenden Bibliotheks*leiterin*.[187] Von den rechtswissenschaftlichen Bibliotheken war die des Frankfurter MPI für Rechtsgeschichte und Rechtstheorie[188] die erste, die 1999 die Leitung einer Frau überantwortete: Sigrid Amedick. Ein Beispiel für die enge Kooperation zwischen Bibliotheks- und Institutsdirektion ist der erfolgreiche Widerstand von Marie Theres Fögen und Amedick gegen die Pläne, die systematische und damit wissenschaftskonforme Aufstellung der Frankfurter Magazinbestände dem platzsparenden Numerus-Currens-Prinzip zu opfern.[189]

Inzwischen hat sich einiges geändert. Wie eine 2022 durchgeführte Überprüfung der Max-Planck-Institute der GSHS ergab, hat während des letzten Vierteljahrhunderts im Leitungsbereich eine geschlechtsspezifische Verschiebung stattgefunden: 25 der insgesamt 27 Einrichtungen besitzen eine eigene Bibliothek,[190] von denen wiederum 18 (72 Prozent) eine weibliche Leitung haben.[191] Bemerkenswert ist dabei, dass die Verteilung keinen überholten Genderstereotypen folgt: So werden sechs der acht rechtswissenschaftlichen Bibliotheken inzwischen von Wissenschaftlerinnen geleitet; an der Spitze der beiden Bibliotheken der kunsthistorischen Institute der MPG in Florenz und Rom stehen hingegen Männer. Die Leitungen der mathematischen Institutsbibliotheken in Bonn und Leipzig sind paritätisch verteilt. Aber auch in anderen Sektionen, beispielsweise in den Bibliotheken des MPI für Informatik und des MPI für intelligente Systeme, sind die Leitungspositionen von Frauen besetzt.

Bei der Betrachtung von Arbeitsplätzen und Geschlechterverhältnissen lässt sich zusammenfassend eine Reihe von Veränderungsprozessen feststellen. Das Vorzimmer gibt es in seiner ursprünglichen Form nicht mehr. Zwar sind inzwischen die Hierarchien dort abgeflacht, gleichwohl bestehen sie weiterhin, da es immer noch an der Anerkennung dessen mangelt, was Sekretärinnen tatsächlich im Wissenschaftsmanagement leisten. Gleiches lässt sich nicht so pauschal für die Labore

---

183 Max-Planck-Institut für ausländisches öffentliches Recht und Völkerrecht, Bericht über die Zeit vom 30.4.1961 bis 30.9.1962, AMPG, IX. Abt., Rep. 5, Nr. 1022. Siehe auch Lange, *Zwischen völkerrechtlicher Systembildung*, 2020, 28.

184 Zur Geschichte der Bibliothekarinnen ausführlich Lüdtke, *Leidenschaft und Bildung*, 1992, 16. Zur historischen Entwicklung des Berufsbilds Wissenschaftlicher Bibliothekarinnen siehe Jank, Frauen im Höheren Bibliotheksdienst, 2000; Passera, Frauen im wissenschaftlichen Bibliotheksdienst, 2000.

185 Zur Entwicklung des Berufsbilds von Rechtsbibliothekar:innen und deren Spezifika gegenüber wissenschaftlichen Bibliothekar:innen siehe Lansky, *Die wissenschaftlichen Bibliothekare*, 1971; Lansky, *Die juristischen Bibliothekarinnen*, 1997, 70; Lansky und Hoffmann, Rechtsbibliothekare, 2014, 56–57.

186 Gödan, Vom Bücherwart zum Informationsmanager, 2001, 66.

187 Max-Planck-Institut für ausländisches öffentliches Recht und Völkerrecht, Bericht über die Zeit vom 1.1 bis 31.12.1971, AMPG, IX. Abt., Rep. 5, Nr. 1023, fol. 26. Für das Hamburger Institut: AMPG, IX. Abt., Rep. 5, Nr. 798.

188 Ehemals MPI für europäische Rechtsgeschichte.

189 Thiessen, MPI für europäische Rechtsgeschichte, 2023, 188–189.

190 Die Berliner »Forschungsgruppe Soziale Neurowissenschaften« verfügt über keine eigene Bibliothek, ebenso wenig wie das Tübinger MPI für biologische Kybernetik, das sich eine »Campus-Bibliothek« mit dem Max-Planck-Institut für Entwicklungsbiologie und dem Friedrich-Miescher-Laboratorium teilt. Das MPI für Psychiatrie in München verfügt zudem über ein Historisches Archiv, das von einem Archivar geleitet wird.

191 Stand Januar 2022 auf Grundlage der Angaben aller 27 hier zitierten Bibliotheken.

bestimmen, deutlich ist vor allem der Unterschied zwischen Biologisch-Medizinischer und Chemisch-Physikalisch-Technischer Sektion, wobei Letztere bis in die Gegenwart MPG-weit die wenigsten Wissenschaftlerinnen beruft.[192] Bemerkenswert ist hingegen die Entwicklung in den Bibliotheken, wo inzwischen die Mehrzahl der Leitungspositionen von Frauen besetzt ist. Es bleibt jedoch ein Desiderat, interdisziplinär wissenschafts-, sozial- und genderhistorisch zu untersuchen, wie sich in der MPG epistemische Hierarchisierungen unterschiedlicher wissenschaftlicher Positionen und Methoden auf die Forschung ausgewirkt haben, um herauszuarbeiten, in welchen Fällen und auf welche Weise patriarchal basierte epistemische Hierarchien – das heißt geschlechtergeschichtliche Bedingungen – wissenschaftliche Durchbrüche möglicherweise verhindert oder verzögert haben.

Dass unter Umständen das Harnack-Prinzip auch ungewöhnliche kreative Freiräume wissenschaftlichen Arbeitens eröffnen konnte, wenngleich von begrenzter Dauer, behandelt der nächste Abschnitt am Beispiel des Max-Planck-Instituts zur Erforschung der Lebensbedingungen der wissenschaftlich-technischen Welt.

7.7 Kreative Freiräume[193]

Die Organisationsstruktur der Max-Planck-Gesellschaft ließ immer wieder auch Freiräume für die Erprobung alternativer, in größerem Maße kollektiver und zum Teil demokratisch verfasster Arbeitsverhältnisse zu. Diese Freiräume waren paradoxerweise wesentlich durch die den Institutsdirektor:innen nach dem Harnack-Prinzip gewährte relativ große Entscheidungsfreiheit möglich. Solche alternativen Strukturierungen von Projektarbeit fanden sich zum Beispiel am MPI für Bildungsforschung, am MPI für Wissenschaftsgeschichte (beide in Berlin) und am MPI zur Erforschung der Lebensbedingungen der wissenschaftlich-technischen Welt in Starnberg. Hier sollen einige Aspekte solcher Bedingungen wissenschaftlichen Arbeitens am Falle des letztgenannten Instituts beispielhaft skizziert werden.[194]

Das Starnberger MPI, das von 1970 bis 1980 bestand, widmete sich den krisenhaften globalen Entwicklungen und Risiken, die im Zusammenhang mit Wissenschaft und Technik stehen. Daher war die Reflexion über die Rolle der Wissenschaft in der Gesellschaft als zentrales Anliegen des Instituts in seiner Gründungsidee fest verankert. Diese Reflexion musste aber nach Ansicht zumindest von Teilen der wissenschaftlichen Mitarbeiter:innen nicht nur in den Arbeitsinhalten, sondern auch in der Praxis der eigenen Arbeitsweise und den Arbeits- und Projektstrukturen des Instituts ihren Niederschlag finden.

In seinem Vorschlag zur Gründung eines Max-Planck-Instituts zur Erforschung der Lebensbedingungen der wissenschaftlich-technischen Welt schrieb Carl Friedrich von Weizsäcker von der Wichtigkeit der »Förderung des Wachstums der Wissenschaft und Technik selbst, [der] Ausbildung der Menschen, die mit diesen Instrumenten umgehen können, und andererseits [der] Sicherung eines Raumes der Freiheit inmitten einer technokratisch verwalteten Welt«.[195]

Die »Sicherung eines Raumes der Freiheit« mochte sich hier bereits auch auf die Räume beziehen, in denen die Reflexion auf Wissenschaft und die Entwicklung der Arbeit am Institut stattfinden sollte. Entsprechend äußerte der Mitarbeiter Utz Reich in einer *Die personelle Erweiterung des Instituts* betitelten Schrift vom Mai 1970: »Es trifft sich, daß die personellen Umstände der Gründung ermöglichen, was die ungewöhnliche Aufgabe des Instituts erfordert: einen Versuch, sachlich bestimmte, d. h. herrschaftsfreie wissenschaftliche Arbeit zu organisieren.«[196]

Nach der Gründung des Instituts am 1. Januar 1970 begann eine »Planungsphase«, in der es neben der Entwicklung eines integrierenden »philosophischen Kerns« der Institutsarbeit wesentlich um die Findung geeigneter Projekte gehen sollte: Nach dem Vorbild der aus der Arbeit der Vereinigung Deutscher Wissenschaftler (VDW) übernommenen Projekte »Kriegsfolgen und Kriegsverhütung« und »Welternährungsproblem« sollten an konkreten Problemen orientierte Projekte formuliert werden. Dieser Prozess war in gewisser Weise basisdemokratisch organisiert, da alle dazu aufgerufen waren, ihre Ideen zu entwickeln und entsprechende Arbeitsgruppen zu bilden. Über die Auswahl der Projekte und ihre Ausrichtung sollte im »Plenum der Mitarbeiter« diskutiert und entschieden werden.

---

192 Zur BMS siehe oben, Kap. III.9 und Kap. IV.7.3; zur CPTS siehe oben, Kap. III.5, Kap. III.6 und Kap. III.7.
193 Der nachfolgende Text stammt von Matthias Schemmel.
194 Der Autor dieses Abschnitts war von 1997 bis 2022 Mitarbeiter am MPI für Wissenschaftsgeschichte. Zum MPI für Bildungsforschung siehe oben, Kap. III.14.2 sowie Behm, Anfänge der Bildungsforschung, 2017; Behm, *MPI für Bildungsforschung*, 2023.
195 Vorschlag zur Gründung eines Max-Planck-Instituts zur Erforschung der Lebensbedingungen der wissenschaftlich-technischen Welt, Bl. 1, AMPG, II. Abt., Rep. 60, Nr. 61.SP.
196 Die personelle Erweiterung des Institutes, AMPG, II. Abt., Rep. 9, Nr. 8, fol. 361.

7. Dimensionen wissenschaftlichen Arbeitens

Mehr als ein Jahr lang wurden Projektideen intensiv diskutiert und kollektiv evaluiert, von denen viele am Ende nicht realisiert oder nur zum Teil in Einzelarbeiten realisiert wurden. Tatsächlich war diese Art der Projektfindung Teil eines grundsätzlicheren Prozesses, die Arbeitsweise und Organisationsstruktur des Instituts kollektiv auszuhandeln. Dies belegt nicht zuletzt die Skizze »Zum Selbstverständnis des Instituts«, in der die Mitarbeiter Wolfgang van den Daele und Wolfgang Krohn den Stand dieser Aushandlung im Sommer 1970 darzustellen versuchten.[197] Nach allgemeinen Überlegungen über die Rolle der Wissenschaft in der Gesellschaft und der Darlegung eines den Aufgaben des Institutes adäquaten Wissenschaftsverständnisses nannten sie sowohl inhaltlich-theoretische als auch technisch-praktische Kriterien für die Auswahl von Projekten. Sie befassten sich mit der Instituts- und Arbeitsorganisation,[198] diskutierten vor dem Hintergrund der bisherigen Erfahrungen kritisch den Anspruch der Selbstverwaltung des Instituts und der Entscheidungsfindung durch »Konsens aller Mitarbeiter« im Plenum und formulierten schließlich Grundzüge einer möglichen Institutssatzung. Die Vollversammlung (Plenum aller »Mitglieder des Instituts«) betrachteten sie als das »wesentliche Organ eines demokratisch verfaßten Instituts«, erwogen zugleich aber die Möglichkeit der Gründung eines Institutsrats, um das Plenum zu entlasten. Die Regelung des alleinigen Entscheidungsrechts des Direktors (hier als »formales Recht« bezeichnet) wird als »Kernproblem der Institutsverfassung« benannt.[199]

Auch wenn de facto Weizsäcker als Institutsdirektor die letzte Entscheidungsmacht zu den die Forschung betreffenden Fragen am Institut besaß und somit auch die Verantwortung trug, so scheint er den Prozess der Projektplanung doch vor allem durch die Auswahl seiner Mitarbeiter, die größtenteils aus seinen vorherigen Arbeitskontexten stammten (Philosophisches Seminar der Universität Hamburg und VDW) und denen er größtmögliche Freiheiten einräumte, beeinflusst zu haben.

Im Zuge des intensiven, kollektiven Formungsprozesses kam es zur Berufung von Jürgen Habermas zum zweiten Direktor des Instituts zum September 1971, die Weizsäcker nach eigener Aussage selbst vorgeschlagen hatte. Dazu der damalige Mitarbeiter Michael Drieschner rückblickend: »Weizsäcker hatte praktisch nur nach ›linken‹ Soziologen gesucht, da ihm das – sicher mit Recht – der einzige Typ von Soziologen schien, der von seinen bisherigen Mitarbeitern akzeptiert werden würde.«[200]

Wir sehen hier also, wie die große Unabhängigkeit der Institutsdirektoren in ihren wissenschaftlichen Entscheidungen gegenüber der Max-Planck-Gesellschaft bei gleichzeitiger großzügiger Verfügbarmachung von Mitteln – in einem Wort: das Harnack-Prinzip – Freiheitsräume im Inneren der Institute ermöglichte. Dies unterstreicht auch die nachträgliche Einschätzung Drieschners: »Meine Erinnerung an die ersten ein bis zwei Jahre des Instituts ist vor allem geprägt vom Eindruck eines ungeheuren Chaos, das einerseits sehr anregend war, andererseits aber beinahe unerträglich anstrengend in der Konzentration auf die mögliche Entscheidung, was nun zu verfolgen sei und was nicht. Keiner von uns tatendurstigen jüngeren Mitarbeitern hatte ja die geringste Erfahrung darin, wie man so etwas angeht und wie man es gar praktikabel macht, und auch Weizsäcker war nach Temperament und Erfahrung nicht der Mann, der einen solchen Wespenschwarm von losgelassenen Enthusiasten zu bändigen vermocht hätte. Dabei standen uns eigentlich alle Möglichkeiten offen; die Max-Planck-Gesellschaft war bereit, für einige Zeit jedenfalls, praktisch alles zu finanzieren, was von Weizsäcker gutgeheißen würde. Und Weizsäcker selbst war bereit – teils aus Unfähigkeit, die Dinge in die Hand zu nehmen, teils aus liberaler Experimentierfreude –, praktisch alles, was sein enthusiastisches Gefolge da aushecken würde, auch zu decken.«[201]

Wie unabhängig die Projekte von den wissenschaftlichen Ansichten des Gründungsdirektors des Instituts entwickelt werden konnten, zeigte sich auch an dessen teilweise fundamentaler Kritik. So kritisierte Weizsäcker die Arbeit der verschiedenen Projektgruppen in einem Papier, überschrieben mit »Versuch einer subjektiven Evaluierung der Institutsprojekte gemäß dem Stand von Juni 1973, nach der ersten Zusammenkunft des wissenschaftlichen Beirats«.[202] Darin attestierte er

---

197 Zum Selbstverständnis des Instituts, ebd., fol. 263–285, unter dem handschriftlichen Namen des Bibliotheksleiters [Roland] Skottke auf »Juli 1970« datiert.
198 Sie betonten unter anderem, dass der wissenschaftliche Austausch und die Kooperation, auch über das Institut hinaus, für das Institut lebenswichtig sei. In diesem Zusammenhang warben sie für die Offenheit der Forschung: »Alle Formen von Institutsegoismus und die in Deutschland bisher übliche eifersüchtige Bewachung des geistigen Eigentums müssen vermieden werden«, ebd., fol. 282.
199 Ebd., fol. 284–285.
200 Drieschner, Verantwortung der Wissenschaft, 1996, 183.
201 Ebd., 181.
202 Versuch einer subjektiven Evaluierung der Institutsprojekte gemäß dem Stand von Juni 1973, nach der ersten Zusammenkunft des wissenschaftlichen Beirats, Bl. 1, AMPG, III. Abt., Rep. 111, Nr. 569.

etwa der Gruppe »Alternativen in der Wissenschaft« (die mit der These von der »Finalisierung der Wissenschaft« bekannt geworden ist) ein hohes wissenschaftstheoretisches Niveau, bemängelte aber einen oberflächlichen Umgang mit dem wissenschaftlichen Wahrheitsbegriff und ein Fehlen hermeneutischer Herangehensweisen. Abschließend forderte er die Gruppe auf, sich mit seinem eigenen »Entwurf [einer Einheit der Physik] auseinanderzusetzen, wenn auch vielleicht nicht in ihm, sondern eher dagegen«.

Die Abhängigkeit der Freiräume für alternative Arbeitsgestaltung von den Institutsdirektor:innen bedeutet natürlich auch eine wesentliche Begrenzung ihrer Möglichkeit innerhalb der Max-Planck-Gesellschaft. Im Falle des Starnberger Instituts zeigte sich dies auf krasseste Weise durch die letztendliche Schließung des Instituts nach der Emeritierung Weizsäckers und der Unmöglichkeit, etwa die Arbeit der Gruppe zur Wissenschaftsforschung innerhalb der Max-Planck-Gesellschaft fortzusetzen. Aber bereits Jahre zuvor hatten sich Grenzen alternativer Arbeitsorganisation innerhalb der Strukturen der MPG angedeutet. So war es etwa 1974 zu einer Auseinandersetzung gekommen zwischen den Institutsdirektoren Weizsäcker und Habermas auf der einen und dem Senat der Max-Planck-Gesellschaft, insbesondere dem Präsidenten Reimar Lüst, auf der anderen Seite. Es ging um die Satzung, die sich das Institut geben wollte und deren Konformität mit der Rahmensatzung der MPG Lüst bestritt.

Für Michael Drieschner gründete die Auseinandersetzung in der Haltung des zweitberufenen Direktors: »Habermas machte das gleichgültig-liberale Gewährenlassen Weizsäckers bei der Mitbestimmung nicht in demselben Maß mit und zwang so die Mitarbeiter zur Formulierung einer Satzung, die formal einigermaßen durchgearbeitet war und schließlich auch von der Max-Planck-Gesellschaft akzeptiert wurde.«[203] Inhaltlich ging es in der Kontroverse um die Mitbestimmung der nichtwissenschaftlichen Mitarbeiter:innen. Lüst kritisierte, nach dem Satzungsentwurf könnten nichtwissenschaftliche Mitarbeiter:innen in den Institutsrat gewählt werden und dürften auch an der Wahl wissenschaftlicher Mitarbeiter:innen in den Institutsrat (durch das Plenum) teilnehmen. (Aufgabe des Institutsrats war es, in allen zentralen Verwaltungs- und Organisationsfragen zu beschließen.) Auf einer Senatssitzung führte Weizsäcker in diesem Zusammenhang aus: »Als alleiniger Direktor des Instituts war ich damit einverstanden, daß wir mögliche Formen der Mitwirkung experimentieren. Habermas hat dann auf eine Festlegung und Einschränkung hingewirkt. Was vorliegt, ist im wesentlichen das, was wir in den letzten 2 1/2 Jahren experimentell praktiziert haben. Wir waren mit den Ergebnissen des Experiments zufrieden und haben kein Bedürfnis, dies zu ändern. Ob die Regelungen mit der Satzung der MPG übereinstimmen, ist eine juristische Frage. Habermas und ich waren der Meinung, daß § 28 Abs. 7 dies zuläßt, d. h., daß eine Mitwirkung anderer als wissenschaftlicher Mitarbeiter zumindest nicht ausgeschlossen ist. Infolgedessen legen wir Wert darauf, die Möglichkeit offenzulassen, daß wir in unserem Mitwirkungsgremium auch nicht-wissenschaftliche Mitarbeiter sitzen haben und diese durch das Plenum wählen zu lassen. Das sind übrigens Regeln, die mir nicht meine Mitarbeiter aufgenötigt haben, sondern die ich ihnen mit dem Argument aufgenötigt habe, daß – wenn man schon die Mitwirkung der Mitarbeiter mit dem Wort ›Demokratisierung‹ einführt – man nicht Halt machen kann mit dieser Demokratisierung, d. h., daß sie nicht endet bei denen, die die Forderung danach erhoben haben, sondern die Daruntersteenden auch eingeschlossen sein müßten.«[204]

In einem Interview im Jahr 2010 äußerte sich Reimar Lüst rückblickend: »[...] ich habe das immer so despektierlich gesagt: Habermas war notwendig, um wieder Ordnung in das [Starnberger] Institut zu bringen und hat auch die Mitbestimmung der Sekretärinnen abgeschafft, aber das war auch ein Punkt, wo man reserviert [war], vor allem im Senat, Verwaltungsrat ...«.[205] Tatsächlich geht aus dem zitierten Protokoll der Senatssitzung hervor, dass es Lüst selbst gewesen ist, der diese Abschaffung gefordert hat, auch gegen Habermas' Votum, der gemeinsam mit Weizsäcker für die Beibehaltung dieser Regelung argumentierte und seine Ansicht, dass diese auch aus juristischer Perspektive mit der Satzung der Max-Planck-Gesellschaft vereinbar sei, in einem Brief an Lüst ausgeführt hatte.[206]

Das Beispiel des Starnberger Max-Planck-Instituts zeigt also Möglichkeiten und Grenzen der Gestaltung alternativer, demokratischer Formen der Arbeitsorganisation innerhalb der Max-Planck-Gesellschaft auf. Das

---

203 Drieschner, Verantwortung der Wissenschaft, 1996, 185.
204 Auszug aus der Diskussion in der Senatssitzung am 15.3.1974 über die Satzung des MPI für Lebensbedingungen, AMPG, II. Abt., Rep. 66, 4942, fol. 15–16.
205 Jürgen Renn und Horst Kant: Interview mit Raimar Lüst, Hamburg, 18.5.2010, DA GMPG, ID 601070.
206 Auszug aus der Diskussion in der Senatssitzung am 15.3.1974 über die Satzung des MPI für Lebensbedingungen, AMPG, II. Abt., Rep. 66, 4942, fol. 15–19; Brief von Jürgen Habermas an Reimar Lüst vom 6.2.1974, ebd., 11–12.

Harnack-Prinzip bietet Direktor:innen Mittel und Möglichkeiten, Freiräume für einen experimentellen Umgang mit Arbeitsformen und für die Exploration von Mitsprache und kollektiver Kreativität zu schaffen, wie sie etwa an Universitäten schwer denkbar sind. Die Anfangsphase des Starnberger Instituts belegt, wie dies bei entsprechend motivierten und fähigen Mitarbeitenden zu einer regelrechten kreativen Explosion führen kann.

Die Schaffung von Freiräumen durch das Harnack-Prinzip bedeutet aber zugleich, dass diese erstens ganz wesentlich von den Leitungspersönlichkeiten abhängen und zweitens bei Berührung mit den Organisationsstrukturen außerhalb der Institute jederzeit infrage gestellt werden können. So führte bereits die Anwesenheit eines zweiten Institutsdirektors, Jürgen Habermas, dazu, dass sich die Praktiken kollektiver Arbeitsorganisation im Inneren des Instituts veränderten. Insbesondere drängte Habermas auf eine Formalisierung der Strukturen, was durch die Formulierung einer Institutssatzung geschah. Hinsichtlich dieser Satzung stellte sich nun aber für andere Organe der MPG, etwa den Senat und das Präsidium, die Frage der Kompatibilität mit der Rahmensatzung, die sich die Gesellschaft als Ganzes gegeben hatte.[207] Auf diese Weise wirkten Strukturen der MPG als Ganze – ungeachtet des Harnack-Prinzips und gegen den Willen der Direktoren – zurück in das Institut.

Die negative Seite der Ambivalenz, die Möglichkeit kreativer und demokratischer Freiräume wesentlich an die Person des Direktors oder der Direktorin und ihre Stellung im Machtgefüge der MPG zu knüpfen, tritt besonders deutlich in der Geschichte der Schließung des MPI zur Erforschung der Lebensbedingungen der wissenschaftlich-technischen Welt zutage.[208] Mit der Emeritierung Weizsäckers im Jahr 1980 verschwand auch der institutionelle Raum der freien Gestaltung, für den er eingestanden hatte. Die vorgesehene Erweiterung des Instituts um einen dritten Direktor, für die Weizsäcker und Habermas noch 1976 gekämpft hatten, hat es nicht gegeben. Alle Versuche, Habermas einen Nachfolger für Weizsäcker an die Seite zu stellen, scheiterten. Habermas war unter den gegebenen Umständen nicht bereit, die Arbeitsgruppen aus dem Arbeitsbereich I (Weizsäcker) zu übernehmen. Einzelne Arbeitsgruppen fanden ihre Zukunft in institutionellen Konfigurationen innerhalb und außerhalb der Max-Planck-Gesellschaft, aber das historische Experiment, die umfassenden Fragestellungen des Instituts auf der Grundlage einer Reflexion auf Wissenschaft anzugehen, die die eigene Arbeitspraxis einbezog und formen sollte, war damit beendet.

Diese gelebte Reflexion auf die gesellschaftlichen Bedingungen wissenschaftlichen Arbeitens war aber keineswegs bloß eine kuriose Beigabe des Starnberger Instituts, eine dem Zeitgeist der frühen 1970er-Jahre geschuldete Marotte, die man heute froh sein könnte, überwunden zu haben. Die Frage adäquater und erfolgversprechender Entscheidungsstrukturen und Arbeitsformen in der Erforschung der verschiedenen Problembereiche der gegenwärtigen Menschheitskrise und insbesondere der Rolle der Wissenschaft in ihr ist heute nicht weniger aktuell als damals. Wie hängt die gesellschaftliche Verfasstheit von Wissenschaft und ihre innere Struktur mit den Fehlentwicklungen zusammen, die die gegenwärtige Menschheitskrise ausmachen und in denen Wissenschaft und Technik eine zentrale Rolle spielen? Wie ist Wissenschaft demokratisch zu organisieren, sowohl in ihrer internen Strukturierung als auch in ihrer gesellschaftlichen Einbindung, und zwar in globaler Perspektive? Es ist offensichtlich, dass ein einfacher Verweis auf existierende, »funktionierende« Strukturen hier nicht ausreicht, wenn diese Strukturen sich in einer umfassenderen Perspektive als problematisch herausgestellt haben, nämlich angesichts »der objektiven Unvernunft in der Koordination und Realisierung der durch wissenschaftliche Erkenntnisse gesetzten Möglichkeiten«.[209] Auch wenn die hochgesteckten, zum Teil utopischen Ziele des Forschungsprogramms des Starnberger Instituts nicht einzulösen waren, so ist die Fülle von Ansätzen und Ergebnissen, die das Institut in den verschiedensten Bereichen in der Zeit seines Bestehens hervorgebracht hat und an die anzuknüpfen heute zeitgemäßer erscheint denn je, nicht losgelöst zu betrachten von den innovativen Arbeits- und Entscheidungsformen, die in ihm erprobt und praktiziert wurden.

7.8 Schlussbemerkung[210]

Die hier untersuchten Veränderungen wissenschaftlichen Arbeitens innerhalb der MPG zeugen zunächst von der beachtlichen Anpassungsfähigkeit, mit der die Gesellschaft über viele Jahrzehnte auf sie reagiert hat. Dabei waren diese Veränderungen wissenschaftlicher Praxis, wie sie sich weltweit gezeigt haben, durchaus tiefgreifend, wie das Beispiel der Molekularisierung der Lebenswissenschaften oder die rasante Computerentwicklung deut-

---

207 Zur Satzungsdiskussion in der MPG siehe oben, Kap. II.3.4.4.
208 Leendertz, *Pragmatische Wende*, 2010.
209 Damerow und Lefèvre, Hegel, 1983, 47.
210 Der nachfolgende Text stammt von Jürgen Renn.

lich machen. Dennoch ist es der MPG gelungen, nicht nur Schritt zu halten, sondern in vielen Bereichen an der Spitze der Forschung zu stehen. Die Flexibilität ihrer zumeist mittelgroßen Institutsstrukturen, die Autonomie der Institute und die Beweglichkeit ihrer Abteilungen hatten daran wesentlichen Anteil.

Ebenso bemerkenswert ist allerdings auch die vergleichsweise marginale Rolle, die – soweit sich dies aus den überlieferten Dokumenten und Zeitzeugenberichten erschließen lässt – eine selbstkritische Reflexion einiger dieser Veränderungen wissenschaftlichen Arbeitens in der MPG spielte, etwa wenn es um das eingeräumte Primat der Labor- gegenüber der Feldforschung ging oder um die Problematik der Kommerzialisierung. Im Gegensatz dazu wurden die durch die Entwicklung der Computertechnologie bedingten Veränderungen in der Arbeitsweise der Institute durchaus und mit praktischen Konsequenzen reflektiert. Ein Grund dafür war die Schaffung eines Steuerungsgremiums, des Beratenden Ausschusses für Rechenanlagen, der nicht nur das Beschaffungswesen für Computer in einer Weise steuerte, die zugleich den wissenschaftlichen Bedürfnissen der Institute und den Kosten- und Effizienzansprüchen der Zentrale entsprach, sondern der auch immer wieder zum Forum für strategische Überlegungen in diesem Bereich wurde.

Ein erstaunliches Ergebnis unserer Untersuchungen ist der Befund zu den Kooperationen zwischen den Instituten. Hier lassen sich zunächst deutliche Unterschiede im Verhalten der beiden großen naturwissenschaftlichen Sektionen erkennen. So sind Kooperationen in der BMS stärker nach außen gerichtet, zeitlich begrenzter und durch variable Partnerschaften gekennzeichnet – im Unterschied zu den Kooperationen in der CPTS, in denen Binnenbeziehungen besonders in einzelnen Clustern bedeutsamer sind, die langfristiger und auf eine geringere Zahl von Partnerinstitutionen ausgerichtet sind. Insgesamt jedoch lässt sich festhalten, dass MPI, auch innerhalb ihrer jeweiligen Cluster, im Verhältnis zu ihren Außenbeziehungen erstaunlich wenig miteinander kooperierten. Dies lässt sich zum einen als Ausweis der weltweiten Vernetzung der MPG mit anderen wissenschaftlichen Institutionen lesen, zum anderen aber auch als Hinweis darauf, dass Binnenkonkurrenz und Individualismus der Institute ein beträchtliches Potenzial für wissenschaftliche Kooperationen innerhalb der MPG unausgeschöpft lassen.

Die Untersuchung exemplarischer Orte, an denen sich Macht- und Genderverhältnisse, aber auch kreative Freiräume wissenschaftlichen Arbeitens in besonderem Maße gezeigt haben, weist ebenfalls auf eine Ambivalenz des Harnack-Prinzips hin, hier zwischen autoritärer Führung und der Gewährung von Freiräumen. Lange Zeit wurde dieses Prinzip patriarchalisch interpretiert, mit einer Männern wie selbstverständlich zugeschriebenen Führungsrolle, aber auch einer Verantwortung für die Fürsorge der »Institutsfamilie«. Die Entfaltungsmöglichkeiten von Frauen in diesem Rahmen variierten, waren aber durch diese männliche Definitionsmacht begrenzt. Erst allmählich und gegen Widerstände etablierten sich Frauen auch in der MPG – im Vergleich zu anderen Institutionen sehr spät – in Leitungsfunktionen und nahmen ihrerseits das Harnack-Prinzip mit seiner Gestaltungsmacht für sich in Anspruch. Die Entwicklung der Gleichstellung verlief unterschiedlich in den verschiedenen Bereichen, im Labor anders als in den großen Bibliotheken der geisteswissenschaftlichen Institute, in den Lebenswissenschaften rascher als in den chemisch-physikalisch-technischen Wissenschaften. Während sich Arbeitsweisen im Sekretariat auch durch die Digitalisierung fundamental verändert haben, ist die Frage einer angemessenen Anerkennung und Entlohnung dieser komplexer gewordenen Arbeit ungelöst geblieben.

Abschließend haben wir auf den Zusammenhang zwischen ungewöhnlichen wissenschaftlichen Herausforderungen und unkonventionellen Arbeitsformen hingewiesen. Dabei ist deutlich geworden, dass gerade auch die durch das Harnack-Prinzip mitgemeinte Verbindung von Verantwortung und Gestaltungsmacht und seine Ausweitung auf andere Führungsrollen das Entstehen besonderer kreativer Freiräume in den Instituten ermöglicht hat, in denen solche ungewöhnlichen wissenschaftlichen Herausforderungen auch abseits des Mainstreams erfolgreich bearbeitet werden konnten.

RAUMPRODUKTION

Foto 1: Die Anfänge der Kaiser-Wilhelm-Gesellschaft im ländlichen Berlin-Dahlem, 1918 (oben)

Foto 2: Der Dahlemer Campus als »deutsches Oxford«, 1939/40; im Vordergrund das KWI für Biologie (unten)

RAUMPRODUKTION

Foto 3: MPI für Biochemie in Tübingen, Anfang der 1950er-Jahre (oben)

Foto 4: MPI für Biochemie, München 1956 (Mitte)

Foto 5 und Foto 6: Die Statue des nackten Mannes (»Der Rosselenker« von Frank Mikoray) vor dem Eingang zum MPI für Biochemie in München musste auf Geheiß der Stadt entfernt werden. Zwar war Mikoray ein Bildhauer, der auch im Nationalsozialismus erfolgreich ausgestellt wurde, da nur der Nackte, nicht aber das Pferd aus dem Eingangsbereich verbannt wurde, ist dies kaum als Umgang mit unerwünschter Nazi-Ästhetik zu deuten. MPG-Mitarbeiter:innen ersetzten die Statue aus Protest durch einen Gartenzwerg (1960) (unten)

RAUMPRODUKTION

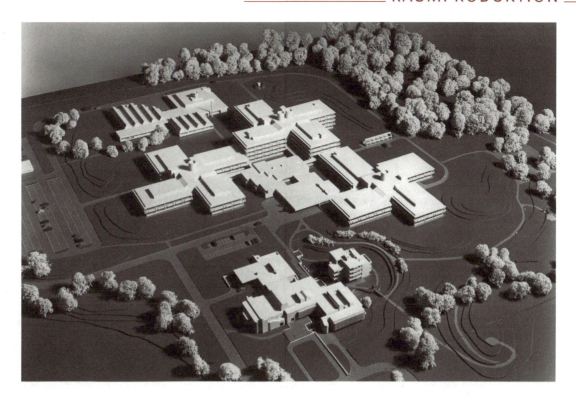

Foto 7: Baumodell für das MPI für Biochemie, Martinsried, 1969. In der Mitte drei Laborsterneinheiten, die die Verwaltungsräume umgeben; hinten gemeinsame technische Einrichtungen und Tierställe; im Vordergrund ein kleines Gästehaus und der Komplex aus Bibliothek, Cafeteria und Hörsälen (oben)

Foto 8: Baustelle und Richtfest für das MPI für Biochemie, Martinsried 1970 (unten)

RAUMPRODUKTION

Foto 9: MPI für Biochemie, Martinsried 1973 (oben)
Foto 10: MPI-Komplex in Martinsried im urbanen Kontext (unten)

RAUMPRODUKTION

Foto 11: Neubau des MPI für Physik und Astrophysik, München 1961 (oben links)

Foto 12: Richtfest des MPI für Astrohysik, Garching bei München 1978 (oben rechts)

Foto 13: MPI für Astrophysik, Garching bei München 1980er-Jahre (unten)

RAUMPRODUKTION

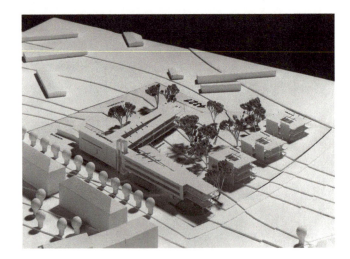

Foto 14: Baumodell für das MPI für Physik komplexer Systeme, Dresden 1994 (oben links)

Foto 15: MPI für Physik komplexer Systeme, Dresden 1997 (oben rechts)

Foto 16 und Foto 17: Gebäude des MPI für Physik komplexer Systeme (unten: Gästehaus), Dresden 1997 (unten)

RAUMPRODUKTION

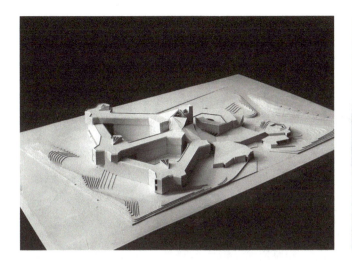

Foto 18: Baumodell für das MPI für Bildungsforschung, 1970er-Jahre (oben links)

Foto 19: Fertiggestelltes MPI für Bildungsforschung, Berlin 1974 (oben rechts)

Foto 20: MPI für Bildungsforschung in Berlin, 1986 (unten)

RAUMPRODUKTION

RAUMPRODUKTION

Foto 21: Schild mit der Ankündigung des Neubauvorhabens für das MPI für ausländisches und internationales Strafrecht, Freiburg im Breisgau 1977; dahinter die »Mitscherlich-Villa«, eine der fünf Freiburger Villen, in denen das MPI zwischen 1967 und 1978 untergebracht war; das Bauvorhaben stieß bei Anwohner:innen auf heftige Kritik (linke Seite)

Foto 22: Neubaumodell des Architekturbüros Herbert Dörr für das MPI für ausländisches und internationales Strafrecht, das nach vielen Modifikationen schließlich realisiert wurde, 1977 (oben links)

Foto 23: Rohbau, 1977 (oben rechts)

Foto 24: Fertiggestellter Neubau des MPI für ausländisches und internationales Strafrecht, Freiburg 1980 (unten)

RAUMPRODUKTION

Foto 25: MPI für ausländisches öffentliches Recht und Völkerrecht in Heidelberg, kurz nach seiner Einweihung 1954 (oben links)

Foto 26: Umbau: Flachdach und Aufstockung des Quergebäudes, 1971 (Mitte links)

Foto 27: Neubau des MPI für ausländisches öffentliches Recht und Völkerrecht, Heidelberg 1997 (unten links)

Foto 28: Das MPI für ausländisches öffentliches Recht und Völkerrecht war bis zu seiner Zusammenführung 1954 auf mehrere Häuser verteilt, u.a. im Saxo-Borussen-Haus in Heidelberg, dem Sitz einer schlagenden Verbindung, in der traditionell viele (adelige) Juristen vertreten waren und sind (Mitte rechts)

RAUMPRODUKTION

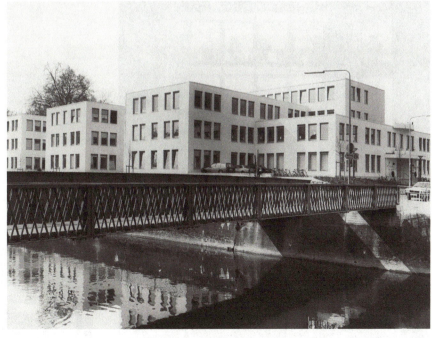

Foto 29: MPI für ausländisches und internationales Privatrecht, Hamburg 1964 (oben)

Foto 30: MPI für europäische Rechtsgeschichte, Frankfurt am Main 1968 (unten links)

Foto 31: Neubau des MPI für europäische Rechtsgeschichte in Frankfurt am Main, 1990 (unten rechts)

RAUMPRODUKTION

Foto 32: Bibliotheca Hertziana – MPI für Kunstgeschichte, Rom 1966 (oben)

Foto 33: Bibliotheksgebäude der 1960er-Jahre, Blick vom Palazzo Zuccari über den Hof auf den Quertrakt (unten links)

Foto 34: Bibliotheksneubau, nördliche Galerien, vom Innenhof aus gesehen, Rom 2012 (unten rechts)

RAUMPRODUKTION

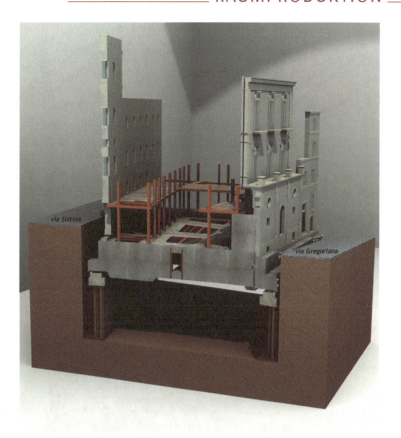

Foto 35: Modell des Tragwerks für den Neubau der Bibliotheca Hertziana, Rom 2003 (oben)

Foto 36: Baustelle des Bibliotheksneubaus, bei dem archäologische Grabungen berücksichtigt wurden, Rom 2005 (unten)

RAUMPRODUKTION

Foto 37 und Foto 38: Das 1930 gegründete MPI für Zellphysiologie in Berlin-Dahlem (oben, 1970) wurde 1972 geschlossen; seit 1975 residiert dort das Archiv zur Geschichte der Max-Planck-Gesellschaft, Berlin 1984 (Mitte)

Foto 39: Archiv zur Geschichte der Max-Planck-Gesellschaft im urbanen Kontext von Berlin-Dahlem, 1991 (unten)

8. Orte der Wissenschaft – Bauen für die MPG

Jürgen Renn, Jeffrey Johnson, Jasper Kunstreich,
Maria Teresa Costa, Robert Schlögl[1]

8.1 Die grundlegende Bedeutung des Bauens für die MPG

Wissenschaft ist nicht nur eine Angelegenheit des Geistes, sie braucht konkrete Orte. Gebäude für die Wissenschaft sind die Grundlage für alle ihre Aktivitäten und dienen sehr unterschiedlichen Zwecken. Sie fungieren als Büros, Labore, Rechenzentren, Technikzentralen, Bibliotheken, als Orte der Kommunikation, wie Auditorien und Seminarräume, der Verpflegung, wie Mensen und Cafeterien, oder als Wohnungen, wie Gästehäuser. Es kann sich auch um astronomische Beobachtungsstationen, Tier- und Gewächshäuser oder Räume für Großgeräte wie Elektronenmikroskope oder Tomografen handeln. Gebäude haben daher einen funktionalen Aspekt und sind essenzieller Bestandteil der materiellen Infrastruktur von Wissenschaft. Sie sind zugleich Repräsentationen der Institutionen oder Gemeinschaften, die sie behausen. Ihre Gestaltung hängt von ihrer Funktion und ihrer Repräsentationsrolle ebenso ab wie von den baulichen und technischen Möglichkeiten ihrer Errichtung, von den verfügbaren Budgets, von rechtlichen Rahmenbedingungen, von den Vorstellungen ihrer Bauherren, Architekt:innen, Baufachleute und Nutzer:innen sowie nicht zuletzt von den jeweils vorherrschenden ästhetischen Maßstäben. Gebäude prägen das Leben und die Arbeit derer, die sie nutzen. Sie müssen technisch und funktional überzeugen, sie können motivieren, Kommunikation fördern oder behindern, und sie werden umgekehrt durch ihre Nutzung verändert. Wirtschaftlichkeit, Betriebssicherheit und Zweckmäßigkeit im Sinne technischer und sozialer Anforderungen sind die entscheidenden Kriterien, insbesondere für das Bauen im Rahmen einer öffentlich geförderten Institution wie der MPG.

Der technische Fortschritt und seine Auswirkungen haben die Geschichte des Institutsbaus enorm geprägt. Das betrifft sowohl das Bauen selbst als auch die Anforderungen an Wissenschaftsbauten, die technische Einrichtungen beherbergen. Immer genauere Messverfahren verlangten nach neuen Baugefügen und Raumzuordnungen. So zog beispielsweise die Notwendigkeit, empfindliche Messungen vor Erschütterungen zu schützen, eine räumliche Trennung der Labore von Maschinenhallen und Werkstätten nach sich, manchmal sogar die Abspaltung einzelner Baukörper und häufig die Zonierung von Gebäuden. Gelegentlich mussten Geräte gar in Sonderbauten ausgelagert werden. Diese Entwicklung hat in der KWG begonnen und sich in der MPG fortgesetzt, zumal seit die Wissenschaft in Nanobereiche vorgedrungen ist. Bereits bei der Planung von Gebäuden kam es daher auf eine eingehende Analyse möglicher Störfaktoren wie elektromagnetischer, seismischer oder akustischer Einflüsse an. Andere Veränderungen im Bauen waren extern auferlegten Regulierungen geschuldet, etwa im Sicherheitsbereich.

So ist Bauen in der MPG ein Spiegel der Zeitgeschichte, nicht nur der Architektur- und Technikgeschichte und ihrer Wechselwirkungen mit der Wissenschaftsgeschichte, sondern auch von Gesellschaft und Kultur, insbesondere aber der strukturellen und kulturellen Veränderungen der MPG. An ihren Gebäuden lassen sich technischer Fortschritt, Wandel der Repräsentationsansprüche, der sozialen Ordnung und des Stilempfindens ebenso ablesen wie die Stellung der MPG in der Gesellschaft und ihr Selbstverständnis.

Die MPG mit ihren heute über 80 Instituten an mehr als 50 Standorten im In- und Ausland verfügt über mehr als 700 Gebäude. Ihre Errichtung, ihr Betrieb, ihre Er-

---

[1] Autor:innen sind in Fußnoten genannt; wo nicht anders vermerkt, ist der Autor Jürgen Renn auf Grundlage von Braun, *Die Entwicklung des Institutsbaus*, 1987, Grömling und Kiewitz, *Räume zum Denken*, 2010, und Hinweisen von Dieter Grömling.

haltung und ihre Erneuerung gehören zu den wichtigsten zentralen Aufgaben der Forschungsgesellschaft und nehmen einen beträchtlichen Teil ihrer Haushaltsmittel in Anspruch. Zugleich machten und machen Gebäude und Liegenschaften den Löwenanteil des Vermögens der MPG aus (wie es die Vermögensrechnung als zweiter Teil der MPG-Bilanz regelmäßig auswies und bis heute ausweist). Aus der Vielfalt der angesprochenen Aufgaben, Randbedingungen und Interessenkonstellationen, die das Bauen in der MPG bestimmen, ergibt sich die beständige Herausforderung, diese verschiedenen Aspekte durch Steuerungs- und Vermittlungsaktivitäten in Einklang zu bringen.

Einerseits verpflichtet die institutionelle Förderung durch Bund und Länder die MPG, nach allgemein anerkannten Planungs- und Finanzierungskriterien zu arbeiten. Investitionsprojekte werden dem Verwaltungsrat der MPG sowie den Bund-Länder-Gremien vorgelegt und unterliegen der Prüfung der Rechnungshöfe. Richtlinien für öffentliche Ausschreibungen (seit einiger Zeit im EU-Maßstab), Transparenz der Mittelverwendung, Wirtschaftlichkeit sowie der Bezug auf nationale und europäische Vorgaben zur Abwicklung öffentlicher Bauprojekte sind Kriterien bei diesen Entscheidungsverfahren. Andererseits sind die Anforderungen an Bauprojekte und Gebäude aus der Forschung äußerst dynamisch und ihre Erfüllung durch die MPG – etwa im Rahmen von Berufungsverhandlungen – oft am Einzelfall orientiert.

Was lässt sich aus der Bau- und Architekturgeschichte über die MPG lernen, etwa über ihre Rolle als Förderin der Wissenschaft durch Schaffung geeigneter Orte avancierter Forschung, ihren Öffentlichkeitsbezug, die repräsentative Darstellung von Wissenschaft im nationalen und internationalen Kontext, über ihren Einfallsreichtum und nicht zuletzt über die Wirkung – oder auch abnehmende Wirkung – des Harnack-Prinzips? Im Folgenden wird diesen Fragen anhand eines Überblicks über die Geschichte des Bauens in der MPG nachgegangen. Die vertiefte Diskussion einzelner Beispiele zeigt, wie die MPG in verschiedenen Phasen die Herausforderung des Bauens für wechselnde wissenschaftliche Ansprüche angenommen hat. Wie für ihre Geschichte insgesamt bildet ihre Vorgängerorganisation, die Kaiser-Wilhelm-Gesellschaft, auch hinsichtlich des Bauens den Hintergrund, vor dem sich die Eigenheit der MPG entfaltet und abheben lässt.

8.2 Das ambivalente Erbe der KWG[2]

Das Bauen in der KWG stand von Anfang an im Spannungsfeld von Funktionalität und Repräsentationsanspruch. Während das ursprünglich als Königsschloss konzipierte Gebäude der Berliner Universität ein repräsentativer Prachtbau in zentraler Lage war, der alle Fächer unter einem Dach vereinigte, entstanden nach 1911 die ersten Bauten der KWG im ländlichen Dahlem, vor den Toren der Großstadt, und waren jeweils spezifischen Forschungsaufgaben gewidmet. Mit dieser baulichen und institutionellen Situation verband sich die Chance, die Gebäude pragmatisch und funktional auf die jeweiligen Aufgaben auszurichten, gleichzeitig stand die Gesellschaft unter dem Patronat des Kaisers und hatte ihrerseits Repräsentationsaufgaben wahrzunehmen. Der Hofarchitekt Kaiser Wilhelms II., Ernst Eberhard von Ihne, seit 1888 verantwortlich für staatliche Prestigeprojekte, wurde daher mit dem Entwurf der ersten Wissenschaftsbauten beauftragt, der dem wilhelminischen Repräsentationsstil folgte.

Der visionäre Chemiker und Nobelpreisträger Emil Fischer forderte dagegen bereits 1912, die in Dahlem zu errichtenden biologischen Institute nach ganz anderen Maßstäben zu erbauen: »Folgen Sie […] dem Beispiel unserer Fabrikanten und bauen Sie im Barackenstil […] ausschließlich nach dem Prinzip der Zweckmäßigkeit, ohne jede Rücksicht auf architektonische Forderungen.«[3] Dabei schloss Fischers Verständnis von Zweckmäßigkeit eine möglichst große Flexibilität ein, denn ihm war bewusst, dass sich die Anforderungen der Forschung an Gebäude ständig veränderten: »Wir müssen immer daran denken, daß die Anforderungen mit jeder neuen Persönlichkeit und mit jedem neuen Forschungszweig ständig sich ändern, es kann deshalb nicht für die Zukunft, sondern […] für die Gegenwart gebaut werden.«[4]

Er hatte dabei zugleich eine mögliche Vorbildfunktion der Kaiser-Wilhelm-Gesellschaft für die Wissenschaftsarchitektur insgesamt im Sinne: Würde »ausschließlich nach dem Prinzip der Zweckmäßigkeit […] gebaut […], so würde das ein großer Gewinn für die zukünftige Errichtung aller anderen naturwissenschaftlichen Institute in Deutschland sein«.[5]

Doch Fischers Vision konnte sich nicht durchsetzen. Die Ästhetik der ersten Gebäude der KWG war vielmehr von einem repräsentativen Stil geprägt, der sich an historischen Vorbildern orientierte, wie Herrensitzen, groß-

---

2 Der Text beruht auf Braun, *Die Entwicklung des Institutsbaus*, 1987; Grömling und Kiewitz, *Räume zum Denken*, 2010.
3 Kaiser-Wilhelm-Gesellschaft zur Förderung der Wissenschaften, *Zur Errichtung biologischer Forschungsinstitute*, 1912, B 466.
4 Zitiert nach Grömling und Kiewitz, *Räume zum Denken*, 2010, 34.
5 Kaiser-Wilhelm-Gesellschaft zur Förderung der Wissenschaften, *Zur Errichtung biologischer Forschungsinstitute*, 1912, 89.

bürgerlichen Villen und Gutshäusern. Allerdings gab es neben solchen baulichen Verkörperungen des Harnack-Prinzips, aber wohl ebenso als Konsequenz eines patriarchalischen Verständnisses der Institutsgemeinschaft, auch die Sorge für die Unterbringung der Mitarbeiter:innen. Für sie wurden vor dem Ersten Weltkrieg zum Teil Wohnräume in den Instituten selbst eingerichtet, zumeist nahe der Werkstätten und Maschinenräume. Die Direktoren nahmen in hohem Maße Einfluss auf die architektonische Gestaltung der Institute der KWG, wie etwa Carl Correns, der eigenhändig das erste Bauprogramm mit Grundrissskizzen für das KWI für Biologie erstellte.

Eine neue Phase begann mit den sämtlich vom Büro des Architekten Carl Sattler geplanten, im Stil allerdings keineswegs einheitlichen Neubauten der Berliner Kaiser-Wilhelm-Institute in Dahlem, so für das KWI für Anthropologie, das KWI für Zellphysiologie und das KWI für Physik. Den Vorstellungen der Reformarchitektur der 1920er-Jahre entsprachen eher die zwischen 1928 und 1935 geplanten und errichteten Gebäude für die Arbeitsphysiologie in Dortmund, die medizinische Forschung in Heidelberg und die Eisenforschung in Düsseldorf. Die in diesem Kontext entstandenen Gebäude der KWG waren jedenfalls, wie der ehemalige Leiter der Bauabteilung der MPG Hardo Braun es formuliert, »Wegbereiter des neuen Institutsbaus«.[6]

8.3 Schwierige Anfänge: Von der KWG zur MPG (1948–1955)[7]

Die räumliche Verteilung der Max-Planck-Institute ist zum Teil immer noch durch die Westverlagerung von Kaiser-Wilhelm-Instituten in der Schlussphase des Zweiten Weltkriegs geprägt. Der Bestand an Liegenschaften in den westlichen Besatzungszonen bildete den materiellen Grundstock der nach dem Zweiten Weltkrieg neu gegründeten Max-Planck-Gesellschaft. Sie übernahm einen großen Teil des im Krieg zum Teil stark beschädigten Erbes der KWG, die der MPG allerdings nicht nur einen Teil ihres Baubestands hinterließ, sondern auch eine als ambivalent zu bewertende Bautradition. Diese umfasste ein Spektrum sehr unterschiedlicher Gebäude, das vom Historismus bis zur Neuen Sachlichkeit reicht, sodass es zunächst offen war, an welche der von der KWG geprägten Bautraditionen die neue Gesellschaft anknüpfen würde.

Das Bauen in der Gründungsphase der MPG war durch Notlösungen und Sicherung des verbliebenen Bestands gekennzeichnet. An eine Weiterentwicklung innovativer Bauformen und Techniken aus den 1920er- und 1930er-Jahren war erst einmal nicht zu denken. In erster Linie ging es um Reparatur, die Beseitigung von Schäden und Improvisation.

Die Geschichte der Unterbringung der Institute für Biochemie und Biologie ist charakteristisch für diese Phase, angefangen von ihrer Westverlagerung von Berlin nach Tübingen und Hechingen. Diese kriegsbedingte Entscheidung für Gebiete eher am Rande urbaner und industrieller Zentren erwies sich für die spätere Standortplanung der Max-Planck-Gesellschaft als richtungsweisend.

Das Institut für Biologie wurde zunächst in einer evangelischen Schule in Hechingen und einer leer stehenden Textilfabrik untergebracht, während das Institut für Biochemie auf verschiedene Institute der Universität Tübingen verteilt war. Die ersten Neubaupläne für das Institut für Biochemie orientierten sich an im Barackenstil errichteten Behelfsheimen für Obdachlose. Doch wie am Beginn der KWG-Geschichte stieß ein solch pragmatisches Vorgehen auf den Widerstand der Obrigkeit, in diesem Fall auf den der französischen Militärregierung. Zwischen 1947 und 1950 erhielten beide Institute Neubauten, die nicht die wegweisende Tradition der Institutsgebäude aus den 1920er-Jahren in Dortmund, Heidelberg und Düsseldorf weiterführten, sondern, wie Hardo Braun meint, eher an die Architektur des Heimatstils oder an Jugendherbergen erinnert.[8] Aus Mangel an Material und Arbeitskräften war man darauf angewiesen, sich von Abbruchruinen und Ziegeln aus den Schutthalden des Bombenkriegs zu bedienen. Bemerkenswert ist auch, dass die Direktoren – wie schon zu KWG-Zeiten – eine überaus bedeutende Rolle für das Bauen spielten, in diesem Falle der allgegenwärtige Biologe Georg Melchers. Der für Melchers errichtete Neubau des MPI für Biologie in Tübingen war ein typischer Nachkriegsbau mit steilem Pfettendach und kleinen Fenstern. Ein Neubau für das MPI für Biochemie entstand zwischen 1954 und 1956 in München als Teil einer Berufungszusage für Adolf Butenandt und weist als zweibündiger Stahlbetonskelettbau bereits in die Richtung des neuen Bauens in der MPG.

Die weitere Entwicklung des Bauens verlief parallel zur Erneuerung und zum Ausbau der Institute der MPG, wie sich ebenfalls am Beispiel Tübingens nachvollziehen lässt. 1954 ging das MPI für Virusforschung aus dem MPI

---

6 Braun, *Die Entwicklung des Institutsbaus*, 1987, 102.
7 Die im Folgenden dargestellte chronologische Geschichte bis Mitte der 1980er-Jahre beruht auf Braun, *Die Entwicklung des Institutsbaus*, 1987.
8 Ebd., 126.

für Biochemie hervor. Die Bauplanung für dieses Institut knüpfte an einen Entwurf aus dem Jahre 1941 an und war nicht mehr auf die Figur eines allein herrschenden Direktors, sondern auf die Kooperation gleichberechtigter Abteilungen mit einheitlich geplanten Labortrakten ausgerichtet. Auch über dieses Beispiel hinaus brach sich ab Mitte der 1950er-Jahre die sich vom Historismus des 19. Jahrhunderts absetzende und in den 1930er-Jahren in Europa dominant gewordene Tendenz des »rationalen« Bauens, mit ihrer Ausrichtung auf Standardisierung und funktionaler Optimierung, erneut Bahn.

So kam es schon bald nach der unmittelbaren Gründungsphase der MPG zu wegweisenden Gebäuden, die – ausgehend von Mies van der Rohes Idee der Anpassung von Formen an Funktionen – eine »rationale«, von der Technik bestimmte Haltung ausdrückten und sich die Möglichkeiten industrieller Vorfertigung zunutze machten.

1954 konnte das 1949 in Heidelberg wieder eröffnete MPI für ausländisches öffentliches Recht und Völkerrecht den ersten Neubau einweihen, der für ein geisteswissenschaftliches Institut errichtet wurde. An einen viergeschossigen Bibliotheksbaukörper schloss sich ein zweigeschossiger Flügel mit Arbeitszimmern, Lese- und Seminarraum an. Hier wirken Funktion und Struktur von innen nach außen und sind an der Architektur ablesbar. Beim fünf Jahre später bezogenen Referentenanbau des Instituts kommt die Differenzierung der Raumfunktion deutlich durch die Wahl des Baustoffs und den Wechsel zwischen geschlossener Wand und Verglasung zum Ausdruck. Für das MPI für ausländisches und internationales Privatrecht in Hamburg entstand 1956 ein moderner Stahlbetonskelettbau. Nicht alle geisteswissenschaftlichen Institute übernahmen solch zukunftsweisenden Ordnungskriterien; so orientierte sich die Architektur des 1957 errichteten MPI für Geschichte noch eher an Vorbildern bürgerlicher Wohn- und Verwaltungsgebäude.

Die maßgebliche Rolle, die die juristischen Institute für die Entwicklung der Geisteswissenschaftlichen Sektion der MPG gespielt haben, spiegelt sich in ihrer durch ihre großen Bibliotheken geprägten Architektur. Bevor wir die Chronologie des Bauens in der MPG weiterverfolgen, wollen wir deshalb zunächst einen Blick darauf werfen, auch weil er einen tieferen Eindruck von der Wissenschaftsarchitektur als Ort wissenschaftlicher Arbeit vermittelt.

8.4 Sammeln und Ordnen – Zur Infrastruktur des juristischen Clusters[9]

Im Bereich der juristischen Max-Planck-Institute gab es bis in die 1990er-Jahre hinein, also bis zum Beginn der Digitalisierung, eine vergleichsweise geringe Veränderungsdynamik in Bezug auf ihre Anforderungen an die Orte der Forschung. Sammeln, Ordnen und Systematisieren auf der Grundlage von papierenen Schriften waren seit der Zeit der Kaiser-Wilhelm-Gesellschaft die Grundvoraussetzungen für die überwiegend enzyklopädische Wissenschaftsproduktion der juristischen Institute, die sich in der Präsenz von Nachschlagewerken, Gutachten, Kommentaren, Entscheidungssammlungen, Dissertationen und Habilitationen niederschlug.

Die Infrastruktur des juristischen Clusters bestand daher aus Materialien und Personal, die – zunächst ohne eigenständige Institutsbauten – in Bürogebäuden und Bibliotheken aufeinander bezogen wurden und die Forschungsarbeit prägten. Juristen mögen keine Labore und Apparate benötigen; ihre Arbeit ist dennoch nicht völlig ortsunabhängig – wie übrigens auch die Arbeit aller anderen Geisteswissenschaften nicht.[10] Davon zeugten schon die beiden alten juristischen Kaiser-Wilhelm-Institute, die sich eben nicht, wie so viele andere Institute dieser Zeit, in Dahlem befanden, sondern im Berliner Stadtschloss, in Laufweite der Berliner Universität, der Staatsbibliothek und des Regierungsviertels.[11] Die Standortfrage stellte sich nach dem Krieg mit jeder Erweiterung des juristischen Clusters neu. Stets spielte die Nähe zur Universität eine Rolle. Zwei Beispiele mögen hier für die typischen Konstellationen stehen. Dem Hamburger Fall entsprechen auch Heidelberg und Freiburg; dem Frankfurter Beispiel noch die beiden Münchener juristischen Institute.[12]

Zunächst zum Standort Hamburg, der sich als das »Glück der grünen Wiese« charakterisieren lässt. Das Hamburger Institut für internationales Privatrecht residiert einen Steinwurf von der Alster entfernt, in der Nähe der Universität und der inzwischen im alten botanischen Institut eingerichteten Bucerius Law School. Das Gebäude hat einen nüchternen Mid-Century-Kern aus den 1950er-Jahren, der bis heute immer wieder erweitert wurde, sodass ein Quadrat mit Innenhof entstanden ist. Neben den Orten mit ausdrücklich sozialer Funktion sind die breiten Gänge selbst Begegnungsorte, durch die

---

9 Dieser Text stammt von Jasper Kunstreich.
10 Stolleis, Erinnerung, 1998.
11 Die Idee, das Institut für internationales Privatrecht und jenes für Völkerrecht wieder in einem neu errichteten Stadtschloss zusammenzuführen, flammte im Zuge der Stadtschloss-Planungen kurz wieder auf, wurde indes nicht weiterverfolgt.
12 Kunstreich, Vogelperspektive, 2023, 25–28.

hindurch man alle Gebäudeteile erreichen kann. Es ist ein kommunikatives Haus geworden. Der Umzug nach Hamburg erfolgte, nachdem die Stadt Hamburg der MPG dafür ein attraktives Grundstück angeboten hatte. Ursprünglich hatte der damalige Staatssekretär im Auswärtigen Amt, Walter Hallstein, darauf hinwirken wollen, die Institute für Privatrecht und Völkerrecht in Frankfurt am Main unter einem Dach zu vereinigen.

Das Frankfurter Institut erhielt erst 2012 seinen Neubau, der eigentlich schon 1964 beabsichtigt war. Die Stadt hatte vorgehabt, ein Areal in Niederrad, einem eingemeindeten Vorort im Süden, jenseits des Mains zwischen Innenstadt und Flughafen gelegen, zu erschließen und die MPG erwog, dort alle drei Frankfurter MPI zu konzentrieren. Helmut Coing, Gründungsdirektor des Max-Planck-Instituts für europäische Rechtsgeschichte, insistierte damals, die Doppelbelastung eines Direktors, der immer auch an der Universität unterrichten müsse, sei nur tragbar, wenn er entweder im Institut leben könne oder aber das Institut sich in unmittelbarer Nähe der Universität befände.[13] Da sich die beabsichtigte Direktorenwohnung in Niederrad nicht realisieren ließ und sich das Projekt ohnehin verzögerte, kaufte man ein Gründerzeithaus in der Nähe der Bockenheimer Universität an, das schon bald zu klein war, sodass neue Räumlichkeiten angemietet werden mussten. Dieser Zustand perpetuierte sich und das Institut wurde immer weiter an den Stadtrand gedrängt. Erst mit dem Umzug der Universität auf den Campus Westend ergab sich wieder die Möglichkeit für einen Neubau – der freilich auch inzwischen schon wieder zu klein geworden ist.

Die Bibliotheken waren der Markenkern dieser Institute. Sie sollten nicht nur den eigenen Wissenschaftler:innen als Werkzeug dienen, sondern auch ein öffentliches Gut für die Fachöffentlichkeit darstellen. Das hohe Lied der Bibliothek steht sozusagen am Beginn des juristischen Clusters. Denn bereits für die ersten beiden juristischen KWI war das Erfordernis, sie in den Verbund der KWG aufzunehmen, mit den enormen Anforderungen begründet worden, die an eine internationale und vergleichende juristische Spezialbibliothek zu stellen waren. Das betraf den immensen Umfang einer derartigen Bibliothek, der sich aus der Notwendigkeit ergab, die einschlägigen Gesetzestexte und Standardwerke zu den unterschiedlichen Rechtsordnungen dieser Welt vor Ort zu haben. Die Rettung der so aufgebauten KWI-Spezialbibliotheken vor der Bombardierung Berlins war ausschlaggebend für den Umzug der Institute nach Süddeutschland 1944. Im Fall des Freiburger Strafrechtsinstituts wurde eine bereits bestehende Spezialbibliothek komplett übernommen – bei der Lektüre mancher Korrespondenz drängt sich der Eindruck auf, es sei eher um den Erhalt der Bibliothek gegangen als um die Aufnahme von Hans-Heinrich Jescheck in die MPG als Direktor des Instituts für ausländisches und internationales Strafrecht. Eine groß angelegte Bibliotheksstatistik für die gesamte MPG, 1993 durchgeführt, macht die zentrale Bedeutung der Bibliotheken für diese Art von Forschung klar: Der Bücherbestand der Geisteswissenschaftlichen Sektion war größer als derjenige der beiden anderen beiden Sektionen zusammen genommen.[14]

Das privatrechtliche Institut in Hamburg und das Institut für Völkerrecht in Heidelberg legten stets ganz besonderen Wert auf die Bibliothek als ihr Alleinstellungsmerkmal. Als erstes begann das Hamburger Institut, seine Bibliothek in eigens publizierten Broschüren vorzustellen und sich damit aktiv um einen erweiterten Kreis von Nutzer:innen zu bemühen.[15] Damit präsentierte sich die Hamburger Bibliothek schon früh als öffentliches Gut, als eine Einrichtung, die im Dienste der gesamten deutschen Wissenschaft zum ausländischen und internationalen Privatrecht unterhalten wurde. Das Institut war in der Tat eine einzigartige Informationssammelstelle, die nicht nur die Gesetzestexte aller von den Vereinten Nationen anerkannten Staaten dieser Welt zusammentrug, sondern auch die wichtigsten dazugehörigen Fachzeitschriften und Rechtsprechungssammlungen.[16] Was angesichts heutiger digitaler Allverfügbarkeit schnell übersehen werden kann: Bis in die 1990er-Jahre hinein waren diese Informationen, von denen einige heute nur einen Mausklick entfernt sein mögen, nicht ohne Weiteres zugänglich, geschweige denn an einem derart kondensierten Ort der Forschung systematisch versammelt. Die juristischen Spezialbibliotheken waren deshalb auch Begegnungsorte des Faches, inklusive der Begegnung von West- und Ost-Jurist:innen.

Die Bibliotheken waren nicht nur Markenkern, sondern auch das verbindende Element aller juristischen Institute in der MPG, wie das folgende Beispiel verdeutlicht: In den späten 1970er- und frühen 1980er-Jahren waren es die Bibliotheken, die die sogenannte Stagflation in der Phase nach dem Boom als Erste zu spüren bekamen. Als

---

13 Thiessen: MPI für europäische Rechtsgeschichte, 2023, 152.
14 Beiträge zum XVII. Fortbildungsseminar für Bibliotheksleiter/innen der Max-Planck-Institute und Arbeitsgruppen, 27.–29.4.1994, Aufstellung Durchschnittliche Anzahl an Einheiten pro Institut in den einzelnen Einheiten, AMPG, II. Abt., Rep. 1, Nr. 3, fol. 125.
15 Broschüre »Max-Planck-Institut für ausländisches und internationales Privatrecht, Hamburg«, ca. 1974, AMPG Bibliothek, D 1478.
16 Jahrbücher und Bibliothek-Selbstauskunft.

die MPG 1982 für jede ihrer drei Sektionen eine Bibliothekskommission bildete, setzten die Juristen kurzerhand eine eigene, gesonderte Kommission für die juristischen Bibliotheken durch. In dem sogenannten Kötz-Bericht versuchten sie, die Einrichtung einer Verbundbibliothek ebenso abzuwehren wie Einsparungen in ihren Etats. Sie verwendeten dabei zwei Argumentationsstränge: Der eine begann mit dem Verweis auf die Bibliothek als das wichtigste Arbeitsinstrument des Juristen, wobei es auf Vollständigkeit und innere Systematik ankomme. Bliebe die Bibliothek nicht voll funktionsfähig erhalten, beeinträchtige dies die Forschungsarbeit des gesamten Instituts. »Erhalten« schloss dabei ausdrücklich Neuanschaffungen ein, und zwar auf dem gesamten Rechtsgebiet und nicht nur für aktuell vom Institut bearbeitete Spezialbereiche; andernfalls seien künftige Generationen von der Freiheit der Themenwahl ausgeschlossen. Der zweite Argumentationsstrang stellte die MPI-Bibliotheken als unerlässliches öffentliches Gut dar, denn die auslandsrechtlichen Bestände der einzelnen Staats- und Universitätsbibliotheken in Deutschland seien im Vergleich dünn und überdies die ersten, die den dortigen Sparmaßnahmen zum Opfer gefallen seien – gerade auch mit Verweis auf die besonders gut ausgestatteten MPI-Bibliotheken.[17]

Die Digitalisierung hat die Forschungspraxis der Rechtswissenschaften inzwischen tiefgreifend verändert und Anlass zu der Frage gegeben, ob es nach wie vor sinnvoll ist, neben der zunehmenden Verfügbarkeit digitaler Daten weiterhin aufwendige physische Bibliotheken zu betreiben. Allerdings ist die digitale Revolution in vielerlei Hinsicht noch nicht abgeschlossen und hat insbesondere noch keine allgemein akzeptierten Antworten auf die Fragen geliefert, wie ein digitales wissenschaftliches Gedächtnis von ähnlicher Qualität wie das papierne erzeugt und langfristig gesichert werden kann, und wie in Zukunft Orte der Forschung gestaltet werden sollten, die eine produktive Auseinandersetzung mit dem juristischen Weltwissen ermöglichen, die mit dem Angebot der großen Bibliotheken der juristischen MPI vergleichbar ist.

Kehren wir nach diesem Exkurs wieder zur Chronologie des Bauens in der MPG zurück, die wir mit der Erwähnung der Neubauten für die juristischen Institute Mitte der 1950er-Jahre verlassen hatten.

8.5 Die formative Phase der MPG (1955–1972)

In der zweiten Hälfte der 1950er-Jahre bemühte man sich, die Rolle von Technik, Standardisierung, Präzision und Funktion auch in der äußeren Gestaltung der Architektur zum Ausdruck zu bringen. Beispielhaft stehen dafür das 1958 nach Plänen von Sep Ruf errichtete Gebäude für das Max-Planck-Institut für Physik und Astrophysik in München-Freimann. Hier kommt jeder Funktion ein eigener Baukörper zu – Hauptgebäude, Experimentierhalle, Werkstatt und Hörsaalgebäude, wobei das Hauptgebäude durch einen gläsernen Verbindungsgang mit der Experimentierhalle verbunden ist.

Ein weiteres Merkmal dieser Epoche ist die ebenfalls auf die 1920er-Jahre zurückgehende Betonung einfacher geometrischer Formen, wie des Quaders und der Geraden. Die Verwendung von Rastern und Modulen verband sich mit größerer Flexibilität und einer Austauschbarkeit von Form und Funktion, die auch eine Anpassung an sich wandelnde Anforderungen ermöglichte. Das sogenannte Marburger Bausystem war das erste Fertigteil-Baukonzept im bundesdeutschen Hochschulbau; zwischen 1961 und 1963 für die naturwissenschaftlichen Institute der Universität Marburg entwickelt, fand es ab 1965 im Hochschulbau ebenso wie in der MPG weite Verwendung. Seit den 1960er-Jahren haben Sicherheitsfragen im Umgang mit Gefährdungspotenzialen und Gesundheitsthemen stark an Bedeutung gewonnen, was sich in der Anpassung von Betriebsabläufen, aber auch in der Ausstattung von Gebäuden, etwa mit Ventilations- und Entsorgungsanlagen, niederschlug. Die gewachsene Bedeutung von raumgreifenden technischen Anlagen sowie von Ver- und Entsorgungskonzepten bestimmte ebenfalls den Bauprozess und die äußere Erscheinung der Forschungsgebäude.

Die neuen Herausforderungen und Zielsetzungen verlangten auch neue planerische und konstruktive Antworten. Zunächst blieb allerdings häufig eine Kluft zwischen der äußeren, technische Präzision suggerierenden Erscheinung und der Verwendung traditioneller, handwerklicher Bautechniken im Inneren der Gebäude. Bis Mitte der 1960er-Jahre hatte sich ein Kanon von Formen und Methoden herausgebildet, der eine Vielzahl von Bauten prägte. Dazu gehörte auch die Trennung von tragenden und trennenden Elementen, einschließlich des Sichtbarmachens dieser Trennung. Die Neutralität und Gleichartigkeit der verwendeten Formen vernachlässigten allerdings die äußeren Bedingungen des Bauens, insbesondere den räumlichen Kontext, das Klima und

---

[17] Bericht der Bibliothekskommission der rechtswissenschaftlichen Max-Planck-Institute 1983 (sog. Kötz-Bericht), AMPG, II. Abt., Rep. 1, Nr. 3, fol. 140–158, hier fol. 149 verso.

andere Umweltbedingungen. Nachhaltigkeit und Energieeffizienz waren ebenfalls kaum Thema, stattdessen setzte man auf konstruktive und technische Lösungen wie Außengänge und Klimaanlagen.

Das Paradigma des neutralen Raums war das klimatisierte und gegen unkontrollierbare Bedingungen abgeschirmte Laboratorium. Beispielhaft lässt sich dessen Entwicklung anhand der Tierlaboratorien verfolgen, angefangen von den Tierhäusern der 1960er-Jahre bis zu den hoch spezialisierten Sonderbauten der 1970er- und 1980er-Jahre, in denen eine pathogenfreie Tierhaltung möglich war.

Bereits ab Mitte der 1950er-Jahre wurden die ersten Laborhochhäuser für das Max-Planck-Institut für Ernährungsphysiologie in Dortmund, für das Institut für Hirnforschung in Frankfurt am Main und für die selbstständige Abteilung für Strahlenchemie am Max-Planck-Institut für Kohlenforschung in Mülheim an der Ruhr gebaut. Sie erforderten innovative technische Lösungen für Installationen und Gebäudeausrüstung, während man aus wirtschaftlichen Gründen auf ästhetische Ausschmückung verzichtete.

Mitte der 1960er-Jahre erreichte die Entwicklung funktionalen Bauens im Zusammenhang mit dem expandierenden Bildungs- und Wissenschaftsbereich einen Höhepunkt. In dieser Zeit entstanden, auch in baulicher Hinsicht, neue Universitätskonzepte, verkörpert durch die 1961 gegründete Ruhr-Universität Bochum und die 1966 gegründete Universität Konstanz. Es war eine Zeit der Planungseuphorie, die eine Systematisierung, Standardisierung und Vereinheitlichung der Bauplanung sowie letztlich eine Beschleunigung des Bauprozesses selbst zum Ziel hatte. Um die entsprechenden Erfahrungen zu bündeln, beschloss die Ständige Konferenz der Kultusminister der Länder (KMK) die Gründung eines Zentralarchivs für Hochschulbau, das 1962 in Stuttgart entstand.

Auch in der MPG wurden großflächige komplexe Institutszentren gebaut. Zwischen 1969 und 1975 entstanden nach Architekturwettbewerben die Bauten für das Institut für Aeronomie in Katlenburg-Lindau, für das Institut für biophysikalische Chemie in Göttingen-Nikolausberg sowie die Institutszentren in Stuttgart-Büsnau und München-Martinsried. Ihnen allen gemeinsam waren Standardisierung, Systemlösungen und die Verwendung von Raster und Modul im Planungsprozess. Zugleich zeigt sich in diesen Vorhaben die zeitgemäße Abkehr von dem Prinzip des auf einen einzelnen Direktor ausgerichteten Bauvorhabens und eine zunehmende Bedeutung von Wirtschaftlichkeit und Flexibilität, etwa durch die Vorhaltung gemeinsamer Serviceeinrichtungen wie Werkstätten und technischen Diensten.

Die formative Phase der institutionellen Entwicklung der MPG war also gleichzeitig eine prägende Phase ihrer baulichen Gestaltung. Der Boom zwischen Mitte der 1950er- und Mitte der 1960er-Jahre bot der MPG enorme Wachstumschancen, die zugleich mit einer Fülle von Bauaufgaben verbunden waren. Bauinvestitionen verschlangen deshalb auch einen beträchtlichen Teil der enormen Zuwächse, die der Haushalt der MPG in dieser Phase verzeichnete. Zwischen 1959 und 1963 verdoppelte sich der Haushalt der MPG auf 152,7 Millionen DM, während die Bauausgaben für Neu- und Erweiterungsbauten während dieses Zeitraums auf 81,8 Millionen stiegen. Bis zur Rezession 1967 wuchs der Haushalt auf 312,4 Millionen DM an, wobei 123 Millionen DM auf Bauausgaben entfielen. Zugleich verschoben sich mit steigenden Energie- und Personalkosten die Herausforderungen der Baukostenplanung von den Investitionskosten zu den Betriebskosten. Angesichts solcher Zuwächse verstärkten sich allerdings die Erwartungen der Zuwendungsgeber an Regelhaftigkeit und Wirtschaftlichkeit der Bautätigkeit der MPG. Insbesondere erwartete man, dass sich die MPG der Kontrolle durch die Bundesbaudirektion und die Oberfinanzdirektionen unterwerfe.

Bei der Amtsübernahme von Adolf Butenandt 1960 gab es ein »Baubüro«, das zunächst noch in Göttingen verblieb.[18] In Reaktion auf die rapide wachsenden Bauaufgaben beschloss die Generalverwaltung im Juni 1961 die Gründung einer Zentralen Bauverwaltung, die am 1. Juli 1963 unter Baudirektor Otto Meitinger als neu eingerichtete Bauabteilung ihre Arbeit in der Generalverwaltung aufnahm, um diese Aktivitäten zu koordinieren und zu unterstützen.[19] Meitinger, abgeworben aus der bayerischen Baubehörde, prägte während seiner Amtszeit bis 1977 das Bauen in der MPG maßgeblich. Die Bauabteilung sollte die Autonomie der MPG im Bereich des Bauens gewährleisten, Bauaufgaben zentralisieren und effektiver abarbeiten, als es einzelnen Instituten möglich gewesen wäre, aber diesen auch – gegen den allgemeinen Trend zu Normierung und Standardisierung und mit Blick auf ihre speziellen Forschungsaufgaben – eigene Gestaltungsmöglichkeiten sichern.

---

18 Henning und Kazemi, *Chronik*, 2011, 934–935.
19 Protokoll der 49. Sitzung des Verwaltungsrates vom 6.6.1961, AMPG, II. Abt., Rep. 61, Nr. 49.VP, fol. 6. Die neue Bauabteilung erhielt Außenstellen in Göttingen, Berlin, Düsseldorf, Frankfurt am Main und Tübingen. Henning und Kazemi, *Chronik*, 2011, 421. An dieser Stelle sei der Leiterin des Archivs der Max-Planck-Gesellschaft, Kristina Starkloff, für hilfreiche Hinweise gedankt.

Die Bauabteilung hatte ein weit gefasstes Aufgabenspektrum zu bedienen. Sie war verantwortlich für die Planung, Realisierung und den Unterhalt aller Gebäude der MPG, einschließlich großer und kleiner Baumaßnahmen. Außerdem plante und verwaltete sie den Bau-Etat, erstellte eine Bedarfsplanung und entwickelte eine Strategie für das Bauen in der MPG. Angesichts der Vielzahl der Herausforderungen konzentrierte sich die Bauabteilung vor allem auf koordinierende Aufgaben sowie auf die großen Neubauprojekte, während sie die Betreuung der Instandhaltungsarbeiten Vertragsaußenstellen mit ortsansässigen Architekten überließ. Bei ihrem Handeln hatte sie das Marktgeschehen im Bauhandwerk zu berücksichtigen, das Bau- und Vergaberecht, die Sicherheits-, Brand- und Arbeitsschutzbedingungen und seit Mitte der 1970er-Jahre die Genehmigung größerer Bauprojekte durch die Bund-Länder-Kommission für Bildungsplanung und Forschungsförderung (BLK; seit 2008 Gemeinsame Wissenschaftskonferenz – GWK), einem von Bund und Ländern gemeinsam getragenen Planungsgremium für den Bildungs- und Forschungsbereich. Die Komplexität dieses Bedingungsgeflechts und die Belastung durch die vielen als Einzelfälle behandelten Bauaufgaben bargen immer wieder die Gefahr einer strukturellen Überforderung der Bauabteilung.

Die Bauabteilung bekam in der Tat bald alle Hände voll zu tun: sieben große Neubauten für Institute und Institutszentren, unter anderem in Göttingen, München und Stuttgart, in den 1970er-Jahren realisiert, und weitere Bauprojekte insbesondere für neu gegründete Institute in den 1980er-Jahren, also in der Phase nach dem Boom, unter anderem in Mainz, Marburg, Bremen und Saarbrücken. Die durch die Bauabteilung geplanten Institutsgebäude etablierten letztlich einen eigenen Stil, den ihr ehemaliger Leiter Hardo Braun als »differenziert funktional« charakterisiert hat.[20] Er zeichnete sich gegenüber den Angeboten der Bauindustrie für vorgefertigte typisierte Systemlösungen durch einen höheren Grad der Individualisierung und durch Rücksichten auf besondere Wünsche und Vorstellungen aus der Wissenschaft aus, da die MPG auch auf dem Gebiet des Bauens höchsten und höchst individuellen Ansprüchen genügen wollte.

Diese Entwicklung hin zu wieder stärker individualisierten Bauten verdankte sich jedoch nicht einem autonomen Handeln der neuen Bauabteilung, sondern ihrem Austausch mit Wissenschaftlern – oft bereits im Berufungsprozess, bei dem stets die Gefahr bestand, dass spezifische Zusagen ohne ausreichende Prüfung nach Inhalt und Zeit gemacht wurden – sowie ihrer engen Kooperation und Vernetzung mit anderen Akteuren des Baugeschehens, etwa im Rahmen von Architekturwettbewerben. Um dennoch zu vergleichbaren Ordnungsprinzipien zu kommen, verständigte man sich auf eine Kategorisierung der Raumfunktionen nach typischen Tätigkeiten innerhalb eines Instituts, wie theoretisches oder experimentelles Arbeiten, Kommunikation, Verwalten, Versorgen oder soziale Tätigkeiten.

Insgesamt setzte sich ab Mitte der 1960er-Jahre in der MPG eine Richtung des Bauens durch, bei der die Prinzipien des funktionalen Bauens mit ihrer Ausrichtung an Raster und Modul sowie an einfachen geometrischen Formen auf die Einzelelemente eines Instituts beschränkt blieben, währenddessen die Gesamtanlage von innen nach außen entwickelt und als Raumgruppe mit plastisch in Höhe und Tiefe gestaffelten Baukörpern gestaltet wurde. Diese Art der flexiblen gestalterischen Umsetzung und Verdeutlichung unterschiedlicher Funktionen entsprach der Stilrichtung des zwischen 1950 und 1980 weitverbreiteten »Brutalismus«, mit der sich der Anspruch auf Authentizität in der Konstruktion und Verwendung von Material, etwa von Sichtbeton und unregelmäßigem Ziegelstein, verbindet. Exemplarisch stehen dafür das 1970 fertiggestellte Max-Planck-Haus in Heidelberg und das im ersten Bauabschnitt 1975 abgeschlossene Institutszentrum der MPG in Stuttgart-Büsnau.

Den Abschluss und Höhepunkt des Bauens in der formativen Phase der MPG bildeten die groß angelegten Neubauprojekte für das MPI für biophysikalische Chemie in Göttingen (zwischen 1968 und 1972 gebaut) und für das MPI für Biochemie in München-Martinsried (Einweihung der Neubauten 1973), die beide aus der Zusammenfassung mehrerer Institute bzw. Abteilungen hervorgegangen waren. Die Entstehung von Großforschungseinrichtungen und insbesondere die des biochemischen Zentrums in Martinsried Ende der 1960er-Jahre bildete einen die institutionelle Entwicklung auch architektonisch repräsentierenden Wendepunkt in der Geschichte der MPG. Deshalb soll im Folgenden auf die Geschichte des Martinsrieder Komplexes näher eingegangen werden.

8.6 Die Entstehung des Martinsrieder Komplexes[21]

In den drei Jahrzehnten nach dem Zweiten Weltkrieg erfuhr die biochemische Forschung einen dramatischen Wandel hinsichtlich Umfang und Komplexität, ausgelöst

---

20 Braun, *Die Entwicklung des Institutsbaus*, 1987, 213.
21 Dieser Text stammt von Jeffrey Johnson. Siehe dazu auch Johnson, *New Dahlems*, 2023.

durch die Einführung neuartiger Geräte, Instrumente und Forschungsmethoden sowie das Aufkommen biochemischer Unterdisziplinen und verwandter Disziplinen wie der Molekularbiologie.

Um die Jahrhundertmitte war die akademische Biochemie in Deutschland nominell in zwei komplementäre Disziplinen unterteilt: die physiologische Chemie an den medizinischen und die Biochemie an den naturwissenschaftlichen Fakultäten, die sich jeweils auf »dynamische« biologische Prozesse wie den Stoffwechsel und »strukturelle« Aspekte biologisch wichtiger Moleküle konzentrierten.[22] Während institutionelle und finanzielle Zwänge die biochemische Forschung an den Universitäten tendenziell einschränkten, konnte die MPG Unterstützung bei der Anschaffung teurer Geräte und mehr Möglichkeiten für interdisziplinäre Zusammenarbeit bieten, insbesondere in der strukturellen Biochemie mit ihren immer ausgefeilteren Techniken wie Röntgenkristallografie, Elektronenmikroskopie, Infrarotspektroskopie, mit Ultrazentrifugen, Elektrophorese und Chromatografie. Weitere apparative Innovationen der Nachkriegszeit wie die Kernspinresonanzspektroskopie, die automatische Sequenzierung der Bestandteile von Proteinen und Nukleinsäuren und die computergestützte Datenverarbeitung verstärkten den Eindruck, dass kleinere Institute nicht mehr kosteneffizient forschen können.[23]

Entscheidend für den Aufbau von Großforschungseinrichtungen in der MPG war Adolf Butenandt, Direktor des MPI für Biochemie in Tübingen und später in München, wo er 1952 eine Professur an der medizinischen Fakultät der Ludwig-Maximilians-Universität (LMU) annahm und dort ab 1956 unterrichtete.[24] Die bayerische Regierung errichtete ein viel größeres und moderneres MPI für Biochemie in enger Verbindung mit den Universitätsinstituten für Physiologie und physiologische Chemie (unter Butenandt) sowie dem neuen MPI für Eiweiß- und Lederforschung von Wolfgang Graßmann, das aus Regensburg verlegt wurde. Für das kleinere MPI für Zellchemie unter Leitung des aufstrebenden Stars der dynamischen Biochemie, Feodor Lynen (Nobelpreis 1964), fehlte jedoch der Platz, und als Butenandt das Präsidentenamt der MPG antrat und seine Professur aufgab, kam es zu einer Unterbrechung des bisherigen Zusammenwirkens. Außerdem gab es 1970 zehn MPI im Raum München, aber keinen einzigen Standort, an dem sie »nach dem bekannten Dahlemer Modell in unmittelbarer Nähe eingerichtet werden konnten«.[25]

Das Gebäude, das Butenandt bei seiner Berufung versprochen und dann in der Karlstraße in der Münchner Innenstadt errichtet worden war, war für die Maßstäbe der 1950er-Jahre zwar durchaus großzügig ausgelegt, hatte aber nicht mit der extrem dynamischen Entwicklung des Forschungsfeldes Schritt halten können – keine zehn Jahre nach seiner Einweihung platzte es aus allen Nähten. Außerdem benötigte die LMU das Gebäude dringend für andere Einrichtungen ihrer medizinischen Fakultät. Neben der Zusammenlegung von drei vormals selbstständigen MPI waren dies die wesentlichen Faktoren für die weitere Entwicklung.

Deshalb hatte die MPG ab 1962 begonnen, ein Gelände für ein »kleines Dahlem« in Martinsried in der Nähe des geplanten Klinikums Großhadern südwestlich der Stadt zu erwerben, das nicht nur Platz für die drei biochemischen MPI, sondern auch für eventuelle neue Institute bot.[26] Zusätzliche Herausforderungen ergaben sich aus der US-amerikanischen Wissenschaftskultur: Die »Großforschung«, die durch das 1960 in Garching nördlich von München gegründete Institut für Plasmaphysik (IPP) in die MPG hereingekommen war,[27] und das »Teamwork« in einer kollegial geführten Abteilung förderte, wurde in der revidierten Satzung der MPG vom Dezember 1964 auf die MPI übertragen.[28] Der biochemische Komplex in Martinsried sollte beide Neuerungen beinhalten: Anstelle mehrerer kleinerer MPI, die nach dem traditionellen Dahlemer Modell jeweils um einen einzelnen Direktor »herum aufgebaut« waren, sollte es ein großes, kollegial geführtes MPI für Biochemie geben, das aus miteinander verbundenen, autonomen Abteilungen bestand, die durch eine Reihe gemeinsamer Einrichtungen und Geräte unterstützt wurden.[29]

---

22 Fruton, *Proteins*, 1999, 33–45; Kohler, *From Medical Chemistry*, 1982.
23 Morris, *Laboratories*, 2022, 82–92; Reinhardt, *Shifting*, 2006; Steinhauser, *Zukunftsmaschinen*, 2014, 99–100, 150–170; Strom und Mainz, *Pioneers*, 2020.
24 Balcar, *Wandel*, 2020, 44–45; Trischler, *Innovationssystem*, 2004, 187–191.
25 Butenandt, *Geschichte*, 1977, 15.
26 Ebd., 18; Heßler, *Die kreative Stadt*, 2007, 167–248.
27 Max-Planck-Gesellschaft, Jahresbericht 1959–60, 1960.
28 Dölle, *Erläuterungen*, 1965, 78–79. Zum deutschen Begriff der Großforschung siehe Szöllösi-Janze und Trischler, *Großforschung*, 1990; Ritter, *Großforschung*, 1992.
29 Osterwalder, *Einführung*, 1968, v–viii. Im Gegensatz zum IPP in Garching war Martinsried also keine »Großforschungseinrichtung« im engeren, staatlichen Sinne, bei dem ein Institut um ein Großgerät statt – wie im Dahlemer Modell – um einen großen Wissenschaftler aufgebaut wurde. Szöllösi-Janze und Trischler, *Großforschung*, 1990, 20.

1966 nahm die kollegiale Leitung des biochemischen Zentrums in Form des »Martinsrieder Kreises« Gestalt an, der sich aus den Wissenschaftlichen Mitgliedern und Laborabteilungsleitern der drei Teilinstitute zusammensetzte, mit Lynen als Vorsitzendem und Butenandt und Graßmann als nicht stimmberechtigten Mitgliedern.[30] Zusammen mit Architekturexperten und Vertretern der lokalen und regionalen Verwaltung bewertete der Kreis zunächst die Beiträge der eingeladenen Architekturbüros zum »Ideenwettbewerb« der MPG für Martinsried. In den Wettbewerbsrichtlinien war festgelegt, welche Geräte und Apparaturen in den einzelnen Laborbereichen untergebracht werden sollten, welche zentralen Einrichtungen und technischen Anlagen gemeinsam zu nutzen waren und welche Bereiche und Einrichtungen aus Gründen der Zusammenarbeit in unmittelbarer Nähe liegen sollten. Die Architekten waren aufgerufen, Pläne zu entwickeln, die nicht nur eine effiziente Zusammenarbeit fördern, sondern auch die Autonomie der einzelnen Abteilungen zum Ausdruck bringen und gleichzeitig die Gesamteinheit der Einrichtung wahren sollten.[31]

Der einstimmig auf den ersten Platz gewählte Beitrag des Büros Beckert und Becker aus Frankfurt am Main löste diese Probleme auf elegante Weise durch einen modernistischen »Stern«-Entwurf für die Laborgebäude. Jeder »Stern« verband vier bzw. acht autonome Abteilungen, die sich in unmittelbarer Nähe zu den anderen und zu den gemeinsamen Einrichtungen befanden; die horizontalen Gestaltungselemente spiegelten die nichthierarchische Organisation des vereinigten MPI für Biochemie wider.[32] Zur Erprobung des neuen Konzepts gab die MPG eine Analyse der bestehenden wissenschaftlichen Interaktionsmuster zwischen den Münchner MPI in Auftrag, die der neuen Struktur erhebliche Potenziale für eine verstärkte Zusammenarbeit in der Forschung attestierte.[33] Martinsried bot somit Möglichkeiten zur interdisziplinären Zusammenarbeit wie in Dahlem, allerdings innerhalb der kollegialen Struktur eines großen, modernen und kostengünstigen Forschungsinstituts.

In der Endphase der Planung erweiterte der »Martinsrieder Kreis« Personal und Programm des MPI, um die Internationalisierung und die Verbindung zur Molekularbiologie zu stärken, denn man erwartete, dass das geplante Europäische Laboratorium für Molekularbiologie (EMBL) einen Flügel von einem der Martinsrieder »Sterne« belegen würde. Diese Hoffnung wurde 1971 enttäuscht, als die EMBL-Planer unerwartet den Standort Heidelberg bevorzugten.[34] Dennoch nahmen mehrere Mitglieder des Kreises die Molekularbiologie in ihr Forschungsprogramm auf. Zu den späteren Neuzugängen der Martinsrieder Gruppe gehörten 1973 der schwedische Wissenschaftler Pehr Edman, der eines der ersten Geräte zur Proteinsequenzierung entwickelt hatte und gebeten wurde, an der Sequenzierung von Nukleinsäuren zu arbeiten, sowie der junge, von der Technischen Universität (TU) München gekommene Forscher Robert Huber, der eine zweite Sektion zur Strukturanalyse biologischer Moleküle leitete.[35] Hubers Nobelpreis für Chemie im Jahr 1988, den er sich mit zwei ehemaligen Martinsrieder Mitarbeitern, Hartmut Michel und Johann Deisenhofer, teilte, bestätigte die Wirksamkeit des MPI-Konzepts, einen konzentrierten Ort der Forschung mit großen Synergiepotenzialen unterschiedlicher Einrichtungen zu schaffen, ebenso wie der fünfte Platz, den das MPI 1991 unter den molekularbiologischen Forschungseinrichtungen der Welt einnahm (knapp hinter dem EMBL in Heidelberg).[36]

8.7 Die MPG nach dem Boom (1972–1989)

Die Phase nach dem Boom hat auch im Institutsbau neue Formen hervorgebracht, die zum Teil ein verändertes Gesellschafts- und Wissenschaftsverständnis reflektierten. Das Bewusstsein von Grenzen des Wachstums, von einer »Bringschuld der Wissenschaft« (Helmut Schmidt) in Bezug auf wirtschaftliche und gesellschaftliche Herausforderungen wie die der Sicherung des Lebensstandards und des Umweltschutzes, bewegte auch die Akteure des Baugeschehens in der MPG. Dieses Bewusstsein führte zu einer intensiveren Beachtung von Kosten- und Energieeffizienz – auch in Anbetracht vermehrter Sonderfinanzierungen – sowie zu einer stärkeren Berücksichtigung

---

30 Protokoll der Sitzung Beraterkreis Martinsried am 5.12.1966, AMPG, II. Abt., Rep. 66, Nr. 686, fol. 31–45.
31 Ausschreibung eines Ideenwettbewerbes zur Erlangung von Entwürfen für Institutsneubauen eines biochemischen Zentrums, 1.8.1966, AMPG, II. Abt., Rep. 66, Nr. 686, fol. 92–132, hier fol. 108–109.
32 MPI für Biochemie, München-Martinsried, Neubau-Modell, 1969, AMPG, VI. Abt., Rep. 1.
33 InfraTest-CMP, Beitrag zur Planung (November 1967), AMPG, II. Abt., Rep. 41, Nr. 47.
34 Ferry, *EMBO*, 2014, 62. Siehe auch Kap. IV.9.2.
35 Partridge und Blombäck, Pehr Victor Edman, 1979; The Nobel Prize: Huber Biographical, 1988, https://www.nobelprize.org/prizes/chemistry/1988/huber/biographical/.
36 Huber, Structural Basis, 1992, 610; Top 50 Research Institutions in Molecular Biology, *Science Watch*, Mai 1992, 7, Ausschnitt in AMPG, III. Abt., Rep. 84-1, Nr. 684.

von Kommunikations- und Interaktionsräumen. Besonders eindrucksvolle Beispiele dafür sind das 1974 fertiggestellte Gebäude für das MPI für Bildungsforschung und der 1979 abgeschlossene Neubau für das Institut für Astrophysik in Garching. Beide unterbreiteten in je eigener Weise einzigartige »organische« Raumangebote, die die Möglichkeit des Rückzugs zu konzentrierter theoretischer Arbeit mit der der spontanen Kommunikation und Gruppenbildung verbinden. Sie stehen zugleich für eine Öffnung der MPG hin zu einem Kollegiumsprinzip mit wechselnder Geschäftsführung. Auf das Beispiel des MPI für Bildungsforschung soll deshalb weiter unten näher eingegangen werden.

Neben dieser Entwicklung reagierte der Institutsbau selbstverständlich auch auf die immer anspruchsvolleren technischen Anforderungen der Experimental- und Observationssysteme. Das kam vor allem in den Sonderbauten der MPG zur Geltung, etwa im zwischen 1972 und 1974 errichteten MPI für Elektronenmikroskopie in Berlin-Dahlem oder im 1979 begonnenen Bau des Berliner Elektronen-Speicherrings BESSY in unmittelbarer Nachbarschaft zum Institut für Bildungsforschung. Sonderbauten wie der Ernst-Ruska-Bau für Elektronenmikroskopie am Fritz-Haber-Institut stellten sich allerdings als sehr aufwendig und unflexibel in ihrer Nutzung heraus. Gleichwohl fand man auch dafür eine architektonische Lösung, die sich zugleich in ästhetischer Hinsicht in die umliegende Stadtlandschaft einfügte.

Überhaupt spielte ab Ende der 1970er-Jahre die Beziehung der Gebäude zur umgebenden Landschaft eine zunehmend wichtigere Rolle bei der Bauplanung, etwa im Falle des 1980 gegründeten MPI für Psycholinguistik in Nijmegen, das zwischen einer stark befahrenen Straße und einer Parklandschaft gelegen ist. Die Neubauten der 1980er-Jahre, wie das 1985 begonnene Gebäude für das MPI für experimentelle Endokrinologie, für das 1984 gegründete MPI für Polymerforschung oder für die Abteilung Luftchemie des MPI für Chemie lassen sich kaum mehr einem einheitlichen Baustil zurechnen, sondern gehen zum Teil spielerisch mit verschiedenen Stilelementen um. Durch die bewusste Einbeziehung der jeweiligen Umgebung, insbesondere des universitären Umfelds, sollte eine angenehme Arbeitsatmosphäre geschaffen werden. Diese Bauten sind stärker individualisiert als die typischen Gebäude der vorangegangenen Dekaden. Zugleich wurde die Frage der Energieeffizienz in größerem Maße berücksichtigt, etwa durch Verzicht auf Klimatisierung.

8.8 Bauen für eine Utopie: Das Max-Planck-Institut für Bildungsforschung in Berlin[37]

Das 1963 gegründete Max-Planck-Institut für Bildungsforschung war das erste geisteswissenschaftliche Institut, das einen »neuen, speziell zugeschnittenen Bau bekam […] einen, der sich sowohl von der historischen Architektur als auch von Bauten der Naturwissenschaft distanziert«.[38] Es entstand ein geradezu avantgardistisches Forschungsgebäude, das den ambitionierten Vorstellungen einer neuen Art interdisziplinärer Bildungsforschung entsprach, wie sie in der Programmatik des Gründungsdirektors Hellmut Becker zum Ausdruck kam. Nach Beckers Überzeugung konnte ein unkonventionelles Forschungsgebiet nur in einem unkonventionellen Gebäude entstehen.

Die Forschungen am Institut waren von vornherein auf einen starken Praxisbezug ausgerichtet. Das spiegelte sich auch in den Bauplänen wider. Das Gebäude sollte sowohl das Institut für Bildungsforschung als auch das Pädagogische Zentrum des Landes Berlin beherbergen, obwohl beide Institutionen organisatorisch und haushaltsmäßig getrennt bleiben sollten. Erklärtes Ziel des Pädagogischen Zentrums war es, »Ergebnisse der erziehungs- und fachwissenschaftlichen Forschung für die Unterrichts-, Erziehungs- und Ausbildungspraxis auszuwerten und durch eigene Untersuchungen zur Klärung der Praxis beizutragen«.[39] Gemeinsame Räumlichkeiten beider Institute, wie zum Beispiel die Mensa, sollten den Austausch zwischen Grundlagenforschung in der Bildungswissenschaft und praktischen Erfahrungen in der Pädagogik fördern, um eine neue Generation von Lehrer:innen auszubilden. Den Bauwettbewerb eröffnete die Max-Planck-Gesellschaft zusammen mit der Berliner Senatsverwaltung für Schulwesen, aber das Pädagogische Zentrum kam schließlich nicht zustande. Gebaut wurde am Ende für das MPI für Bildungsforschung.

Bereits der Wettbewerbstext betont den innovativen Charakter des Vorhabens und die Notwendigkeit, Voraussetzungen für eine flexible Nutzung zu schaffen: »Die Arbeitsweise des Instituts schließt die Möglichkeit nicht aus, daß sich die Forschungsaufgaben von Zeit zu Zeit ändern. Daher kann sich die Raumeinteilung innerhalb der einzelnen Geschosse verändern. Es ist bei der konstruktiven Durchbildung darauf zu achten, daß eine Raumaufteilung durch flexible Trennwände o. ä. möglich

---

37 Dieser Text beruht auf einer Vorlage von Maria Teresa Costa. Siehe auch Costa, *Das Kunsthistorische Institut in Florenz*, 2023.
38 Niederschrift des Preisgerichts für den Ideenwettbewerb, AMPG, II. Abt., Rep. 66, Nr. 600, fol. 28–41.
39 Ideenwettbewerb, Wettbewerbsaufgabe, ebd., fol. 103.

ist.«⁴⁰ Das Gebäude sollte zugleich Platz für Kontemplation und Kommunikation bieten, was eine sichtbare Raumtrennung zwischen diesen beiden Dimensionen erforderte, die zugleich aber einen produktiven Dialog erlaubte. Neben den Haupttreppen sollte Platz für »installierte Sitzgruppen« sein.⁴¹ Auch die Bibliothek war als Kommunikationsraum geplant, mit 35 Sitzplätzen und einem Zugang zum Lichthof. Ihre Nutzung sollte den Angehörigen des Instituts vorbehalten sein. Die nach US-amerikanischem Vorbild gestaltete Mensa sollte über ausreichend Sitzplätze verfügen und über einen Zugang zum Garten, sodass es im Sommer auch möglich war, im Freien zu sitzen.

Als Sachpreisrichter der Jury wurde Hans Scharoun ausgewählt, der mit dem Bau der 1963 eingeweihten Berliner Philharmonie gerade ein Meisterwerk vollendet hatte und 1964 den Architekturwettbewerb für die Berliner Staatsbibliothek auf der Potsdamer Straße gewann.⁴² Aus den 14 eingeladenen Architekten des Wettbewerbs für das MPI für Bildungsforschung ging 1966 das Architekturbüro Fehling/Gogel aus Berlin als Sieger hervor. Das Gebäude wurde schließlich in Rekordzeit zwischen 1972 und 1974 errichtet.

Einflüsse von Mendelsohn und Taut haben die Architektursprache von Fehling/Gogel ebenso geprägt wie das mit dem Namen Hugo Häring verbundene Konzept einer »organischen Architektur«,⁴³ für das die Harmonie zwischen Gebäude und Landschaft sowie eine aus der Funktion des Gebäudes organisch entwickelte Form entscheidend sind. Mit der »organischen Architektur« verbanden Fehling und Gogel die Freiheit der Planimetrie, den Verzicht auf Wiederholung in der räumlichen Artikulation sowie die sorgfältige Auswahl der Materialien. Auch expressionistische Elemente finden sich in ihren Entwürfen und Werken, wie etwa der der Form zugeschriebene symbolische Wert. Schließlich spielte – jenseits von Konventionen und klassischen Architekturkonzepten wie Wänden, Säulen oder Dach – für die beiden Architekten das Konzept eines dynamischen Raums eine Schlüsselrolle, in dem Menschen sich bewegen, denken, arbeiten und einander begegnen.

Beim Entwurf des Gebäudes für das MPI für Bildungsforschung arbeiteten die Architekten auf verschiedenen Ebenen zugleich: Sie gingen von den Anforderungen an die Nutzung des zukünftigen Instituts aus und vertieften sich gleichzeitig in die Untersuchung der Landschafts- und Umweltkontexte, um das Institutsgebäude in einen Dialog mit seiner Umgebung zu versetzen. So ist das Institut heute von einem wilden Garten umgeben, mit einigen Tischen und Stühlen für spontane Treffen. Zudem wollten die Architekten ein Gebäude entwickeln, das man sowohl im Innenraum als auch im Außenbereich in seinem Ganzen kaum überblicken kann – es sind immer nur unterschiedliche Perspektiven auf einzelne Aspekte des Gebäudes möglich. Es gibt also keine privilegierte Perspektive (etwa die Zentralperspektive der Renaissance), die es erlauben würde, das ganze Gebäude zu überblicken. Hinzu kommt der dynamische und komplexe Zusammenhang zwischen Außen- und Innenraum: Von außen kann man kaum einschätzen, wie sich der Innenraum entwickelt.

Eine Grundidee der Konstruktion ist das »schneckenartige Aufwickeln der Baumassen um einen zentralen Turm«.⁴⁴ Es gibt verschiedene Achsen und Ebenen, auf denen sich die Büros der Wissenschaftler:innen befinden. Ein erheblicher Teil des Gebäudevolumens ist gemeinsamen Treffen und Begegnungen gewidmet. »Von der großen Treppenhalle gehen auf der Westseite drei Flügel linear gereihter Bürozellen aus, deren Enden untereinander wiederum mit weiteren Bürotrakten verbunden sind. Östlich der Eingangshalle steht das große Hexagon der Bibliothek. Mensa und Konferenzräume liegen links und rechts der Haupterschließungsachse vor dem Gebäude und flankieren den Eingang.«⁴⁵ An den Knotenpunkten der Bürotrakte befinden sich größere Büros und Seminarräume. An der Kreuzung zwischen Korridoren und terrassierten Räumen ergeben sich oft kleine, mit Sofas ausgestattete Begegnungsräume für die Mitarbeiter:innen. Diese offenen Räume haben eine asymmetrische polygonale Struktur, die in Variationen die Form des gesamten Baus nachahmt. Auch die breite zentrale Treppe eignet sich für solche spontanen Begegnungen, während die einzelnen Büros auf beiden Seiten der Korridore als »Denkzellen« die Privatsphären des theoretischen Denkens schützen. Die Büros, von den aus man auf den Innenhof schaut, erwecken den Eindruck einer geradezu klosterartigen Architektur, die das Gefühl bestärkt, Teil einer Gemeinschaft zu sein.

---

40 Ebd., fol. 102.
41 Ebd.
42 Scharoun hatte das Projekt für die Philharmonie angestoßen, das aber erst nach seinem Tod durch die Arbeit von Hermann Fehling zustande kam.
43 Über den Zusammenhang von Fehling/Gogel mit der »organischen Architektur« siehe u. a. Sewing, Die Präsenz des Sozialen, 2009, 59.
44 Gruss, *Die MPG als Bauherr*, 2009, 29.
45 Ebd., 32.

Das Gebäude von Fehling/Gogel gilt nicht nur als eines der gelungensten Beispiele in der Baugeschichte der MPG, es ist auch bleibendes Zeugnis einer utopischen Episode der Max-Planck-Gesellschaft, in der sie sich gesellschaftlicher Herausforderungen wie der Bildungskrise nicht nur als Forschungsgegenstand annahm, sondern auch durch innovative Formen ihrer eigenen Praxis und deren Gestaltung durch Architektur.

8.9 Die Herausforderungen des »Aufbaus Ost« (nach 1990)

Die bereits in der vorangegangenen Phase beobachtbare Tendenz zur Individualisierung des Bauens und einer Betonung der Kommunikations- und Kooperationsmöglichkeiten setzte sich in der Zeit nach der Wiedervereinigung fort, in der die MPG mit dem »Aufbau Ost« eine Vielzahl neuer Aufgaben übernahm. Diese Phase war nicht zuletzt durch ehrgeizige Bauprojekte für die neu gegründeten Institute geprägt, die den bereits beträchtlichen Handlungsdruck auf die Bauabteilung weiter verstärkten. Dennoch blieb die MPG bei ihrem Vorsatz, einzigartige Institutsgebäude zu realisieren, die auch den Repräsentationsansprüchen der von ihr geförderten Forschung genügen und oft darüber hinaus die Gesellschaft als Ganze schmücken sollten. Dabei haben sich der Gestaltungswille herausragender Architekt:innen und die Erwartung, dass sich repräsentative Forschungsgebäude positiv auf die Attraktivität der MPG gerade auch bei Berufungen auswirken würden, wechselseitig bestärkt. Auch in dieser Phase haben individuelle Wünsche von Direktor:innen in einigen Fällen die Gestaltung von Wissenschaftsgebäuden der MPG langfristig geprägt, und das, obwohl ihre Verweilzeit in der Gesellschaft im Allgemeinen um einiges kürzer ist als die typische Lebenszeit eines Gebäudes. Es entsprach jedenfalls nicht dem Selbstverständnis der Gesellschaft, der drohenden Überlastung von Haushalt und Planungskapazitäten mit einer stärkeren Fokussierung auf Standardlösungen, mit einem darauf bezogenen Erwartungsmanagement der Nutzer:innen und schlanken Entscheidungswegen zu begegnen.

Ab den 1960er-Jahren hatte die MPG naturwissenschaftlich arbeitende Institute vorwiegend außerhalb der Innenstädte angesiedelt, nicht zuletzt mit Blick auf Grundstückspreise und Erweiterungsmöglichkeiten. Das änderte sich in der Phase der deutschen Einigung, als in den neuen Ländern urbane Standorte ausdrücklich erwünscht und durch das inzwischen erreichte hohe Niveau des Emissionsschutzes auch möglich waren. Allerdings wählte man gelegentlich städtebauliche Filetgrundstücke und Flächen ohne großzügige Erweiterungsmöglichkeiten, während sich die Standorte vergleichbarer Institutionen im In- und Ausland durch das Selbstbewusstsein auszeichnen, nicht in eine hochwertige Umgebung zu gehen, sondern diese durch die eigene Institution allererst zu schaffen. Die aus ökonomischen und wissenschaftlichen Gesichtspunkten naheliegende Lösung, inhaltlich verwandte Institute auf einem Campus zu versammeln, konnte nur in einigen Fällen, wie etwa beim 1996 gegründeten MPI für chemische Ökologie und beim 1997 gegründeten MPI für die Erforschung globaler biochemischer Kreisläufe am Standort Jena verwirklicht werden. Erfolgreiche Campuslösungen gelangen der MPG immer dann, wenn man entwicklungsfähige Standorte gewählt hatte, die Ansiedlungen von Dritten und eine Erweiterung der MPG-eigenen Infrastruktur gleichermaßen unterstützten. In dieser Hinsicht war man in früheren Phasen deutlich selbstbewusster als in jüngerer Zeit.

Campuslösungen standen allerdings häufig die Standortkonkurrenz zwischen den Bundesländern, der föderale Finanzierungsmodus der MPG und die Abhängigkeit der Standortfrage von den ursprünglichen Gründungsentscheidungen entgegen. Die in Kapitel III ausführlich besprochene Clusterstruktur der Max-Planck-Institute spiegelt sich daher nur sehr begrenzt in ihrer räumlichen Verteilung wider – teils um den Preis nicht wahrgenommener Synergiepotenziale in der wissenschaftlichen Tätigkeit der Institute –, obwohl doch die Ursprünge der Gesellschaft genau auf einem solchen Campus lagen, im »deutschen Oxford« Dahlem, von dessen Modellcharakter als Ort der Forschung schon die Rede war.

Im Vergleich dazu hat sich in der jüngeren Geschichte der MPG der hemmende Einfluss von Genehmigungsinstanzen stark bemerkbar gemacht, der extrem minimalistische Lösungen fordert und der die Realisierung eines Vorsorgeprinzips im Bauen weitgehend verhindert hat. Der Campus in Dahlem hat demgegenüber eindrucksvoll gezeigt, wie sinnvoll gewählte Großzügigkeit in baulicher Infrastruktur nachhaltige Entwicklungen auch nach einem Jahrhundert der Nutzung immer noch begünstigt. Nichts ist so wenig nachhaltig wie zu kleine, nicht erweiterbare und hyperspezifische Bauten für die Wissenschaft. Dies gilt sowohl für die Bausubstanz und die darin enthaltene Energie, die bei Änderungen und Abriss verloren geht, als auch für die Nutzung von verstreuten Anwesen, die aufgrund ihrer Kleinheit keine Möglichkeiten für optimierte Betriebsabläufe bieten.

8.10 Zwei Leuchttürme des Bauens in Rom und Dresden[46]

Zwei Beispiele sehr ehrgeiziger Bauprojekte mögen die Unterschiedlichkeit der Herausforderungen illustrieren, denen sich die MPG nach der deutschen Einigung zu stellen hatte, ebenso wie die aufwendigen individuellen Lösungen, die man dafür fand. Das erste Beispiel betrifft die bereits 1913 durch eine Stiftung von Henriette Hertz gegründete Bibliotheca Hertziana in Rom. Sie residiert im Palazzo Zuccari, im 1963 zusätzlich angekauften Palazzo Stroganoff, im Villino Stroganoff und im 2013 eröffneten Neubau des spanischen Architekten Juan Navarro Baldeweg. Es war der wachsende Buchbestand sowie Bau- und Brandschutzmängel des in den 1960er-Jahren errichteten Erweiterungstrakts, die Mitte der 1990er-Jahre Anlass gaben, den Erweiterungstrakt unter Erhalt der historischen Fassaden abzureißen und einen internationalen Architekturwettbewerb für einen Neubau auszuloben, den Baldeweg gewann. Der Bau wurde 2003 begonnen, 2012 vollendet und steht seit Januar 2013 für den Bibliotheks- und Forschungsbetrieb zur Verfügung.[47]

Die Bibliotheca Hertziana befindet sich an einem einzigartigen Ort, am Monte Pincio, an dem bereits der römische Senator Lucius Licinius Lucullus um 60 v. u. Z. eine Villa mit Garten besaß. Schon 1969 kamen bei Renovierungsarbeiten archäologische Funde aus dieser Zeit zum Vorschein. Bei den Arbeiten am Neubau wurden Reste eines antiken Nymphäums freigelegt. Für den Entwurf von Juan Navarro Baldeweg spielte dieser historische Zusammenhang eine entscheidende Rolle. Er entwickelte die Idee, Altes und Neues eng miteinander zu verflechten, nach dem Vorbild eines Wandteppichs oder eines Gewebes. Dabei sollten die neuen Elemente als eine Art Kettfäden in die existierende Struktur eingebunden werden, die er als die Schussfäden betrachtete. Der Garten des Lucullus steht im Zentrum seiner Konstruktion; an ihn sollte das neue Gebäude durch einen Leerraum erinnern.

Die Realisierung dieses spektakulären und höchst anspruchsvollen Entwurfs stellte die Bauabteilung der MPG und den bauleitenden Architekten Enrico Da Gai vor größte Herausforderungen, die vom Denkmalschutz über die Statik bis zur Finanzierung des ehrgeizigen Plans reichten, die nur durch die Unterstützung aus privaten Mitteln möglich war.[48] Schon die rein technischen Herausforderungen waren gewaltig und die darauf gefundenen Antworten setzten neue Maßstäbe. Um die archäologischen Funde an ihrem Ort zu bewahren, ruht der Neubau auf einer aufwendigen Pfahlgründung mit 170 bis zu 50 Meter tief gesetzten Mikropfählen. Darunter gibt es genügend Platz, um nach weiteren Funden zu suchen, darüber befindet sich die Bibliothek, in der durch Kompaktregale zusätzlicher Raum für die Unterbringung von Büchern geschaffen wurde. Eine weitere Herausforderung bestand darin, die auf verschiedenen Höhen befindlichen Etagen der nebeneinanderstehenden Palazzi auf dieselbe Ebene zu bringen. Das ermöglicht nun eine komplizierte Struktur, die sich jedoch ganz schlicht in die terrassierte Struktur von Baldeweg einfügt.

Auf diese Weise wurde die Einzigartigkeit dieses Ortes kunsthistorischer Forschung mitten in Rom unterstrichen. Allerdings musste das Vorhaben in der ohnehin für die MPG mit vielfältigen Belastungen verbundenen Phase der deutschen Einigung bewältigt werden. In seinem gedanklichen Zentrum steht nach wie vor die klassische geisteswissenschaftliche Arbeit mit Büchern in historischen Räumen und an Schreibtischen, die zum Teil einen wunderbaren Ausblick auf die Stadt bieten, während zugleich die Bibliotheca Hertziana als Max-Planck-Institut für Kunstgeschichte inzwischen zu einem Ort avancierter Forschung in den Digital Humanities geworden ist.

Das zweite Beispiel betrifft das Gebäude für das MPI für Physik komplexer Systeme. Auf Empfehlung der Chemisch-Physikalisch-Technischen Sektion hatte der Senat der Max-Planck-Gesellschaft im November 1992 die Gründung dieses Instituts beschlossen. Es war das dritte Institut in den neuen Bundesländern und das erste in Sachsen.[49] Aufgrund des geeigneten wissenschaftlichen Umfelds hatte man Dresden als Standort ausgewählt. Die MPG strebte insbesondere eine enge Kooperation mit der Technischen Universität und mit außeruniversitären Forschungseinrichtungen an. Die Ansiedlung sollte im Hinblick auf den mit ihrer Rolle bei der deutschen Einigung verbundenen politischen Erwartungsdruck möglichst rasch vonstattengehen. Als Gründungsdirektor war Peter Fulde vorgesehen, der damals als Direktor am Max-Planck-Institut für Festkörperforschung in Stuttgart tätig

---

46 Dieser Text beruht auf einer Vorlage von Maria Teresa Costa.
47 Die Bauabteilung der MPG hat einige Broschüren zum Wettbewerb und zur Renovierung herausgegeben. Max-Planck-Gesellschaft, Bibliotheca Hertziana, 2007; Max-Planck-Gesellschaft, Max-Planck-Institut für Kunstgeschichte Rom, 2008; Max-Planck-Gesellschaft, Bauen zwischen den Zeiten, 2013.
48 Da Gai, Il progetto, 2004, 87–100.
49 MPG Presseinformationen – Forschungsberichte und Meldungen aus der Max-Planck-Gesellschaft, 19.7.1993, AMPG, III. Abt., ZA 189, Nr. 12.

war. Zusammen mit seiner Forschungsgruppe entwickelte er die wissenschaftlichen Leitlinien und die ihnen entsprechenden räumlichen Erfordernisse des neuen Instituts.

Um die Gründung zu beschleunigen, wurde entschieden, das Institut zunächst nur mit einer Abteilung aufzubauen, ergänzt durch kleinere Forschungsgruppen. Dem designierten Gründungsdirektor Fulde, in Dresden aufgewachsen, war es auch aus persönlichen Gründen ein besonderes Anliegen, den Institutsbetrieb möglichst rasch in Gang zu bringen. Das Institut nahm seine Arbeit im Januar 1994 in den provisorischen Räumlichkeiten in der Bayreuther Straße 40 in Dresden auf, die die Technische Universität zur Verfügung stellte. Vom Baubeginn des Neubaus und der zugehörigen Gästehäuser bis zu deren Einweihung im Juli 1997 vergingen weniger als zwei Jahre.

Das Institut hatte mit seinem breit angelegten Gästeprogramm und einer großen Zahl von Nachwuchswissenschaftler:innen von Anfang an einen besonderen Charakter, der sich auch in seinem Gebäude widerspiegeln sollte. Die geplanten Räumlichkeiten umfassten Standardbüros für 127 theoretisch arbeitende Wissenschaftler:innen, einen Hörsaal, Seminarräume, eine Bibliothek, eine Cafeteria und vor allem einen abgetrennten Gästewohnbereich. Für den Gründungsdirektor gehörten »die Optimierung der Kommunikation, die Förderung von interdisziplinärer Zusammenarbeit und optimale Voraussetzungen zur Realisierung eines ausgedehnten Gästeprogramms«[50] zu den unverzichtbaren Grundprinzipien für die architektonische Gestaltung des neuen Instituts. Nach den Vorstellungen der MPG sollten die Architekt:innen »teure, unangemessen repräsentativ wirkende und ökologisch bedenkliche Materialien«[51] vermeiden und den Wissenschaftler:innen »Räume anbieten, deren Form, Farbe und Belichtung geistige Arbeit fördern und die Konzentration erleichtern« sollte.[52] Die MPG forderte darüber hinaus, ökologische und energiesparende Bauprinzipien zu verfolgen. Man erwartete vom Entwurf ein rationales Grundprinzip, das die Orientierung im Gebäude erleichtert und interessante Räumlichkeiten entstehen lässt, die Kommunikation und Zusammenarbeit fördern. Außerdem sollte genügend Flexibilität vorhanden sein, um Räume für unterschiedliche Zwecke nutzen zu können.

Zum beschränkten Wettbewerb wurden sechs Architekturbüros eingeladen. Ihre Entwürfe unterschieden sich maßgeblich bezüglich der Organisation des Raums sowohl des Institutsgebäudes als auch der Gästewohnungen. Bald war klar, dass die Entscheidung zwischen den Entwürfen der Architekturbüros Brenner & Partner bzw. Benedek & Partner fallen würde. Die Forderung nach einer möglichst integrativen Lösung gab schließlich den Ausschlag. Während sich beim Entwurf des Architekturbüros Benedek & Partner die geplanten drei Abteilungen des Instituts auch in der Architektur in einer Dreiteilung des Gesamtgebäudes widerspiegelten, vermied der Entwurf von Brenner & Partner eine solche Teilung – und erhielt den ersten Preis.

Im Unterschied zu den anderen Entwürfen, die von drei separaten Bereichen für die drei Abteilungen ausgingen, entwarf Brenner & Partner das Institutsgebäude als einen einzigen L-förmigen Baukörper, in dem es keine klare räumliche Trennung zwischen den Abteilungen gibt. Die Büros reihen sich auf beiden Seiten der L-Struktur und bieten Ausblicke sowohl auf die Straße als auch auf den Garten. Neben den Standardbüros wurden Räume zur flexiblen Nutzung geschaffen, die in verschiedene Größen aufgeteilt werden können. So gibt es zum Beispiel eine »bewegliche« Wand zwischen dem Speisesaal und einem kleineren Konferenzraum, die zu besonderen Anlässen verschoben werden kann, wodurch ein größerer Raum, etwa für feierliche Veranstaltungen, entsteht. Der Entwurf sah drei Gästehäuser vor, die später durch ein viertes ergänzt wurden, wo sich neben den Gästewohnungen auch die Bibliothek befindet. Eine offene Eingangshalle, die sich über alle Geschosse erstreckt, fungiert durch ihre vertikale Haupterschließung als »Verteiler« und dank ihrer zentralen Lage zugleich als Ort der Kommunikation. Zum informellen Austausch zwischen den Mitarbeiter:innen sollten auch die kleinen »Inseln« dienen, die durch das Zusammenlegen von Sofas in gemeinsamen Bereichen geschaffen wurden, sowie die Lage von Besprechungsräumen an den Knotenpunkten. In dieser Hinsicht hat das Institut eine klare und organische räumliche Struktur, die eine gute Orientierung innerhalb des Gebäudes sowie kurze Wegen innerhalb der Abteilungen gewährleistet. Das Gebäude ist somit optimal auf die innovative Ausrichtung des Instituts abgestimmt und erlaubt zugleich flexible Anpassungen an deren Veränderung. Obwohl es stark von den Vorstellungen seines Gründungsdirektors geprägt ist, haben sich dessen weitsichtige Planungen weit über seine eigene Amtszeit hinaus bewährt.

---

50 Zitat aus einem Gespräch zwischen Peter Fulde und Maria Teresa Costa am 2.6.2020.
51 Max-Planck-Gesellschaft, Beschränkter Realisierungswettbewerb, 1993, 2.
52 Ebd., 4.

8.11 Schlussbemerkung[53]

In der MPG hat sich eine Tradition des technisch und ästhetisch hochwertigen Bauens entwickelt. Sie hat immer wieder stilistisch prägende Wissenschaftsbauten errichtet, ohne den Rahmen der vorgegebenen Beschränkungen zu sprengen. Freilich wurde dadurch auch sehr oft in einem zu engen Korsett gebaut. Die Institutsgebäude der MPG waren jedoch stets, wenn auch auf sehr unterschiedliche Weise, Ausdruck der hohen Ansprüche an die in ihnen geleistete wissenschaftliche Arbeit und in der Regel weitaus repräsentativer als die anderer Wissenschaftseinrichtungen. Dies ist nicht zuletzt auf die vergleichsweise üppige staatliche Alimentierung zurückzuführen, aber seit den 1960er-Jahren auch auf das Wirken einer Bauabteilung, die dem Bauen der MPG ein gewisses Maß an Eigenständigkeit gegenüber staatlichen Instanzen, aber auch der Orientierung an den Interessen der Gesellschaft gegenüber den Einzelinteressen der Wissenschaftlichen Mitglieder sicherte. Allerdings variierte dieses Verhältnis zwischen Gemeinschafts- und Einzelinteresse im Laufe der Geschichte beträchtlich.

Während sich die Direktoren der Gründungsphase der MPG – im Einklang mit einem patriarchalisch verstandenen Harnack-Prinzip und der Tradition der KWG – stark in Gestaltung und Bauplanung »ihrer« Institute einbrachten, führten das Wachstum der MPG und die gestiegene Bedeutung interdisziplinärer Kooperation – etwa in großen Institutszentren wie in Martinsried – in ihrer formativen Phase zu einem weniger an Repräsentation als vielmehr an Standards und Funktion orientierten Bauen. Hier lässt sich eine gewisse Abschwächung des »absolutistischen« Harnack-Prinzips und eine Zunahme wissenschaftsbezogener Zweckrationalität beobachten. Dies entsprach der zeitgenössischen Tendenz des modernen Bauens mit Raster und Modul, das auch im Hochschulbau der 1960er-Jahre seinen Ausdruck fand.

In der Phase nach dem Boom kam es dagegen wieder zu einer stärkeren Individualisierung der Bauprojekte, in denen jetzt die Erleichterung fächerübergreifender Kommunikation durch Architektur mit der Schaffung von Räumen für Kommunikation und Kooperation und die Einpassung in die Umgebung eine größere Rolle spielten. Standards und Module prägten zum Teil nach wie vor einzelne Baukörper, während die daraus zusammengesetzten Gesamtensembles freier gestaltet wurden oder auch stilistisch ganz eigenwillige Bauten – wie im Falle des MPI für Bildungsforschung – hervorbrachten. Die Gebäude, die in dieser und der folgenden Phase nach der deutschen Einheit entstanden, waren darüber hinaus durch die Tatsache beeinflusst, dass Institute jetzt zunehmend von interdisziplinär zusammengesetzten Kollegien geleitet wurden. Gleichzeitig nahm die Bedeutung von Sonderbauten und Sonderfinanzierungen zu – mit der Folge einer gewissen Unübersichtlichkeit des Baugeschehens. Jedenfalls wuchsen die Vielfalt und die Individualität der Bauprojekte, was angesichts des großen Handlungsdrucks auf die MPG in der Phase des »Aufbaus Ost« die Finanzen und Planungskapazitäten strapazierte.

Die Verschiebung der Akzente im Laufe der Baugeschichte spiegelt ein durch die verschiedenen Funktionen der MPG bestimmtes und jeweils unterschiedlich gestaltetes Spannungsfeld: Förderung der Wissenschaft durch das Angebot zweckdienlicher Infrastrukturen, Öffentlichkeitsbezug und repräsentative Darstellung von Wissenschaft im nationalen und internationalen Kontext. Zweifellos illustriert die Baugeschichte die große innere Vielfalt der MPG, aber auch ein Stück mangelnder Koordinationsfähigkeit, die nicht der Bauabteilung zuzuschreiben ist, sondern vielmehr ungelösten Problemen an den Schnittstellen zwischen der Bauabteilung und dem organisierten Handeln der Wissenschaftlichen Mitglieder.

In den Bereichen Bauen und Infrastruktur lagen Verantwortungen und Entscheidungen überwiegend jenseits der Desiderate einzelner Direktor:innen. Nur wenige von ihnen waren zudem mit den komplexen Sachverhalten vertraut. Während die Aufwendungen für Bau und Betrieb der Institutsgebäude erheblich sind, gab es kaum Anreize, sparsam und nachhaltig mit Ressourcen umzugehen. Ohne eine Verankerung des Bauthemas in den Sektionen oder im Wissenschaftlichen Rat und ohne Anreize für einen schonenden Umgang mit den Ressourcen agierten die Wissenschaftlichen Mitglieder daher überwiegend jeweils nur mit Blick auf die Einzelinteressen ihrer Institute.

Im hier betrachteten Zeitraum herrschte in der MPG der Glaube vor, dass die für den Erfolg der MPG fundamentale Flexibilität in den Randbedingungen des wissenschaftlichen Arbeitens sich auch in einer nahezu unbegrenzten Individualität des Bauens ausdrücken müsse. Deshalb argumentierte man, für den Erfolg bei Berufungsverfahren sei es notwendig, die Individualität in Standorten und Bauaufgaben zu maximieren. Ein weiterer Ausdruck der bedingungslosen Flexibilität war das Fehlen eines Strukturkonzepts der MPG bezüglich ihrer räumlichen Diversität und bezüglich allgemeiner Anforderungen an Standortentscheidungen. Ein solches Konzept hätte ein Instrument der Priorisierung von Ar-

---

[53] Dieser Text beruht teilweise auf einem Text von Robert Schlögl und gemeinsamen Diskussionen mit Jürgen Renn im Rahmen der Präsidentenkommission »Klimaschutz der MPG«.

gumenten sein können, das die Pfadabhängigkeit durch historische Campuskonzepte ergänzt und erweitert hätte. Die immer noch gängige Praxis, sich bei diesen an numerischen Deskriptoren der umgebenden Forschungseinrichtungen an möglichen Standorten zu orientieren, war und ist wenig geeignet, um den inhärenten Widerspruch der Zeitskalen von wissenschaftlicher Aktivität und Lebensdauer baulicher Infrastrukturen aufzulösen. Heutige Baumaßnahmen können sich dagegen über Zeiträume hinziehen, die bis zu einem Drittel der wissenschaftlichen Arbeitszeit eines Direktorats ausmachen. Dafür sind sicher zahlreiche MPG-externe Ursachen maßgeblich, aber eben auch das Unvermögen, diesen Ursachen mit geeigneten Maßnahmen entgegenzuwirken.

Abschließend soll kurz auf einen weiteren Aspekt eingegangen werden, der strukturell ähnliche Fragen aufwirft: auf den der Nachhaltigkeit des Bauens. Das Thema Nachhaltigkeit gehört zu den bereits beschriebenen systemischen Herausforderungen des Bauens und eignet sich daher, diese zum Schluss dieses Abschnitts in ihrer Bedeutung für die Geschichte und die Zukunft der MPG noch einmal zu akzentuieren. Dabei gilt, dass Nachhaltigkeit von baulicher Infrastruktur umso leichter zu erreichen ist, je allgemeiner ihre Nutzung ist. Aber auch für wissenschaftlich begründete Sonderbauten kann Nachhaltigkeit im Sinne einer Umwidmung der Nutzung bei minimaler baulicher Anpassung erreicht werden, wenn dies bei Planung (auch der Kosten) und beim Entwurf bewusst mitgedacht wird. Das Thema ist keinesfalls neu und wurde auch in der MPG bereits früh diskutiert, ohne allerdings zu einem verbindlichen Leitkonzept zu werden.

Zur Nachhaltigkeit gehören Strukturfragen wie Campuslösungen an entwicklungs- und erweiterungsfähigen Standorten und die synergetische Nutzung von Infrastrukturen, nachnutzbare Bautypologien mit standardisierten Funktionen, Modularität und Flexibilität für wissenschaftsbedingte Sonderlösungen, der Verzicht auf repräsentative Ausstattungen wie bauphysikalisch problematische Glasfassaden und auf nicht wissenschaftlich begründete Sonderwünsche der Nutzer:innen, naturgerechte Außenanlagen, die Nutzung erneuerbarer Energie, aber auch ein nachhaltiger Betrieb von Gebäuden, unterstützt durch ein Monitoring beim Ressourcenverbrauch und Recycling.

Das Fehlen eines an solchen Kriterien orientierten Leitkonzepts im hier betrachteten Zeitraum erklärt sich – wie insgesamt die Fokussierung des Bauens in der MPG auf Einzelfälle – zum einen durch das bereits erwähnte Spannungsfeld zwischen individuellen Desideraten im Kontext des Harnack-Prinzips und den Anforderungen der MPG an das Bauen als Gemeinschaft. Zum anderen liegt das Fehlen eines solchen Leitkonzepts auch daran, dass die Nachhaltigkeit in den rechtlichen Regelungen für Zweckmäßigkeit und Sparsamkeit sowie in den entsprechenden Zuwendungsrichtlinien, die dem Bauen zugrunde liegen, in diesem Zeitraum nicht verankert war und bis heute nicht wirklich maßgeblich ist. Nachhaltiges Handeln in den Bereichen Bauen und Infrastruktur darf sich jedenfalls nicht mit symbolischen Handlungen (Blühstreifen und Fahrradbügel, Abfalltrennung und Ladesäulen) erschöpfen, sondern muss sich der Herausforderung stellen, berechtigte Ansprüche an bauliche Strukturen für eine wissenschaftliche Aufgabe mit der Wandelbarkeit steinerner Strukturen im Zuge des wissenschaftlichen Fortschritts zu vereinbaren.

Die MPG täte gut daran, das historisch gewachsene Wissen um die Ausführung von Wissenschaftsbauten (nicht zuletzt im technischen Bereich) zu kodifizieren und zu katalogisieren. Es ist sicher nicht nötig, jede denkbare bautechnische Erfahrung mit Sonderflächen wie mit Standardlaboren in jedem Projekt von Anfang an neu zu entwickeln. Hier hätte »Lernen aus der Geschichte« einen unmittelbaren Wert sowohl für die MPG als auch für die neuen Wissenschaftlichen Mitglieder, die mittels digital vermittelter Standards und Beispiellösungen vor allem in der Konzeptionsphase ihrer Arbeit eine Hilfestellung erfahren würden, die ihrem Drang nach individueller Verwirklichung die Grenzen des Möglichen in Zeit und Ressourcen entgegensetzt. Es ergäbe sich eine Nachhaltigkeit im institutionellen Wissen und in der Nutzung wie Pflege der Infrastruktur.

Zusammenfassend bleibt festzuhalten, dass die MPG zwar herausragende Orte der Spitzenforschung geschaffen hat wie wohl kaum eine andere Wissenschaftsorganisation in Deutschland, aber bezüglich einer ganzheitlich verstandenen Nachhaltigkeit bisher ihrer möglichen Vorreiterrolle nicht gerecht geworden ist. Die Konzeption einer Entwicklung und Transformation der Infrastruktur der MPG aus einer reichen historischen Erfahrung heraus hin zu optimaler Nachhaltigkeit wäre eine herausragende interdisziplinäre Forschungsaufgabe, die dem Profil der MPG im 21. Jahrhundert gut anstehen würde.

9. Die MPG in der Welt

Alison Kraft, Jürgen Renn, Carola Sachse, Peter Schöttler

9.1 Die MPG als Forschungsorganisation im internationalen Kontext[1]

Als Ort der Forschung agiert die MPG stets in einem internationalen Kontext, denn wissenschaftliche Erkenntnis ist ihrem Wesen nach nicht an nationale Grenzen gebunden. Doch auch als institutioneller Akteur und als soziales Gebilde bewegt sich die Max-Planck-Gesellschaft in einem internationalen Raum, als Konkurrentin zu ausländischen Forschungsorganisationen um Köpfe und Prestige, als Vertreterin der bundesrepublikanischen Wissenschaft in internationalen Beziehungen, als Ansprechpartnerin internationaler Organisationen, in der »Wissenschaftsdiplomatie«, als Partnerin im europäischen Forschungsraum und nicht zuletzt als Station internationaler Karrierewege.

Der folgende Abschnitt geht allen diesen Aspekten nach und unternimmt den Versuch, die Bedingungen und Kontexte zu beschreiben, in denen sich das Handeln der MPG im internationalen Raum abspielte. Im Zentrum der Analyse steht das Spannungsverhältnis zwischen dem universalistischen und grenzüberschreitenden Anspruch von Wissenschaft und ihrer primär nationalstaatlichen Rekonstruktion auch nach 1945, die durch den europäischen Integrationsprozess nur partiell aufgehoben wurde. Die Entwicklung der MPG vor dem Hintergrund dieses Spannungsverhältnisses haben vor allem drei Faktoren bestimmt: Erstens der allmählich entstehende europäische Forschungsraum im Zuge der Integration Europas. Er erwies sich als ein Raum, in dem sich dieses Spannungsverhältnis produktiv gestalten ließ, auch wenn die MPG ihn zunächst nur zögerlich betrat, weil er ihr die Abtretung eines Teils ihrer Autonomie abverlangte. Zweitens die US-amerikanische Hegemonie auch in der Wissenschaft, von der man zugleich profitierte und mit der man in Konkurrenz trat. Und drittens die verstärkten Tendenzen zur Globalisierung von Wirtschaft und Wissenschaft gegen Ende des 20. und zu Beginn des 21. Jahrhunderts.

Dabei ist die MPG zum einen als eine Wissenschaftsorganisation zu betrachten, die international in Konkurrenz und Kooperation mit anderen Organisationen, etwa mit dem französischen CNRS, agiert, um auf diese Weise einen Blick *von außen* auf ihre Geschichte zu gewinnen. Zum anderen gilt es, den Blick der MPG *nach außen* nachzuvollziehen, also ihr Handeln im internationalen Raum zu verstehen, etwa im Rahmen von Wissenschaftskooperationen im europäischen und internationalen Raum, aber auch im Rahmen von Außenwissenschaftspolitik, etwa mit Blick auf Israel, China oder die Sowjetunion.

Einige der im Folgenden behandelten zentralen Fragen sind: Welches Bild hat man im Ausland von der MPG und wie hat sich dieses Bild im Laufe der Zeit verändert? Wie hat sie sich in der Wechselwirkung mit internationaler Politik und in Kooperation und Konkurrenz mit ihren internationalen Partnern verändert? Welche Spuren hat die MPG selbst als Akteurin in der internationalen und der europäischen Wissenschaftslandschaft jenseits ihrer Beiträge zur globalen Forschung hinterlassen?

Der Abschnitt beginnt mit einem Blick auf die Internationalität der Wissenschaft und die spezifische Rolle einer europäischen Perspektive auf die Wissenschaftsentwicklung nach dem Zweiten Weltkrieg. Um die Diversität des europäischen Forschungsraums zu illustrieren, analysieren wir am Beispiel des CNRS die strukturellen Schwierigkeiten, unter denen sich die Austauschbeziehungen mit der MPG entwickelt haben.

Anschließend geht es in einer anderen Hinsicht um die Außenperspektive auf die MPG. Einschlägige Kommentare in *Nature* und *Science* bestätigen, dass die MPG durchaus als deutscher Sonderweg der Forschungsorganisation betrachtet wurde. Ihre Stärken, insbesondere die im Harnack-Prinzip institutionalisierte Autonomie der

---

[1] Der nachfolgende Text stammt von Jürgen Renn.

Forschung, wurden zugleich als ihre größten Schwächen identifiziert, als Perpetuierung hierarchischer Ordnung und als Gefahr der Abkopplung der Spitzenforschung von den Universitäten. Solchen Kritiken, die in der MPG durchaus ernst genommen wurden, stand eine gewisse Unbeirrbarkeit gegenüber, mit der die MPG an ihren Grundprinzipien und damit an ihrer Einzigartigkeit festhielt, und diese nur vorsichtig weiterentwickelte.

Das zentrale Thema des folgenden Abschnitts bildet das Spannungsfeld, in dem sich die MPG zwischen US-amerikanischer Hegemonie und der Selbstbehauptung der europäischen Wissenschaft bewegt hat. Dieses Spannungsfeld lässt sich anschaulich an den Beispielen der europäischen Aufholjagd in der Molekularbiologie und der Braindrain-Debatte aufzeigen ebenso wie an der internationalen Kooperation zur Gravitationswellenforschung. Da internationale Kooperationen im Laufe der Zeit für die MPG immer wichtiger wurden, wurden in der Generalverwaltung dafür neue Zuständigkeiten geschaffen; dabei sollte das Primat der Institute und ihrer Forschungsinteressen weiterhin den Takt bestimmen. Allerdings ließ sich das nicht immer durchhalten: So forderte die Entwicklung des europäischen Forschungsraums den Autonomieanspruch der MPG heraus; auch ließen sich außenpolitische Problemkonstellationen wie etwa in den Beziehungen zu Israel, zur Sowjetunion und zu China nicht ignorieren, denen die MPG auf höchst unterschiedliche Weise Rechnung trug.

Problematisch wird das Streben nach einer sauberen Trennung zwischen wissenschaftlichen und politischen Interessen aber, wenn es um globale Menschheitsfragen wie die Gefahr eines Atomkrieges geht. Am Beispiel der Geschichte der Pugwash-Konferenzen und der (Nicht-)Beteiligung der MPG daran zeigen sich sowohl die persönlichen und intellektuellen Potenziale einzelner verantwortungsbereiter Wissenschaftler in der MPG als auch eine Überforderung der MPG als Organisation, den Ansprüchen demokratischer Politikberatung zu genügen.

9.2 Universalität und Internationalität, Kooperation und Konkurrenz[2]

9.2.1 Die Internationalität der Wissenschaft

Die Wissenschaftlichkeit von Wissen erweist sich nicht erst seit heute an der universalen Geltung seiner Erkenntnisinhalte, der intersubjektiven Nachvollziehbarkeit der Erkenntnisprozesse sowie der translokalen Überprüfbarkeit der theoretischen, instrumentellen und experimentellen Settings, in denen das Wissenschaftlichkeit beanspruchende Wissen gewonnen wurde. In der wissenschaftlichen Revolution der frühen Neuzeit verbanden sich nicht zufällig epistemische und institutionelle Entwicklungen. Zugleich mit den neuen Weisen der Wissensgewinnung entstanden regionale – in den frühen Nationalstaaten (Großbritannien und Frankreich) auch schon erste nationale – Gelehrtengesellschaften, die bald überregional bzw. transnational miteinander in Kontakt traten und vor allem über den Schriftentausch neues Wissen zu transferieren trachteten.[3]

So trivial die moderne epistemische Identität von Wissenschaftlichkeit und universaler Geltung von Wissen sein mag, so wenig selbstverständlich ist die Internationalität der Produktion und Kommunikation von wissenschaftlichem Wissen. In früheren Zeiten mochten die Risiken einer Postkutschenfahrt auf unbefestigten Wegen und durch »polizeylich« ungesicherte Landschaften das Tempo bestimmen, in dem lokal gewonnenes Wissen von einem Ort zum anderen gelangen und so translokale Geltung gewinnen konnte. In dem Maße, wie sich Transport- und Kommunikationswege im kontinentalen und später globalen Maßstab beschleunigten, formierten sich aber auch die Nationalstaaten, die nicht nur ebendiese Wege, sondern auch ihre nationalen Wissenschaftssysteme ausbauten und kontrollierten. Mit ihrem jeweiligen Grenzregime befanden sie in letzter Instanz, unter welchen Bedingungen das Wissen, das innerhalb ihrer jeweiligen Territorien mithilfe von zunehmend aufwendigeren, immer häufiger und umfänglicher staatlich finanzierten instrumentellen und institutionellen Infrastrukturen gewonnen wurde, die nationalen Grenzen passieren durfte und ob ihre Staatsangehörigen, die – ebenfalls oft staatlich alimentiert – dieses Wissen produzierten, internationale Kooperationen eingehen konnten oder nicht.

Mit dem Ende des Zweiten Weltkriegs war Internationalität zwar als Zauberwort der erhofften Sicherung des Weltfriedens in aller Munde, verbunden mit dem universalen Geltungsanspruch der modernen Wissenschaften: Die United Nations Educational, Scientific and Cultural Organization (UNESCO) war die zweite Sonderorganisation der UNO, die nach der Food and Agriculture Organization (FAO) noch 1945 gegründet wurde und mit der die neue Weltgemeinschaft ihrem Auftrag globaler Friedenssicherung nachkommen wollte. Zugleich hatte sich im Zweiten Weltkrieg noch drastischer als im vorangegangenen Großen Krieg wissenschaftlich-technischer Fortschritt als größte Chance, aber auch als gefährlichstes

---

2 Der nachfolgende Text stammt von Alison Kraft, Jürgen Renn und Carola Sachse.
3 Stichweh, Universalität, 2005.

Risiko nationaler Sicherheitspolitik offenbart. Diese seine Janusköpfigkeit profilierte sich im direkt anschließenden Kalten Krieg der Machtblöcke in West und Ost unter Führung ihrer jeweiligen atomar aufgerüsteten Supermächte noch schärfer. Ein Versuch, ihrer Herr zu werden, war die keineswegs neue begriffliche Unterscheidung zwischen Grundlagen- und angewandter Forschung. Seit dem Ende des 19. Jahrhunderts hatte sie vor allem dazu getaugt, die Forschungsbereiche, die öffentlich bzw. staatlich finanziert werden sollten, von denen abzugrenzen, die von privaten Interessenten, etwa Unternehmen und Wirtschaftsverbänden, als den zukünftigen Nutznießern ökonomisch verwertbarer Erkenntnisse selbst zu finanzieren waren.[4] Jetzt sollte diese Unterscheidung zusätzlich helfen, sicherheitspolitische Risiken von Forschungsbereichen und insbesondere des internationalen, womöglich blockübergreifenden Transfers von Forschungsergebnissen einzuschätzen und politisch zu regulieren.[5]

In diesem Spannungsfeld von friedenspolitisch motivierter Internationalität und nationaler Sicherheits- und Bündnispolitik, in dem sich die Wissenschaften mit ihren individuellen und institutionellen Akteuren trotz oder wegen ihres universalen Geltungsanspruchs im Kalten Krieg bewegen mussten, befand sich die MPG in einer im Vergleich zu den Wissenschaftsinstitutionen der Siegermächte komfortablen Position. In Reaktion auf die enge Verflechtung der KWG mit dem militärisch-industriellen Komplex des NS-Regimes bestanden die westlichen Besatzungsmächte, bevor sie deren Weiterführung als MPG überhaupt zuließen, darauf, dass diese ihrer – in Auseinandersetzung mit den britischen und US-amerikanischen Militärbehörden entwickelten – Selbstdarstellung zumindest zukünftig gerecht würde, nämlich einzig eine Institution der Grundlagenforschung zu sein.

Mit ihren Forschungsverboten der frühen Nachkriegsjahre forcierten die Alliierten zudem epistemische Neuorientierungen nicht nur, aber vor allem im Bereich der kernphysikalischen Forschung. Am Ende ging die MPG aus der Neuformierung des westdeutschen Wissenschaftssystems als diejenige Organisation hervor, die, wie Helmuth Trischler gezeigt hat, in erster Instanz für die außeruniversitäre Grundlagenforschung in der Bundesrepublik zuständig, militärischer Forschung unverdächtig und dank ihrer überwiegend staatlichen Grundfinanzierung auch von andersgearteter interessengebundener Auftrags- und Projektforschung weitgehend unabhängig war und ist.[6] Als eine solchermaßen gewandelte Institution politisch und ökonomisch desinteressierter Grundlagenforschung betrat sie alsbald wieder die internationale Bühne.[7]

Auf dieser Bühne zu bestehen verlangte den Aufbau von Kapazitäten. Das rasante Wachstum und Tempo wissenschaftlicher Forschung in der Nachkriegszeit, die immer umfangreicheren Wissenschaftsinvestitionen und der wachsende Bedarf an Fachpersonal verschärften die Wettbewerbskultur, die seit jeher den Wissenschaftsbetrieb gekennzeichnet hat. Dieser wiederum erforderte oftmals eine internationale Wissenschaftskooperation, die für Regierungen und Forschungseinrichtungen immer mehr zur Primärstrategie wurde. Kooperation und Konkurrenz waren somit zwei Seiten derselben Medaille, ohne sie war keine wissenschaftliche Exzellenz zu haben. Mit dem ihr eigenen Ehrgeiz begann die MPG schon früh, ihre internationale Präsenz zu optimieren und sich als globale Akteurin zu positionieren. Dazu gingen ihre Institute eine Vielzahl internationaler Kooperationen ein: Sie begannen in den 1960er-Jahren, in noch nie dagewesener Form mit ihren westeuropäischen Nachbarn zusammenzuarbeiten, und trugen damit zur kollektiven westeuropäischen Antwort auf die damalige »hegemoniale« Dominanz der US-Wissenschaft bei. In den 1970er-Jahren wurde – angesichts knapper Kassen – Internationalisierung als unverzichtbare Ressource zur Aufrechterhaltung der »Konkurrenzfähigkeit« der MPG zugleich zu einer wichtigen wissenschaftspolitischen Strategie auf der Führungsebene der MPG.

9.2.2 Die europäische Perspektive

Vorstellungen von größeren transnationalen Wissenschaftsräumen auf westeuropäischem Boden, wie unterschiedlich und vage auch immer, kamen bei den westlichen Alliierten noch vor dem tatsächlichen Ende des Zweiten Weltkriegs auf. Sie mochten eher regional gedacht werden und die transrhenanische Integration des südwestdeutschen in den französischen Wissenschaftsraum imaginieren oder aber, wie von britischer Seite, als westeuropäisches Gegengewicht gegen die Wissenschaftsmacht jenseits des Atlantiks. Jedenfalls widersprachen sie jenen US-amerikanischen Vorstellungen, wonach Forschungsinstitute in Deutschland geschlossen, wissenschaftliche Forschung – gründlich demilitarisiert, entnazifiziert und langfristig kontrolliert – nur noch an de-

---

4 Clarke, Pure Science, 2010; Sachse, *Grundlagenforschung*, 2014; Kaldewey und Schauz, *Basic and Applied Research*, 2018.
5 Sachse, *Wissenschaft*, 2023, 24–30 u. 56; Krige, *American Hegemony*, 2006.
6 Siehe oben, Kap. IV.2.
7 Sachse, Research, 2009; Sachse, *Grundlagenforschung*, 2014.

mokratisch rekonstruierten Hochschulen zugelassen und darüber hinaus westeuropäische Wissenschaftsstrukturen überhaupt im Sinne der eigenen wissenschaftlichen und politischen Führungsmacht umgeformt werden sollten.

Die Ideen von transnationalen europäischen Wissenschaftsräumen, denen sich die Weiterexistenz der Kaiser-Wilhelm-Institute und ihre Überführung in die MPG letztlich verdankte, waren freilich zu inkohärent, ihre Protagonisten nicht entschlossen und ausdauernd genug: Zu einer europäischen Wissenschaftsunion analog der Montanunion, EWG oder EURATOM reichte es nicht. Im Gegenteil, die Wissenschaftssysteme in den westeuropäischen Ländern reorganisierten sich nach dem Krieg strikt national und getreu ihren jeweiligen historischen Idiosynkrasien, wie wir im Folgenden anhand des Beispiels des französischen CNRS näher ausführen. Im besetzten Westdeutschland geschah dies zudem unter Aufsicht der Alliierten, die den Kulturföderalismus der Länder im Sinne der nachhaltigen Dezentralisierung des zukünftigen Bundesstaats begrüßten und bestärkten.

In dieser politischen Gemengelage konnte sich die MPG vor allem dank britischer Unterstützung einrichten und die besatzungspolitisch forcierten föderalen Strukturen ebenso wie die von den Alliierten geforderte Konzentration ihrer Forschungsbereiche auf die Grundlagenforschung nutzen. Es gelang ihr trotz weit überwiegend öffentlicher Finanzierung, ihre auch im Vergleich mit anderen westlichen Forschungsinstitutionen ungewöhnliche Autonomie in der Personalauswahl bis hin zur Spitze, in der Auswahl von Forschungsfeldern sowie in der administrativen und finanziellen Selbstverwaltung langfristig abzusichern. Damit war aber auch der Grundwiderspruch etabliert, der den Wunschtraum vom europäischen Wissenschaftsraum, der es an Innovationskraft und Leistungsfähigkeit mit dem US-amerikanischen und sowjetischen würde aufnehmen können, immer wieder in einen Albtraum umschlagen ließ – für die MPG vielleicht noch mehr als für ihre westeuropäischen Partnerorganisationen. Denn kaum eine von ihnen hatte im Hinblick auf ihre institutionelle, inhaltliche und finanzielle Autonomie mehr zu verlieren als die staatlich grundfinanzierte Hochburg bundesdeutscher Grundlagenforschung: Sollte sich irgendwann eine europäische Forschungspolitik ausformen, würde sie schwerlich die bundesdeutschen Strukturen kopieren, in die die weitgehende Autonomie der MPG eingeschrieben ist.[8]

9.3 Das CNRS und seine Beziehungen zur MPG[9]

9.3.1 Eine kurze Geschichte des CNRS

Die außerordentliche Diversität des europäischen Forschungsraums wird bereits deutlich, wenn man über den Rhein schaut und eine Organisation betrachtet, die vielleicht noch als entferntes Pendant zur MPG gelten mag: das französische Centre National de la Recherche Scientifique (CNRS). Mit ihm vergleicht sich bis heute die MPG in internationalen Rankings ebenso gern wie mit britischen oder US-amerikanischen Spitzenuniversitäten oder der Chinesischen Akademie der Wissenschaften. Die Geschichte und die Struktur des CNRS sind von denen der MPG völlig verschieden – darin lag ein Grundproblem für Wissenschaftsbeziehungen, die sich dennoch seit den 1960er-Jahren zu produktiven Kooperationen entwickelt haben. Der Vergleich beider Organisationen weist auf komplementäre Stärken und Schwächen hin, die einzelne Wissenschaftler:innen für ihre eigenen internationalen Karrierewege durchaus zu nutzen verstanden.

Das CNRS wurde am 19. Oktober 1939, also sieben Wochen nach Beginn des Zweiten Weltkriegs, durch Verordnung (*décret-loi*) der letzten Regierung Daladier gegründet. Vorausgegangen waren verschiedene Anläufe, Forschungsinstitutionen zu bündeln, Finanzierungswege zu institutionalisieren und die extrem zersplitterte französische Forschungslandschaft produktiver und international konkurrenzfähiger zu machen. Die treibende Kraft war über viele Jahre hinweg der Physiker und Nobelpreisträger von 1926, Jean Perrin. Das CNRS sollte möglichst alle vorhandenen Institutionen und Initiativen der Forschungsfinanzierung unter einem Dach versammeln.

Eine der Kaiser-Wilhelm-Gesellschaft wirklich vergleichbare Institution hatte es in Frankreich weder vor dem Ersten Weltkrieg noch in den Zwischenkriegsjahren gegeben. Verglichen mit dem Deutschen Reich und der Weimarer Republik besaß die Forschung in Frankreich erheblich weniger institutionellen und finanziellen Rückhalt. Lange Zeit wurden die wichtigsten, international konkurrenzfähigen Arbeiten außerhalb oder nur am Rand der Universitäten durchgeführt, etwa im Institut Pasteur, der École Municipale de Physique et de Chimie de Paris oder der École Normale Supérieure. Das galt auch für die Geisteswissenschaften, deren Forschungsseminare (im deutschen Sinne) vor allem in der 1864 gegründeten École Pratique des Hautes Études stattfanden. Erst die (nach deutschem Vorbild unternommenen)

---

8 Siehe Sachse, *Wissenschaft*, 2023, 51–58 u. 181–193.
9 Der nachfolgende Text stammt von Peter Schöttler.

Universitäts- und Schulreformen der Jahrhundertwende führten zur Stärkung der Universitäten und zur Gründung regelrechter Forschungsinstitute, auch wenn weiterhin die Ausbildungsfächer Jus, Medizin und Lettres mit ihren jeweiligen Concours den Ton angaben.

Nach den besonderen Umständen des Zweiten Weltkriegs und der deutschen Besatzung, unter denen das neu gegründete CNRS nur in sehr eingeschränktem Maße tätig war (Medizin, Archäologie, Volkskunde) – zumal Teile der Vichy-Regierung es am liebsten wieder aufgelöst hätten –, begann die Arbeit erst richtig nach der Befreiung im August 1944 und dem (europäischen) Kriegsende im Mai 1945. Fréderic Joliot-Curie (Nobelpreis 1935 und Mitglied der Kommunistischen Partei) wurde von der Regierung de Gaulle zum Generaldirektor des CNRS ernannt. Ein durch Kooptation gebildetes Nationalkomitee bekam die Aufgabe, die wissenschaftliche Forschung zu evaluieren, Finanzmittel zu verteilen und Schwerpunkte zu setzen. Zahlreiche Institute wurden in diesen Jahren gegründet, aber nicht als »CNRS-Institute« – wie im Vergleich die Max-Planck-Institute –, sondern als autonome Einrichtungen, manchmal auch mit universitärer Anbindung, deren Finanzierung jedoch sehr stark vom CNRS als größter nationaler Evaluierungs- und Verteilungsinstanz abhing.

Da Frankreich in der öffentlichen Selbstwahrnehmung einen historischen Rückstand in Sachen Forschung und Innovation aufzuholen hatte,[10] wurden nach dem Krieg – vor allem auf Betreiben von Jean Monnet und in Anknüpfung an »planistische« Ideen der Vorkriegs- und der Vichy-Zeit – sogenannte Pläne aufgestellt, fast analog zu sowjetischen Fünfjahresplänen.[11] Ab dem zweiten Plan (1952–1957) spielte darin auch das CNRS eine wichtige Rolle[12] und sein Anteil am Gesamtvolumen der staatlichen Forschungsförderung wuchs vor allem ab der Präsidentschaft de Gaulles kontinuierlich an.

Das CNRS war allerdings keineswegs alleiniger Empfänger von Forschungsmitteln; es stand immer in Konkurrenz zu einigen großen Einzelinstituten oder -projekten – etwa dem Commissariat à l'énergie atomique (CEA) oder den am CERN angesiedelten Projekten – sowie den Universitäten und Grandes Écoles. Auch wenn es sich beim CNRS um eine beachtliche staatliche Institution handelt, die stark von der jeweiligen Regierungspolitik abhängt und durch eine Zentrale verwaltet wird (analog zur Generalverwaltung der MPG), stellt es jedoch keine Akademie der Wissenschaften dar, wie man sie aus der Sowjetunion oder den osteuropäischen Ländern kennt. Es gab und gibt immer noch andere Akteure, die nicht dem CNRS unterstehen oder von ihm kontrolliert werden. Insofern verfügt die französische Regierung in ihrer Forschungspolitik stets über mehrere Optionen.

Die jeweiligen Schwerpunkte des CNRS hingen davon ab, welche Prioritäten die aktuellen Regierungen setzten, die auch seine Generaldirektoren oder Präsidenten nach Belieben ernennen oder absetzen können. Ab den späten 1950er-Jahren kam es deshalb immer wieder zu Umstrukturierungen des CNRS. 1956 erhielt das CNRS-Personal den Status von Angestellten im öffentlichen Dienst. Nach dem Amtsantritt de Gaulles 1958 wurde die Förderung von Wissenschaft und Technik zur nationalen Priorität erklärt. Ab 1966 entwickelte und betreute das CNRS ein breites Spektrum von Fächern, das parallel zu den Universitäten fast alle Felder abdeckte. Auch in den folgenden Jahren gab es immer wieder strukturelle Veränderungen. So wurden 1979 unter der Regierung Giscard d'Estaing/Barre die Mitspracherechte von Forscher:innen und technischem Personal erheblich eingeschränkt.

Nach dem Wahlsieg François Mitterands 1981 kam es zur Bildung eines eigenen Forschungsministeriums und einem starken Ausbau der Human- und Sozialwissenschaften unter der Direktion von Maurice Godelier. Während der ersten Mitterand-Jahre erlebte die Forschung insgesamt einen ungeheuren Schub. 1982 wurde das CNRS nochmals neu gegliedert; nun wurden Forscher:innen und Techniker:innen verbeamtet, sogar diejenigen, die keine französischen Staatsbürger:innen waren. In den 1990er-Jahren, insbesondere mit der Präsidentschaft von Jacques Chirac, nahm allerdings die Kritik am CNRS zu. Seine zentrale Rolle bei der Mittelvergabe wurde infrage gestellt und zugunsten einer Agence Nationale de la Recherche (ANR) beschnitten, die Projekte evaluieren und finanzieren sollte. Als heimliches Vorbild galt die deutsche DFG, obwohl die Strukturen und Ausstattungen der Universitäten und Institute in beiden Ländern nicht vergleichbar waren und sind. Seit dieser Zeit hat sich die Bedeutung des CNRS schrittweise zugunsten der ANR und der Universitäten verringert. Im Rückblick erscheint die Geschichte des CNRS als eine einzige Abfolge von »Reformen«, von Neuorientierungen und Neugliederungen.

9.3.2 Zum Vergleich von CNRS und MPG

Aus der Distanz mag das CNRS wie eine Riesenstruktur mit Tausenden von Forschern und Forscherinnen aussehen, dabei ist es ein extrem heterogenes Gebilde: Neben

---

10 Bouchard, *Comment le retard*, 2008.
11 Rousso, *Le Plan*, 1985.
12 Guthleben, *Histoire du CNRS*, 2009, 159–161.

einer überschaubaren Zahl von eigenständigen Instituten (Unités propres) gibt es eine Vielzahl von »gemischten« Instituten (früher URA: Unité de recherche associée, heute UMR: Unité mixte de recherche), bei denen es sich um vom CNRS finanzierte bzw. subventionierte Einheiten handelt, die an den Universitäten oder einer der Grandes Écoles angesiedelt sind.

Einer der wichtigsten Unterschiede zwischen CNRS und MPG ist die Personalstruktur. Zu keiner Zeit herrschte im CNRS eine Art Harnack-Prinzip. Zwar gab es und gibt es immer wieder mächtige Institutsdirektoren – angefangen bei Frédéric Joliot-Curie 1945 –, deren Prominenz allein schon eine herausgehobene Stellung und außerordentliche Finanzierung bewirkte, aber in der Zentralverwaltung mit ihren vielen politischen Rücksichten und den Einflussnahmen »von oben« haben sich – spätestens seit der Rebellion von 1968, die auch das CNRS umpflügte – relativ flache Hierarchien etabliert.

Innerhalb des öffentlichen Dienstes bilden CNRS-Forscher:innen seit den 1960er-Jahren ein eigenes »Corps« mit mehr oder weniger eigenen Rekrutierungsregeln, einer eigenen Rangordnung, eigenen Usancen und vielleicht sogar einer eigenen meritokratischen »Philosophie«, die allerdings oft infrage gestellt wurde – bis hin zur Forderung konservativer Politiker (Chirac, Sarkozy), das CNRS aufzulösen und seine Forscher:innen an die Universitäten zu versetzen.[13]

Während das CNRS in den Anfangsjahren lediglich Stipendien und Zeitverträge vergab, wobei die »Directeurs de recherche« zugleich Universitätsprofessoren waren, wurden und werden die Forscher:innen (»wissenschaftlichen Mitarbeiter:innen«) seit den 1960er-Jahren durch ein eigenes Concours-System rekrutiert. Wie viele Stellen dabei insgesamt und für jede einzelne Fachrichtung ausgeschrieben werden, ist jedes Jahr ein Politikum und gilt in der Öffentlichkeit als Indikator für die Wissenschaftspolitik der Regierung. Dabei werden Forscher:innen nur noch selten – wie in den Anfangsjahren – für ein einzelnes Projekt oder Institut ausgewählt (»postes fléchés«), sondern immer als Einzelne für eine ganze Fachrichtung. Damit verfügen sie – nach einer Probezeit – über eine unbefristete Stelle, mit der sie unter Umständen auch in ein anderes Institut innerhalb derselben Fachrichtung, ja sogar in eine andere Fachrichtung wechseln können.

In jedem Fall besteht im Vergleich zur MPG eine viel geringere Abhängigkeit der einmal »titularisierten« Forscher:innen von ihren jeweiligen Institutsleiter:innen oder Projektkolleg:innen. Wer aneckt, kann durchaus anderswohin gehen, ohne das CNRS verlassen zu müssen. Gleichzeitig können Institutsleiter:innen nicht nach Belieben Forscher:innen rekrutieren (etwa als persönliche Assistent:innen oder als künftige Nachfolger:innen), wie dies an den Universitäten lange Zeit üblich war und auch an MPI teilweise praktiziert wurde. Alle neu rekrutierten Forscher:innen mit einer »festen Stelle« müssen zumindest durch den nationalen Concours legitimiert sein, und dort liegt die Latte ziemlich hoch (bzw. immer höher), denn es bewerben sich ja *alle* einschlägig qualifizierten Nachwuchskräfte des ganzen Landes. Innerhalb des französischen öffentlichen Dienstes, und zumal in der Éducation Nationale, sind der Mobilität bis zum offiziellen Rentenalter kaum Grenzen gesetzt: Noch mit 65 Jahren wechseln Professoren oder Directeurs de recherche die Stellen oder Institute.

Zugespitzt könnte man sagen, dass wir es hier mit einer völlig entgegengesetzten Lebensplanung zu tun haben: Während MPG-Forscher:innen eigentlich versuchen müssen, so schnell wie möglich – nach Dissertation und Habilitation – ihre Institute bzw. die MPG zu verlassen, um eine unbefristete und weniger abhängige Stelle zu bekommen (Verbeamtung, Tenure, möglichst »Professur« usw.), versuchen CNRS-Kandidat:in, die spätestens nach der Dissertation (»thèse«) durch einen Concours eine erste (verbeamtete) Stelle erlangt haben (z. B. im gehobenen Schuldienst oder an einer Universität), durch einen weiteren Concours als Chercheur in das CNRS aufgenommen zu werden – und dort möglichst *zu bleiben*. Das alles spielt sich im öffentlichen Dienst ab; Forscher:innen wechseln lediglich von einer Laufbahn (»éducation nationale«) in eine andere (»recherche«). In gewissen Abständen können sie sich dann durch weitere Wettbewerbe um eine Beförderung bemühen (vom Chargé de recherche zum Directeur de recherche usw.). Außerdem können sie im Rahmen von Lehraufträgen (»charge de cours«) an einer Hochschule unterrichten (müssen es aber nicht) oder sich eine Zeit lang als Professor:innen an eine Universität versetzen bzw. beurlauben lassen (»détachement«), um anschließend ins CNRS zurückzukehren. In jedem Fall ist ihnen eine nahezu autonome, abgesicherte Forscherexistenz – bei der Verwaltungsaufgaben fast nur auf freiwilliger Basis ausgeübt werden – sicher.

Die Unterschiede zur Berufungspraxis und Personalstruktur der MPG liegen also auf der Hand. Es überrascht deshalb nicht, dass Arbeitsplatzsicherheit und relative Autonomie der CNRS-Forscher:innen im internationalen Vergleich als ein besonderer Vorzug des französischen Systems betrachtet werden und bereits zahlreiche »ausländische« Forscher:innen dazu veranlasst haben, an CNRS-Wettbewerben teilzunehmen und ihre Laufbahn in Frankreich fortzusetzen.

---

13 Laillier und Topalov, *Gouverner la science*, 2022.

9.3.3 Zu den Beziehungen zwischen CNRS und MPG

Sowohl das CNRS als auch die MPG haben sich zunächst jahrzehntelang auf sich selbst konzentriert, um auf je eigene Weise einen historischen »Rückstand« aufzuholen. Dieser wurde auf französischer Seite vor allem mit dem Zweiten Weltkrieg und der aggressiven Wissenschaftspolitik des NS-Regimes begründet. In vielen Nachkriegsentscheidungen schwang daher der Gedanke der »Revanche« mit, aber auch die Angst vor einem Wiedererstarken Deutschlands, das sich ein weiteres Mal – nun über den Umweg der NATO – gegen Frankreich richten könnte. So stand beispielsweise Anfang der 1950er-Jahre bei den CERN-Verhandlungen immer auch die Frage der Europäischen Verteidigungsgemeinschaft (die vom französischen Parlament und der Mehrzahl der Wissenschaftler:innen ablehnt wurde) und der Beteiligung von ehemaligen »Nazis« an möglicherweise rüstungsrelevanten Forschungen im Raum; bis zuletzt haben die französische Kommunistische Partei (KP) und Joliot-Curie das CERN-Projekt abgelehnt.

Im Verlauf des Kalten Krieges trat dieser »erinnerungspolitische« Aspekt dann etwas zurück, gewann aber mit der Präsidentschaft de Gaulles und seiner neuen Außenpolitik »zwischen« den USA und der Sowjetunion erneut an Bedeutung. Auch die weiterhin starke Stellung der KP (noch 1978 bekam sie rund 20 Prozent der Wählerstimmen) sprach für eine gewisse Zurückhaltung gegenüber Deutschland, hatten doch nicht wenige Wissenschaftler als Soldaten oder Résistance-Mitglieder die deutschen Besatzer bekämpft – von ihren vielen ermordeten Angehörigen ganz zu schweigen. Im Übrigen war klar, dass bei den entscheidenden naturwissenschaftlichen Forschungen nicht mehr die Deutschen, sondern die US-Amerikaner die Maßstäbe setzten. Man reiste daher oft und gern an die Ost- oder die Westküste der USA und nur selten nach Göttingen, Garching usw. Es sei denn, besondere Umstände lockten, wie etwa in Tübingen, wo es neben den MPI (bis 1989) auch eine französische Militärbasis und damit eine eigene französische Community gab.

Wie zuletzt Manfred Heinemann gezeigt hat, waren die Beziehungen zwischen CNRS und MPG lange Zeit von »Lippenbekenntnissen« geprägt. Ende 1963 besuchte ein französischer Forschungsminister erstmals die Bundesrepublik, was zu einer allgemeinen Vereinbarung der Zusammenarbeit führte, vor allem auf dem Gebiet der Atomenergie. Die Beziehungen einzelner Max-Planck-Institute zu französischen Einrichtungen entwickelten sich eher zögerlich. »Bis weit in die 1960er-Jahre«, heißt es bei Heinemann, »verweigerten sich etliche Max-Planck-Institute deutlich der Zusammenarbeit, da sie die französischen Forschungsleistungen nicht interessierten bzw. diese im Vergleich als zu gering einschätzten. Selbst bei den späteren Besuchen der Direktoren von MPG und CNRS hatten diese sich nur sehr wenig zu sagen.«[14]

Das erste deutsch-französische Gemeinschaftsvorhaben war das im Rahmen eines Staatsbesuchs von Bundeskanzler Kiesinger 1967 in Paris vereinbarte Institut Laue-Langevin in Grenoble mit seinem Höchstflussreaktor. Grenoble entwickelte sich daraufhin zu einem Zentrum deutsch-französischer Wissenschaftskooperation, wo sich beispielsweise das MPI für Festkörperforschung gemeinsam mit dem CNRS 1972 am Service National des Champs Intenses (SNCI) beteiligte. In dessen Hochfeldmagnetlabor entdeckte der MPG-Forscher Klaus von Klitzing 1980 den Quanten-Hall-Effekt, für den er 1985 den Nobelpreis erhielt. Mit dem Institut de Radioastronomie Millimétrique (IRAM) entstand 1979 in Grenoble ein weiteres gemeinsames Institut (in Kooperation mit dem MPI für Radioastronomie). 1977 wurde am Göttinger MPI für Geschichte die Mission historique française en Allemagne gegründet – ein Dreh- und Angelpunkt deutsch-französischer Wissenschaftskooperation im Bereich der Geisteswissenschaften.[15]

Während die DFG bereits 1971 einen offiziellen Kooperationsvertrag mit dem CNRS abgeschlossen hatte, kam es mit der MPG zu einem solchen Vertrag erst ein Jahrzehnt später. Anfangs gab es auf französischer Seite die schon erwähnten historischen »Sicherheitsbedenken«, während auf deutscher Seite eine gewisse Überheblichkeit vorherrschte; allein die US-amerikanische Forschung wurde als Vorbild anerkannt, zumal dort Geld vorhanden war und attraktive Einladungen lockten, während Frankreich fast noch ärmer war als das Wirtschaftswunderland BRD. Zudem erschwerten die erwähnten Strukturdifferenzen zwischen beiden Institutionen eine direkte Kooperation. Die Verzögerung hatte aber wohl auch damit zu tun, dass das CNRS das »Entsenderprinzip« verankert sehen wollte, also kontrollieren wollte, wer aus Frankreich von deutschen Instituten Einladungen erhielt. Der Streit darüber trug dazu bei, dass die MPG später bilaterale Vereinbarungen über einen regelmäßigen Wissenschaftleraustausch vermied und stattdessen darauf drang, dass Einladungen nur direkt von den Instituten vereinbart werden. Auch die Konzentration der MPG auf die Grundlagenforschung fand auf französischer Seite keine Entsprechung: Die jeweiligen Regierungen forderten stets eine mögliche industrielle oder militärische Anwendung

---

14 Heinemann, Überwachung und »Inventur«, 2001, 180–181.
15 Schöttler, *MPI für Geschichte*, 2020, 49–61.

der Erkenntnisse, während allein die Forscher:innen – und zumal die politisch links stehenden – gern am Bild der »recherche pure« festhielten.

In einem ihrer zahlreichen Vermerke für die MPG-Präsidenten hat Helga Peters, die langjährige Frankreich-Verantwortliche in der Generalverwaltung, die Asymmetrie zwischen CNRS und MPG hinsichtlich des Wissenschaftleraustauschs einmal sehr treffend festgehalten: »Auffallend ist, daß die Aufenthalte französischer Wissenschaftler in Deutschland wesentlich kürzer (das Gros zwischen einer Woche und zwei bis drei Monaten) sind als die der deutschen Wissenschaftler in Frankreich (überwiegend zwischen einem und zwei Jahren). Der Grund hierfür dürfte in der Tatsache liegen, daß die französischen Wissenschaftler, die ja im CNRS fest verankert sind und zum Teil wohl ihre Bezüge ganz oder teilweise weiter erhalten, sich nur ungern zu längeren Auslandsaufenthalten bewegen lassen, um nicht in ihrem Heimatinstitut den Anschluß zu verlieren. Bei den deutschen Wissenschaftlern, die längere Zeit in Frankreich verbringen möchten, handelt es sich in erster Linie um junge Postdocs kurz nach der Promotion, deren Vertrag am Heimatinstitut ausgelaufen ist und die in diesen Stipendien auch eine Überbrückung bis zur Erlangung einer Dauerstellung sehen.«[16]

9.4 *Nature* und *Science*: Wahrnehmungen der MPG in Großbritannien und den USA[17]

Ein ganz anderer Blick von außen auf die MPG ergibt sich aus einer Analyse der führenden Wissenschaftszeitschriften, in denen die Sicht aus den USA und Großbritannien vorherrscht. Diese Sicht hat einen anderen Erfahrungshintergrund als die der deutschen und französischen Beobachter:innen. In den akademischen Landschaften der USA und Großbritanniens dominierten die traditionsreichen Spitzenuniversitäten und nationale Forschungslaboratorien, während es für eine Organisation wie die MPG mit ihrem Anspruch auf institutionelle Förderung von Grundlagenforschung, ihrem breiten Spektrum von Instituten verschiedenster Größen und Ausrichtungen, ihrer hierarchischen Struktur und ihrer beständigen Selbsterneuerung kein wirkliches Pendant gab.

Zugleich schwang in ausländischen Kommentaren gelegentlich noch die Erinnerung an die beiden Weltkriege mit, in denen man es schon mit der Vorgängerorganisation der MPG zu tun gehabt hatte. Jedenfalls ist ein gewisses Erstaunen über den auch international sichtbaren Aufstieg der MPG ab den 1960er-Jahren unverkennbar, verbunden mit der mehr oder weniger explizit ausgesprochenen Frage, wie der Erfolg der MPG mit ihren zum Teil aus dem Kaiserreich übernommenen Organisationsprinzipien zusammenhängt. Immer wieder machten Beobachter:innen aus dem angelsächsischen Raum das Verhältnis der MPG zu den Universitäten zum Gegenstand kritischer Kommentare. Sie gaben der MPG – angesichts der angelsächsischen Dominanz in der internationalen Wissenschaft – durchaus Anstöße zu kritischer Selbstreflexion.

Die 1960er- und 1970er-Jahre waren zugleich die Zeit, in der sich die Praxis wissenschaftlicher Publikationsorgane zu wandeln begann. Dazu zählte, dass sich der in der Nachkriegsära zu beobachtende Aufstieg des Englischen zur Lingua franca der internationalen Wissenschaft weiter festigte und formale Systeme des Peer Reviewing eingeführt wurden. Gleichzeitig hatten die aufkommende Bibliometrie und die Zitationsanalyse zur Folge, dass wissenschaftliche Zeitschriften in eine Rangfolge gebracht wurden: Durch die entsprechenden Daten erhielten manche von ihnen einen höheren Status als andere.[18] Die Veröffentlichung von Forschungsergebnissen in den international führenden Zeitschriften wurde zum Erfolgsindikator für einzelne Wissenschaftler:innen und Institutionen auch auf nationaler Ebene.

Unterdessen erzeugte eine akademische Kultur, die Leistung nicht zuletzt anhand von Publikationen maß, Druck auf Wissenschaftler:innen, in den angesehensten Zeitschriften zu veröffentlichen. In erster Linie gefragt waren dabei *Nature* und *Science*, beide ab den 1960er-Jahren als öffentliche Foren für Spitzenforschung allgemein anerkannt waren und zunehmend einen globalen Einfluss auf deren Wahrnehmung ausübten. In ihnen vertreten zu sein wurde für Forschungseinrichtungen rund um die Welt höchst erstrebenswert – auch für die MPG. So wies Präsident Hubert Markl in seiner Jahresansprache 2000 darauf hin, dass von den rund 11.000 Forschungspublikationen, auf die es die 80 Max-Planck-Institute im Jahr 1999 gebracht hatten, 140 in *Nature* oder *Science* erschienen waren.[19]

Sowohl *Nature*, 1869 in Großbritannien gegründet, als auch *Science*, 1880 in den Vereinigten Staaten entstanden (als offizielles Organ der American Association

---

16 Helga Peters, Vermerk für den Präsidenten, Betr.: Gespräch mit Herrn Generaldirektor Aubert in Madrid über Zusammenarbeit MPG-CNRS, 10.11.1994, AMPG, II. Abt., Rep. 70, Nr. 609, fol. 127–128.
17 Der nachfolgende Text stammt von Alison Kraft mit einer Einleitung von Jürgen Renn.
18 Garfield, Journals of Science, 1976; Bradley, European Elites, 1993.
19 Markl, Grenzenlosigkeit, 2000, 28. Sie auch oben, Kap. IV.6.3.4.

for the Advancement of Science, AAAS), waren schon zuvor angesehene Zeitschriften gewesen, gewannen jedoch in den 1960er-Jahren unter neuen Herausgebern international weiter an Reputation und Einfluss.[20] Architekt und Triebkraft dieser Entwicklung bei *Nature* war der Wissenschaftsjournalist John Maddox, ein Physiker, der gleich zweimal, von 1965 bis 1973 und von 1980 bis 1995, als Herausgeber fungierte.[21] Maddox machte sich mit meinungsstarken Leitartikeln einen Namen, in denen er aktuelle Themen erörterte und mitunter parteiliche und umstrittene Meinungen vertrat. 1995 löste ihn der Astrophysiker Philip Campbell ab, der den Posten bis 2018 behielt. Auf der anderen Seite des Atlantiks fungierte der Physiker Philip H. Abelson von 1962 bis 1984 als Herausgeber von *Science*, gefolgt von dem Biochemiker Daniel E. Koshland, der den Staffelstab seinerseits 1995 an den Neurologen Floyd Bloom übergab.[22] Die beiden international einflussreichsten allgemeinen Wissenschaftszeitschriften des späteren 20. Jahrhunderts wurden somit von Naturwissenschaftlern geprägt, die ihre Posten lange innehatten und in der internationalen Wissenschaftsszene zu bedeutenden Figuren avancierten.

Maddox und Abelson trieben die Professionalisierung ihrer Zeitschriften voran. Eine weitere wichtige Neuerung betraf das Peer Reviewing. Während seiner ersten Amtszeit als *Nature*-Herausgeber übte Maddox die alleinige Kontrolle über diesen Prozess aus. Formale Verfahren der externen Überprüfung entstanden dann unter seinem Nachfolger, dem walisischen Geophysiker David Davies vom MIT, der von 1973 bis 1980 als Herausgeber tätig war, bevor Maddox wieder übernahm.[23] Bei *Science* führte Abelson Mitte der 1970er-Jahre ein formales Peer-Review-System ein. Maddox wiederum rief in den 1980er-Jahren die ersten Tochterzeitschriften von *Nature* ins Leben und beaufsichtigte die Eröffnung internationaler Büros in New York, München, Tokio und Paris.[24] Das wachsende Renommee beider Zeitschriften drückte sich in einem bemerkenswerten Anstieg bei den Abonnements aus – bei *Science* stieg ihre Zahl von 77.000 im Jahr 1962 auf 152.000 im Jahr 1979.[25] Ein Anzeichen für das zunehmende Prestige, das eine Veröffentlichung in *Nature* (und ihren Tochterzeitschriften) einbrachte, war die Ablehnung eines immer größerern Anteils der eingereichten Artikel: Waren es in den 1970er-Jahren 50 Prozent, so betraf es 1990 sage und schreibe 90 Prozent.[26]

Um über Wissenschaft in aller Welt zu berichten, stellten die Redakteure Teams aus sachkundigen und gut vernetzten Journalist:innen zusammen, von denen viele in den 1960er- und 1970er-Jahren zunächst eine naturwissenschaftliche Ausbildung absolviert hatten. Sie spezialisierten sich auf bestimmte Bereiche wie die europäische Forschungszusammenarbeit und Wissenschaftspolitik oder waren Fachleute für einzelne Disziplinen, Technologien oder Länder, was qualitativ hochwertige und kritische Analysen ermöglichte. Zu den Journalist:innen, die bei *Nature* über die Bundesrepublik berichteten, gehörten in den 1970er- und 1980er-Jahren Maddox und Steven Dickman sowie in den 1990er-Jahren Alison Abbott, Sarah Tooze und Quirin Schiermeier. Bei *Science* sind David Dickson, John F. Henahan, Victor K. McElheny und John Walsh sowie Daniel S. Greenberg zu nennen, der dabei zugleich die europäische Wissenschaftspolitik im Blick hatte. Und während MPG-Wissenschaftler:innen bemüht waren, ihre Forschungsergebnisse in *Nature* und *Science* zu veröffentlichen, wurde die MPG selbst zum Thema von Berichten und Debatten in den »News«-Rubriken beider Zeitschriften.

Die MPG war für die Redakteur:innen und Journalist:innen aus verschiedenen Gründen von Interesse, vor allem aber wegen ihrer wachsenden Reputation als Hort der Spitzenforschung, ihrer hohen Position in internationalen Rankings von Forschungseinrichtungen und der anhaltend bemerkenswerten Qualität und Quantität der Publikationen aus allen ihren Instituten. Einige Berichte attestierten ihr einen in Europa beispiellosen Erfolg. Ein Faktor dafür sei ihre Flexibilität. So berichtete John Walsh 1968 in *Science*: »Eine unbestreitbare Stärke der Gesellschaft ist ihre Flexibilität, die es ihr ermöglicht hat, sich am einen Ende der Skala mit Großprojekten und am anderen mit kleinen Forschungsarbeiten zu befassen.«[27] Denselben Aspekt betonte der Physiker M. R. Hoare in *Nature*: »Tatsächlich könnte die MPG ein sehr aufschlussreiches Fallbeispiel dafür sein, wie sich dank phantasievoller Planung vielfältigste ›kleine Forschung‹ auch mit einem Haushalt realisieren lässt, der politisch gesehen zwar beachtlich ist, aber beinahe unbedeutend wirkt,

---

20 Garwin und Lincoln, *A Century of Nature*, 2003; Baldwin, *Making Nature*, 2015.
21 Gratzer, John Royden Maddox, 2010.
22 Walsh, Science in Transition, 1980; Wolfle, Science, 1980; Abelson, Scientific Communication, 1980.
23 Baldwin, Credibility, 2015.
24 Die Tochterzeitschriften waren *Nature Structural Biology*, *Nature Genetics* und *Nature Medicine*.
25 Wolfle, Science, 1980, 59–60.
26 Gratzer, John Royden Maddox, 2010.
27 Walsh, Max Planck Society, 1968, 1210.

wenn man ihn am Aufwand für die Concorde misst – von den Militärbudgets ganz zu schweigen.«[28]

Ein 1976 in *Science* erschienener Bericht über das MPI für biophysikalische Chemie in Göttingen hob die Ausrichtung der MPG auf die Grundlagenforschung hervor und die aus der gesicherten Finanzierung erwachsenden Vorteile. Zustimmend zitierte Autor Henahan den britischen Neurochemiker Victor Whittaker, der seit Anfang der 1970er-Jahre am genannten Göttinger MPI tätig war, mit den Worten: »Eine unserer enormen Stärken besteht darin, dass wir Grundlagenforschung nicht als eine angewandte tarnen müssen. […] Wir können ohne diese ganze auftragsorientierte Dekoration ungehindert Grundlagenforschung betreiben.«[29] So brauche man keine Zeit mit dem Schreiben von Förderanträgen zu verbringen. Das sei der Forschungsplanung förderlich und gebe Raum für kreatives Denken.

Die Autonomie, die die MPG, ihre Wissenschaftler:innen und die einzelnen MPI genossen, galt als ein Schlüsselfaktor für ihren Erfolg. Ein Kommentar in *Nature* aus dem Jahr 1986 bemerkte, an den MPI könne »man sich unbeschwert von Lehrverpflichtungen und Verwaltungsaufgaben auf die Forschung konzentrieren«, ein Aspekt, den auch David Dickson in *Science* unterstrich.[30] Dieser Kommentar hob auch hervor, dass die Internationalisierung der Mitarbeiterschaft ein Grund für den Erfolg sei, und meinte, die MPG habe »klugerweise ihr Bestes getan […], um die offenkundige Gefahr von Verknöcherung abzuwenden, indem sie auf ihrem Recht bestand, Menschen aus dem Ausland sowohl als Forscher wie als Beiräte einzustellen«.[31] 1989 erkannte Steven Dickman in der zunehmenden Fähigkeit der MPG, deutsche Forscher von renommierten US-amerikanischen Institutionen wie Stanford zurückzuholen, einen weiteren Indikator ihres Erfolgs.[32]

Die Berichterstattung in *Nature* und *Science* spiegelte allerdings nicht einfach Image und Identität der MPG wider, wie sie im Selbstverständnis der MPG-Leitung existierten. Ganz im Gegenteil: Sie untersuchte durchaus kritisch die organisatorischen Merkmale der MPG, die für die internen Abläufe ausschlaggebenden Strukturen und ihre Kultur, aber auch die Position und Rolle der Organisation innerhalb der nationalen Forschungslandschaft.[33] Zwei Aspekte wurden häufig genannt und kritisiert: zum einen das Festhalten am Harnack-Prinzip,[34] zum anderen die Beziehungen der MPG zu den Universitäten.[35]

Mitte der 1970er-Jahre wurde die anhaltende Praxis, gemäß dem Harnack-Prinzip einzelnen Direktor:innen erhebliche Befugnisse an den MPI zuzugestehen, in wachsendem Maße als Schwäche und Problem angesehen; sie brachte der MPG den Vorwurf ein, ihre elitär-konservative Struktur sei eine Karrierehürde für Nachwuchswissenschaftler:innen. 1976 berichtete John Henahan in *Science*, unter jüngeren MPG-Mitarbeiter:innen gebe es Unmut über diese Situation, die stark an das »alte hierarchische Kastensystem« erinnere, durch das sich die deutschen Universitäten traditionell ausgezeichnet hätten.[36]

Auch die wissenschaftlichen Beziehungen der MPG zu den Universitäten waren Gegenstand der Kritik, so in einem Kommentar aus dem Jahr 1986: »Das offenkundige Erfordernis besteht darin, bessere Verbindungen zwischen den Universitäten und den mitunter noch zu unabhängigen Forschungsinstituten herzustellen. Es ist begrüßenswert, dass die MPG dieses Erfordernis zu erkennen scheint. […] Aber es bleibt noch einiges zu tun.«[37] Drei Jahre später sah sich Staab im Gespräch mit dem Journalisten Steven Dickman immer noch genötigt, die MPG gegen die Kritik zu verteidigen, dass sie durch das Abwerben von herausragenden Talenten die Universitäten und damit die Grundlage des nationalen Wissenschaftssystems schwäche.[38] Seinen Interviewer konnte er nicht überzeugen. Dickman formulierte es in seinem Meinungsbeitrag in *Nature* noch schärfer: »In Wahrheit ist die MPG ein Gefangener ihres eigenen Erfolgs geworden«, die Organisation könnte »nicht nur Westdeutschland, sondern auch sich selbst einen Dienst erweisen, wenn sie bewusster eine Verzahnung ihrer Institute mit den Universitäten planen würde«.[39] Diese Auffassung

---

28 Hoare, A Model for »Small Science«?, 1972, 207–208.
29 Zitiert nach Henahan, West German Science, 1976, 411.
30 Max-Planck Survives, Opinion, 1986, 344; Dickson, Germany's 75 Years, 1986.
31 Max-Planck Survives, Opinion, 1986, 344.
32 Dickman, Fretting about the Future, 1989.
33 Abbott, One for All, 2000.
34 Ebd.
35 Tooze, Closer Ties, 1983.
36 Henahan, West German Science, 1976, 411.
37 Max-Planck Survives, Opinion, 1986, 344.
38 Dickman, Fretting about the Future, 1989.
39 Nature, Planck Too Constant, 1989, 490.

stieß bei einigen MPG-Wissenschaftlern auf Zustimmung, so bei Alfred Maelicke vom Dortmunder MPI für Ernährungsphysiologie und bei Fritz Eckstein vom MPI für experimentelle Medizin in Göttingen, die in ihrer Antwort auf Dickman seiner Analyse beipflichteten.[40] Doch Veränderungen im Hinblick auf diese Kritik ließen auf sich warten.

Zusammenfassend lässt sich festhalten, dass in den Darstellungen der MPG in Nature and Science der unzweifelhafte, durchaus strukturell bedingte Erfolg der MPG anerkannt wurde, aber auch die sich daraus ergebenden Nachteile offen benannt wurden. Die MPG nahm die Kritik von außen ernst, achtete jedoch darauf, auch gegenüber auswärtigen Stimmen die Deutungshoheit über anstehende Veränderungen zu behalten, und gestaltete den Wandel auf eine Weise, die es ihr ermöglichte, ihre Stärken zur Geltung zu bringen und ihren besonderen Charakter zu bewahren.

9.5 Zwischen US-amerikanischer Hegemonie und Selbstbehauptung der europäischen Wissenschaft[41]

Während in den vorangegangenen Abschnitten die Außenperspektive auf die MPG im Vordergrund stand, geht es im Folgenden um die MPG als Akteurin in internationalen Forschungskooperationen und europäischer Forschungspolitik. Wie eingangs bemerkt, bewegten sich die Kooperationen der MPG in einem Spannungsfeld zwischen der globalen Dominanz US-amerikanischer Wissenschaft nach dem Zweiten Weltkrieg, dem entstehenden europäischen Forschungsraum und nationalen Interessen. Sucht man nach der Beteiligung der MPG und ihrer Forscher:innen an den europäischen Großforschungsprojekten der 1950er- und frühen 1960er-Jahre – wie CERN, EURATOM, ELDO und ESRO – stößt man unweigerlich auf die Kooperation zwischen den USA und Westeuropa und auf John Kriges noch immer maßgebliches Konzept einer »konsensuellen amerikanischen Hegemonie«.

Nach Krige versuchten die USA in den ersten zwei Nachkriegsjahrzehnten, »ihre wissenschaftliche und technologische Führungsrolle zu nutzen […], um die westeuropäischen Forschungsagenden, -institutionen und ihre Loyalitäten der Wissenschaftler an den wissenschaftlichen, politischen und ideologischen Interessen der USA in der Region auszurichten«.[42] Sie trafen dabei nicht zuletzt in Westdeutschland und gerade auch in der MPG auf durchweg kooperationswillige Wissenschaftler (damals weit überwiegend Männer). Ihr Agieren scheint Kriges Konzept zu bestätigen, demzufolge die US-amerikanische Hegemonie von den europäischen Wissenschaftseliten »mitproduziert« wurde – vor allem, indem sie sich an Projekten beteiligten, die den US-amerikanischen Vorstellungen vom zukünftigen westeuropäischen Wissenschaftsraum folgten. Dieser sollte wie Westeuropa überhaupt als Bollwerk gegen den Kommunismus taugen, aber die Führungsrolle der USA nicht gefährden.

Ab Mitte der 1960er-Jahre gestaltete sich das amerikanisch-europäische Verhältnis jedoch deutlich komplexer. Ursache dafür waren die von US-Präsident Lyndon Johnson angeordneten Kürzungen des amerikanischen Staatshaushalts und damit auch der Subventionen im Rahmen des Marshallplans für große europäische wissenschaftliche Infrastrukturen. Darüber hinaus lässt das Konzept der »konsensuellen amerikanischen Hegemonie« viele Fragen zu Motiven, Interessen und Handlungsspielräumen jener westeuropäischen Akteure offen, die versuchten, ihre nationalen Wissenschaftskapazitäten wieder aufzubauen, und dabei an ihre je eigenen spezifischen Forschungsstärken, -traditionen und -agenden anknüpften.

Sicher, durch Bündelung von Ressourcen und Kostenteilung eröffnete die europäische Zusammenarbeit Möglichkeiten für Spitzenforschung, die weit über das Budget der einzelnen Nationalstaaten hinausging, doch diese Kooperation sollte immer auch dem (Wieder-)Aufbau nationaler Forschungskapazitäten dienen. So ergibt sich im Hinblick auf die MPG ein sehr differenziertes Bild, betrachtet man ihre Beteiligung an spezifischen europäischen Projekten im Einzelnen. Dabei werden die Faktoren in Betracht gezogen, die die europäische Zusammenarbeit vorangetrieben haben: der Druck und die Sorgen ebenso wie die Chancen, die MPG-Wissenschaftler in den damals radikal neuen Formen und Ebenen grenzüberschreitender Zusammenarbeit erkannten, die Herausforderungen, die dies mit sich brachte, und die Folgen dieser Entwicklungen. Die Geschichte der europäischen Wissenschaftskooperation in den 1960er- und 1970er-Jahren kann man nicht einfach als gezielte US-Agenda zur Schaffung und Wahrung hegemonialer Interessen lesen, obgleich die Dominanz der US-Wissenschaft sowohl als Vorbild wie auch als Herausforderung eine große Rolle in Kalkül und Strategie der MPG für ihr eigenes Forschungsportfolio spielte.

---

40 Maelicke und Eckstein, Problems at Max Planck, 1989.
41 Der nachfolgende Text stammt von Alison Kraft und Carola Sachse.
42 Krige, American Hegemony, 2006, 3.

Die spezifische Antwort der MPG auf die Herausforderung internationaler Forschung lässt sich als multilateraler (block-)offener Ansatz beschreiben, indem sie sowohl Partnerschaften mit ihren westeuropäischen Nachbarn und den USA einging als auch den Blick nach Osten in die kommunistische Welt richtete, schon früh vor allem in die Sowjetunion und in den 1970er-Jahren bis nach China. Bereits ab den 1960er-Jahren war die MPG darüber hinaus zu einer aktiven Partnerin in den unterschiedlichsten wissenschaftlichen Austauschprogrammen Europas geworden. Die wissenschaftliche und technologische Kooperation reichte von Großforschungsprojekten mit europäischen und US-Partnern in der Weltraumforschung und der Astrophysik in den 1960er-Jahren über die Mitwirkung an der Gründung eines Europäischen Laboratoriums für Molekularbiologie 1978 bis hin zur Beteiligung an der Schaffung europäischer Wissenschaftsinfrastrukturen. Darüber hinaus kam es zu vielen kleineren Kooperationen auf Laborebene mit internationalen Partnern in hoch spezialisierten Forschungsbereichen – von der Quantenoptik bis zur Limnologie und Züchtungsforschung. Nicht zuletzt nutzte die MPG ihre finanziellen Mittel, um regelmäßig Hunderte von Stipendiat:innen aus der ganzen Welt für kürzer oder länger in ihren Instituten forschen zu lassen.

Zugleich musste die MPG stets internationale Forschungstrends und nationale Prioritäten, seien sie wissenschaftspolitischer oder außenpolitischer Art, ausbalancieren. Ob und wie ihr das gelang, untersuchen wir im Folgenden zunächst auf der Ebene der wissenschaftspolitischen Selbstorganisation der MPG und ihrer internationalen Partnerorganisationen und in einem zweiten Schritt in ihrer Auseinandersetzung mit der Außenpolitik der Bundesrepublik sowie der Forschungspolitik der Europäischen Gemeinschaft bzw. der Europäischen Union.

9.5.1 Aufholjagd in der Molekularbiologie: EMBO und die MPG

Ein Faktor, der MPG-Wissenschaftler in den 1960er-Jahren dazu motivierte, Ressourcen und Forschungsenergien für europaweite Initiativen zu mobilisieren, war die Erkenntnis, dass deutsche Institutionen im Allgemeinen und Max-Planck-Institute im Besonderen in Bereichen der Spitzenforschung nicht mit den Entwicklungen jenseits des Atlantiks Schritt hielten.[43] Damit stand die Bundesrepublik nicht allein da: Wie bereits am Beispiel Frankreichs diskutiert, war überall in Westeuropa der wissenschaftspolitische Diskurs geprägt vom »Aufholbedarf« gegenüber den USA bzw. der Erfordernis, die wachsende »Technologielücke« zu schließen.[44] Beispielhaft für diese Dynamik war der neu aufkommende und schnell wachsende Forschungsbereich der Molekularbiologie in der Bundesrepublik.

In den 1960er-Jahren hatten diverse Faktoren eine europäische Initiative zum Aufbau von Kapazitäten in der Molekularbiologie zwingend notwendig gemacht.[45] Die Geschichte der Biowissenschaften in der zweiten Hälfte des 20. Jahrhunderts wird häufig – und nicht ohne Grund – als Vormarsch der Molekularbiologie charakterisiert. Bei dieser Interpretation wird gleichzeitig auf das asymmetrische Verhältnis zwischen der Entwicklung in den USA und in Europa hingewiesen. Dieses Narrativ verortet die Ursprünge des molekularen Paradigmas in der in den USA während des Zweiten Weltkriegs betriebenen Forschung und vertritt die Auffassung, dass diese »neue« oder »moderne« Biologie Ende der 1940er-Jahre über den Atlantik gelangte, wo sie in den westeuropäischen Ländern bereitwillig übernommen wurde. Die Molekularbiologie ist daher das Paradebeispiel für den Aufstieg einer die europäische Forschung überstrahlenden US-Wissenschaft und Technologie in der Nachkriegszeit. Um 1960 war man in Westeuropa bereit, mit einer Reihe von Initiativen unter anderem in Frankreich, der Schweiz, in Großbritannien und der Bundesrepublik, Kapazitäten in der Molekularbiologie aufzubauen.[46] Eine entscheidende Maßnahme für die Bundesrepublik war die Gründung des von der DFG finanzierten Instituts für Genetik an der Universität Köln 1961, das in den ersten beiden Jahren von dem in Deutschland geborenen Max Delbrück geleitet wurde, einem ehemaligen KWG-Wissenschaftler und nun am kalifornischen Caltech ansässigen Pionier auf dem Gebiet der Phagenforschung.

Vor allem aufgrund der Rolle, die die Genetik, und zwar insbesondere die an den Kaiser-Wilhelm-Instituten betriebene Anthropologie, Eugenik und Erbforschung, in der nationalsozialistischen Rassenpolitik gespielt hatten, befanden sich die Bundesrepublik und nicht zuletzt die MPG hinsichtlich der Molekularbiologie in einer besonders schwierigen Ausgangsposition.[47] Andererseits war

---

43 Butenandt, Ansprache, 1967.
44 Bähr, Technologiepolitik, 1995.
45 Siehe hierzu und zum Folgenden oben, Kap. III.9.
46 Strasser, Molecular Biology, 2002.
47 Deichmann, Emigration, 2002, 452.

die KWG in der Zwischenkriegszeit nicht nur für ihre physikalischen Wissenschaften berühmt gewesen, sondern hatte auch in den Biowissenschaften eine international anerkannte Spitzenposition innegehabt.[48] Insofern hätte die MPG erwarten können, zum Fokus neuer Initiativen in der Molekularbiologie zu werden, doch Delbrück zog es vor, Kapazitäten im universitären Rahmen aufzubauen, weil er gleichzeitig Lehr- und Trainingsangebote in Molekularbiologie entwickeln wollte, statt in einem außeruniversitären Max-Planck-Institut zu forschen.[49]

Das in der westeuropäischen Molekularbiologie manifeste Rückstandssyndrom wurde verstärkt von der Warnung, dass gerade hier eine Zukunftschance verloren zu gehen drohte: Die Befürworter:innen der Molekularbiologie versprachen nicht nur tiefe Einblicke in das Verständnis menschlicher Krankheiten, sondern auch neue Ansätze zur Therapie schwerer und chronischer Erkrankungen. Vor diesem diskursiven Hintergrund entwickelten hochrangige europäische Biolog:innen gemeinsam den Plan einer paneuropäischen Wissenschaftsorganisation auf dem Gebiet der Molekularbiologie: die European Molecular Biology Organization. Die EMBO wurde 1964 im (Genfer) CERN gegründet. Die 15 Gründungsmitglieder bildeten fortan den EMBO-Rat, zu dem auch Butenandt gehörte, der sich zwar im Hintergrund hielt, aber – zusammen mit anderen MPG-Kollegen – eine Schlüsselrolle für die Beschaffung des Startkapitals bei der VW-Stiftung spielte.[50]

Die EMBO kam sowohl der westdeutschen Wissenschaft im Allgemeinen als auch der MPG im Besonderen zugute. MPG-Wissenschaftler waren durchweg in allen EMBO-Fördergremien vertreten. Zwischen 1966 und 1975 entfiel stets ein großer Anteil der Langzeitstipendien auf die Bundesrepublik – sie war Gastgeberin für europäische ebenso wie westdeutsche Wissenschaftler:innen Gäste europäischer Laboratorien waren. Bis 1977 veranstaltete die Bundesrepublik mit Fördermitteln der EMBO 18 Arbeitstagungen und zwölf Fortbildungen – und wurde in dieser Größenordnung nur noch von Großbritannien übertroffen. Ein Beispiel eines MPG-Wissenschaftlers, der als Beteiligter und auch Nutznießer dieses Programms hervortrat, ist der biophysikalische Chemiker Manfred Eigen: Er erhielt einen langfristigen *block grant* der EMBO für sein Labor am Göttinger MPI für biophysikalische Chemie, um die Zusammenarbeit mit Jacques Monods Labor am CNRS in Paris über gegenseitige Gaststipendien zu fördern.[51]

Die EMBO plante, ein europäisches Labor, das European Molecular Biology Laboratory (EMBL), zu gründen, das ein Zentrum für grenzüberschreitenden wissenschaftlichen Austausch werden sollte, und das zusammen mit seinen Ausbildungsprogrammen und internationalen Arbeitstagungen die Molekularbiologie in ganz Westeuropa – und vor allem auch an den Universitäten – gegenüber den USA konkurrenzfähig machen sollte. Der Plan verfolgte auch das Ziel, gegen den Braindrain vorzugehen und erstklassige Wissenschaftler aus den USA wieder zurück nach Europa zu holen sowie dazu beizutragen, die nächste Generation in Europa zu halten.[52] Hier treten einmal mehr die widersprüchlichen Beziehungen zwischen Europa und den USA zutage, war doch das EMBL zum Teil dem Vorbild der US-Laboratorien Cold Spring Harbor und Woods Hole nachempfunden worden. Zugleich wurde im EMBL versucht, das US-Forschungsmodell unter Berücksichtigung eines nichthierarchischen, informellen und teambasierten Settings auf Europa zu übertragen. Bei der Begründung für EMBL wurde das CERN als Vorbild angeführt und dessen positive Auswirkungen auf die Entwicklung der Physik an europäischen Universitäten.[53]

Der Plan wurde jedoch von einer Reihe hochrangiger – vor allem britischer – Biologen kontrovers diskutiert, die dessen Notwendigkeit infrage stellten und sich besorgt darüber zeigten, dass damit ihre nationale Position auf diesem Gebiet geschwächt würde.[54] Dagegen argumentierten andere, die europäische Biologie müsse sich der »amerikanischen Herausforderung« im Bereich der Molekularbiologie stellen und mit dem EMBL endlich die »Technologielücke« schließen. Es gehe darum, regionale Kapazitäten in diesem Forschungsbereich aufzubauen sowie den Dialog und die Vernetzung innerhalb Europas zu fördern.

---

48 Rheinberger, Molekularbiologie, 2014.
49 Max Delbrück an Josef Straub am 19.11.1957, Straub, Josef 1955–1980 [3 folders], Box: 21, Folder: 5–7. Max Delbrück Papers, 10045-MS. California Institute of Technology Archives and Special Collections.
50 Protokoll der 5. Sitzung des BAF am 10.2.1969, AMPG, III. Abt., Rep. 145, Nr. 208, fol. 871–887. Protokoll der 66. Sitzung des Senates vom 11.6.1970 in Saarbrücken, AMPG, II. Abt, Rep. 60, Nr. 66.SP, fol. 18–22, 68–70 u. 137–141.
51 Minutes of the Meeting of the EMBO Council held at Cern, 21.1.1968, AMPG, II. Abt., Rep. 102, Nr. 397, fol. 2–5.
52 Morange, EMBO, 1997, 80.
53 Victor Weisskopf, The experience of CERN and the European biology laboratory, 1967; Proposal for EMBL by EMBO Council, CEBM 68/31E, Annex 10. AMPG, III. Abt., Rep. 162, Nr. 118.
54 Krige, Birth, 2002.

Diese Dimension der »amerikanischen Herausforderung« wurde gerade in der Planungsphase von EMBL virulent. Die Veröffentlichung des OECD-Berichts zur Grundlagenforschung im Januar 1966, der anhand von Statistiken eine wachsende »Kluft« zwischen den wissenschaftlichen Leistungen Westeuropas und denen der USA veranschaulichte, schürte erneut in ganz Europa die Sorge, hinter den USA »zurückzubleiben«.[55] Tatsächlich bestand der technologische Vorsprung der USA schon seit Langem und reichte zurück bis ins 19. Jahrhundert. Doch im polarisierten Diskurs des Kalten Kriegs der 1960er-Jahre erschien eine wachsende »Kluft« als drohende Gefahr für Westeuropa.

Mit der Veröffentlichung von Jean-Jacques Servan-Schreibers internationalem Bestseller *Die amerikanische Herausforderung* im Jahr 1966 erhielt die Debatte über eine »Technologielücke« weiteren Auftrieb[56] und wirkte sich auf die internen Überlegungen in der EMBO über die Ausrichtung des Labors aus: 1969 wurde in Konstanz beschlossen, dass das EMBL einen starken Technologieschwerpunkt haben sollte.[57] Aus diesem Grund erhielt das EMBL zwei Außenstellen – eine am Deutschen Elektronen-Synchrotron (DESY) in Hamburg und eine am bereits erwähnten, zwei Jahre zuvor gegründeten Institut Laue-Langevin (ILL) in Grenoble –, die den Wissenschaftler:innen Zugang zu Synchrotron- bzw. Protonenstrahlen boten. Beide Techniken erlangten zu dieser Zeit neue Bedeutung als Verfahren für die Röntgenbeugung in der Biologie. Diese Vereinbarung ermöglichte einer Forschergruppe unter Leitung von Kenneth C. Holmes am Heidelberger MPI für medizinische Forschung bahnbrechende Forschungsarbeiten, die den Wert der Synchrotronstrahlung für die Analyse biologischer Strukturen belegten.[58]

Ein entscheidender Schritt zur Umsetzung des EMBL war die Schaffung einer neuen Infrastruktur zur Fortsetzung der europäischen Zusammenarbeit in der Molekularbiologie. Die Frage des Wo wurde in die Hände einer EMBO-Standortkommission unter dem Vorsitz von John Kendrew gelegt. Ein heftiger Konkurrenzkampf entbrannte um den Standort: Früh kristallisierte sich ein Gelände in der Nähe des CERN in Genf als Favorit heraus, die Franzosen hingegen schlugen einen Standort in Nizza vor. MPG-Wissenschaftler spielten eine maßgebliche Rolle bei der westdeutschen Bewerbung als Gastland für das EMBL. In den diesbezüglichen Gesprächen zwischen MPG, Forschungsministerium und DFG traten Manfred Eigen und Alfred Gierer als Schlüsselfiguren hervor, die sich mit Nachdruck für das EMBL und dessen Ansiedlung in der Bundesrepublik einsetzten. Eigen – der nach seiner Auszeichnung durch den Nobelpreis für Chemie 1967 besonderes Gewicht besaß – wies dabei auf die Vorteile hin, die dies für die Entwicklung der Molekularbiologie an bundesdeutschen Universitäten haben würde.[59]

1969 bewarb sich die Bundesrepublik mit einem Vorschlag, der einen Standort für das Labor in der Nähe des MPG-Campus bei Martinsried in München vorsah.[60] Doch nach einem Ortsbesuch in Martinsried erkundigte sich die EMBO-Standortkommission im März 1971 bei der Bundesregierung, ob vielleicht Heidelberg als Standort infrage käme.[61] Als Grund dafür wurde die Nähe zur Heidelberger Universität und zu den MPI für Kernphysik und für experimentelle Medizin angeführt, mit denen wissenschaftliche und technologische Synergien bestanden; dazu kam die zentrale geografische Lage, die für die nord- und westeuropäischen Kolleg:innen vorteilhafter war. Aber es waren auch andere Überlegungen, die eine Rolle spielten: In der EMBO-Kommission gab es »die Befürchtung, die Nähe Dachaus bei einem Standort im Münchener Raum könnte für jüdische Wissenschaftler unzumutbar sein«.[62]

---

55 Organization for Economic Co-operation and Development, *Fundamental Research and the Policies*, 1966.

56 Servan-Schreiber, *Amerikanische Herausforderung*, 1968; Servan-Schreiber, *Défi Americain*, 1967.

57 Alison Kraft: Interview mit Frank Gannon – dem ehemaligen Direktor der EMBO und leitenden Wissenschaftler am EMBL, 24.2.2022, DA GMPG, ID 601094.

58 Rosenbaum, Holmes und Witz, Synchrotron Radiation, 1971.

59 Ein früher konkreter Hinweis auf das EMBL findet sich im Dokument »Proposal for a European Organization of Fundamental Biology«, 14.8.1963, AMPG, II. Abt, Rep. 102, Nr. 396, fol. 593–594. In derselben Akte befinden sich weitere Dokumente, die die Gründung des Labors diskutieren. Zur Rolle Eigens in der Diskussion siehe Niederschrift der 1. Sitzung des Ad-hoc-Ausschusses zur Frage der europäischen Zusammenarbeit auf dem Gebiet der Molekularbiologie vom 26.9.1969, AMPG, III. Abt., Rep. 145, Nr. 208, fol. 924–247 sowie Protokoll der 66. Sitzung des Senates vom 11.6.1970, AMPG, II. Abt., Rep. 60, Nr. 66.SP, fol. 18–21.

60 Niederschrift der 1. Sitzung des Ad-hoc-Ausschusses zur Frage der europäischen Zusammenarbeit auf dem Gebiet der Molekularbiologie vom 26.9.1969, AMPG, III. Abt., Rep. 145, Nr. 208, fol. 928.

61 Protokolle der 66. und 68. Sitzung des Senates vom 11.6.1970 und 10.3.1971, AMPG, II. Abt., Rep. 60, Nr. 66.SP, fol. 20 und ebd. Nr. 68. SP. EMBO Council meetings, 11.11.1970 und 26.4.1971 in EMBC + Site Committee, DE 2324 P-HOL-C, Kenneth C. Holmes material, File »C«, EMBL Archive. Mit Dank an Anne-Flore Laloë, EMBL-Archivarin, September 2020.

62 Protokoll der 71. Sitzung des Senates vom 15.3.1972, AMPG, II. Abt., Rep. 60, Nr. 71.SP, fol. 159–160.

Also wurde Heidelberg vorgeschlagen – mit Erfolg.[63] Im Mai 1973 wurde das EMBL auf einem Treffen im CERN offiziell gegründet und fünf Jahre später, am 5. Mai 1978, mit John Kendrew als Gründungsdirektor in Heidelberg eröffnet. Die Beteiligung von MPG-Wissenschaftler:innen an EMBO und EMBL war Ausdruck ihres überzeugten Eintretens für die europäische Kooperation. Während der Aufbauphase des EMBL knüpften die Heidelberger MPI für Kernphysik und für medizinische Forschung enge Arbeitsbeziehungen zu der Gründerkohorte von Wissenschaftler:innen und Techniker:innen und stellten ihren neuen Nachbar:innen Räume, Geräte und kollegiale Unterstützung zur Verfügung. In beispielhafter Reziprozität entwickelte sich das EMBL umgekehrt zu einer wichtigen Ressource für diese MPI, nicht zuletzt, indem es neue Verbindungen zwischen Heidelberger MPG-Wissenschaftler:innen und Universitätsforscher:innen förderte.

Die Gründung des EMBL markiert einen Meilenstein in den Beziehungen zwischen westdeutschen Wissenschaftler:innen – insbesondere Biolog:innen – und ihren europäischen Kolleg:innen. Das EMBL steht exemplarisch für die Entschlossenheit, eine groß angelegte gemeinsame europäische Infrastruktur zu schaffen, die europäische Wissenschaftskreise unabhängig von den USA initiierten. Dieses neue europäische Selbstbewusstsein und Durchsetzungsvermögen waren auch das Resultat eines veränderten geopolitischen Kontexts: Der Imperativ des Kalten Kriegs der 1950er-Jahre war der Entspannung der 1970er-Jahre gewichen. Zugleich waren die USA zunehmend weniger willens, die westeuropäische Wissenschaft zu finanzieren.

9.5.2 Die Braindrain-Debatte und europäische Lösungsansätze

Ein wichtiger Aspekt europäischer Wissenschaftskooperation, den wir bereits kurz angesprochen haben, war – auch für die MPG – das wissenschaftliche Personal. Anfang bis Mitte der 1960er-Jahre entstand durch Angebot und Qualität wissenschaftlicher Arbeitskräfte ein Spannungsfeld in Westeuropa, zumal zwischen der Bundesrepublik, dem Vereinigten Königreich und den USA. Vor allem die Abwanderung deutscher und britischer Wissenschaftler:innen in die USA, der sogenannte Braindrain, wurde in beiden Ländern zunehmend als Problem wahrgenommen. Ein Lösungsansatz bestand in der Zusammenarbeit europäischer Partnerorganisationen bei der Entwicklung akademischer Austauschprogramme und internationaler Exzellenzzentren, die dazu beitragen sollten, Spitzenforscher:innen in Europa zu halten.

Als Eliteinstitution wusste die MPG wie schon ihre Vorgängerin, die KWG, die Mobilität ihrer Wissenschaftler zu schätzen. Der internationale wissenschaftliche Markt in den 1950er- und 1960er-Jahren war jedoch geprägt von der Asymmetrie zwischen den USA und den westeuropäischen Ländern im Hinblick auf Größe, Stärke und Produktivität ihrer jeweiligen Wissenschaftskapazitäten. Zwar blieb die MPG dank ihres Elitestatus im Vergleich zu den deutschen Universitäten relativ unberührt von dieser Abwanderung, doch auf der Leitungsebene der MPG sah man darin eine Gefährdung für die eigene Nachwuchsrekrutierung. Ihre Versuche, der starken Anziehungskraft der hervorragend ausgestatteten und tonangebenden US-Laboratorien etwas entgegenzusetzen, entsprangen also ihrem eigenen institutionellen Interesse und demonstrierten zugleich ihr Engagement zur Stärkung des nationalen Wissenschaftssystems. Deshalb beteiligte sich die Generalverwaltung – mal eigeninitiativ, mal auf Initiative der MPG-Wissenschaftler oder Institute oder auch in Reaktion auf externe Einladungen und Angebote – an Strategien zur Verbesserung des nationalen Angebots und der Qualität des wissenschaftlichen Personals. Diese Initiativen betonten die Notwendigkeit, einen europäischen Raum zum internationalen Wissenschaftsaustausch als Gegengewicht zu den USA zu schaffen, um den Dialog zwischen Wissenschaftlern und Laboratorien innerhalb der Region zu fördern.

Mit diesen Initiativen stand die MPG nicht allein. Wie Krige und Barth 2006 feststellten, begannen zunächst »die Supermächte, dann aber auch alle Industrie- und Schwellenländer, Wissenschaftler:innen und Ingenieur:innen als Humankapital zu betrachten, als einen wesentlichen Pool an Fähigkeiten und Kenntnissen, der quantifiziert, ständig akkumuliert und gehortet werden musste«.[64] Die Organisation für wirtschaftliche Zusammenarbeit und Entwicklung (OECD) – hervorgegangen 1961 aus der Organisation für europäische wirtschaftliche Zusammenarbeit (OEEC), die seit 1948 mit der Verteilung der Mittel aus dem US-amerikanischen Marshallplan in Westeuropa beauftragt war – sammelte, verglich und verbreitete die Eckdaten der Wissenschaftssysteme ihrer Mitgliedsländer (Personalzahlen, Aufwendungen für Bildung, Forschung und Entwicklung etc.). Diese neue international vergleichende Evaluierungskultur forderte die einzelnen Staaten heraus, die Leistung ihres nationalen Wissen-

---

63 Teilweise war diese Entscheidung auch als Kompensation für die Enttäuschung der Bundesrepublik darüber gedacht, dass der CERN und nicht Düsseldorf den Zuschlag für das neue europäische 300-GeV-Teilchenbeschleunigerprojekt erhalten hatte.
64 Krige und Barth, Science, Technology, and International Affairs, 2006, 2.

schaftssystems, einschließlich der Leistungen ihrer Wissenschaftler:innen, im internationalen Wettbewerb zu bewerten. In der Bundesrepublik erarbeitete das Bundesministerium für wissenschaftliche Forschung (BMwF) fortan Berichte zum Stand von Wissenschaft und Forschung einschließlich des Personalbestands. Ab 1965 lieferten diese Ministerialberichte auch Bewertungen der Wissenschaftsbasis anderer Länder weltweit.[65]

Ein immer wiederkehrendes Thema dieser »Nationalen Bildungsberichte« war die Abwanderung junger deutscher Wissenschaftler:innen, die ab Ende der 1950er-Jahre nach einem Forschungsaufenthalt in US-Laboratorien vorzogen, dort zu bleiben. In diesem Karrieremuster spiegelten sich zwei komplementäre Entwicklungen: zum einen das Bemühen US-amerikanischer Universitäten, verstärkt europäische Wissenschaftler:innen anzuwerben, da sie Schwierigkeiten hatten, die nach dem Sputnik-Schock gestiegene Nachfrage an Hochschulabsolventen zu decken; zum anderen die vergleichsweise unattraktiven Forschungsbedingungen und Karrieremöglichkeiten in den westeuropäischen Ländern, die die Abwanderung des eigenen Nachwuchses an die ungleich besser ausgestatteten amerikanischen Labore begünstigten.[66]

Obwohl der Braindrain die MPG nicht unmittelbar beeinträchtigte, investierte sie dennoch gezielt in »wissenschaftliches Talent«, und zwar in einem Forschungsbereich, den sie als besonders abwanderungsgefährdet erkannt hatte: die Biowissenschaften. Das ab 1964 geplante und 1969 eröffnete Friedrich-Miescher-Laboratorium (FML) in Tübingen diente speziell der Förderung des wissenschaftlichen Nachwuchses in den Biowissenschaften.[67] Dieses Vorhaben bot der MPG die Möglichkeit, sich als Unterstützerin der nationalen Nachwuchsförderung zu präsentieren – und zugleich, ja, zuvörderst ihre eigene Forschungsbasis zu stärken.

Darüber hinaus engagierte sich die MPG in entsprechenden europäischen Initiativen. Neben der bereits diskutierten EMBO-Initiative ist ein weiteres Beispiel ihre Beteiligung an dem Europäischen Wissenschaftlichen Austauschprogramm, das 1967 von der britischen Royal Society mit der Etablierung des International Relations Committee (IRC) unter dem Vorsitz des Physikers Harold Warris Thompson ins Leben gerufen wurde[68] und explizit darauf abzielte, der Abwanderung europäischer Nachwuchswissenschaftler:innen in die USA entgegenzuwirken. Zur zentralen Figur dieses innovativen Projekts avancierte der britische Physiker Brian Flowers. War bei dem ersten Treffen dazu im Dezember 1966 Westdeutschland nur durch den DFG-Präsidenten Julius Speer vertreten, richtete die MPG bereits das zweite Treffen Anfang 1967 in Bad Godesberg aus und entsandte ihren Generalsekretär Friedrich Schneider.[69] Der Jurist und Wissenschaftsmanager Schneider arbeitete zu dieser Zeit für die OECD und verfügte über das notwendige Geschick wie auch die Kompetenzen und Netzwerke, um eine dynamische Ausbauphase internationaler Zusammenarbeit der MPG sowohl mit Europa als auch den USA zu steuern.

Thompson informierte den MPG-Präsidenten darüber, dass die Royal Society über die Geldmittel verfüge, um das geplante wissenschaftliche Austauschprogramm schnell in Gang zu bringen.[70] In seiner Antwort sagte Butenandt ihm seine uneingeschränkte Unterstützung für das Projekt zu und bat Thompson bei dieser Gelegenheit, jüngere britische Wissenschaftler:innen zu ermutigen, Stipendiat:innen der MPG zu werden, um so die Forschungskooperation zwischen MPG-Wissenschaftler:innen und ihren britischen Kolleg:innen zu vertiefen.[71]

Bis 1968 nahmen alle westeuropäischen Länder an dem als erfolgreich geltenden Programm teil: Zwischen 1967 und 1973 wurden 1.500 Austauschstipendien vornehmlich in den Bereichen Physik und Chemie vergeben, ab den 1970er-Jahren nahmen auch die Biologie-Stipendien zu. Für Schneider und Flowers markierte das Programm den Beginn einer langen Arbeitsbeziehung. Gemeinsam waren sie 1974 federführend an der Gründung der European Science Foundation (ESF) beteiligt, die der damalige MPG-Präsident Reimar Lüst nach anfänglichem Zögern als wichtigen Schritt zur Stärkung der europäischen Wissenschaftskooperation bezeichnete und nachdrücklich unterstützte.[72]

---

65 Bundesregierung, *Bundesbericht Forschung I*, 18.1.1965. Siehe auch oben, Kap. IV.6.3.4.
66 Paulus, *Amerikanisierung*, 2010.
67 Butenandt, Ansprache, 1969.
68 Dies muss im politischen Kontext der britischen Beitrittsbestrebungen zur EG betrachtet werden. Aufzeichnungen des IRC im Archiv der Royal Society mit Dank an ihren Archivar Robin Baker.
69 Brief Butenandts an Thompson vom 23.3.1967, AMPG, II. Abt., Rep. 70, Nr. 650, fol. 33; European Science Programm, Report of a meeting held on 28.4.1967, ebd., fol. 9–12.
70 Butenandt an Thompson am 23.3.1967, ebd., fol. 29.
71 Ebd.
72 Zur ESF und der Rolle der MPG bei ihrer Gründung siehe Unger, Making Science European, 2020; Lüst, Ansprache des Präsidenten, 1973; Sachse, *Wissenschaft*, 2023, 102–106.

9.5.3 Die US-amerikanische Perspektive auf die wissenschaftliche Renaissance Europas

Auf der anderen Seite des Atlantiks verfolgten die USA mit Interesse die sich vertiefende europäische Wissenschaftskooperation, gerade auch im Bereich der Molekularbiologie. 1979 schrieb der angesehene US-Wissenschaftsjournalist Daniel Greenberg einen Essay über »Europas wissenschaftliche Renaissance« mit der Behauptung im Untertitel, dass »eine neue Supermacht in die erste Liga internationaler Wissenschaft und Technologie aufgestiegen« sei.[73] Darin berichtet Greenberg von seiner Reise zu den wichtigsten Standorten europäischer Wissenschaftskooperation, zu denen neben dem ILL und verschiedenen zur Europäischen Weltraumorganisation (ESA) gehörenden Laboratorien auch das Gebäude des EMBL in Heidelberg gehörte. Unter Bezugnahme auf seine Interviews mit führenden Wissenschaftlern dieser Einrichtungen berichtete Greenberg von wachsenden Budgets (so stiegen die Forschungsausgaben in Europa zwischen 1965 und 1975 real um etwa 50 Prozent) sowie der zunehmenden Macht und Autonomie der europäischen Forschung, sprich: einer Emanzipation von der Abhängigkeit von den USA in der Nachkriegszeit.

Dieses positive Bild der europäischen Wissenschaft stand in scharfem Kontrast zu den Entwicklungen in den USA. Mitte der 1960er-Jahre, nicht zuletzt wegen der Kosten des Vietnam-Kriegs, kürzte Präsident Johnson die staatliche Förderung der Wissenschaft dramatisch. Die finanziellen Engpässe verstärkten sich in den 1970er-Jahren noch durch die Ölkrise und die Finanzpolitik der Präsidenten Richard Nixon, Jimmy Carter und in den 1980er-Jahren Ronald Reagan. Neben den realen Kürzungen des Forschungsbudgets von NSF und NIH führte diese veränderte Haushaltslage auch zu einem deutlichen Rückgang der Forschungsaufenthalte amerikanischer Wissenschaftler:innen im Ausland. Dies wurde in Wissenschaftskreisen als Beeinträchtigung der US-amerikanischen Wissenschaft angesehen und unterstrich einmal mehr die Bedeutung, die der Praxis des internationalen akademischen Austauschs beigemessen wurde. 1980 beauftragte der US-amerikanische National Research Council (NRC) die Soziologin Dorothy Zinberg, diese Problematik zu untersuchen. In ihrem Abschlussbericht vertrat sie die Auffassung, dass der Abschottungstrend in der US-Wissenschaft das Ende von wissenschaftlicher Exzellenz und Innovation einläute.[74] Es sei dringend erforderlich, amerikanischen Wissenschaftler:innen wieder Reisen nach Westeuropa zu ermöglichen, das inzwischen über mehrere Forschungslabore der Spitzenklasse verfügte. Zinberg teilte Greenbergs Einschätzung einer wissenschaftlichen »Renaissance« Europas, die sich allerdings ungleichmäßig über verschiedene Fachgebiete und Länder verteile, und sie merkte an, dass in den 1980er-Jahren Exzellenz »in zunehmendem Maße aus Heidelberg, Grenoble oder Culham erwartet werden« könne.

Europa als Region befand sich wissenschaftlich im Aufwind, und dies in einem Maße, das es an mehreren Forschungsfronten zum Konkurrenten der USA machte. Zwanzig Jahre nach der Braindrain-Debatte galten die aufstrebenden internationalen Laboratorien Europas als wertvolle Ressourcen, von denen kommende Generationen an US-Wissenschaftler:innen profitieren konnten. Auch wenn, wie Krige es ausdrückte, »die wissenschaftlichen Errungenschaften Amerikas ein allgegenwärtiger Bezugspunkt und eine ständige Quelle des Drucks für Veränderungen in Europa« blieben,[75] hatte sich das Kräfteverhältnis in Wissenschaft und Technologie zwischen Westeuropa und den USA neu kalibriert.

9.5.4 Die Internationalisierung der MPG zwischen Europäisierung und Amerikanisierung

In den Jahren zwischen 1960 und 1980 haben sich Forschungsprofil und Ansehen der MPG innerhalb der internationalen Forschungslandschaft drastisch verändert. Im Tätigkeitsbericht der MPG von 1978 hieß es, dass »Forschung hoher Qualität heute ohne enge internationale Verflechtung nicht denkbar« sei.[76] Europäische Kooperation – Europäisierung – war und blieb ein wesentlicher Teil der Internationalisierungsstrategie der MPG. Wenn, wie Krige meinte, diese europäische Wissenschaftselite die US-amerikanische Hegemonie »mitproduziert« hatte, so wurde dies immer durch das Prisma der institutionellen Werte, Interessen und Prioritäten der MPG gebrochen. Zwischen 1965 und 1978 hat die MPG etwa 84 Millionen DM zur Förderung der Auslandsbeziehungen aufgewendet – in erster Linie für Stipendien, Reisemittel und Fachtagungen.[77] Zugleich lud sie in diesem Zeitraum etwa 8.000 ausländische Wissenschaftler:innen zu Forschungsaufenthalten in die MPG ein. Reziprozität

---

73 Greenberg, Europe's Scientific Renaissance, 1979.
74 Shore Zinberg, American and Europe Changing Patterns, 1981.
75 Krige, *American Hegemony*, 2006, 269.
76 Generalverwaltung der Max-Planck-Gesellschaft, Tätigkeitsbericht 1978, 1979, 115.
77 Lüst, Ansprache Präsident Lüst 1979, 1979.

im wissenschaftlichen Austausch war dabei eine wichtige Leitlinie, die aber Kooperationen mit Kolleg:innen aus wissenschaftlich noch weniger leistungsfähigen Ländern nicht ausschloss. Allein im Jahr 1978 gab die MPG elf Millionen DM aus, um die Zusammenarbeit ihrer Institute mit ausländischen Partnern zu ermöglichen.

In diesem Zeitraum war die MPG an über 1.000 Projekten mit Partnern im Ausland beteiligt, wobei der Schwerpunkt auf der Kooperation mit angelsächsischen Ländern lag, die seit jeher wichtige Forschungspartner für die MPG waren. Andererseits blieb die MPG ihrem dezidiert multilateralen Ansatz in der internationalen Zusammenarbeit treu (ein früher Hinweis auf ihren globalen Anspruch) und auch während des Kalten Kriegs politisch desinteressiert beim Aufbau von Beziehungen weltweit – auch über die Blöcke hinweg, wovon unten noch ausführlicher die Rede sein wird.

Die Zusammenarbeit mit den USA und Großbritannien zeichnete sich durch unterschiedliche inhaltliche Schwerpunkte und zeitliche Verläufe aus. Im Folgenden werden wir das Spannungsfeld zwischen transatlantischer und europäischer Kooperation und Konkurrenz anhand des Beispiels der Gravitationswellenforschung noch näher beleuchten. Die USA waren mit ihrem Vorsprung auf vielen Gebieten der Naturwissenschaften für die MPG ihr wichtigster Konkurrent. Diese Wahrnehmung war der entscheidende Impuls für die MPG, bei der Entwicklung der wissenschaftlichen und technischen Zusammenarbeit innerhalb Westeuropas aktiv zu werden. Die Zusammenarbeit der MPI mit ihren britischen Partnern war besonders stark ausgeprägt in der Biologisch-Medizinischen Sektion, aber auch in der Gravitationswellenforschung, wohingegen die Kooperation mit US-amerikanischen Einrichtungen im Allgemeinen stärker in der Chemisch-Physikalisch-Technischen Sektion vertreten war. Ab den 1970er-Jahren zeichnete sich die MPG auch verstärkt durch »lab-to-lab«-Forschungsprojekte aus, die in der Regel als Initiativen zwischen individuellen MPI-Wissenschaftler:innen und ihren Kolleg:innen in Großbritannien und den USA begannen, die hoch spezialisierte Forschungsinteressen teilten. Diese internationale Kooperationsform, die sich oft organisch entwickelte und von langer Dauer war, wird von manchen als »Small Science« bezeichnet und als besonderes Metier der MPG betrachtet.[78]

9.6 Die MPG in der internationalen Konkurrenz und Kooperation zur Gravitationswellenforschung[79]

Ein Beispiel für die Prägung der internationalen Kooperationen der MPG durch ihre langfristige innere Dynamik einerseits und durch externe Faktoren andererseits ist die Gravitationswellenforschung. Die Voraussetzungen der MPG für die Suche nach Gravitationswellen waren in jeder Hinsicht optimal: In den MPI der Münchner »Familie« (für Physik und Astrophysik, für extraterrestrische Physik, für Plasmaphysik und für Quantenoptik), die sämtlich aus dem MPI für Physik durch einen Prozess der »Zellteilung« hervorgegangen waren, gab es ein breites Spektrum von Kompetenzen in allen relevanten Bereichen.[80] Dazu gehörten Forschungen über astrophysikalische Objekte, die als Quellen von Gravitationswellen infrage kamen, zur allgemeinen Relativitätstheorie, zur Lasertechnologie und zu den Herausforderungen der Datenverarbeitung, die bei Messungen von Gravitationswellen zu erwarten waren.

Die Kontinuitäten der MPG-Forschung zu Gravitationswellen über einen Zeitraum von fast einem halben Jahrhundert sind bemerkenswert, angefangen von einer 1971 gegründeten einschlägigen Arbeitsgruppe am Max-Planck-Institut für Astrophysik unter Leitung des Physikers und Computerpioniers Heinz Billing.[81] Das institutionelle Gedächtnis der MPG wurde nicht nur durch die Tradition der Münchner Institutsfamilie gestützt, sondern auch durch Einrichtungen wie den im Jahre 1968 gegründeten Beratenden Ausschuss für Rechenanlagen der Max-Planck-Gesellschaft (BAR) gesichert, dessen Vorsitzender Billing von 1968 bis 1986 war und der auch die Entwicklung der aufwendigen Rechnerinfrastruktur der Gravitationswellenforschung in der MPG begleitete und unterstützte.[82]

Ab Mitte der 1970er-Jahre gab es in den USA, in der UdSSR, in Japan und Deutschland ebenso wie in Großbritannien, Italien und Frankreich Forschungsprojekte zu Gravitationswellen.[83] Eine Kooperation zwischen verschiedenen Projekten war schon deshalb plausibel, weil das Zusammenwirken mehrerer Detektoren für den Nachweis und die Interpretation von Gravitationswellenereignissen unerlässlich ist. Aus politischer und wissenschaftlicher Sicht hätte deshalb eine europäische

---

78 Hoare, A Model for »Small Science«?, 1972.
79 Der folgende Text stammt von Luisa Bonolis, Juan Andres Leon und Jürgen Renn.
80 Siehe auch oben, Kap. III.6 sowie Bonolis und Leon, *Astronomy*, 2023, Kap. 5, Sek 3.
81 Ebd., 81–93; Bonolis und Leon, Gravitational-Wave Research, 2020, 291–327.
82 Siehe dazu auch oben, Kap. IV.7.5.
83 Zur Sowjetunion und zu Japan siehe Bonolis und Leon, Gravitational-Wave Research, 2020, 314–315.

Kooperation, vergleichbar dem CERN, nahegelegen, doch kam es zunächst nur zu einer italienisch-französischen Zusammenarbeit einerseits und einer engeren Kooperation zwischen Max-Planck-Forscher:innen und britischen Wissenschaftler:innen andererseits. Aus der ersten Kooperation entstand das VIRGO-Projekt, aus der zweiten das GEO600-Projekt. Beide Kooperationen zielten ursprünglich auf Detektoren mit einer Armlänge von mehreren Kilometern, die zum Nachweis von Gravitationswellen geeignet waren.[84]

Im Jahr 1987 gab es intensive Bemühungen um eine europäische Allianz der verschiedenen Gravitationswellenprojekte. Gleichzeitig reichte des italienisch-französische Team ohne Absprache mit den anderen Partnern einen Förderantrag beim italienischen Istituto Nazionale di Fisica Nucleare (INFN) ein, was nach Einschätzung der anderen die Chancen auf ein gemeinsames europäisches Vorgehen erheblich minderte.[85]

Da Vertreter:innen traditioneller Forschungsrichtungen der Astronomie der Gravitationswellenforschung skeptisch gegenüberstanden, entschied sich der britische Science and Engineering Research Council (SERC) 1988 angesichts knapper Mittel in einer ökonomischen Krisensituation gegen die Finanzierung eines gemeinsamen Projekts der Universitäten Glasgow und Wales für den Bau eines Detektors mit einem Kilometer Armlänge. Auch in Deutschland hatte das Projekt, ein Interferometer mit einer Armlänge von drei Kilometern zu errichten, mit den Vorbehalten von Teilen der astronomischen und astrophysikalischen Community zu kämpfen, die um ihren Anteil an Ressourcen für ihre Forschungsrichtung fürchteten.

Vor diesem Hintergrund kam es schließlich zu einer deutsch-britischen Zusammenarbeit, die sich jedoch nicht mit der bereits etablierten italienisch-französischen Forschergruppe zu einem europäischen Projekt zusammenschloss. Offenbar hoffte man, mit einem binationalen Projekt effektiver voranzukommen. In der Tat wurde 1989 das zuvor abgelehnte Garchinger Projekt als Projekt einer deutsch-britischen Kooperation wiedergeboren. Die Perspektive einer engeren europäischen Zusammenarbeit gehörte damit zunächst der Vergangenheit an.

Da die MPG sich jedoch nicht in der Lage sah, das geplante deutsch-britische Großprojekt aus eigenen Mitteln zu finanzieren, bemühte man sich um Unterstützung durch das Bundesministerium für Forschung und Technologie, bei dem ein Antrag auf zusätzliche Mittel in Höhe von etwas über vier Millionen DM gestellt wurde, sowie durch den britischen SERC. Auf gemeinsames Betreiben der Förderorganisationen wurden die Voraussetzungen für eine erfolgreiche Zusammenarbeit zunächst in einer Pilotphase erprobt.[86]

Die Gründe für das Scheitern einer weitergehenden europäischen Kooperation lagen zum einen im Konkurrenzdenken der beteiligten Wissenschaftler:innen und im Fehlen organisatorischer Strukturen begründet, die zu einer besseren Abstimmung und zu einem Ausgleich strategischer Differenzen hätten führen können. Verantwortlich war aber auch das Fehlen geeigneter supranationaler Förderungsstrukturen, die Leitplanken für eine solche Konvergenz der verschiedenen Strategien hätten setzen können, sowie einer aktiveren »Außenpolitik« der Wissenschaftsorganisationen, einschließlich der MPG, die angesichts der Schwierigkeiten, Laborexperimente zu echten Großprojekten hochzuskalieren, hilfreich gewesen wären. Diese Umstände haben das Konkurrenzdenken eher noch befördert, während die amerikanische NSF bereits in den 1980er-Jahren erfolgreich auf einen Zusammenschluss der zunächst getrennten Aktivitäten am MIT und am Caltech gedrängt hatte.

In Europa blieben dagegen solche Kooperationsbeziehungen weitgehend eine Angelegenheit der beteiligten Wissenschaftler:innen, bis im Jahr 2006 eine übergreifende Förderstruktur wie der Europäische Forschungsrat gegründet wurde. Gerade die Führungsrolle, die die Max-Planck-Gesellschaft in der Gravitationswellenforschung in den 1970er-Jahren eingenommen hatte, ließ es auch den deutschen Partnern vorteilhaft erscheinen, eine auf nationale Ressourcen und Erfolge zielende Förderstruktur gegenüber den komplexen administrativen und politischen Herausforderungen internationaler Kooperationsbeziehungen zu favorisieren.

Mit dem erfolgreichen Abschluss der Pilotphase des deutsch-britischen Projekts schienen – allen Widrigkeiten und Widerständen zum Trotz – 1991 alle Voraussetzungen für die Realisierung des geplanten Interferometers mit drei Kilometern Armlänge in Hannover gegeben zu sein. Angesichts des mittlerweile erheblich vermehrten Wissens über astrophysikalische Quellen von Gravitationswellen, insbesondere durch die mit einem Nobelpreis ausgezeichnete Entdeckung eines solche Wellen abstrahlenden Doppelpulsars,[87] rückte der erste direkte Nachweis von Gravitationswellen in greifbare Nähe. Auch im zuständigen Ministerium waren sich die

---

84 La Rana, The Origins of Virgo, 2020.
85 La Rana: EUROGRAV 1986–1989, 2022.
86 Bonolis und Leon, Gravitational-Wave Research, 2020, 330–335.
87 Schwarzschild, Hulse and Taylor, 1993.

unmittelbar für das Projekt Verantwortlichen der darin liegenden großen Chancen bewusst.

Nachdem die MPG lange für die Kontinuität und Stabilität der hochriskanten Gravitationswellenforschung gesorgt hatte, begab sie sich durch die komplexe Förderungsstruktur der deutsch-britischen Kooperation nun auf unsicheres Terrain. Der Verzicht der MPG, ihre über Jahrzehnte – auch angesichts von Fehlschlägen – aufrechterhaltene Förderung der Gravitationswellenforschung aus eigener Kraft bis zur Realisierung eines echten Detektors konsequent weiterzuführen, sollte sich als strategischer Fehler erweisen. Er machte die Forschungsplanungen der MPG stärker als zu Beginn des Projekts von Veränderungen der äußeren Bedingungen – insbesondere konkurrierenden wissenschaftlichen und politischen Interessen – abhängig. Zu dieser Abhängigkeit trug natürlich auch die unvermeidliche Höherskalierung der ursprünglichen Testeinrichtung zu einem voll funktionsfähigen Detektor mit einer Armlänge der Interferometer von mehreren Kilometern bei, die mit erheblichen Mehrkosten verbunden war. Eine weitere Schwierigkeit bestand darin, dass das Projekt bis Anfang der 1990er-Jahre nicht von einem Wissenschaftler auf Direktor- oder Professorenebene geleitet wurde. Hätte die MPG in den 1980er-Jahren eine Abteilung für Gravitationswellenforschung gegründet, wäre die Geschichte vielleicht anders verlaufen.

All dies ist überdies vor dem Hintergrund der überraschenden weltpolitischen Ereignisse von 1989/90 zu sehen. Der Zusammenbruch der DDR und die deutsche Einigung verschlechterten die Voraussetzungen für die Realisierung der ursprünglichen Pläne grundsätzlich. Diese Ereignisse trafen auch die Verantwortlichen der MPG weitgehend unvorbereitet. Obwohl es im Bereich der Gravitationsforschung, der Astronomie und der Astrophysik schon seit Längerem Kontakte zwischen Wissenschaftler:innen der BRD und der DDR gegeben hatte, vor allem seit der Konferenz der Internationalen Gesellschaft für Relativitätstheorie und Gravitation in Jena 1980, waren die Ausrichtung der Forschungen und die Interessenlagen unterschiedlich und zum Teil entgegengesetzt. Insbesondere existierten für die Gravitationswellenforschung kaum Anknüpfungspunkte im Osten Deutschlands. Auch eine 1991, also kurz nach der deutschen Einheit, außerhalb der MPG entstandene Initiative zur Gründung eines internationalen Instituts für Gravitationsforschung, das auch Forschungstraditionen der DDR bewahren sollte, zielte nicht in erster Linie auf Gravitationswellenforschung, konzentrierte sich vielmehr auf Forschungen im Bereich der theoretischen Physik und der Elementarteilchenphysik, trug aber letztlich zur Gründung des Golmer Albert-Einstein-Instituts der MPG bei.

Ab 1991 weisen deshalb die Vektoren der weiteren Entwicklung der Gravitationswellenforschung und der Entwicklung der Wissenschaftslandschaft im Kontext der Wiedervereinigung in entgegengesetzte Richtungen. Für die Mitte 1990 eingerichtete Evaluierungskommission des BMFT unter der Leitung von Siegfried Großmann hatte die Gravitationswellenforschung nicht die höchste Priorität, wie es offenbar überhaupt Vorbehalte seitens des Ministeriums gegenüber einer führenden Rolle von MPI in groß angelegten internationalen Kooperationen gab.[88] Über den Antrag der MPG auf Unterstützung des Ministeriums für den Bau eines voll funktionsfähigen Detektors wurde nicht entschieden, zum Bedauern selbst des zuständigen Abteilungsleiters. 1993 traf vielmehr bei der MPG eine Anfrage ein, ob diese dem Projekt nicht aus ihrem Haushalt zusätzliche Mittel zur Verfügung stellen könne. Diese Anfrage wurde offenbar negativ entschieden. In Großbritannien nahmen die Gegner des Gravitationswellenprojektes den Wegfall der deutschen Unterstützung zum Anlass, sich ihrerseits 1993 aus dem Projekt zurückzuziehen. Es gab allerdings keine Schuldzuweisungen der britischen Gravitationswellenforscher:innen an die Deutschen, denn sie waren der Meinung, dass auch ihre Seite versagt hatte. Führende britische Astronomen hatten das übliche System der Finanzierung durch den Finanzierungsausschuss des SERC, der die Gravitationswellenforschung stark unterstützte, umgangen und den neuen Leiter des SERC davon überzeugt, dass diese Forschung eine gefährliche Geldverschwendung sei.[89]

Da die MPG in den 1990er-Jahren ihre Ressourcen zunehmend für den »Aufbau Ost« einsetzte, mussten Institute und Forschungsinitiativen im Westen zum Teil drastische Einsparungen hinnehmen, die auch die Gravitationswellenforschung entscheidend zurückwarfen. Die Leitung der MPG und führende MPG-Wissenschaftler wie Jürgen Ehlers konzentrierten ihre Aufmerksamkeit mehr und mehr auf den Aufbau eines neuen Max-Planck-Instituts für Gravitationsforschung in Golm.

Was konnten MPG-Wissenschaftler:innen angesichts des Scheiterns ihrer jahrzehntelangen Bemühungen um einen deutschen Gravitationswellendetektor noch erreichen? Immerhin hatten sie bereits entscheidende Beiträge für die internationale Forschung geleistet. Erst das langjährige Beharren der MPG, an der Gravitationswellenforschung auch in Zeiten festzuhalten, in denen sie international nicht zum Mainstream gehörte, hatte letztlich die Voraussetzungen für die Förderung des LIGO-Projektes

---

[88] Bonolis und Leon, Gravitational-Wave Research, 2020, 335–338.
[89] Persönliche Mitteilung von Bernard Schutz.

durch die NSF und dessen erfolgreiche Weiterführung geschaffen. Unmittelbar in der Wendezeit, als die Vorarbeiten für den geplanten Gravitationswellendetektor noch auf Hochtouren liefen, hatte man Karsten Danzmann 1989 aus Stanford auf die Position des Leiters des in Hannover angesiedelten Gravitationswellenprojekts des MPI für Quantenoptik und 1993 auf eine Professur an der Universität Hannover berufen.

Für die Gravitationswellenforschung in Deutschland war das Jahr 1993 dann ein Wendepunkt, an dem klar wurde, dass die ursprünglichen Pläne nicht zu realisieren waren. Doch die beteiligten Wissenschaftler:innen versuchten, das Beste aus der Situation zu machen, und setzten die Kooperation mit den britischen Kolleg:innen fort. Danzmann übernahm zusammen mit James Hough und Bernard Schutz die Leitung des neu begründeten GEO600-Projekts in Hannover. Während Hough in Glasgow blieb, wechselte Schutz 1995 von der Universität Wales an das neu gegründete MPI in Golm, dessen Gründungsdirektoren er und Ehlers waren.[90]

Die Neuausrichtung des Gravitationswellenprojekts war die kreative Antwort der MPG-Wissenschaftler:innen auf die bittere Einsicht, dass für sie der Wettlauf um den ersten Nachweis von Gravitationswellen endgültig verloren war. Da ein Detektor in der ursprünglich geplanten Größenordnung mit den verfügbaren Mitteln nicht mehr gebaut werden konnte, entschlossen sie sich, ihre Testeinrichtungen von zehn Metern an der Universität Glasgow und 30 Metern am Max-Planck-Institut für Quantenoptik zu einer Armlänge von 600 Metern hochzuskalieren. Das würde zwar für den Nachweis von Gravitationswellen nicht ausreichen, aber die Arbeiten an den im Aufbau befindlichen Großprojekten LIGO und VIRGO konnten sie so sinnvoll begleiten. Auch die zur weiteren Finanzierung zusätzlich notwendigen Drittmittelanträge wurden nicht mehr primär mit der Zielsetzung begründet, Gravitationswellen nachweisen zu wollen, sondern mit spezifischen physikalischen Fragestellungen, die auf Innovationen bei der komplizierten Detektortechnologie zielten. Das Projekt ging ab 1997 eine enge Kooperation mit LIGO ein, dem es als flexible Plattform für die systematische Entwicklung der erforderlichen Technologien diente. Auch für das VIRGO-Projekt hatte GEO600 schließlich eine ähnliche Funktion als Innovationslaboratorium.[91]

Die institutionelle Forschungsförderung durch die MPG schuf in diesem Zusammenhang Freiräume, die eine auf planbare Erfolge mit dem nachweispflichtigen Erreichen bestimmter, im Voraus festgesetzter Meilensteine angelegte Drittmittelförderung nicht bieten konnte. GEO600 wurde, mit anderen Worten, zum kreativen Spielfeld der Gravitationswellendetektion, auf dem man sich mit der Lösung von Problemen beschäftigen konnte, die in den Großforschungsprojekten zunächst nicht einmal als solche erkannt wurden. Auf diese Weise leisteten MPG-Forscher:innen trotz ihrer eingeschränkten finanziellen Möglichkeiten auch noch in der letzten Phase, die mit dem Nachweis 2015 zu Ende ging, entscheidende Beiträge.

Die Schwierigkeiten, unter denen diese Erfolge erzielt wurden, machen die Herausforderungen deutlich, die sich unter den veränderten Bedingungen für die Umsetzung der Kernmission der MPG, Grundlagenforschung möglichst nach rein wissenschaftlichen Kriterien zugleich flexibel und langfristig institutionell zu fördern, ergaben. Die MPG war durch ihre Einbettung in den politischen Prozess der deutschen Einigung, ihr damit ermöglichtes Wachstum, die zunehmende Formalisierung von Entscheidungsprozessen und die sich stabilisierende Arbeitsteilung des Wissenschaftssystems in ihren Entscheidungsprozessen schwerfälliger und von äußeren Bedingungen abhängiger geworden. Insgesamt war die expandierte MPG der 1990er-Jahre stärker als die der 1960er-Jahre durch die Notwendigkeit des Ausbalancierens eines breiten Forschungs- und Interessenspektrums charakterisiert, was sich auch in neuen Gremien niederschlug, in denen solche Aushandlungsprozesse stattfanden. In den neuen Bundesländern ging es – wie ehemals zur Gründungszeit der MPG – vor allem darum, wieder Anschluss an internationale Spitzenforschung zu gewinnen, während eigene Projekte der Spitzenforschung, wie der geplante Gravitationswellendetektor, dieser neuen Breite zum Opfer fielen. Dass MPG-Forscher:innen dennoch entscheidend zur Jahrhundertentdeckung der Gravitationswellen beitrugen, zeugt nicht nur von ihrer persönlichen wissenschaftlichen und wissenschaftspolitischen Kreativität, sondern ebenso von der anhaltenden Produktivität des MPG-Modells der institutionellen Forschungsförderung auch im Rahmen groß angelegter internationaler Kooperationen, gerade weil es die für diesen Erfolg nötigen Freiräume ermöglichte.

---

[90] Bonolis und Leon, Gravitational-Wave Research, 2020, 340–344.
[91] Ebd., 343–346.

9.7 Wissenschaftliche Kooperation und internationale Politik[92]

Nachdem wir die Kooperationen der MPG mit internationalen Partnerorganisationen diskutiert haben, wenden wir uns nun ihren Interaktionen im Kontext der internationalen Politik zu.

Die MPG war in den Jahren nach 1945 nicht nur ein begehrter Ansprechpartner der neu gegründeten internationalen Organisationen wie der UNESCO und OEEC bzw. OECD. Vor allem für die Wissenschaftsakademien in den Ostblockländern war die MPG als institutioneller Kooperationspartner attraktiv: Im Unterschied zu den regionalen, aus deutscher Kleinstaatlichkeit hervorgegangenen und kulturföderal bestätigten Gelehrtengesellschaften der Bundesrepublik ähnelte die MPG mit ihren eigenen Forschungsinstituten und ihrer die Bundesländer übergreifenden Präsenz den osteuropäischen Forschungsakademien.[93] Darüber hinaus bot sie mit ihrer Konzentration auf die Naturwissenschaften den »realsozialistischen« Staaten den Vorteil, sich in der Kooperation mit bundesdeutschen Forscher:innen nicht mit den westlichen Geisteswissenschaften auseinandersetzen zu müssen, vielmehr die Zusammenarbeit auf ideologisch unbedenkliche und technologisch interessante Themengebiete beschränken und etwa Austausche von Student:innen vermeiden zu können. Genau das war mit der DFG nicht möglich, denn ihr war innerhalb des bundesdeutschen Wissenschaftssystems die Rolle zugedacht, die bundesdeutsche akademische Wissenschaft sowohl der Universitäten als auch der außeruniversitären Einrichtungen der Grundlagenforschung in ihrer gesamten Breite (und somit eben auch die MPG) gegenüber dem Ausland zu vertreten.[94] Konflikte zwischen DFG und MPG über Präsenz und Repräsentanz im Ausland – insbesondere in der Sowjetunion und in China – blieben daher nicht aus.

Wie sich die MPG im Feld der internationalen Politik positionierte, verfolgen wir an vier miteinander verknüpften Entwicklungen: der Professionalisierung der Verwaltung internationaler Beziehungen, der Europäisierung der Wissenschaftsförderung, dem Umgang der MPG mit besonderen außenpolitischen Herausforderungen und ihrem Verhältnis zu den Pugwash Conferences als Lehrstück über die Fallstricke einer von der MPG verteidigten Distanz von Wissenschaft und Politik.

9.7.1 Professionalisierung in der Administration internationaler Beziehungen

Das Management der internationalen Beziehungen der MPG in den ersten zweieinhalb Jahrzehnten nach Kriegsende lag in den Händen jenes Generalsekretärs Ernst Telschow, der die KWG ebenso geschickt wie opportunistisch in das NS-Regime integriert und durch die Besatzungszeit hindurchmanövriert hatte, sowie seiner nicht minder anpassungsfähigen und sprachgewandten Assistentin Erika Bollmann.[95] Dies lässt sich durch eine Reihe von Beobachtungen beschreiben, die sich erst auf den zweiten Blick zusammenfügen.

Einerseits entwickelten sich die Auslandsbeziehungen in dieser Zeit mit einer von außenpolitischen Kontingenzen ebenso gebremsten wie getriebenen Dynamik: MPI-Direktoren versuchten je nach Interesse und Möglichkeit, ihre Auslandskontakte vor allem in die USA und nach Großbritannien, aber schon ab 1955, also ab dem Zeitpunkt der wieder eingeräumten, bündnispolitisch eingehegten außenpolitischen Souveränität der Bundesrepublik, auch in die UdSSR zu reaktivieren. Vor allem in Richtung USA waren, wie gezeigt, bald einige Erfolge zu verbuchen, etwa bei der Platzierung des meistversprechenden wissenschaftlichen Nachwuchses aus den MPI auf amerikanischen Postdoc-Stellen. Gern hätte Telschow 1958 das Angebot der sowjetischen Akademie der Wissenschaften angenommen und mit ihr seitens der MPG einen umfänglichen Kooperationsvertrag abgeschlossen. Das aber wurde vom Auswärtigen Amt in Bonn unterbunden. Wenig später verhinderte Telschow seinerseits einen von der Bundesregierung gewünschten Vertragsabschluss zwischen der MPG und dem israelischen Weizmann-Institut, mit dem beträchtliche, als »privat« getarnte Zuwendungen der Bundesrepublik an den Kontrahenten im Nahostkonflikt vorbei an das führende israelische Forschungsinstitut transferiert werden sollten.[96]

Andererseits lässt sich, so politisch indifferent und dezisionistisch diese Aktivitäten erscheinen mögen, doch ein Leitmotiv dahinter erkennen: Es entsprang der eindrücklichen Nachkriegserfahrung, dass ihre politische Einbindung in das NS-Regime der KWG um ein Haar die weitere Existenz gekostet hätte. Fortan galt es – so die Lektion, die man aus der Reeducation vor allem durch die US-amerikanischen Aufsichtsbehörden gezogen hatte –,

---

92 Der nachfolgende Text stammt von Alison Kraft und Carola Sachse.
93 Feichtinger und Uhl, *Akademien*, 2018.
94 Siehe oben, Kap. IV.2.
95 Hachtmann, *Wissenschaftsmanagement*, 2007, 621–648, 829–836, 951–963, 1076–1091 u. 1122–1157. Zu Bollmann siehe auch Kolboske, *Hierarchien*, 2023, 105–110.
96 Steinhauser, Gutfreund und Renn, *Relationship,* 2017; Nickel, *Rehovot,* 1989; Nickel, Wolfgang Gentner, 2006.

jegliche politische Vereinnahmung zu vermeiden, dafür aber im Sinne des wissenschaftlichen Universalismus die Freiheit zu beanspruchen, in alle Richtungen, ungeachtet aller politischen Realitäten, nur von wissenschaftlichen Interessen geleitet, »autonom« agieren zu können.[97] Dieses zunächst unausgesprochene Leitmotiv sollte in den 1970er-Jahren zum expliziten, freilich nicht immer einzulösenden Grundsatz in der Gestaltung der Auslandsbeziehungen der MPG heranreifen.

Deren Gestalt lässt sich am besten mit dem Terminus »Wissenschaftsaußenpolitik« erfassen – ein Begriff, der in den 2000er-Jahren aufkam, als der damalige Bundesaußenminister Frank-Walter Steinmeier die Neukonzeptionierung einer »Außenwissenschaftspolitik« anmahnte, und der in entsprechenden Diskussionen etwa in der Friedrich-Ebert-Stiftung, der Alexander von Humboldt-Stiftung und dem Bundesministerium für Bildung und Forschung (BMBF), die sich hier gleichermaßen gefordert sahen, gelegentlich synonym benutzt wurde.[98] Im Folgenden soll Wissenschaftsaußenpolitik hingegen explizit im Unterschied zu den außenpolitisch orientierten Programmen von Regierungen, Ministerien und politischen Stiftungen verwandt werden und solche Anstrengungen bezeichnen, die primär aus wissenschaftsintrinsischen Interessen, hier der MPG-Wissenschaftler:innen an fachlichem Austausch und direkter wissenschaftlicher Kooperation mit ausländischen Kolleg:innen, herrühren. In der politischen Praxis und Administration aller beteiligten Akteure einschließlich der MPG freilich überschnitten sich Wissenschaftsaußen- und Außenwissenschaftspolitik des Öfteren, noch häufiger rieben sie sich aneinander. Zum Verständnis dieser Konflikte empfiehlt es sich umso mehr, die jeweiligen Leitvorstellungen begrifflich auseinanderzuhalten.[99]

Damit wäre auch Adolf Butenandt besser beraten gewesen, als er 1963 – von der Leiterin seines Präsidialbüros Bollmann begleitet – seine erste Auslandsreise als MPG-Präsident nach Spanien antrat. Geblendet von höchstrangigen politischen und akademischen Ehrenbezeugungen ließ er sich vom Franco-Regime instrumentalisieren und vereinbarte mit dem Consejo Superior de Investigaciones Científicas (CSIC) ein einseitig von der MPG zu finanzierendes Stipendienprogramm. Damit konnten sich jährlich bis zu zehn spanische Stipendiat:innen, die allein von dem zutiefst franquistisch-klerikalen Herrschaftsregime verwurzelten CSIC vorgeschlagen wurden, nicht nur an Max-Planck-Instituten, sondern auch an anderen bundesdeutschen Forschungseinrichtungen und Universitäten weiterbilden.[100]

Dieses kaum als Austausch zu bezeichnende Programm bildete Anfang der 1970er-Jahre die Kontrastfolie, als es im Zuge der laufenden Verwaltungsreform darum ging, auch die Leitlinien der zukünftigen Wissenschaftsaußenpolitik der MPG zu formulieren. Auf der programmatischen Ebene wurde hier das Primat der wissenschaftsintrinsischen Interessen der MPG-Wissenschaftler:innen gegenüber wie auch immer gearteten außenwissenschaftspolitischen Interessen der eigenen oder der Regierungen in den Zielländern fortgeschrieben. Größtmögliche Autonomie sollte auch gegenüber der bundesdeutschen Außenpolitik gewahrt werden. In Anbetracht der in den 1970er- und 1980er-Jahren ausbleibenden Haushaltszuwächse rückte zudem das Gebot der Flexibilität in den Vordergrund. Damit wollte der neue MPG-Präsident Reimar Lüst zusammen mit seinem Senatsausschuss für Forschungsplanung und Forschungspolitik (SAFPP) den finanziellen Sparzwängen wissenschaftspolitische Gestaltungsspielräume abtrotzen, nicht nur in der Frage der Schließung und Neugründung von Instituten, sondern auch im Umgang mit knappen Budgets für Reisen, Einladungen für ausländische Gäste, Austausch und Kooperation mit ausländischen Instituten bzw. in multilateralen Großprojekten.[101]

Auf der operativen Ebene übersetzte das für Auslandsbeziehungen zuständige und ab 1971 von Dietmar Nickel geleitete Referat in der Generalverwaltung die Leitvorstellungen von Autonomie und Flexibilität in konkrete Prüfsteine, die ihrerseits über die Jahre immer wieder evaluiert und angepasst wurden: Verträge mit ausländischen Partnerorganisationen wie eben dem spanischen CSIC waren möglichst ganz zu vermeiden. Vielmehr sollten Kooperationen tunlichst zwischen den beteiligten Wissenschaftler:innen und ihren Instituten direkt vereinbart werden, wobei ihnen das Auslandsreferat beratend zur Seite stand. Ließen sich solche Verträge auf übergeordneter Ebene nationaler Wissenschaftsorganisationen – wie etwa in den 1980er-Jahren mit dem französischen CNRS und dem japanischen RIKEN – wegen der wissenschaftspolitischen Gegebenheiten oder der je spezifischen Verfasstheit der Wissenschaftssysteme in den Ländern der gewünschten Kooperationspartner nicht umgehen, so sollten sie möglichst wenig konkrete Festlegungen treffen, sondern

---

97 Zum Autonomiebegriff im deutschen Wissenschaftssystem siehe Stichweh, Paradoxe Autonomie, 2014.
98 Schütte, *Wettlauf ums Wissen*, 2008.
99 Sachse, *Wissenschaft*, 2023, 21.
100 Ebd., 225–255.
101 Siehe dazu oben, Kap. II.4.3.2.

vorab nur vage formulierte Gestaltungsspielräume für die Zukunft eröffnen. Insbesondere war die Quantifizierung bestimmter Austauschquoten zu vermeiden. Darüber hinaus sollte beim Austausch von Wissenschaftler:innen auf jeder Qualifikationsstufe dem Einladungsprinzip statt dem Entsendeprinzip gefolgt werden – ein Prinzip, das, wie bereits angesprochen, auch mit dem CNRS zu Konflikten geführt hatte. Das bedeutete, dass die empfangende Institution sich ihre ausländischen Gäste selbst aussuchte und nicht genötigt war, Gäste aufzunehmen, die von ihren Heimatinstitutionen ausgewählt worden waren. Keine Leitlinie war insbesondere im Austausch mit Ostblockländern so schwer und hier am wenigsten mit der DDR und der Sowjetunion durchzuhalten wie ebendieses Einladungsprinzip.[102]

Bis heute ist die Zahl der sogenannten Allgemeinverträge der MPG mit nationalen Organisationen, die – wie etwa CSIC und CNRS – das Wissenschaftssystem oder die akademische Forschung ihres jeweiligen Landes als Ganzes repräsentieren, gering geblieben. Die MPG respektierte in der Regel den diplomatischen Vorrang der DFG. Das galt jedenfalls so lange, wie es der Autonomie der MPG förderlich und ihrer Flexibilität in der Gestaltung der eigenen Auslandsbeziehungen dienlich war.

Ungeachtet der Zurückhaltung der MPG bei solchen Allgemeinverträgen nahm die Vertragsförmigkeit auch ihrer Auslandsbeziehungen in den 1980er-Jahren eher zu als ab. Viele Entwicklungen kamen hier zusammen: Zum einen stieg nicht nur die Zahl, sondern auch die Komplexität projektförmig organisierter bi- und multilateraler Kooperationen. Sie waren zudem immer häufiger mit aufwendigen infrastrukturellen und instrumentellen Investitionen verbunden, die gemeinsam finanziert und, sobald sie sich in technologisch aufwendigen (Groß-)Forschungseinrichtungen materialisiert hatten, langfristig unterhalten werden mussten. Zum anderen häuften sich staatliche und überstaatliche Regulierungen jeglicher Art und nicht zuletzt der Finanzaufsicht. Alles das erforderte seitens der Generalverwaltung kontinuierliche Beobachtung, um die Institute in der Ausgestaltung ihrer internationalen Kooperationen kompetent beraten zu können, sowie rechtzeitiges Intervenieren – sei es direkt auf der Referentenebene, sei es über den Generalsekretär und Präsidenten auf der Leitungsebene der beteiligten in- und ausländischen Organisationen und Ministerien –, um bedenkliche Entwicklungen zu beeinflussen und ungünstige Entscheidungen doch noch abzuwenden.

Mit der Zeitenwende von 1989/90, aber spätestens ab Mitte der 1990er-Jahre, als sichergestellt war, dass sich die deutsche Einigung auf wissenschaftlichem Gebiet als strukturkonforme Ausweitung des bundesdeutschen Systems einschließlich der MPG auf die neuen Bundesländer vollzog,[103] wurde die Internationalisierung zum wissenschaftsaußenpolitischen Programm der MPG.[104] Internationalisierung war nicht länger ein blockpolitisch kanalisierter und ansonsten unaufhaltsamer Prozess, den man berücksichtigen musste, um den Anschluss nicht zu verlieren. Sie wurde zum Programm der Selbstoptimierung der MPG für den globalen Wettbewerb um die besten Köpfe. Damit änderten sich – forciert durch die vielleicht tiefgreifendste Reform in der Geschichte der MPG-Generalverwaltung und die begleitenden Personalrevirements von der Spitze bis hinunter in die Referate[105] – auch die Gewichtungen in der Administration ihrer Auslandsbeziehungen. Die Selbstständigkeit der Institute in der Gestaltung und Verwaltung ihrer Auslandsbeziehungen wurde einmal mehr gestärkt, indem ihnen sämtliche Mittel für die Einladung von Gastforscher:innen im Rahmen ihrer Jahresbudgets zugewiesen wurden. Bis dahin hatte das Auslandsreferat immer noch eine Reserve zurückbehalten, aus der es auf Antrag kurzfristig unvorhergesehene Einladungen finanzieren konnte. Damit begab sie sich auch eines Steuerungsinstruments, das der bis 1996 amtierende Referatsleiter Nickel sehr wohl einzusetzen wusste, indem er etwa die Bewilligung zusätzlicher Mittel mit der nachdrücklichen Bitte an den Institutsdirektor verband, doch die MPG für die nächste Zeit in einem internationalen oder europäischen Gremium, etwa der Deutschen UNESCO-Kommission oder der ESF, zu vertreten.[106]

Stattdessen wurde fortan die Servicefunktion der Generalverwaltung im Allgemeinen und des Auslandsreferats im Besonderen in den Vordergrund gerückt. Dazu gehörten wie bisher die politische, administrative und juristische Beratung und Vorbereitung von beabsichtigten bi- oder multilateralen Kooperationen der Institute sowie die Beobachtung der internationalen Förderinstitutionen und -programme insbesondere der Europäischen Union. Stärker betont wurde nun aber die Exploration der Wis-

---

102 Vermerk Nickels vom 25.2.1974, AMPG, II. Abt., Rep. 70, Nr. 373, fol. 32–37. Vermerk Nickels vom 30.10.1980, AMPG, II. Abt., Rep. 70, Nr. 86, fol. 12–21. Bericht Zachers vom 8.2.1995, Anlage zum Ergebnisprotokoll über die Sitzung des Wissenschaftlichen Rates am 8.2.1995, GVMPG, BC 213481, fol. 76–89 verso.
103 Siehe oben, Kap. II.5. Siehe auch Ash, *MPG im Prozess*, 2023.
104 Zur MPG in der deutschen Wiedervereinigung siehe Ash, *MPG im Kontext*, 2020; Mayntz, Forschung, 1992.
105 Siehe oben, Kap. IV.4.
106 Carola Sachse: Interview mit Dietmar Nickel, 12.4.2018, DA GMPG, ID 601023.

senschaftsstrukturen in den jetzt frei zugänglichen osteuropäischen und den neu entstehenden Ländern der ehemaligen Sowjetunion sowie in solchen Staaten, die wie China, Indien oder Brasilien im Hinblick auf ihre wissenschaftliche Entwicklung besonders interessant zu werden versprachen. Hier galt es, solche wissenschaftliche Potenziale in Gestalt von lokalen Zentren oder auch nur einzelnen Forschungsteams zu identifizieren, die als Ansprech- oder sogar zukünftige Kooperationspartner für entsprechende Teams an Max-Planck-Instituten in Erwägung zu ziehen waren. Der ab 1996 amtierende MPG-Präsident Hubert Markl unternahm zu diesem Zweck einige von den für die jeweiligen Weltregionen zuständigen Referent:innen sorgfältig vorbereitete Explorationsreisen – nicht zuletzt auch in die wissenschaftlichen Zentren der ehemaligen Sowjetunion, die vom rasanten Verfall des Imperiums mitgerissen zu werden drohten.[107]

Der Wunsch, zum Erhalt zuvor leistungsfähiger Wissenschafts- und Kooperationsstrukturen beizutragen, paarte sich hier mit sicherheitspolitischen Befürchtungen, wie sie in NATO-Kreisen geäußert wurden, die hoch qualifizierten, aber schlecht oder gar nicht mehr bezahlten Wissenschaftler:innen könnten samt ihrer möglichen Expertise in der Entwicklung von Massenvernichtungswaffen von falscher Seite angeworben werden.[108] In diesem Falle überlappten sich wissenschaftsaußenpolitische Interessen der MPG und außerwissenschaftspolitische Interessen des westlichen Bündnisses.

9.7.2 EU-Wissenschaftsförderung: Wissenschaftliche Autonomie vs. politische Kohäsion

Zunächst beschränkte sich die Forschungspolitik der EG auf die Interessengebiete ihrer drei konstituierenden Gemeinschaften (Montanunion, Binnenmarkt, Atompolitik) und damit auf solche Bereiche, die der angewandten Forschung zugerechnet wurden. Sie tangierte die Interessen der MPG also kaum. Anfang der 1970er-Jahre, nachdem sich bereits der Europarat 1969 für die Europäisierung der Universitäten ausgesprochen und die OECD Ähnliches für die Forschung vorgeschlagen hatte, entdeckte dann auch die Europäische Kommission die Grundlagenforschung als ein mögliches Aktionsfeld, um jenseits von Wirtschaftsinteressen die »Gemeinschaft der Wissenschaftler« (Willy Brandt) zu stärken und damit einen Schritt in Richtung gesellschaftlicher Kohäsion innerhalb der EG zu unternehmen.[109] Etwas verspätet, doch dann mit umso mehr Schwung, nahm die Generalverwaltung den Trend auf, der 1974 in die Gründung der European Science Foundation (ESF) einmünden sollte.

Zwar wurde ein erster im Auslandsreferat erarbeiteter Satzungsentwurf im Zuge der weiteren Verhandlungen arg verwässert, doch gelang es im Verbund mit anderen europäischen Forschungsorganisationen – gezielt auch aus Nicht-EG-Ländern – und dem zuständigen EG-Kommissar Ralf Dahrendorf, die ESF als Selbstverwaltungsorgan der beteiligten Wissenschaftsorganisationen zu etablieren, die ihre Förderentscheidungen unabhängig von der Brüsseler Kommission treffen konnte. Als Erster übernahm MPG-Generalsekretär Friedrich Schneider das Amt des Generalsekretärs der in Straßburg residierenden ESF. Allerdings waren ihre Mittel, gespeist aus den Mitgliedsbeiträgen der teilnehmenden Wissenschaftsorganisationen, bescheiden und ihre Vergabe konzentrierte sich auf die Anbahnung von Kooperationsprojekten, deren anschließende Finanzierung am Ende wieder von den beteiligten Wissenschaftler:innen bei ihren nationalen Wissenschaftsorganisationen beantragt werden musste.[110]

Die großen Gelder flossen erst, als 1984 die Forschungsrahmenprogramme (FRP) starteten, deren inhaltliche Schwerpunktsetzung, organisatorische Vorgaben und Vergabeverfahren freilich ganz in den Händen der EG-Kommission lagen, die sie entsprechend ihrer wirtschafts- und kohäsionspolitischen Prioritäten gestaltete. Aus Sicht der MPG taugten diese FRP nicht nur kaum für die Förderung der Grundlagenforschung, sie gefährdeten vielmehr mit der Stärkung einer auf europapolitische Ziele ausgerichteten Programm- und Projektforschung den Status grundfinanzierter nicht zweckgebundener Forschung. Da sie aus Steuermitteln der EG-Länder finanziert wurden, zogen sie womöglich auch noch Gelder ab, die sonst der bundesdeutschen Wissenschaftsförderung mit ihrer wohlaustarierten Balance von Grund- und Projektfinanzierung zur Verfügung stehen würden.

Gegen diesen fortan als Top-down-Strategie kritisierten Ansatz der europäischen Forschungspolitik startete die MPG 1989/90 zwei Initiativen, mit denen sie ihre Vorstellungen von einer Bottom-up-Förderung konkretisieren und in den europäischen Wissenschaftsraum hineinprojizieren wollte. Zusammen mit der DFG und finanziert von der ESF initiierte sie 1989 die European

---

107 Siehe beispielsweise die Vorbereitung der Sowjetunionreise von Präsident Markl, dokumentiert in: AMPG, II. Abt., Rep. 70, Nr. 673; Sachse, *Wissenschaft*, 2023, 255–298.
108 Sher, *From Pugwash to Putin,* 2019, 127.
109 Brandt, Regierungserklärung, 1969, 19.
110 Unger, Making Science European, 2020; Sachse, *Wissenschaft*, 2023, 106–110.

Research Conferences. Sie sollten dem wissenschaftlichen Nachwuchs Gelegenheit bieten, interdisziplinär und transgenerationell neueste Forschungsentwicklungen und Ideen miteinander zu diskutieren und gegebenenfalls kooperativ weiterzuverfolgen – ein Format, das sich offensichtlich bewährte, sodass sich immer mehr europäische Forschungsinstitutionen fördernd daran beteiligten, und das bis 2015 fortgeführt wurde.[111]

Neues europäisches Ungemach drohte mit dem Maastricht-Vertrag von 1992, mit dem die Regierungen der Mitgliedsländer der Europäischen Union »den Prozess der europäischen Integration auf eine neue Stufe […] heben« wollten, und zwar jetzt definitiv auch im Bereich von Forschung und Entwicklung.[112] Allerdings sollte dies wiederum in alleiniger Regie der EU-Gremien und ohne eine irgendwie geregelte Mitwirkung der Wissenschaftsorganisationen geschehen. Zudem sollten die integrationspolitischen Aspekte noch gestärkt werden, etwa wenn mit Vorgaben zur multilateralen Zusammensetzung der antragstellenden Projektteams die europäische Kohäsion gefördert und die national ausgeglichene Mittelverteilung gewahrt werden sollte.

Die deutschen Wissenschaftsorganisationen und mit ihnen die MPG unter Führung ihres seit 1990 amtierenden Präsidenten Hans Zacher waren durch diese »wissenschaftsfremden« Kriterien hochgradig alarmiert: Nicht europäische Nivellierung, sondern die »komparative Leistung«, die »Kompetenz der Besten« gelte es zu fördern, wenn endlich eine international satisfaktionsfähige europäische Scientific Community entstehen sollte.[113] In enger Absprache und Kooperation mit der DFG und den wichtigsten anderen deutschen Wissenschaftsorganisationen innerhalb der Allianz startete Zacher 1992 eine Serie von Kolloquien: Zum einen wollte man Vertreter:innen von osteuropäischen Akademien und Universitäten die Vorteile des dezentralen deutschen Wissenschaftssystems samt der darin verankerten prominenten Stellung der Grundlagenforschung als Vorbild für die nach dem Zusammenbruch des Sowjetregimes anstehende Rekonstruktion ihrer eigenen Wissenschaftssysteme nahebringen.[114] Hier galt es die – freilich illusionäre – Chance zu nutzen, aus der im westeuropäischen Vergleich solitären Position ausbrechen und neue Bündnispartner gewinnen zu können. Zum anderen waren diese Kolloquien ein neuerlicher Versuch, die Vertreter der für Wissenschaft und Forschung zuständigen EU-Kommission, aber auch die westeuropäischen Partnerorganisationen für die besonderen Bedürfnisse der Grundlagenforschung zu sensibilisieren – vor allem hinsichtlich der Selbstverwaltung der Fördergelder durch die Wissenschaftsorganisationen, der von ihnen verantwortlich zu definierenden Vergabekriterien und Auswahlprozesse sowie der autonomen Themen- und Partnerwahl seitens der Antragsteller:innen.[115]

Allein, alle diese Anstrengungen liefen ins Leere. Zwar gelang es Anfang 1993, die European Heads of Research Councils (EuroHORCs) zusammenzuschließen, aber noch bevor sich dieses Gremium als legitimer Ansprechpartner der EU-Kommission in Brüssel hatte in Stellung bringen können, etablierte diese im März 1994 an den verdutzten EuroHORCs vorbei die European Science and Technology Assembly (ESTA). Die über 100 Mitglieder dieser ihrer zukünftigen Beratungsinstanz berief sie in eigener Kompetenz und zog lediglich – von den nationalen Wirtschaftsverbänden und Wissenschaftsorganisationen erbetene – Vorschlagslisten zurate.[116]

Es folgten einige Jahre ergebnisloser Vorfelddiskussionen sowohl im internationalen als auch im nationalen Rahmen der Allianz, die ein ums andere Mal betonte, dass eine zukünftige europäische Forschungsförderung »so viel DFG wie möglich« beinhalten müsse.[117] Am Rande von internationalen Konferenzen engagierten sich vor allem vier Männer, die sich nicht nur im Alter nahestanden, sondern auch ähnliche Karrierewege eingeschlagen hatten: Von Professuren und Leitungspositionen in den Biowissenschaften waren sie zu verschiedenen Zeitpunkten ihrer Laufbahn hauptamtlich ins Wissenschaftsmanagement gewechselt. Als die Debatte um einen zukünftigen European Research Council (ERC) in den frühen 2000er-Jahren wieder Fahrt aufnahm, hatten sie alle Führungspositionen in wichtigen nationalen Wissenschaftsorganisationen inne: Hubert Markl (seit 1996 Präsident der MPG), Ernst-Ludwig Winnacker (seit 1998 Präsident der DFG), Robert May

---

111 European Science Foundation, Conferences, 2022, http://archives.esf.org/serving-science/conferences.html.
112 Politische Union, Vertrag zur Gründung der Europäischen Atomgemeinschaft, 25.3.1957, http://www.politische-union.de/eagv03/.
113 Bericht Zachers vom 8.2.1995, Anlage zum Ergebnisprotokoll über die Sitzung des Wissenschaftlichen Rates am 8.2.1995, GVMPG, BC 213481, fol. 76–89 verso.
114 Generalverwaltung der Max-Planck-Gesellschaft, *Jahrbuch 1992*, 1992, 96. Die Informationsveranstaltung wurde gemeinsam bestritten von AvH, AGF, DAAD, DFG, FhG und HRK. Zur Allianz der Wissenschaftsorganisationen siehe Osganian, Competitive Cooperation, 2022; Osganian und Trischler, *Wissenschaftspolitische Akteurin*, 2022. Siehe auch oben, Kap. IV.2.
115 Diese Colloquien sind dokumentiert in Generalverwaltung der Max-Planck-Gesellschaft, *Jahrbuch 1992*, 1992, 96.
116 Ausgeführt bei Sachse, *Wissenschaft*, 2023, 189–191.
117 Protokoll der Allianz-Sitzung 11.1.1993, Bl. 5, DFGA, AZ 02219-04, Bd. 15. Siehe auch Osganian und Trischler, *Wissenschaftspolitische Akteurin*, 2022, 116–129.

(seit 2000 Präsident der Royal Society) und Hans Wigzell (seit 1995 Rektor des Karolinska Institutet).

Im März 2000 einigte sich der Europäische Rat in Lissabon auf das »neue strategische Ziel für die Union zur Stärkung der Beschäftigung, der Wirtschaftsreform und des sozialen Zusammenhalts im Rahmen einer wissensbasierten Wirtschaft«.[118] Diese Selbstverpflichtung des Europäischen Rats auf eine wissensbasierte Ökonomie und Gesellschaft galt es beim Wort zu nehmen, um im Zuge der anstehenden Erweiterung der EU endlich die europäische Forschungsförderung jenseits der FRP und europäischen Großforschungseinrichtungen auch für »Small Science« auf den richtigen Weg zu bringen.[119] Bei zwei vorbereitenden Meetings von Führungskräften aus Wissenschaft und Wissenschaftsmanagement 2002 in Stockholm und Kopenhagen verständigte man sich darauf, dass ein ERC allen Wissenschaftsdisziplinen einschließlich der Geistes- und Sozialwissenschaften offenstehen müsse. Gleichwohl nahmen zunächst die europäisch organisierten Lebenswissenschaftler:innen das Heft in die Hand: EMBO, EMBL und die Federation of European Biochemical Societies gründeten das European Life Science Forum (ELSF), engagierten einen Koordinator und organisierten 2003 eine dichte Serie von Konferenzen in Paris, Venedig und Dublin, die in eine multidisziplinäre Initiative for Science in Europe mündete.

Diese Lobbygruppe versammelte am Ende über 50 europäische Wissenschaftsorganisationen hinter einem Aufruf an die EU-Führungsgremien (Rat, Kommission und Parlament), endlich neue Wege in der Wissenschaftsförderung zu beschreiten. Auch die MPG veranstaltete 2004 eine Konferenz im Berliner Harnack-Haus, wo mit internationaler Unterstützung die Vertreter der deutschen Wissenschaftsorganisationen mit ins Boot geholt werden sollten. Die ELSF vernetzte sich mit der ESF und fand mit ihrem Anliegen politische Unterstützung beim dänischen Forschungsminister sowie bei der Gutachtergruppe um den belgischen Ökonomen André Sapir, die in ihrem Sapir Report der Europäischen Kommission ebenfalls einen erheblichen Investitionsschub in die Wissensökonomie empfahl.[120] Zu guter Letzt organisierte die European Life Scientist Organization (ELSO) unter ihrem damaligen Präsidenten Kai Simons vom MPI für Zellbiologie und Genetik unter ihren Mitgliedern Petitionen und Unterschriftensammlungen, die sie dem EU-Kommissar für Forschung und den nationalen Forschungsministern vorlegten.[121]

Es war eine eindrucksvolle, über sämtliche EU-Länder sich erstreckende, vor allem aber am Ende nicht nur von Biowissenschaftler:innen getragene Kampagne, die der Brüsseler Administration schließlich beachtliche Zugeständnisse abrang. Dem so dringend geforderten Bottom-up-Prinzip wurde in vielerlei Hinsicht Rechnung getragen. Danach konnte die Kommission keine inhaltlichen Vorgaben machen. Die Ausschreibungs-, Selektions- und Vergabemodalitäten wurden weitgehend unabhängig von einem nur aus internationalen Wissenschaftler:innen bestehenden Scientific Council festgelegt; dieses Gremium kooptierte 2005 nach Berufung der ersten 22 Mitglieder – darunter Christiane Nüsslein-Volhard vom MPI für Entwicklungsbiologie, Hans-Joachim Freund vom Fritz-Haber-Institut der MPG sowie Paul Crutzen vom MPI für Chemie – weitere und nachfolgende Mitglieder selbstständig. Es entschied insbesondere, in der Anfangsphase nur Nachwuchswissenschaftler:innen zu fördern, deren selbstgewähltes Projekt die internationalen Peers als Cutting-edge-Forschung qualifiziert hatten. Die Auserwählten sollten mit einer Förderung über fünf Jahre alleinverantwortlich eine von ihnen zusammengestellte Forschungsgruppe leiten. In diesem Förderungsformat kann man die ab Mitte der 1990er-Jahre in der MPG eingerichteten und auch bereits in China erprobten, auf fünf Jahre befristeten Nachwuchsgruppen als Vorbild erkennen. Es entsprach freilich auch dem Zeitgeist, insofern auch in anderen Ländern nach Alternativen zur Festanstellung gesucht wurde, um mit knappen finanziellen Ressourcen flexibler auf neue Forschungstrends reagieren zu können.[122]

9.7.3 Die MPG als außenpolitischer Akteur (Israel, Sowjetunion und China)

Neuerdings gelobt die MPG auf ihrer Website, »als Deutschlands erfolgreichste Forschungsorganisation selbstverständlich zur Wissenschaftsdiplomatie […] der

---

118 European Parliament, Lisbon European Council, 2000, https://www.europarl.europa.eu/summits/lis1_en.htm. Die folgende Darstellung stützt sich auf Simons und Featherstone, European Research Council, 2005. Siehe auch König, *Council*, 2016.
119 Banda, European Research Area, 2002, 443; Wigzell, Framework, 2002, 443–445; Winnacker, European Science, 2002, 446.
120 European Science Foundation, *New Structures*, 2003; Ministry of Science, Technology and Innovation, *European Research Council*, 15.12.2003; Sapir et al., *An Agenda for a Growing Europe*, 2004. Alle Hinweise nach Simons und Featherstone, European Research Council, 2005.
121 Simons und Featherstone, European Research Council, 2005.
122 So Angelika Lange-Gao im Interview, Carola Sachse: Interview mit Angelika Lange-Gao, 11.12.2021, DA GMPG, ID 601089.

9. Die MPG in der Welt

Bundesrepublik beizutragen«.[123] Mit diesem aus historischer Perspektive überraschenden Bekenntnis reagiert die MPG eher spät auf eine inzwischen etwa 20-jährige internationale Entwicklung, deren Protagonist:innen aus Politik und Wissenschaft staatliche Außenpolitik, internationale Politik und grenzüberschreitende wissenschaftliche Kooperation in ein neues produktives Verhältnis zueinander setzen und damit zugleich neue Berufsfelder etablieren wollten. Mit einer neuen Internationalisierungsstrategie für die Wissenschaften wolle und könne man, so das Versprechen der neuen »Science Diplomacy«, den seit dem Ende des Kalten Kriegs immer stärker in den Vordergrund drängenden globalen Problemen – Klimawandel, Umweltzerstörung, Ressourcenknappheit, Migrationen, Infektionskrankheiten, Proliferation von Massenvernichtungswaffen – effektiver begegnen.[124] 2010 haben die Royal Society und die American Association for the Advancement of Science (AAAS) das Konzept der »Science Diplomacy« in drei Dimensionen ausdifferenziert: »Science in Diplomacy« »Diplomacy for Science« und »Science for Diplomacy«.[125]

Projiziert man dieses dreidimensionale Raster auf die Wissenschaftsaußenpolitik, wie sie die MPG präferierte, dann waren zwar vor allem die Jurist:innen der entsprechenden Max-Planck-Institute mit ihrer Expertise im internationalen Recht durchaus beratend und gutachtend auf dem Feld der »Science in Diplomacy« aktiv. Darüber hinaus aber sollte staatliche Außenpolitik allenfalls als »Diplomacy for Science« ins Spiel kommen, also immer dann, wenn sie helfen konnte, politische Hindernisse der grenzüberschreitenden wissenschaftlichen Kommunikation und Mobilität auszuräumen. Keinesfalls jedoch wollte sich die MPG als institutioneller Akteur in die internationale Wissenschaftsdiplomatie einbringen oder sich gar im Sinne einer »Science for Diplomacy« von der bundesdeutschen Außenpolitik vereinnahmen lassen.

Ein frühes Beispiel dafür ist die Etablierung der wissenschaftlichen Beziehungen zu Israel. Um 1960, als es noch keine diplomatischen Beziehungen zwischen der Bundesrepublik und Israel gab, wollte die Bundesregierung dennoch dem dringenden Wunsch des 1934 gegründeten multidisziplinären Weizmann-Instituts für naturwissenschaftliche Forschung in Rehovot nach substanzieller Förderung nachkommen. Allerdings sollte die internationale Öffentlichkeit von diesen finanziellen Transaktionen ebenso wenig erfahren wie von all den anderen verdeckt laufenden bundesdeutschen »Wiedergutmachungen«, Aufbau- und Militärhilfen für Israel. Vor allem sollten sie den arabischen Staaten verborgen bleiben, die eine regierungsoffizielle Unterstützung einer israelischen Institution als Schritt zur Anerkennung des Staates Israel hätten deuten und ihrerseits mit der Anerkennung der DDR hätten abstrafen können. Hierauf wiederum hätte die auf die Hallstein-Doktrin eingeschworene Bundesregierung die diplomatischen Beziehungen zu diesen arabischen Ländern abbrechen müssen und damit womöglich sehr geschätzte Handelsbeziehungen gefährdet.

Aus dieser diplomatischen Zwickmühle sollte der Bundesregierung die MPG heraushelfen und als nichtstaatliche Wissenschaftsorganisation den Transfer dieser so als »privat« umetikettierten Fördermittel an das Weizmann-Institut übernehmen. Zwar gab es mit Wolfgang Gentner, Otto Hahn und Feodor Lynen durchaus prominente MPG-Wissenschaftler, die diesen Plan guthießen, aber der 1960 frisch installierte MPG-Präsident Adolf Butenandt ließ sich vom langjährigen Verwaltungschef Ernst Telschow belehren, dass die MPG-Satzung eine solche verdeckte Amtshilfe und Transferzahlungen an Dritte verbiete. Die MPG-Führung wollte sich im Falle Israels nicht für die Lösung außenpolitischer Probleme der Bundesregierung in Dienst nehmen lassen. Insofern blieb es zunächst bei einem von der MPG aus eigenen Mitteln finanzierten Stipendienprogramm in Höhe von 30.000 DM für Israel-Aufenthalte junger MPG-Wissenschaftler:innen.

Erst ab 1963/64, als die jahrelang verdeckt transferierten bundesdeutschen Finanz- und Militärhilfen für Israel längst bekannt waren, die Karten im Nahostkonflikt neu gemischt wurden und die Aufnahme diplomatischer Beziehungen zwischen der Bundesrepublik und Israel kurz bevorstand, übernahm die Minerva Gesellschaft für die Forschung mbH, die 1962 zur Abwicklung anderer nicht satzungsgemäßer Finanztransaktionen der MPG gegründet worden war und heute als Minerva Stiftung GmbH firmiert, die Aufgabe, Bundesmittel ins israelische Wis-

---

123 Max-Planck-Gesellschaft, Zu Hause in Deutschland, 2022, https://www.mpg.de/15297895/max-planck-weltweit.
124 Etwa ab der Millenniumswende arbeitete man im Auswärtigen Amt – zunächst unter Führung von Joschka Fischer (Grüne), dann von Frank-Walter Steinmeier (SPD) – an einer neuen Konzeption der auswärtigen Kulturpolitik, für die der damalige Präsident der Alexander von Humboldt-Stiftung, Georg Schütte, 2006 den Begriff Außenwissenschaftspolitik vorschlug. Schütte, *Wettlauf ums Wissen*, 2008. – Im Jahr 2008 eröffnete die AAAS ihr Center for Science Diplomacy, das seit 2012 die Zeitschrift *Science & Diplomacy* herausgibt.
125 2009 veranstaltete die Royal Society ein Meeting, bei dem Delegierte aus 20 Ländern und fünf Kontinenten »new frontiers in science diplomacy« diskutierten; die 2010 publizierten knapp gefassten Proceedings fungieren seither als Vademecum jener multinationalen Community aus Wissenschaft und Politik, die sich die Etablierung von Wissenschaftsdiplomatie als Praxis- ebenso wie als Forschungsfeld auf die Fahnen geschrieben haben. Siehe dazu etwa die Website der EU Science Diplomacy Alliance, About, 2022, https://www.science-diplomacy.eu/about/eu-science-diplomacy-alliance/.

senschaftssystem und bevorzugt ans Weizmann-Institut zu transferieren.[126] Dank dieser institutionellen Konstruktion konnte die MPG als alleinige Anteilseignerin der Minerva Stiftung GmbH ihre Vorstellung von nicht politisch kontaminierten wissenschaftlichen Kooperationen nicht nur behaupten, sondern sie darüber hinaus mit zusätzlichen staatlichen Mitteln fördern lassen. So entwickelte sich nach einigen Anlaufschwierigkeiten eine, wenn man so will, harmonische Symbiose von »Science for Diplomacy« und »Diplomacy for Science«.

Nicht immer konnte sich die MPG den diplomatischen Paradoxien des Kalten Krieges auf so elegante Weise entziehen. An die seit dem Krieg unterbrochenen Kooperationsbeziehungen zur Sowjetunion konnte zwar eine Reihe von MPG-Wissenschaftler:innen noch 1955 durchaus erfolgreich anknüpfen, die weitere Ausgestaltung dieser Beziehungen geriet indes zur Negativfolie dessen, was die MPG als förderliche Organisation bilateraler Wissenschaftskooperation betrachtete.[127] Und das lag keineswegs nur an den politischen Restriktionen, denen die sowjetischen Kolleg:innen im eigenen Land unterworfen waren. Diese Restriktionen konnten in den 1960er-Jahren, als es noch keine zwischenstaatlichen Austauschvereinbarungen gab, oft unterlaufen werden, indem man die Kontakte möglichst informell gestaltete: Aus Institutsmitteln »privat« finanzierte Besuchsreisen von MPG-Wissenschaftler:innen zu den Kolleg:innen in den avancierten sowjetischen Forschungszentren waren das Mittel der Wahl.

Schwieriger wurde es, als die sozialliberale Regierung im Zuge der neuen Ostpolitik ein funktionierendes Kulturaustauschprogramm mit der Sowjetunion auf den Weg bringen wollte, dieses jedoch über die nächsten anderthalb Jahrzehnte wegen des für die Bundesregierung unverzichtbaren und für die Regierung im Kreml inakzeptablen Berlin-Junktims nicht zustande kam. Die 1970 als Zwischenlösung getroffene »private« Vereinbarung zur wissenschaftlich-technischen Zusammenarbeit machte es, jedenfalls für die MPG, noch komplizierter. Diese Vereinbarung nämlich inthronisierte die DFG als Vertragspartnerin der sowjetischen Akademie der Wissenschaften und machte sie damit – so empfand man es in der Generalverwaltung – zum Vormund der MPG in ihren längst re-etablierten Beziehungen zu ihren sowjetischen Kolleg:innen.

Diese Beziehungen wiederum wurden immer komplexer; als es nicht mehr nur um Besuche, Gespräche und Vorträge ging, sondern zunehmend auch um instrumentell und finanziell aufwendige gemeinsame Forschungsprojekte insbesondere im Bereich der Astrophysik, Radioastronomie und Kernfusion. Damit geriet die MPG erst recht in eine missliche Situation hinsichtlich der bundesdeutschen Außenwissenschaftspolitik: Die je nach politischer Großwetterlage dosierten Restriktionen wissenschaftlicher Zusammenarbeit, und besonders diejenigen der MPG als Flaggschiff bundesdeutscher Forschung, waren der letzte Joker, den die Bundesregierung einsetzen konnte, solange sie die wirtschaftlichen Beziehungen nicht auch ihrer Berlin-Politik unterordnen wollte. In dieser Konstellation waren die MPG-Wissenschaftler:innen, wenn sie an ihren hochgeschätzten Kooperationen mit sowjetischen Kolleg:innen und Instituten festhalten wollten, die längste Zeit genötigt, »Science against Diplomacy« zu betreiben: Von Fall zu Fall konnten sie versuchen, der Bundesregierung eine Zustimmung abzuringen, oder deren Haltung ignorieren und Abmahnungen riskieren. Günstigstenfalls bewegten sie sich unterhalb des Radars von Auswärtigem Amt und bundesdeutscher Botschaft in Moskau, die ihrerseits ihre Radarschirme gelegentlich so ausrichteten, dass sie diese Bewegungen nicht registrieren mussten und sich so einen schmalen Kanal der »Soft Diplomacy« offenhielten.

Im Falle Chinas hingegen wurde die MPG von der bundesdeutschen Außenpolitik, die sich bereits 1972 der neuen amerikanischen China-Politik angeschlossen hatte, in die Rolle des diplomatischen Türöffners für die bundesdeutsche Wirtschaft und des Entwicklungshelfers für die chinesische Wissenschaft gedrängt.[128] Der diplomatische Grund hierfür war nicht mehr die von der 1969 gewählten sozialliberalen Bundesregierung zügig ad acta gelegte Hallstein-Doktrin; auch in der Berlin-Frage sollten sich die chinesischen Partner flexibel zeigen. Wohl aber blockierte das rotchinesische Analogon, die Ein-China-Politik, zunächst die Aufnahme vertraglicher außenwissenschaftspolitischer Beziehungen zur Bundesrepublik. Denn da die DFG schon seit Längerem vertraglich geregelte Austauschbeziehungen zur Academica Sinica in Taiwan unterhielt, weigerte sich die chinesische Seite, diesen kontaminierten Vertragspartner zu akzeptieren. Zwar kooperierten manche Max-Planck-Institute ebenfalls mit taiwanischen Kolleg:innen, aber die MPG unterhielt entsprechend ihrer restriktiven Vertragspolitik keine formellen Abkommen mit taiwanischen Institutionen.

Deshalb wurde sie 1973/74 von der Bundesregierung gebeten, anstelle der DFG nahezu das gesamte, mit zusätzlichen Bundesmitteln finanzierte wissenschaftliche Austauschprogramm mit China zu verwalten. Das be-

---

126 Zusammengefasst nach Steinhauser, Gutfreund und Renn, *Relationship*, 2017.
127 Das Folgende ist zusammengefasst nach Sachse, *Wissenschaft*, 2023, 255–298.
128 Das Folgende ist zusammengefasst nach ebd., 298–371.

deutete, dass auch die Hochschulen mit grundsätzlich allen Disziplinen sowie weitere Forschungseinrichtungen einzubeziehen waren, soweit sich die chinesische Seite darauf einließ. Diese hatte tatsächlich wenig Interesse daran, sich das gesellschaftskritische Potenzial westlicher Geistes-, Kultur- und Sozialwissenschaften ins Land zu holen, sondern war hochzufrieden, es im chinesisch-bundesdeutschen Wissenschaftsaustausch mit einer im Wesentlichen auf Naturwissenschaften konzentrierten Institution zu tun zu haben.

Der in der bundesdeutschen Außenwissenschaftspolitik auf lange Sicht einmalige Rollentausch mit der DFG bot der MPG Vorteile, von denen die gewichtigsten erst über die Jahre erkennbar wurden. Anfangs mochte die Genugtuung gereicht haben, endlich in eigener Regie ohne die vor allem im Verhältnis zur Sowjetunion so hinderlich empfundene Gängelung durch die Schwesterorganisation im kommunistischen Ausland agieren zu können. Dieser größere Handlungsspielraum brachte freilich einen beträchtlichen Aufwand an Exploration in jenem so fremden Land, an Koordination der bundesdeutschen und chinesischen Partner sowie an Administration der zusätzlichen ministeriellen Finanzmittel mit sich. Aber dieser Aufwand sollte sich lohnen, zumal er nach der von Deng Xiaoping 1978 eingeleiteten Öffnung Chinas und der Einbeziehung weiterer – auch der wegen ihrer Taiwan-Verbindungen zuvor geächteten bundesdeutschen Wissenschaftsorganisationen, hier vor allem DFG, DAAD und Fraunhofer-Gesellschaft – schrittweise auf die eigentlichen Forschungsagenden der MPG sowie die institutionelle Zusammenarbeit mit der Chinesischen Akademie der Wissenschaften und einiger mit ihr verbundenen Universitäten reduziert werden konnte.

Als in den ersten Jahren maßgeblicher Akteur der bundesdeutschen Außenwissenschaftspolitik in China gewann die MPG die bestmöglichen Einblicke in das von der Kulturrevolution erheblich beschädigte chinesische Wissenschaftssystem und die dennoch vorhandenen wissenschaftlichen Potenziale. Einige davon, wie besonders in der Material-, Festkörper- und Oberflächenforschung sowie in der Molekularbiologie und Biogenetik, sollten sich in der Zusammenarbeit mit den entsprechenden Max-Planck-Instituten in erstaunlich kurzer Zeit zu bis heute anhaltend produktiven Kooperationspartnerschaften entwickeln. Auf diesem Weg kam ein umfängliches Portfolio förderpolitischer Ansätze zusammen: Doktorandenprogramme, Rückkehrstipendien, von Postdoktorand:innen in China geleitete Nachwuchsgruppen, Max-Planck-Partnergruppen und -institute, Max Planck Centers. Sie bilden nach wie vor die wesentlichen Instrumente ihrer in Antwort auf den außenwissenschaftspolitischen Aufbruch der Bundesregierung im ersten Jahrzehnt des 21. Jahrhunderts entwickelten Internationalisierungsstrategie, die insbesondere auf Forschungskooperationen mit Partnerinstitutionen in lateinamerikanischen, süd- und südostasiatischen Schwellenländern zielt. Was die MPG im Nachgang der chinesischen Kulturrevolution im Auftrag der Bundesregierung als »Science for Diplomacy« begonnen hatte, verwandelte sie im Laufe der folgenden Jahrzehnte in eine sich über alle Forschungsfelder der MPG erstreckende wissenschaftliche Zusammenarbeit jenseits von Diplomatie und unbeschadet aller politischen Entwicklungen einschließlich der Niederschlagung der chinesischen Demokratiebewegung 1989 auf dem Platz des Himmlischen Friedens.

9.7.4 Die MPG und die Pugwash Conferences – ein ambivalentes Verhältnis[129]

Die Geschichte des Verhältnisses der MPG zu den Mitte der 1950er-Jahre etablierten Pugwash Conferences on Science and World Affairs (PCSWA, Pugwash) ist geradezu ein Lehrstück über die Fallstricke politischer Indifferenz in einer Zeit, in der hochgeschätzte Kollegen vor allem aus den USA, Großbritannien und der Sowjetunion mithilfe ihrer professionellen Netzwerke dazu beitragen wollten, den Atomkrieg zu vermeiden, die Krisen des Kalten Kriegs zu meistern, die Konfrontationen zwischen den beiden Machtblöcken abzubauen und eine effektive Abrüstung voranzutreiben. Die MPG pflegte hingegen wie zur bundesdeutschen Außenpolitik so auch zu den Pugwash Conferences und dem dort über Jahrzehnte verfeinerten Ansatz einer »Second Track Diplomacy« ein distanziertes Verhältnis, und zwar von Anfang an. Anders als man vermuten könnte, lag es keinesfalls an Vorbehalten der internationalen Kolleg:innen, die sich als »Pugwashites« seit 1957 regelmäßig zu Konferenzen, Symposien und Workshops versammelten, gegenüber den ehemaligen KWG-Wissenschaftlern und ihrer Teilhabe am NS-Regime.[130]

Als Bertrand Russell 1955 um weitere Unterzeichner für sein Gründungsmanifest warb – als Erster hatte Albert Einstein noch wenige Tage vor seinem Tod unter-

---

129 Der nachfolgende Text stammt von Carola Sachse.
130 Zur Geschichte der PCSWA siehe Evangelista, *Unarmed Forces*, 1999; Kraft, Nehring und Sachse, Pugwash Conferences, 2018; Kraft und Sachse, *Science*, 2020.

schrieben –, wandte er sich wie selbstverständlich an Otto Hahn.¹³¹ Dem seit 1948 amtierenden MPG-Präsidenten war 1945, noch während er zusammen mit neun weiteren deutschen Kernforschern im britischen Farm Hall interniert war, der Nobelpreis für seine Entdeckung der Kernspaltung zuerkannt worden. Mehrere seiner emigrierten Kolleg:innen, darunter auch seine bis 1938 engste Kooperationspartnerin, Lise Meitner, attestierten ihm Distanz zum NS-Regime und Unterstützung der Verfolgten. Doch der solchermaßen als deutscher Unterzeichner bestens geeignete Kernchemiker, der selbst seit Anfang der 1950er-Jahre immer wieder vor den Gefahren eines Atomkriegs gewarnt hatte, lehnte ab. Das ganze Unterfangen und nicht zuletzt die anderen Unterzeichner – bis auf den späteren langjährigen Generalsekretär der PCSWA, Józef Rotblat, alle Nobelpreisträger – waren ihm politisch zu links orientiert; nur den ihm vertrauten Max Born nahm er davon aus.¹³²

Währenddessen bereitete Hahn zusammen mit seinem MPG-Kollegen Werner Heisenberg und seinem remigrierten Freund Born die »Mainauer Deklaration« vor, die nur wenige Tage nach der öffentlichen Verlesung des Russell-Einstein-Manifests in London beim Lindauer Nobelpreisträgertreffen 1955 verabschiedet wurde. Was unterschied die beiden Dokumente? Es war jedenfalls nicht das elitäre Sendungsbewusstsein der Unterzeichner, die sich als wissenschaftliche Eminenzen berufen fühlten, vor dem Atomkrieg zu warnen. Es war auch nicht die Einschätzung der global-letalen Wirkungen von Atomwaffen, die Skepsis gegenüber der Abschreckungspolitik und die Aufforderung an die Regierungen, auf Gewalt als Mittel der politischen Auseinandersetzung zu verzichten.

Der entscheidende Unterschied lag im Verständnis dessen, was sie als Wissenschaftler in der gegebenen Situation zu tun hätten: Die »Mainauer Deklaration« begnügte sich mit einer Mahnung an die Regierungen der Welt; politisches Gewicht sollte sie allein durch die Unterschriften möglichst vieler internationaler Nobelpreisträger gewinnen. Russells Manifest hingegen wollte Wissenschaftler:innen, repräsentiert durch die von ihm persönlich handverlesenen Eminenzen, als »members of a biological species« mobilisieren. Als solche sollten sie nicht nur an die Regierungen der Welt appellieren, sondern in transnationalen Konferenzen darüber beraten, wie die Abschaffung thermonuklearer Waffen in einem Klima wechselseitigen Vertrauens erreicht werden könnte, um sodann auf ihre jeweiligen Regierungen im Sinne von Abrüstung und Entspannung einzuwirken. Genau diesen weitergehenden Aktionsplan wollten Hahn und die danach angefragten MPG-Wissenschaftler – Heisenberg, Adolf Butenandt und Boris Rajewski – nicht unterschreiben. Auch der Einladung zur ersten Konferenz 1957 in dem kleinen namensgebenden Ort Pugwash in Nova Scotia folgten sie nicht.¹³³

Sie änderten ihre strikte Ablehnung allerdings, als sich zeigte, dass diese erste Konferenz kein Strohfeuer war, sondern die beteiligten US-amerikanischen, sowjetischen und britischen Kollegen hoch motiviert waren, eine auf Dauer angelegte tragfähige Struktur des blockübergreifenden Abrüstungsdialogs zu entwickeln. Zwar drängte die MPG-Prominenz auch weiterhin nicht in das über die Jahre höchst eigentümlich funktionierende Netzwerk hinein, auch wenn sie im Kreise der »Pugwashites« hochwillkommen gewesen wäre, aber zumindest informiert wollte man bleiben. Zum ersten Treffen des in Pugwash installierten und über die folgenden Jahrzehnte vor allem von Rotblat geleiteten »Continuing Committee« Ende 1957 in London entsandte man den federführenden Autor der »Göttinger Erklärung« und Diplomatensohn Carl Friedrich von Weizsäcker: »the best man from our whole lot«, so empfahl ihn Hahn an Russell.¹³⁴

Aber auch Weizsäcker war ein zwar regelmäßig angefragter, indessen nur sporadisch erscheinender Gast bei den alljährlichen Pugwash-Konferenzen und den ergänzend entwickelten, thematisch enger fokussierten Formaten wie Workshops, Symposien und Study Groups.¹³⁵ Allerdings blieb er, selbst nachdem er vom MPI für Physik auf einen Philosophie-Lehrstuhl an die Universität Hamburg gewechselt war, Mitglied der MPG und ihr wichtigstes Verbindungsglied zu der sich 1958/59 formierenden westdeutschen Pugwash-Gruppe sowie zur parallel gegründeten Vereinigung Deutscher Wissenschaftler (VDW). Wie ihre Vorbilder, die nach dem nuklearen Sündenfall von Hiroshima und Nagasaki gegründete Federation of American Scientists (FAS) und die britische Atomic Scientists Association (ASA), sah es

---

131 Das Manifest findet sich u. a. auf der Website der Pugwash Conferences on Science and World Affairs, Russell-Einstein-Manifesto, 2022, https://pugwash.org/1955/07/09/statement-manifesto/. Die Wiener Erklärung von 1958, die das Manifest bekräftigte und die Ziele der fortan regelmäßig stattfindenden Konferenzen sowie ihren Arbeitsmodus darlegte, ist u. a. abgedruckt in: Vienna Declaration, 1958.
132 Ausführlich zum Verhältnis MPG und Pugwash siehe Sachse, Max Planck Society and Pugwash, 2018.
133 Zur Gründungsgeschichte der PCSWA siehe Butcher, *Origins*, 2005; Kraft, Nehring und Sachse, Pugwash Conferences, 2018; Kraft und Sachse, Introduction, 2020.
134 Hahn an Russell, 16.1.1958, AMPG, III. Abt., Rep. 14, Nr. 3663, fol. 49.
135 Kraft, *From Dissent to Diplomacy*, 2022.

die VDW als ihre vornehmste Aufgabe an, der sozialen Verantwortung der Wissenschaft oder genauer gesagt: der Verantwortung von Wissenschaftler:innen für die gesellschaftlichen Folgen ihrer Forschungen öffentlich Ausdruck zu verleihen.

Anders als seine MPG-Kollegen, von denen eine ganze Reihe der VDW beitraten, übernahm Weizsäcker dort in den folgenden Jahren auch Funktionen, etwa als Vorstandsmitglied und Leiter ihrer 1964 gegründeten und in Hamburg angesiedelten Forschungsstelle. Bei den Pugwash-Konferenzen ließ er sich hingegen von seinen Assistenten, anfangs Eckart Heimendahl, ab 1961 Horst Afheldt, vertreten, die – finanziert von der MPG – vor allem für die Geschäftsführung der VDW und ihrer Forschungsstelle zuständig waren. Sie hatten ohne akademische Meriten und politische Funktionen keinen leichten Stand inmitten eines internationalen Pugwash-Kreises von naturwissenschaftlichen Eminenzen, Nobelpreisträgern und hochrangigen Regierungsberatern. Vielmehr wuchs im Laufe der 1960er-Jahre die Kritik an ihrem Auftreten auf Pugwash-Konferenzen und auch an demjenigen der übrigen zwar professoralen, aber wenig prominenten westdeutschen »Pugwashites« aus dem Kreis der VDW-Mitglieder. Sie wurde von zwei Seiten artikuliert: Zum einen hatte das Auswärtige Amt (AA) Anfang der 1960er-Jahre verstanden, dass Pugwash nicht länger als kommunistische Tarnorganisation abzutun, sondern als Forum einer womöglich einflussreichen »Second Track Diplomacy« ernst zu nehmen war. Deshalb hätte es dort gern akademisch hochrangige bundesdeutsche Vertreter mit internationalem Standing und am besten aus der MPG gesehen, die mit den engagierten US-amerikanischen, britischen und sowjetischen »Pugwashites« auf Augenhöhe verkehren konnten. Damit, so hoffte das Amt, würde die bundesdeutsche Position insbesondere hinsichtlich der deutschen Teilung, der Berlin-Frage, der verlorenen Ostgebiete und nicht zuletzt der Stellung der Bundesrepublik innerhalb der NATO zur Geltung gebracht werden, statt dass friedensbewegte VDW-Mitglieder dort der Zweistaatentheorie, dem polnischen Rapacki-Plan oder Ulbrichts Konföderationsplänen das Wort redeten.[136]

Auch andere »Pugwashites« und gerade die US-amerikanischen, allen voran der Präsidentenberater Henry Kissinger, vermissten international angesehene, politisch einflussreiche und abrüstungspolitisch kompetente bundesdeutsche Vertreter auf den Pugwash-Konferenzen, bei denen die deutsche Frage immer wieder auf der Tagesordnung stand. Allerdings erwarteten sie sich von ihnen keineswegs die Vertretung der aus ihrer Sicht längst unzeitgemäßen Deutschlandpolitik der noch immer CDU-geführten Bundesregierung. Vielmehr setzten sie auf den außenpolitischen Realismus, den die Autoren des »Tübinger Memorandums« – und unter ihnen vor allem Carl Friedrich von Weizsäcker – mit ihrem Plädoyer für die offizielle Anerkennung der Oder-Neiße-Grenze, die pragmatische Akzeptanz der deutschen Teilung und den definitiven Verzicht auf eine Atombewaffnung der Bundeswehr schon 1961 der Bundesregierung anempfohlen hatten.[137] Dass sie damit nicht durchgedrungen waren, führten die erfahrenen amerikanischen Regierungsberater auf die mangelnde Übung der bundesdeutschen Wissenschaftler in demokratischer Politikberatung und das eigentümliche Fremdeln zwischen Wissenschaft und Politik in der Bundesrepublik zurück. Hier schien sich 1966/67 mit dem Übergang zur Großen Koalition und den ersten Vorzeichen einer neuen Entspannungspolitik des erstmals sozialdemokratisch geführten Auswärtigen Amts ein Zeitfenster zu öffnen. Dies galt es zu nutzen, um den westdeutschen Kolleg:innen den Weg zu einer effektiveren Politikberatung zu weisen, wie sie in den USA etwa im Presidential Scientific Advisory Committee (PSAC), den politischen Diskussionszirkeln an der Harvard University, den *study sections* der National Academy of Science (NAS) oder auch in der RAND Corporation institutionalisiert war.[138]

Im Anschluss an die 15. und 16. Pugwash-Konferenz 1965 in Addis Abeba und 1966 in Sopot, auf denen sich aus US-amerikanischer Sicht einmal mehr die blockpolitische Naivität, die diplomatische Unerfahrenheit und die mangelnde Regierungsnähe der westdeutschen »Pugwashites« offenbart hatten, starteten die amerikanischen Kolleg:innen eine Initiative, um ihnen Nachhilfe in diesen Angelegenheiten zu geben. Selbstverständlich hatten sie dabei die MPG-Wissenschaftler:innen im Auge, diesmal allerdings versuchten sie es nicht über das Präsidialbüro oder die MPG-Physiker, bei denen sie zuvor regelmäßig abgeblitzt waren, sondern über das internationale Netzwerk der Biowissenschaftler:innen: Der MIT-Biophysiker Alexander Rich bot seinem Göttinger Kollegen Manfred Eigen vom MPI für physikalische Chemie, der sich zu dieser Zeit stark bei der Etablierung der European Molecular Biology Organization engagierte, an, mit einer Gruppe prominenter amerikanischer Wissenschaftler und Regierungsberater – darunter die Physiker Isidor

---

136 Botschaft Moskau an AA 3.3.1961, PA AA B 43-REF. 302/IIB/12. Ausführlich zur Kritik des AA und der amerikanischen »Pugwashites« an der bundesdeutschen Pugwash-Repräsentanz siehe Sachse, *Wissenschaft*, 2023, 408–414.
137 Zum Tübinger Memorandum von 1961 siehe ebd., 398–405.
138 Ebd., 83–85 u. 414–416.

Rabi von der Columbia University und Charles Townes vom MIT und nicht zuletzt der langjährige Regierungsberater Henry Kissinger von der Harvard University – durch die Bundesrepublik zu reisen.[139]

In einer *round table discussion* wollte man mit hochrangigen westdeutschen Kollegen die Möglichkeiten einer wissenschaftlichen Politikberatung nach US-amerikanischem Vorbild in der Bundesrepublik diskutieren; vor allem aber ging es ihnen auch um die zukünftige westdeutsche Repräsentanz bei den Pugwash-Konferenzen. Eigen nahm das Angebot an und mobilisierte zusammen mit seinem Göttinger Kollegen Friedrich Cramer die einschlägigen MPG-Wissenschaftler von Butenandt über Weizsäcker und Heisenberg bis hin zu Feodor Lynen, aber auch Kurt Birrenbach, der die CDU/CSU-Fraktion im Auswärtigen Ausschuss des Bundestages vertrat und als Mitglied der Atlantik-Brücke, eines überparteilichen Netzwerks von deutschen und US-amerikanischen Führungskräften, Bundeskanzler Georg Kiesinger in Amerikafragen beriet.[140]

Das zweitägige Treffen im Januar 1967, bei dem die amerikanischen »Pugwashites« kaum gegen die in redundanten Diskussionsschleifen vorgetragenen Bedenken und Einwände ihrer wissenschaftlich eminenten, aber demokratiepolitisch unbedarften deutschen Kollegen ankamen, blieb aus amerikanischer Perspektive erfolglos: Weder engagierten sich prominente MPG-Wissenschaftler danach stärker bei den Pugwash-Konferenzen, noch wurden je in der Geschichte der Bundesrepublik den amerikanischen Institutionen äquivalente Strukturen wissenschaftlicher Politikberatung etabliert.

Indes blieb das Treffen für die MPG keineswegs folgenlos. Zehn Monate später präsentierte der von bundesdeutscher Seite zentrale Teilnehmer des Münchner Treffens und philosophisch-politische Vordenker der MPG, Carl Friedrich von Weizsäcker, seinen »Vorschlag zur Gründung eines Max-Planck-Instituts zur Erforschung der Lebensbedingungen der wissenschaftlich-technischen Welt«.[141] Enthielt dieser erste Entwurf noch einige Anklänge an die Münchner Besprechung, so wurden sie im zweijährigen Durchgang dieses Antrags durch die Gremien der MPG auf ein »grundwissenschaftliches« Konzept heruntergestutzt. Am Ende wurde 1970 in Starnberg ein an der Spitze idealistisches Unternehmen eröffnet, an dessen Basis thematisch, methodisch und politisch disparate Forschungsgruppen neben- und gegen-, aber selten miteinander arbeiteten. Nur die wenigsten von ihnen sahen Regierungsberatung überhaupt als eine ihrer Aufgaben an.[142]

Eine dieser Forschungsgruppen wurde von Horst Afheldt geleitet, der in Starnberg seine bereits in der Hamburger Forschungsstelle der VDW aufgenommenen Studien fortsetzte und sich damit über die folgenden Jahre schließlich doch noch Anerkennung sowohl in der internationalen *arms control community* als auch bei den Pugwash-Konferenzen, nicht aber in der MPG erarbeitete.[143] Begonnen hatte es mit einer Kritik an den Anfang der 1960er-Jahre von der Bundesregierung geplanten Zivilschutzmaßnahmen gegen einen etwaigen Atomkrieg.[144] Im Anschluss an diese VDW-Denkschrift entwickelten Afheldt, Carl Friedrich von Weizsäcker und weitere VDW-Mitarbeiter ein großes Forschungsprojekt, mit dem sie in multidisziplinären Studien die ökonomischen, biologischen, medizinischen und gesellschaftlichen Folgen verschiedener Szenarien eines oder mehrerer Atombombenabwürfe auf das Territorium der Bundesrepublik berechneten.

Das Ergebnis der 1971 publizierten und weithin rezipierten »Kriegsfolgenstudie« war niederschmetternd: Selbst wenn ein begrenzter Angriff nur wenig mehr als 20 Prozent der Infrastruktur des Landes unmittelbar durch die Bombenwirkung zerstören sollte, drohte ein umfänglicher, wenn nicht vollständiger Funktionsverlust der gesamten industriellen Infrastruktur und damit der sozioökonomische Zusammenbruch der Gesellschaft.[145] Auf Basis dieser Ergebnisse wurde Afheldt zu einem dezidierten Kritiker der in den späteren 1960er-Jahren offiziell etablierten NATO-Strategie der *flexible response*, die im Ernstfall doch wieder in einen begrenzten Atomkrieg über Mitteleuropa und insbesondere über Deutschland

---

139 Rich an Eigen, 28.11.1966; Cramer und Eigen an Kollegen, 12.12.1966, AMPG, II. Abt., Rep. 70, Nr. 359, fol. 69–76. Zu Eigen und EMBO siehe oben, Kap. IV.9.5.2.
140 Niederschrift in Stichworten über die Besprechung am 20.–21.1.1967 mit Vertretern der amerikanischen Wissenschaft und Wissenschaftspolitik im MPI für Physik und Astrophysik in München, AMPG, II. Abt., Rep. 70, Nr. 359, fol. 24–60.
141 Vorschlag zur Gründung eines MPI zur Erforschung der Lebensbedingungen der wissenschaftlich-technischen Welt, 1.11.1967, AMPG, II. Abt., Rep. 9, Nr. 13, fol. 207–216. Dort auch die Namen der Teilnehmer.
142 Ausführlich zum Gründungsprozess: Sachse, *Wissenschaft*, 2023, 83–94. Zur weiteren Geschichte des Starnberger Instituts siehe Leendertz, *Pragmatische Wende*, 2010, 14–49 sowie oben, Kap. III.14.2.2.
143 Zu Afheldt siehe das von Götz Neuneck am 25.6.2007 geführte Interview. Neuneck, Rüstungskontrolle, 2021, https://www.podcampus.de/nodes/wDEgE.
144 Vereinigung Deutscher Wissenschaftler e. V., *Ziviler Bevölkerungsschutz*, 1962.
145 Weizsäcker, *Kriegsfolgen und Kriegsverhütung*, 1971.

zu münden drohte. Seine Forschungsgruppe, zu der sich einige – zum Teil vorzeitig – aus dem Dienst ausgeschiedene dissidente Bundeswehrgeneräle gesellten und die eng mit den Forschungslaboren des Rüstungsunternehmens Messerschmitt-Bölkow-Blohm (MBB) kooperierte, machte sich nun daran, alternative Militärstrategien zu entwickeln, mit denen sich der Umschlag eines konventionell begonnenen Kriegs in einen Atomkrieg vermeiden lassen würde. Das Konzept der »defensiven Verteidigung« fand dann nicht zuletzt über diverse Pugwash-Foren seinen Weg in die internationale Abrüstungsdiskussion und stieß in Moskau mehr als in Washington, vor allem aber auch in sozialdemokratischen Kreisen der Bundesrepublik auf Interesse.[146]

Eine andere Forschungsgruppe war die des Heisenberg-Schülers Klaus Gottstein, der bis 1971 eine Abteilung am MPI für Physik geleitet hatte und dann mit Heisenbergs, Butenandts und Weizsäckers Unterstützung für drei Jahre als Wissenschaftsattaché an die bundesdeutsche Botschaft in Washington entsandt wurde. Nach seiner Rückkehr versuchte er am Starnberger Institut mit einer nur kleinen Forschungsgruppe, seine diplomatischen Erfahrungen in eine »Perzeptionstheorie« einmünden zu lassen, deren Ziel es war, das »gegenseitige Verständnis der Ursachen für wechselseitige Fehlperzeptionen« zu fördern und eine Politik zu erleichtern, »die bestrebt ist, das bestehende Mißtrauen nicht noch zu nähren, sondern abzubauen«.[147] Dazu brachte er immer wieder Wissenschaftler:innen aus Ost und West in Workshops, Symposien und anderen Dialogformen zusammen. Vor allem aber engagierte er sich fortan in der westdeutschen Pugwash-Gruppe und organisierte unter anderem 1977 in München die bis dahin größte Pugwash-Konferenz.[148] Dank der institutionellen Anbindung der beiden engagierten »Pugwashites« Afheldt und Gottstein an das Starnberger Institut konnte dessen Infrastruktur mit Weizsäckers Rückendeckung auch für die Belange der westdeutschen Pugwash-Gruppe genutzt werden, zumal MPG-Präsident Lüst Gottstein zum Pugwash-Beauftragten der MPG ernannte, auch wenn er sich für dessen Aktivitäten nicht sonderlich interessierte.[149]

Den größten abrüstungspolitischen Einfluss auf der internationalen Bühne der Pugwash-Konferenzen und zuletzt auch der Weltpolitik gewann indessen ein dritter Ansatz, der erst nach dem Ende des Starnberger Instituts von Hans-Peter Dürr und mehr noch von seinem ebenso jungen wie agilen Mitarbeiter Albrecht von Müller entwickelt wurde. Ursprünglich hatten die beiden 1983/84 ein DFG-Projekt konzipiert, in dem sie erproben wollten, inwieweit sich mithilfe mathematischer Modellierungen Strukturbildungsprozesse und Phasenübergänge nicht nur in physikalischen, chemischen oder biologischen, sondern auch in hochaggregierten sozialen Systemen analysieren und womöglich prognostisch für die politische Entscheidungsfindung nutzen lassen könnten.[150]

Am Ende blieb es bei einer – allerdings in der letzten Phase des Kalten Kriegs sehr relevanten – Fallstudie, nämlich der Entwicklung einer »stabilitätsorientierten Sicherheitspolitik« bezogen auf die konventionellen Waffenarsenale in Europa und die Vermeidung einer damit womöglich einsetzenden nuklearen Eskalation, angesiedelt in der nach der Starnberger Institutsschließung weitergeführten Arbeitsgruppe Afheldt. Gegenüber dessen ausschließlich mit defensiven Waffensystemen operierender Strategie kombinierte Müller in seinem Konzept der »integrierten Vorneverteidigung« innerhalb eines 100 Kilometer tiefen, dreigeteilten Grenzstreifens Defensiv- mit Angriffswaffen. Die grenznahen ersten beiden Zonen – der fünf Kilometer tiefe »Feuergürtel« und das 25 Kilometer tiefe »Fangnetz« – waren mit Afheldts Vorstellungen noch kompatibel, nicht aber der 60 Kilometer tiefe »Verstärkungsraum« der dritten Zone, in dem »mobile gepanzerte Verbände« auf »günstige Konstellationen« zum Angriff auf die in den ersten beiden Zonen bereits dezimierten gegnerischen Kräfte warten sollten.[151] Mit Dürrs, aber auch Weizsäckers Fürsprache gelang es Müller, den Generalsekretär der PCSWA, Martin Kaplan, von der Dringlichkeit der Thematik zu überzeugen und eine von 1984 bis 1991 laufende Serie von »Pugwash Workshops on Conventional Forces in Europe« zu installieren. Über das dort zentrierte Netzwerk der internationalen Arms Control Community gelangten die Konzepte der strukturellen Nicht-Angriffsfähigkeit, die nicht zuletzt auch in Starnberg entwickelt worden waren, in die 1985 in Genf startenden Abrüstungsverhandlungen der Supermächte.

---

146 Ausführlicher dazu: Sachse, *Wissenschaft*, 2023, 416–438.
147 Paraphrasiert nach dem Jahresbericht 1986/87 der Forschungsstelle Gottstein in der MPG, Bl. 45–68, hier Bl. 46 u. 48, AMPG, IX. Abt., Rep. 5, Nr. 337.
148 Ausführlicher dazu: Sachse, Max Planck Society and Pugwash, 2018.
149 Carola Sachse: Interview mit Klaus Gottstein, 11.11.2011, DA GMPG, ID 601083.
150 Ausführlich zu diesem Projekt: Sachse, *Wissenschaft*, 2023, 426–434; Collado Seidel, Durchbruch, 2022.
151 Müller an Zimmermann (DFG), 14.12.1984, Anlage »Übersichtsschema zur ›Integrierten Vorneverteidigung‹ (IVV)«, BArch B 277/102084. Siehe auch Collado Seidel, Durchbruch, 2018, 34–35.

Die MPG hingegen blickte mit wachsendem Befremden auf die abrüstungsstrategischen Aktivitäten der Starnberger Kolleg:innen, legte ihnen jedoch, solange ihre Arbeitsverträge zum Teil noch bis in die 1990er-Jahre hinein liefen, keine Steine in den Weg. Genauso lange auch konnte die bundesdeutsche Pugwash-Gruppe noch auf die informelle Rückendeckung der MPG setzen und gelegentlich von den infrastrukturellen Möglichkeiten ihrer wenigen »Pugwashites« in der MPG profitieren. In diesem Sinne war, wie es der langjährige Geschäftsführer der VDW, Reiner Braun, im Interview formulierte, die MPG wichtig für Pugwash, auch wenn die MPG ihrerseits Pugwash nicht wichtig nahm.[152]

9.8 Schlussbemerkung[153]

Die Dimensionen, in denen die MPG grenzüberschreitend – teilweise europaweit, teilweise global – agiert hat, sind noch vielfältiger, als sie hier zur Darstellung gekommen sind. Ihre internationale Ausstrahlung hat durch befristete Gastaufenthalte von Wissenschaftler:innen aus aller Welt gewonnen, die Rekrutierung ihres wissenschaftlichen Personals hat sich, insbesondere seit den 1990er-Jahren, deutlich internationalisiert, und ihr Selbstverständnis sowie ihre Außendarstellung haben dieser zunehmenden Internationalisierung Rechnung getragen.[154] Wie wir gezeigt haben, wurde der Aufstieg der MPG zu einem Global Player der Wissenschaft in den führenden Zeitschriften aufmerksam verfolgt und kritisch begleitet.

Überblickt man den Prozess, in dem die MPG ihre internationale Rolle gefunden hat, und die Kräfte, die darin gewirkt haben, so ist an erster Stelle die internationale Entwicklung der Wissenschaft insgesamt zu nennen, die in der zweiten Hälfte des 20. Jahrhunderts durch die zunehmende Globalisierung und insbesondere das Verhältnis von Konkurrenz und Kooperation zwischen Europa und den USA wesentlich bestimmt wurde. Die Dominanz der US-Wissenschaft war dabei sowohl Vorbild als auch Herausforderung, die zu einer weitergehenden europäischen Kooperation und Integration ansporte. Ihr standen zunächst die sehr unterschiedlichen nationalen Wissenschaftssysteme in Europa entgegen, die wir anhand eines Vergleichs zwischen MPG und CNRS illustriert haben. Während es zwischen einzelnen europäischen Nationen zu einer Vielzahl von bilateralen Austausch- und Kooperationsbeziehungen kam, verlangte allein die Größenordnung wissenschaftlicher Spitzenforschung hinsichtlich Infrastruktur und Kosten, die weit über das Budget der einzelnen Nationalstaaten hinausging, nach neuen Formen europaweiter Zusammenarbeit.

Diese wurde zum einen in der Form herausragender europäischer Forschungszentren wie dem CERN und dem EMBL realisiert, an deren Gestaltung die MPG Anteil hatte und von denen sie ihrerseits durch ihre zunehmende Vernetzung mit europäischen Partnern geprägt wurde. Zum anderen wurden die europäischen Forschungsrahmenprogramme ab Mitte der 1980er-Jahre immer wichtiger. Die politisch gesteuerte Top-down-Strategie der europäischen Forschungspolitik stand allerdings im Widerspruch zum wissenschaftsgetriebenen Bottom-up-Prinzip von MPG, DFG und einigen ihrer Verbündeten, die sich nicht durch solche nach politischen und wirtschaftlichen Maßstäben ausgerichteten Programme steuern lassen wollten und die deshalb zunächst erfolglose, dann aber letztlich doch wirksame Versuche unternahmen, den europäischen Forschungsraum in ihrem Sinne zu gestalten.

Dieser Forschungsraum, wie er sich heute darstellt, mit dem wesentlich durch die Wissenschaft gebildeten European Research Council, war letztlich das Ergebnis eines langen und konfliktreichen Aushandlungsprozesses zwischen Wissenschaft und Politik. Die MPG hat diesen Prozess zwar nicht angeleitet, aber erheblich mitgeprägt, etwa durch die führende Rolle, die die Biowissenschaften und namentlich Hubert Markl als MPG-Präsident ab 1996 dabei spielten, aber auch durch ihre Tradition multilateraler Kooperationen, die es ihr erleichterte, Bündnispartner für ihre Position zu gewinnen.

Diese Multilateralität lässt sich als ambivalente Konsequenz einer Grundhaltung der MPG verstehen. Sie resultierte aus der Erfahrung, dass die politische Nähe der KWG zum Nationalsozialismus deren Existenz infrage gestellt hatte – eine Erfahrung, die man fortan zugleich als Warnung vor jeglicher politischen Vereinnahmung und als Freibrief für wissenschaftliche Autonomie jenseits politischer Schranken interpretierte. Vor diesem Hintergrund wird das wechselhafte Agieren der MPG im Kontext der internationalen Politik und der bundesdeutschen Außenpolitik während und nach dem Kalten Krieg verständlich: Sie konnte sich einerseits dem Drängen der Politik und den Erwartungen ausländischer Partner nicht entziehen, als Türöffner zu dienen oder gewisse Leerstellen auszufüllen, wie sie durch die anfangs noch nicht existierenden diplomatischen Beziehungen zu Israel, im Verhältnis zu China oder durch das Fehlen einer Natio-

---

152 Carola Sachse: Interview mit Reiner Braun, 8.3.2018, DA GMPG, ID 601001.
153 Der nachfolgende Text stammt von Alison Kraft, Jürgen Renn und Carola Sachse.
154 Siehe oben, Kap. IV.5 und Kap. IV.6.

nalakademie im Verhältnis zu osteuropäischen Ländern während des Kalten Krieges bestanden. Aber man war andererseits in der MPG letztlich froh, diese Funktion nur auf Zeit wahrnehmen zu müssen, und zog wo immer möglich die Distanz zur Politik vor, auch wenn es um von der Wissenschaft selbst mitproduzierte politische Herausforderungen ging, wie die Gefahr eines Atomkriegs.

Die Geschichte des Verhältnisses der MPG zu den Pugwash Conferences macht die Grenzen dieser Grundhaltung politischer Indifferenz noch einmal auf andere Weise deutlich, weil diese Haltung nicht nur Gefahr lief, gerade durch ihre Indifferenz politische Folgen zu zeitigen, wie im Falle der Beziehung zum franquistischen Spanien, sondern auch das Erkenntnispotenzial von Wissenschaft für Politik und Gesellschaft letztlich unnötig zu beschneiden. Die von der MPG bis in die Zeit der deutschen Einigung gepflegte Haltung politischer Indifferenz trug durchaus Züge eines deutschen Sonderwegs, wie die vergeblichen Versuche amerikanischer Pugwash-Vertreter um 1970 zeigen, prominente MPG-Vertreter zu einem stärkeren Engagement zu bewegen oder den US-amerikanischen Institutionen vergleichbare Strukturen wissenschaftlicher Politikberatung zu schaffen. Allerdings schloss dies keineswegs aus, dass MPG-Wissenschaftler:innen immer wieder als Einzelpersonen eine bedeutende Rolle in der Politikberatung spielten, vom vielfachen Engagement der MPG-Jurist:innen in internationalen Organisationen und Gremien der Politikberatung[155] über den Einsatz von Paul Crutzen für das Montreal-Protokoll zur Eindämmung der Gefahren des Ozonlochs und seiner Warnung vor dem »nuklearen Winter«, der auch einem begrenzten Atomangriff folgen würde,[156] bis zur oben beschriebenen Entwicklung von Konzepten einer »defensiven Verteidigung« und »stabilitätsorientierten Sicherheitspolitik« durch teils langjährige Mitarbeiter des Starnberger Instituts. Allerdings fand solches Engagement keine konsistente institutionelle Rückdeckung der MPG als Ganzer.

Die politische Indifferenz der MPG in der Kooperation mit Partnern aus nichtdemokratisch oder offen diktatorisch regierten Ländern, die sich die MPG während des Kalten Kriegs – zuweilen explizit entgegen den außen- und bündnispolitischen Restriktionen der Bundesregierungen – zu eigen machte und die sie nach dem Zusammenbruch des Sowjetsystems für rund zwei Jahrzehnte relativ unangefochten praktizieren konnte, ist spätestens durch die jüngsten kriegerischen Entwicklungen in Europa erneut herausgefordert. Noch im März 2022 beantworteten die deutschen Wissenschaftsorganisationen einschließlich der MPG den russischen Angriff auf die Ukraine mit der Aussetzung ihrer Kooperationen mit russischen Wissenschaftsinstitutionen – auch der Großprojekte in der Erdsystem-, Klima- und Umweltforschung. Führt der anhaltende Krieg möglicherweise zu einer Bekräftigung der europäischen Integration oder zu einer Intensivierung der europäisch-amerikanischen Verflechtungen? Und welche Konsequenzen könnte eine solche Entwicklung für die Wissenschaften und die MPG mit ihrer von Anfang an gepflegten, wenn auch nicht immer konsequent praktizierten Distanz zu Rüstung und Militär haben?[157]

Der Traum von miteinander vernetzten, gleichermaßen friedlich konkurrierenden und kooperierenden Wissenschaftsräumen mochte innerhalb der westlichen Staatengemeinschaft für einige Jahrzehnte greifbar erschienen sein und die sich aneinander messenden Wissenschaftssysteme in ihrer gesellschaftlichen Positionierung in den beteiligten Ländern gestärkt haben. Die im Kontext der Wende von 1989/90 und der – wie wir heute wissen: vermeintlichen – Auflösung der geopolitischen Blöcke naheliegende Hoffnung, dieses transnationale System von wissenschaftlicher Kooperation und Konkurrenz über die Hemisphäre des politischen Westens hinaus alsbald zum allseitigen Nutzen globalisieren zu können, erscheint allerdings derzeit unrealistischer denn je.

Mit der Neuformierung von Machtblöcken und politischer Systemkonkurrenz – nicht mehr von Kapitalismus und Sozialismus, sondern von gleichermaßen kapitalistischer Demokratie und Diktatur – ist die Geopolitik in ihrer hässlichsten Gestalt zurück auf der Weltbühne. Und nicht nur das: Der seit 1945 angestrebte, mit den Erweiterungen der Europäischen Union territorial ausgedehnte, aber mitnichten konsolidierte europäische Wissenschaftsraum droht durch nationale, wenn nicht nationalistische Alleingänge gerade aufgelöst zu werden. Die Wissenschaft und mit ihr die MPG als eine der prominenteren Wissenschaftsorganisationen auch im internationalen Maßstab haben daher allen Grund – jenseits (außen-)politischer Indifferenz –, ihr Verhältnis zur internationalen Politik neu zu definieren. Das Engagement der MPG in jüngerer Zeit für verfolgte Wissenschaftler:innen aus Syrien und der Türkei, die Kooperation mit Osteuropa und insbesondere mit Polen – ungeachtet politischer Widerstände in manchen dieser Länder – sowie die Anstrengungen, trotz Brexit die engen wissenschaftlichen Verbindungen zu Großbritannien nicht abreißen zu lassen, machen in dieser Hinsicht allerdings durchaus Hoffnung.

---

155 Siehe oben, Kap. III.13.4.
156 Siehe oben, Kapitel III.7.6.
157 Zur Rüstungsforschung in der MPG siehe unten, Kap. IV.10.2.

DEBATTEN UND KONFLIKTE

Foto 1 und 2: Anlässlich des 25-jährigen Bestehens des Kaiser-Wilhelm-Instituts für Metallforschung wurde 1946 die Erarbeitung einer historischen Darstellung der Institutsgeschichte in Auftrag gegeben. Die 1949 veröffentlichte Jubiläumsschrift wurde mit einem Foto illustriert, auf dem MPI-Direktor Werner Köster bei der Einweihung des Instituts am 21. Juni 1935 Max Planck (links) einen Ehrentrunk im Kelch überreichte. Das Foto war allerdings manipuliert worden, wie der Historiker Helmut Maier nachgewiesen hat. Der auf dem Originalfoto in der Uniform eines SA-Gruppenführers neben Planck stehende Carl Eduard Herzog von Sachsen-Coburg und Gotha, ab 1935 Senator der KWG, war auf dem Bild wegretuschiert worden. Das manipulierte Foto wurde erneut 1960 in den *Mitteilungen* der MPG in einem Beitrag zur Einweihung des Neubaus der Abteilung Sondermetalle im November 1959 verwendet und zuletzt noch einmal 1985 im *MPG-Spiegel* veröffentlicht.

DEBATTEN UND KONFLIKTE

Foto 3: Gedenkveranstaltung am 25. Mai 1990 auf dem Münchner Waldfriedhof zur Bestattung von Hirnschnitten, die an zwei Kaiser-Wilhelm-Instituten auf verbrecherische Weise gewonnen worden waren; am Pult: Georg W. Kreutzberg, Direktor am MPI für Psychiatrie (oben links)

Foto 4: Trauergemeinde auf dem Waldfriedhof München, 1990 (oben rechts)

Foto 5: Gedenkstein auf dem Waldfriedhof (rechts)

DEBATTEN UND KONFLIKTE

Foto 6: Die Holocaust-Überlebende Vera Kriegel beim MPG-Symposium »Biowissenschaften und Menschenversuche an Kaiser-Wilhelm-Instituten: Die Verbindung nach Auschwitz«, am 7. und 8. Juni 2001 in Berlin (oben)

Foto 7: MPG-Präsident Hubert Markl beim Symposium, links dahinter: Reinhard Rürup, einer der beiden Vorsitzenden der Präsidentenkommission »Geschichte der Kaiser-Wilhelm-Gesellschaft im Nationalsozialismus«; sitzend v.l.n.r. (erste Reihe): Mary Wright, Otto Klein, Andrzej Półtawski, Vera Kriegel, Eva Mozes Kor (unten links)

Foto 8: Die Holocaust-Überlebenden Vera Kriegel und Eva Mozes Kor mit Hubert Markl und Wolfgang Schieder, dem anderen Vorsitzenden der Präsidentenkommission (unten rechts)

DEBATTEN UND KONFLIKTE

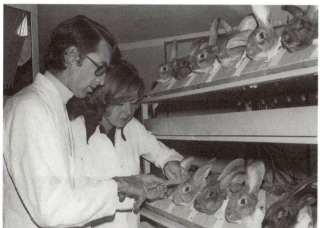

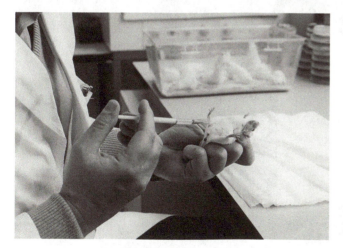

Foto 9: Mäuse- und Rattenstall in der Abteilung für Virusforschung am MPI für Biochemie, Tübingen 1951 (oben links)

Foto 10: Fiebertest an Kaninchen, um die fiebererzeugende Wirkung von Endotoxin zu testen, am MPI für Immunbiologie, Freiburg 1976 (Mitte links)

Foto 11: Einer Maus wird ein Hybrid-Impfstoff injiziert, der sie eine induzierte Typhus-Infektion überleben lässt, MPI für Immunbiologie, 1977 (unten links)

Foto 12 und Foto 13: Imaginationen von Wissenschaft: Kinderzeichnungen als Beiträge zu einem Malwettbewerb beim »Tag der offenen Tür« am Genzentrum des MPI für Biochemie, Martinsried 1981 (Mitte rechts und unten rechts)

DEBATTEN UND KONFLIKTE

Foto 14: Peter Starlinger, Auswärtiges Wissenschaftliches Mitglied des MPI für Züchtungsforschung, und Hans-Peter Dürr, Wissenschaftliches Mitglied des MPI für Physik und Astrophysik, (Dritter und Vierter von links) beim Kongress »Naturwissenschaftler für den Frieden«, Mainz 1983 (oben)

Foto 15: Eine junge Frau protestiert beim Festakt der MPG zu »50 Jahre Kernspaltung«, Festvortrag von Peter Brix, emeritiertes Wissenschaftliches Mitglied des MPI für Kernphysik, Berlin 1988 (unten)

DEBATTEN UND KONFLIKTE

Foto 16: Anlässlich der Auspflanzung der ersten transgenen Petunien blockieren Versuchsgegner:innen das Tor des MPI für Züchtungsforschung im Mai 1990, Köln (oben)

Foto 17: Resultat des Petunienfreilandversuchs, Köln 1990 (Mitte)

Foto 18: Zeitungsbericht über die anhaltenden Proteste gegen die Genversuche (unten)

10. Politische und ethische Herausforderungen der Forschung

Christina Brandt, Anna Klassen, Gregor Lax, Jürgen Renn,
Carola Sachse, Martina Schlünder, Florian Schmaltz,
Juliane Scholz, Alexander von Schwerin, Thomas Turnbull

10.1 Einleitung[1]

In diesem Abschnitt gehen wir den Herausforderungen von Wissenschaft durch ihre politischen und ethischen Implikationen und den Reaktionen der MPG auf diese Problematik nach. Wie weit sind diese Implikationen den beteiligten Forscher:innen bewusst geworden und wie haben sie darauf reagiert? Welche Strategien hat die MPG entwickelt, um solche Herausforderungen zu erkennen und mit ihnen umzugehen oder sie zu verdrängen? Wie hat sich der Umgang mit den politischen und ethischen Dimensionen von Wissenschaft im Laufe ihrer Geschichte gewandelt? Welche Regularien und Kontrollmechanismen hat sie selbst geschaffen und welche wurden ihr von außen auferlegt?

Diese Fragen werden anhand von fünf Themenkomplexen untersucht: der militärischen Forschung, der Umweltforschung, der Forschung an Menschen und an Tieren sowie der Gentechnik. Die Positionierung der MPG zu einigen dieser Themen lässt sich nicht ohne den Hintergrund ihrer Vorgeschichte, der Beteiligung der KWG an der militärischen Forschung und an Menschenversuchen während des NS-Regimes, verstehen. Die Fokussierung auf die Grundlagenforschung und ihre freie Entfaltung schienen – zunächst von außen auferlegt und dann immer mehr das Selbstverständnis prägend – die MPG vor den Ambivalenzen der mit diesen Themen verbundenen politischen und ethischen Herausforderungen zu schützen. Doch auf allen diesen Gebieten stellte sich schließlich heraus, dass dieses Selbstverständnis nicht automatisch zu Antworten auf die schwierigen Fragen führte, mit denen die MPG durch ihr gesellschaftliches Umfeld, aber auch durch die Entwicklung der Wissenschaft selbst konfrontiert wurde.

Inwiefern lieferte die Berufung auf die Grundlagenforschung ein Argument gegen Beiträge zur militärischen Forschung? Machte es einen Unterschied, ob man durch wissenschaftliche Forschung zu Angriffs- oder zu Verteidigungstechnologien beitrug? Gab es in der MPG Wahrnehmungs- und Kontrollmechanismen, durch die sie auf die Gefahr von Grenzüberschreitungen aufmerksam wurde, oder kamen solche Warnungen eher von außen? Wie verhielt sich die MPG zum politischen Engagement ihrer Mitarbeiter:innen gegen Rüstungsforschung?

Während die Beteiligung an militärischer Forschung letztlich marginal blieb, spielt die Umwelt-, Klima- und Erdsystemforschung heute in der MPG eine bedeutende Rolle – wie kam es dazu? Hat die MPG trotz ihrer Fokussierung auf Grundlagenforschung gezielt gesellschaftliche Herausforderungen aufgegriffen und daraus Forschungsthemen generiert? Geschah dies aus eigenem Antrieb oder waren externe Einflüsse maßgeblich? Oder war es vielleicht eher eine Frage persönlichen Engagements?

Versuche an und mit Menschen sind wesentlicher Teil der medizinischen und psychiatrischen Forschung. Aber sie werfen zugleich grundsätzliche Fragen auf: Reduzieren sie Menschen zu bloßen Objekten der Forschung, verletzen sie die Würde des Menschen, welche Verallgemeinerungen lassen sie überhaupt zu, und in welchem Verhältnis stehen sie zu anderen Quellen der Erkenntnis? Und nicht zuletzt: Wie verhielt sich die MPG zu den verbrecherischen Menschenversuchen im nationalsozialistischen Regime und wie setzte sie sich von dieser Vergangenheit ab? In dem Zusammenhang stellt sich die Frage nach der

---

[1] Der nachfolgende Text stammt von Jürgen Renn.

Begrenzung der Forschung durch ethische Überlegungen. Wie wurde das Thema der medizinischen Ethik in der MPG verhandelt und wie verhielt sie sich angesichts ihrer Betonung der Forschungsfreiheit als Grundprinzip ihrer Autonomie zur ethisch begründeten Regulierung von Forschung durch Gesellschaft und Politik?

Solche Fragen stellten sich auch bei Tierexperimenten, die insbesondere in der Biologisch-Medizinischen Sektion der MPG auch zahlenmäßig bedeutsam waren und noch sind und die seit den 1970er-Jahren immer wieder im Fokus öffentlicher Kontroversen standen. Welche Bedeutung hatten diese Diskussionen für die MPG? Wie hat sie gegenüber der Forderung nach Einschränkung von Tierexperimenten ihren Anspruch auf die Freiheit von Forschung verteidigt? Welchen Beitrag hat sie zu den gesetzlichen Regeln des Tierschutzes geleistet? Welche Konsequenzen hatte die Auseinandersetzung mit Tierschützer:innen für die Entwicklung der MPG? Hat sie zu einem stärkeren öffentlichen und politischen Engagement geführt?

Die Entwicklung der Gentechnologie hat neuartige ethische und politische Herausforderungen mit sich gebracht, die über die aus der Diskussion über Menschen- und Tierexperimente bekannten Fragen hinausgehen. Dazu gehören die durch Gentechnologie eröffneten Möglichkeiten von Eingriffen in die Biologie des Menschen, aber auch das große ökonomische Potenzial dieser Technologien. Hat die MPG versucht, den neuen Herausforderungen mit den gleichen Kategorien und Strategien gerecht zu werden, mit denen sie den Fragen von Menschen- oder Tierversuchen begegnete, oder sind hier neue Reaktionsmuster und Strategien entstanden?

Abschließend diskutieren wir die Vorgeschichte eines zentralen Ethikrats der MPG, der sich mit einigen der angesprochenen Fragen – insbesondere hinsichtlich des Umgangs mit Menschen und Tieren in der psychologischen, sozialwissenschaftlichen und biomedizinischen Forschung – aus einer übergreifenden Perspektive beschäftigen sollte. Die Einrichtung eines Ethikrats wurde bereits im Jahr 2000 von einer MPG-Kommission für verantwortliches Handeln aufgeworfen, doch zu seiner Gründung kam es erst sechs Jahre später.

10.2 Militärische Forschung und Dual-Use-Problematik in der MPG[2]

Im Juni 1945, wenige Wochen nach der militärischen Niederlage des NS-Regimes, vertrat Max Planck in einem Schreiben an die Alliierte Wissenschaftliche Kommission den Standpunkt, die Kaiser-Wilhelm-Gesellschaft habe »auch während des Krieges ihre eigentliche Aufgabe, die Grundlagenforschung zu fördern, unbeirrt von den Forderungen des Krieges« erfüllt und »sich unter der nationalsozialistischen Regierung ihre völlige Unabhängigkeit und ihre wissenschaftliche Selbständigkeit erhalten«.[3] Tatsächlich war die KWG in hohem Maße in den militärisch-industriell-wissenschaftlichen Komplex des »Dritten Reichs« integriert gewesen und hatte ihre Forschung im Zuge der Selbstmobilisierung der Wissenschaften ab 1933 auf militärische Erkenntnisziele hin orientiert.[4]

Die normative Verwendung des Begriffs Grundlagenforschung durch Planck suggeriert, diese sei mit militärischen Problemstellungen und Kriegszwecken unvereinbar, was in einer Reihe wissenschaftshistorischer Studien widerlegt werden konnte.[5] In ihrem Traditionsbezug auf die KWG fungierte die vermeintlich anwendungs-, politik- und kriegsferne Grundlagenforschung als vergangenheitspolitischer Topos des Gründungsmythos der MPG, der ihr Selbstverständnis jahrzehntelang prägte.[6] Während die KWG Wehr- und Kriegsforschung eigenmotiviert und aktiv betrieben hatte, hielt im Gegensatz dazu die Leitung der MPG zu militärischen Auftraggebern und zur Rüstungsforschung Distanz. Nach der militärischen Niederschlagung des NS-Regimes hatte die Demilitarisierungspolitik der Alliierten einen Strukturwandel des deutschen Wissenschaftssystems erzwungen. Demontagen, Forschungsverbote und -kontrollen sollten verhindern, dass die Wissenschaften erneut zur Entwicklung eines friedensbedrohenden Kriegspotenzials beitrugen.[7] Dies schloss jedoch nicht die Übernahme militärischer Forschungsprojekte aus, die Institute der MPG für alliierte Auftraggeber schon unmittelbar nach Kriegsende und ab 1955 auch für das Bundesministerium der Verteidigung (BMVg) durchführten.

---

2 Der nachfolgende Text stammt von Florian Schmaltz.
3 Max Planck an die Alliierte Wissenschaftliche Kommission über Royal Monceau, 25.6.1945, AMPG, II. Abt., Rep. 102, Nr. 27, fol. 41–43, hier fol. 41; Hachtmann, *Wissenschaftsmanagement*, 2007, 1160 u. 1164.
4 Maier, *Rüstungsforschung im Nationalsozialismus*, 2002; Maier, »Unideologische Normalwissenschaft«, 2002; Schmaltz, *Kampfstoff-Forschung*, 2005; Maier, *Forschung*, 2007; Schieder, Der militärisch-industriell-wissenschaftliche Komplex, 2009.
5 Epple, *Rechnen, Messen, Führen*, 2002; Maier, »Grundlagenforschung« als Persilschein, 2004; Sachse, *Grundlagenforschung*, 2014.
6 Siehe oben, Kap. IV.6.2.2.
7 Slany et al., Directive JCS 1067, 1968, 496; Cassidy, Controlling German Science, 1994. Siehe dazu oben, Kap. II.2.1 und Schmaltz, *Militärische Forschung*, im Erscheinen.

Die Frage, wie sich die Leitung der MPG nach dem Zweiten Weltkrieg zur Übernahme militärischer Forschung verhielt und welche internen Diskussionen und öffentlichen Kontroversen hierüber geführt wurden, wird im Folgenden untersucht. Ein zweiter damit teilweise verknüpfter Strang der Untersuchung betrifft die Frage, inwiefern grundlagenorientierte Forschung gewollt oder ungewollt militärisch nutzbares Wissen produziert, das heißt, ob Produkte, Verfahren, Technologien oder Wissen, die zunächst für zivile Zwecke entwickelt und bestimmt waren, sich auch für militärische oder terroristische Zwecke verwenden lassen (Dual Use).[8]

Der erste Abschnitt des folgenden Teilkapitels behandelt die Frage, wie sich die Governance der Leitung der KWG und der MPG zur Problematik militärischer Forschung entwickelte. Welche Interessen verfolgte die MPG als Forschungsorganisation in den Aushandlungsprozessen mit alliierten Militärregierungen und bundesdeutschen Ministerien? Wie reagierte die MPG nach der 1955 erfolgten Aufhebung alliierter Forschungsverbote, dem NATO-Beitritt der Bundesrepublik und ihrer Wiederbewaffnung auf die Avancen des BMVg, sich an der reorganisierten »Wehrforschung« zu beteiligen? Übernahmen Institute der MPG militärische Auftragsforschung?

Im Anschluss daran soll an vier historischen Fallbeispielen veranschaulicht werden, wie sich die MPG und ihr angehörende Wissenschaftler:innen zur Problematik militärischer Forschung in öffentlichen Debatten positionierten: 1. die im Bundestagswahlkampf 1957 von Otto Hahn, Carl Friedrich von Weizsäcker und anderen Physikern veröffentlichte »Göttinger Erklärung«, in der eine nukleare Bewaffnung der Bundeswehr und eine Mitarbeit an militärischer Kernforschung abgelehnt wurde, 2. die Auseinandersetzungen um einen Forschungsauftrag zum Nervenkampfstoff Soman am MPI für Psychiatrie, 3. das Engagement von Beschäftigten der MPG in der Friedensbewegung in den 1980er-Jahren und 4. eine 2005 am MPI für Mikrostrukturphysik zwischen zwei Direktoren öffentlich geführte Kontroverse um eine Beteiligung des Instituts an »Wehr- und Sicherheitsforschung«.

10.2.1 Von Forschungsverboten zur Reorganisation der »Wehrforschung«

Das Ende April 1946 vom Alliierten Kontrollrat erlassene Gesetz Nr. 25 zur »Regelung und Überwachung der wissenschaftlichen Forschung« und die Direktive Nr. 47 zur Liquidierung von Kriegsforschungseinrichtungen zielten auf eine Demilitarisierung der Wissenschaften.[9] Die zunächst direkt vom Kontrollrat ausgeübte Forschungsüberwachung wurde Ende 1949, nach der Gründung der Bundesrepublik, den Ministerpräsidenten der Länder und ihren Wirtschaftsministerien übertragen.[10] Den Kontrollinstanzen mussten die Institute der KWG und später der MPG regelmäßig ihre Forschungsthemen offenlegen und von ihnen genehmigen lassen. Im Verbund mit deutschen Behörden forderte die MPG ein Ende der Forschungsverbote.[11] Die Alliierte Hohe Kommission hob die Forschungsbeschränkungen und -kontrollen im Mai 1955 nach der Unterzeichnung der Pariser Verträge und dem Beitritt der Bundesrepublik zur Westeuropäischen Union und der NATO endgültig auf.[12]

Wenige Wochen danach wurde Theodor Blank am 7. Juni 1955 erster Verteidigungsminister der Bundesrepublik Deutschland.[13] Als Franz Josef Strauß im Oktober 1956 die Nachfolge Blanks als Verteidigungsminister antrat, wertete er die Forschungsabteilung seines Ressorts auf und trieb die Reorganisation der »Wehrforschung« beschleunigt voran.[14] In den zwischen Militär- und Wirtschaftskreisen geführten Planungsdebatten kristallisierten sich konzeptionell zwei divergierende Organisationsmodelle militärischer Forschung heraus: zum einen die Einrichtung einer zentralen Bundesanstalt nach dem Vorbild des Heereswaffenamtes der Wehrmacht und zum anderen eine vom Verteidigungsministerium koordinierte und dezentral organisierte Vertragsforschung an Einrichtungen, die nicht direkt dem Militär unterstanden; sie sollte einen Austausch zwischen militärischer und ziviler Forschung ermöglichen.[15] Die zweite Option, die dezentrale Konzeption, basierte institutionell auf drei Säulen des deutschen Wissenschaftssystems: der Industrieforschung, den Universitäten und Technischen Hochschulen sowie auf gemeinnützigen Forschungsanstalten.

---

8 Miller, Concept of Dual Use, 2018, 6–8.
9 Alliierte Kontrollbehörde – Kontrollratsgesetz Nr. 25 – Kontrolle der wissenschaftlichen Forschung vom 29.4.1946, AMPG, I. Abt., Rep. 29, Nr. 146.
10 Otto Hahn an die Direktoren der MPIs und Forschungsstellen, 3.12.1949, AMPG, II. Abt. Rep. 102, Nr. 110, fol. 95.
11 Heinemann, Überwachung und »Inventur«, 2001, 180.
12 Glaser, *Sicherheitsamt*, 1992, 329–335. Heinemann, Überwachung und »Inventur«, 2001, 180–181.
13 Mann, *Das Bundesministerium der Verteidigung*, 1971, 34–35; Krüger, *Das Amt Blank*, 1993.
14 Möller, *Franz Josef Strauß*, 2015, 164; Trischler und vom Bruch, *Forschung*, 1999, 235–236.
15 Mennen, Forschung, 1969, 10.

Zu Letzteren zählten Luftfahrtforschungsanstalten (darunter die Aerodynamische Versuchsanstalt), Fraunhofer-Institute und Max-Planck-Institute.[16]

Anfangs hatte das Verteidigungsministerium ein massives Ausgabenproblem, weil es aufgrund der alliierten Demilitarisierungsmaßnahmen, Demontagen, Schließungen und einem Personalabbau in Rüstungsfirmen und Forschungseinrichtungen zu wenige Auftragnehmer gab. Unternehmen waren durch den zivilen Wiederaufbau ausgelastet und in der Industrieforschung herrschte Fachkräftemangel. Infolgedessen bot das BMVg der MPG Ende 1956 aus dem nicht verbrauchten Wehretat erstmals einen Bundeszuschuss in Höhe von sieben Millionen DM an.[17] Der Verwaltungsrat der MPG reagierte hierauf zunächst zurückhaltend, weil er in der Öffentlichkeit den Eindruck vermeiden wollte, die MPG finanziere sich aus militärischen Mitteln. Die MPG schlug deshalb vor, die Mittel aus dem Verteidigungsetat über das Bundesministerium des Inneren bereitzustellen.[18] Die Bundesregierung entsprach diesem Wunsch und Anfang 1957 flossen die Mittel der MPG über das Bundesinnenministerium »neutralisiert« ohne militärische Zweckbindung »zur freien Verfügung« zu.[19]

Wenige Wochen danach unterzeichnete Otto Hahn mit 17 weiteren Physikern die »Göttinger Erklärung«, die sich offen gegen die von Bundeskanzler Konrad Adenauer und Franz Josef Strauß verfolgten Pläne richtete, die Bundeswehr mit Atombomben zu bewaffnen. Jeglicher Mitarbeit an militärischer Kernforschung erteilten die Unterzeichner eine Absage.[20] Die Kritik an der Bundesregierung fand große mediale Aufmerksamkeit und rief zustimmende Reaktionen aus der oppositionellen SPD, den Gewerkschaften, den Kirchen und an Universitäten hervor.[21] Dies führte zu einem politischen Eklat, den Adenauer und Strauß mit Hahn und einigen Mitunterzeichnern der »Göttinger Erklärung« am 17. April 1957 in einer Aussprache im Palais Schaumburg beizulegen versuchten. Ein nach der Aussprache gemeinsam veröffentlichtes Kommuniqué suggerierte eine Beilegung des Streits.[22] Doch das Verhältnis zwischen Verteidigungsminister Strauß und der MPG blieb gespannt, solange Hahn deren Präsident war. Auch die Versuche des BMVg, sich mit anderen Wissenschaftsorganisationen zu vernetzen, in deren Leitungsgremien es Vertreter platzieren wollte, stießen auf Abwehrreaktionen. So erhielt das BMVg im August 1957 keine reguläre Mitgliedschaft im neu gegründeten Wissenschaftsrat, der für die Bundesregierung kontinuierlich wissenschaftspolitische Empfehlungen erarbeiten sollte, sondern fungierte dort zunächst nur als Stellvertreter des Bundesverkehrsministeriums und später des Bundeswirtschaftsministeriums.[23] Auch der im selben Jahr unternommene Vorstoß des BMVg, einen ständigen Delegierten in den für Förderentscheidungen zuständigen Hauptausschuss der DFG zu entsenden, blieb erfolglos.[24]

Unmittelbar nach dem Amtsantritt Adolf Butenandts als Hahns Nachfolger im Präsidentenamt unternahm Strauß im Mai 1960 erneut einen Anlauf, die MPG institutionell in die vom Verteidigungsministerium organisierte Wehrforschung zu integrieren, wozu er nochmals Mittel aus seinem Ressort in Aussicht stellte.[25] Die Offerte stieß innerhalb der MPG einen Diskussionsprozess an, unter welchen Bedingungen die Annahme von Mitteln und Forschungsaufträgen aus dem Verteidigungsministerium akzeptabel sei. In einem internen Positionspapier von Ende Januar 1961 heißt es skeptisch, im Inland könne die Annahme der Mittel »sehr leicht als ›Wehrforschung‹, und zwar nicht nur im Sinne der reinen Verteidigung, sondern der Kriegführung ganz allgemein« wahrgenommen werden, weil die deutsche Öffentlichkeit »in diesem Punkte übersensibilisiert« sei.[26] Überdies würde die Geheimhaltung militärischer Forschungsprojekte »die wissenschaftliche Freiheit ganz wesentlich einengen« und sei »für ein Grundlagenforschungsinstitut der Max-Planck-Gesellschaft« wegen des dort praktizierten Arbeitsstils

---

16 BMVg: Wehrforschung. Stand und Tendenzen Mai 1962, AMPG, II. Abt., Rep. 69, Nr. 373, fol. 279–285, hier fol. 283 und Anlage 4: Schaubild: Wehrforschung – Durchführungsorgane. Anlage 4 zum Schreiben: Wehrforschung. Stand und Tendenzen Mai 1962, ebd., fol. 289.
17 Balcar, *Wandel*, 2020, 68; Hohn und Schimank, *Konflikte und Gleichgewichte*, 1990, 112.
18 Protokoll der 25. Sitzung des Verwaltungsrates vom 5.11.1956, AMPG, II. Abt., Rep. 61, Nr. 25.VP, fol. 2–7.
19 Protokoll der 27. Sitzung des Verwaltungsrates vom 22.1.1957, AMPG, II. Abt. Rep. 61, Nr. 27.VP, fol. 3 und Hohn und Schimank, *Konflikte und Gleichgewichte*, 1990, 112. Siehe dazu oben, Kap. II.3, S. 73.
20 Erklärung deutscher Atomwissenschaftler vom 12.4.1957, ediert in: Bundesministerium für Forschung und Technologie, *Weichenstellung*, 3.7.1990, 594–596.
21 Rupp, *Außerparlamentarische Opposition*, 1970, 81–89; Rese, *Wirkung*, 1999, 70–80, 85–115; Lorenz, *Protest der Physiker*, 2011.
22 Bulletin des Presse- und Informationsamtes der Bundesregierung, 18.4.1957, AMPG, III. Abt., Rep. 14, Nr. 6500, fol. 13.
23 Bartz, *Wissenschaftsrat*, 2007, 37–38 u. 251.
24 Stamm, *Staat*, 1981, 253; Wagner, *Notgemeinschaften*, 2021, 341.
25 Franz Josef Strauß an Butenandt, 30.5.1960, AMPG, II. Abt., Rep. 69, Nr. 373, fol. 328–329.
26 Ballreich (MPG Präsidialbüro): Vermerk. Betr.: Besprechung mit Herrn Minister Strauß, 27.1.1961, AMPG, II. Abt., Rep. 69, Nr. 373, fol. 309, 311, hier fol. 309.

»nicht akzeptabel«.²⁷ Dies waren neue Töne, die auf einen Lernprozess und Mentalitätswandel hindeuten, in dem die von den Alliierten erzwungene Demilitarisierung der Forschung verinnerlicht worden war.

Auch im präsidialen Besprechungskreis Wissenschaftspolitik traf die mit militärischer Auftragsforschung einhergehende Überwachung, Abschirmung und Geheimhaltung der Forschungsarbeit weitgehend auf Ablehnung. Während der Direktor des MPI für ausländisches und internationales Privatrecht, Hans Dölle, die Annahme von Zuwendungen des Verteidigungsministers für denkbar hielt, sofern keine Auflagen daran geknüpft würden, lehnte Butenandt selbst dies ab, weil solche Mittel »optisch belastet« seien und er negative Auswirkungen auf »die Beziehungen zum Osten« fürchtete.²⁸ Richard Kuhn, Vizepräsident und Direktor des MPI für medizinische Forschung, regte an, sich an einem in der Schweiz praktizierten Modell zu orientieren, wo »ein Prozent des Wehrhaushaltes« dem forschungsfördernden Schweizer Nationalfonds »zugeleitet und, auf diese Weise neutralisiert, in die Grundlagenforschung eingeführt« würde.²⁹ Auf bundesdeutsche Verhältnisse übertragen, hieß das: Da der Etat des Bundesministeriums der Verteidigung sich 1961 nach NATO-Kriterien auf 11,7 Milliarden DM belief, hätte 1 Prozent einem Betrag von 117 Millionen DM entsprochen. Bei Gesamteinnahmen der MPG von rund 111 Millionen DM im Jahr 1961 hätte sich deren Haushalt auf einen Schlag mehr als verdoppelt.³⁰

Die Haltung der MPG zur militärischen Auftragsforschung kennzeichnete eine Skepsis gegenüber Sicherheits- und Abschirmungsmaßnahmen, die als Eingriff in die Arbeitskultur der Institute abgelehnt wurden. Geheimhaltung wurde, weil sie diskursive Kritik und die von offener wissenschaftlicher Kommunikation unter Experten abhängige Qualitätssicherung der Forschung einschränkte, als nachteilig angesehen. Militärisch motivierte Zensurmaßnahmen und Publikationsverbote galten als inakzeptabler Eingriff in die wissenschaftliche Autonomie, obwohl diese in der Zusammenarbeit einzelner Max-Planck-Institute mit Unternehmen durchaus üblich waren. So hatte sich Butenandt vertraglich gegenüber der Schering AG verpflichtet, publikationsreife Manuskripte aus seinem Institut vor deren Veröffentlichung dem Unternehmen zur Prüfung vorzulegen, damit patentrechtliche Verwertungsinteressen gesichert werden konnten.³¹

Im Juli 1962 verständigte sich die MPG mit der Westdeutschen Rektorenkonferenz (WRK) und der Deutschen Forschungsgemeinschaft (DFG) im korporatistischen Verbund der Allianz der Wissenschaftsorganisationen auf ein gemeinsames Eckpunktepapier, das die Übernahme militärischer Forschungsaufträge an bestimmte Bedingungen knüpfte. Die Präsidenten von MPG, DFG und WRK vertraten den Standpunkt, es existierten hinreichende militärische Forschungsmöglichkeiten in Instituten der Fraunhofer-Gesellschaft und der Industrie. Für darüber hinausgehenden Forschungsbedarf schlugen sie dem BMVg vor, ein zentrales Forschungsinstitut zu gründen, an das freigestellte Hochschullehrer oder MPG-Mitarbeiter für maximal fünf Jahre delegiert werden könnten, um dort militärische Geheimforschung durchzuführen.³²

Nach den Erfahrungen mit den schwerfälligen und von der zivilen Forschung zu stark abgeschotteten Forschungs- und Erprobungsabteilungen des Heereswaffenamtes der Reichswehr und der Wehrmacht stieß dieser Vorschlag jedoch auf wenig Gegenliebe im Verteidigungsministerium, wo man eine Einbettung der militärischen Forschung in die zivilen Forschungsinstitutionen für produktiver hielt. Das gilt auch für Kai-Uwe von Hassel, den Amtsnachfolger von Strauß, der infolge der *Spiegel*-Affäre im Dezember 1962 seinen Rücktritt als Verteidigungsminister hatte erklären müssen.³³

Das noch von Strauß der MPG unterbreitete Angebot, Mittel ohne Zweckbindung für Grundlagenforschung bereitzustellen, musste Hassel wegen Haushaltskürzungen zurückziehen.³⁴ Die von Strauß erfolglos betriebene engmaschige Einbindung der MPG und anderer Wissenschaftsorganisationen in einen Wehrforschungsrat mit problemorientierter Steuerungsfunktion wurde nun

---

27 Ebd., fol. 309.
28 Niederschrift über die Sitzung des Besprechungskreises »Wissenschaftspolitik« am 12.1.1961, AMPG, II. Abt., Rep. 69, Nr. 373, fol. 317.
29 Ebd., fol. 318.
30 Bundesregierung, *Weißbuch 1970*, 1970, 179. Siehe unten, Anhang 1, Tabelle 2.
31 Siehe dazu Butenandts patentrechtliches »Dreierabkommen« mit Bayer, Schering und Hofmann-La Roche in: Butenandt an Heinrich Hörlein, 14.3.1949, AMPG, III. Abt., Rep 84-1, Nr. 286, fol. 258. Ich danke Jeffrey A. Johnson für diesen Hinweis. Siehe auch Butenandts Korrespondenz in: AMPG, III. Abt., Rep. 84-1, Nr. 1242; Gaudillière, Biochemie und Industrie, 2004, 243.
32 Forschungsmittel des Bundesministeriums für Verteidigung und Verteidigungsforschung, im Juli 1962, gez. Butenandt (16.7.1962), Hess (12.7.1962) und Leussink (10.7.1962), AMPG, II. Abt., Rep. 69, Nr. 373, fol. 257–261, hier fol. 257–258.
33 Zum Rücktritt von Strauß siehe Möller, *Franz Josef Strauß*, 2015, 243–283.
34 Fischer (WRK) und Klinker (BMVg): Vermerk über eine Besprechung vom 4.2.1963, 23.2.1963, AMPG, II. Abt., Rep. 69, Nr. 373, fol. 233–235.

ebenso aufgegeben wie die Verhandlungen mit den Präsidenten der Wissenschaftsorganisationen. Dem Verteidigungsministerium war es weder gelungen, einen ständigen Sitz im Hauptausschuss der DFG noch im Senat der MPG zu erhalten. Als Verhandlungspartner in wissenschaftspolitischen und finanziellen Fragen gewann für die Allianz fortan das im Dezember 1962 aus dem Bundesministerium für Atomenergie hervorgegangene Bundesministerium für wissenschaftliche Forschung an Bedeutung, das Zuständigkeiten des Bundesinnenministeriums erhielt, für die Globalzuweisungen an MPG und DFG zuständig war und dessen Etat 1963 die in den folgenden Jahren sinkenden Wissenschaftsausgaben des BMVg überstieg.[35]

10.2.2 Militärische Auftragsforschung

Eine besondere Rolle bei der Reorganisation der militärischen Forschung in der Bundesrepublik kam der unterfinanzierten Fraunhofer-Gesellschaft (FhG) zu, die zunächst noch nicht bundesweit etabliert war und außerhalb der Allianz der Wissenschaftsorganisationen stand.[36] Die relativ schwach ausgeprägte Ressortforschung des Verteidigungsministeriums ermöglichte es der FhG, sich neben der Industrieforschung als bedeutendster Dienstleister des bundesdeutschen Wissenschaftssystems im Bereich militärischer Forschung auf drei Ebenen zu profilieren: Erstens übernahm die FhG im Rahmen der »Verwaltungshilfe« die Koordination der vom BMVg finanzierten militärischen Forschungsaufträge an universitären und außeruniversitären Instituten sowie Projekte einzelner Forscher und Forscherinnen.[37] Zweitens gründete sie Institute, die fast ausschließlich vom Verteidigungsministerium finanzierte militärische Forschung betreiben. Drittens wurden Forschungsaufträge des BMVg in »zivilen« Fraunhofer-Instituten bearbeitet.

Die in begrenztem Umfang mittels der Verwaltungshilfe der FhG in der MPG an unterschiedlichen Instituten durchgeführten Forschungsaufträge des BMVg oder privater Rüstungsfirmen umfassten ein breites Themenspektrum. Bei dem frühesten bekannten Forschungsauftrag handelte es sich um ernährungsphysiologische Studien zur Verpflegung von kasernierten Soldaten, den das Max-Planck-Institut für Arbeitsphysiologie im Dezember 1955 übernommen hatte.[38] Die Aerodynamische Versuchsanstalt (AVA) führte für private Rüstungsfirmen Windkanalmessungen durch, wie die Modellmessungen des Militärtransportflugzeugs Transall C-160 für die Weser Flugzeugbau GmbH[39] oder im Überschallbereich an einem Flugkörper-Modell der Bölkow-Entwicklungen KG.[40] Am MPI für Kohlenforschung beschäftigte man sich für das BMVg mit Fragen des biologischen Strahlenschutzes.[41] Am MPI für Psychiatrie wurde die visuelle Informationsverarbeitung von Personen mit Sehstörungen untersucht, die Erkenntnisse für die Konstruktion von Fluginstrumenten und Auswahlverfahren von Luftwaffenpiloten liefern sollte.[42] Das MPI für Metallforschung

---

35 Stamm, *Staat*, 1981, 244–256; Stucke, *Institutionalisierung*, 1993, 66; Weyer, *Akteurstrategien*, 1993, 188.
36 Siehe oben, Kap. IV.2, 482.
37 Die FhG wickelte für das BMVg die gesamte Projektadministration ab. Diese reichte von der Suche nach geeigneten Auftragnehmern, der Antragstellung, Begutachtung, Verwaltung und Überwachung der Sach- und Personalkosten bis zur Übermittlung der Ergebnisse an Gutachter des Ministeriums oder der Bundeswehr, die über Auftragsverlängerungen entschieden. Siehe Forschung zum Nutzen der Landesverteidigung (Verteidigungsforschung). Anlage zum Schreiben August Epp (FhG) an Franz Kollmann (Institut für Holzforschung und -technik der Universität München, 23.3.1965, IfZArch, ED 721, Band 12, fol. 84–86; Epp (FhG), Betr. Verwaltungshilfe der Fraunhofer-Gesellschaft für Forschungsverträge des Bundesministeriums für Verteidigung, 29.6.1965, IfZArch, ED 721, Band 103, fol. 60–63. Zur Entwicklung der Fraunhofer-Gesellschaft und ihrer Institute im Bereich militärischer Forschung siehe Trischler und vom Bruch, *Forschung*, 1999, 76–79, 235–255; Trischler, *Verteidigungsforschung*, 2008; Kirschner und Johannsen, *Institut für Aerobiologie*, 2006.
38 Willi Wirths (MPI für Ernährungsphysiologie), Betr.: Äußerung zur Stellungnahme der Fachreferate des Bundesministeriums für Verteidigung über die Höhe der reinen Naturalkosten für eine volle Tagesverpflegung an das Bundesministerium der Finanzen, 5.6.1956 und ders.: Vorläufiger Bericht über die Verpflegungsverhältnisse der Lehrtruppen Andernach, 1956, BA-MA, BW 1/315794. Siehe dazu auch die 1958 veröffentlichen Ergebnisse der Studien: Wirths, Ernährungsphysiologische Auswertung (Teil I), 1958; Wirths, Ernährungsphysiologische Auswertungen (Teil II), 1958.
39 Tätigkeitsbericht der AVA Göttingen für die Zeit vom 1.4.1960 bis 31.12.1960, Göttingen 1961, Bl. 7, ZA DLR, AK-6340; Tätigkeitsbericht der AVA Göttingen für das Jahr 1961, Göttingen 1961, Anlage II, Bl. 25–27, ZA DLR, AK-6341.
40 Tätigkeitsbericht der AVA Göttingen für das Jahr 1962, Göttingen 1963, Bl. 13, ZA DLR, AK-6342.
41 Günter-Otto Schenck: Untersuchung der praktischen Möglichkeiten des Strahlenschutzes in molekularbiologischem Bereich auf chemischer Grundlage, 1968–1970, BA-MA, BW 1/30363 sowie Biologischer Strahlenschutz, 1967–1974, BA-MA, BW 1/497331.
42 Wolf Singer: Einwirkung auf die visuelle Informationsaufnahme durch a) Einfluß der Kopfstellung auf die Steuerung schneller und langsamer Augenbewegungen; b) die kompetitive Beanspruchung des Hörsinnes, 1977–1979, BA-MA, BW 24/8760; Ruxandra Sireteanu: Visuelle Fixation bei Menschen mit entwicklungsbedingten Störungen des Sehsystems (Amblyopie, alternierende Fixation, Stereoblindheit), 1979–1985, BA-MA, BW 24/16917.

arbeitete im Auftrag des BMVg über unmagnetische Stahllegierungen für den militärischen Sonderschiffbau.[43]

Trotz erheblicher Überlieferungslücken sind mehr als 40 von der FhG koordinierte Forschungsaufträge des BMVg dokumentiert, die an Max-Planck-Instituten durchgeführt wurden. Zumeist handelte es sich um zeitlich begrenzte Projekte, die in der Regel auf zwei bis drei Jahre angelegt waren. Eine Ausnahme stellt die vom BMVg kontinuierlich über drei Jahrzehnte geförderte Forschung am MPI für Immunbiologie dar.[44] Die dort unter dem Direktor Otto Westphal 1962 begonnene und ab 1973 von Dietrich K. Hammer fortgeführte Forschung widmete sich dem Staphylokokken-Enterotoxin B (SEB), einem von dem Erreger *Staphylococcus aureus* produzierten hitzeresistenten und sehr widerstandsfähigen Superantigen. SEB löst in sehr geringen Mengen ein toxisches Schocksyndrom aus, das Brechdurchfall, Kopfschmerzen, Schweißausbrüche, Muskelkrämpfe und Dehydrierung hervorruft.[45]

Gegen SEB, das als biologische Waffe als Aerosol zur Vergiftung von Nahrungsmitteln und der Wasserversorgung einsetzbar ist, existiert kein Impfstoff.[46] Die Wirkung ist selten tödlich, führt aber innerhalb weniger Stunden zu einer ein- bis zweiwöchigen Kampfunfähigkeit erkrankter Soldaten.[47] Die am MPI für Immunbiologie in Freiburg durchgeführte militärische Auftragsforschung schloss 1976 einen Erfahrungsaustausch mit Wissenschaftlern des US Army Medical Research Institute for Infectious Diseases in Frederick (Fort Detrick) und dem B- und C-Waffen-Forschungszentrum in Edgewood Arsenal, Maryland, ein.[48] Die Übergänge zwischen Grundlagenforschung und angewandter Forschung waren bei diesen Untersuchungen fließend. Die immunbiologischen und -chemischen Untersuchungen sind ein typisches Beispiel für die Dual-Use-Problematik, deren Ergebnisse sich auch für militärisch offensive Zwecke nutzen lassen. Die Arbeiten in Freiburg, die Tierversuche an Ratten, Affen und Rindern einschlossen, umfassten neben Nachweis- und Dekontaminationsverfahren und der Suche nach Immunisierungsmöglichkeiten auch Methoden zur labormäßigen Reinigung und Anreicherung hoher Toxin-Konzentrationen und -Mengen. Sie führten zu einem beschleunigten und optimierten Herstellungsverfahren des biologischen Kampfstoffs, das einem in Fort Detrick angewandten Verfahren überlegen war.[49]

10.2.3 Die MPG in öffentlichen Kontroversen um militärische Forschung

In den Verhandlungen zwischen den Organisationen der Wissenschaftsallianz und dem Verteidigungsministerium war ab Mitte der 1950er-Jahre eine über die Fraunhofer-Gesellschaft organisierte dezentrale Vertragsforschung des BMVg in der Industrie, an Hochschulen, Luftfahrtforschungsanstalten und außeruniversitären Forschungseinrichtungen, einschließlich der MPG, etabliert worden. Während die militärische Auftragsforschung von der Öffentlichkeit weitgehend unbemerkt zur eingespielten Routine wurde, entzündeten sich in Einzelfällen wiederholt öffentlich geführte Kontroversen, in die die MPG, ihr angehörende Wissenschaftler:innen oder Beschäftigte involviert waren. An vier Fallbeispielen wird im Folgenden illustriert, welche Haltung die MPG dazu einnahm.

10.2.3.1 Die »Göttinger Erklärung«

Mit der bereits erwähnten »Göttinger Erklärung« nahmen 18 Physiker im April 1957 gegen die von Verteidigungsminister Franz Josef Strauß und Bundeskanzler Konrad Adenauer beabsichtigte atomare Bewaffnung der Bundeswehr Stellung.[50] Die Unterzeichner, darunter acht Physiker der Max-Planck-Gesellschaft,[51] widersprachen Äußerungen Adenauers, der auf einer Pressekonferenz für eine Bewaffnung der Bundeswehr mit taktischen

---

43 Hans-Jürgen Engell (MPI für Metallforschung): Erforschung und Prüfung unmagnetischer Stahllegierungen für den Sonderschiffbau, 1968–1971, BA-MA, BW 1/497343.
44 Schmaltz, *Militärische Forschung*, im Erscheinen. Zu den von 1962 bis 1991 am MPI für Immunbiologie für die Sanitätsinspektion der Bundeswehr durchgeführten Aufträgen siehe: BA-MA, BW 24/2257, BW 24/3907, BW 24/7560, BW 24/7576, BW 24/8752, BW 24/8782, BW 24/9824, BW 24/9838, BW 24/10038, BW 24/10075, BW 24/10088, BW 24 17101, BW 1/497324.
45 Becker, Bürk und Märtlbauer, Staphylokokken-Enterotoxine, 2007.
46 Antosia, Staphylococcus Enterotoxin B, 2006.
47 Prescott, Staphyloccocal Enterotoxin B, 2005.
48 Dieter K. Hammer (MPI für Immunbiologie), Antrag auf Freigabe von Reisekosten, 6.9.1976, BA-MA, BW 24/7560.
49 BMVg – InSan I 3, Sachbericht über Forschungsvertrag BMVg InSan I-1574-V-043, 3.5.1976, BA-MA, BW 24/7560.
50 Zu der Vorgeschichte, den Hintergründen und den Wirkungen der »Göttinger Erklärung« siehe Rupp, *Außerparlamentarische Opposition*, 1970, 73–89; Radkau, *Aufstieg und Krise*, 1983, 96–100; Rese, *Wirkung*, 1999; Kraus, *Uranspaltung*, 2001; Lorenz, »Göttinger Erklärung«, 2011; Lorenz, *Protest der Physiker*, 2011; Sachse, *Wissenschaft*, 2023, 389–394.
51 Walther Bothe, Otto Hahn, Otto Haxel, Werner Heisenberg, Max von Laue, Josef Mattauch, Carl Friedrich von Weizsäcker und Karl Wirtz.

Atomwaffen plädiert hatte, die er verharmlosend als »eine Weiterentwicklung der Artillerie« bezeichnet hatte.⁵² Die Physiker stellten klar, dass taktische Atomwaffen dasselbe Vernichtungspotenzial wie die erste Atombombe von Hiroshima besäßen und es keinen Schutz der Bevölkerung vor der »lebensausrottenden Wirkung der strategischen Atomwaffen« gebe. In ihrem politischen Bekenntnis zur »Freiheit, wie sie heute die westliche Welt gegen den Kommunismus vertritt«, erklärten die Unterzeichner, dass keiner von ihnen bereit sei, sich »an der Herstellung, der Erprobung oder dem Einsatz von Atomwaffen in irgendeiner Weise zu beteiligen«. Zugleich forderten sie die Bundesregierung auf, »die friedliche Verwendung der Atomenergie mit allen Mitteln zu fördern«.⁵³

Der Appell war einerseits Ausdruck eines Mentalitätswandels der deutschen Physiker, denen die Atombombenabwürfe auf Hiroshima und Nagasaki schockartig das Zerstörungspotenzial ihrer Forschung und die Frage nach einer Mitverantwortung für deren Folgen vor Augen geführt hatten. Sie wollten sich zwölf Jahre nach dem Ende des Zweiten Weltkriegs als Wissenschaftler nicht an der Entwicklung militärischer Massenvernichtungsmittel beteiligen.

Im kollektiven Gedächtnis wurde die öffentlich erklärte Weigerung als mutiger politischer Schritt verantwortungsvoller Wissenschaftler zu einem »Erinnerungsort«.⁵⁴ Der affirmative Traditionsbezug auf die »Göttinger Erklärung« übersieht allerdings, dass das Manifest die mit der zivilen Kernenergieproduktion verbundenen Gefahren einer militärischen Nutzung konsequent ausblendete, obwohl den Unterzeichnern diese durchaus bewusst waren.⁵⁵ Otto Haxel, Mitunterzeichner des Appells, hatte 1952 in einem öffentlichen Vortrag betont, jedes Atomkraftwerk sei wegen des im Betrieb anfallenden Plutoniums »zwangsläufig eine Kernsprengstofffabrik«.⁵⁶ Die der Kernenergiegewinnung innewohnende Dual-Use-Problematik verschwieg die »Göttinger Erklärung«, um keine Zweifel an ihrem bevorstehenden großtechnologischen Durchbruch und den damit verbundenen Forschungsmöglichkeiten zu nähren. Insofern war sie auch interessegeleiteter Lobbyismus in eigener Sache: Die Unterzeichner fürchteten, die Alliierten könnten die kernphysikalische Forschung in der Bundesrepublik erneut einschränken, wenn sie militärischen Zwecken diente.⁵⁷

10.2.3.2 Proteste gegen Nervenkampfstoff-Forschung

Am 6. Februar 1970 berichtete die *Süddeutsche Zeitung* über einen am Max-Planck-Institut für Psychiatrie in München seit Jahresbeginn laufenden Forschungsauftrag des Verteidigungsministeriums zur Wirkungsweise des chemischen Nervenkampfstoffs Soman. Dem Rechtfertigungsversuch des Direktors des MPI für Psychiatrie, Gerd Peters, das Forschungsvorhaben diene der Entwicklung von Gegenmitteln, widersprach der Allgemeine Studentenausschuss (AStA) der Technischen Hochschule München, der die Öffentlichkeit über das Nervengas-Projekt informiert hatte und eine Broschüre über »Kriegsforschung in München« vorbereitete. Ein solches Gegengift könne durchaus »wertvolle Dienste im Giftgaskrieg übernehmen«.⁵⁸ Auch die wissenschaftlichen Mitarbeiter des MPI für Psychiatrie Norbert Matussek und Otto Benkert, die am selben Tag in der Technischen Hochschule München an einer vom AStA veranstalteten Diskussion teilnahmen, mussten sich unter dem stürmischen Beifall der Anwesenden die Frage gefallen lassen, ob ihre Forschungen dazu missbraucht werden könnten, »die Wirkung solcher Nervengifte für den militärischen Einsatz noch zu verstärken«.⁵⁹

---

52 Protokoll des Presse- und Informationsamtes der Bunderegierung: Aus den Erklärungen des Bundeskanzlers Adenauer auf der Bundespressekonferenz vom 5.4.1957, ediert in: Bundesministerium für gesamtdeutsche Fragen, *Dokumente*, 1967, 578. Adenauer: Modernste Waffen, in: *Frankfurter Allgemeine Zeitung*, 6.4.1957; Schwarz, *Staatsmann*, 1991, 332–333.

53 Erklärung deutscher Atomwissenschaftler vom 12.4.1957, ediert in: Bundesministerium für Forschung und Technologie (BMFT), *Weichenstellung*, 3.7.1990, 594–596.

54 Friedensinitiative Garchinger Naturwissenschaftler, *30 Jahre Göttinger Erklärung*, 1987.

55 Radkau, *Aufstieg und Krise*, 1983, 96–97.

56 Haxel, Energiegewinnung aus Kernprozessen, 1953, 18.

57 Zur Kritik der »Göttinger Erklärung« siehe Lorenz, *Protest der Physiker*, 2011, 166–171.

58 Max-Planck-Institut untersucht Wirkungsweise von Kampfgiften, *Süddeutsche Zeitung*, 6.2.1970. Siehe auch Projektgruppe Technologie Technische Hochschule München/Allgemeiner Studentenausschuß, *Kriegsforschung*, 1970, 29–31. Eine ausführliche Darstellung dieser Affäre findet sich in Schmaltz, *Militärische Forschung*, im Erscheinen. – Der Nervenkampfstoff Soman wurde 1944 am KWI für medizinische Forschung in Heidelberg von dem Direktor und Nobelpreisträger Richard Kuhn zusammen mit seinem Mitarbeiter Konrad Henkel entdeckt. Schmaltz, *Kampfstoff-Forschung*, 2005, 482–493.

59 Max-Planck-Institut erprobt Nervengas, in Akademie Spiegel. Organ der SED-Parteileitung der Medizinischen Akademie Erfurt, 13. Jg., 10.4.1970, BA-MA, BW 1/25350, fol. 117.

Alarmiert durch die Berichterstattung befasste sich der Verwaltungsrat der MPG am 2. März 1970 mit dem Problem. Präsident Butenandt erklärte eingangs, dass »das Ansehen der Max-Planck-Gesellschaft durch Aufträge des Bundesministeriums für Verteidigung leide« und man versuchen müsse, »solche Aufträge zu neutralisieren«. Generalsekretär Friedrich Schneider forderte stattdessen klare Regelungen und ein Verfahren. Vizepräsident Carl Wurster, der eine »bloße Mitteilung seitens der Institute« über militärische Forschungsaufträge für unzureichend hielt, forderte eine Genehmigungspflicht gegenüber der Generalverwaltung.[60] Zwei Tage später forderte die Assistentenkonferenz des betroffenen MPI für Psychiatrie als Interessenvertretung des Mittelbaus im Kontext der Debatte um Partizipation und Mitbestimmung[61] ein Mitspracherecht über Forschungsinhalte und lehnte in einer Resolution militärische Forschungsaufträge ab.[62] Am 8. April 1970 reagierte das MPI für Psychiatrie auf den öffentlichen, medialen und institutsinternen politischen Druck und entschloss sich zur Aufgabe des Nervengas-Forschungsauftrags.[63]

Die Rückgabe bereits bewilligter Forschungsmittel aufgrund zivilgesellschaftlicher Proteste war in der Geschichte der MPG ein Novum, das mit einem gestiegenen gesellschaftlichen Legitimationsdruck wissenschaftlicher Forschung erklärbar ist. Für die Governance der MPG hatte die Affäre am MPI für Psychiatrie letztlich keine Konsequenzen. Ein geregeltes Antrags- oder Genehmigungsverfahren für militärische Forschungsprojekte, wie von Vizepräsident Wurster gefordert, führte die MPG nicht ein.[64] Selbst von einer kontinuierlichen Informationspflicht der Institute über beantragte oder laufende militärische Forschungsaufträge sah die Generalverwaltung ab. Sie ließ den Institutsleitungen weiterhin freie Hand, ob sie militärische Forschungsaufträge annehmen wollten oder nicht.

10.2.3.3 Die Friedensbewegung und die MPG

Im Herbst 1983 mobilisierte die internationale Friedensbewegung gegen die Nachrüstung und den NATO-Doppelbeschluss, der die Stationierung von Pershing-II-Raketen und Cruise-Missiles mit Atomsprengköpfen in Italien und der Bundesrepublik vorsah.[65] In der bundesdeutschen Friedensbewegung engagierten sich gegen dieses Ansinnen auch Tausende Wissenschaftler:innen.[66] Im März 1983 hatte schon die Deutsche Physikalische Gesellschaft eine Resolution gegen die Nachrüstung beschlossen, und im Juli 1983 unterzeichneten mehr als 3.000 Naturwissenschaftler:innen, unter anderem aus den Max-Planck-Instituten für biophysikalische Chemie, für Strömungsforschung und für Aeronomie, den Mainzer Appell des Kongresses »Verantwortung für den Frieden«.[67]

In München, Stuttgart und Berlin bildeten sich regional institutsübergreifende Arbeitskreise und Friedensinitiativen der örtlichen Max-Planck-Institute. Von seinerzeit 57 Instituten beteiligten sich 34 an friedenspolitischen Aufrufen, offenen Briefen an Bundestagsabgeordnete und Zeitungsannoncen gegen die atomare Aufrüstung.[68] In berufsbezogenen Appellen reflektierten Wissenschaftler:innen ihre gesellschaftliche Verantwortung und wandten sich gegen die geplante Stationierung von Pershing II und Cruise-Missiles.[69]

Der am MPI für Chemie tätige Atmosphärenchemiker Paul J. Crutzen veröffentlichte mit John W. Birks eine Modellrechnung zu den katastrophalen globalen Aus-

---

60 Protokoll der 85. Sitzung des Verwaltungsrates vom 2.3.1970, AMPG, II. Abt., Rep. 61, Nr. 85.VP, fol. 124.

61 Siehe oben, Kap. IV.5.5.3.

62 Stellungnahme der Assistenten der Klinik des Max-Planck-Instituts für Psychiatrie zum Forschungsauftrag des Bundesverteidigungsministeriums, 4.3.1970, AMPG, II. Abt., Rep. 30, Nr. 54.

63 Protokoll der 7. Direktorenkonferenz vom 8.4.1970, Bl. 1–2, AMPG II. Abt., Rep. 30, Nr. 50; Gohr, Max-Planck-Institut gibt Auftrag zurück, *Süddeutsche Zeitung*, 17.4.1970.

64 Protokoll der 85. Sitzung des Verwaltungsrates vom 2.3.1970, AMPG, II. Abt., Rep. 61, Nr. 85.VP, fol. 124.

65 Buro, Friedensbewegung, 2008; Conze, Modernitätsskepsis, 2010; Gassert, Geiger und Wentker, *Zweiter Kalter Krieg*, 2011; Heidemeyer, NATO-Doppelbeschluss, 2011; Becker-Schaum et al., *Nuklearkrise*, 2012.

66 Sachse, *Wissenschaft*, 2023, 438–472.

67 Resolution der Deutschen Physikalischen Gesellschaft zur Kernwaffenfrage, 15.3.1983 und »Verantwortung für den Frieden«. Naturwissenschaftler warnen vor neuer Atomrüstung, 3.7.1983, AMPG, III. Abt., ZA 13, Nr. 42, fol. 518 und fol. 525–526.

68 Dokumentation der Initiative von Mitarbeiterinnen und Mitarbeitern der Max-Planck-Institute gegen die atomare Weiterrüstung. Zusammengestellt von der »Initiativgruppe Frieden« der drei Berliner Max-Planck-Institute, April 1983, AMPG, III. Abt., ZA 13, Nr. 42, fol. 502–533.

69 Mitarbeiter aus dem Münchner Max-Planck-Institut warnen vor neuen Atomraketen, *Süddeutsche Zeitung*, Nr. 265, 18.11.1983, Mitarbeiter der Berliner Max-Planck-Institute warnen vor neuen Atomraketen, *Der Tagesspiegel*, Nr. 11569, 14.10.1983, AMPG, III. Abt., ZA 13, Nr. 42, fol. 517–517.

wirkungen eines Atomkriegs auf die Biosphäre. Schäden der Ozonschicht und starke Brände würden die Erdatmosphäre monatelang verdunkeln und einen »nuklearen Winter« herbeiführen, mit verheerenden ökologischen Folgen, Hunger und Krankheiten. Ein Überleben der Menschheit werde auf den oberen und mittleren Breitengraden der nördlichen Hemisphäre praktisch unmöglich.[70] Während solche fachwissenschaftlichen Beiträge von der Generalverwaltung der MPG für unbedenklich gehalten und im hauseigenen *MPG-Spiegel* aufgegriffen wurden,[71] prüfte sie gleichzeitig rechtliche Schritte gegen politische Aufrufe, bei denen Beschäftigte ihre Institutszugehörigkeiten angegeben hatten.

Nach Einschätzung der Rechtsabteilung durften Betriebsräte »als Betriebsverfassungsorgane ohne allgemeines politisches Mandat zu dem Themenkreis der Friedens- oder Rüstungspolitik keine Beschlüsse fassen«, anderenfalls könne die MPG dagegen arbeitsgerichtlich vorgehen. Leitende Angestellte und Direktoren würden »die Pflichten ihrer herausgehobenen Vertrauensstellung« verletzen, »wenn sie einschlägige Kundgebungen und Meinungsäußerungen in ihrer Abteilung oder ihrem Institut initiieren oder bewußt unter Einsatz ihrer Leitungsfunktion fördern«. Sie dürften zwar ihre politischen Meinungen »unter Bezugnahme auf ihre Funktion bei der Max-Planck-Gesellschaft öffentlich kundgeben, z. B. in Zeitungsanzeigen«, doch müsse die Formulierung erkennen lassen, dass »es sich um eine private Meinungsäußerung handelt«.[72]

Das sah der Direktor des MPI für Psychiatrie Detlev Ploog bei einer Anzeige, die in der *Süddeutschen Zeitung* unter der Überschrift »Mitarbeiter Münchner Max-Planck-Institute warnen vor neuen Atomraketen« erscheinen sollte, nicht mehr gegeben. Ploog sprach denjenigen Beschäftigten seine »Mißbilligung aus, die ihren Namen unter die in der jetzigen Form geplante Anzeige setzen« wollten, und forderte sie erfolglos dazu auf, »den Namen ›Max-Planck-Institute‹ und gleichwertige Bezeichnungen aus der Anzeige zu eliminieren«.[73] Letztlich verzichtete die MPG auf disziplinarische Maßnahmen. Zu groß war die Zahl der Unterzeichner:innen der SZ-Anzeige: Es waren schließlich mehr als 800 Beschäftigte aller Statusgruppen – von Leitungsmitgliedern über das wissenschaftliche bis zum technischen sowie in Verwaltungen und Bibliotheken tätigen Personal.

Im Sommer 1985 erfasste die MPG eine weitere Welle friedenspolitischer Aktivitäten, als die Bundesregierung eine Beteiligung an der im März 1983 vom US-amerikanischen Präsidenten Ronald Reagan angekündigten Strategic Defense Initiative (SDI) erwog. Mit dem SDI-Programm und der Stationierung von Waffensystemen im Weltall drohte ein neuer internationaler Rüstungswettlauf, der unter Naturwissenschaftler:innen in den USA und in der Bundesrepublik auf Kritik und Ablehnung stieß. In einem im Juni 1985 veröffentlichten Brief an Helmut Kohl bezogen 350 Mitarbeiter:innen der MPI für Astrophysik, für extraterrestrische Physik, für Plasmaphysik und für Quantenoptik sowie an Hochschulinstituten Beschäftigte gegen das SDI-Programm Stellung.[74] Sie hielten eine deutsche SDI-Beteiligung für unverantwortlich, bestritten, dass es sich um ein defensives System handele, bezweifelten, dass SDI technisch realisierbar sei und einen Schutz vor Massenvernichtungswaffen bieten könne. MPG-Präsident Heinz A. Staab sah sich daraufhin veranlasst, Bundeskanzler Kohl in einem Schreiben zu versichern, dass der offene Brief keine Stellungnahme der MPG oder ihrer Institute sei, sondern eine »persönliche Meinungsäußerung der Unterzeichner«.[75]

10.2.3.4 Streit um Dual-Use-Forschung am MPI für Mikrostrukturphysik

Während die Beschäftigung der MPG mit militärischer Forschung und der Dual-Use-Problematik seit ihrer Gründung in erster Linie durch gesetzliche Verbote, Kontrollen und politische Entscheidungen extern motiviert war, stieß die unter zwei MPI-Direktoren öffentlich ausgetragene Kontroverse über die Akzeptanz militärischer Forschung in der MPG intern einen nichtöffentlichen Beratungsprozess hierüber an. Auslöser war eine 2005 vom damaligen Direktor Ulrich Gösele am MPI für Mikrostrukturphysik in Halle ausgerichtete Tagung, auf der neue militärische Anwendungsmöglichkeiten der

---

70 Crutzen und Birks, The Atmosphere, 1982; Crutzen und Birks, Atmosphäre, 1983.
71 Frese, Nuklearkrieg, 1983.
72 Weidmann (Ref IIb) an Präsidenten und Verteiler: Rechtliche Beurteilung allgemeinpolitischer Meinungsäußerungen von Angehörigen der Max-Planck-Gesellschaft innerhalb ihrer Betriebe bzw. in öffentlichen Aufrufen unter Bezugnahme auf das Beschäftigungsverhältnis, 15.11.1983, AMPG, II. Abt., Rep. 1, Nr. 625, fol. 32–36 hier fol. 36.
73 Ploog an alle Mitarbeiter des MPI für Psychiatrie, 15.11.1983, AMPG, II. Abt., Rep. 1, Nr. 625, fol. 37.
74 Offener Brief an Helmut Kohl, 13.6.1985, AMPG, III. Abt., ZA 13, Nr. 42, fol. 398–399; Begleitschreiben zum offenen Brief an Helmut Kohl, 2.7.1985, ebd., fol. 400.
75 Staab an Kohl, 8.7.1985, ebd., fol. 397.

Nanotechnologie präsentiert wurden, darunter panzerbrechende Geschosse mit nanotechnologisch erhöhter Durchschlagskraft sowie pulverförmige Chemikalien zur Detektion chemischer Kampfstoffe.

Jürgen Kirschner, Direktor der zweiten Experimentalgruppe des MPI für Mikrostrukturphysik, kritisierte die Ambitionen seines Kollegen, wobei er auf die historische Erfahrung der Kaiser-Wilhelm-Gesellschaft und Fritz Habers Chemiewaffenforschung im Ersten Weltkrieg »als warnendes Beispiel« rekurrierte. Die MPG solle keine »Wehr- und Sicherheitsforschung betreiben«, sondern dies den Fraunhofer-Instituten oder der Bundeswehr überlassen, weil die damit verbundene Geheimniskrämerei den Grundprinzipien der MPG widerspreche.[76] Der öffentlich ausgetragene Streit veranlasste das Präsidium der MPG, eine Arbeitsgruppe »Sicherheits- und Verteidigungsforschung« ins Leben zu rufen, die mit Unterstützung des Ethikrats der MPG »Hinweise und Regeln der MPG zum verantwortlichen Umgang mit Forschungsfreiheit und Forschungsrisiken«[77] ausarbeitete.[78] Diese wurden im März 2010 vom Senat der MPG als »ethische Leitlinie im Wege der Selbstregulierung« beschlossen und 2017 nochmals ergänzt.[79]

Die Regeln der Max-Planck-Gesellschaft verlangen selbstverantwortliches Handeln der Forschenden, die aufgefordert sind, eine Risikoanalyse, -dokumentation und -minimierung vorzunehmen. Zweifelsfälle können in einer Kommission zur Ethik sicherheitsrelevanter Forschung, der Vertreter:innen der drei Sektionen der MPG angehören, beraten werden. Die Kommission, die ausschließlich aus Wissenschaftlichen Mitgliedern der MPG besteht, kann Empfehlungen aussprechen. Ob diese bindenden Charakter haben und wie die Einhaltung der Regeln transparent überprüft werden soll, lässt das Regelwerk offen. Es enthält zu dem eigentlichen Auslöser der Debatte, der Problematik von Dual-Use-Forschung und dem Umgang mit militärischer Forschung in der MPG keine Selbstverpflichtung, nur für zivile Zwecke zu forschen. Dies steht im Kontrast zu den verbindlicheren Zivilklauseln, die eine Reihe deutscher Universitäten verabschiedet hat und die in einigen Hochschulgesetzen der Länder rechtlich verankert wurden.[80] Gleichwohl erlangte der Kodex der MPG bundesweit Vorbildfunktion und ging beispielsweise in die Empfehlungen ein, die 2014 eine von der DFG und der Leopoldina gebildete Arbeitsgruppe »Umgang mit sicherheitsrelevanter Forschung« erarbeitete.[81]

10.2.4 Resümee

Vom Ende des Zweiten Weltkrieges bis zur Wiedererlangung der Souveränität der Bundesrepublik Deutschland im Jahre 1955 setzten die alliierten Siegermächte eine weitgehende Demilitarisierung der Forschung durch. Die bis 1945 in hohem Maße auf Kriegs- und Rüstungsforschung ausgerichtete Forschung der KWG durchlief infolgedessen einen Transformations- und Konversionsprozess, der die MPG in ihrer Gründungsphase entscheidend prägte. Nach der Aufhebung der alliierten Forschungsverbote, dem Beitritt der Bundesrepublik zur NATO und der Wiederbewaffnung im Jahre 1955 reagierte die MPG zurückhaltend auf die Versuche des Verteidigungsministeriums, ihre Institute in die boomende »Wehrforschung« einzubeziehen. Die Leitung der MPG befürchtete, das Ansehen der MPG im In- und Ausland könne Schaden nehmen, wenn eine Finanzierung ihrer Forschung aus Mitteln des Verteidigungsministeriums öffentlich würde. Angesichts der im Zweiten Weltkrieg von Deutschland verübten Kriegsverbrechen, so die Sorge, könnten militärische Forschungsprojekte die an sich schon schwierigen Bemühungen, die in vielen Fällen kriegsbedingt abgebrochenen internationalen wissenschaftlichen Beziehungen wieder zu beleben, erheblich gefährden. Die Präsidenten von MPG, DFG und WRK stimmten Anfang der 1960er-Jahre eine gemeinsame Verhandlungsstrategie gegenüber dem BMVg ab, wonach militärische Forschungsaufträge nicht abgelehnt, aber an Konditionen geknüpft werden sollten. Die MPG erklärte sich prinzipiell bereit, militärische Forschungsaufträge anzunehmen, sofern es sich um Grundlagenforschung handelte und nicht um anwendungsorientierte waffentechnische Entwicklungen. Die MPG hielt es für inakzeptabel, sich militärischen Zensurmaßnahmen zu unterwerfen. Sie forderte uneingeschränkte Publikationsmöglichkeiten der im Kontext militärischer Forschungsaufträge erzielten wissenschaft-

---

76 Schwägerl, Nun auch Wehr- und Sicherheitsforschung?, *Frankfurter Allgemeine Zeitung*, 31.10.2005.
77 Max-Planck-Gesellschaft, *Hinweise und Regeln*, 2010, 5.
78 Zum Ethikrat siehe unten, Kap. IV.10.7.
79 Max-Planck-Gesellschaft, *Hinweise und Regeln*, 2017, 5.
80 Bornmüller, *Zivile Wissenschaft*, 2023. Siehe auch Initiative Hochschule für den Frieden – Ja zur Zivilklausel, *Zivilklausel*, http://www.zivilklausel.de/index.php/bestehende-zivilklauseln.
81 Deutsche Forschungsgemeinschaft und Leopoldina. Nationale Akademie der Wissenschaften, *Wissenschaftsfreiheit und Wissenschaftsverantwortung*, 2014.

lichen Ergebnisse. Geheimhaltungs- und militärische Abschirmungsmaßnahmen lehnte sie wegen der drohenden organisatorischen Aufspaltung der Institute in zivile und militärische Bereiche ab. Damit unterschied sich die MPG von ihrer Vorgängerorganisation, der KWG, die im Ersten Weltkrieg Abteilungen und Institute vollständig auf Kriegsforschung ausgerichtet, in der Weimarer Republik eigeninitiativ militärische Forschung betrieben und sich ab 1933 selbstmobilisierend in den Dienst der vom NS-Regime geförderten Rüstungs- und Kriegsforschung gestellt hatte.[82]

Ziel der Governance der MPG im Umgang mit militärischer Forschung war es, den Instituten und der Gesamtorganisation größtmögliche Autonomie zu erhalten. Die Generalverwaltung überließ es den Institutsleitungen, eigenständig über Forschungsinhalte und die Annahme militärischer Forschungsaufträge zu entscheiden. Sie verzichtete darauf, diese zentral zu erfassen oder zu kontrollieren. Aufgrund der Zurückhaltung von MPG, DFG und WRK, sich durch das BMVg eng in die militärische Auftragsforschung einbinden zu lassen, entstand eine Lücke im deutschen Wissenschaftssystem, die es der FhG seit 1956 ermöglicht, zu »einer Art Ersatz-Ressortforschungseinrichtung des Verteidigungsministeriums«[83] zu avancieren. Sie fungierte seitdem als Dienstleisterin und zentrale Vermittlungsstelle einer bundesweit koordinierten Projektadministration der vom BMVg an Hochschulen und Max-Planck-Institute sowie Einzelpersonen vergebenen militärischen Forschungsaufträge. Bei den Forschungsaufträgen, die MPG-Institute von Rüstungsfirmen und dem BMVg übernahmen, handelte es sich um Projekte kleinerer Forschungsgruppen, die nicht die Arbeit von Abteilungen oder Instituten dominierten und zeitlich befristet blieben. Eine Ausnahme innerhalb der MPG bildete das MPI für Immunbiologie, das kontinuierlich über drei Jahrzehnte vom BMVg finanzierte Forschungsprojekte durchführte. In der MPG existierten jedoch keine Institutsabteilungen, die ausschließlich militärische Forschung betrieben, wie dies in ihrer Vorgängerorganisation KWG oder in der FhG der Fall war. So kann man resümieren: Auch wenn der Umfang der von der MPG bearbeiteten Forschungsaufträge des BMVg in seinem Gesamtvolumen nicht sehr beträchtlich war, fungierte die MPG mit ihren exzellent ausgestatteten Forschungseinrichtungen und ihrem spezialisierten Personal in qualitativer Hinsicht als eine nicht zu unterschätzende Ressource für das Militär. Die MPG ermöglichte es dem BMVg, flexibel und bedarfsorientiert spezifische Forschungsfragen zu militärisch relevanten Themen auf wissenschaftlich höchstem Niveau durch gezielt vergebene Forschungsaufträge untersuchen zu lassen, ohne dafür dauerhaft Infrastrukturen und Personal eigener Ressortforschungseinrichtungen unterhalten zu müssen.

In den kritischen öffentlichen Stellungnahmen von Wissenschaftler:innen der MPG zur Frage militärischer Forschung spiegelt sich zeithistorisch der gesellschaftliche Wandel des Spannungsverhältnisses von Wissenschaft und Politik wider. Zusammenfassend lassen sich anhand der vier dargestellten historischen Fallbeispiele, in denen sich Angehörige der MPG in öffentlich ausgetragenen Kontroversen zur Frage militärischer Forschung positionierten, Unterschiede und Gemeinsamkeiten hinsichtlich der Akteursgruppen sowie ihrer medialen und gesellschaftlichen Resonanz aufzeigen.

Bei dem ersten dargestellten Fallbeispiel, der 1957 veröffentlichten »Göttinger Erklärung«, handelte es sich nicht um eine offizielle Stellungnahme der Forschungsgesellschaft. Die Kernphysiker beanspruchten, ihrem Selbstverständnis als Angehörige einer wissenschaftlichen Elite entsprechend, fachliche Autorität als Experten der Bundesregierung in Fragen der Kernphysik. In ihrer Beratertätigkeit gerieten sie politisch und wissenschaftsethisch in Konflikt mit der Bundesregierung, als diese von ihren nuklearen Bewaffnungsplänen der Bundeswehr, allen internen Warnungen zum Trotz, nicht abließ. Als sie bei den politisch Verantwortlichen auf taube Ohren stießen, machten sie ihren Dissens öffentlich. Das breite Medienecho, das ihre Weigerung, sich an jeglicher militärischer Atomforschung zu beteiligen, auslöste, machte die Unterzeichner der »Göttinger Erklärung« unversehens zu öffentlichen Intellektuellen, eine ungewohnte Rolle, die ihrem Selbstverständnis als unpolitische Wissenschaftler widersprach. Gegenüber der von Oppositionsparteien, Kirchen, Gewerkschaften und pazifistischen Organisationen getragenen Anti-Atomtod-Bewegung, die sich die »Göttinger Erklärung« in ihrer Kampagne gegen die atomare Bewaffnung der Bundeswehr zu eigen machte, hielten sie politisch Distanz.

Bei dem zweiten Fallbeispiel, den Auseinandersetzungen um das 1970 nach Protesten zurückgezogene Forschungsprojekt über den Nervenkampfstoff Soman am MPI für Psychiatrie, ging die Kritik an militärischer Forschung – anders als bei der »Göttinger Erklärung« – nicht aus der MPG selbst hervor. Außerhalb der MPG wurde sie in einer von der Studentenbewegung getragenen antimilitaristischen Kampagne artikuliert, die auf dem Resonanzboden der in der Bundesrepublik entstandenen kritischen Öffentlichkeit ihre politische und mediale

---

[82] Zur militärischen Forschung der KWG im Ersten Weltkrieg und in der Weimarer Republik siehe Maier, Forschung, 2007, 487–488 u. 555.
[83] Trischler, Verteidigungsforschung, 2008, 189.

Wirkung entfaltete. Der Institutsleitung gelang es nicht, gegenüber der Öffentlichkeit die Nervengasforschung zu legitimieren. Als auch der wissenschaftliche Mittelbau des MPI für Psychiatrie die Übernahme militärischer Forschungsaufträge mehrheitlich ablehnte und Mitbestimmungsrechte in forschungspolitischen Entscheidungen einforderte, führte dies schließlich zur Aufgabe des Forschungsvorhabens. Die Rückgabe eines vom BMVg vergebenen Forschungsprojekts blieb jedoch ein singuläres Ereignis, das für die Routine der an anderen Max-Planck-Instituten bearbeiteten militärischen Forschungsaufträge ohne Konsequenzen blieb. Erst in den 1980er-Jahren erreichte die Friedensbewegung mit ihrer Massenmobilisierung gegen die Stationierung von Pershing-II-Raketen und Cruise-Missiles an den Instituten der MPG ein breiteres Spektrum Beschäftigter, das Angehörige aller Statusgruppen umfasste, wie anhand des dritten Fallbeispiels aufgezeigt werden konnte. Die entstehenden Basisinitiativen schlossen sich zu institutsübergreifenden regionalen Koordinationskreisen zusammen, stießen politische Debatten über das Verhältnis von Wissenschaft und Nachrüstung an und lehnten es in öffentlichen Aufrufen ab, sich an der Aufrüstung des Weltraums und der Strategic Defense Initiative zu beteiligen. Die an Instituten der MPG unterdessen im Auftrag des Verteidigungsministeriums laufenden Forschungsprojekte wurden hingegen nicht öffentlich kritisiert. Auf die friedenspolitischen Initiativen an ihren Instituten versuchten Präsidium und Generalverwaltung der MPG dämpfend einzuwirken. Sie verlangten, die Nennung von Institutszugehörigkeiten in Appellen und offenen Briefen zu unterbinden, um die MPG in der Öffentlichkeit politisch neutral erscheinen zu lassen. Bei dem vierten skizzierten Fallbeispiel, der 20 Jahre später am MPI für Mikrostrukturphysik im Jahre 2005 geführten Debatte um die umstrittene Beteiligung der MPG an »Wehr- und Sicherheitsforschung«, handelt es sich wiederum um eine allein unter Institutsdirektoren ausgetragene Kontroverse von kurzer Dauer. Sie löste keine weitergehende öffentliche Diskussion innerhalb und außerhalb der MPG aus, veranlasste das Präsidium der MPG aber dazu, die Arbeitsgruppe »Sicherheits- und Verteidigungsforschung« einzusetzen, die in nichtöffentlichen Beratungen »Hinweise und Regeln der MPG zum verantwortlichen Umgang mit Forschungsfreiheit und Forschungsrisiken« erarbeitete. Diese verabschiedete der Senat der MPG 2010 als selbstregulative Empfehlungen. Auf die Frage, ob in der MPG überhaupt militärische Forschung betrieben werden sollte, dem eigentlichen Auslöser der Kontroverse, bieten die Empfehlungen keine eindeutige Antwort.

Wann immer aber Angehörige der MPG in öffentliche Debatten über militärische Forschungen oder die Dual-Use-Problematik intervenierten, legte die MPG-Leitung – bei allen Unterschieden der geschilderten vier Fallbeispiele – stets größten Wert darauf zu betonen, dass es sich dabei um wissenschaftliche, vermeintlich politikferne oder – wenn der politische Charakter der Äußerungen offensichtlich war – um private Äußerungen handele. Darin ist ihr Bestreben erkennbar, die institutionelle Autonomie der Gesamtorganisation und ihrer Institutsleitungen so weit wie möglich gegenüber externen und internen Einflussnahmen abzuschirmen. Das galt gegenüber Direktiven von Auftraggebern militärischer Forschungsprojekte, gegenüber politischen Forderungen einer kritischen Öffentlichkeit oder außerparlamentarischen Bewegungen wie der Friedensbewegung, aber auch intern gegenüber Forderungen des Mittelbaus der Institute nach Mitbestimmungsrechten in Forschungsfragen. Trotz ihrer vergangenheitspolitischen Hypothek einer weitgehenden Militarisierung der Forschung ihrer Vorgängerorganisation KWG im NS-Regime, der nach der Kriegsniederlage von den Alliierten bis 1955 durch Verbote und Kontrollmaßnahmen erzwungenen Demilitarisierung der Forschung, der in den folgenden Jahren von der MPG-Leitung nach der Wiederbewaffnung der Bundesrepublik gegenüber dem Verteidigungsministerium bis Anfang der 1960er-Jahre entwickelten Vermeidungsstrategie, militärische Forschung in großem Umfang zu übernehmen, und trotz zahlreicher von außen an sie herangetragener und aus ihr selbst heraus entwickelter Initiativen, allein friedliche Grundlagenforschung zu betreiben, hat sich die MPG als Gesamtorganisation in ihrer Geschichte nicht dazu entschließen können, militärisch relevante Forschung und Projekte militärischer Auftraggeber konsequent aus ihrem wissenschaftlichen Portfolio auszuschließen.

10.3 Das Unbehagen der MPG an der Umweltforschung[84]

10.3.1 Die verspätete Ankunft der Umweltwissenschaften in der MPG

Der Bielefelder Umwelthistoriker Joachim Radkau hat die 1970er-Jahre als eine Zeit der »ökologischen Revolution« bezeichnet und meinte damit das weitgehend synchrone Entstehen einer weltweiten Bewegung für eine Reform der Mensch-Umwelt-Beziehungen. 1970 wurde sowohl das »Europäische Naturschutzjahr« als auch am 22. April

---

[84] Der nachfolgende Text stammt von Gregor Lax, Carola Sachse, Alexander von Schwerin und Thomas Turnbull.

der »Tag der Erde« von schätzungsweise 20 Millionen besorgten Weltbürger:innen begangen. Dies war eine heterogene Bewegung, an der ganz unterschiedliche gesellschaftliche Akteure beteiligt waren – von Aktivist:innen bis zu Regierungen, von Wissenschaftler:innen bis zu politischen Radikalen. Sie alle wandten sich gegen die zunehmend zerstörerischen Auswirkungen des Wirtschaftswachstums der Nachkriegszeit auf die natürliche Welt und forderten Korrekturen in der Politik, um die Natur sowohl in ihrer Schönheit als auch in ihrer Nützlichkeit zu bewahren.

In Deutschland existierte insbesondere eine weit zurückreichende Tradition des durch etablierte Wissenschaften wie Agrar- und Forstwissenschaften geprägten und staatlich organisierten Naturschutzes.[85] In vielen westlichen Industrieländern formierten sich in den 1970er-Jahren mit den Umweltbewegungen breite, aus sehr unterschiedlichen gesellschaftlichen Gruppen bestehende Bündnisse, die die Forderung nach mehr Umweltschutz mit der Kritik am wissenschaftlich-technischen Fortschritt verbanden.[86]

Nachdem 1971 die Bundesregierung ihr erstes »Umweltprogramm« verabschiedet hatte und der Sachverständigenrat für Umweltfragen (SRU) sowie das Umweltbundesamt (UBA) gegründet worden waren, wurden Themen der Umweltforschung zunehmend in die staatlich gesteuerte Ressortforschung aufgenommen.[87] Damit ging eine Aufwertung der chemischen, meteorologischen und ökologischen Wissenschaften einher.[88] In den 1980er-Jahren gewannen umweltpolitische Themen weiter an Bedeutung, nicht zuletzt durch Gesetze zum Schutz vor toxischen Substanzen in der Umwelt bzw. gegen die Umweltverschmutzung wie auch durch den Aufstieg der Partei Die Grünen, die 1983 erstmals in den Bundestag einzog. Die Bundesrepublik Deutschland, im Urteil des Umwelthistorikers Frank Uekötter zunächst ein »spektakulärer Nachzügler« in der internationalen Umweltbewegung, wurde in der Folge bekannt für den Einfluss seiner mächtigen Nichtregierungsorganisationen, für seine vergleichsweise engagierten Regierungen, für alternatives Konsumverhalten und für grüne Technologien.[89]

Im Kontext dieses Bandes stellt sich vor allem die Frage, welche Rolle die Umweltwissenschaften, also das breite Spektrum an umweltbezogenen Wissenschaftsgebieten – von der Agrarwissenschaft über Ökologie, Toxikologie und Umweltmedizin bis hin zur Meteorologie –, bei alldem spielten und welche Bedeutung der MPG dabei zukam, die in den einschlägigen Publikationen als bemerkenswerter Akteur in der Umweltwissenschaft und im Umweltschutz bislang nicht auftaucht. Das ist kein Zufall, denn, wie wir sehen werden, gab es zwar das eine oder andere aktive Max-Planck-Institut, doch insgesamt betrat die MPG das dynamische Feld der Umweltwissenschaften erst, als dieses längst von hochrangigen nationalen, trans- und supranationalen Institutionen ebenso wie von nichtstaatlichen Organisationen, alternativen Wissenschaftseinrichtungen im Umfeld der Umweltbewegung sowie Forscher:innen innerhalb und außerhalb von Universitäten bearbeitet wurde. Dabei hatte sich der Ruf aus Gesellschaft und Politik nach Umweltforschung und ökologischer Grundlagenforschung spätestens ab Ende der 1960er-Jahre laut und vernehmlich immer wieder auch an die MPG gerichtet. Bewegung kam in die MPG erst, als die Deutsche Forschungsgemeinschaft ihr seit den 1950er-Jahren ausgebautes Engagement im Bereich der gesundheitlich ausgerichteten »Umwelthygiene« im Laufe der 1970er-Jahre auf andere Bereiche der Umweltforschung ausdehnte und sich einzelne Forschungsgruppen in der MPG an Schwerpunktprogrammen beteiligten.[90] In den 1990er-Jahren mündete dieses Engagement »von unten« in der Etablierung eines erdsystemwissenschaftlichen Clusters, an dem seit 2022 alle Sektionen der MPG teilhaben.

Was für den Erdsystemcluster gilt, gilt für die Umweltforschung in der MPG insgesamt: Sie ging zumeist auf die Initiative einzelner Wissenschaftler:innen, Anstöße von außen und günstige Umstände zurück. Diese ambivalente Rolle, die die MPG im Bereich der Umweltwissenschaften spielte, soll im Folgenden anhand dreier Entwicklungslinien skizziert werden: anhand der Abwicklung der aus der NS-Zeit übernommenen agrarwissenschaftlichen KWI bzw. MPI gemäß dem Postulat des dominant gewordenen Paradigmas der Molekularbiologie in der BMS und einhergehend damit der Ablehnung einer umweltbezogenen Welternährungsforschung, anhand des für die CPTS mehr oder minder zufälligen disziplinären Zugewinns von Atmosphärenchemie und Meteorologie sowie anhand der forschungspolitischen Beharrlichkeit eines abgewählten Bundeskanzlers mit Blick auf die mit dem sogenannten Waldsterben erneut unübersehbar geworde-

---

85 Brüggemeier und Engels, *Natur- und Umweltschutz*, 2005; Uekötter, *Deutschland*, 2015, 42.
86 Hays, *Beauty*, 1987, 13; Blackbourn, *Conquest*, 2006, 332–334; Radkau, *Ära*, 2011, 91.
87 Küppers, Lundgreen und Weingart, *Umweltforschung*, 1978; Uekötter, *Deutschland*, 2015, 119–136; Martinez und Stelljes, *Analyse*, 2022.
88 Siehe etwa die Diskussion um das sogenannte Waldsterben in Metzger, *Waldsterben*, 2015.
89 Uekötter, *Deutschland*, 2015, 20–21.
90 Zum Engagement der DFG siehe DFG, *Umwelthygiene*, 1972; Stoff, *Gift*, 2015; Schwerin, *Strahlenforschung*, 2015.

nen und öffentlich debattierten ökologischen Probleme industrieller Gesellschaften.

10.3.2 Ökologie als Seitenzweig und Abschied von einer Welternährungsforschung

Umweltwissenschaften waren in der MPG lange Zeit vor allem in Form der Landwirtschaftswissenschaften vertreten. Die Kaiser-Wilhelm-Gesellschaft hatte sich die Förderung der experimentellen Biowissenschaften, die sich zunehmend in die künstlich geschaffene Umwelt des Labors zurückzogen, zur speziellen Aufgabe gemacht. Klassische biologische Untersuchungsmethoden in Nachfolge der Naturkunde blieben weitgehend ausgeschlossen. Eine bedeutende Ausnahme stellte schon damals die Gewässerkunde dar, die in der MPG zunächst fortgeführt wurde. Allerdings geriet auch sie schließlich in die Mühlen eines Richtungsstreits in den Biowissenschaften, im Zuge dessen sich die MPG auf das (labor-)experimentelle Primat besann.

In der Hydrobiologischen Anstalt in Plön befassten sich ab 1917 Biolog:innen mit der Ökologie von Binnengewässern. Ihre Forschung richtete sich vor allem auf praktische Fragen, wie solche der Fischerei und Wasserwirtschaft.[91] Von der vergleichsweise kleinen Einrichtung gingen wichtige Impulse für die noch in den Kinderschuhen steckende Ökologie aus, denn ihr Leiter, der Zoologe August Thienemann, stellte die Wechselwirkung zwischen dem Lebensraum See und aller dort vorfindlichen Lebensgemeinschaften in den Mittelpunkt der Arbeit.[92] Dieser Forschungsansatz unterschied sich deutlich von der biowissenschaftlichen Laborforschung, insofern es um die »Ganzheit See« ging und vergleichende Beobachtung, Freilandarbeit und Feldforschung den methodischen Angelpunkt der hydrologischen Forschung bildeten.[93] Ergänzt wurde die Arbeit in Plön durch eine Beteiligung der KWG an der Biologischen Station im österreichischen Lunz, die auf dem Gebiet der Erforschung des Mikroklimas auf pflanzliches Wachstum und damit der Bioklimatologie Pionierarbeit leistete.[94]

Mit Übernahme von der KWG erweiterte die MPG die Hydrobiologische Forschungsanstalt um limnologische Forschungsstationen in Witzenhausen an der Werra und in Krefeld. Das Augenmerk der Arbeiten verlagerte sich auf durch Industrieeinleitungen, Landwirtschaft und Wasserentnahme verursachte Umweltschäden, teilweise im Auftrag der Industrie, wie etwa der westdeutschen Kali-Industrie.[95] Dieses Forschungsinteresse entsprach der um sich greifenden Erkenntnis, dass die durch den Menschen veränderte Umwelt erheblichen Einfluss auf die menschliche Gesundheit hatte. So waren im »Atomzeitalter« ab den 1950er-Jahren Heerscharen von Wissenschaftler:innen auf der ganzen Welt in staatliche Forschungsprogramme eingebunden, um die Wirkung radioaktiver Strahlungen zu ergründen. Solches Interesse weitete sich schnell auf die »toxische Gesamtsituation« aus, also die gesundheitliche Bedrohung durch Giftstoffe am Arbeitsplatz, in Konsumgütern, in Nahrung, Luft und Wasser.[96] Pestizide in den Böden, Smog in der Luft, krebserregende Zusatzstoffe in den Lebensmitteln, schädliche Arzneimittel, gesundheitsgefährliche Stoffe und Materialien am Arbeitsplatz – die Liste verlängerte sich in den 1960er-Jahren unaufhörlich, und damit wuchs auch die Zahl an alarmierten Wissenschaftler:innen vor allem aus Universitäten und Hochschulen, die sich mit den Folgeproblemen dieser Umweltlast in Europa und jenseits des Atlantiks zu befassen begannen und zu »wissenschaftlichen Aktivisten« wurden.[97]

Max-Planck-Wissenschaftler:innen waren allerdings kaum darunter. Gerade die Biowissenschaftler:innen, die mit ihrer Expertise besonders gefragt waren, sahen in den Forschungsvorhaben und Sonderkommissionen, mit denen die DFG der Politik Beratung und politische Orientierungshilfe zur Verfügung stellen wollte, keine Herausforderung oder Chance, sondern nur lästige »Routineaufgaben«.[98] Während die DFG die toxikologische Erfassung der menschlichen Umwelt geradezu als ihre prädestinierte hoheitliche Aufgabe begriff und ihre umfangreichen Fördermaßnahmen unter dem Stichwort »Umwelthygiene« bündelte, enthielt sich die MPG, mit wenigen, teils prominenten Ausnahmen.[99]

---

91 Henning und Kazemi, *Handbuch*, Bd. 1, 2016, 673.
92 Potthast, *MPI Evolutionsbiologie*, 2010, 139–140.
93 Thienemann, »Grundprinzip«, 1956, 68; Sioli und Utermöhl, Hydrobiologische Anstalt, 1962, 452.
94 Henning und Kazemi, *Handbuch*, Bd. 1, 2016, 262–265; Schwerin, *Strahlenforschung*, 2015, 111–119.
95 Hierzu und zum Nachfolgenden Sioli und Utermöhl, Hydrobiologische Anstalt, 1962, 461.
96 Stoff, *Gift*, 2015, 140.
97 Zu den USA und »scientist activism« siehe Frickel, *Consequences*, 2004.
98 Schwerin, *Strahlenforschung*, 2015, 359; Schwerin, Umweltstoffe, 2012, 122.
99 Zur DFG siehe Schwerin, *Strahlenforschung*, 2015, 402–405.

Einige Max-Planck-Institute waren zwar in die Programme der Bundesregierung zur Strahlenforschung eingebunden oder forschten zu Umweltchemikalien – in erster Linie das MPI für Biophysik, aber auch die Institute für vergleichende Erbpathologie und Erbbiologie, für Tierzucht und für Züchtungsforschung[100] –, doch dieses Engagement währte nicht allzu lange. Ihre Stellung zwischen Umwelthygiene und Landwirtschaftswissenschaften verschaffte der umweltorientierten Forschung in der MPG einen schlechten Ruf: In der MPG gab es gerade unter den Wissenschaftlichen Mitgliedern Vorbehalte gegenüber einer Forschung, die zum einen als zu staatsnah galt, zum anderen den erkenntnisorientierten Idealen der neuen, molekularen Biologie nicht entsprach.[101] So erfuhren die umweltorientierten MPI in den 1960er-Jahren eine neue Ausrichtung.

Das betraf auch die Limnologie mit ihrem Vorzeigeprojekt der Umweltforschung *avant la lettre*, dessen Schicksal eindrücklich die Prioritäten der MPG illustriert.[102] Die MPG-Biologin Käthe Seidel avancierte mit ihren »living machines« zu einer, wenn nicht der Pionierin ökologischer Wasseraufbereitung.[103] Die neuartigen Technologien ökologischer Abwasserklärung basierten auf der Konstruktion künstlicher Feuchtgebiete und auf Forschungen zur Ökologie von Uferzonen, die Seidel ab den 1950er-Jahren an der Hydrobiologischen Forschungsanstalt verfolgte. Als sie sich verstärkt mit allgemeiner und angewandter Ökologie beschäftigte, verselbstständigte die MPG im Jahr 1962 die Krefelder Station, schon damals mit der erklärten Absicht, sie baldmöglichst abzustoßen. Zur Begründung hieß es, die Probleme der »Abwässer und ihrer Beseitigung in der Überbevölkerungs- und Industrielandschaft Nordrhein-Westfalens« seien zwar wichtig, aber für MPG-Verhältnisse zu praxisnah.[104] Makrobiologische und ökologische Forschungsansätze galten im Verständnis der meisten MPG-Kolleg:innen nicht als avancierte Biologie. Das Interesse an den ökotechnischen Innovationen aus Krefeld, die als Seidel-System, Krefeld-System oder Max-Planck-Institut-Prozess Bekanntheit erlangten, boomte ab den 1970er- und 1980er-Jahren weit über die deutschen Grenzen hinaus.[105] Da gehörte Seidels Forschungsstation in Krefeld schon nicht mehr zur MPG. Stattdessen kaufte Seidel der MPG das Forschungsinventar ab und führte die Arbeitsgruppe als Stiftung limnologische Arbeitsgruppe Dr. Seidel e. V. bis zu ihrem Tod im Jahr 1990 in der Hoffnung fort, dass ihre Erfindungen auch der Trink- und Abwasseraufbereitung in der »Dritten Welt« zugutekommen würden.[106]

Ähnlich wie Seidel setzte der Agrarökonom und Direktor des MPI für Landarbeit und Landtechnik Gerhard Preuschen sein Engagement für Umwelt und Ökologie in den 1970er-Jahren außerhalb der MPG fort und avancierte dort zu einem Wegbereiter des ökologischen Landbaus in der Bundesrepublik.[107]

In Anbetracht dieses Kahlschlags und vor dem Hintergrund der Konjunktur der Umweltforschung in der Bundesrepublik Anfang der 1970er-Jahre kam in dem von Präsident Lüst inaugurierten Senatsausschuss für Forschungspolitik und Forschungsplanung (SAFPP) die Frage auf, ob die MPG sich in Zukunft nicht doch von der »Konzentration auf Biologie und Biochemie« wegbewegen müsse.[108] Nur wenige, wie der Verhaltensforscher Jürgen Aschoff, plädierten etwa angesichts schrumpfender Singvögelpopulationen dafür. Eine Umfrage belegte zudem, dass einzelne Max-Planck-Institute durchaus umweltrelevante Projekte verfolgten, darunter auch rechtswissenschaftliche Institute;[109] und schließlich hatte das CNRS in Frankreich gerade erst eine eigene Sektion für ökologische Forschung eingerichtet, um die Umweltforschung und Ökosystemforschung unter Beteiligung von Biolog:innen, Chemiker:innen, Physiolog:innen, System-

---

100 Hierzu und zum Nachfolgenden Schwerin, *Biowissenschaften*, in Vorbereitung.
101 Zur Abwicklung der landwirtschaftlichen MPI siehe oben, Kap. III.3.
102 Hierzu und zum Nachfolgenden siehe Schwerin, *Biowissenschaften*, in Vorbereitung.
103 Stauffer, *Water Crisis*, 1998, 113.
104 Protokoll der 37. Sitzung des Senates vom 11.11.1960, AMPG, II. Abt., Rep. 60, Nr. 37.SP, fol. 195–197.
105 Hierzu und nachfolgend siehe Verlängerung des Anstellungsvertrages mit Frau Dr. K. Seidel, Materialien für die Sitzung des Verwaltungsrates vom 1.2.1974, AMPG, II. Abt., Rep. 61, Nr. 99.VP, fol. 43; Dr. H/Bo: Laudatio, AMPG, II. Abt., Rep. 66, Nr. 4638, fol. 137–139; Generalverwaltung der Max-Planck-Gesellschaft, *Jahrbuch 1975*, 1975, 297–298; Stauffer, *Water Crisis*, 1998, 98; Vymazal et al., Wastewater Treatment, 2006, 85–88; Vymazal, Wetlands, 2005; Mitsch und Gosselink, *Wetlands*, 2007, 428.
106 Protokoll der 32. Sitzung des Senates vom 12.2.1959, AMPG, II. Abt., Rep. 60, Nr. 32.SP, fol. 167–168; Protokoll der 40. Sitzung des Senates vom 6.12.1961, AMPG, II. Abt., Rep. 60, Nr. 40.SP, fol. 233; Generalverwaltung der Max-Planck-Gesellschaft, *Jahrbuch 1975*, 1975, 298; Henning und Kazemi, *Handbuch*, Bd. 1, 2016, 917.
107 Schaumann, Siebeneicher und Lünzer, *Geschichte*, 2000; Stadler et al., *Gegen|Wissen*, 2020; Schwerin, Zeitlichkeit, 2022.
108 Protokoll der 197. Sitzung des SAFPP vom 15.5.1973, AMPG, II. Abt, Rep. 60, Nr. 197, fol. 19.
109 Ergebnis der Umfrage zur Umweltforschung in der MPG, Materialien für Sitzung des SAFPP am 5.11.1974, AMPG, II. Abt, Rep. 60, Nr. 200.SP, fol. 154–160. Siehe auch oben, Kap. III.15.

analytiker:innen und Physiker:innen koordiniert anzugehen. Aber all dies verfing in der MPG nicht.[110] Ebenso wenig wie ein Appell von Bundeskanzler Helmut Schmidt auf der MPG-Hauptversammlung 1974: Er forderte, die Wissenschaft solle mit Blick auf die Umweltbedrohung und die Herausforderungen einer prekären Welternährungslage stärker ihrer gesellschaftlichen Verantwortung gerecht werden.[111] Zwar flammte intern noch einmal die von einigen MPI-Direktoren unterstützte Idee auf, Agrarökonomie, landwirtschaftliche Umweltforschung und moderne Züchtungsforschung unter dem Dach eines interdisziplinären, auf effektive Ernährungssicherung ausgerichteten Instituts zu vereinigen, doch votierten die MPG-Leitung und die Mehrheit der Wissenschaftlichen Mitglieder gegen ein solches Vorhaben.[112] Die MPG-Führung zeigte sich vielmehr zufrieden, nach den Landwirtschaftswissenschaften auch die Umweltforschung als ein der MPG letztlich immer fremd gebliebenes Forschungsfeld abgestoßen und damit in Zeiten knapper Kassen wertvolle Ressourcen freigesetzt zu haben.[113] Die sollten nun der anstehenden Prioritätensetzung in den Lebenswissenschaften zugutekommen, das heißt der Förderung der laborexperimentellen und molekularen Biologie und dem gerade entbrannten internationalen Wettbewerb um die Pfründe der Gentechnik.

10.3.3 Wie die MPG ungewollt zur Pionierin der Erdatmosphärenforschung wurde

Der Begriff Erdsystemwissenschaft (Earth System Science, ESS) – und die damit verbundene Vorstellung von der Erde als System – etablierte sich erst im Laufe der 1980er-Jahre, als die NASA in den USA eine Erdsystemkommission ins Leben rief, die eine integrative Wissenschaft der Erdsystemmodellierung und -analyse begründete. Gleichwohl gab es frühe Vorläufer für einen solchen ganzheitlichen Ansatz zum Verständnis der Erde. Dazu gehörten etwa die Arbeiten der Russen Alexander Bogdanow und Alexander Tschischewski sowie des ukrainischen Geochemikers Wladimir Wernadski[114] oder die einer Reihe von US-amerikanischen und schwedischen Atmosphärenforschern und Meteorologen, wie Bert Bolin und Walter Munk, die ebenfalls stärker integrierte, planetarische Ansätze entwickelten, um die Wechselwirkungen zwischen der Atmosphäre und anderen Erdsphären (Bio-, Geo-, Kryo- usw.) zu verstehen. Ein wegbereitendes Forschungsfeld in diesem Zusammenhang war die Atmosphärenchemie, die in der Bundesrepublik ab den 1960er-Jahren Fortschritte verzeichnete und mit der Einrichtung einer Abteilung für Atmosphärenchemie am Max-Planck-Institut für Chemie (MPIC) in Mainz 1968 unter Leitung von Christian Junge einen gewaltigen Schub erlebte.[115] Das war der eher zufällige Beginn einer Entwicklung, die in mehreren Jahrzehnten zu international sichtbaren Forschungserfolgen führte und den daran beteiligten Instituten, neben dem MPIC vor allem dem MPI für Meteorologie, weltweit Ansehen verschaffte.[116]

Junge hatte nach dem Krieg einige Zeit in den USA verbracht und am Airforce Cambridge Research Centre (AFCRC) in Bedford, Massachusetts, gearbeitet. Seiner Ernennung zum Direktor folgte eine tiefgreifende institutionelle Umstrukturierung des MPIC und sie markiert im Rückblick den Startpunkt der Erdsystemwissenschaften in der MPG, die sich ab den späten 1990er-Jahren zu einem Cluster von Erdsystemforschungsinstituten formieren sollten. Mit Unterstützung der DFG nahm Junge die Forschungsarbeit zur Identifizierung von Spurengasen und Aerosolen auf. Er verstand die Erdsphären als ein System von Kreisläufen, Quellen und Senken von Substanzen, die mit der chemischen Evolution der Atmosphäre zusammenhängen. Ihre Untersuchung trieb Junge maßgeblich interdisziplinär und empirisch voran und beschäftigte sich mit Themen wie der Untersuchung der »Globalen CO_2-Bilanz«, die später integraler Bestandteil der ESS werden sollten. Auf seine Initiative hin forcierte die DFG die Forschung auf diesem Gebiet mit einem Sonderforschungsbereich. Außerdem veröffentlichte Junge bereits 1975 einen Vortrag über die Auswirkungen des Menschen auf die Atmosphäre, in dem er vor einem kommenden Zeitalter des anthropogenen Klimawandels warnte.[117]

Mit der vom BMFT angeregten und maßgeblich von Junge, dem Stockholmer Meteorologen Bert Bolin und MPG-Präsident Lüst betriebenen Übernahme des Ham-

---

110 Protokoll der 11. Sitzung des SAFPP vom 16.1.1980, AMPG, II. Abt, Rep. 60, Nr. 207.SP, fol. 8–9.
111 Schmidt, Forschungspolitik, 1975, 7.
112 Siehe auch oben, Kap. III.3.
113 Hierzu und zum Nachfolgenden siehe Maßnahmen für Deckung des Personalbedarfs für den Zeitraum 1976 bis 1981, Materialien für die Sitzung des SAFPP am 23.10.1975, AMPG, II. Abt., Rep. 61, Nr. 106, fol. 347; Schwerin, *Biowissenschaften*, in Vorbereitung.
114 Rispoli, Genealogies, 2020.
115 Siehe oben, Kap. III.7.3.
116 Dieser Abschnitt macht ausführlichen Gebrauch von Lax, *From Atmospheric Chemistry*, 2018.
117 Lax, *From Atmospheric Chemistry*, 2018, 78; Junge, Entstehung der Erdatmosphäre, 1975, 45.

burger Fraunhofer-Instituts für Radiometeorologie und maritime Meteorologie (IRM) in die MPG entstand 1975 neben dem Mainzer MPIC ein zweiter zentraler Akteur in der erdsystemischen Forschung. Unter Führung von Klaus Hasselmann etablierte das Hamburger MPI für Meteorologie, wie es jetzt hieß, unter anderem eine Forschungsgruppe zu »physikalischen Prozessen in der Atmosphäre«, die von Hans Georg Hinzpeter geleitet wurde.[118] Hartmut Graßl, der von 1976 bis 1981 ebenfalls als Forschungsgruppenleiter am MPI für Meteorologie tätig war, betonte in seiner Arbeit die Rolle des vom Menschen verursachten Klimawandels und zeigte Möglichkeiten zur Begrenzung seiner Auswirkungen auf. Erdsystemorientierte Projekte dominierten von Beginn an die Forschungsagenda des Instituts.[119]

Junges Nachfolger am MPIC war der niederländische Wissenschaftler Paul Crutzen. Nach einer untypischen Laufbahn – unter anderem als Brückenbauingenieur – hatte Crutzen am Stockholmer Meteorologischen Institut (MISU) als Programmierer gearbeitet und dort Meteorologie, Statistik und Mathematik studiert. Nach seiner Promotion nahm er ein Stipendium an der Universität Oxford an und arbeitete anschließend am MISU, an der Scripps Institution of Oceanography in La Jolla und am National Center for Atmospheric Research (NCAR) Boulder, wo er durch Arbeiten über die Auswirkungen von Lachgas (N_2O) auf die Ozonschicht erstmals mit Junge und den Arbeiten des Mainzer MPIC in Berührung kam. Er übernahm 1980 eine Abteilung, die mit einem weltweiten Netz von Mitarbeiter:innen und der notwendigen Infrastruktur, die er maßgeblich ausbaute und insbesondere um Computertechnologien zu Test- und Simulationszwecken erweiterte, bestens dafür aufgestellt war, die Zusammensetzung der Atmosphäre und ihre Beziehung zu anderen Teilsystemen der Erde weiter zu entschlüsseln. Crutzens Leitung beförderte das wachsende wissenschaftliche, politische und gesellschaftliche Interesse an anthropogenen Einflüssen auf die Atmosphäre, aufbauend auf einem Projekt aus dem Jahr 1970 zu der Rolle von NO_X in der Stratosphäre.

Crutzens Ernennung zum MPIC-Direktor markierte eine Hinwendung zur rechnergestützten Forschung, mit einem Fokus auf Modellierung und Simulation.[120] Er modellierte die Rolle der Fluorchlorkohlenwasserstoffe (FCKW) beim Abbau des Ozons in der Atmosphäre, das potenzielle Risiko eines nuklearen Winters und – später – die Möglichkeiten von Geoengineering. Seine Amtszeit war durch die Transformation des MPIC in ein Institut für die Chemie des Erdsystems geprägt. Diesen Wandel bekräftigte die Einrichtung einer Abteilung für Biogeochemie im Jahr 1987 unter Leitung von Meinrat O. Andreae – einer weiteren Schlüsselfigur bei der Hinwendung der MPG zur Erdsystemforschung. Zusammen mit Crutzen war Andreae maßgeblich an der Gründung des MPI für Biogeochemie in Jena im Jahr 1997 beteiligt, einer dritten wichtigen Institution der Erdsystemforschung.

Ein bemerkenswerter Schwerpunkt des MPIC, bei dem Crutzen und Andreae kooperierten, war die Untersuchung der Verbrennung von Biomasse und ihrer Emissionen in der Atmosphäre, ein Indikator für einen fast 40.000 Jahre andauernden anthropogenen Einfluss. Die beiden arbeiteten bei dieser Forschung mit internationalen Partnern unter anderem im Rahmen des dem IGBP (International Geosphere Biosphere Program) angeschlossenen International Global Atmospheric Chemistry Programme (IGAC) zusammen. Die Perspektive auf die Verbrennung von Biomasse verknüpfte verschiedene Teile des Erdsystems mit anthropogenen Einflüssen auf eine Art und Weise, die klare politische Implikationen mit sich brachte. Das deutsche Global Fire Monitoring Centre (GFMC), das Andreae 1998 in der Abteilung Biogeochemie initiierte und das seitdem an der Universität Freiburg angesiedelt ist, markierte die nächste Stufe der Institutionalisierung dieser Art von Wissenschaft, diesmal in der konkreten Anwendung.[121]

Zusammen mit Robert Charlson, James Lovelock und Steve Warren stellte Andreae 1987 die »CLAW-Hypothese« auf.[122] Ihre viel zitierte Publikation in *Nature* reflektiert die Gaia-Hypothese von Lovelock und der Biologin Lynn Margulis, die die Erde als einen sich selbst regulierenden Superorganismus konzeptualisiert. Die CLAW-Hypothese besagt, dass das vom Phytoplankton produzierte Dimethylsulfid eine Rolle bei der Regulierung der marinen Troposphäre spielt, indem es über eine Reaktionskette Wolkenkondensationskeime über dem Ozean bildet. Diese wiederum bewirken, dass die Albedo der Erde zunimmt, wodurch der Sonneneintrag begrenzt wird und die Algenproduktion sinkt, womit dem Wachstum des Phytoplanktons wiederum Grenzen gesetzt sind und damit ein selbstregulierendes System entsteht. Später

---

118 Zur Gründungsgeschichte des MPI für Meteorologie siehe ausführlich oben, Kap. III.7.4.
119 Lax, *From Atmospheric Chemistry*, 2018, 129.
120 Ebd., 94–95.
121 Ebd., 99–103.
122 Das Akronym »CLAW« bezieht sich auf die Nachnamen der Autoren Robert Charlson, James Lovelock, Meinrat Andreae und Warren Steve. Charlson et al., Oceanic Phytoplankton, 1987.

schränkte Andreae seine Unterstützung für die Hypothese ein, obwohl die Veröffentlichung und die dadurch angestoßenen Ideen für die breitere Wissenschafts-Community einen demonstrativen Schritt der MPG in Richtung Erdsystemwissenschaft darstellten.[123]

Crutzen erhielt 1995 zusammen mit Mario Molina und Frank Sherwood Rowland den Nobelpreis für Chemie für die Erforschung des Ozonabbaus in der Atmosphäre. Seine vielleicht einflussreichste Äußerung machte er jedoch auf einer IGBP-Tagung in Cuernavaca, Mexiko, im Jahr 2000, wo er zum ersten Mal den Begriff Anthropozän für das gegenwärtige Erdzeitalter verwendete, als Reaktion auf einen Redner, der sich immer wieder auf das Holozän bezog. Zusammen mit dem Biologen Eugene Stoermer, der diesen Begriff bereits zuvor in anderem Kontext verwendet hatte, veröffentlichte er noch im selben Jahr einen kurzen Artikel, in dem er die vorgeschlagene Bezeichnung für die neue geologische Epoche näher erläuterte.[124] Der Einfluss der Menschheit auf das Erdsystem habe ein solches Ausmaß erreicht, dass sie nun zu einer bestimmenden geologischen Kraft geworden sei und sich hieraus global Handlungsimperative ergäben.

Neun Jahre später richtete die International Union of Geological Sciences (IUGS) im Rahmen des Internationalen Komitees für Stratigraphie (ICS) eine Anthropozän-Arbeitsgruppe (AWG) ein, um diese »potenzielle neue formale Unterteilung der geologischen Zeitskala« genauer zu untersuchen – der Formalisierungsprozess dauert bis heute an. Der Vorschlag löste weitreichende Debatten in den Naturwissenschaften aus, wobei der Begriff Anthropozän auch in den Sozialwissenschaften, der historischen Forschung (u. a. am MPI für Wissenschaftsgeschichte) sowie von Kultureinrichtungen, allen voran dem Haus der Kulturen der Welt (HKW) in Berlin, aufgegriffen wurde.[125]

Letztlich ist es einer Reihe von engagierten, umweltorientierten Wissenschaftler:innen gelungen – zunächst aus einzelnen Instituten heraus und über schrittweise Erfolge –, die Ressourcen und Spielräume der MPG zu nutzen, um einen Erdsystemcluster innerhalb der MPG zu etablieren und die erdsystemische Forschung auch auf gesamtstrategischer Ebene der MPG zu integrieren. Der Cluster gewann schließlich 2006 durch die Bildung der »Partnerschaft Erdsystemforschung« eine stärker institutionalisierte Repräsentanz sowohl in der MPG als auch nach außen.

10.3.4 Externe Impulse

Angesichts der aufsehenerregenden Erfolge der chemisch-physikalisch orientierten Atmosphärenforschungen, des internationalen Renommees der Max-Planck-Institute für Chemie und für Meteorologie sowie der wachsenden Aufmerksamkeit nationaler und internationaler Öffentlichkeiten für den anthropogen induzierten globalen – oder nach aktuellem Sprachgebrauch: planetaren – Wandel hätte man erwarten können, dass der erdsystemwissenschaftliche Funke alsbald auch auf die anderen Sektionen der MPG, zuvörderst die biologischen MPI, überspringen würde. Das war jedoch erst sehr spät der Fall. Es war ein langer Weg vom bundesdeutschen Erschrecken über das »Waldsterben« in den frühen 1980er-Jahren bis zur Etablierung der MPI für terrestrische und für marine Mikrobiologie 1991/92 innerhalb der BMS und er hätte nicht zum Ziel geführt, wenn nicht von politischer Seite beharrlich auf die MPG eingewirkt worden wäre.

Es begann mit dem Vorschlag des baden-württembergischen Ministerpräsidenten Lothar Späth, der MPG eine interdisziplinäre Projektgruppe zu finanzieren, die den besonders im Schwarzwald beobachteten Waldschäden auf den Grund gehen sollte. Eine Kommission unter Leitung des MPG-Vizepräsidenten Benno Hess prüfte und verwarf dieses nicht erbetene Angebot im Herbst 1984. Den MPG-Senator und Altbundeskanzler Helmut Schmidt empörte vor allem die Begründung: Die MPG verfüge nicht über das »erforderliche personelle Potential«, um ein so komplexes, von mehreren Faktoren wie Schadstoffemissionen und Bodenbeschaffenheit ausgelöstes »Krankheitsbild« und die »komplizierte Wechselwirkung biologischer und biochemischer Systeme« zu erforschen; daher sei das Thema bei der DFG besser aufgehoben. Schmidt hielt gerade mit Blick auf die MPG dagegen: Es sei »falsch, vor der Komplexität zu kapitulieren und nichts zu tun«.[126] Er ließ sich auch nicht mit dem Versprechen des MPG-Präsidenten Staab abspeisen, zu gegebener Zeit die Angelegenheit erneut zu prüfen.

Vielmehr begab sich Schmidt selbst auf Erkundungsreise durch einschlägige bundesdeutsche Institute und trommelte anschließend gemeinsam mit seinem früheren Ministerkollegen und nunmehrigen MPG-Ehrensenator Hans Leussink einen kleinen Kreis von unabhängigen «forschungserfahrenen Persönlichkeiten« zusammen, die am Rande der nächsten MPG-Hauptversammlung

---

123 Lax, *From Atmospheric Chemistry*, 2018, 106.
124 Crutzen und Stoermer, »Anthropocene«, 2000.
125 Rosol et al., Evidence and Experiment, 2023.
126 Alle Zitate: Protokoll der 109. Sitzung des Senates vom 23.11.1984, AMPG, II. Abt., Rep. 60, Nr. 109.SP, fol. 20–22.

10. Politische und ethische Herausforderungen der Forschung   745

im Juni 1986 in Aachen miteinander klären sollten, ob man nicht »ganz andere Methoden und Dimensionen anstreben müßte«.[127] Mit dabei waren die MPI-Direktoren Manfred Eigen (MPI für biophysikalische Chemie) und Jozef Schell (MPI für Züchtungsforschung), das MPG-Ehrenmitglied Reimar Lüst, der MPG-Ehrensenator und vormalige Bosch-Manager Hans Merkle, der Botaniker und Ökophysiologe Hubert Ziegler von der TU München sowie Schmidts Ehefrau Loki und der *Zeit*-Journalist Haug von Kuenheim.[128] Man einigte sich darauf, dass die Biologen Ziegler und Schell das Konzept für ein MPI zur Erforschung von Waldschäden entwerfen sollten. Weitergehende ökosystematische Fragen sollten zunächst in Symposien auf Schloss Ringberg diskutiert werden.[129]

Es war Ziegler, der im Herbst 1986 einer in der Münchner BMW-Hauptverwaltung versammelten Frühstücksrunde seine Vorstellungen von einem MPI für terrestrische Ökologie erläuterte. Es sollte sich zwar auf den Wald als biologisches System konzentrieren, aber vier disziplinäre Ansätze – nämlich die Entwicklung von Computermodellen, Ökophysiologie, Bodenkunde und Pflanzenernährung sowie Bodenmikrobiologie – kombinieren. Die Runde ließ sich von diesem Konzept überzeugen und schickte es auf den Weg durch die MPG-Gremien. Gemeinsam mit einem zwischenzeitlich von der Hansestadt Bremen eingereichten Konzept für ein MPI für Hochseebiologie reichte es der Senatsplanungsausschuss im Mai 1987 an die BMS weiter. Dort allerdings blieben beide so lange liegen, bis Schmidt erneut der Geduldsfaden riss.

In der *Zeit* entfaltete der Altbundeskanzler im Februar 1988 die Dilemmata einer »vernünftigen Energiepolitik« im nationalen und globalen Rahmen zwischen nötigem Wirtschaftswachstum, drohender Massenarbeitslosigkeit, globalem Bevölkerungswachstum und weltweit steigendem Energiebedarf einerseits, ökonomischen, technischen, militärischen, respektive terroristischen, ökologischen und klimatischen Risiken der diversen verfügbaren Energieträger andererseits. Das größte Problem eines Politikers sei, so Schmidt, das unzureichende Wissen, denn selbst die bereits bekannten Risiken seien noch immer nicht hinreichend quantifizierbar und könnten »deshalb auch kaum gegeneinander abgewogen werden«.

Unter solchen Unsicherheitsbedingungen gebiete die »abwägende Vernunft« der Politik die »Einengung erkannter Risiken, Streuung noch unbestimmbarer Risiken, Offenhaltung späterer Entscheidungen für Zeitpunkte, in denen einzelne Risiken stärker als andere erkennbar werden«. Das bedrückendste und zugleich am wenigsten kalkulierbare Risiko seien angesichts der fortschreitenden Klimaerwärmung die industrie- und konsumgesellschaftlich bedingten Emissionen von Kohlenwasserstoffen und CO_2. Denn ein »Ausstieg aus den Kohlenwasserstoffen« würde »ungeheure Umwälzungen in den ökonomischen Strukturen auslösen«. Vor so folgenschweren politischen Entscheidungen erwarte er, Schmidt, von der »deutschen Naturwissenschaft«, insbesondere der MPG und dem von ihm und seinen Mitstreitern »seit mehreren Jahren« geforderten MPI für terrestrische Ökologie, die nötigen Entscheidungshilfen bei drei Fragen: Welche Prozesse haben seit Beginn der massiven Industrialisierung stattgefunden und welche Konsequenzen haben sie bewirkt? Welche Prognosen lassen sich heute verantworten? Was empfiehlt die Wissenschaft den handlungsbefugten Politikern – national und international?[130]

Während der Altbundeskanzler um die wissenschaftlichen Voraussetzungen verantwortungsethisch begründeten politischen Handelns rang, suchte die BMS noch immer nach einer Nische für ihren verspäteten Einstieg in die inzwischen weltweit betriebene und ausdifferenzierte Ökosystemforschung. Sie fand sie schließlich, wie der BMS-Vorsitzende Hess im Juni 1988 im Senat unverbindlich andeutete, in der Erforschung der »molekularen Grundlagen der Wechselwirkung zwischen den Ökosystemen Boden und Pflanzen«.[131] Die exakte Einpassung der terrestrischen und marinen Ökologie in das erfolgreich verteidigte molekularbiologische Paradigma der BMS und die Auswahl der geeigneten Kollegen brauchten weitere zwei Jahre, wobei Crutzen und Andreae vom MPI für Chemie kollegial halfen. Sie versuchten nach Kräften, den BMS-Kolleg:innen das »Arbeiten an Systemen, die größer waren als eine Zelle«, nahezubringen, und warben nachdrücklich für die Stärkung einer integrativen Biogeochemie.[132] Politisch flankiert wurden sie von Schmidts zunehmend erboster Kritik im Senat an der

---

127 Ebd.
128 Leussink an Staab am 1.10.1986, Staab an Leussink am 21.10.1986, Leussink an Staab am 5.11.1986, BArch B 196/134374. Die Sitzung hatte am 12.6.1986 ab 9.00 Uhr im Aachener Kongresshotel Quellenhof stattgefunden.
129 Alle Zitate: Bericht Leussink vom 1.10.1986 über das informelle Gespräch über das Thema »Waldschäden« am 12.6.1986, ebd.
130 Alle Zitate: Schmidt, Sieben Prinzipien, *Die Zeit*, 19.2.1988. Entsprechend argumentierte er auch mehrfach im MPG-Senat: Protokoll der 119. Sitzung des Senates vom 9.6.1988, AMPG, II. Abt., Rep. 60, Nr. 119.SP, fol. 17; Protokoll der 120. Sitzung des Senates vom 10.11.1988, AMPG, II. Abt., Rep. 60, Nr. 120.SP, fol. 15. Siehe auch Lax, *Wissenschaft*, 2020, 65–67.
131 Protokoll der 119. Sitzung des Senates vom 9.6.1988, AMPG, II. Abt., Rep. 60, Nr. 119.SP, fol. 19.
132 So Andreae in einer E-Mail an Lax, 15.9.2018. Wir danken Meinrat Andreae für die Zitiererlaubnis.

kleinmütigen Suche der BMS nach einer »›Nische‹ für eine Forschungsinitiative« und dem Appell des amtierenden Bundesforschungsministers Heinz Riesenhuber an die MPG, »angesichts des wachsenden Problemdrucks und möglicherweise schon bald irreversibler Entwicklungen« – bei allem Respekt vor der Grundlagenforschung – endlich »wissenschaftliche Ansätze einzelner Forscher und Forschergruppen« zusammenzuführen und »Querschnittsprobleme« anzugehen.[133]

Bei der Hauptversammlung der MPG im Juni 1990 in Lübeck konnte Staab dann die Gründung der neuen mikrobiologischen Institute verkünden. Das MPI für terrestrische Mikrobiologie in Marburg nahm mit dem dortigen Biochemiker Rolf Thauer und dem Mikrobiologen Ralf Conrad 1991 seine Arbeit auf, das MPI für marine Mikrobiologie in Bremen folgte 1992 mit den Mikrobiologen Friedrich Widdel und Bo Barker Jørgensen; mit Conrad und Jørgensen kamen in beiden Instituten Wissenschaftler als Abteilungsleiter zum Zuge, die zeitweilig am Mainzer MPIC biogeochemisch gearbeitet hatten.[134] Gemeinsam nutzten die Kollegen im so erweiterten Erdsystemcluster der MPG dann die Chance des »Aufbaus Ost«, um mit den beiden Jenaer MPI für Biogeochemie und für chemische Ökologie endlich das holistische »Verständnis der biogeochemischen Kreisläufe vor dem Hintergrund rapide anwachsender anthropogener Effekte«, wie es Bengtsson vom MPI für Meteorologie 1996 in einer CPTS-Sitzung formulierte, infrastrukturell zu verankern.[135]

10.3.5 Fazit

Die Bilanz des Engagements der MPG in der Umweltforschung im Zeitraum bis zur deutschen Einigung ist gemischt. Die MPG interessierte sich lange kaum für Ökologie und Umweltforschung und sah sich auch nicht als zuständig an, im Konzert der deutschen Wissenschaftsorganisationen die drängenden Umweltprobleme und damit auch die Begleitschäden des wissenschaftlich-technischen Fortschritts anzugehen. Hierfür bedurfte es zweierlei: einerseits eines wachsenden Drucks von außen, sowohl aus der Politik als auch anderer Forschungsorganisationen, die auf umweltwissenschaftlichen Themenfeldern frühzeitig aktiv wurden, und andererseits der Erfolge eigener Abteilungen und Institute. Als die Forschungserfolge des MPI für Chemie auf dem Gebiet der Atmosphärenforschung neue Perspektiven eröffneten, auch international in diesem Gebiet eine führende Rolle zu spielen, dauerte es noch einmal eineinhalb Jahrzehnte, bis die MPG diesen Schwerpunkt in den 1990er-Jahren gezielt anging. Die letztlich sehr erfolgreich arbeitende und international gewichtige Erdatmosphärenforschung in der MPG verdankte sich mit anderen Worten personal- und forschungspolitischen Kontingenzen, die eng mit der Forschung eines einzigen Instituts, des MPI für Chemie in Mainz, verbunden waren. Von dort aus gingen die entscheidenden Initiativen aus, auch in der MPG neue Abteilungen und Institute aufzubauen, die sich an erdsystemische Felder anknüpfenden Themengebieten widmeten und schlussendlich eine kritische Masse innerhalb der MPG erzeugten, um ihre Gebiete auch auf der gesamtstrategischen Ebene der MPG fest zu verankern.

Die weitere Entwicklung wurde von politischen Initiativen getrieben und war begünstigt durch die Möglichkeiten, die sich mit der deutschen Einheit für die MPG eröffneten. Eine Konstante blieb der Widerstand der BMS gegen eine stärkere Einbeziehung von Ökologie und Umweltforschung, vor allem wegen der seit Kriegsende zunehmend verfestigten Vorstellungen von biowissenschaftlicher Grundlagenforschung, die auf das molekularbiologische Paradigma fokussierte und das Denken in größeren Systemzusammenhängen als entweder »angewandt« oder »zu komplex« jenseits ihrer Zuständigkeit verorteten. Im Ergebnis hatten sich MPG und BMS von holistischen, biozönotischen und ökologischen Denkansätzen über die Jahrzehnte gereinigt, was es schwer machte, solche neu aufzunehmen. Die biomolekulare Ausrichtung nebst ihren Anwendungsoptionen verteidigte die BMS gegen alle an sie herangetragenen umweltpolitischen Zumutungen bis zum Ende der 1980er-Jahre. Aber auch danach blieb die Ökologie meistens im vorgegebenen, enggeführten Rahmen. Die Hydrologische Forschungsanstalt verlegte sich zunehmend auf evolutionsbiologische Fragestellungen und firmiert seit 2007 als MPI für Evolutionsbiologie Plön.[136] Die Institutsneugründungen auf dem Gebiet der Mikrobiologie oder chemischen Ökologie konzentrierten sich zum Teil auf landwirtschaftlich relevante molekularbiologische Spezialfragen. In den späten 1990er-Jahren waren es dagegen wiederum Institute

---

133 Protokoll der 119. Sitzung des Senates vom 9.6.1988, AMPG, II. Abt., Rep. 60, Nr. 119.SP, fol. 11–12, fol. 17–22, hier fol. 21; Protokoll der 120. Sitzung des Senates vom 10.11.1988, AMPG, II. Abt., Rep. 60, Nr. 120.SP, fol. 14–17, hier fol. 15. Siehe auch Lax, *Wissenschaft*, 2020, 66–70.
134 Henning und Kazemi, *Handbuch*, Bd. 2, 2016, 923 u. 1561; Lax, *Wissenschaft*, 2020, 69.
135 Hier zitiert nach Lax, *Wissenschaft*, 2020, 74; zur Gründung der beiden Jenaer Institute 1996 siehe ausführlich ebd., 68–84.
136 Potthast, MPI Evolutionsbiologie, 2010, 144.

der CPTS, wie etwa das MPI für chemische Energiekonversion, die die Umgestaltung der erdölbasierten Wirtschaft und die Zukunftsvision einer Bioökonomie unter den Vorzeichen der globalen Umwelt- und Klimakrise als Herausforderung ihrer Forschungsarbeit annahmen.[137]

Die Ausstrahlung Paul Crutzens und die weltweite Popularisierung des Anthropozän-Konzepts hatte allerdings auch in der MPG noch langfristige Nachwirkungen, die über die CPTS hinausreichten. Anfänglich mit seiner Beteiligung arbeitete das Haus der Kulturen der Welt und das MPI für Wissenschaftsgeschichte ab 2012 mit Hunderten von weiteren Akteuren aus Wissenschaft, Kultur und Politik aus der ganzen Welt zusammen, um Herkunft, Implikationen und Querverbindungen des Anthropozäns zu ergründen. Die aus dieser Kooperation hervorgegangene Gründung des Max-Planck-Instituts für Geoanthropologie zehn Jahre später als erstes MPI aller drei Sektionen hat die interdisziplinäre Anthropozän-Forschung in der Max-Planck-Gesellschaft fest verankert.

10.4 Versuche an und mit Menschen[138]

Der Begriff des Menschenversuchs ist spätestens seit Bekanntwerden der verbrecherischen Menschenexperimente in Konzentrationslagern negativ besetzt und wird fast vollständig mit medizinischer Forschung und mit der Idee einer gewalttätigen Wissenschaft assoziiert. Kulturwissenschaftliche Untersuchungen zur historischen Genealogie des Menschenversuchs zeigen jedoch die Bandbreite dieses methodischen Zugangs, der sich ab der Mitte des 18. Jahrhunderts in allen Zweigen der sich herausbildenden Humanwissenschaften entfaltete, also in der Medizin ebenso wie in der Psychologie und später in den Sozial- und Erziehungswissenschaften, in Bildungsforschung und Ethnologie. Im kulturwissenschaftlichen Verständnis kann vom Menschenversuch erst mit dem Entstehen der Wissenschaft vom Menschen ab Mitte des 18. Jahrhunderts gesprochen werden, »weil erst zu diesem Zeitpunkt die epistemologischen Bedingungen erfüllt sind, die den Menschen zum Gegenstand der wissenschaftlichen Erforschung durch den Menschen machen«.[139] Es ist diese spezifische epistemische Struktur, die Doppelrolle des Menschen als erkennendes Subjekt und als erkanntes Objekt, die den modernen Menschenversuch definiert und gleichzeitig immer wieder zur Beunruhigung, zu ethischen wie epistemischen Debatten über die Gefahr führt, die in dem Potenzial der Objektivierung des menschlichen Subjekts liegt.

Die Geschichte des Menschenversuchs ist daher auch die Geschichte des Beziehungsgeflechts naturwissenschaftlicher Praktiken mit ihren jeweils spezifischen Formen von Objektivität und Subjektivität, Epistemik und Ethik. Ich untersuche die Änderungen dieser Beziehungen mithilfe des »Denkstil«-Begriffs.[140] Ein Stil besteht nicht einfach aus vereinzelten Elementen, sondern aus dem Gefüge von geteilten Werten und Fragestellungen, Stimmungen, Methoden und Gefühlen, die in einer Forschergemeinschaft kursieren und sie zu einem »Denkkollektiv« zusammenfügen.

In der Geschichte des Menschenexperiments spielte die Physiologie, die sich mit der Untersuchung von Körperfunktionen befasste, eine besondere Rolle. Mitte des 19. Jahrhunderts gewann die Objektivität in der Physiologie die Oberhand, als sie in einer antivitalistischen Wende mit ihrer naturphilosophischen Tradition brach und sich von der Idee einer besonderen Lebenskraft verabschiedete, die alle Lebensvorgänge steuern sollte.[141] Die Physiologie adaptierte rein naturwissenschaftliche Methoden aus Physik und Chemie und beschränkte sich von nun an auf das Messen und Quantifizieren von Organfunktionen. Dies veränderte auch die Beziehungen im Menschenversuch. Durch ein Regime der Trennungen wurde der Körper nicht nur in verschiedene messbare Funktionen zerlegt, hinter denen der Mensch als Ganzes verschwand. Der Mensch als Versuchsperson verschwand auch semantisch, nämlich aus den Aufzeichnungen und Notizen der Experimentatoren, während es vor der antivitalistischen Wende noch üblich gewesen war, die Äußerungen der Versuchsperson zu zitieren.[142] Auch die Rolle der Wissenschaftler:innen wurde in den Publikationen reduziert. Dies entsprach dem neuen Denkstil der Phy-

---

137 Siehe oben, Kap. III.15.4.2.
138 Der nachfolgende Text stammt von Martina Schlünder. Sie dankt Volker Roelcke und Skúli Sigurdsson für die konstruktive Kritik des Manuskripts. Ihr Dank gilt außerdem Ellen Garske, Ruth Kessentini und Matthias Schwerdt von der Bibliothek des MPI für Wissenschaftsgeschichte und den studentischen Hilfskräften der GMPG, besonders Emma Sevink und Maren Nie.
139 Pethes et al., *Menschenversuche,* 2008, 13. Die Bandbreite des Menschenversuchs dokumentiert auch die Sammlung der Universitätsvorlesungen der FU Berlin 1986: Helmchen und Winau, *Versuche mit Menschen,* 1986.
140 Fleck, *Entstehung und Entwicklung,* 1980. Denkstile werden hier nicht als gut oder schlecht, als altmodisch oder fortschrittlich bewertet, sondern sie helfen als analytisches Werkzeug die Änderungen des Menschenversuchs in der medizinischen Forschung der MPG zu verstehen.
141 Rothschuh, *Physiologie,* 1968, 253–270.
142 Sabisch, Zitation, Legitimation, Affirmation, 2009, 276.

siologie und ihrem Ideal der mechanischen Objektivität, dem Bestreben, die Natur möglichst ohne subjektive Einmischung, oft mithilfe automatischer Verfahren und Geräte »sprechen« zu lassen oder sichtbar zu machen.¹⁴³

Im 20. Jahrhundert gewann experimentell erzeugtes Wissen schließlich einen privilegierten Status gegenüber anderen Wissensformen. Die Physiologie wanderte in alle klinischen Disziplinen ein. Die medizinische Forschung setzte nicht mehr nur auf morphologische Techniken aus Anatomie und Histologie zur Erforschung von Organstrukturen, sondern vermehrt auf physiologische, um die Bedeutung von Organfunktionen bei der Krankheitsentstehung zu studieren. Es war gerade der Prozess der Normalisierung des Menschenversuchs, in dem sich auch seine Radikalisierung und die daraus folgenden Exzesse der verbrecherischen Menschenversuche verorten lassen.¹⁴⁴

Schließlich brachte das 20. Jahrhundert auch eine spezifische Form der Regulierung mit sich. Frühe rechtliche Bestimmungen zur Regulation von Menschenversuchen gehen in Deutschland auf die Jahre 1900 und 1931 zurück. Beide Male intervenierte der Staat nach Skandalen wegen unethischer medizinischer Forschung, bei der zuvor nicht die Zustimmung der Versuchspersonen eingeholt worden war.¹⁴⁵ Historisch gesehen gibt es einen dynamischen Zusammenhang von Normalisierung, Entgrenzung und *nachfolgender* Regulierung von Versuchen an Menschen.¹⁴⁶

Die Gründung der MPG im Februar 1948 fiel genau in die Zeit, in der die Grausamkeit medizinischer Experimente in den Konzentrationslagern einer internationalen Öffentlichkeit durch den Nürnberger Ärzteprozess (1946/47) bekannt geworden waren. In ihrer Totalitarismusstudie hat Hannah Arendt diese Versuche in einen größeren gesellschaftlichen Zusammenhang gestellt und als sekundär, wenn auch als charakteristisch eingestuft.

Für sie waren die Konzentrationslager selbst die eigentlichen Laboratorien, experimentelle Räume in der modernen Gesellschaft, in denen es um den Versuch ging, »festzustellen, was überhaupt möglich ist, und den Beweis dafür zu erbringen, daß schlechthin alles möglich ist«.¹⁴⁷ Für Arendt waren die medizinisch-naturwissenschaftlichen Experimente Teil eines gesellschaftspolitischen (in diesem Fall nationalsozialistischen) Kontextes, der rechtsfreie und damit nicht regulierte Räume in der Gesellschaft wünschte, die wiederum von Teilen der Gesellschaft toleriert wurden oder von denen man eventuell sogar zu profitierten hoffte (wie das in der naturwissenschaftlichen und medizinischen Forschung der Fall war), während für die übrigen Bürger:innen die Reichsrichtlinien zur Forschung am Menschen von 1931 gültig waren.¹⁴⁸

Die Exzesse in der Geschichte des Menschenversuchs zeigen, dass diese oft verknüpft waren mit dem systematischen Aufsuchen von Möglichkeitsräumen, also nicht regulierten gesellschaftlichen Räumen, und einem Zugang zu besonders vulnerablen Bevölkerungsgruppen, um sie als Versuchspersonen zu benutzen. Armut, weibliches Geschlecht, Rassismus, Asylierung in Anstalten und Lagern (Waisenhäuser, Psychiatrien, Gefängnisse) und kein Zugang zur Gesundheitsversorgung waren und sind immer noch Faktoren, die entsprechende Personen besonders gefährden, ohne genügende Aufklärung und Einwilligung in Menschenversuche involviert zu werden.¹⁴⁹

Was bedeutete dieses Wissen, dass alles möglich ist – auch die Vernichtung des anderen nur um des Preises der Erkenntnis willen –, für die wissenschaftliche Arbeit der MPG, besonders für ihren Umgang mit dem Menschenversuch? Wurden Konsequenzen aus dieser Erfahrung für die wissenschaftliche Praxis gezogen? Gab es Debatten, wie einer Entgrenzung vorgebeugt und Versuchspersonen besonders geschützt werden könnten?

---

143 Zur Geschichte der Objektivität und ihren unterschiedlichen Formen, die sich nicht gegenseitig ablösen, sondern auch miteinander ko-existieren, siehe Daston und Galison, *Objectivity*, 2007, 115–190 speziell zur mechanischen Objektivität.
144 Griesecke et al., *Kulturgeschichte des Menschenversuchs*, 2009, 8.
145 Als erste juristische Regulierung in Deutschland gelten die »Preußischen Anweisungen« an die Vorsteher von Kliniken und Krankenanstalten zur Regelung medizinischer Eingriffe von 1900, veröffentlicht im *Centralblatt* für die gesamte Unterrichts-Verwaltung in Preußen im Februar 1901, gefolgt von den »Reichsrichtlinien zur Forschung am Menschen« von 1931, die auch von den Nationalsozialisten nicht außer Kraft gesetzt wurden. Im Wortlaut abgedruckt finden sich die frühen Regulationen in: Frewer und Schmidt, *Standards der Forschung*, 2007, 251–260.
146 Roelcke, Medizinische Forschung, 2009, 277–298.
147 Arendt, *Elemente und Ursprünge*, 1986, 907. Zum Zusammenhang von Möglichkeitsdenken, Moderne und Experiment siehe Griesecke, *Werkstätten des Möglichen*, 2008; Griesecke, ... *was überhaupt möglich ist*, 2002.
148 Zur Gültigkeit und zum Gebrauch der Reichsrichtlinien siehe Roelcke, Use and Abuse, 2007, 33–56 und Vollmann und Winau, Informed Consent, 1996.
149 Zu Syphilisversuchen an verarmten afroamerikanischen Landpächter:innen in Tuskegee, USA, siehe Brandt, Racism and Research, 1978; Reverby, Normal Exposure, 2011; Lederer, Experimentation, 2005. Zu Frauen als Versuchspersonen siehe Schlumbohm, *Lebendige Phantome*, 2012; Sabisch, *Das Weib als Versuchsperson*, 2015. Zu Menschenversuchen in den Kolonien siehe Tilley, *Africa*, 2011; Bonneuil, Development as Experiment, 2000.

10. Politische und ethische Herausforderungen der Forschung

Anhand verschiedener Episoden im Zeitraum von der Gründung der MPG bis zur Millenniumswende wirft dieser Text Schlaglichter auf die Geschichte der MPG im Umgang mit dem medizinischen Menschenversuch. In diesen Episoden bezogen Mitglieder der MPG im Rahmen von Kontroversen, Festreden, Sektionsvorträgen und Korrespondenzen direkt oder indirekt Stellung zum Menschenversuch oder aber sie schwiegen an exponierter Stelle. Diese Schlaglichter helfen, das Beziehungsgeflecht von Objektivität, Subjektivität, Ethik und Epistemik und dessen Wandlungen im Rahmen sich ändernder Forschungsstile und -methoden zu untersuchen. Naturwissenschaftliche und medizinische Experimente als kulturelle und gesellschaftspolitische Praktiken zu historisieren heißt auch, epistemische Kategorien zu historisieren. Dies tun zu können, also historische Epistemologie zu betreiben, war wiederum ein historischer Prozess, denn epistemische Kategorien wurden lange als unveränderliche Universalien begriffen.[150] Dies wird in denjenigen Episoden deutlich, in denen Akteure den Anspruch erhoben, bestimmte Beziehungen, Kategorien und Normen im Erkenntnisprozess seien ahistorisch, also ewig und unveränderlich.[151]

10.4.1 Göttingen 1947: Der Streit um die Gefahren der Naturwissenschaft für die Medizin

Am 20. August 1947 verkündete ein US-amerikanisches Militärgericht das Urteil im Nürnberger Ärzteprozess.[152] Zum Urteil gehörten auch Leitlinien, die grundlegende ethische Prinzipien für Versuche an Menschen formulierten. Diese Leitlinien, die später Nuremberg Code genannt wurden, markierten insofern einen Wendepunkt in der Geschichte des Humanexperiments, als sie anerkannten, dass zukünftige medizinische Forschung nicht nur in Deutschland, sondern allgemein strikterer Regulierung bedurfte. Zu den Prinzipien gehören unter anderem die informierte und freie Zustimmung der Versuchsperson, die sorgfältige Planung und Durchführung der Versuche, die nicht willkürlich und überflüssig sein dürfen, das Vermeiden von Verletzungen, dauernden Schäden und Tod und das Recht der Versuchspersonen, den Ver-

such jederzeit abbrechen zu können. Als Teil des Urteils war der Nuremberg Code ein Dokument internationalen Rechts, das aber zunächst weder in Deutschland noch in anderen Ländern Wirkung zeigte, unter anderem weil es keine Institutionen gab, die den Code durchsetzten. Allerdings sollte er weitreichende Bedeutung erlangen für fast alle darauffolgenden Kodifizierungen medizinischer Forschung am Menschen.[153] In der Gründungsphase der MPG spielte die Auseinandersetzung mit dem Nuremberg Code keine Rolle und hinterließ keine Spuren in Form interner Debatten oder Denkschriften, was nicht selbstverständlich war, denn als Forschungsorganisation, die auch auf dem Feld der medizinischen Forschung aktiv werden würde (und in ihrer KWG-Zeit aktiv gewesen war), betraf sie die Debatte über die Menschenversuche ganz essenziell.

Stattdessen gab es einen vehementen Streit über die Dokumentensammlung zum Nürnberger Ärzteprozess, der in der *Göttinger Universitätszeitung* (GUZ) zwischen Juni 1947 und August 1948 ausgetragen wurde. Die Kontrahenten waren auf der einen Seite Hermann Rein, Physiologe und Rektor der Universität Göttingen, 1948 Mitgründer der MPG, und auf der anderen Seite der Arzt Alexander Mitscherlich, Mitherausgeber der Dokumentation und späterer Mitbegründer der Psychosomatischen Medizin in der Bundesrepublik. Der Konflikt, auch unter dem Namen »Dokumentenstreit« bekannt, war alles andere als eine bloß intellektuelle Debatte und gewährte einen Einblick in den sehr kurzen Moment, in dem die akademische Elite Deutschlands in der (außergerichtlichen) Öffentlichkeit Stellung bezog zum Zusammenhang von wissenschaftlicher Forschung und Menschenversuchen in Konzentrationslagern, bevor sie anfing, darüber sehr lange zu schweigen.

Im »Dokumentenstreit« gerieten die traditionellen epistemischen Grundlagen naturwissenschaftlicher Erkenntnisarbeit, das Verhältnis zwischen Medizin und Naturwissenschaft, zwischen Naturwissenschaft und Gesellschaft und die epistemische Doppelstruktur des Menschenversuchs in den Mittelpunkt der Auseinandersetzung. Es ging in den Worten Werner Heisenbergs, der im Januar 1948 den Streit kommentierte, um die Frage, »ob nicht etwa nur einzelne Wissenschaftler schlecht ge-

---

150 Rheinberger, *Historische Epistemologie*, 2007.
151 Der Anstoß zur Historisierung des Erkenntnisprozesses kam allerdings schon Mitte der 1930er-Jahre und nicht erst nach dem Zweiten Weltkrieg und er entstand in der bakteriologischen und immunologischen Forschung, also in den Naturwissenschaften selbst und nicht in der Philosophie. Siehe Fleck, *Entstehung und Entwicklung*, 1980. Zur Einordnung der fleckschen Epistemik in die Erkenntnistheorie seiner Zeit siehe Engler und Renn, *Gespaltene Vernunft*, 2018.
152 Ebbinghaus und Dörner, *Vernichten und Heilen*, 2002; Schmidt, *Justice at Nuremberg*, 2004; Weindling, *Nazi Medicine*, 2004.
153 Annas und Grodin, *The Nazi Doctors and the Nuremberg Code*, 1992; Czech, Druml und Weindling, Medical Ethics, 2018. Lederer, Research without Borders, 2004, 205.

handelt hätten, sondern die Wissenschaft selbst in irgendeiner Weise entartet sei und daher reformiert werden müsse«.[154]

Was Heisenberg als Frage formulierte, hatte Mitscherlich als Forderung in das Vorwort der Nürnberger Dokumentensammlung geschrieben. Mitscherlich hatte 1941 bei Viktor von Weizsäcker, dem Mitbegründer der anthropologischen Medizin, in Heidelberg promoviert und war nach seiner Habilitation 1946 Privatdozent an der Universität Heidelberg gewesen.[155] Im Auftrag der westdeutschen Ärztekammern beobachtete er als Leiter der »Deutschen Ärztekommission« den Nürnberger Ärzteprozess und gab noch während des Prozesses im März 1947 eine Sammlung von Gerichtsdokumenten heraus, die er mit einem Vor- und Nachwort versah.[156] In diesen Kommentaren stellte Mitscherlich fest, dass er in den Personen der Angeklagten allein keine ausreichende Erklärung für das Ausmaß der Unmenschlichkeit und der Katastrophe fand, die vor Gericht verhandelt wurde. Vielmehr machte er das Streben nach naturwissenschaftlicher Objektivität in der Medizin, die Verwandlung des menschlichen Subjekts in ein wissenschaftliches Objekt und die Aggressivität naturwissenschaftlicher Wahrheitssuche mitverantwortlich für eine »tiefe Inhumanität«, die sich schon lange in der Medizin ausgebreitet habe: »Dies ist die Alchemie der Gegenwart, die Verwandlung von Subjekt in Objekt, des Menschen in eine Sache, an der sich dann der Zerstörungstrieb ungehemmt entfalten darf.«[157] Menschlichkeit und ärztliche Souveränität würden untergehen, »wenn eine Wissenschaft im Menschen nur noch das Objekt sieht und ihn als solches behandelt«.[158] Mitscherlich forderte, den Drang zur Versachlichung und Objektivierung des menschlichen Lebens durch eine naturwissenschaftlich verfasste Medizin einzugrenzen, ihm die menschliche Subjektivität entgegenzustellen und die Beziehung zwischen Arzt und Patient zu stärken und aufzuwerten. Heisenbergs Frage, ob die Wissenschaft selbst reformiert werden müsste, bejahte Mitscherlich also nachdrücklich.

In der GUZ vom 20. Juni 1947 griff Rein diese Kritik Mitscherlichs, die ins Herz der Naturwissenschaften und besonders naturwissenschaftlich verfasster Medizin zielte, massiv an. Rein zählte zu den bedeutendsten Physiologen Deutschlands und gehörte zum ehemals kriegswichtigen und immer noch einflussreichen Netzwerk der Luftfahrtmediziner.[159] An seinem Göttinger Institut wurde in den Jahren 1943/44 besonders intensiv zur Kältewirkung geforscht. Rein selbst war nicht in die Menschenversuche involviert, die zwischen 1942 und 1943 im KZ Dachau stattfanden, und wurde im Nürnberger Ärzteprozess nicht angeklagt, aber sein Name tauchte in den Dokumenten des Ärzteprozesses unter anderem auf, weil luftfahrtmedizinische Experimente zu Unterdruck und Unterkühlung im Konzentrationslager Dachau Gegenstand der Verhandlungen in Nürnberg waren. Die Versuche in Dachau fielen mit ihren Fragestellungen nicht in den Bereich eigentlicher klinischer Forschung, sondern sollten physiologische Fragen klären und gehörten somit in den Bereich der theoretischen Medizin. Aus der Versuchsplanung ging hervor, dass es sich um »Terminalversuche« handelte, dass also der Tod der Versuchspersonen in Kauf genommen wurde oder sogar eingeplant war. Insgesamt starben etwa 70 Häftlinge im Rahmen der Versuche in der Unterdruckkammer, 80 bis 90 Häftlinge überlebten die Unterkühlungsversuche nicht.[160] Rein war bei der Tagung über »Ärztliche Fragen bei Seenot und Wintertod« anwesend, die im Oktober 1942 stattfand und in deren Verlauf offen über die tödlichen Versuchsreihen im KZ Dachau berichtet wurde, ohne dass öffentlich von ihm oder der anwesenden akademischen Elite protestiert wurde.

In seiner Kritik an Mitscherlich verteidigte Rein sein sehr traditionelles Wissenschaftsverständnis. Durch klare Schnitte versuchte er, die Naturwissenschaften als »reine Wissenschaft« von allen Übeln der Gesellschaft und Politik abzutrennen. Zunächst zog er eine Linie zwischen Wissenschaft und Unmenschlichkeit. Sobald Wissenschaft in ihrer Praxis unmenschlich würde, wäre sie

---

154 Heisenberg, Sorge, 1948, 7.

155 Zu Mitscherlichs Biografie siehe Hoyer, *Im Getümmel der Welt*, 2008; Dehli, *Leben als Konflikt*, 2007; Freimüller, *Alexander Mitscherlich*, 2007. Zur Positionierung Mitscherlichs zwischen naturwissenschaftlicher und psychosomatischer Medizin siehe auch Dörre, Epistemologische Neupositionierungen, 2021.

156 Mitscherlich und Mielke, *Diktat*, 1947; 1949 wieder veröffentlicht, Mitscherlich und Mielke, *Wissenschaft ohne Menschlichkeit*, 1949.

157 Mitscherlich und Mielke, *Diktat*, 1947, 12.

158 Ebd.

159 Zu Hermann Rein und seinem Netzwerk siehe die Kollektivbiografie von Trittel, *Hermann Rein*, 2018; Neumann, Personelle Kontinuitäten, 2005. Ein Teil des Netzwerks kam durch die »Operation Paperclip« nach Kriegsende in die USA, weil ihre Forschung für die Luft- und Raumfahrtentwicklung der USA wichtig war. Paperclip war ein US-Geheimprojekt zur Rekrutierung deutscher Wissenschaftler und Techniker, um sich deren Wissen zu sichern, siehe Hunt, *Secret Agenda*, 1991; Jacobson, *Operation Paperclip*, 2014.

160 Mitscherlich und Mielke, *Diktat*, 1947, 19–60. Zur Programmatik und Praxis dieser Versuche und deren Opfer siehe Roth, Tödliche Höhen, 2001.

10. Politische und ethische Herausforderungen der Forschung

keine Wissenschaft mehr, sondern Pseudowissenschaft oder Nichtwissenschaft: »Wer aber an hilflosen Gefangenen experimentiert haben sollte, ob mit wissenschaftlichen Methoden oder Fragestellungen oder nicht, der hat sich selbst außerhalb der Wissenschaft gestellt.«[161] Es sei gerade diese Unwissenschaftlichkeit gewesen, die die Nürnberger Angeklagten zu ihren verhängnisvollen Entscheidungen gebracht hätte, soweit sie nicht sowieso reine Verbrecher gewesen seien.

Dann trennte er die Grundlagenforschung von der angewandten Wissenschaft und Technik. Durch ihre Nähe zur Gesellschaft und Politik sah Rein in Letzteren die eigentliche Gefährdung zum Missbrauch, die fälschlicherweise der reinen Wissenschaft angelastet würde. Im Verlauf der Kontroverse mit Mitscherlich forderte er schließlich die »Befreiung der Wissenschaft aus den Klauen der Machtpolitiker, [...], Aufhebung jeder Unterordnung unter behördliche und sonstige ›Lenkung‹«.[162]

Durch diese Schnitte sorgte Rein nicht nur dafür, die Naturwissenschaft unbelastet dastehen zu lassen, sondern auch dafür, dass es keine Vermischungen und Verbindungen gab zwischen den »wahren« Vertretern der deutschen Wissenschaft, deren Ehre immer noch »unantastbar« sei, und den verbrecherischen, perversen SS-(Nicht-)Wissenschaftlern, die in Nürnberg angeklagt worden waren.[163] Neben dieser Entlastungsstrategie machte der Streit, in dessen Verlauf sich die Kontrahenten nicht im Geringsten aufeinander zubewegten, die völlig unterschiedlichen Vorstellungen über das Wesen der Wissenschaft deutlich. Rein sprach für das Denkkollektiv der Physiologie oder der theoretischen Medizin, das am Ideal der mechanischen Objektivität festhaltend ihre Forschung betrieb. Ihr Denkstil war geprägt von einem heroischen, männlichen Selbst, das unter anderem aus den Selbstversuchen resultierte, die zum festen Bestandteil ihrer Forschergemeinschaft gehörten.[164] Der Denkstil beruhte auf einer Politik der Trennungen, der alles Soziale und Subjektive von der Natur(-wissenschaft) schied.[165] Reins Kollektiv glaubte, auf zusätzliche ethische Regeln verzichten zu können, weil die geteilten Werte, ihre geradezu ritterlichen Ideale, genügten, um jede ethische Grenzüberschreitung auszuschließen und ihre Gemeinschaft »rein« zu halten von solchen Wissenschaftlern, die zur Einhaltung ihres Ehrenkodex nicht bereit waren.[166] Dass genau dies aber bereits geschehen war, dass keine dem Denkstil implizite Ethik die Grausamkeiten hatte verhindern können, dass die Naturwissenschaft nicht über eine interne sichere Grenze verfügte, die sie vor dem Töten eines Menschen im Versuch bewahrte, wurde durch die Politik der Trennungen nach außen projiziert.

Mitscherlich hingegen beharrte darauf, dass es um den Weg der »inneren Zielveränderung von Wissenschaft« gehe.[167] Es genüge nicht, ihren Binnenraum zu bewohnen, man müsse sich um die Kontakte kümmern, durch die sie ins alltägliche Leben wirke.[168] Heisenbergs Beitrag, der im Entwurf noch den Titel »Die Gefahren der Naturwissenschaft« trug, versuchte, zwischen diesen Positionen zu vermitteln.[169] Er hielt Mitscherlichs Frage nach der Reformierbarkeit der Wissenschaft für berechtigt. Gleichzeitig vertrat er – wie Mitscherlich kritisierte – ausgesprochen fatalistische Positionen, indem er glaubte, sich für Veränderungen nicht aktiv einsetzen zu können, sondern vielmehr abwarten zu müssen, bis die geschichtlichen Prozesse, die man nicht beeinflussen könne, die Wissenschaften veränderten. Eine Wandlung könne sich erst ergeben, wenn die Zeit dafür reif sei.[170] Mitscherlich schloss die Kontroverse, indem er auf seine Entmutigung aufmerksam machte. In solch schwierigen Zeiten habe

---

161 Rein, Wissenschaft und Unmenschlichkeit, 1947, 4.
162 Rein, Vorbeigeredet, 1947, 8.
163 Ebd. Rein versuchte den Eindruck zu vermitteln, dass in Nürnberg SS-Ärzte und -Ärztinnen (also in seiner Diktion Pseudo-Wissenschaftler:innen) vor Gericht standen. Das entspricht aber nicht den Fakten, denn von den 23 Angeklagten waren 19 Ärzte und eine Ärztin, von diesen lehrten allein zwölf an der Berliner Universität, zwei an der Münchener medizinischen Fakultät und zwei in Wien. Tabelle zum »Academic Status« der Angeklagten in Weindling, *Nazi Medicine*, 2004, 346.
164 Rein, Die gegenwärtige Situation, 1946, 900. Reins Artikel liefert eine prägnante Zusammenfassung seines Denkstils.
165 Siehe dagegen Ludwik Flecks Epistemik von 1935, die keine Trennung zwischen internen und externen Faktoren des Denkens und Erkennens zulässt und die naturwissenschaftliches Erkennen als »die stärksten sozialbedingte Tätigkeit des Menschen« versteht, Fleck, *Entstehung und Entwicklung*, 1980, 58. Fleck, der als jüdischer Arzt in die KZs Auschwitz und Buchenwald deportiert und als Häftling gezwungen wurde, für die SS Impfstoffe zu entwickeln, hat nach seiner Befreiung seine Arbeit in den SS-Laboren in verschiedenen Artikeln und Berichten reflektiert. Fleck, Wissenschaftstheoretische Probleme, 2008; Fleck, Investigation, 2009; Fleck, In der Frage, 2011.
166 Den Begriff »reine« Naturwissenschaft (u. a. in Abgrenzung von Technik und Technikern) wählte auch MPG-Präsident Otto Hahn in einem gemeinsamen Beitrag mit Hermann Rein, in dem beide gegen die »Operation Paperclip« polemisierten. Rein und Hahn, Einladung nach USA, 1947, 1–2.
167 Mitscherlich, Unmenschliche Wissenschaft, 1947, 7.
168 Mitscherlich, Protest oder Einsicht?, 1948, 8.
169 Werner Heisenberg, »Die Gefahren der Naturwissenschaft«, AMPG, III. Abt., Rep. 93, Nr. 730.
170 Heisenberg, Sorge, 1948 und Mitscherlichs Kritik an Heisenberg, Mitscherlich, Protest oder Einsicht?, 1948.

sich keine Stimme in der GUZ gefunden, die das Anliegen der Dokumentation gewürdigt oder auch nur sachlich kommentiert hätten.[171]

Reins Verständnis von den KZ-Experimenten als Pseudowissenschaft per definitionem deckte sich für lange Zeit mit dem der Historiografie zu den medizinischen NS-Verbrechen. Wenn sich die Historiografie nicht von Reins Gewissheiten bezüglich der Unantastbarkeit der Ehre der deutschen Wissenschaftler überzeugen ließ, so dominierte doch die Idee, die Versuche seien pseudowissenschaftlich und sadistisch motiviert gewesen.[172] Dies förderte den Eindruck, dass die Menschenversuche in den KZs als Entgleisungen zu betrachten seien, die nichts mit der »wahren« Methodik der Naturwissenschaften gemein hätten.

Was Mitscherlich und Rein trotz der Unversöhnlichkeit ihrer konträren Wissenschaftsüberzeugungen verband, war der Wunsch nach Ungestörtheit durch Dritte. Beide idealisierten die Beziehungen zur Natur respektive zum Patienten als ahistorische Zweierbeziehung. Was Rein das Verhältnis des Naturwissenschaftlers zur Natur war, das war Mitscherlich die Arzt-Patienten-Beziehung. Beide fürchteten für die Zukunft eine Fortsetzung ähnlicher Entwicklungen unter veränderten gesellschaftlichen Voraussetzungen, zum Beispiel durch wachsende Bürokratisierung, staatliche Lenkung und gesellschaftliche Eingriffe.[173] Aus einem ausgeprägt elitären Bewusstsein heraus behaupteten sie, dass im Kern ihrer Tätigkeit als Arzt oder Wissenschaftler Beziehungen steckten, die der Geschichte und gesellschaftlichen Prozessen nicht unterworfen seien.

Der Denkstil der »reinen Naturwissenschaft« repräsentierte den, der in der MPG in den ersten Jahrzehnten vorherrschte. Es wurde wenig, wenn überhaupt, über die Opfer gesprochen oder mit Überlebenden. Die eigene Forschungspraxis wurde offenkundig nicht kritisch reflektiert. Das Bekenntnis zur Grundlagenforschung wurde ganz im Sinne Reins auch als strategisches Mantra benutzt, um die Distanz zu wahren vor den Gefährdungen der Selbstreflexion, der Gesellschaft und der Geschichte, alles das, was die reine Naturwissenschaft in der Wirklichkeit verankern würde.

Diese Haltung erklärt den Hang zum Schweigen, das lange anhalten sollte und das heute als Trias von Schweigen, Sündenbockzuweisungen an die »echten« Nazis und Selbstentlastungen charakterisiert wird.[174] An dem Punkt, an dem »schlechthin alles möglich geworden war«, finden sich in der Forschung mit und an Menschen zwei Fluchtbewegungen in entgegengesetzte Richtung: eine ging in Richtung Subjektivität, die von verschiedenen Kliniker:innen und Vertreter:innen der anthropologischen und psychosomatischen Medizin verfolgt wurde, die andere in eine Form von strikter Objektivität, die die MPG praktizierte, was sich an den Projekten und Methoden der Forschungskliniken zeigen sollte.

10.4.2 Menschenversuche als Alltag der medizinischen Forschung in der MPG

10.4.2.1 Bad Nauheim 1956: die Eröffnung der ersten MPG-Forschungsklinik

Die Frage, wie mit Versuchen an Menschen umgegangen werden sollte, wurde für die MPG besonders relevant, als sie ihre erste Forschungsklinik, eine kardiologische Spezialklinik, im Juni 1956 in Bad Nauheim eröffnete. Zunächst noch betrieben von den Hessischen Staatsbädern, war die Klinik mit dem William G. Kerckhoff-Herzforschungsinstitut der Max-Planck-Gesellschaft assoziiert und wurde daher auch »Kerckhoff-Klinik« genannt.[175]

Auf Forschungskliniken wurden nach dem Zweiten Weltkrieg große Hoffnungen gesetzt. Mit ihrer Hilfe sollte das zunehmende Auseinanderdriften von biologischer Grundlagenforschung und medizinisch-klinischer Forschung verhindert werden. Sie sollten neue Strukturen und neue Formen von Teamarbeit und interdisziplinärer Arbeit zwischen Labor und Klinik fördern. Die Vorbil-

---

171 Ebd. Mitscherlich sprach von einer regelrechten Kampagne gegen ihn und die Dokumentation. Dazu gehörten einstweilige Verfügungen, die die Professoren Franz Büchner, Wolfgang Heubner und Ferdinand Sauerbruch gegen den Vertrieb des Buches anstrengten, um ihre Namen nicht in Verbindung mit den Angeklagten des Nürnberger Ärzteprozesses zu sehen. Rein griff Mitscherlich nicht nur in der GUZ an, sondern kontaktierte auch dessen Doktorvater, Viktor von Weizsäcker, der ihn zur Räson bringen sollte, was aber nicht gelang, weil Weizsäcker Mitscherlichs Positionen teilte. Mitscherlich fürchtete zu Recht um seine unsichere Stelle an der Universität Heidelberg. Rein versuchte auch eine Stellungnahme aller medizinischen Fakultäten gegen das Buch zu organisieren, was aber auch fehlschlug. Siehe dazu Peter, *Der Nürnberger Ärzteprozeß*, 1994; Trittel, *Hermann Rein*, 2018, 360–375.
172 Z. B. Süß, Versuche, 2011; Cohen, Medical Experiments, 1980.
173 Siehe dazu auch den veränderten Titel der Dokumentation von Mitscherlich und Mielke von 1949, Mitscherlich und Mielke, *Wissenschaft ohne Menschlichkeit*, 1949.
174 Roelcke, Topp und Lepicard, *Silence*, 2014.
175 Die Klinik kam erst 1963 offiziell in den Besitz der MPG und wurde von der 100-prozentigen MPG-Tochter Minerva GmbH betrieben. Zu zuvor in der MPG betriebenen medizinischen Forschung siehe oben, Kap. III.12.

der für dieses neue Klinikkonzept waren in den USA, Großbritannien und den skandinavischen Ländern zu Hause. Forschungskliniken boten Zugang zu Patienten, die für spezifische Forschungsprojekte aufgenommen wurden, im Mittelpunkt stand also nicht ihre Therapie, sondern die Nutzung von Erkenntnissen aus ihren Untersuchungen zu Forschungszwecken, gleichzeitig sollten dadurch neue Impulse für klinische Behandlungen entstehen. Mit anderen Worten: Forschungsmethoden und Erkenntnisgewinne in Forschungskliniken basierten hauptsächlich auf Humanexperimenten.[176]

In der Bundesrepublik tat man sich sehr schwer damit, der klinischen Forschung überhaupt einen Platz in der Aus- und Weiterbildungsordnung der Ärzte zu geben.[177] Rudolf Thauer, Physiologe, Mediziner und Direktor des Kerckhoff-Forschungsinstituts, war die treibende Kraft bei der Gründung dieser neuen lokalen Verbindung von Labor und Klinik. Thauer hatte durch die »Operation Paperclip« von 1947 bis 1951 als Physiologe im Aero-Medical-Equipment-Laboratory in Philadelphia gearbeitet und war dadurch mit dem Konzept der US-amerikanischen Forschungskliniken vertraut.[178] Ähnlich wie Hermann Rein hatte Thauer während des Kriegs für die Luftwaffe geforscht und bereits ab Mitte der 1930er-Jahre zu Grundlagen und Bedingungen der Wärmeregulation, zu Kälteexperimenten und zur Wiedererwärmung gearbeitet.[179] Ähnlich wie Rein war Thauer durch Teilnahme an der Tagung »Ärztliche Fragen bei Seenot und Wintertod« bewusst, dass zu diesem Thema auch im KZ Dachau mit Kriegsgefangenen tödliche Menschenversuche durchgeführt worden waren. Beide waren Mitwisser, aber nicht selbst in Menschenversuche an KZ-Häftlingen involviert. Beide gehörten demselben Denkstil an. Im Projekt der Forschungsklinik erscheint dieser nicht mehr unter dem Rechtfertigungsdruck des Dokumentenstreits, sondern als weiterhin lebendige Normalwissenschaft in der Weiterführung des Projekts, die Medizin stetig zu verwissenschaftlichen.

Mit der Eröffnung der Kerckhoff-Klinik, so Thauer während der Einweihungsfeier, sei in Deutschland erstmals eine Idee verwirklicht worden, die sich viele Physiologen seit Langem gewünscht hätten, nämlich die »innigste Verschmelzung von physiologischer Forschung und klinischer Medizin«.[180] Thauer sah in dem bisherigen Nebeneinander statt Miteinander eine zunehmende Gefährdung der klinischen Forschung hinsichtlich ihrer wissenschaftlichen Substanz und eine Entfremdung der Forschung in den physiologischen Instituten gegenüber den Aufgaben und Problemen der klinischen Medizin. Er befürchtete insbesondere, dass die deutschen Kliniker verlernt hätten, in naturwissenschaftlichen Begriffen zu denken, und mit den Fortschritten der theoretischen Medizin nicht Schritt halten könnten.[181]

Als Festredner für die klinische Medizin war Paul Martini, Professor für Innere Medizin an der Universität Bonn, geladen. Martinis Interesse an der therapeutischen Forschung machte ihn zu einem Vertreter der Hochschulkliniker, der dem Projekt der Verwissenschaftlichung der klinischen Medizin sehr aufgeschlossen gegenüberstand. In Kontroversen mit Vertretern der psychosomatischen Medizin, allen voran mit Alexander Mitscherlich, hatte Martini stets auf naturwissenschaftlichen Prinzipien wie dem Kausalitätsprinzip in der klinischen Medizin beharrt.[182] Bekannt für seine Methodenlehre der therapeutisch-klinischen Forschung, die er erstmals 1932 publiziert hatte, war er speziell interessiert an sogenannten Heilmittelstudien, also Vorläufern von »Klinischen Studien«, den heutigen »clinical trials«.[183] Martini entwickelte in seiner Methodenlehre Prinzipien wie die einfache Verblindung und die Untersuchung von Fallserien,

---

176 Es ist jedoch fraglich, ob die MPG-Forschungskliniken in Bad Nauheim und in München jemals in einem ähnlichen Sinne funktioniert haben wie ihre internationalen Vorbilder, denn sie waren im Vergleich wesentlich intensiver in die Patientenversorgung eingebunden. Siehe ebd.
177 Zu den strukturellen Problemen der klinischen Forschung in Westdeutschland und zur Rolle der MPG auf diesem Feld siehe ebd.
178 Zu Thauers Interesse an der Übertragbarkeit US-amerikanischer physiologischer und klinischer Forschungsorganisation auf Deutschland siehe Timmermann, Modell, 2010; siehe auch oben, Kap. III.12.
179 Baumann, *Kreislaufforschung*, 2017, 204–214; Kreft, Das Neurologische Institut, 2008, 144–152. Für Lebenslauf und Publikationsliste Thauers siehe AMPG, III. Abt., Rep. ZA 61, K 1, fol. 3–19. Zum Konzept der Forschungskliniken und deren Umsetzung in der MPG siehe oben, Kap. III.12.
180 Thauer, Bedeutung, 1956, 235.
181 Ebd., 236.
182 Zum Beispiel auf dem deutschen Internistenkongress 1949 in Wiesbaden. Hofer, Kausalität, Evidenz und Subjektivität, 2021. Die Debatten auf diesem Kongress können thematisch auch als inner-medizinische Fortführung des Dokumentenstreits gelesen werden. Siehe dazu das Sonderheft von *N.T.M.* (29, 2021), speziell die Einleitung, Hofer und Roelcke, Subjekt, 2021.
183 Zu Martinis Person, Werk und wissenschaftspolitischem Engagement, besonders in der Nachkriegszeit als persönlicher Arzt Konrad Adenauers, siehe Hofer, Der Arzt, 2019. – Hofer bescheinigt Martini eine »indirekte Distanz« bei gleichzeitiger »Nähe zum NS-Staat« (ebd., 48). Zu Martinis Forschungsprojekten während des Krieges und seinem Einsatz für die Heeres-Sanitätsinspektion siehe Sammer und Hofer, Projekt V. T., 2020.

die durch Homogenisierung vergleichbar gemacht werden sollten. Die Auswertung dieser Fälle sollte nach mathematisch-statistischen Prinzipien erfolgen.[184] Martini gehörte zwar zum Kollektiv der Kliniker:innen, die an die Notwendigkeit der weiteren Verwissenschaftlichung der medizinischen Forschung glaubten. Sein Denkstil war aber nicht durch die experimentelle Physiologie geprägt, sondern durch Statistik und Epidemiologie.

In seinem Vortrag unter dem Titel »Medizin als Wissenschaft« kam Martini sehr schnell auf das zu sprechen, was Thauer selbst vermieden hatte, die Problematik des Versuchs am Menschen. Der Kern aller naturwissenschaftlichen Methodik sei das Experiment und sobald dies auf den kranken Menschen angewandt werde, verändere sich die gesamte Situation. Diese verlange besondere Rücksichten und Vorsichtsmaßnahmen, die so weit gehen könnten, dass die geplanten Experimente an sich fragwürdig würden.[185]

Martinis Rede war im Prinzip ein Plädoyer gegen den Menschen- und für den Tierversuch. Nur im Tierversuch käme man auf statistisch verwertbare Zahlen. Auch das Ziel, Versuche unter gleichen Bedingungen zu reproduzieren, um Homogenität und Vergleichbarkeit zu erreichen, sei mit kranken Menschen nicht zu erreichen. Zwar lobte Martini die Grundvoraussetzungen der Kerckhoff-Klinik, vor allem ihre enge Verbindung mit dem Forschungsinstitut. Auch pflichtete er Thauer bei, dass der Status quo der klinischen Forschung in Deutschland schwierig sei und sich etwas ändern müsse. Aber sein Vortrag war zugleich von großer Skepsis vor den begrenzten Möglichkeiten einer engeren Kooperation zwischen theoretischer und klinischer Medizin geprägt.

Wahrscheinlich sehr zur Überraschung seiner Gastgeber kam Martini am Schluss seiner Rede auf Mitscherlichs Anliegen der Subjektivität der Patienten zu sprechen. Martini sah offenkundig eine Grenze für rein naturwissenschaftliche Erklärungen von Krankheiten und war überzeugt, dass die ausgeschlossene Seite der Subjektivität einen Platz brauche, um kranke Menschen besser verstehen zu können. »Medizin als Wissenschaft«, Martinis Titel, meinte also nicht mehr unbedingt die »reine« Naturwissenschaft der theoretischen Medizin.

Martini kommentierte nicht die NS-Vergangenheit und bezog sich nicht auf den Ärzteprozess, aber seine ethische und epistemische Verunsicherung über die Methode des Menschenversuchs war deutlich spürbar. Seine Beunruhigung war nicht singulär, sondern fand sich auch im Kollektiv der Kliniker:innen, allerdings wie bei Martini gepaart mit Schweigen und auch anderen Abwehrmechanismen wie Negation und Exkulpierung.[186]

Von dieser epistemisch-ethischen Unruhe war auf der Seite der Physiologen und theoretischen Mediziner in der MPG nichts zu spüren. Auch Thauer agierte als Vertreter eines Kollektivs, das in der Biologisch-Medizinischen Sektion (BMS) versuchte, sich für den Erhalt und die Weiterentwicklung der medizinischen Forschung in der MPG einzusetzen und damit für die Verbindung von theoretischer mit klinischer Medizin. Dafür gab es aus seiner Sicht nur einen Weg, eine epistemische Einbahnstraße, die von den Naturwissenschaften in die Medizin führte, um so die Medizin auf eine rein naturwissenschaftliche Basis zu stellen. Die Eröffnung der Kerckhoff-Klinik war nur der Beginn einer Reihe von Aktivitäten. Es folgten unter anderem die Versuche, an der Medizinischen Forschungsanstalt (MFA) in Göttingen (dem späteren MPI für experimentelle Medizin) eine klinisch-experimentelle Abteilung einzurichten und eine Forschungsklinik für Psychiatrie in München zu etablieren.[187]

Trotz der schwierigen strukturellen Umstände der klinischen Forschung gab es an der Kerckhoff-Klinik Versuche an Menschen. In den Publikationen über diese Versuche finden sich – dem Denkstil der »reinen« Naturwissenschaft entsprechend – fast keine ethischen Reflexionen. Nur gelegentlich heißt es, man habe auf Tierversuche zurückgegriffen, obwohl die epistemisch nicht aussagekräftig genug seien, die betreffenden Patient:innen seien aber zu krank gewesen, um an ihnen zu experimentieren.[188] Aussagen zu den Versuchspersonen finden sich allenfalls – und äußerst spärlich – in den Methodenabschnitten der Veröffentlichungen.

In der Kerckhoff-Klinik wurde in den Anfangsjahren vor allem im Herzkatheter-Labor geforscht. Die Kardiologie schuf sich in den 1950er-Jahren durch die Katheter-Labore erst ihre Herz-Kreislauf-Physiologie und die

---

184 Martinis Methodik unterschied sich von den internationalen Entwicklungen nach dem Zweiten Weltkrieg, vor allem denen zum RCT (Randomized Controlled Trial) durch seine Skepsis gegenüber der Doppelverblindung. Außerdem wollte er Patienten über die Heilversuche nicht aufklären, verzichtete also auf eine informierte, freiwillige Zustimmung, weil durch die Suggestion der Patienten die Ergebnisse verzerrt würden, siehe Hofer, Der Arzt, 2019, 50–51; Sammer und Hofer, Projekt V. T., 2020, 7–8. Siehe auch Stoll, Roelcke und Raspe, Deutsche Vorgeschichte, 2005.
185 Martini, Medizin als Wissenschaft, 1956, 243.
186 Hofer und Roelcke, Subjekt, 2021, 381; zur Vielschichtigkeit des Schweigens siehe Roelcke, Topp und Lepicard, *Silence*, 2014.
187 Siehe auch oben, Kap. III.12, besonders die »Denkschrift« des Beraterkreises.
188 Gauer, Möglichkeiten, 1956, 253.

dementsprechende Pathophysiologie. Um überhaupt Aussagen über die Qualität eines gemessenen Parameters machen zu können, wurden diagnostische Messungen manchmal ausgeweitet. Vermutlich wurden die Patient:innen darüber nicht informiert. Dies galt auch für die Etablierung ergometrischer Verfahren.[189] Obwohl im Kerckhoff-Institut mit Versuchspersonen in nicht primär klinischen Kontexten experimentiert wurde,[190] überwog die Arbeit mit Tiermodellen und Tierversuchen.[191] Zudem gab es kollektive Selbstversuche zum Beispiel im Verlauf von Expeditionen.[192] Kerckhoff-Institut und Klinik deckten damit die klassische Palette physiologischer Experimente ab, wobei die Unterscheidung zwischen physiologischer und klinischer Forschung wie erwartet unscharf war.

Das Bestreben, die klinische Forschung in der Bundesrepublik durch die Verzahnung der theoretischen mit der klinischen Medizin via Forschungskliniken oder klinischen Abteilungen zu fördern, fand sich nicht nur in der MPG, sondern war beispielsweise auch in der DFG tonangebend. Dabei wurde der Zweig der klinischen Forschung geradezu systematisch vernachlässigt, für den Martinis Arbeiten standen und der heute fast synonym mit dem Begriff der klinischen Forschung in Deutschland gebraucht wird: die klinischen Studien (»clinical trials«). Diese wurden von der DFG bis 1999 nicht gefördert, weil sie nicht auf den Methoden der theoretischen Medizin fußten, also auf Physiologie, Biochemie und Immunologie, sondern auf Mathematik und Statistik, die als nichtexperimentelle Wissenschaften galten und auch aufgrund ihrer Anwendungsnähe gescheut wurden, die also Labormediziner:innen unter den Klinker:innen als nicht »rein« genug einstuften.[193]

Martinis Skepsis, ob sich die wachsende Kluft zwischen klinischer und theoretischer Medizin überwinden ließe, die in seinem Bad Nauheimer Vortrag gerade in dem Vorbehalt gegen den Menschenversuch zum Ausdruck kam, sollte sich in der Zukunft als absolut berechtigt erweisen. Die klinische Forschung veränderte sich methodisch sehr stark im Verlauf der nächsten Jahrzehnte, was auch Auswirkungen auf den Menschenversuch haben sollte. Durch den Aufstieg und die Dominanz der Molekularbiologie sollte sich die Forschung in der MPG immer mehr von pathologisch-klinischen Fragestellungen abwenden, während die klinisch-medizinische Seite sich durch die Molekularisierung der Forschungsmethoden und -instrumente verstärkt dem Tierversuch und Tiermodellen zuwandte.[194] Die physiologischen Abteilungen der MPG veränderten ebenfalls ihre Methoden und wandelten sich zur System- und zur Molekularphysiologie. Als die MPG in den 1980er-Jahren einen neuen Versuch unternahm, die medizinische Forschung zu fördern, diesmal nicht in Form von Forschungskliniken, sondern durch die sehr erfolgreichen klinischen Forschungsgruppen, hatten diese eine ganze Palette verschiedener Forschungsmethoden in ihre klinische Forschungspraxis integriert und kombinierten die Arbeit an Tiermodellen mit klinischen Heilmittelstudien.[195] Im Rahmen der Pharmakologisierung der Therapie wurde der Menschenversuch immer mehr zu einer Domäne der klinischen Studien, die zunehmend standardisiert wurden.[196] Durch die Wandlung der wissenschaftlichen Forschungsmethoden veränderte sich auch der Denkstil der »reinen Naturwissenschaft«. Er verlor seine Dominanz in der experimentell-theoretischen Medizin. Mit ihm verschwand auch der klassische physiologische Menschenversuch, der sich zunehmend in Arzneimittelstudien mit ihrem epidemiologisch-statistischen Denkstil verlagerte.

10.4.2.2 München 1966: Die Eröffnung der psychiatrischen Forschungsklinik

Die Tendenz zur strikten Objektivierung und Quantifizierung war besonders auffällig in der psychiatrisch-klinischen Forschung am MPI für Psychiatrie (MPI-P) in München, auch deshalb, weil dadurch eine explizite Wendung zur naturwissenschaftlichen Methodik vollzogen werden sollte. Die Klinik des MPI-P wurde 1966 eröffnet, also zehn Jahre nach der Kerckhoff-Klinik. Auch hier

---

189 Knebel und Wick, Bestimmung, 1957; Knebel, Klinische Funktionsproben, 1957, 21.
190 Thauer, Hauttemperatur,1952, 280.
191 Das waren meist Hunde, teils aber auch exotische Tiere, etwa Giraffen. Siehe Gauer, Blutdruck der Giraffe, 1957, 73–74.
192 Brendel, Frankfurter Himalaya-Expedition, 1955, 267.
193 Siehe dazu beispielsweise die entsprechenden Begründungen in der DFG-Denkschrift von Gerok, *Zur Lage und Verbesserung*, 1979.
194 Siehe oben, Kap. III.9.
195 Zu den Forschungsmethoden der Klinischen Forschungsgruppen siehe deren Berichte in den Jahrbüchern der MPG zwischen 1980 und 1995. Siehe auch oben, Kap. III.12.
196 Zur Pharmakologisierung der Therapie siehe Osterloh, Kritisch, 2011. Über den Zusammenhang von Medikamenten und Krankheitsklassifikationen siehe Greene, *Prescribing by Numbers*, 2007; Dumit, *Drugs for Life*, 2012. Zur Globalisierung der klinischen Studien und der Verlagerung der Versuche in sogenannte Schwellenländer siehe die ethnografische Studie Petryna, *Experiments*, 2009.

finden sich in den Redebeiträgen zur Eröffnung keine Hinweise auf die Problematik der klinischen Forschung und der Methode des Menschenversuchs. Das ist heutzutage schwer nachzuvollziehen, hatten doch die Fachvertreter:innen dieser Disziplin in Deutschland während der sogenannten Euthanasieverfahren im Nationalsozialismus wahrscheinlich über 230.000 der ihnen anvertrauten Patient:innen töten lassen.[197] Zudem war der Direktor der Vorgängerinstitution (DFA), Ernst Rüdin, in Forschungen involviert gewesen, die einerseits das Programm der Krankentötungen (»Euthanasie«) für eine ethisch entgrenzte Forschung nutzten und die andererseits darauf abzielten, wissenschaftliche Kriterien zur Selektion für die »Euthanasie« zu erarbeiten.[198] Klinikdirektor Detlev Ploog forderte allerdings in seiner Eröffnungsrede, dass die psychiatrische Forschung selbst zum Begreifen des Menschlichen beitragen müsse. Dies sei so vordringlich wie nie zuvor. Der psychisch Kranke werde durch diese Forschung nicht mehr zum Objekt gemacht, als er es durch sein Kranksein auch ohne Forschung wäre. In der Psychiatrie beschäftige man sich mehr als in anderen Fächern der Medizin noch intensiv mit dem Kranken.[199]

Ein Blick auf die Publikationen macht allerdings deutlich, dass es sich nicht um die Beschäftigung mit der Subjektivität der Kranken handelte. Es dominierten Veröffentlichungen, die auf die Krankheit und nicht auf die Kranken selbst fokussierten. Von besonderem Interesse waren die Daten, die die Patient:innen lieferten, und deren computergestützte Weiterverarbeitung. Ziel war das Generieren von Algorithmen für eine automatisierte psychiatrische Diagnostik.[200] Soziale Beziehungen wurden in immer neuen Formen quantifiziert, modelliert und standardisiert.[201] Dies galt auch für die Symptome der Patient:innen, die durch standardisierte Fragebögen erhoben wurden. Der verstärkte Einsatz von Psychopharmaka bedurfte einer besser abgesicherten Wirksamkeitsprüfung.[202] Dazu brauchte es einheitliche Standards in der diagnostischen Zuordnung ebenso wie für die Messung eines Behandlungserfolgs. Die Beschäftigung mit den Patient:innen zielte vor allem auf die Validierung dieser Standards.

Die Wende zur Messung und zu statistischen Verfahren hatte zusätzlich Auswirkungen auf die Versorgungs- und Katamneseforschung (langfristige Therapieverlaufsstudien).[203] Sowohl die psychiatrische als auch die psychologische Forschung orientierten sich an verhaltenstheoretischen Modellen, die die Anwendung von experimentalpsychologischen Methoden, die objektive Erhebung von Daten und ihre statistische Überprüfbarkeit verlangten. Prinzipiell sollte nur das Gesetzmäßige (und nicht das Singuläre) gemessen, alles Gemessene wiederum quantifiziert werden.[204] Der Denkstil der psychiatrischen Forschung war nicht durch labormedizinisch-experimentelle Verfahren wie in der Physiologie charakterisiert, auch wenn es sich um ähnliche Absichten der Objektivierung handelte, die vor allem durch statistische Verfahren hergestellt werden sollte. In dieser sehr datenzentrierten Forschung stand die quantifizierende Standardisierung im Vordergrund, egal ob es sich um Forschungen zur Psychopathologie, Psychopharmakologie oder der Einrichtung von psychologischen Testverfahren handelte.

Mit der Gründung der Klinik 1966 wurden alle die Forschungsströmungen in eine eigene Forschungsstelle ausgelagert, die nicht mit dem Mess- und Quantifizierungsparadigma in Einklang gebracht werden konnten. Ihr Leiter Paul Matussek, der als Oberarzt Anfang der 1950er-Jahre an die Deutsche Forschungsanstalt für Psychiatrie gekommen war (also noch vor ihrer Übernahme in die MPG), stand für die philosophische Tradition in der deutschen Psychiatrie und für interpretierende psychotherapeutische Verfahren wie die Psychoanalyse. Von Matussek stammen dann auch die wenigen Forschungsbeiträge in der MPG, die sich schon früh mit den Folgen der NS-Zeit für ihre überlebenden Opfer beschäftigten.[205] Statt einer Integration von Forschungsmethoden, die sich sowohl um Subjektivität als auch um Objektivität der Patient:innen bemühten, wurde in der MPG strikt ge-

---

197 Hohendorf geht von einer Zahl zwischen 230.000 und 260.000 Patient:innen aus. Hohendorf, Euthanasia, 2020.
198 Roelcke, Ernst Rüdin, 2012.
199 Festansprache von Professor Ploog anläßlich der Klinikeinweihung am 29.3.1966, Bl. 12, APsych, DP, 67 (BC 530020).
200 Einen Überblick über die in der Klinik üblichen Fragebögen, Skalierungen und Tests geben Barthelmes und Zerssen, Informationssystem, 1978; Zerssen, Seelische Störungen, 1973, 2841.
201 Adler, Burkhardt und Dirlich, Tischordnung, 1971.
202 Möller, Fischer und Zerssen, Prediction of Therapeutic Response, 1987.
203 Zerssen und Dilling, Psychiatrische Versorgung, 1970; Bronisch et al., Depressive Neurosis, 1985.
204 Brengelmann, Psychologische Beurteilungsmethoden, 1968. – Dies galt sowohl für die Entwicklung psychometrischer Verfahren an Menschen als auch für die tierexperimentelle Forschung. Bowden, Winter und Ploog, Pregnancy, 1967.
205 Matussek, Die Konzentrationslagerhaft als Belastungssituation, 1961; Matussek, *Die Konzentrationslagerhaft und ihre Folgen*, 1971; Matussek, Gedanken, 1963. Zur kritischen Einordnung von Paul Matusseks Forschung, der u. a. an eine Art Widerstand der Psychiater gegen die Euthanasie glaubte, siehe Pross, *Wiedergutmachung*, 1988, 178–184.

trennt, auch institutionell. Als Forschungsstellenleiter war Matussek kein Mitglied der MPG und konnte deren Berufungspolitik beispielsweise nicht mitgestalten.

Die Hinwendung zur Zahl und zur Objektivität in einem Fach, das sich auch Mitte des 20. Jahrhunderts noch mit dem Vorwurf der mangelnden Naturwissenschaftlichkeit konfrontiert sah, ist im Rahmen der MPG nicht erstaunlich. Empirie, Messbarkeit, statistische Auswertung und die Standardisierung von Diagnostik und Krankheitsklassifikationen waren eine explizite Gegenbewegung der Empiriker zur »vergeistigten« deutschen Tradition der Psychopathologie.[206] Am MPI-P gab es zwar keine klassischen physiologischen Experimentalanordnungen, aber im Spektrum der sich verändernden klinischen Forschung waren Versuchspersonen und Patient:innen nicht nur in die psychopharmakologische Forschung (in Form von klinischen Studien) involviert, sondern auch in psychometrische und sozialpsychiatrische. Aus den daraus hervorgegangenen Publikationen ist nicht erkennbar, ob und wie Patient:innen ihre Zustimmung zu dieser Forschung gegeben haben oder über das Ausmaß der Nutzung und Weiterverarbeitung ihrer Daten informiert worden waren. Das heißt nicht, dass dies nicht geschehen wäre, es ist aber nicht nachweisbar. Erst ab 1982 mussten die Forschungsvorhaben des MPI-P einer Ethikkommission vorgelegt werden, die an der Ludwig-Maximilians-Universität angesiedelt war, bis dahin galt eine andere Maxime: »There are about 120 beds for psychiatric and neurological patients, both adults and children. Although everyone, of course, is concerned to provide the best possible service for these patients, there is a fair amount of freedom in choosing patients for particular research purposes. The primary aim of all Max-Planck-Institutes is research and the MPIP is no exception in this respect.«[207]

Der Ton klingt unheimlich, erst recht vor dem Hintergrund dessen, was alles möglich geworden war in Deutschland. Selbst wenn keine »terminalen« Experimente oder andere Gräueltaten den Alltag des Menschenversuchs in der psychiatrischen Forschung 1969 ausmachten, schien es schwierig oder gar unmöglich zu sein, Patient:innen als Forschungspartner:innen wahrzunehmen. Die Werkzeuge der Psychometrie wurden nicht nur *auf* die Patient:innen angewandt, sondern zunächst auch mit ihnen entwickelt.[208] Aber in dem Ton, der hier anklingt, hört es sich eben eher nach einem *an* ihnen entwickelt an. Der Unterschied zwischen »mit« und »an« ist ein gravierender, angesichts von Mitscherlichs drängenden Fragen nach der Objektivierung des Menschen in der epistemischen Doppelstruktur des Menschenversuchs. In dem Unterschied liegt die Frage nach der gleichberechtigten Partizipation der Versuchsperson, was in der psychiatrischen Forschung besonders relevant ist, weil die Einwilligungsfähigkeit der Patient:innen oft nicht gegeben ist. In der nächsten Episode wird es darum gehen, ob diese Frage mithilfe von Ethikkommissionen positiv beantwortet werden kann.

10.4.3 Göttingen 1981: Von der reinen Naturwissenschaft zur regulierten Forschung

Ausgelöst durch eine Reihe von Forschungsskandalen vollzog sich zwischen 1966 und 1976 in den USA eine »bioethische Revolution«.[209] In dieser Zeit wandelte sich nicht nur die Arzt-Patienten-Beziehung grundlegend, sondern auch die zwischen Forschenden und Versuchspersonen. Nicht mehr allein Mediziner:innen, sondern auch Außenstehende – wie Rechtsanwält:innen, Bioethiker:innen, Sozialwissenschaftler:innen, Philosoph:innen, Gesetzgeber und Medien – sollten am Ende dieser Periode die moralischen Normen mitgestalten, die ärztliches Handeln leiteten, vor allem in der Forschung. So wurde aus einer intimen Beziehung (einer imaginierten Dyade, wie sie Rein und Mitscherlich noch einforderten), in der zwischen Arzt und Patient:in oder Forschendem und Forschungsobjekt bestenfalls mündliche Abmachungen bestanden, ein Netzwerk verschiedener Instanzen, die einen komplexen, formalen, standardisierten, bürokratischen Prozess kontrollieren, beruhend auf einem geschriebenen Regelwerk. In dieser Revolution wurde die Bioethik oder die Forschungsethik als Kontrollinstanz von außen geschaffen, nachdem die implizite Ethik der »reinen« Naturwissenschaft versagt hatte und klar war, dass sie Versuchspersonen nicht vor dem Drang zum Wissen um jeden Preis schützen konnte.

Die Einrichtung von Ethikkommissionen war der entscheidende Schritt in Richtung einer regulatorischen Wende in der Forschungsethik. Ihr ist eine grundsätzliche Spannung zu eigen, nämlich sowohl die Rechte und das Leben der Versuchspersonen zu schützen als auch weitere Forschung an und mit Menschen zu ermöglichen. Es ist

---

206 Zerssen, Psychiatriegeschichte, 2007.
207 Brengelmann, Experimental to Clinical Psychology, 1969, 87.
208 Zerssen, Befindlichkeits-Skala, 1970, 915; Zerssen, Selbstbeurteilungs-Skalen, 1973, 299.
209 Rothman, *Strangers*, 1991.

daher nicht verwunderlich, dass sich die Forschungsethik aus ganz verschiedenen Quellen speiste.[210] Dazu gehörte zunächst der Bereich, der die Implementierung von Menschenrechten in nationales und internationales Recht vorantrieb und sein Hauptaugenmerk auf den Schutz der Versuchspersonen legte. Der Nuremberg Code ist das bekannteste Beispiel. In den 1960er-Jahren kamen dann Arzneimittelregulationen dazu. Der Schutz der Versuchspersonen im Rahmen von klinischen Studien ist zwar Teil dieser Bestimmungen, die Versuche werden aber von Behörden beaufsichtigt, deren Hauptinteresse die Kontrolle des Arzneimittelmarkts ist. Eine weitere Quelle von Dokumenten stammt aus der Standesorganisation der Mediziner:innen und aus der Pharmaindustrie. Diese Dokumente sind meist technische Werkzeuge, um die Durchführung von Forschung zu erleichtern, sie sind verfahrensorientiert und setzen – im Fall der Industrie – Qualitätsstandards.

Eines der bedeutendsten Dokumente aus dieser Gruppe war die »Declaration of Helsinki«, 1964 von der World Medical Association (WMA) verabschiedet und über die Jahrzehnte regelmäßig revidiert. Im Unterschied zum Nuremberg Code war die erste Deklaration von Helsinki (DoH I) dazu entworfen worden, Forschungen an Menschen weiter zu ermöglichen bzw. zu erleichtern bei gleichzeitigem Schutz der Versuchspersonen, der aber nicht absoluten Vorrang hatte.[211] Dieser Rückschritt im Vergleich zum Nürnberger Kodex wurde dann schrittweise durch die fortlaufenden Revisionen der Helsinki Declaration korrigiert.[212] Die Erklärung von Tokyo (oder auch Helsinki II) von 1975 führte schließlich das Konzept der Ethikkommissionen ein. Jeder Versuch am Menschen sollte in einem Versuchsprotokoll geplant und vorab schriftlich bei einer unabhängigen Kommission zur Beratung, Stellungnahme und Orientierung eingereicht werden.[213]

In Westdeutschland beschlossen die medizinischen Fakultäten 1977 die Einrichtung von Ethikkommissionen. Die Bundesärztekammer empfahl 1979 Analoges den Landesärztekammern. Die Kommissionen entstanden also ohne gesetzliche Anordnungen. Erst seit der Änderung der Musterberufsordnung 1985 gibt es eine Beratungspflicht für Ärzte »vor der Durchführung klinischer Versuche am Menschen oder der Forschung mit vitalen menschlichen Gameten und lebendem embryonalem Gewebe oder der epidemiologischen Forschung mit personenbezogenen Daten«.[214] Diese Bestimmung war die erste explizit rechtliche Anerkennung der Ethikkommissionen.[215] Sie zeigt auch, wie sehr sich die Forschung am Menschen vervielfältigt hatte und sich nicht mehr nur auf eine Person, sondern auch auf deren Gameten, Gewebe und Daten richten konnte.

Die MPG zögerte zunächst. Auf der Herbstsitzung der BMS in Göttingen 1981 gab der Kinder- und Jugendpsychiater Joest Martinius vom MPI für Psychiatrie seinen Kolleg:innen in einem knappen Vortrag einen ersten Einblick, wie Ethikkommissionen ihre Forschung verändern könnten. Zunächst wies er auf die Ambivalenz von ethischen Prinzipien hin: dass man sie wohlwollend begrüße, wenn sie sich nicht allzu sehr im Alltag bemerkbar machen würden, den man eher mit pragmatisch-utilitaristischen Regeln bewältige. Allerdings habe der Druck auf die Forschenden durch eine zunehmend misstrauische Öffentlichkeit bei jeder Form der Forschung am Menschen erheblich zugenommen. Medizinische Ethik würde die Forschung nicht generell verbieten, habe aber potenziell forschungsinhibierende Absichten. Gleichzeitig schilderte Martinius die protektiven Vorteile der Ethikkommissionen: So schützten sie vor allem die Forschenden, die Forschung (und die dazugehörende Institution), aber auch die »Betroffenen« (also Patient:innen und Proband:innen) vor Rechtsnachteilen und Schäden. Sie wirkten präventiv und protektiv vor möglicherweise ethisch zweifelhaften Forschungsvorhaben, hätten Kontrollfunktionen und bauten gleichzeitig öffentliches Misstrauen ab. Martinius wies auch auf zukünftige ethische Problematiken hin, die sich etwa aus neuen Forschungsfeldern wie der Reproduktionsmedizin oder Gentechnik ergeben könnten. Seine Empfehlung war trotz der zu erwartenden Eingriffe in die Forschungsfreiheit eindeutig und eindringlich: Er hielt die Einrichtung von Ethikkommissionen für dringend geboten.[216]

210 Sprumont, Research Ethics Regulation, 2020.
211 Zu den Hintergründen der langwierigen Verhandlungen siehe Lederer, Research without Borders, 2004.
212 Tröhler, The long road, 2007, 40.
213 Deutsch, Ethik-Kommissionen, 1981.
214 Zitiert nach Rupp, Ethik-Kommissionen, 1990, 27.
215 Zur uneinheitlichen und unklaren Rechtsverfassung der Ethikkommissionen, die sich historisch aus dem Standesrecht und der professionellen Selbstkontrolle entwickelten, siehe Richter und Bussar-Maatz, Standard ärztlicher Ethik, 2005. Von juristischer Seite zum gesetzlichen Regelungsdefizit der Ethikkommissionen: Wölk, Ethikkommissionen der medizinischen Forschung, 2002. Zum verfassungsinkongruenten Regularium der Ethik-Kommissionen siehe auch Rupp, Ethik-Kommissionen, 1990.
216 Anlage zum Ergebnisprotokoll der BMS vom 28.10.1981, Referat von Prof. Dr. J. Martinius, »Aufgaben von Ethik-Kommissionen im klinisch-medizinischen Bereich«, AMPG, II. Abt., Rep. 62, Nr. 1633, fol. 1–7.

10. Politische und ethische Herausforderungen der Forschung

Für die MPG waren diese Hinweise auch deshalb wichtig, weil sie 1977 die klinische Forschung durch eine Präsidentenkommission neu organisiert und die Einrichtung der bereits erwähnten, von der MPG betriebenen Klinischen Forschungsgruppen (KFG) an Universitätskliniken beschlossen hatte. Die ersten beiden KFG hatten 1980/81 ihre Arbeit an den Universitätskliniken in Münster und Gießen aufgenommen. Von den KFG kamen dann auch die Nachrichten, dass bei Projektanträgen an die DFG oder an das Bundesministerium für Forschung und Technologie (BMFT), die Versuche an Menschen einschlossen, das Unbedenklichkeitsvotum einer Ethikkommission vorgelegt werden musste. Aber auch international renommierte Zeitschriften verlangten nun den Nachweis der positiven ethischen Begutachtung des Forschungsprojekts, aus dem die Daten stammten, die zur Publikation eingereicht wurden.[217]

Präsident und Generalverwaltung waren sich zwar sehr schnell einig über die Einrichtung von Ethikkommissionen nach dem Vorbild der Institutional Review Boards (IRB) an den US-amerikanischen Hochschulen.[218] Allerdings war man sich unsicher über ihre Ansiedlung und ihre Zuständigkeit. Sollte eine zentrale Ethikkommission für die gesamte MPG geschaffen werden oder eher lokale, die nahe an den jeweiligen Instituten und den betreffenden Forschungsprojekten eingesetzt wurden? Die klinischen Forscher optierten grundsätzlich für lokale Kommissionen, das schien ihnen eine bessere Expertise zu den Forschungsprojekten zu gewährleisten. In der Aussprache nach dem Referat von Martinius schlug einer der KFG-Leiter vor, dass die MPG sich selbst ein Gremium schaffen solle, um »kompetenten Sachverstand in die Gesetzesaktivitäten und die Meinungsbildung« einfließen zu lassen und »um gefährlichen, die Forschung einengenden Tendenzen [...] vorzubeugen.«[219] Die Arbeit der KFG wurde letztendlich durch die Ethikkommissionen der jeweiligen Universitätskliniken abgedeckt. In den MPG-eigenen Forschungskliniken in Bad Nauheim und München wurde ebenfalls nach lokalen Lösungen gesucht.[220] Diese Frage, ob es doch noch eine zentrale Ethikkommission geben sollte oder nicht, wurde erst 1983 durch Abstimmungen zwischen der DFG und der MPG geklärt, wobei die DFG schon länger darauf gedrängt hatte, von zentralen Kommissionen Abstand zu nehmen, und sich damit durchsetzen konnte.[221]

Statt einer zentralen Ethikkommission wurde schließlich 1984 ein sektionsübergreifender Arbeitskreis (AK) für ethische und rechtliche Fragen in der Humanbiologie eingerichtet. Der AK bündelte juristische und lebenswissenschaftliche Expertise und sollte Positionspapiere bzw. MPG-Stellungnahmen zu ethischen Fragestellungen und Gesetzesvorhaben bei Anwendungen gentechnologischer Methoden am Menschen erarbeiten.[222] Der AK traf sich erstmals am 1. August 1986, also zweieinhalb Jahre nach seiner Gründung. Als Erklärung für die Verspätung wurden die vielfältigen Verpflichtungen der Mitglieder in anderen Kommissionen angeführt, vor allem aber ein fehlender konkreter Auftrag beklagt. Dieser lag nun vor, da die MPG aufgefordert war, eine Stellungnahme zum Diskussionsentwurf des Embryonenschutzgesetzes aus dem Bundesjustizministerium abzugeben. Eigentlich sah man keinen direkten Handlungsbedarf, weil die MPG sich nicht schwerpunktmäßig mit dem Forschungsthema befasste, aber die Grundlagenforschung war eben doch berührt, weil durch die Forschung an verschiedenen MPI die Voraussetzungen für diese Art Forschung geschaffen worden waren. Außerdem erwartete man von der Regulierung in dem Bereich der Forschung Auswirkungen auf andere Bereiche der Grundlagenforschung, sprich man befürchtete sogenannte Forschungsbeschränkungen für die Zukunft.[223]

Die MPG vertrat bei ihrem Engagement auf dem Gebiet ethischer Regulierung von Forschung ganz klar ihre Interessen als Forschungsorganisation. Ähnlich wie die Declaration of Helsinki I dazu beitragen sollte, klinische Forschung zu erleichtern, wollte sich die MPG

---

217 Brief von Gutjahr-Löser, GV an Benno Hess, Vorsitzender der BMS, 31.7.1981, AMPG, III. Abt., Rep. 145, Nr. 221, fol. 632–633.
218 Protokoll der 74. Besprechung des Präsidenten mit den Vizepräsidenten der MPG am 1.7.1981, AMPG, II. Abt. Rep. 57, Nr. 335, fol. 395.
219 Siehe Protokoll der BMS vom 28.10.1981, AMPG, II. Abt. Rep. 62, Nr. 1633, fol. 13.
220 So stimmte die Ethikkommission der Medizinischen Fakultät in München einer Kollaboration mit dem MPI-P zu, die schließlich formalisiert wurde. Ergebnisprotokolle der BMS vom 12.5.1982, AMPG, II. Abt., Rep. 62, Nr. 1796, fol. 9 und vom 26.10.1982, II. Abt., Rep. 62, NR. 1797, fol. 5; für die Kerckhoff-Klinik siehe Brief von Gutjahr-Löser an Benno Hess; Entwurf für die Ethik-Kommission der Kerckhoff-Klinik, GVMPG, BC 222417, fol. 83–98.
221 Aktenvermerk von Gutjahr-Löser über einen Anruf von Dr. Fischer, DFG, vom 26.9.1983, GVMPG, BC 222417, fol. 117.
222 Protokoll der BMS vom 1.2.1984, AMPG, II. Abt., Rep. 62, Nr. 1639, fol. 23–23 verso; zu den Mitgliedern gehörten die Juristen Rudolf Bernhardt, Albin Eser und Ernst-Joachim Mestmäcker, die Kliniker Eberhard Nieschlag, Detlev Ploog und Martin Schlepper und die Biologen/Biochemiker/theoretischen Mediziner Benno Hess, Peter Hans Hofschneider, Hans-Georg Schweiger, Thomas Trautner und Wolfgang Wickler.
223 Der AK befasste sich bis 1989 ausschließlich mit dem Embryonenschutzgesetz und löste sich ein Jahr vor dem Erlass des Gesetzes 1990 auf.

den ethischen Anforderungen nicht entziehen, aber auch dafür sorgen, dass daraus keine weiteren Forschungseinschränkungen für sie entstanden. Während sich die lokalen Ethikkommissionen in der MPG (oder MPG-assoziiert) vor allem mit der Umsetzung von Regulationen befassten, waren Einrichtungen wie der AK damit beschäftigt, die Abfassung der Regulationen oder Gesetze in ihrem Interesse zu kommentieren und zu beeinflussen. Im Vergleich zur Leidenschaftlichkeit und Heftigkeit, mit der sich die MPG ab 1984 mit einem eigenen BMS-Arbeitskreis »Tierschutzrecht« gegen die Novellierung des Tierschutzgesetzes engagierte, mit der sich der nachfolgende Beitrag beschäftigt, ist der Ton des AK eher moderat. Das lag daran, dass der größte Teil der experimentellen biomedizinischen Forschung auf Tier- und nicht mehr auf Menschenversuchen beruhte.

Die Tatsache, dass sich die Max-Planck-Gesellschaft nicht gegen die Einrichtung von Ethikkommissionen wehrte, verdeutlicht den Denkstilwandel von der »reinen« Naturwissenschaft zur multizentrischen Biomedizin. Die Vertreter der Labormedizin hatten immer darauf bestanden, dass die wahren Naturwissenschaften keiner externen Ethik bedurften, erst recht keines externen ethischen Kontrollorgans. Die MPG fühlte sich offenkundig nur noch indirekt betroffen, weil durch die Molekularisierung der Lebenswissenschaften der »klassische«, physiologische Menschenversuch aus der MPG selbst verschwunden war und sich die Forschungspraktiken verändert hatten. Allerdings wurde mit diesem Wandel auch klar, dass die übliche Taktik der Abgrenzung von Grundlagenforschung und angewandter Forschung beispielsweise auf dem Feld der Humangenetik nicht mehr funktionierte. Denn auch wenn Gentechnik und Biotechnologie nicht mehr mithilfe von »klassischen« Menschenversuchen entwickelt wurden, würden genetische Eingriffe am Erbgut des Menschen eine völlig neue Art von Menschenversuch darstellen, die womöglich – wie es in Presse und Feuilleton hieß – der Herstellung des »neuen Menschen« mithilfe neuer Formen der Eugenik diente.[224] War dies auch zunächst eher eine Utopie als Wirklichkeit, war allen Beteiligten klar, dass allein die Möglichkeit zu diesen Manipulationen forschungsbegrenzende Auswirkungen auf die Grundlagenforschung haben würde. Die Arbeit des AK diente dem Zweck, diese möglichen Begrenzungen gegen die Forschungsfreiheit aufzuwiegen.

In den 1980er-Jahren hatten sich also bereits zwei verschiedene Formen von institutionalisierten Ethikgremien in der MPG etabliert: die konkreten Ethikkommissionen (IRB), die direkt an die klinischen Institutionen angebunden waren und dort konkrete Forschungsprojekte begutachteten, und solche wie die Arbeitskreise, die beispielsweise neue Forschungsfelder aus ethischer Sicht diskutierten oder wie im Fall des Tierschutzrechts versuchten, der Begrenzung ihrer Methoden und Praxen entgegenzusteuern, teilweise durch Öffentlichkeitsarbeit, teilweise aber auch durch Selbstregulation.

10.4.4 München 1999: Bericht an den Senat der MPG über die Präsidentenkommission zur Neuordnung der klinischen Forschung

In der zweiten Hälfte der 1990er-Jahre sah der neue MPG-Präsident Markl in der klinischen Forschung ein Feld mit wachsender Bedeutung für die MPG.[225] Hintergrund dieser Einschätzung bildete das Human Genom Project und der Beginn des Biotech-Booms um die Produktion neuer Biomoleküle als Grundlage möglicher neuer Medikamente. Markl setzte 1997 eine Präsidentenkommission ein, um die klinische Forschung in der MPG zu evaluieren und neu zu ordnen. In der Kommission waren als Gäste auch Mitglieder der Senatskommission für klinische Forschung der DFG vertreten, die sich zur selben Zeit darum bemühte, systematisch Einrichtungen für *klinische Studien* an den Universitätskliniken aufzubauen.[226] Mit der »Roadmap to Discoveries« 2003 machten die NIH in den USA schließlich den Begriff der *translationalen Forschung* zum Schlagwort, mit deren Hilfe die existierenden Infrastrukturen für »clinical trials« modernisiert, effektiver und schneller gemacht werden sollten. Um sich an klinischen Studien beteiligen zu können und dadurch Zugang zu finanziell lohnenden Patenten und Lizenzen zu haben, musste die Grundlagenforschung mit Kliniker:innen kooperieren, die mit dem Design, der Durchführung und Auswertung klinischer Studien – speziell mit den Regulationen bezüglich Ethikkommissionen und Versicherungsfragen – Erfahrung hatten.

---

224 Weß, *Die Träume der Genetik,* 1989; siehe auch Sloterdijk, *Regeln für den Menschenpark,* 1999; Habermas, *Die Zukunft der menschlichen Natur,* 2005.

225 Protokoll der ersten Sitzung der Präsidentenkommission »Klinische Forschung« am 21.4.1997 in der Generalverwaltung der MPG in München, AMPG, II. Abt., Rep. 62, Nr. 853, fol. 62. Der Bericht an den Senat über die Präsidentenkommission erfolgte auf der 151. Sitzung des Senates vom 5.3.1999, AMPG, II. Abt., Rep. 60, Nr. 151.SP, fol. 9–10.

226 Brief Markls an Beate Konze-Thomas vom 28.2.1997, Anlage: Einsetzung einer Präsidentenkommission »Klinische Forschung«, AMPG, II. Abt., Rep. 62, Nr. 853, fol. 337. Dr. Beate Konze-Thomas war Referatsleiterin für Medizin in der DFG-Geschäftsstelle und Ansprechpartnerin für die Senatskommission für klinische Forschung.

Die Einsetzung der Präsidentenkommission zeigte, dass sich im Untersuchungszeitraum auf dem Feld der klinischen Forschung einiges verändert hatte. Dies betraf vor allem Formen der interdisziplinären Zusammenarbeit.[227] In der biomedizinischen Forschung war eine multizentrische Medizin, eine Plattformmedizin entstanden.[228] Die äußerst heterogenen Elemente (Techniken, Methoden, Instrumente und Fertigkeiten) einer biomedizinischen Plattform wurden nicht durch eine gemeinsame Epistemik zusammengehalten, sondern äußerst pragmatisch durch das regelmäßige, gemeinsame Fortschreiben von Regulationen, die die Arbeitsabläufe auf medizinischen Plattformen ordnen und kontrollieren und so die Beziehungen zwischen Labor und Klinik materiell, institutionell und epistemisch neu konfigurieren sollten.[229]

Die regulatorische Wende betraf nicht nur die Forschungsethik mit ihrem Versuch, ethische Prinzipien mithilfe von Regulationen in biomedizinische Abläufe zu integrieren, sondern auch die Forschungspraxis selbst und schlussendlich auch die klinische Praxis in Form der evidenzbasierten Medizin (EBM), die Evidenz durch Leitlinien in die klinische Praxis übersetzten.[230] Durch die Entstehung der Biomedizin (d. h. der Entwicklung von der Labormedizin zur Biomedizin) veränderte sich auch der Kontext des Menschenversuchs.[231] Das gesamte Gefüge der entstehenden Biomedizin brachte neue Beziehungen zwischen Subjekt und Objekt, Arzt und Patient, neue Formen von Subjektivität und Objektivität, Ethik und Evidenz hervor. Die Plattformmedizin schuf eine eigene Form der Objektivität, *regulatory objectivity*, die die *true values* der mechanischen Objektivität der Labormedizin zugunsten der Kompatibilität der geteilten Standards und der auf Regulationen beruhenden Verbindung der biomedizinischen Einheiten zurückstellt (bzw. sie mit anderen Formen von Objektivität ko-existieren lässt).[232] Der neue regulatorische Denkstil führte in der klinischen Praxis zu verteilten, kollektiven und stark formalisierten Entscheidungsfindungen, die einen konventionellen Charakter haben.

Wie positioniert sich in diesem Geflecht die (Bio-) Ethik, die durch die regulatorische Wende enormen disziplinären Aufwind bekam? Wie geht sie damit um, dass sich nicht mehr nur zwei Menschen, Forschungssubjekt und -objekt, direkt gegenüberstehen, sondern sich in einem komplexen Gefüge aus Verwaltungseinheiten wiederfinden, die sich über verschiedene Länder mit teils nicht synchronisierten Regulationen verteilen? Einige Ethiker:innen glauben, dass Versuchspersonen in einem regelbasierten Rahmen bei Menschenversuchen weniger gefährdet sind, und betonen, dass der Missbrauch nicht mehr so krass sei wie in der Vergangenheit, bezweifeln jedoch, dass der Fortschritt wirklich den Regulationen zu verdanken ist.[233] Andere konstatieren gar ein Forschungsregulationsparadox, das die prinzipielle Spannung zwischen ethischen Prinzipien und technischen Verfahrensregeln charakterisiert. Sie bemängeln, dass bei dem Versuch, Tugenden in Regulationen und Vorschriften einzubetten, am Ende immer nur verfahrenstechnische Sorgfalt und Papierkram herauskommen statt individueller Reflexion und Überlegung.[234]

Forschende aus den Science and Technology Studies (STS) schließlich äußern sich generell skeptisch über das Modell, mit dem Bioethik ethisches Konfliktpotenzial in der biomedizinischen Forschung identifiziert und ihm begegnen will. Sie werfen der Bioethik vor, dass sie nicht wahrnimmt oder wahrhaben will, wie tief verstrickt forschungsethische Fragen mittlerweile in das Netzwerk von regulatorischen Verbindungen in der Biomedizin sind, dass sie damit die Unabhängigkeit (und damit auch die Wirksamkeit) ihres Faches überschätzen und ihr Beharren auf dyadischen und individuellen Modellen (wie der Arzt-Patienten-Beziehung als Kern der biomedizinischen

---

227 Siehe beispielsweise Thauers Befürchtungen, dass die klinische Medizin nicht mehr in naturwissenschaftlichen Begriffen denken könne, Thauer, Bedeutung, 1956.

228 Keating und Cambrosio, *Biomedical Platforms*, 2000.

229 Keating und Cambrosio zeigen dies vor allem am Beispiel der Immunophänotypisierung-Plattformen in der Krebsforschung (Hämatologie), siehe Keating und Cambrosio, *Biomedical Platforms*, 2003; siehe auch Löwy über die Interleukin-2-trials in der Onkologie Mitte der 1980er-Jahre, Löwy, *Between bench and bedside*, 1996.

230 Borck, Negotiating, 2020.

231 Keating und Cambrosio entwerfen eine Genealogie des Begriffs der Biomedizin und versuchen die vielfältige, teils widersprüchliche Nutzung und Definition des Begriffs zu klären. Keating und Cambrosio, *Biomedical Platforms*, 2003, 50–57. Für den deutschsprachigen Bereich siehe Bruchhausen, Biomedizin, 2010.

232 Cambrosio et al., Regulatory Objectivity, 2006.

233 Zumindest gibt es keine Forschung, die diesen Zusammenhang beweist. Siehe zu diesen Zweifeln Sprumont, Research Ethics Regulation, 2020.

234 Burris und Welsh, Regulatory Paradox, 2007.

Forschung) zu einer Fehleinschätzung der Komplexität biomedizinischer Forschung führt.²³⁵

10.4.5 Fazit

Der Menschenversuch hat sich in der zweiten Hälfte des 20. Jahrhunderts von einem heroischen Akt (der Forschenden) in der Physiologie und experimentellen Medizin zu einem bürokratischen Prozess im Rahmen von überwiegend epidemiologisch-statistischer Forschung gewandelt. Dabei spielten regulatorische Prozesse eine besondere Rolle, die schließlich zu einer eigenen Form von Objektivität führten. Regulierungswissen kam eben nicht nur von außen und »oben« in die MPG, sondern entstand auch »bottom up« aus neuen Forschungspraktiken, die durch Regulationen versuchten, heterogene Elemente in ihren Prozessen miteinander zu verbinden und so beispielsweise biomedizinische Plattformen zum Laufen zu bringen. Selbst die ethischen Regulierungen wurden nur zum Teil von außen an die MPG herangetragen. Nach den Ethikkommissionen und den verschiedenen (inter-)sektionellen Arbeitskreisen zu aktuellen ethischen Fragen setzte mit der Milleniumswende eine Welle der ethischen Selbstregulierung der MPG ein, wie die Einsetzung des Ombudswesens zur Durchsetzung guter wissenschaftlicher Praxis, des Ethikrates, die Entwicklung eines »Code of Conduct«, die Einsetzung von Gleichstellungsbeauftragten für verschiedene Felder (»gender, disability, diversity«) beweisen. Regulierungswissen wurde zu einer neuen institutionellen Wissensform, einem neuen Denkstil.²³⁶ Die Bioethik, die Forschungsprozesse eigentlich von außen kontrollieren sollte, wurde immer stärker in das Geflecht regulatorischer Praktiken einbezogen. Insofern sind die Gefährdungen, die sich aus der typischen epistemischen Doppelstruktur des Menschenversuchs ergeben, also aus der Objektivierung menschlicher Subjekte durch andere Menschen, keinesfalls gebannt, sondern rekonfigurieren sich immer wieder neu.

Diese Entwicklung spiegelt sich auch im Verhältnis der MPG zum Menschenversuch, das ich an verschiedenen Episoden nachgezeichnet habe. Der Begriff Menschenversuch ist in der Forschungspraxis der MPG übrigens kaum zu finden und taucht nur in historischen Bezügen zu den nationalsozialistischen Verbrechen in den Archiven und Datenbanken der MPG auf. Ob die Vermeidung des Begriffs wirklich hilfreich ist, um den Menschenversuch und seine Gefahren als solche zu erkennen und die eigene Forschungspraxis zu reflektieren, ist allerdings mehr als fraglich.

Der Menschenversuch hat sich verändert, ist aber keineswegs verschwunden. Im Gegenteil, in klinischen Studien floriert er wie selten zuvor, und zwar im Rahmen der Industrie, die seit den 1990er-Jahren um die Organisation und Durchführung klinischer Studien entstanden ist. Die Auslagerung der Versuche aus den Pharmafirmen und großen Kliniken in eigenständige Vertragsfirmen und die kostengetriebene Verlagerung klinischer Versuche ins Ausland (»offshoring«), vor allem in Länder mit wenig oder sehr geringen Einkommen, haben ein beispielloses globales Feld für experimentelle Aktivitäten geschaffen.²³⁷ Experimentieren an Menschen sei mittlerweile zu einem gesellschaftlichen Gut an sich geworden, behaupten Sozialwissenschaftler:innen, die die Mobilität und Ausbreitung dieser »experimentality« (Experimentierfreudigkeit) und »experimental exuberance« (experimentellen Überschwang) genauer untersuchen.²³⁸ Auslagerung und Dezentralisierung führen dazu, dass Umfang und Reichweite der experimentellen Aktivitäten kaum eingeschätzt werden können. Diese neuen experimentellen Landschaften, so Petryna, entstehen durch soziale, historische und geografische Ungleichheiten: Die Studienindustrie und Medikamentenzulassungsbehörden profitieren hauptsächlich von Menschen ohne Krankenversicherung oder Zugang zur Gesundheitsversorgung, die gerade deshalb an den Versuchen teilnehmen, während potenzielle Proband:innen in reichen Ländern auf das Risiko von Menschenversuchen verzichten. In einkommensschwachen Ländern sind mittlerweile ganze Bevölkerungsgruppen in diese »experimentality« einbezogen. Experimentalität wird oft mit einem humanitären Ausnahmezustand legitimiert (etwa in der AIDS-Epidemie in Afrika) und reproduziert sich durch die Evidenzen, die sie unablässig in den Studien produziert und die

---

[235] Cambrosio et al., Regulatory Objectivity, 2006, 196–197; Bourret, BRCA Patients, 2005. Für eine andere Einschätzung, die aber auch die Probleme der Forschungsethik benennt, siehe Schmidt, Frewer und Sprumont, Some Reflections, 2020.

[236] Carsten Reinhardt versteht unter dem Begriff Regulierung ganz allgemein die Kontrolle und Steuerung natürlicher, technischer und sozialer Prozesse, einen reflexiven und »interaktiven Prozess, der verschiedenste Wissensformen mit sich bringt«. Im Unterschied zu Verboten soll es Handlungen ermöglichen. Reinhardt, Regulierungswissen, 2010, 352.

[237] Petryna, Experimentality, 2007. Im Gegensatz zur deutschen Tradition wird international nicht zwischen experimentellen Menschenversuchen und Heilversuchen unterschieden; Letztere galten in Deutschland als nicht experimentelle, epidemiologische klinische Forschung.

[238] Nguyen, Government-by-exception, 2009; Murphy, Experimental Exuberance, 2017.

dazu benutzt werden, die Interventionen weiter zu legitimieren.²³⁹ Die gängige *paper ethics* wiederum sei nicht in der Lage, die unmittelbare und langfristige Sicherheit von Patienten und Verbrauchern zu schützen, weil die Versuchsindustrie trotz Einhaltung aller Regulationen immer wieder in der Lage sei, Schlupflöcher zu finden, »more Machiavellian ways to be ethical«.²⁴⁰

Die historische Wandelbarkeit des Menschenversuchs, die historischen Veränderungen von epistemischen Kategorien wie Objektivität, Subjektivität, Evidenzproduktion ebenso wie von ethischen Werten und Forschungsmethoden ernst zu nehmen und zu untersuchen, ist nicht nur eine Frage individueller Ethik, sondern auch eine institutionelle Tugend. Ludwik Fleck wünschte sich bereits Mitte der 1930er-Jahre die Disziplin der »Vergleichenden Denkstilsoziologie«, in der die Naturwissenschaften sich ihrer selbst vergegenwärtigen konnten. Felder wie die Wissenschaftsforschung (Science Studies), History and Philosophy of Science (HPS) oder STS haben es sich in der zweiten Hälfte des 20. Jahrhunderts zur Aufgabe gemacht, die unbequemen Fragen nach den möglichen Gefahren der (Natur-)Wissenschaften nicht zu schließen, sondern sie offenzuhalten, nicht als formale Ethik, sondern als Ort der Möglichkeitsbestimmung naturwissenschaftlicher Praxis. Zu dieser Politik gehörte auch die Einrichtung eines Instituts für Wissenschaftsgeschichte in der MPG und das Schreiben der eigenen Geschichte, die sich nicht erschöpfen kann in heroischen oder internalistischen Darstellungen (natur-)wissenschaftlicher Arbeit, sondern die diese kritisch reflektiert als historische und gesellschaftspolitische Praxis, die nicht auf einer Politik der Trennungen oder Synthesen von Natur- und Geisteswissenschaften beruht, sondern auf einer der gemeinschaftlichen Weltgestaltung und Weltbildung.

10.5 Tierversuche als ethische Herausforderung der Grundlagenforschung²⁴¹

In den 1980er-Jahren gerieten die biomedizinischen und neurowissenschaftlichen Institute wie das MPI für experimentelle Medizin und das MPI für Hirnforschung verstärkt in das Visier der Tierschutz- und Tierrechtsbewegung. Nach der ersten Neufassung des Tierschutzgesetzes 1972 hatten Tierversuchsgegner:innen Einfluss auf politische Entscheidungsträger:innen und die mediale Berichterstattung gewinnen können.

Einig waren sich die verschiedenen Gruppen der ansonsten heterogenen Tierrechts- und Tierschutzbewegung in ihrer strikten Ablehnung der sogenannten Vivisektion – das heißt Eingriffen am lebendigen bzw. nicht betäubten Tier.²⁴² Später, im Laufe der 1990er-Jahre, kamen dann weiterreichende Forderungen hinzu, den Tieren im Idealfall verfassungsmäßige Grundrechte ähnlich den Menschenrechten einzuräumen.²⁴³ Die Max-Planck-Gesellschaft als Institution der Grundlagenforschung stand vor einem prinzipiellen Problem: Tierversuche sollten grundsätzlich nur für klar bestimmbare wissenschaftliche Ziele und Zwecke durchgeführt werden; ergebnisoffene Forschung mit Versuchstieren – vor allem mit Primaten, Säuge- oder Wirbeltieren – sah sich heftiger Kritik ausgesetzt.²⁴⁴ Die Tierrechtsbewegung, insbesondere ihre militanten Teile, die mitunter in Nacht-und-Nebel-Aktionen Tiere »befreiten« oder gar Forschungsstätten oder deren Personal angriffen, waren in den 1980er-Jahren immer aktiver geworden.²⁴⁵ Ihre Aktionen versetzten die MPG – vor allem die Institute der Biologisch-Medizinischen Sektion – in erhöhte Alarmbereitschaft und führten zu einer kritischen Reflexion über das Für und Wider und die ethische Vertretbarkeit von Tierversuchen in der Grundlagenforschung.²⁴⁶

Die Tiergesetz-Novellierung war ursprünglich für 1983 geplant und sollte damit das deutsche Tierschutzrecht an europäische Rechtsprechung angleichen.²⁴⁷ Sie wurde verschoben, unter anderem aufgrund des erfolg-

---

239 Ebd.
240 Petryna, Experimentality, 2007, 298.
241 Der nachfolgende Text stammt von Juliane Scholz mit Ergänzungen von Martina Schlünder.
242 Weiss, Qualen in der Forschung, *Badisches Tagblatt*, 26.2.1982; Lenz, Unnötige Tierversuche, *Frankfurter Allgemeine Zeitung*, 1.2.1982; Gegen Experimente mit Katzen, *Weser-Kurier*, 21.12.1981; Roscher, Tierschutz- und Tierrechtsbewegung, 2012.
243 Händel, Chancen und Risiken, 1996.
244 Roscher, Tierschutz- und Tierrechtsbewegung, 2012.
245 Frankenberg, Tierschutz oder Wissenschaftsfreiheit?, 1994; Köpernik, *Rechtsprechung zum Tierschutzrecht*, 2010; Peter, Die Rechtsstellung von Tieren, 2019; Petrus, *Tierrechtsbewegung*, 2013; Rosen, Moralischer Aufschrei, 2011.
246 F. Bonhoeffer an Zacher, 15.7.1992, GVMPG, BC 230279, fol. 12.
247 Das Bundesministerium für Ernährung, Landwirtschaft und Forsten an die Mitglieder der Sachverständigengruppe »Tierschutz/Tierversuche/Versuchstierhaltung« am 27.1.1982 mit entsprechenden Anhängen: »Europäisches Übereinkommen zum Schutz von Wirbeltieren, die zu Versuchs- und sonstigen wissenschaftlichen Zwecken verwendet werden«, AMPG, II. Abt., Rep. 1, Nr. 1022, fol. 220–267.

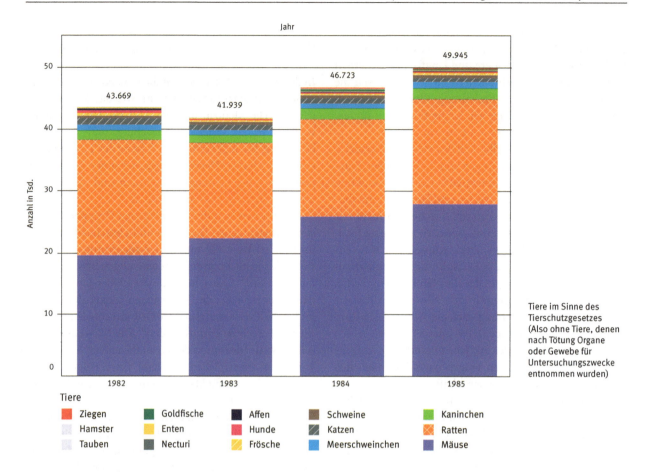

Abb. 51: Anzahl der Versuchstiere im Sinne des Tierschutzgesetzes an den Instituten der MPG – Quelle: AMPG, II. Abt., Rep. 1, Nr. 1025, fol. 135–136. – Grafik: Ira Kokoshko und Hannes Benne. doi.org/10.25625/CM46AO.

reichen Misstrauensvotums gegen die Regierung Schmidt und den darauffolgenden Regierungswechsel.[248] Im April 1979 hatte eine erste Anhörung im Landwirtschaftsausschuss stattgefunden, bei der Karl-Heinz Sontag vom MPI für experimentelle Medizin die MPG vertrat.[249] In einer zuvor durchgeführten Umfrage bei den BMS-Instituten zur geplanten Novellierung hatten fast alle Befragten kurz und bündig geantwortet, sie hielten die gesetzlichen Regelungen für ausreichend und sähen keinen Änderungsbedarf.[250] Ausführlicher äußerte sich hingegen Martin Hornberger, Leiter der Versuchstierabteilung aus dem MPI für Biochemie in Martinsried, wo es eines der größten Tierhäuser der MPG gab. Er empfahl, das Tierschutzgesetz dahingehend zu ändern, dass Versuchstiere nur aus tierärztlich überwachten Zuchten stammen dürften, um das Fängerunwesen einzudämmen. Im Unterschied zu anderen tierexperimentell arbeitenden Wissenschaftler:innen in der MPG sah er ein Problem im unkontrollierten Ankauf von Versuchstieren.[251] 1980 setzte Präsident Lüst schließlich eine mehrstündige Podiumsdiskussion zum Thema Tierversuche auf die Agenda der Hauptversammlung der MPG.[252]

---

[248] Von Mitte September 1982 bis Ende März 1983 wechselte im Landwirtschaftsministerium, das für die Novellierung des Tierschutzgesetzes zuständig war, mehrfach der zuständige Minister: von Josef Ertl (FDP) zu Björn Engholm (SPD) zurück zu Ertl. Im März 1983 kam das Ressort für zehn Jahre zur CSU (Ignaz Kiechle).
[249] Prof. Dr. K.-H. Sontag: Stellungnahme zur Regelung des Tierschutzgesetzes in der Praxis – öffentliche Anhörung im Abgeordneten-Hochhaus des Deutsches Bundestages am 25.4.1979, AMPG, II. Abt., Rep. 1, Nr. 1022, fol. 303–308.
[250] Brief von Dr. M. Hornberger an Beatrice Fromm vom 27.3.1979, AMPG, II. Abt., Rep. 66, Nr. 4822, fol. 97–98; die anderen Antworten auf das Rundschreiben finden sich ebd., fol. 94–104.
[251] Unkontrollierter Handel mit Versuchstieren wie Hunden und Katzen, die beispielsweise aus illegalen Straßenfängen stammen. M. Hornberger an Beatrice Fromm, ebd., fol. 97–98.
[252] Die Diskussion ist dokumentiert in Generalverwaltung der Max-Planck-Gesellschaft, *Tierversuche*, 1981.

10. Politische und ethische Herausforderungen der Forschung

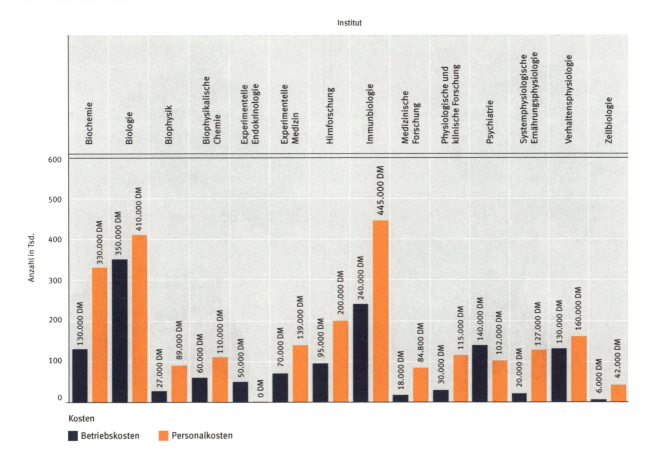

Abb. 52: Kosten für die Tierhaltung an Max-Planck-Instituten 1980. – Quelle: Kosten Tierhaltung 1980, AMPG, II. Abt., Rep. 1, Nr. 1026, fol. 472. – Grafik: Ira Kokoshko und Hannes Benne. doi.org/10.25625/CM46AO.

10.5.1 Tierbestand und Entwicklung der Versuchstierzahlen in der MPG

Die Kritik der Tierrechtsbewegung richtete sich vor allem gegen die steigenden Zahlen von Tierversuchen seit den 1970er-Jahren und damit gegen den »ungeheuren Verschleiß an Tieren«.[253] Für die Jahre 1980 und 1981 erfasste die MPG erstmals den Tierbestand an den Max-Planck-Instituten und die damit einhergehenden Kosten. Der gesamte Bestand, der im Mai 1982 in einer Pressemitteilung auch an die Öffentlichkeit kommuniziert wurde, verteilte sich auf 22 Institute, davon zwölf in der BMS. Es handelte sich um rund 111.000 Tiere,[254] davon 97,2 Prozent Säugetiere, 1 Prozent Vögel sowie 1,8 Prozent Kaltblüter. Knapp 60.000 Tiere – überwiegend Ratten und Mäuse – stammten aus eigener Tierzucht. Die Anzahl der Versuchstiere im Sinne des Tierschutzgesetzes – also ohne Tiere, denen nach der Tötung Organe oder Gewebe entnommen wurden – belief sich im Jahr 1982 auf 43.669 und stieg bis 1985 auf 49.945 Versuchstiere (siehe Abb. 51).

Zahlenmäßig besaßen das MPI für Biologie und das MPI für Immunbiologie mit 35.080 respektive 27.717 Tieren im Jahr 1980 den größten Tierbestand in der MPG. Die Kosten für die Tierhaltung beliefen sich auf insgesamt 760.000 respektive 685.000 DM pro Jahr; davon entfiel der Großteil auf Personalkosten, der Rest zählte als Betriebskosten (siehe Abb. 52). Geführt wurde auch eine Artenliste, auf der 64.030 Mäuse, 16.710 Ratten sowie jeweils rund 1.000 Kaninchen, Meerschweinchen und Fische verzeichnet waren.[255] Das MPI für Hirnforschung listete im Jahr 1980 beispielsweise etwa 30 Katzen, 115 Affen,

---

[253] Ein ungeheurer Verschleiß an Tieren, Der Spiegel, 31.3.1985.
[254] Pressereferat der MPG, Tierversuche in den Instituten der MPG 1981, PM Mai 1992, AMPG, II. Abt., Rep. 1, Nr. 1024, fol. 117–119.
[255] Tierverbrauchszahlen und Kostenübersicht Zukauf 1980, AMPG, II. Abt., Rep. 1, Nr. 1026, fol. 486–490; Versuchstierbedarf 1982–1985, AMPG, II. Abt., Rep. 1, Nr. 1025, fol. 160–210; Übersicht Personalaufwand und Unterhaltskosten, Versuchstiere 1982–1985, ebd., fol. 89–90 u. fol. 136–143.

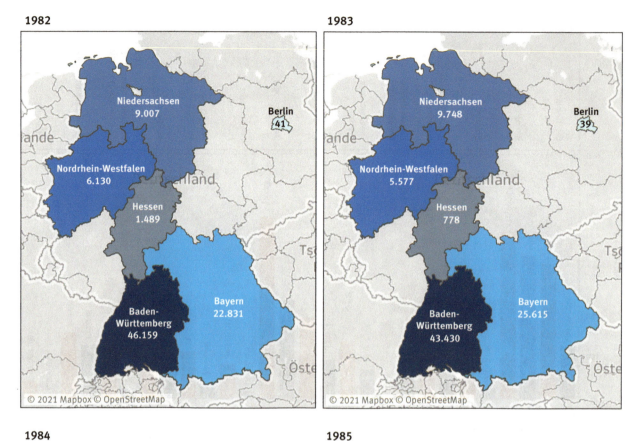
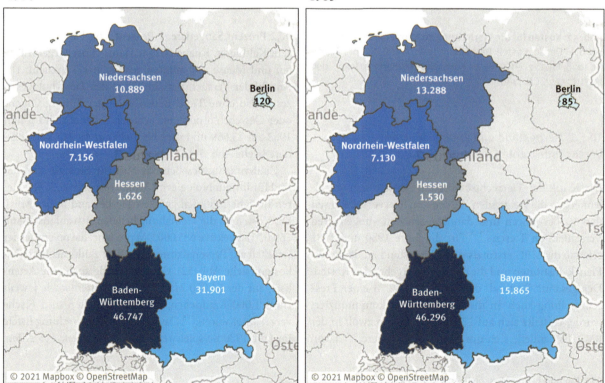

Abb. 53: Anzahl der Versuchstiere pro Bundesland. – Quelle: AMPG, II. Abt., Rep. 1, Nr. 1025, fol. 145–159. – Grafik: Ira Kokoshko und Hannes Benne. doi.org/10.25625/CM46AO.

75 Springmäuse, 10 Schweine und etwa 1.000 Ratten und Mäuse als Versuchstiere auf. Das MPI für experimentelle Medizin verfügte über je 20 Hunde, 10 Schweine, 50 Katzen, 100 Kaninchen, je 200 Fische und Meerschweinchen sowie rund 6.500 Ratten und Mäuse.[256] Regional ballten sich Tierversuche in der MPG besonders im Süden der Republik. 1984 gab es in Baden-Württemberg 46.747 Versuchstiere und in Bayern 31.901 (siehe Abb. 53).

Die meisten Experimente wurden an Ratten und Mäusen durchgeführt, deren Anzahl sich auf knapp 40.000 Versuchstiere im Sinne des Tierschutzgesetzes im Jahr 1982 summierte. Wesentlich seltener waren im gleichen Zeitraum Versuche an Primaten (197), Hunden (473) und Katzen (1.118). Die Zahl der tierexperimentellen Versuche an Säugetieren, insbesondere an Hunden und Katzen, ging bis 1985 leicht zurück. Einzig Versuche an Mäusen und Ratten wurden bis Mitte der 1980er-Jahre häufiger durchgeführt.[257]

10.5.2 Wissenschaftslobbyismus für Tierversuche zur Zeit der Reformen des Tierschutzgesetzes

Die erste Presseerklärung zur Novellierung des Tierschutzgesetzes veröffentlichte die MPG im November 1981. Sie betonte die Bedeutung des Tierversuchs als eine der wichtigsten Methoden in der Erforschung von Umweltproblemen sowie bei Fragen der Welternährung und Krankheitsbekämpfung. Tierversuche seien untrennbar mit Forschung und Fortschritt verknüpft. Außerdem wehrte sich die MPG energisch gegen jede Art von Forschungseinmischung. Die Novellierung würde die Forschung behindern und enorm verteuern.[258] Die Initiative für diese Stellungnahme ging auf Reimar Lüst zurück. Ihm sei, so Lüst auf der BMS-Sitzung im Herbst 1981, durch Gespräche mit Politikern und durch die Lektüre der ersten Gesetzesentwürfe zur Novellierung deutlich geworden, welche falschen Vorstellungen über Tierversuche, auch über deren Ausmaß, in der Politik kursierten. Die MPG müsse deshalb dringend eine Erklärung abgeben, um dem entgegenzutreten. Der BMS empfahl eine Öffentlichkeits- und Aufklärungskampagne zu starten, die 1981 zur Veröffentlichung einer ersten Tierversuchsstatistik führte.[259]

In den folgenden beiden Jahren kam es dann zu einem regen Austausch zwischen Vertreter:innen der MPG und der Politik über Tierversuche, unter anderem im Rahmen eines Parlamentarischen Abends, einer weiteren Anhörung im Landwirtschaftsausschuss, diesmal mit einem ausführlichen Statement des BMS-Vorsitzenden Benno Hess. Darin hob er die Bedeutung der Reproduzierbarkeit von Versuchen für die Herstellung von gesichertem Wissen hervor; Politiker:innen und Tierversuchsgegner:innen verstünden den epistemischen Sinn der Wiederholung nicht und sähen darin nur einen unnötigen Verbrauch von Tieren.[260] Außerdem beteiligte sich die MPG an einer Tierschutztagung in der Evangelischen Akademie Loccum und gab mündliche und schriftliche Stellungnahmen zu den Diskussionsentwürfen der Novelle ab. Nach dem Regierungswechsel 1982 sah sie sich allerdings mit einer »ausgesprochen wissenschaftsfeindlichen Haltung« im Bundeskanzleramt konfrontiert.[261] Eine dritte Anhörung im Landwirtschaftsministerium im Dezember 1983 machte der MPG klar, dass ihr Anliegen, die Novellierung komplett zu verhindern, gescheitert war. Daher sah sie sich gezwungen, ihre Öffentlichkeitsarbeit und auch ihre politische Lobbyarbeit umzusteuern; es sei an der Zeit, die defensive Haltung aufzugeben und mit einem geeigneten Konzept offensiv in die Öffentlichkeit zu gehen.[262]

Dies führte dann im Februar 1984 zur Gründung des Arbeitskreises »Tierschutzrecht« in der Biologisch-Me-

---

256 Vermerk von Dr. Sauerwein: Errichtung einer zentralen Versuchstierzucht in der Max-Planck-Gesellschaft, Anhang Tierbestand, 23.6.1980, AMPG, II. Abt., Rep. 1, Nr. 1026, fol. 472–473.
257 Versuchstierbedarf 1982–1985, AMPG, II. Abt., Rep. 1, Nr. 1025, fol. 160–210.
258 MPG, Stellungnahme zu Tierversuchen in der Wissenschaft, München im November 1981, AMPG, II. Abt., Rep. 66, Nr. 4785, fol. 395–403.
259 Ein Redaktionskomitee wurde gebildet, das den Präsidenten bei der Abfassung der Presseerklärung unterstützen sollte, bestehend aus Benno Hess, BMS-Vorsitz, Dietrich Karl Hammer (MPI für Immunologie), Wolf Singer (MPI für Hirnforschung), Karl-Heinz Sontag (MPI für experimentelle Medizin). Protokoll der BMS vom 28.10.1981, AMPG, II. Abt., Rep. 62, Nr. 1633, fol. 15–15 verso.
260 Benno Hess, Ausführungen anläßlich der Anhörung des Bundestagsausschusses für Ernährung, Landwirtschaft und Forsten über die Novellierungsvorschläge zum Tierschutzgesetz am 12.5.1982, AMPG, II. Abt., Rep. 1, Nr. 1023, fol. 140–146.
261 Vermerk, 27.11.1984, Betr.: Bemühungen der Wissenschaft um Einflußnahme auf die Neufassung des Tierschutzgesetzes, AMPG, II. Abt., Rep. 1, Nr. 1023, fol. 3-4, hier fol. 4.
262 Protokoll der BMS vom 1.2.1984 in Heidelberg, AMPG, II. Abt., Rep. 62, Nr. 1639, fol. 22 verso – 23 recto. Mitglieder des AK waren: Otto D. Creutzfeldt, Dietrich Karl Hammer, Martin Hornberger, Detlev Ploog, Karl-Heinz Sontag, Thomas Trautner, Karl J. Ullrich. Wie den BMS-Protokollen zu entnehmen ist, bestimmte die Frage, ob man eher zurückhaltend oder offensiv in der Öffentlichkeit für Tierversuche eintreten sollte, die Diskussionen im AK und in der BMS bis zum Ende des Untersuchungszeitraums.

dizinischen Sektion und zu einem dramatischen öffentlichen Appell, der zeitgleich eine Kampfansage gegen »antiwissenschaftliche Agitation« und »Tierversuche Heuchelei« war. Die sogenannten Bad Nauheimer Thesen[263] des Arbeitskreises vom April 1984 spielten damit auf die emotionalen und bildreichen Medienkampagnen der Tierversuchsgegner:innen an. Tierversuche seien unverzichtbar für die Entwicklung von Medikamenten und das Grundverständnis von Krankheiten. Ziel dieser Erklärung war es, die Entscheidung, ob Tierversuche notwendig sind, in den Händen fachkundiger Wissenschaftler:innen zu belassen und nicht der »rationalen Argumentation« zu entziehen oder gar »falsche einseitige Darstellungen zu verbreiten«. Diese wissenschaftszentrierte Argumentation unterstellte den Tierversuchsgegner:innen, sie argumentierten »antiwissenschaftlich« oder gar unsachlich und lehnten wissenschaftlich-technischen Fortschritt per se ab.

Gleichzeitig intensivierte die MPG ihre Lobbyarbeit: In einem Vermerk für den Präsident Heinz A. Staab zu den »Bemühungen der Wissenschaft um Einflußnahme auf die Neufassung des Tierschutzgesetzes« vom 27. November 1984 wurde das übergeordnete Ziel der MPG und besonders das ihrer biowissenschaftlichen Institute in dieser Zeit überdeutlich. Die Öffentlichkeit sollte durch von der Pressestelle vorbereitete »regelmäßige und umfassende Informationen an einzelne Journalisten, Parlamentarier und Ministerien« gezielt über den Nutzen von Tierexperimenten aufgeklärt werden. Man wollte so drohende Eingriffe in die Forschungsarbeit der tierexperimentell tätigen Institute vermeiden, die in den Augen der meisten Forscher:innen die Wissenschaftsfreiheit empfindlich einschränkten.[264]

In der Tat sahen die verschiedenen Gesetzesentwürfe der Novellierung, die für das Jahr 1986 vorgesehen war, vielfältige Neuerungen vor: eine Dokumentation der verwendeten Tierarten und geplanten experimentellen Abläufe; Umstellungen vom Melde- auf Genehmigungsverfahren, die zeitliche Befristung von Genehmigungen,[265] Zuchtnachweise zur Vermeidung des Fängerunwesens, eine verbesserte Stellung und Finanzierung der Tierpfleger:innen. Außerdem sollte die Reform die zentrale Frage regeln, wer überhaupt Tierversuche durchführen durfte, und sah die Etablierung von unabhängigen Tierschutzbeauftragten an jedem Institut vor, darüber hinaus die Bildung von Kommissionen, die die Entscheidungen der Genehmigungsbehörden unterstützen sollten. Alles in allem handelte es sich also um erhebliche personelle, materielle und organisatorische Veränderungen, verbunden mit erheblichen Kostensteigerungen.

In die unklare Gemengelage von Vorlagen und Entwürfen versuchte die MPG nun mit gezieltem politischem Lobbyismus zu intervenieren und alle Kräfte zu konzentrieren, um möglichst viele ihrer Vorstellungen durchzusetzen bzw. die der Tierversuchsgegner:innen zu verhindern. Alle Wissenschaftler:innen wurden aufgerufen, unmittelbar auf die parlamentarische Diskussion Einfluss zu nehmen, Briefe an Parlamentarier, Ausschussmitglieder und persönlich bekannte Abgeordnete zu richten[266] und das Gespräch mit ihnen immer wieder zu suchen. In der BMS war man geradezu »konsterniert über die absolute Unkenntnis der Politiker«, auch wenn man ihnen zugestand, unter einem enormen Druck der Öffentlichkeit und dem ständig wachsenden Misstrauen gegenüber dem naturwissenschaftlichen Fortschritt zu stehen.[267] Um die Politiker:innen zu überzeugen, müsse man unbedingt auf die Bedrohung Deutschlands als Wissenschaftsstandort hinweisen, mit allen daraus resultierenden Wettbewerbsnachteilen.[268]

Als Reaktion auf die im Mai 1984 eingesetzte Benda-Kommission, die versuchte, ethische und rechtliche Fragen auf den neuen Forschungsgebieten der Reproduktionsmedizin, Genomanalyse und Gentherapie zu klären, baten die Präsidenten der Wissenschaftsorganisationen Bundeskanzler Helmut Kohl noch im selben Monat, eine Kommission zur Versachlichung der Diskussion über Tierversuche einzurichten. Das Anliegen der Allianz, die Konflikte zunächst in einem geschützten Rahmen wie diesem diskutieren zu lassen, scheiterte jedoch. Der Bundeskanzler vermittelte den Präsidenten der Allianz

---

263 Zitate entnommen aus: Das wissenschaftliche Fundament der Medizin erhalten Für Tierversuche trotz Skepsis und Fortschrittskritik, Bad Nauheimer Thesen des Arbeitskreises »Tierschutzrecht« der Biologisch-Medizinischen Sektion der Max-Planck-Gesellschaft, 1984, AMPG, II. Abt., Rep. 1, Nr. 1037, fol. 177–184.
264 Siehe Vermerk für den Präsidenten, Bemühungen der Wissenschaft um Einflußnahme auf die Neufassung des Tierschutzgesetzes, 27.11.1984, AMPG, II. Abt., Rep. 1, Nr. 1063, fol. 1–6.
265 Ein Kommentar zu den verschiedenen Entwürfen aus der Sicht der MPG vom Stand 24.1.1985 findet sich in AMPG, II. Abt., Rep. 1, Nr. 1025, fol. 23–27.
266 Protokoll der Sitzung der BMS vom 1.2.1984, AMPG, II. Abt., Rep. 62, Nr. 1639, fol. 22 verso.
267 Protokoll der Sitzung der BMS vom 27.6.1984, AMPG, II. Abt., Rep. 62, Nr. 1640, fol. 15–16.
268 Ebd., fol. 15 verso.

10. Politische und ethische Herausforderungen der Forschung

lediglich ein persönliches Gespräch mit Landwirtschaftsminister Ignaz Kiechle (CSU).[269]

Ebenfalls im Mai wurde außerdem die Gesellschaft zur Förderung der biomedizinischen Forschung e. V. gegründet, initiiert vom AK »Tierschutzrecht« der BMS, der DFG-Senatskommission für Versuchstierforschung und der Gesellschaft Deutscher Naturforscher und Ärzte (GDNÄ). Diese Gesellschaft sollte große Anzeigenkampagnen für Tierversuche vorbereiten und entsprechende Mittel dafür bei der Industrie einwerben.[270] Schließlich legten DFG, MPG und GDNÄ im Juli 1984 einen eigenen Gesetzesentwurf vor, um das geplante Genehmigungsverfahren und eine »weitere Bürokratisierung« und »Aufblähung des Behördenapparates« zu verhindern. Zudem sollten nur studierte Biolog:innen oder Mediziner:innen in den beratenden Kommissionen sitzen und nicht, wie im ursprünglichen Gesetzesentwurf angedacht, auch Mitglieder von Tierschutzverbänden.[271]

Als der Haushaltsausschuss des Deutschen Bundestages schließlich im November eine Haushaltssperre von 20 Prozent für die Finanzierung von Tierversuchen durch Bundesmittel verhängte,[272] spornte das die MPG an, ihre politische Arbeit weiter zu intensivieren. 1985 berichtete der Arbeitskreis auf allen BMS-Sitzungen regelmäßig über den Stand der Lobbyarbeit und deren Auswirkung auf die jeweiligen Entwürfe. Im November 1985 organisierte die MPG gemeinsam mit der DFG einen Parlamentarischen Abend zum Thema »Forschung und ihre rechtlichen Grenzen«, also genau zu der Zeit, als das Gesetz in den verschiedenen Lesungen des Bundestages beraten wurde.[273] Intern beklagte man sich auf einer Senatssitzung über die mangelnde Resonanz in der Öffentlichkeit: »Von der Wissenschaft wird in großer Einmütigkeit der Standpunkt vertreten, daß Tierversuche in der Forschung notwendig sind [...]. Dem steht die Ansicht vieler Tierversuchsgegner entgegen, daß Versuche an lebenden Tieren durch nichts zu rechtfertigen seien. Wir haben uns hier schon darüber unterhalten, daß Aufklärungsinitiativen der Wissenschaft und ihrer Organisationen in der Öffentlichkeit kaum Resonanz finden, während im Gegensatz dazu Aktionen der Tierversuchsgegner einschließlich eindeutig krimineller Handlungen - auch von einigen Medien - behandelt werden, als ob es sich nicht um Rechtsbrüche, sondern um Heldentaten handle.«[274]

Gleichwohl hatte die Lobbyarbeit Erfolg. Als das Gesetz schließlich im August 1986 verabschiedet wurde und zum 1. Januar 1987 in Kraft trat, hatten sich die Forschungsorganisationen und auch die Industrie in wichtigen Punkten durchsetzen können. So wurden die geplanten unabhängigen Kommissionen zur Kontrolle letztlich nur zu einem Drittel mit Mitgliedern aus Tierschutzorganisationen und mehrheitlich mit Wissenschaftler:innen der Fachrichtungen besetzt, die selbst Tierversuche durchführten oder in engen Arbeitsbeziehungen mit den Forscher:innen standen.

In der Regel gehörten die vorgesehenen Tierschutzbeauftragten dem Unternehmen oder der Forschungseinrichtung selbst an, hatten daher mit Interessenkonflikten zu kämpfen und waren grundsätzlich nicht, wie ursprünglich vorgesehen, weisungsfrei. Dass die Voraussetzungen für eine Genehmigung erfüllt waren, hatte der Antragsteller wissenschaftlich zu belegen, wobei im Streitfall die Beweislast bei der zuständigen Genehmigungsbehörde lag. All das führte zwar zu einem erhöhten Zeit- und Verwaltungsaufwand und zu einer kurzzeitigen Reduzierung der Zahl der Tierversuche - diese waren mit der Gesetzesänderung 1986 zum ersten Mal deutschlandweit durch die Forschungseinrichtungen erhoben worden -, allerdings war der Rückgang wohl eher auf erforderliche Kostensenkungen und weniger auf die verstärkte Regulierung zurückzuführen.[275]

Die MPG setzte ihre politische Lobbyarbeit bis zur Verabschiedung der allgemeinen Verwaltungsvorschrift zur Novelle des Tierschutzgesetzes im Mai 1987 fort, um auch bei den Bestimmungen zur Umsetzung des Gesetzes in die Praxis ihre Vorstellungen durchzudrücken.[276]

Interessanterweise ergab sich aus Umfragen, die die MPG-Leitung 1989 unter den Max-Planck-Instituten zu den Folgen der Gesetzesreform durchführte, der Eindruck, dass sich an den Rahmenbedingungen für Tier-

---

269 Vermerk für den Präsidenten, 27.11.1984, Betr.: Bemühungen der Wissenschaft um Einflußnahme auf die Neufassung des Tierschutzgesetzes, AMPG, II. Abt., Rep. 1, Nr. 1023, fol. 5.
270 Protokoll der Sitzung der BMS vom 27.6.1984, AMPG, II. Abt., Rep. 62, Nr. 1640, fol. 15–16.
271 DFG-Pressemitteilung Nr. 36, Gegenentwurf Novellierung Tierschutzgesetz, 12.11.1984, Abdruck, AMPG, III. Abt., ZA 13, Nr. 59.
272 An den Vorsitzenden der Bundestagsfraktion der CDU/CSU Herrn Dr. Alfred Dregger, 23.11.1984, AMPG, II. Abt., Rep. 1, Nr. 1023, fol. 309–311 und Notiz Anruf Dr. Zelle, 16.11.1984, fol. 312.
273 1.3 Gesetzesnovellen, die die Wissenschaft betreffen: Tierschutzgesetz, Datenschutzgesetz, 14.11.1985, AMPG, II. Abt., Rep. 1, Nr. 1039, fol. 1–8.
274 Protokoll der 112. Sitzung des Senates vom 22.11.1985, AMPG, II. Abt., Rep. 60, Nr. 112.SP, fol. 3.
275 Händel, Kritische Anmerkungen, 1993.
276 Brief der GV, 5.8.1987, Betr.: Tierschutzgesetz, AMPG, II. Abt., Rep. 66, Nr. 4822, fol. 16–19 und Allgemeine Verwaltungsvorschrift zur Durchführung des Tierschutzgesetzes vom 28.7.1987, AMPG, II. Abt., Rep. 66, Nr. 4845, fol. 564–595.

versuche in der Praxis kaum etwas geändert hatte. Einzig ein erhöhter Zeit- und Beratungsbedarf durch das amtliche Genehmigungsverfahren, die Verpflichtung, Tierschutzbeauftragte einzustellen, und die Beratung durch diese wurden als hinderlich und teils als Grund für Verzögerungen von Projekten angegeben. Dagegen wurden kaum Experimente aufgrund der neuen gesetzlichen Bestimmungen abgesagt oder laufende Forschungen beendet, da bereits in der Phase der Antragstellung ethische Erwägungen und nötige Tierschutzmaßnahmen einkalkuliert werden mussten. In den meisten Fällen wurde also wie gehabt auf Tierversuche zurückgegriffen und nur in Ausnahmefällen kam es zu zusätzlichen Auflagen oder gar einer Nichtgenehmigung bzw. dem Abbruch des Experiments. Das war beispielsweise am MPI für Biophysik in der Abteilung Zellphysiologie der Fall, wo 1989 wiederholte Kälteanästhesien zur Narkotisierung und abschließenden neurophysiologischen Ableitung am Krallenfrosch (*Xenopus Laevis*) nicht mehr möglich waren. Aus dem MPI für Hirnforschung hieß es, die Erfahrungen seien »nicht so schlecht wie erwartet«, allerdings war es nicht mehr möglich, Doktorand:innen Tierversuche selbstständig durchführen zu lassen.[277]

Nicht alle stimmten dieser aus Sicht der Wissenschaftler:innen relativ positiven Bilanz zu. So klagte der Direktor des MPI für Biophysik in Frankfurt am Main, Karl Julius Ullrich, Mitglied des Arbeitskreises »Tierschutzrecht«, 1993 über den zusätzlichen Aufwand bei der Antragstellung von Tierversuchen. Die Bürokratie führe zu einer strikten Planung der Versuchsreihen, von denen man unter Bußgeldandrohungen nicht abweichen dürfe, auch wenn Zwischenergebnisse in eine andere Richtung weisen würden.[278]

Als Ärgernis empfanden viele Befürworter:innen von Tierversuchen die Einsetzung von Tierschutzbeauftragten, durch die sich die Forschungspraxis spürbar veränderte. MPG-Forscher:innen versuchten daraufhin auf verschiedenen Ebenen, Einfluss auf die Politik zu nehmen.

So intervenierte Karl-Heinz Sontag vom Göttinger MPI für experimentelle Medizin gegen die Einsetzung von Ilja Weiss als ersten Tierschutzbeauftragten in Hessen. Sontag wandte sich deshalb im Dezember 1989 in seiner Funktion als Vorsitzender der Gesellschaft zur Förderung Biomedizinischer Forschung – nicht als MPG-Forscher – an den hessischen Ministerpräsidenten Walter Wallmann (CDU).[279] Kurz darauf informierte Sontag den MPG-Präsidenten Staab über ein Gespräch mit Wallmann, das in dessen privater Villa stattgefunden hatte und in dem er nochmals grundsätzliche Kritik an Weiss' Eignung für den Posten geäußert hatte.[280] Zeitgleich protestierten noch 22 weitere einflussreiche Organisationen wie der Bauernverband, das Deutsche Pelzinstitut sowie Verbände der chemischen und pharmazeutischen Industrie gegen die geplante Einsetzung des Landesbeauftragten für Tierschutz, der in einer Pressemitteilung des Bundesverbandes der Pharmazeutischen Industrie beschuldigt wurde, »seine Arbeit ohne Augenmaß« zu betreiben.[281] Letztlich hatten die Interventionen Erfolg: Weiss musste sein Amt als weltweit erster Tierschutzbeauftragter ohne konkretes Budget und Aufgabenbeschreibung und ohne Rückendeckung seitens seines eigenen Ministeriums 1992 schließlich aufgeben. Erst vier Jahre später wurde Madeleine Martin als hessische Landestierschutzbeauftragte eingesetzt, die im Übrigen noch heute im Amt ist.[282]

In der Auseinandersetzung um die Gesetzesnovellierung machte auch die Gegenseite mobil. Bis in die 1990er-Jahre richteten sich Tierversuchsgegner:innen mit teils militanten Aktionen gegen Forschungseinrichtungen der MPG. Vor allem Direktoren wie Karl-Heinz Sontag vom MPI für experimentelle Medizin und Wolf Singer vom MPI für Hirnforschung standen in der Kritik, da diese an ihren Instituten Versuche an Primaten und Säugetieren sowie Experimente mit Nutz- und Haustieren wie Katzen und Hunden durchführten.[283] Solche Experimente machten zwar nur einen Bruchteil der Versuchstierforschung in der MPG aus, doch gerade diese Versuche riefen öf-

---

277 Tierschutzgesetz Fragebögen, AMPG, II. Abt., Rep. 1., Nr. 1064, fol. 253–254 u. 338–339.
278 Ullrich, Tierversuche, 1993.
279 Sontag an Wallmann, Dez. 1989, AMPG, II. Abt., Rep. 1, Nr. 1055, fol. 22.
280 Sontag an Staab, 12.12.1989 und Sontag an Staab 15.3.1990, AMPG, Rep. 1, Nr. 1055, fol. 18–19.
281 Bundesverband der Pharmazeutischen Industrie, Pressemitteilung vom August 1990 und Rundschreiben Bundesverband der Pharmazeutischen Industrie e. V., 11.12.1989, ebd., fol. 8.
282 Martin, Landestierschutzbeauftragte, 2019, 152.
283 Weiss, Qualen in der Forschung, *Badisches Tagblatt*, 26.2.1982; Dressler, Thema des Tages, *Westfälisches Volksblatt*, 12.12.1981; Tierversuchsgegner, *Generalanzeiger für Bonn*, 17.12.1981; Dienstaufsichtsbeschwerde gegen Tierversuche, *Heilbronner Stimme*, 21.12.1981; Tierschützer, *Frankfurter Neue Presse*, 21.12.1981; Protest gegen Tierversuche, *Bruchsaler Rundschau*, 23.12.1981; Weiss, Tierversuche, *Bergsträßer Anzeiger*, 30.12.1981; 14 Millionen Tiere, *Oberbayerisches Volksblatt*, 31.12.1981; Protestwelle, *Saale Zeitung*, 6.1.1982; Stricker, Wenn gestohlene Haustiere in Forschungslabors enden, *Süddeutsche Zeitung*, 23.1.1982.

fentlich Empörung hervor, die Tierrechtsaktivist:innen medienwirksam zu nutzen wussten.²⁸⁴ Schließlich kam es zu einem Brandanschlag auf das MPI für Hirnforschung mit einen Molotowcocktail im Jahr 1989, der schließlich auch ein Umdenken der MPG in der eigenen Kommunikationspolitik zum Themenbereich Tierversuche einleitete.²⁸⁵

10.5.3 Tierexperimentelle Forschung und Wandel der Wissenschaftskommunikation

1993 sollte das Tierschutzgesetz erneut reformiert werden. Der amtierende MPG-Präsident Zacher informierte die Wissenschaftlichen Mitglieder im August 1992 über die bevorstehende Gesetzesänderung und benannte die weitreichenden Folgen für die biomedizinische Forschung. Bereits seit einiger Zeit habe er besorgte Zuschriften von Wissenschaftler:innen aus den Max-Planck-Instituten erhalten,²⁸⁶ die eine Beeinträchtigung oder gar den Stillstand ihrer Forschungen befürchteten. Einige der eingebrachten Gesetzesentwürfe enthielten, so Zacher, »erheblich weitergehende Vorstellungen, deren Übernahme ins Tierschutzgesetz in der Tat zu schwerwiegenden Folgen für die Grundlagenforschung führen würde und die tierexperimentelle Forschung sogar praktisch nahezu unmöglich machen könnte«.²⁸⁷

Zacher kritisierte insbesondere den Vorschlag der SPD und den Entwurf des Deutschen Tierschutzbundes, wobei der Bundestag den ersten Vorschlag bereits im Mai 1992 abgelehnt hatte und unklar war, ob überhaupt eine alleinige Gesetzesinitiative des Tierschutzbundes Bestand haben könnte. Zacher machte deutlich, dass »die Vertreter der Forschung zu den zur Zeit diskutierten Novellierungsvorschlägen zum Tierschutzgesetz eindeutig Stellung beziehen und darlegen sollten, welche Regelungen für die Forschung unzumutbar wären«. Zacher appellierte vehement an die jungen Forscher:innen, die seiner Ansicht nach »im progressiven Konsens mit den Gegnern der Tierversuche« stünden, und forderte diese zum Handeln auf: »Ich bitte Sie, wo immer Sie Stellung nehmen, sich der Gefahr einer Argumentation bewußt zu werden, wenn die Zulässigkeit von Tierversuchen ausschließlich an die Voraussetzung geknüpft wird, daß sie einem unmittelbar erfolgsträchtigen therapeutischen Zweck dienen. Die Argumentation muß vielmehr ganz wesentlich darauf hinauslaufen, daß Tierversuche, [die] in der Grundlagenforschung – unter allem Vorbehalt der Verhältnismäßigkeit [...] vorgenommen werden, zu den innovativsten und also zu den nachhaltigsten Erkenntnissen beitragen können. Ich befürchte, daß gerade insoweit ein Informationsdefizit in der Öffentlichkeit und auch bei den Politikern besteht.«²⁸⁸

Zachers Weckruf ging in dieselbe Richtung wie der Beitrag »Are we willing to fight for our research?«, den der Präsident der Society for Neuroscience, David H. Hubel, 1991 veröffentlicht hatte. Hubel hatte die militanten Aktionen der Tierrechtsgruppen in den USA verurteilt und angesichts eines in seinen Augen »ungleichen Kampfs« zwischen Tierschutzgruppen und Wissenschaftler:innen dazu aufgerufen, die biomedizinische Forschung zu verteidigen, oder sie werde – wie in Großbritannien und im Rest Europas – zerstört werden.²⁸⁹ Die MPG weitete ihren Wissenschaftslobbyismus aus und konnte dazu beitragen, die Gesetzesinitiativen zu blockieren. Auch die Reform von 1993 konnte grundlegende Interessenkonflikte zwischen Forschung und Tierschutz nicht beseitigen, und weitergehende Reformvorschläge fanden – auch aufgrund einer »mächtigen Wissenschaftslobby«, die durch »massive Einflussnahme auf den Kulturausschuss des Bundesrates«²⁹⁰ – keine politischen Mehrheiten.

Gleichwohl meldete sich der Betriebsrat am MPI für Hirnforschung bei der Generalverwaltung und berichtete von Belastungen und der schwierigen Arbeitssituation am Institut. Die an Tierversuchen beteiligten Mitarbeiter:innen würden zwar nach wie vor gern am Institut arbeiten, würden es aber in der Öffentlichkeit nicht mehr wagen, über ihre Arbeit zu sprechen. Die Betriebsrätin bat deswegen darum, dass »die MPG durch verstärkte Öffentlichkeitsarbeit aufklärend wirken möge und [...]

---

284 Weiss, Qualen in der Forschung, *Badisches Tagblatt*, 26.2.1982; Mediziner können nicht auf Tierversuche verzichten, *Rotenburger Kreiszeitung*, 28.12.1981; Unnötige Tierversuche in Göttinger Institut?, *Nürnberger Zeitung*, 21.12.1981; Tierschützer, *Frankfurter Neue Presse*, 21.12.1981.
285 Fragebögen, Singer und Wässle, 10. und 13.3.1989, AMPG, II. Abt., Rep. 1, Nr. 1064, fol. 281, 293–294 u. 302.
286 »Dieser Leistungsstandard wird nicht mehr zu halten sein, wenn es zu weiteren Restriktionen kommt.« Hofschneider (MPI für Biochemie) an Zacher, 21.7.1992, GVMPG, BC 230279, fol. 8.
287 Zacher an alle Mitglieder und Gäste der BMS, 6.8.1992, ebd., fol. 1.
288 Ebd., fol. 4.
289 Hubel, Are We Willing, 1991.
290 Händel, Kritische Anmerkungen, 1993, 426.

die teilnehmenden technischen Mitarbeiter besser geschützt werden«.[291]

Die Proteste gingen weiter. Als Wolf Singer im November 1998 den Hessischen Kulturpreis erhalten sollte, mobilisierten die Tierversuchsgegner:innen und schickten mehrere offene Briefe an den zuständigen Ministerpräsidenten Hans Eichel (SPD). In diesen hieß es: »Seit mindestens 15 Jahren forscht der Direktor des Max-Planck-Institutes für Hirnforschung in Frankfurt an Affen, Katzen und Ratten. Er sperrt die Tiere lebenslang ein, fügt ihnen Schmerzen und Angst zu und tötet sie vorsätzlich, um an ihren Gehirnen weitere Untersuchungen vorzunehmen.«[292] Singer beklagte sich in einem Brief an Hubert Markl, er sehe sich seit seiner Nominierung einer bundesweiten »massiven Diskriminierungswelle« ausgesetzt, verbringe seine Arbeitszeit im »wesentlichen mit Pressearbeit« und könne persönliche Angriffe gegen sich nicht ausschließen. Er plane, einen größeren Artikel im Feuilleton der *Frankfurter Allgemeinen Zeitung* »zur Tierversuchsproblematik unterzubringen« und erbat sich von Markl Rückendeckung: »Was ich Sie nun bitten möchte, ist zu überlegen, inwieweit mir die Max-Planck-Gesellschaft bei dieser Auseinandersetzung helfen kann, durch Statements oder durch Aufforderungen an die zuständigen Politiker, sich vor mich zu stellen. Bislang gab es vonseiten der hessischen Landesregierung keine öffentliche Stellungnahme. Es tut mir leid, daß ich Sie mit diesem persönlichen Anliegen befassen muß. Andererseits besteht jetzt die Chance, etwas für die Wissenschaft zu tun, ohne schlafende Hunde zu wecken, da diese ohnehin alle wach sind.«[293] Trotz der Proteste erhielt Singer den Hessischen Kulturpreis.

Im Jahr 2002 wurde Tierschutz schließlich in Artikel 20a des Grundgesetzes aufgenommen und damit zum Staatsziel erklärt. Ausschlaggebend für die Aufnahme in das Grundgesetz waren aber weniger ethische oder moralische Bedenken, sondern der öffentliche Druck auf CDU und CSU nach dem sogenannten Schächturteil des Bundesverfassungsgerichts vom Januar 2002. Ein muslimischer Schlachter hatte eine Ausnahmegenehmigung zum Schächten nach Halal-Regeln ohne Betäubung eingeklagt, die er mit der Ausübung seiner Religionsfreiheit begründete. Da der Tierschutz noch keinen Verfassungsrang besaß, wohl aber die Zusicherung von Religionsfreiheit, war die Klage erfolgreich gewesen. In der Folge vollzog der damalige Unionskanzlerkandidat Edmund Stoiber inmitten des Bundestagswahlkampfs eine Kehrtwende und setzte sich dafür ein, dass Tierschutz ins Grundgesetz aufgenommen wurde. Gleichzeitig wurden in diesem Kontext antimuslimische Ressentiments geschürt.[294]

Bereits im Jahr zuvor hatte die MPG die Stelle eines zentralen Koordinators für Tierschutzfragen eingerichtet, die an den Sektionsvorsitz der BMS in der Generalverwaltung angebunden war. Er sollte flächendeckend Informationen sammeln und Kommunikationsnetzwerke mit anderen Wissenschaftsorganisationen aufbauen.[295] Im Grunde handelte es sich dabei um eine Position im Bereich der Wissenschaftskommunikation mit Spezialisierung auf Tierschutzfragen. Dies war einer der Vorläufer von strategischen Informationskampagnen der deutschen Forschungseinrichtungen, die aktuell als »Tierversuche verstehen – Eine Informationsinitiative der Wissenschaft« auftritt.[296]

10.5.4 Fazit[297]

Nach der Neufassung des Tierschutzgesetzes 1972 wurde die Tierschutz- und Tierrechtsbewegung immer stärker. Ihre Kritik richtete sich vor allem gegen die steigende Zahl von Tierversuchen und die Bedenkenlosigkeit, mit der sie durchgeführt wurden. Die MPG erfasste 1980 zum ersten Mal den beträchtlichen Bestand der an ihren Instituten gehaltenen Tiere.

Für die MPG war das Thema Tierversuch in erster Linie eine Frage der Wissenschaftsfreiheit. Die Tierschutzbewegung, aber auch die nur zaghaften internen Diskussionen angesichts der Novellierung des Tierschutzgesetzes 1986 und 1993 wurden als Bedrohung der wissenschaftlichen Erkenntnismöglichkeiten, als Beschneidung der zugrunde liegenden tierexperimentellen Arbeitspraxis in

---

291 Vermerk Globig, Tierversuche am MPI für Hirnforschung, 16.12.1993, GVMPG, BC 219238, fol. 1.
292 Zitiert nach Hessischer Kulturpreis für den Tierexperimentator Prof. Singer, Offener Brief an Hessens Ministerpräsident Hans Eichel, 24.11.1998, AMPG, II. Abt., Rep. 1, Nr. 965, fol. 235–238.
293 Singer an Markl, 26.11.1998, ebd., fol. 227.
294 Köpernik, *Die Rechtsprechung zum Tierschutzrecht*, 2010, 20–23.
295 Präsidentenbrief Markl an den Vorsitzenden der Kommission für Fragen des Tierschutzrechtes K. Kirschfeld, 5.2.2001, GVMPG, BC 226252, fol. 67–68.
296 Siehe Petrus, Tierrechtsbewegung, 2013. Die MPG unterhält mittlerweile auf ihrer Website ein Themenportal zu Tierversuchen: https://www.tierversuche-verstehen.de.
297 Der nachfolgende Text stammt von Jürgen Renn und Martina Schlünder.

10. Politische und ethische Herausforderungen der Forschung

den betroffenen Instituten und die gesetzlich vorgesehenen Prüfungen und Regulierungen als unnötige Bürokratisierung wahrgenommen.

Bis in die 1990er-Jahre waren Max-Planck-Institute wie das MPI für experimentelle Medizin und das MPI für Hirnforschung im Visier zum Teil gewaltsamer Tierschutzaktionen, da an diesen Instituten an Primaten und anderen Säugetieren regelmäßig Eingriffe am lebendigen Leib erfolgten. Die MPG reagierte auf immer militantere Tierschutzbewegung mit einem gezielten politischen Lobbyismus, der sich auf die Gesetzgebung, aber auch auf die Besetzung der Stelle des ersten Tierschutzbeauftragten in Hessen bezog. Sie ging zugleich verstärkt in die Öffentlichkeit, etwa mit den erwähnten »Bad Nauheimer Thesen« von 1984, und argumentierte, dass die Bewertung von Tierversuchen eine Angelegenheit von naturwissenschaftlichen Expert:innen bleiben solle.

Die Neufassung des Tierschutzgesetzes von 1986 veränderte jedoch die organisatorischen, personellen und materiellen Abläufe in den Instituten. Das betraf nicht nur die Beantragung, Genehmigung und Durchführung der Experimente, sondern auch Zucht, Unterbringung und Pflege der Tiere, die zunehmend reguliert wurden. In der Tierethik, der Praxis der Tierexperimente und der Tierhaltung gab es in den 1980er-Jahren ebenfalls eine regulatorische Wende, die allerdings im Einzelnen anders verlief als bei den im vorigen Abschnitt diskutierten Menschenversuchen. Das mag den Beteiligten aus Politik, Tierschutz und Forschung 1986 zunächst nicht so klar gewesen sein, aber bereits 1988 kamen die nächsten Novellierungsvorschläge.

In den 1990er-Jahren lernte die MPG – manchmal widerwillig, manchmal zähneknirschend, manchmal erleichtert –, dass sie das ethische Bestimmungsrecht über die Versuchstiere nicht mehr länger für sich allein reklamieren konnte, sondern mit anderen Interessengruppen und deren Vertreter:innen teilen musste. Diese Einsicht und letztendlich auch die Akzeptanz, dass Tierschutzrechtsfragen kontinuierlich verhandelt werden würden, führte zur Verstetigung der Tierschutzrechtskommission und zur Einrichtung bestimmter Stellen und Ressorts in der MPG. Dazu gehörte etwa das Forschungsrechtsressort in der Generalverwaltung, dem neben dem Gentechnikrecht auch das Tierschutzrecht zugeordnet wurde, ebenso wie die Anstellung eines Fachreferenten für Öffentlichkeitsarbeit im Bereich Tierschutz-, Gentechnik- und Embryonenschutzrecht ab 2001.[298] Dieser sollte flächendeckend Aufklärung betreiben und bei der aufkommenden politischen Diskussion um die Aufnahme des Tierschutzes in das Grundgesetz Flankenschutz leisten, indem er – teils in Zusammenarbeit mit dem Staatsschutz – Informationen über Tierversuchsgegner:innen sammelte und deren Veranstaltungen besuchte.[299]

Während die MPG keine Mühe hatte, auf dem Feld der Humanversuche die Declaration of Helsinki II anzuerkennen und Menschenversuche durch Ethikkommissionen prüfen zu lassen, war ihr Widerstand gegen die Regulation von Tierversuchen weitaus heftiger, unter anderem weil Tierversuche die wichtigste Methode der lebenswissenschaftlichen Forschung bildeten.[300] Gleichzeitig brachten die kontinuierlichen Reformen den Forschenden die Tiere und ihre Lebensumstände mehr zu Bewusstsein. Regulatorische Praktiken verbesserten die Haltungsbedingungen der Tiere und professionalisierten die Tierpflege und die Tierbeschaffung. Zahlreiche Vorschriften verstärkten die Abhängigkeit der Forschenden von ausreichend ausgestatteten Tierpflegeplätzen, um ihre Forschung betreiben und publizieren zu können. Der Zugang zu gut ausgestatteten Tierställen wurde zu einem wichtigen Punkt in Berufungsverhandlungen von zukünftigen Direktor:innen in der BMS.[301]

Regulatorische Praktiken sorgten dafür, dass der Umgang mit den Versuchstieren als Problem immer präsent war, und verstärkten die Suche nach Alternativen für Tierversuche. Das 3R-Prinzip, der heutige Goldstandard im Umgang mit Tierversuchen, besagt, dass Tierversuche, wo immer möglich, zu vermeiden und durch andere Verfahren zu ersetzen (»replace«) sind, dass die Anzahl der Tiere zu verringern (»reduce«) und ihr Leiden im Versuch auf das Minimum zu beschränken (»refine«) ist. Das bereits 1959 veröffentlichte 3R-Prinzip wurde erst 2010 in eine Europäische Richtlinie und 2013 mit einer neuen Novelle des Tierschutzgesetzes endlich auch in deutsches Recht übernommen.[302]

---

298 Zur Professionalisierung der Öffentlichkeitsarbeit siehe ausführlich oben, Kap. IV.6.4. und Kap. IV.6.7.
299 Diese Position wurde kurzzeitig mit Jan Erik Bohling besetzt, aber wohl nach dessen Kündigung und Wechsel in die Kommunalpolitik nicht verstetigt. Briefwechsel Bohling und Kuno Kirschfeld im Oktober 2001, GVMPG, BC 226252.
300 Siehe oben, Kap. IV.10.4.3 über die regulatorische Wende in der klinischen Forschung mit Menschen.
301 Zu den Schwierigkeiten, beim Aufbau des MPI für Infektionsbiologie in Berlin nach der Wiedervereinigung ausreichende Tierpflegeplätze zu bekommen, siehe AMPG, III. Abt., Rep. 156, Nr. 115, fol. 22–25, 95–96 u. 315–318.
302 Die Bezeichnung 3R-Prinzip geht auf William M. S. Russell und Rex L. Burch zurück, nachdem sie gemeinsam Hunderte von Interviews mit Laborwissenschaftler:innen im Auftrag der Universities Federation for Animal Welfare durchgeführt hatten, siehe Russell und Burch, *Principles*, 1959.

Auch die Geistes-, Gesellschafts- und Rechtswissenschaften haben sich noch einmal eingehender mit der Beziehung von Mensch und Tier auseinandergesetzt und die gewandelten kulturellen Praktiken im Umgang des Menschen mit dem Tier erforscht; sie wurden schließlich zu einem interdisziplinären Forschungsgegenstand jenseits der Wissenschaftsgeschichte, in der diese Fragen schon seit Längerem eine Rolle spielten. Diese Sichtweise, auch als »Animal Turn«[303] bezeichnet, wird neuerdings von rechtswissenschaftlichen Forschungen zu globalen Tierrechten auch in der Max-Planck-Gesellschaft von Anne Peters, Direktorin am MPI für ausländisches öffentliches Recht und Völkerrecht, als »Global Animal Law« weiter vorangetrieben.[304]

10.6 Gentechnik und Wissenschaftskritik[305]

Mit der Entwicklung der Technologien zur Neukombination von DNA (rDNA-Technologien) entstand Anfang der 1970er-Jahre ein molekularbiologischer Forschungsbereich, dessen neuartiger Umgang mit dem Lebendigen eine vielschichtige und – in bestimmten Phasen – äußerst konfliktreiche gesellschaftliche Debatte hervorrief. An den wissenschaftlichen und biotechnologischen Anwendungspotenzialen, an der damit einhergehenden Ökonomisierung der Lebenswissenschaften, an den Risiken für Individuum und Gesellschaft und nicht zuletzt an möglichen ökologischen Konsequenzen der neuen Gentechniken entzündeten sich in den folgenden zwei Jahrzehnten grundlegende Kontroversen, in denen das Verhältnis von Wissenschaft, Politik und Gesellschaft zur Verhandlung stand. In der Bundesrepublik schlug diese (in den Medien noch kaum aufgegriffene, sondern zumeist von politischen und wissenschaftlichen Expert:innen geführte) Risikodebatte ab Ende des Jahrzehnts in eine grundlegende Wertedebatte um, die zunehmend im öffentlichen Raum ausgetragen wurde. Es entfaltete sich eine diskursive Dynamik, die in den 1980er-Jahren eine – im Vergleich zu anderen westeuropäischen Ländern und den USA – außergewöhnliche Schärfe und Polarisierung von Positionen mit sich brachte.[306]

Ein erster ökonomischer Boom neuer Biotech-Firmen (wie der 1976 gegründeten Genentech) in den USA und weitere Entwicklungen in den Lebenswissenschaften, die nicht aus dem Bereich der rDNA-Forschung stammten, trugen maßgeblich zur Ausweitung der Kontroverse um die Gentechnik in der Bundesrepublik in den 1980er-Jahren bei. Die Geburt des ersten durch In-vitro-Fertilisation gezeugten Kindes in Großbritannien im Juli 1978 markierte eine Zäsur, gab sie doch der Frage nach den gesellschaftlichen Auswirkungen und Risiken der Gentechnik (in Kombination mit der Embryonenforschung) eine neue Brisanz. War Gentechnik Mitte der 1970er-Jahre von ihren Kritiker:innen vor allem als Risikotechnik in Bezug auf die mögliche Freisetzung gentechnisch veränderter Mikroorganismen und mit Blick auf die Laborsicherheit diskutiert worden, bildeten die Kontroverse um die wissenschaftlichen Chancen und gesellschaftlichen bzw. ökologischen Risiken der rDNA-Technologien, die politische Diskussion zur Regulierung der Reproduktionsmedizin und Embryonenforschung sowie die bisweilen dystopischen Imaginationen einer gentechnischen Menschenzucht ab Ende der 1970er-Jahre eine höchst heterogene diskursive Gemengelage, die im medialen Raum zu manchen historischen Assoziationen mit der NS-Eugenik führte.[307]

Die MPG griff Mitte der 1970er-Jahre in die zu dieser Zeit noch unter Ausschluss der Öffentlichkeit geführte Debatte über die rDNA-Technologien ein. Sie reagierte damit auf die von den USA ausgehenden Diskussionen über Sicherheitsfragen und die Regulation der rDNA-Forschung. Aus dieser zunächst reaktiven Rolle heraus entwickelte sich die MPG – zusammen mit der Deutschen Forschungsgemeinschaft – zu einem der wichtigen Akteure in den Aushandlungsprozessen zwischen dem Bundesministerium für Forschung und Technologie und den Wissenschaftsorganisationen im Prozess der beginnenden politischen Regulierung dieses Forschungsbereichs. Als die gentechnikkritischen Diskurse in der Bundesrepublik Anfang der 1980er-Jahre aber die Öffentlichkeit erreichten, veränderte sich der Umgang der MPG mit den Fragen zur Genforschung grundlegend.

Im Folgenden sollen anhand von drei exemplarischen Konstellationen die Rolle und die sich verändernden Strategien der MPG in der Gentechnikdebatte in den 1970er- und 1980er-Jahren analysiert werden.[308] Im ersten Abschnitt geht es um die Rolle der MPG in der Frühphase der Gentechnikdebatten 1975 bis 1980. Die Konfliktlinien verliefen zwischen den Wissenschaftsorganisationen, die

---

303 Möhring, Andere Tiere, 2015; Bolinski und Rieger, *Das verdatete Tier*, 2019.
304 Peters, Rechtsstellung, 2019; Peters und Stucki, Tierrecht 2016.
305 Der nachfolgende Text stammt von Christina Brandt, Anna Klassen und Alexander von Schwerin.
306 Radkau, Hiroshima und Asilomar, 1988.
307 Siehe z. B. Genetik, *Der Spiegel*, 26.3.1978.
308 Für eine ausführlichere Darstellung siehe Schwerin, Klassen und Brandt, *Max-Planck-Gesellschaft und die Gentechnik*, in Vorbereitung.

um Beschränkungen der Forschungsfreiheit fürchteten, und dem BMFT, das 1978/79 eine gesetzliche Regulierung anstrebte. Der zweite Abschnitt widmet sich der Phase von 1980 bis 1985, in der die MPG ihren Umgang mit dem ökonomischen Anwendungspotenzial der rDNA-Technologien veränderte und aktiv auf die zunehmend kritischen öffentlichen Diskurse reagierte. Im dritten Abschnitt wird am Beispiel der Reaktion auf die Proteste gegen die geplanten Freilandversuche mit gentechnisch veränderten Petunien des MPI für Züchtungsforschung in Köln ein erneuter Strategiewechsel im Umgang mit der Öffentlichkeit ab Ende der 1980er-Jahre dargelegt.

10.6.1 Die Rolle der MPG in der Frühphase der Gentechnikdebatte (1975–1980)

Die Auseinandersetzung mit der neuen Genforschung nahm nach der wegweisenden Konferenz im kalifornischen Asilomar im Februar 1975, bei der rund 140 Molekularbiolog:innen potenzielle Gefahren der heraufziehenden Gentechnik diskutierten, zunächst vor allem in den USA Fahrt auf.[309] Aber auch in westeuropäischen Ländern entwickelten sich Bestrebungen, Richtlinien für den Umgang mit den neuartigen rekombinanten DNA-Technologien zu erstellen. Die Rolle der beteiligten Wissenschaftler:innen unterschied sich erheblich auf beiden Seiten des Atlantiks: Während in den USA Molekularbiolog:innen eine führende Position einnahmen und sowohl Ausrichtung als auch Agenda im politischen Raum prägten, gestaltete sich das Verhältnis von Wissenschaft und Staat in den 1970er-Jahren in Westdeutschland völlig anders. Wie Sheila Jasanoff betont, waren es hier vor allem staatliche Initiativen, die auf Regulierung des neuen Forschungsbereiches drängten.[310] Agierten die beteiligten Biowissenschaftler:innen in den USA mit elitärem Selbstverständnis und machten sie einen wissenschaftlichen Führungsanspruch geltend, der ihnen auch politisch überlassen wurde, nahmen die Molekularbiologen in der westdeutschen Debatte eher die Rolle wissenschaftlicher Experten ein, denen lediglich eine politikberatende Funktion zukam. Deutlich wird dies in der Positionsfindung der MPG.

Die Aushandlungsprozesse von Wissenschaft und Politik über die Art der Regulierung der Gentechnik vollzogen sich nach der Konferenz in Asilomar in der Bundesrepublik in zwei sich überlappenden Phasen. Von 1976 bis 1978 dominierte die Diskussion über die Ausgestaltung bundesrepublikanischer Richtlinien zum Umgang mit der gentechnischen Laborforschung und die Frage, ob diese sich eher an den seit 1976 bestehenden US-amerikanischen oder an den britischen Regularien (ebenfalls von 1976) orientieren sollte. Von Sommer 1978 bis Anfang 1980 schloss sich hieran die kontroverse Diskussion über einen vom BMFT vorgelegten Gesetzesentwurf zur Gentechnik an. Die MPG trug gemeinsam mit der DFG wesentlich dazu bei, dass die Gesetzesinitiative zurückgestellt wurde.[311]

Im Vergleich zu den USA wurden in der Bundesrepublik die Fragen der Gentechnik nur unter Expert:innen aus Wissenschaft und Politik diskutiert. Dem Wunsch des Bundesministers für Forschung und Technologie, des SPD-Politikers und langjährigen Gewerkschafters Hans Matthöfer, nach einer breiteren Debatte begegneten vor allem die Vertreter der MPG, die Molekularbiologen Peter Hans Hofschneider und Friedrich Cramer, mit deutlicher Abwehr. Cramer, Direktor am MPI für experimentelle Medizin in Göttingen, befand, die Öffentlichkeit der Bundesrepublik sei »für ein verantwortliches Diskutieren dieser Fragen längst nicht so reif wie die amerikanische«, denn über die Folgen wissenschaftlicher Forschung könne man »nur mit Sachverhalten und nicht mit Emotionen argumentieren. Und das können unsere Bürger nicht.«[312] Cramers Statement war charakteristisch für die Einschätzung vieler Fachwissenschaftler und ihr wissenschaftliches Elitedenken. Die Frage nach dem Umgang mit gentechnologischen Risiken galt als ein rein wissenschaftsimmanentes Problemfeld, nur durch wissenschaftliche Expertise lösbar. Ängsten und Vorbehalten in der Bevölkerung müsse man mit Aufklärung begegnen.[313]

Während die National Institutes of Health in den USA und die britische Genetic Manipulation Advisory Group (GMAG) zügig nach der Konferenz in Asilomar im Sommer 1976 eigene Richtlinien für die gentechnische Forschung veröffentlichten,[314] herrschte in der Bundesrepublik große Unklarheit über das weitere Vorgehen.

---

309 Zu Asilomar siehe Krimsky, *Genetic Alchemy*, 1982; Gottweis, *Molecules*, 1998; de Chadarevian, Asilomar, 2005.
310 Jasanoff, *Designs*, 2005, 62–63.
311 Gottweis, *Molecules*, 1998, 135–137.
312 Cramer zitiert in Gen-Forschung, 1977, 176–177.
313 Zu dieser verbreiteten Form des Elitedenkens insbesondere bei der Regulierung von Gefahren und Risiken siehe etwa Schwerin, Low Dose, 2010; Stoff, *Gift*, 2015.
314 Nach Konferenzen in Bethesda (Maryland), Falmouth (Massachusetts) und Ascot (England) wurden die NIH-Richtlinien Schritt für Schritt revidiert und abgeschwächt. Wright, Biology, 1986.

Die NIH-Guidelines beinhalteten eine Klassifikation verschiedener Typen von erlaubten bzw. untersagten Experimenten sowie eine Einteilung unterschiedlicher Sicherheitsstufen für Laboratorien. Der britische »Williams Report« ging in eine ähnliche Richtung, allerdings hatten im Unterschied zu den USA Gewerkschaften und andere Repräsentant:innen des öffentlichen Lebens einen größeren Einfluss auf dessen Ausgestaltung. Beide Richtlinienwerke stellten in der Folgezeit konkurrierende und in einigen zentralen Aspekten nicht deckungsgleiche Richtliniensysteme dar. Während sich die frisch gegründete European Science Foundation (ESF) für eine Übernahme der britischen Verfahrensrichtlinien aussprach, tendierte eine von der DFG in Reaktion auf die Konferenz von Asilomar und auf Bitten des BMFT noch im Jahr 1975 eingesetzte Kommission dazu, es den von der DFG geförderten Wissenschaftler:innen freizustellen, ob sie den britischen oder den amerikanischen Richtlinien folgten.[315]

MPG-Präsident Reimar Lüst sah vor dem Hintergrund dieser unklaren Situation und unabhängig von der DFG-Kommission Handlungsbedarf und rief im April 1976 eine interne Kommission ins Leben, die sich mit den Fragen zur »Neukombination von Genen« beschäftigen sollte. Diese Kommission[316] sollte »die Entwicklung der Forschung zur Neukombination von Genen im nationalen und internationalen Rahmen […] beobachten und den Präsidenten in allen Fragen, die sich der Gesellschaft in diesem Zusammenhang stellen«, beraten.[317] Es lagen der Generalverwaltung bereits Anfragen vor, Sicherheitslaboratorien an einzelnen MPI und ein Hochsicherheitslabor nach dem Vorbild der Asilomar-Beschlüsse einzurichten.[318] Noch dringlicher war die Frage, ob »Sicherheitsrichtlinien von den zentralen Organen der Max-Planck-Gesellschaft für die hiervon betroffenen Institute erlassen werden können oder ob jeder Institutsdirektor bzw. jedes Leitungsgremium eines Instituts selbst über die Art und den Umfang von Sicherheitsmaßnahmen entscheiden kann«.[319] Letztlich verfolgte Lüst mit der Kommission auch das Ziel, einem Einfluss von außen auf die Forschung der MPG zuvorzukommen. Dieses eigenständige Vorgehen der MPG stieß allerdings auch auf Kritik.[320] Im Oktober 1976 legte die Lüst-Kommission ihre ersten Empfehlungen vor. Sie sprach sich dafür aus, die im Vergleich zum »Williams Report« als forschungsfreundlicher geltenden NIH-Richtlinien zu übernehmen und Labore »mittleren Risikogrades« an vier Standorten (Berlin, München, Tübingen und Göttingen) einzurichten.[321]

Im Februar 1978 folgte die Bundesregierung. Die nun bundeseinheitlichen »Richtlinien zum Schutz vor Gefahren durch in-vitro-neukombinierte Nukleinsäuren«, an deren Erarbeitung Peter Hans Hofschneider vom MPI für Biochemie beteiligt gewesen war, stellten ein Amalgam aus den ersten NIH-Richtlinien und dem britischen Richtliniensystem dar.[322] Im Einklang damit nahm die Zentrale Kommission für Biologische Sicherheit (ZKBS) als ein für die Bewertung gentechnischer Experimente zuständiges Expertengremium ihre Arbeit auf. In der ersten Amtsperiode der ZKBS (1978–1981) arbeiteten gleich zwei Molekularbiologen der MPG mit: Hofschneider und Thomas Trautner vom MPI für molekulare Genetik.

Die Diskussion über die Ausgestaltung von Sicherheitsrichtlinien und das Ringen um deren Ausrichtung stellte eine vergleichsweise kurze Episode in der bundesrepublikanischen Gentechnikdebatte dar. An ihr zeigt sich jedoch, dass die Frage nach potenziellen Gefahren der Genforschung bzw. der Umgang mit etwaigen Forschungsrisiken als ein rein methodisches Problem behandelt wurde. Die MPG vertrat strikt die Auffassung, dass die wissenschaftliche Selbstkontrolle Priorität ha-

---

315 Fromm, Vermerk: Betr. Sicherheitsvorkehrungen bei Forschungen zur Neukombination von Genen: hier: Sitzung der Kommission der MPG am 29.11.1976, AMPG, II. Abt., Rep. 1, Nr. 1045, fol. 279–284.
316 Ihr gehörten an: als Vorsitzender Friedrich Bonhoeffer (seit 1972 Direktor am MPI für Virusforschung in Tübingen), Heinz Schuster (einer der Gründungsdirektoren des MPI für molekulare Genetik in Berlin), Ulrich Grossbach (Entwicklungsbiologe und Professor in Göttingen) und Heinz Schaller (Universität Heidelberg). Aus der Präsidentenkommission ging die »Ständige Kommission der MPG für Sicherheitsfragen genetischer Forschung« hervor, der 1980 Hilde Götz (MPI für experimentelle Medizin), Friedrich Bonhoeffer, Friedrich W. Deinhardt (Max-von-Pettenkofer-Institut, München), Peter Hans Hofschneider und Thomas Trautner unter dem Vorsitz von Hans-Goerg Schweiger angehörten. Ranft an BMFT, 12.5.1977, BArch B 196/90616; Ranft an BMFT, 8.2.1978, BArch B 196/12042.
317 Kommission für Fragen der Genmanipulation: Stellungnahme, 25.4.1977, AMPG, II. Abt., Rep. 62, Nr. 1781, fol. 43.
318 Hofschneider an Marsch, 7.8.1975 sowie 22.8.1975, AMPG, III. Abt., ZA 162, Nr. 2; siehe auch Schulz, Notiz für Frau Fromm, Betr. Einrichtung von Gen-Labors, München, 4.11.1976, AMPG, II. Abt., Rep. 1, Nr. 1045, fol. 287–288; Dr. Thies, Verwaltung, Max-Planck-Institut für molekulare Genetik, an Roeske, GV, 20.10.1976, AMPG, II. Abt., Rep. 57, Nr. 1221, fol. 159–161.
319 Nickel, Vermerk: Betr. Sicherheitsvorkehrungen bei der Neukombination von Genen, hier: satzungsrechtliche Zuständigkeit für entsprechende Regelungen der MPG, 24.11.1976, AMPG, II. Abt., Rep. 1, Nr. 1045, fol. 285.
320 Schaller an Lüst, 30.4.1976, ebd., fol. 298.
321 Fromm, Vermerk: Betr. Sicherheitsvorkehrungen bei Forschungen zur Neukombination von Genen, 13.4.1977, AMPG, II. Abt., Rep. 57, Nr. 1221, fol. 86–89 sowie Friedrich Bonhoeffer an den Präsidenten R. Lüst, 14.10.1976, ebd., fol. 171–172.
322 Gottweis, *Molecules*, 1998, 131–134.

ben müsse. Entsprechend dieser Auffassung reagierte die MPG auch auf den »Entwurf eines Gesetzes zum Schutz vor Gefahren der Gentechnologie (Gentechnologie-Gesetz, GtG)«, mit dem der neue Forschungsminister Volker Hauff die Wissenschaftsorganisationen und Verbände im Juli 1978 überraschte, auch weil er die Öffentlichkeit stärker einbeziehen wollte. Nach einer öffentlichen Anhörung im Forschungsausschuss des Deutschen Bundestages sowie Stellungnahmen der Wissenschaftsorganisationen und der Industrie legte das BMFT im folgenden Februar einen revidierten Gesetzesentwurf vor, der auf einem vom Frankfurter Battelle-Institut organisierten dreitägigen Expertenhearing zu »Chancen und Gefahren der Genforschung« mit mehr als 40 deutschen und ausländischen Biowissenschaftler:innen – darunter von der MPG Rainer Hohlfeld, Friedrich Cramer und Hans-Georg Schweiger – im September 1979 noch einmal zur Diskussion stand.[323]

Die MPG-Wissenschaftler zeigten sich besorgt, da das Gentechnikgesetz in seiner ersten Entwurfsform bei bestimmten Verstößen mit Gefängnisstrafen bis zu fünf Jahren drohte. Sie befürchteten, dass »bei Inkrafttreten dieses Entwurfs im Extremfall jedes Labor, welches nur ein lebendes Bakterium im Haus hat, bei Tag und Nacht durchsucht werden kann«.[324] Zentraler Streitpunkt war das Gefahrenpotenzial der neuen Genforschung. Während die Biowissenschaftler:innen keine Zäsur in der Gentechnik erkennen wollten, verglichen die Befürworter:innen strengerer Regulierung die Gentechnik mit der Atomenergie als der bis dahin bekanntesten Risikotechnologie.[325] Die drei Wissenschaftler, die als Experten an der öffentlichen Anhörung des Bundestagsausschusses für Forschung und Technologie im Oktober 1978 teilnahmen – darunter Hofschneider von der MPG – betonten einhellig, dass eine »›normale‹ gentechnische Forschung« mit geringerem Risiko belastet sei als »Routinearbeiten in einer mikrobiologischen Untersuchungsanstalt, wo man es mit Keimen unbekannter Pathogenität zu tun habe«.[326] Die Wissenschaftler sahen in dem geplanten Gesetz ein politisch motiviertes Zugeständnis an eine sich in der Öffentlichkeit zunehmend manifestierende Wissenschaftsfeindlichkeit, einen Eingriff in die grundrechtlich gesicherte Forschungsfreiheit und ein Hindernis für die Konkurrenzfähigkeit der westdeutschen molekularbiologischen Forschung.[327]

Innerhalb der MPG gab es aber auch Verständnis für den von der Bundesregierung eingeschlagenen Weg, zumal nicht alle Akteure – insbesondere die Industrie – bereit waren, die erlassenen Richtlinien freiwillig anzuerkennen. Rudolf Bernhardt, Direktor am MPI für ausländisches Recht und Völkerrecht, warnte jedenfalls, es müsse der Eindruck vermieden werden, »hier wollten Interessenten einen Entwurf nur deshalb zu Fall bringen, weil er ihre Arbeit vielleicht erschwert«.[328]

Rainer Hohlfeld, promovierter Molekularbiologe, der von 1974 bis 1980 am MPI zur Erforschung der Lebensbedingungen der wissenschaftlich-technischen Welt in Starnberg arbeitete, gehörte zu den profiliertesten frühen Kritiker:innen der Gentechnik in der Bundesrepublik.[329] Seine Diagnose beschrieb sehr gut die Hindernisse im laufenden Verständigungsprozess. Während die Öffentlichkeit vor allem die Gefahr der zukünftigen Anwendung genmanipulativer Verfahren am Menschen und einer damit einhergehenden neuen Eugenik sowie die Irreversibilität gentechnischer Eingriffe in die Natur und Evolution im Blick hatte, konzentrierten sich die beteiligten Molekularbiologen vor allem auf die Risiken beim Umgang mit gentechnisch veränderten Bakterien.

In ihrer Stellungnahme vom Mai 1979 lehnte die MPG auch den bereits revidierten Gesetzesentwurf grundsätzlich als verfrüht und als Eingriff in die Forschungsfreiheit ab. Schweiger, Direktor am MPI für Zellbiologie, hatte als Vorsitzender der MPG-internen »Ständigen Kommission für Sicherheitsfragen genetischer Forschung« den Text vorbereitet und darin die in den Monaten zuvor vonseiten des Präsidiums eingeholten Positionen einzelner MPI-Direktoren zusammengestellt.[330] Mit ihrer grundsätzlichen Ablehnung des Gentechnikgesetzes stand die MPG nicht allein da. DFG, ZKBS und auch das internationale Expertenhearing kamen zu einem ähnlichen Ergeb-

---

323 Herwig, *Chancen*, 1980; Fromm, Vermerk: Anhörung des BMFT zum Gentechnologie-Gesetz, 17.8.1979, AMPG, II. Abt., Rep. 1, Nr. 1041, fol. 91–92.
324 Hofschneider an Preuss, DFG, 26.7.1978, ebd., fol. 369.
325 »Gesetz soll vor Gefahren durch Gene schützen«, *Frankfurter Rundschau*, 9.11.1978, ebd., fol. 477.
326 DFG, Aktennotiz: Betr.: Entwurf eines »Gentechnologie-Gesetzes«, öffentliche Anhörung in der 34. Sitzung des Bundestagsausschusses für Forschung und Technologie am 4.10.1978, ebd., fol. 305. Die anderen externen Experten waren Peter Starlinger (Univ. Köln) und Werner Goebel (Univ. Würzburg); Meinrad Koch (Bundesgesundheitsamt/RKI) nahm als Vorsitzender der ZKBS teil.
327 Trautner an Lüst, 13.3.1979, ebd., fol. 207–210.
328 Bernhardt an Fromm, 27.4.1979, ebd., fol. 186–187.
329 Blachnik et al., Nachruf Hohlfeld, 2021.
330 Präsident der MPG an den Bundesminister für Forschung und Technologie, 31.5.1979, AMPG, II. Abt., Rep. 1, Nr. 1041, fol. 141–148.

nis.³³¹ Für die abgestimmte Antwort hatten nicht zuletzt die personelle Vernetzung der Beteiligten und der rege Austausch zwischen den Wissenschaftsorganisationen im Vorfeld gesorgt – MPG-Wissenschaftler Trautner war in der ZKBS vertreten, Hofschneider daneben auch in der Senatskommission der DFG. Angesichts des Widerstands legte der Nachfolger Hauffs im Amt, Andreas von Bülow, keinen Wert mehr darauf, die Initiative weiter zu verfolgen. Erst 1990 verabschiedete der Deutsche Bundestag nach langer Diskussion ein Gentechnikgesetz.³³²

10.6.2 Vom Laborrisiko zum Verantwortungsdiskurs (1981–1985)

Als in der ersten Hälfte der 1980er-Jahre die Gentechnikdebatte in der Bundesrepublik einem vorläufigen Höhepunkt zustrebte und ein weites Spektrum gesellschaftlicher Akteure (Kirchen, Stiftungen, neue soziale Bewegungen) peu à peu wissenschaftskritische und ethische Fragen aufwarf, begann die MPG, ihre Öffentlichkeitsarbeit neu auszurichten. Diese Entwicklung vollzog sich parallel zu einem zunehmenden ökonomischen Interesse an der Genforschung innerhalb der MPG. Während in den USA bereits in den 1970er-Jahren ein erster Gentechnik-Boom zu beobachten war, hatte sich die MPG bezüglich der wirtschaftlichen Verwertungsmöglichkeiten der Genforschung zunächst zurückhaltend gezeigt. Dies änderte sich ab 1980. Wissenschaftlicher Rat und Senat der MPG diskutierten, wie sich die MPG hinsichtlich der bioökonomischen Möglichkeiten und Firmenausgründungen im Bereich der Genforschung, aber auch der lauter werdenden Kritik verhalten sollte.³³³ Im Senat der MPG hieß es, dass »vor allem verhindert werden« müsse, »daß die Gentechnologie, die in der Ernährungsforschung in anderen Bereichen segensreich wirken könne, in die gleiche Problematik wie die Kernenergie hineingerate. Angesichts der Sensibilität der Öffentlichkeit in diesen Fragen müsse die Max-Planck-Gesellschaft ihren Standpunkt und ihr weiteres Vorgehen klarlegen und dabei die wichtige Rolle der Gentechnologie für den Bereich der Grundlagenforschung herausstellen. Zugleich müsse man die deutsche Industrie auf Anwendungsmöglichkeiten hinweisen, um ihre internationale Wettbewerbsfähigkeit zu sichern.«³³⁴ »Aufklärung ohne Aufreizung« lautete die Formel.³³⁵

Kritik daran blieb wiederum nicht aus. Denn der Tenor in den MPG-Gremien lief auf eine Entkopplung ethischer Fragen von den technischen und ökonomischen Fragen der rDNA-Forschung hinaus. Jochen Benecke, Mitarbeiter am MPI für Physik und Astrophysik und versierter Kritiker der Atomenergie, wandte sich im Frühjahr 1982 an die fachlich einschlägigen Institutsdirektoren der biowissenschaftlichen Sektion (u. a. Eigen, Hofschneider, Schell und Trautner). Statt »Wert- und Normenprobleme« aufzugreifen, würde lediglich »über mangelnden Dialog mit der Industrie […] und über die Notwendigkeit von Terminen, von Mobilität und von Wettbewerb« gesprochen.³³⁶ Der teilweise polemische Ton im Briefwechsel der genannten Akteure zeigt symptomatisch, wie die unterschiedlichen gesellschaftlichen Positionen in der Diskussion um die Gentechnik auch innerhalb der MPG bisweilen stark polarisiert aufeinanderprallten.

Einer »Aufklärung ohne Aufreizung« folgten die Mitte der 1980er-Jahre von der MPG organisierten Ringberg-Symposien, die sich im Anspruch nun offensiv ethischen Fragen zuwandten.³³⁷ 1984 fand eine international besetzte Tagung von Naturwissenschaftler:innen, Mediziner:innen und Geisteswissenschaftler:innen (unter starker Beteiligung einflussreicher MPI-Direktoren) statt, die sich unter dem Titel »Verantwortung und Ethik in der Wissenschaft« einer großen Breite ethisch relevanter Themenfelder widmete – von der Medizin und Humangenetik über die Debatte zur atomaren Aufrüstung bis zum »Werturteilsstreit« in der Geschichtswissenschaft.³³⁸ Während diese Veranstaltung noch als nichtöffentliche Fachtagung gestaltet war, betrat die MPG mit dem zweiten Symposium Neuland in ihrer Öffentlichkeitsarbeit zur Gentechnik. Als zweitägiges Presseseminar konzipiert, wurden über 30 Journalist:innen im Mai 1985 zum Schloss Ringberg am Tegernsee eingeladen, darunter Vertreter:innen aller bundesrepublikanischen Leitmedien inklusive ZDF

---

331 Präsident der DFG an den Bundesminister für Forschung und Technologie, 27.9.1978, ebd., fol. 353.
332 Zur Rolle der MPG dabei siehe Brandt, Klassen und Schwerin, Gentechnik, in Vorbereitung.
333 Protokoll der 98. Sitzung des Senates vom 6.3.1981, AMPG, II. Abt., Rep. 60, Nr. 98.SP, fol. 8 u. 11; Ergebnisprotokoll über die Sitzung des Arbeitsausschusses »Erfindungen in der MPG-Gentechnologie« des WR am 1.4.1981, AMPG, II. Abt., Rep. 1, Nr. 651, fol. 22.
334 Protokoll der 98. Sitzung des Senates vom 6.3.1981, AMPG, II. Abt., Rep. 60, Nr. 98.SP, fol. 11.
335 Ergebnisprotokoll über die Sitzung des Arbeitsausschusses »Erfindungen in der MPG-Gentechnologie« des WR am 1.4.1981, AMPG, II. Abt., Rep. 1, Nr. 651, fol. 22.
336 Benecke an Queisser, 29.3.1982, AMPG, III. Abt., ZA 162, Nr. 34.
337 Zur zeitgenössischen Diskussion um Verantwortungsethik siehe Ash, Wissenschaft und Verantwortung, 2008.
338 Max-Planck-Gesellschaft, *Verantwortung und Ethik*, 1984.

10. Politische und ethische Herausforderungen der Forschung

und Bayerischem Rundfunk. Das Symposium adressierte Presse, Rundfunk und Fernsehen als »Mittler«[339] zwischen Wissenschaft und Öffentlichkeit. Ausgangspunkt war das als problematisch wahrgenommene Verhältnis zwischen beiden – denn »Gespräche zwischen Journalisten und Wissenschaftlern« seien, wie es im Vorwort der Tagungsveröffentlichung hieß, ansonsten oftmals durch »wechselseitige Schuldzuweisungen« vergiftet.[340]

Mit beiden Symposien versuchte die MPG, die stark polarisierte Debatte zu versachlichen und offensiv zu signalisieren, dass sie sich der wissenschaftlichen und gesellschaftlichen Verantwortung, die mit der neuen Genforschung einherging, durchaus bewusst sei. Die von der MPG organisierten Diskussionsrunden reihten sich ein in eine Vielzahl ähnlicher Veranstaltungen verschiedener politischer und gesellschaftlicher Akteure, darunter parteinahe Stiftungen und die Kirchen. Im Kontext dieser breitgespannten Diskussion Mitte der 1980er-Jahre, in der im öffentlichen Raum vor allem die zukünftig mögliche Anwendung der Gentechnik am Menschen als drohendes Szenario verhandelt wurde, kann das Ringberg-Symposium der MPG als ein Versuch gewertet werden, die Debatte zur Gentechnologie von denen zur Embryonenforschung, Reproduktionsmedizin und Humanbiologie zu trennen. Vorträge und Diskussion stellten allerdings immer wieder Zusammenhänge her zwischen den unterschiedlichen technischen Neuerungen in Wissenschaft und Medizin. Es kamen dabei auch kritische Aspekte zur Sprache, dies jedoch nur in Bezug auf potenzielle humanbiologische Anwendungen der neuen Technologien in der Embryonenforschung und in Bezug auf die Reproduktionsmedizin – Forschungsfelder, die an MPG-Instituten kaum oder gar nicht vertreten waren.

Präsident Staabs Schlusswort reproduzierte noch einmal die Haltung der 1970er-Jahre, dass die Risikoeinschätzung eine primär wissenschaftsinterne Angelegenheit sei. Vor allem kritisierte er die Vermengung der Diskursbereiche, »denn sicher ist die Vermischung der Probleme der Gentechnologie mit denen der Reproduktionsmedizin nicht hilfreich. Einige Mißverständnisse, die es auch hier bei uns gegeben hat, hängen sicher damit zusammen, daß die Diskussion gerade im letzten Teil des Symposions wieder zwischen beiden Bereichen durcheinanderging. Unser Symposion war, wie das Thema sagt, der *Gentechnologie* gewidmet, und es waren die Möglichkeiten und Risiken der Gentechnologie, die hier diskutiert werden sollten.«[341]

Der Versuch, die Gentechnikdiskussion durch wissenschaftsinterne Eingrenzung der Problemstellung zu versachlichen, musste angesichts der diskursiven Dynamik, die Mitte der 1980er-Jahre herrschte, scheitern.[342] Selbst wissenschafts- und technikaffine Kreise bemängelten die »Naivität« der im Symposium geäußerten Positionen, so das *Nachrichtenblatt des Vereins Deutscher Ingenieure*: »Ausgewichen wird der Diskussion um Verantwortung in der Gentechnik, wenn darauf hingewiesen wird, Gentechnik dürfe nicht mit biologischen Techniken ganz allgemein, etwa mit der Fertilisationsmedizin […] verwechselt werden. Die öffentliche Diskussion differenziert hier wenig […]. Wird, wenn es den Genforschern möglich ist, ein ›Homunkulus‹ konstruiert werden oder nicht, lautet die Gretchenfrage heute, und alle Menschheitsgeschichte mahnt zur Vorsicht und Prävention. Die Ethik der Genforschung muß heute diskutiert werden.«[343]

10.6.3 Freisetzungsversuche und neuartige Wissenschaftskommunikation (1988–1999)

Zwei Sprengstoffanschläge im August und Oktober 1985 beendeten die Ruhe des wissenschaftlichen Arbeitens in den gentechnischen Laboratorien, als Mitglieder der feministischen Aktionsgruppe Rote Zora am Max-Planck-Institut für Züchtungsforschung (MPIZ) in Köln-Vogelsang und am Kölner Universitätsinstitut für Genetik in Köln-Lindenthal Sprengsätze zündeten.[344] Sie wandten sich damit gegen die gentechnischen Arbeiten an diesen Forschungsstandorten, darüber hinaus gegen das Kölner Genzentrum als Ganzes und die dahinterstehende Wissenschafts- und Technologiepolitik der Bundesregierung.[345] Stärker als die Atomphysiker in der Hochzeit der Anti-Atom-Proteste standen die Wissenschaftler:innen, die Genetiker:innen und Molekularbiolog:innen nun selbst im Rampenlicht der Öffentlichkeit, ebenso wie ihre Wirkungsstätten. Künftig sollte eine Sicherheitsfirma für den Schutz des Kölner MPI sorgen und zusätzlich ein

---

339 Hess, *Presse*, 1985, 12.
340 Max-Planck-Gesellschaft, *Gentechnologie und Verantwortung*, 1985, 8.
341 Staab, *Gedanken*, 1985, 79–80.
342 Zur Entwicklung der Debatte siehe Salem, *Wahrnehmung*, 2013, 91–92; Wieland, *Genen*, 2011, 270–272.
343 »Biowissenschaften. Die Verantwortung in der Gentechnik«, VDI Nachrichten, Nr. 20, 17.5.1985, AMPG, III. Abt., Rep. 145, Nr. 395, fol. 129 verso.
344 Jorga: Überlegungen, 21.10.1985, AMPG, II. Abt., Rep. 66, Nr. 4835, fol. 289–300; Schlünder, Alarm, 2020.
345 Siehe die Bekennerschreiben in ID-Archiv im IISG/Amsterdam, *Früchte*, 1993; Schlünder, Alarm, 2020, IV/31.

Sicherheitszaun das weitläufige Gelände des Max-Planck-Instituts abschirmen.³⁴⁶

Ende der 1980er-Jahre zogen die Forschungs- und Versuchsfelder auf dem Kölner Institutsgelände erneut die öffentliche Aufmerksamkeit auf sich, weil dort MPI-Wissenschaftler:innen die Anpflanzung gentechnisch modifizierter Pflanzen vorbereiteten.³⁴⁷ Im Juni 1988 stellte Direktor Heinz Saedler beim Bundesgesundheitsamt den Antrag zur Aussaat von etwa 36.000 Petunien.³⁴⁸ Dass die Kölner Genforscher:innen mit den Versuchen grundlegende genetische Fragen und keine offen ersichtlichen Anwendungsziele verfolgten, bewog nicht zuletzt die Genehmigungsbehörden dazu, dem Kölner Max-Planck-Institut die bundesweit erste Genehmigung zur Ausbringung transgener Pflanzen zu erteilen, noch vor ebenfalls zur Entscheidung anstehenden Anträgen aus der Industrie.³⁴⁹ Kommerzielle Interessen, die das MPI mit der Petunie verfolgte, blieben unerwähnt.³⁵⁰

Manche vermuteten ein Ablenkungsmanöver und dass die Petunienversuche eine Türöffnerfunktion besäßen.³⁵¹ Tatsächlich bekannte Saedler, dass die Petunienversuche die Diskussion über Freilandversuche endlich auch in der Bundesrepublik in Gang bringen sollten.³⁵² In den Jahren 1986 bis 1989 fanden bereits etwa 100 Feldversuche mit transgenen Pflanzen weltweit statt.³⁵³ Die Bundesrepublik hinkte dagegen hinterher. Ziel war es deshalb, das gesamte Freisetzungsszenario einmal durchzuspielen und zugleich den möglichen praktischen Nutzen der neuen Techniken zu demonstrieren.³⁵⁴ Zuvor hatte die Fach-Community, insbesondere initiiert durch die Direktoren des MPI, darüber diskutiert, wann am besten die ersten Freilandversuche mit welchen Pflanzen durchgeführt werden sollten, um den Vorbehalten in der Öffentlichkeit zu begegnen.³⁵⁵ Dabei standen den Gentechnik-Befürworter:innen die Bilder der Massendemonstrationen und teils eskalierten und militanten Protestaktionen im Rahmen der Atomenergiedebatte warnend vor Augen. Die von der Bundesregierung initiierten Fachanhörungen, einschließlich der gerade abgeschlossenen Enquetekommission des Bundestags, hatten nicht zuletzt das Ziel, eine solche Protestdynamik zu vermeiden.³⁵⁶ Vergebens: Heftige Diskussionen, Demonstrationen und sogenannte Feldbefreiungen sollten über Jahre und Jahrzehnte die gentechnische Arbeit der Pflanzenzüchter:innen begleiten.³⁵⁷

Das Kölner MPI beschritt in der Auseinandersetzung mit der Öffentlichkeit neue, eigenständige Wege. Der Freilandversuch entpuppte sich damit als ein doppeltes, pflanzenbiologisches und soziales, Experiment. Die »Richtlinien zum Schutz vor Gefahren durch in-vitro neukombinierte Nukleinsäuren« aus dem Jahr 1978, die die Grundlage des Genehmigungsverfahrens bilde-

---

346 Hahlbrock an Betz, GV, 17.7.1986, GVMPG, BC 233224, fot. 316; Hahlbrock an Ranft, 27.1.1987, GVMPG, BC 233227, fot. 140–141. Zur Tagespresse bzw. zur Errichtung des Zauns Schuchert, *Pflanzenzüchtungsforschung*, 1997, 82 u. 91.

347 Hierzu und zum Nachfolgenden Salem, *Wahrnehmung*, 2013, 182–183. Zur Geschichte der Kölner Petunienversuche siehe auch Schuchert, *Pflanzenzüchtungsforschung*, 1997; Wieland, Genen, 2011.

348 Saedler an ZKBS, Robert-Koch-Institut, 24.6.1986, GVMPG, BC 230322, fol. 45–62 sowie Vorgänge in AMPG, III. Abt., ZA 207, Nr. 236.

349 Saedler an ZKBS, Robert-Koch-Institut, 24.6.1986, GVMPG, BC 230322, fol. 45; Anlage in Starlinger an Fromm vom 7.3.1989, GVMPG, BC 233229, fot. 184; Anlage in Bundesgesundheitsamt an Saedler, 16.5.1989, AMPG, III. Abt., ZA 207, Nr. 237, fot. 3.

350 Die Max-Planck-Gesellschaft schloss im Oktober 1988 aufgrund eines vom Max-Planck-Instituts angemeldeten Patents auf veränderte Petunien und die entwickelte Technologie Lizenzvereinbarungen mit Mitsui Petrochemical Industries in Japan und mit der niederländischen Firmengruppe Zaadunie, eine Tochterfirma von Sandoz, ab. Zaadunie, Agreement, 14.10.1988, AMPG, III. Abt., ZA 207, Nr. 261, fot. 101–109; Morimoto, Mitsui, an Garching Instrumente, ebd., fot. 152; Meyer et al., *Pflanzen mit modifizierter Blütenfarbe*, 1989; Wieland, Genen, 2011, 274–275. – Wegen der Diskussion in Deutschland bestand Zaadunie darauf, dass die Firmenvereinbarung nicht an die Öffentlichkeit dringen solle. Kool, Manager Plant Biotechnologie Zaadunie, an P. Meyer, 16.12.1988, AMPG, III. Abt., ZA 207, Nr. 261, fot. 116. In den Folgejahren gelangten unautorisiert orangefarbene Petunien auf den Blumenmarkt. Servick, Petunia, 2017.

351 Cheap, Petunien, 1988, 3; Schuchert, *Pflanzenzüchtungsforschung*, 1997, 86 u. 99; Wieland, Genen, 2011, 374.

352 Saedler an ZKBS, Robert-Koch-Institut, 24.6.1986, GVMPG, BC 230322, fol. 45.

353 Freilandversuche in aller Welt, AMPG, III. Abt., ZA 207, Nr. 24, fot. 186.

354 Christoph Meyer: Die Kölner Petunienversuche. Erfahrungen und Empfehlungen, Bl. 5, AMPG, III. Abt., ZA 207, Nr. 246; Wieland, Genen, 2011, 274–275.

355 Hahlbrock an Staab, 21.12.1987, GVMPG, BC 230322, fol. 63–87; Meyer: Die Kölner Petunienversuche. Erfahrungen und Empfehlungen, Bl. 5–6, AMPG, III. Abt., ZA 207, Nr. 246. Siehe auch Gill, Bizer und Roller, *Forschung*, 1998, 257. – Teilnehmer am Fachgespräch am 12.12.1987 im MPI waren außer Wissenschaftlern Vertreter von Behörden und Ministerien sowie der Saatgut- und Chemieindustrie. Anlage in Hahlbrock an alle Teilnehmer der Diskussionsrunde, 18.12.1987, AMPG, III. Abt., ZA 207, Nr. 23, fot. 571.

356 Salem, *Wahrnehmung*, 2013, 92.

357 Die verspätete Debatte um die Gentechnik in der Bundesrepublik verlief zwar heftig, aber dies war, anders als oftmals dargestellt, kein allein westdeutsches Phänomen. Auch in den USA und in Großbritannien etwa sahen sich die Gentechnik-Vertreter:innen mit teils heftigem Widerstand konfrontiert. Jasanoff, *Designs*, 2005; Gill, Kampagnen, 2008, 628–629; Gill, *Streitfall*, 2003, 163–245.

ten, sahen vage eine Berücksichtigung des öffentlichen Interesses vor.[358] Die *Frankfurter Allgemeine Zeitung* kommentierte, dass es zur wissenschaftlichen Verantwortung gehöre, den interessierten Laien aufzuklären, insofern Vorurteile »die Welt ebenso vergiften [könnten] wie gefährliche Experimente die Umwelt«.[359] Auch die MPI-Direktoren kritisierten die bisherigen Vermittlungsbemühungen und entschlossen sich, eigenständig den Kontakt und Austausch mit der Öffentlichkeit »zur Verbesserung der Akzeptanz« zu suchen.[360] Die Eigeninitiative war nicht zuletzt Ausdruck des Umstands, dass die MPG-Leitung weitergehende Öffentlichkeitsarbeit, über die erwähnten Symposien hinaus, in der Sache ablehnte.[361]

Die Vertreter der Landwirtschaft und Industrie im Kuratorium des Kölner Instituts begrüßten indes die Initiative der Direktoren vor dem Hintergrund ihrer Sorgen um die Akzeptanz in der Öffentlichkeit.[362] Mit Zeitungsartikeln, Pressemitteilungen, Presseterminen vor Ort und eigenen populären Publikationen arbeiteten die drei Direktoren mit ihren Mitarbeiter:innen das klassische Repertoire wesentlich monologischer Aufklärungsarbeit schnell ab.[363] Sie setzten darüber hinaus auf den Dialog mit der Öffentlichkeit, zum einen in Form von Informationsveranstaltungen vor Ort, zum anderen mit langfristiger Perspektive in Form einer Lehrschau zur Arbeit des Instituts und eines Lehrgartens auf dem Institutsgelände, durch den Mitarbeiter:innen interessierte und besorgte Bürger:innen und vor allem Schulklassen führten.[364] Die Bürger:innen sollten sich selbst einen Eindruck hinter dem Zaun verschaffen und Vorbehalte im Nahkontakt mit der Wissenschaft abbauen. Die Welternährung stand im Mittelpunkt der Argumentation.[365]

Teile der Öffentlichkeit misstrauten jedoch den aufklärerischen Absichten. Die Kölner Bürgerinitiative »BürgerInnen beobachten Petunien« führte deshalb regelmäßig die von ihr so genannten »Kölner Zaunbegehungen« und eigene Informationsveranstaltungen vor dem Institutsgelände durch.[366] Die Auspflanzung der ersten transgenen Petunien im Frühjahr 1990 kam einem Showdown der Bemühungen und Mobilisierung beider Seiten gleich. Am 14. Mai 1990, so berichtete ein Institutsmitarbeiter rückblickend, »blockierten ca. 100 bis 200 Versuchsgegner ab 6 Uhr die Institutszugänge mit dem Ziel, die Freisetzung zu verhindern. Die für die Auspflanzung zuständigen Mitarbeiter übernachteten zum Teil im Institut oder erschienen früher, so daß der Versuch wie geplant durchgeführt werden konnte. Lediglich die angekündigte Pressekonferenz fiel aus, weil aus Sicherheitsgründen die Tore auch für die eingeladenen Pressevertreter verschlossen blieben. Gentechnikgegner, Presseleute und MPI-Mitarbeiter diskutierten zum Teil heftig miteinander. Gegen 13 Uhr löste sich die Demonstration auf.«[367]

Der Versuch, die Bevölkerung, Presse und Kritiker:innen der Gentechnik durch Anschauung und Informationen vor Ort zu beruhigen, entsprach dem Trend zu einer stärker regional geprägten Form der Auseinandersetzung, führte aber zu keiner wirklichen Verständigung.[368] Dazu trug nicht zuletzt der Umstand bei, dass die Freisetzungsversuche im Sommer 1990 nicht die erwarteten Ergebnisse erbrachten. Die Petunien veränderten ihre Farbe, ohne dass die Wissenschaftler dies erklären konnten. In

---

358 Gill, Bizer und Roller, *Forschung*, 1998, 257; Salem, *Wahrnehmung*, 2013, 182.

359 Zitiert in Schuchert, *Pflanzenzüchtungsforschung*, 1997, 84.

360 Hahlbrock an Staab, 8.8.1989, AMPG, II. Abt., Rep. 66, Nr. 4634, fol. 183–184; Salamini an Zacher, 15.11.1991, GVMPG, BC 233224, fot. 247–248.

361 Hasenclever: Vermerk, 26.6.1989, AMPG, II. Abt., Rep. 66, Nr. 4648, fol. 207–208. – Die MPG versagte dem MPI gelegentlich finanzielle Unterstützung bei seiner Öffentlichkeitsarbeit. Zacher an Schell, 31.1.1992, GVMPG, BC 233224, fot. 244–245.

362 Protokoll der Kuratoriumssitzung des MPI für Züchtungsforschung, 6.9.1991, AMPG, II. Abt., Rep. 66, Nr. 4648, fol. 107.

363 Siehe etwa Michael Globig, Pressereferat: Einladung zu Pressetag, 14.9.1988, AMPG, II. Abt., Rep. 66, Nr. 4634, fol. 196; siehe auch hier und nachfolgend Schuchert, *Pflanzenzüchtungsforschung*, 1997, 91–96; Wieland, Genen, 2011, 274–275.

364 Protokoll der Direktoriumssitzung vom 11.3.1988, AMPG, III. Abt., ZA 207, Nr. 23, fot. 487; Meyer: Die Kölner Petunienversuche. Erfahrungen und Empfehlungen, Bl. 6, AMPG, III. Abt., ZA 207, Nr. 246; Salamini an Zacher, 15.11.1991, GVMPG, BC 233224, fot. 247–248; Saedler an Büchel, Bayer AG, 19.11.1991, AMPG, III. Abt., ZA 207, Nr. 63, fot. 65.

365 Hahlbrock, Saedler, Salamini, Schell an Bundespräsidenten, 26.1.1988, AMPG, III. Abt., ZA 207, Nr. 24, fot. 219; Saedler, Kretschmar und Spangenberg, Petunien, 1988; Wieland, Genen, 2011, 274–275. Siehe auch das Begleitbuch zur Schau mit der Dokumentation der Ausstellungstafeln in Max-Planck-Institut für Züchtungsforschung, *Pflanzenproduktion*, 1992.

366 Bei der Bürgerinitiative »BürgerInnen beobachten Petunien« handelte es sich um ein breites Bündnis aus dem Arbeitskreis Genetik und Landwirtschaft der Fachschaft Biologie der Universität Köln, dem AStA der Universität Köln, der Alternativen Liste, dem Arbeitskreis Gentech/Gesundheitsladen Köln, dem Frauenplenum gegen Reproduktionstechnologie, der Partei Die Grünen im Rat der Stadt Köln und von Vertretern der Volkshochschule Köln. Schuchert, *Pflanzenzüchtungsforschung*, 1997, 98.

367 Ebd., 85.

368 Zur Bedeutung der Regionen für die Meinungsbildung von Bürger:innen bzw. die Ausformung der EU-Politik bezüglich der Agrogentechnik siehe Güttler, Gegenexpert*innen, 2022; Hartung und Hörisch, Regulation vs Symbolic Policy-Making, 2017.

der Presse war daraufhin von einem »Fehlschlag« und »Fiasko« die Rede, weil der Versuchsverlauf das öffentliche Vertrauen in die Sicherheitsversprechen der Wissenschaft erschütterte.[369]

Während das 1990 verabschiedete Gentechnikgesetz eine formalisierte und institutionalisierte Einbeziehung der Bevölkerung in den Entscheidungsprozess vorsah,[370] arbeiteten die MPG und ihre Institute an der Professionalisierung ihrer Wissenschaftskommunikation. Die Kölner Institutsdirektoren beklagten die formalisierte Anhörung der Öffentlichkeit als zu aufwendig und als »Wettbewerbsnachteil« und unterstützten die MPG-Leitung daher bei ihren Interventionen gegen das Gentechnikgesetz,[371] zumal der Unmut in der Öffentlichkeit fortbestand und Angriffe von Gentechnik-Gegner:innen anhielten.[372] Daraus zogen die Kölner Versuchsleiter zum einen den Schluss, einige Versuche ins Ausland nach Slowenien zu verlegen. Zum anderen galt es, die Wissenschaftskommunikation offensiver anzugehen, um dem Vertrauensverlust gegenüber Wissenschaft und Technik langfristiger entgegenzuwirken.

Der Schwenk in Richtung Professionalisierung der Wissenschaftskommunikation betraf auch interne Kommunikationsdefizite. Denn für die Außenwirkung der MPG wurde es als problematisch angesehen, dass Angestellte des Kölner MPI öffentlich Uneinigkeit innerhalb der Mitarbeiterschaft eingeräumt hatten – »es gebe kontroverse Gespräche«, hieß es.[373] Die Stärkung der internen Kommunikation war ein Weg, um solcher Uneinigkeit zu begegnen. So stellte der Pflanzenbiologe und designierte Gründungsdirektor des MPI für molekulare Pflanzenphysiologie in Potsdam-Golm, Lothar Willmitzer, der Anfang der 1990er-Jahre zusammen mit der Kleinwanzlebener Saatzucht AG (KWS) Freilandversuche mit zwei gentechnisch modifizierten Linien der Kartoffelsorte *Desirée* plante, das Freisetzungsvorhaben bei Betriebsversammlungen wiederholt zur Diskussion.[374] Mit Zustimmung seiner Mitarbeiterschaft verschickte Willmitzer im Oktober 1992 die Anträge zur Genehmigung der Versuche. Dabei konnte er sich auf die Expertise der KWS stützen, die über einige Erfahrung in der Ausarbeitung einer Kommunikationsstrategie verfügte.[375] Im Zentrum von deren Öffentlichkeitsarbeit stand das Unternehmensimage, das für eine umweltverträgliche und wettbewerbsfähige Landwirtschaft stehen sollte. Entsprechend geplant und abgestimmt gingen KWS und Willmitzer ans Werk, versorgten die Öffentlichkeit kontinuierlich mit Informationen, organisierten Vorträge, Podiumsdiskussionen und Hintergrundgespräche für unterschiedliche Zielgruppen: für die breite Öffentlichkeit, für Landwirte, Schüler:innen und Lehrer:innen, Kirchengruppen, Pflanzenzüchter:innen und Wissenschaftler:innen, Kommunal-, Landes- und Bundespolitiker:innen, Medien und organisierte Versuchsgegner:innen.[376] Bürger:innen hatten zudem die Gelegenheit, über ein Sondertelefon ihre Fragen zu stellen und Auskünfte einzuholen.

Die Kommunikationsoffensive und die von Wissenschaft und Industrie gemeinsam entwickelte Informationskampagne der MPG-Wissenschaftler nahmen in gewisser Weise den von der Bundesregierung und der Europäischen Kommission im Laufe der 1980er-Jahre verfolgten Politikwechsel vorweg. Die Novellierung des Gentechnikgesetzes im Jahr 1993, die nicht zuletzt die Wissenschaftsorganisationen, darunter die MPG, eingefordert hatten, schränkte einerseits die erst drei Jahre zuvor beschlossene Öffentlichkeitsbeteiligung wieder stark

---

369 Fiasko in Farbe, *Der Spiegel*, 25.11.1990; Wieland, Genen, 2011, 276.
370 Gill, Bizer und Roller, *Forschung*, 1998, 135–138.
371 Saedler an ZKBS, Robert-Koch-Institut, 24.6.1986, GVMPG, BC 230322, fol. 45–62; von Staden: Vermerk, 16.9.1991, AMPG, II. Abt., Rep. 66, Nr. 4648, fol. 111; Hasenclever: Vermerk, 26.6.1989, AMPG, II. Abt., Rep. 66, Nr. 4634, fol. 186.
372 Rhode an Metz, BMBF, 28.2.1996, GVMPG, BC 233229, fot. 84–86. Zu Störungen der Anhörungstermine und Rechtseinwänden gegen die Freisetzungsexperimente u. a. Dr. Grüber und Tull gegen Bundesrepublik Deutschland, GVMPG, BC 233229, fot. 106–126; siehe auch Dokumente dazu in AMPG, III. Abt., ZA 207, Nr. 238 und Nr. 239; Meyer: Die Kölner Petunienversuche. Erfahrungen und Empfehlungen, Bl. 10–16, AMPG, III. Abt., ZA 207, Nr. 246.
373 Schuchert, *Pflanzenzüchtungsforschung*, 1997, 85–86.
374 Ebd., 130 u. 136. Zu den Kartoffelexperimenten siehe Gill, *Gentechnik*, 1991, 61–62; Löhr, Freisetzungsreigen, 1992; Schuchert, *Pflanzenzüchtungsforschung*, 1997, 114–115.
375 Im Arbeitskreis »Kommunikation Freilandversuche« berieten Vertreter von IGF, KWS und der Schering AG das Vorgehen im Umgang mit der Öffentlichkeit. Zudem hatte die KWS 1990 ein Kuratorium »Gentechnik in der Pflanzenzüchtung« einberufen, besetzt mit Fachleuten aus den Bereichen Ethik, Molekularbiologie, Landwirtschaft, Pflanzenschutz, Soziologie und Technikfolgenabschätzung, die sich öffentlichkeitswirksam zu Problemstellungen wie »Ökologie und Freilandversuche mit gentechnisch veränderten Pflanzen« oder »Sozialverträglichkeit und pflanzliche Gentechnik« äußern sollten. Schuchert, *Pflanzenzüchtungsforschung*, 1997, 131–140.
376 Hier und nachfolgend ebd., 130–140.

ein und schaffte die lokalen Erörterungstermine ab.³⁷⁷ Andererseits wurde die Öffentlichkeitsarbeit verstärkt. Nachdem die EU im selben Jahr eine »European Week for Scientific and Technological Culture« angeregt hatte, initiierte das BMFT zusammen mit den Forschungsorganisationen »Tage der Forschung« als einen ersten Baustein, mit dem der diagnostizierten Akzeptanzkrise von Forschung und Wissenschaft in den kommenden Jahren systematisch entgegengewirkt werden sollte.³⁷⁸

Das MPI in Köln mit seiner Lehrschau und seinem Schaugarten war auf die Akzeptanzbeschaffung durch Wissenschaftskommunikation bestens vorbereitet. Die Arbeit mit Schulklassen galt als vorbildlich.³⁷⁹ Und die Schau machte in verschiedenen Städten der Bundesrepublik sowie in verschiedensprachigen Ausgaben in Warschau, Prag, Wien, Mailand, Valencia, Straßburg und Edinburgh Station.³⁸⁰ Mit der populärwissenschaftlichen Zeitschrift *MPIZ aktuell* weitete das Kölner Institut seine Kampagne noch aus. Auch dieser Vorstoß machte Schule. Die Biologisch-Medizinische Sektion der MPG initiierte im Jahr 1995 mit *Biomax* ein populäres Magazin für die gesamten Biowissenschaften, von der MPG herausgegeben und vom industrienahen Stifterverband für die Deutsche Wissenschaft gefördert.³⁸¹ Direktor Saedlers Vorschläge gingen noch weiter: »Ich denke hier vor allem an Erlebniswelten, denen von Disneyland nicht unähnlich, aber auf unsere Themen bezogen, im Neuhochdeutschen ›Hands-on‹-Zentren, in denen der Besucher aktiv ist und mit einbezogen wird. Der Umgang mit Wissenschaft soll nicht lehrerhaft, sondern vergnüglich sein, spielend erfährt und lernt der Besucher.«³⁸² Der im Umfeld des MPI 1996 gegründete Verein Köln PUB (Publikum und Biotechnologie e. V.) griff diese Ideen auf und versuchte, Wissenschaft durch die Durchführung einfacher molekularbiologischer Experimente erfahrbar zu machen.³⁸³ Die langjährigen Bemühungen des Kölner MPI gipfelten zehn Jahre später in der Einweihung eines großzügig angelegten und durch die Bayer AG finanziell unterstützten Lernzentrums in einem ehemaligen Wirtschaftsgebäude in unmittelbarer Nachbarschaft zum MPI und dem alten Schaugarten. Die vom Verein der Freunde und Förderer des Instituts getragene »WissenschaftsScheune« ist seitdem für Kitas, Schulen und interessierte Besucher:innen geöffnet.³⁸⁴

Die Mitarbeiter:innen des MPI für Züchtungsforschung erwiesen sich wiederholt als Macher:innen, die nicht auf Initiativen von oben warteten. Sie setzten damit Maßstäbe bei der Erneuerung der Wissenschaftskommunikation, mit der sich die Wissenschaftler:innen selbst die »Verbesserung der Akzeptanz« (Saedler) zum Ziel ihres Handelns in der Öffentlichkeit machten.³⁸⁵ Das verstärkte Engagement der Wissenschaft ging Hand in Hand damit, dass sich die Industrie zurückzog und – auf Anraten einer internationalen Beratungsagentur – nur noch im Hintergrund agierte.³⁸⁶ Die Folge war, dass die Grenze zwischen sachlich-neutraler Information und Gentechnik-PR zunehmend verschwamm und für Außenstehende nicht mehr erkennbar war. Die Fachzeitschrift *Werben & Verkaufen* etwa stellte fest, dass die »sublime Kommunikationstaktik« der in die Gentechnik involvierten Firmen aufgehe: »Jahrelang hatten die Unternehmen auf spektakuläre Kampagnen verzichtet und stattdessen in gezielte Öffentlichkeitsarbeit und Below-the-Line-Maßnahmen investiert. [...] Federführend in der PR ist eine Flut von Arbeitskreisen, Initiativen und Aktionsgruppen, die einzelne Unternehmen und Ver-

---

377 Gill, Bizer und Roller, *Forschung*, 1998, 135–136. Zur MPG siehe Gutjahr-Löser: Vermerk, 5.7.1990, GVMPG, BC 222415, fol. 2–10; Präsidentenerklärung zur Gentechnologie in Staab an Markl, 19.3.1990, ebd., fol. 57–59; ausführlich zur MPG siehe Schwerin, Klassen, Brand, *Gentechnik*, in Vorbereitung.
378 GV der MPG an Schell, 22.2.1994, GVMPG, BC 233213, fot. 288.
379 Entrup, Saatveredelung GmbH, an Saedler, 26.10.1990, AMPG, III. Abt., ZA 207, Nr. 3.
380 Von Staden: Vermerk, 16.9.1991, AMPG, II. Abt., Rep. 66, Nr. 4648, fol. 11–12; Saedler an Weinert, 4.3.1997, GVMPG, BC 233213, fot. 86–87.
381 Verein der Freunde und Förderer des Max-Planck-Instituts für Pflanzenzüchtungsforschung e. V., Impressum.
382 Saedler an Weinert, 4.3.1997, GVMPG, BC 233213, fot. 86–87.
383 Hierzu und nachfolgend siehe Verein der Freunde und Förderer des Max-Planck-Instituts für Pflanzenzüchtungsforschung e. V., Die WissenschaftsScheune, http://www.wissenschaftsscheune.de/impressum/.
384 Neben Saedler engagierten sich für die Öffentlichkeitsarbeit u. a. Wolfgang Schuchert, Leiter der Öffentlichkeitsarbeit des MPI und Vorsitzender des Vereins der Freunde und Förderer, der Anfang der 1990er-Jahre den ersten Schaugarten eingerichtet hatte, und Gerd Spelsberg, Vizevorsitzender des Vereins und Herausgeber der Website transgen.de. Siehe dazu ebd.
385 Protokoll der Kuratoriumssitzung des MPI für Züchtungsforschung, 6.9.1991, AMPG, II. Abt., Rep. 66, Nr. 4684, fol. 106. – Das Lob des Wissenschaftsrats findet sich in Wissenschaftsrat: Entwurf zur Stellungnahme zur Umweltforschung in Deutschland, 1993, GVMPG, BC 203056, fol. 292–293. – Zu Fragen der Akzeptanzstrategien siehe auch Salem, *Wahrnehmung*, 2013, 249–252.
386 Lorch und Then, *Kontrolle*, 2008, 6–7.

bände gegründet haben. Auch Branchenkenner haben Mühe, die Übersicht zu bewahren.«[387] Über den unverdächtig klingenden Wissenschaftlerkreis »Grüne Gentechnik e. V.« urteilte ein Sachstandsbericht der Bundestagsfraktion Bündnis 90/Die Grünen, er sei typisch für das inzwischen etablierte Netzwerk zwischen Industrie, Expert:innen der Behörden, akademischen Instituten und Biotechnologie-Firmen.[388] MPG-Wissenschaftler:innen fehlten in dieser Netzwerkanalyse. Kritischen Darstellungen zur Geschichte der Gentechnik in der MPG begegnete die MPG dennoch wenig tolerant. Für die Zwecke eines Jubiläumsbands zum 100-jährigen Bestehen der Kaiser-Wilhelm-Gesellschaft musste ein Text der Historikerin Susanne Heim, einer ehemaligen Mitarbeiterin der Präsidentenkommission zur Geschichte der KWG im Nationalsozialismus, einer journalistischen Aufarbeitung dieser Geschichte weichen.[389]

10.6.4 Fazit[390]

Mit der Entwicklung der neuen Gentechniken in den 1970er-Jahren entspann sich zunächst innerhalb von Wissenschaft und Politik, später auch in den Medien und der Öffentlichkeit eine Diskussion über die Implikationen und Risiken dieser Technologien, die in der Bundesrepublik der 1980er-Jahre eine besondere Schärfe annahm. Mitte der 1970er-Jahre hatte die MPG im Rahmen von Politikberatung eine zentrale Rolle gespielt in den Aushandlungsprozessen zwischen dem zuständigen Ministerium und den Wissenschaftsorganisationen über die Regulierung dieses neuen Forschungsbereichs, bei der man sich an US-amerikanischen und britischen Vorbildern orientierte. Hier ging es, ähnlich wie schon bei der Frage der Tierexperimente, vor allem um die Verteidigung der Wissenschaftsfreiheit. Die wissenschaftlichen Experten der MPG standen einer öffentlichen Debatte skeptisch gegenüber, da man den Bürger:innen nicht zutraute, kompetent über die strittigen Fragen urteilen zu können. Welche Gefahren mit der neuen Gentechnologie verbunden waren, war umstritten. Während man in der Wissenschaft das Risiko gentechnisch veränderter Bakterien sah, stand in der Öffentlichkeit die problematische Anwendung auf den Menschen im Vordergrund. Aus der Sicht der Wissenschaft diente eine geplante Gesetzesinitiative vor allem dazu, die Öffentlichkeit zu beruhigen

und stellte eine Bedrohung der Wissenschaftsfreiheit dar. Vor diesem Hintergrund konzentrierte sich die MPG, gemeinsam mit der DFG und anderen Wissenschaftsorganisationen, auf einen Wissenschaftslobbyismus, dem es schließlich 1981 gelang, die Gesetzesinitiative zurückzustellen.[391] Ein erstes Gentechnikgesetz wurde in der Bundesrepublik erst 1990 verabschiedet.

Der Umgang der MPG mit der Genforschung veränderte sich in den 1980er-Jahren im Zusammenhang mit der intensiv geführten öffentlichen Diskussion. Die MPG begann, daran aktiv teilzunehmen, was Ende der 1980er-Jahre zu einer neuen, offensiven Strategie im Umgang mit der Öffentlichkeit führte. Das lag nicht zuletzt an der gestiegenen ökonomischen Bedeutung der Gentechnologie, die in der MPG ab 1980 auch die Gremien beschäftigte. Themen wie profitable Anwendungen, Ausgründung von Firmen und internationaler Wettbewerb drängten sich nun in den Vordergrund und veranlassten die MPG, durch gezielte Öffentlichkeitsarbeit für die Vorteile der Gentechnologie zu werben.

Angesichts der fundamentalen ethischen und politischen Fragen, die die Gentechnologie aufwarf und die in der Öffentlichkeit weiterhin kontrovers diskutiert wurden, griff diese Strategie der MPG allerdings zu kurz. Dies wurde insbesondere im Zusammenhang der militanten Proteste gegen die Freisetzungsversuche gentechnisch manipulierter Pflanzen Ende der 1980er-Jahre am Kölner MPI für Züchtungsforschung deutlich. Die Auseinandersetzungen vor Ort ließen die Kölner Forscher:innen nach neuen Wegen des Dialogs mit der Öffentlichkeit suchen, die von Informations- und Diskussionsveranstaltungen über Lehrgärten bis zur Einrichtung eines Lernzentrums und der Gründung einer populärwissenschaftlichen Zeitschrift reichten. Diese neuen, stärker regionalen und von den Instituten selbst ausgehenden Aktivitäten machten auch darüber hinaus in den 1990er-Jahren Schule und verliefen parallel zur stärkeren Professionalisierung der Öffentlichkeitsarbeit in der Generalverwaltung.

In welchem Maße solche Bemühungen um einen offenen Dialog zwischen Wissenschaft und Gesellschaft auch den Forderungen nach Transparenz der die Gentechnologie antreibenden ökonomischen und politischen Interessen von Agrogentechnik-Industrie, Behörden und Biotechnologie-Firmen gerecht wurden, bedarf der weiteren Untersuchung und Diskussion.

---

387 Bottler, Genfood, 1998.
388 Lorch und Then, *Kontrolle*, 2008, 16–17.
389 Roelcke, Wissenschaft, 2011.
390 Der nachfolgende Text stammt von Jürgen Renn.
391 Holl, BMJFG, Vermerk: Gen-Technologie-Gesetz, 2.7.1981, BArch B 189/24132.

10.7 Die Frage einer zentralen Ethikkommission der MPG[392]

Zu Beginn des Millenniums diskutierte die MPG die Einrichtung einer zentralen Ethikkommission erneut, die schon Ende 1980 Thema auf der Leitungsebene gewesen war.[393] Während aber damals ein Strategiepapier aus dem Bundesministerium für Forschung und Technologie die Diskussion ausgelöst hatte und es darum gegangen war, regulative Eingriffe von außen abzuwehren, ging der Impuls der Diskussion diesmal auf eine Initiative des Wissenschaftlichen Rates der MPG zurück, der im Jahr 2000 den Arbeitskreis »Verantwortliches Handeln in der Wissenschaft« konstituierte.[394] Der unter Leitung von Wolfgang Edelstein (MPI für Bildungsforschung) und Peter Hans Hofschneider (MPI für Biochemie) tätige Arbeitskreis beschäftigte sich nicht allein mit der Frage, ob die MPG eine eigene zentrale Ethikkommission bilden sollte, um für den Umgang mit Menschen und Tieren in der psychologischen, sozialwissenschaftlichen und biomedizinischen Forschung zusätzlich zu den gesetzlichen und professionsspezifischen Regelungen ein Beratungsgremium zu schaffen. Neben medizinethischen Fragen im Zusammenhang mit Humanversuchen und neuen bioethischen Fragen im Bereich der Gentechnik ging es um ein breites Spektrum wissenschaftsethischer Problematiken: wissenschaftliches Fehlverhalten, Autorschaften von wissenschaftlichen Publikationen, Nachwuchsförderung, Berufung von Ombudspersonen und Umgang mit »Whistleblowern«.

Der Arbeitskreis würdigte in seinen Empfehlungen die Bedeutung bestehender gesetzlicher und beruflicher Regelwerke, die Pflichten und Vorschriften definierten, unter denen Forschungen an Menschen zulässig waren, wie Regeln zur Rekrutierung von Versuchsteilnehmer:innen, Informationspflichten über den Forschungszweck, Täuschungsverbote, Schutz der Proband:innen und deren Aufklärung nach Abschluss der Untersuchung (»debriefing«) und das Prinzip informierter Einwilligung (»informed consent«).[395]

Die von der World Medical Association (WMA) formulierten ethischen Regeln (Helsinki Declaration[396]) für Forschung am Menschen reichten aber – nach Einschätzung des Arbeitskreises – »angesichts der neueren Entwicklung in Genforschung und Embryologie« nicht mehr aus. Nun seien Forschungsfragen entstanden, die eine informierte Einwilligung illusionär machten, wie Demenz- oder Alzheimer-Studien, bei denen »erlaubte, gebotene, unerlaubte und verbotene Verfahren und Handlungsweisen die Professionsnormen und forschungsethischen Handlungsregeln, aber auch die normativen Regeln der Bioethik« neu bestimmt werden müssten.[397] Zusätzlich zu den für öffentlich geförderte biomedizinische und psychologische Forschung am Menschen gesetzlich vorgeschriebenen Ethikkommissionen empfahl der von Edelstein und Hofschneider geleitete Arbeitskreis, neben einer noch zu gründenden zentralen Ethikkommission an den MPI nach nordamerikanischem Vorbild auch Institutional Review Boards (IRB) als »das funktionale Äquivalent einer Ethik-Kommission« einzurichten. Die hierfür erforderlichen ethischen und juristischen Kompetenzen würden – nach Einschätzung des Arbeitskreises – »in den Instituten sicher erst nach und nach erworben und gegebenenfalls nur mit externer Beratung angeeignet werden« können. Deshalb empfahl er der Biologisch-Medizinischen Sektion die »Einsetzung einer Art zentraler Ethik-Kommission«, die nicht die Tätigkeit gesetzlich vorgeschriebener Ethikkommissionen duplizieren, sondern – die Empfehlungen des Arbeitskreises fortschreibend – beratend tätig werden und künftig Stellungnahmen zu ethischen Problemen formulieren sollte. Aufgabe einer solchen zentralen Ethikkommission der MPG sei »nicht die Aufklärung und Sanktionierung konkreter Fälle« wissenschaftlichen Fehlverhaltens; sie solle vielmehr eine präventive Funktion erfüllen.

Die Vorschläge des Arbeitskreises stießen unter den Wissenschaftlichen Mitgliedern der BMS auf reservierte,

---

392 Der nachfolgende Text stammt von Florian Schmaltz.
393 Siehe oben Kap. IV.10.5.
394 Metzger (Bundesministerium für Forschung und Technologie), Rechtsfragen bei vergleichenden Therapiestudien, 26.11.1980, APsych, DP 254 (= BC 531254), fol. 34–60; Ergebnisprotokoll der BMS vom 28.10.1981, AMPG, II. Abt., Rep. 62, Nr. 1633, fol. 18.
395 Verantwortliches Handeln in der Wissenschaft. Analysen und Empfehlungen vorgelegt im Auftrag des Präsidenten der Max-Planck-Gesellschaft von einem Arbeitskreis des Wissenschaftlichen Rates unter dem Vorsitz von Wolfgang Edelstein und Peter Hans Hofschneider, 17.10.2000, AMPG, II. Abt., Rep. 62, Nr. 1402, fol. 79–136, hier fol. 116. Der Bericht erschien 2001 in der Reihe »Max-Planck-Forum«: Edelstein und Hofschneider, *Verantwortliches Handeln*, 2001, 84. Mitglieder des Arbeitskreises waren Karl-Ludwig Kompa, Georg Kreutzberg, Renate Mayntz, Ansgar Ohly, Jürgen Renn, Wolf Singer und Rüdiger Wolfrum.
396 Declaration of Helsinki, 1996; Lederer, Research without Borders, 2004; Schmidt, Frewer und Sprumont, *Ethical Research*, 2020. Siehe auch oben, Kap. IV.10.4.
397 Siehe hierzu und zum Folgenden: Verantwortliches Handeln in der Wissenschaft, 17.10.2000, AMPG, II. Abt., Rep. 62, Nr. 1402, fol. 116–117; Edelstein und Hofschneider, *Verantwortliches Handeln*, 2001, 85.

teilweise ablehnende Reaktionen. Florian Holsboer, Direktor des MPI für Psychiatrie, hielt die auf Grundlage landesrechtlicher Gesetze etablierten Ethikkommissionen für ausreichend und deren Zuständigkeit für Humanversuche an gesunden Kontrollpersonen und Patient:innen für »eindeutig geregelt«; zudem sei am MPI für Psychiatrie bereits ein IRB eingerichtet, das jedes Humanexperiment vorab begutachte. Dagegen sei ihm der »Nutzen einer zusätzlichen übergeordneten Max-Planck-eigenen Ethikkommission« »nicht erkennbar«, weil den Forschenden bei Humanexperimenten »natürlich immer abzuverlangen« sei, dass »sie sich in vollem Umfang beraten lassen«. Die »Qualität der Versuchsanordnungen und Durchführungsprotokolle« überprüften »die durch die Gesetzgebung etablierten Ethikkommissionen ohnehin«.[398] Wolf Singer, Direktor des MPI für Hirnforschung, pflichtete dem bei. Es dürfe keine »Verwirrung hinsichtlich der verschiedenen Ethikkommissionen« geben und eine eigene Ethikkommission der MPG sollte »nicht als Appellationsinstanz wirksam werden«.[399]

Die Empfehlung des Arbeitskreises, eine zentrale Ethikkommission der MPG einzurichten, wurde zu diesem Zeitpunkt noch nicht vom Wissenschaftlichen Rat aufgegriffen. Erst 2006 entschloss sich der Präsident der MPG, einen Ethikrat als ständige Präsidentenkommission einzurichten, der zu grundsätzlichen forschungsethischen Fragen, Forschungsrisiken und zu einzelnen Projekten konsultiert werden kann.[400] Mit dem Ethikrat der MPG wurde zusätzlich zu den lokalen institutsinternen Gremien ein weiteres Beratungsangebot auf zentraler Ebene geschaffen, das sich mit der ethischen Selbstregulation der MPG beschäftigt. Die Inanspruchnahme der ethischen Beratung ist fakultativ und beinhaltet keine Entscheidungen über gesetzlich vorgeschriebene Zulässigkeitsprüfungen biomedizinischer Forschungsprojekte am Menschen.[401]

10.8 Schlussbemerkung[402]

Wir haben eingangs einige grundsätzliche Fragen zu den Reaktionen der MPG auf ethische und politische Herausforderungen im Laufe ihrer Geschichte aufgeworfen. Die hier versammelten Studien erlauben es, Antworten darauf zu geben, die deutlich machen, über welches Portfolio an Strategien die MPG verfügt, um solche Herausforderungen zu erkennen und mit ihnen umzugehen, und wie sich dieses Portfolio im Laufe ihrer Geschichte verändert und erweitert hat. Ihre Berufung auf das Primat der Grundlagenforschung und auf Wissenschaftsfreiheit sticht dabei als eine Konstante hervor, die auch angesichts der rasanten Entwicklung der Wissenschaften und zum Teil stark veränderter gesellschaftlicher Kontexte gleichgeblieben ist.

Was sich dagegen verändert hat, ist die Bereitschaft der leitenden Personen und der Wissenschaftler:innen der MPG, diese Kontexte wahrzunehmen, zu reflektieren und in ihre Überlegungen und Reaktionen einzubeziehen. Obwohl das Ausmaß an Regularien und Kontrollmechanismen, und mit ihnen Einschränkung und Bürokratisierung, vor allem als Resultat externer Einflüsse zugenommen hat, ist es der MPG – gerade auch im Bündnis mit anderen Forschungseinrichtungen – immer wieder gelungen, ein möglichst großes Maß an Forschungsfreiheit zu verteidigen. Diese Entwicklung ging mit einer Stärkung der politischen Lobbyarbeit und einer Professionalisierung der Öffentlichkeitsarbeit einher. Die Bereitschaft, ethische und politische Herausforderungen offensiv zum Gegenstand von Reflexion und Forschung zu machen, hat allerdings nicht in gleichem Maße zugenommen und hing sehr stark von der Initiative und dem Engagement Einzelner ab.

Die Anfänge der MPG bis etwa 1955 waren auch in der hier maßgeblichen Hinsicht durch zwei Faktoren bestimmt: durch die Verdrängung der Vergangenheit und durch den von den Alliierten erzwungenen Lernprozess. Die Fokussierung auf Grundlagenforschung erlaubte, beides miteinander zu vereinbaren. Die Grausamkeit medizinischer Experimente in den Konzentrationslagern, an der auch die KWG Anteil hatte, ließ sich als unwissenschaftliche Praxis verdrängen und erlaubte so, das Thema der ethischen Implikationen von Menschenversuchen zu vermeiden.

Das Primat der Grundlagenforschung ließ sich aber auch als Konsequenz der von den Alliierten auferlegten Forschungsbeschränkungen, einschließlich der Abwendung von militärischer Forschung, verstehen und konnte als nach außen vorzeigbare Selbstreinigungsstrategie genutzt werden. Die gegen die atomare Bewaffnung der Bundeswehr gerichtete »Göttinger Erklärung« führender MPG-Direktoren von 1957 machte diesen Nutzen auch in der Öffentlichkeit deutlich – ohne dass die MPG als Organisation hier die Grenze zum politischen Engage-

---

398 Florian Holsboer an Generalverwaltung der MPG, 28.8.2000, AMPG, II. Abt., Rep. 62, Nr. 1402, fol. 28.
399 Singer an Edelstein, 9.10.2000, AMPG, II. Abt., Rep. 62, Nr. 1402, fol. 137.
400 Henning und Kazemi, *Handbuch*, Bd. 2, 2016, 1643.
401 Doppelfeld und Hasford, Medizinische Ethikkommissionen, 2019; Buchner et al., Aufgaben, 2019.
402 Der nachfolgende Text stammt von Jürgen Renn.

ment überschreiten musste. Wirkte die Beschränkung auf Grundlagenforschung in dieser Weise als eine Art Selbstschutz der MPG vor ethischen und politischen Zumutungen, so hatte sie auch ihren Preis: eine Engführung des wissenschaftlichen Portfolios der MPG, die insbesondere auch ethisch und politisch relevante Themen wie die Umweltforschung betraf. In den ersten Jahren blieben die von der KWG ererbten Landwirtschaftswissenschaften zwar zum Teil noch in der MPG erhalten, und damit ein beträchtliches Potenzial für die Umweltwissenschaften, dann aber wurden sie mit Berufung zunächst auf die Reinheit der Grundlagenforschung und später auf das molekularbiologische Paradigma der Biologie abgestoßen.

In der formativen Phase der MPG zwischen 1955 und 1972 verfestigten und verstärkten sich diese Tendenzen. Die Abgrenzung von der militärischen Forschung, die sich noch in einem Spannungsfeld zwischen Wissenschaft und Politik entwickelt hatte, wurde nun durch strategische Positionspapiere, durch eine Arbeitsteilung zwischen den Wissenschaftsorganisationen und eine eingespielte Praxis geregelt, die die MPG nur ganz begrenzt und unter dem Vorbehalt ihrer Fokussierung auf Grundlagenforschung in militärische Forschung einbezog. Als 1956 mit der Gründung ihrer ersten Forschungsklinik das Thema Menschenversuche wieder auf die Tagesordnung kam, hatte sie auch dazu eine gefestigte Position, die mit dem Programm verbunden war, die Medizin auf eine rein naturwissenschaftliche Basis zu stellen, sowie mit einer Abwehr weitergehender Reflexionen über die Doppelrolle von Menschen in solchen Versuchen als Objekte und Subjekte.

Eine gewisse Bewegung kam in diese gefestigte Position erst wieder durch externe Einflüsse, insbesondere durch die Studentenbewegung und ihre Proteste gegen militärisch relevante Forschung am MPI für Psychiatrie, die zum Abbruch eines Forschungsprojekts über einen Nervenkampfstoff führte, allerdings darüber hinaus keine bleibenden Strukturveränderungen zeitigte. Auch das gestiegene gesellschaftliche und politische Interesse an Umweltforschung angesichts der zunehmend sichtbaren Umweltschäden durch Radioaktivität, Pestizide, Smog usw. brachte die MPG nicht dazu, diese Themen, die sie als anwendungsnah oder Routineaufgaben wahrnahm, in ihr Portfolio aufzunehmen. Eine Öffnung hin zu politischen und ethischen Herausforderungen gab es in dieser Phase in der Geisteswissenschaftlichen Sektion durch die Gründung des MPI zur Erforschung der Lebensbedingungen der wissenschaftlich-technischen Welt in Starnberg und die des MPI für Bildungsforschung in Berlin. Im Bereich der Naturwissenschaften entwickelte sich eine solche Hinwendung aus den langfristig wirksamen Konsequenzen einer einzelnen Berufung, der des Atmosphärenchemikers Christian Junge am MPI für Chemie, mit der die Entwicklung des Erdsystemclusters in der MPG ihren Ausgang nahm.

In der Phase nach dem Boom zwischen 1972 und 1989 war diese Entwicklung allerdings keineswegs zwangsläufig. Im Spannungsfeld zwischen knapper werdenden Haushaltmitteln und der Forderung aus Gesellschaft und Politik, auch ökologische Fragen stärker zu berücksichtigen, entschied sich die MPG für eine Konzentration auf die Molekularbiologie und die neuen Perspektiven der Gentechnologie. Die Beteiligung zahlreicher MPG-Beschäftigter an der Friedensbewegung wertete man vonseiten der Leitung als Verletzung der gebotenen Neutralität. Die letzten Überbleibsel der Umweltforschung wurden abgestoßen, das Starnberger Institut 1980 schließlich geschlossen und das politische Engagement des Instituts für Bildungsforschung begrenzt. Dennoch zeichnete sich mit der Gründung des MPI für Meteorologie 1975 und der Berufung von Klaus Hasselmann sowie 1980 von Paul Crutzen und 1987 von Meinrat Andreae die weitere Entwicklung des Erdsystemclusters ab, mit der eine Umweltforschung mit planetarer Perspektive – und gesellschaftlicher Relevanz – in der MPG etabliert wurde.

In dieser Zeit wurde die MPG mit einem neuen Zugang zu medizinethischen Fragen konfrontiert, der seinen Ursprung in Entwicklungen hatte, die seit Mitte der 1960er-Jahre vor allem in den USA stattgefunden hatten und durch Forschungsskandale ausgelöst worden waren. Diese Entwicklungen führten zu einer »bioethischen Revolution« und zugleich zu einer regulatorischen Wende, durch die Normen medizinischen Handelns nicht länger ausschließlich von Mediziner:innen, sondern auch von Vertreter:innen der Justiz, der Ethik, der Sozialwissenschaften und der Medien mitbestimmt und durch ein immer ausdifferenzierteres Regelwerk artikuliert wurden. Als Folge dieser Entwicklung wurde die Einrichtung von Ethikkommissionen ab Anfang der 1980er-Jahre ein Dauerthema in der MPG. Dabei ging es vor allem um die Verteidigung der Forschungsfreiheit, auch weil die Regularien mit einer zunehmenden Bürokratisierung verbunden waren, die eine ethische Reflexion eher in den Hintergrund drängte. 1984 gründete die MPG einen sektionsübergreifenden Arbeitskreis, der sich unter anderem damit beschäftigte, die Regularien im Interesse der Forschungsfreiheit der MPG zu gestalten.

In ähnlicher Weise agierte die MPG mit Bezug auf die ab den 1970er-Jahren intensiv und zum Teil militant geführte Auseinandersetzung um Tierschutz, insbesondere im Zusammenhang mit den Reformen des Tierschutzgesetzes. Vor dem Hintergrund der Entwicklung der Lebenswissenschaften in Richtung einer stärkeren Molekularisierung nahm die Bedeutung von Tierversuchen für die Forschung zu. Für die Wissenschaft gab es hier offenbar zunächst noch weniger als bei Menschenversuchen intrinsische Antriebe zu einer ethischen Reflexion. Im Vordergrund stand vielmehr die Verteidigung der Forschungsfreiheit angesichts drohender Beschränkungen. Da es hier um gesetzliche Regelungen ging, forcierte die MPG zunächst die politische Lobbyarbeit und intensivierte ihre Öffentlichkeitsarbeit, die vor allem als Werbung für den gesellschaftlichen Nutzen von Tierversuchen konzipiert war.

Mit der Gentechnik entstand in den 1970er-Jahren ein Gebiet, auf dem sich völlig neue wissenschaftspolitische und ethische Fragen stellten, einerseits hinsichtlich der ökonomischen Potenziale und des Verhältnisses von Grundlagenforschung und Kommerzialisierung, andererseits mit Blick auf die Auswirkungen der neuen Technologien auf Eingriffsmöglichkeiten in das menschliche Erbgut und das Menschenbild. Auch hier engagierte sich die MPG zunächst vor allem für die Verteidigung der Wissenschaftsfreiheit und betrieb entsprechende politische Lobbyarbeit. Ab den 1980er-Jahren intensivierte sie ihre Öffentlichkeitsarbeit, wobei einzelne Institute wie das Kölner MPI für Züchtungsforschung ein eigenes Profil entwickelten und die Öffentlichkeitsarbeit in Richtung eines gesellschaftlichen Dialogs lenkten.

Die Herausforderungen des »Aufbaus Ost« nach 1990 änderten einerseits an dieser Problemlage wenig – die Auseinandersetzungen um Tierschutz und Gentechnik gingen unvermindert weiter. Die MPG setzte verstärkt auf eine Professionalisierung der Öffentlichkeitsarbeit, langfristig geplant, von PR-Agenturen unterstützt und strategisch zugleich auf Branding und auf den Dialog mit Zielgruppen ausgerichtet. Die deutsche Einheit eröffnete andererseits neue Entfaltungsmöglichkeiten für die Erdsystem- und Umweltforschung. Sie wurde vor allem durch die Eigendynamik und den Gestaltungswillen der Akteure des Erdsystemclusters vorangetrieben, aber auch von externen Forderungen nach einer stärkeren Hinwendung der MPG zu gesellschaftlich relevanten Problemen begleitet und unterstützt. Die Einbeziehung der Biosphäre lag nahe, doch nach wie vor hielten sich die Vorbehalte der BMS gegenüber einer ökologisch ausgerichteten Forschung. Von den Anregungen der 1980er-Jahre, die MPG möge sich des Problems des Waldsterbens annehmen, bis zur Gründung von Instituten für terrestrische und marine Mikrobiologie Anfang der 1990er-Jahre war es deshalb ein weiter Weg, der auch mit der Transformation einer unmittelbar anwendungsrelevanten Thematik in eine enger aufgefasste Grundlagenforschung verbunden war, die zum Portfolio der BMS passte. Die schließlich im Erdsystemcluster erreichte Konzentration auf umwelt- und klimarelevante Themen war keineswegs das Ergebnis strategischer Planung seitens der MPG, sondern resultierte aus dem Engagement einer Gruppe Wissenschaftlicher Mitglieder, das durch gesellschaftliche Problemlagen und Zeitumstände begünstigt wurde.

Zusammenfassend lässt sich festhalten, dass die MPG im Laufe ihrer Geschichte verschiedene Modi des Umgangs mit ethischen und politischen Herausforderungen erprobt oder entwickelt hat. Ein Modus, der in ihrer Gründungszeit vorherrschte, lief darauf hinaus, solche Herausforderungen unter Berufung auf das Primat der Grundlagenforschung zu negieren und zu verdrängen. Ein anderer Modus bestand darin, sie, wenn sie als Forderungen von außen an sie herangetragen wurden, durch auf Politik und Öffentlichkeit gerichtete Lobbyarbeit abzuwehren und daraus resultierende Restriktionen in Aushandlungsprozessen möglichst abzuschwächen. Die insbesondere ab Mitte der 1980er-Jahre ständig zunehmende Bedeutung der Pressearbeit ist in diesem Zusammenhang als ein Instrument dieser Abwehr zu verstehen. Dieser Modus konnte allerdings auch in Richtung eines echten Dialogs mit der Gesellschaft erweitert werden – eine insbesondere in den Aktivitäten einzelner Institute erkennbare Tendenz ab Ende der 1980er-Jahre. Ein weiterer Modus war es, die Notwendigkeit von Regulatorien anzuerkennen, sie aber wenn irgend möglich in eigener Regie zu implementieren, um auf diese Weise die Einschränkungen von Forschungsfreiheit möglichst gering zu halten. Auch hier kam es trotz der Dominanz von Fragen der administrativen Umsetzung von Regularien in den diesbezüglichen Aushandlungsprozessen immer wieder zu einer inhaltlichen Auseinandersetzung über Wertvorstellungen und politische Zielsetzungen. Schließlich gab es noch den Modus, ethische und politische Herausforderungen zu einem Forschungsgegenstand zu machen oder sie in einen solchen zu transformieren. Dies geschah vor allem in den Instituten der Geisteswissenschaftlichen Sektion, etwa im Starnberger Institut, aber auch in der Entwicklung des Erdsystemclusters. Diese Modi lassen sich nicht ohne Weiteres als Etappen einer bestimmten Entwicklung interpretieren, sondern bildeten ein Reservoir von Verhaltensmustern, auf die die MPG je nach Lage zurückgriff. Sie in Zukunft stärker aufeinander zu beziehen, Verdrängungsmechanismen aufzudecken, den Dialog mit der Gesellschaft aktiv und vorausschauend zu suchen sowie ethische und politische Herausforderungen in Diskussionen sowohl über Forschungsstrategien als auch über die Notwendigkeit von Regulierungen einzubeziehen, könnte eine Lehre aus dieser Geschichte sein, wie sie ansatzweise auch bereits im Arbeitskreis »Verantwortliches Handeln« gezogen wurde.

V. Metamorphosen und Kontinuitäten

Jürgen Kocka, Carsten Reinhardt, Jürgen Renn

1. Die Max-Planck-Gesellschaft in historischer Perspektive

Dieses abschließende Kapitel fasst die vorangegangenen Analysen zusammen. Dabei leitet uns zum einen das Interesse am Verhältnis von Wissenschaftsgeschichte und allgemeiner Zeitgeschichte, zum andern die Frage nach dem Zusammenhang von institutionellen und epistemischen Dimensionen der Entwicklung. In gebotener Kürze zusammengefasst, sollen die Eigenarten der MPG klar hervortreten, sodass ihre Stärken und Schwächen sowohl im Hinblick auf den Untersuchungszeitraum diskutiert werden können als auch darauf, welche Hinweise auf Chancen und Probleme der Gegenwart sich daraus ergeben. Einerseits soll deutlich werden, wie sehr sich die MPG angesichts immer neuer Herausforderungen und immer neu erschlossener Möglichkeiten in diesem Zeitraum gewandelt hat und welche Metamorphosen sie durchlief. Andererseits wird sich der Blick auf Kontinuitäten richten, zum Teil sogar auf solche Eigenheiten, die – über mehr als ein ganzes Jahrhundert hinweg – die Geschichte der MPG und ihrer Vorläuferorganisation, der Kaiser-Wilhelm-Gesellschaft zur Förderung der Wissenschaften (KWG), gemeinsam geprägt haben, von deren Gründung 1911 bis heute.

Die MPG entstand zwischen 1946 und 1949 in den westlichen Besatzungszonen Nachkriegsdeutschlands. Wie stark ihre Entwicklung von allgemeinen zeitgeschichtlichen Bedingungen abhing, zeigt sich an ihrer Gründungsgeschichte, aber auch in ihren späteren Entwicklungsphasen und besonders deutlich im Prozess der deutschen Wiedervereinigung. Zugleich hat die MPG den jeweils auf sie von außen einwirkenden Initiativen, Angeboten und Zwängen immer auch ihre eigene Position entgegengestellt. Die Geschichte der MPG ist auch eine Geschichte ihrer Auseinandersetzung mit solchen Abhängigkeiten und ihrer letztlich gewachsenen Autonomie gegenüber ihnen.

Die MPG, wie wir sie kennen, ist ein Resultat des zunehmenden Stellenwerts wissenschaftlichen Wissens in der zweiten Hälfte des 20. Jahrhunderts und war zugleich ein wichtiger Treiber dieser Entwicklung. Mit ihrer Fokussierung auf Grundlagenforschung spielte sie einen besonderen Part im sich ausdifferenzierenden Wissenschaftssystem der Bundesrepublik. Das in ihren Instituten erzeugte Wissen stellte dabei immer mehr auch eine Basis für gesellschaftliches Handeln dar. Das Ergebnis dieser Wechselwirkung von Verwissenschaftlichung der Gesellschaft mit der Politisierung, Ökonomisierung und Medialisierung der Wissenschaften wird gemeinhin als Wissensgesellschaft bezeichnet. Die MPG selbst ist ein Zeichen für die Verwissenschaftlichung einer Gesellschaft, die nicht nur fordert, sondern auch fördert, dass ergebnisoffen und langfristig geforscht werden kann. Anhand der Geschichte der MPG lässt sich verfolgen, wie Grundlagenforschung in der Bundesrepublik institutionell gefasst wurde. Ihre Existenz als eine vor allem an wissenschaftlichen Fragestellungen orientierte und dadurch weitgehend autonome Organisation ist schließlich Ausdruck eines spezifischen Staats- und Gesellschaftsverständnisses, für das die Freiheit wissenschaftlicher Forschung und die Erwartung, dass sie einen Beitrag zum Gemeinwohl leistet, wesentlich sind.

Nach 1945, nach der totalen Niederlage Deutschlands im Krieg, der katastrophalen Selbstdiskreditierung durch die nationalsozialistischen Verbrechen und angesichts der Teilung des Landes konnte sich die junge Bundesrepublik nicht auf eine nationale Tradition berufen, um ihre Identität als Gemeinwesen zu stärken, Selbstbewusstsein zu entwickeln und Anerkennung zu finden. Sie suchte nach Wegen, Gründen und Hilfsmitteln, um als gleichberechtigtes Mitglied in den Kreis der Nationen und Staaten zurückzukehren. Neben dem Schulterschluss mit den westlichen Ländern im Kalten Krieg und dem wirtschaftlichen Aufschwung seit Mitte der 1950er-Jahre versprachen prestigereiche Spitzenleistungen diesen Bedarf ein Stück weit zu decken. Solche Spitzenleistungen im Bereich der Wissenschaft verkörperte die MPG: mit ihren großen Namen, ihren international anerkannten

Erfolgen und ihrer Erinnerungspolitik, die die Tradition deutscher Wissenschaft in der KWG herausstrich, wobei die Beschäftigung mit deren Rolle im NS und mit den zerstörerischen Potenzialen von moderner Wissenschaft nur gestört hätte; diese Aspekte wurden sehr lange verdrängt.

Liest man die Selbstdarstellungen der MPG-Präsidenten, die Reden der Bundespräsidenten und anderer Spitzenpolitiker, die regelmäßig zu den Jahres- und Festversammlungen kamen, oder auch Kommentare inländischer und ausländischer Medien aus den frühen Jahren und Jahrzehnten der Bundesrepublik, dann spürt man etwas von der aus dieser Tradition heraus begründeten Hochschätzung der MPG als Ort prestigereicher, zivilisierter, zukunftsfähiger Wissenschaft, wenn auch oft eher zwischen den Zeilen als expressis verbis. Solche Ober- und Zwischentöne nimmt man auch in jüngster Zeit wahr, wenn man verfolgt, wie die in die Bundesrepublik geholten Nobelpreise öffentlich und medial gefeiert werden – Nobelpreise, mit denen Wissenschaftler und Wissenschaftlerinnen der MPG häufig und regelmäßig ausgezeichnet werden. Der MPG kommt all dies zugute. Doch sie muss es sich durch kontinuierliche Forschungsleistungen verdienen.

Über den gesamten hier betrachteten Zeitraum hinweg, von 1948 bis 2005, ist es der MPG immer wieder gelungen, unter sehr verschiedenen historischen Bedingungen die Leistungsfähigkeit ihres besonderen Modells der Forschungsförderung als Teil eines vielgliedrigen akademischen Systems national wie international unter Beweis zu stellen. Sie hat damit zugleich das arbeitsteilige Wissenschaftssystem insgesamt in Deutschland gestärkt. Sie hat insbesondere dazu beigetragen, neue Themen in dieses Wissenschaftssystem einzubringen, ob durch Transfer aus dem nationalen oder internationalen Diskurs oder aus eigener Entwicklungsdynamik.

Die MPG war in diesem Sinne über den gesamten Untersuchungszeitraum hinweg ein Schrittmacher des deutschen Wissenschaftssystems, meist Schulter an Schulter mit anderen deutschen Wissenschaftsorganisationen wie der Deutschen Forschungsgemeinschaft (DFG) – und manchmal auch als produktiver Störfaktor. Eine wesentliche Voraussetzung für ihren Erfolg waren ihre institutionelle und thematische Flexibilität und Diversität, verbunden mit einer vielfach geglückten Balance zwischen Beharrlichkeit und Anpassungsfähigkeit. Neben den Erfolgen gab es auch Fehlschläge und verpasste Chancen, die für ein Verständnis der Geschichte der MPG – und das ihrer Zukunftsperspektiven – ebenso wichtig sind wie die Erfolge. Gelegentlich hat sie auf das falsche Pferd gesetzt und häufig war es nicht die MPG, die Trends begründet hat, sondern sie hat sie von außen aufgenommen, insbesondere aus den USA, aber auch aus den deutschen Universitäten, etwa über die DFG und speziell über die Sonderforschungsbereiche, die wichtige Ausgangspunkte oder sogar Treibriemen für die Fortentwicklung der MPG waren. Auch hat sich gezeigt, wie schwer es der MPG vor dem Hintergrund der von ihr stets betonten Autonomie der Grundlagenforschung oft gefallen ist, proaktiv mit politischen und ethischen Herausforderungen umzugehen.

In diesem Schlusskapitel rekapitulieren wir zunächst die entscheidenden Etappen der Geschichte der MPG, wie sie sich aufgrund unserer Untersuchung darstellen. Wir orientieren uns dabei an den vier Entwicklungsphasen dieser Geschichte, die wir identifiziert haben, betrachten sie hier aber vor allem aus der Perspektive von Weichenstellungen, die den Weg der MPG bestimmt haben. Wir schildern daher noch einmal diesen Weg von ihrer Gründungsgeschichte, die deutlich macht, dass die Weiterführung der KWG unter einem anderen Namen keineswegs eine Selbstverständlichkeit war, über die erste Wachstumsphase, in der viele der Pfadabhängigkeiten entstanden sind, die die MPG bis heute prägen, gefolgt von der Phase nach diesem Boom, in der die MPG einige ihrer Grundstrukturen zwar vorsichtig erneuerte und auch mutige Experimente unternahm, zugleich aber Chancen der Demokratisierung, der Aufarbeitung der NS-Vergangenheit, der Diversifizierung und Geschlechtergerechtigkeit verpasste, bis zur Phase der Expansion im Zusammenhang des »Aufbaus Ost« und der Internationalisierung, in der die MPG begann, diese Defizite zum Teil aufzuholen und einige der Pfadabhängigkeiten zu überwinden, aber in der auch durch Überdehnung der Strukturen der Gesellschaft neue Risiken für ihre Kohärenz entstanden.

Um die Zusammenhänge zwischen Zeitgeschichte und Wissenschaftsgeschichte zu verdeutlichen, fragen wir nach drei Dimensionen ihrer Interdependenz: Was war die jeweilige zeitgeschichtliche Bedingtheit von Entwicklungen in der MPG? Wo hat sie ihrerseits auf Politik, Wirtschaft und Gesellschaft Einfluss genommen und allgemeinere Entwicklungen angeschoben, beschleunigt oder verstärkt? Und welche Entsprechungen und Parallelen gab es zwischen der Geschichte der Bundesrepublik und der Geschichte der MPG? Allein die Tatsache, dass sich die Geschichte der MPG plausibel in vier Phasen mit auch zeitgeschichtlicher Bedeutung unterteilen lässt, verweist darauf, dass es solche Parallelen und wechselseitige Abhängigkeiten gab. Bedenkt man etwa die finanzielle Abhängigkeit der MPG von den Geldgebern der öffentlichen Hand, kann es kaum überraschen, dass die Geschichte der MPG auch ein Spiegelbild der konjunkturellen Entwicklung der Bundesrepublik ist. Allerdings gehen die Parallelen und wechselseitigen Abhängigkeiten von Zeitgeschichte und Wissenschaftsgeschichte weit darüber hinaus und zeigen sich in so unterschiedlichen Phänomenen wie der verspäteten Aufarbeitung der NS-Vergangenheit, der Westbindung und Blockbildung, der Stabilisierung föderaler und korporatistischer Strukturen sowie einerseits einer sich vom Militarismus vergangener Zeiten distanzierenden Grundhaltung, andererseits einem oft apolitischen Verhalten in Wissenschaft und Gesellschaft, die ebenfalls in deutlichem Kontrast zu der Zeit vor 1945 stehen.

Die MPG ist eng mit der Geschichte der Bundesrepublik verwoben, sie war an der Entstehung ihres Innovationssystems beteiligt und hat die Wirtschafts-, Sozial- und Kulturgeschichte der Bundesrepublik in wichtigen Hinsichten beeinflusst und mitgeprägt. Sie war dabei natürlich kein isolierter Akteur, sondern Teil des umfassenderen Wissenschafts- und Bildungssystems. Im Folgenden werden die verschiedenen Außenverhältnisse der MPG noch einmal charakterisiert: zu den Universitäten, zu anderen Wissenschaftsorganisationen, zur internationalen Wissenschaft. Es wird insbesondere an die Rolle erinnert, die die MPG in den Außenbeziehungen der Bundesrepublik gespielt hat, auch an ihre Beiträge zum Prozess der europäischen Integration.

Auf der Grundlage unserer Analysen lassen sich die Charakteristika der MPG als Konsequenzen ihrer Geschichte und Vorgeschichte verstehen; dieser Perspektive ist der zweite Hauptteil dieses Schlusskapitels gewidmet. Dazu gehört ihre besondere Stellung zwischen Staat, Wirtschaft und Gesellschaft, ebenso wie ihr persönlichkeitszentriertes Leitungsmodell, das den Direktoren und Direktorinnen der Max-Planck-Institute ein ganz ungewöhnlich hohes Maß an Freiheit, Dispositionsmacht und Verantwortung zubilligt und auferlegt und das als Harnack-Prinzip bekannt ist, sowie dessen Zusammenhang mit sozialgeschichtlichen Fragen und der Gender-Problematik. Damit treten Merkmale in das Blickfeld, die trotz aller Wandlungen kontinuierlich erhalten blieben und – im nationalen wie im internationalen Vergleich – Besonderheiten über die Jahrzehnte hinweg darstellen, und zwar bis heute.

Zu den historisch gewachsenen Charakteristika der MPG zählen auch ihre Organisations- und Entscheidungsstrukturen, insbesondere die Entwicklung von einer lockeren Dachorganisation relativ selbstständiger Institute zu einer zunehmend auch administrativ integrierten Wissenschaftsgesellschaft. Einen weiteren Fokus bildet die besondere Wachstumsdynamik der MPG, die sich als Form der Selbstorganisation beschreiben lässt. Die sich daraus ergebende Forschungsstruktur, die einzelne Institute bzw. Abteilungen miteinander in Beziehung setzte, Schwerpunkte bildete und dafür anderes kleinschrieb oder beiseiteließ, fassen wir als ein sich wandelndes System von Clustern auf. Danach gehen wir auf die besondere Rolle der MPG im Rahmen des bundesdeutschen Wissenschaftssystems ein – als die bedeutendste Organisation der Grundlagenforschung und als wichtige Brücke zur internationalen Wissenschaft. Abschließend beschreiben wir die verschiedenen Modi, die den Umgang der MPG mit ethischen und politischen Herausforderungen charakterisieren.

Das Kapitel endet mit einer Schlussbetrachtung, die noch einmal Eigenarten, Stärken und Schwächen der MPG versammelt, verbunden mit einem Ausblick, der auf dem Hintergrund der beschriebenen historischen Weichenstellungen, Wandlungen und Ergebnisse die Chancen und Probleme der MPG-Entwicklung anspricht, die auch für ihre Gegenwart und Zukunft von Bedeutung sein dürften: *historia magistra vitae* – nicht im Sinne eines simplen »lessons learned«, sondern eher als ein an die nähere Zukunft gerichtetes »lessons to be learned«.

2. Phasen der Entwicklung der MPG

2.1 Von der KWG zur MPG (1945–1955)

Niemals wieder war die MPG so sehr abhängiges Objekt übermächtiger zeitgeschichtlicher Veränderungen wie in den Jahren ihrer Gründung. Die MPG entstand als modifizierte Fortführung der KWG. Das war im besetzten Nachkriegsdeutschland keine Selbstverständlichkeit, denn die 1911 gegründete KWG hatte sich durch ihre intensive Unterstützung der NS-Politik tief diskreditiert. Die Besatzungsmächte suchten nach Wegen, die wissenschaftliche Leistungsfähigkeit des besiegten Landes langfristig zu schwächen oder doch zumindest zu verhindern, dass sie erneut für Zwecke von Machtpolitik und militärischer Schlagkraft eingesetzt würde. Amerikanern, Sowjets, Briten und Franzosen schwebten unterschiedliche Konzeptionen für ein neues Wissenschaftssystem in Deutschland bzw. in ihren Besatzungszonen vor. Angesichts alternativer Organisationsmodelle, die in der US-Zone und in der Sowjetischen Besatzungszone (SBZ) bereits in die Praxis umgesetzt wurden, erschien es äußerst fraglich, ob die noch vorhandenen, über den Süden und Westen Deutschlands verstreuten und um ihre Fortexistenz bangenden Kaiser-Wilhelm-Institute in einem institutionellen Rahmen würden fortgesetzt werden können, der dem bisherigen entsprach. Es hätte damals tatsächlich auch ganz anders kommen können.

Auch angesichts der Demontage von Laboren und Versuchseinrichtungen als Reparationsleistungen, eines massiven Braindrains Tausender Wissenschaftler im Rahmen von Operationen der Alliierten wie der »Operation Paperclip« (USA), der »Operation Surgeon« (Großbritannien) oder der »Aktion Ossawakim« (UdSSR) sowie des in großem Stil organisierten Wissenstransfers der Ergebnisse der deutschen Industrie- und Kriegsforschung durch militärische Nachrichtendienste in Institutionen der alliierten Siegermächte war dieses Fortbestehen keineswegs selbstverständlich. Warum konnte das Erbe der KWG mit seinen Wurzeln in der Kaiserzeit, wenn auch in neuer Gestalt und unter neuem Namen, im Westen des besiegten Landes dennoch fortgeführt werden?

Zunächst ist zu betonen, dass man auf deutscher Seite an der Tradition der KWG entschieden festhielt und ungeachtet ihrer Verstrickung in das NS-System für ihre Erhaltung und Fortentwicklung kämpfte. Dafür setzten sich nicht nur diejenigen ein, die wie Ernst Telschow im NS-Staat für die Durchsetzung des »Führer-Prinzips« in der KWG und deren »Selbstgleichschaltung« verantwortlich gewesen waren, sondern auch NS-kritische Wissenschaftler wie Alfred Kühn oder Georg Melchers. Diese versuchten, eine NS-durchformte KWG von der ursprünglichen zu unterscheiden und an die Letztgenannte anzuknüpfen. Gemeinsam war diesen Personen, dass sie von der KWG als grundsätzlich wertvollem und weiterhin leistungsfähigem Erbe überzeugt waren, für ihren Erhalt eintraten und sich an ihrer Tradition auch in den folgenden Jahren orientierten. Zu ihrem Selbstverständnis gehörte ebenfalls das Bewusstsein, Teil einer spezifischen (Wissenschafts-)Elite zu sein. Die KWG war eine Organisation gewesen, die in enger Verbindung mit den Industrieeliten und zum Teil auch mit den politischen Eliten Deutschlands gestanden hatte. In der MPG setzte sich dieses Denken und das Selbstverständnis, durch die Mitgliedschaft in der KWG/MPG zu Höherem berufen zu sein, bruchlos fort.

Dass sich die Wünsche und Erwartungen der deutschen Akteure tatsächlich erfüllten, hatte allerdings Voraussetzungen, die sie nicht kontrollierten, die ihnen aber zu Hilfe kamen. Dazu zählte das Nachleben wissenschaftlicher Internationalität aus der Vorkriegszeit, zu der das internationale Ansehen der KWG, aber auch persönliche Netzwerke beitrugen. Hinzu kam die besondere Affinität, die zwischen der KWG und britischen Institutionen bestand, beispielsweise über Verbindungen zur Royal Society, deren Auswärtiges Mitglied Max Planck seit 1926 war, oder zum University College London, an dem sich der erste Präsident der MPG, Otto Hahn, seine wissenschaftlichen Sporen verdient hatte. Solche Beziehungen

2. Phasen der Entwicklung der MPG

ermöglichten auch nach 1945 enge und verständnisvolle Kontakte zwischen einzelnen Vertretern und Beratern der englischen Besatzung und deutschen Wissenschaftlern, die sich für die Fortführung der KWG-Tradition einsetzten.

Die britische Besatzungsmacht spielte denn auch in den Anfängen der MPG eine beträchtliche Rolle. Ohne ihre Unterstützung wäre es nicht zur so raschen Gründung einer Nachfolgeorganisation der KWG gekommen, die deren Kontinuitätslinien zunächst weitgehend ungebrochen fortsetzen konnte. Es war daher von großer Bedeutung, dass wichtige Institute und die Generalverwaltung gegen Ende des Krieges und während des Zusammenbruchs des »Dritten Reichs« von Berlin nach Göttingen verlagert worden war – und sich damit in der britischen Besatzungszone befanden. Die Briten konnten sich die teure Alimentierung ihrer Zone – anders als die Amerikaner – kaum leisten, denn auch im Vereinigten Königreich herrschten seinerzeit Hunger und Kälte. London drängte deshalb viel früher als Washington darauf, die besiegten Deutschen in den westlichen Besatzungszonen in die Lage zu versetzen, sich selbst zu versorgen – und dazu sollte auch die Wissenschaft ihren Teil beitragen. Insbesondere gab es einen Bedarf an wissenschaftlicher Forschung in überlebenswichtigen Bereichen, etwa an Expertise im Bereich der Agrarproduktion angesichts der Lebensmittelknappheit in den ersten Nachkriegsjahren; hinzu kamen Probleme des Gesundheitswesens und der Arbeitsorganisation – allesamt Gebiete, in denen die KWG tätig war.

Vor allem aber trug der Beginn des Kalten Kriegs zum Fortbestand der institutionellen Strukturen der KWG als Kern der MPG bei. Unter US-amerikanischem Einfluss trat das Bestreben der Westalliierten immer stärker in den Vordergrund, Westdeutschland zu einem vollwertigen Bündnispartner gegen die Sowjetunion und ihre Satelliten zu entwickeln. Dies schloss die wissenschaftliche und wissenschaftspolitische Wiedererstarkung Westdeutschlands und seine Einbeziehung in die supranationalen (westeuropäisch-transatlantischen) Strukturen ein, deren Entwicklung gleichzeitig angestoßen wurde und die sich in den 1950er-Jahren sprunghaft gestaltete. Diese auf den Beginn des Kalten Kriegs zurückgehende Neuorientierung der westlichen Besatzungspolitik war der entscheidende Faktor, der in den Auseinandersetzungen um konkurrierende Organisationsmodelle in den verschiedenen Besatzungszonen die zunächst andere Lösungen präferierenden Amerikaner bewog, schließlich auf die Linie der Briten einzuschwenken, die sich längst für die grundsätzliche Fortsetzung der KWG-Strukturen, wenn auch modifiziert und unter neuem Namen, einsetzten.

So eröffnete sich die Möglichkeit zur Gründung der MPG 1946, zunächst nur in der britischen, dann, ab Februar 1948, in der britisch-amerikanischen »Bizone«, schließlich auch unter Einbeziehung der Institute in der französischen Zone und West-Berlins. Die in enger Abstimmung mit den Besatzungsmächten getroffene Festlegung der MPG auf Grundlagenforschung als ihre eigentliche Aufgabe erleichterte den Alliierten diese Entscheidung, da sie den Deutschen zwar den Wiederaufbau einer Forschungsinfrastruktur nach den von ihnen gewünschten Prinzipien erlauben, nicht aber Wiederaufrüstung oder wirtschaftlichen Machtanspruch fördern wollten. Zu den nicht nur in den nächsten Jahren, sondern langfristig wirksamen Auflagen der Besatzer gehörte das Verbot von militärisch nutzbarer Forschung, unter anderem der Kernforschung, der Ballistik oder als Massenvernichtungswaffen taugender Chemikalien.

Auf dieser von außen kommenden Vorgabe basierten innerhalb der jungen MPG bestimmte, zum Teil weitreichende Richtungsentscheidungen, etwa eine stärkere Hinwendung zu Astrophysik und Astronomie. Auch drangen die Alliierten darauf, dass die MPG weniger industrienahe Forschung betreiben sollte als früher die KWG. Das kam in dem in die Satzung von 1948 neu aufgenommenen Grundsatz zum Ausdruck, dass die Gesellschaft eine Vereinigung freier Forschungsinstitute sei, »die nicht dem Staat und nicht der Wirtschaft angehören. Sie betreibt die wissenschaftliche Forschung in völliger Freiheit und Unabhängigkeit, ohne Bindung an Aufträge, nur dem Gesetz unterworfen.« Zwar fand sich dieser Grundsatz in der 1964 reformierten Satzung nicht mehr – mit der Begründung, er sei selbstverständlich und der Hervorhebung nicht mehr bedürftig –, doch hatten die von der Besatzungsherrschaft ausgehenden Zwänge zu Weichenstellungen geführt, die der Autonomie der MPG und ihrer relativen Distanz zu Wirtschaft und Politik langfristig zugutekamen.

Die Entstehung des Clusters für Astronomie, Astrophysik und Weltraumforschung war eine indirekte Folge der Vorgaben der Alliierten; seine weitere Entwicklung profitierte aber zugleich von der Westbindung der Bundesrepublik im Kalten Krieg. Bekannt ist, dass auf deutschem Boden nach 1945 für lange Zeit keine Raketenforschung mehr betrieben wurde; und als es wieder möglich war, geschah dies im engen Verbund mit europäischen Partnern. Weniger bekannt ist, dass die rasante technische Entwicklung der Kriegs- und unmittelbaren Nachkriegszeit sich nicht nur auf den Zugang zu weltraumgestützter Observation auswirkte, sondern auch eine Reihe neuartiger Beobachtungstechniken nach sich zog, von der Radar- über die Infrarot- bis zur Röntgenastronomie – allesamt Zugänge, mit denen in den 1950er- und

1960er-Jahren bahnbrechende Erkenntnisse gewonnen wurden.

Durch die Blockade militärischer Forschung richteten führende Vertreter der MPG ihr Know-how in der Plasmaphysik auf den Weltraum und erzielten dabei schnell auch international bedeutsame Ergebnisse, wie die Erklärung des Sonnenwindes durch Ludwig Biermann. Nachdem die Bundesrepublik 1955 ihre weitgehende Souveränität erlangt hatte, entschied die MPG, auch die technische Entwicklung der friedlichen Nutzung der Plasmaphysik voranzutreiben. Dies führte zur Gründung des Instituts für Plasmaphysik mit dem Langzeitziel, die Kernfusion zur Energiegewinnung zu nutzen. Parallel dazu formte sie aus zunächst drei Standorten (München, Heidelberg und Lindau im Harz) den Cluster der Astronomie und Astrophysik, der seit Mitte der 1960er-Jahre bis heute die entsprechende Forschungslandschaft in der Bundesrepublik dominiert und internationale Erfolge erzielte (darunter den Nobelpreis für Reinhard Genzel 2020). Astronomie und Astrophysik ist eine auf internationale Kooperation angewiesene Großforschung, in der die auf zivile Forschung ausgerichtete MPG als der ideale Partner für Europäer, Amerikaner, ja sogar für die Sowjets galt. Das Spezialgebiet der MPG war die langfristige Entwicklung und Unterhaltung komplexer Technologien zu wissenschaftlichen Zwecken. Wie nötig ein »langer Atem« war und wie wertvoll er sein konnte, zeigt die Pionierarbeit von MPG-Forschern beim Nachweis der Gravitationswellen im Jahr 2015.

Wie sehr Gründung und frühe Entwicklung der MPG von Faktoren der allgemeinen Zeitgeschichte abhingen, hatte sich schon vor Gründung der Bundesrepublik gezeigt, als die auf dem Territorium der westlichen Besatzungszonen existierenden Länder sich im Königsteiner Abkommen vom 31. März 1949 auf die langfristige Finanzierung von Forschungs- und Kultureinrichtungen von überregionaler Bedeutung, darunter der MPG, verständigten. In den zu diesem Entschluss führenden langwierigen Verhandlungen spielte bereits die für den deutschen Föderalismus typische Spannung zwischen den auf ihre Kulturhoheit – und damit auch auf wissenschaftspolitische Entscheidungskompetenz – pochenden Ländern und dem bundesrepublikanischen Gesamtstaat eine wichtige Rolle, der gerade entstand und dessen Regelungskompetenzen aus Sicht der Länder rechtzeitig begrenzt werden sollten. Es lag auch an diesem zunächst nur antizipierten, bald realen Konkurrenzverhältnis, dass sich die Länder trotz allgemeiner Mittelknappheit bereit erklärten, über die dezentrale Finanzierung ihrer jeweils landeseigenen Bildungs-, Wissenschafts- und Kultureinrichtungen hinaus zusätzlich erhebliche finanzielle Lasten zum Zweck der gemeinsamen Alimentierung nicht nur überregional bedeutsamer Kultureinrichtungen wie der Museen, sondern auch der MPG, der DFG und anderer wissenschaftlicher Einrichtungen zu übernehmen. Wissenschaftsförderung galt eben auch als Teil der Kulturförderung, und diese gehörte zu den seit Langem akzeptierten, für die Legitimation und die Identität des Gemeinwesens wichtigen Staatsaufgaben, gerade auch auf der Ebene der Länder. In jenen schwierigen Nachkriegsjahren setzten die Länder überdies auf exzellente Wissenschaft als Mittel des wirtschaftlichen und gesellschaftlichen Wiederaufbaus.

In kontroversen Verhandlungen, an denen auch führende Vertreter der gerade entstandenen MPG teilnahmen, fanden sich die Länder schließlich bereit, nicht als einzelne, sondern als Ländergemeinschaft aufzutreten, also gemeinsam die Finanzierung der MPG in Form von jährlich zu beschließenden Globalhaushalten zu schultern und die Verteilung der Gelder auf die einzelnen Institute der MPG selbst zu überlassen. Diese Entscheidung wertete die MPG-Gesamtorganisation gegenüber den einzelnen Instituten auf und implizierte den Verzicht der Länderregierungen auf direkte Interventionen in die einzelnen Institute hinein – was wiederum der MPG und ihren Instituten ganz ungemein half, ihren Anspruch auf wissenschaftliche Autonomie zu behaupten, und zwar auch schon in den knapp 15 Jahren, in denen ihre Finanzierung ganz vorwiegend Sache der Ländergemeinschaft war. Erst ab 1964 beteiligte sich der Bund an der regelmäßigen institutionellen Finanzierung der MPG mit 50 Prozent. Allerdings hatte der Bund schon vorher an der Finanzierung der MPG mitgewirkt, indem er ihr über den Weg außerordentlicher Zuwendungen seit 1956/57 erhebliche zusätzliche Fördermittel zukommen ließ und so die Länder zugleich entlastete. Im deutschen Föderalismus lag die Ursache dafür, dass die MPG, obwohl ganz überwiegend staatlich alimentiert, immer von mehreren Geldgebern abhing. Sie verstand sich darauf, zwischen ihnen zu lavieren und sie bisweilen gegeneinander auszuspielen. Und so erklärt sich die zunächst paradox erscheinende Tatsache, dass die MPG zwar weitestgehend von staatlichen Zuschüssen abhängig wurde, aber dennoch viel Distanz gegenüber dem staatlichen Machtgefüge bewahren konnte, eine Distanz, die sie nach den Erfahrungen der NS-Diktatur selbst suchte, zu der sie aber auch die westlichen Besatzungsmächte drängten.

Bald sicherte das Grundgesetz in Art. 5, Abs. 3 die Möglichkeit ab, staatliche Finanzierung und privatrechtliche Verfasstheit zu verbinden. Der Status der MPG als gemeinnütziger Verein gewann zunehmend die Bedeutung einer Wertentscheidung zugunsten eines freiheitlichen Wissenschaftssystems. Überdies passte er langfristig zur sich herausbildenden korporatistischen Verfasstheit der

2. Phasen der Entwicklung der MPG

Bundesrepublik, die unter anderem durch Übernahme gesellschaftlich relevanter Verantwortungsbereiche durch nichtstaatliche Akteure gekennzeichnet ist.

Weil es die historische Situation verlangte und die Akteure aus ihren Erfahrungen zu lernen versuchten, unterschied sich die MPG in einigen wichtigen Hinsichten von der KWG, aus der sie hervorgegangen war. So betonte sie die Grundlagenforschung als ihre eigentliche Aufgabe und grenzte sich stärker als ihre Vorgängerorganisation von unmittelbar anwendungsbezogener Forschung ab, teils tatsächlich und praktisch (beispielsweise von militärisch nutzbarer Forschung), teils im Modus der diskursiven Selbststilisierung mit ideologischen Funktionen. Realiter ergab sich daraus ein wichtiger, wenn auch letztlich nur gradueller Unterschied zur KWG. Während diese in ihren ersten zwei Jahrzehnten vornehmlich durch Zuwendungen aus der Wirtschaft und nur in zweiter Linie aus staatlichen Mitteln finanziert worden war (die allerdings in der NS-Zeit sehr stark zugenommen hatten), lebte die MPG weitestgehend von staatlicher Alimentierung.

Doch insgesamt war die MPG personell, in den Zielsetzungen, organisatorisch und im elitären Selbstverständnis eine Fortsetzung der KWG. Ihre 1949 knapp 40 Institute und Einrichtungen mit insgesamt fast 1.500 Beschäftigten kamen zum allergrößten Teil aus der KWG. In den späten 1940er- und frühen 1950er-Jahren wurden zahlreiche Forschungsstellen und Institute umbenannt, umgewidmet, umgesiedelt, zusammengeschlossen, ausgegliedert, umgegründet oder auch neu in die MPG übernommen. Man bearbeitete fast durchweg Gebiete, die auch schon in der späten KWG beforscht worden waren. Die MPG-Gründergeneration, vor allem die Leitungspersonen, und der sehr hierarchische Leitungsstil der ersten Jahre waren KWG-geprägt. Fast alle MPG-Senatoren der Gründerjahre hatten zuvor enge Kontakte zur KWG unterhalten oder waren deren Mitglied gewesen. Die personelle Kontinuität verkörperten an der Spitze Präsident Otto Hahn und Ernst Telschow als Generalsekretär. Auch an der personellen Besetzung der jetzt unter dem Dach der MPG zusammengefassten Institute änderte sich aufs Ganze gesehen wenig. Die »Persilscheine« zur raschen Rehabilitierung ehemaliger NS-Täter und -Mitläufer waren in der MPG gängige Praxis wie insgesamt in der jungen Bundesrepublik. Auch im Übergang von der KWG zur MPG gab es keine »Stunde null«.

Das galt – mit bemerkenswerten Ausnahmen – für die meisten Forschungsgebiete. Bedeutete der »Astro-Cluster« einen Neubeginn für die noch junge MPG, so waren die Materialwissenschaften ein alter Bekannter aus der Zeit der KWG. Vor allem die Metallforschung hatte das Rückgrat der deutschen Rüstungsindustrie gebildet. Die Institute der Materialwissenschaften konnten dennoch ihre Substanz (und ihr Personal) über das Ende des Kriegs in die MPG retten und ihre industriell wirksame Forschung beim Wiederaufbau und im »Wirtschaftswunder« einsetzen. Gleichzeitig verpassten sie durch ihr Beharren auf bestimmten Materialien und in ihrem Fokus auf konstruktionswirksam einsetzbare Funktionen sowohl die Erfindung des Transistors (sie erfolgte 1947 in den Bell Labs) als zunächst auch die weitere phänomenale Entwicklung der Halbleiter.

Doch gelangen der MPG auch in diesem Bereich schon in den ersten Jahren nach ihrer Gründung wissenschaftliche Durchbrüche, teils mit überragenden, damals noch nicht vorhersehbaren wirtschaftlichen Konsequenzen, meist in der Fortsetzung von Forschungen und Personalentscheidungen der KWG. Ein Beispiel dafür ist die Entdeckung der metallorganischen Mischkatalysatoren für die Polymerisation von Olefinen am MPI für Kohlenforschung; sie führte um 1953 zur Entwicklung des Niederdruckpolyethylen-Verfahrens durch den bereits 1944 in die KWG berufenen Karl Ziegler und durch Erhard Holzkamp. Ziegler erhielt dafür 1963 den Nobelpreis. Heute zählt das auf der Basis des sogenannten Ziegler-Natta-Verfahrens (nach Giulio Natta) hergestellte Polyethylen zu den Massen-Kunststoffen, mit deren breiter Verwendung auch erhebliche ökologische Probleme verbunden sind.

In dieser Größenordnung blieb dieser Erfolg zunächst die Ausnahme, nicht aber hinsichtlich der Art der Zusammenarbeit von Industrie und Wissenschaft. Diese war meist durch die Forscher:innen, oft die Direktor:innen von MPI, selbst gestaltet, die ihre Erfindungen – in der Anfangszeit und bis 1970 war dies noch nicht über die MPG zentral vermittelt – durch die Industrie umsetzen und vermarkten ließen. Erst Mitte der 1980er-Jahre kam es mit der Entwicklung der FLASH-Technologie am MPI für biophysikalische Chemie zu einem vergleichbaren Durchbruch. Durch sie wurde die Magnetresonanztomografie (MRT) zum wichtigsten bildgebenden Verfahren der klinischen Diagnostik. Diese Technologie war zugleich Gegenstand des erfolgreichsten Patents, das die 1970 gegründete Technologietransfer-Einrichtung der MPG, die Garching Innovation (kurz GI, seit 2006 Max-Planck-Innovation) bis heute vermarktet hat.

In einzelnen Fällen banden sich MPG-Wissenschaftler:innen über lange Zeiträume an bestimmte Firmen. Prominent war dies bei Adolf Butenandt der Fall, der selbst noch in seiner Zeit als MPG-Präsident die Ergebnisse des von ihm weiterhin geleiteten MPI für Biochemie den ihm verbundenen Firmen meldete, die als Gegenleistung das MPI in seinem Forschungsetat unterstützten. Es wäre zu kurz gegriffen, dies bloß als einseitige Abhängigkeit der Wissenschaft von der Industrie zu verstehen; es handelte sich vielmehr um strukturelle Wechselwirkungen und strategische Allianzen, die – zum Teil bis in die Gegenwart hinein – vor allem die Branchen der Chemie und Biochemie, der Kohleindustrie, der Elektrotechnik und der metallverarbeitenden Industrie an einzelne Institute (sowie auch an eng kooperierende Universitätsinstitute) banden.

Welches waren die wesentlichen Weichenstellungen in dieser Anfangsphase der MPG? Zunächst einmal natürlich die Gründung der MPG selbst, die keineswegs zwangsläufig war und zu der es durchaus Alternativen gegeben hätte, gerade vor dem Hintergrund der NS-Verstrickung ihrer Vorgängerorganisation KWG. Immerhin handelte es sich bei dieser Gründung und der frühen Entwicklung der MPG – trotz großer personeller und institutioneller Kontinuität bis 1955 – nicht um einen bruchlosen Übergang, sondern, durch die von den Alliierten gesetzten Forschungsverbote und -kontrollen, um einen weitgehenden Eingriff in ihre Autonomie mit erheblichen Langzeitfolgen: von der Erfolgsgeschichte des Astro-Clusters bis zum erzwungenen Lernprozess einer Gesellschaft, die sich zunehmend aus eigener Überzeugung vor allzu großer Nähe und Dienstbarkeit gegenüber Staat, Wirtschaft und Militär hütete. Schon in diesen Jahren teilte die junge MPG mit der entstehenden bundesrepublikanischen Gesellschaft einige Merkmale, die sie auch langfristig kennzeichnen sollten, unter anderem durch den Föderalismus geprägte Strukturen und eine korporatistische Verfasstheit. Zugleich verstärkte die sich rasch entwickelnde MPG diese Momente der jungen Bundesrepublik und beeinflusste ihrerseits deren Entwicklung: Sie etablierte einen festen Platz für eine international orientierte Grundlagenforschung, sie beriet die Politik und stellte Expertise zur Verfügung, etwa durch ihre juristischen Institute, sie nahm Einfluss auf ihre Außenpolitik und verstärkte insbesondere die Westbindung durch ihre Kooperationsbeziehungen. Von Anfang an war die Entwicklung der MPG auf das Engste mit der allgemeinen Zeitgeschichte verflochten.

2.2 Rasantes Wachstum und grundlegender Wandel (1955–1972)

Die zweite Phase der MPG-Geschichte zwischen 1955 und 1972 war durch rapides Wachstum und deutliche Veränderungen im Forschungsprofil gekennzeichnet. Allein die Anzahl der Wissenschaftlichen Mitglieder verdoppelte sich: von 95 im Jahr 1955 auf 202 im Jahr 1973. Eine bemerkenswerte thematische Ausweitung des MPG-Portfolios fand statt. Die Zahl der Institute wuchs auf 59 an. Und ihre durchschnittliche Größe nahm zu: 1950 zählte ein MPI im Durchschnitt 34, im Jahr 1970 dagegen schon 86 Mitarbeiter und Mitarbeiterinnen. Diese Expansion stellte die noch stark am KWG-Vorbild orientierte Leitung der MPG vor neue Probleme, auf die sie mit Reformen der Satzung, organisatorischen Innovationen und Anpassung der Governance reagierte. Jetzt erst entwickelte die MPG Strukturen, die sie deutlich von ihrer Vorgängerinstitution unterschieden und die sich als langfristig tragfähig erweisen sollten. Prägend für diese Phase war ein sich ab Mitte der 1960er-Jahre vollziehender Generationenwechsel, mit dem die noch in der KWG sozialisierten Wissenschaftler:innen allmählich ausschieden.

Wachstum und Strukturwandel wurden stark von innerer Dynamik angetrieben. Es gelang der MPG, aus ihren eigenen Potenzialen heraus neuartige Forschungsperspektiven insbesondere in interdisziplinären Gebieten zur Geltung zu bringen, wie in den Bereichen der Plasmaphysik, der Verhaltensforschung oder der Bildungsforschung. Drei neue Institute verstärkten die rechtswissenschaftliche Komponente der MPG erheblich, die das Gesicht der Geisteswissenschaftlichen Sektion (GWS) auch in Zukunft prägte. Die Juristen in der MPG vermochten, aus zwei auf die KWG-Zeit zurückreichenden Instituten bis 2004 sieben zu machen. Ähnlich wie die Astronomie und Astrophysik in der Chemisch-Physikalisch-Technischen Sektion (CPTS) bildeten die Juristen in der GWS einen relativ abgeschlossenen »Block«, der in sich die wesentlichen Teilgebiete des Rechtswesens abbildete und sie mit dem MPG-typischen vergleichend-internationalen Vorgehen auf einem daten- und literaturbasierten Fundament akzentuierte. Zwischen den 1960er- und den 1990er-Jahren entfiel knapp die Hälfte der Ressourcen der GWS auf die rechtswissenschaftlichen Institute.

Neben der inneren Dynamik prägten auch Anstöße von außen die Entwicklung in dieser Phase. So kam Mitte der 1960er-Jahre aus einem Kreis junger deutscher Universitätswissenschaftler mit internationaler Erfahrung eine neue Art der Materialforschung in die MPG. Das MPI für Festkörperforschung in Stuttgart wurde 1969 mit großer finanzieller Unterstützung des Bundes und der Länder gegründet. Es bildete den Kern eines Clusters, der modernste Untersuchungstechniken mit einer großen Palette von neuen Materialien verband, sich dabei auf Oberflächenphänomene konzentrierte, schnell international sichtbar wurde und schließlich auch den größten Teil der Materialforschung »alter« Prägung umgestaltete. Dieser »Flip« kam gerade zur rechten Zeit, um der MPG ein boomendes Forschungsfeld von Halbleitern über Keramiken bis zu Polymeren zu eröffnen.

Während es der MPG mit dem Astro-Cluster und dem Cluster der Materialforschung gelang, den Anschluss an die internationale Entwicklung auf breiter Front herzustellen, blieb die Forschung im dritten naturwissenschaftlichen Schwerpunkt der 1960er-Jahre, der Kern- und Teilchenphysik, auf halbem Wege stecken. Dabei hatte die MPG beträchtliche Ressourcen in dieses Gebiet investiert, und mit Werner Heisenberg und Wolfgang Gentner wirkten zwei ihrer zentralen Führungspersonen hier in Konkurrenz und Kooperation. Als die Kernforschung in der Bundesrepublik ab Mitte der 1950er-Jahren mit gewaltigem Schub aufgebaut wurde, versuchte die MPG nicht nur, einen großen Teil dieser Ressourcen für sich zu reklamieren, sondern auch eine eigene westdeutsche Atomwirtschaft mit aufzubauen. Obwohl die entsprechenden Projektmittel zwischen 1957 und 1963 in die Höhe schnellten, vermochte es die MPG nicht, auf diesem Feld eine führende und steuernde Stellung zu erlangen. Das lag auch daran, dass zunehmend anwendungsorientierte und industrienahe kernphysikalische Großforschung gefördert wurde. So kam es letztendlich zum Aufbau einer neuen Forschungsorganisation, der heutigen Helmholtz-Gemeinschaft, die verschiedene Kernforschungszentren verband.

Neben politischen Gründen erschwerte der bald vorherrschende technische Charakter der Kernforschung ihre Konzentration in der MPG. Vor allem aber waren es der ungeheure Investitionsbedarf und die Notwendigkeit, Großgeräte wie Kernreaktoren und Beschleuniger zu betreiben, die dem institutionellen Gefüge der MPG im Prinzip fremd geblieben sind. Eine bedeutende Ausnahme bildet bis heute das in Garching gegründete Institut für Plasmaphysik, das als größtes Forschungszentrum für Kernfusionsforschung in der Bundesrepublik die Entwicklung der MPG beeinflusste. Die MPG zog sich schnell aus der Kernforschung im engeren Sinne zurück, nutzte aber den beträchtlichen Mittelzufluss und die verfügbar werdende Forschungsinfrastruktur für eigene wissenschaftliche Zwecke in verschiedensten Richtungen. Auch die Hochenergie- oder »Teilchenphysik«, die der modernen Physik der zweiten Hälfte des 20. Jahrhunderts einen großen Teil ihrer Ausstrahlung verschaffte, war zunächst nur in großen internationalen Verbünden wie dem CERN oder innerhalb der Supermächte möglich.

In der öffentlichen Selbstdarstellung der MPG blieb es zwar bei der Rückbesinnung auf die KWG, die als Vorbild und weiterwirkendes Erbe geschätzt und gelobt wurde. Beispielsweise orientierte sich die MPG bei der Feier ihrer »runden Geburtstage« am Gründungsjahr der KWG (1911) und nicht an dem ihrer Neugründung als MPG (1948). So feierte sie 1961 ihr 50-jähriges Bestehen, und auf der Festveranstaltung erklärte Präsident Butenandt, man unterscheide »nicht mehr zwischen der früheren Kaiser-Wilhelm-Gesellschaft und der heutigen Max-Planck-Gesellschaft«. In Wirklichkeit entstand aber gerade während Butenandts Präsidentschaft (1960–1972) eine sich deutlich von der KWG unterscheidende MPG, die Grundlagenforschung als ihr Markenzeichen betonte und die sich zu einer integrierten Wissenschaftsgesellschaft entwickelte, zunehmend geprägt von neuen Instituten und Institutsclustern.

Die Clusterstruktur gewann nun weiter an Kontur, nicht so sehr als Abdeckung ganzer Disziplinen oder Subdisziplinen, vielmehr durch die Weiterentwicklung spezieller, in der MPG schon vorhandener Teilbereiche. Diese Art der selektiven Weiterentwicklung entsprach dem Subsidiaritätsgebot, mit dem die Wissenschaftspolitik, insbesondere die der Länder, die MPG dazu anhielt, in ihren Instituten die an Hochschulen etablierten oder dort gut zu betreibenden Forschungen nicht zu doppeln oder zu usurpieren, sondern durch Fokussierung auf Bereiche, die in den Hochschulen nicht oder nur weniger gut wahrgenommen werden konnten, möglichst komplementär zu ergänzen. Diese Spezialisierung ergab sich aber auch aus der institutionellen Dynamik der MPG selbst.

Ein Beispiel für die Wirkmächtigkeit enger interner Netzwerke bot die Forschung im Bereich Astrophysik. Ihr Aufstieg verdankte sich neben den bereits genannten politischen Randbedingungen dem Umstand, dass sich kosmische Forschung und Astrophysik in der MPG in mehreren Strängen entwickeln konnten, zum einen in Forschungsgruppen an einzelnen Instituten, zum anderen in »Familien« von Forschungsgruppen an verschiedenen, eng miteinander zusammenhängenden Instituten. Der MPG gelang es dabei, Forschungstraditionen über Generationswechsel hinweg lebendig zu halten.

Andererseits spielte die Wechselwirkung von Grundlagenforschung und industrieller Anwendung eine wichtige Rolle für die Entwicklung der Forschungscluster der MPG, insbesondere in den Materialwissenschaften, der Kernforschung und den molekularen Lebenswissenschaften. Während die klassischen, an Strukturwerkstoffen orientierten Institute der Materialwissenschaften noch sehr direkte, eher kleinteilige Bezüge zur Industrie zeigten, war die Entstehung des an modernen Funktionswerkstoffen orientierten Clusters der Materialforschung zunächst einmal Ausdruck einer Krise des bundesdeutschen Innovationssystems, das seit den 1960er-Jahren den Rückstand in der Halbleitertechnik vor allem gegenüber den USA aufzuholen suchte. Dem neu gegründeten MPI für Festkörperforschung fiel dabei eine Schlüsselrolle zu, die bald durch weitere Institutsschwerpunkte ergänzt und gestärkt wurde. Der unmittelbare Anstoß zu dieser Neuausrichtung kam aber nicht aus der Industrie, auch nicht aus der Politik, sondern, wie bereits ausgeführt, aus der universitären Forschung.

Vieles der Forschung in der MPG stand in einer teils positiven, immer aber ambivalenten Haltung zu staatlicher Ordnungsmacht und den damit verbundenen Anwendungen des in den MPI erzeugten Wissens. So leisteten die rechtswissenschaftlichen MPI wichtige Beiträge zur international vergleichenden Analyse von Rechtssystemen und stellten konkrete Expertise im Sozial- und Familienrecht, im Wirtschaftsrecht, auch im Strafrecht bereit, um nur einige Beispiele zu nennen. Charakteristisch war die entscheidende Rolle von Politikern bei der Gründung einschlägiger MPI, etwa Walter Hallsteins im Fall des 1964 gegründeten MPI für europäische Rechtsgeschichte in Frankfurt am Main.

In den Astrowissenschaften entwickelte sich eine anders geartete, aber nicht weniger enge Bindung an staatliche Interessen. Hier war es die Außen- und Bündnispolitik der Bundesrepublik, die die unter anderem wegen der Beobachtungsstandorte und auch der schieren Größe des Mittelbedarfs auf internationale Kooperation angewiesene Astronomie und Astrophysik unterfütterte. Dabei reichte das Spektrum der Kooperationen von Spanien in der Zeit der Franco-Diktatur über Frankreich, die USA und Südamerika bis zur Sowjetunion. Die MPG avancierte in den 1960er-Jahren zur dominanten Vertreterin der Bundesrepublik in den Astrowissenschaften und damit zur bevorzugten Partnerin des Staats in Fragen der zivilen europäischen und globalen Kooperation und Integration in diesem Bereich; prägend dafür war der Nachfolger Butenandts im Amt des MPG-Präsidenten, Reimar Lüst. Während in einigen Bereichen, wie den Astro- und Rechtswissenschaften sowie den Agrarwissenschaften, die Verbindung zum Staat eng und für den frühen Ausbau entsprechender Cluster entscheidend war, zeigt der spätere Rückzug aus den Agrarwissenschaften staatlich-ordnungspolitischer Prägung die Grenzen dieser Verbindung für die sich in den 1960er-Jahren neu positionierende MPG. In Reaktion auf den Einstieg des Bundes in die Forschungsfinanzierung und zur Abwehr der damit verbundenen Steuerungsansprüche bildete sich die Allianz der Wissenschaftsorganisationen als Dialogpartner und zivilgesellschaftliches Gegengewicht zur staatlichen Wissenschaftspolitik heraus, mit der MPG in einer unbestrittenen Führungsrolle. Auch hierin zeigt sich die große Bedeutung der MPG in den korporatistischen Strukturen der Bundesrepublik.

In den Lebenswissenschaften sind die zwei Dekaden zwischen 1953 und 1974 am treffendsten mit drei Schlagworten zu charakterisieren: Doppelhelixstruktur der Erbsubstanz DNA, genetischer Code, Gentechnik. Keine dieser drei Entwicklungen ging von der MPG aus, aber sie nahm alle drei Entwicklungslinien auf. Sie verbanden die Strukturen von Biomolekülen, wie DNA oder Enzymen, mit deren Funktion, der Speicherung und Übertragung von Erbinformation sowie Stoffwechselprozessen: Eine schier unüberschaubare Vielfalt an möglichen Entdeckungen eröffnete sich so den Disziplinen, die sich zur Molekularbiologie bzw. zu den molekularen Lebenswissenschaften formierten. Dies geschah vor allem und am frühesten in den USA, in England und in Frankreich. Zwar wurden Virus- und Mutationsforschung – trotz der Folgen der Ermordung und Vertreibung vieler Wissenschaftler:innen während des Zweiten Weltkriegs – in der MPG weiterhin auf hohem Niveau betrieben. Dennoch hatte es die MPG in den 1950er-Jahren versäumt, sich systematisch um den Anschluss an die internationale Entwicklung zu bemühen. Erst in den 1960er-Jahren begann sie, diesen Rückstand gezielt aufzuholen.

Auf der Basis und teilweise durch Fusion der noch aus der KWG-Zeit stammenden biologischen und biochemischen Institute bildete die Max-Planck-Gesellschaft Zentren in München und Göttingen, später auch in Heidelberg und in Tübingen, die sich alle den molekularen Lebenswissenschaften widmeten. Charakteristisch (und in Göttingen sogar namensgebend) war das Zusammenspiel von Biologie, Physik und Chemie; in der MPG war die Erforschung von Molekülstrukturen, vor allem von Proteinen, besonders ausgeprägt und gut ausgebaut. Eng verbunden damit war die Entwicklung neuer Methoden, wofür MPG-Forscher:innen später mehrere Nobelpreise erhielten, darunter Johann Deisenhofer, Robert Huber und Hartmut Michel für die Strukturaufklärung des fotosynthetischen Reaktionszentrums, Erwin Neher und Bert Sakmann für die Patch-Clamp-Methode, Stefan Hell für die Entwicklung superauflösender Fluoreszenzmikroskopie.

Der Preis für diese (und viele weitere) Erfolge war allerdings ein Verlust an Diversität und ein epistemisches Mainstreaming in den Instituten der Biologisch-Medizinischen Sektion (BMS), die auf diese Weise einen großen Teil der MPG über Jahrzehnte auf die molekularen Lebenswissenschaften und damit auf eine bestimmte, durchaus auch eingeschränkte Sicht auf das Leben festlegten. Alternativen wie die Evolutionsbiologie und die Ökologie wurden (entsprechend dem damaligen internationalen Stand) nicht oder kaum berücksichtigt; selbst die später äußerst erfolgreiche Entwicklungsbiologie (Nobelpreis Christiane Nüsslein-Volhard) hatte zu kämpfen; die Systembiologie wurde erst spät integriert. Das »molekulare Paradigma« beherrschte die Institute und Abteilungen der BMS fast völlig. Ansätze, Zell- statt Molekülstrukturen in den Mittelpunkt zu stellen, wurden erst spät und zunächst nur kleinteilig verfolgt. Aus ihnen entwickelte sich dann allerdings eine weitere Stärke der MPG, die Bio-Membranforschung.

Ermöglicht wurde der Aufbau der molekularen Lebenswissenschaften durch den gleichzeitig stattfindenden Abbau der Agrarwissenschaften, die noch Mitte der 1950er-Jahre den größten Teil der in der BMS vertretenen Institute gestellt hatten. Ihre Abwicklung war auf eine Verkettung verschiedener Gründe zurückzuführen: Die Agrarwissenschaften wurden als anwendungs- und staatsnah angesehen, dabei oft mit der NS-Zeit in Beziehung gebracht; zudem nahm ihre ökonomisch-gesellschaftliche Relevanz nach der Überwindung der Ernährungskrise der 1940er-Jahre deutlich ab; auch passten sie nicht mehr zum Duktus der Grundlagenforschung der sich ausbildenden neuen MPG. Vor allem aber konnten ihre Themen und Methoden nicht in das molekulare Paradigma integriert werden, mit einer Ausnahme: Die Pflanzenzüchtung erlebte durch zell- und später gentechnische Methoden sogar eine Renaissance in der MPG, die mit der Entwicklung der sogenannten neuen Züchtungsmethoden bereits in den 1960er-Jahren einsetzte und sich mit der Gentechnik in den 1970er-Jahren voll entfaltete.

Neben, mit und in den molekularen Lebenswissenschaften entwickelte sich ein weiterer Schwerpunkt der MPG-Forschung: die Verhaltens-, Neuro- und Kognitionswissenschaften. Aufbauend auf Traditionen der KWG in der morphologisch vorgehenden Hirnforschung, die mit den schrecklichsten Verbrechen der Medizin in der NS-Zeit verbunden war, vermochte es eine neue Generation von Forscher:innen, zahlreiche Verhaltensausprägungen (von der Sinnesphysiologie bis zu Schlafrhythmen) mit ihren neuronalen Grundlagen zu verbinden und so zu erklären. Auch hier war es das molekulare Paradigma, das die Ansätze zunehmend prägte. Und auch hier stand die MPG-Forschung bald inmitten eines internationalen Mainstreams der Spitzenforschung, zum Beispiel der Rockefeller University in New York City oder am MIT in Cambridge, Massachusetts. In den späten 1990er- und frühen 2000er-Jahren führte dieser Pfad über Gebiete wie die Neuropsychologie sogar in die Geisteswissenschaftliche Sektion hinein, die 2004 entsprechend in Geistes-, Sozial- und Humanwissenschaftliche Sektion (GSHS) umbenannt wurde.

Auffällig ist die im Vergleich zur vorherigen Phase gestiegene Anzahl an Neugründungen in der Geisteswissenschaftlichen Sektion. Mit sechs Instituten, davon drei in den Rechtswissenschaften, stellten die Geisteswissenschaften 24 Prozent aller Neugründungen. Mit dem Berliner Institut für Bildungsforschung unter Leitung von Hellmut Becker und dem Starnberger Institut zur Erforschung der Lebensbedingungen der wissenschaftlich-technischen Welt unter Carl Friedrich von Weizsäcker und Jürgen Habermas wagte sich die MPG an die wissenschaftliche Bearbeitung drängender gesellschaftlich-politischer Herausforderungen und großer kontroverser Gegenwartsprobleme heran, was die Bereitschaft zur Gesellschafts- und Politikberatung bzw. zur Teilnahme an öffentlichen Deutungsdiskursen einschloss.

Mit dem Wachstum ging ein Strukturwandel Hand in Hand. So begann die MPG, Institute gezielt zu schließen oder aus der MPG auszugliedern, darunter die bereits erwähnten Landwirtschaftswissenschaften, aber auch die Aerodynamische Versuchsanstalt und die Institute für Silikatforschung und für Zellphysiologie. Neues entstand zum Teil durch die Neugründung von Instituten, wobei – mit der erwähnten Ausnahme des Instituts für Plasmaphysik – die MPG eine Gesellschaft mittelgroßer und kleinerer Institute blieb.

Vor allem aber entstand Neues durch die personelle und programmatische Neuausrichtung existierender Institute. Beispielsweise trat 1962 an die Stelle des traditionell ausgerichteten Pflanzenzüchters Wilhelm Rudorf der Botaniker Joseph Straub, der das MPI für Züchtungsforschung in Richtung biotechnologisch ausgerichteter Zellforschung weiterentwickelte. Auf den Strahlenphysiker Boris Rajewsky folgten Direktoren, die das MPI für Biophysik im Laufe der 1960er-Jahre und damit schon sehr früh zu einem Mekka der molekularbiologischen Membranforschung machten, die international auf vermehrtes Interesse von Biowissenschaftler:innen verschiedenster Couleur stieß. Unter ihnen waren Biophysiker:innen, Molekularbiolog:innen, Wissenschaftler:innen aus der physikalischen Chemie und Biochemie, Zellbiolog:innen und nicht zuletzt Neurobiolog:innen. In den 1970er-Jahren kamen vor allem Forscher:innen dazu, die mit dem Interesse an der Funktionsweise der Signalübertragung zwischen Nervenzellen an die Membranforschung anschlossen. Die Emeritierung des Zoologen, Genetikers und Eugenikers Hans Nachtsheim machte schließlich Platz für das im Jahr 1964 gegründete MPI für molekulare Genetik. Nachtsheims Beteiligung an während des Zweiten Weltkrieges durchgeführten Versuchen mit Menschen war zwar damals noch nicht öffentlich bekannt, die Auseinandersetzung der mit der Neuausrichtung befassten Direktoren mit ihrer Vergangenheit im Nationalsozialismus spielte aber, auf sehr unterschiedliche Weise, eine wichtige Rolle bei ihren Entscheidungen.

Der Wandel der Arbeitsgebiete fand zudem häufig als Ausdifferenzierung bestehender oder wachsender Wissenschaftsbereiche statt, besonders in den biochemischen und molekularbiologischen Forschungsfeldern. Die Gründung des MPI für biologische Kybernetik Ende der 1960er-Jahre bezeichnete Präsident Butenandt als »ein Musterbeispiel« für Institutsgründungen innerhalb der Max-Planck-Gesellschaft. Er spielte damit auf den Umstand an, dass das Institut gewissermaßen als Ausgründung einer in einem anderen MPI bereits bestehenden Arbeitsgruppe entstanden war. So oder so ähnlich gingen zahlreiche Institutsgründungen in der MPG vonstatten, was wir als ein stark durch Selbstorganisation geprägtes System innerer Verzweigung beschrieben haben.

Einen anderen Modus institutionellen Wandels stellten Transformationen dar, die nicht zur Entstehung neuer Institute führten, sondern zur schleichenden oder – seltener – bewusst eingeleiteten Veränderung von Arbeitsschwerpunkten bereits bestehender Forschungseinrichtungen. Die gründliche Umwandlung des MPI für vergleichende Erbbiologie und Erbpathologie in das MPI für molekulare Genetik kann als ein Beispiel genannt werden.

Die biowissenschaftlich arbeitenden Institute in der BMS, der CPTS und auch der GWS entwickelten sich über die breite Durchsetzung des molekularwissenschaftlichen Paradigmas zur paradoxerweise homogensten und gleichzeitig diversesten Clusterstruktur der MPG. Denn mit ihrem einheitlichen Theorie- und Methodenspektrum erschlossen sich die molekularen Lebenswissenschaften ein weites Feld von Gegenstandsbereichen, das von Protonenpumpen bis zur Sprache reicht. Im Gegensatz dazu stand die Heterogenität der chemischen und physikalischen Wissenschaften. Diese in der CPTS versammelten Gebiete gliederten sich in mehrere größere Blöcke und mehrere Einzelinstitute, wie zum Beispiel die Astronomie und Astrophysik, die Kernforschung sowie die Materialwissenschaften.

Eines der Institute, das in der Krise der Kernforschung keinen rechten Kurs finden konnte, erwies sich durch eine zufällige Fügung als Geburtsstätte des für die MPG gänzlich neuen Forschungsbereichs der Erdsystemforschung. Das MPI für Chemie in Mainz suchte über ein Jahrzehnt hinweg vergeblich eine neue wissenschaftliche Richtung, als 1968 der Meteorologe Christian Junge aus den USA mit der Atmosphärenforschung eine neue wissenschaftliche Bewegung in Gang setzte, die heute den Cluster Erdsystemforschung in der MPG bildet – eine Wissenschaftsrichtung, die mit einem Bein in der datengetriebenen Grundlagenforschung steckt, während sie über ihre Modellrechnungen den Rahmen für globalpolitische Entscheidungen setzt. Nicht von Beginn an planmäßig, aber seit etwa 1980 mit einer zielgerichteten Dynamik haben Vertreter der MPG, darunter Paul Crutzen und Klaus Hasselmann, die bundesdeutsche Erdsystemforschung auf die internationale Landkarte gesetzt; Erklärungen wie die des Ozonlochs, des nuklearen Winters und des Ozeanwellengangs sind Beispiele für eine Entwicklung, die in das Zeitalter des Anthropozäns und damit zu einer neuen Verbindung der Natur- mit den Geistes- und Sozialwissenschaften führen sollte.

Ab Ende der 1960er-Jahre spielten Synergien mit dem universitären Umfeld eine wachsende Rolle für die Entwicklung der Max-Planck-Gesellschaft. Das Verhältnis zwischen der MPG und den Universitäten war durchaus konfliktreich, aber die ab 1968 an den Universitäten betriebenen Sonderforschungsbereiche beeinflussten die Gründung und Weiterentwicklung vieler MPI, so etwa die bereits erwähnte Entwicklung der Atmosphärenforschung am MPI für Chemie in Mainz wie auch später die Gründung der MPI für Meteorologie in Hamburg (1975), für Mathematik in Bonn (1980), für Polymerforschung in Mainz (1983) und für maritime Mikrobiologie in Bremen (1992).

Dieser spektakulären Expansions- und Aufstiegsgeschichte der MPG in den langen 1960er-Jahren präsidierte der dynamische Biochemiker Adolf Butenandt, der 1960 den bedächtigeren Chemiker Otto Hahn im Präsidentenamt abgelöst hatte und erst 1972 den Stab an den Astrophysiker Reimar Lüst weiterreichte. Überhaupt fand in der rasch wachsenden Gruppe der Wissenschaftlichen Mitglieder in jenen Jahren ein deutlicher Generationswechsel statt. Während die Angehörigen der Gründergeneration wie Hahn, Max von Laue oder Otto Warburg um 1880 geboren und noch ganz von der Sozialisation und von Erfahrungen im Kaiserreich geprägt gewesen waren, hatten die Vertreter der nun in Entscheidungspositionen befindlichen zweiten Generation wie Butenandt und Heisenberg – um die Jahrhundertwende geboren – prägende Erfahrungen in der Weimarer Republik und der NS-Zeit gesammelt, als die meisten von ihnen in die KWG berufen worden waren. Vermutlich änderte sich mit diesem Wechsel auch ein wenig der Führungsstil in der MPG. Doch die Kontinuität überwog: Anders als später blieb diese zentrale Trägergruppe der wissenschaftlichen Entscheidungen und Entwicklungen in der MPG bis auf wenige Ausnahmen männlich, deutsch, sehr bürgerlich und durch lange Zugehörigkeit zur MPG geprägt, nicht zuletzt ein Ergebnis von starker Binnenrekrutierung.

Das rasante Wachstum und der tiefgreifende Wandel der MPG in der Phase zwischen 1955 und 1972 wirkten sich auch auf ihre Organisation und Governance aus. Seit den 1960er-Jahren verloren ausscheidende Direktoren schrittweise ihren Einfluss auf die Regelung ihrer Nachfolge. Das Mitspracherecht der Sektion wurde wichtiger, die Berufungsprozesse wurden formalisiert. Zwei durch langwierige Kommissionsarbeit vorbereitete Satzungsreformen – 1964 und 1972 – führten zu einschneidenden und nachhaltigen Veränderungen: Sie stärkten die Rolle von Präsident und Verwaltungsrat und bewirkten somit eine gewisse Zentralisierung der Entscheidungsprozesse. Außerdem wurde das Prinzip der kollegialen Leitung bereits 1964 formal verankert, das nicht nur das Harnack-

2. Phasen der Entwicklung der MPG

Prinzip begrenzte, sondern auch das Führen größerer Institute ermöglichte.

MPG-Geschichte und allgemeine Zeitgeschichte waren in den »langen 1960er-Jahren« vielfältig verknüpft: Es war das bundesrepublikanische »Wirtschaftswunder«, das die Finanzierung der raschen MPG-Expansion aus öffentlichen Geldern allererst möglich machte. Es waren Bund und Länder, die die MPG wie andere wissenschaftliche Einrichtungen kräftig förderten, nicht nur weil sie Wissenschaft als wichtigen Beitrag zur Stärkung der ökonomischen Wettbewerbsfähigkeit und zur Sicherung zukünftigen Wohlstands wertschätzten, sondern auch weil sie Wissenschaft als ein wichtiges Element von Modernisierung und Fortschritt ansahen. Wissenschaftliche Erfolge würden, so die nicht unplausible Erwartung, auch das internationale Ansehen der Bundesrepublik stärken. Umso willkommener war es, dass fünf Wissenschaftler der MPG zwischen 1954 und 1973 den Nobelpreis erhielten.

Die europäische Integration machte Fortschritte und bot Wissenschaftler:innen die Möglichkeit zur Teilnahme an europäischen Verbundprojekten. Wissenschaft fungierte als eine Triebkraft fortschreitender Europäisierung. Zur Signatur der 1960er- und frühen 1970er-Jahre gehörte auch das verstärkte gesellschaftlich-politische Engagement von Wissenschaftlern. Einen wichtigen Ausgangspunkt bildete die »Göttinger Erklärung« von 1957, unterzeichnet von 18 führenden Atomwissenschaftlern, darunter Otto Hahn, dem Präsidenten der MPG. Die Erklärung richtete sich gegen die atomare Bewaffnung der Bundeswehr und forderte eine umfassende Aufklärung der Bevölkerung über die Gefahren von Atomwaffen, setzte sich aber zugleich für eine friedliche Nutzung der Kernenergie ein. Das wesentlich von Carl Friedrich von Weizsäcker verfasste Dokument war allerdings keine Erklärung der MPG, sondern eine Stellungnahme engagierter Wissenschaftler – bei dieser Aufgabenteilung und der politischen Zurückhaltung der MPG als Wissenschaftsgesellschaft sollte es auch in Zukunft bleiben. Die »Göttinger Erklärung« wurde dennoch zum Katalysator für eine breitere Anti-Atomwaffen-Bewegung in der Bundesrepublik und ist damit ein eindrucksvolles frühes Beispiel für die Prägung von Zeitgeschichte durch MPG-Wissenschaftler.

Andererseits wirkte das verstärkte gesellschaftlich-politische Engagement von Wissenschaftler:innen auch in die MPG hinein, etwa als sie sich darauf einließ, mit dem Berliner Bildungsforschungsinstitut und dem Starnberger Institut an der wissenschaftlichen Reflexion, der Erklärung, der Beratung und der Beeinflussung des für viele immer unüberschaubarer werdenden gesellschaftlichen Wandels mitzuwirken. Dass die Forderung nach Mitbestimmung der Belegschaft zu einem zentralen Streitpunkt in der MPG der späten 1960er- und frühen 1970er-Jahre wurde, verdankte sich zum großen Teil der 68er-Bewegung und dem zeitspezifischen Geist des Protests und der Reform, der auch die Politik der ab 1969 amtierenden sozialliberalen Bundesregierung nicht unbeeinflusst ließ – und eben auch in die MPG hineinwirkte.

Das Jahr 1972 stellte in mehreren Hinsichten eine Zäsur in der Geschichte der MPG dar: Es brachte den Wechsel im Amt des Präsidenten (von Butenandt zu Lüst); es läutete das Ende des rasanten wirtschaftlichen Wachstums und den Beginn einer Phase stagnierender Haushalte ein; zugleich nahm die Flexibilisierung der Arbeitsverhältnisse von Wissenschaftler:innen zu. Das Jahr sah die Verabschiedung einer neuen Satzung, in der vor allem der Abschluss eines mehrjährigen Diskussions- und Reformprozesses seinen Niederschlag fand, aber eben auch ein Stück Mitbestimmung in der MPG verankert wurde, so begrenzt diese auch für die Mitarbeiter:innen blieb, die zudem die Last der zunehmenden Flexibilisierung zu tragen hatten. Denn im Vergleich zu den Universitäten, wo die Mitbestimmung von Mitarbeiter:innen und Student:innen in viel größerem Ausmaß durchgesetzt wurde, blieb sie in dem »Tendenzbetrieb« MPG letztlich auf Mitberatung beschränkt. Hier zeigte sich – im Schlüsseljahr 1972 noch ausgeprägter als zur Zeit der Gründung um 1948 – in aller Deutlichkeit die strukturkonservative Kraft der MPG, die sich gegen starke gesellschaftliche Strömungen behauptete und dabei dem Druck von Zeitgeist, öffentlicher Meinung und Politik widerstand.

Zusammenfassend bleibt festzuhalten, dass in dieser Phase das noch heute erkennbare Profil der MPG entstanden ist, einschließlich ihrer charakteristischen thematischen Clusterstrukturen und der sie bedingenden und durch sie bedingten Pfadabhängigkeiten, etwa in Richtung Molekularisierung der Lebenswissenschaften und der zunehmenden Bedeutung der Erdsystemforschung. Zugleich haben sich auch die bereits in der ersten Phase erkennbaren Wechselwirkungen zwischen Wissenschafts- und Zeitgeschichte fortgesetzt, etwa die Stärkung von Westbindung und Europäisierung. Die MPG und ihre Wissenschaftler:innen haben außerdem dazu beigetragen, zivilgesellschaftliche Strukturen zu stärken, ausnahmsweise mit öffentlicher Signalwirkung wie durch ihre Beteiligung an der »Göttinger Erklärung«, häufiger mit wissenschaftlicher Expertise zu gesellschaftlichen Problemthemen durch die Forschungen am MPI für Bildungsforschung und am Starnberger Institut, regelmäßig durch Politikberatung an den juristischen MPI, etwa bei völkerrechtlichen Verträgen, oder durch die Bereitstellung von Expertenwissen im Bereich des Strahlenschutzes. Die MPG löste sich damit auch ein Stück weit mental von den obrigkeitsstaatlichen Strukturen, die noch für die KWG maßgeblich waren, obwohl sie sich immer noch auf deren Erbe berief. Zu öffentlichem zivilgesellschaftlichen Engagement blieb sie dennoch auf Abstand, ihr Selbstverständnis war korporatistisch im Sinne von Abstand zu, aber auch Verflechtung mit den Eliten aus Staat und Wirtschaft, in Analogie zur Verflechtungsstruktur des »rheinischen Kapitalismus«, die sich erst mit der neoliberalen Globalisierung der Jahrtausendwende lockerte.

2.3 Sparzwänge und Erneuerung aus der Substanz (1972–1989)

Auch in der dritten Phase ihrer Entwicklung wurde die MPG stark von den allgemeinen zeitgeschichtlichen Bedingungen beeinflusst, und auch jetzt verstand sie es, weitgehend selbst darüber zu entscheiden, welche Konsequenzen sie daraus zog. Im Unterschied zu den vorangegangenen zweieinhalb Jahrzehnten wirkten sich ab den frühen 1970er-Jahren die krisenhafte Wirtschaftsentwicklung und, damit verknüpft, die in punkto Wissenschaftsförderung nun viel weniger großzügige Zuwendungspolitik der Regierungen dahingehend aus, dass die MPG lernen musste, längerfristig mit weitgehend stagnierenden oder nur sehr langsam wachsenden Haushalten zurechtzukommen. Sie tat dies in zweifacher Weise. Einerseits reagierte sie mit einer Politik der Umverteilung von Ressourcen (inkl. Personalstellen) aus bestehenden Instituten und Abteilungen in neue Forschungseinrichtungen. Die MPG, so zeigte sich, verfügte über die Kraft, selbst unter drückenden Sparzwängen durch schmerzhafte Schließungs- und Schrumpfungsentscheidungen finanzielle Spielräume zu erschließen, um neue Forschungsaufgaben in Angriff zu nehmen. Andererseits richtete sie ihre Forschungspolitik zunehmend an Maßstäben der Konsolidierung und am internationalen Mainstream aus.

In den Lebenswissenschaften entstanden größere Zentren wie das MPI für Biochemie in Martinsried und das MPI für biophysikalische Chemie in Göttingen, während sich die Biologisch-Medizinische Sektion zunehmend auf die international bereits erfolgreiche Molekularbiologie und Gentechnologie konzentrierte. Die Anziehungskraft der Biowissenschaften zeigte sich auch daran, dass sie über interdisziplinäre Verknüpfungen begannen, punktuell auf geisteswissenschaftliche Forschung einzuwirken, etwa im Zusammenhang der Gründung des MPI für Psycholinguistik 1980 – eine Entwicklung, die sich ab den 1990er-Jahren noch verstärken sollte. Die Entstehung größerer Institute erweiterte die interdisziplinären Möglichkeiten der MPG, die allerdings nur dann ausgeschöpft wurden, wenn tatsächlich eine intensivere Kooperation zwischen den verschiedenen Institutsabteilungen stattfand.

Die in den 1960er-Jahren unter Präsident Butenandt erfolgte Öffnung der MPG für die wissenschaftliche Befassung mit gesellschaftlich brisanten Themen wie »Bildungskatastrophe«, Technikfolgen, Gefährdung des Weltfriedens oder Ernährungsproblematik wurde in den späteren 1970er- und in den 1980er-Jahren – unter Präsident Lüst – nicht fortgesetzt. Sie blieb weitgehend Episode oder unterlag einem Transformationsprozess, der solche Themen tendenziell in eine eher am Mainstream orientierte Wissenschaftspraxis zurückholte. Dies entsprach einem Wissenschaftsverständnis, das zum Ausschluss ganzer Wissenschaftsbereiche aus der MPG führte, wie dies bereits in den 1960er-Jahren mit Blick auf die Agrarforschung der Fall gewesen war.

Der die MPG prägende Stil biowissenschaftlichen Arbeitens favorisierte die experimentelle Laborarbeit. Die beteiligten MPI adaptierten die international bedeutsamen Entwicklungsschritte im zellbiologischen und gentechnischen Instrumentarium, die die Forschung immer datenintensiver und abhängiger von instrumenteller Infrastruktur machte. Dieser Stil korrespondierte mit Entwicklungen in der Chemie und Physik; er konnte sogar in traditionell geisteswissenschaftliche Bereiche expandieren. Was er verhinderte und wie sich die selbstgewählte Beschränkung der MPG auswirkte, lässt sich gut am Schicksal der klinischen medizinischen Forschung erkennen. Sie konnte trotz intensivster Anstrengungen der MPG-Präsidenten Lüst und Markl, zahlreicher organisatorischer Anläufe, internationaler Vorbilder und ausreichender Finanzierungsmöglichkeiten niemals langfristig und umfassend in die MPG integriert werden. Einem dringenden gesellschaftlichen Anliegen nach einer patientenzentrierten medizinischen Forschung kam die MPG nicht nach. Die Translation von Grundlagenforschung in die Gesellschaft scheiterte hier oft schon an der Quelle, da sie einseitig molekular-biomedizinisch und nicht auf die Bezugsgruppe der Patient:innen ausgerichtet war. Während die Konzentration auf international bereits etablierte Gebiete der MPG den Anschluss an die internationale Forschung sicherte, barg sie zugleich die Gefahr der Verengung thematischer Horizonte, wie sich etwa am Beispiel der Schließung des Starnberger Max-Planck-Instituts oder der zunehmenden Ausrichtung verhaltenswissenschaftlicher Forschung an experimentellen Paradigmen illustrieren lässt.

In dieser dritten Phase erfuhr die MPG zugleich weltweite Anerkennung, die sich unter anderem in Nobelpreisen in den Jahren 1984, 1985, 1986 und 1988 niederschlug. Allerdings beruhte diese Anerkennung naturgemäß vor allem auf früheren Leistungen und nicht zuletzt auf den riskanten und innovativen Forschungen der zweiten Phase. Zahlreiche Trends der 1950er- und 1960er-Jahre setzten sich in der dritten Phase fort, wenn auch zunächst stark verlangsamt. Angesichts knapper Haushalte verfügte die MPG in den 1970er-Jahren nicht über die Ressourcen, neue Felder systematisch zu Clustern auf- und auszubauen. Dabei steht außer Frage, dass es große Probleme sowohl wissenschaftlicher als auch gesellschaftlicher Art gab, denen sich die MPG schon zu dieser Zeit hätte stärker zuwenden können, etwa der Energieforschung, der Ernährungsforschung, der Ökologie oder der Evolutionsbiologie.

Trotzdem, das wissenschaftliche Profil der MPG blieb in Bewegung. Waren bereits in der zweiten Phase die traditionell starken Materialwissenschaften in der MPG umstrukturiert worden, so löste nunmehr in dieser dritten Phase ein weiter expandierender, an den neuen internationalen Entwicklungen im Feld der modernen Festkörper- und Oberflächenwissenschaften ausgerichteter Cluster die ältere, an den statischen Eigenschaften von Strukturwerkstoffen – insbesondere von Metallen – orientierte Ausrichtung des Forschungsfelds endgültig ab.

Bei der Verwissenschaftlichung von Problemstellungen mit großer wirtschaftlicher Bedeutung kam es durchaus zu Auseinandersetzungen über die Nähe zum Anwendungsbezug und die Frage der wissenschaftlichen Orientierung. Ein Beispiel dafür ist der Disput der MPG-Leitung mit Vertretern des Bundesministeriums für Forschung und Technologie über die in der Projektgruppe für Laserforschung durchgeführten und durch das Ministerium finanzierten Arbeiten. Reimar Lüst lehnte die Kontrolle durch das Ministerium ab; aus einem zunächst anwendungsnahen Programm wurde so eine neue Richtung der Grundlagenforschung. Sie machte die Quantennatur des Lichts theoretisch und experimentell zugänglich und damit zu einem neuen wissenschaftlichen Schwerpunkt der MPG von erheblicher wissenschaftlicher, letztlich auch wirtschaftlicher Bedeutung und mit internationaler Ausstrahlung.

Rückblickend wird klar, dass die hauptsächlichen Spielräume für innovative Entwicklungen des MPG-Forschungsprofils in der Ausdifferenzierung und im selektiven Wachstum bestehender Forschungsfelder lagen. Ein Beispiel für den Zusammenhang der Ko-Evolution von Disziplinen und Forschungsgebieten im Sog der großen Forschungsfelder ist die Entwicklungsbiologie, die bis Ende der 1960er-Jahre eher ein Schattendasein in der MPG führte. Seitdem stieg das Interesse aber stetig. In den 1980er-Jahren befassten sich rund 50 Wissenschaftliche Mitglieder der BMS mit Fragen der Entwicklungsbiologie. Ein Grund für dieses wachsende Interesse war der internationale Trend zur Diffusion molekular- und immunbiologischer Methoden in andere biologische und biomedizinische Forschungsgebiete hinein. Konkret verlief die Adaptation in beide Richtungen: molekularbiologische Forscher:innen wandten sich der Entwicklungsbiologie zu und Entwicklungsbiolog:innen integrierten die neuen Methoden in ihren Arbeitsbereich.

Um mit den Herausforderungen umzugehen, die sich aus dem stark verlangsamten, bisweilen ganz stagnierenden Wachstum und den damit verbundenen Sparzwängen ergaben, entwickelte die MPG-Führung – zum großen Teil aus eigenem Antrieb, zum kleineren Teil aufgrund von Anstößen aus Politik und Wirtschaft – Initiativen und Strategien verschiedener Art. Drei davon seien genannt. Erstens setzte man verstärkt auf Planung und Organisation als Instrumente der Krisenbewältigung. Nie zuvor war der Planung in der MPG – und vorher in der KWG – so viel Bedeutung zugemessen worden. Die Organisationsstruktur der MPG war flexibel genug, um die dafür nötigen Organe und Prozesse rasch entstehen zu lassen, so insbesondere den Senatsausschuss für Forschungspolitik und Forschungsplanung (SAFPP). Dies war ein kleines, hochkarätig und auch international zusammengesetztes, beratenes Gremium unter Leitung des Präsidenten, das der Zielreflexion, Planung und Vorbereitung von Entscheidungen diente, die dann im Senat zu verabschieden waren (und in der Regel auch ohne größere Änderungen verabschiedet wurden).

Zweitens erhielt die wachsende Generalverwaltung mehr Gewicht. Die Berichterstattung aus den Instituten an die Zentrale, vor allem durch obligatorisch auf Institutsebene einzurichtende Beiräte, wurde standardisiert und verdichtet; überhaupt nahm die Regelungsdichte zu, die MPG wurde bürokratischer. Die zwei durch langwierige Kommissionsarbeit vorbereiteten Satzungsreformen – 1964 und 1972 – hatten zu einschneidenden und nachhaltigen Veränderungen geführt, deren Auswirkungen sich nun deutlich zeigten: Sie stärkten die Rolle von Präsident und Verwaltungsrat und bewirkten somit eine gewisse Zentralisierung der Entscheidungsprozesse. Sie räumten die Möglichkeit der kollegialen Leitung der Institute ein, die bald zur Regel wurde, was das ehemals dominierende monokratische Prinzip relativierte.

Der mit der Satzungsreform von 1972 beabsichtigten Befristung und regelmäßigen Überprüfung der Leitungsbefugnis an der Spitze der Institute widersetzten sich zwar die Wissenschaftlichen Mitglieder, dennoch wurde die turnusmäßige Evaluierung als Kontroll- und Steuerungsinstrument etabliert, an dem auch externe Fachleute beteiligt waren: Die Fachbeiräte hatten die Institutsleitungen nun nicht mehr nur zu beraten, sondern auch zu evaluieren und dem Präsidenten darüber Bericht zu erstatten.

Zudem ließen die Verlangsamung des Wachstums und die Abnahme von Institutsneugründungen den Altersdurchschnitt im wissenschaftlichen Bereich ansteigen und die Mobilität von außen in die MPG hinein abnehmen. Die MPG-Leitung betrachtete dies als eine Gefährdung der Innovationskraft, der es entgegenzutreten galt – nicht zuletzt durch befristete Verträge vor allem für jüngere Wissenschaftler:innen. Die Wahl dieses Mittels war nicht unumstritten und wurde ab etwa 1970 kontrovers diskutiert: als notwendige Bedingung wissenschaftlich fruchtbarer Flexibilität angesichts finanzieller Engpässe, aber auch unter dem Aspekt der sozialen Nachteile, die die betroffenen Mitarbeiter:innen tragen mussten.

Drittens wuchs der politische Druck auf die Wissenschaft, das Ihre zur Entwicklung kommerziell verwendbarer Technologien und damit zur Bekämpfung der wirtschaftlichen Schwierigkeiten beizutragen. Obwohl die MPG die Grundlagenforschung als ihre zentrale Aufgabe betonte und in ihren Reihen die Skepsis gegenüber der Kommerzialisierung von Forschungsergebnissen beträchtlich war, ging sie ein Stück weit auf diese Erwartungen ein. In einigen Instituten mehr als in anderen erklärte man sich bereit zu enger Kooperation mit einschlägigen Wirtschaftsunternehmen, etwa in der pharmazeutischen Industrie – das war nicht neu, nahm nun aber zu. Ab 1970 besaß die MPG überdies mit der Garching Instrumente GmbH eine eigene Agentur für Technologietransfer, die trotz zeitweise großer Schwierigkeiten ab den 1980er-Jahren ökonomisch an Bedeutung gewann. Gleichzeitig zog sich die MPG von der Beschäftigung mit politisch-gesellschaftlichen Problemen weiter zurück.

In dieser Phase machte sich die Ambivalenz des Strukturkonservativismus der MPG bemerkbar. Er wirkte als Hemmschuh gegenüber Reformen und zugleich als Bollwerk gegen Fremdsteuerung durch Staat und Gesellschaft, ob es sich nun um die gestiegenen Erwartungen der Politik an den gesellschaftlichen Nutzen der Wissenschaft, um die »Planungseuphorie« der 1960er- und frühen 1970er-Jahre oder um radikale Forderungen der rebellierenden Student:innen handelte. Die Studentenrevolte zwischen 1968 und 1972 ging jedenfalls – abgesehen von der moderat geführten Diskussion über Mitbestimmung und Satzungsreform – an der MPG weitgehend vorbei, nicht zuletzt, weil Zahl und Gewicht der Studierenden in der MPG im Vergleich zu den Universitäten gering blieben. Die Satzungsänderung von 1972 war eine juristische Modernisierung, die partielle Demokratisierung des Harnack-Prinzips (Einführung der kollegialen Leitung, die bereits 1964 erfolgt war) eine konservative Anpassung an veränderte Realitäten – beides nicht das Resultat einer Revolte. Vorreiterin war die MPG hingegen durch ihre Befristungspolitik in Bezug auf die Liberalisierung von Beschäftigungsverhältnissen im Wissenschaftsbereich; erst Mitte der 1980er-Jahre kam es im Zuge der Novellierung des Hochschulrahmengesetzes zu gesetzlichen Regelungen.

Auch was ihre innere Verfasstheit betrifft, folgte die MPG den Trends des konservativeren Teils der bundesrepublikanischen Gesellschaft. Wie dieser zeigte sie wenig Bereitschaft, sich der NS-Vergangenheit ihrer Vorgängerorganisation zu stellen oder mutige Schritte in Richtung Gleichstellung und Internationalisierung zu gehen. Gleichzeitig behielt die MPG aber die im Kern apolitische, außenpolitisch flexible und gelegentlich opportunistische Grundhaltung bei, die sich etwa in Kontakten zur Sowjetunion und zu China niederschlug. Das ermöglichte ihr, als Brückenbauerin zu fungieren, wie sie das schon in der formativen Phase in den Beziehungen zu Israel getan hatte.

Auf die Entwicklung der bundesdeutschen Gesellschaft nahm die MPG aber auch noch in ganz anderer Weise Einfluss: durch ihre technologiepolitischen Visionen. Bereits die »Göttinger Erklärung« war nicht nur Protest gegen Atomwaffen, sondern auch engagierter – und unkritischer – Einsatz für die zivile Nutzung der Kernenergie gewesen. In den 1970er- und 1980er-Jahren setzte sich dieses Engagement im Bereich der Lebenswissenschaften fort. Die von der MPG propagierten und geförderten Gentechnikzentren hatten Modellcharakter und erneuerten das korporatistische Bündnis zwischen Grundlagenforschung, Wirtschaft und Staat. Im Bereich der Computertechnologie hätte die MPG ebenfalls vorangehen können, verpasste aber ebenso wie andere Akteure in der Bundesrepublik den rechtzeitigen Einstieg in die Halbleiter- und Computertechnik, um international eine Führungsrolle spielen zu können. Hier wirkte sich nicht nur das Fehlen von Risikokapital aus, wie es im Silicon Valley verfügbar war, sondern auch die Abwesenheit eines mit den USA vergleichbaren militärisch-industriellen Komplexes und entsprechender Ressourcen. Die utopischen und holistischen Visionen, die sich in der vorangegangenen Phase mit Bildungs-, Wissenschafts- und Friedensforschung in der MPG verbunden hatten, wurden in dieser Phase einem stärker an etablierten Disziplinen wie der Soziologie und Psychologie orientierten Mainstreaming untergeordnet. Auch in der aufblühenden Erdsystemforschung der MPG, mit der sich Warnungen vor einem nuklearen Winter, dem Ozonloch und den Folgen des Klimawandels verbanden, blieb das Politische eher privat, das heißt eine Angelegenheit des Engagements einzelner MPG-Wissenschaftler:innen, nicht aber der MPG als Wissenschaftsorganisation.

Was diese dritte Phase im Vergleich zur vorangehenden auszeichnet und insbesondere das Jahr 1972 zu einem echten Knotenpunkt der Entwicklung der MPG macht, lässt sich mit wenigen Stichworten noch einmal zusammenfassen: Es sind die systematischeren Interventionen der MPG-Leitung, besonders des Präsidenten, in die Forschungsplanungen der Institute, einschließlich der Schaffung neuer Institutionen zu diesem Zweck (des Forschungsplanungsausschusses); die gestiegene Bedeutung der Evaluation, unter anderem durch Berichterstattung der Institutsbeiräte an den Präsidenten; die bemerkenswerte Fähigkeit der MPG zu einer produktiven Reaktion auf stagnierende Haushalte durch Streichungen an einzelnen Stellen, um an anderen neu expandieren zu können; aber auch der Verzicht auf utopische Elemente und der Rückzug aus ehrgeizigen Versuchen, wissenschaftlich fundierte Gesellschafts- und Politikberatung zu betreiben – es handelte sich gewissermaßen um eine Rückwendung zu einer *normal science*, von allerdings hoher Interdisziplinarität. Die Satzungsreform von 1972 gehört schließlich ebenfalls zu den hier zu nennenden Stichworten: Sie führte neue Elemente, wenn nicht der Mitbestimmung, so doch der Mitberatung in die MPG ein. Keinen Wendepunkt gab es dagegen in der Geschlechterverteilung; der Anteil der Frauen am wissenschaftlichen Personal verharrte bis zum Ende dieser Phase im geringen zweistelligen Prozentbereich der Planstellen. Die Anzahl der Stipendiat:innen und Gastwissenschaftler:innen nahm dagegen stark zu – gewissermaßen als Kompensation für den stagnierenden Stellenkegel und als Indiz für die zunehmende Flexibilisierung der Beschäftigungsverhältnisse in der Wissenschaft. Das Ende der Phase finanzieller Stagnation und die Trendwende hin zu einer mehrjährigen Haushaltssteigerung wurde noch während der Präsidentschaft Staab (1984–1990) auf dem »Bildungsgipfel« 1989 von Bund und Ländern eingeleitet, doch schon bald sah sich die MPG mit neuen Herausforderungen konfrontiert.

2.4 »Aufbau Ost« und Internationalisierung: Eine neue Gründerzeit (1990–2002/05)

Wie sehr die Geschichte der MPG Teil der deutschen und europäischen Zeitgeschichte gewesen ist, zeigt sich nirgendwo klarer als beim Rückblick auf das letzte Jahrzehnt des 20. und das beginnende 21. Jahrhundert. In dieser vierten Phase ihrer Entwicklung expandierte die MPG rasant: Das geschah fast ausschließlich als »Aufbau Ost« in den neu eingegliederten östlichen Bundesländern, als Folge und Teil der inneren Wiedervereinigungspolitik. Die zeitgleiche Internationalisierung der MPG wurde durch die Fortschritte bei der europäischen Integration und die Beschleunigung der Globalisierung vorangetrieben, die nach der zeitgeschichtlichen Zäsur von 1989/91 zu verzeichnen waren.

Dass der im wissenschaftlichen Personal traditionell ganz vorwiegend männlich zusammengesetzten MPG nunmehr deutliche Schritte auf dem Weg zur stärkeren Einbeziehung von Frauen gelangen, hing auch mit dem Druck zusammen, der sich in Gesellschaft und Politik der Bundesrepublik aufbaute, in Richtung Gleichstellung der Geschlechter drängte und auf die MPG einwirkte. Das Selbstverständnis der MPG änderte sich. Dazu gehörte auch die – erst jetzt, ein halbes Jahrhundert nach 1945 stattfindende – kritische Auseinandersetzung mit der Rolle ihrer Vorgängerorganisation, der KWG, im »Dritten Reich« und im Zweiten Weltkrieg. Insgesamt gilt: Durch zeitgenössische Umstände und Wandlungen teils ermöglicht, teils erzwungen und jedenfalls beeinflusst, veränderte sich die MPG in diesen anderthalb Jahrzehnten nachhaltig.

Dass die deutsche Einheit weitestgehend als Ausdehnung der bundesrepublikanischen Ordnung auf die beitretenden neuen Länder und nicht als Aushandlung einer neuen Ordnung zwischen West und Ost stattfand, entsprach den Präferenzen der MPG. Erlaubte diese deutschlandpolitische Grundentscheidung es ihr doch, ihre eigene Struktur zu bewahren und auf den östlichen Landesteil auszudehnen. Die MPG wurde zu einem Hauptakteur der wissenschaftsbezogenen Vereinigungspolitik. Sie gliederte sich in die Planungen der Bundesregierung für den Umbau des ostdeutschen Wissenschaftssystems ein: Ihr fiel die Aufgabe zu, eine größere Zahl neuer Max-Planck-Institute in den neuen Bundesländern aufzubauen, und zwar möglichst rasch, um den Prozess der inneren Angleichung zwischen West und Ost voranzutreiben.

Die MPG akzeptierte diese politischen Vorgaben und begrüßte nach anderthalb Jahrzehnten stark verlangsamten Wachstums die Möglichkeit, wieder kräftig zu expandieren, auch wenn dies intern Opfer und große Anstrengungen erforderte. Sie war wie schon in früheren Jahrzehnten bereit, regionalpolitischen Gesichtspunkten bei der Auswahl von Standorten für Institutsgründungen Rechnung zu tragen, verteidigte jedoch ihr Recht, über die inhaltliche Ausrichtung der neu zu errichtenden Institute selbstständig und mit Orientierung an wissenschaftlichen Kriterien zu entscheiden. Sie insistierte erfolgreich darauf, an den von ihr praktizierten Prinzipien und Verfahren auch bei der Gründung der neuen Institute im Ostteil des Landes festzuhalten, dies auch gegen weitergehende Forderungen und Erwartungen aus dem politischen Raum, die beispielsweise auf verkürzte Gründungs- und Berufungsverfahren oder auch auf die modifizierte Übernahme im Osten bereits bestehender Forschungseinrichtungen in die MPG abzielten.

All dies stellte für die MPG eine große Chance dar, ihr Gewicht zu vergrößern und ihr Themenspektrum auszuweiten. Zugleich entstanden daraus gravierende Probleme, die nicht ohne Auswirkungen auf die Dynamik der internen Planungsprozesse und den inneren Zusammenhalt blieben. Zu den Kriterien, an denen ihr Erfolg gemessen wurde, gehörte jetzt nicht nur der wissenschaftliche Erkenntnisfortschritt, sondern auch die Bewältigung der besonderen Aufgabe, zu einer einheitlichen, am Modell der alten Bundesrepublik orientierten Wissenschaftslandschaft beizutragen. Insgesamt war die rasch expandierende MPG der 1990er-Jahre stärker als die der 1960er-Jahre durch die Notwendigkeit charakterisiert, ein breites Forschungs- und Interessenspektrum auszubalancieren.

Konzepte für neue Institute waren in kurzer Zeit zu entwickeln und zur Entscheidungsreife zu bringen. Nur in einem Fall geschah dies dadurch, dass die MPG auf bestehende Wissenschafts- und Forschungsstrukturen in den neuen Bundesländern zurückgriff: Den Empfehlungen des Wissenschaftsrates folgend gründete die MPG 1991 das MPI für Mikrostrukturphysik in Halle als Folgeeinrichtung des Instituts für Festkörperphysik und Elektronenmikroskopie (IFE) der ehemaligen Akademie der Wissenschaften der DDR. Es blieb das einzige Akademieinstitut, das in die MPG überführt wurde. Allerdings nahmen einzelne neue MPI Wissenschaftler:innen und Forschungstraditionen aus aufgelösten Akademieinstituten der DDR in sich auf, so beispielsweise das 1994 in Berlin gegründete Max-Planck-Institut für Wissenschaftsgeschichte.

Die Schnelligkeit, mit der die MPG Anfang der 1990er-Jahre konkrete Gründungsbeschlüsse fasste, erklärte sich in vielen Fällen dadurch, dass sie auf Konzepte und Ideen zurückgriff, die bereits in den 1980er-Jahren entwickelt worden waren. Die von Präsident Zacher zu Beginn der 1990er-Jahre zu Vorschlägen aufgerufenen Wissenschaftlichen Mitglieder besannen sich alsbald auf das, was bereits innerhalb der MPG diskutiert worden war.

Aus solchen Vorlagen gingen etwa die im Jahr 1992 gegründeten MPI für Infektionsbiologie und für molekulare Pflanzenphysiologie hervor, für die erst anschließend die neuen Standorte auf dem Berliner Charité-Gelände und in Potsdam-Golm ausgewählt wurden. Am deutlichsten folgte das neue Institut im Bereich der Erdsystemwissenschaften in Jena einem internen Gesamtplan, den ein enges Netzwerk von Atmosphärenwissenschaftlern am MPI für Chemie in Mainz und am MPI für Meteorologie in Hamburg bereits in den 1980er-Jahren für die systematische Entwicklung und Erweiterung der Atmosphärenwissenschaften zu einer systemischen Erdwissenschaft aufgestellt hatte.

Nach Abwicklung der meisten geistes- und sozialwissenschaftlichen Institute der Akademie der Wissenschaften der DDR wurden auf Vorschlag des Wissenschaftsrats Forschergruppen im Rahmen einer Auffanggesellschaft gegründet, aus denen zunächst sechs »Geisteswissenschaftliche Zentren« hervorgingen. Diese hochumstrittenen Zentren sollten in ausgewählten Forschungsbereichen gut evaluiertem wissenschaftlichen Personal aus den aufgelösten Akademieinstituten angemessene Bedingungen zur Weiterarbeit bieten und zugleich ein neues Modell der Förderung interdisziplinärer geisteswissenschaftlicher Forschung in Deutschland etablieren. Die MPG setzte sich zwar für die Realisierung der unter ihrer Regie gegründeten Zentren ein und betreute sie erfolgreich bis 1995. Zu ihrer dauerhaften Verankerung und Fortentwicklung in oder im Umkreis der MPG war sie jedoch nicht bereit. Ein solcher Schritt hätte nicht nur einen institutionellen Neuansatz, sondern wohl auch eine langfristige Stärkung genuin geistes- und sozialwissenschaftlicher Forschung in der MPG bewirkt und eine gewisse Modifikation der Dominanz des natur- und lebenswissenschaftlichen Wissenschaftsverständnisses bedeutet, das sich seit den 1990er-Jahren in der MPG immer deutlicher durchsetzte.

Denn in Hinsicht auf die wissenschaftlichen Akzentverschiebungen in der MPG war diese Phase nicht zuletzt durch den fortgesetzten Aufstieg der Biowissenschaften geprägt, deren Einfluss auf andere Wissenschaftsgebiete, so auf die Geisteswissenschaften, zunahm. In ihrer Mitte der 1990er-Jahre aufgestellten mittelfristigen Planung nannte die MPG den »Brückenschlag« zwischen Natur- und Geisteswissenschaften als eine wichtige Zielmarke ihrer künftigen Entwicklung. Dem entsprach dann das 1997 gegründete Leipziger MPI für evolutionäre Anthropologie mit seiner geistes- und naturwissenschaftlichen Fächerkombination geradezu idealtypisch.

Diese wissenschaftlich chancenreiche, aber nicht ohne Konflikte verlaufende Entwicklung hatte schon früher begonnen, etwa im MPI für Psycholinguistik, das 1980 klassische Sprachwissenschaften und experimentelle Psychologie zusammenbrachte und zuerst der BMS, später der GWS angehörte. Die weitere Aufnahme von psychologisch und kognitionswissenschaftlich ausgerichteten und auf der Basis biowissenschaftlicher Forschung arbeitenden Instituten in die GWS machte in den 1990er-Jahren aus diesen Einzelfällen einen Trend, der aus der inneren Entwicklung der MPG-Wissenschafts-Community hervorgegangen war.

Diese Brückenschläge zwischen BMS und GWS waren von erheblicher Bedeutung für die Entwicklung der GWS. Sie dienten der Erschließung neuer, Disziplingrenzen überschreitender Forschungsfelder und stehen exemplarisch für das dominierende Wissens- und Wissenschaftsverständnis in der MPG. Während nach dem kurzlebigen Starnberger Institut zur Erforschung der Lebensbedingungen der wissenschaftlich-technischen Welt das MPI für Gesellschaftsforschung entstand und so die sozialwissenschaftliche Komponente der Sektion stärkte, zeichnete sich vor allem ab den 1990er-Jahren ein Wissenstransfer von der BMS in die GWS ab, der als partielle Vernaturwissenschaftlichung der GWS verstanden werden kann. Teilweise wanderten Institute von der BMS in die GWS, teilweise wurden in der GWS neue Institute als bio-geisteswissenschaftliche Hybrid-Institute auf Grundlage von naturwissenschaftlichen Methoden entworfen. Als ein Ergebnis dieser Entwicklung benannte sich die GWS im Jahr 2004 in Geistes-, Sozial- und Humanwissenschaftliche Sektion (GSHS) um.

Die Rede von »Brückeninstituten« zwischen Natur- und Geisteswissenschaften ist also missverständlich, da es sich hierbei mehr um eine Methodendiffusion von den Experimentalwissenschaften in die geisteswissenschaftliche Forschung handelte als um eine geisteswissenschaftliche Methodenreflexion der Naturwissenschaften, wie sie ihren Ort im MPI für Wissenschaftsgeschichte fand. In ihrer inneren Dynamik zeigte sich die MPG hier als eine Wissenschaftsorganisation, die einer naturwissenschaftlich-experimentellen Vorstellung von Wissenschaft verpflichtet ist. Eher systemisch-modellierende Wissenschaften konnten sich vor allem in der CPTS behaupten, insbesondere mit der Astronomie und der Astrophysik sowie im Rahmen der Atmosphären- und Erdwissenschaften; aber auch in den Biowissenschaften setzte die Systemforschung neue, zum Experimentalparadigma komplementäre Akzente.

Charakteristisch für die meisten MPI, zunehmend auch solche der GSHS, blieb aber insgesamt der Fokus auf den Experimentalwissenschaften, ergänzt durch Modellbildung und Simulation; systemische Ansätze kamen erst relativ spät stärker zur Geltung. Naturwissenschaftlich, exakt und datengetrieben war der Großteil der MPG-Forschung. Dabei gab es auffällig viel Chemisches in Instituten und Clustern der CPTS und BMS: Strukturen (Moleküle, Membrane, Materialien) wurden hier genauso erforscht wie Systeme; der Einsatz dieser epistemischen Objekte für letzten Endes technische Fragestellungen spielte eine große Rolle. Obwohl die Chemie keinen eigenen Cluster formte, bildete sie durch ihre Vernetzung mit den Lebens- und physikalischen Wissenschaften ein wichtiges Element der Forschungstätigkeit in der MPG.

Während sich auch weiterhin längerfristige Tendenzen wie etwa die zu einer Integration verhaltenswissenschaftlicher und neurologischer Forschung oder die zur Molekularisierung der Biologie fortsetzten, bot diese vierte Phase der MPG zugleich die Chance, aus internen Pfadabhängigkeiten auszubrechen und Institute zu gründen, an denen neue, disziplinen- und gelegentlich sogar sektionenübergreifende Themen bearbeitet wurden, wie die Beispiele des Leipziger MPI für evolutionäre Anthropologie, des Bremer MPI für marine Mikrobiologie oder die Umwidmung des Stuttgarter MPI für Metallforschung in ein MPI für intelligente Systeme illustrieren.

Im Ergebnis entstanden 18 neue Institute in den östlichen Bundesländern in einem Jahrzehnt, teilweise finanziert durch interne Umverteilung der Ressourcen von West nach Ost, überwiegend aber durch regierungsseitig zur Verfügung gestellte Mittel, die im Resultat allerdings genau jenen Transfer von West nach Ost mit sich brachten. Im Westen war nach 1990 jede zehnte Planstelle einzusparen; das geschah durch Verschlankung, Zusammenlegung und Schließungen. Zum »Aufbau Ost« gehörte ein Stück »Abbau West« – eine weitgehend von »oben« auferlegte Solidarpolitik, die unter den Präsidenten Hans F. Zacher und Hubert Markl ohne größere innere Konflikte oder Blockaden gelang.

Insgesamt nahm die Zahl der Institute in der MPG zwischen 1990 und 2005 um fast 30 Prozent zu, das Personal um mehr als 50 Prozent. Das war ein extrem rapider Zuwachs mit zweischneidigen Folgen für die Steuerungsfähigkeit der Organisation, den inneren Zusammenhalt und die Struktur der zunehmend pluralisierten Belegschaft, besonders des Leitungspersonals. Dieses wurde nun stärker von außen rekrutiert statt wie bisher oft aus dem MPG-Bestand, es wurde internationaler, heterogener und offener in vielen Hinsichten, und die MPG begann, sich allmählich auch auf Leitungsebene für Frauen zu öffnen. Ostdeutsche Wissenschaftler und Wissenschaftlerinnen wurden jedoch kaum dafür rekrutiert, ein bis heute kontrovers diskutiertes Vorgehen, das allerdings ganz dem durch und durch asymmetrischen Muster entsprach, das die Vereinigungspolitik insgesamt bestimmt hat.

Um die Folgen der Expansion zu bewältigen, wuchs die Generalverwaltung, deren Strukturen und Verfahren reformiert wurden, was intern nicht auf einhellige Zustimmung stieß. Auch im Selbstverständnis der MPG, soweit es sich in öffentlichen Aussagen ihrer Leitungspersonen ausdrückte, ergaben sich Veränderungen. Offener und demonstrativer als bisher betonten sie nunmehr die ökonomische Bedeutung von Grundlagenforschung und damit die gesellschaftliche Nützlichkeit der MPG – zum Teil unter Verwendung neoliberalen Vokabulars. Die internationale Wettbewerbs- und Leistungsfähigkeit der MPG wurde als ihre besondere Stärke hervorgehoben, die Berufung auf die große, in die Vorgängerorganisation KWG zurückreichende Tradition trat hingegen zurück.

Erst jetzt kam es, aufgrund einer Initiative von Präsident Markl und gründlicher Forschungen einer zu diesem Zweck eingesetzten, von zwei externen Historikern, Reinhard Rürup und Wolfgang Schieder, geleiteten unabhängigen Präsidentenkommission zur kritischen Auseinandersetzung mit der Geschichte der KWG im Nationalsozialismus und mit der jahrzehntelangen Verdrängung dieses dunklen Erbes in der MPG. Diese Bearbeitung der eigenen Vorgeschichte und ihrer langjährigen internen Verdrängung wurde zweifellos durch die gleichgerichtete Vergangenheitsaufarbeitung in anderen gesellschaftlichen und politischen Institutionen (Wirtschaftsunternehmen, später auch Behörden und anderen Wissenschaftsorganisationen) der Bundesrepublik angestoßen und erleichtert. Dieser Prozess hatte Mitte der 1980er-Jahre begonnen und wurde zumeist durch Studien unabhängiger Historiker:innen initiiert. Den Anfang machte die kritische Unternehmensgeschichte, die Unternehmensleitungen unter Zugzwang brachte. Sammelklagen, Boykottdrohungen gegen deutsche Firmen in den USA und internationaler diplomatischer Druck beförderten die Aufarbeitung der NS-Geschichte ab Mitte der 1990er-Jahre zusätzlich.

Das Forschungsprogramm zur »Geschichte der Kaiser-Wilhelm-Gesellschaft im Nationalsozialismus« war am MPI für Wissenschaftsgeschichte angesiedelt und bewirkte einen Paradigmenwechsel in der Wissenschaftsgeschichte des Nationalsozialismus, fand allerdings in der MPG nur begrenzt Resonanz. Mit diesem Schritt machte sich die MPG nicht nur ehrlicher, sie betonte damit auch ihre eigenständige Identität im Unterschied zur KWG. Das war neu. 1998 beging sie ihr 50. Jubiläum nach ihrer Gründung als MPG im Jahre 1948, während sie bis dahin ihre runden Geburtstage in Relation zum Gründungsjahr der KWG 1911 gefeiert hatte, so als stellte sie nichts anderes als deren Fortsetzung dar.

Auch sozialgeschichtlich waren die anderthalb Jahrzehnte nach der Wiedervereinigung in der MPG eine Phase ausgeprägten Wandels. Zum einen stieg der Anteil der in Leitungspositionen der Institute berufenen ausländischen Wissenschaftler und Wissenschaftlerinnen ganz erheblich an, nachdem in den zurückliegenden Jahrzehnten die Berufung von Deutschen – oft auch aus dem eigenen Bestand – in der Rekrutierung des Leitungspersonals dominiert hatte. Die Zahl der Kurzzeitgäste mit oder ohne Stipendium, meistens Nachwuchswissenschaftler:innen, nahm rapide zu, und unter ihnen stieg der Anteil der aus dem Ausland stammenden Personen überproportional an, nach dem Fall des Eisernen Vorhangs besonders häufig aus Osteuropa, aber auch aus dem asiatischen Raum. Die Institute der MPG waren als Aus- und Fortbildungsstätten – gewissermaßen als »Durchlauferhitzer« – sehr begehrt. In diesen Entwicklungen spiegelten sich die fortschreitende Europäisierung und Globalisierung, die die Politik der MPG auch in anderen Hinsichten beeinflussten. Immer konsequenter setzte die Personalpolitik der MPG unterhalb der Leitungsebene auf befristete Verträge, auch bei der Besetzung von Planstellen. Die Fluktuationsraten im wissenschaftlichen Bereich stiegen kontinuierlich an, die Personalsituation wurde insgesamt immer fluider. Die soziale und kulturelle Heterogenität des Personals nahm erheblich zu. Dies gab Anlass zu neuen Anstrengungen, durch intern und extern adressierte Informations- und Öffentlichkeitsarbeit die Identität der MPG zu stärken. Die Öffentlichkeitsarbeit der MPG orientierte sich ab den 1990er-Jahren zunehmend an Vorbildern der Unternehmens-PR und deren Zielen und Praktiken (Stärkung der Corporate Identity, Imagepflege, Werbung, Marketing). Zu den wichtigsten sozialgeschichtlichen Veränderungen der Zeit gehörte die, wenn auch zunächst geringe, Zunahme von Frauen im wissenschaftlichen Bereich der MPG – infolge eines Förderungsprogramms von Wissenschaftlerinnen, das der Verwaltungsrat unter Markl Ende 1996 verabschiedete. Dabei spielten sowohl interne Faktoren als auch der bundespolitische Druck zur Gleichstellung von Frauen eine wichtige Rolle.

Zusammenfassend lässt sich festhalten, dass die MPG in dieser vierten Phase einen wesentlichen Beitrag zur Gestaltung der deutschen Einheit leistete, indem sie ihre Strukturen auf die Wissenschaftslandschaft in den neuen Bundesländern übertrug und zugleich die ihr dadurch zuwachsenden Chancen zur Gründung innovativer Forschungsrichtungen nutzte, die rasch internationale Sichtbarkeit erlangten. Diese Expansion folgte allerdings weitgehend den sich bereits in der vorherigen Phase abzeichnenden Trends, insbesondere der Ausdehnung der Erdsystemwissenschaften, der Konsolidierung der Materialforschung und der Vernaturwissenschaftlichung der Geisteswissenschaften, und griff nur ausnahmsweise auf Forschungstraditionen und Forscherpersönlichkeiten aus der ehemaligen DDR zurück. Andererseits ermöglichte diese Expansion der MPG – und erforderte zum Teil – eine Überwindung von Pfadabhängigkeiten, die mit den traditionellen Rekrutierungsmustern der MPG aus ihrem eigenen Bestand einhergingen. Die MPG trug so zu ihrer eigenen Internationalisierung und Diversifizierung bei. Daraus ergaben sich jedoch neue Fragen nach ihrem Selbstverständnis und der Gewährleistung ihres inneren Zusammenhalts.

2.5 Fazit

Dieser Überblick über mehr als fünf Jahrzehnte zeigt deutlich die Verflechtung der MPG-Entwicklung mit der allgemeinen Zeitgeschichte. Insbesondere an den drei Zäsuren 1946 bis 1949, um 1972 und 1990 bis 1995 lässt sich erkennen, wie durchschlagend die Abhängigkeit von äußeren Bedingungen und Faktoren war, aber auch, wie sehr es der MPG gelang, die Entscheidungsspielräume selbsttätig zu nutzen, die sich an diesen Knotenpunkten unverhofft öffneten. Niemals besaßen die historischen Prozesse eindeutig determinierenden Charakter, immer konnten unterschiedliche Konsequenzen aus ihnen gezogen werden. Die damit notwendig gegebenen Spannungen und Konflikte konnte die MPG in Auseinandersetzung mit anderen historischen Akteuren zu einem beträchtlichen Maße im eigenen Sinne beeinflussen – angetrieben durch die ihr eigene Dynamik der Selbstorganisation und bei Wahrung ihrer Selbstständigkeit und ihres Eigengewichts, niemals als bloßes Objekt historischer Prozesse.

Vergleicht man die drei Knotenpunkte, dann war die Abhängigkeit der MPG von äußeren Kräften, Ereignissen und Prozessen in der Phase ihrer Neuformierung in der unmittelbaren Nachkriegszeit am ausgeprägtesten. Die Situation war hoch riskant, sie hätte auch anders ausgehen können, ungünstiger für die MPG; die Handlungsmacht der um ihre Fortexistenz und um Kontinuität ringenden deutschen Wissenschaftlerelite war sehr fragil und begrenzt. Die äußeren Bedingungen waren prägend und führten zu lange anhaltenden Pfadabhängigkeiten: Durch die alliierten Forschungsverbote richtete sich die MPG zunehmend auf Grundlagenforschung und eine Distanz zum Staat aus, eine Ausrichtung, die in den nachfolgenden Jahrzehnten »verinnerlicht« wurde.

In den späten 1960er- und frühen 1970er-Jahren erwies sich die im Grunde institutionskonservative Handlungsmacht der MPG bereits als gefestigter, wie sich an ihrer Abwehr weitergehender Mitbestimmungs- und Reformforderungen – auch gegen den Kurs der amtierenden Bundesregierung – zeigte. Dies gelang aber nur nach ausgeprägten Konflikten – »in Aufruhr« habe sich die MPG befunden, als er 1972 als ihr Präsident gewählt wurde, meinte Reimar Lüst im Rückblick – und nicht ohne Konzessionen an Zeitgeist und Politik. Das enorme Wachstum der zweiten Phase und die Herausforderung der Haushaltsstagnation in der anschließenden dritten Phase hatten ebenfalls bleibende Konsequenzen für die Gestalt der MPG: Sie führten zur schrittweisen Implementierung des Prinzips der kollegialen Leitung, der Einführung einer Mitberatung der wissenschaftlichen Mitarbeiter:innen und zu entscheidenden Weichenstellungen in der wissenschaftlichen Ausrichtung der Max-Planck-Gesellschaft.

In den frühen 1990er-Jahren hatte die MPG sich erneut den Konsequenzen eines großen historischen Umbruchs zu stellen. Die Politik gab eindeutig den Ton an und griff tief in die Entscheidungen und Entwicklungen der Wissenschaftsorganisation ein. Indes war die MPG in der Wiedervereinigung noch weniger als in den beiden früheren Zäsuren auf eine reine Objektstellung reduziert, vielmehr wurde sie noch stärker als in den vorangehenden Konstellationen zum zeithistorischen Akteur, nämlich im »Aufbau Ost«, soweit dieser sich auf die Ordnung der Wissenschaften bezog. Auch diese Entwicklung veränderte die MPG, brachte unter anderem eine wachsende Internationalisierung der Forschungsgesellschaft mit sich sowie ernsthafte Anstrengungen in Richtung Gleichstellung der Geschlechter und neue Herausforderungen für den inneren Zusammenhalt der MPG. Insgesamt hat das zeithistorische Gewicht der MPG über die Jahrzehnte zugenommen. Nie war sie nur ein Spielball zeithistorischer Kräfte, am Ende des 20. und zu Beginn des 21. Jahrhunderts noch weniger als 50 Jahre zuvor.

3. Charakteristika der MPG als Konsequenzen ihrer Geschichte

3.1 Die Stellung der MPG in der Gesellschaft und das Harnack-Prinzip

Der Kirchenhistoriker und Wissenschaftsorganisator Adolf von Harnack hat die Grundstruktur der 1911 gegründeten KWG entscheidend mit beeinflusst. Zwei Hauptmerkmale dieser damals höchst innovativen Weichenstellung definieren auch heute noch die MPG: Zum einen ist da ihr Ort zwischen Staat und Markt. Die MPG ist staatsnah, aber nicht etatistisch. Sie ist wirtschaftsfreundlich und entsprechend verflochten, aber selbst kein marktwirtschaftlicher Akteur. Sie ist weder Teil des Staatsapparats noch Teil der Wirtschaft, sondern steht eigenständig dazwischen, privatrechtlich verfasst als Verein. Eine solche wissenschaftlich-politisch-wirtschaftliche Dreiecksarchitektur hatte Adolf von Harnack wohl im Sinn, als er sich 1910 für eine Struktur einsetzte, die »zwischen der Tyrannei der Masse und der Bureaukratie einerseits und der Clique und dem Geldsack andererseits« staatlich geschützte wissenschaftliche Unabhängigkeit gewährleisten sollte. Diese Zielvorstellung haben Vertreter der KWG und MPG immer wieder vorgebracht, und sie ist zwar nicht immer, jedoch vor allem in der MPG unter dem Grundgesetz seit 1949 recht weitgehend eingelöst worden. Sie entspricht dem Korporatismus der Bundesrepublik, der sich hierzulande auch in anderen Lebensbereichen findet, beispielsweise im Bau des Sozialstaats. Ihre korporatistische Struktur unterscheidet die MPG von Organisationen der Wissenschaftsförderung in anderen Ländern, die entweder wie in den USA stärker marktwirtschaftlich oder wie in Frankreich stärker etatistisch orientiert sind. Sie ermöglicht die notwendige Wissenschaftsfreiheit und bettet zugleich die Forschung in den Zusammenhang von Wirtschaft und Politik ein, unter anderem indem sie führenden Akteuren dieser beiden Bereiche Stimme und Einfluss in ihren Leitungsgremien gewährt. Diese auf die Weichenstellung von 1911 zurückgehende Architektur hat sich über mehr als ein Jahrhundert hinweg als sehr flexibel und anpassungsfähig erwiesen. Mit ihr hat die MPG im sich auffaltenden Wissenschaftssystem der Bundesrepublik einen spezifischen Ort, den der Grundlagenforschung, besetzt und in vielen wissenschaftlichen Feldern erfolgreich verteidigt. Auch deshalb dürfte sich die Struktur länger als ein Jahrhundert erhalten haben.

Zum anderen ist die MPG durch ihre ausgeprägt personenzentrierte Leitungsstruktur charakterisiert, die den Direktoren und Direktorinnen der Max-Planck-Institute ein ganz ungewöhnlich hohes Maß an Freiheit, Dispositionsmacht und Verantwortung zubilligt und auferlegt, das oft angeführte Harnack-Prinzip. Im Unterschied zum Korporatismus, für den sich eine gewisse Kontinuität in der deutschen Geschichte bis heute feststellen lässt, ist das Harnack-Prinzip untypisch für die Bundesrepublik, in gewisser Weise unangepasst, ein widerborstiges Element, wenn man bedenkt, wie durchregelt, durchkontrolliert, wechselseitig durchstrukturiert nicht nur die Welt der Wissenschaft hierzulande ist.

Die Analyse zeigt jedoch, dass sich beide Strukturprinzipien über die Jahrzehnte verändert haben, dass beide mit gewissen Problemen verbunden sein können, aber auch, dass sie wichtige Bedingungen der Leistungsfähigkeit, des Erfolgs und der Besonderheit der MPG darstellen. Dabei galt es, sie immer weiter zu entwickeln – insbesondere mit Blick auf die zunehmende Rolle von Teamarbeit, Arbeitsteiligkeit und flacheren Hierarchien, nationalen und internationalen Kooperationen, Gendergerechtigkeit und Diversität auch in der Wissenschaft. Wie weit dies der MPG im Einzelnen gelungen ist, haben wir in den vorangegangenen Kapiteln untersucht; ihre Weiterentwicklung bleibt jedenfalls eine Zukunftsaufgabe. Werfen wir daher noch einmal einen genaueren Blick auf das Harnack-Prinzip als in wesentlichen Hinsichten immer noch gültiges Organisationsmerkmal der MPG.

Das personenzentrierte Leitungsprinzip der MPG sorgte im Hinblick auf die Gesamtorganisation für ein hohes

3. Charakteristika der MPG als Konsequenzen ihrer Geschichte

Maß an Dezentralisierung der wissenschaftsbezogenen Entscheidungsprozesse, im Innern der Institute und ihrer Abteilungen dagegen für eine ausgeprägt hierarchische Struktur mit monokratischer Tendenz. Es bot zugleich – im Kontrast zum heute international üblichen Wettbewerb um Drittmittel – langfristige Planungssicherheit für risikoreiche Forschung. Das Harnack-Prinzip kennzeichnete bereits die in ihrer Struktur maßgeblich auf Harnack zurückgehende und von ihm als Gründungspräsident bis 1930 geprägte KWG, von der es die MPG übernahm. Der Topos »Harnack-Prinzip« wurde allerdings erst nach dem Tod seines Namensgebers geprägt und zur verbindlichen Richtlinie des Handelns der Generalverwaltung der KWG. In der NS-Zeit erwies es sich als anschlussfähig an das 1937 in die Satzung aufgenommene »Führer-Prinzip« – ein Warnzeichen für die Notwendigkeit, Traditionen nicht unkritisch zu übernehmen bzw. fortzuführen.

Ideen- und organisationsgeschichtlich stammt das Harnack-Prinzip aus dem späten 19. und frühen 20. Jahrhundert. Einflussreiche Wissenschaftler und Wissenschaftsorganisatoren wie der Historiker Theodor Mommsen, der Physiker Hermann von Helmholtz oder der Theologe Harnack setzten sich für die Institutionalisierung von »Großwissenschaft« ein, die aus ihrer Sicht mit neuartigen außeruniversitären, vor allem naturwissenschaftlichen Forschungseinrichtungen ein zentrales Element der modernen Kulturentwicklung sei und die wirtschaftliche und militärische Kraft des Landes im internationalen Wettbewerb stärken werde. Doch hielten sie gleichzeitig an der Überzeugung fest, dass Wissenschaft, auch wenn sie großbetrieblich organisiert war, zwar »nicht von Einem geleistet, aber von Einem geleitet wird« (Mommsen). »Wissenschaft ist im Grunde und letztlich immer Sache des Einzelnen« (Harnack). Dieses Denken, das ganz ähnlich in zeitgenössischen Diskussionen über »Das Persönliche im modernen Unternehmertum« (zum Beispiel bei dem Ökonomen Kurt Wiedenfeld) und in den Ausführungen Max Webers über die charismatische Führergestalt in Erscheinung trat, harmonierte mit Grundideen des bürgerlichen Individualismus der Zeit, wies eine antidemokratische und eine antibürokratische Frontstellung auf und enthielt bisweilen Elemente des in der damaligen Kultur und Kunst nicht seltenen Geniekults.

Dieses Denken beeinflusste die Planungen zutiefst, die zur Errichtung der neuartigen Forschungsinstitute der KWG führten, die jeweils um exzellente Wissenschaftler als starke Führungsfiguren herum aufgebaut wurden. Manche überspitzte Charakterisierung des Harnack-Prinzips hat später zu seiner Mythisierung beigetragen. Denn auch in der Weimarer Republik und in den Jahren der NS-Diktatur herrschten KWI-Direktoren nicht bedingungslos, sondern entschieden in Abhängigkeit von Ressourcen, unter vielfältigen Einflüssen und in komplizierten Aushandlungsprozessen. Tatsächlich aber waren sie, einmal berufen und unbefristet eingestellt, sehr unabhängig, frei und mächtig bei der Festlegung der Forschungsschwerpunkte, der Einstellung des Personals und der Leitung ihrer Institute, hoch angesehen und zumal in ihrem Selbstbewusstsein Angehörige einer wissenschaftlichen Elite. Satzung und Praxis der MPG schlossen allerdings nicht bruchlos an diese KWG-Tradition an. Schließlich konnte die Satzung von 1937, mit der das »Führer-Prinzip« eingeführt worden war, nicht unverändert übernommen werden. Selbstverwaltungsrechte der Gremien und innerorganisatorische Wahlen mussten erst wieder eingeführt werden, ebenso wie die im Zuge der »Selbstgleichschaltung« der KWG beschnittenen Mitentscheidungsrechte des Senats. Doch obwohl das Harnack-Prinzip sich in den folgenden Jahrzehnten erheblich wandeln sollte, avancierte es zu einem leitenden Strukturprinzip auch der MPG – und damit zu ihrem institutionellen Markenzeichen, auf das sich die Selbstdarstellungen der Gesellschaft unter Betonung der Kontinuität zwischen KWG und MPG immer wieder positiv bezogen haben, und zwar bis heute.

Das Harnack-Prinzip prägte die MPG über die Jahrzehnte auf dreifache Weise: Erstens waren die grundlegenden Gliederungen der MPG – die Institute bzw. ihre Abteilungen, aber auch die befristeten Arbeitsgruppen – vollständig auf den Direktor (oder später auch auf die Direktorin) ausgerichtet, der nicht nur in Forschungs-, sondern auch in Verwaltungsdingen das Sagen hatte und also sowohl die wissenschaftliche wie die verwaltende Leitung des Instituts wahrnehmen durfte – und musste. Von der Berufung bis zur Emeritierung bestimmte ein Direktor bzw. eine Direktorin rund 20 bis 30 Jahre lang den Kurs des Instituts oder der Abteilung. Insofern stellte jede Berufung eines Wissenschaftlichen Mitglieds eine wissenschaftspolitische Richtungsentscheidung dar (und zugleich eine beträchtliche finanzielle Investition). Aus der extrem starken Stellung der fast durchweg mit der Leitung von Instituten oder ihren Abteilungen befassten Wissenschaftlichen Mitglieder resultierten zugleich die im Vergleich mit anderen Forschungsorganisationen ausgeprägten hierarchischen Institutsstrukturen wie auch ein gewisser Strukturkonservatismus der MPG.

Zweitens stand und fiel die Gründung bzw. Fortführung eines Instituts oder einer Abteilung damit, dass es gelang, eine geeignete Persönlichkeit für deren Leitung zu finden. Die Berufungen erfolgten und erfolgen entsprechend sorgfältig und mit großem Aufwand; sie führten anders als in den Universitäten nicht zu Dreier-Listen, sondern sie kulminierten im Vorschlag einer zu berufenden Person. Nachfolgeberufungen erwiesen sich immer wieder als schwierig, da bestehende Institute und Abteilungen ganz auf den emeritierten Vorgänger zugeschnitten waren – bisweilen blieb nur noch deren Abwicklung.

Dies baute ein diskontinuierliches und potenziell innovatives Element in die Grundstruktur der MPG ein, nicht schlecht für eine Institution der Wissenschaft, in der Wandel zur Normalität gehört und Innovativität verlangt wird. Der Nachteil: Mehr als einmal scheiterten Institutsgründungen daran, dass keine geeignete Persönlichkeit zur Verfügung stand bzw. der oder die ins Auge gefasste Kandidat:in den Ruf ablehnte, denn die Gremien der MPG bestanden darauf, die »besten Köpfe« zu gewinnen, und waren – jedenfalls meistens – nicht bereit, sich mit einer zweit- oder drittbesten Lösung zufriedenzugeben.

Drittens war das Harnack-Prinzip in Verbindung mit der ausgeprägten Selbstständigkeit der einzelnen Institute, Abteilungen und Arbeitsgruppen dafür verantwortlich, dass ein sehr großer Teil der wissenschaftlichen und wissenschaftsbezogenen Entscheidungen in der MPG, ähnlich wie in der KWG, dezentral getroffen wurde, an der Basis (»von unten«), nicht durch zentrale Planungen und Vorgaben (»von oben«) – wenngleich zwischen »unten« und »oben« viele teils formalisierte, teils informelle Verbindungskanäle bestanden und grundsätzliche Entscheidungen zwischen Leitungs- und Institutsebene ausgehandelt zu werden pflegten. Damit trug die Geltung des Harnack-Prinzips zur ausgeprägt dezentralen Grundstruktur der MPG bei. Es lockerte auf, ermöglichte Vielfalt und erleichterte Neuerungen, war für Überraschungen und Nischen, Verzweigungen und ungeplante Verknüpfungen gut.

Zugleich stellte das Harnack-Prinzip allerdings eine Herausforderung für den Zusammenhalt der Forschungsgesellschaft dar, denn die Handlungsfähigkeit der MPG hing auch davon ab, die für die Wissenschaftlichen Mitglieder jeweils identitätsstiftende Rolle ihrer Institute und deren Interessen mit denen der Gesellschaft als Ganzer in Einklang zu bringen. Für die Durchsetzung von Interessen nach außen, aber auch für den inneren Betrieb der Gesellschaft, für das Funktionieren ihrer Organe, für die erfolgreiche Arbeit ihrer Sektionen und Kommissionen und erst recht für das Ausschöpfen der Potenziale wissenschaftlicher Kooperationen innerhalb von und zwischen Instituten bedurfte es eines Selbstverständnisses als einer Gemeinschaft von Forschenden, das über die Interessen einer »Beutegemeinschaft« hinausging. Bis in die 1980er-Jahre hinein wurzelte dieses gemeinschaftliche Selbstverständnis in der weitgehend ähnlichen Herkunft und Sozialisation der Wissenschaftlichen Mitglieder. Die lange Zeit übliche interne Rekrutierung und Selbstreproduktion der MPG standen im Gegensatz zum Ausnahmecharakter von »Hausberufungen« an den Universitäten; sie sind jedenfalls ein Schlüssel, um den Zusammenhalt der MPG zu verstehen, mit Blick sowohl auf die starke Traditionsbildung und das gemeinsam getragene Selbstverständnis als auch die Ausbildung der Cluster. Mit dem Wachstum der Gesellschaft, ihrer Internationalisierung und Diversifizierung schwächte sich die Bindekraft dieses Gemeinschaftsverständnisses allmählich ab. Dagegen sollten vor allem in jüngerer Zeit gezielte Nachwuchsförderung, Maßnahmen des Onboardings, aber auch Initiativen im Steuerungs- und Kommunikationsbereich helfen.

Mit zunehmender Regelungsdichte hat sich der Spielraum der Wissenschaftlichen Mitglieder über die Jahrzehnte deutlich verengt, ihre Macht hat abgenommen, ihre Stellung ist weniger unangreifbar geworden, während ihre wissenschaftlich-verwaltende Doppelbelastung eher zugenommen hat. Das Harnack-Prinzip wurde schrittweise umgestaltet und geschwächt, ohne seine Substanz zu beschädigen. Durch ihre ausgeprägte Doppelkompetenz in der Leitung der Institute sowohl in wissenschaftlicher als auch in institutionell-verwaltender Hinsicht besaßen die Wissenschaftlichen Mitglieder weiterhin sehr viel Freiheit und Macht. Einmal ausgesucht und angestellt, genossen sie auf lange Zeit – bis kurz vor ihrer Pensionierung – eine im Vergleich zu Hochschulwissenschaftler:innen äußerst großzügige Ressourcenausstattung, ohne sie stets aufs Neue beantragen, begründen und akquirieren zu müssen, wie das im durch ständige »Drittmittel«-Akquisition belasteten wissenschaftlichen Normalbetrieb außerhalb der MPG der Fall war und ist.

Obwohl durch institutionelle Neuordnung, regelmäßige Evaluierung ihrer Leitungstätigkeit und zunehmende Regulierungsdichte deutlich eingeengt, ist doch der individuelle Spielraum der Direktor:innen im nationalen wie im internationalen Vergleich weiterhin ungewöhnlich groß geblieben. Das ist auch nicht mehr so eindeutig der Fall auf der Ebene der größer gewordenen und kollektiv geleiteten Institute, wohl aber auf der Ebene der von ihnen unmittelbar und meist allein geleiteten Institutsabteilungen, deren Forschungsprofil, Personalauswahl und Arbeitsweise sie weiterhin frei gestalten konnten – eine Freiheit, die allerdings auch die Gefahr ihres Missbrauchs einschließt. Dies war und bleibt ein bemerkenswertes Privileg, eine besondere Form der Wissenschaftsfreiheit und eine große Chance für wissenschaftliche Kreativität, zugleich eine gewisse Verpflichtung, daraus etwas zu machen und Besonderes zu leisten. Im immer schärferen internationalen Wettbewerb um die »besten Köpfe« war die Gestaltungsfreiheit ein entscheidender Vorteil, zumal die MPG sich bei der Besoldung ihrer Wissenschaftlichen Mitglieder aufgrund ihrer Abhängigkeit von staatlicher

Alimentierung in das Prokrustesbett der Besoldung nach den Richtlinien des öffentlichen Dienstes gezwängt sah und mit den Spitzengehältern nicht mithalten konnte, die die finanzkräftigsten US-amerikanischen Universitäten anboten.

Lange Zeit wurde das Harnack-Prinzip patriarchalisch interpretiert, mit einer Männern wie selbstverständlich zugeschriebenen Führungsrolle, die Frauen ausschloss. Das Harnack-Prinzip wurde so zu einem Instrument der Benachteiligung von Frauen, das sich auch auf untergeordnete Mitarbeiter:innen auswirkte. Bedingt durch die hierarchische Struktur der Institute sowie durch ihre Unabhängigkeit von den Universitäten hatten die wissenschaftlichen Mitarbeiter:innen im Vergleich zu den Direktoren – und ab 1968 zu den vereinzelten Direktorinnen – entsprechend geringere Freiheiten und Gestaltungsmöglichkeiten und bis in die jüngste Zeit kaum strukturierte Karrierewege innerhalb der MPG. Daran haben auch Satzungsreformen und verbesserte Möglichkeiten zur Mitbestimmung im Prinzip nur wenig geändert.

Für Mitarbeiter:innen bestand der wesentliche Bonus einer Arbeit in der MPG in den ausgezeichneten Forschungsbedingungen, der herausragenden Stellung der Institute und ihrer internationalen Sichtbarkeit und Vernetzung – Vorzüge, die sich für die eigene Karriere nutzbar machen ließen. Die sich immer wieder ergebenden Chancen für eigenständige, innovative Forschung waren allerdings an Rahmenbedingungen geknüpft, die weitgehend durch die Institutsleitungen gesetzt wurden und die damit durchaus einer gewissen Willkür unterlagen. Auch die Entfaltungsmöglichkeiten von Frauen variierten in diesem Rahmen und waren lange Zeit durch männliche Definitionsmacht begrenzt. Erst allmählich, gegen Widerstände und im Vergleich zu anderen Institutionen sehr spät, konnten sich Frauen auch in der MPG in Leitungsfunktionen etablieren und nahmen dann ihrerseits das Harnack-Prinzip mit seiner ambivalenten Gestaltungsmacht und Fürsorgepflicht für sich in Anspruch.

Hinter die klassische Auslegung des Harnack-Prinzips im Sinne von einzigartigen Wissenschaftlern, die im Arbeitskontext niemanden gleichberechtigt neben sich dulden, ist jedenfalls ein Fragezeichen zu setzen, während die mit ihm verbundene langfristige und institutionell gesicherte Forschungsförderung ein Alleinstellungsmerkmal der MPG ist. Lässt sich das Harnack-Prinzip durch ein umfassenderes Verständnis für den Zusammenhang von Gestaltungsmacht und Verantwortung weiterentwickeln, das für alle Hierarchiestufen der MPG maßgeblich ist? Diese Frage richtet sich an die Gegenwart und Zukunft der MPG und kann nur durch sie selbst beantwortet werden.

3.2 Die integrierte Wissenschaftsgesellschaft

Eindeutiger als ihre Vorgängerorganisation KWG entwickelte sich die MPG aus einer relativ lockeren Dachorganisation für unterschiedliche Forschungseinrichtungen zu einer nicht nur verwaltungsmäßig integrierten Wissenschaftsgesellschaft, die der wachsenden Zahl der ihr angehörenden Institute immer deutlicher einen Rahmen vorgab, sie auch ein Stück weit normierte und ihren Gestaltungsspielraum etwas reduzierte. Konstitutiv für die stärkere Integration der MPG war der seit 1949 gültige Modus der Finanzierung der MPG über Globalzuschüsse der öffentlichen Hand. Schrittweise fand eine begrenzte Zentralisierung statt, deren Hauptträger die Generalverwaltung war. Sie beschäftigte 1950 nur 31, 1971 dagegen schon 182 und im Jahr 2000 immerhin 315 Personen, eine Zunahme, die mehr oder weniger dem Wachstum der Gesamtbeschäftigtenzahl entsprach. Durch dieses Wachstum, durch zunehmende Formalisierung und durch Ausdifferenzierung zunächst in Referate und dann in Abteilungen verwandelte sich die Generalverwaltung in eine einflussreiche Dienstleistungs- und Kontrollinstanz mit bürokratischen Zügen und immer mehr Kompetenzen.

Es fehlte zwar nicht an gegenläufigen Tendenzen der Dezentralisierung, beispielsweise beim Übergang von der traditionell kameralistisch geprägten zu einer kaufmännisch orientierten Buchführung am Ende des 20. Jahrhunderts; insgesamt aber nahm das Gewicht zentraler Steuerungs- und Kontrollprozesse in der MPG zu. Das war zum einen das Resultat einer inneren Entwicklung, die eng mit dem Wachstum der MPG und den gestiegenen Transaktionskosten in einer größer werdenden Gesellschaft verbunden war. Die rasch gewachsene Anzahl Wissenschaftlicher Mitglieder stellte die Kommunikation und Koordination innerhalb der Gesellschaft vor neue Herausforderungen, darunter nicht zuletzt die Aufrechterhaltung des institutionellen Gedächtnisses der Gesellschaft angesichts generationeller Umbrüche und einer zunehmenden Rekrutierung von außen.

Die Zunahme von MPG-internen Steuerungs- und Kontrollprozessen war zum anderen das Ergebnis des sich verändernden äußeren Umfelds, das durch verstärkten Konkurrenzdruck, eine größere Aufmerksamkeit der kritischen Öffentlichkeit, gesteigerte Kontrollbedürfnisse der Politik und stete Zunahme regulativer Komplexität gekennzeichnet war. Vor allem aber erhöhte sich die Regelungsdichte für öffentlich finanzierte Institutionen in vielen die MPG betreffenden Bereichen beständig – von Bauverordnungen über das Sozialrecht und Reise- und Zollverordnungen bis zu Complianceforderungen.

In Reaktion auf diese gesteigerten Anforderungen wuchsen auch die Aufgaben der Generalverwaltung. Damit begründete sie ihr Wachstum, ihre funktionale Ausdifferenzierung, ihren Anspruch auf umfassende Information und die Notwendigkeit von kontrollierenden Maßnahmen, gegen die sich in den Instituten bisweilen Protest erhob. Die Ausweitung der Kontrollfunktion der Generalverwaltung und die sukzessive Zentralisierung administrativer Prozesse waren jedoch auch dazu geeignet, ein Ausgreifen staatlicher Stellen auf die MPG und ihre Institute zu verhindern. So gesehen, trug die bisweilen gescholtene Tendenz zur Zentralisierung dazu bei, die Autonomie der MPG zu schützen.

3.3 Die Bedeutung der Grundlagenforschung

Die Verpflichtung auf Grundlagenforschung war für die MPG die wichtigste programmatische Leitlinie ihrer Existenz, auch wenn der Anwendungsbezug in einigen Bereichen wie den Rechtswissenschaften stets präsent war. Dabei lässt sich dieser schillernde Begriff nicht trennscharf fassen, und vielleicht war er deswegen besonders gut geeignet, als Grundlage des MPG-Selbstverständnisses zu dienen. Im Allgemeinen bezeichnet Grundlagenforschung eine an wissenschaftlichen Fragestellungen und Methoden orientierte Forschung, die nicht primär an wirtschaftlichen, gesellschaftlichen und militärischen Nutzenerwägungen ausgerichtet ist, dabei aber die Basis für spätere Anwendungen legen kann. Ursprünglich stammt er (als »basic« oder »fundamental science« bezeichnet) aus der Industrieforschung um 1900, in der er verwendet wurde, um akademisch-wissenschaftliche Forschungsthemen und -stile zu implementieren. In der ersten Hälfte des 20. Jahrhunderts wurde er verstärkt für Kategorisierungen der Forschung verwendet, oft in Erhebungen staatlicher Forschungsförderung; in der zweiten Jahrhunderthälfte diente er – zunächst im US-amerikanischen Kontext – zur Distanzierung von den Erwartungen an die unmittelbare Nutzbarkeit von Forschung und den damit verbundenen Zwängen des militärisch-industriellen Komplexes. Vor allem aus fünf Gründen trat er in den ersten zwei Jahrzehnten der Geschichte der MPG in den Vordergrund.

Erstens: Die alliierten Forschungsverbote erlegten der jungen MPG Einschränkungen auf, die sie zu einem Verzicht auf einige der Forschungstraditionen der KWG und zu einer Neuorientierung zwangen, die schließlich ein neues Selbstverständnis induzierten, das auf das Primat der Grundlagenforschung ausgerichtet war. Zweitens: Indem die Vertreter der MPG ihre Tätigkeit unter dem NS-Regime in der KWG als allein auf die »reine Wissenschaft« ausgerichtet darstellten und mithin als Grundlagenforschung bezeichneten, lenkten sie erfolgreich von der eigenen Verantwortung und Schuld ab. Was für die KWG behauptet wurde, musste umso mehr für die MPG gelten. Drittens: Staatliche und supranationale Erhebungen unterteilten die Förderarten immer schärfer in Grundlagen- und Anwendungsforschung, und die MPG stellte sich immer eindeutiger auf die Seite der Grundlagenforschung. Viertens: Mittels wissenschaftlicher Forschung die Grundlagen für technische Innovationen zu legen galt in den 1950er-Jahren als gesellschaftliches Erfolgsmodell. Dieses sogenannte lineare Modell, das einen linearen Fluss des Wissens von der Grundlagenforschung über die angewandte Forschung bis zur Anwendung behauptete, hatte sich nach Vannevar Bushs berühmtem Bericht an den US-amerikanischen Präsidenten (»Science – The Endless Frontier« von 1945) geradezu verselbstständigt. Es bestärkte den Anspruch der Wissenschaften auf gesellschaftliche und industrielle Relevanz bei gleichzeitiger Autonomie und rechtfertigte ihre staatliche Alimentierung. Die MPG brauchte sich indes diesbezüglich nicht neu aufzustellen, sondern konnte auch in diesem Fall unmittelbar an Gründungsgedanken und Tradition der KWG anknüpfen. Fünftens: Die Ausdifferenzierung des bundesdeutschen Innovationssystems entlang dieser gerade geschilderten Parameter war zu Beginn der 1970er-Jahre weitgehend abgeschlossen. Die MPG hatte ihren Ort im Wissenschaftssystem gefunden. Sie konnte ihn aber auch nicht mehr so leicht verlassen, da die anderen Plätze belegt waren. Ob sich allerdings angesichts umfassender Herausforderungen wie der der Nachhaltigkeit unserer Lebensbedingungen, die alle Bereiche von Wissenschaft und Gesellschaft betrifft, der Begriff Grundlagenforschung auch in Zukunft noch als Abgrenzungskriterium gegenüber anderen Formen der Wissenschaft eignet, mag dahingestellt sein. Die vielfachen Überschneidungen in der Beschäftigung mit solchen Herausforderungen etwa von MPG und Helmholtz-Gemeinschaft sprechen jedenfalls eher dagegen.

3.4 Die innere Dynamik

Die MPG ist seit ihrer Gründung stark, jedoch nicht kontinuierlich gewachsen. Sie durchlief Wachstumsschübe, vor allem zwischen 1955 und 1972 und dann noch einmal in der Folge der deutschen Wiedervereinigung. Diese Wachstumsschübe waren mit einem Strukturwandel der MPG verbunden, mit Anpassungen der Governance, einer Veränderung der wissenschaftlichen Schwerpunkte, aber auch mit einem Wandel des Selbstverständnisses, das sich schließlich – dies allerdings erst in den 1990er-Jahren – vom Traditionsbezug auf die KWG ablöste, der mit einer lange anhaltenden Verdrängung ihrer NS-Vergangenheit einhergegangen war.

Bemerkenswert ist, wie weitgehend das Wachstum der MPG von einer inneren Dynamik getrieben wurde. Ein wesentlicher Erneuerungsmechanismus der MPG bestand in der Ausdifferenzierung neuer Forschungsrichtungen aus der Binnendynamik der Institute, etwa durch die Verzweigung der Abteilungen existierender Institute zu selbstständigen Einrichtungen. Darin wirkten sich die andauernde Suche nach Lösungen für erkannte Probleme und das anhaltende Streben nach Neuem und Besserem aus – Haltungen, die für moderne Wissenschaft konstitutiv sind, wenn man sie nicht behindert oder bremst. Neben der Autonomie der Institute beeinflusste vor allem die soziale Kohärenz der Gemeinschaft der Forschenden die Entwicklung des Profils der MPG. Kommissionen, Gremien und ihre Verflechtung eröffneten vielfache Einflussmöglichkeiten bei Berufungen und Schwerpunktsetzungen. Die Clusterstruktur der MPG und die Ausbildung von Schulen trugen zu sozialer Verbindlichkeit und epistemischer Kohärenz in der Entwicklung der MPG bei. Interne Netzwerke bildeten das soziale Rückgrat von Verstetigungsprozessen im Hinblick sowohl auf Entscheidungsmacht als auch auf die Tradierung von Wissen und Normen. Die Berufungspraxis der MPG zeichnete sich durch ein ausgeprägtes System innerer Rekrutierung aus. Insbesondere in den ersten drei Phasen generierte die MPG den Nachwuchs für ihr Leitungspersonal selbst und erneuerte sich im Wesentlichen aus sich selbst heraus.

In der MPG hat sich diese Dynamik immer wieder am verbreiteten Selbstvergleich mit der als Konkurrenz oder als Vorbild wahrgenommenen internationalen Entwicklung – besonders in den USA – entzündet und am daraus resultierenden Bemühen, tatsächliche oder angenommene »Rückständigkeiten« des eigenen Forschungsbetriebs »aufzuholen«. Jene Dynamik speiste sich aber auch aus der für wissenschaftliches Verhalten typischen Neugier und aus Anreizen, die Wissenschaft, Gesellschaft und Politik setzten. In der immer neuen Einschätzung des Status quo als weiterentwicklungsbedürftig und verbesserungsfähig, in der Überzeugung von der Möglichkeit des Fortschritts wie im dauerhaften Einsatz zugunsten einer Zukunft, die sich von der Gegenwart unterscheidet, aber auf dieser aufbaut, glich und gleicht der wissenschaftliche Habitus dem kapitalistischen. Doch die Gemeinsamkeiten zwischen Wissens- und Warenproduktion in kapitalistischen Gesellschaften gehen über die Frage des Habitus hinaus, denn für beide sind nationale und internationale Konkurrenz und Innovationszwang bei Strafe des Untergangs ebenso maßgeblich wie die arbeitsteilige Produktion, die Ökonomisierung des Ressourceneinsatzes und die Orientierung auf imaginierte Zukünfte.

Die Vertreter:innen der MPG ließen sich bei dem Zuschnitt der aufgenommenen Themen von wissenschaftlichen Kriterien leiten, orientierten sich am internationalen (oft US-amerikanischen) Mainstream, identifizierten Rückstände, Lücken und Chancen und legten so oft die Grundlage für neue Abteilungen oder Institute. Gerade ihr Anspruch, international wahrgenommene Spitzenforschung zu betreiben, legte es nahe, Mainstream-Themen zu bearbeiten, dabei im besten Fall dessen blinde Flecken zu vermeiden und, gestützt auf die von der MPG gebotenen ausgezeichneten Forschungsbedingungen, nach unerwarteten Alternativen zu suchen, die einen noch größeren Erkenntnisgewinn versprachen. Dies waren langwierige Prozesse, führte doch die Fixierung auf die Leitungsbefugnis der Direktor:innen dazu, dass sich die MPG mit jeder Neuberufung im Schnitt über etwa zwei Jahrzehnte festlegte.

Es gehört zu den Stärken der MPG, dass ihre Organisation und ihre Kultur dieser epistemischen Dynamik nur wenig Hindernisse entgegensetzte, sondern im Gegenteil große Spielräume bot. Bei aller Heterogenität der Zuwächse im Einzelnen wurden institutionelle Erneuerungsprozesse in der Regel aus der Gesellschaft selber gestaltet, auch wenn sie oft erst auf externe Anregungen hin initiiert wurden oder die MPG zufällig sich bietende Handlungsoptionen beherzt ergriff. Diese Flexibilität war vor allem darin begründet, dass die MPG eben kein ausgearbeitetes Curriculum mit festgesetzten, inhaltlichen und methodischen Prioritäten besaß, sondern ihre »Chips« sehr frei platzieren konnte – und deswegen auch nicht an Instituten oder Abteilungen festhalten musste, die keinen großen Erkenntnisgewinn mehr versprachen oder aus welchen Gründen auch immer nicht mehr in das Portfolio der MPG zu passen schienen. Dadurch erst wurde jene Form des selbstgenerierten Wandels von innen und unten möglich, die wir oben beschrieben haben. Die Flexibilität ihrer zumeist mittelgroßen Institutsstrukturen, die Autonomie der Institute und die Beweglichkeit ihrer Abteilungen hatten daran wesentlichen Anteil.

3.5 Die Governance

Die Organe der MPG bilden ein System von Checks and Balances, vom Präsidenten, dem Senat und dem Verwaltungsrat über die Hauptversammlung und den Wissenschaftlichen Rat bis zu seinen drei Sektionen, der Biologisch-Medizinischen, der Chemisch-Physikalisch-Technischen und der Geisteswissenschaftlichen (seit 2004: der Geistes-, Sozial- und Humanwissenschaftlichen) Sektion. Der drei- bis viermal jährlich tagende Senat war das am Ende entscheidende Leitungsgremium, in dem in der Regel nicht Wissenschaftler:innen, sondern angesehene und einflussreiche Personen aus Wirtschaft und Politik die Mehrheit stellten. Allerdings wurden immer wieder Entscheidungen im Verwaltungsrat vorweggenommen – nämlich so vorbereitet, dass der Senat dessen Empfehlungen in der Regel durchwinkte. In dem viel kleineren, deutlich an Einfluss gewinnenden Verwaltungsrat hielten sich Personen aus der Wissenschaft und aus der Wirtschaft ungefähr die Waage. In der einmal im Jahr zusammentretenden, nur im Ausnahmefall kontrovers debattierenden, aber gut vorbereitete Grundsatzentscheidungen treffenden, aus allen Mitgliedern zusammengesetzten Hauptversammlung ging es primär um die Darstellung der MPG nach innen und außen, meist mit zahlreichen Gästen und politischer Prominenz, dies vor allem in den frühen Jahrzehnten.

Der seit 1964 sehr deutlich gestärkte Präsident besaß so etwas wie die Richtlinienkompetenz in der Wissenschaftspolitik der Gesellschaft und nahm nach innen und außen sowohl Initiativrechte als auch Initiativpflichten wahr. Er war – allerdings abhängig von der Persönlichkeit des Präsidenten und den jeweiligen historischen Umständen – das eigentlich starke Organ der MPG, omnipräsent, aber nicht omnipotent, wie Wolfgang Schön geschrieben hat. Der Präsident saß den wichtigsten Gremien vor. Es hing sehr von ihm ab, in welchen Konstellationen – Ausschüssen (zeitweise war es der Senatsausschuss für Forschungspolitik und Forschungsplanung), Kommissionen oder auch informellen »Küchenkabinetten« – er mit welchen engsten Kolleg:innen und Mitarbeiter:innen zusammenarbeitete, darunter durchweg mit den Vizepräsident:innen und vor allem mit dem Generalsekretär bzw. der Generalsekretärin an der Spitze der Generalverwaltung, die den Leitungsorganen und insbesondere dem Präsidenten zuarbeitete.

Die ungemein flexible Einrichtung von Ausschüssen und Arbeitsgruppen – ad hoc, mit begrenzten Zwecken und begrenzter Laufzeit, mit dem Auftrag, neue Möglichkeiten zu erkunden, eine Verständigung vorzubereiten, dann den zuständigen Gremien zu berichten und deren Entscheidungen vorzubereiten – gehörte zu den sehr häufig genutzten Leitungs- und Implementierungsverfahren der MPG, ohne dass Einrichtung und Auflösung solcher Gremien Satzungsänderungen vorausgesetzt hätten. Zu den Funktionsvoraussetzungen dieses Systems gehörten ein hohes Maß an gegenseitigem Vertrauen, geringe Konflikthaltigkeit und immer auch die Bereitschaft, Macht in einem erheblichen Maße zu verteilen.

In diesem Zusammenhang ist auch der Wissenschaftliche Rat zu nennen, die Gesamtheit der Wissenschaftlichen Mitglieder der MPG, also vor allem der Direktoren und Direktorinnen der Institute. Als Ganzes blieb dieses Gremium schwach und ohne klare Funktionszuschreibung. Dabei hätte es durchaus eine wichtige Rolle spielen können nicht nur bei Entscheidungen über die Governance der MPG, sondern auch bei der Gestaltung ihres Selbstverständnisses und ihrer Leitvorstellungen. Seine drei Sektionen indes versammelten jeweils Wissenschaftler:innen aus miteinander verwandten oder sich in anderer Weise nahestehenden Disziplinen. Diese Sektionen nahmen kontinuierlich wichtige Funktionen wahr. So besaßen sie ein starkes Mitspracherecht bei allen Entscheidungen über die Gründung, wissenschaftliche Ausrichtung, Umgründung und Schließung von Instituten sowie bei der Auswahl und Berufung der Institutsleitungen, dies in engem Austausch mit den einzelnen Instituten und mit großem Einfluss auf die zentralen Leitungsorgane, die ihr Votum nur ganz selten übergingen. Die Sektionen stellten Foren für die überfachliche Verständigung zwischen den vielfältigen Disziplinen und Disziplinkombinationen dar. Sie dienten als hauptsächliche Schleusen für die Einbeziehung des wissenschaftlichen Sachverstands und der Präferenzen der Wissenschaftlichen Mitglieder in die Entscheidungen der MPG. Auf diese Weise entwickelten sich die Sektionen zu den eigentlichen Antipoden der Zentralorganisation.

Dieses System war ein System von *Verflechtung* und *Abgrenzung* zugleich. Abgrenzung war so wichtig wie Verflechtung, wenn nicht sogar wichtiger. Denn sie reservierte tendenziell einen großen Bereich von wissenschaftlichen und wissenschaftsnahen Entscheidungen für die praktizierenden, kundigen, in ihren Instituten gemäß dem Harnack-Prinzip ohnehin sehr selbstständigen und mächtigen Wissenschaftler:innen. Zwar wurden die grundsätzlichen und tagtäglichen Entscheidungen über die Politik und das Geschick der MPG in einer relativ kleinen, flexibel kooperierenden, nie scharf abgegrenzten, sich auch immer neu herausbildenden Gruppe von Amtsträgern, Gremiensprechern und Gruppenvertretern getroffen, von »Aktivisten« mit viel Insiderwissen und oft langjährigen Erfahrungen.

Zu diesen »Aktivisten« gehörten einzelne MPG-Wissenschaftler:innen, die sich nicht nur für ihr Institut und ihren speziellen Arbeitsbereich, sondern darüber hinaus für das Ganze der MPG zu engagieren bereit waren. Dazu zählten aber auch leitende Verwaltungsangestellte, EDV-Fachleute sowie ausgewählte, in die Gremien von außen, vor allem aus Wissenschaft, Politik und Wirtschaft, kooptierte Personen mit Einfluss und Reputation. Aber dieser innere, nie eng geschlossene Kreis übte Macht in einer teils satzungsgemäß, teils sich selbst mit Augenmaß begrenzenden Art und Weise aus. So trat man den nicht zu den Insidern gehörenden Mitgliedern, also vor allem den allermeisten Institutsdirektoren und -direktorinnen,

3. Charakteristika der MPG als Konsequenzen ihrer Geschichte

nicht zu nahe, mutete ihnen nicht zu viel zu und überließ ihnen sehr viel zur selbstständigen – wissenschaftlichen und wissenschaftsnahen – Entscheidung und Bestellung. Zwar beeinflussten die zentralen Gremien – und insbesondere der Präsident – durchaus die kurz- und langfristige Forschungspolitik durch verbindliche Entscheidungen und begleitende Kontrollen, durch Anregung und Förderung von Schwerpunkten sowie durch Zurückstellung anderer. Aber sie taten dies nicht durch detaillierte Planung, genaue Vorgaben oder oktroyierte Beschlüsse. Vielmehr kamen dabei die Sektionen ins Spiel; viel blieb ihnen, ihrer Kooperation und den in ihnen vertretenen Einzelinstituten überlassen. Über die Zeit haben sich verstärkt institutionelle Strukturen für die dabei notwendigen Aushandlungsprozesse ausgebildet, vom Intersektionellen Ausschuss des Wissenschaftlichen Rats über die Perspektivenkommissionen der Sektionen bis hin zum sektionenübergreifenden Perspektivenrat.

3.6 Die Clusterstruktur

Auf diese Weise konnte es – abhängig von den jeweiligen finanziellen Spielräumen – zu jenem besonderen Wachstumsmuster kommen, das wir oben als »selbst organisierend« charakterisiert haben. Es wurde mehr durch Initiativen »von unten« als durch verbindliche Planung »von oben« angetrieben, war geprägt von Verzweigungen, Mutationen und der Bildung von thematisch zusammenhängenden, aber nur lose miteinander verbundenen Forschungsstrukturen jenseits der Institute und Abteilungen. Wir haben die Prozesse und Praktiken, die zu dieser Struktur führten, als »Clustern« bezeichnet und die Strukturen selbst als »Cluster«. Neben den offiziellen Organen der MPG, den Instituten und Sektionen, gibt es Cluster als informelle, von außen »unsichtbare« Strukturen, die jedoch im Inneren der MPG über großen Einfluss gebieten, was die wissenschaftliche Weiterentwicklung betrifft.

Über etwas mehr als zwei Jahrzehnte nach der 1948 erfolgten Gründung der MPG bildete sich eine informelle Forschungsstruktur heraus, die bestimmte Abteilungen und Institute miteinander verband und sie dabei von anderen abgrenzte. Die Forschungsstruktur der MPG, wie wir sie heute noch kennen, verdankt sich dabei im Wesentlichen Entwicklungen von den späten 1950er- bis zu den frühen 1970er-Jahren. Der generative Charakter der MPG, der sich in der Ausgründung neuer Institute aus existierenden Einrichtungen zeigt, führte im Laufe der Jahrzehnte dazu, dass sich weite Bereiche der MPG zu einem System von Forschungsclustern entwickelt haben, die nicht nur genealogisch, sondern auch durch zunehmende Binnenvernetzung miteinander zusammenhängen, indem sie, etwa über Kommissionen oder informelle Netzwerke vermittelt, Kooperations- und Konkurrenzverhältnisse eingingen.

Dass sich innerhalb der MPG überhaupt solche Forschungsschwerpunkte ausgebildet haben, ist auf den ersten Blick durchaus überraschend. Denn die MPG war, so ihre Satzung, der Förderung der Wissenschaften verpflichtet und schränkte die Bereiche ihrer Tätigkeit nicht von vornherein ein. Auch war sie, anders als die Universitäten mit ihrer Ausrichtung auf die Lehre oder die Industrie mit ihrer wirtschaftlichen Anwendung, einzig wissenschaftlichen Kriterien bei der Wahl ihrer Forschungsthemen und Methoden verpflichtet. Dennoch bildeten sich Schwerpunkte heraus, die sich in den meisten Fällen über Jahrzehnte verstetigten und oft auch wuchsen. Dazu gehörten vor allem die Astronomie und die Astrophysik, die Materialforschung, die Rechtswissenschaften, die Kernphysik, die Verhaltens-, Neuro- und Kognitionswissenschaften und die molekularen Lebenswissenschaften. All diese großen wissenschaftlichen Themenfelder wurden in ihrer Breite in der MPG aufgefächert, wobei ihre Wurzeln meist bereits in der KWG angelegt waren und später auf die besonderen wissenschaftlichen, wirtschaftlichen und gesellschaftlichen Bedürfnisse der Bundesrepublik ausgerichtet wurden. Ihre Wahl und Entwicklung war durch die bis in die 1980er-Jahre hinein sehr homogene Gemeinschaft der Wissenschaftlichen Mitglieder geprägt, die männlich und (west-)deutsch sozialisiert und meist der Wertvorstellung einer experimentell-exakten Wissenschaftskultur verpflichtet war. Damit fielen weite Bereiche vor allem der Geistes- und Sozialwissenschaften, aber auch der Technikwissenschaften, durch das Raster. Ausgeschlossen wurden ebenfalls die Agrarwissenschaften, die industrienahe aerodynamische Luftfahrtforschung sowie die klinische medizinische Forschung, obwohl auch sie in der KWG angelegt gewesen waren. Die Forschungsstruktur der MPG wies spezifische Schwerpunkte auf, die sich allein mit dem Subsidiaritätsgebot oder der Ausrichtung auf Grundlagenforschung nicht erklären lassen, sondern das Resultat einer spezifischen historischen Entwicklung sind.

Das Gefüge der Cluster war und ist ein System, das die Handlungsfähigkeit der Gesamtorganisation und die Spielräume für dezentrale Entscheidungen der einzelnen leitenden Wissenschaftler:innen in ihren Instituten und darüber hinaus zwar spannungsreich, aber doch immer wieder erfolgreich ausbalanciert hat und mit dem Harnack-Prinzip im oben umschriebenen Sinn vereinbar war. Dieses System ist nicht durch Top-down-Entscheidungen, sondern durch eine Vielzahl dezentral getroffener Abstimmungen entstanden, wenngleich es, spätestens mit der Übernahme des Präsidentenamtes durch Adolf Butenandt, auch Ansätze zur Planung bzw. Orchestrierung von Entscheidungsprozessen gab, die durchaus folgenreich waren.

Am stärksten jedoch wirkten Pfadabhängigkeiten, die oft über mehrere Generationen hinweg die MPG-Forschung in bestimmte Richtungen lenkten. Die Notwendigkeit der Allianzbildung innerhalb der Gesellschaft und die Bedeutung von Infrastrukturen, die soziale Homogenität der Gruppe der Wissenschaftlichen Mitglieder und ihre bis in die 1980er-Jahre weitgehend internen Rekrutierungsmechanismen verstärkten die Bildung von Clustern. Die Organisation der MPG war dabei flexibler, als man es aus den Instituten und Sektionen allein schließen würde, sie war aber nicht beliebig dehnbar, sondern wurde zum Träger nur bestimmter epistemischer Kulturen, mit all ihren Langzeitdynamiken und Ausschlussprinzipien.

3.7 Die MPG als Teil des Innovationssystems

Da sich der Strukturwandel wissenschaftlicher Wissenssysteme im Allgemeinen langfristigen Transformationsprozessen verdankt, konnte die MPG durch die ihr eigene Art der institutionellen Forschungsförderung in einigen Fällen als über lange Zeit wirksamer Katalysator solcher Transformationsprozesse – etwa im Bereich der Gravitationswellenforschung – wirken und damit auch in der internationalen Arbeitsteilung der Wissenschaft eine wichtige Rolle ausfüllen. Unter »Katalyse« wird hier die Ermöglichung solcher Transformationsprozesse durch günstige institutionelle Rahmenbedingungen verstanden, zu denen die Freiheit von Themen- und Methodenwahl ebenso gehören wie die Möglichkeit, Ziele über Jahrzehnte zu verfolgen, eine Möglichkeit, die der vorherrschenden Projektförderung von Wissenschaft nicht gleichermaßen zur Verfügung stand.

Das konnte etwa bedeuten, dass ihre Institute, manchmal über Generationen hinweg, Grundlagenforschung abseits des Mainstreams betrieben, die im Nachhinein als die Vorbereitung entscheidender Durchbrüche erkennbar ist. Oder es konnte bedeuten, dass eine wichtige Entdeckung, auch wenn sie bereits mit dem Nobelpreis ausgezeichnet wurde, erst durch die kontinuierliche Elaboration ihrer Konsequenzen ihre eigentliche Wirkung auf die Wissenschaft entfaltete. Für beide Arten der Katalyse solcher Transformationsprozesse bot die MPG auch im internationalen Vergleich ausgezeichnete Bedingungen, die dazu beitrugen, dass sie in vielen Gebieten konkurrenzfähig werden und bleiben konnte.

Die MPG war dabei gleichermaßen Antriebskraft und Symbol für die steigende Bedeutung wissenschaftlichen Wissens in der zweiten Hälfte des 20. Jahrhunderts. Symbol, da sie mit ihrer Betonung von Grundlagenforschung und wissenschaftlicher Exzellenz ein wichtiger Teil der Ausdifferenzierung des Wissenschaftssystems war. Antriebskraft, da das in ihren Instituten erzeugte Wissen immer mehr die Basis für gesellschaftliches Handeln darstellte und für zahlreiche Bereiche, darunter Ernährung, Gesundheit, Energie- und Materialversorgung sowie das soziale Miteinander, unverzichtbar wurde. In der zweiten Hälfte des 20. Jahrhunderts wurden die Wissenschaften endgültig zum integralen Bestandteil wirtschaftlichen, technischen und politischen Handelns, wobei die daraus resultierenden Interaktionen aber – dies ist sicher wenig überraschend – differenziert zu sehen sind, je nach Gebiet und Periode.

Viele der Forschungsfelder der MPG waren eng mit der wirtschaftlichen Struktur der Bundesrepublik, und hier vor allem der Großindustrie, verbunden. Die MPG wurde ein wichtiger Teil des nationalen Innovationssystems, wobei sich inter- und transdisziplinäre Bezüge verstärkten und neue Verschränkungen ergaben: Traditionelle Disziplinen verloren, neue Gebiete wie Materialwissenschaften und Biotechnologie gewannen an Bedeutung. Der durch die MPG vertretene Korporatismus verhalf zur nötigen Flexibilität und sorgte für einen gewissen Abstand der Teilsysteme; die dem wissenschaftlichen Forschungsbetrieb eigene Komplexität und Ungewissheit führten zu recht weitgehender wissenschaftlicher Autonomie bei der Festlegung der Forschungsziele und -methoden.

Die tiefreichende Integration wissenschaftlichen Wissens in gesellschaftliche, wirtschaftliche und staatliche Zusammenhänge war in der MPG demnach, fast paradoxerweise, auch an die Distanzierung von diesen gebunden. Zwar vermochten es Vertreter:innen der MPG immer wieder, zentrale gesellschaftliche Themen in wissenschaftliche Problemstellungen zu übersetzen, während andere als »zu anwendungsnah« abgewiesen wurden. Bei dieser Übersetzung wurden die Problemstellungen aber meist stark eingeschränkt und in experimentell und theoretisch zu bearbeitende Fragen grundlegender Forschungsthemen transformiert.

Diese Form des Reduktionismus sicherte den Instituten Autonomie, brachte aber auch Verluste an Wirkungsmacht und Interventionsfähigkeit mit sich. So erfolgreich die MPG in der Verwissenschaftlichung einiger gesellschaftlicher und technischer Phänomenbereiche war, so wenig vermochte sie es oft, die Ergebnisse ihrer Forschung in Zivilgesellschaft und Politik einzubringen, oft entzog sie sich diesem Ansinnen gar. Wissenschaftliche Faktenfindung und politische Entscheidungsprozesse galten als

3. Charakteristika der MPG als Konsequenzen ihrer Geschichte

so strikt getrennte Sphären, dass sich in der MPG über die habituelle Praxis der Beratungs- und Expertengremien hinaus kein gemeinsames Verständnis ihrer gesellschaftlichen Vermittlungsformen etablierte – ein Defizit, mit dem die MPG im Wissenschaftssystem keineswegs allein stand. Dies führte dazu, dass die MPG als wissenschaftliche Organisation den aus ihren Wissensbeständen gelegentlich folgenden Handlungsdruck – etwa in Bezug auf Friedensforschung oder Umweltkrisen – in der Regel nicht als wissenschaftliche Organisation an Politik und Gesellschaft weitergab, sondern dies bestenfalls einzelnen ihrer Wissenschaftler:innen überließ.

Insgesamt ist festzuhalten, dass sich die MPG eher bereitfand, wissenschaftliches Wissen mit gesellschaftlicher Relevanz anzugehen, wenn sie sich in ihrer korporatistischen Gemeinschaft mit Staat und Industrie geborgen fand. Wenn es um externen Einfluss aus der Gesellschaft ging, gehörte das Ohr der MPG stets eher Staat und Industrie als anderen gesellschaftlichen Akteuren. Die Durchlässigkeit der MPG für breitere gesellschaftliche Themen, wie Bildung, Umweltveränderung und die Herausforderungen der technischen Zivilisation, war dagegen eher punktuell. Ob sich der Korporatismus der MPG in Zukunft stärker in Richtung zivilgesellschaftlicher Anliegen weiterentwickeln wird, ist eine Frage an ihre Gegenwart und Zukunft.

3.8 Das Verhältnis zu den Universitäten

Das Verhältnis der MPG zu den Universitäten – ein Verhältnis, das von wechselseitiger Abhängigkeit und Kooperation, aber auch von Konkurrenz und Spannungen gekennzeichnet ist – gehört wohl zu den wichtigsten und zugleich heikelsten in den Außenbeziehungen der MPG. Dass man als Wissenschaftliches Mitglied der MPG keine Lehrverpflichtungen hatte, sondern sich auf Forschung konzentrieren konnte, stellte in den Augen der meisten Wissenschaftler:innen einen Vorzug dar und einen wichtigen Grund für die Attraktivität einer Berufung an die MPG. Die MPG war eine Institution der außeruniversitären Forschung. Ihr Auftrag lautete, Forschung zu fördern und zu betreiben, die an den Universitäten nicht, noch nicht oder weniger gut wahrgenommen wurde bzw. werden konnte.

Zugleich waren die Institute der MPG auf Leistungen der Universitäten und auf die Kooperation mit ihnen angewiesen. Denn die Universitätswissenschaften waren das Reservoir, aus dem Max-Planck-Institute hauptsächlich ihren Nachwuchs rekrutierten. Umgekehrt wandten sich Wissenschaftler:innen, die nach dem Ende einer befristeten MPG-Anstellung berufliche Anschlussmöglich-

keiten suchten, naheliegenderweise dem universitären Stellenmarkt zu. MPG-Institute besaßen nicht das Recht, Promotions- und Habilitationsverfahren durchzuführen, entsprechende Vorstöße scheiterten immer wieder am Widerstand der Universitäten und der Länder. Aber die Mitwirkung an der Nachwuchsausbildung spielte für die MPI eine große Rolle, um sich hoch qualifizierten und einschlägig vorbereiteten Nachwuchs zu sichern und um für die vielen in- und ausländischen Doktorand:innen und Postdoktorand:innen attraktiv zu sein, deren befristete Mitarbeit als Stipendiat:innen oder mit einem anderen Status auch im Interesse der Ausstrahlung und Netzwerkbildung der MPI-Forschung sehr erwünscht war. Dazu waren die MPI auf die Kooperation mit den universitären Lehrstühlen angewiesen.

Die Berufung an ein MPI lockerte die bis dahin oftmals dominante Einbindung der einzelnen Wissenschaftler:innen in einen professionell-kollegialen Zusammenhang, der vor allem universitätsbasiert war. Eine solche Lockerung öffnete einerseits oft intellektuelle und wissenschaftliche Freiräume, sie bot zusätzliche Unabhängigkeit und vermehrte Chancen. Doch lag es andererseits im wissenschaftlichen Interesse der Wissenschaftlichen Mitglieder der MPG, vom kollegialen Kontakt zur eigenen Disziplin nicht völlig abgeschnitten zu sein. Deren Entwicklung aber vollzog sich größtenteils außerhalb der MPG und vor allem in den Universitäten. Aus diesen und anderen Gründen lag eine zu scharfe Trennung von der universitären Wissenschaft nicht im Interesse der MPG.

Es gab immer wieder Spannungen zwischen Universitäten und MPG. Die Konkurrenz zwischen ihnen setzte allerdings erst nach der Überwindung der Nachkriegsnöte ein; zuvor hatte man sich wechselseitig nach Kräften geholfen. Die Universitäten haben der MPG bisweilen vorgeworfen, ihr die besten Leute abspenstig zu machen, und zwar auf allen Ebenen, von der studentischen Hilfskraft bis zum Lehrstuhlinhaber. Auch haben sich Universitäten in der Konkurrenz um die »besten Köpfe« immer wieder gegen die MPG durchgesetzt. Es gab jedoch nicht nur Konkurrenz, sondern auch immer viel Kooperation zwischen MPG- und Universitäts-Wissenschaftler:innen. Die institutionellen Bedingungen dafür verbesserten sich durch die Einrichtung von Sonderforschungsbereichen (SFB) in den Universitäten ab den 1970er-Jahren und später im Rahmen der Exzellenzinitiative, denn um Geld für derartige Einrichtungen einzuwerben, mussten die antragstellenden Universitäten ein geeignetes Umfeld nachweisen, und dazu zählte explizit der Bereich der außeruniversitären Forschung. Die Mitwirkung eines oder mehrerer MPI war dabei äußerst hilfreich.

In den ersten beiden Phasen war es keine Seltenheit, dass ein MPI-Direktor zugleich Ordinarius an einer Universität war. Später nahmen die meisten Wissenschaftlichen Mitglieder der MPG neben ihrem Direktorenamt auch eine Honorarprofessur an einer nahe gelegenen Universität wahr und unterrichteten dort regelmäßig, wenn auch meist mit einem reduzierten Pensum, was ihnen immerhin den direkten Zugang zum wissenschaftlichen Nachwuchs eröffnete.

Beim Aufbau der Forschungscluster, die für die Strukturierung der Forschung in der MPG so zentral geworden sind, wirkten häufig Max-Planck-Institute und einschlägige Universitäts-Fachbereiche zusammen. Das 1999 begründete Programm der International Max Planck Research Schools (IMPRS), das gemeinsame Graduiertenschulen von Max-Planck-Instituten und Universitäten fördert, hat die Kooperation in der Nachwuchsförderung institutionalisiert und damit auch die MPG stärker in das Wissenschaftssystem eingebunden. In jüngerer Zeit wurde diese Einbindung durch das Pilotprojekt der Max Planck Schools, ein gemeinsames Graduiertenprogramm von derzeit 24 Universitäten und 34 Instituten der außeruniversitären Forschungseinrichtungen, noch verstärkt.

3.9 Das Verhältnis zu anderen Wissenschaftsorganisationen

Ein Verhältnis von Kooperation, Konkurrenz und Komplementarität kennzeichnete auch die Beziehungen der MPG zu anderen Wissenschaftsorganisationen, die sich ab den 1950er-Jahren in der Bundesrepublik etablierten. Zunächst verhielten sich vor allem MPG, DFG und Westdeutsche Rektorenkonferenz (WRK, ab 1990 Hochschulrektorenkonferenz, HRK) zueinander, die sich Anfang der 1960er-Jahre in Reaktion auf den forcierten Einstieg des Bundes in die Forschungsförderung und die damit verbundenen Steuerungswünsche in der »Allianz« zusammenschlossen, einer lockeren, jedoch effektiven Organisation zur Abstimmung und Vertretung gemeinsamer Interessen vor allem gegenüber staatlichen Instanzen und der Öffentlichkeit.

Dieses Gremium erweiterte sich später durch den Beitritt des Wissenschaftsrats und der Fraunhofer-Gesellschaft (FhG), dann der Helmholtz-Gemeinschaft (HGF) und noch später der Wissenschaftsgemeinschaft Gottfried Wilhelm Leibniz (WGL) sowie anderer Einrichtungen. Diese Organisationen unterschieden sich nach Auftrag, Finanzierungsschlüssel, Governance und Mitgliedschaft deutlich voneinander, doch sie agierten alle bundesweit, waren in der einen oder anderen Form von öffentlichen Mitteln und politischen Vorgaben abhängig und verteidigten durchweg ihre Autonomie bei gleichzeitig enger Zusammenarbeit mit staatlichen Instanzen und untereinander – ein Paradebeispiel für den Korporatismus in der Bundesrepublik.

Beim Aufbau dieses Kooperation und Konkurrenz verbindenden dynamischen Systems nahm die MPG oft eine informelle Führungsrolle ein, da sie – anders als etwa die WRK/HRK, die FhG, die WGL oder die HGF – als Zentralorganisation handlungsfähig war. Gleichzeitig wurde sie durch dieses Arrangement verstärkt in das politische Steuerung und gesellschaftliche Selbstorganisation verbindende Wissenschaftssystem der Bundesrepublik integriert. Vor allem aber verlangte dieses inhaltlich und organisatorisch immer differenziertere, arbeitsteilige System von seinen Teilnehmern, beispielsweise bei ihrer Konkurrenz um öffentliche Mittel und gesellschaftliche Aufmerksamkeit, das eigene Profil zu schärfen, zu begründen und darzustellen. In Konkurrenz mit der eher marktbezogenen und anwendungsorientierten Fraunhofer-Gesellschaft und in Abgrenzung zu der vor allem Großforschungseinrichtungen repräsentierenden Helmholtz-Gemeinschaft betonte die MPG verstärkt ihre Orientierung auf Grundlagenforschung und ihre Offenheit auch für kleinere und mittelgroße Institute. Die inhaltliche und organisatorische Ausdifferenzierung des Gesamtsystems trug zur Identitätsbildung auch seiner Teile bei.

3.10 Die MPG im internationalen Kontext

Auch in anderen Bereichen des Wissenschaftssystems nahm die MPG wichtige Funktionen wahr, ohne dass diese offiziell zu ihren Aufgaben gehört hätten, etwa im Bereich der Wissenschaftsaußenpolitik. So verkörperte die MPG eine wesentliche Schnittstelle der deutschen im Verhältnis zur internationalen Wissenschaft, eine Position, die für ihr Selbstverständnis zunehmend wichtig wurde. Nachholbedarfe und (imaginierte) Rückstände zu artikulieren, war – bereits bei der Gründung der KWG – eine maßgebliche Strategie der institutionalisierten Wissenschaft (gewiss nicht nur, aber insbesondere in Deutschland), um Ressourcen zu mobilisieren.

Der Aufbau grenzüberschreitender politischer Netzwerke ist nicht nur eine Sache der institutionalisierten Politik, sie braucht auch gesellschaftliche Unterfütterung. Dass sich die Bundesrepublik nach dem Zweiten Weltkrieg, anders als die Weimarer Republik nach 1918, weit und vorbehaltlos der westlichen (nicht nur politischen) Kultur geöffnet und sich im Westen verankert hat, gilt nicht nur in der Geschichtswissenschaft als eine zentrale Säule ihrer relativ erfolgreichen Entwicklung bis heute. Durch ihre frühen und intensiven Kontakte – über Studium, Austausch, Mobilität und Kooperation vor allem mit US-amerikanischen, aber auch mit westeuropäischen Wissenschaftler:innen und Forschungseinrichtungen – haben Wissenschaftler:innen der MPG zu dieser grundsätzlichen Westorientierung der Bundesrepublik nicht unwesentlich beigetragen, und dies in den dafür entscheidenden Jahrzehnten des Kalten Kriegs und bevor die beschleunigte Globalisierung ab den 1990er-Jahren zu einer weltweiten Internationalisierung der MPG-Beziehungen beitrug.

Obwohl sie dies nicht als ihre ureigene Aufgabe ansah, konnte die MPG sich den Erwartungen von Politik und ausländischen Partnern nicht entziehen und nahm immer wieder Aufgaben einer Wissenschaftsaußenpolitik wahr. Sie agierte dabei als Brückenbauerin, etwa im Verhältnis zu Israel. In der Kooperation mit Partnern aus nichtdemokratisch oder offen diktatorisch regierten Ländern zeichnete sie sich gelegentlich durch Indifferenz oder sogar Opportunismus aus. Immerhin trug die MPG wesentlich zur Gestaltung des europäischen Forschungsraums bei, gemeinsam mit anderen Forschungsorganisationen, insbesondere der DFG, und in Opposition zur lange vorherrschenden Top-down-Strategie der europäischen Forschungspolitik.

Auf Augenhöhe mit der internationalen Spitzenforschung zu kommen oder sich dort zu halten war ein erklärtes Ziel der MPG, das allerdings zugleich ihr Potenzial, auch abseits des internationalen Mainstreams aufgrund ihrer Alleinstellungsmerkmale Durchbrüche zu erreichen, unterbewertete. Diese Augenhöhe versuchte sie zum einen durch ihre Personalpolitik zu erreichen, die sich vor allem seit den 1990er-Jahren immer stärker auf einen globalen Horizont ausgerichtet hat, und zum anderen durch das Angebot sehr langfristig angelegter institutioneller Förderung – und ohne Antrags- oder Lehrverpflichtung. Durch dieses spezifische Angebot konnte sie trotz ihrer im Vergleich zu internationalen Spitzenuniversitäten geringen Größe und der Nachteile, die ihr aufgrund der Besoldung ihres Personals nach den Maßgaben des öffentlichen Dienstes erwuchsen, Anschluss an die internationale Forschung gewinnen und im Wettbewerb mit ihr konkurrenzfähig bleiben. Das betraf nur einen Ausschnitt aus dem wissenschaftlichen Spektrum, der durch das Portfolio ihrer Institute gegeben war.

Die MPG hat maßgeblich dazu beigetragen, die deutsche Wissenschaft gegenüber der internationalen Forschung zu stärken, etwa indem sie internationale Spitzenforscherinnen und -forscher anwarb, deutschen Wissenschaftlerinnen und Wissenschaftlern attraktive Rückkehrmöglichkeiten aus dem Ausland offerierte, Startchancen für internationale Sichtbarkeit und Karrieren bot oder insgesamt Nachholbedarfe der deutschen Wissenschaft gegenüber dem internationalen Forschungsstand zu befriedigen half. Dabei kam ihr nicht zuletzt ihre finanzielle Flexibilität als privater Verein zugute. Internationale Kooperationen sind im Laufe der Zeit für die MPG immer wichtiger geworden, wobei die Forschungsinteressen der Institute den Takt bestimmten. Ihre internationale Ausstrahlung hat durch befristete Gastaufenthalte von Wissenschaftler:innen aus aller Welt gewonnen, ihr wissenschaftliches Personal ist insbesondere seit den 1990er-Jahren deutlich internationaler geworden und ihr Selbstverständnis sowie ihre Außendarstellung haben dieser zunehmenden Internationalisierung Rechnung getragen.

3.11 Der Umgang mit politischen und ethischen Herausforderungen

Der Umgang mit politischen und ethischen Herausforderungen fiel der MPG nicht immer leicht. Ihr Selbstverständnis als Organisation der Grundlagenforschung, die Dominanz ihrer naturwissenschaftlichen Sektionen und die Orientierung an einem naturwissenschaftlich-technischen Fortschrittsmodell schienen oft Grund genug, zu solchen Herausforderungen auf Distanz zu gehen oder sie sogar zu verdrängen. Dabei hat diese Orientierung selbst einen politischen Charakter, der sich etwa darin offenbarte, dass die MPG sehr bewusst die Technologie- und Wettbewerbspolitik der Bundesrepublik unterstützte. Auch außenpolitisch übernahm die MPG, wie ausgeführt, eine wichtige Funktion, unter anderem als Vertretung der deutschen Wissenschaft gegenüber ausländischen Institutionen. Die Entwicklung des europäischen Forschungsraums und internationale Herausforderungen wie die Beziehungen zu Israel, zur Sowjetunion und zu China erlegten der MPG eine Rolle als außenpolitischer Akteur auf, die sie zunächst nur zögerlich wahrnahm und stets aus einer Perspektive der vermeintlichen Unabhängigkeit wissenschaftlicher von politischen Interessen.

Besonders problematisch wurde das Streben nach einer sauberen Trennung zwischen wissenschaftlichen und politischen Interessen, wenn es um globale Menschheitsfragen wie die Gefahr eines Atomkriegs ging. Diese Haltung barg nicht nur die Gefahr, gerade durch ihre Indifferenz politisch wirksam zu sein, sondern auch die, das Erkenntnispotenzial von Wissenschaft für Politik und Gesellschaft letztlich ohne Not zu beschneiden. In jüngerer Zeit scheint sich diese Haltung zu ändern, wie das Eintreten der MPG für verfolgte Wissenschaftler:innen, die Etablierung von wissenschaftlichen Kooperationen trotz politischer Widerstände sowie an gesellschaftlichen Herausforderungen orientierte Institutsgründungen nahelegen.

Im Laufe ihrer Geschichte hat die MPG verschiedene Modi des Umgangs mit ethischen und politischen Herausforderungen an den Tag gelegt. In der ersten Phase bis 1955 waren ihre Handlungsmöglichkeiten vor allem durch die alliierten Militärregierungen und die fortwirkenden Gesetze der Alliierten extern bestimmt. Ein Modus, der in ihrer Gründungszeit vorherrschte, lief darauf hinaus, solche Herausforderungen unter Berufung auf das Primat der Grundlagenforschung zu negieren und zu verdrängen. Ein anderer Modus bestand darin, politische oder ethische Probleme, wenn sie als Forderungen von außen an sie herangetragen wurden, durch auf Politik und Öffentlichkeit gerichtete Lobbyarbeit abzuwehren und daraus resultierende Restriktionen in Aushandlungsprozessen möglichst abzuschwächen. Wenn das nicht ausreichte, erkannte die MPG die Notwendigkeit von extern auferlegten Regelungen an, etwa im Bereich von Menschen- und Tierexperimenten, war aber bestrebt, sie, wenn irgend möglich, in eigener Regie zu implementieren, um auf diese Weise die Einschränkungen von Forschungsfreiheit möglichst gering zu halten. Auch hier kam es trotz der Dominanz von Fragen der administrativen Umsetzung von Regularien immer wieder zu einer inhaltlichen Auseinandersetzung über Wertvorstellungen und politische Zielsetzungen. Schließlich gab es auch den Modus, ethische und politische Herausforderungen zu einem Forschungsgegenstand zu machen oder sie in einen solchen zu transformieren. Diese Modi in Zukunft stärker aufeinander zu beziehen, Verdrängungsmechanismen aufzudecken, den Dialog mit der Gesellschaft aktiv und vorausschauend zu suchen sowie ethische und politische Herausforderungen in Diskussionen sowohl über Forschungsstrategien als auch über die Notwendigkeit von Regulierungen einzubeziehen, könnte eine Lehre aus dieser Geschichte sein.

Mit dieser Bemerkung, ebenso wie mit dem nachfolgenden Ausblick, gehen wir bereits ein Stück weit über die hier vorgelegte historische Analyse hinaus, was ihren zeitlichen Rahmen und die Bewertung ihrer Ergebnisse betrifft. Zwar kann auch die historische Analyse niemals ganz wertfrei sein, sondern setzt immer Gesichtspunkte, Erfahrungen und Urteile voraus, die in der Zeitgenossenschaft der Autor:innen wurzeln. Aber während diese Voraussetzungen oft implizit bleiben und durch methodische Reflexion in ihrer Wirkung auf die Analyse im Zaum gehalten werden, mag es uns am Schluss dieser historischen Untersuchung erlaubt sein, explizit auf sich daraus ergebende mögliche Konsequenzen und wahrscheinliche Perspektiven für Gegenwart und Zukunft der MPG hinzuweisen. Diese scheinen uns zum Teil in den langfristigen Entwicklungen der MPG bereits angelegt zu sein, die wir hier bis 2002/05 untersucht haben. Anderes erscheint uns vor diesem Hintergrund immerhin plausibel. Wir haben das Geschehen nach 2002/05 nicht mehr historisch untersucht, doch bildet es natürlich einen Erfahrungshintergrund, der uns zu manchen der folgenden Feststellungen, Fragen und Empfehlungen ermutigt hat. Streng genommen überschreiten wir damit eine Grenze, die uns als interpretierenden Historiker:innen gesetzt ist. Eine zukünftige Geschichtsschreibung wird zu beurteilen haben, wie riskant – oder hilfreich und sinnvoll – diese Grenzüberschreitung war.

4. Schlussbemerkung und Ausblick

4.1 Das transformierte Erbe der KWG

Ein zentrales Resultat unserer Analyse lautet, dass die Entwicklung der MPG und ihres Modells der personenzentrierten, über weite Zeiträume auf sozialer Kohäsion (internes Berufungssystem) aufbauenden, langfristig angelegten institutionellen Forschungsförderung nicht nur national ein Alleinstellungsmerkmal darstellt, sondern auch einen deutschen Sonderweg der Forschungsförderung, für den es kein unmittelbares internationales Pendant gibt. Durch die ihr eigene Art der institutionellen Forschungsorganisation konnte die MPG in der internationalen Arbeitsteilung der Wissenschaft eine wichtige Rolle spielen, insbesondere wenn es darum ging, gegenüber dem internationalen Mainstream aufzuholen, aber auch bei der Verschiebung der Grenzen der Wissenschaft durch die Förderung langfristiger wissenschaftlicher Transformationsprozesse jenseits des Mainstreams oder an den Grenzen der Disziplinen.

Vergleicht man die MPG zu Beginn des 21. Jahrhunderts mit ihrer Vorgängerorganisation, der KWG, so wird man einen tiefgreifenden Wandel konstatieren können, der in diesem Zeitraum stattgefunden und sich auch auf ihr Verhältnis zu Staat und Wirtschaft ausgewirkt hat. Vier sehr unterschiedliche Verfassungssysteme – Kaiserreich, Weimarer Republik, NS-Diktatur und die parlamentarische Demokratie der Bundesrepublik – folgten aufeinander und hinterließen ihre Spuren. Während die KWG in der zweiten industriellen Revolution mit ihrer damals neuartigen Verknüpfung von Großindustrie und Wissenschaft entstand, hat es die MPG im 21. Jahrhundert mit einer erneuten Revolutionierung des Wirtschaftssystems zu tun, in der Digitalisierung, Globalisierung und Klimawandel zentrale Bestimmungsfaktoren sind. Das Gewicht und die Verbreitung wissenschaftlicher Einsichten und Verfahren haben im wirtschaftlichen Leben immens zugenommen. Wissenschaft prägt Gesellschaft, Politik und Kultur noch intensiver als zu Beginn des 20. Jahrhunderts, was im Begriff Wissensgesellschaft zum Ausdruck kommt.

Die Geschichte der MPG in der zweiten Hälfte des 20. Jahrhunderts ist daher auch eine Geschichte des Wandels im Verhältnis von Wissenschaft und Gesellschaft und belegt den Einfluss, den Wissenschaft und Wissenschaftsorganisation auf gesellschaftliche Weichenstellungen genommen haben. Die MPG war ein Motor der Internationalisierung der westdeutschen Wissenschaft und hat damit zur Öffnung der bundesdeutschen Gesellschaft insgesamt beigetragen und Perspektiven jenseits nationaler Horizonte eröffnet. Dazu gehört ihr Engagement in der Wissenschaftsdiplomatie, insbesondere ihre Rolle als Brückenbauerin zu Israel. Sie war Stichwortgeberin der Friedens- und Anti-Atomkraft-Bewegung, hat aber zugleich mit ihrem ganzen Gewicht die Aufarbeitung der NS-Vergangenheit der deutschen Wissenschaft verzögert. Sie hat Meilensteine in der Herausbildung ihrer international sichtbaren Schwerpunkte gesetzt, von Astronomie und Astrophysik über Erdsystem- und Atmosphärenforschung, Fusionsforschung, Gentechnologie, biomolekularer Struktur- und Membranforschung bis hin zur Neurobiologie. Und sie hat schließlich nicht nur die Wissenschaftslandschaft in den neuen Ländern nach der Wiedervereinigung wesentlich mitgestaltet und modernisiert, sondern dadurch auch ein gesellschaftliches Umfeld geschaffen, das dort zur Stärkung der Zivilgesellschaft und Öffnung gegenüber internationalen Einflüssen beigetragen hat.

Trotz dieser und anderer Veränderungen gibt es, was den Ort der MPG in der Gesellschaft angeht, auch einiges an Kontinuität. Dazu zählt das Dreiecksverhältnis zwischen sich gegenseitig befördernden und zugleich wechselseitig begrenzenden staatlichen, wirtschaftlichen und wissenschaftlichen Kräften, die wir als eine Variante des Korporatismus analysiert haben, wie er sich in der Verflechtung von Staat, Wirtschaft und Gesellschaft bereits um 1900 im Kaiserreich herausgebildet hatte. In ganz ähnlicher Weise ist die MPG bis heute zwischen staatlicher Politik und kapitalistisch strukturierter Wirtschaft platziert. Sie ist staatsnah in ihrer Abhängigkeit von öffentlicher Unterstützung und in Bezug auf viele Leistungen, die sie für staatliche Instanzen erbringt. Gleichzeitig ist sie aber keine Behörde oder staatliche Agentur, sondern selbstständig, und nimmt oft eine Abwehrhaltung gegenüber allzu umfassenden staatlichen Eingriffen ein. Sie ist kein marktwirtschaftlicher Akteur, jedoch sehr offen gegenüber Interessen und Anstößen aus der privaten Wirtschaft. Wenngleich die MPG anders als die KWG nur in geringem Ausmaß aus Zuwendungen der privaten Wirtschaft finanziert wird, sind Persönlichkeiten aus Großindustrie und Finanzwelt in ihren Leitungsorganen einflussreich vertreten und es findet eine enge Zusammenarbeit zwischen einzelnen Instituten und Wirtschaftsunternehmen statt.

In unterschiedlichen Formen trägt die MPG dazu bei, die wissenschaftlichen Grundlagen moderner Wirtschaftstätigkeit bereitzustellen und damit die Wettbewerbsfähigkeit der Wirtschaft zu stärken. Indem sie mit der Grundlagenforschung einen wichtigen Platz im zunehmend wissensgetriebenen Innovationssystem einnimmt, erfüllt sie zentrale staatliche Erwartungen und übernimmt bedeutende Funktionen in der gesellschaftlichen »Wissensökonomie«. In Bezug auf ihr Selbstverständnis, durch gesellschaftlich wertvolle Grundlagenforschung auch dem Gemeinwohl zu dienen, und aufgrund ihrer Stellung zwischen Wirtschaft und Staat besitzt die MPG, klarer als die KWG, zivilgesellschaftliche Züge. Die MPG ist eigenständig und selbstbewusst in dem Wissen, weder Teil des Staatsapparats noch Teil der kapitalistischen Wirtschaft, sondern etwas Drittes zu sein: eine angesehene Institution im Reich der Wissenschaft, relativ frei und selbstbestimmt eigenen Gesetzen folgend, so sehr sie der Unterstützung durch Staat und Wirtschaft bedarf, von diesen beeinflusst wird und umgekehrt auf diese einwirkt.

Auch das Harnack-Prinzip verkörpert die Kontinuität zur KWG, so sehr es sich auch verändert hat. Die kontroverse Diskussion über seine Schwächen und Stärken hört nicht auf. Kritisiert wurde und wird mit guten Gründen, dass die mit ihm verbundene Konzentration auf die Freiheit und Leistung individueller Forscher:innen zu wenig Anreiz zu wissenschaftlicher Kooperation über die Grenzen der eigenen Disziplin und des eigenen Feldes, ja nicht einmal über die eigene Abteilung hinaus biete. Damit trage es zu einer gewissen Verinselung des Forschungsbetriebs bei und entspreche zu wenig den Imperativen moderner Wissenschaft, die auf Kooperation, Teamarbeit und Grenzüberschreitung setzt. Zu Recht wurde und wird die vom Harnack-Prinzip bedingte Verschärfung des hierarchischen Machtgefälles zwischen der Leitung und den Mitarbeiter:innen in den Instituten und ihren Abteilungen kritisiert. Man mag einwenden, dass die Leitungspersonen ihre Gestaltungsmacht auch dazu benutzen können und in der Tat auch benutzen, um relativ flache Hierarchien und relativ kooperative Arbeitsbeziehungen zu organisieren. Doch auch wenn dies gelingt, bleibt es eine Entscheidung der Direktor:innen.

Schließlich wird auf die vom Harnack-Prinzip akzentuierte Abhängigkeit der Institute, ihrer Abteilungen und Forschungsprofile von den Lebensläufen und der Dauer des aktiven Engagements einzelner Personen hingewiesen; dies verhindere Nachhaltigkeit, auch wenn sie von den Eigenarten der in der MPG betriebenen Forschung nahegelegt wird. Umgekehrt ist als funktional und günstig für Grundlagenforschung hervorgehoben worden, dass das Harnack-Prinzip hilft, die ansonsten häufige Kurzatmigkeit von projektorientierter Forschung zu vermeiden, und insofern Nachhaltigkeit nicht erschwert, sondern verstärkt. Auch sei betont, dass die enge Verbindung zwischen dem Bestand und Profil von Instituten oder Abteilungen und der Dauer von individuellen Karrieren zur Überprüfung und gegebenenfalls zur Veränderung oder Einstellung von Forschungslinien in überschaubaren Zeiträumen anhält.

Richtig angewandt und durchgesetzt, auf den Zusammenhang von Entscheidungsmacht und Verantwortung ausgerichtet und im Hinblick auf einen Exzellenzbegriff verstanden, der nicht ausschließlich am Mainstream orientiert ist und Teamfähigkeit einschließt, kann das Harnack-Prinzip die Wandlungs- und Innovationsfähigkeit der Forschung erhöhen. Entscheidend sind hierfür die Auswahlkriterien in Berufungsprozessen: Der Impactfaktor ist dabei ein problematisches Kriterium, weil er sich an Erfolgen im Bereich eines etablierten Mainstreams ausrichtet und als Ausweis einer vielversprechenden Neuorientierung wenig geeignet ist, da diese sich zumeist anfangs noch nicht in viel zitierten Publikationen niederschlägt. Ein Nobelpreis ist dagegen ein Indiz für wissenschaftliche Erfolge der Vergangenheit. Um das für eine Berufung entscheidende Potenzial für zukünftige wissenschaftliche Durchbrüche festzustellen, kommt er also meistens zu spät, während der Impactfaktor zu früh kommt, weil er nur am gegenwärtigen Publikationsverhalten ausgerichtet ist, wissenschaftliche Durchbrüche aber oft erst aus der historischen Distanz als solche erkennbar sind.

Im historischen Rückblick fällt besonders auf, dass sich das aus dem wilhelminischen Reich stammende Harnack-Prinzip trotz aller Veränderungen, denen es sich zu stellen hatte, und aller Wandlungen, die es selbst durchlief, über mehr als ein Jahrhundert erhalten hat.

Gerade in diesem Jahrhundert mit seinen beschleunigten Wandlungen und tiefen Brüchen ist dies nicht selbstverständlich und ein Argument, das für seine Leistungskraft spricht. Gegenwärtig ist es in gewisser Weise unzeitgemäß, ein Widerlager, das in einer insgesamt sehr durchregelten und durchorganisierten Wissenschaftswelt Spielräume der Spontaneität stärkt und Unerwartetes ermöglicht. Zweifellos ist es mit Problemen verbunden und steht unter ständigem Anpassungsdruck, stellt aber zugleich eine wichtige Bedingung der Leistungsfähigkeit, des Erfolgs und der Besonderheit der MPG dar.

4.2 Die Rolle von Leitkonzepten

Wie steht es um andere strategische Leitkonzepte der MPG und wie um die historische Reflexion ihrer Erfahrungen? Das historische Gedächtnis der Gesellschaft wurde bisher vor allem zu Gedenktagen aktiviert, an denen der alte Traditionsbezug auf die KWG einschließlich der damit verbundenen Verdrängungsleistungen immer wieder aufflackerte. Zur Ausbildung eines institutionellen Gedächtnisses, an dem sich das gemeinschaftliche Selbstverständnis der Gesellschaft hätte ausrichten können, kam es jedoch bisher nicht.

Für zentrale Fragen der Gesellschaft fehlte es lange Zeit an Leitkonzepten, wie etwa für Fragen des Bauens, der Nachhaltigkeit, der Clusterbildung und der strategischen Weiterentwicklung der Gesellschaft. Dabei kann es nicht um zentrale Vorgaben gehen, sondern es muss eine Selbstreflexion sein, die auch auf die blinden Flecken des selbst generierten Wachstums der MPG, etwa auf die durch ihre Clusterstruktur bedingten Pfadabhängigkeiten, gerichtet ist. Ihre Diversität stellte die Forschungsgesellschaft immer wieder vor das Problem, angemessene Formen der Selbststeuerung und Selbsterneuerung zu finden, die es ihr ermöglichen, ihre institutionelle Identität und ihr wissenschaftliches Selbstverständnis angesichts ihres eigenen Wachstums, der zunehmenden Regeldichte des öffentlichen Raums und einer verstärkten Verflechtung mit anderen Institutionen zu bewahren und zu aktualisieren. Ohne selbst gestaltete, diskursiv gefundene und offensiv vertretene Leitkonzepte und eine darauf aufbauende, von der MPG als Ganze getragene Selbststeuerung, die mit den Werten und Normen der Gesamtgesellschaft kompatibel ist, riskiert die MPG möglicherweise, ihre besondere Zwischenstellung zwischen Staat und Markt zu verlieren, und droht zum Objekt staatlicher Fremdsteuerung zu werden oder zumindest einem stärkeren staatlichen Reglement unterworfen zu werden, wie es etwa für die Helmholtz-Gemeinschaft charakteristisch ist.

Wachstum, Internationalisierung und Diversifizierung der MPG, der zunehmende Wettbewerb um knapper werdende Ressourcen, Klimawandel und Umweltveränderungen sowie die weltpolitischen Krisen der Gegenwart stellen Herausforderungen an das gemeinschaftliche Selbstverständnis ihrer Wissenschaftlichen Mitglieder und Mitarbeiter:innen dar, auf die es bisher noch keine zureichenden Antworten gibt.

Ist die MPG womöglich bereits über das Maß hinaus gewachsen, das angesichts der mit dem Wachstum verbundenen Probleme von Kommunikation und Kohärenz ein solches gemeinschaftliches Selbstverständnis noch ermöglicht? Mit anderen Worten: Sind die Transaktionskosten, die das enorme Wachstum der MPG im Untersuchungszeitraum aufgetürmt hat, zu hoch? Kann aber die MPG überhaupt ihre Erneuerungsfähigkeit ohne Wachstum und angesichts möglicherweise schrumpfender Budgets sichern, ohne auf Innovationen um ihrer selbst willen zu setzen und dafür Chancen aufzugeben, durch sehr langfristige, gelegentlich sogar übergenerationell angelegte Forschungsvorhaben Erkenntnisse zu gewinnen, die einer stärker projektförmig und kurzfristig ausgerichteten Forschung nicht zugänglich sind? Offenbar stellt sich hier auch die Frage nach den richtigen Zeitskalen: Wie langfristig sollte die MPG angesichts der sich gelegentlich über Jahrzehnte, wenn nicht ein Jahrhundert erstreckenden Zeitskalen der Wissenschaftsentwicklung denken, und wie viel Zeit sollte sie sich angesichts der Jahrzehnte währenden Wirkung von Berufungen lassen, um zu Entscheidungen zu kommen und sie umzusetzen?

Es gibt weitere drängende Fragen, die nach Antworten und Leitvorstellungen verlangen: Sollte (und wenn ja, wie) die MPG angesichts der Neuformierung von Machtblöcken und weltpolitischer Systemkonkurrenz ihr Verhältnis zur internationalen Politik neu definieren? Wie kann der immer noch vorhandene Nachholbedarf der MPG in puncto Gendergerechtigkeit auf allen Ebenen befriedigt werden, ohne die Prinzipien von Bestenauslese und Forschungsfreiheit einzuschränken und ohne dabei zu vergessen, dass die MPG hier nur als Teil eines größeren Systems von Forschung und akademischer Ausbildung agieren kann? Vielleicht sollte die MPG sich in diesem Zusammenhang nicht nur auf ihre eigenen Prozeduren konzentrieren, sondern dem mit diesen Fragen verbundenen gesellschaftlichen und politischen Handlungsdruck auch dadurch begegnen, dass sie ihre gesamtgesellschaftliche Verantwortung für dieses größere System stärker in ihr Handeln einbezieht. Die Initiative für die Formulierung solcher Leitvorstellungen könnte vom Wissenschaftlichen Rat ausgehen, der damit aus jenem Limbo hervortreten würde, den ihm bisher die Geschichte der MPG zugewiesen hat.

4.3 Konkurrenz und Kooperation

Ein bemerkenswertes Ergebnis unserer Untersuchung ist der vergleichsweise geringe Grad an Kooperativität zwischen den Instituten der MPG, trotz ihrer ausgeprägten Clusterstruktur. Das wirft weitere Fragen für die zukünftige Entwicklung der MPG auf: Wie stark haben die Institute und bisweilen auch die Abteilungen den Kontakt untereinander verloren? Welche ungenutzten Potenziale liegen hier vor? Hat die Zunahme von Wettbewerbsmomenten innerhalb der MPG möglicherweise dazu beigetragen, dass Konkurrenzverhalten gestärkt wurde und Kooperationsbestrebungen geschwächt? Wie lässt sich verlorene soziale Kohärenz zurückgewinnen, ohne Gefahr zu laufen, sich in selbstreferenzieller Netzwerkbildung zu erschöpfen? Hat sich die MPG bereits zu sehr zu einer Antragsgesellschaft mit internem Wettbewerb entwickelt, statt außergewöhnlichen Forschungsbestrebungen einen geschützten Raum zu bieten? Wie wird sich die Clusterstruktur weiter entwickeln? Sollte sie stärker organisiert werden, wie dies etwa in der Erdsystemforschung geschehen ist? Entstehen hier weitere Pfadabhängigkeiten, die möglicherweise blinde Flecken generieren, die das Aufgreifen unerwarteter neuer Themengebiete erschweren, oder liefert die Clusterstruktur vielmehr einen Hebel für die Erneuerung der MPG aus ihrer eigenen Substanz? Dabei könnte das Erkennen einer Clusterstruktur dazu beitragen, dass strukturbildende Prozesse transparenter und vielleicht auch offener gestaltet werden. Welche Eingriffsmöglichkeiten sollte es geben (und für wen), wenn endogen erzeugte Pfadabhängigkeiten die Entwicklung von Instituten und Clustern in Sackgassen zu führen drohen?

Welche Innovationschancen ergeben sich aus dem inzwischen praktizierten bewussteren Umgang mit sogenannten Cluster-Emeritierungen, die durch gezielte Berufungspolitik gleichzeitig für mehrere Stellen Räume eröffnen, um neue Schwerpunkte in Instituten und Institutsgruppen zu setzen? Oder verbirgt sich dahinter eine Zentralisierungstendenz, die letztlich die Autonomie der Institute beschränkt? Welche Chancen gibt es angesichts der durch den Föderalismus geprägten geografischen Verteilung der Institute wirklich, die Synergieeffekte zu verstärken, die eine Konzentration von Instituten der MPG und anderen akademischen Einrichtungen auf einem gemeinsamen Campus bieten, gleich, ob es um interdisziplinäre Kooperation oder effiziente Infrastrukturen geht? Leitkonzepte für die Entwicklungsperspektiven von Standorten könnten hier hilfreich sein. Wie viel ungenutztes Potenzial liegt in den bereits vorhandenen Campusstrukturen wie auch in der »verteilten Exzellenz«, auf die sich die MPG gern beruft? Man stelle sich nur vor, die Mitarbeiter:innen der MPG, Wissenschaftler:innen und Servicepersonal, könnten sich relativ frei zwischen allen Einrichtungen der MPG, Instituten ebenso wie Generalverwaltung, bewegen! Würden Stellen den Personen und nicht den Instituten zugeordnet, wie es beim französischen CNRS der Fall ist, wäre dies denkbar. Auch hier könnte eine stärkere räumliche Konzentration und die Schaffung größerer Einheiten die horizontale und vertikale Durchlässigkeit der MPG erheblich steigern.

Wir haben das entscheidende, doch manchmal auch heikle Verhältnis der MPG zu den Universitäten ebenso angesprochen wie die Problematik der Karrierewege von Nachwuchswissenschaftler:innen innerhalb und außerhalb der MPG. Die MPG hat lange gehadert, wie weit sie selbst für die Ausbildung ihres eigenen Nachwuchses auch nach der Doktorandenphase Verantwortung zu übernehmen hat und ob »Hausberufungen« wirklich ein Problem darstellen. Erst in jüngerer Zeit wurde intensiv über strukturierte Karrierewege diskutiert, einschließlich des Tenure-Track, also eines geregelten Verfahrens zur Festanstellung. Dabei stellt sich auch die Frage, ob sich eine durch karrierebedingte Zwänge allzu frühe Spezialisierung durch eine stärker interdisziplinäre Ausbildung in der Postdoc-Phase kompensieren ließe. Wie lassen sich die berechtigten Forderungen von Mitarbeiter:innen nach Aufstiegschancen und weniger prekären Arbeitsverhältnissen und die der MPG nach größtmöglicher Flexibilität der Beschäftigungsverhältnisse zur Sicherung ihrer Erneuerungsfähigkeit in Einklang bringen? Wie könnte die Vereinbarkeit von Familie und Beruf verbessert werden, um genderneutral wirklich die »Besten« zu gewinnen, wie es die MPG anstrebt? All diese Fragen lassen sich gewiss nur im Kontext systemischer Betrachtungen lösen, die die MPG ebenso wie die Universitäten und die anderen Wissenschaftsorganisationen der Allianz einbeziehen, die die partnerschaftlichen Beziehungen stärken, aber auch die Eigenständigkeit und insbesondere die selbstbestimmte Aufgabe und Rolle der MPG nicht außer Acht lassen.

4.4 Der Umgang mit exogenen Herausforderungen

Wir haben festgestellt, wie sehr die exogenen Herausforderungen für die MPG insgesamt zugenommen haben, unter anderem durch internationale politische Probleme, durch knapper werdende Budgets, durch eine aufgrund von gesetzlichen Regelungen, Compliance-Forderungen usw. gewachsene Regelungsdichte, durch gesellschaftliche Erwartungen etwa in Bezug auf Gender, Diversität oder Problemlösungskompetenz, aber auch durch ein

4. Schlussbemerkung und Ausblick

gestiegenes Misstrauen gegenüber der Wissenschaft und ihren Eliten. Bürokratie abzubauen und Chancen der Digitalisierung zu nutzen bleibt eine Herausforderung für die weitere Entwicklung der MPG. Auch die ausgreifende Rolle von Evaluierungen und der mit ihnen verbundene erhöhte Zeitaufwand hängt mit gesellschaftlichen Erwartungen zusammen. Nehmen auch in der MPG inzwischen die Bedeutung äußerlicher Erfolgsmaßstäbe und Metriken wie Impact- und Hirschfaktor oder die Erwartung wirtschaftlich relevanter Innovationen gegenüber der Bewertung von Erkenntnispotenzialen und -fortschritten zu? Wie viele neue Initiativen, Programmvorschläge, Organisationsreformen, Prozessoptimierungen, Regelwerke braucht die MPG, um den exogenen Erwartungen gerecht zu werden, und wo sollte sie solchen Erwartungen gegenüber eher Widerstand leisten?

Bemerkenswert ist die im Vergleich zu den Diskussionen über solche Erwartungen marginale Rolle, die eine selbstkritische Reflexion der Veränderungen wissenschaftlichen Arbeitens in der MPG spielte und spielt, etwa wenn es um das Primat der Labor- gegenüber der Feldforschung ging, um ethische Herausforderungen von Menschen- und Tierexperimenten oder um die Problematik von Dual Use und Kommerzialisierung. Selbst die längst überfällige stärkere Digitalisierung administrativer und organisatorischer Prozesse in der MPG unter der Prämisse, dass Effizienzgewinne nicht auf Kosten der autonomen Handlungsfähigkeit ihrer Institute gehen, bleibt teilweise noch eine Zukunftsaufgabe. Die MPG ist seit der von ihr initiierten »Berliner Erklärung« von 2003 eine Vorreiterin von Open Science, noch nicht dagegen in Bezug auf Nachhaltigkeit in der Forschung – im Sinne von Verantwortung für die Externalitäten von Forschung –, ob es sich nun um nachhaltige Energie- und Materialnutzung, Bauen, Mobilität oder um Forschungsthemen handelt, die sich aus der Bedingung der Erhaltung unserer Lebensbedingungen ergeben. Wie kann sie in Zukunft ihrer Vorbildrolle im Wissenschaftssystem gerecht werden?

Wo werden alle diese Themen von der MPG kritisch in den Blick genommen, diskutiert und entschieden? Die Sektionen, ihre Perspektivenkommissionen und der Perspektivenrat haben hier in jüngerer Zeit eine wichtige Rolle gespielt, aber reicht das aus, um die MPG als Ganzes mitzunehmen? Wie kann das Ungleichgewicht zwischen der Generalverwaltung und der kleinen Gruppe der an den Weichenstellungen der Gesellschaft beteiligten Wissenschaftlichen Mitglieder auf der einen Seite und der Mehrheit der Wissenschaftler:innen, die nur anlässlich von Sektions- oder Kommissionssitzungen mit diesen Weichenstellungen befasst sind, auf der anderen Seite überwunden werden? Der Wissenschaftliche Rat der MPG wäre, wie bereits angemerkt, möglicherweise ein geeigneter Ort, mindestens über die Folgen dieser Herausforderungen für die Governance der MPG zu diskutieren, die Kräfte ihrer Selbststeuerung zu stärken und ihre Rolle zu definieren. Er übt jedoch bisher, wie wir ebenfalls gesehen haben, nur in sehr geringem Maße eine Kontrolle über diese Selbststeuerung aus. Meist wurden grundsätzliche Richtungsentscheidungen in den letzten Jahrzehnten zunächst im Präsidentenkreis getroffen und erst anschließend im Wissenschaftlichen Rat diskutiert.

Welche Lehren kann die MPG aus ihren Erfahrungen mit internationaler Kooperation oder im Umgang mit gesellschaftlichen Herausforderungen ziehen? Welche Akzente sollte sie in Zukunft setzen? Sollte sie sich den Forderungen aus Politik und Gesellschaft nach der wissenschaftlichen Beschäftigung mit gesellschaftlichen Problemen stärker öffnen, als sie dies im Untersuchungszeitraum getan hat? Sollte sie in Zukunft die in der Vergangenheit mit der Berufung auf »reine Grundlagenforschung« oft verbundene Abwehrhaltung gegenüber gesellschaftlich relevanten Themen aufgeben? Dabei kann es nicht darum gehen, zu grundsätzlichen ethischen, politischen oder kulturellen Fragen verbindliche Positionen zu beziehen. Vielmehr gilt es, solche Themen aufzugreifen und dabei die Frage zu stellen, ob und wie sie wissenschaftlich produktiv bearbeitet werden können – und zwar nicht nur im Rahmen naturwissenschaftlicher Untersuchungen, die möglicherweise zu technischen Lösungen führen, sondern auch im Rahmen geistes- und sozialwissenschaftlicher Forschungen, deren Bedeutung in der MPG daher zukünftig wachsen statt weiter abnehmen sollte. So könnte die MPG jedenfalls dringend benötigte Brücken zwischen Wissenschaft und Gesellschaft bauen und damit die Rahmenbedingungen – Rechtsstaat, Demokratie und Zivilgesellschaft – stärken, unter denen ihre Erfolge erst möglich geworden sind.

Wie kann das Bewusstsein für die ethischen, politischen, kulturellen und sozialen Dimensionen wissenschaftlicher Praxis in der MPG gestärkt werden? Wie etwa könnte ein institutionalisiertes historisches Gedächtnis aussehen, das der kollektiven Selbstreflexion der MPG als Grundlage dienen könnte, um aus ihren Erfahrungen – aus ihren Erfolgen ebenso wie aus ihren Fehlschlägen – zu lernen, auch in Bezug auf ihr Selbstbild und dessen Ausprägung nach innen ebenso wie nach außen?

Welche Formen des Dialogs mit Gesellschaft und Politik, aber auch der internen Reflexion, Beratung und Entscheidungsfindung sind dazu geeignet, die Autonomie ihrer Forschung zu bewahren und zugleich Mitverantwortung für die Lösung der großen und drängenden Menschheitsprobleme zu tragen? Welche dieser Probleme – die globale Energiewende, der Biodiversitätsverlust, die gesellschaftliche Transformation durch Künstliche Intelligenz, die Chancen einer Kreislaufwirtschaft, die Fragilität der Demokratie, die dringenden und ungelösten Fragen von Global Governance und einer gerechten Weltordnung angesichts globaler Krisen und nicht zuletzt die Infragestellung der Glaubwürdigkeit der Wissenschaft selbst – lassen sich in produktive Herausforderungen für die Forschung in der MPG übersetzen? Wie kann die MPG in Zukunft gegenüber der Gesamtgesellschaft und ihren Zuwendungsgebern die Rolle der Grundlagenforschung als Beitrag zur Lösung solcher Probleme deutlicher machen und der Gesellschaft die aus ihren Wissensbeständen folgenden Konsequenzen als Handlungsoptionen anbieten? Ohne Gesellschaft und Politik weiterhin von der Notwendigkeit zu überzeugen, ihr Planungssicherheit für risikobereite Forschung zu gewähren, wird das Modell MPG langfristig wohl kaum Bestand haben.

4.5 Eigenart und Eigenständigkeit der MPG

Was dieses besondere Modell und den einzigartigen Charakter der MPG betrifft, die unsere Untersuchungen deutlich herausgearbeitet haben, ist es erstaunlich, wie wenig sich diese Merkmale im Selbstbewusstsein und der Selbstdarstellung der MPG spiegeln. Besteht die Gefahr, dass die MPG ihre Mission manchmal aus den Augen verliert? Wie sonst lässt sich erklären, dass sie immer wieder versucht ist, sich mit Institutionen zu vergleichen, die mit ihr eigentlich unvergleichbar sind, sich an internationalen Rankings zu messen, die doch an ganz anderen Kriterien ausgerichtet sind, und sich am internationalen Mainstream zu orientieren, statt ihre eigenen Stärken – nicht nur die beeindruckende Zahl von Nobelpreisen, sondern ihre strukturellen Eigenheiten und die dadurch gegebenen einzigartigen Potenziale – in den Vordergrund zu stellen und ihre Zukunftsstrategie bewusst danach auszurichten. Die Aufgabe der MPG besteht ohne Zweifel darin, Grenzen der Forschung auszuloten, neue Gebiete zu identifizieren und zu bearbeiten, gleich ob die Anregungen dazu aus gesellschaftlichen Herausforderungen wie der Nachhaltigkeit oder aus reiner Neugierde herrühren, und für die Wissenschaft eine Pfadfinderrolle einzunehmen. Als Pfadfinderin sollte man sich nicht mit allzu vielen anderen Verpflichtungen und schwerem Gepäck belasten; einen Kompass sollte man allerdings stets zur Orientierung nutzen, ebenso wie die Erinnerung daran, welchen Weg man zurückgelegt hat. Die hier vorgelegte Geschichte der MPG mag dafür hilfreich sein.

VI. Anhang

1. Zahlenwerk

Tabelle 1 Ausgabenseite des Gesamthaushalts der MPG 1948–1974

Jahr	Gesamt-ausgaben	Investitions-haushalt	Personal-ausgaben	Betriebsmittel	Zuschüsse*	sonstige Ausgaben**
1948	7,51	55,23%	35,15%	9,63%		
1949	16,70	36,45%	42,75%	20,80%		
1950	17,38	47,94%	33,42%	18,64%		
1951	21,87	48,06%	36,63%	15,31%		
1952	24,73	49,66%	36,17%	14,17%		
1953	30,63	52,75%	34,84%	12,40%		
1954	35,44	50,37%	34,94%	14,69%		
1955	43,17	44,25%	29,73%	26,03%		
1956	50,12	47,08%	27,41%	25,50%		
1957	51,80	47,52%	29,27%	23,22%		
1958	75,70	36,51%	20,20%	43,29%		
1959	79,39	38,25%	24,32%	37,43%		
1960	80,92	34,24%	22,22%	43,54%		
1961	111,09	37,91%	22,08%	40,01%		
1962	127,94	37,29%	19,58%	43,13%		
1963	152,72	36,42%	19,83%	43,75%		
1964	183,44	34,78%	19,56%	45,66%		
1965	205,20	37,93%	20,93%	41,14%		
1966	244,56	38,32%	21,46%	40,22%		
1967	312,38	34,51%	21,42%	44,07%		
1968	285,52	46,89%	26,83%	26,28%		
1969	307,20	47,00%	26,61%	26,39%		
1970	354,26	42,78%	26,94%	30,27%		
1971	441,12	42,24%	28,22%	29,54%		
1972	469,01	43,73%	26,27%	29,99%		
1973	512,37	46,20%	27,87%	25,93%		
1974	556,01	47,42%	26,97%	25,61%		

* primär Zuschüsse an einzelne MPI und Kooperationsprojekte sowie Nachwuchsförderung

** aus Jahresrechnungen und Gesamtrechnungsabschluss übernommener Sammelbegriff

Die Zahlenangaben sind den geprüften Jahresrechnungen der MPG entnommen und sind in Millionen DM angegeben. – Quellen: Schatzmeisterberichte Jahresrechnungen (1948–1957); Jahresrechnung der MPG (1958–1970); Anlagen zum Gesamtrechnungsabschluss (1971–1977); Jahresrechnung der MPG (1978–2002); GMPG-Finanzdatenbank.

Tabelle 1 Ausgabenseite des Gesamthaushalts der MPG 1975–2002

Jahr	Gesamt-ausgaben	Investitions-haushalt	Personal-ausgaben	Betriebsmittel	Zuschüsse*	sonstige Ausgaben**
1975	585,58	43,34%	25,91%	18,42%	7,56%	4,77%
1976	598,24	46,83%	22,98%	17,65%	8,00%	4,54%
1977	627,20	46,13%	22,40%	19,30%	6,93%	5,25%
1978	657,67	46,07%	22,56%	18,99%	6,98%	5,41%
1979	694,38	48,08%	24,48%	16,40%	4,77%	6,27%
1980	741,77	48,40%	24,09%	15,62%	5,46%	6,43%
1981	800,54	48,14%	24,97%	16,29%	3,63%	6,97%
1982	831,82	48,83%	26,66%	13,05%	3,80%	7,65%
1983	867,08	49,35%	27,20%	13,69%	1,51%	8,25%
1984	893,45	49,25%	26,61%	12,82%	3,16%	8,16%
1985	961,92	47,87%	25,95%	15,11%		11,08%
1986	1.009,28	48,00%	25,62%	16,80%		9,58%
1987	1.069,48	47,54%	25,77%	17,26%		9,43%
1988	1.115,42	47,52%	25,49%	17,44%		9,55%
1989	1.166,59	46,97%	26,66%	15,83%		10,54%
1990	1.224,04	47,09%	26,95%	14,61%		11,35%
1991	1.280,52	48,45%	27,31%	11,57%		12,67%
1992	1.427,01	46,69%	26,68%	11,70%		14,93%
1993	1.534,60	44,62%	24,82%	15,12%		15,44%
1994	1.572,49	44,75%	25,34%	14,57%		15,34%
1995	1.688,44	44,02%	24,05%	15,68%		16,24%
1996	1.811,53	43,32%	24,99%	19,47%		12,23%
1997	1.841,18	40,40%	24,49%	17,84%		17,28%
1998	1.976,15	41,34%	23,13%	20,30%		15,23%
1999	2.066,70	40,93%	23,25%	19,81%		16,01%
2000	2.171,07	39,96%	25,86%	24,26%		9,93%
2001	2.180,86	42,00%	27,00%	20,55%		10,46%
2002	2.272,57	43,04%	27,37%	18,88%		10,71%

Tabelle 2 Einnahmenseite des Gesamthaushalts der MPG 1948–1974

Jahr	Gesamt-einnahmen	öffentliche Einnahmen*	eigene Einnahmen**	private Mittel***	übertragbare Reste****
1948	7,51	68,81%	24,37%	6,81%	
1949	16,70	76,07%	20,00%	3,93%	
1950	17,38	71,41%	19,38%	9,21%	
1951	21,87	65,29%	21,82%	12,89%	
1952	24,73	67,68%	20,98%	11,34%	
1953	30,63	69,18%	18,16%	12,29%	0,36%
1954	35,44	67,50%	17,81%	14,28%	0,41%
1955	43,17	61,18%	25,33%	13,30%	0,19%
1956	50,12	57,98%	30,13%	11,87%	0,02%
1957	51,80	66,69%	19,80%	13,51%	0,00%
1958	75,70	74,66%	14,04%	11,22%	0,08%
1959	79,39	79,39%	11,84%	8,66%	0,11%
1960	80,92	71,66%	18,33%	9,90%	0,11%
1961	111,09	76,07%	13,74%	10,14%	0,06%
1962	127,94	78,98%	11,84%	9,13%	0,06%
1963	152,72	82,09%	10,63%	7,08%	0,20%
1964	183,44	79,34%	11,30%	9,20%	0,16%
1965	205,20	82,75%	10,75%	6,40%	0,10%
1966	244,56	78,92%	15,72%	5,31%	0,05%
1967	312,38	74,05%	19,39%	6,45%	0,11%
1968	285,52	86,54%	5,77%	7,47%	0,22%
1969	307,20	89,60%	5,68%	4,72%	0,00%
1970	354,26	86,50%	8,29%	5,21%	0,00%
1971	441,12	85,58%	8,46%	5,16%	0,80%
1972	469,01	90,11%	6,69%	3,21%	
1973	512,37	90,81%	6,37%	2,82%	
1974	556,01	91,51%	6,11%	2,38%	

* Einnahmen von Bund und Ländern, sowohl institutionelle Förderung/Anteilsförderung als auch Projekt- und Sonderförderung

** selbsterwirtschaftete Einnahmen, beispielsweise aus Gutachten, Veräußerungen

*** Zuschüsse und Spenden von privaten Unternehmen und Privatpersonen

**** nicht ausgegebene Restmittel aus vorherigen Jahren

Die Zahlenangaben sind den geprüften Jahresrechnungen der MPG entnommen und sind in Millionen DM angegeben. – Quellen: Schatzmeisterberichte Jahresrechnungen (1948–1957); Jahresrechnung der MPG (1958–1970); Anlagen zum Gesamtrechnungsabschluss (1971–1977); Jahresrechnung der MPG (1978–2002). GMPG-Finanzdatenbank.

Tabelle 2 Einnahmenseite des Gesamthaushalts der MPG 1975–2002

Jahr	Gesamt-einnahmen	öffentliche Einnahmen*	eigene Einnahmen**	private Mittel***	übertragbare Reste****
1975	585,54	86,04%	9,75%	1,79%	2,42%
1976	598,24	91,32%	4,09%	1,65%	2,94%
1977	627,15	90,23%	3,61%	2,26%	3,90%
1978	657,67	92,87%	3,85%	1,22%	2,06%
1979	694,38	92,52%	4,12%	1,96%	1,40%
1980	741,77	91,54%	4,28%	1,94%	2,25%
1981	800,54	91,74%	3,67%	1,36%	3,23%
1982	831,82	91,69%	4,12%	1,87%	2,33%
1983	867,08	91,83%	3,91%	2,46%	1,80%
1984	893,45	92,04%	4,03%	2,71%	1,22%
1985	961,92	91,41%	3,95%	2,39%	2,26%
1986	1.009,28	92,58%	3,96%	1,92%	1,53%
1987	1.069,48	92,98%	3,69%	2,27%	1,06%
1988	1.115,42	93,65%	3,46%	2,37%	0,52%
1989	1.166,59	93,21%	3,83%	2,23%	0,72%
1990	1.224,04	91,99%	3,79%	2,50%	1,72%
1991	1.280,52	92,21%	3,30%	2,48%	2,02%
1992	1.427,01	91,90%	3,60%	2,20%	2,29%
1993	1.534,60	90,17%	4,09%	2,28%	3,46%
1994	1.572,49	91,46%	3,28%	2,28%	2,98%
1995	1.688,44	91,07%	3,45%	2,91%	2,57%
1996	1.811,53	92,73%	4,46%	2,81%	
1997	1.841,18	94,06%	3,31%	2,63%	
1998	1.976,15	89,76%	2,70%	3,00%	4,53%
1999	2.066,70	89,59%	2,90%	3,03%	4,48%
2000	2.171,07	87,77%	3,54%	2,97%	5,72%
2001	2.180,86	91,67%	3,84%	3,62%	0,87%
2002	2.272,57	91,15%	4,06%	3,80%	1,00%

Tabelle 3 Beschäftigte der MPG (1949–2004 und 2021)

1949	1954	1959	1964	1969	1974	1979	1984	1989	1994	1999	2004	2021
1.442	2.047	2.968	4.334	7.219	8.219	8.241	8.335	8.723	9.868	9.257	11.755	18.468

Tabelle 4 Beschäftigtengruppen in der MPG (1974–2021)

Jahr	Direktor:innen und Wiss. Mitglieder*			Mittelbau*			Wiss. Mitarbeiter:innen*			Technisches Personal*		
	Summe	davon männlich	davon weiblich	Summe	davon männlich	davon weiblich	Summe	davon männlich	davon weiblich	Summe	davon männlich	davon weiblich
1974	200	198	2	161	157	4	1.362	1191	171	2.595	1.452	1.143
1979	198	196	2	143			1.324			2.541		
1984	201	199	2	179			1.812			3.319		
1989	204	202	2	187			1.930			3.614		
				Summe		Frauen in %	Summe		Frauen in %	Summe		Frauen in %
1994	231	226	5	172		4,7	2.660		16,3	3.612		46,2
1999	254	249	5	212		12,4	2.602		17,4	3.392		46,4
2002	260	248	12	212		20,0	3.028		21,4	3.423		47,4
2012	280	256	24	345		27,8	4.849		29,2	3.831		41,7
2021	299	244	55	392		36,0	6.054		32,9	3.951		38,6

Tabelle 3 Ausgewiesen sind die Planstellen, d.h. Beschäftigte der Grundfinanzierung bzw. ab 1993 institutionellen Förderung exkl. Stipendiat:innen, Zeithilfen und Beschäftigte aus der Projektförderung. Die MPG änderte mehrmals ihre Erhebungsgrundlagen für Beschäftigte aus der Grundfinanzierung. Ab 1993 werden Planstellen in der Kategorie institutionelle Förderung zusammengefasst. 1949: fehlende Daten einiger Institute (z.B. Biophysik, physikalische Chemie). 2021: inkl. Auszubildende, Praktikant:innen, Doktorand:innen mit Fördervertrag, exkl. Drittmittel-/Projektförderung, Doktorand:innen/Postdocs mit Stipendium, Stipendiat:Innen, IMPRS-Bachelors.

Quellen: AMPG, II. Abt, Rep. 69, Nr. 499; Tätigkeitsbericht 1. Januar 1968 bis 31. Dezember 1969, Zahlenspiegel der Jahrgänge 1974, 1979, 1984, 1989, MPG in Zahlen 1994, Zahlen und Daten 1998 sowie Personalstatistik 2005 und Jahresbericht 2022.

Tabelle 4 * Die Beschäftigtenkategorien veränderten sich und sind in den Quellen nicht immer trennscharf ausgewiesen. Mittelbau = Beschäftigte der Besoldungsgruppe BAT AH 2 Vergütung, besonders qualifizierte langjährige, meist habilitierte Wissenschaftler:innen und Abteilungsleiter:innen; wiss. Mitarbeiter:innen = Beschäftigte der Besoldungsgruppe W Ib; technisches Personal = u.a. Bibliothekar:innen, Mechatroniker:innen, Elektroniker:innen, Medizinisch-Technische-Assistent:innen, Laborassistent:innen; Verwaltung = u.a. Sekretärinnen (aber nicht eigens ausgewiesen); sonstige Dienste = u.a. Reinigungspersonal, Haustechnik, Telefonistinnen; Arbeiter:innen/Lohnempfänger:inen = u.a. Landarbeiter:innen, Tierpfleger:innen, Fahrer:innen, Bot:innen.

** Gemeint sind allein die Beschäftigten aus der Grundfinanzierung (Planstellen), exkl. Stipendiat:innen, Zeithilfen und Beschäftigte aus der Projektförderung. Ab 1994 enthalten die Angaben auch Auszubildende und Zeithilfen und die Kategorie Planstellen wird in institutionelle Förderung umbenannt. – Die Jahre 1974 und 1979 sind nicht auf Grundlage der Summe aller Beschäftigten ausgewiesen, sondern ohne IPP, MPI für Eisenforschung und MPI für Kohlenforschung, da hier keine Aufschlüsselung in einzelne Berufsgruppen erfolgte. Planstellen insgesamt mit diesen drei Instituten: 1974 = 8.219; 1979 = 8.241,5.

Quellen: Zahlenspiegel 1974–1993; MPG in Zahlen 1994–1999; Zahlen und Daten/Facts and Figures 2000, MPG-Jahresbericht 2012, Personalstatistik 2003 u. 2022 sowie biografische Datenbank des Forschungsprogramms GMPG.

Tabelle 4 (Forts.)

Verwaltung*			sonstige Dienste*			Arbeiter:innen/ Lohnempfänger:innen*			Beschäftigte insgesamt**		
Summe	davon männlich	davon weiblich	Summe	davon männlich	davon weiblich	Summe	davon männlich	davon weiblich	Summe	davon männlich	davon weiblich
669	236	433	500	45	455	1.135	507	628	6.594	3.757	2.837
590			568			1.125			6.469	3.850	2.619
773			823			1.542			8.646	5.230	3.416
903			856			1.575			9.269	5.434	3.835
Summe		Frauen in %	Summe		Frauen in %	Summe		Frauen in %			
1.055		69,2	924		87,4	1.505		38,0	10.146	5.915	4.231
1.142		70,8	851		87,8	1.307		35,7	9.750	5.655	4.095
1.301		73,0	847		88,8	1.341		34,5	10.421	5.929	4.492
									Summe		Frauen in %
4.242		67,4	k.A.			k.A.			16.918		44,4
4.674		68,8	k.A.			k.A.			20.898		44,7

Tabelle 5 Anzahl der Max-Planck-Institute nach Sektionen

Jahr	BMS*	CPTS*	GWS / GSHS*
1949	17	13	2
1954	22	13	3
1959	23	14	4
1964	26	15	6
1969	29	18	9
1974	25	16	9
1979	23	17	13
1984	26	21	13
1989	25	22	12
1994	28	30	14
1999	33	29	18
2002	33	29	20
2022	27	32	23

Tabelle 5 * BMS = Biologisch-Medizinische Sektion; CPTS = Chemisch-Physikalisch-Technische Sektion; GWS = Geisteswissenschaftliche Sektion, seit 2004 Geistes-, Sozial- und Humanwissenschaftliche Sektion

Quelle: Henning und Kazemi, *Handbuch*, 2016.

2. Infografiken

Auf den folgenden Seiten werden einige zentrale Aspekte der MPG-Geschichte (Aufbau, Finanzen, Personal, Nobelpreisträger:innen) in Form von Infografiken veranschaulicht. Insbesondere soll an dieser Stelle ein Überblick über die zeitliche Entwicklung und räumliche Verteilung der rund 140 Forschungseinrichtungen der MPG gegeben werden, die zeitweise oder über den ganzen Untersuchungszeitraum hinweg existierten.

Aufgrund der enormen Zahl der Institute und ihrer teils verschlungenen Entwicklungswege, die in ihrer Detailliertheit nicht alle abgebildet werden können, sind die Namen der Forschungseinrichtungen der MPG in den folgenden Grafiken abgekürzt (S. 844–856), ihre Zugehörigkeit zu den einzelnen Sektionen durch Farbcodes hervorgehoben (BMS = grün, CPTS = blau, GWS = orange) und ihre Entwicklung mit Symbolen gekennzeichnet (↗ ging über in; ★ gegründet; ✕ geschlossen).

2. Infografiken

2.1 Organisatorischer Aufbau der Max-Planck-Gesellschaft

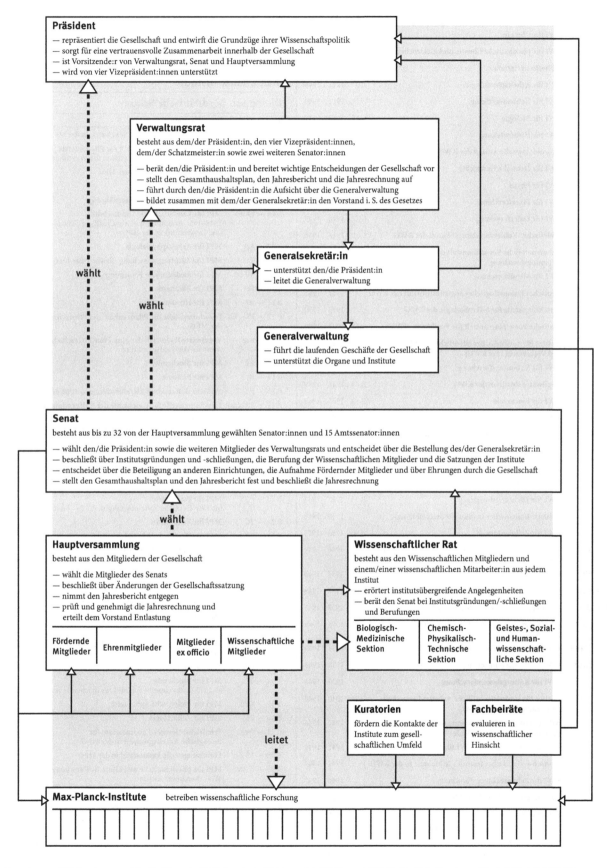

Das Organigramm stellt die satzungsgemäßen Strukturen der MPG dar, wie sie sich bis zum Jahr 2010 herausgebildet hatten. Siehe Henning und Kazemi, *Chronik*, 2011, 918. Siehe dazu oben, Kap. II und Kap. IV.4.

2.2 Übersicht über die Institute der KWG und MPG (1911–2002) nach Gründungsdatum

Kaiser-Wilhelm-Institute — KWI

Nr.	Abk.	Institutsname	↗	*	×
K 01	C	KWI für Chemie	C 10	1911	1949
K 02	PCE	KWI für physikalische Chemie und Elektrochemie	C 13	1911	1949
K 03	BH	Bibliotheca Hertziana	G 03	1912	1944
K 04	AP	KWI für Arbeitsphysiologie	B 07	1912	1948
K 05	KOFO	KWI für Kohlenforschung	C 07	1912	1949
K 06	BIO	KWI für Biologie	B 15	1913	1949
K 07	HF	KWI für Hirnforschung	B 11	1914	1948
K 08	HBA	Hydrobiologische Anstalt der KWG	B 03	1917	1948
K 09	G	KWI für Deutsche Geschichte	G 04	1917	1944
K 10	P	KWI für Physik	C 03	1917	1948
K 11	E	KWI für Eisenforschung	C 04	1918	1948
K 12	L	KWI für Lederforschung	BC 2	1918	1949
K 13	SKOFO	Schlesisches Kohlenforschungsinstitut der KWG	C 07	1918	1948
K 14	AVA	Aerodynamische Versuchsanstalt der KWG / KWI für Strömungsforschung	C 17	1919	1945
K 15	MF	KWI für Metallforschung	C 08	1920	1949
K 16	DEM	Deutsches Entomologisches Museum/Institut der KWG		1922	1946
K 17	FS–MB	Forschungsstelle für Mikrobiologie der KWG		1923	1950
K 18	PSY	Deutsche Forschungsanstalt für Psychiatrie (KWI)	B 23	1924	1949
K 19	VR	Institut für ausländisches öffentliches Recht und Völkerrecht (der KWG)	G 01	1924	1949
K 20	S	KWI für Strömungsforschung	C 05	1924	1948
K 21	VW	Vogelwarte Rossitten der KWG	B 13	1924	1949
K 22	BC	KWI für Biochemie	B 14	1925	1949
K 23	SF	KWI für Silikatforschung	C 02	1925	1948
K 24	WBWK	Forschungs-Institut für Wasserbau und Wasserkraft der KWG		1926	1946
K 25	AEE	KWI für Anthropologie, menschliche Erblehre und Eugenik	B 19	1926	1949
K 26	MF	KWI für medizinische Forschung	B 09	1927	1948
K 27	Z	KWI für Züchtungsforschung	B 08	1927	1948
K 28	DIIMB	Deutsch-Italienisches Institut für Meeresbiologie		1930	1943
K 29	ZP	KWI für Zellphysiologie	B 20	1930	1953
K 30	SEEN	Institut für Seenforschung und Seenbewirtschaftung der KWG		1936	1949
K 31	BP	KWI für Biophysik	B 10	1937	1948
K 32	TIER	KWI für Tierzucht und Tierernährung	B 05	1937	1948
K 33	LIM	Limnologische Station Niederrhein der KWG		1937	1945
K 34	PS	Forschungsstelle für Physik der Stratosphäre in der KWG	C 11	1938	1949
K 35	PRIVR	KWI für ausländisches und internationales Privatrecht	G 02	1938	1949
K 36	BAST	KWI für Bastfaserforschung	C 01	1938	1948
K 37	KPF	KWI für Kulturpflanzenforschung		1939	1946
K 38	LAND	Institut für landwirtschaftliche Arbeitswissenschaft und Landtechnik in der KWG	B 06	1940	1948
K 39	A–VF	Arbeitsstätte für Virusforschung der KWI für Biochemie und für Biologie	B 21	1941	1946
K 40	DSA	Deutsches Spracharchiv, KWI für Phonometrie	B 02	1941	1948
K 41	DGIB	Deutsch-Griechisches Institut für Biologie in der KWG		1942	1944
K 42	RZF	KWI für Rebenzüchtungsforschung		1942	1947
K 43	FS–D	Forschungsstelle D in der KWG		1943	1945
K 44	FRI	Fraunhofer-Radio-Institut in der KWG	C 09	1946	1949
K 45	ACG	Gmelin-Institut für anorganische Chemie und Grenzgebiete in der KWG	C 06	1946	1948
K 46	IIK	Institut für Instrumentenkunde in der KWG		1946	1946
B 47	BPC	KWI für biophysikalische Chemie	BC 3	1947	1948
B 48	MB	KWI für Meeresbiologie	B 04	1947	1948
B 49	MFA	Medizinische Forschungsanstalt der KWG	BC 1	1947	1948
B 50	FS–S	Forschungsstelle Dr. von Sengbusch in der KWG	B 01	1948	1948

Max-Planck-Institute — MPI
Biologisch-Medizinische Sektion — BMS

Nr.	Abk.	Institutsname	*	×
B 01	FS–S	Forschungsstelle (Dr.) von Sengbusch in der MPG	1948	1951
B 02	DSA	Deutsches Spracharchiv, MPI für Phonometrie ab 1949 Institut für Phonometrie in der Verwaltung der MPG	1948	1949
B 03	HBA	Hydrobiologische Anstalt der MPG	1948	1966
B 04	MB	MPI für Meeresbiologie	1948	1968
B 05	TIER	MPI für Tierzucht und Tierernährung	1948	1974
B 06	LAND	MPI für Landarbeit und Landtechnik 1948–1956 Institut für landwirtschaftliche Arbeitswissenschaft und Landtechnik in der MPG	1948	1976
B 07	AP	MPI für Arbeitsphysiologie	1948	1973
B 08	Z	MPI für Züchtungsforschung (Erwin-Baur-Institut)	1948	2009
B 09	MEDF	MPI für medizinische Forschung	1948	
B 10	BP	MPI für Biophysik	1948	
B 11	HF	MPI für Hirnforschung	1948	
B 12	FS–PBZ	Forschungsstelle für Pflanzenbau und Pflanzenzüchtung in der MPG	1948	1951
B 13	VW	Vogelwarte Radolfzell der Max-Planck-Gesellschaft vormals Vogelwarte Rossitten	1949	1959
B 14	BC	MPI für Biochemie	1949	1973
B 15	BIO	MPI für Biologie	1949	2004
B 16	HERZ	William G. Kerckhoff-Herzforschungsinstitut der MPG	1951	1972
B 17	FS–GKP	Forschungsstelle für Geschichte der Kulturpflanzen in der MPG	1953	1956
B 18	FS–MM	Forschungsstelle für Mikromorphologie in der MPG	1953	1955
B 19	VEE	MPI für vergleichende Erbbiologie und Erbpathologie	1953	1964
B 20	ZP	MPI für Zellphysiologie	1953	1972
B 21	VF	MPI für Virusforschung	1954	1984
B 22	VP	MPI für Verhaltensphysiologie	1954	2003
B 23	PSY	MPI für Psychiatrie bis 1966 Deutsche Forschungsanstalt für Psychiatrie (MPI)	1954	
B 24	ZC	MPI für Zellchemie	1956	1972
B 25	EP	MPI für Ernährungsphysiologie	1956	1993
B 26	KPZ	MPI für Kulturpflanzenzüchtung 1958–1959 Forschungsstelle für Kulturpflanzenzüchtung der MPG	1957	1969
B 27	PG	MPI für Pflanzengenetik	1960	1978
B 28	FS–BA	Forschungsstelle für Bioakustik in der MPG	1961	1973
B 29	FS–GZ	Forschungsstelle für Gewebezüchtung in der MPG	1961	1963
B 30	IB	MPI für Immunbiologie	1961	2010
B 31	MG	MPI für molekulare Genetik	1963	
B 32	FS–PSY	Forschungsstelle für Psychopathologie und Psychotherapie in der MPG	1965	1987
B 33	LIM	MPI für Limnologie	1966	2007
B 34	BC	MPI für Biochemie ab 1973 (nicht dasselbe wie MPI für Biochemie vor 1972)	1967	
B 35	KYB	MPI für biologische Kybernetik	1968	
B 36	ZB	MPI für Zellbiologie	1968	2003
B 37	FML	Friedrich-Miescher-Laboratorium für biologische Arbeitsgruppen in der MPG	1969	
B 38	FS–V	Forschungsstelle Vennesland in der MPG	1970	1981
B 39	KLIN	MPI für physiologische und klinische Forschung, W. G. Kerckhoff-Institut	1972	2004
B 40	SP	MPI für Systemphysiologie	1973	1993
B 41	FS–NC	Forschungsstelle für Neurochemie	1974	1992
B 42	ENDO	MPI für experimentelle Endokrinologie	1979	2006
B 43	FG–RM	Klinische Forschungsgruppe für Reproduktionsmedizin an der Frauenklinik der Universität Münster der MPG	1980	1989
B 44	NF	MPI für neurologische Forschung	1981	2010
B 45	FS–M	Forschungsstelle Matthaei in der MPG	1982	1985

Nr.	Abk.	Institutsname	*	×
B 46	EB	MPI für Entwicklungsbiologie	1984	
B 47	MDL	Max-Delbrück-Laboratorium in der MPG	1985	2000
B 48	FS-HE	Forschungsstelle für Humanethologie in der MPG	1986	1996
B 49	TM	MPI für terrestrische Mikrobiologie	1990	
B 50	ME	MPI für mikrobielle Ökologie	1990	1991
B 51	AG-SMB	Max-Planck-Arbeitsgruppen für strukturelle Molekularbiologie am DESY ab 1994 Arbeitsgruppen für strukturelle Molekularbiologie der MPG am DESY	1990	2011
B 52	MMB	MPI für marine Mikrobiologie	1991	
B 53	INFB	MPI für Infektionsbiologie	1992	
B 54	MPP	MPI für molekulare Pflanzenphysiologie	1992	
B 55	MOLP	MPI für molekulare Physiologie 1993 entstanden aus der Zusammenlegung des MPI für Ernährungsphysiologie und des MPI für Systemphysiologie	1992	
B 56	CNS	MPI für neuropsychologische Forschung	1993	2004
B 57	CE	MPI für chemische Ökologie	1996	
B 58	AG-ENZ	Max-Planck-Forschungsstelle für Enzymologie der Proteinentfaltung vor 2001 Forschungsstelle Enzymologie der Proteinfaltung der MPG	1996	2012
B 59	CBG	MPI für molekulare Zellbiologie und Genetik	1997	
B 60	ORN	MPI für Ornithologie	1997	
B 61	NEURO	MPI für Neurobiologie	1997	
B 62	FS-ORN	Forschungsstelle für Ornithologie / Max-Planck-Forschungsstelle für Ornithologie	1998	2004
B 63	VB	MPI für vaskuläre Biologie	2001	2004

Teil der Biologisch-Medizinischen Sektion und der Chemisch-Physikalisch-Technischen Sektion

Nr.	Abk.	Institutsname	*	×
BC 1	EM	MPI für experimentelle Medizin 1948–1965 Medizinische Forschungsanstalt der MPG	1948	
BC 2	EL	MPI für Eiweiß- und Lederforschung 1948–1954 Forschungsstelle für Eiweiß und Leder in der MPG	1948	1972
BC 3	PC	MPI für physikalische Chemie	1948	1971

Chemisch-Physikalisch-Technische Sektion   CPTS

Nr.	Abk.	Institutsname	*	×
C 01	BAST	MPI für Bastfaserforschung	1948	1951
C 02	SF	MPI für Silikatforschung	1948	1971
C 03	P	MPI für Physik	1948	1958
C 04	E	MPI für Eisenforschung	1948	
C 05	S	MPI für Strömungsforschung	1948	2004
C 06	ACG	Gmelin-Institut für anorganische Chemie und Grenzgebiete in der MPG	1948	1997
C 07	KOFO	MPI für Kohlenforschung	1948	
C 08	MF	MPI für Metallforschung	1948	2011
C 09	ION	Institut für Ionosphärenforschung in der MPG	1948	1956
C 10	C	MPI für Chemie / Otto-Hahn-Institut	1949	
C 11	FS-PS	Forschungsstelle für Physik der Stratosphäre in der MPG	1949	1952
C 12	SPEC	MPI für Spektroskopie 1950–1965 Forschungsstelle für Spektroskopie in der MPG	1949	1971
C 13	FHI	Fritz-Haber-Institut der MPG	1952	
C 14	PS	MPI für Physik der Stratosphäre	1952	1956
C 15	PSI	MPI für Physik der Stratosphäre und der Ionosphäre	1955	1958
C 16	PAP	MPI für Physik und Astrophysik	1955	1991
C 17	AVA	Aerodynamische Versuchsanstalt in der MPG	1956	1969
C 18	AE	MPI für Aeronomie	1957	2004
C 19	K	MPI für Kernphysik	1958	
C 20	IPP	MPI für Plasmaphysik 1960–1971 Institut für Plasmaphysik ab 1994 + Teilinstitut in Greifswald	1960	
C 21	RA	MPI für Radioastronomie	1965	
C 22	A	MPI für Astronomie	1967	1997
C 23	FKF	MPI für Festkörperforschung 1971–2004 mit Außenstelle in Grenoble	1969	
C 24	BPC	MPI für biophysikalische Chemie Karl-Friedrich-Bonhoeffer-Institut	1970	
C 25	MET	MPI für Meteorologie	1974	
C 26	Q	MPI für Quantenoptik 1976–1981 Projektgruppe für Laserforschung der MPG	1975	
C 27	M	MPI für Mathematik	1980	
C 28	STR	MPI für Strahlenchemie	1981	2003
C 29	PF	MPI für Polymerforschung	1982	
C 30	FS-G	Forschungsstelle Gottstein in der MPG	1983	1992
C 31	INF	MPI für Informatik	1988	
C 32	P-WHI	MPI für Physik / Werner-Heisenberg-Institut	1991	
C 33	ASTRO	MPI für Astrophysik	1991	
C 34	ETP	MPI für extraterrestrische Physik	1991	
C 35	AG-RBS	Max-Planck-Arbeitsgruppe Röntgenbeugung an Schichtsystemen	1991	1996
C 36	AG-QC	Max-Planck-Arbeitsgruppe Quantenchemie	1991	1996
C 37	MP	MPI für Mikrostrukturphysik	1991	
C 38	AG-TDH	Max-Planck-Arbeitsgruppe Theorie dimensionsreduzierter Halbleiter	1991	1996
C 39	KG	MPI für Kolloid- und Grenzflächenforschung	1991	
C 40	AG-SSE	Max-Planck-Arbeitsgruppe Staub in Sternenstehungsgebieten	1991	1996
C 41	PKS	MPI für Physik komplexer Systeme	1991	
C 42	AEI	MPI für Gravitationsphysik / Albert-Einstein-Institut	1994	
C 43	CPFS	MPI für chemische Physik fester Stoffe	1995	
C 44	MIS	MPI für Mathematik in den Naturwissenschaften	1995	
C 45	DKTS	MPI für Dynamik komplexer technischer Systeme	1996	
C 46	BGC	MPI für Biogeochemie 1996–1997 MPI für die Erforschung globaler biogeochemischer Kreisläufe	1996	

Geistes, Human- und Sozialwissenschaftliche Sektion   GWS

Nr.	Abk.	Institutsname	*	×
G 01	VR	MPI für ausländisches öffentliches Recht und Völkerrecht	1949	
G 02	PRIVR	MPI für ausländisches und internationales Privatrecht	1949	
G 03	BH	Bibliotheca Hertziana seit 2002 Bibliotheca Hertziana – MPI für Kunstgeschichte	1953	
G 04	G	MPI für Geschichte	1955	2007
G 05	B	MPI für Bildungsforschung 1963–1971 Institut für Bildungsforschung in der MPG	1961	
G 06	ER	MPI für europäische Rechtsgeschichte 1961–1964 MPI für vergleichende Rechtsgeschichte	1961	
G 07	PUWR	MPI für ausländisches und internationales Patent-, Urheber- und Wettbewerbsrecht	1965	2002
G 08	SR	MPI für ausländisches und internationales Strafrecht	1965	
G 09	LWTW	MPI zur Erforschung der Lebensbedingungen der wissenschaftlich-technischen Welt	1968	1980
G 10	PG-PL	Max-Planck-Projektgruppe für Psycholinguistik	1976	1980
G 11	SOZ	MPI für Sozialwissenschaften	1979	1984
G 12	SOZR	MPI für ausländisches und internationales Sozialrecht	1979	2011
G 13	PL	MPI für Psycholinguistik	1979	
G 14	PSYF	MPI für psychologische Forschung	1981	2004
G 15	GF	MPI für Gesellschaftsforschung	1984	
G 16	EW	MPI zur Erforschung von Wirtschaftssystemen	1992	2005
G 17	WG	MPI für Wissenschaftsgeschichte	1993	
G 18	DR	MPI für demografische Forschung	1995	
G 19	DOLL	MPI zur Erforschung von Gemeinschaftsgütern 1996–2001 Projektgruppe Recht der Gemeinschaftsgüter 2001–2003 Max-Planck-Projektgruppe Recht der Gemeinschaftsgüter	1996	
G 20	EVA	MPI für evolutionäre Anthropologie	1997	
G 21	ETH	MPI für ethnologische Forschung	1998	
G 22	KHI	Kunsthistorisches Institut in Florenz – MPI (KHI)	2001	
G 23	IP	MPI für geistiges Eigentum, Wettbewerbs- und Steuerrecht	2002	2011

Quelle u. a. Henning und Kazemi, *Handbuch*, 2016.
→Rohdaten: doi.org/10.25625/7J38FQ

2.3 Sektionen

2.3.1 Biologisch-Medizinische Sektion

Die Biologisch-Medizinische Sektion der MPG umfasst Institute, die heute vor allem in den molekularen Lebenswissenschaften, der Zellbiologie sowie den Verhaltens-, Neuro- und Kognitionswissenschaften angesiedelt sind, ergänzt durch einige weitere Gebiete. Die Zahl der Institute bewegt sich seit den 1960er-Jahren relativ konstant zwischen 24 und 29. Die Anzahl der Wissenschaftlichen Mitglieder (WM) stieg Mitte der 1960er-Jahre auf 80, fiel seitdem hinter der Entwicklung der CPTS zurück und wuchs erst wieder im Zuge der Institutsneugründungen in den neuen Bundesländern an. Die Institute der BMS waren im Durchschnitt kleiner als die der CPTS, gemessen an der Anzahl der WM. Im Untersuchungszeitraum 1948 bis 2002 hatte rund ein Drittel aller WM in der BMS einen medizinischen Abschluss. Die Anzahl der Berufungen von WM mit einer medizinischen Ausbildung nahm ab den 1970er-Jahren ab.

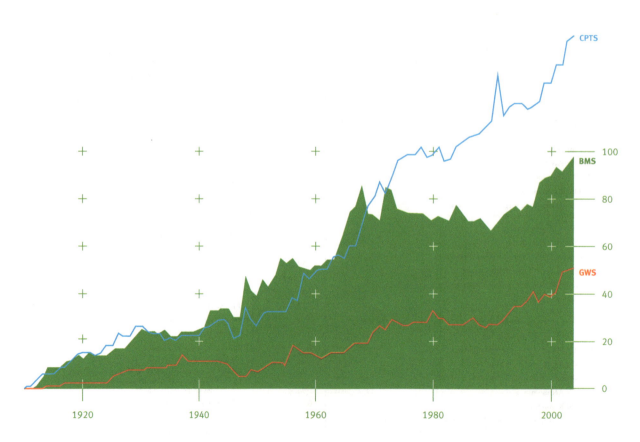

Anzahl der Wissenschaftlichen Mitglieder in der Biologisch-Medizinischen Sektion 1911–2004

2. Infografiken 847

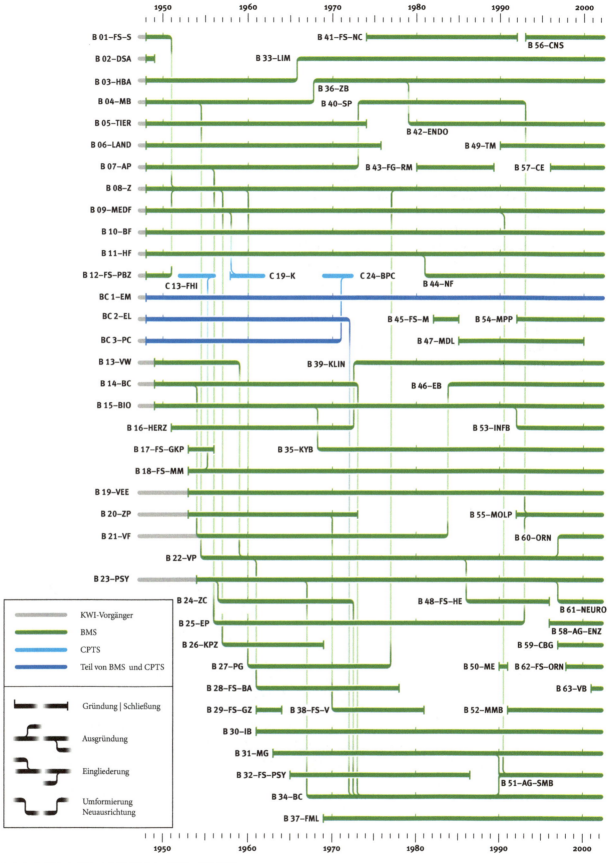

Genealogie der Institute der Biologisch-Medizinischen Sektion 1948–2002
→Rohdaten: doi.org/10.25625/7J38FQ

2.3.2 Chemisch-Physikalisch-Technische Sektion

Die CPTS ist die größte Sektion der MPG, was die Zahl der WM betrifft. 1950 gehörten ihr 15 Institute an, 2002 waren es 29. Die Zahl der Sektionsmitglieder stieg noch deutlicher an, so gehörten Anfang der 1950er-Jahre nur rund 20 Mitglieder zur Sektion, nach der Jahrtausendwende waren es über 100. In ihrer Geschichte öffnen sich die Forschungsfelder der CPTS und umfassen ein breites Spektrum, das von der Festkörperforschung über die Astronomie und Astrophysik sowie die Plasmaforschung (mit dem größten Institut der Gesellschaft) bis zur Erdsystem- und Laserforschung reichte. Grenzbereiche zwischen Physik, Chemie und Biologie spielen eine zunehmend wichtige Rolle. Auch die CPTS nutzte die Gelegenheit der deutschen Einheit zum Aufbau einer neuen wissenschaftlichen Infrastruktur in den östlichen Bundesländern und wurde im Laufe der 1990er-Jahre mit einer Reihe neuer Institute erheblich vergrößert.

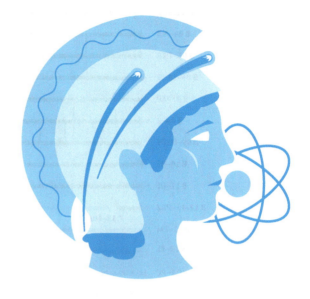

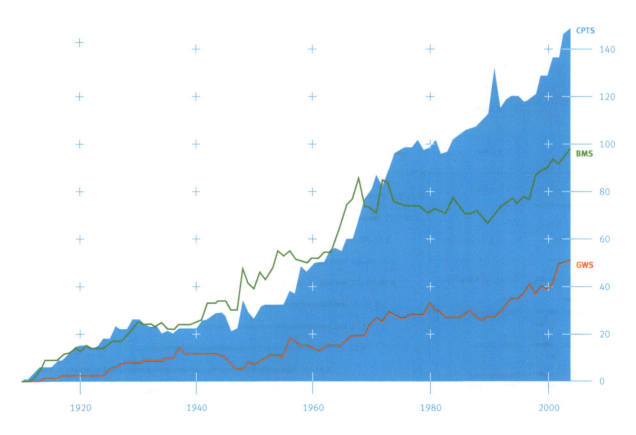

Anzahl der Wissenschaftlichen Mitglieder in der Chemisch-Physikalisch-Technischen Sektion 1911–2004

2. Infografiken

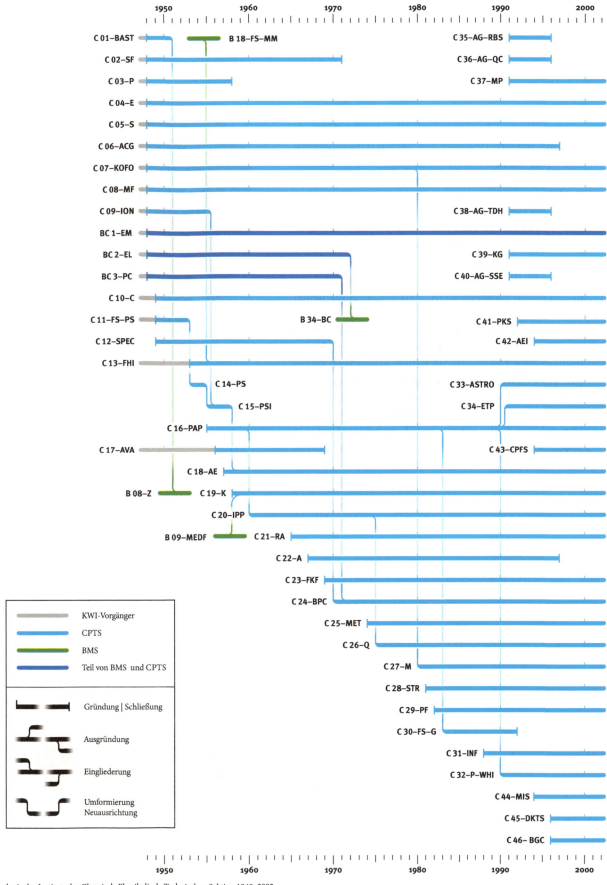

Genealogie der Institute der Chemisch-Physikalisch-Technischen Sektion 1948–2002
→ Rohdaten: doi.org/10.25625/7J38FQ

2.3.3 Geistes-, Sozial- und Humanwissenschaftliche Sektion

Die MPG übernahm von ihrer Vorgängerorganisation KWG nicht nur die Bibliotheca Hertziana in Rom und zwei rechtsvergleichend und internationalrechtlich arbeitende Institute, sondern 1950 auch den Namen »Geisteswissenschaftliche Sektion« (GWS). Von Beginn an die kleinste der drei Sektionen des Wissenschaftlichen Rats, wuchs die Zahl ihrer Institute in Phasen: Zu den ab 1955 vier Instituten der Gründungsjahre kamen in den 1960er-Jahren fünf, zu Beginn der 1980er-Jahre noch einmal vier Neugründungen hinzu; in den 1990er-Jahren erfolgte unter den politischen Ausnahmebedingungen des »Aufbaus Ost« ein Wachstumsschub mit sechs Institutsgründungen in den neuen Bundesländern. 2004 gehörten ihr neben sieben rechtswissenschaftlichen Instituten zwölf andere mit heterogenen Forschungsthemen an, die mehrheitlich eher den Sozial- und Verhaltenswissenschaften als den traditionellen Geisteswissenschaften zuzuordnen waren (wie etwa Gesellschaftsforschung, Demografie oder Psycholinguistik) und die im Übrigen – jedenfalls in ihrem Methodenarsenal – die klassischen Grenzlinien zu den Naturwissenschaften zunehmend überschritten. Dem trug 2004 die Umbenennung der Sektion in Geistes-, Sozial- und Humanwissenschaftliche Sektion (GSHS) Rechnung.

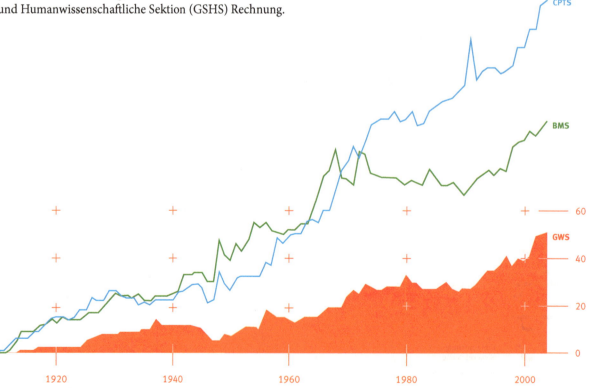

Anzahl der Wissenschaftlichen Mitglieder in der Geistes-, Sozial- und Humanwissenschaftlichen Sektion 1911–2004

2. Infografiken

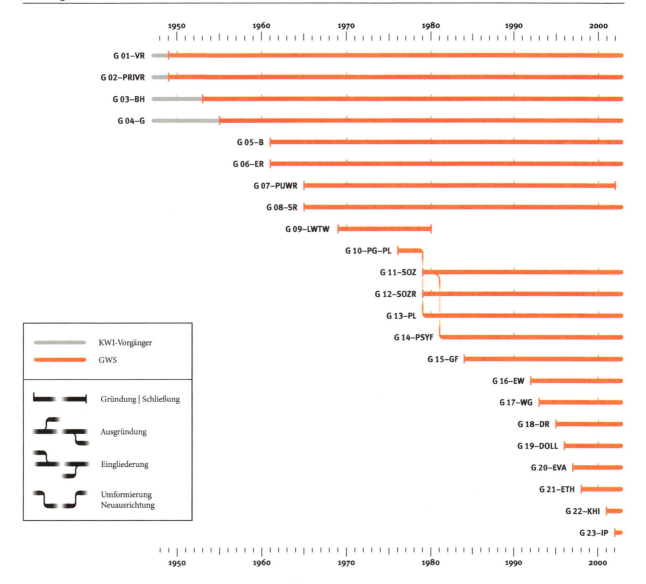

Genealogie der Institute der Geistes-, Sozial- und Humanwissenschaftlichen Sektion 1948–2002
→Rohdaten: doi.org/10.25625/7J38FQ

2.4 Raum

2.4.1 Ausgangslage

1943–1946

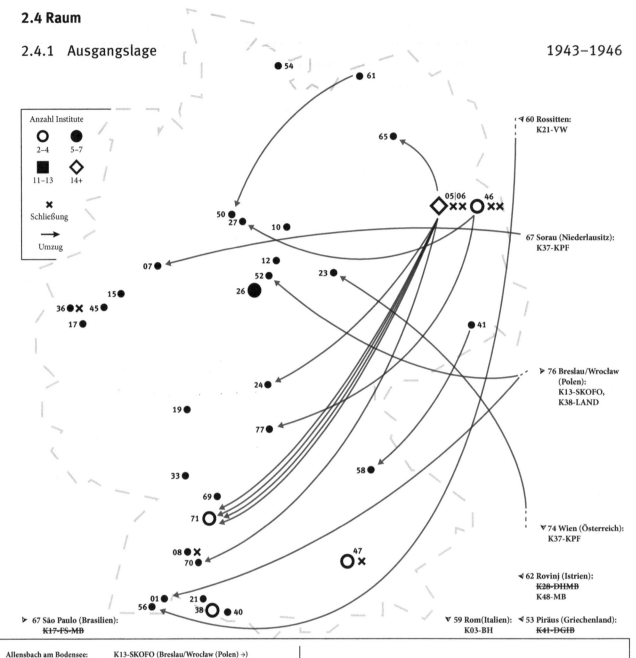

01	Allensbach am Bodensee:	K13-SKOFO (Breslau/Wrocław (Polen) →)	46	Müncheberg/Mark Brandenburg:	K42-RZF (→ Würzburg), K27-Z (→ Gut Heidtlingen bei Hannover)
05	Berlin:	K01-C (→ Tailfingen), [K06-BIO, K22-BC, K35-PRIVR, K-39-A-VF] (→ Tübingen), K07-HF, K09-G, K10-P, K19-VR, K23-SF (→ Gebiete Rhön),	47	München:	K18-PSY, K24-WBWK
06	Berlin-Dahlem:	K02-PCE, K16-DEM (→ Schloß Blücherhof (Waren)), K25-AEE, K29-ZP	50	Neustadt am Rübenberge:	32-TIER (Rostock →)
07	Bielefeld:	K36-BAST (Sorau (Niederlausitz) →)	52	Northeim-Imbshausen:	K38-LAND (Wrocław (Polen) →)
08	Bisingen/Hohenzollern:	K43-FS-D	53	Piräus (Griechenland):	K41-DGIB
10	Braunschweig:	K40-DSA	54	Plön:	K08-HBA
12	Claustahl-Zellerfeld:	K45-ACG	56	Radolfzell am Bodensee:	K21-VW (Rossitten →)
15	Dortmund:	K04-AP	58	Regensburg:	K12-L (Dresden →)
16	Dresden:	K12-L (→ Regensburg)	59	Rom (Italien):	K03-BH
17	Düsseldorf:	K11-E	60	Rossitten:	K21-VW (→ Radolfzell)
19	Frankfurt am Main:	K31-BP	61	Rostock:	K32-TIER (→ Neustadt am Rübenberge)
21	Friedrichshafen/Weißenau:	K34-PS	62	Rovinj (Istrien):	[K28-DHMB, K48-MB] (→ Langenargen am Bodensee)
23	Gatersleben:	K37-KPF (Wien →)	64	São Paulo (Brasilien):	K17-FS-MB
24	Gebiete Rhön:	K23-SF (Tübingen →)	65	Schloß Blücherhof (Waren):	K16-DEM (Berlin-Dahlem →)
26	Göttingen:	K14-AVA, K20-S, K47-BPC, K49-MFA, K50-FS-S	67	Sorau (Niederlausitz):	K36-BAST (→ Bielefeld)
27	Gut Heidtlingen bei Hannover:	K27-Z (→ Müncheberg/Mark Brandenburg)	69	Stuttgart:	K15-MF
33	Heidelberg:	K26-MF	70	Tailfingen:	K01-C (Berlin →)
36	Krefeld:	K33-LIM	71	Tübingen:	[K06-BIO, K22-BC, K35-PRIVR, K-39-A-VF] (Berlin →)
38	Langenargen am Bodensee:	K30-SEEN, [K28-DHMB, K48-MB] (Rovinj (Istrien) →)	74	Wien (Österreich):	K37-KPF (→ Gatersleben)
40	Lindau:	K44-FRI	76	Breslau/Wrocław (Polen):	K13-SKOFO (→ Allensbach am Bodensee), K38-LAND (→ Northeim-Imbshausen)
45	Mülheim an der Ruhr:	K05-KOFO	77	Würzburg:	K42-RZF (Müncheberg/Mark Brandenburg →)

N00 Schließung   (Ortsname →) Umzug von   (→ Ortsname) Umzug nach   – Alle Rohdaten für die räumlichen Darstellungen: doi.org/10.25625/7J38FQ

2. Infografiken

2.4.2 Phase 1 — 1946–1955

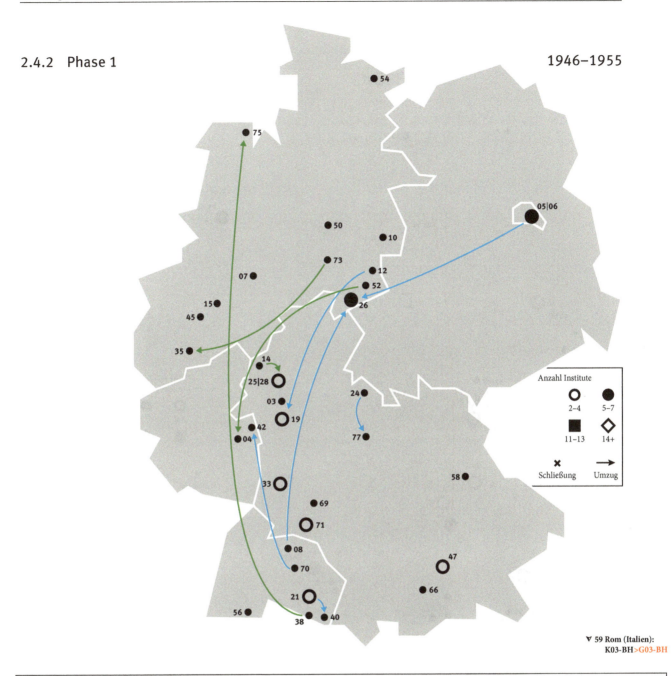

03	Bad Kreuznach:	B06-LAND (Northeim-Imbshausen→)
04	Bad Nauheim:	+B16-HERZ
05	Berlin:	+B18-FS-MM, K10-P>C03-P (→ Göttingen)
06	Berlin-Dahlem:	+B17-FS-GKP, K25-AEE>B19-VEE, K29-ZP>B20-ZP, K02-PCE>C13-FHI
07	Bielefeld:	K36-BAST>C01-BAST
10	Braunschweig:	K40-DSA>B02-DSA
12	Clausthal-Zellerfeld:	K45-ACG>C06-ACG (→ Frankfurt am Main)
14	Dillenburg:	K07-HF>B11-HF (→ Gießen)
15	Dortmund:	K04-AP>B07-AP
17	Düsseldorf:	K11-E>C04-E
19	Frankfurt am Main:	K31-BP>B10-BP, C06-ACG (Clausthal-Zellerfeld→)
24	Gebiete Rhön:	K23-SF>C02-SF (→ Würzburg)
25	Gießen:	B11-HF (Dillenburg →)
26	Göttingen:	K50-FS-S>B01-FS-S, K49-MFA>BC1-EM, K47-BPC>BC3-PC, K20-S>C05-S, C03-P (Berlin →), C12-SPEC (Hechingen →), K09-G>G04-G
28	Gut Neuhof (bei Gießen):	+B12-FS-PBZ
32	Hechingen:	+C12-SPEC (→ Göttingen)
33	Heidelberg:	K26-MF>B09-MEDF, K19-VR>G01-VR
35	Köln:	B08-Z (Voldagsen bei Hameln →)
38	Langenargen am Bodensee:	K48-MB>B04-MB (→ Wilhelmshaven)
40	Lindau:	K44-FRI>C09-ION
42	Mainz:	C15-PSI (Ravensburg-Eschach-Weißenau→), C10-C (Tailfingen →)
45	Mülheim an der Ruhr:	K05-KOFO>C07-KOFO
47	München:	K18-PSY>B23-PSY, +C16-PAP
50	Neustadt am Rübenberge:	K32-TIER>B05-TIER
52	Northeim-Imbshausen:	K38-LAND>B06-LAND (→ Bad Kreuznach)
54	Plön:	K08-HBA>B03-HBA
56	Radolfzell am Bodensee:	K21-VW>B13-VW
57	Ravensburg-Eschach-Weißenau:	K34-PS>C11-FS-PS, +C14-PS, +C15-PSI (→ Mainz)
58	Regensburg:	K12-L>BC2-EL
59	Rom (Italien):	K03-BH>G03-BH
66	Seewiesen bei Pöcking:	+B22-VP
69	Stuttgart:	K15-MF>C08-MF
70	Tailfingen:	K01-C>C10-C (→ Mainz)
71	Tübingen:	K06-BIO>B15-BIO, K39-A-VF>B21-VF, K35-PRIVR>G02-PRIVR, K22-BC>B14-BC
73	Voldagsen bei Hameln:	B08-Z (→ Köln)
75	Wilhelmshaven:	B04-MB (Langenargen am Bodensee →)
77	Würzburg:	C02-SF (Gebiete Rhön →)

+N00 Neugründung   >N00 aus KWI hervorgegangen   N00 Schließung   (Ortsname →) Umzug von   (→ Ortsname) Umzug nach

2.4.3 Phase 2   1956–1972

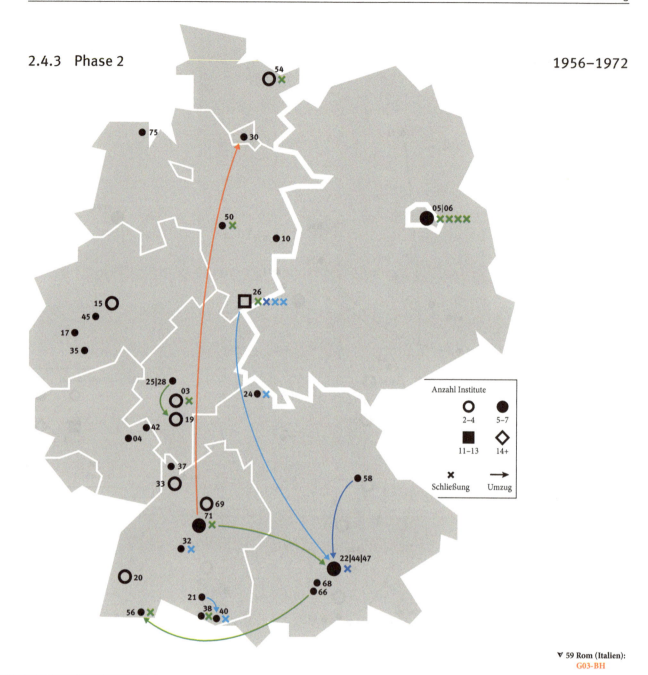

▼ 59 Rom (Italien): G03-BH

03	Bad Nauheim:	B16-HERZ, +B39-KLIN	38	Langenargen am Bodensee:	B04-MB
04	Bad Kreuznach:	B06-LAND	40	Lindau:	C15-PSI (Ravensburg-Eschach-Weißenau →), +C18-AE,
05	Berlin:	+G05-B	42	Mainz:	C10-C
06	Berlin-Dahlem:	B20-ZP, B19-VEE, +B29-FS-GZ, +B31-MG, +B38-FS-V, C13-FHI	44	Martinsried bei München:	+B34-BC
09	Bonn:	+C21-RA	45	Mülheim an der Ruhr:	C07-KOFO
12	Claustahl-Zellerfeld:	C06-ACG	47	München:	B14-BC (Tübingen →) B23-PSY, +B24-ZC, +B32-FS-PSY, C03-P (Gießen →), C16-PAP, +G07-PUWR, BC2-EL (Regensburg →)
15	Dortmund:	B07-AP, +B25-EP			
17	Düsseldorf:	C04-E			
19	Frankfurt am Main:	B10-BP, +G06-ER, B11-HF (Gießen →)	50	Neustadt am Rübenberge:	B05-TIER
20	Freiburg i.B.:	+B30-IB, G08-SR	54	Plön:	B03-HBA, +B33-LIM
22	Garching bei München:	+C20-IPP	56	Radolfzell am Bodensee:	B13-VW, B22-VP (Seewiesen bei Pöcking →)
24	Gebiete Rhön:	C02-SF	57	Ravensburg-Eschach-Weißenau:	C15-PSI (→Lindau)
25	Gießen:	B11-HF (→ Frankfurt am Main)	58	Regensburg:	BC2-EL (→ München)
26	Göttingen:	+B26-KPZ, BC1-EM, BC3-PC, C03-P (→ München), C05-S, +C17-AVA, +C24-BPC, G04-G	59	Rom (Italien):	G03-BH
			66	Seewiesen bei Pöcking:	B22-VP (→ Radolfzell am Bodensee)
30	Hamburg:	G02-PRIVR (Tübingen →)	58	Starnberg:	+G09-LWTW
32	Hechingen:	C12-SPEC	69	Stuttgart:	C08-MF, +C23-FKF
33	Heidelberg:	B09-MEDF, +C19-K, +C22-K, G01-VR	71	Tübingen:	B14-BC (→ München), B15-BIO, B21-VF, +B28-FS-BA, +B35-KYB, +B37-FML, G02-PRIVR (→ Hamburg)
35	Köln:	B08-Z			
37	Ladenburg am Neckar:	+B27-PG	75	Wilhelmshaven:	+B36-ZB

| +N00 Neugründung | >N00 aus KWI hervorgegangen | N00 Schließung | (Ortsname →) Umzug von | (→ Ortsname) Umzug nach |

2.4.4 Phase 3 — 1973–1989

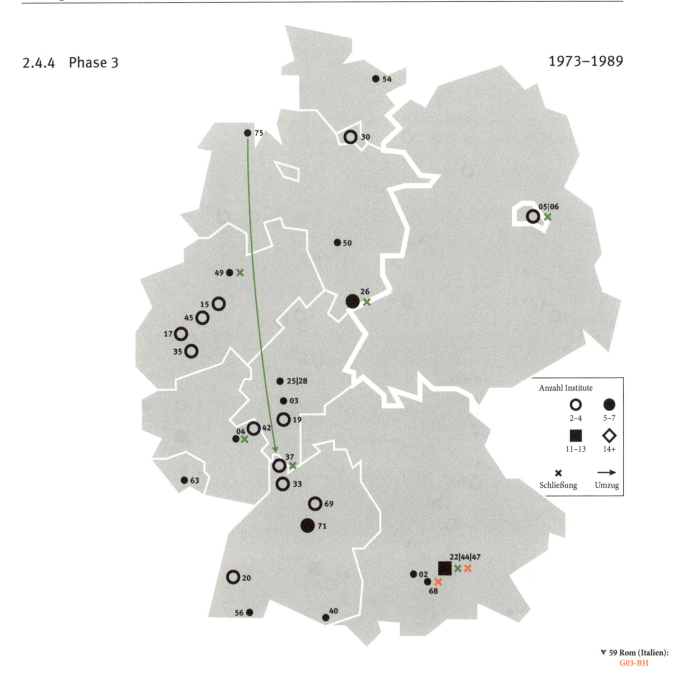

▼ 59 Rom (Italien): G03-BH

02	Andechs:	+B48-FS-HE	40 Lindau:	C18-AE
03	Bad Nauheim:	B39-KLIN	42 Mainz:	+C29-PF, C10-C
04	Bad Kreuznach:	B06-LAND	44 Martinsried bei München:	B34-BC
05	Berlin:	G05-B	45 Mülheim an der Ruhr:	C07-KOFO, +C28-STR
06	Berlin-Dahlem:	B31-MG, B38-FS-V, BC3-FHI	47 München:	B14-BC, B23-PSY, B32-FS-PSY, C16-PAP,
09	Bonn:	C21-RA, +C27-M		+C30-FS-G, G07-PUWR, +G11-SOZ,
15	Dortmund:	B07-AP, B25-EP, +B40-SP		+G12-SOZR, +G14-PSYF
17	Düsseldorf:	C04-E	49 Münster:	+B43-FG-RM
19	Frankfurt am Main:	B10-BP, C06-ACG, G06-ER	51 Nijmegen (Niederlande):	+G10-PG-PL, +G13-PL
20	Freiburg im Breisgau:	B30-IB, G08-SR	54 Plön:	B33-LIM
22	Garching bei München:	C20-IPP, +C26-Q	59 Rom (Italien):	G03-BH
25	Gießen:	B11-HF	56 Radolfzell am Bodensee:	B22-VP
26	Göttingen:	B41-FS-NC, +B45-FS-M, BC1-EM, C05-S, G04-G	63 Saarbrücken:	+C31-INF
30	Hamburg:	+C25-MET, G02-PRIVR	68 Starnberg:	G09-LWTW
31	Hannover:	+B42-ENDO	69 Stuttgart:	C08-MF, C23-FKF
33	Heidelberg:	B09-MEDF, C19-K, C22-A, G01-VR	71 Tübingen:	B15-BIO, B21-VF, B35-KYB, B37-FML, +B46-EB
35	Köln:	B08-Z, +B44-NF, +B47-MDL, +G15-GF	75 Wilhelmshaven:	B36-ZB (→ Ladenburg am Neckar)
37	Ladenburg am Neckar:	B27-PG, B36-ZB (Wilhelmshaven →)		

+N00 Neugründung   >N00 aus KWI hervorgegangen   N00 Schließung   (Ortsname →) Umzug von   (→ Ortsname) Umzug nach

2.4.5 Phase 4 1990–2002

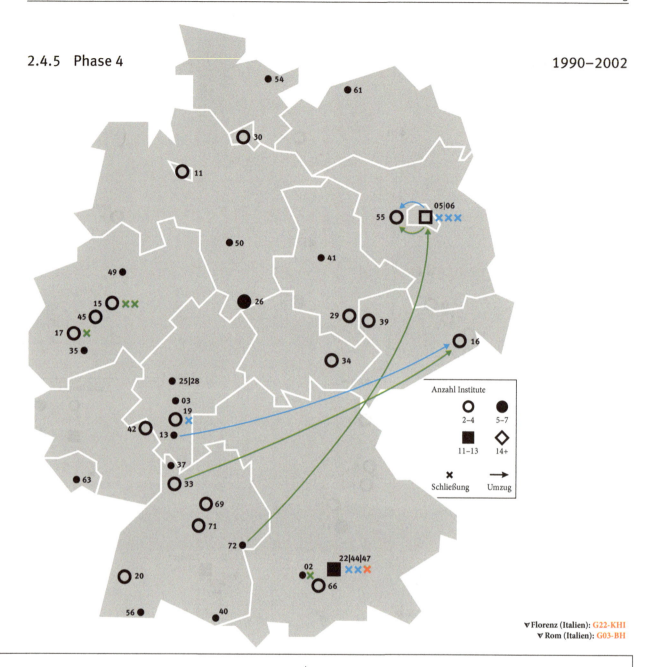

02	Andechs:	B48-FS-HE	37	Ladenburg am Neckar:	B36-ZB
03	Bad Nauheim:	B39-KLIN	39	Leipzig:	+B56-CNS, +C44-MIS, +G20-EVA
05	Berlin:	+C35-AG-RBS, +C36-AG-QC, +C38-AG-TDH, +C39-KG (→ Potsdam), B53-INFB (Ulm →), G05-B, +G17-WG	40	Lindau:	C18-AE
06	Berlin-Dahlem:	B31-MG, +B54-MPP (→ Potsdam), C13-FHI	41	Magdeburg:	+C45-DKTS
09	Bonn:	C21-RA, C27-M, +G19-DOLL	42	Mainz:	C10-C, C29-PF
11	Bremen:	+B50-ME, +B52-MMB	43	Marburg:	+B49-TM
13	Darmstadt:	C43-CPFS (→ Dresden)	44	Martinsried bei München:	B34-BC, +B61-NEURO
15	Dortmund:	B25-EP, B40-SP, +B55-MOLP	45	Mülheim an der Ruhr:	C07-KOFO, C28-STR
16	Dresden:	B59-CBG (Heidelberg →), C41-PKS, C43-CPFS (Darmstadt →)	47	München:	B23-PSY, C16-PAP, C30-FS-G, +C32-P-WHI, 07-PUWR, G12-SOZR, G14-PSYF, +G23-IP
17	Düsseldorf:	C04-E	49	Münster:	+B63-VB
18	Florenz (Italien):	+G22-KHI	51	Nijmegen (Niederlande):	G13-PL
19	Frankfurt am Main:	B10-BP, C06-ACG, G06-ER	54	Plön:	B33-LIM
20	Freiburg im Breisgau:	B20-IB, G08-SR	55	Potsdam:	B54-MPP (Berlin-Dahlem →), C39-KG (Berlin →), +C42-AEI
22	Garching bei München:	C26-Q, +C33-ASTRO, +C34-ETP	56	Radolfzell am Bodensee:	B22-VP
25	Gießen:	B11-HF	59	Rom (Italien):	G03-BH
26	Göttingen:	B41-FS-NC, BC1-EM, C05-S, C24-BPC, G04-G	63	Saarbrücken:	C31-INF
29	Halle (Saale):	+B58-AG-ENZ, +C37-MP, +G21-ETH	66	Seewiesen bei Pöcking:	+B60-ORN, B62-FS-ORN
30	Hamburg:	+B51-AG-SMB, G02-PRIVR	69	Stuttgart:	C08-MF, C23-FKF
31	Hannover:	B42-ENDO	71	Tübingen:	B15-BIO, B35-KYB, B37-FML, B46-EB
33	Heidelberg:	+B59-CBG (→ Dresden), C19-K, C22-A, G01-VR	72	Ulm:	+B53-INFB (→ Berlin)
34	Jena:	+B57-CE, C40-AG-SSE, +C46-BGC, +G16-EW			
35	Köln:	B08-Z, B44-NF, B47-MDL, G15-GF			

+N00 Neugründung **>N00** aus KWI hervorgegangen **N00** Schließung **(Ortsname →)** Umzug von **(→ Ortsname)** Umzug nach

2.5 Nobelpreisträger:innen und ihre Beziehung zur MPG

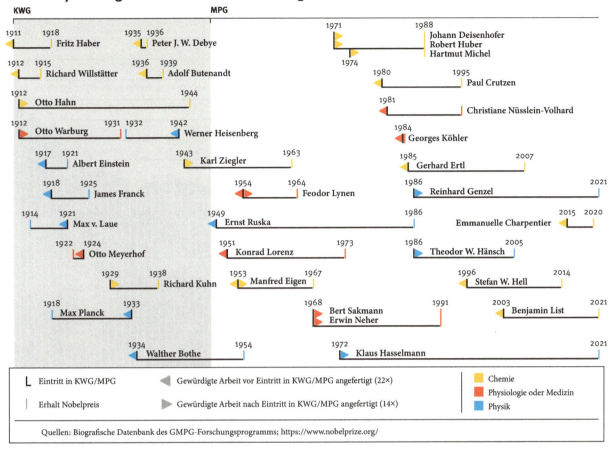

2.6 Gesamteinnahmen und -ausgaben der Max-Planck-Gesellschaft

inflationsbereinigt unter Verwendung des IWF-Produzentenpreisindex mit Stichjahr 2002

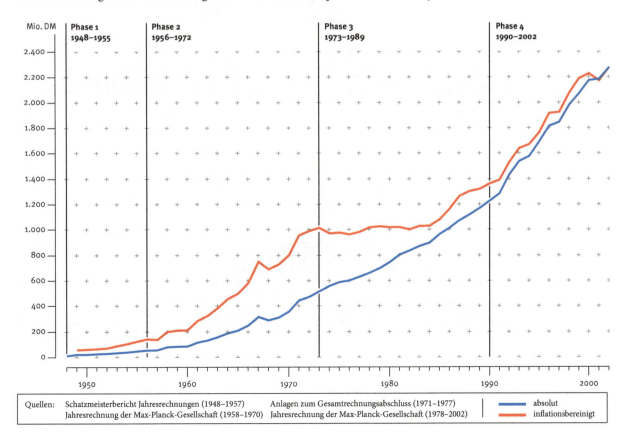

2.7 Personalwandel

2.7.1 Mitgliedschaften in der NSDAP

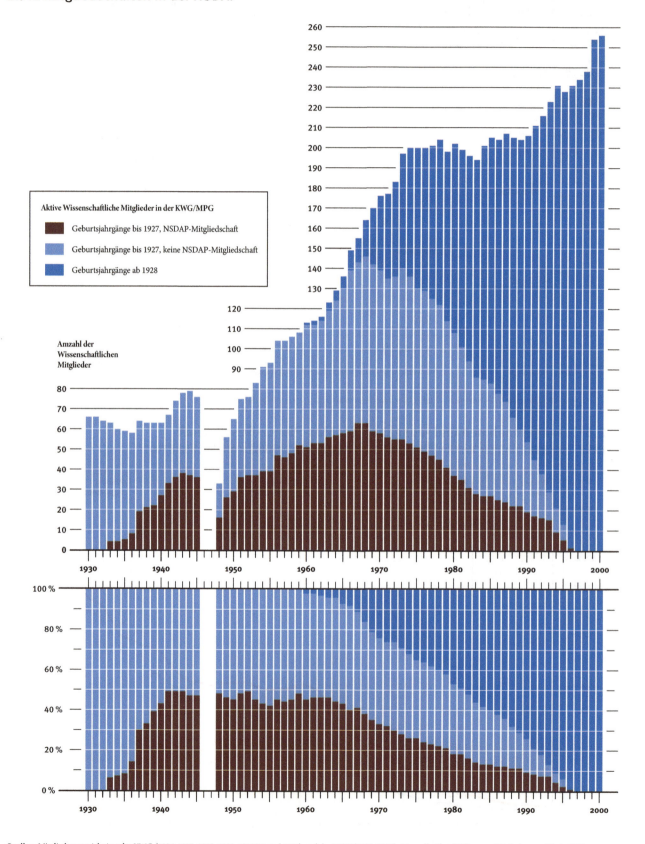

Quellen: Mitgliederverzeichnisse der KWG (1926, 1927, 1929, 1930, 1932/33 und 1940) und der MPG (1949–2002); Tempelhoff und Ullmann, *Mitgliederverzeichnis*, 2015; Personenbezogene Unterlagen der NSDAP, BArch R 9361-I; NSDAP-Parteikorrespondenz. BArch R 9361-II.

Siehe Schmaltz, *Mitgliedschaften*, 2023, doi.org/10.25625/IYPEKX. Siehe auch ausführlich oben, Kap. IV.6.4.2.

2. Infografiken

2.7.2 Interne und externe Berufungen von Wissenschaftlichen Mitgliedern

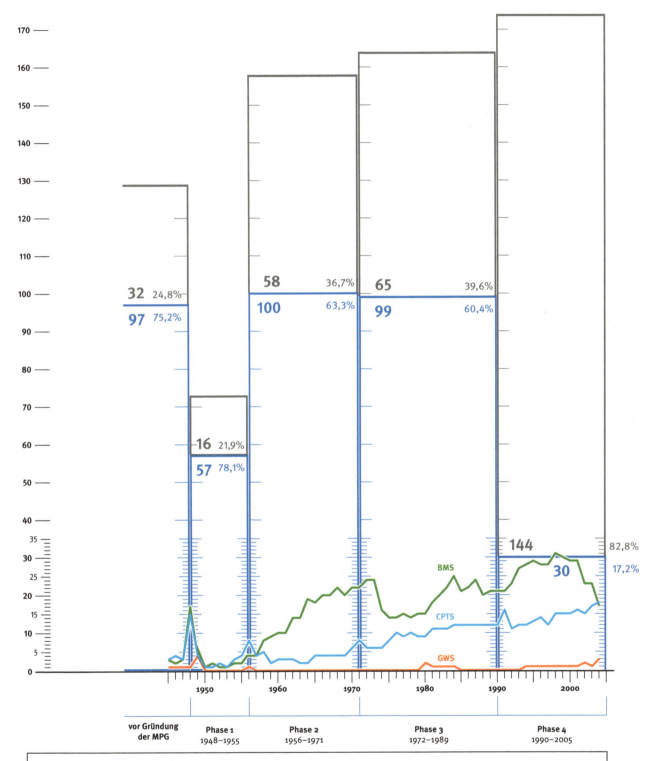

Berufungen mit MPG-Hintergrund sowie Karrierestationen innerhalb der MPG, unterteilt nach den MPG-Phasen

1. Das Säulendiagramm stellt die Anzahl Wissenschaftlicher Mitglieder der KWG bzw. MPG je Phase dar, die vor ihrer Berufung zu einem früheren Zeitpunkt eine Position (blaue Kontur ☐) bzw. keine Position (graue Kontur ☐) in der KWG bzw. MPG innegehabt haben. Für die KWG-Zeit sind nur solche WM berücksichtigt worden, die später auch WM der MPG waren.
   Quelle: Biografische Datenbank des Forschungsprogramms GMPG; Statistik Hannes Benne, Ira Kokoshko und Robert Egel.

2. Das Kurvendiagramm (— BMS; — CPTS; — GWS) stellt die Anzahl von Anstellungswechseln von MPG-Wissenschaftler:innen innerhalb oder zwischen Max-Planck-Instituten pro Jahr dar. Berücksichtigt sind die Karrierewege aller Wissenschaftlichen Mitglieder der MPG sowohl vor als auch nach ihrer Ernennung zum WM.
   Quelle: Biografische Datenbank des Forschungsprogramms GMPG; Statistik dh-lab des MPIWG; Wintergrün, Verflechtungen, 2020.

2.7.3 Nationale Herkunft der Wissenschaftlichen Mitglieder

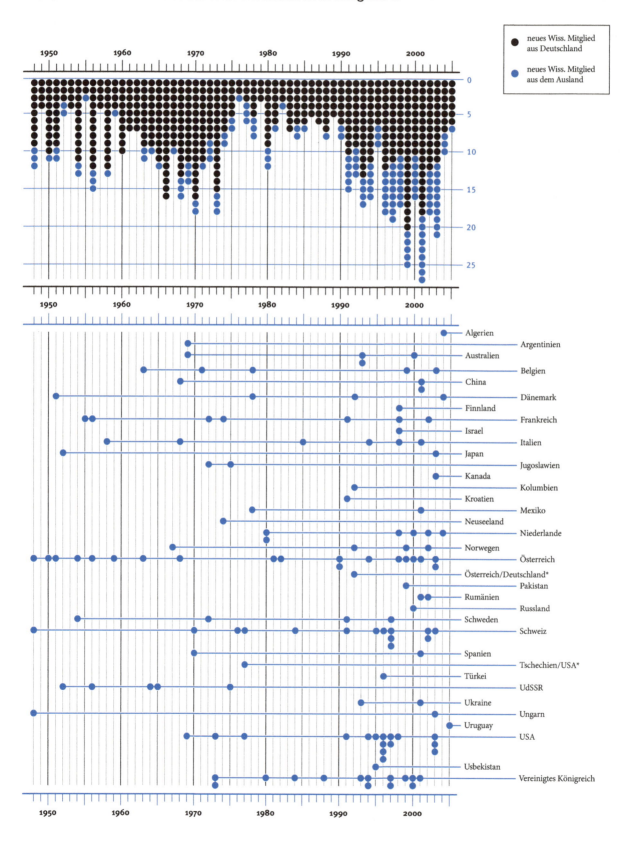

* Doppelte Staatsbürgerschaft.   Quelle: Biografische Datenbank des Forschungsprogramms GMPG.

2.7.4 Frauenanteil

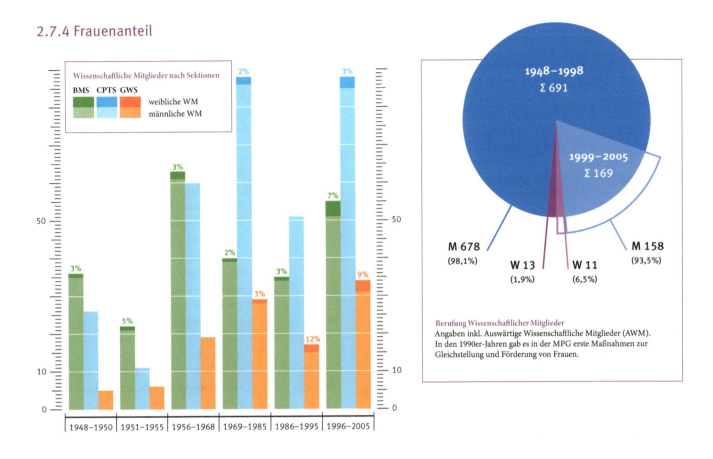

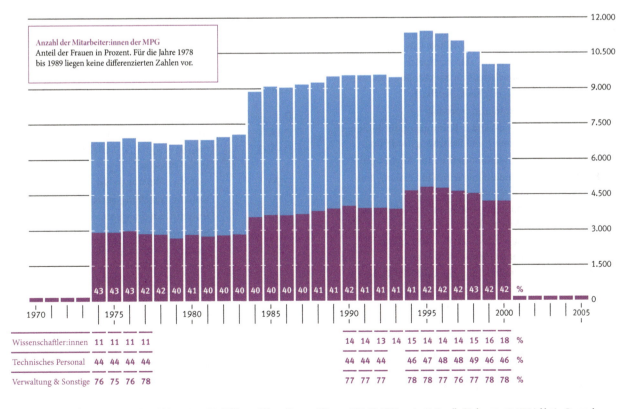

Quellen: Zahlenspiegel 1974–1993; MPG in Zahlen 1994–1999; Zahlen und Daten/Facts and Figures 2000. Bis 1993 nur institutionelle Förderung, seit 1993 inklusive Personal aus Projektförderung; Biografische Datenbank des Forschungsprogramms GMPG sowie eigene Berechnungen auf Grundlage der biografischen Angaben der weiblichen Wissenschaftlichen Mitglieder.

Zum Frauenanteil und zur Gleichstellungspolitik in der MPG siehe oben, Kap. IV.5.3, sowie zur Geschlechterverteilung in den Sektionen oben, Kap. III.12.6.

3. Abkürzungsverzeichnis

A

AAAS	American Association for the Advancement of Science
AdW	Akademie der Wissenschaften der DDR
AED	Atomkernenergie-Dokumentation
AGF	Arbeitsgemeinschaft der Großforschungseinrichtungen
AIDS	Acquired Immunodeficiency Syndrome
AiF	Arbeitsgemeinschaft industrieller Forschungsvereinigungen
AMICA	Advanced Molecular Initiative in Community Agriculture
AMPG	Archiv der Max-Planck-Gesellschaft
ANR	Agence Nationale de la Recherche
APEX	Atacama Pathfinder Experiment
APS	American Physical Society
APsych	Archiv des MPI für Psychiatrie
ASA	Association of Atomic Scientists
ASCB	American Society for Cell Biology
AVA	Aerodynamische Versuchsanstalt
AvH	Alexander von Humboldt-Stiftung
AWG	Anthropocene Working Group
AWI	Alfred-Wegener-Institut

B

BAR	Beratender Ausschuss für EDV-Anlagen in der Max-Planck-Gesellschaft
BArch	Bundesarchiv
BAT	Bundes-Angestelltentarifvertrag
BESSY	Berliner Elektronenspeicherring-Gesellschaft für Synchrotonstrahlung
BGB	Bürgerliches Gesetzbuch
BIP	Bruttoinlandsprodukt
BLK	Bund-Länder-Kommission für Bildungsplanung und Forschungsförderung
BMAt	Bundesministerium für Atomfragen
BMBF	Bundesministerium für Bildung und Forschung
BMBW	Bundesministerium für Bildung und Wissenschaft
BMEL	Bundesministerium für Ernährung, Landwirtschaft und Forsten
BMFT	Bundesministerium für Forschung und Technologie
BMJ	Bundesministerium der Justiz
BMJFG	Bundesministerium für Jugend, Familie und Gesundheit
BMS	Biologisch-medizinische Sektion (des Wissenschaftlichen Rats)
BMVg	Bundesministerium der Verteidigung
BMwF	Bundesministerium für wissenschaftliche Forschung
BRIDE	Biotechnology Research for Innovation Development and Growth in Europe
BSE	Bovine spongiforme Enzephalopathie
BSP	Bruttosozialprodukt

C

CAS	Chinesische Akademie der Wissenschaften
Caltech	California Institute of Technology
Cavity-QED	Cavity Quantum Electrodynamics
CCS	Center for Cognitive Studies
CEA	Commissariat à l'énergie atomique
CERN	Conseil Européen pour la Recherche Nucléaire
CGIAR	Consultative Group on International Agricultural Research
CIC	Counter Intelligence Corps
CLAIRE	Cooperative LBA Airborne Regional Experiment
CNRS	Centre National de la Recherche Scientifique
CNRSA	Centre National de la Recherche Scientifique Appliquée
COMETT	Community Action Programme for Education and Training for Technology
CPTS	Chemisch-Physikalisch-Technische Sektion (des Wissenschaftlichen Rats)
CRU	Clinical Research Units
CSIC	Consejo Superior de Investigaciones Scientíficas
CT	Computertomografie
CTA	Cherenkov Telescope Array

D

DAAD	Deutscher Akademischer Austauschdienst
DAMOP	Division of »Atomic, Molecular and Optical Physics«
DESY	Deutsches Elektronen-Synchrotron
DFA	Deutsche Forschungsanstalt für Psychiatrie
DFG	Deutsche Forschungsgemeinschaft
DFR	Deutscher Forschungsrat
DFVLR	Deutsche Forschungs- und Versuchsanstalt für Luft- und Raumfahrt
DGB	Deutscher Gewerkschaftsbund
DGHP	Deutsches Humangenomprojekt
DGRST	Délégation Générale à la Recherche Scientifique et Technique
DGZ	Deutsche Gesellschaft für Zellbiologie
DKFZ	Deutsches Krebsforschungszentrum
DKRZ	Deutsches Klimarechenzentrum

DLR	Deutsches Zentrum für Luft- und Raumfahrt	FGAN	Forschungsgesellschaft für Angewandte Naturwissenschaften
DMS	Dimethylsulfid	FhG	Fraunhofer-Gesellschaft
DNA	Desoxyribonukleinsäure	FHI	Fritz-Haber-Institut
DPG	Deutsche Physikalische Gesellschaft	FhI	Fraunhofer-Institut
DRiG	Deutsches Richtergesetz	FIAT	Field Information Agency, Technical
DUZ	Deutsche Universitätszeitung	FML	Friedrich-Miescher-Laboratorium
		fMRT	Funktionelle Magnetresonanztomografie

E

EBM	(Leitlinien- und) Evidenzbasierte Medizin	FRP	Forschungsrahmenprogramme
EC	European Commission	FS	Forschungsstelle
ECU	European Currency Unit	FU	Freie Universität Berlin

G

EDV	Elektronische Datenverarbeitung	GABI	Genomanalyse im biologischen System Pflanze
EEG	Elektroenzephalografie		
EISCAT	European Incoherent Scatter Facility in the Auroral Zone	GALLEX	Gallium-Experiment
		GBA	Gesamtbetriebsratsausschuss
ELDO	European Launcher Development Organisation	GBF	Gesellschaft für Biotechnologische Forschung
		GBR	Gesamtbetriebsrat
ELSF	European Life Science Forum	GDNÄ	Gesellschaft Deutscher Naturforscher und Ärzte
ELSO	European Life Science Organization		
EM	Elektronenmikroskopie	GDRE	Groupements de Recherche Européens
EMBC	European Molecular Biology Conference	GERDA	Germanium Detector Array
EMBL	European Molecular Biology Laboratory	GFP	Gemeinschaft zur Förderung der privaten deutschen Pflanzenzüchtung
EMBO	European Molecular Biology Organization		
ENUWAR	Environmental Consequences of Nuclear War	GFMC	Global Fire Monitoring Centre
		GI	Garching Instrumente (Garching Instrumente Gesellschaft zur industriellen Nutzung von Forschungsergebnissen mbH, später: Garching Innovation GmbH)
EPA	Europäisches Patentamt		
ERC	European Research Council		
ESA	European Space Agency		
ESF	European Science Foundation		
ESO	European Southern Observatory	GKSS	Gesellschaft für die Verwertung der Kernenergie in Schiffbau und Schifffahrt
ESRO	European Space Research Organisation		
ESTA	European Science and Technology Assembly	GMAG	Genetic Manipulation Advisory Group
		GMO	Gentechnologisch modifizierte Organismen
ETH	Eidgenössische Technische Hochschule	GMT	Giant Magellan Telescope
EuroHORCs	European Heads of Research Councils	GMPG	Geschichte der Max-Planck-Gesellschaft
EURATOM	Europäische Atomgemeinschaft	GRZ	Gemeinsames Rechenzentrum
EUREKA	Exceptional, Unconventional Research Enabled Knowlege Acceleration	GSF	Gesellschaft für Strahlenforschung
		GSHS	Geistes-, Sozial- und Humanwissenschaftliche Sektion (des Wissenschaftlichen Rats)
EUROTRAC	European Experiment on Transport and Transformation of Environmentally Relevant Trace Constituents in the Troposphere over Europe		
		GSI	Gesellschaft für Schwerionenforschung
		GtG	Gentechnologie-Gesetz
EVG	Europäische Verteidigungsgemeinschaft	GUZ	Göttinger Universitätszeitung
EWG	Europäische Wirtschaftsgemeinschaft	GV	Generalverwaltung
		GVMPG	Generalverwaltung der Max-Planck-Gesellschaft

F

FAO	Food and Agriculture Organization of the United Nations	GWDG	Gesellschaft für wissenschaftliche Datenverarbeitung mbh Göttingen
FAS	Federation of American Scientists	GWK	Gemeinsame Wissenschaftskonferenz
FAU	Friedrich-Alexander-Universität Erlangen-Nürnberg	GWS	Geisteswissenschaftliche Sektion (des Wissenschaftlichen Rats)
FCKW	Fluorchlorkohlenwasserstoffe		
FFF	Fridays for Future		

H

HCM	Human Capital and Mobility
H.E.G.R.A.	High Energy Gamma-Ray Astronomy
H.E.S.S.	High-Energy Stereoscopic System
HFSP	Human Frontier Science Program
HGF	Hermann-von-Helmholtz-Gemeinschaft Deutscher Forschungszentren
HHT	Heinrich-Hertz-Submillimeter-Teleskop
HKW	Haus der Kulturen der Welt
HPS	History and Philosophy of Science
HRG	Hochschulrahmengesetz
HRK	Hochschulrektorenkonferenz

I

ICCB	International Congress on Cell Biology
ICF	Inertial confinement fusion
ICS	International Commission of Stratigraphy
ICSU	Internationaler Wissenschaftsrat
IfW Kiel	Institut für Weltwirtschaft Kiel
IGAC	International Geosphere-Atmosphere Chemistry
IGBP	International Geosphere-Biosphere-Programme
IGF	Berliner Institut für Genbiologische Forschung
IGN	Instituto Geográfico Nacional
IHK	Industrie- und Handelskammer
IIASA	International Institute for Applied Systems Analysis
ILL	Institut Laue-Langevin
IMPRS	International Max Planck Research School
INCO	International Science & Technology Cooperation Programme
INFN	Istituto Nazionale di Fisica Nucleare
InSan	Inspektion des Sanitäts- und Gesundheitswesens der Bundeswehr
INSERM	Institut national de la santé et de la recherche médicale
IPC	International Patent Classification
IPCC	International Panel on Climate Change
IPP	(Max-Planck-)Institut für Plasmaphysik
IRAM	Institut de Radioastronomie Millimétrique
IRM	Institut für Radiometeorologie und Maritime Meteorologie
ISA	Intersektioneller Ausschuss
ISO	Infrared Space Observatory
IT	Informationstechnik
IUGS	International Union of Geological Science
IZKF	Interdisziplinäre Zentren für Klinische Forschung

J

JET	Joint European Torus
JILA	Joint Institute for Laboratory Astrophysics
JONSWAP	Joint North Sea Wave Project

K

KFA	Kernforschungsanlage Jülich
KFG	Klinische Forschungsgruppe
KLR	Kosten- und Leistungsrechnung
KMK	Kultusministerkonferenz
KoWi	Koordinierungsstelle EG der deutschen Wissenschaftsorganisationen
KP	Kommunistische Partei
KSZE	Konferenz über Sicherheit und Zusammenarbeit in Europa
KWG	Kaiser-Wilhelm-Gesellschaft
KWI	Kaiser-Wilhelm-Institut
KWS	Kleinwanzlebener Saatzucht AG
KZ	Konzentrationslager

L

LBT	Large Binocular Telescope
LEA	Laboratoires Européens Associés
LEP	Large Electron-Positron Collider
LHC	Large Hadron Collider
LIGO	Laser Interferometer Gravitational-Wave Observatory
LLNL	Lawrence Livermore National Laboratory
LMU	Ludwig-Maximilians-Universität München

M

MAGIC	Major Atmospheric Gamma Imaging Cherenkov Telescopes
Max-NetAging	Max Planck International Research Network on Aging
MBB	Messerschmitt-Bölkow-Blohm
MDC	Max-Delbrück-Centrum
MEG	Magnetenzephalografie
MFA	Medizinische Forschungsanstalt
MIPS	Munich Information Center for Protein Sequences
MISU	Meteorologisches Institut der Universität Stockholm
MIT	Massachusetts Institute of Technology
MPE	MPI für extraterrestrische Physik
MPG	Max-Planck-Gesellschaft
MPI	Max-Planck-Institut
MPIA	MPI für Astronomie
MPIAe	MPI für Aeronomie
MPIB	MPI für Bildungsforschung
MPIBC	MPI für biophysikalische Chemie
MPIBGC	MPI für Biogeochemie
MPIC	MPI für Chemie
MPIE	MPI für Eisenforschung

3. Abkürzungsverzeichnis

MPIExtPhys	MPI für extraterrestrische Physik
MPIfG	MPI für Gesellschaftsforschung
MPIFKF	MPI für Festkörperforschung
MPIfR	MPI für Radioastronomie
MPIK	MPI für Kernphysik
MPIM	MPI für Meteorologie
MPIMolGen	MPI für molekulare Genetik
MPI-P	MPI für Psychiatrie
MPIPC	MPI für physikalische Chemie
MPIPZ	MPI für Pflanzenzüchtungsforschung
MPIS	MPI für Spektroskopie
MPIWG	MPI für Wissenschaftsgeschichte
MPIZ	MPI für Züchtungsforschung
MPL	MPI für die Physik des Lichts
MPQ	MPI für Quantenoptik
MPSD	MPI für Struktur und Dynamik der Materie
MRC	Medical Research Council
MRT	Magnetresonanztomografie
MTA	Medizinisch-technischer Assistent

N

NAS	National Academy of Sciences
NASA	National Aeronautics and Space Administration
NCAR	National Center for Atmospheric Research
NGO	Non-Governmental-Organisation
NIH	National Institutes of Health
NMR	Nuclear Magnetic Resonance (Kernspinresonanzspektroskopie)
NRAO	National Radio Astronomy Observatory
NRC	National Research Council
NRP	Neurosciences Research Program
NRW	Nordrhein-Westfalen
NS	Nationalsozialismus/nationalsozialistisch
NSDAP	Nationalsozialistische Deutsche Arbeiterpartei
NSF	National Science Foundation
NTM	Zeitschrift für Geschichte der Wissenschaften, Technik und Medizin
NTT	New Technology Telescope

O

OECD	Organization for Economic Cooperation and Development
OEEC	Organisazion for European Economic Cooperation
OMGUS	Office of Military Government for Germany
OPEC	Organization of Petroleum Exporting Countries
OPL	One Person Library
OSS	Office of Strategic Services
ÖTV	Gewerkschaft öffentliche Dienste, Transport und Verkehr

P

PCR	Polymerase Chain Reaction
PCSWA	Pugwash Conference on Science and World Affairs
PET	Positronen-Emissions-Tomografie
PFI	Pakt für Forschung und Innovation
PICS	Programmes Internationaux de Coopération Scientifiques
PISA	Programme for International Student Assessment
PLF	Projektgruppe Laserforschung
PR	Public Relations
PSAC	President's Science Advisory Committee
PTP BIO2	Project of Technical Priority, EU Biotechnology Programme
PUB	Publikum und Biotechnologie e.V.
PUS	Public Understanding of Science
PUSH	Public Understanding of Science and Humanities

R

RabelsZ	Rabels Zeitschrift für ausländisches und internationales Privatrecht
RCT	Randomized Controlled Trial
rDNA	Ribosomale DNA
RF	Rockefeller Foundation
RIKEN	Rikagaku Kenkyūjo (Physikalisch-chemisches Institut)
RM	Reichsmark
RNA	Ribonukleinsäure
ROSAT	Röntgensatellit
RU	Rockefeller University
RZDP	Deutsches Ressourcenzentrum für Genomforschung

S

SAFARI	Southern African Fire-Atmosphere Research Initiative
SAFPP	Senatsausschuss für Forschungspolitik und Forschungsplanung
SAMOP	Sektion Atome, Moleküle, Quantenoptik und Photonik
SBZ	Sowjetische Besatzungszone
SCOPE	Scientific Committee on Problems of the Environment
SDI	Strategic Defence Initiative
SED	Sozialistische Einheitspartei Deutschlands
SERC	Science and Engineering Research Council
SFB	Sonderforschungsbereich
SfN	Society for Neuroscience
SMAD	Sowjetische Militäradministration in Deutschland
SNCI	Service National des Champs Intenses

SOFIA	Stratospheric Observatory for Infrared Astronomy	**W**	
		WAM	Wave-Prediction-Model
SÖL	Stiftung Ökologie und Landbau	WBGU	Wissenschaftlicher Beirat der Bundesregierung »Globale Umweltveränderungen«
SRC	Science Research Council		
SRU	Sachverständigenrat für Umweltfragen	WCRP	World Climate Research Programme
SS	Schutzstaffel	WGL	Wissenschaftsgemeinschaft Gottfried-Wilhelm-Leibniz
STED	Stimulated Emission Depletion		
STS	Science and Technology Studies	WHO	World Health Organization
		WIPO	World Intellectual Property Organization
T		WM	Wissenschaftliche Mitglieder
TEMPUS	Trans-European Mobility Scheme for University Studies	WMA	World Medical Association
		WR	Wissenschaftsrat
TF	Translationale Forschung	WRK	Westdeutsche Rektorenkonferenz
TH	Technische Hochschule		
TIMMS	Trends in International Mathematics and Science Study	**Z**	
		ZAED	Zentralstelle für Atomkernenergie-Dokumentation
TI-Plasmid	Tumor-Inducing Plasmid		
TMV	Tobacco Mosaic Virus	ZaöRV	Zeitschrift für ausländisches öffentliches Recht und Völkerrecht
TOMS	Total Ozone Mapping Spectrometer		
TSCHG	Tierschutzgesetz	ZEW	Zentrum für Europäische Wirtschaftsforschung
TU	Technische Universität		
TV EntgeltO Bund	Tarifvertrag über die Entgeltordnung des Bundes	ZIGIA	Zentrum zur Identifikation von Genfunktionen durch Insertionsmutagenese bei Arabidopsis thaliana
U		ZKBS	Zentrale Kommission für Biologische Sicherheit
UBA	Umweltbundesamt		
UK	United Kingdom	ZMBH	Zentrum für Molekulare Biologie der Universität Heidelberg
UMBC	University of Maryland, Baltimore County		
UMR	Unité mixte de recherche	ZNS	Zentrales Nervensystem
UNESCO	United Nations Educational, Scientific and Cultural Organization		
UNO (UN)	United Nations (Organization)		
URA	Unité de recherche associée		
UV	Ultraviolett		
V			
VDB	Verbund Deutscher Bibliothekarinnen und Bibliothekare		
VDEh	Verein Deutscher Eisenhüttenleute		
VDW	Vereinigung Deutscher Wissenschaftler		
VLBI	Very Long Baseline Interferometry		
VLT	Very Large Telescope		
VNK	Verhaltens-, Neuro- und Kognitionswissenschaften		
VP	Vizepräsident		
VWF	Verband der Wissenschaftler an Forschungsinstituten		

4. Abbildungsverzeichnis
4.1 Grafiken

Abb. 1: Aktive Wissenschaftliche Mitglieder der MPG nach Generationen (1948–2005)

Abb. 2: Befristete und unbefristete Verträge für Wissenschaftler:innen in der MPG (1984–2000)

Abb. 3: Anzahl der Patente der gesamten MPG (1948–2005)

Abb. 4: Anzahl der ausländischen Stipendiat:innen und Gastwissenschaftler:innen (1974–2000)

Abb. 5: Studiumsländer von aktiven Wissenschaftlichen Mitgliedern und bei Berufungen (1948–2005)

Abb. 6: Promotionsländer von aktiven Wissenschaftlichen Mitgliedern und bei Berufungen (1948–2005)

Abb. 7: Zeitliche Entwicklung der Ausgaben von Clustern in der MPG

Abb. 8: Forschungseinrichtungen der MPG mit landwirtschaftlicher und verwandter Themensetzung

Abb. 9: Entwicklung und Struktur der Agrarwissenschaften und Pflanzenbiologie in der MPG (1948–2002)

Abb. 10: Der Landwirtschaftscluster im Spiegel der Haushaltszahlen und das MPI für Züchtungsforschung darin

Abb. 11: Anzahl der von der MPG oder ihren Institutionen angemeldeten Patente in der Materialforschung

Abb. 12: Entwicklung und personelle Vernetzung des Clusters der an Konstruktionswerkstoffen orientierten Materialforschung und des Clusters der modernen Festkörper- und Oberflächenwissenschaften

Abb. 13: Gesamtausgaben beider Cluster der Materialforschung relativ zu den MPG-Gesamtausgaben

Abb. 14: Gesamtausgaben im Cluster moderne Festkörper- und Oberflächenwissenschaften, mit den Anteilen der Institute

Abb. 15: Institute der KWG/MPG mit einem Schwerpunkt in der niederenergetischen Kernforschung

Abb. 16: Sonderzuschüsse des Bundes für Kernforschung der geförderten MPI

Abb. 17: Institute und Abteilungen des Erdsystemclusters

Abb. 18: Einbettung des MPI für Biogeochemie in die bereits bestehende Erdsystemforschung in der MPG

Abb. 19: Die lebenswissenschaftlichen Forschungseinrichtungen des biomolekularen Clusters der MPG

Abb. 20: Publikationsvolumen der MPI in Gebieten der Biowissenschaften und molekularen Lebenswissenschaften (1965–2005)

Abb. 21: Dominanz der Biochemie in den lebenswissenschaftlichen Instituten und Abteilungen der MPG

Abb. 22: Entwicklung von ausgewählten Forschungsbereichen in der BMS, gemessen an der Anzahl der dort tätigen WM (1940–2004)

Abb. 23: Interne Rekrutierung von wissenschaftlichem Leitungspersonal im molekularwissenschaftlichen Cluster

Abb. 24: Stimmanteile in den Kommissionen der BMS (1956–1972)

Abb. 25: Hybridisierung von Molekularbiologie und anderen Forschungsgebieten (1960–2004)

Abb. 26: Entwicklung und Struktur der biomolekularen Wissenschaften in der MPG (1948–2002)

Abb. 27: Beiträge aus Westdeutschland beim Second International Congress on Cell Biology 1980 in West-Berlin

Abb. 28: Überlappungsbereiche verschiedener Spezialgebiete im VNK-Cluster

Abb. 29: Zeitliche Entwicklung des Clusters anhand von Zahl und Prozentanteil Wissenschaftlicher Mitglieder im Forschungsfeld VNK

Abb. 30: Zeitliche Entwicklung der Ausgaben am VNK-Cluster beteiligter Max-Planck-Institutionen

Abb. 31: Rechtswissenschaftliche Institute oder Institute mit rechtswissenschaftlichen Abteilungen in der MPG

Abb. 32: Anzahl der Institute und Forschungsstellen der KWG und der MPG, unterschieden nach Sektionen (1911–2004)

Abb. 33: Die Entwicklung der Wissenschaften in der MPG im Spiegel ihrer Publikationstätigkeit (1965–2005)

Abb. 34: Die internationale Entwicklung der Wissenschaften im Spiegel wissenschaftlicher Publikationen (1965–2005)

Abb. 35: Wichtige Forschungsfelder und -gebiete in der MPG im Spiegel der Publikationstätigkeit (1965–2005)

Abb. 36: Das System interner Rekrutierung (1911–2005)

Abb. 37: Anteil der Projektmittel der MPG (1950–2020)

Abb. 38: Fördermittelabhängigkeit der drei molekularbiologisch ausgerichteten MPI für Biochemie, für biophysikalische Chemie und für Züchtungsforschung (1955–2005)

Abb. 39: Geschäftsverteilungsplan der Generalverwaltung 1971

Abb. 40: Organisationsplan der MPG-Generalverwaltung 1997

Abb. 41: MPG-Personal in Wissenschaft, Technik und Verwaltung (1950–2000)

Abb. 42: Berufungen zum Wissenschaftlichen Mitglied der MPG nach Sektionen (1948–2002)

Abb. 43: Stipendiat:innen und wissenschaftliche Angestellte (1955–2000)

Abb. 44: Entwicklung der Institutsleitungen

Abb. 45: Gesamtanzahl von Publikationen aus allen MPI pro Jahr nach Sektionen

Abb. 46: Anzahl Publikationen mit gleicher Partnerinstitution für BMS und CPTS

Abb. 47: Zentriertes Ego-Netzwerk des MPI für molekulare Genetik für 1986–1990 und 2001–2005

Abb. 48: Zentriertes Ego-Netzwerk des MPI für extraterrestrische Physik für 1986–1990 und 2001–2005

Abb. 49: Delta-Netzwerk der MPG für 1986–1990

Abb. 50: Delta-Netzwerk der MPG für 2001–2005

Abb. 51: Anzahl der Versuchstiere im Sinne des Tierschutzgesetzes an den Instituten der MPG

Abb. 52: Kosten für die Tierhaltung an Max-Planck-Instituten 1980

Abb. 53: Anzahl der Versuchstiere pro Bundesland

4.2 Tabellen

Tab. 1: Die Förder- und Kooperationspartner des MPI für Züchtungsforschung aus Industrie und Wirtschaft
Tab. 2: Grenzen zwischen den Wissenschaften in Auflösung – biomolekulare Wissenschaften mit Brückenfunktion
Tab. 3: Max-Planck-Institute mit zellbiologisch orientierter Forschung (1970–1990)
Tab. 4: Fortsetzung von KWG-Schwerpunkten in der MPG und die ersten Neuzugänge zu den entstehenden Clustern (Stand 1960)
Tab. 5: Nachwuchsgruppen der MPG
Tab. 6: Bedeutungsgewinne und -verluste von MPG-Forschungsfeldern bzw. -gebieten im internationalen, im MPG-internen und im nationalen Vergleich (1970–2000)
Tab. 7: Gründung von MPI in den neuen Bundesländern aus den alten Strukturen heraus
Tab. 8: Vergleich der Eingruppierungsgruppen und Tätigkeitsmerkmale von Sekretärinnen in der MPG 1967 und 2007
Tab. 9: Leitungs- und Organisationstruktur von unterschiedlichen Institutstypen

4.3 Fotos

1. Köpfe und Konstellationen (Seite 64–67)

Foto 1: Adolf Butenandt und Otto Hahn, 1959
Foto 2: Hahn und Butenandt bei der Nobelpreisträgertagung in Lindau, 1963
Foto 3: Walter Bothe und Erich Regener, Heidelberg 1955
Foto 4: Ansprachen des scheidenden Präsidenten Otto Hahn und des neuen Präsidenten Adolf Butenandt auf der Hauptversammlung, Bremen 1960
Foto 5: Übergabe der Amtskette an den neuen Präsidenten Reimar Lüst, Bremen 1972
Foto 6: Übergabe des Präsidentenamts an Heinz A. Staab, Bremen 1984
Foto 7: Übergabe der Amtskette an den neuen Präsidenten Hans F. Zacher, Lübeck 1990
Foto 8: Amtsübergabe an den neuen Präsidenten Hubert Markl, Saarbrücken 1996
Foto 9: Hubert Markl mit Generalsekretärin Barbara Bludau, München 1996
Foto 10: Interview mit Feodor Lynen zu seinem Nobelpreis für Medizin, 1964
Foto 11: Adolf Butenandt im Gespräch mit einer Journalistin, 1968
Foto 12: Interview mit Carl Friedrich von Weizsäcker, Saarbrücken 1970
Foto 13: Interview mit Heinz A. Staab, Heidelberg 1988
Foto 14: »Medientraining« für MPG-Mitarbeiter:innen, 1990

2. Verflechtungen (Seite 104–111)

Foto 1: Bundespräsident Theodor Heuss zu Besuch am MPI für Physik und Astrophysik mit Werner Heisenberg, Göttingen 1951
Foto 2: Bundespräsident Gustav Heinemann bei der MPG-Hauptversammlung in Bremen, 1972
Foto 3: Bundespräsident Walter Scheel, Konrad Zweigert, Carl Friedrich von Weizsäcker und Jürgen Habermas am MPI zur Erforschung der Lebensbedingungen der wissenschaftlich-technischen Welt, Starnberg 1976
Foto 4: MPG-Senatssitzung in der Villa Hügel, Essen 1965
Foto 5: Besuch von Mildred Scheel, Präsidentin der Deutschen Krebshilfe, am MPI für Biochemie, Martinsried 1981
Foto 6: Bundeskanzler Helmut Schmidt mit dem späteren Bundespräsidenten Richard von Weizsäcker und dessen Bruder Carl Friedrich von Weizsäcker, Bonn 1978
Foto 7: Franz Josef Strauß und Fang Yi mit Reimar Lüst beim Empfang am MPI für extraterrestrische Physik, Garching 1978
Foto 8: Auf dem Weg nach Israel: Feodor Lynen, Wolfgang und Alice Gentner, Otto Hahn und Josef Cohn, Flughafen Zürich 1959
Foto 9: Wolfgang Gentner mit dem Vorsitzenden des Weizmann-Instituts Meyer W. Weisgal, Rechovot 1965
Foto 10: MPG-Delegation mit Adolf Butenandt auf Japan-Reise, 1960er-Jahre
Foto 11: MPG-Delegation mit Adolf Butenandt bei General Franco, Madrid 1963
Foto 12: MPG-Präsident Reimar Lüst in Peking, 1974
Fotos 13 bis 15: Reimar Lüst im Gespräch mit Wu Youxun, dem Vizepräsidenten der Chinesischen Akademie der Wissenschaften
Foto 16: Chinesische Wissenschaftsdelegation zu Gast bei der MPG, München 1974
Foto 17: Hubert Markl mit Lu Yongxiang von der Chinesischen Akademie der Wissenschaften, 1997
Foto 18: Wissenschaftsaustausch mit der UdSSR, u.a. mit Angehörigen des MPI für extraterrestrische Physik und der russischen Geophysikerin Valeria E. Troitskaya, Moskau 1974
Foto 19: Mit der Kanzlermaschine in die USA: Helmut Schmidt, Kurt Sontheimer, Reimar Lüst, Arbeitgeberpräsident Hanns Martin Schleyer, Juli 1976
Foto 20: Das Observatorium Calar Alto des MPI für Astronomie, Sierra de los Filabres, Spanien.
Foto 21: Bundesforschungsminister Heinz Riesenhuber zu Besuch in Calar Alto, mit Hans Elsässer, Gründungsdirektor des MPI für Astronomie, 1991

3. Rechnermetamorphosen (Seite 154–157)

Foto 1: Der erste deutsche Großrechner G1, 1952
Foto 2: Hermann Oehlmann und Heinz Billing mit dem G2, 1954
Foto 3: Arno Carlsberg und Heinz Billing neben dem soeben eingeweihten G3, 1960
Foto 4: Heinz Billing und Ludwig Biermann beim Shutdown des G3, 1972
Foto 5: Rechenzentrum mit Hochleistungsrechner CRAY am MPI für Plasmaphysik, Garching 1980
Foto 6: Brigitte Huck am Steuerpult der »Tandem-Nachbeschleuniger-Kombination« am MPI für Kernphysik, Heidelberg 1980

Foto 7: Ulrich Schaible, Markus Simon und Klaus Eichmann am MPI für Immunbiologie, Freiburg 1990
Foto 8: Jürgen Renn am Computer, MPI für Wissenschaftsgeschichte, Berlin 1995
Foto 9: Gregor Morfill und Herbert Scheingraber im MPI für extraterrestrische Physik, Garching 1997
Foto 10: Kerstin Schmidt im MPI für Hirnforschung, Frankfurt am Main 1998
Foto 11: Ursula Witwer-Backofen im MPI für demografische Forschung, Rostock 2002

4. Experimentalanlagen (Seite 269–276)
Foto 1: Kaskadengenerator am MPI für Chemie, Mainz 1956
Foto 2: Hochgeschwindigkeitskanal mit Überschalldüse, Aerodynamische Versuchsanstalt (AVA), Göttingen 1962
Foto 3: Modell einer Transall im Windkanal der AVA, Göttingen 1962
Foto 4: Sonnensonde Helios, Garching 1974
Foto 5: Marianne Zahn im MPI für Physik und Astrophysik, München 1977
Foto 6: Ultra-Hochvakuumapparatur am MPI für Festkörperforschung, Stuttgart 1978
Foto 7: Jakob Stöcker und Werner Göbel bei der Montage der Zentraleinheit des Feuerrad-Hauptsatelliten am Institut für extraterrestrische Physik, München 1980
Foto 8: Thermal-Vakuum-Test eines Raumfahrtexperiments am MPI für Aeronomie, Lindau 1981
Foto 9: Helmuth Möhwald beim Experiment am MPI für Kolloid- und Grenzflächenforschung, Potsdam 1995
Foto 10: Daniela Winkler und Gerhard Rosner mit dem Operationsmikroskop am MPI für Hirnforschung, Frankfurt am Main 1982
Foto 11: Blick in das ASDEX-Plasmagefäß am MPI für Plasmaphysik, Garching 1981
Foto 12: »Tag der offenen Tür« am MPI für Plasmaphysik, Fusionsanlage »Wendelstein 7-A«, Garching 1975
Foto 13: Einweihung des MPI für Quantenoptik, Garching 1986
Foto 14: MPI für Quantenoptik, Garching 2004
Foto 15: Ernst Ruska vom Fritz-Haber-Institut am Elektronenmikroskop, 1956
Foto 16: Astropeiler Stockert in Bad Münstereifel, 1968
Foto 17: 100-Meter-Teleskop auf dem Effelsberg, 1976

5. Laborlandschaften (Seite 334–339)
Foto 1: MPI für Biochemie, Tübingen 1951
Foto 2: MPI für Biochemie, Martinsried 1977
Foto 3: Friedrich Paneth im MPI für Chemie, Mainz 1956
Foto 4 und Foto 5: Experiment des MPI für Verhaltensphysiologie zur Erforschung der »inneren Uhr«, Erling/Andechs 1973
Foto 6: Angela Friederici am MPI für Psycholinguistik, Nijmegen 1980
Foto 7: »Positronen-Emissions-Tomografie« am MPI für neurologische Forschung, Köln 1982
Foto 8: MPI für Hirnforschung, Gießen, 1950er-Jahre
Foto 9: Schlaflabor im MPI für Psychiatrie, München 1983
Foto 10: Versuchslabor am MPI für Psycholinguistik, Nijmegen 2000
Foto 11: Experiment zur elektrophysiologischen Beurteilung der Sehleistung am MPI für physiologische und klinische Forschung, Bad Nauheim 1981
Foto 12: »Modellstadt-Experiment« am MPI für Psycholinguistik, Nijmegen 1990
Foto 13: Student:innen im Labor des MPI für Biochemie, Tübingen, 1950er-Jahre
Foto 14: Aufblasen von Versuchsballons, MPI für Physik, Göttingen 1952
Foto 15: Käthe Seidel, an der Unterrhein-Fluss-Station der Hydrobiologischen Anstalt in Krefeld, 1974
Foto 16: Pflanzschalen am MPI für Pflanzengenetik, Heidelberg 1976
Foto 17: Forschung an Tabakpflanzen am MPI für terrestrische Mikrobiologie, Marburg 1997
Foto 18: Ernte eines Versuchsfelds, MPI für Pflanzenzüchtungsforschung, Köln 2004

6. Leselandschaften (Seite 416–419)
Foto 1: Lesesaal im MPI für Biochemie, München 1956
Foto 2: Lesesaal im MPI für Biochemie, Martinsried 1977
Foto 3: Lesesaal im MPI für Bildungsforschung, Berlin 1980
Foto 4: Lesesaal im MPI für Psychiatrie, München 1966
Foto 5: Bibliothekskatalog im MPI für Physik und Astrophysik, München 1977
Foto 6: Bibliothek im MPI für ausländisches und internationales Strafrecht, Freiburg 1977
Foto 7: Bibliothek im MPI für ausländisches und internationales Patent-, Urheber- und Wettbewerbsrecht, München 1978
Foto 8: Bibliothek im MPI für ausländisches öffentliches Recht und Völkerrecht, Heidelberg 2000
Foto 9: Otto Warburg in seinem Arbeitszimmer am MPI für Zellphysiologie, Berlin, 1960er-Jahre
Foto 10: Lesesaal des Archivs zur Geschichte der MPG, 1988

7. Sitzordnungen und Körperlandschaften (Seite 508–515)
Foto 1: MPG-Gründung im Kameradschaftshaus der Aerodynamischen Versuchsanstalt in Göttingen am 26. Februar 1948
Foto 2: Senatssitzung, Leverkusen 1960
Foto 3: Sitzung des Senats der MPG in Essen, 1965
Foto 4: Sitzung des Senats der MPG in Berlin, 1979
Foto 5: Sitzung der Chemisch-Physikalisch-Technischen Sektion, Bonn 1982
Foto 6: Sitzung des Senats der MPG in Bremen, 1984
Foto 7: Sitzung des Senats der MPG in München, 1995
Foto 8: Pause bei der Hauptversammlung: Adolf Butenandt, Feodor Lynen, Heinz Maier-Leibnitz, Dietrich Ranft, Klaus Dohrn, Reimar Lüst, Friedrich Schneider, Wolfgang Gentner, Hamburg 1975
Foto 9: Arbeitsbesprechung am MPI für ausländisches und internationales Sozialrecht, München 1986
Foto 10: Teambesprechung am MPI für Bildungsforschung, Berlin 1980

Foto 11: Die Gründungsdirektoren des neuen Instituts für Biochemie, Martinsried 1973

Foto 12: Georg Melchers und Albert H. Weller im Wissenschaftlichen Rat, Bremen 1972

Foto 13: Hubert Markl, Hans F. Zacher und Barbara Bludau bei der Einweihung des MPI für Mathematik in den Naturwissenschaften, Leipzig 1996

Foto 14: Wissenschaftlicher Rat: Paul B. Baltes, Fritz Peter Schäfer, Georg Melchers, Hans-Joachim Queisser, 1980

Foto 15: Jürgen Kiko, Reinhard Scholz, Manfred Hübner, Gerd Häuser und Till Kirsten von der »kosmochemischen Arbeitsgruppe« am MPI für Kernphysik, Heidelberg 1979

Foto 16: Fred Whipple und Klaus Wilhelm vom MPI für Aeronomie mit den ersten Bildern der Halley-Mehrfarben-Kamera, 1986

Foto 17: »Damenprogramm« bei der MPG-Hauptversammlung, Bremen 1972

Foto 18: Modenschau am Rande der MPG-Senatssitzung, Selbach 1969

Foto 19: Erika Butenandt und Wilhelmine Lübke beim »Damentee« am Rande der MPG-Hauptversammlung, Göttingen 1969

Foto 20: »Tag der offenen Tür« am MPI für Plasmaphysik, Garching bei München 1970

Foto 21: Einweihung des Institutsneubaus des MPI für molekulare Pflanzenphysiologie, Golm/Potsdam 1999

8. Bürolandschaften (Seite 569–575)

Foto 1: Generalverwaltung der MPG, Büro Ernst Telschow, Göttingen 1954

Foto 2: Notquartier des MPI für Geschichte, Göttingen 1957

Foto 3: Generalverwaltung der MPG, Büro Ernst Telschow, Göttingen 1960

Foto 4: Generalsekretär Ernst Telschow und seine Sekretärin Erika Bollmann, 1948

Foto 5: MPG-Präsident Otto Hahn und seine Sekretärin Marie-Luise Rehder, 1950er-Jahre

Foto 6: Vorzimmer des Büros der Generalverwaltung in Düsseldorf, 1958

Foto 7: Direktorenzimmer im MPI für experimentelle Medizin, Göttingen 1965

Foto 8: Arbeitszimmer in der Vogelwarte Radolfzell, MPI für Verhaltensphysiologie, 1975

Foto 9: Arbeitszimmer im MPI zur Erforschung der Lebensbedingungen der wissenschaftlich-technischen Welt, Starnberg 1977

Foto 10: Arbeitszimmer im MPI für Psychiatrie, München 1983

Foto 11: Direktorenzimmer im MPI für Aeronomie, 1953

Foto 12: Direktorenzimmer im MPI für Aeronomie, 1970

Foto 13: Adolf Butenandt am MPI für Biochemie, 1950er-Jahre

Foto 14: Butenandt als neuer Präsident der MPG, München 1960

Foto 15: Butenandt im Münchner Präsidialbüro, späte 1960er-Jahre

Foto 16: Butenandt zu Besuch im MPI für Biochemie, Martinsried 1991

9. Raumproduktion (Seite 653–666)

Foto 1: Die Anfänge der Kasier-Wilhelm-Gesellschaft im ländlichen Berlin-Dahlem, 1918

Foto 2: Der Dahlemer Campus, 1939/40

Foto 3: MPI für Biochemie in Tübingen, Anfang der 1950er-Jahre

Foto 4: MPI für Biochemie, München 1956

Foto 5 und Foto 6: Die Statue des nackten Mannes vor dem Eingang des MPI für Biochemie in München, 1960

Foto 7: Baumodell für das MPI für Biochemie, Martinsried, 1969

Foto 8: Baustelle und Richtfest für das MPI für Biochemie, Martinsried 1970

Foto 9: MPI für Biochemie, Martinsried 1973

Foto 10: MPI-Komplex in Martinsried im urbanen Kontext

Foto 11: Neubau des MPI für Physik und Astrophysik, München 1961

Foto 12: Richtfest des MPI für Astrophysik, Garching 1978

Foto 13: MPI für Astrophysik, Garching, 1980er-Jahre

Foto 14: Baumodell für das MPI für Physik komplexer Systeme, Dresden 1994

Foto 15: MPI für Physik komplexer Systeme, Dresden 1997

Foto 16: MPI für Physik komplexer Systeme, Dresden 1997

Foto 17: Gästehaus des MPI für Physik komplexer Systeme, Dresden 1997

Foto 18: Baumodell für das MPI für Bildungsforschung, 1970er-Jahre

Foto 19: MPI für Bildungsforschung, Berlin 1974

Foto 20: MPI für Bildungsforschung in Berlin, 1986

Foto 21: Ankündigung des Neubauvorhabens für das MPI für ausländisches und internationales Strafrecht, Freiburg 1977

Foto 22: Neubaumodell des Architekturbüros Herbert Dörr, 1977

Foto 23: Rohbau des MPI für ausländisches und internationales Strafrecht, 1977

Foto 24: MPI für ausländisches und internationales Strafrecht, Freiburg 1980

Foto 25: MPI für ausländisches öffentliches Recht und Völkerrecht, Heidelberg 1954

Foto 26: Umbau des MPI für ausländisches öffentliches Recht und Völkerrecht, 1971

Foto 27: Neubau des MPI für ausländisches öffentliches Recht und Völkerrecht, Heidelberg 1997

Foto 28: Saxo-Borussen-Haus in Heidelberg, in dem das MPI für ausländisches öffentliches Recht und Völkerrecht untergebracht war, 1949–1954

Foto 29: MPI für ausländisches und internationales Privatrecht, Hamburg 1964

Foto 30: MPI für europäische Rechtsgeschichte, Frankfurt am Main 1968

Foto 31: Neubau des MPI für europäische Rechtsgeschichte in Frankfurt am Main, 1990

Foto 32: Bibliotheca Hertziana – MPI für Kunstgeschichte, Rom 1966

4. Abbildungsverzeichnis

Foto 33: Quertrakt der Bibliotheca Hertziana aus den 1960er-Jahren

Foto 34: Nördliche Galerien des Bibliotheksneubaus der Bibliotheca Hertziana, Rom 2012

Foto 35: Modell des Tragwerks für den Neubau der Bibliothek der Bibliotheca Hertziana, Rom 2003

Foto 36: Baustelle des Bibliotheksneubaus der Bibliotheca Hertziana, Rom 2005

Foto 37 und Foto 38: Im ehemaligen MPI für Zellphysiologie in Berlin-Dahlem befindet sich heute das Archiv zur Geschichte der Max-Planck-Gesellschaft, 1970 bzw. 1984

Foto 39: Archiv zur Geschichte der Max-Planck-Gesellschaft im urbanen Kontext von Berlin-Dahlem, 1991

10. Debatten und Konflikte (Seite 720–725)

Foto 1 und 2: Original und retuschiertes Foto von der Einweihung des Neubaus des KWI für Metallforschung am 21. Juni 1935 mit Max Planck, Werner Köster und dem SA-Gruppenführer Carl Eduard Herzog von Sachsen-Coburg und Gotha

Foto 3: Gedenkveranstaltung am 25. Mai 1990 auf dem Münchner Waldfriedhof zur Bestattung von Hirnschnitten mit Georg Kreutzberg

Foto 4: Trauergemeinde auf dem Münchner Waldfriedhof, 1990

Foto 5: Gedenkstein auf dem Waldfriedhof München, 1990

Foto 6: Die Holocaust-Überlebende Vera Kriegel beim MPG-Symposium »Biowissenschaften und Menschenversuche an Kaiser-Wilhelm-Instituten«, Berlin 2001

Foto 7: Hubert Markl und Reinhard Rürup sowie Mary Wright, Otto Klein, Andrzej Pòłtawski und Eva Mozes Kor beim Berliner Symposium

Foto 8: Die Holocaust-Überlebenden Vera Kriegel und Eva Mozes Kor mit Hubert Markl und Wolfgang Schieder auf dem Symposium

Foto 9: Mäuse- und Rattenstall in der Abteilung für Virusforschung am MPI für Biochemie, Tübingen 1951

Foto 10: Fiebertest an Kaninchen am MPI für Immunbiologie, Freiburg 1976

Foto 11: Tierversuch am MPI für Immunbiologie, 1977

Foto 12 und Foto 13: Kinderzeichnungen, entstanden beim »Tag der offenen Tür« am Genzentrum des MPI für Biochemie, Martinsried 1981

Foto 14: Peter Starlinger und Hans-Peter Dürr beim Kongress »Naturwissenschaftler für den Frieden«, Mainz 1983

Foto 15: Protest beim Festakt »50 Jahre Kernspaltung«, Berlin 1988

Foto 16: Protest gegen die Auspflanzung von transgenen Petunien vor dem MPI für Züchtungsforschung, Köln 1990

Foto 17: Resultat des Petunienfreilandversuchs, Köln 1990

Foto 18: Zeitungsbericht über die anhaltenden Proteste gegen die Genversuche

4.4 Fotonachweis

Die abgebildeten Fotografien entstammen – bis auf die unten aufgeführten Ausnahmen – dem Archiv der Max-Planck-Gesellschaft, Berlin.

Archiv des MPI für Psycholinguistik: S. 337 unten
Bibliotheca Hertziana: S. 665 unten
Bibliotheca Hertziana/Andrea Jemolo: S. 664 unten rechts
MPI für Pflanzenzüchtungsforschung: S. 339 unten rechts
NaturwissenschaftlerInnen-Initiative Verantwortung für Frieden und Zukunftsfähigkeit e.V.: S. 724 oben
Zentralarchiv des Deutschen Zentrums für Luft- und Raumfahrt (DLR): S. 270 unten

Felix Brandl: S. 275 unten
Luciano Cardellicchio: S. 665 oben
Maret Kaelder/MPI für Züchtungsforschung (heute: Pflanzenzüchtungsforschung): S. 725 Mitte
Helga Satzinger: S. 722 oben
Jens Weber/MPI für ausländisches öffentliches Recht und Völkerrecht: S. 418 unten

Trotz intensiver Bemühungen war es in einigen Fällen nicht möglich, die Urheberrechtsfrage zu klären. Wir sind für entsprechende Hinweise dankbar. Rechtsansprüche bleiben gewahrt.

5. Quellen und Literatur
5.1 Quellen zur Geschichte der Max-Planck-Gesellschaft

Florian Schmaltz

Der überwiegende Teil der Aktenüberlieferung zur Geschichte der Leitungsorgane, Institute und Forschungsstellen sowie der Generalverwaltung, befindet sich im Archiv der Max-Planck-Gesellschaft (AMPG) in Berlin und in der Alt-Registratur der Generalverwaltung in München. Darüber hinaus existieren wichtige Aktenbestände und Nachlässe im Historischen Archiv des MPI für Psychiatrie in München[1] und dem Archiv des Instituts für Plasmaphysik in Garching.[2] Die 1970 als Garching Instrumente GmbH gegründete Transfergesellschaft der MPG, heute Max Planck Innovation GmbH, verfügt über eine Datenbank der Erfinder- und Patentanmeldungen von 1100 Patentfamilien der MPG, die bis in die frühen 1980er-Jahre zurückreicht.[3] Das in Hamburg ansässige MPI für ausländisches und internationales Privatrecht besitzt eine umfangreiche Sammlung rechtswissenschaftlicher Gutachten sowie eine Alt-Registratur von Institutsakten, die noch nicht vollständig an das Archiv der MPG abgegeben wurden. Das Ende der 1980er-Jahre eingerichtete Archiv des MPI für Kohlenforschung in Mülheim an der Ruhr blieb dem Forschungsprogramm »Geschichte der Max-Planck-Gesellschaft« (GMPG) bedauerlicherweise verschlossen.[4]

Die für die Geschichte der MPG besonders relevanten Akten sind im AMPG schwerpunktmäßig in über 100 Reposituren der in der II. Abteilung enthaltenen Bestände der Generalverwaltung der MPG sowie zahlreicher Max-Planck-Institute und Forschungsstellen zusammengefasst.[5] Sie enthalten Materialien zu organisatorischen Angelegenheiten, Wissenschaftlichen Mitgliedern der MPG, Stiftungen, Schenkungen und Erbschaften, zur Finanzierung, Besoldung und zu sozialen Belangen, Steuerfragen, Grundstücken und Liegenschaften, zur Öffentlichkeits- und Medienarbeit, zu Institutsneugründungen, den Beziehungen zu wissenschaftlichen und gesellschaftlichen Organisationen, den Auslandsverbindungen, zur Forschungspolitik sowie zu den Prüfungen der internen Revision.

Sie werden ergänzt durch die sogenannten Institutsbetreuungsakten (II. Abt., Rep. 66), dem umfangreichsten Einzelbestand im AMPG, in denen die administrative Unterstützung seitens der Generalverwaltung bei der Gründung, dem Betrieb und der Abwicklung von Instituten dokumentiert ist. Als Schnittstelle zwischen der Generalverwaltung und den Institutsleitungen bieten sie Einblicke in administrative Angelegenheiten der einzelnen Institute und betreffen Satzungen, Personalfragen, Finanzen und Bauaktivitäten. Weitere bedeutende Reposituren der II. Abteilung des AMPG bilden die von der Generalverwaltung zentral geführten Personalakten der Wissenschaftlichen Mitglieder (Rep. 67), die Akten der Bauabteilung (Rep. 68), der Dokumentationsstelle (Rep. 99), des Pressereferats (Rep. 71),[6] der bis 1970 unterhaltenen Verwaltungsstelle Berlin (Rep. 100) und des im selben Jahr gegründeten Gesamtbetriebsrats (Rep. 81).[7] Zentrale wissenschaftspolitische und institutionelle Themen enthalten zudem die Handakten von Abteilungsleiter:innen und Generalsekretären der Generalverwaltung (Rep. 1).

Für die historische Analyse der Governance der MPG sind die Protokolle und Sitzungsunterlagen des Senats und des Verwaltungsrats sowie des Wissenschaftlichen Rats und seiner drei Sektionen (Biologisch-Medizinische Sektion; Physikalisch-Chemisch-Technische Sektion und Geisteswissenschaftliche Sektion, seit Juni 2004 Geistes-, Human- und Sozialwissenschaftliche Sektion) grundlegend. Sie geben Einblicke in die internen Strategiedebatten über forschungspolitische Fragen der in ihren Gremien fortwährend beratenen wissenschaftlichen und institutionellen Neuausrichtungsprozesse der MPG, die mit Neugründungen, Fusionen und Schließungen von Instituten gesteuert werden. Die Gremienprotokolle ermöglichen Untersuchungen von Berufungsverfahren, Karriereverläufen und personellen Netzwerken. Neben der Überlieferung der Generalverwaltung und der Gremien der MPG geben die Akten der Institute Aufschluss über die Forschungspraxis und deren Governance. Einschließlich der geschlossenen Max-Planck-Institute und Forschungsstellen ist bislang zu 53 der rund 100 MPG-Einrichtungen Archivgut im AMPG vorhanden (Abt. II, Rep. 2 bis Rep. 54). Die teilweise nicht pu-

---

1 Max-Planck-Institut für Psychiatrie. Historisches Archiv, 2023, http://www.psych.mpg.de/49413/archive.
2 Max-Planck-Institut für Plasmaphysik, Das Zentralarchiv des IPP, 2023, https://www.ipp.mpg.de/40236/archiv.
3 Die Patentdokumentation der rechtlich selbstständigen MPI für Kohlenforschung und für Eisenforschung verwalten diese selbst.
4 Rasch, Aufbau eines Archivs, 1987; Rasch, Archiv, 1987; Rasch, Universitätslehrstuhl oder Forschungsinstitut, 1996. Siehe auch: Max-Planck-Institut für Kohlenforschung: https://www.kofo.mpg.de/de/institut/portrait/geschichte.
5 Sie sind größtenteils durch Findbücher und eine Archivdatenbank erschlossen. Zur Tektonik der Bestände siehe: Archiv der Max-Planck-Gesellschaft. ACTApro, Archiv der Max-Planck-Gesellschaft -, 2023, https://ursamajor.archiv-berlin.mpg.de/actaproweb/welcome.xhtml.
6 Zur Öffentlichkeitsarbeit der MPG bilden darüber hinaus die von der Generalverwaltung veröffentlichten Publikationen und der Nachlass von Robert Gerwin (III. Abt., ZA 13), der von 1971 bis 1987 das Pressereferat der Generalverwaltung der MPG leitete, eine wesentliche Quellengrundlage.
7 Wir sind dem Gesamtbetriebsrat der MPG sehr dankbar für die freundliche Erlaubnis, diesen Aktenbestand nutzen zu können, weil er für die Untersuchung der historischen Entwicklung der Arbeitsbeziehungen und der Personalentwicklung in sozialgeschichtlicher Perspektive wichtige Erkenntnisse lieferte.

blizierten Tätigkeitsberichte der Max-Planck-Institute wurden im AMPG zu einer eigenen Sammlung (IX. Abt., Rep. 5) zusammengefasst, die trotz gewisser Lücken nachvollziehbar macht, welche Forschungsthemen an den Instituten im Laufe der Zeit bearbeitet wurden. Anhand der vorhandenen Patentunterlagen und Publikationen aus Akten dieser Provenienz lässt sich die historische Entwicklung der Forschungspraxis und deren Ergebnisse bestenfalls fragmentarisch rekonstruieren. Eine gute Ergänzung hierzu bilden – neben den publizierten Forschungsergebnissen und den Institutsakten – vor allem die in der Abteilung III zusammengefassten Nachlässe Wissenschaftlicher Mitglieder der MPG.

Zur Gründungs- und Aufbauphase der MPG wurden die wichtigsten Akten in dem Bestand »Gründungsakten« (II. Abt., Rep. 102) zusammengeführt. Sie ermöglichen eine historische Analyse der Beratungs- und Entscheidungsprozesse auf präsidialer Ebene wie auch die in der III. Abteilung überlieferten Nachlässe der Präsidenten Otto Hahn (Rep. 14), Adolf Butenandt (Rep. 84-1 und 84-2), Reimar Lüst (Rep. 153), Heinz A. Staab (Rep. 142) und Hans F. Zacher (Rep. 134). Über die dienstlichen Unterlagen hinausgehend ist kein eigenständiger Nachlass des MPG-Präsidenten Hubert Markl im AMPG überliefert. Für seine Amtsperiode von 1996 bis 2002 sind die dienstlichen Akten des Präsidenten und Präsidialbüros (II. Abt., Rep. 57) der wichtigste Bestand. Die Nachlässe der MPG-Präsidenten und der Wissenschaftlichen Mitglieder eröffnen Einblicke in deren Gestaltungsspielräume, ihren Führungsstil und Einfluss auf institutionelle, administrative und wissenschaftspolitische Handlungsfelder. Für die historische Untersuchung der Tätigkeit der Generalverwaltung der MPG sind ferner für die Anfangsjahre die Nachlässe der Generalsekretäre und Mitarbeiter des Präsidialbüros von zentraler Bedeutung. Hierzu gehört der Nachlass von Ernst Telschow (III. Abt, Rep. 83), der ab 1931 Mitarbeiter der Generalverwaltung der KWG war, 1937 deren Generalsekretär wurde und den Aufbau der MPG von 1948 bis 1960 als geschäftsführendes Mitglied des Verwaltungsrates entscheidend prägte. Für die Gründungsphase der MPG und die Präsidentschaft Butenandts ist zudem der Nachlass von Erika Bollmann (III. Abt., Rep. 43) von Bedeutung, die ab 1936 Mitarbeiterin der Generalverwaltung der KWG und später der MPG war und 1960 persönliche Referentin von Butenandt und Leiterin des Präsidialbüros wurde.

Sach- und Personalakten mit einem Bezug zur MPG und ihren Instituten sind überdies sowohl in privaten Archiven von Stiftungen und Unternehmen als auch in öffentlichen Archiven im Inland und Ausland überliefert. Im Bundesarchiv Koblenz enthalten vor allem die Akten des Bundesministeriums für Bildung und Wissenschaft (B 138), des Bundesministeriums für Forschung und Technologie (B 196) und des Bestandes der Deutschen Forschungsgemeinschaft (B 277) aussagekräftige Quellen mit Bezügen zur Geschichte der MPG. Ferner wurden zu den internationalen Beziehungen der MPG sowie zur Vergangenheitspolitik Akten im Politischen Archiv des Auswärtigen Amtes (Berlin) sowie Akten des Bayerischen Kultusministeriums im Bayerischen Hauptstaatsarchiv verwendet. Forschungsaufträge des Bundesverteidigungsministeriums zu militärischen Themen und Fragestellungen, die Institute der MPG bearbeiteten, haben in den Archivalien der MPG kaum Spuren interlassen, weil sie im Rahmen der sogenannten Verwaltungshilfe über die Fraunhofer Gesellschaft administrativ von der Antragstellung über die Haushaltsführung bis zur Evaluierung der Ergebnisse abgewickelt wurden. Zumindest teilweise lassen sich die militärischen Forschungsprojekte anhand der komplementären Gegenüberlieferungen der Auftraggeber rekonstruieren. Entsprechende Unterlagen zu den Forschungsaufträgen finden sich im Bestand des Bundesministeriums der Verteidigung (BW 1) und der Inspektion des Sanitäts- und Gesundheitswesens der Bundeswehr (BW 24) im Bundesarchiv-Militärarchiv Freiburg sowie in dem im Archiv des Instituts für Zeitgeschichte München überlieferten Bestands der Fraunhofer-Gesellschaft (ED 721). Zu einzelnen Aufträgen fanden sich einschlägige Quellen in den Tätigkeitsberichten der Aerodynamischen Versuchsanstalt Göttingen im Zentralen Archiv des Deutsche Zentrums für Luft- und Raumfahrt (Göttingen). Dort existieren ferner Akten zur Restitution von Immobilien und Grundstücken jüdischer Eigentümer, die von der Aerodynamischen Versuchsanstalt in den 1930er-Jahren von zwangsweise enteignet worden waren. Vergangenheitspolitisch wichtige Quellen zum Umgang der MPG mit Hirnschnitten von NS-Opfern befinden sich im Nachlass des Publizisten Ernst Klee im Archiv der Gedenkstätte Hadamar sowie in den Archiven der Goethe-Universität Frankfurt am Main und der Freien Universität Berlin.

Neben den Archivquellen stellen die von der Generalverwaltung herausgegebenen Publikationsreihen einen weiteren Quellenfundus dar. Zu ihnen zählen die durchlaufenden Serien wie das *Jahrbuch der MPG* (seit 1951), die *Jahresberichte und Jahresrechnungen* (seit 1959), das *Mitgliederverzeichnis* (seit 1949), das *Institutsverzeichnis* (1952–1966), die *Mitteilungen aus der MPG* (1952–1974) und ihre in der Zeitschrift *Naturwissenschaften* 1951 bis 1974 publizierten Tätigkeitsberichte der MPG. Im Zuge der Professionalisierung der Öffentlichkeitsarbeit entstanden in den 1970er-Jahren neue Publikationsreihen, wie die *Berichte und Mitteilungen der MPG* (1975–1999), fortgesetzt als *Max-Planck-Forum* (1999–2007) und als *MPG-Spiegel: Aktuelle Informationen für Mitarbeiter und Freunde der Max-Planck-Gesellschaft* (1972–1998). Ferner sind die Zeitschrift *Forschungsperspektiven der Max-Planck-Gesellschaft* (seit 2000) und das *Handbuch der Max-Planck-Institute* zu nennen. Das Pressereferat und seine Nachfolgeabteilungen in der Generalverwaltung legten zudem eine umfangreiche Sammlung von Fotografien an, die inzwischen an das Archiv der MPG abgegeben worden sind (IV. Abt., Rep. 1 Fotografien). Die von den Max-Planck-Instituten veröffentlichten Tätigkeitsberichte (IX. Abt., Rep. 5) nahmen im Laufe der Zeit an Umfang und Informationsdichte zu und bieten als serielle Quellen einen guten Überblick über die wissenschaftlichen Forschungsaktivitäten der Institute der MPG.

5.2 Archivverzeichnis

Archiv der Max-Planck-Gesellschaft (AMPG)

I. Abt.
Kaiser-Wilhelm-Institut für medizinische Forschung
AMPG, I. Abt., Rep. 29, Nr. 146.

II. Abt.
Generalverwaltung der Max-Planck-Gesellschaft: Handakten
AMPG, II. Abt., Rep. 1, Nr. 3, 12, 17, 22, 27, 45, 46, 52, 53, 81, 203, 215, 234, 243, 332, 358, 360, 385, 391, 410, 432, 504, 553, 557, 625, 651, 702, 704, 965, 1022, 1023, 1024, 1025, 1026, 1037, 1039, 1041, 1045, 1055, 1063, 1064, 1076, 1077, 1078.

Institut für Instrumentenkunde
AMPG, II. Abt., Rep. 8, Nr. 7.

Max-Planck-Institut zur Erforschung der Lebensbedingungen der wissenschaftlich-technischen Welt / MPI für Sozialwissenschaften
AMPG, II. Abt., Rep. 9, Nr. 13.

Max-Planck-Institut für Hirnforschung
AMPG, II. Abt., Rep. 20B, Nr. 122.

Max-Planck-Institut für Psychiatrie (DFA)
II. Abt., Rep. 30, Nr. 50, 54.

Max-Planck-Institut für Rechtsgeschichte
AMPG, II. Abt., Rep. 36, Nr. 23, 25.

Max-Planck-Institut für Biochemie
AMPG, II. Abt., Rep. 41, Nr. 47.

Max-Planck-Institut für Bildungsforschung
AMPG, II. Abt., Rep. 43, Nr. 374.

Max-Planck-Institut für Mikrostrukturphysik
AMPG, II. Abt., Rep. 52, Nr. 1, 2.

Präsident/Präsidialbüro
AMPG, II. Abt., Rep. 57, Nr. 3, 304, 335, 411, 439, 480, 504, 606, 628, 646, 700, 701, 712, 1024, 1034, 1156, 1221, 1233, 1285, 1379.

Geschichte der Kaiser-Wilhelm-Gesellschaft im Nationalsozialismus (Präsidentenkommission)
AMPG, II. Abt., Rep. 58, Nr. 1.

Senat
AMPG, II. Abt., Rep. 60, Nr. 2.SP, 3.SP, 4.SP, 5.SP, 6.SP, 7.SP, 9.SP, 10.SP, 11.SP, 13.SP, 15.SP, 19.SP, 21.SP, 22.SP, 24.SP, 25.SP, 27.SP, 31.SP, 32.SP, 33.SP, 34.SP, 35.SP, 36.SP, 37.SP, 38.SP, 39.SP, 40.SP, 41.SP, 42.SP, 43.SP, 44.SP, 45.SP, 46.SP, 48.SP, 49.SP, 50.SP, 52.SP, 53.SP, 56.SP, 59.SP, 61.SP, 62.SP, 63.SP, 64.SP, 66.SP, 67.SP, 68.SP, 69.SP, 70.SP, 71.SP, 72.SP, 73.SP, 78.SP, 80.SP, 87.SP, 89.SP, 97.SP, 98.SP, 99. SP, 103.SP, 107.SP, 109.SP, 112.SP, 117.SP, 119.SP, 120.SP, 123.SP, 125.SP, 126.SP, 129.SP, 130.SP, 131.SP, 132.SP, 133.SP, 134.SP, 135.SP, 136.SP, 137.SP, 138.SP, 139.SP, 140.SP, 141.SP, 142.SP, 143.SP, 144.SP, 145.SP, 146.SP, 147.SP, 148.SP, 149.SP, 150.SP, 151.SP, 152.SP, 153.SP, 154.SP, 155.SP, 156.SP, 157.SP, 158.SP, 159.SP, 160.SP, 161.SP, 197.SP, 198.SP, 199.SP, 200.SP, 201.SP, 202.SP, 204.SP, 205.SP, 206.SP, 207.SP, 208.SP, 209.SP, 210.SP, 211.SP, 212.SP, 213.SP, 214.SP, 217.SP, 218.SP, 219.SP, 227.SP, 238.SP, 244.SP.

Verwaltungsrat der Max-Planck-Gesellschaft
AMPG, II. Abt., Rep. 61, Nr. 3.VP, 25.VP, 27.VP, 28.VP, 29.VP, 32.VP, 33.VP, 38.VP, 41.VP, 43.VP, 47.VP, 49.VP, 61.VP, 64.VP, 65.VP, 70.VP, 73.VP, 76.VP, 77.VP, 79.VP, 80.VP, 84.VP, 85.VP, 86.VP, 88.VP, 89.VP, 90.VP, 91.VP, 92.VP, 93.VP, 94.VP, 95.VP, 97.VP, 98.VP, 99.VP, 102.VP, 105.VP, 106.VP, 112.VP, 115.VP, 116.VP, 118.VP, 119.VP, 120.VP, 121.VP, 122.VP, 125.VP, 130.VP, 131.VP, 137.VP, 138.VP, 139.VP, 141.VP, 142.VP, 144.VP, 145.VP, 146.VP, 147.VP, 148.VP, 149.VP, 150.VP, 151.VP, 152.VP, 153.VP, 154.VP, 155.VP, 156.VP, 157.VP, 158.VP, 159.VP, 160.VP, 161.VP, 162.VP, 163.VP, 164.VP, 165.VP, 166.VP, 167.VP, 168.VP, 169.VP, 170.VP, 171.VP, 173.VP, 174.VP, 178.VP, 185.VP, 191.VP, 193.VP, 197.VP, 207.VP.

Wissenschaftlicher Rat (auch GV Neuvorhaben/Neugründungen)
AMPG, II. Abt., Rep. 62, Nr. 17, 110, 120, 217, 218, 241, 252, 266, 393, 498, 438, 485, 510, 511, 694, 712, 713, 719, 722, 746, 747. 748, 805, 816, 853, 859, 885, 918, 927, 979, 1012, 1095, 1290, 1317, 1402, 1427, 1444, 1446, 1460, 1467, 1526, 1528, 1530, 1567, 1568, 1573, 1578, 1583, 1594, 1595, 1627, 1633, 1639, 1640, 1647, 1660, 1665, 1668, 1676, 1731, 1737, 1741, 1743, 1745, 1756, 1757, 1768, 1769, 1770, 1771, 1779, 1780, 1781, 1791, 1792, 1793, 1794, 1796, 1797, 1803, 1810, 1823, 1824, 1825, 1836, 1837, 1855, 1933, 1947.

Generalverwaltung: Institutsbetreuung
AMPG, II. Abt., Rep. 66, Nr. 5, 320, 357, 358, 360, 361, 600, 686, 775, 909, 989, 992, 995, 1047, 1195, 1196, 1374, 1521, 1614, 1787, 2697, 2720, 2714, 2827, 2831, 2832, 2841, 3601, 3801, 4008, 4038, 4116, 4428, 4634, 4648, 4692, 4785, 4822, 4835, 4845, 4885, 4942, 4959, 4962, 4964, 5181.

Generalverwaltung: Personal
AMPG, II. Abt., Rep. 67, Nr. 176, 255, 373, 652, 977, 1448.

Generalverwaltung: Finanzen/Revision
AMGP, II. Abt., Rep. 69, Nr. 4, 23, 40, 45, 46, 60, 68, 79, 137, 144, 153, 234, 373, 471, 498, 936, 946.

Generalverwaltung: Forschungspolitik/Außenbeziehungen
AMGP, II. Abt., Rep. 70, Nr. 86, 359, 373, 509, 609, 650, 673, 1016.

Generalverwaltung: Presse/Öffentlichkeitsarbeit
AMPG, II. Abt., Rep. 71, Nr. 4, 5, 16, 55, 79, 82, 101, 106, 112, 117, 176, 183, 295, 299, 396, 438, 463.

Gesamtbetriebsrat der MPG
AMPG, II. Abt., Rep. 81, Nr. 51, 52.

Gründungsakten
AMPG, II. Abt., Rep. 102, Nr. 4, 32, 43, 108, 110, 124, 153, 193, 396, 397.

III. Abt.
Nachlass Otto Hahn
AMPG, III. Abt., Rep. 14, Nr. 3663, 6500.

Nachlass Hans Bauer
AMPG, III. Abt., Rep. 26B, Nr. 28b.

Nachlass Feodor Lynen
AMPG, III. Abt., Rep. 31B, Nr. 180.

Nachlass Erika Bollmann
AMPG, III. Abt., Rep. 43, Nr. 26, 87, 243.

Nachlass Georg Melchers
AMPG, III. Abt., Rep. 75, Nr. 1.

Nachlass Ernst Telschow
AMPG, III. Abt., Rep. 83, Nr. 48, 49, 104, 181, 191, 193.

Nachlass Adolf Butenandt
AMPG, III. Abt., Rep. 84-1, Nr. 66, 156, 157, 286, 458, 627, 684, 1242, 1564.

Nachlass Adolf Butenandt
Korrespondenz
AMPG, III. Abt., Rep. 84-2, Nr. 2074, 2709, 3114, 6092, 7804.

Nachlass Werner Heisenberg
AMPG, III. Abt., Rep. 93, Nr. 155, 185, 730, 848, 918, 1323, 1687, 1707.

Nachlass Rolf Hassler
AMPG, III. Abt., Rep. 115, Nr. 333.

Nachlass Paul J. Crutzen
AMPG, III. Abt., Rep. 125, Nr. 48.

Nachlass Reimar Lüst
AMPG, III. Abt., Rep. 145, Nr. 208, 221, 395.

Vorlass Meinrat O. Andrea
AMPG, III. Abt., Rep. 148, Nr. 5.

Nachlass Klaus-Joachim Zülch
AMPG, III. Abt., Rep. 154, Nr. 76.

Nachlass Jürgen Aschoff
AMPG, III. Abt., Rep. 155, Nr. 678.

Vorlass Thomas A. Trautner
AMPG, III. Abt., Rep. 156, Nr. 111, 115.

Vorlass Siegbert Witkowski
AMPG, III. Abt., Rep. 168, Nr. 5.

Nachlass Ludwig Biermann
AMPG, III. Abt., ZA 1, Nr. 18.

Nachlass Robert Gerwin
AMPG, III. Abt., ZA 13, Nr. 4, 42, 59.

Nachlass Werner Köster
AMPG, III. Abt., ZA 35, Nr. 1, K 7.

Nachlass Joseph Straub
AMPG, III. Abt., ZA 56, Nr. 15.

Nachlass Rudolf Thauer
AMPG, III. Abt., ZA 61, Nr. 22, K 1.

Nachlass Christian Junge
AMPG, III. Abt., ZA 95, Nr. 1.

Nachlass Georg W. Kreuzberg
AMPG, III. Abt., ZA 134, Nr. 36.

Nachlass Peter Hans Hofschneider
AMPG, III. Abt., ZA 162, Nr. 2, 34, 118.

Nachlass Hartmut Lehmann
AMPG, III. Abt., ZA 180, Nr. 62.

Vorlass Heinz Saedler
AMPG, III. Abt., ZA 207, Nr. 3, 23, 24, 63, 236, 237, 238, 239, 246, 261, 236.

Nachlass E. Detlef Schulze
AMPG, III. Abt., ZA 208, Nr. 230, 231, 232, 241.

Vorlass Karl Ludwig Kompa
AMPG, III. Abt., ZA 214.

Vorlass Wolf Singer
AMPG, III. Abt., ZA 219, Nr. 40.

Va. Abt.
Sammlung Gerhard Ruhenstroth-Bauer
AMPG, Va. Abt., Rep. 164, Nr. 2.
Sammlung Barbara Bötticher
AMPG, Va. Abt., Rep. 165, Nr. 1, 3.

Vc. Abt.
Manuskripte
AMPG, Vc. Abt., Rep. 4, Nr. 183, 186.

VI. Abt.
Fotografien
AMPG, VI. Abt., Rep. 1.
Gemälde, Zeichnungen, Radierungen
AMPG, VI. Abt., Rep. 2, Nr. 2.

IX. Abt.
Personen
AMPG, IX. Abt., Rep. 1, Edith Zerbin-Rudin.
Institute, Forschungsstellen und Arbeitsgruppen sowie weitere Einrichtungen der KWG/MPG
AMPG, IX. Abt., Rep. 2, Archiv der Max-Planck-Gesellschaft.
Tätigkeitsberichte von (Kaiser-Wilhelm-)Max-Planck-Instituten
AMPG, IX. Abt., Rep. 5, Nr. 337, 798, 1022, 1023, 1043.

Archiv des Institutes für Plasmaphysik (AIPP), Garching
Kooperationen: IPP 4, Nr. 510001, 510002, 510014.

Digitales Archiv des Forschungsprogramms »Geschichte der Max-Planck-Gesellschaft« (DA GMPG)

Schriftliche Unterlagen
Personalplanung Leitende Angestellte, DA GMPG, BC 105520.

McKinsey Gutachten zur MPG-Organisation, DA GMPG, BC 105630.

Allianz Präsidentenkreis, DA GMPG, BC 108647.

Vorlass Heide Röbbecke, Teil 1, DA GMPG, BC 600013.

Kassanda: DA GMPG, BC 100001.

Interviews
Alison Kraft: Interview mit Frank Gannon, 24.2.2022, DA GMPG, ID 601094.

Gregor Lax: Interview mit Meinrat O. Andreae, 2.12.2015, DA GMPG, ID 601093.

Gregor Lax: Telefoninterview mit Hans-Walter Georgii, 27.4.2015, DA GMPG, ID 601090.

Gregor Lax: Interview mit Klaus Hasselmann, 4.3.2019, DA GMPG, ID 601092.

Carsten Reinhardt und Gregor Lax: Interview mit Paul J. Crutzen, 7.11.2011, DA GMPG, ID 601091.

Carsten Reinhardt, Jürgen Renn, Florian Schmaltz: Interview mit Reimar Lüst. 20.10.2016, DA GMPG, ID 601016.

Jürgen Renn und Horst Kant: Interview mit Raimar Lüst, 18.5.2010, DA GMPG, ID 601070.

Carola Sachse: Interview mit Reiner Braun, 8.3.2018, DA GMPG, ID 601001.

Carola Sachse: Interview mit Klaus Gottstein, 11.11.2011, DA GMPG, ID 601083.

Carola Sachse: Interview mit Angelika Lange-Gao, 11.12.2021, DA GMPG, ID 601089.

Carola Sachse: Interview mit Dietmar Nickel, 12.4.2018, DA GMPG, ID 601023.

Juliane Scholz: Interview mit Dirk Hartung, 8.8.2018, DA GMPG, ID 601008.

Alexander von Schwerin: Interview mit Hans Lehrach, 19.6.2015, DA GMPG, ID 601015.

Alexander von Schwerin: Interview mit Hans-Jörg Rheinberger, 27.3.2016, DA GMPG, ID 601026.

Alexander von Schwerin: Interview mit Hans-Hilger Ropers, 23.6.2015, DA GMPG, ID 601028.

Alexander von Schwerin: Interview mit Brigitte Wittmann-Liebold, 1.7.2015, DA GMPG, ID 601042.

Generalverwaltung der Max-Planck-Gesellschaft – Registratur – Altakten (GVMPG)
GVMPG, BC 202019, BC 202030, BC 202034, BC 202865, BC 203056, BC 203122, BC 204881, BC 207183, BC 213481, BC 214928, BC 215219, BC 215221, BC 216899, BC 216900, BC 216902, BC 218980, BC 219238, BC 222415, BC 222417, BC 226252, BC 230279, BC 230322, BC 233213, BC 233224, BC 233227, BC 233229, BC 237945, BC 246746, BC 247300.

Historisches Archiv des Max-Planck-Instituts für Psychiatrie (Apsych), München

Genealogisch-Demographische Abteilung (GDA): GDA 8.

Nachlass Detlev Ploog (DP), 76 (= BC530020), 187 (= BC 531187), 188 (= BC 531188), 254 (= BC 531254).

Max-Planck-Institut für Psychiatrie – Dokumentation (MPIP-D), Nr. 86.

American Institute for Physics (AIP), College Park, Maryland

Ludwig Franz Benedikt Biermann: Interview mit Martin Harwit, 16.2.1984.

Archiv der Deutschen Forschungsgemeinschaft (DFG), Bonn

Der Präsident: Sitzungen der Allianz DFGA, AZ 02219-04, Bd. 15.

Archiv des Instituts für Zeitgeschichte, München (IfZArch)

Bestand Fraunhofer-Gesellschaft ED 721/12, ED 721/103.

Archiv des Norddeutschen Rundfunks (Hamburg)

Nr. 20189.

Bayerisches Hauptstaatsarchiv, München (BayHSta)

BayHStA, MK 71003.

Bundesarchiv (BArch)

Bundesministerium für Forschung und Technologie
B 196/12042, 90616, 34431, 34432, 134374, 146250.

Deutsche Forschungsgemeinschaft
B 277/102084, 162720.

Ministerium für Wissenschaft und Technik
DF 4/24357.

Sammlung Berlin Document Center (BDC): Personenbezogene Unterlagen der NSDAP
R 9361-I/303, 447.

Sammlung Berlin Document Center (BDC): Personenbezogene Unterlagen der SS und SA
R 9361-III/68056.

Sammlung Berlin Document Center (BDC): Personenbezogene Unterlagen der NSDAP.- Mitgliederkartei.- Gaukartei
R 9361-IX KARTEI, Heinz Staab – Nr. 42241030.

Bundesarchiv – Abt. Militärarchiv Freiburg

Bundesministerium der Verteidigung
BW 1/25350, BW 1/30363, BW 1/315794, BW 1/497324, BW 1/497331, BW 1/497343

Bundesministerium der Verteidigung – Inspektion des Sanitäts- und Gesundheitswesens der Bundeswehr
BW 24/2257, BW 24/3907, BW 24/7560, BW 24/7576, BW 24/8752, BW 24/8760, BW 24/8782, BW 24/9824, BW 24/9838, BW 24/10038, BW 24/10075, BW 24/10088, BW 24/16917, BW 24 17101.

California Institute of Technology Archives and Special Collections

Straub, Josef 1955-1980 [3 folders], Box: 21, Folder: 5-7.
Max Delbrück Papers, 10045-MS.

European Molecular Biology Laboratory (EMBL) Archives, Heidelberg

Nachlass Kenneth C. Holmes, File »C«.

Gedenkstätte Hadamars

Nachlass Ernst Klee, Ordner KWI.

Historical Archives of the European Union, Florenz

Oral History of Europe in Space
Helmuth Trischler: Interview mit Klaus Pinkau. 9.3.2010. INT072. https://archives.eui.eu/en/oral_history/INT072.

Helmuth Trischler und Matthias Knopp: Interview mit Gerhard Haerendel. München. 9.4.2010. INT066. https://archives.eui.eu/en/oral_history/INT066.

Helmuth Trischler und Matthias Knopp: Interview mit Horst-Uwe Keller. München 10.6.2010. INT078. https://archives.eui.eu/en/oral_history/INT078.

Niedersächsisches Landesarchiv (NLA), Hannover

Nds. 720 Göttingen, Acc. 2009/129, Nr. 108, 214.

Politisches Archiv des Auswärtigen Amtes (PA AA), Berlin

Abrüstung und Sicherheit
PA AA B 43-REF. 302/II8/UA IIB/12.

Wissenschaft, Hochschulen, Deutsches Archäologisches Institut
PA AA, B 94-REF. 621/613 996.

Privatarchiv Anna Bergmann, Berlin

Ordner Kaiser-Wilhelm-Institut (KWI I) Tafel.

Privatarchiv Susanne Heim, Berlin

Ordner Projektgruppe Ihnestr. 22.

Universitätsarchiv der Freien Universität Berlin (UAFUB)

Präsidium der FU Berlin (P), Fachbereich Politik und Sozialwissenschaften.

Präsidium der FU Berlin (P), FB 15 Politische Wissenschaft (FB PolSoz, 1987–1988).

Universitätsarchiv Frankfurt am Main (UAF)

Abt. 3400, Nr. 1.

University of Maryland, Baltimore County (UMBC)

Special Collections, Albin O. Kuhn Library & Gallery
ASCB Records UMBC MSS 95-01
Box 54 Folder 3.

Zentrales Archiv des Deutschen Luft- und Raumfahrtzentrums (ZA DLR), Göttingen

AK-21266, AK-6340, AK-6341, AK-6342, GOAR: 772.

Zentrum für Antisemitismusforschung – Archiv (Berlin)

Vereinigte Staaten von Amerika gegen Carl Krauch et. al. – Nürnberger I.G. Farbenprozess (Fall VI), Wortprotokoll (dt.).

5.3 Literatur zur Geschichte der Max-Planck-Gesellschaft

Florian Schmaltz

Ohne Anspruch auf Vollständigkeit wird im Folgenden die einschlägige Literatur zur Geschichte der MPG skizziert, um den Leser:innen dieses Bandes einen Überblick über den Forschungsstand zu geben.

Bis in die 1990er Jahre blieb der Rückblick auf die eigene Geschichte in Reden, Chroniken und Selbstdarstellungen auf die 1911 gegründete Vorgängerorganisation KWG fokussiert.[1] Dies war auch bei Nachrufen auf verstorbene Direktoren im Jahrbuch der MPG und in autobiografischen und biografischen Darstellungen der Fall, die von Mitarbeiter:innen der Generalverwaltung und Wissenschaftler:innen veröffentlicht wurden. Überraschen kann dies kaum, hatten doch nicht wenige von ihnen ihre Karriere in der KWG begonnen und identifizierten sich stark mit deren institutioneller Tradition.[2] Mit dem sich allmählich vollziehenden Generationenwechsel trat die MPG nur langsam aus dem langen Schatten ihrer Vorgängerorganisation, obwohl zwischen 1975 und 2000 in der MPG-eigenen Publikationsreihe »Berichte und Mitteilungen« in wachsender Zahl Selbstdarstellungen von Max-Planck-Instituten erschienen, die originäre Nachkriegsgründungen waren. Die seit den 1960er-Jahren international im Aufschwung befindliche Wissenschaftsgeschichte konzentrierte sich lange auf die Geschichte der KWG. Sie beleuchtete ihre Gründung und ihre Bedeutung für das deutsche Wissenschaftssystem, die Biografien herausragender Wissenschaftler der KWG, wie Otto Warburg oder Max Planck.[3] Dagegen blieb der Blick auf die MPG als eigenständige, nach dem Zweiten Weltkrieg gegründete, neue Institution bis etwa zur Jahrtausendwende eher die Ausnahme.[4] Überblicksdarstellungen zur Entwicklung des bundesdeutschen Wissenschaftssystems behandelten lediglich ihre Gründungsgeschichte als institutionellen Transformationsprozess ihrer Vorgängerorganisation im Kontext alliierter Sicherheits- und Wissenschaftspolitik.[5] In dem von der MPG geförderten Sammelband *Forschung im Spannungsfeld von Politik und Gesellschaft. Geschichte und Struktur der Kaiser-Wilhelm-/Max-Planck-Gesellschaft*, den die Historiker Rudolf Vierhaus und Bernhard vom Brocke 1990 herausgaben, wird die MPG nur am Rande thematisiert. Das 1000-Seiten-Werk, ein institutionsgeschichtlicher Meilenstein der KWG-Geschichte, widmet der MPG rund 100 Seiten.[6] Selbst im zweiten Jahrzehnt dieses Jahrhunderts hielt sich die Tendenz, in Überblicksdarstellungen und grundsätzlichen Reflexionen die Geschichte von MPG und KWG gemeinsam zu betrachten, wie ein Blick in den von Peter Gruss und Reinhard Rürup 2011 herausgegebenen Sammelband *Denkorte* zeigt.[7]

Auch in der zeithistorischen Forschung blieb die MPG bis zum Anfang des 21. Jahrhunderts noch weitgehend Terra incognita – sicherlich auch, weil bislang eine umfassende historische Gesamtdarstellung der MPG fehlte. Die mit überzeugenden Argumenten ab Mitte der 1990er-Jahre von Helmuth Trischler eingeforderte stärkere Konvergenz von Wissenschaftsgeschichte und Zeitgeschichte, die Einsichten in die vielerorts wirksamen Verwissenschaftlichungsprozesse als Triebkräfte gesellschaftlichen Wandels eröffnen kann, blieb zunächst uneingelöst.[8] In historischen Gesamtdarstellungen zur Geschichte der Bundesrepublik wird der Wissenschaft im 20. Jahrhundert als Triebkraft technologischer Innovationsprozesse, die in Wirtschaft, Politik, Militär, Technik und Kultur tiefgreifende Umbrüche beförderten, nicht die ihr ge-

---

1 Generalverwaltung der Max-Planck-Gesellschaft, *Jahrbuch 1951*, 1951; Haevecker, 40 Jahre, 1951; Schreiber, Adolf von Harnack, 1954; Benecke, Aus der Vorgeschichte, 1954; Benecke, Aus der Kaiser-Wilhelm-Gesellschaft, 1954; Generalverwaltung der Max-Planck-Gesellschaft, 50 Jahre, 1961. Sowie die Präsidentenreden von: Hahn, Ansprache, 1951; Butenandt, Standort, 1961; Staab, Kontinuität und Wandel, 1986.

2 Siehe auch die Institutsgeschichten in der unveröffentlichten Festschrift für Ernst Telschow: Rajewsky und Schreiber, *Aus der deutschen Forschung*, 1956. Die Geschichte der Institute der KWG stand auch im Mittelpunkt der Darstellungen: Generalverwaltung der Max-Planck-Gesellschaft, *Jahrbuch 1962*, 1962.

3 Schroeder-Gudehus, *Deutsche Wissenschaft*, 1966; Schröder-Gudehus, Self-Government, 1972; Hermann, Max Planck, 1973; Reishaus-Etzold, Einflussnahme, 1973; Burchardt, *Wissenschaftspolitik*, 1975; Hermann, *Werner Heisenberg*, 1976; Kuczynski, Rätsel, 1975; Krebs, Otto Warburg, 1978; Beyerchen, Wissenschaftler, 1980; Lemmerich, *Dokumente zur Gründung*, 1981; Rechenberg, Werner Heisenberg, 1981; Hintsches, Nuklearkrieg, 1983; Wendel, Berliner Institute, 1984. Burchardt, *Wissenschaftspolitik*, 1975; Wendel, *Kaiser-Wilhelm-Gesellschaft*, 1975; Kuczynski, Rätsel, 1975. Siehe dazu auch oben, Kap. IV.6.2.1.

4 Auf die MPG als Ganze im Zeitraum 1948 bis 1998 bezog sich jedoch der anlässlich ihres 50-jährigen Bestehens veröffentlichte Sammelband mit substanziellen Rückblicken führender MPG-Wissenschaftler: Max-Planck-Gesellschaft, Forschung an den Grenzen des Wissens, 1998.

5 Stamm, *Staat*, 1981; Osietzki, *Wissenschaftsorganisation*, 1984; Heinemann, Wiederaufbau der KWG, 1990; Oexle, Göttingen, 1994; Hachtmann, *Wissenschaftsmanagement*, 2007, 1036–1205.

6 Vierhaus und vom Brocke, *Forschung im Spannungsfeld von Politik und Gesellschaft*, 1990. Zu den Hintergründen der konfliktreichen Entstehungsgeschichte des Bandes geben im Nachlass von Rudolf Vierhaus überlieferte Akten Aufschluss: AMPG, III. Abt., ZA 276, Nr. 275–278.

7 Gruss und Rürup, *Denkorte*, 2010; Hoffmann, Kolboske und Renn, *Anwenden*, 2014.

8 Zur Verwissenschaftlichung des Sozialen siehe Raphael, Verwissenschaftlichung, 1996. Für eine stärkere Verbindung von Wissenschafts- und Zeitgeschichte plädieren programmatisch Trischler, Geschichtswissenschaft – Wissenschaftsgeschichte, 1999; Szöllösi-Janze, Wissensgesellschaft, 2004.

bührende Aufmerksamkeit zuteil. Hans-Ulrich Wehlers *Deutsche Gesellschaftsgeschichte* etwa behandelt die Geschichte der Wissenschaften in der Bundesrepublik ausschließlich anhand der Universitätsentwicklung, während die außeruniversitäre Forschung und die MPG unberücksichtigt bleibt. Letzteres gilt auch für die Standardwerke zur (bundes-)deutschen Geschichte von Dietrich Thränhardt, Edgar Wolfrum, Andreas Wirsching, Ulrich Herbert und Horst Möller.[9]

Aus dem Archiv der MPG

Zahlreiche empirische Einzelstudien und nützliche Nachschlagewerke zur Geschichte der MPG wurden in der Reihe *Veröffentlichungen aus dem Archiv der Max-Planck-Gesellschaft* publiziert Petra Hauke stellte die bis 1994 erschienene Literatur in drei Bibliografien zusammen.[10] Darüber hinaus erschienen Arbeiten über die Institutsbauten der MPG,[11] die Träger der Harnack-Medaille,[12] Nobelpreisträger:innen,[13] Butenandt und seine Schule[14] sowie ein Mitgliederverzeichnis der MPG (1949–2002).[15] Der Direktor des Archivs, Eckart Henning, und seine Stellvertreterin Marion Kazemi publizierten 1992 eine Chronik der MPG bis zum Jahr 1960.[16] Erweiterte Fassungen erschienen 1998 und 2011 zum 100. Gründungsjubiläum.[17] 2016 folgte das zweibändige *Handbuch zur Institutsgeschichte der Kaiser-Wilhelm-/Max-Planck-Gesellschaft 1911–2011*, dessen sehr detaillierte, durch Quellenauszüge ergänzte Darstellung sich auf institutionell-administrative Informationen konzentriert – unter anderem auf Institutsgründungen und -bauten, die Berufungen Wissenschaftlicher Mitglieder und die personellen Veränderungen –, die wissenschaftliche Entwicklung der in den Instituten geleisteten Forschung jedoch in den Hintergrund treten lässt.[18] Auf breiter Quellen- und Literaturgrundlage legte Henning 2012 einen ausführlichen, chronologisch und thematisch strukturierten Aufsatz zur Gesamtgeschichte der MPG seit 1946/48 vor, die auch zeitgeschichtliche Bezüge herstellte.[19] Ferner veröffentlichte er 2016 eine quellenbasierte Untersuchung zur Finanzierung von KWG und MPG.[20]

Organisation, Governance, Finanzen und Rolle der MPG

Die Finanzierung und Mittelbewirtschaftung der MPG hat erstmals der Mitarbeiter der Generalverwaltung Kurt Pfuhl 1958 in einer rechtswissenschaftlichen Dissertation untersucht.[21] Eine Pionierstudie zur Haushaltsentwicklung der MPG veröffentlichten Hans-Willy Hohn und Uwe Schimank 1990. Sie zeigen darin in komparativer Perspektive, dass die Finanzierungsmodi der MPG ihr größere Handlungsspielräume und Autonomie sicherten als anderen außeruniversitären Forschungsorganisationen, wie Ressortforschungsanstalten oder der Fraunhofer-Gesellschaft.[22] Aus der Perspektive der Institutionenökonomie beschäftigte sich Matthias Maier mit der KWG und MPG als außeruniversitären Forschungsorganisationen.[23] Der Direktor des MPI für Steuerrecht und öffentliche Finanzen und 2008 bis 2014 Vizepräsident der MPG, Wolfgang Schön, analysierte die verfassungs-, privat- und steuerrechtlichen Grundlagen der institutionellen *corporate governance* der MPG.[24] Im Rahmen des Forschungsprogramms »Geschichte der Max-Planck-Gesellschaft« (GMPG) behandelte Jaromir Balcar die Entwicklung der Governance der MPG bis 1972 in zwei Preprints; seine Resultate fanden

---

9 Thränhardt, *Geschichte der Bundesrepublik Deutschland*, 2009; Wolfrum, *Die Bundesrepublik*, 2005; Wirsching, *Deutsche Geschichte*, 2018; Herbert, *Geschichte Deutschlands*, 2014; Möller, *Deutsche Geschichte*, 2022. Nur beiläufige Erwähnungen in: Link, Außen- und Deutschlandpolitik in der Ära Schmidt, 1986, 419. Eine Ausnahme bildet der von dem ehemaligen Direktor des MPI für Bildungsforschung Dietrich Goldschmidt verfasste Beitrag in der von Wolfgang Benz herausgegebenen Geschichte der Bundesrepublik: Goldschmidt, Hochschulpolitik, 1989.
10 Hauke, *Bibliographie Geschichte KWG 1*, 1994; Hauke, *Bibliographie Geschichte KWG 2*, 1994; Hauke, *Bibliographie Geschichte KWG 3*, 1994. Nach 1994 erschienene Literatur zur Geschichte der MPG verzeichnet der online zugängliche Bibliothekskatalog des Archivs der MPG: Archiv der Max-Planck-Gesellschaft (Bibliothek). Katalog der Bibliothek des Archivs der Max-Planck-Gesellschaft, 2023, https://swb.bsz-bw.de/DB=2.363/SET=1/TTL=1/ADVANCED_SEARCHFILTER .
11 Uebele, *Institute im Bild II*, 1998.
12 Henning und Kazemi, *Harnack-Medaille*, 2005.
13 Kazemi, *Nobelpreisträger*, 2006.
14 Kinas, *Butenandt*, 2004.
15 Tempelhoff und Ullmann, *Mitgliederverzeichnis*, 2015.
16 Henning und Kazemi, *Chronik*, 1992.
17 Henning und Kazemi, *50 Jahre Max-Planck-Gesellschaft*, 1998; Henning und Kazemi, *Chronik*, 2011 Siehe dazu die Rezension von; Hachtmann, Rezension zur Chronik der KWG/MPG, 2014.
18 Neben einer Auswahl ereignisgeschichtlicher Daten dokumentieren sie im Anhang die Satzungen der MPG, Verzeichnisse von Gremienmitgliedern, Direktoren von MPI und Forschungsstellen, Listen Wissenschaftlicher Mitglieder sowie Träger:innen von Auszeichnungen. Henning und Kazemi, *50 Jahre Max-Planck-Gesellschaft*, 1998; Henning und Kazemi, *Chronik*, 2011. Henning und Kazemi, Handbuch, Bd. 1, 2016; Henning und Kazemi, Handbuch, Bd. 2, 2016.
19 Henning, Die Entwicklung der Max-Planck-Gesellschaft, 2012.
20 Henning, Geld und Geist, 2016.
21 Pfuhl, *Öffentliche Forschungsorganisation*, 1958.
22 Hohn und Schimank, *Konflikte und Gleichgewichte*, 1990.
23 Maier, *Institutionen der außeruniversitären Grundlagenforschung*, 1997.
24 Schön, *Grundlagenwissenschaft*, 2015; Schön, Governance, 2020.

Eingang in Kapitel II des vorliegenden Bandes.²⁵ In einer weiteren Studie ging Balcar der Frage nach, wie aus der 1970 zur Vermarktung von Laborinstrumenten gegründeten Garching Instrumente GmbH in den 1980er Jahren eine Patentagentur entstand, deren Aktivitäten sich im darauf folgenden Jahrzehnt zunehmend auf die Ausgründung von Start-ups und Spin-offs zur kommerziellen Verwertung von Forschungsergebnissen verschoben.²⁶

Mit der Rolle der MPG als Akteurin im bundesdeutschen Wissenschaftssystem befassten sich Vanessa Osganian und Helmuth Trischler in einem GMPG-Preprint. Sie legen dar, wie sich die MPG ab den 1960er-Jahren aktiv daran beteiligte, die Allianz der Wissenschaftsorganisationen zu etablieren, in der sie alsbald eine informelle Führungsrolle wahrnahm.²⁷ Den besonderen Herausforderungen, denen sich die MPG im Kontext der Deutschen Vereinigung in den Jahren 1989 bis 1995 zu stellen hatte, sind die im Forschungsprogramm GMPG entstandenen Studien von Mitchell G. Ash gewidmet.²⁸ In komprimierter Form hat Jürgen Kocka wesentliche Erkenntnisse aus der Arbeit des Forschungsprogramms GMPG zu den Grundstrukturen, dem historischen Wandel und den Besonderheiten der MPG in einem Rückblick auf ihre 75-jährige Geschichte zusammengefasst.²⁹

NS-Vergangenheit der KWG

In den 1980er-Jahren veröffentlichten Benno Müller-Hill, Götz Aly, Ernst Klee, Robert Proctor und Paul Weindling wegweisende Untersuchungen zur Medizin- und Wissenschaftsgeschichte im Nationalsozialismus, in denen sie belegten, wie Kaiser-Wilhelm-Institute die Rassenhygiene und Rassenpolitik des NS-Regimes legitimiert und durch ihre Zuarbeit sogar zur Verschärfung von Verfolgungsmaßnahmen beigetragen haben.³⁰ Sie wiesen darauf hin, dass Wissenschaftler:innen der KWG sich gezielt und in großem Umfang Gehirne von psychisch Kranken und Patient:innen für ihre wissenschaftlichen Sammlungen beschafft und an Organen von Sinti, Roma und jüdischen Opfern, die in Auschwitz ermordet worden waren, geforscht haben.³¹ Die an den KWI für Hirnforschung und der Deutschen Forschungsanstalt für Psychiatrie im Kontext des NS-»Euthanasie«-Programms an Gehirnen von Opfern des Regimes betriebene Begleitforschung thematisierte 1985 Götz Aly. Er identifizierte einen Teil der Opfer und forderte die MPG auf, die aus verbrecherischen Kontexten stammenden Hirnpräparate aus ihren Sammlungen zu entfernen.³² 1989 lösten Medienberichte und eine diplomatischen Anfrage Israels eine internationale Debatte über Präparate von NS-Opfern in medizinischen Sammlungen bundesdeutscher Anatomien und Forschungsinstitute aus, in deren Folge die aus verbrecherischen Kontexten der NS-Medizin stammenden menschlichen Überreste identifiziert und 1990 bestattet wurden. Der britische Historiker Paul Weindling kritisierte in einer historischen Studie, dass die Hirnpräparate aus den Sammlungen der MPG ohne systematische Dokumentation entnommen und die menschlichen Überreste auf dem Waldfriedhof in München anonym und ohne Einbeziehung von Opfer-Organisationen bestattet wurden.³³ Sascha Topp und Jürgen Peiffer untersuchten die vergangenheitspolitischen Krisen des MPI für Hirnforschung und seinen Umgang mit den personellen und wissenschaftlichen Hypotheken der NS-Vergangenheit des Instituts.³⁴

Ab 1997 erforschte eine von Präsident Markl eingesetzte, von der MPG unterstützte und von Reinhard Rürup und Wolfgang Schieder geleitete Historikerkommission die Geschichte der KWG im Nationalsozialismus. Im Rahmen dieses Forschungsprogramms analysierten Mark Walker und Carola Sachse die apologetische Rhetorik und die Entlastungstrategien ehemaliger NS-Parteimitglieder aus der KWG und MPG.³⁵ Gerald D. Feldman verglich die Vergangenheitsbearbeitung von Wirtschaft und Wissenschaft intertemporal und Richard Beyler untersuchte die personellen »Säuberungen« der KWG 1933 und der MPG 1945 diachron.³⁶ Der Entnazifizierung des Direktors des KWI und MPI für ausländisches öffentliches Recht und für Völkerrecht, Carl Bilfinger, widmete Felix Lange eine Fallstudie.³⁷ In seiner Monografie zur Vergangenheitspolitik der MPG untersuchte Michael Schüring die Beziehungen zwischen den nach 1933

---

25 Balcar, *Wandel*, 2020.
26 Balcar, *Instrumentenbau*, 2018.
27 Osganian und Trischler, *Wissenschaftspolitische Akteurin*, 2022.
28 Ash, *MPG im Kontext*, 2020; Ash, *MPG im Prozess*, 2023.
29 Kocka, 75 Jahre, 2023.
30 Aly, Fortschritt, 1985; Aly, Forschen an Opfern, 1987; Müller-Hill, Kollege Mengele, 1985; Aly, Hirnforschung, *Die Tageszeitung taz*, 21.10.1989; Aly, Je mehr, desto lieber, *Die Zeit*, 3.2.1989; Müller-Hill, *Tödliche Wissenschaft*, 1984; Müller-Hill, Genetics, 1987; Deichmann und Müller-Hill, Biological Research, 1994; Müller-Hill, The Blood from Auschwitz and the Silence of the Scholars, 1999; Müller-Hill, Das Blut von Auschwitz, 2000; Klee, »Euthanasie« im NS-Staat, 1983; Klee, Auschwitz, 1997; Klee, Augen aus Auschwitz, 2000; Klee, *Deutsche Medizin im Dritten Reich*, 2001; Proctor, *Racial Hygiene*, 1988; Weindling, Weimar Eugenics, 1985; Weindling, *Health*, 1989.
31 Einen Überblick über den bis 2000 erreichten Forschungsstand bieten: Sachse und Massin, *Biowissenschaftliche Forschung*, 2000.
32 Aly, Fortschritt, 1985.
33 Weindling, Cleansing, 2012.
34 Topp und Peiffer, Hirnforschung, 2007; Topp, Geschichte als Argument, 2013.
35 Walker, Von Kopenhagen bis Göttingen und zurück, 2002; Walker, *Otto Hahn*, 2003; Sachse, Persilscheinkultur, 2002; Sachse, Freundschaft, 2004.
36 Beyler, »Reine« Wissenschaft, 2004; Beyler, Kojevnikov und Wang, Purges in Comparative Perspective, 2005; Feldmann, *Vergangenheitsbearbeitung*, 2003.
37 Lange, Bilfingers Entnazifizierung, 2014.

vertriebenen Beschäftigten der KWG zur MPG und die Frage der »Wiedergutmachungs-« und Entschädigungspraxis der MPG in den 1950er- und 1960er-Jahren.[38] Systematische Bemühungen der Gesellschaft, vertriebene Wissenschaftler:innen zur Remigration und Rückkehr in die MPG zu bewegen, sind Schüring zufolge nicht nachweisbar. Rüdiger Hachtmann behandelte in seiner zweibändigen Geschichte der Generalverwaltung der KWG das Problem der Elitenkontinuität. Er setzt sich mit den durch Leugnungen, Umdeutungen und Entlastungsstrategien geprägten vergangenheitspolitischen Narrativen auseinander, die sich bereits vor der Gründung der MPG diskursiv herausgebildet hatten und noch lange Zeit die Selbstdarstellungen der MPG prägten.[39] Dazu zählte auch der von Sachse untersuchte semantische Bedeutungswandel des Begriffs Grundlagenforschung, der als dichotomischer Gegenpart zur angewandten Forschung innerhalb der MPG nach 1945 zunächst diskursiv verwendet wurde, um die Forschungspraxis der KWG während des NS-Regimes als politikfern und unbelastet erscheinen zu lassen. Sachse zeigte, wie im Zuge der fortschreitenden Positionierung der MPG im Wissenschaftssystem der Bundesrepublik Deutschland als führende außeruniversitäre Forschungsorganisation der Topos Grundlagenforschung zunehmend als institutionelles Ordnungsmuster an Bedeutung gewann.[40]

Mitbestimmung und Gleichstellungspolitik in der MPG

Wie die MPG als Tendenzbetrieb mit den seit ihrer Gründung aus der Belegschaft und von Betriebsräten artikulierten Forderungen nach stärkerer Partizipation und betrieblicher Mitbestimmung umging, zeigt Juliane Scholz in einer im Forschungsprogramm GMPG entstandenen zeithistorischen Studie.[41] Die Karrierechancen von Frauen wie auch die Exklusionsmechanismen von Wissenschaftlerinnen in der MPG haben Beate Krais, Jutta Allmendinger und Nina von Strebut in empirisch-soziologischen Studien für die Jahre 1989 bis 1995 dokumentiert.[42] In einer Untersuchung des GMPG-Forschungsprogramms hat Birgit Kolboske den Wandlungsprozess der MPG unter Genderaspekten analysiert. Sie betrachtet weibliche Arbeitswelten in der MPG kultur- und wissenschaftshistorisch und geht der Frage nach, welchen Einfluss informelle Netzwerke sowie das persönlichkeitszentrierte Harnack-Prinzip auf Wissenschaftskarrieren von Frauen hatten. Historisch rekonstruiert Kolboske, wie externe gesetzliche Vorgaben und interne Basisinitiativen ab Ende der 1980er-Jahre eine Gleichstellungspolitik innerhalb der MPG vorangetrieben haben und eine überkommene Geschlechterordnung aufzubrechen begann.[43]

Internationale Beziehungen – science diplomacy

Anhand der in Tübingen gelegenen Kaiser-Wilhelm-Institute untersuchte Jeffrey Lewis die Besonderheiten der französischen Wissenschaftspolitik nach dem Ende des Zweiten Weltkriegs. Er zeigte auf, wie die wissenschaftspolitischen Rahmenbedingungen und ein Konflikt zwischen den Direktoren der in der Französischen Besatzungszone gelegenen Institute mit dem wegen seiner NS-Vergangenheit belasteten alten KWG- und neuen MPG-Generalsekretär Ernst Telschow die Integration ihrer Institute in die MPG erschwerten und bis 1949 verzögerten.[44] Weitere Arbeiten beschäftigten sich mit dem Übergang von der alliierten Forschungskontrolle in der französischen Besatzungszone hin zu einer deutsch-französischen Zusammenarbeit zwischen der Max-Planck-Gesellschaft und dem CNRS.[45]

Der Entwicklung der transatlantischen Wissenschaftsbeziehungen ging Carola Sachse anhand der im Kontext von Entnazifizierung, Forschungskontrolle und beginnendem Kalten Krieg durch die Rockefeller Foundation wiederaufgenommenen Förderung der KWG und MPG nach.[46] Zusammen mit Alison Kraft untersuchte sie das ambivalente Verhältnis der MPG zu den friedenspolitisch motivierten Aktivitäten der Pugwash Conferences for Science and World Affairs, die nach der 1955 erfolgten Veröffentlichung des vor den Folgen eines Atomkrieges warnenden Manifests von Betrand Russell und Albert Einstein regelmäßig stattfanden. Diese Konferenzen, an denen sich auch Wissenschaftler der MPG beteiligten, sollten im Kalten Krieg durch internationalen Austausch und Zusammenarbeit einen Beitrag zur Entspannungspolitik leisten.[47] In einer weiteren im Forschungsprogramm GMPG erarbeiteten Monografie geht Sachse der Frage nach, wie sich die MPG als wissenschaftsdiplomatische Akteurin auf nationaler, europäischer und globaler Ebene positionierte, wann sie mit der Außenpolitik der Bundesrepublik kooperierte oder sich davon abgrenzte und welche Rolle sie als wissenschaftspolitische Akteurin einnahm.[48] Im Rahmen des Forschungsprogramms GMPG untersuchten Tho-

---

38 Schüring, Vorgang, 2002; Schüring, Kontinuität, 2002; Schüring, *Kinder,* 2006.
39 Hachtmann, *Wissenschaftsmanagement,* 2007, 1041–1204.
40 Sachse, Grundlagenforschung, 2014. Siehe auch Schauz und Lax, Professional Devotion, 2018.
41 Scholz, *Partizipation,* 2019.
42 Krais, Krumpeter und Kraft, Wissenschaftskultur und weibliche Karrieren, 1997; Allmendinger et al., Berufliche Werdegänge, 1998; Stebut, Eine Frage der Zeit?, 2003.
43 Kolboske, *Hierarchien,* 2023. Zu den Anfängen der Gleichstellungspolitik in der MPG siehe auch Kolboske, *Chancengleichheit,* 2018.
44 Lewis, Kalter Krieg in der MPG, 2004.
45 Heinemann, La France, 2012; Heinemann, MPG und CNRS, 2013.
46 Sachse, Research, 2009.
47 Sachse, *MPG und die Pugwash Conferences,* 2016; Kraft, Nehring und Sachse, Pugwash Conferences, 2018; Sachse, Max Planck Society and Pugwash, 2018; Kraft und Sachse, Science, 2020.
48 Sachse, *Wissenschaft,* 2023.

mas Steinhauser, Hanoch Gutfreund und Jürgen Renn, wie in den 1950er-Jahren die wissenschaftliche Zusammenarbeit zwischen der MPG und dem israelischen Weizmann Institute of Science mit dazu beitrug, nach dem Holocaust Türen für einen kontinuierlichen diplomatischen und kulturellen Austausch zwischen der Bundesrepublik und Israel zu öffnen.[49]

Biografien, Autobiografien, lebensgeschichtliche Interviews

Zu einigen herausragenden Wissenschaftlern, Direktoren und Präsidenten der MPG liegen wissenschaftliche Biografien vor. Darstellungen der Biografie Otto Hahns streifen seine Rolle als Präsident der MPG allerdings nur kurz.[50] Der Butenandt-Schüler Peter Karlson veröffentlichte 1990, basierend auf ausführlichen Interviews, eine erste Biografie, in der er die wissenschaftlichen Erfolge seines Lehrers hervorhob, dessen NS-Vergangenheit jedoch apologetisch behandelte.[51] Butenandts umstrittene Rolle als Wissenschaftler und Wissenschaftspolitiker im NS-Regime haben seit 2000 einige Historiker:innen thematisiert.[52] Mit seiner Nachkriegskarriere als Wissenschaftspolitiker bis Mitte der 1950er-Jahre beschäftigten sich Jeffrey Lewis und Heiko Stoff.[53] Eine auf Archivquellen gestützte biografische Monografie, die Butenandts Wirken innerhalb der MPG und seine Amtszeit als Präsident von 1960 bis 1972 darstellt, liegt aber bislang nicht vor.[54] Während der Historiker Paul Nolte 2008 über Butenandts Nachfolger Reimar Lüst einen Gesprächsband über dessen Leben als Forscher und Wissenschaftsmanager vorlegte, fehlen vergleichbare Biografien der ehemaligen MPG-Präsidenten Heinz Staab (1984–1990), Hans F. Zacher (1990–1996) und Hubert Markl (1996–2002).[55]

Instruktiv sind die biografischen Studien zu Wolfgang Gentner und Max von Laue.[56] Einen kritischen Blick auf die Nachkriegskarriere des Direktors des MPI für Ernährungsphysiologie, Heinrich Kraut, der im Zweiten Weltkrieg Ernährungsversuche an sowjetischen Kriegsgefangen und Zwangsarbeiter:innen durchführte und sich nach 1945 Problemen der Welternährung und der Unterernährung in Afrika zuwandte, wirft Ulrike Thoms.[57] Dem Leben und Werk des Direktors des MPI für Völkerrecht, Hermann Mosler, ist eine in der Buchreihe des Instituts erschienene Dissertation von Felix Lange gewidmet.[58] Winfried Scharlau verfasste eine Biografie des Gründungsdirektors des MPI für Mathematik Friedrich Hirzebruch.[59]

Autobiografische Texte und Memoiren von Wissenschaftlichen Mitgliedern und Direktoren der MPG, wie dem Chemiker und Nobelpreisträger Otto Hahn[60] und dem Physikers Gerhard Ertl[61], dem Statistiker und Bildungsforscher Friedrich Edding[62], dem Verhaltensforscher Franz Huber[63], dem Biologen Georg Melchers[64] oder den Neurowissenschaftlern Wilhelm Tönnis[65], Detlev Ploog[66] und Florian Holsboer können hier nur exemplarisch genannt werden.[67] Die Sozialwissenschaftlerin und Chemikerin Renate Mayntz reflektierte ihre Hinwendung zur Soziologie in einem autobiografischen Aufsatz und ihre wissenschaftliche Laufbahn in einem ausführlichen biografischen Interview, das Ariane Leendertz und Uwe Schimank mit ihr führten.[68] Am Beispiel von Konrad Lorenz, dem Direktor der Forschungsstelle für Verhaltensphysiologie in Buldern und des späteren Max-Planck-Instituts für Verhaltensphysiologie in Seewiesen, untersucht Doris Kaufmann die institutionelle, gesellschaftlichen und mentalitätsgeschichtlichen Bedingungen und Faktoren, die dessen

---

49 Steinhauser, Gutfreund und Renn, *Relationship*, 2017.
50 Gerlach, Otto Hahn, 1969; Gerlach, Otto Hahn, 1984; Oexle, *Hahn, Heisenberg und die anderen*, 2003; Walker, *Otto Hahn*, 2003; Sime, Politics of Memory, 2004; Walker, Otto Hahn, 2006.
51 Karlson, *Adolf Butenandt*, 1990.
52 Proctor, *Adolf Butenandt*, 2000; Ebbinghaus und Roth, Rockefeller Foundation, 2002; Trunk, *Zweihundert Blutproben*, 2003; Schieder und Trunk, *Butenandt*, 2004.
53 Lewis, Kalter Krieg in der MPG, 2004; Stoff, Butenandt, 2004.
54 Der umfangreiche Nachlass Butenandts im Archiv der MPG ist eine gute Quellenbasis für dieses Forschungsdesiderat. Im Zusammenhang von dessen Erschließung entstand ein hagiographisches Handbuch zu Butenandts akademischem Schülerinnen- und Schülerkreis. Kinas, *Butenandt*, 2004.
55 Lüst und Nolte, *Wissenschaftsmacher*, 2008.
56 Hoffmann und Schmidt-Rohr, Wolfgang Gentner, 2006; Zeitz, *Max von Laue*, 2006; Hoffmann, »Nicht nur ein Kopf, sondern auch ein Kerl!«, 2010.
57 Thoms, MPI für Ernährungsphysiologie, 2012.
58 Lange, *Praxisorientierung*, 2017.
59 Scharlau, *Das Glück*, 2017.
60 Hahn, *Otto Hahn*. 1986; Hahn, *Otto Hahn*, 1988.
61 Ertl, *Mein Leben*, 2021.
62 Edding, *Mein Leben mit der Politik*, 1989; Edding, *Mein Leben mit der Politik 1914–1999*, 2000. Kritisch dazu und zur NS-Vergangenheit Eddings siehe Rohstock, NS-Statistiker, 2019.
63 Huber, Leben, 2016.
64 Melchers, Botaniker, 1987.
65 Tönnis, *Jahre,* 1984.
66 Ploog, Ploog, 2004.
67 Holsboer, Biologie, 2011.
68 Mayntz, Mein Weg, 1996; Mayntz, Eine sozialwissenschaftliche Karriere, 1998.

Aufstieg zu einem Wissenschaftsstar seit den 1950er-Jahren ermöglichten.[69]

Bau- und Architekturgeschichte der MPG

Zur Entwicklung des Institutsbaus der Kaiser-Wilhelm- und Max-Planck-Gesellschaft legte Hardo Braun 1987 eine Dissertation und 1990 einen zusammen mit Paul Löwenhauser und Horst Schneider von der 1963 gegründeten Bauabteilung der MPG herausgegebenen Sammelband vor. Letzterer enthielt Beiträge der ausführenden Architekten über konzeptionelle, technische, funktionale und sozialen Aspekte der im Auftrag der MPG errichten Institutsbauten, die grafisch eindrucksvoll illustriert wurden.[70] 1999 folgte ein weiterer Sammelband der Bauabteilung, den Hardo Braun, Dieter Grömling, Alfred Schmucker und Carl-Egon Heintz herausgaben.[71] In der Publikationsreihe des Archivs der MPG dokumentierte Susanne Uebele die Max-Planck-Institute in einem Bildband.[72] Der Architekturgeschichte des Fritz-Haber-Instituts ist ein eigener Band der Bauabteilung gewidmet, der die 100-jährige Entwicklung des Campus in Dahlem darstellt.[73] Hardo Braun und Dieter Grömling veröffentlichten 2005 einen Entwurfsatlas des Forschungs- und Technologiebaus.[74] Dieter Grömling und die Historikerin Susanne Kiewitz stellen in einem gemeinsam verfassten Beitrag das breite Spektrum der Bauten der MPG dar, das unterschiedliche Gebäudetypen umfasst – von funktionellen Zweckbauten, Bibliotheken und Laboratorien bis hin zu repräsentativen Gebäuden, die der sozialen Kommunikation und dem wissenschaftlichen Austausch dienen, wie das Harnack-Haus oder Schloss Ringsberg als Tagungsorte der MPG.[75]

Eine im Forschungsprogramm GMPG entstandene Studie des amerikanischen Historikers Jeffrey Johnson geht der Frage nach, inwiefern die Gründung des MPI für Biochemie im bei München gelegenen Martinsried als Versuch anzusehen ist, dort einen Campus nach dem Vorbild des ehemaligen Campus der Kaiser-Wilhelm-Gesellschaft in Dahlem zu schaffen und welche konzeptionellen Überlegungen und architektonischen Herausforderungen mit der Einrichtung eines Laborverbundes dieser Großforschungseinrichtung verbunden waren.[76] Eine Studie des Forschungsprogramms GMPG von Maria Teresa Costa untersucht die komplexen Wechselbeziehungen zwischen Wissenschaft und Architektur am Beispiel mehrerer Max-Planck-Institute. Deren Baugeschichte kontextualisiert sie chronologisch in Phasen und typologisiert diese funktional in vier Kategorien: in Hybridbauten, die Theorie und Praxis räumlich verbanden, in Bauten, die ausschließlich theoretischer Forschung dienten, in Laborbauten, bei denen die experimentelle Forschung prägend war, sowie in Bibliotheken als den Laboren der Geisteswissenschaften.[77]

Institutsgeschichten

Zu zahlreichen Instituten und Forschungsstellen der MPG wurden Erinnerungsberichte publiziert. Dazu gehören für Jubiläen verfasste Darstellungen von Direktor:innen und wissenschaftlichen Mitarbeiter:innen sowie Institutsporträts.[78] Anlässlich des 50. Gründungsjubiläums der KWG erschien ein zweiter Teilband des Jahrbuchs 1962 der Max-Planck-Gesellschaft, der zu allen damals bestehenden Instituten und Forschungsstellen historische Beiträge enthält.[79] Wissenschaftlich fundierte Studien liegen dagegen nur für wenige MPG-Einrichtungen vor. Arbeiten von Peter Martin, Manfred Rasch, Matthias W. Haenel und Manfred T. Reetz behandelten die Geschichte des MPI für Kohlenforschung in Mülheim an der Ruhr und seinen langjährigen Direktor Karl Ziegler, der für seine Forschungen auf dem Gebiet der Polyethylene und Katalysatoren den Nobelpreis erhielt.[80] Zum 75-jährigen Bestehen des KWI für physikalische Chemie und Elektrochemie präsentierten Mitarbeiter:innen des Fritz-Haber-Instituts 1986 zusammen mit dem Wissenschaftshistoriker Herbert Mehrtens als alternative Jubiläumsschrift eine kritisch-historische Darstellung.[81] 25 Jahre später entstand, diesmal mit Unterstützung der Institutsleitung, eine von Jeremiah James, Thomas Steinhauser, Dieter Hoffmann und Bretislaw Friedrich verfasste monografische Studie zur 100-jährigen Geschichte des Fritz-Haber-Instituts und seiner Vorläufer, in der Institutionengeschichte und Wissenschaftsgeschichte miteinander verflochten sind.[82] Der Wissenschaftshistoriker Michael Eckert untersuchte die Gründung des MPI für

---

69 Kaufmann, *Konrad Lorenz*, 2018.
70 Braun, *Die Entwicklung des Institutsbaus*, 1987; Braun, Löwenhauser und Schneider, *Bauten MPG*, 1990.
71 Braun et al., *Bauen für die Wissenschaft*, 1999.
72 Uebele, *Institute im Bild II*, 1998.
73 Max-Planck-Gesellschaft zur Förderung der Wissenschaften e.V., Bauen für die Forschung, 2011.
74 Braun und Grömling, *Entwurfsatlas*, 2005.
75 Grömling und Kiewitz, *Räume zum Denken*, 2010.
76 Johnson, *New Dahlems*, 2023.
77 Costa, *Bau(t)en*, 2023.
78 Bis 1994 siehe Hauke, *Bibliographie Geschichte KWG 1*, 1994; Hauke, *Bibliographie Geschichte KWG 2*, 1994; Hauke, *Bibliographie Geschichte KWG 3*, 1994. Ferner ab 1994 den Bibliothekskatalog des Archivs der MPG unter: Archiv der Max-Planck-Gesellschaft, Bibliothekskatalog, https://swb.bsz-bw.de/DB=2.363/SET=1/TTL=1/ADVANCED_SEARCHFILTER .
79 Generalverwaltung der Max-Planck-Gesellschaft, *Jahrbuch 1961*, 1962.
80 Martin, *Polymere und Patente*, 2002; Rasch, Das Max-Planck-Institut für Kohlenforschung, 2008; Rasch, *Mülheim*, 2010; Reetz, 100 Jahre, 2014; Haenel, Historische Stätten, 2009.
81 Erhardt et al., *…im Frieden der Menschheit, im Kriege dem Vaterlande…*, 1986.
82 James et al., *Hundert Jahre*, 2011.

5. Quellen und Literatur

Festkörperforschung in einem Aufsatz und das Institut selbst publizierte 2019 anlässlich seines 50-jährigen Bestehens eine von Tim Schrödinger und Roland Wangenmann geschriebene Institutsgeschichte.[83] Zur Geschichte des MPI für Mathematik gibt es einen Aufsatz von Norbert Schappacher.[84] Ein von dem früher am MPI für molekulare Physiologie tätigen Physiker Theo Plesser und dem Historiker Hans-Ulrich Thamer herausgegebener Sammelband enthält mehrere Beiträge zum MPI für Arbeitsphysiologie bzw. MPI für molekulare Physiologie und Arbeitsforschung in Dortmund.[85] Karl Lauschke behandelt darin die Beziehungen des industrienah forschenden MPI für Arbeitsphysiologie und dessen Vorgängerinstitut zu den Gewerkschaften, während Jens Adamski der interdisziplinären Kooperation des Instituts mit der Sozialforschungsstelle Dortmund einen Beitrag widmet.[86] Gelegentlich wurden MPG-eigene Forschungseinrichtungen im Kontext größerer Studien oder Forschungsprogramme mitbehandelt. Dies trifft etwa auf die Arbeit Helmuth Trischlers zu, der die Geschichte der bis 1969 zur MPG gehörenden Aerodynamischen Versuchsanstalt in Göttingen im Kontext der bundesdeutschen Luftfahrtforschung in den 1950er-Jahren untersucht hat.[87] Zur Geschichte des MPI für Plasmaphysik, eine der wenigen Großforschungseinrichtungen unter dem Dach der MPG, existieren mehrere Studien, die dessen Entstehungsgeschichte und die forschungspolitische und organisatorische Entwicklung thematisieren.[88] Die Aufbaujahre des MPI für Kernphysik in Heidelberg stellte Ulrich Schmidt-Rohr in einer Monografie dar.[89] Ein von Martin Vingron und dem MPI für molekulare Genetik herausgegebener Sammelband enthält unter anderem historische Beiträge von Hans-Jörg Rheinberger, Carola Sachse und Karl Sperling zur Geschichte des Instituts.[90] Das MPI für extraterrestrische Physik und dessen frühe Forschungsprogramme im Kontext der Weltraumforschung hat der Wissenschaftshistoriker und -journalist Ulf von Rauchhaupt untersucht.[91] Zur Geschichte des MPI für Chemie in Mainz haben Horst Kant und Carsten Reinhardt einen Sammelband vorgelegt, der die Entwicklung des Instituts bis in die Gegenwart institutionengeschichtlich und mit Blick auf sich wandelnde Forschungspraktiken und -methoden darstellt.[92]

Aus einem Kolloquium anlässlich des 50-jährigen Bestehens ging ein Sammelband mit Aufsätzen zur Entwicklung der MPG und ihrer einzelnen Forschungsgebiete hervor. Wolf Singer setzte sich mit der Entwicklung der Hirnforschung in der MPG auseinander, während sich Gerhard Ertl mit der Kern- und Materialforschung, Dieter Oesterhelt mit der Biochemie und molekularen Biologie, Joachim Trümper mit der Astrophysik und Michael Stolleis mit den Geisteswissenschaften befassten.[93] Der von Peter Gruss und Reinhard Rürup 2010 herausgegebene Sammelband *Denkorte* enthält Beiträge zu 21 ausgewählten Instituten, die jedoch meist den Schwerpunkt auf die Zeit der KWG legten.[94] Eine Geschichte des MPI für Astronomie legte der Physiker Dietrich Lemke vor.[95] Im Rahmen des Forschungsprogramms GMPG haben Luisa Bonolis und Juan-Andres Leon die astrophysikalische Forschung innerhalb der MPG institutsübergreifend in einer Monografie untersucht.[96] Dies gilt auch für eine Reihe von rechtswissenschaftlichen Instituten der MPG. In einer mehrjährigen Kooperation zwischen dem Forschungsprogramm GMPG und dem MPI für Rechtsgeschichte und Rechtstheorie wurden Studien erarbeitet, von denen einige zunächst als Preprints und dann überarbeitet in einem von Thomas Duve,

---

83 Eckert, »Großes für Kleines«, 1989; Schröder und Wengenmayr, *50 Jahre MPI Festkörperforschung*, 2019.
84 Schappacher, Max-Planck-Institut Für Mathematik, 1985.
85 Plesser und Thamer, Arbeit, 2012.
86 Lauschke, Max-Planck-Institut, 2012; Adamski, Zusammenarbeit, 2012.
87 Trischler, *Luftfahrtforschung*, 1992, 337–343 u. 472–480.
88 Eckert, Vom »Matterhorn« zum »Wendelstein«. Internationale Anstöße zur nationalen Großforschung, 1989; Boenke, Institut für Plasmaphysik, 1990; Boenke, *Entstehung und Entwicklung*, 1991; Stumm, Kernfusionsforschung und politische Steuerung, 1999. Zum MPI für Plasmaphysik siehe auch die Quellenedition von Lucha, *Dokumente zu Entstehung und Entwicklung*, 2005.
89 Schmidt-Rohr, Die Aufbaujahre, 1998.
90 Vingron und Max-Planck-Institut für molekulare Genetik, *Gene und Menschen*, 2014.
91 Rauchhaupt, Venture Beyond the Athmosphere, 2000; Rauchhaupt, Colorful Clouds, 2001; Rauchhaupt, Coping with a New Age, 2002.
92 Reinhard und Kant, 100 Jahre Kaiser-Wilhelm-/Max-Planck-Institut für Chemie (Otto-Hahn-Institut), 2012.
93 Trümper, Vorstoß in den Kosmos, 1998.
94 Es handelt sich um das Fritz-Haber-Institut der MPG (Bretislav Friedrich, Jeremia James und Thomas Steinhauser); die Bibliotheca Hertziana Rom (Elisabeth Kieven), das MPI für Kohlenforschung (Manfred Rasch), das MPI für Eisenforschung (Sören Flachowsky), das MPI für Evolutionsbiologie (Thomas Potthast), das MPI für Dynamik und Selbstorganisation (Moritz Epple und Florian Schmaltz), das MPI für Psychiatrie (Matthias M. Weber und Wolfgang Burgmair), das MPI für medizinische Forschung (Wolfgang U. Eckart), das Deutsch-Italienische Institut für Meeresbiologie Rovigno (Christiane Groeben), das MPI für Biologie (Hans-Jörg Rheinberger), das MPI für Eiweiß- und Lederforschung (Anne Sudrow), MPI für Zellphysiologie (Susanne Kiewitz), MPI für Chemie (Carsten Reinhardt), MPI für Biochemie (Achim Trunk), MPI für molekulare Physiologie (Theo Plesser/Rolf Kinne), das MPI für Hirnforschung (Helga Satzinger), MPI zur Erforschung multireligiöser und multiethnischer Gesellschaften (Hans Erich Bödeker), der vornehmlich das MPI für Geschichte behandelt, das MPI für Physik (Horst Kant), das MPI für Metallforschung (Helmut Maier), das MPI für ausländisches öffentliches Recht und Völkerrecht (Rüdiger Wolfrum) und das MPI für Pflanzenzüchtungsforschung (Susanne Heim und Hildegard Kaulen). Zur Kritik des *Denkorte*-Bandes siehe Roelcke, »Exzellente« Wissenschaft – tödliche Forschung, 2011.
95 Lemke, Himmel über Heidelberg, 2011.
96 Bonolis und Leon, *Astronomy*, 2023.

Jasper Kunstreich und Stefan Vogenauer herausgegebenen Sammelband veröffentlicht wurden.[97] Rudolf Bernhardt und Karin Oellers-Frahm legten 2018 einen institutsgeschichtlichen Überblick des von ihnen jahrelang geleiteten MPI für ausländisches öffentliches Recht und Völkerrecht vor.[98] Dem MPI für Geschichte, das 1956 in Göttingen unter der Leitung Hermann Heimpels von der MPG eröffnet wurde, sind im Forschungsprogramm GMPG zwei von Peter Schöttler verfasste Studien gewidmet, in denen er herausarbeitet, wie sich die Arbeitsschwerpunkte und internationalen Beziehungen des Instituts entwickelten.[99] Zur Geschichte der zur MPG gehörenden kunsthistorischen Bibliotheca Hertziana in Rom erschien 2013 eine von Sybille Ebert-Schifferer und Evelyn Kieven herausgegebene zweibändige Darstellung.[100] Eine Studie von Maria Teresa Costa, die im Forschungsprogramm GMPG entstand, behandelt die Entwicklung der kunsthistorischen Forschung an der Bibliotheca Hertziana und dem 2002 in die MPG aufgenommen Kunsthistorischen Institut Florenz (Max-Planck-Institut).[101] Zum MPI für Bildungsforschung liegt eine Dissertation von Jan-Martin Wiarda vor, die aus systemtheoretischer Perspektive mit Methoden der historischen Wissenschaftsforschung die Wechselbeziehungen und Funktionslogiken der Beratungspraxis des Instituts im Spannungsfeld von Wissenschaft und Politik untersucht.[102] Im Forschungsprogramm GMPG entstand zur Geschichte des MPI für Bildungsforschung neben einem Handbuchartikel von Ulrike Thoms[103] auch eine umfangreiche Studie von Britta Behm, die das Institut in der Ära Hellmut Becker (bis 1981) beleuchtet.[104] Hubert Laitko und Ariane Leendertz analysierten in mehreren Studien Entstehung und Forschungsprogramm des 1970 gegründeten und von Carl Friedrich von Weizsäcker und Jürgen Habermas geleiteten Max-Planck-Instituts zur Erforschung der Lebensbedingungen der wissenschaftlich-technischen Welt in Starnberg, das Gegenstand heftiger interner und öffentlicher Auseinandersetzungen war und 1984 geschlossen wurde.[105] Die Sozialwissenschaften in der Max-Planck-Gesellschaft erfuhren daraufhin eine Neuausrichtung, die Leendertz als »pragmatische Wende« charakterisierte und die 1984 zur Gründung des Kölner MPI für Gesellschaftsforschung führte. Die Forschungsprogrammatik des MPI für Gesellschaftsforschung untersucht Fabian Link in einem GMPG-Preprint.[106] Einen chronologischen Überblick zur Geschichte der geisteswissenschaftlichen und sozialwissenschaftlichen Max-Planck-Institute bietet der GMPG-Preprint von Beatrice Fromm.[107] Die Entwicklung der Atmosphären- und Erdsystemwissenschaften innerhalb der Max-Planck-Gesellschaft und der Bundesrepublik Deutschland untersucht Gregor Lax institutsübergreifend. Er geht hierbei vor allem auf die Bedeutung des MPI für Chemie ein, an dem frühzeitig damit begonnen wurde, die anthropogenen Einflüsse auf die Erdatmosphäre zu erforschen, und auf den Aufstieg der Erdsystemwissenschaften innerhalb der MPG, der mit der Gründung des MPI für Meteorologie in Hamburg und des MPI für Biogeochemie in Jena verbunden war.[108]

Summa summarum lässt sich festhalten, dass es nur für einen relativ geringen Teil der über 100 Institute der MPG, von denen mehr als 20 im Laufe der Zeit geschlossen wurden, institutsgeschichtliche Studien gibt. Da für eine Vielzahl von Max-Planck-Instituten noch keine wissenschaftlichen Ansprüchen genügende, auf Archivquellen gestützte Untersuchungen vorliegen, kann bezüglich der individuellen Institutsgeschichten insgesamt noch nicht von einem konsolidierten Forschungsstand gesprochen werden. Die Institutsgeschichten der Max-Planck-Gesellschaft bleiben somit weiterhin ein Desiderat künftiger wissenschaftshistorischer Forschung.

---

97 Eichenhofer, *MPI für Sozialrecht*, 2020; Lange, *Zwischen völkerrechtlicher Systembildung*, 2020; Magnus, *Geschichte des MPI für Privatrecht*, 2020; Duve, Kunstreich und Vogenauer, *Rechtswissenschaft*, 2023.
98 Bernhardt und Oellers-Frahm, *MPI für ausländisches öffentliches Recht*, 2018.
99 Schöttler, *Die Ära Heimpel*, 2017; Schöttler, *MPI für Geschichte*, 2020. Zur Gründung des MPI für Geschichte siehe auch Kraus, *Gründung und Anfänge*, 2016.
100 Ebert-Schifferer und Kieven, *100 Jahre Bibliotheca Hertziana*, 2013; Kieven, *100 Jahre Bibliotheca Hertziana*, 2013.
101 Costa, *Das kunsthistorische Institut in Florenz*, 2023.
102 Wiarda, *Beratung*, 2015.
103 Thoms, *MPI für Bildungsforschung*, 2016.
104 Behm, *MPI für Bildungsforschung*, 2023. Zur Gründung des MPI für Bildungsforschung siehe auch Herrmann, *Bildungsforschung*, 2014; Behm, *Zu den Anfängen der Bildungsforschung*, 2017; Behm und Rohstock, *Loyalität*, 2020.
105 Laitko, *MPI zur Erforschung*, 2011; Leendertz, *Gescheitertes Experiment*, 2014; Leendertz, *Geschichte des Max-Planck-Instituts*, 2016; Laitko, *Exempel Starnberg*, 2020.
106 Leendertz, *Pragmatische Wende*, 2010; Leendertz, *Medialisierung*, 2014; Link, *Soziologie*, 2022.
107 Fromm, *Geistes- und sozialwissenschaftliche MPI*, 2022.
108 Lax, *Atmosphärenchemie*, 2018; Lax, *Wissenschaft*, 2020.

5.4 Literaturverzeichnis

14 Millionen Tiere bei Versuchen »verbraucht«. Getestet werden Waffen, Putzmittel und Drogen. *Oberbayerisches Volksblatt* (31.12.1981).

Abbate, Janet: *Recoding Gender. Women's Changing Participation in Computing*. Cambridge, MA: MIT Press 2017.

Abbott, Alison: German Astronomers Fight Rumoured Closing of Institute. *Nature* 358 (1992), 267.

– One for All – and All for One. *Nature* 405/6788 (2000), 728. doi:10.1038/35015775.

Abbott, Andrew: *The System of Professions. An Essay on the Division of Expert Labor*. Chicago: University of Chicago Press 1988.

Abels, Gabi: *Strategische Forschung in den Biowissenschaften. Der Politikprozeß zum europäischen Humangenomprogramm*. Berlin: edition sigma 2000.

Abelshauser, Werner: Wirtschaft und Rüstung in den fünfziger Jahren. In: *Anfänge westdeutscher Sicherheitspolitik. Wirtschaft und Rüstung, Souveränität und Sicherheit*. Hg. von Militärgeschichtliches Forschungsamt. Bd. 4. München: Oldenbourg 1997, 1–185.

– *Deutsche Wirtschaftsgeschichte. Von 1945 bis zur Gegenwart*. 2. Auflage. Bonn: Bundeszentrale für politische Bildung 2011.

Abelson, Philip H.: Scientific Communication. *Science* 209/4452: Centennial Issue (1980), 60–62.

Abir-Am, Pnina G.: The Assessment of Interdisciplinary Research in the 1930s. The Rockefeller Foundation and Physico-Chemical Morphology. *Minerva* 26/2 (1988), 153–176. doi:10.1007/BF01096694.

– The Molecular Transformation of Twentieth-Century Biology. In: John Krige und Dominique Pestre (Hg.): *Science in the Twentieth Century*. Amsterdam: Harwood Academic Publishers 1997, 495–524.

Abraham, Tara H.: *Rebel Genius. Warren S. McCulloch's Transdisciplinary Life in Science*. Cambridge, MA: MIT Press 2016.

Adam, Thomas: Wissenschaftsförderung im Deutschen Kaiserreich. Die Gründung und Finanzierung der Kaiser-Wilhelm- Gesellschaft im Kontext neuerer Forschungen über das Stiften und Spenden. In: Dieter Hoffmann, Birgit Kolboske und Jürgen Renn (Hg.): *»Dem Anwenden muss das Erkennen vorausgehen«. Auf dem Weg zu einer Geschichte der Kaiser-Wilhelm-/Max-Planck-Gesellschaft*. Berlin: epubli 2015, 195–217.

Adams, John: Wolfgang Gentner and CERN. In: Dieter Hoffmann und Ulrich Schmidt-Rohr (Hg.): *Wolfgang Gentner. Festschrift zum 100. Geburtstag*. Berlin: Springer 2006, 139–145.

Adams, Mark B. (Hg.): *The Wellborn Science. Eugenics in Germany, France, Brazil and Russia*. New York: Oxford University Press 1990.

Adelman, George und Barry Smith: Francis Otto Schmitt. November 23, 1903–October 3, 1995. In: *Biographical Memoirs*. Bd. 75. Washington: National Academy of Sciences 1998, 343–354.

Adenauer: Modernste Waffen bis zur Abrüstung. *Frankfurter Allgemeine Zeitung* (6.4.1957), 1.

Adenauer, Konrad: *Erinnerungen. 1955–1959*. Bd. 3. Stuttgart: Deutsche Verlags-Anstalt 1989.

Adler, Mitchel, H.P. Burkhardt und G. Dirlich: Über die Tischordnung beim Essen auf einer offenen, gemischten, psychiatrischen Station. Eine orientierende Studie und Überlegungen zu einem Modell. *Social Psychiatry* 6/1 (1971), 46–51.

Adloff, Frank: *Philanthropisches Handeln. Eine historische Soziologie des Stiftens in Deutschland und den USA*. Frankfurt am Main: Campus 2010.

Afheldt, Horst: *Defensive Verteidigung*. Reinbek bei Hamburg: Rowohlt 1983.

Agar, Jon: *Science in the 20th Century and Beyond*. Oxford: Polity Press 2012.

Ahrens, Edward H.: *The Crisis in Clinical Research. Overcoming Institutional Obstacles*. New York: Oxford University Press 1992.

Ahrens, Ralf, Boris Gehlen und Alfred Reckendrees (Hg.): *Die »Deutschland AG«. Historische Annäherungen an den bundesdeutschen Kapitalismus*. Essen: Klartext 2013.

Alber, Dieter und Manfred Estler (Hg.): *Faszination Mais. Geschichte, Entwicklungen und Erinnerungen*. Bonn: Deutsches Maiskomitee 2006.

Albrecht, Clemens: Expertive versus demonstrative Politikberatung. Adorno bei der Bundeswehr. In: Stefan Fisch und Wilfried Rudloff (Hg.): *Experten und Politik. Wissenschaftliche Politikberatung in geschichtlicher Perspektive*. Berlin: Duncker & Humblot 2004, 297–308.

Albrecht, Hans-Jörg, Günter Heine und Volker Meinberg: Umweltschutz durch Umweltstrafrecht? *Zeitschrift für die gesamte Strafrechtswissenschaft* 96/4 (1984), 943–998.

Albrecht, Helmuth: »Max Planck: Mein Besuch bei Adolf Hitler«. Anmerkungen zum Wert einer historischen Quelle. In: Helmuth Albrecht (Hg.): *Naturwissenschaft und Technik in der Geschichte. 25 Jahre Lehrstuhl für Geschichte der Naturwissenschaft und Technik am Historischen Institut der Universität Stuttgart*. Stuttgart: Verlag für Geschichte der Naturwissenschaften und der Technik 1993, 41–63.

– Die Anfänge der Militärischen Laserforschung und Lasertechnik in der Bundesrepublik Deutschland im Zeitalter des Kalten Krieges. *NTM Zeitschrift für Geschichte der Wissenschaften, Technik und Medizin* 22/4 (2014), 235–275. doi:10.1007/s00048-015-0122-3.

– *Laserforschung in Deutschland 1960–1970. Eine vergleichende Studie zur Frühgeschichte von Laserforschung und Lasertechnik in der Bundesrepublik Deutschland und der Deutschen Demokratischen Republik*. Bd. 2. Diepholz: GNT-Verlag 2019.

Albrecht, Helmuth und Armin Hermann: Die Kaiser-Wilhelm-Gesellschaft im Dritten Reich (1933–1945). In: Rudolf Vierhaus und Bernhard vom Brocke (Hg.): *Forschung im Spannungsfeld von Politik und Gesellschaft. Geschichte und Struktur der Kaiser-Wilhelm-/Max-Planck-Gesellschaft*. Stuttgart: Deutsche Verlags-Anstalt 1990, 356–406.

Alfred Seeger. *International Journal of Materials Research* 102/7 (2011), 933.

Aliu, E., Jan Leonard van Hemmen und K. Schulten (Hg.): *Models of Neural Networks I. Physics of Neural Networks*. Berlin: Springer 1991.

Allmendinger, Jutta, Nina von Stebut, Stefan Fuchs und Marion Hornung: Berufliche Werdegänge von Wissenschaftlerinnen in der Max-Planck-Gesellschaft. *Erwerbsarbeit und Erwerbsbevölkerung im Wandel. Anpassungsprobleme einer alternden Gesellschaft.* Hg. von Internationales Institut für Empirische Sozialökonomie, Institut für Sozialwissenschaftliche Forschung e.V. und Institut für Sozialökonomische Strukturanalysen e.V. Frankfurt am Main: Campus 1998, 143–152.

Alter, Peter: Die Kaiser-Wilhelm-Gesellschaft in den deutsch-britischen Wissenschaftsbeziehungen. In: Rudolf Vierhaus und Bernhard vom Brocke (Hg.): *Forschung im Spannungsfeld von Politik und Gesellschaft. Geschichte und Struktur der Kaiser-Wilhelm-/Max-Planck-Gesellschaft.* Stuttgart: Deutsche Verlags-Anstalt 1990, 726–746.

Alter, Reinhard: Heinrich Manns Untertan — Prüfstein für die »Kaiserreich-Debatte«? *Geschichte und Gesellschaft* 17/3 (1991), 370–389.

Aly, Götz: Der saubere und der schmutzige Fortschritt. *Reform und Gewissen. »Euthanasie« im Dienst des Fortschritts.* Berlin: Rotbuch 1985, 9–78.

– Forschen an Opfern. Das Kaiser-Wilhelm-Institut für Hirnforschung und die »T4«. In: Götz Aly (Hg.): *Aktion T4, 1939–1945. Die »Euthanasie-Zentrale« in der Tiergartenstraße 4.* Berlin: Edition Hentrich 1987, 153–160.

– Hirnforschung im Dritten Reich. die tageszeitung (21.10.1989), 16.

– Je mehr, desto lieber. »Wo die Gehirne herkamen, ging ja mich nichts an«. *Die Zeit* (3.2.1989), 69–70.

– Weitere Elaborate Alys verhindern! Gedächtnisschwund deutscher Hirnforscher. *Volk ohne Mitte. Die Deutschen zwischen Freiheitsangst und Kollektivismus.* Frankfurt am Main: Fischer 2015, 201–239.

Amann, Klaus, Jens Lachmuth, Stefan Hirschauer, Harald Kranz, Wilfried Philipps und Peter Weingart: *Kommerzialisierung der Grundlagenforschung. Das Beispiel Biotechnologie.* Bielefeld: Kleine 1985.

Ambrosius, Gerold und Hartmut Kaelble: Einleitung: Gesellschaftliche und wirtschaftliche Folgen des Booms der 1950er und 1960er Jahre. In: Hartmut Kaelble (Hg.): *Der Boom 1948–1973. Gesellschaftliche und wirtschaftliche Folgen in der Bundesrepublik Deutschland und in Europa.* Opladen: Westdeutscher Verlag 1992, 7–32.

American Physical Society: Proceedings of the American Physical Society. And of Its Ohia Section. Columbus Meeting, April 30 and May 1, 1943. *Physical Review* 63/11–12 (1943). https://engage.aps.org/damop/governance/damop-history.

American Society for Cell Biology (ASCB): *Final Program. First International Congress on Cell Biology, September 5–10, 1976, Boston, Massachusetts.* Special Collections, Albin O. Kuhn Library & Gallery, University of Maryland, Baltimore County (UMBC) 1976, ASCB Records UMBC MSS 95-01 Box 54 Folder 3.

Amsel, Abraham: *Behaviorism, Neobehaviorism, and Cognitivism in Learning Theory. Historical and Contemporary Perspectives.* Hillsdale: Erlbaum 1989.

Andreae, Meinrat O.: Biogeochemische Forschung am Kaiser-Wilhelm-/Max-Planck-Institut für Chemie. In: Horst Kant und Carsten Reinhardt (Hg.): *100 Jahre Kaiser-Wilhelm-, Max-Planck-Institut für Chemie (Otto-Hahn-Institut). Facetten seiner Geschichte.* Berlin: Archiv der Max-Planck-Gesellschaft 2012, 133–185.

Andreae, Meinrat O., Martin Claußen, Martin Heimann, Jos Lelieveld und Jochem Marotzke: *Partnerschaft Erdsystemforschung.* Hg. von Max-Planck-Institut für Biogeochemie, Max-Planck-Institut für Chemie und Max-Planck-Institut für Meteorologie. Hamburg: Max-Planck-Gesellschaft zur Förderung der Wissenschaften 2006.

Angerer, Klaus: *Vermittlungsarbeit. Zur Untersuchung und Verwertung biologischer Materialien in der kommerziellen Naturstoffchemie.* Baden-Baden: Nomos 2021.

Ankeny, Rachel A. und Sabina Leonelli: Repertoires. A Post-Kuhnian Perspective on Scientific Change and Collaborative Research. *Studies in History and Philosophy of Science Part A* 60 (2016), 18–28.

Annas, George J. und Michael A. Grodin (Hg.): *The Nazi Doctors and the Nuremberg Code. Human Rights in Human Experimentation.* New York: Oxford University Press 1992.

Antonoyiannakis, Manolis, Jens Hemmelskamp und Fotis C. Kafatos: The European Research Council Takes Flight. *Cell* 136/5 (2009), 805–809. doi:10.1016/j.cell.2009.02.031.

Antosia, Robert E.: Staphylococcus Enterotoxin B. In: Robert E. Antosia und John D. Cahill (Hg.): *Handbook of Bioterrorism and Disaster Medicine.* Boston: Springer 2006, 149–150. doi:10.1007/978-0-387-32804-1_33.

Anweiler, Oskar: Bildungspolitik. In: Michael Ruck und Marcel Boldorf (Hg.): *Geschichte der Sozialpolitik in Deutschland seit 1945. Bd. 4: 1957–1966 Bundesrepublik Deutschland: Sozialpolitik im Zeichen des erreichten Wohlstandes.* Baden-Baden: Nomos 2007, 611–642.

Apostolow, Markus: *Der »immerwährende Staatssekretär«. Walter Strauß und die Personalpolitik im Bundesministerium der Justiz 1949–1963.* Göttingen: Vandenhoeck & Ruprecht 2019.

Appenzeller, Immo: Reimar Lüst (25.3.1923–31.3.2020). *Jahrbuch der Heidelberger Akademie der Wissenschaften* 2020 (2021), 130–133.

Arendt, Hannah: *Elemente und Ursprünge totaler Herrschaft. Antisemitismus, Imperialismus, totale Herrschaft.* München: Piper 1986.

Arndt, Melanie: *Tschernobyl. Auswirkungen des Reaktorunfalls auf die Bundesrepublik Deutschland und die DDR.* 3. Auflage. Erfurt: Landeszentrale für politische Bildung Thüringen 2012.

– (Hg.): *Politik und Gesellschaft nach Tschernobyl. (Ost-)europäische Perspektiven.* Berlin: Ch. Links 2016.

Aschenbach, Bernd, Hermann-Michael Hahn und Joachim Trümper: *The Invisible Sky. ROSAT and the Age of X-Ray Astronomy.* New York: Springer 1998.

Aschoff, Jürgen: Zeitgeber der tierischen Tagesperiodik. *Naturwissenschaften* 41/3 (1954), 49–56.

– (Hg.): *Circadian Clocks. Proceedings of the Feldafing Summer School, 7.–18. September 1964.* Amsterdam: North Holland 1965.

– Circadian Rhythms in Man. *Science* 148/3676 (1965), 1427–1432.

Ash, Mitchell G.: Verordnete Umbrüche – Konstruierte Kontinuitäten. Zur Entnazifizierung von Wissenschaftlern und Wissenschaften nach 1945. *Zeitschrift für Geschichtswissenschaft* 43/10 (1995), 903–924.
- Wissenschaft und Politik als Ressourcen für einander. In: Rüdiger vom Bruch und Brigitte Kaderas (Hg.): *Wissenschaften und Wissenschaftspolitik. Bestandsaufnahmen zu Formationen, Brüchen und Kontinuitäten im Deutschland des 20. Jahrhunderts.* Stuttgart: Franz Steiner 2002, 32–51.
- Wissenschaft und Verantwortung. Zur Historisierung einer diskursiven Formation. In: Rainer Christoph Schwinges (Hg.): *Universität im öffentlichen Raum.* Basel: Schwabe 2008, 311–344.
- Rezensionen zu Die Kaiser-Wilhelm-Gesellschaft im Nationalsozialismus. *NTM Zeitschrift für Geschichte der Wissenschaften, Technik und Medizin* 18/1 (2010), 79–118. doi:10.1007/s00048-009-0011-8.
- Ressourcenaustausche. Die KWG und MPG in politischen Umbruchzeiten – 1918, 1933, 1945, 1990. In: Dieter Hoffmann, Birgit Kolboske und Jürgen Renn (Hg.): *»Dem Anwenden muss das Erkennen vorausgehen«. Auf dem Weg zu einer Geschichte der Kaiser-Wilhelm-/Max-Planck-Gesellschaft.* 2. Auflage. Berlin: epubli 2015, 307–341.
- Reflexionen zum Ressourcenansatz. In: Sören Flachowsky, Rüdiger Hachtmann und Florian Schmaltz (Hg.): *Ressourcenmobilisierung. Wissenschaftspolitik und Forschungspraxis im NS-Herrschaftssystem.* Göttingen: Wallstein 2016, 535–553.
- Wandlungen der Wissenschaftslandschaften im frühen Kalten Krieg. In: Johannes Feichtinger und Heidemarie Uhl (Hg.): *Die Akademien der Wissenschaften in Zentraleuropa im Kalten Krieg. Transformationsprozesse im Spannungsfeld von Abgrenzung und Annäherung.* Wien: Verlag der Österreichischen Akademie der Wissenschaften 2018, 29–65.
- *Die Max-Planck-Gesellschaft im Kontext der Deutschen Vereinigung 1989–1995.* Berlin: GMPG-Preprint 2020.
- *Die Max-Planck-Gesellschaft im Prozess der deutschen Vereinigung 1989–2002. Eine politische Wissenschaftsgeschichte.* Studien zur Geschichte der Max-Planck-Gesellschaft. Bd. 5. Hg. von Jürgen Kocka, Carsten Reinhardt, Jürgen Renn und Florian Schmaltz. Göttingen: Vandenhoeck & Ruprecht 2023.
Ash, Mitchell G. und Ulfried Geuter (Hg.): *Geschichte der deutschen Psychologie im 20. Jahrhundert. Ein Überblick.* Opladen: Westdeutscher Verlag 1985.
Ashby, Michael, Hugh Shercliff und David Cebon: *Materials. Engineering, Science, Processing and Design.* Oxford: Butterworth-Heinemann 2007.
Aspray, William: The Story of Radar. Rezension zu: The Invention That Changed the World. How a Small Group of Radar Pioneers Won the Second World War and Launched a Technological Revolution, von Robert Buderi. *Science* 274/5285 (1996), 199.
Astronomische Gesellschaft: BMBF Project Funding. Review Board of the BMBF Project Funding Scheme Astrophysics and Astroparticle Physics, 2022. https://astronomische-gesellschaft.de//en/rds/bodies/bmbf.
Auderset, Juri und Peter Moser: *Die Agrarfrage in der Industriegesellschaft. Wissenskulturen, Machtverhältnisse und natürliche Ressourcen in der agrarisch-industriellen Wissensgesellschaft (1850–1950).* Wien: Böhlau 2018.
Auletta, Gennaro, Ivan Colagè und Marc Jeannerod (Hg.): *Brains Top Down. Is Top-Down Causation Challenging Neuroscience?* Hackensack: World Scientific 2013. doi:10.1142/9789814412469_0007.
Aumann, Philipp: *Mode und Methode. Die Kybernetik in der Bundesrepublik Deutschland.* Hg. von Deutsches Museum. Göttingen: Wallstein 2009.
- Der Nutzen der Kybernetik? Gesellschaftliche Erwartungen und Realität. In: Christine Pieper und Frank Uekötter (Hg.): *Vom Nutzen der Wissenschaft. Beiträge zu einer prekären Beziehung.* Stuttgart: Franz Steiner 2010, 211–233.
Autrum, Hansjochem: Erich von Holst. 28.11.1908–26.5.1962. *Jahrbuch der Bayerischen Akademie der Wissenschaften.* Hg. von Bayerische Akademie der Wissenschaften 1963 (1963), 177–181.
Baars, Jacob W.M.: *International Radio Telescope Projects. A Life among Its Designers, Builders and Users.* CreateSpace 2013.
Bächi, Beat: *Vitamin C für alle! Pharmazeutische Produktion, Vermarktung und Gesundheitspolitik (1933–1953).* Zürich: Chronos 2009.
Badash, Lawrence: *A Nuclear Winter's Tale. Science and Politics in the 1980s.* Cambridge, MA: MIT Press 2009.
Baer, Susanne: *Rechtssoziologie. Eine Einführung in die interdisziplinäre Rechtsforschung.* 4. Auflage. Baden-Baden: Nomos 2021.
Baganz, Carina: JCS 1067. In: Wolfgang Benz (Hg.): *Deutschland unter alliierter Besatzung 1945–1949/55. Ein Handbuch.* Berlin: Akademie Verlag 1999, 349–351.
Bagge, Erich: Werner Heisenberg und das Forschungsprogramm des Kaiser-Wilhelm-Instituts für Physik (1940–1948). In: Bernhard vom Brocke und Hubert Laitko (Hg.): *Die Kaiser-Wilhelm-/Max-Planck-Gesellschaft und ihre Institute. Studien zu ihrer Geschichte: Das Harnack-Prinzip.* Berlin: De Gruyter 1996, 245–262.
Bagge, Erich, Kurt Diebner und Kenneth Jay: *Von der Uranspaltung bis Calder Hall.* Hamburg: Rowohlt 1957.
Bähr, Johannes: Die »amerikanische Herausforderung«. Anfänge der Technologiepolitik in der Bundesrepublik Deutschland. *Archiv für Sozialgeschichte* 35 (1995), 115–130.
Balcar, Jaromír: *Politik auf dem Land. Studien zur bayerischen Provinz.* München: Oldenbourg 2004.
- *Instrumentenbau – Patentvermarktung – Ausgründungen. Die Geschichte der Garching Instrumente GmbH.* Berlin: GMPG-Preprint 2018.
- *Die Ursprünge der Max-Planck-Gesellschaft. Wiedergründung – Umgründung – Neugründung.* Berlin: GMPG-Preprint 2019.
- *Wandel durch Wachstum in »dynamischen Zeiten«. Die Max-Planck-Gesellschaft 1955/57 bis 1972.* Berlin: GMPG-Preprint 2020.
Balcar, Jaromír und Michael C. Schneider: Science Business. Unternehmensgeschichte und Wissenschaftsgeschichte in ihren wechselseitigen Bezügen. In: Juliane Czierpka, Boris Gehlen, Nina Kleinöder und Christian Marx (Hg.): *Neue Perspektiven der Unternehmensgeschichte.* Paderborn: Brill Schöningh 2024.

Baldwin, Ian Thomas: Forschungsbericht 2007 – Max-Planck-Institut für chemische Ökologie. Genforschung auf der Ebene des Organismus. Wie man Molekularbiologen für Freilandstudien ausrüstet. *Max-Planck-Gesellschaft*, 2007. https://www.mpg.de/364816/forschungsSchwerpunkt?c=155396.

Baldwin, Melinda: *Making Nature: The History of a Scientific Journal*. Chicago: University of Chicago Press 2015.

– Credibility, Peer Review, and *Nature*, 1945–1990. *Notes and Records: The Royal Society Journal of the History of Science* 69/3 (2015), 337–352.

Ballreich, Hans: Forschungsförderung durch die Europäischen Gemeinschaften. *Mitteilungen aus der Max-Planck-Gesellschaft zur Förderung der Wissenschaften* Heft 5 (1959), 304–312.

Banda, Enric: Implementing the European Research Area. *Science* 295/5554 (2002), 443. doi:10.1126/science.1068923.

Baring, Arnulf: *Machtwechsel. Die Ära Brandt-Scheel*. 2. Auflage. Stuttgart: Deutsche Verlags-Anstalt 1982.

Bartels, Julius: Zur Vorgeschichte der Weltraumforschung. *Die Naturwissenschaften* 49/14 (1962), 313–323. doi:10.1007/BF00602195.

Barthelmes, H. und D. Zerssen: Das Münchener Psychiatrische Informationssystem (PSYCHIS München). *Informationssysteme in der medizinischen Versorgung: Ökologie der Systeme: Bericht über d. 21. Jahrestagung d. Dt. Ges. für Med. Dokumentation, Informatik u. Statistik e.V. vom 26.–29. September 1976 in Hannover*. New York: Schattauer 1978, 138–145.

Bartmann, Wilhelm: *Zwischen Tradition und Fortschritt. Aus der Geschichte der Pharmabereiche von Bayer, Hoechst und Schering von 1935–1975*. Stuttgart: Franz Steiner 2003.

Bartov, Omar, Cornelia Brink, Gerhard Hirschfeld, Friedrich P. Kahlenberg, Manfred Messerschmidt, Reinhard Rürup, Christian Streit et al.: *Bericht der Kommission zur Überprüfung der Ausstellung »Vernichtungskrieg, Verbrechen der Wehrmacht 1941-1944«*. Hannover 2000.

Bartz, Olaf: *Der Wissenschaftsrat. Entwicklungslinien der Wissenschaftspolitik in der Bundesrepublik Deutschland 1957–2007*. Stuttgart: Franz Steiner 2007.

Basedow, Jürgen: Konrad Zweigert und die politische Dimension des Rechts. In: Tilman Repgen, Florian Jeßberger und Markus Kotzur (Hg.): *100 Jahre Rechtswissenschaft an der Universität Hamburg*. Tübingen: Mohr Siebeck 2019, 21–38.

Bashford, Alison und Philippa Levine (Hg.): *The Oxford Handbook of the History of Eugenics*. Oxford: Oxford University Press 2010.

Bauer, F. L.: Kurzer Abriß der Geschichte der Informatik 1890–1990. In: Gerd Fischer, Friedrich Hirzebruch, Winfried Scharlau und Willi Törnig (Hg.): *Ein Jahrhundert Mathematik 1890–1990. Festschrift zum Jubiläum der DMV*. Braunschweig: Vieweg 1990, 113–147.

Bauer, Karl: Peter Wilhelm Jungblut. 6.7.1927–20.5.2003. In: Generalverwaltung der Max-Planck-Gesellschaft (Hg.): *Max-Planck-Gesellschaft Jahrbuch 2004*. München 2004, 117–118.

Baumann, Timo: *Die Deutsche Gesellschaft für Kreislaufforschung im Nationalsozialismus 1933 - 1945*. Berlin: Springer 2017. doi:10.1007/978-3-662-54400-6.

Baumann, Timo, Frank Sparing, Michael Martin und Heiner Fangerau: Neurophysiologen im Nationalsozialismus – Hans Berger, Paul Hoffmann, Richard Jung und Alois E. Kornmüller. *Klinische Neurophysiologie* 51/01 (2020), 14–41. doi:10.1055/a-1080-0655.

Baureithel, Ulrike: Vor 30 Jahren. Das Patent auf die Krebsmaus vergeben. *Der Freitag* (13.5.2022). https://www.freitag.de/autoren/ulrike-baureithel/krebsforschung-1992-das-patent-auf-die-onco-maus.

Bechtel, William: *Discovering Cell Mechanisms. The Creation of Modern Cell Biology*. Cambridge: Cambridge University Press 2006.

Beck, Ulrich: *Weltrisikogesellschaft, Weltöffentlichkeit und globale Subpolitik. Ökologische Fragen im Bezugsrahmen fabrizierter Unsicherheiten*. Wien: Picus 1997.

Becker, Heinz, Christine Bürk und Erwin Märtlbauer: Staphylokokken-Enterotoxine. Bildung, Eigenschaften und Nachweis. *Journal für Verbraucherschutz und Lebensmittelsicherheit* 2/2 (2007), 171–189. doi:10.1007/s00003-007-0190-y.

Becker-Schaum, Christoph, Philipp Gassert, Martin Klimke, Wilfried Mausbach und Marianne Zepp (Hg.): *»Entrüstet Euch!«. Nuklearkrise, NATO-Doppelbeschluss und Friedensbewegung*. Paderborn: Ferdinand Schöningh 2012.

Beddies, Thomas: Kinder-»Euthanasie« in Berlin-Brandenburg. In: Thomas Beddies und Kristina Hübener (Hg.): *Dokumente zur Psychiatrie im Nationalsozialismus*. Berlin: BeBra 2003, 219–248.

Beerheide, Emanuel und Olaf Katenkamp: Wissensarbeit im Innovationsprozess. In: Jürgen Howaldt, Ralf Kopp und Emanuel Beerheide (Hg.): *Innovationsmanagement 2.0. Handlungsorientierte Einführung und praxisbasierte Impulse*. Wiesbaden: Gabler 2011, 67–99.

Behm, Britta: Zu den Anfängen der Bildungsforschung in Westdeutschland 1946–1963. Ein wissenschaftsgeschichtlicher Blick auf eine »vergessene« Geschichte. In: Sabine Reh, Edith Glaser, Britta Behm und Tilman Drope (Hg.): *Wissen machen. Beiträge zu einer Geschichte erziehungswissenschaftlichen Wissens in Deutschland zwischen 1945 und 1990*. Weinheim: Beltz 2017, 34–69.

– *Das Max-Planck-Institut für Bildungsforschung in der Ära Hellmut Beckers. Zur Genese und Transformation einer interdisziplinären Sozialwissenschaft im Kontext der Max-Planck-Gesellschaft, 1958–1981*. Berlin: GMPG-Preprint 2023.

Behm, Britta und Anne Rohstock: *Loyalität. Zur verdeckten Regulierung von Denk-Bewegungen in wissenschaftlichen Feldern. Eine Sondierung am Beispiel westdeutscher Bildungsforscher (Sammelband zum 26. Kongress der Deutschen Gesellschaft für Erziehungswissenschaft (DGfE))*. Hg. von Isabell van Ackeren, Helmut Bremer, Fabian Kessl, Hans Christoph Koller, Nicolle Pfaff, Caroline Rotter, Dominique Klein et al. Opladen: Barbara Buderich 2020.

Beinert, Helmut und Karl Friedrich Bonhoeffer: Passivität des Eisens und das Ostwald-Lilliesche Modell der Nervenleitung. *Zeitschrift für Elektrochemie und angewandte phy-*

sikalische Chemie 47/7 (1941), 536–545. doi.org/10.1002/bbpc.19410470710.

Bekanntmachung der Neufassung des Hochschulgesetzes. Vom 19. Januar 1999. Bundesgesetzblatt Teil I, Nr. 3 vom 27.01.1999, in Kraft getreten am 1999, 18–34.

Bell, Daniel: *The Coming of Post-Industrial Society. A Venture in Social Forecasting.* New York: Basic Books 1973.

– Die dritte technologische Revolution und ihre möglichen sozioökonomischen Konsequenzen. *Merkur* 44 (1990), 28–47.

Bender, Gerd: Rechtssoziologie in der alten Bundesrepublik. Prozesse, Kontexte, Zäsuren. In: Dieter Simon (Hg.): *Rechtswissenschaft in der Bonner Republik.* Frankfurt am Main: Suhrkamp 1994, 100–145.

Benecke, Otto: Aus der Vorgeschichte der Kaiser-Wilhelm-Gesellschaft. *Mitteilungen aus der Max-Planck-Gesellschaft zur Förderung der Wissenschaften* Heft 1 (1954), 10–25.

– Zur Vorgeschichte der Kaiser-Wilhelm-Gesellschaft. *Deutsche Universitäts-Zeitung* 9/6 (1954), 9–11; 17, S. 10-12.

Benner, Susanne, Gregor Lax, Paul J. Crutzen, Ulrich Pöschl, Jos Lelieveld und Hans Günter Brauch (Hg.): *Paul J. Crutzen and the Anthropocene. A New Epoch in Earth's History.* Cham: Springer 2021.

Bensaude-Vincent, Bernadette: The Construction of a Discipline. Materials Science in the United States. *Historical Studies in the Physical and Biological Sciences* 31/2 (2001), 223–248.

– Chemists without Borders. *Isis* 109/3 (2018), 597–607. doi:www.journals.uchicago.edu/doi/pdf/10.1086/699999.

Benz, Arthur: Governance in Connected Arenas – Political Science Analysis of Coordination and Control in Complex Rule Systems. In: Dorothea Jansen (Hg.): *New Forms of Governance in Research Organizations. Disciplinary Approaches, Interfaces and Integration.* Dordrecht: Springer 2007, 3–22.

Benz, Wigbert: *Der Hungerplan im »Unternehmen Barbarossa« 1941.* Berlin: Wissenschaftlicher Verlag 2011.

Benz, Wolfgang: *Potsdam 1945. Besatzungsherrschaft und Neuaufbau im Vier-Zonen-Deutschland.* München: dtv 1986.

– *Die Gründung der Bundesrepublik. Von der Bizone zum souveränen Staat.* 5. Auflage. München: dtv 1999.

Berg, Nicolas: *Der Holocaust und die westdeutschen Historiker. Erforschung und Erinnerung.* Göttingen: Wallstein 2003.

Bergemann, Claudia: *Mitgliederverzeichnis der Kaiser-Wilhelm-Gesellschaft zur Förderung der Wissenschaften.* 2 Teile. Unter Mitarbeit von Marion Kazemi und Christel Wegeleben. Berlin: Archiv der Max-Planck-Gesellschaft 1990/1991.

Berghahn, Volker R. und Sigurt Vitols (Hg.): *Gibt es einen deutschen Kapitalismus? Tradition und globale Perspektiven der sozialen Marktwirtschaft.* Frankfurt am Main: Campus 2006.

Bergstermann, Sabine: *Stammheim. Eine moderne Haftanstalt als Ort der Auseinandersetzung zwischen Staat und RAF.* Berlin: De Gruyter 2016.

Berman, Elizabeth Popp: *Creating the Market University. How Academic Science Became an Economic Engine.* Princeton: Princeton University Press 2012.

Berners-Lee, Tim und Mark Fischetti: *Weaving the Web. The Original Design and Ultimate Destiny of the World Wide Web by Its Inventor.* New York: Harper Business 1999.

Bernhardt, Rudolf: Die Europäische Gemeinschaft als neuer Rechtsträger im Geflecht der traditionellen zwischenstaatlichen Rechtsbeziehungen. *Europarecht* 3 (1983), 199–215.

Bernhardt, Rudolf und Karin Oellers-Frahm: *Das Max-Planck-Institut für ausländisches öffentliches Recht und Völkerrecht. Geschichte und Entwicklung von 1949 bis 2013.* Berlin: Springer 2018.

Berry, Dominic J.: Historiography of Plant Breeding and Agriculture. In: Michael Dietrich, Mark Borrello und Oren Harman (Hg.): *Handbook of the Historiography of Biology.* Cham: Springer 2019, 1–27. doi:10.1007/978-3-319-74456-8_27-1.

Bethge, Heinz: Zum deutschen Einigungsprozess in den Wissenschaften – Probleme und Möglichkeiten in den Naturwissenschaften. *Jahrbuch 1990 der Deutschen Akademie der Naturforscher Leopoldina* R.3/36 (1991), 205–216.

Betriebsverfassungsgesetz. Vom 11. Oktober 1952. Bundesgesetzblatt Teil I, Nr. 43 vom 14. Oktober 1952, in Kraft getreten am 1952, 681–695.

Beule, Peter: *Auf dem Weg zur neoliberalen Wende? Die Marktdiskurse der deutschen Christdemokratie und der britischen Konservativen in den 1970er-Jahren.* Düsseldorf: Droste 2019.

Bewermeyer, Heiko und Volker Limmroth (Hg.): *50 Jahre Neurologie in Köln-Merheim.* Köln: Kölnisches Stadtmuseum 2009.

Beyerchen, Alan D.: *Wissenschaftler unter Hitler. Physiker im Dritten Reich.* Köln: Kiepenheuer & Witsch 1980.

Beyler, Richard: *»Reine« Wissenschaft und personelle »Säuberung«. Die Kaiser-Wilhelm-/Max-Planck-Gesellschaft 1933 und 1945.* Berlin: Vorabdrucke des Forschungsprogramms »Geschichte der Kaiser-Wilhelm-Gesellschaft im Nationalsozialismus« 2004.

– Physics and the Ideology of Non-Ideology. Reconstructing the Cultural Role of Science in West Germany. In: Helmuth Trischler und Mark Walker (Hg.): *Physics and Politics. Research and Research Support in Twentieth Century Germany in International Perspective.* Stuttgart: Franz Steiner 2010, 85–106.

Beyler, Richard, Alexei Kojevnikov und Jessica Wang: Purges in Comparative Perspective: Rules for Exclusion and Inclusion in the Scientific Community under Political Pressure. *Osiris* 20 (2005), 23–48. doi:10.1086/649412.

Biddle, Wayne: *Dark Side of the Moon. Wernher von Braun, the Third Reich, and the Space Race.* New York: W. W. Norton & Company 2009.

Bielka, Heinz: Das Kaiser-Wilhelm-Institut für Hirnforschung. *Geschichte der Medizinisch-Biologischen Institute Berlin-Buch.* 2. Auflage. Berlin: Springer 2002, 20–60. doi:10.1007/978-3-642-93392-9_2.

Bigl, Volker und Wolf Singer: Neuroscience in the Former GDR. *Trends in Neurosciences* 14/7 (1991), 278–281. doi:10.1016/0166-2236(91)90137-J.

Bijman, Jos: AgrEvo. From Crop Protection To Crop Production. *AgBioForum* 4/1 (2001), 20–25.

Billing, Heinz: *Meine Lebenserinnerungen.* Garching: Selbstverlag 1994.

Biron, Ernst von und Reinhard Hennings: *Die Geschichte des BAR. Eine Dokumentation aus Anlass der 200. Sitzung des*

BAR am 30. November 2001. GWDG-Bericht, 58. Göttingen: Gesellschaft für wissenschaftliche Datenverarbeitung 2001, 81–125.

Blaauw, Adriaan: *ESO's Early History. The European Southern Observatory from Concept to Reality*. Garching: European Southern Observatory 1991.

Blachnik, Thomas, Andrea Hilker, Thomas Konopka, Thomas Potthast und Monika Wächter: Nachruf. Dr. Rainer Hohlfeld (05.09.1942–07.12.2020). Biologe, Genetiker, Wissenschaftssoziologe und -philosoph. *Institut Mensch, Ethik und Wissenschaft*, 2021. https://www.imew.de/fileadmin/Dokumente/Nachruf_RainerHohlfeld_2021-01-31.pdf.

Blackbourn, David: *The Conquest of Nature. Water, Landscape, and the Making of Modern Germany*. London: J. Cape 2006.

Blamont, Jacques: The Beginning of Space Experiments in Munich. In: Gerhard Haerendel und Bruce Battrick (Hg.): *Topics in Plasma-, Astro- and Space Physics. A Volume Dedicated to Reimar Lüst on the Occasion of His 60th Birthday*. Garching: Max-Planck-Institut für Physik und Astrophysik 1983, 161–164.

Bleckmann, Albert: Zum Rutili-Urteil des EuGH. *Europäische GRUNDRECHTE-Zeitschrift* 3 (1976), 265–267.

Blum, Alexander S., Roberto Lalli und Jürgen Renn (Hg.): *The Renaissance of General Relativity in Context*. Cham: Springer International Publishing AG 2021.

Boenke, Susan: Das Institut für Plasmaphysik zwischen Bund, Ländern und Max-Planck-Gesellschaft. In: Margit Szöllösi-Janze und Helmuth Trischler (Hg.): *Großforschung in Deutschland*. Frankfurt am Main: Campus 1990, 99–116.

– *Entstehung und Entwicklung des Max-Planck-Instituts für Plasmaphysik 1955–1971*. Frankfurt am Main: Campus 1991.

Bolinski, Ina und Stefan Rieger (Hg.): *Das verdatete Tier. Zum Animal Turn in den Kultur- und Medienwissenschaften*. Heidelberg: J.B. Metzler 2019.

Bollenbeck, Georg und Clemens Knobloch (Hg.): *Semantischer Umbau der Geisteswissenschaften nach 1933 und 1945*. Heidelberg: Universitätsverlag C. Winter 2001.

Bonhoeffer, Friedrich und Alfred Gierer: How Do Retinal Axons Find Their Targets on the Tectum? *Trends in Neurosciences* 7/10 (1984), 378–381. doi:10.1016/S0166-2236(84)80060-0.

Bonhoeffer, Friedrich und Julita Huf: Recognition of Cell Types by Axonal Growth Cones in Vitro. *Nature* 288/5787 (1980), 162–164. doi:10.1038/288162a0.

Bonhoeffer, Karl Friedrich: Modelle der Nervenerregung. *Die Naturwissenschaften* 40/11 (1953), 301–311.

Bonneuil, Christophe: Development as Experiment. Science and State Building in Late Colonial and Postcolonial Africa, 1930-1970. *Osiris* 15 (2000), 258–281. doi:10.1086/649330.

Bonolis, Luisa: Walther Bothe and Bruno Rossi: The Birth and Development of Coincidence Methods in Cosmic-Ray Physics. *American Journal of Physics* 79/11 (2011), 1133–1150. doi:10.1119/1.3619808.

Bonolis, Luisa und Juan-Andres Leon: Gravitational-Wave Research as an Emerging Field in the Max Planck Society. The Long Roots of GEO600 and of the Albert Einstein Institute. In: Alexander S. Blum, Roberto Lalli und Jürgen Renn (Hg.): *The Renaissance of General Relativity in Context*. Basel: Birkhäuser 2020, 285–361. doi:10.1007/978-3-030-50754-1_9.

– *Astronomy, Astrophysics and the Space Sciences in the Max Planck Society*. Leiden: Brill 2023.

Borck, Cornelius: Mediating Philanthropy in Changing Political Circumstances. The Rockefeller Foundation's Funding for Brain Research in Germany, 1930-1950. *Issuelab*, 1.1.2001. https://www.issuelab.org/resource/mediating-philanthropy-in-changing-political-circumstances-the-rockefeller-foundations-funding-for-brain-research-in-germany-1930-1950.html.

– Kernspintomographie. In: Werner E. Gerabek, Bernhard D. Haage, Gundolf Keil und Wolfgang Wegner (Hg.): *Enzyklopädie Medizingeschichte*. Berlin: De Gruyter 2005, 733.

– Through the Looking Glass. Past Futures of Brain Research. *Medicine Studies* 1/4 (2009), 329–338.

– *Brainwaves. A Cultural History of Electroencephalography*. London: Routledge 2018.

– Negotiating Epistemic Hierarchies in Biomedicine. The Rise of Evidence-Based Medicine. In: Moritz Epple, Annette Imhausen und Falk Müller (Hg.): *Weak Knowledge: Forms, Functions, and Dynamics*. Frankfurt am Main: Campus 2020, 449–482.

Borggräfe, Henning: *Zwangsarbeiterentschädigung. Vom Streit um »vergessene Opfer« zur Selbstaussöhnung der Deutschen*. Göttingen: Wallstein 2014.

Bornmüller, Falk: *Zivile Wissenschaft Theorie und Praxis von Friedens- und Zivilklauseln an deutschen Hochschulen*. Bielefeld: transcript 2023.

Borrell, Peter und Patricia May Borrell (Hg.): *Transport and Chemical Transformation of Pollutants in the Troposphere. An Overview of the Work of EUROTRAC*. Bd. 1. Berlin: Springer 2000.

Borrell, Peter, Patricia May Borrell, Tomislav Cvitaš, Kerry Kelly und Wolfgang Seiler: Forword by the Series Editors. In: Sjaak Slanina (Hg.): *Transport and Chemical Transformation of Pollutants in the Troposphere. Bd. 4: Biosphere Atmosphere Exchange of Pollutants and Trace Substances. Experimental and Theoretical Studies of Biogenic Emissions and of Pollutant Deposition*. Berlin: Springer 1997, 1–14.

Bösch, Frank: *Zeitenwende 1979. Als die Welt von heute begann*. 6. Auflage. München: C.H. Beck 2019.

Böschen, Stefan: *Risikogenese. Prozesse gesellschaftlicher Gefahrenwahrnehmung. FCKW, DDT, Dioxin und ökologische Chemie*. Wiesbaden: VS Verlag für Sozialwissenschaften 2000.

Bothe, Michael und Lothar Gündling: *Tendenzen des Umweltrechts im internationalen Vergleich*. Berlin: Schmidt 1978.

Bottler, Stefan: Genfood im Aufwind. *Werben & Verkaufen* 37 (1998), 82–83.

Bouchard, Julie: *Comment le retard vient aux Français. Analyse d'un discours sur la recherche, l'innovation et la compétitivité 1940–1970*. Lille: Septentrion 2008.

Boudia, Soraya und Nathalie Jas (Hg.): *Toxicants, Health and Regulation since 1945*. London: Pickering & Chatto 2013.

– (Hg.): *Powerless Science? Science and Politics in a Toxic World*. New York: Berghahn 2014.

Bouman, M. A. und Willem J. M. Levelt: *Werner E. Reichardt. Levensbericht*. Amsterdam: Koninklijke Nederlandse Akademie van Wetenschappen 1994.

Bourdieu, Pierre: Ökonomisches Kapital – Kulturelles Kapital – Soziales Kapital. *Die verborgenen Mechanismen der Macht*. Hamburg: VSA 1992, 49–81.

Bourret, Pascale: BRCA Patients and Clinical Collectives. New Configurations of Action in Cancer Genetics Practices. *Social Studies of Science* 35/1 (2005), 41–68. doi:10.1177/0306312705048716.

Bowden, D., P. Winter und D. Ploog: Pregnancy and Delivery Behavior in the Squirrel Monkey (Saimiri sciureus) and other Primates. *Folia Primatologica* 5/1–2 (1967), 1–42. doi:10.1159/000161936.

Bower, James M.: *Computational Neuroscience. Trends in Research 2000*. Amsterdam: Elsevier Science & Technology 2000.

Boysen, Mathias, Gerd Spelsberg, Heike Baron und Heike Baron: Ökonomischer Nutzen der grünen Gentechnologie. In: Bernd Müller-Röber, Mathias Boysen, Lilian Marx-Stölting und Angela Osterheider (Hg.): *Grüne Gentechnologie. Aktuelle wissenschaftliche, wirtschaftliche und gesellschaftliche Entwicklungen. Themenband der interdisziplinären Arbeitsgruppe Gentechnologiebericht*. 3. Auflage. Dornburg: Forum W – Wissenschaftlicher Verlag 2013, 107–125.

Bradley, David: European Elites Envy American Cohesion. *Science* 260/5115 (1993), 1738–1739.

Bradshaw, Ralph A. und Philip D. Stahl: Preface. In: Ralph A. Bradshaw und Philip D. Stahl (Hg.): *Encyclopedia of Cell Biology*. Bd. 1. Amsterdam: Elsevier 2016, xxv–xxvi.

Braitenberg, Valentino: Status of Biological Cybernetics in Germany. *Trends in Neurosciences* 6 (1983), 365. doi:10.1016/0166-2236(83)90164-9.

Brandt, Allan M.: Racism and Research. The Case of the Tuskegee Syphilis Study. *The Hastings Center Report* 8/6 (1978), 21. doi:10.2307/3561468.

Brandt, Christina: *Metapher und Experiment. Von der Virusforschung zum genetischen Code*. Göttingen: Wallstein 2004.

Brandt, Leo: *Staat und friedliche Atomforschung*. Köln: Westdeutscher Verlag 1956.

Brandt, Sebastian: Universität und Öffentlichkeit in der Expansions- und Reformphase des deutschen Hochschulwesens (1955–1967). In: Sebastian Brandt, Christa-Irene Klein, Nadine Kopp, Sylvia Paletschek, Livia Prüll und Olaf Schütze (Hg.): *Universität, Wissenschaft und Öffentlichkeit in Westdeutschland (1945 bis ca. 1970)*. Stuttgart: Franz Steiner 2014, 115–140.

Brandt, Willy: *Regierungserklärung von Bundeskanzler Willy Brandt vor dem Deutschen Bundestag in Bonn am 28. Oktober 1969*, 1969. https://www.willy-brandt-biografie.de/quellen/bedeutende-reden/regierungserklaerung-vor-dem-bundestag-in-bonn-28-oktober-1969/.

Brasche, Ulrich: *Europäische Integration. Wirtschaft, Euro-Krise, Erweiterung und Perspektiven*. 4. Auflage. Berlin: De Gruyter 2017.

Brauch, Hans Günter: The Anthropocene Concept in the Natural and Social Sciences, in the Humanities and Law – A Bibliometric Analysis and a Qualitative Interpretation (2000–2020). In: Susanne Benner, Gregor Lax, Paul J. Crutzen, Ulrich Pöschl, Jos Lelieveld und Hans Günter Brauch (Hg.): *Paul J. Crutzen and the Anthropocene. A New Epoch in Earth's History*. Cham: Springer 2021, 289–438.

Braun, Hans: Helmut Schelskys Konzept der »nivellierten Mittelstandsgesellschaft« und die Bundesrepublik der 1950er Jahre. *Archiv für Sozialgeschichte* 29 (1989), 199–223.

Braun, Dietmar: *Die politische Steuerung der Wissenschaft. Ein Beitrag zum »kooperativen Staat«*. Frankfurt am Main: Campus 1997.

Braun, Hardo: *Die Entwicklung des Institutsbaus. Dargestellt am Beispiel der Kaiser-Wilhelm-/Max-Planck-Gesellschaft*. Dissertation. München: Technische Universität München 1987.

Braun, Hardo und Dieter Grömling, Carl-Egon Heintz und Alfred Schmucker: *Bauen für die Wissenschaft. Institute der Max-Planck-Gesellschaft*. Basel: Birkhäuser 1999.

– *Entwurfsatlas. Forschungs- und Technologiebau*. Basel: Birkhäuser 2005.

Braun, Hardo, Paul Löwenhauser und Horst Schneider: *Die Bauten der Max-Planck-Gesellschaft*. Hg. von Max-Planck-Gesellschaft. 2. Auflage. München: Max-Planck-Gesellschaft 1990.

Breitwieser, Lukas und Karin Zachmann: Biofakte des Atomzeitalters. Strahlende Entwicklungen in Ghanas Landwirtschaft. *Technikgeschichte* 84/2 (2017), 107–134.

Brendel, Walter: Frankfurter Himalaya-Expedition 1955. *Mitteilungen aus der Max-Planck-Gesellschaft zur Förderung der Wissenschaften* Heft 5 (1955), 256–268.

Brengelmann, Johannes: Psychologische Beurteilungsmethoden. *Almanach für die ärtliche Fortbildung*, 1968, 27–42.

– From Experimental to Clinical Psychology. *Applied Psychology* 18/2 (1969), 87–90. doi:10.1111/j.1464-0597.1969.tb00666.x.

Breuer, Reinhard und Uwe Schumacher: *Max-Planck-Institut für Plasmaphysik*. Hg. von Max-Planck-Institut für Plasmaphysik. 2. Auflage. München: Max-Planck-Gesellschaft 1982.

Brill, Ariane: *Von der »Blauen Liste« zur gesamtdeutschen Wissenschaftsorganisation. Die Geschichte der Leibniz-Gemeinschaft*. Leipzig: Leipziger Universitätsverlag 2017.

Brocke, Bernhard vom: Die Kaiser-Wilhelm-Gesellschaft im Kaiserreich. Vorgeschichte, Gründung und Entwicklung bis zum Ausbruch des Ersten Weltkriegs. In: Rudolf Vierhaus und Bernhard vom Brocke (Hg.): *Forschung im Spannungsfeld von Politik und Gesellschaft. Geschichte und Struktur der Kaiser-Wilhelm-/Max-Planck-Gesellschaft*. Stuttgart: Deutsche Verlags-Anstalt 1990, 17–162.

– Die Kaiser-Wilhelm-Gesellschaft in der Weimarer Republik. Ausbau zu einer gesamtdeutschen Forschungsorganisation (1918–1933). In: Rudolf Vierhaus und Bernhard vom Brocke (Hg.): *Forschung im Spannungsfeld von Politik und Gesellschaft. Geschichte und Struktur der Kaiser-Wilhelm-/Max-Planck-Gesellschaft*. Stuttgart: Deutsche Verlags-Anstalt 1990, 197–355.

– (Hg.): *Wissenschaftsgeschichte und Wissenschaftspolitik im Industriezeitalter. Das »System Althoff« in historischer Perspektive*. Hildesheim: Bildung und Wissenschaft 1991.

Brocke, Bernhard vom und Hubert Laitko (Hg.): *Die Kaiser-Wilhelm-/Max-Planck-Gesellschaft und ihre Institute. Das Harnack-Prinzip.* Berlin: De Gruyter 1996.

Bromberg, Joan Lisa: Interview mit Lyman Spitzer. Abschrift. 15.5.1978. AIP. www.aip.org/history-programs/niels-bohr-library/oral-histories/4900.

– *The Laser in America, 1950–1970.* Cambridge, MA: MIT Press 1991.

Bronisch, T., H. U. Wittchen, C. Krieg, H. U. Rupp und Detlev von Zerssen: Depressive Neurosis. A Long-Term Prospective and Retrospective Follow-up study of former Inpatients. *Acta Psychiatrica Scandinavica* 71/3 (1985), 237–248.

Brook, Richard, Jan Borgman, Gerhard Casper, Reimund Joachimsen, Jean-Marie Pierre Lehn, Helga Nowotny, Israel Pecht et al.: *Forschungsförderung in Deutschland. Bericht der internationalen Kommission zur Systemevaluation der Deutschen Forschungsgemeinschaft und der Max-Planck-Gesellschaft.* Hannover 1999.

Bruch, Rüdiger vom: Zwischen Traditionsbezug und Erneuerung. Wissenschaftspolitische Denkmodelle und Weichenstellungen unter alliierter Besatzung 1945–1949. In: Jürgen Kocka (Hg.): *Die Berliner Akademien der Wissenschaften im geteilten Deutschland 1945–1990.* Berlin: Akademie Verlag 2002, 15–36.

Bruchhausen, Walter: »Biomedizin« in sozial- und kulturwissenschaftlichen Beiträgen. Eine Begriffskarriere zwischen Analyse und Polemik. *NTM Zeitschrift für Geschichte der Wissenschaften, Technik und Medizin* 18/4 (2010), 497–522. doi:10.1007/s00048-010-0039-9.

Bruder, Wolfgang: *Sozialwissenschaften und Politikberatung. Zur Nutzung sozialwissenschaftlicher Informationen in der Ministerialorganisation.* Opladen: Westdeutscher Verlag 1980.

Brüggemann, Julia: Die Ozonschicht als Verhandlungsmasse. Die deutsche Chemieindustrie in der Diskussion um das FCKW-Verbot 1974 bis 1991. *Zeitschrift für Unternehmensgeschichte* 60/2 (2015), 168–193.

Brüggemeier, Franz-Josef: *Tschernobyl, 26. April 1986. Die ökologische Herausforderung.* München: dtv 1998.

Brüggemeier, Franz-Josef und Jens Ivo Engels (Hg.): *Natur- und Umweltschutz nach 1945. Konzepte, Konflikte, Kompetenzen.* Frankfurt am Main: Campus 2005.

Brüggemeier, Franz-Josef und Thomas Rommelspacher: *Blauer Himmel über der Ruhr. Geschichte der Umwelt im Ruhrgebiet 1840–1990.* Essen: Klartext 1992.

Bruner, Jerome S.: Founding the Center for Cognitive Science. In: William Hirst (Hg.): *The Making of Cognitive Science. Essays in Honor of George A. Miller.* Cambridge: Cambridge University Press 1988, 90–99.

Bruner, Jerome S., Jacqueline J. Goodnow und George A. Austin: *A Study of Thinking.* Oxford: Wiley-VCH 1956.

Brünger, Sebastian: Umstrittene Konzerne. Der Umgang deutscher Großunternehmen mit ihrer NS-Vergangenheit am Beispiel von Daimler-Benz in den 1980er Jahren. In: Marcus Böick und Marcel Schmeer (Hg.): *Im Kreuzfeuer der Kritik. Umstrittene Organisationen im 20. Jahrhundert.* Frankfurt am Main: Campus 2020, 165–194.

Bryan, Kirk: Climate and the Ocean Circulation. III. The Ocean Model. *Monthly Weather Review* 97/11 (1969), 806–827.

Buchhaupt, Siegfried: *Die Gesellschaft für Schwerionenforschung. Geschichte einer Großforschungseinrichtung für Grundlagenforschung.* Frankfurt am Main: Campus 1995.

Buchholz, Klaus: Die gezielte Förderung und Entwicklung der Biotechnologie. In: Wolfgang van den Daele, Wolfgang Krohn und Peter Weingart (Hg.): *Geplante Forschung. Vergleichende Studien über den Einfluß politischer Programme auf die Wissenschaftsentwicklung.* Frankfurt am Main: Suhrkamp 1979, 64–116.

Buchner, Benedikt, Friedhelm Hase, Dagmar Borchers und Iris Pigeot: Aufgaben, Regularien und Arbeitsweise von Ethikkommissionen. *Bundesgesundheitsblatt - Gesundheitsforschung - Gesundheitsschutz* 62/6 (2019), 690–696. doi:10.1007/s00103-019-02945-7.

Büchting, Carl-Ernst und Andreas J. Büchting: Wissenschaft und Wirtschaft – Kompetenz durch Kooperation. Interaktionen zwischen dem Max-Planck-Institut für Züchtungsforschung und der KWS SAAT AG. In: *1928–2003. 75 Jahre Institut für Züchtungsforschung.* Hg. von Max-Planck-Institut für Züchtungsforschung. Köln: Moeker Merkur 2003, 59–70.

Bud, Robert: *The Uses of Life. A History of Biotechnology.* Cambridge: Cambridge University Press 1993.

Bührer, Werner: *Ruhrstahl und Europa. Die Wirtschaftsvereinigung Eisen- und Stahlindustrie und die Anfänge der europäischen Integration 1945–1952.* München: Oldenbourg 1986.

– (Hg.): *Die Adenauer-Ära. Die Bundesrepublik Deutschland 1949–1963.* München: Piper 1993.

Bundesgerichtshof: Geschäftsverteilungsplan des Bundesgerichtshofs für das Geschäftsjahr 2022, 1.1.2022. https://www.bundesgerichtshof.de/SharedDocs/Downloads/DE/DasGericht/GeschaeftsvertPDF/2022/geschaeftsverteilung2022.pdf?__blob=publicationFile&v=3.

Bundesministerium für Forschung und Technologie (Hg.): *Bundesbericht Forschung 1993.* Deutscher Bundestag – 12. Wahlperiode, Drucksache 12/5550. Bonn: Bundesministerium für Forschung und Technologie 1993.

– (Hg.): *Bundesbericht Forschung und Innovation 2010.* Bonn: BMBF 2010.

Bundesministerium für Bildung und Forschung (BMBF) und Bundesministerium für Ernährung und Landwirtschaft (BMEL): *Nationale Bioökonomiestrategie.* Berlin: BMBF und BMEL 2020. https://www.bmbf.de/bmbf/shareddocs/pressemitteilungen/de/mit-biooekonomie-in-eine-nachhaltige-zukunft.html.

Bundesministerium für Forschung und Technologie: *Weichenstellung für eine künftige gesamtdeutsche Forschungslandschaft.* Pressemitteilung. Bonn 3.7.1990.

Bundesministerium für gesamtdeutsche Fragen (Hg.): *Dokumente zur Deutschlandpolitik. III. Reihe, Bd. 3. 1. Januar bis 31. Dezember 1957. Erster Drittelband.* Frankfurt am Main: Alfred Metzner 1967.

Bundesregierung: *Bericht der Bundesregierung über Stand und Zusammenhang aller Maßnahmen des Bundes zur Förderung der wissenschaftlichen Forschung. Bundesbericht Forschung I.* Drucksache IV/2963. Bad Godesberg: Deutscher Bundestag 18.1.1965.

- *Weißbuch 1970 zur Sicherheit der Bundesrepublik Deutschland und zur Lage der Bundeswehr*. Drucksache VI/765. Bonn: Deutscher Bundestag 1970.

Bund-Länder-Kommission für Bildungsplanung und Forschungsförderung (Hg.): *Förderung von Frauen im Bereich der Wissenschaft*. Bonn: BLK 1989.
- *Frauen in Führungspositionen*. Materialien zur Bildungsplanung und Forschungsförderung, Heft 68. Bonn: BLK 1998.

Burchardt, Lothar: *Wissenschaftspolitik im Wilhelminischen Deutschland. Vorgeschichte, Gründung und Aufbau der Kaiser-Wilhelm-Gesellschaft zur Förderung der Wissenschaften*. Göttingen: Vandenhoeck & Ruprecht 1975.

Buro, Andreas: Friedensbewegung. In: Roland Roth und Dieter Rucht (Hg.): *Die sozialen Bewegungen in Deutschland seit 1945. Ein Handbuch*. Frankfurt am Main: Campus 2008, 267–292.

Bürgi, Michael: *Pharmaforschung im 20. Jahrhundert. Arbeit an der Grenze zwischen Hochschule und Industrie*. Zürich: Chronos 2011.

Burris, Scott C. und Jen Welsh: Regulatory Paradox in the Protection of Human Research Subjects. A Review of OHRP Enforcement Letters. *Northwestern University Law Review* 101/2 (2007).

Büschel, Hubertus: *Hilfe zur Selbsthilfe. Deutsche Entwicklungsarbeit in Afrika 1960–1975*. Frankfurt am Main: Campus 2014.

Büschenfeld, Jürgen: Chemischer Pflanzenschutz und Landwirtschaft. Gesellschaftliche Vorbedingungen, naturwissenschaftliche Bewertungen und landwirtschaftliche Praxis in Westdeutschland nach dem Zweiten Weltkrieg. In: Andreas Dix und Ernst Langthaler (Hg.): *Grüne Revolutionen. Agrarsysteme und Umwelt im 19. und 20. Jahrhundert*. Innsbruck: StudienVerlag 2006, 129–150.

Bush, Vannevar: Science. The Endless Frontier. *National Science Foundation*, 1.7.1945. https://www.nsf.gov/od/lpa/nsf50/vbush1945.htm.

Butcher, Sandra Ionno: *The Origins of the Russell-Einstein Manifesto*. Hg. von Jeffrey Boutwell. Washington: Pugwash Conferences on Science and World Affairs 2005.

Butenandt, Adolf: *Untersuchungen über das weibliche Sexualhormon (Follikel- oder Brunsthormon)*. Berlin: Weidmann 1931.
- 50 Jahre Kaiser-Wilhelm-Gesellschaft und Max-Planck-Gesellschaft. *Mitteilungen aus der Max-Planck-Gesellschaft zur Förderung der Wissenschaften* Heft 4 (1961), 221–242.
- Über den Standort der Max-Planck-Gesellschaft im Wissenschaftsgefüge der Bundesrepublik Deutschland. Ansprache des Präsidenten Professor Dr. Adolf Butenandt bei der 12. Hauptversammlung der Max-Planck-Gesellschaft am 8. Juni 1961 in Berlin. In: Generalverwaltung der Max-Planck-Gesellschaft (Hg.): *50 Jahre Kaiser-Wilhelm-Gesellschaft und Max-Planck-Gesellschaft zur Förderung der Wissenschaften, 1911–1961. Beiträge und Dokumente*. Göttingen 1961, 3–19.
- Ansprache des Präsidenten Professor Dr. Butenandt in der Festversammlung der Max-Planck-Gesellschaft in Mannheim am 24. Juni 1965. In: Generalverwaltung der Max-Planck-Gesellschaft (Hg.): *Jahrbuch der Max-Planck-Gesellschaft zur Förderung der Wissenschaften 1965*. Göttingen 1965, 21–34.
- Molekulare Biologie als Fundament der modernen Medizin. *Münchener Medizinische Wochenschrift* 108/34 (1966), 1625–1629.
- Ansprache des Präsidenten Professor Dr. Butenandt in der Festversammlung der Max-Planck-Gesellschaft in Kiel am 9. Juni 1967. In: Generalverwaltung der Max-Planck-Gesellschaft (Hg.): *Jahrbuch der Max-Planck-Gesellschaft zur Förderung der Wissenschaften 1967*. Göttingen 1967, 24–35.
- The Role of the Max Planck Society. In: Winfried Schmitz-Esser und Herbert Gareis (Hg.): *German Science Re-Emerges*. Bonn: Heinz Möller-Verlag 1967, 119–123.
- Ansprache des Präsidenten Professor Dr. Butenandt in der Festversammlung der Max-Planck-Gesellschaft in Göttingen am 13. Juni 1969. In: Generalverwaltung der Max-Planck-Gesellschaft (Hg.): *Jahrbuch der Max-Planck-Gesellschaft zur Förderung der Wissenschaften 1969*. Göttingen 1969, 29–40.
- Ansprache des Präsidenten Professor Dr. Adolf Butenandt in der Festversammlung der Max-Planck-Gesellschaft in Saarbrücken am 12. Juni 1970. In: Generalverwaltung der Max-Planck-Gesellschaft (Hg.): *Jahrbuch der Max-Planck-Gesellschaft zur Förderung der Wissenschaften 1970*. Göttingen 1970, 30–42.
- Ansprache des Präsidenten Professor Dr. Adolf Butenandt in der Festversammlung der Max–Planck–Gesellschaft in Bremen am 23. Juni 1972. In: Generalverwaltung der Max-Planck-Gesellschaft (Hg.): *Jahrbuch der Max-Planck-Gesellschaft zur Förderung der Wissenschaften 1972*. München 1972, 28–47.
- Auszug aus der Ansprache des Präsidenten der Max-Planck-Gesellschaft Professor Adolf Butenandt. *Mitteilungen aus der Max-Planck-Gesellschaft zur Förderung der Wissenschaften* Heft 4 (1972), 262–279.
- Geschichte und Konzeption des Instituts. In: Max-Planck-Gesellschaft (Hg.): *Max-Planck-Institut für Biochemie Martinsried*. Max-Planck-Gesellschaft. Berichte und Mitteilungen 2, 1977, 11–21.

Butler, Declan: Translational Research. Crossing the Valley of Death. *Nature* 453/7197 (2008), 840–842. doi:10.1038/453840a.

Butrica, Andrew J.: *To See the Unseen. A History of Planetary Radar Astronomy*. Washington: National Aeronautics and Space Administration 1996.

Caenegem, Raoul C. van: *Judges, Legislators and Professors. Chapters in European Legal History*. Cambridge: Cambridge University Press 1987.

Cahn, Robert W.: *The Coming of Materials Science*. 2. Auflage. Amsterdam: Pergamon 2003.

Cambrosio, Alberto, Peter Keating, Thomas Schlich und George Weisz: Regulatory Objectivity and the Generation and Management of Evidence in Medicine. *Social Science & Medicine* 63/1 (2006), 189–199. doi:10.1016/j.socscimed.2005.12.007.

Campbell, Mark und Viktor Harsch: *Hubertus Strughold. Life and Work in the Fields of Space Medicine*. Neubrandenburg: Rethra 2013.

Campbell, Mark, Stanley Mohler, Viktor Harsch und Denise Baisden: Hubertus Strughold. The »Father of Space Medicine«. *Aviation, Space, and Environmental Medicine* 78/7 (2007), 716–719.

Campbell-Kelly, Martin, William Aspray, Nathan Ensmenger und Jeffrey R. Yost: *Computer. A History of the Information Machine*. 3. Auflage. Boulder: Westview Press 2014.

Campos, Luis A.: *Radium and the Secret of Life*. Chicago: University of Chicago Press 2015.

Canguilhem, Georges: *Das Normale und das Pathologische*. Übersetzt von Monika Noll und Rolf Schubert. München: Hanser 1974.

Capgemini Consulting: *Evaluation der BMBF-Förderaktivität Genomanalyse im biologischen System Pflanze (GABI)*. Langfassung. Berlin: Bundesministerium für Bildung und Forschung (BMBF) 2013. https://docplayer.org/30683974-Evaluation-der-bmbf-foerderaktivitaet-genomanalyse-im-biologischen-system-pflanze-gabi.html.

Carson, Cathryn: New Models for Science in Politics. Heisenberg in West Germany. *Historical Studies in the Physical and Biological Sciences* 30/1 (1999), 115–171.

– Nuclear Energy Development in Postwar West Germany. Struggles over Cooperation in the Federal Republic's First Reactor Station. *History and Technology* 18 (2002), 233–270.

– Heisenberg als Wissenschaftsorganisator. In: Christian Kleint, Helmut Rechenberg und Gerald Wiemers (Hg.): *Werner Heisenberg 1901–1976. Beiträge, Berichte, Briefe. Festschrift zu seinem 100. Geburtstag*. Stuttgart: Sächsische Akademie der Wissenschaften zu Leipzig 2005, 214–222.

– Beyond Reconstruction. CERN's Second-Generation Accelerator Program as an Indicator of Shifts in West-German Science. In: Helmuth Trischler und Mark Walker (Hg.): *Physics and Politics. Research and Research Support in Twentieth Century Germany in International Perspective*. Stuttgart: Franz Steiner 2010, 107–130.

– *Heisenberg in the Atomic Age. Science and the Public Sphere*. New York: Cambridge University Press 2010.

Carson, Cathryn und Michael Gubser: Science Advising and Science Policy in Post-War West Germany: The Example of the Deutscher Forschungsrat. *Minerva* 40/2 (2002), 147–179.

Cassata, Francesco: »A Cold Spring Harbor in Europe.« EURATOM, UNESCO and the Foundation of EMBO. *Journal of the History of Biology* 48/4 (2015), 539–573.

Cassel, Susanne und Elke Baumann: Wissenschaftliche Beratung der Wirtschaftspolitik in Deutschland und Bedingungen für ihren Erfolg. In: Svenja Falk, Manuela Glaab, Andrea Römmele, Henrik Schober und Martin Thunert (Hg.): *Handbuch Politikberatung*. 2. Auflage. Wiesbaden: Springer Fachmedien 2019, 285–302. doi:10.1007/978-3-658-03483-2_37.

Cassidy, David: Controlling German Science I. U.S. and Allied Forces in Germany, 1945–1947. *Historical Studies in the Physical and Biological Sciences* 24 (1994), 197–235.

Cechura, Suitbert: Der Streit um den freien Willen – der Streit um den kleinen Unterschied. Kognitive Hirnforschung. *Mythos einer naturwissenschaftlichen Theorie menschlichen Verhaltens*. Hamburg: VSA 2008, 147–158.

Ceruzzi, Paul E.: *A History of Modern Computing*. 2. Auflage. Cambridge, MA: MIT Press 2003.

– Professor Brian Randell and the History of Computing. In: Cliff B. Jones und John L. Lloyd (Hg.): *Dependable and Historic Computing. Essays Dedicated to Brian Randell on the Occasion of His 75th Birthday*. Berlin: Springer 2011, 167–173. doi:10.1007/978-3-642-24541-1_13.

CGIAR Fund Office: The CGIAR at 40 and Beyond. Impacts That Matter for the Poor and the Planet. *CGSpace*, 2011. https://cgspace.cgiar.org/handle/10947/2549.

Chadarevian, Soraya de: *Designs for Life. Molecular Biology after World War II*. Cambridge: Cambridge University Press 2002.

– Asilomar – ein Moratorium und was daraus geworden ist. *Gegenworte* 16 (2005), 74–77.

– The Making of an Entrepreneurial Science. Biotechnology in Britain, 1975–1995. *Isis* 102/4 (2011), 601–633. doi:10.1086/663596.

– *Heredity under the Microscope. Chromosomes and the Study of the Human Genome*. Chicago: Chicago University Press 2020.

Chadarevian, Soraya de und Harmke Kamminga: Introduction. In: Chadarevian, Soraya de und Harmke Kamminga (Hg.): *Molecularizing Biology and Medicine. New Practices and Alliances, 1910s–1970s*. London: Taylor & Francis 1998, 1–16.

Chadarevian, Soraya de und Bruno Strasser: Molecular Biology in Postwar Europe. Towards a »glocal« Picture. *Studies in History and Philosophy of Science Part C. Studies in History and Philosophy of Biological and Biomedical Sciences* 33/3 (2002), 361–365. doi:10.1016/S1369-8486(02)00009-2.

Chandrashekaran, Maroli K.: Biological Rhythms Research. A Personal Account. *Journal of Biosciences* 23/5 (1998), 545–555. doi:10.1007/BF02709165.

Charles, Daniel: *Lords of The Harvest. Biotech, Big Money, and the Future of Food*. New York: Basic Books 2002.

Charlson, Robert J., James E. Lovelock, Meinrat O. Andreae und Stephen G. Warren: Oceanic Phytoplankton, Atmospheric Sulphur, Cloud Albedo and Climate. *Nature* 326/6114 (1987), 655–661.

Cheap, Susan: Mehr und noch mehr Petunien. *Gen-ethischer Informationsdienst (GID)* 37 (1988), 2–3.

Chomsky, Noam: *Syntactic Structures*. The Hague: Mouton 1957.

– A Review of B. F. Skinner's Verbal Behavior. *Language* 35/1 (1959), 26–58.

Chovnik, Arthur (Hg.): *Biological Clocks. Meeting 1960. June 5–14*. Cold Spring Harbor: Long Island Biological Association 1960.

Clarke, Adele E., Jennifer R. Fishman, Jennifer Ruth Fosket, Laura Mamo und Janet K. Shim (Hg.): *Biomedicalization. Technoscience, Health, and Illness in the U.S.* Durham: Duke University Press 2010.

Clarke, Sabine: Pure Science with a Practical Aim. The Meanings of Fundamental Research in Britain, circa 1916–1950. *Isis* 101/2 (2010), 285–311.

Clinical Pharmacology & Therapeutics 103/2 (2018).

Cockroft, John: *Die friedliche Anwendung der Atomenergie*. Köln: Westdeutscher Verlag 1956.

Cohen, David H.: Coming of Age in Neuroscience. *Trends in Neurosciences* 9 (1986), 450–452. doi:10.1016/0166-2236(86)90145-1.
Cohen, Nava: Medical Experiments. In: Yisrael Gutman (Hg.): *Encyclopedia of the Holocaust*. New York: MacMillan 1980, 957–966.
Cohen, Yosef: Scientific Management and the Production Process. In: John Krige und Dominique Pestre (Hg.): *Science in the Twentieth Century*. Amsterdam: Harwood Academic Publishers 1997, 111–126.
Cohen-Cole, Jamie: Instituting the Science of Mind. Intellectual Economies and Disciplinary Exchange at Harvard's Center for Cognitive Studies. *The British Journal for the History of Science* 40/4 (2007), 567–597.
Coing, Helmut: *Für Wissenschaften und Künste. Lebensbericht eines europäischen Rechtsgelehrten*. Hg. von Michael F. Feldkamp. Berlin: Duncker & Humblot 2014.
Collado Seidel, Carlos: *Der Durchbruch eines neuen Denkens: Die Strukturelle Nichtangriffsfähigkeit als Leitbegriff der bundesdeutschen Sicherheits- und Abrüstungsdebatten über konventionelle Streitkräfte in Europa (1982–1992)*. Hg. von der Parmenides-Stiftung Pullach. Unveröffentlichtes Typoskript 2022.
Collet, John Peter: The History of Electronics. From Vacuum Tubes to Transistors. In: John Krige und Dominique Pestre (Hg.): *Companion to Science in the Twentieth Century*. London: Routledge 2016, 253–274.
Collin, Peter: »Gesellschaftliche Selbstregulierung« und »Regulierte Selbstregulierung«. Ertragsreiche Analysekategorien für eine (rechts)historische Perspektive? In: Gert Bender, Stefan Ruppert, Margrit Seckelmann, Michael Stolleis und Peter Collin (Hg.): *Selbstregulierung im 19. Jahrhundert. Zwischen Autonomie und staatlichen Steuerungsansprüchen*. Frankfurt am Main: Klostermann 2011, 3–31.
Conrad, Klaus: *Die beginnende Schizophrenie. Versuch einer Gestaltanalyse des Wahns*. Bonn: Psychiatrie Verlag 2002.
Conze, Eckart: *Die Suche nach Sicherheit. Eine Geschichte der Bundesrepublik Deutschland von 1949 bis in die Gegenwart*. München: Siedler 2009.
- Modernitätsskepsis und die Utopie der Sicherheit. NATO-Nachrüstung und Friedensbewegung in der Geschichte der Bundesrepublik. *Zeithistorische Forschungen/Studies in Contemporary History* 7/2 (2010), 220–239.
Corner, George W. und Joshua Lederberg: *The Most Interesting Thing in the World. A Historical Sketch of The Rockefeller University. Based upon the History of the Rockefeller Institute by George W. Corner and on Other Historical Materials*. New York: 1982.
Corning, Gregory P.: *Japan and the Politics of Techno-Globalism*. Armonk: Sharpe 2004.
Cortada, James W.: *IBM. The Rise and Fall and Reinvention of a Global Icon*. Cambridge, MA: MIT Press 2019.
Cory, Gerald A. und Russell Gardner (Hg.): *The Evolutionary Neuroethology of Paul MacLean. Convergences and Frontiers*. Westport: Praeger 2002.
Costa, Maria Teresa: *Das kunsthistorische Institut in Florenz (Max-Planck-Institut) und die Bibliotheca Hertziana (Max-Planck-Institut für Kunstgeschichte)*. Berlin: GMPG-Preprint, 2023.
- *Wissenschaft und Bau(t)en im Zeitwandel. Eine kleine Architekturgeschichte der Max-Planck-Gesellschaft*, Berlin: GMPG-Preprint 2023.
Coudres, Hans-Peter des: Die Bibliothek des Instituts 1952–1972. *Rabels Zeitschrift für ausländisches und internationales Privatrecht* 37/2–3 (1973–1974), 555–564.
Couffer, Jack: *Bat Bomb. World War II's Other Secret Weapon*. Austin: University of Texas Press 1992.
Creager, Angela N. H.: Nuclear Energy in the Service of Biomedicine. The U.S. Atomic Energy Commission's Radioisotope Program, 1946–1950. *Journal of the History of Biology* 39/4 (2006), 649–684. doi:10.1007/s10739-006-9108-2.
- *Life Atomic. A History of Radioisotopes in Science and Medicine*. Chicago: University of Chicago Press 2013.
- A Chemical Reaction to the Historiography of Biology. *Ambix* 64/4 (2017), 343–359. doi:10.1080/00026980.2017.1412136.
Creutzfeldt, Otto Detlev: *Cortex Cerebri. Leistung, strukturelle und funktionelle Organisation der Hirnrinde*. Berlin: Springer 1983.
- *Die Wissenschaftliche Erforschung des Gehirns. Das Ganze und seine Teile*. Opladen: Westdeutscher Verlag 1991.
Creuzberger, Stefan und Dominik Geppert (Hg.): *Die Ämter und ihre Vergangenheit. Ministerien und Behörden im geteilten Deutschland 1949–1972*. Paderborn: Ferdinand Schöningh 2018.
Crutzen, Paul J.: Geology of Mankind. *Nature* 415 (2002), 23. doi:10.1038/415023a.
Crutzen, Paul J. und Frank Arnold: Nitric Acid Cloud Formation in the Cold Antarctic Stratosphere: A Major Cause for the Springtime »Ozone Hole«. *Nature* 324 (1986), 651–655. doi:10.1038/324651a0.
Crutzen, Paul J. und John W. Birks: The Atmosphere after a Nuclear War. Twilight at Noon. *Ambio* 11/2–3 (1982), 114–125.
- Die Atmosphäre nach dem Atomschlag. Mittagsdämmerung. In: Karlheinz Lohs (Hg.): *Nach dem Atomschlag. Ein Sonderbericht von Ambio*. Frankfurt am Main: Pergamon 1983, 101–130.
Crutzen, Paul J. und Eugene F. Stoermer: The »Anthropocene«. *IGBP Global Change Newsletter* 41 (2000), 17–18.
Curry, Helen Anne: *Evolution Made to Order. Plant Breeding and Technological Innovation in Twentieth-Century America*. Chicago: University of Chicago Press 2016.
- From Working Collections to the World Germplasm Project. Agricultural Modernization and Genetic Conservation at the Rockefeller Foundation. *History and Philosophy of the Life Sciences* 39/5 (2017). doi.org/10.1007/s40656-017-0131-8.
- *Endangered Maize. Industrial Agriculture and the Crisis of Extinction*. Oakland: University of California Press 2022.
Czech, Herwig, Christiane Druml und Paul Weindling: Medical Ethics in the 70 Years after the Nuremberg Code, 1947 to the Present. *Wiener Klinische Wochenschrift* 130/3 (2018), 159–253. doi:10.1007/s00508-018-1343-y.

Da Gai, Enrico: Il progetto di restauro e recupero funzionale della Bibliotheca Hertziana a Roma. In: Alessandra Centroni (Hg.): *Manutenzione e recupero nella città storica*. Rom: Gangemi 2004, 87-100.

Daan, Serge: *Die innere Uhr des Menschen. Jürgen Aschoff (1913-1998), Wissenschaftler in einem bewegten Jahrhundert*. Wiesbaden: Reichert 2017.

Daan, Serge und Eberhard Gwinner: Jürgen Aschoff (1913-98). *Nature* 396/6710 (1998), 418.

Daly, Jeanne: *Evidence-Based Medicine and the Search for a Science of Clinical Care*. Berkeley: University of California Press 2005.

Damerow, Peter und Wolfgang Lefèvre: *Rechenstein, Experiment, Sprache. Historische Fallstudien zur Entstehung der exakten Wissenschaften*. Stuttgart: Klett-Cotta 1981.

- Hegel und die weltgeschichtliche Einheit der Wissenschaft. In: W.R. Beyer (Hg.): *Hegel-Jahrbuch 1983*. Köln: Pahl-Rugenstein 1983, 38-48.

Das Ozon-Loch. Lebensgefahr aus der Dose. *Der Spiegel* 49 (29.11.1987). https://www.spiegel.de/spiegel/print/index-1987-49.html.

Das Recht überwindet die Grenzen. Aufgaben des Instituts für Ausländisches und Internationales Wirtschaftsrecht. *Frankfurter Allgemeine Zeitung* (5.8.1961), 50.

Das Urteil im I.G.-Farben-Prozess. Der vollständige Wortlaut mit Dokumentenanhang. Offenbach am Main: Bollwerk-Verlag 1948.

Daston, Lorraine: Objectivity and the Escape from Perspective. In: Mario Biagioli (Hg.): *The Science Studies Reader*. New York: Routledge 1999, 110-123.

Daston, Lorraine und Peter Galison: *Objectivity*. New York: Zone Books 2007.

Davies, Richard I., Wolfgang K. P. Hackenberg, Thomas Ott, Andreas Eckart, Hans-Christoph Holstenberg, Sebastian Rabien, Quirrenbach et al.: ALFA. First Operational Experience of the MPE/MPIA Laser Guide Star System for Adaptive Optics. *SPIE Proceedings* 3353 (1998), 116-124.

Declaration of Helsinki (1964). *British Medical Journal* 313/7070 (1996), 1448-1449. doi:10.1136/bmj.313.7070.1448a.

Deecke, Lüder: Experimente zum Thema Handlungsbereitschaft - 50 Jahre Bereitschaftspotential. *Klinische Neurophysiologie* 46/1 (2015), 19-27. doi:10.1055/s-0034-1398657.

Dehli, Martin: *Leben als Konflikt. Zur Biographie Alexander Mitscherlichs*. Göttingen: Wallstein 2007.

Deich, Ingrid: The Redistribution of Authority in National Laboratories in Western Germany. *Minerva* 17/3 (1979), 413-444.

Deichmann, Ute: *Biologen unter Hitler. Porträt einer Wissenschaft im NS-Staat*. Frankfurt am Main: Fischer 1995.

- *Flüchten, mitmachen, vergessen. Chemiker und Biochemiker in der NS-Zeit*. Weinheim: Wiley-VCH 2001.

- Emigration, Isolation and the Slow Start of Molecular Biology in Germany. *Studies in History and Philosophy of Science Part C. Studies in History and Philosophy of Biological and Biomedical Sciences* 33/3 (2002), 449-471. doi:10.1016/S1369-8486(02)00011-0.

Deichmann, Ute und Benno Müller-Hill: Biological Research at Universities and Kaiser Wilhelm Institutes in Nazi Germany. In: Monika Renneberg und Mark Walker (Hg.): *Science, Technology and National Socialism*. Cambridge: Cambridge University Press 1994, 160-183.

Demtröder, Wolfgang: *Laserspektroskopie. Grundlagen und Techniken*. 5. Auflage. Berlin: Springer 2007.

Der Bundesminister für Forschung und Technologie (Hg.): *Ethische und rechtliche Probleme der Anwendung zellbiologischer und gentechnischer Methoden am Menschen. Dokumentation eines Fachgesprächs im Bundesministerium für Forschung und Technologie*. München: Schweitzer 1984.

Der Bundesminister für wissenschaftliche Forschung: *Bundesbericht Forschung II. Bericht der Bundesregierung über den Stand und Zusammenhang aller Maßnahmen zur Förderung der wissenschaftlichen Forschung und Entwicklung in der Bundesrepublik Deutschland*. Drucksache V/2054. Bad Godesberg 28.7.1967.

Detten, Roderich von: Umweltpolitik und Unsicherheit. Zum Zusammenspiel von Wissenschaft und Umweltpolitik in der Debatte um das Waldsterben der 1980er Jahre. *Archiv für Sozialgeschichte* 50 (2010), 217-269.

Deutinger, Stephan: Kommunale Wissenschaftspolitik im Zeichen des Wiederaufbaus. Würzburg und das Max-Planck-Institut für Silikatforschung 1945-1952. *Jahrbuch für fränkische Landesforschung* 59 (1999), 389-426.

- *Vom Agrarland zum High-Tech-Staat. Zur Geschichte des Forschungsstandorts Bayern 1945-1980*. München: Oldenbourg 2001.

Deutsch, Erwin: Ethik-Kommissionen für medizinische Versuche an Menschen. Einrichtung, Funktion, Verfahren. *Neue Juristische Wochenschrift*, 1981, 614-617.

Deutsche Forschungsgemeinschaft: *Bericht der Deutschen Forschungsgemeinschaft. Über ihre Tätigkeit vom 1. April 1952 bis zum 31. März 1953*. Bad Godesberg: Deutsche Forschungsgemeinschaft 1953.

- (Hg.): *Aufgaben und Finanzierung, Bd. 1: 1949-1965*. Wiesbaden: Franz Steiner 1961.

- (Hg.): *Aufgaben und Finanzierung, Bd. 2: 1966-1968*. Wiesbaden: Franz Steiner 1965.

- (Hg.): *Aufgaben und Finanzierung, Bd. 3: 1969-1971*. Wiesbaden: Franz Steiner 1968.

- *Umweltforschung. Aufgaben und Aktivitäten der DFG 1950 bis 1970*. Bonn: Deutsche Forschungsgemeinschaft 1971.

- (Hg.): *Aufgaben und Finanzierung, Bd. 4: 1972-1974*. Wiesbaden: Franz Steiner 1972.

- (Hg.): *Aufgaben und Finanzierung, Bd. 5: 1976-1978*. Boppard am Rhein: Harald Boldt 1976.

- (Hg.): *Jahresbericht der DFG*. Bd. 2. Bonn: Deutsche Forschungsgemeinschaft 1986.

Deutsche Forschungsgemeinschaft und Leopoldina: *Wissenschaftsfreiheit und Wissenschaftsverantwortung. Empfehlungen zum Umgang mit sicherheitsrelevanter Forschung*, Halle: Nationale Akademie der Wissenschaften 2014.

Deutsche Forschungsgemeinschaft, Fraunhofer Gesellschaft, Leibniz-Gemeinschaft, Helmholtz-Gemeinschaft Deutscher Forschungszentren, Hochschulrektorenkonferenz, Max-Planck-Gesellschaft, und Wissenschaftsrat: *Offensive für*

5. Quellen und Literatur

Chancengleichheit von Wissenschaftlerinnen und Wissenschaftlern. Exzellenz in Wissenschaft und Forschung – Neue Wege in der Gleichstellungspolitik. Dokumentation der Tagung am 28./29.11.2006 in Köln, 2007, 151–165.

Deutsches Geistesleben und Nationalsozialismus. Eine Vortragsreihe der Universität Tübingen. Tübingen: Rainer Wunderlich Verlag Hermann Leins 1965.

Deutscher Bundestag: *Erster Zwischenbericht der Enquete-Kommission Vorsorge zum Schutz der Erdatmosphäre, gemäß Beschluß des Deutschen Bundestages vom 16. Oktober und vom 27. November 1987. Drucksachen 11/533, 11/787, 11/971, 11/1351.* Drucksache 11/3248. Bonn 2.11.1988.

Deutscher Rat für Internationales Privatrecht: *Gutachten zum internationalen und ausländischen Privatrecht (IPG) 2009–2011.* Bielefeld: Gieseking 2017.

Deutsches Klimarechenzentrum: *Rechnerhistorie 1988–2015. Hochleistungsrechner am Deutschen Klimarechenzentrum – ein Blick zurück, 2021.* https://www.dkrz.de/de/kommunikation/galerie/Media-DKRZ/rechnerhistorie-1988-2010.

Deutsches Stiftungszentrum: Gielen-Leyendecker-Stiftung. https://www.deutsches-stiftungszentrum.de/stiftungen/gielen-leyendecker-stiftung.

DeVorkin, David H.: *Science With A Vengeance. How the Military Created the US Space Sciences After World War II.* New York: Springer 1992.

Dichgans, Johannes: Richard Jung. Der Arzt und Forscher, ein Vorbild. *Der Nervenarzt* 84/6 (2013), 742–746. doi:10.1007/s00115-013-3792-x.

Dickman, Steven: Fretting about the Future. *Nature* 340/6232 (1989), 335.

– Scandal over Nazi Victims Corpses Rocks Universities. *Nature* 337 (1989), 195. doi:10.1038/337195a0.

Dickson, David: Germany's 75 Years of Free Enterprise Science. The Max-Planck-Society Has Celebrated Its 75th Birthday with Its Third Nobel Prize in 3 Years and Bright Prospects, but Tensions Remain over Its Relationship to German Universities. *Science* 234/4778 (1986), 811–812.

Die Bibliothek des Max-Planck-Instituts für ausländisches und internationales Privatrecht, Hamburg. *Zeitschrift für Bibliothekswesen und Bibliographie* Sonderheft 9 (1968).

Die Förderung der Wissenschaften. *Münchener Neueste Nachrichten* (10.6.1928).

Diehl, Jörg: Einfluß energiereicher Korpuskularstrahlen auf die Verformbarkeit der Metalle. In: Generalverwaltung der Max-Planck-Gesellschaft (Hg.): *Jahrbuch der Max-Planck-Gesellschaft zur Förderung der Wissenschaften 1968.* Göttingen 1968, 90–115.

– Erich Gebhardt. 15.4.1913–9.10.1978. In: Max-Planck-Gesellschaft (Hg.): *Jahresbericht 1978. Jahresrechnung 1977. Nachrufe.* Max-Planck-Gesellschaft. Berichte und Mitteilungen, 1979, 19–22.

Dienstaufsichtsbeschwerde gegen Tierversuche am Max-Planck-Institut. *Heilbronner Stimme* (21.12.1981).

Dietzel, Adolf: Das neue Max-Planck-Institut für Silikatforschung in Würzburg. *Mitteilungen aus der Max-Planck-Gesellschaft zur Förderung der Wissenschaften* Heft 5 (1953), 23–31.

– Erweiterungsbau des Max-Planck-Instituts für Silikatforschung. *Mitteilungen aus der Max-Planck-Gesellschaft zur Förderung der Wissenschaften* Heft 3 (1959), 188–193.

Directive to Commander-in-Chief of United States Forces of Occupation Regarding the Military Government of Germany; April 1945 (JCS 1067). In: Slany, William Z., John P. Glennon, Douglas W. Houston, N.O Sappington, George O Kent, E. Ralph Perkins, S. Everett Gleason et al. (Hg.): *Foreign Relations of the United States, 1945.* Volume III. Washington: United States Government Publishing Office 1968, 484–503.

Doering-Manteuffel, Anselm: *Wie westlich sind die Deutschen? Amerikanisierung und Westernisierung im 20. Jahrhundert.* Göttingen: Vandenhoeck & Ruprecht 1999.

– Westernisierung. Politisch-ideeller und gesellschaftlicher Wandel in der Bundesrepublik bis zum Ende der 60er Jahre. In: Axel Schildt, Detlef Siegfried und Karl Christian Lammers (Hg.): *Dynamische Zeiten. Die 60er Jahre in den beiden deutschen Gesellschaften.* Hamburg: Christians 2000, 311–341.

– Nach dem Boom. Brüche und Kontinuitäten der Industriemoderne seit 1970. *Vierteljahrshefte für Zeitgeschichte* 55/4 (2007), 559–581.

Doering-Manteuffel, Anselm und Lutz Raphael: *Nach dem Boom. Perspektiven auf die Zeitgeschichte seit 1970.* 3. Auflage. Göttingen: Vandenhoeck & Ruprecht 2012.

Doering-Manteuffel, Anselm, Lutz Raphael und Thomas Schlemmer (Hg.): *Vorgeschichte der Gegenwart. Dimensionen des Strukturbruchs nach dem Boom.* Göttingen: Vandenhoeck & Ruprecht 2016.

Dolata, Ulrich: *Weltmarktorientierte Modernisierung. Die ökonomische Regulierung des wissenschaftlich-technischen Umbruchs in der Bundesrepublik.* Frankfurt am Main: Campus 1992.

– *Politische Ökonomie der Gentechnik. Konzernstrategien, Forschungsprogramme, Technologiewettläufe.* Berlin: edition sigma 1996.

Dölle, Hans: Max-Planck-Institut für ausländisches und internationales Privatrecht in Harnburg. In: Generalverwaltung der Max-Planck-Gesellschaft (Hg.): *Jahrbuch der Max-Planck-Gesellschaft zur Förderung der Wissenschaften 1961.* Bd. 2. Göttingen 1962, 644–661.

– *Erläuterungen zur Satzung der MPG vom 3.12.1964.* München: Max-Planck-Gesellschaft 1965.

Domany, Eytan, Jan Leonard van Hemmen und K. Schulten (Hg.): *Models of Neural Networks II. Temporal Aspects of Coding and Information Processing in Biological Systems.* New York: Springer 1994.

– (Hg.): *Models of Neural Networks III. Association, Generalization, and Representation.* New York: Springer 1996.

Doppelfeld, Elmar und Joerg Hasford: Medizinische Ethikkommissionen in der Bundesrepublik Deutschland. Entstehung und Einbindung in die medizinische Forschung. *Bundesgesundheitsblatt – Gesundheitsforschung – Gesundheitsschutz* 62/6 (2019), 682–689. doi:10.1007/s00103-019-02950-w.

Dörre, Steffen: Epistemologische Neupositionierungen. Alexander Mitscherlich zwischen »naturwissenschaftlicher Methodik«, Psychoanalyse und Psychosomatischer Medizin.

NTM Zeitschrift für Geschichte der Wissenschaften, Technik und Medizin 29/4 (2021), 417–446. doi:10.1007/s00048-021-00318-3.

Dove, Abigail: The Division of Atomic, Molecular, and Optical Physics 29/4 (2020). https://www.aps.org/publications/apsnews/202004/damop.cfm.

Doyle, Jack: *Altered Harvest. Agriculture, Genetics, and the Fate of the World's Food Supply.* New York: Viking 1985.

Drescher, Uwe: Friedrich Bonhoeffer. Lenken war sein Schlüsselthema. *Schwäbisches Tagblatt*, 4.2.2021. https://www.tagblatt.de/Nachrichten/Lenken-war-sein-Schluesselthema-488727.html.

Dressler, Rolf: Thema des Tages. Tierversuche – das große Geschäft. *Westfälisches Volksblatt* (12.12.1981).

Drieschner, Michael: Die Verantwortung der Wissenschaft – Ein Rückblick auf das Max-Planck-Institut zur Erforschung der Lebensbedingungen der wissenschaftlich-technischen Welt. In: Rudolf Seising und Tanja Fischer (Hg.): *Wissenschaft und Öffentlichkeit.* Frankfurt am Main: Peter Lang 1996, 173–198.

Drobnig, Ulrich und Gerhard Kegel (Hg.): *Gutachten zum Internationalen und Ausländischen Privatrecht.* Baden-Baden: Nomos 1997.

Duden, Konrad und Jennifer Trinks: Vergleichende Perspektiven auf die Rolle der Rechtsvergleichung in der Juristenausbildung. In: Judith Brockmann, Arne Pilniok und Mareike Schmidt (Hg.): *Rechtsvergleichung als didaktische Herausforderung.* Tübingen: Mohr Siebeck 2020, 27–47.

Duden.de: Diktieren, 17.5.2018. https://www.duden.de/node/134380/revision/134416.

Dumit, Joseph: *Drugs for Life. How Pharmaceutical Companies Define Our Health.* Durham: Duke University Press 2012. doi:10.1215/9780822393481.

Duve, Thomas: What Is Global Legal History? *Comparative Legal History* 8/2 (2020), 73–115.

– Rechtsgeschichte als Geschichte von Normativitätwissen? *Rechtsgeschichte – Legal History* 29 (2021), 41–68.

Duve, Thomas, Jasper Kunstreich und Stefan Vogenauer (Hg.): *Rechtswissenschaft in der Max-Planck-Gesellschaft, 1948–2002.* Studien zur Geschichte der Max-Planck-Gesellschaft. Bd. 2. Hg. von Jürgen Kocka, Carsten Reinhardt, Jürgen Renn und Florian Schmaltz. Göttingen: Vandenhoeck & Ruprecht 2023.

Düwell, Kurt: Die deutsch-amerikanische Wissenschaftsbeziehungen im Spiegel der Kaiser-Wilhelm- und der Max-Planck-Gesellschaft. In: Rudolf Vierhaus und Bernhard vom Brocke (Hg.): *Forschung im Spannungsfeld von Politik und Gesellschaft. Geschichte und Struktur der Kaiser-Wilhelm-/Max-Planck-Gesellschaft.* Stuttgart: Deutsche Verlags-Anstalt 1990, 747–777.

– Carl Heinrich Becker (1887–1933). In: Kurt G. A. Jeserich und Helmut Neuhaus (Hg.): *Persönlichkeiten der Verwaltung. Biographien zur deutschen Verwaltungsgeschichte 1648–1945.* Stuttgart: Kohlhammer 1991, 350–354.

Ebbinghaus, Angelika und Klaus Dörner: *Vernichten und Heilen. Der Nürnberger Ärzteprozeß und seine Folgen.* Berlin: Aufbau 2002.

Ebbinghaus, Angelika und Karl Heinz Roth: Von der Rockefeller Foundation zur Kaiser-Wilhelm/ Max-Planck-Gesellschaft. Adolf Butenandt als Biochemiker und Wissenschaftspolitiker des 20. Jahrhunderts. *Zeitschrift für Geschichtswissenschaft* 50/5 (2002), 389–419.

Eberhard Karls Universität Tübingen: Cyber Valley, 2022. https://uni-tuebingen.de/forschung/kooperationspartner/cyber-valley/.

Ebert-Schifferer, Sybille und Elisabeth Kieven (Hg.): *100 Jahre Bibliotheca Hertziana. Max-Planck-Institut für Kunstgeschichte. Bd. 1: Die Geschichte des Instituts 1913–2013.* München: Hirmer 2013.

Eckart, Wolfgang U.: *Medizin und Kolonialimperialismus. Deutschland 1884–1945.* Paderborn: Ferdinand Schöningh 1997.

Eckert, Michael: Das »Atomei«. Der erste bundesdeutsche Forschungsreaktor als Katalysator nuklearer Interessen in Wissenschaft und Politik. In: Michael Eckert und Maria Osietzki (Hg.): *Wissenschaft für Macht und Markt: Kernforschung und Mikroelektronik in der Bundesrepublik Deutschland.* München: C.H. Beck 1989, 74–95.

– Die Anfänge der Atompolitik in der Bundesrepublik Deutschland. *Vierteljahreshefte für Zeitgeschichte* 37/1 (1989), 115–143.

– »Großes für Kleines« – Die Gründung des Max-Planck-Institutes für Festkörperforschung. In: Michael Eckert und Maria Osietzki (Hg.): *Wissenschaft für Macht und Markt. Kernforschung und Mikroelektronik in der Bundesrepublik Deutschland.* München: C.H. Beck 1989, 181–199.

– Vom »Matterhorn« zum »Wendelstein«. Internationale Anstöße zur nationalen Großforschung. *Wissenschaft für Macht und Markt. Kernforschung und Mikroelektronik in der Bundesrepublik Deutschland.* München: C.H. Beck 1989, 115–137.

Eckert, Michael und Helmut Schubert: *Kristalle, Elektronen, Transistoren. Von der Gelehrtenstube zur Industrieforschung.* Reinbek bei Hamburg: Rowohlt 1986.

Edding, Friedrich: *Mein Leben mit der Politik.* Berlin: Max-Planck-Institut für Bildungsforschung 1989.

– *Mein Leben mit der Politik 1914–1999. Teilhabe an der Entwicklung bildungspolitischen Denkens.* Überarbeitete Neuauflage. Berlin: Max-Planck-Institut für Bildungsforschung 2000.

Edelstein, Wolfgang und Peter Hans Hofschneider: *Verantwortliches Handeln in der Wissenschaft. Analysen und Empfehlungen.* München: Max-Planck-Gesellschaft 2001.

Editorial. Max Planck Institute for Metals Research – 90 Years of Excellence in Materials Science. *International Journal of Materials Research* 102/7 (2011), 759–765.

Edwards, Paul N.: Entangled Histories. Climate Science and Nuclear Weapons Research. *Bulletin of the Atomic Scientists* 68/4 (2012), 28–40.

Eggert, Wolfgang und Steffen Minter: Föderales Konsolidierungsprogramm. *Gabler Wirtschaftslexikon*, 19.2.2018. https://wirtschaftslexikon.gabler.de/definition/foederales-konsolidierungsprogramm-36839/version-260286.

Eibl, Christina: *Der Physikochemiker Peter Adolf Thiessen als Wissenschaftsorganisator. (1899–1990). Eine biographische*

Studie. Dissertation. Stuttgart: Historisches Institut der Universität Stuttgart, Abteilung für Geschichte der Naturwissenschaften und Technik 1999.

Eichenhofer, Eberhard: *Das Max-Planck-Institut für Sozialrecht und Sozialpolitik, 1975–2002.* Berlin: GMPG-Preprint 2020.

– Max-Planck-Institut für Sozialrecht und Sozialpolitik, 1975–2002. In: Thomas Duve, Jasper Kunstreich und Stefan Vogenauer (Hg.): *Rechtswissenschaft in der Max-Planck-Gesellschaft, 1948–2002.* Studien zur Geschichte der Max-Planck-Gesellschaft. Bd. 2. Hg. von Jürgen Kocka, Carsten Reinhardt, Jürgen Renn und Florian Schmaltz. Göttingen: Vandenhoeck & Ruprecht 2023, 361–423.

Eichholtz, Dietrich: Die »Krautaktion«. Ruhrindustrie, Ernährungswissenschaft und Zwangsarbeit 1944. In: Ulrich Herbert (Hg.): *Europa und der »Reichseinsatz«. Ausländische Zivilarbeiter, Kriegsgefangene und KZ-Häftlinge in Deutschland 1938–1945.* Essen: Klartext 1991, 270–294.

Eigen, Manfred: Information, ihre Speicherung und Verarbeitung in biomolekularen Systemen Bericht über die Diskussionstagung der Gesellschaft für physikalische Biologie und der Neurosciences Research Foundation, abgehalten am 4.–6. Mai 1964 in Schloß Berlepsch bei Göttingen. *Berichte der Bunsengesellschaft für physikalische Chemie* 68/8–9 (1964), 889–894. doi:10.1002/bbpc.19640680848.

– Zeugen der Genesis. Versuch einer Rekonstruktion der Urformen des Lebens aus ihren in den Biomolekülen hinterlassenen Spuren. In: Generalverwaltung der Max-Planck-Gesellschaft zur Förderung der Wissenschaften (Hg.): *Jahrbuch der Max-Planck-Gesellschaft 1979.* Göttingen: Vandenhoeck & Ruprecht 1979, 17–54.

– Macromolecular Evolution. Dynamical Ordering in Sequence Space. In: David Pines (Hg.): *Emerging Syntheses in Science. Proceedings of the Founding Workshops of the Santa Fe Institute Santa Fe, New Mexico.* Redwood City: Addison-Wesley 1988, 21–42.

– Erinnerungen an Francis Otto Schmitt (23.11.1903–3.10.1995). *Neuroforum* 2/2 (1996), 35–37.

»Ein Hochamt der deutschen Wissenschaft«. *Der Spiegel* 27 (28.6.1971), 110–114.

Ein ungeheurer Verschleiß an Tieren. *Der Spiegel* 14 (31.3.1985).

Ekkehart, Kröner: Versetzungen in Kristallen. In: Alfred Seeger (Hg.): *Moderne Probleme der Metallphysik. Fehlstellen, Plastizität, Strahlenschädigung und Elektronentheorie.* Bd. 1. Berlin: Springer 1965, 1–34.

Elger, Christian E., Angela D. Friederici, Christof Koch, Heiko Luhmann, Christoph von der Malsburg, Randolf Menzel, Hannah Monyer et al.: Das Manifest. Elf führende Neurowissenschaftler über Gegenwart und Zukunft der Hirnforschung. *Gehirn & Geist* 6 (2004), 30–37.

Elkana, Yehuda: *Anthropologie der Erkenntnis. Die Entwicklung des Wissens als episches Theater einer listigen Vernunft.* Berlin: Suhrkamp 1986.

Elliott, Samuel R., A. A. Hahn und M. K. Moe: *A Direct Laboratory Measurement of Two-Neutrino Double Beta Decay in ^{82}Se.* Neutrino Physics. Proceedings of an International Workshop Held in Heidelberg, October 20–22, 1987. Berlin: Springer 1988, 213–219.

Elsässer, Hans: *Weltall im Wandel. Die neue Astronomie.* Reinbek bei Hamburg: Rowohlt 1989.

Elsner, Norbert und Gerd Lüer (Hg.): *Das Gehirn und sein Geist.* Göttingen: Wallstein 2000.

Ellwanger, Jutta: *Forscher im Bild. Teil I. Wissenschaftliche Mitglieder der Kaiser-Wilhelm-Gesellschaft zur Förderung der Wissenschaften.* Hg. von Eckart Henning und Archiv der Max-Planck-Gesellschaft. Berlin 1989.

Encrenaz, Pierre, Jesús Gómez-Gónzalez, James Lequeux und Wayne Orchiston: Highlighting the History of French Radio Astronomy. 7. The Genesis of the Institute of Radioastronomy at Millimeter Wavelengths (IRAM). *Journal of Astronomical History and Heritage* 14/2 (2011), 83–92.

Engel, Michael: Dahlem als Wissenschaftszentrum. In: Rudolf Vierhaus und Bernhard vom Brocke (Hg.): *Forschung im Spannungsfeld von Politik und Gesellschaft. Geschichte und Struktur der Kaiser-Wilhelm-/Max-Planck-Gesellschaft.* Stuttgart: Deutsche Verlags-Anstalt 1990, 552–578.

Engels, Jens Ivo: Umweltschutz in der Bundesrepublik – von der Unwahrscheinlichkeit einer Alternativbewegung. In: Sven Reichardt und Detlef Siegfried (Hg.): *Das Alternative Milieu. Antibürgerlicher Lebensstil und linke Politik in der Bundesrepublik Deutschland und Europa 1968–1983.* Göttingen: Wallstein 2010, 405–422.

Engler, Fynn Ole und Jürgen Renn: *Gespaltene Vernunft. Vom Ende eines Dialogs zwischen Wissenschaft und Philosophie.* Berlin: Matthes & Seitz Berlin 2018.

Engstrom, Eric J.: *Emil Kraepelin. Leben und Werk des Psychiaters im Spannungsfeld zwischen positivistischer Wissenschaft und Irrationalität.* Magisterarbeit. München: Ludwig-Maximilians-Universität 1990.

Enserink, Martin und Kai Kupferschmidt: Updated. European Neuroscientists' Revolt against the E.U.'s Human Brain Project. *Science*, 7.7.2014. https://www.sciencemag.org/news/2014/07/updated-european-neuroscientists-revolt-against-eus-human-brain-project.

Ensmenger, Nathan: Making Programming Masculine. In: Thomas J. Misa (Hg.): *Gender Codes. Why Women Are Leaving Computing.* Hoboken: John Wiley & Sons 2010, 115–141.

Entwurf eines Strafgesetzbuches (StGB), E 1960. Drucksache 3/2150. Deutscher Bundestag 3.11.1960. https://dserver.bundestag.de/btd/03/021/0302150.pdf.

Epple, Moritz: *Rechnen, Messen, Führen. Kriegsforschung am Kaiser-Wilhelm-Institut für Strömungsforschung (1937–1945).* Berlin: Vorabdrucke des Forschungsprogramms »Geschichte der Kaiser-Wilhelm-Gesellschaft im Nationalsozialismus« 2002.

Epple, Moritz und Florian Schmaltz: Max-Planck-Institut für Dynamik und Selbstorganisation Göttingen. In: Peter Gruss und Reinhard Rürup (Hg.): *Denkorte. Max-Planck-Gesellschaft und Kaiser-Wilhelm-Gesellschaft. Brüche und Kontinuitäten 1911–2011.* Dresden: Sandstein 2010, 150–163.

Erhardt, Regine, Gerd Chemiel, Uli Hansmann, Hans-Joachim Krauß, Bärbel Lehmann, Herbert Mehrtens, Wolfgang Ranke et al. (Hg.): *»... im Frieden der Menschheit, im Kriege dem Vaterlande ...«. 75 Jahre Fritz-Haber-Institut der Max-Planck-Gesellschaft. Bemerkung zu Geschichte und Gegenwart.* Berlin 1986.

Erker, Paul: Hunger und sozialer Konflikt in der Nachkriegszeit. In: Manfred Gailus und Heinrich Volkmann (Hg.): *Der Kampf um das tägliche Brot. Nahrungsmangel, Versorgungspolitik und Protest, 1770–1990.* Opladen: Westdeutscher Verlag 1994, 392–408.
- *Ernährungskrise und Nachkriegsgesellschaft. Bauern und Arbeiterschaft in Bayern 1943–1953.* Stuttgart: Klett-Cotta 1998.
- Die Verwissenschaftlichung der Industrie. Zur Geschichte der Industrieforschung in den europäischen und amerikanischen Elektrokonzernen 1890–1930. *Zeitschrift für Unternehmensgeschichte / Journal of Business History* 35/2 (1990), 73–94. doi:10.1515/zug-1990-0203.

Ertl, Gerhard: *Mein Leben mit der Wissenschaft.* Berlin: GNT-Verlag 2021.

Espacenet: *Patentsuche.* https://worldwide.espacenet.com/.

Eßmann, Uwe, Werner Frank, Helmut Kronmüller, Karl Maier, Helmut Mehrer, Haël Mughrabi, Hans-Rainer Trebin et al.: Nachruf auf Alfred Seeger. *Physik Journal* 15/2 (2016), 41.

EU Science Diplomacy Alliance: About, 2022. https://www.science-diplomacy.eu/about/eu-science-diplomacy-alliance/.

European Cell Biology Organization: *Program. Second International Congress on Cell Biology, August 31–September 5, 1980, Berlin (West).* Heidelberg: European Cell Biology Organization (ECBO) 1980.
- Second International Congress on Cell Biology, August 31–September 5, 1980 Berlin (West). *European Journal of Cell Biology* 22/1 (1980).

European Cell Biology Organization und Hans-Georg Schweiger (Hg.): *International Cell Biology 1980–1981: Papers Presented at the Second International Congress on Cell Biology Berlin (West), August 31–September 5, 1980.* Berlin: Springer 1981.

European Commission (Hg.): *She figures 2003. Women and Science. Statistics and Indicators.* Luxemburg: Office for Official Publications of the European Communities 2003.

European Commission Directorate-General for Research, Commission of the European Communities, Directorate-General for Research, und Directorate C, Science & Society: »She Figures«. *Women and Science, Statistics and Indicators.* Luxemburg: Office for Official Publications of the European Communities 2003.

European Parliament: Lisbon European Council 23 and 24. March 2000. Presidency Conclusions, 2000. https://www.europarl.europa.eu/summits/lis1_en.htm.

European Science Foundation: *New Structures for the Support of High-Quality Research in Europe.* Strasbourg: European Science Foundation 2003. https://erc.europa.eu/sites/default/files/document/file/esf_position_paper.pdf.

European Science Foundation: Conferences, 2022. http://archives.esf.org/serving-science/conferences.html.

Evangelista, Matthew: *Unarmed Forces. The Transnational Movement to End the Cold War.* Ithaca: Cornell University Press 1999.

Eversberg, Dennis: Destabilisierte Zukunft. Veränderungen im sozialen Feld des Arbeitsmarkts seit 1970 und ihre Auswirkungen auf die Erwartungshorizonte der jungen Generation. In: Anselm Doering-Manteuffel, Lutz Raphael und Thomas Schlemmer (Hg.): *Vorgeschichte der Gegenwart. Dimensionen des Strukturbruchs nach dem Boom.* Göttingen: Vandenhoeck & Ruprecht 2016, 451–474.

Faber, Johannes und Katrin Weigmann: Computational Neuroscience. Nationales Bernstein Netzwerk Computational Neuroscience. Berlin: Nationales Bernstein Netzwerk Computational Neuroscience 2011, 42. https://www.bccn-berlin.de/files/BCCN/news&media&flyer/2868_1pdfen.pdf.

Falckenstein, Roland von: *Die Bekämpfung unlauterer Geschäftspraktiken durch Verbraucherverbände.* Bonn: Reguvis Fachmedien 1977.
- Praktische Erfahrungen mit der Verbraucherverbandsklage in Deutschland. *Zeitschrift für Verbraucherpolitik* 172–182 (1977).

Farman, John C., Brian G. Gardiner und Jonathan D. Shanklin: Large Losses of Total Ozone in Antarctica Reveal Seasonal ClO_x/NO_x Interaction. *Nature* 315/6016 (1985), 207–210.

Farquharson, John E.: The Management of Agriculture and Food Supplies in Germany, 1944–1947. In: Bernd Martin und Alan S. Milward (Hg.): *Agriculture and Food Supply in the Second World War.* Ostfildern: Scripta Mercaturae Verlag 1985, 50–68.

Farreras, Ingrid G., Caroline Hannaway und Victoria Angela Harden (Hg.): *Mind, Brain, Body, and Behavior. Foundations of Neuroscience and Behavioral Research at the National Institutes of Health.* Amsterdam: IOS Press 2004.

Fäßler, Peter E.: *Globalisierung. Ein historisches Kompendium.* Köln: Böhlau 2007.

Fassnacht, Wolfgang: *Universitäten am Wendepunkt? Die Hochschulpolitik in der französischen Besatzungszone (1945–1949).* Freiburg: Karl Alber 2000.

Federal Ministry of Education and Research (BMBF): *National research strategy bioeconomy 2030. Our route towards a biobased economy.* Berlin: Bundesministerium für Bildung und Forschung (BMBF) 2010.

Feichtinger, Johannes und Heidemarie Uhl (Hg.): *Die Akademien der Wissenschaften in Zentraleuropa im Kalten Krieg. Transformationsprozesse im Spannungsfeld von Abgrenzung und Annäherung.* Wien: Verlag der Österreichischen Akademie der Wissenschaften 2018.

Feldman, Theodore: *Historische Vergangenheitsbearbeitung. Wirtschaft und Wissenschaft im Vergleich.* Bd. 13. Berlin: Vorabdrucke des Forschungsprogramms »Geschichte der Kaiser-Wilhelm-Gesellschaft im Nationalsozialismus« 2003.
- Military-Industrial-Scientific Complex. In: John L. Heilbron (Hg.): *Oxford Companion to the History of Modern Science.* Oxford: Oxford University Press 2003, 525–527.

Felt, Ulrike: Wissenschaft, Politik und Öffentlichkeit. Wechselwirkungen und Grenzverschiebungen. In: Mitchell G. Ash und Christian H. Stifter (Hg.): *Wissenschaft, Politik und Öffentlichkeit. Von der Wiener Moderne bis zur Gegenwart.* Wien: Wiener Universitätsverlag 2002, 47–72.

Ferera, Lisette und Cordula Tollmien: *Das Vermächtnis des Max Raphael Hahn – Göttinger Bürger und Sammler eine Geschichte über Leben und Tod, mutige Beharrlichkeit und die fortwirkende Kraft der Familientradition.* Göttingen: Hogrefe 2015.

Ferrari, Arianna: *Genmaus & Co. Gentechnisch veränderte Tiere in der Biomedizin.* Erlangen: Harald Fischer 2008.

Ferry, Georgina: *EMBO in Perspective. A Half-Century in the Life Sciences.* Heidelberg: European Molecular Biology Organization 2014.

Fiasko in Farbe. *Der Spiegel* 48 (25.11.1990). https://www.spiegel.de/wissenschaft/fiasko-in-farbe-a-adebb974-0002-0001-0000-000013502800.

Figger, Hartmut, Gerd Leuchs, R. Straubinger und H. Walther: A Photon Detector for Submillimetre Wavelengths Using Rydberg Atoms. *Optics Communications* 33/1 (1980), 37–41. doi:10.1016/0030-4018(80)90088-7.

Finetti, Marco: Research as »normal«. 6761. *Nature* 402/6761 (1999), 461. doi:10.1038/44952.

Fisch, Jörg: Reparations and Intellectual Property. *Technology Transfer Out of Germany After 1945.* Amsterdam: Harwood Academic Publishers 1996, 11–25.

Fischer, Ernst Peter: Über den blutigen Spuren ein Elysium für Philosophen. In Berlin ist ein Max-Planck-Institut für die Geschichte der Forschung geplant – mit höchst unhistorischem Auftrag. *Die Weltwoche* (20.5.1993).

– *Das Atom der Biologen. Max Delbrück und der Ursprung der Molekulargenetik.* München: Piper 1988.

Fischer, Ernst Peter und Carol S. Lipson: *Thinking about Science. Max Delbrück and the Origins of Molecular Biology.* New York: Norton 1988.

Fischmeister, Hellmut: Erich Schmid. 4.5.1896–22.10.1983. In: Max-Planck-Gesellschaft (Hg.): *Jahresbericht 1984 und Jahresrechnung 1983. Nachrufe.* Max-Planck-Gesellschaft. Berichte und Mitteilungen 2, 1985, 88–91.

Flachowsky, Sören: *Von der Notgemeinschaft zum Reichsforschungsrat. Wissenschaftspolitik im Kontext von Autarkie, Aufrüstung und Krieg.* Stuttgart: Franz Steiner 2008.

– Max-Planck-Institut für Eisenforschung. In: Peter Gruss und Reinhard Rürup (Hg.): *Denkorte. Max-Planck-Gesellschaft und Kaiser-Wilhelm-Gesellschaft. Brüche und Kontinuitäten 1911–2011.* Dresden: Sandstein 2010, 126–135.

– Von der Wagenburg der Autarkie zu transnationaler Zusammenarbeit. Der Verein Deutscher Eisenhüttenleute und das KWI/MPI für Eisenforschung 1917–2009. In: Helmut Maier, Andreas Zilt und Manfred Rasch (Hg.): *150 Jahre Stahlinstitut VDEh. 1860–2010.* Essen: Klartext 2010, 671–708.

Fleck, Ludwik: *Entstehung und Entwicklung einer wissenschaftlichen Tatsache. Einführung in die Lehre vom Denkstil und Denkkollektiv.* Frankfurt am Main: Suhrkamp [1935] 1980.

– *Erfahrung und Tatsache. Gesammelte Aufsätze.* Hg. von Lothar Schäfer. Frankfurt am Main: Suhrkamp 2008.

– Wissenschaftstheoretische Probleme. In: Lothar Schäfer (Hg.): *Erfahrung und Tatsache. Gesammelte Aufsätze.* Frankfurt am Main: Suhrkamp 2008, 128–146.

– Investigation of Epidemic Typhus in the Ghetto of Lwów in 1941–1942. In: Fehr, Johannes (Hg.): *Penser avec Fleck – Investigating a Life Studying Life Sciences.* Heft 7. Zürich: Collegium Helveticum 2009, 41–45.

– In der Frage ärztlicher Experimente am Menschen. In: Sylwia Werner und Claus Zittel (Hg.): *Denkstile und Tatsachen. Gesammelte Schriften und Zeugnisse.* Berlin: Suhrkamp 2011, 538–544.

Flink, Tim: *Die Entstehung des Europäischen Forschungsrates. Marktimperative – Geostrategie – Frontier Research.* Weilerswist: Velbrück Wissenschaft 2016. doi:10.5771/9783748926627.

Flitner, Michael: *Sammler, Räuber und Gelehrte. Die politischen Interessen an pflanzengenetischen Ressourcen 1895–1995.* Frankfurt am Main: Campus 1995.

Florath, Bernd: Orientierungsprobleme in den Nachkriegsjahren. In: Bernd Florath (Hg.): *Annäherungen an Robert Havemann. Biographische Studien und Dokumente.* Göttingen: Vandenhoeck & Ruprecht 2016, 73–100.

Forsbach, Ralf: *Die Medizinische Fakultät der Universität Bonn im »Dritten Reich«.* München: Oldenbourg 2006.

Forschergruppe zur Geschichte der Deutschen Forschungsgemeinschaft 1920-1970. 14.2.2006. https://web.archive.org/web/20060214034027/http://projekte.geschichte.uni-freiburg.de/DFG-Geschichte/.

Fourastié, Jean: *Les Trente Glorieuses, ou la révolution invisible de 1946 à 1975.* Paris: Fayard 1979.

Fox Keller, Evelyn: Physics and the Emergence of Molecular Biology. A History of Cognitive and Political Synergy. *Journal of the History of Biology* 23/3 (1990), 389–409. doi:10.1007/BF00136376.

Franke, Werner W.: Einheit des Lebens – Bau und Bild der Zelle. In: Peter Sitte (Hg.): *Jahrhundertwissenschaft Biologie. Die großen Themen.* München: C.H. Beck 1999, 43–64.

Frankenberg, Günther: Tierschutz oder Wissenschaftsfreiheit? *Kritische Justiz* 27/4 (1994), 421–438. doi.org/10.5771/0023-4834-1994-4.

Fraser, Gordon: *The Quantum Exodus. Jewish Fugitives, the Atomic Bomb, and the Holocaust.* New York: Oxford University Press 2012.

Fraunhofer-Institut für Systemtechnik und Innovationsforschung: *Delphi '98-Umfrage. Studie zur globalen Entwicklung von Wissenschaft und Technik. Zusammenfassung der Ergebnisse.* Karlsruhe: Fraunhofer-Institut für Systemtechnik und Innovationsforschung 1998.

Freeman, Chris: The »National System of Innovation« in Historical Perspective. *Cambridge Journal of Economics* 19/1 (1995), 5–24. doi:10.1093/oxfordjournals.cje.a035309.

Freeman, Christopher und A. Young: *The Research and Development Effort in Western Europe, North Africa, and Soviet Union.* Paris: OECD 1965.

Frei, Norbert: *Vergangenheitspolitik. Die Anfänge der Bundesrepublik und die NS-Vergangenheit.* München: C.H. Beck 1996.

– *Jugendrevolte und globaler Protest.* 2. Auflage. München: dtv 2018.

Freie Universität Berlin (Hg.): *Universitätstage 1966. Nationalsozialismus und die deutsche Universität.* Berlin: De Gruyter 1966.

Freimüller, Tobias: *Alexander Mitscherlich. Gesellschaftsdiagnosen und Psychoanalyse nach Hitler.* Göttingen: Wallstein 2007.

Frese, Matthias, Julia Paulus und Karl Teppe (Hg.): *Demokratisierung und gesellschaftlicher Aufbruch. Die sechziger Jahre als Wendezeit der Bundesrepublik.* Paderborn: Ferdinand Schöningh 2003.

Frese, Walter: Dem Nuklearkrieg folgen Finsternis und Frost. *MPG-Spiegel* 6 (1983), 1–3.

Frewer, Andreas und Ulf Schmidt: *Standards der Forschung. Historische Entwicklung und ethische Grundlagen klinischer Studien*. Lausanne: Peter Lang 2007.

Freyberg, Jutta von (Hg.): *Protokoll des Kongresses »Wissenschaft und Demokratie«*. Köln: Pahl-Rugenstein Verlag 1973.

Freytag, Carl: »Bürogenerale« und »Frontsoldaten« der Wissenschaft. Atmosphärenforschung in der Kaiser-Wilhelm-Gesellschaft während des Nationalsozialismus. In: Helmut Maier (Hg.): *Gemeinschaftsforschung, Bevollmächtigte und der Wissenstransfer. Die Rolle der Kaiser-Wilhelm-Gesellschaft im System kriegsrelevanter Forschung des Nationalsozialismus*. Göttingen: Wallstein 2007, 215–267.

Frickel, Scott: *Chemical Consequences. Environmental Mutagens, Scientist Activism, and the Rise of Genetic Toxicology*. New Brunswick: Rutgers University Press 2004.

Friedensinitiative Garchinger Naturwissenschaftler (Hg.): *30 Jahre Göttinger Erklärung. Nachdenken über die Rolle des Wissenschaftlers in der Gesellschaft*. Marburg: Bund Demokratischer Wissenschaftlerinnen und Wissenschaftler 1987.

Friederici, Angela D. und Willem J. M. Levelt: Resolving Perceptual Conflicts. The Cognitive Mechanism of Spatial Orientation. *Aviation, Space, and Environmental Medicine* 58/9 (1987), A164–A169.

– Spatial Reference in Weightlessness. Perceptual Factors and Mental Representations. *Perception & Psychophysics* 47/3 (1990), 253–266. doi:10.3758/BF03205000.

Friedrich-Freksa, Hans: Genetik und biochemische Genetik in den Instituten der Kaiser-Wilhelm-Gesellschaft und der Max-Planck-Gesellschaft. *Naturwissenschaften* 48/1 (1961), 10–22. doi:10.1007/BF00600936.

Friess, Peter und Peter M. Steiner (Hg.): *Deutsches Museum Bonn. Forschung und Technik in Deutschland nach 1945*. Bonn: Deutscher Kunstverlag 1995.

Fritz Haber Institute: Homepage, 2022. https://web.archive.org/web/2/http://fhi-berlin.mpg.de/.

Frodemann, Robert (Hg.): *The Oxford Handbook of Interdisciplinarity*. 2. Auflage. Oxford: Oxford University Press 2017. doi:10.1093/oxfordhb/9780198733522.001.0001.

Fröhlich, Gerhard: Kontrolle durch Konkurrenz und Kritik? Das »wissenschaftliche Feld« bei Pierre Bourdieu. In: Boike Rehbein, Gernot Saalmann und Hermann Schwengel (Hg.): *Pierre Bourdieus Theorie des Sozialen. Probleme und Perspektiven*. Konstanz: UVK 2003, 117–129.

Fromm, Beatrice: *Geistes- und sozialwissenschaftliche Max-Planck-Institute 1948–2002/2005 – eine Chronologie*. Berlin: GMPG-Preprint 2022.

Frowein, Jochen und R. Kühner: Rechtsfragen der Beziehungen zwischen Unternehmen der UdSSR und der Bundesrepublik Deutschland im Zusammenhang mit dem langfristigen Programm für die Zusammenarbeit zwischen der Bundesrepublik Deutschland und der Sowjetunion auf dem Gebiet der Wirtschaft und Industrie. In: Jan Peter Waehler (Hg.): *Deutsches und sowjetisches Wirtschaftsrecht II*. Tübingen: Mohr Siebeck 1983, 173–203.

Frowein, Jochen und Joachim Wolf (Hg.): *Ausländerrecht im internationalen Vergleich*. Heidelberg: C. F. Müller 1985.

Fruton, Joseph S.: *Proteins, Enzymes, Genes: The Interplay of Chemistry and Biology*. New Haven: Yale University Press 1999.

Galambos, Louis und Jeffrey L. Sturchio: The Transformation of the Pharmaceutical Industry in the Twentieth Century. In: John Krige und Dominique Pestre (Hg.): *Companion to Science in the Twentieth Century*. London: Routledge 2016, 227–252.

Galbally, Ian E.: *The International Global Atmospheric Chemistry (IGAC) Programme. A Core Project of the International Geosphere-Biosphere Programme*. Stockholm: Commission on Atmospheric Chemistry and Global Pollution 1989.

Galison, Peter: *Image and Logic. A Material Culture of Microphysics*. Chicago: University of Chicago Press 1997.

Galison, Peter und Bruce Hevly (Hg.): *Big Science. The Growth of Large-Scale Research*. Stanford: Stanford University Press 1992.

García-Sancho, Miguel: *Biology, Computing, and the History of Molecular Sequencing. From Proteins to DNA, 1945–2000*. Basingstoke: Palgrave Macmillan 2012.

Gardey, Delphine: *Schreiben, Rechnen, Ablegen. Wie eine Revolution des Büros unsere Gesellschaft verändert hat*. Göttingen: Konstanz University Press 2019.

Gardner, Howard: *The Mind's New Science. A History of the Cognitive Revolution*. New York: Basic Books 1985.

Garfield, Eugene: Significant Journals of Science. *Nature* 264/5587 (1976), 609–615.

Garwin, Laura und Tim Lincoln (Hg.): *A Century of Nature. Twenty-One Discoveries That Changed Science and the World*. Chicago: University of Chicago Press 2003.

Gassert, Philipp: *Bewegte Gesellschaft. Deutsche Protestgeschichte seit 1945*. Stuttgart: Kohlhammer 2018.

Gassert, Philipp, Tim Geiger und Hermann Wentker (Hg.): *Zweiter Kalter Krieg und Friedensbewegung. Der NATO-Doppelbeschluss in deutsch-deutscher und internationaler Perspektive*. München: Oldenbourg 2011.

Gates, William Lawrence: Ein kurzer Überblick über die Geschichte der Klimamodellierung. *promet*. Hg. vom Deutschen Wetterdienst 29/1–4 (2003), 3–5.

Gaudillière, Jean-Paul: The Pharmaceutical Industry in the Biotech Century. Toward a History of Science, Technology and Business? *Studies in History and Philosophy of Biological and Biomedical Sciences* 32/1 (2001), 191–201. doi:10.1016/S1369-8486(00)00004-2.

– *Inventer la biomédicine. La France, l'Amérique et la production des savoirs du vivant (1945–1965)*. Paris: Editions La Découverte 2002.

– Biochemie und Industrie. Der »Arbeitskreis Butenandt-Schering« im Nationalsozialismus. In: Wolfgang Schieder und Achim Trunk (Hg.): *Adolf Butenandt und die Kaiser-Wilhelm-Gesellschaft. Wissenschaft, Industrie und Politik im »Dritten Reich«*. Göttingen: Wallstein 2004, 198–246.

– Better Prepared than Synthesized. Adolf Butenandt, Schering AG and the Transformation of Sex Steroids into Drugs (1930–1946). *Studies in History and Philosophy of Biological and Biomedical Sciences* 36/4 (2005), 612–644.

– New Wine in Old Bottles? The Biotechnology Problem in the History of Molecular Biology. *Studies in History and*

Philosophy of Science Part C: Studies in History and Philosophy of Biological and Biomedical Sciences 40/1 (2009), 20–28. doi:10.1016/j.shpsc.2008.12.004.

Gauer, Otto: Die Möglichkeiten des akuten Herzversagens von Standpunkt des Physiologen. *Deutsches medizinisches Journal* 7 (1956), 253.

– Um den Blutdruck der Giraffe. Bericht über eine Expedition nach Südafrika. *Mitteilungen aus der Max-Planck-Gesellschaft zur Förderung der Wissenschaften* Heft 2 (1957), 73–82.

Gaul, Horst: Induzierte Gen- und Chromosomenmutationen. In: Wilhelm Rudorf (Hg.): *Dreißig Jahre Züchtungsforschung. Zum Gedenken an Erwin Baur 16.4.1875–2.12.1933.* Stuttgart: Gustav Fischer 1959, 40–46.

Gausemeier, Bernd: Rassenhygienische Radikalisierung und kollegialer Konsens. In: Carola Sachse (Hg.): *Die Verbindung nach Auschwitz. Biowissenschaften und Menschenversuche an Kaiser-Wilhelm-Instituten. Dokumentation eines Symposiums.* Göttingen: Wallstein 2003, 178–198.

– An der Heimatfront. »Kriegswichtige« Forschungen am Kaiser-Wilhelm-Institut für Biochemie. In: Wolfgang Schieder und Achim Trunk (Hg.): *Adolf Butenandt und die Kaiser-Wilhelm-Gesellschaft. Wissenschaft, Industrie und Politik im »Dritten Reich«.* Göttingen: Wallstein 2004, 134–168.

– *Natürliche Ordnungen und politische Allianzen. Biologische und biochemische Forschung an Kaiser-Wilhelm-Instituten 1933–1945.* Göttingen: Wallstein 2005.

Gebhardt, Erich: Aufbau und Aufgaben der Abteilung Sondermetalle. *Mitteilungen aus der Max-Planck-Gesellschaft zur Förderung der Wissenschaften* Heft 3 (1960), 177–185.

Gegen Experimente mit Katzen. Tierschutzbünde erhoben jetzt Dienstaufsichtsbeschwerde. *Weser-Kurier* (21.12.1981).

Gehler, Michael: *Europa. Ideen – Institutionen – Vereinigung.* München: Olzog 2010.

Geier, Stephan: *Schwellenmacht. Kernenergie und Außenpolitik der Bundesrepublik Deutschland von 1949 bis 1980.* Dissertation phil. Nürnberg: Friedrich-Alexander-Universität Erlangen-Nürnberg 2011. https://opus4.kobv.de/opus4-fau/frontdoor/index/index/docId/3053.

Gemeinsame Wissenschaftskonferenz (Hg.): *Gemeinsame Berufungen von leitenden Wissenschaftlerinnen und Wissenschaftlern durch Hochschulen und außeruniversitäre Forschungseinrichtungen: Bericht und Empfehlungen.* Bonn: Gemeinsame Wissenschaftskonferenz 2008.

– (Hg.): *Pakt für Forschung und Innovation. Monitoring-Bericht 2012.* Bonn: Gemeinsame Wissenschaftskonferenz 2012.

– *Chancengleichheit in Wissenschaft und Forschung. 20. Fortschreibung des Datenmaterials (2014/2015) zu Frauen in Hochschulen und außerhochschulischen Forschungseinrichtungen.* Materialien der GWK 50. Bonn 2016.

– (Hg.): *Pakt für Forschung und Innovation. Monitoring-Bericht 2022.* Bd. 2. Bonn: Gemeinsame Wissenschaftskonferenz 2022.

Generalverwaltung der Max-Planck-Gesellschaft (Hg.): *Jahrbücher der Max-Planck-Gesellschaft zur Förderung der Wissenschaften.* München bzw. Göttingen: Vandenhoeck & Ruprecht 1952–2005.

– Die Max-Planck-Gesellschaft zur Förderung der Wissenschaften e. V. im Jahre 1954/55. In: Generalverwaltung der Max-Planck-Gesellschaft (Hg.): *Jahrbuch 1955 der Max-Planck-Gesellschaft zur Förderung der Wissenschaften.* Göttingen 1955, 5–20.

– (Hg.): *50 Jahre Kaiser-Wilhelm-Gesellschaft und Max-Planck-Gesellschaft zur Förderung der Wissenschaften. 1911–1961. Beiträge und Dokumente.* Göttingen 1961.

– Erste Satzung der Max-Planck-Gesellschaft zur Förderung der Wissenschaften e.V. In: Generalverwaltung der Max-Planck-Gesellschaft (Hg.): *50 Jahre Kaiser-Wilhelm-Gesellschaft und Max-Planck-Gesellschaft zur Förderung der Wissenschaften. 1911–1961. Beiträge und Dokumente.* Göttingen 1961, Dokument Nr. 67, 211–220.

– Die Max-Planck-Gesellschaft zur Förderung der Wissenschaften im Jahre 1969. In: Generalverwaltung der Max-Planck-Gesellschaft (Hg.): *Jahrbuch der Max-Planck-Gesellschaft zur Förderung der Wissenschaften 1969.* Göttingen 1970, 7–29.

– Tätigkeitsbericht 1978. Wissenschaftliche Beziehungen zum Ausland. In: Generalverwaltung der Max-Planck-Gesellschaft (Hg.): *Max-Planck-Gesellschaft Jahrbuch 1979.* Göttingen: Vandenhoeck & Ruprecht 1979, 115–118.

– (Hg.): *Tierversuche in der Forschung und ihre Bedeutung für die Gesundheit des Menschen. Eine Diskussion.* München 1981.

– (Hg.): *Max-Planck-Gesellschaft Jahrbuch 1989. Sonderdruck Astrophysik.* Göttingen: Vandenhoeck & Ruprecht 1989.

– MPI für Mathematik in den Naturwissenschaften. In: Generalverwaltung der Max-Planck-Gesellschaft (Hg.): *Max-Planck-Gesellschaft Jahrbuch 1997.* Göttingen: Vandenhoeck & Ruprecht 1997, 509–510.

– Max-Planck-Institut für ethnologische Forschung. Halle/Saale. In: Generalverwaltung der Max-Planck-Gesellschaft (Hg.): *Max-Planck-Gesellschaft Jahrbuch 2000.* Göttingen: Vandenhoeck & Ruprecht 2000, 789–799.

– (Hg.): *Pakt für Forschung und Innovation. Die Initiativen der Max-Planck-Gesellschaft. Bericht zur Umsetzung im Jahr 2020.* München 2021.

Genetik: Tausendmal schlimmer als Hitler. *Der Spiegel* 12 (26.3.1978). https://www.spiegel.de/kultur/genetik-tausendmal-schlimmer-als-hitler-a-3c6e7baf-0002-0001-0000-000040706138?context=issue.

Gen-Forschung in der politischen Diskussion. Synthetisiertes Leben. *Bild der Wissenschaft* 12 (1977), 164–177.

Gentner, Wolfgang: Max-Planck-Institut für Kernphysik in Heidelberg. In: Generalverwaltung der Max-Planck-Gesellschaft (Hg.): *Jahrbuch der Max-Planck-Gesellschaft zur Förderung der Wissenschaften 1961.* Bd. 2. Göttingen 1962, 486–491.

– Individuelle und kollektive Erkenntnissuche in der modernen Naturwissenschaft. *Mitteilungen aus der Max-Planck-Gesellschaft zur Förderung der Wissenschaften* Heft 1–2 (1965), 74–85.

Genzel, Reinhard, Frank Eisenhauer und Stefan Gillessen: The Galactic Center Massive Black Hole and Nuclear Star Cluster. *Reviews of Modern Physics* 82/4 (2010), 3121–3195.

Gerischer, Heinz: Karl Friedrich Bonhoeffer (13.1.1899–15.5.1957). *Mitteilungen aus der Max-Planck-Gesellschaft zur Förderung der Wissenschaften* Heft 3 (1957), 114–122.

Gerlach, Walther: *Otto Hahn. Ein Forscherleben unserer Zeit.* München: Oldenbourg 1969.

- *Otto Hahn. 1879–1968. Ein Forscherleben unserer Zeit.* Stuttgart: Wissenschaftliche Verlagsgesellschaft 1984.

Gerok, Wolfgang: *Zur Lage und Verbesserung der klinischen Forschung in der Bundesrepublik Deutschland.* Boppard am Rhein: Harald Boldt 1979.

Gerwin, Robert: *Die Max-Planck-Gesellschaft und ihre Institute. Portrait einer Forschungsorganisation. Aufgabe, Arbeitsweise, Entwicklung, Zukunft.* Hg. von der Max-Planck-Gesellschaft. München 1972.

- *Jubiläumsfeier. Max-Planck-Institut für physiologische und klinische Forschung, W. G. Kerkhoff-Institut, Bad Nauheim,* Berichte und Mitteilungen. München 1981.

- 75 Jahre Max-Planck-Gesellschaft. Ein Kapitel deutscher Forschungsgeschichte. *Naturwissenschaftliche Rundschau* 39 (1986), 1–10, 49–62, 97–109.

- Im Windschatten der 68er ein Stück Demokratisierung. Die Satzungsreform von 1972 und das Harnack-Prinzip. In: Bernhard vom Brocke und Hubert Laitko (Hg.): *Die Kaiser-Wilhelm-/Max-Planck-Gesellschaft und ihre Institute. Studien zu ihrer Geschichte: Das Harnack-Prinzip.* Berlin: De Gruyter 1996, 211–224.

Gesetz zur Förderung der Stabilität und des Wachstums der Wirtschaft. Vom 8. Juni 1967. Bundesgesetzblatt Teil I, Nr. 32 vom 13.6.1967, in Kraft getreten am 1967, 582–589.

Gesetz zur Umsetzung des Beschlusses des Deutschen Bundestages vom 20. Juni 1991 zur Vollendung der Einheit Deutschlands (Berlin/Bonn-Gesetz). Vom 26. April 1994. Bundesgesetzblatt Teil I, Nr. 27 vom 6.5.1994, in Kraft getreten am 1991, 918–921.

Gesetz zur Umsetzung des Föderalen Konsolidierungsprogramms – FKPG. Vom 23. Juni 1993. Bundesgesetzblatt Teil I, Nr. 30 vom 26.6.2993, in Kraft getreten am 1993, 944–991.

Gessner, Volkmar: *Umweltschutz und Rechtssoziologie.* Bielefeld: Gieseking 1978.

Gessner, Volkmar, Barbara Rhode, Gerhard Strate und Klaus A. Ziegert: *Die Praxis der Konkursabwicklung in der Bundesrepublik Deutschland. Eine rechtssoziologische Untersuchung.* Hg. von Bundesministerium der Justiz. Köln: Bundesanzeiger Verlagsgesellschaft 1978.

Geyer, Christian (Hg.): *Hirnforschung und Willensfreiheit. Zur Deutung der neuesten Experimente.* Frankfurt am Main: Suhrkamp 2004.

Gieren, Alfred: Wichtige Betriebsvereinbarung unterschriftsreif. Verhandlungen zur Betriebsvereinbarung zu § 118 in Verbindung mit § 99 des Betriebsverfassungsgesetzes (Tendenzparagraph – Mitbestimmung bei personellen Einzelmaßnahmen) abgeschlossen. *MPG-Spiegel* 3 (1975), 22–24.

Giesecke, Susanne: *Von der Forschung zum Markt. Innovationsstrategien und Forschungspolitik in der Biotechnologie.* Berlin: edition sigma 2001.

Gill, Bernhard: *Gentechnik ohne Politik. Wie die Brisanz der Synthetischen Biologie von wissenschaftlichen Institutionen, Ethik- und anderen Kommissionen systematisch verdrängt wird.* Frankfurt am Main: Campus 1991.

- *Streitfall Natur. Weltbilder in Technik- und Umweltkonflikten.* Wiesbaden: Springer Fachmedien 2003.

- Kampagnen gegen Bio- und Gentechnik. In: Roland Roth und Dieter Rucht (Hg.): *Die sozialen Bewegungen in Deutschland seit 1945. Ein Handbuch.* Frankfurt am Main: Campus 2008, 613–631.

Gill, Bernhard, Johann Bizer und Gerhard Roller: *Riskante Forschung. Zum Umgang mit Ungewißheit am Beispiel der Genforschung in Deutschland. Eine sozial- und rechtswissenschaftliche Untersuchung.* Berlin: edition sigma 1998.

Gill, Glenys und Dagmar Klenke: *Institute im Bild. Teil I. Bauten der Kaiser-Wilhelm-Gesellschaft zur Förderung der Wissenschaften.* Hg. von Eckart Henning. Berlin: Archiv zur Geschichte der Max-Planck-Gesellschaft 1993.

Gimbel, John: Deutsche Wissenschaftler in britischem Gewahrsam. Ein Erfahrungsbericht aus dem Jahre 1946 über das Lager Wimbledon. *Vierteljahrshefte für Zeitgeschichte* 38 (1990), 459–483.

- *Science, Technology and Reparations. Exploitation and Plunder in Postwar Germany.* Stanford: Stanford University Press 1990.

Gläser, Jochen: *Wissenschaftliche Produktionsgemeinschaften. Die soziale Ordnung der Forschung.* Frankfurt am Main: Campus 2006.

Gläser, Jochen und Thimo Stuckrad: Reaktionen auf Evaluationen. Die Anwendung neuer Steuerungsinstrumente und ihre Grenzen. In: Edgar Grande, Dorothea Jansen, Otfried Jarren, Arie Rip, Uwe Schimank und Peter Weingart (Hg.): *Neue Governance der Wissenschaft. Reorganisation – externe Anforderungen – Medialisierung.* Bielefeld: transcript 2013, 73–94.

Glaser, Matthias: *Das Militärische Sicherheitsamt der Westalliierten von 1949–1955.* Witterschlick: M. Wehle 1992.

Gleitsmann-Topp, Rolf-Jürgen: *Im Widerstreit der Meinungen. Zur Kontroverse um die Standortfindung für eine deutsche Reaktorstation (1950–1955).* Karlsruhe: Kernforschungszentrum 1986.

Globaler Klimastreik geht in die zweite Runde. Proteste für mehr Klimaschutz. *Frankfurter Allgemeine (FAZ.NET)* (27.9.2019). https://www.faz.net/aktuell/politik/ausland/klimastreik-globale-fridays-for-future-demos-gehen-weiter-16406182.html.

Globig, Michael: Wer langfristig denkt, muß seriös sein. *MPG-Spiegel* 2 (1998), 38–40.

- (Hg.): *Impulse geben – Wissen stiften. 40 Jahre Volkswagen Stiftung.* Göttingen: Vandenhoeck & Ruprecht 2002.

Glum, Friedrich: Zehn Jahre Kaiser-Wilhelm-Gesellschaft zur Förderung der Wissenschaften. *Naturwissenschaften* 9/18 (1921), 293–300. doi:10.1007/BF01487875.

- Die Kaiser-Wilhelm-Gesellschaft zur Förderung der Wissenschaften. Ihre Forschungsaufgaben, ihre Institutionen und ihre Organisation. In: Ludolph Brauer, Albrecht Mendelssohn Bartholdy und Adolf Meyer (Hg.): *Forschungsinstitute. Ihre Geschichte, Organisation und Ziele.* Bd. 1. Hamburg: Paul Hartung Verlag 1930, 359–373.

- *Zwischen Wissenschaft, Wirtschaft und Politik. Erlebtes und Erdachtes in vier Reichen.* Bonn: Bouvier 1964.

GMT Scientific Advisory Committee: *GMT Scientific Advisory Committee. Operations Concept White Paper*, 2012. https://web.archive.org/web/20130624201546/http://www.gmto.org/Resources/GMT_SAC_Operations_White_Paper.pdf.
– Die Bibliotheksleiter des Max-Planck-Instituts für ausländisches und internationales Privatrecht und ihre Aufgaben. Vom Bücherwart zum Informationsmanager. In: Jürgen Basedow, Ulrich Drobnig, Reinhard Ellger, Klaus J. Hopt, Hein Kötz und Rainer Kulms (Hg.): *Aufbruch nach Europa. 75 Jahre Max-Planck-Institut für Privatrecht*. Tübingen: Mohr Siebeck 2001, 51–70.
Goenner, Hubert: Some Remarks on the Early History of the Albert Einstein Institute. *History and Philosophy of Physics*, 2016.
Gohr, Rainer: Max-Planck-Institut gibt Auftrag zurück. Keine Erforschung von Nervengaswirkungen für das Verteidigungsministerium. *Süddeutsche Zeitung* (17.4.1970), 7.
Goldschmidt, Dietrich: Hochschulpolitik. *Die Geschichte der Bundesrepublik Deutschland*. Frankfurt am Main: Fischer 1989, 354–389.
Göpfert, Winfried: The Strength of PR and the Weakness of Journalism. In: Martin W. Bauer und Massimiamo Bucchi (Hg.): *Journalism, Science and Society. Science Communication between News and Public Relations*. New York: Routledge 2007, 215–226.
Gordon, Glen E.: Atmospheric Chemistry and Physics of Air Pollution. John S. Seinfeld. *Science* 235/4793 (1987), 1263–1264. doi:10.1126/science.235.4793.1263-b.
– Atmospheric Science. Rezension zu: Atmospheric Chemistry. Fundamentals and Experimental Techniques von Barbara J. Finlayson-Pitts und James N. Pitts. *Science* 235/4793 (1987), 1263–1264. doi:10.1126/science.235.4793.1263-b.
Görtemaker, Manfred: *Geschichte der Bundesrepublik Deutschland. Von der Gründung bis zur Gegenwart*. München: C.H. Beck 1999.
Görtemaker, Manfred und Christoph Safferling: *Die Akte Rosenburg. Das Bundesministerium der Justiz und die NS-Zeit*. München: C.H. Beck 2016.
Gottwald, Franz-Theo und Anita Krätzer: *Irrweg Bioökonomie. Kritik an einem totalitären Ansatz*. Berlin: Suhrkamp 2014.
Gottweis, Herbert: *Governing Molecules. The Discursive Politics of Genetic Engineering in Europe and the United States*. Cambridge, MA: MIT Press 1998.
Goudsmit, Samuel A.: *Alsos. With a New Introduction by David Cassidy*. 3. Auflage. Woodbury: American Institute of Physics 1996.
Gradmann, Christoph: *Krankheit im Labor. Robert Koch und die medizinische Bakteriologie*. Göttingen: Wallstein 2005.
Graf, Angela: *Die Wissenschaftselite Deutschlands. Sozialprofil und Werdegänge zwischen 1945 und 2013*. Frankfurt am Main: Campus 2015.
Graf, Rüdiger: *Öl und Souveränität. Petroknowledge und Energiepolitik in den USA und Westeuropa in den 1970er Jahren*. München: Oldenbourg 2014.
Grahn, Sarah Lena und dpa: Behörde zieht Patent auf veränderte Menschenaffen zurück. *Die Zeit* (19.2.2021). https://www.zeit.de/wissen/2021-02/gentechnik-patent-tiere-menschenaffen-epa.

Graml, Hermann: Strukturen und Motive alliierter Besatzungspolitik in Deutschland. In: Wolfgang Benz (Hg.): *Deutschland unter alliierter Besatzung 1945–1949/55. Ein Handbuch*. Berlin: Akademie Verlag 1999, 21–32.
Graßmann, Wolfgang: Max-Planck-Institut für Eiweiß- und Lederforschung in München. In: Generalverwaltung der Max-Planck-Gesellschaft (Hg.): *Jahrbuch der Max-Planck-Gesellschaft zur Förderung der Wissenschaften 1961*. Bd. 2. Göttingen 1962, 258–290.
Gratzer, Walter: Sir John Royden Maddox. 27 November 1925 – 12 April 2009. *Biographical Memoirs of Fellows of the Royal Society* 56 (2010), 237–255.
Greenberg, Daniel S.: Europe's Scientific Renaissance. *Omni Magazine* 2/3 (1979), 76–80 u. 122–124.
Greene, Jeremy Alan: *Prescribing by Numbers. Drugs and the Definition of Disease*. Baltimore: Johns Hopkins University Press 2007.
Greiner, Bernd: *Die Morgenthau-Legende. Zur Geschichte eines umstrittenen Plans*. Hamburg: Hamburger Edition 1995.
– Morgenthau-Plan. In: Wolfgang Benz (Hg.): *Deutschland unter alliierter Besatzung 1945–1949/55. Ein Handbuch*. Berlin: Akademie Verlag 1999, 358–360.
Greschat, Martin: »Mehr Wahrheit in der Politik!« Das Tübinger Memorandum von 1961. *Vierteljahrshefte für Zeitgeschichte* 48/3 (2000), 491–513.
Griesecke, Birgit (Hg.): *… was überhaupt möglich ist – Zugänge zum Leben und Denken Ludwik Flecks im Labor der Moderne. Materialien zu einer Ausstellung*. Berlin: Max-Planck-Institut für Wissenschaftsgeschichte 2002.
– *Werkstätten des Möglichen. 1930–1936. L. Fleck, E. Husserl, R. Musil, L. Wittgenstein*. Würzburg: Königshausen & Neumann 2008.
Griesecke, Birgit, Marcus Krause, Nicolas Pethes und Katja Sabisch (Hg.): *Kulturgeschichte des Menschenversuchs im 20. Jahrhundert*. Berlin: Suhrkamp 2009.
Grimberg, Barbara: *Der Saatgetreide- und Saatmaismarkt in Westdeutschland seit 1949. Wirkungen der Regelungen auf Erzeugung und Vermarktung*. Bochum: Brockmeyer 1995.
Grömling, Dieter und Susanne Kiewitz: Räume zum Denken. Bauen für die Wissenschaft. In: Peter Gruss und Reinhard Rürup (Hg.): *Denkorte. Max-Planck-Gesellschaft und Kaiser-Wilhelm-Gesellschaft. Brüche und Kontinuitäten 1911–2011*. Dresden: Sandstein 2010, 34–47.
Grossarth, Jan: *Die Vergiftung der Erde. Metaphern und Symbole agrarpolitischer Diskurse seit Beginn der Industrialisierung*. Frankfurt am Main: Campus 2018.
Grossbach, Ulrich: Wolfgang Beermann (1921–2000). The Man and His Science. *Genetics* 155/4 (2000), 1487–1491.
Grossner, Claus: Aufstand der Forscher. Krise in der Max-Planck-Gesellschaft: Der Kampf um die Mitbestimmung. *Die Zeit* 25 (18.6.1971).
– »Der Rest kommt aus der Industrie«. *Der Spiegel* 27 (28.6.1971), 112.
Grote, Mathias: *Membranes to Molecular Machines. Active Matter and the Remaking of Life*. Chicago: University of Chicago Press 2019.
Grote, Mathias, Lisa Onaga, Angela N. H. Creager, Soraya de Chadarevian, Daniel Liu, Gina Surita und Sarah E. Tracy:

The Molecular Vista. Current Perspectives on Molecules and Life in the Twentieth Century. *History and Philosophy of the Life Sciences* 43/16 (2021), 1–18. doi:10.1007/s40656-020-00364-5.

Groth, Wilhelm: Gaszentrifugenanlagen zur Anreicherung von Uran-235. *Die Naturwissenschaften* 60 (1973), 57–64.

Grundmann, Reiner: *Transnationale Umweltpolitik zum Schutz der Ozonschicht. USA und Deutschland im Vergleich.* Frankfurt am Main: Campus 1999.

– *Transnational Environmental Policy. Reconstructing Ozone.* London: Routledge 2001.

Grunenberg, Nina: Empfehlungen, von denen wir leben. Ein Porträt des Wissenschaftsrates. *Die Zeit* 27 (1.7.1966). https://www.zeit.de/1966/27/empfehlungen-von-denen-wir-leben/komplettansicht.

Gruss, Peter: Grundlagenforschung als Basis für Innovation. Ansprache des Präsidenten Prof. Peter Gruss auf der Festversammlung der Max-Planck-Gesellschaft in Stuttgart am 25. Juni 2004. In: Generalverwaltung der Max-Planck-Gesellschaft (Hg.): *Max-Planck-Gesellschaft Jahrbuch 2004.* München 2004, 9–21.

– (Hg.): *Die Max-Planck-Gesellschaft als Bauherr der Architekten Fehling und Gogel.* Berlin: Jovis 2009.

Gruss, Peter und Reinhard Rürup (Hg.): *Denkorte. Max-Planck-Gesellschaft und Kaiser-Wilhelm-Gesellschaft. Brüche und Kontinuitäten 1911–2011.* Dresden: Sandstein 2010.

Guggolz, Ernst: Heinz A. Staab: »Für mich stand die wissenschaftliche Arbeit immer im Mittelpunkt«. *Nachrichten aus Chemie, Technik und Laboratorium* 47/8 (1999), 942–944.

Guillery, Ray: The Start of the European Journal of Neuroscience. *European Journal of Neuroscience* 41/1 (2015), 1–2. doi:10.1111/ejn.12814.

Gülstorff, Torben: Die Hallstein-Doktrin – Abschied von einem Mythos. *Deutschland Archiv*, 2017. https://www.bpb.de/themen/deutschlandarchiv/253953/die-hallstein-doktrin-abschied-von-einem-mythos/.

Gutfreund, Hanoch und Gerard Toulouse (Hg.): *Biology and Computation. A Physicist's Choice.* Singapore: World Scientific 1994.

Guthleben, Denis: *Histoire du CNRS de 1939 à nos jours. Une ambition nationale pour la science.* Paris: Armand Colin 2009.

Güttler, Nils: Gegenexpert*innen. Umwelt, Aktivismus und die regionalen Epistemologien des Widerstandes. *NTM Zeitschrift für Geschichte der Wissenschaften, Technik und Medizin* 30/4 (2022), 541–567. doi:10.1007/s00048-022-00350-x.

Haar, Ingo: Rezension. Hammerstein, Notker. Die Deutsche Forschungsgemeinschaft in der Weimarer Republik und im Dritten Reich. Wissenschaftspolitik in Republik und Diktatur, München 1999. *H-Soz-Kult*, 25.9.2000. www.hsozkult.de/publicationreview/id/reb-2434.

Habermas, Jürgen: Die Neue Unübersichtlichkeit. Die Krise des Wohlfahrtsstaates und die Erschöpfung utopischer Energien. *Merkur* 39/1 (1985), 1–14.

– *Die Zukunft der menschlichen Natur. Auf dem Weg zu einer liberalen Eugenik?* Frankfurt am Main: Suhrkamp 2005.

Habfast, Claus: *Großforschung mit kleinen Teilchen.* Berlin: Springer 1989.

Hachtmann, Rüdiger: *Wissenschaftsmanagement im »Dritten Reich«. Geschichte der Generalverwaltung der Kaiser-Wilhelm-Gesellschaft.* 2 Bde. Göttingen: Wallstein 2007.

– Die Kaiser-Wilhelm-Gesellschaft 1933 bis 1945. Politik und Selbstverständnis einer Großforschungseinrichtung. *Vierteljahrshefte für Zeitgeschichte* 56/1 (2008), 19–52.

– Strukturen, Finanzen und das Verhältnis zur Politik. Der organisatorische Rahmen. In: Peter Gruss und Reinhard Rürup (Hg.): *Denkorte. Max-Planck-Gesellschaft und Kaiser-Wilhelm-Gesellschaft. Brüche und Kontinuitäten 1911–2011.* Dresden: Sandstein 2010, 60–69.

– Rezension zu *Chronik der Kaiser-Wilhelm-/Max-Planck-Gesellschaft zur Förderung der Wissenschaften 1911–2011. Daten und Quellen*, von Eckart Henning und Marion Kazemi. *Archiv für Sozialgeschichte* 54/6 (2014). http://www.fes.de/cgi-bin/afs.cgi?id=81563.

Hack, Lothar: *Technologietransfer und Wissenstransformation. Zur Globalisierung der Forschungsorganisation von Siemens.* Münster: Westfälisches Dampfboot 1998.

– *Wie Globalisierung gemacht wird. Ein Vergleich der Organisationsformen und Konzernstrategien von General Electrics und Thomson/Thales.* Berlin: edition sigma 2007.

Hack, Lothar und Irmgard Hack: *Multinational organisierte Forschung als private Verfügung über gesellschaftlich generiertes Wissen am Beispiel des HOECHST-Konzerns.* Frankfurt am Main 1981.

Hacker, Hans: Tomometrie. Die direkte Röntgendiagnose von Gehirnerkrankungen. *Deutsches Ärzteblatt* 72/12 (1975), 811–814.

– The Beginning of CT in Germany. *The Neuroradiology Journal* 9/4 (1996), 411–414. doi:10.1177/197140099600900409.

Hacking, Ian: *The Taming of Chance.* Cambridge: Cambridge University Press 1990.

Hagner, Michael: *Geniale Gehirne. Zur Geschichte der Elitegehirnforschung.* Göttingen: Wallstein 2004.

Hagner, Michael und Cornelius Borck: Mindful Practices. On the Neurosciences in the Twentieth Century. *Science in Context* 14/4 (2001), 507–510. doi:10.1017/S0269889701000229.

Hahlbrock, Klaus: Die Molekularbiologie hält Einzug im Institut für Züchtungsforschung. In: Max-Planck-Institut für Züchtungsforschung und Max-Planck-Institut für Züchtungsforschung (Hg.): *1928–2003. 75 Jahre Institut für Züchtungsforschung.* Köln: Moeker Merkur 2003, 37–47.

Hahn, Dietrich (Hg.): *Otto Hahn. Leben und Werk in Texten und Bildern. Mit einem Vorwort von Carl Friedrich von Weizsäcker.* Frankfurt am Main: Insel 1988.

Hahn, Otto: Über ein neues radioaktives Zerfallsprodukt im Uran. *Die Naturwissenschaften* 9/5 (1921), 84. doi:10.1007/BF01491321.

– Ansprache »Vierzig Jahre Kaiser-Wilhelm-Gesellschaft«. In: Max-Planck-Gesellschaft zur Förderung der Wissenschaften (Hg.): *2. Ordentliche Hauptversammlung vom 12.–14. September 1951 zu München. Ansprachen und Festvortrag.* Göttingen 1951, 21–32.

- Ansprache unseres Präsidenten Professor Hahn. *Mitteilungen aus der Max-Planck-Gesellschaft zur Förderung der Wissenschaften* Heft 4 (1957), 194-201.
- Ansprache unseres Präsidenten Professor Hahn. *Mitteilungen aus der Max-Planck-Gesellschaft zur Förderung der Wissenschaften* Heft 4 (1959), 250-257.
- Ansprache unseres Ehrenpräsidenten Professor Hahn. *Mitteilungen aus der Max-Planck-Gesellschaft zur Förderung der Wissenschaften* Heft 5 (1960), 271-278.
- *Otto Hahn. Mein Leben.* Hg. von Dietrich Hahn. 6. Auflage, erweiterte Neuausgabe. München: Piper 1986.

Hall, Peter A. und David W. Soskice (Hg.): *Varieties of Capitalism. The Institutional Foundations of Comparative Advantage.* Oxford: Oxford University Press 2001.

Haller, Lea: *Cortison. Geschichte eines Hormons, 1900-1955.* Zürich: Chronos 2012.

Hamann, Hanjo: *Evidenzbasierte Jurisprudenz. Methoden empirischer Forschung und ihr Erkenntniswert für das Recht am Beispiel des Gesellschaftsrechts.* Tübingen: Mohr Siebeck 2014.

Hamburger Institut für Sozialforschung (Hg.): *Vernichtungskrieg. Verbrechen der Wehrmacht 1941 bis 1944. Ausstellungskatalog.* Hamburg: Hamburger Edition 1996.

Hämmerling, Joachim: Nucleo-Cytoplasmic Relationships in the Development of Acetabularia. *International Review of Cytology.* Bd. 2. Burlington: Elsevier 1953, 475-498.
- Max-Planck-Institut für Meeresbiologie in Wilhelmshaven. In: Max-Planck-Gesellschaft zur Förderung der Wissenschaften (Hg.): *Jahrbuch der Max-Planck-Gesellschaft zur Förderung der Wissenschaften 1961.* Bd. 2. Göttingen 1962, 583-587.

Hammerstein, Notker: *Die Deutsche Forschungsgemeinschaft in der Weimarer Republik und im Dritten Reich. Wissenschaftspolitik in Republik und Diktatur 1920-1945.* München: C. H. Beck 1999.

Händel, Ursula M.: Kritische Anmerkungen zur Novellierung des Tierschutzgesetzes. *Zeitschrift für Rechtspolitik* 26/11 (1993), 426-431.
- Chancen und Risiken einer Novellierung des Tierschutzgesetzes. Der Tierschutz muß im Grundgesetz verankert werden. *Zeitschrift für Rechtspolitik* 29/4 (1996), 137-142.

Hannaway, Caroline (Hg.): *Biomedicine in the Twentieth Century. Practices, Policies and Politics.* Amsterdam: IOS Press 2008.

Hansen, Jan: *Abschied vom Kalten Krieg? Die Sozialdemokraten und der Nachrüstungsstreit (1977-1987).* Berlin: De Gruyter 2016.

Hanson, Elizabeth, Arnold J Levine und David Rockefeller: *The Rockefeller University Achievements. A Century of Science for the Benefit of Humankind 1901-2001.* New York: Rockefeller University Press 2000.

Harden, Victoria A: *Inventing the NIH. Federal Biochemical Research Policy, 1887-1937.* Baltimore: Johns Hopkins University Press 1986.

Hardtwig, Wolfgang: *Vormärz. Der monarchische Staat und das Bürgertum.* 4. Auflage. München: dtv 1998.

Harley, Gail M. und John Kieffer: The Development and Reality of Auditing. In: James R. Lewis (Hg.): *Scientology.* Oxford: Oxford University Press 2009, 183-205.

Harrington, Anne: *The Cure Within. A History of Mind-Body Medicine.* New York: W. W. Norton & Company 2008.

Harris, Henry: Joachim Hämmerling, 9 March 1901-5 August 1980. *Biographical Memoirs of Fellows of the Royal Society* 28 (1982), 111-124. doi:10.1098/rsbm.1982.0005.

Hart, Bert A. 't, Jon D. Laman und Yolanda S. Kap: Reverse Translation for Assessment of Confidence in Animal Models of Multiple Sclerosis for Drug Discovery. *Clinical Pharmacology & Therapeutics* 103/2 (2018), 262-270. doi:10.1002/cpt.801.

Hartmann, Michael: *Der Weg zum KIT. Von der jahrzehntelangen Zusammenarbeit des Forschungszentrums Karlsruhe mit der Universität Karlsruhe (TH) zur Gründung des Karlsruher Instituts für Technologie.* Karlsruhe: KIT Scientific Publishing 2013.

Hartung, Dirk: Mehr Zeitverträge – weniger Probleme? Über den richtigen Umgang mit den erweiterten gesetzlichen Möglichkeiten, Zeitverträge zu vergeben. *MPG-Spiegel* 3 (1986), 41-43.
- Beschäftigungsverhältnisse des wissenschaftlichen Personals an außeruniversitären Forschungseinrichtungen aus der Sicht des Betriebsrates. In: Arbeitsgruppe Fortbildung Sprecherkreis der Hochschulkanzler (Hg.): *Die Neuregelung der Dienst- und Arbeitsverhältnisse des wissenschaftlichen Personals an Hochschulen und Forschungseinrichtungen. Referate gehalten im Kurs III/22 des Fortbildungsprogramms für die Wissenschaftsverwaltung (Projekt im Rahmen des OECD-Hochschulverwaltungsprogramms) vom 18. bis 20. April 1989 in Oldenburg.* Essen: Universität Essen 1989, 159-184.
- Ökonomisierung der Wissenschaft? Das Beispiel der Grundlagenforschung. In: Dietrich Hoffmann und Karl Neumann (Hg.): *Ökonomisierung der Wissenschaft. Forschen, Lehren und Lernen nach den Regeln des »Marktes«.* Weinheim: Beltz 2003, 73-83.

Hartung, Günter: Erfindertätigkeit von Autoren aus Instituten der Kaiser-Wilhelm-Gesellschaft 1924 bis 1943. Patentstatistiken in der historischen Analyse von Instituten der Kaiser-Wilhelm-Gesellschaft. In: Bernhard vom Brocke und Hubert Laitko (Hg.): *Die Kaiser-Wilhelm-/Max-Planck-Gesellschaft und ihre Institute. Studien zu ihrer Geschichte: Das Harnack-Prinzip.* Berlin: De Gruyter 1996, 521-540.

Hartung, Ulrich und Felix Hörisch: Regulation vs Symbolic Policy-Making. Genetically Modified Organisms in the German States. *German Politics*, 2017, 1-21, 1-21. doi:10.1080/09644008.2017.1397135.

Harwood, Jonathan: *Styles of Scientific Thought. The German Genetics Community. 1900-1933.* Chicago: University of Chicago Press 1993.
- *Technology's Dilemma. Agricultural Colleges between Science and Ppractice in Germany, 1860-1934.* Oxford: Peter Lang 2005.
- *Europe's Green Revolution and Others Since. The Rise and Fall of Peasant-Friendly Plant Breeding.* London: Routledge 2012.
- Did Mendelism Transform Plant Breeding? Genetic Theory and Breeding Practice, 1900-1945. In: Denise Phillips und Sharon Kingsland (Hg.): *New Perspectives on the History of Life Sciences and Agriculture.* Cham: Springer 2015, 345-370.

Hasselmann, Klaus: Stochastic Climate Models Part I. Theory. *Tellus* 28/6 (1976), 473–485.
- On the Signal-to-Noise Problem in Atmospheric Response Studies. In: D. B. Shaw (Hg.): *Meteorology over the Tropical Oceans. The Main Papers Presented at a Joint Conference Held 21 to 25 August 1978 in the Rooms of the Royal Society, London*. Bracknell: Royal Meteorological Society 1979, 251–259.

Hasselmann, Klaus, Tim P. Barnett, Evert Bouws, H. Carlson, David Edgar Cartwright, E. Enke, J. A. Ewing et al.: Measurements of Wind-Wave Growth and Swell Decay during the Joint North Sea Wave Project (JONSWAP). *Ergänzungsschrift zur Deutschen Hydrographischen Zeitschrift, Reihe A* 8/12 (1973).

Hasselmann, Susanne, Klaus Hasselmann, E. Bauer, P. A. E. M. Janssen, G. J. Komen, L. Bertotti, P. Lionello et al.: The WAM Model – A Third Generation Ocean Wave Prediction Model. *Journal of Physical Oceanography* 18/12 (1988), 1775–1810.

Hassemer, Winfried: Strafrechtswissenschaft in der Bundesrepublik Deutschland. In: Dieter Simon (Hg.): *Rechtswissenschaft in der Bonner Republik. Studien zur Wissenschaftsgeschichte der Jurisprudenz*. Frankfurt am Main: Suhrkamp 1994, 259–310.

Hassenstein, Bernhard: Erich von Holst (1908–1962). In: Ilse Jahn und Michael Schmitt (Hg.): *Darwin & Co. Eine Geschichte der Biologie in Portraits*. Bd. 2. München: C.H. Beck 2001, 401–421.
- Der Weg zur Tübinger Biokybernetik. Wissenschaftliche Zusammenarbeit mit Werner Reichardt von 1943 bis 1960. In: Benno Parthier, Wieland Berg, Sybille Gerstengarbe und Andreas Kleinert (Hg.): *Vorträge und Abhandlungen zur Wissenschaftsgeschichte 2002/2003 & 2003/2004*. Stuttgart: Wissenschaftliche Verlagsgesellschaft 2007, 297–322.

Hassenstein, Bernhard und Werner Reichardt: Der Schluß von Reiz-Reaktions-Funktionen auf System-Strukturen. *Zeitschrift für Naturforschung B* 8/9 (1953), 518–524.

Hau, Michael: *The Cult of Health and Beauty in Germany. A Social History 1890–1930*. Chicago: University of Chicago Press 2003.

Hauff, Volker und Fritz Wilhelm Scharpf: *Modernisierung der Volkswirtschaft. Technologiepolitik als Strukturpolitik*. Frankfurt am Main: Europäische Verlagsanstalt 1975.

Haug, Wolfgang Fritz: *Der hilflose Antifaschismus. Zur Kritik der Vorlesungsreihen über Wissenschaft und NS an deutschen Universitäten*. Frankfurt am Main: Suhrkamp 1967.

Hauke, Petra: *Bibliographie zur Geschichte der Kaiser-Wilhelm-/Max-Planck-Gesellschaft zur Förderung der Wissenschaften (1911–1994)*. Teil A–E. Hg. von Eckart Henning und Archiv der Max-Planck-Gesellschaft. Bd. 1–3. Berlin 1994.
- *Literatur über Max Planck*. Bestandsverzeichnis. Anlässlich des Jubiläums 100 Jahre Quantentheorie bearbeitet und hg. von Eckart Henning und Kazemi Marion. Berlin 2001.

Hawkes, John Gregory und Henk Lamberts: Eucarpia's Fifteen Years of Activities in Genetic Resources. *Euphytica* 26/1 (1977), 1–3.

Haxel, Otto: Energiegewinnung aus Kernprozessen. In: Otto Haxel und Max Wolf (Hg.): *Arbeitsgemeinschaft für Forschung des Landes Nordrhein-Westfalen*. Bd. 25. Köln: Westdeutscher Verlag 1953, 7–19.

Hays, Samuel P.: *Beauty, Health, and Permanence: Environmental Politics in the United States, 1955–1985*. Cambridge: Cambridge University Press 1987.

Heberer, Thomas: Wenhua da Geming. Die »Große Proletarische Kulturrevolution« – modernes Trauma Chinas. In: Peter Wende (Hg.): *Große Revolutionen der Geschichte. Von der Frühzeit bis zur Gegenwart*. München: C.H. Beck 2000, 289–311.

Heckhausen, Heinz: Vier Dekaden Motivations- und Volitionsforschung. Eine autobiographische Skizze. In: Max-Planck-Institut für psychologische Forschung (Hg.): *Heinz Heckhausen. Erinnerungen, Würdigungen, Wirkungen*. Berlin: Springer 1990, 1–30.

Heer, Hannes und Klaus Naumann (Hg.): *Vernichtungskrieg. Verbrechen der Wehrmacht 1941–1944*. Hamburg: Hamburger Edition 1995.

Hegerl, Gabriele C., Hans von Storch, Klaus Hasselmann, Benjamin D. Santer, Ulrich Cubasch und Philip D. Jones: Detecting Greenhouse-Gas-Induced Climate Change with an Optimal Fingerprint Method. *Journal of Climate* 9/10 (1996), 2281–2306.

Heidemeyer, Helge: NATO-Doppelbeschluss, westdeutsche Friedensbewegung und der Einfluss der DDR. In: Philipp Gassert, Tim Geiger und Hermann Wentker (Hg.): *Zweiter Kalter Krieg und Friedensbewegung. Der NATO-Doppelbeschluss in deutsch-deutscher und internationaler Perspektive*. München: Oldenbourg 2011, 247–267.

Heigert, Hans: Jürgen Habermas tritt zurück. *Süddeutsche Zeitung* (14.4.1981).

Heim, Susanne: Forschung für die Autarkie. Agrarwissenschaft an Kaiser-Wilhelm-Instituten. In: Susanne Heim (Hg.): *Autarkie und Ostexpansion. Pflanzenzucht und Agrarforschung im Nationalsozialismus*. Göttingen: Wallstein 2002, 145–177.
- *Kalorien, Kautschuk, Karrieren. Pflanzenzüchtung und landwirtschaftliche Forschung an Kaiser-Wilhelm-Instituten 1933–1945*. Göttingen: Wallstein 2003.

Heim, Susanne und Hildegard Kaulen: Müncheberg – Köln. Max-Planck-Institut für Pflanzenzüchtungsforschung. In: Peter Gruss und Reinhard Rürup (Hg.): *Denkorte. Max-Planck-Gesellschaft und Kaiser-Wilhelm-Gesellschaft. Brüche und Kontinuitäten 1911–2011*. Dresden: Sandstein 2010, 348–358.

Heim, Susanne, Carola Sachse und Mark Walker (Hg.): *The Kaiser Wilhelm Society under National Socialism*. Cambridge: Cambridge University Press 2009.

Heimpel, Hermann: Gegenwartsaufgaben der Geschichtswissenschaft (1959). *Kapitulation vor der Geschichte? Gedanken zur Zeit*. 3. Auflage. Göttingen: Vandenhoeck & Ruprecht 1960, 45–67.

Heine, Günter: Ökologie und Recht. Zur historischen Entwicklung normativen Umweltschutzes. *Goltdammers Archiv für Strafrecht* 136 (1989), 116–131.

Heinemann, Jack, Tsedeke Abate, Angelika Hilbeck und Dough Murray: Biotechnology. In: Beverly D. McIntyre, Hans R. Herren, Judi Wakhungu und Robert T. Watson (Hg.): *International Assessment of Agricultural Knowledge, Science and*

Technology for Development (IAASTD). Synthesis Report. Synthesis of the Global and Sub-Global IAASTD Reports. Washington: Island Press 2009, 40–45.

Heinemann, Manfred: Der Wiederaufbau der Kaiser-Wilhelm-Gesellschaft und die Neugründungen der Max-Planck-Gesellschaft (1945–1949). In: Rudolf Vierhaus und Bernhard vom Brocke (Hg.): *Forschung im Spannungsfeld von Politik und Gesellschaft. Geschichte und Struktur der Kaiser-Wilhelm-/Max-Planck-Gesellschaft.* Stuttgart: Deutsche Verlags-Anstalt 1990, 407–470.

– Überwachung und »Inventur« der deutschen Forschung. Das Kontrollratsgesetz Nr. 25 und die alliierte Forschungskontrolle im Bereich der Kaiser-Wilhelm-/Max-Planck-Gesellschaft (KWG/MPG) 1945–1955. In: Lothar Mertens (Hg.): *Politischer Systemumbruch als irreversibler Faktor von Modernisierung in der Wissenschaft?* Berlin: Duncker & Humblot 2001, 167–199.

– La France et le CNRS dans la politique scientifique de la Max-Planck-Gesellschaft (1948–1981). In: Corine Defrance und Ulrich Pfeil (Hg.): *La construction d'un espace scientifique commun? La France, la RFA et l'Europe après le »choc du Spoutnik«.* Bruxelles: Peter Lang 2012, 115–135.

– Die Max-Planck-Gesellschaft (MPG) und das Centre National de la Recherche Scientifique (CNRS) (1945–1949). In: Christian Forstner und Dieter Hoffmann (Hg.): *Physik im Kalten Krieg. Beiträge zur Physikgeschichte während des Ost-West-Konflikts.* Wiesbaden: Springer Spektrum 2013, 175–194

– Alliierte Erschließung und Aneignung des deutschen Industrie- und Wissenschaftspotentials 1944–47 durch die »Field Intelligence Agency, Technical (FIAT) (US)/(UK)«. In: Christian Forstner und Götz Neuneck (Hg.): *Physik, Militär und Frieden. Physiker zwischen Rüstungsforschung und Friedensbewegung.* Wiesbaden: Springer Fachmedien 2018, 69–111. doi:10.1007/978-3-658-20105-0_5.

Heinsohn, Kirsten und Rainer Nicolaysen (Hg.): *Belastete Beziehungen. Studien zur Wirkung von Exil und Remigration auf die Wissenschaften in Deutschland nach 1945.* Göttingen: Wallstein 2021.

Heinze, Thomas und Natalie Arnold: Governanceregimes im Wandel. Eine Analyse des außeruniversitären, staatlich finanzierten Forschungssektors in Deutschland. *Kölner Zeitschrift für Soziologie und Sozialpsychologie* 60/4 (2008), 686–722. doi:10.1007/s1577-008-0033-6.

Heise, Katharina: Affen oder Alpha? Warum ein Patent um ein Synuclein für Aufmersamkeit sorgt. In: Teresa Nentwig und Katharina Trittel (Hg.): *Entdeckt, erdacht, erfunden. 20 Göttinger Geschichten von Genie und Irrtum.* Göttingen: Vandenhoeck & Ruprecht 2019, 229–237.

Heisenberg, Martin: Nachruf auf Norbert Elsner. *Jahrbuch der Göttinger Akademie der Wissenschaften* 2011/1 (2012), 343–348.

Heisenberg, Werner: Die Sorge um die Naturwissenschaft. *Göttinger Universitätszeitung* 3 (1948), 7.

– Die europäische Organisation der kernphysikalischen Forschung. *Mitteilungen aus der Max-Planck-Gesellschaft zur Förderung der Wissenschaften* Heft 3 (1954), 137–140.

– Max-Planck-Institut für Physik und Astrophysik in München. In: Generalverwaltung der Max-Planck-Gesellschaft (Hg.): *Jahrbuch der Max-Planck-Gesellschaft zur Förderung der Wissenschaften 1961.* Bd. 2. Göttingen 1962, 632–643.

– *Der Teil und das Ganze. Gespräche im Umkreis der Atomphysik.* 4. Auflage. München: Piper 1972.

Heiss, Wolf-Dieter: Hirnfunktionen sichtbar gemacht. Die Positronen-Emissions-Tomographie als neue Methode diagnostischer Stoffwechsel-Untersuchung. In: Generalverwaltung der Max-Planck-Gesellschaft (Hg.): *Jahrbuch der Max-Planck-Gesellschaft 1985.* Göttingen: Vandenhoeck & Ruprecht 1985, 36–56.

Helling-Moegen, Sabine: *Forschen nach Programm. Die programmorientierte Förderung in der Helmholtz-Gemeinschaft: Anatomie einer Reform.* Marburg: Tectum 2009.

Helmchen, Hanfried und Rolf Winau: *Versuche mit Menschen in Medizin, Humanwissenschaft und Politik.* Berlin: De Gruyter 1986.

Helmreich, Ernst: *Von Molekülen zu Zellen. 100 Jahre experimentelle Biologie. Betrachtungen eines Biochemikers.* Diepholz: GNT-Verlag 2011.

Hemmen, Jan Leonard van, Jack D. Cowan und Eytan Domany (Hg.): *Models of Neural Networks IV. Early Vision and Attention.* New York: Springer 2011.

Henahan, John F.: West German Science. Trends Mirrored in a Max Planck Institute. *Science* 194/4263 (1976), 410–412.

Henke, Klaus-Dietmar: *Politische Säuberung unter französischer Besatzung. Die Entnazifizierung in Württemberg-Hohenzollern. Politische Säuberung unter französischer Besatzung.* Stuttgart: Deutsche Verlags-Anstalt 1981.

– *Die amerikanische Besetzung Deutschlands.* 2. Auflage. München: Oldenbourg 1996.

Henning, Eckart: Tresor der Wissenschaft und Gedächtnis der Verwaltung. *MPG-Spiegel* 2 (1984), 41–44.

– Das Archiv zur Geschichte der Max-Planck-Gesellschaft. Vorbereitung, Gründung u. Anfangsjahre einer Berliner Forschungsstätte für Wissenschaftsgeschichte (1975–1990). *Jahrbuch für brandenburgische Landesgeschichte* 41 (1990), 291–320.

– Rolf Neuhaus, geb. Berlin 4. November 1925, gest. Berlin 17. März 1991. *Der Archivar. Mitteilungsblatt des deutschen Archivwesens* 45/1 (1992), 143–144.

– *Beiträge zur Wissenschaftsgeschichte Dahlems.* Hg. von Eckart Henning, Kazemi Marion, und Archiv der Max-Planck-Gesellschaft. 2. Auflage. Berlin 2004.

Henning, Eckart und Marion Kazemi: *Chronik der Kaiser-Wilhelm-Gesellschaft zur Förderung der Wissenschaften.* Hg. von Eckart Henning und Archiv der Max-Planck-Gesellschaft. Bd. 1. Berlin 1988.

– *Chronik der Max-Planck-Gesellschaft zur Förderung der Wissenschaften unter der Präsidentschaft Otto Hahns (1946–1960).* Hg. von Eckart Henning und Archiv der Max-Planck-Gesellschaft. Berlin 1992.

– *Die Harnack-Medaille der Kaiser-Wilhelm-/Max-Planck-Gesellschaft zur Förderungen der Wissenschaften 1924–2004.* Herausgegeben von Eckart Henning, Marion Kazemi, und Archiv der Max-Planck-Gesellschaft. Bd. 19. Berlin 2005.

- *Chronik der Kaiser-Wilhelm-/Max-Planck-Gesellschaft zur Förderung der Wissenschaften 1911–2011. Daten und Quellen.* Berlin: Duncker & Humblot 2011.
- Die Entwicklung der Max-Planck-Gesellschaft von ihrer Gründung bis zur Gegenwart. In: Sybille Gerstengarbe, Joachim Kaasch, Michael Kaasch, Andreas Kleinert und Benno Parthier (Hg.): *Vorträge und Abhandlungen zur Wissenschaftsgeschichte 2011/2012.* Stuttgart: Wissenschaftliche Verlagsgesellschaft 2012, 29–48.
- Geld und Geist. Institute der Kaiser-Wilhelm-/Max-Planck-Gesellschaft (1911–2011) – erkenntnisorientiert oder anwendungsoffen? *Forschungen zur Brandenburgischen und Preußischen Geschichte* 26/2 (2016), 241–270. doi:10.3790/fbpg.26.2.241.
- *Handbuch zur Institutsgeschichte der Kaiser-Wilhelm-/Max-Planck-Gesellschaft zur Förderung der Wissenschaften 1911–2011. Daten und Quellen.* 2 Bde. Berlin: Archiv der Max-Planck-Gesellschaft 2016.

Henning, Eckart, Marion Kazemi und Dirk Ullmann: Max-Planck-Gesellschaft zur Förderung der Wissenschaften und Archiv zur Geschichte der Max-Planck-Gesellschaft (Hg.): *50 Jahre Max-Planck-Gesellschaft zur Förderung der Wissenschaften.* Berlin: Duncker & Humblot 1998.

Hentschel, Klaus (Hg.): *Unsichtbare Hände. Zur Rolle von Laborassistenten, Mechanikern, Zeichnern u. a. Amanuenses in der physikalischen Forschungs- und Entwicklungsarbeit.* Diepholz: Verlag für Geschichte der Naturwissenschaften und der Technik 2008.
- Wie kann Wissenschafts- und Technikgeschichte die vielen »unsichtbaren Hände« der Forschungspraxis sichtbar machen? In: Klaus Hentschel (Hg.): *Unsichtbare Hände. Zur Rolle von Laborassistenten, Mechanikern, Zeichnern u. a. Amanuenses in der physikalischen Forschungs- und Entwicklungsarbeit.* Diepholz: Verlag für Geschichte der Naturwissenschaften und der Technik 2008, 9–25.
- Von der Werkstoffforschung zur Materials Science. *NTM Zeitschrift für Geschichte der Wissenschaften, Technik und Medizin* 19/1 (2011), 5–40.
- *Photons. The History and Mental Models of Light Quanta.* Cham: Springer 2018.

Heppe, Hans von: Denken und Handeln für die Wissenschaft. In: Max-Planck-Gesellschaft (Hg.): *Problems of Science Policy in Europe. Symposium zum Gedenken an Friedrich Schneider.* Max-Planck-Gesellschaft. Berichte und Mitteilungen 5, 1982, 46–48.

Herbert, Ulrich: Liberalisierung als Lernprozeß. Die Bundesrepublik in der deutschen Geschichte – eine Skizze. In: Ulrich Herbert (Hg.): *Wandlungsprozesse in Westdeutschland. Belastung, Integration, Liberalisierung 1945–1980.* Göttingen: Wallstein 2002, 7–49.
- *Geschichte Deutschlands im 20. Jahrhundert.* München: C.H. Beck 2014.

Herbertz, Heinrich und Benno Müller-Hill: Quality and Efficiency of Basic Research in Molecular Biology. A Bibliometric Analysis of Thirteen Excellent Research Institutes. *Research Policy* 24 (1995), 959–979. doi:10.1016/0048-7333(94)00814-0.

Herbst, Katrin: »Patente in eigener Regie.« Interview mit Günther Wilke. In: Peter Gruss und Reinhard Rürup (Hg.): *Denkorte. Max-Planck-Gesellschaft und Kaiser-Wilhelm-Gesellschaft. Brüche und Kontinuitäten 1911–2011.* Dresden: Sandstein 2010, 122–125.
- »Wir waren im Institut wie eine große Familie«. Interview mit Margret Böhm. In: Peter Gruss und Reinhard Rürup (Hg.): *Denkorte. Max-Planck-Gesellschaft und Kaiser-Wilhelm-Gesellschaft. Brüche und Kontinuitäten 1911–2011.* Dresden: Sandstein 2010, 288–291.

Herbst, Ludolf: *Option für den Westen. Vom Marshallplan bis zum deutsch-französischen Vertrag.* 2. Auflage. München: dtv 1996.

Hermann, Armin: *Max Planck in Selbstzeugnissen und Bilddokumenten.* Reinbek bei Hamburg: Rowohlt 1973.
- (Hg.): *Werner Heisenberg in Selbstzeugnissen und Bilddokumenten.* Reinbek bei Hamburg: Rowohlt 1976.

Hermann, Armin, Lanfranco Belloni, John Krige, Ulrike Mersits und Dominique Pestre: *History of CERN. Launching the European Organization for Nuclear Research.* Bd. 1. Amsterdam: North Holland 1987.

Hermann, Armin, John Krige, Ulrike Mersits, Dominique Pestre und Laura Weiss: *History of CERN. Building and Running the Laboratory.* Bd. 2. Amsterdam: North Holland 1990.

Hermann, Jörg: Technologietransfer durch Patente. Die Geschichte der Patentstelle für die deutsche Forschung. Ludwig-Maximilians-Universität München 1997.

Herrmann, Ulrich: Bildungsforschung ohne kritische Theorie der Bildung? Ein Gutachten von Theodor W. Adorno zur Gründung eines (Max-Planck) »Instituts für Recht, Soziologie und Ökonomie der Bildung« aus dem Jahre 1961. *Pädagogische Korrespondenz* 49 (2014), 9–22.

Herwig, Eckart (Hg.): *Chancen und Gefahren der Genforschung. Protokolle und Materialien zur Anhörung des Bundesministers für Forschung und Technologie in Bonn, 19. bis 21. September 1979.* München: Oldenbourg 1980.

Hess, Benno: Presse zwischen Wissenschaft und Öffentlichkeit. In: Max-Planck-Gesellschaft (Hg.): *Gentechnologie und Verantworung. Symposion der Max-Planck-Gesellschaft Schloß Ringberg/Tegernsee Mai 1985.* Max-Planck-Gesellschaft. Berichte und Mitteilungen 3, 1985, 9–13.

Hesse, Hans: *Augen aus Auschwitz. Ein Lehrstück über nationalsozialistischen Rassenwahn und medizinische Forschung. Der Fall Dr. Karin Magnussen.* Essen: Klartext 2001.

Heßler, Martina: *Die kreative Stadt. Zur Neuerfindung eines Topos.* Bielefeld: transcript 2007.

Heuck, Friedrich H. W. und Eckard Macherauch: *Forschung mit Röntgenstrahlen. Bilanz eines Jahrhunderts (1895–1995).* Berlin: Springer 2013.

Hewlett, Richard G. und Jack M. Holl: *Atoms for Peace and War, 1953–1961. Eisenhower and the Atomic Energy Commission.* Los Angeles: University of California Press 1989.

Heymann, Matthias: Lumping, Testing, Tuning. The Invention of an Artificial Chemistry in Atmospheric Transport Modeling. *Studies in History and Philosophy of Modern Physics* 41/3 (2010), 218–232. doi:10.1016/j.shpsb.2010.07.002.

Hicks, Marie: *Programmed Inequality. How Britain Discarded Women Technologists and Lost Its Edge in Computing.* Cambridge, MA: MIT Press 2017.

Hinrichs, Jutta: *Verschuldung des Bundes 1962–2001.* Arbeitspapier der Konrad-Adenauer-Stiftung, 77. Sankt Augustin 2002.

Hintsches, Eugen: Exodus der Wissenschaftler aus Deutschland. *MPG-Spiegel* 5 (1983), 44–53.

Hintze, Patrick: *Kooperative Wissenschaftspolitik. Verhandlungen und Einfluss in der Zusammenarbeit von Bund und Ländern.* Wiesbaden: Springer VS 2020.

Hinz-Wessels, Annette: *Das Robert-Koch-Institut im Nationalsozialismus.* Berlin: Kulturverlag Kadmos 2008.

Hirsch, Joachim: *Wissenschaftlich-technischer Fortschritt und politisches System. Organisation und Grundlagen administrativer Wirtschaftsförderung in der BRD.* 3. Auflage. Frankfurt am Main: Suhrkamp 1973.

– *Materialistische Staatstheorie. Transformationsprozesse des kapitalistischen Staatensystems.* Hamburg: VSA 2005.

Hirsch, Joachim und Roland Roth: *Das neue Gesicht des Kapitalismus. Vom Fordismus zum Post-Fordismus.* Hamburg: VSA 1986.

Hirst, William (Hg.): *The Making of Cognitive Science. Essays in Honor of George A. Miller.* Cambridge: Cambridge University Press 1988.

Hoare, M. R.: Max-Planck-Gesellschaft. A Model for »Small Science«? *Nature* 237/5352 (1972), 206–209.

Hobsbawm, Eric J.: *Das Zeitalter der Extreme. Weltgeschichte des 20. Jahrhunderts.* München: Hanser 1995.

Hobsbawm, Eric J. und Terence O. Ranger (Hg.): *The Invention of Tradition.* Cambridge: Cambridge University Press 1992.

Höchste Zeit, daß sich etwas ändert. Erster entsetzender Bericht der Kommission für Menschenrechte. *Freiheit. Unabhängige Zeitung für Menschenrechte.* Scientology (8.1972), 3.

Hockerts, Hans Günter: Sicherung im Alter. Kontinuität und Wandel der gesetzlichen Rentenversicherung 1889–1979. In: Werner Conze und M. Rainer Lepsius (Hg.): *Sozialgeschichte der Bundesrepublik Deutschland. Beiträge zum Kontinuitätsproblem.* 2. Auflage. Stuttgart: Klett-Cotta 1985, 296–323.

– Integration der Gesellschaft. Gründungskrise und Sozialpolitik in der frühen Bundesrepublik. *Zeitschrift für Sozialreform* 32/1 (1986), 25–41.

– »1968« als weltweite Bewegung. In: Venanz Schubert (Hg.): *1968. 30 Jahre danach.* St. Ottilien: EOS 1999, 13–34.

– Sektion III. Planung als Reformprinzip. Einleitung. In: Matthias Frese, Julia Paulus und Karl Teppe (Hg.): *Demokratisierung und gesellschaftlicher Aufbruch. Die sechziger Jahre als Wendezeit der Bundesrepublik.* Paderborn: Ferdinand Schöningh 2003, 249–257.

– *Wie die Rente steigen lernte. Die Rentenreform 1957. Der deutsche Sozialstaat. Entfaltung und Gefährdung seit 1945.* Göttingen: Vandenhoeck & Ruprecht 2011, 71–85.

– *Ein Erbe für die Wissenschaft. Die Fritz Thyssen Stiftung in der Bonner Republik.* Paderborn: Ferdinand Schöningh 2018.

Hoddeson, Lillian, Paul W. Henriksen, Roger A. Meade und Catherine Westfall (Hg.): *Critical Assembly. A Technical History of Los Alamos during the Oppenheimer Years, 1943–1945.* Cambridge: Cambridge University Press 1993.

Hodge, Russ: Genomsequenzierung und der Weg von der Gensequenz zur personalisierten Medizin. In: Martin Vingron und Max-Planck-Institut für molekulare Genetik (Hg.): *Gene und Menschen. 50 Jahre Forschung am Max-Planck-Institut für molekulare Genetik.* Berlin: Max-Planck-Institut für molekulare Genetik 2014, 92–105.

Hodgson, John: Markl Opens Max-Planck's Doors. *Nature Biotechnology* 15 (1997), 741. doi.org/10.1038/nbt0897-741.

Hoeres, Peter: Von der »Tendenzwende« zur »geistig-moralischen Wende«. Konstruktion und Kritik konservativer Signaturen in den 1970er und 1980er Jahren. *Vierteljahrshefte für Zeitgeschichte* 1 (2013), 93–119.

Hoerner, Sebastian von: Design of Large Steerable Antennas. *The Astronomical Journal* 72/1 (1967), 35–47.

Hof, Tobias: *Staat und Terrorismus in Italien 1969–1982.* München: Oldenbourg 2011.

Hofer, Hans-Georg: Der Arzt als therapeutischer Forscher: Paul Martini und die Verwissenschaftlichung der klinischen Medizin. *Acta Historica Leopoldina* 74 (2019), 41–59.

– Kausalität, Evidenz und Subjektivität. Paul Martinis Methodenkritik der Psychosomatischen Medizin. *NTM Zeitschrift für Geschichte der Wissenschaften, Technik und Medizin* 29/4 (2021), 387–416. doi:10.1007/s00048-021-00316-5.

Hofer, Hans-Georg und Volker Roelcke: Subjekt, Statistik, Wissenschaft. Epistemologische Positionierungen und Evidenzpraktiken in der klinischen Medizin seit 1949. *NTM Zeitschrift für Geschichte der Wissenschaften, Technik und Medizin* 29/4 (2021), 379–386. doi:10.1007/s00048-021-00317-4.

Hofferbert, Ralph, Harald Baumeister, Thomas Bertram, Jürgen Berwein, Peter Bizenberger, Armin Böhm, Michael Böhm et al.: LINC-NIRVANA for the Large Binocular Telescope: Setting up the World's Largest near Infrared Binoculars for Astronomy. *Optical Engineering* 52/8 (2013), 081602. doi:10.1117/1.OE.52.8.081602.

Hoffmann, Dierk: »Nicht nur ein Kopf, sondern auch ein Kerl!« Zum Leben und Wirken Max von Laue (1879–1960). *Physik Journal* 9/2010 (2010), 39–43.

Hoffmann, Dieter: Physikochemiker und Stalinist (1945–1955). *Robert Havemann. Dokumente eines Lebens.* Berlin: Ch. Links 1991, 64–115.

– (Hg.): *Robert Havemann. Dokumente eines Lebens.* Berlin: Ch. Links 1991.

– (Hg.): *Operation Epsilon. Die Farm-Hall-Protokolle oder die Angst der Alliierten vor der deutschen Atombombe.* Berlin: Rowohlt 1993.

Hoffmann, Dieter, Birgit Kolboske und Jürgen Renn (Hg.): *»Dem Anwenden muss das Erkennen vorausgehen«. Auf dem Weg zu einer Geschichte der Kaiser-Wilhelm-/Max-Planck-Gesellschaft.* 2. Auflage. Berlin: epubli 2015.

Hoffmann, Dieter und Ulrich Schmidt-Rohr: Wolfgang Gentner. Ein Physiker als Naturalist. In: Dieter Hoffmann und Ulrich Schmidt-Rohr (Hg.): *Wolfgang Gentner. Festschrift zum 100. Geburtstag.* Berlin: Springer 2006, 1–60.

– (Hg.): *Wolfgang Gentner. Festschrift zum 100. Geburtstag.* Berlin: Springer 2006.

Hoffmann, Dieter und Helmuth Trischler: Die Helmholtz-Gemeinschaft in historischer Perspektive. In: Jürgen Mlynek und Angela Bittner (Hg.): *20 Jahre Helmholtz-Gemeinschaft*. Bonn: Helmholtz-Gemeinschaft 2015, 9–47.

Hofmann, Werner und HESS Collaboration: The High Energy Stereoscopic System (HESS) Project. *AIP Conference Proceedings* 515/1 (2000), 500–509.

Hohendorf, Gerrit: Euthanasia in Nazi Germany. Children's Euthanasia Program, Aktion T4, and Decentralized Killing. *Physician-assisted suicide and euthanasia: before, during, and after the Holocaust*. Lanham: Lexington Books 2020, 59–77.

Hohn, Hans-Willy: Institutionelle Dynamik und Persistenz im deutschen Forschungssystem. In: Klaus-Rainer Bräutigam und Alexander Gerybadze (Hg.): *Wissens- und Technologietransfer als Innovationstreiber. Mit Beispielen aus der Materialforschung*. Berlin: Springer 2011, 247–266.

Hohn, Hans-Willy und Uwe Schimank: *Konflikte und Gleichgewichte im Forschungssystem. Akteurkonstellationen und Entwicklungspfade in der staatlich finanzierten außeruniversitären Forschung*. Frankfurt am Main: Campus 1990.

Höhn, Tobias D.: *Wissenschafts-PR. Eine Studie zur Öffentlichkeitsarbeit von Hochschulen und ausseruniversitären Forschungseinrichtungen*. Konstanz: UVK 2011.

Hohnerlein, Eva-Maria: *Internationale Adoption und Kindeswohl. Die Rechtslage von Adoptivkindern aus der Dritten Welt in der Bundesrepublik Deutschland im Vergleich zu anderen europäischen Ländern*. Bd. 12. Baden-Baden: Nomos 1991.

Hollingsworth, J. Roger: Institutionalizing Excellence in Biomedical Research. In: Darwin H. Stapleton (Hg.): *Creating a Tradition of Biomedical Research*. New York: Rockefeller University Press 2004, 15–18.

Holmes, Brian, Jeremy Bolen und Brian Kirkbride: Born Secret (Cash for Kryptonite): A Field Guide to the Anthropocene Mode of Production. *The Anthropocene Review* 8/2 (2021), 183–195. doi:10.1177/2053019620975803.

Holsboer, Florian: *Biologie für die Seele. Mein Weg zur personalisierten Medizin*. München: dtv 2011.

Holst, Erich von, Konrad Lorenz, Horst Mittelstaedt, Jürgen Aschoff und Ernst Schütz: Max-Planck-Institut für Verhaltensphysiologie in Seewiesen und Erling-Andechs/Oberbayern. In: Generalverwaltung der Max-Planck-Gesellschaft (Hg.): *Jahrbuch der Max-Planck-Gesellschaft zur Förderung der Wissenschaften 1961*. Bd. 2. Göttingen 1962, 762–788.

Holst, Erich von und Horst Mittelstaedt: Das Reafferenzprinzip. Wechselwirkungen zwischen Zentralnervensystem und Peripherie. *Naturwissenschaften* 37/20 (1950), 464–476. doi:10.1007/BF00622503.

Holtgrewe, Ursula: *Schreib-Dienst. Frauenarbeit im Büro*. Marburg: SP-Verlag 1989.

Höltje, Joachim-Volker: Uli Schwarz (1934–2006). *Neuroforum* 13/2 (2007), 64–65. doi:10.1515/nf-2007-0206.

Homburg, Ernst und Elisabeth Vaupel (Hg.): *Hazardous Chemicals. Agents of Risk and Change, 1800–2000*. New York: Berghahn 2019.

Hoog, Günter und Ingo von Münch: Einführung. *Dokumente der Wiedervereinigung Deutschlands. Quellentexte zum Prozeß der Wiedervereinigung*. Stuttgart: Kröner 1991, X–XL.

Höpfner, Klaus: Max Planck Production Venture Fails. *Nature* 280 (1979), 347.

Hopkins, Michael M., Paul A. Martin, Paul Nightingale, Alison Kraft und Surya Mahdi: The Myth of the Biotech Revolution. An Assessment of Technological, Clinical and Organisational Change. *Research Policy* 36/4 (2007), 566–589. doi:10.1016/j.respol.2007.02.013.

Hoppe-Sailer, Richard, Cornelia Jöchner und Frank Schmitz (Hg.): *Ruhr-Universität Bochum. Architekturvision der Nachkriegsmoderne*. Berlin: Gebr. Mann 2015.

Hopt, Klaus J. (Hg.): *Comparative Corporate Governance. The State of the Art and Emerging Research*. Oxford: Clarendon Press 1998.

Hopt, Klaus J. und Harald Baum: Börsenrechtsreform. Überlegungen aus vergleichender Perspektive. *Zeitschrift für Wirtschafts- und Bankrecht* 51/Sonderbeilage Nr. 4 zu Heft 34 (1997), 1–20.

Hopt, Klaus J., Bernd Rudolph und Harald Baum (Hg.): *Börsenreform. Eine ökonomische, rechtsvergleichende und rechtspolitische Untersuchung*. Stuttgart: Schäffer-Poeschel 1997.

Horta, Hugo: Academic Inbreeding. Academic Oligarchy, Effects, and Barriers to Change. *Minerva* 60/4 (2022), 593–613. doi:10.1007/s11024-022-09469-6.

Hossfeld, Uwe und Carl-Gustaf Thornström: »Rasches Zupacken«. Heinz Brücher und das botanische Sammelkommando der SS nach Rußland 1943. In: Susanne Heim (Hg.): *Autarkie und Ostexpansion. Pflanzenzucht und Agrarforschung im Nationalsozialismus*. Göttingen: Wallstein 2002, 119–144.

Hossmann, Konstantin-Alexander: Klaus Joachim Zülch. 11.04.1910–02.12.1988. In: Max-Planck-Gesellschaft (Hg.): *Jahresbericht 1988 und Jahresrechnung 1987. Nachrufe*. Max-Planck-Gesellschaft. Berichte und Mitteilungen 5, 1989, 129–132.

Houbé, Martin: Hans Dölle. In: Mathias Schmoeckel (Hg.): *Die Juristen der Universität Bonn im »Dritten Reich«*. Köln: Böhlau 2004, 137–157.

Housley, Kathleen L.: *The Scientific World of Karl-Friedrich Bonhoeffer. The Entanglement of Science, Religion, and Politics in Nazi Germany*. Cham: Palgrave Macmillan 2019.

Hoyer, Timo: *Im Getümmel der Welt. Alexander Mitscherlich – ein Porträt*. Göttingen: Vandenhoeck & Ruprecht 2008.

Hubel, David H.: Are We Willing to Fight for Our Research? *Annual Review of Neuroscience* 14/1 (1991), 1–8. doi:10.1146/annurev.ne.14.030191.000245.

Huber, Franz: *Das war mein Leben. Erinnerungen von Prof. Dr. Franz Huber*. Starnberg: Selbstverlag 2016.

Huber, Franz und Hubert Markl (Hg.): *Neuroethology and Behavioral Physiology. Roots and Growing Points*. Berlin: Springer 1983.

Huber, Ludwig: Entwicklung und Wirkung der BAK. In: Stephan Freiger, Michael Gross und Christoph Oehler (Hg.): *Wissenschaftlicher Nachwuchs ohne Zukunft? Bundesassistentenkonferenz, Hochschulentwicklung, junge Wissenschaftler heute*. Kassel: Johannes Stauda Verlag 1986, 31–44.

Huber, Robert: A Structural Basis of Light Energy and Electron Transfer in Biology. In: Tore Frängsmyr und Bo G. Malmström (Hg.): *Nobel Lectures, Chemistry 1981–1990*. Singapore: World Scientific Publishing 1992, 574–616.

Huber, Robert und Kenneth Holmes: Walter Hoppe. 21.3.1917–3.11.1986. In: Max-Planck-Gesellschaft (Hg.): *Jahresbericht 1986 und Jahresrechnung 1985. Nachrufe.* Max-Planck-Gesellschaft. Berichte und Mitteilungen 4, 1987, 78–81.

Hueck, Ingo: Die deutsche Völkerrechtswissenschaft im Nationalsozialismus. Das Berliner Kaiser-Wilhelm-Institut für ausländisches öffentliches Recht und Völkerrecht, das Hamburger Institut für Auswärtige Politik und das Kieler Institut für Internationales Recht. In: Doris Kaufmann (Hg.): *Geschichte der Kaiser-Wilhelm-Gesellschaft im Nationalsozialismus. Bd. 1: Bestandsaufnahme und Perspektiven der Forschung.* Göttingen: Wallstein 2000, 490–527.

Hulverscheidt, Marion und Anja Laukötter: *Infektion und Institution. Zur Wissenschaftsgeschichte des Robert-Koch-Instituts im Nationalsozialismus.* Göttingen: Wallstein 2009.

Hunt, Linda: *Secret Agenda. The United States Government, Nazi Scientists, and Project Paperclip, 1945–1990.* New York: St. Martin's Press 1991.

Hüntelmann, Axel: *Hygiene im Namen des Staates. Das Reichsgesundheitsamt 1876–1933.* Göttingen: Wallstein 2008.

– Infektionskrankheiten und Institutionen. Das Robert Koch-Institut in internationaler Perspektive, 1930-1950. *H-Soz-Kult. Kommunikation und Fachinformation für die Geschichtswissenschaften.* 7.8.2022. http://www.hsozkult.de/conferencereport/id/fdkn-120831.

Hürter, Johannes (Hg.): *Terrorismusbekämpfung in Westeuropa. Demokratie und Sicherheit in den 1970er und 1980er Jahren.* München: Oldenbourg 2015.

Hürter, Johannes und Gian Enrico Rusconi: *Die bleiernen Jahre. Staat und Terrorismus in der Bundesrepublik Deutschland und in Italien 1969–1982.* München: Oldenbourg 2010.

ID-Archiv im IISG/Amsterdam (Hg.): *Die Früchte des Zorns. Texte und Materialien zur Geschichte der Revolutionären Zellen und der Roten Zora. Bd. 2.* Berlin: Edition ID-Archiv 1993.

Inglehart, Ronald: *The Silent Revolution. Changing Values and Political Styles Among Western Publics.* Princeton: Princeton University Press 1977.

Initiative Hochschule für den Frieden – Ja zur Zivilklausel: *Liste aktueller Zivilklauseln sortiert nach dem Datum ihres Bestehens.* http://www.zivilklausel.de/index.php/bestehende-zivilklauseln.

Inside the Brain. Exploring the Frontiers of the Mind, *Time-Magazine* (European Edition) (14.1.1974), 32–41.

Institut für Wachstumsstudien: Das Wachstum der deutschen Volkswirtschaft. IWS-Papier Nr. 1, 2002. www.wachstumsstudien.de/Inhalt/Papiere/IWS-Papier1.pdf.

Intergovernmental Panel on Climate Change (Hg.): *Climate Change. The IPCC 1990 and 1992 Assessments. Overview and Policymaker Summaries and 1992 IPPC Supplement.* Geneva: United Nations Publication 1992.

Intergovernmental Panel on Climate Change und World Meteorological Organization / United Nations Environment Programme (Hg.): *Climate Change. The IPCC Response Strategies.* Washington: Island Press 1990.

Jacobsen, Annie: *Operation Paperclip. The Secret Intelligence Program to Bring Nazi Scientists to America.* New York: Little, Brown and Company 2014.

Jaenicke, Günther: Das Verhältnis zwischen Gemeinschaftsrecht und nationalem Recht in der Agrarmarktorganisation. *Zeitschrift für ausländisches öffentliches Recht und Völkerrecht* 23 (1963), 485–535.

Jaenicke, Ruprecht: Die Erfindung der Luftchemie. Christian Junge. In: Horst Kant und Carsten Reinhardt (Hg.): *100 Jahre Kaiser-Wilhelm-, Max-Planck-Institut für Chemie (Otto-Hahn-Institut). Facetten seiner Geschichte.* Berlin: Archiv der Max-Planck-Gesellschaft 2012, 187–202.

Jagodzinski, Heinz: Das Strukturproblem und seine Bedeutung für die wissenschaftliche und technische Entwicklung der Silikatforschung. *Mitteilungen aus der Max-Planck-Gesellschaft zur Förderung der Wissenschaften* Heft 3 (1956), 150–156.

Jahn, Josephine: *Translation und Überführung. Wann wird aus einer wissenschaftlichen Erkenntnis ein anwendbares Produkt?* Dissertation. Frankfurt am Main: Johann-Wolfgang-Goethe-Universität 2018.

Jahresbericht. Die Max-Planck-Gesellschaft zur Förderung der Wissenschaften e.V. im Jahre 1959–60. In: Generalverwaltung der Max-Planck-Gesellschaft und Max-Planck-Gesellschaft (Hg.): *Jahrbuch der Max-Planck-Gesellschaft 1960.* Göttingen 1960, 15–26.

James, Harold: *Rambouillet, 15. November 1975. Die Globalisierung der Wirtschaft.* München: dtv 1997.

James, Jeremiah, Thomas Steinhauser, Dieter Hoffmann und Bretislav Friedrich: *Hundert Jahre an der Schnittstelle von Chemie und Physik. Das Fritz-Haber-Institut der Max-Planck-Gesellschaft zwischen 1911 und 2011.* Berlin: De Gruyter 2011.

Jank, Dagmar: Frauen im Höheren Bibliotheksdienst vor dem Zweiten Weltkrieg. In: Engelbert Plassmann, Ludger Syré, und Verein Deutscher Bibliothekarinnen und Bibliothekare (Hg.): *Verein Deutscher Bibliothekare 1900–2000.* Wiesbaden: Harrassowitz 2000, 302–313.

Janneck, Rouven: *Forschung und Unternehmenswandel. Die Steuerung der Unternehmensforschung und die Transformation der Bayer AG (1945–1984).* Essen: Klartext 2020.

Jarausch, Konrad H. (Hg.): *Das Ende der Zuversicht? Die siebziger Jahre als Geschichte.* Göttingen: Vandenhoeck & Ruprecht 2008.

Jasanoff, Sheila: *Designs on Nature. Science and Democracy in Europe and the United States.* Princeton: Princeton University Press 2005.

Jentsch, Volker, Helmut Kopka und Arnd Wülfing: Ideologie und Funktion der Max-Planck-Gesellschaft. *Blätter für deutsche und internationale Politik* 17/5 (1972), 476–503.

Jescheck, Hans-Heinrich: Rechtsvergleichung im Max-Planck-Institut für ausländisches und internationales Strafrecht in Freiburg i. Br. *Mitteilungen aus der Max-Planck-Gesellschaft zur Förderung der Wissenschaften* Heft 1 (1967), 26–45.

Jescheck, Hans-Heinrich und Klaus Löffler (Hg.): *Quellen und Schrifttum des Strafrechts. Bd. 2: Außereuropäische Staaten.* München: C.H. Beck 1980.

Jirout, Brian: Lessons of Landsat. From Experimental Program to Commercial Land Imaging, 1969–1989. In: Roger D. Launius und Howard E. McCurdy (Hg.): *NASA Spaceflight: A History of Innovation.* Cham: Springer 2018, 155–183.

Jochum, Klaus Peter: Drei Jahrzehnte Funkenmassenspektrometrie (SSMS) im Bereich Geo- und Kosmochemie am Max-Planck-Institut für Chemie Mainz. In: Klaus Peter Jochum, Brigitte Stoll und Michael Seufert (Hg.): *20 Jahre Arbeitstagung »Festkörpermassenspektrometrie« (1977–1997).* 2. Auflage. Mainz 1998, 1–58.

Johann Wolfgang Goethe-Universität: *Personen- und Vorlesungs-Verzeichnis für das Sommersemester 1956.* Frankfurt am Main: Universitätsbuchhandlung Blazek und Bergmann 1956.

Johnson, Benjamin: *Making Ammonia. Fritz Haber, Walther Nernst, and the Nature of Scientific Discovery.* Cham: Springer 2022.

Johnson, Jeffrey A.: Technological Mobilization and Munitions Production. Comparative Perspectives on Germany and Austria. In: Roy Macleod und Jeffrey Allan Johnson (Hg.): *Frontline and Factory. Comparative Perspectives on the Chemical Industry at War, 1914–1924.* Dordrecht: Springer 2006, 1–20.

– Frauen in der deutschen Chemieindustrie. Von den Anfängen bis 1945. In: Renate Tobies (Hg.): *»Aller Männerkultur zum Trotz«. Frauen in Mathematik, Naturwissenschaften und Technik.* Frankfurt am Main: Campus 2008, 283–306.

– *In Search of New Dahlems. Biochemical Research Institutes in the Max Planck Society to ca. 1990.* Berlin: GMPG-Preprint 2023.

Juma, Calestous: *The Gene Hunters. Biotechnology and the Scramble for Seeds.* Princeton: Princeton University Press 1989.

Jung, Richard: Zur Neurophysiologie und allgemeinen Forschungssituation in Deutschland. In: Christoph Schneider (Hg.): *Forschung in der Bundesrepublik Deutschland. Beispiele, Kritik, Vorschläge.* Weinheim: Verlag Chemie 1983, 437–450.

– Some European Neuroscientists. A Personal Tribute. In: F. Worden, J. Swazey und G. Adelman (Hg.): *The Neurosciences. Paths of Discovery, I.* Bd. 1. Boston: Birkhäuser 1992, 475–511.

Junge, Christian E.: *Air Chemistry and Radioactivity.* New York: Academic Press 1963.

– Die Entstehung der Erdatmosphäre und ihre Beeinflussung durch den Menschen. In: Generalverwaltung der Max-Planck-Gesellschaft (Hg.): *Jahrbuch 1975 der Max-Planck-Gesellschaft zur Förderung der Wissenschaften.* Göttingen: Vandenhoeck & Ruprecht 1975, 36–48.

Jureit, Ulrike: Generation, Generationalität, Generationenforschung. *Docupedia-Zeitgeschichte*, 2017. https://zeitgeschichte-digital.de/doks/frontdoor/index/index/docId/1117.

Jureit, Ulrike und Stiftung Hamburger Institut für Sozialforschung (Hg.): *Verbrechen der Wehrmacht: Dimensionen des Vernichtungskrieges, 1941–1944. Ausstellungskatalog.* Hamburg: Hamburger Edition 2002.

Jürgensen, Kurt: Britische Besatzungspolitik. In: Wolfgang Benz (Hg.): *Deutschland unter alliierter Besatzung 1945–1949/55. Ein Handbuch.* Berlin: Akademie Verlag 1999, 48–59.

Kaelble, Hartmut (Hg.): *Der Boom 1948–1973. Gesellschaftliche und wirtschaftliche Folgen in der Bundesrepublik Deutschland und in Europa.* Opladen: Westdeutscher Verlag 1992.

– *Kalter Krieg und Wohlfahrtsstaat. Europa 1945–1989.* München: C.H. Beck 2011.

Kaiser, David: Freeman Dyson and the Postdoc Cascade. In: David Kaiser (Hg.): *Drawing Theories Apart: The Dispersion of Feynman Diagrams in Postwar Physics.* Chicago: University of Chicago Press 2005. doi:10.7208/chicago/9780226422657.003.0003.

Kaiser, Günther: *Jugendrecht und Jugendkriminalität. Jugendkriminologische Untersuchungen über die Beziehungen zwischen Gesellschaft, Jugendrecht und Jugendkriminalität.* Freiburg: Beltz 1973.

– Wirtschaftskriminologische Forschung am Freiburger Max-Planck-Institut. *Freiburger Universitätsblätter*, 1982, 41–65, 41–65.

– Kinder und Jugendliche als Subjekte und Objekte in der Welt der Normen. *Recht der Jugend und des Bildungswesens* 46 (1998), 145–155.

Kaiser-Wilhelm-Gesellschaft zur Förderung der Wissenschaften (Hg.): *Zur Errichtung biologischer Forschungsinstitute durch die Kaiser-Wilhelm-Gesellschaft zur Förderung der Wissenschaften: stenographischer Bericht über die auf Einladung des Ministers der Geistlichen und Unterrichtsangelegenheiten am 3. Januar 1912 gepflogene Beratung.* Als Ms. gedr. Berlin 1912.

Kaissling, Karl-Ernst und Rudolf Alexander Steinbrecher: Dietrich Schneider. 30.07.1919–10.06.2008. *Jahresbericht der Max-Planck-Gesellschaft* Beilege Personalien (2008), 29–31.

Kalbitzer, Siegfried: Ionenstrahlen für die Nanotechnologie. Neue Werkzeuge für die Materialbearbeitung in feinsten Abmessungen. *MPG-Spiegel* 2 (1994), 4–8.

Kaldewey, David und Désirée Schauz (Hg.): *Basic and Applied Research. The Language of Science Policy in the Twentieth Century.* Oxford: Berghahn 2018.

Kalikow, Theo J.: History of Konrad Lorenz's Ethological Theory, 1927–1939. The Role of Meta-Theory, Theory, Anomaly and New Discoveries in a Scientific »evolution«. *Studies in History and Philosophy of Science* 6/4 (1975), 331–341.

– Konrad Lorenz's »Brown Past«. A Reply to Alec Nisbett. *Journal of the History of the Behavioral Sciences* 14/2 (1978), 173–180. doi:10.1002/1520-6696(197804)14:2<173::AID-JHBS2300140211>3.0.CO;2-B.

– Konrad Lorenz's Ethological Theory. Explanation and Ideology, 1938–1943. *Journal of the History of Biology* 16/1 (1983), 39–73.

Kandel, Eric R., Sarah Mack, James H. Schwartz, Thomas M. Jessell, Steven A. Siegelbaum und A. J. Hudspeth (Hg.): *Principles of Neural Science.* 5. Auflage. New York: McGraw-Hill Medica 2013.

Kandel, Eric R. und Larry R. Squire: Neuroscience. Breaking Down Scientific Barriers to the Study of Brain and Mind. *Science* 290/5494 (2000), 1113–1120. doi:10.1126/science.290.5494.1113.

Kant, Horst: Otto Hahn und die Erklärungen von Mainau (1955) und Göttingen (1957). In: Günter Flach und Klaus Fuchs-Kittowski (Hg.): *Vom atomaren Patt zu einer von Atomwaffen freien Welt. Zum Gedenken an Klaus Fuchs.* Berlin: trafo 2012, 183–197.

Kant, Horst, Gregor Lax und Carsten Reinhardt: Die Wissenschaftlichen Mitglieder des Kaiser-Wilhelm-/Max-Planck-Instituts für Chemie (Kurzbiographien). In: Horst Kant und Carsten Reinhardt (Hg.): *100 Jahre Kaiser-Wilhelm-, Max-Planck-Institut für Chemie (Otto-Hahn-Institut). Facetten seiner Geschichte.* Berlin: Archiv der Max-Planck-Gesellschaft 2012, 307–367.

Kant, Horst und Carsten Reinhardt (Hg.): *100 Jahre Kaiser-Wilhelm/Max-Planck-Institut für Chemie (Otto-Hahn-Institut): Facetten seiner Geschichte.* Berlin: Archiv der Max-Planck-Gesellschaft 2012.

Kant, Horst und Jürgen Renn: *Eine utopische Episode – Carl Friedrich von Weizsäcker in den Netzwerken der Max-Planck-Gesellschaft.* Berlin: Max-Planck-Institut für Wissenschaftsgeschichte, Preprint 2013.

– Eine utopische Episode – Carl Friedrich von Weizsäcker in den Netzwerken der Max-Planck-Gesellschaft. In: Klaus Hentschel und Dieter Hoffmann (Hg.): *Carl Friedrich von Weizsäcker: Physik – Philosophie – Friedensforschung.* Stuttgart: Wissenschaftliche Verlagsgesellschaft 2014, 213–242.

Karafyllis, Nicole C. und Uwe Lammers: Big Data in kleinen Dosen. Die westdeutsche Genbank für Kulturpflanzen »Braunschweig Genetic Resources Collection« (1970–2006) und ihre Biofakte. *Technikgeschichte* 84/2 (2017), 163–200.

Karlsch, Rainer: Boris Rajewsky und das Kaiser-Wilhelm-Institut für Biophysik in der Zeit des Nationalsozialismus. In: Helmut Maier (Hg.): *Gemeinschaftsforschung, Bevollmächtigte und der Wissenstransfer. Die Rolle der Kaiser-Wilhelm-Gesellschaft im System kriegsrelevanter Forschung des Nationalsozialismus.* Göttingen: Wallstein 2007, 395–452.

Karlson, Peter: *Adolf Butenandt. Biochemiker, Hormonforscher, Wissenschaftspolitiker.* Stuttgart: Wissenschaftliche Verlagsgesellschaft 1990.

Karlsson Hedestam, Gunilla, Anna Wedell, und The Nobel Assembly at Karolinska Institutet: Scientific Background. Discoveries Concerning the Genomes of Extinct Hominins and Human Evolution. *The Nobel Prize*, 2022. https://www.nobelprize.org/prizes/medicine/2022/advanced-information/.

Kasahara, Akira und Warren M. Washington: NCAR Global General Circulation Model of the Atmosphere. *Monthly Weather Review* 95/7 (1967), 389–402.

Kaufmann, Doris: Eugenik, Rassenhygiene, Humangenetik. Zur lebenswissenschaftlichen Neuordnung der Wirklichkeit in der ersten Hälfte des 20. Jahrhunderts. In: Richard van Dülmen (Hg.): *Erfindung des Menschen. Schöpfungsträume und Körperbilder 1500–2000.* Wien: Böhlau 1998, 347–365.

– *Geschichte der Kaiser-Wilhelm-Gesellschaft im Nationalsozialismus. Bestandsaufnahme und Perspektiven der Forschung*, 2 Bde. Göttingen: Wallstein 2000.

– Geschichte der Kaiser-Wilhelm-Gesellschaft im Nationalsozialismus. Kongressbericht. *MaxPlanckForschung* 2 (2000), 35–37.

– *Konrad Lorenz. Scientific persona, »Harnack-Plänker« und Wissenschaftsstar in der Zeit des Kalten Krieges bis in die frühen 1970er Jahre.* Berlin: GMPG-Preprint 2018.

Kaufmann, Stefan H. E.: Infektion und Immunität. Forschung für neue Impfstoffe. In: Generalverwaltung der Max-Planck-Gesellschaft (Hg.): *Max-Planck-Gesellschaft Jahrbuch 1998.* Göttingen: Vandenhoeck & Ruprecht 1998, 43–58.

Kay, Lily E.: Conceptual Models and Analytical Tools. The Biology of Physicist Max Delbrück. *Journal of the History of Biology* 18/2 (1985), 207–246. doi:10.1007/BF00120110.

– *The Molecular Vision of Life. Caltech, the Rockefeller Foundation, and the Rise of the New Biology.* New York: Oxford University Press 1993.

Kazemi, Marion: Quellen zur Geschichte der Luft- und Raumfahrt im Archiv zur Geschichte der Max-Planck-Gesellschaft. *Archiv-Mitteilungen* 43/2 (1994), 56–60.

– Eine Gründung in schwerer Zeit. Das Kaiser-Wilhelm-Institut für Meeresbiologie in Wilhelmshaven (1947–1948). In: Horst Kant und Annette Vogt (Hg.): *Aus Wissenschaftsgeschichte und -theorie. Hubert Laitko zum 70. Geburtstag. Überreicht von Freunden, Kollegen und Schülern.* Berlin: Verlag für Wissenschafts- und Regionalgeschichte Engel 2005, 345–377.

– *Nobelpreisträger in der Kaiser-Wilhelm-/Max-Planck-Gesellschaft zur Förderung der Wissenschaften.* Hg. von Archiv der Max-Planck-Gesellschaft, Marion Kazemi und Lorenz Friedrich Beck. 2. Auflage. Berlin 2006.

Keating, Peter und Alberto Cambrosio: *Biomedical Platforms. Realigning the Normal and the Pathological in Late-Twentieth-Century Medicine.* Cambridge, MA: MIT Press 2003.

– Does Biomedicine Entail the Successful Reduction of Pathology to Biology? *Perspectives in Biology and Medicine* 47/3 (2004), 357–371. doi:10.1353/pbm.2004.0040.

Keilmann, Stefan: »Menschen- und wissenschaftsfeindlich«. Arbeitsbedingungen an Universitäten. *tagesschau.de*, 24.6.2021. https://www.tagesschau.de/inland/gesellschaft/ichbinhanna-101.html.

Keller, Evelyn Fox: Drosophila Embryos as Transitional Objects. The Work of Donald Poulson and Christiane Nüsslein-Volhard. *Historical Studies in the Physical and Biological Sciences* 26/2 (1996), 313–346. doi:10.2307/27757764.

Kellermann, Kenneth I., Ellen N. Bouton und Sierra S. Brandt: The Largest Feasible Steerable Telescope. In: Kenneth I. Kellermann, Ellen N. Bouton und Sierra S. Brandt (Hg.): *Open Skies: The National Radio Astronomy Observatory and Its Impact on US Radio Astronomy.* Cham: Springer 2020, 461–531. doi:10.1007/978-3-030-32345-5_9.

Kenkmann, Alfons: Von der bundesdeutschen »Bildungsmisere« zur Bildungsreform in den 60er Jahren. In: Axel Schildt, Detlef Siegfried und Karl Christian Lammers (Hg.):

Dynamische Zeiten. Die 60er Jahre in den beiden deutschen Gesellschaften. Hamburg: Christians 2000, 402–423.

Kenney, Martin: *Biotechnology. The University-Industrial Complex.* 2. Auflage. New Haven: Yale University Press 1986.

Keppler, Erhard: *Der Weg zum Max-Planck-Institut für Aeronomie. Von Regener bis Axford – eine persönliche Rückschau.* Kaltenberg-Lindau: Copernicus 2003.

Kerkhof, Stefanie van de: Der »Military-Industrial-Complex« in den USA. *Jahrbuch für Wirtschaftsgeschichte* 1 (1999), 103–134. doi:10.1524/jbwg.1999.40.1.103.

Kern, Ulrich: *Die Entstehung des Radarverfahrens. Zur Geschichte der Radartechnik bis 1945.* Dissertation. Stuttgart: Universität Stuttgart 1984.

Kerner, Charlotte (Hg.): *Madame Curie und ihre Schwestern. Frauen, die den Nobelpreis bekamen.* Weinheim: Beltz & Gelberg 1997.

Keßler, Katrin, Heike Pöppelmann und Frank Both (Hg.): *Brutal modern. Bauen und Leben in den 60ern und 70ern.* Braunschweig: Braunschweigisches Landesmuseum 2018.

KFA Jülich und Hudson-Institut Indianapolis (Hg.): Gratwanderung im Alltag. *High Tech. High Technology and its Impact on Society* 6 (1984), 11–12.

Kickuth, Reinhold (Hg.): *Die ökologische Landwirtschaft. Wissenschaftliche und praktische Erfahrungen einer zukunftsorientierten Nahrungsmittelproduktion.* Karlsruhe: C. F. Müller 1982.

Kielmansegg, Peter Graf: *Nach der Katastrophe. Eine Geschichte des geteilten Deutschlands.* Berlin: Siedler 2000.

Kieselbach, Robert, Ina Deppe und Christian Schwartz: *Das Kaiser-Wilhelm-Institut für Eisenforschung im Nationalsozialismus.* Düsseldorf: Neumann & Kamp Historische Projekte, unveröffentlichtes Manuskript 2019.

Kieven, Elisabeth (Hg.): *100 Jahre Bibliotheca Hertziana. Max-Planck-Institut für Kunstgeschichte. Bd. 2: Der Palazzo Zuccari und die Institutsgebäude 1590–2013.* Bd. 2. München: Hirmer 2013.

Kilian, Michael: Walter Hallstein. Jurist und Europäer. *Jahrbuch des öffentlichen Rechts der Gegenwart* 53 (2005), 369–389.

Kinas, Sven: *Adolf Butenandt (1903–1995) und seine Schule.* Berlin: Archiv der Max-Planck-Gesellschaft 2004.

Kinzelbach, Annemarie, Stephanie Neuner, Gerrit Hohendorf, Maximilian Buschmann und Philipp Rauh: Zwischen Routinebetrieb, Erbgesundheitspolitik und NS-Krankenmord. *Medizinhistorisches Journal* 57/4 (2022), 332–362. doi:10.25162/mhj-2022-0012.

Kirschner, Marc: What Makes the Cell Cycle Tick? A Celebration of the Awesome Power of Biochemistry and the Frog Egg. *Molecular Biology of the Cell* 31/26 (2020), 2874–2878. doi:10.1091/mbc.E20-10-0626.

Kirschner, Stefan und Stefan Johannsen: *Das Institut für Aerobiologie der Fraunhofer-Gesellschaft und die Verteidigungsforschung in den 1960er Jahren.* Augsburg: Rauner 2006.

Kirsten, Till A.: Experimental Evidence for the Double-Beta Decay of Te130. *Physical Review Letters* 20/23 (1968), 1300–1303.

Klages, Helmut: *Wertorientierungen im Wandel. Rückblick, Gegenwartsanalyse, Prognosen.* Frankfurt am Main: Campus 1984.

– Verlaufsanalyse eines Traditionsbruchs. Untersuchungen zum Einsetzen des Wertewandels in der Bundesrepublik Deutschland in den 60er Jahren. In: Karl Dietrich Bracher, Paul Mikat, Konrad Repgen, Martin Schumacher und Hans-Peter Schwarz (Hg.): *Staat und Parteien. Festschrift für Rudolf Morsey zum 65. Geburtstag.* Berlin: Duncker & Humblot 1992, 517–544.

Klee, Ernst: *»Euthanasie« im NS-Staat. Die »Vernichtung lebensunwerten Lebens«.* 2. Auflage. Frankfurt am Main: Fischer 1983.

– *Auschwitz, die NS-Medizin und ihre Opfer.* Frankfurt am Main: Fischer 1997.

– Augen aus Auschwitz. *Die Zeit* (27.1.2000). https://www.zeit.de/2000/05/Augen_aus_Auschwitz/komplettansicht.

– Deutsches Blut und leere Aktendeckel. Die Deutsche Forschungsgemeinschaft feiert 80. Geburtstag – und schönt ihre Geschichte. *Die Zeit* (12.10.2000), 86–87.

– *Deutsche Medizin im Dritten Reich. Karrieren vor und nach 1945.* Frankfurt am Main: Fischer 2001.

– *»Euthanasie« im Dritten Reich. Die »Vernichtung lebensunwerten Lebens«.* 2. Auflage. Frankfurt am Main: Fischer 2010.

– *Auschwitz, die NS-Medizin und ihre Opfer.* 6. Auflage. Frankfurt am Main: Fischer 2015.

Klein, Ursula: *Nützliches Wissen. Die Erfindung der Technikwissenschaften.* Göttingen: Wallstein 2016.

– *Technoscience in History. Prussia, 1750–1850.* Cambridge, MA: MIT Press 2020.

Kleppner, Daniel: A Short History of Atomic Physics in the Twentieth Century. *Reviews of Modern Physics* 71/2 (1999), 78–84. doi:10.1103/RevModPhys.71.S78.

Klingholz, Reiner: Neues Leben für Stall und Acker. In: Reiner Klingholz (Hg.): *Die Welt nach Maß. Gentechnik – Geschichte, Chancen und Risiken.* Braunschweig: Westermann 1988, 40–51.

Kloppenburg, Jack Ralph (Hg.): *Seeds and Sovereignty. The Use and Control of Plant Genetic Resources.* Durham: Duke University Press 1988.

Kloppenburg, Jack Ralph Jr.: *First the Seed. The Political Economy of Plant Biotechnology, 1492–2000.* 2. Auflage. Madison: University of Wisconsin Press 2004.

Knaape, Hans-Heinrich: Die medizinische Forschung an geistig behinderten Kindern in Brandenburg-Görden in der Zeit des Faschismus. In: Achim Thom und Samuel Mitja Rapoport (Hg.): *Das Schicksal der Medizin im Faschismus. Internationales wissenschaftliches Symposium europäischer Sektionen der IPPNW 127. 20. November 1988, Erfurt, Weimar.* Berlin (DDR): Verlag Volk und Gesundheit 1989, 224–227.

Knebel, Rudolf: Klinische Funktionsproben für Herz- und Kreislauf. Zwei-Stufen-Probe nach Master und James-Box-Methode. *Ärztliche Praxis* 9/50 (1957), 18–21.

Knebel, Rudolf und E. Wick: Über die Bestimmung des transmuralen Druckes des Herzens und der intrathorakalen Gefäße. *Zeitung für Kreislaufforschung* 46/271 (1957).

Kneser, Lorenz: Zum Betriebsverfassungsgesetz. Zweifelsfragen zur Tendenzklausel werden noch erörtert. *MPG-Spiegel* 1 (1972), 6.

Knill, Christoph: *Europäische Umweltpolitik. Steuerungsprobleme und Regulierungsmuster im Mehrebenensystem.* Opladen: Leske + Budrich 2003.

Knippers, Rolf: Das Friedrich-Miescher-Laboratorium für biologische Arbeitsgruppen in der Max-Planck-Gesellschaft in Tübingen. Ein neuer Institutstyp. *Mitteilungen aus der Max-Planck-Gesellschaft zur Förderung der Wissenschaften* Heft 3 (1971), 179–182.

Knoll, Michael: *Atomare Optionen. Westdeutsche Kernwaffenpolitik in der Ära Adenauer.* Frankfurt am Main: Peter Lang 2013.

Knorr Cetina, Karin: *Wissenskulturen. Ein Vergleich naturwissenschaftlicher Wissensformen.* Frankfurt am Main: Suhrkamp 2002.

Köbler, Gerhard: Rechtstatsachenforschung. In: Horst Tilch und Frank Arloth (Hg.): *Deutsches Rechts-Lexikon.* 3. Auflage. Bd. 3. München: C.H. Beck 2001, 3502.

Koch, Ekkehard: *Der Weg zum blauen Himmel über der Ruhr. Geschichte der Vorläufer-Institute der Landesanstalt für Immissionsschutz.* Essen: VGB-Kraftwerkstechnik 1983.

Kocka, Jürgen: Organisierter Kapitalismus oder Staatsmonopolitischer Kapitalismus? Begriffliche Vorbemerkungen. In: Heinrich August Winkler (Hg.): *Organisierter Kapitalismus. Voraussetzungen und Anfänge.* Göttingen: Vandenhoeck & Ruprecht 1974, 19–35.
- Organisierter Kapitalismus im Kaiserreich? *Historische Zeitschrift* 230/3 (1980), 613–631.
- Geisteswissenschaftliche Zentren. Die umstrittene Innovation. *Das Hochschulwesen* 42/3 (1994), 122–124.
- Zivilgesellschaft als historisches Problem und Versprechen. In: Jürgen Kocka und Christoph Conrad (Hg.): *Europäische Zivilgesellschaft in Ost und West. Begriff, Geschichte, Chancen.* Frankfurt am Main: Campus 2000, 13–39.
- Zivilgesellschaft und Sozialstaat. In: Ulrich Becker, Gerhard A. Ritter und Klaus Tenfelde (Hg.): *Sozialstaat Deutschland. Geschichte und Gegenwart.* Studienausgabe. Bonn: Dietz 2010, 287–296.
- *Geschichte des Kapitalismus.* 3. Auflage. München: C.H. Beck 2017.
- Der Sozialstaat, ein Langzeitprojekt. Wie Bismarck sich nicht durchsetzen konnte und doch Bleibendes schuf. *WZB Mitteilungen* 170 (2020), 6–9.
- 75 Jahre Max-Planck-Gesellschaft. Ein Spiegel ihrer Zeit. *MaxPlanckForschung* 2 (2023), 46–50.

Koester, Lothar, Martin Pabst und Gert Hassel: *40 Jahre Atom-Ei Garching. 1957–1997.* München: Technische Universität München 1997.

Kohl, Ulrike: *Die Kaiser-Wilhelm-Gesellschaft zur Förderung der Wissenschaften im Nationalsozialismus. Quelleninventar.* Hg. von Eckart Henning und Archiv der Max-Planck-Gesellschaft. Berlin 1997.

Kohler, Robert E.: *From Medical Chemistry to Biochemistry. The Making of a Biomedical Discipline.* Cambridge: Cambridge University Press 1982.

Kohring, Matthias: Die deutsche Diskussion bis 1974. In: Matthias Kohring (Hg.): *Die Funktion des Wissenschaftsjournalismus: Ein systemtheoretischer Entwurf.* Wiesbaden: VS Verlag für Sozialwissenschaften 1997, 30–64. doi:10.1007/978-3-322-86877-0_3.

Kolboske, Birgit: *Die Anfänge. Chancengleichheit in der Max-Planck-Gesellschaft, 1988–1998. Ein Aufbruch mit Hindernissen.* Berlin: GMPG-Preprint 2018.
- *Hierarchien. Das Unbehagen der Geschlechter mit dem Harnack-Prinzip. Arbeits- und Lebenswelten von Frauen in der Max-Planck-Gesellschaft, 1948–1998.* Dissertation. Leipzig: Universität Leipzig 2021.
- *Hierarchien. Das Unbehagen der Geschlechter mit dem Harnack-Prinzip. Frauen in der Max-Planck-Gesellschaft.* Studien zur Geschichte der Max-Planck-Gesellschaft. Bd. 3. Hg. von Jürgen Kocka, Carsten Reinhardt, Jürgen Renn und Florian Schmaltz. Göttingen: Vandenhoeck & Ruprecht 2023.

Kolboske, Birgit, Jürgen Renn, Florian Schmaltz, Alexander von Schwerin und Sascha Topp: Die Anfänge eines Forschungsriesen. *Damals. Das Magazin für Geschichte* 2 (2018), 10–13.

Kollert, Roland (Hg.): *Atomtechnik als Instrument westdeutscher Nachkriegs-Außenpolitik. Die militärisch politische Nutzung »friedlicher« Kernenergietechnik in der Bundesrepublik Deutschland.* Berlin: VDW 2000.

Kommission für die Finanzreform: *Gutachten über die Finanzreform der Bundesrepublik Deutschland.* Stuttgart: Kohlhammer 1966.

Kompa, Karl L. und George C. Pimentel: Hydrofluoric Acid Chemical Laser. *The Journal of Chemical Physics* 47/2 (1967), 857–858. doi:10.1063/1.1711963.

Könemann, Norbert: *Das Wurzelraumverfahren. Eine kostengünstige Alternative zur technischen Abwasserbehandlung.* Ho Chi Minh City 1998. https://dsp-ingenieure.de/wp-content/uploads/2018/07/1998_Wurzelraumverfahren.pdf.

König, Thomas: *The European Research Council.* New York: John Wiley & Sons 2016.

König, Wolfgang: *Technikwissenschaften. Die Entstehung der Elektrotechnik aus Industrie und Wissenschaften zwischen 1880 und 1914.* Chur: Verlag Fakultas 1995.

Kontrollrat: *Kontrollratsgesetz Nr. 25. Regelung und Überwachung der naturwissenschaftlichen Forschung vom 29. April 1946,* in Kraft getreten am 7.5.1946, 138. http://www.verfassungen.de/de45-49/kr-gesetz25.htm.

Köpernik, Kristin: *Die Rechtsprechung zum Tierschutzrecht: 1972 bis 2008. Unter besonderer Berücksichtigung der Staatszielbestimmung des Art. 20a GG.* Frankfurt am Main: Peter Lang 2010.

Kopfermann, Hans: Zur Geschichte der Heidelberger Physik seit 1945. In: Universitäts-Gesellschaft (Hg.): *Geschichte der Heidelberger Physik.* Bd. 4. Berlin: Springer 1960, 159–164.

Kopke, Christoph und Florian Schmaltz: Das Robert Koch-Institut im Nationalsozialismus. Eine wissenschaftshistorische Bestandsaufnahme | H-Soz-Kult. Kommunikation und Fachinformation für die Geschichtswissenschaften. 7.8.2022. http://www.hsozkult.de/conferencereport/id/fdkn-120171.

Korbmann, Reiner: Der Weckruf für die Wissenschaftskommunikation – 20 Jahre PUSH. Interview mit einem der Väter von PUSH, Prof. Joachim Treusch. *Wissenschaft kommuniziert.* München 20.5.2019. https://wissenschaftkommuniziert.wordpress.com/2019/05/20/der-weckruf-fuer-die-wissenschaftskommunikation-20-jahre-push/.

Korkisch, Friedrich: Die rechtswissenschaftlichen Institute der Max-Planck-Gesellschaft. *Studium Generale* 16/5 (1963), 258–266.

Kornhuber, Hans H. und Lüder Deecke: *The Will and Its Brain. An Appraisal of Reasoned Free Will*. Lanham: University Press of America 2012.

Korte, Hermann: *Eine Gesellschaft im Aufbruch. Die Bundesrepublik Deutschland in den sechziger Jahren*. Frankfurt am Main: Suhrkamp 2009.

Köster, Thomas: *100 Jahre DGM. Deutsche Gesellschaft für Materialkunde. 1919–2019*. Berlin: Deutsche Gesellschaft für Materialkunde e. V. 2019.

Köster, Werner: Max-Planck-Institut für Metallforschung in Stuttgart. In: Generalverwaltung der Max-Planck-Gesellschaft (Hg.): *Jahrbuch der Max-Planck-Gesellschaft zur Förderung der Wissenschaften 1961*. Bd. 2. Göttingen 1962, 600–626.

– Willy Oelsen. 1.9.1905–25.7.1970. *Mitteilungen aus der Max-Planck-Gesellschaft zur Förderung der Wissenschaften* Heft 5 (1970), 285–291.

Kötz, Hein: Zehn Thesen zum Elend der deutschen Juristenausbildung. *Zeitschrift für Europäisches Privatrecht* 4/4 (1996), 565–569.

Kowalczuk, Ilko-Sascha: *Die Übernahme. Wie Ostdeutschland Teil der Bundesrepublik wurde*. 3. Auflage. München: C.H. Beck 2019.

Krafft, Fritz: *Im Schatten der Sensation. Leben und Wirken von Fritz Straßmann*. Weinheim: Verlag Chemie 1981.

Kraft, Alison: New Light through an Old Window? The »Translational Turn« in Biomedical Research. A Historical Perspective. In: James Mittra und Christopher-Paul Milne (Hg.): *Translational Medicine: The Future of Therapy?* Boca Raton: Jenny Stanford Publishing 2013, 19–53.

– *From Dissent to Diplomacy: The Pugwash Project During the 1960s Cold War*. Cham: Springer 2022.

Kraft, Alison, Holger Nehring und Carola Sachse: The Pugwash Conferences and the Global Cold War. Scientists, Transnational Networks, and the Complexity of Nuclear Histories. Introduction. *Journal of Cold War Studies* 20/1 (2018), 4–30.

Kraft, Alison und Carola Sachse: Introduction. The Pugwash Conferences on Science and World Affairs: Vision, Rhetoric, Realities. In: Alison Kraft und Carola Sachse (Hg.): *Science, (Anti-)Communism and Diplomacy. The Pugwash Conferences on Science and World Affairs in the Early Cold War*. Leiden: Brill 2020, 1–39.

– *Science, (Anti-)Communism and Diplomacy. The Pugwash Conferences on Science and World Affairs in the Early Cold War. Science, (Anti-)Communism and Diplomacy*. Leiden: Brill 2020.

Krais, Beate, Tanja Krumpeter und Susanne Kraft: *Wissenschaftskultur und weibliche Karrieren. Zur Unterrepräsentanz von Wissenschaftlerinnen in der Max-Planck-Gesellschaft*. Projektbericht. Darmstadt: Max-Planck-Gesellschaft zur Förderung der Wissenschaften 1997.

Kraus, Elisabeth: *Von der Uranspaltung zur Göttinger Erklärung. Otto Hahn, Werner Heisenberg, Carl Friedrich von Weizsäcker und die Verantwortung des Wissenschaftlers*. Würzburg: Königshausen & Neumann 2001.

– Atomwaffen für die Bundeswehr? *Physik Journal* 6/4 (2007), 37–41.

Kraus, Hans-Christof: Gründung und Anfänge des Max-Planck-Instituts für Geschichte in Göttingen. In: Jürgen Elvert (Hg.): *Geschichte jenseits der Universität. Netzwerke und Organisationen in der frühen Bundesrepublik*. Stuttgart: Franz Steiner 2016, 121–139.

Kraut, Heinrich: Die Erhaltung des Lebens durch die Ernährung. In: Generalverwaltung der Max-Planck-Gesellschaft (Hg.): *Jahrbuch 1955 der Max-Planck-Gesellschaft zur Förderung der Wissenschaften*. Göttingen 1955, 49–76.

– Max-Planck-Institut für Ernährungsphysiologie in Dortmund. In: Generalverwaltung der Max-Planck-Gesellschaft (Hg.): *Jahrbuch der Max-Planck-Gesellschaft zur Förderung der Wissenschaften 1961*. Bd. 2. Göttingen 1962, 304–315.

Kraut, Heinrich, M. G. Attems und H.-D. Cremer (Hg.): *Investigations into Health and Nutrition in East Africa*. München: Weltforum 1969.

Krebs, Sir Hans: Otto Warburg. Biochemiker, Zellphysiologe, Mediziner. In: Generalverwaltung der Max-Planck-Gesellschaft zur Förderung der Wissenschaften (Hg.): *Max-Planck-Gesellschaft Jahrbuch 1978*. Göttingen: Vandenhoeck & Ruprecht 1978, 79–96.

Kreft, Gerald: »… nunmehr judenfrei …«. Das Neurologische Institut 1933 bis 1945. *Frankfurter Wissenschaftler zwischen 1933 und 1945*. Göttingen: Wallstein 2008, 125–156.

– Köpfe – Hirne – Netzwerke. 130 Jahre Neurowissenschaft(en) in Frankfurt am Main. *Forschung Frankfurt* 32/1 (2014), 96–100.

Krems, Eva, Oliver Lenz, Frank Martin, Claudia Nordhoff, Julia Rogge und Doreen Tesche: *Archiv der Bibliotheca Hertziana. Max-Planck-Institut für Kunstgeschichte (Rom). Invenatar*. Rom: Bibliotheca Hertziana 1998.

Kreutzberg, Georg W.: Gerd Peters. 8.5.1906–14.3.1987. In: Max-Planck-Gesellschaft (Hg.): *Jahresbericht 1986 und Jahresrechnung 1985. Nachrufe*. Max-Planck-Gesellschaft. Berichte und Mitteilungen 4, 1987, 82–85.

– Das Theoretische Institut des Max-Planck-Instituts für Psychiatrie in Martinsried 1984-1992. In: Max-Planck-Gesellschaft (Hg.): *75 Jahre Max-Planck-Institut für Psychiatrie (Deutsche Forschungsanstalt für Psychiatrie)*. München 1917–1992. Max-Planck-Gesellschaft. Berichte und Mitteilungen 2, 1992, 63–70.

Kreuzer, Helmut (Hg.): *Die zwei Kulturen. Literarische und naturwissenschaftliche Intelligenz. C. P. Snows These in der Diskussion*. München: dtv 1987.

Kriechbaum, Maximiliane: Erich Genzmer und die europäische Rechtsgeschichte. In: Tilman Repgen, Florian Jeßberger und Markus Kotzur (Hg.): *100 Jahre Rechtswissenschaft an der Universität Hamburg*. Tübingen: Mohr Siebeck 2019, 273–310.

Krieger, Albrecht: »Innovation« im Spannungsfeld zwischen Patentschutz und Freiheit des Wettbewerbs. *Gewerblicher Rechtsschutz und Urheberrecht* 6 (1979), 350–354.

Krieger, Wolfgang: *General Lucius D. Clay und die amerikanische Deutschlandpolitik, 1945–1949.* Stuttgart: Klett-Cotta 1987.

Krige, John (Hg.): *History of CERN.* Bd. 3. Amsterdam: North Holland 1996.

– The Birth of EMBO and the Difficult Road to EMBL. *Studies in History and Philosophy of Science Part C. Studies in History and Philosophy of Biological and Biomedical Sciences* 33/3 (2002), 547–564.

– *American Hegemony and the Postwar Reconstruction of Science in Europe.* Cambridge, MA: MIT Press 2006.

Krige, John und Kai-Henrik Barth: Introduction: Science, Technology, and International Affairs. *Osiris* 21 (2006), 1–21. doi:10.1086/507133.

Krige, John und Dominique Pestre (Hg.): *Companion to Science in the Twentieth Century.* London: Routledge 2016.

Krige, John, Arturo Russo und Lorenza Sebesta: *A History of the European Space Agency. 1958–1987. Bd. 1: The Story of ESRO and ELDO, 1958–1973.* Noordwijk: ESA Publications Division 2000.

– *A History of the European Space Agency. 1958–1987. Bd. 2: The Story of ESA, 1973 to 1987.* Noordwijk: ESA Publications Division 2000.

Krimsky, Sheldon: *Genetic Alchemy. The Social History of the Recombinant DNA Controversy.* Cambridge, MA: MIT Press 1982.

– *Science in the Private Interest. Has the Lure of Profits Corrupted Biomedical Research?* Lanham: Rowman & Littlefield Publishers 2003.

Kröher, Michael: *Der Club der Nobelpreisträger. Wie im Harnack-Haus das 20. Jahrhundert neu erfunden wurde.* München: Knaus 2017.

Krüger, Carl: Röntgenstrukturanalyse – eine computer-abhängige Methode. In: Engelbert Ziegler (Hg.): *Computer in der Chemie. Praxisorientierte Einführung.* Berlin: Springer 1984, 173–206.

Krüger, Dieter: *Das Amt Blank. Die schwierige Gründung des Bundesministeriums für Verteidigung.* Freiburg im Breisgau: Rombach 1993.

Krull, Wilhelm: Hubert Markl (1938–2015). *Nature* 518/7538 (2015), 168.

Krull, Wilhelm und Simon Sommer: Die deutsche Wiedervereinigung und die Systemevaluation der deutschen Wissenschaftsorganisationen. In: Peter Weingart und Niels Taubert (Hg.): *Das Wissensministerium. Ein halbes Jahrhundert Forschungs- und Bildungspolitik in Deutschland.* Weilerswist: Velbrück Wissenschaft 2006, 200–235.

Kübler, Friedrich: Wirtschaftsrecht in der Bundesrepublik. Versuch einer wissenschaftshistorischen Bestandsaufnahme. In: Dieter Simon (Hg.): *Rechtswissenschaft in der Bonner Republik. Studien zur Wissenschaftsgeschichte der Jurisprudenz.* Frankfurt am Main: Suhrkamp 1994, 364–389.

Kuckuck, Hermann: *Wandel und Beständigkeit im Leben eines Pflanzenzüchters.* Berlin: Parey 1988.

Kuckuck, Hermann und Martin Schmidt: Zwanzig Jahre Pflanzenzüchtung in Müncheberg. *Der Züchter* 19/5–6 (1948), 129–135.

Kuczynski, Jürgen: Das Rätsel der Kaiser-Wilhelm-Gesellschaft. *Studien zu einer Geschichte der Gesellschaftswissenschaften.* Bd. 2. Berlin: Akademie Verlag 1975, 170–208.

Kühl, Stefan: *Die Internationale der Rassisten. Aufstieg und Niedergang der internationalen Bewegung für Eugenik und Rassenhygiene im 20. Jahrhundert.* Frankfurt am Main: Campus 1997.

Kühlbrandt, Werner: Reinhard Schlögl. 25. November 1919 – 21. September 2007. *Jahresbericht der Max-Planck-Gesellschaft. Beilage Personalien,* 2007, 21–23.

Kuhlmann, Stefan: Evaluation in der Forschungs- und Innovationspolitik. In: Reinhard Stockmann (Hg.): *Evaluationsforschung. Grundlagen und ausgewählte Forschungsfelder.* Münster: Waxmann 2006, 289–310.

Kuhn, Heinrich: Garching Instrumente Gesellschaft zur industriellen Nutzung von Forschungsergebnissen mbH. *Mitteilungen aus der Max-Planck-Gesellschaft zur Förderung der Wissenschaften* Heft 6 (1970), 395–399.

Kuhn, Thomas S.: *Die Struktur wissenschaftlicher Revolutionen.* Berlin: Suhrkamp 2003.

Kuhn, Thomas S. und Ian Hacking: *The Structure of Scientific Revolutions.* 4. Auflage. Chicago: University of Chicago Press 2012.

Kunstreich, Jasper: Die Rechtswissenschaft in der MPG – Versuch einer Vogelperspektive. In: Thomas Duve, Jasper Kunstreich und Stefan Vogenauer (Hg.): *Rechtswissenschaft in der Max-Planck-Gesellschaft, 1948–2002. Studien zur Geschichte der Max-Planck-Gesellschaft.* Bd. 2. Hg. von Jürgen Kocka, Carsten Reinhardt, Jürgen Renn und Florian Schmaltz. Göttingen: Vandenhoeck & Ruprecht 2023, 15–47.

Kunze, Rolf-Ulrich: *Ernst Rabel und das Kaiser-Wilhelm-Institut für ausländisches und internationales Privatrecht 1926–1945.* Göttingen: Wallstein 2004.

Küppers, Günter, Peter Lundgreen und Peter Weingart: *Umweltforschung – die gesteuerte Wissenschaft? Eine empirische Studie zum Verhältnis von Wissenschaftsentwicklung und Wissenschaftspolitik.* Frankfurt am Main: Suhrkamp 1978.

Kur, Anette: Der Mißbrauch der Verbandsklagebefugnis. *GRUR* 83/8 (1981), 558–567.

Kürzinger, J.: Deliktfragebogen und schichtspezifisches Kriminalitätsvorverständnis Jugendlicher und Jungerwachsener. *Recht der Jugend und des Bildungswesens* 21 (1973), 147–152.

Küsters, Hanns Jürgen: Einführung. Die Pariser Verträge, 23. Oktober 1954. *100(0) Schlüsseldokumente zur deutschen Geschichte im 20. Jahrhundert,* 2011. http://www.1000dokumente.de/index.html?c=dokument_de&dokument=0018_par&l=de.

Küsters, Hanns Jürgen und Daniel Hofmann (Hg.): *Deutsche Einheit. Sonderedition aus den Akten des Bundeskanzleramtes 1989/90.* München: Oldenbourg 1998.

Laak, Claudia van: Befristete Arbeitsverträge. Streit um sachgrundlose Befristungen an Berliner Unis. *Deutschlandfunk* (13.7.2018). https://www.deutschlandfunk.de/befristete-arbeitsvertraege-streit-um-sachgrundlose-100.html.

Lagodny, Otto: Binnenmarkt und Grundrechtsschutz. *Neue Kriminalpolitik* 2/3 (1990), 31–35.

Laillier, Joël und Christian Topalov: *Gouverner la science. Anatomie d'une réforme (2004–2020)*. Marseille: Agone 2022.

Laitko, Hubert: Persönlichkeitszentrierte Forschungsorganisation als Leitgedanke der Kaiser-Wilhelm-Gesellschaft: Reichweite und Grenzen, Ideal und Wirklichkeit. In: Bernhard vom Brocke und Hubert Laitko (Hg.): *Die Kaiser-Wilhelm-/Max-Planck-Gesellschaft und ihre Institute. Studien zu ihrer Geschichte: Das Harnack-Prinzip*. Berlin: De Gruyter 1996, 583–632.

- Vorsichtige Annäherung. Akademisches vis-à-vis im Vorwende-Berlin. In: Jürgen Kocka (Hg.): *Die Berliner Akademien der Wissenschaften im geteilten Deutschland 1945–1990*. Berlin: Akademie Verlag 2002, 309–338.

- Das Max-Planck-Institut zur Erforschung der Lebensbedingungen der wissenschaftlich-technischen Welt. Gründungsintention und Gründungsprozess. In: Klaus Fischer, Hubert Laitko und Heinrich Parthey (Hg.): *Interdisziplinarität und Institutionalisierung der Wissenschaft. Wissenschaftsforschung Jahrbuch 2010*. Berlin: Wissenschaftlicher Verlag 2011, 199–238.

- Das Harnack-Prinzip als institutionelles Markenzeichen: Faktisches und Symbolisches. In: Dieter Hoffmann, Birgit Kolboske und Jürgen Renn (Hg.): *»Dem Anwenden muss das Erkennen vorausgehen«. Auf dem Weg zu einer Geschichte der Kaiser-Wilhelm-/Max-Planck-Gesellschaft*. 2. Auflage. Berlin: Edition Open Access 2015, 135–194.

- Die Etablierung der Deutschen Akademie der Wissenschaften zu Berlin. Akademiehistorische Weichenstellungen in der Frühphase des Kalten Krieges. In: Johannes Feichtinger und Heidemarie Uhl (Hg.): *Die Akademien der Wissenschaften in Zentraleuropa im Kalten Krieg. Transformationsprozesse im Spannungsfeld von Abgrenzung und Annäherung*. Wien: Verlag der Österreichischen Akademie der Wissenschaften 2018, 291–364.

- Wissenschaftsverantwortung und Wissenschaftsforschung – das Exempel Starnberg. In: Harald A. Mieg, Hans Lenk und Heinrich Parthey (Hg.): *Wissenschaftsverantwortung. Wissenschaftsforschung Jahrbuch 2019*. Berlin: Wissenschaftlicher Verlag 2020, 165–180.

Lalli, Roberto, Riaz Howey und Dirk Wintergrün: The Dynamics of Collaboration Networks and the History of General Relativity, 1925–1970. *Scientometrics* 122 (2020), 1129–1170. doi:10.1007/s11192-019-03327-1.

Lalli, Roberto, Malte Vogl, Bernardo S. Buarque, Lea Weiß und Dirk Wintergrün: *Applying bibliometric methods to historical research: a comparative analysis of trends in institutional production*, Berlin 2024.

Laillier, Joël und Christian Topalov: *Gouverner la science. Anatomie d'une réforme (2004-2020)*. Marseille: Agone 2022.

Lammers, Karl Christian: Die Auseinandersetzung mit der »braunen« Universität. Ringvorlesungen zur NS-Vergangenheit an westdeutschen Hochschulen. In: Axel Schildt, Detlef Siegfried und Karl Christian Lammers (Hg.): *Dynamische Zeiten. Die 60er Jahre in den beiden deutschen Gesellschaften*. Hamburg: Christians 2000, 148–165.

Lammert, Markus: *Der neue Terrorismus. Terrorismusbekämpfung in Frankreich in den 1980er Jahren*. Berlin: De Gruyter 2017.

Landau, Peter: *Juristen jüdischer Herkunft im Kaiserreich und in der Weimarer Republik. Mit einem Nachwort von Michael Stolleis*. München: C.H. Beck 2020.

Landecker, Hannah: *Culturing Life. How Cells Became Technologies*. Cambridge, MA: Harvard University Press 2009.

Landrock, Konrad: Friedrich Georg Houtermans (1903–1966). Ein bedeutender Physiker des 20. Jahrhunderts. *Naturwissenschaftliche Rundschau* 56/4 (2003), 187–199.

Lange, Felix: Carl Bilfingers Entnazifizierung und die Entscheidung für Heidelberg. Die Gründungsgeschichte des völkerrechtlichen Max-Planck-Instituts nach dem Zweiten Weltkrieg. *Zeitschrift für ausländisches öffentliches Recht und Völkerrecht* 74/4 (2014), 697–731.

- Between Systematization and Expertise for Foreign Policy. The Practice-Oriented Approach in Germany's International Legal Scholarship (1920–1980). *European Journal of International Law* 28/2 (2017), 535–558.

- *Praxisorientierung und Gemeinschaftskonzeption. Hermann Mosler als Wegbereiter der westdeutschen Völkerrechtswissenschaft nach 1945*. Berlin: Springer 2017.

- *Zwischen völkerrechtlicher Systembildung und Begleitung der deutschen Außenpolitik. Das Max-Planck-Institut für ausländisches öffentliches Recht und Völkerrecht, 1945–2002*. Berlin: GMPG-Preprint 2020.

- Zwischen völkerrechtlicher Systembildung und Begleitung der deutschen Außenpolitik. Das Max-Planck-Institut für ausländisches öffentliches Recht und Völkerrecht, 1945–2002. In: Thomas Duve, Jasper Kunstreich und Stefan Vogenauer (Hg.): *Rechtswissenschaft in der Max-Planck-Gesellschaft, 1948–2002*. Studien zur Geschichte der Max-Planck-Gesellschaft. Bd. 2. Hg. von Jürgen Kocka, Carsten Reinhardt, Jürgen Renn und Florian Schmaltz. Göttingen: Vandenhoeck & Ruprecht 2023, 49–90.

Langer, Lydia: *Revolution im Einzelhandel. Die Einführung der Selbstbedienung in Lebensmittelgeschäften der Bundesrepublik Deutschland (1949–1973)*. Bd. 51. Köln: Böhlau 2013.

Lansky, Ralph: *Die wissenschaftlichen Bibliothekare in der Bundesrepublik Deutschland. Eine soziologische Analyse auf statistischer Grundlage. Zugleich ein Beitrag zur Bildungspolitik*. Bonn: Bouvier 1971.

- *Die juristischen Bibliothekarinnen und Bibliothekare in Deutschland, Österreich und der Schweiz. Einführende Darstellung und Verzeichnis der hauptberuflich bibliothekarisch tätigen Juristinnen und Juristen*. Hg. von Heinz-Günther Black und Hans-Peter Ziegler. Regensburg: Arbeitsgemeinschaft für juristisches Bibliotheks- und Dokumentationswesen 1997.

Lansky, Ralph und Gerd Hoffmann: Rechtsbibliothekare in der deutschsprachigen Wikipedia. *Recht, Bibliothek, Dokumentation. Mitteilungen der Arbeitsgemeinschaft für juristisches Bibliotheks- und Dokumentationswesen* 44/1 (2014), 56–57.

La Rana, Adele: The Origins of Virgo and the Emergence of the International Gravitational Wave Community. In: Alexander S. Blum, Roberto Lalli und Jürgen Renn (Hg.): *The Renaissance of General Relativity in Context*. Cham: Springer 2020, 363–406. doi:10.1007/978-3-030-50754-1_10.

- EUROGRAV 1986–1989: The First Attempts for a European Interferometric Gravitational Wave Observatory.

European Physical Journal H 47/1 (2022), 1–23. doi:10.1140/epjh/s13129-022-00036-x.

Lasby, Clarence G.: *Project Paperclip. German Scientists and the Cold War*. New York: Atheneum 1971.

Lassman, Thomas C.: Putting the Military Back into the History of the Military-Industrial Complex. The Management of Technological Innovation in the U.S. Army, 1945–1960. *Isis* 106/1 (2015), 94–120. doi:10.1086/681038.

Latour, Conrad Franchot und Thilo Vogelsang: *Okkupation und Wiederaufbau. Die Tätigkeit der Militärregierung in der amerikanischen Besatzungszone Deutschlands, 1944–1947*. Stuttgart: Deutsche Verlags-Anstalt 1973.

Latzin, Ellen: *Lernen von Amerika? Das US-Kulturaustauschprogramm für Bayern und seine Absolventen*. Stuttgart: Franz Steiner 2005.

Lauschke, Karl: Das Max-Planck-Institut für Arbeitsphysiologie und die Gewerkschaften. In: Theo Plesser und Hans-Ulrich Thamer (Hg.): *Arbeit, Leistung und Ernährung*. Stuttgart: Franz Steiner 2012, 469–504.

Laux, Johann: *Public Epistemic Authority. Normative Institutional Design for EU Law*. Tübingen: Mohr Siebeck 2022.

Lax, Gregor: *Das »lineare Modell der Innovation« in Westdeutschland. Eine Geschichte der Hierarchiebildung von Grundlagen- und Anwendungsforschung nach 1945*. Baden-Baden: Nomos 2015.

– Zum Aufbau der Atmosphärenwissenschaften in der BRD seit 1968. *NTM Zeitschrift für Geschichte der Wissenschaften, Technik und Medizin* 24/1 (2016), 81–107.

– *From Atmospheric Chemistry to Earth System Science. Contributions to the Recent History of the Max Planck Institute for Chemistry (Otto Hahn Institute), 1959–2000*. Diepholz: GNT-Verlag 2018.

– *Von der Atmosphärenchemie zur Erforschung des Erdsystems. Beiträge zur jüngeren Geschichte des Max-Planck-Instituts für Chemie (Otto-Hahn-Institut), 1959–2000*. Berlin: GMPG-Preprint 2018.

– *Wissenschaft zwischen Planung, Aufgabenteilung und Kooperation. Zum Aufstieg der Erdsystemforschung in der Max-Planck-Gesellschaft, 1968–2000*. Berlin: GMPG-Preprint 2020.

– Paul J. Crutzen and the Path to the Anthropocene. In: Susanne Benner, Gregor Lax, Paul J. Crutzen, Ulrich Pöschl, Jos Lelieveld und Hans Günter Brauch (Hg.): *Paul J. Crutzen and the Anthropocene. A New Epoch in Earth's History*. Cham: Springer 2021, 1–18.

Lecas, Jean-Claude: Behaviourism and the Mechanization of the Mind. *Comptes Rendus Biologies* 329/5 (2006), 386–397. doi:10.1016/j.crvi.2006.03.009.

Lederer, Susan E.: Research without Borders. The Origins of the Declaration of Helsinki. In: Volker Roelcke und Giovanni Maio (Hg.): *Twentieth Century Ethics of Human Subjects Research. Historical Perspectives on Values, Practices, and Regulations*. Stuttgart: Steiner 2004, 199–217.

– Experimentation on Human Beings. *OAH Magazine of History* 19/5 (2005), 20–22. doi:10.1093/maghis/19.5.20.

Leendertz, Ariane: *Ordnung schaffen. Deutsche Raumplanung im 20. Jahrhundert*. Göttingen: Wallstein 2008.

– *Die pragmatische Wende. Die Max-Planck-Gesellschaft und die Sozialwissenschaften 1975–1985*. Göttingen: Vandenhoeck & Ruprecht 2010.

– Schlagwort, Prognostik oder Utopie? Daniel Bell über Wissen und Politik in der »postindustriellen Gesellschaft«. Rezension zu: The Coming of Post-industrial Society. A Venture in Social Forecasting, von Daniel Bell. *Zeithistorische Forschungen* 9/1 (2012), 161–167.

– »Finalisierung der Wissenschaft«. Wissenschaftstheorie in den politischen Deutungskämpfen der Bonner Republik. *Mittelweg 36* 22/4 (2013), 93–121.

– Ein gescheitertes Experiment. Carl Friedrich von Weizsäcker, Jürgen Habermas und die Max-Planck-Gesellschaft. In: Klaus Hentschel und Dieter Hoffmann (Hg.): *Carl Friedrich von Weizsäcker: Physik – Philosophie – Friedensforschung*. Stuttgart: Wissenschaftliche Verlagsgesellschaft 2014, 243–262.

– Medialisierung der Wissenschaft. Die öffentliche Kommunikation der Max-Planck-Gesellschaft und der Fall Starnberg (1969–1981). *Geschichte und Gesellschaft* 40/4 (2014), 555–590.

– Ungunst des Augenblicks. Das »MPI zur Erforschung der Lebensbedingungen der wissenschaftlich-technischen Welt« in Starnberg. *Indes. Zeitschrift für Politik und Gesellschaft* 3/1 (2014), 105–116.

– Die Politik der Entpolitisierung. Die Max-Planck-Gesellschaft und die Sozialwissenschaften in Starnberg und Köln. In: Dieter Hoffmann, Birgit Kolboske und Jürgen Renn (Hg.): *»Dem Anwenden muss das Erkennen vorausgehen«. Auf dem Weg zu einer Geschichte der Kaiser-Wilhelm/Max-Planck-Gesellschaft*. 2. Auflage. Berlin: Edition Open Access 2015, 261–280.

– Geschichte des Max-Planck-Instituts zur Erforschung der Lebensbedingungen der wissenschaftlich-technischen Welt in Starnberg (MPIL) und des Max-Planck-Instituts für Gesellschaftsforschung in Köln (MPIfG). In: Stephan Moebius und Andrea Ploder (Hg.): *Geschichte des Max-Planck-Instituts zur Erforschung der Lebensbedingungen der wissenschaftlich-technischen Welt in Starnberg (MPIL) und des Max-Planck-Instituts für Gesellschaftsforschung in Köln (MPIfG)*. Wiesbaden: Springer 2016. doi:10.1007/978-3-658-07998-7_58-1.

– *Wissenschaftler auf Zeit. Die Durchsetzung der Personalpolitik der Befristung in der Max-Planck-Gesellschaft seit den 1970er-Jahren*. MPIfG Discussion Paper 20/15. Köln: Max-Planck-Institut für Gesellschaftsforschung 2020.

– Die Macht des Wettbewerbs. Die Max-Planck-Gesellschaft und die Ökonomisierung der Wissenschaft seit den 1990er Jahren. *Vierteljahrshefte für Zeitgeschichte* 70/2 (2022), 235–271.

– *Konkurrenzfähigkeit und globaler Wettbewerb. Zum Wandel der Personalpraxis der Max-Planck-Gesellschaft 1973–2016. Teil 1*. Im Erscheinen.

Leendertz, Ariane und Anette Schlimm: Flexible Dienstleister der Wissenschaft. Mehr als achtzig Prozent der wissenschaftlichen Mitarbeiter sind befristet beschäftigt – gegenüber sieben Prozent in der freien Wirtschaft. Warum will die neue Regierung daran nichts ändern? *Frankfurter Allgemeine Zeitung* 68 (21.3.2018), N4.

Lefèvre, Wolfgang: Science as Labor. *Perspectives on Science* 13/2 (2005), 194-225. doi:10.1162/106361405774270539.

Leggewie, Claus: *Der Geist steht rechts. Ausflüge in die Denkfabrik der Wende.* Berlin: Rotbuch 1987.

Lehmann, Gunther: Max-Planck-Institut für Arbeitsphysiologie in Dortmund. In: Generalverwaltung der Max-Planck-Gesellschaft (Hg.): *Jahrbuch der Max-Planck-Gesellschaft zur Förderung der Wissenschaften 1961.* Bd. 2. Göttingen 1962, 46-61.

Lehmann, Joachim: Herbert Backe. Technokrat und Agrarideologe. In: Ronald M. Smelser, Rainer Zitelmann und Enrico Syring (Hg.): *Die Braune Elite II. 21 weitere biographische Skizzen.* Darmstadt: Wissenschaftliche Buchgesellschaft 1993, 1-12.

Leisering, Lutz: Nach der Expansion. Die Evolution des bundesdeutschen Sozialstaats seit den 1970er Jahren. In: Anselm Doering-Manteuffel, Lutz Raphael und Thomas Schlemmer (Hg.): *Vorgeschichte der Gegenwart. Dimensionen des Strukturbruchs nach dem Boom.* Göttingen: Vandenhoeck & Ruprecht 2016, 217-244.

Lemke, Dietrich: *Im Himmel über Heidelberg. 40 Jahre Max-Planck-Institut für Astronomie in Heidelberg (1969-2009).* Hg. von Lorenz Friedrich Beck und Marion Kazemi. Berlin: Oldenbourg 2011.

Lemke, Dietrich und Astronomische Gesellschaft (Hg.): *Die Astronomische Gesellschaft 1863-2013. Bilder und Geschichten aus 150 Jahren.* Heidelberg: Astronomische Gesellschaft e. V. 2013.

Lemke, Dietrich und Martin Kessler: The Infrared Space Observatory ISO. In: Gerhard Klare (Hg.): *Reviews in Modern Astronomy 2.* Berlin: Springer 1989, 53-71.

Lemmerich, Jost: *Dokumente zur Gründung der Kaiser-Wilhelm-Gesellschaft und der Max-Planck-Gesellschaft zur Förderung der Wissenschaften. Ausstellung in der Staatsbibliothek Preußischer Kulturbesitz, Berlin, vom 21. Mai - 19. Juni 1981. Veranstaltet durch die Max-Planck-Gesellschaft zur Förderung der Wissenschaften.* München 1981.

Lennartz, Jannis: *Dogmatik als Methode.* Tübingen: Mohr Siebeck 2017.

Lenneberg, Eric H. und Elizabeth Lenneberg: *Foundations of Language Development. A Multidisciplinary Approach.* Bd. 1. New York: The Unesco Press 1975.

Lenneberg, Eric H und Robert W Rieber: *The Neuropsychology of Language. Essays in Honor of Eric Lenneberg.* Boston: Springer VS 1976.

Lenoir, Timothy: *Instituting Science. The Cultural Production of Scientific Disciplines.* Stanford: Stanford University Press 1997.

Lenoir, Timothy und Marguerite Hays: The Manhattan Project for Biomedicine. In: Phillip R. Sloan (Hg.): *Controlling Our Destinies: Historical, Philosophical, Ethical, and Theological Perspectives on the Human Genome Project.* Notre Dame: University of Notre Dame Press 2000, 27-62.

Lenz, Widukind: Unnötige Tierversuche. *Frankfurter Allgemeine Zeitung* (1.2.1982).

Leonelli, Sabina: *Weed for Thought. Using Arabidopsis Thaliana to Understand Plant Biology.* Dissertation. Amsterdam: Freie Universität Amsterdam 2007.

- *Data-Centric Biology. A Philosophical Study.* Chicago: University of Chicago Press 2016.

Leonhard, Elisabeth Maria: *Abgrenzung von klinischer Forschung, Lehre und Krankenhausversorgung. Auswirkungen auf Finanzierung und Organisation von Universitätsklinika.* Berlin: Berliner Wissenschafts-Verlag 2005.

Leopoldina: Melitta Schachner, 2022. https://www.leopoldina.org/mitgliederverzeichnis/mitglieder/member/Member/show/melitta-schachner/.

Lepenies, Wolf: *Die drei Kulturen. Soziologie zwischen Literatur und Wissenschaft.* München: Hanser 1985.

Lepsius, M. Rainer: Parteiensystem und Sozialstruktur. Zum Problem der Demokratisierung der deutschen Gesellschaft. In: Gerhard A. Ritter (Hg.): *Deutsche Parteien vor 1918.* Köln: Kiepenheuer & Witsch 1973, 56-80.

Lepsius, Susanne: Stellung und Bedeutung der Grundlagenfächer im juristischen Studium in Deutschland - unter besonderer Berücksichtigung der Rechtsgeschichte. *Zeitschrift für Didaktik der Rechtswissenschaft* 3/3 (2016), 206-241.

Lesch, John E.: *The First Miracle Drugs. How the Sulfa Drugs Transformed Medicine.* New York: Oxford University Press 2007.

Leslie, Stuart W.: *The Cold War and American Science. The Military-Industrial-Academic Complex at MIT and Stanford.* New York: Columbia University Press 1993.

Leßau, Hanne: *Entnazifizierungsgeschichten. Die Auseinandersetzung mit der eigenen NS-Vergangenheit in der frühen Nachkriegszeit.* Göttingen: Wallstein 2020.

Leussink, Hans: Festansprache. *Wissenschaftsrat 1957-1967.* Hg. von Wissenschaftsrat, 1968, 41-55.

Levelt, Willem: *A History of Psycholinguistics. The Pre-Chomskyan Era.* Oxford: Oxford University Press 2013.

Lewis, Jeffrey: Kalter Krieg in der Max-Planck-Gesellschaft. Göttingen und Tübingen - eine Vereinigung mit Hindernissen, 1948-1949. In: Wolfgang Schieder und Achim Trunk (Hg.): *Adolf Butenandt und die Kaiser-Wilhelm-Gesellschaft. Wissenschaft, Industrie und Politik im »Dritten Reich«.* Göttingen: Wallstein 2004, 403-443.

Lewis, Jeffrey William: *Continuity in German Science, 1937-1972. Genealogy and Strategies of the TMV/Molecular Biology Community.* Dissertation. Columbus: Ohio State University 2002.

Lifton, Robert J.: *The Nazi Doctors. Medical Killing and the Psychology of Genocide.* London: Macmillan 1986.

Lijsebettens, Mieke Van, Geert Angenon und Marc De Block: Transgenic Plants. From First Successes to Future Applications. *The International Journal of Developmental Biology* 57 (2013), 461-465.

Lindner, Martin: *Max-Planck-Institut für molekulare Genetik.* Hg. von Max-Planck-Institut für molekulare Genetik. Berlin: Max-Planck-Institut für molekulare Genetik 2009.

Lindner, Stephan H.: *Hoechst. Ein I.G. Farben Werk im Dritten Reich.* 2. Auflage. München: C.H. Beck 2005.

- Die westdeutsche Textilindustrie zwischen »Wirtschaftswunder« und Erdölkrise. In: Konrad H. Jarausch (Hg.):

Das Ende der Zuversicht? Die siebziger Jahre als Geschichte. Göttingen: Vandenhoeck & Ruprecht 2008, 49–67.
- Das Urteil im I.G.-Farben-Prozess. In: Kim Christian Priemel und Alexa Stiller (Hg.): *NMT. Die Nürnberger Militärtribunale zwischen Geschichte, Gerechtigkeit und Rechtschöpfung.* Hamburg: Hamburger Edition 2013, 405–433.

Lindner, Ulrike: *Gesundheitspolitik in der Nachkriegszeit. Großbritannien und die Bundesrepublik Deutschland im Vergleich.* München: Oldenbourg 2004.

Link, Fabian: *Soziologie und Politologie hoch entwickelter Gegenwartsgesellschaften. Das Max-Planck-Institut für Gesellschaftsforschung Köln 1984–1997.* Berlin: GMPG-Preprint 2022.

Link, Werner: Außen- und Sicherheitspolitik in der Ära Schmidt 1974–1982. *Geschichte der Bundesrepublik Deutschland. 5. Republik im Wandel.* Stuttgart: Deutsche Verlagsanstalt 1987, 275–432.

Löffler, Bernhard: Moderne Institutionengeschichte in kulturhistorischer Erweiterung. Thesen und Beispiele aus der Geschichte der Bundesrepublik Deutschland. In: Hans-Christof Kraus und Thomas Nicklas (Hg.): *Geschichte der Politik. Alte und neue Wege.* München: Oldenbourg 2007, 155–180.

Löhr, Wolfgang: Freisetzungsreigen für 1993 geplant. *Gen-ethischer Informationsdienst (GID)* 79/80 (1992), 4.

Lohrmann, Erich und Paul Söding: *Von schnellen Teilchen und hellem Licht. 50 Jahre Deutsches Elektronen-Synchrotron DESY.* Weinheim: Wiley-VCH 2009.

Lönnendonker, Siegward: *Freie Universität Berlin. Gründung einer politischen Universität.* Berlin: Duncker & Humblot 1988.

Lorch, Antje und Christoph Then: *Kontrolle oder Kollaboration? Agro-Gentechnik und die Rolle der Behörden.* Im Auftrag von Ulrike Höfken, MdB, 2008. https://www.gen-ethisches-netzwerk.de/may-2008/bericht-kontrolle-oder-kollaboration-agro-gentechnik-und-die-rolle-der-behorden.

Lorenz, Eckart: The MAGIC Telescope Project for Gamma Ray Astronomy in the 15 to 300 GeV Energy Range. *Nuclear Physics B Proceedings Supplements* 48 (1996), 494–496.

Lorenz, Konrad: Über das Töten von Artgenossen. In: Generalverwaltung der Max-Planck-Gesellschaft (Hg.): *Jahrbuch 1955 der Max-Planck-Gesellschaft zur Förderung der Wissenschaften.* Göttingen 1955, 105–140.
- Gustav Kramer. *Journal für Ornithologie* 100/3 (1959), 265–268. doi.org/10.1007/BF01671122.
- *Das sogenannte Böse. Zur Naturgeschichte der Aggression.* München: dtv 1975.

Lorenz, Robert: *Siegfried Balke. Grenzgänger zwischen Wirtschaft und Politik in der Ära Adenauer.* Stuttgart: ibidem-Verlag 2010.
- Die »Göttinger Erklärung« von 1957. Gelehrtenprotest in der Ära Adenauer. In: Johanna Klatt und Robert Lorenz (Hg.): *Manifeste. Geschichte und Gegenwart des politischen Appells.* Bielefeld: transcript 2011, 199–227.
- *Protest der Physiker. Die »Göttinger Erklärung« von 1957.* Bielefeld: transcript 2011.

Löser, Bettina: Zur Gründungsgeschichte und Entwicklung des Kaiser-Wilhelm-Institutes für Faserstoffchemie in Berlin-Dahlem (1914/19–1934). In: Bernhard vom Brocke und Hubert Laitko (Hg.): *Die Kaiser-Wilhelm-/Max-Planck-Gesellschaft und ihre Institute. Studien zu ihrer Geschichte: Das Harnack-Prinzip.* Berlin: De Gruyter 1996, 275–302.

Löwenthal, Richard und Hans-Peter Schwarz (Hg.): *Die zweite Republik. 25 Jahre Bundesrepublik Deutschland. Eine Bilanz.* Stuttgart: Seewald 1974.

Löwy, Ilana: The Strength of Loose Concepts. Boundary Concepts, Federative Experimental Strategies and Disciplinary Growth. The Case of Immunology. *History of Science* 30/4 (1992), 373–396.
- *Between Bench and Bedside. Science, Healing, and Interleukin-2 in a Cancer Ward.* Cambridge: Harvard University Press 1996.

Lübke, Heinrich: Ansprache des Bundespräsidenten Dr. Lübke. *Mitteilungen aus der Max-Planck-Gesellschaft zur Förderung der Wissenschaften* Heft 5 (1960), 286–293.

Lucha, Gerda Maria: *Dokumente zu Entstehung und Entwicklung des Max-Planck-Instituts für Plasmaphysik 1955–1971.* Garching 2005.

Ludl, Claus: *Drifting Ethologists. Nikolaas Tinbergen and Gustav Kramer. Two Intellectual Life-Histories in an Incipient Darwinian Epistemic Community (1930–1983).* Dissertation/ PhD Thesis. Bremen: Jacobs University Bremen 2015. http://nbn-resolving.de/urn:nbn:de:gbv:579-opus-1005175.

Lüdtke, Helga (Hg.): *Leidenschaft und Bildung. Zur Geschichte der Frauenarbeit in Bibliotheken.* Berlin: Orlanda Frauenverlag 1992.

Lundgreen, Peter: *Datenhandbuch zur deutschen Bildungsgeschichte. Bd. 10: Das Personal an den Hochschulen in der Bundesrepublik Deutschland 1953–2005.* Göttingen: Vandenhoeck & Ruprecht 2009.

Lundgreen, Peter, Bernd Horn, Wolfgang Krohn, Günter Küppers und Rainer Paslack (Hg.): *Staatliche Forschung in Deutschland 1870–1980.* Frankfurt am Main: Campus 1986.

Lundgreen, Peter, Gudrun Schwibbe und Jürgen Schallmann: *Das Personal an den Hochschulen in der Bundesrepublik Deutschland 1953–2005.* HISTAT Datenbank, ZA8380, Version 1.0.0. Köln: GESIS Datenarchiv.

Lupas, Andrei: Einleitung. Die Biologisch-Medizinische-Sektion. *Forschungsperspektiven der Max-Planck-Gesellschaft 2010+.* Hg. von Max-Planck-Gesellschaft, 2010, 12–13.

Lüst, Reimar: Internationale Zusammenarbeit auf dem Gebiet der Weltraumforschung und die Beteiligung der Max-Planck-Gesellschaft. *Mitteilungen aus der Max-Planck-Gesellschaft zur Förderung der Wissenschaften* Heft 4 (1961), 270–279.
- *Die gegenwärtigen Probleme der Weltraumforschung.* München: Oldenbourg 1964.
- Ansprache des Präsidenten Professor Dr. Reimar Lüst in der Festversammlung der Max-Planck-Gesellschaft in München am 29. Juni 1973. In: Generalverwaltung der Max-Planck-Gesellschaft (Hg.): *Jahrbuch der Max-Planck-Gesellschaft zur Förderung der Wissenschaften 1973.* Göttingen 1973, 7–19.
- Möglichkeiten der Max-Planck-Gesellschaft im Rahmen europäischer wissenschaftlicher Zusammenarbeit. *Wirtschaft und Wissenschaft* 4 (1973), 14–19.

- Die Max-Planck-Gesellschaft heute. *Umschau* 74/Heft 12 (1974), 365–370.
- Forschungsförderung braucht eigene Wellenlänge. *MPG-Spiegel* 5 (1975), 5–6.
- Ansprache des Präsidenten Professor Reimar Lüst in der Festversammlung der Max-Planck-Gesellschaft am 11. Mai 1979 in Mainz. In: Generalverwaltung der Max-Planck-Gesellschaft (Hg.): *Max-Planck-Gesellschaft Jahrbuch 1979*. Göttingen: Vandenhoeck & Ruprecht 1979, 7–16.
- Wechselwirkungen von Wissenschaft und Politik. Ansprache des Präsidenten der Max-Planck-Gesellschaft. *MPG-Spiegel* 3 (1982), 53–58.
- Wissenschaft im Bewußtsein moralischer Verantwortung. Ansprache des scheidenden Präsidenten Professor Dr. Reimar Lüst bei der Festversammlung der Max-Planck-Gesellschaft am 29. Juni 1984 in Bremen. In: Generalverwaltung der Max-Planck-Gesellschaft (Hg.): *Max-Planck-Gesellschaft Jahrbuch 1984*. Göttingen: Vandenhoeck & Ruprecht 1984, 15–26.
- Der Antriebsmotor der Max-Planck-Gesellschaft. Das Harnack-Prinzip und die Wissenschaftlichen Mitarbeiter. In: Dieter Hoffmann, Birgit Kolboske und Jürgen Renn (Hg.): *»Dem Anwenden muss das Erkennen vorausgehen«. Auf dem Weg zu einer Geschichte der Kaiser-Wilhelm-/Max-Planck-Gesellschaft*. Berlin: epubli 2014, 119–132.

Lüst, Reimar und Paul Nolte: *Der Wissenschaftsmacher. Reimar Lüst im Gespräch mit Paul Nolte*. München: C.H. Beck 2008.

Lynen, Feodor: Biochemische Strukturen in der lebendigen Substanz. In: Generalverwaltung der Max-Planck-Gesellschaft (Hg.): *Jahrbuch der Max-Planck-Gesellschaft zur Förderung der Wissenschaften 1969*. Göttingen 1969, 46–92.

M. M. Warburg & Co Bank: *Ehemalige Tochterbanken. Historie der Schwäbischen Bank, 2021*. https://www.mmwarburg.de/de/bankhaus/historie/ehemalige-tochterbanken/.

MacLean, Paul D.: Paul D. MacLean. In: Larry R. Squire (Hg.): *The History of Neuroscience in Autobiography*. Bd. 2. Washington: Society for Neuroscience 1998, 244–275.

Macrakis, Kristie: *Surviving the Swastika. Scientific Research in Nazi Germany*. New York: Oxford University Press 1993.
- The Survival of Basic Biological Research in National Socialist Germany. *Journal of the History of Biology* 26/3 (1993), 519–543. doi:10.1007/BF01062060.
- »Surviving the Swastika« Revisited. The Kaiser-Wilhelm-Gesellschaft and Science Policy in Nazi Germany. In: Doris Kaufmann (Hg.): *Geschichte Der Kaiser-Wilhelm-Gesellschaft im Nationalsozialismus. Bestandsaufnahme und Perspektiven der Forschung*. Bd. 2. Göttingen: Wallstein 2000, 586–599.

Maddox, John: Science in West Germany. *Nature* 297/5864 (1982), 261–280.

Madsen, Claus: *The Jewel on the Mountaintop. The European Southern Observatory through Fifty Years*. Weinheim: Wiley-VCH 2012.

Maelicke, Alfred und Fritz Eckstein: Problems at Max Planck. *Nature* 341/6242 (1989), 480.

Magnus, Ulrich: *Geschichte des Max-Planck-Instituts für ausländisches und internationales Privatrecht, 1949–2000*. Berlin: GMPG-Preprint 2020.
- Geschichte des Max-Planck-Instituts für ausländisches und internationales Privatrecht, 1949–2000. In: Thomas Duve, Jasper Kunstreich und Stefan Vogenauer (Hg.): *Rechtswissenschaft in der Max-Planck-Gesellschaft, 1948–2002*. Studien zur Geschichte der Max-Planck-Gesellschaft. Bd. 2. Hg. von Jürgen Kocka, Carsten Reinhardt, Jürgen Renn und Florian Schmaltz. Göttingen: Vandenhoeck & Ruprecht 2023, 91–139.

Magoun, Horace Winchell: *American Neuroscience in the Twentieth Century. Confluence of the Neural, Behavioral, and Communicative Streams*. Hg. von Louise H Marshall. Lisse: A.A. Balkema 2003.

Maier, Charles S.: *Das Verschwinden der DDR und der Untergang des Kommunismus*. Frankfurt am Main: Fischer 1999.

Maier, Elke: Teilchenbillard, auf Film gebannt. *MaxPlanckForschung* 2 (2011), 94–95.

Maier, Helmut (Hg.): *Institutionen der außeruniversitären Grundlagenforschung: eine Analyse der Kaiser-Wilhelm-Gesellschaft und der Max-Planck-Gesellschaft*. Wiesbaden: Dt. Univ.-Verl. [u.a.] 1997.
- *Rüstungsforschung im Nationalsozialismus. Organisation, Mobilisierung und Entgrenzung der Technikwissenschaften*. Göttingen: Wallstein 2002.
- »Unideologische Normalwissenschaft« oder Rüstungsforschung? Wandlungen naturwissenschaftlich-technologischer Forschung und Entwicklung im »Dritten Reich«. In: Rüdiger vom Bruch und Brigitte Kaderas (Hg.): *Wissenschaft und Wissenschaftspolitik. Bestandsaufnahmen zu Formationen, Brüchen und Kontinuitäten im Deutschland des 20. Jahrhunderts*. Stuttgart: Franz Steiner 2002, 253–262.
- »Wehrhaftmachung« und »Kriegswichtigkeit«. Zur rüstungstechnologischen Relevanz des Kaiser-Wilhelm-Instituts für Metallforschung in Stuttgart vor und nach 1945. Berlin: Vorabdrucke des Forschungsprogramms »Geschichte der Kaiser-Wilhelm-Gesellschaft im Nationalsozialismus« 2002.
- Aus der Verantwortung gestohlen? »Grundlagenforschung« als Persilschein für Rüstungsforschung am Kaiser-Wilhelm-Institut für Metallforschung vor und nach 1945. In: Werner Lorenz und Torsten Meyer (Hg.): *Technik und Verantwortung im Nationalsozialismus*. Münster: Waxmann 2004, 47–77.
- »Stiefkind« oder »Hätschelkind«? Rüstungsforschung und Mobilisierung der Wissenschaften bis 1945. In: Christoph Jahr (Hg.): *Die Berliner Universität in der NS-Zeit. Strukturen und Personen*. Stuttgart: Franz Steiner 2005, 99–114.
- *Forschung als Waffe. Rüstungsforschung in der Kaiser-Wilhelm-Gesellschaft und das Kaiser-Wilhelm-Institut für Metallforschung 1900–1945/48*. Göttingen: Wallstein 2007.
- (Hg.): *Gemeinschaftsforschung, Bevollmächtigte und der Wissenstransfer. Die Rolle der Kaiser-Wilhelm-Gesellschaft im System kriegsrelevanter Forschung des Nationalsozialismus*. Göttingen: Wallstein 2007.
- Max-Planck-Institut für Metallforschung Berlin – Stuttgart. In: Peter Gruss und Reinhard Rürup (Hg.): *Denkorte. Max-Planck-Gesellschaft und Kaiser-Wilhelm-Gesellschaft. Brüche und Kontinuitäten 1911–2011*. Dresden: Sandstein 2010, 330–339.

Maier, Klaus A.: Die internationalen Auseinandersetzungen um die Westintegration der Bundesrepublik Deutschland und um ihre Bewaffnung im Rahmen der Europäischen Verteidigungsgemeinschaft. In: Militärgeschichtliches Forschungsamt (Hg.): *Anfänge westdeutscher Sicherheitspolitik. Die EVG-Phase. Bd. 2.* München: Oldenbourg 1990, 1–234.

Malapi-Nelson, Alcibiades: *The Nature of the Machine and the Collapse of Cybernetics. A Transhumanist Lesson for Emerging Technologies.* Cham: Palgrave Macmillan 2017.

Malich, Lisa: Drug Dependence as a Split Object. Trajectories of Neuroscientification and Behavioralization at the Max Planck Institute of Psychiatry. *Journal of the History of the Neurosciences* 32/2 (2023), 123–147. doi:10.1080/0964704X.2021.2001267.

Malsburg, Christoph von der: *The Correlation Theory of Brain Function.* Internal Report 81-2 of the Department of Neurobiology of the Max Planck Institute for Biophysical Chemistry in Göttingen. Göttingen 1981, 26.

– The Correlation Theory of Brain Function. In: Eytan Domany, J. Leo van Hemmen und Klaus Schulten (Hg.): *Models of neural networks II. Temporal aspects of coding and information processing in biological systems.* New York: Springer 1994, 95–119.

Manabe, Syukuro und Kirk Bryan: Climate Calculations with a Combined Ocean-Atmosphere Model. *Journal of the Atmospheric Sciences* 26/4 (1969), 786–789.

Mann, Heinrich: *Der Untertan.* München: dtv 1992.

Mann, Siegfried: *Das Bundesministerium der Verteidigung.* Bonn: Boldt 1971.

Mannheim, Karl: Das Problem der Generationen. *Kölner Vierteljahreshefte für Soziologie* 7/2 (1928), 157–185.

Marazia, Chantal und Heiner Fangerau: Imagining the Brain as a Book. Oskar and Cécile Vogt's »library of brains«. In: Chiara Ambrosio und William MacLehose (Hg.): *Imagining the Brain. Episodes in the History of Brain Research.* Cambridge, MA: Elsevier Academic Press 2018, 181–203.

Markl, Hubert: Forschung in der Max-Planck-Gesellschaft: Verpflichtung zur Spitzenleistung. Ansprache des neuen Präsidenten Hubert Markl bei der Festversammlung der Max-Planck-Gesellschaft am 21. Juni 1996 in Saarbrücken. In: Generalverwaltung der Max-Planck-Gesellschaft (Hg.): *Max-Planck-Gesellschaft Jahrbuch 1996.* Göttingen: Vandenhoeck & Ruprecht 1996, 27–43.

– Blick zurück, Blick voraus. Über den Gründungsauftrag, in »völliger Freiheit und Unabhängigkeit« zu forschen. In: *Forschung an den Grenzen des Wissens. 50 Jahre Max-Planck-Gesellschaft 1948–1998. Dokumentation des wissenschaftlichen Festkolloquiums und der Festveranstaltung zum 50jährigen Gründungsjubiläum am 26. Februar 1998 in Göttingen.* Göttingen: Vandenhoeck & Ruprecht 1998, 9–33.

– Forschung an den Grenzen des Wissens. Ansprache des Präsidenten Prof. Dr. Hubert Markl bei der Festversammlung der Max-Planck-Gesellschaft am 26. Juni 1998 in Weimar. In: Generalverwaltung der Max-Planck-Gesellschaft (Hg.): *Max-Planck-Gesellschaft Jahrbuch 1998.* Göttingen: Vandenhoeck & Ruprecht 1998, 11–31.

– Anmaßung in Demut. *Die Zeit* (10.2.2000). https://www.zeit.de/2000/07/Anmassung_in_Demut.

– Die Grenzenlosigkeit der Wissenschaften und die Knappheit der Talente. Ansprache des Präsidenten Hubert Markl auf der Festversammlung der Max-Planck-Gesellschaft in München am 9. Juni 2000. In: Generalverwaltung der Max-Planck-Gesellschaft (Hg.): *Max-Planck-Gesellschaft Jahrbuch 2000.* Göttingen: Vandenhoeck & Ruprecht 2000, 11–35.

– Die ehrlichste Art der Entschuldigung ist die Offenlegung der Schuld. In: Carola Sachse (Hg.): *Die Verbindung nach Auschwitz. Biowissenschaften und Menschenversuche an Kaiser-Wilhelm-Instituten. Dokumentation eines Symposiums im Juni 2001.* Göttingen: Wallstein 2003, 41–51.

– Serving the Global Goals of Scientific Progress [Online-Interview mit Hubert Markl]. *Nature*, 2003. https://www.nature.com/articles/nj0084.

Marko, Hans und Georg Färber (Hg.): *Kybernetik 1968. Berichtswerk über den Kongreß der Deutschen Gesellschaft für Kybernetik in München vom 23. bis 26. April 1968.* München: Oldenbourg 1968.

Markram, Henry: The Blue Brain Project. *Nature Reviews Neuroscience* 7/2 (2006), 153–160. doi:10.1038/nrn1848.

Marler, Peter und Donald Redfield Griffin: The 1973 Nobel Prize for Physiology or Medicine. *Science* 182/4111 (1973), 464–466. doi:10.1126/science.182.4111.464.

Marsch, Edmund: Adolf Butenandt als Präsident der Max-Planck-Gesellschaft 1960–1972. Zum 100. Geburtstag am 24. März 2003. In: Eckart Henning (Hg.): *Dahlemer Archivgespräche.* Bd. 9. Berlin: Archiv der Max-Planck-Gesellschaft 2003, 134–145.

Marsch, Ulrich: *Zwischen Wissenschaft und Wirtschaft. Industrieforschung in Deutschland und Großbritannien 1880-1936.* Hg. von Peter Wende. Paderborn: Ferdinand Schöningh 2000.

Marschall, Luitgard: *Im Schatten der chemischen Synthese. Industrielle Biotechnologie in Deutschland (1900–1970).* Frankfurt am Main: Campus 2000.

Marshall, Louise H. und Horace W. Magoun: *Discoveries in the Human Brain. Neuroscience Prehistory, Brain Structure, and Function.* New York: Humana Press 1998.

Martin, Heinz: *Polymere und Patente. Karl Ziegler, das Team, 1953–1998. Zur wirtschaftlichen Verwertung akademischer Forschung.* Weinheim: Wiley-VCH 2002.

Martin, Madeleine: Landestierschutzbeauftragte – Aufgaben und Möglichkeiten. Ein Praxisbericht. In: Elke Diehl und Jens Tuider (Hg.): *Haben Tiere Rechte? Aspekte und Dimensionen der Mensch-Tier-Beziehung.* Bonn: Bundeszentrale für politische Bildung 2019, 151–163.

Martin, Michael, Axel Karenberg und Heiner Fangerau: Neurowissenschaftler am Kaiser-Wilhelm-Institut für Hirnforschung im »Dritten Reich«. Oskar Vogt – Hugo Spatz – Wilhelm Tönnis. *Der Nervenarzt* 91/1 (2020), 89–99. doi:10.1007/s00115-019-00847-2.

Martinez, Grit und Nico Stelljes: Analyse des Umweltprogramms der Bundesregierung von 1971 und dazugehörigem Materialband. Berlin 23.11.2022.

Martini, Paul: Die Medizin als Wissenschaft. *Mitteilungen aus der Max-Planck-Gesellschaft zur Förderung der Wissenschaf-*

ten. München: Max-Planck-Gesellschaft zur Förderung der Wissenschaften 1956, 243–256.

Massachusetts Institute of Technology: *Report of the President 1967*. Cambridge, MA: Massachusetts Institute of Technology 1.12.1967. https://libraries.mit.edu/archives/.

– *Report of the President 1968*. Cambridge, MA: Massachusetts Institute of Technology 1.12.1968. https://libraries.mit.edu/archives/.

Massachusetts Institute of Technology Office of the President: *Report of the President 1984*. Cambridge, MA: Massachusetts Institute of Technology 1984. https://libraries.mit.edu/archives/.

Massie, Harrie und Malcolm O. Robins: *History of British Space Science*. Cambridge: Cambridge University Press 1986.

Massin, Benoît: Mengele, die Zwillingsforschung und die »Auschwitz-Dahlem Connection«. In: Carola Sachse (Hg.): *Die Verbindung nach Auschwitz. Biowissenschaften und Menschenversuche an Kaiser-Wilhelm-Instituten. Dokumentation eines Symposiums*. Göttingen: Wallstein 2003, 201–251.

– Rasse und Vererbung als Beruf. Die Hauptforschungsrichtungen am Kaiser-Wilhelm-Institut für Anthropologie, menschliche Erblehre und Eugenik im Nationalsozialismus. In: Hans-Walter Schmuhl (Hg.): *Rassenforschung an Kaiser-Wilhelm-Instituten vor und nach 1933*. Göttingen: Wallstein 2003, 190–244.

– Mengele et le sang d'Auschwitz. In: Christian Bonah, Anne Daion-Grilliat, Josiane Olff-Nathan und Norbert Schappacher (Hg.): *Nazisme, science et médicine*. Paris: Édition Glyphe 2006, 93–140, 295–303.

Matlin, Karl S.: Pictures and Parts. Representation of Form and the Epistemic Strategy of Cell Biology. In: Karl S. Matlin, Jane Maienschein und Manfred Dietrich Laubichler (Hg.): *Visions of Cell Biology. Reflections Inspired by Cowdry's General Cytology*. Chicago: University of Chicago Press 2018, 246–279.

– *Crossing the Boundaries of Life. Günter Blobel and the Origins of Molecular Cell Biology*. Chicago: University of Chicago Press 2022.

Matussek, Paul: Die Konzentrationslagerhaft als Belastungssituation. *Nervenarzt* 32 (1961), 538–542.

– Gedanken eines Psychiaters zur Frage einer gesetzlichen Sterilisation. *Fortschritte der Medizin* 82 (1963), 711–718.

– *Die Konzentrationslagerhaft und ihre Folgen*. Berlin: Springer 1971.

Max Planck Campus Tübingen: Die Campus-Bibliothek 2022. https://tuebingen.mpg.de/einrichtungen/bibliothek/.

Max-Planck-Gesellschaft (zur Förderung der Wissenschaften): Tätigkeitsbericht der Kaiser-Wilhelm-Gesellschaft zur Förderung der Wissenschaften und der Max-Planck-Gesellschaft zur Förderung der Wissenschaften für die Zeit vom 1.1.1946 bis 31.3.1951. *Die Naturwissenschaften* 38/16 (1951), 361–380.

– (Hg.): Editorial. *Mitteilungen aus der Max-Planck-Gesellschaft zur Förderung der Wissenschaften* Heft 1 (1952), 2.

– (Hg.): Hauptversammlung. *Mitteilungen aus der Max-Planck-Gesellschaft zur Förderung der Wissenschaften* Heft 4 (1957), 186–187.

– (Hg.): Neufassung von § 12 der Satzung. *Mitteilungen aus der Max-Planck-Gesellschaft zur Förderung der Wissenschaften* Heft 4 (1959), 231–234.

– (Hg.): Jahresbericht 1958/59 und Vorschau auf die Finanzlage 1959/60. *Mitteilungen aus der Max-Planck-Gesellschaft zur Förderung der Wissenschaften* Heft 4 (1959), 236–245.

– (Hg.): Jahresbericht 1959/60. *Mitteilungen aus der Max-Planck-Gesellschaft zur Förderung der Wissenschaften* Heft 1 (1960), 15–26.

– (Hg.): Die Einweihungsfeier des Max-Planck-Instituts für Physik und Astrophysik am 9. Mai 1960 in München. *Mitteilungen aus der Max-Planck-Gesellschaft zur Förderung der Wissenschaften* Heft 6 (1960), 313–368.

– Tätigkeitsbericht der Max-Planck-Gesellschaft zur Förderung der Wissenschaften e.V. für die Zeit vom 1.4.1960 bis 31.12.1961. *Die Naturwissenschaften* 49/24 (1962), 553–603. doi:10.1007/BF01178046.

– Hauptversammlung. *Mitteilungen aus der Max-Planck-Gesellschaft zur Förderung der Wissenschaften* Heft 3 (1962), 126–133.

– (Hg.): Jahresbericht 1961. *Mitteilungen aus der Max-Planck-Gesellschaft zur Förderung der Wissenschaften* Heft 3 (1962), 161–171.

– Tätigkeitsbericht der Max-Planck-Gesellschaft zur Förderung der Wissenschaften e.V. für die Zeit vom 1.1.1964 bis 31.12.1965. *Die Naturwissenschaften* 53/24 (1966), 630–699.

– (Hg.): Jahresbericht 1966. *Mitteilungen aus der Max-Planck-Gesellschaft zur Förderung der Wissenschaften* Heft 4 (1967), 249–269.

– Die Max-Planck-Gesellschaft zur Förderung der Wissenschaften e.V. 1. Januar 1966 bis 31. Dezember 1967. *Die Naturwissenschaften* 55/12 (1968), 563–648.

– (Hg.): Aus den Instituten. *Mitteilungen aus der Max-Planck-Gesellschaft zur Förderung der Wissenschaften* Heft 2 (1968), 146–151.

– (Hg.): Finanzierung. *Mitteilungen aus der Max-Planck-Gesellschaft zur Förderung der Wissenschaften* Heft 4 (1969), 198–200.

– (Hg.): Änderung der Satzung. *Mitteilungen aus der Max-Planck-Gesellschaft zur Förderung der Wissenschaften* Heft 4 (1972), 245–248.

– Tätigkeitsbericht für die Zeit vom 1.1.1970 bis 31.12.1971. *Die Naturwissenschaften* 59/12 (1972), 534–645.

– (Hg.): Jahresbericht 1971. *Mitteilungen aus der Max-Planck-Gesellschaft zur Förderung der Wissenschaften* Heft 4 (1972), 297–322.

– (Hg.): *Zahlenspiegel der Max-Planck-Gesellschaft*. München 1972–1993.

– (Hg.): Jahresbericht 1972. *Mitteilungen aus der Max-Planck-Gesellschaft zur Förderung der Wissenschaften* Heft 4 (1973), 257–287.

– (Hg.): Jahresrechnung 1972. *Mitteilungen aus der Max-Planck-Gesellschaft zur Förderung der Wissenschaften* Heft 3 (1974), 145–150.

– (Hg.): Jahresbericht 1973. *Mitteilungen aus der Max-Planck-Gesellschaft zur Förderung der Wissenschaften* Heft 3 (1974), 190–217.

5. Quellen und Literatur

- (Hg.): *Max-Planck-Institut für ausländisches öffentliches Recht und Völkerrecht*. Max-Planck-Gesellschaft. Berichte und Mitteilungen 2, 1975.
- (Hg.): *Max-Planck-Institut für biophysikalische Chemie (Karl-Friedrich-Bonhoeffer-Institut). Göttingen*. Max-Planck-Gesellschaft. Berichte und Mitteilungen 3, 1975.
- (Hg.): *Max-Planck-Institut für Biochemie*. Max-Planck-Gesellschaft. Berichte und Mitteilungen 2, 1977.
- (Hg.): *Max-Planck-Institut für Verhaltensphysiologie. Seewiesen*. Max-Planck-Gesellschaft. Berichte und Mitteilungen 4, 1978.
- (Hg.): *Jubiläumsfeier Max-Planck-Institut für Physiologische und Klinische Forschung, W.G.-Kerckhoff-Institut Bad Nauheim*. Max-Planck-Gesellschaft. Berichte und Mitteilungen 5, 1981.
- (Hg.): *Max-Planck-Institut für Biophysik, Frankfurt am Main*. Max-Planck-Gesellschaft. Berichte und Mitteilungen 3, 1982.
- (Hg.): *Max-Planck-Institut für Biologie. Tübingen*. Max-Planck-Gesellschaft. Berichte und Mitteilungen 3, 1983.
- (Hg.): *Max-Planck-Institut für Psychiatrie. München*. Max-Planck-Gesellschaft. Berichte und Mitteilungen 2, 1983.
- (Hg.): *Verantwortung und Ethik in der Wissenschaft. Symposium der Max-Planck-Gesellschaft. Schloß Ringberg/ Tegernsee. Mai 1984*. Max-Planck-Gesellschaft. Berichte und Mitteilungen 3, 1984.
- (Hg.): *Max-Planck-Institut für Metallforschung Stuttgart*. Max-Planck-Gesellschaft. Berichte und Mitteilungen 1, 1985.
- (Hg.): *Gentechnologie und Verantwortung. Symposon der Max-Planck-Gesellschaft Schloß Ringberg/Tegernsee Mai 1985*. Max-Planck-Gesellschaft. Berichte und Mitteilungen 3, 1985.
- (Hg.): *Max-Planck-Institut für Quantenoptik Garching b. München*. Max-Planck-Gesellschaft. Berichte und Mitteilungen 6, 1986.
- (Hg.): *Gmelin-Institut für Anorganische Chemie und Grenzgebiete der Max-Planck-Gesellschaft. Frankfurt am Main*. Max-Planck-Gesellschaft. Berichte und Mitteilungen 3, 1988.
- (Hg.): Wechsel im MPG-Pressereferat: Michael Globig Nachfolger von Robert Gerwin. *MPG-Spiegel* 1 (1988), 15–16.
- (Hg.): *Friedrich-Miescher-Laboratorium in der Max-Planck-Gesellschaft. Tübingen*. Max-Planck-Gesellschaft. Berichte und Mitteilungen 3, 1989.
- (Hg.): *Max-Planck-Institut für Psycholinguistik*. München 1990.
- (Hg.): *Jahresbericht und Jahresrechnung 1990. Nachrufe*. Max-Planck-Gesellschaft. Berichte und Mitteilungen 4, 1991.
- (Hg.): *Max-Planck-Institut für neurologische Forschung. Köln-Lindenthal*. Max-Planck-Gesellschaft. Berichte und Mitteilungen 3, 1992.
- (Hg.): *European Research Structures – Changes and Challenges. The Role and Function of Intellectuel Property Rights. Ringberg Castle, Tegernsee, January 1994*. Max-Planck-Gesellschaft. Berichte und Mitteilungen E2, 1994.
- (Hg.): *European Research Structures – Changes and Challenges. Mobility of Researchers in the European Union. Ringberg Castle, Tegernsee, November 1993*. Max-Planck-Gesellschaft. Berichte und Mitteilungen E3, 1994.
- (Hg.): *MPG in Zahlen*. München 1994–1999.
- (Hg.): *Mitglieder-Verzeichnis nach dem Stand vom 1. Mai 1995*. München 1995.
- (Hg.): *Max-Planck-Institut für Entwicklungsbiologie. Tübingen*. Max-Planck-Gesellschaft. Berichte und Mitteilungen 2, 1997.
- Homepage, 2.8.1997. https://web.archive.org/web/19970802170101/http:/www.gwdg.de/~hkuhn1/mpggv.html.
- (Hg.): *Max-Planck-Institut für psychologische Forschung. München*. Max-Planck-Gesellschaft. Berichte und Mitteilungen 4, 1998.
- (Hg.): *Forschung an den Grenzen des Wissens. 50 Jahre Max-Planck-Gesellschaft 1948–1998. Dokumentation des wissenschaftlichen Festkolloquiums und der Festveranstaltung zum 50jährigen Gründungsjubiläum am 26. Februar 1998 in Göttingen*. Göttingen: Vandenhoeck & Ruprecht 1998.
- Homepage, 25.1.1999. https://web.archive.org/web/19990125101359/http:/www.mpg.de/.
- (Hg.): *Direktorenhandbuch*. 2. Auflage. München 2000.
- (Hg.): *Max-Planck-Institute for Psycholinguistics Nijmegen*. Max-Planck-Gesellschaft. Berichte und Mitteilungen 1, 2000.
- (Hg.): *Zahlen und Daten. Facts and Figures 1999*. München 2000.
- (Hg.): *Zahlen und Daten. Facts and Figures 2000*. München: Haak & Nakat 2001.
- (Hg.): *Max-Planck-Institut für ethnologische Forschung. Halle*. München 2002.
- *Personalstatistik 2003*. München 2003.
- (Hg.): *Directors' Handbook*. 3. Auflage. München 2004.
- *Personalstatistik 2005*. München 2005.
- (Hg.): *Jahresbericht – Annual Report 2006*. München 2007.
- (Hg.): Der Ansatz »Max Planck«. Die Max-Planck-Gesellschaft im deutschen Wissenschaftssystem. *Forschungsperspektiven der Max-Planck-Gesellschaft 2010+*. Hg. von Max-Planck-Gesellschaft, 2010, 6–11.
- (Hg.): *Hinweise und Regeln der Max-Planck-Gesellschaft zum verantwortlichen Umgang mit Forschungsfreiheit und Forschungsrisiken*, 2010.
- (Hg.): *Max-Planck-Institut für Ornithologie. Seewiesen. Neubau Laborgebäude und Sanierung Gebäudestand*. München: Max-Planck-Gesellschaft 2011.
- (Hg.): *Bauen für die Forschung. Das Fritz-Haber-Institut der Max-Planck-Gesellschaft in Berlin und seine Bauten 1911–2011*. München: Bauabteilung der Max-Planck-Gesellschaft 2011.
- (Hg.): *Jahresbericht 2011*. München: Max-Planck-Gesellschaft zur Förderung der Wissenschaften 2012.
- Das Forschungsnetzwerk MaxSynBio, 2014. https://www.mpg.de/themenportal/synthetische-biologie/maxsynbio.
- (Hg.): *Max-Planck-Institut für Psycholinguistik in Nijmegen. Erweiterung Institutsgebäude*. München 2015.

- Max-Planck-Gesellschaft führt Gesamtrevision ihrer Präparate-Sammlungen durch. *Max-Planck-Gesellschaft*, 14.3.2016. https://www.mpg.de/10375426/max-planck-gesellschaft-fuehrt-gesamtrevision-ihrer-praeparate-sammlungen-durch.
- (Hg.): Hinweise und Regeln der Max-Planck-Gesellschaft zum verantwortlichen Umgang mit Forschungsfreiheit und Forschungsrisiken. München: Max-Planck-Gesellschaft 2017.
- (Hg.): *Jahresbericht – Annual Report 2017*. München 2018.
- Zwischenbericht des Opferforschungsprojekts wurde dem Bayerischen Landtag übergeben, 17.2.2020. https://www.mpg.de/14472459/zwischenbericht-des-opferforschungsprojekts-wurde-dem-bayerischen-landtag-uebergeben.
- Spezialausgabe: Max-Planck-Innovation. *MaxPlanckForschung* Spezialausgabe (2020).
- Jahrbuch-Beiträge 2003–2020. MPI für Psycholinguistik, 2021. https://www.mpg.de/152220/psycholinguistik.
- MPI für Verhaltensbiologie, 2021. https://www.mpg.de/987944/verhaltensbiologie.
- Nobelpreise, 2021. https://www.mpg.de/preise/nobelpreis.
- Zahlen und Fakten 2021, 12.10.2021. https://www.mpg.de/zahlen_fakten.
- Ein Porträt der Max-Planck-Gesellschaft, 2022. http://www.mpg.de/kurzportrait.
- Geschichte der Max-Planck-Institute für Entwicklungsbiologie und Biologie, Tübingen, 2022. https://www.eb.tuebingen.mpg.de/de/institute/geschichte/.
- (Hg.): *Jahresbericht – Annual Report 2021*. München 2022.
- Zu Hause in Deutschland – präsent in der Welt, 2022. https://www.mpg.de/15297895/max-planck-weltweit.
- Regeln & Verfahren. https://www.mpg.de/ueber_uns/verfahren.

Max-Planck-Gesellschaft und Referat für Organisationsberatung und zentrale Informationen (Hg.): *Direktorenhandbuch*. München 1994.

Max-Planck-Innovation: Innovative Spin-Offs. https://www.max-planck-innovation.com/spin-off/innovative-spin-offs.html.
- »Schutzrechte als Basis für technologischen Fortschritt«. Patentierung und Vermarktung von Erfindungen. https://www.max-planck-innovation.de/erfindung/patentierung-und-vermarktung.html.

Max-Planck-Institut für ausländisches und internationales Privatrecht: Profil und Bestand der Bibliothek, 2022. https://www.mpipriv.de/bibliothek.

Max-Planck-Institut für biophysikalische Chemie: Zwei Göttinger Max-Planck-Institute werden eins. Neues Institut verbindet Naturwissenschaften und medizinische Grundlagenforschung, 20.9.2022. https://goettingen-campus.de/de/news/translate-to-deutsch-view?tx_news_pi1%5Baction%5D=detail&tx_news_pi1%5Bcontroller%5D=News&tx_news_pi1%5Bnews%5D=776&cHash=a32ec-633807397db687447ce575682f8.

Max-Planck-Institut für extraterrestrische Physik: Extraterrestrische Messungen von Gammastrahlen im Energiebereich über 50 MeV (COPERS-1236). *Historisches Archiv der Europäischen Union*, 1.2.1964. https://archives.eui.eu/en/fonds/96556?item=COPERS-06.01-1236.
- Homepage, 2022. https://web.archive.org/web/2/http://mpe.mpg.de/.

Max-Planck-Institut für Hirnforschung (Hg.): *100 Years Minds in Motion*. Frankfurt am Main 2014.

Max-Planck-Institut für Informatik: Homepage, 2022. https://web.archive.org/web/2/http://mpi-inf.mpg.de/.

Max-Planck-Institut für Kernphysik: *50 Jahre Max-Planck-Institut für Kernphysik. Von Kernphysik und Kosmochemie zu Quantendynamik und Astroteilchenphysik*. Heidelberg: MPIK 2008.

Max-Planck-Institut für molekulare Pflanzenphysiologie: Wirtschaft und Wissenschaft, 2022. https://www.mpimp-golm.mpg.de/7465/econsci.

Max-Planck-Institut für Rechtsgeschichte und Rechtstheorie: Bestand, 2021. https://www.lhlt.mpg.de/bibliothek/bestand.

Max-Planck-Institut für Züchtungsforschung (Hg.): *Pflanzenproduktion und Biotechnologie*. Köln 1992.

Max-Planck-Institut untersucht Wirkungsweise von Kampfgiften. *Süddeutsche Zeitung* (6.2.1970).

Max Planck Institute for Human Development: Homepage, 2022. https://web.archive.org/web/2/http://mpib-berlin.mpg.de/.

Max Planck Institute for Psycholinguistics: The Max Planck Institute for Psycholinguistics. 40th Anniversary. An Interview with Pim Levelt, 2020. https://www.mpi.nl/40th-anniversary.

Max Planck Instituut voor Psycholinguistiek: *Max Planck Institute for Psycholinguistics, Nijmegen [Red.: Gottfried Plehn]*. München: Generalverwaltung der Max-Planck-Gesellschaft, Referat Presse- und Öffentlichkeitsarbeit 2000.

Max Planck Law: Homepage. https://law.mpg.de/.

Max-Planck Survives, Opinion. *Nature* 319/6052 (1986), 344.

Mayer, Alexander: *Universitäten im Wettbewerb. Deutschland von den 1980er Jahren bis zur Exzellenzinitiative*. Stuttgart: Franz Steiner 2019.

Mayer-Kuckuk, Theo: *Kernphysik. Eine Einführung*. 7. Auflage. Stuttgart: Teubner 2002.

Mayntz, Renate: *Forschungsmanagement, Steuerungsversuche zwischen Scylla und Charybdis. Probleme der Organisation und Leitung von hochschulfreien, öffentlich finanzierten Forschungsinstituten*. Opladen: Westdeutscher Verlag 1985.
- Die außeruniversitäre Forschung im Prozeß der deutschen Einigung. *Leviathan* 20/1 (1992), 64–82.
- *Deutsche Forschung im Einigungsprozeß. Die Transformation der Akademie der Wissenschaften der DDR 1989 bis 1992*. Frankfurt am Main: Campus 1994.
- Mein Weg zur Soziologie. Rekonstruktion eines kontingenten Karrierepfades. In: Christian Fleck (Hg.): *Wege zur Soziologie nach 1945: Autobiographische Notizen*. Opladen: Leske + Budrich 1996, 225–235.
- Eine sozialwissenschaftliche Karriere im Fächerspagat. In: Karl Martin Bolte und Friedhelm Neidhardt (Hg.): *Soziologie als Beruf. Erinnerungen westdeutscher Hochschulprofessoren der Nachkriegsgeneration*. Baden-Baden: Nomos 1998, 285–295.

- *Die Bestimmung von Forschungsthemen in Max-Planck-Instituten im Spannungsfeld wissenschaftlicher und außerwissenschaftlicher Interessen: ein Forschungsbericht.* MPIfG Discussion Paper 01/8. Köln: Max-Planck-Institut für Gesellschaftsforschung 2001.

McCulloch, Warren S.: *Embodiments of Mind.* Cambridge, MA: MIT Press 2016.

McCulloch, Warren S. und Walter Pitts: A Logical Calculus of the Ideas Immanent in Nervous Activity. *The Bulletin of Mathematical Biophysics* 5/4 (1943), 115–133.

- The Statistical Organization of Nervous Activity. *Biometrics* 4/2 (1948), 91–99. doi:10.2307/3001453.

McIntyre, Beverly D., Hans R. Herren, Judi Wakhungu und Robert T. Watson (Hg.): *Global Report.* Washington: Island Press 2009.

McNeill, John Robert und Peter Engelke: *The Great Acceleration. An Environmental History of the Anthropocene since 1945.* Cambridge, MA: Harvard University Press 2016.

Meadows, Dennis L.: *Die Grenzen des Wachstums. Bericht des Club of Rome zur Lage der Menschheit.* Reinbek bei Hamburg: Rowohlt 1973.

Meadows, Donella H., Dennis L. Meadows, Jørgen Randers und William W. Behrens III.: *The Limits to Growth. A Report for the Club of Rome's Project on the Predicament of Mankind.* New York: Universe Books 1972.

Mediziner können nicht auf Tierversuche verzichten. Appell der Max-Planck-Gesellschaft. Hunde und Katzen »nur aus Versuchtierzuchten«. *Rotenburger Kreiszeitung* (28.12.1981).

Meermann, Horst: Senatsbeschluß zu Grundsätzen der Frauenförderung. *MPG-Spiegel* 2 (1995), 19–20.

Mehl, Robert Franklin: *A Brief History of the Science of Metals.* New York: American Institute of Mining and Metallurgical Engineers 1948.

Meier, Hans-Ulrich (Hg.): *Die Pfeilflügelentwicklung in Deutschland bis 1945. Die Geschichte einer Entwicklung bis zu ihren ersten Anwendungen.* Bonn: Bernard & Graefe 2006.

Meinecke, Manfred: Haushaltsrecht. In: Christian Flämig (Hg.): *Handbuch des Wissenschaftsrechts.* Bd. 2. Berlin: Springer 1996, 1473–1504.

Meiser, Inga: *Die Deutsche Forschungshochschule (1947–1953).* Dissertation. Berlin: Humboldt-Universität zu Berlin I 2013. http://edoc.hu-berlin.de/docviews/abstract.php?id=40177.

Melchers, Georg: Biologie und Nationalsozialismus. In: Andreas Flitner (Hg.): *Deutsches Geistesleben und Nationalsozialismus. Eine Vortragsreihe der Universität Tübingen.* Tübingen: Rainer Wunderlich Verlag Hermann Leins 1965, 59–72.

- Ein Botaniker auf dem Wege in die Allgemeine Biologie auch in Zeiten moralischer und materieller Zerstörung, und Fritz von Wettstein 1895–1945 mit Liste der Veröffentlichungen und Dissertationen. *Berichte der Deutschen Botanischen Gesellschaft* 100 (1987), 373–405. doi:10.1111/j.1438-8677.1987.tb02704.x.

Melchinger, Albrecht E., Gitta Oettler und Wolfgang Link: Entwicklung der Zuchtmethoden. In: Gerhard Röbbelen (Hg.): *Die Entwicklung der Pflanzenzüchtung in Deutschland (1908–2008). 100 Jahre GFP e.V. Eine Dokumentation.* Göttingen: Gesellschaft für Pflanzenzüchtung e. V. 2008, 235–254.

Mende, Silke: *»Nicht rechts, nicht links, sondern vorn«. Eine Geschichte der Gründungsgrünen.* München: Oldenbourg 2011.

Mennen, Josef: Forschung und Entwicklung im Wehrsektor. *Wehrtechnik* 1/1 (1969), 10–14.

Menten, Karl M.: Leo Brandt. Pionier der Funkmesstechnik und Initiator der Radioastronomie in Deutschland. In: Bernhard Mittermaier und Bernd-A. Rusinek (Hg.): *Leo Brandt (1908–1971). Ingenieur – Wissenschaftsförderer – Visionär.* Jülich: Zentralbi 2009, 41–53.

Messières, Nicole de: Libby and the Interdisciplinary Aspect of Radiocarbon Dating. *Radiocarbon* 43/1 (2001), 1–5. doi:10.1017/S003382220003157X.

Mestmäcker, Ernst-Joachim: Franz Böhm (1895–1977). In: Stefan Grundmann und Karl Riesenhuber (Hg.): *Deutschsprachige Zivilrechtslehrer des 20. Jahrhunderts in Berichten ihrer Schüler. Eine Ideengeschichte in Einzeldarstellungen.* Bd. 1. Berlin: De Gruyter 2007, 31–55.

Mestmäcker, Ernst-Joachim und Christoph Engel: *Das Embargo gegen Irak und Kuwait. Entschädigungsansprüche gegen die Europäische Gemeinschaft und gegen die Bundesrepublik Deutschland – Ein Rechtsgutachten.* Baden-Baden: Nomos 1991.

Mestmäcker, Ernst-Joachim, Helmut Gröner und Jürgen Basedow (Hg.): *Die Gaswirtschaft im Binnenmarkt. Beiträge zur gemeinschaftsrechtlichen und ordnungspolitischen Diskussion von Marktordnungen, Common Carriage und Preistransparenz.* Baden-Baden: Nomos 1990.

Metzger, Birgit: *»Erst stirbt der Wald, dann du!« Das Waldsterben als westdeutsches Politikum (1978–1986).* Frankfurt am Main: Campus 2015.

Metzlaff, Karen: AMICA, Supporting the Development of Plant Biotechnology in Europe. In: Gert E. de Vries und Karin Metzlaff (Hg.): *Phytosfere'99. Highlights in European Plant Biotechnology Research and Technology Transfer.* Amsterdam: Elsevier 2000, 7–10.

Meulen, Volker ter: *Akademie der Naturforscher Leopoldina. Geschichte, Struktur, Aufgabe.* Bd. 10. Halle (Saale): Druck-Zuck 2007.

Meusel, Ernst-Joachim: Die Zerwaltung der Forschung. *Wissenschaftsrecht, Wissenschaftsverwaltung, Wissenschaftsförderung. Zeitschrift für Recht und Verwaltung der wissenschaftlichen Hochschulen und der wissenschaftspflegenden und -fördernden Organisationen und Stiftungen* 10/2 (1977), 118–137.

- *Außeruniversitäre Forschung im Wissenschaftsrecht.* 2. Auflage. Köln: Carl Heymanns 1999.

Meyer, Andreas: Europäischer Binnenmarkt und produktspezifisches Werberecht. *GRUR Int.* 45 (1996), 697–708.

Meyer, Karl-Hermann, Johannes Dichgans, Michel Eichelbaum, Kurt von Figura, Christian Herfarth, Dietrich Niethammer, Clemens Sorg et al.: *Klinische Forschung. Denkschrift.* Weinheim: Wiley-VCH 1999.

Meyer, Peter, Iris Heidmann, Heinz Saedler und Gert Forkmann: Pflanzen mit modifizierter Blütenfarbe und gentechnologische Verfahren zu ihrer Herstellung. Deutsches

Patentamt DE3738657C1, eingereicht am 13.11.1987, und erschienen am 18.5.1989. https://worldwide.espacenet.com/patent/search/family/006340474/publication/DE3738657C1?q=DE3738657C1.

Meyer-Thurow, Georg: The Industrialization of Invention. A Case Study from the German Chemical Industry. *Isis* 73 (1982), 363–381. doi:10.1086/353039.

Meyl, Arwed H.: *Denkschrift zur Lage der Biologie*. Hg. von Deutsche Forschungsgemeinschaft. Wiesbaden: Franz Steiner 1958.

Michel, Karl-Wolfgang: *Denkschrift Planetenforschung*. Boppard am Rhein: Harald Boldt 1977.

Miller, George A.: The Magical Number Seven, plus or Minus Two. Some Limits on Our Capacity for Processing Information. *Psychological Review* 63/2 (1956), 81–97. doi:10.1037/h0043158.

– The Cognitive Revolution. A Historical Perspective. *Trends in Cognitive Sciences* 7/3 (2003), 141–144.

Miller, Seumas: Concept of Dual Use. In: Seumas Miller (Hg.): *Dual Use Science and Technology, Ethics and Weapons of Mass Destruction*. Cham: Springer 2018, 5–20. doi:10.1007/978-3-319-92606-3_2.

Milosch, Mark S.: *Modernizing Bavaria. The Politics of Franz Josef Strauß and the CSU, 1949–1969*. New York: Berghahn 2006.

Ministry of Science, Technology and Innovation: *The European Research Council. A Cornerstone in the European Research Area*. Kopenhagen: Ministry of Science, Technology and Innovation 15.12.2003. https://ufm.dk/en/publications/2003/files-2003/european-research-council-a-cornerstone.pdf.

Mintzel, Alf: *Geschichte der CSU. Ein Überblick*. Opladen: Westdeutscher Verlag 1977.

Mirowski, Philip: Livin' with the MTA. *Minerva* 46 (2008), 317–342. doi:10.1007/s11024-008-9102-2.

– *Science-Mart. Privatizing American Science*. Cambridge, MA: Harvard University Press 2011.

Misa, Thomas J.: Military Needs, Commercial Realities, and the Development of the Transistor, 1948–1958. In: Merritt Roe Smith (Hg.): *Military Enterprise and Technological Change. Perspectives on the American Experience*. Cambridge, MA: MIT Press 1985, 253–287.

Mitsch, William J. und James G. Gosselink: *Wetlands*. 4. Auflage. Hoboken: John Wiley & Sons 2007.

Mitscherlich, Alexander: Unmenschliche Wissenschaft. *Göttinger Universitätszeitung* 17/18 (1947), 6–7.

– Protest oder Einsicht? *Göttinger Universitätszeitung* 3 (1948).

Mitscherlich, Alexander und Fred Mielke: *Das Diktat der Menschenverachtung. Eine Dokumentation*. Heidelberg: Lambert Schneider 1947.

– *Wissenschaft ohne Menschlichkeit. Medizinische und eugenische Irrwege unter Diktatur, Bürokratie und Krieg*. Heidelberg: Schneider 1949.

Mittasch, Alwin: *Salpetersäure aus Ammoniak. Geschichtliche Entwicklung der Ammoniakoxydation bis 1920*. Weinheim: Verlag Chemie 1953.

Mitzner, Veera: *European Union Research Policy. Contested Origins*. London: Palgrave Macmillan 2020. doi:10.1007/978-3-030-41395-8.

Moelling, Karin: Erinnerungen an Heinz Schuster und 30 Jahre Max-Planck-Institut für molekulare Genetik. In: Martin Vingron und Max-Planck-Institut für molekulare Genetik (Hg.): *Gene und Menschen. 50 Jahre Forschung am Max-Planck-Institut für molekulare Genetik*. Berlin: Max-Planck-Institut für molekulare Genetik 2014, 34–47.

Möhring, Maren: *Marmorleiber. Körperbildung in der deutschen Nacktkultur (1890–1930)*. Köln: Böhlau 2004.

– Andere Tiere – Zur Historizität nicht/menschlicher Körper. *Body Politics. Zeitschrift für Körpergeschichte* 2/4 (2014), 249–257.

Möller, Hans-Jurgen, G. Fischer und Detlev von Zerssen: Prediction of Therapeutic Response in Acute Treatment with Antidepressants. Results of an Empirical Study Involving 159 Endogenous Depressive Inpatients. *European archives of psychiatry and neurological sciences* 236 (1987), 349–357.

Möller, Horst: *Franz Josef Strauß. Herrscher und Rebell*. München: Piper 2015.

– *Deutsche Geschichte – die letzten hundert Jahre. Von Krieg und Diktatur zu Frieden und Demokratie*. München: Piper 2022.

Morange, Michel: EMBO and EMBL. In: John Krige und Luca Guzzetti (Hg.): *History of European Scientific and Technological Cooperation*. Luxemburg: Office for Official Publications of the European Communities 1997, 77–104.

– *The Black Box of Biology. A History of the Molecular Revolution*. Cambridge, MA: Harvard University Press 2020.

Morris, Peter J. T.: *A Cultural History of Chemistry In the Modern Age*. Bd. 6. London: Bloomsbury 2022.

– Laboratories and Technology. An Era of Transformations. *A Cultural History of Chemistr in the Modern Age*. Bd. 6. London: Bloomsbury 2022, 73–98.

Mosler, Hermann: Die Entstehung des Modells supranationaler und gewaltenteilender Staatenverbindungen in den Verhandlungen über den Schumann-Plan. In: Ernst von Caemmerer und Ernst Steindorff (Hg.): *Probleme des europäischen Rechts. Festschrift für Walter Hallstein zu seinem 65. Geburtstag*. Frankfurt am Main: Klostermann 1966, 355–386.

– Begriff und Gegenstand des Europarechts. *Zeitschrift für ausländisches öffentliches Recht und Völkerrecht* 28/3 (1968), 481–502.

– Das Max-Planck-Institut für ausländisches öffentliches Recht und Völkerrecht. *Heidelberger Jahrbücher*. Hg. von Universitäts-Gesellschaft Heidelberg 20 (1976), 53–78.

Mühlhoff, Rainer, Anja Breljak und Jan Slaby (Hg.): *Affekt Macht Netz. Auf dem Weg zu einer Sozialtheorie der Digitalen Gesellschaft*. Bielefeld: transcript 2019.

Müller, Edda: Innenwelt der Umweltpolitik. Zu Geburt und Aufstieg eines Politikbereichs. In: Patrick Masius, Ole Sparenberg und Jana Sprenger (Hg.): *Umweltgeschichte und Umweltzukunft. Zur gesellschaftlichen Relevanz einer jungen Disziplin*. Göttingen: Universitätsverlag Göttingen 2009, 69–86.

Müller, Wolfgang D.: *Geschichte der Kernenergie in der Bundesrepublik Deutschland, Bd. 1: Anfänge und Weichenstellungen.* Stuttgart: Schäffer 1990.

Müller-Hill, Benno: *Tödliche Wissenschaft. Die Aussonderung von Juden, Zigeunern und Geisteskranken 1933–1945.* Reinbek bei Hamburg: Rowohlt 1984.

- Kollege Mengele – nicht Bruder Eichmann. *Sinn und Form* 37/3 (1985), 671–676.
- Genetics after Auschwitz. *Holocaust and Genocide Studies* 2/1 (1987), 3–20. doi:10.1093/hgs/2.1.3.
- Funding of Molecular Biology. *Nature* 351/6321 (1991), 11–12. doi:10.1038/351011a0.
- The Blood from Auschwitz and the Silence of the Scholars. *History and Philosophy of the Life Sciences* 21/3 (1999), 331–365. doi:10.2307/23332180.
- Das Blut von Auschwitz und das Schweigen der Gelehrten. In: Doris Kaufmann (Hg.): *Geschichte der Kaiser-Wilhelm-Gesellschaft im Nationalsozialismus. Bestandsaufnahme und Perspektiven der Forschung.* Bd. 1. Göttingen: Wallstein 2000, 189–227.
- Erinnerung und Ausblendung. Ein kritischer Blick in den Briefwechsel Adolf Butenandts, MPG-Präsident 1960–1972. *History and Philosophy of the Life Sciences* 24/3/4 (2002), 493–521.

Müller-Wille, Staffan und Christina Brandt (Hg.): *Heredity Explored. Between Public Domain and Experimental Science, 1850–1930.* Cambridge, MA: MIT Press 2016.

Müller-Wille, Staffan und Hans-Jörg Rheinberger: *Das Gen im Zeitalter der Postgenomik. Eine wissenschaftshistorische Bestandsaufnahme.* Frankfurt am Main: Suhrkamp 2009.

- *A Cultural History of Heredity.* Chicago: University of Chicago Press 2012.

Münch, Ingo von (Hg.): *Dokumente der Wiedervereinigung Deutschlands. Quellentexte zum Prozeß der Wiedervereinigung.* Stuttgart: Kröner 1991.

Münch, Richard: *Die akademische Elite. Zur sozialen Konstruktion wissenschaftlicher Exzellenz.* Frankfurt am Main: Suhrkamp 2007.

Munk, Klaus: *Virologie in Deutschland. Die Entwicklung eines Fachgebietes.* Basel: Karger 1995.

Munk, Walter H.: On the Wind-Driven Ocean Circulation. *Journal of the Atmospheric Sciences* 7/2 (1950), 80–93. doi:10.1175/1520-0469(1950)007<0080:OTWDOC>2.0.CO;2.

Müntz, Klaus und Ulrich Wobus: *Das Institut Gatersleben und seine Geschichte. Genetik und Kulturpflanzenforschung in drei politischen Systemen.* Berlin: Springer Spektrum 2013.

Munz, Sonja: *Zur Beschäftigungssituation von Männern und Frauen in der Max-Planck-Gesellschaft. Eine empirische Bestandsaufnahme. Studie im Auftrag der Generalverwaltung und des Gesamtbetriebsrates der MPG.* München 1993.

Murphy, Michelle: Experimental Exuberance. *The Economization of Life.* Durham: Duke University Press 2017, 78–94. doi.org/10.1515/9780822373216-009.

Naimark, Norman M.: *Die Russen in Deutschland. Die sowjetische Besatzungszone 1945 bis 1949.* Berlin: Propyläen 1997.

NASA Advisory Council und The Earth System Sciences Committee (Hg.): *Earth System Science Overview. A Program for Global Change.* Washington: National Aeronautics and Space Administration 1986.

NASA Goddard Space Flight Center: First Space-Based View of the Ozone Hole. *Wikimedia Commons,* 27.11.2003. https://commons.wikimedia.org/wiki/File:First_Space-Based_View_of_the_Ozone_Hole_(8006648994).jpg?uselang=de.

National Academy of Sciences (Hg.): *Materials and Man's Needs, Materials Science and Engineering.* Summary Report of the Committee on the Survey of Materials Science and Engineering. Washington: National Academy of Sciences 1974.

National Institute of Mental Health (U.S.), United States of America, und National Advisory Mental Health Council (Hg.): *Approaching the 21st Century. Opportunities for NIMH Neuroscience Research.* Rockville: National Institute of Health 1988. http://hdl.handle.net/2027/pur1.32754076371024.

National Institutes of Health (NIH): Chronology of Events, 11.2.2015. https://www.nih.gov/about-nih/what-we-do/nih-almanac/chronology-events.

National Research Council: *Toward an Understanding of Global Change. Initial Priorities for U.S. Contributions to the International Geosphere–Biosphere Program.* Washington: National Academy Press 1988.

Nature: Article Metrics: Oceanic Phytoplankton, Atmospheric Sulphur, Cloud Albedo and Climate, 26.8.2020. https://www.nature.com/articles/326655a0/metrics.

Neher, Erwin und Bert Sakmann: Single-Channel Currents Recorded from Membrane of Denervated Frog Muscle Fibres. *Nature* 260/5554 (1976), 799–802.

Neisser, Ulric, Daniel Tapper und Eleanor J. Gibson: Eric H. Lenneberg. September 19, 1921–May 31, 1975. In: J. Robert Cooke (Hg.): *Memorial Statements of the Cornell University Faculty 1970–1979.* Bd. 5. Ithaca: Internet-First University Press 2010, 206–207.

Nelson, Nicole C.: Understand the Real Reasons Reproducibility Reform Fails. *Nature* 600 (2021), 191. doi:10.1038/d41586-021-03617-w.

Nelson, Nicole C., Kelsey Ichikawa, Julie Chung und Momin M. Malik: Mapping the Discursive Dimensions of the Reproducibility Crisis: A Mixed Methods Analysis. *PLOS ONE* 16/7 (2021), e0254090. doi:10.1371/journal.pone.0254090.

Nelson, Nicole C., Peter Keating, Alberto Cambrosio, Adriana Aguilar-Mahecha und Mark Basik: Testing Devices or Experimental Systems? Cancer Clinical Trials Take the Genomic Turn. *Social Science & Medicine* 111 (2014), 74–83. doi:10.1016/j.socscimed.2014.04.008.

Neufeld, Michael J.: *Die Rakete und das Reich. Wernher von Braun, Peenemünde und der Beginn des Raketenzeitalters.* 2. Auflage. Berlin: Henschel 1999.

Neugebauer, Wolfgang: Das Kaiser-Wilhelm-Institut für Deutsche Geschichte im Zeitalter der Weltkriege. *Historisches Jahrbuch* 113 (1993), 60–97.

- Die Gründungskonstellation des Kaiser-Wilhelm-Instituts für Deutsche Geschichte und dessen Arbeit bis 1945. Zum Problem historischer »Großforschung« in Deutschland. In: Hubert Laitko und Bernhard vom Brocke (Hg.): *Die Kaiser-*

Wilhelm-/Max-Planck-Gesellschaft und ihre Institute. Studien zu ihrer Geschichte. Berlin: De Gruyter 1996, 445–468.

Neuhaus, Paul Heinrich: Europäische Vereinheitlichung des Eherechtes. Ein Gutachten für den Europarat. *Rabels Zeitschrift für ausländisches und internationales Privatrecht* 34 (1970), 253–263.

- Hans Rupp. 30.8.1907–14.9.1989. *Rabels Zeitschrift für ausländisches und internationales Privatrecht* 54/2 (1990), 201–202.

Neuhoff, Volker: Das Gehirn versucht sich selbst zu verstehen. In: Max-Planck-Gesellschaft (Hg.): *Max-Planck-Institut für experimentelle Medizin Göttingen*. Max-Planck-Gesellschaft. Berichte und Mitteilungen 2, 1978, 72–83.

- Funding of Neuroscience in Germany. *Trends in Neurosciences* 6 (1983), 125–127. doi:10.1016/0166-2236(83)90063-2.

Neumann, Alexander: Personelle Kontinuitäten — inhaltlicher Wandel. Deutsche Physiologen im Nationalsozialismus und in der Bundesrepublik Deutschland. *Medizinhistorisches Journal* 40/2 (2005), 169–189. doi:http://www.jstor.org/stable/25805394.

Neuneck, Götz: Rüstungskontrolle im Kalten Krieg und heute – Interview mit Dr. Horst Afheldt am 25.6.2007. *podcampus.de*, 2021. https://www.podcampus.de/nodes/wDEgE.

Neurotree, 2005. https://neurotree.org/neurotree/tree.php?pid=134.

Nguyen, V. K.: Government-by-Exception: Enrolment and Experimentality in Mass HIV Treatment Programmes in Africa. *Social Theory & Health* 7/3 (2009), 196–217. doi:10.1057/sth.2009.12.

Nickel, Dietmar K.: *Es begann in Rehovot. Die Anfänge der wissenschaftlichen Zusammenarbeit zwischen Israel und der Bundesrepublik Deutschland*. Zürich: Modell 1989.

- Wolfgang Gentner und die Begründung der deutsch-israelischen Wissenschaftsbeziehungen. In: Dieter Hoffmann und Ulrich Schmidt-Rohr (Hg.): *Wolfgang Gentner. Festschrift zum 100. Geburtstag*. Berlin: Springer 2006, 147–170.

Nickelsen, Kärin: Kooperation und Konkurrenz in den Naturwissenschaften. In: Ralph Jessen (Hg.): *Konkurrenz in der Geschichte. Praktiken – Werte – Institutionalisierungen*. Frankfurt am Main: Campus 2014, 353–379.

Nickelsen, Kärin und Fabian Krämer: Introduction. Cooperation and Competition in the Sciences. *NTM. Zeitschrift für Geschichte der Wissenschaften Technik und Medizin* 24/2 (2016), 119–123. doi:10.1007/s00048-016-0145-4.

Nierhaus, Knud: Ribosomenforschung am Max-Planck-Institut für molekulare Genetik in Berlin-Dahlem. Die Ära Wittmann. In: Martin Vingron und Max-Planck-Institut für molekulare Genetik (Hg.): *Gene und Menschen. 50 Jahre Forschung am Max-Planck-Institut für molekulare Genetik*. Berlin: Max-Planck-Institut für molekulare Genetik 2014, 50–59.

Niethammer, Lutz: *Die Mitläuferfabrik. Die Entnazifizierung am Beispiel Bayerns*. 2. Auflage. Berlin: Dietz 1982.

Nikolow, Sybilla und Arne Schirrmacher (Hg.): *Wissenschaft und Öffentlichkeit als Ressourcen füreinander. Studien zur Wissenschaftsgeschichte im 20. Jahrhundert*. Frankfurt am Main: Campus 2007.

Nisbett, Alec: *Konrad Lorenz*. London: Harcourt 1976.

Nolzen, Armin: Vom »Jugendgenossen« zum »Parteigenossen«. Die Aufnahme von Angehörigen der Hitler-Jugend in die NSDAP. In: Wolfgang Benz (Hg.): *Wie wurde man Parteigenosse? Die NSDAP und ihre Mitglieder*. Frankfurt am Main: Fischer 2009, 123–150, 202–211.

Norman, Donald A. und Willem J. M. Levelt: Life at the Center. In: William Hirst (Hg.): *The Making of Cognitive Science. Essays in Honor of George A. Miller*. Cambridge: Cambridge University Press 1988, 100–109.

Notstand. Verblaßter Glanz. *Der Spiegel* 9 (21.2.1966), 28–44.

Nötzold, Jürgen: Die deutsch-sowjetischen Wissenschaftsbeziehungen. In: Rudolf Vierhaus und Bernhard vom Brocke (Hg.): *Forschung im Spannungsfeld von Politik und Gesellschaft. Geschichte und Struktur der Kaiser-Wilhelm-/Max-Planck-Gesellschaft*. Stuttgart: Deutsche Verlags-Anstalt 1990, 778–800.

Nötzoldt, Peter: Die Deutsche Akademie der Wissenschaften zu Berlin zwischen Tradition und Anpassung (1946–1972). In: Johannes Feichtinger und Heidemarie Uhl (Hg.): *Die Akademien der Wissenschaften in Zentraleuropa im Kalten Krieg. Transformationsprozesse im Spannungsfeld von Abgrenzung und Annäherung*. Wien: Verlag der Österreichischen Akademie der Wissenschaften 2018, 365–397.

November, Joseph A.: Removing the Center from Computing. Biology's New Mode of Digital Knowledge Production. *Berichte Zur Wissenschaftsgeschichte* 34/2 (2011), 156–173. doi:10.1002/bewi.201101512.

- *Biomedical Computing. Digitizing Life in the United States*. Baltimore: Johns Hopkins University Press 2012. doi:10.1353/book.14634.

Nowak, Kurt: Die Kaiser-Wilhelm-Gesellschaft. In: Étienne François und Hagen Schulze (Hg.): *Deutsche Erinnerungsorte*. Bd. 3. München: C.H. Beck 2001, 55–71.

Nuckolls, John, John Emmett und Lowell Wood: Laser-induced Thermonuclear Fusion. *Physics Today* 26/8 (1973), 46–53. doi:10.1063/1.3128183.

Nye, Mary Jo: *From Chemical Philosophy to Theoretical Chemistry. Dynamics of Matter and Dynamics of Disciplines, 1800–1950*. Berkeley: University of California Press 1994.

- *Michael Polanyi and His Generation. Origins of the Social Construction of Science*. Chicago: University of Chicago Press 2011.

Oberkrome, Willi: *Ordnung und Autarkie. Die Geschichte der deutschen Landbauforschung, Agrarökonomie und ländlichen Sozialwissenschaft im Spiegel von Forschungsdienst und DFG (1920–1970)*. Stuttgart: Franz Steiner 2009.

Oesterhelt, Dieter: Die Brücke zwischen Chemie und Biologie. Was aus der Max-Planck-Gesellschaft zur Entwicklung von Biochemie und molekularer Biologie beigetragen wurde. In: *Forschung an den Grenzen des Wissens. 50 Jahre Max-Planck-Gesellschaft 1948-1998. Dokumentation des wissenschaftlichen Festkolloquiums und der Festveranstaltung zum 50jährigen Gründungsjubiläum am 26. Februar 1998 in Göttingen*. Göttingen: Vandenhoeck & Ruprecht 1998, 111–135.

Oesterhelt, Dieter und Mathias Grote: *Leben mit Licht und Farbe. Ein biochemisches Gespräch*. Diepholz: GNT-Verlag 2022.

Oetzel, Günther: *Forschungspolitik in der Bundesrepublik. Entstehung und Entwicklung einer Institution der Großforschung am Modell des Kernforschungszentrums Karlsruhe (KfK) 1956-1963*. Frankfurt am Main: Peter Lang 1996.

Oexle, Otto Gerhard: Wie in Göttingen die Max-Planck-Gesellschaft entstand. In: Generalverwaltung der Max-Planck-Gesellschaft (Hg.): *Max-Planck-Gesellschaft Jahrbuch 1994*. Göttingen: Vandenhoeck & Ruprecht 1994, 43–60.

- Bertie Blount. 1.4.1907–18.7.1999. In: Generalverwaltung der Max-Planck-Gesellschaft (Hg.): *Max-Planck-Gesellschaft Jahrbuch 1999*. Göttingen: Vandenhoeck & Ruprecht 1999, 905–906.

- *Hahn, Heisenberg und die anderen. Anmerkungen zu »Kopenhagen«, »Farm Hall« und »Göttingen«*. Berlin: Vorabdrucke des Forschungsprogramms »Geschichte der Kaiser-Wilhelm-Gesellschaft im Nationalsozialismus« 2003.

Olby, Robert C.: The Molecular Revolution in Biology. In: Robert C. Olby, Geoffrey. N. Cantor, John R. R. Christie und Jonathon S. Hodge (Hg.): *Companion to the History of Modern Science*. London: Routledge 1990, 503–520.

- *The Path to the Double Helix. The Discovery of DNA*. New York: Dover Publications 1994.

O'Reagan, Douglas Michael: *Science, Technology, and Know-How. Exploitation of German Science and the Challenges of Technology Transfer in the Postwar World*. Dissertation. Berkeley: University of California 2014.

- *Taking Nazi Technology. Allied Exploitation of German Science after the Second World War*. Baltimore: Johns Hopkins University Press 2019.

Organisation for Economic Co-Operation and Development: *Fundamental Research and the Policies of Governments*. Report. Paris: OECD 1966.

- *Gaps in Technology. General Report*. Paris: OECD 1968.

- *The Bioeconomy to 2030 Designing a Policy Agenda. Designing a Policy Agenda*. OECD 2009.

Orowan, Egon: Zur Kristallplastizität. I. Tieftemperaturplastizität und Beckersche Formel. *Zeitschrift für Physik* 89/9–10 (1934), 605–613.

- Zur Kristallplastizität. II. Die dynamische Auffassung der Kristallplastizität. *Zeitschrift für Physik* 89/9–10 (1934), 614–633.

- Zur Kristallplastizität. III. Über den Mechanismus des Gleitvorganges. *Zeitschrift für Physik* 89/9–10 (1934), 634–659.

Orth, Karin: *Autonomie und Planung der Forschung. Förderpolitische Strategien der Deutschen Forschungsgemeinschaft 1949–1968*. Stuttgart: Franz Steiner 2011.

Osganian, Vanessa: Competitive Cooperation. Institutional and Social Dimensions of Collaboration in the Alliance of Science Organisations in Germany. *NTM Zeitschrift für Geschichte Der Wissenschaften, Technik Und Medizin* 30/1 (2022), 1–27. doi:10.1007/s00048-022-00322-1.

Osganian, Vanessa und Helmuth Trischler: *Die Max-Planck-Gesellschaft als wissenschaftspolitische Akteurin in der Allianz der Wissenschaftsorganisationen*. Berlin: GMPG-Preprint 2022.

Osietzki, Maria: *Wissenschaftsorganisation und Restauration. Der Aufbau außeruniversitärer Forschungseinrichtungen und die Gründung des westdeutschen Staates 1945–1952*. Köln: Böhlau 1984.

- Physik, Industrie und Politik in der Frühgeschichte der deutschen Beschleunigerentwicklung. In: Michael Eckert und Maria Osietzki (Hg.): *Wissenschaft für Macht und Markt. Kernforschung und Mikroelektronik in der Bundesrepublik Deutschland*. München: C.H. Beck 1989, 37–73.

Osietzki, Maria und Michael Eckert: *Wissenschaft für Macht und Markt. Kernforschung und Mikroelektronik in der Bundesrepublik Deutschland*. München: C.H. Beck 1989.

Osterhammel, Jürgen und Niels P. Petersson: *Geschichte der Globalisierung. Dimensionen, Prozesse, Epochen*. 5. Auflage. München: C.H. Beck 2012.

Osterloh, Falk: Arzneimittelkommission der deutschen Ärzteschaft. Kritisch und unabhängig. *Deutsches Ärzteblatt* 51–52/108 (2011), A 2753.

Osterwalder, Wolfgang: Einführung. *architektur wettbewerbe. Internationale Vierteljahresschrift* Heft 53: Max-Planck-Institute (1968), v–viii.

Paetzold, Hans-Karl, Georg Pfotzer und Erwin Schopper: Erich Regener als Wegbereiter der extraterrestrischen Physik. In: Herbert Birett (Hg.): *Zur Geschichte der Geophysik. Festschrift zur 50jährigen Wiederkehr der Gründung der Deutschen Geophysikalischen Gesellschaft*. Berlin: Springer 1974, 167–188.

Paletschek, Sylvia und Jakob Tanner (Hg.): *Historische Anthropologie. Thema: Popularisierung von Wissenschaft*. Köln: Böhlau 2008.

Palme, Herbert: Cosmochemistry along the Rhine. *Geochemical Perspectives* 7/1 (2018), 1–116.

PALS – Prague Asterix Laser System: The Laser Spark of Life Triggered at the PALS Facility Recognized by the Czech Science Foundation, 2020. http://www.pals.cas.cz/the-laser-spark-of-life-triggered-at-the-pals-facility-recognized-by-the-czech-science-foundation/.

Paqué, Karl-Heinz: *Die Bilanz. Eine wirtschaftliche Analyse der Deutschen Einheit*. München: Hanser 2009.

Parolini, Giuditta: Charting the History of Agricultural Experiments. *History and Philosophy of the Life Sciences* 37/3 (2015), 231–241.

Parthasarathy, Shobita: *Patent Politics. Life Forms, Markets, and the Public Interest in the United States and Europe*. Chicago: University of Chicago Press 2017.

Parthey, Heinrich: *Bibliometrische Profile von Instituten der Kaiser-Wilhelm-Gesellschaft zur Förderung der Wissenschaften (1923–1943). Institute der Chemisch-Physikalisch-Technischen und der Biologisch-Medizinischen Sektion*. Hg. von Eckart Henning und Archiv der Max-Planck-Gesellschaft. Berlin 1995.

Parthier, Benno: *Die Leopoldina. Bestand und Wandel der ältesten deutschen Akademie*. Halle (Saale): Druck-Zuck 1994.

Partridge, S. Miles und Birger Blombäck: Pehr Victor Edman. 14 April 1916–19 March 1977. *Biographical Memoirs of Fellows of the Royal Society* 25 (1979), 241–265.

Passera, Carmen: Frauen im wissenschaftlichen Bibliotheksdienst nach 1945. In: Engelbert Plassmann und Ludger Syré (Hg.): *Verein Deutscher Bibliothekare 1900–2000*. Wiesbaden: Harrassowitz 2000, 314–324.

Paul, Diane: Arbeitsbericht. In: Wolf Lepenies (Hg.): *Wissenschaftskolleg zu Berlin. Institute for Advanced Studies 1988/89.* Berlin: Nicolaische Verlagsbuchhandlung 1990, 81–84.

Paulson, Olaf B., Iwao Kanno, Martin Reivich und Louis Sokoloff: History of International Society for Cerebral Blood Flow and Metabolism. *Journal of Cerebral Blood Flow and Metabolism* 32/7 (2012), 1099–1106. doi:10.1038/jcbfm.2011.183.

Paulus, Stefan: *Vorbild USA? Amerikanisierung von Universität und Wissenschaft in Westdeutschland 1945–1976.* München: Oldenbourg 2010.

Pautsch, Ilse Dorothee, Gregor Schöllgen, Hermann Wentker und Horst Möller (Hg.): *Die Einheit. Das Auswärtige Amt. Das DDR-Außenministerium und der Zwei-plus-Vier-Prozess.* Göttingen: Vandenhoeck & Ruprecht 2015.

Pavone, Vincenzo und Joanna Goven (Hg.): *Bioeconomies. Life, Technology, and Capital in the 21st Century.* Cham: Palgrave MacMillan 2017.

– Introduction. In: Vincenzo Pavone und Joanna Goven (Hg.): *Bioeconomies. Life, Technology, and Capital in the 21st Century.* Cham: Palgrave Macmillan 2017.

Peacock, Vita S. P.: *We, the Max Planck Society. A Study of Hierarchy in Germany.* Dissertation. London: University College London 2014.

Peiffer, Jürgen: *Hirnforschung im Zwielicht. Beispiele verführbarer Wissenschaft aus der Zeit des Nationalsozialismus. Julius Hallervorden – H.-J. Scherer – Berthold Ostertag.* Husum: Matthiesen 1997.

– Assessing Neuropathological Research Carried Out on Victims of the »Euthanasia« Programme. With Two Lists of Publications from Institutes in Berlin, Munich, and Hamburg. *Medizinhistorisches Journal* 34 (1999), 339–356.

– Neuropathologische Forschung an »Euthanasie«-Opfern in zwei Kaiser-Wilhelm-Instituten. In: Doris Kaufmann (Hg.): *Geschichte der Kaiser-Wilhelm-Gesellschaft im Nationalsozialismus. Bestandsaufnahme und Perspektiven der Forschung.* Bd. 1. Göttingen: Wallstein 2000, 151–173.

– Hallervorden oder die Grenzen verantwortungsbewusster Wissenschaft. In: *Sonderdruck der Gedenkfeier vom 28.10.2003 in Brandenburg-Görden.* Hg. von Landesamt für Soziales und Versorgung Brandenburg und Landesklinik Brandenburg-Görden. Berlin 2003.

– (Hg.): *Hirnforschung in Deutschland 1849 bis 1974. Briefe zur Entwicklung von Psychiatrie und Neurowissenschaften sowie zum Einfluss des politischen Umfeldes auf Wissenschaftler.* Berlin: Springer 2004.

– *Wissenschaftliches Erkenntnisstreben als Tötungsmotiv. Zur Kennzeichnung von Opfern auf deren Krankenakten und zur Organisation und Unterscheidung von Kinder-»Euthanasie« und T4-Aktion.* Bd. 23. Berlin: Vorabdrucke des Forschungsprogramms »Geschichte der Kaiser-Wilhelm-Gesellschaft im Nationalsozialismus« 2005.

– Phasen der Auseinandersetzung mit den Krankentötungen der NS-Zeit in Deutschland nach 1945. In: Sigrid Oehler-Klein und Volker Roelcke (Hg.): *Vergangenheitspolitiken der universitären Medizin nach 1945. Institutionelle und individuelle Strategien im Umgang mit dem Nationalsozialismus.* Stuttgart: Franz Steiner 2007, 331–359.

Pennisi, Elizabeth: Neurobiology Gets Computational. *BioScience* 39/5 (1989), 283–287. doi:10.2307/1311109.

Peter, Jürgen: *Der Nürnberger Ärzteprozeß im Spiegel seiner Aufarbeitung anhand der drei Dokumentensammlungen von Alexander Mitscherlich und Fred Mielke.* Münster: LIT 1994.

Peters, Anne: Die Rechtsstellung von Tieren – Status Quo und Weiterentwicklung. In: Elke Diehl und Jens Tuider (Hg.): *Haben Tiere Rechte? Aspekte und Dimensionen der Mensch-Tier-Beziehung.* Bonn: Bundeszentrale für politische Bildung 2019, 122–134.

Peters, Anne und Saskia Stucki: Globales Tierrecht. *Max-Planck-Gesellschaft*, 2016. https://www.mpg.de/10892322/mpil_jb_2016?c=10583665.

Peters, Gerd: Biologische Forschung in der Psychiatrie. In: Generalverwaltung der Max-Planck-Gesellschaft (Hg.): *Jahrbuch der Max-Planck-Gesellschaft zur Förderung der Wissenschaften 1962.* Göttingen 1962, 80–95.

Peters, Hans Peter, Harald Heinrichs, Arlena Jung, Monika Kallfass und Imme Petersen: Medialisierung der Wissenschaft als Voraussetzung ihrer Legitimierung und politischen Relevanz. In: Renate Mayntz, Friedhelm Neidhart, Peter Weingart und Ulrich Wengenroth (Hg.): *Wissensproduktion und Wissenstransfer. Wissen im Spannungsfeld von Wissenschaft, Politik und Öffentlichkeit.* Bielefeld: transcript 2008, 269–292.

Pethes, Nicolas, Birgit Griesecke, Marcus Krause und Katja Sabisch (Hg.): *Menschenversuche. Eine Anthologie 1750–2000.* Berlin: Suhrkamp 2021.

Petrus, Klaus: *Tierrechtsbewegung. Geschichte, Theorie, Aktivismus.* Münster: Unrast 2013.

Petryna, Adriana: Experimentality. On the Global Mobility and Regulation of Human Subjects Research. *PoLAR: Political and Legal Anthropology Review* 30/2 (2007), 288–304. doi:10.1525/pol.2007.30.2.288.

– *When Experiments Travel. Clinical Trials and the Global Search for Human Subjects.* Princeton: Princeton University Press 2009.

Pfetsch, Frank R.: *Zur Entwicklung der Wissenschaftspolitik in Deutschland: 1750–1914.* Berlin: Duncker & Humblot 1974.

Pfuhl, Kurt: Das Königsteiner Staatsabkommen. *Der öffentliche Haushalt. Archiv für Finanzkontrolle* 5 (1958), 200–216.

– *Die öffentliche Forschungsorganisation außerhalb des Hochschulbereichs. Unter besonderer Berücksichtigung verfassungs- und haushaltsrechtlicher Probleme.* Dissertation. Göttingen: Universität Göttingen 1958.

– Das Königsteiner Staatsabkommen. *Mitteilungen aus der Max-Planck-Gesellschaft zur Förderung der Wissenschaften* Heft 5 (1959), 285–294.

Phillips, Denise und Sharon Kingsland (Hg.): *New Perspectives on the History of Life Sciences and Agriculture.* Cham: Springer 2015.

Picht, Georg: *Die deutsche Bildungskatastrophe. Analyse und Dokumentation.* Olten: Walter 1964.

Pietschmann, Catarina: Eine Perspektive fürs Leben. *MaxPlanckForschung* 4 (2016), 56–63.

Pinkau, Klaus: The Early Days of Gamma-Ray Astronomy. *Astronomy and Astrophysics Supplement* 120 (1996), 43–47.

Pittock, A. Barrie, Thomas P. Ackerman, Paul J. Crutzen, Michael C. MacCracken, Charles S. Shapiro und Richard P. Turco: *Environmental Consequences of Nuclear War. Physical and Atmospheric Effects*. Bd. 1. Chichester: John Wiley & Sons 1986.

Planck, Max: *Das Wesen des Lichts. Vortrag gehalten in der Hauptversammlung der Kaiser-Wilhelm-Gesellschaft am 28. Oktober 1919*. Berlin: Springer 1920. doi:10.1007/978-3-662-29189-4.

- Mein Besuch bei Adolf Hitler. *Physikalische Blätter* 3/5 (1947), 143. doi:10.1002/phbl.19470030502.

Planert, Ute, Nicole Krautschneider, Marion Hamm, Walter Kaufmann und Sebastiaan Okél: »Verübt, verdrängt, vergessen«. Der Fall Hoffmann oder: Wie die Universität von ihrer Vergangenheit eingeholt wurde. *Tübinger Blätter* 77 (1990), 61–65.

Plesser, Theo und Hans-Ulrich Thamer (Hg.): *Arbeit, Leistung und Ernährung. Vom Kaiser-Wilhelm-Institut für Arbeitsphysiologie in Berlin zum Max-Planck-Institut für Molekulare Physiologie und Leibniz Institut für Arbeitsforschung in Dortmund*. Stuttgart: Franz Steiner 2012.

Ploog, Detlev: Gerd Peters zum 70. Geburtstag. *Archiv für Psychiatrie und Nervenkrankheiten* 221/3 (1976), 181–182.

- Das Max-Planck-Institut für Psychiatrie in den Jahren 1961–1988. In: Max-Planck-Gesellschaft (Hg.): *75 Jahre Max-Planck-Institut für Psychiatrie (Deutsche Forschungsanstalt für Psychiatrie). München 1917–1992*. Max-Planck-Gesellschaft. Berichte und Mitteilungen 2, 1992, 35–63.
- Detlev Ploog. In: Helmut E. Lück (Hg.): *Psychologie in Selbstdarstellungen*. Bd. 4. Lengerich: Pabst Science Publishers 2004, 239–264.

Poggio, Tomaso A.: Tomaso A. Poggio. In: Larry R. Squire (Hg.): *The History of Neuroscience in Autobiography*. Bd. 8. Washington: Society for Neuroscience 2014, 362–415.

Polanyi, Micheal: Über eine Art Gitterstörung, die einen Kristall plastisch machen könnte. *Zeitschrift für Physik* 89 (1934), 660–664.

Politische Union: Vertrag zur Gründung der Europäischen Atomgemeinschaft, 25.3.1957. http://www.politische-union.de/eagv03/.

Polt, Wolfgang, Martin Berger, Patries Boekholt, Katrin Cremers, Jürgen Egeln, Helmut Gassler, Reinhold Hofer et al.: *Das deutsche Forschungs- und Innovationssystem. Ein internationaler Systemvergleich zur Rolle von Wissenschaft, Interaktionen und Governance für die technologische Leistungsfähigkeit*. Studien zum deutschen Innovationssystem, Expertenkommission Forschung und Innovation (EFI), Research Report 11–2010. Expertenkommission Forschung und Innovation (EFI) 2010. https://www.econstor.eu/handle/10419/156541.

Porter, Michael E.: Locations, Clusters and Company Strategy. In: Gordon L. Clark, Meric P. Feldman und Maryann S. Gertler (Hg.): *The Oxford Handbook of Economic Geography*. Oxford: Oxford University Press 2000, 253–274.

Porter, Theodore M.: *Trust in Numbers. The Pursuit of Objectivity in Science and Public Life*. Princeton: Princeton University Press 1995.

Potthast, Thomas: »Rassenkreise« und die Bedeutung des »Lebensraums«. Zur Tier-Rassenforschung in der Evolutionsbiologie. In: Hans-Walter Schmuhl (Hg.): *Rassenforschung an Kaiser-Wilhelm-Instituten vor und nach 1933*. Göttingen: Wallstein 2003, 275–308.

- Max-Planck-Institut für Evolutionsbiologie Plön. In: Peter Gruss und Reinhard Rürup (Hg.): *Denkorte. Max-Planck-Gesellschaft und Kaiser-Wilhelm-Gesellschaft. Brüche und Kontinuitäten 1911–2011*. Dresden: Sandstein 2010, 136–145.

Potthof, Christof: *Keine Revolution auf dem Acker. Über mit klassischer Gentechnik veränderte Pflanzen und deren Eigenschaften*. Berlin: Gen-ethisches Netzwerk e. V. 2018. www.gen-ethisches-netzwerk.de/1808_bericht_klass_gentechnik.

Presas i Puig, Albert: Science on the Periphery. The Spanish Reception of Nuclear Energy: An Attempt at Modernity? *Minerva* 43/2 (2005), 197–218. doi:10.1007/s11024-005-2332-7.

Prescott, Elizabeth: Staphylococcal Enterotoxin B. In: Eric A. Croddy, James J. Wirtz und Jeffrey A. Larsen (Hg.): *Weapons of Mass Destruction. An Encyclopedia of Worldwide Policy, Technology, and History*. Santa Barbara: ABC-Clio 2005, 271–272.

Pressestelle der BLK: Zusammenfassung des Berichts zur Systemevaluation von DFG und MPG vom 25.5.1999. Anlage 1 zur Pressemitteilung Nr. 14/1999. *Informationsdienst Wissenschaft*, 25.5.1990. https://idw-online.de/de/news?print=1&id=11460.

Preuschen, Gerhardt: Der Feierabend – ein neues Problem für die Arbeitswissenschaft. In: Generalverwaltung der Max-Planck-Gesellschaft (Hg.): *Jahrbuch 1956 der Max-Planck-Gesellschaft zur Förderung der Wissenschaften*. Göttingen 1956, 173–185.

- Der Mensch als Grenze der Rationalisierung. Aus einem Vortrag, geh. am 12.12.1957. *Mitteilungen aus der Max-Planck-Gesellschaft zur Förderung der Wissenschaften* Heft 2 (1958), 89–95.
- Die Grundlagen des ökologischen Landbaus in Europa. In: Stiftung Ökologischer Landbau (Hg.): *Ökologischer Landbau. Eine europäische Aufgabe. Agrarpolitik und Umweltprobleme*. Karlsruhe: C. F. Müller 1977, 9–20.
- *Lebenserinnerungen. Landwirtschaft im 20. Jahrhundert. Kurzfassung. Der kleine Preuschen*. Niebüll: Videel 2002.

Priesner, Claus: *H. Staudinger, H. Mark und K.H. Meyer. Thesen zur Größe und Struktur der Makromoleküle, Ursachen und Hintergründe eines akademischen Disputes*. Weinheim: Verlag Chemie 1980.

Prinz, Florian, Thomas Schlange und Khusru Asadullah: Believe It or Not: How Much Can We Rely on Published Data on Potential Drug Targets? *Nature Reviews. Drug Discovery* 10/9 (2011), 712. doi:10.1038/nrd3439-c1.

Prinz, Wolfgang: Franz E. Weinert. 9.9.1930–7.3.2001. In: Max-Planck-Gesellschaft zur Förderung der Wissenschaften (Hg.): *Max-Planck-Gesellschaft Jahrbuch 2002*. Göttingen: Vandenhoeck & Ruprecht 2002, 875–876.

Proctor, Robert N.: *Cancer Wars. How Politics Shapes What We Know and Don't Know About Cancer*. New York: Basic Books 1995.

- *Racial Hygiene. Medicine under the Nazis.* Cambridge, MA: Harvard University Press 1988.
- *Adolf Butenandt (1903–1995). Nobelpreisträger, Nationalsozialist und MPG-Präsident. Ein erster Blick in den Nachlass.* Berlin: Vorabdrucke des Forschungsprogramms »Geschichte der Kaiser-Wilhelm-Gesellschaft im Nationalsozialismus« 2000.

Projektgruppe Technologie Technische Hochschule München / Allgemeiner Studentenausschuß (Hg.): *Kriegsforschung, Geheimwissenschaft, politische Machenschaften in München.* Extra-Ausgabe. München: AStA-Press 1970.

Pross, Christian: *Wiedergutmachung. Der Kleinkrieg gegen die Opfer.* Berlin: Philo 1988.

Protest gegen Tierversuche am Max-Planck-Institut. *Bruchsaler Rundschau* (23.12.1981).

Protestwelle. Tierquälerei zum Nutzen der Menschen? *Saale Zeitung* (6.1.1982).

Przyrembel, Alexandra: *Friedrich Glum und Ernst Telschow. Die Generalsekretäre der Kaiser-Wilhelm-Gesellschaft. Handlungsfelder und Handlungsoptionen der »Vewaltenden« des Nationalsozialismus.* Berlin: Vorabdrucke des Forschungsprogramms »Geschichte der Kaiser-Wilhelm-Gesellschaft im Nationalsozialismus« 2004.

Puaca, Laura Micheletti: *Searching for Scientific Womanpower. Technocratic Feminism and the Politics of National Security, 1940–1980.* Chapel Hill: The University of North Carolina Press 2014.

Pugwash Conferences on Science and World Affairs: Statement. The Russell-Einstein Manifesto, 2022. https://pugwash.org/1955/07/09/statement-manifesto/.

Puhle, Hans-Jürgen: Historische Konzepte des entwickelten Industriekapitalismus. »Organisierter Kapitalismus« und »Korporatismus«. *Geschichte und Gesellschaft* 10/2 (1984), 165–184.

Queisser, Hans-Joachim: Tendenzen moderner Physik. In: Generalverwaltung der Max-Planck-Gesellschaft (Hg.): *Max-Planck-Gesellschaft Jahrbuch 1982.* Göttingen: Vandenhoeck & Ruprecht 1982, 58–66.

Quirrenbach, Andreas und W. Hackenberg: The ALFA Dye Laser System. In: N. Hubin und H. Friedmann (Hg.): *Laser Technology for Laser Guide Star Adaptive Optics Astronomy.* European Southern Observatory 1997, 126–131.

Rader, Karen A.: *Making Mice. Standardizing Animals for American Biomedical Research, 1900–1955.* Princeton: Princeton University Press 2004.
- Alexander Hollaender's Postwar Vision for Biology: Oak Ridge and Beyond. *Journal of the History of Biology* 39/4 (2006), 685–706. doi:10.1007/s10739-006-9109-1.

Radkau, Joachim: *Aufstieg und Krise der deutschen Atomwirtschaft 1945–1975. Verdrängte Alternativen in der Kerntechnik und der Ursprung der nuklearen Kontroverse.* Reinbek bei Hamburg: Rowohlt 1983.
- Hiroshima und Asilomar. Die Inszenierung des Diskurses über die Gentechnik vor dem Hintergrund der Kernenergie-Kontroverse. *Geschichte und Gesellschaft* 14/3 (1988), 329–363.
- Der atomare Ursprung der Forschungspolitik des Bundes. In: Peter Weingart und Niels C. Taubert (Hg.): *Das Wissensministerium. Ein halbes Jahrhundert Forschungs- und Bildungspolitik in Deutschland.* Weilerswist: Velbrück Wissenschaft 2006, 33–63.
- *Die Ära der Ökologie. Eine Weltgeschichte.* München: C.H. Beck 2011.

Radkau, Joachim und Lothar Hahn: *Aufstieg und Fall der deutschen Atomwirtschaft.* München: Oekom 2013.
- *The Age of Ecology. A Global History.* Cambridge: Polity 2014.

Raehlmann, Irene: *Arbeitswissenschaft im Nationalsozialismus. Eine wissenschaftssoziologische Analyse.* Wiesbaden: VS Verlag für Sozialwissenschaften 2005.

Raff, Thomas: Rechtsvergleichender Überblick: Juristenausbildung in Europa und Amerika. In: Christian Baldus, Thomas Finkenauer und Thomas Rüfner (Hg.): *Bologna und das Rechtsstudium. Fortschritte und Rückschritte der europäischen Juristenausbildung.* Tübingen: Mohr Siebeck 2011, 33–41.

Rahmenvereinbarung zwischen Bund und Ländern über die gemeinsame Förderung der Forschung nach Artikel 91 b GG. Bundesanzeiger Nr. 240 vom 30.12.1975, 4.

Raichle, Marcus E.: Visualizing the Mind. *Scientific American* 270/4 (1994), 58–64.
- A Brief History of Human Brain Mapping. *Trends in Neurosciences* 32/2 (2009), 118–126. doi:10.1016/j.tins.2008.11.001.
- A Paradigm Shift in Functional Brain Imaging. *Journal of Neuroscience* 29/41 (2009), 12729–12734.

Raithel, Thomas: *Jugendarbeitslosigkeit in der Bundesrepublik. Entwicklung und Auseinandersetzung während der 1970er und 1980er Jahre.* München: Oldenbourg 2012.

Raithel, Thomas und Niels Weise: *»Für die Zukunft des deutschen Volkes«. Das bundesdeutsche Atom- und Forschungsministerium zwischen Vergangenheit und Neubeginn 1955–1972.* Göttingen: Wallstein 2022.

Rajewsky, Boris und Georg Schreiber (Hg.): *Aus der deutschen Forschung der letzten Dezennien. Dr. Ernst Telschow zum 65. Geburtstag gewidmet. 31. Oktober 1954.* Stuttgart: Thieme 1956.

Rammer, Christian und Dirk Czarnitzki: Interaktion zwischen Wissenschaft und Wirtschaft – die Situation an den öffentlichen Forschungseinrichtungen in Deutschland. In: Ulrich Schmoch, Georg Licht und Michael Reinhard (Hg.): *Wissens- und Technologietransfer in Deutschland.* Stuttgart: Fraunhofer IRB Verlag 2000, 38–73.

Raphael, Lutz: Die Verwissenschaftlichung des Sozialen als methodische und konzeptionelle Herausforderung für eine Sozialgeschichte des 20. Jahrhunderts. *Geschichte und Gesellschaft* 22/2 (1996), 165–193.
- Zwischen Sozialaufklärung und radikalem Ordnungsdenken. Die Verwissenschaftlichung des Sozialen im Europa der ideologischen Extreme. In: Gangolf Hübinger (Hg.): *Europäische Wissenschaftskulturen und politische Ordnungen in der Moderne (1890–1970).* München: Oldenbourg 2014, 29–50.
- *Jenseits von Kohle und Stahl. Eine Gesellschaftsgeschichte Westeuropas nach dem Boom.* 2. Auflage. Berlin: Suhrkamp 2019.

5. Quellen und Literatur

Rasch, Manfred: Aufbau eines Archivs des Max-Planck-Instituts für Kohlenforschung. *Der Archivar* 40/2 (1987), 274–275.
- Max-Planck-Institut für Kohlenforschung richtet historisches Archiv ein. *Archiv und Wirtschaft* 20 (1987), 67.
- *Vorgeschichte und Gründung des Kaiser-Wilhelm-Instituts für Kohlenforschung in Mülheim an der Ruhr.* Hagen: Linnepe 1987.
- Universitätslehrstuhl oder Forschungsinstitut? Karl Zieglers Berufung zum Direktor des Kaiser-Wilhelm-Instituts für Kohlenforschung im Jahr 1943, in: Bernhard vom Brocke, Hubert Laitko (Hg.): *Die Kaiser-Wilhelm-/Max-Planck-Gesellschaft und ihre Institute. Studien zu ihrer Geschichte. Das Harnack-Prinzip,* Berlin, De Gruyter 1996, S. 469–504.
- Günther Schenck. In: Historische Kommission bei der Bayerischen Akademie der Wissenschaften (Hg.): *Neue Deutsche Biographie.* Bd. 22. Berlin: Duncker & Humblot 2005, 669–670.
- Das Max-Planck-Institut für Kohlenforschung. In: Geschichtsverein Mülheim an der Ruhr e.V. (Hg.): *Zeugen der Satdtgeschichte. Baudenkmäler und historische Orte in Mülheim an der Ruhr.* Essen: Klartext 2008, 202–207.
- Mülheim. Das Max-Planck-Institut für Kohlenforschung. In: Peter Gruss und Reinhard Rürup (Hg.): *Denkorte. Max-Planck-Gesellschaft und Kaiser-Wilhelm-Gesellschaft. Brüche und Kontinuitäten 1911–2011.* Dresden: Sandstein 2010, 110–125.
- Auf dem Weg zum Diensterfinder. Zur kommerziellen Nutzung von Forschungsergebnissen aus Kaiser-Wilhelm-Instituten. In: Dieter Hoffmann, Birgit Kolboske und Jürgen Renn (Hg.): *»Dem Anwenden muss das Erkennen vorausgehen«. Auf dem Weg zu einer Geschichte der Kaiser-Wilhelm-/Max-Planck-Gesellschaft.* Berlin: epubli 2015, 219–242.

Rasmussen, Nicolas: *Picture Control. The Electron Microscope and the Transformation of Biology in America, 1940–1960.* Stanford: Stanford University Press 1999.
- *Gene Jockeys. Life Science and the Rise of Biotech Enterprise.* Baltimore: Johns Hopkins University Press 2014.
- Biomedicine and Its Historiography: A Systematic Review. In: Michael Dietrich, Mark Borrello und Oren Harman (Hg.): *Handbook of the Historiography of Biology.* Cham: Springer 2018, 1–21. doi:10.1007/978-3-319-74456-8_12-1.

Raspe, Heiner: Eine kurze Geschichte der Evidenz-basierten Medizin in Deutschland. *Medizinhistorisches Journal* 53/1 (2018), 71–82. doi:10.25162/medhist-2018-0004.

Ratmoko, Christina: *Damit die Chemie stimmt. Die Anfänge der industriellen Herstellung von weiblichen und männlichen Sexualhormonen 1914–1938.* Zürich: Chronos 2010.

Rauchhaupt, Ulf von: *To Venture Beyond the Atmosphere. Aspects of the Foundation of the Max Planck Institute for Extraterrestrial Physics.* Berlin: Max-Planck-Institut für Wissenschaftsgeschichte 2000.
- Colorful Clouds and Unruly Rockets. Early Research Programs at the Max Planck Institute for Extraterrestrial Physics. *Historical Studies of the Physical and Biological Sciences* 32/1 (2001), 115–124.
- Coping with a New Age. The Max Planck Society and the Challenge of Space Science in the Early 1960s. In: Max-Planck-Gesellschaft zur Förderung der Wissenschaften (Hg.): *Innovative Structures in Basic Research. Ringberg-Symposium, 4–7 October 2000.* München 2002, 197–205.

Rauh, Philipp und Sascha Topp: *Konzeptgeschichten. Zur Marburger Psychiatrie im 19. und 20. Jahrhundert.* Göttingen: Vandenhoeck & Ruprecht 2019.

Rauh-Kühne, Cornelia: Die Entnazifizierung und die deutsche Gesellschaft. *Archiv für Sozialgeschichte* 35 (1995), 35–70.

Rebenich, Stefan: *Theodor Mommsen und Adolf Harnack. Wissenschaft und Politik im Berlin des ausgehenden 19. Jahrhunderts.* Berlin: De Gruyter 1997.

Rechenberg, Helmut: Werner Heisenberg und das Kaiser-Wilhelm-(/Max-Planck-)Institut für Physik. *Physikalische Blätter* 37/12 (1981), 357–364. doi:10.1002/phbl.19810371206.
- Gentner und Heisenberg – Partner bei der Erneuerung der Kernphysik und Elementarteilchenforschung im Nachkriegsdeutschland (1946–1958). In: Dieter Hoffmann und Ulrich Schmidt-Rohr (Hg.): *Wolfgang Gentner. Festschrift zum 100. Geburtstag.* Berlin: Springer 2006, 63–94.

Reckwitz, Andreas: Grundelemente einer Theorie sozialer Praktiken. Eine sozialtheoretische Perspektive. *Zeitschrift für Soziologie* 32/4 (2003), 282–301. doi:10.1515/zfsoz-2003-0401.

Redaktionsteam: Systeme des Lebens – Systembiologie. Forschungsförderung trägt Früchte. *systembiologie.de* 1 (2010), 8–11.

Reed, Bruce Cameron: *The History and Science of the Manhattan Project.* Berlin: Springer 2014. doi:10.1007/978-3-642-40297-5.

Reetz, Manfred T.: 100 Jahre Max-Planck-Institut für Kohlenforschung. *Angewandte Chemie* 126/33 (2014), 8702–8727. doi:10.1002/ange.201403217.

Reich, Leonard S.: *The Making of American Industrial Research. Science and Business at GE and Bell, 1876–1926.* Cambridge: Cambridge University Press 1985.

Reichardt, Werner: Von der Festkörperphysik zur Neurobiologie. In: Christoph Schneider (Hg.): *Forschung in der Bundesrepublik Deutschland. Beispiele, Kritik, Vorschläge.* Weinheim: Verlag Chemie 1983, 399–406.

Reichardt, Werner und Volker Henn: Otto D. Creutzfeldt 1927–1992. In Memoriam. *Biological Cybernetics* 67/5 (1992), 385–386. doi:10.1007/BF00200981.

Reillon, Vincent: *EU-Rahmenprogramme für Forschung und Innovation. Entwicklung und Schlüsseldaten von RP1 bis Horizont 2020 im Hinblick auf RP9. Eingehende Analyse.* Brüssel: Wissenschaftlicher Dienst des Europäischen Parlaments 2017.

Reimann-Philipp, Rainer, Gerhard Röbbelen und Joseph Straub: Stand und Entwicklung der Züchtungsforschung an Kulturpflanzen in der Bundesrepublik Deutschland. *Berichte über Landwirtschaft. Zeitschrift für Agrarpolitik und Landwirtschaft* 54/1–2 (1976), 354–357.

Rein, Hermann: Die gegenwärtige Situation der deutschen Universitäten. *Universitas* 1/7 (1946), 897–902.
- Vorbeigeredet. *Göttinger Universitätszeitung* 17/18 (1947), 7–8.

- Wissenschaft und Unmenschlichkeit. Bemerkungen zu drei charakteristischen Veröffentlichungen. *Göttinger Universitätszeitung* 14 (1947), 3–5.
Rein, Hermann und Otto Hahn: Einladung nach USA. *Göttinger Universitätszeitung* 6/2 (1947), 1–2.
Reinhardt, Carsten: *Forschung in der chemischen Industrie. Die Entwicklung synthetischer Farbstoffe bei BASF und Hoechst, 1863 bis 1914.* Freiberg: TU Bergakademie 1997.
- Basic Research in Industry. Two Case Studies at I.G. Farbenindustrie AG in the 1920's and 1930's. In: Anthony S. Travis, Harm G. Schröter, Ernst Homburg und Peter John Turnbull Morris (Hg.): *Determinants in the Evolution of the European Chemical Industry, 1900–1939. New Technologies, Political Frameworks, Markets and Companies.* Dordrecht: Kluwer Academic Publishers 1998, 67–88.
- (Hg.): *Chemical Sciences in the 20th Century. Bridging Boundaries.* Weinheim: Wiley-VCH 2001.
- *Shifting and Rearranging. Physical Methods and the Transformation of Modern Chemistry.* Sagamore Beach: Science History Publications 2006.
- Wissenstransfer durch Zentrenbildung. Physikalische Methoden in der Chemie und den Biowissenschaften. *Berichte zur Wissenschaftsgeschichte* 29/3 (2006), 224–242. doi:10.1002/bewi.200601161.
- Regulierungswissen und Regulierungskonzepte. *Berichte zur Wissenschaftsgeschichte* 33/4 (2010), 351–364. doi:10.1002/bewi.201001486.
- Habitus, Hierarchien und Methoden. »Feine Unterschiede« zwischen Physik und Chemie. *NTM. Zeitschrift für Geschichte der Wissenschaften, Technik und Medizin* 19/2 (2011), 125–146. doi:10.1007/s00048-011-0048-3.
- Massenspektroskopie als methodische Klammer des Instituts 1939–1978. In: Horst Kant und Carsten Reinhardt (Hg.): *100 Jahre Kaiser-Wilhelm-, Max-Planck-Institut für Chemie (Otto-Hahn-Institut). Facetten seiner Geschichte.* Berlin: Archiv der Max-Planck-Gesellschaft 2012, 99–131.
- What's in a Name? Chemistry as a Nonclassical Approach to the World – Introduction. *Isis* 109/3 (2018), 559–564.
- Culture and Science. Materials and Methods in Society. In: Peter J. T. Morris (Hg.): *A Cultural History of Chemistry in the Modern Age, 1914–2019.* London: Bloomsbury 2021, 99–121.
Reinhardt, Carsten und Thomas Steinhauser: Formierung einer wissenschaftlich-technischen Gemeinschaft. NMR-Spektroskopie in der Bundesrepublik Deutschland. *NTM. Zeitschrift für Geschichte der Wissenschaften, Technik und Medizin* 16/1 (2008), 73–101. doi:10.1007/s00048-007-0280-z.
Reinke, Niklas: *The History of German Space Policy. Ideas, Influences, and Interdependence 1923-2002.* Paris: Beauchesne 2007.
Reishaus-Etzold, Heike: Die Einflussnahme der Chemiemonopole auf die »Kaiser-Wilhelm-Gesellschaft zur Förderung der Wissenschaften e.V.« während der Weimarer Republik. *Jahrbuch für Wirtschaftsgeschichte* 14/1 (1973), 37–61. doi:10.1524/jbwg.1973.14.1.37.
Remane, Horst: »Einer der begabtesten und erfolgreichsten, jüngeren Chemiker«. Karl Ziegler (1898–1973) – 50 Jahre Niederdruck-Polyethylen. In: Wieland Berg, Sybille Gerstengarbe, Andreas Kleinert und Benno Parthier (Hg.): *Vorträge und Abhandlungen zur Wissenschaftsgeschichte 2002/2003 & 2003/2004.* Halle (Saale): Wissenschaftliche Verlagsgesellschaft 2007, 191–216.
Rengel, Jörg: *Berlin nach 1945. Politisch-rechtliche Untersuchungen zur Lage der Stadt im geteilten Deutschland.* Frankfurt am Main: Peter Lang 1993.
Renn, Jürgen: Den Menschen helfen, zur Vernunft zu kommen. Was die Wissenschaft leisten muss. *Der Tagesspiegel* (16.10.2019). https://www.tagesspiegel.de/wissen/was-die-wissenschaft-leisten-muss-den-menschen-helfen-zur-vernunft-zu-kommen/25122404.html.
- *Die Evolution des Wissens. Eine Neubestimmung der Wissenschaft für das Anthropozän.* Berlin: Suhrkamp 2022.
Renn, Jürgen und Horst Kant: Forschungserfolge. Strategien und ihre Voraussetzungen in Kaiser-Wilhelm-Gesellschaft und Max-Planck-Gesellschaft. In: Peter Gruss und Reinhard Rürup (Hg.): *Denkorte. Max-Planck-Gesellschaft und Kaiser-Wilhelm-Gesellschaft. Brüche und Kontinuitäten 1911–2011.* Dresden: Sandstein 2010, 70–78.
Renn, Jürgen, Horst Kant und Birgit Kolboske: Stationen der Kaiser-Wilhelm-/Max-Planck-Gesellschaft. In: Jürgen Renn, Birgit Kolboske und Dieter Hoffmann (Hg.): *»Dem Anwenden muss das Erkennen vorausgehen«. Auf dem Weg zu einer Geschichte der Kaiser-Wilhelm-/Max-Planck-Gesellschaft.* 2. Auflage. Berlin: epubli 2015, 5–120.
Rese, Alexandra: *Wirkung politischer Stellungnahmen von Wissenschaftlern am Beispiel der Göttinger Erklärung zur atomaren Bewaffnung.* Frankfurt am Main: Peter Lang 1999.
Retallack, James: Obrigkeitsstaat und politischer Massenmarkt. In: Sven Oliver Müller und Cornelius Torp (Hg.): *Das Deutsche Kaiserreich in der Kontroverse.* Göttingen: Vandenhoeck & Ruprecht 2009, 121–135.
Revelle, Roger und Hans E. Suess: Carbon Dioxide Exchange Between Atmosphere and Ocean and the Question of an Increase of Atmospheric CO_2 during the Past Decades. *Tellus* 9/1 (1957), 18–27. doi:10.3402/tellusa.v9i1.9075.
Reverby, Susan M.: »Normal Exposure« and Inoculation Syphilis. A PHS »Tuskegee« Doctor in Guatemala, 1946–1948. *Journal of Policy History* 23/1 (2011), 6–28. doi:10.1017/S0898030610000291.
Reyes, Alexander D.: A Breakthrough Method That Became Vital to Neuroscience. *Nature* 575 (2019), 38–39. doi:10.1038/d41586-019-02836-6.
Reynolds, Andrew S.: *The Third Lens. Metaphor and the Creation of Modern Cell Biology.* Chicago: University of Chicago Press 2018.
Rheinberger, Hans-Jörg: *Toward a History of Epistemic Things. Synthesizing Proteins in the Test Tube.* Stanford: Stanford University Press 1997.
- Kurze Geschichte der Molekularbiologie. In: Ilse Jahn (Hg.): *Geschichte der Biologie. Theorien, Methoden, Institutionen, Kurzbiographien.* 3. Auflage. Heidelberg: Spektrum 2000, 642–663.
- Virusforschung an den Kaiser-Wilhelm-Instituten für Biochemie und für Biologie, 1937–1945. In: Doris Kaufmann (Hg.): *Geschichte der Kaiser-Wilhelm-Gesellschaft im Natio-*

nalsozialismus. Bestandsaufnahme und Perspektiven der Forschung. Bd. 2. Göttingen: Wallstein 2000, 667–698.
- Die Stiftung Volkswagenwerk und die Neue Biologie. Streiflichter auf eine Förderbiografie. In: Michael Globig (Hg.): *Impulse geben – Wissen stiften. 40 Jahre Volkswagen-Stiftung.* Göttingen: Vandenhoeck & Ruprecht 2002, 197–235.
- Physics and Chemistry of Life. Commentary. In: Karl Grandin, Nina Wormbs und Sven Widmalm (Hg.): *The Science-Industry Nexus. History, Policy, Implications.* Sagamore Beach: Science History Publications 2004, 221–225.
- *Historische Epistemologie zur Einführung.* Hamburg: Junius 2007.
- Max-Planck-Institut für Biologie Berlin – Tübingen. In: Reinhard Rürup und Peter Gruss (Hg.): *Denkorte. Max-Planck-Gesellschaft und Kaiser-Wilhelm-Gesellschaft. Brüche und Kontinuitäten 1911–2011.* Dresden: Sandstein 2010, 204–213.
- Molekularbiologie in der Bundesrepublik um die Zeit der Gründung des Max-Planck-Instituts für molekulare Genetik. In: Martin Vingron und Max-Planck-Institut für molekulare Genetik (Hg.): *Gene und Menschen. 50 Jahre Forschung am Max-Planck-Institut für molekulare Genetik.* Berlin: Max-Planck-Institut für molekulare Genetik 2014, 6–15.
- *Spalt und Fuge. Eine Phänomenologie des Experiments.* Berlin: Suhrkamp 2021.

Rheinberger, Hans-Jörg und Michael Hagner (Hg.): *Die Experimentalisierung des Lebens. Experimentalsysteme in den biologischen Wissenschaften 1850/1950.* Berlin: Akademie Verlag 1993.

Rheinberger, Hans-Jörg und Staffan Müller-Wille: *Vererbung. Geschichte und Kultur eines biologischen Konzepts.* Frankfurt am Main: Fischer 2009.

Rhodes, Richard: *The Making of the Atomic Bomb.* 2. Auflage. London: Simon and Schuster 1988.

Richmond, Marsha L.: The Cell as the Basis for Heredity, Development, and Evolution: Richard Goldschmidt's Program of Physiological Genetics. In: Manfred D. Laubichler und Jane Maienschein (Hg.): *From Embryology to Evo-Devo. A History of Developmental Evolution.* Cambridge, MA: MIT Press 2007, 169–211.

Richter, Christoph und Roswitha Bussar-Maatz: Deklaration von Helsinki. Standard ärztlicher Ethik. *Deutsches Ärzteblatt* 102/11 (2005), A-730 B-616 C-574.

Riegert, Robert E.: The Max Planck Association's Institutes for Research and Advanced Training in Foreign Law. *Journal of Legal Education* 25/3 (1973), 312–341.

Rimkus, Manuel: *Wissenstransfer in Clustern. Eine Analyse am Beispiel des Biotech-Standorts Martinsried.* Wiesbaden: Gabler 2008.

Ringer, Fritz K.: *The Decline of the German Mandarins. The German Academic Community, 1890–1933.* 2. Auflage. Hanover: University Press of New England 1990.

Rispoli, Giulia: Genealogies of Earth System Thinking. *Nature Reviews Earth & Environment* 1/1 (2020), 4–5. doi:10.1038/s43017-019-0012-7.

Ritter, Gerhard A.: *Großforschung und Staat in Deutschland. Ein historischer Überblick.* München: C.H. Beck 1992.

- *Über Deutschland. Die Bundesrepublik in der deutschen Geschichte.* München: C.H. Beck 1998.
- *Der Preis der deutschen Einheit. Die Wiedervereinigung und die Krise des Sozialstaats.* München: C.H. Beck 2006.
- Die Kosten der Einheit. Eine Bilanz. In: Klaus-Dietmar Henke (Hg.): *Revolution und Vereinigung 1989/90. Als in Deutschland die Realität die Phantasie überholte.* München: dtv 2009, 537–552.

Ritter, Gerhard A., Margit Szöllösi-Janze und Helmuth Trischler (Hg.): *Antworten auf die amerikanische Herausforderung. Forschung in der Bundesrepublik und der DDR in den »langen« siebziger Jahren.* Frankfurt am Main: Campus 1999.

Röbbecke, Martina: *Mitbestimmung und Forschungsorganisation.* Baden-Baden: Nomos 1997.

Röbbelen, Gerhard (Hg.): *Die Entwicklung der Pflanzenzüchtung in Deutschland (1908–2008). 100 Jahre GFP e. V. Eine Dokumentation.* Göttingen: Gesellschaft für Pflanzenzüchtung e. V. 2008.

Robbins-Roth, Cynthia: *Zukunftsbranche Biotechnologie. Von der Alchemie zum Börsengang.* Wiesbaden: Gabler 2001.

Robert-Koch-Institut: Pressemitteilungen. Start des Forschungsprojekts zur Geschichte des Robert Koch-Instituts im Nationalsozialismus, 12.5.2006. https://www.rki.de/DE/Content/Service/Presse/Pressemitteilungen/2006/13_2006.html.

Rockefeller University: *From Institute to University. A Brief History of The Rockefeller University.* New York: Rockefeller University Press 1985.

Rödder, Andreas: Staatskunst statt Kriegshandwerk. Probleme der deutschen Vereinigung von 1990 in internationaler Perspektive. *Historisches Jahrbuch* 118 (1998), 221–260.
- *Deutschland einig Vaterland. Die Geschichte der Wiedervereinigung.* München: C.H. Beck 2009.

Rodríguez Espinosa, Jose Miguel und Pedro Alvarez: *Guaranteed Time for PI Instruments on the GTC.* La Laguna: Gran Telescopio Canarias 22.3.2005. http://www.gtc.iac.es/instruments/media/GTpolicy.pdf.

Roeder, Kenneth D.: *Nerve Cells and Insect Behavior.* Cambridge, MA: Harvard University Press 1998.

Roegele, Otto B.: Student im Dritten Reich. *Die deutsche Universität im Dritten Reich. Acht Beiträge.* München: Piper 1966, 135–174.

Roelcke, Volker: Biologizing Social Facts. An Early 20th Century Debate on Kraepelin's Concepts of Culture, Neurasthenia, and Degeneration. *Culture, Medicine and Psychiatry* 21/4 (1997), 383–403. doi:10.1023/A:1005393121931.
- Psychiatrische Wissenschaft im Kontext nationalsozialistischer Politik und »Euthanasie«. Zur Rolle von Ernst Rüdin und der Deutschen Forschungsanstalt für Psychiatrie/Kaiser-Wilhelm-Institut. In: Doris Kaufmann (Hg.): *Geschichte der Kaiser-Wilhelm-Gesellschaft im Nationalsozialismus. Bestandsaufnahme und Perspektiven der Forschung.* Bd. 1. Göttingen: Wallstein 2000, 112–150.
- Programm und Praxis der psychiatrischen Genetik an der »Deutschen Forschungsanstalt für Psychiatrie« unter Ernst Rüdin. Zum Verhältnis von Wissenschaft, Politik und Rasse-Begriff vor und nach 1933. *Medizinhistorisches Journal* 37/1 (2002), 21–55.

- The Use and Abuse of Medical Research Ethics. The German Richtlinien/Guidelines for Human Subject Research as an Instrument for the Protection of Research Subjects – and of Medical Science, ca. 1931–1961/64. In: Paul Weindling (Hg.): *From Clinic to Concentration Camp. Reassessing Nazi Medical and Racial Research, 1933–1945*. London: Routledge 2007, 33–56.
- Rivalisierende »Verwissenschaftlichungen des Sozialen«. Psychiatrie, Psychologie und Psychotherapie im 20. Jahrhundert. In: Jürgen Reulecke und Volker Roelcke (Hg.): *Wissenschaften im 20. Jahrhundert. Universitäten in der modernen Wissenschaftsgesellschaft*. Stuttgart: Franz Steiner 2008, 131–148.
- Medizinische Forschung am Menschen im 20. Jahrhundert. Reflexive und ethische Potentiale historischer Rekonstruktionen. In: Christine Lubkoll und Oda Wischmeyer (Hg.): *»Ethical Turn«? Geisteswissenschaften in neuer Verantwortung*. München: Wilhelm Fink 2009, 277–298.
- »Exzellente« Wissenschaft – tödliche Forschung. Reflexionsbedarf bei der Max-Planck-Gesellschaft. *Neue Gesellschaft. Frankfurter Hefte* 58/9 (2011), 77–79.
- Ernst Rüdin. Renommierter Wissenschaftler, radikaler Rassenhygieniker. *Der Nervenarzt* 83 (2012), 303–310. doi:10.1007/s00115-011-3391-7.

Roelcke, Volker, Gerrit Hohendorf und Maike Rotzoll: Erbpsychologische Forschung im Kontext der »Euthanasie«. Neue Dokumente und Aspekte zu Carl Schneider, Julius Deussen und Ernst Rüdin. *Fortschritte der Neurologie · Psychiatrie* 66/07 (1998), 331–336. doi:10.1055/s-2007-995270.

Roelcke, Volker, Sascha Topp und Etienne Lepicard (Hg.): *Silence, Scapegoats, Self-Reflection. The Shadow of Nazi Medical Crimes on Medicine and Bioethics*. Göttingen: V&R unipress 2014.

Rogalski, Antoni: History of Infrared Detectors. *Opto-Electronics Review* 20/3 (2012), 279–308.

Rohstock, Anne: Vom NS-Statistiker zum bundesrepublikanischen Bildungsforscher. Friedrich Edding und seine Verstrickung in den Nationalsozialismus. In: Markus Rieger-Ladich, Anne Rohstock und Karin Amos (Hg.): *Erinnern, Umschreiben, Vergessen. Die Stiftung des disziplinären Gedächtnisses als soziale Praxis*. Weilerswist: Velbrück Wissenschaft 2019, 120–157.

Rondsheimer, Manfred: Gedenktafel in der Ihnestraße. Erinnerung an die NS-Vergangenheit eines Kaiser-Wilhelm-Instituts. *Der Tagesspiegel* (16.6.1988), 13.

Ropers, Hans-Hilger: In der Genomforschung macht Schröder einen Riesenfehler. *Frankfurter Allgemeine Zeitung* (26.1.2001), 45.

Roscher, Mieke: Tierschutz- und Tierrechtsbewegung – ein historischer Abriss. *Aus Politik und Zeitgeschichte* 62/8–9 (2012), 34–40.

Rose, Steven: Improving Cooperation between East and West Europe in Neuroscience. *Trends in Neurosciences* 13/8 (1990), 319–320. doi:10.1016/0166-2236(90)90136-X.

Rosen, Aiyana: Vom moralischen Aufschrei gegen Tierversuche zu radikaler Gesellschaftskritik. In: Chimaira – Arbeitskreis für Human Animal Studies (Hg.): *Human-Animal Studies. Über die gesellschaftliche Natur von Mensch-Tier-Verhältnissen*. Bielefeld: transcript 2011, 279–334.

Rosenbaum, Gerd, Kenneth C. Holmes und Jean Witz: Synchrotron Radiation as a Source of X-Ray Diffraction. *Nature* 230 (1971), 434–437.

Rosenblith, Walter A.: Norbert Wiener. In Memoriam November 26, 1894–March 18, 1964. *Kybernetik* 2/5 (1965), 195–196. doi:10.1007/BF00306414.

Rösener, Werner: *Das Max-Planck-Institut für Geschichte (1956–2006). Fünfzig Jahre Geschichtsforschung*. Göttingen: Vandenhoeck & Ruprecht 2014.

Rosol, Christoph, Georg N. Schäfer, Simon D. Turner, Colin N. Waters, Martin J. Head, Jan Zalasiewicz, Carlina Rossée et al.: Evidence and Experiment: Curating Contexts of Anthropocene Geology. *The Anthropocene Review* 10/1 (2023), 330–339. doi:10.1177/20530196231165621.

Ross, Hans, Rudolf Rimpau, Lothar Diers und Wilhelm Rudorf: *Bericht über die Deutsche Botanisch-Landwirtschaftliche Anden-Expedition 1959. II. Genzentren-Expedition nach Südamerika des Kaiser-Wilhelm- beziehungsweise Max-Planck-Instituts für Züchtungsforschung, Köln-Vogelsang, und Karyogeographische Expedition der Botanischen Instituts der Universität Köln. Januar–August 1959*. Manuskript, 1959. http://www.biolib.de/ross/potato/expedition.html.

Rossiter, Margaret: *Women Scientists in America. Struggles and Strategies to 1940*. Bd. 1. Baltimore: Johns Hopkins University Press 1982.
- The Matthew Matilda Effect in Science. *Social Studies of Science* 23/2 (1993), 325–341.

Roth, Gerhard (Hg.): *Kritik der Verhaltensforschung. Konrad Lorenz und seine Schule*. München: C.H. Beck 1974.

Roth, Karl Heinz: Ein Spezialunternehmen für Verbrennungskreisläufe. Konzernskizze Degussa. *Zeitschrift für Sozialgeschichte des 20. und 21. Jahrhunderts* 3/2 (1988), 8–45.
- Tödliche Höhen. Die Unterdruckkammer-Experimente im Konzentrationslager Dachau und ihre Bedeutung für die luftfahrtmedizinische Forschung des »Dritten Reichs«. In: Angelika Ebbinghaus und Klaus Dörner (Hg.): *Vernichten und Heilen. Der Nürnberger Ärzteprozess und seine Folgen*. Berlin: Aufbau 2001, 110–151.
- Die Max-Planck-Gesellschaft und ihre Vorbilder. Eine neue Kontroverse um Adolf Butenandt. *Sozial.Geschichte* 22/1 (2007), 71–81.
- Genetische Forschung in der Konfrontation mit der NS-Anthropologie – Das Lebenswerk des Genetikers und Wissenschaftshistorikers Benno Müller-Hill (1933–2018). *Sozial.Geschichte Online* 24 (2018), 11–36. doi:10.17185/duepublico/47937.

Röthlein, Brigitte: *Mare Tranquillitatis, 20. Juli 1969. Die wissenschaftlich-technische Revolution*. München: dtv 1997.

Rothman, David J.: *Strangers at the Bedside. A History of How Law and Bioethics Transformed Medical Decision Making*. New York: BasicBooks 1991.

Rothschuh, Karl E.: *Physiologie. Der Wandel ihrer Konzepte, Probleme und Methoden vom 16. bis 20. Jahrhundert*. Freiburg im Breisgau: Alber 1968.

Rousso, Henry: Le Plan, objet d'histoire. *Sociologie du travail* 27/3 (1985), 239–250. doi:10.3406/sotra.1985.2083.

Rowland, Lewis P.: *NINDS at 50. An Incomplete History Celebrating the Fiftieth Anniversary of the National Institute of Neurological Disorders and Stroke.* New York: Demos Medical Pub 2003.

Ruck, Michael: Ein kurzer Sommer der konkreten Utopie. Zur westdeutschen Planungsgeschichte der langen 60er Jahre. In: Axel Schildt, Detlef Siegfried und Karl Christian Lammers (Hg.): *Dynamische Zeiten. Die 60er Jahre in den beiden deutschen Gesellschaften.* Hamburg: Christians 2000, 362–401.

– Ein kurzer Sommer der konkreten Utopie – Zur westdeutschen Planungsgeschichte der langen 60er Jahre. In: Axel Schildt, Detlef Siegfried und Karl Christian Lammers (Hg.): *Dynamische Zeiten. Die 60er Jahre in den beiden deutschen Staaten.* 2. Auflage. Hamburg: Christians 2003, 362–401.

Ruck, Michael und Marcel Boldorf (Hg.): *Geschichte der Sozialpolitik in Deutschland seit 1945. Bundesrepublik Deutschland 1957–1966. Sozialpolitik im Zeichen des erreichten Wohlstands.* Bd. 4. Baden-Baden: Nomos 2007.

Rudloff, Wilfried: Verwissenschaftlichung der Politik? Wissenschaftliche Politikberatung in den sechziger Jahren. In: Peter Collin und Thomas Horstmann (Hg.): *Das Wissen des Staates. Geschichte, Theorie und Praxis.* Baden-Baden: Nomos 2004, 216–257.

– Georg Picht. Die Verantwortung der Wissenschaften und die »aufgeklärte Utopie«. In: Theresia Bauer, Elisabeth Kraus, Christiane Kuller und Winfried Süß (Hg.): *Gesichter der Zeitgeschichte. Deutsche Lebensläufe im 20. Jahrhundert.* München: Oldenbourg 2009, 279–296.

– Öffnung oder Schließung: Bildungsplanung in West und Ost. Vergesellschaftung und Ökonomisierung der Bildung. In: Elke Seefried und Dierk Hoffmann (Hg.): *Plan und Planung. Deutsch-deutsche Vorgriffe auf die Zukunft.* Berlin: De Gruyter 2018, 68–85.

Runge, Wolfgang: Kooperation im Wandel. 30 Jahre diplomatische Beziehungen Bundesrepublik Deutschland – Volksrepublik China. *China-Journal. Eine Veröffentlichung der Deutschen China-Gesellschaft* 1 (2002). http://dcg.de/runge/kooperation.html.

Rupieper, Hermann-J.: Amerikanische Besatzungspolitik. In: Wolfgang Benz (Hg.): *Deutschland unter alliierter Besatzung 1945–1949/55. Ein Handbuch.* Berlin: Akademie Verlag 1999, 33–47.

Rupp, Hans-Heinrich: Ethik-Kommissionen und Verfassungsrecht. *Jahrbuch des Umwelt- und Technikrechts*, 1990, 23–53.

Rupp, Hans Karl: *Außerparlamentarische Opposition in der Ära Adenauer. Der Kampf gegen die Atombewaffnung in den fünfziger Jahren.* Köln: Pahl-Rugenstein 1970.

– *Politische Geschichte der Bundesrepublik Deutschland.* 4. Auflage. München: Oldenbourg 2009.

Rürup, Reinhard: Kontinuität und Neuanfang. Die Kaiser-Wilhelm-Gesellschaft im Nationalsozialismus und die Vergangenheitspolitik der Max-Planck-Gesellschaft. In: Jürgen Matthäus und Klaus-Michael Mallmann (Hg.): *Deutsche, Juden, Völkermord. Der Holocaust als Geschichte und Gegenwart.* Darmstadt: Wissenschaftliche Buchgesellschaft 2006, 257–274.

– *Schicksale und Karrieren. Gedenkbuch für die von den Nationalsozialisten aus der Kaiser-Wilhelm-Gesellschaft vertriebenen Forscherinnen und Forscher.* Göttingen: Wallstein 2008.

– Spitzenforschung und »Selbstgleichschaltung«. *Der lange Schatten des Nationalsozialismus. Geschichte, Geschichtspolitik und Erinnerungskultur.* Göttingen: Wallstein 2014, 108–126.

Ruschhaupt-Husemann, Ulla und Dirk Hartung: Zur Lage der Frauen in der MPG. Nur ein Sechstel des gesamten wissenschaftlichen Personals der MPG sind Frauen. *MPG-Spiegel* 4 (1988), 22–26.

Rusinek, Bernd-A.: Gremienprotokolle. »Formulierungspolitik«. Protokolle von Leitungsgremien in Industrie und Großforschung. In: Bernd-A. Rusinek, Volker Ackermann und Jörg Engelbrecht (Hg.): *Einführung in die Interpretation historischer Quellen. Schwerpunkt: Neuzeit.* Paderborn: Ferdinand Schöningh 1992, 185–198.

– *Das Forschungszentrum. Eine Geschichte der KFA Jülich von ihrer Gründung bis 1980.* Frankfurt am Main: Campus 1996.

Russell, William Moy Stratton und Rex Leonard Burch: *The Principles of Humane Experimental Technique.* London: Methuen 1959.

Rüting, Torsten: *Pavlov und der Neue Mensch.* München: Oldenbourg 2002.

Sabisch, Katja: Zitation, Legitimation, Affirmation. Schreibweisen des medizinischen Menschenexperiments 1750–1840. *Berichte zur Wissenschaftsgeschichte* 32/3 (2009), 275–293. doi.org/10.1002/bewi.200901394.

– *Das Weib als Versuchsperson. Medizinische Menschenexperimente im 19. Jahrhundert am Beispiel der Syphilisforschung.* Bielefeld: transcript 2015.

Sachse, Carola: »Persilscheinkultur«. Zum Umgang mit der NS-Vergangenheit in der Kaiser-Wilhelm/Max-Planck-Gesellschaft. In: Bernd Weisbrod (Hg.): *Akademische Vergangenheitspolitik. Beiträge zur Wissenschaftskultur der Nachkriegszeit.* Göttingen: Wallstein 2002, 217–246.

– (Hg.): *Die Verbindung nach Auschwitz. Biowissenschaften und Menschenversuche an Kaiser-Wilhelm-Instituten. Dokumentation eines Symposiums im Juni 2001.* Göttingen: Wallstein 2003.

– Adolf Butenandt und Otmar von Verschuer. Eine Freundschaft unter Wissenschaftlern (1942–1969). In: Wolfgang Schieder und Achim Trunk (Hg.): *Adolf Butenandt und die Kaiser-Wilhelm-Gesellschaft. Wissenschaft, Industrie und Politik im »Dritten Reich«.* Göttingen: Wallstein 2004, 286–319.

– What Research, to What End? The Rockefeller Foundation and the Max Planck Gesellschaft in the Early Cold War. *Central European History* 42/1 (2009), 97–141.

– Ein »als Neugründung zu deutender Beschluss ...«: Vom Kaiser-Wilhelm-Institut für Anthropologie, menschliche Erblehre und Eugenik zum Max-Planck-Institut für molekulare Genetik. *Medizinhistorisches Journal* 46/1 (2011), 24–50.

– Grundlagenforschung. Zur Historisierung eines wissenschaftlichen Ordnungsprinzips am Beispiel der Max-Planck-Gesellschaft (1945–1970). In: Dieter Hoffmann, Birgit Kolboske und Jürgen Renn (Hg.): *»Dem Anwenden*

muss das Erkennen vorausgehen«. Auf dem Weg zu einer Geschichte der Kaiser-Wilhelm-/Max-Planck-Gesellschaft. 2. Auflage. Berlin: Edition Open Access 2014, 243–268.
- *Grundlagenforschung. Zur Historisierung eines wissenschaftspolitischen Ordnungsprinzips am Beispiel der Max-Planck-Gesellschaft (1945–1970).* Berlin: GMPG-Preprint 2014.
- Vom Kaiser-Wilhelm-Institut für Anthropologie, menschliche Erblehre und Eugenik zum Max-Planck-Institut für molekulare Genetik. In: Martin Vingron (Hg.): *Gene und Menschen. 50 Jahre Forschung am Max-Planck-Institut für molekulare Genetik.* Berlin: Max-Planck-Institut für Molekulare Genetik 2014, 18–31.
- *Die Max-Planck-Gesellschaft und die Pugwash Conferences on Science and World Affairs (1955–1984).* Berlin: GMPG-Preprint 2016.
- Basic Research in the Max Planck Society. Science Policy in the Federal Republic of Germany, 1945–1970. In: David Kaldewey und Désirée Schauz (Hg.): *Basic and Applied Research. The Language of Science Policy in the Twentieth Century.* New York: Berghahn 2018, 163–186.
- The Max Planck Society and Pugwash during the Cold War. An Uneasy Relationship. *Journal of Cold War Studies* 20/1 (2018), 170–209.
- *Wissenschaft und Diplomatie. Die Max-Planck-Gesellschaft im Feld der internationalen Politik.* Studien zur Geschichte der Max-Planck-Gesellschaft. Bd. 4. Hg. von Jürgen Kocka, Carsten Reinhardt, Jürgen Renn und Florian Schmaltz. Göttingen: Vandenhoeck & Ruprecht 2023.

Sachse, Carola und Benoît Massin: *Biowissenschaftliche Forschung an Kaiser-Wilhelm-Instituten und die Verbrechen des NS-Regimes. Informationen über den gegenwärtigen Wissensstand.* Berlin: Vorabdrucke des Forschungsprogramms »Geschichte der Kaiser-Wilhelm-Gesellschaft im Nationalsozialismus« 2000.

Saedler, Heinz, Gisela Kretschmar und Joachim Spangenberg: Die Petunien von heute sind die Steaks von morgen. *Genethischer Informationsdienst (GID)* 37 (1988), 11–17.

Sakmann, Bert und Frank W. Stahnisch: Neuroscience History Interview with Professor Bert Sakmann, Nobel Laureate in Physiology or Medicine (1991), Max Planck Society, Germany. *Journal of the History of the Neurosciences* 32/2 (2023), 198–217. doi:10.1080/0964704X.2021.1898903.

Salem, Samia: *Die öffentliche Wahrnehmung der Gentechnik in der Bundesrepublik Deutschland seit den 1960er Jahren.* Stuttgart: Franz Steiner 2013.

Sammer, Christian und Hans-Georg Hofer: Projekt V. T. Paul Martini, Kurt Gutzeit und die »Vergleichende Therapie«, 1939–1949. Paul Martini, Kurt Gutzeit and »Comparative Therapy«, 1939–1949. *Medizinhistorisches Journal* 55/1 (2020), 2–46. doi:10.25162/mhj-2020-0001.

Santer, Benjamin D., Céline J. W. Bonfils, Qiang Fu, John C. Fyfe, Gabriele C. Hegerl, Carl Mears, Jeffrey F. Painter et al.: Celebrating the Anniversary of Three Key Events in Climate Change Science. *Nature Climate Change* 9/3 (2019), 180–182.

Santesmases, María Jesús: National Politics and International Trends. EMBO and the Making of Molecular Biology in Spain (1960–1975). *Studies in History and Philosophy of Science Part C. Studies in History and Philosophy of Biological and Biomedical Sciences* 33/3 (2002), 473–487. doi:10.1016/S1369-8486(02)00015-8.

Sapir, A., P. Aghion, G. Bertola, M. Hellwig, J. Pisani-Ferry, D. Rosati, J. Viñals et al.: *An Agenda for a Growing Europe. The Sapir Report.* Oxford: Oxford University Press 2004.

Sapper, Manfred und Volker Weichsel (Hg.): *Freiheit im Blick. 1989 und der Aufbruch in Europa.* Berlin: Berliner Wissenschafts-Verlag 2009.

Sarasin, Philipp: *Reizbare Maschinen. Eine Geschichte des Körpers 1765–1914.* Frankfurt am Main: Suhrkamp 2001.

Sarasin, Philipp und Jakob Tanner (Hg.): *Physiologie und industrielle Gesellschaft. Studien zur Verwissenschaftlichung des Körpers im 19. und 20. Jahrhundert.* Frankfurt am Main: Suhrkamp 1998.

Satir, Birgit: *A Guide to Opportunities in Cell Biology.* Hg. von American Society for Cell Biology. Boston: American Society for Cell Biology 1969.

Satzinger, Helga: *Die Geschichte der genetisch orientierten Hirnforschung von Cecile und Oskar Vogt in der Zeit von 1895 bis ca. 1927.* Stuttgart: Deutscher Apotheker Verlag 1998.
- Adolf Butenandt, Hormone und Geschlecht. Ingredienzien einer wissenschaftlichen Karriere. In: Wolfgang Schieder und Achim Trunk (Hg.): *Adolf Butenandt und die Kaiser-Wilhelm-Gesellschaft. Wissenschaft, Industrie und Politik im »Dritten Reich«.* Göttingen: Wallstein 2004, 78–133.
- *Rasse, Gene und Geschlecht.* Berlin: Vorabdrucke des Forschungsprogramms »Geschichte der Kaiser-Wilhelm-Gesellschaft im Nationalsozialismus« 2004.
- *Differenz und Vererbung. Geschlechterordnungen in der Genetik und Hormonforschung 1890–1950.* Köln: Böhlau 2009.
- Max-Planck-Institut für Hirnforschung Berlin – Frankfurt. In: Reinhard Rürup und Peter Gruss (Hg.): *Denkorte. Max-Planck-Gesellschaft und Kaiser-Wilhelm-Gesellschaft. Brüche und Kontinuitäten 1911–2011.* Dresden: Sandstein 2010, 292–301.

Sauer, Heiko: Juristische Methodenlehre. In: Julian Krüper (Hg.): *Grundlagen des Rechts.* 4. Auflage. Baden-Baden: Nomos 2021, 199–221.

Schabel, Ralf: *Die Illusion der Wunderwaffen. Die Rolle der Düsenflugzeuge und Flugabwehrraketen in der Rüstungspolitik des Dritten Reiches.* München: Oldenbourg 1994.

Schaeffer, Oliver und Josef Zähringer: High-Sensitivity Mass Spectrometric Measurement of Stable Helium and Argon Isotopes Produced by High-Energy Protons in Iron. *Physical Review* 113/2 (1959), 674–678.

Schaffner, Kurt: Günther Otto Schenck. 14.5.1913–25.3.2003. In: Generalverwaltung der Max-Planck-Gesellschaft (Hg.): *Max-Planck-Gesellschaft Jahrbuch 2004.* München 2004, 121–123.

Schappacher, Norbert: Max-Planck-Institut für Mathematik. Historical Notes on the New Research Institute at Bonn. *The Mathematical Intelligencer* 7 (1985), 41–52. doi:10.1007/BF03024174.

Scharlau, Winfried: *Das Glück, Mathematiker zu sein. Friedrich Hirzebruch und seine Zeit.* Wiesbaden: Springer 2017.

Schaumann, Wolfgang, Georg E. Siebeneicher und Immo Lünzer: *Geschichte des ökologischen Landbaus*. Bad Dürkheim: Stiftung Ökologie und Landbau 2000.

Schauz, Désirée: What Is Basic Research? Insights from Historical Semantics. *Minerva* 52/3 (2014), 273–328.

– *Nützlichkeit und Erkenntnisfortschritt. Eine Geschichte des modernen Wissenschaftsverständnisses*. Göttingen: Wallstein 2020.

Schauz, Desirée und Gregor Lax: Professional Devotion, National Needs, Fascist Claims, and Democratic Virtues. The Language of Science Policy in Germany. In: David Kaldewey und Désirée Schauz (Hg.): *Basic and Applied Research. Language and the Politics of Science in the Twentieth Century*. New York, NY: Berghahn 2018, 64–103.

Schechter, Alan N.: The Crisis in Clinical Research. Endangering the Half Century NIH Consensus. *Journal of the American Medical Association* 280/16 (1998), 1440–1442. doi:10.1001/jama.280.16.1440.

Schechter, Alan N., Robert L. Perlman und Richard A. Rettig: Editors' Introduction: Why Is Revitalizing Clinical Research So Important, Yet So Difficult? *Perspectives in Biology and Medicine* 47/4 (2004), 476–486. doi:10.1353/pbm.2004.0070.

Scheffler, Robin Wolfe: *A Contagious Cause. The American Hunt for Cancer Viruses and the Rise of Molecular Medicine*. Chicago: University of Chicago Press 2019.

Scheibe, Arnold: *Bedeutung der wissenschaftlichen Institute für die private Pflanzenzüchtung*. Hamburg: Parey 1987.

Scheiper, Stephan: *Innere Sicherheit. Politische Anti-Terror-Konzepte in der Bundesrepublik Deutschland während der 1970er Jahre*. Paderborn: Ferdinand Schöningh 2010.

Schell, Jozef: Neue Aussichten fur die Pflanzenzüchtung. Gen-Übertragung mit dem Ti-Plasmid. In: *Natur-, Ingenieur- und Wirtschaftswissenschaften. Vorträge · N 300*. Hg. von Rheinisch-Westfälische Akademie der Wissenschaften. Opladen: Westdeutscher Verlag 1981, 31–48.

Schell, Jozef Stefaan und Jutta Weinand: Hat die europäische Agrarpolitik eine Zukunft ohne Pflanzenbiotechnologie? In: Generalverwaltung der Max-Planck-Gesellschaft (Hg.): *Max-Planck-Gesellschaft Jahrbuch 1998*. Göttingen: Vandenhoeck & Ruprecht 1998, 73–85.

Schellnhuber, Hans Joachim: »Earth System« Analysis and the Second Copernican Revolution. *Nature* 402/6761 (1999), C19–C23.

Schelsky, Helmut: *Wandlungen der deutschen Familie in der Gegenwart. Darstellung und Deutung einer empirisch-soziologischen Tatbestandsaufnahme*. Stuttgart: Ferdinand Enke Verlag 1955.

Schenck, Günther O.: Entwicklungstendenzen und Probleme der Strahlenchemie. In: Generalverwaltung der Max-Planck-Gesellschaft (Hg.): *Jahrbuch 1960 der Max-Planck-Gesellschaft zur Förderung der Wissenschaften*. Göttingen 1960, 161–204.

Scherstjanoi, Elke: Sowjetische Besatzungspolitik. In: Wolfgang Benz (Hg.): *Deutschland unter alliierter Besatzung 1945-1949/55. Ein Handbuch*. Berlin: Akademie Verlag 1999, 73–89.

Scheu, Andreas M.: Medialisierung von Forschungspolitik. Medialisierungstypen und Einflüsse auf die Medialisierung forschungspolitischer Akteure. In: Mike S. Schäfer, Silje Kristiansen und Heinz Bonfadelli (Hg.): *Wissenschaftskommunikation im Wandel*. Köln: Halem 2015, 153–179.

Schieder, Wolfgang und Achim Trunk (Hg.): *Adolf Butenandt und die Kaiser-Wilhelm-Gesellschaft. Wissenschaft, Industrie und Politik im »Dritten Reich«*. Göttingen: Wallstein 2004.

– Spitzenforschung und Politik. Adolf Butenandt in der Weimarer Republik und im »Dritten Reich«. In: Wolfgang Schieder und Achim Trunk (Hg.): *Adolf Butenandt und die Kaiser-Wilhelm-Gesellschaft. Wissenschaft, Industrie und Politik im »Dritten Reich«*. Göttingen: Wallstein 2004, 23–77.

– Der militärisch-industriell-wissenschaftliche Komplex im »Dritten Reich«. Das Beispiel der Kaiser-Wilhelm-Gesellschaft. In: Noyan Dinçkal, Christof Dipper und Detlev Mares (Hg.): *Selbstmobilisierung der Wissenschaft. Technische Hochschulen im Dritten Reich*. Darmstadt: Wissenschaftliche Buchgesellschaft 2009, 47–62.

Schilde, Liselotte: Melchers, Georg. In: Gerhard Röbbelen (Hg.): *Biographisches Lexikon zur Geschichte der Pflanzenzüchtung*. Bd. 2. Göttingen: Gesellschaft für Pflanzenzüchtung e. V. 2002, 201–203.

Schildt, Axel, Detlef Siegfried und Karl Christian Lammers (Hg.): *Dynamische Zeiten. Die 60er Jahre in den beiden deutschen Gesellschaften*. Hamburg: Christians 2000.

Schildt, Axel und Arnold Sywottek (Hg.): *Modernisierung im Wiederaufbau. Die westdeutsche Gesellschaft der 50er Jahre*. Bonn: Dietz 1993.

Schimank, Uwe: Opportunities and Obstacles of University Reforms. Cluster Building and Its Problems. From the Perspective of University Leadership. In: Peter Weingart und Britta Padberg (Hg.): *University Experiments in Interdisciplinarity. Obstacles and Opportunities*. Bielefeld: transcript 2014, 135–149.

Schleich, Wolfgang P.: *Quantum Optics in Phase Space*. Berlin: Wiley 2001. doi:10.1002/3527602976.

Schlich, Thomas: *Die Erfindung der Organtransplantation. Erfolg und Scheitern des chirurgischen Organersatzes (1880–1930)*. Frankfurt am Main: Campus 1998.

Schlünder, Martina: Alarm. In: Max Stadler, Nils Güttler, Niki Rhyner, Mathias Grote, Fabian Grütter, Tobias Scheidegger, Martina Schlünder et al. (Hg.): *Gegen|Wissen. Wissensformen an der Schnittstelle von Universität und Gesellschaft*. Zürich: Intercomverlag 2020, IV/25–33.

Schlumbohm, Jürgen: *Lebendige Phantome. Ein Entbindungshospital und seine Patientinnen 1751-1830*. Göttingen: Wallstein 2012.

Schmaltz, Florian: *Kampfstoff-Forschung im Nationalsozialismus. Zur Kooperation von Kaiser-Wilhelm-Instituten, Militär und Industrie*. Göttingen: Wallstein 2005.

– Vom Nutzen und Nachteil der Luftfahrtforschung im NS-Regime. Die Aerodynamische Versuchsanstalt Göttingen und die Strahltriebwerksforschung im Zweiten Weltkrieg. In: Christine Pieper und Frank Uekötter (Hg.): *Vom Nutzen der Wissenschaft. Beiträge zu einer prekären Beziehung*. Stuttgart: Franz Steiner 2010, 67–113.

– Luftfahrtforschung auf Expansionskurs. Die Aerodynamische Versuchsanstalt in den besetzten Gebieten. In: Sören

Flachowsky, Rüdiger Hachtmann und Florian Schmaltz (Hg.): *Ressourcenmobilisierung. Wissenschaftspolitik und Forschungspraxis im NS-Herrschaftssystem.* Göttingen: Wallstein 2016, 326–382.
- Brain Research on Nazi »euthanasia« victims: Legal Conflicts Surrounding Scientology's Instrumentalization of the Kaiser Wilhelm Society's History against the Max Planck Society. *Journal of the History of the Neurosciences* 32/2 (2023), 240–264. doi:10.1080/0964704X.2021.2019553.
- *Militärische Forschung und Dual-Use-Problematik in der Max-Planck-Gesellschaft.* Berlin: GMPG-Preprint, im Erscheinen.
- *Mitgliedschaften der Wissenschaftlichen Mitglieder der Kaiser-Wilhelm-Gesellschaft und der Max-Planck-Gesellschaft in der NSDAP und der SA und der SS.* Göttingen Research Online / Data 2023. doi:10.25625/IYPEKX.

Schmaltz, Florian, Jürgen Renn, Carsten Reinhardt und Jürgen Kocka (Hg.): *Research Program History of the Max Planck Society. Report 2014–2017.* Berlin: Max-Planck-Institut für Wissenschaftsgeschichte 2017.

Schmid, Josef, Rolf G. Heinze und Rasmus C. Beck (Hg.): *Strategische Wirtschaftsförderung und die Gestaltung von High-Tech Clustern. Beiträge zu den Chancen und Restriktionen von Clusterpolitik.* Baden-Baden: Nomos 2009.

Schmidt, Helmut: Forschungspolitik zur Lösung der Probleme unserer Zeit. Für verstärkte Rationalisierung und erhöhte Mobilität. *MPG-Spiegel* 5 (1975), 7–9.
- Zur Moral des Wissenschaftlers und seiner gesellschaftlichen Verantwortung. Ansprache des Bundeskanzlers. *MPG-Spiegel* 3 (1982), 58–62.
- Sieben Prinzipien vernünftiger Energiepolitik. *Die Zeit* 8 (19.2.1988). https://www.zeit.de/1988/08/sieben-prinzipien-vernuenftiger-energiepolitik/komplettansicht.

Schmidt, Ulf: *Justice at Nuremberg. Leo Alexander and the Nazi Doctors' Trial.* Basingstoke: Palgrave Macmillan 2004.

Schmidt, Ulf, Andreas Frewer und Dominique Sprumont: *Ethical Research. The Declaration of Helsinki, and the Past, Present and Future of Human Experimentation.* New York: Oxford University Press 2020.
- Some Reflections on Research Ethics. Ethical Research: *The Declaration of Helsinki, and the Past, Present and Future of Human Experimentation.* New York: Oxford University Press 2020, 551–553.

Schmidt-Rohr, Ulrich: *Erinnerungen an die Vorgeschichte und die Gründerjahre des Max-Planck-Instituts für Kernphysik.* Heidelberg 1996.
- *Die Aufbaujahre des Max-Planck-Instituts für Kernphysik.* Heidelberg: Neumann Druck 1998.

Schmitt, Francis Otto: *The Never-Ceasing Search.* Philadelphia: The American Philosophical Society 1990.

Schmittler, Elke: Einstein nicht unter uns. Max-Planck-Gesellschaft eröffnet neues Institut – aber wofür? *Süddeutsche Zeitung* (3.4.1995).

Schmoch, Ulrich: Wissens- und Technologietransfer aus öffentlichen Einrichtungen im Spiegel von Patent- und Publikationsindikatoren. In: Ulrich Schmoch, Georg Licht und Michael Reinhard (Hg.): *Wissens- und Technologietransfer in Deutschland.* Stuttgart: Fraunhofer IRB Verlag 2000, 17–37.

Schmuhl, Hans-Walter: *Rassenhygiene, Nationalsozialismus, Euthanasie. Von der Verhütung zur Vernichtung »lebensunwerten Lebens«, 1890–1945.* Göttingen: Vandenhoeck & Ruprecht 1987.
- Hirnforschung und Krankenmord. Das Kaiser-Wilhelm-Institut für Hirnforschung 1937–1945. Fragestellung, Forschungsgegenstand und Deutungsrahmen. *Vierteljahrshefte für Zeitgeschichte* 50/4 (2002), 559–609.
- *Rassenforschung an Kaiser-Wilhelm-Instituten vor und nach 1933.* Göttingen: Wallstein 2003.
- *Grenzüberschreitungen. Das Kaiser-Wilhelm-Institut für Anthropologie, menschliche Erblehre und Eugenik, 1927–1945.* Göttingen: Wallstein 2005.
- *Die Gesellschaft Deutscher Neurologen und Psychiater im Nationalsozialismus.* Berlin: Springer 2016.

Schneider, Dietrich: 100 Years of Pheromone Research. *Naturwissenschaften* 79/6 (1992), 241–250. doi:10.1007/BF01175388.

Schofer, Evan und John W. Meyer: The Worldwide Expansion of Higher Education in the Twentieth Century. *American Sociological Review* 70/6 (2005), 898–920.

Schostack, Renate: Trauergang. Deutsche Szene. *Frankfurter Allgemeine Zeitung* (29.5.1990), 37.

Scholtysek, Joachim: Die FDP in der Wende. *Historisch-Politische Mitteilungen* 19 (2012), 197–220.

Scholz, Juliane: *Partizipation und Mitbestimmung in der Forschung. Das Beispiel Max-Planck-Gesellschaft (1945–1980).* Berlin: GMPG-Preprint 2019.
- *Transformationen der Wissensproduktion. Eine Sozialgeschichte der Max–Planck-Gesellschaft (1948–2005),* in Vorbereitung.
- Duplicating Nature and Elements of Subjectivity in *The Ethology of the Greylag Goose. Isis* 112/2 (2021), 326–334. doi:10.1086/714755.
- Akademisches Alter der WM. Göttingen Research Online / Data 2023. doi:10.25625/59YMMF.
- BioDB Dossier – Abschnitt Neuberufene. Göttingen Research Online / Data 2023. doi:10.25625/X9LXH3.
- Geburts-, Studien- und Promotionsländer der Wissenschaftlichen Mitglieder. Göttingen Research Online / Data 2023. doi:10.25625/RDNCUB.
- Soziale Herkunft der Nobelpreisträger:innen in der MPG. Göttingen Research Online / Data 2023. doi:10.25625/2KT8TB.
- Soziale Herkunft der Wissenschaftlichen Mitglieder der MPG. Göttingen Research Online / Data 2023. doi:10.25625/T95K3E.
- Übersicht zu Nobelpreisträger:innen der MPG. Göttingen Research Online / Data 2023. doi:10.25625/ZZMB1P.
- Vergleich der Altersstruktur von Professor:innen an deutschen Hochschulen und Wissenschaftlichen Mitgliedern der MPG. Göttingen Research Online / Data 2023. doi:10.25625/1JBWXA.

Schön, Wolfgang: Quellenforscher und Pragmatiker – Ein Schlusswort. In: Christoph Engel und Wolfgang Schön

(Hg.): *Das Proprium der Rechtswissenschaft*. Tübingen: Mohr Siebeck 2007, 313–321.
- *Grundlagenwissenschaft in geordneter Verantwortung. Zur Governance der Max-Planck-Gesellschaft*. München: Max-Planck-Gesellschaft 2015.
- *Grenzüberschreitungen der Steuerrechtswissenschaft. Steuer und Wirtschaft* 94/3 (2018), 201–215.
- Governance und Compliance in Wissenschaftsorganisationen. In: Stefan Grundmann, Hanno Merkt und Peter O. Mülbert (Hg.): *Festschrift für Klaus J. Hopt zum 80. Geburtstag am 24. August 2020*. Berlin: De Gruyter 2020, 1127–1154.

Schönstädt, Marie-Christin: Transformation der Wissenschaft. Die Evaluation des ostdeutschen Wissenschaftssystems als Impuls für den Westen. In: Marcus Böick, Constantin Goschler und Ralph Jessen (Hg.): *Jahrbuch Deutsche Einheit 2021*. Berlin: Ch. Links 2021, 215–242.

Schönwald, Matthias: *Walter Hallstein. Ein Wegbereiter Europas*. Stuttgart: Kohlhammer 2018.

Schöttler, Peter: *Das Max-Planck-Institut für Geschichte im historischen Kontext. Die Ära Heimpel*. Berlin: GMPG-Preprint 2017.
- *Das Max-Planck-Institut für Geschichte im historischen Kontext, 1972–2006. Zwischen Sozialgeschichte, Historischer Anthropologie und Historischer Kulturwissenschaft*. Berlin: GMPG-Preprint 2020.

Schott-Stettner, Almut: *Max-Planck-Gesellschaft Personalstatistik 2000*. Bericht des Referates IIc. München: Max-Planck-Gesellschaft 2000.

Schramm, Manuel: *Wirtschaft und Wissenschaft in DDR und BRD. Die Kategorie Vertrauen in Innovationsprozessen*. Köln: Böhlau 2008.

Schreiber, Georg: Adolf von Harnack und Wilhelm von Humboldt. Hilfsinstitute als Ahnherren der Kaiser-Wilhelm-Gesellschaft? *Mitteilungen aus der Max-Planck-Gesellschaft zur Förderung der Wissenschaften* Heft 1 (1954), 26–30.

Schreiner, Jochen, Christiane Voigt, Andreas Kohlmann, Frank Arnold, Konrad Mauersberger und Niels Larsen: Chemical Analysis of Polar Stratospheric Cloud Particles. *Science* 283/5404 (1999), 968–970.

Schroeder-Gudehus, Brigitte: *Deutsche Wissenschaft und internationale Zusammenarbeit 1914–1928. Ein Beitrag zum Studium kultureller Beziehungen in politischen Krisenzeiten*. Genf: Imprimerie Dumaret & Golay 1966.
- The Argument for the Self-Government and Public Support of Science in Weimar Germany. *Minerva* 10/4 (1972), 537–570. doi:10.1007/BF01695905.

Schröder, Tim: Wie aus Wissen Wirtschaft wird. *MaxPlanckForschung* Spezialausgabe: Idee – Das Kapitel von morgen (2009), 10–17.

Schröder, Tim und Roland Wengenmayr: *50 Jahre Max-Planck-Institut für Festkörperforschung. 50 Years Max-Planck-Institute for Solid State Research*. Stuttgart: Max-Planck-Institut für Festkörperforschung 2019.

Schuchert, Wolfgang: *Pflanzenzüchtungsforschung im Blickpunkt einer kritischen Öffentlichkeit. Die öffentlichen Auseinandersetzungen um die ersten Freilandversuche mit gentechnisch veränderten Pflanzen in Deutschland*. Witterschlick: M. Wehle 1997.

Schüler, Hermann: Forschungsstelle für Spektroskopie in der Max-Planck-Gesellschaft z.F.d.W. in Göttingen. In: Generalverwaltung der Max-Planck-Gesellschaft (Hg.): *Jahrbuch der Max-Planck-Gesellschaft zur Förderung der Wissenschaften 1961*. Bd. 2. Göttingen 1962, 720–725.

Schüler, Hermann und Theodor Schmidt: Über eine mit flüssiger Luft gekühlte Glimmentladungsröhre. *Zeitschrift für Physik* 96/7–8 (1935), 485–488. doi:10.1007/BF01337703.

Schüler, Julia: *Die Biotechnologie-Industrie. Ein Einführungs-, Übersichts- und Nachschlagewerk*. Berlin: Springer Spektrum 2016.

Schulte, Bernd und Hans F. Zacher: Der Aufbau des Max-Planck-Instituts für ausländisches und internationales Sozialrecht. Ein Bericht. *Vierteljahresschrift für Sozialrecht* 9 (1981), 165–195.

Schulze, Winfried: *Deutsche Geschichtswissenschaft nach 1945*. München: Oldenbourg 1989.
- *Der Stifterverband für die deutsche Wissenschaft 1920–1995*. Berlin: Akademie Verlag 1995.

Schüring, Michael: Ein Dilemma der Kontinuität. Das Selbstverständnis der Max-Planck-Gesellschaft und der Umgang mit Emigranten in der 50er Jahren. In: Brigitte Kaderas und Rüdiger vom Bruch (Hg.): *Wissenschaften und Wissenschaftspolitik. Bestandsaufnahmen zu Formationen, Brüchen und Kontinuitäten im Deutschland des 20. Jahrhunderts*. Stuttgart: Franz Steiner 2002, 453–463.
- Ein »unerfreulicher Vorgang«. Das Max-Planck-Institut für Züchtungsforschung in Voldagsen und die gescheiterte Rückkehr von Max Ufer. In: Susanne Heim (Hg.): *Autarkie und Ostexpansion. Pflanzenzucht und Agrarforschung im Nationalsozialismus*. Göttingen: Wallstein 2002, 280–299.
- *Minervas verstoßene Kinder. Vertriebene Wissenschaftler und die Vergangenheitspolitik der Max-Planck-Gesellschaft*. Göttingen: Wallstein 2006.

Schütte, Georg (Hg.): *Wettlauf ums Wissen. Außenwissenschaftspolitik im Zeitalter der Wissensrevolution*. Berlin: University Press 2008.

Schwägerl, Christian: Nun auch Wehr- und Sicherheitsforschung? Die Max-Planck-Gesellschaft zwischen Geschichte und Gegenwart. *Frankfurter Allgemeine Zeitung* (31.10.2005), 4.

Schwartz, Eric L. (Hg.): *Computational Neuroscience*. Cambridge, MA: MIT Press 1990.

Schwarz, Hans-Peter: *Adenauer. Der Staatsmann 1952–1967*. Stuttgart: Deutsche Verlags-Anstalt 1991.

Schwarzschild, Bertram: Hulse and Taylor Win Nobel Prize for Discovering Binary Pulsar. *Physics Today* 46/12 (1993), 17–19. doi:10.1063/1.2809120.

Schweiger, Hans-Georg: Acetabularia als zellbiologisches Objekt. *Mitteilungen aus der Max-Planck-Gesellschaft zur Förderung der Wissenschaften* Heft 1 (1968), 3–24.

Schwerin, Alexander von: *Experimentalisierung des Menschen. Der Genetiker Hans Nachtsheim und die vergleichende Erbpathologie, 1920–1945*. Göttingen: Wallstein 2004.
- Low Dose Intoxication and a Crisis of Regulatory Models. Chemical Mutagens in the Deutsche Forschungsgemein-

schaft (DFG), 1963–1973. *Berichte zur Wissenschaftsgeschichte* 33/4 (2010), 401–418.
- Mutagene Umweltstoffe. Gunter Röhrborn und eine vermeintlich neue eugenische Bedrohung. In: Anne Cottebrune und Wolfgang U. Eckart (Hg.): *Das Heidelberger Institut für Humangenetik. Vorgeschichte und Ausbau (1962–2012). Festschrift zum 50jährigen Jubiläum*. Heidelberg: Bartram, C. R. 2012, 106–129.
- From Agriculture to Genomics. The Animal Side of Human Genetics and the Organization of Model Organisms in the Longue Durée. In: Bernd Gausemeier, Staffan Müller-Wille und Edmund Ramsden (Hg.): *Human Heredity in the Twentieth Century*. London: Pickering & Chatto 2013, 113–125.
- Vom Gift im Essen zu chronischen Umweltgefahren. Lebensmittelzusatzstoffe und die risikopolitische Institutionalisierung der Toxikogenetik in Westdeutschland, 1955–1964. *Technikgeschichte* 81/3 (2014), 251–274.
- *Strahlenforschung. Bio- und Risikopolitik der DFG, 1920–1970*. Stuttgart: Franz Steiner 2015.
- Mobilisierung der Strahlenforschung im Nationalsozialismus. Der Fall Boris Rajewsky. In: Moritz Epple, Johannes Fried, Raphael Gross und Janus Gudian (Hg.): *»Politisierung der Wissenschaft«. Jüdische Wissenschaftler und ihre Gegner an der Universität Frankfurt am Main vor und nach 1933*. Göttingen: Wallstein 2016, 395–424.
- In the Circulation Sphere of the Biomolecular Age. Economics and Gender Matter. *Berichte Zur Wissenschaftsgeschichte* 45/3 (2022), 355–372. doi:10.1002/bewi.202200043.
- Teure Forschung. Das radiochemische Labor als Türöffner staatlicher Wissenschaftsförderung. In: Niels Weise, Thomas Raithel und Daniel Hettstedt (Hg.): *Im Spielfeld der Interessen. Das bundesdeutsche Atom- und Forschungsministerium zwischen Wissenschaft, Wirtschaft und Politik, 1955–1972*. Göttingen: Wallstein 2023.
- Zeitlichkeit des Gegenwissens in der ökologischen Landbau-Szene der Bundesrepublik (1970–1999). Aus Alt mach Neu! *N.T.M Zeitschrift für Geschichte der Wissenschaften, Technik und Medizin* 30/4 (2022), 569–598. doi:10.1007/s00048-022-00351-w.
- *Biowissenschaften und Agrarwissenschaften in der MPG. Verantwortung und Kulturen (1948–2004)*. Göttingen: Vandenhoeck & Ruprecht, in Vorbereitung.

Schwerin, Alexander von, Heiko Stoff und Bettina Wahrig (Hg.): *Biologics. A History of Agents Made from Living Organisms in the Twentieth Century*. London: Pickering & Chatto 2013.

Schwerin, Alexander von, Anna Klassen und Christina Brandt: *Die Max-Planck-Gesellschaft und die Gentechnik. Ein Streitfall zwischen Wissenschaft und Öffentlichkeit in der Bundesrepublik, 1975–1999*. Berlin: GMPG-Preprint, in Vorbereitung.

Schwietzke, Joachim: Die Bibliothek. In: Rudolf Bernhardt und Karin Oellers-Frahm (Hg.): *Das Max-Planck-Institut für ausländisches öffentliches Recht und Völkerrecht. Geschichte und Entwicklung von 1949 bis 2013*. Berlin: Springer 2018, 125–142.

Schwind, Oliver: *Die Finanzierung der deutschen Einheit. Eine Untersuchung aus politisch-institutionalistischer Perspektive*. Opladen: Leske + Budrich 1997.

Seefried, Elke: Experten für die Planung? »Zukunftsforscher« als Berater der Bundesregierung 1966–1972/73. *Archiv der Sozialgeschichte*. Hg. von Friedrich-Ebert-Stiftung 50 (2010), 109–152.
- Die Gestaltbarkeit der Zukunft und ihre Grenzen. Zur Geschichte der Zukunftsforschung. *Zeitschrift für Zukunftsforschung* 4/1 (2015), 5–31.
- *Zukünfte. Aufstieg und Krise der Zukunftsforschung 1945–1980*. Berlin: De Gruyter 2015.

Seeger, Alfred: Verhakungen, Dislocations, Solitons, and Kinks. *International Journal of Materials Research* 100/1 (2009), 24–36.

Seeliger, Rolf (Hg.): *Braune Universität. Deutsche Hochschullehrer gestern und heute. Teile 1–6*. München: Seeliger 1964.

Sejnowski, Terrence J., Christof Koch und Patricia Smith Churchland: Computational Neuroscience. *Science* 241 (1988), 1299–1306. doi:10.1126/science.3045969.

Seiler, Michael P.: *Kommandosache »Sonnengott«. Geschichte der deutschen Sonnenforschung im Dritten Reich und unter alliierter Besatzung*. Frankfurt am Main: Harri Deutsch 2007.

Servan-Schreiber, Jean-Jacques: *Le Défi Américain*. Paris: Denoël 1967.
- *Die amerikanische Herausforderung*. 2. Auflage. Hamburg: Hoffmann & Campe 1968.

Servick, Kelly: How the Transgenic Petunia Carnage of 2017 Began. *Science*, 24.5.2017. https://www.science.org/content/article/how-transgenic-petunia-carnage-2017-began.

Shaw, D. John: *Global Food and Agricultural Institutions*. London: Routledge 2009.

Shepherd, Gordon M.: *Creating Modern Neuroscience. The Revolutionary 1950s*. Oxford: Oxford University Press 2010.

Sher, Gerson S.: *From Pugwash to Putin. A Critical History of US-Soviet Scientific Cooperation*. Bloomington: Indiana University Press 2019.

Shinn, Terry: The Silicon Tide. Relations between Things Epistemic and Things of Function in the Semiconductor World. In: Jed Z. Buchwald und Robert Fox (Hg.): *The Oxford Handbook of the History of Physics*. Oxford: Oxford University Press 2013, 860–891.

Shore Zinberg, Dorothy: American and Europe Changing Patterns of Science-Related Travel 1980. *The National Research Council. Issues and Current Studies*. Washington: National Academy of Sciences 1981, 111–120.

Siddiqi, Asif A.: *Sputnik and the Soviet Space Challenge*. Gainesville: University Press of Florida 2003.

Siebeck, Cornelia: Erinnerungsorte, Lieux de Mémoire. *Docupedia-Zeitgeschichte*, 2017. doi:10.14765/zzf.dok.2.784.v1.

Siebenmorgen, Peter: *Franz Josef Strauß. Ein Leben im Übermaß*. München: Siedler 2015.

Siehr, Kurt: Grenzüberschreitender Umweltschutz. Europäische Erfahrungen mit einem weltweiten Problem. *Rabels Zeitschrift für ausländisches und internationales Privatrecht* 45 (1981), 377–398.

Sime, Ruth Lewin: The Politics of Memory. Otto Hahn and the Third Reich. *Physics in Perspective* 8/1 (2006), 3–51.

Simon, Eckhart: Kann ein Forschungsinstitut über 50 Jahre lebendig bleiben? In: Max-Planck-Gesellschaft (Hg.): *Jubiläumsfeier Max-Planck-Institut für Physiologische und Klinische Forschung, W.G.-Kerckhoff-Institut Bad Nauheim*. Max-Planck-Gesellschaft. Berichte und Mitteilungen 5, 1981, 19–26.

Simon, Nicole: Otto Creutzfeldt – Mittler zwischen den Disziplinen. *dasgehirn.info*, 28.9.2012. https://www.dasgehirn.info/entdecken/meilensteine/otto-creutzfeldt-mittler-zwischen-den-disziplinen.

Simons, Kai und Carol Featherstone: The European Research Council on the Brink. *Cell* 123/5 (2005), 747–750. doi:10.1016/j.cell.2005.11.016.

Singer, Wolf: Otto Detlev Creutzfeldt, 1927–1992. *Experimental Brain Research* 88/3 (1992), 463–465. doi:10.1007/bf00228175.

- Neuroscience in Europe. The European Neuroscience Association. *Trends in Neurosciences* 17/8 (1994), 330–332. doi:10.1016/0166-2236(94)90171-6.
- Auf dem Weg nach innen. 50 Jahre Hirnforschung in der Max-Planck-Gesellschaft. *MPG-Spiegel* 2 (1998), 20–34.
- Der Weg nach Innen. 50 Jahre Hirnforschung in der Max-Planck-Gesellschaft. In: *Forschung an den Grenzen des Wissens. 50 Jahre Max-Planck-Gesellschaft 1948–1998. Dokumentation des wissenschaftlichen Festkolloquiums und der Festveranstaltung zum 50jährigen Gründungsjubiläum am 26. Februar 1998 in Göttingen*. Göttingen: Vandenhoeck & Ruprecht 1998, 45–75.
- *Der Beobachter im Gehirn. Essays zur Hirnforschung*. Frankfurt am Main: Suhrkamp 2002.
- What Binds It All Together? Synchronized Oscillatory Activity in Normal and Pathological Cognition. In: Friedrich G. Barth, Patrizia Giampieri-Deutsch und Hans-Dieter Klein (Hg.): *Sensory Perception. Mind and Matter*. Wien: Springer 2012, 57–70. doi:10.1007/978-3-211-99751-2_4.
- The Brain. A Highly Distributed Self-Organizing System. Who Has the Initiative? In: Gennaro Auletta, Ivan Colagè und Marc Jeannerod (Hg.): *Brains Top Down. Is Top-Down Causation Challenging Neuroscience?* Hackensack: World Scientific 2013, 143–166. doi:10.1142/9789814412469_0007.

Singer, Wolf und Andreea Lazar: Does the Cerebral Cortex Exploit High-Dimensional, Non-Linear Dynamics for Information Processing? *Frontiers in Computational Neuroscience* 10 (2016). doi:10.3389/fncom.2016.00099.

Singer, Wolf und Sascha Topp: Neuroscience History Interview with Professor Wolf Singer, Emeritus Director at the Department of Neurophysiology, Max Planck Institute for Brain Research in Frankfurt am Main. *Journal of the History of the Neurosciences* 32/2 (2023), 148–172. doi:10.1080/0964704X.2021.1904714.

Sioli, Harald und Hans Utermöhl: Hydrobiologische Anstalt der Max-Planck-Gesellschaft z.F.d.W. in Plön (Holstein). In: Generalverwaltung der Max-Planck-Gesellschaft (Hg.): *Jahrbuch 1961 der Max-Planck-Gesellschaft zur Förderung der Wissenschaften*. Bd. 2. Göttingen: Hubert & Co 1962, 448–467.

Sloan, Phillip R.: Molecularizing Chicago—1945–1965. The Rise, Fall, and Rebirth of the University of Chicago Biophysics Program. *Historical Studies in the Natural Sciences* 44/4 (2014), 364–412. doi:10.1525/hsns.2014.44.4.364.

Sloterdijk, Peter: *Regeln für den Menschenpark. Ein Antwortschreiben zu Heideggers Brief über den Humanismus*. Frankfurt am Main: Suhrkamp 1999.

Smil, Vaclav: *Enriching the Earth: Fritz Haber, Carl Bosch, and the Transformation of World Food Production*. Cambridge, MA: MIT Press 2001.

Smith, Laurence, Lisa Best, Donald Stubbs, John Johnston und Andrea Archibald: Scientific Graphs and the Hierarchy of the Sciences. A Latourian Survey of Inscription Practices. *Social Studies of Science* 30 (2000), 73–94. doi:10.1177/030631200030001003.

Snow, Charles P.: *The Two Cultures and the Scientific Revolution*. Cambridge: Cambridge University Press 1959.

Sobiella, Christian und Christiane Langrock-Kögel: Andechser Bunker-Experiment. Die innere Uhr erforschen. *enorm*, 23.10.2020. https://enorm-magazin.de/gesellschaft/wissenschaft/zeit/chronobiologie-das-bunker-experiment.

Sokoloff, Louis: Louis Sokoloff. In: Larry R. Squire (Hg.): *The History of Neuroscience in Autobiography*. Bd. 1. Washington: Society for Neuroscience 1996, 454–497.

Sonderausschuss Radioaktivität (Hg.): *Bundesrepublik Deutschland. Erster Bericht. Januar 1958*. Stuttgart: Georg Thieme 1958.

- (Hg.): *Bundesrepublik Deutschland. Zweiter Bericht. März 1959*. Stuttgart: Georg Thieme 1959.

Sontheimer, Kurt: *Die Adenauer-Ära. Grundlegung der Bundesrepublik*. München: dtv 1991.

Sperling, Peter: *Geschichten aus der Geschichte. 50 Jahre Forschungszentrum Karlsruhe. Bereit für die Zukunft*. Karlsruhe: Forschungszentrum Karlsruhe 2006.

Sperry, R.W.: Turnabout on Consciousness. A Mentalist View. *The Journal of Mind and Behavior* 13/3 (1992), 259–280.

Spiliotis, Susanne-Sophia: *Verantwortung und Rechtsfrieden. Die Stiftungsinitiative der deutschen Wirtschaft*. Frankfurt am Main: Fischer 2003.

Springer Nature Press: 150 Years of Nature. A Century and a Half of Research and Discovery. *Nature*, 2019. https://www.nature.com/immersive/d42859-019-00121-0/index.html.

Sprumont, Dominique: Research Ethics Regulation. Rules versus Responsability. In: Ulf Schmidt, Andreas Frewer und Dominique Sprumont (Hg.): *Ethical Research. The Declaration of Helsinki, and the Past, Present, and Future of Human Experimentation*. Oxford: Oxford University Press 2020, 241–283.

Staab, Heinz A.: Amtsübernahme im Zeichen der Kontinuität. Ansprache des neuen Präsidenten Professor Dr. Dr. Heinz A. Staab bei der Festversammlung der Max-Planck-Gesellschaft am 29. Juni 1984 in Bremen. In: Generalverwaltung der Max-Planck-Gesellschaft (Hg.): *Max-Planck-Gesellschaft Jahrbuch 1984*. Göttingen: Vandenhoeck & Ruprecht 1984, 27–32.

- Gedanken zum Thema des Symposions, Schlußwort. In: Max-Planck-Gesellschaft (Hg.): *Gentechnologie und Verantwortung. Symposion der Max-Planck-Gesellschaft Schloß*

Ringberg/Tegernsee Mai 1985. Max-Planck-Gesellschaft. Berichte und Mitteilungen 3, 1985, 78–80.
- Kontinuität und Wandel einer Wissenschaftsorganisation. 75 Jahre Kaiser-Wilhelm-/Max-Planck-Gesellschaft. In: Generalverwaltung der Max-Planck Gesellschaft zur Förderung der Wissenschaften e.V. (Hg.): *Max-Planck-Gesellschaft Jahrbuch 1986*. Göttingen: Vandenhoeck & Ruprecht 1986, 15–36.
- Intellektuelle Neugier als Quelle der Forschung. Ansprache des Präsidenten Professor Dr. Dr. Heinz A. Staab bei der Festversammlung der Max-Planck-Gesellschaft am 10. Juni 1988 in Heidelberg. In: Generalverwaltung der Max-Planck-Gesellschaft (Hg.): *Max-Planck-Gesellschaft Jahrbuch 1988*. Göttingen: Vandenhoeck & Ruprecht 1988, 15–22.
- Zur Standortbestimmung der Max-Planck-Gesellschaft in der nationalen und internationalen Forschungslandschaft. Ansprache des Präsidenten Professor Dr. Dr. Heinz A. Staab bei der Festversammlung der Max-Planck-Gesellschaft am 9. Juni 1989 in Wiesbaden. In: Generalverwaltung der Max-Planck-Gesellschaft (Hg.): *Max-Planck-Gesellschaft Jahrbuch 1989*. Göttingen: Vandenhoeck & Ruprecht 1989, 15–23.
- Freiheit und Unabhängigkeit der Forschung müssen gewahrt bleiben. Ansprache des scheidenden Präsidenten der Max-Planck-Gesellschaft. *MPG-Spiegel* 4 (1990), 53–63.
- Ständige Mahnung zum Bewußtsein ethischer Grundlagen. Ansprache des Präsidenten der Max-Planck-Gesellschaft. *MPG-Spiegel* 4 (1990), 31–32.

Stackmann, Karl und Axel Streiter (Hg.): *Sonderforschungsbereiche 1969–1984. Bericht über ein Förderprogramm der Deutschen Forschungsgemeinschaft*. Weinheim: Verlag Chemie 1985.

Stadler, Max, Nils Güttler, Niki Rhyner, Mathias Grote, Fabian Grütter, Tobias Scheidegger, Martina Schlünder et al. (Hg.): *Gegen|Wissen. Wissensformen an der Schnittstelle von Universität und Gesellschaft*. Zürich: Intercomverlag 2020.

Stahnisch, Frank W.: German-Speaking Emigré Neuroscientists in North America after 1933. Critical Reflections on Emigration-Induced Scientific Change. *Österreichische Zeitschrift Für Geschichtswissenschaften* 21/3 (2010), 36–68.
- Learning Soft Skills the Hard Way. Historiographical Considerations on the Cultural Adjustment Process of German-Speaking Émigré Neuroscientists in Canada, 1933 to 1963. *Journal of the History of the Neurosciences* 25/3 (2016), 299–319. doi:10.1080/0964704X.2015.1121697.
- How the Nerves Reached the Muscle. Bernard Katz, Stephen W. Kuffler, and John C. Eccles. Certain Implications of Exile for the Development of Twentieth-Century Neurophysiology. *Journal of the History of the Neurosciences* 26/4 (2017), 351–384. doi:10.1080/0964704X.2017.1306763.
- *A New Field in Mind. A History of Interdisciplinarity in the Early Brain Sciences*. Montreal: McGill-Queen's University Press 2020.

Stamm, Thomas: *Zwischen Staat und Selbstverwaltung. Die deutsche Forschung im Wiederaufbau 1945–1965*. Köln: Wissenschaft und Politik 1981.

Stamm-Kuhlmann, Thomas: Deutsche Forschung und internationale Integration 1945–1955. In: Rudolf Vierhaus und Bernhard vom Brocke (Hg.): *Forschung im Spannungsfeld von Politik und Gesellschaft. Geschichte und Struktur der Kaiser-Wilhelm-/Max-Planck-Gesellschaft*. Stuttgart: Deutsche Verlags-Anstalt 1990, 886–909.

Staněk, Tomáš: *Internierung und Zwangsarbeit. Das Lagersystem in den böhmischen Ländern 1945–1948*. München: Oldenbourg 2007.

Statistisches Bundesamt (Hg.): *Statistisches Jahrbuch für die Bundesrepublik Deutschland 1960*. Stuttgart: Kohlhammer 1960.
- (Hg.): *Statistisches Jahrbuch für die Bundesrepublik Deutschland 1965*. Stuttgart: Kohlhammer 1965.
- (Hg.): *Statistisches Jahrbuch für die Bundesrepublik Deutschland 1969*. Stuttgart: Kohlhammer 1969.
- (Hg.): *Statistisches Jahrbuch für die Bundesrepublik Deutschland 1975*. Stuttgart: Kohlhammer 1975.
- (Hg.): *Statistisches Jahrbuch für die Bundesrepublik Deutschland 1979*. Stuttgart: Kohlhammer 1979.
- Registrierte Arbeitslose und Arbeitslosenquote nach Gebietsstand (1951–2020), 2020. https://www.destatis.de/DE/Themen/Wirtschaft/Konjunkturindikatoren/Lange-Reihen/Arbeitsmarkt/lrarb003ga.html.
- Inflationsrate in Deutschland von 1950 bis 2020. *Statista*, 2021. https://de.statista.com/statistik/daten/studie/4917/umfrage/inflationsrate-in-deutschland-seit-1948/.
- Qualität der Arbeit. Frauen in Führungspositionen, 2021. https://www.destatis.de/DE/Themen/Arbeit/Arbeitsmarkt/Qualitaet-Arbeit/Dimension-1/frauen-fuehrungspositionen.html.

Stauffer, Julie: *The Water Crisis. Constructing Solutions to Freshwater Pollution*. London: Earthscan 1998.

Stebut, Nina von: *Eine Frage der Zeit? Zur Integration von Frauen in die Wissenschaft. Eine empirische Untersuchung der Max-Planck-Gesellschaft*. Herausgegeben von Jutta Allmendinger. Opladen: Leske + Budrich 2003.

Steffen, Will, Wendy Broadgate, Lisa Deutsch, Owen Gaffney und Cornelia Ludwig: The Trajectory of the Anthropocene. The Great Acceleration. *The Anthropocene Review* 2/1 (2015), 81–98. doi:10.1177/2053019614564785.

Steffen, Will, Angelina Sanderson, Peter Tyson, Jill Jäger, Pamela Matson, Berrien Moore III, Frank Oldfield et al.: *Global Change and the Earth System. A Planet under Pressure*. Berlin: Springer 2004.

Steger, Florian: Neuropathological Research at the »Deutsche Forschungsanstalt für Psychiatrie« (German Institute for Psychiatric Research) in Munich (Kaiser-Wilhelm-Institute). Scientific Utilization of Children's Organs from the »Kinderfachabteilungen« (Children's Special Departments) at Bavarian State Hospitals. *Journal of the History of the Neurosciences* 15 (2006), 173–185. doi:10.1080/096470490523371.

Stegmaier, Peter: Recht und Normativität aus soziologischer Perspektive. In: Julian Krüper (Hg.): *Grundlagen des Rechts*. 3. Auflage. Baden-Baden: Nomos 2017, 67–90.

Stehr, Nico: *Wissen und Wirtschaften. Die gesellschaftlichen Grundlagen der modernen Ökonomie*. Frankfurt am Main: Suhrkamp 2001.

– *Wissenskapitalismus*. Erste Auflage. Weilerswist: Velbrück Wissenschaft 2022.
Stein, Torsten: Anmerkung zur »Rutili«-Entscheidung des Europäischen Gerichtshofes. *Europarecht* 11 (1976), 242–245.
Steinbauer, Didem und Philip Herrmann: Ressourcen effizient verwalten. Flächendeckende Einführung der Kosten- und Leistungsrechnung in der Max-Planck-Gesellschaft. *Wissenschaftsmanagement* 10/6 (2004), 26–29.
Steinhauer, Eric: Ein Institut auf der Suche nach seinem Gegenstand. Die Geschichte des Max-Planck-Instituts für ausländisches und internationales Patent-, Urheber- und Wettbewerbsrecht von 1966 bis 2002. In: Thomas Duve, Jasper Kunstreich und Stefan Vogenauer (Hg.): *Rechtswissenschaft in der Max-Planck-Gesellschaft, 1948–2002*. Studien zur Geschichte der Max-Planck-Gesellschaft. Bd. 2. Hg. von Jürgen Kocka, Carsten Reinhardt, Jürgen Renn und Florian Schmaltz. Göttingen: Vandenhoeck & Ruprecht 2023, 281–359.
Steinhauser, Thomas: *Zukunftsmaschinen in der Chemie. Kernmagnetische Resonanz bis 1980*. Frankfurt am Main: Peter Lang 2014.
Steinhauser, Thomas, Hanoch Gutfreund und Jürgen Renn: *A Special Relationship. Turning Points in the History of German-Israeli Scientific Cooperation*. Berlin: GMPG-Preprint 2017.
Stengel, Oliver, Alexander van Looy und Stephan Wallaschkowski (Hg.): *Digitalzeitalter – Digitalgesellschaft. Das Ende des Industriezeitalters und der Beginn einer neuen Epoche*. Wiesbaden: Springer VS 2017.
Stichweh, Rudolf: Die Universalität wissenschaftlichen Wissens. *Universität Luzern*, 2005. https://www.academia.edu/34066055/Die_Universalit%C3%A4t_wissenschaftlichen_Wissens_2005.
– Paradoxe Autonomie. Zu einem systemtheoretischen Begriff der Autonomie von Universität und Wissenschaft. In: Martina Franzen, David Kaldewey und Jasper Korte (Hg.): *Autonomie revisited*. Weinheim: Beltz 2014.
Stiftung Volkswagenwerk (Hg.): *Bericht 1975/76. Stiftung Volkswagenwerk zur Förderung von Wissenschaft und Technik in Forschung und Lehre*. Göttingen: Vandenhoeck & Ruprecht 1976.
– (Hg.): *Bericht 1976/77. Stiftung Volkswagenwerk zur Förderung von Wissenschaft und Technik in Forschung und Lehre*. Göttingen: Vandenhoeck & Ruprecht 1977.
Stoff, Heiko: Adolf Butenandt in der Nachkriegszeit, 1945–1956. Reinigung und Assoziierung. In: Wolfgang Schieder und Achim Trunk (Hg.): *Adolf Butenandt und die Kaiser-Wilhelm-Gesellschaft. Wissenschaft, Industrie und Politik im »Dritten Reich«*. Göttingen: Wallstein 2004, 369–402.
– *Ewige Jugend. Konzepte der Verjüngung vom späten 19. Jahrhundert bis ins Dritte Reich*. Köln: Böhlau 2004.
– *Eine zentrale Arbeitsstätte mit nationalen Zielen. Wilhelm Eitel und das Kaiser-Wilhelm-Institut für Silikatforschung 1926–1945*. Berlin: Vorabdrucke des Forschungsprogramms »Geschichte der Kaiser-Wilhelm-Gesellschaft im Nationalsozialismus« 2006.

– *Wirkstoffe. Eine Wissenschaftsgeschichte der Hormone, Vitamine und Enzyme, 1920–1970*. Stuttgart: Franz Steiner 2012.
– *Gift in der Nahrung. Zur Genese der Verbraucherpolitik Mitte des 20. Jahrhunderts*. Stuttgart: Franz Steiner 2015.
Stoll, S., V. Roelcke und H. Raspe: Gibt es eine deutsche Vorgeschichte der Evidenz-basierten Medizin? Methodische Standards therapeutischer Forschung im beginnenden 20. Jahrhundert und Paul Martinis »Methodenlehre der therapeutischen Untersuchung« (1932). *Deutsche Medizinische Wochenschrift* 130/30 (2005), 1781–1784. doi:10.1055/s-2005-871896.
Stolleis, Michael: Erinnerung – Orientierung – Steuerung. Konzeption und Entwicklung der »Geisteswissenschaften« in der Max-Planck-Gesellschaft. In: Max-Planck-Gesellschaft zur Förderung der Wissenschaften (Hg.): *Forschung an den Grenzen des Wissens. 50 Jahre Max-Planck-Gesellschaft 1948–1998. Dokumentation des wissenschaftlichen Festkolloquiums und der Festveranstaltung zum 50jährigen Gründungsjubiläum*. Göttingen: Vandenhoeck & Ruprecht 1998, 75–92.
Stompe, Thomas und Hans Schanda (Hg.): *Der freie Wille und die Schuldfähigkeit. In Recht, Psychiatrie und Neurowissenschaften*. Berlin: MWV Medizinisch Wissenschaftliche Verlagsgesellschaft 2013.
Storch, Hans von und Klaus Fraedrich: Interview mit Hans Hinzpeter. Hamburg 1995. http://www.hvonstorch.de/klima/Media/interviews/hinzpeter.pdf.
Storch, Hans von, Stefan Güss und Martin Heimann: *Das Klimasystem und seine Modellierung. Eine Einführung*. Berlin: Springer 1999.
Strachwitz, Rupert Graf, Eckard Priller und Benjamin Triebe (Hg.): *Handbuch Zivilgesellschaft*. Berlin: De Gruyter 2020.
Strapasson, Bruno Angelo und Saulo de Freitas Araujo: Methodological Behaviorism. Historical Origins of a Problematic Concept (1923–1973). *Perspectives on Behavior Science* 43/2 (2020), 415–429.
Strasser, Bruno J.: Institutionalizing Molecular Biology in Post-War Europe. A Comparative Study. *Studies in History and Philosophy of Science Part C. Studies in History and Philosophy of Biological and Biomedical Sciences* 33/3 (2002), 515–546. doi:10.1016/S1369-8486(02)00016-X.
– *La fabrique d'une nouvelle science. La biologie moléculaire à l'âge atomique (1945–1964)*. Florenz: Olschki 2006.
– *Collecting Experiments. Making Big Data Biology*. Chicago: University of Chicago Press 2019.
Stratmann, Martin: *Materials Science. A Cross-Cutting Area between Scientific Research and Industrial Development. Perspectives of Research – Identification and Implementation of Research Topics by Organizations, Max Planck Forum 7*. München 2006, 209–227.
Straub, Joseph: Aus der Züchtungsforschung des Erwin-Baur-Institutes. In: Generalverwaltung der Max-Planck-Gesellschaft (Hg.): *Jahrbuch der Max-Planck-Gesellschaft zur Förderung der Wissenschaften 1964*. Göttingen 1964, 139–161.
– *Fortschritte in der Kultur von Pflanzenzellen – neue Züchtungsmethoden*. Opladen: Westdeutscher Verlag 1976.
– Forschung für das tägliche Brot. In: Generalverwaltung der Max-Planck-Gesellschaft (Hg.): *Max-Planck-Gesellschaft*

Jahrbuch 1977. Göttingen: Vandenhoeck & Ruprecht 1977, 52–85.

Strausfeld, Nicholas J.: Earlier Days. *Journal of Neurogenetics* 23/1–2 (2009), 11–14. doi:10.1080/01677060802471692.

Strebel, Bernhard und Jens-Christian Wagner: *Zwangsarbeit für Forschungseinrichtungen der Kaiser-Wilhelm-Gesellschaft 1939–1945. Ein Überblick*. Berlin: Vorabdrucke des Forschungsprogramms »Geschichte der Kaiser-Wilhelm-Gesellschaft im Nationalsozialismus« 2003.

Stricker, Horst W.: Wenn gestohlene Haustiere in Forschungslabors enden. *Süddeutsche Zeitung* (23.1.1982).

Strom, E. Thomas und Vera V. Mainz: *Pioneers of Magnetic Resonance*. Washington: American Chemical Society 2020.

Stucke, Andreas: *Institutionalisierung der Forschungspolitik. Entstehung, Entwicklung und Steuerungsprobleme des Bundesforschungsministeriums*. Frankfurt am Main: Campus 1993.

Stuewer, Roger H.: *The Age of Innocence. Nuclear Physics between the First and Second World Wars*. Oxford: Oxford University Press 2018.

Stumm, Ingrid von: *Kernfusionsforschung, politische Steuerung und internationale Kooperation. Das Max-Planck-Institut für Plasmaphysik (IPP) 1969–1981*. Frankfurt am Main: Campus 1999.

Stumpf, Gerrit Hellmuth: Quo vadis Rechtswissenschaft? Eine kritische Würdigung der Stellungnahme des Wissenschaftsrates zu den Perspektiven der Rechtswissenschaft in Deutschland. *Wissenschaftsrecht* 46/3 (2013), 212–240.

Sudrow, Anne: *Der Schuh im Nationalsozialismus. Eine Produktgeschichte im deutsch-britisch-amerikanischen Vergleich*. Göttingen: Wallstein 2010.

Suffrin, Dana von: *Late to the Party. Das deutsche Humangenomprojekt zwischen internationalem Verbund und Industrieorientierung*. Berlin: GMPG-Preprint 2023.

Sunyaev, R. A., V. Efremov, A. Kaniovsky, D. Stepanov, S. Unin, A. Kuznetsov, V. Loznikov et al.: Hard X-Rays from Supernova 1987A. *Advances in Space Research* 10/2 (1990), 47–53. doi:10.1016/0273-1177(90)90117-I.

Sunyaev, R. A., A. Kaniovskii, V. Efremov und M. Gilfanov: Detection of Hard X-Rays from Supernova 1987A. Preliminary Mir-Kvant Results. *Soviet Astronomy Letters* 13/6 (1987), 431.

Süß, Winfried: »Wer aber denkt für das Ganze?« Aufstieg und Fall der ressortübergreifenden Planung im Bundeskanzleramt. In: Matthias Frese, Julia Paulus und Karl Teppe (Hg.): *Demokratisierung und gesellschaftlicher Aufbruch. Die sechziger Jahre als Wendezeit der Bundesrepublik*. Paderborn: Ferdinand Schöningh 2003, 349–377.

– Einführung. Willy Brandts Regierungserklärung vom 28.10.1969. *100(0) Schlüsseldokumente zur deutschen Geschichte im 20. Jahrhundert*, 2011. https://www.1000dokumente.de/index.html?c=dokument_de&dokument=0021_bra&.

– Versuche der »Wiedergutmachung«. In: Robert Jütte, Wolfgang U. Eckart und Hans-Walter Schmuhl (Hg.): *Medizin und Nationalsozialismus. Bilanz und Perspektiven der Forschung*. Göttingen: Wallstein 2011, 283–294.

Swinne, Edgar: *Friedrich Paschen als Hochschullehrer*. Berlin: GNT-Verlag 1989.

Szöllösi-Janze, Margit: Die Arbeitsgemeinschaft der Großforschungseinrichtungen. Identitätsfindung und Selbstorganisation, 1958–1970. In: Margit Szöllösi-Janze und Helmuth Trischler (Hg.): *Großforschung in Deutschland*. Frankfurt am Main: Campus 1990, 140–160.

– *Geschichte der Arbeitsgemeinschaft der Großforschungseinrichtungen 1958–1980*. Frankfurt am Main: Campus 1990.

– Geschichte der außeruniversitären Forschung in Deutschland. In: Christian Fläming, Otto Kimminich, Hartmut Krüger, Ernst-Joachim Meusel, Heinrich Rupp, Dieter Scheven, Schuster Josef et al. (Hg.): *Handbuch des Wissenschaftsrechts*. Berlin: Springer 1996, 1187–1218.

– *Fritz Haber, 1868–1934. Eine Biographie*. München: C.H. Beck 1998.

– Politisierung der Wissenschaften – Verwissenschaftlichung der Politik. Wissenschaftliche Politikberatung zwischen Kaiserreich und Nationalsozialismus. In: Stefan Fisch und Wilfried Rudloff (Hg.): *Experten und Politik. Wissenschaftliche Politikberatung in geschichtlicher Perspektive*. Berlin: Duncker & Humblot 2004, 79–100.

– Wissensgesellschaft – Ein neues Konzept zur Erschließung der deutsch-deutschen Zeitgeschichte? In: Hans Günter Hockerts (Hg.): *Koordinaten deutscher Geschichte in der Epoche des Ost-West-Konflikts*. München: Oldenbourg 2004, 277–305.

– Wissensgesellschaft in Deutschland: Überlegungen zur Neubestimmung der deutschen Zeitgeschichte über Verwissenschaftlichungsprozesse. *Geschichte und Gesellschaft* 30/2 (2004), 277–313.

– »Eine Art ›pole position‹ im Kampf um die Futtertröge«. Thesen zum Wettbewerb zwischen Universitäten im 19. und 20. Jahrhundert. In: Ralph Jessen (Hg.): *Konkurrenz in der Geschichte. Praktiken – Werte – Institutionalisierungen*. Frankfurt am Main: Campus 2014, 317–351.

Szöllösi-Janze, Margit und Helmuth Trischler: Einleitung: Entwicklungslinien der Großforschung in der Bundesrepublik Deutschland. In: Margit Szöllösi-Janze und Helmuth Trischler (Hg.): *Großforschung in Deutschland*. Frankfurt am Main: Campus 1990, 13–20.

– (Hg.): *Großforschung in Deutschland*. Frankfurt am Main: Campus 1990.

Taschwer, Klaus und Benedikt Föger: *Konrad Lorenz. Eine Biographie*. München: dtv 2009.

Taylor, Geoffrey Ingram: The Mechanism of Plastic Deformation of Crystals. Part I. – Theoretical. *Proceedings of the Royal Society of London* 145 (1934), 362–387.

– The Mechanism of Plastic Deformation of Crystals. Part II. – Comparison with Observations. *Proceedings of the Royal Society of London* 145 (1934), 388–404.

Teller, Edward, Wendy Teller und Wilson Talley: *Conversations on the Dark Secrets of Physics*. New York: Springer 1991. doi:10.1007/978-1-4899-2772-9.

Tempelhoff, Jana und Dirk Ullmann: *Mitgliederverzeichnis der Max-Planck-Gesellschaft zur Förderung der Wissenschaften (1949–2002)*. Hg. von Archiv der Max-Planck-Gesellschaft. Berlin 2015.

Testorf, Christian: *Ein heißes Eisen. Zur Entstehung des Gesetzes über die Mitbestimmung der Arbeitnehmer von 1976*. Bonn: Dietz 2017.

Teubner, Gunther: Wirtschaftsverfassung oder Wirtschaftsdemokratie? Franz Böhm und Hugo Sinzheimer jenseits des Nationalstaates. *Zeitschrift für ausländisches öffentliches Recht und Völkerrecht* 74 (2014), 1–28.

Thamer, Hans-Ulrich: NS-Vergangenheit im politischen Diskurs der 68er-Bewegung. *Westfälische Forschungen* 48 (1998), 39–53.

't Hart, Bert A., Jon D. Laman und Yolanda S. Kap: Reverse Translation for Assessment of Confidence in Animal Models of Multiple Sclerosis for Drug Discovery. *Clinical Pharmacology and Therapeutics* 103/2 (2018), 262–270. doi:10.1002/cpt.801.

Thauer, Rudolf: Die Bedeutung der mittleren Hauttemperatur für die Temperaturempfindung. *Berichte über die gesamte Physiologie und experimentelle Pharmakologie* 153 (1952), 280.

– Bedeutung und Aufgaben der Nauheimer Forschungsinstitute. *Mitteilungen aus der Max-Planck-Gesellschaft zur Förderung der Wissenschaften* Heft 5 (1956), 233–242.

– William G. Kerckhoff-Herzforschungsinstitut der Max-Planck-Gesellschaft z.F.d.W. in Bad Nauheim. In: Generalverwaltung der Max-Planck-Gesellschaft (Hg.): *Jahrbuch der Max-Planck-Gesellschaft zur Förderung der Wissenschaften 1961*. Bd. 2. Göttingen 1962, 468–485.

The CTA Consortium: Design Concepts for the Cherenkov Telescope Array CTA. An Advanced Facility for Ground-Based High-Energy Gamma-Ray Astronomy. *Experimental Astronomy* 32/3 (2011), 193–316.

The Nobel Prize: Award Ceremony Speech. *The Nobel Prize*, 1949. https://www.nobelprize.org/prizes/chemistry/1939/ceremony-speech/.

– Robert Huber. Biographical, 1988. https://www.nobelprize.org/prizes/chemistry/1988/huber/biographical/.

– The Nobel Prize in Chemistry 1995, 11.10.1995. https://www.nobelprize.org/prizes/chemistry/1995/press-release/.

– Serge Haroche. Nobel Lecture. The Nobel Prize in Physics 2012, 2012. https://www.nobelprize.org/prizes/physics/2012/haroche/lecture/.

– Bert Sakmann. Facts. The Nobel Prize in Physiology or Medicine 1991, 2021. https://www.nobelprize.org/prizes/medicine/1991/sakmann/facts/.

– Erwin Neher. Biographical. The Nobel Prize in Physiology or Medicine 1991, 2021. https://www.nobelprize.org/prizes/medicine/1991/neher/biographical/.

– The Nobel Prize in Physiology or Medicine 1973, 2022. https://www.nobelprize.org/prizes/medicine/1973/summary/.

The Royal Society: Nicholas Strausfeld, 2002. https://royalsociety.org/people/nicholas-strausfeld-12361/.

Theil, Stefan: Why the Human Brain Project Went Wrong – and How to Fix It. *Scientific American*, 1.10.2015. doi:10.1038/scientificamerican1015-36.

Thiemeyer, Guido: *Europäische Integration. Motive – Prozesse – Strukturen*. Köln: Böhlau 2010.

Thienemann, August: Über ein »Grundprinzip« der Max-Planck-Gesellschaft zur Förderung der Wissenschaften. In: Boris Rajewsky und Georg Schreiber (Hg.): *Aus der deutschen Forschung der letzten Dezennien. Dr. Ernst Telschow zum 65. Geburtstag gewidmet. 31. Oktober 1954*. Stuttgart: Georg Thieme 1956, 64–68.

Thiessen, Jan: Das Max-Planck-Institut für europäische Rechtsgeschichte. In: Thomas Duve, Jasper Kunstreich und Stefan Vogenauer (Hg.): *Rechtswissenschaft in der Max-Planck-Gesellschaft, 1948–2002*. Studien zur Geschichte der Max-Planck-Gesellschaft. Bd. 2. Hg. von Jürgen Kocka, Carsten Reinhardt, Jürgen Renn und Florian Schmaltz. Göttingen: Vandenhoeck & Ruprecht 2023, 141–196.

Thomas, Aled John Llewelyn: *Auditing in Contemporary Scientologies. The Self, Authenticity, and Material Culture*. Dissertation. England: Open University (United Kingdom) 2019. http://www.proquest.com/pqdtglobal/docview/2297415673/abstract/2688F7CE4BCC446EPQ/1.

Thoms, Ulrike: Separated, But Sharing a Health Problem. Obesity in East and West Germany, 1945–1989. In: Derek J. Oddy, Peter J. Atkins und Virginie Amilien (Hg.): *The Rise of Obesity in Europe. A Twentieth Century Food History*. Farnham: Ashgate Publishing 2009, 207–222.

– Ressortforschung und Wissenschaft im 20. Jahrhundert. Das Beispiel der Reichs- und Bundesanstalten im Bereich der Ernährung. In: Axel C. Hüntelmann und Michael C. Schneider (Hg.): *Jenseits von Humboldt. Wissenschaft im Staat 1850–1990*. Frankfurt am Main: Peter Lang 2010, 27–48.

– Vom Nutzen der Wissenschaft für den Staat. Ressortforschung im Bereich der Milchwirtschaft. In: Christine Pieper und Frank Uekötter (Hg.): *Vom Nutzen der Wissenschaft. Beiträge zu einer prekären Beziehung*. Stuttgart: Franz Steiner 2010, 115–141.

– Das Max-Planck-Institut für Ernährungsphysiologie und die Nachkriegskarriere von Heinrich Kraut. In: Theo Plesser und Hans-Ulrich Thamer (Hg.): *Arbeit, Leistung und Ernährung. Vom Kaiser-Wilhelm-Institut für Arbeitsphysiologie in Berlin zum Max-Planck-Institut für molekulare Physiologie und Leibniz Institut für Arbeitsforschung in Dortmund*. Stuttgart: Franz Steiner 2012, 295–356.

– The Introduction of Frozen Foods in West Germany and Its Integration into the Daily Diet. In: Kostas Gavroglu (Hg.): *History of Artificial Cold, Scientific, Technological and Cultural Issues*. Dordrecht: Springer 2014, 201–229.

– Geschichte des Max-Planck-Instituts für Bildungsforschung in Berlin. In: Stephan Moebius und Andrea Ploder (Hg.): *Handbuch Geschichte der deutschsprachigen Soziologie*. Wiesbaden: Springer 2016, 1009–1024.

– Antibiotika, Agrarwirtschaft und Politik in Deutschland im 20. und 21. Jahrhundert. *Zeitschrift für Agrargeschichte und Agrarsoziologie* 65/1 (2017), 35–52.

Thränhardt, Dietrich: *Geschichte der Bundesrepublik Deutschland*. Erw. Neuaufl. Frankfurt am Main: Suhrkamp 2009.

Tierschützer. Strafbare Tierversuche. *Frankfurter Neue Presse* (21.12.1981).

Tierversuche. Kräfte des Marktes. *Der Spiegel* (31.10.1993). https://www.spiegel.de/wissenschaft/kraefte-des-marktes-a-8d59cb67-0002-0001-0000-000013692695.

Tierversuchsgegner. 1982 noch aktiver. *Generalanzeiger für Bonn* (17.12.1981).

Tilley, Helen: *Africa as a Living Laboratory. Empire, Development, and the Problem of Scientific Knowledge, 1870-1950.* Chicago: University of Chicago Press 2011.

Timmermann, Carsten: Modell Amerika? Amerikanische Vorbilder in Klinik und Forschung, untersucht am Beispiel des Kerckhoff-Institutes in Bad Nauheim. *Medizinhistorisches Journal* 45 (2010), 24–42.

Timmermans, Stefan und Marc Berg: *The Gold Standard: The Challenge of Evidence-Based Medicine and Standardization in Health Care.* Philadelphia: Temple University Press 2003.

Tolman, Edward C.: Cognitive Maps in Rats and Men. *Psychological Review* 55/4 (1948), 189–208. doi:10.1037/h0061626.

Tönnis, Wilhelm: *Jahre der Entwicklung der Neurochirurgie in Deutschland. Erinnerungen, Wilhelm Tönnis, 1898–1978.* Berlin: Springer 1984.

Tooze, John: The Role of European Molecular Biology Organization (EMBO) and European Molecular Biology Conference (EMBC) in European Molecular Biology (1970–1983). *Perspectives in Biology and Medicine* 29/3/2 (1986), 38–46. doi:10.1353/pbm.1986.0017.

Tooze, Sarah: Max-Planck-Gesellschaft: Closer Ties with Universities. *Nature* 306/5942 (1983), 413.

Topp, Sacha: *Geschichte als Argument in der Nachkriegsmedizin. Formen der Vergegenwärtigung der nationalsozialistischen Euthanasie zwischen Politisierung und Historiographie.* Göttingen: V&R unipress 2013.

Topp, Sascha und Jürgen Peiffer: Das MPI für Hirnforschung in Gießen. Institutskrise nach 1945, die Hypothek der NS-»Euthanasie« und das Schweigen der Fakultät. In: Volker Roelcke (Hg.): *Die Medizinische Fakultät der Universität Gießen im Nationalsozialismus und in der Nachkriegszeit. Personen und Institutionen, Umbrüche und Kontinuitäten.* Stuttgart: Franz Steiner 2007, 539–607.

Topping, Norman H.: The United States Public Health Service's Clinical Center for Medical Research. *The Journal of the American Medical Association* 150/6 (1952), 541–545. doi:10.1001/jama.1952.03680060013005.

Torma, Franziska: Biofakte als historiografische Linsen. Die Technik- und Gesellschaftspolitik des Hybridmaises im geteilten Deutschland. *Technikgeschichte* 84/2 (2017), 135–162.

Torp, Cornelius: The Adenauer Government's Pension Reform of 1957. A Question of Justice. *German History* 34/2 (2016), 237–257.

Traub, Peter: Hans-Georg Schweiger. 21.8.1927–15.11.1986. In: Max-Planck-Gesellschaft (Hg.): *Jahresbericht 1986 und Jahresrechnung 1985. Nachrufe, Max-Planck-Gesellschaft.* Berichte und Mitteilungen 4, 1987, 86–93.

Travis, Anthony S.: *The Rainbow Makers: The Origins of the Synthetic Dyestuffs Industry in Western Europe.* Bethlehem: Lehigh University Press 1993.

Treisman, Anne: Solutions to the Binding Problem. Progress through Controversy and Convergence. *Neuron* 24/1 (1999), 105–125. doi:10.1016/s0896-6273(00)80826-0.

Treitel, Corinna: *Eating Nature in Modern Germany. Food, Agriculture and Environment, c.1870 to 2000.* Cambridge: Cambridge University Press 2017.

Tretter, Felix, Boris Kotchoubey, Hans A. Braun, Thomas Buchheim, Thomas Draguhn, Thomas Fuchs, Felix Hasler et al.: Memorandum »Reflexive Neurowissenschaft«. *Psychologie Heute*, 2014. https://webcache.googleusercontent.com/search?q=cache:swMQJmf1kWgJ:www.exp.unibe.ch/research/papers/Memorandum%2520Reflexive%2520Neurowissenschaft.pdf+&cd=1&hl=de&ct=clnk&gl=de.

Trials of War Criminals before the Nuernberg Military Tribunals under Control Council Law No.10. Nuernberg October 1946–April 1949. Vol. VIII: The I.G. Farben Case. Washington: U.S. Government Printing Office 1952.

Trials of War Criminals before the Nuernberg Military Tribunals under Control Council Law No.10. Nuernberg October 1946–April 1949. Vol. VII. The I.G. Farben Case. Washington: U.S. Government Printing Office 1953.

Trischler, Helmuth: *Luft- und Raumfahrtforschung in Deutschland, 1900–1970. Politische Geschichte einer Wissenschaft.* Frankfurt am Main: Campus 1992.

– Geschichtswissenschaft – Wissenschaftsgeschichte. Koexistenz oder Konvergenz? *Berichte Zur Wissenschaftsgeschichte* 22/4 (1999), 239–256. doi:10.1002/bewi.19990220403.

– Das bundesdeutsche Innovationssystem in den »langen 70er Jahren«. Antworten auf die »amerikanische Herausforderung«. In: Johannes Abele (Hg.): *Innovationskulturen und Fortschrittserwartungen im geteilten Deutschland.* Köln: Böhlau 2001, 47–70.

– *The »Triple Helix« of Space. German Space Activities in a European Perspective.* Noordwijk: ESA Publications Division 2002.

– Nationales Innovationssystem und regionale Innovationspolitik. Forschung in Bayern im westdeutschen Vergleich 1945 bis 1980. In: Thomas Schlemmer und Hans Woller (Hg.): *Politik und Kultur im föderativen Staat 1949 bis 1973.* München: Oldenbourg 2004, 117–194.

– Wolfgang Gentner und die Großforschung im bundesdeutschen und europäischen Raum. In: Dieter Hoffmann und Ulrich Schmidt-Rohr (Hg.): *Wolfgang Gentner. Festschrift zum 100. Geburtstag.* Berlin: Springer 2006, 95–120.

– »Made in Germany«: Die Bundesrepublik als Wissensgesellschaft und Innovationssystem. In: Thomas Hertfelder und Andreas Rödder (Hg.): *Modell Deutschland. Erfolgsgeschichte oder Illusion?* Göttingen: Vandenhoeck & Ruprecht 2007, 44–60.

– Verteidigungsforschung und ziviles Innovationssystem in der Bundesrepublik Deutschland. Festkörperphysik in Freiburg. In: Erk Volkmar Heyen (Hg.): *Technikentwicklung zwischen Wirtschaft und Verwaltung in Großbritannien und Deutschland (19./20. Jh.) = Le développement technique entre économie et administration en Grande-Bretagne et Allemagne (19e/20e s.) = Technological development between economy and administration in Great Britain and Germany (19th/20th c.).* Baden-Baden: Nomos 2008, 187–208.

– Das Rückstandssyndrom. Ressourcenkonstellationen und epistemische Orientierungen in Natur- und Technikwissenschaften. In: Karin Orth und Willi Oberkrome (Hg.): *Die Deutsche Forschungsgemeinschaft 1920–1970. Forschungsförderung im Spannungsfeld von Wissenschaft und Politik.* Stuttgart: Franz Steiner 2010, 111–125.

- Harnacks »Großbetrieb der Wissenschaft« in der Kaiser-Wilhelm-/Max-Planck-Gesellschaft. In: Dieter Hoffmann, Birgit Kolboske und Jürgen Renn (Hg.): *»Dem Anwenden muss das Erkennen vorausgehen«. Auf dem Weg zu einer Geschichte der Kaiser-Wilhelm-/Max-Planck-Gesellschaft*. 2. Auflage. Berlin: epubli 2015.
- The Anthropocene. A Challenge for the History of Science, Technology, and the Environment. *NTM Zeitschrift für Geschichte der Wissenschaften, Technik und Medizin* 24/3 (2016), 309–335.
- Kooperation und Konkurrenz zwischen Hochschulen und außeruniversitärer Forschung in Deutschland – Karlsruhe als »Modellfall« im bundesdeutschen Wissenschaftssystem. *Jahrbuch für Universitätsgeschichte* 23 (2020), 245–263.
- Koordinierte Kooperation und Konkurrenz. Staatliche Forschungsförderung im Spannungsfeld von Bundes- und Länderkompetenzen. In: Daniela Hettstedt, Thomas Raithel und Niels Weise (Hg.): *Im Spielfeld der Interessen. Das bundesdeutsche Atom- und Forschungsministerium zwischen Wissenschaft, Wirtschaft und Politik, 1955–1972*. Göttingen: Wallstein 2023.

Trischler, Helmuth und Rüdiger vom Bruch: *Forschung für den Markt. Geschichte der Fraunhofer-Gesellschaft*. München: C.H. Beck 1999.

Trittel, Günter J.: *Hunger und Politik. Die Ernährungskrise in der Bizone (1945–1949)*. Frankfurt am Main: Campus 1990.

Trittel, Katharina: *Hermann Rein und die Flugmedizin. Erkenntnisstreben und Entgrenzung*. Paderborn: Ferdinand Schöningh 2018.

Tröhler, Ulrich: The Long Road of Moral Concern. Doctor's Ethos and the Statute Law Relating to Human Research in Europe. In: Ulf Schmidt, Andreas Frewer (Hg.): *History and Theory of Human Experimentation. The Declaration of Helsinki and Modern Medical Ethics*. Stuttgart: Franz Steiner 2007, 27–54.

Trümper, Joachim: Der Vorstoß in den Kosmos. Wie die Astrophysik ein wesentlicher Forschungsbereich der Max-Planck-Gesellschaft wurde. In: *Forschung an den Grenzen des Wissens. 50 Jahre Max-Planck-Gesellschaft 1948–1998. Dokumentation des wissenschaftlichen Festkolloquiums und der Festveranstaltung zum 50jährigen Gründungsjubiläum am 26. Februar 1998 in Göttingen*. Göttingen: Vandenhoeck & Ruprecht 1998, 135–155.
- Astronomy, Astrophysics and Cosmology in the Max Planck Society. In: André Heck (Hg.): *Organizations and Strategies in Astronomy 5*. Dordrecht: Kluwer Academic Publishers 2004, 169–187.

Trunk, Achim: *Zweihundert Blutproben aus Auschwitz. Ein Forschungsvorhaben zwischen Anthropologie und Biochemie (1943–1945)*. Bd. 12. Berlin: Vorabdrucke des Forschungsprogramms »Geschichte der Kaiser-Wilhelm-Gesellschaft im Nationalsozialismus« 2003.
- Rassenforschung und Biochemie. Ein Projekt – und die Frage nach dem Beitrag Butenandts. In: Wolfgang Schieder und Achim Trunk (Hg.): *Adolf Butenandt und die Kaiser-Wilhelm-Gesellschaft. Wissenschaft, Industrie und Politik im »Dritten Reich«*. Göttingen: Wallstein 2004, 247–285.

- Max-Planck-Institut für Biochemie Berlin – Martinsried. In: Peter Gruss und Reinhard Rürup (Hg.): *Denkorte. Max-Planck-Gesellschaft und Kaiser-Wilhelm-Gesellschaft. Brüche und Kontinuitäten 1911–2011*. Dresden: Sandstein 2010, 266–275.

Trybus, Martin: Großbritannien. In: Christian Baldus, Thomas Finkenauer und Thomas Rüfner (Hg.): *Bologna und das Rechtsstudium. Fortschritte und Rückschritte der europäischen Juristenausbildung*. Tübingen: Mohr Siebeck 2011, 77–96.

Turco, Richard P., Owen B. Toon, Thomas P. Ackerman, James B. Pollack und Carl Sagan: Nuclear Winter: Global Consequences of Multiple Nuclear Explosions. *Science* 222/4630 (1983), 1283–1292. doi:10.1126/science.222.4630.1283.

Turda, Marius und Paul J. Weindling: *Blood and Homeland. Eugenics and Racial Nationalism in Central and Southeast Europe, 1900–1940*. Budapest: Central European University Press 2007.

Turner, Alwyn W.: *Crisis? What Crisis? Britain in the 1970s*. London: Aurum Press 2008.

Uebele, Susanne: *Institute im Bild. Teil II. Bauten der Max-Planck-Gesellschaft zur Förderung der Wissenschaften*. Hg. von Eckart Henning und Archiv der Max-Planck-Gesellschaft. Berlin 1998.

Ueköttter, Frank: *Von der Rauchplage zur ökologischen Revolution. Eine Geschichte der Luftverschmutzung in Deutschland und den USA 1880–1970*. Essen: Klartext 2003.
- *Die Wahrheit ist auf dem Feld. Eine Wissensgeschichte der deutschen Landwirtschaft*. Göttingen: Vandenhoeck & Ruprecht 2010.
- *Deutschland in Grün. Eine zwiespältige Erfolgsgeschichte*. Göttingen: Vandenhoeck & Ruprecht 2015.

Ullmann, Dirk: *Quelleninventar Max Planck*. Hg. von Eckart Henning und Archiv der Max-Planck-Gesellschaft. Berlin 1996.

Ullmann, Hans-Peter: *Das Abgleiten in den Schuldenstaat. Öffentliche Finanzen in der Bundesrepublik von den sechziger bis zu den achtziger Jahren*. Göttingen: Vandenhoeck & Ruprecht 2017.

Ullrich, Karl Julius: Tierversuche in der Forschung Beitrag des Direktors am MPI für Biophysik in einer Sendung des Süddeutschen Rundfunks. *MPG-Spiegel* 1 (1993), 33–35.

Unger, Corinna R.: Making Science European. Towards a History of the European Science Foundation. *Contemporanea* 23/3 (2020), 363–383. doi:10.1409/97618.

United Nations: *Report of the United Nations Conference on the Human Environment. Stockholm, 5–16 June 1972*. New York: United Nations Publication 1973.

Universität Konstanz – Fachbereich Rechtswissenschaft: Institut für Rechtstatsachenforschung, 2022. https://www.jura.uni-konstanz.de/institut-fuer-rechtstatsachenforschung/.

Unnötige Tierversuche in Göttinger Institut? Dienstaufsichtsbeschwerde gegen Max-Planck-Forscher. Die Experimente mit Katzen angeblich gesetzeswidrig. *Nürnberger Zeitung* (21.12.1981).

Urban, Martin: Max-Planck-Gesellschaft in der Krise. Mitbestimmungsforderungen werden mit »Grundsätzen« pariert. *Süddeutsche Zeitung* 153 (28.6.1971), 4.

- Mehr Mitbestimmung für die Forscher — Weniger Geld für die Forschung. *Süddeutsche Zeitung* (23.11.1971).
Vagts, Detlev F.: International Law in the Third Reich. *American Journal of International Law* 84/3 (1990), 661–704.
Van den Daele, Wolfgang, Wolfgang Krohn und Peter Weingart: Die politische Steuerung der wissenschaftlichen Entwicklung. In: Wolfgang van den Daele, Wolfgang Krohn und Peter Weingart (Hg.): *Geplante Forschung. Vergleichende Studien über den Einfluß politischer Programme auf die Wissenschaftsentwicklung*. Frankfurt am Main: Suhrkamp 1979, 11–63.
Väth, Werner: Konservative Modernisierungspolitik – ein Widerspruch in sich? Zur Neuausrichtung der Forschungs- und Technologiepolitik der Bundesregierung. *PROKLA. Zeitschrift für kritische Sozialwissenschaft* 14/56 (1984), 83–103. doi:10.32387/prokla.v14i56.1440.
Vaupel, Elisabeth: Heinrich Wieland und die Firma C.H. Boehringer Sohn in Ingelheim/Rhein: Eine Kooperation, die allen Beteiligten nützte. In: Sibylle Wieland, Anne-Barb Hertkorn und Franziska Dunkel (Hg.): *Heinrich Wieland. Naturforscher, Nobelpreisträger und Willstätters Uhr*. Weinheim: Wiley-VCH 2008, 115–144.
Velarde, Guillermo und Natividad Carpintero-Santamaría (Hg.): *Inertial Confinement Nuclear Fusion. A Historical Approach by Its Pioneers*. London: Foxwell & Davies 2007.
Verein Deutscher Bibliothekarinnen und Bibliothekare: *Jahrbuch der Deutschen Bibliotheken*. Bd. 68. Wiesbaden: Harrassowitz 2019.
Vereinigung Deutscher Wissenschaftler e.V. (Hg.): *Ziviler Bevölkerungsschutz heute*. Frankfurt am Main: Mittler 1962.
Verheyen, Nina: *Die Erfindung der Leistung*. München: Hanser 2018.
Verhülsdonk, Eduard: Max-Planck und der Nachwuchs. Mitbestimmung im wissenschaftlichen Bereich gefordert. *Rheinischer Merkur* 12 (24.3.1972), 14.
Vertrag über die Europäische Union vom 7. Februar 1992. Bundesgesetzblatt Teil II, Nr. 47 vom 30.12.1992, in Kraft getreten am 1992, 1253–1296.
Vettel, Eric J.: *Biotech. The Contercultural Origins of an Industry*. Philadelphia: University of Pennsylvania Press 2006.
Vingron, Martin und Max-Planck-Institut für molekulare Genetik (Hg.): *Gene und Menschen. 50 Jahre Forschung am Max-Planck-Institut für molekulare Genetik*. Berlin: Max-Planck-Institut für molekulare Genetik 2014.
Vienna Declaration. *Bulletin of the Atomic Scientists*, 1958, 341–344.
Vierhaus, Hans-Peter: *Umweltbewußtsein von oben. Zum Verfassungsgebot demokratischer Willensbildung*. Berlin: Duncker & Humblot 1994.
Vierhaus, Rudolf: Adolf von Harnack. In: Rudolf Vierhaus und Bernhard vom Brocke (Hg.): *Forschung im Spannungsfeld von Politik und Gesellschaft. Geschichte und Struktur der Kaiser-Wilhelm-/Max-Planck-Gesellschaft*. Stuttgart: Deutsche Verlags-Anstalt 1990, 473–485.
- Bemerkungen zum sogenannten Harnack-Prinzip. Mythos und Realität. In: Bernhard vom Brocke und Hubert Laitko (Hg.): *Die Kaiser-Wilhelm-/Max-Planck-Gesellschaft und ihre Institute. Studien zu ihrer Geschichte. Das Harnack-Prinzip*. Berlin: De Gruyter 1996, 129–138.
Vierhaus, Rudolf und Bernhard vom Brocke (Hg.): *Forschung im Spannungsfeld von Politik und Gesellschaft. Geschichte und Struktur der Kaiser-Wilhelm-/Max-Planck-Gesellschaft. Aus Anlaß ihres 75 jährigen Bestehens*. Stuttgart: Deutsche Verlags-Anstalt 1990.
Viglione, Giuliana: China Is Closing Gap with United States on Research Spending. *Nature*, 2020. doi:10.1038/d41586-020-00084-7.
Vogenauer, Stefan: An Empire of Light? II: Learning and Lawmaking in Germany Today. *Oxford Journal of Legal Studies* 26/4 (2006), 627–663.
- Rechtsgeschichte und Rechtsvergleichung um 1900. Die Geschichte einer anderen »Emanzipation durch Auseinanderdenken«. *Rabels Zeitschrift für ausländisches und internationales Privatrecht* 76/4 (2012), 1122–1154.
Vogt, Annette: *Wissenschaftlerinnen in Kaiser-Wilhelm-Instituten A–Z. Veröffentlichungen aus dem Archiv der Max-Planck-Gesellschaft*. 2. Auflage. Berlin 2008.
Vogt, Gunter: *Entstehung und Entwicklung des ökologischen Landbaus im deutschsprachigen Raum*. Bad Dürkheim: Stiftung Ökologie und Landbau 2000.
Voigtländer, Bert: *Scanning Probe Microscopy. Atomic Force Microscopy and Scanning Tunneling Microscopy*. Berlin: Springer 2015.
Völk, Heinz: *Denkschrift Astronomie*. Hg. von Deutsche Forschungsgemeinschaft. Weinheim: Verlag Chemie 1987.
Vollmann, Jochen und Rolf Winau: Informed Consent in Human Experimentation before the Nuremberg Code. *British Medical Journal* 313/7070 (1996), 1445–1447. doi:10.1136/bmj.313.7070.1445.
Vollnhals, Clemens (Hg.): *Entnazifizierung. Politische Säuberung und Rehabilitierung in den vier Besatzungszonen 1945–1949*. München: dtv 1991.
- (Hg.): *Jahre des Umbruchs. Friedliche Revolution in der DDR und Transition in Ostmitteleuropa*. Göttingen: Vandenhoeck & Ruprecht 2011.
Vymazal, Jan: Constructed Wetlands for Wastewater Treatment in Europe. In: Edmond John Dunne, K. Ramesh Reddy und Owen T. Carton (Hg.): *Nutrient Management in Agricultural Watersheds. A Wetlands Solution*. Wageningen: Wageningen Academic Publishers 2005, 230–244.
Vymazal, Jan, Margaret Greenway, Karin Tonderski, Hans Brix, Ülo Mander und Hallo Test: Constructed Wetlands for Wastewater Treatment. In: Jos T. A. Verhoeven, Boudewijn Beltman, Roland Bobbink und Dennis F. Whigham (Hg.): *Wetlands and Natural Resource Management*. Berlin: Springer 2006, 69–96.
Wagner, Bernd C.: *IG Auschwitz. Zwangsarbeit und Vernichtung von Häftlingen des Lagers Monowitz 1941–1945*. München: K.G. Saur 2000.
Wagner, Patrick: *Notgemeinschaften der Wissenschaft. Die Deutsche Forschungsgemeinschaft (DFG) in drei politischen Systemen, 1920 bis 1973*. Stuttgart: Franz Steiner 2021.
Waldner, Wolfram, Christof Wörle-Himmel, Eugen Sauter und Gerhard Schweyer: *Der eingetragene Verein. Gemeinverständliche Erläuterung des Vereinsrechts unter Berücksichti-

gung neuester Rechtsprechung mit Formularteil. 20. Auflage. München: C.H. Beck 2016.
Waldrop, M. Mitchell: *Complexity. The Emerging Science at the Edge of Order and Chaos.* Newburyport: Open Road Media 2019.
Walker, Mark: *German National Socialism and the Quest for Nuclear Power.* Cambridge: Cambridge University Press 1989.
- *Die Uranmaschine. Mythos und Wirklichkeit der deutschen Atombombe.* Berlin: Siedler 1990.
- Legenden um die deutsche Atombombe. *Vierteljahrshefte für Zeitgeschichte* 38/1 (1990), 45–74.
- *Nazi Science. Myth, Truth, and the German Atomic Bomb.* New York: Plenum Press 1995.
- Von Kopenhagen bis Göttingen und zurück. Verdeckte Vergangenheitspolitik in den Naturwissenschaften. In: Bernd Weisbrod (Hg.): *Akademische Vergangenheitspolitik. Beiträge zur Wissenschaftskultur der Nachkriegszeit.* Göttingen: Wallstein 2002, 247–259.
- *Otto Hahn. Verantwortung und Verdrängung.* Berlin: Vorabdrucke des Forschungsprogramms »Geschichte der Kaiser-Wilhelm-Gesellschaft im Nationalsozialismus« 2003.
- *Eine Waffenschmiede? Kernwaffen- und Reaktorforschung am Kaiser-Wilhelm-Institut für Physik.* Berlin: Vorabdrucke des Forschungsprogramms »Geschichte der Kaiser-Wilhelm-Gesellschaft im Nationalsozialismus« 2005.
- Otto Hahn. Responsibility and Repression. *Physics in Perspective* 8/2 (2006), 116–163. doi:10.1007/s00016-006-0277-3.
- »Mit der Bombe leben« – Carl Friedrich von Weizsäckers Weg von der Physik zur Politik. In: Klaus Hentschel und Dieter Hoffmann (Hg.): *Carl Friedrich von Weizsäcker: Physik – Philosophie – Friedensforschung.* Stuttgart: Wissenschaftliche Verlagsgesellschaft 2014, 343–356.
Wall, Stephen: *The Official History of Britain and the European Community. The Tiger Unleashed, 1975–1985.* Bd. 3. Abingdon: Routledge 2020.
Walsh, John: Max Planck Society: Filling a Gap in German Research. *Science* 160/3833 (1968), 1209–1210.
- Science in Transition, 1946 to 1945. *Science* 209/4452: Centennial Issue (1980), 52–57.
Warneck, Peter: Zur Geschichte der Luftchemie in Deutschland. *Mitteilungen der Fachgruppe Umweltchemie und Ökotoxikologie* 9/2 (2003), 5–11.
Waßer, Fabian: *Von der »Universitätsfabrick« zur »Entrepreneurial University«. Konkurrenz unter deutschen Universitäten von der Spätaufklärung bis in die 1980er Jahre.* Stuttgart: Franz Steiner 2020.
Wäßle, Heinz und Sascha Topp: The Neurosciences at the Max Planck Institute for Biophysical Chemistry in Göttingen. *Journal of the History of the Neurosciences* 32/2 (2023), 173–197. doi:10.1080/0964704X.2021.2021704.
Weart, Spencer R.: Global Warming, Cold War, and the Evolution of Research Plans. *Historical Studies in the Physical and Biological Sciences* 27/2 (1997), 319–356.
Weber, Matthias M.: »Ein Forschungsinstitut für Psychiatrie …«. Die Entwicklung der Deutschen Forschungsanstalt für Psychiatrie in München zwischen 1917 und 1945. *Sudhoffs Archiv* 75/1 (1991), 74–89.
- *Ernst Rüdin. Eine kritische Biographie.* Berlin: Springer 1993.
- Das Historische Archiv des Max-Planck-Instituts für Psychiatrie. In: Bernhard vom Brocke und Hubert Laitko (Hg.): *Die Kaiser-Wilhelm-/Max-Planck-Gesellschaft und ihre Institute. Das Harnack-Prinzip.* Berlin: De Gruyter 1996, 51–54.
- Rassenhygienische und genetische Forschungen an der Deutschen Forschungsanstalt für Psychiatrie/Kaiser-Wilhelm-Institut in München vor und nach 1933. In: Doris Kaufmann (Hg.): *Geschichte der Kaiser-Wilhelm-Gesellschaft im Nationalsozialismus. Bestandsaufnahme und Perspektiven der Forschung.* Bd. 1. Göttingen: Wallstein 2000, 95–111.
- Psychiatric Research and Science Policy in Germany. The History of the Deutsche Forschungsanstalt Für Psychiatrie (German Institute for Psychiatric Research) in Munich from 1917 to 1945. *History of Psychiatry* 11/43 (2000), 235–258. doi:10.1177/0957154X0001104301.
Weber, Max: *Wirtschaft und Gesellschaft.* 5. Auflage. Tübingen: Mohr Siebeck 2009.
Weber, Ulla: *10 Jahre Pakt für Forschung und Innovation – Ein Motor für die Chancengleichheit.* Materialien der GWK 47, Pakt für Forschung und Innovation. Monitoring-Bericht 2016. Die Initiativen der Max-Planck-Gesellschaft. Bericht zur Umsetzung im Jahr 2015. München: Max-Planck-Gesellschaft 2016, 54–55.
- Chancengleichheit in der Max-Planck-Gesellschaft. Umsetzungserfolge 2016–2020. In: gemeinsame Wissenschaftskonferenz (Hg.): *Pakt für Forschung und Innovation. Berichte der Wissenschaftsorganisationen.* Bd. 3. Bonn: Büro der Gemeinsamen Wissenschaftskonferenz 2021, 124–125.
Weber, Ulla und Birgit Kolboske (Hg.): *50 Jahre später – 50 Jahre weiter? Kämpfe und Errungenschaften der Frauenbewegung nach 1968. Eine Bilanz.* München: Max-Planck-Gesellschaft 2019.
Wegeleben, Christel: *Beständeübersicht des Archivs zur Geschichte der Max-Planck-Gesellschaft in Berlin-Dahlem.* Hg. von Archiv der Max-Planck-Gesellschaft. Berlin 1997.
Wegner, Gerhard: *Das Max-Planck-Institut für Polymerforschung. Vorgeschichte, Gründung, Aufbau 1983–2000.* Manuskript. Mainz 2015.
Wegner, Waja, Peter Ilgen, Carola Gregor, Joris van Dort, Alexander C. Mott, Heinz Steffens und Katrin I. Willig: In Vivo Mouse and Live Cell STED Microscopy of Neuronal Actin Plasticity Using Far-Red Emitting Fluorescent Proteins. *Scientific Reports* 7/11781 (2017). doi:10.1038/s41598-017-11827-4.
Wehler, Hans-Ulrich: Der Aufstieg des Organisierten Kapitalismus und Interventionsstaates in Deutschland. In: Heinrich August Winkler (Hg.): *Organisierter Kapitalismus. Voraussetzungen und Anfänge.* Göttingen: Vandenhoeck & Ruprecht 1974, 36–57.
Wehling, Peter: Ungeahnte Risiken. Das Nichtwissen des Staates – am Beispiel der Umweltpolitik. In: Peter Collin und Thomas Horstmann (Hg.): *Das Wissen des Staates. Geschichte, Theorie und Praxis.* Baden-Baden: Nomos 2004, 309–332.

Wehnelt, Christoph: *Hoechst. Untergang des deutschen Weltkonzerns*. 3. Auflage. Lindenberg: Fink 2009.

Weigel, Detlef: Wir trauern um Prof. Dr. Friedrich Bonhoeffer. Max-Planck-Institut für Entwicklungsbiologie, 29.1.2021. https://www.eb.tuebingen.mpg.de/de/artikel/we-mourn-the-passing-of-prof-dr-friedrich-bonhoeffer0/.

Weigel, Sigrid: Vom Problemfall zum Modellfall – ein wissenschaftspolitisches Lehrstück. *25 Jahre Geisteswissenschaftliche Zentren Berlin*. Berlin: Geisteswissenschaftliche Zentren Berlin e.V. 2021, 8–14.

Weil, Martin: Louis Sokoloff, NIH Scientist Who Created Technique to Detect and Treat Major Brain Disorders, Dies at 93. *Washington Post* (3.8.2015). https://www.washingtonpost.com/national/health-science/louis-sokoloff-nih-scientist-who-created-technique-to-detect-and-treat-major-brain-disorders-dies-at-93/2015/08/03/8c7c5442-396d-11e5-9c2d-ed991d848c48_story.html.

Weilemann, Peter: *Die Anfänge der Europäischen Atomgemeinschaft. Zur Gründungsgeschichte von EURATOM 1955–1957*. Baden-Baden: Nomos 1983.

Weindling, Paul: Weimar Eugenics. The Kaiser Wilhelm Institute for Anthropology, Human Heredity and Eugenics in Social Context. *Annals of Science* 42 (1985), 303–318. doi:10.1080/00033798500200221.

- The Rockefeller Foundation and German Biomedical Sciences, 1920–40. From Educational Philanthropy to International Science Policy. In: N. A. Rupke (Hg.): *Science, Politics and the Public Good*. London: Palgrave Macmillan 1988, 119–140.
- *Health Race and German Politics between National Unification and Nazism*. Cambridge: Cambridge University Press 1989.
- Genetik und Menschenversuche in Deutschland 1940–1950. Hans Nachtsheim, die Kaninchen von Dahlem und die Kinder vom Bullenhuser Damm. In: Hans-Walter Schmuhl (Hg.): *Rassenforschung an Kaiser-Wilhelm-Instituten vor und nach 1933*. Göttingen: Wallstein 2003, 245–274.
- *Nazi Medicine and the Nuremberg Trials. From Medical War Crimes to Informed Consent*. Basingstoke: Palgrave Macmillan 2004.
- »Cleansing« Anatomical Collections. The Politics of Removing Specimens from German Anatomical and Medical Collections 1988–92. *Annals of Anatomy* 194/3 (2012), 237–242. doi:10.1016/j.aanat.2012.02.003.
- Mengele at Auschwitz. Reconstructing the Twins. In: Suzanne Bardgett, Christine Schmidt und Dan Stone (Hg.): *Beyond Camps and Forced Labour. Proceedings of the Sixth International Conference*. Cham: Palgrave MacMillan 2020, 11–30.
- Blood and Bones from Auschwitz. The Mengele Link. In: Sabine Hildebrandt, Miriam Offer und Michael A Grodin (Hg.): *Recognizing the Past in the Present. New Studies on Medicine before, during, and after the Holocaust*. New York: Berghahn 2021, 222–240.

Weinert, Franz E., Heinz Heckhausen und Peter M Gollwitzer: *Jenseits des Rubikon. Der Wille in den Humanwissenschaften*. Berlin: Springer 1987.

Weingart, Peter: *Wissenschaftssoziologie*. Bielefeld: transcript 2003.
- *Die Stunde der Wahrheit? Zum Verhältnis der Wissenschaft zu Politik, Wirtschaft und Medien in der Wissensgesellschaft*. Studienausgabe. Weilerswist: Velbrück Wissenschaft 2005.
- *Wissenschaftssoziologie*. 3. Auflage. Bielefeld: transcript 2013.

Weingart, Peter, Jürgen Kroll und Kurt Bayertz: *Rasse, Blut und Gene. Geschichte der Eugenik und Rassenhygiene in Deutschland*. Frankfurt am Main: Suhrkamp 1988.

Weingart, Peter und Patricia Schulz: Einleitung: Das schwierige Verhältnis zwischen Wissenschaft, Öffentlichkeit und Medien. In: Weingart, Peter und Patricia Schulz (Hg.): *Wissen – Nachricht – Sensation. Zur Kommunikation zwischen Wissenschaft, Öffentlichkeit und Medien*. Weilerswist: Velbrück Wissenschaft 2014, 9–15.

Weinhauer, Klaus, Jörg Requate und Heinz-Gerhard Haupt (Hg.): *Terrorismus in der Bundesrepublik. Medien, Staat und Subkulturen in den 1970er Jahren*. Frankfurt am Main: Campus 2006.

Weischer, Christoph: *Das Unternehmen »Empirische Sozialforschung«. Strukturen, Praktiken und Leitbilder der Sozialforschung in der Bundesrepublik Deutschland*. München: Oldenbourg 2004.

Weisel, Gary J.: The Plasma Archipelago. Plasma Physics in the 1960s. *Physics in Perspective* 19/3 (2017), 183–226.

Weiss, Burghard: Harnack-Prinzip und Wissenschaftswandel. Die Einführung kernphysikalischer Großgeräte (Beschleuniger) an den Instituten der Kaiser-Wilhelm-Gesellschaft. In: Bernhard vom Brocke und Hubert Laitko (Hg.): *Die Kaiser-Wilhelm-/Max-Planck-Gesellschaft und ihre Institute. Studien zu ihrer Geschichte: Das Harnack-Prinzip*. Berlin: De Gruyter 1996, 541–560.

Weiss, Ilja: Tierversuche – Glücksspiel zum Wohle des Menschen? *Bergsträßer Anzeiger* (30.12.1981).
- Qualen im Dienst der Forschung. Tierversuche im Zwiespalt der Meinungen. Der Widerstand wächst. *Badisches Tagblatt* (26.2.1982).

Weiss, Sheila F.: *Race Hygiene and National Efficiency. The Eugenics of Wilhelm Schallmayer*. Berkeley: University of California Press 1987.

Weitze, Marc-Denis und Wolfgang M. Heckl: *Wissenschaftskommunikation. Schlüsselideen, Akteure, Fallbeispiele*. Berlin: Springer Spektrum 2016.

Weizsäcker, Carl Friedrich: *Die Verantwortung des Wissenschaftlers im Atomzeitalter*. Göttingen: Vandenhoeck & Ruprecht 1957.

Weizsäcker, Carl Friedrich von (Hg.): *Kriegsfolgen und Kriegsverhütung*. München: Hanser 1971.

Welsch, Johann: New Economy. Hoffnung des 21. Jahrhunderts oder Blütentraum? *WSI Mitteilungen* 6 (2003), 360–367.

Welsh, Helga A.: *Revolutionärer Wandel auf Befehl? Entnazifizierungs- und Personalpolitik in Thüringen und Sachsen (1945–1948)*. München: Oldenbourg 1989.

Welskopp, Thomas: Der Wandel der Arbeitsgesellschaft als Thema der Kulturwissenschaften – Klassen, Professionen und Eliten. In: Friedrich Jäger und Jörn Rüsen (Hg.): *Handbuch der Kulturwissenschaften. Bd. 3: Themen und Tendenzen. Stuttgart: Metzler 2004, 225–246.

Wendel, Günter: *Die Kaiser-Wilhelm-Gesellschaft 1911–1914. Zur Anatomie einer imperialistischen Forschungsgesellschaft.* Berlin: Akademie Verlag 1975.

- Die Berliner Institute der Kaiser-Wilhelm-Gesellschaft und ihr Platz im System der Wissenschaftspolitik des imperialistischen Deutschland in der Zeit bis 1933. *Berliner Wissenschaftshistorische Kolloquien. Die Entwicklung Berlins als Wissenschaftszentrum (1870- 1930). Beiträge einer Kolloquienreihe – Teil VII.* Hg. von Annette Vogt und R. Zott 39 (1984), 27–69.

Wengenroth, Ulrich: Die Flucht in den Käfig. Wissenschafts- und Innovationskultur in Deutschland 1900–1960. In: Rüdiger vom Bruch (Hg.): *Wissenschaften und Wissenschaftspolitik. Bestandsaufnahmen zu Formationen, Brüchen und Kontinuitäten im Deutschland des 20. Jahrhunderts.* Stuttgart: Franz Steiner 2002, 52–59.

Wenkel, Simone: *Die Molekularbiologie in Deutschland von 1945 bis 1975. Ein internationaler Vergleich.* Inauguraldissertation. Köln: Universität zu Köln 2013. https://d-nb.info/1049523393/34.

Wenkel, Simone und Ute Deichmann (Hg.): *Max Delbrück and Cologne. An early chapter of German molecular biology.* New Jersey: World Scientific 2007.

Werth-Mühl, Martina: CIOS, BIOS, FIAT, JIOA. Berichte alliierter Nachrichtendienste über den Entwicklungsstand der deutschen Industrie und Forschung (1944–1947). *Mitteilungen aus dem Bundesarchiv* 9/3 (2001), 39–44.

Weß, Ludger (Hg.): *Die Träume der Genetik. Gentechnische Utopien von sozialem Fortschritt.* Frankfurt am Main: Mabuse 1998.

Weßels, Bernhard: Die Entwicklung des deutschen Korporatismus. *Aus Politik und Zeitgeschichte* 26–27 (2000), 16–21.

Westwick, Peter J.: *The National Labs. Science in an American System, 1947–1974.* Cambridge, MA: Harvard University Press 2003.

Wever, Franz: Aufgaben der Eisenforschung. *Arbeitsgemeinschaft für Forschung des Landes Nordrhein-Westfalen* 4 (1951), 7–15.

- Entwicklungslinien der Eisenforschung. In: Generalverwaltung der Max-Planck-Gesellschaft (Hg.): *Jahrbuch 1956 der Max-Planck-Gesellschaft zur Förderung der Wissenschaften.* Göttingen 1956, 210–223.

Wever, Hans: *Denkschrift zur Lage der Metallforschung.* Wiesbaden: Franz Steiner 1966.

Weyen, Jens: In-vitro-Kulturverfahren. In: Gerhard Röbbelen (Hg.): *Die Entwicklung der Pflanzenzüchtung in Deutschland (1908-2008). 100 Jahre GFP e. V. Eine Dokumentation.* Göttingen: Gesellschaft für Pflanzenzüchtung e. V. 2008, 215–221.

Weyer, Johannes: *Akteursstrategien und strukturelle Eigendynamiken. Raumfahrt in Westdeutschland 1945–1965.* Göttingen: Schwartz 1993.

Whigham, Kristine B., Thomas G. Burns und Sarah K. Lageman: National Institute of Neurological Disorders and Stroke. In: Jeffrey Kreutzer, John DeLuca und Bruce Caplan (Hg.): *Encyclopedia of Clinical Neuropsychology.* Cham: Springer 2017, 1–4. doi:10.1007/978-3-319-56782-2_642-2.

White, Simon D. M.: Fundamentalist Physics. Why Dark Energy Is Bad for Astronomy. *Reports on Progress in Physics* 70/6 (2007), 883–897.

White, Simon D. M. und Volker Springel: Fitting the Universe on a Supercomputer. *Computing in Science & Engineering* 1/2 (1999), 36–45.

Whitehead, Harriet: *What Does Scientology Auditing Do?* Dissertation. Chicago: The University of Chicago 1975. http://www.proquest.com/pqdtglobal/docview/251701377/citation/2688F7CE4BCC446EPQ/4.

Wiarda, Jan-Martin: *Was macht die Beratung mit dem Berater? Über die Folgen von Politikberatung für die Wissenschaft am Beispiel des Max-Planck-Instituts für Bildungsforschung.* Dissertation. Berlin: Humboldt-Universität zu Berlin 2015.

- Kampagne »Frist ist Frust«. Verbaut euch nicht die Dauerstellen. *Der Tagesspiegel Online* (7.3.2019). https://www.tagesspiegel.de/wissen/kampagne-frist-ist-frust-verbaut-euch-nicht-die-dauerstellen/24076634.html.

Wichner, Jessika: Ohne Herkunft keine Zukunft – auch nicht in der Luft- und Raumfahrt. Das Zentrale Archiv des Deutschen Zentrums für Luft- und Raumfahrt in Göttingen. *Archiv und Wirtschaft* 47/3 (2014), 201–207.

Wickert, Christl: Verantwortung von Wissenschaftlerinnen und Wissenschaftlern für die Verbrechen im Nationalsozialismus. Die Max-Planck-Gesellschaft und die Kaiser-Wilhelm-Gesellschaft. *Beiträge zur Geschichte der nationalsozialistischen Verfolgung in Norddeutschland* 7 (2002), 178–180.

Wiede, Wiebke: Zumutbarkeit von Arbeit. Zur Subjektivierung von Arbeitslosigkeit in der Bundesrepublik Deutschland und in Großbritannien. In: Anselm Doering-Manteuffel, Lutz Raphael und Thomas Schlemmer (Hg.): *Vorgeschichte der Gegenwart. Dimensionen des Strukturbruchs nach dem Boom.* Göttingen: Vandenhoeck & Ruprecht 2016, 129–147.

Wieland, Thomas: *»Wir beherrschen den pflanzlichen Organismus besser, ...«. Wissenschaftliche Pflanzenzüchtung in Deutschland, 1889–1945.* München: Deutsches Museum 2004.

- *Neue Technik auf alten Pfaden? Forschungs- und Technologiepolitik in der Bonner Republik. Eine Studie zur Pfadabhängigkeit des technischen Fortschritts.* Bielefeld: transcript 2009.
- Von springenden Genen und lachsroten Petunien. Epistemische, soziale und politische Aspekte der gentechnischen Transformation der Pflanzenzüchtung. *Technikgeschichte* 78/3 (2011), 255–278.

Wielebinski, Richard: Fifty Years of the Stockert Radio Telescope and What Came Afterwards. *Astronomische Nachrichten* 328/5 (2007), 388–394.

- Ludwig Franz Benedikt Biermann: The Doyen of German Post-War Astrophysics. *Journal of Astronomical History and Heritage* 18/3 (2015), 277–284.

Wiener, Norbert: *Cybernetics. Or Control and Communication in the Animal and the Machine.* 2. Auflage. Cambridge, MA: MIT Press 1996.

- *Norbert Wiener. A Life in Cybernetics.* Cambridge, MA: MIT Press 2018.

Wieschaus, Eric und Christiane Nüsslein-Volhard: The Heidelberg Screen for Pattern Mutants of Drosophila. A Personal Account. *Annual Review of Cell and Developmental Biology* 32 (2016), 1–46. doi:10.1146/annurev-cellbio-113015-023138.

Wieters, Heike: Die Debatten über das »Welternährungsproblem« in der Bundesrepublik Deutschland, 1950–1975. In: Dominik Collet, Thore Lassen und Ansgar Schanbacher (Hg.): *Handeln in Hungerkrisen. Neue Perspektiven auf soziale und klimatische Vulnerabilität*. Göttingen: Universitätsverlag Göttingen 2012, 215–241.

Wigzell, Hans: Framework Programmes Evolve. *Science* 295/5554 (2002), 443–445. doi:10.1126/science.1069035.

Wilhelm, Klaus: Stoffwechsel 2.0. *MaxPlanckForschung* 4 (2016), 65–69.

Wilke, Günther: Synthesen von Ringsystemen. In: Generalverwaltung der Max-Planck-Gesellschaft (Hg.): *Jahrbuch der Max-Planck-Gesellschaft zur Förderung der Wissenschaften 1967*. Göttingen 1967, 156–181.

Willig, Katrin I., Silvio O. Rizzoli, Volker Westphal, Reinhard Jahn und Stefan W. Hell: STED Microscopy Reveals That Synaptotagmin Remains Clustered after Synaptic Vesicle Exocytosis. *Nature* 440/7086 (2006), 935–939. doi:10.1038/nature04592.

Winkler, Barry S.: In Memoriam Werner K. Noell (1913–1992). *Current Eye Research* 11/12 (1992), 1127–1128. doi:10.3109/02713689208999537.

Winkler, Ulrike: *Stiften gehen. NS-Zwangsarbeit und Entschädigungsdebatte*. Köln: PapyRossa 2000.

Winnacker, Ernst-Ludwig: Späte Aufklärung (Leserbrief). *Die Zeit* (26.10.2000).

– European Science. *Science* 295/5554 (2002), 446. doi:10.1126/science.1068921.

Wir sind jung – wir wagen nicht zu vergessen. *Freiheit. Unabhängige Zeitung für Menschenrechte. Scientology* (1972), 1.

Wirsching, Andreas: *Deutsche Geschichte im 20. Jahrhundert*. 4. Auflage. München: C.H. Beck 2018.

Wirths, Willi: Ernährungsphysiologische Auswertungen von Speiseplänen des Bundeswehrstandortes Andernach. *Archiv für Hygiene und Bakteriologie* 142 (1958), 453–470.

– Ernährungsphysiologische Auswertung der Verpflegung in Bundesgrenzschutzstandorten. *Internationale Zeitschrift für angewandte Physiologie einschließlich Arbeitsphysiologie* 17/4 (1958), 316–332. doi:10.1007/BF00698757.

Wintergrün, Dirk: *Netzwerkanalysen und semantische Datenmodellierung als heuristische Instrumente für die historische Forschung*. Dissertation. Erlangen: Friedrich-Alexander-Universität Erlangen-Nürnberg 2019.

Wintergrün, Dirk, Jürgen Renn, Roberto Lalli, Manfred Laubichler und Matteo Valleriani: *Netzwerke als Wissensspeicher*. Berlin: Max-Planck-Institut für Wissenschaftsgeschichte 2015.

Wintergrün, Dirk, Malte Vogl und Roberto Lalli: *Institutionelle Verflechtungen in der MPG. Eine Analyse der Biographischen Datenbank des GMPG-Projektes als Netzwerk*. Berlin in Vorbereitung.

Wissenschaftlicher Beirat der Bundesregierung Globale Umweltveränderungen (Hg.): *Welt im Wandel. Grundstruktur globaler Mensch-Umwelt-Beziehungen, Jahresgutachten 1993*. Bonn: Economica 1993.

– *Welt im Wandel. Wege zu einem nachhaltigen Umgang mit Süßwasser, Jahresgutachten 1997*. Berlin: Springer 1997.

Wissenschaftlicher Dienst des Deutschen Bundestages: *Die finanzielle Förderung der wissenschaftlichen Forschung, Ausarbeitung WD 3 – 017/06*. Berlin 7.6.2006.

Wissenschaftsrat: *Empfehlungen des Wissenschaftsrates zur Neuordnung von Forschung und Ausbildung im Bereich der Agrarwissenschaften. Vorgelegt im Juli 1969*. Bonn: Bundesdruckerei 1969.

– *Empfehlung zur Förderung der Polymerforschung in der Bundesrepublik Deutschland*. Drucksache 5071/80. Berlin 14.11.1980.

– (Hg.): *Empfehlungen des Wissenschaftsrates zu den Perspektiven der Hochschulen in den 90er Jahren*. Köln: Wissenschaftsrat 1988.

– *Perspektiven für Wissenschaft und Forschung auf dem Weg zur deutschen Einheit. Zwölf Empfehlungen*. Drucksache 9847/90. Berlin 6.7.1990. https://www.wissenschaftsrat.de/download/archiv/9847-90.html.

– *Stellungnahme zum Institut für Festkörperphysik und Elektronenmikroskopie in Halle (Land Sachsen-Anhalt)*. Drucksache 104/91. Mainz 13.3.1991.

– (Hg.): *Stellungnahmen zu den außeruniversitären Forschungseinrichtungen der ehemaligen Akademie der Wissenschaft in der DDR auf dem Gebiet der Geisteswissenschaften*. Köln: Wissenschaftsrat 1992.

– (Hg.): *Stellungnahmen zu den außeruniversitären Forschungseinrichtungen in den neuen Ländern und in Berlin. Allgemeiner Teil: Charakteristika der Forschungssituation in der ehemaligen DDR und künftige Entwicklungsmöglichkeiten einzelner Fachgebiete*. Köln 1992.

– (Hg.): *Stellungnahme zur Umweltforschung in Deutschland*. 2 Bde. Köln: Wissenschaftsrat 1994.

– *Thesen zur künftigen Entwicklung des Wissenschaftssystems in Deutschland*. Drucksache 4594/00. Berlin 7.7.2000.

– *Stellungnahme zur Neustrukturierung der Forschungsgesellschaft für Angewandte Naturwissenschaften e.V. (FGAN)*. Berlin 2007.

– *Perspektiven der Rechtswissenschaft in Deutschland. Situation, Analysen, Empfehlungen*. Drucksache 2558/12. Hamburg 9.11.2012.

Wissenschaftsrat und Ausschuß für Hochschulausbau: *Empfehlungen des Wissenschaftsrates zum Ausbau der wissenschaftlichen Einrichtungen. Teil 3. Forschungseinrichtungen außerhalb der Hochschulen, Akademien der Wissenschaften, Museen und wissenschaftlichen Sammlungen*. Bd. 1. Bonn: Bundesdruckerei 1965.

Witkowski, Siegbert: ASTERIX III, ein Jodlaser für die Kernfusion. *Naturwissenschaften* 67/6 (1980), 274–279. doi:10.1007/BF01153496.

Witt, Max: Max-Planck-Institut für Tierzucht und Tierernährung in Mariensee/Trenthorst. In: Generalverwaltung der Max-Planck-Gesellschaft (Hg.): *Jahrbuch der Max-Planck-Gesellschaft zur Förderung der Wissenschaften 1961*. Bd. 2. Göttingen 1962, 746–761.

- *Ernährungssicherung als Aufgabe der Industriegesellschaft.* Göttingen: Vandenhoeck & Ruprecht 1963.
- *Aufrechterhaltung der Nahrungsproduktion in Europa. Eine verpflichtende Aufgabe der westlichen Industriegesellschaft. Vortrag gehalten am 22.2.1964 in Würzburg.* Mariensee: Max-Planck-Institut für Tierzucht und Tierernährung 1964.
- *Ergebnisse und Zukunftsaufgaben der Tierzuchtforschung. Vortrag gehalten am 7. Juni 1967 in Kiel anlässlich der Jahreshauptversammlung der Max-Planck-Gesellschaft.* Mariensee: Max-Planck-Institut für Tierzucht und Tierernährung 1967.

Witt, Peter-Christian: Wissenschaftsfinanzierung zwischen Inflation und Deflation. Die Kaiser-Wilhelm-Gesellschaft 1918/19 bis 1934/35. In: Rudolf Vierhaus und Bernhard vom Brocke (Hg.): *Forschung im Spannungsfeld von Politik und Gesellschaft. Geschichte und Struktur der Kaiser-Wilhelm-/Max-Planck-Gesellschaft.* Deutsche Verlags-Anstalt 1990, 579–656.

Wittmann-Liebold, Brigitte: Gerhard Braunitzer. 24.9.1921–27.5.1989. In: Max-Planck-Gesellschaft (Hg.): *Jahresbericht 1988 und Jahresrechnung 1987. Nachrufe.* Max-Planck-Gesellschaft. Berichte und Mitteilungen 5, 1989, 90–95.

Wölk, Florian: Zwischen ethischer Beratung und rechtlicher Kontrolle – Aufgaben- und Funktionswandel der Ethikkommissionen in der medizinischen Forschung am Menschen. *Ethik in der Medizin* 14/4 (2002), 252–269. doi:10.1007/s00481-002-0190-5.

Wolf, Gerhard: Ever the Best. Zu den Geisteswissenschaften in der Kaiser-Wilhelm-/Max-Planck-Gesellschaft. Dynamiken, Rhetoriken, Perspektiven. In: Dieter Hoffmann, Birgit Kolboske und Jürgen Renn (Hg.): *»Dem Anwenden muss das Erkennen vorausgehen«. Auf dem Weg zu einer Geschichte der Kaiser-Wilhelm-/Max-Planck-Gesellschaft.* Berlin: Edition Open Access 2014, 315–328.

Wolfle, Dael: Science: A Memoir of the 1960's and 1970's. *Science* 209/4452: Centennial Issue (1980), 57–60.

Wolfrum, Edgar: Französische Besatzungspolitik. In: Wolfgang Benz (Hg.): *Deutschland unter alliierter Besatzung 1945–1949/55. Ein Handbuch.* Berlin: Akademie Verlag 1999, 60–72.
- *Die Bundesrepublik Deutschland 1949–1990.* 10. Auflage. Stuttgart: Klett-Cotta 2005.
- *Die geglückte Demokratie. Geschichte der Bundesrepublik Deutschland von ihren Anfängen bis zur Gegenwart.* Stuttgart: Klett-Cotta 2006.

Wong, Samuel S.M.: *Introductory Nuclear Physics.* 2. Auflage. Berlin: Wiley-VCH 2004.

World Intellectual Property Organization (Hg.): *World Intellectual Property Indicators 2016.* Genf: WIPO 2016.

Worliczek, Hanna Lucia: *Molekulare und physikalische Biologie. eine Geschichte der Immunfluoreszenzmikroskopie als visuelles Erkenntnisinstrument der modernen Zellbiologie (1959–1980).* Dissertation. Wien: Universität Wien 2020.

Wörwag, Sebastian und Alexandra Cloots: Einleitung. In: Sebastian Wörwag und Alexandra Cloots (Hg.): *Arbeitskulturen im Wandel. Der Mensch in der New Work Culture.* Wiesbaden: Springer 2020, 1–17.

Wright, Susan: Molecular Biology or Molecular Politics? The Production of Scientific Consensus on the Hazards of Recombinant DNA Technology. *Social Studies of Science* 16/4 (1986), 593–620. doi:10.1177/030631286016004003.

Wuketis, Franz M. (Hg.): *Symposium anlässlich des 100. Geburtstags von Konrad Lorenz.* Wien 2003.

»Wüste«. Kritik an der DDR-Wissenschaft. *Frankfurter Allgemeine Zeitung* (21.6.1990), 31.

Wyngaarden, James B.: The Clinical Investigator as an Endangered Species. *The New England Journal of Medicine* 301/23 (1979), 1254–1259.

Yi, Doogab: Cancer, Viruses, and Mass Migration. Paul Berg's Venture into Eukaryotic Biology and the Advent of Recombinant DNA Research and Technology, 1967–1980. *Journal of the History of Biology* 41/4 (2008), 589–636. doi:10.1007/s10739-008-9149-9.
- Who Owns What? Private Ownership and the Public Interest in Recombinant DNA Technology in the 1970s. *Isis* 102/3 (2011), 446–474. doi:10.1086/661619.
- *The Recombinant University. Genetic Engineering and the Emergence of Stanford Biotechnology.* Chicago: University of Chicago Press 2015.

Zachariasse, Klaus: Albert Weller Festschrift. *The Journal of Physical Chemistry* 95/5 (1991), 1867–1871.

Zacher, Hans F.: Herausforderungen an die Forschung. Ansprache des neuen Präsidenten der MPG. *MPG–Spiegel* 4 (1990), 63–68.
- Die Max-Planck-Gesellschaft im Prozeß der deutschen Einigung. In: Generalverwaltung der Max-Planck-Gesellschaft (Hg.): *Max-Planck-Gesellschaft Jahrbuch 1991.* Göttingen: Vandenhoeck & Ruprecht 1991, 11–23.
- Erhaltung und Verteilung der natürlichen Gemeinschaftsgüter – eine elementare Aufgabe des Rechts. In: Peter Badura und Rupert Scholz (Hg.): *Wege und Verfahren des Verfassungslebens. Festschrift für Peter Lerche zum 65. Geburtstag.* München: C.H. Beck 1993, 107–118.
- Rückblick auf sechs bewegte Jahre. Ansprache des scheidenden Präsidenten Prof. Dr. Hans F. Zacher bei der Festversammlung der Max-Planck-Gesellschaft am 21. Juni 1996 in Saarbrücken. In: Generalverwaltung der Max-Planck-Gesellschaft (Hg.): *Max-Planck-Gesellschaft Jahrbuch 1996.* Göttingen: Vandenhoeck & Ruprecht 1996, 13–26.

Zachmann, Karin: Atoms for Peace and Radiation for Safety – How to Build Trust in Irradiated Foods in Cold War Europe and Beyond. *History and Technology* 27/1 (2011), 65–90.
- Grenzenlose Machbarkeit und unbegrenzte Haltbarkeit? Das »friedliche Atom« im Dienst der Land- und Ernährungswirtschaft. *Technikgeschichte* 78/3 (2011), 231–254.

Zähringer, Josef: Rätselhafte Mondproben. In: Generalverwaltung der Max-Planck-Gesellschaft (Hg.): *Jahrbuch der Max-Planck-Gesellschaft zur Förderung der Wissenschaften 1970.* Göttingen 1970, 169–199.

Zallen, Doris T.: Redrawing the Boundaries of Molecular Biology: The Case of Photosynthesis. *Journal of the History of Biology* 26/1 (1993), 65–87. doi:10.1007/BF01060680.

Zankl, Heinrich: Gesamtbetriebsrat. Zeitverträge und Betriebsverfassungsgesetz. *MPG-Monatsspiegel* 5 (1972), 6–12.

- Betriebsräte fordern Sondersitzung. Diskussion um den Tendenzparagraphen. *MPG-Spiegel* 7 (1973), 18.
- Probleme der Stipendiaten und Zeitverträge im Vordergrund. GBR diskutiert Vorschläge der Generalverwaltung zu Problemen der Stipendiaten, der Angestellten mit Zeitverträgen und über den Rahmensozialplan. *MPG-Spiegel* 4 (1973), 19–20.
- GBR kritisiert Ergebnisse der Zeitvertragskommission. *MPG-Spiegel* 5 (1974), 22–23.

Zarnitz, Marie Luise: *Molekulare und physikalische Biologie. Bericht zur Situation eines interdisziplinären Forschungsgebietes in der Bundesrepublik Deutschland.* Göttingen: Vandenhoeck & Ruprecht 1968.

Zavelberg, Heinz Günter: Die mehrjährige Finanzplanung. Ein notwendiges Instrument moderner Politik. *Die Verwaltung* 3/3 (1970), 283–296.

Zeidman, Lawrence A.: *Brain Science under the Swastika. Ethical Violations, Resistance, and Victimization of Neuroscientists in Nazi Europe.* Oxford: Oxford University Press 2020.

Zeigler, Robert S. und Samarendu Mohanty: Support for International Agricultural Research. Current Status and Future Challenges. *New Biotechnology* 27/5 (2010), 565–572.

Zeitz, Katharina: *Max von Laue (1879–1960). Seine Bedeutung für den Wiederaufbau der deutschen Wissenschaft nach dem Zweiten Weltkrieg.* Stuttgart: Franz Steiner 2006.

Zeman, Scott C. (Hg.): *Atomic Culture. How We Learned to Stop Worrying and Love the Bomb.* Boulder: University Press of Colorado 2004.

Zerssen, Detlev von: Die Befindlichkeits-Skala (B-S) - ein einfaches Instrument zur Objektivierung von Befindlichkeitsstörungen, insbesondere im Rahmen von Längsschnittuntersuchungen. *Arzneimittel-Forschung* 20 (1970), 915.
- Seelische Störungen meßbar gemacht. *Ärztliche Praxis* 25/64 (1973), 2841.
- Selbstbeurteilungs-Skalen zur Abschätzung des »subjektiven Befundes« in psychopathologischen Querschnitt- und Längsschnitt-Untersuchungen. *Archiv für Psychiatrie und Nervenkrankheiten* 217 (1973), 299–314.
- Ein halbes Jahrhundert erlebter Psychiatriegeschichte. *Sudhoffs Archiv* 91/2 (2007), 174–189.

Zerssen, Detlev von und H. Dilling: Die stationäre psychiatrische Versorgung der Bevölkerung Bayerns vom Standpunkt der Planung. *Die stationäre psychiatrische Versorgung der Bevölkerung Bayerns. Schriftenreihe der Bayerischen Landesärztekammer.* Bd. 22. München 1970, 26–44.

Ziegler, Karl: Metallorganische Verbindungen als Katalysatoren. In: Generalverwaltung der Max-Planck-Gesellschaft (Hg.): *Jahrbuch 1958 der Max-Planck-Gesellschaft zur Förderung der Wissenschaften.* Göttingen 1958, 212–230.
- Bauen im unfaßbar Kleinen. In: Generalverwaltung der Max-Planck-Gesellschaft (Hg.): *Jahrbuch der Max-Planck-Gesellschaft zur Förderung der Wissenschaften 1964.* Göttingen 1964, 41–68.

Ziemann, Sascha: Werben um Minerva. Die Gründungsgeschichte des Max-Planck-Instituts für ausländisches und internationales Strafrecht in Freiburg im Breisgau. In: Thomas Duve, Jasper Kunstreich und Stefan Vogenauer (Hg.): *Rechtswissenschaft in der Max-Planck-Gesellschaft, 1948–2002. Studien zur Geschichte der Max-Planck-Gesellschaft.* Bd. 2. Hg. von Jürgen Kocka, Carsten Reinhardt, Jürgen Renn und Florian Schmaltz. Göttingen: Vandenhoeck & Ruprecht 2023, 197–279.

Zierold, Karl: Forschung auf Zeit. Gefahr für die Wissenschaft? Zeitverträge und Stipendien schaffen nicht nur soziale Probleme. *MPG-Spiegel* 3 (1978), 43–44.
- Unkenntnis oder Augenwischerei? Mehr und längere Zeitverträge sollen die Forschung stärken. *MPG-Spiegel* 3 (1982), 44–49.

Zuckerman, Harriet: Die Werdegänge von Nobelpreisträgern. In: Max-Planck-Gesellschaft (Hg.): *Generationsdynamik und Innovation in der Grundlagenforschung. Symposium der Max-Planck-Gesellschaft. Schloß Ringberg/Tegernsee, Juni 1989.* Max-Planck-Gesellschaft. Berichte und Mitteilungen 3, 1990, 45–65.
- *Scientific Elite. Nobel Laureates in the United States.* 3. Auflage. New York: Routledge 2018.

Zulley, Jürgen: Chronobiologie des Alterns. In: Max-Planck-Gesellschaft (Hg.): *75 Jahre Max-Planck-Institut für Psychiatrie (Deutsche Forschungsanstalt für Psychiatrie). München 1917–1992.* Max-Planck-Gesellschaft. Berichte und Mitteilungen 2, 1992, 100–101.

Zulley, Jürgen und Barbara Knab: Chronobiologische Schlafforschung. Der Beginn im Andechser Bunker. *Somnologie – Schlafforschung und Schlafmedizin* 19/3 (2015), 158–170. doi:10.1007/s11818-015-0019-3.

Zummersch, Maren: *Heinrich Hörlein (1882–1954). Wissenschaftler, Manager und Netzwerker in der pharmazeutischen Industrie. Eine Schlüsselfigur der pharmazeutischen Forschung und Entwicklung bei Bayer.* Stuttgart: Wissenschaftliche Verlagsgesellschaft 2019.

Zweigert, Konrad: Rechtsvergleichung als universale Interpretationsmethode. *Zeitschrift für ausländisches und internationales Privatrecht* 15/1 (1949–1950), 5–21.

Zweigert, Konrad und Hein Kötz: *Einführung in die Rechtsvergleichung auf dem Gebiete des Privatrechts.* 2. Auflage. Bd. 1. Tübingen: Mohr Siebeck 1984.

Zwenk, H.: The European Training Programme in Brain and Behaviour Research. *Trends in Neurosciences* 1/3 (1978), I–II. doi:10.1016/0166-2236(78)90144-3.

5.5 Datenbanken des Forschungsprogramms GMPG

Im Verlauf des Forschungsprogramms »Geschichte der Max-Planck-Gesellschaft (GMPG) wurden mehrere Datenbanken eingerichtet und zu einem internen GMPG-Datenbankportal zusammengefasst. Die verschiedenen Datenbanken sollen nachfolgend kurz charakterisiert werden.

5.5.1 Die GMPG-Kommissionsdatenbank

Kommissionen und Beraterkreise sind ein wesentliches Element der Selbstorganisation der MPG. Auch wenn dort formal keine Entscheidungen getroffen werden, sind diese Expertenkreise in der Regel der Ort, wo die Entscheidungen der Gesellschaft vorbereitet werden. Trotz der Bedeutung für die Geschichte der MPG ist es schwer, einen Überblick über die Vielzahl der einzelnen Kommissionen zu gewinnen, denn sie sind nur verstreut in den verschiedenen Gremienprotokollen erwähnt.

Im Verlauf des Forschungsprogramms haben wir mit Unterstützung durch unsere studentischen Hilfskräfte die Gremienprotokolle von Präsidium, Verwaltungsrat, Senat, Wissenschaftlichem Rat und den Sektionen nach Hinweisen auf Kommissionen und ähnliche Beratergruppen durchsucht und die Ergebnisse zur besseren Übersicht und Analyse in eine Datenbank aufgenommen. Insgesamt wurden im Untersuchungszeitraum in der MPG 926 derartige Beratungsgremien, hauptsächlich Berufungskommissionen, Gründungskommissionen, Präsidentenkommissionen, Schließungskommissionen, Stammkommissionen und Zukunftskommissionen, gefunden. In die GMPG-Kommissionsdatenbank wurden, soweit aus den Protokollen ersichtlich, die Namen des Beratungsgremiums, das Gründungs- und Auflösungsdatum, die Zahl und Namen der Mitglieder sowie zusätzlich die Verweise auf die Fundstellen der Informationen eingetragen.

Damit können nicht nur die thematischen Entscheidungsschwerpunkte in der MPG im Verlauf ihrer Geschichte benannt werden, sondern auch die Personen innerhalb und auch außerhalb der MPG, die sich an diesen Entscheidungsprozessen intensiv beteiligten. Es ist auch möglich, in den einzelnen Gremien besonders aktive Phasen mit vielen Entscheidungen von ruhigeren Zeitabschnitten zu unterscheiden oder zu untersuchen, mit welchen Kolleg:innen ein Wissenschaftliches Mitglied der MPG besonders häufig zusammen in einer Kommission saß, wobei die Datenbankstruktur auch computergestützte Analysen erlaubt. Es wurden zum Beispiel die zu einem der beschriebenen Cluster thematisch zugehörigen Sektionskommissionen markiert; so konnten wir feststellen, welche Expertengruppen zu den Entscheidungen in den jeweiligen Forschungsfeldern beitrugen.

5.5.2 Die GMPG-Patentdatenbank

An wissenschaftlichen Institutionen entwickelte und durch Patente dokumentierte Erfindungen werden in der Regel als Indikatoren für anwendungsorientierte Forschung betrachtet. Im Fall der MPG ist es allerdings nicht so einfach, alle Patente zu erfassen. Obwohl mit der Max-Planck-Innovation GmbH und ihrer Vorläufer seit 1970 eine Organisation der MPG existiert, die Unterstützung bei Patentierungen anbietet, ist ihre Nutzung durch Angehörige der MPG nicht verpflichtend. So können Max-Planck-Institute, aber auch einzelne Erfinder:innen Patente selbst oder mit Unterstützung anderer Institutionen beantragen. Es ist also möglich, dass in Patenten aus dem Umfeld der MPG ein expliziter Hinweis auf die MPG oder ein MPI fehlt.

Um mit vertretbarem Aufwand ein möglichst großes Datensample zu erhalten, hat das Forschungsprojekt mit der informationstechnischen Unterstützung von Hermann Schier, Mitarbeiter der Zentralen Informationsvermittlung der CPT-Sektion der MPG am MPI für Festkörperforschung, in der europäischen, der US-amerikanischen und der japanischen Online-Patentdatenbank automatisiert alle Patente gesucht, bei denen die MPG oder ein MPI als Anmelder, bzw. Patentinhaber namentlich vermerkt ist. Die Einträge, die sich auf gleiche Erfindungen beziehen, wurden mithilfe unserer studentischen Hilfskräfte, insbesondere Anastasiia Malkova, Paul Schild und Aron Marquart, zusammengefasst. Das Ergebnis ist eine Sammlung von 2.497 Patenten aus den Jahren 1948 bis 2015, die definitiv im Kontext der MPG entstanden sind. In die GMPG-Patentdatenbank haben wir Informationen zum Datum, zu den anmeldenden Institutionen, den Patentnehmer:innen, den Erfinder:innen, den Titeln, den Kurzbeschreibungen und den Einstufungen nach Internationaler Patentklassifikation übernommen. Eine Suchfunktion erlaubt die gezielte Analyse der Daten. Neben der MPG selbst sind in der Datenbank 33 anmeldende Max-Planck-Institute erfasst, darüber hinaus 397 anmeldende Universitäten, Unternehmen oder Forschungseinrichtungen aus dem In- und Ausland und insgesamt 4.061 Einzelpersonen.

Die GMPG-Patentdatenbank ermöglicht es, eine schnelle Verbindung von einzelnen Max-Planck-Instituten oder Wissenschaftler:innen mit Patentdaten herzustellen und damit Informationen über die anwendungsbezogene Forschung in der MPG zu erhalten. Auch wenn die Analyse auf den öffentlich zugänglichen Bereich und patentträchtige Arbeitsgebiete beschränkt ist, lässt sich so etwa ein zunehmender Trend zur Patentierung in der Max-Planck-Gesellschaft seit den 1980er-Jahren erkennen.

5.5.3 Die GMPG-Finanzdatenbank

Die Haushaltsdaten, die in der Finanzdatenbank des Forschungsprogramms GMPG gesammelt wurden, entstammen den geprüften Jahresrechnungen der MPG von 1950 bis 2003, die den Mitgliedern auf der jährlichen Mitgliederversammlung zur Prüfung und Genehmigung vorgelegt worden sind: die Schatzmeisterberichte Jahresrechnungen (1948–1957), die Jahresrechnungen der MPG (1958–1970 und 1978–2002) sowie die Anlagen zum Gesamtrechnungsabschluss (1971–1977). Sie enthalten Angaben in DM (bis 2001) bzw. Euro (ab 2002), die Euro-Werte wurden zur besseren Vergleichbarkeit in DM umgerechnet.

Aufgrund ihrer finanziellen Abhängigkeit von der öffentlichen Hand musste die MPG ihre Haushaltssystematik dem Haushalts- und Rechnungswesen von Bund und Ländern anpassen – und im Lauf des Untersuchungszeitraums wiederholt verändern. Dieser Umstand macht einen intertemporalen Vergleich der Daten sehr schwierig. So umfasste, um nur ein Beispiel zu nennen, das Rechnungsjahr 1960 aufgrund der Umstellung des Haushaltsjahrs auf das Kalenderjahr nur aus neun Monaten (April bis Dezember 1960, während die Monate Januar bis März noch zum Rechnungsjahr 1959 zählten).

Daher bestand die Hauptaufgabe der Datenbank darin, anhand der Originaldaten aus den Quellen konzise und untereinander vergleichbare Datenreihen aufzustellen. Deshalb haben wir für jedes Rechnungsjahr ein eigenständiges Erhebungsschema aufgenommen, dessen einzelne Posten teilweise miteinander addiert werden mussten, um mit anderen Jahren vergleichbare Daten zu produzieren.

An der Konzeption, Datenerhebung und Auswertung waren beteiligt: Jaromír Balcar, Enric Ribera Borrell, Robert Egel, Ernesto Fuenmayor-Schadendorf, Felix Lange, Anastasiia Malkova, Aron Marquart, Felix Falko Schäfer, Paul Schild und Michael Zichert.

5.5.4 Die Biografische Datenbank des GMPG (Personendatenbank)

Die Biografische Datenbank wurde für wichtige Personen, deren Stammdaten und weiterführende Informationen im Dezember 2016 von Ulrike Thoms und Urs Schöpflin eingerichtet. Ab Februar 2018 hat Juliane Scholz die Betreuung der Datenbank, die Dateneintragung und Konsistenzprüfung weitergeführt. Mithilfe vieler studentischer Mitarbeiter:innen (u. a. Aron Marquart, Paul Schmidt, Ira Kokoshko, Robert Egel und Hannes Benne) wurde die Datenkonsistenz, Bereinigung und Vervollständigung der Daten in Angriff genommen. Zudem wurden die Eintragungen nun auf den Kreis der Wissenschaftlichen Mitglieder beschränkt. Insgesamt enthält die Datenbank 4.527 Personen. Die kompilierten Informationen entstammen biografischen Lexika, Lebensläufen, Berichten, Archivalien, Jahrbüchern und anderen öffentlich zugänglichen Quellen.

Die Informationen verteilen sich auf folgende Eintragskategorien: Stammdaten, Admin, Angehörige, Ausbildung, Laufbahn, Preise, Organisationen, Biografisches und Quellen/Referenzen. Die Daten wurden mittels SQL-Abfragen aus der Datenbank ausgelesen. Um Diagramme und Tabellen zu erstellen, wurden die Daten anschließend mit Python-Skripten, Tableau und anderer Visualisierungssoftware verarbeitet.

Tagging bezeichnet die von uns entwickelte Methode zur quantitativen Darstellung der historischen Entwicklung von Forschungsfeldern und -gebieten innerhalb der MPG. Sie besteht im Wesentlichen darin, dass wir die Arbeitsfelder der Wissenschaftlichen Mitglieder der MPG (WM) entsprechend eines Klassifikationsschemas eingeordnet (*getaggt*) haben. Auf dieser Grundlage konnten wir die Größe, Verteilung und zeitliche Entwicklung von Forschungsfeldern und -gebieten innerhalb der MPG quantitativ darstellen.

Vorgehen: Ausgangspunkt waren die in der Biografischen Datenbank des GMPG erfassten WM. Diese haben wir entsprechend der ihnen zuzuordnenden Forschungsschwerpunkte *getaggt*, das heißt, wir haben zunächst die Forschungsschwerpunkte der betreffenden WM in der MPG ermittelt. Dabei haben wir auf publizierte Quellen zurückgegriffen: Institutsberichte in den Jahrbüchern der MPG, publizierte Lebensläufe, Würdigungen, Nachrufe und gegebenenfalls Veröffentlichungen. Diese Quellenauswahl bedingte, dass wir die Forschungsinteressen der WM mit der Arbeit der ihnen unterstellten organisatorischen Einheiten (Institute, Abteilungen bzw. Forschungsgruppen) weitgehend gleichgesetzt haben. Um zudem Veränderungen in den Arbeitsschwerpunkten während ihrer Zeit als aktives Wissenschaftliches Mitglied zu recherchieren, sind wir beispielsweise die jährlich erscheinenden Institutsberichte in Zehn- bzw. Fünf-Jahres-Schritten durchgegangen.

In einem zweiten Schritt haben wir den Wissenschaftlichen Mitgliedern aus einer vorgegebenen Liste die zu ihren Forschungsschwerpunkten passenden Forschungsgebiete und -felder (Kategorien) als *tags* zugeordnet und gegebenenfalls einen Zeitrahmen festgelegt, wenn ein aktives Wissenschaftliches Mitglied den betreffenden Forschungsschwerpunkt nur eine begrenzte Zeit verfolgt hat. Prinzipiell war es auch möglich, Arbeitsschwerpunkte über die aktive WM-Zeit hinaus zu *taggen*. Generell gab es keine Begrenzung in der Anzahl von *tags*, die einem WM zugeordnet werden konnten. Die *tags* wurden mit den jeweilen Personeneinträgen in der Biografischen Datenbank des GMPG verknüpft.

Die *Liste der Kategorien* (mögliche *tags*) bestand aus einer von der Arbeitsgruppe erstellten Auswahl von Forschungsfeldern und -gebieten. Dieses Vorgehen bot gegenüber einer bibliometrischen Analyse, die in der Regel auf das vorgegebene Klassifikationsschema einer Literaturdatenbank festgelegt ist, den Vorteil, dass wir die Auswahl und Festlegung der Kategorien an die Fragestellungen und Probleme der GMPG-Forschungsgruppe anpassen konnten. Auf diese Weise war es möglich, Cluster oder prominente Forschungsgebiete in den MPI als eigene Kategorien einzuführen. Zudem konnten wir beliebige weitere Kategorien bilden, um etwa die Arbeitsweise der MPI zu charakterisieren (deskriptiv-vergleichende vs. experimentelle Arbeitsweise). Das Vorgehen war dabei iterativ, das heißt, neue Kategorien konnten zu jedem Zeitpunkt hinzugefügt werden. Die Liste umfasste (Stand Dezember 2021) 79 Kategorien.

Die *Auswertung* bestand in der Auszählung der Anzahl von *tags* je Kategorie und Jahr. Als »Laufzeit« der einmal einer bestimmten Person zugeordneten *tags* wurde – wenn nicht anders vermerkt – die aktive Zeit der WM von Berufung bis Emeritierung (entsprechend der in der Biografischen Datenbank hinterlegten Daten) gezählt. Da wir die Forschungsinteressen der WM bei der Zuordnung der *tags* weitgehend mit der Arbeit der Abteilungen, Institute bzw. Forschungsgruppen gleichgesetzt haben, ermöglichte der Vergleich der Kategorien Aussagen über das relative Gewicht eines Forschungsfelds oder -gebiets in der MPG bzw. in einer der Sektionen.

6. Register
6.1 Sachregister

Kursive Seitenzahlen verweisen auf Abbildungen.

A

ABC-Waffen, auch: Massenvernichtungswaffen 158, 210, 282, 708, 711, 733, 735, 797
Abteilung für Presse- und Öffentlichkeitsarbeit 112, 99, *543*, 613f.
Abteilung für wissenschaftliche Datenverarbeitung 547
Abteilung für Wissenschaftskommunikation 597, 614
Abteilungsleiter:in 42, 68, 126, 152, 189f., 196, 198, 200, 329, 367, 369, 405, 441, 457, 545f., 552, 554, 556, 561, 587, 607, 613f., *618*, 676, 703, 746
Academia Sinica (Taiwan) 144
Ackerschmalwand (*Arabidopsis thaliana*) 241, 248, 252
Aerodynamische Versuchsanstalt (AVA) 18, 35, 45, 280, 456, 519, 580, 590, 597, 599, 636, 729, 731, 803
Agence Nationale de la Recherche (ANR) 688
AgrEvo GmbH 251
Airforce Cambridge Research Centre (AFCRC) 742
Akademie der Wissenschaften der DDR (AdW) 41f., 61, 163–166, 168f., 175, 182, 186, 192, 194, 199, 330, 444, 497, 810
Akademie der Wissenschaften der UdSSR 178, 705, 712f.
Aktion Ossawakim 796
Alexander von Humboldt-Stiftung (AvH) 77, 86, 479, 706, 709, 711,
Allgemeiner Studentenausschuss (AStA) 733
Allianz der Wissenschaftsorganisationen, auch: Heilige Allianz 27, 126, 411, 479, 482–486, 491, 507, 532, 709, 730f., 768, 802, 824, 830
Alliierte, siehe Besatzungsmächte
Alliierte Hohe Kommission 215, 728
Alliierte Kommandantur 40, 42
Alliierte Wissenschaftliche Kommission 588, 727
Alliierter Kontrollrat 33, 35, 38, 42, 46, 214, 256, 580f., 728
Alsos-Mission 44

Alter(s), -gründe, -grenze, auch: Rente, Ruhestand 22, 29, 62, 72, 91f., 138, 182, 245, 258, 265, 302, 331, 382, 396, 493, 557f., 560f., 599, 689
Altersstruktur 30, 124, 242, 558f., 588, 808
American Association for the Advancement of Science (AAAS) 691f., 711
Amerikanische Hegemonie 212, 476, 684f., 694, 700
Amerikanisierung 348, 382, 388, 700
Ammoniaksynthese, auch: Haber-Bosch-Verfahren 207, 210, 263
Anatomie 243, 253, 363, 365, 381, 385, *386*, 748
Angestellte 36, 61, 68, 139, 194, 196, 198, 242, 245, 266, 404, 540f., 552, 554, 557, *560*, 561–563, 619, 626, 639, 688, 735, 782, 820
Angewandte Forschung, auch: Anwendungsforschung 35, 42, 59, 62, 79, 132f., 145, 213, 230, 255, 258, 262, 279–281, 284, 289, 311, 328, 330, 333, 383f., 392, 400, 415, 479, 492, 495f., 506, 686, 693, 708, 732, 741, 751, 760, 818
Anorganische Chemie 325, *358*, *464*, 465, 633
Anthropologie, auch: Kulturanthropologie 130, 209, 236, 357, 379, 390–394, 396, 441, 445, 459, 463, 467, 594, 601, 695, 750, 752
Anthropozän 222, 307–309, 320, 744, 747, 804
Anti-Atomkraft-Bewegung 113, 219, 827
Anwendungsorientierte Grundlagenforschung, auch: innovationsorientierte, -fördernde Grundlagenforschung 153, 180, 251, 253, 452, 458f., 465, 489, 492, 499
Anwendungsorientierung, anwendungsbezogene Forschung 44, 62, 69, 79–81, 139, 213, 234, 237, 242, *250*, 256, 259, 322, 326–330, 333, 380, 384, 438, 492, 494, 498, 500, 502, 507, 580, 736, 755, 787, 799, 801, 803, 807, 818, 822, 824
Apparatur, siehe Gerät
Arbeiter:in 194, 245, 552, *553*, 562, 626
Arbeitsgemeinschaft der Großforschungseinrichtungen (AGF), siehe Helmholtz-Gemeinschaft
Arbeitsgemeinschaft industrieller Forschungsvereinigungen (AiF) 479

Arbeitsgruppe 47, 70, 77f., 128–131, 133–135, 147, 165–167, 170, 178, 186, 188–190, 194, 199, 246, 259, 278, 281f., 286, 303, 323, 325–330, 346, 349f., *371*, 375, 377f., 382, 390, 408, 411, 457, 462, 487, 497, 500, 502, 545, 608, 612, 622, 625, 627f., 648, 651, 701, 718, 736, 738, 741, 744, 804, 815f., 820
Arbeitskreis Ethik und Recht in der Humanbiologie 759
Arbeitskreis Fragen des Tierschutzrechts 760, 768–770
Arbeitskreis Verantwortliches Handeln in der Wissenschaft 785, 788
Arbeitsrecht 129, 177, 560, 564
Arbeitsstätte für Virusforschung (KWG) 342, 345
Archäologie 467, 688
Archiv der Max-Planck-Gesellschaft 20–23, 31, 600–602, 605f., 615
Arnoldshainer Thesen 97, 564f.
Asilomar Conference 775f.
Astronomie 76, 78, 117, 132, 208, 212, 217, 221, 222, 225f., 232, 234, *235*, 237, 254, 279, 292–293, 297–304, 330, 455f., 463, *464*, 465, 690, 702f., 712, 797–800, 802, 804, 811, 821, 827
Astrophysik 76f., 83f., 90, 92, 120, 125, 132, 143–146, 178, 212, 220, 225f., 232–237, 254, 260, 278f., 281, 284, 286, 289, 291–295, 300, 302–306, 323, 330, 456, 458, 462f., 469, 480, 531, 553, 625, 632, 636, 692, 695, 701–703, 712, 797–804, 811, 821, 827
Asylrecht 431
Atmosphärenwissenschaft, -chemie 218, 286, 300, 307–320, 460, *464*–466, 493, 633f., 734, 739, 742, 744, 746, 787, 804, 810f., 827
Atmospheric Chemistry Programme (IGAC) 743
Atombombe, siehe Atomwaffe
Atomenergie, -kraft, siehe Kernenergie
Atomic Scientists Association (ASA) 714
Atomphysik, siehe Kernphysik
Atomprogramm 278, 280–285, 287–291, 491
Atomreaktor, -kraftwerk, siehe Kernreaktor
Atomwaffen(forschung), auch: Atombombe, Kernwaffen, Wasserstoffbombe 35, 42, 44, 86f., 146, 211–213,

215, 217f., 277f., 297, 325, 607, 714, 716, 729, 733–734, 805, 808
Atomwirtschaft 456, 801
Aufbau Ost 15f., 18, 30, 158, 160–166, 169f., 174–176, 184–185, 189, 194,199, 201, 391, 411, 445, 497, 527, 557, 679, 703, 809, 811, 813
Auflösung der KWG 34, 46, 48, 61, 580f., 589
Auflösung von MPI, siehe Institutsschließung
Auschwitz 55, 58, 453, 586, 594, 600f., 604, 611, 651
Ausdifferenzierung 20, 194, 213, 311, 322, 328, 431, 444, 451, 457f., 460, 462, 465, 470f., 475, 477, 481, 492f., 517, 551f., 555, 564, 567, 711, 745, 787, 793, 803, 807, 817–819, 822, 824
Ausgliederung, siehe Institutsausgliederung
Ausländer:in, ausländische Berufungen / Mitglieder / Mitarbeiter:in 57, 92, 126f., 152, 180, 195, 389, 429, 481, 531, 538, 552, 555, 558f., 577, 581, 612, 645, 689, 700f., 706f., 718, 812, 823, 825
Auslandsbeziehung 72, 607, 700, 705–707
Außenpolitik 140, 143–145, 469, 532, 690, 695, 702, 706, 711–713, 718, 800
Außerparlamentarische Opposition 70, 96, 738
Austauschprogramme (akademische) 144, 428, 695, 698f., 712
Australien 195, 389
Auswärtige Wissenschaftliche Mitglieder, siehe Mitglieder, Auswärtige
Auswärtiges Amt 144, 427, 507, 604, 671, 705, 711
Autarkiepolitik 60, 231, 256, 477, 519
Autonomie(anspruch), auch: Forschungsautonomie 15, 32, 34, 52f., 71, 79, 85, 99, 132, 144, 152, 174, 183, 191f., 207, 210, 213, 227, 253, 296, 333, 396, 455, 460, 462, 475f., 478f., 484, 486, 489–498, 505, 507, 518–520, 530, 532, 539, 554, 564, 567f., 580, 582, 621, 628, 638, 652, 673, 676, 684–687, 689, 693, 700, 706–708, 718, 727, 730, 737f., 793f., 797f., 800, 818f., 822, 824, 830f.

B

Baden-Württemberg, auch: Württemberg-Baden, -Hohenzollern 41–43, 50, 90, 135, 149, 297f., 432, 479, 485, 744, 766, 767

BASF AG 89, 177, *250*, 263, 426, 500, 502, 506
Battelle-Institut 777
Bauabteilung 189, 541, *544f.*, 546, 669, 673f., 679f., 682
Bauten 188, 230, 285, 476, 588, 636, 667–669, 672–674, 677, 679, 682f., 685
Bayer AG 37, 209, 243, 250f., 263, 495, 500, 502, 506, 730, 783
Bayerischer Rundfunk 613, 779
Bayern 39, 41, 46, 50, 52–53, 85f., 90f., 119, 129, 131, 135, 147, 175f., 190–192, 280f., 367, 380, 479, 485, 502, 537, 592, 604, 673, 675, *766*, 767,
Befristung, auch: Zeitvertrag 18, 96, 100f.,122, 136–139, 139, 152f., 171, 196f., 200, 535, 557–562, 565, 585, 622, 689, 807f.
Behaviorismus 390
Belgien 69, 113, 160, 249f., 279
Bell Laboratories 215, 799
Beratender Ausschuss für Rechenanlagen (BAR) 114, 636–638, 652, 701
Beratertätigkeit, Berater:innen, auch: Unternehmens-, Industrie-, Politikberatung 19, 37, 39, 45, 71, 81–83, 86, 88, 96, 102, 120, 134, 140, 145–151, 153, 180, 189, 200, 216, 234, 242, 280–282, 308, 314, 328, 402, 408, 435, 437f., 484, 490–493, 506f., *543*, 545f., 549, 578, 685, 715f., 719, 737, 740, 775, 783f., 803, 805, 809, 823
Berlin (Bundesland) 40, 42, 47f., 61, 144, 171, 262f., 350, 371, 375, *376*, 500, 522, 593, 677, 797
Berlin-Brandenburgische Akademie der Wissenschaften (BBAdW) 198
Berliner Büro der MPG 48
Berliner Elektronen-Speicherring-Gesellschaft für Synchrotronstrahlung (BESSY) 627, 677
Berufsverbot, siehe Radikalenerlass
Berufung, auch: Rekrutierung 30, 37, 61, 92f., 100, 103, 124, 126, 128, 138, 161, 167, 170f., 177f., 195–197, *196*, 199, 217, 222, 258, 266, 295, 308, 317, 320, 330f., 350, *351*, 368f., 373, 377f., 381, 385, 389f., 396, 399, 402, 415, 440, 444, 447, 450, 457, 460, *462*, 463, 470f., 477, 493, 497, 518, 535, 547, 551, *557*, 558–561, 566–568, 591, 679, 689, 698, 710, 718, 750, 757, 804, 812, 815–820, 822f., 829f. – Siehe auch Hausberufung
Berufungskommission, -verfahren, -angelegenheiten 17, 99, 138, 166, 170, 172, 177f., 187, 200, 229, 261, 268,

309, 331, 373, 375, 377f., 382, 396, 466, 471, 528–533, 536–538, *543f.,* 555f., 588, 592, 595, 615, 668, 674, 682, 773, 804, 809, 827f.
Besatzungsbehörde, auch: Alliierte Behörde 57, 256, 279, 287
Besatzungsmächte, auch: Siegermächte, Alliierte 33–37, 40, 47, 56–59, 61, 63, 68, 78f., 212, 214, 232, 257, 279f., 294, 478, 505, 580f., 589, 686f., 727, 730, 733, 736, 738, 786, 796f., 800
Besatzungspolitik (nach 1945) 20, 35, 38f., 42, 46, 57, 687, 797
Besatzungszone(n), Bi-, Trizone 33–35, 37, 41f., 44, 46, 49f., 62f., 214, 587, 699, 793, 796–798
 – Amerikanische 33, 38f., 41, 44–47, 49f., 58f., 587, 796
 – Britische 33, 35, 40, 44–47, 49f., 59, 61f., 256, 280, 587, 796f.
 – Französische 33, 42f., 45–47, 50, 56, 89, 279, 796f.
 – Sowjetische 33, 39, 41f., 45, 59, 61, 796
Besoldung 177, 198, 200, *543*, 547, 552, *563*, 566, 816f., 825
Besprechungskreis Wissenschaftspolitik 89, 120, 532, 628, 730
Betriebsrat 60, 96–98, 100–103, 136, 138f., 147, 190, 194, 197f., 520, 541, 551, 560–568, 596, 735, 771
Bevölkerungspolitik 209, 214, 586
Bibliotheca Hertziana, auch: Kaiser-Wilhelm-Institut für Kunst- und Kulturwissenschaft / Max-Planck-Institut für Kunstgeschichte 125, 234, 422, 435, 599, 645, 647, 680
Bibliothek, Bibliothekar:in 21, 23, 198, 226, 230, 422, 424, 428f., 436, *543*, 551f., 563, 565, 586, 589, 598f., 617, 639, 645–648, 652, 667, 670–672, 678, 680f., 735, 747
Big Science, siehe Großforschung
Bildungsforschung 82, 234, 437f., 471, 677, 747, 800
Bildungskrise 456, 679
Bildungspolitik 97, 437
Biobank 245
Biochemie 207–209, 232, 240, 243, 246, 249, 251f., 340f., 345f., *347*, 348f., 352–354, *358*, 361–369, 373f., 378, 399, 455, 458f., *464*, 465f., 499, 537, 621, 633f., 643, 675, 741, 755, 800, 803
Biodiversität(sverlust) 216, 222, 241, 831f.
Bioethik, siehe Ethik

Bioinformatik,
  siehe Informationswissenschaften
Biologie 207–209, 220, 233, 243, 253, 332f., 341, 343f., 352f., 357, 359, 361, 363, 365, 370, 389f., 400–402, 409, 438, 459, 560, 593, 620, 628, 695–697, 699, 727, 741, 781, 787, 802, 811
Biologisch-Medizinische Sektion (BMS) 54, 76, 100, 123, 125, 130, 135f., 166, 234, 236f., 245, 247f., 251, 317, 340, *348*, 352f., *353*, 357, 359, 363, 366, 368, 370, 374, 377f., 382, 384f., 388, 390, 393, 395f., 398–415, 443, 446–448, 451f., 457f., *460f.*, 462f., 469, 500, 504, 527, 529, 531, 555f., *557*, 558, 561, 621f., 624f., 628–635, *630f.*, *634f.*, 637, 641, 648, 652, 701, 727, 739, 744–746, 754, 758, 760f., 763–769, 772f., 778, 783, 785, 788, 802–807, 810f., 819
Biologische Station Lunz 52, 245, 453, 740
Biologische Waffen 212, 732
Biomathematik, siehe Mathematik
Biomax 783
Biomedikalisierung 218, 343, 345, 398, 622
Biomedizin 208f., 219, 222, 231–233, 237, 287, 340, 345, 352, 354–357, 361, 373, 376, 398–400, 405, 407–415, 455, 458f., 465, 467, 495, 500, 502–504, 623, 727, 761–763, 769–779, 785f., 807
Bioökonomie 343, 357, 359, 467, 502, 504f., 747
Biophysik 58, 208, 286f., 341, *347*, 349, 351f., 354, 363, 367, 372f., 378, 383, 385, 388, 460, 491, 622, 627, 637, 715, 803
Biotechnisierung 343, 345
Biotechnologie 219, 238, 248, 251, 340f., 357, 412, 498, 500, 502f., 760, 783f., 822 – Siehe auch Gentechnik
Biowissenschaft(en) 23, 145, 214, 238, 240–243, 245–248, 252f., 340, 343–345, 348f., 351f., 354, 357–361, 451, 457f., 460, 463, *464*, 465, 467, 499, 504, 583, 610f., 620–628, 634, 695f., 699, 709f., 715, 718, 740, 746, 768, 775, 777, 783, 803f., 806, 810f.
Blaue-Liste-Institute,
  siehe Leibniz-Gemeinschaft
BMW AG 506, 745
Boston Consulting Group (BCG) 189, 200, 546
Braindrain 181, 685, 696, 698–700, 796
Brandenburg (Bundesland) 159, 176
Brasilien 317, 453, 708

Bremen (Bundesland) 50, 135
Brüsseler Büro der MPG 180, 188
Budgetierung, auch: Programmbudgetierung 188, 191–193, 486, 537f., 549, 641
Bund-Länder-Kommission für Bildungsplanung und Forschungsförderung (BLK)
Bundesforschungsanstalt(en) 80, 245, 470, 626
Bundeskabinett, siehe Bundesregierung
Bundesländer 15, 28, 30, 52, 91, 131, 135f., 160–176, 184, 192, 194, 199, 201, 236, 242, 260, 264f., 268, 318, 330, 377, 379, 391f., 395, 433, 444, 463, 466, 469, 478f., 481, 485, 497, 516, 531, 537, *543*, 546, 604, 612, 679f., 704f., 707, 809–812
Bundesminister(ium) der Finanzen (BMFi) 49, 85, 162, 328, 612, 731
Bundesminister(ium) der Justiz (BMJ) 431f., 759
Bundesminister(ium) des Innern (BMI) 73, 521, 729, 731
Bundesminister(ium) für Atomfragen bzw. Bundesministerium für Atomkernenergie und Wasserwirtschaft (BMAt) 73, 76, 86, 282, 285–287, 344, 480, 495, 731
Bundesminister(ium) für Bildung und Wissenschaft (BMBW) 98, 120, 129, 326, 503, 540
Bundesminister(ium) für Bildung und Forschung bzw. Bildung, Wissenschaft, Forschung und Technologie (BMBF) 164, 166, 170, 192, 333, 356f., 359, 392, 445, 486, 503, 706, 746
Bundesminister(ium) für Ernährung und Landwirtschaft (BMEL) 55, 242, 248
Bundesminister(ium) für Forschung und Technologie (BMFT) 75, 117, 129, 132, 141f., 149, 161, 163, 165, 170, 248, 311, 314, 322, 326–328, 331, 333, 344, 411–413, 485, 500, 503, 526, 584, 702f., 742, 759, 774–777, 783, 785, 807
Bundesminister(ium) für Verteidigung (BMVg) 327, 479, 727–732, 734, 736–738
Bundesminister(ium) für Wirtschaft (BMWi) 729
Bundesminister(ium) für wissenschaftliche Forschung (BMwF) 75, 85f., 259, 261, 263, 288, 483, 491, 495, 540, 699, 731
Bundesrat 609, 771

Bundesrechnungshof 73, 85
Bundesregierung, auch: Bundeskabinett 19, 68, 71, 73, 81, 86f., 93, 96–103, 113–116, 127, 132f., 140, 144, 148–151, 159–161, 166–173, 177, 192, 227, 236, 241, 247f., 251, 253, 282, 296, 312, 314, 318, 326, 355, 359, 361, 459, 463, 466, 483, 491, 495–500, 503, 521, 535, 561, 584, 621, 697, 705, 711–716, 719, 729, 733, 735, 737, 739, 741, 776–780, 782, 805, 809, 813
Bundesrepublik Deutschland 15, 69, 159, 182, 215, 228, 280, 282, 299, 400, 493, 564, 566, 581, 728, 736, 739
Bundessozialgericht 130, 424
Bundesverband der Deutschen Industrie (BDI) 180
Bundesverband der Pharmazeutischen Industrie 770
Bundesverfassungsgericht 421, 772
Bundeswehr 86, 102, 143, 217, 282, 438, 715, 717, 728f., 731f., 736f., 786, 805
Bündnis 90/Die Grünen 113, 711, 739, 781, 784
Bürgerinitiative 781

C
California Institute of Technology (Caltech) 343, 382, 469, 581, 695
Carl Zeiss AG, GmbH bzw. VEB 298f., 325f., 330
Carnegie Institution of Washington for Fundamental and Scientific Research 487
Centre National de la Recherche Scientifique (CNRS) 15, 120, 127, 143, 262, 344, 526, 684, 687–691, 696, 706f., 718, 741, 830
Charité Universitätsmedizin Berlin 411, 466, 629, 810
Chemie 45f., 80, 88, 102, 134, 206–208, 210, 226, 228, 233, 249, 259, 261, 263, 279, 309, 314f., 324, 326, 340f., 345, 357, *358*, 359, 361, 385, 392, 451, 455, 458, 463, *464*, 465, 467, 487, 504, 560, 620, 643f., 676, 697, 699, 744, 800, 802, 806, 811
Chemisch-Physikalisch-Technische Sektion (CPTS) 54, 76, 125, 134, 136, 166, 266, 233f., 258–260, 264, 266, 317–319, 323, 330–332, *342*, 357, *358*, 359, 361, 388, 447f., *451*, 452, 456, *460f.*, 462f., 469, 476, 503f., 527, 531, 555f., *557*, 558, 561, 596, 621f., 625, *630f.*, 632, *634f.*, 637, 641, 648, 652, *460f.*, 680, 701, 739, 746f., 800, 804, 811, 819

Chemische Industrie, Chemieunternehmen 37, 102, 220, 238, 240, 243, 250f., 353, 506, 643, 770, 780
Chemische Waffen / Kampfstoffe, auch: Giftgas 212, 214, 728, 732f., 736f., 787
Chile 76, 298, 304
China, siehe Volksrepublik China
Chinesische Akademie der Wissenschaften (CAS) 165, 180, 687
Christlich Demokratische Union Deutschlands (CDU) 48, 55, 71f., 86f., 97, 115, 127, 149, 153, 159, 161, 164, 170–172, 426f., 433, 445, 495, 521, 561, 584, 715f., 769f., 772
Christlich-Soziale Union (CSU) 53, 55, 71f., 76, 91, 97, 99, 129, 147, 149, 153, 161, 192, 584, 716, 764, 769, 772
Chronobiologie 382, 384, 528
Cluster, -bildung, -dynamik, -gründung, -konzept, -nachwuchs, -struktur, auch: Forschungscluster 17, 76, 143, 168f., 221, 224–238, *235*, 242, *244*, 245–248, *249*, 252–268, *261*, *265*, *267*, 278, 283f., 289–306, 309, *310*, 318–320, 323, 333, 341, *342*, 343, *351*, *360*, 362–367, 378–380, 384–397, *387*, *394*, 400–402, 406, 409, 412, 414f., 421–431, 434, 447, 451, *454f.*, 456, 470f., 496, 517, 530–532, 558, 616f., 624, 631–635, 652, 670f., 679, 739, 742, 744, 746, 787f., 795, 797–807, 811, 816, 819, 821f., 824, 829f.
Cold Spring Harbor Laboratory 384, 696
Commissariat à l'énergie atomique (CEA) 688
Computer, -modell, auch: Rechner 30, 114, 205, 207, 214f., 217, 220, 260, 278, 303, 308–316, 382, 390, 393, 471, 617, 628, 636–639, 641f., 646, 651f., 701, 743, 745, 808
Computerisierung 220, 345, 357, 467, 626–628, 636, 638
Computertomografie (CT) 390, 393
Conseil Européen pour la Recherche Nucléaire (CERN), siehe Europäische Organisation …
Consejo Superior de Investigaciones Scientíficas (CSIC) 143, 706, 707
Consultative Group on International Agricultural Research (CGIAR) 241
Contergan 218

D

Daimler-Benz AG 506, 609
Dänemark 69, 113
Datenbank 229, 628, 630

Datenschutz 20, 22, *543*, 600
Decade of the brain 392f.
Delegiertenversammlung, auch Mitarbeiterkonferenz 97, 99f., 121, 564–566
Demilitarisierung 728, 730, 736, 738
Demokratisierung 41, 56, 60, 70f., 92, 96f., 103, 438, 535, 565, 595, 650, 794, 808
Demontage 36, 39, 727, 729
Denkstil 399, 409, 531, 747, 751–756, 760f., 763
Deutsch-Bulgarisches Institut für landwirtschaftliche Forschung in der KWG 52, 245, *454*
Deutsch-Griechisches Institut für Biologie in der KWG 52, 453
Deutsch-Italienisches Institut für Meeresbiologie 52, 367
Deutsche Akademie der Naturforscher Leopoldina, siehe Leopoldina
Deutsche Akademie der Wissenschaften 41f., 61
Deutsche Atomkommission (DAtK) 77, 282f., 491
Deutsche Bank AG 150, 506
Deutsche Demokratische Republik (DDR) 28, 42, 52f., 59, 61, 144, 158–161, 164–167, 169, 182, 194, 199, 221, 297, 330, 444, 466, *469*, 703, 707, 711, 810, 812
Deutsche Einheit, auch: Wiedervereinigung 16, 28f., 115, 158–163, 167, 169–171, 174–177, 181, 184, 186, 188, 199, 222, 245, 247, *249*, 253, 264, 267f., 301–303, 317f., 330, 357, 361, 379f., 391–393, 395f., 411, 413, 444f., 463, 471, 483, 485, 496f., 519, 523, 527, 531, 537, 557, 561, 576, 612f., 679f., 682, 703f., 707, 719, 746, 788, 793, 809, 812f., 818, 827
Deutsche Forschungs- und Versuchsanstalt für Luft- und Raumfahrt (DFVLR) 296, 326
Deutsche Forschungsanstalt für Psychiatrie (DFA), auch: Kaiser-Wilhelm-Institut für Psychiatrie *342*, *454*, 380–382, 384, 402f., 591–593, 605, 756
Deutsche Forschungsgemeinschaft (DFG), auch: Notgemeinschaft für die Deutsche Wissenschaft (NG) 51, 72, 74, 80, 97, 127, 129, 134, 143–146, 149, 152, 163, 165f., 171, 182, 188, 198, 232, 235, 252, 255, 260, 283, 310, 322, 332, 344, 351, 365, 368–370, 372, 384, 400, 407, 409–412, 414, 433, 460, 477–479, 482–486, 492, 518, 538, 582,

596, 609f., 688, 690, 695, 697, 699, 705, 707–709, 712f., 717f., 729–731, 736–740, 742, 744, 755, 759f., 769, 774–778, 784, 794, 798, 824f.
Deutsche Forschungshochschule (DFH) 41, 47f., 50, 61, 519
Deutsche Industriebank 55
Deutsche Physikalische Gesellschaft 134, 598, 734
Deutsche Zentralverwaltung für Volksbildung 40f.
Deutscher Akademischer Austauschdienst (DAAD) 144f., 709, 713
Deutscher Bildungsrat 148, 437f., 491
Deutscher Bundestag, auch: Enquete-Kommission, Bundestagswahl 71–73, 85, 87, 124, 143, 149, 159, 167, 175, 284, 314, 425, 427, 486, 491, 588, 609, 716, 728, 734, 739, 769, 771f., 777f., 780, 784
Deutscher Forschungsrat (DFR) 42, 146, 281, 306, 478f., 702
Deutsches Elektronen-Synchrotron (DESY) 286, 327, 377, 627, 697
Deutsches Entomologisches Institut der KWG 453
Deutsches Humangenomprojekt (DHGP) 356, 629
Deutsches Kaiserreich 19f., 29, 484, 487–489, 580, 585, 687, 691, 804, 827
Deutsches Klimarechenzentrum (DKRZ) 311, 320, 638
Deutsches Krebsforschungszentrum (DKFZ) 356, 375–378, 411f., 629
Deutsches Spracharchiv, siehe Kaiser-Wilhelm-Institut für Phonometrie
Dezentralisierung, siehe Zentralisierung
Digital Humanities 21, 450, 617, 646, 680
Digitalisierung, siehe Elektronische Datenverarbeitung (EDV)
Diplomatie 16, 121, 143f., 476, 589, 684, 710f., 713, 827
Direktor:in 16–18, 21, 29f., 34, 36f., 40–45, 56–59, 68, 78, 82f., 92, 95f., 100–103, 112, 123f., 137f., 140, 146f., 152, 166, 168, 173f., 190, 196, 198, 200, 226, 229f., 236, 248f., 256–258, 262, 265f., 286, 289, 295, 298–300, 302f., 314f., 317f., 331f., 350, *351*, 363f., 367–370, 373, 377f., 380–385, 388, 391–396, 399, 402f., 405f., 411, 415, 423f., 426, 428f., 432–434, 437–439, 441–443, 446, 457, 504, 524, 529, 531, 533–541, 545, 547f., 550–557, *553*, 561, 576, 581, 587–589, 599, 604–606, 608, 611, 614, 617–620, *618*, 622, 637, 639, 641, 645, 649, 651, 669–673, 675,

679, 682f., 690, 693, 703, 705, 728, 735, 742, 778, 781, 786, 795, 799, 803f., 814–817, 819f., 823f., 828
Direktorenwechsel 78, 141
Disability 762
Diversity 762
Dokumentationsstelle für Kernforschung 288, 597
Dresdner Bank AG 191
Dritte Welt 455, 741
Drittmittel 119, 179, 200, 248, *249*, 315, 359, 378, 408, 411, 469, 496, 500, *543*, 559, 561, 641, 704, 815f.
Dual-Career-Netzwerk 199, 568, 645
Dual Use 211f., 296, 327, 727f., 732–738, 831

E
École Municipale de Physique et de Chimie de Paris 687
École Normale Supérieure 687
École Pratique des Hautes Études 687
Edinger-Institut 381, 606
EDV-Referat 189, 546
EG-Kommission, siehe Europäische Gemeinschaft(en) (EG)
Ehe(güter)recht, siehe Familienrecht
Ehrenmitglied 45, 53f., 524, 745
Ehrenpräsident 643
Ehrensenator 54, 520, 744f.
Einnahmen und Ausgaben der MPG, siehe Haushalt
Elektronenmikroskopie 69, 125, 168, 256, 263f., 266, 341, 349, 363, 369, 393, 466, 620f., 627, 667, 675, 677, 810
Elektronik, auch: Mikro-, Unterhaltungs-, Quantenelektronik 214f., 223, 254, 322, 325f., *358*, 485, 498
Elektronische Datenverarbeitung (EDV), auch: Digitalisierung 18, 21, 23, 114, 215, 217, 220, 284, 442, *543f.*, 547f., 564, 628, 636, 638f., 642, 646, 652, 670, 672, 675, 701, 756, 827, 831
Elektrotechnische Industrie 214
Elementarteilchenphysik 279, 284, 291
Elite(n), -organisation, -verflechtung, Funktions-, Wissenschafts- 177, 208, 227, 231, 278, 356, 532, 551, 576, 578, 581, 585, 589, 613–615, 694, 698, 700, 737, 749f., 755, 796, 806, 813, 815, 831
Embryologie, Embryonenforschung 208, 220, 354, 365, 370, 385, 388, 758, 774, 785, 779
Emeritierte Wissenschaftliche Mitglieder, siehe Mitglieder, Emeritierte

Emeritierung 30, 78, 80, 95f., 100, 122–126, 132, 134, 137f., 146–148, 153, 161, 168, 171, 174, 196, 200, 247, 262–266, 286, 299, 303, 310, 329, 331, 368, 373, 381, 396, 404, 413, 438f., 445, 457, 529, 531, 534, 541, 556–558, 618f., 650f., 803, 815, 830
Emigration, Emigrant:innen, auch: Flucht 33, 61, 71, 145, 211, 344
Endokrinologie 209, 246, 372
Entnazifizierung 34, 38, 56–60, 63, 89, 577, 586–593
Entschädigung, siehe Restitution
Entspannungspolitik 144f., 715
Entwicklungsbiologie 222, 354, *355*, *358*, 362, 364f., 372f., 377, 802, 807
Erbbiologie, siehe Genetik
Erdbeere (*Senga Sengana*) 243
Erdsystemforschung, -wissenschaften 132, 221, 233–237, *235*, 294, 300, 307–311, 315–320, *318*, 456, 463, 466, 469, 493, 531, 726, 739, 742–744, 804f., 808, 810, 812, 830
Erdwissenschaften, siehe Geowissenschaften
Erfindung 140f., 153, 215, 220, 260, 324, 329, 363, 412, 799
Erinnerungspolitik 690, 794
Ernährung(ssicherheit), Welternährung(skrise) 20, 37, 59f., 79f., 207, 214, 216, 232, 225, 240–242, 245–247, 438, 455, 457, 459, 493, 507, 629, 648, 742, 767, 781, 803, 806, 822
Ernährungswissenschaft 239f., 243, 246f., 253, 457, 731, 739, 740, 778, 807
Erster Weltkrieg 207, 210, 255, 323, 477, 487f., 516, 608, 669, 687, 691, 736f.
ETH Zürich 267, 581
Ethik, auch: Bioethik 727, 736, 757–763, 773, 778f., 782, 787
Ethikkommission 757–760, 773, 785–787
Ethikrat der MPG 727, 736, 747, 749, 751, 786
Ethnologie 236, 379, 393, 445, 747
EU-Kommission, siehe Europäische Union (EU)
Eugenik 209, 760, 774, 777, 803
EUREKA 221, 316
Europäische Atomgemeinschaft (EURATOM) 69, 77, 86, 282, 300, 325f., 687, 694
Europäische Gemeinschaft für Kohle und Stahl (EGKS) 69
Europäische Gemeinschaft(en) (EG), auch: EG-Kommission 113, 145, 158, 160, 179, 315, 498, *543*, 699, 708

Europäische Integration 19, 28, 69, 102, 159f., 177, 305, 315, 352, 459, 469, 498, 684, 709, 718f., 795, 802, 805, 809
Europäische Organisation für Kernforschung (CERN) 69, 215, 221, 223, 278, 281, 284, 286, 294, 296, 298, 302f., 305, 327, 627, 631, 688, 690, 694, 696–698, 702, 718, 801
Europäische Union (EU), auch: EU-Kommission 114, 160, 179f., 188, 200, 248, 356f., 392, 413, *494*, 498–500, 503, 505, *543*, 584, 668, 695, 707–710, 719, 781, 783
Europäische Verteidigungsgemeinschaft (EVG) 72f., 281, 690
Europäische Wirtschaftsgemeinschaft (EWG) 69, 83, 160, 443, 687
Europäisierung 29, 69, 179, 184, 200, 248, 351, 354, 356, 361, 388, 503, 700, 705, 708, 805, 812
Europapolitik 180, 708
Europarecht 427
European Experiment on Transport and Transformation of Environmentally Relevant Trace Constituents in the Troposphere over Europe (EUROTRAC) 316
European Incoherent Scatter Facility in the Auroral Zone (EISCAT) 143
European Launcher Development Organisation (ELDO) 76, 694
European Life Scientist Organization (ELSO) 710
European Molecular Biology Laboratory (EMBL) 352, 354, 375, *376*, 378, 389, 500, 627, 676, 696–700, 710, 718
European Molecular Biology Organization (EMBO) 69, 217, 352, 389, 695–699, 710, 715, 717
European Recovery Program (ERP), auch: Marshallplan 38, 81, 212, 694, 698
European Research Council (ERC) 145, 306, 326, 392, 469, 702, 707–710, 718, 776
European Science and Technology Assembly (ESTA) 709
European Science Foundation (ESF) 143, 180, 389, 699, 708, 776
European Science Research Council (ESRC) 143
European Southern Observatory (ESO) 76, 178, 298, 301–305
European Space Agency (ESA) 76, 299, 301f., 700
European Space Research Organisation (ESRO) 76, 120, 217, 296–299, 305, 694

European Union Research Organisations Heads Of Research Councils (Euro-HORCs) 180, 709
Euthanasie, auch: Kranken-, Patiententötung 403, 586, 591–593, 600–602, 605f., 612, 756
Evaluation, auch: Systemevaluation 186–188, 199f., 332, 407f., 413, 485f., 538f., *543*, 809
Evolutionsbiologie *355*, 392, 458, 471, 620, 623, 746, 802, 807
Experimentalsystem 383, 385, 410, 636
Exzellenz, -initiative, -programm, -sicherungsfonds, -zentren 79, 178, 200, 228, 322, 482, 485, 520, 551, 555f., 568, 576, 581–583, 686, 698, 700, 822f., 828, 830

F

Fachbeirat 22f., 96, 103, 171, 186–188, 312, 327, 329, 332, 393, 404f., 408, 486, 537–539, 807
Familienrecht, auch: Scheidungsrecht, Ehe(güter)recht 431, 802
Federation of American Scientists (FAS) 714
Feldforschung, siehe Freilandforschung,
Festkörper- und Oberflächenwissenschaften, auch: Festkörperphysik 234, *235*, 254, 259–268, 286, 288, 291, 301, 304, 330, 383, 456, 458, *464*, 465f., 496, 633f., 716, 807
Field Information Agency, Technical (FIAT), FIAT reviews 36, 38f., 279
Finanzen 50, 74, 206, 263f., 328, *425*, 434, 537, *543*, 545f., 612, 682, 731
Finanzkrise, siehe Wirtschaftskrise
Firmen(aus)gründung, auch: Start-up, Spin-off 183, 219, 251, 361, 494, 497f., 503f., 506, 626, 774, 778, 784
Fische 765, 767
Fluktuation 180, 190, 406, 553, 557, 562, 812
Fluorchlorkohlenwasserstoff (FCKW) 218, 320, 743
Föderales Konsolidierungsprogramm 172, 198, 466
Föderalismus(kommission) 20, 32, 63, 167, 443, 484, 687, 798, 800, 830
Food and Agriculture Organization of the United Nations (FAO) 217, 240, 685
Ford Foundation 216, 433
Förderndes Mitglied, siehe Mitglied, Förderndes
Förderungsgesellschaft Wissenschaftliche Neuvorhaben mbH 166, 188f., 444

Forschungscluster, siehe Cluster
Forschungsfeld 18, 20, 28, 35, 75–81, 86, 88, 102, 115, 119, 121, 127–131, 135, 143, 145, 151, 168f., 188, 201, 225, 232f., 237f., 254, 259, 268, 277f., 284, 290f., 295, 310, 317, 321, 329f., 332f., 344, 362, 366f., 372, 379f., 382, 384, 386, 388, 391, 395–397, 401f., 409, 412, 414f., 455, 465–467, 470f., 477, 480, 492, 529, 536, 538, 638f., 675, 687, 711, 713, 742, 758, 760, 779f., 803, 807, 810, 822
Forschungsfeldevaluation, -kommission 188, 467, 538
Forschungsfreiheit 223, 284, 518, 539, 564, 727, 736, 738, 758, 760, 775, 777, 786–788, 826, 829
Forschungsgruppe(n), -leiter:in (MPI) 42, 131, 299, 301, 310, 315f., 326f., 330, 332, 407, 431f., 453, 462, 480, 501, 552, *560*, 561, 568, 592, 628f., 638, 641, 645, 647, 680f., 710, 716f., 737, 739, 743, 755, 801
Forschungsinstitut für Wasserbau und Wasserkraft der KWG 453
Forschungsklinik 381, 401–406, 752–755, 787
Forschungskontrolle 35, 38, 214, 280
Forschungsplanung 100, 120, 122, 130, 133, 153, 200, 225, 226, 230, 446, 456, 525, 533, 535, *543*, 566, 693, 703, 809, 820
Forschungspolitik, siehe Wissenschaftspolitik
Forschungsrahmenprogramm (FRP) 145, 179f., 314, 316, 708, 710, 718
Forschungsreaktor 281–284, 287
Forschungsstelle Ernst Fischer 170
Forschungsstelle für Bioakustik in der MPG 387
Forschungsstelle für Eiweiß und Leder, siehe Max-Planck-Institut für Eiweiß- und Lederforschung
Forschungsstelle für Geschichte der Kulturpflanzen in der MPG *239*, *244*, 247
Forschungsstelle für Hirnkreislaufforschung (MPG) 381
Forschungsstelle für Mikrobiologie der KWG 453
Forschungsstelle für Pflanzenbau und Pflanzenzüchtung in der MPG 52, *239*, *244*
Forschungsstelle für Psychopathologie und Psychotherapie in der MPG 125
Forschungsstelle für Spektroskopie in der MPG 323f.

Forschungsstelle Humanethologie in der MPG 392f.
Forschungsstelle Matthaei in der MPG *387*
Forschungsstelle v. Sengbusch in der KWG/MPG 79, *239*, *244*
Forschungsstelle Vennesland in der MPG 125
Forschungstechnik, -technologie 140, 216, 230, 253, 494, 504, 627
Forschungstradition 210, 222, 253, 293, 344, 349, 363–366, 399, 404, 424, 496, 606, 694, 702f., 756f., 762, 793f., 796f., 801, 803, 806, 810, 812, 818
Forschungsverbot, -beschränkung 28, 36, 59, 68, 76, 232, 277, 280, 283, 294, 297, 455, 480, 728, 736, 786, 800, 813, 818
Forschungszentrum, siehe Zentrum
Fortschritt 115, 117, 144, 159, 207, 218, 220, 223, 243, 299, 303, 312, 325, 327, 329f., 352, 368, 389, 436, 452, 492, 505, 560, 568, 583, 595, 636, 667, 683, 685, 739, 742, 746f., 753, 761, 767f., 805, 809f., 819, 825, 831
Frankreich 42–44, 51, 57, 63, 69, 72f., 83, 89, 113, 133, 159f., 196f., *250*, 279, 281, 298, 325, 344, 380, 389, 442, 483, 685, 687–691, 695, 697, 701f., 741, 797, 802, 814
Frauenförderung, Frauenfördergesetz, -Rahmenplan 183, 197–200, 566–568
Fraunhofer-Gesellschaft zur Förderung der angewandten Forschung (FhG) 80f., 132, 144f., 163, 259, 262, 264, 311, 316, 333, 471, 479f., 484–486, 492, 496, 498, 519, 542, 597, 709, 713, 730–732, 737, 824
Fraunhofer-Institut(e) 311, 316, 330, 333, 482, 485, 729, 731, 736, 743, 764
Freie Demokratische Partei (FDP) 71f., 86, 96, 99, 101, 103, 114, 116, 143f., 147, 151, 161, 355, 483, 495, 499, 535, 540, 584, 712, 805
Freie Universität Berlin 59, 266, 593, 602f., 747
Freilandforschung, auch: Feldforschung, Freilandversuche 243, 250, 370, 392, 740, 755, 780, 782
Friedensbewegung 87, 114, 221, 728, 734, 738, 787
Friedrich-Miescher-Laboratorium für biologische Arbeitsgruppen (FML) 75, 125, 128, 354, *371*, 375, 385, 389, *461*, 622, 625, 647, 699
Friedrich-Wilhelms-Universität zu Berlin 579, 668, 670, 751

Fritz-Haber-Institut der Max-Planck-Gesellschaft (FHI) 22, 40–42, 48, 92, 125, 134, 168, 210, 260, *261*, 262, 266, *267*, 349, *358*, *360*, *461*, 491, 530, 613, 627f., 637, 642, 677, 710
Führerprinzip 796, 815
Fusionsforschung, siehe Plasmaphysik

G
Galapagos Foundation 143
Garching Instrumente Gesellschaft zur industriellen Nutzung von Forschungsergebnissen mbH, Garching Innovation GmbH, auch: Max Planck Innovation GmbH 140–142, 153, 183, 219, 494f., 504f., 626, 780, 799, 808
Gastwissenschaftler:innen 68, 136, 138, 144, 151, 194f., *195*, 428, 535, 554, 559f., 809
Gehalt, Gehaltsabrechnung(sstelle) 36, 43, 91, 116, 118, 142, 162, 177, 539, *543*, 547–549, 552, 554, 565, 584, 590, 637, 817
Geheimdienst, Nachrichtendienst 44, 62f., 88, 279, 796
Gehirnsammlung, siehe Sammlung, medizinische
Geisteswissenschaften 17, 21, 27, 54, 84f., 166, 170, 181, 188, 194, 199f., 224–226, 234, 237, 319f., 422–424, 428, 435–437, 441–450, 460, 467, 497, 525, 527, 560, 584, 638, 645, 670, 687, 690, 705, 710, 713, 763, 774, 778, 803f., 810–812, 821
Geisteswissenschaftliche Sektion (GWS) / Geistes-, Sozial- und Humanwissenschaftliche Sektion (GSHS) 54, 84, 125, 130, 136, 147f., 166, 174, 181, 234, 236, *358*, 359, 361, 390f., 393, 396, 421–428, 434f., 439–449, *451f.*, 456, *460f.*, 462–464, 469, 471, 527, 531f., *557*, 558, 561, 620, 622, *630*, *635*, 637, 641, 647, 670f., 787f., 800, 803f., 810f., 819
Geisteswissenschaftliche Zentren 166, 170, 182, 188, 194, 444f., 497, 810
Geistiges Eigentum, siehe Intellektuelles Eigentum
Gemeinnützigkeit 518
Gemeinschaftsgüter 431, 433f., 449
Genderverhältnisse, -gerechtigkeit, auch: Geschlechterverhältnis, -rollen 18, 32, 136, 197–199, 238, 341, 399, 415, 475f., 550, 555–557, 562, 567f., 615, 617, 639–648, 652, 748, 762, 794f., 809, 813, 829f.
Generalsekretär:in 22, 27, 53–56, 88f., 91, 94, 118–120, 127, 133, 139, 150, 162, 178f., 189f., 193, 199f., 242, 257, 433, 447, 495, 520–523, 526, 528, 537, 540, *543f.*, 545f., 548, 579f., 589, 603, 608, 612f., 699, 705, 707f., 734, 799, 820
Generalverwaltung (KWG) 16, 35–37, 39f., 43, 45f., 56, 61–63, 421, 597f., 797, 815
Generalverwaltung (MPG) 16f., 20f., 23, 35, 47–50, 56f., 60, 62, 78, 88–91, 94–99, 103, 114, 117, 121–124, 127, 136, 143–152, 167, 170, 183, 188–194, 200, 230, 242, 327, 331, 359, 408f., 424, 447, 455, 458, 469, 494f., 497, 500, 519, 522, 524, 528, 530, 532f., 537, 539–549, *543f.*, 553, 554, 559, 561f., 577, 579, 581, 585, 587, 590f., 593–606, 611–614, 628, 636–638, 673, 685, 688, 691, 698, 706–708, 712, 734–738, 759, 771–773, 776, 784, 807, 811, 817f., 820, 830f.
Generation, wissenschaftliche 800–804, 822
Genetic Manipulation Advisory Group (GMAG) 775
Genetik, auch: Erbbiologie 61, 208, 240, 249f., 341, 349, 352f., *358*, 364–366, 368, 373f., 377f., 392, 411, 443, 445, 458, *464*, 465f., 469, 592, 601, 626, 628f., 633, 695, 779, 781, 803
Genetisch veränderte Organismen (GVO), auch: transgene Organismen 250, 780f.
Genomforschung, Genomprojekte 222, 241, 253, 345, 356f., 361, 410, 467, 469, 503, 621, 628f., 632
Gentechnik, auch: Genetic Engineering, rekombinante DNA, synthetische Biologie, Neukombination von Genen 219f., 222, 232, 236–238, 241, 247–253, 341, 344f., 350, 354–361, 458f., 476, 496, 499–504, 595, 621, 624, 726f., 742, 758–760, 773–788, 802f., 806, 808, 827
Genzentrum 248, 250f., *461*, 500, 779, 808
Geoengineering 743
Geowissenschaften, Geologie, auch: Erdwissenschaften, Hydrologie 132, 210f., 221, 233, 234, *235*, 277, 286, 291, 294, 300, 307–311, 315, 319, 439, 441, 451, 456, 463, *464*, 464–466, 469, 550, 739–742, 744, 810–812
Gerät 37, 114f., 135, 141, 260, 279, 286, 299, 344, 354f., 393, 395, *543f.*, 549, 552–554, 621f., 625–627, 667, 670, 675f., 698, 748
Geräte-Modernisierungsprogramm, auch: Apparate-Fonds 127, 161, *541*, 625
German Scientific Advisory Council 45
Gesamtbetriebsrat, siehe Betriebsrat
Geschichtswissenschaften, darunter: Architekturgeschichte, Bau-, Institutionen-, Kunst-, Sozial-, Unternehmens-, Wirtschafts-, Wissenschafts- 15, 17, 20f., 27, 30, 70f., 183, 213, 217, 221, 225, 229, 234, 238, 268, 362, 442, 444f., 449, 467, 491f., 558, 577f., 586, 589, 597, 600, 607–609, 667f., 679f., 774, 778, 793–795, 812, 824
Geschlechter, siehe Genderverhältnisse
Gesellschaft Deutscher Naturforscher und Ärzte 126, 769
Gesellschaft für Biotechnologische Forschung (GBF) 240
Gesellschaft für die Verwertung der Kernenergie in Schiffbau und Schifffahrt (GKSS) 311, 315, 326f., 480
Gesellschaft für Kernforschung mbH 283, 288
Gesellschaft für Schwerionenforschung (GSI) 286
Gesellschaft für wissenschaftliche Datenverarbeitung (GWDG) 21, 23, 636
Gesellschaft zur Förderung der biomedizinischen Forschung e. V. 769f.
Gesellschaftsrecht 431
Gesetz zur Wiederherstellung des Berufsbeamtentums 478
Gesundheitspolitik 586
Gewerkschaften 54, 98, 488, 520, 564–566, 737, 775f.
Giftgas, siehe Chemische Waffen
Glas- und Keramikindustrie 52, 264
Gleichstellung(s), -maßnahme, -politik 18, 198, 405, 475f., *543*, 551f., 563, 566–568, 652, 762, 808f., 812f.
Gleichstellungsbeauftragte *543*, 567f., 762
Global Fire Monitoring Centre (GFMC) 743
Globalisierung 29f., 115, 158–160, 177f., 181, 192f., 195, 199f., 219, 221, 238, 247, 293, 392, 471, 497, 584, 684, 718, 755, 806, 809, 812, 825, 827
Gmelin-Institut für anorganische Chemie und Grenzgebiete (in) der Kaiser-Wilhelm-/ Max-Planck-Gesellschaft 125, *285*, 288, *290*, 291, 463
Göttinger Erklärung 87, 102, 146, 217, 283, 438, 491, 714, 718f., 732f., 737, 786, 805, 808

Governance 17, 27, 53, 55, 63, 92f., 101f., 122, 186, 191, 222, 236, 250, 453, 475, 486, 516–518, 528–533, 546, 596, 634, 636, 728, 734, 737, 800, 804, 818–820, 824, 831f.
Gravitationsforschung 168, 222, 302, 304f., 329f., 460, 469, 685, 701–704, 822
Grenzproblem 208
Griechenland 69, 113
Großbritannien (Vereinigtes Königreich) 62, 69, 113, 128, 143f., 159, 177, 186, 196f., 200, 212, 214, 222, 263, 281, 299, 344, 372, 374, 380, 389, 400f., 406–408, 411, 486, 685, 691, 695f., 698, 701, 703, 705, 713, 719, 753, 771, 774, 780, 797
Große Koalition 71–73, 82, 715
Großforschung, auch: Big Science 69f., 76f., 85f., 93, 102, 138, 211–213, 221, 231f., 240, 277f., 284, 286, 294, 300, 429, 481, 484, 486, 491, 536, *618*, 619, 621f., 628, 635, 674f., 694f., 704, 710, 798, 801, 824
Großgeräte 262, 278, 285, 344, 367, 460, 538, 621, 667, 675, 801
Grundlagenforschung 15f., 18–20, 27, 32, 37, 44–46, 59, 62, 69, 72, 76, 79–82, 84, 102, 121, 124, 132f., 139f., 144f., 149, 153, 160, 163, 166, 176, 179f., 182, 209, 212–216, 223, 227, 230, 233f., 237, 240, 242, 246f., 249, 250f., 253, 256, 258, 263, 277, 279, 282, 284f., 290, 297, 305, 318, 322, 324, 330, 347f., 354, 361, 392, 398, 400f., 404, 406, 409f., 412–415, 422f., 434, 437, 441, 446, 452, 455, 458f., 471, 475f., 483, 488f., 492–506, 525, 581–585, 588, 613–615, 619, 642, 677, 686f., 690f., 693, 697, 704f., 708f., 727, 729f., 732, 736, 738f., 746, 751f., 759f., 763, 771, 778, 786–788, 793–795, 797, 799–808, 811, 813f., 818, 821–826, 828, 831f.
Gründungskommission 265, 317f., 393, 447
Grüne Revolution 216
Gutehoffnungshütte AG 55

H
Haber-Bosch-Verfahren, siehe Ammoniaksynthese
Halbleiter, -technologie 207, 211, 216, 232, 259–263, 268, 322, 325, 327, 330, 333, 799–801, 808
Hallstein-Doktrin 144, 711f.
Hamburg (Bundesland) 55, 311, 427, 671
Handelsrecht 431
Harnack-Haus 594, 611, 710
Harnack-Prinzip 15, 17, 28f., 32, 70, 78, 83, 101f., 121f., 124, 130, 146, 161, 181, 227, 229, 373, 378, 433, 436, 439, 441, 457, 471, 475f., 481, 488, 530, 533–536, 538, 550, 554–557, 567f., 582, 614, 617, 619–621, 635, 648–652, 668f., 682–684, 689, 693, 795, 804f., 808, 814–817, 820f., 828
Harvard University / Medical School 374, 390, 465, 581, 629, 715f.
Hauptversammlung, siehe Mitgliederversammlung
Haus der Kulturen der Welt (HKW) 744, 747
Hausberufung, auch: Rekrutierung interne 103, 350, *351*, 396, 450, 457, 462, 470, 555, 558, 804, 816, 830
Haushalt, auch: Einnahmen und Ausgaben der MPG 28, 31, 41f., 49, 54–56, 62, 68f., 71–75, 78–80, 102, 116–130, 134f., 137, 139, 143, 149, 151–153, 160–163, 171f., 175, 188, 191–193, 201, 206, 233, *235*, 244, 245, 248, *249*, 259, 264, *265*, *267*, 268, 288f., *394*, 397, 455, 458, 475, 477, 479, 483–485, 491, 493, *494*, 495f., *501*, 502–506, 516–519, 522, 530f., 535, 537f., 540, *543f.*, 546–549, 554f., 559, 577, 579, 588, 592, 596, 599, 612–614, 625, 638, 641, 668, 673, 677, 679, 694, 700, 703, 706, 729–731, 769, 787, 798, 805–809, 813
Heereswaffenamt (HWA) 728, 730
Heilige Allianz, siehe Allianz der Wissenschaftsorganisationen
Heimarbeit 565
Helmholtz-Gemeinschaft (HGF), auch: Arbeitsgemeinschaft der Großforschungseinrichtungen (AGF) 77, 80, 86, 227, 232, 357, 412, 469, 482, 484, 486, 498, 519, 645, 709, 801, 818, 824, 829
Herbizid, siehe Pestizid
Herkunft 21, 30, 103, 199, 236, *468*, 550, 558, 578, 604, 606, 615, 747, 816
Hermeneutik, hermeneutisch 620, 650
Hessen 41, 50, 58, 405, 479, 600, 752, 770, 772, *766*, 770, 773
High Energy Gamma Ray Astronomy (HEGRA) 304
Hirnforschung 46, 115, 232f., 237, 379–381, 386, 388f., 395f., 403, 639, 803
Histologie 364, 385, 748
Hochenergiephysik 211, 215, 220, 222f., 232, 277, 284–286, 621, 625, 627
Hochfeld-Magnetlabor 262, 393, 690
Hochschulen, siehe Universitäten
Hochschulrektorenkonferenz (HRK), auch: Westdeutsche Rektorenkonferenz (WRK) 74, 80, 97, 178, 479, 482f., 730, 736f., 824
Hochtechnologie 219, 225, 237, 465, 496
Hoechst AG 209, 243, *250*, 251, 263, 288, 426, 500, 502, 506
Hoffmann-La Roche AG 37, 209, 243, 278
Human Frontier Science Program 392
Human Genome Project (HGP) 410
Humangenetik 58, 352, 356, 377, 385, 456, 463, 760, 778
Humboldt-Universität zu Berlin 42, 330
Hydrobiologische Anstalt der KWG bzw. MPG 46, *239*, 244, 454, 740f.
Hydrologie, siehe Geowissenschaften

I
IG Farbenindustrie AG 55, 499, 589f.
Industrie, -gesellschaft, -unternehmen, -unterstützung, -partner, -staat, industriell, Industrielle 19, 37f., 40, 46, 48f., 55, 61, 69, 73, 75, 77, 79f., 84, 89, 99, 102, 113–116, 120, 134f., 153, 185, 240, 243, 248, 250–256, 259, 263, 277, 282f., 297, 324–327, 332f., 340, 344f., 361, 421, 438, 470, 477, 479, 482, 487–492, 494, 496–500, 502, 504–507, 520, 523, 526, *543*, 558, 580f., 584, 586, 589, 616, 626, 636, 641, 669f., 674, 686, 690, 698, 716, 727, 730, 732, 739–741, 745, 758, 762, 777f., 780–784, 796f., 799–801, 808, 818, 821, 822f., 827f.
Industrieberatung, siehe Beratertätigkeit
Industrieforschung, -labor 80f., 209, 219, 325, 477, 481, 487, 492, 495, 578, 728f., 731, 818
Industriekontakt, -kooperation 79, 250, 256, 346, 348, 359, 502f., 206–219, 221, 223, 226, 231, 233
Industrienähe 32, 37, 80f., 140, 243, 256, 348, 479, 490, 580, 783, 797, 801, 821
Inflation, Inflationsausgleich 28, 71, 116–118, 127, 151, 220, 478, 619
Informationstechnologie 114, 135, 219, 222, 291, 532
Informationswissenschaften, Informatik, auch: Bioinformatik 21, 205, 211, 217, 341, *358*, 392, 459, 463, *464*, 466f., 628, 641
Ingenieurwissenschaften 169, 463, 553, 560, 633f.
Innovation(s), -chancen, -fähigkeit, -faktor, -förderung, -motor, -prozess, -zwang 18, 52, 81, 126f., 140f., 171,

192, 206, 208, 210, 212f., 215, 223, 228, 250, 253, 304, 331, 344f., 351, 359, 361, 392, 399, 401, 404, 406f., 410, 413f., 443, 447, 455, 467, 471, 477, 479, 482, 485, 488, 493, 498f., 502, 505, 518, 536, 551, 583f., 622, 626, 675, 687f., 700, 704, 741, 799f., 808, 818, 822, 829, 831
Innovationssystem 177, 207, 210, 268, 505, 584, 795, 801, 818, 822, 828
Institut de Radioastronomie Millimétrique (IRAM) 143, 297, 690
Institut für Festkörperforschung und Elektronenmikroskopie der AdW 168, 264, 466
Institut für Instrumentenkunde in der KWG 46, 280, *285*
Institut für Ionosphärenforschung in der MPG 295f.
Institut für Plasmaphysik GmbH in der MPG, siehe Max-Planck-Institut für Plasmaphysik
Institut für Seenforschung und Seenbewirtschaftung der KWG 52
Institut Laue-Langevin 262, 690, 697
Institut Pasteur 43, 687
Instituto Geográfico Nacional (IGN) 143
Institutsausgliederung 80, 326, 470, 529
Institutsausgründung, auch: Verselbständigung 75f., 326, *371*, 372, 457, 470, 821
Institutsbetreuung 152, 189f., 200f., 541, *543f*, 545–547
Institutsfusion, -zusammenlegung 266, 354, 381, 395, 445f., 457, 470f., 618, 675, 802, 811
Instituts(neu)gründung 27–30, 48, 69, 71, 75–79, 81, 83–85, 92f., 102, 114, 117, 119, 122f., 125, 127–136, 146–151, 160–162, 167–170, 174–176, 179, 181, 183, 188f., 194, 199, 201, 207, 217, 225f., 232–236, *239*, 251, 253–256, 259, 263–267, 280, 285, 287, 292, 294, 302, 308f., 311f., 317–320, 323–326, 328–333, 345, 352, 363, 373, 377, 391f., 407f., 411f., 422–427, 433, 437–448, 451, 453, 456–458, 460, 463, 466–471, *468*, 492, 505f., 518, 523, 529f., 533, 546, 557, 561, 564, 577, 648, 680f., 688, 706, 716, 743, 746f., 787f., 802–804, 806, 808f., 812, 815f., 820f., 825,
Institutsschließung 27, 29, 80, 93, 100, 121, 123, 126, 139, 142, 146–148, 152, 166, 172–174, 182, 199f., 226, 247, 264, 303, 353, 389, 392, 399, 413, 439, 440–447, 456, 463, 467, 470f., 493, 497, 518, 520, 527, 529, 533, 538, 541, 545, 561, 598, 650f., 706, 729, 806, 811, 820
Institutsumgründung, -umwidmung 75, 447, 457, 470f., 517, 519, 527, 559, 561, 811, 820
Instrument(enentwicklung) 21, 29f., 37, 46, 59, 62, 84, 100, 119, 122f., 128, 130, 139–142, 145, 153, 162, 165, 167, 171f., 184, 186f., 200, 205, 209–211, 216, 220, 226, 231, 234, 248, 253, 277f., 285f., 290, 294, 296f., 299, 301–303, 313, 322, 324, 329, 331, 341, 344f., 349, 352, 354f., 407, 409, 457, 467, 469, 477, 481f., 485, 531, 535, 537, 541, 553, 584, 621f., 625, 640, 648, 672, 675, 682, 713, 731, 761, 788, 806f., 817 – Siehe auch Geräte
Intellektuelles Eigentum, Intellectual Property, auch: geistiges Eigentum 322, 649
Interdisziplinäres Zentrum *für klinische Forschung* (IZKF) 410–413
Interdisziplinarität, interdisziplinäre Forschung 21, 134, 148, 205, 208, 216, 218, 222, 225f., 230, 233f., 343–345, 347, 354, 361–367, 372, 380, 390, 393–397, 412f., 421, 425–428, 432–444, 447, 449, 467, 471, 493, 499, 536, 550, 608, 622, 632–635, 648, 675–677, 681–683, 709, 742, 744, 747, 752, 761, 774, 800, 806, 809f., 830
Interessengemeinschaft 352, 470
International Geosphere Biosphere Program (IGBP) 315, 743
International Institute for Applied Systems Analysis (IIASA) 143
International Max Planck Research Schools (IMPRS) 180f., 195, 200, 482, 559, 583, 622, 628, 824
International Union of Geological Sciences (IUGS) 744
Internationale Politik / Beziehungen 19, 143, 442, 684, 705, 711
Internationalisierung 18, 29, 92, 126, 160, 177f., 180, 184, 195, 197, 199, 217, 222, 249, 351, 361, 388, 466–469, 496, 499, 517, 568, 577, 582–584, 615f., 624, 676, 686, 693, 700, 707, 711, 713, 718, 794, 808f., 812f., 816, 825, 827, 829
Interne Revision 189, 539f., *543f*
Internet, auch: Computernetzwerk 30, 178, 216f., 222, 613, 638, 646
Intersektioneller Ausschuss des Wissenschaftlichen Rats (ISA) 95, 98, 130, 186, 191, 396, 528, 821
Irland 113

Israel 56, 143, 507, *543*, 566, 603f., 684f., 705, 710f., 718, 808, 825, 827
Italien 69, 113, 180, 196, 249, *250*, 305, 325, 389, 701f., 734

J

Japan 140, 143, 149, 216, 240, *250*, 306, 389, 392, 701, 706, 780
Jenoptik AG 728
Jugoslawien 69

K

Kaiser-Wilhelm-Institut(e) 34–37, 41–45, 47–49, 51, 56–60, 62, 101, 112, 131, 135, 231, 242f., 255f., 258, 373, 381f., 421f., 428, 436, 455, 516, 536, 580, 585–587, 600, 606f., 610f., 669, 671, 687, 695, 796, 739, 815
Kaiser-Wilhelm-Institut (KWI) für
– Anthropologie, menschliche Erblehre und Eugenik 52, 58, *342*, 453, *454*, 586, 594, 601–603, 669, 695
– Arbeitsphysiologie 37, 59, *239*, *342*, *454*, 580, 644, 669
– ausländisches öffentliches Recht und Völkerrecht 81, 421f., *425*, 426f., 429, 434f., *454*
– ausländisches und internationales Privatrecht 42, 47, 421f., *425*, 426f., 429, 434f., *454*
– Bastfaserforschung 57, *239*, 245, *454*
– Biochemie 42f., 47, 88f., 207, *239*, *342*, 346, *454*, 495, 499, 586, 601, 643, 669
– Biologie 42f., 47, 207, *239*, 249, 287, *342*, 364, 367, 669
– Biophysik 285, 286, *342*, *454*
– Chemie 42f., 47, 59, *261*, 278–280, 285, *454*, 455, 620
– Deutsche Geschichte 75, 436
– Eisenforschung 57f., 255–258, *261*, *454*, 487, 580
– Faserstoffchemie 209, 231, 255, *261*
– Hirnforschung *342*, 380f., 401, *454*, 586, 600f., 605, 612
– Kohlenforschung 46, 288, *454*, 580
– Kulturpflanzenforschung 52, *239*, 245, 453, *454*
– Kunst- und Kulturwissenschaft, siehe Bibliotheca Hertziana
– landwirtschaftliche Arbeitswissenschaft *239*, 245, *454*
– Lederforschung *239*, *342*, 346, *454*, 487
– medizinische Forschung 35, 278f., *285*, 294, *342*, *454*, 645, 733
– Meeresbiologie 52

- Metallforschung 37, 255-257, *261*, *266*, *285*, *454*, 487, 799
- Phonometrie, auch: Deutsches Spracharchiv 46, 52, 453
- Physik 40, 46f., 232, 256, 278f., 281, *285*, 323, *454*, 669
- physikalische Chemie und Elektrochemie 41f., 48, 59, 125, *261*, 323, 586, 589
- Psychiatrie, siehe Deutsche Forschungsanstalt für Psychiatrie (DFA)
- Rebenzüchtungsforschung 52, 453, *454*
- Silikatforschung 59, 255f., 258, *261*, *454*
- Strömungsforschung 35, 307, 599
- Tierzucht und Tierernährung (Tierzuchtforschung) 243, *454*
- Zellphysiologie 346, *454*, 669
- Züchtungsforschung 52, *239*, 243, 245, 251-253, *342*, *454*, 589, 745, 775

Kalter Krieg 28, 33, 44, 69, 211-216, 221, 232, 260, 277, 296, 298, 301, 305, 341, 346, 384, 456, 470, 686, 690, 697f., 701, 711-713, 717-719, 793, 797, 825

Kapitalismus 99, 221-223, 488, 719, 806

Karolinska Institutet 710

Karriere(verlauf) 16, 37, 56, 59, 88f., 101, 120, 137, 140, 196f., 199, 256, 258, 266, 295, 312, 314, 346, 350, 368f., 373, 396, 400, 421, 450, 462, 470, 526, 553, 555, 558f., 561, *563*, 586, 607, 645, 684, 687, 693, 699, 709, 817, 825, 828, 830

Kartoffel 246, 782

Kernchemie 277f., 282, 289, 459

Kernenergie, auch: Atomenergie, Atomkraft 69, 86, 91, 215, 217f., 243, 280-282, 286, 288, 293f., 491, 595, 690, 733, 777f., 780, 805, 808

Kernforschungsanlage Jülich GmbH (KFA) 261f., 280f., 326, 481, 486

Kernforschungszentrum Karlsruhe (KfK) 258, 282f., 286

Kernfusion, siehe Fusionsforschung

Kernphysik, auch: Atomphysik 69f., 77, 146, 211, 214, 231, 277-281, 284-286, 290, 292f., 321-324, 480f., 491, 528, 531, 558, 686, 733, 737, 821

Kernreaktor, auch: Atomreaktor, Atomkraftwerk 277-284, 287, 290, 294f., 733, 801

Kernreaktor Bau- und Betriebsgesellschaft mbH 283, 287

Kernspinresonanzspektroskopie (NMR) 675

Kernspintomografie (MRT), auch: FLASH, Magnetresonanztomografie 115, 141f., 221, 393, 504, 675, 799

Kernwaffen, siehe Atomwaffen

Kinderbetreuung 565

Kirchen, -vertreter 223, 440, 604, 729, 737, 779, 782

Kleinwanzlebener Saatzucht AG (KWS) 246, *250*, 782

Klimaforschung 133, 220, 237, 307-314, 319f.

Klimakrise, siehe Umweltkrise

Klimawandel 218, 222, 241, 308, 315, 320, 595, 711, 742f., 808, 827, 829

Klinikum Großhadern 395, 675

Klinische Forschung 209, 355, 359, 399-415

Klinische Forschungsgruppen 165, *371*, 399, 401, 405-412, 531, 759

Klinischer Versuch, siehe Menschenversuch

Kognitionswissenschaften 233, 234-237, 355, 379, 390-397, 445, 463, *464*, 466-469, 803, 810, 821

Kollegiale Leitung, Kollegium 30, 78, 94, 102, 112, 235f., 262, 268, 297, 299, 354, 385, 408, 441, 444, 516, 534, 536f., 544, 551, 555, 564, 568, *618f.*, 620, 622, 676f., 804, 807f., 812f., 823

Kommerzialisierung 115, 153, 200, 219, 222f., 251, 344, 475, 506, 616, 625, 652, 788, 808, 831

Kommissionen, darunter: Evaluierungs-, Sektions-, Struktur-, Wahl-, Zukunfts- (MPG) 21, 50f., 74, 77, 82, 93f., 99f., 121f., 126, 131, 134f., 141, 147, 181-183, 187f., 191, 229, 258-265, 268, 280, 299, 323f., 328, 330f., 351, *353*, 373f., 377, 386, 388, 391, 396, 399, 402f., 406-409, 412f., 415, 428, 433, 435, 442-448, 460, 479, 486, 525f., 530, 538, *543*, 604, 613, 615, 638, 672, 703, 727, 736, 744, 757-762, 768f., 772f., 804, 807, 816, 819-821, 831 – Siehe auch Berufungs-, Ethik-, Forschungsfeld-, Gründungs-, Perspektiven-, Präsidenten-, Senatskommission

Konferenz über Sicherheit und Zusammenarbeit in Europa (KSZE) 114

Königsteiner Staatsabkommen 48, 50-56, 63, 69-70, 73-75, 83, 87, 118, 175f., 193, 455, 479, 484, 490, 516, 521, 537, 547, 798

Konkurrenz 20, 27, 32, 38, 52f., 62, 69, 76, 90, 130, 160, 164, 177f., 184, 200, 212, 216, 221f., 228, 230-232, 241, 257, 263f., 281, 284-286, 290, 303, 320, 327, 364, 367, 380, 392, 395, 408, 423, 460, 469, 476-485, 488, 491, 497, 504, 507, 517f., 523-525, 531, 537, 547, 564, 566f., 623, 626, 629, 652, 679, 684-688, 697, 701f., 718f., 798, 801, 817, 819, 821, 823f., 829f.

Konkurrenzfähigkeit 114, 127, 140, 153, 178, 197, 199, 221, 299, 314, 480, 567, 583f., 686f., 696, 777, 822, 825

Konzentrationslager (KZ) 589, 611, 747-750, 756, 786

Kooperation 17-23, 27, 32, 44, 76-78, 129, 143-146, 152, 164f., 167, 178, 180, 188, 201, 206, 215f., 222f., 230f., 250, 252, 256, 262f., 281, 284, 286, 289, 292, 296-298, 301-307, 309-310, 327, 330f., 333, 348f., 352, 356, 358f., 361, 363-367, 373, 376, 378, 383f., 388, 391, 400f., 406f., 409, 411-414, 430, 434, 437, 440f., 443, 446f., 449, 467, 469f., 475f., 478-486, 488, 490f., 496, 499f., 500-507 (speziell: Industrie), 531, 536, 538, *543*, 558, 567, 583, 615, 617, 621f., 624-626, 629-636, 647, 652, 670, 679f., 682, 684-687, 690, 694f., 698-714, 718f., 747, 754, 798, 800-802, 806, 809, 814, 816, 821-825, 828, 830f.

Koordinierungsstelle EG der deutschen Wissenschaftsorganisationen, Brüssel (KoWi) 179f., *543*,

Korporatismus 20, 488, 491, 814, 822-824, 828

Kosmochemie 277, 279f., 285f., 294, 300

Krankentötung, siehe Euthanasie

Krebsforschung 372f., 378, 500, 644, 761

Kriminologie 422, 424f.

Krisenbewältigung 119, 439, 541, 807

Krupp-MAN-Konsortium 297

Krupp von Bohlen und Halbach-Stiftung 178

Kulturanthropologie, siehe Anthropologie

Kulturwissenschaften 445, 747

Kultusminister, -konferenz (KMK) 50f., 53, 55f., 58, 63, 82, 87, 129, 175, 192, 437, 478f., 521, 673

Kunsthistorisches Institut Florenz (Max-Planck-Institut) 445, 647

Kuratorium 48, 123, 187, 257, 263, 284, 288, 491, 537, *543*, 781f.

Kybernetik 120, 382-384, 457

L

Labor, -arbeit, -sicherheit, Laboratorium, laborbasiert 38, 69, 99, 138, 145, 180, 210f., 217, 220, 222f., 226, 233, 237f., 241, 245f., 248, 250-253, 262f., 279,

287f., 294, 305, 309, 311–314, 319f., *334–339*, 344, 351f., 355–357, 359, 384, 388f., 392f., 396, 399–402, 405, 410, 414, 443, 460, 469, 471, 477, 487, 502, 504f., 523, 552, 578, 597, 617, 620–627, 629, 639, 642–647, 652, 667, 670, 673, 676, 683, 691, 695–700, 702, 704, 717, 732, 740, 742, 748, 751–756, 760f., 774–779, 796, 806, 831

Laborant:in 198, 551–553, 587, 643f.

Länderfinanzausgleich 135, 170, 175

Länderrat des Vereinigten Wirtschaftsgebiets 39, 51, 479

Landwirtschaftswissenschaften 207, 225, 231–237, *235*, 239–243, *244*, 247–249, 252f., 340, 359, 361, 455f., 458, 490, 620, 623, 628, 739–742, 787, 802f., 806, 821

Laserforschung, -technologie 130–134, 211, 222, 236f., 260, 284, 291, 304, 321–333, 408, 456, 460, 485, 534, 701, 807

Lawrence Livermore National Laboratory (LLNL) 325f.

Lebenswissenschaften, auch: Life Sciences 115, 169, 208f., 219, 224, 227, 233f., 236–238, 247f., 253, 341–346, *347*, 350, 352–365, 372, 378, 396, 444, 446, 449, 456, 458, 460, 462–467, 471, 475f., 498–500, 502–505, 616f., 620–622, 625–629, 639, 651f., 710, 742, 759f., 773f., 787, 801–810, 821

Leibniz-Gemeinschaft (WGL), auch: Blaue-Liste-Institute 80, 163f., 166, 445, 469, 482, 484–486, 519, 538, 824

Leitbild 452, 485, 499, 584

Leitungsfunktion, -form 30, 54, 96, 100f., 103, 112, 122, 153, 171, 188, 194, 198, 200, 408, 475, 520, 535f., 548, 599, 620, 652, 735, 817

Leitungspersonal, -personen, -persönlichkeiten 17, 81, 95, 103, 124, 130, 146, 166, 177, 195, 199, 230, 247, 256, 350, *351*, 435, 438, 443f., 450f., 457, 462, 466f., *368f.*, 470, 481, 489, 493, 497, 507, 530, 535, 538, 554, *560*, 561, 567, 585, 587f., 620, 651, 799, 811f., 819, 828

Leitz Wetzlar GmbH 326

Leopoldina, auch: Deutsche Akademie der Naturforscher Leopoldina, Nationale Akademie der Wissenschaften Leopoldina 144, 165, 582, 736

Lex Heisenberg 299, 529

Life Sciences, siehe Lebenswissenschaften

Limnologische Station Niederrhein 247

Lineares Modell 213, 410

Linguistik 130f., 390, 392, 396, 443

Lizenz(en), -gewinn, -gebühr 140–142, 162, 219, 233, 410, 494f., 503, 760, 780

Lizenzagentur, siehe Verwertungsagentur

Lohn 43, 71, 91, 116–118, 141, 161f., 194, 547, 652

Luft- und Raumfahrtforschung, -entwicklung 212, 215, 222, 235, 287, 290, 296, 301, 384, 599, 750

Luxemburg 69, 113, 160

M

Magnetenzephalografie (MEG) 393

Magnetresonanztomografie (MRT), siehe Kernspintomografie

Magnettechnik 284

Mainauer Erklärung 146, 714

Makromolekulare Chemie 209, 263, *464*, 465

Manhattan-Projekt 211f., 277f.

Marktwirtschaft 20, 32, 34, 159, 213, 445, 475, 488f., 497f., 815, 828

Marshallplan, siehe European Recovery Program (ERP)

Martinsried (Forschungscampus) 354, 375, 389, 395f., 404, 458, 502, 625, 673–676, 682, 697

Martinsrieder Kreis 676

Massachusetts Institute of Technology (MIT) 331, 382, 385, 390, 433, 470, 692, 702, 715f., 803

Massenspektrometrie, siehe Spektroskopie

Massenvernichtungswaffen, siehe ABC-Waffen

Materialwissenschaften 168, 207f., 211, 219f., 223, 231–264, *265*, 268, 278, 319f., 323, 341, 357, 359, 455, 458f., 463, 465, 486, 496, 531, 538, 627, 633, 799–801, 804, 807, 812, 822

Mathematik, auch: Biomathematik 236, 383, 392, 463, *464*, 466f., 627, 641, 743, 755, 804

Mathematisierung 357, 626–628

Max-Delbrück-Centrum für Molekulare Medizin (MDC) 411, 629, 645

Max-Delbrück-Laboratorium der MPG 248, *249*, 250, *461*, 501, 622, 629, 645

Max-Planck-Campus 383

Max Planck Graduate Center 482

Max Planck Innovation GmbH, siehe Garching Instrumente Gesellschaft

Max-Planck-Institut 18f., 21, 27, 30, 39, 48, 51, 63, 74, 77f., 80, 82–84, 86, 93–98, 100–103, 123f., 128–131, 134–137, 140f., 143–146, 148f., 153, 160, 165–168, 170, 172, 175f., 180, 183, 186, 188, 190–194, 201, 217, 224, 247, 254, 262, 264, 284, 286, 301, 306, 311, 314, 316, 320, 328, 340, 349f., 362, 366, *371*, 375, *376*, *394*, 412f., *423f.*, 426, 430, 439, 444f., 455, 457, 462f., 471, 482, 490, 495, 497, 516f., 522f., 533–539, 546–550, 559f., 562, 586, 598, 612f., 617, 620, 626f., 629f., 634, 641, 645–648, 669f., 679, 688, 690f., 695f., 706, 708, 711–713, 716, 729f., 732, 734f., 738f., 741, 757, 765, 769, 771, 773, 795, 806, 809, 814, 823f.

Max-Planck-Institut für /zur

- Aeronomie 76, 125, 132, 149, 173f., 293, 295, 299f., 303, 307, *310*, 503, 637, 673, 734

- Arbeitsphysiologie 46, 55, *244*, 342, 354, *371*, 387, *394*, 454, 731

- Astronomie 76, 117, 125, 298, 301, 303, 330

- Astrophysik 76, 90, 125, 178f., 300, 302, 329, 460, 677, 701, 735

- ausländisches öffentliches Recht und Völkerrecht 125, 422, *425*, 427, 434, *454*, 507, 531, 558, 645, 670f., 711, 774, 777, 805

- ausländisches und internationales Patent-, Urheber- und Wettbewerbsrecht 83, 85, 125, 424, *425*, 428, 430, 432, 434, 436, 507, 531, 558, 645, 711, 802

- ausländisches und internationales Privatrecht 119, 125, 422, *425*, 432, 434, *454*, 507, 531, 558, 565, 645, 670f., 711, 730

- ausländisches und internationales Sozialrecht 132, 424, *425*, 426, 434, 447, 449, 456, *461*, 507, 531, 558, 645, 711, 802

- ausländisches und internationales Strafrecht 83, 85, 125, 424, *425*, 426, 428, 434, 436, 507, 531, 558, 645, 671, 711, 802

- Bastfaserforschung 46, 79, 241, *244*, 247, 454

- Bildungsforschung 22, 69, 81–83, 125, 146–148, 153, 167, 217, 234, 236, *387*, *394*, 395, 437, 439, 442, 456, 471, 563, 565, 595, 598, 613, 648, 677f., 682, 785, 787, 803, 805

- bioanorganische Chemie 357, *358*

- Biochemie (bis 1970) *244*, *249*, 250, 342, 354, 356–357, *360*, 366, 368, *371*, 372–375, *387*, 389, *394*, 402, 404, 413, 460, *461*, 501–504, 534, 537, 620, 623,

625, 627f., 634, 637, 674–676, 764, 765, 776, 785, 806
- Biochemie (ab 1971) 77, 88, 90, 117, 125, *239*, *244*, *249*, *342*, 346, 348–351, 354, *360*, *387*, *394*, 402, 453, *454*, 460, *461*, 495, 499f., *501*, 506, 637, 645, 669f., 675, 799
- Biogeochemie 169, *244*, 307, 309, *310*, 313f., 317f., 320, *342*, *358*, 463, *468*, 627, 743, 746
- Biologie 125, 173f., 207, *239*, 243, *244*, 246, 249, *342*, 346, 350, *360*, 366f., 369, *371*, 383, *387*, *394*, 457, 463, 593, 645, 669, 765
- Biologie des Alterns *342*, 628
- biologische Kybernetik 125, *371*, 385f. *387*, 389, 393, *394*, 457, 646f., 803
- Biophysik 125, *244*, 283, *285*, 286, 289f., *342*, 346, 349f., 352, 354, *360*, *371*, *387*, *394*, 402, *454*, 456f., *461*, 625, 637, *741*, 770, 803
- biophysikalische Chemie (Karl-Friedrich-Bonhoeffer-Institut) 77, 117, 125, 142, 184, 221, 233, *244*, 266, 324, *342*, 354f., 357, *358*, *360*, *371*, 373f., 386, *387*, 388f., 393, *394*, 396, 460, *461*, 469, 501, 503f., 624, 628, 636f., 673f., 693, 696, 734, 745, 765, 799, 806
- Chemie (Otto-Hahn-Institut) 22, 125, 132, 221, 233, *261*, 282, *285*, 286, 289, *290*, 291, 300, 308f., *310*, 355, 457, 460, *461*, 465f., 677, 710, 734, 742–746, 787, 804, 810
- chemische Energiekonversion 357, *358*, 747
- chemische Ökologie 169, *239*, *244*, 247f., 251f., *342*, 360, 463, *468*, 679, 746
- chemische Physik fester Stoffe 260, *261*, *267*, *468*
- demografische Forschung 169, 445, 447, *461*, *468*
- Dynamik komplexer technischer Systeme 169, *358*, *360*, 463, *468*
- Dynamik und Selbstorganisation 307, *358*, 392
- Eisenforschung (GmbH) 46, 80, 125, 134, 140, 234, 256–259, *261*, 264, *454*, 490, 619
- Eiweiß- und Lederforschung, auch: Forschungsstelle für Eiweiß und Leder 90, 243, *244*, 245, 247, 346, 248, 349f., 352, 354, *360*, 366, *371*, *454*, 490, 499, 675

- Entwicklungsbiologie *241*, *342*, 354, *360*, *371*, 377, 386, *387*, 388, *394*, *461*, 462, 503, 646f., 710
- Erforschung der Lebensbedingungen der wissenschaftlich-technischen Welt 81f., 125, 146, 153, 218, 234, 391, 437, 456, 467, 471, 491, 493, 648, 651, 716, 777, 787, 803, 811
- Erforschung von Gemeinschaftsgütern *425*, 434, 449
- Erforschung von Wirtschaftssystemen, siehe Max-Planck-Institut für Ökonomie
- Ernährungsphysiologie 59, 125, 243, *244*, 246f., 250, *342*, 354, *371*, *454*, 457, 644, 673, 694, 731, *765*
- ethnologische Forschung 434
- europäische Rechtsgeschichte / Rechtsgeschichte und Rechtstheorie 22, 83, 85, 125, 424, *425*, 426f., 434, 436, 456, *461*, 531, 558, 645, 647, 671, 711, 802
- evolutionäre Anthropologie 169, *342*, 357, *358*, *387*, 392f., *394*, 445, 447, *461*, 463, 467, *468*, 471, 810f.
- Evolutionsbiologie 746
- experimentelle Endokrinologie 246, *360*, *371*, 372, *387*, *394*, 677, 765
- experimentelle Medizin 125, *342*, 350, *360*, 366, *371*, 379, *387*, *394*, 396, 401f., 503, 625, 636f., 694, 754, 763f., *765*, 767, 770, 773, 775f.
- extraterrestrische Physik 22, 76, 120, 125, 178, 296, 298–301, 613, 632, *633*, 635, 701, 735
- Festkörperforschung 77f., 117, 125, 232, 260–264, *261*, *267*, 325, 330, 523, 680, 690, 800f.
- geistiges Eigentum, Wettbewerbs- und Steuerrecht *425*
- Geoanthropologie 320, 747
- Geschichte 45, 75, 92, 125, 131, 173f., 234, 422, 436, 441f., 445, 463, 598, 607f., 670, 690
- Gesellschaftsforschung 132, 147, 151, 163, 234, 440, 442f., 447, 493, 617, 811
- Gravitationsphysik 168, 302, 305, 330, *468*
- Hirnforschung 46, 125, *342*, *360*, *371*, 381, 386, *387*, 389, 393, *394*, 402f., *454*, *461*, 600f., 604–606, 673, 763, 765, 767, 770–773, 786
- Immaterialgüter- und Wettbewerbsrecht 22, *425*, 507, 531, 558, 645
- Immunbiologie (und Epigenetik) 125, *342*, *360*, *371*, 372, *387*, *394*, 408, *461*, 503, 732, 737, 765

- Infektionsbiologie 169, *342*, *360*, 408, 411, *461*, 466, *468*, 627, 773, 810
- Informatik 114, 135f., 160, 236, *358*, *461*, 613, 628, 647
- Intelligente Systeme 471, 647, 811
- Kernphysik 22, 76, 92, 125, 189, 223, 284–286, *285*, 289–291, 294, 305, *310*, 316, 321, 332, 392, *454*, 480, 554, 637, 697f.
- Kognitions- und Neurowissenschaften 22, *342*, 393, 443, 445–447, *461*, 467
- Kohlenforschung 21, 46, 55, 125, 140, 162, 171, 207, 210, 233f., *244*, 288, *290*, *358*, *360*, *454*, 490, 495, 599, 673, 731, 799
- Kolloid- und Grenzflächenforschung 168, *261*, 264, 266, *267*, *358*, *461*, *468*
- Kulturpflanzenzüchtung 80, *239*, 243, *244*, 247, 402, *454*
- Kunstgeschichte, siehe Bibliotheca Hertziana
- Landarbeit und Landtechnik 100, 139, *239*, *244*, 246f., 259, 741
- Limnologie / Evolutionsbiologie 125, *239*, *244*, 318, *360*, *387*, *394*, *461*
- Luxemburg für internationales, europäisches und marktregelndes Verfahrensrecht 434
- marine Mikrobiologie 136, 149, 160, *310*, 317, *360*, *461*, 463, 471, 744–746, 788, 811
- Mathematik 236, 535, 804
- Mathematik in den Naturwissenschaften 169, 236, *360*, *387*, *394*, *461*, 463, *468*
- medizinische Forschung 35, 89, 92, 125f., 232, *244*, 280, 284, *285*, 286, 289, *342*, 346, 348–250, *360*, 366, *371*, 377, 382f., *387*, *394*, 401f., 407, *454*, 456f., *461*, 499f., 503, 623, 625, 627, 697f., 730
- Meeresbiologie 52, *244*, *342*, 350, 360, 362, 364, 366f., 370, 373, 377, 383, *387*, *394*, 453
- Menschheitsgeschichte *358*, 396, 445, 779
- Metallforschung 37, 125, 168, 187, 255–260, *261*, 262f., 265f., *267*, *285*, 287f., *290*, 291, *454*, 471, 491, 503, 531, 538, 554, 580, 637, 731f., 799, 811
- Meteorologie 125, 132f., 135, 233, 309, *310*, 311, 460, 465, 620, 742–744, 746, 787, 804, 810
- mikrobielle Ökologie 136, *239*

- Mikrostrukturphysik 168, 260, *261*, 264, 266, *267*, 466, *468*, 728, 735f., 738, 810
- molekulare Genetik 125, 128, *342*, 349f., 352f., 356, 358, *360*, 377f., *387*, *394*, 457, *461*, 502, 504, 622–624, 627–629, 631, *632*, 635, 644f., 776, 803f.
- molekulare Pflanzenphysiologie 22, 169, *244*, 247–251, *342*, 354, 357, *360*, *461*, *463*, 466f., *468*, 501, 503f., 628, 782, 810
- molekulare Physiologie *342*, 354, *360*, 622, 644
- molekulare Zellbiologie und Genetik 169, *342*, *360*, 362, 377f., *387*, *394*, *461*, 504
- multireligiöser und multiethnischer Gesellschaften 445
- Neurobiologie *360*, 381, *387*, 389, *394*, 404, *461*
- neurologische Forschung *342*, 381, *387*, 390, *394*, 395, 399, 402f., 413, 503, 604f.
- neuropsychologische Forschung 169, *387*, 392f., *394*, 395, 443, 445, *468*,
- Ökonomik 445
- Ornithologie *360*, *387*, 392, *394*
- Pflanzengenetik 125, *239*, *371*, *454*
- Physik 90, 281–284, *285*, 286, 289f., *290*, 293, 295, 332, *454*, 462, 590, 631, 636, 701, 714, 717
- Physik der Stratosphäre 47, 295
- Physik des Lichts 321, 332
- Physik komplexer Systeme 260, *261*, 266, *267*, *461*, *463*, *468*, 680
- Physik und Astrophysik 76f., 83, 86, 90, 120, 125, 147, 223, 226, 262, 284–286, *285*, *290*, 291, 298f., 325, 383, 480, 553, 637, 672, 701, 778
- physikalische Chemie 324, *342*, 346, 349, 352, 354, *360*, *371*, 382, 385, *387*, *394*, *454*, 457, 715
- physiologische und klinische Forschung, auch: William G. Kerckhoff-Herzforschungsinstitut 125, *360*, 383, *394*, 402–406, 409, *454*, 628, 752–755, 759, *765*
- Plasmaphysik GmbH (IPP) 21, 23, 76f., 85f., 120, 125, 170, 232, 284, *285*, 291, 294, 304, 325f., *454*, 458, *461*, 481, 536, 599, 675, 701, 735, 798, 801, 803
- Polymerforschung 132, 134, 260, *261*, 263f., 266, *267*, 358, *360*, 460, 503, 506, 523, 677, 804
- Psychiatrie (Deutsche Forschungsanstalt für Psychiatrie) 21, 23, 125, *342*, *360*, 377, 381f., 384–386, *387*, 389–395, *394*, 402f., *461*, 501, 503, 591–593, 599, 601, 604–606, 622, 627, 647, 728, 731, 733–738, 755, 758, 786f.
- Psycholinguistik 130, 132, 236, *358*, 384, 387, 390f., *394*, 395, 443, 446f., *461*, 467, 490, 677, 806, 810
- psychologische Forschung 236, *387*, 391, *394*, 395, 440, 443, 445, *461*
- Quantenoptik 130–134, 165, 168, 266, 305, 321, 327f., 333, 534, 701, 704, 735
- Radioastronomie 76, 78, 125, 297
- Silikatforschung 52f., 81, 132, 258, 264, 321, *454*, 456, 470, 803
- Softwaresysteme 535
- Sonnensystemforschung 303
- Sozialwissenschaften 147, *387*, 391, *394*, 440
- Spektroskopie 323f., 354
- Steuerrecht und öffentliche Finanzen 434
- Strahlenchemie *244*, 285, 288f., *290*, 357, *358*, *360*, 673
- Strömungsforschung 46, 98, 125, 259, *387*, 392, *394*, 590, 599, 620, 734
- Struktur und Dynamik der Materie 332
- Systemphysiologie 125, *239*, *342*, *360*, *371*, *387*, *394*
- terrestrische Mikrobiologie 136, 149, *239*, *244*, 246f., 251, 317, *342*, 359, *360*, *461*, *463*, 744, 746, 788
- Tierzucht und Tierernährung 46, *239*, *244*, 245–247, *454*, 470, 741
- vaskuläre Biologie *360*
- vergleichende Erbbiologie und Erbpathologie *387*, *394*, 457, 623, 804
- Verhaltensphysiologie 125, 173f., *360*, 367, 382–386, *387*, 392, *394*, 453, *461*, *463*, *765*
- Virusforschung 123, 125, *239*, 243, *244*, 252, *342*, 345f., 350, *360*, 366, 370, *371*, 385f., *387*, *394*, 453, *454*, 457, *461*, 462, 499, 622, 669, 776
- Wirtschaftsrecht und Wirtschaftsordnung 433
- Wissenschaftsgeschichte 16, 21–23, 169, 236, 444f., 447, *461*, 466, *468*, 577f., 608, 645f., 648, 744, 747, 763, 810–812
- Zellbiologie 125, 139, 169, *244*, 248, *360*, 362, 369f., *371*, 372–375, 377, *387*, *394*, 463, *765*, 777
- Zellchemie 346, 350, 354, *371*, *454*, 675
- Zellphysiologie *371*, *454*, 598, 803
- Züchtungsforschung 46, 61, 125, 148f., *239*, 242, *244*, 245–250, *249f.*, *342*, 357, *360*, 370, *454*, 500–503, *501*, 627f., *741*, 779, 783f., 788, 803

Max Planck Partner Institutes 713
McKinsey 189, 545
Mecklenburg-Vorpommern 159, 169f., 176
Medialisierung 594f., 639, 793
Medical Research Council (MRC) 128, 344, 400, 413
Medienöffentlichkeit, siehe Öffentlichkeit
Medizin 115, 207, 209, 227, 233, 289, 332f., 340f., 350, 352, *353*, 361, 384, 391, 398–404, 408f., 410, 438, 463, *464*, 465, 467, 499, *543*, 555, 560, 592, 600f., 605f., 620, 623, 688, 747, 749–756, 761f., 778f., 787, 803
Medizinische Forschungsanstalt der MPG (MFA) 346, 401, *454*
Medizinverbrechen 59, 603, 605, 609, 611
Meeresbiologie 135
MEGA-Tage, -Kreis 184f.
Membranforschung, -biophysik 349, 354, 365, 375, 627, 802f., 828
Menschenversuch, auch: klinischer Versuch 34, 58f., 384, 403, 589, 604, 610–612, 726, 747–758, 760–763, 773, 786–788
Merck KGaA 209, 500
Messerschmitt-Bölkow-Blohm GmbH (MBB) 327, 717
Metallforschung 255f., 260, *464*, 465, 799
Metallgesellschaft AG 55
Meteorologie 132f., 210, 307f., 739, 743f.
Mikrobiologie 249, 357, 408, 453, 464, 466, 745, 746
Mikroelektronik, siehe Elektronik
Mikroprozessor 220, 390
Mikroskop(i)e, auch: STED 69, 125, 168, 211, 255f., 260, 263f., 266, 330, 341, 349f., 363, 369, 393, 466, 620f., 627, 667, 675, 677, 802, 810,
Militärische Forschung, auch: Rüstungs-, Verteidigungs-, Wehrforschung 34, 39, 44f., 49, 58f., 213, 283, 455, 488, 577, 686, 726–739, 786f., 798
Militärregierung 41, 43, 45, 57, 669
Minerva-FemmeNet Mentoringprogramm 199, 568
Minerva-Programm, auch: C3-Sonderprogramm 198f., 556f., 568
Minerva Stiftung GmbH 403–405, 444, 518, *543f.*, 623, 711f., 752

Ministerium für Staatssicherheit (MfS), auch: Stasi 159, 166
Ministerpräsidentenkonferenz 176, 186, 192
Mission Historique Française en Allemangne 442, 690
Mitarbeiter:in, Mitarbeiterschaft 16, 23, 36, 39, 44, 56f., 59, 61f., 68, 71, 88, 92, 95–103, 112, 126, 137–139, 147, 150–152, 183, 189f., 198, 200, 229f., 233, 249, 251, 258, 263, 267, 279–283, 293, 307f., 313, 315, 317, 323, 329, 354, 368f., 382f., 390, 398, 429f., 432, 434, 436f., 439–441, 443f., 447, 457, 520, 524, 528, 534f., 541, 546, 548, 552–555, 557f., 561–565, 568, 576, 585–587, 590, 592–596, 601f., 611, 615, 619, 624, 626f., 637, 639, 642–650, 669, 676, 678, 681, 689, 693, 716f., 719, 726, 730, 733–735, 743, 771f., 778, 781–784, 800, 805, 808, 813, 817, 820, 828–830
Mitarbeiterkonferenz, siehe Delegiertenversammlung
Mitbestimmung, Mitsprache(recht), auch: Partizipation 17f., 20, 30, 32, 42, 49, 60, 93, 96–101, 103, 112, 121, 129, 139, 152, 215, 253, 308, 327, 438, 551, 458, 460f., 475, 489, 521, 524, 528, 530, 535, 555, *563*, 563–567, 595f., 643, 650f., 688, 734, 738, 757, 804f., 808f., 813, 817, 820
Mitglieder, externe, fördernde Mitglieder der MPG 183, 185f., 224f., 227, 256, 350, 364, 479, 489, 518, 520, 523f., 532, *543f*, 578, 594f., 597, 614f., 637, 749, 820
Mitglieder von Amts wegen (MvA/ex officio) 53f., 93f., 99, 520–523, 524
Mitglieder, Wissenschaftliche (WM) 18, 21, 29f., *31*, 34, 44f., 56, 61, 79, 84, 88, 92–103, 112, 117f., 120–124, 126, 139, 144, 152f., 165, 170f., 177–183, 190, 195, *196*, 199f., 224–226, 229f., 232, *244*, 245, 253, 258, 263, 267f., 292, 297, 299, *347*, 251–353, *355, 360*, 361f., *386f.*, 396f., 401f., 405f., 408f., 412, 415, 422, 428, 447f., 450f., 455, 458f., *462*, 466, 470, 475f., 492, 500, 507, 517–519, 525–529, 532–539, 547–559, *553*, 554, 562, 566f., 576f., 579, 581, 587f., 638, 676, 682f., 736, 741f., 771, 785, 788, 800, 804, 807, 810, 815–817, 821–824, 829, 831
Mitglieder, Auswärtige Wissenschaftliche (AWM) 61, 168, 183, 185, 328, 331, 384, 391, 422f., 555, 796

Mitglieder, Emeritierte Wissenschaftliche (EWM) 447
Mitgliederversammlung, auch: Hauptversammlung, Festversammlung 33, 47f., 53f., 61, 87f., 93, 96, 100, 112, 125, 144, 153, 164, 167, 173, 182, 190, 448, 519f., 523f., 527, 533, *543*, 566, 577, 579, 581, 595, 606, 636, 742, 744, 746, 764, 794, 819f.
Mittelbau, akademischer 198, *544*, 552, *553*, 555, 557, 561f., 734, 738
Mittelfristige Finanzplanung 119, 123f., 127, 152, 162f.
Modellsystem 252, 363, 385
Modelltier 385, 622, 624
Modernisierung 20, 70, 91, 102f., 126f., 161, 169, 171, 213, 215, 233, 242, 262, 344, 366, 369, 389, 397, 436, 500, 577, 595, 597, 636, 805, 808
Molekularbiologie 69, 115, 128, 208, 217, 219f., 233, 245, 249, 252, 340–354, *347*, *355*, 358, 361, 372, 456, 458, 471, 499f., 623f., 741f., 746
Molekularisierung 115, 233, 340f., 345, 354, *355*, 356, 471, 500, 621, 627f., 651, 755, 760, 787, 805, 811
Monoklonaler Antikörper 350, 354, 625
Morphologie 253, 362f., 365, 403, 405
Mosler-Kommission 423f.
Münchener Rückversicherung AG 506

N

Nachwuchs, -forscher:in, -kräfte, -wissenschaftler:in 28, 70, 72, 75, 84, 88, 96f., 100f., 128, 136–139, 145, 152, 161, 177f., 180f., 195, 197f., 227, 331, 350f., 365, 382, 385, 388f., 396, 413, 430, 434, 450, 470, 481, 485, 530, *543f*, 552, 555, 559–561, 564, 568, 579, 583, 622, 681, 689, 693, 699, 705, 709, 710, 812, 819, 823f., 830
Nachwuchsförderung 180, 197, 333, 354, 378, 434, *460*, 462, 481f., 567, 582, 622, 699, 785, 816, 824
Nachwuchs(forschungs)gruppe 165, 180, 354, 375, 378, 407f., 412, *460f.*, 462, 552, 559, 561, 620, 622, 626, 628, 641, 710, 713
Namibia 298, 317
National Academy of Sciences (NAS) 220, 715
National Aeronautics and Space Administration (NASA) 217, 221, 296f., 299, 302, 315f., 382, 384, 742
National Center for Atmospheric Research (NCAR) 308, 743
National Institutes of Health (NIH) 220, 341, 381, 400, 775

National Research Council (NRC) 700
National Science Foundation (NSF) 178, 469
Nationale Akademie der Wissenschaften Leopoldina, siehe Leopoldina
Nationalsozialismus, auch: NS-Diktatur, -Regime 15, 20, 29f., 33f., 36, 46, 55–60, 63, 79, 83, 88f., 112f., 183, 211, 225, 231, 241f., 255, 258, 278f., 287, 352, 356, 365, 392, 403, 440, 455, 477f., 480, 490, 579, 581, 585–593, 600, 602, 604–612, 686, 690, 705, 713f., 718, 726f., 737f., 756, 784, 803, 812, 818
Nationalsozialist:in 54, 61, 258, 581, 585, 748
Nationalsozialistische Deutsche Arbeiterpartei (NSDAP) 59, 257, 422, 586–589
Nationalsozialistische Politik bzw. Ideologie 241, 422, 435, 491, 586, 588f., 600, 608f., 695, 727
Nationalsozialistische Verbrechen 242, 380, 590–593, 603, 605f., 762, 793
Naturwissenschaft 20, 27, 35, 44, 84, 114, 145, 169, 181, 184, 207, 213, 224, 226, 228, 233f., 236, 256, 344, 357, 373, 385, 393, 395, 400, 402, 404, 408, 420f., 426, 428f., 434f., 437, 441–449, 451f., 455, 458, 467, 469, 471, 480, 487, 492, 505, 525, 558, 560, 599, 612, 642, 645f., 652, 668, 672, 675, 677, 679, 690, 692, 701, 705, 713, 715, 734f., 744f., 747–755, 757, 760f., 763, 768, 773, 778, 787, 801, 810–812, 815, 825, 831
Neoliberalismus, neoliberal 492, 496, 549, 561, 584, 806, 811,
Neue Bundesländer 15, 28, 30, 160f., 165–171, 175f., 184, 194, 199, 201, 236, 260, 264f., 268, 318, 330, 337, 379, 391, 395, 433, 444, 463, 466, *469*, 497, 531, 537, *543*, 546, 612, 680, 704, 707, 809f., 812
Neue soziale Bewegungen 778
Neuro-Imaging 393
Neurologie 220, 379, 381, *386*, 396, 399, 403, 413, 471, 692, 757, 811
Neurosciences Research Program (NRP) 285, 388
Neurowissenschaften, -anatomie, -biologie, -chemie, -ethologie, -immunologie, -pharmakologie, -physiologie, -psychologie 22, 115, 169, 233–237, *235*, 352, 354, *355*, 357f., 362, 372–397, *387*, *394*, 401–404, 406, 408, 412, 443, 445f., 456, 458, *459*, 463–469,

464, 468, 500, 558, 601, 605, 620, 622, 634, 647, 693, 763, 770, 811, 821, 827
Neutrinoforschung 305
Niederlande 69, 113, 160, 196, *250,* 389–391, 443, 579, 743, 780
Niedersachsen 55, 135, 173, 176, 192, 367, 370, *766*
Nobelpreis, auch: Nobelpreisträger:in 44–46, 48, 54, 62f., 80, 88, 102, 146, 210, 256, 262f., 278f., 282, 301, 305, 307, 314, 324, 329, 331–333, 334, 349f., 354, 357, 359, 384f., 391, 455, 457, 550, 555f., 558, 568, 583, 589, 625, 644, 668, 675f., 687f., 690, 697, 702, 714f., 733, 744, 794, 798f., 802, 805f., 822, 828, 832
Nobelpreisträgertreffen 282, 714
Nordrhein-Westfalen 51, 53, 55, 135, 163, 176, 192, 297, 481, 485, 741, *766*
North Atlantic Treaty Organization (NATO) 114, 158, 212, 215, 282, 384, 470, 690, 708, 715f., 728, 730, 734, 736
Norwegen 69
Notgemeinschaft für die Deutsche Wissenschaft (NG), siehe Deutsche Forschungsgemeinschaft
NS-Diktatur, -Regime, siehe Nationalsozialismus
Nuklearmedizin 278, 402

O

Öffentliches Recht 423, 430
Öffentlichkeit, auch: Fach-, Medien- 28, 37, 53, 74, 84, 86f., 97, 99, 121, 127, 132, 146, 149–151, 153, 159, 173, 181f., 187, 190, 197, 213, 215, 222, 230, 250, 345, 436–438, 440, 443, 448, 480, 491, 507, 520, 524, 538, 564f., 578, 595, 605, 607, 610, 612–615, 639, 671, 689, 729, 732f., 737f., 744, 748f., 758, 765, 767–769, 771, 773–784, 786, 788, 817, 824, 826
Öffentlichkeitsarbeit, auch: Pressearbeit, Public Relations 99, 112, 121, 225, 230, 476, 521, 541, 545, 577f., 594–597, 599f., 607, 612–614, 639, 641, 760, 767, 771–773, 778, 781–788, 812
Office of Military Government for Germany U.S. (OMGUS) 41
Office of Strategic Services (OSS) 62
Ökologie, ökologische Themen 149–153, 203, 216f., 238, 241, 245f., 250–253, 318, 320, 353, 357, 367, 459, 463, *464,* 620, 679, 681, 735, 738–740, 745f., 774, 782, 787f., 799, 802, 807
Ökologische Krise, siehe Umweltkrise
Ökonomisierung 496, 498, 504, 506, 566, 583, 774, 793, 819
Ökosystem(forschung) 149, 251, 319, 741, 745
Ölpreiskrise 71, 113, 116, 220, 484, 700
Operation Paperclip (USA) 39, 59, 381f., 750–753, 796
Operation Surgeon (Großbritannien) 797
Organisation der Erdöl exportierenden Länder (OPEC) 116
Organisation für wirtschaftliche Zusammenarbeit und Entwicklung (OECD) 217, 483, 584, 697–699, 705, 708
Organische Chemie 207, 209, 348, *358, 464,* 465
Organisierte Wissenschaft 210, 489
Österreich 52, 158, 160, 245, 586, 740
Ostpolitik 143, 712
Ozon, -abbau, -loch, -schicht 218, 307–309, 314–316, 320, 719, 735, 743, 804, 808

P

Paradigma 115, 213, 228, 240, 251, 343, 567, 607, 639, 673, 695, 739, 745f., 756, 762, 787, 802–804, 811
Pariser Verträge 28, 68, 215, 282, 478, 728
Parlamentarischer Rat 51
Partizipation, siehe Mitbestimmung
Patent, -anmeldung, -recht, -streitigkeiten, -tätigkeit, Patentierung 21, 80, 83, 140–142, *142,* 153, 162, 183, 210, 219f., 222, 229, 256, *257,* 264, 410, 428, 430, 432, 494f., 498, 503, 506, 518, *544,* 584, 622, 624, 626, 640f., 730, 760, 780, 799
Patentstelle, -agentur, siehe Verwertungsagentur
Patiententötung, siehe Euthanasie
Persilschein 58, 587, 799
Personal, -bedarf, -entwicklung, -fragen, -kosten, -personal, -planung, -struktur 15–18, 28, 32, 34–36, 40, 42, 47, 57f., 60, 73, 81, 91, 95, 97–99, 101, 103, 116–118, 122, 128f., 133, 136–138, 148, 151f., 161, 166–168, 171–173, 177f., 184, 190, 193–199, 222, 229f., 233, 235, 242, 245, 247, 266, 315, 326, 328, 380, 382, 444, 447, 469f., 476, 505, 516f., 539, 541–546, *543f.,* 549–568, *553,* 585, 587, 598, 617, 626f., 637, 647, 670, 673, 676, 687–689, 698f., 707, 718, 729, 731, 735, 737, 742, 763, *765,* 799, 806, 809–812, 815f., 825, 830
Personalabteilung 122, 125, 189, *543f.,* 545f., 562
Personalstatistik 136, 138, 539, *543f.,* 562
Perspektivenkommission (PeKo) 413, 467, *468,* 533, 821, 831
Pestizid, auch: Herbizid 240, 250, 740, 787
Petunie (*Petunia*) 252, 775, 780f.
Pfadabhängigkeit 131, 135, 205f., 235, 308, 317, 319f., 346, 422f., 434, 455, 470f., 517, 683, 794, 805, 811–813, 822, 829f.
Pflanzen 222, 240f., 243, 250–253, 343, 622, 780, 782, 784
Pflanzenbiologie, auch: Grüne Biologie 239, 241, *244,* 247–253, *249,* 354f., 357, 463, *464,* 466, 500, 633
Pflanzenzüchtung, siehe Züchtungsforschung
Pharmakologie, Pharmazie, pharmazeutisch, Pharmazeutika 89, 207, 218–220, 243, 341, 348, *358*f., 386, 412, 498–500, 502, 756, 502, 504, 589, 770, 808,
Pharmazeutische Industrie / Unternehmen 89, 209, 218f., 243, 348, 359, 410, 758, 770, 808
Philosophie 83, 147, 150, 229, 283, 383, 390, 404, 423, 438f., 445, 469, 608, 648f., 689, 714, 716, 747, 749, 756, 757, 763
Physik 83, 134, 168, 206–212, 215f., 223, 226, 228, 233, 255f., 259–263, 268, 278f., 281f., 284, 286, 294–296, 300f., 304f., 307f., 310, 313, 319, 321–325, 327–331, 340f., 344, 346, 349, 351f., 357f., 361, 365f., 377, 385, 392, 438, 445, 448, 451, 455, 458, 460, 463, *464,* 465, 504, 531, *543,* 560, 590, 596, 607, 616, 620–622, 624, 628, 639, 641, 645, 650, 652, 687, 692, 696, 699, 701, 703f., 715, 717, 728f., 732f., 742–744, 747, 801f., 804, 806, 811, 815
Physikalisch-Technische Reichsanstalt (PTR) 208, 455, 477, 487
Physikalische Chemie 42, 207, 280, 346, 354
Physikalische Studiengesellschaft m.b.H. 281f.
Physiologie 43, 208, 243, 246, 253, *347,* 352, *353,* 354, *358,* 359, 363f., 367, 384f., *386,* 391, 399, 403–405, 471, 620, 623, 633, 643, 745, 747f., 751, 754–756, 762
Physiologische Chemie 42, 89, 280, 323, 352, 354, 675, 803

Planungsreferat 541
Plasmaphysik, auch: Fusionsforschung 76f., 133, 232, 284, 294, 296, 300, 303, 322, 325, 327, 331, *464*, 465f., 471, 798, 800
Politikberatung, siehe Beratertätigkeit
Polymerforschung 134f., 458, 637, 680
Portugal 113, 160
Positronenemissionstomografie (PET) 390, 393
Potsdamer Abkommen 36
Prager Frühling 158
Präsident, Präsidentenamt, -wechsel 27f., 40, 45f., 53–56, 62f., 76, 88–90, 93–95, 97, 99, 102, 115, 120f., 125f., 142f., 145, 149f., 164, 181–185, 187, 198, 200, 252, 374, 392, 399, 402, 407f., 447f., 460, 483f., 518–533, 537, 539f., *543f.*, 546, 565, 568, 576–585, 589, 610–613, 636, 638, 675, 691, 699, 707, 709f., 714, 729–731, 736, 767f., 776, 785f., 794, 799, 804f., 807, 809, 819–821
Präsidentenkommission(en) 95, 99f., 138, 149, 165f., 168, 185, 377, 401, 407–414, 444, 446, 531, 534, 561, 578, 637, 682, 759–761, 776, 786
Präsidentenkommission Geschichte der KWG im Nationalsozialismus 18, 30, 33, 88, 183, 606, 608–612, 784, 812
Präsidialbüro 90, *544*, 594, 641, 706, 715
Präsidium, auch: Vizepräsidentenkreis 165, 173, 184f., 232, 377, 519, 523, 532, 537, 611f., 651, 736, 738, 777
Presidential Scientific Advisory Committee (PSAC) 715
Pressearbeit, siehe Öffentlichkeitsarbeit
Preußische Akademie der Wissenschaften 41, 534
Primaten(forschung), auch: Affen 385, 392, 623f., 732, 763, 767, 770, 772f.
Private Mittel 178, 183, 200, *501*, 544
Privatrecht 421, 423, 427, 430, 432, 671
Privatrechtliche Verfasstheit 16, 53, 489, 518, 533, 590, 798, 814
Privatwirtschaft, siehe Wirtschaft
Professionalisierung 322, 328, 405, 442, 488, 517, 521, 551, 594, 599, 614, 626, 692, 705, 773, 782, 784, 786, 788
Programmbudget, siehe Budgetierung
Projektförderung 117, 119, *137*, 145, 179, 194, 196, 211, 213, 356, 438, 469, 471, *494*, 495, 497, 500, *501*, 502f., *543*, 553, 559, *560*, 561, 629, 649, 686, 707f., 822, 829
Projektgruppe 125, 128–131, 133f., 147, 149, 165, 326f., 329, 389–391, 401, 407–409, 426, 433f., 443, 446, 534, 603, 649, 733, 744, 807

Projektmittel 130, 137f., 151, 248, 289, 437, 491, *494*, 495f., 498, *501*, 502, 505, 552, 562, 582, 801
Promotion(sprogramm) 88, 195f., 368, 430, 481f., 691, 743, 823
Psychiatrie 210, 218, 379, *386*, 388, 395f., 403f., 414, 456, 591–593, 726, 748, 754–757
Psychologie, auch: Sprachpsychologie 130f., 147, 210, 216, 236, 379, 386, 390–393, 395, 442f., 458, 463, *464*, 466, 469, 727, 747, 756, 785, 803, 808, 810
Publikationen, siehe Veröffentlichungen
Pugwash Conferences on Science and World Affairs 595, 685, 705, 713–719

Q

Quantenelektronik, siehe Elektronik
Quantenphysik, -theorie, -optik 134, 147, 208, 255, 277, 284, 293, 321–323, 326, 329, 331–333, 439, 460, 531, 695, 807

R

Radikalenerlass, auch: Berufsverbot 257
Radioaktivität 87, 208, 211, 787
Radiochemie 280, 282, 294, 459
Radioteleskop, siehe Teleskop
Rahmenvereinbarung Forschung 118, 484
Raketenforschung 58, 214, 295, 797
RAND Corporation 715f.
Rassenbiologie 209, 594
Rassenhygiene 384, 591, 602f., 607
Rastersondenmikroskop 260
Raumfahrtforschung, siehe Luft- und Raumfahrtforschung
Raumfahrtmedizin 384
Reaktorunfall (Windscale, Tschernobyl) 113, 288, 308, 316
Rechenzentrum 114, 230, 311, 314f., 320, 613, 628, 636–638
Rechner, siehe Computer
Rechnungswesen 191, 193, 542, *543*, 547, 549, 641, 646, 667
Rechtsabteilung 602, 735
Rechtsdogmatik 421, 423
Rechtsgeschichte 423f., 430
Rechtsgutachten 95, 100, 554, 600
Rechtsschutz, gewerblicher 430f.
Rechtssoziologie 431f.
Rechtstatsachenforschung 431f.
Rechtsvergleichung 83, 130, 421–424, 427–429, 434f., 437, 449
Rechtswissenschaften 84, 153, 225, 234, *235*, 236f., 421, 424, 428, 430f., 433f.,

499, 456, 471, 560, 672, 774, 802f., 818, 821
Reduktionismus 349, 398, 822
Reeducation 705
Referent:in 143, 179, 413, 427, 429, *543f.*, 589, 597, 670, 707f., 773
Reichsministerium für Ernährung und Landwirtschaft 60, 242
Reichsministerium für Wissenschaft, Erziehung und Volksbildung 585
Rekombinante DNA, siehe Gentechnik
Rekrutierung, siehe Berufung
Relativitätstheorie 208, 212, 304, 321, 531, 701, 703
Remilitarisierung 282
Rente, siehe Alter
Reproduktionsbiologie, -medizin, -technologie, auch: Fertilisationsmedizin 408, 758, 768, 774, 779, 781,
Ressortforschung 432, 484, 731, 737, 739
Ressourcenzentrum (RZDP) 356, 629
Restitution(s), -anspruch, -prozess, auch: Entschädigung 588, 590f., 593, 609, 611f.
Rheinland-Pfalz 52, 176, 411
RIKEN-Institut 143, 706
Ringberg Symposium 778f.
Robotik 485
Rockefeller Foundation 207f., 216, 341, 380
Rockefeller Institute 208, 363, 383
Rockefeller University 208, 341, 359, 378f., 803
Römische Verträge 69, 113
Röntgenstrukturanalyse 255f., 260, 350, 625
ROSAT 299
Roswell Park Memorial Institute 381
Rote Zora 779
Royal Society 44f., 183, 699, 710f., 796f.
Rückständigkeit 69, 76f., 91, 166, 199, 243, 261, 465, 634, 688, 690, 801f., 819, 824
Rückstandsanalyse, -debatte, -rhetorik, -syndrom 69, 148, 199, 243, 381, 478, 696
Ruhestand, siehe Alter
Ruhrgas AG 55
Russell-Einstein-Manifest 714
Russland 195, 305
Rüstungsforschung, siehe Militärische Forschung

S

Saarland 135
Saatgutsammlung 245, 586, 589
Saatgutwirtschaft 238, 240, 250, 780

Sachbearbeiter:in 563
Sachsen 159, 169, 176, 187, 370, 685
Sachsen-Anhalt 159, 169, 176, 370
Sachverständigenrat für Umweltfragen (SRU) 739
Sammlung, medizinische, auch: Gehirnsammlung 600–606
Sammlung, wissenschaftliche 222, 243, 246, 345, 421, 430, 435, 481, 645f., 670f., 747, 749f.
Sandoz AG 209, 780
SAP 191–193, 537, 539, *543*, 549
Satellit, satellitengestützt 69, 76, 295–299, 302, 311, 314–316, 797
Satzung(en) 20, 28, 40f., 47, 53–55, 63, 71, 77, 85, 88–103, 112, 120–122, 126, 138, 145, 151, 173, 181, 185f., 261, 489, 517, 519–529, 532–537, 539f., 542, *543*, 545, 548, 564, 566f., 622, 650f., 675, 708, 711, 797, 800, 804f., 807–809, 815, 817, 820f.
Säugetier(zellen) 375, 384f., 393, 623, 765, 767, 770, 773
Schädlingsbekämpfung 149, 243
Schatzmeister 53, 99, 141, 151, 506, 519, 521–524, 541, 589
Scheidungsrecht, siehe Familienrecht
Schengener Abkommen 113, 160
Schering AG 73, 140, 209, 243, 251, 495, 506, 643, 730, 782
Schlesisches Kohlenforschungsinstitut der KWG 52, 453
Schlichtungsverfahren 95f., 566
Schließung, siehe Institutsschließung
Schloss Ringberg 467, *543*, 745, 778f.
Schlüsseltechnologie 248, 496
Schriftführer 53, 519, 521
Schutzstaffel (SS) 46, 587, 751
Schwarzer Nachtschatten (*Solanum nigrum*) 252
Schweden 69, 160, 249, *250*, 308, 312, 374, 407
Schweiz 37, 69, 89, 158, 177, 196, 200, 286, 294, 348, 554, 695, 730
Schwerpunktbildung 76, 124, 225, 284, 450, 471, 517
Science Research Council (SRC) 120, 526
Second Track Diplomacy, siehe Wissenschaftsdiplomatie
Sekretärin 142, 198, 426, 551f., 562f., 597, 639–642, 647, 650, 652
Selbstausbeutung 642
Selbstdarstellung, -präsentation 16, 32, 53, 102, 187, 280, 370, *386*, 448, 476, 482, 505, 524, 551, 556–558, 589, 594, 613–615, 686, 794, 801, 815, 832

Selbstgleichschaltung, -mobilisierung 29, 34, 112, 364, 478, 577, 579, 608, 727, 796, 815
Selbsthilfe 37f., 246, 611
Selbstorganisation, -bestimmung, -steuerung, -verwaltung 17f., 32, 42, 86, 182–184, 191, 226, 258, 268, 282, 307, 358, 392f., 439, 458, 460, 484, 488f., 492, 498, 507, 516, 526, 539, 563, 567, 612, 637, 639, 649, 687, 708f., 795, 804, 813, 815, 824, 829, 831
Selbstverständnis, -bild, -wahrnehmung 19, 31, 47, 102, 145, 213, 242, 252, 347, 364, 437, 446, 452, 476, 486, 490f., 528, 550f., 568, 576–585, 594f., 597, 612, 614f., 626, 628, 639, 649, 667, 679, 688, 693, 695, 726f., 737, 775, 796, 799, 806, 809, 811f., 816, 818, 820, 824f., 828f.
Senat 27, 30, 40, 43, 47f., 52–56, 60–63, 72–74, 77, 82, 84, 88–90, 93–96, 99f., 103, 120, 127, 129, 133f., 145, 147, 150–152, 163, 165, 167, 170–174, 178, 182f., 185–187, 192, 197, 264, 281, 283, 317, 370, 378, 381, 406–409, 411, 426, 435, 437–440, 442–447, 493, 518–534, 536, *543*, 565–567, 597, 603, 609, 650f., 680, 731, 736, 738, 744f., 760, 769, 778, 799, 807, 815, 819f., 831
Senatsausschuss für Forschungspolitik und Forschungsplanung (SAFPP) 120–134, 148f., 151f., 184f., 332, 374, 406f., 409, 414, 458, 467, 526f., 531, 533f., 541, 706, 741, 807, 820
Senatskommission 82, 84, 93, 95, 99, 265, 435, 437, 527, 760, 769, 778
Service National des Champs Intenses (SNCI) 690
Sicherheitspolitik 147, 686, 717, 719
Siegermächte, siehe Besatzungsmächte
Siemens AG 326, 426, 506
Sinnesphysiologie 365, *386*, 803
Skandinavien 380, 400
Small Science 701, 710
Software 21, 23, 191–193, 537, 549, 640, 646
Solidarpakt des Bundes und der Länder 161, 170
Sonderforschungsbereich (SFB) 134, 232, 236, 262, 310f., 460, 483, 742, 794, 804, 823
Sondermittel 78, 117–119, 165, 312, 315, 485, *544*
Sowjetische Militäradministration in Deutschland (SMAD) 41
Sowjetunion 33, 35, 37–40, 43, 57, 59–62, 69, 76, 114, 144f., 158–161,

164f., 178, 195, 211f., 221, 256, 558, 586, 589, 684f., 688, 690, 695, 705, 707–709, 712f., 719, 796–798, 802, 808, 825
Sozialdemokratische Partei Deutschlands (SPD) 39, 43, 48, 55, 71f., 74, 82, 87, 90f., 97, 114f., 129, 145, 163f., 173–176, 192f., 425, 584, 711, 729, 764, 771f., 775
Soziale bzw. sozio-epistemische Kohäsion 226, 231, 341, 350, 451, 460, 470, 576, 827
Sozialisation 92, 147, 442, 462, 480, 507, 525, 558, 615, 804, 816
Sozialistische Einheitspartei Deutschlands (SED) 33, 39, 158, 164, 199
Sozialliberale Koalition / Regierung 71f., 96, 99, 101, 103, 114, 116, 143f., 151, 355, 483, 495, 499, 535, 584, 712, 805
Sozialmedizin 459
Sozialplan 139, 147, 152, 541, *543*
Sozialpolitik 488, 492
Sozialrecht 130, 225, 408, 426, 547, 817
Sozialversicherung 489, *543*
Sozialwissenschaften, sozialwissenschaftliche Forschung / Institute 19, 27, 81–83, 102, 146f., 149, 194, 199, 214, 216, 224f., 227, 234, 237f., 319f., 390f., 398, 404, 426, 431f., 434–450, 469, 471, 492f., 584, 638, 688, 710, 713, 727, 744, 757, 762, 785, 787, 804, 810f., 821, 831
Spanien 113, 160, 297f., 706, 719, 802
Speicherring 627, 677
Spektroskopie, Spektrometrie 260, 279f., 286, 294, 311, 322–325, 329–332, 344, 349, 354, *358*, 365, 620, 627, 675
Spezialisierung 20, 70, 78, 115, 205f., 292, 300, 400, 441, 449, 493, 551, 617, 624–626, 772, 801, 830
Spin-off, siehe Firmen(aus)gründung
Spitzenforschung 17, 27, 24, 44, 80, 164, 308, 321f., 329, 333, 346, 357, 388, 490, 533, 558, 568, 578, 611, 614, 683, 685, 691f., 694f., 704, 718, 803, 819, 815
Sputnik(schock) 69, 76, 216f., 292, 295–297, 351, 456, 483, 699
Stagflation 28, 113, 116, 119, 559, 561, 671
Stahlindustrie, -krise 264
Stammzellenforschung 223
Start-up, siehe Firmen(aus)gründung
STED, siehe Mikroskopie
Sternwarte 76, 78, 298, 301f.
Stifterverband für die Deutsche Wissenschaft 130, 477, 479f., 482f.

Stiftung Volkswagenwerk,
  siehe VW-Stiftung
Stipendien, Stipendiat:innen 30, 68, 136–138, 145, 151, 194f., *195*, 197, 437, 552, 554, 559–562, *560*, 689, 691, 695, 699f., 706, 711, 743, 809, 812, 823
Strafrecht, auch: Umwelt-, Wirtschaftsstrafrecht 83, 422–425, 427, 431, 802
Strafrechtskommission 427
Strahlenchemie 288f., *358*, 673
Strahlenschutz 282, 287, 731, 805
Strategic Defense Initiative (SDI) 114, 145f., 221, 725
Strukturforschung, -analyse 348, 349, *358*, 628, 676
Studentenbewegung 70f., 92, 96, 565, 737, 787
Subsidiaritätsgebot, -prinzip 436, 456, 459, 549, 801, 821
Supraleiter 223, 260, 262, 268
Synchrotron,
  siehe Teilchenbeschleuniger
Synthetische Biologie, siehe Gentechnik
Systematik 208, 253, 322, 365, 429, 672
Systembiologie 222, 357, 359, 456, 629, 802
Systemevaluation, siehe Evaluation

T
Tabak (*Nicotiana*) 252
Tansania 246
Tarifabschluss, -ordnung, -recht, -vertrag 75, 91, 118, 127, 151, 162, 177, *543f.*, 547, 554, 563, 568, 584
Teamarbeit 208, 314, 369, 402, 441, 457, 567, 614, 621, 752, 814, 828
Technik, siehe Technologie
Techniker:in 36, 38f., 59, 63, 75, 194, 211f., 552–554, 562, 587, 627, 637, 643, 688, 698, 750f.
Technikfolgen(abschätzung) 507, 782, 806
Technikwissenschaften 206–208, 213, 237, 345, 448, 487, 821
Technische Hochschule / Universität 77, 88, 144, 149, 326, 487, 596, 609, 680f., 728, 733
Technisierung 114f., 355f., 359, 395, 504, 564, 621, 625f.
Technologie, -entwicklung, -wettlauf, auch: Technik 15, 153, 206, 210–212, 214f., 217, 282, 297, 301, 321f., 327, 330, 333, 357, 361, 410, 456f., 496, 502, 505, 617, 625, 627, 629, 695, 700, 702, 777, 799
Technologielücke 695–697

Technologiepolitik 225, 245, 247f., 253, 351, 359, 361, 481, 483, 485, 493, 496, 584, 779, 825
Technologietransfer 38, 140–142, 153, 183, 247, 250f., 353, 359, 361, 493–496, 502–504, 626
Technologietransfer-Agentur,
  siehe Verwertungsagentur
Teerfarbenindustrie 209
Teilchenbeschleuniger, Kaskaden-, auch: Synchrotron, Zyklotron 69, 179, 211, 221, 223, 277–281, 284–287, 290, 294, 299, 621, 698, 801
Teilchenphysik 223, 278, 290, 293f., 301, 303, 305, 321, 458, 460, 627, 801
Teleskop, auch: Radio- 69, 76, 208, 297–304, 621
Thüringen 159, 167, 169, 173, 175f., 481
Thyssen-Stiftung 84
Tierhaltung, -haus 246, 623f., 627, 673, 764f., *765*, 773
Tierpflege(r:in) 552f., 627, 768, 773
Tierschutz, -gesetz, -recht 595, 624, 727, 760, 763–765, *764*, 767–773, 787f.
Tierschutzbeauftragte:r 768–770, 773
Tierschutzbewegung, auch: Tierversuchsgegner:in 763, 767–773
Tierversuch 115, 181, 385, 389, 403, 476, 624, 727, 732, 754–756, 763–773, *766*, 784, 788, 826, 831
Tierzucht, siehe Züchtungsforschung
Toxikologie 240, 459, 465
Tradition(s), -bezug, -linie, traditionell, traditionsreich 15f., 29, 31, 41, 45, 50, 63, 77, 83, 91, 103, 125, 135, 146, 166f., 182, 198–200, 206–210, 220, 222, 227, 232, 237, 241f., 251f., 254f., 256f., 259, 262–264, 268, 286, 289, 292, 294f., 299–303, 306, 308, 323, 341, 346, 348f., 352, 354, 357, 359, 361, 373, 391, 396, 407, 409, 414, 421, 435–439, 443, 450, 452, 458, 466, 471, 479, 484, 491, 517, 520, 533, 540, 547, 550, 563f., 568, 576, 578–581, 591, 611, 614f., 620f., 642, 645, 647, 669, 672, 675, 682, 701, 718, 727, 733, 739, 747, 750, 807, 811f., 815–818, 822, 829
Transformation 33, 39, 68, 71, 79, 159, 220, 238, 247, 253, 315f., 456, 482, 550f., 623, 642, 683, 736, 743, 788, 804, 806, 822, 828, 832
Transgene Organismen, siehe Genetisch veränderte Organismen (GVO)
Tschechische Akademie der Wissenschaften 331
Tschechische Republik, Tschechoslowakei 57, 160, 169
Tübinger Memorandum 143, 146, 491

Tufts University 382
Türkei 566, 719

U
Umweltbewegung 241, 476, 739
Umweltbundesamt (UBA) 739
Umweltkrise, auch: Klimakrise, ökologische Krise 115, 218, 222, 264, 459, 747, 823
Umweltrecht 431
Umweltschutz 148–150, 431, 676, 739
Umweltstrafrecht, siehe Strafrecht
Umweltwissenschaften, -forschung 253, 287, 308, 311, 316–318, 320, 357, 359, 451, *464*, 464–466, 471, 500, 623, 719, 727, 738–742, 746, 787f.
Umweltzerstörung, -verschmutzung 113, 222, 711, 739
Ungarn 160
United Nations Educational, Scientific and Cultural Organization (UNESCO) 685, 705, 707, 217
Universität(en), auch: Hochschule(n) 15, 21, 27, 29f., 37, 42, 44, 47, 72, 80, 83f., 95–98, 101, 103, 128–130, 138, 143, 163, 165f., 168, 177, 180, 186, 188, 197, 207, 209, 219, 227f., 235, 252, 255, 286, 294, 297f., 303, 305, 321, 331–333, 344, 346, 349, 352, 361, 363, 365, 368, 370, 372, 375f., *376*, 383, 388, 392, 395, 400–403, 405–410, 421, 423f., 427, 431, 436f., 444, 447, 452, 457, 460, 462, 465, 469, 471, 475, 477, 481f., 487f., 497, 517, 530, 535, 539, 546, 554f., 558–560, 562, 567, 582–584, 591, 593, 596f., 604, 609, 622, 625f., 651, 670, 675, 685, 687–689, 691, 696–699, 705–709, 713, 728f., 736, 739f., 743, 794f., 800, 804f., 808, 815–817, 821, 823–825, 830
Universität von / des
– Arizona 303
– Bamberg 391
– Basel 375
– Bielefeld 16, 147
– Bochum 391, 433, 673
– Bonn 236, 280f., 381, 593, 753
– Boulder 294
– Bremen 135
– Cambridge 344, 581
– Dortmund 622
– Erlangen 332, 597
– Frankfurt am Main 84, 310, 381, 426f., 671
– Freiburg 279, 423
– Glasgow 702, 704
– Göttingen 35, 87, 388, 436, 636, 749

- Hamburg 83, 132, 283, 311, 314, 423, 438, 649, 714
- Hannover 704
- Heidelberg 126, 285, 294, 422, 500, 592f., 603, 697f., 750, 752, 776
- Jena 330
- Kiel 304
- Köln 250, 403, 413, 500, 609, 695, 779, 781
- Konstanz 182, 331, 673
- Leipzig 395
- Magdeburg 395
- Mainz 280, 286, 310f., 482
- Marburg 324, 593, 672
- München 77, 90, 147, 149, 263, 325f., 332, 440, 500, 592f., 675, 757
- Münster 58, 408, 593
- Nijmegen 131, 443
- Oxford 581
- Pittsburgh 135
- Saarlandes 135
- San Diego 294
- Stockholm 308, 742
- Straßburg 422, 607
- Stuttgart 262, 325
- Tübingen 89, 299, 422, 593, 603f., 669
- Wales 702, 704
- Würzburg 408

Universitätsklinik 233, 381, 400, 759f.
Universitätsprofessur(en) 420, 462, 530
Unterhaltungselektronik, siehe Elektronik
Unternehmensberatung 102, 189, 200, 545f., 549
Uran(aufbereitung) 35, 278
Uranit GmbH 327
Uranverein 44, 278, 281, 283, 293, 480
Urheberrecht 20, 424, 429f., 646

V

Verband der Chemischen Industrie (VCI) 134
Verband der Wissenschaftler an Forschungsinstitutionen (VWF) 96f.
Verein Deutscher Eisenhüttenleute (VDEh) 256
Verein Deutscher Ingenieure (VDI) 779
Vereinigte Staaten von Amerika (USA) 30, 38, 41, 47, 69, 76f., 92, 112, 114, 133, 143–145, 150, 159, 164, 177f., 186, 195–197, 199f., 206–222, 236, 246, 249, *250*, 251, 258f., 280–282, 294, 297, 299, 305–308, 312, 314, 324f., 329, 331, 344, 355, 363–368, 372, 374, 377f., 380–384, 388, 391f., 400–402, 407f., 410f., 444, 456, 483, 558, 586, 609, 636, 690f., 694–701, 705, 713, 715, 718, 735, 742, 750, 753, 757, 760, 771, 774–776, 778, 780, 787, 794, 796, 801f., 804, 808, 812, 814, 819
Vereinigte Stahlwerke AG 46
Vereinigtes Wirtschaftsgebiet, siehe Besatzungszone (Bizone)
Vereinigung Deutscher Wissenschaftler (VDW) 648, 714
Vereinsregister 40, 62, 518
Vereinte Nationen (UN) 215, 282, 312, 671
Vergangenheitspolitik 56, 242, 352, 476, 576f., 585, 615
Verhaltensforschung 125, 207, 211, 216, 220, 233–237, *235*, 355, 367, 379–386, *386*, 389, 391f., 396f., 445, 453, 463, 467, 471, 528, 531, 623, 741, 800, 803, 821
Veröffentlichung(en), auch: Publikation(s), -verhalten, -verbot, -volumen (Output) 16, 20f., 39, 87, 220, 226, 229, 237, 249, 317, 341, *343*, 358, 369, *371*, 372f., 377, 399, 410, 413, 420, 430, 440, 450f., *452f.*, 458, *459*, 463–467, *464*, 470, 477, 560, 577, 584, 586, 594f., 597, 599, 600, 602, 605, 608, 625f., 629–635, *630–635*, 639, 641, 646, 691f., 697, 730, 736, 739, 743f., 747, 753–757, 759, 781, 785, 767, 779, 828
Versailler Vertrag 81, 421, 435
Verselbständigung, siehe Institutsausgründung
Versuchstier(e), -forschung, -handel, auch: Labortier 623f., 763–767, 769, 773
Versuchstierzucht 623, 765
Verteidigungsforschung, siehe Militärische Forschung
Verteidigungspolitik 484
Vertrag von Maastricht 160, 179, 498, 709
Vertragsrecht 642
Vertreibung 57, 214, 345, 802
Verwaltung(s), -abläufe, -aufgaben, -aufsicht, -personal, -reform, -stellen, -struktur, -wissenschaft 17, 33, 36f., 40, 50, 52f., 55f., 62f., 75, 89, 91, 94, 136, 142, 145, 159, 189f., 193f., 197f., 207, 209, 229f., 288f., 295, 297, 327, 330, 403–405, 436, 487, 490, 497, 505f., 517, 536f., 539, 541–549, *543f.*, 551–554, *553*, 558, 562, *563*, 564f., 567, 580, 591, 598, 600f., 605, 641, 645, 650, 670, 673, 676, 689, 693, 705–707, 711, 731, 735, 761, 769, 771, 815, 817, 820
Verwaltungsausschuss 53, 55, 123, 521

Verwaltungspersonal 229, 547, 552
Verwaltungsrat 27, 31, 53, 56, 73, 80, 89, 93f., 98–100, 102, 118, 120, 126, 139, 150, 152, 161, 167, 170–172, 178, 182, 184f., 189–192, 198, 232, 242, 353, 405f., 426, 433, 458, 506, 518–524, 526, 530, 533, 536, 539, *543*, 546, 548f., 598, 650, 668, 729, 734, 804, 807, 812, 819f.
Verwaltungsrecht 532
Verwertungsagentur, auch: Patentagentur Patent(verwertungs)stelle, -agentur, Technologietransfer-Agentur, -Büro, Lizenzagentur 80, 83, 140–142, 153, 183, 217, 219, 490, 494, 503f., 518, 626, 808
Verwissenschaftlichung 20, 153, 209, 215, 410f., 478, 753f., 793, 807, 822
Vier-Mächte-Status Berlins 40
Vierjahresplan 478
Vietnamkrieg 700
Visiting Committee 96, 123, 404
Vizepräsident:in 22, 53, 60, 89, 120f., 133, 148, 170, 184f., 232, 282, 332, 413, 444, 446, 489, 506, 518–523, 528, 532, *543*, 568, 730, 734, 744, 820
Vizepräsidentenkreis, siehe Präsidium
Vogelwarte Radolfzell der MPG 47, 387, *394*
Völkerrecht 39, 223, 421–423, 427, 430, 805
Volkskammer (der DDR) 42, 159
Volksrepublik China 114, 140, 144f., 165, 180, 195, 206, 221, 306, 507, 558, 684f., 695, 705, 708, 710, 712f., 718, 808, 825
Vorstand 53, 55, 89, 94, 150, 177, 184, 288, 486, 518, 521–523, 715
VW-Stiftung, auch: Stiftung Volkswagenwerk 130, 344, 351, 366, 372, 696

W

Wacker Chemie AG 500
Währungsreform 43, 49, 51, 55, 479
Waldsterben 113, 149, 247, 316, 739, 744
War on Cancer 355, 500
Warschauer Pakt 384, 221
Wasserstoffbombe, siehe Atomwaffen
Wehrforschung, siehe Militärische Forschung
Wehrmacht 243, 421, 609, 728
Weimarer Republik 29, 54, 88, 231, 307, 364, 607, 639, 687, 737, 804, 815, 824, 827
Weizmann-Institut, Rehovot 143, 705, 711f.
Welternährung(skrise), siehe Ernährung

Weltgesundheitsorganisation (WHO) 217
Weltraumforschung 69, 76, 81, 143, 217, 232–235, 237, 260, 286, 292, 296, 299, 456, 695, 797
Werkstatt 37, 280, 293, 304f., 627, 667, 669, 672f.
Westdeutsche Rektorenkonferenz (WRK), siehe Hochschulrektorenkonferenz (HRK)
Westeuropäische Union (WEU) 215, 728
Westverschiebung, -verlagerung 35, 61, 68, 380, 537, 669
Wettbewerb(s), -bedingungen, -fähigkeit, -orientierung 19, 29, 69, 75, 177f., 180, 192, 197, 200, 213, 219, 251f., 260, 262, 293–295, 297, 302f., 305f., 333, 346, 351f., 356, 392, 412, 469, 480–482, 486f., 497, 500f., 505, 535, 550, 568, 583–585, 626, 673, 676–678, 680f., 686, 689f., 707, 768, 778, 782, 784, 805, 811, 815f., 825, 828–830
Wettbewerbsrecht, siehe: Wirtschaftsrecht
Wiedergutmachung 38, 588, 590, 612, 711
Wiedervereinigung, siehe Deutsche Einheit
Wiener Akademie der Wissenschaften 52
William G. Kerckhoff-Herzforschungsinstitut, siehe Max-Planck-Institut für physiologische und klinische Forschung
Wintergerste Vogelsanger Gold 243
Wirtschaft(s), -interesse, -unternehmen, -verband, -vertreter, auch: Privatwirtschaft 15, 19f., 27f., 32, 36–39, 47f., 52, 55f., 63, 70f., 75, 78–81, 84f., 89, 98f., 102, 114, 116, 119f., 132, 135, 139f., 149, 151–153, 161, 164, 178, 191, 201, 206f., 210, 213, 220f., 227f., 238, 250–253, 277, 281, 352, 356, 359, 412, 422, 442, 455, 465, 475, 477, 479f., 484, 487–507, *501*, 516, 518, 520, 523, 525–527, 549, 558, 580, 583, 594, 619, 684, 686, 708, 710, 712, 747, 794f., 797, 799f., 806–808, 812, 814, 820, 827f.
Wirtschaftskrise, auch: Finanzkrise 151–153, 158, 161f., 169–171, 359, 406, 477, 492, 496, 702, 806
Wirtschafts-ordnung, -system 34, 169, 236, 426, 433, 445
Wirtschaftspolitik 114, 141, 251, 433, 584, 825

Wirtschaftsrecht, auch: Kartell-, Wettbewerbsrecht 422, 424, 426, 430f., 802
Wirtschaftsstrafrecht, siehe Strafrecht
Wirtschaftswissenschaft 432–434
Wirtschaftswunder 28, 69, 71, 102, 112, 139, 491, 537, 579, 690, 795, 799, 801, 805, 817
Wissens(chafts)gesellschaft 15, 20, 68, 103, 115, 153, 440, 505, 793, 827
Wissenschaftlich-technische Zusammenarbeit 143, 146
Wissenschaftlich-technischer Fortschritt 218, 452, 492, 685, 768, 825
Wissenschaftliche Mitglieder, siehe Mitglieder, Wissenschaftliche
Wissenschaftlicher Rat 31, 48, 54, 94–96, 98–101, 126, 181, 185, 189f., 234, 405, 525, 527–530, 533, 566, 641, 682, 785f., 778, 819–821, 829, 831
Wissenschaftsaußenpolitik 142, 144, 152, 706–708, 711, 824f.
Wissenschaftsdiplomatie, auch: Second Track Diplomacy 16, 121, 476, 684, 710–713, 715, 828
Wissenschaftsjournalismus 99, 219, 391, 521, 582, 594f., 597, 614, 692, 700
Wissenschaftskommunikation 577, 594, 596f., 612, 614f., 771f., 779, 782f.
Wissenschaftskultur(en) 30, 112, 226, 234, 352f., 365, 367, 445, 448f., 462, 480, 499f., 675, 821
Wissenschaftspolitik, wissenschaftspolitisch 30, 35, 37–39, 42, 44, 53, 62, 69, 84, 89f., 93–95, 97, 99, 119–121, 126f., 132, 139, 152, 163, 173, 176, 181f., 184, 186, 200, 213, 226, 228, 241, 252f., 268, 289, 306, 308f., 315, 322, 340, 352, 355, 438, 444, 459, 467, 475, 478–480, 482, 484, 495, 505, 516, 519–522, 525–527, 532, 538, 577, 580, 584, 588, 594f., 612, 624, 686, 689f., 692, 695, 704, 706–708, 729–730, 788, 797f., 801f., 815, 820
Wissenschaftsprofil, auch: Forschungsprofil 361, 407, 455, 458, 460, 462, 469–471, 517, 700, 800, 807, 816, 828
Wissenschaftsrat (WR) 84, 91, 120f., 126, 134, 163f., 166, 168f., 197, 247, 261, 263f., 266, 315f., 318, 400, 444, 466, *468*, 482f., 485f., 538, 729, 783, 810, 824
Wissensökonomie 206, 217, 223, 710, 828
Woods Hole 696
World Climate Research Programme (WCRP) 315
Württemberg-Baden, -Hohenzollern, siehe Baden-Württemberg

Z

Zebrafisch (*Danio rerio*) 503
Zeit-Stiftung Ebelin und Gerd Bucerius 178
Zeitvertrag, siehe Befristung
Zellforschung, -biologie 184, 237, 341, 345, *353*, 354, *355*, *358*, 362–378, *386*, 388, 411, 456, 458, *464*, 465f., 633f., 644, 803, 806
Zellkultur 385, 624
Zentrale Gehaltsabrechnungsstelle 91, 539, *543f.*, 547, 549, 637
Zentrale Kommission für die Biologische Sicherheit (ZKBS) 776–778
Zentralisierung, auch: Dezentralisierung 20, 48f., 51, 74, 102, 193, 226, 228, 230, 475, 478, 484, 512, 539, 547–549, 599, 617f., 638, 687, 762, 804, 807, 815, 817f., 830,
Zentrifuge 280, 344, 363, 620, 627, 675
Zentrum, Zentren (der Forschung), auch: Forschungs- 35, 77f., 90, 96, 144, 166f., 209, 229, 233f., 248, 262–264, 281, 284, 290, 324, 333f., 344, 354, 378, 383, 390, 405, 412, 426, 438, 443–445, 456–458, 460, 471, 481f., 496, 537, 625, 628, 636, 673f., 676f., 682, 690, 696, 698, 708, 712, 718, 732, 783, 801f., 806, 810 – Siehe auch Geisteswissenschaftliche Zentren, Genzentrum
Zentrum für Molekulare Biologie Heidelberg (ZMBH) 500
Zivilgesellschaft, zivilgesellschaftlich 87, 102, 241, 320, 489, 603, 624, 734, 802, 805f., 822f., 828, 831
Züchtungsforschung, auch: Pflanzenzüchtung, Tierzucht 238, 240–242, 246, 248, 251, 253, 353, 502, 531, 695, 742
Zukunftsforschung 83, 219, 439
Zwangsarbeiter:in 59, 243, 586, 609
Zweiter Weltkrieg 15f., 20, 34, 38, 42, 46, 49, 57, 62, 88, 112f., 158, 207, 210–218, 220, 222, 227, 231, 256, 259, 277f., 293, 297, 305, 323, 364f., 379, 385, 398–402, 422, 478f., 484, 488, 490, 580, 585f., 588, 593, 600, 605, 611, 643, 669, 674, 684–691, 694f., 728, 733, 736, 749, 752, 754, 802f., 809, 824
Zyklotron, siehe Teilchenbeschleuniger

6.2 Personenregister

Die kursiven Seitenzahlen verweisen auf Bildunterschriften.

A

Aach, Hans-Günther (1919–1999) 346
Abbott, Alison (*1953) 692
Abelson, Philip H. (1913–2004) 692
Abir-Am, Pnina (*1947) 333
Abs, Hermann Josef (1901–1994) *508*
Adams, Roger (1889–1971) 38, 46
Adenauer, Konrad (1876–1967) 86f., 281–283, 480, 729, 732
Afheldt, Horst (1924–2016) 146f., 715–717
Agar, Jon (*1969) 207
Akhtar, Asifa (*1971) 568
Albrecht, Helmuth (*1955) 608
Althoff, Friedrich (1839–1908) 477
Aly, Götz (*1947) 600f., 603f.
Amedick, Sigrid (*1962) 647
Andersen, Per (1930–2020) 389
Andreae, Meinrat O. (*1949) 307, 313, 317, 743, 745, 787
Appenzeller, Immo (*1940) 303
Arendt, Hannah (1906–1975) 748
Arndt, Adolf (1904–1974) 425
Arndt, Franz 62
Arnold, Frank 316
Aschoff, Jürgen (1913–1998) 125, 148, 382–384, 528
Axford, Ian (1933–2010) 303
Azaurralde, Elisa (1959–2018) 415

B

Backe, Herbert (1896–1947) 46, 60
Bagge, Erich (1912–1996) 278f., 293, 299, 480
Baldwin, Ian (*1958) 249
Balke, Siegfried (1902–1984) 76, 282, 284
Ballreich, Hans (1913–1998) 91
Baltes, Paul B. (1939–2006) 148, 186, 442, 447, *513*
Barde, Yves-Alain (*1946) 406
Barre, Raymond (1924–2007) 688
Bartels, Julius (1899–1964) 76, 295
Barth, Kai-Henrik 698
Basedow, Jürgen (1949–2023) 422
Basting, Dirk (*1945) 325
Bauer, Hans (1904–1988) 364, 366f., 370, 460, 556
Baumert, Jürgen (*1941) 442
Becke-Goehring, Margot (1914–2009) 556
Becker, Carl Heinrich (1876–1933) 56, 82
Becker, Hellmut (1913–1993) 82, 143, 147f., 234, 437f., 442, 565, 677, 803
Becker-Freyseng, Hermann (1910–1961) 589
Beckert, Jens (*1967) 443
Beckwith, Steven (*1951) 303, 330
Beermann, Wolfgang (1921–2000) 350, 366
Beier, Friedrich-Karl (1926–1997) 428
Bell, Daniel (1919–2011) 115
Benecke, Jochen (*1939) 778
Benecke, Otto (1896–1965) 54, 56, 89, 91, 190, 545
Bengtsson, Lennart (*1935) 315, 319
Benkert, Otto (*1940) 733
Berg, Nicolas (*1967) 607
Bergmann, Anna (*1953) 602
Bernhardt, Rudolf (1925–2021) 759, 777
Bethge, Heinz (1919–2001) 165, 264f.
Bewilogua, Ludwig (1906–1983) 40
Beyerle, Konrad (1900–1979) 280
Beyler, Richard 587
Biedenkopf, Kurt Hans (1930–2021) 187, 433
Biermann, Ludwig (1907–1986) 76, *155*, 279, 294, 296f., 302, 304, 798
Bilfinger, Carl (1879–1958) 422f.
Billing, Heinz (1914–2017) *154f.*, 329, 636f., 701
Binder, Elisabeth (*1971) 414
Birks, John W. (*1946) 316, 734
Birrenbach, Kurt (1907–1987) 716
Bismarck, Klaus von (1912–1997) 440
Björklund, Anders (*1945) 389
Blamont, Jacques (1926–2020) 296
Blank, Theodor (1905–1972) 728
Blessing, Karl (1900–1971) 55
Bloch, Immanuel (*1972) 331
Bloom, Floyd (*1936) 692
Blount, Bertie K. (1907–1999) 45f.
Bludau, Barbara (*1946) 65, 189f., 193, 199f., *512*, 540, 545, 612
Böckler, Hans (1875–1951) 54
Boenke, Susan 86
Bogdanow, Alexander (1873–1928) 742
Bohling, Jan Erik 773
Böhm, Franz (1895–1977) 426, 432
Böhm, Margret (1921–2017) 644
Bolin, Bert (1925–2007) 312, 742
Bollmann, Erika (1906–1997) *570,* 705f.
Bonhoeffer, Friedrich Johann (1932–2021) 385, 396, 622, 776
Bonhoeffer, Karl Friedrich (1899–1957) 89, 92, 354, 382f., 460
Bonhoeffer, Tobias (*1960) 396
Borck, Cornelius (*1965) 226
Born, Max (1882–1970) 282, 714
Borrmann, Detlef (*1938) 603

Bosch, Carl (1874–1940) 525, 540
Bothe, Walther (1891–1957) *64,* 92, 278f., 284, 294, 645, 732
Böttcher, Walther (1901–1983) 87
Bötticher, Barbara (*1941) 640
Bötzkes, Wilhelm (1883–1958) 55, 282
Bourdieu, Pierre (1930–2002) 579
Bradshaw, Alexander M. (*1944) 30, 265
Braitenberg, Valentino (1926–2011) 385
Brandt, Leo (1908–1971) 282, 297
Brandt, Willy (1913–1992) 71, 97, 143, 148, 708
Braun, Hardo 669, 674
Braun, Reiner (*1952) 718
Braun, Wernher von (1912–1977) 39
Braunitzer, Gerhard (1921–1989) 349
Brendel, Hermann 592
Brengelmann, Johannes (1920–1999) 404, 406
Brenig, Wilhelm (1930–2022) 262, 284
Brill, Rudolf (1899–1989) 349, 460
Brix, Peter (1918–2007) *72*
Brocke, Bernhard vom (*1939) 16, 607
Brocks, Karl (1912–1972) 311
Broglie, Louis de (1892–1987) 69
Brook, Richard J. (*1938) 187, 486, 538
Brose, Nils (*1962) 396
Bruch, Rüdiger vom (1944–2017) 610
Brunn, Anke (*1942) 192
Bruno, Patrick (*1964) 266
Bruns, Viktor (1884–1943) 421
Büchner, Franz (1895–1991) 752
Bulmahn, Edelgard (*1951) 193
Bülow, Andreas von (*1937) 778
Burch, Rex L. (1926–1996) 773
Buschhorn, Gerd (1934–2010) 460
Bush, George W. (*1946) 392
Bush, Vannevar (1890–1974) 213, 818
Butenandt, Adolf (1903–1995) 26, 37, 43, 58, *64*–66, 70, 74f., 88–97, 100, 102, *107,* 112, 120, 125f., 140, 146, 181–183, 231, 247, 252, 258, 346, 352f., 368f., 384, 386, 425, 437, 441f., 456f., 492, 506, *510,* 522, 526, 528, 532, 534, 536, 540, 548, 556, 565, *575,* 579, 582f., 586f., 589f., 595, 598, 601f., 620, 640, 642–645, 673, 675f., 699, 706, 711, 714, 716f., 729f., 734, 799, 801, 803f., 806, 822
Butenandt, Erika (1906–1995) *514,* siehe auch Ziegner, Erika von
Butenandt, Otfried (1933–2020) 339

C

Cambrosio, Alberto 761
Campbell, Philip (*1951) 692
Cardona, Manuel (1934–2014) 262

Carlsberg, Arno 155
Carnegie, Andrew (1835–1919) 207
Carter, Jimmy (*1924) 700
Charlson, Robert Jay (*1936) 743
Chirac, Jacques (1932–2019) 689
Chomsky, Noam (*1928) 390
Chou Pei-yuan (1902–1993) *109*
Chu, Steven (*1948) 329
Churchill, Winston (1874–1965) 42, 44, 212
Cirac, Ignacio (*1965) 331
Claude, Albert (1899–1983) 363
Clay, Lucius D. (1898–1978) 38, 46, 61
Clement, Wolfgang (1940–2020) 163
Clinton, Bill (*1946) 392
Cohen-Tannoudji, Claude (*1933) 329
Cohn, Josef *107*
Coing, Helmut (1912–2000) 83f., 151, 426, 428, 433, 525, 532, 671
Conrad, Klaus (1905–1961) 381
Conrad, Ralf (*1949) 317, 746
Conti, Leonardo (1900–1945) 592
Cornell, Eric (*1961) 331
Correns, Carl (1864–1933) 669
Cowan, W. Maxwell (1931–2002) 389
Cramer, Friedrich (1923–2003) 350, 716, 775, 777
Cramon, Detlev Ives von (*1941) 395
Creutzfeldt, Otto Detlev (1927–1992) 385f., 388f., 391, 396, 406, 767
Crutzen, Paul Josef (1933–2021) 30, 218, 222, 307f., 311f., 314, 316–318, 320, 710, 719, 734, 743–745, 747, 787, 804
Cuénod, Michel (*1933) 389
Curie, Marie (1867–1934) 210
Czarnowski, Gabriele 603

D

Da Gai, Enrico 680
Dahrendorf, Ralf (1929–2009) 147
Daladier, Édouard (1884–1970) 687
Dale, Henry H. (1875–1968) 45
Damerow, Peter (1939–2011) 447
Danielmeyer, Hans Günter (*1936) 325, 330
Danzmann, Karsten (*1955) 305, 329, 704
Daston, Lorraine (*1951) 608
Davies, David (*1939) 692
Davis, Raymond (1914–2006) 305
Debye, Peter (1884–1966) 278
Dehmelt, Hans (1922–2017) 324
Deinhardt, Friedrich (1926–1992) 776
Deisenhofer, Johann (*1943) 349, 625, 676, 802
Delbrück, Max (1906–1981) 344, 382f., 695f.

Deng Xiaoping (1904–1997) 114, 145, 713
Deussen, Julius (1906–1974) 592
Dickman, Stephen 692–694
Dickson, David (1947–2013) 582, 692f.
Diebner, Kurt (1905–1964) 480
Diehl, Jörg (1928–2002) 287
Dieminger, Walter (1907–2000) 76, 295, 299
Dietz, Adolf (*1936) 428
Dietzel, Adolf (1902–1993) 81, 256, 258, 264
Dohrn, Klaus (1905–1993) 99, 151, *510*
Dölle, Hans (1893–1980) 89, 93f., 422–424, 427, 520, 525–527, 533, 730
Dörfel, Helmut (1927–1998) 263
Dörner, Dietrich (*1938) 391
Dorr, Herbert *661*
Drieschner, Michael (*1939) 649f.
Drobnig, Ulrich (1928–2022) 432
Dudenhausen, Wolf-Dieter (*1940) 163
Dürr, Hans-Peter (1929–2014) 146, 717, *724*

E

Ebersold, Bernd 606
Eckstein, Fritz (*1932) 694
Edding, Friedrich (1909–2002) 148
Edelstein, Wolfgang (1929–2020) 442, 795
Edman, Pehr (1919–1977) 676
Ehlers, Jürgen (1929–2008) 304f.
Ehmann, Annegret (*1944) 603
Ehrenstein, Günter von (1929–1980) 350
Eibl-Eibesfeld, Irenäus (1928–1918) 392f.
Eichel, Hans (*1941) 772
Eichmann, Klaus 157
Eigen, Manfred (1927–2019) 30, 92, 234, 324, 349, 351f., 385, 392, 696f., 715, 745, 778
Einstein, Albert (1879–1955) 61, 323, 713
Eisenhower, Dwight D. (1890–1969) 215, 282
Eitel, Wilhelm (1891–1979) 59, 258
Eitner, Christoph 327
Elsässer, Hans (1929–2003) *111*, 298, 303
Elsner, Nobert (1940–2011) 388
Engel, Christoph (*1956) 434
Engell, Hans-Jürgen (1925–2007) 30, 258f., 262
Engholm, Björn (*1939) 764
Ensmenger, Nathan 642
Erhard, Ludwig (1897–1977) 281
Erhardt, Manfred (*1939) 171, 445, 540
Ertl, Gerhard (*1936) 30, 168, 262f., 266, 764
Eser, Albin (1935–2023) 759

F

Fabry, Stefan 413
Fang Lizhi (1936–2012) 146
Fang Yi 106
Fehling, Hermann (1909–1996) 678f.
Fischer, Emil (1852–1919) 341, 668
Fischer, Ernst 170
Fischer, Eugen (1874–1967) 602
Fischer, Joschka (*1948) 711
Fischmeister, Hellmut (1927–2019) 30, 168, 266
Fleck, Ludwik (1896–1961) 20, 399, 751, 763
Fleckenstein, Josef (1919–2004) 441
Flowers, Brian (1924–2010) 128, 699
Fögen, Marie Theres (1946–2008) 647
Förster, Eckhart (*1944) 330
Forstmann, Walther (1900–1956) 48
Fourastié, Jean (1907–1990) 71
Fraenkel-Conrat, Heinz (1910–1999) 346
Frahm, Jens (*1951) 221
Franco, Francisco (1892–1975) *107*
Franke, Werner W. (1940–2022) 364, 375
Freisler, Roland (1893–1945) 422
Frese, Walter (1872–1949) 596
Freund, Hans-Joachim (*1951) 710
Friederici, Angela D. (*1952) *336*, 395f., 415
Friedrich-Freksa, Hans (1906–1973) 345, 351f.
Frisch, Karl von (1886–1982) 384
Fromm, Beatrice (*1938) 127, 541
Frowein, Jochen (*1934) 446
Frühwald, Wolfgang (1935–2019) 171
Fulde, Peter (*1936) 30, 267, 460, 680f.

G

Galison, Peter (*1955) 29
Gaudillière, Jean-Paul (*1957) 340
Gaulle, Charles de (1890–1970) 688, 690
Gebhardt, Erich (1913–1978) 258f., 283, 287
Geisel, Theo (*1948) 392
Gentner, Alice *107*
Gentner, Wolfgang (1906–1980) 70, 76, 92, *107*, 133, 277–279, 281, 284–286, 289, 293–295, 297, 299, 460, 480, *510*, 528, 558, 711, 801
Genzel, Ludwig (1922–2003) 261f., 301
Genzel, Reinhard (*1952) 301, 330, 798
Genzmer, Erich (1893–1970) 423
Gerisch, Günther (*1931) 373–375, 377f., 622
Gerischer, Heinz (1919–1994) 262f., 530
Gerlach, Walther (1889–1979) *105*
Gershenzon, Jonathan (*1955) 249

Gerwin, Robert (1922–2004) 99, 112, 595–597, 607f., 612
Gessner, Volker (1937–2014) 432
Gierer, Alfred (*1929) 123, 385, 388, 390f., 697
Giersch, Herbert (1921–2010) 433
Gigerenzer, Gerd (*1947) 395, 442
Giscard d'Estaing, Valéry (1926–2020) 688
Globig, Michael 596f., 604, 612
Glocker, Richard (1890–1978) 257
Glotz, Peter (1939–2005) 145
Glum, Friedrich (1891–1974) 39, 42, 50, 579
Göbel, Werner (*1939) *272,* 777
Gödan, Jürgen Christoph (1938–2015) 647
Godelier, Maurice (*1934) 688
Gogel, Daniel (1927–1997) 678f.
Goldschmidt, Dietrich (1914–1998) 148
Goldschmidt, Theo (1883–1965) 55
Gorbatschow, Michail S. (1931–2022) 158, 161
Gösele, Ulrich (1949–2009) 263, 266, 735f.
Gottstein, Klaus (1924–2020) 147, 717
Götz, Hilde (1928–2016) 716
Götz, Karl-Georg (*1930) 385
Graßl, Hartmut (*1940) 311, 314f., 743
Graßmann, Wolfgang (1998–1978) 90, *105,* 346, 366, 460, 675f.
Greenberg, Daniel S. (1931–2020) 692, 700
Griffin, Donald R. (1915–2003) 383f.
Grimme, Adolf (1889–1963) 55
Grossbach, Ulrich (1936–2020) 776
Großmann, Siegfried (*1930) 703
Grossner, Claus (1941–2010) 521
Groth, Wilhelm (1904–1977) 278, 280
Grube, Georg (1883–1966) 257
Gruss, Peter (*1949) 16, 30, 184, 498, 506
Gummert, Fritz (1895–1963) 55

H

Haber, Fritz (1868–1934) 263, 527, 589, 736
Habermann, A. Nico (1932–1993) 135
Habermas, Jürgen (*1929) 83, *104,* 146f., 150, 234, 391, 433, 439f., 649–651, 803
Hachenberg, Otto (1911–2001) 297
Hachtmann, Rüdiger (*1953) 48, 88
Haerendel, Gerhard (*1935) 300f.
Hahlbrock, Klaus (*1935) 249
Hahn, Max (1880–1942) 590
Hahn, Nathan (1868–1942) 590

Hahn, Otto (1879–1968) 15, 29, 44–47, 50, 52, 55–57, 60–63, *64f.,* 72, 87–89, 92, 102, *105,107,* 278–280, 282f., 402, 522, 526, 540, 556, *570,* 581f., 589, 594, 711, 714, 728f., 732, 751, 796, 799, 804f.
Hallervorden, Julius (1882–1965) 381, 402, 600f., 604, 606
Hallstein, Walter (1901–1982) 83, 144, 426f., 671, 802
Hamilton, Margaret (*1936) 641
Hamm-Brücher, Hildegard (1921–2016) 99
Hammer, Dietrich K. (1923–1988) 732, 767
Hammer, Sebulon [Zevulun] (1936–1998) 604
Hämmerling, Joachim (1901–1980) 52, 364, 366–370, 378
Hammerstein, Notker (*1930) 610
Hannig, Kurt (1920–1993) 349f.
Hänsch, Theodor (*1941) 324, 326, 329, 331f.
Hansson, Bill (*1959) 249
Häring, Hugo (1882–1958) 678
Harnack, Adolf von (1851–1930) 81, 83, 181, 207, 227, 435, 488, 533f., 580, 814f.
Haroche, Serge (*1944) 329
Hartmann, Ludger 623
Hartmann, Max (1876–1962) 58, 366, 594
Hartung, Dirk (1941–2022) 565
Hasenclever, Wolfgang (1929–2019) 179, 495, 540, 608
Hassel, Kai Uwe von (1913–1979) 730
Hasselmann, Klaus (*1931) 313f., 317, 743, 787, 804
Hassler, Rolf (1914–1984) 381, 402, 587
Hauff, Volker (*1940) 327f., 485, 777
Haunschild, Hans-Hilger (1928–2012) 117, 328
Hausen, Harald zur (1936–2023) 411
Hausen, Peter (1935–2012) 622
Häuser, Gerd *513*
Hausser, Isolde (1889–1951) 415, 645
Hausser, Karl Hermann (1919–2001) 350
Hausser, Karl Wilhelm (1883–1933) 645
Havemann, Robert (1910–1982) 40–42, 58, 62
Haxel, Otto (1909–1998) 283, 732f.
Heckel, David G. (*1953) 249
Heckelmann, Dieter (1937–2012) 602
Heckhausen, Heinz (1926–1988) 391, 443
Heckmann, Otto (1901–1983) 298
Heim, Susanne (*1955) 603, 784

Heimendahl, Eckart (1925–1974) 715
Heimpel, Hermann (1901–1988) 82, 92, 422f., 436f., 440f., 529, 607
Heinemann, Gustav (1899–1976) *104*
Heinemann, Manfred (*1943) 690
Heinze, Hans-Jochen (*1953) 395
Heisenberg, Werner (1901–1976) 29, 44f., 54, 62, 76f., 83, 87, 90, *104,* 143, 146, 232, 277–285, 289f., 293–295, 304, 435, 438, 440, 460, 478, 480, 491, 529, 636, 714, 716f., 732, 749f., 801, 804
Heiss, Wolf-Dieter (*1939) 381, 390, 403, 413
Hell, Stefan (*1962) 350, 802
Helmholtz, Hermann von (1821–1894) 815
Helmreich, Ernst J. M. (*1922) 341
Hempel, Gotthilf (*1929) 135
Henahan, John F. 692f.
Henkel, Konrad (1915–1999) 733
Henning, Eckart (*1940) 599, 601, 604–606
Henning, Thomas (*1956) 303
Henning, Ulf (1929–2000) 350
Heppe, Hans von (1907–1982) 540
Herbert, Ulrich (*1951) 619
Hermann, Armin (*1933) 608
Herrhausen, Alfred (1930–1989) 506
Hertz, Henriette (1846–1913) 435, 680
Herz, Albert (1921–2018) 406
Herzog, Reginald O. (1878–1935) 231, 255
Hess, Benno (1922–2002) 350, 644, 744f., 759, 767
Hess, Gerhard (1907–1983) 260
Hess, Volker (*1962) 610
Hesse, Helmut (1934–2016) 433
Hessen, Boris (1893–1936) 20
Hettenhausen, Günter (1929–2021) 98
Heubner, Wolfgang (1877–1957) 58, 752
Heuss, Theodor (1884–1963) *104*
Heydenreich, Johannes (1930–2015) 168, 265f.
Heymann, Matthias (*1961) 313, 422
Hicks, Marie (Mar) 641
Hillmann, Günther (1919–1976) 601
Hilschmann, Norbert (1931–2012) 350
Hintsche, Eugen 596
Hinzpeter, Hans Georg (1921–1999) 311, 315, 743
Hitler, Adolf (1889–1945) 88, 587, 589
Hoare, M. R. 692
Hobsbawm, Eric J. (1917–2012) 116
Hoegner, Wilhelm (1887–1980) 39, 90

Hoerner, Sebastian von (1919–2003) 297
Hofer, Hans-Georg (*1971) 753
Hoffmann-Berling, Hartmut (1920–2011) 350
Hofschneider, Peter Hans (1929–2004) 352, 759, 775–778, 785
Hohendorf, Gerrit (1963–2021) 756
Hohlfeld, Rainer (1942–2020) 777
Holmes, Kenneth C. (1934–2021) 349, 697
Holsboer, Florian (*1945) 67, 404, 406, 786
Holst, Erich Walter von (1908–1962) 367, 383
Holzkamp, Erhard 799
Hoppe, Walter (1917–1986) 349f.
Hopper, Grace (1906–1992) 641
Hörlein, Heinrich (1882–1954) 55, 589f.
Hornberger, Martin 764, 767
Hosemann, Rolf (1912–1994) 134
Hossmann, Konstantin-Alexander (*1937) 381, 390
Hough, James (*1945) 704
Howard, Jonathon (*1957) 378
Hubel, David (1926–2013) 389, 771
Huber, Franz (1925–2017) 388
Huber, Robert (*1937) 349f., 625, 676, 802
Hübner, Manfred 513
Huck, Brigitte 156
Hundhammer, Alois (1900–1974) 53
Huttner, Wieland (*1950) 378
Hyman, Anthony (*1962) 378

I

Ihne, Ernst Eberhard von (1848–1917) 668

J

Jaenicke, Günther (1914–2008) 423
Jaenicke, Ruprecht (*1940) 311
Jagodzinski, Heinz (1916–2012) 255
Jannott, Horst K. (1928–1993) 526
Jasanoff, Sheila (*1944) 775
Jatzkewitz, Horst (1912–2002) 406
Jescheck, Hans-Heinrich (1915–2009) 84, 424, 426, 671
Jochimsen, Reimut (1933–1999) 129
Johnson, Katherine (1919–2020) 641
Johnson, Lyndon B. (1908–1973) 694, 700
Joliot-Curie, Frédéric (1900–1958) 294, 688–690
Jørgensen, Jo Barker (*1946) 746
Jung, Richard (1911–1986) 381
Jungblut, Peter Wilhelm (1927–2003) 368, 372, 374f., 396

Junge, Christian (1912–1996) 132f., 286, 300, 308–311, 316, 319, 742f., 787, 804

K

Kahlweit, Manfred (1928–2012) 266
Kahmann, Regine (*1948) 415
Kaiser, Günther (1928–2007) 432
Kaiser, Wolfgang (*1925) 326f.
Kant, Horst (*1948) 439, 450
Kaplan, Martin (1915–2004) 717
Karlson, Peter (1918–2001) 88
Karsen, Fritz (1885–1951) 41, 47
Kaufmann, Doris (*1953) 608f.
Kay, Lily (1947–2000) 343
Kazemi, Marion (*1948) 606
Keating, Peter (*1953) 761
Keeling, Charles-David (1928–2005) 308
Kehr, Paul Fridolin (1860–1944) 435
Keinath, Wieland 189
Keitel, Christoph H. (*1965) 332
Kendrew, John C. (1917–1997) 698
Kennan, George F. (1904–2005) 212
Keppler, Erhard (1930–2010) 300
Ketterle, Wolfgang (*1957) 331
Khomeini, Ruhollah (1902–1989) 114
Kidder, Ray (1923–2019) 325, 327
Kiechle, Ignaz (1930–2003) 764, 769
Kiesinger, Kurt Georg (1904–1988) 690, 716
Kiko, Jürgen 513
Kindleberger, Charles (1910–2003) 433
Kippenhahn, Rudolf (1926–2020) 302
Kirschfeld, Kuno (*1933) 385
Kirschner, Jürgen (*1945) 266, 736
Kirsten, Till (*1937) 513
Kissinger, Henry (1923–2023) 715f.
Klasen, Karl (1909–1991) 141
Klee, Ernst (1942–2013) 600, 610
Klein, Otto 722
Klein, Wolfgang (*1946) 390, 443
Kleppner, Daniel (*1932) 329
Klitzing, Klaus von (*1943) 262, 690
Knake, Else (1901–1973) 556, 644
Knebel, Rudolf (1910–1983) 402–404
Koch, Meinrad (1930–2006) 777
Kohl (Möhlenbeck), Ulrike (*1968) 606
Kohl, Helmut (1930–2017) 115, 150, 159, 175, 604, 735, 768
Kolb, Gerhard 600
Koll, Werner (1902–1968) 402, 556
Kompa, Karl-Ludwig (*1938) 266, 325f., 331, 785
Konen, Heinrich (1874–1948) 51
König, Heinz (1927–2002) 433
Konze-Thomas, Beate 760
Kopfermann, Hans (1895–1963) 323

Kor, Eva Mozes (1934–2019) 611f., *722*
Korkisch, Friedrich (1908–1985) 423
Kornmüller, Alois (1905–1968) 381, 402
Korsching, Horst (1912–1998) 278f.
Koshland, Daniel E. (1920–2007) 692
Koslowski, Peter (1952–2012) 150
Kost, Heinrich (1890–1978) 55
Köster, Werner (1896–1989) 29, 256–260, 460, *720*
Kötz, Hein (*1935) 428, 432
Kraepelin, Ernst (1856–1926) 380
Kramer, Gustav (1910–1959) 367, 383
Kratky, Otto (1902–1995) 349
Krausz, Ferenc (*1962) 333
Kraut, Heinrich (1893–1992) 59, 402, 644
Kreutzberg, Georg Wilhelm (1932–2019) 375, 377, 406, 604–606, *721*, 785
Kriegel, Vera *722*
Krige, John (*1941) 698, 700
Krohn, Wolfgang (*1941) 649
Kronmüller, Helmut (*1931) 258
Krücke, Wilhelm (1911–1988) 381, 402, 606
Krüger, Lorenz (1932–1994) 445
Krüger, Paul (*1950) 170
Krupp von Bohlen und Halbach, Alfried (1907–1967) *105*
Kuenheim, Eberhard von (*1928) 506
Kuenheim, Haug von (*1934) 745
Kühn, Alfred (1885–1968) 43, 351, 796
Kühn, Klaus (1927–2022) 350, 375
Kuhn, Richard (1900–1967) 29, 54, 62, 89, 342, 460, 730, 733
Kuhn, Thomas (1922–1995) 228
Kuschel, Helga (1936–1940) 606

L

Lambropoulos, Peter (*1935) 331
Lampert, Winfried (1941–2021) 318
Landahl, Heinrich (1895–1971) 55
Landfried, Klaus (1941–2014) 178
Laue, Max von (1879–1960) 29, 44, 48, 54, 62, 92, 256, 279, 283, 590, 594, 732, 804
Lauerbach, Erwin (1925–2000) 129
Leendertz, Ariane (*1976) 197, 441, 498, 584
Lehmann, Gunther (1897–1974) 402, 460
Lehmann, Hartmut (*1936) 174, 445, 556, 608
Lenneberg, Eric Heinz (1921–1975) 390
Lenz, Hans (1907–1968) 86
Leuchs, Gerd (*1950) 329, 332
Leussink, Hans (1912–2008) 86, 149, 744

Levelt, Willem J. M. (*1938) 131, 390, 393, 443
Levine, Raphael (*1938) 331
Levinson, Stephen C. (*1947) 391
L'Huillier, Anne (*1958) 333
Lifton, Robert J. (*1926) 607
Lindner, Stephan (*1961) 590
Lipmann, Fritz (1899–1986) 346
List, Benjamin (*1968) 359
Lorenz, Konrad Zacharias (1903–1989) 367, 383f., 392
Lotz, Wolfgang (1912–1981) 436
Lovelock, James (1919–2022) 743
Lu Yongxiang (*1942) *109*
Lübke, Karl Heinrich (1894–1972) 73, *514*
Lübke, Wilhelmine (1885–1981) *514*
Lüst, Reimar (1923–2020) 30, 65, 76, 92, *106, 108f., 111,* 112, 115, 120–123, 125–127, 129, 131f., 138, 143, 145f., 148–151, 153, 165, 170, 173f., 178, 181, 183f., 201, 224, 247, 296–300, 303, 312f., 319, 327f., 399, 406, 438, 441, 448, 458, 484, 493, 498, 506, *510,* 526f., 533, 536, 538, 540f., 562, 565f., 583f., 599, 650, 699, 706, 717, 742, 745, 764, 767, 776, 802, 804, 806f., 813
Lux, Hans-Dieter (1924–1994) 396, 406
Lwoff, André (1902–1994) 43, 45
Lynen, Feodor (1911–1978) *66, 107,* 148f., 346, 351, *510,* 558, 675f., 711, 716

M

MacLean, Paul D. (1913–2007) 381
Macrakis, Kristie (*1958) 571
Maddox, John (1925–2009) 692
Maelicke, Alfred (1938–2017) 694
Maeyer, Leo de (1927–2014) 385
Magnussen, Karin (1908–1997) 594
Maier, Anneliese (1905–1971) 556
Maier, Heinrich (1867–1933)
Maier, Helmut (*1957) *720*
Maier-Leibnitz, Heinz (1911–2000) 283, *510,* 558
Maiman, Theodore H. (1927–2007) 324
Makarov, Alexander (1888–1973) 422
Mandelkow, Eckhard (*1943) 377f.
Mannheimer, Max (1920–2016) 605
Mao Zedong (1893–1976) 114
Margulis, Lynn (1938–2011) 743
Mark, Herman (1895–1992) 255
Markl, Hubert (1938–2015) 15f., *65, 109,* 163, 171, 173–175, 177f., 180, 182–187, 192, 198, 200, 357, 392, 412f., 445, 467, 498, 506, *512,* 525, 527, 538, 540, 576, 578f., 583–585, 609–612, 691, 708f., 718, *722,* 760, 772, 806, 811f.

Markram, Henry (*1962) 392
Marsch, Edmund (1931–2020) *105,* 327, 605, 607
Marslen-Wilson, William David (*1945) 390
Martin, Madeleine 770
Martini, Paul (1889–1964) 753–755
Martinius, Joest 758f.
Massin, Benoît (*1962) 610
Mattauch, Josef (1895–1976) 43, 279f., 283, 309, 732
Matthaei, Heinrich (*1929) 350
Matthöfer, Hans (1925–2009) 775
Matussek, Norbert (1922–2009) 733, 756f.
May, Robert (1936–2010) 709
Mayer, Karl Ulrich (*1945) 442
Mayntz, Renate (*1929) 30, 151, 442f., 555, 617f., 785
McCulloch, Warren (1898–1969) 382
McElheny, Victor K. (*1935) 692
Meermann, Horst 596
Meinecke, Manfred 124, 545
Meitinger, Otto (1927–2017) *105,* 673
Meitner, Lise (1878–1968) *64,* 210, 278f., 714
Melchers, Georg (1906–1997) 93, 346, 351, 353, 368, *512f.,* 593, 645, 669, 796
Mendelsohn, Erich (1887–1953) 678
Mengele, Josef (1911–1979) 58, 594, 601f., 610f.
Menke, Wilhelm (1910–2007) 249
Merkle, Hans L. (1913–2000) 745
Meschede, Dieter (*1954) 329
Mestmäcker, Ernst-Joachim (*1926) 119, 432–434, 759
Meusel, Ernst-Joachim (1932–2006) 539
Meyerhof, Otto Fritz (1884–1951) 346
Meyl, Arwed 365
Meystre, Pierre (*1948) 328
Mezger, Peter (1928–2014) 297, 301
Michel, Hartmut (*1948) 349, 625, 676, 802
Mies van der Rohe, Ludwig (1886–1969) 670
Mikorey, Frank (1907–1986) *654*
Miller, George A. (1920–2012) 390
Mintzberg, Henry (*1939) 617
Mitchell-Olds, Thomas (*1954) 249
Mitscherlich, Alexander (1908–1982) 749–754, 757
Mittelstaedt, Horst (1923–2016) 383f.
Mitterand, François (1916–1996) 221, 688
Möhwald, Helmut (1946–2018) 273
Molina, Mario (1943–2020) 314, 744

Mommsen, Theodor (1817–1903) 534, 815
Monnet, Jean (1888–1979) 688
Monod, Jacques (1910–1976) 696
Moore, Gordon (*1929) 220
Morfill, Gregor (*1947) *157*
Morgenthau, Henry (1891–1967) 38
Mosler, Hermann (1912–2001) 423f., 426, 645
Müller, Albrecht von (*1954) 717
Müller, Günter 329
Müller-Berghaus, Gert (*1937) 408
Müller-Hill, Benno (1933–2018) 600–602, 610, 626
Mundry, Karl-Wolfgang (1927–2009) 346
Munk, Walter (1917–2019) 742
Muth, Hermann (1915–1994) 283

N

Nachtsheim, Hans (1890–1979) 52, 351, 556, 586, 803
Natta, Giulio (1903–1979) 80, 799
Neher, Erwin (*1944) 389, 391, 396, 802
Nesper, Reinhard (*1949) 267
Neuberg, Carl (1877–1956) 346
Neuhaus, Paul Heinrich 423
Neuhaus, Rolf (1925–1991) 598f.
Neuhoff, Volker (1928–2016) 379, 396
Neumann, John von (1903–1957) 382
Nickel, Dietmar 143, 706f.
Nieschlag, Eberhard (*1941) 408, 759
Niklas, Wilhelm (1887–1957) 55
Nixon, Richard (1913–1994) 700
Noell, Werner K. (1913–1992) 381
Nüsslein-Volhard, Christiane (*1942) 220, 354, 377, 415, 556, 622, 710, 802

O

Oberkrome, Willi (*1959) 242
Oehlmann, Hermann *154*
Oelsen, Willy (1905–1970) 256, 258f.
Oesterhelt, Dieter (1940–2022) 356, 374f., 377, 502
Oexle, Otto Gerhard (1939–2016) 45, 174, 445, 608
Ohly, Ansgar (*1965) 785
Olby, Robert (*1933) 345
Osborn, Mary (*1940) 375
Ossietzky, Carl von (1889–1938) 88
Osterloh, Edo (1909–1964) 87
Overath, Peter (*1935) 350

P

Pääbo, Svante (*1955) 357
Palade, George Emil (1912–2008) 363

Paneth, Friedrich (1887–1958) 280, 283, *334*
Passow, Hermann (*1925) 375
Patzig, Bernhard (1890–1958) 381
Paul, Harry (*1931) 330
Pawelski, Oskar (*1933) 258
Peiffer, Jürgen (1922–2006) 605f.
Peròn, Juan (1895–1974) 280
Perrin, Jean (1870–1942) 687
Peters, Anne (*1960) 774
Peters, Gerd (1906–1987) 381, 402, 406, 591f., 622, 733
Peters, Helga 691
Petersen, Alfred (1885–1960) 55
Petzow, Günter (*1926) 263, 265, 288
Pfuhl, Kurt 50, 545
Phillips, William D. (*1948) 329
Picht, Georg (1913–1982) 82, 440
Pietsch, Erich (1902–1979) 288
Pinkau, Klaus (1931–2021) 180, 299f.
Pitsch, Wolfgang (1927–2019) 258
Pittendrigh, Colin (1918–1996) 384
Planck, Max (1858–1947) 40, 45f., 62, 208, 588f., 597, *720*, 727, 796
Ploetz, Alfred (1860–1940) 591
Ploog, Detlev (1920–2005) 381, 388f., 391, 402, 404, 406, 735, 756, 759, 767
Poggio, Tomaso ›Tommy‹ (*1947) 390
Polanyi, Michael (1891–1976) 255
Pollay, Heinz (1908–1979) 594
Połtawski, Andrzej (1923–2020) *722*
Porter, Keith (1912–1997) 363
Pöschl, Ulrich (*1969) 315
Preiß, Günter 545
Preuschen, Gerhard (1908–2004) 741
Prinz, Wolfgang (*1942) 391, 443
Proctor, Robert (*1954) 607
Pünder, Hermann (1888–1976) 55, 72f.

Q
Quadbeck-Seeger, Hans-Jürgen (*1939) 177
Queisser, Hans-Joachim (*1931) 30, 260–262, 325, 329f., *513*

R
Rabel, Ernst (1874–1955) 421
Rabenau, Albrecht (1922–1990) 262
Rabi, Isidor Isaac (1898–1988) 716
Radkau, Joachim (*1943) 738
Raiser, Ludwig (1904–1980) 441
Rajewsky, Boris (1893–1974) 58, 283, 287f., 402, 460, 491, 556, 714, 803
Ranft, Dietrich (1922–2002) 150, 433, *510*, 540, 603
Rau, Johannes (1931–2006) 176
Reagan, Ronald (1911–2004) 145, 221, 700, 735

Reetz, Manfred (*1943) 233
Regener, Erich (1881–1955) *64*, 293, 295, 307
Rehder, Marie-Luise (1916–1988) *570*
Reich, Utz (*1938) 648
Reichardt, Werner Ernst (1924–1992) 351, 383, 385, 388, 391, 457
Rein, Hermann (1898–1953) 382, 749–753, 757
Reinhardt, Carsten (*1966) 762
Rempe, Gerhard (*1956) 331
Renn, Jürgen (*1956) *157*, 439, 447, 450, 608f., 785
Reusch, Hermann (1896–1971) 55
Reuter, Ernst (1889–1953) 48
Revelle, Roger (1909–1991) 307f.
Rheinberger, Hans-Jörg (*1946) 346, 620
Rich, Alexander (1924–2015) 715
Riesenhuber, Heinz (*1935) *111*, 127, 164, 746
Rix, Hans-Walter (*1964) 303
Rockefeller, John D. (1839–1937) 207f.
Roeder, Kenneth D. (1908–1979) 382
Roeder, Peter Martin (1927–2011) 442
Roelcke, Volker (*1958) 592
Roelen, Wilhelm (1889–1958) 55
Roeske, Winfried 545
Röller, Wolfgang (1929–2018) 191
Roosevelt, Franklin D. (1882–1945) 42
Rosenbauer, Helmuth (*1936) 300
Rosenblith, Walter A. (1913–2002) 382
Rosner, Gerhard *273*
Rotblat, Józef (1908–2005) 714
Rothemund, Elisabeth 605
Rowland, Frank Sherwood (1927–2012) 314, 744
Rüdin, Ernst (1874–1952) 591–593, 756
Ruf, Sep (1908–1982) 672
Ruhenstroth-Bauer, Gerhard (1913–2004) 366, 502, 534, 586, 602
Rühle, Manfred (*1938) 168, 263, 266
Rupp, Hans Georg (1907–1989) 43, 422
Rürup, Reinhard (1934–2018) 609, *722*, 812
Ruska, Ernst (1906–1988) 29, *276*, 558
Russell, Bertrand (1872–1970) 713f.
Russell, Philip St. John (*1953) 332
Russell, William M.S. (1925–2006) 773
Rutherford, Ernest (1871–1937) 44
Rüttgers, Jürgen (*1951) 172

S
Sacharow, Andrej (1921–1989) 145
Sachse, Carola (*1951) 610
Sachsen-Coburg und Gotha, Carl Eduard Herzog von (1884–1954) 720

Saedler, Heinz (*1941) 249, 780, 783
Sakmann, Bert (*1942) 389, 396, 802
Salamini, Francesco (*1939) 249
Sänger, Heinz Ludwig (1928–2010) 250
Sapir, André (*1950) 710
Sarkozy, Nicolas (*1955) 689
Sattler, Carl (1877–1966) 669
Sauerbruch, Ferdinand (1875–1951) 752
Schachner, Melitta (*1943) 389
Schäfer, Fritz Peter (1931–2011) 324f., 327, 330f., 460, *513*
Schäfer, Werner (1913–2000) 345
Schäffer, Fritz (1888–1967) 72
Schaible, Ulrich *157*
Schaller, Heinz (1932–2010) 776
Schaper, Wolfgang (*1934) 405
Scharoun, Hans (1893–1972) 678
Scharpf, Fritz W. (*1935) 151, 163, 443, 485
Scheel, Mildred (1931–1985) *105*
Scheel, Walter (1919–2016) *104*
Scheibe, Arnold (1901–1989) 52
Scheingraber, Herbert (*1947) *157*
Schell, Jozef (1935–2003) 149, 249–251, 745, 778
Schelsky, Helmut (1912–1984) 33
Schenck, Günther Otto (1913–2003) 288f.
Schidlowski, Manfred (1933–2012) 310
Schieder, Wolfgang (*1935) 609, *722*, 812
Schiemann, Elisabeth (1881–1972) 52, 415, 556
Schiermeier, Quirin 692
Schlepper, Martin (1928–2016) 405, 759
Schleussing, Hans (1897–1968) 593
Schleyer, Hanns Martin (1915–1977) 111
Schlichting, Ilme (*1960) 415
Schlögl, Reinhard W. (1919–2007) 92, 350f., 396
Schlote, Wolfgang (1932–2020) 606
Schlüter, Arnulf (1922–2011) 294, 296, 300, 636
Schmid, Carlo (1896–1979) 73, 72f., 82, 437, 440
Schmid, Erich (1896–1983) 255
Schmidt, Barbara (1915–1999) 593
Schmidt, Hannelore (»Loki«) (1919–2010) 745
Schmidt, Helmut (1918–2015) *106*, 115, 140, 145, 148f., 326, 493, 584, 742, 744f.
Schmidt, Kerstin *157*
Schmidt, Werner 325
Schmitt, Francis Otto (1903–1995) 382, 385
Schmitter, Karl-Heinz (1920–1999) 141

Schneider, Dietrich (1919–2008) 382
Schneider, Friedrich (1913–1981) 91, 118–120, 133, *510*, 540, 548, 699, 708, 734
Schoedel, Wolfgang (1905–1973) 402
Scholz, Reinhard *513*
Scholz, Willibald (1889–1971) *105*, 380, 593
Schön, Wolfgang (*1961) 525, 820
Schönke, Adolf (1905–1953) 423
Schostack, Renate (1938–2016) 605
Schött, Wolfram (*1936) 327
Schöttler, Peter (*1950) 436
Schramm, Gerhard (1910–1969) 345f., 556
Schreiber, Georg (1882–1963) 82, 84, 422, 435, 597
Schröder, Gerhard [Bundesinnenminister] (1910–1989) 521
Schröder, Gerhard [Bundeskanzler] (*1944) 173
Schröder, Kurt Freiherr von (1889–1966) 46
Schröder, Oskar (1891–1959) 589
Schubert, Peter 605
Schuchert, Wolfgang 783
Schüler, Hermann (1894–1964) 323f.
Schulte-Frohlinde, Dietrich (1924–2015) 289
Schulze, Ernst-Detlev (*1941) 314
Schüring, Michael (*1968) 590
Schuster, Heinz (1927–1997) 350, 776
Schusterius, Carl (1912–1977) 258
Schütte, Georg 711
Schutz, Bernard (*1946) 704
Schwabe, Walter (1882–1962) 590
Schwarz, Uli (1934–2006) 385, 622
Schweiger, Hans-Georg (1927–1986) 350, 366–369, 372, 374–378, 759, 776f.
Scully, Marlan (*1939) 328
Seeger, Alfred (1927–2015) 258, 260–263
Seeliger, Hans (1908–1996) 91
Seelmann-Eggebert, Walter (1915–1988) 280, 282
Seibold, Eugen (1918–2013) 485
Seidel, Käthe (1907–1990) 246, *339*, 741
Seiler, Wolfgang (*1940) 316
Sengbusch, Reinhold von (1898–1985) 80, 402
Sensenbrenner, James (*1943) 178
Servan-Schreiber, Jean-Jaques (1924–2006) 77, 697
Siegried, Detlef (*1958) 215
Siemens, Hermann von (1885–1986) 49
Simon, Arndt (*1940) 460
Simon, Markus *157*

Simons, Kai (*1938) 387, 710
Singer, Wolf Joachim (*1943) 168, 389, 393, 396, 600, 767, 770, 772, 785f.
Snow, Charles Percy (1905–1980) 448
Søgaard-Andersen, Lotte (*1959) 415
Sontag, Karl-Heinz 764, 767, 770
Sontheimer, Kurt (1928–2005) *111*
Sorokin, Peter (1931–2015) 324
Spaemann, Robert (1927–2018) 150
Späth, Lothar (1937–2016) 149, 744
Spatz, Hugo (1888–1969) 381, 600, 604
Spedding, Frank 45
Speer, Julius (1905–1984) 127, 699
Spelsberg, Gerd 783
Spieß, Hans-Wolfgang (*1942) 266
Spiess, Joachim (*1940) 396
Spitzer, Lyman (1914–1997) 294
Staab, Heinz A. (1926–2012) 65, 67, 115, 117f., 126, 138, 146, 153, 164, 167, 171, 181f., 184, 317, 443, 448, 485, 527, 531, 533, 540, 561f., 582–584, 588, 604f., 693, 735, 744, 746, 768, 779, 806
Stalin, Josef (1878–1953) 42
Starlinger, Peter (1931–2017) *724*, 777
Staudinger, Hermann (1881–1965) 263
Steglich, Frank (*1941) 267
Stein, Erwin (1903–1992) 48, 58
Steinmeier, Frank-Walter (*1956) 706, 711
Steyer, Bernd 325
Stitt, Mark (*1953) 249
Stöcker, Jakob *272*
Stoermer, Eugene (1934–2012) 744
Stoiber, Edmund (*1941) 772
Stolleis, Michael (1941–2021) 420, 645
Stoltenberg, Gerhard (1928–2001) 86, 100, 259, 524
Stranski, Iwan (1897–1979) 259
Straßmann, Fritz (1902–1980) 278–280, 283
Stratmann, Martin (*1954) 16
Straub, Joseph (1911–1987) 249, 353, 621, 803
Strausfeld, Nicholas »Nick« (*1942) 389
Strauß, Franz Josef (1915–1988) 76, 86, *106*, 282f., 728–730, 732
Strauß, Walter (1900–1976) 427
Streeck, Wolfgang (*1946) 443
Strehlow, Hans (1919–2012) 92
Strenzke, Karl (1917–1961) 567
Strickrodt, Georg (1902–1989) 55
Strughold, Hubertus (1898–1986) 382
Stühmer, Walter (*1948) 396
Suess, Hans E. (1909–1993) 307
Sunyaev, Rashid (*1943) 30, 178, 303
Szöllösi-Janze, Margit (*1957) 481

T

Taut, Bruno (1880–1938) 678
Telschow, Ernst (1889–1988) 35, 39–41, 43, 45, 47–50, 54–56, 60–63, 81, 89–91, *105*, 242, 257, 282, 288, 422, 526, 540, 542, 545, *569f.*, 589, 705, 711, 796, 799
Terpe, Frank (1929–2013) 164
Thatcher, Margaret (1925–2013) 221
Thauer, Rudolf (der Ältere) (1906–1986) 353, 402, 753f.
Thauer, Rudolf »Rolf« (der Jüngere) (*1939) 746
Thienemann, August (1882–1960) 740
Thiessen, Jan (*1969) 645
Thiessen, Peter Adolf (1899–1990) 59
Thoenen, Hans (1928–2012) 389, 406
Thompson, Harold Warris (1908–1983) 699
Tinbergen, Nikolaas (1907–1988) 384
Tönnis, Wilhelm (1898–1978) 402f.
Tooze, Sarah 692
Townes, Charles (1915–2015) 301, 716
Traub, Peter (*1935) 368f., 372, 374f.
Träuble, Hermann (1932–1976) 396
Trautner, Thomas (1932–2023) 350, 407f., 411, 759, 767, 776, 778
Trefftz, Eleonore (1920–2017) 556, 641
Trepte, Andreas 612
Treusch, Joachim (*1940) 486
Trischler, Helmuth (*1958) 686
Troe, Jürgen (*1940) 331
Troeger, Heinrich (1901–1975) 72, 74
Troitskaya, Valeria E. (1917–2010) *111*
Trömel, Gerhard (1907–?) 258
Trull, Wilhelm (1889–?) 590
Trümper, Joachim (*1933) 299
Tschischewski, Alexander (1897–1964) 742

U

Ueberreiter, Kurt (1912–1989) 134
Uekötter, Frank (*1970) 739
Ufer, Max (1900–1983) 61
Uğurbil, Kâmil (*1949) 393
Ulbricht, Walter 715
Ullrich, Joachim H. (*1956) 332
Ullrich, Karl Julius (1925–2010) 287, 767, 770
Ulmer, Eugen (1903–1988) 84, 424

V

Van den Daele, Wolfgang (*1939) 649
Vaupel, James W. (1945–2022) 445
Vennesland, Birgit (1913–2001) 415, 644
Verschuer, Otmar von (1896–1969) 58, 601f.

Vierhaus, Rudolf (1922–2011) 16, 131, 439, 441f.
Vogel, Bernhard (*1932) 173, 176
Vogelpohl, Georg (1900–1975) 590
Vögler, Albert (1877–1945) 46, 525, 540
Vogt, Cécile (1875–1962) 380f.
Vogt, Oskar (1870–1959) 380f.
Völk, Heinrich (*1936) 303

W

Wäffler, Hermann (1910–2003) 286
Wagner, Carl (1901–1977) 259, 323f., 460
Walcher, Martina 641
Walker, Mark (*1959) 47, 607
Wallmann, Walter (1932–2013) 770
Walsh, John 692
Walther, Herbert (1935–2006) 165, 324, 326, 328f., 331f.
Wannagat, Georg (1916–2006) 130
Warburg, Otto (1883–1970) 29, 48, *419*, 529, 556, 598, 804
Warneck, Peter (1928–2019) 311
Warren, Steve (*1945) 743
Wässle, Heinz (*1943) 389, 396, 604, 606, 622
Weber, Hans Hermann (1896–1974) 366, 402, 460
Weber, Klaus (1936–2016) 373–375, 377f.
Weber, Matthias M. (*1960) 593f.
Weber, Max (1864–1920) 215, 815
Weber, Ulla 568
Wegner, Gerhard (*1940) 134, 332, 460
Weidel, Wolfhard (1916–1964) 350f.
Weidenmüller, Hans-Arwed (*1933) 189, 392, 460
Weindling, Paul J. (*1953) 607
Weinert, Franz Emanuel (1930–2001) 186, 391, 395, 440 443–445
Weisgal, Meyer W. 107
Weiss, Ilja 770
Weitz, Heinrich (1890–1962) 55
Weizsäcker, Carl Friedrich von (1912–2007) 44, *67*, 77, 82f., 87, *104, 106,* 143, 147f., 234, 278f., 282f., 293f., 296, 303, 383, 435, 437–440, 491, 590, 648–651, 714–717, 728, 732, 803, 805
Weizsäcker, Richard von (1920–2015) *106*
Weizsäcker, Viktor von (1886–1957) 750–752
Wekerle, Hartmut (*1944) 396, 406, 408f.
Weller, Albert (1922–1996) 324, 331, 460, *512*
Wernadski, Wladimir (1863–1945) 742

Westphal, Otto (1913–2004) 97, 353, 732
Wever, Franz (1892–1984) 29, 57, 256–259
Wever, Rütger (1923–2010) 384
Whipple, Fred (1906–2004) *513*
White, Simon (*1951) 30, 303
Whittaker, Victor P. (1919–2016) 375, 693
Wickert, Christl (*1953) 602
Wickler, Wolfgang (*1931) 759
Widdel, Friedrich (*1950) 746
Wiedenfeld, Kurt (1871–1955) 815
Wieland, Heinrich (1877–1957) 54
Wielebinski, Richard (*1936) 297
Wieman, Carl (*1951) 331
Wienecke, Rudolf (1925–2011) 325, 328
Wiener, Nobert (1894–1964) 382
Wigzell, Hans (*1938) 710
Wilhelm II. (1859–1941) 579–581, 668
Wilhelm, Klaus *513*
Wilke, Günther (1925–2016) 233
Wilkens, Manfred (1926–2001) 258
Willmitzer, Lothar (*1952) 249, 251, 782
Windaus, Adolf (1876–1959) 54, 62, 88
Winkler, Daniela 273
Winnacker, Ernst-Ludwig (*1941) 610, 709
Winnacker, Karl (1903–1989) 282, 288
Winzer, Otto (1902–1975) 40
Wirsing, Bernd (*1964) 612, 614
Wirtz, Karl (1910–1994) 278–283, 287, 590, 732
Witkowski, Siegbert (*1927) 133f., 325f., 328, 331
Witt, Max (1899–1979) 353
Wittmann, Heinz-Günter (1927–1990) 346, 349f., 375, 622, 644f.
Wittmann-Liebold, Brigitte (*1931) 349, 644f.
Witwer-Bachofen, Ursula 157
Wolff Metternich, Franz Graf (1893–1976) 422, 436
Wolfrum, Rüdiger (*1941) 785
Wright, Mary *722*
Wu Youxun 108
Wurster, Carl (1900–1974) 89, 353, 506, 526, 734

Y

Yonath, Ada (*1939) 349

Z

Zacher, Hans F. (1928–2015) *65,* 131, 162, 164–166, 168f., 171f., 175f., 181–185, 187, 190, 198, 200, 266, 405, 426, 444, *512,* 520, 524f., 527, 538, 540, 550, 578, 584, 608, 709, 771, 810f.
Zahn, Marianne *272*
Zarnitz, Marie Luise (1927–2020) 365f., 370
Zehetmair, Hans (*1936) 192
Zeitler, Elmar (1927–2020) 349
Zerbin-Rüdin, Edith (1921–2015) 592
Zerial, Marino (*1958) 378
Zeuner, Bodo (1942–2021) 602
Ziegler, Hubert (1924–2009) 149, 745
Ziegler, Karl (1898–1973) 80, 223, 288, 799
Ziegner, Erika von siehe auch Butenandt, Erika 643
Zillig, Wolfram (1925–2005) 368
Zilsel, Edgar (1891–1944) 20
Zinberg, Dorothy (1928–2020) 700
Zülch, Klaus Joachim (1910–1988) 381, 384, 403
Zweigert, Konrad (1911–1996) 94, 98, *104,* 121, 422–424, 426f., 432f., 526, 565

7. Autorinnen und Autoren

PD Dr. Jaromír Balcar war wissenschaftlicher Mitarbeiter im Forschungsprogramm »Geschichte der Max-Planck-Gesellschaft« am Max-Planck-Institut für Wissenschaftsgeschichte in Berlin, ist wissenschaftlicher Mitarbeiter der Stiftung Hamburger Gedenkstätten und Lernorte zur Erinnerung an die Opfer der NS-Verbrechen und Privatdozent am Institut für Geschichtswissenschaft der Universität Bremen.

Dr. Luisa Bonolis war wissenschaftliche Mitarbeiterin im Forschungsprogramm »Geschichte der Max-Planck-Gesellschaft« am Max-Planck-Institut für Wissenschaftsgeschichte in Berlin.

Prof. Dr. Christina Brandt ist Professorin für Geschichte und Philosophie der Naturwissenschaften mit Schwerpunkt Lebenswissenschaften an der Friedrich-Schiller-Universität Jena.

Dr. Bernardo S. Buarque war wissenschaftlicher Mitarbeiter am Max-Planck-Institut für Wissenschaftsgeschichte in Berlin und dort im Projekt ModelSEN.

Dr. Maria Teresa Costa war wissenschaftliche Mitarbeiterin im Forschungsprogramm »Geschichte der Max-Planck-Gesellschaft« am Max-Planck-Institut für Wissenschaftsgeschichte in Berlin, ist assoziierte Wissenschaftlerin am Kunsthistorischen Institut in Florenz – Max-Planck-Institut und lehrt an der Leuphana Universität Lüneburg.

Dr. Mona Friedrich war bis September 2023 wissenschaftliche Mitarbeiterin am Max-Planck-Institut für Wissenschaftsgeschichte in Berlin und arbeitet jetzt als Meeresreferentin bei der Environmental Justice Foundation.

Beatrice Fromm war Generalsekretärin der Berlin-Brandenburgischen Akademie der Wissenschaften, Special International Advisor to the Rector der Central European University, Budapest, sowie Special Representative in Germany des Israel Democracy Institute, Jerusalem.

Dr. Johannes-Geert Hagmann ist Leiter der Hauptabteilung A II Technik und stellvertretender Bereichsleiter für Ausstellungen und Sammlungen am Deutschen Museum München.

Prof. em. Dr. Jeffrey Allan Johnson war bis 2017 Professor of History an der Villanova University in Villanova, Pennsylvania, USA.

Anna Rifat Klassen, M.A., promoviert am Lehrstuhl für Geschichte und Philosophie der Naturwissenschaften an der Friedrich-Schiller-Universität Jena.

Prof. i. R. Dr. Dr. h.c.mult. Jürgen Kocka war Professor für Geschichte der industriellen Welt an der Freien Universität Berlin und Präsident des Wissenschaftszentrums Berlin für Sozialforschung (WZB).

Dr. Birgit Kolboske hat seit 2014 das Forschungsprogramm »Geschichte der Max-Planck-Gesellschaft« und dessen Edition koordiniert und ist wissenschaftliche Mitarbeiterin am Max-Planck-Institut für Wissenschaftsgeschichte in Berlin.

Dr. Alison Kraft war wissenschaftliche Mitarbeiterin im Forschungsprogramm »Geschichte der Max-Planck-Gesellschaft« am Max-Planck-Institut für Wissenschaftsgeschichte in Berlin.

Dr. Jasper Kunstreich war wissenschaftlicher Mitarbeiter im Forschungsprogramm »Geschichte der Max-Planck-Gesellschaft« am Max-Planck-Institut für Wissenschaftsgeschichte in Berlin und ist wissenschaftlicher Mitarbeiter am Max-Planck-Institut für Rechtsgeschichte und Rechtstheorie in Frankfurt am Main.

Dr. Gregor Lax war wissenschaftlicher Mitarbeiter am Max-Planck-Institut für Chemie in Mainz, wissenschaftlicher Mitarbeiter im Forschungsprogramm »Geschichte der Max-Planck-Gesellschaft« am Max-Planck-Institut für Wissenschaftsgeschichte in Berlin und Referent des Wissenschaftsrats in Köln. Er arbeitet als Referent für Forschung an der Technischen Hochschule Ostwestfalen-Lippe in Lemgo.

Dr. Juan-Andres Leon war wissenschaftlicher Mitarbeiter im Forschungsprogramm »Geschichte der Max-Planck-Gesellschaft« am Max-Planck-Institut für Wissenschaftsgeschichte in Berlin und ist Kurator für Physik am Science Museum in London.

Prof. Dr. Carsten Reinhardt ist Professor für Historische Wissenschaftsforschung und Direktor des Institute for Interdisciplinary Studies of Science (I²SoS) an der Universität Bielefeld.

Prof. Dr. Dr. h.c. mult. Jürgen Renn ist Direktor am Max-Planck-Institut für Wissenschaftsgeschichte in Berlin und am Max-Planck-Institut für Geoanthropologie in Jena, Honorarprofessor für Wissenschaftsgeschichte an der Humboldt-Universität Berlin und Honorarprofessor für Physik an der Freien Universität Berlin.

Prof. (i.R.) Dr. Carola Sachse war Universitätsprofessorin für Zeitgeschichte an der Universität Wien und Gastwissenschaftlerin im Forschungsprogramm »Geschichte der Max-Planck-Gesellschaft« am Max-Planck-Institut für Wissenschaftsgeschichte in Berlin.

Prof. Dr. Matthias Schemmel war wissenschaftlicher Mitarbeiter am Max-Planck-Institut für Wissenschaftsgeschichte in Berlin und ist Professor für Historische Epistemologie an der Universität Hamburg.

Prof. Dr. Dr. h.c. mult. Robert Schlögl ist Präsident der Alexander von Humboldt-Stiftung in Bonn, Gast in der Abteilung ISC am Fritz-Haber-Institut und am Max-Planck-Institut für Geoanthropologie in Jena, Vizepräsident der nationalen Akademie Leopoldina Halle sowie Emeritiertes Wissenschaftliches Mitglied der Max-Planck-Gesellschaft.

Dr. Martina Schlünder war wissenschaftliche Mitarbeiterin im Forschungsprogramm »Geschichte der Max-Planck-Gesellschaft« und am Max-Planck-Institut für Wissenschaftsgeschichte in Berlin.

Dr. Florian Schmaltz war von 2014 bis 2022 Projektleiter des Forschungsprogramms »Geschichte der Max-Planck-Gesellschaft« am Max-Planck-Institut für Wissenschaftsgeschichte in Berlin und ist assoziierter Mitarbeiter am Leibniz-Zentrum für Zeithistorische Forschung in Potsdam.

Dr. Juliane Scholz war wissenschaftliche Mitarbeiterin im Forschungsprogramm »Geschichte der Max-Planck-Gesellschaft« am Max-Planck-Institut für Wissenschaftsgeschichte in Berlin, ist wissenschaftliche Mitarbeiterin und Graduiertenkoordinatorin am Leibniz-Zentrum für Zeithistorische Forschung in Potsdam.

Prof. Dr. Peter Schöttler war Gastwissenschaftler im Forschungsprogramm »Geschichte der Max-Planck-Gesellschaft« am Max-Planck-Institut für Wissenschaftsgeschichte in Berlin, Directeur de recherche am Centre National de la Recherche Scientifique in Paris und ist Honorarprofessor für Neuere Geschichte an der Freien Universität Berlin.

PD Dr. Alexander v. Schwerin war wissenschaftlicher Mitarbeiter im Forschungsprogramm »Geschichte der Max-Planck-Gesellschaft« am Max-Planck-Institut für Wissenschaftsgeschichte in Berlin und ist Privatdozent an der Abteilung für Geschichte der Naturwissenschaften und Pharmazie der TU Braunschweig.

Dr. Thomas Steinhauser arbeitete als Wissenschaftshistoriker von 2009 bis 2011 zur Geschichte des Fritz-Haber-Instituts und war von 2014 bis 2022 wissenschaftlicher Mitarbeiter im Forschungsprogramm »Geschichte der Max-Planck-Gesellschaft« am Max-Planck-Institut für Wissenschaftsgeschichte in Berlin.

Dr. Sascha Topp war wissenschaftlicher Mitarbeiter im Forschungsprogramm »Geschichte der Max-Planck-Gesellschaft« am Max-Planck-Institut für Wissenschaftsgeschichte in Berlin.

Prof. Dr. Helmuth Trischler war Gastwissenschaftler im Forschungsprogramm »Geschichte der Max-Planck-Gesellschaft« und ist Bereichsleiter Forschung des Deutschen Museums, Professor für Neuere und Neueste Geschichte sowie Technikgeschichte an der Ludwig-Maximilians-Universität München und Founding Director des Rachel Carson Center for Environment and Society.

Dr. Thomas Turnbull ist Historiker und Geograph und ist wissenschaftlicher Mitarbeiter am Max-Planck-Institut für Wissenschaftsgeschichte in Berlin.

Dr. Malte Vogl ist wissenschaftlicher Mitarbeiter am Max-Planck-Institut für Geoanthropologie in Jena und hat das Projekt ModelSEN am Max-Planck-Institut für Wissenschaftsgeschichte in Berlin geleitet.

Dr. Dr. Hanna Lucia Worliczek war wissenschaftliche Mitarbeiterin im Forschungsprogramm »Geschichte der Max-Planck-Gesellschaft« am Max-Planck-Institut für Wissenschaftsgeschichte in Berlin und ist dort Postdoctoral Fellow.